AF666091

Pilze und Flechten – Morphologie, Systematik, Bestimmung

Andreas Bresinsky

Pilze und Flechten – Morphologie, Systematik, Bestimmung

Erkennung von Gattungen samt ihrer typischen, häufigen oder auffälligen Arten

Andreas Bresinsky
Regensburg, Deutschland

ISBN 978-3-662-63110-2 ISBN 978-3-662-63111-9 (eBook)
https://doi.org/10.1007/978-3-662-63111-9

Die Deutsche Nationalbibliothek verzeichnet diese Publikation in der Deutschen Nationalbibliografie; detaillierte bibliografische Daten sind im Internet über http://dnb.d-nb.de abrufbar.

Springer Spektrum

Gedruckt auf säurefreiem und chlorfrei gebleichtem Papier

Planung/Lektorat: Stefanie Wolf
Springer Spektrum ist ein Imprint der eingetragenen Gesellschaft Springer-Verlag GmbH, DE und ist ein Teil von Springer Nature.
Die Anschrift der Gesellschaft ist: Heidelberger Platz 3, 14197 Berlin, Germany

Vorwort

Gewidmet dem Gedenken

an meinen Lehrer

Prof. Dr. Karl Mägdefrau (1907–1999),

Mitglied der Autorengruppe des

Strasburger-Lehrbuches der Botanik

(29.–31. Auflage 1967–1978).

Prof. Dr. Karl Mägdefrau hat mit seinem Beitrag zur Biologie von Pilzen und Flechten im klassischen Strasburger-Lehrbuch der Botanik den Grundstein gelegt zur verständnisvollen Behandlung dieser Lebewesen in der Lehre. Sein damaliger Text mit den von ihm zusammengestellten Bildern lebt in überarbeiteter Form auch im hier vorgelegten Buch in seinem einführenden Kapitel weiter.

Der Autor dieses Lehrbuches ist sich dessen bewusst, dass dessen Inhalte nur zum Teil auf eigenen Erfahrungen gegründet sind. Die Zahl derer, die zu unserem heutigen Wissensstand über Pilze und Flechten beigetragen haben, ist kaum fassbar. Zu jenen aber, die in besonderer Weise zu würdigen sind, gehören die Autoren umfassender Bestimmungswerke wie sie hier bei der Behandlung verschiedener größerer Gruppen sowie im Literaturverzeichnis aufgeführt sind. So richtet sich der Dank besonders an sie, die wahre Pionierarbeit geleistet haben. Auf deren unverzichtbaren Werke zu einzelnen Organismengruppen sollen die in diesem Buch dargebotenen Inhalte hinführen mit der Anregung verknüpft, sie zur Vertiefung von Kenntnissen zu nutzen.

Der Autor weiß sich dankbar verbunden seinen verstorbenen Förderern und Mentoren aus zurückliegender Zeit, F. Beinroth (Pilze), Dr. H. Doppelbaur (Pilze, Flechten), Prof. Dr. J. Poelt (Pilze, Flechten), Prof. Dr. H. Merxmüller (als Direktor der Botanischen Staatssammlung München, an welcher der Autor ehemals beruflich tätig sein durfte). Ohne deren Anregungen und Hilfestellungen wäre dieses Buch nicht zustande gekommen.

Für bereit gestellte Vorlagen richtet sich der Dank auch an alle Bildautoren (Namen im Abbildungsteil aufgeführt), sowie den im Quellennachweis genannten Stellen für Bilder aus dem Netz.

Den Lektorinnen und Sachbearbeiterinnen des Springer-Verlages, Frau Dr. Meike Barth, Frau Sr. Birgit Jarosch, Frau Yvonne Schlatter und Frau Stefanie Wolf, habe ich sehr zu danken für die sorgsame und hilfreiche Arbeit, die sie der ihnen vorgelegten Textfassung des Autors angedeihen ließen.

Auf dem Cover abgebildete Arten (von links nach rechts):
Lepidoderma tigrinum (Schleimpilz; siehe auch Abb. 7.175). – Foto: K. Baumann
Calyptella campanula (Pilz mit Basidien; siehe auch Abb. 7.38). – Foto: F. Kasparek
Cladonia macilenta (Flechte; siehe auch Abb. 7.184). – Foto: O. Dürhammer

Inhaltsverzeichnis

Einleitung

1

Für die akademische Lehre eine Einführung in die Welt der Pilze und Flechten zu geben, ist eines der Ziele dieses Buches. Daher sind relevante Inhalte für die Ausbildung von Biologen in ihm dargestellt. Da es zusätzlich auch als Bestimmungsbuch angelegt ist, ermöglicht es die Bestimmung von Pilzen und Flechten bis zur Gattung und vielfach auch bis zur Art. Es ist somit in Kursen zur Kenntnis der Formenvielfalt dieser faszinierenden Organismen verwendbar.

Das Buch wendet sich aber nicht zuletzt auch an lernende und forschende Amateure, die häufig auf ausgewählte Gattungen von Pilzen oder Flechten spezialisiert sind, innerhalb derer sie nicht selten eine große Expertise in der Artenkenntnis erworben haben. Ihnen soll dieses Buch die Anregung vermitteln, sich intensiver mit den biologischen Sachverhalten und Hintergründen dieser oder jener Gruppe von Pilzen und Flechten zu befassen. Auch mag es Ihr Interesse an weiteren Gruppen von Pilzen oder Flechten wecken, die sich vorher außerhalb ihres individuellen Spezialgebiets befanden. Wenn dieses Buch dazu anregen könnte, ein oftmals auf einzelne Gruppen oder Gattungen eingeengtes Spezialwissen etwas auszuweiten, wäre mit ihm ein weiterer Zweck erfüllt.

In einem einzigen Werk Orientierung über die zahlreichen Gattungen und Arten von Pilzen und Flechten zu vermitteln, ist weitgehend unmöglich, wurde jedoch in Band 1 der von WERNER ROTHMALER begründeten *Exkursionsflora von Deutschland* (HANDKE et al. 1994) angestrebt. Der Band ist den Niederen Pflanzen, den Kryptogamen, gewidmet und liegt seit 2005 in einem unveränderten Nachdruck der 3. Auflage vor; eine grundlegende Neubearbeitung dieses Werks auf den Weg zu bringen, konnte bislang nicht realisiert werden. *Pilze und Flechten – Morphologie, Systematik, Bestimmung* soll jenes Werk zumindest für die Pilze und Flechten fortführen und selbst das ist Herausforderung genug. Gerechtfertigt wird das Herauslösen der Pilze (einschließlich der Flechten) aus dem Kontext der Niederen Pflanzen auch durch die Tatsache, dass die Mehrheit von ihnen stammesgeschichtlich mit

A. Bresinsky, *Pilze und Flechten – Morphologie, Systematik, Bestimmung*,
https://doi.org/10.1007/978-3-662-63111-9_1

den Grünen Pflanzen keine Abstammungsgemeinschaft bildet, sondern, eher dem Tierreich genähert, einem eigenen Reich angehört.

Im Abschnitt „Überblick über das Pilzreich" wird eine **Übersicht** über die allgemeinen Grundlagen des **Baus**, der **Entwicklung** und der **Lebensweise** von Pilzen und Flechten vermittelt. Diese Übersicht ist dem umfassenden Werk *Strasburger Lehrbuch der Botanik* (BRESINSKY et al. 2008) entnommen und für *Pilze und Flechten – Morphologie, Systematik, Bestimmung* überarbeitet und ergänzt worden. Diese Vorgehensweise bot sich besonders deshalb an, weil das Autorenkollektiv des *Strasburgers* die Pilze ab der 37. Auflage (KADEREIT et al. 2014) nicht mehr in der zuvor dargestellten Breite berücksichtigen konnte. Die in den Bestimmungsschlüsseln und den Gattungsübersichten behandelten Gattungen sind im Abschnitt „Überblick über das Pilzreich" jeweils im Anschluss an die Besprechung der einzelnen Gruppen aufgelistet, sodass die systematische Zuordnung der sehr heterogenen Pilzgruppen erkennbar wird. Für die Gliederung der Pilze und Flechten sowie für die systematische Zuordnung der Gattungen war weitgehend *Syllabus of plant families* (FREY et al. 2012, 2016, 2018) maßgeblich.

Der Hauptteil von *Pilze und Flechten – Morphologie, Systematik, Bestimmung* besteht aus **Bestimmungsschlüsseln** und zwei **Gattungsübersichten**, in denen Pilze und Flechten getrennt voneinander und jeweils alphabetisch geordnet aufgeführt sind. Die unterschiedenen Gattungen werden kurz charakterisiert. Hierbei wird jeweils die Typusart genannt (unter dem Kürzel T im Sinne des nomenklatorischen Typus einer Gattung und damit nicht zwangsläufig im Sinne einer besonders typischen Merkmalsausprägung) und, soweit vorhanden, auf deren Abbildungen in verschiedenen Werken (durch spezifische Kürzel gekennzeichnet) verwiesen. Enthält eine Pilzgattung mehrere Arten, werden die häufigsten und die besonders auffälligen Vertreter in den Bestimmungsschlüsseln differenziert.

Neben den wissenschaftlichen Bezeichnungen werden weitgehend die deutschen (Trivial-)Namen angegeben. Die Schaffung von deutschen (Kunst-)Namen, falls länger gebräuchliche, volkstümliche Bezeichnungen fehlen, ist bisweilen problematisch, worauf am Beispiel der Flechten noch eingegangen wird.

Da sich Pilzkunde (Mykologie) und Flechtenkunde (Lichenologie) weitgehend unabhängig voneinander entwickelt haben, werden im Folgenden die für sie geltenden Leitlinien jeweils gesondert behandelt, auch wenn in beiden Fällen die gleiche Gruppe von Lebewesen – hier wie dort die Pilze – im Mittelpunkt der Betrachtung stehen.

Nichtlichenisierte Pilze (Pilze, die keine Flechten bilden)

Ein bemerkenswerter Ansatz, alle Gattungen von Großpilzen Europas in einem Bestimmungsschlüssel zu differenzieren und damit erstmalig ihre umfassende Bestimmung zu ermöglichen, wurde dem Pilzfreund von KREISEL et al. (1988) an die Hand gegeben. Diese Pionierleistung war in mehrfacher Hinsicht auch für dieses Buch eine wichtige und vielfach genutzte Grundlage.

Pilze und Flechten – Morphologie, Systematik, Bestimmung berücksichtigt Pilze, die makroskopisch sichtbare Fruchtkörper oder deutlich erkennbare Beläge auf Substraten oder Befälle auf Wirten bilden. Dementsprechend werden **Ascomycota** und **Basidiomycota** besprochen, die mehr oder minder auffällige **Fruchtkörper** bilden. Außerdem werden

Pilze behandelt, die sich entwicklungsbedingt zunächst nicht in Form von Fruchtkörpern präsentieren, sondern durch **makroskopische Strukturen** (**Sklerotien**, **Rhizomorphen** usw.) auffallen. Von den Pilzen mit eher kleinen bis winzigen Fruchtkörpern werden die **Schleimpilze** (Mycetozoa) und die **Echten Mehltaupilze** (Erysiphales innerhalb der Leotiomycetes, Ascomycota) behandelt. Eine weitere in diesem Buch beachtete Gruppe von parasitischen (phytocolen) Pilzen gibt sich durch auffallende Befallserscheinungen auf ihren Wirten zu erkennen. Zu dieser Gruppe zählen die **Rost-** und **Brandpilze** (Pucciniomycotina, Ustilaginomycotina) sowie Pilze, die **gallenähnliche Wucherungen** verursachen (**Exobasidiomycetes** innerhalb der Ustilaginomycotina und Taphrinomycetes). Gallenähnliche oder krebsartige Wucherungen an ihren Wirten entstehen auch durch einige **Flagellatenpilze** (Blastocladiomycetes, Chytridiomycetes) und durch die **parasitischen Schleimpilze** (Phytomyxea innerhalb der Cercozoa), die in einer kleineren Auswahl ebenfalls im Buch enthalten sind. Von den parasitischen Pilzen, die auffällige Befallsbilder hervorrufen, dürfen die **Falschen Mehltaupilze** (Peronosporomycetes) nicht unberücksichtigt bleiben, die, im Unterschied zu den Echten Mehltaupilzen, auf ihren Wirten zwar ebenfalls mehltauartige Beläge, aber keine Fruchtkörper bilden und eigentlich nicht zu den echten Pilzen gehören. Auch einige **Schimmelpilze** (soweit sie mehr oder minder auffällige Beläge auf verschiedenen Substraten bilden) wurden ohne Anspruch auf Vollständigkeit aufgenommen. Aus dieser Gruppe gebührt den Bewohnern anderer Pilze (**Mycobionten**) besondere Aufmerksamkeit. Als Parasiten oder Saprobionten auf Pilzen geraten sie immer wieder ins Blickfeld derjenigen, die sich für Großpilze interessieren.

Gattungsbestimmung

Fasst man alle hier berücksichtigten Pilzgruppen (ohne Flechten) zusammen, so werden in den Bestimmungsschlüsseln insgesamt ca. **920 Gattungen** differenziert. Der Umfang des Schlüsselwerks geht damit weit über die Gruppe hinaus, die gemeinhin als Großpilze (etwa 720 Gattungen) bezeichnet wird und die bisher in einem einzigen Buch zusammengefasst behandelt worden ist. Auf Gattungsebene wurde im Gattungsschlüssel unter Beschränkung auf die oben genannten Gesichtspunkte eine weitgehende Vollständigkeit angestrebt. Die Grenzen zwischen den hier berücksichtigten und den nicht aufgenommenen Pilzgattungen lassen sich nicht eindeutig definieren, sodass die Entscheidung für oder gegen die Aufnahme einer Gattung teilweise inkonsequent erscheinen mag.

In neuerer Zeit erleben wir die „goldrauschartige" Etablierung einer Vielzahl neuer (Splitter-)Gattungen, oft ausschließlich auf der Grundlage molekulargenetischer Analysen (DNA-Analytik). Die Geschwindigkeit, mit der entsprechende Neuerungen auftauchen, ist beträchtlich und die Gründe für eine Abspaltung oft schwer nachvollziehbar. Auch die DNA-Analytik hat ihre Grenzen und ist Fehlern unterworfen. Insgesamt handelt es sich aber um eine sehr wertvolle Methodik, deren Ergebnisse jedoch stets auch im Kontext der gesamten Merkmalsausstattung zu bewerten sind. Auf die neuen Splittergattungen wird in den Gattungsübersichten vielfach nur hingewiesen, ohne dass ihre Unterscheidung in den Bestimmungsschlüsseln dargelegt wird.

Artbestimmung

Die in Mitteleuropa vertretene Vielfalt an Pilzen dürfte die Zahl von 10.000 Arten weit übersteigen. Wegen ihrer großen Füllen an Arten musste sich der an Pilzen interessierte Anfänger (wie auch der Fortgeschrittene) für die Artbestimmung auf eine der leichter zugänglichen Hauptgruppen beschränken und dabei eine Reihe von Büchern zurate ziehen. Der Zugang zur Vielfalt der Pilze in ihrem gesamten Umfang ist also nur über eine erhebliche Zahl von Spezialwerken möglich. Ihre Nutzung zur verlässlichen Pilzbestimmung bleibt auch weiterhin unumgänglich und ohne die in diesen Werken erbrachten Pionierleistungen wäre es nicht möglich gewesen, die in *Pilze und Flechten – Morphologie, Systematik, Bestimmung* wiedergegebenen Schlüssel vorzulegen. Diese geben jedoch, wie bereits festgestellt, lediglich eine vorläufige und ungefähre Orientierung. Die weiterführende Literatur wird innerhalb des Abschnitts mit den Schlüsseln bei den jeweiligen Hauptgruppen von Pilzen bzw. in den Teilschlüsseln angegeben. Dieses Buch soll es ermöglichen, in einer ersten Annäherung die Gattung und eventuell auch die Art zu identifizieren. Zur Verifizierung der Ergebnisse, besonders auch im Hinblick auf die Artbestimmung, ist auf alle Fälle die Spezialliteratur zurate zu ziehen.

Insgesamt finden sich in dem hier vorgelegten Werk Bestimmungs- bzw. Abbildungshinweise auf über **2500 Pilzarten**. Für die Bestimmung von Arten parasitischer Pilze ist dabei die Kenntnis der Wirtspflanzen erforderlich, für deren Bestimmung wiederum die gängigen Bestimmungswerke für Höhere Pflanzen wie die beiden Bände von *Rothmaler Exkursionsflora von Deutschland* (Band 2 *Gefäßpflanzen* [JÄGER 2017] und Band 5 *Krautige Zier- und Nutzpflanzen* [JÄGER et al. 2008]) zusätzlich erforderlich sind.

Pilze und Flechten – Morphologie, Systematik, Bestimmung soll einen Zugang zu häufiger vorkommenden Pilzarten ermöglichen. Das Werk enthält Bestimmungsschlüssel, die u. a. auch zu nicht weiter differenzierten Artengruppen führen. Diese Fälle sind mit einem Symbol (►) gekennzeichnet. Auf diese Weise soll zudem der Eindruck einer Vollständigkeit der Artenschlüssel vermieden werden, die innerhalb eines einzigen Buches ohnehin nicht zu erreichen ist. Für eine weitergehende Bestimmung ist auch hier die Spezialliteratur heranzuziehen. Dennoch ist mithilfe der enthaltenen Bestimmungsschlüssel eine erste Beschäftigung mit den mikroskopischen und makroskopischen Merkmalen verschiedener Pilze möglich, also mit den Grundlagen für ein weitergehendes, differenziertes Studium ihrer großen Vielfalt.

Lichenisierte Pilze (Pilze, die Flechten bilden)

Flechten beanspruchen aufgrund der symbiotischen Lebensweise mit Algen bzw. Cyanobakterien („Blaualgen") und der im Zusammenhang damit erworbenen Eigenart ihrer Organisation eine Sonderstellung. Da ihr Pilzpartner in aller Regel für ihre äußere Gestalt und innere Struktur bestimmend ist, können sie als Bestandteile des Pilzreichs in dessen ganzer Vielfalt aufgefasst werden. In *Pilze und Flechten – Morphologie, Systematik, Bestimmung* sind ihre diversen Gattungen ebenfalls jeweils in alphabetischer Reihung im Anschluss an die aufgeführten Pilzgattungen berücksichtigt (siehe Abschnitt „Gattungen der Pilze und Flechten A–Z").

Insgesamt werden etwa **360** verschiedene **Gattungen** von Flechten geschlüsselt und jeweils kurz charakterisiert. Zusammengestellt sind die Flechtengattungen nach denselben Kriterien wie die Pilzgattungen. Bei Gattungen, die bei uns häufig vorkommende, auffällige Arten enthalten (z. B. *Cladonia*) wird bis zu einigen ihrer Arten differenziert. Die Schlüssel führen zu insgesamt etwa **800 Arten** von meist häufigeren Flechten. Wie für Pilze wird auch für die Bestimmung von Flechtengattungen und -arten empfohlen, die verfügbare Spezialliteratur zurate zu ziehen. Für die Flechten sind es die hervorragenden und unverzichtbaren Werke von WIRTH (1995) und von WIRTH et al. (2013). Sie bilden auch die Grundlage für die in diesem Buch wiedergegebenen Bestimmungsschlüssel und für die kennzeichnenden Merkmale der Gattungen. Für den zu den (Sammel-)Gattungen führenden Schlüssel diente größtenteils die *Rothmaler Exkursionsflora von Deutschland* (HANDKE et al. 1994) mit der Bearbeitung des Abschnitts über die Flechten durch SCHUBERT in der Auflage von 2005 als Basis (HANDKE et al. 2005).

Deutsche Namen für die Arten sind, von einigen Ausnahmen abgesehen, unverändert EICHLER et al. (2016) entnommen. Es handelt sich meist um Übersetzungen der wissenschaftlichen Namen ins Deutsche. Dabei können auch recht umständliche oder widersinnige Wortschöpfungen zustandekommen. Dennoch erschien es sinnvoll, dem Interessierten zusätzlich zu den wissenschaftlichen Namen deutsche Trivialnamen anzubieten, als Zugangsbrücken zur Artenvielfalt und zu den mit der Artnamen verknüpften Informationen. Für die Typusarten von Flechtengattungen wird in *Pilze und Flechten – Morphologie, Systematik, Bestimmung* vom vorgeschlagenen Trivialnamen bisweilen abgewichen und der Gattungsname mit dem Zusatz „Typus“ ergänzt. Beispielsweise wurde für *Bagliettoa limboroides* der Name „Typus-Warzenflechte“ anstelle des von EICHLER et al. (2016) vorgeschlagenen Namens „Krugflechtenähnliche Warzenflechte“ verwendet. Die Gattungen sind in ihrer oftmals später enger vorgenommenen Umgrenzung untrennbar verbunden mit dem nomenklatorischen Typus, wobei dies, wie für die Pilze bereits erläutert, nicht unbedingt ein besonders typischer Vertreter der Gattung sein muss (daher die Benennung „Typus-Warzenflechte“ statt „Typische Warzenflechte“).

Am Ende dieses Buches findet sich eine kurze Erläuterung mikroskopischer Untersuchungsmethoden, eine Zusammenstellung wichtiger Reagenzien, ein Glossar, ein Literaturverzeichnis, ein Verzeichnis der Abkürzungen und der Index. Ebenso ist ein eigener Teil mit Abbildungen angefügt.

2 Entwicklung, Morphologie und Systematik der Pilze im Überblick

Pilze stellen stammesgeschichtlich keine einheitliche Gruppe von Organismen dar. Der unscharfe Begriff bezieht sich auf heterotrophe, relativ einfach gebaute Lebewesen, die im Unterschied zu den ebenfalls heterotrophen Tieren meist nicht zur Fortbewegung (Lokomotion) im Dienste der Nahrungsaufnahme und/oder Fortpflanzung befähigt sind. Die Trennung zwischen sehr ursprünglich erscheinenden Pilzen und einfach gebauten tierischen Organismen ist nicht scharf. Pilze haben **keine Plastiden** und kein Chlorophyll; sie leben als Saprobionten oder Parasiten im Süßwasser und auf dem Land, seltener im Meer. Sie sind hinsichtlich ihrer Kohlenstoffquelle **heterotroph**, für manche gilt dies auch bezüglich der Stickstoffquelle und gewisse Wuchsstoffe, z. B. Thiamin. Die Wissenschaft der Pilze wird Mykologie genannt.

Eine Sonderstellung nehmen die **Flechten** ein. Als symbiotische Organismen, die sich aus einem Pilz (Mycobiont) und einer Alge bzw. aus einem zur Photosynthese befähigten Organismus (Photobiont) zusammensetzen, haben sie eigene Strukturen ihres Organismus und besondere Lebensstrategien entwickelt. Da es meist der Pilz ist, der Form und Fortpflanzungsweise der Flechten bestimmt, können Flechten auch als Pilze aufgefasst werden, die durch Symbiose überwiegend autotroph leben. Die Wissenschaft der Flechten hat sich dennoch als eigenständiger Zweig mit der Bezeichnung Lichenologie entwickelt.

Organisationstypen

Folgende Organisationstypen von Pilzen können unterschieden werden, wobei festzuhalten ist, dass diese stammesgeschichtlich häufig heterogen sind.

A. Bresinsky, *Pilze und Flechten – Morphologie, Systematik, Bestimmung*,
https://doi.org/10.1007/978-3-662-63111-9_2

Schleimpilze

Die **Schleimpilze** (1. und 2. Abteilung) unterscheiden sich von tierischen Einzellern durch Sporen bildende Strukturen, die als einfache Fruchtkörper (**Sporokarpien**) bezeichnet werden, und sind stammesgeschichtlich enger mit eher den Tieren zugeordneten Gruppen verwandt als beispielsweise mit anderen Pilzen. Für die Schleimpilze sind frei lebende (also nicht parasitäre), zellwandlose, vielkernige, amöboid bewegliche Plasmamassen, die **Plasmodien**, kennzeichnend, die den vegetativen Zustand im Lebenskreislauf darstellen. Man unterscheidet verschiedene Formen, die auf unterschiedliche Weise entstehen:

- **Aggregationsplasmodium**: Myxamöben kriechen zu Plasmaanhäufungen zusammen, ohne ihre individuelle Selbstständigkeit zu verlieren
- **Fusionsplasmodium**: durch Verschmelzung von Myxamöben oder Myxoflagellaten entstehend; diploid-vielkernig
- **Netzplasmodium**: Teilung zweigeißeliger, heterokonter Flagellaten innerhalb einer sich vergrößernden Schleimhülle (aufgrund ihrer besonderen Geißelstruktur werden Netzschleimpilze bei dem Organisationstyp „Flagellatenpilze" besprochen)
- **ungeschlechtliche Entstehung** des Plasmodiums aus einer Einzelzelle durch Kernteilungen (aber ohne Zellteilungen)

Die im Lebenszyklus stets auftretenden Plasmodien sind also sehr verschiedener Natur. Die Vermehrung erfolgt durch Sporen, die in besonderen Fruchtkörpern (Abb. 2.6G) gebildet werden. Die begeißelten Stadien verfügen über zwei glatte, meist ungleich lange Geißeln, seltener ist eine Geißel reduziert. Verwandtschaftlich gesehen bestehen zwischen den verschiedenen Abteilungen innerhalb der Schleimpilze keine direkten Beziehungen. Die in ihrer äußeren Form und Lebensweise sehr eigentümlichen Schleimpilze haben viele Merkmale mit den Protozoen gemeinsam, mit denen sie eng verwandt sind, von denen sie sich aber durch die Fruchtkörper- und Sporenbildung unterscheiden. Übereinstimmung zu Protozoen besteht u. a. hinsichtlich folgender Eigenschaften:

- Ernährung: Heterotrophie; die meisten Formen ernähren sich wie Tiere phagotroph, indem sie ganze Partikel vereinnahmen
- amöboide Stadien: sind in den Lebenszyklus eingeschaltet
- Zellwände: fehlen zumindest in den vegetativen Lebensphasen

Flagellatenpilze

Die Vertreter von drei weiteren Abteilungen (3.–5. Abteilung) bilden in ihrem Lebenskreislauf begeißelte Keimzellen aus, die nicht der Nahrungsaufnahme, sondern der Fortpflanzung dienen. Sie werden als Flagellatenpilze bezeichnet. Stammesgeschichtlich stehen sie teilweise den Pflanzen (3. Abteilung) näher, teilweise den Tieren (4. und 5. Abteilung). Die Abgrenzung gegenüber den Schleimpilzen ist nicht scharf, da jene ebenfalls überwiegend begeißelte Stadien ausbilden. Den Flagellatenpilzen fehlen jedoch frei lebende Plasmodien. Letztere treten hier allenfalls in parasitischer Lebensweise im Inneren von Wirtszellen auf. Die Schwärmer (Zoosporen, Gameten) lassen verschiedene Typen der **Begeißelung** erkennen: opisthokont (mit einer einzigen glatten Schubgeißel), akrokont (mit einer einzigen mit Flimmerhaaren besetzten Zuggeißel) oder heterokont (mit zwei Geißeln, von denen eine glatte die Schleppgeißel, eine mit Flimmerhaaren versehene die Zuggeißel ist).

Bei den Flagellatenpilzen lassen sich die folgenden **Organisationsstufen** unterscheiden:

- nackte, **parasitierende Protoplasten** (z. B. *Olpidium*)
- **Rhizoidmycel**: mit Zellwänden; eine kernhaltige Blase zerteilt sich im Substrat in fädige, kernlose Ausläufer (z. B. *Rhizophydium*, Abb. 2.12A)
- **Hyphenmycel**: mit Zellwänden; besteht aus fädigen Zellen (z. B. *Peronospora*)

Chitinpilze ohne mobile Keimzellen

Aus einer eher den Tieren genäherten stammesgeschichtlichen Wurzel lassen sich auch alle übrigen Abteilungen von Pilzen ableiten. Man fasst sie als **Pilzreich** (mit der 4.–10. Abteilung) zusammen. Ihre Vertreter können mit dem Begriff „Chitinpilze" umschrieben werden, da ihre Zellwände Chitin enthalten. Darin unterscheiden sie sich von bisweilen äußerlich ähnlichen Flagellatenpilzen mit Cellulosewänden (Peronosporomycetes in der 3. Abteilung).

Chitinpilze sind eukaryotische, einen **Thallus** (Lager) bildende Organismen, die eine Sonderstellung einnehmen. Es werden keine Plasmodien gebildet, weder frei lebende noch parasitäre. Die Zellen der Pilze sind meist starr und von einer Zellwand aus Chitin, Glucanen usw. umgeben. Der Vegetationskörper ist meist fädig. Der einzelne Pilzfaden wird **Hyphe**, die Gesamtheit von Hyphen außerhalb von Fruchtkörpern **Mycel** genannt. In den Fruchtkörpern sind die Hyphen zu Flechtthalli (Plektenchym) verflochten.

Bei den Chitinpilzen lassen sich die folgenden **Organisationsstufen** unterscheiden:

- **Sprossmycel**: Der Thallus besteht aus tropfenförmigen oder etwas gestreckten Zellen, die durch Sprossung Tochterzellen bilden. Eine unvollkommene Abgliederung lässt kurze Ketten von aneinanderhängenden Zellen entstehen (z. B. bei Hefe), die zum Pseudomycel überleiten.
- **Pseudomycel**: Hier verbleiben aus der Sprossung hervorgegangene Zellen in einem kettenförmigen, verzweigten Verband (ähnlich Abb. 2.20G).
- **Hyphenmycel und Fruchtkörpergeflechte**: Der Thallus wird aus fädigen Zellen gebildet. Diese sind meist verzweigt, teilweise ungegliedert schlauchförmig (siphonal; Abb. 2.15D), teilweise auch durch Querwände regelmäßig septiert (trichal; Abb. 2.46A). Die Hyphen sind oft verfilzt bzw. zu Fruchtkörpern verflochten (Abb. 2.46B; Definition des Begriffs „Fruchtkörper" unter Mucoromycotina). Die Querwände der septierten Hyphen sind von einem zentralen, einfachen oder komplexen Porus durchbrochen. Der Porus ist meist offen und gestattet so den Durchtritt von Plasma und Kernen. Das Plasma befindet sich innerhalb der Hyphen in lebhafter Bewegung.

Als **Speicherstoffe** sind Glykogen und Fett weit verbreitet, seltener sind Mannit und andere Stoffe. Stärke kommt bei den Pilzen nicht vor.

Die **Vermehrung** erfolgt durch viele Arten von Keimzellen, die bei endogener Entstehung als Sporen bezeichnet werden. Konidien bilden sich stets exogen und dienen der ungeschlechtlichen Vermehrung und ausnahmsweise als Überträger von ♂ Kernen bei der sexuellen Fortpflanzung. Die Sporen sind von Zellwänden umgeben und unbegeißelt (Aplanosporen). Sporen können auf geschlechtliche Vorgänge folgend nach der Meiose entstehen (Meiosporen) oder sich nach mitotischen Kernteilungen bilden (Mitosporen). Manche Pilze können sich auch durch den Zerfall des Mycels in einzelne Zellen (Oidien) vermehren. Vielfach werden Dauerzustände in Form fester, knolliger Hyphenverbände (Sklerotien) angelegt. Beachtlich sind Verflechtungen zu meterlangen, schnurähnlichen Strängen (Rhizomorphen), die der Ausbreitung dienen (z. B. bei *Armillaria mellea*).

Bei der **geschlechtlichen Fortpflanzung** kopulieren ganze Gametangien (Gametangiogamie), Konidien mit Gametangien (Konidio-Gametangiogamie) oder zwei nicht als spezifische Sexualzellen differenzierte Thalluszellen (Somatogamie). Gametangien sind – falls vorhanden – niemals von einer vielzelligen Wand umgeben; sie werden daher einfach als ♂ oder ♀ Gametangien bzw. bei den Ascomycota als Ascogon (♀) bezeichnet.

Wie die Gametangien sind auch die Sporen bildenden Organe bei den Pilzen (wie bei den Algen) niemals durch Wände aus sterilen Zellen geschützt. Sie werden daher im Unterschied zu Organen ähnlicher Funktion der Höheren Landpflanzen (Embryophyten) nicht mehr wie früher als Sporangien, sondern als **Sporozysten** bezeichnet.

Vielfach herrscht die vegetative Vermehrung vor, in manchen Fällen ist die geschlechtliche Fortpflanzung unbekannt bzw. im Verlauf der stammesgeschichtlichen Entwicklung verloren gegangen. Die Thallusteile, welche ohne Kernphasenwechsel vegetative Vermehrungskeime (Mitosporen, Konidien usw.) bilden, werden bei den Pilzen **Nebenfruchtform** (**Anamorphe**) genannt. Im Gegensatz dazu besteht die **Hauptfruchtform** (**Teleomorphe**) aus Thallusteilen, in denen Kernverschmelzung (Karyogamie) und Kernphasenwechsel (Meiose) stattfinden.

Geschlechtsverteilung und Differenzierung in ♂ und ♀ Organe bzw. Keimzellen sind oft nicht augenfällig. Immerhin kann der gespendete Kern als ♂, der empfangende als ♀ definiert werden. Unter dieser Voraussetzung ist die Geschlechtsverteilung als diözisch oder monözisch zu kennzeichnen (Abb. 2.1). **Diözie** liegt vor, wenn ein Mycel entweder nur zum Kernempfänger oder nur zum Kernspender bestimmt ist (Abb. 2.1, links). Bei **Monözie** kann jedes einzelne Mycel sowohl als Kernspender wie auch als Kernempfänger auftreten.

Zwei Begriffe, die vielfach für das Fortpflanzungsverhalten von Pilzen benutzt werden, aber mit den eben definierten Bezeichnungen nicht deckungsgleich sind und auf anderen genetischen Grundlagen beruhen, sind homo- und heterothallisch. **Homothallische** Pilze bilden in Kulturen aus Einzelsporen Zygoten bzw. Fruchtkörper, während bei **heterothallischen** Pilzen dazu zwei Mycelien unterschiedlichen Kreuzungstyps (z. B. + und −) notwendig sind. Bei monözisch-heterothallischen Pilzen ist eine Verschmelzung von Kernen eines einzigen Mycels unmöglich (wie bei der Diözie). Genetisch beruht diese Unverträglichkeit auf mindestens zwei Allelen eines Kreuzungsfaktors, die man mit + und − (oder mit anderen Symbolen) bezeichnet. Kerne mit identischen Anlagen (z. B. + und +) sind unverträglich und verschmelzen nicht miteinander; man spricht daher von **homogenischer Inkompatibilität** (Abb. 2.1, rechts). **Heterogenische Inkompatibilität** ist bei der Kreuzung geographischer Rassen einer Art nachgewiesen worden; sie beruht auf der Unverträglichkeit verschiedener Anlagen.

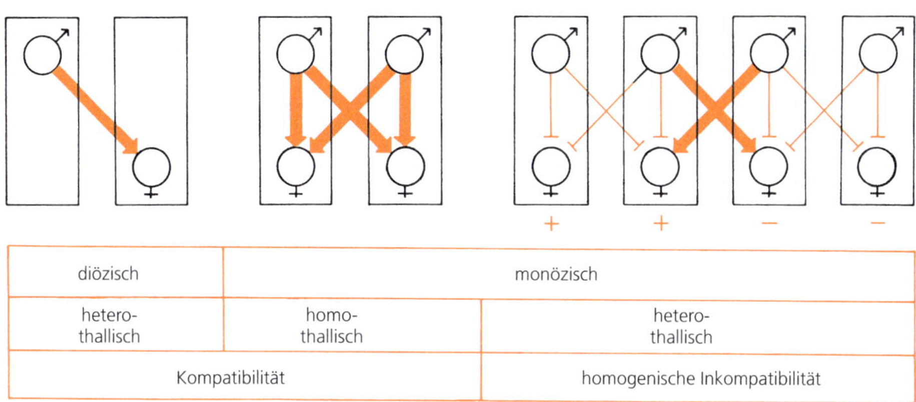

Abb. 2.1 Sexualverhalten der Pilze. Die Rechtecke stellen Mycelien mit ♂ Kernspender- und/oder ♀ Kernempfängerorganen dar. Diözie: ♂ und ♀ Organe befinden sich auf verschiedenen Mycelien. Monözie: ♂ und ♀ Organe befinden sich auf demselben Mycel. Heterothallie: Ein isoliertes Einzelmycel vermag keine Zygoten zu bilden. Bei monözischen Pilzen kann eine Heterothallie durch homogenische Inkompatibilität bedingt sein, d. h., es sind nur solche ♂ und ♀ Kerne kompatibel, die sich in ihrem Kreuzungsfaktor unterscheiden, also −♂ × +♀ und +♂ × −♀, nicht jedoch z. B. −♂ × −♀. (Nach K. Esser.)

Stammesgeschichtliche Wurzeln von Pilzen und pilzähnlichen Organismen

Stammesgeschichtlich stehen die vorab genannten Organisationstypen mit Einzellern (Protozoen; 1. und 2. Abteilung) und mit Pflanzen (3. Abteilung) in näherer Verbindung. In ihrer größeren Mehrzahl aber bilden die Pilze (4.–10. Abteilung) zu vielzelligen Tieren eine eigenständige Schwestergruppe. Diese Zuordnungen berücksichtigend, ergibt sich die folgende **Klassifikation**.

Schleimpilze:

1. Abteilung (Phylum): Mycetozoa
2. Abteilung (Phylum): Cercozoa

Flagellatenpilze (Cellulose- und Chitinpilze mit mobilen Keimzellen):

3. Abteilung (Phylum): Heterokontomycota (Cellulosepilze)
4. Abteilung (Phylum): Chytridiomycota (Chitinpilze)
5. Abteilung (Phylum): Blastocladiomycota (Chitinpilze)

Chitinpilze ohne mobile Keimzellen:

6. Abteilung (Phylum): Mucoromycota
7. Abteilung (Phylum): Glomeromycota
8. Abteilung (Phylum): Ascomycota

9. Abteilung (Phylum): Basidiomycota
10. Abteilung (Phylum): Entorrhizomycota

1. Anhang: Fungi imperfecti (Deuteromycetes): Pilze ohne sexuelle Fortpflanzung; vielfach von sich sexuell fortpflanzenden Vertretern der Ascomycota (teilweise auch Basidiomycota) abgeleitet und diesen jeweils zuzuordnen (1. Anhang)

2. Anhang: Flechten (Lichenes): mit Algen in Symbiose lebende (lichenisierte) Pilze; Zuordnung zu Ordnungen, besonders innerhalb der Ascomycota, teilweise auch innerhalb der Basidiomycota (2. Anhang).

Pilze in ihrem traditionell geprägten Verständnis sind ein polyphyletisches Gemenge, das sich zusammensetzt aus Gliedern dreier verschiedener Reiche von Lebewesen: sie sind partiell dem Tierreich, partiell dem Pflanzenreich und in ihrer großen Mehrheit dem eigenständigen Pilzreich zuzuordnen. Alle Abteilungen sowie die **Fungi imperfecti** und die **Flechten** gehören der **Domäne Eukaryota** an. Die 1. und 2. Abteilung sind dem **Tierreich** und die 3. Abteilung dem **Pflanzenreich** zuzuordnen. Die Abteilungen 4–10 bilden insgesamt als **Pilzreich** eine eigenständige Großgruppe gegenüber dem Tier- und dem Pflanzenreich.

Lebensweise der Pilze

Die Pilze mit etwa 100.000 Arten (Heterokontomycota mit 500, Mycobionta mit über 90.000 Arten) leben durchweg heterotroph und – im Gegensatz zu den Algen – vor allem auf dem Land. Wasserbewohner (weniger als 2 % aller Arten) finden sich einerseits primär unter den sich durch Zoosporen vermehrenden Flagellatenpilzen, andererseits sekundär unter den Ascomycota und Fungi imperfecti (Moniliales). Die aquatischen Pilze leben meist im Süßwasser, doch hat man auch eine Anzahl mariner Arten (insbesondere Ascomycota, auch einige Basidiomycota) festgestellt. Oft finden sich an ihren Sporen und Konidien Schwebeinrichtungen; z. B. sind die Konidien fadenförmig oder drei- bis vierstrahlig.

Fossile Pilze sind eher spärlich erhalten. Die ältesten Funde sind Vertreter der Chytridiomycota in Schalenfragmenten von Meerestieren; sie reichen bis ins Kambrium zurück. Im Devon sind querwandlose Hyphen in Überresten von Landpflanzen gefunden worden, im Karbon gab es auf den Farnen schon Rostpilze (Pucciniomycetes und wohl auch Ascomycetes) und an den Baumwurzeln Mykorrhizen. Gut erhaltene Schnallenmycelien deuten darauf hin, dass es im Steinkohlewald bereits Höhere Basidiomyceten (vermutlich Vertreter der Agaricomycetes) gab.

Pilze ernähren sich als **Saprobionten**, biotrophe oder nekrotrophe **Parasiten** (Letztere töten lebende Organismen in einer parasitischen Phase und leben anschließend saprobiotisch auf den abgestorbenen Resten) oder in **symbiotischen Lebensgemeinschaften** (z. B. Mykorrhiza, Flechten). Vielfach werden besondere Substrate besiedelt, z. B. Insekten, Moose, andere Pilze usw. (oft nur bestimmte Arten davon).

Da Pilze unterschiedliche organische Substrate abbauen wie auch lebende Organismen befallen und diese dabei beeinträchtigen oder abtöten, können sie erheblichen **Schaden** verursachen. Eine Eurotiale (Eurotiomycetes: *Amorphotheca resinae*) ist sogar auf Öle, Benzin und Teer bzw. auf die darin enthaltenen Kohlenwasserstoffe spezialisiert und hat bei Flugzeugen Schäden durch Verstopfung von Benzinleitungen und Korrosion von Aluminium angerichtet. Da sie Holz zerstören, bei Mensch, Tieren und Pflanzen Krankheiten hervorrufen sowie für das Verderben von Lebensmitteln und Textilien verantwortlich sind, sind Pilze als Schadorganismen wirtschaftlich bedeutsam. Demgegenüber stehen verschiedenste **Nutzanwendungen** (z. B. alkoholische Gärung, die Gewinnung von Antibiotika mithilfe der Eurotiales, die Nahrungsmittelproduktion mithilfe von Basidiomycetes, die Förderung des Baumwachstums durch Mykorrhizasymbiose). Aus der großen Fülle der Anpassungen an besondere Lebensbedingungen sollen nur wenige ökologisch bedeutsame herausgegriffen werden.

Pilze als Holzzerstörer

In der Natur wird das Holz abgestorbener Bäume und Stubben vorwiegend durch Pilze abgebaut, der Holzabbau durch Tiere oder Bakterien spielt eine eher untergeordnete Rolle. Unter den Pilzen sind vor allem Basidiomyceten mit hymenialen Fruchtkörpern (Agaricomycetidae, früher als Hymenomyceten bezeichnet: z. B. Poriales, Hymenochaetales, Polyporales, Agaricales), teils Ascomyceten (z. B. *Ceratocystis*) und Fungi imperfecti am Abbau des Holzes beteiligt. Einige dieser Holzzerstörer befallen als Parasiten bereits lebende Stämme, so *Phellinus pini* und *Heterobasidion annosum*, die Erreger von Fäulen der Kiefer und der Fichte, ferner *Phellinus alni* (Feuerschwamm) auf Apfel- und anderen Laubbäumen sowie *Fomes fomentarius* (Zunderschwamm) auf Buchen und Birken. Viele Pilze leben saprobiotisch nur auf abgestorbenem Holz (z. B. *Trametes*- und *Gloeophyllum*-Arten). Auch kann ein parasitischer Befall von saprobiotischer Lebensweise auf abgestorbenem Holz ausgehen, wie beim Hallimasch (*Armillaria mellea*), der in abgestorbenen Baumstümpfen lebt und an ihnen seine Fruchtkörper bildet, aber von hier auf lebende Bäume überzugehen vermag, vor allem, wenn diese (etwa durch eine längere Trockenperiode) physiologisch geschwächt sind (Schwächeparasiten).

Besonders innerhalb der vor allem parasitisch lebenden Gattungen hat sich die Artbildung unter Spezialisierung auf bestimmte Wirte vollzogen (z. B. *Phellinus hartigii* auf Tanne, *Ph. robustus* auf Eiche, *Ph. hippophaicola* auf Sanddorn). Einige Pilze sind gefährliche Zerstörer von Lager- und Bauholz, z. B. der Kellerschwamm (*Coniophora puteana*) und vor allem der Hausschwamm (*Serpula lacrymans*), der in Häusern, von feuchten Stellen ausgehend, beträchtlichen Schaden anrichten kann. Die Holzzerstörung durch Pilze geschieht als Destruktionsfäule (**Braunfäule**) oder als Korrosionsfäule (**Weißfäule**, Sonderform: Rotfäule). Im Fall der Braunfäule baut der Pilz vorzugsweise die Cellulose ab, sodass der Ligninanteil des Holzes übrig bleibt; das Holz wird braun, querrissig und zerfällt würfelig (z. B. *Coniophora*, *Serpula*). Die Erreger der Weißfäule (z. B. *Phellinus igniarius* auf Weide) bauen Lignin und Cellulose ab, wobei sie, im Gegensatz zu den Braunfäulepilzen, meist Phenol-Oxidasen in das Substrat ausscheiden; das morsche Holz wird infolge von Bleichungsvorgängen weiß und längsfaserig. Manche Gehölze widerstehen dem Abbau mithilfe von Giften, die vor allem im Kernholz (Kernholztoxine) enthalten sind. Einige Pilze vermögen allerdings derart geschütztes Holz trotzdem zu zerstören, wobei Phenol-Oxidasen möglicherweise an einer Entgiftung der Toxine beteiligt sind. Die **Moderfäule** – vorwiegend durch Kleinpilze mit kleinen Fruchtkörpern (z. B. Ascomyceten) oder ohne Hauptfruchtform (Fungi imperfecti) verursacht – ist hinsichtlich des Abbaus eine langsam verlaufende Braunfäule (seltener Weißfäule). Ein Beispiel hierfür liefern verschiedene *Chaetomium*-Arten (Ascomycetes), deren Hyphen die Sekundärwand der Tracheiden bzw. Holzfasern angreifen.

Bei den genannten drei Fäuletypen wird die Druck- wie die Biegefestigkeit des Holzes beeinträchtigt oder sehr stark reduziert. Die Blaufärbung des Kiefernholzes hat jedoch keinen Einfluss auf dessen statische Eigenschaften, da die Erreger (*Ceratocystis*-Arten) nur den Zellinhalt des Holzparenchyms verwerten. Am Vergrauen des wetterausgesetzten Bauholzes, z. B. im Gebirge, sollen – falls dieser Vorgang nicht ausschließlich durch Einwirkung der Luft ausgelöst wird – Fungi imperfecti beteiligt sein. Einige holzabbauende Pilze verursachen nächtliches Leuchten (Biolumineszenz), so z. B. der Hallimasch (*Armillaria mellea*). Bei dem auf alten Ölbäumen lebenden Ölbaumpilz (*Omphalotus olearius*), leuchten sogar die Fruchtkörper. Physiologisch mit dem Holzabbau verwandt ist der Abbau der Streu (Blätter, Nadeln) auf dem Waldboden, an dem neben Bakterien vor allem Pilze (als **Streuzersetzer**) mitwirken und somit wesentlichen Anteil an der Humusbildung haben.

Pilze als Symbionten

Symbiosen mit Pflanzen

Ein Großteil der Kormophyten (Gefäßpflanzen) geht mit Pilzen eine symbiotische **Mykorrhiza** ein. Man versteht darunter eine enge Verbindung zwischen Pilzen (Mycobionten) und autotrophen Pflanzen (Photobionten) im Bereich von deren unterirdischen, resorbierenden Organen (meist Wurzeln) zu gegenseitigem Vorteil (Symbiose). Der Pilz wird mit Assimilaten seines autotrophen Partners versorgt, dieser erhält vom Pilz Wasser, Nährsalze, Wuchsstoffe und teilweise auch niedermolekulare organische Stoffe. Im Blick auf die autotrophen Partner werden obligat und fakultativ mykotrophe Pflanzen unterschieden. Man unterscheidet verschiedene Formen:

- **ektotrophe Mykorrhiza** (Ektomykorrhiza): Bei der ektotrophen Mykorrhiza umschließt ein Mantel aus Pilzhyphen die Seitenwurzeln 2. und 3. Ordnung. Bei Höheren Pflanzen sind die mykorrhizierten Wurzeln kurz und dick. Kennzeichnend ist ein Hartig'sches Netz (eine netzförmig erscheinende Anordnung von Pilzzellen zwischen den vergrößerten Rindenzellen des autotrophen Partners). Die in den Boden strahlenden Pilzhyphen übernehmen die Rolle der bei diesen Seitenwurzeln fehlenden Wurzelhaare. Die Pilzsymbionten sind überwiegend Vertreter der Agaricomycotina.
- **endotrophe Mykorrhiza** (Endomykorrhiza): Bei der endotrophen Mykorrhiza befinden sich die Hyphen des Pilzpartners innerhalb der Zellen der Wurzelrinde. In den inneren

Gewebeschichten der Wurzel werden die Pilzhyphen durch den Wirt zerstört und verdaut. Mycobionten sind u. a. Vertreter der Basidiomycota, aber auch Ascomycota (als Anamorphe).

- **vesikulär-arbuskuläre (VA-)Mykorrhiza**: Bei der VA-Mykorrhiza handelt es sich um eine besondere Form der endotrophen Mykorrhiza. Im Inneren der Zellen der Wurzelrinde des Wirts bildet der Pilz blasenförmig angeschwollene Zellen (Vesikel) und bäumchenförmig verzweigte Hyphen (Arbuskel) aus. Die Pilzsymbionten sind Vertreter der Zygomycota (Endogonales).
- **ekto-endotrophe Mykorrhiza** (Ekt-Endomykorrhiza): Die ekto-endotrophe Mykorrhiza ist eine Zwischenform zwischen der ekto- und der endotropher Mykorrhiza. Die sich zunächst nur in den Interzellularen ausbreitenden Hyphen des Pilzes dringen schließlich auch in das Innere der Rindenzellen des Photobionten ein.

Von unseren heimischen Bäumen sind vor allem die Koniferen und unter den Angiospermen die Fagales regelmäßige Wirte ektotropher Mykorrhizapilze. Auch bei den Kulturpflanzen sind (meist endotrophe) Mykorrhizen weit verbreitet, z. B. bei Erdbeere, Tomate, Erbse und den Getreidearten. Die staubfeinen, über kein Nährgewebe verfügenden Samen der Orchideen vermögen unter natürlichen Bedingungen ohne Mykorrhizapilz ihre Keimung nicht fortzusetzen. Mykorrhizapilze fehlen nur wenigen Verwandtschaftskreisen vollständig, z. B. den Cyperales, Plumbaginales und Brassicaceae. Von den Pilzen bilden die Peronosporomycetes und Chytridiomycetes keine Mykorrhiza, alle anderen Klassen können Mykorrhiza bilden, besonders die Höheren Asco- und Basidiomycetes (z. B. die meisten Hutpilze des Waldbodens), aber auch die Zygomycetes (*Endogone*).

Vielfach bilden die Pilze nur mit bestimmten Wirten Fruchtkörper oder leben ausschließlich mit diesen zusammen. So ist innerhalb der Raufuß-Röhrlinge (*Leccinum*, *Leccinellum*) der Birkenpilz (*L. scabrum*) und die Schwarzschuppige Rotkappe (*L. testaceoscabrum*) an Birke, der Fuchs-Röhrling (*L. vulpinum*) an zweinadeligen Kiefern, der Eichen-Rauhfuß (*L. quercinum*) an Eiche, der Kapuziner (*L. aurantiacum*) an Espen und *Leccinellum carpini* an Hainbuchen Hasel oder Espe gebunden.

Mykorrhizasymbiosen können sich zu rein parasitischen Verhältnissen entwickeln. Entweder parasitieren manche Pilze dann auf der Wirtspflanze oder die ursprünglich als Wirt für einen Pilz dienende Höhere Pflanze wird zum Parasiten des Pilzes (z. B. *Neottia*).

Eine Nutzanwendung der Mykorrhizaforschung erfolgt bei der Aufforstung in vorher waldfreien Gebieten, indem die gepflanzten Bäume durch Impfung mit Pilzbrut mit geeigneten Mykorrhizapartnern versorgt werden.

Symbiosen mit Tieren

Außerordentlich mannigfaltig sind die Symbiosen von Pilzen mit Tieren. Auf eine einseitige Ernährung spezialisierte Tiere wie Blutsauger, holzfressende oder pflanzensaftsaugende Insekten führen in bestimmten Teilen ihres Verdauungstrakts oder aber in besonderen Organen, den Mycetomen, pflanzliche Symbionten, und zwar Bakterien und Hefen, deren Übertragung auf die nächste Generation durch verschiedene Mechanismen gesichert ist. Die pilzlichen Symbionten ermöglichen ihren Wirten z. B. den Aufschluss der Nahrung (Holz für Holzwespenlarven), teilweise wird der Pilz aber auch vom Tier verzehrt, sodass dieses sich auf dem Umweg über den Pilz z. B. von Holz zu ernähren vermag (z. B. Klopfkäfer). In allen diesen Fällen ermöglichen die Symbionten ihren Wirten das Überleben bei einseitiger Nahrung dadurch, dass sie auf verschiedene Art den Stoffwechsel der Wirte ergänzen. Die tropischen Blattschneiderameisen kultivieren in ihren unterirdischen Bauten das Mycel bestimmter Pilzarten (zu den Agaricales gehörend), deren verdickte, nährstoffreiche Hyphenenden ihnen als Nahrung dienen. Der celluloseabbauende Pilz wird von den Ameisen auf einem aus zerkauten Blattstücken gebildeten Substrat gepflegt und bei der Neuanlage eines Nests übertragen. Bei den Termiten dient das sorgfältig kultivierte Pilzmycel (*Termitomyces*, Agaricales) nur der Ernährung der Königin und der Larven. Eine ähnliche Bedeutung besitzen die Ambrosiapilze, die in den Gängen von einheimischen Borkenkäfern (Ipiden) leben und von den Käferlarven abgeweidet werden.

Die Symbiose von Pilzen mit Algen führt zu einer festen Partnerschaft in Gestalt von **Flechten** (siehe 2. Anhang).

Pilze als Krankheitserreger

Von den 162 wichtigsten Infektionskrankheiten der in Mitteleuropa angebauten Nutzpflanzen werden 83 % durch Pilze verursacht. Die wirtschaftlichen Schäden belaufen sich jährlich auf Milliardenbeträge und haben Hungersnöte zur Folge gehabt (siehe *Phytophthora*). Unter den Organismen, die auf Pflanzen parasitieren, spielen neben Tieren, Bakterien und Viren die Pilze eine dominierende Rolle. Manche Gruppen (unter den Schleimpilzen die Plasmodiophoromycetes, unter den übrigen z. B. die Peronosporales, Erysiphales, Uredinales, Ustilaginales) leben fast ausschließlich als Schmarotzer und Krankheitserreger auf Höheren Pflanzen. Daneben zählen auch zahlreiche Fungi imperfecti (Deuteromycetes) zu den Pflanzenparasiten. Am Beginn der Entwicklung des parasitischen Pilzes auf der Wirtspflanze steht die **Infektion**. Sie nimmt ihren Weg durch Wunden, durch Stomata oder direkt durch die Epidermisaußenwand. Das Eindringen durch die Cuticula der Epidermis erfolgt enzymatisch durch spezielle Ektoenzyme (Cutinasen) oder mechanisch, indem die Cuticula unter Druck mit einem spitzen Fortsatz der Infektionshyphe durchstoßen wird. Vielfach geschieht die Infektion an empfindlichen Organen der Wirte, z. B. an Wurzelhaaren, Organen der Keimlinge, Blütenblättern und Narben. Oft genügt eine einzige Spore oder Konidie für eine erfolgreiche Infektion. Ausschlaggebend für die Keimung der Sporen bzw. Konidien ist neben der Temperatur vor allem ausreichende Feuchtigkeit (daher ist in feuchten Jahren eine besonders starke Entwicklung von Pilzkrankheiten).

Auf den Einbruch des Pilzes reagiert die Wirtspflanze mit **Abwehrmaßnahmen** mechanischer oder chemischer Natur wie eine lokale Verdickung von Zellwänden und auch die Bildung von Abwehrstoffen wie die unspezifischen Gerbstoffe (sie werden teilweise durch Phenol-Oxidasen entgiftet) oder die spezifischen Phytoalexine. Ob der Wirt letztlich infiziert wird, hängt u. a. von der Virulenz des Pilzes und von der Resistenz des Wirts ab. Die Resistenz des Wirts wird bedingt durch seine genetische Konstitution und damit durch verschiedene mechanische, chemische und physiologische Resistenzfaktoren. Ob eine Infektion erfolgt, ist zudem von der Disposition des Wirts abhängig, die von den Umweltbedingungen beeinflusst wird. Eine gute Stickstoffversorgung z. B. fördert das Wachstum und sorgt so für eine geringere mechanische Festigkeit der Zellen, wodurch die Disposition für eine Infektion meist erhöht ist.

Die **Virulenz** der Pilze unterliegt selbst innerhalb der Arten starken, genetisch bedingten Schwankungen. Ausgehend von 53 Ascosporenkulturen erhielt man – selbst aus Sporen eines Fruchtkörpers – beim Gerstenmehltau 14 verschiedene pathogene Typen. Dem entspricht bei vielen Parasiten eine Aufgliederung der Sippen in eine Vielzahl wirtsspezifischer Formen.

Als **Infektionsquellen** kommen alle Konidien- und Meiosporen bildenden Stadien der Pilze in Betracht. Die Überwinterung erfolgt oft mithilfe von Stromata, die im Frühjahr Fruchtkörper bilden (z. B. *Venturia*, *Claviceps*, *Rhytisma*), im Frühjahr auskeimende Zygoten (Peronosporales) und Teleutosporen (Uredinales). Teilweise überwintern die Pilze in Rhizomen, Knollen oder auch Winterknospen der Wirte. Die Ausbreitung eines Krankheitserregers erfolgt – oft sehr rasch – in derselben Weise wie bei Früchten und Samen Höherer Pflanzen meist durch Luftströmungen, vielfach durch Tiere und in neuerer Zeit auch durch den Menschen, der viele Pflanzenkrankheiten von Erdteil zu Erdteil verschleppt.

Epidemisches Auftreten von phytopathogenen Pilzen kennen wir nur in Monokulturen einzelner Kulturpflanzen, bei denen es gebietsweise sogar zur völligen Vernichtung der Kulturen kommen kann. Ein Beispiel ist der Rebenanbau auf Teneriffa und Madeira, der um 1850 durch *Erysiphe necator* vollständig eingebrochen ist.

Bei der **Bekämpfung** der Pflanzenkrankheiten spielt – im Gegensatz zu den bakteriellen, pilzlichen und viralen Krankheiten der Tiere – eine Therapie aus technischen Gründen nur eine untergeordnete Rolle. Die wichtigste Maßnahme besteht in der Prophylaxe, indem man zu verhindern sucht, dass Erreger und Wirt aufeinandertreffen (geeignete Kulturmaßnahmen, Fruchtwechsel, Ausrottung des Zwischenwirts bei Rostpilzen) oder indem man den Erreger vor oder während der Keimung vernichtet (Beizen des Saatguts, Bespritzen oder Bestäuben mit Fungiziden). Eine wichtige Rolle spielt auch die Züchtung von Sorten, die gegen den Krankheitserreger resistent sind (Resistenzzüchtung). Eine erfolgreiche Bekämpfung setzt allerdings die genaue Kenntnis der Entwicklungsgeschichte und der Lebensbedingungen des Parasiten voraus.

Bei Menschen und Tieren verursachen Pilze verschiedenste Krankheiten. Indirekt mit der Lebensweise der Pilze hängen Mykotoxikosen und **mykogene Allergien** zusammen. Aus der Luft in die Atemorgane dringende Pilzsporen können solche Allergien verursachen. Der Sporengehalt der Luft ist oft beträchtlich hoch; so fand man in einem landwirtschaftlichen Gebäude bis zu 21 Mio. *Aspergillus*-Sporen je cm^3 Luft. Im Freiland liegen die Werte dagegen erheblich niedriger, nämlich bei 0,25–7 Sporen je cm^3. In der Lunge von frisch geschlachteten Kühen wurden bis zu 1700 Pilzkolonien je g Frischgewicht gezählt, und zwar von Arten, deren Sporen mit unter 10 µm Größe die Atemwege passieren können. *Aspergillus flavus* wächst auf verschiedenen Nüssen und erzeugt Aflatoxine, die Leber-

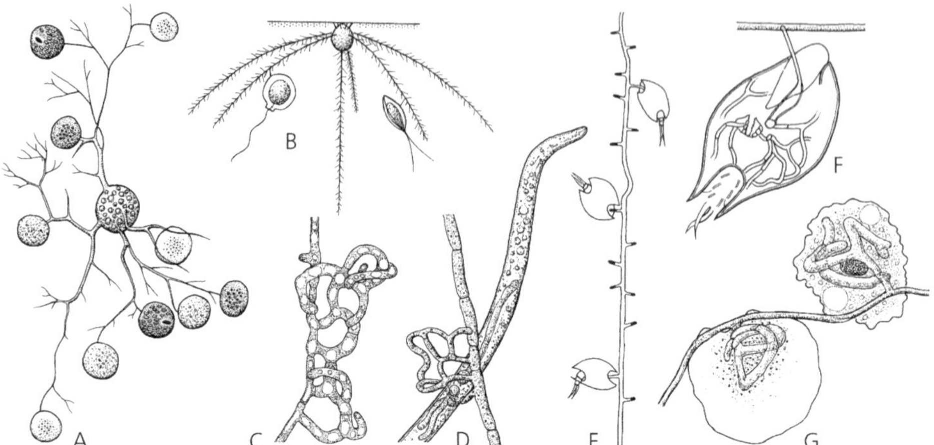

Abb. 2.2 Tierfangende Pilze. A *Polyphagus euglenae* mit zehn kontrahierten Euglenen in verschiedenen Verdauungsstadien (200×). **B** *Arnaudovia hyponeustica* mit gefangenem *Tylenchus* (150×). **C, D** *Arthrobotrys oligospora*; **C** mit Fangschlingen, **D** mit gefangenem Fadenwurm (150×). **E** *Zoophagus insidians* mit drei gefangenen Rotatorien (90×). **F** Von *Zoophagus* gefangenes und durchwachsenes Rädertier (125×). **G** *Zoopage thamnospira* mit zwei Amöben (500×). (A nach L. Nowakowsky; B nach Valkanow; C, D nach W. Zopf; E, F nach Sommerstorff; G nach C. Drechsler.)

schäden hervorrufen. Im Gegensatz zu einer solchen **Mykotoxikose**, die z. B. auch durch *Claviceps* verursacht werden kann, spricht man von **Mycetismus**, wenn Pilze bewusst verspeist werden und sich daraufhin Vergiftungserscheinungen einstellen (siehe Agaricales).

Pilze, die **Mykosen** verursachen, können als Parasiten von Warmblütern angesehen werden. Die Mykosen bei Mensch und Tier werden nach dem Krankheitsbild in oberflächliche, Haut, Haare, Nägel, Federn, Krallen und Hufen befallende sowie in tiefe Mykosen unterschieden, die sich im Körperinneren ausbreiten und zum Tod führen können. Die 30–50 Erreger sind hefeähnliche Pilze (*Candida*, *Torulopsis*, *Cryptococcus*) oder Pilze, die fädige Mycelien bildend (*Aspergillus*, *Trichophyton*, *Mucor*). Manche Arten sind ausschließlich auf Warmblüter spezialisiert, andere leben auch im Erdboden, von wo aus die Infektion erfolgt. Der den Fuß befallende Pilz *Trichophyton rubrum* infiziert den Menschen über feinste, am Boden zerstreute Hautschuppen, die mit Pilzmycel bewachsen sind. Tiefe Mykosen werden kaum durch Hautkontakt übertragen, sondern durch die Aufnahme in den Magen-Darm-Trakt und vor allem in die Atmungsorgane. *Histoplasma*-Arten sind Erreger einer in wärmeren Ländern weit verbreiteten Lungenerkrankung.

Carnivore Pilze

Carnivore Pilze (Abb. 2.2) sind Ernährungsspezialisten, die eine Sondergruppe fakultativer Parasiten bilden. Zwar fangen diese Pilze kleine Bodentiere (Nematoden, Rotatorien) oder bewegliche Algen (*Euglena*) mittels verschiedener Einrichtungen, doch können sie vielfach auch saprobiotisch ohne ihre Beuteorganismen auf den üblichen Nährböden kultiviert werden. Zu den Chytridiales zählen *Polyphagus euglenae* (Abb. 2.2A; siehe auch

Chytridiomycetes) und Arten der Gattung *Arnaudovia*. Letztere leben an der Wasseroberfläche (Neuston) und fangen Einzeller mithilfe von sechs langen, feinfiedrigen Hyphen (Abb. 2.2B). Die Zoopagaceen (Zygomycetes) sind durchweg Tierfänger, die von Amöben- und Nematodenfang leben. An den Hyphen von *Zoopage thamnospira* (Abb. 2.2G) bleiben Amöben haften, die dann mittels Haustorien, die in die Beute hineinwachsen, abgebaut werden. Die tierfangenden Pilze der *Arthrobotrys*-Gruppe gehören zu den Fungi imperfecti (Hyphomycetes). Sie fangen ihre Beute (Nematoden) mittels Klebästen oder -netzen (Abb. 2.2C), Klebknöpfen (*Dactylella*) oder mit starren oder zuschnappenden Ringen (*Dactylium*). Auch bei den Peronosporomycetes ist eine räuberische Lebensweise, und zwar innerhalb der Gattung *Zoophagus*, entstanden. Die Hyphen bilden hier mit schleimigem Sekret versehene Fortsätze, an denen Rädertierchen hängen bleiben (Abb. 2.2E, F). Unter den Basidiomyceten ist Carnivorie bei einzelnen *Pleurotus*-Arten beobachtet worden. Insgesamt sind etwa 80 Arten tierfangender Pilze beschrieben worden.

1. Abteilung (Phylum): Mycetozoa

Bei den Mycetozoa handelt es sich um Schleimpilze, denen begeißelte Zellen entweder fehlen oder bei denen ein- oder zweigeißelige Myxoflagellaten auftreten. Es werden Aggregationsplasmodien (Dictyostelia), Netzplasmodien (Protostelia; siehe auch Labyrinthulomycetes innerhalb der Heterokontomycota) oder Fusionsplasmodien (Myxogastria) gebildet, die stets frei, also nicht im Inneren von Wirtszellen leben. Die Namen für Gattungen und Familien richten sich nach den für das Tierreich geltenden Regeln (z. B. Stemonitida anstelle von Stemonitales, Stemonitidae anstelle von Stemonitaceae).

1. Klasse: Dictyostelia

Diese Klasse umfasst Schleimpilze, denen begeißelte Zellen in allen Lebensstadien fehlen. Myxamöben kriechen zu einem Aggregationsplasmodium (auch Pseudoplasmodium genannt, Abb. 2.3) zusammen, ohne miteinander zu verschmelzen. Die **Aggregationsplasmodien** werden also durch Aggregation von Einzelzellen, ohne Verschmelzung derselben, gebildet. Die Zellwände bestehen aus Cellulose.

Lebenszyklus (am Beispiel von *Dictyostelium*; **Dictyostelia**): In der Phase ungeschlechtlicher Vermehrung teilen sich die Amöben solange genügend Nahrung verfügbar ist. Die Ernährungsweise ist wie bei der 3. Klasse (Myxogastria) phagotroph; es werden vornehmlich Bakterien aufgenommen. Ist das Nahrungsangebot nicht mehr ausreichend, dann findet ausgehend von einer als Bildungszentrum bestimmten Gruppe von Amöben die Aggregation (Abb. 2.3) statt. Die für die Bildung des Aggregationsplasmodiums zusammenfließenden, aber nicht miteinander verschmelzenden Amöben locken sich gegenseitig chemotaktisch an.

Das Aggregationsplasmodium vermag, sich auf dem Substrat kriechend fortzubewegen, ehe es sich in der Kulminationsphase zu einem säulenförmigen Gebilde auftürmt. Auch jetzt bleibt die Individualität der einkernigen Amöben erhalten, auch wenn bestimmte Differenzierungsvorgänge bei der sich nunmehr anschließenden Ausformung der Fruchtkörper

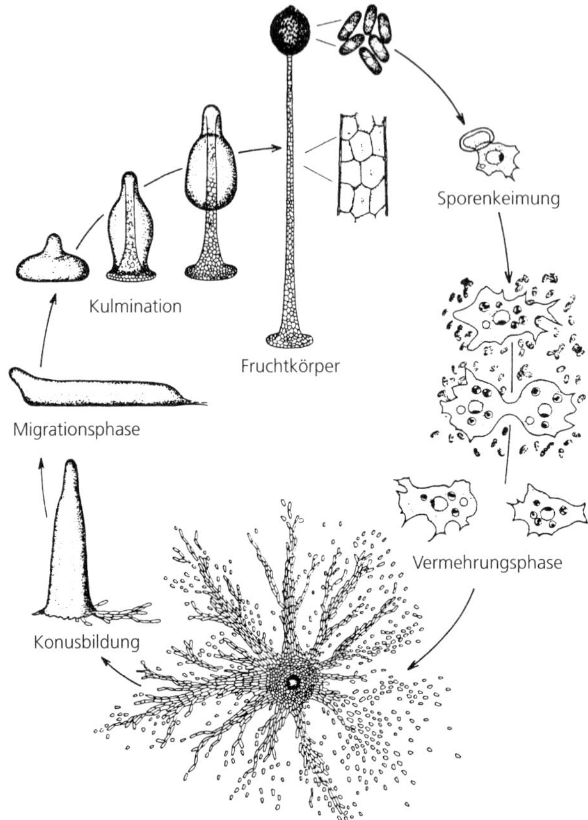

Abb. 2.3 Mycetozoa, Dictyostelia. Entwicklungszyklus von *Dictyostelium discoideum* (rechts 100×, links 8× vergrößert). (Nach G. Gerisch.)

deutlich werden: Im zentralen Teil der Fruchtkörperanlage (Abb. 2.3) kommen die Amöben bald zur Ruhe, umgeben sich mit einer festen Zellwand und bilden einen zellulären Stiel; der Name „zelluläre Schleimpilze" für die Dictostelia leitet sich hiervon ab. Durch Zufügung weiterer Amöben verlängert sich der Stiel von unten her. An ihm kriechen weitere Amöbenströme in den köpfchenförmigen, oberen, zum eigentlichen Sporokarp (Sporangium) bestimmten Abschnitt hinein. Im Köpfchen werden die peripheren Zellen zur Rinde, die inneren Zellen runden sich zu haploiden Sporen (Zysten) ab und eine Columella bildet sich als Fortsetzung des Stiels. Nach der Sporulation sterben Stiel- und Rindenzellen ab.

Sexuelle Kopulationen von Amöben zu diploiden Megazysten und eine sich anschließende Meiose waren lange umstritten. Heute gilt die geschlechtliche Fortpflanzung zumindest im Aggregationsplasmodium von *Polysphondylium* (insgesamt eine polyphyletische Gattung und von zweifelhafter Zugehörigkeit zu den Dictyostelia) als gesichert. *Dictyostelium* ist ein bekanntes Laboratoriumsobjekt.

2. Klasse: Protostelia

Die in diese Klasse gestellten Organismen bilden vielkernige **netzartige Plasmodien**, die sich aus (un)begeißelten Zellen entwickeln. Die Plasmodien fallen durch fädige Fortsätze (Pseudopodien) auf. Die sehr unscheinbaren, langgestielten Fruchtkörper (Sporokarpien) enthalten eine oder wenige Sporen. Ihre Vertreter können aus Dung, Erde oder Pflanzenresten isoliert werden. In den üblichen Bestimmungswerken werden die Arten der hierher gestellten Gattung *Ceratiomyxa* (Ordnung **Ceratiomyxales**; Sporenbildung erfolgt exogen) geschlüsselt.

Protostelia
- **Protostelida: Ceratiomyxaceae:** *Ceratiomyxa*

3. Klasse: Myxogastria

Die für diese Klasse kennzeichnenden **Fusionsplasmodien** entstehen entweder durch die Fusion von Myxoflagellaten oder Myxamöben, oder sie entwickeln sich aus Einzelzellen ohne vorausgehende geschlechtliche Vorgänge. Im Lebenszyklus treten begeißelte Keimzellen auf. Die Zellwände sind, soweit sie in bestimmten Lebensstadien sichtbar werden, aus Galactosamin und Cellulose aufgebaut.

Die vegetative (somatische) Phase ist ein diploides, vielkerniges, nicht zellulär untergliedertes Fusionsplasmodium (Abb. 2.4, 2.5) mit phagotropher Ernährungsweise. Aus den Plasmodien entwickeln sich Fruchtkörper, wobei ein Teil des Plasmas verhärtet und charakteristische Strukturen liefert, während der andere, die Zellkerne enthaltende Teil in Meiosporen umgewandelt wird. Die Sporen besitzen eine mindestens zweischichtige Zellwand, die nach neueren Untersuchungen weder Cellulose noch Chitin, sondern hauptsächlich ein polymeres Galactosamin enthält. Als Reservesubstanz wird Glykogen gebildet. Die Plasmodien der Myxomyceten sind vielfach lebhaft gefärbt, bei den Fruchtkörpern ist dies meistens der Fall. Die chemischen Strukturen der Farbstoffe sind erst teilweise aufgeklärt und weichen von denen der Pilze ab.

Lebenszyklus: Die Sporen keimen im Wasser oder auf feuchtem Substrat aus. Die Keimfähigkeit bleibt vielfach sehr lange erhalten; so gelang es, Sporen von einer über 70 Jahre alten Probe zum Auskeimen zu bringen. Die Sporen entlassen dabei entweder einkernige, nackte, amöboid bewegliche Myxamöben oder begeißelte Myxoflagellaten (Schwärmer; Abb. 2.6A). Die Myxoflagellaten sind meist zweigeißelig, wobei eine Geißel oft zu einem Stummel reduziert ist oder auch ganz fehlt. Wo die zweite Peitschengeißel fehlt, ist wenigstens ein zweiter, funktionslos gewordener Blepharoplast vorhanden. Myxoflagellaten können durch den kompletten Verlust ihrer Geißeln in Myxamöben übergehen. Diese vermehren sich – wie übrigens auch die Myxoflagellaten – durch Teilung. Myxamöben oder Myxoflagellaten verschmelzen paarweise miteinander zu Amöbozygoten bzw. begeißelten Planozygoten, in denen dann auch die Zellkerne fusionieren (erst Plasmogamie, dann Karyogamie). Das diploide Gebilde entwickelt sich unter zahlreichen mitotischen Kernteilungen zu größeren vielkernigen Plasmodien (Abb. 2.5), die ihrerseits wieder mit-

Abb. 2.4 **Myxogastria.** Plasmodium und Fruchtkörper von *Badhamia utricularis*. (Aufnahme: J. Haedeke.)

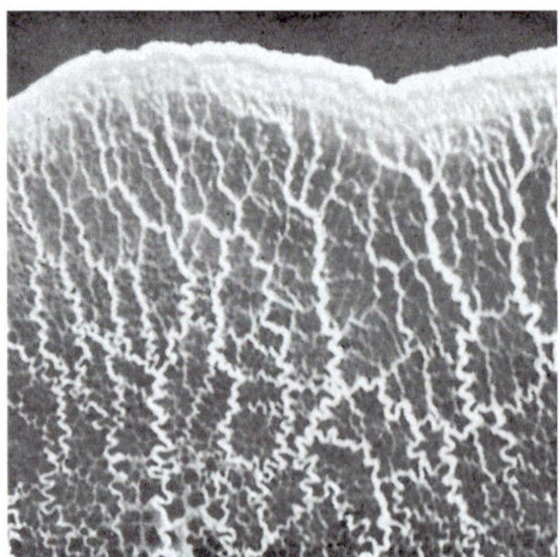

Abb. 2.5 **Myxogastria.** Rand des Plasmodiums von *Badhamia utricularis* (2×). (Nach E. Jahn.)

einander verschmelzen können. Die Mitosen erfolgen intranucleär und bei allen Kernen eines Plasmodiums synchron. In den Plasmodien befindet sich das Plasma in lebhafter Bewegung. Die Plasmodien entwickeln sich bei hoher Luftfeuchtigkeit im Waldboden, in der Streu, zwischen Kräutern, Moosen oder in vermoderndem Holz, später kriechen sie unter Formänderung und Aufteilung langsam auf Oberflächen umher. Zellwände treten in und am Plasmodium, das von einer Schleimhülle umgeben ist, nicht auf. Seine Vorderfront (Abb. 2.5) besteht aus dichterem Plasma; nach hinten erscheint es oft in ein Maschenwerk einzelner Stränge aufgelöst. Die Plasmodien gewisser Arten können Durchmesser von über 20 cm erreichen (z. B. *Fuligo*, *Brefeldia*). Die Fruchtkörperbildung setzt unter bestimmten, noch nicht genügend erforschten exogenen Bedingungen ein (Substraterschöpfung, Veränderung von Licht, Temperatur, pH-Wert), möglicherweise wirken auch endogene Faktoren auslösend. Zuvor ändert das Plasmodium sein reizphysiologisches Verhalten. Es kriecht aus dem feuchten Substrat dem Licht entgegen und wandelt sich unter starkem Wasserverlust in zahlreiche Sporokarpe (Sporangien) um (Abb. 2.6D). Diese Fruchtkörper besitzen eine äußere, oft kalkhaltige Wand, die Peridie, sowie vielfach einen Stiel, der sich in das Innere des Sporokarps als Columella fortsetzen kann, und im Sporokarp oft ein System aus Fasern, die in ihrer Gesamtheit als Capillitium bezeichnet werden. Diese Strukturen werden aus dem erstarrenden, kernlosen Restplasma geformt, das bei der Sporenbildung nicht verbraucht wird. Die Entstehung des Capillitiums wird offenbar durch Ablagerung von Baumaterial in besonderen Vesikeln eingeleitet. Das kernhaltige Plasma bildet durch Zerklüftung einkernige, zunächst diploide Sporen. Als Folge der sich anschließenden Meiose entstehen in jeder Spore vier haploide Zellkerne, von denen alle bis auf einen wieder verschwinden. Bei der Fruchtreife bricht die Peridie des Sporokarps auf und die Sporen können aus dem Capillitiumgerüst herausgeblasen werden. (bei einigen Arten fördert das Capillitium die Entleerung des Sporokarps durch hygroskopische Bewegungen). Im Lebenszyklus sind die Myxoflagellaten und die nichtkopulierenden Myxamöben haploid, die Plasmodien, Fruchtkörper und jungen Sporen sind diploid und die reifen Sporen wieder haploid. Die diploide Phase ist demnach die im Entwicklungsgang vorherrschende Phase.

Die **Ernährung** der Plasmodien bzw. der ihnen vorausgehenden, einzelligen Stadien erfolgt in der Natur vermutlich stets durch Einverleibung verschiedener Mikroorganismen wie Bakterien, Protozoen, Sporen, Hefezellen, Pilzhyphen. Die Nahrungspartikel werden in Nahrungsvakuolen eingeschlossen und enzymatisch verdaut; Unverdauliches wird nach einiger Zeit ausgeschieden. In Kultur lassen sich die meisten Arten nur dann halten, wenn lebende Mikroorganismen (z. B. Bakterien) als Futter angeboten werden. Einige Arten von Myxomyceten konnten auch rein saprobiotisch auf Nährböden definierter Zusammensetzung gehalten werden.

Unter Kulturbedingungen können Plasmodien einiger Arten einzellige Grünalgen durch Phagotrophie aufnehmen und ansammeln, ohne dass die vereinnahmten grünen Zellen verdaut werden. Die auf diese Weise ergrünten Plasmodien sind photosynthetisch aktiv. Obgleich die Grünalgen auch in die Fruchtkörper einwandern, wird eine Symbiose unter natürlichen Bedingungen in den folgenden Generationen nicht weiter aufrechterhalten.

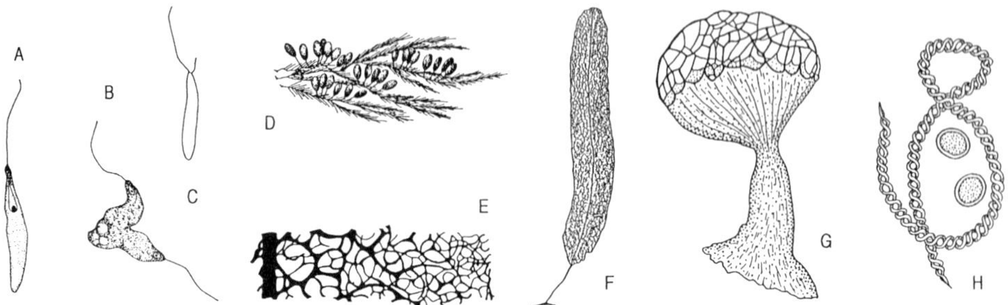

Abb. 2.6 Myxogastria. A–C Myxoflagellaten, in **A** und **B** kurze Geißel nicht gezeichnet; **B** in Kopulation (1500×), **C** mit langer und kurzer Geißel. **D** *Leocarpus fragilis*, zahlreiche Fruchtkörper auf Moos (1×). **E** *Comatricha typhoides*, Teil des Capillitiums (180×). **F** *Stemonitis fusca*, Fruchtkörper (5×). **G** *Cribraria rufa*, Fruchtkörper (30×). **H** *Trichia varia*, Capillitiumfaser und Sporen (300×). (A nach Gilbert; B nach H.A. von Stosch und R. von Wettstein; C nach C.G. Elliot; D, E, F nach H. Schenck; G, H nach A.L. Lister.)

Myxogastria

- **Echinosteliida**: **Echinosteliidae**: *Echinostelium*; **Clastodermidae**: *Clastoderma*
- **Liceida**: **Enteriidae**: *Cribraria, Dictydiaethalium, Enteridium, Licea, Lindbladia, Lycogala, Tubifera*
- **Physarida**: **Didymiidae**: *Diderma, Didymium, Lepidoderma, Mucilago*; **Physaridae**: *Badhamia, Craterium, Fuligo, Leocarpus, Physarum, Willkommlangea*
- **Stemonitida**: **Stemonitidae**: *Amaurochaete, Brefeldia, Caloderma, Collaria, Comatricha, Diachea, Enerthenema, Lamproderma, Macbrideola, Paradiacheopsis, Stemonaria, Stemonitis, Stemonitopsis, Symphytocarpus*
- **Trichiida**: **Dianemidae**: *Calomyxa, Dianema*. **Trichiidae**: *Arcyodes, Arcyria, Calonema, Hemitrichia, Metatrichia, Oligonema, Perichaena, Prototrichia, Trichia*

2. Abteilung (Phylum): Cercozoa

Zu dieser Abteilung werden Schleimpilze mit stets zweigeißeligen Myxoflagellaten gestellt. Die Plasmodien leben nicht frei, sondern endoparasitisch im Inneren ihrer Wirtszellen.

1. Klasse: Phytomyxea

Ordnung: Plasmodiophorida

Die zu dieser Ordnung gehörigen endoparasitären Schleimpilze weichen von allen bisher besprochenen Gruppen durch den Besitz von Chitinzellwänden sowie durch eine Besonderheit der Kernteilung ab: In der Metaphase ordnen sich das Chromatin senkrecht zu beiden Seiten des großen, etwas gestreckten Nucleolus an, sodass eine kreuzförmige Teilungsfigur innerhalb der Kernmembran entsteht. Die Begeißelung der Zoosporen mit zwei ungleich langen Geißeln ähnelt jener der Myxogastria. Im Entwicklungszyklus treten haploide und

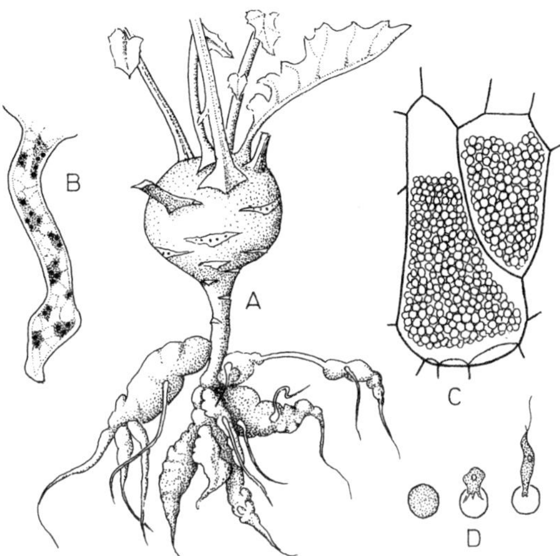

Abb. 2.7 Cercozoa, Plasmodiophorida, *Plasmodiophora brassicae*. **A** Kohlhernie an Wurzeln einer Kohlrabipflanze (0,33×). **B** Plasmodien in Wurzelhaar (300×). **C** Zellen der Wurzelrinde mit Sporen (520×). **D** Sporenkeimung (1240×). (A nach Ross; B nach C. Chupp; C, D nach M. Woronin.)

diploide Plasmodien auf; bei den Myxogasteria sind sie stets diploid, bei den Protostelia haploid.

Ein bekannter Vertreter der Plasmodiophorida ist *Plasmodiophora brassicae*, der Erreger der Kohlhernie (Abb. 2.7).

Lebenszyklus: Überwinterte Dauersporen (Ruhesporen, Hypnosporen) des Parasiten keimen im Frühjahr im Boden mit zweigeißeligen, haploiden Zoosporen aus, die – nach Abwurf ihrer Geißeln – amöboid in die Wurzelhaare junger Kohlpflänzchen eindringen. Hier bildet jede heranwachsende parasitische Amöbe vielkernige, haploide Plasmodien aus (Abb. 2.7B). Diese können sich in mehrkernige Portionen zerteilen, die ihrerseits – nach Auflösung der Zwischenzellwände des Wirtsgewebes – von Zelle zu Zelle weiterwandern und so den Infektionsherd schnell vergrößern. Später entstehen nach Zerfall der Plasmodien in zunächst einkernige, dann vielkernige Bereiche vielkernige Gametangien. Diese zerfallen in eine der Zahl an Zellkernen entsprechende Anzahl zweigeißeliger Gameten, die nach Zerstörung des Wirtsgewebes frei werden und im Boden miteinander kopulieren.

Die diploiden Planozygoten dringen – nach Abwerfen ihrer Geißeln – erneut in die Wurzeln der inzwischen erstarkten Kohlpflanzen ein (nun nicht mehr ausschließlich durch die Wurzelhaare), wo sie zu vielkernigen zellwandfreien Protoplasten – den diploiden Plasmodien – heranwachsen. Die Wirtspflanzen reagieren mit der Bildung kropfartiger Tumoren (Hernie oder Wurzelkropf, Abb. 2.7A). Unter Meiose entstehen schließlich in ihren Wirtszellen und in den Kröpfen überdauernde dickwandige, haploide Meiosporen (Ruhesporen, Hypnosporen), die mit der befallenen Pflanze überwintern und im Frühjahr – nach Zerstörung des faulenden Kropfgewebes – erneut in den Boden gelangen.

Zoosporen und Gameten tragen apikal zwei sehr ungleich lange, flimmerlose Geißeln. Der Wechsel zwischen haploiden und diploiden Plasmodien entspricht einem Generationswechsel (Fortpflanzung mittels verschiedener, unterschiedliche Keimzellen bildender Lebensabschnitte). Allerdings ist der Lebenszyklus in seinem Ablauf wie auch hinsichtlich der Karyogamie und der Meiose noch keineswegs eindeutig geklärt.

Die Arten einiger verwandter Gattungen (z. B. *Polymyxa*) sind Parasiten verschiedener Land- und Wasserpflanzen, wobei sie ähnliche Organanschwellungen erzeugen (60 obligat endoparasitische Arten in Gefäßpflanzen, Algen und Pilzen).

Cercozoa

- **Plasmodiophorida**: **Plasmodiophoridae**: *Plasmodiophora, Sorodiscus, Sorosphaera, Spongospora, Tetramyxa*

3. Abteilung (Phylum): Heterokontomycota (Heterokontobionta pr. p.; heterotrophe Vertreter)

Die Organismen dieser großen Gruppe sind gekennzeichnet durch meist **heterokonte Begeißelung** ihrer Keimzellen, d. h., sie sind mit einer nach vorne schlagenden Flimmergeißel und einer nach hinten gerichteten, der Steuerung dienenden, glatten Schleppgeißel ausgestattet (Abb. 2.8A, B).

Die hier einzuordnenden heterotrophen pilzähnlichen Organismen (Labyrinthulomycetes; Peronosporomycetes, Cellulosepilze) sind verwandt mit bestimmten autotrophen Algen (Heterokontophyta), mit denen sie aus einer gemeinsamen stammesgeschichtlichen Wurzel entstanden sind.

1. Klasse: Labyrinthulomycetes

Die Netzschleimpilze, Labyrinthulomycetes, haben die Organisation von Schleimpilzen, sie sind aber aufgrund ihrer heterokonten Begeißelung in die Nähe der folgenden Peronosporomycetes zu stellen. Sie enthalten Arten, die im Salzwasser lebende Pflanzen (z. B. *Zostera, Laminaria*) endoparasitisch befallen. Charakteristisch sind vielzellige **Netzplasmodien**; diese entstehen durch Teilung zweigeißeliger Flagellaten innerhalb einer sich vergrößernden Schleimhülle. Die Netzschleimpilze stellen eine ursprüngliche Gruppe dar. Ihnen ähnliche Organismen bildeten vermutlich die Ahnengruppe, aus denen sich einerseits die heterotrophen Peronosporomycetes, andererseits die durch Endocytobiose autotroph gewordenen Heterokontophyta entwickelt haben.

2. Klasse: Peronosporomycetes (Oomycetes, Cellulosepilze)

Die etwa 500 Arten dieser Klasse unterscheiden sich – obgleich pilzähnlich – in einer Reihe von Merkmalen von allen typischen Pilzen. Der seltener einzellige (Lagenidiales), meist siphonale Thallus besitzt fast stets Zellwände aus Cellulose. Die Fortpflanzung erfolgt durch Verschmelzung von ♂ Gametangien mit Oogonien (Gametangiogamie). Erstere

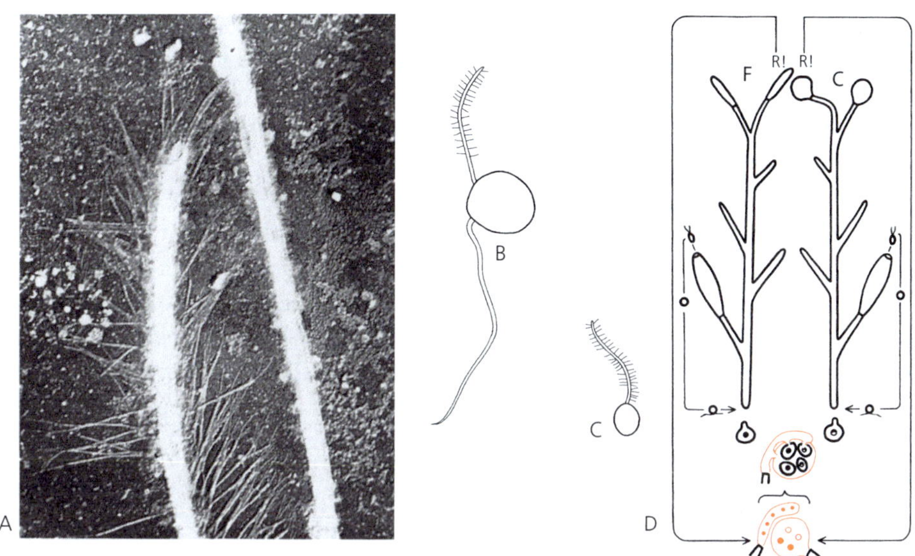

Abb. 2.8 Heterokontomycota. A, B Peronosporomycetes. A *Phytophthora infestans*, Flimmergeißel (links) und Peitschengeißel (rechts) einer Zoospore (8000×). **B** *Achlya*, heterokont begeißelt, mit beflimmerter Zug- und glatter Schleppgeißel. **C Hyphochytridiomycetes,** *Rhizidiomyces*, akrokonte, beflimmerte Zuggeißel. **D Saprolegniales**, Lebenskreislauf. Orange: Haplophase, schwarz: Diplophase; R! Reduktionsteilung. Diplogenotypische Geschlechtsbestimmung (○ = ♀ Kern; ● = ♂ Kern). (A nach Kole und Horstra; B, C nach Kole und Gielink; J.N. Couch.)

bilden in die Oogonien einwachsende Befruchtungsschläuche. Nach der Befruchtung entwickeln sich in den Oogonien die Zygoten in Ein- bis Mehrzahl (Oosporen). Sofern bei der ungeschlechtlichen Vermehrung Zoosporen entstehen, sind sie heterokont begeißelt, d. h., sie tragen eine nach vorn gerichtete Flimmergeißel und eine nach hinten schlagende glatte, meist etwas längere Schleppgeißel (Abb. 2.8B). Außerdem sind die Peronosporomyceten nach bisherigen Kenntnissen durchweg Diplonten mit Meiose vor der Gametenbildung in den Gametangien (gametischer Kernphasenwechsel). Flechtthalli und Fruchtkörper werden nicht gebildet.

Der **Stoffwechsel** der Peronosporomyceten weist über den Chemismus der Zellwand hinausgehend folgende weitere Eigenheiten auf: Das Zellwandprotein enthält Hydroxyprolin. Die Biosynthese von Lysin erfolgt nach Verknüpfung von Pyruvat und Aspartat zu Dihydrodipicolinsäure über den Diaminopimelinsäureweg (bei den anderen Pilzen über Aminoadipinsäure). Nicotinsäure wird nicht aus dem Grundbaustein Tryptophan (wie bei den Tieren und den anderen Pilzen), sondern aus C_3-Verbindungen synthetisiert. Die am Tryptophanstoffwechsel beteiligten Enzyme gehören einem spezifischen, sonst nirgends vorkommenden, durch das Assoziationsverhalten charakterisierten Typ an. Die Molekularmasse der ribosomalen RNA (25S-Fraktion) ist von der anderer Pilze (Ausnahme: Schleimpilze) verschieden. Aus den weitgehend farblosen Peronosporomyceten konnten keine Pigmente isoliert werden.

Lebensweise und Anpassungen: Die Arten mit einer als ursprünglich zu bewertenden Merkmalsausstattung sind Bewohner des Wassers und meistens Saprobionten. Die stärker abgeleiteten Landbewohner sind Parasiten Höherer Pflanzen. Diese Gliederung in Gruppen unterschiedlicher Lebensweise kommt in den zwei wichtigsten Ordnungen der Peronosporomyceten – der 1. und der 3. – zum Ausdruck.

Die Peronospomoyceten lassen einen Aufstieg vom Wasser- zum Landleben, einen schrittweisen Ersatz von Zoosporen durch Konidien und einen Übergang von hydrochorer zu anemochorer Ausbreitung erkennen. Mit diesen Progressionen, die in der Familie der Peronosporaceen ihren Höhepunkt erreichen, sind eine Steigerung der biologischen Ansprüche und eine Spezialisierung in den parasitischen Eigenschaften verbunden. Dies wird im Übergang von saprobiotischer Lebensweise zum Parasitismus, in der Spezialisierung auf besondere Wirte und Wirtsorgane sowie in der zuletzt nur partiellen Schädigung des befallenen Wirts deutlich. In der Stickstoffernährung ist eine fortschreitende (mit den genannten Progressionen nicht verbundene) Beschränkung auf organische N-Verbindungen zu beobachten. Während einige Peronosporales neben Ammonium- auch Nitratstickstoff nutzen, vermögen die Saprolegniales und Leptomitales keinen Nitratstickstoff, letztere darüber hinaus auch keinen Ammoniumstickstoff, sondern nur organisch gebundenen Stickstoff zu verwerten. Bei der Fortpflanzung werden nur bestimmte Thallusteile aufgebraucht, die übrigen setzen ihr Wachstum fort (Eukarpie). Nur in den einfachsten Formen (z. B. bei den Lagenidiales mit *Lagenisma*; Thraustochytridiales) dient der gesamte Thallus als Gametangium (Holokarpie).

1. Ordnung: Saprolegniales

Das schlauchförmige, querwandlose, vielkernige Mycel (Abb. 2.9C) lebt im Wasser, meist in Süßwasser, bei einigen Arten auch in Brackwasser, meist saprobiotisch an untergetauchten, faulenden Pflanzenteilen und Insektenleichen, seltener parasitisch auf geschwächten, lebenden Fischen. Zur vegetativen Fortpflanzung schwellen die Hyphenenden zu schwach abgesetzten, keulenförmigen Zoosporozysten an und grenzen sich durch ein Septum gegenüber ihrer Traghyphe ab. Unter Plasmazerklüftung entstehen in ihnen einkernige, birnenförmige, ausschwärmende Mito-**Zoosporen** mit zwei ungleich langen, apikalen Geißeln, von denen die eine mit zwei Reihen von Flimmerhaaren besetzt ist (Abb. 2.8A; 2.9A). Nach dem Schwärmen werden die Geißeln eingezogen. Die nunmehr kugeligen und mit einer Wand umgebenen Sporen entwickeln sich auf geeignetem Substrat unter Bildung eines Keimschlauchs zu einem neuen Individuum.

Bei manchen Peronosporomyceten werden zunächst nochmals Zoosporen gebildet. Diese zweiten Schwärmer (Abb. 2.9B) unterscheiden sich hinsichtlich der Gestalt und der Inserierung der Geißeln von den zuerst gebildeten (Abb. 2.9A): Sie sind nierenförmig und haben seitenständige Geißeln (Abb. 2.9B). Diese Erscheinung der **Diplanetie** (sprachlich falsch oft Diplanie genannt) ist für *Saprolegnia* – und nur hier – kennzeichnend.

Bei anderen Gattungen treten die primären Zoosporen nur innerhalb bzw. nahe der Sporozyste (*Achlya*) oder überhaupt nicht mehr auf (*Thraustotheca, Dictyuchus*); im letzteren Fall ist die Diplanetie aufgegeben worden. Bei *Aplanes* erscheinen keine Zoosporen. Die sich innerhalb der Sporozyste

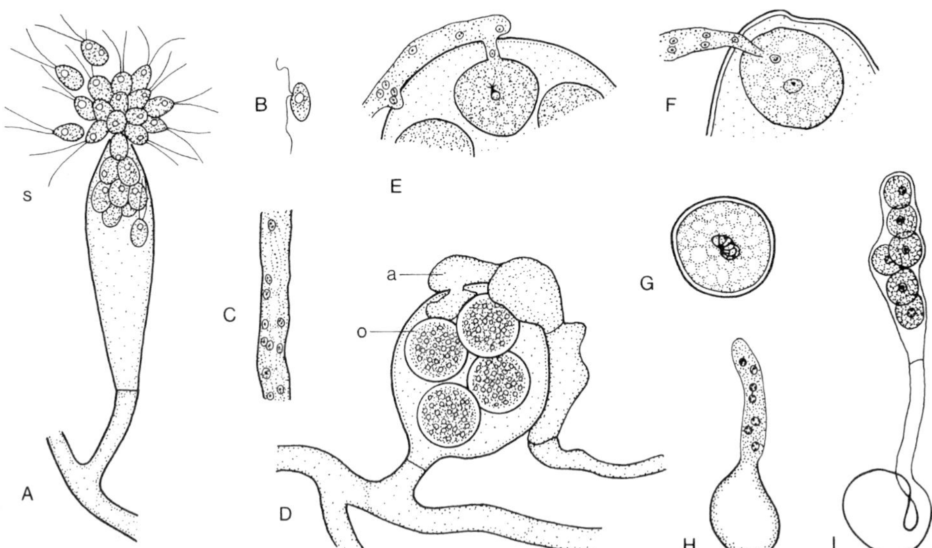

Abb. 2.9 Heterokontomycota, Saprolegniales. A, B *Saprolegnia mixta.* **A** Sporozyste, die akrokont zweigeißeligen Zoosporen entlassend (200×); **B** Zweiter Sporentypus mit seitlicher Begeißelung (etwa 350×). **C** *Thraustotheca*, Stück der Schlauchhyphe mit zahlreichen Kernen (500×). **D** *Saprolegnia mixta*, Hyphe mit Geschlechtsorganen: ♂ Gametangium, das Befruchtungsschläuche in das Oogonium getrieben hat, befruchtete Eier (600×). **E–G** *Achlya flagellata.* **E** Befruchtungsschlauch mit ♂ Kernen; **F** ♂ Kern, in ein Ei eindringend; **G** Zygote mit verschmelzenden Kernen (E–G 600×). **H** *Isoachlya intermedia*, Keimschlauch. **J** *Thraustotheca primoachlya*, Keimsporozyste mit noch unbeweglichen Zoosporen (H, J 1400×). – a Gametangium; o befruchtete Eier; s Zoosporen. (A, D nach G. Klebs; B nach W. Hohnk; C nach Schrader; E–G nach Moreau; H, J nach A.W. Ziegler.)

enzystierenden Sporen durchwachsen mit Keimschläuchen die Wand derselben. Ähnlich verhält sich *Geolegnia*, mit dem Unterschied, dass die Sporen aus der Sporozyste freigesetzt werden, ehe sie mit einem Keimschlauch keimen. *Saprolegnia* zeigt ein typisches Kennzeichen an den entleerten Sporozysten: Sie werden von ihren eigenen Trägerhyphen durchwachsen. Diese bilden alsdann innerhalb der entleerten Sporozyste sofort eine neue.

Die **Gametangien** sind durch Querwände von den schlauchförmigen Traghyphen getrennt. Die kugeligen Oogonien enthalten anfangs viele Zellkerne, die aber zum größten Teil zugrunde gehen. Daraufhin sammelt sich um jeden der übrig bleibenden Zellkerne Plasma an (Oosphäre) und kontrahiert sich zu je einem kugelrunden, nackten Ei. Von den gebildeten Eiern liegt eines oder auch mehrere frei (d. h. ohne Umhüllung durch Periplasma) im Oogonium. Die vielkernigen ♂ Gametangien bilden keine Sexualzellen aus. Stattdessen erfolgt die Befruchtung, indem sich das ♂ Gametangium als Ganzes, chemotropisch (durch Antheridiol, Oogoniol) gesteuert, an das Oogonium legt und einfache oder verästelte Befruchtungsschläuche in das Oogonium hinein bis zu den Eizellen treibt (Gametangiogamie: Abb. 2.9E, F; Analogie zur Pollenschlauchbefruchtung der Samenpflanzen). In diese wird nun je ein ♂ Kern entlassen, um mit dem Eikern zu verschmelzen. Hierauf bildet sich jedes Ei zu einer Zygote mit derber, gegen Mikroorganismenangriffe resistenter Wand um.

Die Zygoten keimen nach einer Ruhepause ohne Reduktionsteilung mit einem vielkernigen Keimschlauch aus, der meist bald eine Keimsporozyste bildet (Abb. 2.9I). Es gibt monözische (♂ Gametangien und Oogonien am selben Thallus) und diözische Arten.

2. Ordnung: Leptomitales

Es handelt sich um submers lebende Saprobionten mit regelmäßig eingeschnürten, jedoch nichtseptierten Hyphen und blasenförmigen Sporozysten. Im Oogon entwickelt sich wie in der folgenden Ordnung eine von Periplasma umgebene Oospore. *Leptomitus* ist ein Bewohner stark verschmutzten Wassers (Abwasserpilz).

3. Ordnung: Peronosporales

Diese Ordnung umfasst Parasiten, die als **Falsche Mehltaupilze** (besonders die Peronosporaceae) vorwiegend Höhere Landpflanzen befallen (Abb. 2.10). Die interzellulär im Wirtsgewebe wachsenden Pilzhyphen senden kurze Fortsätze – Haustorien (Abb. 2.11D) – in die lebenden Zellen. Meist wächst das Mycel aus den Spaltöffnungen der Wirte heraus und bildet hier makroskopisch als Schimmelrasen erkennbare, verzweigte Sporozystenträger (Abb. 2.11A), die eine große Zahl von Zoosporozysten tragen. Die Sporozysten weichen von denen der Saprolegniales ab, indem sie von den Trägerhyphen meist als kugelige oder ellipsoidische Gebilde abgesetzt sind. Meistens (z. B. bei *Plasmopara*) werden die ganzen (!) Sporozysten durch den Wind auf die Blätter anderer Pflanzen getragen, wo sie in Wassertröpfchen (Regen, Tau) ihren inzwischen aufgeteilten Inhalt in Gestalt einer Anzahl nierenförmiger Schwärmsporen entlassen (den sekundären Zoosporen von *Saprolegnia* entsprechend, Abb. 2.11C; hier also keine Diplanetie).

Im Zusammenhang mit einer fortschreitenden **Anpassung an das Landleben** werden die Zoosporozysten der Peronosporales zunehmend zu Konidien.

Bei *Pythium* entlassen die an ihren Trägern fixierten Zoosporozysten stets Zoosporen. Die Sporozysten sind den vegetativen Hyphen sehr ähnlich. Bei *Phytophthora*, *Plasmopara* und *Pseudoperonospora* lösen sich die Sporozysten und werden durch den Wind verbreitet; sie keimen in der Regel mit Zoosporen, unter besonderen äußeren Bedingungen (geringe Feuchtigkeit!) jedoch auch mit Keimschläuchen. Bei *Phytophthora* sind die Sporozystenträger von den übrigen Hyphen bereits deutlich verschieden; sie können nach der Abtrennung der Sporozysten wie die vegetativen Hyphen weiterwachsen. Bei *Plasmopara*, *Pseudoperonospora* und *Peronospora* sind die Sporozysten- bzw. Konidienträger morphologisch in artspezifischer Weise differenziert; ein Auswachsen der Träger nach der Sporulation erfolgt hier nicht. *Peronospora*-Sporozysten keimen nur noch mit infektionsfähigen Hyphen aus. Die den Sporozysten homologen Organe sind damit zu Konidien geworden, die durch Bewegungen der Träger bei abnehmender Luftfeuchte aktiv abgeschleudert werden.

Fortpflanzung: Die Sexualorgane entstehen im Inneren der Wirtspflanze: die Oogonien als kugelige Anschwellungen von Hyphenenden und die ♂ Gametangien als schlauchförmige Ausstülpungen (Abb. 2.11E). Beide Organe werden durch Querwände abgegrenzt und enthalten viele Kerne. Eine scharfe Umgrenzung von ♂ Gameten unterbleibt; die in der Regel einzige Eizelle jedes Oogons ist von Periplasma umgeben. Die Befruchtung und die

Abb. 2.10 Heterokontomycota, Peronosporales. **A** *Peronospora bulbocapni* auf Blättern von *Corydalis cava*; links zum Vergleich ein nicht befallenes Blatt. **B** Durch *Phytophthora quercina* nach Wurzelinfektion verursachte Vergilbung von Eichenblättern; rechts ein normal gefärbtes Blatt. (Aufnahmen: A. Bresinsky.)

Ausbildung der Zygote im Oogon sind in der Abb. 2.11E–G am Beispiel der Gattungen *Peronospora* und *Albugo* dargestellt.

Die Zahl der befruchtungsfähigen Kerne im ♂ Gametangium und im Oogonium variiert je nach Gattung von vielen bis zu einem. In den befruchteten Oogonien entsteht je eine Oospore, die teilweise viele diploide Kerne enthalten kann (Coenozygote). Bei einigen Peronosporaceen (so bei *Basidiophora entospora*) fehlen funktionsfähige Gametangien vollständig; hier erfolgt eine paarweise Verschmelzung der Kerne eines Oogoniums (Autogamie). Einige Arten vermehren sich in weiten Teilen ihres Verbreitungsgebiets nur ungeschlechtlich. Die heterothallische Kraut- und Knollenfäule an Kartoffel (*Phytophthora infestans*; auch als Kartoffelmehltau bezeichnet) ist in ihrer süd- und mittelamerikanischen Heimat in beiden Kreuzungstypen vertreten, sodass es dort auch zur geschlechtlichen Fortpflanzung kommt. In Europa und Nordamerika ist jedoch offenbar nur einer der beiden

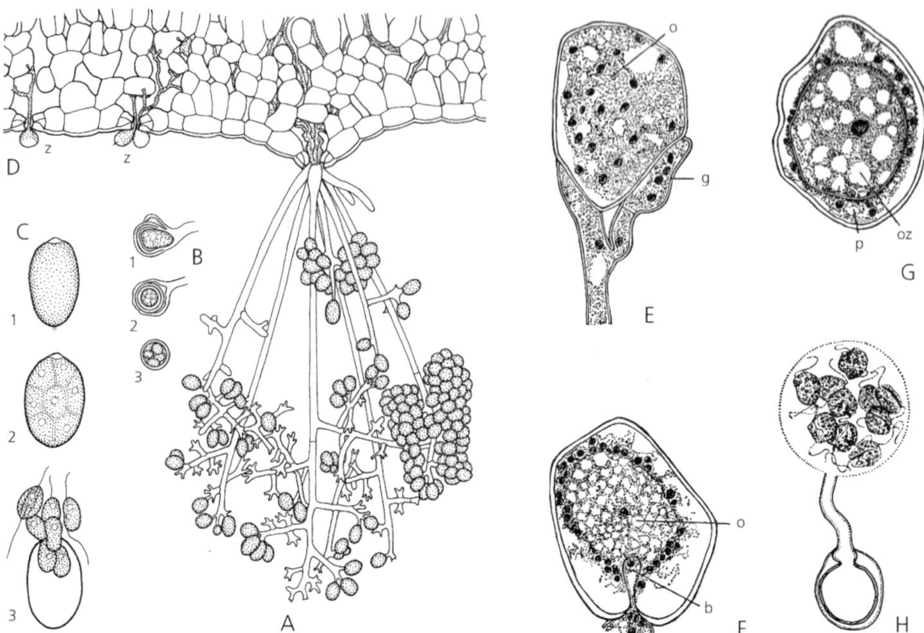

Abb. 2.11 Heterokontomycota, Peronosporales. A–D *Plasmopara viticola.* **A** Sporozystenträger, aus einer Spaltöffnung hervortretend; **B** Oogonien (mit ♂ Gametangium) und Zygoten (100×); **C** Bildung und Ausschlüpfen der Zoosporen (600×); **D** Keimung der Zoosporen durch die Stomata in die Interzellularen (250×). **E** *Peronospora parasitica*, junges vielkerniges Oogonium und ♂ Gametangium. **F, G** *Albugo candida.* **F** Oogonium mit dem Befruchtungsschlauch des ♂ Gametangiums, der den ♂ Kern einführt; **G** Zygote im Oogonium, umgeben von der jungen Zygotenwand und dem Periplasma; (E–G 600×). **H** *Pythium ultimum*, mit Zoosporen auskeimende Zygote (800×). – *b* Befruchtungsschlauch des ♂ Gametangiums; g ♂ Gametangium; p Periplasma; o Oogonium; oz zentraler, einkerniger Teil des Oogoniums; z Zoospore; 1, 2, 3 Entwicklungsstadien. (A, B nach Millardet; C, D nach Arens; E–G nach H. Wager; H nach C. Drechsler.)

Kreuzungstypen eingeschleppt worden. Hier erfolgt die Vermehrung daher ausschließlich vegetativ durch die Nebenfruchtform.

Die Keimung der Zygoten vollzieht sich entweder direkt unter Entlassung von Zoosporen oder, wie es häufiger der Fall ist, durch Bildung eines Keimschlauchs, der an seinem Ende eine Sporozyste mit Zoosporen (Abb. 2.11H) bildet. In abgeleiteten Fällen dringt der Keimschlauch, ohne dass er noch eine Zoosporozyste abgliedert, unmittelbar in das Wirtsgewebe ein (in Analogie zur Umwandlung der Zoosporozysten in Konidien).

Innerhalb der Gattungen (besonders *Peronospora*) sind die Arten vielfach auf einen oder wenige Wirte spezialisiert. Die **Sippendifferenzierung** ist mit unterschiedlicher **Wirtswahl** und einer zunächst mehr oder minder kontinuierlichen, bei weiter fortgeschrittener Artbildung diskontinuierlichen Abänderung morphologischer Merkmale (z. B. der Konidiengröße) verbunden. Da diese Merkmale zugleich auch einer umweltbedingten Variabilität (z. B. Beeinflussung der Konidiengröße, abgesehen vom Alter, auch durch Temperatur, Feuchtigkeit, Substrat) unterliegen, kann der genetisch bedingte Artbildungsprozess und damit die Artunterscheidung durch Modifikationen verschleiert sein.

Lebensweise und Schadwirkungen: Nur wenige Vertreter der Ordnung leben im Süßwasser oder im Boden (einige Vertreter der Pythiaceae). Als vorwiegend auf Landpflanzen parasitierende Pilze (z. B. Peronosporaceae, Pythiaceae) können sie zahlreiche Krankheiten an Kulturgewächsen hervorrufen. Sie können über die ganze Erde verbreitet sein, bleiben jedoch auf hohe Feuchtigkeit angewiesen.

Ein gefährlicher Kartoffelschädling ist *Phytophthora infestans* (Pythiaceae). Der Pilz bedingt die Kraut- und Knollenfäule der Kartoffel und greift auch auf die Knollen über, da bei Regen Sporozysten von den Blättern in den Boden geschwemmt werden und die Knollen durch die Lenticellen infizieren. Die Zoosporen werden von den Wurzeln chemotaktisch angelockt. Dies geschieht bei den verschiedenen wirtspezifischen Arten nur durch den jeweiligen Wirt. In nassen Jahren können mehr als 20 % der Kartoffelernte vernichtet werden. Im 19. Jahrhundert haben Epidemien der Bevölkerung ganzer Landstriche die Ernährungsgrundlage entzogen. So wurde die Kraut- und Knollenfäule 1845/46 zur Ursache einer großen, die Bevölkerung stark dezimierenden Hungersnot in Irland, der eine Auswanderungswelle in die USA folgte. Bis heute ist die ehemalige Bevölkerungszahl von 8 Mio. Einwohnern nicht wieder erreicht worden. *Phytophthora*-Arten sind auch Ursache für Wurzelkrankheiten, die unter Vergilben der Blätter zum Absterben von Bäumen (Eiche, Erle) führen.

Ebenfalls wirtschaftlich von Bedeutung ist der durch *Plasmopara viticola* (Peronosporaceae) hervorgerufene Falsche Mehltau der Weinrebe (Peronosporakrankheit, Abb. 2.11A), der bei feuchtem Wetter epidemisch auf den Blättern auftritt und sie zum Abfallen bringt; die Beeren verwandeln sich daraufhin in trockenfaule Lederbeeren. Von der Weinernte werden jährlich bis zu 20 % durch diese und andere, weniger wichtige Pilzkrankheiten vernichtet (weitere 20 % durch tierische Schädlinge). Peronosporakrankheiten treten außerdem an Rüben, Zwiebeln, Hopfen und anderen Kulturpflanzen auf. 1959 trat zum ersten Mal in Europa (vorher in Amerika und Australien) *Peronospora tabacina*, der Tabakblauschimmel, auf (so genannt wegen seiner weiß-bläulichen Konidien) und vernichtete bereits in dem regenreichen Sommer 1960 große Teile des Tabakanbaus in Mitteleuropa. *Pythium debaryanum*, weit verbreitet im Boden, ruft an Keimlingen verschiedener Pflanzen eine tödliche Umfallkrankheit hervor. Die durch Falsche Mehltaupilze (Echte Mehltaupilze siehe Ascomycota: Erysiphales) bewirkten Krankheiten lassen sich durch Bespritzen der Blätter mit kupferhaltigen Fungiziden (ursprünglich Kupferkalkbrühe) bekämpfen, wodurch die Keimung der Sporozysten verhindert wird.

4. Ordnung: Albuginales

Die in diese Ordnung gestellten Vertreter unterscheiden sich von den vorausgehend behandelten Vertretern in der Ordnung der Peronosporales durch die Konidienträger, welche mehr oder minder kugelige Konidien in kettenförmiger Anordnung bilden.

Peronosporomycetes

- **Albuginales**: **Albuginaceae**: *Albugo*, *Pustula*, *Wilsoniana*
- **Peronosporales**: **Peronosporaceae**: *Bremia*, *Novotelnova*, *Paraperonospora*, *Perofascia*, *Peronospora*, *Plasmopara*, *Plasmoverna*, *Protobremia*, *Sclerophthora*
- **Sclerosporales**: **Sclerosporaceae**: *Sclerospora*

3. Klasse: Hyphochytridiomyctes

Die Vertreter dieser Klasse bilden Schwärmer mit einer einzigen, nach vorne gerichteten Flimmergeißel. Eine glatte, nach hinten schlagende Geißel ist (vermutlich wegen Rückbildung) nicht vorhanden. Hierzu zählt *Anisolpidium*, ein Parasit auf Braunalgen (*Ectocarpus*).

4. Abteilung (Phylum): Chytridiomycota

Die Vertreter der Chytridiomycota leben als einkernige Zellen oder bilden einen vielkernigen, querwandlosen (siphonalen) Thallus. Die beweglichen Zellen (Gameten und Zoosporen) sind **opisthokont** begeißelt, d. h. mit einer einzigen, nach vorne schlagenden Geißel versehen (Abb. 2.14F). Anstelle eines Nucleolus findet sich meist eine RNA-reiche Kernkappe (Abb. 2.14E).

Innerhalb der Chytridiomycota unterscheiden sich die Vertreter der Klassen im Thallusbau, in der Art ihrer geschlechtlichen Fortpflanzung und in der Feinstruktur der Zoosporen. Es sind etwa 500 Arten bekannt. Die meisten Arten leben im Wasser, manche auch im Boden oder als Parasiten in Zellen Höherer Pflanzen.

Es lassen sich einige wichtige **Progressionen** erkennen. Die als ursprünglich angesehene Holokarpie wird zunehmend durch eine Eukarpie ersetzt. Von der Isogamie mit fakultativer Funktionsbestimmung der Keimzellen über Isogamie mit genotypisch festgelegter Gametenkopulation werden Anisogamie, Oogamie (Monoblepharidales) und Gametangiogamie erreicht. Vereinzelt wird die Karyogamie nach der Kopulation der Gameten und nach der damit erfolgten Plasmogamie verzögert; die Integration einer Dikaryophase ist die Folge (*Polyphagus*). Neben Monözie ist auch Diözie verwirklicht. Echte Landbewohner mit Luftmycelien sind in diesem Verwandtschaftsbereich noch nicht entwickelt.

Phylogenie: Molekularphylogenetische Untersuchungen haben neuerdings gezeigt, dass sich die als Chytridiomycota zusammengefassten Pilze in stammesgeschichtlich früh getrennte Gruppen aufgliedern lassen.

1. Klasse: Chytridiomycetes

Ordnung: Chytridiales

Es handelt sich um die einzige Ordnung. Der Thallus der zu dieser Ordnung zählenden Pilze ist wenig entwickelt, meist einzellig, kugel- oder blasenförmig. Ein Hyphenmycel wird nicht gebildet, wohl aber vielfach feine, kernlose Fortsätze einer Einzelzelle (Rhizoidmycel). Ein heterophasischer Generationswechsel ist nicht (oder bei *Physoderma* nur andeutungsweise) vorhanden.

Die geschlechtliche Fortpflanzung wird als Isogamie, Anisogamie oder Gametangiogamie vollzogen. Die Geschlechtsbestimmung erfolgt genotypisch (*Rozella*) oder modifikatorisch (*Synchytrium*). Gewöhnlich wird der ganze Thallus bei der Bildung von Sporen oder Gameten aufgebraucht (**Holokarpie**); abgeleitete Formen mit ihrem Rhizoidmycel entwickeln für die Bildung und Entleerung der Keimzellen eigene Thallusteile (Eukarpie).

Durch Holokarpie sind die **Synchytriaceae** gekennzeichnet. Sie leben als Endoparasiten in Blütenpflanzen, wo sie gallenartige Wucherungen erzeugen können. *Synchytrium endobioticum* ruft den Kartoffelkrebs hervor.

Bei den folgenden Familien geht der Thallus in der Bildung von Keimzellen nicht mehr vollständig auf (**Eukarpie**).

Die **Rhizidiaceae** sind häufige Parasiten auf Planktonalgen und Pollenkörnern (*Rhizophydium*; Abb. 2.12A). Der Thallus gliedert sich arbeitsteilig in ein reproduktives Bläschen außerhalb des Substrats und in ein nahrungsaufnehmendes Rhizoid, das in die Wirtszelle eindringt. Den Mittelpunkt des monozentrischen Thallus bildet bei *Polyphagus euglenae* eine einzige Zentralblase, welche mehrere Rhizoide aussendet. Die Art ernährt sich, indem sie mittels ihrer Rhizoidfortsätze Algen der Gattung *Euglena* angreift und aussaugt. Ein einziges Exemplar von *Polyphagus euglenae* vermag über 50 Euglenen zu befallen (Abb. 2.2A). Die geschlechtliche Fortpflanzung ist eine Anisogametangiogamie: Kleinere ♂ Individuen entsenden Suchrhizoide. Sobald diese auf die Zentralblase eines ♀ Individuums stoßen, schwellen die Suchrhizoide an und nehmen den ♂ und den ♀Kern aus den Zentralblasen der kopulierenden Pilze auf (Abb. 2.12E, F). Die entstehende Zygote ist derbwandig, stachelig und überdauert als dikaryotische Hypnozygote (Dauerspore, Abb. 2.12G). Die Kernverschmelzung (Karyogamie) und wohl auch die Meiose finden beim Auskeimen der Hypnozygote statt (Abb. 2.12H); in einem Keimschlauch bilden sich unter Kernvermehrung und simultaner Plasmazerklüftung zahlreiche Zoosporen (vermutlich Meiozoosporen). Die freigesetzten Schwärmer setzen sich an Euglenen fest, enzystieren sich, worauf die Zyste auskeimt und eine Zentralblase mit Rhizoiden entsteht, die weitere *Euglena*-Zellen befallen.

In den folgenden beiden Familien werden die Zoosporen aus der Sporozyste durch Absprengen eines Deckels freigesetzt (operculater Typ im Gegensatz zum inoperculaten der vorigen Familien).

Die **Chytridiaceae** formen einen monozentrischen, die **Megachytriaceae** meist einen polyzentrischen Thallus mit mehreren, durch Rhizoidstränge verbundenen, blasenförmigen Zoosporozysten. Die geschlechtliche Fortpflanzung ist in den wenigen erforschten Fällen eine Gametangiogamie. Bei *Zygochytrium* (Megachytriaceae) wachsen zwei in diesem Falle gleichwertige Kopulationsäste aufeinander zu, und an der Verschmelzungsstelle ihrer Enden (Abb. 2.12K) bildet sich eine derbwandige Hypnozygote. Über das Verhalten der Zellkerne bis zur Zygotenbildung ist nichts bekannt.

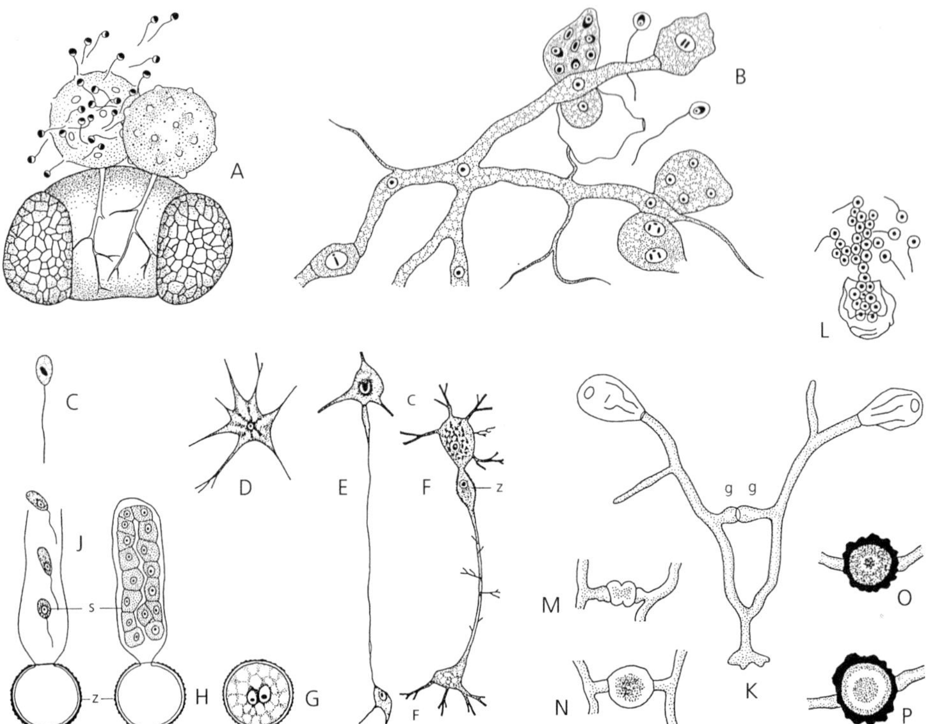

Abb. 2.12 Chytridiomycota, Chytridiomycetes. A *Rhizophydium halophilum*, Zoosporozyste mit Entleerungspapillen und mit austretenden opisthokonten Zoosporen, auf einem Pollenkorn von *Pinus* mit Haustorien im Inneren. **B** *Polychytrium aggregatum*, kleines, mehrkerniges Schlauchmycel mit unterschiedlich entwickelten Sporozysten und zwei opisthokonten Zoosporen (A, B 400×). **C–J** *Polyphagus euglenae* (etwa 450×). **C** Zoospore; **D** Thallus, Rhizoide aussendend; **E** Kopulation zwischen dem kleineren ♂ und größeren ♀ Individuum; **F** ♂ Kern in der künftigen Zygote; **G** Zygote mit noch unverschmolzenem ♂ und ♀ Kern; **H, J** Entwicklung und Entleerung der Zoosporozyste. **K–P** *Zygochytrium aurantiacum* (350×). **K** Pflänzchen mit zwei endständigen, entleerten Zoosporozysten und zwei kopulierenden Gametangien; **L** Zoosporozyste bei der Entleerung; **M–P** Zygotenbildung aus kopulierten Gametangien; **P** reife Hypnozygote (Zygospore). – g Gametangium; s Zoosporozyste; z Zygote, Zygospore, Hypnozygote. (A nach E.R. Uebelmesser; B nach Ajello; C–J nach H. Wagner; K–P nach N. Sorokin.)

Es gibt Fälle, in denen die – mit oder ohne Schlauch – kopulierenden Gametangien vielkernig sind. Solche Vorgänge erinnern stark an die Verhältnisse, die unten bei den Zygomycota besprochen werden.

Chytridiomycetes

- **Synchytriales**: **Synchytriaceae**: *Synchytrium*

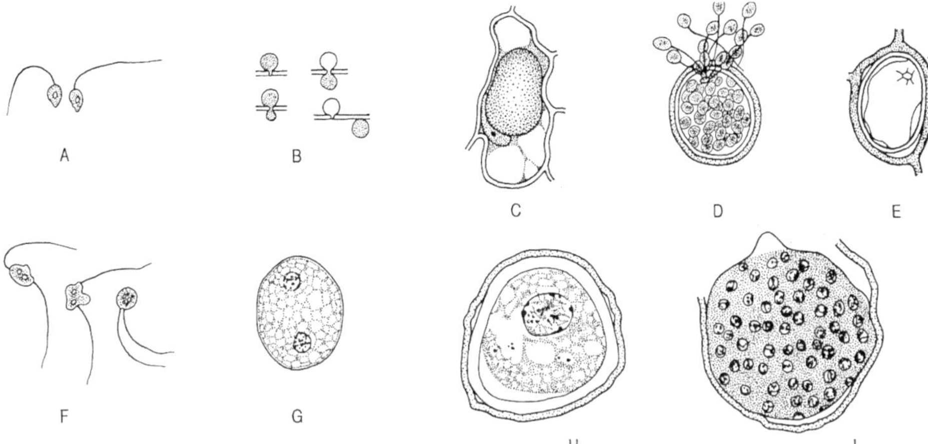

Abb. 2.13 Chytridiomycota, Olpidiomycetes, *Olpidium viciae.* **A** Zoosporen. **B** Eindringen in die Wirtszelle. **C** Nackter Protoplast des Pilzes in der Wirtszelle. **D** Zoosporozyste bzw. Gametangium; **E** desgl., entleert. **F** Kopulation zweier opisthokonter Gameten (A–F 500×). **G** Junge, noch zweikernige Zygote (600×). **H** Enzystierte Zygote; **I** desgl., keimend. (H, J 120×). (Nach S. Kusano.)

Microsporidien Es haben sich die Belege dafür verdichtet, dass früher als tierische Lebewesen angesehene, Sporen bildende Einzeller (Microsporidien), die als Endoparasiten in Insekten (z. B. die Nosemaseuche der Honigbiene verursachend) oder in Fischen auftreten, engere verwandtschaftliche Beziehungen zu ursprünglichen Chytridiomycota aufweisen. Fehlende Dictyosomen und Mitochondrien können ebenso wie ein völliger Verlust der Geißeln als Reduktion gedeutet werden. In den Sporen ist je ein amöbenähnlicher Keim mit aufgewickeltem Faden (Polfaden) enthalten. Beim Eindringen in eine Wirtszelle schnellt der Polfaden heraus und der amöboide Keim wird in die Wirtszelle injiziert.

2. Klasse: Olpidiomycetes

In dieser Klasse sind vielfach parasitisch lebende Vertreter von noch recht einfachem Bau zusammengefasst, die sich mit begeißelten Keimzellen und/oder mit Konidien vermehren. Die sexuelle Fortpflanzung geschieht bereits durch Zygosporen, welche die ganze Abteilung kennzeichnen.

Ordnung: Olpidiales

Der **Entwicklungsgang** basaler Vertreter der Zygomycetes sei am Beispiel der Olpidiaceae dargelegt. Der nackte Protoplast lebt parasitisch in der Zelle der Wirtspflanze, umgibt sich nach dem Heranwachsen mit einer Chitinwand (Abb. 2.13C, D), bildet unter Kernteilung und Zerklüftung des Cytoplasmas viele opisthokonte Schwärmer; der gesamte Protoplast geht dabei in der Schwärmerbildung auf. Die Schwärmer infizieren entweder als Zoosporen neue Wirtszellen oder sie kopulieren als Gameten paarweise miteinander (fakultative Funktionsbestimmung; Isogamie) zu nackten, zweigeißeligen Planozygoten (Abb. 2.13F), die in Wirtszellen eindringen und sich später in diesen zu derben Hypnozygoten umwandeln. Die beiden Sexualkerne verschmelzen erst im nächsten Frühjahr (Beginn einer Dikaryophase; Abb. 2.13G, H). Anschließend bilden sich – wahrscheinlich unter Reduktionsteilung – zahlreiche Schwärmer, die durch eine hervorwachsende Entleerungspapille ausschlüpfen. *Olpidium brassicae* ist der Erreger einer Umfallkrankheit bei Kohlkeimlingen.

Olpidiomycetes
- **Olpidiales**: **Olpidiaceae**: *Olpidium*

5. Abteilung (Phylum): Blastocladiomycota

Die oft auch noch zu den Chytridiomycota gestellten Blastocladiales beanspruchen eine größere Eigenständigkeit und können daher in eine eigene Abteilung (Blastocladiomycota) gestellt werden. Sie pflanzen sich in Form eines Generationswechsels fort und seine Abwandlung zu einem diplontischen Lebenszyklus ist bei *Allomyces* realisiert.

1. Klasse: Blastocladiomycetes

Die Vertreter der Blastocladiomycetes bilden meist einen Hyphenthallus, der mehrere Keimzellenbehälter an den Hyphenenden durch Querwände abgrenzt. Im Substrat ist der Thallus mit rhizoidartigen Fortsätzen (Abb. 2.14A) verankert. Der Lebenskreislauf ist oft als Generationswechsel angelegt.

Ordnung: Blastocladiales mit *Allomyces*

Diese Erdpilze (eukarp) besitzen bereits reichverzweigte, vielkernige Hyphen. Der **Lebenszyklus** verläuft als isomorpher Generationswechsel (bei Eu-*Allomyces*; Abb. 2.14Q).

Der **Gametophyt** bildet an den Hyphenenden durch Septen abgeschnürte Gametangien. Das ♀ Gametangium sitzt meist unmittelbar auf einem ♂ Gametangium (Monözie). Beide entlassen durch geöffnete Entleerungspapillen die Gameten, von denen die ♂ Gameten kleiner und durch β-Carotin orangerot gefärbt, die ♀ Gameten dagegen farblos sind. Die ♀ Gameten scheiden Sirenin aus und locken dadurch die ♂ Gameten chemotaktisch an. Nach der Anisogamie entsteht eine diploide, nur anfangs begeißelte Zygote. Aus dieser keimt der **Sporophyt**, der in Größe und Habitus dem Gametophyten gleicht. An den Hyphenabschnitten des Sporophyten entwickeln sich zwei verschiedene Typen von Sporozysten. Seitenständige, dünnwandige, meist paarweise übereinanderstehende, sich mit einer Papille öffnende Mitosporozysten entlassen nach ausschließlich mitotischen Kernteilungen diploide Mitozoosporen. Diese keimen erneut zu diploiden Sporophyten aus, sodass der Generationswechsel durch eine reichliche vegetative Vermehrung des Sporophyten unterbrochen wird (Nebenfruchtform mit Mitosporozysten). Endständig und vielfach einzeln werden derbwandige, wabig gemusterte, dunkel gefärbte Meiosporozysten abgegliedert,

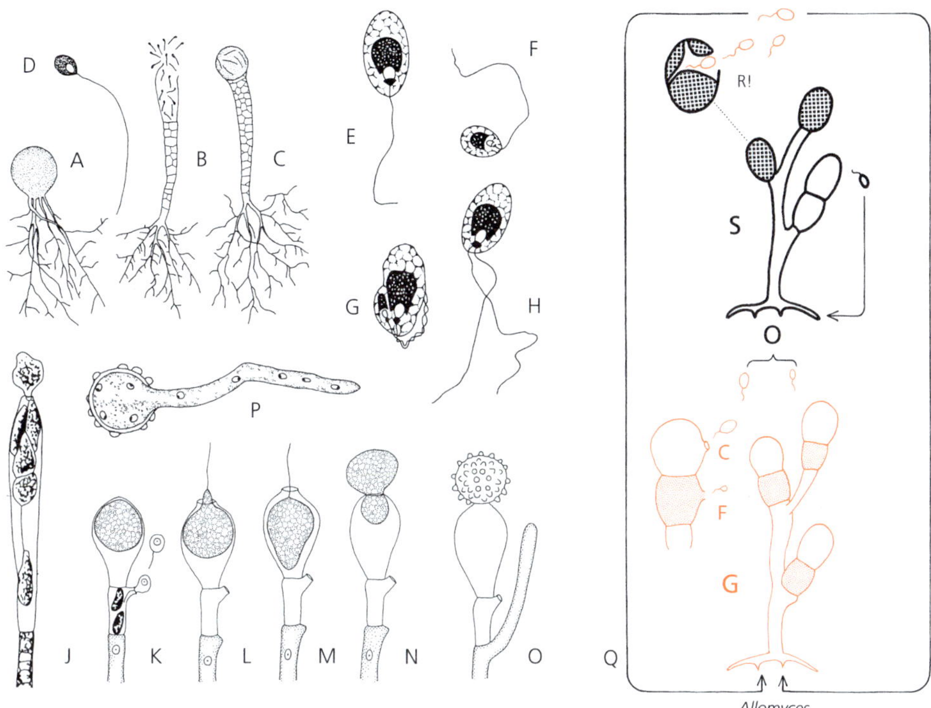

Abb. 2.14 Blastocladiomycota. A–H Blastocladiales. A–D *Blastocladiella variabilis*. **A** Sporophyt; **B** Zoosporozyste in Entleerung, **C** mit Dauersporozyste (A–C 33×); **D** Zoospore (450×). **E–H** *Allomyces javanicus* (1000×). **E** ♀, **F** ♂ opisthokont begeißelter Gamet; **G** Gameten in Kopulation; **H** Planozygote. **J–P Monoblepharidales,** *Monoblepharis* (300×). **J** *M. macrandra*, Sporozyste mit ausschlupfenden Zoosporen. **K–P** *M. sphaerica*. **K** Ende eines Fadens mit einem Oogonium und dem darunterliegenden Spermatogonium, aus dem ein Spermatozoid schlüpft; **L** Spermatozoid, der durch die apikale Öffnung zum Ei vorgedrungen ist und mit ihm verschmilzt; **M** vollzogene Verschmelzung; **N** das befruchtete Ei rutscht aus dem Oogonium heraus; **O** Hypnozygote mit derber stacheliger Wand; **P** Zygotenkeimung. **Q Blastocladiales,** *Allomyces*, Schema des Generationswechsels; orange: Haplophase, schwarz: Diplophase. – G Gametophyt; R! Reduktionsteilung; S Sporophyt. (A–D nach R. Harder und G. Soergel; E–H nach H. Kniep; J–O nach M. Woronin; P nach Laibach.)

die als Ganzes abfallen. Nach Überdauerung (als Hypnosporozysten) entlassen sie unter Meiose haploide Meiozoosporen, die zum Gametophyten auskeimen.

Hier anzuschließen sind die **Monoblepharidomycetes** als eigenständige Klasse mit der Ordnung **Monoblepharidales** mit oogamer Fortpflanzung (Abb. 2.14J–P).

Blastocladiomycetes

- **Blastocladiales**: **Physodermataceae**: *Physoderma*

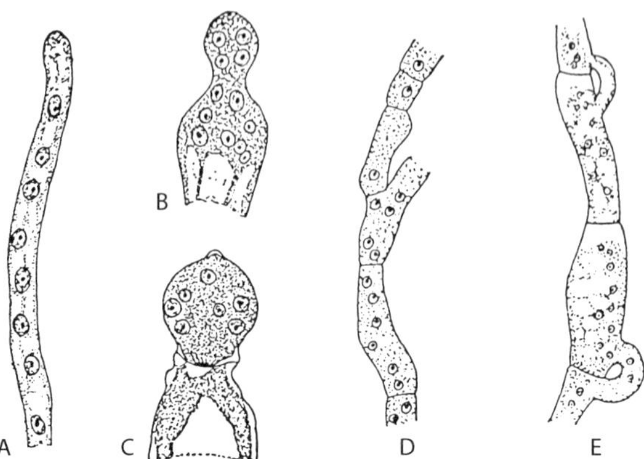

Abb. 2.15 Mucoromycota, Entomophthorales. A–C *Entomophthora muscae* (450×). **A** Hyphenende aus einer Fliege; **B** daraus entstandener, nach außen hervorgebrochener Konidienträger. **C** Bildung der Konidie. **D** *Entomophthora sciarea*, junge Hyphe (180×). **E** *Ancylistes closterii*, Befruchtung zwischen benachbarten Zellen (500×). (A–D nach L.S. Olive; E nach F. Dangeard.)

6. Abteilung (Phylum): Mucoromycota (Zygomycota)

In der überwiegenden Zahl ihrer Arten sind die Mucoromycota an die terrestrische Lebensweise angepasst. Begeißelte Stadien im Lebenskreislauf fehlen. Die Ausbreitung erfolgt über unbegeißelte Keimzellen in der Luft und nicht mehr in Wasser.

1. Unterabteilung: Entomophthoromycotina (auch als eigene Abteilung)

Ordnung: Entomophthorales

Die Arten dieser Ordnung vermehren sich in der vegetativen Phase fast ausnahmslos durch Konidien. Sexuelle Fortpflanzung erfolgt durch **Gametangienkopulation** zweier Fäden oder auch seitlich zwischen Nachbarzellen des gleichen Fadens (Abb. 2.15E). Die Zygote wird als Auswuchs der vereinigten Gametangien angelegt. In den schlauchförmigen Hyphen treten Querwände auf; die dadurch entstehenden Abschnitte sind ein- bis unregelmäßig vielkernig (Abb. 2.15D), bei *Basidiobolus ranarum* sogar fast nur einkernig. Bei dem bekanntesten Vertreter, *Entomophthora muscae*, der eine epidemische **Fliegenkrankheit** hervorruft, wird die vielkernige Konidie (Abb. 2.15B, C) von ihrem Träger abgeschleudert. Sie bildet auf getroffenen Fliegen einen Keimschlauch, der in den Tierkörper eindringt und im Inneren ein parasitisches, die Fliege tötendes Mycel entwickelt. Aus der Leiche wachsen massenhaft Konidienträger hervor, deren abgeschleuderte Konidien die tote Fliege mit einem weißen Hof umgeben. In ausgetrockneten Fliegen entstehen innerhalb der Hyphen derbwandige Zysten, die vielleicht als parthenogenetische Zygoten aufzufassen sind.

2. Unterabteilung: Zoopagomycotina

Die der vorigen Unterabteilung nahestehenden **Zoopagomycotina** parasitieren mittels Hyphenästen, die zu Haustorien umgebildet werden, auf Amöben und Nematoden (Abb. 2.2G). Unklar ist die Verwandtschaft der parasitisch auf Insekten lebenden 60 Arten der **Trichomycetes**.

3. Unterabteilung: Mucoromycotina (Zygomyceten)

Die Vertreter der Mucoromycotina besitzen meist reich entwickelte Hyphenmycelien, die gewöhnlich unseptiert und vielkernig sind (**coenocytisch**, der siphonalen Organisationsstufe der Algen entsprechend). Bei gewissen Formen gibt es Querwände.

Bei der geschlechtlichen Fortpflanzung werden Gameten nicht mehr ausgebildet. Stets kopulieren zwei aufeinander zuwachsende, ganze, häufig gleichgestaltete, meist vielkernige Gametangien miteinander (**Gametangiogamie**) zu einer überdauernden Zygote. Diese **Zygospore** ist das Ergebnis der geschlechtlichen Vorgänge. Sie keimt unter Meiose mit einer Keimsporozyste aus, in der endogen unter Zerklüftung des vielkernigen plasmatischen Inhalts zahlreiche Meiosporen entstehen.

Die **vegetative Vermehrung** ist an das Landleben angepasst, jedoch in einer etwas anderen Weise als bei den Heterokontomycota. Bei diesen löst sich die ganze Sporozyste, um die Zoosporen an den Ort der Keimung zu bringen. Bei den Mucoromycotina entstehen (unter Zerklüftung) endogen im Inneren der Sporozysten von Zellwänden umhüllte Sporen, die aus der Sporozyste freikommen und in der Luft verbreitet werden. Auch die bei den Peronosporomyceten vorhandene Umbildung von Sporozysten zu Konidien, die mit einem Keimschlauch auswachsen, kehrt bei den Mucoromycotina in analoger Weise wieder (Abb. 2.16A–C, 2.17C, D).

Geschlechtliche Fortpflanzung tritt ein, wenn Mycelien konträren Kreuzungstyps (+ bzw. −) zusammentreffen. Dann bilden die beiden Mycelien unter wechselseitiger Beeinflussung durch ausgeschiedene Gamone keulenförmige, sich aufeinander zukrümmende und schließlich an den Spitzen einander berührende Gametangien, die vielkernig und durch eine Querwand von den Trägerhyphen (Suspensoren) abgegrenzt sind. Es kommen Isogametangiogamie (Abb. 2.17E, 2.18A–C), Anisogametangiogamie (Abb. 2.18E, F), Monözie (Abb. 2.18E) und Diözie (Abb. 2.17E) vor. Die trennende Doppelwand zwischen den Gametangien verschwindet (Abb. 2.18B) und beide Gametangien nehmen an der Ausgestaltung der nunmehr entstehenden Zygote teil. Diese ist eine überdauernde, mit einer dicken, mehrschichtigen, außen warzigen Wand versehene Hypnozygote (Zygospore, Abb. 2.18D), in der sich die zahlreichen Geschlechtskerne (+, −) paaren. Am Ende der Ruhepause haben wenige, manchmal nur ein einziges Kernpaar die Kernverschmelzung (Karyogamie) vollzogen, während die anderen zugrunde gegangen sind. An der Befruchtung nehmen demnach ausschließlich Gametenkerne, keine freien Gameten teil. Die Hypnozygoten werden oft durch Hüllhyphen, die aus den Suspensoren hervorwachsen, geschützt; es beginnt also hier die Bildung von **Fruchtkörpern**. Dies sind makroskopisch sichtbare Hyphengeflechte

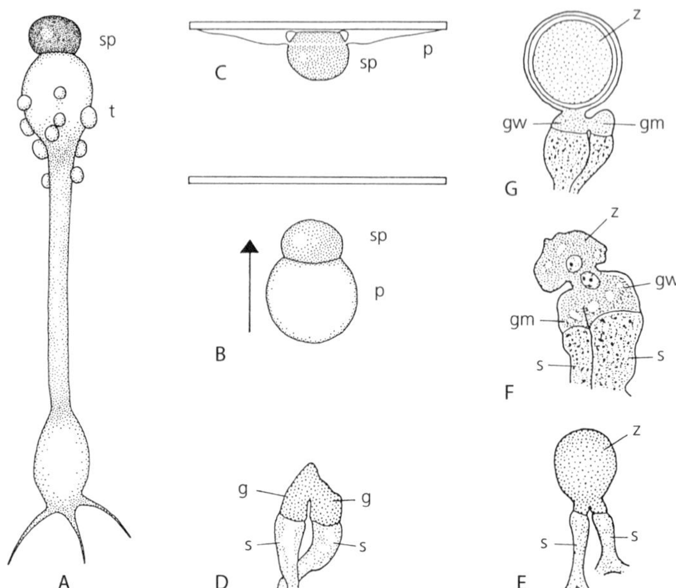

Abb. 2.16 Mucoromycota. A–C Mucorales, *Pilobolus crystallinus*. **A** Träger mit Sporozyste; ersterer mit ausgeschiedenen Flüssigkeitstropfen besetzt (20×). **B** Abgeschossene Sporozyste kurz vor, **C** nach dem Aufschlag auf ein Hindernis. **D–G Endogonales,** *Endogone*. Befruchtung; **D** Kopulation; **E** *E. pisiformis*, fertige Zygote. **F** Auswachsen der Zygote nach Übertritt des Kerns aus dem ♂ in das ♀ Gametangium. **G** *E. lactiflua*, fertige Zygote von (300×). – g Gametangium; gm männliches Gametangium; gw weibliches Gametangium; p Schleimpfropf; s Suspensor; sp Sporozyste; t Flüssigkeitstropfen; z Zygote. (A nach J. Webster; B, C nach A.H.R. Buller; D, E nach R. Thaxter; F, G nach Buchholz.)

der Hauptfruchtform (Abb. 2.18G). Die Zygospore keimt unter Meiose mit einem Keimschlauch aus, wobei sich nur ein einziger haploider Gonenkern mitotisch weiterteilt (die übrigen Meioseprodukte degenerieren). Alle Kerne sind daher genotypisch gleichwertig. Am Ende des Keimschlauchs bildet sich eine Keimsporozyste (Abb. 2.18J), die zahlreiche, einem einzigen Kreuzungstyp (+ oder −) angehörende Meiosporen enthält. Die Keimsporozyste gleicht zwar äußerlich der Mitosporozyste der Nebenfruchtform, im Unterschied zu jener sind die hier entstehenden Sporen jedoch einkernige, gleichgeschlechtige (+ oder −) Meiosporen. In beiden Fällen werden die Sporozysten durch eine Querwand von ihren Traghyphen abgegrenzt, die sich kegelförmig als Columella in die Sporozyste vorwölbt (Abb. 2.17A). Das vielkernige Plasma der Sporozysten zerfällt jeweils durch Zerklüftung, entweder in vielkernige haploide Mitosporen oder in einkernige haploide Meiosporen.

Die wichtigste Klasse innerhalb der Mucoromycotina, die **Mucoromycetes** (Zygomycetes), enthält etwa 500 vorwiegend saprobiotisch lebende Arten in mehreren Ordnungen.

1. Ordnung: Mucorales
Ein häufiger Vertreter ist der Köpfchenschimmel, *Mucor mucedo*, mit reichlicher Bildung von Sporozysten (Abb. 2.17A, E). Bei anderen Vertretern sind die Sporozysten bisweilen zu Sporozystiolen ohne Columella reduziert; diese werden dann als Ganzes abgeworfen (so bei *Thamnidium*, Abb. 2.17D). Bei *Cunninghamella* wird ebenfalls die ganze Sporozyste, die nur noch Kerne enthält, als Ausbreitungseinheit abgestoßen; solche exogen gebildeten Ausbreitungseinheiten werden Konidien genannt. Der auf Pferdemist auftretende Pillenwerfer (*Pilobolus*) schleudert seine ganze, endständige, schwarz gefärbte Sporozyste durch Turgordruck vom positiv phototropen Träger ab (Abb. 2.16A).

2. Ordnung: Endogonales, 3. Ordnung: Mortiereliales
Diese Ordnungen umfassen im Boden lebende (hypogäische) Arten, die knöllchenförmige bis zu haselnussgroße Fruchtkörper bilden (z. B. *Endogone*, Abb. 2.16D–G; *Mortierella*). Die bilden häufig Mykorrhiza.

Mucoromycetes
- **Endogonales**: **Endogonaceae**: *Endogone*
- **Mortierellales**: **Mortierellaceae**: *Mortierella*
- **Mucorales**: **Cunninghamellaceae**: *Absidia*, *Cunninghamella*; **Mucoraceae**: *Mucor*, *Rhizopus*; **Thamnidiaceae**: *Thamnidium*

7. Abteilung (Phylum): Glomeromycota

Die Verteter dieser Abteilung wurden lange Zeit unter den Mucoromycota geführt, obgleich keine Vorgänge einer geschlechtlichen Fortpflanzung bekannt sind, aufgrund derer eine engere Verwandtschaft hätte angenommen werden können. Wie den Mucoromycota fehlen den Glomeromycota begeißelte Keimzellen und die Hyphen besitzen keine Querwände (außer zur Abgrenzung von Sporen). Fortpflanzung und Vermehrung der terrestrischen Pilze erfolgen ausschließlich ungeschlechtlich. Meist werden sehr große Sporen von in das Erdreich ausstrahlenden Hyphen gebildet. Die Sporen sind dickwandig, überdauerungsfähig (sie werden daher auch Chlamydosporen genannt) und keimen unter günstigen Bedingungen aus. Die Keimhyphen dringen sodann in die Wurzeln von Wirtspflanzen ein. Alle Arten der Abteilung leben symbiotisch mit photoautotrophen Organismen, nämlich mit Gefäßpflanzen, Moosen und Cyanobakterien. Sie sind in einer einzigen Klasse mit zwei Ordnungen vertreten.

1. Klasse: Glomeromycetes

1. Ordnung: Glomerales
Ihre eminente ökologische Bedeutung haben die Vertreter dieser Ordnung (z. B. *Glomus*) als endotrophe, mykorrhizabildende Symbionten in den Wurzeln von Gefäßpflanzen gewonnen. Dabei entwickelt der daran beteiligte Pilz in den Wirtszellen blasenförmige und/oder bäumchenförmig verzweigte Strukturen, die zu der Bezeichnung **vesikulär-arbus-**

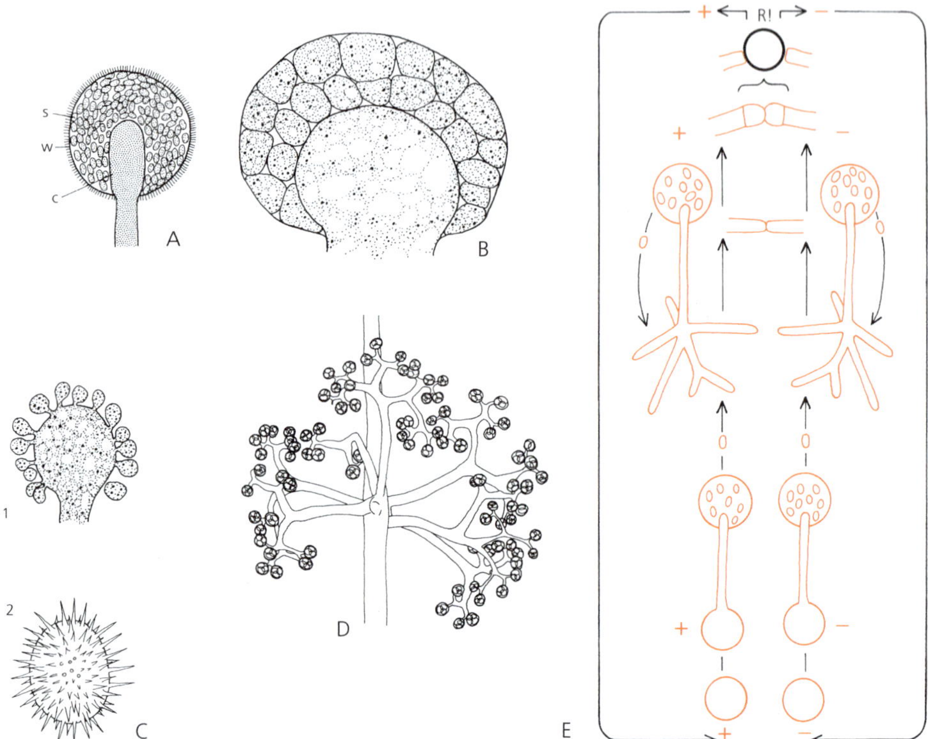

Abb. 2.17 Mucoromycota, Mucorales. A *Mucor mucedo*, Sporozyste im optischen Längsschnitt (225×). **B** *Sporodinia grandis*, Schnitt durch eine reife Sporozyste mit mehrkernigen Mitosporen. **C** *Cunninghamella echinulata*, 1 Konidienbildung (370×), 2 Konidie (1000×). **D** *Thamnidium elegans*, sporozystiolentragende Verzweigungen (200×). **E** Lebenszyklus. Orange: Haplophase, schwarz: Diplophase – c Columella; s Sporozystosporen; w Wand; R! Reduktionsteilung. (A nach O. Brefeld; B nach R.A. Harper; C nach Moreau; D nach J. Webster.)

kuläre (VA-)Mykorrhiza führte. Die meisten Landpflanzen, darunter die wichtigsten heimischen Kulturgewächse, enthalten in ihren Wurzeln diesen Typ einer Mykorrhiza, wie auch die ersten, vor 400 Mio. Jahren lebenden Landpflanzen (*Rhynia*) in ihren Rhizoiden. Die gegenseitigen Vorteile einer derartigen Symbiose sind sehr groß und bildeten vielleicht die Grundvoraussetzung für die Eroberung des Landes durch die ersten Landpflanzen.

2. Ordnung: Geosiphonales

Eine andere Form der Symbiose bildet das hier eingeordnete *Geosiphon pyriforme*. Es handelt sich um ein hervorragendes Beispiel einer rezent stattfindenden Endocytobiose zwischen einem blasenförmigen Pilz und einem endosymbiotischen Cyanobakterium vom *Nostoc*-Typ. In diesem Falle wird die Lebensgemeinschaft, anders als bei den zyklischen Endocytobiosen, stets aufs Neue etabliert. Das Studium dieser außerordentlich interessanten Lebensgemeinschaft wirft ein Licht auf den Erwerb von Chloroplasten durch Endocytobiose (Endosymbiontentheorie) und ist darüber hinaus ein Modellfall für die Kompartimentbildung.

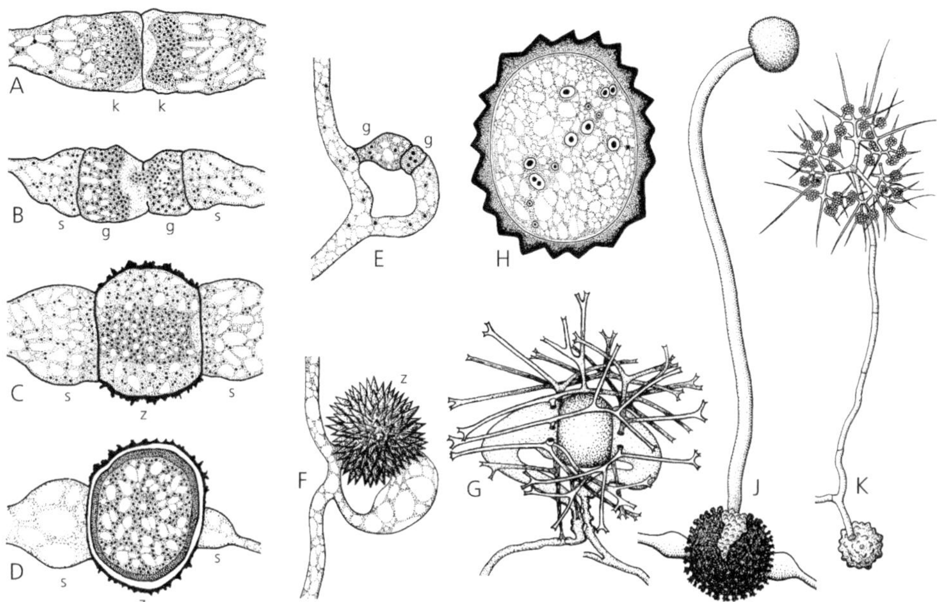

Abb. 2.18 **Mucoromycota, Mucorales. A–D** *Sporodinia grandis*, Befruchtungsorgan und Bildung der Hypnozygote (50×). **E, F** *Zygorhynchus moelleri*, desgl. (75×). **G** *Phycomyces blakesleeanus*, Zygote mit Hüllfäden (30×). **H** *Mucor hiemalis*, Zygote mit haploiden Kernen, Kernverschmelzung und diploiden Kernen (550×). **J** *Mucor mucedo*, Keimsporozyste (60×). **K** *Chaetocladium jonesii*, Keimung der Zygote mit Konidienträger (75×). – g Gametangium; k Kopulationsast; s Suspensor; z Zygote. (A–D nach M.L. Keene; E, F nach Green; G nach H. Gwynne Vaughan; H nach Moreau; J, K nach O. Brefeld.)

Glomeromycetes
- **Glomerales**: **Glomeraceae**: *Glomus*

8. Abteilung (Phylum): Ascomycota

Die Arten der Ascomycota leben überwiegend terrestrisch, einige kommen aber auch im Süßwasser oder im Meer vor. Es sind meistens Pflanzenparasiten oder Saprobionten auf abgestorbenen, pflanzlichen Geweben und in Pflanzensäften. Der Thallus ist im Regelfall ein reichverzweigtes Mycel aus septierten Hyphen, deren Querwände von einem **einfachen Porus** durchbrochen sind. An bestimmte Ernährungsweisen angepasste Formen haben ein Sprossmycel nach Art der Hefe. Die **Zellwände** bestehen aus Chitin und Glucanen (bei den Hefen, Saccharomycetes, ist der Chitinanteil sehr klein oder Chitin fehlt vollständig). Sie sind bei starker Vergrößerung im Elektronenmikroskop zweischichtig; die innere Schicht ist hell, dick und strukturlos, die äußere dunkel und dünn.

Die **sexuelle Fortpflanzung** führt zur Bildung des **Ascus**, einer charakteristischen, oft schlauchförmigen Meiosporozyste. Im Ascus vollziehen sich die Verschmelzung der Geschlechtskerne (z. B. [+]- und [−]-Kerne; Karyogamie), die Reifeteilung (Meiose) sowie die endogene Bildung von Meiosporen (je Ascus 1, 2, 4, 8 oder viele Ascosporen), und zwar in freier Zellbildung. Die Asci sind darüber hinaus vielfach für das aktive Ausschleudern der Ascosporen eingerichtet. Wie bei den Mucoromycota und den Basidiomycota fehlen begeißelte Keimzellen.

Die Ascomycota oder Schlauchpilze umfassen unter Einschluss der von ihnen abzuleitenden imperfekten Pilze (Deuteromycetes; siehe 1. Anhang) mit ca. 60.000 bekannten Arten etwa 60 % aller beschriebenen Pilze. Die systematische Gliederung gründet sich auf die unterschiedliche Entstehung der Asci im Lebenszyklus, auf den Bau und die Öffnungsweise der Asci sowie auf Form und Entwicklung der Fruchtkörper. Hinzu kommen molekular-phylogenetische Befunde.

In den beiden Klassen der Saccharomycotina – Saccharomycetes und Schizosaccharomycetes –werden noch keine Fruchtkörper ausgebildet.

1. Unterabteilung: Saccharomycotina

1. Klasse: Saccharomycetes (Endomycetes)

In dieser Unterklasse werden hefeartige Ascomyceten vereinigt. **Hefen** sind Pilze, die sich durch **Knospung** (Sprossung; Abb. 2.19) nach Art der Bäckerhefe vermehren. Auch die Vermehrung durch Hyphenbruchstücke (Arthrosporen) ist für sie kennzeichnend. Die Asci entstehen direkt aus Zygoten oder anderen Einzelzellen (also nicht nach einer Dikaryophase und nicht in Fruchtkörpern). Die Ascuswand zerfällt oder verschleimt nach der Sporenreife (die Ascosporen werden also nicht ausgeschleudert). Der Thallus ist teilweise in Einzelzellen zerfallen, meist ein Sprossmycel (Entstehung siehe unten), seltener ein septiertfädiges Mycel. Die Pilze dieser Klasse leben oft in zuckerhaltigen Substraten (z. B. im Blutungssaft von Holzpflanzen, Nektar).

Ordnung: Saccharomycetales (Endomycetales)

Es handelt sich um die einzige Ordnung. Diese repräsentiert mit ihren Vertretern aus den Gattungen *Saccharomyces*, *Dipodascus* und *Endomyces* den typischen Bau innerhalb der Klasse. Alle diese Gattungen sind jeweils eigenen Familien zugeordnet.

Saccharomycetaceae: Die Saccharomycetaceae enthalten *Saccharomyces* und nahe verwandte Gattungen (z. B. *Hansenula*) und damit die bekannten, in Praxis und Forschung vielfach verwendeten Hefepilze. Ihre kugeligen oder ovalen, einkernigen Zellen vermehren sich meist durch Sprossung und bleiben in kürzeren oder längeren, mehr oder weniger verzweigten Zellketten (Abb. 2.20G) verbunden. Auf diese Weise entsteht ein **Sprossmycel**. Die meisten Hefen (z. B. Bäcker-, Wein- und Bierhefen) sprossen nach dem **Narbentypus**. Tochterzellen entstehen, indem die Mutterzelle die Zellwand an einer Stelle knospenförmig nach außen stülpt. Die heranwachsende Tochterzelle, in die ein Zellkern eintritt, löst sich nach Bildung einer Trennwand von der Mutterzelle, die nunmehr eine Bildungsnarbe trägt, während an der Tochterzelle eine Entstehungsnarbe zurückbleibt. Jede Hefezelle besitzt eine Entstehungs- und viele (bis zu 32) Bildungsnarben. Die Zellen führen Glykogen als Reservestoff und enthalten zahlreiche Vitamine, insbesondere solche der B-Gruppe.

Die Bäckerhefe (*Saccharomyces cerevisiae*) war der erste eukaryotische Organismus, dessen Genom vollständig sequenziert worden ist. Bei der **geschlechtlichen Fortpflanzung** (Abb. 2.20) kopulieren zwei Zellen miteinander (ähnlich wie in Abb. 2.20C–E für Schizosaccharomyces dargestellt, eine Gattung, die jetzt in eine eigene Klasse gestellt wird).

Werden Suspensionen von Hefe (*Saccharomyces cerevisiae*) verschiedenen Kreuzungstyps ($a \times \alpha$) vermischt, kommt es zu einer wolkenartigen Ausfällung. Diese **Agglutination** beruht auf spezifischen Zellwandproteinen, dem a- und α-Agglutinin. In Mutanten, denen die Agglutinine fehlen, vermindert sich die Paarungsfrequenz um das 10^5-Fache.

Die Zygote wird unmittelbar nach der Kopulation oder nach einer Sprossungsphase zum Ascus, in dem sich unter Meiose vier oder acht Ascosporen bilden. Diese werden nach dem Aufreißen der Ascuswand frei und keimen zu neuen vegetativen Zellen aus.

Hinsichtlich des Entwicklungsgangs lassen sich bei den Hefen drei Typen unterscheiden. Beim **haplontischen** Typus teilt sich der Zygotenkern sofort nach seiner Bildung unter Meiose und die Zygote wird unmittelbar zum Ascus. Die vegetative Vermehrung erfolgt in der Haplophase. Beim **haplo-diplontischen** Typus (*Saccharomyces cerevisiae*, Abb. 2.20G–L) wächst die Zygote zu einem diploiden Sprossmycel aus, in dessen Zellen nach der Meiose Ascosporen entstehen. Der Kernphasenwechsel ist hier also intermediär. Aus den haploiden Ascosporen wächst wieder ein Sprossmycel aus, das nunmehr haploid ist. Beim **diplontischen** Typus schließlich (*Saccharomycodes ludwigii*, Abb. 2.20M–S) verschmelzen je zwei Ascosporen bereits im Ascus miteinander; die vegetative Sprossung erfolgt ausschließlich in der Diplophase.

Die Hefepilze (*Saccharomyces*) finden als Verursacher der Alkoholgärung vielseitige **Verwendung**, wobei von den Endprodukten Alkohol (Wein, Bier usw.) und CO_2 (zur Lockerung des Brotteigs) genutzt wird. Während die Weinhefe (*Saccharomyces ellipsoideus* = *S. vini*) auch wild auf den Beeren vorkommt, sind die Bierhefen (*S. cerevisiae* und *S. carlsbergensis* mit zahlreichen Rassen) nur in Kultur bekannt. Bei der Gärung sedimentieren die größeren Hefezellen, während die kleineren weiterhin schweben. Bei den obergärigen Bieren (z. B. Weißbier) wird der größte Teil der Hefezellen mit dem Schaum abgeführt (im Gegensatz zu den untergärigen Bieren, bei denen die Hefe nach unten absinkt). Der zum Brotbacken benutzte Sauerteig enthält außer Hefe auch Milchsäurebakterien. Der Teepilz ist (wie auch die Kefir erzeugenden Organismen) ein Gemisch aus Hefe und Bakterien, das schwarzen Tee in ein saures Getränk (bzw. Milch zu Kefir) verwandelt.

Dipodascaceae: Die Hyphenzellen von *Dipodascus* bilden einen längerkettigen Verband, dessen einzelne Zellen bei *D. uninucleatus* einkernig oder z. B. bei *D. albidus* mehrkernig sind. Bei *D. albidus*, der im Schleimfluss von Bäumen vorkommt, bilden sich schnabelförmige Gametangien (Abb. 2.20W), die an ihren Spitzen miteinander fusionieren und sich dann an der Basis durch Querwände abgrenzen (Abb. 2.20X). Die Kerne des einen Gametangiums (♂) treten in das etwas größere andere Gametangium (♀) über. Es verschmilzt jedoch nur ein Kernpaar miteinander. Das ♀ Gametangium streckt sich zu

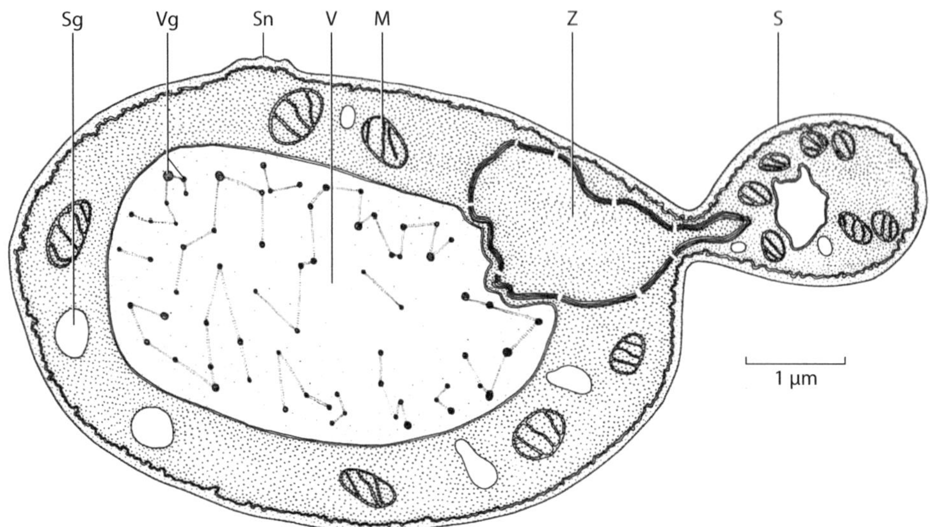

Abb. 2.19 Ascomycota, Saccharomycetaceae, Saccharomyces. Sprossende Hefezelle. – M Mitochondrium; S durch Sprossung gebildete Tochterzelle; Sg Speichergranulum; Sn Sprossnarbe; V Vakuole; Vg Vakuolengranula; Z Zellkern. (Nach Webster 1983, s. 257.)

einem langen Ascus. Während die überzähligen Kerne zugrunde gehen, entstehen aus dem diploiden Fusionskern unter Meiose zahlreiche haploide Kerne, von denen jeder durch freie Zellbildung zum Kern einer Ascospore wird. *D. uninucleatus* besiedelt tote Insekten. Hier verschmelzen zwei benachbarte, in Gametangien umgewandelte Zellen, deren Kerne größer sind als diejenigen der benachbarten Zellen.

Endomycetaceae: Die Endomycetaceae mit *Endomyces* enthalten in ihren Asci wie die Saccharomycetaceae (siehe oben) höchstens acht Ascosporen. *Endomyces* bildet ein fädiges Mycel. Bei *E. magnusii*, der im Schleimfluss (entstanden aus Phloemexsudat) der Eiche lebt, weisen der ♂ und der ♀ Kopulationsast einen beträchtlichen Größenunterschied auf. Letzterer wird nach der Fusion der Zellkerne und anschließender Meiose zu einem viersporigen Ascus (Abb. 2.20T, U).

Hefeähnliche Thalli sind nicht auf die Endomycetidae beschränkt. Sie kommen – zumindest in bestimmten Entwicklungsstadien – auch bei anderen Ascomycota (Taphrinomycetes), bei Basidiomycota (z. B. Sporobolomycetaceae, Exobasidiaceae, Ustilaginaceae) und bei den imperfekten Pilzen (z. B. Cryptococcaceae) vor.

Saccharomycetes

- **Saccharomycetales**: **Dipodascaceae**: *Geotrichum*

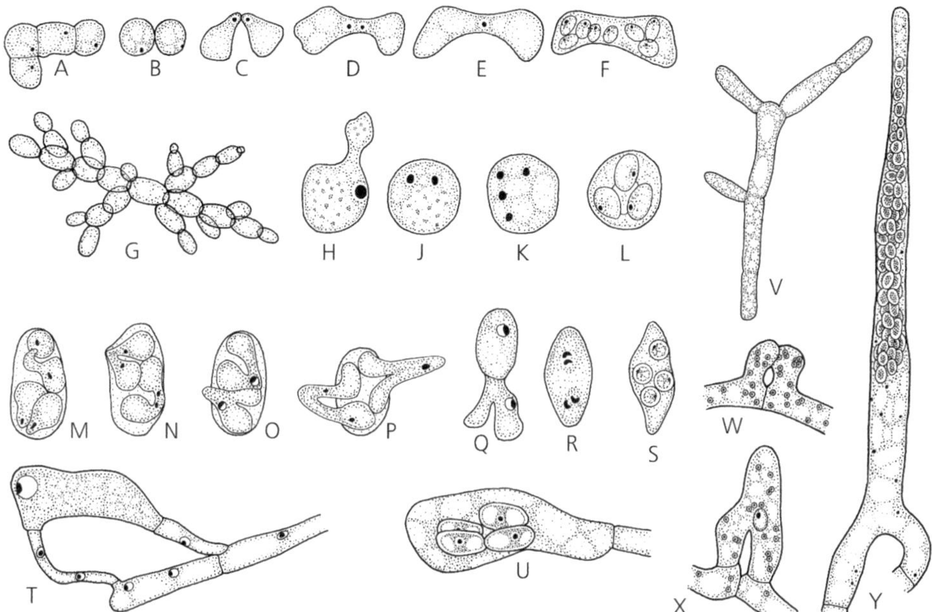

Abb. 2.20 Ascomycota, Saccharomycetes, Saccharomycetales. A–F *Schizosaccharomyces octosporus* (350×). **A** Zellverband; **B–F** Kopulation und Ascusbildung. **G–L** *Saccharomyces cerevisiae*. **G** Sprossketten (200×); **H–L** Ascusbildung (550×). **M–S** *Saccharomycodes ludwigii* (375×). **M–P** Kopulation keimender Meiosporen im Ascus; **Q** Sprossung der diploiden Zelle; **R, S** Ascosporenbildung. **T, U** *Endomyces magnusii*, Kopulation und Ascusbildung (375×). **V** *Candida reukaufii* (375×). **W–Y** *Dipodascus albidus*, Kopulation und Ascusbildung (275×). (A, V nach J. Lodder und N.J.W. Kreger; B–F, H–U nach A. Guillermond; G nach G. Lindau; W–Y nach H.O. Juel.)

2. Klasse: Schizosaccharomycetes

Die Zellvermehrung erfolgt hier nicht durch Knospung, sondern durch Querteilungen der Zellen. Ein bekannter, im Labor als Modellorganismus dienender Vertreter ist *Schizosaccharomyces pombe* (Abb. 2.20A–F). Die Entwicklung erfolgt nach dem haplontischen Typus, der Zygotenkern unterliegt also sofort nach seiner Bildung der Meiose.

2. Unterabteilung: Taphrinomycotina

Klasse: Taphrinomycetes

Die Arten dieser Gruppe von Ascomyceten leben parasitisch auf Pflanzen. Fruchtkörper werden nicht gebildet.

Taphrina-Arten können auf den befallenen Wirtspflanzen verschiedene Missbildungen (Abb. 2.21) hervorrufen. Manche Arten verursachen **Hexenbesen** auf Kirschbäumen, Birken und Hainbuchen. *T. deformans* ist der Erreger der **Kräuselkrankheit** von Pfirsichblättern, *T. pruni* wandelt den Fruchtknoten der Pflaume in hohle, steinkernlose **Gallen**,

Abb. 2.21 **Ascomycota, Taphrinomycetes,** *Taphrina padi.* Auf Früchten von *Prunus padus* Narrentaschen (Pfeile) bildend (*: nicht befallene Früchte). (Aufnahme: A. Bresinsky.)

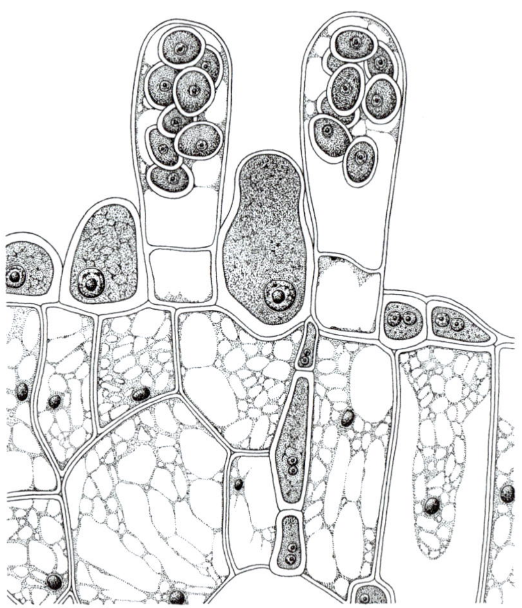

Abb. 2.22 **Ascomycota, Taphrinomycetes,** *Taphrina deformans.* Karyogamie und reife Asci (800×). (Nach E.M. Martin.)

Narrentaschen genannt, um. Die Asci entstehen aus kurzen, zunächst zweikernigen, dann einkernig diploiden Hyphenabschnitten zwischen Cuticula und Epidermis des Wirts, nach Reifeteilung und einigen Mitosen. Sie brechen zwischen den Epidermiszellen der Wirtspflanze hervor, bilden eine palisadenartige Schicht (Abb. 2.22) und öffnen sich am Scheitel mit einem einfachen Riss, durch den die Ascosporen ins Freie gelangen. Diese keimen durch Knospung und gleichen hierin Hefezellen. Daraufhin entsteht auf der Oberfläche der Wirtspflanzen zunächst ein haploides, saprobiotisch lebendes Sprossmycel. Durch Verschmelzung vegetativer Zellen oder durch autogame Kernpaarung wird das Stadium eines dikaryotischen Hyphenmycels eingeleitet, das nunmehr parasitisch zwischen die Wirtszellen (interzellulär) eindringt. Seine Weiterentwicklung erfolgt unabhängig vom haploiden Mycel. In dieser Hinsicht ähneln die Taphrinomycetes eher den Basidiomycota mit ihrer selbstständigen Paarkernphase als den folgenden Pezizomycotina.

Weitere kleinere, in die Nähe der Taphrinomycetes gestellte Ordnungen sind die **Protomycetales**, zu denen einige Parasiten auf Blütenpflanzen gehören, die charakteristische Verfärbungen oder blasige Anschwellungen an ihren Wirten verursachen, und die **Ascosphaerales**, von denen *Ascosphaera apis* eine Krankheit bei Bienen verursacht.

Taphrinomycetes
- **Taphrinales**: **Taphrinaceae**: *Taphrina*
- **Protomycetales**: **Protomycetaceae**: *Protomyces*, *Protomycopsis*, *Taphridium*, *Volkartia*

3. Unterabteilung: Pezizomycotina

Im Entwicklungsgang der meisten Pezizomycotina tritt eine **Paarkernphase** (**Dikaryon**) auf, die auch für die später folgenden Basidiomyceten sehr kennzeichnend ist. Die Asci entwickeln sich in oder an einfachen bis stark differenzierten Fruchtkörpern. Die Pezizomycotina zeigen hinsichtlich Fortpflanzung und **Lebenskreislauf** übereinstimmende Grundzüge, die sich ab der 2. Unterklasse (Eurotiomycetidae-Dothideomycetidae) zunehmend manifestieren. Ihre Vertreter zeichnen sich durch fädige, haploide Mycelien in der vegetativen Phase, Paarkernhyphen (**ascogene Hyphen**) im generativen Stadium sowie Fruchtkörper, die aus haploiden und dikaryotischen Hyphen verflochten sind, aus. Die paarkernigen Hyphen der Dikaryophase sind räumlich und ernährungsphysiologisch mit den haploiden Mycelien verbunden. Die Kernpaarung erfolgt nach unterschiedlichen Befruchtungsvorgängen.

Fortpflanzung: Bei der Gametangiogamie z. B. von *Pyronema confluens* entstehen in jungen Fruchtkörperanlagen an einigen Hyphenenden ♀ Organe. Diese bestehen aus einer Stielzelle, dem angeschwollenen, vielkernigen ♀ Gametangium, **Ascogon** genannt (Abb. 2.23A, 2.23B: ag), und einem seinem Scheitel aufsitzenden, gebogenen, vielkernigen Fortsatz, der Trichogyne (Abb. 2.23B: t). In unmittelbarer Nähe des Ascogons entspringt – ebenfalls aus haploiden, einkernigen Hyphen – ein keulenförmiges, vielkerniges ♂ Gametangium (Abb. 2.23B: g). Die verschiedenen Sexualorgane treten teilweise in Gruppen auf und wachsen aufeinander zu, wobei das ♂ Gametangium mit einer Trichogyne verschmilzt (**Gametangiogamie**). Die Trichogyne öffnet sich an ihrer Berührungsstelle (worauf die darin enthaltenen Kerne degenerieren) und die ♂ Kerne wandern aus dem ♂ Gametangium in die Trichogyne und von hier durch einen sich vorübergehend öffnenden Porus in das Ascogon (Plasmogamie). Dort legen sich die ♂ und ♀ Kerne paarweise aneinander

(Abb. 2.23C). Das Ascogon treibt daraufhin zahlreiche Schläuche aus, in welche die Kernpaare hineinwandern: Bei den Schläuchen handelt es sich um die ascogenen Hyphen, die unter Zellteilungen wachsen und sich verzweigen. Bei allen Zellteilungen bleiben in jeder Zelle die Kerne paarweise erhalten (sie verschmelzen zunächst nicht), weil sie sich konjugiert (d. h. gleichzeitig) teilen. So entstehen die Zellen der **Dikaryophase** mit je zwei Kernen unterschiedlichen Kreuzungstyps (hier ♂ und ♀). Der Sexualakt erfolgt also vielfach in Ascogonen durch Aufnahme der ♂ Kerne.

Bei anderen Ascomyceten kann die Übertragung der ♂ Keimzellen in das Ascogon statt durch Gametangien auch durch mehrkernige oder einkernige Konidien (**Gameto-Gametangiogamie**) sowie durch haploide Hyphen geschehen. An der **Somatogamie** sind keine Gametangien beteiligt, sondern es verschmelzen gewöhnliche, nicht besonders differenzierte, haploide Hyphen. Auch hier wächst aus dem Verschmelzungsprodukt (nach Plasmogamie) ein dikaryotisches Mycel hervor.

Ascogone und Zellen, die ♂ Gametangien bzw. ♂ Kerne liefern (z. B. etwa Megakonidien, Mikrokonidien, somatische Hyphen bei *Sordaria*; siehe dort) werden an demselben Mycel gebildet (**Monözie**, Abb. 2.23B). Dabei wird eine Selbstung vielfach durch **bipolare homogenische Inkompatibilität** verhindert (Abb. 2.1). Insgesamt lässt sich eine zunehmende Reduktion der Gametangien feststellen. Oft wird die Sexualität auch völlig unterdrückt. Man unterscheidet **Parthenogamie**, wenn innerhalb des Ascogons Kernpaarungen ohne vorausgehende Befruchtung durch Kerne erfolgen, von **Autogamie**, wenn Kernpaarungen irgendwo ohne Beteiligung von Ascogonen eintreten, und von **Apomixis**, wenn die Sexualität erloschen ist und die Entwicklung in der Haplophase verläuft.

Die Paarkernhyphen (ascogene Hyphen der Dikaryophase) sind bei Ascomyceten an den Querwänden vielfach durch eigentümliche **Haken** gekennzeichnet, die auf folgendem Wege entstehen (Abb. 2.23F–J): Die wachsende Spitzenzelle bildet seitlich, etwas unterhalb der Hyphenspitze (subterminal) eine nach unten, gegen die Wachstumsrichtung weisende, hakenförmige Ausbuchtung. Gleichzeitig teilen sich die Kerne des Kernpaars und einer der abgegliederten Tochterkerne wandert in den hakenförmigen Auswuchs. Nunmehr wird durch Querwände das obere Kernpaar abgesondert (Abb. 2.23G), während der Haken an seiner Spitze mit der Stammhyphe verschmilzt und der aufgenommene Kern dorthin zurückwandert (Abb. 2.23J). Die Hakenbildung wiederholt sich bei jeder neuen Zellteilung der Spitzenzelle solange, bis in ihr durch Karyogamie die **Ascusbildung** eingeleitet wird (Abb. 2.23H). Aus den Endzellen der ascogenen Hyphen entstehen, nachdem dort Karyogamie und Meiose stattgefunden haben, die Asci. Die junge Ascusanlage ist zunächst noch zweikernig (Abb. 2.23F, G). Nach der vollzogenen Kernverschmelzung (Abb. 2.23H) wird die Endzelle zur keulenförmigen, zunächst noch einkernigen, diploiden Sporozyste. Aus dem Verschmelzungskern gehen dann nach der Meiose (mit ihren beiden Kernteilungen) und einer nachfolgenden Mitose insgesamt acht Kerne hervor, um die herum sich durch freie Zellbildung die acht haploiden Meiosporen (Ascosporen) durch Wände abgrenzen. Manche Arten besitzen auch ein-, zwei- oder viersporige Asci. Der Ascus ist also eine Meiosporozyste, in der an die beiden Reifeteilungen (Meiose) noch eine Mitose an-

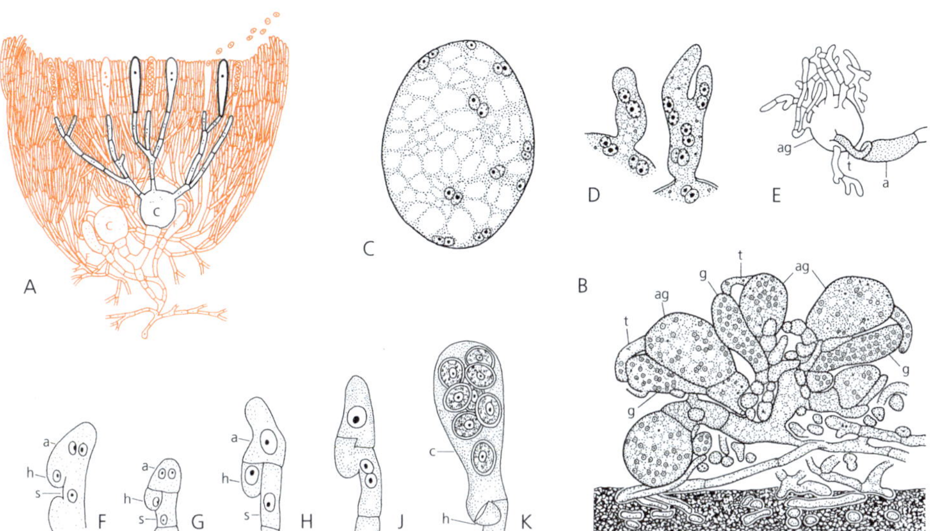

Abb. 2.23 Ascomycota, Pezizales. A Schema: Fruchtkörper eines monözischen Discomyceten. Orange: haploide Phase; dünn schwarz: dikaryotische Phase; dick schwarz: diploide Phase. Haken nicht gezeichnet. **B–J** *Pyronema confluens*. **B** Anlage eines Fruchtkörpers (450×); **C** Paarung der ♂ und ♀ Kerne im Ascogon; **D** Einwanderung der Paarkerne in die aus dem Ascogon hervorsprossenden ascogenen Hyphen (C, D 1000×); **E** Ascogon mit ascogenen Hyphen (150×); **F–J** Ascusentwicklung. **K** *Boudiera*, junger Ascus mit Ascosporen (F–K 1000×). – a späterer Ascus; ag Ascogon mit Trichogynen; c junger Ascus; g ♂ Gametangien; h Haken; s Stielzelle; t Trichogyne. (A nach R. Harder; B–D, K nach P. Claussen; E nach A. De Bary; F–J nach R.A. Harper.)

geschlossen wird. Plasmogamie und Karyogamie erfolgen also räumlich wie zeitlich weit voneinander getrennt; sie sind durch das Paarkernstadium (Dikaryophase) getrennt. Dikaryotische Zellen sind funktionell bereits diploid, lediglich ihre Kerne liegen noch einzeln vor. Die Pezizomycotina sind Haplonten mit daraus hervorgehendem Dikaryophyten (dem Sporophyten entsprechend), der aber ernährungsphysiologisch von der vorausgehenden haploiden Generation abhängig bleibt.

Das für die **Sporenbildung** nicht verbrauchte Plasma, das Periplasma, wird vielfach als Auflagerung einer weiteren, mannigfaltig skulpturierten Schicht auf der Sporenwand verwendet. Die Asci entwickeln sich im Inneren von **Fruchtkörpern**. Das Plektenchym der Fruchtkörper besteht aus haploiden Hyphen, in welche dikaryotische Hyphen eingeflochten sind (Abb. 2.23A). Von einer ascohymenialen Entwicklung des Fruchtkörpers spricht man, wenn erst die ascogenen Paarkernhypen von einer Hülle umschlossen werden, die Fruchtkörperbildung wird also durch die Befruchtung eingeleitet. Beim ascoloculären Entwicklungstyp werden die Fruchtkörperinitialen oder Geflechte für Sammelfruchtkörper bereits vor der Befruchtung angelegt und die ascogenen Hyphen wachsen in nachträglich sich formende Höhlungen (Loculi) hinein. Die systematische Gliederung beruht u. a. auf der unterschiedlichen Anlage und verschiedenem Bau von Fruchtkörpern und Asci. Die

Abb. 2.24 Ascomycota, Dothideomycetes. Durch *Fusicladium* verursachter Apfelschorf. (Aufnahme: A. Bresinsky.)

Fruchtkörper sind kugelförmig geschlossen (**Kleistothecium**), schüsselförmig offen (**Apothecium**), flaschenförmig, mit vorgebildeter Öffnung entweder bei ascohymenialer Entwicklung (**Perithecium**) oder bei ascoloculärer Entwicklung (**Pseudothecium**). Pseudothecien können sich weit öffnen oder wie Kleistothecien passiv aufbrechen. In paralleler stammesgeschichtlicher Entwicklung (Parallelismus) entstehen zur Gewährleistung einer effektiven Sporenausbreitung oft ähnliche Formen, z. B. keulige, flaschenförmige oder gestielt-hutförmige Fruchtkörper.

1. Klasse: Dothideomycetes

Zu den Dothideomycetes gehören mehrere Erreger von **Pflanzenkrankheiten**. *Venturia* (imperfekte Konidienform: *Fusicladium*) ruft den Schorf an Äpfeln und Birnen hervor, indem der Pilz an befallenen oder heranwachsenden Früchten dunkle Flecke erzeugt (Abb. 2.24). *Capnodium* bildet den braun-schwarzen Rußtau auf Blättern. Als Saprobiont verwertet dieser Pilz Blattausscheidungen oder Blattlaussekret. *Herpotrichia* überzieht vom Schnee bedeckte Nadelholzzweige im alpinen Bereich mit braun-schwarzem Hyphengeflecht und lässt die Nadeln absterben.

Ordnung: Dothideales

Bei den Dothideales besteht die **Ascuswand** aus zwei unterschiedlich dehnbaren Schichten, sie ist also, anders als bei anderen Ordnungen, **bitunicat**. Die, dünne äußere Schicht ist nicht elastisch und reißt bei steigendem Turgordruck des Ascusinneren. Die dicke innere Ascuswand ist dehnbar und streckt sich bei steigendem Druck, wobei eine Ascospore nach der anderen, den Scheitelporus zunächst verstopfend, ausgestoßen wird (Abb. 2.25C). Die Erhöhung des osmotischen Werts im Inneren des Ascus ist durch die Umwandlung von osmotisch inaktiven zu aktiven Stoffen (vielleicht von Glykogen in Zucker) bedingt.

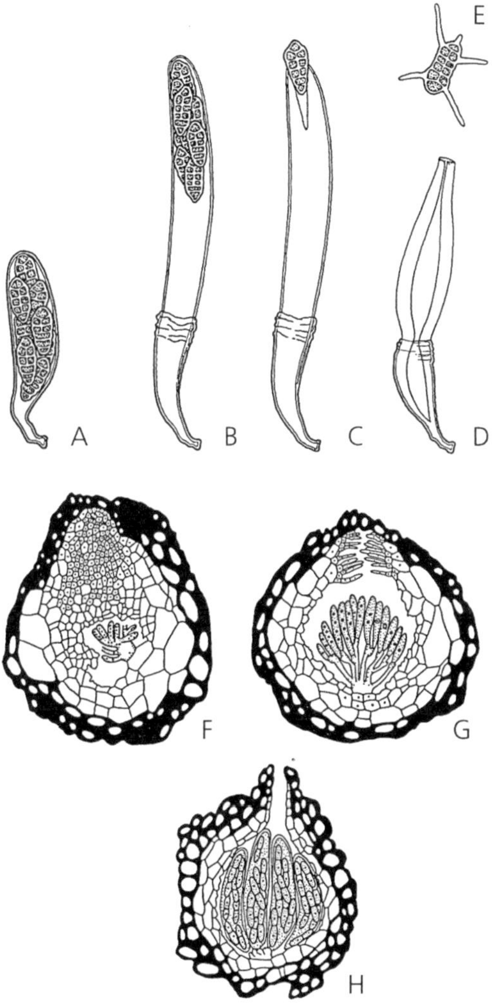

Abb. 2.25 **Ascomycota, Dothideomycetes. A–E** *Pyrenophora scirpi*, Öffnungsweise des bitunicaten Ascus (400×). **A** Reifer Ascus mit acht vielzelligen Sporen; **B** desgl., äußere Ascuswand geplatzt, innerer Schlauch gestreckt; **C** letzte Spore kurz vor dem Ausschleudern; **D** entleerter Ascus; **E** keimende Spore. **F–H** *Mycosphaerella tulipifera* (175×), Entwicklung des Pseudotheciums. **F** Junges Stadium mit verzweigtem Ascogon; **G** mit Asci verschiedenen Alters; **H** reifes Pseudothecium. (A–E nach N. Pringsheim; F–H nach Higgins.)

Die flaschenförmigen Fruchtkörper mit vorgebildeter Öffnung entstehen meist nach dem ascolocularen Typ (siehe Ascomycetidae, Einführung). Den Perithecien äußerlich gleichend werden die Fruchtkörper, diesen Unterschied berücksichtigend, Pseudothecien (Abb. 2.25H) genannt.

Dothideomycetes
- **Capnodiales**: **Mycosphaerellaceae**: *Ramularia*
- **Pleosporales**: **Melanommataceae**: *Herpotrichia*; **Pleosporaceae**: *Bipolaris*, *Ulocladium* (A)
- **Venturiales**: **Venturiaceae**: *Venturia*

2. Klasse: Eurotiomycetes

Die Wände ihrer (**prototunicaten**) **Asci** sind in der Ordnung Eurotiales undifferenziert, dünn und verschleimen oft schon vor der Sporenreife, sodass die Ascosporen passiv freigesetzt werden. Zu dieser Klasse werden auch lichenisierte Vertreter gezählt, die in der Ordnung der **Verrucariales** zusammengefasst sind.

Ordnung: Eurotiales

Zur dieser Ordnung zählen Pilze mit vielfach unterdrückter oder fehlender Hauptfruchtform. Die Charakterisierung und Stellung der Ordnung im System der Ascomyceten wird jedoch durch Merkmale der Hauptfruchtform begründet (Abb. 2.26C–E).

Die **Hauptfruchtform** (Teleomorphe) bildet sich hier nach der Verschmelzung keulenförmiger Gametangien (Ascogon, ♂ Gametangium). An den Querwänden der daraufhin entstehenden dikaryotischen, ascogenen Hyphen fehlen Haken. Die kugeligen Asci werden im Inneren geschlossener, kugelförmiger Fruchtkörper angelegt. Sie enthalten je vier oder acht oft scheibenförmige Ascosporen und liegen in großer Zahl ungeordnet im Fruchtkörper, deren plektenchymatische Wand verwesen muss, damit Asci und Ascosporen verbreitet werden können. Es sind Kleistothecien ohne vorgebildete Mündung.

Auch die **Nebenfruchtform** (Anamorphe) ist sehr charakteristisch (Abb. 2.26A, B). Sie wird u. a. als *Aspergillus* oder *Penicillium* bezeichnet. Diese gehören zu den häufigsten Schimmelpilzen („Schimmel" ist kein systematischer Begriff, sondern eine Sammelbezeichnung für oberflächlich wachsende Pilzmycelien). Die Vermehrung erfolgt vegetativ durch Konidien, die sich an rasenartig dichtstehenden Trägern bilden und oft blaugrün gefärbt sind. Beim **Gießkannenschimmel** *Aspergillus* sitzen auf dem kugelig angeschwollenen Träger kurze, allseitig ausstrahlende Zellen (**Phialiden**). Diese schnüren fortlaufend Konidien ab, die in Ketten aneinanderhaften. Beim **Pinselschimmel** *Penicillium* entstehen die ebenfalls perlschnurartig angeordneten Konidien auf verzweigten Trägern, wobei die Konidien bildenden Zweige als Phialiden, die darunter Folgenden als **Metulae** bezeichnet werden. Die systematischen Einheiten innerhalb der Eurotiales werden nach der Hauptfruchtform benannt, wenn diese fehlt, nach der Nebenfruchtform, z. B. Nebenfruchtform von: *Eurotium, Sartroya = Aspergillus*; Nebenfruchtform von: *Talaromyces*, *Carpenteles = Penicillium* (siehe auch 1. Anhang).

Verwendung und Schadwirkungen: Aus *Penicillium notatum*, *P. chrysogenum* und anderen Arten wird das Antibiotikum Penicillin gewonnen, das der Pilz in der Nährlösung abscheidet. Penicillin hemmt die Synthese der Bakterienzellwände. *P. roqueforti* und *P. camemberti* sind für die Herstellung bestimmter Käsesorten erforderlich, *Aspergillus wentii* produziert Amylasen und Proteasen und wird daher in der Fermentationsindustrie

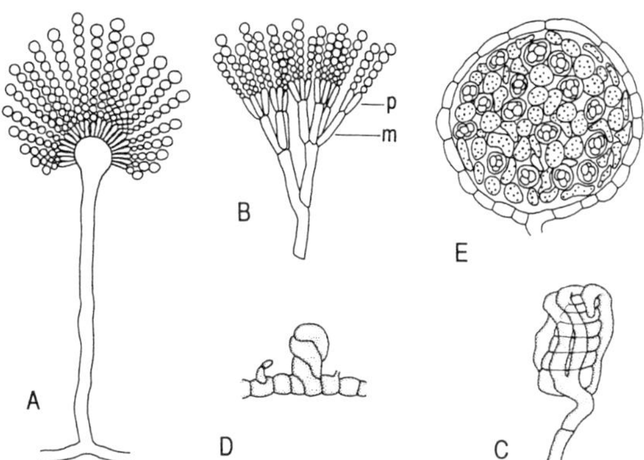

Abb. 2.26 **Ascomycota, Eurotiomyces, Eurotiales.** **A** *Aspergillus glaucus* (Gieskannenschimmel), Konidienträger (300×). **B** *Penicillium glaucum.* (Pinselschimmel), Konidienträger (300×). **C** *Eurotium*, schraubiges Ascogon vom ♂ Gametangium umgriffen (450×). **D** *Talaromyces*, sich umschlingende Gametangien (500×). **E** *Eurotium*, Kleistothecium im Querschnitt (250×). – m Metula; p Phialide. (A nach L. Kny; B, D nach O. Brefeld; C, E nach A. De Bary.)

verwendet, *A. flavus* bildet Aflatoxine, welche krebserregend sind und Leberschäden bewirken. *A. fumigatus* ruft Lungen- und Bronchialerkrankungen beim Menschen hervor. Wichtige Erreger menschlicher und tierischer Pilzerkrankungen (Mykosen) zählen ebenfalls zu dieser Ordnung oder sind aufgrund ihrer bekannten, jedoch gewissen Eurotialen mit vollständigem Entwicklungsgang ähnelnden Nebenfruchtformen hierher zu stellen.

Eurotiomycetes (A = Anamorphe)
- **Chaetothyriales**: **Herpotrichiellaceae**: *Phialophora*
- **Eurotiales**: **Elaphomycetaceae**: *Elaphomyces*; **Monascaceae**: *Fraseriella*; **Aspergillaceae**: *Penicillium* (A); **Trichocomaceae**: *Thermomyces*; **inc. sed.**: *Thysanophora*
- **Onygenales**: **Arthrodermataceae**: *Trichophyton*; **Onygenaceae**: *Onygena*

Die **Ascuswand** ist bei allen folgenden Klassen **eutunicat**, d. h. als dickere Schicht deutlich erkennbar, dauerhaft und mit Einrichtungen zum Ausschleudern der Ascosporen versehen.

3. Klasse: Laboulbeniomycetes

Hierher gehören **parasitisch auf Insekten** lebende, winzige Pilze. Charakteristisch für die Vertreter der einzigen Ordnung **Laboulbeniales** sind reduzierte Thalli mit dabei doch streng fixiertem Aufbau der Fruktifikationsorgane (Abb. 2.27). Die Pilze dringen meist nur mit einem kurzen, dunkelfarbigen Fuß in den Chitinpanzer der Wirtsorganismen ein. Es gibt ca. 1500 Arten, von denen viele sehr wirtsspezifisch sind. Die Thalli entwickeln in

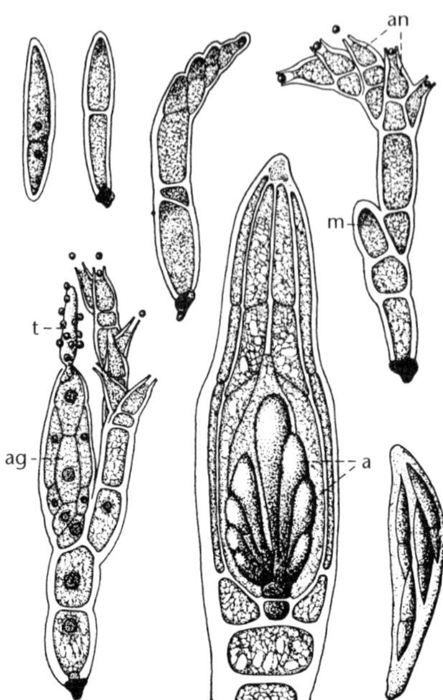

Abb. 2.27 **Ascomycota, Laboulbeniomycetes,** *Stigmatomyces baerii.* Obere Reihe: Entwicklung bis zur Ausbildung der Spermatangien und der Ascogonmutterzelle. Untere Reihe: Befruchtungsstadium, halbreifes Perithecium mit jungen Asci, Ascus mit vier zweizelligen Sporen (400×). – a Ascus; ag Ascogon; an Spermatangium; m Ascogonmutterzelle; t Trichogyne. (Nach R. Thaxter.)

einem Gehäuse (Perithecium) das ♀ Geschlechtsorgan (Ascogon) mit Trichogyne. Es wird durch Spermatien befruchtet (keine Gametangiogamie!), die aus kleinen, flaschenförmigen Spermatangien entlassen werden. Nach der Befruchtung entstehen zartwandige Asci, die ein- bis zweizellige Ascosporen enthalten. Die Zeit von der Wirtsinfektion bis zur Sporenreife beträgt nur 10–20 Tage.

4. Klasse: Lecanoromycetes

Die Lecanoromycetes mit ihrer einzigen Ordnung, den **Lecanorales** (inkl. Caliciales), stellen den Hauptanteil der an der Bildung von Flechten (Lichenes) beteiligten Pilze unserer Breiten dar. Die in **Flechtensymbiose** lebenden Pilze bilden Apothecien, die zwischen Paraphysen (ähnlich wie in Abb. 2.33C) mit kopfig verdickten Enden Asci von besonderem Bau enthalten. Diese sind keulig, dickwandig, teilweise mehrschichtig (wobei die Elastizität der Schichten, anders als beim bitunicaten Ascus, identisch ist) und besitzen rund um die porenförmige Öffnung einen mit Jod blau anfärbbaren Scheitelwulst (siehe auch 2. Anhang).

5. Klasse: Leotiomycetes

Am Scheitel des **unitunicaten** und **inoperculaten Ascus** ist eine porenförmige Öffnung entweder von einem einfachen quellfähigen Wulst umgeben oder zusätzlich von einem Apikalring oder Scheitelwulst umschlossen. Letztere verfärben sich bei Anwendung

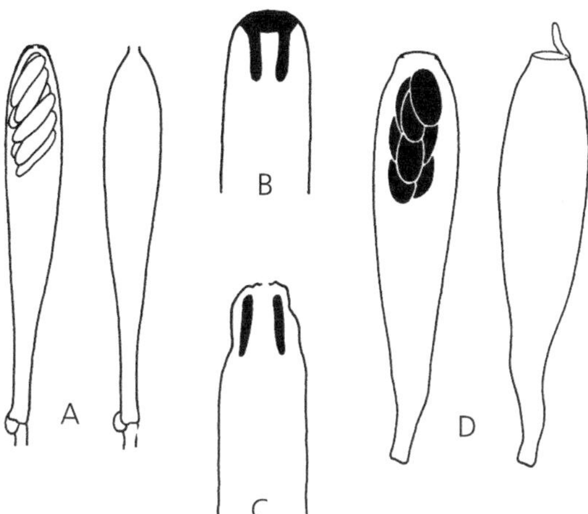

Abb. 2.28 **Ascomycota.** Asci vor und nach dem Ausschleudern der Sporen. **A–C** Inoperculate Asci, Ascusspitzen mit Apikalapparaten vor (**B**) und nach (**C**) Entleerung. **D** Operculater Ascus, Öffnung mit Deckel. (A, D nach F. Oberwinkler; B, C nach A. Beckett.)

von Jod-Kaliumjodid-Lösung vielfach blau und werden dann als amyloid bezeichnet (Abb. 2.28A–C). Der Mechanismus des durch Licht oder Feuchtigkeitsänderungen auslösbaren Sporenausschleuderns ist nicht völlig aufgeklärt. Der Quellungszustand des Wulstes bzw. des Apikalrings ist dabei vermutlich ebenso wie der Turgor im Ascusinneren entscheidend. Als Fruchtkörper werden **Kleistothecien** oder **Apothecien** in unterschiedlicher Abwandlung gebildet.

Ordnung: Erysiphales

Zu den Erysiphales zählen die auf Pflanzen parasitisch lebenden, an Kulturpflanzen oftmals erhebliche Schäden verursachenden **Echten Mehltaupilze**. Die befallenen Organe sehen wie mit Mehl bestäubt aus. Dieser Eindruck rührt vom weißen Oberflächenmycel her, das während des Sommers in großer Menge Konidien bildet (Abb. 2.29A). Über Haustorien, die in die Epidermiszellen des Wirts eingesenkt werden (Abb. 2.29A: h), entnimmt der Pilz seinem Wirt die Nährstoffe. Die Hauptfruchtform stellen kleine braune bis schwarze, mit bloßem Auge als punktförmige Erhebungen sichtbare Kleistothecien dar, die auf dem weißen Überzug der Nebenfruchtform erscheinen.

Geschlechtliche Fortpflanzung: Der männliche Kopulationsast, der sich in eine Stielzelle und in das einkernige ♂ Gametangium teilt, legt sich an das ebenfalls einkernige **Ascogon** an (Abb. 2.29D). Der ♂ Geschlechtskern tritt in das Ascogon über (Abb. 2.29E). Nunmehr entsteht aus je einem befruchteten Ascogon ohne Zwischenschaltung von ascogenen Hyphen ein Ascus oder das Ascogon wächst zu ascogenen Hyphen aus, deren terminale Zellen die Asci liefern. Im ersten Fall verschmilzt ein Kernpaar nach einer konjugierten Teilung (Abb. 2.29G) zum diploiden Zygotenkern, der sich unter Meiose in vier bis acht Ascosporenkerne teilt. Im zweiten Fall entspricht die Entwicklung der Asci dem geschilderten Normalfall, nur dass keine Haken an den Querwänden der ascogenen Hyphen sichtbar werden.

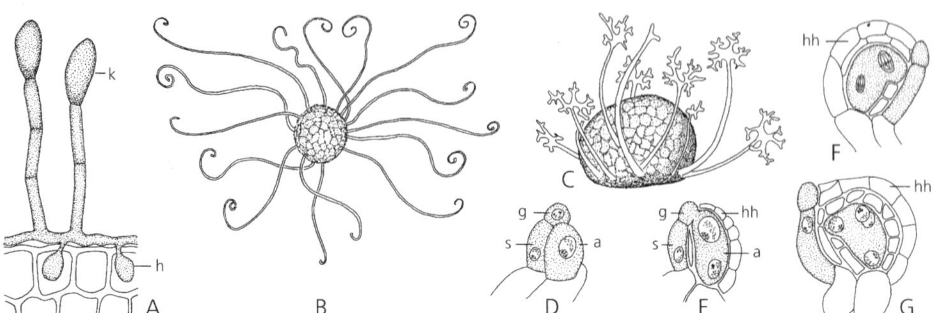

Abb. 2.29 Ascomycota, Leotiomycetes, Erysiphales. A *Erysiphe necator*, Konidienbildung (100×); **B** desgl., Kleistothecium mit Anhängseln (30×). **C** *Erysiphe alphitoides*, Kleistothecium mit Anhängseln (30×). **D–G** *Sphaerotheca fuliginosa*, Befruchtung (250×). – a Ascogon; g ♂ Gametangium; h Haustorium; hh Hüllhyphen; k Konidie; s Stielzelle. (A, B nach P. Sorauer; C nach S. Blumer; D–G nach Bergman.)

Gleichzeitig mit der Bildung und Befruchtung des Ascogons wird dieses von Hüllhyphen umsponnen, die schließlich das helle Grundgeflecht und die dunkle Peridie (Wand) des **Kleistotheciums** bilden. Letzteres wird bei der Reife durch den Druck der anschwellenden Asci unter Entstehung eines Risses gesprengt. Meist entspringt den Kleistothecien an ihrer Basis ein Kranz von oft dichotomen oder hakenförmig eingekrümmten Hyphen, welche die Ausbreitung fördern sollen (Abb. 2.29B, C). Die Asci sind im Kleistothecium rosettenförmig angeordnet – falls mehr als ein Ascus gebildet wird – und öffnen sich (bisweilen mit einem Deckelchen), wobei die Ascosporen bis zu 2 cm in die Luft geschleudert werden.

Erysiphe necator (Abb. 2.29B) befällt Blätter und Beeren des Weinstocks (Nebenfruchtform: *Oidium tuckeri*). *Erysiphe alphitoides* (Abb. 2.29C) lebt auf Eichenblättern, *Podosphaera mors-uvae* (mit einem Ascus im Kleistothecium) infiziert die Stachelbeeren, *P. pannosa* Rosen. *Blumeria graminis* ist ein Parasit auf Getreide und Wildgräsern.

Ordnung: Helotiales

Zu den Helotiales gehört u. a. *Sclerotinia fructigena* auf Äpfeln und Birnen. Zunächst entwickeln sich die (bedingt durch den täglichen Licht-Dunkel-Wechsel) oft in konzentrischen Kreisen auftretenden Konidienpusteln der Nebenfruchtform *Monilia* (Abb. 2.30B). Die Hauptfruchtform sind lang gestielte Apothecien (Abb. 2.30A).

Ordnung: Leotiales

Die Fruchtkörper sind keulig gestielt, oft abgeflacht, spatel- oder zungenförmig. Hierzu gehören die Gattungen *Geoglossum* (Erdzunge) mit nicht bis wenig septierten, keulenförmigen Ascosporen und *Trichoglossum* (Haarzunge) mit mehrfach septierten, spindelförmigen Ascosporen.

Ordnung: Rhytismatales

Ein häufiger Vertreter dieser Ordnung ist der Ahorn-Runzelschorf (*Rhytisma acerinum*). Bei ihm entwickeln sich kleine Apothecien innerhalb vorab gebildeter Stromata, von denen

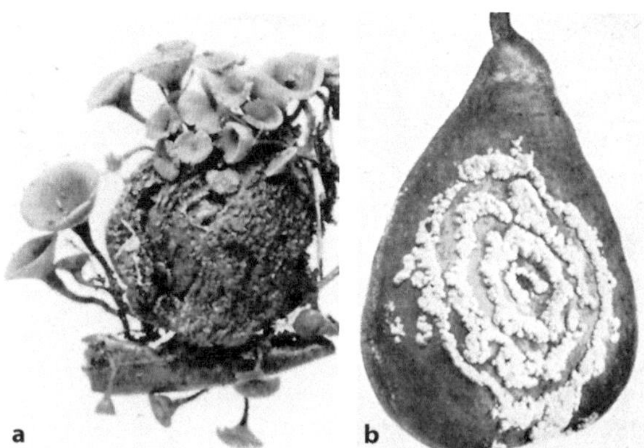

Abb. 2.30 **Ascomycota, Leotiomycetes, Helotiales,** *Sclerotinia fructigena*. **A** Fruchtkörper auf mumifiziertem Pfirsich (0,75×). **B** Nebenfruchtform, *Monilia*-Fäule an Birne. Das Mycel bildet in konzentrischen Ringen Konidien (0,5×). (A nach Honey; B nach W. Kotte.)

Letztere als flache, schwarze Krusten auf Blättern von Ahorn sichtbar sind. Einige erdbewohnende Gattungen mit keulen- bis spatelförmigen Fruchtkörpern (*Cudonia*, *Spathularia*) werden neuerdings hier zugeordnet, obgleich sie Vertretern der vorigen Ordnung sehr ähneln.

Leotiomycetes (A = Anamorphe)

- **Erysiphales**: **Erysiphaceae**: *Arthrocladiella, Blumeria, Erysiphe, Fibroidium* (A), *Golovinomyces, Leveillula, Neoerysiphe, Phyllactinia, Podosphaera, Sawadaea*
- **Helotiales**: ?*Podophacidium*, **Arachnopezizaceae**: *Arachnopeziza, Eriopeziza*; **Ascocorticiaceae**: *Ascocorticium*; **Cenagiaceae**: *Cenangium, Chlorencoelia, Encoelia, Heyderia, Velutarina*; **Chlorociboriaceae**: *Chlorociboria*; **Cordieritidaceae**: *Ionomidotis*; **Drepanopezizaceae**: *Holmiodiscus*; **Gelatinodiscaceae**: *Ascocoryne, Ombrophila, Neobulgaria*; ?**Godroniaceae**: *Godronia, Gremmeniella*; **Helotiaceae**: *Ascocoryne, Ascotremella, Bisporella, Bryoscyphus, Cudoniella, Discinella, Gloeotinia, Hymenoscyphus, Phaeohelotium*; **Heterosphaeriaceae**: *Heterosphaeria*; **Hyaloscyphaceae**: *Cistella, Dematioscypha, Fuscolachnum, Incrupila, Hyalopeziza, Hyaloscypha, Unguicularia, Unguiculella, Urceolella*; **Lachnaceae**: *Albotricha, Dasyscyphella, Lachnellula, Lachnum, Lasiobelonium, Neodasyscypha, Perrotia, Proliferodiscus, Trichopeziza*; **Mitrulaceae**: *Mitrula*; **Mollisiaceae**: *Mollisia*; **Pezizellaceae**: *Allophylaria, Calycellina, Hamatocanthoscypha*, ?*Microscypha, Phialina, Psilachnum*; **Rutstroemiaceae**: *Dencoeliopsis, Rutstroemia*; **Sclerotiniaceae**: *Botryotinia, Ciboria, Dumontinia, Monilinia, Myriosclerotinia, Ovulinia, Piceomphale, Pycnopeziza, Scleromitrula, Sclerotinia, Stromatinia, Valdensinia*; **Vibrisseaceae**: *Vibrissea*; **inc. sed.**: *Bryoglossum, Bulgariella, Capillipes, Crocicreas, Durella, Erikssonopsis, Gorgoniceps, Neogodronia, Patinellaria, Stamnaria*

- **Leotiales**: **Geoglossaceae**: *Geoglossum, Sarcoleotia, Trichoglossum*; **Leotiaceae**: *Leotia, Microglossum*
- **Phacidiales**: **Phacidiaceae**: *Bulgaria*; **Tympanidaceae**: *Claussenomyces, Holwaya, ?Mniaecia, Tympanis*
- **Rhytismatales**: **Cudoniaceae**: *Cudonia, Spathularia*; **Rhytismataceae**: *Coccomyces, Discocainia, Marthamyces, Propolis, Rhytisma*
- **Thelobolales**: **Thelebolaceae**: *Ascozonus, Thelebolus*

7. Klasse: Orbiliomycetes

Die Klasse wird repräsentiert durch eine einzige Ordnung und Familie (Orbiliaceae). Die Fruchtkörper von *Orbilia* (Knopfbecherling) sind kleine, 0,2–2 mm messende, scheibenförmige Apothecien von wachsartiger Beschaffenheit. Die Vertreter leben im Boden und auf abgestorbenen Pflanzenteilen und können Cellulose und Lignin abbbauen.

Orbiliomycetes

- **Orbiliales**: **Orbiliaceae**: *Hyalinia, Orbilia*

8. Klasse: Pezizomycetes

Ordnung: Pezizales

Die Vertreter dieser Klasse sind in typischer Weise durch diese Ordnung vertreten (Abb. 2.31). Die in Entwicklung und Bau sehr mannigfaltige Ordnung enthält etwa 1000 durchweg saprobiotische Arten. Die kennzeichnende Fruchtkörperform der Pezizaceae und der ihnen nahestehenden Familien ist das becher- bis scheibenförmige **Apothecium** (z. B. bei *Peziza*), dessen Oberfläche in palisadenförmiger Anordnung das aus Asci und haploiden, sterilen Paraphysen bestehende Hymenium trägt. Die **Asci** öffnen sich an ihrem Scheitel mit einem Deckelchen (Abb. 2.28D); sie sind also **operculat** (bzw. unitunicat-operculat). Die Sporen werden oft weit ausgeschleudert.

Die **Befruchtung und Ascusbildung** wurden bei *Pyronema* erstmals entdeckt und eingehend untersucht (Abb. 2.23). *Pyronema confluens* bildet relativ kleine, scheibenförmige Fruchtkörper, die oft dicht gedrängt als fast krustenförmige Überzüge auf ehemaligen Brandstellen oder auf Erde erscheinen. Schon vor der Kopulation werden die Sexualorgane von einer lockeren Schicht aus haploiden Hüllhyphen umsponnen. Nach der Befruchtung (Plasmogamie) entstehen ascogene Hyphen. Die monokaryotischen, haploiden und die meist hakenbildenden, dikaryotischen Hyphen verflechten sich jetzt und formen gemeinsam den Fruchtkörper.

Die **Fruchtkörperbildung** ist an die sexuellen Vorgänge gebunden, die sich gleichzeitig oder in den weitgehend vorgebildeten Fruchtkörperanlagen vollziehen. Das Hymenium entwickelt sich bei *Pyronema* von Anfang an frei auf der Oberfläche des Fruchtkörpers (gymnokarper Typ). Bei anderen Gattungen (z. B. *Ascophanus*) entsteht das Hymenium im Inneren der zunächst kugelförmigen Fruchtkörperanlage, deren Deckschichten später

Abb. 2.31 **Ascomycota, Pezizales,** *Sarcoscypha jurana*. Apothecien auf Lindenästen. (Aufnahme: A. Bresinsky.)

oben aufreißen, wobei das Hymenium freigelegt wird (hemiangiokarper Typ). Die Größe der Fruchtkörper ist artspezifisch und reicht von wenigen Millimetern bis zu über einem Dezimeter (z. B. *Sarcosphaera*).

Einige Vertreter besitzen länger **gestielte Apothecien**, teilweise mit rillenförmiger Versteifung des Stiels (z. B. *Helvella*) oder kammerförmiger Unterteilung der Oberfläche des nunmehr nach unten geschlagenen, ursprünglichen Bechers (z. B. *Morchella*). Die Vergrößerung des Hymeniums und seine Erhebung auf Stielen ermöglicht eine wirksamere Sporenausbreitung. Bei manchen Gattungen (z. B. *Helvella*, *Gyromitra*) werden keine Ascogone und Gametangien gebildet. Es verschmelzen vegetative Hyphen kompatibler Kreuzungstypen miteinander (Somatogamie). Bei *Morchella* fusionieren weitgehend nur Hyphen desselben Mycels (Autogamie).

Die meist unterirdisch im Waldboden lebenden Fruchtkörper der **Echten Trüffeln** (Tuberaceae) lassen sich von der offenen Schüsselform ableiten und werden wegen vorhandener Übergänge zu den Pezizales gestellt. Die Fruchtkörper bleiben jedoch im Erdboden und geschlossen (**hypogäische Lebensweise**), das Hymenium wird nicht mehr frei exponiert. Die Befreiung der Ascosporen geschieht vielmehr durch Vermittlung von pilzfressenden Tieren oder durch Zerfall der Fruchtkörper. Die meist knollenförmigen Fruchtkörper sind von Gängen durchzogen, die wenigstens im Jugendstadium nach außen münden und von einer Art Hymenium ausgekleidet sind (Abb. 2.32). Sie weisen eine extreme innere Einfältelung des **Hymeniums** auf. In den breit keulenförmigen Asci, die nach Somatogamie (Autogamie) aus den Endzellen ascogener, schnallentragender Hyphen (Schnallen siehe Agaricomycotina) entstehen, liegen ein bis fünf skulpturierte, braun gefärbte Ascosporen. Der ursprünglich operculate Bau der Asci ist kaum noch zu erkennen, da die zarte Wand undifferenziert ist.

Die größeren Vertreter der Pezizales (z. B. *Morchella*; Abb. 2.33E) finden als Speisepilze **Verwendung**. Auch giftige Arten sind bekannt. Zu ihnen zählt der Kronenbecherling (*Sarcosphaera crassa*). Die Frühjahrslorchel (*Gyromitra esculenta*) mit nicht hitzebeständigem

Gift wird nach Wegschütten des Kochwassers teilweise verzehrt; vom Genuss ist aber wegen Vergiftungsgefahr abzuraten. Mehrere der mit Waldbäumen in Mykorrhizasymbiose lebenden Trüffelarten (besonders *Tuber magnatum* [Piemont-Trüffel] und *T. melanosporum* [Perigord-Trüffel]) werden seit dem Altertum als Speisepilze geschätzt. Dies beruht auf den flüchtigen Aromastoffen, die den mit Trüffeln zubereiteten Speisen besonderen Reiz verleihen. Die sich unterirdisch entwickelnden Fruchtkörper werden mit eigens hierfür abgerichteten Schweinen oder Hunden aufgespürt und erzielen im Handel enorm hohe Preise („schwarze Diamanten").

Pezizomycetes

- **Pezizales**: **Ascobolaceae**: *Ascobolus*, *Saccobolus*, *Thecotheus*; **Ascodesmidaceae**: *Boubovia*, *Lasiobolus*; **Chorioactidaceae**: *Desmazierella*; **Discinaceae**: *Hydnotria*, *Discina*, *Gyromitra*; **Helvellaceae**: *Balsamia*, *Helvella*, *Pindara*, *Wynella*; **Karstenellaceae**: *Karstenella*; **Morchellaceae**: *Disciotis*, *Morchella*, *Verpa*; **Otideaceae**: *Arpinia*, *Otidea*, *Smardaea*, *Sowerbyella*; **Pezizaceae**: *Boudiera*, *Hydnobolites*, *Iodophanus*, *Marcelleina*, *Pachyella*, *Pachyphloeus*, *Peziza*, *Plicaria*, *Sarcosphaera*, ?*Scabropeziza*, *Terfezia*; **Pyronemataceae**: *Aleuria*, *Anthracobia*, ?*Genabea*, *Genea*, *Geopora*, *Humaria*, *Kotlabaea*, *Melastiza*, *Miladina*, ?*Nannfeldtiella*, *Parascutellinia*, *Picoa*, *Pyronema*, *Ramsbottomia*, *Scutellinia*, *Spooneromyces*, *Tricharina*, *Trichophaea*, *Trichophaeopsis*, *Wilcoxina*; **Rhizinaceae**: *Rhizina*; **Sarcoscyphaceae**: *Microstoma*, *Pithya*, *Sarcoscypha*; **Sarcosomataceae**: *Plectania*, *Pseudoplectania*, *Sarcosoma*, *Urnula*; **Tuberaceae**: *Choiromyces*, *Labyrinthomyces*, *Paradoxa*, *Tuber*; **inc. sed**: *Pseudoascozonus*, *Trichobolus*; *Geopyxis*, *Hydnocystis*, *Lamprospora*, *Leucoscypha*, *Neottiella*, *Octospora*, *Pseudombrophila*, *Pulvinula*, *Rhodoscypha*, *Rhodotarzetta*, *Stephensia*, *Tarzetta*

9. Klasse: Sordariomycetes

Die in dieser Klasse vereinigten Pilze sind durch flaschenförmige Fruchtkörper (**Perithecien**) mit von vornherein angelegter scheitelständiger Öffnung (Ostiolum) gekennzeichnet; die Fruchtkörper gehören dem ascohymenialen Entwicklungstyp an. Die Asci bilden zusammen mit zahlreichen haploiden Hyphen (Paraphysen) die palisadenartige Fruchtschicht (Hymenium), welche den vorgebildeten Fruchtkörper-Hohlraum am Grund und seitlich auskleidet (Abb. 2.34A). Bei der Reife streckt sich ein Ascus nach dem anderen so weit, bis seine Spitze in Höhe der Peritheciumöffnung steht, worauf der Ascus alle acht Sporen auf einmal ausschleudert. Die Schusshöhe beträgt bis 20 cm und mehr. Nach Entleerung fällt der Ascus zusammen, sodass der Porus des Peritheciums für den nächsten Ascus frei wird.

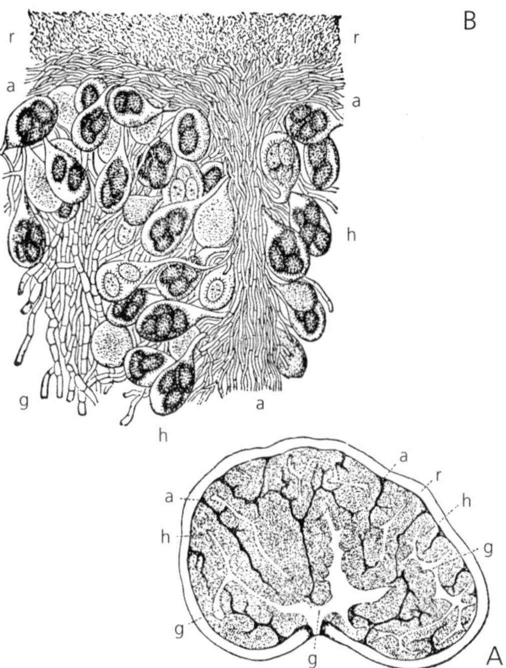

Abb. 2.32 Ascomycota, Pezizales, Tuberaceae, *Tuber rufum.* **A** Fruchtkörper im Vertikalschnitt (3×). **B** Ausschnitt aus dem Hymenium (300×). – a dunkle Adern aus dichtem Geflecht; g lockeres, lufthaltiges Geflecht; h Hymenium; r Rinde. (Nach L.R. Tulasne.)

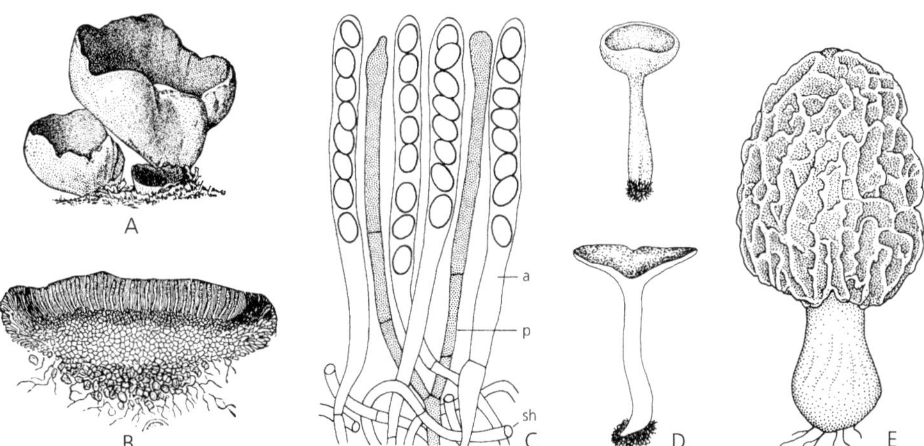

Abb. 2.33 Ascomycota, Pezizales. A *Otidea* (*Peziza*) *leporina* (0,67×). **B** *Pulvinula convexulla*, Schnitt durch das Apothecium; oberseits Hymenium (20×). **C** *Morchella esculenta*, Teil des Hymeniums (240×). **D** *Helvella pezizoides*, Fruchtkörper (0,75×). **E** *Morchella esculenta*, Fruchtkörper (0,75×). – a Ascus; p Paraphyse; sh subhymeniales Geflecht. (A nach E. Michael; B nach J. Sachs; D nach G. Bresadola; E nach H. Schenck.)

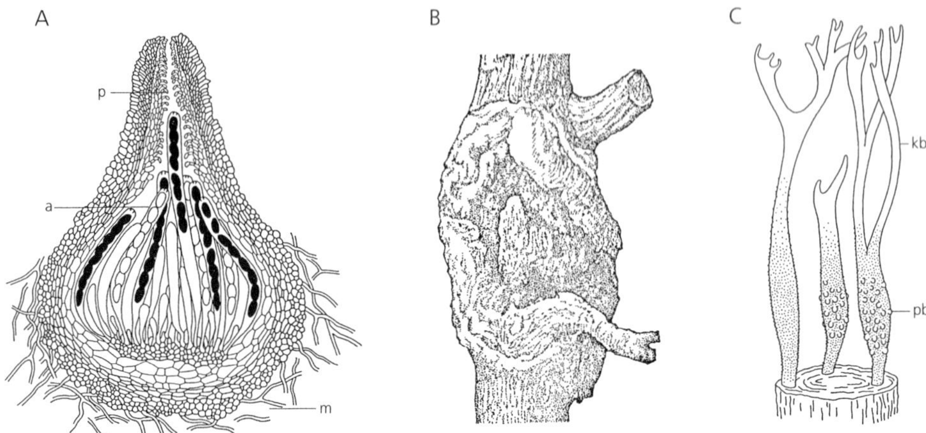

Abb. 2.34 **Ascomycota, Sordariomycetes. A Sordariales,** *Podospora fimiseda*, Perithecium (90×). **B Hypocreales,** *Nectria*, Krebs an Obstbaumzweig (1×). **C Xylariales,** *Xylaria hypoxylon* (1×). – a Asci; kb Konidienbereich; m Mycelfäden; p Periphysen; pb Perithecienbereich. (A nach C.T. Ingold; B nach Brauns und Riehm; C nach K. Mägdefrau.)

Ordnung: Sordariales

Die oben stumpf endenden Asci dieser Ordnung besitzen rund um den Apikalporus einen von der Scheitelpartie des Ascus gebildeten Wulst; der Apikalapparat erscheint meist als ein plattenförmiger Verschluss des Porus. *Neurospora sitophila* und *N. crassa* verursachen den Roten Brotschimmel und ertragen hohe Temperaturen (bis 75 °C). *Neurospora*-Arten bilden an jedem einzelnen Mycel Ascogone sowie Zellen, die für die Übertragung der ♂ Kerne geeignet sind. Als Überträger von ♂ Kernen auf die Trichogyne eines Ascogons dienen mehrkernige Konidien (Megakonidien), einkernige Spermatien oder Mikrokonidien sowie somatische Hyphen. Spermatien sind für diesen Zweck spezialisierte Zellen, Mega- und Mikrokonidien können auch mit einem Keimschlauch auskeimen und damit vegetativ ein neues Mycel bilden. Eine Fremdbefruchtung wird gesichert, da Ascogone nur durch Kerne des konträren Kreuzungspartners befruchtet werden können (homogenische Inkompatibilität; Abb. 2.1). Nach der reziproken Befruchtung (Plasmogamie) wachsen aus dem Ascogon in der üblichen Weise hakenbildende, dikaryotische ascogene Hyphen aus. Für die **genetische Forschung** (z. B. für die Untersuchung der Prä- oder Postreduktion nach Crossing-over) wurden die in der Natur dungbewohnenden Arten *Podospora anserina*, *Sordaria fimicola* und *S. macrospora* verwendet. Während die Asci dieser *Sordaria*-Arten acht Ascosporen enthalten, sind diejenigen von *Podospora anserina* viersporig. *Podospora anserina* fehlen Megakonidien; die Kerne werden durch Spermatien übertragen. Bei beiden *Sordaria*-Arten fehlen Mega- und Mikrokonidien, die Ascogone bilden keine Trichogyne, die Kernpaarung erfolgt parthenogenetisch; es entwickeln sich Selbstungsperithecien. Bei Mutanten kann allerdings zwischen verschiedenen

Mycelien auch eine Somatogamie stattfinden. Im Konfrontationsbereich entstehen dann Kreuzungsperithecien, in deren Asci Prä- bzw. Postreduktion beobachtet werden kann.

Ordnung: Hypocreales

Die Vertreter dieser Ordnung entwickeln ihre Perithecien in einem **Stroma**. Das ist ein meist hartes, sklerotienartiges Lager, in das einzelne oder bei **Sammelfruchtkörpern** mehrere Perithecien eingebettet sind. Ein Beispiel hierfür ist der **Mutterkornpilz** (*Claviceps purpurea*), der parasitisch in jungen Fruchtknoten von Gräsern wächst und dort Konidien bildet (Abb. 2.35A, B). Eine gleichzeitig abgeschiedene zuckerhaltige Flüssigkeit (Honigtau) veranlasst Insekten, die Konidien auf andere Blüten zu übertragen. Das Mycel geht nach Aufzehrung des Fruchtknotengewebes in ein Sklerotium über, indem die Hyphen dicht zusammenwachsen und vor allem an der Peripherie unter Querteilung ein Pseudoparenchym bilden (Abb. 2.35B). Die außen schwarzen, zwischen den Spelzen herausragenden, harten Sklerotien (Abb. 2.35C, D) werden Mutterkorn genannt. Sie fallen zu Boden, überwintern und treiben zur Zeit der Grasblüte Stromata in Gestalt rötlicher, gestielter Köpfchen, in die zahlreiche Perithecien eingesenkt sind (Abb. 2.35E). Die Perithecienbildung wird durch Kopulation von jeweils mehrkernigen Ascogonen und Gametangien eingeleitet (ascohymenialer Typ!). Die langen Asci enthalten acht Sporen (Abb. 2.35F), welche durch Wind auf Grasnarben übertragen werden. Die Sklerotien von *Claviceps purpurea* enthalten giftige Alkaloide (Ergotamin, Ergotoxin), die früher beim Verzehr infizierten Getreides gefürchtete Vergiftungserscheinungen (Kribbelkrankheit; Heiliges Feuer) verursachen konnten. Auf gleicher stofflicher Grundlage beruht die Verwendung in der Gynäkologie vor allem als wehenförderndes Mittel (daher der Name „Mutterkorn"). Die Sklerotien wurden hierfür in großem Maßstab, z. B. durch Infektion von Roggen, kultiviert; heute erfolgt die Produktion in Fermentern aus Mycelien. Die Arten der Gattung *Cordyceps* (Kernkeulen) leben als Parasiten auf Organismen mit Chitinwänden, z. B. hypogäischen Pilzen wie *Elaphomyces* oder auch Insekten, die sich nach der Infektion in den Boden verkriechen. Die keulenförmigen, sich über die Bodenoberfläche erhebenden Stromata enthalten in ihrem oberen Teil zahlreiche Perithecien. Die fädigen Sporen werden bereits im Ascus durch Querteilungen vielzellig und zerfallen in Teilstücke. Aus der Nebenfruchtform einer *Cordyceps*-Art (als *Tolypocladium inflatum* bezeichnet) wurde **Ciclosporin** isoliert, das u. a. bei Organtransplantationen zur Verhinderung der Abstoßung implantierter Organe eingesetzt wird.

Weitere, hierher zu stellende Ordnungen sind u. a. die **Diaporthales** mit *Endothia parasitica* (Valsaceae), dem Erreger des Kastaniensterbens (von *Castanea dentata*) in Nordamerika und die **Xylariales** mit polster- oder kugelförmigen (*Daldinia*, *Hypoxylon*) bis keulen- oder geweihförmigen Sammelfruchtkörpern (*Xylaria*; Abb. 2.34C). Zu den **Ophiostomales** gehört der Erreger des Ulmensterbens, *Ophiostoma ulmi*.

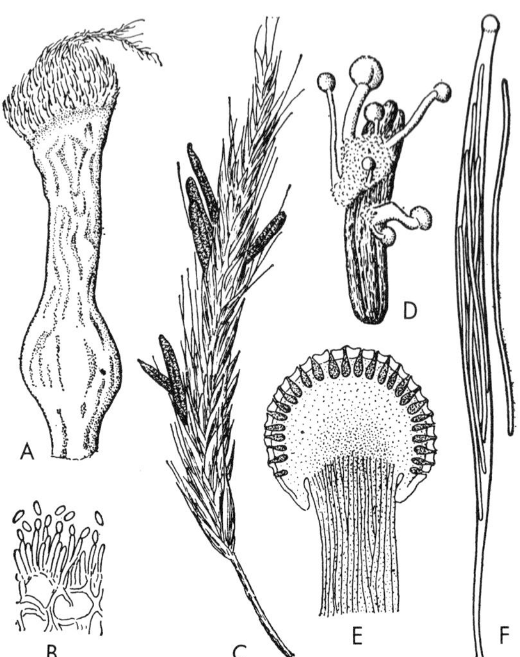

Abb. 2.35 Ascomycota, Sordariomycetes, Hypocreales, *Claviceps purpurea.* **A** Befallener Roggenfruchtknoten (15×); unten beginnende Sklerotienbildung, darüber Konidienmycel; oben Narbenreste. **B** Konidienbildung (300×). **C** Roggenähre mit reifen Sklerotien (0,67×). **D** Gekeimtes Sklerotium mit gestielten Fruchtkörpern (2×). **E** Längsschnitt durch Fruchtkörper mit zahlreichen Perithecien (25×). **F** Ascus und Ascospore (400×). (A, B, D–F nach L.R. Tulasne; C nach H. Schenck.)

Sordariomycetes (A = Anamorphe)

- **Coronophorales**: **Bertiaceae**: *Bertia*
- **Boliniales**: **Boliniaceae**: *Camarops*
- **Hypocreales**: **Bionectriaceae**: *Bryonectria, Heleococcum, Nectria, Nectriella, Nectriopsis, Selinia, Trichonectria*; **Clavicipitaceae**: *Claviceps, Epichloe, Neobarya*; **Cordycipitaceae:** *Cordyceps*; **Hypocreaceae**: *Apiocrea, Arachnocrea, Gliocladium, Hypocrea, Hypocreopsis, Hypomyces, Mycogone, Podostroma, Sepedonium* (A), *Sphaerostilbella, Trichoderma* (A); **Nectriaceae**: *Calonectria, Cylindrocarpon, Cylindrocladium, Giberella, Nectria.* **Stachybotryaceae**: *Stachybotrys*; **inc. sed.**: *Schroeteria*
- **Microascales**: **Ceratocystidaceae**: *Thielaviopsis*; **Graphiaceae**: *Graphium* (A); **Microascaceae**: *Scedosporium* (A), *Scopulariopsis* (A)
- **Sordariales**: **Chaetomiaceae**: *Humicola*; **Lasiosphaeraceae**: *Mammaria*

- **Xylariales: Amphisphaeriaceae**: ?*Monographella*; **Diatrypaceae**: *Diatrype*; **Xylariaceae**: *Anthostomella, Biscogniauxia, Daldinia, Entoleuca, Euepixylon, Hypocopra, Hypoxylon, Lapadostoma, Nemania, Rosselinia, Ustulina, Wawelia, Xylaria*; **inc. sed.**: **Plectosphaerellaceae**: *Verticillium* (A)

9. Abteilung (Phylum): Basidiomycota

Die charakteristische Meiosporozyste der etwa 30.000 Arten (30 % aller Pilze) umfassenden Abteilung ist die **Basidie** oder der Sporenständer (Abb. 2.37, 2.48), der im typischen Fall vier getrenntstehende Meiosporen nach außen abschnürt. In der Basidie finden ebenso wie im Ascus in unmittelbarer Folge Karyogamie und Meiose statt. Im Unterschied zum Ascus wandern die aus der Reifeteilung hervorgehenden, meist vier haploiden Kerne in die Spitzen von stielartigen Auswüchsen der Basidie (Sterigmen, Abb. 2.48: 8, 9) und erst hier erfolgt exogen die Basidiosporenbildung.

Die Basidiomycota unterscheiden sich von den Ascomycota außerdem in der Tüpfelung der Hyphenquerwände. Während bei den Ascomycota die Tüpfel einfache Wanddurchbrechungen darstellen, sind sie bei den Basidiomycota nur teilweise einfach (1. und 2. Unterabteilung), meistens aber von tonnenförmiger Gestalt (**Doliporus**; lat. *dolium*, Weinfass) und dann beiderseits von einem Parenthosom (gr. *parenthesis*, das Eingeschobene; *soma*, Körper) bedeckt, das vom endoplasmatischen Reticulum gebildet wird (Abb. 2.36; 3. Unterabteilung). Die **Zellwand** der Basidiomycota weist eine lamellär geschichtete Ultrastruktur auf (vgl. Ascomycota, Einführung).

Die **Dikaryophase** übernimmt zunehmend die beherrschende Rolle im Lebenskreislauf. Teils wird deren Dominanz bei den Basidiomyceten durch Vermehrung über Sporen (Uredosporen; siehe Uredomycetes), teils durch mehrjährige Überdauerung (siehe Agaricomycotina) sichergestellt.

Das Paarkernstadium muss nicht unmittelbar nach der Plasmogamie zustande kommen, sondern ein aktiver Kern kann noch durch viele Zellen des den Kern aufnehmenden Mycels hindurchwandern, ehe er mit einem genotypisch abweichenden Kern ein Kernpaar bildet (Uredomycetes, Pezizomycotina, *Neurospora*).

Die in der Evolution der Ascomyceten festgestellte Vereinfachung der Sexualität ist bei den Basidiomyceten noch weiter fortentwickelt, indem keine spezifischen Sexualorgane mehr angelegt werden und Somatogamie zur Regel wird (Ausnahme: Uredomycetes). Auch die wiederholte Fruchtkörperbildung am dikaryotischen Mycel der Agaricomycotina ist als Einschränkung der Sexualität aufzufassen.

Die Basidie kann septiert (**Phragmobasidie**, Abb. 2.37A, B) oder keulenförmig und einzellig (**Holobasidie**, Abb. 2.37F) sein. Die Basidiosporen keimen mit Keimhyphen (Abb. 2.38C), seltener mit Sekundärsporen (Abb. 2.38A) oder mit Konidien (Abb. 2.38B) aus.

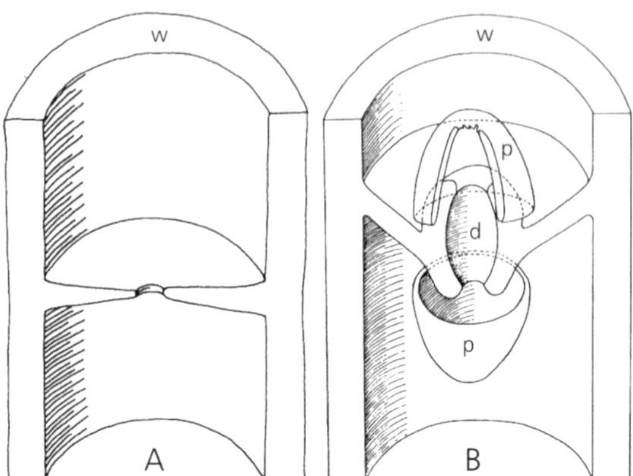

Abb. 2.36 Basidiomycota. Querwände in Hyphen. **A** Mit einfachem Porus; **B** mit Doliporus. – d Doliporus; p Parenthosom; w Zellwand. (Nach R.T. Moore und J.H. McAlear.)

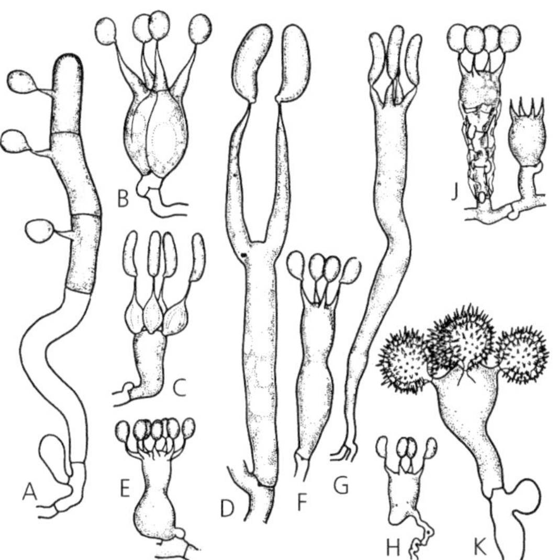

Abb. 2.37 Basidiomycota. Basidienformen. **A** *Platygloea* (Auriculariales). **B** *Bourdotia* (Tremellales). **C** *Tulasnella* (Tulasnellales). **D** *Dacrymyces* (Dacrymycetales). **E** *Sistotrema* (Poriales). **F** *Hyphoderma* (Poriales). **G** *Exobasidium* (Exobasidiales). **H** *Xenasma* (Protohymeniales). **J** *Repetobasidium* (Poriales). **K** *Scleroderma* (Boletales). (A–K 750×). (Nach F. Oberwinkler.)

1. Unterabteilung: Pucciniomycotina

In dieser Unterabteilung sind mehrheitlich obligat parasitische Pilze vereint, die in ihrem Lebenskreislauf aus zunächst zweikernigen, nach Kernfusion dann einkernigen Sporen (Teliosporen) Phragmobasidien bilden. Dieser Unterabteilung sind aber auch saprobiotische Vertreter zuzuordnen.

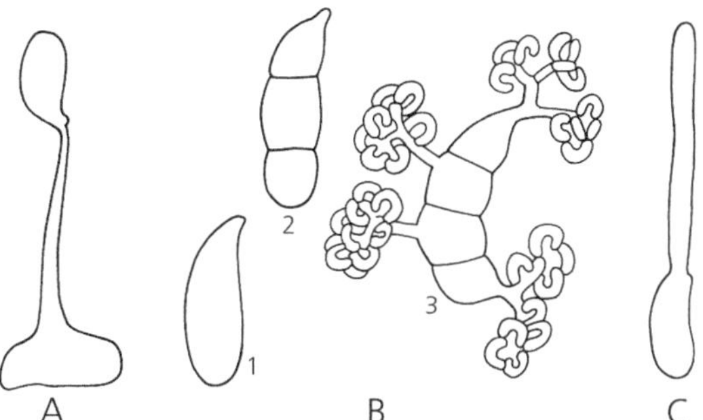

Abb. 2.38 Basidiomycota. Auskeimende Sporen. **A** *Exidiopsis effusa* mit Sekundärspore. **B** *Auricularia auricula-judae*, 1–3: Basidiosporen, 2: durch Querwände untergliedert, 3: mit Konidien. **C** *Pleurotus ostreatus* mit Keimhyphe. (A–C 1000×). (A nach F. Oberwinkler; B nach O. Brefeld.)

1. Klasse: Pucciniomycetes (Urediniomycetes)

Die Klasse enthält Parasiten, die meist noch keine Fruchtkörper ausbilden. Kennzeichnend ist eine ausgeprägte, durch Dikaryosporen (Urediniosporen) vermehrte **Dikaryophase**, die der Bildung von vierzellig-quergeteilten **Phragmobasidien** (Abb. 2.41D, F) vorausgeht. Letztere entstehen aus kugeligen Probasidien. Solche fehlen häufig den übrigen Basidiomyceten (z. B. innerhalb der Ustilaginomycotina bei den Tilletiales und den Exobasidiales; innerhalb der Agaricomycotina zum allerergrößten Teil). Die mehrere Tausend Arten umfassende Klasse stellt die Erreger der sehr verbreiteten **Rostkrankheiten** (Rostpilze).

1. Ordnung: Pucciniales (Rostpilze)

Vertreter dieser Ordnung leben parasitisch, vor allem in den Interzellularräumen, ohne das befallene Gewebe abzutöten. In die Wirtszellen dringen Haustorien ein (Abb. 2.39A). Das Mycel durchwuchert selten die ganze Pflanze (bei Befall durch *Uromyces pisi*), meist breitet es sich nur nahe um die Infektionsstelle herum aus. An den dikaryotischen Hyphen fehlen Schnallen. Von wenigen Ausnahmen abgesehen bilden die Rostpilze – bedingt durch ihre Anpassung an eine parasitische Lebensweise auf meist kurzlebigen, krautigen Organen Höherer Pflanzen – keine auffälligen Fruchtkörper. Sie sind durch eine große Mannigfaltigkeit ihrer Sporen (im vollständigen Entwicklungszyklus fünf verschiedene Sporenarten; Abb. 2.40) charakterisiert, die mit Kernphasenwechsel und oft mit Wirtswechsel gekoppelt in regelmäßiger Folge auftreten.

Als typisches Beispiel soll der **Entwicklungsgang** des weit verbreiteten **Getreiderosts** (*Puccinia graminis*), der wegen der dunkel gefärbten Teleutosporenlager auch Schwarzrost genannt wird, beschrieben werden: Die Basidiosporen keimen im Frühling auf den Blättern der Berberitze (*Berberis*, Zwischenwirt) aus. Ihre Keimschläuche dringen ein und wachsen zu einem interzellulär parasitierenden Mycel aus, dessen Zellen einkernig-haploid sind. Jedes aus einer Basidiospore hervorgegangene Mycel bildet nahe der Blattoberseite subepidermale, krugartige **Spermogonien** (auch Pyknidien genannt) und nahe der unteren Blattepidermis rundliche Hyphenkomplexe, die **Aecienanlagen** (auch Aecidienanlagen

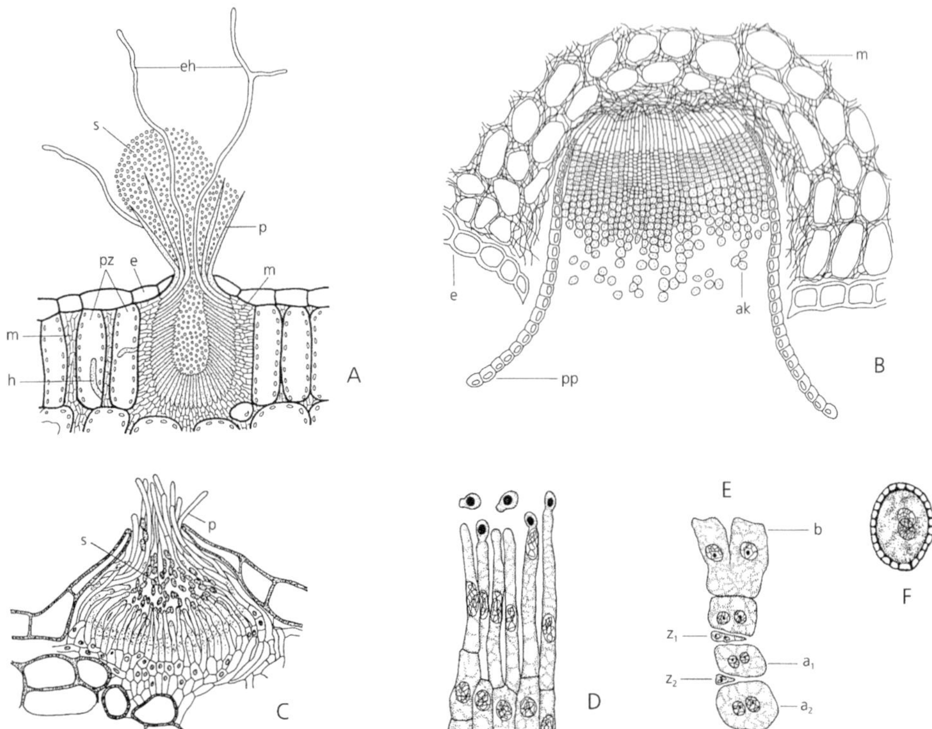

Abb. 2.39 Basidiomycota, Pucciniomycetes, Pucciniales. A, B *Puccinia graminis*. **A** Spermogonium auf der Berberitze (*Berberis*) im Längsschnitt (140×); **B** Aecium auf *Berberis* (140×). **C** *Gymnosporangium clavariiforme*, Spermogonium auf *Crataegus*-Blatt, die Epidermis der Oberseite durchbrechend (450×). **D** *Cronartium ribicola*, Abschnürung der einkernigen Spermatien (1200×). **E** *Phragmidium speciosum*, Basalzellen mit Kopulationsbrücke (1200×). **F** *Phragmidium violaceum*, reife Aeciospore (800×). – a_1 und a_2 paarkernige Aeciosporen; ak dikaryotische Aeciosporenketten; b Basalzellen; e Epidermis; eh Empfängnishyphen; h Haustorium; m haploides interzelluläres Mycel; p Periphysen; pp Pseudoperidie; pz Palisadenzellen mit Haustorium (h); s Spermatien; z_1 und z_2 Zwischenzellen. (A nach A.H.R. Buller; B nach H. Schenck; C, F nach V.H. Blackman; D nach R.H. Colley; E nach A.H. Christmann.)

genannt). Erstere sind jene Teile des Mycels, welche Geschlechtskerne liefern, letztere die Bereiche, welche in sogenannten Basalzellen Geschlechtskerne zur Begründung eines Dikaryons aufnehmen. Spermogonien und Aecienanlagen entwickeln sich an demselben Mycel, das somit zugleich als Kernspender wie auch als Kernempfänger dienen kann. Eine Selbstbefruchtung wird aber durch die bipolare Differenzierung der Basidiosporen und der aus ihnen hervorgehenden Mycelien (+, −) ausgeschlossen (bipolare Inkompatibilität).

Paarkernhyphen entstehen aus Basalzellen der Aecienanlage, wenn diese einen Kern auf einem von zwei möglichen Wegen erhalten haben. Bei der Kernübertragung durch Spermatien spielen die genannten Spermogonien eine wichtige Rolle. Ihre krugförmigen, plektenchymatischen Mycelkörper durchbrechen bei ihrer Reifung als gelbliche Pusteln

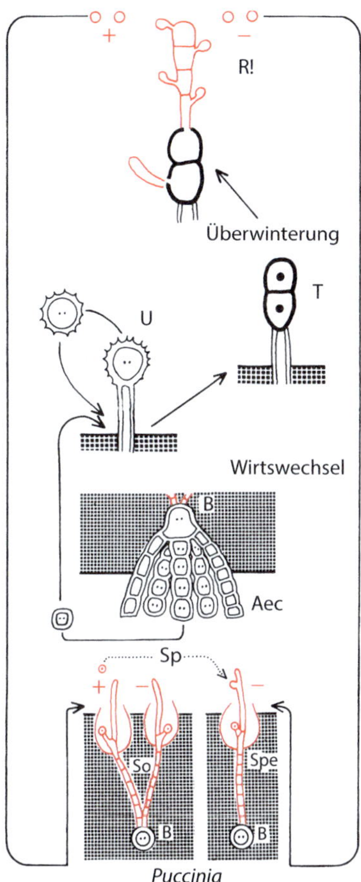

Abb. 2.40 Basidiomycota, Pucciniomycetes, Pucciniales, *Puccinia graminis.* Schema der Entwicklung. Orange: haploide Phase; doppelte schwarze Linien: dikaryotische Phase; dicke schwarze Linien: diploide Phase; fein gerastert: Berberitze; grob gerastert: Gras als Wirt (vgl. Abb. 2.39, 2.40). – Aec Aecium; B Basalzelle; Spe Spermogonium; R! Reduktionsteilung; So Somatogamie; Sp Befruchtung durch Spermatien; T Teleutosporenlager (Sporenzahl wie bei U verringert dargestellt); U Uredosporenlager

die obere Epidermis der befallenen Berberitzenblätter (Abb. 2.39A). Die Pusteln enthalten außer den sterilen Hyphen an der Mündung des Spermogoniums (Periphysen) in ihrem Zentrum kurze, dicht gedrängte Hyphen, die kleine einkernige, elliptische **Spermatien** abgliedern (auch Pyknosporen genannt; Abb. 2.39D). Diese wachsen in Nährlösung zwar mit einem kurzen Keimschlauch aus, sind aber bei Übertragung auf ein gesundes Blatt nicht infektionsfähig. Ihre Funktion besteht vielmehr darin, ihren Kern auf Empfängnishyphen zu übertragen. Empfängnishyphen (Abb. 2.39A: eh) sind querwandlose Abzweigungen des haploiden Mycels, die zwischen den Epidermiszellen und Periphysen hindurch über die Blattoberfläche hinausragen. Die Spermatien verschmelzen nur mit den Empfängnishyphen des konträren Kreuzungstyps (+ × −), was bei einer (+, −)-Mischinfektion ohne Schwierigkeiten möglich ist. Außerdem sondern die Spermogonien Nektar ab, der von Insekten geborgen wird, sodass die Spermatien durch sie auch auf andere Blätter übertragen werden können, die ursprünglich nur mit einem der Kreuzungstypen infiziert worden sind.

Der in die Empfängnishyphen eindringende Kern wandert (in den daran anschließenden Hyphen) durch die Querwandperforationen von Zelle zu Zelle bis zu der Aecienanlage, wo in den Basalzellen das Paarkernstadium begründet wird. Bei der zweiten Möglichkeit der Kernübertragung durch Somatogamie, die bei anderen Rostpilzen verwirklicht ist, fusionieren im Falle einer Mischinfektion einfache (+)- und (−)-Hyphen im Wirtsgewebe. Die nunmehr dikaryotischen Basalzellen der Aecienanlagen wachsen zu becherförmigen, die Blattunterseite durchbrechenden, lebhaft orange gefärbten Aecien aus, in denen sich zahlreiche Ketten mit dikaryotischen **Aeciosporen** bilden. Die Aeciosporenketten bestehen meist abwechselnd aus echten Sporen und kleinen, später verschleimenden und verschwindenden Zwischenzellen (Abb. 2.39E: z_1/z_2). Bei manchen Gattungen (z. B. *Puccinia*) verlieren die obersten (also die End-)Sporen jeder Kette sowie sämtliche Sporen der peripheren Ketten vor dem Durchbruch durch die Epidermis ihren Sporencharakter und verkleben miteinander zu einer festen Decke (Pseudoperidie, Abb. 2.39B: pp). Durch den Druck der sich an der Basis der Ketten dauernd neu bildenden Sporen (bei *Puccinia graminis* über 10.000 in einem Aecium) werden Pseudoperidie und Epidermis schließlich gesprengt, worauf die durch den gegenseitigen Druck zunächst eckig deformierten, sich später abrundenden Sporen durch den Wind ausgebreitet werden können.

Mit dem Wechsel der Kernphase (haploid-dikaryotisch) ändert sich auch das parasitische Verhalten. Die Aeciosporen keimen nur auf Getreide und Wildgräsern (Wirtswechsel). Ihr Keimschlauch dringt durch die Spaltöffnungen in das Gewebe dieser zweiten Wirte ein und entwickelt sich zu einem interzellulären, lokal beschränkten, paarkernigen, aber schnallenlosen Mycel, das bald zu einer lebhaften Bildung von dikaryotischen Konidien übergeht, die **Uredosporen** genannt werden (Abb. 2.41E). Diese entstehen einzeln aus den anschwellenden Endzellen ihrer Träger in kleinen, strichförmigen, rostfarbenen (Rostpilze!), die Epidermis aufbrechenden Lagern. Sie sorgen für die Ausbreitung des Pilzes im Sommer (Übertragung auf andere Individuen des gleichen Wirts durch Sommersporen). Jedes einzelne **Uredium** (Uredolager) bildet sehr viele, eine befallene Pflanze Millionen von Uredosporen. Diese infizieren sofort weitere Getreidepflanzen, an denen sich schon drei Wochen nach der Infektion neue Uredien entwickeln. Auf diese Weise breitet sich die Krankheit sehr rasch und über weite Entfernungen aus.

Gegen den Herbst bringt das Paarkernmycel in den Uredolagern oder an anderen Stellen eine weitere Sporenform hervor, die zweizelligen **Teliosporen** (Abb. 2.41A: t, C; auch Teleutosporen genannt). In ihren Zellen verschmelzen die Kernpaare miteinander (Karyogamie). Die Teliosporen sind dickwandig, gegen Trockenheit und Kälte widerstandsfähig und durchlaufen eine winterliche Ruhezeit. Im nächsten Frühjahr keimt jede der beiden diploiden Zellen (Probasidien) einer Teliospore an einer vorgebildeten Keimpore (Abb. 2.41D: p) unter Meiose zu einer schlauchförmigen Basidie aus (Abb. 2.41D, F). Zwischen den vier haploiden Kernen werden Querwände eingezogen und aus jeder der vier

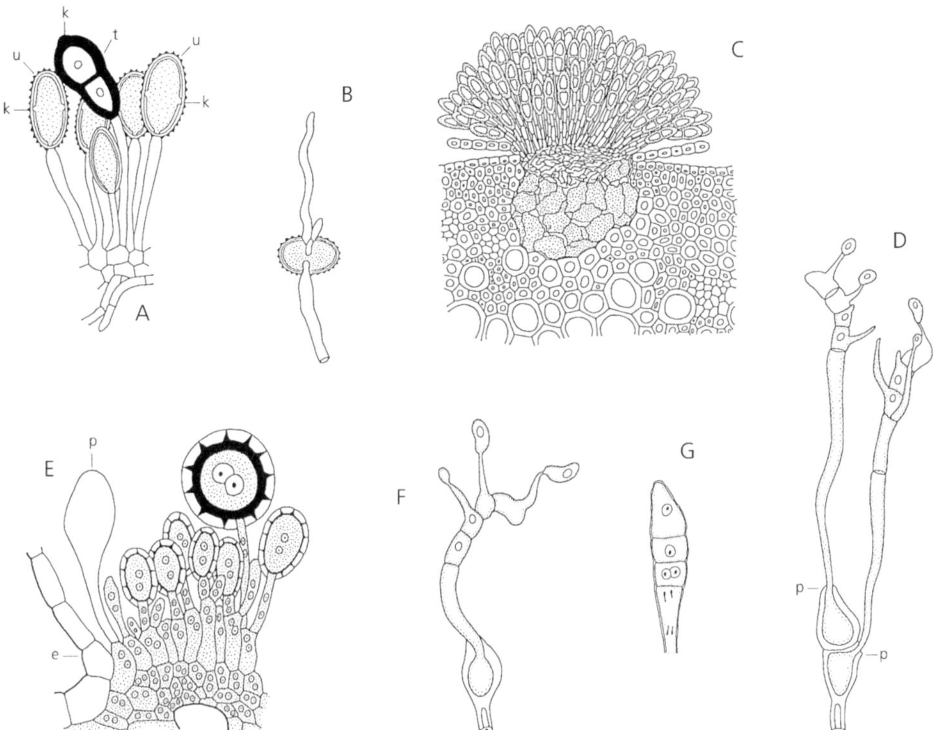

Abb. 2.41 Basidiomycota, Pucciniomycetes, Pucciniales. A–D *Puccinia graminis.* **A** Gruppe von Uredosporen, dazwischen eine dickwandige, zweizellige Teleutospore; **B** Keimende Uredospore. (A, B 300×); **C** Getreidehalm mit einem Telium (150×); **D** Keimende, zweizellige Teleutospore mit zwei Basidien (300×). **E** *Phragmidium bulbosum*, Randteil eines paarkernigen, fast reifen Uredosporenlagers nach Durchbruch durch die nach links aufgeklappte Epidermis der Wirtspflanze; Sporen in verschiedenen Reifestadien (565×). **F, G** Teleutosporen (500×). **F** *Uromyces appendiculatus*, einzellig (Zellkerne nicht gezeichnet), mit Basidie; **G** *Phragmidium violaceum*, unten mit Paarkernen, die in den beiden oberen Zellen bereits verschmolzen sind. – e Epidermis; k Keimporen; p Paraphyse; t Teleutospore; u Uredospore. (A, B nach A. De Bary; C nach F. Tavel; D, F nach L.R. Tulasne; E nach P. Sappin-Trouffy; G nach V.H. Blackman.)

Zellen sprosst eine **Basidiospore** (Meiospore) aus, in die der Kern eintritt (Abb. 2.41D). Die Basidiosporen werden abgeschleudert und vom Wind auf den Zwischenwirt, die Berberitze, verweht. Damit ist der Entwicklungszyklus geschlossen, in dessen Verlauf monokaryotisch-haploide Basidiosporen (1) und haploide Spermatien (2), dikaryotische Aecio- (3) und Urediniosporen (4) sowie erst dikaryotische, dann diploide Teliosporen (5), also insgesamt fünf verschiedene Sporentypen, auftreten. Vom kompletten Lebenskreislauf mit **Spermogonien (0)**, **Aecien (I)**, **Uredien (II)** und **Telien (III)** gibt es verschiedene gekürzte Varianten. Die Ziffern 0, I, II und III werden zur Kennzeichnung der Sporen bildenden Organe verwendet.

Die Rostpilze sind gefährliche **Krankheitserreger**. Besonders der Ertrag an Getreide wird durch sie erheblich geschmälert (fallweise bis zu 25 %, im Allgemeinen jedoch nicht wesentlich mehr als ca. 5 %). *Puccinia graminis* ist weltweit verbreitet und befällt alle unsere Getreidearten und zahlreiche Wildgräser. In Mitteleuropa ist sein Schaden nicht so groß wie in wärmeren Ländern, da dort die Entwicklung des relativ wärmebedürftigen Pilzes rascher verläuft.

In unseren Breiten besonders gefährlich ist *P. striiformis* (Gelbrost) mit hellgelborangefarbenen Uredosporenlagern, der vor allem auf Weizen, aber auch auf Gerste und Roggen und verschiedenen Wildgräsern epidemisch auftritt (sein Zwischenwirt ist unbekannt). Der Zwischenwirt von *P. coronata* (Kronenrost des Hafers und anderer Gräser) ist u. a. *Rhamnus cathartica* und *P. hordei* (Zwergrost der Gerste) bildet seine Aecidien auf *Ornithogalum*-Arten. Damit ist die Zahl der Getreideroste aber noch nicht erschöpft. Andere *Puccinia*-Arten treten auf Spargel, Möhre, Zwiebeln, Stachelbeeren und anderen Kulturpflanzen auf, *Uromyces*-Arten sind auf Erbsen, Bohnen und *Beta*-Rüben zu finden, *Gymnosporangium* auf Birnblättern (Gitterrost). Zu anderen Familien der Pucciniales gehören *Melampsora lini* (Leinrost), der die Bastfasern des Leins zerstört, und die forstwirtschaftlichen Schädlinge *Melampsorella caryophyllacearum* (Hexenbesen und Krebs auf Weiß-Tannen, Uredo- und Teleutosporen auf Caryophyllaceen) und *Cronartium ribicola* (seine Aeciengeneration schädigt Weymouths-Kiefern und lässt sie oft Absterben; die Aecien brechen als große blasige Lager aus der Baumrinde hervor; Wirtswechsel mit *Ribes*).

Die Hoffnung, die wirtswechselnden Schädlinge durch **Ausrottung des Zwischenwirts** zu beseitigen, hat sich nur sehr beschränkt erfüllt, da bei den meisten Arten auch die Uredosporen überwintern können oder schon im Herbst die junge Saat des Wintergetreides sowie verschiedene Kulturgräser infizieren (beim Gelbrost auch die Quecke). Zudem können Uredosporen durch den Wind aus entfernten Gebieten (selbst über die Alpen) herbeigeführt werden. Bei der **chemischen Bekämpfung** setzt man z. B. auf umweltverträgliche Strobilurine, die ursprünglich aus einem Blätterpilz (*Strobilurus tenacellus*) isoliert wurden. Es handelt sich hierbei um Atmungsgifte, welche sich (als systemisches Fungizid) nach ihrem Versprühen innerhalb heranwachsender Getreidepflanzen verteilen und die Entwicklung parasitischer Pilze verhindern. Man sucht auch rostfeste Sorten zu züchten, was aber auch auf Schwierigkeiten stößt, da es von jeder Rostart eine große Zahl morphologisch meist nicht unterscheidbarer physiologischer Rassen gibt, die auf die verschiedenen Kulturpflanzensorten spezialisiert sind und durch Mutation und Neukombination bei Kreuzungen immer wieder neu entstehen. Derartige Rassenbildungen krankheitserregender Pilze spielen in der Pflanzenpathologie eine sehr große Rolle, sodass die **Resistenzzüchtung** niemals zu einem Ende kommt.

Hier anzuschließen sind die **Helicobasidiales**, **Platygoeales** und **Septobasidiales.** Letztere leben vergesellschaftet mit Schildläusen (möglicherweise in einer Symbiose).

Pucciniomycetes

- **Pucciniales**: **Cronartiaceae**: *Cronartium*; **Melampsoraceae**: *Chrysomyxa, Coleosporium, Hyalopsora, Melampsora, Melampsoridium, Milesina, Naohidemyces, Pucciniastrum, Thekopsora, Uredinopsis*; **Phragmidiaceae**: *Gymnoconia, Kuehneola, Phragmidium, Xenodochus*; **Pucciniaceae**: *Endophyllum, Puccinia, Uromyces*; **inc. sed.**: *Aecidium, Caeoma, Gymnosporangium, Nyssospora, Ochropsora, Tranzschelia, Triphragmium, Uredo*
- **Helicobasidiales**: **Helicobasidiaceae**: *Helicobasidium*
- **Platygloeales**: **Eocronartiaceae**: *Eocronartium, Herpobasidium*; **Platygloeaceae**: *Achroomyces*
- **Septobasidiales**: **Septobasidiaceae**: *Septobasidium*

2. Klasse: Agaricostilbomycetes

Die Vertreter dieser Klasse sind u. a. gekennzeichnet durch einfache Poren ohne Microbodies in ihren Septen. Fruchtkörper vom gastroiden Typ (ähnlich wie bei den Gasteromyceten) können gebildet werden.

Agaricostilbomycetes

- **Agaricostilbales**: **Chionosphaeraceae**: *Stilbum*

3. Klasse: Atractiellomycetes

Die Klasse ist durch ultrastrukturelle Merkmale (den Dictyosomen ähnelnde Symplechosomen) gekennzeichnet.

Atractiellomycetes

- **Atractiellales**: **Hoehnelomycetaceae**: *Atractiella*; **Phleogenaceae**: *Phleogena*; **Saccoblastiaceae**: *Saccoblastia*; **inc. sed.**: *Helicogloea*

4. Klasse: Cystobasidiomycetes

Diese Klasse umfasst überwiegend auf anderen Pilzen parasitierende Arten (Mykoparasiten), oft nur in einem Hefestadium (ohne Fucose in der Zellwand) existierend.

Cystobasidiomycetes

- **Cystobasidiales**: **Cystobasidiaceae**: *Cystobasidium*

5. Klasse: Microbotryomycetes

Die **Antherenbrände** (Microbotryales) der Nelkengewächse sind aufgrund DNA-analytischer und struktureller Hinweise eher hier als bei den Brandpilzen (Ustilaginomycetes) einzuordnen. Arten der Gattung *Microbotryum* (**Microbotryales**) füllen die Antheren des Wirts mit schwarz-violetten Brandsporen aus (Abb. 2.42), die anstelle des Pollens treten. Weibliche Pflanzen von getrenntgeschlechtigen Lichtnelken (*Silene alba*, *S. dioica*) werden durch die Pilzinfektion zur Bildung von Antheren veranlasst, in denen sich dann die Sporen des Pilzes entwickeln können.

Lebenszyklus: Aus den bipolar determinierten Basidiosporen (+, −) keimt jeweils ein hefeartiges Sprossmycel. Die Darstellung schließt den ähnlich verlaufenden Lebenszyklus der Ustilaginomycetes mit ein. Dieses ist haploid, vermag nur saprobiotisch zu leben und kann auch auf künstlichem Nährboden kultiviert werden. Treffen genotypisch verschiedene Zellen des (+)- und (−)-Sprossmycels aufeinander, dann erfolgt über einen Kopulationsschlauch die Verschmelzung der plasmatischen Inhalte (Plasmogamie) und die Kernpaarung. Da der Inhalt der einen Zelle in die andere hinüberwandert, wird die empfangende Zelle dikaryotisch; sie wächst zu einer dikaryotischen Hyphe aus, die nunmehr in der Lage ist, ein Wirtsgewächs zu befallen. Die Fähigkeit zum Parasitismus ist also auf die Paarkernphase beschränkt. Das dikaryotische Mycel breitet sich im Wirt aus und bildet in bestimmten Organen des Wirts die Brandsporen aus, in denen die Karyogamie erfolgt. Im Einzelnen werden folgende Stadien durchlaufen: Das dikaryotische Mycel, das bei einigen Arten Schnallen (Abb. 2.42G) trägt, dringt im Keimling der Wirtspflanze interzellulär bis zum Apikalmeristem vor und wächst mit ihm zunächst weiterhin interzellulär und ohne äußere Krankheitssymptome hervorzurufen empor, bis es sich an bestimmten Stellen intrazellulär weiterentwickelt und unter völliger Zerstörung des Wirtsgewebes Hyphen kugelige, perlschnurartig geordnete Anschwellungen bildet. Diese Anschwellungen sind von einer dicken, braunschwarz gefärbten Wand umgeben (Abb. 2.42G) und lösen sich aus dem Hyphenverband. Sie stäuben wie Kohlenstaub, weshalb sie als Brandsporen bezeichnet werden. In dieser Form sind die Brandsporen jungen Basidien homolog, weil hier wie dort die Karyogamie vollzogen wird. Da jedoch die Brandsporen selbst noch keine Sporozyste nach Art der Basidie darstellen, werden sie als Probasidien bezeichnet. Die Brandsporen keimen – meist erst nach der Überwinterung – mit einem später querseptierten Hyphenschlauch aus (Abb. 2.42A, B). Hierbei findet die Meiose statt, sodass sich jetzt in jeder der vier durch Querwände abgegliederten Zellen ein haploider Kern befindet. In diesem Stadium entspricht der auch als Promycel bezeichnete Auswuchs einer septierten Phragmobasidie. Diese schnürt seitlich die haploiden Sporen ab (Sporidien; Abb. 2.38B), wobei mitotisch entstandene Tochterkerne in die Basidie zurückwandern. Sie sind im Verhältnis 1:1 genotypisch als (+) und (−) determiniert. Bei guter Ernährung können immer wieder neue Basidiosporen von der Basidie abgeschnürt werden. Der Entwicklungszyklus ist haplo-dikaryotisch; er ist dem haplo-diplontischen Zyklus der Hefen analog.

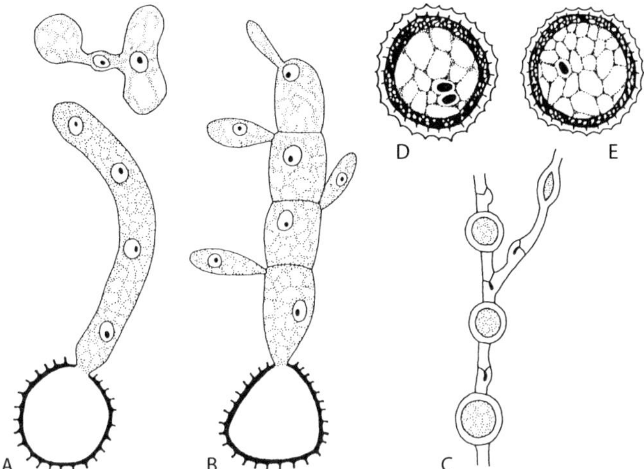

Abb. 2.42 Basidiomycota, Microbotryomycetes, Microbotryales. A, B *Microbotryum scabiosae*. Gekeimte Brandspore und Meiosporenbildung an vierzelliger Basidie (110×). **C–E** *Bauerago vuyckii*. Brandsporenbildung, dikaryotische und diploide Brandspore. (A, B nach R.A. Harper; C–E nach R. Seyfert.)

Microbotryomycetes
- **Kriegeriales**: **Kriegeriaceae**: *Kriegeria*
- **Microbotryales**: **Microbotryaceae**: *Bauerago*, *Microbotryum*, *Sphacelotheca*; **Ustilentylomataceae**: *Ustilentyloma*

2. Unterabteilung: Ustilaginomycotina

Die Vertreter dieser Unterabteilung bilden in ihrem Lebenskreislauf entweder Phragmosbasidien (Ustilaginomycetes: Ustilaginales) oder, im Unterschied zur vorigen Unterabteilung, Holobasidien (Exobasidiomycetes, Ustilaginomycetes: Tiletiales) aus. Von den Vertretern der nachfolgenden Unterabteilung der Agaricomycotina sind sie durch ihre obligat parasitische Lebensweise sowie durch das weitgehende Fehlen von Fruchtkörpern gekennzeichnet.

1. Klasse: Exobasidiomycetes

1. Ordnung: Exobasidiales

Die Vertreter dieser Ordnung leben ähnlich wie die Taphrinales unter den Ascomyceten als Parasiten auf Blütenpflanzen (in Europa vor allem auf Ericaceen) und bilden keine Fruchtkörper. Häufig verursachen sie an den befallenen Wirtspflanzenteilen gallenartige Deformationen (Abb. 2.43A), die durch Hypertrophie des Mesophylls zustande kommen (Abb. 2.43B). Das Mycel durchzieht das Pflanzengewebe intra- und interzellulär. Der Parasit wächst durch die Stomata oder zwischen den Epidermiszellen hindurch an die Oberfläche des Wirts und bildet dort unseptierte Basidien (Abb. 2.43C). Auf den stumpfen und

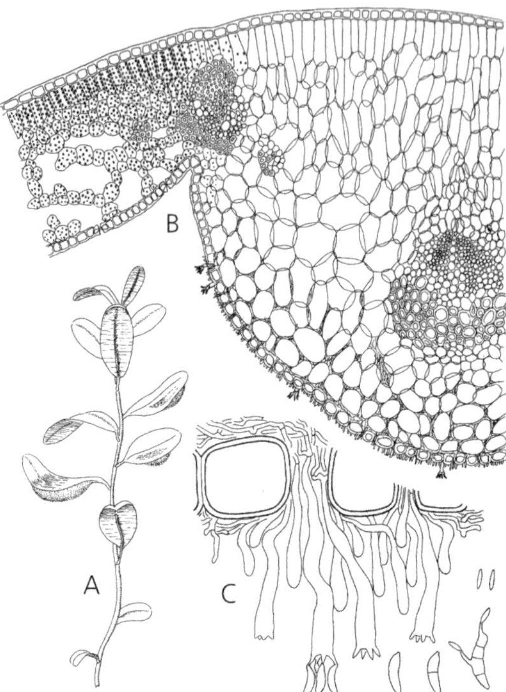

Abb. 2.43 **Basidiomycota, Exobasidiomycetes, Exobasidiales,** *Exobasidium vaccinii.* **A** Drei mit *Exobasidium* befallene Blatter von *Vaccinium vitis-idaea* (Preisselbeere; 0,67×). **B** Querschnitt durch ein befallenes Blatt; links normale Ausbildung des Blattgewebes, rechts durch Pilzbefall hypertrophiert (60×). **C** Zwischen den Epidermiszellen hervorbrechendes Mycel mit Basidien und Keimung der Basidiosporen (330×). (A nach K. Mägdefrau; B nach M. Woronin; C nach F. Oberwinkler.)

stark spreizenden Sterigmen sitzen zueinander gekrümmte Sporen, die passiv abfallen und unter Bildung von Quersepten mit Konidien keimen (Abb. 2.43C). In Reinkultur wachsen aus den Sporen hefeähnlich sprossende Zellhaufen hervor. Aufgrund ultrastruktureller und biochemischer Merkmale werden die Exobasidiales neuerdings, wie hier geschehen, in die Ustilaginomycotina eingereiht.

2. Ordnung: Tilletiales

Den Basidien der Tilletiales fehlen Querwände. Sie bilden an ihrem Scheitel meist vier oder acht lang gestreckte Meiosporen. Lediglich zur Abgrenzung gegen die Brandsporen werden ein oder mehrere Septen gebildet (Abb. 2.44A).

Zwischen Meiosporen entgegengesetzten Kreuzungstyps entstehen – oft schon während sie noch an den Sporozysten sitzen – Kopulationsbrücken (Abb. 2.44B), durch die Plasma und Kern der einen Spore in die andere einwandern. In dem anschließend auswachsenden paarkernigen Mycel gliedern sich dikaryotische Konidien ab, die aktiv als Ballistokonidien abgeschleudert werden. Sowohl das dikaryotische als auch das haploide Stadium können sich durch Konidien vermehren. Am Weizen ist *Tilletia caries* der Erreger des Stein- oder **Stinkbrands**, *Urocystis tritici* des **Blattstreifenbrands**. *T. caries* lässt sich erfolgreich bekämpfen durch kurzes Einlegen des befallenen Saatguts in heiße oder giftige Beizen oder Bestäuben des Saatguts mit Substanzen, welche die anhaftenden Brandsporen abtöten. Da eine befallene Getreidepflanze mehrere Millionen Brandsporen enthält, die beim Dreschen des Getreides auf das Saatgut ausstäuben und nach der Aussaat die jungen Keimpflanzen infizieren (Keimlingsinfektion), kann sich die Krankheit leicht auf viele Pflanzen ausbreiten. Infolgedessen wurden früher bis 20 % (bisweilen sogar 60 %) des Körnerertrags vernichtet.

Von den folgenden Ustilaginales innerhalb der Ustilaginomycetes unterscheiden sich die Tilletiales außer durch die Basidien auch darin, dass in den Brandsporen nicht nur die Karyogamie, sondern meist auch schon die Meiose stattfindet (siehe deren Lebenskreislauf).

Entyloma-Arten (**Entylomatales**; Abb. 2.44C), die Asteraceen befallen, werden jetzt ebenfalls zu den Exobasidiomycetes gestellt. Sie bilden ähnlich wie Arten der Ustilaginomycetes Paarkernhyphen mit Schnallen.

Exobasidiomycetes
- **Doassansiales**: **Doassansiaceae**: *Doassansia, Doassinga, Heterodoassansia, Nannfeldtiomyces, Tracya*; **Rhamphosporaceae**: *Rhamphospora*
- **Entylomatales: Entylomataceae**: *Entyloma*
- **Exobasidiales**: **Exobasidiaceae**: *Exobasidium*
- **Georgefischeriales**: **Georgefischeriaceae**: *Jamesdicksonia*
- **Microstromatales**: **Microstromataceae**: *Microstroma*
- **Tilletiales**: **Tilletiaceae**: *Neovossia, Tilletia*

2. Klasse: Ustilaginomycetes

Die Arten dieser Klasse sind Erreger der Brandkrankheiten (**Brandpilze**), da ihre Sporen den befallenen Pflanzenteilen ein verbranntes Aussehen verleihen.

Ordnung: Ustilaginales

Die fruchtkörperlosen Ustilaginales leben als Parasiten meist interzellulär in Höheren Pflanzen und entwickeln in bestimmten Organen ihrer Wirte (z. B. Wurzeln, Sprossachsen, Fruchtknoten, Antheren) ihre dickwandigen Sporen. Sie haben, ebenso wie die Pilze der vorigen Ordnung, große Bedeutung als Schädlinge. *Ustilago maydis* erzeugt an Blütenständen (und anderen Teilen) von Mais faustgroße, geschwürartige Beulen und Blasen, die mit Brandsporen (Abb. 2.45, 7.131) angefüllt sind; andere *Ustilago*-Arten füllen bei Hafer, Gerste und Weizen u. a. die Fruchtknoten und teilweise auch benachbarte Teile der Ähre oder Ährchen mit einem staubartigen Brandsporenpulver (Flug- oder Staubbrand, z. B. *U. avenae*, Hafer-Flugbrand). Beim Flugbrand der Gerste (*U. hordei*) und des Weizens (*U. tritici*) bilden sich die Brandsporen schon vor der Öffnung der Blüten in den jungen

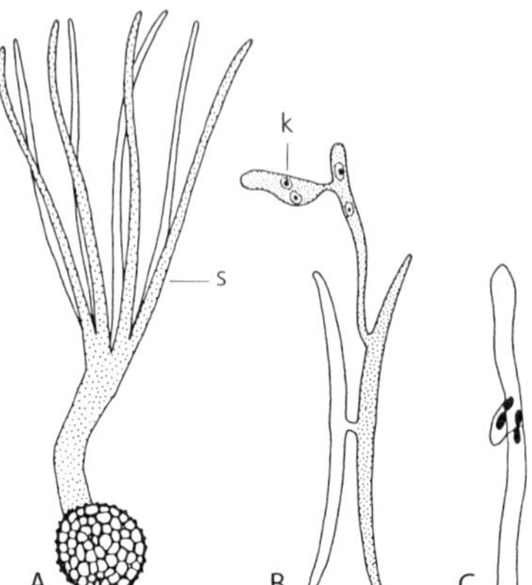

Abb. 2.44 Basidiomycota, Exobasidiomycetes. A, B Tilletiales, *Tilletia caries*. **A** Aus der Brandspore hervorgegangene Basidie mit vier Paaren endständiger Meiosporen (300×). **B** Zwei kopulierte Basidiosporen, zum Paarkernmycel auswachsend, mit Konidie (650×). **C Entylomatales,** *Entyloma calendulae*. Schnallenmycel mit Paarkernen. – k Konidie; s Meiospore. (A nach O. Brefeld; B nach F. Rawitscher, Cnach W. Stempell.)

Abb. 2.45 Basidiomycota, Ustilagomycetes, Ustilaginales, *Ustilago* sp. In Nährlösung sprossende Brandspore (350×). (Nach O. Brefeld.)

Fruchtknoten und stäuben bereits aus, wenn die Pflanzen in voller Blüte stehen. Vom Wind übertragen, keimen sie noch im gleichen Jahr zwischen den Spelzen der gesunden Blüten aus (Blüteninfektion). Das aus den Basidiosporen gekeimte Mycel wächst alsdann sofort in das sich bildende Saatkorn hinein und überwintert in dessen Embryo.

Der **Lebenszyklus** vollzieht sich so, wie für die Microbotryomycetes (Abschn. 2.10.1.5) ausgeführt.

Einige Formen (z. B. von *Ustilago maydis*, Mais- oder Maisbeulenbrand; Abb. 7.131) sind rein haplontisch, andere bereits tetrapolar (Abb. 2.47).

Ustilaginomycetes

- **Urocystidales**: **Doassansiopsidaceae**: *Doassansiopsis*; **Floromycetaceae**: *Antherospora*; **Urocystidiaceae**: *Melanustilospora*, *Urocystis*
- **Ustilaginales**: **Anthracoideaceae**: *Anthracoidea*, *Farysia*, *Moreaua*, *Schizonella*, *Stegocintractia*, *Tolyposporium*, *Ustanciosporium*; **Glomosporiaceae**: *Thecaphora*; **Melanotaeniaceae**: *Melanotaenium*; **Ustilaginaceae**: *Melanopsichium*, *Sporisorium*, *Tranzscheliella*, *Ustilago*; **inc. sed.**: *Orphanomyces*

3. Unterabteilung: Agaricomycotina

Die Vertreter dieser Unterabteilung sind gekennzeichnet durch eine regelmäßige Ausbildung von Fruchtkörpern in der Dikaryophase der Entwicklung und durch ihre nicht obligat parasitische Lebensweise. Phragmobasidien sind hier eher die Ausnahme (quer geteilt bei den Auriculariales innerhalb der Agaricomycetes; längs geteilt bei den Tremellomycetes). In der Regel werden Holobasidien ausgebildet. Die Unterabteilung ist nach derzeitigem Verständnis in vier Klassen zu untergliedern, von denen hier auf drei (Agaricomycetes, Dacrymycetes, Tremellomycetes) näher einzugehen ist.

1. Klasse: Agaricomycetes

In dieser Klasse bildet das Mycel meist **Fruchtkörper**, also makroskopisch sichtbare Hyphengeflechte, an oder in denen die Basidien angelegt werden.

Der **Lebenszyklus** (Abb. 2.46) verläuft nach folgendem, etwa für die Blätterpilze geltenden Schema: Die Basidiosporen keimen zu einem Mycel mit einkernigen Zellen von praktisch unbegrenzter Wachstumsfähigkeit; Gametangien werden wie bei den abgeleiteten Ascomycota nicht ausgebildet. Treffen Mycelien konträren Kreuzungstyps (z. B. + und −) aufeinander, dann fusionieren zwei sich berührende vegetative Zellen miteinander (Somatogamie, Abb. 2.46A: 3), wobei sich ihre Kerne paaren, ohne miteinander zu verschmelzen. Das auf diese Weise begründete Dikaryon bildet ein ernährungsphysiologisch von den haploiden, monokaryotischen Hyphen unabhängiges, meist schnallentragendes Mycel (Abb. 2.46A: 4–6). Die Fusion der Kreuzungspartner wird genetisch kontrolliert.

Bipolare und tetrapolare Inkompatibilität: Bei mehreren Basidiomyceten wird das Kreuzungsverhalten nicht bipolar durch einen Faktor (Allelenpaar + und −), sondern tetrapolar durch zwei unabhängig voneinander vererbte Faktoren gesteuert. Die Allele des einen Faktors werden als A_1 und A_2, die des anderen als B_1 und B_2 bezeichnet. Der diploide Zygotenkern enthält demnach A_1/A_2 und (!) B_1/B_2. Nach der Reifeteilung liegen die Basidiosporen eines Fruchtkörpers in den vier Typen vor: A_1B_1, A_2B_2, A_1B_2 oder A_2B_1. Nur Kreuzungen mit verschiedenen A- und B-Faktoren setzen den Lebenszyklus in einem dikaryotischen Mycel (meist mit Schnallen an den Hyphensepten) fort; so sind $A_1B_1 \times A_2B_2$ kompatibel, $A_1B_1 \times A_1B_1$ oder $A_1B_1 \times A_1B_2$ hingegen inkompatibel (Abb. 2.47).

Man spricht hier von tetrapolarer homogenischer Inkompatibilität, durch die bedingt wird, dass bei dem Kontakt haploider monokaryotischer Hyphen, die aus Sporen eines

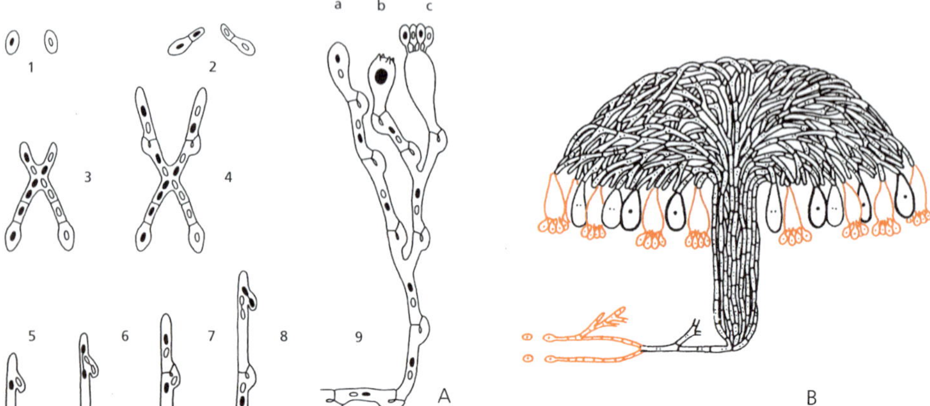

Abb. 2.46 Basidiomycota, Agaricomycetes. A Entwicklung des Schnallenmycels. 1 Genotypisch verschiedene Sporen (+, −); 2 deren Keimung zu schnallenlosem Mycel; 3, 4 Kopulation; 5–7 Bildung der ersten Schnalle; 8 Bildung der folgenden Schnallen; 9 Schnallenmycel mit einer paarkernigen Basidienanlage, einer jungen Basidie mit Verschmelzungskern und einer reifen Basidie mit Sporen verschiedenen Kreuzungstyps. **B** Schematische Darstellung der Entwicklung eines Hutpilzes. Orange: haploide Phase; dünn schwarz: dikaryotische Phase; dick schwarz: diploide Phase. Schnallen nicht gezeichnet, Basidien im Verhältnis zum Hut sehr groß dargestellt. – a Basidienanlage; b junge Basidie; c reife Basidie. (Nach R. Harder.)

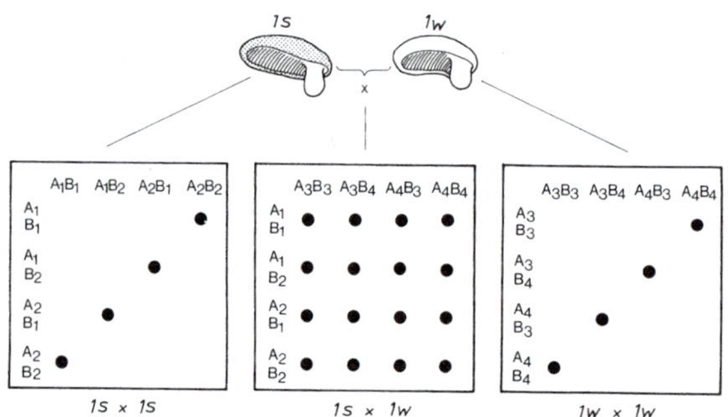

Abb. 2.47 Basidiomycota, Agaricomycetes, *Pleurotus ostreatus.* Förderung der Fremdbefruchtung durch homogenische Inkompatibilität (tetrapolarer Mechanismus, multiple Allelie). Die Fruchtkörper mit etwas unterschiedlich gefärbtem Hut sind Stämme einer Art mit unterschiedlicher geographischer Herkunft. A, B Kreuzungsfaktoren der zur Kreuzung angesetzten, monokaryotischen Mycelien; • Kreuzung ergibt ein dikaryotisches Schnallenmycel

Fruchtkörpers gekeimt sind, in nur 25 % der Fälle tatsächlich Schnallenmycelien entstehen. Die genetische Rekombination von Mycelien verschiedener geographischer Herkunft wird durch das Phänomen der multiplen Allelie gefördert, da hier weitere Allele, z. B. A_3B_3 und A_4B_4, ins Spiel kommen. Kreuzungen mit den Faktoren A_1/A_2 bzw. $B_1/B_2 \times A_3/A_4$ bzw. B_3/B_4 (z. B. $A_1B_1 \times A_3B_3$) sind daher zu 100 % kompatibel. Der Mechanismus der bi- oder tetrapolaren Inkompatibilität, der zumeist mit multipler Allelie verbunden ist, fördert auf diese Weise die Fremdbefruchtung (*outbreedingoutbreeding*), wobei der Effekt bei der tetrapolaren Inkompatibilität stärker (25 %:100 %) als bei der bipolaren (50 %:100 %) ist. Während bei den Ascomycota nur eine bipolare Inkompatibilität vorkommt, hat sich bei den Basidiomycota der tetrapolare Mechanismus zunehmend durchgesetzt.

An den Hyphensepten bilden sich häufig **Schnallen** (Abb. 2.46: 5–9). Diese sind den Haken der Pezizomycotina homolog (Haken entstehen terminal, Schnallen lateral; Haken sind vielfach auf die Endzellen von ascogenen Hyphen beschränkt, Schnallen bilden sich meist an jedem Septum dikaryotischer Hyphen). Die Schnallen nehmen vorübergehend einen der beiden während der Zellteilung entstehenden Tochterkerne auf, ehe er in die Stammhyphe zurückwandert (Abb. 2.46: 5–7).

Der Vorgang der Schnallenbildung wiederholt sich bei jeder Zellteilung, sodass ein reichverzweigtes, in allen Zellen paarkerniges (also dikaryotisches) und an jeder Querwand mit einer Schnalle versehenes Schnallenmycel entsteht (Abb. 2.46: 8, 9). Das so etablierte **Dikaryon** ist – anders als bei den Ascomycota – selbstständig lebensfähig. Es kann jahrelang in Erde, Holz und anderen Substraten weiterwachsen und unzählige weitere Zellteilungen mit konjugierten Kernteilungen vollziehen, bis es unter dem Einfluss noch unbekannter Bedingungen unter Hyphenverflechtungen **Fruchtkörper** entwickelt. Im Gegensatz zu den Fruchtkörpern der Pezizomycotina (Abb. 2.23) ist der Basidiomycetenfruchtkörper ausschließlich aus dikaryotischen Hyphen verflochten (Abb. 2.46). Seine Entstehung ist daher nicht – wie bei den Pezizomycotina – jedes Mal aufs Neue an die geschlechtlichen Vorgänge der Plasmogamie gebunden. Diese findet bei den Basidiomyceten jeweils nur einmal zur Etablierung des Dikaryons statt, das nun, anders als bei den Ascomyceten, über Jahre hinweg immer wieder Fruchtkörper zu bilden vermag. An oder in den Fruchtkörpern (meist auf ihrer Unterseite) ordnen sich die keulenförmig angeschwollenen Endzellen der dikaryotischen Hyphen zu palisadenartigen Hymenien (Abb. 2.46B) an; erst in diesen Endzellen, den jungen Basidien, verschmelzen die beiden Kerne miteinander (Karyogamie, Abb. 2.48: 6), worauf sofort die Meiose (mit Bestimmung des Kreuzungstyps) einsetzt und vier haploide Meiosporen – die Basidiosporen – gebildet werden. Die aus den Basidiosporen entstehenden haploiden Mycelien entsprechen dem Gametophyten. Das aus ihnen durch somatogame Kopulation hervorgehende Paarkernmycel kann als dikaryotischer Sporophyt aufgefasst werden.

Bei der **Entwicklung der Basidiosporen** schwellen die Enden der Sterigmen (kleine hornartige Fortsätze der Basidien) zu einem Sporensäckchen an (Abb. 2.48: 8). Von den vier haploiden Kernen zwängt sich je einer durch ein Sterigma hindurch (Abb. 2.48: 9) und in jedem Sporensäckchen bildet sich nun eine Spore aus. Fast ausnahmslos verschmilzt die Sporenwand frühzeitig mit der Säckchenwand, sodass die Doppelnatur der Sporenhülle nicht in Erscheinung tritt. Die Säckchenwand bildet dabei das Perispor. Die Meiosporen werden also nur scheinbar exogen angelegt. Sie sind meistens ellipsoidisch und einseitig abgeplattet.

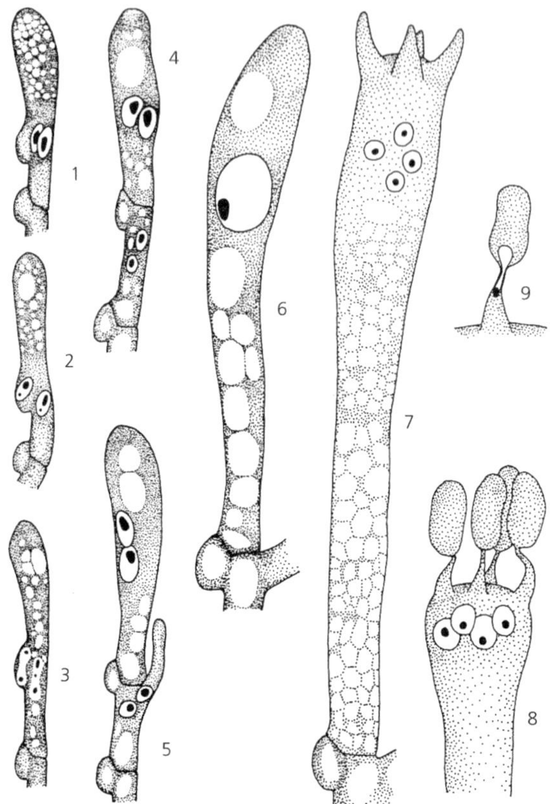

Abb. 2.48 Basidiomycota, Agaricomycetes. Schnallenbildung und Basidienentwicklung. 1–7 *Oudemansiella mucida* (620×). 1 Beginn der Schnallenbildung in der zweikernigen Endzelle. 2 Ein Zellkern in die Schnalle eingerückt. 3 Konjugierte Kernteilung. 4 Wandbildung in und neben der Schnalle, Basidienanlage von der Stielzelle abgegrenzt. 5 Fusion der Schnalle mit der Stielzelle. 6 Die beiden haploiden Kerne der Basidienanlage zu einem diploiden Kern vereinigt. 7 Junge Basidie mit den vier nach Meiose gebildeten Basidiosporenkernen (oben mit den vier Sterigmenanlagen). 8, 9 *Psathyrella* (1500×). 8 Basidie mit vier Kernen vor deren Übertritt in die jungen, scheitelständigen Basidiosporen. 9 Übertritt des Zellkerns durch das Sterigma in die Basidiospore. (1–7 nach H. Kniep; 8, 9 nach W. Ruhland.)

Sporenabwurf: Die Sporen werden nur eine kurze Strecke weit von den Basidien aktiv abgeschleudert, indem die hochturgeszente Basidie plötzlich aus der Sterigmenspitze einen Tropfen auspresst, der die Spore mitreißt (Abb. 2.56). Die Schussweite der Sporen beträgt bei Röhrenpilzen etwa die Hälfte des Röhrendurchmessers (bei Blätterpilzen die Hälfte des Lamellenabstands). Die Flugbahn geht bald in einen senkrechten Fall über bis hinab in die freie, bewegte Luft unterhalb der Röhren bzw. Lamellen. Die eigentliche Ausbreitung der Sporen erfolgt durch Luftströmungen. Legt man den ausgebildeten Hut eines Blätterpilzes mit den Lamellen nach unten auf ein Blatt Papier, so entsteht durch die herabfallenden Sporen bereits nach wenigen Stunden ein klares Abbild des Lamellenverlaufs. Man hat

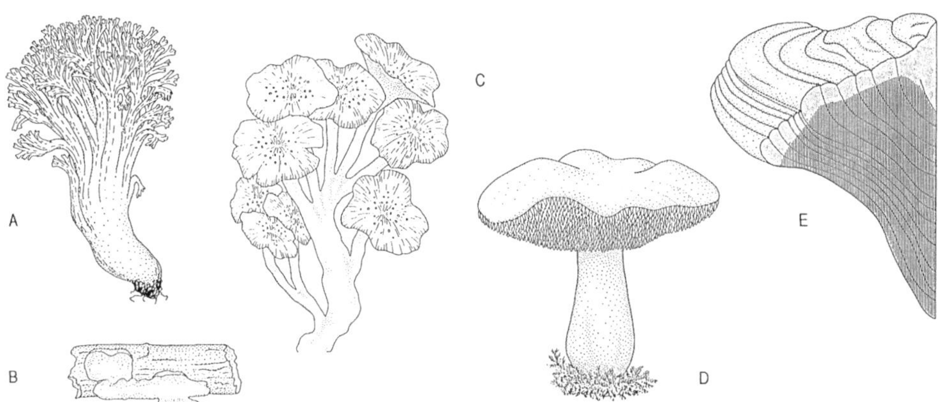

Abb. 2.49 **Basidiomycota, Agaricomycetes.** Verschiedene hymeniale Fruchtkörper. **A** *Ramaria botrytis* (0,5×). **B** *Stereum hirsutum* (12×). **C** *Polyporus umbellatus* (0,33×). **D** *Hydnum repandum* (0,5×). **E** *Phellinus igniarius*, mehrjähriger Fruchtkörper mit Jahreszuwachszonen (0,5×). (A nach E. Schild; B nach F. Oberwinkler; C nach G. Bresadola; D nach H. Schenck; E nach R. Harder.)

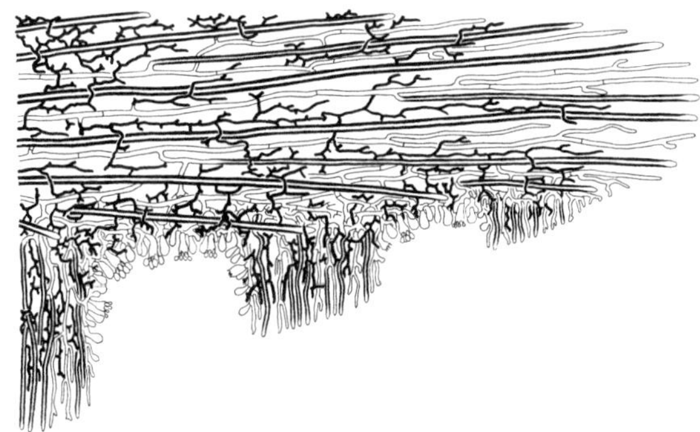

Abb. 2.50 **Basidiomycota, Agaricomycetes, Polyporales,** *Trametes versicolor.* Schnitt durch den Rand eines wachsenden Fruchtkörpers mit zwei Anlagen von Hymenophorröhren. Dickwandig: Skeletthyphen; dünnwandig: Basidien bildende Hyphen; voll schwarz: Bindehyphen (150×). (Nach E.J.H. Corner.)

berechnet, dass ein reifer Fruchtkörper des Feld-Champignons (*Agaricus campestris*) von 10 cm Durchmesser eine Hymeniumoberfläche von 1200 cm^2 besitzt, welche insgesamt etwa 1,8 Mrd. Sporen erzeugt; pro Stunde werden ungefähr 40 Mio. Sporen abgeworfen.

Beim **hymenialen Fruchtkörper** (Agaricomycetidae, früher als Hymenomyceten bezeichnet; Abb. 2.49) werden die Hymenien im Verlauf der Entwicklung frei exponiert und die Basidiosporen von den Basidien aktiv abgeschossen. Ein **Hymenium** enthält Basidien und gegebenenfalls sterile Zystiden in palisadenförmiger Anordnung (Abb. 2.51C). **Hymenophore** stellen makroskopisch sichtbare Strukturen zur Oberflächenvergrößerung des Hymeniums dar. Im Hymenium stehen neben reifen auch junge Basidien sowie ste-

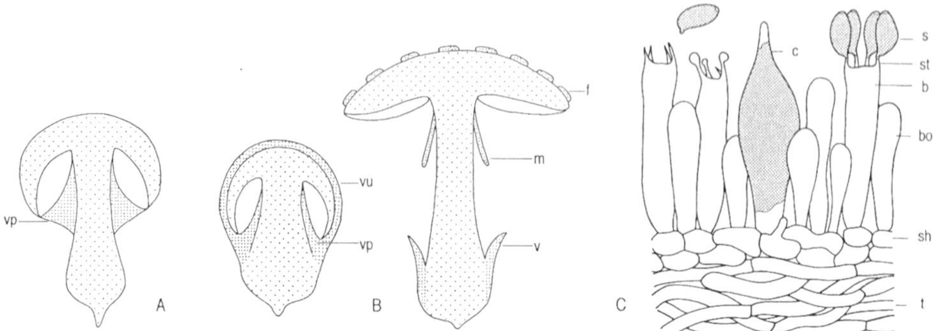

Abb. 2.51 **Basidiomycota, Agaricomycetes, Agaricales. A, B** Schematische Längsschnitte durch Fruchtkörper mit Velum. **A** Velum partiale; **B** Velum universale und Velum partiale; links im jungen, rechts im reifen Stadium. **C** *Hypholoma*, Schnitt durch das Hymenium (1000×). – b Basidie; bo junge Basidie; c Zystide; f Reste des Velum universale auf dem Hut; m Manschette als Rest des Velum partiale; s Basidiospore; st Sterigma; sh Subhymenium; t Trama; v Volva als Rest des Velum universale an der Stielbasis; vp Velum partiale; vu Velum universale. (A, B nach E. Fischer.)

rile Hyphen mit degenerierten Kernpaaren und größere, ebenfalls sterile Endhyphen von mannigfaltiger Form, die Zystiden (Abb. 2.51C). Letztere wirken als Schutz und Ausscheidungsorgane oder verhindern möglicherweise ein Zusammenkleben der Lamellen (z. B. *Corinus*). Auch die das Fruchtkörpergeflecht (Abb. 2.50) aufbauenden Hyphen in der Trama weisen Differenzierungen auf wie dickwandige Skeletthyphen, die der Festigung dienen; dickwandige, verzweigte, andere Hyphen umklammernde Bindehyphen oder dünnwandige, Basidien bildende generative Hyphen.

In der äußeren Morphologie der hymenialen Fruchtkörper herrscht große Vielfalt. Sie können krustenförmig, keulig bis stark verzweigt, konsolenförmig oder gestielt-hutförmig (Hutpilze) sein. Ähnlich vielgestaltig ist die Ausbildung der Hymenophore als ebene Fläche, Falten, Waben, Poren, Röhren, Stacheln oder Lamellen. Es sind nahezu alle möglichen Kombinationen von Fruchtkörperformen und Hymenophortypen verwirklicht, wobei eine möglichst große Zahl von Sporen in günstiger Weise für die Sporenausbreitung zu exponieren, die Evolution bestimmt hat. Der Fruchtkörper des hymenialen Typs entwickelt sich in unterschiedlicher Weise. Ein Fruchtkörper ist **gymnokarp**, wenn die Hymenien bzw. Hymenophore von Beginn an auf freien Außenflächen angelegt werden. Bei der **hemiangiokarpen** Entwicklung (Abb. 2.51A, B) bildet sich das Hymenium zunächst im Inneren der noch jungen Fruchtkörper. Durch Streckung des Stiels und Aufschirmen des Huts reißt jedoch die ursprüngliche Umhüllung. Ihre Reste bleiben vielfach am reifen Fruchtkörper als Teile des **Velum** universale und/oder Velum partiale erhalten. Das Velum partiale (Abb. 2.51A, B: vp) bildet dann einen Ring (Abb. 2.51B: m), es verbindet als zarter Schleier (Cortina) noch für kurze Zeit Hut und Stiel oder es verschwindet völlig. Das Velum universale (Abb. 2.51B: vu) bildet scheidenförmige Hüllen am Stielgrund (Volva, Abb. 2.51B: v; z. B. *Amanita phalloides*, Grüner Knollenblätterpilz) und/oder weiße Fetzen

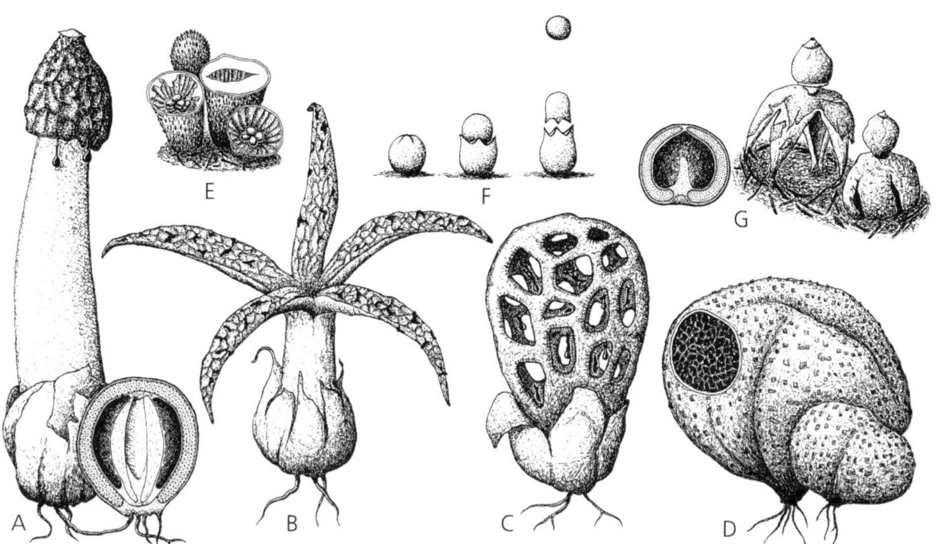

Abb. 2.52 Basidiomycota, Agaricomycetes. Vertreter mit gastroiden Fruchtkörpern. **A–C Phallales. A** *Phallus impudicus*, reifer Fruchtkörper mit Glebatropfen am Hut und junger Fruchtkörper im Längsschnitt (0,5×). **B** *Anthurus archeri* (0,5×). **C** *Clathrus ruber* (0,5×). **D Boletales.** *Scleroderma citrinum*, am Anschnitt gefelderte Gleba erkennbar (0,5×). **E, F Agaricales. E** *Cyathus striatus* (1×); **F** *Sphaerobolus stellatus*. rechts: Abschleudern der Endoperidie (3×). **G Geastrales,** *Geastrum quadrifidum* (0,5×). (A nach J.E. Lange; B, D, G nach J. Poelt, H. Jahn und C. Caspari; C nach V. Fayod; E nach E. Gramberg; F nach E. Michael und B. Hennig.)

und Schollen auf der Hutoberfläche (Abb. 2.51B: f; z. B. *A. muscaria*, Fliegenpilz). Die **pseudoangiokarpe** Entwicklung gleicht zunächst der gymnokarpen, jedoch biegt sich der Hutrand derart einwärts, dass sich seine Hyphen mit denen der Stielrinde verflechten.

Der **gastroide Fruchtkörper** (Gasteromyceten; Abb. 7.106, 2.52) bildet die Basidien in seinem Inneren. Die in jungen Entwicklungsstadien zunächst angelegten Hymenien zerfallen bereits während der Sporenreife oder sie werden gar nicht gebildet. Die Fruchtkörperentwicklung ist angiokarp oder hemiangiokarp. Die Fruchtkörper sind entweder geschlossen, mit oder ohne innere Kammerung, oder die Sporenmassen (Gleba) werden durch streckungsfähige Elemente (Receptaculum) aus der Fruchtkörperhülle (Peridie) gehoben. Die Sporen werden von den Basidien nicht abgeschossen. Ihre Ausbreitung erfolgt durch den Wind, in speziellen Fällen auch durch Insekten und Säugetiere.

Es gibt Übergangsformen zwischen hymenialen und gastroiden Fruchtkörpern. Viele Gasteromyceten zeigen enge Verwandtschaftsbeziehungen zu typischen Agaricomycetidae.

Nach der äußeren Form der Fruchtkörper unterschied man früher die künstlichen, d. h. die natürlichen Verwandtschaftszusammenhänge nicht nachzeichnenden Gruppen der Nichtblätterpilze (Poriales = Aphyllophorales im weiten Sinne), der Blätterpilze (Agaricales im weiten Sinne) und der Bauchpilze (Gasteromycetales). In den neueren systematischen Gliederungen wird nach verwandtschaftlichen Zusammenhängen gesucht, und

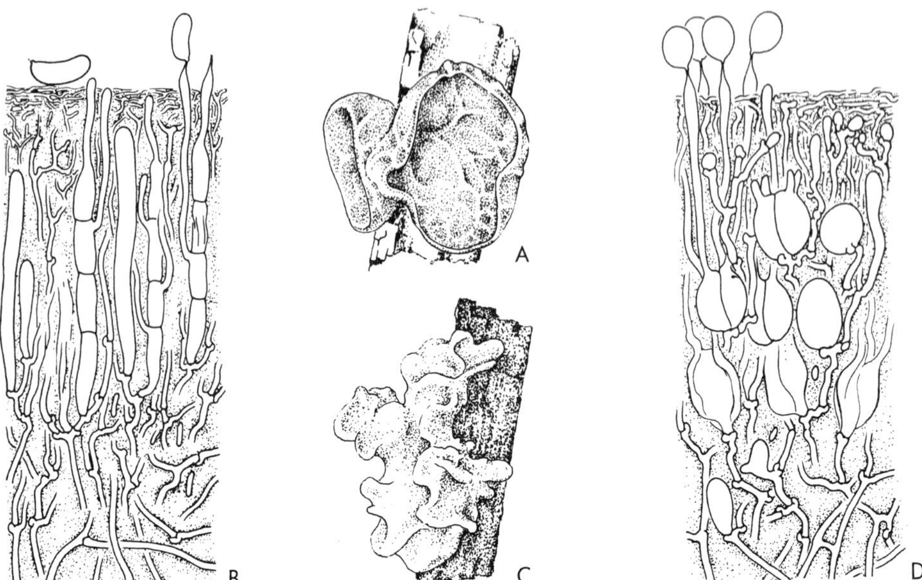

Abb. 2.53 Basidiomycota. A, B Agaricomycetes, Auriculariales, *Auricularia auricula-judae.* **A** Fruchtkörper (1×); **B** Querschnitt durch das Hymenium (400×). **C, D Tremellomycetes, Tremellales,** *Tremella mesenterica.* **C** Fruchtkörper (1×); **D** Querschnitt durch das Hymenium (400×). (Nach F. Oberwinkler.)

zwar auf der Grundlage übereinstimmender Merkmale aus möglichst vielen Merkmalsbereichen: z. B. mikroskopische Strukturen wie Aufbau der Hymenien und der Geflechte im Fruchtkörper (Trama), Metaboliten, DNA-Analytik usw. Bei der Zusammenfassung von niederen taxonomischen Einheiten zu höheren (z. B. Ordnungen) spielen Verbindungsglieder eine wichtige Rolle, die teils Merkmale verschiedener Taxa in sich vereinigen, teils Übergänge von Merkmalen zeigen. Fließende Übergänge zwischen den oben genannten Fruchtkörperformen der Nichtblätter-, Blätter- und Bauchpilze haben u. a. zum Scheitern eines ausschließlich auf die Fruchtkörperform basierenden Systems geführt, mit der Konsequenz, dass innerhalb einer Ordnung Vertreter mit verschiedenen Fruchtkörperformen zusammengefasst sein können.

Systematik: Die äußerst vielgestaltige Klasse der Agaricomycetes wird derzeit in sechs Unterklassen untergliedert, auf die sich insgesamt 21 Ordnungen verteilen. Im Folgenden werden exemplarisch einige davon vorgestellt. Zunächst werden Ordnungen mit quer- oder längsteiligen Basidien (**Phragmobasidien**; vgl. hierzu die Vertreter in der 1. Unterabteilung mit ebensolchen Basidien) genannt (Auriculariales, Sebacinales, Tulasnellales). Die Basidiosporen keimen mit Konidien, Sekundärsporen (Abb. 2.38A, B) oder mit hefeähnlichen Zellen aus. Sekundärsporen sind einmalige Abschnürungen, in die der einzige Kern der Basidiospore eintritt.

Abb. 2.54 **Basidiomycota, Agaricomycetidae,** *Russula veternosa* (Scharfer Honig-Täubling); ein Blätterpilz. (Aufnahme: A. Bresinsky.)

Ordnung: Auriculariales

Die **Auriculariales** (Ohrlappenpilze) besitzen querseptierte Phragmobasidien (Abb. 2.37A). Hierher gehören das Judasohr (*Auricularia auricula-judae*, Abb. 2.38B, 2.53A, B) und *Exidiopsis* (Abb. 2.38A); eine Art der Gattung verursacht neben anderen winteraktiven Pilzarten die Haareisbildung auf Totholz. Hier anzuschließen sind die **Sebacinales** und **Tulasnellales**.

Die nun folgenden Ordnungen der Agaricomycetes sind ausnahmslos mit **Holobasidien** ausgestattet. Die Sporen keimen stets mit Hyphen aus. Die Kappen der doliporen Septen sind siebartig durchbrochen. Gestalt und Größe der Holobasidien zeigen eine beträchtliche Vielfalt (Abb. 2.37). Neben der weit verbreiteten Keulenform (Abb. 2.37F) finden sich z. B. bauchig erweiterte Urnenbasidien (Abb. 2.37E), seitlich an der Traghyphe entstehende Pleurobasidien (Abb. 2.37H) oder mehrfach hintereinander hervorsprossende Repetobasidien (Abb. 2.37J). Es besteht eine große Mannigfaltigkeit der Fruchtkörperformen und der Oberflächengestaltung der hymenientragenden Schichten (Hymenophore). Wie bereits bei den vorausgehenden Ordnungen (u. a. mit Phragmobasidien) werden auch hier in getrennten Entwicklungslinien immer wieder die gleichen Fruchtkörpertypen gebildet bzw. erreicht und es lassen sich somit auch bei den Pilzen konvergente Stufen erkennen. Die äußere Form der Fruchtkörper liefert hier vielfach noch die Kriterien für die Unterscheidung von Gattungen und Familien innerhalb der Ordnungen.

Zur Unterklasse der **Agaricomycetidae** gehören u. a. jene Arten, die in Form auffälliger Pilzfruchtkörper in Wäldern und auf Wiesen in unterschiedlichsten Gestalten und Farben vorkommen.

Ordnung: Agaricales

Vertreter der Agaricales haben mit ihrer Typusgattung (*Agaricus*; Champignon) der Unterklasse und der Klasse ihren Namen gegeben (Abb. 2.46). Besonders im Spätsommer und

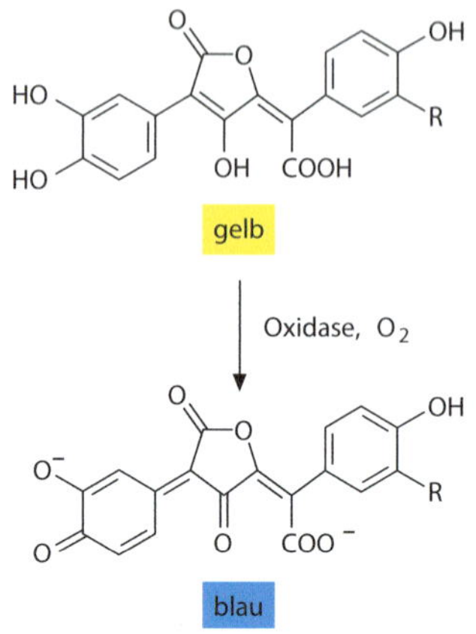

Abb. 2.55 Basidiomycota, Agaricomycetes, Boletales. Variegatsäure (ein Pulvinsäurederivat) aus *Suillus variegatus*, oben nicht oxidiert, unten als oxidiertes, blaues Anion; R = OH. (Nach W. Steglich.)

Herbst entwickeln viele Arten oft raschwüchsige, große, meist hymeniale Fruchtkörper. Neben Blätter-(Lamellen-)pilzen (z. B. *Agaricus*) enthält die Ordnung auch Gruppen mit gastroiden Fruchtkörpern wie die Flaschenboviste (z. B. *Lycoperdon*) oder auch mit korallenförmigen Fruchtkörpern, an denen die Hymenien ungeschützt (gymnokarp) exponiert sind (*Clavaria*).

Bei *Lycoperdon* (Stäublinge) und einigen verwandten Gattungen sind die kugeligen bis keulig-flaschenförmigen Fruchtkörper von einer meist zweischichtigen Hülle, der Exo- und der Endoperidie, geschützt. Bei der Fruchtkörperreife reißt die Exoperidie auf und erscheint dann in Form von Körnchen, Warzen oder Stacheln auf der häutigen Endoperidie aufgelagert. Im Inneren der Fruchtkörper entsteht nach dem Zerfall der Hymenien eine pulverige Masse, die **Gleba**, welche aus unzähligen Sporen und Glebafasern besteht. Bei *Nidularia*, einer anderen jetzt hierher gestellten gastroiden Gattung, kapseln sich im Inneren des gastroiden Fruchtkörpers Glebabereiche ab, die als **Peridiolen** ausgebreitet werden. Beim Teuerling (*Cyathus*) liegen diese als winzige Scheibchen in der becherförmig geöffneten Peridie (Abb. 2.52E).

Ordnung: Russulales

Zu den Russulales gehören u. a. Gattungen mit Milchsaft (*Lactarius*, Milchlinge) oder mit splitternd spröden Lamellen (*Russula*, Täublinge; Abb. 2.54). Auch Gattungen mit krustenförmigen (*Stereum*) oder gastroiden (*Arcangeliella*) Fruchtkörpern werden u. a. aufgrund übereinstimmender Mikromerkmale hierzu gerechnet.

Ordnung: Boletales

Zu ihnen zählen u. a. Röhrlinge, also Arten mit Röhrenhymenophor, wie der Steinpilz (*Boletus edulis*). Bei einigen Arten verfärbt sich das Fruchtkörperfleisch (Abb. 2.55) an der Luft blau. Hier anzuschließen sind mit gastroiden Fruchtkörpern die Kartoffelboviste (*Scleroderma*, Abb. 2.52D).

Die folgenden Ordnungen verteilen sich auf die Unterklassen **Cantharellomycetidae** (Cantharellales), **Polyporomycetidae** (Corticiales, Polyporales, Gloeophyllales, Thelephorales), **Hymenochaetomycetidae** (Hymenochaetales) und **Phallomycetidae** (Gomphales, Geastrales, Phallales)

Ordnung: Cantharellales

Ein typischer Vertreter ist der Pfifferling (*Cantharellus cibarius*), ein geschätzter Speisepilz mit leistenartigem Hymenophor (gabelteilige, schmale Leisten anstelle von breiten Lamellen). Hier anzuschließen ist u. a. der Semmelstoppelpilz (*Hydnum repandum*) mit ebenfalls gestielt-hutförmigen Fruchtkörpern, die aber auf der Hutunterseite ein Stachelhymenophor (Abb. 2.49D) tragen.

Ordnung: Corticiales

Die Typusgattung *Corticium* der Ordnung bildet dem Substrat anliegende, krustenförmige (resupinate) Fruchtkörper mit Hymenium auf der Oberseite. Am Rand können diese Krusten abstehende Kanten bilden.

Ordnung: Polyporales

Die Typusgattung *Polyporus* der Ordnung umfasst Pilze mit gestielt-hutförmigen, meist recht zähfleischigen Fruchtkörpern, die ein Hymenophor mit engen Poren ausbilden (Abb. 2.49C). Hierzu zählen aber auch an Holz fruchtende Arten mit konsolenförmigen Fruchtkörpern, die meist mehrjährig sind, wie die des Zunderschwamms (*Fomes fomentarius*).

Ordnung: Gloeophyllales

Die Typusgattung *Gloeophyllum* enthält einige durch Farbe, Geruch und unterschiedlich Ausgestaltung des Hymenophors gekennzeichnete, recht auffällige Arten. Der Fenchel-Porling (*G. odoratum*) riecht nach Anis und hat ein Porenhymenophor, der Zaunblättling (*G. sepiarium*) auf Bauholz oder an Holzzäunen fruchtend, hat ein weitgehend lamelliges Hymenophor.

Ordnung: Thelephorales

Die Typusgattung *Thelephora* ist recht vielgestaltig. Einzelne Arten bilden flächig-krustige, andere korallenartig verzweigte oder fächerförmige Fruchtkörper. Die Fruchtkörper sind braun gefärbt und enthalten als Pigment Thelephorsäure. Die Sporen sind warzig bis stachelig, wobei diese Strukturen paarweise angeordnet sind. In anderen Gattungen werden kreiselförmige oder gestielt hutförmige Fruchtkörper (*Hydnellum*, *Sarcodon*) entwickelt.

Ordnung: Hymenochaetales

Vertreter dieser Ordnung (Abb. 2.49E) sind oft gekennzeichnet durch dickwandige, braun gefärbte, spitze Seten im Hymenium. Die Fruchtkörper können unterschiedlicher Gestalt sein, z. B. krustenförmig (*Hymenochaete*), konsolenförmig mit Poren (*Phellinus*) oder gestielt-hutförmig mit Lamellen (*Rickenella*).

Ordnung: Gomphales

Die Ordnung enthält Arten mit kreiselförmigen, keuligen bis geweihartigen Fruchtkörpern (z. B. *Ramaria*, Abb. 2.49A). Die Fruchtkörper sind wie die der anderen Ordnungen sehr divers.

Ordnung: Geastrales

Die Fruchtkörper der Erdsterne (*Geastrum*, Abb. 7.106, 2.52G) erhalten ihre charakteristische Gestalt, indem sich Teile der Exoperidie sternförmig ablösen und die kugelige, papierartige Endoperidie mit der darin enthaltenen Glebamasse freigeben (Abb. 2.52G). Die Hyphen tragen an ihren Septen Schnallen (im Unterschied zu den Lycoperdales, s. u.). Die Basidien sind bauchig angeschwollen; an ihnen werden die Sporen (oft mehr als vier) an kurzen Sterigmen abgegliedert. Der senfkorngroße Kugelschneller (*Sphaerobolus*) bildet in jedem Fruchtkörper eine einzige kugelige Peridiole, die durch plötzliche Umstülpung der inneren Exoperidienschicht bis zu 1 m weit weggeschleudert wird (Abb. 2.52F).

Ordnung: Phallales

Die Fruchtkörper sind in ihren jungen Entwicklungsstadien von einer gallertigen Hülle umgeben, die später gesprengt wird und mit der Volva (Velum universale) mancher Blätterpilze vergleichbar ist. Die zunächst so umschlossene Gleba ist kammerig untergliedert und bildet bei der Reife eine tropfende, stinkende, die Basidiosporen enthaltende Masse. Diese wird bei vielen Vertretern der Ordnung durch streckungsfähige Achsenelemente (in der Gesamtheit das Receptaculum) herausgeschoben. Die Sporenausbreitung erfolgt durch Insekten, die von dem Geruch der Gleba und das teilweise lebhaft gefärbte **Receptaculum** angelockt werden. Hauptsächlich in den Tropen sind auffällige Formen (sog. Pilzblumen) entwickelt. Die heimische **Stinkmorchel** (*Phallus impudicus*, Abb. 2.52A) hat eine gewisse äußere Ähnlichkeit mit der zu den Ascomyceten gehörenden Morchel, aber eine völlig andere Entwicklung und Struktur (analoge Konvergenz). Der junge, von der weichen, weißen Hülle (Volva) umschlossene Fruchtkörper wird Hexenei genannt. Die Volva besteht aus einer äußeren und inneren häutigen Peridie und einer gallertigen Zwischenschicht. Die Fruchtkörperentwicklung kann an den aus dem Boden gelösten, außen weichen und innen harten Hexeneiern beobachtet werden: Das Receptaculum – im Inneren der jungen Fruchtkörperanlage bereits angelegt – streckt sich in wenigen Stunden auf eine Länge von bis zu 15 cm, wobei die als Becher zurückbleibende Hülle gesprengt und der Hut emporgehoben wird. Dieser ist schon im Hexenei als eine glockenförmig den Stiel umgebende und außen von der Volva umschlossene Schicht angelegt. Der Hut besteht aus einer häutigen, gekammerten Trägerschicht und der daraufliegenden grünschwarzen, schleimigen, stinkenden Sporenmasse; er entspricht in seiner Gesamtheit der Gleba (nach anderer Ansicht entspricht er teils der Gleba und teils einem Auswuchs des Receptaculums [Trägerschicht]). Die Sporenmasse zerfließt und tropft von dem wabenförmig strukturierten Hut ab. Fliegen (Schmeiß-, Goldfliegen) verbreiten die Sporen endozoisch. Bei der tropischen Art *Phallus indusiatus* (Schleierdame) entfaltet sich von der Stielspitze ausgehend zunächst zwischen Stiel und Hut, dann sich nach unten kegelig erweiternd, ein Schleier. Die Fruchtkörperreifung bei *Clathrus* (Gitterpilze, Abb. 2.52C) und *Anthurus archeri* (Tintenfischpilz, Abb. 2.52B) verläuft ähnlich, allerdings ist das rot gefärbte Receptaculum bei ihnen gitterförmig bzw. in mehrere freie Arme aufgeteilt.

Verwendung von Vertretern der Agaricomycetes: Seit der Jungsteinzeit bis zur Mitte des vorigen Jahrhunderts diente der aus dem Fruchtkörpergeflecht des Zunderschwamms (*Fomes fomentarius*, Polyporales) hergestellte Zunder zum Feuermachen. Ein prominenter Nutzer des Zunders war offenbar „Ötzi", die neolithische Gletschermumie aus dem Ötztal, in dessen Gürteltasche man Reste des Pilzes fand. Ebenso trug der Mann, an Lederstreifen befestigt, Fragmente des Birkenporlings (*Piptoporus betulinus,* Polyporales) mit sich, die er möglicherweise als Heilmittel verwendete. Zahlreiche Arten der Agaricomycetidae werden als **Speisepilze** gesammelt, einige, z. B. der Champignon (*Agaricus bisporus*), werden auch kultiviert.

Der Champignon (*Agaricus bisporus*; Agaricales) wird in großem Maßstab (weltweit jährlich mehr als $1{,}3 \times 10^6$ t) kultiviert. Die zwei (nicht vier!) Sporen seiner Basidien enthalten je zwei kompatible (+)- und (−)-Kerne; sexuelle Vorgänge sind demnach hier, im Gegensatz zu den meisten anderen Agaricales, für den Beginn eines neuen Lebenskreislaufs nicht erforderlich, und der Champignonzüchter kann ausschließlich mit dikaryotischer Brut vermehren. Neben dem Champignon werden für Speisezwecke, besonders in Ostasien, verschiedene andere Basidiomyceten (Agaricales: z. B. Shiitake [*Lentinus edodes*], Austernseitling [*Pleurotus ostreatus*]) gezogen. Man bemüht sich, weitere geeignete Pilze zu domestizieren. Manche hochwertigen Arten (z. B. Steinpilz, Pfifferling) bringen jedoch in Kultur keine Fruchtkörper hervor. Bei Kulturverfahren interessiert neben der Gewinnung von Pilzen als Würzmittel und als Nahrung für Mensch und Tier auch die Verwertung von Abfallstoffen wie Dung, Stroh, Sägespäne und andere cellulose- und ligninhaltige Materialien (Recycling).

Als **Giftpilze** sind insgesamt sind etwa 150 Arten von Basidiomyceten, genauer von Agaricomycetidae (Ascomyceten nur etwa zehn Arten) bekannt, davon ist allerdings nur eine geringe Zahl hochgiftig (siehe auch Mycetismus, Mykotoxikose). Dabei ist zu beachten, dass sich auch in alten Fruchtkörpern essbarer Arten Giftstoffe bilden, ähnlich wie bei der Fleischfäulnis.

Gefährlich und heimtückisch (Vergiftungserscheinungen treten erst 6–24 Stunden nach dem Verzehr ein!) sind verschiedene Arten der Gattung *Amanita* (Agaricales), besonders der Grüne und der Kegelhütige Knollenblätterpilz (*A. phalloides* und *A. virosa*). Sie enthalten als Gifte zyklische Peptide (Ama- und Phallotoxine) und besitzen frei abgerundete, d. h. nicht mit dem Stiel verwachsene, und – im Unterschied zum Champignon – weiß oder weißlich bleibende Lamellen sowie eine sackförmige Scheide an der Stielbasis als Überbleibsel des Velum universale. Amatoxine hemmen die RNA-Polymerase und können daher in der biochemischen Forschung (Hemmung von Syntheseschritten) eingesetzt werden.

Nutzbare Stoffwechselprodukte: *Psilocybe*-Arten (Agaricales) enthalten halluzinogene Indolderivate, die auch in religiösen Riten, z. B. in Mexiko, eine Rolle spielen. Verschiedene Blätterpilze scheiden in das Kulturmedium Metaboliten aus, die z. B. als Fungizide (Strobilurin aus *Strobilurus*, Agaricales) verwendet werden.

Agaricomycetes

- **Agaricales**: **Agaricaceae**: *Agaricus*, *Bovista*, *Bovistella*, *Calvatia*, *Chamaemyces*, *Chlorophyllum*, *Coprinus* s.str., *Crucibulum*, *Cyathus*, *Cystoderma*, *Cystodermella*, *Cystolepiota*, *Disciseda*, *Echinoderma*, *Endoptychum*, *Floccularia*, *Handkea*, *Lepiota*, *Leucoagaricus*, *Leucocoprinus*, *Lycoperdon*, *Macrolepiota*, *Melanophyllum*, *Montagnea*, *Morganella*, *Mycenastrum*, *Mycocalia*, *Nidularia*, *Phaeolepiota*, *Pulverolepiota*, *Sericeomyces*, *Tulostoma*, *Vascellum*; **Amanitaceae**: *Amanita*, *Limacella*; **Bolbitiaceae**: *Bolbitius*, *Conocybe*, *Galeropsis*, *Pholiotina*; **Chromocyphellaceae**: *Chromocyphella*; **Clavariaceae**: *Camarophyllopsis*, *Clavaria*, *Clavulinopsis*, *Mucronella*, *Ramariopsis*; **Cortinariaceae**: *Cortinarius*, *Dermocybe*, *Melanomphalia*, *Phaeocollybia*, *Rozites*; **Crepidotaceae**: *Crepidotus*, *Episphaeria*, *Flammulaster*, *Inocybe*, *Phaeomarasmius*, *Pellidiscus*, *Pleuroflammula*, *Pleurotellus*, *Simocybe*, *Tubaria*; **Cyphellaceae**: *Cheimonophyllum*, *Chondrostereum*, *Cyphella*; **Cystostereaceae**: *Crustomyces*, *Cystostereum*; **Entolomataceae**: *Clitopilus*, *Entoloma*, *Rhodocybe*, *Richoniella*; **Fistulinaceae**: *Fistulina*; **Hydnangiaceae**: *Hydnangium*, *Laccaria*; **Hygrophoraceae**: *Ampulloclitocybe*, *Arrhenia*, *Camarophyllus*, *Cantharellula*, *Chromosera*, *Chrysomphalina*, *Cyphellostereum*, *Gliophorus*, *Haasiella*, *Hygroaster*, *Hygrocybe*, *Hygrophorus*, *Lichenomphalia*, *Neohygrocybe*, *Porpolomopsis*; **Hymenogastraceae**: *Heboloma*, *Hebelomina*, *Hymenogaster*, *Naucoria*; **Lyophyllaceae**: *Asterophora*, *Calocybe*, *Gerhardtia*, *Hypsizygus*, *Lyophyllum*, *Ossicaulis*, *Rugosomyces*, *Tricholomella*; **Marasmiaceae**: *Baeospora*, *Campanella*, *Clitocybula*, *Crinipellis*, *Gerronema*, *Hydropus*, *Macrocystidia*, *Marasmius*, *Megacollybia*; **Mycenaceae**: *Calyptella*, *Mycena*, *Panellus*, *Xeromphalina*; **Niaceae**: *Calathella*, *Cephaloscypha*, *Flagelloscypha*, *Lachnella*, *Merismodes*, *Woldmaria*; **Omphalotaceae**: *Gymnopus*, *Lentinula*, *Marasmiellus*, *Mycetinis*, *Omphalotus*, *Rhodocollybia*; **Phelloriniaceae**: *Phellorinia*; **Physalacriaceae**: *Armillaria*, *Cellypha*, *Cylindrobasidium*, *Flammulina*, *Gloiocephala*, *Himantia*, *Mycenella*, *Oudemansiella*, *Rhodotus*, *Strobilurus*; **Pleurotaceae**: *Hohenbuehelia*, *Pleurotus*; **Pluteaceae**: *Pluteus*, *Volvariella*; **Psathyrellaceae**: *Coprinellus*, *Coprinopsis*, *Lacrymaria*, *Panaeolina*, *Panaeolus*, *Parasola*, *Psathyrella*; **Pterulaceae**: *Aphanobasidium*, *Coronicium*, *Heningsomyces*, *Lepidomyces*, *Merulicium*, *Pleurocybella*, *Pterula*, *Rectipilus*; **Resupinataceae**: *Resupinatus*; **Schizophyllaceae**: *Auriculariopsis*, *Schizophyllum*; **Stephanosporaceae**: *Athelidium*, *Cristinia*, ?*Lindtneria*, *Stephanospora*; **Strophariaceae**: *Agrocybe*, *Flammula*, *Galerina*, *Gymnopilus*, *Hemipholiota*, *Hemistropharia*, *Hypholoma*, *Kuehneromyces*, *Leratiomyces*, *Melanotus*, *Pachylepyrium*, *Phaeogalera*, *Pholiota*, *Psilocybe*, *Stagnicola*, *Stropharia*; **Tricholomataceae**: *Aspropaxillus*, *Callistosporium*, *Catathelasma*, *Clitocybe*, *Collybia*, *Contumyces*, *Delicatula*, *Dermoloma*, *Fayodia*, *Gamundia*, *Hemimycena*, *Infundibulicybe*, *Lepista*, *Leucocortinarius*, *Leucopaxillus*, *Melanoleuca*, *Myxomphalia*, *Omphalina*, *Phyllotopsis*, *Porpoloma*, *Pseudobaeospora*, *Pseudoclitocybe*, *Pseudoomphalina*, *Rimbachia*, *Ripartites*, *Roridomyces*, *Squamanita*, *Tricholoma*, *Tricholomopsis*; **Typhulaceae**: *Blasiphalia*, *Macrotyphula*, *Typhula*

- **Amylocorticiales**: **Amylocorticiaceae**: *Amyloathelia, Amylocorticium, Anomoloma, Athelopsis, Ceraceomyces, Irpicodon, Leptosporomyces, Plicatura*
- **Atheliales**: **Atheliaceae**: *Amphinema, Athelia, Butlerelfia, Digitatispora, Fibulomyces, Hypochniciellum, Lobulicium, Melzericium, Mycostigma, Piloderma, Pteridomyces, Tylospora*
- **Auriculariales**: **Auriculariaceae**: *Auricularia, Eichleriella, Exidia, Exidiopsis*; **Hyaloriaceae**: *Protodontia, Pseudohydnum, Stypella, Tremiscus*; **inc. sed.**: *Basidiodendron, Heterochaetella, Pseudohydnum*
- **Boletales**: **Astraeaceae**: *Astraeus*; **Boletaceae**: *Aureoboletus, Boletus, Buchwaldoboletus, Chalciporus, Chamonixia, Leccinellum, Leccinum, Octavianina, Porphyrellus, Pseudoboletus, Rubinoboletus, Strobilomyces, Tylopilus, Wakefieldia, Xerocomus*; **Coniophoraceae**: *Coniophora*; **Gomphidiaceae**: *Chroogomphus, Gomphidius*; **Gyroporaceae**: *Gyroporus*; **Hygrophoropsidaceae**: *Hygrophoropsis, Leucogyrophana*; **Melanogastraceae**: *Melanogaster*; **Paxillaceae**: *Alpova, Gyrodon, Hydnomerulius, Paxillus*; **Pisolithaceae**: *Pisolithus*; **Rhizopogonaceae**: *Rhizopogon*; **Sclerodermataceae**: *Scleroderma*; **Serpulaceae**: *Serpula*;**Suillaceae**: *Boletinus, Suillus*;**Tapinellaceae**: *Pseudomerulius, Tapinella*
- **Cantharellales**: **Botryobasidiaceae**: *Botryobasidium, Botryohypochnus, Suillosporium*; **Cantharellaceae**: *Cantharellus, Craterellus, Pseudocraterellus*; **Cejpomycetaceae**: *Rhizoctonia* (A), *Scotomyces, Thanatephorus*; **Clavulinaceae**: *Clavulicium, Clavulina, Membranomyces, Multiclavula*; **Hydnaceae**: *Hydnum, Sistotremella*; **Sistotremataceae**: *Sistotrema*
- **Corticiales**: **Corticiaceae**: *Corticirama, Corticium, Cytidia, Dendrothele, Erythricium, Galzinia, Laetisaria, Limonomyces, ?Mycolindtneria, Vuilleminia*
- **Geastrales**: **Geastraceae**: *Geastrum, Myriostoma, Radiigera*; **Sclerogastraceae**: *Sclerogaster*; **Sphaerobolaceae**: *Sphaerobolus*
- **Gloeophyllales**: **Gloeophyllaceae**: *Boreostereum, Donkioporia, Gloeophyllum, Neolentinus, Veluticeps*
- **Gomphales**: **Clavariadelphaceae**: *Clavariadelphus*; **Gomphaceae**: *Ceratellopsis, Gautieria, Gomphus, Ramaria*; **Lentariaceae**: *Kavinia, Lentaria, Ramaricium*
- **Hymenochaetales**: **Hymenochaetaceae**: *Coltricia, Hymenochaete, Inonotus, Onnia, Phellinus, Phylloporia, Porodaedalea*; **Rickenellaceae**: *Cantharellopsis, Cotylidia, Gyroflexus, Repetobasidium, Resinicium, Rickenella*; **Schizoporaceae**: *Chaetoporellus, Oxyporus, Schizopora*; **Tubulicrinaceae**: *Hyphodontia, Sphaerobasidium, Tubulicrinis*; **inc. sed.**: *Loreleia, Subulicium*
- **Hysterangiales**: **Hysterangiaceae**: *Hysterangium*; **Phallogastraceae**: *Phallogaster*
- **Jaapiales**: **Jaapiaceae**: *Jaapia*
- **Phallales**: **Clathraceae**: *Anthurus, Aseroe, Clathrus*; **Gastrosporiaceae**: *Gastrosporium*; **Lysuraceae**: *Lysurus*; **Phallaceae**: *Dictyophora, Mutinus, Phallus*

- **Polyporales**: **Fomitopsidaceae**: *Antrodia*, *Auriporia*, *Buglossoporus*, *Climacocystis*, *Dacryobolus*, *Daedalea*, *Fomitopsis*, *Grifola*, *Ischnoderma*, *Laetiporus*, *Laricifomes*, *Osteina*, *Parmastomyces*, *Phaeolus*, *Piptoporus*, *Pycnoporellus*; **Ganodermataceae**: *Ganoderma*, *Lazulinospora*; **Meripilaceae**: *Loweomyces*, *Meripilus*, *Physisporinus*, *Rigidoporus*; **Meruliaceae**: *Abortiporus*, *Bjerkandera*, *Bulbillomyces*, *Ceriporia*, *Ceriporiopsis*, *Cerocorticium*, *Conohypha*, *Crustoderma*, *Gloeoporus*, *Hyphoderma*, *Hyphodermopsis*, *Hypochnicium*, *Merulius*, *Mycoacia*, *Mycoaciella*, *Phlebia*, *Podoscypha*, *Sarcodontia*, *Scopuloides*; **Phanerochaetaceae**: *Byssomerulius*, *Candelabrochaete*, *Climacodon*, *Cytidiella*, *Hyphodermella*, *Irpex*, *Mycorrhaphium*, *Phanerochaete*, *Phlebiopsis*, *Terana*; **Polyporaceae**: *Aurantioporus*, *Cerrena*, *Coriolopsis*, *Daedaleopsis*, *Datronia*, *Dichomitus*, *Diplomitoporus*, *Epithele*, *Faerberia*, *Fibroporia*, *Fomes*, *Funalia*, *Hapalopilus*, *Lentinus*, *Lenzites*, *Leptoporus*, *Lopharia*, *Oligoporus*, *Pachykytospora*, *Perenniporia*, *Podofomes*, *Polyporus*, *Pycnoporus*, *Skeletocutis*, *Spongipellis*, *Trametes*, *Trichaptum*, *Tyromyces*; **Sparassidaceae**: *Sparassis*; **Steccherinaceae**: *Antrodiella*, *Flaviporus*, *Junghuhnia*, *Steccherinum*; **Xenasmataceae**: *Xenasma*, *Xenasmatella*, *Xenosperma*
- **Russulales**: **Albatrellaceae (Scutigeraceae)**: *Albatrellus*, *Byssoporia*, *Jahnoporus*, *Leucogaster*, *Leucophleps*; **Amylostereaceae**: *Amylostereum*; **Auriscalpiaceae**: *Artomyces*, *Auriscalpium*, *Clavicorona*, *Dentipratulum*, *Gloiodon*, *Lentinellus*; **Bondarzewiaceae**: *Bondarzewia*, *Heterobasidion*, *Laurilia*; **Gloeocystidiellaceae**: *Gloeocystidiellum*, *Pseudoxenasma*; **Hericiaceae**: *Creolophus*, *Dentipellis*, *Hericium*, *Laxitextum*; **Lachnocladiaceae**: *Asterostroma*, *Dichostereum*, *Scytinostroma*, *Vararia*; **Peniophoraceae**: *Metulodontia*, *Peniophora*, *Vesiculomyces*; **Russulaceae**: *Arcangeliella*, *Boidinia*, *Elasmomyces*, *Gymnomyces*, *Lactarius*, *Martellia*, *Russula*, *Zelleromyces*; **Stereaceae**: *Acanthobasidium*, *Aleurocystidiellum*, *Aleurodiscus*, *Chaetodermella*, *Megalocystidium*, *Stereum*, *Xylobolus*; **inc. sed.**: *Scytinostromella*
- **Sebacinales**: **Sebacinaceae**: *Ceratobasidium*, *Craterocolla*, *Efibulobasidium*, *Sebacina*
- **Thelephorales**: **Bankeraceae**: *Bankera*, *Boletopsis*, *Hydnellum*, *Phellodon*, *Sarcodon*, *Tomentellopsis*; **Thelephoraceae**: *Pseudotomentella*, *Thelephora*, *Tomentella*
- **Trechisporales**: **Hydnodontaceae**: *Brevicellicium*, *Fibrodontia*, *Litschauerella*, *Luellia*, *Paullicorticium*, *Subulicystidium*, *Trechispora*, *Tubulicium*
- **Tremellodendropsidales**: **Tremellodendropsidaceae**: *Tremellodendropsis*
- **Tulasnellales**: **Oliveoniaceae**: *Oliveonia*, *Sebacinella*; **Tulasnellaceae**: *Tulasnella*
- **inc. sed.**: *Hypochnella*, *Stereopsis*

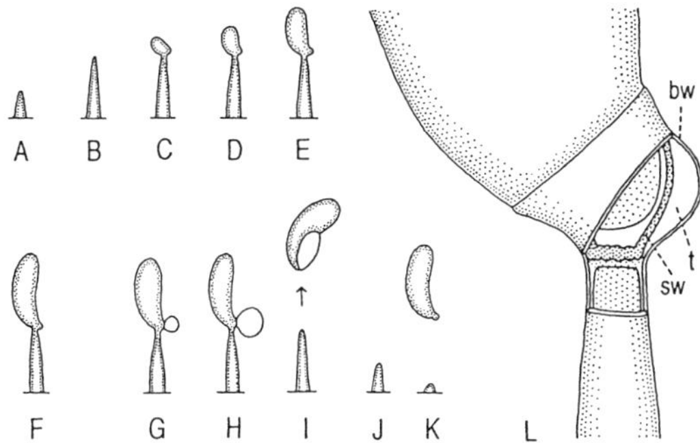

Abb. 2.56 **Basidiomycota. A–K Dacrymycetes, Dacrymycetales,** *Calocera cornea* (900×). Abschleudern der Basidiospore. **A, B** Streckung des Sterigmas; **C–F** Abschnürung der Basidiospore (Dauer etwa 40 min); **G, H** Bildung des Tropfens an der Ansatzstelle der Spore (Dauer etwa 10 s); **I** Abschleudern der Spore samt Tropfen; **J, K** Zusammensinken des Sterigmas. **L Agaricomycetes, Agaricales,** *Schizophyllum commune* (1500×). Ansatzstelle der Basidiospore am Sterigma. – bw Basidienwand; sw Sporenwand; t Flüssigkeitstropfen. (A–K nach A.H.R. Buller, L nach K. Wells.)

2. Klasse: Dacrymycetes

Die Klasse ist durch zweisporige, stimmgabelartige Holobasidien gekennzeichnet (z. B. *Dacrymyces*, Dacrymycetales, Abb. 2.37D). Die Fruchtkörper sind pustel-, scheiben-, kreiselförmig, bei *Calocera* auch korallenförmig verzweigt. Das Abschleudern der Sporen ist in Abb. 2.56A–K dargestellt.

Dacrymycetes

- **Dacrymycetales**: **Cerinomycetaceae**: *Cerinomyces*; **Dacrymycetaceae**: *Calocera, Darymyces, Ditiola, Femsjonia, Guepiniopsis*

3. Klasse: Tremellomycetes

Ordnung: Tremellales

Die Basidien der Tremellales (Zitterpilze) sind im typischen Fall durch zwei kreuzförmig stehende Wände längsseptiert (Abb. 2.37B, 2.53D). Sie leben vorzugsweise auf abgestorbenem Holz, selten besiedeln sie andere Substrate, oder sie befallen als Parasiten andere Pilze. Ihre einfachsten Vertreter sind fruchtkörperlos. *Tremella* bildet gehirnähnliche bis blattartige, gallertige Fruchtkörper von gelber, bräunlicher oder schwarzer Farbe (Abb. 2.53C); die Fruchtkörpergallerte dient der Wasserspeicherung.

Tremellomycetes

- **Tremellales**: **Sirobasidiaceae**: *Sirobasidium*; **Tetragoniomycetaceae**: *Tetragoniomyces*; **Tremellaceae**: *Bourdotia, Elmerina, Tremella, Xenolachne*
- **Filobasidiales**: **Filobasidiaceae**: *Szygospora*
- **inc. sed.**: Heteromycophage

10. Abteilung (Phylum): Entorrhizomycota

Bei dieser Abteilung handelt es sich um eine DNA-phylogenetisch eigenständige Großgruppe von wenigen Pilzen (einzige Klasse **Entorrhizomycetes** mit der Ordnung **Entorrhizales**). Die Vertreter der Gattung *Entorrhiza* verursachen an Wurzeln von Sauergräsern (Cyperaceae) und von Binsen (Juncaceae) Gallen. Früher wurden sie zu den Ustilaginomycetes gestellt.

Entorrhizomycetes
- **Entorrhizales**: **Entorrhizaceae**: *Entorrhiza*

1. Anhang: Fungi imperfecti (Deuteromycetes)

Das natürliche System der Pilze beruht u. a. auf dem Entwicklungsablauf und den mit der sexuellen Fortpflanzung zusammenhängenden Organen der **Hauptfruchtform** (**Teleomorphe**). Von vielen Pilzen (etwa 30.000 Arten) ist jedoch nur die Art und Weise ihrer vegetativen Vermehrung durch Konidien in der **Nebenfruchtform** (**Anamorphe**) bekannt (zur Definition von Haupt- und Nebenfruchtform siehe Einführung Pilze). Hierbei ist es unerheblich, ob wir die Hauptfruchtform noch nicht kennen, oder ob der Pilz die Fähigkeit, sie zu bilden, gänzlich verloren hat. Alle diese Pilze hat man in der künstlichen Gruppe der Fungi imperfecti (Deuteromycetes) zusammengefasst.

Trotz unterdrückter Sexualität (Fehlen der Hauptfruchtform) kann es nach gelegentlich vollzogener Hyphenfusion verschiedener Individuen durch **parasexuelle Vorgänge** (Fusion zu diploiden, heterozygoten Kernen – mitotisches Crossing-over – Haploidisierung durch schrittweisen Verlust von Chromosomen) zur genetischen Rekombination kommen.

Eine zunehmende Kenntnis der gesamten Merkmalsausstattung (Hyphen- und Septentypen, Chemismus und Ultrastruktur der Zellwand, übereinstimmende Nebenfruchtformen) sowie die Anwendung der DNA-Analytik ermöglicht es, immer mehr Vertreter der Fungi imperfecti den Klassen und Ordnungen des natürlichen Pilzsystems zuzuordnen. Ihre Mehrzahl gehört zu den Ascomycota, vergleichsweise wenige zu den Basidiomycota.

Eine vorläufige künstliche, praktischen Zwecken dienende Gliederung der Deuteromycetes beruht auf den Strukturen, die die Konidien hervorbringen. Die Konidien entstehen fast immer an Trägern, die gleichmäßig über den Thallus hinweg (**Hyphomycetes**) oder auf Lagern oder in Pykniden (**Coelomycetes**) stehen.

In dem nachfolgenden Schlüsselteil ist nur eine sehr kleine Auswahl von Gattungen der Fungi imperfecti (Deuteromycetes) berücksichtigt. Wichtige Krankheitserreger wie *Sphaeropsis sapinea*, der Verursacher des Kieferntriebsterbens, sind hier nicht erfasst. Für ein eingehenders Studium wird auf das umfangreiche Werk von BRANDENBURGER (1985) verwiesen.

Im Bestimmungsteil berücksichtigte Gattungen
Acremonium, Alternaria, Anthina, Aphanocladium, Aspergillus, Bispora, Botrytis, Cephalotrichum, Ceratorhiza, Chrysonilia, Cladosporium, Clonostachys, Curvularia, Drechslera, Euoidium, Fibroidium, Fraseriella, Graphium, Heydenia, Microsporum, Mycogone, Oidium, Oidiopsis, Penicillium, Phialophora, Pseudooidium, Ramularia, Rhizoctonia, Scedosporium, Scopulariopsis, Sepedonium, Thermomyces, Thielaviopsis, Trichoderma, Ulocladium, Verticillium

2. Anhang: Flechten (Lichenes)

In Flechten bilden Hyphen bestimmter Pilzarten mit autotrophen Algen (bzw. Cyanobakterien, „Blaualgen") einen **symbiotischen Verband**, der zu einer morphologischen und physiologischen Einheit geworden ist. Die in Flechten vorkommenden ektosymbiotischen **Photobionten** (Abb. 2.57) sind einzellige oder fädige Vertreter von Cyanobakterien (z. B. *Chroococcus, Gloeocapsa, Scytonema, Nostoc*) oder von Grünalgen (z. B. *Coccomyxa, Cystococcus, Trebouxia, Chlorella, Trentepohlia*). Als Pilze (**Mycobionten**) beteiligen sich an der Flechtenbildung in erster Linie Ascomyceten (meist apothecien-, seltener perithecienbildende Arten), nur in ganz wenigen Fällen Basidiomyceten (z. B. einige Vertreter der Clavariaceae und Tricholomataceae). Die Zugehörigkeit der Flechtenpilze zu verschiedenen Klassen im System der Pilze macht deutlich, dass die Flechtensymbiosen mehrfach und auf verschiedenen Wegen der Stammesgeschichte entstanden sind. Aus der Symbiose oder aus dem symbiotischen Zusammenleben von Pilz und Alge ist eine neue Organisationsform thallophytischer Organismen mit eigenen Merkmalen hervorgegangen. Aus dem Zusammenleben von Pilz und Alge haben sich bestimmte neue gestaltliche und chemische Merkmale entwickelt. Die Flechtenpilze haben in der Symbiose ihre Eigenständigkeit verloren; sie vermögen in der Natur nur in Verbindung mit der zugehörigen Alge zu wachsen. Aus diesem Grund wurden die Flechten früher auch als eine eigene systematische Einheit, die Abteilung Lichenes, behandelt. Die den Flechten gewidmete Wissenschaft wird **Lichenologie** genannt.

Morphologie Die Gestalt der Flechten hängt meist vom Bau des Pilzes ab und nur in seltenen Fällen vom Bau der Alge. Letzteres findet sich u. a. bei den **Fadenflechten** (z. B. ***Ephebe***), wo der Pilz ein fädiges Cyanobakterium umspinnt, oder bei den **Gallertflechten**. Bei der überwiegenden Zahl der Gattungen bestimmt der Pilz die Flechtengestalt. Bei den langsam wachsenden **Krustenflechten**, die auf der Oberfläche von Gestein, Erde oder Rinde leben, ist der Thallus fest mit der Unterlage verbunden, durchsetzt sie meist bis zu einem gewissen Grad und besitzt meist eine klar ausgeprägte Gestalt (Abb. 2.59H). Der flächig entwickelte, meist gelappte Thallus der **Laubflechten** (Abb. 2.58B, 2.59G) ist mit dem Substrat durch Hyphenstränge (Rhizinen) verbunden. Bei den **Nabelflechten** (Abb. 2.59E) ist der scheibenförmige Thallus nur in der Mitte befestigt. Die **Strauchflechten** schließlich sitzen mit sehr schmaler

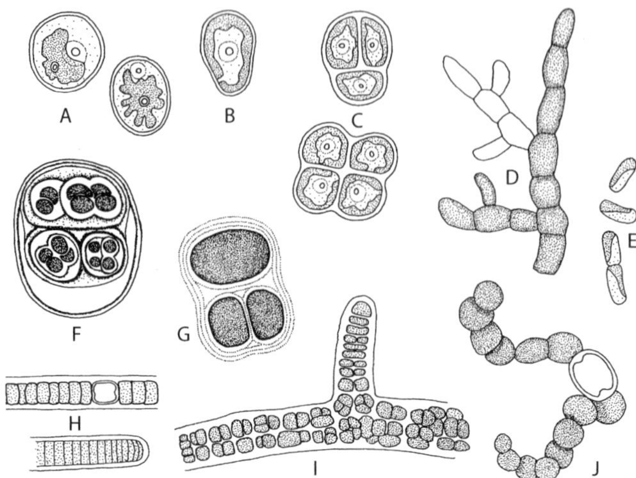

Abb. 2.57 Photobionten in Flechten. **A** *Trebouxia*. **B** *Myrmecia*. **C** *Pleurococcus*. **D** *Trentepohlia*. **E** *Stichococcus*. **F** *Gloeocapsa*. **G** *Chroococcus*. **H** *Scytonema*. **I** *Stigonema*. **J** *Nostoc*. (Aus Ahmadjian 1967.)

Basis der Unterlage auf und verzweigen sich strauchähnlich (Abb. 2.58A, 2.59B, J). Die arktisch-alpine ***Thamnolia vermicularis*** (Abb. 2.59D) liegt lose auf dem Boden, höchstens mit wenigen Hyphensträngen angeheftet. Bei der Gattung ***Cladonia*** (Abb. 2.59B, C) erheben sich auf dem in der Regel nur schwach entwickelten, laubartigen Prothallus becher- oder strauchförmige Podetien, welche die Apothecien tragen.

Histologie und Physiologie Der Querschnitt durch eine Gallertflechte (Abb. 2.60A) zeigt eine mehr oder weniger gleichmäßige Verteilung von Alge und Pilz im Thallus (**homöomerer Bau**); so wird der Schleim einer ***Nostoc***-Kolonie von Pilzhyphen durchwuchert. Die Pilzhyphen schließen sich an der Ober- und Unterseite vielfach dichter zusammen und können eine Rindenschicht bilden. Bei den Strauch- und Laubflechten (Abb. 2.60B) sowie bei zahlreichen Krustenflechten finden sich die Algen in einer bestimmten, parallel zur Thallusoberfläche verlaufenden Schicht (**heteromerer Bau**). In der oberen Rindenschicht lagern sich die Pilzhyphen oft zu festen Geflechten zusammen. Bei den Laub- und Strauchflechten sind die Rinden meist stärker differenziert als bei den Krustenflechten (Abb. 2.60B, C). Bei den endophloischen (in der Rinde bzw. Borke von Bäumen lebenden) und endolithischen (im Gestein lebenden) Flechten dringt der Thallus so tief in das Substrat ein, dass er kaum an die Oberfläche tritt.

Pilz und Alge leben in enger **Symbiose**, wobei der Pilz die Algen umspinnt (Abb. 2.60E, F) und in sie eindringt. Hierbei entstehen vielfach Haustorien (Ausstülpungen des Pilzes in das Innere der Algenzellen; Abb. 2.60G). Der Pilz bleibt in der Regel von den Algenprotoplasten getrennt, da diese die Einbrüche mit Zellwandmaterial abriegeln. Bei vielen Flechten

Abb. 2.58 **Ascomycota, Lecanorales. A** Eine erdbewohnende Strauchflechte (*Cladonia*). **B** Eine Laubflechte (*Xanthoria*) an einem alten Grabstein. (Aufnahmen: A. Bresinsky.)

bilden die Pilze lediglich in die Wände der Algen eindringende Appressorien (Abb. 2.60E), wobei die Alge mit einer Zellwandverdickung (Abb. 2.60J) abwehrend reagieren kann.

Manche Flechten führen **unterschiedliche Arten von Photobionten**, die ganz verschiedenen Gruppen, einerseits den Grünalgen (Chlorophyta), andererseits den Cyanobakterien angehören. Die atmosphärischen Stickstoff bindenden Cyanobakterien (z. B. *Nostoc*) sind im Thallus eingebettet (z. B. äußerlich unauffällig bei *Solorina crocea*) oder in kleinen Thallusköpfchen, den **Cephalodien** (Abb. 2.60K). Auch kann sich zur normalen Algen-Pilz-Symbiose noch ein zweiter Pilz gesellen, der als Parasymbiont oder auch als echter Schmarotzer lebt; solche Flechtenparasiten sind in großer Zahl bekannt. Schließlich gibt es Flechten, die sich regelmäßig als Parasiten im Thallus anderer Arten einnisten.

Der Pilz (Mycobiont) ist in seinem **Kohlenhydratstoffwechsel** völlig auf die Alge (Photobiont) angewiesen. Er erhält von den Algen meist Zucker oder Zuckeralkohole. Die im Pilzgeflecht eingeschlossenen Algen dagegen sind in ihrer **Wasser- und Mineralstoffversorgung** vom Pilz abhängig. Dieser gewährt außerdem Schutz vor zu hohen Lichtintensitäten. Im Zusammenhang mit der Symbiose stehen die zahlreichen, für die Flechten charakteristischen **Flechtenstoffe**, die von den isolierten Partnern nicht gebildet werden. Diese Verbindungen werden vorwiegend an der Außenseite der Hyphen als kleine Kristalle ausgeschieden und verleihen vielen Flechten ihre kennzeichnende Farbe. Es handelt sich um sehr unterschiedliche Stoffgruppen wie aliphatische Säuren, Depside, Depsidone, Chinone oder Dibenzofuranderivate.

Fortpflanzung und Vermehrung Die Algen im Flechtenthallus vermehren sich nur vegetativ. Ihre Zellen sind hier größer als im frei lebenden Zustand, da sie als Symbionten offenbar in ihrer Teilung gehemmt sind. Die Pilze jedoch entwickeln ihre charakteristischen Fruchtkörper (Apothecien, Perithecien, Pseudothecien). Das Hymenium derselben enthält meist keine Algen. Ein neuer Flechtenthallus kann also nur zustandekommen, wenn eine

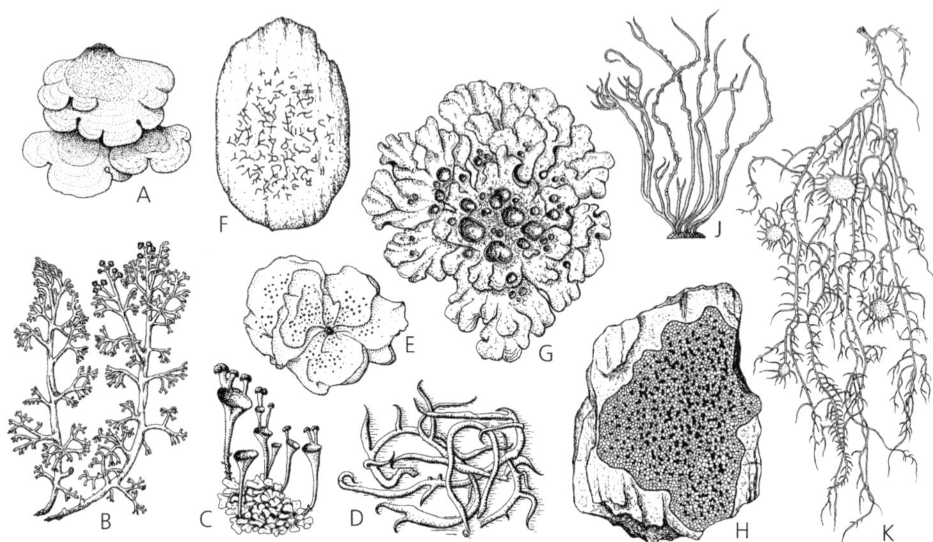

Abb. 2.59 Mycobionta, Lichenes. A *Dictyonema pavonia.* **B** *Cladonia rangiferina.* **C** *Cladonia pyxidata*, Thallus mit becherförmigen Podetien. **D** *Thamnolia vermicularis.* **E** *Dermatocarpon miniatum.* **F** *Graphis scripta.* **G** *Parmelia acetabulum.* **H** *Rhizocarpon geographicum.* **J** *Roccella boergesenii.* **K** *Usnea florida* (A–K 0,5×). (Nach K. Mägdefrau.)

keimende Pilzspore zufällig wieder auf die zugehörige Alge trifft. Solche Flechtensynthesen sind teilweise auch experimentell gelungen. Nur bei wenigen Flechten (z. B. *Endocarpon*) befinden sich auch im Hymenium Algen, die beim Ausschleudern der Sporen mitgerissen werden, sodass dem keimenden Pilz die richtige Alge sofort zur Verfügung steht. Welche Funktion den sich bei vielen Flechten findenden Pyknidien zukommt, ist noch ungeklärt.

Die Vermehrung der Flechten erfolgt bei den Laub- und Strauchflechten vielfach (bei uns überwiegend) auf vegetativem Wege. In erster Linie dienen hierzu Soredien (Abb. 2.60D). Das sind von Pilzhyphen umsponnene Gruppen von Algenzellen, die oft an bestimmten Stellen des Thallus, den Soralen, gebildet und durch den Wind verbreitet werden, um auf geeigneter Unterlage wieder zu einer Flechte heranzuwachsen. Bei anderen Arten entstehen auf der Thallusoberfläche kleine stift- oder korallenförmige Auswüchse (Isidien), die leicht abbrechen und ebenfalls der vegetativen Vermehrung dienen. Schließlich vermag bei den Flechten jedes Thallusbruchstück wieder zu einem normalen Thallus heranzuwachsen.

Vorkommen und Lebensweise Flechten wachsen auf den verschiedensten Unterlagen wie Fels (epilithisch), Erdboden, Rinden von Laub- und Nadelbäumen (epiphytisch), totes Holz (epixyl). In den Tropen leben kleine (epiphylle) Flechten auch auf Blättern. Die felsbewohnenden Krustenflechten, die Kalk (aber nicht Quarz) zu lösen vermögen, bereiten als Erstbesiedler das Substrat für Höhere Pflanzen vor. Einige wenige Flechten leben amphibisch im Süßwasser, andere submers im Meer oder im Spritzgürtel der Meeresküsten. Die größte Üppigkeit erreicht der Flechtenwuchs in den luftfeuchten Bergwäldern der gemäßigten Zonen

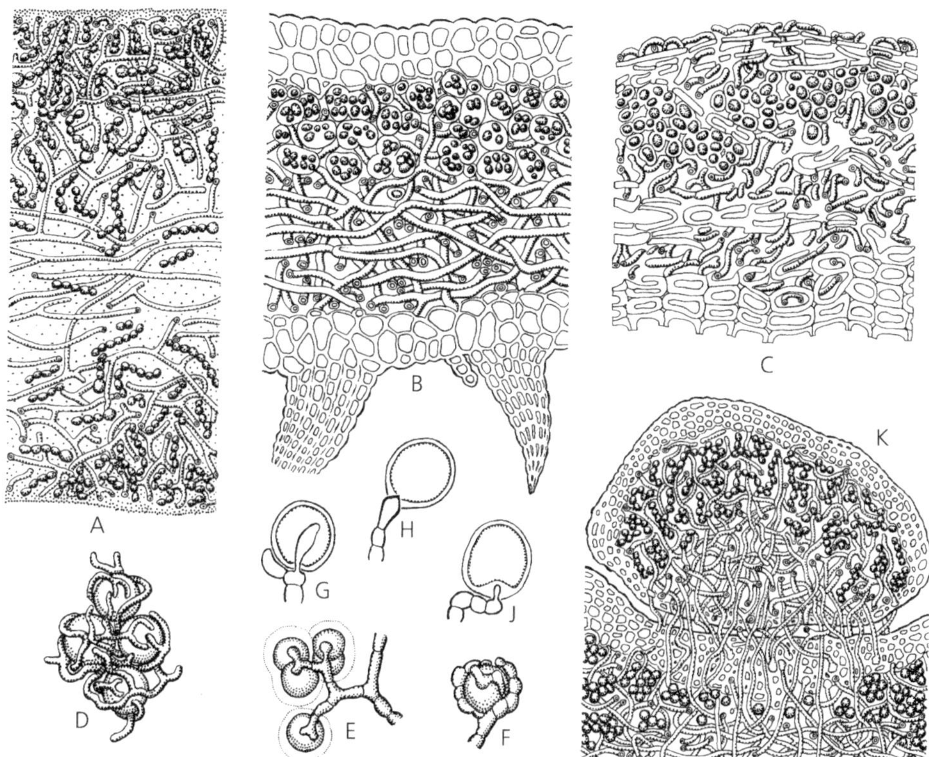

Abb. 2.60 Mycobionta, Lichenes. A–C Thallusquerschnitte. **A** *Collema pulposum* (200×); **B** *Sticta fuliginosa* (250×); **C** *Graphis dendritica* (200×). **D** Soredium von *Parmelia sulcata* (450×). **E–J** Haustorien. **E** Appressorien; **F** Klammerhyphen (E, F 450×); **G** intrazelluläres Haustorium; **H** intramembranöses Haustorium; **J** durch Celluloseauflagerung ausgeschaltetes, intramembranöses Haustorium. (G–J 600×). **K** Cephalodium auf *Peltigera aphthosa* (200×). (A nach H. des Abbayes; B nach J. Sachs; C nach Bioret; D, K nach K. Mägdefrau; E, F nach Bornet; G, H nach E. Tschermak; J nach Plessl.)

und den Nebelwäldern der tropischen Hochgebirge sowie in den Tundren, wo der Boden oft über weite Strecken vorwiegend von Flechten besiedelt ist; Flechten bilden hier eigene Vegetationsformationen. Die Flechten meiden im Allgemeinen die Zentren der Großstädte (Flechtenwüsten), wo sie durch Abgase (früher vor allem SO_2) und Feinstaub geschädigt werden. Wegen ihrer unterschiedlichen Empfindlichkeit – einige Krustenflechten sind sogar weitgehend resistent – können sie als Indikatoren für den Grad der Luftverschmutzung dienen.

Die **Wasseraufnahme** erfolgt durch die Pilzhyphen. Besonders bei den großen Laubflechten ist vielfach ein Teil der Hyphen unbenetzbar, sodass die Durchlüftung auch bei voller Durchfeuchtung des Thallus gesichert bleibt; mitunter finden sich auf der Thallusunterseite regelrechte Atemporen (Cyphellen). Die Bewohner sonniger Felsen vertragen nicht nur eine hohe Erwärmung (bis 70 °C am Standort), sondern auch ein monatelanges, völliges Austrocknen. Manche Bodenflechten sind fast über die Hälfte der Gesamtzeit eines Jahres ausgetrocknet und dann auch metabolisch inaktiv, bei Befeuchtung setzt aber die Photosynthese bereits nach wenigen Minuten wieder ein (poikilohydrische Pflanzen). Flechten mit Cyanobakterien als Photobionten benötigen zur Photosynthese flüssiges Wasser, Flechten mit Grünalgen kommen auch mit Wasserdampf aus.

Das **Wachstum** der Flechten vollzieht sich im Vergleich zu dem anderer Thallophyten sehr langsam. Selbst die großen Laub- und Strauchflechten unserer Breiten wachsen im Jahr nicht mehr als 1–2 cm. Bei der auf Felsen der alpinen Region wachsenden Krustenflechte *Rhizocarpon geographicum* (Landkartenflechte, Abb. 2.59H) wurde unter bestimmten Bedingungen ein jährlicher Zuwachs von etwa 0,5 mm gemessen. Aus dem Durchmesser solcher felsbewohnender Krustenflechten hat man das Alter postglazialer Moränen berechnet (Lichenometrie). Die Lebensdauer der Flechten schwankt zwischen einem Jahr (epiphylle Flechten der Tropen) und mehreren Hundert, vielleicht sogar Tausend Jahren (arktisch-alpine, felsbewohnende Krustenflechten).

Die Flechten dringen als **Vorposten des Lebens** am weitesten in die Kältewüsten der Hochgebirge sowie der Arktis und Antarktis vor; manche vermögen eine Abkühlung bis −196 °C ohne Schaden auszuhalten und bei −24 °C noch CO_2 zu binden.

Fossil kennt man die Flechten sehr vereinzelt seit der Kreide und der Trias, häufiger erst seit dem Tertiär (eingeschlossen in Bernstein) und schon damals waren die Arten hoch entwickelt und von den rezenten Arten kaum zu unterscheiden.

Verwendung ***Cetraria islandica*** (Isländisches Moos), in trockenen Wäldern und Heiden von der Tundra bis in die Hochgebirge verbreitet, wird als Heilpflanze (Schleimdroge) eingesetzt. Aus mehreren Flechten hat man neuerdings Antibiotika isoliert. Die Mannaflechte (***Lecanora esculenta***), eine kleinlappige bis knollige Flechte der Steppen Nordafrikas und des Orients, kann verzehrt werden. Einige Flechten, so ***Roccella***-Arten (Abb. 2.59J) Nordafrikas und der Kanarischen Inseln, liefern den Lackmus-Farbstoff. Aus ***Cladonia stellaris***, meist aus Nordeuropa eingeführt, macht man Dauerkränze. ***Evernia prunastri*** liefert ein Parfüm (Mousse de chêne). ***Cladonia rangiferina*** (Rentierflechte, Abb. 2.59B) bildet mit anderen Strauchflechten die Hauptnahrung der Rentiere. ***Letharia vulpina***, eine gelbe, epiphytische Strauchflechte mit u. a. alpiner Verbreitung, ist die einzige Giftflechte Europas; sie diente früher zum Vergiften der Wölfe.

Systematik Die einzelnen Klassen und Ordnungen der Flechten sind in einem phylogenetischen System den entsprechenden bzw. nächstverwandten Taxa der Pilze zuzuordnen (vgl. z. B. Lecanorales). Die Abgrenzung der Ordnungen und Familien der Flechten, von denen etwa 400 Gattungen mit insgesamt mehr als 20.000 Arten bekannt sind, erfolgt nach dem Bau der Pilzfruchtkörper, da diese noch am ehesten Merkmale für eine verwandtschaftsgerechte Gliederung ermöglichen.

Aufgrund der endosymbiotischen Lebensweise des Photobionten in den Pilzhyphen sollte *Geosiphon* (siehe Glomeromycota) nicht zu den Flechten gerechnet werden. Ähnliches gilt für entsprechende Gemeinschaften zwischen Schleimpilzen (Myxobionta) und Algen unter Kulturbedingungen.

I. Ascolichenes (lichenisierte Ascomycetes)

Die Ordnungen aus dem Bereich der Ascolichenes (Abb. 2.59B–K) stehen den entsprechenden Pilzordnungen im System der Ascomyceten sehr nahe und wurden teilweise schon dort behandelt (z. B. Lecanorales). Auch findet man Ordnungen mit Übergängen zwischen nichtlichenisierten Formen und solchen, die mit Algen morphologisch hoch entwickelte Flechtenthalli bilden.

Als Fruchtkörper treten kugel- oder krugförmige, in den Thallus weitgehend eingesenkte Perithecien oder weitgehend scheiben- oder schüsselförmige, dem Thallus außen aufsitzende Apothecien auf. Die **Perithecien** können außen von einem kohlschwarzen, mehr oder minder dicken Gehäuse (Involucrellum) umgeben sein. Dieses umschließt jedes Perithecium entweder gänzlich, nur seitlich oder an seinem oberen Ende. Die **Apothecien** entstehen entweder innerhalb des Flechtenthallus und werden während ihrer Entwicklung so nach außen verlagert, dass sie seitlich von der Rindenschicht des Thallus vollständig oder teilweise eingefasst sind (angiokarpe Entstehung; lecanorines Apothecium), oder sie bilden sich von Beginn an auf der Oberfläche des Thallus und zeigen dann keinerlei von der Rindenschicht des Thallus abzuleitende, zusätzliche äußere Schicht (gymnokarpe Entstehung; lecideines Apothecium). Im Bau der Asci bestehen die von den Ascomyceten bekannten Unterschiede. Der **Ascus** kann prototunicat (Caliciales), unitunicat (Lecanorales) oder bitunicat (Hysteriales) sein. Die Entstehung der Fruchtkörper und ihrer Hymenien kann, wie bei den Ascomyceten schon ausgeführt wurde, im ascoloculären oder ascohymenialen Modus erfolgen. Im ersteren Fall entwickelt sich das Hymenium des Fruchtkörpers innerhalb eines bereits vorausgebildeten Knäuels von Hyphen, also innerhalb der jungen Fruchtkörperanlage, durch Verdrängung von Hyphen. Beim ascohymenialen Typ entstehen die den Fruchtkörper bildenden Hyphengeflechte erst schrittweise nach der Bildung des Hymeniums. In der Zahl und Gestalt der Ascosporen zeigen die hierher zu stellenden Flechtenpilze eine große Vielfalt. Dies gilt auch für die zwischen den Asci stehenden sterilen Elemente (Paraphysen) im Hymenium des Fruchtkörpers.

Lichenisierte Vertreter der Ascomycota (Ascolichenes) treten in folgenden Klassen auf:

Arthoniomycetes: Die Fruchtkörper sind als bisweilen lang gestreckte Apothecien entwickelt. Es handelt sich hierbei um die zweitgrößte Klasse mit einer einzigen Ordnung weitgehend lichenisierter Ascomyceten. Die Photobionten gehören vornehmlich der Gattung *Trentepohlia*, seltener *Chrysothrix*. an.

Arthoniomycetes
- **Arthoniales, Arthoniaceae**: *Arthonia*, *Arthothelium*, *Coniocarpon*, *Reichlingia*; **Chrysotrichaceae**: *Chrysothrix*; **Lecanographaceae**: *Alyxoria*, *Lecanographa*, *Zwackhia*; **Opegraphaceae**: ?*Bactrospora*, *Cresponea*, *Opegrapha*, *Paralecanographa*, *Sparria*; **Roccellaceae**: *Dendrographa*, *Dirina*, *Enterographa*, *Schismatomma*

Coniocybomycetes: Die Klasse enthält nur eine Ordnung mit wenigen Arten. Die Fruchtkörper sind gestielt und über dem Hymenium von einer Schicht aus Sporen und Resten von Asci überdeckt (Mazädium). Die Photobionten gehören zu den Gattungen *Dictyochloropsis*, *Stichococcus*, *Trebouxia* oder *Trentepohlia* (Abb. 2.57).

Coniocybomycetes
- **Coniocybales, Coniocybaceae**: *Chaenotheca, Sclerophora*

Dothideomycetes: Die Klasse wurde bereits bei den Ascomycota als 1. Klasse behandelt. Die Entwicklung der Fruchtkörper mit ihren bitunicaten Asci verläuft ascolokulär; sie sehen im reifen Zustand wie Perithecien oder auch wie Apothecien aus.

Dothideomycetes
- **Capnodiales**: **Racodiaceae**: *Cystocoleus, Racodium*
- **Eremithallales**: **Melaspileaceae**: *Melaspilea*
- **Lichenotheliales**: **Lichenotheliaceae**: *Lichenothelia*
- **Monoblastiales, Monoblastiaceae**: *Acrocordia, Anisomeridium*
- **Pleosporales**: **Arthopyreniaceae**: *Arthopyrenia*; **Mycoporaceae**: ?*Geisleria, Mycoporum*; **Naetrocymbaceae**: *Leptorhaphis, Tomasiella*
- **Strigulales**: **Strigulaceae**: *Geisleria*
- **Trypetheliales**: **Trypetheliaceae**: *Mycomicrothelia*

Eurotiomycetes: Die Klasse wurde bei den Ascomycota als 2. Klasse behandelt. Die Fruchtkörper der lichenisierten Vertreter sind vornehmlich Kleistothecien oder ähneln Perithecien. Die Asci sind prototunicat, bei lichenisierten Vertretern der Klasse sind sie aber auch uni- oder bitunicat.

Eurotiomycetes
- **Pyrenulales**: **Pyrenulaceae**: *Lithothelium, Pyrenula*; **inc. sed.**: *Raphdicyrtis*
- **Verrucariales**: **Verrucariaceae**: *Agonimia, Atla, Bagliettoa, Catapyrenium, Dermatocarpon, Endocarpon, Henrica, Heteroplacidium, Hydropunctaria, Involucropyrenium, Leucocarpia, Normandina, Parabagliettoa, Placidiopsis, Placidium, Placocarpus, Placopyrenium, Polyblastia, Psoroglaena, Sarcopyrenia, Sporodictyon, Staurothele, Thelidium, Verrucaria, Verruculopsis, Wahlenbergiella*; **inc. sed.**: *Botryolepraria*
- **Mycocaliciales**: **Sphinctrinaceae**: *Chaenothecopsis, Mycocalicium, Phaeocalycium, Stenocybe*

Lecanoromycetes: Die Klasse wurde bereits innerhalb der Ascomycota als 4. Klasse behandelt. Die meisten der lichenisierten Ascomyceten gehören dieser Klasse an.

Lecanoromycetes

- **Acarosporales**: **Acarosporaceae**: *Acarospora, Eiglera, Piccolia, Pleopsidium, Polysporina, Sarcogyne*; **inc. sed.**: *Caeruleum*
- **Caliciales**: **Caliciaceae**: *Amandinea, Buellia, Calicium, Cyphelium, Dimelaena, Diploicia, Monerolechia, Monolechia, Pyxine, Tetramelas, Thelomma*; **Physciaceae**: *Anaptychia, Heterodermia, Hyperphyscia, Phaeophyscia, Phaeorrhiza, Physcia, Physciella, Physconia, Rinodina, Rinodinella.*
- **Lecanorales**: **Biatorellaceae**: *Biatorella*; **Catillariaceae**: *Catillaria, Placolecis, ?Solenopsora*; **Cladoniaceae**: *Cladonia, Pilophorus, Pycnothelia*; **Haematommataceae**: *Haematomma*; **Lecanoraceae**: *Carbonea, ?Claurouxia, Clauzadeana, Lecanora, Lecidella, ?Miriquidica, Myrionora, Psorinia, Pyrrhospora, Rhizoplaca, Tylothallia*; **Parmeliaceae**: *Alectoria, Allantoparmelia, Allocetraria, Arctoparmelia, Brodoa, Bryoria, Cetraria, Cetrariella, Cetrelia, Cornicularia, Dactylina, Evernia, Flavocetraria, Flavoparmelia, Flavopunctelia, Hypogymnia, Hypotrchyna, Imshaugia, Letharia, Melanella, Melanelixia, Melanohalea, Menegazzia, Montanella, Nephromopsis, Parmelia, Parmeliella, Parmelina, Parmeliopsis, Parmotrema, Platismatia, Pleurosticta, Protoparmelia, Pseudephebe, Pseudevernia, Punctelia, Tuckermannopsis, Usnea, Usnocetraria, Vulpicida, Xanthoparmelia*; **Pilocarpaceae**: *Byssoloma, Felhanera, Felhaneropsis, Leimonis, Micarea*; **Psilolechiaceae**: *Psilolechia*; **Psoraceae**: *Protoblastenia, ?Protomicarea, Psora*; **Ramalinaceae**: *Adelolecia, Arthrosporum, Bacidia, Bacidina, Biatora, Bilimbia, Catinaria, Cliostomum, Frutidella, Japewia, Lecania, Megalaria, Ramalina, Schadonia, Toninia*; **Ramboldiaceae**: *Ramboldia*; **Scoliciosporaceae**: *Scoliciosporum*; **Sphaerophoraceae**: *Bunodophoron, Sphaerophorus*; **Stereocaulaceae**: *Hertelidea, Lepraria, Squamarina, Stereocaulon*; **Tephromelataceae**: *Calvitimela, Mycoblastus, Violella*; **inc. sed.**: *Puttea*
- **Lecideales**: **Arthrorhaphidaceae**: *Arthrorhaphis*; **Helocarpaceae**: *Helocarpon*; **Lecideaceae**: *Amygdalaria, Bellemerea, Cecidonia, Clauzadea, Farnoldia, Immersaria, Koerberiella, Lecidea, Lecidoma, Melanolecia, Mycobilimbia, Porpidia, Romjularia, Stenhammarella*; **Leprocaulales**: **Leprocaulaceae**: *Halecania, Leprocaulon*
- **Peltigerales**: **Collemataceae**: *Collema, Leptogium*; **Pannariaceae**: *Degelia, Fuscopannaria, Moelleropsis, Pannaria, Protopannaria, Psoroma*; **Placynthiaceae**: *Collolechia, Placynthium*; **Lobariaceae**: *Dendriscosticta, Lobaria, Lobarina, Ricasolia, Sticta*; **Massalongiaceae**: *Massalongia, Polychidium*; **Nephromataceae**: *Nephroma*; **Peltigeraceae**: *Peltigera, Solorina*; **Vahliellaceae**: *Vahliella*

- **Rhizocarpales**: **Rhizocarpaceae**: *Catolechia*, ?*Epilichen*, *Poeltinula*, *Rhizocarpon*
- **Teloschistales**: **Caloplacaceeae**: *Caloplaca*; **Lopadiaceae**: *Lopadium*; **Megalosporaceae**: *Megalospora*; **Teloschistaceae**: *Fulgensia*, *Gallowayella*, *Oxneria*, *Polycauliona*, *Rusavskia*, *Teloschistes*, *Xanthoria*
- **Arctomiales**: **Arctomiaceae**: *Gregorella*
- **Baeomycetales**: **Baeomycetaceae**: *Ainoa*, *Baeomyces*
- **Hymeneliales**: **Hymeneliaceae**: *Hymenelia*, *Tremolecia*
- **Ostropales**: **Coenogoniaceae**: *Coenogonium*, *Dimerella*; **Gomphillaceae**: *Gyalectidium*, *Gyalidea*, *Gyalideopsis*, *Jamesiella*; **Graphidaceae**: *Diploschistes*, *Graphis*, *Phaeographis*, *Thelotrema*; **Gyalectaceae**: *Gyalecta* (inkl. *Belonia*), *Petractis*, *Ramonia*; **Phlyctidaceae**: *Phlyctis*; **Porinaceae**: *Porina*, *Pseudosagedia*; **Protothelenellaceae**: *Protothelenella*; **Sagiolechaceae**: *Sagiolechia*; **Stictidaceae**: *Absconditella*, *Stictis*, ?*Thelopsis*; **Thelenellaceae**: ?*Julella*, *Thelenella*; **Thrombiaceae**: *Thrombium*
- **Pertusariales**: **Icmadophilaceae**: *Dibaeis*, *Icmadophila*, *Thamnolia*; **Megasporaceae**: *Aspicilia*, *Circinaria*, *Lobothallia*, *Megaspora*, *Sagedia*; **Microcaliciaceae**: *Microcalicium*; **Ochrolechiaceae**: *Ochrolechia*, *Varicellaria*; **Pertusariaceae**: *Pertusaria*
- **Sarrameanales**: **Sarrameanaceae**: *Loxospora*; **Schaereriaceae**: *Schaereria*
- **Trapeliales**: **Trapeliaceae**: *Coppinsia*, *Lithographa*, *Placynthiella*, *Rimularia*, ?*Sarea*, *Trapelia*, *Trapeliopsis*, *Xylographa*; **inc. sed.**: *Anzina*, *Aspilidea*
- **Umbilicariales**: **Elixiaceae**: *Elixia*; **Fuscideaceae**: *Fuscidea*, *Maronea*, ?*Orphniospora*; **Ophnioparmaceae**: *Hypocenomyce*, *Ophioparma*; **Ropalosporaceae**: *Ropalospora*; **Umbilicariaceae**: *Lasallia*, *Umbilicaria*
- **inc. sed.** innerhalb der Lecanoromycetes: **Lopadiaceae** mit *Lopadium*, *Biatoridium*

Lichinomycetes: Die Klasse enthält nur eine einzige Ordnung mit fast ausschließlich Cyanobakterien als Photobionten. Ihr Lager ist oft nur unscheinbar. Als Fruchtkörper werden Apothecien gebildet.

Lichinomycetes

- **Lichinales**: **Lichinaceae**: *Anema*, *Ephebe*, ?*Epiphloea*, ?*Euopsis*, *Gonohymenia*, ?*Harpidium*, *Heppia*, *Lemmopsis*, *Lempholemma*, *Lichina*, *Lichinella*, *Metamelanea*, *Peccania*, *Phylliscum*, *Porocyphus*, *Psorotichia*, *Pterygiopsis*, *Pyrenopsis*, *Synalissa*, *Thelignya*, *Thermutis*, *Thyrea*, *Zahlbrucknerella*; **Peltulaceae**: *Peltula*

Sordariomycetes: Die Klasse wurde bereits unter den Ascomycota als 9. Klasse behandelt. Ihre Fruchtkörper sind Perithecien, die unitunicate Asci enthalten.

Sordariomycetes
- **Trichosphaeriales**: **Trichosphaeriaceae**: *Cresporhaphis*

II. Basidiolichenes (lichenisierte Basidiomycetes)

Lange Zeit waren nur wenige tropische Vertreter bekannt, bei denen Poriales mit Cyanobakterien zusammenleben, z. B. die pantropische, erdbewohnende *Dictyonema pavonia* (*Cora pavonia*; Abb. 2.59A). In den Tropen und in der gemäßigten Zone werden zunehmend Basidiolichenes entdeckt, die aus Vertretern der Agaricales und Chlorophyten (z. B. *Coccomyxa*) aufgebaut sind.

Jeweils unter Schlüssel IV, V, X beücksichtigt
- **Agaricales**: *Lichenomphalia* pr.p. (Schlüssel X)
- **Cantharellales**: *Multiclavula* (Schlüssel V)
- **Corticiales**: *Corticium* pr.p. (Schlüssel IV; Flechtennatur unsicher)
- **Hymenochaetales**: *Resinicium* (Flechtennatur unsicher)
- **Russulales**: *Stereum* pr.p. (Schlüssel IV; Flechtennatur unsicher)

Bestimmungsschlüssel

3

Schlüssel I: Berücksichtigte Hauptgruppen

Schlüssel I-1: Pilz oder Flechte?

1 Vegetationskörper (Thallus, Lager) innen zusammengesetzt aus Pilzhyphen und Algenzellen (coccale oder fädige Grünalgen) bzw. Zellen eines Photobionten (Blaualgen, Cyanobakterien); krustenfö, laubartig, stift- oder strauchartig, bartartig, gallertig. Oft mit schüsselfö Bildungen, die an der Außenseite ein Hymenium aus dicht stehenden Schläuchen (Asci) und Paraphysen (Mikroskop!) tragen; Frk bisweilen auch krugfö (Perithecien). Falls Frk mit Basidien oder falls Frk nur mit äußerer Algenschicht siehe 1* **Flechten, Ascolichenes, Schlüssel XXV**

1* Vegetationskörper anders und zugleich nicht mit Algenzellen (Photobionten) im Hyphengeflecht. Fruchtkörper fehlend oder sehr verschieden, auch schüsselfö mit Hymenium aus Asci, auch krugfö mit Asci im Inneren oder anders gestaltet und Asci oder Basidien bildend **Pilze (inkl. lichenisierte Basidiomyceten); Schlüssel I-XXIV**

Schlüssel I-2: Hauptgruppen von Pilzen (soweit in den nachfolgenden Schlüsseln berücksichtigt)

1 Pilze entwickeln sich auf den Fruchtkörpern anderer Pilze meist als Parasiten **Pilze auf Pilzfruchtkörpern, Schlüssel XXI**

1 Pilze sich nicht auf Fruchtkörpern anderer Pilze entwickelnd **2**

1 Pilze bilden Deformationen, Wucherungen, Flecken, Krusten, Beläge, Sporenlager auf oder an lebenden Pflanzen bzw. Pflanzenteilen; Schäden verursachend **phytopathogene Pilze, Schlüssel XVII**

A. Bresinsky, *Pilze und Flechten – Morphologie, Systematik, Bestimmung*,
https://doi.org/10.1007/978-3-662-63111-9_3

1* Pilze machen sich nicht so bemerkbar **2**

2 Pilze bilden kleine bis bis große, Sp bildende Frk **3**

2* Pilze, keine, deutlich sichtbaren Frk bildend. Siehe auch **Schlüssel XXII** **5**

3 Frk aus verwobenen (oder verklebten) Hyphen (Zellen) gebildet; sie enthalten oder tragen Asci oder Basidien **4**

3* Pilze bilden keine derartigen Frk. Wand der Frk nicht aus Hyphen bestehend. Es werden keine Asci oder Basidien gebildet. Frk klein, aus Plasmamassen auf Moderholz, Streu, faulenden Pflanzenteilen oder auf Erde entstehend
Schleimpilze, „**Myxomyceten**", **Schlüssel XIV**

4 Frk bilden Asci (Schläuche mit Asco-Sp im Inneren). Frk häufig becher- bis schüsselfö, auch keulenfö, geweihfö, gestielt-hutfö mit lappigem, wabigen oder hirnartigem Oberteil, nie mit Lamellen, Röhren, Poren, Stacheln
Schlauchpilze, „**Ascomyceten**", siehe **Schlüssel III**

4* Frk bilden Basidien (Ständer mit exotop gebildeten Basidio-Sp). Frk oft beträchtlich groß, oft gestielt-hutfö, konsolenfö, auch krustenfö, keulenfö, geweihfö, oft mit Lamellen oder Röhren, oder Poren oder Stacheln. Auch kugelfö und stäubend oder kugelfö und nicht stäubend, auch bisw mit sternfö aufgeteilter Außenhülle. Bisw mit Aasgeruch Ständerpilze, **„Basidiomyceten"**, siehe **Schlüssel II**

5 Pilz aus einer oft gefärbten Plasmamasse (Plasmodium), bestehend auf Moderholz, Streu, faulenden Pflanzenteilen, Erdboden (Bestimmung der Art oder Gattung meist nicht möglich) „Myxomyceten" (siehe auch Schlüssel XIV)

5* Pilze, keine Plasmamassen (Plasmodien) vielmehr ein fädiges Mycel aus Hyphen bildend. **6**

6 Hyphen ohne oder nur mit wenigen, vereinzelten Querwänden. **8**

6* Hyphen mit zahlreichen Querwänden. **9**

8 Bodenbewohnend oder auf zahlreichen terrestrischen Substraten, schnellwüchsig. Sp oft endogen in kugelfö Sporangien
Schimmelpilze (Mucoromycota, „Köpfchenschimmel"), **Schlüssel XXIII**

8* Parasitär, (meist) in oberirdischen Geweben von Landpflanzen. Phytopathogene Pilze (Oomycota): siehe **Schlüssel XVII**

9 Sp werden an ± differenzierten und oft charakteristischen Trägern gebildet. Meist Anamorphen von Ascomycetes
Deuteromycetes, Fungi imperfecti: siehe **Schimmelpilze, Schlüssel XXIII**

9* Meist sterile, nicht bestimmbare Mycelien. Falls ohne Fruchtkörper nicht geschlüsselt
„**Basidiomyceten**" und andere Gruppen (siehe auch Schlüssel II)

Schlüssel II: Schlüssel zur Bestimmung der Hauptgruppen von Großpilzen („Basidiomyceten")

1 Frk-Unterseite (seltener Frk-Oberseite) mit Blättern (Lamellen), Leisten oder mit Röhren oder mit Poren oder mit Wirrgängen **2**

1* Frk ohne solche Strukturen **6**

Fruchtkörper mit Blättern, Röhren, Poren, Wirrgängen

2 Mit H und S gegliederten Frk, S vom H recht deutl abgesetzt. H des Frk mit Blättern (Lamellen), Leisten oder Röhren **3**

2* Frk nicht in H und St gegliedert und weder mit L noch mit Röhren auf H-Unterseite . . **4**

3 Frk auf der Unterseite des H mit Lamellen oder Leisten **Blätterpilze, Schlüssel X**

3* Frk auf der Unterseite des H mit Röhren **Röhrenpilze, Schlüssel X**

4 Frk konsolenfö oder muschelfö, mit Poren und Röhren oder mit L auf H-Unterseite . . **5**

4* Frk nicht konsolenfö oder muschelfö **6**

5 Frk auf der Unterseite des H mit Lamellen. Frk weichfleischig bis zäh
Blätterpilze, Schlüssel X

5* Frk auf der Unterseite des H mit Röhren bzw. mit Poren, bzw. mit gewundenen Gängen. Frk hart bis zäh **Porlinge und Wirrlinge, Schlüssel VI**

Fruchtkörper mit Falten, oder mit Stacheln, Zähnchen, Warzen als Hymenophor (6–7)

6 Frk (Sporen bildende Schicht) mit Stacheln oder mit Zähnchen, Warzen
Stachelpilze, Schlüssel VIII

6* Frk (Sporen bildende Schicht) ohne Stacheln und ohne Zähnchen, ohne Warzen . . . **7**

7 Frk mit faltiger, Basidiosporen bildender Schicht **Faltenpilze, Schlüssel VII**

7* Frk ohne solche Schicht, mit Basidien oder mit Asci **8**

Fruchtkörper ohne Hymenophor; wohl aber meist mit Hymenium (8–14)

8 Frk gestielt hutfö. H fingerhutartig, sattelfö oder Frk gestielt und oben becherfo bis scheibenfö. Sp in Asci gebildet
siehe **Ascomycetes Schlüssel III:** Becherlinge, Scheiblinge

8* Frk nicht gestielt-hutfö [falls gestielt-hutfö und mit widerl Geruch siehe unter Bauchpilze], nicht gestielt-scheibenfö **9**

9 Frk von gallertiger Konsistenz **Gallertpilze, Schlüssel III**

9* Frk nicht gallertig **10**

10 Frk schichtartig oder krustenartig auf dem Substrat ausgebreitet, bisw mit abstehenden H-Kanten. Sp bildende Schicht meist glatt, nie faltig
Schicht- und Krustenpilze, Schlüssel IV

10* Frk nicht schichtartig oder krustenartig **11**

11 Frk keulenfö oder korallenartig, unverzweigt oder verzweigt. Mit Basidien
Keulen- und Korallenpilze, Schlüssel V

11* Frk nicht keulenfö, nicht korallenfö, oder falls doch so, dann mit Asci **12**

12 Frk sich weitgehend unterirdisch (hypogäisch) entwickelnd
Hypogäen, Schlüssel XVI

12* Frk weitgehend oberirdisch (epigäisch) **13**

13 Frk kartoffelfö, kugelfö, verkehrt flaschenfö, bauchfö, bisw aus kugeligen, eifö oder bauchfö Jugendstadien gestielt-hutfö, gitterartige oder strahlige (tintenfischartige) Strukturen bildend. Mit Basidien **Bauchpilze, Schlüssel XI**

13* Frk nicht kugelfö oder bauchfö, oder falls doch so, dann mit Asci **14**

14 Frk bildet Basidien und zugleich Frk becherfö bis scheibenfö **Basidienbecherlinge, Schlüssel IX**

14* Frk bildet Asci, becherfö oder von anderer Gestalt **„Ascomyceten", Schlüssel III**

Schlüssel III: Gallertpilze sowie Pilze mit längs- oder quergeteilten Basidien (Basidiomycota, Heterobasidiomycetes pr.p.)

Literatur: HANSEN, L., KNUDSEN, H. (1997). – JÜLICH, W. (1984). – KREISEL, H. in MICHAEL, HENNIG, KREISEL (1988). – Vorliegender Schlüssel u. a. nach JÜLICH 1984 und KREISEL 1988 verändert und ergänzt.

Schlüssel III-1: Gallertpilze mit überwiegend deutlich wahrnehmbaren Fruchtkörpern. Im Falle von Pilzen mit krustenförmigen Fruchtkörpern (hier ab 25) siehe auch Schlüssel IV

1 Hymenium porenfö; Sp allantoid ***Elmerina***

1 Hymenium nicht porenfö **2**

2 Frk oberseits (Hymenium) blutrot, schließlich flach schüsselfö. An Zweigen von *Salix* ***Cytidia*** (*salicina*)

2* Hymenium nicht blutrot, nicht an Zweigen von *Salix* **3**

3 Frk vom Substrat abstehend **4**

3* Frk am Substrat krustenfö anliegend. **25**

Fruchtkörper vom Substrat abstehend (4–18)

4 Frk warzen-, polster- oder hirnfö, von oft unbeständiger Gestalt. **5**

4* Frk anders **15**

– ***Fruchtkörper warzen-, polster-, hirnförmig (5–14)***

5 Frk gelb, gelborange oder orange **6**

5* Frk schwarz, braun, grau, rosa oder weiß **9**

6 An totem Holz. **7**

6* An lebenden Zweigen von *Juniperus* oder auf Blättern von Sauergräsern. **8**

7 Basidien stimmgabelartig geteilt, nicht septiert ***Dacrymyces***

7* Basidien längsseptiert, dadurch 4-zellig ***Tremella*** (*mesenterica*)

8 Auf lebenden Zweigen von *Juniperus*. Siehe unter Rostpilze ***Gymnosporangium***

8* Auf Blättern von Sauergräsern (z. B. *Eriophorum*) ***Kriegeria*** (*eriophori*)

9 Hymenium auf einen Teil des Frk beschränkt, dieser unterseits steril **10**

9* Gesamte Oberfläche des Frk vom Hymenium bedeckt. **11**

10 Frk rosa, fleischfarben, kugelig-polsterfö, von roten, becherfö imperfekten Stadien (Anamorphen) begleitet. Auf Kirsche ***Craterocolla***

10* Frk gelb, braun, olivschwärzl. Anamorphe fehlend ***Exidia***

11 Frk weiß, grau, lila. Basidien quer septiert ***Achroomyces***

11* Frk braun, grünl, lila etc. Basidien (kreuzweise) längs septiert **12**

12 Frk braun oder grünl. An Holz oder auf Frk von Pilzen ***Tremella***

12* Frk weißl, blass lila, graubläul, hellgelb **13**

13 Hyphen und Basidien ohne Schnallen. Frk pustelfö, tropfenfö, später zusammenfließend. Sp gestreckt spindelfö. An Kräutern und Sträuchern ***Efibulobasidium***

13* Hyphen und Basidien mit Schnallen **14**

14 Parasitisch auf Frk von *Stereum sanguinolentum* ***Tremella*** (*encephala*)

14* Saprobiotisch auf Holz siehe **Schlüssel IIIb**: *Myxarium*

15 Frk pfriemen-, keulen-, korallenfö **16**

15* Frk anders; hutfö, spatelfö, effus-reflex (mit abstehenden H-Kanten), becher- oder kreiselfö **19**

– ***Fruchtkörper pfriemen-, keulen-, korallenförmig (16–18)***

16 Frk auf Erde, geweihartig verzweigt (clavariform) dimitisch, mit hyalinen Skeletthyphen und hyalinen, Schnallen tragenden generativen Hyphen. Zystiden fehlend. Sp hyalin, dünnwandig, glatt, inamyloid ***Tremellodendropsis***

16* Frk nicht auf Erde **17**

17 An lebenden Moosen. Frk keulenfö, bis 6 cm hoch, blassgelb. Basidien quer septiert, 4-sporig ***Eocronartium*** (*muscicola*)

17* Nicht an lebenden Moosen und auch sonst mit anderen Merkm **18**

18 An lebenden Zweigen von *Juniperus*. Frk pfriemenfö, hornfö, orangerot ***Gymnosporangium***

18* An totem Holz. Frk pfriemenfö oder korallenfö verzweigt ***Calocera***

– ***Fruchtkörper hut-, spatel-, becher-, kreiselförmig, effus-reflex (19–24)***

19 Frk unterseits mit Stacheln, Falten oder Lamellen (ein Hymenophor bildend) **20**

19* Frk unterscits glatt **21**

20 Hymenophor faltenfö, fleischfarben. Frk effus-reflex. Basidien nicht septiert ***Merulius*** (*tremellosus*)

20* Hymenophor stachelfö. Frk gänzlich gallertartig. Basidien längs septiert ***Pseudohydnum*** (*gelatinosum*)

21 Frk fleischrot, spatelfö bis trichterfö. Auf Holzstücken im Boden ***Tremiscus*** (*helvelloides*)

21* Frk oberseits braun, weißlich, oder grau. An Holz oberhalb des Bodens **22**

22 H-Oberfläche grobfilzig, gezont. Hymenium braun. Basidien quer septiert, 4-zellig ***Auricularia*** (*mesenterica*)

22* H-Oberfläche allenfalls feinfilzig, ungezont **23**

23 H dunkelbraun, becherfö bis ohrenfö, außen feinfilzig, 3–5–12 cm, etwa 1 mm dick. Vorzugsweise an Holz von *Sambucus* ***Auricularia*** (*auricula-judae*)

23* Merkm anders, Frk nicht dunkelbraun, nicht auf Holz von *Sambucus* **24**

24 Frk zylindrisch bis kreiselfö, schließlich gestielt, orange (-braun), in dichten Gruppen auf NaH. Hyphensepten ohne Schnallen ***Ditiola*** (*radicata*)

24* Frk flach schüsselfö, etwa 1,5 cm im Durchm, gallertig bis wachsartig. Hymenium braun. Sp 7,5–11 × 2,2–3 µm. An Zweigen von LaB, besonders *Populus* ***Auriculariopsis*** (*ampla*)

– ***Fruchtkörper auf dem Substrat krustenförmig anliegend (25–34)***

25 Frk mit stachelfö oder zahnfö Hymenophor **26**

25* Ohne Stacheln (allenfalls mit sehr feinen sterilen Stacheln), ohne Zähnchen, vielmehr mit glattem oder höckerigem Hymenophor **27**

26 Mit zahlreichen Gloeozystiden an den Spitzen der Stacheln. An NaH **_Stypella_** (*vermiformis*)

26* Auf den Stachelspitzen ohne Gloeozystiden. Auf Farnen oder an LaH oder NaH **_Protodontia_**

27 Hymenium mit Zystiden (inkl. Gloeoczystiden). **28**

27* Hymenium ohne Zystiden **31**

28 Hymenium mit dickwandigen Zystiden. Basidien längsteilig septiert. An LaH und NaH **_Heterochaetella_**

28* Hymenium mit Gloeoczystiden, diese in Lugol'scher Lösung braun verfärbend. Basidien längsteilig septiert oder unseptiert. **29**

29 Basidien nicht septiert, mit vier verdickten, sporenähnl Sterigmen **_Tulasnella_**

29* Basidien längsteilig septiert, vierzellig **30**

30 Basidien in traubenfö Gruppen. Hyphidien fehlend oder nicht knorrig verzweigt **_Basidiodendron_**

30* Basidien einzeln. Hyphidien knorrig verzweigt **_Bourdotia_** (*galzinii*)

31 Basidien gekrümmt und querseptiert. LaH **_Helicogloea_**

31* Basidien kreuzweise längsseptiert. **32**

32 Hyphen und Basidien ohne Schnallen **_Sebacina_**

32* Basidien und meist auch Hyphen mit Schnallen. **33**

33 Reife Basidien abfallend und als Verbreitungseinheiten fungierend. An feuchten Plätzen auf Sklerotien von Pilzen oder faulenden Blättern **_Tetragoniomyces_** (*uliginosus*)

33* Reife Basidien nicht abfallend. An Holz oder an Pilzfrk **34**

34 An Holz (LaH, NaH) oder Nadelbl. Falls auf oder in Frk von Pilzen, dann auf oder in Porlingen, Rindenpilzen (*Botryobasidium, Hyphoderma*), z. T. auch Discomyceten (*Mollisiia*). Basidien subglobos bis ellipsoid, länger und/oder breiter als in 28* **_Exidiopsis_, _Endoperplexa_**

34* Auf Frk von Pilzen (Discomycetes). Frk sehr dünn, Basidien klein, ellipsoid, 6–10 × 2–3,5 µm. **_Xenolachne_**

Schlüssel III-2: Gattungen mit quer- oder längsgeteilten Basidien und dabei oft mit eher unscheinbaren oder mit kaum gallertartigen Fruchtkörpern. Im Falle von Pilzen mit krustenförmigen Fruchtkörpern (hier ab 14) siehe auch Schlüssel IV

1 Basidien stimmgabelartig tief geteilt **2**

1* Basidien nicht stimmgabelartig, vielmehr zylindrisch bis keulig, mit Längs- oder Quersepten. **5**

Basidien stimmgabelartig (2–4)

2 Frk rindenpilzartig, bis 2 cm im Durchm. Mit der ganzen Fläche am Substrat angeheftet. Schnallen an den Hyphensepten vorhanden. Sp auch reif ohne Septen ***Cerinomyces***

2* Frk über das Substrat erhoben. **3**

3 Hyphen einschließlich der Oberflächenhaare dickwandig, Septen mit Schnallen. Frk kreisel- bis becherfö, gestielt ***Femsjonia***

3* Mit anderen Merkm (vgl. Schlüssel IIIa *Calocera*, *Dacrymyces*, *Ditiola*). **4**

4 Frk klein, gestielt-kopfig, rötl-schwarz bis schwarz, 2–3 mm hoch. Schnallen an den Hyphensepten fehlend. Sp reif mit 1(–2) Septen. S kompakt mit dickwandigen Hyphen ***Dacryonema***

4* Frk nicht schwärzl, vielmehr gelb oder orange, scheibenfö, becherfö, kreiselfö, gestielt oder sitzend. Sp reif mit 1–7 Septen, auch mauerfö geteilt. Hyphensepten mit oder ohne Schnallen ***Guepiniopsis***

5 Basidien mit 1–4 Quersepten **6**

5* Basidien mit 1–2 Längssepten **16**

Basidien mit 1–4 Quersepten (6–15)

6 Schildläuse überziehend, mit diesen in Symbiose lebend ***Septobasidium***

6* Nicht mit Schildläusen in Symbiose lebend **7**

7 Frk gestielt-kopfig, 3–6 mm hoch, nicht gallertig. Sp gelbl-braun, dickwandig ***Phleogena***

7* Frk anders. Sp hyalin, dünnwandig. **8**

8 Probasidien vorhanden, ellipsoid oder sackfö. **9**

8* Probasiden an der Basis reifer Basidien nicht erkennbar oder sehr undeutl. **12**

9 Probasidien lateral, hängend, sackfö, dünnwandig. **10**

9* Probasidien basal, ellipsoid, bisw dickwandig **11**

10 Frk membranös. Auf Holz ***Saccoblastia***

10* Frk gelatinös. Auf Holz und Gras ***Helicogloea***

11 Probasidien dickwandig, ellipsoid, Frk auf Dung bewohnendem Ascomycet (Discomycet) ***Cystobasidium***

11* Probasidien dünnwandig, z. T. auch keulig bis zylindrisch. Frk auf Pilzen (Basidiomyceten, Pyrenomyceten) ***Achroomyces***

12 Frk unverzweigt fädig bis keulenfö, 1–2 cm hoch. Auf lebenden Laubmoosen ***Eocronartium***

12* Frk anders **13**

13 Frk becher- bis ohrfö, weich-gallertig siehe auch **Schlüssel IIIa**: *Auricularia*

13* Frk resupinat oder pustelfö, flach polsterfö. **14**

14 Auf Wollgras (*Eriophorum*, Bl und Bl-Scheiden) ***Kriegeria***

14* Auf anderen Substraten. **15**

15 Auf Farnwedeln oder auf Heckenkirsche (*Lonicera*; Bl-Unterseite). Hyphen dünnwandig ***Herpobasidium***

15* Auf Farnwurzeln oder auf verschiedenen Sträuchern und Bäumen. Hyphen im Subiculum dickwandig ***Helicobasidium***

Basidien mit 1–2 Längssepten (16–35)

16 Frk oberseits mit porenfö Hymenophor; Sp allantoid ***Elmerina***

16* Frk anders, vielmehr Hymenium glatt oder mit Falten, Warzen oder Stacheln **17**

17 Frk geweihartig verzweigt, dimitisch. Basidien apikal mit Längssepten ***Tremellodendropsis***

17* Frk anders oder fehlend. **18**

18 Frk fehlend, als Hyphen in Frk von Basidiomyceten oder Ascomyceten vorkommend **19**

18* Frk vorhanden, wenn auch bisw sehr unscheinbar. Auf Frk von Pilzen aber auch auf anderen Substraten **20**

19 Sp kugelig bis breit ellipsoid ***Tremella***

19* Sp allantoid, zylindrisch oder schmal ellipsoid ***Exidiopsis*** pr.p.

20 Frk groß, aufrecht tütenfö glatt oder Frk hutfö und mit Stacheln siehe **Schlüssel IIIa**: *Tremiscus*, *Pseudohydnum*

20* Frk anders **21**

21 Frk mit Stacheln (als Hymenophor) **22**

21* Frk ohne Stachelhymenophor **24**

*– **Fruchtkörper mit Stachelhymenophor (22–23)***

22 Stacheln klein, bis 0,5 mm lang, ihre Achse aus Gloeozystiden. ***Stypella***

22* Stacheln länger, 0,5–5 mm lang, ihre Achse aus regulären Hyphen bestehend **23**

23 Stacheln direkt auf dem Substrat oder auf einem dünnen Frk (Subiculum). Basidien lang gestielt ***Protodontia***

23* Stacheln auf rel. dickem, fest-gallertigem bis trocken-lederigem Frk. Basidien nicht gestielt ***Eichleriella***

*– **Fruchtkörper ohne Stachelhymenophor (24–35)***

24 Basidien kugelig, ohne Sterigmen und Sp, sich als Ganzes ablösend und als Vermehrungseinheiten dienend ***Tetragoniomyces***

24* Basidien nicht so, vielmehr mit Sterigmen und Sp. **25**

25 Basidien lang gestielt und durch schnallenlose Querwand vom Basidien-S getrennt. Frk halbkugelig bis resupinat, gallertig ***Myxarium***

25* Basidien nicht gestielt, falls mit S, dann nicht mit schnallenloser Querwand vom S abgegrenzt. **26**

26 Frk resupinat, mit dickwandigen Zystiden ***Heterochaetella***

26* Ohne dickwandige Zystiden **27**

27 Frk kissenfö, 1–2 × 0,2–2 cm, zunächst als imperfektes Stadium erscheinend. Konidien hyalin, allantoid, 6,5–10 × 2–3,5 µm, an verzweigten Trägern in Pyknidien. Besonders an Kirsche (*Prunus avium*) ***Craterocolla***

27* Frk nicht auf Kirsche, nicht mit den angegebenen Merkm. **28**

28 Frk schüsselfö, 1–3 cm, oberseits rosa, grau oder weißl. Sp 10–21 µm lang ***Eichleriella***

28* Frk nicht oder allenfalls selten schüsselfö **29**
29 Frk sehr dünn, kleine, ellipsoidische, 2-zellige Basidien mit langen Sterigmen bildend, Hyphen mit Schnallen. Auf Frk von Discomycetes ***Xenolachne***
29* Frk auf Holz oder auch auf anderen Pilzen. Basidien anders **30**
30 Gloeozystiden vorhanden, deren Inhalt zunächst hyalin, dann gelbl-braun **31**
30* Gloeozystiden fehlend oder falls vorhanden, dann beständig hyalin **32**
31 Basidien nicht in traubenfö Gruppen, einzeln positioniert. Mit knorrig verzweigten Hyphidien ***Bourdotia***
31* Basidien an kurzen Seitenzweigen, nach Abschleuderung der Sp in Gruppen stehen bleibend. Hyphidien nicht knorrig verzweigt und oft fehlend ***Basidiodendron***
32 Sp (annähernd oder entschieden) kugelig. Frk groß und gelappt ***Tremella***
32* Sp nicht kugelig, vielmehr schmal ellipsoid, spindelfö etc. **33**
33 Frk resupinat, oft sehr dünn **34**
33* Frk halbkugelig, hirnartig, kreiselfö oder kissenfö **35**
– – ***Fruchtkörper resupinat (34)***
34 Hyphensepten mit Schnallen ***Exidiopsis***, ***Endoperplexa***
34* Hyphensepten ohne Schnallen ***Sebacina***
– – ***Fruchtkörper halbkugelig (35)***
35 Hyphen mit Schnallen ***Exidia***
35* Hyphen ohne Schnallen ***Efibulobasidium***

Schlüssel IV: Krusten- und Schichtpilze (Basidiomycota)

Literatur: HANSEN, L., KNUDSEN, H. (1997). – JÜLICH, W. (1984). – KREISEL, H. in MICHAEL, HENNIG, KREISEL (1988). – Vorliegender Schlüssel u. a. nach KREISEL (1988) verändert und ergänzt.

1 Frk mit H, mit hutfö Lappen oder mit vom Substrat abgehobenen H-Kanten siehe **Schlüssel IV-1**
1* Frk vollkommen dem Substrat anliegend, krustenfö siehe **Schlüssel iV-2**

Schlüssel IV-1: Fruchtkörper mit Hut oder mit Hutkante, Schichtpilze

1 Frk kurz gestielt bis deutlich gestielt **2**
1* Frk allenfalls undeutlich gestielt oder ohne Stiel **9**
Fruchtkörper deutlich gestielt (2–8)
2 An lebenden Moosen (*Polytrichum* und andere Arten). Frk spatelfö, bis 15 mm breit, weißlich ***Cyphellostereum*** (*laeve*)
2* Auf Erdboden oder auf im Boden verborgenen Wurzeln **3**
3 Frk trichterfö, fächerfö, oft aus zusammenfließenden Hüten mit zerschlitzten Rändern bestehend. Oberseite filzig-schuppig. Konsistenz lederig-zäh oder schwammig **4**
3* Frk anders, ganzrandige Hüte bildend oder verzweigt mit blattartigen Zweigenden **6**

4 Hymenium braun, H oberseits ± gezont. Sp braun, höckerig bis grob warzig. ***Thelephora***

4* Hymenium blass, cremefarben bis hell grau. Sp farblos, glatt **5**

5 Hüte gelblich, kaum gezont, bis 5 cm hoch ***Cotylidia*** (*pannosa*)

5* Hüte rotbraun, deutlich gezont, bis 8 cm breite Rosetten bildend ***Podoscypha*** (*multizonata*)

6 Frk stark verzweigt mit blattartigen Zweigenden, cremeweiß bis gelblich, kahl ***Sparassis***

6* Frk anders, hutfö oder trichterfö **7**

7 H grau bis rußbraun, tief trichterfö, innen filzig-schuppig, ungezont. Hymenium dunkelgrau ***Craterellus*** (*cornucopiodes*)

7* H-Farbe anders **8**

8 H weißlich, gelblich, rötlich, undeutlich gezont ***Cotylidia***

8* H gelb, filzig, ungezont. ***Stereopsis*** (*vitellina*)

Fruchtkörper ungestielt oder höchstens undeutlich gestielt (9–22)

9 Hymenium mit dickwandigen Elementen (verschiedene Arten von Zystiden und Acanthophysen) **10**

9* Dickwandige Elemente im Hymenium fehlend. Zystiden sind dünnwandig **18**

– Hymenium mit dickwandigen Elementen wie Zystiden oder Acanthophysen (10–17)

10 Hymenium mit dunkelbraunen, pfriemenfö, weit hervorragenden Seten (Spinulae) ***Hymenochaete***

10* Hymenium mit farblosen (hyalinen) Elementen **11**

11 Zystiden oder Tramalzystiden spindelfö, mit Kristallen inkrustiert **12**

11* Zystiden zylindrisch, nicht oder unwesentlich inkrustiert **15**

12 Rand des Frk nicht hutfö, wohl aber mit ringsum vom Substrat ablösenden Rändern. Trama monomitisch ***Peniophora***

12* Frk effus-reflex mit hutfö abgebogenen (abstehenden) Kanten. Trama dimitisch . . **13**

13 Zystiden in verschiedener Höhe vom Hymenium eingeschlossen, von generativen Hyphen ausgehend. Hymenium ocker oder rötlich. H-Kanten schwärzlich. NaH. Alpen ***Laurilia*** (*sulcata*)

13* Zystiden einheitlich das Hymenium überragend, von gekrümmten Skeletthyphen gebildet **14**

14 Meist an NaH, selten an *Fagus*. Sp amyloid ***Amylostereum***

14* An LaH. Sp nicht amyloid ***Lopharia***

15 Sp nicht amyloid. Zystiden das Hymenium weit überragend **16**

15* Sp amyloid. Zystiden das Hymenium kaum überragend (falls doch so, dann diese inkrustiert und Sp amyloid) **17**

16 Frk dünn, von unbestimmter Form. Hyphensystem monomitisch ***Dacryobolus*** (*karstenii*)

16* Frk dick, mit vielschichtiger Trama, deutlich hutfö abgebogen. Hyphensystem dimitisch ***Veluticeps***

17 Weißfäule an LaH und NaH verursachend. Trama mit farblosen Skeletthyphen. Zystiden an der Spitze glatt oder dornig. ***Stereum***

17* Wabenfäule an LaH verursachend. Zystiden an der Spitze dornig, z. T. inkrustiert und dann weit aus dem Hymenium ragend. Trama mit bräunlichen Skeletthyphen ***Xylobolus*** (*subpileatus*)

– ***Ohne dickwandige Elemente im Hymenium (18–22)***

18 Hymenium blau, violett oder purpurn **19**

18* Hymenium weiß bis ocker **20**

19 Hymenium dunkelblau. Frk dünn, häutig, meist nur effus ***Terana*** (*caerulea*)

19* Hymenium purpurn, lila, violett. Frk knorpelig-lederig, graufilzige Hüte bildend. Trama mit dünnwandigen, kugeligen Zystiden durchsetzt. Weißfäule, meist an LaH ***Chondrostereum*** (*purpureum*)

20 Meist an NaH. H-Kanten schmal, schwarzbraun. Trama starr. Hyphensystem dimitisch **21**

20* An LaH. H-Kanten breit abgebogen, weiß bis hellbraun. Trama weich. Hyphensystem monomitisch **22**

21 Frk frisch mit aromatischem Geruch. Hymenium weißlich, mit eifö Gloeozystiden. Trama vielschichtig. NaH, selten auch an LaH. Gebirge ***Cystostereum*** (*murrayi*)

21* Hymenium rostbraun, mit schmalen, inkrustierten Zystiden. Mittelgebirge ***Boreostereum*** (*radiatum*)

22 H weißlich, Hymenium hellocker, mit pfriemenfö, dünnwandigen Zystiden. Sp nicht amyloid ***Cylindrobasidium*** (*laeve*)

22* H braun. Hymenium weißlich, mit langen, wurmfö Gloeozystiden. Sp amyloid ***Laxitextum*** (*bicolor*)

Schlüssel IV-2: Krustenpilze, Eingangsschlüssel

Nach RITTER, G. in MICHAEL, HENNIG, KREISEL 1988, S. 65–81.

1 Frk lederig oder korkig, zäh, z. T. geschichtet. Hyphensystem meist dimitisch **2**

1* Frk weich, wachsartig, gallertig, auch häutig, mehlig, filzig, flockig oder spinnwebartig. Hyphensystem meist monomitisch **24**

Fruchtkörper lederig, korkig, zäh (2–23)

2 Hymenium mit braunen dickwandigen Seten. Trama braun, mit KOH schwarz. Generative Hyphen ohne Schnallen **3**

2* Hymenium ohne stark gefärbte Seten. Trama meist hell, selten mit KOH verfärbend. Generative Hyphen meist mit Schnallen **4**

3 Seten pfriemenfö, unverzweigt. Hymenium ohne Gloeozystiden. Sp glatt, nicht amyloid ***Hymenochaete***

3* Seten sternfö verzweigt. Hymenium mit Gloeozystiden. Sp oft warzig, z. T. amyloid ***Asterostroma***

4 Hymenium und Trama mit dextrinoiden Elementen (verzweigten Hyphidien; Skeletthyphen) **5**

4* Dextrinoide Elemente fehlend. **7**

5 Hyphensystem dimitisch, dextrinoide Elemente (Hyphidien, Skeletthyphen) unregelmäßig verzweigt ***Scytinostroma***

5* Hyphensystem monomitisch, dextrinoide Elemente (Hyphidien) dichotom verzweigt **6**

6 Sp mit amyloiden Warzen ***Dichostereum***

6* Sp glatt, nicht amyloid oder allenfalls mit kleinem amyloiden Fleck über dem Apikulus ***Vararia***

7 Sp amyloid **8**

7* Sp nicht amyloid **14**

8 Sp warzig rau (in Melzers Reagenz) **9**

8* Sp glatt **12**

9 Hyphensystem monomitisch. Sp breit ellipsoid, groß, oft über 10 × 15 µm. Hymenium mit perlschnurartigen oder verzweigten Hyphidien, weiß, gelb, orange oder rosa ***Aleurodiscus***

9* Hyphensystem di- oder trimitisch. Hymenium mit dickwandigen inkrustierten Zystiden, ohne Hyphidien **10**

10 Hymenium ockergelb, rosa getönt, in KOH orange. Frk zweischichtig, mit braunem zunderartigem Subiculum, dieses mit Skeletthyphen und stark verzweigten Bindehyphen. NaH, Alpen ***Laurilia*** (*sulcata*)

10* Hymenium weißlich bis hell ocker. Subiculum nur mit Skeletthyphen **11**

11 Hymenium mit gelblichen Gloeozystiden und mit inkrustierten dickwandigen Zystiden. Sp klein, dünnwandig, ca. 5 × 3 µm. Frk ausgebreitet, krustig, oft mit Rhizomorphen ***Scytinostromella*** (*heterogenea*)

11* Gloeozystiden fehlend, inkrustierte dickwandige Zystiden vorhanden, Sp größer, dickwandig, ca. 16 × 13 µm. Frk effus-reflex, ohne Rhizomorphen ***Aleurocystidiellum*** (*subcruentatum*)

12 Generative Hyphen mit Schnallen. Hymenium mit braunen, dickwandigen, inkrustierten Zystiden. Frk effus bis effus-reflex ***Amylostereum***

12* Generative Hyphen ohne Schnallen. Zystiden nicht inkrustiert **13**

13 Frk von oben gesehen mit polygonalen Feldern. Hymenium graubraun, vielschichtig, mit stacheligen Hyphidien. An *Quercus*, auf noch hartem Holz, Wabenfäule verursachend ***Xylobolus*** (*frustulatus*)

13* Frk von oben gesehen höchstens rissig, bei manchen Arten auf Druck oder wenn verletzt rötend, meist effus-reflex. Mit saftführenden gelblichen Zystiden. An LaH und NaH, Weißfäule verursachend ***Stereum***

14 Sp braun, höckerig, grobwarzig. Hymenium warzig, weinrötlich bis braun, Frk weich, lederig bis filzig ***Thelephora***

14* Sp farblos-hyalin, glatt **15**

15 Hymenium mit dickwandigen Zystiden **16**

15* Hymenium allenfalls mit dünnwandigen Zystiden **20**
16 Zystiden stark inkrustiert, meist konisch oder spindelfö. Vorwiegend an LaH **17**
16* Zystiden nicht oder schwach inkrustiert, sehr lang, zylindrisch-keulig. Meist an NaH **18**
17 Zystiden farblos. Hymenium hellfarbig: weißlich, grau, graurosa oder lachsrot, oder violett. Hyphensystem monomitisch ***Peniophora***
17* Zystiden und Skeletthyphen braun. Hymenium graubraun bis purpurbraun. Hyphensystem dimitisch ***Lopharia***
18 Zystiden und Skeletthyphen braun. Hymenium graubraun bis dunkel-ockerbraun ***Veluticeps***
18* Zystiden farblos. Hymenium weißlich bis hell ockerbraun **19**
19 Zystiden und Skeletthyphen in KOH stark quellend. Sp allantoid, ca. 5,5 × 1,4 µm ***Dacryobolus*** (*karstenii*)
19* Zystiden in KOH nicht quellend. Sp sichelfö, ca. 14 × 5 µm ***Chaetoderma*** (*luna*)
20 Generative Hyphen ohne Schnallen, mit brauner, in KOH grün verfärbender Inkrustierung. Hymenium rostbraun ***Boreostereum*** (*radiatum*)
20* Generative Hyphen mit Schnallen. Hymenium andersfarbig **21**
21 Mit ovalen oder kugelfö Gloeozystiden **22**
21* Ohne Zystiden, z. T. mit Hyphidien. Hymenium glatt, faltig bis zähnchenfö-uneben, mit kreuzweise septierten Basidien (*Tremella*-Typ), Sp bilden Sekundärsp ***Eichleriella***
22 Hymenium frisch purpurn bis lila, später gelblich, glatt. Kuglefö, dünnwandige Gloeozystiden im Subhymenium zahlreich. Frk effus-reflex, knorpelig-lederig ***Chondrostereum*** (*purpureum*)
22* Hymenium weißlich bis hellbraun **23**
23 Hymenium meist mit konischen Stacheln bedeckt. Mit ovalen Gloeozystiden und stark verzweigten (± häufigen) Dendrohyphidien ***Crustomyces*** (*subabruptus*)
23* Hymenium glatt bis warzig. Frische Frk mit aromatischem Geruch. Gloeozystiden oval, etwas dickwandig, in Hymenium und Trama zahlreich. An NaH (meist *Picea*) **Cystosterum** (*murrayi*)

Fruchtkörper weich (24–93)

24 Sp deutlich gefärbt, braun, gelb, violett, grünlich. **25**
24* Sp farblos-hyalin bis blass gelblich. **39**

– Sporen deutlich gefärbt (25–38)

25 Sp glatt, meist dickwandig **26**
25* Sp höckerig-warzig oder stachelig **31**
26 Sp violett, wenigstens in KOH so, amyloid **27**
26* Sp andersfarbig, nicht amyloid **28**
27 Frk frisch kräftig lila, trocken gelbbraun. Sp frisch violett (von Trockenmaterial gelbbraun). Hyphen ohne Schnallen. Verzweigungen meist rechtwinkelig ***Hypochnella*** (*violacea*)
27* Frk gelb bis oliv. Sp nur in KOH violett, in Wasser gelblich. Hyphen mit großen Schnallen ***Hypochnopsis*** (*mustialaensis*)

28 Sp annähernd kugelig, 3–5 µm im Durchm. Frk häutig, dünn, gelblich, grünlich bis bläulich ***Byssocorticium***
28* Sp meist ellipsoid, größer. Frk oft wachsartig bis fleischig **29**
29 Hyphen ohne oder lediglich mit vereinzelten Schnallen ***Coniophora***
29* Hyphen regelmäßig mit Schnallen **30**
30 Sp 8–13 µm lang, gelb bis braun. Frk meist faltig bis porig. ***Serpula***
30* Sp kleiner, bis 8 µm lang, gelblich. Frk glatt, faltig oder warzig ***Leucogyrophana***
31 Hymenium warzig, weinrötlich bis braun. Frk weich bis lederig, filzig, effus-reflex. ***Thelephora***
31* Hymenium meist glatt, selten mit Warzen oder stacheln. Frk häutig, locker filzig oder spinnwebartig **32**
32 Hyphen mit Schnallen... **33**
32 Hyphen ohne Schnallen bzw. mit vereinzelten Schnallen an basalen Hyphen..... **34**
33 Sp in KOH und in H_2O braun. Fast alle Septen mit Schnallen. Frk gelbbraun bis schwarzbraun, auch mit oliv- oder rosafarbener Tönung ***Tomentella***
33* Sp in KOH blau, in H_2O gelblich. Schnallen vorwiegend im Subhymenium, selten im Subiculum. Frk frisch dunkelblau, trocken gelblich. ***Pseudotomentella*** (*atrocyanea*)
34 Hymenium mit dickwandigen, braunen Zystiden (Septozystiden)***Tomentella*** (*fibrosa*)
34* Hymenium ohne Zystiden.. **35**
35 Sp in KOH blau, in H_2O gelb. Frk frisch dunkelviolett bis blaugrün, trocken graugelb ***Lazulinospora*** (*cyanea*)
35* Sp in KOH und in H_2O gelblich bis braun **36**
36 Sp mit dichotom geteilten Warzen ***Pseudotomentella***
36* Sp mit einfachen Warzen oder Stacheln **37**
37 Sp kugelig mit 1–3 µm langen Stacheln. Basale Hyphen oft über 10 µm breit, meist rechtwinkelig verzweigt ***Botryohypochnus*** (*isabellina*)
37* Sp mit kürzeren Stacheln oder Warzen, basale Hyphen schmaler **38**
38 Frk weißlich bis gelbbraun. Sp dünnwandig, hellbräunlich ***Tomentellopsis***
38 Frk braun. Sp etwas dickwandig, braun ***Tomentella***

– ***Sporen farblos, hyalin (39–93)***

39 Sp amyloid **40**
39* Sp nicht amyloid.. **53**

– – ***Sporen amyloid (40–52)***

40 Im Frk mit besonderen Hyphidien: Acantho-, Dendro-, Perlschnurhyphidien. Sp oft groß, über 15 × 10 µm ***Aleurodiscus***
40* Ohne Hyphidien der genannten Art... **41**
41 Hymenium mit Gloeozystiden **42**
41* Hymenium ohne Gloeozystiden **46**
42 Sp warzig (in Melzers Reagenz).. **43**
42* Sp glatt **45**
43 Sp kugelig oder nierenfö. Hyphen stets mit Schnallen ***Boidinia***
43* Sp ellipsoid. Hyphen mit oder ohne Schnallen............................. **44**

44 Skeletthyphen fehlend ***Gloeocystidiellum***
44* Skeletthyphen vorhanden ***Scytinostromella*** (*nannfeldtii*)
45 Sp ellipsoid bis allantoid. Gloeozystiden sehr lang, schlauchfö, mit gelblichem Inhalt ***Megalocystidium***
45* Sp subglobos. Gloeozystiden spindelfö mit breiter Basis, farblos, im Subiculum bläschenfö ***Vesiculomyces*** (*citrinus*)
46 Basidien sackfö, plump (Pleurobasidien). Frk wachsartig, meist sehr dünn **47**
46* Basidien ± keulenfö. **49**
47 Sp warzig oder stachelig, dünn- oder dickwandig **48**
47* Sp glatt, dünnwandig, zylindrisch bis allantoid. Zystiden oder Zysridiolen fehlend ***Aphanobasidium***
48 Sp warzig, dickwandig, breit ellipsoid, an ca. 10 µm langen Sterigmen. Zylindrische Zystidiolen apikal mit 1–2(–4) kugeligen Auswüchsen ***Pseudoxenasma*** (*verrucisporum*)
48* Sp stachelig, dünnwandig. Basidien mit kurzem Stachel an der verbreiterten Basis. ***Acanthobasidium*** (*delicatum*)
49 Sp entschieden amyloid, Frk dünn, häutchenfö **50**
49* Sp schwach amyloid (hellgrau in Melzers Reagenz) **52**
50 Sp dickwandig ***Amyloathelia***
50* Sp dünnwandig **51**
51 Sp ellipsoid bis bohnenfö. Subhymenium mit angeschwollenen Hyphen. Pleurobasidien bisweilen vorhanden ***Melzericium***
51* Sp allantoid bis schmal zylindrisch. Hyphen im Subhymenium zylindrisch. Basidien stets terminal ***Amylocorticium***
52 Sp ellipsoid, kürzer als 8 µm, etwas dickwandig. Frk häutchenfö, vom Substrat leicht ablösbar ***Hypochniciellum***
52* Sp allantoid, länger als 15 µm, dünnwandig. Frk wachsartig, trocken hornig, nicht vom Substrat ablösbar ***Vuilleminia*** (*comedens*)

– – ***Sporen nicht amyloid (53–93)***

53 Basidien septiert, meist vierzellig. Falls als spinnwebartiger Überzug parasitisch auf Ascomycet *Lasiobolus*: siehe ***Cystobasidium***; sonst **54**
53* Basidien einzellig, allerdings bisweilen mit sporenartig abgegliederten Sterigmen oder auch gabelig geteilt **67**

– – – ***Basidien quer septiert (54–66)***

54 Basidien meist zylindrisch und quer septiert **55**
54* Basidien kugelig bis keulig und längs septiert **61**
55 Basidien nahe der Basis jeweils mit seitlicher, sackartiger Ausstülpung **56**
55* Basidien ohne seitliche Ausstülpung. **57**
56 Frk gallertig bis wachsartig. Basidien oft gekrümmt ***Helicogloea***
56* Frk trocken, flockig-häutig. Basidien meist gerade ***Saccoblastia*** (*farinacea*)
57 Basidien bogenfö bis spiralig gekrümmt. Frk flockig-filzig oder weichfleischig, z. T. rosa bis violett ***Helicobasidium***

57* Basidien gerade, zylindrisch **58**

58 An Wollgras (*Eriophorum*), selten auch an Teichbinse (*Scirpus*). Basidien breit zylindrisch ***Kriegeria*** (*eriophori*)

58* An anderen Substraten, Basidien schmal zylindrisch **59**

59 Frk filzig-schwammig, trocken, mit Hohlräumen, in denen Schildläuse vorhanden sind. Sp z. T. mehrzellig. Vorwiegend Südeuropa. ***Septobasidium***

59* Frk meist wachsartig bis gallertig, ohne Schildläuse. Sp einzellig **60**

60 Parasitisch auf Blättern von Farnen oder Blütenpflanzen (*Lonicera*). Frk klein, fleckenfö ***Herpobasidium***

60* Saprobiotisch auf Holz, Mist oder auf Pilzen (hier auch parasitisch?). Frk meist pustelfö, gallertig bis schleimig ***Achroomyces***

61 Hymenium mit dickwandigen, farblosen Zystiden, die ca. 100 µm herausragen ***Heterochaetella***

61* Hymenium ohne Zystiden oder mit dünnwandigen Zystiden oder mit Gloeozystiden **62**

62 Hymenium mit gelblichen bis bräunlichen Gloeozystiden **63**

62* Hymenium ohne gefärbte Zystiden **64**

63 Basidien nach der Reife (Sporenabwurf) als leere Hüllen an den Trägerhyphen verbleibend. Gloeozystiden mit harzig-stückigem Inhalt ***Basidiodendron***

63* Basidien nach der Reife vergänglich. Gloeozystiden mit homogenem Inhalt **Bourdotia** (*galzinii*)

64 Frk frisch wachsartig, trocken lederig, effus-reflex oder schüsselfö. Hymenium rosa bis hell graubraun, glatt, faltig oder warzig ***Eichleriella***

64* Frk wachsartig-gallertig, trocken meist krustig **65**

65 Basidien lang gestielt, reif durch Querwand ohne Schnalle getrennt. Frk pustelfö bis ausgebreitet ***Myxarium***

65* Basidien nicht oder nur kurz gestielt **66**

66 Basidien und meist auch die Hyphen mit Schnallen. Frk ausgebreitet, dünn, gallertig bis wachsartig ***Exidiopsis***

66* Basidien und Hyphen ohne Schnallen. Frk grob krustenfö, wachsartig bis lederig oder dünn, weich, gallertig ***Sebacina***

– – – ***Basidien einzellig (67–93)***

67 Basidien gabelfö, tief geteilt. 2-sporig. Frk dünn, wachsartig. Hymenium glatt, ocker ***Cerinomyces*** (*crustulinus*)

67* Basidien nicht tief gabelig geteilt **68**

68 Basidien mit eifö angeschwollenen, sporenartig abgegliederten Sterigmen ***Tulasnella***

68* Sterigmen schmal oder breit zahnfö, nicht eifö und nicht sporenartig abgegliedert . . . **69**

69 Basidien überwiegend 6- oder 8-sporig **70**

69* Basidien 2- oder 4-sporig **72**

70 Basidien urnenfö, d. h. mit einer Einschnürung etwa in der Mitte **71**

70* Basidien keulenfö, schlauchfö oder kurz zylindrisch **72**

71 Sp dünnwandig. Hyphen meist mit ölartigen Einschlüssen, an den Septen z. T. ampullenartig angeschwollen ***Sistotrema***

71* Sp dickwandig, cyanophil. Hyphen ohne ölartige Einschlüsse ***Sistotremella***

72 Parasitisch auf dem Hymenium von *Phanerochaete*-Arten ***Syzygospora*** (*pallida*)

72* Saprobiotisch, vorwiegend auf Holz **73**

73 Frk flockig bis locker filzig. Hyphen z. T. über 10 µm breit, meist rechtwinkelig verzweigt, mit oder ohne Schnallen. Hyphen und Sp cyanophil ***Botryobasidium***

73* Frk häutig oder wachsartig **74**

74 Frk häutig, weiß bis creme, auch trocken auffällig, oft rissig. Basidien zylindrisch, nach Sp-Abwurf mit eingebogenen Sterigmen ***Sistotremastrum***

74* Frk wachsartig, trocken unauffällig. **75**

75 Hymenium mit Zystiden. Basidien zylindrisch, sackfö, seitlich an den Hyphen sitzend. Sp mit feinen Warzen, die sich in KOH auflösen ***Xenasma***

75* Zystiden fehlend, Basidien terminal, subglobos bis keulig, Sp glatt ***Paullicorticium***

76 Sp warzig, stachelig oder eckig bis gelappt und daher von unregelmäßiger Form. . **77**

76* Sp glatt von regelmäßiger Form **83**

77 Sp warzig bis stachelig **78**

77* Sp ohne Warzen oder Stacheln, wohl aber unregelmäßig geformt, eckig bis gelappt **93**

78 Sp warzig und zugleich unregelmäßig gelappt. Frk filzig, weiß bis creme ***Tylospora*** (*fibrillosa*)

78* Sp mit regelmäßigem Umriss, warzig oder stachelig **79**

79 Zystiden mit stark quellender Wand in KOH, diese spitz, inkrustiert, dickwandig, basal mit mehreren wurzelartigen Hyphen. Sp feinwarzig bis glatt. ***Litschauerella*** (*clematidis*)

79* Zystiden basal nicht wurzelnd, in KOH nicht stark quellend **80**

80 Basidien mit stark cyanophilen Tropfen im Plasma. Sp cyanophil, mit kräftigen Stacheln oder kurzen Rippen ***Mycolindtneria***

80* Basidien ohne cyanophile Tropfen **81**

81 Hyphen ohne Schnallen. **82**

81* Hyphen mit Schnallen. **83**

82 Sp kugelig mit 1–3 µm langen, zylindrischen Stacheln, hell gelblich, cyanophil. Hyphen ± rechtwinkelig verzweigt ***Botryohypochnus*** (*isabellinus*)

82* Sp breit ellipsoid bis kugelig, nicht cyanophil und mit kürzeren Stacheln. Basale Hyphen z. T. mit vereinzelten Schnallen ***Tomentellopsis***

83 Hyphen an den Septen oft ampullenartig angeschwollen. Hymenium ohne Zystiden **84**

83* Hyphen an den Septen nicht ampullenartig angeschwollen. Hymenium z. T. mit Zystiden. **85**

84 Sp feinwarzig, dünnwandig, nicht cyanophil. Basidien meist kurz zylindrisch ***Trechispora***

84* Sp mit gröberen Warzen, etwas dickwandig, cyanophil. Basidien gestielt keulenfö **_Ramaricium_** *(alboochraceum)*

85 Basidien keulenfö, terminal. Sp kugelfö bis ellipsoid, cyanophil. Hymenium meist mit Lepto- oder Gloeozystiden **_Hypochnicium_**

85* Basidien sackfö, seitlich (Pleurobasidien) **86**

86 Sp mit Warzen, die sich in KOH lösen. Hymenium mit Zystiden oder Zystidiolen. Pleurobasidien 4- oder 6-sporig **_Xenasma_**

86* Sp-Warzen lösen sich in KOH nicht auf. Pleurobasidien stets 4-sporig. Hymenium ohne Zystiden **_Xenasmatella_**

87 Frk an untergetauchtem Holz im Meerwasser, flach kissenfö. Sp 4-strahlig mit 30–40 µm langen Fortsätzen **_Digitatispora_** (*marina*)

87* Frk terrestrisch, an Holz und an Pflanzenresten **88**

88 Basidien urnenfö, mit 6–8 Sterigmen. Sp eckig, etwas tetraedrisch **_Sistotrema_** (*subtrigonospermum*)

88* Basidien nicht urnenfö, 2- oder 4-sporig. **89**

89 Pleurobasidien jeweils mit 2 tetraedrischen Sp **_Xenosperma_** (*ludibundum*)

89* Basidien terminal und 4-sporig **90**

90 Sp kreiselfö bis ± dreieckig. Hyphen an den Septen oft angeschwollen **_Trechispora_** (*subsphaerospora*)

90* Sp mehrlappig **91**

91 Sp regelmäßig dreilappig, Frk häutig, auf Holz und anderen Substraten **_Tylospora_** (*asterophora*)

91* Sp 2- oder 7-lappig **92**

92 Sp in 2 gleiche ellipsoide Lappen gespalten. Frk wachsartig, dünn, auf LaH **_Galzinia_** (*gemminispora*)

92* Sp tief in 7 Lappengeteilt, fast sternfö. Frk als dünne Flecken in Spalten von stark zersetztem NaH **_Lobulicium_** (*occultum*)

93 Hymenium mit dickwandigen oder septierten Zystiden **Schlüssel IV-3**

93* Hymenium ohne Zystiden oder mit lediglich dünnwandigen Zystiden **Schlüssel IV-4**

Schlüssel IV-3: Krustenpilze mit dickwandigen oder septierten Zystiden (Fortsetzung Schlüssel IV-2)

Nach RITTER, G. in MICHAEL, HENNIG, KREISEL (1988)

1 Hymenium mit septierten Zystiden. **2**

1* Hymenium mit dickwandigen, oft inkrustierten (nicht septierten) Zystiden **7**

Hymenium mit septierten Zystiden (2–6)

2 Zystiden und Hyphen ohne Schnallen **_Candelabrochaete_**

2* Schnallen vorhanden, auch an den Septen der Zystiden. **3**

3 Zystiden und Hyphen gelblich, gleichmäßig mit feinen Kristallen besetzt. Sp dickwandig, cyanophil. Frk gelblich bis hellocker, locker häutchenartig, oft mit gleichfarbigen Rhizomorphen ***Amphinema*** (*byssoides*)
3* Zystiden und Hyphen farblos-hyalin, glatt oder gröber inkrustiert. **3**
4 Zystiden dünnwandig, kurzzellig gegliedert, mit sehr kleinen Schnallen, z. T. mit plättchenfö Kristallen besetzt. Sp spindelfö ***Suillisporium*** (*cystidiatum*)
4* Zystiden zieml dickwandig. Sp-Form anders **5**
5 Sp breit ellipsoid, bis 5 µm lang. Zystiden mehrfach eingeschnürt, 80–100 × 4–6 µm ***Grandinia*** (*pallidula*)
5* Sp ellipsoid bis zylindrisch, über 7 µm lang. Zystiden größer **6**
6 Sp dickwandig, cyanophil, ellipsoid bis zylindrisch ***Hypochnicium*** (*polonense*)
6* Sp dünnwandig, zylindrisch, nicht cyanophil ***Hyphoderma*** (*setigerum*)

Hymenium mit nicht septierten, aber dickwandigen Zystiden (7–21)

7 Zystiden an der Basis mit mehreren (2–6) wurzelartigen Hyphen **8**
7* Zystiden basal ohne wurzelartige Fortsätze **10**
8 Zystiden in KOH rasch löslich, z. T. amyloid, pfriemenfö bis zylindrisch. z. T. kopfig, dickwandig mit sehr engem Lumen, nur apikal mit dünner Wand und erweitertem Lumen ***Tubulicrinis***
8* Zystiden in KOH nicht auflösend, aber stark quellend, konisch. **9**
9 Sp kugelig, glatt oder feinwarzig, Zystiden mit Kristallen bedeckt. Meist mit Pleurobasidien ***Litschauerella*** (*clematidis*)
9* Sp spindelig, S-förmig gebogen. Zystiden meist von dünnen, stark verzweigten Hyphen bedeckt. Basidien terminal ***Tubulicium*** (*vermiferum*)
10 Mit konischen, meist spitzen, stark inkrustierten, dickwandigen Zystiden **11**
10* Mit anderen dickwandigen Zystiden. **20**
11 Frk gelatinös bis wachsartig **12**
11* Frk häutig bis krustig **13**
12 Hyphen ohne Schnallen oder mit sehr wenigen Schnallen im Subiculum. Frk glatt (bis warzig) ***Phlebiopsis***
12* Hyphen mit Schnallen. Frk glatt, warzig bis faltig-porig ***Phlebia***
13 Hyphen ohne Schnallen oder nur im Subiculum mit vereinzelten Schnallen. Basale Hyphen oft breit und etwas dickwandig, meist nahe den Septen verzweigt. Frk oft mit Rhizomorphen ***Phanerochaete***
13* Hyphen fast stets mit Schnallen **14**
14 Sp kürzer als 6 µm, breit ellipsoid. Zystiden (Gloeozystiden, Lamprozystiden) schmal und spitz. Frk oft mit Rhizomorphen ***Metulodontia*** (*nivea*)
14* Sp länger als 7 µm. **15**
15 Sp etwas dickwandig, cyanophil, ellipsoid. Oberfläche oft mit weißlichen bis gelblichen Bulbillen (Anamorphe *Aegerita candida*) ***Bulbillomyces*** (*farinosus*)
15* Sp dünnwandig, nicht cyanophil. Frk ohne Anamorphe. **16**
16 Hymenium weißlich, gelb bis ocker. Frk meist weich, häutig, mit anliegendem Rand. Auch mit dünnwandigen Zystiden ***Hyphoderma***

16* Hymenium selten weißlich, meist grau, rosa, rot, violett oder braun. Frk oft etwas lederartig, z. T. mit ablösendem Rand und dunkelbrauner Unterseite. Im Hymenium z. T. mit Gloeozystiden und mit verzweigten Elementen (Dendrohyphidien) ***Peniophora***
17 Sp spindelfö oder sichelfö, und/oder über 10 µm lang **18**
17* Sp kürzer, unter 9 µm lang **20**
18 Zystiden mit Reihen flacher, bandartiger Strukturen inkrustiert, am zugespitzten Ende meist glatt. Sp hyalin, lang und schmal zylindrisch, 10–16 × 1,5–3 µm ***Subulicystidium*** (*longisporum*)
18* Zystiden nicht oder nur fein inkrustiert. **19**
19 Sp spindelfö, dickwandig, cyanophil. Zystiden gegen das Ende verschmälert, weit aus dem Hymenium herausragend. Basidien keulenfö ***Jaapia***
19* Sp sichelfö, dünnwandig, nicht cyanophil. Zystiden fein inkrustiert, entstehen tief im Subiculum und überragen das Hymenium nur wenig. Basidien lang schlauchfö ***Chaetoderma*** (*luna*)
20 Sp kugelig bis ellipsoid, bis 8 µm lang. Zystiden nicht oder unregelmäßig inkrustiert ***Subulicium***
20* Sp anders, nicht im Gebiet vorkommende Gattungen **21**
21 Hyphensystem dimitisch, mit Skeletthyphen im Subiculum (nicht im Gebiet vorkommende Gattung *Fibricium*)
21* Hyphensystem monomitisch. Zystiden schmal konisch, mit scharfer Spitze (nicht im Gebiet vorkommende Gattung und Art *Crustoderma dryinum*)

Schlüssel IV-4: Krustenpilze: Zystiden dünnwandig oder fehlend; Rest der Gattungen soweit nicht vorab ausgewiesen (Fortsetzung von IV-2)

Nach RITTER, G. in MICHAEL, HENNIG, KREISEL (1988), S. 65–81

1 Sp dickwandig, meist deutlich cyanophil **2**
1 Sp dünnwandig **14**

Sporen dickwandig, meist cyanophil (2–13)

2 Hymenium mit sterilen Hyphenbündeln. Sp spindelfö, länger als 20 µm. An Sauergräsern und Rohrkolben ***Epithele*** (*typhae*)
2* Hymenium ohne sterile Hyphenbüschel **3**
3 Hymenium mit verzweigten, meist stark inkrustierten und daher brüchigen Elementen (Dendrohyphidien), kalkweiß bis gelblich ***Dendrothele***
3* Hymenium ohne solche Elemente. **4**
4 Basidien mit cyanophilen Tropfen im Plasma. Sp kugelig bis subglobos. Frk oft mit Rhizomorphen. **5**
4* Basidien ohne cyanophile Tropfen **6**
5 Alle Hyphen mit Schnallen. Hymenium creme bis ocker ***Cristinia*** (*Dacryobasidium; Byssocorticium*)

5* Nur die basalen Hyphen z. T. mit Schnallen. Hymenium weiß bis creme ***Cristinia***
6 Hyphen ohne Schnallen. **7**
6* Hyphen mit Schnallen. **8**
7 Sp kürzer als 9 µm, meist unter 6 µm, hellgelblich. Frk weiß bis gelborange, oft mit gelben Rhizomorphen. Hyphen z. T. fein inkrustiert. Falls Sp 7,5–9,5 × 6–7,3 µm, kugelig bis breit ellipsoid: ***Membranomyces*** ***Piloderma***
7* Sp länger als 9 µm, farblos. Frk frisch rosa, ohne Rhizomorphen ***Erythricium***
8 Hymenium mit dünnwandigen Zystiden. **9**
8* Hymenium ohne Zystiden. **12**
9 Basidien länger als 25 µm ***Hypochnicium***
9* Basidien kürzer als 25 µm. **10**
10 Sp breit ellipsoid, ca. 4–6 × 4–5 µm. Zystiden zylindrisch-keulig oder zugespitzt (früher zu *Lagarobasidium*) **11**
10* Sp schmal ellipsoid, ca. 6–7 × 3 µm ***Hypochniciellum*** (*molle*)
11 Zystiden pfriemenfö (subulat) ***Hypochnicium*** (*cymosum*)
11* Zystiden schmal keulenfö (clavat) ***Hyphodontia*** (*detritica*)
12 Frk ausgebreitet bis krustig, creme bis hellocker, das Hymenium nicht ablösbar. Sp breit ellipsoid bis kugelig, farblos, länger als 6 µm ***Hypochnicium***
12* Frk häutig bis etwas fleischig. Hymenium trocken leicht ablösbar, spröde, brüchig. Sp ellipsoid, hellgelblich **13**
13 Frk häutig bis wachsartig. Hymenium meist faltig oder warzig, gelb, orange bis ockerbraun ***Leucogyrophana***
13* Frk häutchenfö, dünn. Hymenium glatt, weißlich bis hellocker. ***Hypochniciellum***

Sporen dünnwandig (14–74)

14 Basidien in der Mitte etwas eingeschnürt (urnenfö) **15**
14* Basidien von anderer Form. **19**

– Basidien in der Mitte etwas eingeschnürt, urnenförmig (15–18)

15 Frk häutchenfö oder spinnwebartig. glatt, leicht vom Substrat lösbar. Hyphen oft mit öligen Einschlüssen ***Sistotrema***
15* Frk wachsartig oder filzig-flockig. **16**
16 Frk filzig-flockig. Hymenium mit Zystiden und/oder Zystidiolen **17**
16* Frk wachsartig, glatt, dünn. Hymenium ohne Zystiden **18**
17 Frk kalkweiß, häutig, meist auf *Sambucus* ***Hyphodontia*** (*sambuci*)
17* Frk creme bis ocker, seltener auch weißlich, auf verschiedenen anderen Substraten ***Grandinia***
18 Frk rosa bis orange. Sp ellipsoid. Parasitisch auf Gräsern ***Limonomyces***
18* Frk farblos oder mit rosa bis blauem Schimmer. Sp allantoid. Saprobiotisch auf Holz ***Galzinia***

– Basidien nicht urnenförmig (19–74)

19 Hymenium mit Repetobasidien (ältere Basidien werden von jüngeren durchwachsen) ***Repetobasidium***
19* Ohne Repetobasidien **20**

20 Sterigmen länger als 10 µm, kräftig und/oder Sp mit Sekundär-Sp keimend **21**
20* Sterigmen meist kürzer als 10 µm, Sp keimen mit Hyphe **26**

– – ***Sterigmen länger als 10 µm; Sporen mit Sekundärsporen keimend (21–25)***

21 Hyphen mit Schnallen, Basidien 4-sporig **22**
21* Hyphen ohne Schnallen. Basidien 2–4(–6)-sporig **23**
22 Frk frisch oliv bis violett-schwärzlich, trocken heller. Basidien hellbräunlich, konisch und gestielt, mit vielen Öltropfen im Plasma. Sp hellbräunlich ***Scotomyces*** (*subviolaceus*)
22* Frk grau. Hyphen und Sp farblos. Basidien ellipsoid bis keulenfö ***Sebacinella***
23 Mit flaschenfö Zystiden im Hymenium. Basidien zylindrisch bis keulenfö ***Oliveonia*** (*pauxilla*)
23* Zystiden fehlend. Basidien kurz konisch bis tonnenfö **24**
24 Basidien etwa doppelt so breit wie ihre Trägerhyphen, ein lockeres Hymenium bildend. Hyphen oft rechtwinkelig verzweigt ***Ceratobasidium***
24* Basidien etwa so breit wie ihre Trägerhyphen, palisadenartig angeordnet **25**
25 Sp mit Sekundärsp keimend ***Thanatephorus***
25* Sp mit Hyphe keimend ***Thanatephorus*** (*terrigenus*)

– – ***Sterigmen meist kürzer als 10 µm; Sporen mit Hyphen keimend (26–74)***

26 Hymenium mit baumfö verzweigten Elementen (Dendrohyphidien; brüchig und leicht zu übersehen). Frk bei einer Art dunkelblau **27**
26* Hymenium ohne solche Elemente. Frk nicht dunkelblau **30**

– – – ***Hymenium mit baumförmig verzweigten Elementen (27–29)***

27 Frk dunkelblau, häutig-krustig, z. T. warzig. Hyphen und Sp hellbläulich. Dendrohyphidien z. T. selten ***Terana*** (*coerulea*)
27* Frk von anderer Farbe **28**
28 Frk kalkweiß, creme bis gelblich. Sp dickwandig, cyanophil. Oft an der Rinde lebender Bäume ***Dendrothele***
28* Frk von anderer Farbe. Sp dünnwandig **29**
29 Frk ausgebreitet, derb häutig. Hymenium mit ellipsoiden bis spindelfö Gloeozystiden. Basidien schlank keulenfö, meist kürzer als 50 µm ***Peniophora***
29* Frk weich häutig bis wachsartig. Hymenium ohne Gloeozystien, wohl aber z. T. mit dünnwandigen Zystiden (Leptozystiden). Basidien am Grunde oft angeschwollen, oft länger als 50 µm ***Corticium***

– – – ***Hymenium nicht mit baumförmig verzweigten Elementen (30–74)***

30 Frk rosa bis orange, wattig bis wachsartig, mit rosa Rhizomorphen, parasitisch auf Gräsern. Hymenium mit sterilen Hyphenbüscheln. Hyphen ohne Schnallen ***Laetisaria*** (*fuciformis*)
30* Merkm anders, Hymenium ohne sterile Hyphenbüschel **31**
31 Zystiden im Hymenium vorhanden (Lepto- oder Gloeozystiden) **32**
31* Ohne Zystiden im Hymenium, z. T. mit einfachen Hyphidien **37**

– – – ***Zystiden im Hymenium vorhanden (32–36)***

32 Hyphen ohne Schnallen **33**

32* Hyphen mit Schnallen **37**

33 Frk leicht vom Substrat abzuheben, dünn, häutchenfö. Basidien locker, doldenartig angeordnet. Zystiden zylindrisch ***Athelia*** (*cystidiophora*)

33* Frk nicht leicht vom Substrat ablösbar, häutig bis krustig. Basidien in dichter Palisade **34**

34 Zystiden kopfig. Sp breit ellipsoid, ca. 10 × 8 µm ***Hyphoderma*** (*capitatum*)

34* Zystiden zylindrisch bis pfriemenfö. Sp meist unter 10 µm lang **35**

35 Zystiden meist priemenfö. Basale Hyphen oft breit, etwas dickwandig, meist nahe den Septen verzweigt, z. T. mit vereinzelten Schnallen ***Phanerochaete***

35* Zystiden zylindrisch bis keulenfö **36**

36 Frk wachsartig, glatt bis warzig, trocken rissig, ocker bis braun ***Phlebia*** (*deflectens*)

36* Frk häutig, glatt bis faltig, orangerot bis purpurschwarz ***Gloeoporus*** (*taxicola*)

– – – ***Ohne Zystiden im Hymenium, aber z. T. mit einfachen Hyphidien (37–74)***

37 Hyphensystem dimitisch, mit dickwandigen, dextrinoiden Skeletthyphen. Sp spindelfö ***Merulicium*** (*fusisporum*)

37* Hyphensystem monomitisch **38**

38 Mit besonderen Zystiden: apikal eine ± große blasenartige und ölhaltige Zelle tragend. Bei einer Art zusätzlich mit Zystidiolen, die einen sternfö Kristalschopf tragen ***Resincium***

38* Zystiden anders **39**

39 Hymenium nur mit Gloeozystiden, diese zylindrisch, mit Öltröpfchen. Basidien 2-sporig. Sp 11 × 7 µm (wenn Sp 4 × 2 µm vgl. *Parvobasidium cretatum*) ***Clavulicium*** (*macounii*)

39* Gloeozystiden fehlend, nur mit Leptozystiden **40**

40 Basidien kugelig bis kurz konisch, klein, ca. 8 µm lang. Zystiden kopfig. Frk wachsartig, sehr dünn, kaum sichtbar ***Sphaerobasidium*** (*minutum*)

40* Basidien keulenfö bis zylindrisch, z. T. schwach urnenfö, meist länger als 8 µm. Frk meist deutlich erkennbar **41**

41 Basidien in kandelaberartigen Büscheln, schwach urnenfö **42**

41* Basidien in dichter Palisade, zylindrisch bis keulenfö, kaum urnenfö **43**

42 Frk kalkweiß, häutig, meist auf *Sambucus* ***Hyphodontia*** (*sambuci*)

42* Frk creme bis ocker, seltener auch weißlich, auf verschiedenen anderen Substraten ***Grandinia***

43 Frk wachsartig, trocken hornig-krustig (also mit Spatium zwischen trocken und hornig) **44**

43* Frk häutig, trocken weich bis spröde **45**

44 Basidien sackfö, plump. Zystiden zylindrisch bis konisch, basal deutlich inkrustiert ***Lepidomyces*** (*subcalceus*)

44* Basidien schmal keilenfö. Zystiden basal nicht inkrustiert; dickwandige Zystiden (Lamprozystiden) z. T. vorhanden ***Phlebia***

45 Hyphen und Zystiden stark cyanophil, Zystiden z. T. mit blasenfö Abschnürung an der Spitze, spindelfö bis zylindrisch. Sp spindelfö bis ellipsoid, cyanophil ***Coronicium***

45* Frk ohne cyanophile Elemente, Zystiden ohne blasenfö Abschnürungen **46**
46 Hymenium häutchenfö ablösbar, brüchig-spröde. Zystiden zylindrisch ***Ceraceomyces***
46* Hymenium nicht leicht ablösbar, am Subiculum ± fest haftend **47**
47 Sp tropfenfö, oft zu mehreren (2–4) verklebt, ca. 10 × 5 µm. Frk creme bis bräunlich, ausgebreitet bis effus-reflex ***Cylindrobasidium*** (*laeve*)
47* Sp nicht tropfenfö, nicht zu mehreren verklebt; Sp-Maße anders **48**
48 Sp subglobos bis breit ellipsoid ***Cerocorticium*** (*sulphureoisabellina*)
48* Sp ellipsoid, zylindrisch oder allantoid ***Hyphoderma***
49 Zellen im Subhymenium sehr kurz, tonnenfö oder konisch **50**
49* Zellen im Subhymenium ± zylindrisch **51**
50 Frk vom Substrat leicht lösbar, glatt, dünnhäutig. Zellen im Subhymenium konisch-kreiselfö. Basidien 20–30 µm lang ***Conohypha*** (*albocremea*)
50* Frk vom Substrat nicht leicht ablösbar, glatt bis warzig. Zellen im Subhymenium tonnenfö. Basidien 10–20 µm lang ***Brevicellicium***
51 Hyphensystem dimitisch mit stark cyanophilen Skeletthyphen. Frk creme bis braun mit orangem Ton, glatt, mit Rhizomorphen ***Fibriciellum*** (*silvae-ryae*)
51* Hyphensystem monomitisch **52**
52 Parasitisch auf Äpfeln. Gräsern oder Pilzen **53**
52* Saprobiotisch, meist auf anderen Substraten **55**
53 Auf lagernden Äpfeln Flecken bildend („Fischaugenfäule“). Frk flockig bis häutchenfö, creme bis ocker. Hyphen und Sp cyanophil ***Butlerelfia*** (*eustacei*)
53* Nicht auf Lageräpfeln **54**
54 Parasitisch auf Gräsern, ein dünnhäutiges Hymenium bildend. Sp allantoid ***Exobasidiellum*** (*graminicola*)
54* Parasitisch auf Pilzen (*Collybia* s. l.; *Hypochniciellum*). Frk gallertig, Flach, feinwarzig oder hirnfö Gallen überziehend ***Syzygospora***
55 Frk leicht vom Substrat ablösbar, dünn, häutchenartig **56**
55* Frk nicht leicht ablösbar, häutig, wachsartig bis hornig-krustig, selten auch effus-reflex **64**

––––– ***Fruchtkörper vom Substrat leicht ablösbar (56–63)***

56 Hyphen an den Septen oft ampullenartig angeschwollen, mit Schnallen ***Trechispora***
56* Hyphen an den Septen ohne ampullenfö Anschwellungen, mit oder ohne Schnallen . . **57**
57 Sp breit spindelfö ***Luellia***
57* Sp von anderer Form
58 Hyphen ohne Schnallen. Basidien keulenfö, in doldenartigen Büscheln angeordnet. Hymenium weiß bis creme ***Athelia***
58* Hyphen zumindest mit verstreuten Schnallen **59**
59 Subiculum zimtfarben. Hymenium weiß bis creme. Basale Hyphen dickwandig, braun, meist fein inkrustiert. Oft mit Rhizomorphen ***Leptosporomyces*** (*fuscostratus*)
59* Subiculum ± farblos **60**
60 Basidien wenig lang, bis 13 µm, zylindrisch bis keulenfö. Hymenium weiß bis creme, oder rosa ***Leptosporomyces***

60* Basidien länger als 13 µm **61**
61 Subiculum locker, spinnwebartig. Hymenium sehr dünn, zerbrechlich **62**
61* Subiculum fädig-flockig. Hymenium etwas wachsartig, in Schollen zerbrechend. . **63**
62 Frk weiß bis creme. Basidien keulenfö, in lockeren, doldenartigen Büscheln ***Athelia***
62* Frk creme, gelblich bis ocker, z. T. auch mit grünlichem Ton. Basidien gestielt-keulenfö, dichter angeordnet ***Athelopsis***
63 Basidien meist länger als 20 µm. Hymenium glatt bis etwas faltig, creme, gelb bis ocker, auch schwach lila ***Ceraceomyces***
63* Basidien meist kürzer als 20 µm. Hymenium meist glatt, weiß bis creme, z. T. bis ocker ***Fibulomyces***

– – – – ***Fruchtkörper nicht leicht vom Substrat ablösbar (64–74)***

64 Hyphen mit Schnallen **65**
64* Hyphen ohne Schnallen. **71**

– – – – – ***Hyphen mit Schnallen (65–70)***

65 Basidien sackfö, meist kürzer als 20 µm. Frk grau, wachsartig, sehr dünn ***Aphanobasidium***
65* Basidien terminal, keulenfö, zylindrisch bis schwach urnenfö, meist länger als 20 µ ***66***
66 Frk wachsartig, trocken krustig bis hornartig **67**
66* Frk häutig, trocken weichfilzig bis weich lederig. **69**
67 Basidien sehr lang, 60–100 µm. Sp allantoid bis ellipsoid, länger als 15 µm. Frk unter der Rinde des Substrates angelegt, nach deren Aufreißen frei liegend. Hymenium glatt, creme bis grauocker ***Vuilleminia***
67* Basidien und Sp kürzer. Frk nicht unter der Rinde von Holz angelegt. **68**
68 Sp breit ellipsoid bis kugelig, breiter als 6 µm. Basidien meist gestielt-keulenfö, oft mit vielen Öltropfen, 6–14 µm breit ***Cerocorticium***
68* Sp schmal ellipsoid, zylindrisch bis allantoid, bis 4 µm breit. Basidien schmal keulenfö, unter 7 µm breit ***Phlebia***
69 Alle Septen mit Schnallen. **70**
69* Nur vereinzelte Septen mit Schnallen (nur an basalen Hyphen). Sp ellipsoid bis zylindrisch. ***Phanerochaete***
70 Sp ellipsoid z. T. zylindrisch bis allantoid ***Hyphoderma***
70* Sp tropfenfö, oft zu 2–4 verklebt ***Cylindrobasidium*** (*laeve*)

– – – – – ***Hyphen ohne Schnallen (71–74)***

71 Sp spindelfö, 7–11 µm lang. Frk häutig, mit körnig-krümeliger Struktur, hellorange bis ocker ***Athelidium*** (*aurantiacum*)
71* Sp meist kürzer als 7 µm, nicht spindelfö. Frk häutig bis wachsartig **72**
72 Frk wachsartig, glatt, creme oder weißlich-grünlich bis ocker. Basidien schmal keulenfö, 20–30 µm lang ***Phlebia*** (*cremeoochracea*)
72* Frk häutig, ausgebreitet bis effus-reflex **73**
73 Schnallen völlig fehlend **74**
73* Einige (basale) Hyphen mit vereinzelten einfachen oder multiplen Schnallen. Hyphen meist nahe den Septen verzweigt ***Phanerochaete***

74 Hymenium erst glatt, später trocken faltig bis fast porig, creme, orangebräunlich. Hyphen ± horizontal oder unregelmäßig orientiert ***Byssomerulius*** (*corium*)

74* Hymenium warzig-stachelig, creme; in den Stacheln mit inkrustierten Hyphenbüscheln. Hyphen im Subiculum vorwiegend vertikal orientiert ***Hyphodermella*** (*corrugata*)

Schlüssel V: Keulen- und Korallenpilze (Basidiomycota)

Literatur: HANSEN, L., KNUDSEN, H. (1997). – JÜLICH, W. (1984). – KREISEL, H. in MICHAEL, HENNIG, KREISEL (1988). – Gattungsschlüssel u. a. nach JÜLICH 1984 und KREISEL 1988 verändert und ergänzt

1 Frk holzig-zäh, gänzlich oder in unterer Hälfte schwarz, unverzweigt-keulig oder verzweigt-geweihfö und dann Spitzen weiß siehe **Ascomycetes** (*Xylaria*)

1* Frk mi anderen Merkm, nicht holzig-zäh **2**

2 Frk bildet Schläuche (Asci) siehe **Ascomycetes**

2* Frk bildet keine Schläuche, vielmehr Basidien oder Frk steril **3**

3 Frk orange-rot, bis zu 1,5 cm hoch, fingerfö oder besenfö verzweigt, steril, auf modrigem Laub ***Anthina*** (*flammea*)

3* Frk anders, Basidien bildend. **4**

4 Frk verzweigt **5**

4* Frk unverzweigt **17**

Frk verzweigt (5–16)

5 Frk mit blattfö, welligen oder blattfö-krausen Ästen, reich verzweigt ***Sparassis***

5* Frk nicht so verzweigt. **6**

6 Frk lebhaft orange, auch goldgelb, knorpelig-gallertig. Hyphensepten ohne Schnallen. Basidien tief gegabelt (stimmgabelartig). Sp 7–8–13 µm lang, meist durch Septen unterteilt ***Calocera***

6* Frk nicht lebhaft goldgelb bis orange und auch sonst mit anderen Merkm **7**

7 Frk braun, stinkend und/oder Sp braun und/oder gelappt, höckerig-warzig ***Thelephora***

7* Merkm anders. Sp nicht höckerig-warzig, nicht gelappt **8**

8 Sp gelblich, ocker oder braun, cyanophil. ***Ramaria***

8* Sp hyalin **9**

9 Verzweigungen des Frk aus den Rändern becherartiger Vertiefungen (wie bei der Flechte *Cladonia pyxidata*) hervorgehend, wirtelig. Sp amyloid. Hymenium mit Gloeozystiden. Auf Holz ***Artomyces*** (*pyxidatus*)

9* Verzweigungen und auch übrige Merkm anders. **10**

10 Frk reich verzweigt mit dünnen Ästen, Trama dimitisch mit hyalinen bis gelblichen, nur mäßig dickwandigen Skeletthyphen ***Pterula***

10* Merkm anders, besonders Hyphensystem mono- oder dimitisch **11**

11 Basidien in ihrem oberen Teil längs geteilt. Dimitisch, Skeletthyphen hyalin. Frk 2–7 cm hoch, fest-gallertig. Sp hyalin, spindelig, 10–20–24 µm lang ***Tremellodendropsis*** (*tuberosa*)

11* Basidien nicht längs geteilt und auch übrige Merkm verschieden **12**

12 Basidien mit zwei stark einwärts gekrümmten Sterigmen. Frk oft weiß oder grau ***Clavulina***

12* Basidien mit 4 Sterigmen, selten mit 2 und dann wenig gebogenen Sterigmen. . . . **13**

13 Frk lederartig zäh, biegsam. Frk mit Eisen(II)sulfat grün. **14**

13* Frk fleischig, zerbrechlich, locker verzweigt **15**

14 Mit Algen assoziiert. Frk weiß bis ocker, Hyphensepten mit Schnallen, (Abgrenzung gegenüber *Lentaria* umstritten) ***Multiclavula***

14* Nicht mit Algen assoziiert. Frk weiß, dann kastanienbraun, Hyphensepten ohne Schnallen (Abgrenzung gegenüber *Multiclavula* umstritten) ***Lentaria*** (*afflata*)

15 Hyphensepten ohne Schnallen, oft mit Sekundärsepten. Basidien an der Basis ohne Schnallen oder mit weiten Schnallenbögen ***Clavaria***

15* Hyphensepten meist mit Schnallen, ohne Sekundärsepten. Basidien an der Basis ohne oder mit regulären Schnallen **17**

16 Sp stachelig. Hyphensepten mit Schnallen ***Ramariopsis***

16* Sp glatt. Hyphensepten meist mit Schnallen ***Clavulinopsis***

Frk unverzweigt (17–35)

17 Frk lang (10–30 cm) und/oder dick (× 0,5–9 cm), oder nur lang und dabei schlank (10–40 × 0,05–0,2–1,3 cm)., z. T. mit Eisen(II)sulfat grün. z. T. Hyphen stark angeschwollen an den Querwänden **19**

17* Frk anders, nicht so groß. Hyphen nicht stark angeschwollen an den Querwänden, allenfalls auf ganzer Länge angeschwollen. **21**

*– **Frk sehr groß-unverzweigt (19–20)***

19 Frk bis 15 cm hoch, gestielt, der fertile Teil lang pfriemenfö. S mit Kaulozystiden ***Macrotyphula***

19* Frk ohne abgesetzten S **20**

20 Frk innen nicht hohl, vielmehr ausgestopft oder voll ***Clavariadelphus***

20* Frk innen hohl ***Macrotyphula***

*– **Frk kleiner-unverzweigt (21–36)***

*– – **Mit gloeopleren Hyphen (21)***

21 Mit gloeopleren Hyphen (d. h. mit zahlreichen Öltröpfchen im Plasma), die z. T. als Gloeozystiden enden, im Hymenium. Frk keulenfö, trompetenfö. Hyphensepten ohne Schnallen ***Clavicorona*** (*taxophila*)

21* Ohne gloeoplere Hyphen und ohne Gloeozystiden. **22**

*– – **Ohne gloeoplere Hyphen (22–36)***

22 Basidien mit 2 stark einwärts gekrümmten Sterigmen ***Clavulina***

22* Basidien mit 4 Sterigmen, selten mit 2 und dann wenig gebogenen Sterigmen. . . . **23**

23 Sp stachelig ***Clavulinopsis***

23* Sp glatt **24**

24 Frk an Holz **25**

24* Frk an Pflanzenresten, an abgefallenen Zweigen oder am Boden **26**

– – – ***Frk an Holz (25)***

25 Frk 1–2 mm hoch, gestielt-kopfig. Basidien 2-zellig, mit schrägem Septum **_Stilbum_** (*vulgare*)

25* Frk größer und auch sonst mit anderen Merkm, weiß bis cremefarben, aus Algenkolonien herauswachsend. Hyphen dickwandig, mit Schnallen (Abgrenzung gegenüber *Lentaria* schwierig) **_Multiclavula_** (*mucida*)

– – – ***Frk an Pflanzenresten, abgefallenen Zweigen oder auf dem Boden (26–36)***

26 Frk mit fadenfö S und abgesetztem oberen (Kopf-)Teil **27**

26* Frk ohne S **29**

27 Kopfteil des Frk scheibenfö, Frk winzig. **28**

27* Kopfteil nicht scheibenfö. Frk bis 2 cm hoch, der fertile Teil kugelig oder keulig. S mit haarfö Zystiden **_Typhula_**

28 Basidien septiert, 4-zellig. An faulenden Kartoffeln in Gruppen **_Atractiella_** (*solani*)

28* Basidien unseptiert, einzellig. An toten Grasblättern und Zweigen **_Typhula_**

29 Frk klein, meist unter 3 cm lang, oft mit Sklerotien **30**

29* Frk größer als 3 cm, meist ohne Sklerotien. **32**

30 Frk sehr klein bis zu 1 mm oder nur wenig größer **_Typhula_**

30* Frk größer als 3 cm **31**

31 Frk mit Sklerotien **_Typhula_**

31* Frk ohne Sklerotien **_Macrotyphula_**

32 Frk fadenfö, pfriemenfö **33**

32* Frk spindelfö oder keulenfö **34**

33 Trama zäh, dimitisch (mit Skeletthyphen) **_Pterula_** (*gracilis*)

33* Trama nicht zäh, monomitisch (nur mit generativen Hyphen) **_Ceratellopsis_**

34 Hyphensepten ohne Schnallen **_Clavaria_**

34* Hyphensepten mit Schnallen. **35**

35 Frk weiß, gelb oder orange **_Ramariopsis_**

35* Frk ocker, ockergelb, rostgelb, orange, mitunter rosa oder violett überlaufen **36**

36 Frk bis 1,5 oder 2,5 cm lang. Mit Grünalgen assoziiert. In sandigen NaW oder auf Blumenerde unter Gras **_Multiclavula_**

36* Frk länger als 2,5 cm, innen durchgehend hohl. Nicht mit Grünalgen assoziiert. Auf reicheren, tiefgründigen Waldböden **_Macrotyphula_**

Schlüssel VI: Fruchtkörper mit labyrinthartigem oder porenförmigem Hymenophor: Wirrlinge und Porlinge (Basidiomycota)

Literatur: HANSEN, L., KNUDSEN, H. (1997). – JÜLICH, W. (1984). – KREISEL, H. in MICHAEL, HENNIG, KREISEL (1988). – Gattungsschlüssel u. a. nach JÜLICH 1984 und KREISEL 1988 verändert und ergänzt

1 Frk konsolenfö oder gestielt-hutfö, nicht resupinat **Schlüssel VI-1**

1* Frk resupinat, krustenfö dem Substrat anliegend **Schlüssel VI-2**

Schlüssel VI-I: Fruchtkörper konsolenfö oder gestielt-hutfö

1 Frk ungestielt. **2**
1* Frk gestielt oder mit angedeutetem zentralen oder seitlichem Stiel **3**
2 Hymenophor labyrinthisch bis lamellenartig **23**
2* Hymenophor porenfö **43**

Mit angedeutetem oder seitlichem Stiel (3–22)

3 Frk vielhütig, mit gemeinsamem verzweigten strunkartigen Stiel **4**
3* Frk einhütig oder im dichten Stand Hüte miteinander verwachsen, dabei aber die Stiele frei und einzeln **10**
4 Frk zentral gestielt, H ± kreisrund. **5**
4* Frk seitlich gestielt, H spatel- oder fächerfö **6**
5 H braun, Poren und S weißlich **Polyporus** (*umbellatus*)
5* Frk in allen Teilen rein weiß. Alpen **Osteina** (*obducta*)
6 Trama tief braun, anfangs weich und wässrig. H stark filzig, braun. Poren olivgrün, später braun. neben oder an NaH-Stümpfen **Phaeolus** (*spadiceus*)
6* Trama weiß bis blassbräunlich. H kahl oder etwas samtig **7**
7 Poren an Druckstellen schwärzend, zunächst gelblich. H-Oberfläche deutlich gezont, braun oder bräunlich. An LaH-Stümpfen **Meripilus** (*giganteus*)
7* Poren nicht schwärzend, weiß. H-Oberfläche nicht oder undeutlich gezont **8**
8 Auf Holz von Tanne (seltener Fichte). H groß, weißlich bis gelbbraun. Sp mit amyloiden Warzen **Bondarzewia** (*mesenterica*)
8* Auf oder an LaH oder über LaB-Wurzeln. Sp ohne amyloide Warzen. **9**
9 Auf Waldboden über LaB-Wurzeln. Frk groß, blumenkohlartig, mit zahlreichen bis 8 cm breiten, graubraunen Hüten. Sp ellipsoid, 5–7 × 3,5–5 µm. Trama einschichtig **Grifola** (*frondosa*)
9* Auf LaH in Bodennähe. Frk kleiner, mit wenigen 1–6 cm breiten weißlichen Hüten. Sp glatt, cyanophil, fast kugelig, 4,5–6 × 3,7–5 µm. Trama zweischichtig, oben weich, unten fest **Loweomyces** (*fractipes*)
10 Trama fleischrötlich oder ocker mit rötlichen Fasern, anfangs mit rötlichem Saft (Frk drücken!). Röhren einzeln, voneinander getrennt. Vornehmlich auf Eiche, selten auf anderen Laubhölzern **Fistulina** (*hepatica*)
10* Merkm anders **11**
11 Trama braun oder mit einer braunen Schicht **12**
11* Trama weiß bis gelblich **16**
12 H-Oberfläche kahl bis höchstens kurzsamtig, meist deutlich gezont **13**
12* H-Oberfläche stark filzig, ungezont bis undeutlich gezont. **15**
13 Trama im H weniger als 8 mm dick. H ohne Kruste, oberseits samtig später kahl, zentral gestielt, auf Waldboden **Coltricia**
13* Trama im H meist dicker. H mit rindenartiger Kruste, oberseits von Beginn an kahl. S exzentrisch bis seitlich, an Holz **14**

14 H glänzend, orange-, purpurrot bis schwarz oder auch glanzlos und grau. Trama über den Röhren tabakbraun, sonst weißlich bis hellocker oder auch ganz braun. Spp braun, den H oft in dichter Schicht bedeckend. Sp braun, warzig. Meist an LaH ***Ganoderma***

14* H nicht glänzend, braun. Trama gleichmäßig hellbraun. Sp farblos, glatt. An Stümpfen und Wurzeln von NaB, besonders von Tanne ***Podofomes*** (*trogii*)

15 Trama (rot-)braun. Hymenium mit dunkelbraunen, spitzen, geraden oder hakenfö gebogenen Seten. Über Stümpfen oder Wurzeln von NaB (Na-Holz; scheinbar auf Na-Streu) ***Inonotus*** pr.p. (früher als *Onnia*)

15* Trama oben weiß, unten ockerbräunl. Seten fehlend. Über Wurzeln von LaB. Selten über Wurzeln von NaB ***Abortiporus*** (*biennis*)

16 Frk auf Erdboden **17**

16* Frk auf Holz **18**

17 Trama weichfleischig, an der Luft rötend. Sp rundlich, höckerig, graubräunlich ***Boletopsis***

17* Trama zähfleischig bis lederig, nicht rötend. Sp farblos, zylindrisch, glatt ***Polyporus*** (*tuberaster*)

18 Trama faserig, monomitisch. H weiß bis weißlich **19**

18* Trama nicht faserig **20**

19 Trama einschichtig. Frk in allen Teilen weiß. Hymenium mit dickwandigen Zystiden. NaH, seltener LaH ***Climacocystis*** (*borealis*)

19* Trama zweischichtig, Hymenium ohne auffallende Zystiden. LaH in Bodennähe ***Loweomyces*** (*fractipes*)

20 H mit lederartiger abziehbarer, dicker Haut. H-Oberfläche kahl. H-Trama dicker als 1,5 cm **21**

20* H ohne abziehbare Deckschicht. H-Oberfläche kahl, filzig oder schuppig, H-Trama weniger dick **22**

21 An Birke. Frk nierenfö. S kurz, seitlich wie verjüngender Teil des H gegen das Substrat gerichtet ***Piptoporus*** (*betulinus*)

21* An Eiche. Frk zungenfö in den seitlichen S verschmälert ***Buglossoporus*** (*quercinus*)

22 H-Trama bitter schmeckend. S meist seitlich. An Stümpfen von Tanne (*Abies*) ***Jahnoporus*** (*hirtus*)

22* Geschmack mild, nicht bitter. S zentral bis exzentrisch. LaH ***Polyporus***

Fruchtkörper ohne Stiel (23–100)

– Wirrlinge und wirrlingsartige Porlinge, Konsolen mit lamellenartigem oder labyrinthischem Hymenophor (23–42)

23 Hymenophor lamellenartig **24**

23* Hymenophor labyrinthisch **28**

24 L längs gespalten, ihre Hälften bei Trockenheit eingerollt bei Feuchtigkeit vorgestreckt, graurosa. H hellgrau, filzig. ***Schizophyllum*** (*commune*)

24* L nicht längs gespalten, sich nicht in der beschriebenen Weise verhaltend **25**

25 Trama weiß ***Lenzites*** (*betulina*)

25* Trama korkfarben oder braun **26**

26 H-Oberfläche kahl. Trama hellbraun, korkfarben **27**

26* H-Oberfläche filzig. Trama dunkler braun ***Gloeophyllum***

27 L 1–2 mm voneinander entfernt, dick, stumpfrandig. H nur undeutlich gezont ***Daedalea*** (*quercina*)

27* L höchstens 1 mm voneinander entfernt, scharfrandig. H wenigstens gegen seinen Rand mit mehreren deutlichen Zonen ***Daedaleopsis*** (*confragosa*)

28 Trama weiß, so jedenfalls bei frischen Frk **29**

28* Trama von Beginn an braun oder bräunlich **32**

29 Trama zweischichtig, oben schwammig, unten faserig. H-Oberfläche filzig **30**

29* Trama einheitlich, nicht zweischichtig **35**

30 H weiß, ungezont, fein filzig, später strohfarben und verkahlend, bis 6 cm, undeutlich gestielt. Sp cyanophil ***Loweomyces*** (*fractipes*)

30* Merkm anders. Sp acyanophil **31**

31 Röhren 2–3 mm lang. Trama trockener Frk steinhart. Hymenium mit dickwandigen Zystuiden. Meist an NaH ***Climacocystis*** (*C. borealis*)

31* Röhren 3–20 mm lang. Trama trockener Frk korkartig. Hymenium ohne Zystiden. LaH ***Spongipellis***

32 Frk effus oder effus-reflex. Trama dimitisch. An NaH oder LaH **33**

32* Frk fächer- oder konsolenfö. Trama trimitisch **34**

33 H-Oberfläche deutlich gezont. An NaH ***Antrodia*** (*heteromorpha*)

33* H ungezont oder keine H-Kanten bildend. LaH ***Schizopora*** (*paradoxa*)

34 Frk flach, konsolenfö, ± halbkreisfö, 1–2 cm dick. H-Oberfläche deutlich gezont, filzig ***Trametes*** (*gibbosa*)

34* Frk fächerfö, 2–5 mm dick, H-Oberfläche fast kahl, angedrückt radialfaserig ***Antrodiella*** (*foliaceodentata*)

35 Frk ± gestielt, fächer- oder kreiselfö, am Boden über Wurzeln oder nahe Stümpfen . . **36**

35* Frk ungestielt. konsolenfö oder effus-reflex, auf Holz **37**

36 Trama satt braun und von einheitlicher Struktur. Poren jung olivgrün, später olivbraun bis braun ***Phaeolus*** (*spadiceus*)

36* Trama lederfarben, zweischichtig, oben schwammig, unten faserig. Poren junger Frk an Druckstellen rötend ***Abortiporus*** (*biennis*)

37 Röhren geschichtet. Hymenium mit dunkelbraunen Seten. NaH (Kiefer, Fichte, Lärche) ***Porodaedalea***

37* Röhren nicht geschichtet. Hymenium ohne Seten **38**

38 H-Oberfläche kahl **39**

38* H-Oberfläche filzig behaart **42**

39 Frk effus-reflex. Poren eng. Trama dimitisch ***Antrodia*** (*malicoria*)

39* Frk konsolenfö oder fächerfö. Trama trimitisch **40**

40 Poren bzw. Wirrgänge 1–2 mm weit, stumpfrandig, nicht rötend. H-Kante stumpf. Meist auf Eiche ***Daedalea*** (*quercina*)

40* Poren höchstens 1 mm weit, scharfrandig. H-Kante scharf **41**

41 Poren frischer Frk rötlich anlaufend, etwas radial gestreckt. Frk einzeln oder in lockeren Gruppen ***Daedaleopsis*** (*confragosa*)

41* Poren nicht so verfärbend, nicht radial gestreckt. Frk dachziegelig ***Antrodiella*** (*foliaceodentata*)

42 Poren grau. Trama blass bräunlich. Unter dem H-Filz befindet sich eine schwärzliche Schicht ***Cerrena*** (*unicolor*)

42* Poren braun, oft lamellenfö gestreckt. Trama braun, ohne schwärzliche Schicht ***Gloeophyllum***

– Hymenophor porenförmig (43–100)

– – Fruchtkörper konsolenförmigen bis effus-reflex (43–100)

43 Frk konsolenfö, fächerfö bis effus-reflex **44**

43* Frk krustenfö (effus) siehe **Schlüssel VI-2**

44 Trama weiß bis cremefarben **45**

44* Trama rosa, gelb bis braun, jedenfalls nicht weiß **67**

– – – Trama weiß bis cremefarben (45–66)

45 Röhren geschichtet, Frk mehrjährig **46**

45* Röhren ungeschichtet, Frk einjährig **48**

– – – – Röhren geschichtet, Frk mehrjährig (46–47)

46 An Holz von LaB. Frk oberseits ohne Kruste, dachziegelig angeordnet, grauweiß oder ledergelb. Im Hymenium mit kristalltragenden Zystiden. Hyphensepten ohne Schnallen. Sp kugelig bis breit ellipsoid, 4–5,5 × 3–4 µm. Frk oberseits oft von Moos überzogen ***Oxyporus*** (*populinus*)

46* An Lärche (*Larix*) in den Alpen, selten. Frk oberseits mit Kruste, die teils harzig ist. Auch sonst mit anderen Merkm **47**

47 Frk oberseits purpurrot bis kastanienbraun. Geschmack nicht bitter. Sp braun, warzig, 9–12 × 6–8 µm ***Ganoderma*** (*valesiacum*)

47* Frk oberseits schmutzig weiß, grau oder lederfarben, alt stark rissig. Geschmack bitter. Sp farblos, glatt, 4–5,5 × 3–4 µm. An Lärche (*Larix*) ***Laricifomes*** (*officinalis*)

– – – – Röhren ungeschichtet (48–66)

48 Poren winzig, 5–9 auf 1 mm. Frk effus-reflex, oberseits nicht gezont. Sp 3–4 × 0,5–1 µm, schmal zylindrisch bis etwas allantoid ***Skeletocutis*** (*nivea*)

48* Poren größer, höchstens 4 auf 1 mm **49**

49 Trama von Beginn an zäh oder lederig **50**

49* Trama zunächst weich und saftig, später käseartig bröckelig oder knochenhart . . . **58**

– – – – – Trama zäh oder lederig (50–57)

50 Poren länglich, etwas radial gestreckt. H-Oberfläche filzig und gezont, oft von Algen grün ***Trametes*** (*gibbosa*)

50* Poren rund oder eckig, nicht radial gestreckt **51**

51 H-Oberfläche filzig oder zottig **52**

51* H-Oberfläche kahl (dabei bisweilen radialfaserig oder runzelig) oder schwach samtig **55**

– – – – – – ***Hutoberfläche filzig oder zottig (52–54)***

52 Frk dünn, meist unter 1 cm dick. H-Oberfläche meist auffällig gezont **53**

52* Frk meist über 1 cm dick. H-Oberfläche ungezont **54**

53 Poren weiß, grau oder ocker bis orange. Hymenium ohne Zystiden ***Trametes***

53* Poren (besonders jung) mit lilafarbenem oder violettem Ton. Hymenium mit kristalltragenden Zystiden ***Trichaptum***

54 Mit Anisgeruch. An Holz von Weiden. Poren anfangs rund ***Trametes*** (*suaveolens*)

54* Ohne Anisgeruch. Poren von Beginn an eckig. An Holz verschiedener LaB. ***Funalia*** (*trogii*)

– – – – – – ***Hutoberfläche kahl (55–57)***

55 Hyphensepten ohne Schnallen. An LaH ***Antrodiella*** (*onychoides*)

55* Hyphensepten mit Schnallen. An NaH oder an LaH. **56**

56 Braunfäule verursachend (befallenes Holz braun gefärbt). Meist an NaH ***Antrodia, Fibroporia***

56* Weißfäule verursachend (befallenes Holz weiß gefärbt). Meist an LaH **57**

57 Trama trimitisch (d. h. mit unverzweigten bis wenig verzweigten Skeletthyphen und mit Bindehyphen, dies sind dickwandige verzweigte Hyphen) ***Trametes***

57* Trama dimitisch (d. h. ohne Bindehyphen; wohl aber mit Skeletthyphen) ***Antrodiella***

– – – – –***Trama weich (58–66)***

58 H-Trama einheitlich, einschichtig **59**

58* H-Trama zweischichtig, die obere Schicht filzig-schwammig **65**

– – – – – – – – ***Trama einheitlich, einschichtig (59–64)***

59 Poren (jung und lange so bleibend) gelb. H-Oberfläche satt orangegelb, später ausblassend. Trama käseartig bröckelig. Frk flach 10–30 cm, einzeln oder dachziegelig ***Laetiporus*** (*sulphureus*)

59* Poren nicht gelb, vielmehr weiß oder verfärbend, jedoch dabei nicht gelb werdend **60**

60 Hymenium mit recht dickwandigen (nicht amyloiden) Zystiden ***Climacocystis*** (*borealis*)

60* Hymenium ohne Zystiden **61**

61 H gelbbräunlich bis orangebräunlich, filzig. Sp breit ellipsoid bis subglobos 3–4,5 × 2,5–3,5 µm. Trama dimitisch mit unverzweigten Skeletthyphen. Auf Erde oder an Zweigen ***Loweomyces*** (*wynnei*)

61* H anders gefärbt, falls gelb oder gelblich, dann nicht auf Erde und nicht an auf Erde liegenden Zweigen. Trama mono- oder dimitisch. **62**

62 Frk kissenfö bis knollig-konsolenfö, weiß, später ockerfarben bis bräunlich, auch mit Rosaschimmer. An LaH (besonders *Malus*). Trama schwach konzentrisch gezont, monomitisch, ohne Binde- und Skeletthyphen. Sp 4–6 × 3–4 µm ***Aurantiporus*** (*fissilis*)

62* Mit anderen Merkm. Frk eher flach, H-Rand ± scharfkantig **63**

63 Geruch unangenehm, Geschmack mild. H weißlich bis hellgrau, kahl. Trama unter der Lupe körnig-bröckelig, mit rechteckig verzweigten Bindehyphen. Sp zylindrisch bis schmal ellipsoid, auch allantoid, 4–5 × 1,5–2 µm ***Tyromyces*** (*chioneus*)

63* Mit anderen Merkm. Trama monomitisch, ohne Skelett- und Bindehyphen **64**

64 Trama nahe H-Oberfläche mit orangefarbener Zone, sonst weiß. H jung und frisch hell orange, trocken langsam ausbleichend zu creme-ocker mit gelblich-orangefarbenem Rand. Geschmack mild. Sp 3,6–4,5(–5) × 2–3 µm, ellipsoid. Auf weißfaulem LaH ***Tyromyces*** (*kmetii*)

64* Trama ohne orangefarbene Zone nahe der H-Oberfläche, Frk weiß, grau oder auch farbig (blau-), bläulich-grau, cremefarben, gelblich, ocker, rötlich-ocker, bisweilen mit bitterem Geschmack. Auf braunfaulem NaH und LaH ***Oligoporus***

– – – – – – – – ***Trama zweischichtig (65–66)***

65 Frk dickfleischig. Untere Tramaschicht faserig. Poren weißlich, creme bis ocker. Sp kurz ellipsoid, dickwandig ***Spongipellis***

65* Frk dünnfleischig. Untere Tramaschicht knorpelig oder gallertartig. Sp zylindrisch, dünnwandig **66**

66 An NaH. Poren erst weiß, dann fleckenweise oder gänzlich orange. Schwammige obere Tramaschicht mit Skeletthyphen ***Skeletocutis*** (*amorpha*)

66* An LaH. Poren erst lachsfarben, dann dunkel violettbraun. Schwammige obere Tramaschicht ohne Skeletthyphen ***Gloeoporus*** (*dichrous*)

– – –***Trama farbig, nicht weiß (67–99)***

67 Trama rosa bis orangerot. **68**

67* Trama andersfarbig **72**

– – – – ***Trama rosa bis orangerot (68–71)***

68 Röhren geschichtet. Frk mehrjährig. H schwärzlich. Poren und Trama rosa. Auf braunfaulem NaH ***Fomitopsis*** (*rosea*)

68* Röhren nicht in mehreren Schichten übereinander, Frk einjährig. Trama rosa, hellbraun, orange bis zinnoberrot. **69**

69 Poren frisch weiß, auf Druck oder trocken rot bis violett. Frk frisch weich, im Schnitt dreieckig. Trama rosa bis hellbraun, Hyphen ohne Schnallen ***Leptoporus***

69* Poren mit anderen Farben. Trama orange bis zinnoberrot. Hyphen mit oder ohne Schnallen. **70**

70 Poren intensiv zinnoberrot. Trama korkig, trimitisch. Hyphensepten mit Schnallen. Auf LaH ***Pycnoporus*** (*cinnabarinus*)

70* Poren orange, Trama weichfleischig, faserig, getrocknet hart, monomitisch. Hyphensepten mit oder ohne Schnallen. **71**

71 Trama mit KOH rot. Hyphensepten ohne Schnallen. Sp zylindrisch. Vorwiegend auf NaH ***Pycnoporellus*** (*fulgens*)

71* Trama mit KOH violett. Hyphensepten mit Schnallen. Sp ellipsoid. LaH ***Aurantioporus*** (*croceus*)

72 Trama gelblich bis gelb **73**

72* Trama bräunlich, rostfarben, dunkelbraun **77**

– – – – ***Trama gelblich bis gelb (73–76)***

73 Frk korkig, holzig. Trama di- oder trimitisch. Hymenium ohne Zystiden und Seten **74**

73* Frk weichfleischig. Trama monomitisch. Hymenium mit Zystiden oder Seten **75**

74 H-Oberfläche filzig. Röhren ungeschichtet. Trama hellgelb. Auf weißfaulem NaH ***Diplomitoporus*** (*flavescens*)

74* H-Oberfläche kahl. Röhren geschichtet. H gezont. mit gelblichen orangen, rötlichen, rötlichbraunen bis schwärzlichen Farben. Trama zitronengelb oder hell ockerbraun, wenn jung, später weißlich. LaH und NaH. Braunfäule verursachend ***Fomitopsis*** (*pinicola*)

75 Trama jung gelb, von braunen Fasern durchzogen. Hymenium mit braunen, pfriem- oder hakenfö Seten ***Inonotus***

75* Trama ohne braune Fasern. Hymenium mit farblosen, kristalltragenden Zystiden . **76**

76 Trama satt gelb. Die spindelfö Zystiden in der oberen Hälfte inkrustiert. In Bergwerken und in Gewächshäusern ***Flaviporus*** (*brownei*)

76* Trama blass gelblich. Zystiden keulenfö, oben mit Kristallen. Hyphensepten ohne Schnallen. Nicht in Bergwerken, nicht in Gewächshäusern ***Oxyporus*** (*corticola*)

– – – – ***Trama braun, bräunlich, rostfarben, dunkelbraun (77–100)***

77 Mit intensivem Fenchelgeruch. Frk zieml groß, mehr als 1 cm dick, mehrjährig, stumpfrandig. H-Rand lange orangebraun bis rotbraun abgesetzt von der tiefer braun farbigen übrigen H-Oberfläche; diese zunächst etwas behaart, alt kahl, gezont, alt schwärzlich. Röhren geschichtet. Trama dunkelbraun, in KOH schwarz. Stümpfe von NaH ***Gloeophyllum*** (*odoratum*)

77* Ohne oder mit anderem Geruch **78**

78 Frk mehrjährig, Röhren geschichtet **79**

78* Frk einjährig, Röhren nicht geschichtet **86**

79 Trama tief braun (intensiv gelbbraun, rostbraun, rotbraun, tabakbraun) **80**

79* Trama hellbräunlich, holzfarben **83**

80 Frk mit Kruste oder Rinde, die von der Trama des H deutlich abgesetzt ist. H-Oberfläche kahl **81**

80* Frk weder mit Kruste noch mit Rinde. **82**

81 Trama zieml dicht und hart, oft dunkel rotbraun, aber auch ocker- bis tabakbraun. Spp braun, bisweilen auf H-Oberfläche in dichter Lage aufgeweht. Sp warzig, eifö abgestutzt ***Ganoderma***

81* Trama wergartig locker, jedoch mit hartem, runden Kern um die Ansatzstelle des Frk, tabakbraun. Spp weiß, Sp glatt, zylindrisch ***Fomes*** (*fomentarius*)

82 Trama zweischichtig, obere Schicht wergartig, schwammig, untere Schicht hart. H-Oberfläche schwach filzig. Hymenium ohne Seten (falls Röhrenschichten voneinander durch Tramaschichten getrennt sind vgl. *Coriolopsis gallica*) ***Phylloporia*** (*ribis*)

82* Trama einheitlich, korkartig oder ± steinhart. H-Oberfläche filzig oder kahl. Seten meist vorhanden, bisweilen selten ***Phellinus*** s. l.

83 H-Oberfläche rauhaarig-zottig. Röhrenschichten durch dünne Tramaschichten voneinander getrennt. Trama trimitisch. LaH ***Coriolopsis*** (*gallica*)

83* H-Oberfläche kahl oder fein behaart, oft harzig-klebrig. Röhrenschichten nicht durch Tramaschichten getrennt **84**

84 H-Oberfläche kahl. Sp acyanophil, nicht dextrinoid **85**

84* H-Oberfläche fein behaart. Sp cyanophil und ± dextrinoid, subglobos, 6–7 µm. Trama dimitisch mit dextrinoiden Skeletthyphen. ***Perenniporia*** (*fraxinea*)

85 Frk konsolenfö, verschieden gefärbt, H-Oberfläche älterer Frk schwärzlich. Generative Hyphen mit Schnallen an den Septen ***Fomitopsis***

85* Frk effus-reflex, sehr unregelmäßig geformt. H-Oberfläche stark höckerig, kastanienbraun mit weißlichem Rand. Hyphen ohne Schnallen an den Septen der generativen Hyphen. Vorwiegend am Grunde von Stämmen und auf Wurzeln ***Heterobasidion*** (*annosum*)

86 Trama hellbräunlich, holzfarben **87**

86* Trama satt ocker, tabak- bis rostbraun **93**

87 Röhren rötlich, purpurn, violett. Hymenium mit kristalltragenden Zystiden **88**

87* Röhren anfangs weiß oder grau bis bräunlich. Hymenium ohne Zystiden **89**

88 Röhren und Poren purpurn oder violett. Frk dünn, gesellig. Hyphen mit Schnallen an den Septen. Sp zylindrisch bis allantoid ***Trichaptum***

88* Röhren und Poren ziegelrot. Frk dick, einzeln. Hyphen ohne Schnallen an den Septen ***Rigidoporus*** (*ulmarius*)

89 Frk weichfleischig. Röhrenschicht grau oder bräunlich, deutlich von der H-Trama abgesetzt ***Bjerkandera***

89* Frk zäh, lederig oder korkig. Röhrenschicht in die H-Trama übergehend **90**

90 Frk konsolenfö, scharfrandig, nicht am Substrat herablaufend. Poren länglich, oft radial gestreckt ***Daedaleopsis*** (*confragosa*)

90* Frk effus-reflex, teilweise am Substrat herablaufend. Poren nicht radial gestreckt, vielmehr isodiametrisch **91**

91 Skeletthyphen häufig dichotom verzweigt. Meist an weißfaulem NaH ***Dichomitus*** (*squalens*)

91* Skeletthyphen unverzweigt **92**

92 H-Oberfläche dunkelbraun, filzig. Weißfäule verursachend ***Inonotus***

92* H-Oberfläche hellbräunlich, kahl oder fein samtig. Braunfäule verursachend ***Antrodia*** (*malicola*)

93 H-Oberfläche kahl oder seidig behaart **94**

93* H-Oberfläche filzig, rauhaarig **95**

94 Poren silberig schillernd. Trama anfangs weich und saftig. Hymenium mit braunen Seten. An LaH, Weißfäule verursachend ***Inonotus***

94* Poren nicht schillernd, Trama korkig. Hymenium ohne Seten. Vorwiegend an NaH, Braunfäule verursachend ***Gloeophyllum*** (*protractum, trabeum*)

95 Trama anfangs weich und saftig, monomitisch **96**

95* Trama von Beginn an zäh, lederig oder korkig, fast immer di- oder trimitisch (Ausnahme 98*) **98**

96 Trama gelbbraun, zimtbraun, mit KOH violett. Poren nicht schillernd **_Hapalopilus_** (*rutilans*)

96* Trama rostbraun bis rotbraun, mit KOH violettschwarz. Poren silberig oder goldgrün schillernd **97**

97 An NaH, Braunfäule verursachend. Frk oliv- bis kastanienbraun, mit hellem Rand. Hymenium mit dünnwandigen Zystiden. Seten fehlend. Sp blass gelblich **_Phaeolus_** (*spadiceus*)

97* An LaH, Weißfäule verursachend. Hymenium mit Seten oder ohne Seten und ohne Zystiden. Sp braun **_Inonotus_**

98 Poren eng und rund, mehr als 2 Poren auf 1 mm **99**

98* Poren weit und eckig, höchstens 2 Poren auf 1 mm **100**

99 H-Oberfläche auffallend radialfurchig. Hymenium ohne Seten **_Ischnoderma_**

99* H-Oberfläche nicht radialfurchig. Hymenium mit dunkelbraunen, großen, hakenfö gebogenen Seten. Trama mit Duplextextur. **_Inonotus_** (*triqueter*)

100 Frk weniger als 1 cm dick, effus-reflex. Röhren grau. An abgefallenen LaH-Ästen **_Datronia_** (*mollis*)

100* Frk dicker als 1 cm, konsolenfö. An Baumstümpfen von LaH **_Coriolopsis_** (*gallica*)

Schlüssel VI-2: Fruchtkörper resupinat, krustig (Krusten-Porlinge)

1 Frk mehrjährig, Röhren geschichtet **2**

1* Frk einjährig, Röhren nicht geschichtet **12**

Frk mehrjährig, Röhren geschichtet (2–11)

2 Trama satt braun **3**

2* Trama blass bräunlich, gelb oder weiß **6**

3 Hymenium mit braunen pfriemfö Seten. **_Phellinus_**

3* Hymenium ohne Seten **4**

4 An Holz (Stammgrund) von Stachelbeere, Johannisbeere oder Pfaffenhütchen, seltener an anderen Laubhölzern. Trama zweischichtig, über den Röhren hart und faserig, darunter filzig mit dunkler Grenzschicht **_Phylloporia_** (*ribis*)

4* An verschiedenen anderen LaH oder an NaH. Trama einheitlich. **5**

5 Meist an verbautem, Holz in Gebäuden, meist an Eichenholz seltener an NaH. Frk polsterfö, konvex, treppenfö. Generative Hyphen mit Schnallen an den Septen **_Donkioporia_** (*expansa*)

5* Mit anderen Merkm. Sämtliche Hyphen ohne Schnallen an den Hyphensepten **_Phellinus_**

6 Trama und Poren gelb. Hymenium mit dickwandigen, stark inkrustierten Zystiden. An verbautem Holz in Bergwerken und Gewächshäusern **_Flaviporus_** (*brownei*)

6* Trama und Poren weiß, cremefarben, bräunlich **7**

7 Hymenium mit ± dickwandigen Zystiden. Hyphensepten ohne Schnallen **_Oxyporus_**

7* Hymenium ohne Zystiden. **8**

8 Poren oft schwärzlich gefleckt. Hyphensepten ohne Schnallen. Trama monomitisch. LaH und NaH ***Rigidoporus*** (*crocatus*)

8* Poren nicht so gefleckt. Hyphensepten mit Schnallen an generativen Hyphen, Trama di- oder trimitisch **9**

9 Sp dickwandig, cyanophil und dextrinoid. Weißfäule verursachend **10**

9* Sp dünnwandig, weder cyanophil noch dextrinoid. Poren sehr eng. Weißfäule oder Braunfäule verursachend. **11**

10 3–6 Poren auf 1 mm, Sp glatt mit abgestutzter Basis. LaH und NaH: Habitusgruppe *Poria;* siehe z. B. ***Antrodia*** (*sinuosa*)

10* 1–2 Poren auf 1 mm, Sp warzig-runzelig (ev. nur in Baumwollblau gefärbt deutlich sichtbar). An LaH besonders von Eiche ***Pachykytospora*** (*tuberculosa*)

11 Weißfäule verursachend. Hyphen der Porenränder mit inkrustierten Enden. Trama nicht amyloid. Sp allantoid, bis 1 µm breit ***Skeletocutis*** (*stellae*)

11* Braunfäule verursachend. Hyphenenden nicht inkrustiert. Trama amyloid. Sp ellipsoid, 2–3,5 µm breit ***Antrodia*** (*crassa*)

Frk einjährig, Röhren nicht geschichtet (12–50)

12 Frk jung weißl, dann himbeer-rahmfarben bis lachsrosafarben, alt grau-weiß bis schmutzig-ockerl, resupinat mit knotigen Zwischenzonen. Poren 2–4 pro mm. Röhren 1–1,5 cm lang. Trama sehr dünn. Zystiden fehlend. Sp 5–6(–7,5) × 2–3 µm. NaH ***Oligoporus*** (*placenta*)

12* Merkm verschieden: besonders mit anderen Farben. **13**

13 Frk grünlich bis graugrün, frisch etwas gelatinös, Röhrenwände gallertartig oder wachsartig-glasig. Sp bis 2 µm breit. **14**

13* Merkm anders **15**

14 Hyphensepten mit Schnallen. Röhrenwände gallertartig. Sp weniger als 1 µm breit, allantoid ***Ceriporiopsis*** (*pannocincta*)

14* Hyphensepten ohne Schnallen. Röhrentrama wachsartig-glasig. Sp zylindrisch 1–2 µm breit ***Ceriporia*** (*viridans*)

15 Frk weiß, cremefarben, grau, allenfalls bräunlich, jedoch nicht mit tieferen Farben **16**

15* Frk mit tieferen Farben **46**

*– **Frk mit hellen Farben (16–45)***

16 Die weißlichen Poren bei Berührung purpurn- bis braunrot fleckend (wenn orange fleckend siehe *Skeletocutis*). **17**

16* Poren nicht so fleckend **18**

17 Trama glasig und wachsartig. Hyphensepten ohne Schnallen. Sp kugelig. An LaH, auf Erde übergehend ***Physisporinus*** (*sanguinolentus*)

17* Trama nicht glasig. Hyphensepten mit Schnallen. Sp allantoid. An NaH, Braunfäule verursachend ***Oligoporus*** (*fragilis*)

18 Frk mit auffallenden weißen Rhizomorphen. Trama monomitisch. Hyphensepten mit Schnallen. Hymenium ohne Zystiden. (Vgl. auch *Trechispora*) ***Porpomyces***

18* Merkm anders **19**

19 Sp amyloid, 3,5–5 × 2,5–3,5 µm. An NaH ***Anomoloma*** (*myceliosa*)

19* Sp nicht amyloid **20**

20 Sp kugelig, warzig. Frk rein weiß. Falls Basidien mit cyanophilem Inhalt: ***Lindtneria*** (*trachyspora*). ***Trechispora*** (*mollusca*)

20* Sp nicht warzig **21**

21 Trama monomitisch. **22**

21* Trama dimitisch, mit Skelethyphen **25**

22 Frk gelbl, sehr weich, membranös. Schnallen nur an wenigen Septen vorhanden. Sp (fast) kugelig, 3,5–4,5 µm. Auf Erde, modernden Blättern, morschem Holz ***Byssoporia***

22* Merkm anders **23**

23 Hyphen gänzlich ohne Schnallen **24**

23* Hyphen mit Schnallen an den Septen **26**

24 Hymenium mit kristalltragenden Zystiden. Sp subglobos, breit ellipsoid bis ellipsoid **25**

24* Hymenium ohne Zystiden. Sp zylindrisch bis allantoid ***Ceriporia***

25 Frk wachsartig durchscheinend ***Physisporinus*** (*vitreus*)

25* Frk korkig ***Oxyporus***

26 Hymenium mit kristalltragenden Zystiden **27**

26* Hymenium ohne kristalltragende Zystiden. **28**

27 Sp cyanophil und schwach dextrinoid ***Oligoporus*** (*sericeomollis*)

27* Sp weder cyanophil noch dextrinoid ***Chaetoporellus*** (*latitans*)

28 Hymenium oder Trama mit zylindrischen inkrustierten Hyphenenden (vgl. *Skeletocutis* mit meist dimitischer Trama) ***Ceriporiopsis***

28* Hymenium und Trama ohne inkrustierte Elemente **29**

29 Sp cyanophil und ± dextrinoid **30**

29* Sp weder cyanophil noch dextrinoid. **31**

30 Basidien ± urnenfö ***Oligoporus*** (*rennyi*)

30* Basidien keulenfö ***Parmastomyces*** (*kravtzevianus*)

31 Trama gallertig, Subiculum mit schwarzer gelatinöser Schicht. Sp allantoid. An weißfaulem LaH und NaH ***Ceriporiopsis*** (*pannocincta*)

31* Merkm anders **32**

32 Poren eckig, manchmal zerschlitzt. Hyphenenden im Hymenophor oft kugelig verdickt. An weißfaulem LaH ***Schizopora***

32* Merkm anders **33**

33 Hymenium mit Gloeozystiden. Meist an NaH, Braunfäule verursachend ***Oligoporus*** (*leucomalellus*)

33* Hymenium ohne Gloeozystiden **34**

34 Weißfäule verursachend. Meist an LaH. Hyphen in Kresylblau metachromatisch ***Ceriporiopsis***

34* Braunfäule verursachend. Hyphen in Kresylblau nicht metachromatisch ***Oligoporus***

35 Frk mit grobfaserigem Rand und/oder mit Rhizomorphen. **36**

35* Frk mit glattem Rand, Rhizomorphen fehlend **37**

36 Poren sich aus geschlossenen Warzen entwickelnd **Hydnopolyporus** (*fimbriatus*)
36* Poren regulär entstehend **Antrodia, Fibroporia**
37 Trama amyloid. Sp alantoid, nicht amyloid. Braunfäule verursachend **Antrodia** (*lenis*)
37* Trama nicht amyloid **38**
38 Kristalltragende Zystiden oder inkrustierte Hyphenenden vorhanden **39**
38* Weder inkrustierte Zystiden noch inkrustierte Hyphenenden vorhanden **40**
39 Hymenium mit kristalltragenden Zystiden **Junghuhnia**
39* Porenränder mit inkrustierten, schmal zylindrischen Hyphenenden **Skeletocutis**
40 Frk bräunlich mit runden Poren. Basidien senkrecht (kreuzweise) septiert und dadurch vierzellig. Hymenium mit keulenfö Zystiden. Sp allantoid. Generative Hyphen mit Schnallen an den Septen **Elmerina** (*caryae)*
40* Merkm anders. Basidien unseptiert, einzellig **41**
41 Poren oft unregelmäßig labyrinthisch. Trama (allerdings spärlich) mit kopfig angeschwollenen Hyphenenden durchsetzt. **Schizopora** (*paradoxa*)
41* Merkm anders, Trama ohne kugelig-kopfige Hyphenenden **42**
42 Skelethyphen mit besonderen Merkm: cyanophil, dextrinoid, stark verzweigt oder sich in KOH auflösend **43**
42* Skelethyphen nicht mit den vorstehend genannten Merkm **45**
43 Skelethyphen cyanophil und dextrinoid oder schwach amyloid. Generative Hyphen mit Schnallen an den Septen. An NaH, Weißfäule verursachend **Diplomitoporus**
43* Skelethyphen weder cyanophil noch dextrinoid **44**
44 Skelethyphen stark dichotom oder baumfö verzweigt **Dichomitus**
44* Skelethyphen nicht oder wenig verzweigt, farblos, sich in KOH auflösend **Diplomitosporus** (*lindbladii*)
45 Weißfäule verursachend. Poren klein, 4–7 auf 1 mm **Antrodiella**
45* Braunfäule verursachend. Poren klein bis auffallend groß. **Antrodia, Fibroporia**
– Frk mit tiefen Farben (46–50)
46 Frk leuchtend orange bis gelb-orange, lose mit dem Substrat verbunden. Poren eckig, 2–5 pro mm. An NaB und LaB **Auriporia**
46* Merkm (besonders Farbe) anders **47**
47 Frk purpurn, violett oder braunrot bzw. an Druckstellen so verfärbend **48**
47* Frk satt braun bis rostfarben, ohne entschiedene Rotkomponente (nicht braunrot) **50**
48 Trama mit gallertartiger Schicht. Hyphen mit Schnallen. Sp ellipsoid, 3,5–5,5 × 0,8–1,5 µm **Gloeoporus** (*dichrous*)
48* Trama ohne gallertartige Schicht. Hyphen ohne Schnallen **49**
49 Frk wachsartig weich. Sp länger als 5,5 µm. An LaH und NaH **Ceriporia** (*purpurea*)
49* Frk lederig-zäh. Porenränder stumpf und fertil. An NaH **Gloeoporus** (*taxicola*)
50 Trama korkig, mit einer schwarzen Schicht, dimitisch, generative Hyphen mit Schnallen. Hymenium ohne Seten **Datronia**
50* Trama eher weich ohne abgehobene schwarze Schicht, ± monomitisch, Hyphen ohne Schnallen an den Septen, Hymenium mit Seten **Inonotus**

Schlüssel VII: Fruchtkörper mit Faltenhymenophor (Basidiomycota)

Literatur: BRESINSKY, A., BESL, H. (2003). – HANSEN, L., KNUDSEN, H. (1997). – JÜLICH, W. (1984). – KREISEL, H. in MICHAEL, HENNIG, KREISEL (1988). – Gattungsschlüssel u. a. nach JÜLICH (1984) und KREISEL (1988) verändert und ergänzt

1 An Holz oder an Resten krautiger Pflanzen **2**
1* Auf dem Erdboden oder an Moos wachsend **15**

An Holz oder an Resten krautiger Pflanzen (2–14)

2 Frk pileat mit H und S, zart, H 2–10 mm breit **3**
2* Frk ungestielt, effus-reflex oder effus. S fehlend oder höchstens rudimentär. **4**
3 Sp 7–9 µm lang. HDS ohne Zystiden. An modrigem Holz **_Delicatula_**
3* Sp 15–25 µm lang. HDS mit dickwandigen Zystiden. An Pflanzenresten (*Carex, Typha*) **_Marasmius_**
4 Sp gelblich bis braun und cyanophil **5**
4* Sp farblos, hyalin **7**
5 Sp braun, 8–12 µm lang, dickwandig **_Serpula_**
5* Sp gelblich, bis 7,5 µm lang **6**
6 Hymenium goldgelb bis orange. Sp dünnwandig. Schnallen z. T. offen, d. h. Schnallenbögen bildend **_Pseudomerulius_** (*aureus*)
6* Hymenium weniger lebhaft gelb, olivgelb, ocker oder braun. Sp dickwandig. Schnallen geschlossen **_Leucogyrophana_**
7 Frk effus-reflex oder muschelfö **8**
7* Frk krustenfö ohne abgehobene Kanten **11**
8 Frk fächerfö (auch effus-reflex) mit fächerfö zum H-Rand strahlenden Falten. Sp dünnwandig, allantoid. (Vgl. auch *Plicatura*, Schlüsselpunkt 14*) **_Plicaturopsis_** (*crispa*)
8* Frk nicht fächerfö **9**
9 Frk weichfleischig und dicklich, mit gallertiger Tramaschicht. Hymenophor fleischfarben, unregelmäßig faltig. Hyphensepten mit Schnallen **_Merulius_** (*tremellosus*)
9* Frk nicht weichfleischig, lederartig oder membranös o d e r Hymenium gelb bis orange **10**
10 Frk lederartig, dünn, biegsam, Sp dünnwandig. Hyphensepten ohne Schnallen. An LaH, besonders dünnen Zweigen. Weißfäule verursachend **_Byssomerulius_**
10* Frk membranös. Hyphensepten mit Schnallen. Sp dickwandig, breitellipsoid, dextrinoid und cyanophil. Hyphensepten mit Schnallen. NaH, seltener LaH. Braunfäule verursachend **_Leucogyrophana_** (*mollusca*)
11 Hymenium mit satten Farben: orange, rostbraun, rotbraun, purpurn, schwärzlich. . **12**
11* Hymenium weißlich, gelblich oder fleischrosa. **13**
12 Frk lederig zäh, mit weißem Rand. Hymenophor anfangs porenartig, später eher faltig. Zystiden fehlen. **_Gloeoporus_**
12* Frk wachsartig-weichfleischig bis gallertartig. Zystiden vorhanden **_Phlebia_**

13 Hymenium hellorange bis rot. Hyphensepten ohne Schnallen. Sp dextrinoid. An NaH. Braunfäule verursachend **_Byssomerulius_** (_albostramineus_)

13* Hymenium weiß, ocker oder bräunlich. Hyphensepten mit Schnallen. **14**

14 Sp inamyloid. Hymenium gelblich, ocker, hell bräunlich **_Ceraceomyces_**

14* Sp amyloid, 4–6 × 1–1,5 µm. Hymenium weiß (vgl. auch _Plicaturopsis_ mit Sp 3–4,5 × 0,8–1,3 µm, Schlüsselpunkt **8**) **_Plicatura_** (_nivea_)

Auf dem Erdboden oder an Moosen (15–20)

15 Frk auf Erdboden. **16**

15* Frk an lebenden Moosen **20**

16 Ganzer Frk grau bis schwarz. **17**

16* Frk nicht gänzlich grau bis schwärzlich, Hymenophor gelb, orange, rosa oder violett **18**

17 Frk groß, 2–10(–20) cm hoch. Hyphensepten ohne Schnallen. [Falls Frk 1–5(–10) cm: ***Pseudocraterellus***] **_Craterellus_**

17* Frk kleiner, bis zu 1 cm hoch. Anfangs becherfö dann spatelfö oder löffelfö sich öffnend. Alpen **_Arrhenia_** (_auriscalpium_)

18 Hymenium violett, Hymenophor aderig-wulstig. Sp warzig oder stachelig, cyanophil **_Gomphus_** (_clavatus_)

18* Hymenium nicht violett. **19**

19 Frk lederig bis häutig, Hymenium weiß, ± gelb werdend. Hymenophor glatt, radialrunzelig bis annähernd faltenfö **_Stereopsis_** (_vitellina_)

19* Frk fleischig. Hymenium gelb, orange oder rosa. Hymenophor aderig bis leistenfö **_Cantharellus_**

20 Frk weiß **_Rimbachia_**

20* Frk grau bis bräunlich **_Arrhenia_**

Schlüssel VIII: Fruchtkörper mit Stachelhymenophor, oft in Hut und Stiel gegliedert (Basidiomycota mit Stachelhymenophor)

Literatur: HANSEN, L., KNUDSEN, H. (1997). – JÜLICH, W. (1984). – KREISEL, H. in MICHAEL, HENNIG, KREISEL (1988). – Gattungsschlüssel u. a. nach JÜLICH (1984) und RITTER in KREISEL (1988) verändert und ergänzt

1 Frk insgesamt gallertig (zitternd). An Holz mit H und dickem, meist seitlichem S. H oben weißlich, grau bis graubräunlich, seltener dunkelbraun **_Pseudohydnum_** (_gelatinosum_)

1* Mit anderen Merkm. **2**

2 Frk lang gestielt mit seitlichem H; auf vergrabenen Kiefernzapfen **_Auriscalpium_** (_vulgare_)

2* Mit anderen Merkm, insbesondere nicht auf Kiefernzapfen. **3**

3 Frk groß, mit H oder mit deutlicher H-Kante, H (3–)5–7–20 cm, oft auch mit S. Stacheln auf H-Unterseite **4**

3* Frk kleiner o d e r fleckenartig bis schichtartig ausgebreitet, ohne oder mit wenig abgehobener H-Kante **13**

Fruchtkörper groß mit Hut oder mit Hutkante (4–12)

4 Frk-F weich, brüchig, ungezont, oft mit deutlich vom H abgesetztem S **5**

4* Frk-F zäh, faserig, gezont. Frk oft ungestielt **9**

5 Auf Erde wachsend **6**

5* Auf Holz oder Pflanzenresten wachsend. **8**

6 Sp warzig bis stachelig, hyalin bis braun **7**

6* Sp glatt, hyalin ***Hydnum***

7 Sp braun. Frk ohne Maggigeruch ***Sarcodon***

7* Sp hyalin oder hell gelblich. Frk trocken, mit Maggigeruch ***Bankera***

8 Frk-F amyloid, sofort schwarz in Melzers Reagenz ***Hericium***

8* Frk-F nicht amyloid, in Melzers Reagenz höchstens rotbräunlich **9**

9 Sp hyalin, amyloid, 3,5–4,2 × 2,8–3,2 µm. Zystiden nicht inkrustiert ***Creolophus***

9* Sp inamyloid **10**

10 Im Hymenium mit dickwandigen, apikal inkrustierten Zystiden. Sp hyalin, inamyloid, 5–6 × 3–4,5 µm ***Climacodon***

10* Ohne dickwandige Zystiden **11**

11 Frk sitzend, jung weiß bis weißlich, dann ocker bis schwefelgelb, an Holz von LaB ***Spongipellis***

11* Frk ± gestielt, auf dem Erdboden wachsend **12**

12 Spp weiß, Sp hyalin. Mit Maggiegeruch. Schnallen an den Hyphensepten fehlend ***Phellodon***

12* Spp braun. Sp. bräunlich. Ohne Maggigeruch. Schnallen an den Hyphensepten vorhanden oder fehlend ***Hydnellum***

Fruchtkörper klein oder fleckenartig bis schichtartig ausgebreitet, ohne oder mit wenig abgehobener Hutkante (13–58)

13 Stacheln lang und spitz, deutlich ausgebildet **14**

13* Stacheln nicht lang und spitz, wenig deutlich, eher warzenfö, stumpf und klein. . . **15**

14 Vornehmlich parasitisch auf Holz von Rosaceen, besonders Apfel (*Malus*), selten auch auf anderen LaB (*Acer, Fraxinus*), Sp hyalin, etwas dickwandig, 4,5–5,5 × 3,5–4 µm. Frk basal und im Substrat mit gelben Hyphen. Frk resupinat mit 0,5–1(–1,5) cm langen Stacheln ***Sarcodontia*** (*setosa*)

14* Merkm anders **15**

15 Hymenophor jung violett, später rötlich-braun. H-Oberfläche weißlich, ± gezont. Hymenium mit kristalltragenden Zystiden ***Trichaptum*** (*hollii*)

15* Merkm anders **16**

16 Frk frisch orangerot, wenn trocken auch orangebraun **17**

16* Frk nicht orangerot **18**

17 Frk fleischig, wachsartig. Sp 4–5 µm lang, allantoid ***Phlebia*** (*radiata*)

17* Frk häutig-lederig. Sp 10–12 µm lang, allantoid ***Peniophora*** (*laeta*)

18 Frk an krautigen Pflanzenteilen (Farne, Sumpfpflanzen). Stacheln steril, ohne Basidien, aus dem Hymenium hervorragend **19**
18* Frk nicht an krautigen Pflanzenteilen und auch die übrigen Merkm anders. **20**
19 An faulenden Farnwedeln. Sp 5–8 × 3–4 µm. ***Pteridomyces*** (*galzinii*)
19* An Sumpfpflanzen (*Carex*, *Scirpus*, *Typha*). Sp spindelfö 16–28 × 5,5–8 µm ***Epithele*** (*typhae*)
20 Sp braun, höckerig bis warzig ***Tomentella***
20* Sp anders **21**
21 Frk aus einem Rasen pfriemlicher Stacheln bestehend, die untereinander kaum verbunden sind (Frk mucronelloid) **22**
21* Merkm anders **26**
22 Stacheln gallertig. Basidien senkrecht (kreuzweise) septiert. ***Protodontia***
22* Stacheln nicht gallertig. Basidien nicht septiert **23**
23 Stacheln nach oben gerichtet, nadelfö, mit steriler Spitze. Auf Pflanzenresten ***Ceratellopsis***
23* Stacheln nicht nach oben gerichtet und auch sonst mit anderen Merkm **24**
24 Stacheln oliv bis braun. Trama in Eisensulfat-Lösung grünlich ***Kavinia***
24* Stacheln weiß bis gelborange **25**
25 Frk mit Gloeozystiden, diese von der Trama bis ins Hymenium verlaufend ***Dentipratulum***
25* Gloeozystiden fehlend oder undeutlich ***Mucronella***
26 Sp amyloid **27**
26* Sp inamyloid **31**
27 Sp lediglich mit einem amyloiden Fleck über dem Apikulus, 8–12 × 2,7–4,5 µm ***Vararia*** (*investiens*)
27* Sp anders **28**
28 Zystiden fehlend, Sp glatt ***Irpicodon***
28* Zystiden vorhanden, als Gloeozystiden ausgebildet o d e r Sp feinwarzig bis stachelig. Frk aus einzelstehenden oder büschelig geordneten, kleinen Stacheln bestehend, die direkt auf dem Substrat sitzen **29**
29 Zystiden apikal mit dichotom verzweigten Ästen, dickwandig, gelblich; zusätzlich mit hyalinen Gloeozystiden, Sp mit stark amyloiden feinen Warzen ***Dichostereum*** (*boreale*)
29* Zystiden und/oder Sp anders **30**
30 Trama mit Skeletthyphen (dimitisch) ***Gloiodon***
30* Trama monomitisch. Frk mit membranösem Subiculum ***Dentipellis***
31 Hyphensepten mit Schnallen **32**
31* Hyphensepten ohne Schnallen (oder solche nur vereinzelt an basalen Hyphen) . . . **52**
– Mit Schnallen (32–51)
32 Sp warzig, ellipsoid. Frk mit weicher mehlartiger Konsistenz, Stacheln brüchig ***Trechispora*** (*farinosa*)
32* Merkm anders, Sp nicht warzig **33**

33 Sp subglobos **34**
33* Sp nicht fast kugelig **35**
34 Sp dickwandig, cyanophil. Basidien mit cyanophilen Tropfen im Plasma. Hyphen im Subhymenium nicht kurzzellig und angeschwollen ***Cristinia***
34* Sp dünnwandig, nicht cyanophil. Basidien ohne cyanophile Tropfen. Hyphen im Subhymenium kurzzellig und angeschwollen ***Brevicellicium*** (*olivascens*)
35 Basidien mit 6–8 Sterigmen ***Sistotrema***
35* Basidien mit 2–4 Sterigmen **36**
36 Sp dickwandig, gelblich, 5–7 × 3,5–5,5 µm. Vornehmlich auf NaH, selten auf LaH, Frk erst mit Poren, später auch mit Stacheln ***Hydnomerulius*** (*pinastri*)
36* Sp nicht dickwandig und auch sonst mit anderen Merkm **37**
37 Frk auf Humus in NaW, sehr weich. Hyphen oft ampullenfö angeschwollen. Sp 4–4,5 × 2–2,5 µm ***Sistotrema*** (*confluens*)
37* Mit anderen Merkm. Frk auf Holz **38**
38 Sp schmal und etwas gebogen (allantoid), 5–6 × 1,5 µm ***Dacryobolus***
38* Sp anders **39**
39 Frk weißlich, frisch weich, trocken brüchig, resupinat bis effus-reflex, 1–50 cm lang und bis 5 mm dick. Mit Poren, die sich alt in Zähnchen umwandeln. Mit dünn- bis dickwandigen Hyphen, deren Enden kopfig erweitert und bisweilen mit gelblicher Masse umgeben. Dickwandige (generative) Hyphen mit zerstreut angeordneten, aufgelagerten Kristallen. Sp 4,5–6 × 3–4,2 µm ***Schizopora*** (*paradoxa*)
39* Merkm-Kombination anders. Kopfig erweiterte Hyphen mit gelblicher Masse am Kopf fehlend **40**
40 Trama dimitisch. Mit Skeletthyphen **41**
40* Trama monomitisch **44**
41 Mit dickwandigen, inkrustierten, aus dem Hymenium herausragenden Zystiden. ***Stecherinum***
41* Ohne solche Zystiden **42**
42 Mit Gloeozystiden. Sp 3,5–4,5 × 2–2,5 µm, ellipsoid ***Crustomyces*** (*subabruptus*)
42* Merkm anders, ohne Gloezystiden **43**
43 Skeletthyphen im ganzen Frk vorhanden. Sp breit ellipsoid, 3,5–4,2 × 2,5–3,7 µm ***Fibrodontia***
43* Skeletthyphen nur in der Achse der Stacheln vorhanden, im Subiculum fehlend. Sp schmal ellipsoid, 4–5,5 × 2,5–3 µm ***Mycoaciella***
44 Zystiden vorhanden und entweder durch Septen quergeteilt oder inkrustiert **45**
44* Zystiden fehlend oder anders **47**
45 Zystiden inkrustiert ***Hyphoderma***
45* Zystiden durch Septen quergeteilt **46**
46 Sp 7–10 × 3–4,5 µm ***Hyphoderma*** (*setigerum*)
46* Sp nicht länger als 6 (6,5) µm ***Hyphodontia***
47 Mit kopfigen Zystiden, die an der Spitze zwischen Außen- und Innenmembran mit ölig-harziger Masse versehen sind. Frk gelatinös bis wachsartig ***Resinicium***

47* Merkm anders **48**
48 Sp zylindrisch und oft etwas gebogen oder Frk in KOH oft rot und Hymenophor jung gelblich, gelb bis ocker. Sp 3,5–6 × 1,5–3,2 µm ***Mycoacia***
48* Merkm anders. Sp 6–12 × 2,3–7 µm **49**
49 Zystiden mehrfach eingeschnürt (oft ± moniliform). Sp zylindrisch 7–12 × 2,3–4 µm ***Hyphoderma***
49* Zystiden fehlend oder anders **50**
50 Sp 6–12 × 3–5 µm, warzig oder glatt ***Kavinia***
50* Sp breiter **51**
51 Frk mit 1–2 mm langen Stacheln. Sp 9–11 × 5,5–7 µm ***Cereocorticium*** (*molare*)
51* Frk-Oberfläche lediglich warzig. Sp 8–11 × 6–8 µm ***Hypochnicium*** (*bombycinum*)
– ***Ohne Schnallen oder solche nur vereinzelt an basalen Hyphen (52–58)***
52 Frk gestielt-hutfö, H 1–2 cm breit, S zentral bis lateral, 10 × 2 mm Sp schmal ellipsoid, 4–5,5 × 2,5–3 µm ***Mycorrhaphium***
52* Frk nicht gestielt. Mit dickwandigen, oben inkrustierten Zystiden **53**
53 Mit dickwandigen, oben inkrustierenden Hyphen **54**
53* Zystiden fehlend, oder nicht dickwandig, nicht inkrustierend **58**
54 Sp 7–10(–12) × 4–6(–7,5) µm. Stacheln apikal mit inkrustierten Hyphenbüscheln ***Hyphodermella*** (*corrugata*)
54* Sp bis 7 µm lang und bis 3 µm breit **55**
55 Sp 5–6,5 × 2,2–3 µm, zylindrisch bis schmal ellipsoid ***Irpex***
55* Sp 2,5–4–6 × 2–3–4 µm, ellipsoid **56**
56 Sp breit ellipsoid, 4–6 × 2,5–3,5 µm. Frk weißlich bis hellocker, oft mit Rhizomorphen ***Metulodontia*** (*nivea*)
56* Sp ellipsoid 2,5–4 × 2–3 µm **57**
57 Zystiden einheitlich dickwandig. inkrustiert, nicht durch Querwände unterteilt ***Steccherinum*** (*subcrinale*)
57* Zystiden heteromorph, teils ohne, teils mit Querwänden ***Scopuloides*** (*rimosa*)
58 Frk hautartig bis etwas wachsartig, gelblich bis rötlich-orange. Zystiden dünnwandig, 60–90 × 8–12 µm. Sp 4,5–5,5 × 2,3–2,6 µm ***Phanerochaete*** (*raduloides*)
58* Frk wachsartig, hell ocker bis hell braun, oft mit grauem bis rötlichem Schimmer, Zystiden dünnwandig, 70–120 × 4–5 µm. Sp 4–5 × 2,5–3 µm ***Phlebia*** (*deflectens*)

Schlüssel IX: Habitusgruppe „*Cyphella* s. l."; Basidiobecherlinge, cyphelloide Pilze

Literatur: JÜLICH, W. (1984). – KNUDSEN, H., VESTERHOLT, J. (2008). – KREISEL, H. in MICHAEL, HENNIG, KREISEL (1988). – Gattungsschlüssel u. a. nach KNUDSEN & VESTERHOLT (2008) und nach BENKERT in KREISEL (1988) ergänzt und verändert

1 Sp mit Warzen oder irgendwie eckig-kantig **2**
1* Sp glatt, nicht kantig **4**

2 Sp 5–5,5 × 4,5–5 µm, fast kugelig bis eckig-kantig, hyalin **_Resupinatus_** (*griseopallidus*)
2* Sp länger, breit ellipsoid bis ellipsoid, bräunlich **3**
3 Schnallen an den Hyphensepten vorhanden. Sp × 6,5–8,5 µm **_Chromocyphella_**
3* Schnallen an den Hyphensepten fehlend. Sp × 3,5–5,5 µm **_Pellidiscus_**
4 Sp bräunlich **_Epishaeria_**
4* Sp hyalin **5**
5 Frk ohne Randhaare. Häufiger auf Moosen oder auf abgestorbenen Krautteilen. . . . **6**
5* Frk mit Randhaaren. Häufiger auf Holz, aber auch auf abgestorbenen Krautteilen (z. B. auf Farnen) **9**

Fruchtkörper ohne Randhaare (6–8)

6 Hymenialzystiden vorhanden **7**
6* Hymenialzystiden fehlend. **8**
7 Frk frisch weiß, trocken hell ocker. Hymenium oberseits. Sp 4–5 × 2,5–3 µm. Auf lebenden Moosen **_Cyphellostereum_** (*laeve*)
7* Frk braun, bis 15 mm lang. Hymenium an der Außenfläche oder unten. Sp 15–22 × 5,5–7,5 µm. An Sumpfpflanzen (*Carex, Typha*) **_Marasmius_** (*menieri*)
8 Schnallen an den Hyphensepten vorhanden. Hyphen der HDS ohne inkrustierendes Pigment. Sp kugelig. An lebenden Moosen **_Rimbachia_**
8* Schnallen an den Hyphensepten fehlend. Hyphen der HDS ohne inkrustierendes Pigment. Sp nicht kugelig, vielmehr ellipsoid. Auf lebenden Moosen oder auf abgestorbenen Gras- und Krautteilen **_Arrhenia_** (*retiruga*)

Fruchtkörper mit Randhaaren (9–27)

9 Randhaare des Frk inkrustiert **10**
9* Randhaare des Frk nicht oder nur schwach inkrustiert **17**

– Randhaare inkrustiert (10–16)

10 Randhaare des Frk gegen die Spitze verjüngt, bisweilen mit Anhängsel **_Flagelloscypha_**
10* Randhaare des Frk zylindrisch oder gegen die Spitze erweitert, ohne Anhängsel . . **11**
11 Sp annähernd kugelig **_Resupinatus_**
11* Sp länglich. **12**
12 Sp × 7 µm und breiter **_Lachnella_**
12* Sp weniger als 7 µm breit, 4 µm und weniger **13**
13 Auf Blättern, vorzugsweise von Farnen **_Flagelloscypha_**
13* Auf Holz **14**
14 Auf entrindeten Zweigen vorzugsweise von Pappel (*Populus*) **_Calathella_**
14* Nicht auf entrindeten Zweigen von Pappel. **15**
15 Randhaare braun, inkrustiert **_Merismodes_**
15* Randhaare farblos mit recht großen Kristallen **16**
16 Randhaare unverzweigt **_Rectipilus_**
16* Randhaare wenigstens an der Frk-Mündung verzweigt **_Henningsomyces_**

– ***Randhaare nicht oder nur schwach inkrustiert (17–27)***

17 Sp über 15 µm lang **18**

17* Sp unter 15 µm lang **19**

– – ***Sporen über 15 µm lang (17–19)***

18 Sp bis 10 µm breit, glatt. Basidien mit Längssepten ***Eichleriella***

18* Sp über 10 µm breit, in Melzers Reagenz warzig. Basidien ohne Längssepten ***Aleurodiscus***

19 Frk rot, Sp über 12 µm lang. Vorwiegend auf *Salix* ***Cytidia*** (*salicina*)

19* Frk nicht rot, Sp unter 12 µm lang **20**

– – ***Sporen unter 15 µm lang (20–27)***

20 Frk sitzen auf einem Subiculum mit fransigem Rand ***Porotheleum***

20* Subiculum fehlend oder wenig ausgeprägt **21**

21 Frk außen goldbraun mit ebenso gefärbten Haaren **22**

21* Frk außen weiß, cremefarben oder gelb; Haare an der Außenseite des Frk hyalin. . **24**

22 Auf Wedeln des Straußfarns (*Matteucia*). Sp spindelig-länglich ***Woldmaria***

22* Auf Holz, Sprossen und anderen pflanzlichen Substraten, Sp nicht spindelig, kugelig bis ellipsoid oder auch allantoid **23**

23 Sp kugelig bis fast kugelig, 16–21 µm im Durchm. Auf Tanne (*Abies*) ***Cyphella***

23* Sp ellipsoid, zylindrisch oder allantoid, weniger als 10 µm breit. Auf anderen Substraten ***Merismodes***

24 Frk röhrenfö, weniger als 0,5 mm breit ***Henningsomyces***

24* Frk becher- bis scheibenfö; breiter als 1 mm **25**

25 Hymenium braun. **26**

25* Hymenium weiß, cremefarben oder gelb **27**

26 Frk gelatinös, gummiartig biegsam. Hymenium ockerlich bis braun. Sp 7,5–11 × 2–3 µm. Auf Zweigen von Pappel (*Populus*), seltener von *Salix* ***Auriculariopsis*** (*ampla*)

26* Frk wachsartig, nicht gummiartig biegsam. Hymenium hellbraun, alt dunkelbraun. Sp 6–7,5 × 3–3,5 µm. Holz von LaB und NaB ***Cytidiella***

27 Haare der Frk-Außenseite mit kopfig erweiterter Spitze **28**

27* Haare der Frk-Außenseite mit gleich dicker zylindrischer Spitze, oft verzweigt ***Calyptella***

28 Sp ellipsoid oder keulenfö, Frk an Resten von Binsen (*Juncus*), Sauergräsern (*Carex*) etc. ***Cellypha***

28* Sp kommafö, Frk an Farnen ***Cephaloscypha***

Schlüssel X: Hutpilze mit Lamellen oder Röhrenhymenophor (Basidiomycota)

Literatur: BRESINSKY, A., BESL, H. (2003). – HORAK, E. (2005). – GRÖGER, F. (2006). – GRÖGER, F. (2014). – KNUDSEN, H., VESTERHOLT, J. (2008). – MOSER, M. (1983)

Schlüssel X-0: Eingangsschlüssel

1 Mit Poren oder Röhren auf H-Unterseite des Frk **2**
1* Mit Lamellen oder Leisten auf Frk-Unterseite **3**
2 Frk weichfleischig, leicht faulend. Röhren meist leicht vom H zu entfernen **Schlüssel X-24**: Habitusgruppe „Boletus"
2* Frk zäh, meist nicht schnell faulend, wenn trocken dann hart. Röhren mit dem H fest verbunden **Schlüssel X-25**: Habitusgruppe „Polyporus"
3 L der Länge nach in 2 Hälften gespalten. L-Hälften je nach Feuchte oder Trockenheit gerade oder eingerollt. Frk zäh, muschelfö, ungestielt, oberseits zottig-filzig, weißlich-grau ***Schizophyllum***
3* L nicht längsspaltig, Frk anders **4**
4 Frk meist im Frischzustand bereits zäh, z. T. schnell eintrocknend. Trockene Frk in Wasser wieder aufquellend („auflebend"). Spp weiß, z. T. ocker. Hierher auch Holzbewohner mit grob gesägter L-Schneide und zugleich weißem Spp **5**
4* Frk frisch nicht holzig-zäh, leicht faulend. Trockene Frk in Wasser meist nicht wieder aufquellend („auflebend"). Im Zweifel hier weiter **7**
5 S dick und kurz, ± seitlich oder auch fehlend. Frk in H und S zieml dickfleischig . . **6**
5* S ± schlank und zentral. Frk ± klein und dünnfleischig **Schlüssel X-13**: Habitusgruppe „Marasmius"
6 L-Schneide weitgehend ganzrandig **Schlüssel X-15**: Habitusgruppe „Panus"
6* L-Schneide schartig, gesägt oder gezähnt **Schlüssel X-14**: Habitusgruppe „Lentinus"
7 L leistenfö, wenig breit und stumpf, z. T. stark reduziert, z. T. durchgehend gegabelt. L-Schneide stumpf **8**
7* L blattartig dünn, nicht leistenfö, nicht durchgehend gabelteilig. L-Schneide nicht stumpf **9**
8 Auf faulenden Resten von Blätterpilzen (*Russula*, *Lactarius*). H-Oberfläche z. T. staubig zerfallend. L nicht anastomosierend ***Asterophora***
8* Nicht auf Blätterpilzen parasitierend oder mit anderen Merkmalen. Leisten oder leistenfö. L wiederholt gabelteilig und anastomosierend, vielfach am S stark herablaufend **Schlüssel X-12**: Habitusgruppe „Cantharellus"
9 Frk verletzt milchend und zugleich mittelgroß bis groß. Milch weiß, unverändert so oder verfärbend oder von Beginn an gefärbt. Falls Frk kleiner und zugleich milchend, dann S mindestens 4 mm breit. Sp mit amyloider Ornamentierung ***Lactarius***
9* Frk ohne Milchsaft. Wenn milchend, dann S weniger als 4 mm breit und Sp dann ohne amyloides Ornament **10**

10 Meist nur mit L und ohne Lamelletten (zwischen den L) und/oder L spröde-splitternd. F brüchig. H z. T. mit auffallenden Farben, aber auch weiß, schwarz oder schwärzend (dann auch mit Lamelletten), Sp mit amyloidem Ornament. F mit Sphaerozysten ***Russula***

10* L mit Lamelletten regelmäßig untermischt und weder spröde noch splitternd. Keine Sphaerozysten im F (also HDS ausgenommen) **11**

11 Frk mit (meist tintenartig) zerfließenden L **12**

11* L nicht zerfließend **13**

12 Ganzer Frk, besonders aber die L bald schwarz zerfließend **Schlüssel X-23**: Habitusgruppe „Coprinus“

12* Frk mit braun zerfließenden L. H häufig lebhaft gelb und auf gedüngten Wiesen vorkommend, seltener weiß, graulila, rosalich bis violettlich und dann z. T. mit netzigaderiger H-Oberfläche und auf LaH-Strünken ***Bolbitius***

13 L stark herablaufend und weich, durch die reifenden Sp nach und nach schwärzlich werdend. Sp lang spindelfö und pigmentiert. S-Basis gelb, gelblich oder amyloid. NaB (Kiefer, Fichte, Lärche) **14**

13* Merkm anders, S-Basis weder gelb noch amyloid. L herablaufend oder auch nicht herablaufend **15**

14 H ± schleimig-schmierig. Frk mit Schleimvelum. S-Basis gelb oder gelblich ***Gomphidius***

14* H ± trocken, S-Basis amyloid ***Chroogomphus***

15 Am S undeutliche, ringfö Faserzone (durch Sp braun oder rostbraun) erkennbar. L braun oder ocker, reif nicht weiß oder weißlich. Bei mehreren Arten zugleich: S oder S und H schleimig bis schmierig, oder H hygrophan oder S-Basis knollig. Im Zweifel unter dem folgenden Schlüsselpunkt weiter **Schlüssel X-18**: Habitusgruppe „Cortinarius“

15* Frk ohne Cortina **16**

16 Frk groß bis mittelgroß mit Velum universale, als basale Volva oder in Form von abwischbaren Schuppen bzw. kegelfö Warzen auf H-Oberfläche sichtbar. L weiß oder weißlich, frei. Wenn mit Manschette am S, dann diese nicht als freier Ring nach oben oder unten am S verschiebbar. Sp z. T. amyloid, aber nie pseudoamyloid ***Amanita***

16* Mit anderen Merkm. Falls mit Universalvelum, dann L nicht frei **17**

17 Frk groß bis mittelgroß. S-Basis rübenfö oder knollig. H und S stark schuppig. Universalvelum oft ± deutlich; dieses oft aus Kugelzellen bestehend. L nicht frei. Sp in Melzers Reagenz unterschiedlich reagierend. Selten ***Squamanita***

17* Mit anderen Merkm. Im Zweifel hier weiter **18**

18 L leicht vom fleischigen Hutgrund lösbar und H-Rand eingerollt **Schlüssel X-17**: Habitusgruppe „Paxillus“

18* Nicht zugleich L leicht vom Hutgrund lösbar und H-Rand eingerollt **19**

19 L dick (in der Mitte 600–1000 µm breit) und wachsartig weich und an den L-Flächen oft querrunzelig. Spp weiß. Frk z. T. mit lebhaft roten und/oder gelben bzw. grünen Farben oder z. T. mit schmieriger H-Oberfläche. Basidien oft länger als 5-fache Sp-Länge, länger als 45 µm **Schlüssel X-11**: Habitusgruppe „Hygrophorus“

19* Entweder Spp nicht weiß oder L nicht dick (in der Mitte unter 600 µm breit) und wachsartig weich. Basidien, meist auch im Vergleich zur Sp-Länge kürzer. Im Zweifel hier weiter **Schlüssel X-1**: Habitusgruppe „Agaricus"

Schlüssel X-1: „Agaricus s. l."; Typische Blätterpilze

1 Spp weiß oder weißlich, seltener schmutzig gelblich, grünlich oder grau, keinesfalls tiefer ocker **Schlüssel X-2**: Gruppe „Leucospori"

1* Spp tiefer gefärbt. Von schmutzig fleischfarben bis schwarz **2**

2 Spp rosa, rötlich, rötlich-ocker oder schmutzig fleischfarben **Schlüssel X-16**: Gruppe „Hyporrhodii"

2* Spp ocker, braun, purpurn oder schwarz. **3**

3 Spp rostfarben, ocker, ockerbraun, braun **Schlüssel X-19**: Gruppe „Dermini"

3* Spp purpurbraun bis schwarz **4**

4 Spp purpurbraun oder purpurschwarz, jedoch nicht rein und tief schwarz **Schlüssel X-21**: Gruppe „Pratelli"

4* Spp rein schwarz **Schlüssel X-22**: Gruppe „Coprinarii"

Schlüssel X-2: Gruppe „Leucospori"; Weißsporige Blätterpilze

1 S fehlend, oder immer und eindeutig exzentrisch. meist auf Holz wachsend **Schlüssel X-10**: Habitusgruppe „Pleurotus"

1* S weitgehend zentral **2**

2 Velum vorhanden und deutlich, als Velum universale oder Velum partiale ausgebildet. Falls Velum undeutlich in Form von Flöckchen an H und S, dann L frei und/oder HDS aus Kugelzellen **3**

2* Velum vollständig fehlend, oder lediglich als spinnwebartige Cortina ausgebildet. HDS außen nicht aus Kugelzellen, höchstens aus keuligen Elementen. **5**

3 S vom H deutlich abgesetzt, ± glatt vom H trennbar und/oder HDS aus Kugelzellen und dadurch H-Oberfläche körnig, mehlig bestäubt etc.. . . . . **4**

3* S fest mit dem H verbunden und daher nicht glatt von diesem trennbar, d. h. S-Reste verbleiben am H. S beringt, Volva meist fehlend. Falls mit Volva, dann S mit rübenfö oder knollenfö im Erdboden steckendem Teil. HDS meist nicht aus Kugelzellen **Schlüssel X-4**: Habitusgruppe „Armillaria"

4 Velum universale entweder auf der H-Oberfläche in Form von Warzen oder Schuppen und/oder an der S-Basis als sackfö Scheide. Falls mit Manschette, diese am S nicht frei verschiebbar. HDS nicht aus Kugelzellen. Sp nicht pseudoamyloid ***Amanita***

4* Reste des Velum universale mit der H-Oberfläche fest verbunden und daher meist nicht abwischbar. Am S ohne sackfö Scheide. Velum partiale meist als Ring vorhanden. HDS bisweilen aus Kugelzellen. Sp vielfach pseudoamyloid, bisweilen auch amyloid **Schlüssel X-3:** Habitusgruppe „Lepiota"

5 L am S herablaufend. H nicht glockig, vielmehr plan-konvex oder trichterig oder in H-Mitte nabelfö **6**

5* L nicht am S herablaufend oder wenn herablaufend, dann H glockenfö und klein . . 7

6 S ± elastisch und im Inneren mit faserigem F. H ± fleischig
Schlüssel X-8: Habitusgruppe „Clitocybe"

6* S hornartig starr. H ± häutig-dünn, nabelig vertieft und oft durchscheinend gerieft. Im Zweifel hier weiter **Schlüssel X-9**: Habitusgruppe „Omphalia"

7 Frk groß bis mittelgroß, ± fleischig. **8**

7* Frk winzig bis klein, höchstens mittelgroß, dünnfleischig bis häutig. **10**

8 H im Zentrum rötlichbraun, gegen H-Rand weißl. H-Oberfläche schmierig. L weißl, alt kaum ockerlich. S-Spitze stark bereift. Sp ± pseudoamyloid, glatt, ausgesprochen mandelfö, 6,5–8(–15) × 4–4,5(–8) µm. Sehr selten ***Hebelomina***

8* Mit anderen Merkm. **9**

9 S fleischig, nicht berindet. L am S ausgebuchtet
Schlüssel X-5: Habitusgruppe „Tricholoma"

9* S faserig-fleischig und berindet. L gegen S abgerundet. H meist plan-konvex mit jung eingerolltem Rand **Schlüssel X-6**: Habitusgruppe „Collybia"

10 H plankonvex, H-Rand jung eingerollt, später oft gerade; alt bisweilen im H-Zentrum etwas vertieft. L gegen S abgerundet bis etwas ausgebuchtet
Schlüssel X-6: Habitusgruppe „Collybia"

10* H glockig, kegelig oder flach, jung mit oft abwärts gerichtetem, nicht eingerolltem Rand. L am S unterschiedlich angeheftet; wenn herablaufend, dann H keinesfalls mit vertieftem Zentrum **Schlüssel X-7**: Habitusgruppe „Mycena"

Schlüssel X-3: Habitusgruppe „Lepiota"; Schirmlingsartige

1 L am S schmal angeheftet. H mit staubiger bis körniger Oberfläche. HDS aus Kugelzellen **2**

1* L frei, weder schmal noch ausgebuchtet am S angeheftet **3**

2 Sp amyloid ***Cystoderma***

2* Sp nicht amyloid ***Cystodermella***

3 H und z. T. auch S schleimig oder schmierig. Sp nicht pseudoamyloid. **4**

3* H trocken, nicht schleimig-schmierig. Sp meist pseudoamyloid **5**

4 H elfenbeinockerlich. Geruch ± unangenehm. Sp klein, 4,5–5 × 2–2,5 µm. HDS hymeniform. Hymenialzystiden vorhanden ***Chamaemyces***

4* H gelb, braun, rotbraun, weinrot, z. T. auch weiß. Sp breiter und/oder länger, kugelig bis breit ellipsoid. L-Trama jung bilateral. HDS nicht hymeniform. Hymenialzystiden fehlen ***Limacella***

5 Frk sehr groß, H 5–20 cm und mehr; schuppig. Ring am S frei verschiebbar. Sp nie spindelig oder projektilfö, länger als 10 µm **6**

5* Frk kleiner, meist mittelgroß oder Sp kürzer als 10 µm oder Sp spindelig bis projektilfö **7**
6 Fleisch im Frk orangerötlich bis rötlichbraun verfärbend ***Chlorophyllum***
6* Fleisch nicht rötlich verfärbend ***Macrolepiota***
7 Sp mit Keimporus, Schnallen an Hyphensepten fehlend **8**
7* Sp ohne Keimporus, Hyphensepten z. T. mit Schnallen **9**
8 H-Rand gerieft. H klein, ± flockig. Wenn Frk größer, dann rötend. Sp z. T. länger als 9 µm. Ring nicht verschiebbar ***Leucocoprinus***
8* H-Rand nicht gerieft. Wenn F rötend, dann Ring verschiebbar. Frk z. T. mittelgroß wie Champignons. Sp kleiner als 9 µm ***Leucoagaricus***
9 H-Oberfläche mehlig-körnig. HDS aus blasigen oder kugeligen Elementen **10**
9* H kahl, schuppig oder seidig-faserig. HDS nicht aus blasigen oder kugeligen Elementen zusammengesetzt **11**
10 Schnallen an Hyphensepten vorhanden ***Cystolepiota***
10* Schnallen fehlend ***Pulverolepiota***
11 Hyphensepten ohne Schnallen. H-Oberfläche kahl, faserig-seidig, höchsten gegen H-Rand mit unscheinbaren Flöckchen, weiß ***Sericeomyces***
11* Hyphensepten meist mit Schnallen. H-Oberfläche schuppig bis kleiig-schuppig, verschieden gefärbt, bisw auch weiß **12**
12 H-Oberfläche mit kleinen, oft zugespitzen, aufrechten Schuppen ***Echinoderma***
12* H-Oberfläche nicht mit aufrecht-spitzen Schuppen ***Lepiota***

Schlüssel X-4: Habitusgruppe „Armillaria"; Ritterlingsartige mit Ring

1 S mit rübenfö oder knolliger Basis, die im Erdboden steckt. Reste des Velum universale und Velum partiale oft noch sichtbar. H-Oberfläche bisweilen reichlich mit Kugelzellen. Selten ***Squamanita***
1* Mit anderen Merkm. **2**
2 L am S ± stark herablaufend, nicht rund um S ausgebuchtet. H nicht zugleich weiß und schleimig-schmierig **3**
2* L am S nicht herablaufend, vielmehr ausgebuchtet oder H weiß **4**
3 H-Rand dünn, durchscheinend gerieft oder gestreift. S etwa 1,5–2,5 cm breit, mit einfachem Ring. Sp ellipsoid, nicht amyloid. Meist an oder auf Holz ***Armillaria***
3* H-Rand nicht durchscheinend gerieft und lange eingerollt bleibend. Frk kompakt, dick und hartfleischig. S massiv mit doppeltem Ring. Sp schmal, lang, 11–13 × 5–6 µm, amyloid. ***Catathelasma***
4 H weiß oder weißlich **5**
4* H farbig **7**
5 H-Oberfläche schleimig-schmierig. S fast hornartig. Auf Holz (meist Rotbuche). Sp 14–18 × 12–16 µm, ohne Ornament, nicht amyloid ***Oudemansiella***
5* H-Oberfläche trocken. Sp mit anderen Maßen, z. T. mit amyloiden Warzen **6**

6 S durch schwarze Flöckchen wie punktiert. Sp mit amyloiden Warzen, 8,5–10(–11) × 4,5–5,5 µm **_Melanoleuca_** (_verrucipes_)

6* S einheitlich weiß, ohne schwarze Flöckchen, Sp mit nicht-amyloiden Ornament, warzig bis stachelig-rau, 7–8,5 × 4–5 µm **_Tricholomella_** (_constricta_)

7 H strohgelb bis gelbgrünlich. S unterhalb des Ringes mit gleichfarbigen Schüppchen. H 7–10 cm, Frk zieml groß. Sp amyloid, 8–9 × 5,5–6 µm **_Floccularia_**

7* H grau, ocker, braun, rotbraun, orange. Frk groß oder mittelgroß. Sp nicht amyloid **8**

8 S-Basis mit gerandeter Knolle. Velum eher eine Cortina als ein häutiger Ring. H braun. Spp sehr blass ockerlich-weißlich. Hyphensepten der Trama mit Schnallen **_Leucocortinarius_** (_bulbiger_)

8* S-Basis ohne gerandete Knolle. H dunkelgrau, braun, rotbraun bis orange. Hyphensepten der Trama ohne Schnallen **_Tricholoma_**

Schlüssel X-5: Habitusgruppe „Tricholoma"; Ritterlingsartige ohne Ring

1 Sp amyloid **2**

1* Sp nicht amyloid **5**

2 Sp mit amyloiden Warzen **3**

2* Sp glatt, Sp-Wand amyloid **4**

3 Frk weichfleischig, vielfach mit ± schlanken S. Hyphensepten ohne Schnallen. Oft mit lanzettlichen, schlauchfö oder brennhaarartigen Hymenialzystiden; diese oft mit Kristallschopf **_Melanoleuca_**

3* Frk nicht weich, mit festem F. S meist kräftig, nicht besonders schlank. Hyphensepten mit Schnallen. Zystiden fehlend **_Leucopaxillus_**

4 H schuppig-schilferig, oder wenn nicht so, dann kegelig bis kegelig gebuckelt. Hyphensepten mit Schnallen. HDS nicht hymeniform **_Porpoloma_**

4* H nicht schuppig-schilferig und H zugleich meist konvex-glockig. HDS ± hymeniform. Mit oder ohne Schnallen an den Septen **_Dermoloma_**

5 Hyphensepten ohne Schnallen. Auffallend große Cheilozystiden fehlen **6**

5* Hyphensepten mit Schnallen. **7**

6 Sp warzig-rau, 4,5–6,5 × 2,5–3,5 µm. H ockerbraun bis rötlich braun. Basidien siderophil **_Gerhardtia_** (_borealis_)

6* Sp glatt. Basidien nicht siderophil **_Tricholoma_**

7 L schwefelgelb, auf oder an Holz. Mit auffallend großen Cheilozystiden. H der häufigsten Art dicht mit weinroten Schüppchen besetzt **_Tricholomopsis_**

7* L nicht schwefelgelb oder nicht auf/an Holz oder ohne Schüppchen auf H-Oberfläche **8**

8 Sp feinwarzig ornamentiert, bisweilen undeutlich punktiert (Anfärben mit Baumwollblau; Ölimmersion!) **9**

8* Sp-Wand glatt und Geruch anders. L nicht leicht vom H abtrennbar **10**

9 Frk weißlich, S mit schwindendem Ring **_Tricholomella_**

9* Frk farbig, wenn weißlich dann S jung ohne Ring. L leicht vom H ablösbar. Frk oft, zumindest auf L violett bis lila oder Geruch aromatisch (Irisöl, Orangenblüten). Sp 6–9(–10) × 3–5 µm. ***Lepista***

10 H breit gewölbt, H-Oberfläche schuppig, grau bis graubraun, 4–12 cm. Geruch und Geschmack nach Mehl. Sp 8–10 × 6–7 µm ***Tricholoma*** (*pardolatum*)

10* Merkm anders, nicht in dieser Kombination ausgeprägt **11**

11 Geruch seifenartig, wie in der Waschküche, nicht nach Mehl. H 5–10 cm, weiß bis graubraun oder olivgrünlich. L entfernt, weißlich bis wachsgelbgrau. Frk im Alter ± kupferrot oder fleischrosa verfärbend, zumindest am S. Sp 5–6 × 3,5–4 µm ***Tricholoma*** (*saponaceum*)

11* Merkm-Kombination anders **10**

12 Frk mittelgroß bis klein, nie büschelig, nie rötlich, blau oder schwarz anlaufend. S 1–6 mm breit, oft etwas knorpelig oder längsfaserig, S-Spitze oft flockig. H grau, bräunlich-grau, braun, H-Rand bisw durchscheinend gerieft. Geruch häufig mehlartig-ranzig **13**

12* Frk meist groß, ± fleischig, H-Rand nicht dünn und durchscheinend gerieft. H z. T. weiß oder auch lebhaft gefärbt. Bisweilen büschelig **14**

13 HDS weitgehend hymeniform. Pilze grasiger Standorte mit breit bauchigen bis fast dreieckigen L, kurzem, weißlichen S, oft runzeligem, grauem bis bräunlichem, 1,5–3 cm breitem H. Sp 4,5–5(–6) × 3–3,5 µm ***Dermoloma*** (*cuneifolium*)

13* HDS aus gestreckten Hyphen und auch sonst anderen Merkm. In Wäldern, Mooren oder auf Brandstellen ***Lyophyllum***

14 Sp dreieckig, rhombisch oder kugelig ***Lyophyllum***

14* Sp anders **15**

15 Frk dicht rasig bis büschelig oder L an Druckstellen rötlich, blau oder schwarz verfärbend oder (falls weiß) mit $FeSO_4$ violett werdend oder L lebhaft gelb und H dann schieferblau bis blaulila. Meist H weiß, grau oder braun. Sp glatt ***Lyophyllum***

15* Frk nicht rasig oder büschelig. H weiß (und mit Mehlgeruch) oder gelb, rosa, violettlich, graubraun bis schwarzbraun. L ohne genannte Anlauffarben, mit $FeSO_4$ nicht violett werdend. L vielfach auffallend hell zum tiefer gefärbten H kontrastierend. Falls L gelb, dann ist auch der H so gefärbt. Sp glatt **16**

16 HDS ein Hymeniderm (d. h. als Palisade aus keulenfö Elementen ausgebildet), falls ein Trichoderm, dann die Endglieder (keulig-blasig) erweitert. H gelb, rosa, violett oder dunkel purpurn ***Rugosomyces***

16* HDS eine Cutis aus radialparallelen Hyphen. H weiß oder weißl ***Calocybe***

Schlüssel X-6: Habitusgruppe „Collybia"; Rüblingsartige

1 Sp amyloid **2**

1* Sp nicht amyloid **6**

Sporen amyloid (2–5)

2 Sp mit amyloidem Ornament (Warzen). Schnallen an Hyphensepten fehlend ***Melanoleuca***

2* Sp glatt, ohne amyloides Ornament, z. T. Sp kugelig, an 2-sporigen Basidien gebildet. Falls amyloides Ornament vortäuschend, dann Hyphensepten mit Schnallen **3**

3 Sp 6–9 µm, fast kugelig, mit amyloider Sp-Wand, in die nichtamyloide Warzen oder Stacheln eingeschlossen sind. Basidien 2-sporig ***Fayodia***

3* Sp-Wand einheitlich amyloid. Basidien 4-sporig. Sp oft kleiner **4**

4 Sp kugelig, 6–6,5(–7) µm. H radialfaserig bis rissig, konvex-genabelt, 2–5 cm. Auf Holz ***Clitocybula***

4* Sp nicht kugelig. **5**

5 Sp klein 3–4,5 × 1–2,5 µm. L sehr gedrängt. Auf morschem Holz oder auf Zapfen ***Baeospora***

5* Sp größer, 6–9,5 × 3,5–6 µm und nicht mit den genannten Merkm ***Hydropus***

Sporen nicht amyloid (6–30)

6 Sp stachelig oder warzig-rau, bzw. falls glatt, dann sehr groß (16–18 × 8–10 µm) . . **7**

6* Sp weder stachelig noch warzig-rau **8**

7 H violettl oder fleischfarben. L dickl. Pleurozystiden fehlend. Sp oft kugelig und stets breiter als 6 µm, morgensternartig-stachelig. Bei einer Art (*L. maritima*) der Meeresküste sind Sp glatt und groß, 16–18 µm lang ***Laccaria***

7* H mit anderen Farben und zugleich L dünn, Pleurozystiden vorhanden. Sp 5,5–8 × 3,5–5,5 µm, sehr fein stachelig oder warzig-rau ***Gamundia***

8 H über 3 cm, Frk groß bis mittelgroß **9**

8* H unter 3 cm, Frk klein **19**

– Hut über 3 cm (9–18)

9 S dunkelbraun samtig, S-Basis oft verjüngt, büschelig. H schmierig, meist rostgelb, seltener weiß. Meist Holzbewohner (LaH). Sp 8–9 × 4,5–6 µm ***Flammulina***

9* H nicht rostgelb, nicht weiß. H meist nicht schmierig. Falls S samtig, dann Sp fast kugelig. **10**

10 S lang wurzelnd auf toten Baumwurzeln, glatt oder samtig-haarig bis borstig. Sp 8–15 × 7–11 µm, oft fast kugelig ***Xerula***

10* S nicht lang wurzelnd und/oder nicht mit angegebener Merkm-Kombination. **11**

11 H radialstreifig und zugleich S-Basis mit weißen Rhizoidsträngen. Sp 7–10 × 5,5–7,5 µm. Auf oder an morschem Holz ***Megacollybia***

11* Merkm anders **12**

12 L an Druckstellen schwärzend. Sp 8–9 × 4–4,5 µm ***Lyophyllum*** (*semitale*)

12* L an Druckstellen nicht schwärzend **13**

13 Hyphensepten ohne Schnallen. H honigbraun, gelbbraun, hellbraun. H-Mitte fein schuppig. Sp 8–10 × 5–7 µm. Büschelig um Strünke und Wurzeln von Eiche (wie ein ringloser Hallimasch) ***Armillaria*** (*tabescens*)

13* Hyphensepten mit Schnallen. **14**

14 L schwefelgelb. Mit auffallend großen Cheilozystiden. H bei der häufigsten Art mit weinroten Schüppchen. Auf Holz ***Tricholomopsis***

14* Entweder nicht mit schwefelgelben L oder nicht auf Holz bzw. H-Oberfläche ohne Schüppchen **15**

15 HDS hymeniform, aus keuligen bis fast kugeligen Elementen ***Marasmius***

15* HDS aus gestreckten, fädigen, oft verwobenen Elementen **16**

16 Pilze z. T. mit Mehlgeruch, z. T. auf Brandstellen fruchtend. Basidien mit siderophiler Granulation ***Lyophyllum***

16* Pilze ohne Mehlgeruch und nicht auf Brandstellen. Basidien ohne siderophile Granulation. Weiterhin: z. T. mit brennend scharfem Geschmack, z. T. mit knoblauchartigem Geruch oder stinkend, z. T. dicht büschelig, z. T. S längsstreifig, z. T. S in ganzer Länge flockig bis kleiig **17**

17 L wenigstens stellenweise am S breit angeheftet bis etwas herablaufend, S nicht gestreift, z. T. weiß oder weißlich, z. T. Sp spindelig lang ***Clitocybe***

17* L rund um S abgerundet. Falls Frk weißlich, dann S gestreift **18**

18 Sp pseudoamyloid und cyanophil. Spp nicht rein weiß, sondern fleischfarben. HDS mit glatten, schmal zylindrischen, nicht inkrustierten Hyphen ***Rhodocollybia***

18* Sp nicht pseudoamyloid, Spp rein weiß. HDS mit ± breiten, häufig inkrustierten Hyphen, diese mit wenigen bis zahlreichen Divertikeln oder mit gelappten Enden ***Gymnopus***

– Hut unter 3 cm (19–30)

19 Frk sehr klein und weißlich, meist auf faulenden Resten von Pilzen oder aus Sklerotien entspringend. H weniger als 1 cm. Sp 4–6(–7) × 2–3 (–3,5) µm **20**

19* Merkm anders **21**

20 S nicht verzweigt. Sklerotium an der S-Basis vorhanden oder fehlend ***Collybia***

20* S mit zahlreichen kurzen Seitenzweigen. Sklerotium an der S-Basis vorhanden ***Dendrocollybia*** (*racemosa*)

21 Sp pseudoamyloid. H jung satt braunlila, alt beige-lila. L dunkel lila-braun, alt braun. Sp 3,2–4 × 2,8–3,2 µm ***Pseudobaeospora***

21* Sp nicht pseudoamyloid **22**

22 HDS aus gestreckten, fädigen Elementen **23**

22* HDS hymeniform, aus keuligen oder kugeligen Elementen; diese bisweilen mit fingerartigen Fortsätzen **30**

– – Hutdeckschicht aus gestreckten, fädigen Elementen (23–29)

23 Elemente der HDS pseudoamyloid, fädig-lang, meist nadelfö zugespitzt, dickwandig. H 0,5–1,2 cm, weißlich mit bräunlichen Schüppchen und Fasern, auf flacher Scheibe mit kleiner bräunlicher Papille. S rußfarben, gefurcht, filzig. Auf Grasresten, Stängeln und Holzresten ***Crinipellis***

23* Elemente der HDS nicht pseudoamyloid. Nicht mit solcher Merkm-Kombination **24**

24 S dunkelbraun samtig, oft gegen S-Basis verjüngt. H schmierig, meist rostgelb, seltener weiß ***Flammulina***

24* Nicht zugleich S samtig, dunkelbraun bis schwarz, H nicht schmierig und zugleich rostgelb bis weiß **25**

25 Hyphensepten ohne Schnallen. Sp 5–7,5 × 3,2–4,5 µm, mit gelblichem Inhalt (Nekropigment). H olivgrünlich oder braungelb, braun-oliv, olivlich gemischt mit honigfarbenen Tönen ***Callistosporium***

25* Hyphensepten mit Schnallen. **26**

26 S fadenfö dünn, dunkel **Schlüssel X-13**: Habitusgruppe „Marasmius“

26* S nicht zugleich fadenfö und dunkel. **27**

27 S dunkel und gegen S-Basis verjüngt, oftmals bereift. Wenn HDS mit divertikulaten Hyphen, dann S-Basis ohne starken Basalfilz **Schlüssel X-13**: Habitusgruppe „Marasmius“

27* S nicht zugleich dunkelfarbig und bereift. Wenn HDS mit divertikulaten Hyphen, dann S-Basis mit starkem Basalfilz **28**

28 Geruch und Geschmack nach Mehl ***Lyophyllum***

28* Geruch und Geschmack nicht nach Mehl **29**

29 Frk mit brennend scharfem Geschmack, oder Geruch knoblauchartig oder stinkend, oder dicht büschelig. HDS z. T. mit divertikulaten Hyphen. Basidien nicht siderophil ***Gymnopus***

29* Mit anderen Merkmalen und Basidien siderophil ***Lyophyllum***

– Hutdeckschicht aus keuligen oder kugeligen Elementen (30)

30 Auf Koniferenzapfen (diese oft im Erdreich verborgen) im Frühjahr. Schnallen an Hyphensepten fehlend. Mit auffälligen Hymenialzystiden, die oft durch Kristallschopf gekrönt sind. Sp 5,3–8 × 2,5–4 µm ***Strobilurus***

30* Nicht auf Koniferenzapfen im Frühjahr und mit anderen Merkm **Schlüssel X-13**: Habitusgruppe „Marasmius“

Schlüssel X-7: Habitusgruppe „Mycena“; Helmlinge etc.

1 Sp amyloid **2**

1* Sp nicht amyloid, allenfalls pseudoamyloid **8**

Sporen amyloid (2–7)

2 Frk klein bis winzig, weißlich, oft gelblich-braun verfärbend. H 1–3(–5) mm. HDS aus gestreckten Hyphen, Sp 8,5–14(–16,5) × 4–6,5 µm, oft nur schwach amyloid ***Resinomycena*** (*saccharifera*)

2* Frk mit anderen Merkm **3**

3 Trama pseudoamyloid und/oder Pleuro- und oft auch Cheilozystiden bürstenfö oder fingerig verzweigt **4**

3* Trama nicht pseudoamyloid. Zystiden fehlen oder weder bürstenfö noch fingerig verzweigt ***Mycena***

4 HDS aus gestreckten Hyphen **5**

4* HDS aus breiten, ± keuligen oder kugeligen Elementen ***Hydropus***

5 Frk winzig, weiß, mit aderigen L. Sp 7–9 × 3–5 µm ***Delicatula***

5* Mit anderen Merkm: Frk nicht mit aderigen L oder nicht weiß bis weißlich **6**

6 HDS aus länglichen, ± radialparallelen Hyphen. Sp 8,5–11,5 × 4,5–6 µm. Mit schlauchfö Pleuro- und Cheilozystiden (40–65 × 10–15 µm bzw. 70–80 × 10–20 µm) ***Hydropus***

6* HDS hymeniform oder zumindest aus breiten, kurzen, aufgerichteten Elementen bestehend. **7**

7 L-Schneide schartig ***Dermoloma***

7* L-Schneide nicht schartig ***Hydropus***

Sporen nicht amyloid (8–22)

8 Sp pseudoamyloid, 3,2–4 × 2,8–3,2 µm. H und L ± bräunlich ***Pseudobaeospora***

8* Sp nicht pseudoamyloid **9**

9 Sp warzig-höckerig, ± kugelig. Cheilozystiden vorhanden, einfach lanzettlich oder an der Spitze verzweigt. HDS aus gestreckten Hyphen, die durch zahlreiche Ausstülpungen rau sind und mit Dermatozystiden. ***Mycenella***

9* Sp nicht warzig-höckerig und auch übrige Merkm anders **10**

10 Frk klein bis winzig, zugleich H und S mit dicker Schleimschicht überzogen. Sp 8–13 × 3,5–6 µm, HDS ein Hymeniderm aus breit keuligen, birnenfö bis fast kugeligen Elementen ***Roridomyces*** (*roridus*)

10* Frk mit anderen Merkm, insbesondere H und S nicht von dicker Schleimschicht überzogen. Falls S schleimig, dann dieser gelb oder gelblich **11**

11 HDS hymeniform, aus kugeligen, keuligen oder zumindest aus breiten, kurzen, aufgerichteten Elementen. **12**

11* HDS aus gestreckten, ± radialparallelen Elementen **13**

12 L breit bauchig, fast dreieckig, gegen S ausgebuchtet angeheftet, weißlich. H 1,5–3 cm, schmutzig grau bis bräunlich, oft runzelig. Sp 4,5–5(–6) × 3–3,5 µm. Wiesen, Weiden, grasige Plätze ***Dermoloma*** (*cuneifolium*)

12* Merkm-Kombination anders **Schlüssel X-13**: Habitusgruppe „Marasmius“

13 Frk winzig bis sehr klein. **14**

13* Frk größer, H häufig über 1–1,5 cm. S nicht fadenfö dünn. **18**

14 H und z. T. auch S weiß bis schwach ockerlich und zugleich Trama nie pseudoamyloid **13**

14* Frk meist tiefer als weiß oder weißlich gefärbt. Trama pseudoamyloid oder nicht pseudoamyloid **16**

15 Sp 11–16,5 × 4–5,5 µm. Falls 7–8 × 3,3–4,5 µm, dann S im unteren Teil auffallend rostbraun. S-Grund ohne Basalmycel ***Marasmiellus***

15* Mit anderen Merkm. Sp kugelig und kleiner o d e r (wenn z. B. Sp bis 11 µm lang) S nicht auffallend braun im unteren Teil o d e r (wenn Sp über 11 µm lang) Pilz am Grunde von Beinwellpflanzen (*Symphytum*) fruchtend o d e r S am Grunde mit deutlichem Basalmycel ***Hemimycena***

16 S nur wenig länger als H-Durchm, klein-flockig oder bereift. An Stämmen, Strünken, Ästen. Sp 8–12 × 2,5–4,5 µm ***Marasmiellus***

16* S deutlich länger als H-Durchm o d e r Frk nicht an Holzresten o d e r Sp-Maße anders **17**

17 In Mooren zwischen Torfmoos (*Sphagnum*). H 4–15 mm, konvex bis plan mit Papille, olivbraun, blass graubraun, falb. L herablaufend, oft fast dreieckig am S angeheftet, grau, bräunlich oder schmutzig weiß. L-Trama nicht pseudoamyloid. Sp 5,5–7 (–7,5) × 3–4,5 µm **Gyroflexus** (*brevibasidiatus*)

17* L-Trama pseudoamyloid. Merkm-Kombination anders **Mycena**

18 Sp kugelig oder breit ellipsoid, 5,7–7 µm. H- und S-Trama pseudoamyloid. In HDS unter einer Lage gestreckter Hyphen ein Hypoderm aus großen, zieml breiten (× 40 µm) Hyphen **Hydropus** (*floccipes*)

18* Sp länglich-ellipsoid, nicht kugelig. **19**

19 Pleuro- und Cheilozystiden vorhanden **20**

19* Pleuro- und teils auch Cheilozystiden fehlend **21**

20 Sp schmal zylindrisch, etwas gebogen (allantoid), 6,5–10 × 2,5–4 µm. Pleurozystiden zahlreich und groß, 57–65 µm. Hyphen der HDS glatt **Hydropus** (*subalpinus*)

20* Sp länglich ellipsoid, nicht gebogen, 6–9 × 3–4 µm oder 10–12 × 3,5–5,5 µm. Hyphen der HDS bürstenartig verzweigt. Frk z. T. zart rötlich **Mycena**

21 Hyphen z. T. pseudoamyloid. Sp 5–7,5 × 2,5–4,5 µm, falls Sp länger, dann 4,5–5,7 µm breit **Mycena**

21* Hyphen nicht pseudoamyloid. Sp-Maße anders **22**

22 Sp 8,5–11,5 × 3–4,5 µm **Hemimycena** (*cucullata*)

22* Sp 4,5–5(–6) × 3–3,5 µm **Dermoloma**

Schlüssel X-8: Habitusgruppe „Clitocybe"; Trichterlingsartige

1 Sp amyloid **2**

1* Sp nicht amyloid **5**

Sporen amyloid (2–4)

2 Schnallen fehlen an den Hyphensepten. Frk braun bis braunschwarz. Sp 7–10 × 5–7 µm **Pseudoclitocybe**

2* Schnallen an den Hyphensepten vorhanden **3**

3 Frk groß, weiß, H 10–30 cm **Aspropaxillus**

3* Frk kleiner, H 2–5 cm **4**

4 H hygrophan, ocker-lederbräunlich bis hell rotbräunlich. L nicht durchgehend gabelteilig. Sp 6,5–8 × 3,5–5 µm **Pseudoomphalina**

4* H nicht hygrophan, dunkel braungrau bis graubraun. L durchgehend gabelteilig mit wulstig-stumpfen Schneiden. Sp spindelfö, 7–11 × 2,7–3,5 µm **Cantharellula**

Sporen nicht amyloid (5–19)

5 Sp-Wand mit Stacheln oder feinen Warzen, bisweilen undeutlich punktiert (Anfärben mit Baumwollblau, Ölimmersion!) **6**

5* Sp-Wand vollständig glatt (Ölimmersion!) **8**

6 L entfernt und dicklich. Sp kugelig oder ellipsoid, 7–13 µm, mit zieml langen (z. B. 0,8–1 µm), hyalinen Stacheln. Frk z. T. lilaviolett oder fleischfarben. H-Oberfläche z. T. schuppig-rau. Frk mittelgroß bis klein ***Laccaria***

6* L nicht zugleich entfernt und dicklich, Sp anders **7**

7 H bis 3 cm. L mit Pleurozystiden
Schlüssel X-9: Habitusgruppe „Omphalia" (*Fayodia, Lyophyllum*)

7* H entweder größer oder L ohne Pleurozystiden. Sp punktiert bis feinwarzig. Spp meist cremegelblich, fleischfarben bis rosa, selten weiß ***Lepista***

8 H auf weißlichem Grund mit anliegenden schwärzlichen Schüppchen. Frk zäh, büschelig an LaH-Stümpfen, S nach unten wurzelartig verjüngt. Sp 7–8(–10) × 3–3,5 µm
Lentinus (*tigrinus*)

8* Merkm-Kombination anders **9**

9 Frk ± lebhaft orange, an Holz. Falls auf Erde, dann mit regelmäßig gegen den H-Rand gabelig verzweigten L. Sp z. T. kugelig, z. T. pseudoamyloid **10**

9* Frk mit anderen Farben oder wenn mit orangegelben Tönen, dann weder an Holz noch zugleich Sp pseudoamyloid. **11**

10 L gabelig aufgeteilt. Meist auf Erde. Sp pseudoamyloid, 4,8–8 × 2,5–5 µm
Hygrophoropsis

10* L nicht durchweg gabelig aufgeteilt. Auf Holz. Sp kugelig, nicht pseudoamyloid, 4,5–7 × 4–6,5 µm ***Omphalotus***

11 Seltener Pilz mit Geruch nach Früchtebonbons, mit fleischrosa bis ockerrosa Farben und stark gegabelten L. Sp 3,5–5,5 × 2,5–3 µm ***Hygrophoropsis*** (*morganii*)

11* Mit anderen Merkm. **12**

12 Hyphensepten ohne Schnallen **13**

12* Hyphensepten mit Schnallen. **14**

13 H 5–6(–7) cm, schuppig, bräunlichgelb bis honigfarben. Sp 8–10 × 5–7 µm. In warmen Gebieten büschelig an Strünken und Wurzeln, besonders an Eichen (unberingter Verwandter des Hallimasch) ***Armillaria*** (*tabescens*)

13* Frk kleiner und mit anderen Merkm **Schlüssel X-9**: Habitusgruppe „Omphalia"

14 Frk schwärzend (so besonders an L) oder büschelig auf Erde. Falls Frk rein weiß, dann mit $FeSO_4$ auf L mit violetter Reaktion. Basidien meist siderophil ***Lyophyllum***

14* Druckstellen an L nicht schwärzend und $FeSO_4$ keine violette Reaktion zeigend. Frk nicht auffallend büschelig. Basidien nicht siderophil **15**

15 Frk klein bis mittelgroß **Schlüssel X-9**: Habitusgruppe „Omphalia"

15* Frk groß und fleischig **16**

16 L schwefelgelb, Frk auf oder an Holz. H stets mit kleineren Schüppchen ± dicht bedeckt, diese meist weinrot. Mit auffallend großen Cheilozystiden ***Tricholomopsis***

16* Frk entweder nicht mit schwefelgelben L oder nicht holzbewohnend bzw. H-Oberfläche ohne Schüppchen **17**

17 S entschieden keulig und zugleich schwammig weich und daher leicht zusammenzudrücken, braun bis graubraun. H 4–6(–8) cm, braungrau, ± gebuckelt. L weißlich bis gelblich, stark herablaufend, gegenüber H und S stark kontrastierend. Sp 5–7 × 3–4 µm **Ampulloclitocybe**

17* Merkm-Kombination anders **18**

18 H 7–15 cm, gewölbt bis plan, mit grauen Tönen. L blass, kurz herablaufend, leicht vom H-Grund lösbar (mit Fingernagel abzukratzen). Sp 6–7 × 3–4 µm, cyanophil. Spp cremefarben **Clitocybe** (*nebularis*)

18* Merkm-Kombination anders: H trichterig oder auch gewölbt bis plan und dann z. B. Sp 6–10 × 3–4 µm o d e r L nicht leicht vom H-Grund lösbar o d e r Spp weiß. Sp (meist) acyanophil **19**

19 Sp tropfenfö. H nicht hygrophan, stets entschieden trichterfö, eingewachsen filzig bis feinst schuppig, gelblich-ockerlich bis weißlich, bisweilen mit Buckel im vertieften H-Zentrum. Frk mittelgroß bis groß **Infundibulicybe**

19* Sp fast kugelig, ellipsoid, spindelig oder auch zylindrisch. H bisweilen hygrophan, bisweilen wenig oder kaum trichterig, glatt bis feinst schuppig. Frk mittelgroß **Clitocybe**

Schlüssel X-9: Habitusgruppe „Omphalia"; Nabelinge etc.

1 Frk weiß oder weißlich und klein bis winzig. Sp glatt **2**

1* Frk größer und/oder nicht weiß. Sp glatt, warzig oder höckerig **7**

2 Hyphensepten ohne Schnallen **3**

2* Hyphensepten mit Schnallen **4**

3 Frk mit lappig zergliedertem H oder mehrhütig. Sp 5,3–6,5 × 3–3,5 µm **Arrhenia** (*polycephala*)

3* H-Rand flatterig, nicht lappig zergliedert, Frk nicht mehrhütig. Sp. (4,5–)5–5,5 × 3–3,5 µm **Cantharellopsis** (*albidum*)

4 Sp amyloid, 7,5–8(–9) × 4–5 µm. Auf moderigem Holz, Laub, Humus **Delicatula** (*integrella*)

4* Sp nicht amyloid **5**

5 Sp 20–22 × 5–6 µm. Basidien mit 2 Sterigmen. Auf toten Stängeln von *Carex* **Marasmius** (*caricis*)

5* Sp unter 16 µm, meist nur bis zu 11 µm lang **6**

6 Frk lichenisiert, d. h. am S-Grund ein schuppenfö Flechtenlager (*Coriscium*) bildend oder mit grünen kugelfö Algen (*Botrydina*). Sp 7–10 × 4,5–7 µm **Lichenomphalia**

6* Frk nicht lichenisiert und/oder Sp-Maße anders **Hemimycena**

7 H 1–4,5 cm, rußgrau bis sepiafarben. L entfernt, dick, grau, alt schwärzend. Spp olivsepia bis grau, nicht rein weiß. Sp mandelfö bis fast spindelig, warzig, 10–12(–15) × 6–7,5 µm **Melanomphalia** (*nigrescens*)

7* Merkm anders **8**

8 Sp amyloid **9**

8* Sp nicht amyloid **15**

Sporen amyloid (9–14)

9 Ohne Schnallen an den Hyphensepten. Sp 7–10 × 5–7 µm ***Pseudoclitocybe***

9* Mit Schnallen an den Hyphensepten (bisweilen in H-Haut fehlend) **10**

10 Sp kugelig, 6–10 µm; in amyloider Sp-Wand nichtamyloide Fortsätze eingebettet. Basidien zweisporig, Cheilozystiden oft gut entwickelt. ***Fayodia***

10* Merkm-Kombination anders: Sp weder kugelig noch zugleich angegebene Größe erreichend **11**

11 H dunkelbraun bis schwarzbraun, mit gummiartig dehnbarer H-Haut. Cheilo- und Pleurozystiden vorhanden. schlauchfö, 40–65 × 10–15 µm bzw. 70–80 × 10–20 µm. Sp 5–6,5 × 4 µm ***Myxomphalia*** (*maura*)

11* H-Haut nicht gummiartig dehnbar **12**

12 An aufrechten Schilfstängeln spät im Jahr. Sp 10,5–14(–16) × 5,4–6,4 µm. Trama pseudoamyloid ***Mycena*** (*belliae*)

12* Nicht an aufrechten Schilfstängeln spät im Jahr. Trama pseudoamyloid oder nicht so **13**

13 H 2–4 cm. S 2–4 mm breit. Sp 6,5–10 × 3,5–5 µm. Nicht auf morschem Holz ***Pseudoomphalina***

13* H 0,5–2 cm. Sp 4–7 × 2,8–4,5 µm. Meist auf morschem Holz. **14**

14 H grau. L weiß, mit bereiften, oft bräunlichen Schneiden. Sp 6–7 × 3,5–4,5 µm. Meist auf morschen Tannenstümpfen ***Hydropus*** (*marginellus*)

14* H gelb bis rostbraun. Sp 4–7 × 2,8–4 µm. Meist gesellig auf morschem NaH, H durchscheinend gerieft, L gelblich und am Grunde aderig verbunden ***Xeromphalina***

Sporen nicht amyloid (15–36)

15 Sp höckerig, morgensternartig bis warzig-rau **16**

15* Sp glatt, nicht einmal warzig-rau **19**

*– **Sporen höckerig bis warzig-rau (16–18)***

16 Schnallen an Hyphensepten fehlend. L-Trama leicht bilateral. Sp höckerig, morgensternartig, 6–7 × 5–6 µm ***Camarophyllopsis***

16* Schnallen an den Hyphensepten vorhanden. L-Trama nicht bilateral. Sp warzig-rau bis stachelig. **17**

17 L dicklich und zugleich entfernt. Sp kugelig bis ellipsoid, mit feinen hyalinen Stacheln, 7–12 µm lang ***Laccaria***

17* L weder dickl noch entfernt. Sp meist kleiner, nicht stachelig, wohl aber warzig-rau **18**

18 Auf Brandstellen und/oder Basidien siderophil. H meist dunkelbraun bis schwarzbraun. Geruch meist nach Mehl. Sp meist 5–8 µm ***Lyophyllum***

18* Nicht auf Brandstellen und Basidien nicht siderophil. H gelblich oder braun, z. T. mit grauen Mischtönen. Geruch nicht nach Mehl. Sp 5,5–8 × 3,5–5,5 µm ***Gamundia***

*– **Sporen glatt, weder höckerig noch ornamentiert (19–36)***

19 S vergleichsweise lang, um ein vielfaches länger als H-Durchm. Frk winzig bis sehr klein, H bis etwa 1,5 cm, Schnallen an Hyphensepten vorhanden **20**

19* S meist nicht auffallend lang. Entweder Frk größer o d e r Schnallen fehlend. **21**

20 Stets in Verbindung mit Moosen. Frk orange, gelb bis rehbraun. S ebenso gefärbt oder bräunlich-blass mit violetter Spitze. Sp zieml klein, 4–5,5 × 2–3 µm ***Rickenella***

20* Auf holzigen Pflanzenteilen, nicht obligat an Moosen. Sp 6,5–10,5 × 4–5 µm ***Mycena*** (*speirea*)

21 Schnallen an Hyphensepten fehlend **22**

21* Schnallen an Hyphensepten vorhanden **28**

– – ***Schnallen an den Hyphensepten fehlend (22–27)***

22 Frk ohne entschieden gelbe Farbtöne, z. B. dunkelbraun, hellbraun, graubraun . . . **23**

22* Frk mit lebhaft orangen, orangegelben, gelben oder gelbbraunen Farben, zumindest L gelblich **25**

23 Frk lichenisiert, an S Basis und im Substrat mit Grünalgen verbunden ***Lichenomphalia***

23* Frk nicht lichenisiert **24**

24 H und S eher mit stumpfen Farben, grau-bräunlich bis schwärzlich. Frk zentral, exzentrisch oder seitlich gestielt; S auch fehlend. L ähnlich wie der übrig Frk gefärbt ***Arrhenia***

24* H und S eher lebhafter gefärbt, ± rötlichbraun oder gelblichbraun, L deutlich heller als H ***Omphalina***

25 Zwischen Moosen im Frühjahr und Herbst, z. T. auf Brandstellen ***Loreleia***

25* Frk auf Erde oder Holz, z. T. im Spätwinter in Parkanlagen, z. T. im Herbst im Bergwald auf morschen Stümpfen **26**

26 Auf morschem Holz im Bergwald. Sp dünnwandig **27**

26* Auf Erde oder Holz in Parkanlagen; Frk im Spätwinter. Sp zieml dickwandig ***Haasiella***

27 H, L und S lebhaft gelb oder H blasser und L dann grünlich-gelb. Sp bei einer Art 10–12 × 5–5,5 µm ***Chrysomphalina***

27* H grau bis graubraun, oft dunkler eingewachsen faserig, gegen H-Rand oft gelblich. L gelblich. Sp 7,5–9(–10) × 4–5,5(–6) µm ***Gerronema*** (*strombodes*)

– – ***Schnallen an den Hyphensepten vorhanden (28–36)***

28 Ganzer Frk orange, orangegelb, lachsorange. Sp-Wand 0,3–0,8 µm dick ***Haasiella***

28* Frk mit anderen Farben, höchstens L gelb oder gelblich **29**

29 H grau bis graubraun, oft dunkler eingewachsen faserig, gegen H-Rand oft gelblich. L gelblich. Sp 7,5–9(–10) × 4–5,5(–6) µm ***Gerronema*** (*strombodes*)

29* Merkm-Kombination anders **30**

30 Mit dickwandigen Pleuro- und Cheilozystiden (Metuloiden). L sehr schmal. Sp 9,5–11 × 4,8–5,5 µm ***Hohenbuehelia***

30* Ohne Metuloiden **31**

31 L blass violettlich-blau, L-Schneiden auch grünlich. H anfangs mit bläulichen Tönen. S zunächst bläulich und so an S-Spitze bleibend, übrige Teile des S später grünlich bis bräunlich-gelb, mit bläulichem Basalmycel. Sp 6,5–9(–10) × 3,5–4,5 µm ***Chromosera*** (*cyanophylla*)

31* Merkm-Kombination anders **32**

32 Sp meist zieml groß, nicht unter 6 µm, z. T. länger als 10 µm. H tief genabelt, oft grau oder schwarz, z. T. auch weißlich, z. T. auf morschem Holz, z. T. zwischen Torf- oder auch auf Lebermoosen **33**

32* Sp oft weniger als 6 µm lang, jedenfalls kürzer als 10 µm, und/oder Merkm hinsichtlich Habitus, Farbe und Wuchsort nicht zutreffend **36**

33 H mit rosa, rosa-lila Farben, 5–20 mm, auf H-Oberfläche feinst filzig, trocken, nicht hygrophan. Sp (7–)8,5–10,5 × 4–6 µm ***Contumyces*** (*rosellus*)

33* H nicht mit rosa Farben **34**

34 Auf oder zwischen Lebermoos (*Blasia*). H 2–9 mm, gelblich bis olivlich-braun, S 3–15 × 0,5–1,5 mm. Cheilo-, Pleuro- und Pileo- und Caulozystiden vorhanden, dünnwandig, breit keulig, schlauchfö bis blasig. Sp (6–)6,5–8,5(–9,5) × 3–5(–6,5) µm ***Blasiphalia***

34* Nicht auf oder zwischen Lebermoos und auch sonst mit anderen Merkm **35**

35 H und S eher mit stumpfen Farben, grau-bräunlich bis schwärzlich. Frk zentral, exzentrisch oder seitlich gestielt; S auch fehlend. L ähnlich wie der übrig Frk gefärbt ***Arrhenia***

35* H und S eher lebhafter gefärbt, ± rötlichbraun oder gelblichbraun, L deutlich heller als H ***Omphalina***

36 Basidien siderophil ***Lyophyllum***

36* Basidien nicht siderophil ***Clitocybe***

Schlüssel X-10: Habitusgruppe „Pleurotus"; Seitlingsartige

1 Spp ocker, bisweilen sehr blass (Arten mit Seitlingshabitus) **Schlüssel X-19:** Gruppe „Dermini"

1* Spp weiß oder weißlich oder rosa bis fleischfarben. S fehlend, seitlich oder stark exzentrisch **2**

2 Völlig ohne S. L längs gespalten oder lebhaft orange. HDS bei einer Gattung mit pseudoamyloiden bis amyloiden Haaren **3**

2* Entweder S nicht völlig fehlend oder L weder lebhaft orange noch längs gespalten **6**

3 L lebhaft orange. Sp nierenfö gebogen, 4–5 × 2 µm ***Phyllotopsis***

3* L nicht lebhaft orange. H-Oberfläche filzig bis stark haarig **4**

4 L rötlichgrau bis violettlich grau, von der Schneide aus in zwei Hälften längs gespalten. Sp leicht gekrümmt, 3–4 × 1–1,5 µm ***Schizophyllum***

4* L nicht in zwei Hälften gespalten. Frk mit dem Rücken am Substrat befestigt. Sp größer, z. B. 7–8,5 × 5–6 µm **5**

5 H-Oberfläche mit pseudoamyloiden bis amyloiden Haaren. Sp pseudoamyloid. Auf Holz oder holzigen Pflanzenteilen ***Chaetocalathus***

5* H-Oberfläche ohne dickwandige Haare. Sp nicht pseudoamyloid. Auf Gräsern und Kräutern ***Campanella***

6 Sp nierenfö gebogen oder deutlich gekrümmt (allantoid). **7**
6* Sp nicht gebogen. **9**
7 Frk kreisrund mit Velum, 1–2 cm, später schüsselartig flach. L dunkel ockergelb bis bräunlich. An dürren Buchenästen. Cheilozystiden oft dickwandig, nicht bäumchenartig verzweigt. Sp 3–4 × 1–2 µm, schwach amyloid ***Panellus*** (*patellaris*)
7* Merkm anders. Sp 10 × 1–4 µm. Cheilozystiden an der gallertigen L-Schneide bäumchenartig verzweigt, z. T. auch keulenfö, dann aber recht groß **8**
8 Frk mittelgroß bis groß, im H fleischig-dick. Der stummelfö S seitlich, goldgelb, mit gelben oder olivbraunen Schüppchen. Pleurozystiden mit gelbem Inhalt, bisweilen mit dickeren Zellwänden an der Spitze. Cheilozystiden groß, keulenfö. Sp nicht amyloid ***Panellus*** pr. p. (*P. serotinus*)
8* Frk klein, im H nicht fleischig-dick. S anders gefärbt. Pleurozystiden fehlen. Cheilozystiden bäumchenartig verzweigt. Sp amyloid ***Panellus***
9 Hymenium mit dickwandigen Zystiden (Metuloiden) **10**
9* Dickwandige Metuloiden fehlen im Hymenium. **12**
10 Metuloiden pseudoamyloid ***Faerberia***
10* Metuloiden nicht pseudoamyloid **11**
11 Cheilozystiden fehlend oder dünnwandig. Pleurozystiden metuloid. Tramahyphen dünnwandig. HDS z. T. mit innerer gelatinöser Schicht, die nach außen durch ein Trichoderm überlagert wird. Sp unterschiedlich lang, z. T. über 8 µm, z. T. unter 7 µm ***Hohenbuehelia***
11* Metuloide Cheilo- und Pleurozystiden vorhanden; diese mit stumpfen Enden. Tramahyphen dickwandig. HDS ohne gelatinöse Schicht, vielmehr z. T. mit borstig aufgerichteten Hyphenbüscheln. Sp 7–8 × 3–4 µm ***Lentinus***
12 Sp warzig-höckerig oder in Längsansicht mit 6–8 Furchen und dann in Aufsicht mit kantiger Umrisslinie **13**
12* Sp glatt **16**
13 Sp amyloid und zusätzlich mit feinen amyloiden Warzen. Spp weiß ***Lentinellus***
13* Sp nicht amyloid. Spp rosa bis fleischfarben **14**
14 Sp warzig, kugelig, 6–8 µm. H-Oberfläche aderig mit rosarötlichen Farbtönen. HDS hymeniform ***Rhodotus***
14* Sp nicht zugleich warzig und kugelig und auch übrige Merkm anders **15**
15 Sp mit großen Höckern, 7–13 × 5–10 µm, nicht spindelfö ***Entoloma***
15* Sp in Aufsicht mit kantigem Umriss, in Seitenansicht mit 6–8 Furchen, 6–14 × 3–6 µm ***Clitopilus***
16 Sp ± kugelig **17**
16* Sp nicht kugelig. **24**
17 Frk groß und lang gestielt **18**
17* Frk klein, 0,5–1(–2) cm, an Höheren Pflanzen, Pflanzenresten, Moosen, Holzstückchen etc. **21**
18 H orange bis dunkelbraun, L sehr dick (Querschnitt!), Sp 4,5–7 × 4–6,5 µm ***Omphalotus***

18* H nicht auffallend orange bis braun **19**

19 Sp 6–8 × 5,5–6 µm. S kurz und seitlich oder fehlend, Frk weiß ***Pleurocybella***

19* Sp kleiner oder Frk mit längerem S **20**

20 L am 3,5–5 cm langen S herablaufend. H weißlich oder schwach grau, H-Oberfläche fein seidig-faserig. Sp 4–5,5 × 3,5–5,5 µm ***Ossicaulis***

20* L abgerundet bis ausgebuchtet. S 5–8 cm. H ockerweißlich. Sp deutlich kugelig, 5–8 µm. Basidien z. T. siderophil ***Hypsizygus***

21 Frk an lebenden Moosen **22**

21* An Holz etc., nicht an Moosen **23**

22 Sp 3–5,5 µm. Hymenium glatt. Frk weißlich ***Rimbachia***

22* Sp 6,5–10 µm. Frk grau bis graubraun ***Arrhenia***

23 Frk weiß, Sp 6 × 5,5–6 µm ***Cheimonophyllum***

23* Frk nicht rein weiß, zumindest grau oder graubräunlich, vielfach auch mit tieferen Farben bis dunkelbraun. Frk sehr klein, mit der H-Oberfläche der Unterlage aufsitzend ***Resupinatus***

24 Schnallen an den Hyphensepten fehlend. Sp 3–5 µm breit. Oft zwischen Moosen ***Arrhenia***

24* Schnallen vorhanden **25**

25 Sp 3–6 × 2–3 µm. Frk z. T. sehr klein **26**

25* Frk groß und/oder Sp länger als 6 µm oder breiter als 3 µm **28**

26 Mit exzentrischem oder seitlichem S. L bei der häufigsten Art orange, stark gegabelt ***Hygrophoropsis***

26* Frk ungestielt oder mit kurzem seitlichen Stummelfüßchen **27**

27 Geschmack bitter. An Holz. Sp 3–6 × 2–3 µm, amyloid ***Panellus*** (*stipticus*)

27* Geschmack mild. An Moosen. Sp 3–4 × 2 µm, nicht amyloid ***Rimbachia***

28 L-Schneide grob gesägt oder Frk zäh. L-Trama in der Nähe der Schneide regulär ***Lentinus***

28* L-Schneide nicht grob gesägt. Wenn Frk zäh, dann Sp bis 8 µm lang und/oder L-Trama irregulär ***29***

29 L schwefelgelb. H bei der häufigsten Art mit weinroten Schüppchen dicht bedeckt. Sp 5,5–8 × 3,5–6 µm ***Tricholomopsis***

29* Merkm anders **30**

30 Frk rein weiß. L mit $FeSO_4$ violett verfärbend, sehr gedrängt, etwas herablaufend. Sp 6–7 × 3,5–4 µm ***Lyophyllum*** (*connatum*)

30* Merkm anders, $FeSO_4$ nicht violett verfärbend, Sp größer **31**

31 Sp 8–12 × 3–5 µm. Hyphen der S-Rinde nicht amyloid. L-Trama irregulär, Subhymenium entwickelt ***Pleurotus***

31* Sp 7–8 × 3–3,5 µm. Hyphen der S-Rinde bisweilen amyloid. L-Trama irregulär, Subhymenium undeutlich ***Lentinus***

Schlüssel X-11: Habitusgruppe „Hygrophorus"; Wachsblättler etc.

1 Frk an Holz **Schlüssel X-9**: Habitusgruppe „Omphalia"
1* Frk nicht an Holz **2**
2 Sp morgensternartig, stachelig oder warzig. Frk grau, graubraun, dunkelbraun und zugleich mit nabeligem H oder Frk fleischfarben, rosa bis violett **3**
2* Sp glatt, weder stachelig noch höckerig **5**
3 Sp höckerig oder stachelig **4**
3* Sp warzig, mandelfö, groß, 10–12(–15) × 6–7,5 µm, Schnallen an den Hyphensepten vorhanden. L grau, alt schwärzlich ***Melanomphalia***
4 Frk rosa, fleischfarben bis violett. L auffallend dicklich und entfernt. Schnallen an den Hyphensepten vorhanden. Sp stachelig ***Laccaria***
4* Frk graubraun bis dunkelbraun, H genabelt. Schnallen fehlen an den Hyphensepten. Sp stachelig bis höckerig ***Hygroaster***
5 Frk mit freudigen und tiefen Farben: rot, gelb, orange, grün oder rosa. Schwärzende Arten nicht zuvor rötlich anlaufend. L-Trama regulär. Arten der Wiesen und Weiden, fast immer außerhalb des Waldes **6**
5* Frk ohne die erwähnten Farben o d e r Pilze stets im Wald vorkommend o d e r L-Trama bilateral. Schwärzende Arten zuvor rötlich anlaufend **8**
6 Frk lebhaft gelb oder rot. Pigmente (Muscaflavinderivate) mit intensiver Farbe in Wasser löslich ***Hygrocybe***
6* Mit anderen Merkm. **7**
7 H rosa, trocken und spitzkegelig, nicht schleimig ***Porpolomopsis*** (*calyptriformis*)
7* Mit anderen Merkm. H und S schleimig. Falls weniger stark schleimig, dann mit violettlichen Farbtönen und zugleich gelblich ***Gliophorus***
8 Sp amyloid. Geruch und Geschmack meist mehlartig **9**
8* Sp nicht amyloid. Geruch und Geschmack meist nicht mehlartig **10**
9 HDS hymeniform oder mit einzelnen blasigen Elementen. H weder kegelig gebuckelt, noch L rötend ***Dermoloma***
9* HDS durchweg aus gestreckten Elementen. H entweder kegelig-gebuckelt oder L etwas rötend ***Porpoloma***
10 HDS hymeniform oder wenigstens mit einzelnen blasigen Elementen. Sp 4–6 × 3–5 µm **11**
10* HDS aus fädigen, verwobenen oder radialparallelen Hyphen bestehend. Sp mit anderen Maßen **12**
11 Schnallen an den Hyphensepten vorhanden. Geruch oft mehlartig. Meist auf Wiesen und Weiden ***Dermoloma***
11* Schnallen an den Hyphensepten fehlend. Geruch unangenehm leuchtgasartig, fehlend oder anders, jedoch nicht mehlartig. Einige Arten auch in Wäldern ***Camarophyllopsis***
12 Sp 3–5 × 2,5–4 µm. H 0,5–1–2,5 cm, gelbbraun bis sepia-umbrabraun. HDS nur jung mit verstreut sichtbaren rundlichen Zellen. Auf Wiesen und Weiden ***Camarophyllopsis*** (*schulzeri*)

12* Sp-Maße und/oder übrige Merkm verschieden **13**

13 In Wäldern oder zumindest nahe bei Bäumen fruchtend und zugleich L-Trama bilateral ***Hygrophorus***

13* Arten der Wiesen und Weiden und zugleich L-Trama nicht bilateral **14**

14 H und S schleimig, grau ***Gliophorus***

14* H und S nicht schleimig **15**

15 L ± herablaufend. L-Trama besonders gegen H-Rand irregulär verwoben ***Camarophyllus***

15* L ± ausgebuchtet. L-Trama regulär **16**

16 H weißlich, hell grauockerlich, graubraun, L weder rötend noch mit nitrösem Geruch ***Porpolomopsis*** (*fornicata*)

16* H tiefer graubraun, grau oder braun. L bei Verletzung zunächst rötend, dann bräunlich bis schwärzlich verfärbend o d e r Frk mit nitrösem Geruch ***Neohygrocybe***

Schlüssel X-12: Habitusgruppe „Cantharellus"; Leistenpilzartige

1 Frk winzig, meist weiß. H kleiner als 1–2 cm, zentral gestielt. Nicht parasitisch auf Blätterpilzen **2**

1* Frk entweder größer oder nicht weiß oder S seitlich bis fehlend. Eine Gattung auf Resten faulender Blätterpilze **7**

Fruchtkörper winzig und meist weiß (2–6)

2 Sp amyloid. Trama nicht pseudoamyloid (falls diese pseudoamyloid vgl. *Mycena*) ***Delicatula***

2* Sp nicht amyloid **3**

3 Sp 20–22 × 5–6 µm. Basidien mit 2 Sterigmen. HDS hymeniform. An toten Stängeln von *Carex* ***Gloiocephala*** (*caricis*)

3* Merkm anders **4**

4 Schnallen an den Hyphensepten fehlend. Sp 4,5–6,5 × 3–3,5 µm **5**

4* Schnallen an den Hyphensepten vorhanden und/oder Sp-Maße anders **6**

5 H lappig zergliedert oder Frk mehrhütig. Sp 5,3–6,5 × 3–3,5 µm ***Arrhenia*** (*polycephala*)

5* H am Rande flatterig, nicht lappig; Frk nicht mehrhütig. Sp (4,5–)5–5,5 × 3–3,5 µm ***Gerronema*** (*albidum*)

6 HDS hymeniform ***Marasmius***

6* HDS aus fädigen, oft mit dicht stehenden kleinen Ausstülpungen versehenen Hyphen ***Hemimycena***

Fruchtkörper größer oder nicht weiß (7–18)

7 Auf Resten faulender Blätterpilze, besonders auf *Russula* (Schwarztäublinge) und *Lactarius* (Milchlinge). Auf H-Oberfläche mit 12–15 µm langen Chlamydosporen ***Asterophora***

7* Nicht auf Resten faulender Blätterpilze **8**

8 Frk seitlich gestielt oder S fehlend **9**

8* Frk zentral oder nur leicht exzentrisch gestielt **11**

9 Frk mit H-Oberfläche auf Zweigen, meist von Rotbuche, befestigt, ohne S ***Plicaturopsis*** (*crispa*)

9* An Moosen fruktifizierend **10**

10 Frk grau, graubraun bis bräunlich. Sp 6,5–10 µm ***Arrhenia***

10* Frk weiß oder weißlich. Sp 3–5,5 µm ***Rimbachia***

11 Frk lederig zäh, auf Holz oder an Brandstellen. Eine Gattung mit dickwandigen Zystiden (Metuloiden). **12**

11* Falls Frk etwas zäh, dann nicht auf Holz, vielmehr auf Erde. Stets ohne Metuloiden **13**

12 Auf Brandstellen. H schwarz, schwarzbraun bis umbrabraun. Hymenium mit Metuloiden. Sp 7–11 × 4–5 µm ***Faerberia***

12* Merkm anders **Schlüssel X-15:** Habitusgruppe „Panus"

13 Hymenophor leistenartig nach Art der Pfifferlinge. F ± fest oder mit stellenweise grauen, graubraunen, bis schwarzen Farben. Basidien extrem lang, 6,5–10-mal länger als breit, etwa 45–100 µm lang. (Falls Hymenophor fast glatt und Frk trompetenfö hohl und grau bis schwarz vgl. *Craterellus*) **14**

13* Hymenophor mehr lamellenähnlich, Basidien kleiner und gedrungener **17**

14 Sp punktiert-rau. Frk kompakt kreiselfö mit gabelig-netzigen Leisten auf der Unterseite ***Gomphus***

14* Sp glatt. Frk gestielt hutfö. **15**

15 Hyphensepten ohne Schnallen. Leisten-Hymenophor grau, graubraun, bzw. im trockenen Zustande schmutzig cremefarben, rötlich bis ockerlich. H 1–3 cm, am Rand kraus, eingeschnitten kerbig. [Falls Frk 3–10 × 2–6 cm: *Craterellus*] ***Pseudocraterellus***

15* Hyphensepten mit Schnallen. Leisten-Hymenophor gelb, orange, oder wenigstens S gelb oder Frk in allen Teilen blass ***Cantharellus***

17 Sp zugleich spindelfö und amyloid, 7–11 × 2,7–3,5 µm. Hyphensepten mit Schnallen ***Cantharellula***

17* Sp anders. Hyphensepten mit oder ohne Schnallen **18**

18 H und/oder L mit orangen Farbtönen bzw. rosafarben, dann aber Frk mit Orangenblütenduft. Hyphensepten mit Schnallen. Sp bei der häufigsten Art pseudoamyloid, 5,5–7 × 4–4,7 µm ***Hygrophoropsis***

18* Merkm anders. Hyphensepten ohne Schnallen **Schlüssel X-9**: Habitusgruppe „Omphalia"

Schlüssel X-13: Habitusgruppe „Marasmius"; Schwindlingsartige

1 Spp satt ocker, rost- bis fast umbrabraun. Sp im Mikroskop pigmentiert erscheinend. H mit Schüppchen. HDS aus gestreckten, dickwandigen, braun pigmentierten Hyphen. Falls HDS aus kugeligen oder breit-keulenfö Elementen vgl. *Flammulaster* ***Phaeomarasmius***

1* Spp weißlich, Sp im Mikroskop hyalin **2**
2 Auf Koniferenzapfen. Sp amyloid **3**
2* Nicht auf Koniferenzapfen. Sp nicht amyloid oder amyloid **4**
3 Im Frühjahr fruchtend. HDS aus kugeligen Elementen ***Strobilurus***
3* Im Sommer und Herbst fruchtend. HDS aus gestreckten, radialparallelen Hyphen ***Baeospora***
4 Geruch und/oder Geschmack lauchartig oder faul **5**
4* Geruch und Geschmack anders **6**
5 HDS hymeniform ***Mycetinis***
5* HDS aus fädigen, verwobenen oder radialparallelen Hyphen. Häufigste Art mit samtigem S Fichtennadeln aufsitzend ***Marasmiellus*** und ***Gymnopus*** (*perforans*)
6 HDS hymeniform **7**
6* HDS aus fädigen, verwobenen oder radialparallelen Hyphen **8**
7 Frk auf Rhizomen von Adlerfarn,Sp 8–12 × 4–6 µm, oder auf Silberwurz (*Dryas*) oder S oben weiß, unten rotbraun ***Rhizomarasmius*** (*undatus, epidryas, setosus*)
7* Frk nicht an Adlerfarn, nicht an *Dryas* gebunden, S nicht oben weiß unten rotbraun ***Marasmius***
8 Sp amyloid. Frk gelblich-orange. Häufigste Art auf morschem NaH und mit am H-Grund aderig verbundenen L ***Xeromphalina***
8* Sp nicht amyloid. Frk nicht lebhaft gelblich-orange bis ockerlich **9**
9 H mit dichtem Filzbelag. Hyphen der HDS pseudoamyloid, dickwandig, meist mit nadelfö zugespitzten Enden. Auf Grasresten ***Crinipellis***
9* Weder H mit dichtem Filzbelag, noch Hyphen der HDS pseudoamyloid **10**
10 H und S mit Ausnahme der S-Basis weiß oder weißlich bzw. Frk auf Strünken, Ästen und Stämmen. H sehr klein oder allenfalls bis zu 2(–3) cm ***Marasmiellus***
10* Merkm anders **Schlüssel X-6**: Habitusgruppe „Collybia“

Schlüssel X-14: Habitusgruppe „Lentinus“; Sägeblättlinge, Sägeblättlingsartige

1 Sp mit amyloidem Ornament, klein, maximal 5–6(–7) µm, kugelig. Häufigste Art nach Anis riechend ***Lentinellus***
1* Sp nicht amyloid **2**
2 L-Trama (zumindest jung) regulär **3**
2* L-Trama irregulär **Schlüssel X-15:** Habitusgruppe „Panus“
3 Geruch auffallend stark nach Anis ***Lentinus*** (*suavissimus*)
3* Geruch fehlend oder anders, nicht nach Anis **4**
4 L ausgebuchtet-schmal angeheftet bis fast frei, gedrängt. H graubraun bis dunkelbraun. Sp 5–6,5 × 2,5–3 µm ***Lentinula*** (*edodes*)
4* L breit angeheftet bis herablaufend, nicht auffallend gedrängt. H weißlich, ockerlich bis braun. Sp 6–14 × 2–5 µm **5**

5 H trichterig, mit dunkelbraunen anliegenden Schuppen auf hellerem Grund, 4–8 cm. Sp 6–10 × 2–3 µm **Lentinus** (*tigrinus*)

5* Falls H mit auffallend dunkleren Schuppen, dann nicht trichterig., 5–15 cm. Sp 8–14 × 3,5–5 µm **Neolentinus**

Schlüssel X-15: Habitusgruppe „Panus"; Knäuelinge, Knäuelingsartige

1 Frk ungestielt, mit der H-Fläche am Substrat befestigt (resupinat). Sp amyloid **2**

1 Frk mit deutlichem S **3**

2 L dunkel ockerlich. Sp 3–4 × 1–2 µm. An dürren Buchenästen **Panellus** (*patellaris*)

2* L fleischfarben oder violettlich. Sp 6–10 × 2–4 µm. Meist an Tannenholz **Panellus** (*violaceofulvus*)

3 S seitlich, Sp amyloid **Panellus**

3* S zentral oder exzentrisch, Sp nicht amyloid **4**

4 L leistenfö. Auf Brandstellen. Hymenium mit pseudoamyloiden Metuloiden **Faerberia**

4* Merkm anders **5**

5 Zw Moosen. Dickwandige Cheilo- und Pleurozystiden (Metuloide) vorhanden. Geruch und Geschmack nach Mehl. **Hohenbuehelia** (*longipes*)

5* Auf Holz. Geruch und Geschmack nicht nach Mehl. Metuloide fehlend oder kaum auffallend. Frk holzig. Trama regulär. Skeletthyphen in der Trama fehlend **Lentinus**

Schlüssel X-16: Gruppe „Hyporrhodii"; Rosasporer

1 L frei, S meist deutlich vom H abgesetzt **2**

1* L ausgebuchtet am S angeheftet oder herablaufend **7**

Lamellen frei (2–6)

2 Ohne jegliches Velum. L vielfach mit ± schmutzig rosarötlichem Ton. Sp weder amyloid noch pseudoamyloid **Pluteus**

2* Velum meist als Volva, seltener als Ring ausgebildet. Wenn völlig ohne Velum, dann Sp pseudoamyloid **3**

3 Velum in Form einer Volva am S-Grund. L mit rötlicher Tönung **Volvariella**

3* Velum als Ring ausgebildet oder fehlend. L z. T. auch weißlich **4**

4 Schnallen an den Hyphensepten fehlend, Sp weniger lang als 9 µm, mit Keimporus **Leucoagaricus**

4* Schnallen an den Hyphensepten vorhanden **5**

5 Sp mit Keimporus und nie spindelig, nie projektilfö abgestutzt, meist über 10 µm lang. Ring sich vom S lösend und daher verschiebbar. F nicht rötend (falls F rötend siehe ***Chlorophyllum***) **Macrolepiota**

5* Sp ohne Keimporus, oft spindelig, projektilfö abgestutzt, z. T. unter 10 µm. S mit oder ohne Ring **6**

6 L karminrot, weinrot bis weinbraun oder mit grünlichen Farbtönen ***Melanophyllum***

6* L andersfarbig ***Lepiota***

Lamellen am Stiel ausgebuchtet oder herablaufend (7–21)

7 L zieml dick und entfernt. Frk fleischfarben, violettlich bis lila. Sp meist mit hyalinen Stacheln und oft kugelig ***Laccaria***

7* Merkm anders **8**

8 H orangerosa, fleischfarben, aprikosenfarben, auch gelborange. Sp nicht eckig-höckerig, wohl aber bisweilen warzig **9**

8* Merkm anders. Sp häufig eckig-höckerig **11**

9 H-Oberfläche wabenfö. L fleischrosa. Frk exzentrsch gestielt. An Holz. HDS hymeniform. Sp kugelig, warzig ***Rhodotus***

9* Merkm anders: H-Oberfläche nicht wabenfö etc. **10**

10 Sp 5,6–8 × 3,8–6 µm ***Haasiella***

10* Sp 9–12 × 6–8 µm ***Omphalina*** (*demissa*)

11 Sp mit Ecken und Höckern oder zumindest mit 6–8 Furchen in Längsansicht, und dann in Aufsicht mit kantigem Umriss **12**

11* Sp höchstens fein bis feinst warzig oder völlig glatt, weder eckig-höckerig noch längsfurchig **14**

12 L am S nicht herablaufend ***Entoloma***

12* L am S herablaufend **13**

13 Sp auch in Längsansicht kantig-höckerig. Schnallen an Hyphensepten bzw. Basidien vorhanden oder fehlend ***Entoloma***

13* Sp in Längsansicht ellipsoid bis spindelig mit 6–8 Furchen, in Aufsicht kantig. Schnallen fehlen. Die häufigste Art weiß mit rosa bis fleischfarbenen L und mit Mehlgeruch ***Clitopilus***

14 H muschelfö an Holz ohne S oder mit kurzem seitlichen S **15**

14* H zentral gestielt **17**

15 L rostgelb bis fast orange. Sp klein, nierenfö, 4–5 × 2 µm ***Phyllotopsis***

15* Mit anderen Merkm. **16**

16 Sp 6–8 × 2,5–5 µm, glatt ***Pleurotellus***

16* Sp mit anderen Maßen, glatt oder rau ***Crepidotus***

17 Schnallen an den Hyphensepten fehlend ***Rhodocybe***

17* Schnallen an den Hyphensepten vorhanden **18**

18 Sp durch feine bis feinste Warzen ornamentiert (gegebenenfalls mit Baumwollblau anfärben und unter Ölimmersion prüfen) **19**

18* Sp glatt **20**

19 Sp klein, 4–5(–6,4) µm, ± kugelig. H klein, 2–4,5 cm ***Ripartites***

19* Sp meist größer, 6–9 µm lang, meist nicht kugelig o d e r H größer, z. B. 4–10 cm ***Lepista***

20 Mit unangenehmem Fischtrangeruch und mit auffallenden lanzettlichen Pleurozystiden ***Macrocystidia***

20* Geruch fehlend oder anders, ohne Pleurozystiden **21**

21 L am S gerade angeheftet bis schwach herablaufend. Sp nicht pseudoamyloid, Sp 4–5,5 × 3–4 µm **Clitocybe** (*phyllophila*)
21* L am S gerade angeheftet bis ausgebuchtet. Sp pseudoamyloid, häufig über 5,5 × 4 µm **Rhodocollybia**

Schlüssel X-17: Habitusgruppe „Paxillus"; Kremplingsartige

1 Spp ocker-, ton-, olivbraun **2**
1* Spp weiß, weißlich, blass ockerlich oder rosa **5**

Sporenpulver braun (2–4)

2 H weißlich, fleischrötlich bis orangegelblich, klein, 2–4,5 cm. Sp ± kugelig, warzig **Ripartites**
2* H tief ockerbraun bis rotbraun, groß, meist über 5 cm **3**
3 Hymenophor leuchtend gelb in Form von L, diese mit zahlreichen Anastomosen. Sp spindelfö, 9,5–14 × 3–5 µm **Xerocomus** (*pelletieri*)
3* L gelblich ocker, jedoch nicht leuchtend gelb, wenige mit Anastomosen verbunden. Sp ellipsoid, 4–10 × 3–6 µm **4**
4 S ± zentral, nicht dunkelbraun-samtig. F bräunlich anlaufend. Nicht an Holz wachsend **Paxillus**
4* Frk muschelfö mit kurzem Stummelfüßchen bis stiellos o d e r S schwarz-samtig. F nicht braun verfärbend **Tapinella**

Sporenpulver weiß, ockerlich oder rosa (5–10)

5 L am S stark herablaufend. Sp mit Furchen oder glatt **6**
5* L am S ausgebuchtet angeheftet. Sp glatt oder fein bis feinst warzig. **8**
6 Mit Mehlgeruch. Spp rosa. Sp in Längsansicht mit 6–8 Furchen. in Aufsicht kantig **Clitopilus**
6* Ohne Mehlgeruch. Spp weiß bis cremefarben. Sp weder furchig noch kantig. **7**
7 L lebhaft orange, leistenfö, stark gegabelt **Hygrophoropsis**
7* L weder lebhaft orange, noch leistenfö, noch stark gabelig **Lepista**
8 Sp mit amyloiden Warzen oder glatt und amyloid. Spp weiß, amyloid **9**
8* Sp und Spp amyloid, Sp ohne amylopide Warzen **10**
9 Sp glatt **Aspropaxillus**
9* Sp rau **Leucopaxillus**
10 Schnallen an den Hyphensepten fehlend **Rhodocybe**
10* Schnallen an den Hyphensepten vorhanden **Lepista**

Schlüssel X-18: Habitusgruppe „Cortinarius"; Haarschleierlingsartige

1 Spp weiß oder ockerlich-weißlich, stets blass. **2**
1* Spp tiefer gefärbt, zumindest braun, aber auch purpurbraun etc. **3**

2 H rotbraun bis fleischrötlich. S-Basis gerandet knollig. Sp relativ dickwandig, 7–9 × 4–5 µm. Schnallen an den Hyphensepten vorhanden ***Leucocortinarius***

2* H mit anderen Farben und S nicht gerandet-knollig. Schnallen an den Hyphensepten fehlend ***Tricholoma***

3 Sp glatt oder eckig-höckerig, jedoch nicht warzig-punktiert **4**

3* Sp punktiert bis warzig (Ölimmersion). **7**

Sporen glatt oder eckig-höckerig (4–6)

4 Mit dickwandigen Zystiden (Metuloiden; oft mit Kristallschopf) im Hymenium. Sp z. T. eckig-höckerig. H-Oberfläche oft radialfaserig oder -striemig. Spp schmutzig braun bis tabakbraun. ***Inocybe***

4* Dickwandige Zystiden fehlen im Hymenium oder Spp purpurbraun **5**

5 H konvex, wollig-schuppig, sparrig-schuppig oder stark radial-faserig-streifig. L gelblich bis oliv. Sp 8–12(–16,5) × 4,5–7,5 µm, ohne Keimporus, glatt, nicht eckig-höckerig. Cheilozystiden dicht gedrängt, ohne Kristallschopf; Pleurozystiden fehlen. Spp schmutzig braun bis tabakbraun ***Inocybe***

5* Merkm anders **6**

6 Spp rostfarben bis braun **Schlüssel X-19:** Gruppe „Dermini“

6* Spp purpurbraun bis purpurschwarz **Schlüssel X-21**: Gruppe „Pratelli“

Sporen punktiert bis warzig (7–13)

7 Spp purpurbraun bis purpurschwarz **Schlüssel X-21**: Gruppe „Pratelli“

7* Spp rostfarben bis braun **8**

8 Spp ohne rostfarbene Mischtöne. **9**

8′ Spp bräunlich-ocker mit rostfarbenen Mischtönen. **10**

9 Frk meist kräftig mit S dicker als 3 mm, S nicht hornartig zerbrechend. Falls S dünner als 3 mm, dann HDS ohne Dermatozystiden und aus radialparallelen Hyphen. H meist mit blassen, ± semmelfarbenen Tönen, zumindest am H-Rand ***Hebeloma***

9* Frk klein, mit S dünner als 3 mm. S hornartig zerbrechend. HDS aus ± kurzgliedrigen, z. T. auch kugeligen Elementen und mit Dermatozystiden ***Naucoria***

10 Nicht auf Holz (meist auch nicht auf morschem Holz). S z. T. knollig und H oft schleimig; z. T. in KOH gelbe oder rote Pigmente in Lösung gehend. Frk oft groß und massiv **11**

10* Auf Holz oder auf Erdboden. Falls mit KOH gelbes Pigment extrahierbar, Cheilozystiden zahlreich und in Baumwollblau mlt grünlichem Inhalt. Frk oft auch klein. . . **12**

11 L mit lebhaft olivgelben, gelben, bräunlich gelben, orangen oder roten Farben und zugleich gehen in KOH gelbe oder rote Pigmente in recht starker Intensität in Lösung. Frk mittelgroß. Sp nicht kugelig ***Dermocybe***

11* L mit anderen Farben, in KOH keine roten oder gelben Pigmente in Lösung gehend, oder falls doch, dann Sp kugelig oder S mit knolliger Basis. Sp kugelig, ellipsoid bis mandelfö ***Cortinarius***

12 Sp mit glattem Fleck (= Plage) am Apikulus; diese im Übrigen meist warzig bis punktiert. Wenn ohne Plage, dann Tramahyphen an den Septen ohne Schnallen. S ± hornartig oder sehr dünn. Frk meist klein mit glockenfö oder ausgebreitetem H, dessen

Rand nicht eingerollt ist. Geschmack z. T. nach Mehl (Vorsicht: Giftpilze). Auf Erde, zwischen Moosen oder auf morschem Holz. In KOH kein gelbes Pigment in Lösung gehend. ***Galerina***

12* Sp ohne glatten Fleck am Apikulus. Mit Schnallen an den Hyphensepten. H-Rand jung eingerollt. Geschmack nicht nach Mehl **13**

13 In KOH gelbes Pigment in Lösung gehend. L mit lebhaften gelben, ockergelben, fuchsigen Farben. Geschmack bei den häufigsten Arten bitter. Frk meist auf Holz. Cheilozystiden zahlreich, in Baumwollblau grünlich. Sp z. T. klein und kugelig, z. B. 4–5,5 × 3,5–4,5 µm, z. T. aber auch größer und dann ellipsoid bis mandelfö ***Gymnopilus***

13* Zumindest L-Farbe anders. In KOH kein gelbes Pigment extrahierbar **Schlüssel X-19**: Gruppe „Dermini"

Schlüssel X-19: Gruppe „Dermini"; Braunsporer

1 S exzentrisch oder fehlend **2**

1* H ± zentral gestielt **9**

Stiel exzentrisch oder fehlend (2–8)

2 Schnallen an Hyphensepten fehlend **3**

2* Schnallen an Hyphensepten vorhanden **4**

3 Sp 6–8 × 3–4,5 µm. Cheilozystiden fehlend ***Pleurotellus***

3* Sp 7–12 × 5–6 µm. Cheilozystiden vorhanden. Eine häufige Art mit gelatinöser HDS ***Crepidotus***

4 Frk seitlich oder exzentrisch gestielt. Sp nicht kugelig. **5**

4* Frk ungestielt oder mit kleinem seitlichem Stummelfüßchen. Sp warzig punktiert oder glatt, nicht kugelig oder kugelig **7**

5 H 0,5–1 cm, zimtrostig, oberseits kurzhaarig, getrocknete Frk in Wasser wieder aufquellend. Sp 12–16(–18) × 7–9 µm ***Phaeomarasmius***

5* Sp 7–10 µm lang **6**

6 Sp 8–10 × 5,5–7 µm ***Simocybe*** (*rubi*)

6* Sp 7–7,5 × 3–5,5 µm ***Melanotus***

7 Sp warzig oder punktiert, oft kugelig ***Crepidotus***

7* Sp glatt, kugelig, breit ellipsoid, mandelfö etc.. . . . . **8**

8 Sp 8–10 × 6–7 µm, mit undeutlichem Keimporus. H mit rostbraunen Fasern oder Schüppchen, H-Rand mit weißlichen Velumschüppchen. L bräunklich-ocker bis dunkel rostbraun mit flockig gezähnelten Schneiden ***Pleuroflammula***

8* Sp oft kleiner, oder wenn ähnlich groß, dann H weißlich bis hellockerlich ***Crepidotus***

Hut mehr oder weniger zentral gestielt (9–43)

9 L frei (nicht den S erreichend). karminrot, weinrot, bis weinrot-braun oder irgendwie mit grünlichen Farbtönen. HDS aus Kugelzellen ***Melanophyllum***

9* L nicht frei. **10**

10 Hymenium mit dickwandigen, an der Spitze meist mit Kristallschopf versehenen Zystiden. Sp glatt oder eckig-höckerig. H-Oberfläche oft radialfaserig oder radialstriemig. bisweilen rötend ***Inocybe***

10* Dickwandige Zystiden (Metuloiden) im Hymenium fehlend **11**

11 H konvex bis kegelig, wollig-filzig-schuppig, sparrig-schuppig oder stark radialfaserig-streifig, bisweilen rötend ***Inocybe***

11* Merkm anders; besonders H-Oberfläche nicht mit radialen Fasern, Striemen oder Streifen. Falls H schuppig, dann S mit Ring und/oder Spp mit rostfarbenem Ton oder Sp warzig. **12**

12 S beringt und dicker als 4 mm **Schlüssel X-20**: Habitusgruppe „Pholiota"

12* S nicht mit häutigem Ring o d e r S unter 4 mm breit **13**

13 Sp grob oder fein bis feinst warzig (Mikroskopie mit Ölimmersion!) **14**

13* Sp glatt (Ölimmersion!) **21**

– ***Sporen ornamentiert (14–20)***

14 Spp ohne rostfarbene Mischtöne, meist tabakbraun, Sp immer ohne glatten Fleck (= Plage) am Apikulus. **15**

14* Spp bräunlich-ocker mit rostfarbenem Mischton **17**

15 L am S herablaufend und Frk ± trichterlingsartig. L bräunlich, gegen den meist weißlichen, fleischrosafarbenen oder orangegelblichen H kontrastierend. Sp fast kugelig, warzig, klein, 3,5–5(–6,4) µm ***Ripartites***

15* L am S nicht herablaufend. Sp größer und nicht kugelig **16**

16 Frk kräftig. S dicker als 4 mm, nicht hornartig brechend. Falls (bei wenigen Arten) S dünner, dann HDS ohne Dermatozystiden. HDS aus radialparallelen Hyphen, stets ohne Dermatozystiden. H meist mit blassen. ± semmelfarbenen Tönen, zumindest am H-Rand (vgl. auch *Hebelomina* mit weißlichem Spp) ***Hebeloma***

16* Frk schmächtiger, S dünner als 3 mm, hornartig brechend. HDS aus ± kurzgliedrigen, z. T. auch kugeligen Elementen bestehend und mit Dermatozystiden ***Naucoria***

17 In KOH gelbes, rotes oder violettes Pigment in Lösung gehend. Cheilozystiden fehlend oder vorhanden, dann in Baumwollblau grün oder sich im Fabton nicht verändernd. Frk klein bis mittelgroß. Sp ohne Keimporus **18**

17* In KOH kein gelbes, rotes oder violettes Pigment in Lösung gehend o d e r falls doch (selten so), dann Frk groß, massiv. Sp selten auch mit Keimporus **19**

18 Geschmack bei den häufigsten Arten bitter. Frk auf Holz und mit lebhaften gelben, ockergelben, orangefuchsigen oder orangebraunen Farben. Cheilozystiden zahlreich, in Baumwollblau grün. Sp. z. T. klein und kugelig, z. B. 4–5,5 × 3,5–4,5 µm, z. T. aber auch größer, ellipsoid bis mandelfö ***Gymnopilus***

18* Geschmack nicht bitter. Frk auf Erdboden, selten auch in Verbindung mit Holzresten Frk mit olivlichen, grünlichen, gelblichen, lebhaft gelben, orangen, orangebraunen oder roten Farben wenigstens in den L. Sp nicht zugleich klein und kugelig. Falls mit Cheilozystiden, dann diese in Baumwollblau nicht grün (*Dermocybe* und Untergattung *Leprocybe* innerhalb von *Cortinarius*) siehe Habitusgruppe „Cortinarius"

19 Frk knorpelig. S meist tief im Waldboden „wurzelnd“. H meist spitzkegelig. Hyphensepten meist ohne Schnallen. Frk klein bis mittelgroß. ***Phaeocollybia***

19* Frk nicht knorpelig, bisweilen recht groß **20**

20 Sp mit glattem Fleck (= Plage) am Apikulus.; wenn ohne Plage dann Hyphensepten ohne Schnallen. Frk meist klein mit glockenfö oder ausgebreitetem H, dessen Rand meist nicht eingerollt ist. S ± hornartig oder sehr dünn. Mehrere Arten auf Holz, andere zwischen Moosen oder auf Erde ***Galerina***

20* Sp ohne Plage. Schnallen an den Hyphensepten vorhanden und/oder Frk groß. H-Rand jung eingerollt. S z. T. auffallend knollig, z. T. S und/oder H schleimig, z. T. H hygrophan. Nicht auf Holz (meist auch nicht auf morschem Holz) ***Cortinarius***

– ***Sporen glatt (21–43)***

21 Mit auffallend unangenehmem Trangeruch (und zugleich mit Gurkenschalenkomponente). Hymenialzystiden groß, lanzettlich zugespitzt, 60–100 × 12–24 µm, auch mit ähnlich geformten Kaulo- und Dermatozystiden. Sp 8–9 × 3–4 µm ***Macrocystidia***

21* Weder mit auffallendem Trangeruch, noch mit lanzettlichen Hymenialzystiden von der angegebenen Größe **22**

22 HDS aus ± kugeligen bis keulige Zellen **23**

22* HDS aus ± gestreckten Hyphen **29**

– – ***Hutdeckschicht aus keuligen bis kugeligen Zellen (23–28)***

23 Basidien oben kopfig bis kugelig erweitert **24**

23* Basidien nach oben normal keulig erweitert **25**

24 Sp 10–15 × (5–)6–9 µm. L mit voll ausgebildeter Trama und zerfließend ***Bolbitius***

24* Sp 8–10 × 5–6 µm. L-Trama stark reduziert. Subhymenium mächtig ***Conocybe***

25 Cheilozystiden bis 30 µm lang, auf schmalem Hals abrupt kopfig. L-Trama meist reduziert. (Falls Cheilozystiden länger als 30 µm vgl. *Pholiotina brunneola*) ***Conocybe***

25* Cheilozystiden nicht abrupt kopfig **26**

26 H-Oberfläche samtig oder schuppig. Frk klein, H wenige als 3 cm **27**

26* H-Oberfläche weder samtig noch mit Schüppchen, höchstens am H-Rand mit Velumresten. Frk klein bis groß. S oft mit Ring(-zone) **28**

27 H-Oberfläche samtig. L schmutzig bräunlich mit grauer oder olivlicher Komponente. Sp 6–9 × 4–5 µm ***Simocybe***

27* H-Oberfläche schuppig. L gelb, braun, ocker, weißlich bis rötlich ***Flammulaster***

28 H halbkugelig bis flach gewölbt, H-Rand nicht gerieft. Mit Pleuro- und Cheilozystiden ***Agrocybe***

28* H glockenfö, kegelig-glockig, H-Rand gerieft. Nur mit Cheilozystiden, Pleurozystiden fehlen ***Pholiotina***

– – ***Hutdeckschicht aus gestreckten Hyphen (29–43)***

29 S über 3 mm dick, ± fleischig. H über 2 cm, oft zieml groß **30**

29* S unter 3 mm dick, ± knorpelig. H meist unter 2 cm **33**

30 H hygrophan, am Rand durchscheinend gestreift. Häufigste Art mit beringtem S, unterhalb des Ringes S mit kleinen Schüppchen und mit Überzug aus dunkelbraun inkrustierten Hyphen. Sp 6,0–7,5 × 3–4,6 µm, mit Keimporus ***Kuehneromyces***

30* H weder hygrophan noch am Rande durchscheinend gerieft. In KOH bisweilen gelbes Pigment in Lösung gehend **31**

31 HDS aus radialparallelen Hyphen, darunter ein Hypoderm aus kurzzylindrischen, breiten Gliedern, deren Wände etwas verdickt und in KOH gelb pigmentiert sind. Sp meist mit sichtbarem Keimporus. Chrysozystiden vorhanden. In KOH geht meist ein gelbes Pigment in Lösung ***Hypholoma***

31* HDS auch in tieferen Lagen aus ± langgestreckten Hyphen, d. h. kein Hypoderm ausgebildet **32**

32 L am S ausgebuchtet angeheftet. S mehlig bestäubt. Auf Erdboden. Sp ohne Keimporus. Chryso- und Pleurozystiden fehlend. In KOH geht kein gelbes Pigment in Lösung. H zumindest am Rand meist mit blassen, ± semmelfarbenen Tönen ***Hebeloma***

32* L am S nicht ausgebuchtet angeheftet. S nicht mehlig bereift. Auf Holz oder Erde. Sp vielfach mit Keimporus, z. T. mit Chryso- oder Pleurozystiden. In KOH geht meist ein gelbes Pigment in Lösung. Meist lebhafter gefärbt. (Wenn auf Brandstellen zwischen Moos, *Funaria*, vgl. auch *Pachylepyrium* bzw. *Crassisporium*) ***Pholiota***

33 In KOH geht meist ein gelbes Pigment in Lösung. Chrysozystiden oft vorhanden **34**

33* In KOH geht kein gelbes Pigment in Lösung. Chrysozystiden fehlend **35**

34 HDS aus radialparallelen Hyphen, darunter ein Hypoderm aus kurzzylindrischen, breiten Gliedern. Chrysozystiden vorhanden ***Hypholoma***

34* HDS auch in tiefen Lagen aus ± langgestreckten Hyphen. Mit oder ohne Chrysozystiden ***Pholiota***

35 L am S breit angeheftet oder herablaufend und/oder Sp mit Keimporus **36**

35* L am S schmal bis ausgebuchtet angeheftet. Sp ohne Keimporus **40**

36 Sp länger als 11 µm. **37**

36* Sp kürzer als 11 µm. **38**

37 Sp in KOH (10 %) dünnwandig, mit 0,5–0,8 µm dicken Wänden, 11–22 µm lang. Keimporus z. T. undeutlich ***Phaeogalera***

37* Sp in KOH dickwandig, mit etwa (1,0–)1,2–1,5 µm dicken Wänden, höchstens 16–10 µm lang, mit deutlich sichtbarem, etwas abgeflachtem und abgesetztem Keimporus ***Psilocybe***

38 Sp mit Keimporus, meist linsenfö abgeflacht, d. h. in Frontalansicht breiter als in Seitenansicht ***Psilocybe***

38* Sp ohne Keimporus und nicht linsenfö abgeflacht ***Tubaria***

39 H auch jung mit geradem Rande, der durchscheinend gerieft ist., glockenfö, z. T. später etwas ausgebreitet **40**

39* H jung mit eingebogenem bis eingerolltem Rand, der bisweilen nicht durchscheinend gerieft ist **41**

40 Sp recht dickwandig, in der Mitte oft eingeschnürt, ellipsoid bis mandelfö, 4,5–6,5 × 3–3,5(–4) µm. Auf Pflanzenresten ***Stagnicola***

40* Sp größer, nicht so dickwandig, nicht eingeschnürt ***Galerina***

41 Sp über 10 µm und/oder Cheilozystiden schnabelfö verlängert und sehr dicht stehend **42**

41* Sp unter 10 µm lang. Cheilozystiden nicht schnabelfö verlängert **43**

42 Sp über 10 µm lang und über 7 µm breit. Hyphen der HDS langgestreckt, relativ dickwandig und in den Wänden dunkelbraun pigmentiert (KOH!), ± aufgerichtet, z. T. auch mit epimembranär inkrustierendem Pigment ***Phaeomarasmius***

42* Sp unter 10 µm, wenn darüber, dann Cheilozystiden schnabelfö verschmälert und sehr dicht stehend ***Naucoria***

43 Auf Brandstellen zwischen Moosen (*Funaria*). Sp 7–8 5–5,5 µm ***Pachylepyrium, Crassisporium***

43* Nicht auf Brandstellen.; mehrere Arten auf Holz, Ästen oder Krautresten. HDS ein Trichoderm oder eine trichodermale Palisade. Sp z. T. über 8 µm lang, z. T. kürzer und dann häufig unter 5 µm breit ***Simocybe***

Schlüssel X-20: Habitusgruppe „Pholiota"; Schüpplingsartige

1 H-Oberfläche auf semmelfarbenem Grunde bereift. Tramahyphen mit amyloiden Auflagerungen. Sp 10,5–14 × (6,5–)7–9 µm ***Rozites***

1* Merkm anders **2**

2 Sp warzig-rau, ohne Keimporus, 8–10 5–6 µm **3**

2* Sp glatt, z. T. mit Keimporus **5**

3 Mit aromatischem Bittermandelgeruch und tief wurzelndem, grob-schuppigem S. H tonfalb, schmierig. Sp mandelfö ***Hebeloma*** (*H. radicosum*)

3* Merkm anders **4**

4 H-Oberfläche tongrau, eingewachsen faserig marmoriert. Zystiden fehlend. Auf Erde im LaW ***Cortinarius*** (*torvus*)

4* H leuchtend gelb, orangegelb, eingewachsen faserig bis faserig-schuppig. Cheilozystiden kopfig, in Baumwollblau grünlich. LaH-Strünke ***Gymnopilus*** (*junonius*)

5 H-Oberfläche glimmerig-kleiig, körnig; die ± kugeligen Elemente der HDS mit höckerigen Auswüchsen. Sp 10,5–113 × 5,5–6,5 µm ***Phaeolepiota***

5* H-Oberfläche nicht glimmerig-kleiig, nicht körnig **6**

6 H hygrophan mit durchscheinend gerieftem Rand (wenn durchfeuchtet). S unterhalb des Ringes mit kleinen Schüppchen und mit einem Überzug aus dunkelbraun inkrustierten Hyphen (S daher dunkelbraun). Chrysozystiden fehlend. Sp mit Keimporus. 6–7 × 2–4,5 µm. Büschelig auf Laub- und seltener auch auf NaH (vgl. auch *Galerina marginata*) ***Kuehneromyces*** (*mutabilis*)

6* Merkm anders **7**

7 HDS hymeniform. H-Oberfläche glatt ***Agrocybe***

7* HDS aus langgestreckten, meist radialparallelen Hyphen **8**

8 Pleurozystiden in Form von Chrysozystiden vorhanden ***Pholiota***

8* Chrysozystiden fehlend. **9**

9 H-Oberfläche klebrig-schleimig. Pleurozystiden vorhanden oder fehlend. **10**

9* H-Oberfläche trocken. Pleurozystiden fehlend **12**

10 Pleurozystiden vorhanden ***Pholiota***
10* Pleurozystiden fehlend **11**
11 Frk kräftig, S 1,3–3,5 cm breit ***Hemipholiota***
11* Frk schmächtiger, S weniger als 1,2 cm breit ***Flammula***
12 Frk kräftig, S 1,3–3,5 cm breit ***Hemipholiota***
12* Frk schmächtiger, S weniger als 1,2(–1,5) cm breit ***Pholiota***

Schlüssel X-21: Gruppe „Pratelli"; Dunkelsporer

1 L frei. S vom H abgesetzt und meist mit Ring **2**
1* L nicht frei, vielmehr am S angeheftet bis herablaufend **3**
2 Frk klein, mit dunkelfarbigem, flockig bestäubtem H. Sp feinwarzig-rau ***Melanophyllum***
2* Frk mittelgroß bis groß. H nicht flockig bestäubt. F vielfach gilbend oder rötend. S mit Ring. Sp glatt ***Agaricus***
3 S mit Ring **4**
3* S ohne Ring **7**
4 H-Oberfläche trocken. Hymenium ohne Chrysozystiden **5**
4* H-Oberfläche schleimig-schmierig und/oder Hymenium mit Chrysozystiden. **6**
5 Sp weniger als (10–)11 µm lang und weniger als 6 µm breit ***Psathyrella***
5* Sp 10–11–15 × (5,5–)7,5–9 µm. HDS zweischichtig, außen aus radialparallelen, gestreckten Hyphen, darunter aus kugligen oder länglich-breiten Elementen ***Leratiomyces***
6 Pleurozystiden vorhanden, meist als Chrysozystiden ausgebildet. Geschmack mild ***Stropharia***
6* Pleurozystiden fehlend. Geschmack bitter ***Hemistropharia*** (*albocrenulata*)
7 HDS aus kugeligen Elementen, höchstens mit sehr dünner Lage gestreckter, radialparalleler Hyphen über einer Schicht aus kugeligen Elementen. Chrysozystiden fehlend **8**
7* HDS aus dicker Lage gestreckter, radialparalleler Hyphen **9**
8 Sp warzig-rau, 12–16 × 7–9 µm ***Panaeolina***
8* Sp glatt oder kürzer als 12 µm und weniger als 7 µm breit ***Psathyrella***
9 Sp länger als 11 µm oder linsenfö abgeflacht, d. h. in Frontalansicht breiter als in der Seitenansicht. Chrysozystiden fehlend. HDS auch in tieferen Lagen aus gestreckten, radialparallelen Hyphen. H-Rand jung gerade ***Psilocybe***
9* Sp kürzer als 11 µm oder Hymenium mit Chrysozystiden. HDS mit Hypoderm aus kurzzylindrischen, breiten Gliedern unter einer Schicht aus radialparallelen gestreckten Hyphen. Sp nie linsenfö abgeflacht. H-Rand jung eingerollt ***Hypholoma***

Schlüssel X-22: Gruppe „Coprinarii"; Schwarzsporer

1 H glockenfö, tonblass bis rotbräunlich und zugleich S mit Ring. Sp 15–22 × 9–13 µm. Dungbewohner ***Panaeolus*** (*semiovatus*)
1* Nicht zugleich mit glockenfö H, beringtem S. Sp-Größe verschieden **2**
2 H auffallend stark gefurcht bis faltig und/oder L tintenartig zerfließend **Schlüssel X-23:** Habitusgruppe „Corinus."
2* Merkm verschieden **3**
3 Sp warzig **4**
3* Sp glatt **5**
4 Sp 12–16 × 7–9 µm ***Panaeolina***
4* Sp 8–12 × 5–7 µm ***Lacrymaria***
5 Sp spindelig, glatt, 14–23 × 5–9 µm. L am S herablaufend. S-Basis bisweilen amyloid, bisweilen chromgelb **6**
5* Sp nicht spindelig und mit anderen Maßen **7**
6 S-Basis amyloid. H-Oberfläche nicht schleimig ***Chroogomphus***
6* S-Basis gelb, nicht amyloid. H-Oberfläche schleimig ***Gomphidius***
7 HDS aus langgestreckten, radialparallelen Hyphen bis in die tieferen Bereiche der H-Trama. S meist beringt. Chrysozystiden vorhanden **8**
7* HDS aus Kugelzellen oder hymeniform **11**
8 H-Oberfläche (und S) schleimig-schmierig, bei einigen Arten H blaugrün **9**
8* H-Oberfläche trocken (höchstens etwas klebrig) und nicht blaugrün **10**
9 Pleurozystiden vorhanden, meist als Chrysozystiden ausgebildet. Auf Erde ***Stropharia***
9* Pleurozystiden fehlend. An Holz ***Hemistropharia*** (*albocrenulata*)
10 H und oft auch der S unterhalb eines Ringes (Ringzone) schuppig. Auf Erde oder auf Holz ***Leratiomyces***
10* H nicht schuppig. Auf Erde ***Stropharia***
11 Reife L fleckig, da Sp ungleichmäßig reifend. H glockenfö, halbkugelig bis flach konvex. Sp unter dem Mikroskop in konz. Schwefelsäure nicht entfärbend, nicht kürzer als 9 µm ***Panaeolus***
11* L bei Reife einheitlich in der Farbe, da Sp gleichzeitig reifend. H im typischen Fall nicht glockig. Sp in konz. Schwefelsäure ausblassend, meist nach Lila, z. T. unter 9 µm lang ***Psathyrella***

Schlüssel X-23: Habitusgruppe „Coprinus"; Tintlinge

1 H radial gerieft-streifig. Sp glatt oder warzig **2**
1* H nicht radial gerieft-streifig. H ± zylindrisch, später glockig, zieml groß. Sp glatt ***Coprinus***
2 H mit Resten des Universalvelums **3**
2* Auf dem H ohne Reste des Universalvelums **4**

3 Mit Zystiden auf H-Oberfläche (Pileozystiden). Velum körnig bis flockig ***Coprinellus***
3* Pileozystiden fehlend. Velum körnig oder faserig ***Coprinopsis***
4 S völlig unbereift (glatt); H-Oberfläche kahl oder mit langen, braunen, setenfö Haaren ***Parasola***
4* S und H mit hyalinen Zystiden und dadurch bereift wirkend ***Coprinellus***

Schlüssel X-24: Habitusgruppe „Boletus"; Röhrlinge

1 H und/oder F (Trama) mit dunkelbraunen, porphyrbraunen, grauen oder schwarzen Farben; bisweilen grobschuppig. Spp meist dunkelbraun. Sp kugelig und netzig-gratig oder spindelig und glatt; im letzteren Fall Spp braun bis rötlich braun **2**
1 H mit anderen Farben und nicht grobschuppig. Trama nicht braun. Sp weder kugelig, noch mit netzfö geschlossenen Graten. Spp weiß, rosa, gelblich, olivgrün, olivbraun bis fast dunkel umbra. Arten mit dunkelbraunem bis rotbraunem H haben kein rein braunes bis rötlichbraunes Spp **3**
2 H schwarz, mit groben, sparrigen, fast dachziegelartigen Schuppen. Hymenophor weiß bis grau, auf Druck wie das F zunächst rötend, dann schwärzend. Sp kugelig, netzig-gratig, schwarz-purpurn, 10–13 × 9–10 µm ***Strobilomyces***
2* H nicht schuppig oder Sp anders. Ganzer Frk ± einfarbig oliv, umbra bis porphyrbraun, samtig. Hymenophor jung grau. F blass rosa, grau, gelblich; es verfärbt grünlich bis schwach blau. Sp länglich, ellipsoid, 10,5–20 × 5–10,5 µm ***Porphyrellus***
3 H ohne Schüppchen, kastanien- bis schokoladenbraun. S voll, ohne Netz ***Boletus***
3 H mit anderen Farben, falls braun, dann H schleimig oder S mit Netz oder S hohl oder H schuppig und Röhren weit. **4**
4 Röhrenhymenophor jung weißlich **5**
4* Röhrenhymenophor jung gelb, olivlich, grünlich, orange, bräunlich bis rot **10**

Röhren und Poren jung weißlich (5–9)

5 Röhrenhymenophor wenn reif ockerlich, gelblich oder oliv-grünlich **6**
5* Röhrenhymenophor wenn reif rosa oder grau, zumindest mit solchen Mischfarben bzw. weißlich bleibend **8**
6 S ± schuppig, voll ***Leccinellum***
6* S nicht schuppig, mit oder ohne Netz **7**
7 S meist bald hohl, ohne Netz. Spp blass gelb. F unveränderlich oder tief kornblumenblau verfärbend ***Gyroporus***
7* S voll, mit feinmaschigem Netz zumindest an der S-Spitze. Spp olivgrau bis olivgrün. F höchstens schwach blauend ***Boletus***
8 S ohne Schüppchen, vielmehr deutlich genetzt, bisweilen keulig. Röhrenhymenophor rosa werdend. F bitter. Spp rosa-fleischfarben ***Tylopilus***
8* S mit weißlichen, rötlichen, braunen oder schwärzlichen Schüppchen. H-Haut bisweilen am H-Rand vorstehend. Röhrenhymenophor rund um den S stark niedergedrückt, oft grau werdend. F mild. Spp braun. **9**

9 F in H und S rasch und intensiv grauviolettlich verfärbend. HDS aus kugeligen bis hymeniformen Elementen zusammengesetzt. Unter Hasel oder Hainbuche ***Leccinellum***

9* F nicht verfärbend oder nur stellenweise, nur schwächer oder in anderen Tönen (rosa, grünlich, blau) sich verfärbend. HDS aus gestreckten Elementen zusammengesetzt. Nicht unter Hasel oder Hainbuche ***Leccinum***

Röhren und Poren jung und alt nicht weißlich (10–21)

10 Röhren(-mündungen) sehr weit, kurz und am S herablaufend. H filzig und mit Velum. S oft hohl. Sp unter 12 µm lang ***Boletinus***

10* Röhren enger und auch sonst mit anderen Merkm **11**

11 H im feuchten Zustand ± schmierig **12**

11* H meist auch bei feuchtem Wetter trocken. Weder schmierig-klebrig, noch Geschmack pfefferartig scharf. Nicht an Erle gebunden, Hyphensepten ohne Schnallen, Hymenialzystiden in KOH nicht mit braunem Inhalt. **16**

12 S etwas klebrig-schmierig. H rosa. Röhrenhymenophor goldgelb. Spp olivbraun ***Aureoboletus***

12* S trocken, höchstens der Ring schleimig **13**

13 Hymenophor am S stark herablaufend. Röhren höchstens bis 4 mm lang, gelb, an Druckstellen blauend. Bei Erle. Schnallen an den Hyphensepten vorhanden. Sp 4–6,5(–8) × 3–5 µm, breit ellipsoid bis fast kugelig ***Gyrodon***

13* Hymenophor nicht am S herablaufend oder an den Septen der Hyphenwände ohne Schnallen. **14**

14 Geschmack pfefferartig scharf. Poren und Röhren rostfarben. S stets ringlos. S-Basis und Mycel satt schwefelgelb ***Chalciporus***

14* Geschmack nicht brennend scharf. Auch übrige Merkm verschieden **15**

15 Poren und Röhren rot. S-Basis gelb ***Rubinoboletus***

15* Poren und Röhren nicht rot. S vielfach mit Ring, bisweilen mit Drüsenpunkten an der S-Spitze. Hymenialzystiden in KOH mit braunem Inhalt ***Suillus***

16 Hymenophor am S ± herablaufend, Röhren kurz. F und Hymenophor mit leuchtend schwefel- bis chromgelben Farben, verletzt blauend. Auf Holz, modrigen Wurzeln oder über das Mycel mit solchen Substraten verbunden ***Buchwaldoboletus***

16* Hymenophor am S ausgebuchtet oder gerade angeheftet. Meist nicht mit Holz in Verbindung **17**

17 S etwas schuppig, rissig, flockig. Hymenophor und S ± gelb ***Leccinellum***

17* S nicht schuppig, höchstens fein punktiert **18**

18 S dick, oft bauchig-knollig, bisweilen flockig, bisweilen mit Netz. Falls H dunkelbraun, dann S zumindest an seiner Spitze mit feinem Netz. Röhrentrama mit stark divergierenden Lateralstrata ***Boletus***

18* S nicht besonders dick, nicht bauchig-knollig, nicht flockig, nicht mit Netzmusterung **19**

19 F, Hymenophor und S bei Verletzung schnell und intensiv dunkel blau bis blauschwarz ***Boletus***

19* An Druckstellen nicht oder nur mäßig stark blauend **20**

20 Hymenophor jung oliv. H löwenbraun bis gelbbraun, mit feinen Filzschüppchen wie punktiert. Frk nirgends karminrot und nicht parasitisch auf Kartoffelbovist, *Scleroderma*. ***Suillus*** (*variegatus*)

20* Hymenophor jung weißlich-gelb. gelb oder gelb-grünlich. Frk bisweilen mit karminroten Anlauffarben. Wenn H filzig-schuppig, dann nicht löwenbraun bis gelbbraun. Frk bei einer Art auf Kartoffelbovist **21**

21 Frk parasitisch auf Kartoffelbovist (*Scleroderma*) ***Pseudoboletus***

21* Frk nicht auf Kartoffelbovist parasitierend ***Xerocomus***

Schlüssel X-25: Habitusgruppe „Polyporus"; zentral gestielte Porlinge mit relativ weichem Fleisch

1 F (Trama) gelb, braun, oder rotbraun. Sp glatt, 4–8 × 3,5–5 µm **2**

1* F (Trama) weiß, weißlich, gelblich oder ockerlich und dabei H nicht rötlich-braun und zugleich mit gelblichem H-Rand **3**

2 H rötlich-braun mit lange gelb bleibendem H-Rand. S kurz und/oder nach oben verbreitert. Am Boden auf Wurzeln und Stümpfen von NaB ***Phaeolus***

2* H weißlich bis hell gelblich, später rötlich anlaufend, auf Druck oder im Alter bräunlich, bisweilen mit rötlichen Tropfen. Trama mit Duplex-Struktur. d. h. innen hart und weißlich, außen weich und dunkler. Am Grund von LaB und NaB ***Abortiporus***

3 Vorwiegend an Tanne (seltener Fichte) gebunden. H ocker bis gelblich-braun. Sp hyalin, ± kugelig, mit amyloiden Warzen und Stegen, 5–7 µm ***Bondarzewia***

3* Sp ohne amyloide Warzen und Stege, falls amyloid, dann glatt (ohne Ornament). Auch im Übrigen mit anderen Merkm **4**

4 H grau bis bräunlich grau und mit weiß bis hellgrau kontrastierenden Poren. Röhren 1–8 mm lang. F zunächst weiß, an der Luft rötend oder etwas dunkler werdend. Sp unregelmäßig warzig, 4,5–6 × 4–5 µm ***Boletopsis***

4* Mit anderen Merkm, besonders H nicht grau, auch nicht mit grauen Mischtönen. Sp glatt **5**

5 Ganzer Frk rein und unveränderlich weiß, dünnfleischig, Trama über den Röhren bis 3 mm dick. Alpen. ***Osteina*** (*obducta*)

5* Falls H weißlich, dann mit gelblichen, braunen oder grünlichen Flecken, falls Poren weiß, dann auf Druck gelblich verfärbend. Trama über den Röhren dicker **6**

6 Fleisch (Trama) weiß, weißlich. Trama dimitisch, d. h. aus dünn- und dickwandigen Hyphen zusammengesetzt ***Polyporus***

6* Hyphen der Trama monomitisch, d. h. mit einheitlicher Wandstärke. **7**

7 Frk sehr groß und vielhütig. H oft dachziegelig übereinander stehend **8**

7* Frk kleiner, nicht in zahlreiche Hüte aufgegliedert, allenfalls in wenige Lappen (bis Hüte) zerteilt **9**

8 Poren auf Druck schwärzend ***Meripilus***

8* Poren auf Druck nicht schwärzend ***Grifola***

9 Sp 12–17 × 4–6 µm. An Stümpfen, Stämmen und vergrabenem Holz. Sp nicht amyloid ***Jahnoporus***

9* Sp (3,5–)4–5(–11) µm lang. Überwiegend auf Erde. Sp bisweilen amyloid ***Albatrellus***

Schlüssel XI: Bauchpilze

Literatur: HANSEN, L., KNUDSEN, H. (1997). – JÜLICH, W. (1984). – KREISEL, H. in MICHAEL, HENNIG, KREISEL (1988) – Gattungsschlüssel u. a. nach JÜLICH (1984) verändert und ergänzt.

Anmerkung: Einige Schleimpilze bilden Frk, die kleinen Bauchpilzen ähneln: siehe z. B. *Lycogala*, *Reticularia* in Schlüssel XXIV.

1 Pilz jung eifö geschlossen (ein „Hexenei" bildend), bei der Reife schiebt sich daraus ein gestielt-hutfö oder ein gitterfö oder ein mehrarmiger Frk Sp darauf in schleimartiger, stinkender Masse, die später ± abtropft. **2**

1* Mit anderen Merkm. **9**

Jung eiförmig geschlossen, ein Hexenei bildend (2–8)

2 Frk unverzweigt, oft gestielt-hutfö **3**

2* Frk gitterfö oder sternfö verzweigt **5**

3 Frk mit dickem S, dieser 10–20 × 2,5–4,5 cm. Auf dem S ein frei herabhängender H **4**

3* Frk mit weniger langem und weniger dicken S, diese etwa 6–16 × 1–2 cm. Hexenei kleiner, etwa 1,8–4 × 1,5–2,5 cm ***Mutinus***

4 Am nach unten gerichteten H-Rand ohne herabhängenden Schleier oder allenfalls mit kurzer unter dem H hervorragender, schleierartiger Struktur ***Phallus***

4* Frk mit langem, herunterhängendem Schleier ***Dictyophora***

5 Frk sich oben sternfö aufspaltend **6**

5* Frk sich nach oben gitterfö entfaltend. **8**

6 Frk ungestielt und mit 3–8 langen Armen o d e r mit kurzem S und dann oben mit 15–20 Armen. **7**

6* Frk deutlich gestielt, an der Spitze mit 5–8 kurzen, nur 1–3 cm langen, dicklichen Ästen, die zunächst nach oben, dann waagrecht-sternfö ausgerichtet sind ***Lysurus***

7 Frk höchstens kurz gestielt, oben in 3–8 Arme aufgespalten, die 3–7 cm lang sind, diese bei Reife sternfö ausgebreitet ***Anthurus***

7* Frk mit kurzem, dickem S, oben scheibenfö und der Scheibenrand mit 15–20 schmalen Armen ***Aseroe***

8 Äste des Gitters nur an seiner Spitze miteinander verbunden ***Clathrus***

8* Frk ein maschenfö Gitternetz bildend ***Clathrus***

Jung kein Hexenei bildend (9–39)

9 Frk reif im Inneren mit einer schmierigen, dunkelgrünen, die Sp enthaltenen Masse (Gleba), jung kugelig-knollig, später unregelmäßig birnenfö-keulig, 1–3–4 × 1–2–3 cm.

Basis mit schmutzig-weißen, stark verzweigten Rhizomorphen. Geruch reifer Frk aasartig **Phallogaster**

9* Merkm anders **10**

10 Frk mit deutlich abgesetztem S, dieser recht schlank, bis zu × 2 cm breit, und bisw sehr lang **11**

10* Frk ohne S oder mit undeutlich abgesetztem S (d. h. bisw ein Kopfteil allmählich in den S-Teil des Frk übergehend); S dann zieml dick, z. B. × 4–6 cm breit, so z. B. bei *Handkea excipuliformis*) **17**

– Fruchtkörper mit deutlich abgesetztem Stiel (11–16)

11 Frk winzig, 3–6 mm hoch, Kopfteil 1–3 mm im Durchm **Phleogena** (*faginea*)

11* Frk entschieden größer **12**

12 S zylindrisch, schlank und lang, 20–50 × 0,6–3(–4) cm, basal mit Volva. Kopfteil 1–8 cm breit, ± halbkugelig bis glockenfö hängend. Gleba und Sp-Masse braun **Battarrea**

12* Merkm anders: S weniger lang und weniger dick. **13**

13 Frk einem Blätterpilz gleichend mit S und H, jedoch mit zurückgebildeten L mit ausstäubenden Sp **14**

13* Mit anderen Merkm. **16**

14 S mit basaler Volva. Sp purpurschwarz, mit Keimporus, unterschiedlich groß, von 7,5 × 4,5 µm bis 27 × 21 µm **Montagnea** (*arenaria*)

14* S ohne basale Volva. Sp gelbbraun bis braun (Falls S mit basaler Volva und Sp hyalin: *Torrendia*, nicht in Mitteleuropa) **15**

15 Frk schlank, zierlich, 3–8 cm hoch mit dünnem langen S und schmal-kegelfö H. Sp gelbbraun. Sp ellipsoid bis mandelfö, 12–17 × 5–9 µm **Galeropsis** (*dessertorum*)

15* Frk gedrungen, birnenfö bis glockig, mit kurzem 1–2 cm messendem (unterhalb des H-Randes) S, Kopfteil 1–8 cm hoch. Sp gelbbraun, kugelig bis breitellipsoid, 7–12 µm im Durchm **Endoptychum** (*agaricoides*)

16 S schlank, abrupt vom Kopfteil abgesetzt **Tulostoma**

16* S nicht schlank, nicht abrupt von einem Kopfteil abgesetzt. Kopf und S ± fließend ineinander übergehend **17**

– Fruchtkörper ohne Stiel oder allenfalls mit undeutlich abgesetztem Stiel (17–39)

17 Frk außen und innen tief braun, an der Basis mit gelben Mycelfäden, keulenfö, birnenfö, kopffö, Basis ± stielfö. Reif pulverig zerfallend, jung gekammert (durch Pseudoperidiolen). Sp kugelig, 9–12 µm im Durchm, stachelig **Pisolithus** (*arhizus*)

17* Merkm anders. Frk außen allenfalls gelblich-braun **18**

18 Frk reif innen schwarz oder braun, kugelig bis knollig, sitzend bis ± gestielt. Peridie meist dick, oft gelblich-braun. Sp kugelig, braun, etwa 8–15 µm im Durchm, stark stachelig oder mit netzfö Ornament **Scleroderma**

18* Merkm anders **19**

19 Reife Frk auf Druck stäubend oder pulverig zerfallend, kugelfö bis birnenfö, z. T. mit sternfö aufreißender Außenhülle. **20**

19* Reife Frk nicht stäubend. Im Frk-Inneren mit Peridiolen (kleine abgegrenzte, oft linsenfö Körperchen, welche die Sp enthalten) **35**

– – ***Reife Fruchtkörper auf Druck stäubend (20–34)***

20 Frk mit sternfö aufreißender Außenhülle **21**

20* Frk nicht mit sternfö aufgerissener Außenhülle **25**

21 Die gesamte Frk-Hülle (= Endo- und Exoperidie) sternfö aufreißend. Gleba mit Sp-Masse bei Reife nackt **22**

21* Nur die äußerste Hülle (= Exoperidie) sternfö aufreißend. Die innere Hülle umschließt die Gleba mit der Sp-Masse **23**

22 Peridie in spitze, nach unten sich krümmende Lappen aufgeteilt. Capillitium knorrig, aber nicht dornig. Sp kugelig-warzig, 4,5–5,4 µm ***Geastrum*** (*melanocephalum*)

22* Peridie in oft eckige Lappen (etwa 10) aufreißend; die weiße Exoperidie vorher abblätternd. Capillitium dornig. Sp ± kugelig, mit porig-netziger Oberfläche, 7,7–11 µm im Durchm ***Mycenastrum***

23 Endoperidie mit zahlreichen Öffnungen, meist auf vielen Stielchen sitzend ***Myriostoma***

23* Endoperidie nur mit einer einzigen Öffnung an der Spitze **24**

24 Sp weniger als 8 µm im Durchm. Endoperidie oben mit vorgeformter Öffnung (Peristom). Endoperidie glatt oder körnig, gestielt oder sitzend ***Geastrum***

24* Sp 8–10–13 µm im Durchm. Endoperidie filzig, mit der Exoperidie nicht durch einen S verbunden, vielmehr sitzend ***Astraeus***

25 Frk sehr groß. bis 60 cm im Durchm. kugelig bis eifö, außen lange weiß bleibend ***Calvatia*** (*gigantea*)

25* Frk kleiner, höchstens bis 15 cm im Durchm, meist aber noch kleiner **26**

26 Frk mit großen Schuppen, 10–14 cm hoch und oben 4–8 cm im Durchm, nach unten in wenig abgesetzten S verjüngt, der fest bis holzig ist. Sp kugelig, 5–7 µm ***Phellorinia***

26* Frk nicht grobschuppig **27**

27 Frk ohne definierte Öffnung **28**

27* Frk mit kleiner runder Öffnung **30**

28 Frk ± kreiselfö. Subgleba von der Gleba durch pergamentartige Haut (Diaphragma) getrennt. Subgleba gekammert ***Vascellum***

28* Frk kugelig bis birnenfö, ohne Diaphragma zwischen Subgleba und Gleba. Subgleba gekammert oder kompakt **29**

29 Capillitium septiert (d. h. mit Querwänden) und mit rundlichen Poren ***Calvatia***

29* Capillitium unseptiert und mit schlitzfö Öffnungen ***Handkea***

30 Frk abgeplattet mit zunächst nach unter gerichteter Öffnung, die durch Abreißen eines Mycelstrangs entsteht. Durch Drehung des Frk Öffnung schließlich nach oben orientiert. Sp kugelig, fein- bis grobwarzig, 4–6,5 µm im Durchm. Trockenrasen und Dünen ***Disciseda***

30* Merkm anders. Vielfach in Wäldern, Mooren etc.; auch in Trockenrasen und Dünen **31**

31 Frk kugelig bis birnenfö, seltener auch kreiselfö, ohne Diaphragma, d. h. Subgleba von der Gleba nicht durch pergamentartige Haut getrennt **32**

31* Frk kreiselfö, die zellige Subgleba von der Gleba durch pergamentartige Haut getrennt ***Vascellum***

32 Capillitium im Frk fehlend, allenfalls ein Paracapillitium aus dünnwandigen, septierten Hyphen ***Morganella***

32* Capillitium vorhanden, aus dickwandigen, unseptierten Hyphen bestehend **33**

33 Subgleba fehlend oder kompakt ***Bovista***

33* Subgleba vorhanden, zellig gekammert **34**

34 Zwischen Gleba und Subgleba eine dünne filzige Trennschicht (Pseudodiaphragma). Capillitium mit Hauptstamm und dünneren Seitenzweigen. Sp glatt ***Bovistella*** (*radicata*)

34* Pseudodiaphragma fehlend. Capillitium ohne Hauptstamm, ein locker zusammenhängendes Geflecht aus wenig verzweigten Hyphen bildend. Sp glatt oder warzig ***Lycoperdon***

– – ***Reife Fruchtkörper nicht stäubend (35–39)***

35 Frk keulenfö, birnenfö oder kopffö, groß, 5–20(–30) × 3–12 cm. Jung (vor der Reife) innen mit erbsenfö Peridiolen; diese bei der Reife pulverig zerfallend ***Pisolithus*** (*arhizus*)

35* Frk kleiner, oft winzig, oft becherfö, aber auch knollenfö, kugelig oder linsenfö. Peridiolen bei Reife nicht pulverig zerfallend. **36**

36 Frk winzig, 1–2–15 mm im Durchm, kugelig, knollenfö, linsenfö. Peridie unregelmäßig oder sternfö sich öffnend oder gänzlich schwindend. **37**

36* Frk größer, becherfö, reif offen, jung oben mit Haut (Diaphragma) verschlossen . . **39**

37 Frk etwa 2 mm im Durchm, mit sternfö sich öffnender Peridie und mit nur einer Peridiole, die aktiv fortgeschleudert wird ***Sphaerobolus***

37* Frk sich nicht sternfö öffnend, größer, etwa 1–3 cm im Durchm, mit einer bis vielen Peridiolen, die nicht aktiv fortgeschleudert werden **38**

38 Frk bis 1–2 mm im Durchm. Peridie mit glatten Hyphen. Peridiolen unter 1 mm im Durchm ***Mycocalia***

38* Frk 5–15 mm im Durchm. Peridie mit stachelig verzweigten Haaren. Peridiolen 1–2 mm im Durchm ***Nidularia***

39 Frk außen gelb bis orange, filzig, mit stark verzweigten, stacheligen Haaren ***Crucibulum***

39* Frk außen grau bis braun, kahl oder ± stark behaart; die Haare nicht stachelig verzweigt ***Cyathus***

Schlüssel XII: „Ascomycetes", Übersicht der Hauptgruppen

1 Frk fehlend. Pilz verursacht Deformationen, Gallenbildung an Blättern (Kräuselkrankheit), Früchten (Narrentaschen) oder Hexenbesen, jeweils an lebenden Sträuchern und Bäumen. Asci palisadenfö geordnet in der Epidermis des Wirtes **Schlüssel XIX**

1* Frk vorhanden oder falls fehlend, dann Asci im Hymenium zw. Paraphysen stehend. Parasitisch oder saprobiotisch bis symbiotisch (Mykorrhiza) **2**
2 Frk recht groß, mehr als 3–5 mm hoch bzw. mehr als 3–5 mm breit **3**
2* Frk weniger als 3–5 mm, bzw. Frk fehlend, und dann nur als Mycel oder Befallsbilder auf Wirtsorganismen in Form von Flecken, Krusten oder Verfärbungen. Falls Wucherungen auslösend siehe *Taphrina*. **6**
3 Frk becherfö, scheibenfö, auch gestielt becherfö oder gestielt hutfö und dann bisw im H mit wabenfö Vertiefungen; „Ascomycetes": Becherlinge, Scheiblinge **4**
3* Frk nicht becherfö, nicht scheibenfö, vielmehr kugelig, keulig, zungenfö, auch unterirdisch und knollig. **5**
4 Asci operculat (sich mit Deckelchen öffnend)
„operculate Discomyceten"; Schlüssel XIII
4* Asci inoperculat (am Scheitel mit Apikalapparat)
„inoperculate Discomyceten"; Schlüssel XIV
5 Frk knollig und unterirdisch (hypogäisch) „**Hypogäen"; Schlüssel XVI**
5* Frk flaschenfö (Perithecien), kugelig oder keulig (oft in Form von Sammel-Frk mit eingesenkten Perithecien), oder zungenfö, oberirdisch (epigäisch)
„**Ascomyceten: Epigäen mit Perithecien"; Schlüssel XV**
6 Mycel oder Befallsbilder auf Wirtsorganismen in Form von Flecken, Krusten oder Verfärbungen. Falls Frk gebildet, dann diese mit inoperculaten Asci
phytocole Pilze; Schlüssel XVII
6* Kleine Frk ausbildend; diese mit inoperculaten Asci (inoperculate Ascomyceten unterschiedl Zugehörigkeit) ▸

Schlüssel XIII Ascomycota: operculate Discomycetes

Literatur: DENNIS, R.W.G. (1978, 1981). – HANSEN, L., KNUDSEN, H. (2000). – MOSER, M. (1963): – **Hinweis**: Frk wird hier im Sinne von Apothecium (-cien), Sp im Sinne von Ascosporen verwendet

1 Frk von beträchtlicher Größe, 3 cm und mehr (Durchm oder Höhe), gestielt-hutfö, keulenfö, zungenfö, scheibenfö, kissenfö, halbkugelig siehe u. a. 9, 10*, 15, 24–26*, 28–30, 69–70, 75*
1* Frk kleiner (Im Zweifelsfall hier weiter) **2**
2 Asci operculat, d. h. an der Spitze ohne amyloiden Apikalapparat, mit Deckelchen sich öffnend. Ascuswände amyloid oder nicht amyloid. Frk kurzlebig, oft groß, aber auch klein. Sp oft von beträchtlicher Größe und oft ornamentiert **3**
2* Asci inoperculat, d. h. an ihrer Spitze mit amyloidem Apikalapparat. Ascuswände nicht amyloid. Frk meist klein, kurz- oder langlebig. Sp oft von geringerer Größe
siehe **Schlüssel XV**
3 Asci wenigstens an ihrer Spitze amyloid **4**
3* Asci inamyloid **13**

Asci wenigstens an ihrer Spitze amyloid (4–12)

4 Frk bis zu 1,2 cm (oft nur wenige mm) breit, weißl, gelbl, grau, auch mit bläul oder purpurfarbenem Ton. Sp ohne Tröpfchen (Ascobolaceae) **5**

4* Frk meist 1–8 cm breit, grau, bräunl, grünl, bläul. Purpurfarben oder schwarz. Sp mit oder ohne Tröpfchen (Pezizaceae pr. p.) **7**

5 Sp bleibend hyalin, frei, d. h. nicht in Klumpen. Asci enthalten 8–32 freie, d. h. nicht in Klumpen vereinte Sp ***Thecotheus***

5* Sp zunächst hyalin, dann purpurl bis rötl-violett, frei oder in Klumpen vereint **6**

6 Sp innerhalb der Asci in Klumpen vereint ***Saccobolus***

6* Sp innerhalb der Asci frei ***Ascobolus***

7 Sp ellipsoid **8**

7* Sp kugelig **11**

8 Frk kissenfö, auf nassem, manchmal untergetauchtem Holz. Zellen des Excipulums in gelatinöser Schicht ***Pachyella***

8* Frk scheibenfö oder becherfö Zellen des Excipulums nicht in gelatinöser Schicht . . **9**

9 Frk sehr groß, zunächst in der Erde (hypogäisch) und kugelfö, dann oberirdisch (epigäisch), tief becherfö, der Rand einreißend und Zipfel bildend. Innen (Hymenium) violettl ***Sarcosphaera***

9* Frk klein bis mittelgroß, scheibenfö bis becherfö **10**

10 Frk weißl, gelbl bis blass orange, kleiner als 3 mm ***Iodophanus***

10* Frk meist braun und dabei bisw violettl überhaucht, oder gelb, grünl, blau, größer (als 1 mm) ***Peziza***

11 Frk oberseits (Hymenium) grünl, außen pustelartig-rau, dort aus Gruppen kugeliger oder eckiger Zellen gebildet. Auf Erde oder auf morschem Holz ***Scabropeziza***

11* Frk oberseits (Hymenium) purpurl, bräunl oder schwarz, außen glatt oder kleiig-mehlig. Auf Erde oder auf Brandstellen. **12**

12 Frk kissenfö. Auf Erde, oder an überfluteten Stellen ***Boudiera***

12* Frk scheibenfö oder schüsselfö. Oft auf Brandstellen ***Plicaria***

Asci inamyloid (13–90)

13 Frk sitzend oder gestielt, auf Koniferennadeln (*Juniperus, Abies, Picea*) orange oder auf von Erde überschichtetem LaH im Frühjahr, scharlachrot (Sarcoscyphaceae) . **14**

13* Merkm anders **16**

14 Frk scheibenfö, orange, 0,2–1,2 cm, sitzend oder fast sitzend. Sp kugelfö. Auf Nadeln, Zweigen oder Ästchen von NaH ***Pithya***

14* Frk scharlachrot oder rötl-rosa. Sp breit ellipsoid. Auf erdüberschichteten Zweigen oder Ästen von LaB **15**

15 Frk tief becherfö, scharlachrot, 1–4 cm, oft gestielt, S bis zu 2 cm ***Sarcoscypha***

15* Frk urnenfö, rötl-rosa, 1–1,8 cm, S 2–5 cm, wurzelnd und bisw verzweigt ***Microstroma***

16 Frk schwer, kugelig oder breit walzenfö, innen gelatinös. Oberseits (Hymenium) dunkelbraun bis schwarz. Frühjahr ***Sarcosoma***

16* Merkm anders **17**

17 Frk oberseits dunkelbraun bis schwarz. Sp bisw kugelig. Falls Sp ellipsoid, dann länger als 25 µm und bisw warzig **18**

17* Falls Frk oberseits dunkelbraun bis schwarz, dann Sp nicht kugelig. Falls Sp ellipsoid, dann z. B. 18–22 µm lang, glatt **21**

18 Frk urnenfö bis trichterfö, sitzend oder gestielt. Sp ellipsoid, hyalin, glatt, innen ohne Tröpfchen ***Urnula***

18* Frk becherfö oder schüsselfö. Sp kugelfö oder ellipsoid, ornamentiert und innen mit Tröpfchen **19**

19 Frk dunkelbraun mit violettl Mischton, scheibenfö, 0,3–1 cm. In Gesellschaft mit dem orangefarbenem Pilz *Byssonectria terrestris* ***Nannfeldtiella***

19* Frk dunkelbraun, nicht in Gesellschaft des erwähnten Pilzes. **20**

20 Asc-Sp ellipsoid. Zw Moosen auf NaH ***Plectania***

20* Sp kugelig. Auf Nadeln und morschem Holz von NaB oder zw Torfmoos (*Sphagnum*) ***Pseudoplectania***

21 Asci mit 8 Sp. **22**

21* Asci enthalten mehr als 8, maximal bis zu 7000 Sp. Frk auf Dung (Thelebolaceae) **89**

– Asci 8-sporig (22–88)

22 Frk erscheinen im Frühjahr bis in den frühen Sommer. **23**

22* Frk erscheinen im Herbst oder falls im Frühjahr dann klein und dünnfleischig (weniger als 2 mm dick). **27**

– – Fruchtkörper im Frühjahr bis zum Frühsommer erscheinend (23–26)

23 Frk mit glattem oder wabenartig strukturiertem H auf langem oder deutl abgegrenztem S oder schüsselfö, ungestielt oder mit wenig ausgeprägtem S. Sp glatt. Terricol (Morchellaceae). **24**

23* Frk mit sattelfö oder gehirnartig gefaltetem H. Sp mit netzartiger Ornamentierung oder auch glatt (Discinaceae) **26**

24 Frk sitzend oder fast sitzend, schüsselfö bis ausgebreitet, innen runzelig bis faltig, 3–12 cm. F mit chlorartigem Geruch ***Disciotis***

24* Frk mit deutl S, Geruch unbedeutend **25**

25 H glockenfö, 1,5–3 cm hoch, glatt oder mit unregelmäßigen bis längl Furchen und Rippen. Asci mit 2 oder 8 Sp ***Verpa***

25* H außen schwammartig oder wabenfö, 2–10 cm. Asci mit 8 Sp ***Morchella***

26 Frk mit sattelfö bis gehirnartig gewundenem rötl-braun bis dunkelbraunem H, mit S. Sp glatt, schmal ellipsoid ***Gyromitra***

26* Frk scheibenfö, sitzend bis undeutl gestielt oder gestielt-hutfö. Sp mit netzartiger Ornamentierung ***Discina***

– – Fruchtkörper im Herbst erscheinend (27–88)

27 Frk hasenohrartig langgezogen **28**

27* Frk nicht ohrfö. **29**

28 Frk rot bis rötl-braun. Sp breit ellipsoid, innen mit einem großen Tropfen, 24–26 µm lang ***Wynnella***

28* Frk gelb, ocker, orange, rosa. Sp ellipsoid, glatt, innen mit zwei Tröpfchen, 10–20 µm lang ***Otidea***

29 Frk auf Brandstellen, kissenfö, 4–15 cm, oberseits kastanienbraun, unterseits mit zahlreichen Rhizoiden ***Rhizina***

29* Merkm anders **30**

30 Frk groß, über 2 cm, falls kleiner dann schwarz, nahezu sitzend oder gestielt, schüsselfö bis (unregelmäßig) sattelfö. Falls H braun siehe *Gyromitra* ***Helvella***

30* Frk klein bis mittelgroß unter 2 cm, sitzend oder annähernd gestielt **31**

31 Sp spindelfö, glatt, hyalin, mit vielen Tröpfchen, 50–60 × 10–13 µm. Frk 3–6 mm breit, mit S 3–5 mm hoch ***Pindara***

31* Merkm verschieden. Falls Sp spindelfö, dann kleiner **32**

32 Frk membranös, 3–12 mm. Sp ellipsoid, glatt, ohne Tröpfchen, 12–15 × 5,5–7 µm ***Karstenella***

32* Frk nicht membranös, vielmehr fleischig. Sp mit oder ohne Tröpfchen, glatt oder ornamentiert (Pyronemataceae) **33**

33 Frk außen mit anliegenden oder abstehenden Haaren **34**

33* Frk außen glatt oder kleiig **59**

– – – ***Fruchtkörper außen mit anliegenden oder abstehenden Haaren (34–58)***

34 Frk oben (Hymenium) gelbl, orange, rosa oder rot **35**

34* Frk oben (Hymenium) weißl, grau, ockerl oder bräunl **47**

– – – – ***Fruchtkörper oben (Hymenium) gelblich, orange, rosa oder rot (35–46)***

35 Haare weißl oder hyalin **43**

35* Haare gelbl, bräunl oder schwarz **36**

36 Haare anliegend, stumpf **37**

36* Haare abstehend, spitz (wenigstens einzelne so) **39**

37 Sp (annähernd) kugelig. Frk scheibenfö, 0,1–0,6 cm ***Ramsbottomia***

37* Sp ellipsoid **38**

38 Auf Brandstellen. Sp glatt ***Anthracobia***

38* Auf Erdboden, nicht auf Brandstellen. Sp ornamentiert ***Melastiza***

39 Haare entspringen aus tieferen Lagen des Excipulums ***Scutellinia***

39* Haare entspringen aus oberflächennahen Zellen des Excipulums **40**

40 Frk oben (Hymenium) rot mit bläul Mischton. Im oder am Wasser auf durchfeuchteten Stellen ***Parascutellinia***

40* Frk oben (Hymenium) gelbl, orange oder rot. Nicht nahe an Wasserstellen **41**

41 Auf Kalkgesteinsböden oder Brandstellen. Frk sitzend, habkugelig oder flach schüsselfö, oberseits gelbl, außen gleichfarben oder bräunl. Mit Büscheln aus dünnwandigen, blass-bräunl Haaren ***Tricharina***

41* Auf Dung, Erde oder Pflanzenresten **42**

42 Haare gegen Basis gabelteilig oder sternfö verzweigt. As-Sp ohne Tröpfchen ***Cheilymenia***

42* Haare nicht gabelteilig. Sp mit zwei Tröpfchen ***Spooneromyces***

43 Frk oberseits (Hymenium) rosa. Sp spindelig, 33–46 × 10–16,5 µm ***Rhodoscypha***

43* Frk oberseits (Hymenium) gelbl, orange oder rot. Sp ellipsoid **44**
44 Haare schlank und regulären Hyphen ähnelnd, stumpf oder spitz **45**
44* Haare dickwandig, durchweg spitz **46**
45 Frk schüsselfö, oberseits (Hymenium) orange oder rötl. Außen mit schmalen, zugespitzten, weißl Haaren. Mit Laubmoosen (*Polytrichum, Funaria*) vergesellschaftet. Auf Sandböden oder an Brandstellen ***Neottiella***
45* Frk erst halbkugelig, dann scheibenfö, oberseits (Hymenium) blass orange oder schmutzig gelbl. Außen mit kurzen, stumpfen, weißl Haaren. Auf nacktem Boden, nicht mit *Polytrichum* oder *Funaria* vergesellschaftet ***Tarzetta***
46 Haare nicht septiert. Auf Dung ***Lasiobolus***
46* Haare septiert. Auf Dung, Erde oder Pflanzenresten ***Cheilymenia***
– – – – ***Fruchtkörper oberseits (Hymenium) weißlich, grau, ockerlich oder bräunlich (47–58)***
47 Haare bräunl **48**
47* Haare weißl **58**
48 Haare aus tieferen Lagen des Excipulums entspringend ***Scutellinia***
48* Haare aus oberflächennahen Zellen des Excipulums gebildet **49**
49 Frk zunächst in der Erde (hypogäisch), kugelfö und geschlossen, dann in Zipfel aufreißend, scheibenfö dem Boden anliegend, außen mit gekurvten, bräunl Haaren ***Geopora***
49* Frk von Beginn an oberirdisch (epigäisch) gebildet **50**
50 Haare abstehend, zugespitzt oder stumpf **51**
50* Haare anliegend. **56**
51 Sp kugelig. Frk kreiselfö oder scheibenfö, 0,2–0,6 cm. Haare kurz, braun, spitz. Brandstellen, Erdboden (Ton) ***Sphaerosporella***
51* Sp allenfalls annähernd kugelig, ellipsoid oder spindelfö **52**
52 Sp innen mit Tröpfchen. **53**
52* Sp innen ohne Tröpfchen **54**
53 Frk tief becherfö, seltener auch scheibenfö, 0,5–3 cm. Sp ellipsoid, ornamentiert. Auf schweren Böden ***Humaria***
53* Frk scheibenfö, seltener flach becherfö, 0,2–1,2 cm. Sp annähernd kugelig, ellipsoid oder spindelfö, glatt oder ornamentiert ***Trichophaea***
54 Haare lang, steif, einige davon gabelteilig mit einem, nach unten gerichtetem Ast ***Trichophaeopsis***
54* Haare einfach **55**
55 Haare nur am Rand des Frk. Sp weitgehend den Ascus ausfüllend ***Tricharina***
55* Haare am Frk-Rand und außerdem über die ganze Außenseite des Frk verteilt, Sp nur in der oberen Hälfte des Ascus ***Wilcoxina***
56 Sp innen ohne Tröpfchen, glatt oder seltener schwach ornamentiert. Oberseits (Hymenium) weißl, gelbl-grau, blass ockerfarben bis dunkler braun ***Pseudoombrophila***
56* Sp innen mit Tröpfchen, ornamentiert oder glatt **57**

57 Frk außen wollhaarig, mit wellig verbogenen Haaren. Sp ornamentiert. Meist zusammen mit orangefarbenem Pilz: *Byssonectria terrestris* ***Nannfeldtiella***
57* Frk außen mit kurzen, geraden, angedrückten Haaren. Sp glatt. Auf Brandstellen ***Anthracobia***
58 Frk gänzl weiß, 0,2–1 cm. Haare weiß, mehrfach septiert. Sp spindelfö, ornamentiert ***Leucoscypha***
58* Merkm anders **59**
– – – ***Fruchtkörper außen kahl oder kleiig (59–88)***
59 Frk oberseits (Hymenium) gelbl, orange, rosa oder rot **60**
59* Frk oberseits (Hymenium) weißl, grau, ockerl, braun oder purpurl **78**
– – – – ***Fruchtkörper oberseits (Hymenium) gelblich, orange, rosa oder rot (60–75)***
60 Frk membranös oder kissenfö bis scheibenfö, Rand abgesetzt oder nicht abgesetzt **61**
60* Frk scheibenfö, becherfö oder ohrartig **69**
61 Auf Brandstellen. Frk in dichten Herden auf weißl Mycel, kreiselfö bis kissenfö, 1–2 mm, oberseits (Hymenium) rosa oder rötl ***Pyronema***
61* Nicht auf Brandstellen: auf Erde, Kalkgestein, Dung, Pflanzenreste, Holz **62**
62 Auf Erde oder Kalkgestein **63**
62* Auf Dung, Pflanzenresten, Holz **64**
63 Frk 0,2–1 cm. Sp kugelig oder ellipsoid, mit einigen Tröpfchen. Paraphysen oben gekrümmt ***Pulvinula***
63* Frk kleiner, 0,1–0,2 cm. Sp ellipsoid, mit vielen Tröpfchen. Paraphysen gerade ***Kotlabaea***
64 Auf Dung **65**
64* Auf Pflanzenresten oder Holz **67**
65 Sp feinst gestreift (Ölimmersion!). Paraphysen breit, nach oben bis zu 12–15 µm breit. Apothecien 0,2–1 cm, oberseits orange, außen gelbl-weiß, kleiig ***Coprobia***
65* Sp glatt. Paraphysen schlank, gerade oder oben gekrümmt **66**
66 Sp mit de-Bary-Blasen (d. h. innen jeweils mit einer großen Blase) ***Coprotus***
66* Sp ohne de-Bary-Blasen ***Thelebolus***
67 Auf Pflanzenresten und Blättern, an nährstoffreichen Plätzen, in Herden auf weißer Mycelmatte (Subiculum), 0,5–3 mm, orange, außen kahl. Sp spindelfö, glatt, mit zwei Tröpfchen ***Byssonectria***
67* Auf Erde oder Holz **68**
68 Frk kissenfö, gelbl, orange, ockerl. Sp warzig ***Miladina***
68* Frk dünn, membranös, bräunl-rot, gegen den Rand blasser, dieser jung orange oder grünl-gelb. Sp glatt ***Karstenella***
69 Frk auf einer Seite gespalten bis hasenohrartig, mit oder ohne S ***Otidea***
69* Frk scheibenfö oder schüsselfö **70**
70 Frk mit wurzelndem S, dieser 1–5 cm ***Sowerbiella***
70* Frk sitzend **71**
71 Sp (annähernd) kugelig **72**
71* Sp ellipsoid oder spindelig **73**

72 Frk schüsselfö, 0,5–4 cm, oberseits (Hymenium) orange, außen olivl-orange, bei Berührung grünl oder bläul anlaufend. Sp glatt ***Caloscypha***
72* Frk scheibenfö, 1–2 mm. Sp ornamentiert ***Lamprospora***
73 Frk rosa, becherfö, 0,5–1,2 cm. Auf Brandstellen ***Rhodotarzetta***
73* Frk gelbl, orange oder rötl. Auf Erde oder zw Moosen **74**
74 Paraphysen gegen ihr oberes Ende spiralig verbogen ***Boubovia***
74* Paraphysen oben gerade oder wenig verbogen............................ **75**
75 Frk 0,1–1 cm. Sp glatt oder ornamentiert. Oft zw Moosen ***Octospora***
75* Frk 1–12 cm. Sp regelmäßig netzig oder mit deutl Stegen, innen mit zwei Tröpfchen. Auf nacktem Boden ***Aleuria***

–––– ***Fruchtkörper oberseits (Hymenium) weißl, grau, ockerl, braun oder purpurfarben (76–88)***

76 Frk kugelig, kreiselfö, kissenfö oder scheibenfö **77**
76* Frk becherfö oder ohrfö **86**

––––– ***Fruchtkörper kugelig bis scheibenförmig, nicht becherförmig bis ohrförmig (77–85)***

77 Auf Dung... **78**
77* Auf Erde oder Holz... **81**
78 Sp mit brauner Ornamentierung, (annähernd) kugelig, ellipsoid. Frk weißl, bis 0,18 mm breit. ***Ascodesmis***
78* Sp glatt, hyalin, ellipsoid bis spindelfö.................................. **79**
79 Frk kreiselfö, 0,1–1 mm, weiß, außen kleiig ***Ascozonus***
79* Frk kugelig bis kissenfö, weiß, gelb oder braun........................... **80**
80 Sp innen mit großer Blase (de-Bary-Blase). Frk kissenfö bis scheibenfö, auf dem Substrat sitzend ***Coprotus***
80* Sp innen ohne große Blase (de-Bary-Blase). Frk kugelfö im Substrat eingesenkt oder scheibenfö auf dem Substrat. ***Thelebolus***
81 Auf Erde **82**
81* Auf Holz **85**
82 Frk weiß oder weißl **83**
82* Frk purpurl oder violett... **84**
83 Sp kugelig, glatt. Frk 0,5–2 mm ***Pulvinula***
83* Sp ellipsoid, dickwandig, mit halbkugeligen Warzen. Frk 0,3–0,6 mm ***Chalazion***
84 Sp kugelig, glatt oder mit Warzen, Stegen. Frk 3–6 mm ***Marcelleina***
84* Sp ellipsoid bis spindelfö, grob-warzig ***Smardaea***
85 Frk kissenfö, 0,5–1 cm. Sp warzig, mit vielen Tröpfchen. Auf nassem Holz ***Miladina***
85* Frk dünn, membranös, 0,3–1,2 cm. Sp glatt, ohne Tröpfchen ***Karstenella***

––––– ***Fruchtkörper becherförmig bis ohrförmig (86–88)***

86 Auf Brandstellen, Frk 0,5–1,2 cm, mit kurzem S ***Geopyxis***
86* Auf Erdboden **87**
87 Frk exzentrisch und gespalten auf einer Seite, ± ohrfö ***Otidea***
87* Frk becherfö **88**

88 Frk gestielt, weißl bis cremefarben, 0,5–1,5 cm. Sp mit einem großen Tröpfchen ***Arpinia***

88* Frk sitzend oder gestielt, oberseits (Hymenium) gelbl-grau, grau oder blass ockerl. Sp mit zwei großen Tröpfchen ***Tarzetta***

– Asci mehr als 8 Sporen enthaltend (89–90)

89 Frk gänzl weiß, kreiselfö, winzig, 0,1–0,2 mm, außen mit dünnwandigen, septierten, haarartigen Elementen. Asci mit 8–64 Sp, diese 11,5–13 × 3,5–6 µm. Dung von Pflanzenfressern ***Ascozonus***

89* Frk nicht gänzl weiß, allenfalls weißl bis gelbl. **90**

90 Frk weißl bis blass gelbl-braun, annähernd kugelig, im Substrat (Dung) eingesenkt, 0,2–0,5 mm, außen mit hyalinen, steifen, zugespitzten Haaren. Asci mit 1500–7000 Sp, diese annähernd kugelig, 9–11 × 7–9 µm ***Trichobolus***

90* Frk gelbl bis bräunl, annähernd kugelig, bis zu 1 mm groß, außen kahl oder kleiig. Asci mit 32–2500 Sp, diese ellipsoid, 6–10 × 3–5 µm ***Thelebolus***

Schlüssel XIV: Ascomycota: Inoperculate Discomycetes

Literatur: DENNIS, R.W.G. (1978, 1981). – HANSEN, L., KNUDSEN, H. (2000). – MOSER, M. (1963). – **Hinweis**: Frk wird hier im Sinne von Apothecium (-ien); Sp im Sinne von Ascosporen verwendet.

1 Frk keulenfö. Asci nach KOH-Behandlung mit amyloiden Wänden. Paraphysen fehlend. Sp nierenfö Phialokonidien bildend (Neolectales) ***Neolecta***

1* Frk keulenfö oder anders geformt. Asci mit inamyloiden Wänden. Paraphysen vorhanden **2**

2 Asci öffnen sich mit Schlitz (Thelebolaceae) **3**

2* Asci sich nicht mit Schlitz öffnend, vielmehr oft mit einer inneren porenähnl Struktur (Leotiales) **7**

Asci sich mit Schlitz öffnend (3–6)

3 Asci mit 32–7000 Sp. **4**

3* Asi mit 8–64 Sp. **5**

4 Frk (Apothecien) kahl ***Thelebolus***

4* Frk (Apothecien) mit steifen, zugespitzten Haaren ***Trichobolus***

5 Sp 11,5–13 × 3,5–6 µm ***Ascozonus***

5* Sp 7–10 × 3–4,5 µm **6**

6 Frk (Apothecien) ca. 0,1 mm, ohne Excipulum ***Pseudoascozonus***

6* Frk (Apothecien) ca. 0,5–1 mm, mit Excipulum ***Thelebolus*** pr.p.

Asci sich nicht mit Schlitz öffnend (7–112)

7 Frk (Apothecien) sehr dünn, weißl. Auf Kiefernborke, oft innerhalb der Borkenschuppen (Ascocorticiaceae) **8**

7* Frk (Apothecien) dicker und von bestimmter Gestalt (z. B. schüsselfö) (Leotiaceae) **9**

8 Sp ellipsoid, nicht septiert, Asci zylindrisch, 8-sporig ***Ascocorticium***

8* Sp wurmfö, septiert. Asci breit keulenfö, 16-sporig ***Ascocorticiellum***

9 Sp hyalin, fadenfö, sehr lang, in zahlreiche Teil-Sp zerbrechend, × 1–2,5 µm (Vibrisseaceae) ***Vibrissea***

9* Sp hyalin oder pigmentiert, falls sehr lang, dann nicht in Teil-Sp zerbrechend, oder breiter **10**

10 Frk aus einem Stroma oder Sklerotium, auch aus stromatisiertem Wirtsgewebe gebildet (Sclerotiniaceae) **11**

10* Frk nicht aus einem Stroma, stromatisiertem Gewebe oder aus einem Sklerotium gebildet **19**

– – ***Apothecien aus einem Stroma oder aus einem Sklerotium gebildet (11–18)***

11 Apothecien becherfö, aus einem deutl Sklerotium oder Stroma entstehend, dieses mit deutl differenzierter Rinde. Sp einzellig (Sclerotiniaceae) **12**

11* Apothecien becherfö oder glockenfö. Frk aus einem unscharf begrenztem braunen bis schwarzen, krustenartigem Stroma oder stromatisiertem Wirtsgewebe (mit oder ohne Rinde) gebildet (Rutstroemiaceae) **16**

12 Sklerotium knollenfö oder kugelig, in der Erde zwischen dem Wurzelwerk des Wirtes gebildet **13**

12* Sklerotium zylindrisch, von der Form eines Brotlaibs, knollenfö, pyramidenfö oder scheibenfö, auf Sprossachsen, Blättern oder Wurzeln von krautartigen Pflanzen, seltener im Inneren von Halmen oder Sprossachsen **14**

13 Äußeres Excipulum mit einer Schicht aus prismatischen, länglichen Zellen, die in gelatinöser Masse eingebettet sind ***Dumontinia***

13* Äußeres Excipulum mit einer Schicht aus eckigen oder kugeligen Zellen, die nicht in einer gelatinösen Masse eingebettet sind ***Sclerotinia***

14 Sklerotien innerhalb von Sprossachsen von Binsen und Sauergräsern (Juncaceae; Cyperaceae). Sklerotien zylindrtisch oder knollenfö ***Myriosclerotinia***

14* Sklerotien auf Blättern, Sprossen oder Wurzeln anderer Pflanzen **15**

15 Sklerotien scheibenfö, auf welkenden Blütenblättern (Petalen) von *Rhododendron* ***Ovulinia***

15* Sklerotien pyramidenfö, scheibenfö oder flach auf Sprossachsen, Blättern oder Rhizomen ***Botryotinia***

16 Sp reif bräunl, 14,5–21 µm lang ***Lambertella***

16* Sp hyalin **17**

17 Frk lang gestielt und mit ± glockenfö oder becherfö oberen Teil (Apothecium). Sp weniger als 10 (10,5) µm lang ***Scleromitrula***

17* Frk ± becherfö, ungestielt oder gestielt. Sp länger als 10 µm. **18**

18 Äußeres Excipulum mit gelatinöser Schicht, darin eingebettet gestreckte Hyphen ***Rutstroemia***

18* Äußeres Excipulum aus prismatischen oder sechseckigen Zellen, nicht gelatinös ***Lanzia***

– – ***Apothecien nicht aus Stroma oder aus Sklerotium gebildet (19–112)***

19 Frk außen mit weißen oder pigmentierten Haaren, scheibenfö oder becherfö, annähernd sitzend oder gestielt, auf Blättern, Sprossen oder Holz (Hyaloscyphaceae) **20**

19* Frk mit anderen Merkmalen **49**

– – – ***Fruchtkörper außen mit pigmentfreien (weißen) Haaren (20–48)***

20 Frk auf einem spinnwebartigen Subiculum. **21**

20* Frk nicht auf derartigem Subiculum **23**

21 Sp reif septiert. Frk außen weiß, gelb oder orange ***Arachnopeziza***

21* Sp nicht septiert. **22**

22 Subiculum gut ausgeprägt ***Eriopeziza***

22* Subiculum schwach ausgeprägt ***Proliferodiscus***

23 Haare wenigstens teilweise rau oder dicht körnig, länger als 100 µm **24**

23* Haare glatt oder mit verstreuten Körnchen, weniger als 100 µm lang **37**

– – – – ***Haare rau oder dicht körnig, länger als 100 µm (24–36)***

24 Haare scharf zugespitzt. **25**

24* Haare nicht scharf zugespitzt, zylindrisch oder nach oben sich etwas verjüngend . **26**

25 Haare mit vielen Quersepten ***Albotricha***

25* Haare unseptiert oder allenfalls mit 2 Septen ***Incrupila***

26 Haare wenigstens streckenweise/teilweise rau **27**

26* Haare glatt oder mit oberflächlich ansitzenden Körnchen **31**

27 Die oberen 1–3 Zellen der Haare außen glatt ***Dasyscyphella***

27* Haare oben körnig. **28**

28 Haare in ihrem unteren Teil glatt, ± keulig, bis zu 50 µm lang ***Cistella***

28* Haare gänzl (oben und unten) rau, zylindrisch, häufig länger als 50 µm **29**

29 Frk ausdauernd, feucht wieder ursprüngl Gestalt annehmend. Paraphysen überwiegend zylindrisch. Auf NaH ***Lachnellula***

29* Frk kurzlebig (ephemer). Paraphysen zylindrisch oder lanzettl. Auf unterschiedl Substraten **30**

30 Haare braun. Paraphysen zylindrisch ***Fuscolachnum***

30* Haare hyalin oder falls braun, dann Paraphysen entschieden lanzettl ***Lachnum***

31 Frk außen schwärzl mit grauen Haaren ***Proliferodiscus***

31* Frk außen bräunl, mit bräunl oder weißen Haaren **32**

32 Ascus oben an seiner Porenstruktur nicht amyloid ***Perrotia***

32* Ascus oben an seiner Porenstruktur amyloid **33**

33 An krautigen Sprossachsen. **34**

33* Auf Holz **35**

34 Haare hyalin, gelbl oder ockerl ***Trichopeziza***

34* Haare braun ***Lasiobelonium***

35 Haare dicht inkrustiert von amorphen Körnchen ***Neodasyscypha***

35* Haare glatt oder mit zerstreuten Körnchen **36**

36 Haare dünnwandig ***Arachnopeziza***

36* Haare mit verdickten Zellwänden ***Lasiobelonium***

– – – – ***Haare glatt oder mit verstreuten Körnchen, weniger als 100 µm (37–112)***

37 Paraphysen reichl verzweigt ***Polydesmia***

37* Paraphysen unverzweigt oder spärl verzweigt **38**

38 Haare mit dicken, glasig wirkenden Zellwänden. Lumina der Zellen eng oder fehlend **39**

38* Haare mit dünnen oder leicht verdickten Zellwänden **42**

39 Paraphysen mit gebogenen Spitzen ***Unguiculella***

39* Paraphysen ohne gebogene Spitzen **40**

40 Paraphysen verlieren ihre glasige Wirkung in KOH (10 %) ***Urceolella***

40* Glasige Wirkung bleibt in KOH erhalten **41**

41 Haare in Melzers Reagenz purpurl ***Unguicularia***

41* Haare in Melzers Reagenz nicht purpurl ***Hyalopeziza***

42 Haare sichelfö oder spiralig gebogen, an der Spitze meist stumpf, nicht gabelig ***Hamatocanthoscypha***

42* Haare gerade oder mit abknickendem und zugleich scharfspitzigem Ende oder einige Haare gabelteilig **43**

43 Haare zylindrisch **44**

43* Haare nach oben sich verjüngend oder mit schmalem apikalen Teil **45**

44 Frk weiß oder gelb ***Psilachnum***

44* Frk wenigstens gegen die Basis zu braun ***Microscypha***

45 Frk dunkelfarbig ***Dematioscypha***

45* Frk mit blassen oder hellen Farben **46**

46 Auf Holz, Zapfen oder alten Porlingsfruchtkörpern **Hyaloscypha**

46* Auf Blättern, Farnwedeln, krautigen Sprossachsen **47**

47 Haare gegen das Ende zu stark gebogen oder unregelmäßig verbogen erscheinend ***Phialina***

47* Haare konisch mit zuspitzendem oberen Ende **48**

48 Paraphysen lanzettlich, die Asci weit überragend. Auf Farnen ***Albotricha***

– – – ***Fruchtkörper außen nicht mit pigmentfreien (weißen) Haaren (48–112)***

48* Paraphysen fadenfö, die Asci nicht überragend. Auf unterschiedlichen Substraten ***Hyaloscypha***

49 Frk deutl gestielt **50**

49* Frk sitzend oder nur annähernd gestielt **110**

50 Frk mit vom S freiem Rand, Apothecien convex und gelappt, keulig oder (halb-)kugelig, auch scheibenfö oder becherfö **51**

50* Frk mit in den S übergehenden Rand, keulig, spatelfö, kopfig.......... **101**

– – – – ***Stiel nicht beteiligt an der Bildung des Fruchtkörperrandes (51–100)***

51 Auf Moosen oder auf Sauergräsern (Cyperaceae) in Torfmooren (zwischen *Sphagnum*) **52**

51* Auf anderen Substraten.......... **56**

– – – – – ***Auf Moosen oder zwischen Torfmoos (52–55)***

52 Zw *Sphagnum* auf Stängeln von Sauergräsern. Frk 0,4–2 cm, purpurl **Ascocoryne** (*turficola*)

52* Auf div. Moosen (auch *Sphagnum*) **53**

53 Auf *Sphagnum*. Sp 14–17 × 3–4 µm, ± ellipsoid, nicht septiert **Hymenoscyphus** pr. p.

53* Auf anderen Moosen, Sp weniger lang, oder breiter × 6–10 µm **54**

54 Frk (Apothecien) nicht schüsselfö, nicht scheibenfö, vielmehr zylindrisch, eifö, glockenfö, gestielt. Sp 9–13 × 2,5–3,5 µm **Bryoglossum**

54* Frk (Apothecien) schüsselfö oder scheibenfö, gestielt oder sitzend **55**

55 Frk (Apothecien) dunkel blau-grün. Sp 16–20 × 8–10 µm **Mniaecia**

55* Frk (Apothecien) braun oder bräunl. Sp 12–15,5–24 × 6–10 µm, reif oft septiert **Bryoscyphus**

56 Frk auf dem Erdboden gebildet (terricol) **57**

56* Frk nicht auf Erde **60**

– – – – – ***Auf Erde (57–59)***

57 Frk undeutl gestielt **Discinella**

57* Frk deutl gestielt **58**

58 Frk oben (Kopfteil) kugelfö bis halbkugelfö. Sp unseptiert oder mit 1 Septum **Sarcoleotia**

58* Frk oben (Kopfteil) konvex, gefaltet oder lappig, mit herabgeschlagenem R. Sp 5- bis mehrfach septiert **59**

59 Frk gelatinös **Leotia**

59* Frk nicht gelatinös **Cudonia**

60 Sp fadenfö, länger als 30 µm **61**

60* Sp nicht fadenfö und meist kürzer **65**

– – – – – ***Auf Holz und Stängeln, Sporen fadenförmig, lang (61–64)***

61 Apothecien zunächst geschlossen, sich bei Reife öffnend **62**

61* Apothecien anders **63**

62 Asci mit amyloidem Porus. Apothecien öffnen sich ebenmäßig **Godronia**

62* Asci nicht amyloid. Apothecien öffnen sich mit welligen Rändern **Discocainia**

63 Apothecien-Scheiben schwarz. Auf Linde (*Tilia*) **Holwaya**

63* Apothecien oberseits blass oder grünl. Im Wasser oder auf NaH **64**

64 Auf Holz im Wasser **Vibrissea**

64* Auf NaH in trockeneren Habitaten **Gorgoniceps**

– – – – – ***Auf Holz und Stängeln, Sporen nicht fadenförmig, nicht extrem lang (65–100)***

65 Frk gestielt mit vom S abgesetztem kugelfö, zylindrischem oder glockenfö Kopfteil (Apothecium) **66**

65* Frk sitzend oder gestielt, dann aber oben anders gestaltet **67**

66 Auf Pflanzenresten, jedoch nicht auf Nadeln **Capillipes**

66* Auf Koniferen-Nadeln **Heyderia**

67 Frk (meist) büschelig, 0,5–3 cm breit, weich, gelatinös, purpurl, blass violettl, braun oder schwarz **68**
67* Frk einzeln bis büschelig, meist kleiner. Falls weich und gelatinös, dann mit anderen Farben **71**
68 Frk purpurl oder blass violettl **69**
68* Frk mit bräunl Tönen: purpurl-braun, dunkelbraun, oder Frk auch schwarz **70**
69 Frk purpurl, scheibenfö oder kreiselfö ***Ascocoryne***
69* Frk blass violettl, becherfö, Apothecium 0,15–2,5 cm breit (falls Apothecien bis 0,5 cm breit: ***Ombrophila***) ***Neobulgaria***
70 Frk dunkelbraun bis schwarz. Asci mit 4 braunen und 4 hyalinen Sp ***Bulgaria***
70* Frk purpurl-braun. Sp hyalin ***Ascotremella***
71 Frk gestielt, mit grünl Tönen oder Mischfarben, auch grünl-schwarz, 2–15 mm breit **72**
71* Frk sitzend oder falls gestielt, dann ohne grünl Töne, weniger als 2 mm breit **75**
72 Frk grünl und zugleich gelatinös, 0,2–1,5 mm, sitzend ***Claussenomyces***
72* Frk nicht grünl oder falls so, dann nicht gelatinös, 2–15 mm breit, sitzend oder gestielt **73**
73 Frk oberseits gelbl-grün oder bläul-grün ***Chlorociboria***
73* Frk oberseits oliv oder grünl-schwarz. **74**
74 Frk oberseits oliv. Auf Holz ***Chlorencoelia***
74* Frk oberseits grünl-schwarz. Auf Fichtenzapfen ***Piceomphale***
75 Sp reif braun, oder hyalin und dann kleine Sekundärsp bildend. **76**
75* Sp hyalin, keine Sekundärsp bildend **81**
76 Sp braun **77**
76* Sp hyalin und Sekundärsp bildend **79**
77 Sp rau, gelatinös ummantelt ***Cricicreas*** (*melanosporum*)
77 Sp glatt, nicht gelatinös ummantelt. **78**
78 Frk scheibenfö ***Bulgariella***
78* Frk schüsselfö ***Velutarina***
79 Sp (Primär-Sp) kleiner als 10 µm lang ***Tympanis***
79* Sp (Primär-Sp) größer als 10 µm **80**
80 Sp (Primär-Sp) schließl mehrfach septiert ***Tympanis*** (*confusa*)
80* Sp (Primär-Sp) schließl 2–3-fach septiert ***Gremmeniella***
81 Auf Früchten von Gräsern und Sauergräsern. Apothecien gestielt, braun ***Gleotinia***
81* Auf anderen Substraten. **82**
82 Frk aus dem Substrat hervorbrechend oder auf einem Stroma sitzend, äußerl dunkel, lederig, oft jung geschlossen, bei Reife sich öffnend **83**
82* Frk auf der Oberfläche vom Substrat gebildet, nicht auf einem Stroma sitzend, blass oder dunkel, auch jung nicht geschlossen. **91**
83 An krautigen Stängeln. **84**
83* Auf Holz, Blättern, Nadeln oder Früchten **85**
84 Frk öffnen sich mit Schlitz. Auf Mädesüß (*Filipendula*) ***Holmiodiscus***

84* Frk öffnen sich mit einem Porus. Vorzugsweise auf Umbelliferen (*Apiaceae*) ***Heterosphaeria***
85 Sp nicht septiert. **86**
85* Sp mit 1 bis 7 Septen. **88**
86 Auf toten Nadeln, Zweigen und Ästen von Koniferen. Frk 1–3 mm breit ***Cenangium***
86* Auf LaH. Frk oft größer **87**
87 Mit lösl mit KOH rötl-braun verfärbenden Pigment ***Ionomidotis***
87* Pigment nicht lösl und nicht rötl-braun verfärbend in KOH ***Encoelia***
88 Auf Blättern und Zweigen von Sumpfporst (*Ledum*) ***Encoeliopsis***
88* Auf anderen Substraten. **89**
89 Sp 15–20 × 3–4 µm. Auf toten Zweigen von Heidekraut (*Calluna*) ***Erikssonopsis***
89* Sp länger als 20 µm. **91**
90 Sp × 6–8 µm ***Dencoeliopsis***
90* Sp × 1–5 µm ***Godronia***
91 Frk sitzend, wurstfö, schwärzl oder rot. **92**
91* Frk sitzend oder gestielt, nicht wurstfö, mit blasseren Farben **93**
92 Frk auf einem roten Subiculum gebildet ***Patinellaria***
92* Frk direkt dem Holzsubstrat aufsitzend ***Durella***
93 Frk konvex ***Cudoniella***
93* Frk konkav oder plan **94**
94 Hyphen des Excipulums dickwandig oder in gelatinöser Masse eingebettet **95**
94* Hyphen des Excipulums dünnwandig, nicht gelatinisierend **97**
95 Frk gelbbräunl (tarnfarben) bis braun, falls weißl, dann deutl gestielt ***Crocicreas***
95* Frk ± gelbl, falls weiß oder weißl, dann (fast) sitzend **96**
96 Auf Holz oder auf anderen Pilz-Frk ***Bisporella***
96* Auf Krautstängeln, auch auf Farnen ***Allophylaria***
97 Frk abgesetzt hyalin berandet. Auf Schachtelhalm (*Equisetum*). ***Stamnaria***
97* Frk-Rand anders. Nicht auf *Equisetum* **98**
98 Auf Blättern, Nadeln, Kraut-Stängeln. **99**
98* Auf anderen Substraten. **100**
99 Excipulum weichhaarig durch haarfö Hyphen. Frk (fast) sitzend, bis 1 mm breit ***Calycellina***
99* Excipulum nicht weichhaarig, Frk entweder gestielt oder größer ***Hymenoscyphus***
100 Excipulum aus breiten, dünnwandigen Hyphen zusammengesetzt. Auf Holz ***Phaeohelotium***
100* Excipulum aus dünnwandigen Hyphen. Auf unterschiedl Substraten ***Hymenoscyphus***

– – – – ***Stiel an der Bildung des Fruchtkörperrandes beteiligt (101–112)***

101 Paraphysen vorhanden **102**
101* Paraphysen fehlend. S weißl bis gelbl. Frk oberseits (Hymenium) gelb ***Neolecta***
102 Frk keulig, schwarz oder braun. **103**
102* Frk keulig oder zusammengedrückt, gelb, ockerfarben oder grün **106**

103 Sp auch reif hyalin **104**
103* Sp reif braun **105**
104 Sp schwarz oder dunkel purpurl ***Geoglossum***
104* Sp blass braun oder rötl braun ***Microglossum***
105 Seten fehlend ***Geoglossum***
105* Braune Seten vorhanden. Frk unter der Lupe haarig ***Trichoglossum***
106 Frk ± grün ***Microglossum***
106* Frk gelb oder ockerfarben **107**
107 Sp fadenfö, reif septiert **108**
107* Sp spindelfö **109**
108 Frk spatelfö, oben (Hymenialbereich) zusammengedrückt ***Spathularia***
108* Frk mit oberem kopfigem Teil ***Cudonia***
109 S weiß und ± hyalin, oft mehr als 1 mm dick. Frk oben (Hymenium) leuchtend gelb bis orangegelb. Im Wasser oder an sehr feuchten Plätzen ***Mitrula***
109* S blass aber nicht hyalin, oft weniger als 1 mm dick. Frk oben (Hymenium) blass gelb bis blass orangegelb. Zwischen Moosen ***Bryoglossum***
110 Frk-Fleisch weich, aus eckigen oder nahezu kugeligen Zellen zusammengesetzt. Frk-Rand eben oder zackig-gerissen **111**
110* Frk-Fleisch zäh, lederig oder gelatinös. Frk-Rand allenfalls nur etwas gezähnelt . . **112**
111 Auf LaH. Frk scheibenfö, oberseits (Hymenium) grau oder gelbl-grau. Frk-Rand weißl, eben. Frk außen bräunl ***Mollisia***
111* Auf Erde oder auf Pflanzenresten. Frk kreiselfö oder becherfö, oberseits (Hymenium) hell gelb, außen dunkelbraun bis schwarz. Frk-Rand gezähnelt ***Podophacidium***
112 Frk scheibenfö, sitzend, wachsartig, 12 mm, frisch hellfarbig, hyalin. Paraphysen den Asci anliegend, oben kopfig ***Orbilia***
112* Frk von anderer, variabler Gestalt, sitzend oder auch gestielt, klein oder auch größer, selten hyalin. Paraphysen nicht den Asci anliegend (Leotiaceae). . . . . .siehe Schlüsselpunkt **51** ff.

Schlüssel XV: Perithecien bildende Schlauchpilze (Ascomycota)

Literatur: DENNIS, R.W.G. (1978, 1981). – HANSEN, L., KNUDSEN, H. (2000). – MOSER, M. (1963)

1 Frk (Stromata, Sklerotien) mit auffälligen Merkm: auf Holz: rote Pusteln, auf abgestorbenen Ästen, große schwarze keulenfö, geweihfö Strukturen oder kugelfö, scheibenfö bis flächige Überzüge, oder auf Süßgräsern mit Sklerotien oder Manschetten **2**
1* Frk (Stromata) mit anderen, oder eher unauffälligen Merkm. Im Zweifelsfall hier weiter **10**

Mit auffälligen Stromata bzw. Sklerotien in häufig vertretenen Gattungen (2–9)

2 Stromata rot (rosarot, lachsrot etc.), an der Oberfläche zunächst pulverig-straubig (Nebenfruchtform). An dürren Ästen ***Nectria***
2* Stromata mit anderen Merkm **3**

3 Stromata aufrecht, keulen-, korallen-, geweihfö, pfiemenfö, schwarz, im oberen Teil bisw weißl bis grau puderig (durch Konidien der Nebenfruchtform), bei größeren Exemplaren innen weiß. Asco-Sp schwarz (vgl. auch **19**: *Podostroma*) ***Xylaria***

3* Merkm anders **4**

4 Auffällige Strukturen (Stromata, Sklerotien) an Süßgräsern erscheinend **5**

4* Ohne derartige Strukturen **6**

5 Walzenfö, etwas gekrümmte, 0,5–2 cm lange, schwarze Sklerotien im Blütenstand von Gräsern bildend ***Claviceps***

5* Stromata lebende Grashalme (oben) ummantelnd, zunächst weiß, dann gelb ***Epichloe***

6 Stroma knollenfö, 2–5 cm, zunächst dunkelbraun oder violett-braun, dann schwarz, innen gezont ***Daldinia***

6* Stroma innen nicht gezont **7**

7 Stroma flach ausgebreitet **8**

7* Stroma polsterfö bis kugelig **9**

8 Stroma auf LaH-Stümpfen (auch Wurzelholz; besonders von *Fagus*) krustenfö, jung grau-weiß, schließl schwarz, innen weißfleischig bleibend, Asc-Sp 26–40 × 7–12 µm ***Ustulina***

8* Stroma auf LaH-Ästen wie schwarzer Farbanstrich aussehend. Asc-Sp 6–10 × 1,5–2 µm ***Diatrype***

9 Stromata kissenfö, halbkugelig, aus der Rinde von Ästen hervorbrechend. Mit in KOH lösl Pigmenten ***Hypoxylon***

9* Nicht mit den unter 1–9 genannten Merkm; hierher auch seltenere Arten **10**

Stromata nicht besonders auffallend oder seltener vertretenen Gattungen angehörend (10–54)

10 Auf Holz oder in Streu von LaB oder von NaB **11**

10* Auf anderen Substraten **30**

– Auf Holz oder in Streu (11–29)

11 Perithecien einzeln, nicht in kohleartigen Stromata **12**

11* Perithecien in häufig kohleartig-hart werdende Stromata eingesenkt. **22**

– – Perithecien nicht in kohleartig-hart werdenden Stromata (12–21)

12 Perithecien auf Buchenästen (*Fagus*) dicht und in großer Menge, zunächst als kompakter Körper angelegt; darin bildet sich später ein Hohlraum, der die Asci enthält. Paraphysen fehlend ebenso wie eine Ausführungsöffnung (Ostiolum) an den Perithecien (weitere eher unscheinbare Gattungen sind hier nicht geschlüsselt) ***Bertia***

12* Hohlraum innerhalb der Perithecien von Beginn an entstehend. Perithecien innen mit Paraphysen und außen meist mit Ausführungsöffnung. Oft auf anderen Substraten als *Fagus* **13**

13 Asc-Sp mit einem oder mit mehreren Septen **14**

13* Asc-Sp ohne oder nur mit einem Septum **18**

14 Perithecien in dichten Gruppen auf *Berberis* und *Ribes* ***Nectria*** pr.p.

14* Perithecien auf anderen Substraten **15**

15 Perithecien blau-schwarz ***Giberella***

15* Perithecien in Schattierungen von gelb bis rot, nie blau-schwarz **16**

16 Perithecien mit hyalinen, dickwandigen Haaren. Auf Rinde nahe von Krustenflechten ***Trichonectria***

16* Perithecien ohne solche Haare **17**

17 Auf Rinde von NaH. Perithecien auffällig, rot ***Nectria*** pr. p.

17* Auf Laubstreu, seltener auf Holz. Asc-Sp 3- bis 5-fach septiert und 40–80 µm lang. Perithecien auf der Oberfläche des Substrats ***Calonectria***

18 Asc-Sp reif in Teil-Sp zerfallend **.19**

18* Asc-Sp nicht in Teil-Sp zerfallend **20**

19 Stromata blassgelb bis bräunl, groß, 12 × 2,5 cm, fleischig, keulig oder geweihfö, oben mit komplett eingesenkten Perithecien, Asc-Sp hyalin, warzig, Teil-Sp 3–3,5 × 2 µm. LaH-Stümpfe (z. B. *Fagus*) oder Streu von NaB ***Podostroma***

19* Stromata weder keulig noch geweihfö, vielmehr flach bis kissenfö, auch spinnwebartig. Asc-Sp grünl oder oliv, aber auch hyalin, glatt bis stachelig. ***Hypocrea***

20 Perithecien ± haarig. Stroma fehlend oder unauffällig. Asc-Sp unseptiert. Auf Blättern von *Buxus* ***Pseudonectria***

20* Perithecien glatt bis schorfig, selten haarig, oft auf Stromata. Asc-Sp 2-zellig **21**

21 Perithecien mit auffallend leuchtenden Farben ***Nectria*** pr. p.

21* Perithecien unscheinbar, hyalin bis orange ***Nectriella***

– – ***Perithecien in kohleartig-hart werdenden Stromata eingesenkt (22–54)***

22 Asci meist lang gestielt, in zwei Reihen (oder irregulär) geordnete, allantoide Sp enthaltend. Apikalapparat am Ascus unscheinbar, amyloid oder nicht amyloid ***Diatrype***

22* Asci nicht lang gestielt oder Asc-Sp von anderer Form **23**

23 Asc-Sp an den Enden unscheinbar 2-sporig erscheinend. Apikalapparat der Asci unscheinbar, nicht amyloid **Camarops**

23* Asc-Sp an den Enden nicht unscheinbar 2-sporig erscheinend, vielmehr 1-zellig, oder an den Enden mit Zwergzellen (primäre Anhängsel). Apikalapparat der Asci oft amyloid oder dextrinoid **24**

24 Stroma innen (Entostroma) mit auffälligen konzentrischen Zonen ***Daldinia***

24* Entostroma nicht auffällig gezont **25**

25 Stroma innen (Entostroma) im jungen Stadium weiß und fleischig, alt kollabierend und sehr brüchig ***Ustulina***

25* Stroma innen (Entostroma) im jungen Stadium blass braun oder schwarz, alt nicht kollabierend **26**

26 Entostroma blass, aus Pilzgeflecht und Wirtsgewebe bestehend. Perithecien am Grund des Stromas eingesenkt und mit langen Kanälen nach außen mündend ***Biscognauxia***

26* Entostroma dunkelbraun bis schwarz, nur aus Pilzgeflecht bestehend. Stroma unmittelbar unterhalb der Oberfläche bisw rot. Perithecien nahe der Oberfläche des Stromas eingesenkt, mit kurzen Ausführungsgängen **27**

27 Asc-Sp mit ellipsoider Keimspalte ***Euepixylon***

27* Asc-Sp mit kürzerer oder längerer längl Keimspalte **28**

28 Stromata innerhalb der Rinde des Substrats, 0,5–1 cm und 0,1–0,25 mm dick ***Entoleuca***

28* Stromata auf dem Holz aufsitzend, ausgebreitet oder fleckenweise **29**

29 Apikalapparat der Asci in Melzers Reagenz zylindrisch-hutfö. Stromata ohne in KOH extrahierbare Pigmente ***Nemania***

29* Apikalapparat der Asci in Melzers Reagenz breiter als hoch. Stromata mit in KOH extrahierbaren Pigmenten siehe ***Hypoxylon***

30 Frk (Stromata oder deren Nebenfruchtform) auf Insekten, Pilzen, Flechten, Moosen, Algen, Hufen, Hornteilen, Federn. **31**

30* Frk (Stromata) nicht auf den genannten Substraten; oder Stromata fehlend **41**

– Auf Hufen, Hornteilen, Federn, Insekten, Pilzen, Flechten, Moosen, Algen (31–40)

31 Auf Hufen, Hornteilen, Federn ***Onygena***

31* Nicht auf Hufen, Hornteilen, Federn. **32**

32 Auf Insekten oder auf Hirschtrüffeln. Stromata keulenfö, gestielt-kopfig, Zusammenhang mit dem Wirt oft nicht ohne weiteres sichtbar. ***Cordyceps***

32* Nicht auf Insekten oder Hirschtrüffeln **33**

33 Eine Schimmelbildung auf Röhrlingen und Blätterpilzen verursachend, bevor sich Perithecien bilden. Auf Röhrlingen und Röhrlingsverwandten zunächst weiß, dann goldgelb (Goldschimmel). Auf Milchlingen und Täublingen orange oder grünl ***Hypomyces***

33* Keine derartige Schimmelbildung verursachend **34**

34 Perithecien auf Flechten oder auf Algen (Tange) **35**

34* Nicht auf Flechten, vielmehr auf Schleimpilzen, Pilzen oder Moosen. **36**

35 Asc-Sp mit borstenartigen Fortsätzen (Cilien), mauerfö-vielzellig (muriform) oder nur mit Quersepten. Auf Flechten ***Paranectria***

35* Asc-Sp ohne Cilien. Perithecien eingesenkt in Thalli von Flechten und Algen. (vgl. auch *Trichonectria*) ***Pronectria***

36 Stromata mit fingerartigen Auswüchsen, parasitisch auf *Hymenochaete* ***Hypocreopsis***

36* Stromata anders und nicht auf *Hymenochaete* **37**

37 Perithecien auf Laubmoosen (*Hylocomium*), hyalin bis weißl [Falls auf dem Lebermoos *Radula* siehe *Pseudonectria*] ***Bryonectria***

37* Perithecien auf Pilzen, mit lebhafteren Farben **38**

38 Asc-Sp größer als 15 µm, dicht warzig ***Hypomyces***

38* Asc-Sp kleiner als 15 µm **39**

39 Asc-Sp in Teilsp zerfallend. Auf Porlingen (*Piptoporus*, *Fomitopsis*, *Tyromyces* s. l. etc.). Teil-Sp z. B. 3–5,5 × 2–3,5 µm ***Hypocrea*** pr. p.

39* Asc-Sp nicht in Teil-Sp zerfallend **40**

40 Auf Myxomyceten oder auf anderen Pilzen (aber nicht *Stereum*) ***Nectriopsis***

40* Auf *Stereum* ***Sphaerostilbella***

– Nicht auf Hufen, Horn, Federn, Insekten, Pilzen, Flechten, Moosen, Algen (41–54)

41 Stromata oder Perithecien auf Dung. Asc-Sp nicht septiert **42**

41* Stromata oder Perithecien nicht auf Dung, vielmehr auf dem Erdboden oder auf krautigen Pflanzen oder Pflanzenteilen **46**

– ***Auf Dung (42–45)***

42 Stromata vorhanden und auffällig. Asc-Sp braun, 12–26 × 6–13 µm **43**

42* Stromata fehlend oder reduziert. Asc-Sp 20–64 × 12–28 µm **45**

43 Stromata eine schwärzl-braune Kruste über der Oberfläche von (Hasen-)Dung bildend, nicht gestielt. Asc-Sp 15–19 × 9–10 µm ***Wawelia***

43* Stromata mit in den Dung hineinreichenden stielfö Teil. **44**

44 Oberseite des Stroma weiß oder blass. Asc-Sp 17–26 × 8,5–13 µm ***Poronia***

44* Oberseite des Stroma braun oder schwarz. Asc-Sp 12–24 × 6–12 µm ***Podosordaria***

45 Asc-Sp hyalin bis gelbl, spindelfö, 44–64 × 19–28 µm, 1-zellig ***Selinia***

45* Asc-Sp bräunl-schwarz, 20–26(–32) × 12–18 µm, 1- bis 2-zellig, mit gelatinösem Mantel ***Hypocopra***

– ***Auf dem Erdboden oder auf krautigen Pflanzen und Pflanzenteilen (46–54)***

46 Frk als Cleisthothecium ausgebildet, darin mit kugelfö Asci, die orangefarbene Asc-Sp enthalten ***Heleococcum***

46* Frk, Asci und Asc-Sp anders **47**

47 Apikalapparat der Asci meist amyloid oder dextrinoid. Sp grau, olivbraun bis fast schwarz, mit längl Keimspalte **48**

47* Asci mit nicht amyloidem Apikalapparat. Sp hyalin bis gelbl, ohne Keimvorrichtung **49**

48 Perithecien auf der Oberfläche von Krautstängeln. Oft auch auf einem Subiculum ***Rosellinia***

48* Perithecien in das Pflanzengewebe eingebettet oft unterhalb einer schildfö Struktur (Clypeus) ***Anthostomella***

49 Asc-Sp ± ornamentiert, meist 2-zellig **50**

49* As-Sp glatt, nicht septiert **54**

50 Asc-Sp mehrfach septiert **51**

50* Asc-Sp nicht septiert oder nur mit einem Querseptum **52**

51 Perithecien schwarz bis dunkelblau ***Giberella***

51* Perithecien gelb-rötl ▸

52 Asc-Sp reif in Teil-Sp zerfallend. **53**

52* Asc-Sp auch reif nicht zerfallend. Perithecien glatt oder schorfig, kaum haarig (falls Perithecien haarig, auf Blättern von *Buxus*: siehe *Pseudonectria*) ***Nectria***

53 Teil-Sp an ihren Enden verjüngt-zugespitzt. Stromata sehr dünn, spinnwebartig ***Arachnocrea***

53* Teil-Sp an ihren Enden gerundet ***Hypocrea***

54 Stromata 2–3 mm, längl, auf lebenden Blättern von Gräsern und Kräutern, schwärzl durchscheinend. Asc-Sp 9–12 × 4–7 µm ***Phyllachora***

54* Stromata 2–10 mm breit, gelbl-rötl, schließl dunkel werdende Flecken auf lebenden Blättern (meist von Rosaceae). Asc-Sp 11–16 × 4–6 µm ***Polystigma***

Schlüssel XVI: Gattungen mit hypogäischen Fruchtkörpern (Mucoromycota, Ascomycota, Basidiomycota)

Literatur: DENNIS, R.W.G. (1978, 1981). – HANSEN, L., KNUDSEN, H. (2000). – JÜLICH, W. (1984). – KREISEL, H. : in MICHAEL, HENNIG, KREISEL (1988). – MOSER, M. (1963).

1 Sp extrem groß, 14–300 µm, in zerfallenden Asci oder am Ende von Hyphen gebildet **2**

1* Sp nicht extrem groß, in beständigen Asci oder an zerfallenden Basidien gebildet . . **4**

***Sporen sehr groß, in zerfallenden Asci oder am Ende von Hyphen gebildet* (2–3)**

2 Sp kugelig, groß, 14–32 µm, warzig, stachelig oder sonstwie ornamentiert. Frk außen oft körnig-warzig, reif innen mit pulveriger, schwärzl-brauner Sp-Masse angefüllt. Capillitium fehlend. Peridie zweischichtig. Asci zersetzen sich schnell, daher Sp bald einzeln. Häufig von keulenfö, schwarzen Pilzen parasitiert (siehe *Cordyceps* und vgl. *Glomus* und *Endogone*) ***Elaphomyces***

2* Mit anderen Merkm. z. B. Sp 30–300 µm oder auch kleiner **3**

3 Sp entstehen zwischen zwei Hyphenästen (Gametangien) und sind bisw von Hyphen ummantelt ***Endogone***

3* Sp entstehen am Ende von Einzelhyphen ***Glomus***

Sporen weniger groß und nicht in beständigen Asci oder an zerfallenden Basidien entstehend (4–47)

4 Frk mit Columella, also mit säulenfö, von der Frk-Basis in das Frk-Innere sich fortsetzender Struktur. Sp an (zerfallenden) Basidien gebildet **5**

4* Frk ohne Columella. Sp an Asci oder an Basidien entstehend **12**

– Fruchtkörper innen mit Columella. Sporen an Basidien entstehend (5–11)

5 Columella einfach oder verzweigt, oft nur an der Basis des Frk entwickelt (oder auch undeutl bis fehlend), bald gelatinös werdend. Sp zylindrisch, ellipsoid oder spindelfö, hyalin bis hell bräunl, meist glatt, oft mit Hülle (Perispor) und daher an einem Ende meist mit zweispitzigem Anhängsel („Schwanz“) ***Hysterangium***

5* Merkm verschieden.. **6**

6 Columella bis zum Scheitel des Frk reichend.............................. **7**

6* Columella höchstens bis zur Mitte des Frk reichend. Frk geschlossen bleibend. Falls Frk mit der Exoperidie sich sternfö öffnend siehe *Geastrum*. – Falls Gleba Peridiolen bildend und Vorkommen unter Pinien im Mittelmeergebiet: *Pyrenogaster* ***Radiigera***

7 Frk weiß, an der Luft leuchtend und tief blau verfärbend. Gleba purpurn, violett, schließl braunschwarz. Sp mit Längsrippen, nicht amyloid. Vgl. auch **42*** *Gautieria* ***Chamonixia***

7* Frk nicht blau anlaufend. Gleba hellerfarbig. Sp mit amyloiden Warzen.......... **8**

8 Frk mit Milchsaft (dieser weiß und bisw schwefelgelb verfärbend).............. **9**

8* Frk ohne Milchsaft. Geruch obstartig.................................... **10**

9 Frk kurz gestielt 0,6–3 cm. Sp annähernd kugelig, mit isolierten Stacheln, 9,5–13,5 × 8–12,5 µm ***Arcangeliella***

9* Frk ungestielt, 0,5–4 cm. Sp eher breit ellipsoid, netzig oder stachelig, 10–16 × 8–12,5 µm ***Zelleromyces***

10 Frk kurz gestielt und mit bis zum H-Scheitel sich fortsetzender Columella. Frk innen (Gleba) undeutl radiär gekammert, Gleba an der H-Unterseite z. T. frei ***Elasmomyces***

10* Frk ungestielt, Columella schwach entwickelt bis fehlend. **11**

11 Wände der Glebakammern mit Kugelzellen (Sphaerozysten) ***Gymnomyces***

11* Wände der Glebakammern ohne Sphaerozysten ***Martellia***

– ***Fruchtkörper innen ohne Columella. Sporen in Asci oder an Basidien entstehend (12–47)***

12 Frk innen staubig (bovistartig) zerfallend siehe Schlüssel XI Bauchpilze (epigäische Gasteromyceten z. B. *Gasterosporium*)

12* Frk innen nicht staubig werdend, sondern fleischig bleibend bis verschleimend. . . **13**

13 Sp in Schläuchen (Asci) zu je 1–8, Sp ohne Apikulus **14**

13* Sp an (zerfallenden) Basidien gebildet, Sp mit Apikulus oder mit Hyphenansatz (Sterigmenansatz) **34**

– – ***Sporen in Schläuchen (Asci) gebildet (14–33)***

14 Frk von Hohlräumen durchsetzt **15**

14* Frk kompakt, im Querschnitt wie marmoriert. Asci niemals zylindrisch **26**

– – – ***Fruchtkörper innen von Hohlräumen durchsetzt (15–25)***

15 Frk innen mit einem einzigen Hohlraum sowie mit scheitelständiger oder basaler Öffnung. **16**

15* Frk innen mit mehreren Hohlräumen und mit mehreren Falten. Öffnung des Frk seitl, basal oder fehlend **20**

16 Reife Sp warzig, ellipsoid. **17**

16* Sp auch reif glatt **18**

17 Frk stark behaart. Hymenium von pseudoparenchymatischer Schicht überdeckt ***Genea***

17* Frk kahl. Hymenium frei, d. h. nicht überdeckt ***Hydnotria*** pr. p.

18 Sp kugelig bis annähernd kugelig. Frk geschlossen bleibend. **19**

18* Sp längl-ellipsoid. Frk später am Scheitel weit geöffnet siehe **21** *Geopora* und Schlüssel XIV *Sarcosphaera*

19 Frk mit basaler Öffnung. Außen behaart, innen gefaltet. Mit Käsegeruch ***Stephensia***

19* Frk ohne Öffnung. Außen höckerig-warzig, innen nicht gefaltet ***Hydnocystis***

20 Sp auch reif glatt, farblos **21**

20* Sp reif warzig, stachelig oder genetzt. **22**

21 Frk außen behaart, innen lorchelartig gefaltet ***Geopora***

21* Frk außen kahl, glatt bis höckerig-warzig. Innen mit vielen kleinen Kammern ***Balsamia***

22 Asci zylindrisch. **23**

22* Asci kugelig, ellipsoid oder keulenfö **24**

23 Frk schwärzl, außen höckerig-warzig, mit scheitelständiger Öffnung ***Genea***

23* Frk ocker bis braun, außen glatt, mit kleinen seitl Öffnungen, hirnartig gelappt ***Hydnotryia***

24 Sp stachelig und zugleich netzig. Frk hirnartig gefaltet, weiß bis gelbl, fein flaumig, Asci 8-sporig ***Hydnobolites***

24* Sp stachelig oder warzig **25**

25 Frk außen glatt, fleischfarben bis rotbraun, gelappt bis (hirnartig-)gefaltet. Sp rotbraun, grobwarzig, kugelig, 20–35 µm ***Hydnotria***

25* Frk außen höckerig-warzig, ocker-gelbl, braun bis schwarz, knollenfö, knollenfö-gelappt. Sp gelbl-braun bis braun, kugelfö bis breit ellipsoid, stachelig ***Genabea***

– – – ***Fruchtkörper kompakt (26–47)***

26 Sp auch reif glatt, ellipsoid bis spindelfö. Frk kastanienbraun bis schwarz. Falls Sp kugelig, Frk isabellfarben bis rosa, in Champignonbeeten: *Diehliomyces* ***Picoa***

26* Reife Sp ornamentiert **27**

27 Sp warzig oder stachelig **28**

27* Sp mit netzfö Ornament **32**

– – – – ***Ascosporen warzig oder stachelig (28–31)***

28 Sp ellipsoid. Frk braun bis schwarz. Innen im Anschnitt mit verzweigten hellen und dunklen Adern ***Tuber***

28* Sp kugelig **29**

29 Frk knollig, oben meist etwas niedergedrückt, 1–3 cm, außen gelbbraun, grünl-braun, schwärzl ***Pachyphloeus***

29* Frk oben nicht niedergedrückt, meist über 3 cm, aber auch 1–2 cm. Frk bisw auch recht hellfarnig **30**

30 Sp stachelig (bei einer Art des Mittelmeergebietes auch grob engmaschig). Frk innen im Anschnitt mit welligen, kaum verzweigten Adern, außen weißl-gelbbräunl, lehmfarben, braun, 10–12 cm ***Choiromyces***

30* Sp mit groben, stumpfen Warzen besetzt. Frk innen netzartig gezeichnet oder mit verzweigten Adern **31**

31 Frk innen im Anschnitt netzartig gezeichnet. Asci kugelfö. Im Mittelmeergebiet. bei uns als Handelsware ***Terfezia***

31* Frk innen im Anschnitt mit verzweigten Adern. Asci keulenfö. Mittelmeergebiet unter *Eucalyptus* ***Labyrinthomyces***

– – – – ***Ascosporen mit netzförmigem Ornament (32–33)***

32 Frk innen im Anschnitt mit verzweigten helleren und dunkleren Adern. Asci in Hymenien **33**

32* Frk innen im Anschnitt netzartig gezeichnet, innen rosa. Asci nestartig geordnet. Nur in Süd- oder Südosteuropa vorkommende Gattungen: *Terfezia terfezioides = Mattirolomyces t., Delastria* ▸

33 Asci im gleichen Frk jeweils mit 1–4 Sp. Sp kugelig oder ellipsoid, kleiner z. B. 25–33–43 µm lang ***Tuber***

33* Asci im gleichen Frk ausschließl 1-sporig. Sp 50–60 µm. Nur vom Süden bis Oberitalien ***Paradoxa***

– – ***Sporen an Basidien gebildet (34–47)***

34 Sp eifö, ellipsoid oder zylindrisch **35**

34* Sp kugelig oder (fünf-)eckig **43**

– – – ***Sporen eiförmig, ellipsoid, zylindrisch oder spindelförmig (35–42)***

35 Sp glatt und/oder ohne Perispor **36**

35* Sp warzig, stachelig, runzelig, skulpturiert oder von sackfö Hülle umgeben **38**

– – – – ***Basidiosporen glatt (36–37)***

36 Glebakammern dunkel bis schwarz und gallertig, durch hellere Tramaplatten begrenzt. Sp dunkel gelbbraun bis purpurschwarz ***Melanogaster***

36* Glebakammern nicht so dunkel und nicht durch hellere Tramaplatten begrenzt, Sp hyalin, gelbl, graubraun bis braun **37**

37 Gleba weichfleischig mit unregelmäßigen Kammern ohne gallertige Füllung, Frk bisw außen mit Mycelsträngen. Sp hyalin bis gelbl, längl. In NaW (besonders unter Kiefern) ***Rhizopogon***

37* Glebakammern mit gallertiger Masse gefüllt. Frk außen ohne Mycelstränge. Sp hyalin, gelbl oder graubraun. Besonders unter *Alnus viridis* im Gebirge ***Alpova***

– – – – ***Basidiosporen warzig, stachelig, runzelig, skulpturiert oder von sackfö Hülle umgeben (38–42)***

38 Frk und Gleba karottenrot. Sp mit kragenfö Ornamentierung um den Apikulus ***Stephanospora***

38* Frk und Gleba nicht karottenrot **39**

39 Sp mit heller sackfö Hülle (Perispor) oder unregelmäßig und grob skulpturiert., meist breiter als 8 µm (bis zu 18 µm breit) **40**

39* Sp weder mit sackfö Hülle, noch unregelmäßig und grob skulpturiert **41**

40 Sp gelb bis braun, ellipsoid bis spindelfö. Glebakammern labyrinthisch, ohne gelatinöse Masse Falls Sp an einem Ende mit meist zweispitzigem Anhängsel vom Perispor: siehe *Hysterangium* ***Hymenogaster***

40* Sp hell, annähernd kugelig, 11–15 µm. Glebakammern rundl, mit gelatinöser Masse gefüllt ***Leucogaster***

41 Sp braun, mit 8–12 Längsrippen **42**

41* Sp hyalin bis braun, ohne deutl sichtbare Längsrippen **43**

42 Gleba und Peridie intensiv blau verfärbend ***Chamonixia***

42* Gleba nicht blau verfärbend, allenfalls Columella (soweit vorhanden und sichtbar) von Beginn an bläul-weiß. Frk bisw mit morchelartig-schwammiger Oberfläche ***Gautieria***

– – – ***Sporen kugelig (bis breit ellipsoid) oder fünfeckig (43–47)***

43 Sp mit mehreren stumpfen Ecken, sonst glatt ***Richoniella***

43* Sp anders **44**

44 Sp in gelatinöser Masse eingebettet, 2–17 µm, hyalin, mit 1–2 µm hohen Stacheln. Hyphen ohne Schnallen ***Leucophleps***

44* Sp nicht in hyaliner Masse liegend, hyalin, gelbl, gelbbraun. Hyphen mit oder ohne Schnallen **45**

45 Sp mit isolierten Stacheln. Hyphen mit Schnallen ***Hydnangium***

45* Sp mit isolierten Stacheln oder mit flachen Warzen. Hyphen ohne Schnallen **46**
46 Sp mit konischen oder zylindrischen Stacheln ***Octavianina***
46* Sp mit flachen Warzen. **47**
47 Sp 5–7 µm ***Sclerogaster***
47* Sp 8–19 µm ***Wakefieldia***

Schlüssel XVII: Hauptgruppen phytocoler (phytopathogener) Pilze; Liste der Wirte und ihrer Parasiten

Literatur: BRANDENBURGER, W. (1985). – KLENKE, F., SCHOLLER, M. (2015). – KRUSE (2019). – Für die **Wirte** (Gefäßpflanzen): FITSCHEN (2017). – JÄGER, E.J. (2017). – JÄGER, E.J., EBEL, F., HANELT, P. & G.K. MÜLLER (2008). – Hilfreich ist im Falle von Befallserscheinungen auf Wald- und Parkbäumen die ergänzende Benützung von BUTIN (1983).

Hilfsschlüssel zur Unterscheidung einiger wichtiger Gruppen in Auswahl

1 Weißliche, schimmelartige Beläge auf oberirdischen Pflanzenteilen **2**
1* Pilze anders in Erscheinung tretend **3**
2 Rasen aus oft verzweigten Sporangienträgern bestehend. Hyphen ohne Querwände, zwischen den Zellen des Wirtsgewebes sich bildend **Schlüssel XX-1: Falsche Mehltaupilze, Peronosporales**
2* Rasen aus verzweigten und septierten Hyphen bestehend **Schlüssel XX-2: Echte Mehltaupilze, Erysiphales**
3 Organe höherer Pflanzen mit braunschwarzen, schwarzen oder rostfarbenen Sporenlagern. **4**
3* Befallsbild anders **Schlauchpilze, Ascomycetes**
4 Befallene Pflanzenteile ± schwarz verfärbt, wie angekohlt oder angebrannt aussehend. Spp (Brand-Sp) schwärzlich. Brandpilze **Schlüssel XVIII-2: Ustilaginomycetes**
4* Befallene Pflanzenteile mit rostfarbenen bis schwarzen oder ± orange gefärbten Sp-Lagern **Schlüssel XVIII-1: Rostpilze, Urediniomycetes**

Hauptschlüssel

1 Pilze erzeugen an der Wirtspflanze gallenartige Wucherungen, Schwielen oder Hexenbesen **Schlüssel XIX**
1* Pilze keine gallenartigen Wucherungen an der Wirtspflanze erzeugend; Befallsstellen nicht gallenartig und nicht schwielenartig verdickt **2**
2 Mycel bildet in Rasen oder in Büscheln stehende, verzweigte oder unverzweigte Konidienträger, die am Ende Konidien abschnüren **3**
2* Mycel bildet Fruchtkörper oder Sori (Sporenlager) **4**
3 Rasen aus bäumchenartig verzweigten Konidienträgern; an deren Zweigenden sitzen kugelige bis ellipsoide, einzellige, hyaline, abfallende Konidien **Falsche Mehltaupilze, Peronosporales; Schlüssel XX-1**
3* Falls mit Konidienträgern, dann diese nicht oder wenigstens nicht bäumchenartig verzweigt ▸

4 Mit meist sehr kleinen (weniger als Stecknadelkopf großen), oberflächlich auf dem Mycel gebildeten Fruchtkörpern **5**

4* Ohne Fruchtkörper. Sporen oder Konidien werden in offenen Sporenlagern (Sori) oder direkt am Mycel gebildet. Mycel dem Wirt oberflächlich aufsitzend oder in diesen eingesenkt. Sori oft flach, becherartig etc. Sporenmasse (Konidien) fest, körnig, reifartig oder pulverig stäubend **6**

5 Mycel auf der Oberfläche von Wirtsorganen, meist weiß oder später bräunl, mehlig-flockig, filzig, faserig, oft weitflächig auf der Oberseite von Blättern. Fruchtkörper auf dem Mycel später im Jahr (Sommer, Herbst) erscheinend, dunkelbraun, kugelig, ohne vorgebildete Öffnung, mit (mikroskopisch oft auffälligen) Anhängseln. Fruchtkörper enthalten einen oder mehrere Asci

Echte Mehltaupilze, Erysiphales; Schlüssel XX-2

5* Mycel meist gänzlich interzellulär. Falls Mycel auf der Oberfläche des Wirtes, dann unauffällig oder dunkel, nicht mehlig ▸

6 Sori weiß oder gelbl. Konidien eifö, in Ketten angeordnet. An Blätter, Sprossen oder Blütenstand von Kreuzblütlern oder Korbblütlern

Falsche Mehltaupilze, Albuginales; Schlüssel XX-1

6* Sori meist braun oder schwarz. Wenn gelb dann oft becherfö, wenn weiß, dann auf anderen Wirten **7**

7 Sori meist an Blättern oder Sprossen von verholzten oder krautigen Pflanzen (Farne, Samenpflanzen), meist gefärbt: von gelborange über rostrot zu dunkelbraun oder schwarz, selten weiß. Aecidio-, Uredo- oder Teleutosporen bildend

Rostpilze, Uredinomyctes; Schlüssel XVIII-1

7* Sori bilden sich an eng umgrenzten Stellen bzw. an bestimmten Pflanzenorganen: bisw an Blättern (vgl. Rostpilze), Blatträndern, Nodien von Sprossen, Staubblättern, Samen, Wurzeln, nicht an Farnen, nicht auf Gehölzpflanzen, wohl aber auf einer Mehrzahl von Wirten krautiger Samenpflanzen. Sporenmasse braun bis schwarz oder falls im Wirtsgewebe gebildet, weiße bis blassfarbige Flecke bildend. Sporen verschieden (Brandsporen aber keine Aecidio-, Uredo- oder Teleutosporen)

Brandpilze, Ustilaginomycetes; Schlüssel XVIII-2

Übersicht phytocoler parasitischer Pilz-Gattungen auf verschiedenen Gefäßpflanzengattungen (in Auswahl)

Die Kenntnis der Wirtspflanzen wird vorausgesetzt. Ihre Bestimmung ist nach den gängigen Bestimmungsfloren möglich (z. B. für Wildpflanzen und krautige Kulturpflanzen JÄGER [2017]; JÄGER et al. [2008]; für Gehölze FITSCHEN [2017]). In der Regel kommen je Wirtsgattung mehrere Gattungen parasitischer Pilze in Betracht. Die Bestimmung der Pilzgattung ist dann in den Bestimmungsschlüsseln fortzusetzen. Bei Prüfung mehrerer gegebener Alternativen ist unter Umständen eine Bestimmung auch mithilfe der Angaben in der Gattungsübersicht möglich.

Abkürzungen: B = Brandpilz, EM = Echter Mehltau-Pilz, FM = Falscher Mehltau-Pilz, G = Gallen oder Schwielen bildender Pilz, R = Rostpilz, S = sonstige Pilzgruppe, meist Anamorphen von Ascomyceten. – W = Wucherungen verursachender Pilz.

Farngewächse (z. B. Farngattungen): ***Asplenium***: *Milesina (*R), *Ramularia* (S). – ***Athyrium:*** *Herpobasidium* (R), *Hyalopsora* (R), *Synchytrium* (G), *Taphrina* (W). – ***Blechnum:*** *Milesina* (R). – ***Cysopteris:*** *Herpobasidium* (R), *Hyalopsora* (R). – ***Dryopteris***: *Herpobasidium* (R), *Milesina* (R), *Synchytrium* (G), *Taphrina* (W). – ***Gymnocarpium***: *Herpobasidium* (R), *Hyalopsora* (R), *Milesina* (R), *Synchytrium* (G), *Taphrina* (W). – ***Phegopteris***: *Herpobasidium* (R), *Uredinopsis* (R).

Familien Poaceae, Cyperaceae, Juncaceae (Süßgräser, Sauergräser und Binsen): *Physoderma* (G), *Sclerophthora* (FM), *Sclerospora* (FM), *Blumeria* (EM), *Puccinia* (R), *Uromyces* (R), *Anthracoidea* (B), *Bauerago* (B), *Entorrhiza* (B), *Farysia* (B), *Jamesdicksonia* (B), *Kriegeria* (B), *Macalpinomyces* (B), *Moesziomyces* (B), *Moreaua* (B), *Nannfeldtiomyces* (B), *Neovossia* (B), *Orphanomyces* (B), *Schizonella* (B), *Sporisorium* (B), *Stegocintractia* (B), *Tilletia* (B), *Tolyposporium* (B), *Tranzscheliella* (B), *Urocystis* (B), *Ustilago* (B), *Ustanciosporium* (B), *Ustilentiloma* (B), *Epichloe* (S), *Ceratorhiza* (S), *Phyllachora* (S), *Septoria* (S).

Übrige Gattungen:
Abies: *Aecidium* (R), *Hyalopsora* (R), *Melampsora* (R), *Melampsorella* (R), *Milesina* (R), *Pucciniastrum* (R), *Thekopsora* (R), *Uredinopsis* (R), *Rhizoctonia* (S). – ***Acer***: *Phyllactinia* (EM), *Sawadaea* (EM), *Taphrina* (W), *Cristulariella* (S). – ***Achillea***: *Protomycopsis* (G), *Synchytrium* (G), *Paraperonospora* (FM), *Peronospora* (FM), *Pustula* (FM), *Golovinomyces* (EM), *Leveillula* (EM), *Puccinia* (R), *Entyloma* (B). – ***Aconitum***: *Plasmoverna* (FM), *Erysiphe* (EM), *Aecidium* (R), *Puccinia* (R), *Uromyces* (R), *Urocystis* (B). – ***Actaea***: *Erysiphe* (EM), *Puccinia* (R), *Urocystis* (B). – ***Adenostyles***: *Golovinomyces* (EM), *Podosphaera* (EM), *Coleosporium* (R), *Puccinia* (R), *Uromyces* (R). – ***Adoxa***: *Synchytrium* (G), *Puccinia (R); Melanotaenium* (B). – ***Aegopodium***: *Protomyces* (G), *Physoderma* (G), *Synchytrium* (G), *Plasmopara* (FM), *Erysiphe* (EM), *Puccinia* (R), *Septoria* (S). – ***Aesculus***: *Phytophthora* (FM), *Erysiphe* (EM), *Sawadaea* (EM). – ***Aethusa***: *Erysiphe* (EM), *Puccinia* (R). – ***Agrimonia***: *Synchytrium* (G), *Peronospora* (FM), *Podosphaera* (EM), *Pucciniastrum* (R). – ***Agrostemma***: *Taphrina* (W), *Peronospora* (FM), *Puccinia* (R), *Microbotryum* (B). – ***Ajuga****: Synchytrium (G), Golovinomyces* (EM), *Neoerysiphe* (EM), *Ramularia* (S). – ***Alchemilla***: *Peronospora* (FM), *Podosphaera* (EM), *Trachyspora* (R), *Ramularia* (S). – ***Alisma***: *Physoderma* (G), *Doassansia* (B). – ***Alliaria***: *Albugo* (FM), *Hyaloperonospora* (FM), *Erysiphe* (EM), *Puccinia* (R), *Plasmodiophora* (W). – ***Allium***: *Physoderma* (G), *Peronospora* (FM), *Leveillula* (EM), *Melampsora* (R), *Puccinia* (R; auch mit Hyperparasit *Tubercularia*), *Uromyces* (R), *Urocystis* (B), *Sclerotium*. – ***Alnus***: *Taphrina* (W), *Phytophthora* (FM), *Erysiphe* (EM), *Phyllactinia* (EM), *Melampsoridium* (R). – ***Alyssum***: *Albugo* (FM), *Peronospora* (FM), *Erysiphe* (EM), *Plasmodiophora* (W). – ***Amaranthus***: *Peronospora* (FM), *Wilsoniana* (FM), *Erysiphe* (EM). – ***Amelanchier***: *Phyllactinia* (EM),

Podosphaera (EM), *Gymnosporangium* (R), *Ochropsora* (R). – ***Anagallis***: *Peronospora* (FM). – ***Anchusa***: *Golovinomyces* (EM), *Erysiphe* (EM), *Puccinia* (R). – ***Andromeda***: *Exobasidium* (G). – ***Anemone***: *Synchytrium* (G), *Peronospora* (FM), *Plasmoverna* (FM), *Erysiphe* (EM), *Ochropsora* (R), *Puccinia* (R), *Tranzschelia* (R), *Urocystis* (B). – **Anethum**: *Plasmopara* (FM), *Erysiphe* (EM), *Leveillula* (EM), *Puccinia* (R). – ***Angelica***: *Protomyces (G), Synchytrium* (G), *Plasmopara* (FM), *Erysiphe* (EM), *Puccinia* (R), *Passalora* (S). – ***Anthemis***: *Paraperonospora* (FM), *Peronospora* (FM), *Golovinomyces* (EM), *Leveillula* (EM), *Puccinia* (R). – ***Anthriscus***: *Protomyces* (G), *Plasmopara* (FM), *Erysiphe* (EM), *Puccinia* (R). – ***Anthyllis***: *Synchytrium* (G), *Erysiphe* (EM), *Uromyces* (R). – ***Antirrhinum***: *Peronospora* (FM), *Golovinomyces* (EM), *Puccinia* (R). – ***Aphanes***: *Peronospora* (FM), *Podosphaera* (EM). – ***Apium***: *Plasmopara* (FM), *Erysiphe* (EM), *Puccinia* (R), *Uromyces* (R), *Entyloma* (B). – ***Aposeris***: *Bremia* (FM), *Pustula* (FM), *Golovinomyces* (EM), *Coleosporium* (R), *Puccinia* (R), *Entyloma* (B), *Protomyces* (WG). – ***Aquilegia***: *Erysiphe (EM), Leveillula* (EM), *Puccinia* (R), *Urocystis* (B). – ***Arabidopsis***: *Albugo* (FM), *Hyaloperonospora* (FM), *Erysiphe* (EM), *Puccinia* (R), *Thecaphora* (B), *Plasmodiophora* (W). – ***Arabis***: *Albugo* (FM), *Hyaloperonospora* (FM), *Peronospora* (FM), *Erysiphe* (EM), *Podosphaera* (EM), *Puccinia* (R), *Thecaphora* (B), *Plasmodiophora* (W). – ***Arctium***: *Synchytrium* (G), *Bremia* (FM), *Golovinomyces* (EM), *Leveillula* (EM), *Podosphaera* (EM), *Puccinia* (R). – ***Arenaria***: *Peronospora* (FM), *Erysiphe* (EM), *Melampsorella* (R), *Puccinia* (R), *Uromyces* (R), *Microbotryum* (B). – ***Armeria***: *Uromyces* (RB). – ***Arnica***: *Podosphaera* (EM), *Entyloma* (B). – ***Arnoseris***: *Entyloma* (B). – ***Artemisia***: *Paraperonospora* (FM), *Pustula* (FM), *Leveillula* (EM), *Golovinomyces* (EM), *Puccina* (R), *Passalora* (S). – ***Arum***: *Puccinia* (R; auch mit Hyperparasit *Tubercularia*), *Melampsora* (R), *Melanustilospora* (B). – ***Aruncus***: *Ochropsora* (R). – ***Asarum***: *Puccinia* (R). – ***Aster*** (*alpinus, amellus*): *Golovinomyces* (EM), *Puccinia* (R), *Entyloma* (B). – ***Astragalus***: *Peronospora* (FM), *Erysiphe* (EM), *Leveillula* (EM), *Podosphaera* (EM), *Uromyces* (R), *Thecaphora* (B). – ***Astrantia***: *Erysiphe* (EM), *Puccinia* (R). – ***Atriplex***: *Synchytriun* (G), *Physoderma* (G), *Peronospora* (FM), *Passalora* (S). – ***Atropa***: *Golovinomyces* (EM), *Aecidium* (R).

Ballota: *Leveillula* (EM), *Neoerysiphe* (EM). – ***Begonia***: *Erysiphe* (EM), *Golovinomyces* (EM). – ***Bellis***: *Synchytrium* (G), *Golovinomyces* (EM), *Puccinia* (R), *Entyloma* (B). – ***Berberis***: *Erysiphe* (EM), *Phyllactinia* (EM), *Puccinia* (R). – ***Berteroa***: *Albugo* (FM), *Hyaloperonospora* (FM), *Erysiphe* (EM), *Golovinomyces* (EM), *Plasmodiophora* (W). – ***Beta***: *Physoderma* (G), *Peronospora* (FM), *Erysiphe* (EM), *Puccinia* (R), *Ramularia* (S), *Uromyces* (R), *Cercospopra* (S). – ***Betula***: *Synchytrium* (G), *Taphrina* (W), *Erysiphe* (EM), *Phyllactinia* (EM), *Melampsoridiium* (R). – ***Bidens***: *Protomyces* (G), *Synchytrium* (G), *Podosphaera* (EM). – ***Bifora***: *Erysiphe* (EM). – ***Biscutella***: *Albugo* (FM), *Peronospora* (FM), *Erysiphe* (EM), *Plasmodiophora* (W). – ***Borago***: *Golovinomyces* (EM), *Puccinia* (R), *Entyloma* (B). – ***Brassica***: *Albugo* (FM), *Hyaloperonospora* (FM), *Erysiphe (EM), Golovinomyces (EM), Leveillula (EM), Puccinia* (R), *Plasmodiophora* (W). – ***Brunnera***: *Peronospora* (FM), *Golovinomyces* (EM). – ***Bryonia***: *Pseudoperonospora* (FM), *Golovinomyces* (EM). – ***Buddleja***: *Peronospora* (FM). – ***Bunium***: *Erysiphe* (EM), *Puccinia* (R). – ***Buphthalmum***: *Golovinomyces* (EM), *Uromyces* (R). – ***Bupleurum***: *Erysiphe* (EM),

Aecidium (R), *Puccinia* (R). – ***Butomus***: *Physoderma* (G), *Doassansia* (B). – ***Buxus***: *Puccinia* (R).

Cakile: *Albugo* (FM), *Peronospora* (FM). – ***Calendula***: *Golovinomyces* (EM), *Podosphaera* (EM), *Coleosporium* (R), *Puccinia* (R), *Entyloma* (B). – ***Calepina***: *Albugo* (FM), *Peronospora* (FM), *Plasmodiophora* (W). – ***Callitriche***: *Doassinga* (B), *Sorodiscus*. – ***Calluna***: *Golovinomyces* (EM), *Oidium* (EM), *Uredo* (R). – ***Caltha***: *Physoderma* (G), *Protomyces* (G), *Synchytrium* (G), *Erysiphe* (EM), *Puccinia* (R). – ***Calystegia***: *Erysiphe* (EM), *Leveillula* (EM), *Puccinia* (R), *Entyloma* (B), *Thecaphora* (B). – ***Camelina***: *Albugo* (FM), *Hyaloperonospora* (FM), *Erysiphe* (EM), *Plasmodiophora* (W). – ***Campanula***: *Synchytrium* (G), *Peronospora* (FM), *Golovinomyces* (EM), *Coleosporium* (R), *Puccinia* (R). – ***Cannabis***: *Pseudoperonospora* (FM), *Podosphaera* (EM), *Aecidium* (R), *Uredo* (R). – ***Capsella***: *Albugo* (FM), *Hyaloperonospora* (FM), *Erysiphe* (EM), *Golovinomyces* (EM), *Plasmodiophor*a (W). – ***Caragana***: *Erysiphe* (EM), *Uromyces* (R). – ***Cardamine***: *Synchytrium* (G), *Albugo* (FM), *Hyaloperonospora* (FM), *Erysiphe* (EM), *Puccinia* (R). – ***Carduus***: *Bremia* (FM), *Pustula* (FM), *Golovinomyces* (EM), *Leveillula* (EM), *Aecidium* (R), *Puccinia* (R), *Microbotryum* (B). – ***Carlina***: *Bremia* (FM), *Golovinomyces* (EM), *Puccinia* (R). – ***Carpinus***: *Taphrina* (W), *Erysiphe* (EM), *Phyllactinia* (EM), *Melampsoridium* (R). – ***Carum***: *Physoderma* (G), *Synchytrium* (G), *Protomyces* (W), *Taphridium* (W), *Plasmopara* (FM), *Erysiphe* (EM), *Puccinia* (R). – ***Castanea***: *Phytophthora* (FM), *Erysiphe* (EM), *Microstroma* (B). – ***Catalpa***: *Erysiphe* (EM), *Fibroidium* (EM), *Neoerysiphe* (EM), *Phyllactinia* (EM). – ***Centaurea***: *Synchytrium* (G), *Bremia* (FM), *Pustula* (FM), *Golovinomyces* (EM), *Leveillula* (EM), *Podosphaera* (EM), *Puccinia* (R). – ***Centaurium***: *Synchytrium* (G), *Peronospora* (FM). – ***Cephalaria***: *Peronospora* (FM), *Erysiphe* (EM). – ***Cerastium***: *Synchytrium* (G), *Peronospora* (FM), *Erysiphe* (EM), *Puccinia* (R), *Microbotryum* (B), *Thecaphora* (B), *Leptotrochila* (S), *Phacellium* (S). – ***Cerinthe***: *Peronospora* (FM), *Golovinomyces* (EM), *Coleosporium* (R), *Puccinia* (R). – ***Chaerophyllum***: *Protomyces* (G), *Plasmopara* (FM), *Erysiphe* (EM), *Puccinia* (R). – ***Chamaecytisus***: *Erysiphe* (EM), *Uromyces* (R). – ***Chamaespartium***: *Erysiphe* (EM), *Uromyces* (R). – ***Chelidonium***: *Erysiphe* (EM), *Melampsora* (R), *Septoria* (S). – ***Chenopodium***: *Physoderma* (G), *Synchytrium* (G), *Peronospor*a (FM), *Leveillula* (EM), *Thecaphora* (B), *Passalora* (S). – ***Chrysanthemum***: *Bremia* (FM), *Euoidium* (EM), *Golovinomyces* (EM), *Puccinia* (R). – ***Chrysosplenium***: *Synchytrium* (G), *Peronospora* (FM), *Puccinia* (R), *Entyloma* (B). – ***Cichorium***: *Bremia* (FM), *Golovinomyces* (EM), *Puccinia* (R), *Microbotryum* (B). – ***Cicuta***: *Buerenia* (G), *Physoderma* (G), *Erysiphe* (EM), *Puccinia* (R). – ***Circaea***: *Erysiphe* (EM), *Puccinia* (R), *Pucciniastrum* (R). – ***Cirsium***: *Protomyces* (G), *Synchytrium* (G), *Bremia* (FM), *Pustula* (FM), *Erysiphe* (EM), *Golovinomyces* (EM), *Leveillula* (EM), *Podosphaera* (EM), *Puccinia* (R), *Thecaphora* (B). – ***Clematis***: *Plasmoverna* (FM), *Erysiphe* (EM), *Puccinia* (R), *Urocystis* (B). – ***Clinopodium***: *Synchytrium* (G), *Peronospora* (FM), *Golovinomyces* (EM), *Neoerysiphe* (EM), *Puccinia* (R). – ***Colchicum***: *Urocystis* (B). – ***Comarum***: *Podosphaera* (EM). – ***Conium***: *Plasmopara* (FM), *Erysiphe* (EM), *Puccinia* (R). – ***Conringia***: *Albugo* (FM), *Peronospora* (FM), *Plasmodiophora* (W). – ***Consolida***: *Peronospora* (FM), *Erysiphe* (EM), *Podosphaera* (EM), *Puccinia* (R). – ***Convallaria***: *Puccinia* (R).-***Convolvulus***:

Erysiphe (EM), *Leveillula* (EM), *Puccinia* (R). – ***Cornus***: *Synchytrium* (G), *Erysiphe* (EM), *Phyllactinia* (EM). – ***Coronilla***, *C. varia* siehe *Securigera v.*: *Peronospora* (FM). – ***Corydalis***: *Peronospora* (FM), *Melampsora* (R), *Entyloma* (B). – ***Corylus***: *Phyllactinia* (EM). – ***Cosmos***: *Golovinomyces* (EM), *Podosphaera* (EM). – ***Cotoneaster***: *Gymnosporangium* (R). – ***Crambe***: *Albugo* (FM), *Hyaloperonospora* (FM), *Erysiphe* (EM). – ***Crataegus***: *Taphrina* (W), *Phyllactinia* (EM), *Podosphaera* (EM), *Gymnosporangium* (R). – ***Crepis***: *Physoderma* (G), *Synchytrium* (G), *Protomyces* (W), *Volkartia* (W), *Bremia* (FM), *Pustula* (FM), *Golovinomyces* (EM), *Podosphaera* (EM), *Puccinia* (R). – ***Crocus***: *Puccinia* (R), *Uromyces* (P), *Urocystis* (B). – ***Cruciata***: *Peronospora* (FM), *Neoerysiphe* (EM), *Puccinia* (R), *Thekopsora* (R). – ***Cucumis***: *Pseudoperonospora* (FM), *Golovinomyces* (EM), *Podosphaera* (EM), *Puccinia* (R). – ***Cucurbita***: *Pseudoperonospora* (FM), *Golovinomyces* (EM), *Podosphaera* (EM). – ***Cyclamen***: *Golovinomyces* (EM), *Pseudoidium* (EM). – ***Cydonia***: *Taphrina* (W), *Podosphaera* (EM), *Gymnosporangium* (R). – ***Cymbalaria***: *Peronospora* (FM), *Golovinomyces* (EM). – ***Cynoglossum***: *Golovinomyces* (EM), *Puccinia* (R). – ***Cytisus***: *Peronospora* (FM), *Erysiphe* (EM), *Septoria* (S).

Dactylorhiza: *Melampsora* (R), *Puccinia* (R). – ***Dahlia***: *Golovinomyces* (EM), *Entyloma* (B). – ***Daphne***: *Erysiphe* (EM). – ***Daucus***: *Protomyces* (G), *Synchytrium* (G), *Buerenia* (G), *Plasmopara* (FM), *Erysiphe* (EM), *Leveillula* (EM), *Uromyces* (R). – ***Delphinium***: *Erysiphe* (EM), *Leveillula* (EM), *Podosphaera* (EM), *Puccinia* (R), *Uromyces* (R), *Entyloma* (B), *Sclerotium*. – ***Descurainia***: *Albugo* (FM), *Hyaloperonospora* (FM), *Erysiphe* (EM), *Plamodiophora*. – ***Deutzia***: *Erysiphe* (EM). – ***Dianthus***: *Peronospora* (FM), *Erysiphe* (EM), *Puccinia* (R), *Uromyces* (R), *Microbotryum* (B), *Thecaphora* (B). – ***Digitalis***: *Peronospora* (FM), *Golovinomyces* (EM), *Leveillula* (EM), *Ramularia* (S). – ***Diplotaxis***: *Albugo* (FM), *Peronospora* (*Hyaloperonospora*) (FM). – ***Dipsacus***: *Peronospora* (FM), *Erysiphe* (EM), *Podosphaera* (EM). – ***Doronicum***: *Podosphaera* (EM), *Aecidium* (R), *Coleosporium* (R), *Puccinia* (R), *Ramularia* (S). – ***Dorycnium***: *Erysiphe* (EM). – ***Draba***: *Synchytrium* (G), *Albugo* (FM), *Hyaloperonospora* (FM), *Peronospora* (FM), *Erysiphe* (EM), *Podosphaera* (EM), *Puccinia* (R), *Plasmodiophora* (W).

Echinops: *Golovinomyces* (EM), *Leveillula* (EM), *Puccinia* (R). – ***Echium***: *Peronospora* (FM), *Golovinomyces* (EM), *Puccinia* (R). – ***Epilobium***: *Synchytrium* (G), *Plasmopara* (FM), *Erysiphe* (FM), *Podosphaera* (EM), *Puccinia* (R), *Pucciniastrum* (R), *Doassansia* (B). – ***Epipactis***: *Melampsora* (R). – ***Eranthis***: *Leucotelium* (R). – ***Erica***: *Erysiphe* (EM), *Golovinomyces* (EM), *Oidium* (EM). *Uredo* (R). – ***Erigeron*** (inkl. *Conyza*): *Synchytrium* (G), *Basidiophora* (FM), *Golovinomyces* (EM), *Podosphaera* (EM), *Puccinia* (R), *Entyloma* (B). – ***Erodium***: *Synchytrium* (G), *Peronospora* (FM), *Erysiphe* (EM), *Podosphaera* (EM), *Puccinia* (R). – ***Erucastrum***: *Albugo* (FM), *Peronospora* (FM), *Erysiphe* (EM), *Leveillula* (EM), *Plasmodiophora* (W). – ***Eryngium***: *Erysiphe* (EM), *Entyloma* (R), *Puccinia* (R). – ***Erysimum***: *Albugo* (FM), *Hyaloperonospora* (FM), *Erysiphe* (EM), *Golovinomyces* (EM), *Puccinia* (R), *Plasmodiophora* (W). – ***Eschscholzia***: *Erysiphe* (EM), *Entyloma* (B). – ***Euonymus***: *Erysiphe* (EM), *Melampsora* (R). – ***Eupatorium***: *Plasmopara* (FM), *Golovinomyces* (EM). – ***Euphorbia***: *Peronospora* (FM), *Fibroidium* (EM), *Leveillula* (EM), *Podosphaera* (EM), *Pseudooidium* (EM), *Endophyllum* (R), *Melampsora* (R), *Uromyces*

(R). – ***Euphrasia***: *Synchytrium* (G), *Physoderma* (G), *Peronospora* (FM), *Podosphaera* (EM), *Plasmopara* (FM), *Coleosporium* (R), *Cronartium* (R).

Fagopyrum: *Peronospora* (FM), *Erysiphe* (EM). – ***Fagus***: *Erysiphe* (EM), *Phyllactinia* (EM), *Ascodichaena* und *Bispora* (S). – ***Falcaria***: *Erysiphe* (EM), *Puccinia* (R). – ***Fallopia*** (inkl. *Reynoutria*): *Synchytrium* (G), *Peronospora* (FM), *Erysiphe* (EM), *Puccinia* (R), *Microbotryum* (B). – ***Filago***: *Pustula* (FM), *Neoerysiphe* (EM). – ***Filipendula***: *Synchytrium* (G), *Erysiphe* (EM), *Podosphaera* (EM), *Triphragmium* (R), *Urocystis* (B). – ***Foeniculum***: *Plasmopara* (FM), *Erysiphe* (EM), *Leveillula* (EM), *Uromyces* (R). – ***Forsythia***: *Podosphaera* (EM). – ***Fragaria***: *Peronospora* (FM), *Podosphaera* (EM), *Plasmodiophora* (W), *Marssonina* (S). – ***Frangula***: *Synchytrium* (G), *Erysiphe* (EM), *Puccinia* (R). – ***Fraxinus***: *Synchytrium* (G), *Phyllactinia* (EM), *Puccinia* (R). – ***Fumaria***: *Peronospora* (FM), *Erysiphe* (EM), *Entyloma* (B).

Gagea: *Synchytrium* (G), *Puccinia* (R), *Uromyces* (R), *Vankya* (B). – ***Galanthus***: *Melampsora* (R), *Puccinia* (R), *Urocystis* (B). – ***Galatella*** siehe *Aster*. – ***Galeobdolon*** siehe *Lamium*. – ***Galeopsis***: *Synchytrium* (G), *Neoerysiphe* (EM), *Melanotaenium* (B). – ***Galinsoga***: *Protomyces* (G). – ***Galium***: *Synchytrium* (G), *Peronospora* (FM), *Neoerysiphe* (EM), *Golovinomyces* (EM), *Aecidium* (R), *Puccinia* (R), *Thekopsora* (R). *Melanotaenium* (B), *Leptotrochila* (S). – ***Genista***: *Synchytrium* (G), *Uromyces* (R). – ***Gentiana***: *Cronartium* (R), *Puccinia* (R). – ***Gentianella*** (inkl. *Gentianopsis*): *Synchytrium* (G), *Uromyces* (R), *Puccinia* (R). – ***Geranium***: *Plasmopara* (FM), *Peronospora* (FM), *Erysiphe* (EM), *Leveillula* (EM), *Neoerysiphe* (EM), *Podosphaera* (EM), *Aecidium* (R), *Puccinia* (R), *Uromyces* (R), *Coleroa* (S), *Ramularia* (S). – ***Geum***: *Synchytrium* (G), *Taphrina* (W), *Peronospora* (FM), *Podosphaera* (EM). – ***Glechoma*** : *Synchytrium* (G), *Peronospora* (FM), *Puccinia* (R), *Ramularia* (S). – ***Gnaphalium***: *Pustula* (FM), *Golovinomyces* (EM), *Neoerysiphe* (EM), *Entyloma* (B). – ***Gymnadenia***: *Melampsora* (R), *Puccinia* (R). – ***Gypsophila:*** *Puccinia* (R), *Microbotryum* (B).

Hedera: *Synchytrium* (G), *Golovinomyces* (EM). – ***Hedysarum***: *Uromyces* (R). – ***Helenium***: *Golovinomyces* (EM), *Leveillula* (EM). – ***Helianthemum***: *Synchytrium* (G), *Peronospora* (FM), *Golovinomyces* (EM), *Leveillula* (EM), *Podosphaera* (EM). – ***Helianthus***: *Plasmopara* (FM), *Pustula* (FM), *Golovinomyces* (EM), *Leveillula* (EM), *Podosphaera* (EM), *Puccinia* (R). – ***Helichrysum***: *Bremia* (FM), *Pustula* (FM), *Euoidium* (EM), *Leveillula* (EM), *Entyloma* (B). – ***Heliopsis***: *Golovinomyces* (EM). – ***Helleborus***: *Plasmoverna* (FM), *Peronospora (FM)*, *Puccinia* (R), *Urocystis* (B), *Ramularia* (S). – ***Hepatica***: *Plasmoverna* (FM), *Puccinia* (R), *Urocystis* (B). – ***Heracleum***: *Protomyces* (G), *Synchytrium* (G), *Taphrina* (W), *Plasmopara* (FM), *Erysiphe* (EM), *Puccinia* (R), *Ramularia* (S), *Septoria* (S). – ***Hesperis***: *Albugo* (FM), *Hyaloperonospora* (FM), *Erysiphe* (FM). – ***Hieracium*** (inkl. ***Pilosella***): *Synchytrium* (G), *Bremia* (FM), *Golovinomyces* (EM), *Podosphaera* (EM), *Puccinia* (R), *Entyloma* (B). – ***Hippocrepis***: *Synchytrium* (G), *Erysiphe* (EM), *Uromyces* (R). – ***Hippophae***: *Phyllactinia* (EM). – ***Holosteum***: *Peronospora* (FM), *Puccinia* (R), *Microbotryum* (B). – ***Homogyne***: *Synchytrium* (G), *Golovinomyces* (EM), *Puccinia* (R), *Uromyces* (R). – ***Honckenia***: *Peronospora* (FM), *Puccinia* (R). – ***Hornungia***: *Synchytrium* (G), *Albugo* (FM), *Hyaloperonospora* (FM), *Peronospora* (FM), *Puccinia* (R). – ***Humu-***

lus: *Synchytrium* (G), *Pseudoperonospora* (FM), *Podosphaera* (EM), ***Hydrocotyle***: *Synchytrium* (G), *Puccinia* (R). – ***Hylotelephium*** (= *Sedum* pr.p., *Telephium*): *Erysiphe* (EM), *Golovinomyces* (EM). – ***Hyoscyamus***: *Synchytrium* (G), *Peronospora* (FM), *Golovinomyces* (EM). – ***Hypericum***: *Synchytrium* (G), *Erysiphe* (EM), *Melampsora* (R). *Uredo* (R). – ***Hypochaeris***: *Protomyces* (W, G), *Bremia* (FM), *Pustula* (FM), *Golovinomyces* (EM), *Podosphaera* (EM), *Puccinia* (R). – ***Hyssopus***: *Golovinomyces* (EM).

Iberis: *Albugo* (FM), *Peronospora* (FM), *Erysiphe* (EM), *Plasmodiophora* (W). – ***Impatiens***: *Plasmopara* (FM), *Fibroidium* (EM), *Oidiopsis* (EM), *Podosphaera* (EM), *Puccinia* (R), *Cronartium* (R). – ***Inula***: *Pustula* (FM), *Golovinomyces* (EM), *Leveillula* (EM), *Coleosporium* (R). – ***Ipomoea***: *Erysiphe* (EM). – ***Iris***: *Puccinia* (R), *Physoderma*, *Ectostroma*, *Sclerotium*. – ***Isatis***: *Albugo* (FM), *Hyaloperonospora* (FM), *Erysiphe* (EM), *Plasmodiophora* (W).

Jasione: *Coleosporium* (R), *Puccinia* (R). – ***Juglans***: *Microstroma* (B), *Marssonina* (S). – ***Juniperus***: *Gymnosporangium* (R), *Herpotrichia* (S), ***Jurinea***: *Puccinia* (R).

Kernera: *Albugo* (FM), *Hyaloperonospora* (FM), *Erysiphe* (EM). – ***Kickxia***: *Melanotaenium* (B). – ***Knautia***: *Synchytrium* (G), *Peronospora* (FM), *Erysiphe* (EM), *Podosphaera* (EM), *Aecidium* (R), *Microbotryum* (B), *Ramularia* (S).

Laburnum: *Peronospora* (FM), *Erysiphe* (EM), *Uromyces* (R). – ***Lactuca*** (inkl. *Cicerbita*, *Mycelis*): *Synchytrium* (G), *Bremia* (FM), *Erysiphe* (EM), *Golovinomyces* (EM), *Leveillula* (EM), *Podosphaera* (EM), *Puccinia* (R). – ***Lamium*** (inkl. *Galeobdolon*): *Synchytrium* (G), *Peronospora* (FM), *Golovinomyces* (EM), *Neoerysiphe* (EM), *Puccinia* (R), *Melanotaenium* (B), *Ramularia* (S). – ***Lapsana***: *Bremia* (FM), *Pustula* (FM), *Golovinomyces* (EM), *Podosphaera* (EM), *Puccinia* (R), *Ramularia* (S). – ***Larix***: *Melampsora* (R), *Melampsoridium* (R). – ***Laserpitium***: *Protomyces* (G), *Taphridium* (W), *Plasmopara* (FM), *Erysiphe* (EM), *Puccinia* (R), *Uromyces* (R). – ***Lathyrus***: *Physoderma* (G), *Synchytrium* (G), *Peronospora* (FM), *Erysiphe* (EM), *Uromyces* (R), *Entyloma* (B), *Thecaphora* (B), *Phacellium* (S), *Ramularia* (S). – ***Legousia***: *Peronospora* (FM), *Golovinomyces* (EM), *Coleosporium* (R). – ***Lemna***: *Tracya* (B). – ***Leontodon***: *Synchytrium* (G), *Protomyces* (G), *Protomycopsis* (G, W), *Bremia* (FM), *Golovinomyces* (EM), *Podosphaera* (EM), *Aecidium* (R). *Puccinia* (R), *Entyloma* (B). – ***Leonurus***: *Peronospora* (FM), *Neoerysiphe* (EM). – ***Lepidium*** (inkl. *Cardaria*, *Coronopus*): *Albugo* (FM), *Hyaloperonospora* (FM), *Perofascia* (FM), *Erysiphe* (EM), *Leveillula* (EM), *Puccinia* (R), *Urocystis* (B). – ***Leucanthemum*** (inkl. *Leucanthemopsis*): *Protomycopsis* (G), *Synchytrium* (G), *Peronospora* (FM), *Golovinomyces* (EM), *Puccinia* (R), *Entyloma* (B). – ***Leucojum***: *Melampsora* (R), *Puccinia* (R), *Urocystis* (B). – ***Levisticum***: *Plasmopara* (FM), *Erysiphe* (EM), *Puccinia* (R), *Ramularia* (S). – ***Ligustrum***: *Erysiphe* (EM), *Phyllactinia* (EM), *Puccinia* (R), *Thedgonia* (S). – ***Limonium***: *Physoderma* (G), *Peronospora* (FM), *Erysiphe* (EM), *Uromyces* (R). – ***Linaria***: *Synchytrium* (G), *Peronospora* (FM), *Golovinomyces* (EM), *Entyloma* (B), *Melanotaenium* (B). – ***Linum***: *Peronospora* (FM), *Golovinomyces* (EM), *Podosphaera* (EM), *Melampsora* (R). – ***Lithospermum*** (inkl. *Buglossoides*): *Synchytrium* (G), *Peronospora* (FM), *Erysiphe* (EM). *Golovinomyces* (EM), *Puccinia* (R). – ***Lobelia***: *Coleosporium* (R). – ***Lobularia***: *Albugo* (FM), *Hyaloperonospora* (FM), *Erysiphe* (EM), *Plasmodiophora* (W). – ***Lonicera***:

Erysiphe (EM), *Puccinia* (R), *Insolibasidium* (R). – ***Lotus***: *Physoderma* (G), *Synchytrium* (G), *Peronospora* (FM), *Erysiphe* (EM), *Uromyces* (R), *Ramularia* (S). – ***Lunaria***: *Albugo* (FM), *Hyaloperonospora* (FM), *Erysiphe* (EM), *Plasmodiophora* (W). – ***Lupinus***: *Erysiphe* (EM), *Uromyces* (R). – ***Lychnis***: *Synchytrium* (G), *Erysiphe* (EM), *Microbotryum* (B), *Thecaphora* (B). – ***Lycium***: *Synchytrium* (G), *Pytophthora* (FM), *Arthrocladiella* (EM). – ***Lycopus***: *Golovinomyces* (EM). – ***Lysimachia***: *Synchytrium* (G), *Puccinia* (R). – ***Lythrum***: *Erysiphe* (EM). – ***Ledum***: siehe *Rhododendron*. – ***Leontodon autumnalis*** siehe *Scorzoneroides*. – ***Libanotis*** siehe *Seseli*.

Magnolia: *Erysiphe* (EM). – ***Mahonia***: *Erysiphe* (EM), *Puccinia* (R). – ***Maianthemum***: *Puccinia* (R). – ***Malus***: *Phyllactinia* (EM), *Podosphaera* (EM), *Gymnosporangium* (R), *Ochropsora* (R), ***Malva***: *Golovinomyces* (EM), *Puccinia* (R). – ***Marrubium***: *Neoerysiphe* (EM). – ***Matricaria***: *Paraperonospora* (FM), *Peronospora* (FM), *Pustula* (FM), *Golovinomyces* (EM), *Podosphaera* (EM), *Puccinia* (R), *Entyloma* (B). – ***Matthiola***: *Albugo* (FM), *Peronospora* (*Hyaloperonospora*) (FM), *Erysiphe* (EM), *Plasmodiophora* (W). – ***Meconopsis***:*Peronospora* (FM), *Erysiphe* (EM). – ***Medicago***: *Physoderma* (G), *Synchytrium* (G), *Peronospora* (FM), *Erysiphe* (EM), *Leveillula* (EM), *Uromyces* (R), *Leptotrochila* (S). – ***Melampyrum***: *Peronospora* (FM), *Plasmopara* (FM), *Golovinomyces* (EM), *Podosphaera* (EM), *Coleosporium* (R), *Cronartium* (R), *Puccinia* (R). – ***Melilotus***: *Peronospora* (FM), *Erysiphe* (EM), *Uromyces* (R). – ***Melissa***: *Golovinomyces* (EM), *Neoerysiphe* (EM), *Puccinia* (R). – ***Melittis***: *Neoerysiphe* (EM), ***Mentha***: *Physoderma* (G), *Synchytrium* (G), *Peronospora* (FM), *Golovinomyces* (EM), *Puccinia* (R). – ***Menyanthes***: *Physoderma* (G). – ***Mercurialis:*** *Synchytrium* (G), *Melampsora* (R), *Cercospora* (S). – ***Mespilus***: *Phyllactinia* (EM), *Podosphaera* (EM), *Gymnosporangium* (R). – ***Meum:*** *Protomyces* (G), *Plasmopara* (FM), *Nyssopsora* (R), *Puccinia* (R). – ***Mimulus***: *Peronospora* (FM). – ***Minuartia***: *Puccinia* (R), *Microbotryum* (B). – ***Moehringia***: *Synchytrium* (G), *Peronospora* (FM), *Melampsorella* (R), *Puccinia* (R). – ***Monarda***: *Golovinomyces* (EM). – ***Muscari***: *Physoderma* (G), *Synchytrium* (G), *Puccina* (R), *Uromyces* (R), *Antherospora* (B), *Urocystis* (B). *Rhizoctonia* (S), *Sclerotium*. – ***Mutellina***: *Protomyces* (G), *Plasmopara* (FM), *Nyssopsora* (R), *Puccinia* (R), ***Myosotis***: *Synchytrium* (G), *Peronospora* (FM), *Golovinomyces* (EM), *Puccinia* (R), *Thekopsora* (R), *Entyloma* (B). – ***Myriophyllum***: *Physoderma* (G).

Narcissus: *Physoderma* (G), *Puccinia* (R), ***Nasturtium***: *Albugo* (FM), *Hyaloperonospora* (FM), *Erysiphe* (EM). – ***Neottia*** (inkl. *Listera*): *Melampsora* (R), *Puccinia* (R). – ***Nepeta***: *Neoerysiphe* (EM), *Golovinomyces* (EM), *Puccinia* (R). – ***Neslia***: *Albugo* (FM), *Hyaloperonospora* (FM), *Erysiphe* (EM), ***Nicotiana***: *Peronospora* (FM), *Euoidium* (EM), *Golovinomyces* (EM). – ***Nigella***: *Erysiphe* (EM), *Puccinia* (R). – ***Nonea***: *Golovinomyces* (EM), *Puccinia* (R). – ***Nymphaea***: *Rhamphospora* (B). – ***Nymphoides***: *Puccinia* (R).

Odontites: *Physoderma* (G), *Synchytrium* (G), *Plasmopara* (FM), *Podosphaera* (EM), *Coleosporium* (R), *Cronartium* (R), *Urocystis* (B). – ***Oenanthe***: *Physoderma* (G), *Protomyces* (G), *Synchytrium* (G), *Plasmopara* (FM), *Erysiphe* (EM), *Uromyces* (R), *Entyloma* (B). – ***Oenothera***: *Synchytrium* (G), *Peronospora* (FM), *Erysiphe* (EM), *Pucciniastrum* (R). – ***Onobrychis***: *Peronospora* (FM), *Erysiphe* (EM), *Uromyces* (R). – ***Ononis***: *Peronospora* (FM), *Erysiphe* (EM), *Uromyces* (R). – ***Onopordon***: *Bremia* (FM), *Golovinomyces* (EM),

Podosphaera (EM), *Puccinia* (R). – ***Orchis***: *Melampsora* (R), *Puccinia* (R). – ***Origanum***: *Golovinomyces* (EM), *Neoerysiphe* (EM), *Puccinia* (R). – ***Orlaya***: *Erysiphe* (EM). – ***Ornithogalum***: *Synchytrium* (G), *Puccinia* (R), *Uromyces* (R), *Urocystis* (B). – ***Orobanche***: *Urocystis* (G, B). – ***Orthilia***: *Chrysomyxa* (R), *Pucciniastrum* (R). – ***Oxalis***: *Synchytrium* (G), *Erysiphe* (EM), *Puccinia* (R), *Thecaphora* (B). – ***Oxyria***: *Puccinia* (R). – *Microbotryum* (B). – ***Oxytropis***: *Peronospora* (FM), *Uromyces* (R), *Thecaphora* (B).
Paeonia: *Erysiphe* (EM), *Cronartium* (R). – ***Papaver***: *Peronospora* (FM), *Erysiphe* (EM), *Golovinomyces* (EM), *Entyloma* (B), *Plasmodiophora* (W). – ***Parietaria***: *Podosphaera* (EM). – ***Paris***: *Puccinia* (R), *Urocystis* (B). – ***Parnassia***: *Synchytrium* (G), *Puccinia* (R). – ***Parthenocissus***: *Plasmopara* (FM), *Erysiphe* (EM), *Phyllactinia* (EM). – ***Pastinaca***: *Protomyces* (G), *Synchytrium* (G), *Plasmopara* (FM), *Erysiphe* (EM), *Uromyces* (R). – ***Pedicularis***: *Synchytrium* (G), *Peronospora* (FM), *Plasmopara* (FM), *Podosphaera* (EM), *Puccinia* (R). – ***Pelargonium***: *Fibroidium* (EM), *Puccinia* (R). – ***Petasites***: *Synchytrium* (G), *Golovinomyces* (EM), *Podosphaera* (EM), *Coleosporium* (R), *Puccinia* (R). – ***Petrorhagia***: *Peronospora* (FM), *Puccinia* (R), *Uromyces* (R), *Microbotryum* (B), *Thecaphora* (B). – ***Petroselinum***: *Plasmopara* (FM), *Erysiphe* (EM), *Puccinia* (R). – ***Petunia***: *Phytophthora* (FM), *Euoidium* (EM), *Golovinomyces* (EM), *Podosphaera* (EM). – ***Peucedanum***: *Physoderma* (G), *Protomyces* (G), *Taphridium* (W), *Plasmopara* (FM), *Erysiphe* (EM), *Puccinia* (R), *Passalora* (S). – ***Phaseolus***: *Uromyces* (R). – ***Philadelphus***: *Erysiphe* (EM). – ***Phlox***: *Golovinomyces* (EM), *Podosphaera* (EM). – ***Physalis***: *Entyloma* (B). – ***Phyteuma***: *Synchytrium* (G), *Peronospora* (FM), *Coleosporium* (R), *Uromyces* (R). – ***Picea***: *Chrysomyxa* (R), *Thekopsora* (R), *Rhizoctonia* (S), *Ramularia* (S), *Herpotrichia* (S). – ***Picris***: *Protomyces* (G), *Bremia* (FM), *Golovinomyces* (EM), *Leveillula* (EM), *Puccinia* (R), *Entyloma* (B). – ***Pimpinella***: *Physoderma* (G), *Protomyces* (G), *Synchytrium* (G), *Plasmopara* (FM), *Erysiphe* (EM), *Puccinia* (R). – ***Pinguicula***: *Microbotryum* (B). – ***Pinus***: *Coleosporium* (R), *Cronartium* (R), *Melampsora* (R), *Peridermium* (R), *Herpotrichia* (S). – ***Pisum***: Peronospora (FM), *Erysiphe* (EM), *Uromyces* (R). – ***Plantago***: *Synchytrium* (G), *Peronospora* (FM), *Golovinomyces* (EM), *Podosphaera* (EM), *Puccinia* (R), *Spilopodia* (S). – ***Platanthera***: *Melampsora* (R), *Puccinia* (R). – ***Platanus***: *Erysiphe* (EM). – ***Pleurospermum***: *Plasmopara* (FM), *Erysiphe* (EM). – ***Polemonium***: *Golovinomyces* (EM), *Podosphaera* (EM). – ***Polygonatum***: *Puccinia* (R; auch mit Hyperparasit *Tubercularia*), *Urocystis* (B). – ***Polygonum***: *Synchytrium* (G), *Peronospora* (FM), *Erysiphe* (EM), *Puccinia* (R), *Uromyces* (R), *Melanopsichium* (B), *Microbotryum* (B), *Sphacelotheca* (B). – ***Populus***: *Synchytrium* (G), *Taphrina* (W), *Erysiphe* (EM), *Phyllactinia* (EM), *Melampsora* (R). – ***Potamogeton***: *Golovinomyces* (EM), *Doassansiopsis* (B). – ***Potentilla***: *Physoderma* (G), *Synchytrium* (G), *Taphrina* (W), *Peronospora* (FM), *Podosphaera* (EM), *Phragmidium* (R), *Marssonina* (S). – ***Prenanthes***: *Protomyces* (G), *Golovinomyces* (EM), *Podosphaera* (EM), *Puccinia* (R). – ***Primula***: *Synchytrium* (G), *Peronospora* (FM), *Puccinia* (R), *Uromyces* (R), *Urocystis* (B). – ***Prunella***: *Synchytrium* (G), *Golovinomyces* (EM), *Puccinia* (R). – ***Prunus***: *Synchytrium* (G), *Taphrina* (W), *Peronospora* (FM), *Phyllactinia* (EM), *Podosphaera* (EM), *Leucotelium* (R), *Ochropsora* (R), *Thekopsora* (R), *Tranzschelia* (R). – ***Pseudoturritis***: *Albugo* (FM), *Peronospora* (FM), *Erysiphe* (EM), *Podosphaera* (EM). – ***Pulicaria***: *Po-*

dosphaera (EM), *Uromyces* (R). – ***Pulmonaria***: *Peronospora* (FM), *Golovinomyces* (EM), *Puccinia* (R).-***Pulsatilla***: *Plasmoverna* (FM), *Erysiphe* (EM), *Coleosporium* (R), *Puccinia* (R), *Tranzschelia* (R). – ***Puschkinia***: *Antherospora* (B).-***Pyrola***: *Chrysomyxa* (R), *Pucciniastrum* (R). – ***Pyracantha***: *Phyllactinia* (EM). – ***Pyrus***: *Taphrina* (W), *Phyllactinia* (EM), *Podosphaera* (EM), *Gymnosporangium* (R; auch mit Hyperparasit *Tubercularia*), *Ochropsora* (R).

Quercus: *Taphrina* (W), *Erysiphe* (EM), *Phyllactinia* (EM), *Microstroma* (B).

Ranunculus: *Physoderma* (G), *Synchytrium* (G), *Peronospora* (FM), *Erysiphe* (EM), *Puccinia* (R), *Uromyces* (R), *Entyloma* (B), *Heterodoassansia* (B), *Urocystis* (B), *Leptotrochila* (S), *Ramularia* (S). – ***Raphanus***: *Albugo* (FM), *Hyaloperonospora* (FM), *Erysiphe* (EM; vgl. *Golovinomyces*), *Plasmodiophora* (W). – ***Reseda***: *Albugo* (FM), *Peronospora* (FM), *Erysiphe* (EM), *Plasmodiophora* (W). – ***Rhamnus***: *Erysiphe* (EM), *Puccinia* (R; auch mit Hyperparasit *Tubercularia*). – ***Rhinanthus***: *Plasmopara* (FM), *Podosphaera* (EM). – ***Rhodiola***: *Erysiphe* (EM), *Puccinia* (R). – ***Rhododendron*** (inkl. *Ledum*): *Exobasidium* (G, B), *Erysiphe* (EM), *Chrysomyxa* (R), *Seifertia* (S). – ***Rhus***: *Podosphaera* (EM). – ***Ribes***: *Plasmopara* (FM), *Erysiphe* (EM), *Phyllactinia* (EM), *Podosphaera* (EM), *Caeoma* (R), *Cronartium* (R), *Melampsora* (R), *Puccinia* (R). – ***Robinia***: *Erysiphe* (EM). – ***Rorippa***: *Albugo* (FM), *Hyaloperonospora* (FM), *Plasmodiophora* (W). – ***Rosa***: *Peronospora* (FM), *Podosphaera* (EM), *Phragmidium* (R). – ***Rubus***: *Synchytrium* (G), *Peronospora* (FM), *Podosphaera* (EM), *Gymnoconia* (R), *Kuehneola* (R), *Phragmidium* (R), *Pucciniastrum* (R). – ***Rudbeckia***: *Golovinomyces* (EM). – ***Rumex***: *Physoderma* (G), *Synchytrium* (G), *Peronospora* (FM), *Erysiphe* (EM), *Puccinia* (R), *Uromyces* (R), *Microbotryum* (B), *Ramularia* (S).

Sagittaria: *Doassansia* (B). – ***Salicornia***: *Uromyces* (B). – ***Salix***: *Synchytrium* (G), *Erysiphe* (EM), *Phyllactinia* (EM), *Podosphaera* (EM), *Melampsora* (R). – ***Salvia***: *Synchytrium* (G), *Peronospora* (FM), *Golovinomyces* (EM), *Leveillula* (EM), *Neoerysiphe* (EM), *Puccinia* (R), *Microbotryum* (B). – ***Sambucus***: *Erysiphe* (EM), *Cercospora* (S), *Pseudocercospora* (S). – ***Sanguisorba***: *Synchytrium* (G), *Peronospora* (FM), *Podosphaera* (EM), *Phragmidium* (R), *Xenodochus* (R). – ***Sanicula***: *Synchytrium* (G), *Plasmopara* (FM), *Puccinia* (R). – ***Saponaria***: *Erysiphe* (EM), *Puccinia* (R), *Uromyces* (R), *Microbotryum* (B), *Thecaphora* (B). – ***Sarothamnus*** siehe *Cytisus*. – ***Satureja***: *Peronospora* (FM), *Neoerysiphe* (EM), *Puccinia* (R). – ***Saxifraga***: *Synchytrium* (G), *Peronospora* (FM), *Podosphaera* (EM), *Melampsora* (R), *Puccinia* (R), *Arcticomyces* (B). – ***Scabiosa***: *Peronospora* (FM), *Erysiphe* (EM), *Microbotryum* (B). – ***Scilla***: *Synchytrium* (G), *Caeoma* (R), *Puccinia* (R), *Uromyces* (R), *Urocystis* (B). – ***Scleranthus***: *Peronospora* (FM), *Uromyces* (R). – ***Scorzonera***: *Bremia* (FM), *Novotelnova* (FM), *Pustula* (FM), *Golovinomyces* (EM), *Puccinia* (R), *Microbotryum* (B). – ***Scorzoneroides*** (= *Leontodon autumnalis* etc.): *Protomyces* (G), *Synchytrium* (G), *Bremia* (FM), *Podosphaera* (EM, vgl. *Golovinomyces*), *Puccinia* (R), *Entyloma* (B), *Protomycopsis*. – ***Scrophularia***: *Synchytrium* (G), *Peronospora* (FM), *Uromyces* (R). – ***Scutellaria***: *Synchytrium* (G), *Peronospora* (FM), *Ramularia* (S). – ***Securigera***: *Peronospora* (FM), *Erysyphe* (EM), *Uromyces* (R). – ***Sedum***: *Erysiphe* (EM), *Golovinomyces* (EM), *Puccinia* (R). – ***Selinum***: *Physoderma* (G), *Protomyces* (W), *Synchytrium* (G), *Plas-*

mopara (FM), *Erysiphe* (EM), *Puccinia* (R). – ***Sempervivum***: *Endophyllum* (R). – ***Senecio***: *Synchytrium* (G), *Bremia* (FM), *Pustula* (FM), *Golovinomyces* (EM), *Podosphaera* (EM), *Coleosporium* (R), *Puccinia* (R). – ***Serratula***: *Synchytrium* (G), *Golovinomyces* (EM), *Podosphaera* (EM), *Puccinia* (R). – ***Seseli*** (inkl. *Libanotis*): *Protomyces* (G), *Plasmopara* (FM), *Erysiphe* (EM), *Puccinia* (R). – ***Sherardia***: *Peronospora* (FM), *Thekopsora* (R). – ***Sibbaldia***: *Podosphaera* (EM). – ***Sideritis***: *Neoerysiphe* (EM). – ***Silaum***: *Physoderma* (G), *Synchytrium* (G), *Plasmopara* (FM), *Erysiphe* (EM), *Puccinia* (R). – ***Silene***: *Peronospora* (FM), *Erysiphe* (EM), *Puccinia* (R), *Uromyces* (R), *Microbotryum* (B). – ***Silybum***: *Golovinomyces* (EM), *Puccinia* (R), *Microbotryum* (B). – ***Sinapis***: *Albugo* (FM), *Hyaloperonospora* (FM), *Erysiphe* (EM), *Plasmodiophora* (W). – ***Sisymbryum***: *Albugo* (FM), *Hyaloperonospora* (FM), *Peronospora* (FM), *Erysiphe* (EM), *Plasmodiophora* (W). – ***Sium***: *Buerenia* (W, G), *Physoderma* (G), *Protomyces* (G), *Plasmopara* (FM), *Erysiphe* (EM), *Uromyces* (R), *Entyloma* (B). – ***Solanum***: *Synchytrium* (G), *Phytophthora* (FM), *Euoidium* (EM), *Golovinomyces* (EM), *Pseudooidium* (EM), *Spongospora*. – ***Soldanella***: *Puccinia* (R). – ***Solidago***: *Synchytrium* (G), *Bremia* (FM), *Plasmopara* (FM), *Golovinomyces* (EM), *Podosphaera* (EM), *Puccinia* (R), *Uromyces* (R). – ***Sonchus***: *Protomyces* (G), *Synchytrium* (G), *Bremia* (FM), *Golovinomyces* (EM), *Podosphaera* (EM), *Coleosporium* (R), *Puccinia* (R). – ***Sorbus***: *Phyllactinia* (EM), *Podosphaera* (EM), *Gymnosporangium* (R), *Ochropsora* (R). – ***Sparganium***: *Nannfeldtiomyces* (B). – ***Spartium***: *Erysiphe* (EM), *Uromyces* (R). – ***Spergula***: *Peronospora* (FM), *Puccinia* (R). – ***Spergularia***: *Albugo* (FM), *Peronospora* (FM), *Uromyces* (R). – ***Spinacia***: *Peronospora* (FM), ***Spiraea***: *Podosphaera* (EM). – ***Spirodela***: *Tracya* (B). – ***Stachys***: *Synchytrium* (G), *Peronospora* (FM), *Neoerysiphe* (EM), *Puccinia* (R), *Microbotryum* (B). – ***Stellaria***: *Synchytrium* (G), *Peronospora* (FM), *Melampsorella* (R), *Puccinia* (R), *Microbotryum* (B), *Thecaphora* (B), *Phacellium* (S), *Septoria* (S). – ***Suaeda***: *Peronospora* (FM), *Uromyces* (R). – ***Succisa***: *Synchytrium* (G), *Peronospora* (FM), *Erysiphe* (EM), *Microbotryum* (B). – ***Swertia***: *Golovinomyces* (EM), *Oidium* (EM). – ***Symphoricarpos***: *Erysiphe* (EM). – ***Symphytum***: *Synchytrium* (G), *Physoderma* (G), *Pronospora* (FM), *Golovinomyces* (EM). *Melampsorella* (R), *Puccinia* (R), *Entyloma* (B). – ***Syringa***: *Erysiphe* (EM), *Phyllactinia* (EM).

Tagetes: *Golovinomyces* (EM). – ***Tanacetum***: *Bremia* (FM), *Paraperonospora* (FM), *Pustula* (FM), *Golovinomyces* (EM), *Podosphaera* (EM), *Puccinia* (R), *Entyloma* (B). – ***Taraxacum***: *Protomyces* (G), *Synchytrium* (G), *Bremia* (FM), *Golovinomyces* (EM), *Podosphaera* (EM), *Puccinia* (R), *Entyloma* (B). – ***Teesdalia***: *Albugo* (FM), *Hyaloperonospora* (FM). – ***Telekia***: *Golovinomyces* (EM), *Coleosporium* (R). – ***Tephroseris***: *Golovinomyces* (EM), *Podosphaera* (EM), *Aecidium* (R), *Coleosporium* (R), *Puccinia* (R), *Entyloma* (B). – ***Tetragonolobus*** siehe *Lotus*. – ***Teucrium***: *Physoderma* (G), *Peronospora* (FM), *Puccinia* (R), *Melanotaenium* (B). – ***Thalictrum***: *Synchytrium* (G), *Plasmoverna* (FM), *Erysiphe* (EM), *Podosphaera* (EM), *Aecidium* (R), *Puccinia (R)*, *Tranzschelia* (R). – ***Thesium***: *Peronospora* (FM), *Erysiphe* (EM), *Puccinia* (R). – ***Thlaspi***: *Albugo* (FM), *Hyaloperonospora* (FM), *Peronospora* (FM), *Erysiphe* (EM), *Puccinia* (R), *Plasmodiophora* (W). – ***Thymus***: *Synchytrium* (G), *Peronospora* (FM), *Puccinia* (R). – ***Tolpis***: *Golovinomyces* (EM), *Podosphaera* (EM), *Puccinia* (R). – ***Tordylium***: *Erysiphe* (EM). – ***Torilis***: *Proto-*

myces (G), *Synchytrium* (G), *Erysiphe* (EM), *Puccinia* (R), *Uromyces* (R). – ***Tragopogon***: *Protobremia* (FM), *Pustula* (FM), *Golovinomyces* (EM), *Podosphaera* (EM). – ***Trientalis***: *Urocystis* (B). – ***Trifolium***: *Olpidium* (G), *Physoderma* (G), *Synchytrium* (G), *Peronospora* (FM), *Erysiphe* (EM), *Uromyces* (R), *Pseudopeziza* (S), *Polythrincium* (S). – ***Triglochin***: *Tetramyxa*, *Plasmodiophora* (W). – ***Tripleurospermum***: *Protomyces* (G), *Podosphaera* (EM), *Paraperonospora* (FM), *Peronospora* (FM), *Puccinia* (R), *Entyloma* (B). – ***Trollius***: *Erysiphe* (EM), *Puccinia* (R), *Urocystis* (B). – ***Tropaeolum***: *Coleosporium* (R), *Cronartium* (R). – ***Tunica*** siehe *Petrorhagia*. – ***Turritis*** *glabra*: *Albugo* (FM), *Peronospora* (FM), *Erysiphe* (EM), *Urocystis* (B), *Plasmodiophora* (W). – ***Tussilago***: *Synchytrium* (G), *Golovinomyces* (EM), *Coleopsporium* (R), *Puccinia* (R).

Ulmus: *Synchytrium* (G), *Taphrina* (W), *Erysiphe* (EM), *Phyllactinia* (EM), *Phloeospora* (S). – ***Urtica***: *Synchytrium* (G), *Peronospora* (FM), *Pseudoperonospora* (FM), *Golovinomyces* (EM), *Erysiphe* (EM), *Puccinia* (R), *Ramularia* (S).

Vaccinium (inkl. *Oxycoccus*): *Exobasidium* (G, W, B), *Podosphaera* (EM), *Thekopsora* (R), *Naohidemyces* (R). – ***Valeriana***: *Synchytrium* (G), *Peronospora* (FM), *Golovinomyces* (EM), *Puccinia* (R), *Uromyces* (R). – ***Valerianella***: *Synchytrium* (G), *Peronospora* (FM), *Golovinomyces* (EM), *Puccinia* (R). – ***Veratrum***: *Puccinia* (R), *Uromyces* (R). – ***Verbena***: *Peronospora* (FM), *Erysiphe* (EM), *Golovinomyces* (EM), *Podosphaera* (EM). – ***Veronica***: *Sorosphaera* (G), *Synchytrium* (G), *Peronospora* (FM), *Golovinomyces* (EM), *Podosphaera* (EM), *Oidium* (EM), *Puccinia* (R), *Entyloma* (B), *Schroeteria* (B), *Ramularia* (S). – ***Viburnum***: *Erysiphe* (EM). – ***Vicia***: *Peronospora* (FM), *Erysiphe* (EM), *Uromyces* (R). – ***Vinca***: *Peronospora* (FM), *Golovinomyces* (EM). *Pseudooidium* (EM), *Puccinia* (R; auch mit Hyperparasit *Tubercularia*). – ***Vincetoxicum***: *Leveillula* (EM), *Cronartium* (R). – ***Viola***: *Synchytrium* (G), *Peronospora* (FM), *Golovinomyces* (EM), *Puccinia* (R), *Urocystis* (B), *Sclerotinia* (S), *Ramularia* (S). – ***Viscaria***: *Uromyces* (R), *Microbotryum* (B). – ***Vitis***: *Plasmopara* (FM), *Erysiphe* (EM); *Pseudooidium* (EM), *Phyllactinia* (EM), *Sorosphaera* (G). – ***Vogelia*** siehe *Neslia*.

Willemetia: *Synchytrium* (G), *Puccinia* (R).

Xanthium: *Podosphaera* (EM), *Puccinia* (R).

Zinnia: *Golovinomyces* (EM).

Schlüssel XVIII: Gattungen mit makroskopisch sichtbaren stäubenden Sporenlagern (Pucciniales, Ustilaginales, Gattungen der Anamorphen)

Schlüssel XVIII-1: Rostpilze, Pucciniales: Bestimmung vorrangig nach Teleutosporen (III; hier abgekürzt als Sp)

Aecidio-Sp = I; Uredo-Sp = II, Teleuto-Sp = III. Lebenskreislauf der Rostpilze siehe Abschnitt „Überblick über das Pilzreich", S. 73.

Kleinere, im folgenden Schlüssel nicht berücksichtigte Gattungen

Gymnoconia: auf *Rubus saxatilis*, die befallenen Bl deformierend. III-Sp 2-zellig in kettenfö Anordnung, farblos gestielt. Vgl. auch *Phragmidium* auf gleichem Wirt, hier aber die Bl nicht deformierend

Milesina: auf Farnen

Nyssospora: auf *Meum, Mutellina*. III-Sp gestielt, 3-zellig, stachelig

Triphragmium: auf *Filipendula*. III-Sp 3-eckig, 3-zellig, gestielt

Ochropsora: Ww zwischen *Anemone* (0, I) und *Aruncus* (II, III) oder holzigen Rosaceae wie *Amelanchier, Sorbus, Prunus*, *Pyrus* (jeweils II, III). Vermeintl III-Sp sind in Wirklichkeit Basidien, reif 4-zellig, nicht erkennbar gestielt, auf Bl-Unterseite blass-fleischfarbene kleine Pusteln (0,25–0,5 mm im Durchm), in kleineren oder größeren Gruppen angeordnet, bildend

Uredinopsis: Ww zwischen Farnen (II, III) und *Abies* (0, I)

Uredo: auf *Calluna*, *Cannabis*, *Erica*, *Hypericum*, *Viola*. III-Sp fehlend, es werden nur II-Sp gebildet

Xenodochus: auf *Sanguisorba*. III-Sp in Ketten, diese kurz gestielt

1 Teleutosp (III) gestielt **2**
1* Teleutosp (III) ungestielt **7**

Teleutosporen gestielt (2–6)

2 Teleutosp in Ketten; Sp in jeder Kette zu 2 (scheinbar 2-zellig) oder zu mehreren . . **3**
2* Teleutosp nicht in Ketten, also stets einzeln, dabei ein- oder mehrzellig **4**
3 Sp-Paar lose zusammenhängend, zwischen den beiden Sp ist die Kette tief eingeschnürt ***Tranzschelia***
3* Sp zu mehr als zu zweien, bis zu 13 Sp in einer Kette ***Kuehneola***
4 Sp alle einzellig, gestielt. Falls einzellige und zweizellige Sp gemischt siehe *Puccinia* ***Uromyces***
4* Sp 2- bis mehrzellig **5**
5 Sp mehrzellig, d. h. zu mehr als 2. Alle Entwicklungsstadien auf Rosengewächsen (Rosaceae) ***Phragmidium***
5* Sp 2-zellig **6**
6 Sp durch gelatinöse Grundmasse zu polsterartigen Gebilden verklebt, im Frühjahr auf Wacholder (*Juniperus*), Aecidien auf Rosengewächsen (Kernobst) gebildet, gitterfö oder geschlitzt sich öffnend ***Gymnosporangium***
6* Sp nicht in gelatinöser Grundmasse. Aecidien meist becherfö mit gut entwickelter Pseudoperidie ***Puccinia***

Teleutosporen ungestielt (7–16)

7 Sp 1-zellig **8**
7* Sp mehrzellig **10**

– Teleutosporen einzellig (8–9)

8 Sp 1-zellig, reihenweise bis zu 13 Sp in Kette. Auf Brombeeren (*Rubus*) ***Kuehneola*** (*uredinis*)

8* Die 1-zelligen Sp zu säulenfö Lagern verbunden. Die Aecidien als gelbrote Pusteln oder Flecken auf Nadeln oder Rinde von NaB **9**

9 I: auf *Pinus*, II, III: *Euphrasia*, *Gentiana*, *Impatiens*, *Melampyrum*, *Odontites*, *Paeonia*, *Ribes*, *Tropaeolum*, *Vincetoxicum* ***Cronartium***

9* I: auf *Picea*, II, III: *Orthilia*, *Pyrola*, *Rhododendron* ***Chrysomyxa***

– ***Teleutosporen mehrzellig (10–16)***

10 Teleutosp in Epidermiszellen oder in/zwischen subepidermalen Zellen des Wirtes. . . **11**

10* Teleutosp in subepidermalen Lagern, ± palisadenfö angeordnet **16**

11 Auf Farnen. Teleutosp (III) farblos ***Hyalopsora***

11* Nicht auf Farnen. Teleutosp (III) braun mit ± verdickter Wand **12**

12 Sp (III) 1-zellig in Zwischenräumen unterhalb der Epidermis ***Melampsoridium***

12* Sp (III) durch senkrechte Wände mehrzellig **13**

13 Sp (III) in Zell-Zwischenräumen unterhalb der Epidermis ***Pucciniastrum***

13* Sp (III) innerhalb der Epidermiszellen des Wirtes **14**

14 An Preiselbeeren (*Vaccinium vitis-idaea*) geschwollene Triebe bildend ***Thekopsora***

14* Keine geschwollenen Triebe an Preiselbeere bildend, bisw aber auch an *Vaccinium* **15**

15 Auf Rubiaceae: *Cruciata*, *Galium*, *Sherardia* oder auf *Myosotis*, *Prunus* ***Thekopsora***

15* Auf *Vaccinium* (vgl. **14**) ***Naohidemyces***

16 Sp (III) bleibend 1-zellig, deren Scheitel nicht auffallend verdickt ***Melampsora***

16* Sp (III) zuerst einzellig, dann durch Querteilung mehrzellig, mit verdicktem Scheitel ***Coleosporium***

Schlüssel XVIII-2: Brandpilze, Ustilaginales
Kleinere, im folgenden Schlüssel nicht berücksichtigte Gattung

Microstroma (jetzt ***Pseudomicrostroma***) auf *Castanea, Juglans*, *Quercus*:

1 Brandsp zu zweien oder in Ballen. **2**

1* Brandsp stets (meist) einzeln, nicht in Ballen. **9**

Brandsporen zu zweien oder in Ballen (2–8)

2 Sp-Lager fest, streifig in/an Blättern von Cyperaceae; Sp zu zweit ***Schizonella***

2* Nicht auf Cyperaceae **3**

3 Sp zu zweit. Sori ± pulverig, in Samen von Scrophulariaceae (*Veronica*). ***Schroeteria***

3* Sp in Ballen. **4**

4 Auf/in Wasserpflanzen. Sp-Lager dauernd im Wirtsgewebe eingeschlossen bleibend **5**

*4** Auf Landpflanzen. Sp-Lager nicht dauernd im Wirtsgewebe eingeschlossen bleibend, reif stäubend oder bröckelnd. 7

– ***Auf Wasserpflanzen: Lemnaceae, Potamogetonaceae, Sparganiaceae (5–6)***

5 In Blättern und Sprossachsen von *Hydrocharis, Lemna, Spirodela* ***Tracya***

5* Auf anderen Wirten. **6**

6 In Blättern und Sprossachsen von *Potamogeton*. Sp-Ballen im Inneren aus einer Sp-Schicht und einem Kern aus sterilen Zellen bestehend oder an Wasser- und auch an Sumpfpflanzen und Sp-Ballen im Inneren nur aus Sp bestehend:
siehe ***Doassansia***, ***Doassansiopsis***

6* In Blättern und Sprossachsen von *Sparganium*. Sp-Ballen brüchig, aus verzweigten Hyphen und zerstreut eingelagerten Sp bestehend ***Nannfeldtiomyces***

*– **Auf Landpflanzen (7–8)***

7 Sp-Ballen bestehen nur aus Sp **8**

7* Sp-Ballen aus Sp und sterilen Zellen zusammengesetzt. Sterile Zellen die zentralen Sp umhüllend [Falls sterile Zellen mit den Sp vermischt. Auf Poaceae: siehe ***Moesziomyces***] ***Urocystis*** (inkl. *Tuburcinia*)

8 Sp-Ballen extern in schwarzen Körpern (Brandkörper). In Blütenständen von Cyperaceae, Juncaceae und *Montia* ***Tolyposporium***

8* Sp-Ballen in verschiedenen Pflanzenteilen, fest, ohne Zerfallsneigung [Falls Sp-Ballen leicht in einzelne Sp zerfallend und in Blütenknospen von Caryophyllaceae: siehe *Sorosporium*]. Freie Außenflächen der Sp stachelwarzig. [Falls Sp an den freien Außenflächen mit Papillen und falls auf Amaranthaceae und Chenopodiaceae: ▸]
Thecaphora

Brandsporen einzeln, nicht in Ballen (9–16)

9 Sp-Lager im reifen Zustand kompakt und nicht stäubend, auch im Wirtsgewebe eingeschlossen bleibend **10**

9* Sp-Lager im reifen Zustand stäubend, bisw in langen Streifen auf Blättern von Süßgräsern **12**

*– **Sporenlager nicht stäubend (10–11)***

10 Auf Blütenständen von Seggen (*Carex*). [Falls auf *Luzula*: siehe *Stegocintractia*]
Anthracoidea

10* Nicht auf Seggen, vielmehr auf Süßgräsern oder Zweikeimblättlern (Dikotylen). Sp-Lager vom Wirtsgewebe eingeschlossen, begrenzte Blattflecken oder Anschwellungen bildend **11**

11 Auf Süßgräsern ***Jamesdicksonia***

11* Auf anderen Wirten (z. B. *Ranunculus*, *Papaver*) ***Entyloma***

*– **Sporenlager im reifen Zustand stäubend (12–16)***

12 Sp-Lager zumeist im Fruchtknoten von Getreidearten. Sp meist größer als 18 µm und netzartig ornamentiert ***Tilletia***

12* Sp-Lager nicht im Fruchtknoten von Gräsern und Sp kleiner oder bis zu 18 µm . . **13**

13 In Staubblättern und Fruchtknoten von Blüten (meist Caryophyllaceae), auch in Blütenköpfen (Asteraceae, Dipsacaceae) oder auch an Blättern (Polygonaceae). Sp-Masse schwarzviolett bis rotviolett. Sp meist violett, mit Netz., Stachel- oder Warzenornament
Microbotryum

13* Nicht vorrangig in Blüten von Caryophyllaceae und/oder mit anderen Merkmalen . . **14**

14 Auf Hirse oder Mais ***Sporisorium***

14* Auf anderen Wirten. Falls auf Mais, dann mit gallenartigen Wucherungen auch am Spross **15**

15 Sp-Lager nicht mit sterilen Hyphen ***Ustilago***
15* Sp-Lager von sterilen Hyphen bedeckt oder durchzogen **16**
16 Auf Seggen. Sp-Lager von sterilen Hyphen durchzogen [Falls auf *Luzula*: siehe *Stegocintractia*] ***Farysia***
16* Auf anderen Wirten. In Fr-Knoten von Polygonaceae. Sp-Lager (jung) von sterilen Hyphen bedeckt ***Sphacelotheca***

Schlüssel XIX: An lebenden Pflanzen Deformationen bildend (Exobasidiales, Rhytismatales, Taphrinales, Gattungen der Anamorphen)

1 Auf Blättern von Ahorn-Arten (*Acer*; auch an *Salix, Andromeda*) zentimetergroße, flächige, krustige, schwarze Flecken bildend ***Rhytisma***
1* Nicht so **2**
2 Auf Früchten von Apfel und Birne kleinere, olivgrüne, schorfige Flecken bildend. (Abb. 24) ***Venturia*** (Anamorphen *Fusicladium*, *Spilocaea*)
2* Nicht so **3**
3 An Süßgräsern Sklerotien oder weißl, goldgelbe, rotbräunl Stromata oder grauschwärzl Beulen bildend (siehe auch *Epichloe*). **4**
3* Falls auf Süßgräsern, dann anders in Erscheinung tretend **5**
4 Am Blütenstand stiftfö oder hornfö, etwas gekrümmte, dunkelviolette bis schwarzbraune, harte, 0,5–3(–4) cm lange Sklerotien bildend (Abb. 35) ***Claviceps***
4* An Mais (*Zea*; Blütenstand, auch an Halmen, Wurzeln) erbsen- bis kindskopfgroße, von dünner silbergrauer Haut umgebene Beulen bildend (Abb. 131) ***Ustilago*** (*maydis*)
5 Auf Heidekrautgewächsen (bei uns häufig auf *Rhododendron*) zentimetergroße kugelige Gallen oder an deformierten Blättern (von *Andromeda*, *Vaccinium*) gallenartige Wucherungen verursachend. Wenn reif auf der Oberfläche der Gallen und Wucherungen Basidien bildend (Abb. 43). Falls auf *Juglans*: *Microstroma* ***Exobasidium***
5* Nicht so **6**
6 Besonders an Erle (*Alnus*; am ♀ Blütenstand), und an *Prunus* Wucherungen (Narrentaschen, Kräuselblätter) verursachend; reif an der Oberfläche solcher Wucherungen Asci bildend. (Abb. 21, 22) ***Taphrina***
6* Nicht so **7**
7 An Birke (*Betula*) als Wucherungen oder Hexenbesen erscheinend **8**
7* Nicht so. Falls an Holz krebsartige Wucherungen bildend, diese innen nicht braun . . **9**
8 An Birkenstämmen als krebsartige, kopfgroße, schwarze, uneben geriffelt-rissige Gebilde erscheinend, diese jedoch nur scheinbar Wucherungen des Baumes; in Wirklichkeit aus Pilzhyphen bestehende Anamorphe eines Porlings, diese innen dunkelbraun ***Inonotus*** (*obliquus*)
8* Hexenbesen (dichte Büschel aus kurzen Ästen) verursachend. Einige Arten auch Deformationen an Blättern verursachend ***Taphrina*** (*betulina*)

9 An Holz (Zweige, Äste) von Kernobst, seltener von Esche, Weide, Birke, wulstige Auftreibungen bildend, z. T. das Holz frei legend und dann als offener Holzkrebs sichtbar (Abb. 34B). Perithecien mit Asci nicht auf einem Stroma gebildet, sondern zerstreut im Holz ***Nectria*** pr.p. (*Neonectria ditissima*)

9* Nicht so **10**

10 Pilz im Inneren von Wurzelgallen von Kreuzblütlern (Brassicaceae; Abb. 7) oder auch an *Zostera* (am Meer). Falls an oberirdischen Gallen von *Triglochin*: *Tetramyxa* ***Plasmodiophora***

10* Nicht so **11**

11 Auf dem Wirt (z. B. *Aegopodium* und andere Doldenblütler; auch auf *Crepis*) Verkrümmungen verursachend; an Blattstielen und Sprossabschnitten spindelige, 2–15 mm lange, feste, blasige, blassgrüne Schwielen bildend. Im Inneren mit ascogenen Zellen, Asci mit 4,5 × 3 µm messenden Asc-Sp. ***Protomyces***

11* Erscheinungsbild anders **12**

12 Im Gebiet ausschließlich auf *Crepis* in den Alpen. Blätter mit blasigen Auftreibungen, diese dunkelgrün bis gelb, später grauweiß bereift. Asc-Sp 4–7 × 1–2 µm. ***Volkartia***

12* Auf verschiedenen Wirten auch außerhalb der Alpen. **13**

13 Dunkelgraue Flecken an bodennahen oft deformierten Blättern bildend oder an Blättern beulen- bis blasenfö Aufwölbungen erscheinend. An Doldenblütlern (*Carum*, *Laserpitium*, *Peucedanum*) ***Taphridium***

13* Nicht so. An Farnen, Doldenblütlern, Körbchenblütlern und zahlreichen anderen Wirten aus unterschiedlichen Familien **14**

14 Warzenfö, halbkugelige oder flache, sehr kleine bis zu 2 mm messende Gallen bildend **15**

14* Nicht so ▸

15 Gallen warzenfö, goldgelb durchscheinend, weniger als 1 mm im Durchm, meist zahlreich, unterseits an bodennahen Blättern. Dauersporangien 50–200 µm im Durchm. Wirte siehe Aufstellung unter Schlüssel XIV ***Synchytrium***

15* Gallen flach bis halbkugelig gewölbt, grünl-glasig, durchscheinend gelbbräunl, 1–2 mm im Durchm. Dauersporangien 35–38 µm. Wirte siehe Aufstellung unter Schlüssel XIV ***Physoderma***

Schlüssel XX: Mehltaupilze und Verwandte (Peronosporales, Erysiphales, samt ihren Anamorphen)

1 Mehltaubelag bzw. Schimmelrasen aus (unverzweigten) Hyphen ohne Querwände bestehend **Peronosporales** (Oomycota)

1* Mehltaubelag bzw. Schimmelrasen aus verzweigten Hyphen mit Querwänden bestehend **Erysiphales** (Ascomycota)

Schlüssel XX-1: Peronosporales (Oomycota)

1 Konidien in kettenfö Anordnung auf keulenfö Konidienträgern in dichter Anordnung (einen Sorus unter der Wirtsepidermis bildend) ***Albugo***
1* Konidien oder Sporangien nicht in kettenfö Anordnung. Konidienträger meist verzweigt, keinen Sorus bildend, über die Spaltöffnungen des Wirtes hervortretend . . . **2**
2 Konidienträger gegenüber den übrigen Hyphen deutl differenziert **3**
2* Konidien-/Sporangienträger gegenüber den übrigen Hyphen *nicht* deutl differenziert. Vor allem an Keimpflanzen ▸
3 Konidienträger schlank, mit schlanken Zweigen **4**
3* Konidienträger gedrungen, mit kurzen, dicken Zweigen. [Falls auf *Setaria*: ***Sclerospora***; auf *Conyza, Erigeron* ***Basidiophora***] ▸
4 Konidienträger gabelig bis sympodial verzweigt, wachsen nach Bildung der ersten Konidie weiter, übergipfeln diese und bilden seitenständig eine neue Konidie ***Phytophthora***
4* Konidienträger nicht weiterwachsend (nicht übergipfelnd) **5**
5 Konidien an der Spitze nicht mit Papille [Falls auf *Humulus, Urtica, Rosa*: ***Pseudoperonospora***] ***Peronospora***
5* Konidien an der Spitze mit Papille **6**
6 Konidien auf Sterigmen, die aus unregelmäßig geformten, scheibenfö Strukturen entstehen. Konidienträger dichotom verzweigt ***Bremia***
6* Sterigmen der Konidien nicht aus scheibenfö Struktur gebildet. Konidienträger monopodial verzweigt ***Plasmopara***

Schlüssel XX-2: Erysiphales (Ascomycota)

Auf besonderen Wirten (Süßgräser, Bocksdorn, Ahorn, Rosskastanie) (1–3)
1 Auf Süßgräsern (Poaceae) ***Blumeria***
1* Nicht auf Süßgräsern. **2**
2 Auf Bocksdorn (*Lycium,* Solanaceae) ***Arthrocladiella***
2* Nicht auf *Lycium* **3**
3 Auf Ahorn (*Acer*) oder Rosskastanie (*Aesculus*) ***Sawadaea***
3* Nicht auf *Acer* oder *Aesculus* **4**
Auf verschiedenen anderen Wirten (4–18)
4 Frk (Chasmothecien) vorhanden. **5**
4* Frk fehlend oder nicht ausgebildet **15**
*– **Fruchtkörper vorhanden (5–14)***
5 Frk-Anhängsel an ihrer Basis ampullenartig erweitert ***Phyllactinia***
5* Frk-Anhängsel an ihrer Basis nicht ampullenartig erweitert **6**
6 Frk-Anhängsel oben gabelig (dichotom bis trichotom) verzweigt **7**
6* Frk-Anhängsel oben einfach oder unregelmäßig verzweigt **8**

– – ***Fruchtkörperanhängsel oben gabelig verzweigt (7)***

7 Jeder Frk enthält nur einen Ascus **Podosphaera**

7* Jeder Frk enthält 2 oder mehr Asci **Erysiphe** pr.p. (Sekt. *Microsphaera*)

– – ***Fruchtkörperanhängsel oben einfach oder unregelmäßig verzweigt (8–9)***

8 Jeder Frk enthält nur einen Ascus **Podosphaera**

8* Jeder Frk enthält 2 oder mehr Asci **9**

9 Frk groß, meist mehr als 150 µm im Durchm; Frk-Anhängsel mycelartig, Asci meist 2-sporig **Leveillula**

9* Frk entweder kleiner oder Frk-Anhängsel nicht mycelartig. Asci 2- bis 8-sporig . . **10**

10 Frk-Anhängsel mycelartig, oft verbogen-flexuös, unverzweigt oder unregelmäßig verzweigt **11**

10* Frk-Anhängsel nicht mycelartig, steif und pfriemenfö bis lang und hin- und hergebogen (flexuös), an den oberen Enden dichotom verzweigt oder unverzweigt und an den Enden gekrümmt **12**

– – ***Fruchtkörperanhängsel mycelartig, oft verbogen (11–12)***

11 Asci im Jahr der Entstehung des Frk ohne Sporen („taub"), nach Überwinterung 2- bis 8-sporig **Neoerysiphe**

11* Asci vor Wintereinbruch 2- bis 8-sporig **11**

12 Asci 2(–4)-sporig **Golovinomyces**

12* Asci (2–)3- bis 8-sporig **Erysiphe** pr.p. (Sekt. *Erysiphe*)

– – ***Fruchtkörperanhängsel steif, pfriemförmig, bisw auch lang (13–14)***

13 Auf Ahorn (*Acer*) oder *Aesculus*. Frk-Anhängsel entspringen der oberen Hälfte des Frk, trichotom verzweigt **Sawadaea**

13* Nicht auf *Acer* oder *Aesculus* oder mit anderen Merkmalen des Frk **Erysiphe** pr.p. (Sekt. *Uncinula*)

14 Frk-Anhängsel dichotom verzweigt **Erysiphe** pr.p. (Sekt. *Microsphaera*)

14* Frk-Anhängsel nicht dichotom unverzweigt **Erysiphe** pr.p. (Sekt. *Uncinula*)

– ***Fruchtkörper fehlend oder nicht ausgebildet (15–18)***

15 Konidien einzeln stehend **16**

15* Konidien in Ketten angeordnet **17**

16 Mycel wenigstens partiell im Wirtsgewebe. Konidienträger aus dem Inneren Wirtsgewebe entspringend und aus den Spaltöffnungen herausragend (*Leveillula*), oder vom Oberflächenmycel gebildet (*Phyllactinia*) **Leveillula, Phyllactinia**

16* Mycel ausschließlich auf der Oberfläche der Wirtsorgane **Erysiphe**

17 Frische Konidien innen mit stäbchenfö Fibrosinkörpern **Fibroidium** (wenige Arten), **Podosphaera**

17* Frische Konidien ohne Fibrosinkörper **18**

18 Myceliale Appressorien deutlich gelappt, wenige Arten auf Lamiaceen und auf *Galium* **Neoerysiphe**

18* Myceliale Appressorien nicht deutlich gelappt, unauffällig oder kaum abgehoben, warzenfö. Mehrere Arten, u. a. auch auf Lamiaceen und auf *Galium* **Golovinomyces**

Bestimmung und Benennung der Nebenfruchtform (Anamorphe) von Erysiphales

1 Konidien am Träger zu mehreren in kettenfö Anordnung. Fußzelle des Konidienträgers angeschwollen [Falls Fußzelle nicht angeschwollen *Euoidium*] ***Oidium, Euoidium***

1* Konidien nicht in Ketten gebildet, einzeln, oder zu wenigen endständig am Träger . **2**

2 Die endständige Konidie ist gestreckt-ellipsoid. Konidienträger meist nur aus Fußzelle und einer Konidienmutterzelle bestehend ***Pseudooidium***

2* Konidie nicht ellipsoid **3**

3 Konidie gegen das obere Ende ausgeweitet, die größte Breite im oberen Drittel erreichend, häufig keulenfö bis rhomboid ***Ovulariopsis***

3* Konidie häufig oben verjüngt, zuspitzend, die größte Breite im unteren Drittel erreichend ***Oidiopsis***

Schlüssel XXI: Pilze als Substratspezialisten

Schlüssel XXI 1–3: Pilze auf Pilzen (Mykoparasiten, Mykosabrobionten)

Literatur: Schlüssel weitestgehend nach HELFER 1991; z. T. ergänzt und durchgesehen von Wolfgang Helfer

1 Parasitische Pilze bilden Fruchtkörper mit Asci oder Basidien **Schlüssel XXI-1:** Ascomycota, Basidiomycota

1* Parasitische (saprobiotische) Pilze bilden keine Fruchtkörper, die Asci oder Basidien enthalten **2**

2 Mycel aus unseptierten Hyphen bildet Sporangien (z. T. über Zygosporen), die Sporangiosporen enthalten. **Schlüssel XXI-2**: Mucoromycota

2* Mycel aus septierten Hyphen **Schlüssel XXI-3**: Deuteromycetes, Anamorphe von Ascomycota

Schlüssel XXI-1: Asci oder Basidien bildende Fruchtkörper vorhanden

1 Blätter- oder Röhrenpilze mit H und S oder mit ± kissenfö und gallertigen Frk, die Basidien bilden (Basidiomycota) **2**

1* Nicht mit genannten Merkm. Frk bilden Asci. **9**

Basidiomyceten (2–8)

2 Pilz-H unterseits mit Röhren, Auf Kartoffelbovist (*Scleroderma*) ***Pseudoboletus*** (*parasiticus*)

2* Kein Röhrenpilz, allenfalls mit engen Poren. Hierher auch Arten mit L oder ohne Hymenophor **3**

3 Sp im Umriss 5–6-eckig. Auf *Cantharellus* oder *Craterellus.* Auch auf Rinde von Totholz oder auf lebenden Moosen. H 3–9 mm breit, S 5 × 1 mm. Sp 7–10 µm lang und Cheilozystiden vorhanden (*E. pseudoparasiticum*) oder 9,5–12 µm lang und Cheilozystiden fehlend (*E. parasiticum*). ***Entoloma*** (*parasiticum, pseudoparasiticum*)

3* Sp nicht 5–6-eckig. **4**
4 Auf Schwarztäublingen (*Russula*), seltener auch auf Milchlingen (*Lactarius*). S kurz und dick. H-Oberfläche glatt und nicht stäubend (so bei *A. parasitica*) oder durch Bildung von Chlamydo-Sp stäubend (so bei *A. lycoperdoides*). ***Asterophora*** (*lycoperdoides, parasitica*)
4* Falls auf Schwarztäublingen und Milchlingen, dann S dünn und im Vergleich zum H-Durchm lang **5**
5 Auf Resten von Schwarztäublingen und Milchlingen. S häufig einem Sklerotium entspringend ***Collybia*** (Arten siehe unter Gattungsübersicht)
5* Nicht auf Resten von Schwarztäublingen und Milchlingen **6**
6 Mit Volva am S-Grund. Spp fleischfarben, rosa (siehe auch **3**); Sp nicht eckig. Auf *Clitocybe nebularis* oder auf *Ampulloclitocybe clavipes* ***Volvariella*** (*surrecta*)
6* Ohne Volva **7**
7 Frk resupinat mit Poren oberseits. Auf Holz und von dort aus auf Frk von *Trichaptum* übergreifend ***Skeletocutis*** (*carneogrisea*)
7* Frk ohne Poren **8**
8 Frk kissenfö, gallertig.: ***Tremella***
8* Frk eher unscheinbar bis fehlend, resupinat, glatt bis wellig, frisch gallertig, trocken wachsartig ***Syzygospora***

Ascomyceten (9–29)

9 Frk groß, zungenfö oder gestielt-kopfig, auf unterirdischen Hirschtrüffeln ***Cordyceps***
9* Frk anders, eher klein **10**
10 Frk in Form von Apothecien (becher-, napf-, schüsselfö). **11**
10* Frk anders, kugelfö, birnenfö, auch pfrieml z. T. in Stroma eingebettet. **16**

– Fruchtkörper in Form von Apothecien (11–15)

11 Apothecien schwefelgelb. Sp reif mit 1 Septum ***Bisporella***
11* Sp nicht septiert. **12**
12 Rand und Außenseite der Apothecien glatt. Sp nadelfö ***Orbilia***
12* Apothecien am R oder an der Außenseite filzig, haarig oder borstig. Sp ellipsoid. . **13**
13 Apothecien-R mit Borsten. **14**
13* Apothecien-R ohne Borsten **15**
14 Apothecien weiß, außen spinnwebartig (durch das Subiculum) ***Arachnopeziza***
14* Apothecien orange, ohne Subiculum ***Scutellinia***
15 Apothecien weiß. Sp über 15 µm lang ***Polydesmia***
15* Apothecien graubraun bis ocker; Sp bis 6 µm lang ***Cistella***

– Fruchtkörper in Form von Perithecien oder Kleistothecien (16–29)

16 Frk (Perithecien) in oder auf einem Stroma oder Subiculum **17**
16* Frk einzeln stehend oder in Gruppen **22**
17 Perithecien in einem Subiculum aus gestreckten Hyphen **18**
17* Ohne derartiges Subiculum. **20**
18 Frk schwarz, Subiculum braun. Auf *Clavulina* ***Helminthosphaeria***
18* Frk heller. **19**

19 Sp ellipsoid 2-zellig ***Nectriopsis***
19* Sp fädig. Auf *Bertia moriformis* ***Barya***
20 Stroma halbkugelig, schwarz, klein ***Berlesiella***
20* Stroma flächig-eben bis kissenfö **21**
21 Stroma gelbl bis ockerl, Asci mit 16 Sp ***Hypocrea***
21* Stroma meist kräftiger gefärbt. Asci mit 8 Sp, diese 1–2-zellig, an den Enden mit spitzen, hyalinen Anhängseln ***Hypomyces***
22 Frk kugelig mit langem, schlanken Hals, schwarz **23**
22* Frk nicht so **24**
23 Sp 12–22 × 8–14 µm ***Melanospora***
23* Sp kleiner. An oder in Poren alter Porlinge ***Ophiostoma***
24 Sp 1-zellig **25**
24* Sp 2- bis vielzellig. **27**
25 Frk priemenfö, 11,5 mm, mit hellem, sterilem S-Teil und durch Sp dunklem Mittelteil ***Melanosporopsis***
25* Frk kugelfö bis birnenfö **26**
26 Frk kugelig geschlossen (Kleistothecien), auf *Ganoderma applanatum* ***Albertiniella***
26* Frk oben offene, birnenfö Perithecien. Auf *Clavulina*, diese schwarz verfärbend ***Helminthosphaeria***
27 Sp 2-zellig **28**
27* Sp mehr als 2-zellig. **29**
28 Frk intensiv gefärbt, meist rot, einzeln oder in Gruppen ***Nectria***
28* Frk schwarz, kleinen Brombeeren ähnelnd. Sp 30–50 µm lang ***Bertia***
29 Perithecien (bzw. Kleistothecien) schwarz, warzig ***Capronia***
29* Perithecien hellbraun, mit gelben Haaren ***Tubeufia***

Schlüssel XXI-2: Mucoromycota

1 Im Sporangium ohne Columella **2**
1* Im Sporangium ist eine Columella vorhanden **3**
2 Sporangienträger mehrfach und regelmäßig dichotom verzweigt ***Syzygites***
2* Sporangienträger anders. Columella fehlend oder unscheinbar (siehe auch 13*) ***Mortierella***
3 Sporangien mit Apophyse (trichterfö Ausweitung des Sporangienträgers beim Übergang zum Sporangium) **4**
3* Sporangien ohne Apophyse. **5**
4 Sporangienträger an Stolonen (ausläuferartigen Hyphen) ***Rhizopus***
4* Ohne Stolone. Besonders auf *Mycena, Gymnopus, Rhodocollybia* ***Spinellus***
5 Sporangien mit gut entwickelter Columella ***Mucor***
5* Sporangien mit höchstens reduzierter Columella ***Mortierella***

Schlüssel XXI-3: Deuteromyceten und Anamorphen von Ascomyceten

1 Konidienträger innerhalb von Pyknidien („Coelomycetes"; Konidien der hier ausgeschlüsselten Gattungen mit je einem fädigen Anhängsel an beiden Enden) **2**
1* Konidienträger frei („Hyphomycetes" bzw. Anamorphen; Konidien ohne fädige Anhängsel) **3**

Konidienträger innerhalb von Pyknidien (2)

2 Pyknidien flaschenfö, hell ***Eleutheromyces***
2* Pyknidien kugelig, schwarz ***Eleutheromycella***

Konidienträger frei (3–55)

3 Auf Röhrlingen (*Boletus*, *Xerocomus* etc.) als zunächst weißwattige, dann intensiv gelbe Überzüge sichtbar; diese bilden neben Phialokonidien (dünnwandig, hyalin) zahlreiche 1-zellige Aleuriokonidien (endständig, dickwandig, häufig ornamentiert) ***Sepedonium***
3* Aleuriokonidien fehlend, oder falls vorhanden, dann mehrzellig (aus 1 dickwandigen und dünnwandigen Zellen in Ein- oder Mehrzahl zusammengesetzt). Meist nicht auf Röhrlingen. **4**
4 2- oder mehrzellige Aleuriokonidien vorhanden. **5**
4* Aleuriokonidien fehlend. Wohl aber bisw mit Chlamydosp (dickwandig, in kettenfö oder knäuelfö Zellaggregaten gebildet) **6**

– Aleuriokonidien vorhanden (5)

5 Aleuriokonidien 2-zellig, aus einer größeren dickwandigen und einer kleineren dünnwandigen Zelle ***Mycogone***
5* Aleuriokonidien aus einer dickwandigen Zentralzelle und mehreren dünnwandigen, hyalinen Anhangszellen bestehend. (häufige Art: *Stephanoma strigosum* an *Humaria hemisphaerica*). Vgl. auch ***Papulaspora*** ***Stephanoma***

– Aleuriokonidien fehlend (6–55)

6 Konidien an Synnemata (Synnemata aufrecht stehende gebündelte Konidienträger) mit sterilem Basalteil. **7**
6* Synnemata fehlend oder niederliegend und ohne sterilen Basalteil **11**

– – Synnemata vorhanden (7–10)

7 Auf Schleimpilzen (Myxomycota) **8**
7* Nicht auf Schleimpilzen sondern auf Echten Pilzen (Agaricomycota). **9**
8 Synnemata mit warzigen Zellen. Auf *Trichia* und Verwandten ***Polycephalomyces***
8* Synnemata ohne warzige Zellen ***Stilbella***
9 Synnemata auf ganzer Länge, ausgenommen ganz unten, mit Konidien(-trägern) ***Tilachlidium***
9* Synnemata nur an ihrem oberen Teil mit Konidien(-trägern). **10**
10 Konidien 1-zellig, nicht gebogen, 3–7 µm lang ***Dendrostilbella***
10* Konidien septiert, gebogen, 10–15 µm lang, auf Rhizomorphen von *Armillaria* ***Pseudographiella***

– – ***Synnemata fehlend (11–55)***

11 Konidien mit Quer- und Längssepten **12**

11* Konidien unseptiert oder nur mit parallelen Quersepten **13**

12 Konidien kugelfö ***Epicoccum***

12* Konidien länglich, häufig schnalbelfö auslaufend, oder unregelmäig geformt ***Alternaria***

13 Konidienträger in Polstern (Sporodochien), diese von kräftigen Seten überragt ***Volutella***

13* Konidienträger nicht in klar umgrenzten Sporodochien **14**

14 Befall strikt auf das Hymenophor der Wirtspilze beschränkt, nie auf S oder H-Oberseite übergehend **15**

14* Befall nicht auf das Hymenophor der Wirtspilze beschränkt **17**

15 Konidien zylinderfö, durch Fragmentierung von Hyphen entstehend (Arthrokonidien), daneben kugelfö Aleuriokonidien vorhanden. Nur auf *Armillaria* (siehe aber auch **20**) ***Dipodascus*** *(armillariae)*

15* Keine Arthrokonidien vorhanden (Konidien nicht zylinderfö). **16**

16 Konidienträger an den Septen deutl eingeschnürt und dort leicht brechend. Teilweise hutfö Asc-Sp vorhanden. Bisher wirtsspezifische Arten von *Armillaria, Tricholoma, Tricholomopsis, Cortinarius, Inocybe und Piptoporus* bekannt ***Endomyces***

16* Konidienträger an den Septen nicht eingeschnürt und nicht leicht brechend. Auf *Lactarius* ***Hypomyces*** (*lactifluorum, lateritius, torminosus*)

17 Konidienträger und vegetative Hyphen hyalin **18**

17* Konidienträger und vegetative Hyphen braun, nur Spitze der Konidienträger bisw hyalin. **44**

– – – ***Konidienträger und vegetative Hyphen hyalin (18–43)***

18 Konidien durchwegs 1-zellig **19**

18* Konidien 2- oder mehrzellig **40**

– – – – ***Konidien 1-zellig (19–39)***

19 Konidien bildende Zellen an mehreren Stellen Konidien bildend; Konidien an mehreren Stellen der Trägerhyphe ansitzend **20**

19* Konidien bildende Zellen nur an einer Stelle Konidien bildend. **25**

20 Konidien in kurzen Ketten ***Geomyces***

20* Konidien einzeln **21**

21 Konidien bilden sich an fadenfö-dünnen Abschnitten; zusätzl sind flaschenfö Phialiden vorhanden ***Lecanicillium*** (*aphanocladii*)

21* Konidien nicht an fadenfö-dünnen Abschnitten; Phialiden fehlend **22**

22 Konidien bildende Zellen häufig in Wirteln ***Calcarisporium***

22* Konidien bildende Zellen nicht wirtelig **23**

23 Konidien kugelig ***Rhinotrichella***

23* Konidien nicht kugelig **24**

24 Konidien an beiden Enden zugespitzt, spindelfö bis zitronenfö. Auf *Grandinia breviseta* ***Denticularia***

24* Konidien nicht an beiden Enden zugespitzt ***Sporothrix***
25 Mit terminalen und subterminalen Phialiden ***Clonostachys*** *(candelabrum)*
25* Phialiden nur terminal **26**
26 Hyphen unter × 5 µm **27**
26* Einzelne Hyphen oder Konidienträger über 6 µm breit **38**
27 Neben Phialiden auch konidienbildende Zähnchen vorhanden, jeweils auf vegetativen Hyphen sitzend. Konidien solitär ***Lecanicillium*** (*aphanocladii*)
27* Konidien bildende Zähnchen fehlend. Konidien meist in Ketten oder in Köpfchen **28**
28 Konidien in Ketten **29**
28* Konidien in Köpfchen oder einzeln **34**
29 Konidienträger fehlend; Phialiden direkt vegetativen Hyphen ansitzend ***Acremoium, Sarocladium, Catenulifera***
29* Phialiden an differenzierten Konidienträgern **30**
30 Konidienträger an der Spitze mit köpfchenartiger Anschwellung ***Aspergillus***
30* Konidienträger an der Spitze ohne köpfchenartiger Anschwellung **31**
31 Konidien in den Ketten dachziegelig angeordnet ***Mariannaea***
31* Konidien nicht dachziegelig **32**
32 Phialiden nicht in Wirteln. Konidienträger unregelmäßig verzweigt ***Sphaeronaemella***
32* Phialiden in pinselartigen Wirteln **33**
33 Konidien bildende Zellen sich nach jeder Konidienbildung etwas verlängernd und schließl an der Spitze mit einer Vielzahl eng aneinandersitzender Ringe; Konidien mit abgestutzter Basis, am anderen Ende meist zugespitzt ***Scopulariopsis, Microascus***
33* Konidien bildende Zellen sich nicht so verlängernd, Konidien kugelig bis ellipsoid, nicht abgestutzt oder beidseitig abgesutzt ***Penicillium, Talaromyces, Paecilomyces***
34 Phialiden nicht in Wirteln ***Acremonium, Sarocladium***
34* Phialiden zumindest z. T. in Wirteln **35**
35 Phialiden in zusammenneigenden Wirteln ***Clonostachys, Gliocladium, Sphaerostilbella***
35* Phialiden in divergierenden Wirteln **35**
36 Konidien bildende Zellen gedrungen flaschenfö. Konidienträger gehäuft in Pusteln ***Trichoderma***
36* Konidien bildende Zellen pfrieml oder langgestreckt flaschenfö. Konidienträger keine sichtbaren Pusteln bildend **37**
37 Konidien häufig leicht gebogen. Einzelne Konidienträger auch konvergent-wirtelig (penicillat) ***Clonostachys***
37* Konidien nicht gebogen oder allenfalls einzelne an der Phialidenspitze gebogen. Konidienträger mit deutl konvergenten Wirteln fehlend ***Lecanicillium, Simplicillium, Acrostalagmus, Verticillium***
38 Hyphen > 10 µm breit; Konidien in Ketten, voneinander durch zwischengelagerte Zellen (Disjunktoren) getrennt ***Amblyosporium***
38* Konidien 5–8 µm breit; Konidien ohne Disjunktoren **39**

39 Konidienträger nicht oder kaum verzweigt, an der Spitze einen Phialidenschopf tragend. An *Lepista* ***Lepisticola***
39* Konidienträger verzweigt. Phialiden nicht schopfartig angeordnet ***Cladobotryum*** (Anamorphen von ***Hypomyces***)

– – – – ***Konidien 2- oder mehrzellig (40–43)***

40 Auf *Bertia moriformis* als Anamorphe ***Barya*** (*parasitica*)
40* Auf anderen Pilzen **41**
41 Konidien keulenfö, durchwegs mit abgestutzter Basis. Auf Ascomycota besonders *Helvella* ***Didymopsis***
41* Konidien zylindrisch bis ellipsoid, bisw mit abgestutztem Apikulus **42**
42 Konidienträger nicht differenziert. Konidien in akropetalen Ketten (d. h. die jüngsten Konidien oben in der Kette) ***Hormiactis***
42* Differenzierte Konidienträger vorhanden. Konidien in Köpfchen oder in basipetalen Ketten (d. h. die jüngsten Konidien unten in der Kette) **43**
43 Konidien sichelfö gebogen, mit zugespitztem distalen Ende ***Fusarium***
43* Konidien nicht sichelfö und am distalen Ende gerundet ***Cladobotryum*** (Anamorphen von ***Hypomyces***)

– – – ***Konidienträge und vegetative Hyphen braun (44–55)***

44 Konidien spiralfö ***Helicosporium***
44* Konidien nicht spiralfö **45**
45 Konidien 1-zellig. **46**
45* Konidien zumindest teilweise septiert **52**
46 Konidienträger unverzweigt **47**
46* Konidienträger verzweigt **49**
47 Konidienträger gegen die Spitze häufiger septiert und Konidien direkt unterhalb der Septen seitl entstehend ***Zakatoshia***
47* Konidienträger gegen ihre Spitze nicht häufiger septiert und Konidien nur an der Spitze ihres Trägers entstehend **48**
48 Länge zu Breite der Konidien (L/B) 3 oder mehr ***Exochalara***
48* L/B der Konidien unter 2 (weniger als doppelt so lang wie breit) ***Chloridium***
49 Konidien bildende Zellen kugelfö erweitert und oben mit konidiogenen Zähnchen ***Botrytis***
49* Konidien bildende Zellen nicht kugelfö erweitert **50**
50 Konidien einzeln der gezähnelten oder zickzackfö Spitze der Konidien bildende Zellen ansitzend ***Acrodontium***
50* Konidien in Ketten **51**
51 Enden der Konidienträger-Äste zu ± 4-eckigen Konidien zerfallend ***Oidiodendron***
51* Konidien verschieden geformt, häufig mit deutlichen Sprossungsnarben ***Cladosporium***
52 Konidien bildende Zellen kurz und breit, wirtelig. Konidien in überwiegender Mehrzahl 3-zellig ***Spondylocladiella***

52* Konidien bildende Zellen gestreckt wie reguläre Hyphen, nicht wirtelig. Konidien (1–)2–4(–5)-zellig **53**

53 Konidienträger verzweigt. Konidien häufig auch 1-zellig, in verzweigten Ketten ***Cladosporium***

53* Konidienträger nicht oder kaum verzweigt, bisw kaum differenziert. Konidien durchwegs 2- oder mehrzellig **54**

54 Konidien hyalin, 2-zellig ***Cylindrotrichum***

54* Konidien dunkelfarben, nicht hyalin. **55**

55 L/B der Konidien über 3, die Konidien bildenden Zellen nur endständig ***Heteroconium***

55* L/B der Konidien unter 3, die Konidien bildenden Zellen nicht ausschließl endständig ***Spadicoides***

Pilzgattungen als Wirte oder Substrate von anderen Pilzen

Nach HELFER 1991; z. T. ergänzt

Agaricus: *Botrytis cinerea, Mortierella bainieri, Mycogone roseus.* – ***Albatrellus***: *Cladosporium herbarum.* – ***Aleurodiscus***: *Tremella mycophaga, Tremella simplex, Tremella subencephala, Tremella versicolor.* – ***Amanita***: *Calcarisporium arbuscula, Cladosporium cladosporioides, Hypomyces rosellus, Mucor hiemalis, Mycogone rosea, Spinellus fusiger, Syzygites megalocarpus.* – ***Antrodia***: *Cistella hymeniopsis, Ophiostoma polyporicola.* – ***Antrodiella***: *Cistella hymeniophila.* – ***Armillaria***: *Dipodascus armillariae* (Anamorphe: *Geotrichum decipiens*), *Endomyces decipiens, Hypomycves aurantiacus, Hypomyces rosellus.* – Auf den Rhizomorphen: *Collybia cookei, Pseudographiella rhizomorpharum.* – ***Ascocoryne***: *Syzygospora sorana.* – ***Bertia***: *Barya parasitica.* – ***Boletus***: *Cladobotryum apiculatum, Cladosporium herbarum, Hypomyces (Sepedonium) chrysospermum, Hypomyces chlorinigenus, Hypomyces tulasneanus.* – ***Botryobasidium***: *Hypomyces albidus, Spondylocladiella botrytioides, Verticillium leptobactrum.* – ***Camarops***: *Polydesmia pruinosa.* – ***Cantharellus***: *Hypomyces odoratus, Hypomyces semitranslucens, Verticillium lecanii.* – ***Chalciporus***: *Sepedonium chalcipori.* – ***Chrysomphalina***: *Verticillium lecanii.* – ***Clavariadelphus***: *Hypomyces odoratus, Sarocladium mycophilum.* – ***Clavulina***: *Helminthosphaeria clavariarum.* – ***Clitocybe***: *Hypomyces aurantius, Hypomyces rosellus, Hypomyces semitranslucens, Volvariella surrecta,* – ***Colpoma***: *Tremella juniperina.* – ***Collybia***: *Dendrostilbella mycophila.* – ***Cordyceps***: *Dendrostilbella mycophila.* – ***Cortinarius***: *Calcarisporium arbuscula, Dendrostilbella mycophila, Eleutheromyces subulatus, Mycogone rosea, Sarocladium mycophilum, Verticillium fungicola, Vericillium lecani.* – ***Craterellus***: *Cladosporium herbarum, Entoloma* cf. *parasiticum.* – ***Crepidotus***: *Hypomyces rosellus.* – ***Cucurbitaria***: *Tremella exigua.* – ***Cyathus***: *Cylindrotrichum clavatum.* – ***Dacrymyces***: *Tremella obscura, Tremella penetrans.* – ***Daedalea***: *Mortierella isabellina, Mucor hiemalis, Sibirina orthospora.* – ***Daedaleopsis***: *Bisporella citrina.* – ***Dendrostilbella***: *Acremonium berkeleyanum.* – ***Dentipellis***: *Hypomyces aurantium.* – ***Diaporthe***: *Tremella globispora.*

– ***Diatrype***: *Capronia parasitica, Chloridium virecens, Heteroconium tetracoilum, Nectria episphaeria, Polydesmia pruinosa, Tremella indecorata, Tubeufia cerea.* – ***Ditiola***: *Tremella obscura.* – ***Elaphomyces***: *Cordyceps capitata, Cordyceps ophioglossoides.* – ***Eutypa***: *Berlesiella nigerrima.* – ***Exidia***: *Lecanicillium aphanocladii.* – ***Exobasidium***: *Cladosporium cladosporioides.* – ***Fomes***: *Hypomyces aurantium, Orbilia inflata, Polydesmia pruinosa, Trichoderma koningii, Trichoderma polysporum, Trichoderma viride.* – ***Fomitopsis***: *Acremonium domschii, Clonostachys rosea, Hypocrea pulvinata, Melanospora lagenaria, Ophiostoma polyporicola, Verticillium fungicola.* – **Ganoderma**: *Albertiniella polyporicola, Hypocrea lactea, Hypocrea rufa, Rhinotrichella globulifera, Verticillium incurvum.* – ***Geastrum***: *Lecanicillium aphanocladii, Verticillium fusisporum.* – ***Gloeophyllum***: *Hypomyces odoratus, Sibirina orthospora.* – ***Gomphidius***: *Hypomyces rosellus.* – ***Grandinia***: *Acrodontium hydnicola, Denticularia limoniformis.* – ***Gymnopus***: *Calcarisporium arbuscula, Cladosporium herbarum, Exochalara* spec., *Spinellus fusiger, Syzygospora effibulata, Syzygospora tumefaciens.* – ***Helvella***: *Didymopsis helvellae, Hypomyces cervinigensis.* – ***Heterobasidion***: *Nectriopsis broomeanus.* – ***Hirneola***: *Lecanicillum aphanocladii, Hypomyces polyporinus, Verticillium lamellicola.* – ***Humaria***: *Hypomyces stephanomatis.* – ***Hygrophorus***: *Botrytis cinerea, Cladosporium cladosporioides.* – ***Hymenochaete***: *Bertia moriformis, Cladosporium cladosporioides.* – ***Hymenogaster***: *Clonostachys rosea f. catenulata.* – ***Hyphodontia***: *Tremella subencephala.* – ***Hypholoma***: *Calcarisporium arbuscula.* – ***Hypochniciellum***: *Syzygospora mycophaga.* – ***Hypochnicium***: *Spadicoides xylogena, Spondylocladiella botrytioides.* – ***Hypocrea***: *Clonostachys rosea.* – ***Hypomyces***: *Calcarisporium arbuscula, Sphaeronaemella betae.* – ***Hypoxylon***: *Acremonium berkeleyanum; Capronia parasitica, Nectria episphaeria, Nectria purtonii; Orbilia inflatula.* – ***Inocybe***: *Cladosporium rubrobrunnescens, Hormiactis fimicola, Hypomyces odoratus, Mycogone rosea.* – ***Inonotus***: *Nectria cosmariospora, Scutellinia cejpii.* – **Ischnoderma**: *Calcarisporium arbuscula, Trichoderma viride.* – ***Lactarius***: *Cladosporium herbarum; Eleutheromyces subulatus, Hypomyces lateritius, Hypomyces ochraceus, Hypomyces torminosus; Syzygites megalocarpus.* – ***Laetiporus***: *Cladosporium cladosporioides, Cladosporium herbarum.* – ***Leccinum***: *Hypomyces chrysospermus.* – ***Lenzites***: *Hypomyces aurantius, Trichoderma harzianum.* – ***Leotia***: *Calcarisporium arbuscula.* – ***Lepiota***: *Verticillium psalliotae.* – ***Lepista***: *Harziella capitata.* – ***Leucocoprinus***: *Rhizopus stolonifer.* – ***Lophodermium***: *Tremella translucens.* – ***Megacollybia***: *Hypomyces odoratus; Verticillium fungicola, Verticillium lecanii.* – ***Melanomma***: *Nectria purtonii.* – ***Melogramma***: *Acremonium berkeleyanum, Chaetosphaeria myriocarpa, Polydesmia pruinosa.* – ***Morchella***: *Epicoccum purpurascens.* – ***Mycena***: *Acremonium berkeleyanum, Mucor hiemalis, Pseudonectria tilachlidii, Spinellus fusiger, Verticillium lecanii.* – **Nectria**: *Acremonium berkeleyanum.* – ***Oligoporus***: *Tremella polyporina.* – ***Osmoporus***: *Arachnopeziza, Orbilia inflata, Sibirina orthospora, Trichoderma viride.* – ***Panus***: *Mariannaea elegans.* – ***Paxillus***: *Cladosporium herbarum, Hypomyces chrysospermus, Syzygites megalocarpus.* – ***Peniophora***: *Acremonium psammosporum, Tremella versicolor.* – ***Peziza***: *Amblyosporium botrytis, Volutella ciliata.* – ***Phanerochaete***: *Syzygospora pallida.* – **Phellinus**: *Hypomyces odoratus, Rhinotrichella globulifera.* – **Phellodon**: *Scopulariopsis brevicaulis.* – **Pholiota**: *Calcarispo-*

rium arbuscula, Hypomyces odoratus, Mycogone rosea, Pseudonectria tilachlidii. – ***Physisporinus***: *Hypomyces trichothecoides.* – ***Piptoporus***: *Calcarisporium arbuscula, Cistella hymeniophila, Cladosporium cladosporioides, Hypocrea pulvinata; Hypomyces albidus, Hypomyces aurantius; Trichoderma polysporum, Trichoderma viride.* – ***Pisolithus***: *Hypomyces chrysospermus.* – ***Pleurotus***: *Hypomyces aurantius.* – ***Polyporus***: *Acremonium strictum; Chaetosphaeria vermicularioides, Chloridium, Cistella hymeniophila, Hypomyces aurantius, Hypomyces semitranslucens.* – ***Porphyrellus***: *Hypomyces chrysospermus, Trichoderma viride.* – ***Pseudoclitocybe***: *Hypomyces odoratus.* – ***Ramaria***: *Geomyces pannorum, Mycogone calospora.* – ***Rhodocollybia***: *Spinellus fusiger; Syzygospora norvegica, S. tumefaciens.* – ***Rozites***: *Calcarisporium arbuscula, Mycogone rosea.* – ***Russula***: *Lecanicillium aphanocladii, Asterophora lycoperdoides, Astereophora parasitica; Calcarisporium arbuscula, Cladobotryum apiculatum, Cladosporium herbarum; Hypomyces ochraceus, Hypomyces rosellus, Hypomyces viridis; Mortierella ramanniana, Mucor hiemalis, Mucor saturninus; Mycogone rosea, Trichoderma polysporum, Verticillium fungicola.* – ***Sarcosphaera***: *Hormiactis fimicola.* – ***Schizophyllum***: *Hypomyces aurantius.* – ***Scleroderma***: *Amblyosporium spongiosum, Pseudoboletus parasiticus, Scopulariopsis brevicaulis, Sesquicillium candelabrum, Trichoderma koningii.* – ***Sistotrema***: *Zakatoshia eriksonii.* – ***Stereum***: *Gliocladium catenulatum; Hypomyces albidus, Hypomyces odoratus; Sphaerostilbella penicillioides; Tremella encephala, Tremella. steidleri..* – ***Strobilomyces***:*Hypomyces chrysospermus.* – ***Strobilurus***: *Calcarisporium arbuscula.* – ***Suillus***: *Hypomyces chrysospermus.* – ***Tomentellopsis***: *Calcarisporium arbuscula.* – ***Trametes***: *Acremonium berkeleyanum, Cistella hymeniophila, Cladosporium herbarum, Eleutheromycella mycophila, Geomyces pannorum, Hypomyces aurantius, Mortierella zonata, Pseudohansfordia irregularis, Verticillium lamellicola.* – ***Trechispora***: *Tremella invasa.* – ***Tremella***: *Trichoderma viride, Verticillium fungicola.* – ***Trichaptum***: *Skeletocutis carneogriseus.* – ***Tricholoma***: *Cladobotryum multiseptatum, Cladosporium herbarum, Eleutheromyces subulatus, Endomyces scopularum, Epicoccum purpurascens, Hypomyces odoratus, Mycogone rosea, Nectria inventa, Pseudonectria tilachlidii, Syzygites megalocarpus.* – ***Tricholomopsis***: *Hypomyces rosellus.* – ***Tylopilus***: *Hypomyces chrysospermus, Syzygites megalocarpus.* – ***Tyromyces***: *Hypocrea pallida, Ophiostoma polyporicola, Pseudonectria tilachlidii.* – ***Ustulina***: *Acremonium berkeleyanum, Nectria episphaeria.* – ***Valsaria***: *Tremella pyrenophila.* – ***Xerocomus***: *Hypomyces chrysospermus.*

Auf Schleimpilzen (Myxomycetes):
Fuligo: *Gliocladium album; Nectriopsis candicans, Nectriopsis violacea; Verticillium lindauianum.* – ***Lycogala***: *Nectriopsis exigua, Paecilomyces penicillatus.* – ***Metatrichia***: *Berkelella stilbigera.* – ***Stemonites***: *Gliocladium album, Mucor hiemalis, Nectriopsis exigua, Stilbella byssiseda.* – ***Trichia***: *Berkelella stilbigera.*

Schlüssel XXI-4: Auf Zapfen von Koniferen (Fichte, Tanne, Kiefer)

1 Größere Fruchtkörper mit Lamellen. Auf bisw von Erde überschichteten Fichten- oder Kiefernzapfen: siehe u. a. ***Baeospora*** (*myosurus*), ***Mycena*** (*strobilicola*), ***Strobilurus*** (alle Arten)

1* Pilz keine Lamellen ausbildend **2**

2 Pilz lang-stielig, löffelfö mit Stacheln auf H-Unterseite. Auf Kiefern-Zapfen ***Auriscalpium*** (*vulgare*)

2* Pilz ohne Stacheln auf H-Unterseite **3**

3 Pilz bildet Asci in schüsselfö, über 2 mm großen Frk. **4**

3* Falls Pilz Asci bildet, diese in sehr kleinen, nur bis zu 2 mm messenden Frk entstehend o d e r keine Asci in schüsselfö Frk, vielmehr eher unscheinbare schwarze Punkte oder schwarze Überzüge auf Zapfenschuppen bildend. **5**

4 Auf Schuppen von Tannenzapfen (*Abies*) ***Ciboria*** (*rufofusca*)

4* Auf Fichtenzapfen (*Picea*) ***Rutstroemia*** (*bulgarioides*)

5 Auf Schuppen von Fichtenzapfen, diese innen dicht bedeckend und aufspreizend. Sp in kleinen becherfö Strukturen (Aecidien) entstehend Diese Aecidiosp in Reihen, ± polyedrisch, 21–28 × 7–20 µm, dickwandig, mit Ornament aus derben Stäbchen. Falls Aecidien erbsengroß zu zweit auf der Außenseite von Zapfenschuppen der Fichte: ***Chrysomyxa*** (*pyrolata*) ***Thekopsora*** (*areolata*)

5* Nicht derartige Strukturen (Aecidien, Aecidiosp) auf Fichtenzapfen bildend **6**

6 Konidiosp mehrzellig, quer- und längsseptiert, rautenfö, bräunl.; zunächst in Ketten, diese dann in 25–50 × 15–30 µm messende Konidien zerfallend. Kleine schwarze Flecken (Pyknidien; diese 0,3–1 mm) auf den Schuppen von Fichtenzapfen bildend ***Phragmotrichum*** (*chailletii*)

6* Konidien nicht quer- und längsseptiert vielzellig **7**

7 Konidien reif bräunl, 1- bis 4-zellig, an einer Seite mit hyalinem Fortsatz, 18–22(–24) × 6–8 µm. Auf Fichten- und Kieferzapfen kleine, schwarze, lochartige Strukturen (Pyknidien; diese 0,1–0,3 mm) bildend ***Truncatella*** (*conorum-piceae*)

7* Konidien anders oder Pilz mit Asc-Sp **8**

8 Konidien reif braun, 1-zellig, fußsohlenfö, oft an einem Ende etwas erweitert und stumpfer als am anderen Ende; dickwandig, glatt, 27,5–43,3 × 12,4–15,6 µm. Mycel den Zapfen ganz überziehend, schwarz, mit kugeligen bis oval-birnenfö Erhebungen (Pyknidien; diese 0,3–0,8 mm im Durchm) ***Sphaeropsis*** (*sapinea*)

8* Sp (Asco-Sp !) fädig, lang und dünn, 150–200 × 2–3 µm. Frk winzig, muschelfö, schwarz, fein querrillig, 0,3–2 × 0,8–1,2 mm ***Mytilinidion*** (*Lophium mytilinellum*)

Fakultative Zapfenbewohner: u. a. *Delicatula intergrella*, *Gymnopus erythropus*, *Hemimycena lactea*, *Hygrophoropsis aurantiaca*, *Hypholoma marginatum*, *Marasmius androsaceus*, *Mycena cyanorrhiza*. – *Clavulina rugosa*. – *Crucibulum laeve*, *Sphaerobolus stellatus*. – *Calycina conorum*, *Hyaloscypha bulbopilosa*, *Hymenoscyphus sazavae*, *Mitrula paludosa*, *Mollisia lividofusca*, *Ombrophila janthina*, *Propolis farinosa*.

Schlüssel XXI-5: Auf, an oder zwischen Torfmoosen (an *Sphagnum* fakultativ oder obligat)

1 Frk gestielt hutfö, mit L auf H-Unterseite **4**
1* Frk nicht mit L auf H-Unterseite **2**
2 Frk gestielt-hutfö, mit Röhren auf H-Unterseite **33**
2* Frk anders, falls mit Röhren oder Poren, dann nicht gestielt-hutfö, nicht weichfleischig **3**
3 Frk (Aphyllophorales) bildet Basidien **34**
3* Frk bildet Asci **37**

Lamellenpilze (4–32)

4 Frk milchend **5**
4* Frk nach dem Brechen keine Milch absondernd **6**
5 Frk fleischig, recht derb. H plan-konvex mit eingerolltem R oder trichterig. Sp mit amyloiden Warzen und Stegen ***Lactarius***
5* Frk recht zart mit helmfö H. S nach Bruch weiß milchend oder rötl Saft ausscheidend ***Mycena*** (*galopus, sanguinolenta*)
6 Frk nur mit durchgehenden, spröden L, dazwischen geschaltete Lamelletten gänzl oder weitgehend fehlend. Geschmack scharf oder auch mild. Sp mit amyloiden Warzen und Stegen ***Russula*** (*aquosa, emetica, nitida, paludosa*)
6* Frk stets mit L und Lamelletten. Auch in den sonstigen Merkm verschieden **7**
7 S-Basis mit Volva. L frei, nicht den S erreichend. H am R stark gestreift, rotbraunfuchsig. (Vgl. auch verwandte Arten der Gattung) ***Amanita*** (*fulva*)
7* S-Basis ohne Volva und auch sonst in den Merkm verschieden **8**
8 S schwarz, glatt, dünn, rosshaarartig ***Marasmius*** (*androsaceus*)
8* S anders **9**
9 Spp rosa-fleischfarben und Sp zugleich eckig im Umriss ***Entoloma*** (pr.p.)
9* Sp entweder nicht eckig oder falls doch so, dann Spp nicht rosa **10**
10 Spp ocker bis schwarzvioletrt und tiefer gefärbt. Sp unter dem Mikroskop bräunl bis tiefer gefärbt, jedenfalls nicht hyalin **11**
10* Spp weiß bis weißl, Sp unter dem Mikroskop hyalin. Hierher auch Arten mit (sehr) kleinen Frk wie unter 30* **21**

*– **Sporenpulver ocker bis schwarzviolett (11–20)***

11 Sp punktiert-warzig **12**
11* Sp glatt, nicht ornamentiert **15**
12 Sp mit glattem Fleck am Apikulus (= Plage) und/oder Hyphensepten ohne Schnallen. Frk dünnfleischig ***Galerina*** (pr.p.)
12* Sp ohne glatten Fleck am Apikulus und Hyphensepten mit Schnallen. Frk recht groß, dickfleischig **13**
12 Cheilozystiden zahlreich, in Baumwollblau grünl. H gelbl, rostocker, bräunl. Sp 8,5–11 × 5,5–7 µm ***Gymnopilus*** (*fulgens*)
12* Merkm anders **13**

13 H blass-bräunl („Fälblinge“), S weißl ***Hebeloma*** (*claviceps, longicaudum*)

13* Merkm anders, H tiefer gefärbt **14**

14 L mit lebhaft (oliv-)gelben, bräunl-gelben, orangen Farben und zugleich in KOH gelbe Pigmente sich lösend, Frk mittelgroß ***Dermocybe*** (*palustris, uliginosa*)

14* L mit anderen Farben, in KOH keine gelben Pigmente in Lösung gehend. Frk oft größer, wenn jung mit Cortina zw. H-R und S, älter ledigl mit Cortina-Resten am S und am H-R ***Cortinarius*** (pr.p.)

15 H-R lange eingerollt, L auf Druck braun fleckend, leicht vom H-Grund ablösbar. Sp 8–10 × 4,5–6 µm ***Paxillus*** (*involutus*)

15* Merkm anders **16**

16 Mit dickwandigen Zystiden im Hymenium (Cheilo- und Pleurozystiden, oft mit Kristallschopf). Sp eckig-höckerig ***Inocybe*** (*lanuginosa, subcarpta*)

16* Ohne solche Zystiden. Sp nicht eckig-höckerig **17**

17 Geruch nach Mehl. L-Schneide steril, gänzl mit Cheilozystiden besetzt. Sp 7–10 × 5,5–7 µm. HDS aus keuligen Elementen in dichter Anordnung (hymeniform). H weißl bis hell ocker, bis 3,5 cm im Durchm. ***Agrocybe*** (*elatella*)

17* Merkm anders. Sp häufig über 10 µm lang **18**

18 HDS unter einer Schicht aus gestreckten, radialparallelen Hyphen mit Hypoderm aus kurzzylindrischen, breiten Elementen. Mit Chrysozystiden (gelber Inhalt in KOH). Sp 9–14–19 × 5,5–8,5–10 µm. H-R jung eingerollt ***Hypholoma*** (*elongatum, myosotis, udum*)

18* HDS ohne Hypoderm. Chrysozystiden fehlend. H-R bereits jung gerade **19**

19 S mit gerieftem Ring. HDS aus kugeligen Elementen, Sp 8,5–10 × 4,5–5,5 µm ***Psathyrella*** (*sphagnicola*)

19* S nicht beringt. HDS aus gestreckten Elementen. Sp größer **20**

20 Sp 10,5–13,5 × 6,5–8 × 7–9 µm, linsenfö abgeflacht. ***Psilocybe*** (*turficola*)

20* Sp 11,5–16 × 7,5–10 µm, nicht linsenfö abgeflacht ***Phaeogalera*** (*stagnina, zetlandica*)

– ***Sporenpulver weiß (21–32)***

21 H mit freudig roten Farbtönen und L zugleich wachsartig dick. H bisw eingewachsen faserig-schuppig. ***Hygrocybe*** (pr.p.)

21* H nicht mit freudig roter Farbtönung **22**

22 L wachsartig, dick und weich, Frk mittelgroß bis groß, H grau, olivbraun, nicht freudig rot ***Hygrophorus*** (*camarophyllus, olivaceoalbus, tephroleucus*)

22* Merkm anders. L nicht wachsartig und dick **23**

23 Frk fleischig in H und S, einem ringlosen Hallimasch gleichend. H gelbbraun, in H-Mitte mit kleinen braunen Schüppchen, S-Basis ± angeschwollen ***Armillaria*** (*ectypa*)

23* Merkm anders. Frk eher klein, im H eher häutig-dünn **24**

24 Sp höckerig, stachelig-warzig **25**

24* Sp glatt **26**

– – ***Sporen höckerig, stachelig-warzig (25)***

25 Sp stachelig-warzig. L dicklich, entfernt ***Laccaria*** (*laccata, proxima*)

25* Sp höckerig, L eher dünn, nicht entfernt ***Omphaliaster*** (*asterosporus, borealis*)

– – ***Sporen glattwandig (26–32)***

26 H mit orange(-braunen) Farbtönen, S gelbl. L gelbl oder weiß **27**

26* Mit anderen Farben in H, S, L. **28**

27 H 2–3,5 cm. L gelbl, S gelbl bis weiß. Sp 7–10 × 4,5–6 µm ***Loreleia*** (*postii*)

27* H 0,5–1(–1,5) cm. L weiß bis gelbl, S orange, bereift. Sp 5–6,5 × 2–2,5 µm ***Rickenella*** (*fibula*)

28 L am S abgerundet bis gerade, weiß bis cremefarben. H orangebraun, ockerbraun, stark ausblassend, konvex bis flach, 2–7 cm ***Gymnopus*** (*dryophilus*)

28* L am S herablaufend und/oder H kleiner oder mit anderen Farben **29**

29 H grau-(beige), grau-(braun), 1,5–3 cm, L weißl bis hellgrau, Frk zerrieben nach Mehl riechend, S brüchig ***Lyophyllum*** (*palustre*)

29* H kleiner und/oder mit anderen Farben, Frk nicht nach Mehl riechend **30**

30 H nabelartig vertieft oder trichterfö **31**

30* H weder nabelartig vertieft noch trichterfö, oft helmartig, rosa oder grau. ***Mycena*** (*adonis, concolor*)

31 H trichterig bis flach, hell rötl-braun bis hell bräunl ***Clitocybe*** (*diatreta*)

31* H nabelfö oder nur vertieft, gelbl-weiß, graubraun. **32**

32 H gelbl-weiß. Am S-Grund mit grünen winzigen Kügelchen einer assoziierten Grünalge ***Lichenomphalia*** (*umbellifera*)

32* H graubraun, bisw angedrückt schuppig ***Omphalina*** (*oniscus, sphagnicola*)

Röhrenpilze (33)

33 S schwarzschuppig. Röhren rund um den S wie eingesenkt ***Leccinum*** (variicolor)

33* Merkm anders. Siehe u. a. *Suillus* (*bovinus*) ▸

Aphyllophorales (34–36)

34 Frk (korallenfö) unverzweigt keulenfö-groß oder fädig-winzig **35**

34* Frk resupinat **36**

35 Frk zieml groß, unverzweigt bis selten gabelig, weißl gelb, 3–8 cm lang. Hyphensepten ohne Schnallen, Frk auch violett bei *C. zollingeri.* ***Clavaria*** (*argillacea, zollingeri*)

35* Frk fädig, unverzweigt, wenige mm lang ***Ceratellopsis*** (*mucedinea*)

36 Sp ellipsoid, etwas dickwandig ***Amphinema*** (*byssoides*)

36* Sp dreilappig bis morgensternartig ***Tylospora*** (*asterophora, fibrillosa*)

Ascomyceten (37–42)

37 Auf Blättern von *Andromeda polifolia* (diese in *Sphagnum*) schwarze Flecken bildend ***Rhytisma*** (*andromedae*)

37* Nicht auf *Andromeda polifolia* **38**

38 Auf Früchten von *Vaccinum oxycoccus* (diese in *Sphagnum*) ***Monilinia*** (*oxycocci*)

38* Nicht auf *Vaccinium oxycoccus*. **39**

39 Frk keulenfö oder gestielt kopfig **40**

39* Frk anders, z. B. kreiselfö, schüsselfö. **41**

40 Frk gestielt kopfig; bis 8 cm. Kopfteil keulig, gefurcht, gelb, S weiß
Mitrula (*paludosa*)

40* Frk gesterckt keulenfö, 3–7 cm, schwarz ***Geoglossum*** (*simile, sphagnophilum*)

41 Frk gelatinös, scheibenfö bis kreiselfö, Sp nicht septiert ***Ascocoryne*** (*turficola*)

41* Frk weder gelatinös noch kreiselfö, vielmehr Frk scheibenfö **42**

42 Frk dunkelbraun bis schwarz, 0,5–6 cm breit, sitzend bis kurz gestielt. Sp kugelig, 10–12 µm ***Pseudoplectania*** (*nigrella, sphagnophila*)

42* Frk innen und außen weißl. 3–5 mm. Sp nicht kugelig, vielmehr spindelfö, 25–32 × 10–13 µm, warzig. (wohl identisch mit *Leucoscypha leucotricha*)
Leucoscypha (*erminea*)

Schlüssel XXI-6: Auf Brandstellen, Holzkohle

1 Frk bildet Basidien (Basidiomyceten). **2**

1* Frk keine Basidien bildend **52**

Basidiomyceten (2–51)

2 Frk hutfö und gestielt oder hutfö ohne S, mit L auf H-Unterseite **3**

2* Frk anders **36**

– ***Mit Lamellen auf Hutunterseite (3–35)***

3 H weißl, gegen H-Rand zottig-filzig, ohne S. L längs gespalten. Falls H rostbraun, rau-haarig gezont: siehe 38 auch *Gloeophyllum* ***Schizophyllum*** (*commune*)

3* Frk mit anderen Merkm **4**

4 Spp weiß, weißl oder rosa. Sp bei mikroskopischer Betrachtung hyalin **5**

4* Spp braun, violett bis schwarz. Sp bei mikroskopischer Betrachtung ockerlich oder tiefer gefärbt **24**

– – ***Sporenpulver weiß, weißlich oder rosa (5–23)***

5 Frk in H, L und S orange. L gänzl gabelteilig, dickl ***Hygrophoropsis*** (*aurantiaca*)

5* Frk mit anderen Merkm **6**

6 Frk eher klein, aus Bruchstelle des S weiß milchend. H helmartig
Mycena (*galopus* inkl. var. *nigra*)

6* Frk nicht milchend **7**

7 Sp stachelig-warzig. L dickl, entfernt ***Laccaria*** (*proxima*)

7* Merkm anders **8**

8 Spp rosa. (Pleuro- und Cheilo-)Zystiden dickwandig, oben mit hakenfö gebogenen Fortsätzen ***Pluteus*** (*atricapillus*)

8* Spp weiß. Mikromerkm verschieden **9**

9 L leistenartig dick. S zentral oder etwas exzentrisch. Mit pseudoamyloiden Metuloiden
Faerberia (*carbonaria*)

9* L dünn, nicht leistenartig dick. **10**

10 H-R zumindest jung stark eingerollt. L ocker und nach Berührung braun fleckend, leicht vom H abkratzbar ***Paxillus*** (*involutus*)

10* Merkm anders **11**

11 Frk zähfleischig. H filzig bis schuppig. L jung hellviolett, später ockerl bis braun, mit dickwandigen Zystiden **Lentinus** (*conchatus*)
11* Merkm anders **12**
12 L abgerundet bis ausgebuchtet angeheftet **13**
12* L herablaufend. **16**
13 H plankonvex mit jung eingerolltem H-Rand. Habitus *Collybia*-artig. **14**
13* H trichterfö, nabelig, kegelfö, haubenfö, nicht plan-konvex **16**

– – – ***Hut plankonvex (14–15)***

14 Sp amyloid, d. h. Sp-Wand amyloid, darin nicht amyloide Warzen (wie eingefügt), 6–9 µm. Basidien 2-sporig **Fayodia** (*anthracobia*)
14* Sp nicht amyloid **15**
15 HDS aus keulig bis kugeligen Elementen. Zystiden häufig mit Kristallen am oberen Ende. Schnallen an den Hyphensepten fehlend. Auf Kiefernzapfen, Verbindung des S zum Suibstrat oft undeutlich. Vgl. auch *Marasmius* **Strobilurus** (*stephanocystis*)
15* HDS aus gestreckten Elementen. Basidien siderophil **Lyophyllum** (pr.p.)

– – – ***Hut trichterförmig, nabelig, kegelförmig, haubenförmig (16–23)***

16 H konvex bis niedergedrückt, andeutungsweise trichterfö, feucht (orange-, rot-)braun, 3–6(–10) cm, vorzugsweise im Frühjahr fruchtend **Clitocybe** (*sinopica*)
16* Merkm anders. Frk kleiner und/oder nicht orangebraun. **17**
17 Sp mit warzenfö Höckern **18**
17* Sp glatt, ohne warzenfö Höcker **19**
18 Sp kugelig, mit breiten warzenfö Höckern, 5,5–8 × 5–6,5 µm **Lyophyllum** (*ambustum*)
18* Sp oval, mit kleinen Höckern, 7–8,5 × 3,5–4,5 µm **Rhodocybe** (*caelata*)
19 H schwarz, grau, braun, mit nabelartig vertieftem Zentrum, Habitus *Omphalina*-artig. L nie gelbl **20**
19* H feucht orange, orangegelb, orangebraun mit weißl oder gelbl L. **23**
20 H feucht schwarzbraun bis dunkelgrau. H bei einer Art mit gummiartig dehnbarer Haut **21**
20* H mit anderen Farben. H nie mit gummiartig dehnbarer Haut. Geruch und Geschmack nach Mehl. Basidien siderophil. **22**
21 H mit gummiartig dehnbarer Haut. Sp amyloid, 5–6,5 × 4 µm **Myxomphalia** (*maura*)
21* H nicht mit gummiartig dehnbarer Haut. Sp nicht amyloid, 8–11 × 4–4,5 µm **Omphalina** (*rustica*)
22 Sp ± ellipsoidisch **Lyophyllum** (*atratum*)
22* Sp kugelig **Lyophyllum** (*anthracophilum*)
23 H 0,5–1(–2) cm. Sp 5–6,5 × 2–2,5 µm **Rickenella** (*fibula*)
23* H 2–3,5 cm. Sp 7–10 × 4,5–6 µm **Loreleia** (*postii*)

– – ***Fruchtkörper schwarz-tintenartig zerfließend (24)***

24 Frk schwarz-tintenartig zerfließend **Coprinus** (pr.p. u. a. *angulatus*, *lagopus*)
24* Frk nicht tintenartig zerfließend **25**
25 Spp ocker, braun **26**
25* Spp violettbraun, purpurbraun **34**

– – ***Sporenpulver ocker bis braun (26–33)***

26 Sp ornamentiert **27**

26* Sp glattwandig. **30**

– – – ***Sporen ornamentiert (27–29)***

27 Spp ohne rostfarbenen Mischton. **28**

27* Spp mit rostfarbenem Mischton **29**

28 Frk eher kräftig, S dicker als 4 mm, nicht hornartig brechend. Geschmack nicht bitter. HDS aus gestreckten Hyphen. ***Hebeloma*** (*anthracophilum*, *pseudoamarescens*, *versipelle*)

28* Frk eher schmächtig, S weniger breit als 3 mm, hornartig brechend. Geschmack bitter. HDS aus kurzgliedrigen z. T. fast kugeligen Elementen und mit Dermatozystiden. ***Naucoria*** (*amarescens*)

29 In KOH gelbes Pigment in Lösung gehend. Cheilozystiden in Baumwollblau grün. Geschmack vielfach bitter ***Gymnopilus*** (*fulgens*, *odini*, *penetrans*)

29* In KOH kein gelbes Pigment in Lösung gehend. Sp mit glattem Fleck (= Plage) am Apikulus. Cheilozystiden kopfig, klein, 20–35 × 5–10 µm. Sp 10–12,5 × 5–6,5 µm. Geruch nach Mehl. ***Galerina*** (*ampullaceocystis*)

– – – ***Sporen glattwandig (30–33)***

30 Cheilozystiden gestielt-kopfig ***Conocybe*** (*mesospora*, *rickeniana*)

30* Cheilozystiden anders **31**

31 L breit dreieckig am S angeheftet bis kurz herablaufend. H 1–2 cm, (rot-)braun. Sp 6–8,5 × 4–5 µm ***Tubaria*** (*romagnesiana*)

31* L ausgebuchtet bis abgerundet angeheftet **32**

32 Sp 6,5–8,5 × 4–5 µm, mit unscheinbarem Keimporus. H 1,5–5 cm, (gelb-, rostorange-)braun. S 2–6 × 0,3–0,7 cm, mit kleinen Schüppchen. ***Pholiota*** (*highlandensis*)

32* Sp etwas größer, 8–10,5 × 5,5–6,5 µm **33**

33 Sp 9–10,5 × 5,5–6 µm, ohne Keimporus. H 2–4,5 cm, (gelb-, rostocker-)braun, grobfaserig bis feinschuppig ***Inocybe*** (*dulcamara*)

33* Sp 8–10 × 5,5–6,5 µm, mit breitem Keimporus. H 1–4 cm, (rot-, ocker-)braun, H-R mit faserigen Velumresten. **34**

Pachylepyrium (*Crassisporium funariophilum*)

– – **Sporenpulver violettbraun, purpurbraun (34–36)**

34 *H-R jung eingerollt. Hymenium mit Chrysozystiden* ***Hypholoma*** (*fasciculare*)

34* H-R jung gerade. Chrysozystiden fehlend **35**

35 HDS gänzl aus gestreckten, radialparallelen Hyphen ***Psilocybe*** (*crobula*, *muscorum*)

35* HDS aus kugeligen Elementen, höchstens außen mit sehr dünner Lage aus gestreckten Hyphen ***Psathyrella*** (*pennata*, *piluliformis*, *populina*)

36 Frk bildet Basidien in einem Porenhymenophor oder auf glattem Hymenophor (Aphyllophorales). **37**

36* Frk bildet Asci oder weder Basidien noch Asci **52**

– ***Aphyllophorales (38–51)***

37 Frk mit Poren oder Zähnchen **38**

37* Frk bildet kein Porenhymenophor **44**

– – ***Porlinge, Wirrlinge (38–43)***

38 Frk rostbraun, rau-haarig gezont, zäh. Hymenophor in Form etwas wirr verbogener L **_Gloeophyllum_** (*sepiarium*)

38* Hymenophor nicht in Form von L, vielmehr entschieden porenfö **39**

39 Frk gestielt **40**

39* Frk nicht gestielt **41**

40 Frk-Trama weiß **_Polyporus_** (*arcularius, brumalis*)

40* Frk-Trama braun, in KOH schwarz **_Coltricia_** (*perennis*)

41 Frk konsolenfö sitzend, frisch recht weich, mit weißer Trama. An Birkenholz **_Piptoporus_** (*betulinus*)

41* Merkm anders **42**

42 Poren grau bis schwarz, bei Berührung schwarz fleckend **_Bjerkandera_** (*adusta*)

42* Poren nicht grau bis schwarz **43**

43 Poren am frischen Frk mit violettl Ton, alt bräunl. Hymenophor bisw zahnfö bis stachelfö **_Trichaptum_** (*abietinum, hollii*)

43* Poren jung nicht violettl **_Trametes_** (*hirsuta, multicolor, pubescens, versicolor*)

44 Frk schichtartig oder krustenartig, bisw mit abstehenden H-Kanten, Sp-bildende Schicht glatt **45**

44* Frk anders **48**

– – ***Schichtpilze (45–47)***

45 Frk ± gestielt, H trichterfö, fächerfö, tütenfö. Hymenium braun. Sp höckerig bis grob warzig **_Thelephora_** (*caryophyllea, terrestris*)

45* Frk mit anderer Form und Hymenium nicht braun **46**

46 Frk eher krustenfö, z. T. mit abstehender H-Kante **47**

46* Frk nicht krustenfö **48**

47 Hymenium gelbl, orangegelb, ockergrau oder braun und dann beim Reiben (nach Anfeuchten) rötend. Zystiden fehlend **_Stereum_** (*hirsutum, sanguinolentum*)

47* Hymenium graubraun bis olivbraun, mit dickwandigen braunen Zystiden **_Lopharia_** (*spadicea*)

– – ***Korallenpilze, Gallertpilze, Bauchpilze (48–51)***

48 Frk korallenartig verzweigt oder unverzweigt **_Clavaria_** (z. B. *tenuipes*)

48* Frk nicht so **49**

49 Frk von gallertiger Konsistenz **50**

49* Frk kartoffelfö bis bauchfö, nicht von gallertiger Konsistenz **51**

50 Frk pustelfö bis flach scheibenfö, 1–4 mm im Durchm, gelb, gelborange. Sp 10–16 × 3,5–6 µm, reif septiert **_Dacrymyces_** (*stillatus*)

50* Frk groß, 3–12 cm, mit büscheligen, blattartigen Lappen, braun. Sp 7–13 × 5,5–9 µm, nicht septiert **_Tremella_** (*foliacea*)

51 Frk mit derber, dicker Wand, in Form und Größe kartoffelähnl. Sp netzig ornamentiert **_Scleroderma_** (*bovista, citrinum*)

51* Frk reif mit dünner, papierartiger Wand. Sp glattwandig, aber mit 5–18 µm langem Anhängsel (Sterigmenrest) ***Bovista*** (*plumbea*)
52 Frk bildet Asci. Falls Asci fehlend Frk (Stroma) rot und staubig **53**
52* Frk bildet keine Asci, Schleimpilz-artig, Frk aus Plasmodien entstehend **76**

Ascomyceten (53–75)

53 Frk kugelig mit eingesenkten Perithecien **54**
53* Frk becherfö, schüsselfö, gestielt hutfö und dann H außen wabenfö strukturiert . . . **55**
54 Frk bzw. Stroma wenige mm, rot, Oberfläche zunächst staubig (Nebenfruchtform) ***Nectria*** (*cinnabarina*)
54* Frk bzw. Stroma 2–5 cm, dunkelbraun bis schwarz, innen gezont ***Daldinia*** (*concentrica*)
55 Asci operculat (sich mit Deckelchen öffnend). Frk nicht gelatinös **56**
55 *Asci inoperculat (am Scheitel mit Apikalapparat). Frk gelatinös, 0,4–1 cm breit, allenfalls mit kurzem S ***Ascocoryne*** (*sarcoides*)
56 Asci wenigstens oben (apikal) amyloid **57**
56* Asci nicht amyloid **59**
57 Apothecien scheibenfö, 5–8 mm. Hymenium zunächst gelbl, dann mit purpurfarbenen Tönen. Asci schwach amyloid. Sp reif pigmentiert, 20,5–25,5 × 11,5–14 µm. ***Ascobolus*** (*carbonarius*, *geophilus*)
57* Apothecien scheibenfö bis schüsselfö, 1–8 cm breit **58**
58 Sp ellipsoid ***Peziza*** (*ampliata*, *echinospora*, *praetervisa*, *subviolacea*, *violacea*)
58* Sp kugelig ***Plicaria*** (*fuliginea*, *leiocarpa*, *trachycarpa*)
59 Frk gestielt-hutfö **60**
59* Frk kissenfö, becherfö, schüsselfö, nicht gestielt-hutfö **62**
60 H wabenfö gekammert, nicht sattelfö ***Morchella*** (*esculenta*)
60* H nicht wabenfö gekammert, jedoch sattelfö **61**
61 H sattelfö, rötl-braun. S-Basis faltig-grubig. Sp 20–21 × 7,5–9 µm, schmal ellipsoid ***Gyromitra*** (*infula*)
61* H sattelfö, grau. S gänzl mit längl Gruben und Furchen. Sp 15–19 × 9,5–12 µm ***Helvella*** (*lacunosa*)
62 Frk kissenfö, 4–15 cm, oberseits braun mit gelbl R, unterseits gelbl mit zahlreichen Rhizoiden ***Rhizina*** (*undulata*)
62* Frk nicht kissenfö und groß, wie auch mit anderen Merkm **63**
63 Frk tief becherfö **64**
63* Frk nicht tief becherfö **66**
64 Frk groß, 3–10 cm, erst fast kugelig geschlossen, dann tief becherfö mit zackenfö eingerissenem R, innen jung violettl ***Sarcosphaera*** (*macrocalyx*)
64* Frk kleiner **65**
65 Frk 0,5–1,2 cm, ockerl, (rötl-, grau-)braun, Frk-R gelbl, außen kahl, ganzrandig. Sp 12,5–15 × 6–8,5 µm, glatt, hyalin, innen ohne Tröpfchen ***Geopyxis*** (*carbonaria*)
65* Frk 0,8–2,5 cm, oberseits (Hymenium) cremefarben bis blass gelbl, Frk-R gekerbt bis gezähnelt. Sp 18–22 × 12–13,5 µm ***Tarzetta*** (*catinus*)

66 Sp kugelig, glattwandig, 14–16,5 µm ***Sphaerosporella*** (*brunnea*)
66* Merkm anders **67**
67 Fr außen mit anliegenden oder abstehenden Haaren. **68**
67* Frk außen ohne Haare **71**

– Fruchtkörper außen mit Haaren (68–70)

68 Frk oberseits (Hymenium) orange. Sp ellipsoid, glatt oder warzig **69**
68* Frk oberseits grauweiß, graubraun.
Trichophaea (*abundans*, *gregaria*, *hemisphaerioides*, *woolhopeia*)
69 Haare gelbl, bräunl, schwarz. **70**
69* Haare weißl oder hyalin ***Neottiella*** (*hetieri*)
70 Haare abstehend, spitz. Hymenium rot. Sp warzig, 17,5–23 × 10,5–13 µm
Scutellinia (*scutellata*)
70* Haare anliegend, stumpf. Hymenium rötl-orange, graubraun, gelbl-ockerl, Sp glatt, ellipsoid, z. B. 17–20 × 8–10 µm
Anthracobia (*macrocystis*, *maurilabra*, *melaloma*, *nitida*)

– Fruchtkörper außen kahl oder kleiig und ohne Haare (71–75)

71 Frk halbkugelig, eher kissenfö als scheibenfö **72**
71* Frk scheibenfö. **73**
72 Apothecien nicht auf einem weißen Subiculum sitzend. Sp 17–18 µm, kugelig, innen mit Tröpfchen ***Pulvinula*** (*convexella*)
72* Apothecien auf weißem Subiculum sitzend, Sp 14–20 × 8–12 µm, ohne Tröpfchen
Pyronema (*domesticum*, *omphalodes*)
73 Sp kugelig mit ornamentierter Wand ***Lamprospora*** (*carbonicola*, *polytrichi*)
73* Sp ellipsoid **74**
74 Sp netzig oder mit deutl Stegen, 13–15 × 7,5–9 µm. Frk über 1 cm.
Aleuria (*aurantia*)
74* Sp glattwandig, 18–23 × 11–13,5 µm **75**
75 Frk 0,3–1 cm, scheibenfö bis schüsselfö, oberseits orange bis rötl
Octospora (*humosa*)
75* Frk 0,8–2,5 cm, deutl gestielt, tief becherfö, oberseits cremefarben bis blass gelbl
Tarzetta (*catinus*)

Myxomyceten (76–78)

76 Mit Capillitiumfasern, die ein Lumen aufweisen, aber keine Spiralstruktur **77**
76* Ohne solche Capillitiumfasern **78**
77 Frk 0,3–3 cm breit, zunächst rosa, dann graubraun ***Lycogala*** (*epidendrum*)
77* Frk wesentl kleiner, nur wenige mm groß. Der basale Teil der Peridie bleibt am Frk als Becher oder Trichter erhalten ***Arcyria*** (*cinerea*)
78 Sammel-Frk 1–8 cm, silbrig weiß bis braun ***Reticularia*** (*lycoperdon*)
78* Sammel-Frk 2–13 cm, (zitronen-, grün-)gelb ***Fuligo*** (*septica*)

Schlüssel XXI-7: Auf Dung von Pflanzenfressern

1 Frk gestielt hutfö, Basidien bildend. S kurz und seitl oder lang und zentral am H. (Falls Frk nicht gestielt-hutfö, jedoch Basidien bildend: ►) **2**
1* Frk nicht gestielt hutfö, keine Basidien, sondern vielfach Asci bildend **5**
Basidiomyceten (2–3)
2 H weiß, striegelig, mit seitl kurzem S. L zunächst kaum ausgebildet, dann leistenfö. Spp rosa, Sp eckig, 8–12 × 7–8,5 µm **Entoloma** (*fimicola*)
2* Merkm anders. Frk bei Reife schwarz oder braun zerfließend **3**
3 Frk in H und S gelb, falls grau nicht schwarz zerfließend **Bolbitius** (*vitellinus*)
3* Frk schwarz zerfließend, in H und S meist grau bis weißl **Coprinus** (pr. p.)
4 Frk bilden Asci **5**
4* Frk keine Asci bildend **34**
Ascomyceten (5–33)
5 Frk scheibenfö bis schüsselfö (Apothecien). Asci operculat **6**
5* Frk kugelig geschlossen (Cleisthothecium) oder flaschenfö (Perithecien) **21**
– ***Fruchtkörper scheibenförmig oder schüsselförmig (6–20)***
6 Asci wenigstens an ihrer Spitze amyloid **7**
6* Asci inamyloid **10**
– – ***Asci wenigstens stellenweise (z. B. apikal) amyloid (7–9)***
7 Frk oft nur wenige mm breit. Sp ohne Tröpfchen im Inneren **8**
7* Frk größer. Falls Sp vielfach mit Tröpfchen **Peziza** (pr. p.)
8 Sp bleibend hyalin, nicht zu Klumpen innerhalb des Ascus vereint **Thecoteus** (*pelletieri*)
8* Sp zunächst hyalin, dann pigmentiert, frei oder in Klumpen vereint **9**
9 Sp innerhalb des Ascus zu Klumpen vereint **Saccobolus** (*citrinus*, *depauperatus*, *minimus*, *truncatus*)
9* Sp innerhalb des Ascus frei **Ascobolus** (*albidus*, *brassicae*, *furfuraceus*, *immersus*, *minutus*, *stictoideus*)
– – – ***Asci gänzlich inamyloid (10–20)***
10 Asci 8-sporig **11**
10* Asci jeweils mehr als 8 Sp enthaltend **19**
– – – ***Asci 8-sporig (11–18)***
11 Frk außen mit Haaren **12**
11* Frk außen kahl oder kleiig **14**
– – – – ***Fruchtkörper außen mit Haaren (12–13)***
12 Frk oberseits (Hymenium) gelbl, orange, rot. Haare weißl, hyalin, dickwandig. Haare septiert oder unseptiert **13**
12* Frk oberseits (Hymenium) oberseits weißl, gelbl-grau, blass ockerlich, braun. Haare anliegend, bräunl, septiert, oben stumpf **Pseudoombrophila** (*theioleuca. iodophanus*, *carneus*)

13 Haare nicht septiert **Lasiobolus** (*cuniculi, lasioboloides, papillatus*)
13* Haare septiert **Cheilymenia** (pr.p.; z. B. *stercorea*)
– – – – ***Fruchtkörper außen kahl oder kleiig (14–18)***
14 Frk oberseits (Hymenium) gelbl, orange, rot **15**
14* Frk oberseits (Hymenium) weiß, grau, ockerl, braun **17**
15 Sp feinst gestreift (Ölimmersion!). Paraphysen gegen die Spitze breit, bis zu × 12–15 µm **Coprobia**
15* Sp glatt. Paraphysen durchgehend schlank, gerade oder oben gekrümmt **16**
16 Sp innen jeweils mit einer großen (de-Bary-)Blase **Coprotus**
16* Sp innen ohne große Blase **Thelebolus** (pr. p.)
17 Frk kreiselfö, weiß, außen kleiig, 0,1–1 mm **Ascozonus** (*woolhopensis*)
17* Frk kugelig bis kissenfö **18**
18 Sp innen jeweils mit einer großen (de-Bary-)Blase **Coprotus**
18* Sp innen ohne große Blase **Thelebolus** (pr.p.)
– – – ***Asci enthalten mehr als 8 Sporen (19–20)***
19 Frk gänzl weiß, kreiselfö. Sp ellipsoid, 11,5–13 × 3,5–6 µm, zu 8–64 je Ascus **Ascozonus** (*woolhopensis*)
19 Merkm anders. Entweder Sp annähernd kugelig und/oder Frk gelbl bis braun **21**
20 Sp annähernd kugelig, 9–11 × 7–9 µm, zu 1500–7000 je Ascus **Trichobolus** (*sphaerosporus*)
20* Sp ellipsoid, 6–10 × 3–5 µm, zu 32–2500 je Ascus **Thelebolus** (pr.p.)
– ***Fruchtkörper kugelig geschlossen bis flaschenförmig (21–33)***
21 Asci mit 8 Sp. **22**
21* Asci mit mehr als 8 Sp **Coniochaeta**
– – ***Asci enthalten 8 Sporen (22–33)***
22 Sporen an einem oder an beiden Polen – mit hyalinen, fädigen Anhängseln **23**
22* Sporen ohne fädige Anhängsel an einem oder an beiden Polen **26**
– – – ***Sporen an einem oder an beiden Polen mit hyalinen, fädigen Anhängseln (23–25)***
23 Frk kugelfö geschlossen. Sp 2-zellig **Zopfiella**
23* Frk birnenfö und mit langem, oft kräftigem Hals **24**
24 Sp 2-zellig mit braunem Kopf **Podospora**
24* Sp anders **25**
25 Sp × 4–5 µm breit **Cercophora**
25* Sp × 25–29 µm breit **Arnium**
– – ***Sporen ohne fädige Anhängsel an einem oder an beiden Polen (26–33)***
26 Sp innerhalb des Ascus in 2 Reihen **27**
26* Sp innerhalb des Ascus in 1 Reihe **28**
– – – – ***Sporen innerhalb des Ascus in 2 Reihen (27)***
27 Hals des Peritheciums 150 µm lang. Sp 2-zellig mit braunem Kopf **Anopodium**
27* Hals des Peritheciums kurz kegelfö. Sp 2-zellig mit medianem Septum, dort oft eingeschnürt **Delitschia**
– – – – ***Sporen innerhalb des Ascus in einer Reihe (28–33)***
28 Reife Sp unseptiert 1-zellig. Frk oft annähernd kugelfö **29**

28* Reife Sp septiert mehrzellig **32**

– – – – – ***Reife Sporen einzellig, unseptiert (29–31)***

29 Frk aus kugelfö Grunde mit kegelfö, oft gekrümmtem Hals. Sp im Ascus schief stehend, 1-reihig ***Sordaria***

29* Frk kugelfö ohne Hals. Sp im Ascus nicht schief stehend **30**

30 Sp abgeplattet, gelbl, mit unregelmäßig netzfö Ornament (Ölimmersion!) ***Aphanoascus***

30* Sp anders **31**

31 Frk mit langen, braunen, spiralig gedrehten Haaren ***Chaetomium***

31* Frk ohne solche Haare. Falls Sp unseptiert bis septiert: siehe *Spumatoria* ***Schizothecium***

– – – – – ***Reife Sporen septiert mehrzellig (32–33)***

32 Frk kugelfö mit extrem langem Hals, dieser 500–700 µm. Asci dünnwandig ***Spumatoria***

32* Frk ohne extrem langen Hals, Asci dickwandig, bitubicat **33**

33 Frk stachelig-haarig ***Trichodelitschia***

33* Frk nicht so behaart ***Delitschia***

– ***Fruchtkörper weder Basidien noch Asci bildend (34–39)***

34 Frk entstehen aus einem Plasmodium, winzig, weiß, gestielt oder ungestielt. Sp kugelig, mit feinen Graten ornamentiert, z. B.12–14,5 × 9–13,3 µm ***Didymium*** (*bahiense, difforme*)

34* Frk fehlend oder nicht aus einem Plasmodium entstehend und auch die übrigen Merkm verschieden **35**

35 Hyphen durch Querwände regelmäßig septiert. **36**

35* Hyphen nicht wiederholt septiert **37**

36 Konidienträger in Hyphenpolstern zusammengefasst; am R dieser Polster mit kräftigen Seten. Sp 5,5–6,5 × 3 µm ***Volutella*** (*ciliata*)

36* Schimmelartige Überzüge auf dem Substrat bildend. Konidienträger an ihrem geschwollenen Ende die warzigen Konidien bildend; diese (4–)5,5–7,5(–11) × 3–4 µm ***Oedocephalum*** (*pallidum*)

37 Auf dem Substrat sehr zarte weißl, einzeln-gedrängt stehende Sporangienträger bildend. Diese nach oben zu blasig erweitert und ein schwarzes Sporangium tragend, das bei Reife gesamthaft weggeschleudert wird, und zwar in Richtung einfallenden Lichtes ***Pilobolus*** (*crystallinus, oedipus, sphaerosporus*)

37* Merkm anders. Ein dem Substrat anliegendes Mycel bildend, von dem sich die Sporangienträger erheben **38**

38 Sporangium-Träger bogig nach unten zum vielsporigen Sporangium hin gebogen ***Circinella***

38* Sporangien-Träger nicht so **39**

39 Sporangienträger nicht auf Ausläufer-Hyphen stehend. Sporangien vielsporig, mit Columella, ohne Apophyse ***Mucor***

39* Merkm anders (so u. a. bei *Helicostylum, Pilaira, Piptocephalis*) ▸

Schlüssel XXII: Sterile und imperfekte Stadien von Fruchtkörper bildenden Pilzen

Schlüssel nach KREISEL in MICHAEL, HENNIG, KREISEL (1988) etwas verändert. Die Teleomorphe wird, soweit bekannt, jeweils vor der zugehörigen Anamorphe genannt. Falls die Teleomorphe unbekannt ist, wird lediglich die Anamorphe genannt. Hier nicht geschlüsselt ***Torrubiella***, auf Spinnen einen Besatz mit tentakelartigen Armen bildend.

1 Frk bilden Sp (Konidien, Chlamydosp etc.) **2**
1* Frk bzw. Sklerotien ohne Sp. Vermehrung mit Sklerotien, Bulbillen, Mycelsträngen **22**

Fruchtkörperähnliche Strukturen bzw. Sklerotien bilden Sporen oder Konidien (2–21)

2 Frk gestielt-hutfö, auf alten Pilz-Frk (meist *Russula*) ***Asterophora***
2* Frk nicht gestielt-hutfö und nicht auf alten Pilz-Frk wachsend **3**
3 Frk von einer Hülle (Peridie) umschlossen, bauchpilzartig **4**
3* Frk nicht so **7**
4 Frk oberirdisch (epigäisch) **5**
4* Frk unterirdisch (hypogäisch) **6**
5 Auf Erdboden ***Ostracoderma***
5* Auf Holzkohle und Brandstellen ***Glischroderma***
6 Frk innen (Gleba) gekammert. Sp dickwandig, 12–22 µm (= größter Durchm) ***Leucogaster/Leucophleps***
6* Frk innen (Gleba) nicht gekammert. Sp dünnwandig, 30–300 µm (= größter Durchm). Falls Frk dickwandige große Chlamydosp bildend: siehe *Glomus* ***Endogone/Glomus***
7 Frk gestielt-kopfig, keulenfö oder strauchartig verzweigt **8**
7* Frk krustenfö, polsterfö oder hirnartig gelappt **14**
8 Frk gestielt-kopfig, bis 2 cm hoch **9**
8* Frk keulenfö, strauchfö, geweihfö, von Sp weiß bestäubt **12**
9 Frk an Hornteilen (Hufe, Federn, Gewölle) ***Onygena***
9* Frk nicht an Hornteilen **10**
10 Frk an Pflanzenresten (*Alchemilla, Dryas*) in den Alpen ***Heydenia***
10* Frk an Holz und Rinde in Wäldern **11**
11 Frk bräunl, stäubend, 3–6 mm hoch, mit stäubendem, kugeligem Köpfchen ***Phleogena***
11* Frk schwarz, graufleckig, mit eifö Köpfchen ***Crinula***
12 Frk lederig, schwarz, oben weiß bestäubt, auf LaH ***Xylaria***
12* Frk anders, an toten Insekten **13**
13 Frk weiß, fast gänzl weiß bestäubt, oben schmal keulenfö, an Schmetterlingspuppen ***Paecilomyces***
13* Frk bräunl, oben grau bestäubt, spitz-pfriemenfö, an toten Wespen ***Cordyceps/Hymenostilbe*** (*sphecophila*)
14 Frk gallertartig **15**
14* Frk nicht gallertartig **16**

15 Frk purpurn, lila, hirnartig gelappt, auf ganzer Fläche Konidien bildend ***Ascocoryne/Coryne***

15* Frk rosa, fleischfarben, blass lila, polsterfö, mit mehreren krugfö oder napffö Einsenkungen, in denen sich Konidien bilden ***Craterocolla***

16 Frk krustenfö **17**

16* Frk polsterfö, knollenfö. **18**

17 Besonders auf Buche (Holz und Rinde). Frk schwärzl mit hellgrauem, mehligem Überzug von den Konidien, 1–5 mm dick. – Falls Frk schwarz und rau, ohne weißmehligen Überzug, auf Rinde: ***Ascodichaena*** ***Ustulina***

17* Frk rosa, sehr dünn ***Corticium*** (*roseum*)/***Trichothecium***

18 Frk kleiner als 5 mm, rosa, an Zweigen und Ästen. Sp dünnwandig ***Nectria/Tubercularia***

18* Frk größer, über 25 mm messend. Sp ± dickwandig. Anamorphen von Porlingen . **19**

19 Frk hart, holzig oder kohleartig, nicht zu Pulver zerfallend, schwarz mit rissig-bröckeliger Oberfläche. Konidien 1–4-zellig. **20**

19* Frk weich, später zu Sp-Pulver zerfallend. Konidien einzellig. **21**

20 Frk innen dunkelrotbraun und mit weißen Bändern. Vorzugsweise an Birke. [Falls das Innere von Spechthöhlen auskleidend: Anamorphe von *Inonotus nidus-pici*] ***Inonotus*** (*obliquus*)

20* Frk (imperfektes Stadium) hornartig gebogen, vom Substrat abstehend, innen rostbraun und weiß geadert bis weiß marmoriert, bisw auch in Spechthöhlen [*Phellinus. pilatii*; falls an *Populus tremula*: siehe auch Anamorphe von *Phellinus tremulae*] ***Phellinus***

21 Frk fleischig, orangegelb, später rotbraun, anfangs mit roten Tropfen, außen kahl, grubig, 3–7 cm. Konidien dunkelbraun, 4–12 µm. LaH, Braunfäule verursachend ***Laetiporus/Sporotrichum***

21* Frk watteartig bis faserfleischig, weiß, außen filzig. Sp-Staub braun [Falls Sp-Staub weißl bis gelb: siehe *Oliogoporus rennyi*/*Ptychogaster*]. NaH **Fibroporia/Tyromyces/*Ptychogaster***

Fruchtkörperähnliche Strukturen, Stränge, Mycelien bzw. Sklerotien bilden keine Sporen, keine Konidien (22–40)

22 Pilz als Mycel oder strangartige Bildungen in Erscheinung tretend. **23**

22* Pilz in Form anderer Gebilde erscheinend **32**

23 Rostbraune, strahlig-zottige Bildungen auf Holz und auf angrenzendem Boden ***Coprinus*** s. l./***Ozonium***

23* Strangartige Bildungen von anderer Farbe **24**

24 Stränge (Rhizomorphen) schwarz, platt, sehr hart. An Baumstämmen, oft unter der Ba-Rinde, auch im Boden ***Armillaria***

24* Stränge weiß oder gelb **25**

25 Stränge rein weiß. **26**

25* Stränge hellgrau, gelb bis braun **28**

26 Stränge stark verzweigt, mycelartig, an Holz ***Himantia***

26* Stränge wenig verzweigt. **27**

27 Stränge an moderigen Baumstämmen, Wurzeln, auch im Waldboden nahe von Stümpfen etc. ***Megacollybia*** (*platyphylla*)

27* Stränge Im Boden nahe Gräsern von Trockenrasen, Felsensteppen ***Gastrospoprium*** (*simplex*)

28 Stränge gelb. **29**

28* Stränge hellgrau bis braun. **31**

29 Stränge olivgelb. Hyphen mit Schnallen an den Septen. Abraumhalden, nährstoffarme Sandböden ***Pisolithus***

29* Stränge goldgelb. Hyphen ohne Schnallen. In Waldböden, auch auf stark vermodertem Holz. **30**

30 Hyphen der Stränge außen mit spitzen Kristallen dicht besetzt (inkrustiert). Besonders in NaW-Böden ***Piloderma***

30* Hyphen der Stränge nicht inkrustiert ***Cordyceps***

31 Stränge silberweiß bis grau, graubraun, eher dick (Bleistift-dick; 3–30 mm dick), ohne assoziierte Sklerotien ***Serpula***

31* Stränge gelbl bis braun, eher dünn (drahtdünn), von braunen bis schwarzen Sklerotien begreitet ***Leucogyrophana*** (*pinastri*)

32 Keulenfö bis korallenfö, bis 1,5 cm hohe orangerote Gebilde auf Laubstreu ***Anthina***

32* Merkm verschieden. **33**

33 Holzbewohner, die grießartige Massen von Bulbillen bilden. Hyphen mit Schnallen. . **34**

33* Nicht auf Holz. Keine Bulbillen bildend. Als feste kugelfö, knollenfö, hornfö Gebilde (Sklerotien, Pseudosklerotien) erscheinend **36**

34 Frk gestielt-hutfö. Bulbillen dunkelfarbig, an H-Unterseite anstelle von L gebildet ***Coprinus*** s. l./***Rhacophyllus***

34* Frk krustenfö (effus), weißl, gelbl, bräunl, an der Oberfläche Bulbillen bildend. . . **35**

35 Bulbillen halbkugelig, bis 0,3 mm, weiß bleibend ***Subulicium*** (*longisporum*)/***Aegeritina***

35* Bulbillen kugelig bis eifö, bis 0,4 mm, trocken gelbl bis ocker, dextrinoid ***Bulbillomyces*** (*farinosus*)/***Aegerita***

36 Sklerotien faust- bis kopfgroß, in Waldböden. **37**

36* Sklerotien kleiner als 3 cm **38**

37 Sklerotien kugelig bis klumpenfö, Erdpartikel einschließend ***Polyporus*** (*tuberaster*)

37* Sklerotien korallenartig verzweigt, keine Erdpartikel einschließend ***Polyporus*** (*umbellatus*)

38 Sklerotien auf Süßgräsern aus Ährchen der Blütenstände entstehend, hornfö, violettschwarz ***Claviceps***

38* Sklerotien nicht aus Ährchen von Süßgräsern entstehend, kugelig, eifö, spindelfö **39**

39 Sklerotien hohl, schwarz, kohlig hart, meist kugelig, 1–5 mm. In sauren Waldböden ***Elaphomyces*** (?)/***Cenococcum*** (*Geophilum*)

39* Sklerotien voll, gelb- bis rostbraun oder schwarz, weniger hart. **40**

40 Sklerotien im Gewebe der Wirtspflanze eingebettet ***Botryotinia*** und ▸

40* Sklerotien frei am Mycel sitzend ***Typhula/Sclerotium*** und ▸

Schlüssel XXIII: Schimmelpilze

Literatur: Hier nach PETRINI, L.E., PETRINI, O. (2015)

1 Mit Sporen oder Konidien **2**
1* Ohne Sporen und ohne Konidien ▸
2 Hyphen unseptiert **3**
2* Hyphen septiert **11**

Hyphen unseptiert (3–10)

3 Sp in vielsporigen Sporangien; diese kugelig, ellipsoid, eifö oder birnenfö, endständig an Sporangienträgern ohne Anschwellungen **4**
3* Sporangien enthalten nur eine bis wenige Sp, zylindrisch oder kugelig, auf apikalen Anschwellungen der Sporangienträger [Falls Sporangien (Sporangiolen) stachelig, nur eine Sp enthaltend: *Cunninhamella*] ▸
4 Alle Sporangien mit deutl Columella, meist eine große Zahl von Sp enthaltend **5**
4* Sporangien mit undeutl oder ohne Columella; allenfalls ein endständiges und vielsporiges Sporangium mit einer solchen **10**
5 Zygosporangien deutl zahlreicher als Sporangien, mit ungleich großen Trägern (Zygophoren); diese ohne Hüllhyphen ***Zygorhynchus***
5* Sporangien zahlreicher als Zygosporangien oder letztere auch gänzl fehlend **6**
6 Sporangien mit trichterfö Erweiterung (Apophyse) im Übergangsbereich zw Träger und Sporangium **7**
6* Sporangien ohne Apophyse **8**
7 Sporangien kugelig. Sporangienträger braun, gegenüber von „Wurzeln" (Rhizoiden) gebildet ***Rhizopus***
7* Sporangien birnenfö, nicht gegenüber Rhizoiden gebildet; Sporangienträger hyalin. Zygosporangien von Hüllhyphen umgeben [Falls Zygosporangien ohne Hüllhyphen: *Lichtheimia*] ***Absidia***
8 Ausläuferhyphen (Stolonen) mit Rhizoiden vorhanden ▸
8* Ohne Stolonen **9**
9 Sporangienträger sehr hoch, meist über 3 cm, dick, unverzweigt, mit bläul oder metallischem Glanz ***Phycomyces***
9* Sporangienträger meist kürzer als 3 cm, häufig verzweigt, ohne metallischen Glanz ***Mucor***
10 Sporangiolen an reich dichotom-verzweigten, seitenständigen Sporangienträgern, ohne Columella, 1–4 Sp enthaltend. Aufrechter Haupt-Träger mit endständigem Sporangium; dieses mit Columella ***Thamnidium***
10* Sporangiolen ohne oder mit sehr kleiner Columella, apikal an unverzweigten oder nicht dichotom verzweigten Trägern, bis zu 40 Sp enthaltend ***Mortierella***

Hyphen septiert (11–61)

11 Konidien in Ketten gebildet **12**
11* Konidien nicht in Ketten gebildet **28**

– ***Konidien in Ketten angeordnet (13–27)***

12 Konidienträger bündelartig zusammengefast (Koremien, Synnemata) **13**

12* Konidienträger nicht gebündelt, einzeln oder fehlend **14**

13 Konidienbündel (Synnemata) grün. Konidienträger an ihrem Scheitel pinselfö verzweigt (Zweige = konidiogene Zellen). Konidien grünl, meist unter 5 µm, ellipsoid, mit abgerundeter Basis. Konidiogene Zellen mit sich verjüngendem Hals (= Phialiden) und sich nicht verlängernd ***Penicillium*** z. T.

13* Konidienbündel grau oder braun. Konidienträger oben nicht pinselfö verzweigt. Konidien braun, grau oder schwarz, größer als 5 µm, mit flacher Basis. Konidiogene Zellen mit breitem Hals, der sich nach oben verlängert ***Cephalotrichum***

14 Konidien in basipetalen Ketten (jüngste Konidie an der Kettenbasis), stets unverzweigt **15**

14* Konidien nicht in basipetalen Ketten, diese bisw verzweigt. **22**

15 Konidien entstehen aus speziellen Zellen (sich nicht verlängernde Phialiden oder sich verlängernde Anelliden) **16**

15* Konidienbildung merismatisch (d. h. Konidienträger verkürzt sich im Verlauf der Bildung von Konidien) **21**

16 Phialiden mit langem, 10 µm und mehr messendem, zylindrischem bis röhrenfö Hals, darin dir Konidien endogen gebildet ***Thielaviopsis***

16* Phialiden ohne oder nur mit kurzem Hals. Konidien an der Spitze der konidiogenen Zelle gebildet. **17**

17 Phialiden direkt auf endständigen, kopfartigen Anschwellungen (= Vesikel, diese 15 µm und mehr im Durchm) oder auf einer zusätzlichen Reihe von Zellen (Metulae) entstehend; Konidienträger meist unverzweigt ***Aspergillus***

17* Phialiden auf pinselfö oder wirteligen, wenig abstehenden Zweigen der Konidienträger. Falls ohne pinselfö Verzweigungen, dann Konidienträger oben (apikal) nicht oder wenig angeschwollen (bis zu 6 µm) **18**

18 Konidien kugelig, mit abgeflachter, trunkater Basis, hyalin, hellbraun, braun oder schwarz ***Scopulariopsis***

18* Konidien ellipsoid, ohne flache Basis, meist grünl, gelbl oder oliv, selten ganz braun **19**

19 Stiel des Konidienträgers braun ***Thysanophora***

19* Stiel des Konidienträgers hellfarbig **20**

20 Konidienträger nur an ihrem oberen Ende (apikal) regelmäßig pinselfö verzweigt. Konidien grün. ***Penicillium***

20* Konidienträger an der Spitze wie auch darunter unregelmäßig pinselfö verzweigt. Konidien gelbl, oliv oder bräunl ***Paecilomyces***

21 Konidien 2-zellig, beide Zellen etwa gleich groß ***Trichothecium***

21* Konidien 1-zellig, Mycel in Kultur weiß [Falls Mycel in Kultur gelb-orange oder grau: ***Basipetospora***] ***Fraseriella***

22 Konidien meist zylindrisch, einzellig, durch Septierung und Zerfall von Hyphen entstehend. **23**

22* Konidien von meist anderer Form, einzellig oder septiert, durch Sprossung entstehend, akropetale, oft verzweigte Ketten bildend **25**

23 Ketten stets aus 4 Konidien bestehend, diese reif kugelig und hellbraun ***Wallemia***

23* Ketten sich verlängernd, aus unbestimmter Zahl von hyalin bleibenden Konidien bestehend. **24**

24 Kolonien (in Kultur) weiß, angedrückt, trocken oder schleimig ***Geotrichum***

24* Kolonien orange, flauschig, trocken ***Chrysonilia***

25 Konidien hyalin, einzellig, kugelig, zitronenfö oder tonnenfö ***Monilinia***

25* Konidien farbig, braun etc., 1- oder mehrzellig **26**

26 Konidien keulig, oben oft schnabelartig, mauerfö septiert ***Alternaria***

26* Konidien nicht keulig und oben nie schnabelartig verlängert. **27**

27 Konidien mehrzellig, zylindrisch, warzig, dunkelbraun, an den Septen eingeschnürt. Konidienträger nicht deutl ausgebildet ***Torula***

27* Konidien 1- bis 4-zellig, ellipsoid bis spindelfö, glatt oder leicht warzig, hellbraun, an den Septen nicht eingeschnürt Konidienträger deutl ausgebildet ***Cladosporium***

– ***Konidien nicht kettenartig angeordnet (28–61)***

28 Konidienbildende Zellen sind Phialiden, die von einem Tröpfchen mit darin enthaltenen Konidien umgeben sein können. Falls Konidienträger in Synnemata gebündelt. Konidien hyalin, in schleimigen, weißen Köpfchen siehe auch ***Graphium*** **29**

28* Konidien bildende Zellen nicht als Phialiden ausgebildet; es werden keine Konidientröpfchen gebildet **42**

– – ***Mit Phialiden (29–41)***

29 Konidien dunkelbraun bis schwarz ***Stachybotrys***

29* Konidien hyalin oder hellfarbig **30**

30 Konidien einzellig. **31**

30* Konidien mehrzellig **38**

– – – ***Konidien einzellig (31–37)***

31 Konidienträger fehlend, die Phialiden unmittelbar aus vegetativen Hyphen hervorgehend, bisw in kleinen Büscheln an Seitenzweigen der vegetativen Hyphen. **32**

31* Konidienträger vorhanden und von den vegetativen Hyphen verschieden. **35**

32 Phialiden flaschenfö, bräunl, am oberen Ende kragenartig (mit Kollarette). Mycel in Kulturen und auf dem Substrat meist oliv-schwarz ***Phialophora***(-Komplex)

32* Phialiden flaschenfö, zylindrisch oder schlank, bisw sich zu einem Punkt verjüngend, meist hyalin, ohne oder mit undeutl Kragen. Mycel (in Kultur) meist hell, weiß, rosa, hellgelb **33**

33 Phialiden flaschenfö, mit angeschwollener Basis ***Tolypocladium***

33* Phialiden anders **34**

34 Phialiden zylindrisch, schlank, oben sich zu einem Punkt verjüngend, meist hyalin [Falls Mikrokonidien bildend: *Fusarium*] ***Acremonium***

34* Phialiden meist zu sterigmenähnl Gebilden (Adelophialiden) reduziert, die eine einzige Konidie bilden, hyalin. Kulturen weiß und oft ein rotes Pigment ausscheidend [Falls ohne rotes Pigment und auf Schleimpilzen: *Aphanocladium*] ***Lecanicillium***

35 Konidienträger am gleichen Mycel von unterschiedl Form (dimorph), streng wirtelig verzweigt, andererseits auch pinselfö ***Clonostachys***

35* Konidienträger einheitl, nicht dimorph **36**

36 Konidienträger streng wirtelig verzweigt, oben mit streng wirtelig angeordneten Phialiden ***Verticillium***

36* Weder Zweige der Konidienträger noch Phialiden streng wirtelig angeordnet **37**

37 Phialiden tragende Konidienträger in unregelmäßigen Wirteln, keine Kissen bildend. Phialiden längl, zylindrisch, in unregelmäßigen, scheitelständigen Pinseln angeordnet. Kulturen u. a. auch gelbl oder rötl ***Gliocladium***

37* Phialiden tragende Konidienträger von der Hauptachse meist ± senkrecht abstehend. Phialiden kurz, angeschwollen, bisw gekrümmt, in wolligen, kissenfö Auflagerungen ***Trichoderma***

– – – ***Konidien mehrzellig (38–41)***

38 Konidien meist 2-zellig, höchstens 3-zellig **39**

38* Konidien 2-zellig bis mehrzellig. **40**

39 Konidienträger lang, filamentös, unverzweigt. Konidienketten schnell zerfallend und daher kaum wahrnehmbar. Konidien mit zwei etwa gleichgroßen Zellen und einer schnabelartigen Basalzelle. Kulturen rosa, staubig, trocken ***Trichothecium***

39* Konidienträger kaum differenziert, kurz, verzweigt. Konidien 2- bis 3-zellig, ungeschnäbelt. Kulturen schleimig, weiß bis orange ***Monographella*** (Anamorphe)

40 Konidien (Makrokonidien) längl, sichelfö gekrümmt, 2-zellig bis mehrzellig, zusätzl mit deutl Fußzelle. Zusätzl mit bisw 2-zelligen Mikrokonidien. Mycel bisw grünl, rot, gelb oder violett ***Fusarium***

40* Konidien (Makrokonidien) zylindrisch, gerade oder nur schwach gekrümmt, 2-zellig bis mehrzellig, ohne Fußzelle, an beiden Enden breit abgerundet. Mikrokonidien vorhanden, einzellig, oder auch fehlend. Kulturen weiß bis rotbraun **41**

41 Konidienträger lang, aufrecht, am Scheitel dicht bürstenfö verzweigt. Makrokonidien gerade ***Cylindrocladium***

41* Konidienträger kurz, mit unregelmäßigen Verzweigungen. Makrokonidien meist gekrümmt ***Cylindrocarpon***

– – ***Ohne Phialiden (42–61)***

42 Konidien hell bis hellbraun **43**

42* Konidien dunkelbraun. **52**

– – – ***Konidien hellbraun (43–51)***

43 Kulturen (Kolonien) schleimig, jung hefeartig, rosa, dann dunkelbraun bis schwarz. Konidien 1-zellig, hefeartig sprossend. Chlamydosp zahlreich, braun bis schwarz ***Aureobasidium*** (Gattungskomplex)

43* Kulturen (Kolonien) staubig oder mit Luftmycel. Konidien 1-zellig oder septiert, nicht sprossend. Chlamydosp fehlend oder zerstreut vorhanden, hellfarbig **44**

44 Konidien ungleich 2-zellig, die größere obere Zelle mit stacheliger Oberfläche. Konidienträger undeutl ***Mycogone***

44* Konidien anders **45**

45 Entstehung der 1-zelligen Konidien holoblastisch, d. h. es ist die ganze Zellwand der Konidien bildenden Zelle an der Bildung von Konidien beteiligt **46**

45* Bildung der 1-zelligen oder mehrzelligen Konidien durch Septierung von Hyphenabschnitten, wobei die neu gebildeten Zellen zu Konidien werden (holothallischer Bildungsmodus), oder die Konidien bildende Zelle macht nach jeder Konidienbildung eine Scheitelverlängerung durch (anellidischer Bildungsmodus). **47**

46 Konidien meist weniger als 15 µm, ellipsoid ***Botrytis***

46* Konidien meist mehr als 30 µm. einzeln gebildet. Konidien bildende Zellen längl, an undeutl differenzierten Konidienträgern gebildet ***Sepedonium***

47 Konidien 1-zellig. **48**

47* Konidien mehrzellig, bisw mit 1-zelligen Mikrokonidien untermischt **50**

48 Konidienbildung anellidisch (Erläuterung siehe **45***) mit undeutl Ringen an der konidienbildenden Zelle (diese sich verjüngend). Konidien hyalin oder hellbraun, zu kleinen Tröpfchen an der Anellidenöffnung vereinigt, mit etwas abgeflachter Basis. [Falls Konidien in Ketten: *Scopulariopsis*] ***Scedosporium***

48* Konidienbildung holothallisch (Erläuterung siehe **45***) **49**

49 Konidien an der Basis abgeflacht, oft dickwandig und skulpturiert, meist weniger als 6 µm lang ***Chrysosporium***

49* Konidien eifö, birnenfö, keulig, bisw zündholzfö, dünnwandig, glatt, meist länger als 6 µm. Auf Haut von Mensch und Tier (Dermatophyt; pathogen) ***Trichophyton***

50 Makrokonidien rau an der Oberfläche, spindelfö, zigarrenfö, birnenfö ***Microsporum***

50* Makrokonidien glatt **51**

51 1-zellige Mikrokonidien fehlend. Makrokonidien keulig. ***Epidermophyton***

51* 1-zellige Mikrokonidien vorhanden und dominierend. Makrokonidien zylindrisch, zigarrenfö ***Trichophyton***

– – – ***Konidien dunkelbraun (52–61)***

52 Konidien 1-zellig. **53**

52* Konidien mehrzellig **55**

53 Thermophil, bei Temperaturen über 40 °C wachsend ***Thermomyces***

53* Wachstum bei tieferen Temperaturen (unter 37 °C) **54**

54 Konidien kugelig, ohne Keimspalt ***Humicola***

54* Konidien längl-ellipsoid, mit breit abgeflachter Basis und mit Keimspalt ***Mammaria***

55 Konidien quer- und längsteilig (mauerfö) untergliedert **56**

55* Konidien nur quer septiert, Septen bisw undeutl **58**

56 Konidien abgeflacht an der Basis ***Pithomyces***

56* Konidien nicht abgeflacht **57**

57 Konidienträger mit oberen Ende weiterwachsend. Konidie durch feinen Porus mit der konidiogenen Zelle verbunden ***Stemphylium***

57* Konidienträger durch Übergipfelung (der Konidie; sympodial) weiterwachsend. Konidien ohne Porus ***Ulocladium***

58 Konidien 2-zellig ***Fusicladium, Spilocaea*** (Anamorphe von ***Venturia***)

58* Konidien mehrzellig **59**

59 Konidien längl-spindelfö, oft sichelfö gebogen ***Curvularia***
59* Konidien gerade oder undeutl gekrümmt **60**
60 Konidienbasis mit deutl vorgezogener Narbe (Hilum) ***Exserohilum***
60* Konidienbasis ohne Hilum **61**
61 Konidien mehrheitl zylindrisch ***Drechslera***
61* Konidien mehrheitl spindelfö ***Bipolaris***

Schlüssel XXIV: Schleimpilze

Literatur: Hier in Anlehnung an NANNENGA-BREMEKAMP, N.E. (1991). – NEUBERT, N., NOWOTNY, W., BAUMANN, K. (1993):, (1995). – NEUBERT, N., NOWOTNY, W., BAUMANN, K., MARX H. (2000).

1 Sp an stielartigen Erhebungen nach außen hin gebildet ***Ceratiomyxa***
1* Sp innerhalb eines (bisw später nicht mehr von einer Peridie umgebenen) Frk gebildet **2**
2 Capillitium oder ihm ähnl Strukturen (Pseudocapillitium) im Frk fehlend **3**
2* Capillitium bzw. Pseudocapillitium vorhanden **11**

Frk ohne Capillitium und ohne Pseudocapillitium (3–10)

3 Frk ein sehr kleines gestieltes Sporangium, dieses weiß, rosa, farblos, blass beige. In Kulturen innerhalb von feuchten Kammern erscheinend ***Echinostelium***
3* Frk größer bzw. falls klein, dann dunkel oder mit tieferen Farben. **4**
4 Frk bilden eine partiell oder vollständig durchlöcherte Peridie (= Reticulum). Bisw bildet der Frk unten über dem S eine nicht perforierte Schale die sich nach oben als Reticulum fortsetzt ***Cribraria***
4* Peridie nicht in Form eines Reticulums **5**
5 Frk besteht aus sitzenden, aneinander gepressten Sporangien (= Pseudoaethalium). Spp rostbraun **6**
5* Frk (Sporangien) nicht derart zusammengefasst. **7**
6 Einzelsporangien nicht wesentl höher als breit (also isodiametrisch). Peridie enthält Körnchen (aus Kalk). Plasmodium braun oder schwarz ***Lindbladia***
6* Einzelsporangien 2- bis 3-fach höher als breit. Ohne Kalk-Körnchen in der Peridie. Plasmodium hellrosa oder zinnoberrot ***Tubifera***
7 Frk bis zu 2 × so lang wie breit, kugelig, nierenfö, bisw eckig oder abgeflacht. **8**
7* Frk mehr als 2 × so lang wie breit, wurmfö und bisw. verzweigt, oder auch längl und wie vertikal gestaucht erscheinend **10**
8 Spp hell gelb. Frk 0,5–1 mm breit ***Perichaena***
8* Spp von anderer Farbe oder falls gelb, dann der Frk kleiner als oben angegeben . . . **9**
9 Peridie 1-schichtig, Kalk-Körperchen führend und bisw mit netzartigen Verdickungen ***Lindbladia***
9* Peridie meist mehrschichtig, keine Kalk-Körperchen führend. Frk meist sehr klein. ***Licea***
10 Sp in Ballen aneinander haftend ***Reticularia*** (*liceoides*)

10* Sp einzeln, frei ***Licea***

Frk mit Capillitium oder mit Pseudocapillitium (11–59)

11 Capillitiumfasern röhrenfö mit weitem (meist mehr als 2 µm weitem Lumen) und mit abgegrenzten Wänden, die in Wasser mikroskopiert oft gelb, rosa oder rot sind und mit einer nicht glatten, vielmehr strukturierten Oberfläche, ohne Kalkablagerungen . . **12**

11* Capillitiumfasern oder Pseudocapillitium ohne erkennbares Lumen, die Fasern meist dünn, meist dunkel mit lila oder rotbrauner Tönung, bisw farblos, glatt oder ornamentiert. Spp weiß, fast farblos, rosal-beige, ockerl, rostfarben, braun mit purpurl oder lilal Mischton, auch schwarz **21**

– Capillitiumfasern mit Lumen (12–20)

12 Capillitiumfasern mit spiraligen Strukturen **13**

12* Capillitiumfasern ohne (oder nur stellenweise angedeuteten) Spiralstrukturen, wohl aber mit anderen Strukturen wie Dornen, Warzen, Halbringen, Stegen, die unvollständig netzartig geschlossen sein können **18**

– – Capillitiumfasern mit spiraligen Strukturen (13–17)

13 Capillitiumfasern weitgehend unverzweigt, oft zieml kurz mit mehreren freien Enden und lose im Sporangium liegend. **14**

13* Capillitiumfasern verzweigt und oft zu einem Netz geschlossen mit einigen wenigen freien Enden oder Capillitiumfasern lang und unverzweigt **16**

– – – Capillitiumfasern unverzweigt und oft kurz (14–15)

14 Capillitiumfasern spitz endend, die Spiralstrukturen stark ***Trichia***

14* Capillitiumfasern stumpf endend, die Spiralstrukturen schwach **15**

15 Peridie innen bisw mit Runzeln, Zähnchen, Ringen. Sp 12–16 µm, mit unvollständig geschlossen Maschen des netzfö Ornaments ***Oligonema***

15* Peridie innen glatt. Sp 15 µm (ohne Saum gemessen), mit vollständig geschlossenem netzfö Ornament ***Calonema***

– – – Capillitiumfasern verzweigt oder unverzweigt und lang (16–17)

16 Peridie 2- oder 3-schichtig, dick, bisw recht brüchig, dunkel und partiell schwarz. Masse aus Sp und Capillitium rotbraun oder rostrot. Capillitiumfasern nicht stark lichtbrechend ***Metatrichia***

16* Peridie 1- bis 2-schichtig, selten 3-schichtig, nie (stellenweise) schwarz. Capillitiumfasern stark lichtbrechend **17**

17 Capillitiumfasern mit stark ausgeprägten Spiralstrukturen, an einem Ende an der Peridie haftend, am anderen Ende frei. (vgl. *Arcyria* mit nicht stark lichtbrechender Spiralstruktur auf den Capillitiumfasern) ***Hemitrichia***

17* Capillitiumfasern ohne oder nur mit schwach angedeuteter Spiralstruktur siehe **15**: *Oligonema* und *Calonema*

– – Capillitiumfasern ohne spiralige Strukturen (18–20)

18 Frk groß, 3–30 mm breit, einem Sammel-Frk (Aethalium) entsprechend, da gesamthaft aus dem Plasmodium gebildet ***Lycogala***

18* Frk klein, weniger als 2,5 mm breit, einzeln aus dem Plasmodium gebildet **19**

19 Frk haufenartig, kantig, weitgehend isodiametrisch, blass lachsfarben-rosa, später beige. Plasmodium weiß oder blass rosa ***Arcyodes***

19* Frk und übrige Merkm anders. **20**

20 Peridie 1-schichtig, ihr basaler Teil als Becher oder Trichter erhalten bleibend. Frk wenigstens kurz gestielt oder auf fußfö Teil, Capillitium ein Netz, die Maschen mit Ringen, Halbringen, Dornen, Warzen und/oder mit feinen Stegen, die partiell netzartig geschlossen sein können. ***Arcyria***

20* Peridie 2-schichtig, ihr basaler Teil auf erweiterter Basis sitzend, oft als becherfö Gebilde erhalten bleibend. Capillitium mit Dornen oder kleinen Warzen, oft mit spärlich verteilten Einschnürungen, verzweigt, Zweige nicht oder selten anastomosierend. Spp meist gelb ***Perichaena***

– ***Capillitiumfasern ohne Lumen (21–59)***

21 Frk sehr klein, immer gestielt, weiß, blass beige oder rosa. Am ehesten innerhalb von Feuchtkammer-Kulturen sichtbar. Capillitium, falls vorhanden, zieml starr ***Echinostelium***

21* Frk größer, dunkler und auch sonst mit anderen Merkm **22**

22 Capillitiumfasern lang, dünnwandig, gewunden. Peridie dünn, durchscheinend, opalisierend. Frk frisch rosa, später beige mit gleichfarbenem Spp ***Calomyxa***

22* Merkm anders **23**

23 Peridie opalisierend, irisierend oder mit metallischem Schein. Frk sitzend-ungestielt. Capillitium am Grund des Frk und an der Peridie anhaftend, zieml gerade, radial ausstrahlend ***Dianema***

23* Merkm anders **24**

24 Frk klein, etwa 1 mm breit, gesamthaft aus dem Plasmodium entstehend (Aethalium), Pseudocapillitium spärl ausgebildet, gebogen, nicht strahlig ***Reticularia*** (*lobatum*)

24* Merkm anders **25**

25 Spp braun, rostfarben, beige, gelb oder ockerl. Capillitium meist fehlend oder blass und spärl. Pseudocapillitium vorhanden oder selten fehlend. Ohne Kalkabsonderungen **26**

25* Spp dunkelbraun bis schwarz, seltener rostfarben, lila oder lilal-grau. Capillitium meist reichl vorhanden. Mit oder ohne Kalkinkrustationen **28**

26 Frk (Aethalien, Pseudoaethalien) stark niedergedrückt. Oben felderig gemustert. Stränge des Pseudocapillitiums T-förmig. ***Dictydiaethalium***

26* Merkm anders **27**

27 Pseudocapillitium schwammartig, aus perforierten Platten bestehend, oder 3-dimmensional bogenfö, oder wiederholt fein verzweigt, oder in Gestalt von fransigen Platten. ***Reticularia***

27* Capillitium und Pseudocapillitium spärl, aus feinen Fäden oder Röhren bestehend ***Tubifera***

28 Frk ohne Kalk-Inkrustationen **29**

28* Frk mit Kalk-Inkrustationen **50**

– – ***Frk ohne Kalkinkrustationen (29–49)***

29 Frk im feuchten Zustande mit einer gelatinösen äußeren Schicht, gestielt ***Colloderma***
29* Frk ohne gelatinöse äußere Schicht. **30**
30 Sammel-Frk (Aethalien, Pseudoaethalien) **31**
30* Einzel-Frk (Sporangien) **33**
31 Am Capillitium haften septierte Blasen (Vesikel). Sp-Durchm 9–10,5 µm ***Brefeldia***
31* Ohne solche Blasen am Capillitium **32**
32 Sp-Durchm (10–)12–15 µm. Äußere Wand des Sammel-Frk (Aethalium) schwindend. ***Amaurochaete***
32* Sp-Durchm meist weniger als 12 µm. Sammel-Frk (Pseudoaethalium) ohne gemeinsame Wand. Peridien-Fragmente der Einzel-Frk bilden Platten, die mit dem Capillitium verbunden sein können ***Symphytocarpus***
33 Peridie membranartig, dünn, beständig zumindest als ringfö Wulst rund um den S **34**
33* Peridie flüchtig **43**
34 Frk (annähernd) sitzend ***Colloderma***
34* Frk gestielt. **35**
35 Peridie ± beständig, in größere Stücke sich zerteilend **36**
35* Peridie sich als Ringstruktur rund um den S erhaltend oder als Schuppen, die am Capillitium haften oder oben bzw. unten an der Columella **38**
36 Columella bis zum Scheitel des zylindrischen Sporangiums reichend, nach oben zu sich verjüngend ***Stemonitopsis*** (*typhina*)
36* Columella nur bis etwa zur Hälfte des Sporangiums reichend, entweder mit stumpfem oder mit einigen wenigen Zweigen in das Capillitium übergehend **37**
37 Columella stumpf endend. Capillitium weitgehend mit etwa gleichlangen Ästen radial von dem oberen Ende der Columella ausstrahlend ***Lamproderma***
37* Columella teilt sich nach oben zu in wenige, dicke Hauptäste auf, die nach außen hin verjüngt sind ***Collaria***
38 Peridie als Becher oder als schmaler Ring rund um den S übrig bleibend **39**
38* Peridie schließl als Schuppen oder Platten (Schollen) bestehend. **41**
39 Capillitium-Äste entspringen dem oberen Ende der Columella und behalten nach außen die gleiche Dicke. Peridie zieml persistent ***Lamproderma***
39* Merkm anders **40**
40 S hohl, im durchscheinendem Licht bisw rot-braun ***Macbrideola***
40* S faserig (wenigstens an der Basis im durchscheinendem Licht beobachtet), schwarz ***Collaria***
41 Sporangien (annähernd) sitzend, dem Substrat anliegend. Reste der Peridie lose oder dem Capillitium anhaftend ***Symphytocarpus***
41* Sporangien gestielt **42**
42 Reste der Peridie oft trichterfö, mit dem oberen Ende der Columella verbunden. Großteil des Capillitiums entsteht aus dem Rand dieses Peridiumrestes ***Enerthenema***
42* Schollenfö Peridienreste sind mit den Enden der Capillitium-Fasern verbunden. Die Columella bis etwa zur Hälfte des Frk sich erstreckend ***Clastoderma***

43 Sporangien (annähernd) sitzend, dem Substrat anliegend. Capillitium bildet kein oberflächennahes Netz. ***Symphytocarpus***

43* Sporangium gestielt und gewöhnl frei **44**

44 Columella und S im durchscheinendem Licht rotbraun und hohl, hornartig. Sporangien zylindrisch **45**

44* Columella und S faserig, im durchscheinendem Licht oft opak und schwarz (sichtbar an Quetschpräparaten der S-Basis). Sporangien kugelig oder kurz- bis lang-zylindrisch **46**

45 Frk zylindrisch. Capillitiumfasern netzfö geschlossen, einem 3-dimensionalen inneren Netz entspringend ***Stemonitis***

45* Frk sehr lang und dünn, hin- und hergebogen (flexuös) ***Stemonaria*** (*longa*)

46 Frk sehr klein, kugelig, mit bis zu seiner Mitte reichender Columella, die sich dort in die Hauptäste des Capillitiums aufteilt **47**

46* Frk kugelig bis zylindrisch. Columella reicht bis in das obere Ende des Frk hinein, wobei sie sich verschmälert. Capillitium in seiner gesamten Ausdehnung mit der Columella verbunden **48**

47 Capillitiumfasern sich verzweigend, aber nicht anastomosierend ***Macbrideola***

47* Capillitiumfasern sich verzweigend und anastomosierend ***Collaria*** (*elegans*)

48 Hauptäste des Capillitiums ± horizontal, senkrecht zur Columella. Die Äste gerade, weder Schleifen bildend noch wellig, außen mit vielen freien Enden. ***Comatricha***

48* Hauptäste des Capillitiums nicht weitgehend horizontal. Freie Enden des Capillitiums recht selten **49**

49 Frk kugelig oder zylindrisch. S gewöhnl länger als der ungestielte Teil (Sporangium). Capillitium gewöhnl ohne Fortsätze in das innere Netz hinein ***Comatricha***

49* Frk zylindrisch. S kürzer als das Sporangium. Capillitium gewöhnl mit deutl Fortsätzen in das innere Netz ***Stemonitopsis***

– – ***Frk mit Kalkinkrustationen (50–59)***

50 Capillitium ohne Kalkinkrustationen, meist lila-braun. **51**

50* Capillitium mit Kalkkügelchen, gewöhnl farblos oder blass gelb **55**

51 Peridie ohne Kalkauflagerungen, oft irisierend oder mit metallischem Glanz. Kalk beschränkt auf Bereiche innerhalb des S und der Columella, bisw auch im Hypothallus ***Diachea***

51* Peridie mit Kalkablagerungen. **52**

52 Peridie mit (meist) amorphen, kugelfö Kalkablagerungen. Peridie meist 2-schichtig ***Diderma***

52* Peridie mit Kalkkristallen **53**

53 Sammelfrk (Aethalien), meist groß und dick ***Mucilago***

53* Einzelfrk (Sporangien; Plasmodiokarpien). **54**

54 Frk gestielt. Kalkkristalle mit radial-strahliger Struktur ***Lepidoderma***

54* Frk sitzend oder gestielt. Kalkkristalle anders: in eine Kruste oder in Schüppchen eingefügt oder sternfö ***Didymium***

55 Frk an Kerne von Weinbeeren erinnernd, braun, glänzend, auf schwachem S, seltener auch sitzend. Capillitium in zweierlei Ausbildung: z. T mit Kalkkügelchen gefüllt, z. T. ohne derartigen Inhalt. Peridie dick, brüchig ***Leocarpus***

55* Merkm anders **56**

56 Capillitium ein System von vollständig mit Kalkkügelchen gefüllten Gängen mit Säulen- und Bogenstrukturen bildend ***Badhamia***

56* Capillitium netzfö mit begrenzten Erweiterungen, die mit Kalkkügelchen gefüllt sind **57**

57 Frk von wurmfö Gestalt, senkrecht gestreift und mit orangen bis roten Flecken ***Willkommlangea***

57* Frk anders **58**

58 Frk kelchfö, sich mit einem (± deutl) Spalt öffnend. Peridie hornartig ***Craterium***

58* Merkm anders **59**

59 Mit Sammelfrk (Aethalien) ***Fuligo***

59* Mit Einzelfrk (Sporangien, Plasmodiocarpien) ***Physarum***

Schlüssel XXV-0: Flechten

Literatur: Gattungsschlüssel nach SCHUBERT in SCHUBERT, R., HANDKE, H.-H., & PANKOW, H. (1994), WIRTH, V. (1995) und WIRTH, V., HAUCK, M. & M. SCHULTZ (2013). Sammelgattungen, die zusätzlich in ihre enger gefassten Bestandteile untergliedert werden, sind durch das Symbol * gekennzeichnet und im Blick auf ähnliche Gattungen vornehmlich nach WIRTH, HAUCK und SCHULZ weiter aufgeschlüsselt. Für eine eingehende Befassung mit der Artenvielfalt von Flechten ist das Werk von WIRTH, HAUCK und SCHULZ unverzichtbar.

1 Lager aus 5–15 mm langen haarfeinen Fäden bestehend, bräunl bis schwärzl Haarfilz bildend **Haarflechten, Schlüssel XXV-1**

1* Keinen Haarfilz bildend **2**

2 Beim Anfeuchten eine Gallerte bildend **Gallertflechten, Schlüssel XXV-2**

2* Nicht gallertartig aufquellend **3**

3 Lager mit blattartigen, am Substrat nicht angehefteten Lappen, gänzlich blattartig, strauchartig verzweigt oder bärtig. **4**

3* Lager anders, krustenfö oder einheitl staubig-filzig (sorediös) oder spinnwebartige wasserabweisende Überzüge bildend **7**

4 Blattartig verbreiterte Lager bildend, diese in unterschiedl aussehende Oberseite und Unterseite gegliedert (dorsiventral). Oberseits oder beidseitig berindet. Wenigstens am Rande nicht am Substrat angeheftet, sondern zumindest dort aufsteigend-frei. **Laubflechten, Schlüssel XXV-3**

4* Lager anders gestaltet **4**

5 Lager stiftfö, verzweigt-strauchig, fadenfö. Bisw mit gestielt-becherfö Teilen, an der Basis oft schuppig oder krustig **Strauchflechten, Schlüssel XXV-4**

5* Lager bandartig-flach oder dünnfädig bartartig hängend oder sparrig abstehend. . . . **5**

6 Lager flach bandfö **Bandfechten, Schlüssel XXV-5**

6* Lager stielrund mit fadendünnen Enden, hängend oder sparrig anstehend **Bartflechten, Schlüssel XXV-6**

7 Lager krustenfö an der ganzen Unterseite, auch eventuell vorhandene Endlappen dem Substrat anhaftend **Krustenflechten, Schlüssel XXV-7–11**

7* Lager einheitl staubig-filzig (sorediös) oder spinnwebartige wasserabweisende Überzüge bildend. Hier eingeschlossen auch sterile Krustenflechten **Krätzflechten und sterile Krustenflechten, Schlüssel XXV-12**

Siehe auch **Schlüssel XXV-13: Flechten mit Cyanobakterien** als Photobionten und Schlüssel **XXV-14: Photobionten von Flechten**

Schlüssel XXV-1: Haarflechten

1 Fäden des Lagers (Thallus) weich, schwarz, kurzrasig. Zellen des Photobionten hellgrün oder bräunl **2**

1* Lager-Fäden starr und brüchig, oliv bis schwarzbraun. Zellen des Photobionten blaugrün oder braungelb **3**

2 Zellen des Photobionten rundl-kurz *** *Cystocoleus***

2* Zellen des Photobionten gestreckt ***Racodium***

3 Auf Erde oder zwischen Moos auf überrieseltem Silikatgestein. Mit handfö geteilten Ästen, kleinstrauchig-polsterig, bis 1 cm hoch, mehrminder braun. Sp 2-zellig *** *Polychidium***

3* Direkt auf Gestein. Sp 1-zellig **4**

4 Photobiont (*Stigonema*) mit echten Verzweigungen **5**

4* Photobiont (*Scytonema*) mit unechten Verzweigungen oder unverzweigt **6**

5 Lager-Fäden bis 15 mm lang, ohne blaugrüne Rhizinen ***Ephebe***

5* Lager-Fäden kaum 2 mm lang, mit blaugrünl Rhizinen ***Spilonema***

6 Lager feinfädig **7**

6* Lager körnig bis kräftig zwergstrauchartig ***Thermutis***

7 Schwarze, wattige Rasen, Verzweigungen häufig einseitig gefördert ***Zahlbrucknerella***

7* Lager rosettig, polsterig, zentrifugal wachsend **8**

8 Photobiont 1-zellig und oft koloniebildend ***Lichinella***

8* Photobiont fädig **9**

9 An zeitweilig überfluteten oder bespritzten Küstenfelsen ***Lichina***

9* Nicht an die Küste gebunden ***Porocyphus***

Schlüssel XXV-2: Gallertflechten

1 Oft mit groben Lappen. Falls eher kleinlappig, dann mit perlschnurartig aneinander gereihten Cyanobakterien als Photobionten **2**
1* Krustig oder kleinlappig. Photobionten einzeln oder in Gruppen zu mehreren von gelbgrüner Hülle umschlossen **6**
2 Lappen des Lagers gezähnt-gewimpert bis lang gewimpert, locker stehend bis 4 mm breit *** *Leptogium***
2* Lappen des Lagers nicht so **3**
3 Lager mit großen Lappen, die gerundet sind **4**
3* Lager mit kleinen Lappen, kleinstrauchig bis fast krustig. Sp 2- bis vielzellig [Falls Sp 1-zellig: *Lempholemma*] **5**
4 Lager unterseits nicht filzig und kaum heller als oberseits. Lager nicht mit zelliger Oberhaut berindet ***Collema***
4* Lager unterseits dicht weißl-filzig oder oberseits dunkel bis bleigrau und unterseits gelbl-weiß *** *Leptogium***
5 Lager nicht mit zelliger Oberhaut berindet ***Collema***
5* Lager mit zelliger Oberhaut berindet *** *Leptogium***
6 Lager krustig **7**
6* Lager nicht krustig, vielmehr blattartig oder kleinstrauchig, aus nur wenige mm hohen Ästchen bestehend **9**
7 Photobiont (Alge) fadenfö ***Porocyphus***
7* Photobiont kugelig, nicht fadenfö **8**
8 Lager schwarz, rissig-gefeldert *** *Pyrenopsis***
8* Lager feucht schwarz, trocken grünl-braun oder schwärzl, warzig-schollig *** *Psorotichia***
9 Lager blattartig, 1- bis mehrblättrig. Auf Kalkgestein **10**
9* Lager kleinstrauchig mit nur wenige mm hohen, stumpfen, aufrechten Ästchen oder Schuppen **11**
10 Lager 1-blättrig, fast nabelartig befestigt ***Anema***
10* Lager meist mehrblättrig, tieflappig, die einzelnen Rosetten meist deutl getrennt ***Thyrea***
11 Zellen des Photobionten fadenfö. Auf Moosen und Flechten, über Silikatgestein oder Rinde. *** *Polychidium***
11* Zellen des Photobionten kugelig, einzeln oder zu mehreren in Gallerthülle **12**
12 Außenhülle des Photobionten gelbl ***Peccania***
12* Außenhülle des Photobionten rötl bis violett ***Synalissa***

Schlüssel XXV-3: Laubflechten

1 Lager (hell-)gelb, orange, rot, graugelb, gelbgrünl **2**
1* Lager andersfarbig **12**

Lager (hell-)gelb, orange, rot, graugelb, gelbgrünl (2–11)

2 Auf Erde oder auf Moosen über kalkreicher Erde. * ***Fulgensia***

2* Auf Rinde, Holz oder Gestein. **3**

3 Lager mit KOH tief rot **4**

3* Lager mit KOH ohne Reaktion oder allenfalls gelb **5**

4 Lager gänzlich dem Substrat fest anhaftend, ohne Haftorgane (Fasern etc.) * ***Caloplaca***

4* Lager allenfalls nur stellenweise mit dem Substrat verwachsen und zugleich blättrig-lappig. Lappen nicht bewimpert. (Falls kleinstrauchig und/oder Lappen bewimpert: ***Teloschistes***). Häufig mit Apothecien * ***Xanthoria***

5 Lager klein und zart, meist wenige als 1,5 cm breit, jedoch öfters zu mehreren verwachsen, stark zerschlitzt ***Candelaria***

5* Lager mit breiteren Lappen. **6**

6 Lager kräftig gelb. Auch Mark gelb * ***Cetraria***

6* Lager allenfalls blassgelb. Mark nicht gelb **7**

7 Haftfasern fehlend oder sehr spärlich **8**

7* Haftfasern meist zahlreich, nur gegen den Rand spärlich. **11**

8 Unterseite weitgehend schwarz * ***Parmelia***

8* Unterseite nicht schwarz **9**

9 Auf Rinde und Rindenmoosen im Gebirge * ***Cetraria***

9* Auf Gestein, Erdboden, auch auf kalkliebenden Moosen. **10**

10 Lager weitgehend rosettenartig, zumindest am Rand lappig * ***Lecanora***

10* Lager aus unregelmäßig angeordneten, mehrfach geteilten, aufsteigenden bis eingerollten, bis 4 cm langen und bis 1 cm breiten Lappen ***Cladonia*** (*foliacea*)

11 Lager bis zu 2 oder 3 cm breit, rosettenartig, flach anliegend, unterseits schwarz, innen mit zusammenfließenden Flecksoralen. Lappen schmal, zart ***Parmeliopsis*** (*ambigua*)

11* Merkm anders * ***Parmelia*** pr.p.

Lager mit weißl, grauen bis braunen oder roten Tönen, jedenfalls nicht gelb und nicht gelbl (12–45)

12 Lager nur an zentraler Stelle (Nabel) am Substrat befestigt, sonst mehrminder frei und wenig gegliedert, Photobiont: Grünalge. (Falls Photobiont ein Cyanobakterium vom *Chroococcus*-Typ: siehe ***Phylliscum***). **13**

12* Lager anders **14**

13 Lager Oberseite mit punktfö kleinen, weitgehend eingesenkten Perithecien. Auf Kalk- und Silikatgestein * ***Dermatocarpon***

13* Lager mit Apothecien oder steril. Auf Silikatgestein * ***Umbilicaria***

14 Einzelnes Lager über handtellergroß. **15**

14* Einzelnes Lager kleiner. **23**

– Einzellager über handtellergroß (15–22)

15 Unterseits mit derben, verzweigten und vernetzten Adern sowie mit Büscheln von Haftfasern ***Peltigera***

15* Unterseite des Lagers ohne Adern. **16**

16 Unterseite des Lagers zumindest stellenweise dicht kurzhaarig (Lupe!) **17**
16* Unterseite des Lagers allenfalls mit Haftfasern, jedoch nicht dicht kurzhaarig **19**
*– – **Unterseite des Lagers zumindest stellenweise dicht kurzhaarig (17–18)***
17 Lagerunterseite mit scharfrandigen Poren oder Gruben, * ***Sticta***
17* Lagerunterseite ohne tiefe Gruben, allenfalls flachgrubig **18**
18 Lager oberseits braun in unterschiedlicher Tönung (graubraun bis fast grau oder hell bis dunkelbraun), feucht nicht grünl sondern mehrminder grau. ***Nephroma***
18* Lager oberseits feucht grünl oder blaugrau, trocken weißgrau, gelbl-grau oder auch braun, glatt bis runzelig oder flachgrubig * ***Lobaria***
*– – **Unterseite des Lagers nirgends dicht kurzhaarig (19–22)***
19 Lager unterseits ohne Haftfasern **20**
19* Lager unterseits mit (bisw spärlichen) Haftfasern **22**
20 Lager randl mit starren Wimpern ***Anaptychia***
20* Randwimpern fehlend **21**
21 Unterseite blass bräunl bis braun, Oberseite graubraun bis braun ***Nephroma***
21* Unterseite mit Ausnahme der Lappenenden schwarz, Oberseite grau, selten leicht bräunl * ***Hypogymnia***
22 Haftfasern rechtwinkelig auffasernd. Sp 2-zellig, braun * ***Physcia***
22* Haftfasern meist einfach oder gabelteilig. Sp 1-zellig, farblos * ***Parmelia***
*– **Einzellager kleiner als handtellergroß (23–45)***
23 Lager unterseits mit erhabenen und vernetzten Adern ***Peltigera***
23* Lager unterseits ohne solche oder mit undeutlichen und wenigen Adern. **24**
24 Auf Kalkgestein, kalkreichen Böden, kalkanzeigenden Moosen **25**
24* Auf anderen Unterlagen **28**
*– – **Auf Kalkgestein (26–27)***
25 Lager feucht intensiv grün, trocken mehrminder hellgrau **26**
25* Lager feucht nicht grün **27**
26 Unterseite des Lagers mehrminder braunschwarz, nur am Rand heller ***Peltigera*** (*aphthosa*)
26* Unterseite des Lagers weißl bis bräunl oder ziegelrötl ***Solorina***
27 Lager kaum gegliedert, nicht tief eingeschnitten, ohne Haftfasern * ***Dermatocarpon***
27* Lager zumindest in schmale Läppchen geteilt oder mit schmalen Lappen tief eingeschnitten * ***Physcia***
*– – **Nicht auf Kalkgestein (28–45)***
28 Unterseite des Lagers zumindest stellenweise dicht kurzhaarig-filzig (Lupe!) ▸
28* Unterseite des Lagers kahl oder mit Haftfasern **29**
29 Apothecien vorhanden **30**
29* Apothecien fehlend **33**
*– – – **Mit Apothecien (30–32)***
30 Sp braun bis graugrün, 2-zellig * ***Physcia***
30* Sp anders **31**
31 Sp mehrzellig. Lager enthält Cyanobakterien (Blaualgen). **32**

31* Sp einzellig, farblos **33**
32 Sp 4-zellig ***Nephroma***
32* Sp 2-zellig ***Massalongia***
– – – ***Ohne Apothecien (33–45)***
33 Lager mit Cyanobakterien (Blaualgen) * ***Pannaria***
33* Lager mit Grünalgen **34**
34 Lager oberseits lebhaft grün (lauchgrün), ringsum weiß berandet, mit 3–4 mm breiten Lappen oder Schuppen, diese schalenfö oder muschelfö-konkav. Frk falls selten vorhanden, gestielt-hutfö (Lamellenpilz, Basidiomycet). Torf und Rohhumus in kühlfeuchten Lagen ***Lichenomphalia*** (*hudsoniana*)
34* Merkm anders **35**
35 Lager glänzend braun bis schwarz-braun **36**
35* Lager mit anderen Farben **37**
36 Lager unterseits mit Haftfasern * ***Parmelia***
36* Lager unterseits ohne oder nur mit spärlichen Haftfasern bzw. Lappen schmal und am Rande mit keuligen Wärzchen * ***Cetraria***
37 Lager unterseits ohne deutliche Haftfasern **38**
37* Lager unterseits mit vereinzelten bis zahlreichen Haftfasern **41**
38 Lager ockergelb, braungrünl, kleinschuppig. Schuppen bis 1 mm breit. Auf Pflanzenresten und Moosen in Mooren und auf sauren Böden ***Psoroma*** (*hypnorum*)
38* Nicht auf sauren Böden mit kleinschuppigen Lagern **39**
39 Lager jung unterseits rosaweißl bis graurosa ***Pseudevernia***
39* Lager jung unterseits mit anderen Farben **40**
40 Mit langen Wimpern an den Rändern der Lager, diese unterseits weißl * ***Physcia***
40* Ohne lange Wimpern an den Rändern der Lager, diese unterseits schwarz. Lappen der Lager oft hohl (Falls unterseits hell bis schwarz, Lager breitlappig, nicht mit hohlen Lappen vgl. *Cetraria*) * ***Hypogymnia***
41 Haftfasern rechtwinkelig auffasernd ***Physconia***
41* Haftfasern nicht rechtwinkelig auffasernd **42**
42 Unterseite weißl, weißgrau, blass bräunl (Falls Unterseite weißl und Lappen an den Rändern und später auch auf der Fläche sorediös bis isidiös: vgl. *Physconia grisea*) **43**
42* Unterseite dunkel braun bis schwarz, nur randlich oft heller **45**
43 Lappen über 2,5 mm breit * ***Parmelia***
43* Lappen schmaler **44**
44 Lager innen mit körnigen bis zylindrischen Isidien, weißgrau, unterseits weißl bis hellbräunl. Lappen etwas aufsteigend ***Parmeliopsis*** (*aleurites*)
44* Lager ohne Isidien * ***Physcia***
45 Lager mit KOH gelb, mit breiten oder auch schmalen Lappen (Falls Lager dicht angedrückt, mit schmalen, radial ausgerichteten Lappen, auf Rinde in hochmontanen bis subalpinen Lagen: *Parmeliopsis hyperopta*) * ***Parmelia***
45* Lager mit KOH nicht gelb. Lappen meist schmal, nicht über 2 mm breit * ***Physcia***

Schlüssel XXV-4: Strauchflechten

1 Lager dimorph, aus einem basalen, kleinblättrigem bis krustigen Teil (= Primärthallus) und einem Teil aus aufrechten stiftfö, becherartigen, oder auch verzweigten bis unregelmäßig geformten Strukturen (= Podetien) bestehend. **2**

1* Lager nicht derartig differenziert **5**

Lager dimorph, mit Primärthallus und Podetien (2–4)

2 Podetien innen hohl, vielgestaltig, einfach oder verzweigt, auch gestielt-becherfö * ***Cladonia***

2* Podetien innen nicht hohl **3**

3 Podetien unter 1 cm, unverzweigt stiftfö mit jeweils endständigem, randl überstehendem Apothecium; dieses schildfö bis kugelig, braun bis rosa, Auf Erde oder Gestein * ***Baeomyces*** (und ***Dibaeis***)

3* Podetien meist verzweigt, falls unverzweigt dann meist ohne endständiges Apothecium **4**

4 Lager weißl bis grau ***Stereocaulon***

4* Grundständiges Lager spangrün bis weißgrün ***Leprocaulon***

Lager nicht dimorph, nicht in Primärthallus und Podetien gegliedert (5–13)

5 Lager orange, gelb, oder mit gelbl oder grünl Tönen (z. B. graugelb, grünl-weiß etc.) **6**

5* Lager nicht gelb, gelbl, nicht graugrünl, vielmehr weiß, grau, oliv (Falls Lager fädig, reich verzweigt, herabhängend bis niederliegend, grau, braun bis schwarz: * *Bryoria*, ▸). **11**

*– **Lager orange, gelb oder gelblich bis grünlich (6–10)***

6 Lager mit KOH tiefrot, gelb, eher blattartig siehe **Schlüssel XXV-3**

6* Mit KOH nicht tiefrot **7**

7 Mark gelb * ***Cetraria***

7* Mark nicht gelb **8**

8 Lager leuchtend grünl-gelb. In den Alpen auf Koniferen ***Letharia***

8* Lager blass- oder graugrünl, gelbgrünl **9**

9 Erdflechten **10**

9* Nicht auf dem Erdboden siehe **Schlüssel XXV-5** und **6** (*Evernia*, *Ramalina* etc.)

10 Lager gelbgrünl, gelbgrau, graugrünl, blass gelbl, Spitzen oft braun. Mit glatter Rinde oder unberindet, innen hohl * ***Cladonia***

10* Lager gelbgrünl bis gelbl, die Spitzen meist blauschwärzl. Mit knorpeliger, fester Rinde, innen nicht hohl. Alpen * ***Alectoria***

*– **Lager weiß, grau, oliv, schwarz (11–13)***

11 Lagerabschnitte innen hohl **12**

11* Lagerabschnitte innen nicht hohl **13**

12 Lager weiß, wurmartig, mit spitzen Enden, unverzweigt oder allenfalls mit 1–2 kurzen Ästen. Alpen ***Thamnolia***

12* Nicht zugleich wurmartig und weiß, oft stark verzweigt * ***Cladonia***

13 Lager knorpelig berindet. Sp 1-zellig *** *Sphaerophorus***

13* Lager nicht knorpelig berindet, vielmehr mit körnigen oder schuppigen Abschnitten, auch filzig. Sp 3- bis mehrzellig ***Stereocaulon***

Schlüssel XXV-5: Bandflechten

1 Lose oder aufsteigend vom Erdboden, die Ränder oft röhrig zusammenneigend, wellig-kraus und borstig gewimpert *** *Cetraria***

1* Nicht auf dem Erdboden, meist an Bäumen oder Sträuchern, seltener an Felsen . . . **2**

2 Mit KOH purpurrot und nur kleine bis 2 cm hohe Räschen bildend ***Teloschistes***

2* Mit KOH ohne Reaktion oder höchstens gelbl, meist größer **3**

3 In den Alpen auf Rinde von Zirben oder Lärche, grünl bis zitronengelb ***Letharia***

3* Merkm anders **4**

4 Ränder der Lager-Lappen mit langen, schwarzen, oft ästig verzweigten Wimpern ***Anaptychia***

4* Ränder des Lager ohne Wimpern **5**

5 Oberseits netzgrubig oder höckerig, schuppig, warzig **6**

5* Oberseits glatt, unter- und oberseits glänzend ***Ramalina***

6 Oberseits grauweiß oder gelbl-weiß, netzgrubig, unterseits meist weißl ***Evernia***

6* Oberseits graugrün, grau oder schwarzgrau, dicht mit höckerigen, schuppigen oder warzigen Fortsätzen (Isidien) besetzt ***Pseudevernia***

Schlüssel XXV-6: Bartflechten

1 Mit abstehenden Fasern. gelbl-grau bis grau, blaugrünl. Rindenschicht sich leicht von der Markschicht lösend, insgesamt zäh und ziehbar ***Usnea***

1* Ohne abstehende Fasern. Meist braun bis schwarz, seltener gelb, grüngelb oder graugelb. Rindenschicht sich nicht von der lockeren Markschicht lösend, insgesamt beim Ziehen leicht zerreißbar *** *Alectoria, * Bryoria***

Schlüssel XXV-7: Krustenflechten, Übersicht der Gruppen

1 Mit gestielten Frk, diese oft sehr zart und auf dem Kopf mit pulveriger oder staubiger Sp-Masse (Mazädium) bedeckt. (Falls Frk ungestielt oder ins Lager eingesenkt aber stäubend siehe hier: **2** *Cyphelium*; **7***Sphinctrina*)

Staubfrüchtige Krustenflechten, Schlüssel XXV-8

1* Frk ungestielt, dem Lager aufsitzend, nicht stäubend **2**

2 Frk sehr klein (Lupe!), ein hügeliges, schwärzl Gehäuse bildend mit punktfö Mündung; ganz ins Lager eingesenkt oder halbkugelig daraus hervorragend, selten in größeren Warzen des Lagers eingeschlossen

Kernfrüchtige Krustenflechten, Schlüssel XXV-9

2* Frk anders, meist viel größer und deutl sichtbar **3**

3 Frk längl, elliptisch bis strichfö, oft auch lappig bis verzweigt **Strichfrüchtige Krustenflechten, Schlüssel XXV-10**

3* Frk nicht längl bis strichfö, meist annähernd rund **Scheibenfrüchtige Krustenflechten, Schlüssel XXV-11**

Schlüssel XXV-8: Staubfrüchtige Krustenflechten

1 Frk groß, 1–4 mm dick, S weißl * ***Baeomyces, Dibaeis***

1* Frk zart, annähernd stecknadelfö **2**

2 Frk ungestielt, gänzl oder größtenteils in das meist gefelderte Lager eingesenkt * ***Cyphelium***

2* Frk gestielt oder dem Lager aufsitzend **3**

3 Sp 4–8-zellig, reif dunkel. Frk sehr zart, deutl gestielt auf unscheinbarem Lager * ***Stenocybe***

3* Sp 1–2-zellig **4**

4 Lager fehlend oder sehr unscheinbar, saprobiotisch oder lichenicol lebend * ***Chaenothecopsis***

4* Lager deutl entwickelt, weder saprobiotisch noch lichenicol **5**

5 Lager gelb, Sp 1-zellig, kugelig **6**

5* Lager weißl, grau oder bräunl, oft sehr unscheinbar **7**

6 Lager zitronengelb, goldgelb, grobkörnig bis feinwarzig. Frk-S 0,4 mm lang. Auf Rinde von NaB oder LaB ***Chaenotheca*** (*chrysocephala*)

6* Lager schwefelgelb, grünl-gelb, staubig. Frk-S 2–3 mm lang. LaH über Moosen, Erde, Wurzeln ***Chaenotheca*** (*furfuracea*)

7 Frk sehr klein, kurzstielig oder sitzend. Meist auf anderen Flechten (lichenicol) ***Sphinctrina***

7* Frk deutl gestielt, S länger und dünner als das Köpfchen **8**

8 Sp 2-zellig. Auf Holz, Rinde, Gestein * ***Calicium***

8* Sp 1-zellig **9**

9 Sp längl-zylindrisch, dunkel ***Mycocalicium***

9* Sp mehrminder kugelig **10**

10 Sp und Sp-Masse hell, meist gelbl oder gelbgrün. Frk kugelig, vom Staub völlig verdeckt, langstielig. Rinde, Holz, Gestein, Erde * ***Chaenotheca, Sclerophora***

10* Sp und Sp-Masse dunkel, braun bis schwärzl, Frk kreiselfö und dünn gestielt * ***Chaenotheca***

Schlüssel XXV-9: Kernfrüchtige Krustenflechten

1 Frk gekammert mit genäherten, häufig schiefen Öffnungen oder mit gemeinsamer Öffnung mehrerer Frk **2**

1* Frk nicht gekammert, einzeln stehend; wenn zusammenfließend, dann aufrecht mit gerader Öffnung!; wenn gedrängt zu mehreren, dann mit getrennten, gerade ausgerichteten Öffnungen **5**

2 Photobiont rein grün, kugelig. Sp vielzellig, meist mauerfö unterteilt. Frk sich durch unregelmäßige Löcher und Risse öffnend. Rinde ***Mycoporum***

2* Photobiont gelbgrün, kettenbildend **3**

3 Sp-Fächer kugelig bis linsenfö. Sp 2- bis mehrzellig, braun ***Melanotheca*** (*diffusa*)

3* Sp-Fächer zylindrisch bis kubisch **4**

4 Frk unvollständig gekammert. Paraphysen spärl vernetzt oder fehlend ***Mycoporum***

4* Frk vollständig gekammert. Paraphysen undeutl netzig verbunden ***Tomasellia*** (*gelatinosa*)

5 Perithecien in kleine, meist gelbl Warzen eingeschlossen. Lager undeutl und kurzlebig. Asci mit unzählig vielen, kleinen Sp. ***Thelocarpon***

5* Merkm anders. Lager gut ausgebildet. Sp meist zu 8 im Ascus **6**

6 Photobiont rein grün, seine Zellen kugelig **7**

6* Photobiont anders. (Falls Photobiont fehlend siehe auch meist nicht lichenisierte ***Peridiothelia***): **26**

Photobiont rein grün, kugelig (7–25)

7 Lager rein krustig bis gefeldert **8**

7* Lager schuppig oder blattartig **21**

– ***Lager rein krustig bis gefeldert (8–20)***

8 Paraphysen schleimig zerfließend, kaum noch zu erkennen in reifen Perithecien . . . **9**

8* Paraphysen bleibend, einfach oder verzweigt **18**

9 Perithecien mit kleinen Grünalgen-Zellen, an der Spitze von einer Hülle umgeben. Sp mauerfö ***Staurothele***

9* Perithecien ohne Grünalgen-Zellen **10**

10 Sp 1-zellig **11**

10* Sp 2- bis mehrzellig **14**

11 Sp gedreht-zylindrisch, mit keulig verdickten Enden. Endolithisch ***Sarcopyrenia*** (*gibba*)

11* Sp ellipsoid bis kugelig **12**

12 Perithecien ohne oder mit undeutl zusätzl Hülle. Endolithisch in Kalk * ***Verrucaria***

12* Perithecien mit deutl zusätzl Hülle (Involucrellum) **13**

13 Hülle des Peritheciums radiär gespalten, abstehend. Endolothisch in Kalk ***Bagliettoa*** (auch als *Protobagliettoa*)

13* Hülle des Peritheciums nicht radiär gespalten. Epi- und endolithisch * ***Verrucaria***

14 Sp 2-zellig bis parallel mehrzellig **15**

14* Sp mauerfö vielzellig **16**

15 Perithecien ohne oder mit undeutl. Hülle. Erde, feuchtes Holz, Gestein. (Falls auf LaB-Rinde und meist in Verbindung mit Moosen: ***Psoroglaena***). * ***Thelidium***

15* Perithecien mit deutl entwickelter Hülle ***Involucrothele***

16 Perithecien ohne oder mit undeutl. Hülle **17**

16* Perithecien mit deutl entwickelter Hülle **18**
17 Hülle des Peritheciums radiär gespalten ***Bagliettoa***
17* Hülle des Peritheciums nicht radiär gespalten. (Falls Hülle fehlend und Frk-Gehäuse farblos: ***Leucocarpia***) ***Polyblastia***
18 Sp 1-zellig. Moose, Erde, Gestein ***Thrombium***
18* Sp 2- bis mehrzellig **19**
19 Sp mauerfö vielzellig. Auf Rinde über Moosen oder Flechten, Gestein ▸ (***Microglaena***, * ***Protothelenella***, ***Thelenella***)
19* Sp parallel-mehrzellig **20**
20 Sp nadelfö, 6- bis 16-zellig. Rinde, Sand, Fels, über Flechten oder Moosen. ***Gongylia***
20* Sp 2-zellig. Torf, feuchter Sand ***Geisleria*** (*sychnogonoides*)

– Lager schuppig oder blattartig (21–25)

21 Perithecium mit kleinen grünen Algenzellen ***Endocarpon***
21* Perithecien ohne solche Algenzellen **22**
22 Sp 1-zellig. Lager deutl blättrig **23**
22* Sp mehrzellig **24**
23 Perithecien ohne deutl Hülle, meist eingesenkt. Überwiegend auf Moosen über Gestein. Lager schuppig oder blättrig * ***Catapyrenium***, * ***Dermatocarpon***
23* Perithecien mit Hülle und mehrminder aus dem Lager hervorragend. Erde, Moose ***Involucropyrenium***
24 Sp mauerartig vielzellig, meist 2 je Ascus. Lager kleinschuppig. ***Agonimia***
24* Sp parallel mehrzellig **25**
25 Lager muschelfö, lauchgrün. Über Rindenmoosen ***Normandina*** (*pulchella*)
25* Lager schuppig bis blattartig, nicht lauchgrün. Gestein, Erde ***Placidiopsis***

Photobiont nicht rein grün, fädig oder nicht fädig (26–38)

26 Photobiont blaugrün, nicht fädig **27**
26* Photobiont anders **28**
27 Sp ungleich 2-zellig. In Kalkgestein ***Xanthopyrenia*** (*tichothecioides*)
27* Sp mauerfö-vielzellig. Moose, Erde oberh Waldgrenze ***Microglaena***
28 Cyanobakterien als Phycobiont, deren Hüllen nicht gelbl bis gelbbraun sind * ***Arthopyrenia***
28* Phycobiont anders; fädig und gelbgrün oder (klumpig geballt) 1-zellig **29**
29 Phycobiont aus eifö bis ellipsoiden Zellen **30**
29* Phycobiont fädig gelb-grün **35**
30 Paraphysen frei, unverzweigt, nicht zerfließend **31**
30* Paraphysen verzweigt und netzig verbunden, bisw zu Gallerte zerfließend **35**
31 Sp-Fächer linsenfö bis kugelig, Wände z. T. verdickt * ***Pyrenula***
31* Sp-Fächer zylindrisch bis kubisch, Wände unverdickt **32**
32 Asci mit unzählig vielen Sp, diese 1- bis 4-zellig. Lager frisch graurosa, alt graugrünl bis weißl. Über Moosen auf Gestein und Rinde ***Thelopsis***
32* Asci mit 1–8 Sp **33**

33 Asci stark zerfließend. Sp nadelfö, parallel vielzellig. Perithecien in Warzen des Lagers **Belonia** (*russula*)
33* Asci nicht zerfließend **34**
34 Sp mauerfö-vielzellig, spindelig mit zugespitzten Enden. Überspülte Granitfelsen in Bächen. **Clathroporina** (*rivularis*)
34* Sp 2-zellig bis parallel vielzellig. Überwiegend auf Rinden * **Porina**
35 Sp kräftig braun, parallel mehrzellig ▸ (**Microthelia**: **Lichenothelia**, **Mycomicrothelia**)
35* Sp farblos oder hellfarbig **36**
36 Sp mauerfö-vielzellig, farblos. Meist auf Rinde ▸ (**Polyblastiopsis**, **Julella**, **Lithothelium**)
36* Sp 2-zellig bis parallel-mehrzellig **37**
37 Sp wurmfö bis fädig, oft gedreht, 2-zellig bis mehrzellig. Auf glatten Rinden * **Leptorhaphis**
37* Sp eifö bis ellipsoid, 2- bis 6-zellig. **38**
38 Paraphysen bleibend. Sp 2-zellig mit dicker Scheidewand. Perithecien groß, 0,3–1 mm breit **Acrocordia**
38* Paraphysen oft bald zerfließend. Sp 2- bis 6-zellig mit dünnen Scheidewänden. Perithecien klein, 0,1–0,4 mm breit * **Arthopyrenia**

Schlüssel XXV-10: Strichfrüchtige Krustenflechten

1 Frk ohne Gehäuse, fleckenfö, flach, seltener rundl, meist verlängert bis breitlappig zerteilt, selten strichfö. Mit kettenzelligen Photobionten. (Falls mit kugelig-nichtkettigem Photobionten: *Allarthonia*). Sp 2-zellig (Falls Sp mauerartig-vielzellig: *Arthothelium*). Auf Rinde und Kalkgestein * **Arthonia**
1* Frk mit Gehäuse, dieses meist dunkel bis kohlig, aber auch hell, meist verlängert bis verzweigt, oft strichfö. Wenn Gehäuse zurückgebildet, dann in dem Lager eingesenkt **2**
2 Sp mit linsenfö bis kugeligen Hohlräumen. **3**
2* Sp mit zylindrischen bis kubischen Hohlräumen **5**
3 Sp mauerfö-vielzellig **Graphina**
3* Sp parallel-mehrzellig. **4**
4 Reife Sp weitgehend farblos, nicht bräunl * **Graphis**
4* Reife Sp bräunl **Phaeographis**
5 Photobiont aus rein grünen, kugeligen Einzelzellen. **6**
5* Photobiont in Form gelbgrüner Zellketten **8**
6 Frk-Gehäuse farblos bis bräunl. Sp 1-zellig **Xylographa**
6* Frk-Gehäuse kohlig. **7**
7 Sp 1-zellig, farblos. Holz, Rinde, Gestein * **Lithographa**
7* Sp 2-zellig. Mit dunkler Innen- und helleren Außenwand. Kalkgestein **Poeltinula** (*cerebrina*)

8 Apothecium mit einfachen Paraphysen ***Melaspilea***

8* Apothecium mit verzweigten Paraphysen. Frk-Gehäuse kohlig (Falls Frk-Gehäuse rudimentär, bräunl: *Enterographa hutchinsiae*) **9**

9 Sp farblos oder höchstens sehr alt bräunl. Sp-Fächer zylindrisch. Rinde, Holz, Felsen * ***Opegrapha***

9* Sp reif mehrminder braun, spindelig, 13–17-zellig ***Sclerographia*** (*squalida*)

Schlüssel XXV-11: Scheibenfrüchtige Krustenflechten

1 Frk in Form konkaver bis krugfö vertiefter Scheiben. **2**

1* Frk kreisrund-eben, gleichmäßig sich erweiternde Scheiben. (Falls Apothecien schwarz, randständig und Lager weißl, auf Kalkgestein: siehe auch ***Porpidinia***. falls Apothecien grau, rosa, rotbraun und auf Moosen oder Flechten: siehe auch ***Vezdaea***): **11**

Apothecien bzw. Scheiben konkav bis krugförmig vertieft (2–10)

2 Frk-Gehäuse mit Zone von meist strahlig angeordneter Hyphen. Ascuswand dick. Paraphysen meist verzweigt oder netzig verbunden. Nur auf Gestein ***Hymenelia***

2* Frk-Gehäuse ohne derartige Zone. Ascuswand relativ dünn, nur am Scheitel bisw etwas dicker. Paraphysen meist unverzweigt, selten gabelig **3**

3 Frk-Scheibe (Apothecium) jung tief in das Lager eingesenkt, nach Perforation des Gehäusedaches lange von dessen Rändern überdeckt **4**

3* Frk-Scheibe schon jung nach Perforation des Gehäusedaches frei und nicht von dessen Rändern überdeckt **5**

4 Apothecien im trockenen Zustand durch einen Spalt vom umgebenden Lager getrennt. Cyanobakterien als Photobionten ***Petractis***

4* Apothecien trocken ohne derartigen Spalt. Grünalgen als Photobionten. Auf Erde und toten Moosen ***Gloeolecta*** (*bryophaga*)

5 Ascuswände am Scheitel deutl verdickt **6**

5* Ascuswände am Scheitel nicht verdickt, vielmehr gleichmäßig dünn **8**

6 Paraphysen nicht gegliedert, mit deutl verdickten Enden ***Absconditella***

6* Paraphysen gegliedert, deren Enden meist nicht keulig erweitert **7**

7 Asci mit Jod blau ***Sagiolechia*** (*protuberans*)

7* Asci mit Jod ohne Reaktion oder weinrot aber nicht blau ***Gyalidea***

8 Sp 2-zellig ***Dimerella***

8* Sp 4- bis mehrzellig, z. T. auch mauerfö vielzellig. **9**

9 Sp mauerfö oder selten parallel vielzellig, bis zu 8 je Ascus * ***Gyalecta***

9* Sp parallel mehrzellig, zu mehr als 8 je Ascus **10**

10 Sp in der Regel zu 12 je Ascus (selten 8 oder 16) ***Gyalectina*** (*carneolutea*)

10* Sp zu 16 oder mehr je Ascus. Frk trocken rotbraun, jung in das Lager eingesenkt ***Pachyphiale***

Apothecien kreisrund, eben, gleichmäßig sich erweiternde Scheiben (11–76)

11 Cyanobakterien als Photobionten **12**

11* Grünalgen als Photobionten **20**

– Als Photobionten Cyanobakterien enthaltend (12–19)

12 Photobiont fädig-rosenkranzfö, unverzweigt (*Nostoc*). Lager nach Befeuchtung aufquellend und schwärzl **Lempholemma**

12* Photobiont anders; fädig-verzweigt, z. T. 1-zellig und koloniebildend **13**

13 Photobiont fädig **14**

13* Photobiont 1-zellig, oft koloniebildend. **15**

14 Lager braun bis schwärzl-grün, die Frk darin eingesenkt **Heppia** (*lutosa*)

14* Lager grün bis schwärzl, die Frk darauf aufsitzend, mit braunem Rand **Porocyphus** (*rehmicus*)

15 Zellen des Photobionten groß, meist nur 1–2 in einer dicken Gallerthülle **Pyrenopsidium**

15* Zellen des Photobionten zu mehreren in ineinandergeschachtelten Hüllen oder sehr dicht gedrängt und daher scheinbar fädig **16**

16 Hüllen des Photobionten am Rande gerötet. Lager krustig-körnig. Sp 1-zellig * **Pyrenopsis**

16* Hüllen des Photobionten am Rande gelbl bis gelbbräunl. Sp 1- oder 2-zellig **17**

17 Sp 2-zellig. Apothecien meist im Lager eingesenkt ▸ (siehe unter * *Arthopyrenia*, **Collemopsidium*)

17* Sp 1-zellig **18**

18 Apothecium von einem Epithecium (Geflecht aus Hyphen mit Algen über dem Hymenium) überdeckt **Gonohymenia** (*octosporella*)

18* Apothecium ohne Epithecium. **19**

19 Rinde des körnigen Lagers mit kurzzelligen dicht gedrängten Hyphen und dadurch gewebeartig erscheinend **Pterygiopsis**

19* Rinde des körnigen-krustigen bis korallenartigen Lagers geflechtartig, nicht gewebeartig erscheinend * **Psorotichia**

– Als Photobionten Grünalgen enthaltend (20–77)

20 Photobiont aus einzelnen oder in Klumpen zusammenliegenden Zellen **21**

20* Photobiont fädig und gelb-grün (Algengattung *Trentepohlia*) **73**

– – Photobiont nicht fädig, 1-zellig oder aus klumpig zusammenlagernden Zellen (21–72)

21 Scheidewände der Sp recht dick und von einem Kanal durchzogen; Sp farblos, 2-zellig * **Caloplaca**

21* Sp nicht so und/oder olivgrau bis schwärzl. **22**

22 Apothecien gelb bis rot, mit KOH karminrot **23**

22* Apothecien mit KOH ohne Reaktion oder höchstens an den Rändern zunächst gelb und dann langsam blutrot. **25**

23 Apotheccien nicht berandet, hoch gewölbt * **Protoblastenia**

23* Apothecien berandet **26**

24 Auf kalkfreiem Gestein in den Alpen, Moose (*Andreaea*) überziehend. Lager undeutl, häutig, grau. Sp 1-zellig **Caloplaca** (*nivalis*)
24* Auf kalkhaltiger Erde über Moosen. Lager schuppig-lappig, dickl. Sp 1- bis 2-zellig **Fulgensia**
25 Lager und die darauf sitzenden scheibenfö Apothecien hellgelb bis rötl-gelb. 8–64 Sp je Ascus **Candelariella**
25* Wenn das Lager gelb, dann die Apothecien eingesenkt und Sp zu mehr als 80 je Ascus **26**
26 Sp zu mehr als 16 je Ascus und meist klein **27**
26* Sp zu 1–8(–16) je Ascus **33**
– – – ***Sporen zu mehr als 15 je Ascus (27–32)***
27 Apothecien geschlossen bleibend, mit punktfö Öffnung, einzeln in kugelfö-eifö, grünl-gelbe bis graubräunl Warzen des Lagers eingesenkt. Sp 1-zellig **Thelocarpon**
27* Merkm anders **28**
28 Lager aus kleinen, dreieckigen, grauen bis weißl Lappen, diese die krugfö Apothecien umgebend **Solorinella** (*asteriscus*)
28* Apothecien und Lager mit anderen Merkm **29**
29 Apothecien ohne algenhaltigen Rand **30**
29* Apothecien mit algenhaltigem Rand des Lagers. **32**
30 Apothecien ohne kohliges Gehäuse, schon jung hochgewölbt, Hymenium hell, bis höchstens bräunl * **Biatorella**
30* Apothecien mit kohligem Gehäuse, rotbraun bis schwärzl. **31**
31 Apothecien schwarz, oft grubig-rillig, eingesenkt. Lager strahlig und gefeldert **Sporastatia**
31* Apothecien schwarz oder rotbraun und dann flach scheibenfö, oft rillig, dem kaum gefelderten Lager aufgesetzt oder eingesenkt. * **Sarcogyne**
32 Apothecien ins Lager eingesenkt. Gestein, Holz, Erde **Acarospoa**
32* Apothecien dem Lager aufsitzend. Auf Rinde dünner Zweige **Maronea** (*constans*)
– – – ***Sporen zu 1–8–16 je Ascus (33–72)***
33 Sp reif mauerartig vielzellig **34**
33* Sp nicht so. **40**
– – – – ***Sporen reif mauerartig vielzellig (34–39)***
34 Apothecien ohne oder mit nur schwach entwickeltem Gehäuse. **35**
34* Apothecien mit deutl entwickeltem Gehäuse **36**
35 Lager mit KOH rot. Apothecien eingesenkt, hell, kaum sichtbar, schwärzl, selten bereift. Auf Rinden **Phlyctis**
35* Lager mit KOH ohne Reaktion. Apothecien dem Lager aufsitzend, meist gut sichtbar, schwärzl, selten bereift, Auf glatten Rinden, selten auf Gestein **Arthothelium**
36 Gehäuse des Apotheciums durch Ringspalt vom Lager getrennt und tief eingesenkt **Diploschistes**
36* Ohne derartigen Ringspalt. Apothecien nicht oder schwach eingesenkt **37**

37 Paraphysen verzweigt und netzig verbunden, Lager meist deutl gefeldert. Auf kalkfreiem Gestein * ***Rhizocarpon***

37* Paraphysen einfach oder gegabelt, nur ausnahmsweise sich verbindend **38**

38 Sp olivgrau bis braunschwärzl * ***Buellia***

38* Sp farblos, nur im Alter leicht bräunl **39**

39 Sp-Wand außen gallertig, rosa bis olivschwärzl ***Gyalidea***

39* Sp-Wand außen nicht gallertig. Oberhalb der Waldgrenze in den Alpen * ***Lopadium***

– – – – ***Sporen reif nicht mauerartig vielzellig (40–72)***

40 Sp mehr als 40 µm lang, kugelig bis breit ellipsoid **41**

40* Sp weniger als 30 µm lang, wenn länger, dann schmalspindelig bis fädig. **45**

41 Sp 1-zellig, durch schraubige innere Wandverdickungen scheinbar mehrzellig, nur 1 je Ascus ***Megalospora*** (*pachycarpa*)

41* Sp 1- bis 2-zellig und nicht scheinbar durch Wandverdickungen unterteilt **42**

42 Sp 2-zellig. Apothecien eingesenkt. Erde, Moose, altes Holz ***Varicellaria***

42* Sp 1-zellig **43**

43 Apothecien schwarz mit oberseits blaugrauem Hymenium * ***Mycoblastus***

43* Apothecien hellfarbig **44**

44 Apothecien dem Lager aufsitzend, am Grunde meist verengt; Scheibe breit geöffnet, dickl berandet, rosabräunl, gelegentl weiß bereift ***Ochrolechia***

44* Apothecium eingesenkt, häufig geschlossen (Perithecium-artig); Hymenium meist dunkelfarbig. Lager häufig sorediös bis isidiös und dann selten fruchtend, bisw bitter schmeckend * ***Pertusaria***

45 Sp reif olivgrau bis braunschwärzl, dickwandig. **46**

45* Sp reif farblos **50**

46 Sp 1-zellig. Oberhalb der Waldgrenze und an den Küsten ***Orphniospora*** (*atrata*)

46* Sp 2- bis mehrzellig **47**

47 Apothecien mit vom Lager gebildeten Rand umgeben oder ins Lager eingesenkt. . **48**

47* Apothecium nicht mit zusätzlichem Rand vom Lager **49**

48 Lager gelb-grünl, scharf gefeldert, Am Rand strahlig gelappt ***Dimelaena*** (*oreina*)

48* Lager meist grau oder bräunl bis weißl. * ***Rinodina***

49 Sp von farbloser gallertiger Substanz umgeben (bei alten Sp z. T. wieder rückgebildet). Überwiegend auf Silikatgestein * ***Rhizocarpon***

49* Sp nicht so. Auf unterschiedl Substraten * ***Buellia***

50 Hymenium der Apothecien mit Jodreagenz ohne Reaktion. Asci dünnwandig **51**

50* Hymenium der Apothecien mit Jodreagenz wenigstens teilweise blau. (Vgl. hier auch * ***Hypocenomyce***) **54**

51 Apothecien ohne oder nur mit sehr undeutl Gehäuse. (Falls Sp breit ellipsoid bis fast kugelfö, dickwandig: siehe ***Japewia***) * ***Arthonia***

51* Apothecien mit deutl Gehäuse **52**

52 Sp 1-zellig. Apothecien dem Lager aufsitzend * ***Lecidea***

52* Sp 2- bis mehrzellig **53**

53 Apothecien schwarz, kräftig, oft zw zitronengelben, seltener grauen Schuppen des Lagers ***Arthrorhaphis***
53* Apothecien blassrosa bis gelbl-weiß ***Absconditella***
54 Sp meist 1-zellig, seltener teilweise und undeutl 2-zellig und dann spindelfö **55**
54* Sp 2- bis mehrzellig **61**
55 Apothecien deutl gestielt, bräunl oder rosa * ***Baeomyces, Dibaeis***
55* Apothecien ungestielt dem Lager aufsitzend, wenn andeutungsweise gestielt, dann schwärzl. **56**
56 Sp halbkreisfö. Lager mehrminder rotbraun. Alpen ***Harpidium*** (*rutilans*)
56* Sp kugelig bis ellipsoid **57**
57 Apothecien randlos oder nur mit eigenem Rand. **58**
57* Apothecien auch vom Lager her zusätzl umrandet **59**
58 Lager kreideweiß, ausgedehnt. Apothecien zunächst eingesenkt, dann hervorbrechend. Alpen auf kalkarmem Gestein ***Stenhammarella*** (*turgida*)
58* Lager mit verschiedenen Farben, nicht weiß. Apothecien von Beginn an mit Gehäuse. Auf diversen Substraten. * ***Lecidea***
59 Paraphysen netzartig verbunden * ***Pertusaria***
59* Paraphysen einfach oder gabelig. **60**
60 Lager mit rötl Cephalodien ***Placopsis*** (*gelida*)
60* Lager ohne Cephalodien. Apothecien-Scheibe flach bis gewölbt. Apothecien sitzend, selten eingesenkt. (Falls Apothecien.-Scheibe gewöhnl konkav und Apothecien ins Lager weitgehend eingesenkt, selten angedrückt sitzend: * ***Aspicilia***) * ***Lecanora***
61 Apothecien tief eingesenkt, erst punktfö dann kreisfö geöffnet; Scheibe vertieft bleibend, gelb bis fleischfarben. Auf toten Moosen ***Gloeolecta*** (*bryophaga*)
61* Apothecien nicht so. **62**
62 Apothecien vom Lager zusätzl umrandet **63**
62* Apothecien nur mit eigenem Rand **67**
63 Apothecien bis zu 5 mm breit, sitzend bis fast gestielt. Scheibe samt undeutl abgesetztem Rand rosa, oft schwach bereift ***Icmadophila*** (*ericetorum*)
63* Apothecien kleiner **64**
64 Sp 4- bis mehr als 110-zellig, spindelfö bis nadelfö, Apothecienscheiben rot, seltener bräunl und dann bereift. Rinde, Gestein * ***Haematomma***
64* Sp 2- bis 4-zellig **65**
65 Lager am Rande deutl gelappt, weißl bereift ***Solenopsora*** (*candicans*)
65* Lager am Rande nicht gelappt. **66**
66 Apothecien zu mehreren und etwas unregelmäßig geformten Warzen eingesenkt. Torf, Rohhumus, boreal-alpin ***Varicellaria*** (*carneonivea*)
66* Apothecien einzeln, mit jeweils eigenem Rand des Lagers umgeben * ***Lecania***
67 Apothecien ohne oder nur mit schwach entwickeltem Gehäuse. Asci breit eifö bis fast kugelig * ***Arthonia***
67* Apothecien mit deutl entwickeltem Gehäuse **68**

68 Apothecien-Gehäuse aus locker verwobenen Hyphen, sich mehrminder über das ganze Lager ausbreitend **_Byssoloma_** (*rotuliforme*)
68* Apothecien-Gehäuse aus dicht gelagerten Hyphen. **69**
69 Sp 2-zellig **70**
69* Sp mehrzellig **71**
70 Lager häutig bis flach gefeldert-schuppig, fast fehlend * **_Catillaria_**
70* Lager blasig-warzig bis kleinstrauchig-rasig. Lagerschuppen vom Substrat deutl abgesetzt. Apothecien schwarz: Erde, Moose, seltener auch auf Gestein, Rinden. (Falls diese hell bis dunkel, Sp spindelfö, nadelfö, oder schraubig: **_Bacidia_**) * **_Toninia_**
71 Sp feinfädig, bis zu 180 µm lang. Apothecien krugfö vertieft. Lager weißl bereift. Auf glatten Rinden **_Stictis_** (*urceolatum*)
71* Sp spindelig-nadelfö, viel kürzer **72**
72 Lager warzig-blasig bis kleinstrauchig. Apothecien schwarz * **_Toninia_**
72* Lager häutig bis krustig gefeldert. Apothecien hell bis dunkel **_Bacidia_**
– ***Photobiont fädig (73–77)***
73 Lager grau- bis dunkelgrün, Apothecien beige, gelbl, orange **_Coenogonium_**
73* Merkm anders **74**
74 Gehäuse und Schicht (Hypothecium) unter dem Hymenium dunkel, oft kohlig. Sp 2-zellig bis parallel mehrzellig **75**
74* Hypothecium hell. Sp mauerfö vielzellig **_Thelotrema_** (*lepadinum*)
75 Paraphysen einfach oder schwach gegabelt. Asci recht dünnwandig **76**
75* Paraphysen netzig verbunden. Asci dickwandig. **77**
76 Gehäuse dick und vorstehend, wenn alt radiär gekerbt-gespalten. Sp parallel-mehrzellig **_Sagiolechia_** (*protuberans*)
76* Gehäuse nicht gekerbt-gespalten, mäßig dick. Sp 2-zellig **_Catinaria_**
77 Gehäuse rückgebildet, schüsselfö. Rinde, Holz **_Schismatomma_** (*abietinum*)
77* Gehäuse gut entwickelt * **_Lecanactis_**

Schlüssel XXV-12: Krätzflechten und sterile Krustenflechten

1 Lager aus sehr feinen schwärzl bis braunschwarzen Fäden, die einen dichten Filzbelag bilden * **_Cystocoleus_**
1* Lager nicht aus solchen Fäden bestehend **2**
2 Lager am Rande angedeutet gelappt und mehrminder rosettenartig oder Lager schuppig **3**
2* Lager am Rande weder rosettenartig noch schuppig **19**
Lager am Rande angedeutet gelappt und mehrminder rosettenartig oder Lager schuppig (3–18)
3 Lager rein gelb bis zitronengelb, orange, hellrot, rostrot, hellrot **4**
3* Lager weder gelb noch orange oder rot. **6**
4 Lager mit KOH tiefrot. **5**
4* Lager mit KOH ohne derartige (tiefrote) Reaktion. **8**
5 Auf kalkhaltiger Erde und auf Kalk liebenden Erdmoosen **_Fulgensia_**

5* Auf Gestein * ***Caloplaca***

6 Auf Erde oder auf Moosen. [Falls auf NaH (verbrannt) oder auf NaB, LaB, Rinde, Borke: * ***Hypocenomyce***; falls auf Torf, Rohhumus, Moosdecken: * ***Lichenomphalia***]: **7**

6* Auf kalkhaltigem oft staubigem Gestein (falls auf Silikatgestein: * *Acarospora*) ***Candelariella*** (*medians*)

7 Lager hellrot, Kalk liebend ***Psora*** (*decipiens*)

7* Lager zitronengelb. Saure Böden in den Alpen ***Catolechia*** (*wahlenbergii*)

8 Lager sorediös **9**

8* Lager nicht sorediös **15**

9 Lager mehrminder rosettenartig, am Rande angedeutet gelappt **10**

9* Lager schuppig, nicht rosettenartig **14**

10 Lager innen mit braunen, warzig vorstehenden Cephalodien, weißl, creme, hell beige ***Placopsis*** (*gelida*)

10* Lager ohne Cephalodien **11**

11 Lager K+ gelb ***Diploicia*** (*canescens*)

11* Lager K− nicht gelb **12**

12 Lager unterseits schwarz, berindet. Meist auf Rinde ***Hyperphyscia*** (*adglutinata*)

12* Lager unterseits nicht schwarz, nicht berindet. Auf Gestein **13**

13 Lager braun, aber oft weißl bereift, meist kaum über 5 mm. Silikatfelsen ***Lecanora*** (*demissa*)

13* Lager grau-weiß, meist über 5 mm. Besonders auf Mauern ***Caloplaca*** (*teicholyta*)

14 Schüppchen berindet, graugrün bis grünl-weiß, am Rande oder auf der Unterseite sorediös. Rinde, Holz, Erde ***Cladonia*** (steril)

14* Schüppchen unberindet, hellgrau. Auf bemooster Rinde, seltener auf bemoostem Fels (Falls Lager mit Braunton: ▸) ***Normandina*** (*pulchella*)

15 Auf Erde, Moosen oder Flechten **16**

15* Nicht auf Erde, Moosen oder Flechten, vielmehr auf Gestein **17**

16 Lager schuppig, Schuppen oliv-, hell- bis dunkelbraun (vgl auch *Catopyrenium lachneum*) ***Psora*** (*lurida*)

16* Lager anders ▸(* ***Baeomyces***, * ***Cladonia***, * ***Lecanora***)

17 Schuppen blass grünl bis grünl-weiß, bisw bereift ***Squamarina*** (*cartilaginea*)

17* Schuppen braun oder bräunl **18**

18 Schuppen am Rand weiß, oft auch auf der Fläche mehrminder weißl bereift ***Acarospora*** (*cervina*)

18* Schuppen unbereift, am Rand nicht weißl ***Psora*** (*lurida*)

Lager am Rande weder rosettenartig noch gelappt, noch schuppig (19–67)

19 Lager gelb bis orange, K+ tief rot * ***Caloplaca***

19* Lager mit anderen Farben, und/oder mit K nicht tief rot **20**

20 Konidien hand- bis fächerfö verzweigt oder auch kugelig bis fast ellipsoid. Lichenicol auf *Pertusaria amara* oder an Ba-Stämmen * ***Cheiromycina***

20* Merkm anders **21**

21 Lager gänzl mehlig sorediös bis sehr feinkörnig, gelb, weißl bis blaugrün. (Falls an gestörten Standorten: siehe auch *Vezdaea leprosa*) *** *Lepraria***
21* Lager nicht so **22**
22 Auf Erde, bodenbewohnenden Moosen oder Pflanzenresten **23**
22* Nicht so wachsend. **28**

– Auf dem Erdboden, auf bodenbewohnenden Moosen oder auf Pflanzenresten (23–27)

23 Lager braun bis schwarzbraun, kleinwarzig bis sehr feinkörnig *** *Lecidea***
23* Lager mit anderen Farben **24**
24 Lager gelb bis grüngelb ***Arthrorhaphis***
24* Lager nicht gelbl **25**
25 Lager aus winzigen, 0,1–0,2 mm messenden, grünen Kügelchen bestehend. Wenn fruchtend, dann wie ein Lamellenpilz. Besonders auf Torf in Mooren ***Lichenomphalia***
25* Lager nicht so **26**
26 Lager weißl, bis leicht rosa, grau, graugrün, leicht bräunl. Oft feinschuppig, unregelmäßig sorediös aufbrechend oder mit weißl, oft mehligen Wärzchen besetzt *** *Baeomyces***
26* Lager weißgrau bis hellgrau, dunkelgrau, grüngrau. Soredien mehlig, gelbl, grüngrau, gelbl-grau **27**
27 Soredien körnig, gelbl-grau ***Ochrolechia*** (*androgyna*)
27* Soredien mehlig, gelbl bis grüngrau ***Lecidea*** (*granulosa*)
28 Auf Gestein **29**
28* Auf Rinde, Holz **52**

– Auf Gestein (29–51)

29 Photobiont gelbl-braun (*Trentepohlia*) **30**
29* Photobiont rein grün **32**
30 Auf Kalkgestein **31**
30* Auf Kalk-freiem Gestein *** *Opegrapha***
31 Lager weißl, unregelmäßig sorediös aufbrechend ***Dirina*** (*stenhammarii*)
31* Lager frisch rötl, trocken grau bis oliv ***Sagiolechia*** (*protuberans*)
32 Lager bis zum Rand mit mehliger Oberfläche, weißl oder blass grünl(-gelb) ***Haematomma*** (*ochroleucum*)
32* Lager nicht bis zum Rand mehlig **33**
33 Lager gelb, gelbgrün, blass grünl, gelbgrau **34**
33* Lager mit anderen Farben **39**
34 Lager mit Hypochlorit-Reagenz orange **35**
34* Lager mit Hypochlorit-Reagenz leicht gelbl oder ohne Reaktion **36**
35 Lager rissig areoliert ***Pertusaria*** (*flavicans*)
35* Lager körnig bis fein areoliert ***Lecidella*** (*scabra*)
36 Mark mit Jodreagenz blau. Lager gelb ***Rhizocarpon*** (*ridescens*)
36* Mark mit Jodreagenz ohne Reaktion. **37**
37 Lager nicht sorediös, kräftig gelb. Silikatfelsen ***Candelariella*** (*coralliza*)

37* Lager sorediös **38**
38 Lager graugrün bis grau, feinschuppig, sorediös aufbrechend **Baeomyces** (*rufus*)
38* Lager gelb bis sehr blass (grau-)grünl, nicht sehr feinschuppig * **Lecanora**
39 Lager mit KOH schmutzig rot bis blutrot **40**
39* Lager mit KOH gelb oder ohne Reaktion **42**
40 Lager weißl bis hellgrau, feinrissig **Phlyctis** (*argena*)
40* Lager grau, olivgrau, oliv, rissig bis areolat **41**
41 Sorale 0,6–1,5 mm breit, weiß **Pertusaria** (*excludens*)
41* Sorale bis 0,6 mm, weißl, grau, gelbl-weiß **Aspicilia** (*grisea*)
42 Mit kurzen, stiftfö Isidien **43**
42* Ohne Isidien **44**
43 Lager weißgrau. Mit KOH gelb **Pertusaria** (*schaereri*)
43* Lager braun bis braungrau. Mit KOH ohne Reaktion **Rimularia** (*gibbosa*)
44 Lager oder Sorale mit Hypochlorit-Reagenz orangegelb bis rot **45**
44* Lager oder Sorale mit Hypochlorit-Reagenz ohne Reaktion oder leicht gelbl **50**
45 Nur Lager mit Hypochlorit-Reagenz reagierend, Sorale nicht **Lecanora** (*lojkaeana*)
45* Lager und Sorale bzw. nur Sorale mit Reaktion in Hypochlorit-Reagenz **46**
46 Nur Sorale mit Hypochlorit-Reagenz rot, in KOH gelb. Lager grau bis bräunl-grau **Fuscidea** (*praeruptorum*)
46* Lager und meist Sorale mit Hypochlorit-Reagenz rot **47**
47 Lager mit Cephalodien **Amyygdalaria** (*panaeola*)
47* Lager ohne Cephalodien **48**
48 Lager warzig areoliert, grau auf schwarzem Vorlager **Rinodina** (*fatiscens*)
48* Lager nicht mit schwarzem Vorlager **49**
49 Lager dünn, meist klein, weißl bis beige **Trapelia** (*obtegens*)
49* Lager meist mäßig bis zieml dick, ausgedehnt, weißl bis hellgrau * **Pertusaria**
50 Lager in KOH gelb * **Lecanora**
50* Lager in KOH ohne Reaktion **51**
51 Sorale in KC+ violett (KC: Kalilauge und dann Hypochlorit auftragen), hochgewölbt **Pertusaria** (*amara*)
51* Sorale in KC− ohne Reaktion, meist nicht hoch gewölbt (vgl. auch *Pertusaria dealbescens*) * **Lecidea**

– Auf Rinde oder auf Holz (52–67)

52 Photobiont rein grün, Lager an abgeschabten Stellen nicht braun bis orangegelb . . **53**
52* Photobiont goldbraun, braun, orangegelb (*Trentepohlia*); Lager an abgeschabten Stellen entsprechend gefärbt **65**

– – Photobiont rein grün (53–64)

53 Lager warzig areoliert. An alten Eichen **Cliostomum** (*corrugatum*)
53* Lager nicht so **54**
54 Lager oder zumindest Sorale mit Hypochlorit-Reagenz rot bis orange * **Pertusaria**
54* Lager mit Hypochlorit-Reagenz ohne Reaktion oder gelbl **55**

55 Lager düster blaugrau bis grauschwarz, körnig-warzig. Am Fuß von LaB (vgl. auch * *Caloplaca* spec.) ***Rinodina*** (*colobina*)
55* Lager anders **56**
56 In hochmontanen bis subalpinen Lagen. Sorale in KOH gelb bis orangefarben. Hartes Holz ***Xylographa*** (*vitiligo*)
56* Merkm anders **57**
57 Lager in KOH von Gelb nach Rot bis nach Rotviolett verfärbend. **61**
57* Lager in KOH ohne Reaktion oder nur gelb ohne weitere Verfärbung. **58**
58 Lager weißgrau, oft stellenweise gelbl bis rostfarben und nur dort mit rotvioletter KOH-Reaktion; grobkörnig bis warzig, bisw stellenweise sorediös ***Chaenotheca*** (*ferruginea*)
58* Lager nicht so, mit KOH überall gelb * ***Pertusaria***
59 Lager mit in Isidien verlängerten Körnchen, diese unverzweigt oder verzweigt . . . **60**
59* Lager ohne Isidien, wohl aber sorediös. **63**
60 Lager in KOH gelb ***Pertusaria*** (*coronata*)
60* Lager in KOH ohne Reaktion **61**
61 Lager mit an ihrer Spitze sorediös aufbrechenden Isidien * ***Pertusaria***
61* Lager gänzl körnig oder korallinisch isidiös. **62**
62 Isidien längl und bisw korallinisch. In ozeanischen Lagen ***Caloplaca*** (*herbidella*)
62* Isidien eher rundl und verflacht, bisw auch verlängert und schwach korallinisch. Weit verbreitet ***Bacidia*** (*rubella, biatorina*)
63 Lager graugrün bis grün, stellenweise sorediös., in KOH gelb ***Lecanora*** (*conizaeoides*)
63* Lager nicht graugrün bis grün. **64**
64 Sorale schwarz (in hochmontanen Lagen: vgl. auch *Pertusaria* spec.) ***Thelomma*** (*ocellatum*)
64* Sorale nicht schwarz * ***Pertusaria***, * ***Lecidea***

– – ***Photobiont gelb bis braun, mit Trentepohlia (65–67)***

65 Lager mit Pyknidien, diese eingesenkt schwärzl oder auf vorstehenden grauweißen Warzen. **66**
65* Lager ohne Pyknidien **69**
63 Pyknidien kurz strichfö, wie das Lager weißl bis hellgrau. **64**
63* Pyknidien punktfö, schwarz **65**
64 Pyknosp 12–17 × 2–3 µm, auf NaB, mit Hypochlorit-Reagenz rot ***Lecanactis*** (*abietina*)
64* Pyknosp 4,5–6,5 × 1–1,5 µm, auf LaB, mit Hypochlorit-Reagenz ohne Reaktion ***Opegrapha*** (*vermicellifera*)
65 Lager weiß bis grauweiß * ***Arthonia***
65* Lager nicht weiß bis grauweiß * ***Opegrapha***
66 Lager weiß bis weißgrau. An alten Eichen ***Lecanactis*** (*amyalacea*)
66* Lager nicht weiß bis weißgrau **67**
67 Lager braun, mit schwarzem Vorlager, Sorale klein, hell ***Opegrapha*** (*horistica*)

67* Lager schmutzig lilagrau, rosagrau. Sorale unregelmäßig, später zusammenfließend. An alten Eichen ***Schismatomma*** (*decolorans*)

Schlüssel XXV-13: Flechten mit Cyanobakterien (Blaualgen) als Photobionten

1 Lager kleinstrauchig, aufrecht bis fädig niederliegend * ***Polychidium***
1* Lager nicht so **2**
2 Lager nach Art einer Laubflechte **3**
2* Lager nach Art einer Krustenflechte, allenfalls schuppig **15**

Lager nach Art einer Laubflechte (3–14)

3 Lager feucht ± gallertig. **4**
3* Lager nicht gallertig **7**

*– **Lager feucht mehrminder gallertig (4–6)***

4 Photobiont nicht perlschnurartig. Apothecien anfangs oder auch dauerhaft punktfö * ***Phylliscum***
4* Photobiont wie eine Perlenkette. Apothecien weit offen **5**
5 Lager mit zelliger (pseudoplektenchymatischer) Rinde bzw. durchgehend so * ***Leptogium***
5* Lager nicht derart berindet **6**
6 Sp 1-zellig. Lager krustig, blättrig, fast kleinstrauchig ***Lempholemma***
6* Sp querseptiert mehrzellig bis schwach mauerfö. Lager meist blättrig-lappig ***Collema***

*– **Lager nicht gallertig (7–14)***

7 Unterseite des Lagers orange oder Apothecien in Vertiefungen des Lagers ***Solorina***
7* Unterseite des Lagers nicht orange, Apothecien nicht in Vertiefungen des Lagers . . **8**
8 Apothecien an den Lappenenden ***Nephroma, Peltigera***
8* Apothecien nicht an den Lappenenden oder fehlend **9**
9 Lager unterseits mit derben Adern und mit Büscheln von Rhizinen ***Peltigera***
9* Lager unterseits nicht mit solchen Adern **10**
10 Lager unterseits zumindest stellenweise dicht kurzhaarig (Lupe!). **11**
10* Lager unterseits kahl **12**
11 Lager unterseits mit scharf umrissenen Gruben * ***Sticta***
11* Lager unterseits ohne scharf umrissene Gruben * ***Lobaria, Nephroma***
12 Lager oberseits braun (feucht grün), unterseits weitgehend (schwarz-)braun, Lappen unterseits nicht berindet ***Peltigera***
12* Falls Lage unterseits (schwarz-)braun, dann Lappen unterseits berindet **13**
13 Mit Apothecien ***Massalongia, * Pannaria***
13* Ohne Apothecien. **14**
14 Lager blaugrau, am R oft bereift * ***Pannaria***
14* Lager weder graublau noch bereift ***Massalongia, Nephroma***

Lager weitgehend krustenförmig (15–27)

– Auf Moosen, Pflanzenresten, Erdboden (15–20)

15 Auf Ba-Rinde und Rindenmoosen * ***Pannaria***

15* Nicht so **16**

16 Auf Erdboden, Bodenmoosen, Pflanzenresten **17**

16* Auf Gestein **21**

17 Lager rein krustig, dünn, zusammenhängend. Mit Perithecien. Sp mauerfö ***Protothelenella*** (*sphinctrinoides*)

17* Lager körnig, schuppig, fein korallinisch. Mit Apothecien. Sp 1–2-zellig **18**

18 Lager körnig (fein korallinisch) **19**

18* Lager kleinschuppig(-angedeutet blättrig) **20**

19 Apothecien gewölbt, ohne R, braun o d e r Lager (hell-, dunkel-)blaugrau. Sp 11–15(–20) × 6–8 µm ***Moelleropsis***

19* Apothecien flach und Lager schwärzl-grün. Sp 15–27 × 6,5–10 µm ***Heppia***

20 Lager gelboliv, braun. Auf trockenen Kalkböden. Sp ohne Schleimhülle. Photobiont: *Scytonema* ***Heppia***

20* Lager (blau-)grau, braun. Nicht auf trockenen Kalkböden. Sp mit Schleimhülle. Photobiont: *Nostoc* * ***Pannaria*** s. l.

– Auf Gestein (21–27)

21 Lager schuppig und sorediös, mit aufgebogenen R ***Peltula*** (*euploca*)

21* Lager ohne Sorale **22**

22 Lager aus einzelnen bis zu wenigen gruppierten, am Substrat nabelartig befestigten Schuppen * ***Phylliscum***

22* Lager nicht nabelartig angeheftet **23**

23 Mit Apothecien **24**

23* Ohne Apothecien, Lager steril **27**

24 Frk weißl, sternfö aufreißend ***Petractis*** (*clausa*)

24* Frk weder weißl noch sternfö **25**

25 Sp 2–4(–8)-zellig, spindelig, ellipsoid * ***Placynthium***

25* Sp 1-zellig **26**

26 Lager aus dicht stehenden, kleinen, grauen Schüppchen, diese gekerbt. Photobiont: *Nostoc* * ***Pannaria***

26* Lager anders, meist schwärzl. Photobiont nicht *Nostoc* * ***Poroscyphus***

27 Photobiont: Scytonema-artig * ***Placynthium***

27* Photobiont: kurzkettig oder einzellig * ***Poroscyphus***

Schlüssel XXV-14: Gattungen von Flechtenalgen (Cyanobakterien, Blaualgen/Chlorophyceae, Grünalgen)

Literatur: Schlüssel nach WIRTH, V., HAUCK, M., & M. SCHULTZ (2013)

1 Zellen innen ± blaugrün oder auch braungrün bis ± braun. Farbe diffus über den ganzen Zellinhalt verteilt. Plastiden fehlend (Blaualgen) **2**

1* Zellen innen mit rein grünen, gelbgrünen, (braun-)orangen, gelben Plastiden (Grünalgen). **8**

Cyanobakterien/Blaualgen (2–7)

2 Zellen einzeln oder zu 2–8 paketartig vereinigt, kugelig bis ellipsoid, nie in Form von Fäden zusammenlagernd. **3**

2* Zellen zu Fäden vereinigt **5**

3 Gallerthüllen rund um die Zellen bzw. Zellpakete dünn, eng anliegend, kaum geschichtet. **4**

3* Gallerthüllen dick und geschichtet, hyalin oder rötl, violett, (gelb-)braun. ***Gloeocapsa*, *Entophysalis***

4 Zellen 8–32 µm, Kolonien von geschichteter, recht dicker Gallerthülle umgeben, z. B. in *Phylliscum* ***Chroococcus***

4* Zellen 2–12 µm, von dünner, dicht anliegender Gallerthülle umgeben ***Chroococcidiopsis*, *Myxosarcina***

5 Fäden aus mehreren Zellreihen bestehend, mit echten Verzweigungen, z. B. (außer anderen/anstelle anderer Gattungen) in *Spilonema*, *Stereocaulon* ***Stigonema***

5* Fäden nur aus einer Zellreihe bestehend, unverzweigt oder mit unechten (spitzwinkelig abgehenden) Verzweigungen **6**

6 Zellen gleichmäßig rundl, 2–7 µm, Rosenkranz-artig angeordnet, z. B. (außer anderen/ anstelle anderer Gattungen) in *Collema*, *Collemopsidium*, *Leptogium*, *Lobaria*, *Peltigera*, *Solorina*, *Stereocaulon*, *Sticta* ***Nostoc***

6* Zellen nicht gleichmäßig rund, die daraus gebildeten Fäden nicht Rosenkranz-artig **7**

7 Fäden nicht gegen die Spitze verjüngt, u. a. in *Collolechia*, *Epiphloea*, *Heppia*, *Petractis*, *Placynthium*, *Stereocaulon*, *Thermutis*, *Zahlbrucknerella* ***Scytonema***

7* Fäden spitzenwärts verschmälert, z. B. in *Porocyphus*, *Theligyna* ***Calothrix*** s. l.

Chlorophyceae/Grünalgen (8–15)

8 Zellinhalt (grün-)orange, orangegelb, rotbraun, im Flechtenlager auch (gelb-)grün. Zellen sehr dickwandig. Flechtenlager beim Anritzen oft orange, goldgelb, goldbraun, braungelb; z. B. in *Arthonia* pr.p., *Arthopyrenia, Belonia, Graphis* pr.p., *Coniocarpon, Dendrographa, Gyalecta, Lecanactis, Opegrapha, Porina, Pyrenula, Rhizocarpon* ***Trentepohlia***

8* Zellinhalt (rein-, gelb-)grün, Flechtenlager beim Anritzen nicht orange, goldbraun . **9**

9 Zellen ± subzylindrisch mit abgerundeten bis leicht verjüngten Enden, einzeln oder zu kurzen Fäden vereinigt; z. B. in *Endocarpon* ***Stichococcus***

9* Zellen in der Mehrzahl kugelig, ellipsoid, eifö, einzeln, in kleinen Klumpen oder Paketen angeordnet, nicht in Fäden **10**

10 Zellen in Kolonien mit dicken gallertigen Hüllen. **11**

10* Zellen einzeln oder paarweise angeordnet, ohne dicke Gallerthülle. **12**

11 Zellen rundl bis eifö mit dicken, geschichteten Gallerthüllen; z. B. in *Cryptodiscus* ***Glaeocystis***

11* Zellen schmal ellipsoid bis breit spindelig, in dicken, ungeschichteten Gallerthüllen, mit je einem wandständigen Chloroplasten; z. B. in *Baeomyces* pr.p., *Icmadophila, Nephroma* pr.p., *Solorina* pr.p. ***Coccomyxa***

12 Zellen meist paarweise angeordnet, 4–7 µm; in *Micarea*. Algengattungen z. B. *Interfilum*, *Neocystis*, *Pseudochlorella*, *Pseudococcomyxa* **micareoide Grünalgen**

12* Zellen einzeln, wenn paarweise, dann größer **13**

13 Zellen kugelig, mit zentralem, schwach bis stark gelapptem Chloroplasten. [***Asterochloris*** z. B. in *Anzina, Clauzadea, Diploschistes* pr.p., *Hymenelia, Lepraria, Pilophorus, Porpidia, Pycnothelia, Squamarina, Stereocaulon.* – ***Trebouxia*** (z. T. aff., z. T. mit oder anstelle *Asterochloris*) z. B. in *Cladonia, Hypogymnia, Lecanora, Lecidea, Parmelia, Perusaria, Pseudevernia, Xanthoria,* etc.] ***Asterochloris*, *Trebouxia***

13* Chloroplasten wandständig und/oder netzartig **14**

14 Zellen kugelig bis ellipsoid, mit wandständigem gelapptem Chloroplasten, z. B. (z. T. auch anstelle anderer Algengattungen) in *Dermatocarpon, Heteroplacidium, Placidium, Polysporina, Sarcogyne, Verrucaria* ***Myrmecia***

14* Chloroplasten netzartig oder tief eingeschnitten, zweilappig, napfförmig **15**

15 Chloroplasten netzartig, z. B. (z. T. auch anstelle anderer Algengattungen) in *Chaenothecopsis, Dendriscosticta, Lobaria, Phlyctis* ***Dictyochloropsis***

15* Chloroplasten tief eingeschnitten, zweilappig bis napfförmig, z. B. (z. T. auch anstelle anderer Algengattungen) in *Micarea, Ochrolechia, Protothelenella, Verrucaria* ***Elliptochloris***

Übersicht der Gattungen (A-Z) von Pilzen und Flechten und deren häufigere Arten

4

Hinweise auf weiterführende Bestimmungsliteratur:

(1) BLUMER, S. (1967). – **(2)** BRANDENBURGER, W. (1963). – **(3)** BRANDENBURGER, W. (1985). – **(4)** BRAUN, U., COOK, R.T.A. (2012). – **(5)** DENNIS, R.W.G. (1978, 1981). – **(6)** GÄUMANN, E. (1959). – **(7)** GRÖGER, F. (2006). – **(8)**. GRÖGER, F. (2014). – **(9)** HANSEN, L., KNUDSEN, H. (1997). – **(10)** HANSEN, L., KNUDSEN, H. (2000). – **(11)** HORAK, E. (2005). – **(12)** JÜLICH, W. (1984). – **(13)** KLENKE, F., SCHOLLER, M. (2015). – **(14)** KNUDSEN, H., VESTERHOLT, J. (2008). – **(15)** MOSER, M. (1963). – **(16)** MOSER, M. (1983). – **(17)** NANNENGA-BREMEKAMP, N.E. (1991). – **(18)** NEUBERT, N., NOWOTNY, W., BAUMANN, K. (1993). – **(19)** NEUBERT, N., NOWOTNY, W., BAUMANN, K. (1995). – **(20)** NEUBERT, N., NOWOTNY, W., BAUMANN, K., MARX H. (2000). – **(21)** PETRINI, L.E., PETRINI, O. (2015). – **(22)** JÄGER, E.J. (2017). – **(23)** JÄGER, E.J., EBEL, F., HANELT, P., MÜLLER G.K. (2008). – **(24, Wi)** WIRTH, V. (1995). – **(25, FleD)** WIRTH, V., HAUCK, M., SCHULTZ, M. (2013). – **(26, UT)**. – WIRTH, V., DÜLL, R., CASPARI, S. (2018)

Abbildungswerke:

Die zitierten Abbildungen von Großpilzarten sind dem Verzeichnis von BOLLMANN et al. (2002) entnommen; die dabei verwendeten Kürzel für die Bildautoren entsprechen den in diesem Werk verwendeten. Abbildungshinweise auf parasitische Pilze und Kleinpilze beziehen sich auf CLEMENTS und SHEAR (1957; = **CS**), KLENKE und SCHOLLER (2015; = **KS**), KRUSE (2019; = **JK**), BRANDENBURGER (1985; = **Bra**), BLUMER (1967; = **Blumer**), GÄUMANN (1959; = **Gäum**), NANNENGA-BREMEKAMP (1991; = **Nan**), NEUBERT, N., NOWOTNY, W., BAUMANN, K. (1993; = **Neub**), PETRINI & PETRINI (2015; = **PP**), WIRTH (1995; = **Wi**), WIRTH et al. (2013; = **FleD**), WIRTH et al. (2018; = **UT**). Zeitschriften: Boletus = **Bol**, Der Tintling = **Tint**, Zeitschrift für Mykologie = **ZfM**. Es ist hier darauf hinzuweisen, dass auch im Internet unter Angabe der entsprechenden Art oder Gattung brauchbare und oft sehr eindrucksvolle Abbildungen abgerufen werden können.

A. Bresinsky, *Pilze und Flechten – Morphologie, Systematik, Bestimmung*,
https://doi.org/10.1007/978-3-662-63111-9_4

Abkürzungen und Symbole:
▸ **= Hinweis auf weitere, hier nicht geschlüsselte Arten.**
Asc = Ascomycet, Asconycota, Bas = Basidiomycet, Basidiomycota, BaP = Bauchpilz; bisw = bisweilen, BläP = Blätterpilz, BrandP = Brandpilz, CyP = cyphelloider Pilz, D = Deutschland, Durchm = Durchmesser, E-Mehlt = Echter Mehltau, EktM = Ektomykorrhiza, F = Fleisch, F-Mehlt = Falscher Mehltau, Fle = Flechte, fö = -förmig, Frk = Fruchtkörper, G = Gallen bildender Pilz, GaP = Gallertpilz, H = Hut, HDS = Hutdeckschicht, Hyp = Hypogäe, inop. Asc/Disc = inoperculater Ascomycet/Discomycet, KoP = Korallen- und Keulenpilz, KruP = Krustenpilz, L = Lamellen, -l = -lich (z. B. gelbl), LaH = Laubholz, LaW = Laubwald, LeiP = Leistenpilz; Merkm = Merkmal(e), NaH = Nadelholz, NaW = Nadelwald, op. Asc/Disc = operculater Ascomycet/Discomycet, ParP = parasitischer Pilz, PoP = Porenpilz, Pyr = Pyrenomycet, RiP = Rindenpilz, RöP = Röhrenpilz, RostP = Rostpilz, S = Stiel, SchichtP = Schichtpilz, SchimP = Schimmelpilz, SchleimP = Schleimpilz, Sp = Spore(n), Spp = Sporenpulver (auf weißem Papier; Sporeprint), Syn = Synonym(e), T = Typusart der Gattung; meist mit Kürzeln (nach BOLLMANN et al. 2002) als Hinweis auf Abbildungen in verschiedenen Werken, W = Wirt, Wu = Wucherungen verursachender Parasit, Ww = Wirtswechsel

Entwicklungsstadien der Rostpilze:
Die römischen Ziffern bedeuten: 0 = Spermogonien. I = Aecien (auch Aecidien genannt); II = Uredinien (auch Uredosporenlager genannt); III = Telien (auch Teleutosporenlager genannt); IV = Basidien; Entwicklungsgang der Rostpilze und die dabei auftretenden Stadien siehe „Überblick über das Pilzreich".

Pilze, Gattungen A

Abortiporus MURR. – PoP (Bas, Agaricomycetes, Meruliaceae, Polyporales)
Frk hutfö (pileat). Auf Holz oder Wurzeln gestielt oder sitzend, einjährig, Poren eckig, labyrinthfö (daedaleoid), Hymenophor auch zähnchenfö (irpicoid). Monomitisch, auch mit hyalinen skelettoiden Hyphen (undeutl dimitisch). Generative Hyphen hyalin, mit Schnallen. Sp hyalin, glatt, inamyloid. Lignicol, LaH, auch NaH, Weißfäule hervorrufend. – **Lit**: **9**: 220, **12**: 328
1 Art = T: *A. biennis* (SCHWEIN.) MURR. – Rötender Saftwirrling: BK 2.393, Dh 1966, Ja 100, Kr 1.469, Md 241

Absidia TIEGH. – SchimP (Mucoromycetes, Mucorales, Cunninghamellaceae)
Zygosp an querwandlosen Hyphen gebildet und umhüllt. Sporangien birnenfö, mit Columelle und mit Apophyse
T: *A. septata* TIEGH.

Acanthobasidium OBERW. – RiP (Bas, Agaricomycetes, Russulales, Stereaceae)
Frk resupinat, dünn, membranartig, monomitisch. Hyphen hyalin, mit Schnallen. Acanthohyphidien vorhanden. Basidien mit kurzem basalem Auswuchs, oft mit kurzen seitlichen

Stacheln. Sp hyalin, ellipsoid, 10–15 × 6–8 µm. Auf Riedgräsern (Cyperaceae). 1 Art. – **Lit**: **12**: 223
T: *A. delicatum* (WAKEF.) OBERW. ex JÜLICH.

Acremonium LINK – SchimP (Asc, Sordariomycetes, Hypocreales, Bionectriaceae; Anamorphe)
Hyphen zart, hyalin, jedenfalls ohne dunkel olivfarbene Wände. Konidienträger einzeln (mononemat), aufrecht, von den vegetativen Hyphen abweichend (makronemat), unverzweigt oder bisw am Grunde verzweigt. Konidienmutterzelle in Form einer Phialide, die zur Spitze gleichmäßig verjüngt und meist ohne Kragennarbe ist. Konidien in Ketten zusammenhängend oder zu Köpfchen verschleimend, ± ellipsoid, hyalin oder gefärbt, 1-zellig. Etwa 117 Arten, u. a. an feuchten Tapeten, Wänden und Pflanzen; auch auf anderen Pilzen (*Dendrostilbella, Fomitopsis, Hypoxylon, Melogramma, Mycena, Nectria, Peniophora, Polyporus, Trametes, Ustulina*). – **Lit**: **21**: 89, 105
T: *A. alternatum* LINK. – *A. apii* (M. A. SMITH & RAMSEY) W. GAMS: Bra 1054. 208; PP 9.2a

Acrodontium de HOOG – SchimP (Asc; ? Helotiales, Ascocorticiaceae; Anamorphe)
Hyphen septiert. Konidienträger braun, mit hyalinem, pfriemenfö, die Konidie tragendem Teil. Konidien annähernd kugelig (subglobos), hyalin. Vorkommen u. a. auf anderen Pilzen (*Grandinia*).
T: *A. crateriforme* (J.F.H. BEYMA) de HOOG. – Vertreter: *A. hydnicola* (PECK) de HOOG; *A. simplex* (F. MANGENOD) de HOOG

Achroomyces BONORD. Gallertkruste – RiP (Bas, Pucciniomycetes, Platygloeales, Platygloeaceae)
Frk resupinat oder pustelfö, gallertig bis wachsartig, monomitisch, Hyphen hyalin, mit oder ohne Schnallen. Zystiden fehlen fast stets. Sp hyalin, dünnwandig, glatt, inamyloid. Auf Bäumen, Sträuchern, Kräutern, Mist oder auf anderen Pilzen. 9 Arten (2 auch in D). – Syn: *Platygloea* pr.p. – **Lit**: **9:** 75, **12**: 393
T: *A. disciformis* (FR.) DONK = *Achroomyces tumidus* BON – **Scheiben-Gallertkruste**: Frk unter der Rinde von LaB (meist *Tilia*, seltener auf *Betula* und *Ulmus*) angelegt, später hervorbrechend, klein, pustel- bis scheibenfö, 1,5–3(–8) mm im Durchm. Hyphen ohne Schnallen. Sp hyalin, zylindrisch, 25–37(–48) × 6–7(–9) µm

Aecidium PERS. – RostP (Bas, Pucciniomycetes, Pucciniales, Fam ?)
Phytoparasiten (Roste) an Gefäßpflanzen mit unvollständigem Entwicklungszyklus. Entwicklungsstadien und unterschiedliche Sp-Formen der Rostpilze siehe unter *Puccinia.* Im Falle von *Aecidium* ist nur 0 und I bekannt; II und III fehlend. I subepidermal im Wirt, becherfö bis kurz zylindrisch, wie I von *Puccinia graminis*. Pseudoperidie ± kurz mit ± rhombischen Zellen. I-Sp einzellig in Ketten, häufig mit Zwischenzellen, Sp-Wand ± farblos, gewöhnl warzig bis fast glatt. – **Lit**: **2**: 1040, **13**: 71 (an *Abies* und einige weitere Gattungen), 162 etc.
T: *Ae. berberidis* PERS. = *Puccinia graminis* PERS. JK 93. Abgebildet auch z. B.: *Ae. succisae* als *Ae. scabiosae* in Gäum 704:577 (I Pseudoperidie).

Abies: *Ae. pseudocolumnare*. – ***Atropa***: *Ae. belladonnae*. – ***Berberis***. *Aecidium* von *Puccinia graminis* = *Ae. berberidis*. – ***Bupleurum***: *Ae. schroeppelianum*. – ***Carduus***: *Ae. cardui*. – ***Doronicum***: *Ae. pardalianches*. – ***Galium***: *Ae. molluginis*. – ***Geranium***: *Ae. tranzschelianum*. – ***Knautia***: *Ae. succisae* (= *Ae. scabiosae*). – ***Leontodon***: *Ae. philippianum*. – ***Tephroseris***: *Ae. senecionis-crispati*. – ***Thalictrum***: *Ae. thalictri*.

Aegerita siehe *Bulbillomyces*

Aegeritina siehe *Subulicium*

Agaricus L., Champignon, Egerling – BläP (Bas, Agaricomycetes, Agaricales, Agaricaceae) Frk gestielt-hutfö, L frei, zunächst rosa bis fleischfarben, dann zunehmend dunkel braun, schokoladenfarben bis schwarzbraun. S mit Ring, aber ohne Volva. F nach Berührung häufig gilbend oder rötend. Geruch teils nach Anis, teils unangenehm, z. B. nach Karbol. Spp dunkelbraun. 55 Arten. Terricol. – Syn: *A. abruptibulbus* = *silvicola*, *A. aestivalis* = *altipes*, *A. essetei* = *silvicola*, *A. macrosporus* = *urinascens*, *A. semotus* = *dulcidulus*. – **Lit**: **8**: 97; **11**: 242, **14**: 519

T: *A. campestris* L. : Fr. – Feld-Egerling, Wiesen-Egerling: BK 4. 174, Dh 493, HK 1. 18, Lx 269, Ph 162, RH 405

1 Sp apikal mit Verdickung der inneren Zellwand (verdicktes Endospor). Cheilozystiden schmal zylindrisch bis fadenfö sowie hin und her gebogen (flexuos). Fl im Schnitt zunächst gelb, dann weinrötl verfärbend. Selten, 1 Art
Allopsaliota – *A. geesterani* (Bas & Heinem.) Nauta & Bas

1* Sp nicht apikal mit verdickter Zellwand. Cheilozystiden fehlend oder keulig bis ballonfö, z. T. auch breit zylindrisch. Fl anders oder (fast) nicht verfärbend (***Agaricus* s. str.**) **2**

2 S-Basis verjüngt bis zugespitzt. Ring unscheinbar und vergänglich, andeutungsweise doppelt (aus Velum universale und Velum partiale). F weitgehend unveränderlich oder rötlichgelb oder auch rosa. Geruch nicht unangenehm. Sp 6,5–8,5 × 4,5–6,0 µm, mit angedeutetem Keimporus („dünnwandiger Fleck"). Cheilozystiden fehlend. Wiesen, Felder **Feld-Egerling** – *A. campestris* L. : Fr

2* Merkm anders, besonders S-Basis nicht verjüngt etc. **3**

3 Oberfläche des Frk und das Fl beim Reiben rot oder rötlich verfärbend. Falls lediglich etwas gilbend oder zusätzlich zur rötlichen Verfärbung gilbend, dann S-Ring dünn und einfach. Stets ohne Anis-, Bittermandel-, Phenolgeruch. **4**

3* Oberfläche des Frk beim Reiben gilbend. Mit Anis-, Bittermandel-, oder Karbolgeruch **15**

Fruchtkörper rot oder rötlich verfärbend, auch zugleich rötend und gilbend (4–14)

4 Ring aus zwei Schichten zusammengesetzt, unterseits mit Flocken oder Schüppchen, vielfach gegen die S-Basis abziehbar; Ring auch reduziert bis fehlend **5**

4* Ring nicht aus zwei Schichten zusammengesetzt, hängend und stets nach oben abziehbar; gut entwickelt. **12**

– ***Ring reduziert bis fehlend oder aus zwei Schichten, oft nach unten abziehbar (5–11)***

5 L-Schneide fertil mit zahlreichen Basidien. **6**

5* L-Schneide steril, ohne Basidien, mit Cheilozystiden, unter Lupe ± weißlich gesäumt erscheinend **9**

6 Auf Wiesen und Weiden. S im Vergleich zum H kurz, oft gegen die Basis verjüngt **7**

6* Im Wald. S im Vergleich zum H-Durchm meist lang, gleichdick oder gegen die S-Basis etwas verdickt **8**

7 Sp über 6,5 µm lang, mit ± deutlichem Keimporus, H weiß bis isabelfarben, weder grau noch braun, bisw etwas gilbend, schuppig oder glatt, gewölbt. L-Schneiden nicht weißflockig, S mit vergänglichem schmalem Ring, der unterseits etwas schuppig ist. F rosa anlaufend, mit angenehmem Geruch. Wiesen, Felder
siehe **Feld-Egerling** – *A. campestris* L. : Fr.

7* Sp 5,5–6,5 µm lang und ohne Keimporus ▸

8 Ring dünn, zerbrechlich, unterseits oft mit dünnen Schüppchen, radial aufspaltend. Frk zugleich rötend und etwas gilbend. Geruch oft unangenehm
Sommer-Egerling – *A. altipes* (F. H. MØLLER) PILÁT

8* Ring deutlich doppelt, unterseits gezähnelt. Frk rein weiß, etwas gilbend ▸

9 Ring häutig-dünn, vom Velum partiale gebildet. Cheilozystiden keulig, klein ▸

9* Ring dick oder fleischig, zusammengesetzt, ein Teil vom Velum universale gebildet. Cheilozystiden auffallend **10**

10 S zunächst wie ausgestopft, später hohl werdend. Ring vom Velum partiale und Velum universale gebildet, weder zäh noch volvaartig **11**

10* S meist nicht hohl. Cheilozystiden gewöhnlich hin und her gebogen (flexuos), wenig regelmäßig geformt. Ring fast ausschließlich aus dem Velum universale gebildet, oft zäh, manchmal fast volvaartig; oft S auch mit 2 Ringen **12**

11 Basidien 2-sporig. H weiß oder braun
Zweisporiger Egerling, Kulturchampignon – *A. bisporus* (J. E. LANGE) IMBACH

11* Basidien 4-sporig ▸

12 Geruch pilzartig oder unbedeutend. H glatt, nicht schuppig. Ring doppelt, der obere Teil größer und dicker, der untere Teil dünn, volvaartig, anliegend. Sp 5,4–6,6 × 4,1–5,1 µm. Gärten, Wegränder, Parkanlagen, Siedlungen an trockenen Stellen
Stadt-Egerling – *A. bitorquis* (QUÉL.) SACC.

12* Geruch unangenehm oder Sp 8–10 µm lang ▸

– ***Ring gut entwickelt, hängend, nach oben abziehbar (13–14)***

13 H cremefarben oder Frk mit unangenehmem Geruch ▸

13* H zieml dunkelfarbig. Geruch pilzartig oder unbedeutend. **14**

14 Sp 4–7 × 2–4,5 µm. H 8–12 cm, auf weißlichem oder hellerem Grunde mit ockerfarbenen bis dunkelbraunen Schuppen [inkl. verwandte Arten: falls Sp 7–11 µm siehe *A. langei* (F.H. MØLLER) F.H. MØLLER] **Wald-Egerling** – *A. silvaticus* SCHAEFF.

14* Sp länger als 7 µm und oft auch etwas breiter als 4,5 µm ▸

Fruchtkörper gilbend (15–26)

15 H mindestens 4–6 cm breit, falls dieser mit Fasern oder Schüppchen bedeckt, diese weißlich, blass schmutzfarben, ocker, braun oder schwärzlich, keinesfalls purpurfarben. Sp oft über 5,5 µm lang **16**

15* H kleiner als 5 cm. Frk schmächtiger und zerbrechlich. H nackt oder mit purpur- oder lilafarbenen Faserschüppchen. Sp bis 5,5 µm lang **26**

– ***Fruchtkörper groß (16–25)***

16 Geruch karbol- oder tintenartig (Karbol-Egerlinge), nicht nach Anis. S-Basis und H laufen nach dem Reiben rasch und intensiv gelb an; gelbe Verfärbung wieder schwindend oder grau werdend **17**

16* Geruch anders, häufig nach Anis. Frk gilbend, aber nicht tief chromgelb verfärbend **18**

17 H weiß oder weißlich, kugelig, dann ausgebreitet
Karbol-Egerling – *A. xanthoderma* GENEV.

17* H mit feinen bis gröberen braunen, grauen oder schwärzlichen Schüppchen
Perlhuhn-Egerling – *A. moelleri* WASSER

18 H ockerbraun bis braun, mit anliegenden Faserschüppchen dicht bedeckt; groß. Sp 7–10(–12) × 4–6 µm **Braunschuppiger Riesen-Egerling** – *A. augustus* FR.

18* H weiß, gelb oder ockerlich, kahl oder mit gleichfarbigen Fasern oder Faserschüppchen **19**

19 Sp 5–8 µm lang **20**

19* Sp 8–15 µm lang **23**

20 Sp im Mittel 5–6,5 µm lang **21**

20* Sp im Mittel 6,5–8 µm lang **22**

21 S dick, nicht knollig. Sp ellipsoid, 5–7 × 4–5 µm
Rundsporiger Anis-Egerling – *A. osecanus* PILÁT

21* S schlank und knollig. Sp etwas schlanker und weniger breit, 5–7 × 3,6–4 µm
Dünnfleischiger Anis-Egerling – *A. silvicola* (VITT.) PECK

22 S-Basis deutlich knollig **23**

22* S-Basis nicht knollig, allenfalls keulenfö **24**

23 S kräftig mit rundlicher Knolle. Wiesen, Waldränder, Lichtungen
Großer Anis-Egerling – *A. macrocarpus* (F. H. MØLLER) F. H. MØLLER

23* S schlank mit gerandeter Knolle. Wälder. Sp 5,7–6,7(–7,3) × 3,6–3,9 µm
Dünnfleischiger Anis-Egerling – *A. silvicola* (VITT.) PECK (großsporige Form mit Sp 6–8 × 4–4,5 µm wird auch als *A. essettei* BON bezeichnet)

24 Stark nach Anis duftend. Sp bis 9 µm lang, × 4–5,5 µm. Cheilozystiden vorhanden
Acker-Egerling – *A. arvensis* SCHAEFF.

24* Merkm anders, entweder Sp länger oder Frk nicht stark nach Anis duftend **25**

25 Auf Wiesen, Weiden, grasigen lichten Wäldern. H weißl oder ockerl, nicht mit farbl abgesetzten Schüppchen bedeckt. S gedrungen, 3–10 × 2,5–3,5 cm. F mit zunächst angenehmem anis- bis mandelartigem, später etwas unangenehmem Geruch. Sp 8–12 (14) × 5,5–6,5(–7) µm
Großsporiger Egerling – *A. urinascens* (F.H. MØLL.& JUL. SCHÄFF.) SINGER

25* Entweder im Walde vorkommend oder H glänzend, mit kleinen gelben bis gelbockerl Schüppchen oder nicht mit den oben (1–24) genannten Merkm. ▸

– ***Fruchtkörper klein (26)***

26 H glockig, dann ausgebreitet mit Buckel, breit konisch, weiß oder weißlich, dann gelb, besonders am H-Scheitel mit lilafarbenen bis purpurfarbenen Fasern. S knollig oder keulig. Cheilozystiden vorhanden, 12–26 × 8–14 µm. Sp 4–5 × 2,5–3,5 µm.
Weinrötlicher Zwerg-Egerling – *A. dulcidulus* SCHULZER

26* Cheilozystiden fehlend oder S mit verjüngter Basis ▸

Agrocybe FAYOD, Ackerling – BläP (Bas, Agaricomycetes, Agaricales, Strophariaceae)
Frk gestielt-hutfö, klein bis mittelgroß, selten fleischig und groß. H nicht schuppig, trocken. S bisweilen beringt. Spp tabakbraun, Sp meist mit Keimporus. HDS aus kugelig-keuligen Elementen. 13(–14) Arten. Terricol, selten lignicol. – Syn: *A. aegerita = cylindracea*, *A. ombrophila = erebia*, *A. semiorbicularis = pediades*. – Anm: Ein Teil der Arten wird jetzt eingereiht in ***Cyclocybe*** (u. a. *C. cylindracea*, *C. erebia*). – **Lit**: **8**: 393; **11**: 323, **14**: 826
T: *A. praecox* (PERS. : FR.) FAYOD – Früher Ackerling: BK 4.368, Dh 592, 593, Ph169, RH 440

1 S mit Ring oder häutigem Velum, so besonders an jungen Frk gut sichtbar **2**

1* S ohne Ring, Velum partiale meist völlig reduziert **5**

Stiel beringt (2–4)

2 Auf Holz (meist Pappel oder Weide) in großen Büscheln, oft auf Wurzeln oder auf Holz im Erdreich. H 5–14 cm, H-Oberfläche oft runzelig, fuchsig bis bräunlich, H-Rand weißlich-blass. Geruch nicht nach Mehl. Sp 9–11 × 6–7 µm
Südlicher Ackerling – *A. cylindracea* (DC.) MAIRE

2* Auf Erde und nicht in Verbindung mit Holz................................ **3**

3 H dunkelbraun, leber- bis schokoladenbraun. Geruch nicht nach Mehl. Sp10–12(–18) × 6–8 µm **Leberbrauner Ackerling** – *A. erebia* (FR. : FR.) SINGER

3* H nicht dunkelbraun. Geruch nach Mehl oder auch nicht nach Mehl **4**

4 H weiß oder weißlich, zieml dickfleischig, nicht hygrophan. Nicht deutlich nach Mehl riechend. Sp 10,7–14 × 6–7,5 µm. Felder, offene Stellen, Straßenränder
Weißer Ackerling – *A. dura* (BOLTON) SINGER

4* H durchfeuchtet braun, schwach hygrophan, trocknend gelblich, cremefarben bis weiß, 3–6(–9) cm. Ring oft am H-Rand hängend. L mit Zähnchen angeheftet, reif olivbräunlich. S bräunlich, mit abstehendem weißlichen Ring, dessen Reste oft nur am H-Rand. F mit Mehlgeruch. Sp 8–12 × 5–7 µm. Wälder und Gebüsche, seltener auch an offenen Habitaten. Falls Frk klein und in Mooren vgl. *A. elatella* (P. KARST.) VESTERHOLT
Früher Ackerling – *A. praecox* (PERS. : FR.) FAYOD

Stiel nicht beringt (5–6)

5 Sp 8–10 µm lang ▸

5* Sp 10–15 µm lang, oder falls kürzer, dann Pleurozystiden mit fingerartigen Fortsätzen **6**

6 Geruch und Geschmack nicht nach Mehl. Pleurozystiden mit fingerartigen Fortsätzen. S an der Basis mit schwarzem Sklerotium. Sp 9–12 × 5–6 µm
Sklerotien-Ackerling – *A. arvalis* (FR. : FR.) SINGER

6* Geruch und Geschmack nach Mehl. Sp 10–14 × (6–)8–11 µm. H halbkugelig bis konvex, 1–3(–5) cm; falls Frk kräftiger mit H 3–7 cm vgl. *A. putaminum* (MAIRE) SINGER
Raustieliger Ackerling – *A. pediades* (FR. : FR.) FAYOD

Albatrellus S. F. GRAY (Syn.: *Scutiger* PAULET ex MURRIL) – PoP (Bas, Agaricomycetes, Russulales, Albatrellaceae)
Frk gestielt-hutfö, einjährig, auf Erde, fleischig und recht weich. H mit Poren auf Unterseite, S zentral oder exzentrisch. Monomitisch, Hyphen mit oder ohne Schnallen, amyloid oder inamyloid. Sp hyalin, ellipsoid, glatt, amyloid oder inamyloid. – 6 Arten. Terricol. – Anm: *A. cristatus* jetzt auch als ***Laeticutis c.*** – **Lit**: **9**: 264, **12**: 310
T: *A. ovinus* (SCHAEFF. : FR.) KOTL. POUZAR – Schafeuter-Porling: Dh 1055, HK 1.165, Kr 1.474, RH 1.144

1 Poren auffallend weit, ca. 1,5 cm im Durchm, auf Druck grünlich. H braun, dicht filzschuppig. Hyphen mit Schnallen. Sp 7–11 × 5–6,5 µm . . . . **Ziegenfuß-Porling** – *A. pes-caprae* (PERS. : FR.) POUZAR

1* Poren enger. H nicht braun, nicht mit Filzschuppen bedeckt. Hyphen mit oder ohne Schnallen. Sp kleiner. **2**

2 H frisch weiß, weißlich, hell creme oder hellocker und dann mit weißlichem oder gelblich weißem Rande. Sp amyloid oder nicht amyloid, 3,5–5 × 3–4,5 µm **3**

2* H olivlich-grüngelb oder gelbrötlich, selten jung bräunlichgrau. Sp nicht amyloid, 4–7(–9) × 3–5,5 µm. **4**

3 Sp und Trama nicht amyloid, Sp dünnwandig. H frisch weiß bis hellcremefarben, bisw. mit braunen, zitronengelben oder grünlichen Flecken, trocken gelb-oliv. Poren am S herablaufend, wenn frisch auf Druck gelboliv. Sp breit ellipsoid, dünnwandig, 4–5 × 3–4,5 µm. Hyphen ohne Schnallen. Auf Erde in NaW.
Schafeuter-Porling – *A. ovinus* (SCHAEFF. : FR.) KOTL. POUZAR

3* Sp amyloid, ± dickwandig. Äußere S-Hyphen stark amyloid, sonst nicht oder schwach amyloid. H jung hellocker, alt ockerbraun, oft auch mit orangefarbenem oder braunviolettem Schimmer. Poren am S nicht herablaufend, auf Druck hellorange, wenn frisch
Rötender Schafeuter-Porling – *A. subrubescens* (MURRILL) POUZAR

4 H feinsamtig, jung bräunlichgrau, bald mit olivlichen oder grüngelblichen Tönen zumindest gegen den H-Rand. Frk am S-Grunde miteinander verwachsen oder einzeln. Hyphen ohne Schnallen
Gelbgrüner Kamm-Porling – *A. cristatus* (FR. : FR.) KOTL. & POUZAR

4* H kahl, semmelgelb bis rötlich. Frk büschelig mit H und S verwachsen. Hyphen mit Schnallen **Semmel-Porling** – *A. confluens* (FR. : FR.) KOTL. & POUZAR

Albertiniella KIRSCHST. – SchimP (Asc, Sordariomycetes, inc. sed., Cephalothecaceae)
Hyphen septiert. Teleomorphe in Form von kugeligen Clerisothecien. Auf anderen Pilzen (*Ganoderma*).-T: *A. reticulata* KIRCHST.

Albotricha RAITV. – inop. Disc (Asc, Leotiomycetes, Helotiales, Lachnaceae)
Frk becherfö bis scheibenfö, 0,1–1 mm, mit weißen Randhaaren, annähernd gestielt. Oberseits (Hymenium) weißl bis gelbl oder rosafarben. Randhaare scharf zugespitzt, dünnwandig, septiert, hyalin oder blass ockerfarben gegen die Basis, mit lose angelagerten hyalinen Körnchen auf glatter Oberfläche. Asci zylindrisch, 8-sporig, mit amyloidem Porus. Paraphysen lanzettl, die Asci weit überragend. Asc-Sp keulenfö bis schmal spindelfö (so beim T), hyalin, nicht septiert, 10–15 × 1,5–2 µm (T) oder 6–8 × 1–1,5 µm. Wenigstens 3 Arten. Auf Farnen, Sprossen (z. B. *Rubus*) oder Grashalmen (T). – **Lit**: **10**: 186
T: *A. acutipila* (P. KARST.) RAITV.: De fig 4D als *Dasyscyphus a.*

Albugo PERS. ex S.F. GRAY – F-Mehlt (Peronosporomycetes, Albuginales, Albuginaceae)
Phytoparasitischer Befall in Form von Sori, meist auf Kreuzblütlern (Brassicaceae), seltener auf Nelkengewächsen (Caryophyllaceae) oder Reseden (Resedaceae). Sori weiß bis cremefarben, jung glänzende Krusten bildend, alt und reif matt, etwas pulverig. Konidienträger keulig bis zylindrisch. Konidien ± kugelig, in zerfallenden Ketten. Häufig *A. candida* (PERS.) ROUSSEL s. l. u. a. auf *Alliaria*, *Arabidopsis*, *Arabis*, *Armoracia*, *Aubrietia*, *Barbarea*, *Berteroa*, *Biscutella*, *Brassica*, *Bunias*, *Camelina*, *Capsella*, *Cardamine*, *Conringia*, *Diplotaxis*, *Draba*, *Erucastrum*, *Erysimum*, *Hesperis*, *Iberis*, *Isatis*, *Lunaria*, *Matthiola*, *Nasturtium*, *Neslia*, *Pseudoturritis*, *Raphanus*, *Sinapis*, *Sisymbrium*, *Turritis*. – *A. resedae* (JACZ.) CIF. & BIGA auf *Reseda*. – Anm: Falls ein Befall auf Gattungen von Asteraceae vorliegt siehe *Pustula*. – **Lit**: **13**: 24, 134 etc.
T: *A. candida* (PERS.) ROUSSEL: JK 102

Aleuria FUCK., Orangebecherling – op. Disc (Asc, Pezizomycetes, Pezizales, Pyronemataceae)
Frk scheibenfö bis schüsselfö (Apothecien), sitzend oder kurz gestielt, einzeln oder gesellig. Oberseits (Hymenium) orange bis aprikosenfarben; außen gleichfarben oder blass gelbl, samtig. Sp ellipsoid, hyalin, ornamentiert, innen mit zwei Tropfen. 4 Arten, humicol. – **Lit: 5**: 51, **10**: 90
T: *A. aurantia* (PERS. : FR.) FUCK. – Typischer Orangebecherling: BK 1.98, CD 34, D10A, Gh 638, Lx 687, Md 200, Ph 274

1 Apothecien 1–12 cm breit, sitzend. Asc-Sp 13–15 × 7,5–9 µm, mit netzfö Ornamentierung. [Falls Apothecien gestielt und Asc-Sp 18–22 × 9–11 µm: *A. rhenana* FUCK.]
. . . .**Typischer Orangebecherling** – *A. aurantia* (PERS. : FR.) FUCK.
1* Apothecien 0,2–1 cm breit ▸

Aleurocystidiellum LEMKE – RiP (Bas, Agaricomycetes, Russulales, Stereaceae)
Frk effus-reflex, 0,2–1,6 mm dick. Hymenium creme-ocker, glatt. Dimitisch mit hyalinen Skeletthyphen. Generative Hyphen hayalin, mit Schnallen. Skeletozystiden vorhanden. Sp hyalin, fein warzig in Melzers Reagenz, dickwandig, amyloid, breit ellipsoid, (12–)15–18(–20) × (10–)11–15(–16) µm. Lignicol, NaH. – **Lit**: **9**: 181 (als *Aleurodiscus*), **12**: 116
1 Art = T: *A. subcruentatum* (BERK. & CURT.) LEMKE

Aleurodiscus RABENH. ex J. SCHROET. – RiP (Bas, Agaricomycetes, Russulales, Stereaceae) Frk rudl-scheibenfö, auch kissenfö bis becherfö, 1–7 mm im Durchm, oft auch zusammengewachsen, wachsartig-weich, aus der Rinde von Holz hervorbrechend, in der Mitte breit angeheftet. Oberseits blass- bis rot-orange, altrosa-grau, glatt, mehlig, matt. Rand oft aufgewölbt, etwas heller bis weißl, fransig, faserig. Unterseits weißl, filzig. Lignicol, NaH und LaH. – Anm: Bisw auf der Frk-Oberfläche des T mit parasitischem Gallertpilz *Tremella ampla*. – **Lit**: **9**: 181, **12**: 116
T: *A. amorphus* (PERS.) J. SCHRÖT. – Tannen-Mehlscheibe: BK 2.45, CD 60, Ja 60, Kr 1.145, Lx 483

1 Zystiden mit kurz-fingerfö, stacheligen Auswüchsen (also mit Acanthohyphidien), z. T. zusätzl mit Gloeozystiden. Sp glatt oder warzig . . . . ▸
1* Ohne Acanthohyphidien. Sp in Melze warzig, Dendrohyphidien fehlend (falls in Melzers Reagenz glatt: ▸; falls mit Dendrohyphidien: ▸) **2**
2 Hyphen mit Schnallen. Auf LaH (häufig *Quercus*)
Schüsselförmige Mehlscheibe – *A. disciformis* (DC.) PAT.
2* Hyphen ohne Schnallen. Auf NaH oder LaH **3**
3 Auf NaH, Frk klein, scheibenfö. NaH. Häufig Tanne (*Abies*), seltener *Picea*
Tannen-Mehlscheibe – *A. amorphus* (PERS.) J. SCHRÖT.
3* Auf LaH, seltener auf NaH. (*Taxus*)., Frk resupinat, ausgebreitet
Orangerote Mehlscheibe – *A. aurantiacus* (PERS. : FR.) J. SCHRÖT.

Allophylaria (P. KARST.) P. KARST. – inop. Disc (Asc, Leotiomycetes, Helotiales, Pezizellaceae)
Frk weitgehend sitzend oder kurz gestielt, becherfö bis scheibenfö, 0,1–0,2–0,8 mm. Asci zylindrisch bis keulenfö, 8-sporig, mit dextrinoidem Porus. Paraphysen zylindrisch oder nach oben etwas breiter. Asc-Sp ellipsoid bis spindelfö, bis zu 3-fach septiert, hyalin, beim T 17–26 × 4–7 µm, sonst 12–16 × 3,5–4 µm. Wenigstens 2 Arten. Auf Krautstängeln, besonders von *Artemisia* oder auch von Farnen. – Syn: *A. subliciformis* = *A. sublicoides*. – **Lit**: **10**: 135
T: *A. sublicoides* (P. KARST.) NANNF.

Alnicola siehe *Naucoria*

Alpova DODGE, Schleimtrüffel – Hyp (Bas, Agaricomycetes, Boletales, Paxillaceae)
Frk kugelig bis knollig, bisw aus dem Erdreich hervorbrechend, weißl, gelbbraun bis rotbraun, mit deutl entwickelter Peridie. Gleba mit hellen Tramaplatten, die Kammern mit gelatinösem Inhalt. Columella fehlend. Sp hyalin, gelb oder gelbbraun, glatt, ellipsoid, spindelfö oder zylindrisch, an der Basis bisw trunkat, ohne Keimporus. Bisw mit Chlamydosp. 4 Arten. EktM mit LaB (oft *Alnus viridis*) und NaB. – **Lit**: **12**: 539
T: *A. diplophloeus* (ZELLER & DODGE) TRAPPE & A.H. SMITH – Kleinsporige Schleimtrüffel: MS 403

1 Hyphen der Peridie ohne Schnallen . . . . ▸
1* Hyphen der Peridie mit Schnallen. **2**

2 Frk 0,5–2 cm, rotbraun bis schwarzbraun. Sp ellipsoid, recht dickwandig (0,5 µm), 5–10 × 3,5–5 µm **Kliks Schleimtrüffel** – *A. klikae* (MATTIR.) TRAPPE

2* Frk 1,5–2 cm, frisch gelbbraun bis rotbraun. Sp elipsoid bis spindelfö, dünnwandig, (4–)5–6(–8) × (1,5–)1,8–2,4 µm
Kleinsporige Schleimtrüffel – *A. diplophloeus* (ZELLER & DODGE) TRAPPE & A.H. SMITH

Alternaria NEES – SchimP (Deuteromycetes, Anamorphe zu Pezizomycotina, Dothideomycetes, Pleosporales, Pleosporaceae)
Rasen meist grau, braun, schwärzl bis schwarz. Hyphen farblos, olivbraun, braun. Konidienträger einzeln (mononemat) oder gebündelt, von den vegetativen Hyphen abweichend (makronemat), einfach oder unregelmäßig und locker verzweigt, ± braun. Konidien mehrzellig, in Ketten oder einzeln, meist ei- oder verkehrt keulenfö, oft geschnäbelt, blass oder hell olivbraun bis braun, glatt oder warzig. Etwa 300 Arten. Auf abgestorbenen Pflanzenteilen, Fäulen an Kulturpflanzen (Tomaten etc.) verursachend, in feuchten Räumen, Atemwegsallergien verursachend. – **Lit**: **21**: 87, 106
T: *A. tenuis* NEES. – Abgebildet *A. alternata* (FR.) KEISSL.: Bra 1056. 211; PP 9.11a

Amanita PERS., Wulstling (hierher auch Scheidenstreifling, Knollenblätterpilz) – BläP (Bas, Agaricomycetes, Agaricales, Amanitaceae)
Frk hut-stielfö, fast durchweg groß und fleischig. H 5–15 cm. L frei, weißlich oder zumindest hell. Velum vorhanden in Form eines Ringes und/oder als Scheide (Volva) an der S-Basis, teils zusätzlich auch als Warzen oder Schuppen auf der H-Oberfläche. S oft knollig. L-Trama bilateral. Hyphen der Trama und bisw auch der Volva mit Kugelzellen (Sphaerozysten) untermischt. Spp weiß, oft amyloid. 30 Arten. terricol, EktM. – Syn: *A. inaurata* = *A. ceciliae*, *A. junquillea* = *gemmata*, *A. mappa* = *citrina*, *A. spissa* = *excelsa*, *A. umbrinolutea* = *battarrae*. – **Lit**: **8**: 42, **11**: 235, **14**: 326
T: *A. muscaria* (L. : FR.) LAM. – Fliegenpilz: BK 4.152, BL 297, Dh 464, HK 1.8, Lg 3B, Ph 15

1 H tief rot, stellenweise auch rot-orange, mit weißen Flockenschüppchen, die bisweilen auch fehlen können, 5–15 cm. S weiß, in oberer Hälfte mit Ring, an der knollenfö S-Basis mit gürtelfö Reihen von Warzen. F unter der HDS gelb, sonst weiß. Sp 9–11 × 6–9 µm, nicht amyloid. Giftpilz **Fliegenpilz** – *A. muscaria* (L. : FR.) LAM.

1* H nicht tief rot, oder falls lebhaft orange, dann L, S und F lebhaft gelb **2**

2 F unter der abgezogenen HDS blass fleischrötl oder rosa. H mit fleischrötl Tönen, bisw mit zusätzl bräunl Komponente, selten violettl oder über blass-gelbl Grundfarbe fein rosa-fleischfarben überhaucht, oft auch mit weinrötl Ton. Schüppchen auf H grau, bräunl, gelbl, oft auch mit weinrötl Ton. L oft mit rosa-fleischfarbenen Flecken. S weiß, rötlich fleckend, keulig-knollig, ohne Scheide, mit weißl, gelbl oder grauviolettem Ring. F weiß, an Fraßgängen von Maden rosa-fleischfarben. Sp 8–9 × 6–7 µm, amyloid
Perlpilz – *A. rubescens* PERS. : FR.

2* Merkm anders, besonders F unter der HDS nicht rosa-fleischfarben **3**

3 S-Basis mit gut entwickelter sackfö und meist weißer Scheide (Volva)........... **4**

3* S-Basis ohne gut entwickelte Volva **16**

Stiel-Basis mit gut entwickelter Volva (4–15)

4 S mit Ring **5**

4* S ohne Ring. H-Rand deutlich gerieft (Scheidenstreiflinge).................... **9**

5 H orange, S und F lebhaft gelb. Seltene, wärmeliebende Art
Kaiserling – *A. caesarea* (SCOP. : FR.) PERS.

5* Merkm anders **6**

6 H schmutzig grau-grün oder gelb-grün, oberseits eingewachsen faserig. S weiß, gelbl oder grünl, bisweilen genattert. Geruch süßlich honigartig bis widerl. Besonders unter Eiche, immer unter LaB. Sp 8–10 µm, amyloid. Hochgiftig
Grüner Knollenblätterpilz – *Amanita phalloides* (FR. : FR.) LINK

6* Merkm anders, H weiß oder weißlich bis strohgelb **7**

7 H wenigsten jung kegelig, später auch halbkugelig bis ausgebreitet konvex mit meist bleibenden stumpfem Buckel, rein weiß, feucht etwas schmierig, nicht eingewachsen faserig. Fast immer im NaW besonders in montanen Lagen. Sp 7–10 µm, amyloid. Hochgiftig **Kegelhütiger Knollenblätterpilz** – *A. virosa* (FR.) BERTILL.

7* H halbkugelig bis flach gewölbt, weder kegelfö noch gebuckelt, eingewachsen faserig oder jung zunächst etwas mehlig **8**

8 Sp kugelig oder sehr breit ellipsoid: vgl. Weißer Knollenblätterpilz, Früher Knollenblätterpilz. – *A. phalloides* var. *alba, A. verna*

8* Sp länglich ellipsoid 10–12 × 6,5–7,5 µm, H weiß, sann strohgelb, H-Oberfläche erst etwas mehlig, 10 cm und größer. S schuppig, oft tief im Boden steckend. Ring breit, unterseits flockig. Wärmeliebende seltene Art
Eier-Wulstling – *A. ovoidea* (BULL. : FR.) LINK

9 Volva häutig, recht beständig. Ohne oder nur mit einer weiteren scheidenartigen Zone am S. Sphaerozysten in der Volva fehlend oder spärlich **10**

9* Volva brüchig, nicht beständig und/oder an feuchten Plätzen unter Erle. S oberhalb der Volva oft mit 12 ring- bis scheidenartigen Zonen. Auf H (und S) abwischbare Reste der Volva oft zurückbleibend. Sphaerozysten in der Volva zahlreich............ **15**

10 H ± grau.. **11**

10* H nicht grau, wohl aber bisw graubraun bis ockergrau; häufig H orange oder orangebraun **12**

11 Sp kugelig, Volva weiß. Nadel- und Laubw; häufig
Grauer Scheidenstreifling – *A. vaginata* (BULL. : FR.) LAM.

11* Sp breit ellipsoid. Volva kräftig, bis 2 mm dick. Frk robust, H 6–10 cm, grau-silberig, bisw mit weißen Velumfetzen. Laubw; selten
Maires Scheidenstreifling – *A. mairei* FOLEY

12 H orange oder orangebraun.. **13**

12* H weiß oder graubraun, ockergrau bis olivbraun **14**

13 H lebhaft orange, orangebraun, eher etwas matt, 6–12 cm. S mit gleichfarbigen feinen Schüppchen, zuletzt wie genattert

Orangegelber Scheidenstreifling – *A. crocea* (QUÉL.) SINGER

13* H dunkelrotbraun, meist kleiner als bei voriger Art, H-Rand heller, H-Oberfläche glänzend. S weißl bis rotbräunl, nicht genattert

Rotbrauner Scheidenstreifling – *A. fulva* (SCHAEFF.) FR.

14 H gelbbraun, olivbraun, graubraun, H-Rand blasser und bisw fast weißl, 6–12 cm. S graubraun oder gelbbraun genattert. Sp 11–16 × 9,5–13 µm. NaW

Zweifarbiger Scheidenstreifling – *A. battarrae* (BOUD.) BON

14* Merkm anders, besonders S blass, flockig ▸

15 Volva grau oder graulich. H 10–15 cm, bräunl, rötl-gelbbraun, graubraun. S blass graulich, fein flockig. Sp 11–14,5 µm

Riesen-Scheidenstreifling – *A. ceciliae* (BERK. & BROOME) BAS

15* Volva weiß oder höchstens alt etwas grau, bisw mit orangen Flecken und/oder H unter 10 cm im Durchm, auch übrige Merkm verschieden ▸

Stiel-Basis ohne Volva oder nur mit Spuren einer Volva (16–21)

16 H gelb oder gelbl **17**

16* H mit anderen Farben **18**

17 H-Rand nicht gestreift. H blass zitronengelb, grünlichgelb, seltener auch weiß, mit großen weißen oder bräunl Schuppen. L schließl gelbl, Ring gelbl. S fest mit dicker Knolle. Sp amyloid, 7–10 µm

Gelber Knollenblätterpilz – *A. citrina* (SCHAEFF.) PERS.

17* H-Rand kurz gestreift H creme-zitronenfarben, wachs- oder ockergelb, blass bernsteinfarben, selten mit rosafarbenen Flecken. Ring flüchtig, selten etwas beständiger. S knollig, sehr gebrechlich, Knolle meist mit Stulpe, Sp nicht amyloid, 10–12 µm. (Falls H zunächst glockig mit bleibendem Buckel vgl. *A. eliae*)

Narzissengelber Wulstling – *A. gemmata* (FR.) BERTILL.

18 H grau, graubraun, braun, gelbbraun **19**

18* H weiß oder mit anderen Farben als oben angegeben ▸

19 Volvareste und oft auch Ring grauviolett. H-Schuppen spärlich oder fehlend. H graubraun, häufig mit violettl oder purpurbräunl Mischfarben

Porphyrbrauner Wulstling – *A. porphyria* ALB. & SCHWEIN.

19* Ring nicht grauviolett. Volvareste fehlend und nicht grau **20**

20 F unter HDS gelb, gelbbraun, gelbgrün. Sp nicht amyloid

Brauner Fliegenpilz – *A.regalis* (FR. : FR.) MICHAEL

20* F unter der HDS weiß oder weißlich. **21**

21 H-Rand nicht gestreift, der Ring gestreift. S-Knolle nicht gerandet. H grau oder rauchbraun. Sp amyloid **Grauer Wulstling** – *A. excelsa* (FR. : FR.) BERTILL.

21* H-Rand gestreift, der Ring nicht gestreift. S mit stulpenfö abgesetzter Knolle. H grau, graubraun, graugelb, alt auch ausblassend. Sp nicht amyloid

Pantherpilz – *A. pantherina* (DC. : FR.) KROMBH.

Amaurochaete ROST. – SchleimP (Mycetozoa, Myxogastria, Stemonitales, Stemonitidae) Frk (ein Aethalium) kissenfö, bis zu 0,5–2 cm hoch und bis zu 8–10 cm im Durchm. Capillitium (auch als Pseudocapillitium) und bisw auch Columella vorhanden. Sp in Masse dunkel (bis schwarz), kugelig bis ellipsoid dicht mit feinen Warzen ornamentiert, meist mehr als 12 µm, beim T (11–)12–13(–15) µm, sonst auch bis 18 µm. 4 Arten. Totholz und Borke von NaB. – **Lit**: **17**: 312, **20**: 26
T: *A. atra* (ALB. & SCHWEIN.) ROST.: Nan 312, Neub 3.27–29

Amaurodon J. SCHRÖT. – RiP (Bas, Agaricomycetes. Thelephorales, Thelephoraceae) Frk resupinat, auch effus, spinnwebfö, vom Substrat ablösbar, blau bis gelbgrün. Monomitisch, Zystiden fehlend. Sp glatt, warzig oder stachelig, amyloid oder inamyloid, blau in KOH. Auf LaH und NaH, Streu. – **Lit**: **9**: 299
T: *A. viridis* (ALB. & SCHWEIN.) J. SCHRÖT. Hierher auch *A. atrocyaneus* (WAKEF.) KÕLJAG & K.H. LARSS. und *A. mustialaensis* (P. KARST.) KÕLJAG & K.H. LARSS

Amblyosporium FRESEN. – SchimP (Asc, Sordariomycetes, Sordariaceae; Anamorphe) Konidienträger frei. Konidien in Ketten, innerhalb der Kette die Konidien beidseitig abgestutzt. Vorkommen u. a. auf anderen Pilzen (*Peziza, Scleroderma*).
T: *A. botrytis* FRESEN.

Amphinema P. KARST., Wollrindenpilz – RiP (Bas, Agaricomycetes, Atheliales, Atheliaceae) Frk resupinat, weich-membranös bis häutchenfö, leicht ablösbar, glatt, weißl bis meist gelbl-ocker, selten rötl. Oft mit gelbl oder weißen Rhizomorphen. Hyphen 2–4 µm breit, oft mit Körnchen, mit Schnallen. Zystiden gelbl, etwas dickwandig, oben mit Körnchen und unten mit Schnalle, 70–150 × 4–6 µm. Sp 4–4,5 × 2–2,5 µm, ellipsoid, hyalin, etwas dickwandig. Auf NaB- und La-B, Moosen, Flechten, Erde. 2 Arten. – **Lit**: **9**: 207, **12**: 172
T: *A. byssoides* (PERS. : FR.) ERIKSSON – **Fransiger Wollrindenpilz**: BK 2.73, Kr 1.150, MJ 5 Amph 1.

Ampulloclitocybe REDHEAD, LUTZONI, MONCALVO & VILGALYS, Keulenfuß – BläP (Bas, Agaricomycetes, Agaricales, Hygrophoraceae)
Frk gestielt-hutfö, H 4–8 cm, gewölbt bis flach mit stumpfem Buckel, kreiselfö in der H-Mitte bis zu 2,5 cm hoch, nicht hygrohan, graubraun, Rändchen weißlich, alt etwas ausblassend. L herablaufend, zunächst weißl dann gelbl, S 5 × 1,4 cm, gegen die keulig erweiterte S-Basis über 2 cm breit, wie der H graubraun, längsfaserig. F in H und S weich, weiß, Geruch süßl oder auch schärfl. Sp ellipsoid 5–7 × 3–4 µm. terricol, LaW und NaW. – **Lit**: **7**: 197 (als *Clitocybe c.*), **11**: 106, **14**: 190
1 Art = T: *A. clavipes* (PERS. : FR.) REDHEAD, LUTZONI, MONCALVO & VILGALYS – **Keulenfuß**: BK 3.154. BL 135, Dh 190, HK 1.87, Kr 3.161, Ph 49 (als *Clitocybe clavipes*).

Amyloathelia HJORTST. & RYV. – RiP (Bas, Agaricomycetes, Amylocorticiales, Amylocorticiaceae)
Frk resupinat, dünn-membranös, glatt. Hyphen hyalin, mit Schnallen. Sp hyalin, etwas dickwandig, glatt, stark amyloid. Lignicole Saprobionten an NaH. – **Lit**: **9**: 151, 152; **12**: 118

1 Art = T: *A. amylacea* (BOURD. & GALZ.) HJORTST. & RYV.: Frk-Merkm wie oben, Frk weiß bis creme. Hyphen hyalin, 2–5 µm im Durchm, dünn- bis etwas dickwandig. Hyphidien oft vorhanden, hyalin, zylindrisch, dünnwandig, nicht oder wenig verzweigt. Sp 9–13 × 5–8 µm. In Nordeuropa eine weitere Art.

Amylocorticium POUZ. – RiP (Bas, Agaricomycetes, Amylocorticiales, Amylocorticiaceae) Frk resupinat, membranös, selten häutchenfö, glatt. Monomitisch. Hyphen hyalin, meist mit Schnallen. Sp hyalin, schmal ellipsoid bis allantoid, meist dünnwandig, glatt, amyloid. Lignicol, meist auf NaB. 3–4 Arten. – **Lit**: **9**: 144, **12**: 156
T: *A. subsulphureum* (P. KARST.) POUZ., Nordeuropa. In Mitteleuropa 3–4 Arten.

Amylostereum BOIDIN, Amyloidschichtpilz – SchichtP (Bas, Agaricomycetes, Russulales, Amylostereaceae)
Frk resupinat bis effus-reflex, lederig bis korkig. Hymenium glatt bis warzig. Mono- oder dimitisch. Skeletthyphen braun, generative Hyphen hyalin bis bräunl. mit Schnallen. Skeletozystiden vorhanden. Sp hyalin, dünnwandig, glatt, amyloid. Lignicol, meist an NaB. – **Lit**: **9**: 184, 185; **12**: 205
T: *A. chailletii* (PERS. : FR.) BOIDIN – Tannen-Amyloidschichtpilz: BK 2.196, RH 87.

1 An *Juniperus, Taxus, Cupressus*. Frk ocker bis hellbraun. Sp 7–10 × 3–4 µm
Wacholder-Amyloidschichtpilz – *A. laevigatum* (FR. : FR.) BOIDIN
1* An anderen NaH, selten auch an LaH. Frk ocker, hellbraun, ockerbraun, graubraun. Sp 5–6,5 × 2,5–4 µm **2**
2 Frk 0,5–0,7 mm dick. H-Kanten 0,3–1 cm weit abstehend. H-Oberfl nur am Rand niedrig-filzig sonst kahl. Auf NaH, meist *Abies*, seltener *Picea*
Tannen-Amyloidschichtpilz – *A. chailletii* (PERS. : FR.) BOIDIN
2* Frk 1–1,5 mm dick. H-Kanten 0,5–2(–3) cm weit abstehend. H-Oberfläche meist deutl und gänzl braunfilzig. Fast nur auf *Picea*, seltener auf anderen NaH, selten auf LaB (*Fagus*) **Fichten-Amyloidschichtpilz** – *A. areolatum* (CHAILLET : FR.) BOIDIN

Anellaria siehe *Panaeolus semiovatus*

Anomoloma NIEMELÄ & K.H. LARSS., Wachsporling – RiP, PoP (Bas, Agaricomycetes, Amylocorticiales, Amylocorticiaceae)
Frk resupinat, bis 12 cm lang und 2–3 mm dick, vom Substrat ablösbar, frisch weich, trocken brüchig, am Frk-Rand und im Substrat mit weißen oder gelben Rhizomorphen. Poren weißlich, creme bis gelb, Sp 3–5,5 × 2,5–3,5 µm, amyloid. Lignicol, auf morschem NaH. Hauptsächlich in Nordeuropa, eine Art, *A. myceliosa* (PECK) POUZAR – **Myzel-Wachsporling** mit weißen bis cremefarbenen Poren, auch in D (Bayern, Baden-Würtemberg): Kr 1.493. – 2 Arten. – **Lit**: **9**: 231, 232 (als *Anomoporia*), **12**: 333 (als *Anomoporia*). – Syn: *Anomoloma myceliosa auch als Ceriporia m., Anomoporia m.*
T: *A. albolutescens* (ROMELL) NIEMELÄ & K.H. LARSS.

Anopodium N. LUNDQ. – Asc (Sordariomycetes, Sordariales, Lasiosphaeriaceae)
Perithecien einzeln, in das Substrat eingesenkt, 500–750 × 450–600 µm, Hals 150 × 150 µm, mit wenigen steifen, braunen Haaren, die 60 × 100 µm messen, an den Spitzen hyalin sind und auf bis zu × 6 µm erweitert sind. Sp innerhalb der Asci zu 8 in zwei Reihen, 2-zellig, jeweils mit braunem, 28–34 × 16–19 µm messendem Sp-Kopf und hyaliner apikaler, 12–18 × 3–4 µm messender Zelle (Pedicelll). Auf Kot von Hasen, Kaninchen. – **Lit**: HEINE & WELT 2007
T: *A. ampullaceum* N. LUNDQ.

Antherospora R. BAUER & al. – BrandP (Ustilaginomycetes, Urocystidales, Floromycetaceae).
Phytoparasiten (Brände) in leicht aufgedunsenen Blüten in Antheren und Fruchtknoten von Hyacinthaceae wie Traubenhyacinthe (*Muscari*), Kegelblume (*Puschkinia*) etc. Sori dunkel olivbraun, pulverig. – **Lit**: **13**: 283, 563, 672, 727, 728
T: ?; abgebildet *A. hortensis* PIATEK & M. LUTZ JK 278, *A. muscari-botryoidis* (CIF.) PIATEK & M. LUTZ: KS 894:31a, *A. scillae* (CIF.) R. BAUER & al. JK 377

Chionodoxa: *A. scillae*. – ***Muscari***: *M. armeniacum*: *A. hortensis, M. botryoidis*: *A. muscari-botryoidis, M. comosum, tenuiflorum*: *A. vaillantii*. – ***Puschkinia***: *A. scillae*. – ***Scilla***: *A. scillae, A. vindobonensis* (auf *Scilla vindobonensis*).

Anthina FR. – steriler KoP (Deuteromycetes, Anamorphe zu einem Vertreter der Ascomycota)
Fingerfö, besenfö, 5–15 mm hoch, zäh, Frk-ähnlich, jedoch steril, orange, mit helleren Spitzen/Enden. Auf feuchtem, vermoderndem Laub.
1 Art = T: *A. flammea* FR. – **Flammenschweif**: RH 681

Anthostoma siehe unter *Lopadostoma*

Anthostomella SACC. – Pyr (Asc, Pezizomycotina, Sordariomycetes, Xylariales, Xylariaceae)
Frk einzeln, zerstreut oder in Gruppen stehende, winzige Perithecien, welche eingesenkt sind in Pflanzengewebe und unterhalb einer meist vorhandenen, gut sichtbaren schildfö Struktur (Clypeus; dieser beim T fehlend). Asci zylindrisch, mit schmalem, amyloiden Apikalapparat. Sp einreihig, z. T. partiell auch zweireihig, braun, einzellig (so beim T) oder zweizellig. Falls Sp zweizellig, dann mit einer großen braunen Zelle und einer kleineren, hyalinen Zwerg-Zelle, eifö, ellipsoid bis unsymmetrisch-ellipsoid, oft in Schleim eingebettet, mit längs verlaufender Keimspalte, beim T 8–12 × 4–5 µm. Etwa 10 Arten. Herbicol auf Sprossen und Blättern, oft wirtsspezifisch. – **Lit**: **5**: 312; **10**: 237
T: *A. limitata* SACC. (u. a. auf *Carex, Galium, Geranium*). – Abgebildet z. B. *A. tomicoides* SACC.: De 39 A

Anthracobia BOUD., Wimperling – op. Disc (Asc, Pezizomycetes, Pezizales, Pyronemataceae)
Frk scheibenfö (Apothecien) in dichten Gruppen auf Brandstellen, 0,2–1,2 cm, außen mit anliegenden, kurzen, stumpfen bräunl Haaren. Paraphysen keulig in Melzers Reagenz bisw grünl. Asc-Sp schmal ellipsoid, glatt, mit zwei Tropfen, 14–25 × 7–10 µm. Etwa 4 Arten. – **Lit**: **5**: 48; **10**: 91

T. *A. melaloma* (ALB. & SCHWEIN. : FR.) BOUD. – Gelblicher Wimperling: BK 96, De 9P

1 Oberseits (Hymenium) gelbl-ockerfarben. Asc-Sp 14–22 × 7–10 µm
Gelblicher Wimperling – *A. melaloma* (ALB. & SCHWEIN. : FR.) BOUD.
1* Oberseits rötl.-orange [*A. macrocystis*] oder grau-braun bis dunkelbraun ▸

Anthracoidea BREF. – BrandP (Bas, Ustilaginomycetes, Ustilaginales, Anthracoideaceae) Phytoparasiten (Brände) auf durch den Befall schwarz erscheinenden Fruchtknoten (= Brandbutten) von *Carex*. T-Art auf *C. montana*, *C. pilulifera;* andere Arten der Gattung auf diversen Arten von *Carex*. **Lit: 13**: 213 ff, **22**: 545 ff, JK 509–510.
T: *A. caricis* (PERS.) BREF.: JK 117, Bra 1043:188

Carex: ***C. acuta***: *A. echinospora* (Sp recht gleichmäßig, mit deutl stacheliger Wand), *A. heterospora* (Sp ungleichmäßig, mit fast glatter Wand). – ***C. alba***: *A. caricis-albae*. – ***C. appropinquata***: *A. aspera*. – ***C. arenaria***: *A. arenaria*. – ***C. brizoides***: *A. arenaria*. – ***C. buxbaumii***: *A. buxbaumii* (Sp 20–28 × 14–25 µm), *A. heterospora* (Sp 14–20 × 8–16 µm). – ***C. capillaris***: *A. capillaris*. – ***C. caryophyllea***: *A. caryophylleae*. – ***C. cespitosa***: *A. heterospora* (Sp 13–21 × 10–18 µm, dicht feinwarzig), *A. liroi* (Sp 19–24 × 17–23 µm, undeutl warzig). – ***C. curvula***: *A. curvulae*. – ***C. davalliana***: *A. karii* (Brandbutten 1–2 mm im Durchm), *A. turfosa* (Brandbutten 2–2,5 mm). – ***C. diandra***: *A. aspera* (Sp-Wand warzig, unregelmäßig 2,5–4 µm dick), *A. fischeri* (Sp-Wand stachelig, gleichmäßig 1,5–2,5 µm dick). – ***C. digitata***: *A. irregularis*. – ***C. dioica***: *A. karii* (Brandbutten 1–2 mm im Durchm), *A. turfosa* (Brandbutten 2–2,5 mm). – ***C. distans***: *A. subinclusa*. – ***C. disticha***: *A. fischeri*. – ***C. echinata***: *A. karii*. – ***C. elata***: siehe Schlüssel I. – ***C. ericetorum***:*A. caryophyllea*. – **C. ferruginea**: *A. sempervirentis* (Sp eckig), *A. misandrae* (Sp eher kugelig). – ***C. firma***: *A. sempervirentis*. – ***C. flacca***: *A. pratensis*. – ***C. flava***: *A. hostianae* (Sp 19–27 × 15–25 µm), *A. inclusa* (Sp 13–20 × 11–18 µm). – ***C. heleonastes***: *A. fischeri* (Sp stachelig), *A. karii* (Sp13–22 × 10–19 µm, fast glatt), *A. turfosa* (Sp 17–27 × 14–22 µm, feinwarzig). – ***C. hirta***: *A. angulata* (Sp unregelmäßig geformt, feinwarzig), *A. subinclusa* (Sp regelmäßig geformt, stachelig). – ***C. hostiana***: *A. hostianae*. – ***C. lasiocarpa***: *A. lasiocarpae* (Sp feinwarzig bis fast glatt), *A. subinclusa* (Sp stachelig). – ***C. leporina***: *A. arenariae*. – ***C. montana***: *A. caricis*. – ***C. mucronata***: *A. sempervirentis*. – ***C. nigra***: siehe Schlüssel I. – ***C. ornithopoda***: *A. irregularis*. – ***C. pallescens***: *A. pseudoirregularis*. – ***C. panicea***: *A. paniceae*. – ***C. pilosa***: *A. pilosae*. – ***C. pilulifera***: *A. caricis*. – ***C. pseudocyperus***: *A. subinclusa*. – ***C. pulicaris***: *A. pulicaris*. – ***C. remota***: *A. arenaria*. – ***C. riparia***: *A. subinclusa*. – ***C. rostrata***: *A. inclusae* (Sp stachelig, Stacheln weniger als 1 µm hoch), *A. lasiocarpae* (Sp warzig), *A. subinclusa* (Sp stachelig, Stacheln bis 2 µm hoch). – ***C. rupestris***: *A. rupestris*. – ***C. sempervirens***: *A. sempervirentis*. – ***C. tomentosa***: *A. irregularis* (Sp unregelmäßig geformt), *A. tomentosae* (Sp regelmäßig geformt). – ***C. umbrosa***: *A. caryophylleae*. – ***C. vesicaria***: *A. subinclusa*. – ***C. vulpina***: *A. fischeri*.

Schlüssel I für Arten auf *Carex elata*, *C. nigra*:

1 Sp 13–21 × 10–18 µm **2**
1* Sp 16–25 × 12–23 µm **3**
2 Sp von unregelmäßiger Form, fast glatt *A. heterospora*
2* Sp von gleichmäßiger Form, stachelig *A. echinospora*
3 Sp-Wand entschieden warzig, ohne Anschwellungen. Nicht auf *Carex nigra* *A. bigelowii*
3* Sp-Wand undeutl flachwarzig, mit 1–2 Anschwellungen *A. liroi*

Anthurus KALCHBR. & MCOWAN, Tintenfischpilz – BaP (Agaricomycetes, Phallales, Clathraceae)
Frk reif mit 3–8 Armen, jeder 5–13 × 1–2 cm, karmin- bis purpurrot, schwammig, brüchig. Sp-Masse (Gleba) dunkel olivfarben, auf der Innenseite der Arme, Geruch aasartig, Sp zy-

lindrisch, 5–6 × 2 µm. Frk jung geschlossen, eifö, schmutzig weißl, 3–5 cm hoch. Humicol, LaW, MischW, Gärten, adventiv. – Syn: wird auch in der Gattung *Clathrus* geführt. – **Lit**: **9**: 175, **12**: 462

1 Art = T: *A. muellerianus* KALCHBR. = jetzt als *A. archeri* (BERK.) E. FISCHER – **Tintenfischpilz**: Bk 2.523, Dh 1073, HK 2.142, Kr 2.164, Lx 599, MD 380, PC 171

Antrodia KARST., Braunfäuletramete – PoP (Bas, Agaricomycetes, Polyporales, Fomitopsidaceae)

Frk resupinar bis pileat, sitzend, meist einjährig, dimitisch, Skeletthyphen hyalin, bisw schwach amyloid, generative Hyphen dünnwandig mit Schnallen. Sp hyalin, allantoid bis schmal ellipsoid, dünnwandig, glatt, inamyloid. Lignicol, Braunfäule verursachend. – 13 Arten. – Anm: Falls in Häusern und in Bergwerken an Holz siehe *Fibroporia*. – Syn: *A. lenis* (P. KARST.) RYVARDEN jetzt zu ***Sidera***.– **Lit**: **9**: 238, **12**: 354

T: *A. albida* (FR. : FR.) DONK [= *A. serpens* (FR. : FR.) KARST.] – Weißliche Braunfäuletramete, Ct 2026, Ph 239, RH 163

1 Poren 1–3 pro mm oder größer, nicht isodiametrisch-rund, sondern eckig bis fast daedaloid **3**

1* Poren kleiner, 3–8 pro mm, isodiametrisch, eckig oder rundlich **2**

2 Sp 6–9(–10) × 2–3,5 µm. NaH, besonders von Fichte. Skeletthyphen im Frk dominierend **Reihige Braunfäuletramete** – *A. serialis* (FR.) DONK

2* Sp-Maße und übrige Merkm anders ▸

3 Auf LaH. Poren 1–3 pro mm, regelmäßig, eckig **4**

3* Auf NaH. Sp 4–5,5 × 1–1,5 µm. Falls Sp-Maße anders: ▸ **Wellige Braunfäuletramete** – *A. sinuosa* (FR.) P. KARST.

4 Sp 8,5–14 × 3,5–5(–6) µm. Häufig auf versch LaH, auch auf *Malus*. **Weißliche Braunfäuletramete** – *A. albida* (FR. : FR.) DONK

4* Sp bis 3,5 µm breit, 7–11 × 2,5–3,5 µm. Selten und schwer von voriger abgrenzbar. Auf *Malus* und anderen LaH. **Apfelbaum-Braunfäuletramete** – *A. malicola* (BERK.& M. A. CURTIS) DONK

Antrodiella RYVARDEN. & JOHANSEN, Weißfäuletramete – PoP (Bas, Agaricomycetes, Polyporales, Steccherinaceae)

Frk resupinat bis pileat, frisch wachsartig bis membranös, trocken hart. Poren eng, weißlich, ocker bis zitronenfarben, Trama weiß, dimitisch. Skeletthyphen hyalin, dickwandig, allenfalls wenig verzweigt. Generative Hyphen hyalin, mit oder ohne Schnallen. Zystiden fehlend. Sp hyalin, ellipsoid bis allantoid, bis 5 µm lang, dünnwandig, glatt, inamyloid. Lignicol, Weißfäule-Erreger. – 7 Arten. – **Lit**: **9**: 207, **12**: 359

T: *A. semisupina* (BERK. & M. A. CURTIS) RYVARDEN – Resupinate Weißfäuletramete: BK 2.344, Gh 531, Ja 113, RH 166

1 Generative Hyphen ohne Schnallen ▸

1* Generative Hyphen mit Schnallen **2**

2 H-Oberfläche behaart, Frk pileat bis effus-reflex, eher klein, oft dachziegelig oder seitl verwachsen, meist dreieckig im Querschnitt. Sp 3,5–4,5 × 1,5–2 µm, zylindrisch bis schmal ellpsoid, oft schwach gekrümmt. Saprotroph auf LaH. [Falls auf NaH im Gebirge und H-Oberfläche radial-faserig bis -filzig siehe *A. canadensis* (OVERH. ex LOWE) NIEMELÄ] **Hoehnels Weißfäuletramete** – *A. hoehnelii* (BRES.) NIEMELÄ

2* H-Oberfläche, falls vorhanden, kahl. Frk resupinat, effus-reflex bis pileat **3**

3 Poren blass bis leuchtend zitronenfarben, auf NaH oft in Gesellschaft von *Fomitopsis pinicola* **Zitronengelbe Weißfäuletramete** – *A. citrinella* NIEMELÄ & RYVARDEN

3* Poren nicht zitronenfarben. Meist auf LaH. **4**

4 Frk effus-reflex bis pileat, allenfalls und selten jung resupinat. Sp 2,5–3,5 × 1,7–2,2 µm. LaB, selten NaH **Knorpelige Weißfäuletramete** – *A. semisupina* (BERK. & M. A. CURTIS) RYVARDEN

4* Frk stets resupinat. Sp 3,5–5 × 2–2,5(–3) µm, LaH **Resupinate Weißfäuletramete** – *A. romellii* (DONK) NIEMELÄ

Aphanoascus ZUKAL – (Asc, Eurotiomycetes, Onygenales, Onygenaceae)
Frk kugelig, dem Substrat aufsitzend, orangebraun bis braun, 200–350 µm im Durchm, ohne Öffnung (Ostiolum). Asci annähernd kugelig, 12–15 × 8–11 µm, 8-sporig. Sp abgeplattet, gelbl, mit unregelmäßig netzfö Ornament (Ölimmersion!), 3,5–5 × 3–3,5 µm. Auf hornhaltigen Resten im Dung. – **Lit**: HEINE & WELT 2007
T: *A, cinnabarinus* ZUKAL

Aphanobasidium JÜLICH, Glattsporwachshaut – RiP (Bas, Agaricomycetes, Agaricales, Pterulaceae)
Frk resupinat, wachsartig, sehr dünn, glatt. Monomitisch. Hyphen hyalin, mit Schnallen. Zystiden fehlend. Pleurobasidien hyalin, zylindrisch. Sp hyalin, dünnwandig, glatt, amyloid oder inamyloid. Auf morschem Holz, selten auf Farnen und Kräutern. – 4 Arten. **Lit**: **9**: 140 (in *Phlebiella*), **12**: 224
T: *A. subnitens* (BOURD. & GALZ.) JÜLICH – **Schwachglänzende Glattsporwachshaut**: Frk hyalin bis weißlich-grau, frisch etwas gallertig. Sp inamyloid, 5–7(–7,5) × 3,5–4,5(–5) µm. Basidien 10–26 µm lang

Aphanocladium W. GAMS – SchimP (Asc, Sordariomycetes, Hypocreales, Clavicipitaceae; Anamorphe)
Die Bildung der Konidien erfolgt in der Familie oft auf Stromata, die Konidien bildenden Zellen fadenfö, dünn, zusätzl flaschenfö Phialiden vorhanden., zusätzl bisweilen auch Zähnchen vorhanden, welche ebenfalls Konidien bilden. Einige Arten auf anderen Pilzen (z. B. *Exidia*, *Geastrum*, *Hirneola, Russula*) als Substrat.
T: ?

Aphroditeola siehe *Hygrophoropsis*

Apiocrea siehe *Hypomyces*

Apioperdon siehe *Lycoperdon*

Aporpium siehe *Elmerina*

Arachnocrea Z. MORAVEC – Pyr (Asc, Pezizomycotina, Sordariomycetes, Hypocreales, Hypocreaceae)
Frk winzige Perithecien, die in einem weißl bis cremefarbenem, spinnwebartigem Subiculum eingebettet sind. Sp in Teile spaltend, Teil-Sp mit scharf zugespitztem Ende und abgestutzt an der Bruchstelle, glatt bis feinwarzig, 3,5–5 × 2–2,5 µm. 1 Art, auf Pflanzenresten (z. B. Blätter und Ästchen von *Fagus*). – **Lit**: **10**: 217
T: *A. stipata* (FUCKEL) Z. MORAVEC

Arachnopeziza FUCKEL – inop. Disc (Asc, Pezizomycotina, Leotiomycetes, Helotiales, Arachnopezizaceae)
Frk becherfö bis scheibenfö, sitzend, bis zu 4 mm, oberseits (Hymenium) weiß bis gelb, orange oder lederfarben, falb-bräunl, außen mit weißen oder orangefarbenen Haaren. Subiculum fehlend oder vorhanden, weißl bis orange. Haare dünn- oder dickwandig, glatt oder rau, mehrfach septiert. Asci keulig bis zylindrisch, 8-sporig, mit amyloidem Porus. Paraphysen fädig, 1–2 µm breit, unverzweigt oder verzweigt, die Asci nicht überragend. Asc-Sp fädig, spindelfö bis zylindrisch, 1–7-fach septiert, hyalin. Etwa 5 Arten. Auf LaH, Cupulae, etc., auch auf anderen Pilzen (*Osmoporus*). – **Lit**: **5**: 186, **10**:186
T: *A. aurelia* (PERS. : FR.) FUCKEL – Abgebildet *A. aurata* FUCKEL: BK 247, 249, De 24E.

1 Sp 50–75 × 1,5–3 µm, fädig *A. aurata* FUCKEL
1* Sp weniger als 17 µm lang **2**
2 Frk unter 1 mm, 0,15–0,3–1 mm. Subiculum fehlend oder vorhanden ▸
2* Frk 0,5–4 mm, Sp reif 3-fach septiert [falls überwiegend 1-fach septiert: *A. candidofulva* (SCHWEIN.) KORF.]. Vielfach auf Fruchtbechern (Cupulae), aber auch auf Holz, Früchten und Blättern *A. aurelia* (PERS. : FR.) FUCKEL

Arcangeliella CAVARA, Milchtrüffel – Hyp (Bas, Agaricomycetes, Russulales, Russulaceae)
Frk kugelig bis knollig, weißen Milchsaft ausscheidend. mit S-förmiger Columella. Trama heteromer, Hyphen ohne Schnallen, Sp hyalin bis hell bräunl, fast kugelig, mit isoliert stehenden Stacheln, amyloid, 9,5–13,5 × 8–12,5 µm. Vorwiegend südl 1 Art (T) vorkommend. – Anm: *A. rosea* (HARKN.) ZELLER & C.W. DODGE siehe unter *Hydnangium*. – *Syn: A. stephensii = Zelleromyces s.* – **Lit**: **12**: 550
T: *A. borziana* CAVARA – **Braunrote Milchtrüffel**: MS 613, 514

Arthuriomyces siehe *Gymnoconia*

Arcyodes O.F. COOKE – SchleimP (Mycetozoa, Myxogastria, Trichiida, Trichiidae)
Frk nahezu kugelig oder etwas längl, etwas eckig verformt, in Haufen gedrängt, (nahezu) sitzend. Peridie einschichtig, membranartig, im basalen Teil bisw als kelchartige Struktur erhalten bleibend. Capillitiumfasern röhrig, bisw eingeschnürt, mit der Peridie verbunden, das Licht nicht doppelbrechend. Sp in Masse zunächst rosa (T), später beige, glatt oder mit feinen Warzen, kugelig, 6–8 µm. 1–2 Arten. Moderiges Holz, Rinde. – **Lit**: **17**: 98, **18**: 162
T: *A. incarnata* (ALB. & SCHWEIN.) O.F. COOKE: Nan 98, Neub 1.162–163

Arcyria WIGGERS – SchleimP (Mycetozoa, Myxogastria, Trichiida, Trichiidae)
Frk meist kurz gestielt, kugelig oder zylindrisch. Peridie dünn, ihr basaler Teil als Kelch (Peridienbecher) erhalten bleibend während der obere Teil völlig verschwindet. Peridienbecher innen warzig, dornig oder mit Netzstruktur. Capillitiumfasern röhrig, netzartig geschlossen, elastisch, mit dem S oder dem Peridienbecher verbunden. S mit zystenartigen (Sp-ähnl) Einschlüssen. Sp kugelig, meist ornamentiert mit feinen, blassen Warzen oder Stacheln. Über 20 Arten. Totholz (Stämme, Äste), seltener auf toten Blättern nahe von Stümpfen. – **Lit**: **17**: 99, **18**: 164
T: *A. denudata* (L.) WETTST.: Nan 115, Neub 1.173–174

1 Sp 9–11 µm im Durchm ▸
1* Sp 6–9 µm im Durchm 2
2 Capillitium auschließl mit dem S verbunden und daher aus dem Peridienbecher lösend, diesen ± leer zurücklassend. 3
2* Capillitium mit dem Peridienbecher verbunden, fest anhaftend. 4
3 Frk lachsfarben oder rosa, dann beigefarben. Capillitium weitmaschig, lachsfarben, ohne Verbindungen zum Peridienbecher [Falls Capillitium rosarot, weniger weitmaschig und Bruchreste im Peridienbecher zurücklassend: *A. major* (G. LISTER) B. ING.] *A. incarnata* (PERS.) PERS.
3* Frk dunkelrot oder kupferfarben, dann braunrot ▸
4 Frk lachsfarben, rosa oder rot (im frischen Zustand), später beige oder rotbraun . . . 5
4* Frk weiß, schmutzig-weiß, grün- oder blaugrau, ockerl 6
5 Frk lachsfarben-rosa, dann beigefarben *A. minuta* BUCHET in PAT.
5* Frk karminrot, dann rotbraun, aufrecht bleibend. [Falls Frk hellrosa, später etwas gekrümmt: *A. major* (G. LISTER) B. ING.] *A. denudata* (L.) WETTST.
6 Frk zylindrisch oder längl-keulig, weiß, grau getönt, elfenbeinfarben, seltener ockerl *A. cinerea* (BULL.) PERS.
6* Frk (annähernd) kugelig, kurz eifö, grau, bräunl-grau, ockerl ▸

Armillaria (FR.) STAUDE, Hallimasch – BläP (Bas, Agaricomycetes, Agaricales, Physalacriaceae)
Frk gestielt-hutfö mit ± herablaufenden L. H häufig schuppig, hellbraun, gelbbraun, honigbraun. L-Trama jung bilateral. S meist mit Ring. Schnallen an Hyphensepten häufig fehlend. Spp weiß bis creme-ockerl, nicht amyloid. Überwiegend auf Holz (auch Baumwurzeln). Etwa 6 Arten. – Anm: Ringlose Arten auch unter *Desarmillaria* (HERINK) R.A. KOCH & AIME. – **Lit**: **7**: 176, **11**: 128, **14**: 252
T: *A. mellea* (VAHL. : FR.) P. KUMM. – Honiggelber Hallimasch: BL 143, CD 313, Kr 3.125

1 S ohne Ring ▸
1* S zumindest jung mit Ring, bisweilen alt schwindend (*A. mellea* agg.). 2
2 S-Basis eher verjüngt als verdickt. H um den Scheitel lebhaft olivgelb bis honiggelb, H-Scheitel olivbraun bis olivschwärzlich, fein filzig-schuppig. Ring weißlich bis gelblich, mit tiefer gelb gefärbtem Saum, dick, beständig, aufsteigend bis trichterig. An LaH,

z. B. büschelig um Eichenstämmen. Basidien am Grunde ohne Schnallen, Sp 7,5–8,4 × 5–5,5 µm **Honiggelber Hallimasch** – *A. mellea* (VAHL. : FR.) P. KUMM. s.str.

2* S-Basis keulig bis knollig, nicht verjüngt oder nicht an LaH. Falls H mit lebhaft gelben Farben, dann S keulig bis knollig **3**

3 An NaH (selten auch LaH) und zugleich H mit braunschwarzen, dicht stehenden Schüppchen. Ring am Rande und unterseits mit braunen Schüppchen, filzig-faserig, zunächst zieml dick. F nach Camembert riechend. Sp 8–10 × 5,5–7 µm **Dunkler Hallimasch** – *A. ostoyae* (ROMAGN.) HERINK

3* Weder H noch S mit groben braunen bis dunkelbraunen Schüppchen und/oder auf LaH **Sammelart Hallimasch** – *A. mellea* (VAHL. : FR.) P. KUMM agg.

Arnium NITSCHKE ex G. WINTER – (Asc, Sordariomycetes, Sordariales, Lasiosphaeriaceae)
Frk birnenfö, halb im Substrat eingesenkt, 700–1000 × 600–850 µm, mit 200–500 µm langem Hals und mit dünnen Haaren. Asci 300–350 µm, mit Apikalring, 8-sporig. Sp in 2 Reihen, braun, 47–59 × 25–29 µm, mit 60–150 × 10–12 µm messenden Fortsätzen. Einige Arten auf Dung von Hirschen. – **Lit**: HEINE & WELT 2007
T: *A. lanuginosum* NITSCHKE

Arnoldiomyces MORGAN JONES – SchimP (Asc, Sordariomycetes, Hypocreales, Hypocreaceae; Anamorphe)
Hyphen septiert. Konidien bildende Zellen nicht wirtelig, jeweils an mehreren Stellen Konidien bildend (polyblastisch), verzweigte Konidienketten fehlend. Auf anderen Pilzen (*Hirneola*). Anamorphe von *Hypomyces polyporinus*.
T: A. clavisporus (D.J. GRAY & MORGAN JONES) MORGAN JONES

Arpinia BERTHET, Nadelstreubecherling – op. Disc (Asc, Pezizomycetes, Pezizales, Otideaceae)
Frk (Apothecien) gestielt becherfö, 0,5–1,5 cm, gänzl weißl oder cremefarben, am Rande gekerbt, außen kleiig. Asc-Sp breit ellipsoid, dickwandig, glatt, 12–15 × 9–11 µm. Vermutl 3 Arten. Terricol, NaW. – **Lit**: **10**: 92
T: *A. inops* BERTHET

Arrhenia FR., Adermoosling – BläP, LP (Bas, Agaricomycetes, Agaricales, Hygrophoraceae)
Frk klein, gestielt-hutfö, nabelingsartig, aber auch spatelfö, löffelfö. bis cyphelloid. L nicht entschieden heller als der H, graubraun bis schwärzl. L bisw reduziert oder völlig fehlend und dann Hymenium glatt. H oft nabelfö. Basidien 2- oder 4-sporig, Spp weiß, Sp nicht amyloid. Terricol. – Syn: Derzeit unter Einschluss mehrerer (z. T. gestielt-hutfö) Arten, die früher innerhalb der Gattungen *Leptoglossum* und *Omphalina* geführt wurden. – **Lit**: **7**: 179, 407, 412, **11**: 130, **14**: 226
T: *A. auriscalpium* (FR. : FR.) FR. – **Düsterer Adermoosling (Nabeling)**: BK 3.137, CD 164, Lu 1.3.3, MJ 3 Arrh. 2

1 S fehlend oder kurz und seitlich **2**
1* S deutlich ausgebildet, zentral oder exzentrisch **3**

2 L vorhanden. H halbkreisfö bis muschelfö. Sp (5–)6–9,5(–11) × (3–)4–6,5(–7) µm
Muschelartiger Adermoosling – *A. acerosa* (FR. : FR.) KÜHNER
2* L fehlend, Frk mit glattem oder aderigem Hymenophor ▸
3 Ohne deutl L ▸
3* Mit regulären, auch faltenfö L. 4
4 Frk mit blaugrünen Farben ▸
4* Frk mit grauen bis bräunl Farben 5
6 An Torfmoosen, an Flechten, an Sauergräsen (*Carex*) oder an morschem Holz ▸
6* Auf anderen Substraten. Oft auf Erde. 7
7 L faltenfö, gabelig und anastomosierend. H 0,5–2,5 cm, erst konvex, dann abgeflacht mit leicht vertiefter Mitte bis fast trichterig, dunkel grau-braun. H-Rand wellig bis gekerbt. 8
7* L dünn, blattartig. H ähnl oder auch verschieden ▸
8 Schnallen fehlend. Basidien 2- oder 4-sporig. Sp (7,5–)8–12(–14) × (4,5–)5–7(–8) µm
Filziger Adermoosling – *A. griseopallida* (DESM. : FR.) FR.
8* Schnallen vorhanden. Basidien 4-sporig. Sp (6,5–)9–10 × s 3,5–5,5 µm
Geröll-Adermoosling – *A. rickenii* (HORA) WATLING

Arthrocladiella VASSILKOV – E-Mehlt (Asc, Leotiomycetes, Erysiphales, Erysiphaceae)
Phytoparasitischer Befall in Form eines weißen, flockigen Mycelbelages auf Blättern, Blüten und Zweigen von Bocksdorn (*Lycium*). Konidien zylindrisch, in kurzen Ketten. Frk meist fehlend, kugelfö, mehr als einen Ascus enthaltend; Asci in der Regel 2(–4)-sporig. Frk-Anhängsel dichotom verzweigt. – **Lit**: **13**: 533 (als *A. mougeotii*)
1 Art = T: *A.* (*Erysiphe*) *lycii* (LASCH) VASSILKOV = *A. mougeotii* (LÉV.) VASSILKOW: JK 259, KS 29g (S. 892)

Artomyces JÜLICH, Becherkoralle – KorP (Bas; Agaricomycetes, Russulales, Auriscalpiaceae)
Frk korallenfö, bis 13 cm hoch, Verzweigungen mehrfach wirtelig, Astspitzen oben becherfö. Geschmack scharf, bisw auch mild. Sp hyalin, ellipsoid, fein warzig, amyloid, (4–)5–5,5 × 2–2,6(–3) µm. Auf morschem NaH und LaH. (Die habituell ähnliche, auch auf Holz fruchtende *Ramaria stricta* hat steife Äste und weiße Mycelstränge). – **Lit**: **9**: 281 (als *Clavicorona*), **12**: 97
1 Art = T: *A. pyxidatus* (PERS. : FR.) JÜLICH – **Verzweigte Becherkoralle**: CD 115, Ct 1618, HK 2,122, Ja 41, RH 114

Ascobolus PERS.: FR. Kotling – op. Disc (Asc, Pezizomycetes, Pezizales, Ascobolaceae)
Apothecien, annähernd kugelig, kreiselfö oder scheibenfö, 0,2–12 mm, Asci schwach amyloid. Asc-Sp kugelig bis ellipsoid, oft gelatinös ummantelt, zunächst hyalin, dann mit purpurl, rötl-violetter bis bräunl Ornamentierung, die sich in KOH auflöst. Asc-Sp innerhalb des Ascus frei, d. h. nicht in einem Klumpen zusammengefasst. 30 Arten. Auf Dung, Krautresten, Erde, Brandstellen. – **Lit**: **5**: 83, **10**: 67
T: *A. furfuraceus* PERS. : FR. – Kieliger Kotling: BK 1.114, De 10H

1 Auf Brandstellen, Erde, Pflanzenresten, aber nicht auf Dung ►
1* Auf Dung. **2**
2 Apothecien weißl ►
2* Apothecien farbig **3**
3 Apothecien, annähernd kugelig, kreiselfö oder scheibenfö, 0,5–4 mm, oberseits und außen gelbl bis blass bräunl, dem Substrat aufsitzend. Asc-Sp 22–26 × 11–13 µm
Kieliger Kotling – *A. furfuraceus* PERS. : FR.
3* Apothecien im Substrat eingebettet und Asc-Sp größer oder Apothecien gelbl-grün und Asc-Sp kleiner ►

Ascocorticiellum JÜLICH & B.D. VRIES, Kleiner Schlauchrindenpilz – inop. Disc (Asc, Zuordnung unbekannt)
Frk resupinat, sehr dünn, wenige mm große, rundl Flecken bildend, bereift, dem bloßen Auge kaum sichtbar, weiß oder hell graul. Asci breit keulenfö, 20–40 × 15–18 µm, 16-sporig. Asc-Sp 20–30 × 1–1,5 µm, wurmfö, hyalin, 3-fach septiert. Lignicol auf Kiefernholz (auch auf Rinde/Borke). – **Lit**: **10**: 132
1 Art = T: *A. vermisporum* (HAUERSLEV) JÜLICH & B.D. VRIES – **Kleiner Schlauchrindenpilz**

Ascocorticium BREF., Echter Schlauchrindenpilz – inop. Disc (Asc, Pezizomycotina, Leotiomycetes, Helotiales, Ascocorticiaceae)
Frk resupinat, dünn, wachsartig bis fast gelatinös, graul-weiß, zunächst kleine, rundl Flecken bildend, 0,5–5 mm, dann zusammenfließend, oberseits wie mehlig-bestäubt. Asci ellipsoid bis zylindrisch, 8-sporig. Asc-Sp 3,5–5 × 1,5–2 µm, ellipsoid, nicht septiert. Lignicol auf Kiefer (*Pinus*), Lärche (*Larix*), Heidekraut (*Calluna*). – **Lit**: **5**: 93, **10**: 133
1 Art = T: *A. anomalum* (ELLIS & HARKN.) J. SCHROET. – **Echter Schlauchrindenpilz**: BK 1.130, De 15 F

Ascocoryne GROVES & D.E. WILSON, Gallertbecher – inop. Disc (Asc, Pezizomycotina, Leotiomycetes, Helotiales, Gelatinodiscaceae)
Frk gelatinös, scheibenfö bis kreiselfö, 0,4–3 cm, sitzend oder mit verschmälerter Basis, gänzl purpurl oder oberseits bräunl bis oliv. Außen glatt oder runzelig. Asi mit amyloidem Porus. Asc-Sp hyalin, nicht oder mehrfach septiert. Anamorphe = *Coryne* TUL. & C. TUL. 3–4 Arten. Zw *Sphagnum* in Torfmooren mit nicht septierten Asc-Sp [*A. turficola* (BOUD.) KORF.] oder lignicol und Asc-Sp 1–3-fach [T; Asc-Sp 12–18 × 3–6 µm] oder mehrfach septiert [*A. cylichnium* (TUL.) KORF.; Asc-Sp 18–33 × 4–6 µm]. – **Lit**: **5**: 120, **10**: 136
T: *A. sarcoides* (JACQU. : FR.) GROVES & D.E. WILSON – **Fleischroter Gallertbecher**: BK 167, De 19A, Ja 11, Lx 655, Ph 277, RH 644

Ascodesmis TIEGH. – op. Disc (Asc, Pezizomycetes, Pezizales, Ascodesmidaceae)
Apothecien winzig, 0,08–0,18 mm, kissenfö bis kugelig, Asc-Sp mit oder ohne (T) hyaline äußere Membran (Perispor), annähernd kugelig oder breit ellipsoid (T), Ornamentierung

bräunl, mit gerundeten oder mit eckigen Warzen oder auch mit wenig erhabenen Markierungen (T), auch netzartig ornamentiert. Etwa 5 Arten. Auf Dung. – **Lit**: **10**: 92
T: *A. nigricans* TIEGH

Ascodichaena BUTIN, Buchen-Rindenschorf – inop. Disc (Asc, Pezizomycotina, Leotiomycetes, Rhytismatales, Ascodichaenaceae)
Frk schwarze flecken- oder streifenartige Überzüge bildend. Imperfektes Stadium in Pyknidien hyaline, eifö Konidien erzeugend, diese 18–24 × 13–16 µm. Asci mit 4 bis 8 Sp. Lignicol auf Rinde von Rotbuche (*Fagus*) und Eiche (*Quercus*). Vgl. auch den Deuteromyceten *Bispora antennata* (= *B. monillioides*) auf gleichem Substrat schwarze, radial verlaufende Überzüge bildend (so besonders auf Schnittflächen). – **Lit**: BUTIN (1983): 86–87, **5** (1981): 21, 22
T: *A. rugosa* BUTIN – **Buchen-Rindenschorf**: BUTIN Abb. 58, De 1981 fig. 33B

Ascotremella SEAVER, Schlauchzitterpilz – inop. Disc (Asc, Pezizomycotina, Leotiomycetes, Helotiales, Helotiaceae)
Frk sitzend oder undeutl gestielt, gelatinös, weich, kreiselfö bis halbkugelig, 1–2 cm, purpurl-braun, zusammenfließend zu hirnartigen Massen. Asci ohne amyloiden Porus. Asc-Sp hyalin, ellipsoid, fein längsstreifig ornamentiert, mit Tröpfchen, nicht septiert, 6–10 × 3,5–4,5 µm. Lignicol, LaH. – **Lit**: **5**: 120, **10**: 136
1 Art = T: *A. faginea* (PECK) SEAVER – **Buchen-Schlauchzitterpilz**: Ct 2116, De 12H, Ge 564, Gh 669, Ja 12

Ascozonus (RENNY) E.C. HANSEN – inop. Disc (Asc, Leotiomycetes, Thelebolales, Thelebolaceae)
Frk schlank-kreiselfö, 0,1–0,2 mm breit, gänzl weiß. Außen und am Rande mit dünnwandigen, septierten, haarartigen Zellen, die eckigen Excipulum-Zellen entspringen. Asi mit 8–64 Sp, an der Ascus-Spitze mit ringartiger Verdickung, mit einem tiefen Schlitz sich öffnend. Asc-Sp schmal spindelfö, glatt, 11,5–13 × 3,5–6 µm, frei, dabei aber im Ascus in einem regelmäßigen Muster angeordnet. 1 Art oder einige wenige Arten. Coprophil, Dung von Pflanzenfressern, im Winter und im zeitigen Frühjahr. – **Lit**: **5**: 74, **10**: 131
T: *A. cunicularius* (BOUD.) MARCHAL. – Abgebildet: *A. woolhopensis* (RENNY) BOUD.: De fig.1b, 3k; BK 118

Aseroe LABILLARD, Tentakelpilz – BauP (Bas, Agaricomycetes, Phallales, Clathraceae)
Frk zunächst kugelig geschlossen, etwa 3 cm im Durchm, weiß, dann mit weißl Stiel, roter Scheibe und randlich davon ausstrahlenden zahlreichen roten, bis zu 7,5 cm langen Armen. Bei uns in Gewächshäusern (Erde) eingeschleppt. – **Lit**: **12**: 463
1 Art = T: *Aseroe rubra* LABILLARD – **Roter Tentakelpilz**: Ct 2533, PL 354, PS 151

Aspergillus P. MICHELI ex LINK – SchimP (Asc, Eurotiomycetes, Eurotiales; Aspergillaceae, Anamorphe und Teleomorphe)
Hyphen septiert, weißl oder farbige (z. B. grünl oder schwarze) Pilzrasen bildend. Konidien in Ketten auf Phialiden, die dem oben kopfartig erweiterten Konidienträger aufsitzen.

Teleomorphe bildet Kleistothecien. Auf Lebensmitteln, Lagerschädlinge, Allergien (Aspergillose) auslösend, auch humanpathogen.
T: *A. glaucus* (L.) LINK

Aspropaxillus KÜHNER & MAIRE, Krempentrichterling – BläP (Bas, Agaricomycetes, Agaricales, Tricholomataceae)
Frk gestielt-hutfö, sehr groß, z. B. H 10–40 cm, fleischig, weißl bis weißl-cremefarben. H-Rand jung eingerollt. L am S herablaufend. Spp weiß, amyloid. Sp glatt, 6–8 × (3,0–)4–5,5 µm. 1–2 Arten. Erdboden. – Syn: Wird auch in *Leucopaxillus* eingeschlossen. *A. candidus* (Sp × 3–4 µm) = *A. giganteus*. – **Lit**: jeweils als *Leucopaxillus g.*, **7**: 286, **11**: 143, **14**: 409
T: *A. giganteus* (SOW. FR.) KÜHNER – **Riesen-Krempentrichterling**: BK 3.251, BL 163, CD 456, Dh 292, HK 1.84, Lu 1.42.1

Asterophora DITMAR : FR., Zwitterling – BläP/LeiP (Bas, Agaricomycetes, Agaricales, Lyophyllaceae)
Frk gestielt-hutf, klein, auf faulenden Resten von Blätterpilzen (*Russula, Lactarius*). H-Oberfläche bisw stäubend, mit Chlamydosp. L dick oder reduziert. Basidien siderophil. 2 Arten. – Syn: *Nyctalis* Fr. – **Lit**: **7**: 393 (als *Nyctalis*), **11**: 139 (als *Nyctalis*), **14**: 495
T: *A. parasitica* (PERS. FR.) SINGER – **Beschleierter Zwitterling**: BK 3.376, BL 169, Dh 287, HK 3.237, Kr 3.476, Lu 1.54.2, RH 306

Asterostroma MASSEE, Sternsetenpilz – RiP (Bas, Agaricomycetes, Russulales, Lachnocladiaceae)
Frk resupinat, membranös, Hymenium glatt. Monomitisch, Hyphen hyalin, ohne Schnallen. Mit Asteroseten. Sp hyalin, glatt oder warzig, inamyloid oder amyloid. 2–3 Arten. Lignicol, NaH. – **Lit**: **9**: 319, **12**: 271
Verbreitete Art = *A. cervicolor* (BERK. & M. A. CURTIS) MASSEE – **Ockerfarbener Sternsetenpilz**: BK 2.290,291. Br 1079, 2

Astraeus MORGAN, Wetterstern – BaP (Bas, Agaricomycetes, Boletales, Astraeaceae)
Mit sternfö aufreißender und ausgebreiteter Exoperidie (4–20 spitz endende hygroskopische, feucht einwärtsgebogeneTeile), innen mit kugelfö geschlossener, derbhäutiger, sitzender Endoperidie. Sp kugelig, 8–13 µm im Durchm. Auf Erde in LaW und NaW. – **Lit**: **12**: 505
1 Art = T: *A. hygrometricus* (PERS. : PERS.) MORGAN – **Wetterstern**: Gh 617, HK 1.184, Kr 2.171, Lx 617, Md 355, MJ 7 Astr 1,2

Athelia PERS., Gewebehaut – RiP (Bas, Agaricomycetes, Atheliales, Atheliaceae)
Frk resupinat, häutchenfö bis dünn-membranös, vom Substrat leicht ablösbar, weiß, weißlich, creme. Hymenium meist glatt, selten grandinoid, oder auch feucht meruloid. Hyphen hyalin, mit oder ohne Schnallen. Leptozystiden vorhanden oder fehlend. Basidien hyalin, clavat, nicht gestielt. Sp hyalin, kugelig bis zylindrisch, dünnwandig, glatt, inamyloid. Lignicol, herbicol, 15 Arten. – **Lit**: **9**: 145, **12**: 136

T: *A. epiphylla* PERS. – Blattüberwachsende Gewebehaut: BK 2.52, Ct. 2468, Kr 1.157, MJ 5 Ath 3

1 Basidien überwiegend 2-sporig (mit je 2 Sterigmen). Schnallen fehlend oder selten, Sp 8–11(–12) × 4–5,5(–6) µm. Parasitisch auf Flechten und Algen, auch auf LaB (oft Mycelkreise bildend) und Blättern
Zweisporige Gewebehaut – *A. arachnoidea* (BERK.) JÜLICH

1* Basidien überwiegend 4-sporig (mit je 4 Sterigmen) **2**

2 Schnallen an allen Septen fehlend. **3**

2* Schnallen an den Septen häufig oder wenigstens an Basidien und basalen Hyphen vorhanden **5**

3 Frk meist auf morschem NaH. Sp ellipsoid, 5–6,5 × 3–3,8 µm, Zystiden fehlend.
Schnallenlose Gewebehaut – *A. decipiens* (HÖHN. & LITSCH.) J. ERIKSS.

3* Merkm anders **4**

4 Sp birnenfö, apikal breiter als basal, 7–9,5(–10,5) × 3,6–5,5 µm. LaB, Blätter, Gräser, Kräuter, Farne **Birnensporige Gewebehaut** – *A. pyriformis* (M.P. CHRIST.) JÜLICH

4* Merkm anders ▸

5 Schnallen an fast allen Septen vorhanden. **6**

5* Schnallen nur an basalen Hyphen vorhanden und dort meist selten. **7**

6 Sp kugelig bis breit ellipsoid, 6,5–8,5(–10) × 4,5–5,5(–7) µm. Meist auf LaB, seltener auf NaB oder alten Porlingen **Spinnweben Gewebehaut** – *A. neuhoffii* (BRES.) DONK

6* Sp zylindrisch bis schmal ellipsoid ▸

7 Sp breit ellipsoid, birnenfö (apikal breiter als basal) oder schmal eifö (basal breiter als apikal) ▸

7* Sp zylindrisch oder schmal ellipsoid, weder basal noch apikal verbreitert **8**

8 Sp zylindrisch mit abgerundeter Basis, 6–7,5(–8) × 2,8–3,2 µm. Auf LaB und NaB, auf Blättern, Kräutern, Moosen, Farnen, Flechten.
Blätterüberwachsende Gewebehaut – *A. epiphylla* PERS.

8* Merkm anders, Sp basal zugespitzt ▸

Athelidium OBERW., Pilzmembrane – RiP (Bas, Agaricomycetes, Agaricales, Stephanosporaceae)
Frk resupinat, membranös, glatt, alt ocker bis hell orange, dem Substrat dicht aufliegend. Hyphen hyalin, ohne Schnallen. Zystiden fehlen. Sp hyalin, dünnwandig, glatt, inamyloid, schiffchenfö oder spindelfö, 7–11 × 3,5–4,5 µm. Lignicol. – **Lit**: **12**: 181
1 Art = T: *A. aurantiacum* (CHRIST.) OBERW. – **Goldgelbe Pilzmembrane**: BK 2.118

Athelopsis OBERW. EX PARMASTO, Pilzhaut – RiP (Bas, Agaricomycetes, Amylocorticiales, Amylocorticiaceae)
Frk resupinat, häutchenfö bis dünn membranös, vom Substrat ablösbar, glatt, weißlich, hellgrau, hell gelb bis hell ocker. Basidien gestielt. Sp hyalin, dünnwandig, glatt, inamyloid, ellipsoid oder zylindrisch bis allantoid. Lignicol, 2 Arten. – **Lit**: **9**: 147, **12**: 139

T: *A. glaucina* (BOURD. & GALZ.) OBERW. ex PARMASTO: Sp zylindrisch bis allantoid, (7–)8–11(–12,5) × (1,5–)2–3(–3,5) µm, auf LaB

Atractiella SACC., Stielköpfchen (Bas, Pucciniomycotina, Atractiellomycetes, Atractiellales, Hoehnelomycetaceae)
Frk klein, mit 2 mm langem S und darauf mit 1 mm breiter Scheibe. Monomirisch, Hyphen hyalin. Basidien quergeteilt, 4-zellig, hyalin. Sp hyalin, ellipsoid, dünnwandig, glatt, etwas zugespitzt, 15–17 × 7–9 µm. Auf faulen Kartoffelstauden. – **Lit**: **12**: 400 (als *Pilacrella*)
T: *A. brunaudiana* (SACC.) SACC. – 1 Art mit winzigen Frk: *A. solani* (COHN & J. SCHRÖT.) OBERW. & BANDONI

Aurantiporus MURR., Weichporling – PoP (Bas, Agaricomycetes, Polyporales, Polyporaceae)
Frk hutfö-sitzend, weiß, rosa, ocker, orange oder rötl, einjährig, frisch fleischartig-weich, trocken hart, monomitisch, Hyphen mit Schnallen, Zystiden fehlend, Sp hyalin, glatt, inamyloid. 3 Arten. Lignicol, LaH, Weißfäule erregend. – Syn: *A. croceus* auch als *Hapalopilus c., A. alborubescens* als *Hapalopilus a., A. fissilis* als *Tyromyces f.* geführt. – **Lit**: **9**: 223 (unter *Hapalopilus* pr.p., *Tyromyces* pr.p), **12**: 329
T: *A. croceus* (PERS. : FR.) MURRILL, Safrangelber Weichporling: Ge 432, Gh 515, Ja 94, RH 153

1 Frk weiß bis ocker z. T. mit rosa Schimmer. Sp breit ellipsoid, 4–6 × 3–4 µm. Meist in Stammhöhlungen lebender Apfelbäume (*Malus*), seltener an anderen LaB
Apfelbaum-Weichporling – *A. fissilis* (BERK. & M. A. CURTIS) H. JAHN ex RYVARDEN
1* Frk rosa, orange oder rötl **2**
2 Meist auf Eiche (*Quercus*), Frk hell orange bis orangebräun. Sp breit ellipsoid, 4–7 × 3–4,5 µm **Safrangelber Weichporling** – *A. croceus* (PERS. : FR.) MURRILL
2* Auf Rotbuche (*Fagus*). Frk rosa, trocken gelborange. Sp breit ellipsoid, 5–7,5 × 4–5 µm **Rötender Weichporling** – *A. alborubescens* (BOURD. & GALZ.) H. JAHN

Aureobasidium VIALA & G. BOYER – SchimP. (Asc, Dothideomycetes, Dothideales; Dothioraceae; Anamorphe)
Hefeähnlich, schleimig, rosa bis schwarz („Schwarze Hefe"), auch schimmelartig. Konidien hell, nicht dunkelbraun, 1-zellig, hefeartig sprossend. Chlamydosp zahlreich vorhanden, braun bis schwarz.
T: *A. pullulans* (DE BARY & LÖWENTHAL) G. ARNAUD

Aureoboletus POUZAR, Goldporröhrling – RöP (Bas, Agaricomycetes, Boletales, Boletaceae)
H 2–5(–7) cm, rosa bis rosabräunl. P gelbl bis goldgelb, rundl, nicht blauend. S schlank, gegen S-Basis verjüngt, gelb oft rötl. F weiß, nicht blauend. Sp 11–15(–16) × 4,5–6 µm. Terrestrisch, ektotrophe Mykorrhiza, LaW. – Syn: auch zu *Pulveroboletus* gestellt. – **Lit**: **7**: 82, **11**: 67, **14**: 163
1 Art = T: *A. gentilis* (QUÉL.) POUZ. – **Eleganter Goldporröhrling**: BK 3.40, Dh 527, HK 2.14, KM 413, Kr. 2.288, Md 201, Ph 205

Auricularia BULL. : FR.; Ohrlappenpilz – GaP (Bas; Agaricomycetes, Auriculariales, Auriculariaceae)
Frk effus-reflex, becherfö, ohrenfö, weich bis fest gallertig. Hymenium braun, glatt oder wellig-faltig. Basidien bei Reife quergeteilt. Sp hyalin, dünnwandig, glatt, inamyloid, 12–23 × 4–8 µm. Lignicol, oft an Holunder (*Sambucus*); bzw. auch an anderen LaB. 2 Arten. – Syn: *A. auricula-judae* auch als *Hirneola a.* – **Lit**: **9**: 96, **12**: 392
T: *A. mesenterica* (DICKS. : FR.) PERS. – Gezonter Ohrlappenpilz: BK 2.8, Ct 1189, Kr 1.63, Md 84, Ph 263, RH 67

1 Frk oberseits kahl bis samtig-filzig, becherfö bis ohrfö. Hymenium braun oder grau bereift, glatt oder etwas faltig. Bevorzugt an Holunder (*Sambucus*), seltener auch an anderem LaH **Judasohr** – *A. auricula-judae* (BULL. : FR.) WETTST.

1* Frk oberseits filzig bis abstehend zottig behaart, resupinat bis effus-reflex (wie ein Schichtpilz). Hymenium purpurbraun, gerippt-runzelig. LaB **Gezonter Ohrlappenpilz** – *A. mesenterica* (DICKS. : FR.) PERS.

Auriculariopsis MAIRE, Judasöhrchen, Becherrindenschwamm – GaP/CyP (Bas, Agaricomycetes, Agaricales, Schizophyllaceae)
Frk flach schüsselfö, sitzend, etwa 1,5 cm im Durchm, fest gallertig (wenn frisch) bis wachsartig. Hymenium glatt oder etwas faltig, hell ocker bis zimtfarben. Außen weiß, filzig behaart. Sp hyalin, zylindrisch bis allantoid, 7,5–11 × 2,2–2,8(–3) µm. Lignicol, Pappel (*Populus*) und andere LaB (vgl. *Cytidiella*). – Anm: Die Gattung wird jetzt mit *Schizophyllum* vereinigt; *S. amplum* (LÉV.) NAKASONE. – **Lit**: **9**: 155, **12**: 157
1 Art = T: *Auriculariopsis ampla* (LÉV.) MAIRE – **Pappel-Judasöhrchen**: Ct 1628, Ge 409, Kr 1.162, MJ 5 Aur 1

Auriporia RYVARD. – PoP (Bas, Agaricomycetes, Polyporales, Fomitopsidaceae)
Frk resupinat, lose mit dem Substrat verbunden, mehrere cm lang, Oberfl leuchtend orange bis gelb-orange. Poren eckig, 2–5 pro mm. Geruch intensiv fruchtig (etwa aprikosenartig), Geschmack mild bis bitterl. Hyphen monomitisch mit Schnallen. Zystiden bauchig-spindelig, dickwandig, Spitze stark inkrustiert. Sp elliptisch bis tropfenfö, hyalin, glatt, nicht amyloid, 4–5,5 × 2,5–3 µm. Lignicol, vorw NaH, auch LaH. – **Lit**: **12**: 336
T: *A. aurea* (PECK) RYVARD. (nur in Nordamerika). – In Europa 1 Art = *A. aurulenta* A. DAVID & al. – **Duftender Goldporling**: BK 2.328, Kr. 1. 486, MJ 5 Aur 1

Auriscalpium S.F. GRAY, Ohrlöffelstacheling – StaP (Bas, Agaricomycetes, Russulales, Auriscalpiaceae)
Frk gestielt-hutfö, braun. H etwa 2 cm, rundl bis nierenfö, oberseits behaart, unterseits mit Stacheln. S 1–14 cm lang, 1–2 (basal bis 7) mm breit, behaart, fest mit abgefallenen, oft erdüberdeckten Kiefernzapfen (lignicol) verbunden. Sp hyalin, breit ellipsoid, amyloid, 4,5–5,5 × 3,5–4,5 µm. – **Lit**: **9**: 285, **12**: 111
1 Art = T: *A. vulgare* GRAY – **Zapfen-Ohrlöffelstacheling**: BK 2.283, Br 1059, DH 1038, Gh 575, Kr 2.92, Md 334, MJ 5 Aur 1–3

Flechten, Gattungen A

Absconditella VĚZDA – Fle (Asc, Lecanoromycetes, Ostropales, Stictidaceae)
Lager unauffällig krustenfö, graugrünl, oft ± gelatinös. Apothecien sehr klein, weißl, blassgelb, rotbraun, oberseits konkav mit Eigenrand. Photobiont: coccoide Grünalge. Auf abgestorbenen oder absterbenden (Torf-)Moosen, kleinteiliges Silikatgestein, Humus, Erde. 3 Arten. – **Lit**: **24**: 88; **101–102**, **25**: 105–106; **129–130**
T: *A. sphagnorum* VĚZDA & POELT – **Torfmoos-Wachsflechte**: Wi 102, FleD 130

Acarospora A. MASSAL. – Fle (Asc, Lecanoromycetes, Acarosporales, Acarosporaceae)
Lager schuppig bis rein krustig, am Rande bisw gelappt, meist gefeldert, hell- bis dunkelbraun, rotbraun, schwarzbraun, selten rostbraun oder gelbl, bisw bereift. Apothecien meist zu mehreren je Areole, aber auch einzeln, meist eingesenkt oder vertieft, selten angedrückt sitzend, mit brauner, rotbrauner, braunschwarzer Scheibe. Sp 1-zellig, kugelig bis längl-ellipsoid, zu sehr vielen je Ascus. Photobiont: coccoide Grünalgen. Auf Gestein. 27 Arten. – **Lit**: **24**: 85–86, 89; **102–114**, **25**: 101, 107, 116; **131–142**
T: *A. schleicheri* (ACH.) A. MASSAL. – Abgebildete Art: u. a. *A. glaucocarpa* (ACH.) KÖRBER – **Graublaufrüchtige Kleinsporflechte**: Wi 107, *A. umbilicata* BAGL. – **Bereifte Kleinsporflechte**: Wi 114, FleD 134

1 Lager (hell-, dunkel-, rotbraun) braun, meist ± glänzend, schuppig, im Inneren areoliert. Apothecienscheibe glatt odersehr leicht rau, nicht runzelig, KC+ rot. Auf Silikatgestein **Gewöhnliche Kleinsporflechte** – *A. fuscata* (SCHRAD.) TH. FR.
1* Lager gelb bis grüngelb oder rostrot bis rostbraun oder auf Kalkgestein oder Apothecien K+ rot, bisw runzelig-uneben, oder Lager KC−. **2**
2 Lager KC−, mit dunkelbraunen Schuppen, bisw bereift. Sp 3–6 × 1,5–2 µm. Auf Silikatgestein **Nitrophile Kleinsporflechte** – *A. nitrophila* H. MAGN.
2* Merkm anders, z. B. Lager gelb bis grüngelb oder rostrot bis rostbraun oder Sp größer oder auf Kalkgestein ▸

„*Acarospora*"
1 Lager mit gelbl oder grünl Tönen. **2**
1* Lager (grau-, rot-)braun, ocker, rostrot. **3**
2 Lager kräftig gelb, zusammenhängend, areoliert, am R strahlig gelappt ***Pleopsidium***
2* Lager mit anderer Farbe, aus zerstreuten bis gruppierten, ± rundl Areolen ***Myriospora*** (pr.p.)
3 Auf Erdboden oder Kalkgestein. Falls Apothecien unter 0,6 mm: siehe *Caeruleum heppii* (9) ***Acarospora***
3* Auf Silikatgestein oder auf Schlacken **4**
4 Lager rosarot bis rostbraun und nicht strahlig-rosettig. Falls Lager strahlig-rosettig: *Acarospora* ***Myriospora*** (pr.p.)
4* Lager andersfarbig **5**
5 Lager K+, (gelbl-, hell-)braun, selten auch grünl-gelb, schuppig. Falls Lager hell (grau-, rot-)braun, eher areoliert als schuppig: *Acarospora* ***Myriospora*** (pr.p.)
5* Lager K−. **6**
6 Lager unbereift. **7**
6* Lager bereift ***Acarospora***

7 Apothecien meist unter 1 mm breit. Sp unter 9 µm lang **8**
7* Apothecien und teils auch Sp größer **10**
8 Apothecien meist mit warzig-rauer Scheibe ***Myriospora*** (pr.p.)
8* Apothecien-Scheibe nicht warzig-rau **9**
9 Lager fast nur als Umrandung der Apothecien wahrnehmbar ***Caeruleum*** (pr.p.)
9* Lager deutl entwickelt, schuppig bis areoliert **10**
10 Auf von Salzwasser übersprühtem Gestein oder auf Sandstein ***Myriospora*** (pr.p.)
10* Nicht im Sprühbereich von Salzwasser, nicht auf Sandstein. Bisw auf Schlacken und auf Schwermetall-haltigem Gestein ***Acarospora***

Acrocordia A. MASSAL. – Fle (Asc, Dothideomycetes, Monoblastiales, Monoblastiaceae)
Lager krustig und wenig differenziert, oft kaum sichtbar. Mit weitgehend eingesenkten bis sitzenden, schwarzen Perithecien. Excipulum vom braunschwarzen Involucrellum umgeben. Asci 4- bis 8-sporig. Sp 2–(4)-zellig, (längl-)ellipsoid mit meist gerundeten Enden, mit dickem, die Sp nicht einschnürendem Septum. Photobiont: *Trentepohlia*. 4 Arten, Kalkgestein, LaB-Rinde. – **Lit**: **24**: 83, 139–140 unter *Arthopyrenia*, **114–116**; **25**: 95, **142–144**
T: *A. garovaglii* A. MASS., abgebildet *A. gemmata* (ACH.) A. MASSAL – **Perlen-Herzflechte**: Wi 115, FleD 143

Adelolecia HERTEL & HAFELLNER – Fle (Asc, Lecanoromycetes, Lecanorales, Ramalinaceae)
Lager krustig, unscheinbar, weißl, Apothecien schwarz mit ebenso gefärbtem Eigenrand. Asci keulig-zylindrisch. Sp 1–2-zellig, farblos. Silikatgestein. 2 Arten. – **Lit**: **24**: 501–502 unter *Lecidea*, **116–117**; **25**: 632, 636 unter *Lecidea*, **144**
T: *A. pilati* (HEPP) HERTEL & HAFELLNER – **Pilats Schmalrandfelchte**

Agonimia ZAHLBR. – Fle (Asc, Eurotiomycetes, Verrucariales, Verrucariaceae)
Lager kleinschuppig, hell grüngrau, blaugrau, bräunl, Schuppen rundl bis längl, oft eingeschnitten. Sp mauerartig vielzellig, ellipsoid, hyalin bis blass braun, 1–2-8 je Ascus. Photobiont: coccoide Grünalge. Auf Rinde und auf (Gesteins-)Moosen. 9 Arten. – **Lit**: **24**: 81, **117**; **25**: 92–93, 119–120, **144–146**
T: *A. tristicula* (NYL.) ZAHLBR. – **Grüne Tönnchenflechte**

Ainoa LUMBSCH & I. SCHMITT – Fle (Asc, Lecanoromycetes, Baeomycetales, Baeomycetaceae)
Lager krustig, weißl, graugelbl. Photobiont: coccoide Grünalgen. Erde, Gestein. 2 Arten. – **Lit: 24:** 920 unter *Trapelia*; **25:** 645 unter *Lecidea*, 1111 unter *Trapelia*, **146–147**
T: *A. geochroa* (KÖRB.) LUMBSCH & I. SCHMITT – **Erd-Wulstrandflechte**; abgebildet *A. mooreana* (CARROLL) LUMBSCH & I. SCHMITT – **Silikat-Wulstrandflechte**: Wi 923, FleD 147

Alectoria ACH. – Fle (Asc, Lecanoromycetes, Lecanorales, Parmeliaceae)
Lager aufrecht-strauchig, bartfö-hängend, hell grüngelb, schwärzl. Äste stielrund bis abgeflacht. Mit strichfö Pseudocyphellen. Isidien und Sorale fehlend. Apothecien braun, vom Lager randl umfasst. Asci keulig, dickwandig. Sp 1-zellig, braun, 2–4 je Ascus. Photobiont: coccoide Grünalge ähnl *Trebouxia*. An Baumästen, Zwergstrauchheiden oberh Baumgrenze. 2 Arten. – **Lit**: **24:** 70, 72, **117–119**; **25:** 75, 77, **147–149**
T: *A. sarmentosa* (ACH.) ACH. – **Baumbartflechte**: Wi 119

„Alectoria"

1 Lager mit gelbgrünen Farbtönen ***Alectoria***
1* Lager grau, braun, schwarz ***Bryoria***

Allantoparmelia (VAIN.) ESSL. – Fle (Asc, Lecanoromycetes, Lecanorales, Parmeliaceae)
Lager der Blattflechte.dunkelbraun, schwarz, gelbbraun, mit angeschwollenen, nicht hohlen Loben. Silikatgestein. 1 Art. – **Lit**: **25:** 532 unter *Hypogymnia*, **150**
T: ?, abgebildet *A. alpicola* (TH. FR.) ESSL – **Alpen-Braunschüsselflechte**: FleD 150

Allocetraria KUROK & M.J. LAI – (Asc, Lecanoromycetes, Lecanorales, Parmeliaceae)
Lager strauchfö, bei nicht heimischen Arten auch blattfö, blassgelb, gelbl-grün, gelbl-braun. Photobiont: *Trebouxia*. Kalkhaltige Böden. 1 Art. – Anm: **24:** 268 *Allocetraria oakesiana* siehe *Usnocetraria*. – **Lit**: **25:** 342 unter *Cetraria*, **151–152**
T: *A. stracheyi* (C. BAB.) KUROK & M.J. LAY; abgebildet *A. madreporiformis* (ACH.) KÄRNEFELT & A. THELL – **Korallen-Fingerflechte**: FleD 151

Alyxoria ACH. – Fle (Asc, Arthoniomycetes, Arthoniales, Lecanographaceae)
Lager krustig, mit schwarzen, längl-gebogenen Apothecien. Photobiont: *Trentepohlia*. Rinde von LaB, Kalkgestein. 3 Arten. – **Lit**: **25:** 75, 788–791 unter *Opegrapha*, **152–153**
T: *A. diaphora* (ACH.) GRAY – **Zeichenflechte** (Gattung)

Amandinea M. CHOISY ex SCHEID. & H. MAYRHOFER – Fle (Asc, Lecanoromycetes, Caliciales, Caliciaceae)
Lager krustig, grau bis braun. Apothecien sitzend, schwarz, mit Eigenrand. Photobiont: *Trebouxia*. 2 Arten. – **Lit**: **24:** 192 unter *Buellia*, **119–120**; **25:** 247–248 unter *Buellia*, **154**
T: *A. coniops* (WAHLENB.) M. CHOISY ex SCHEID. & H. MAYRHOFER; abgebildet *A. punctata* (HOFFM.) COPPINS & SCHEID – **Gewöhnliche Schwarzpunktflechte**: Wi 120, FleD 154, UT 162

Amygdalaria NORMAN – Fle (Asc, Lecanoromycetes, Lecideales, Lecideaceae)
Lager krustenfö, mit flachen bis gewölbten Areolen, beige, grau, braun, oft mit Rosastich, mit Cephalodien zw den Areolen. Apothecien eingesenkt, schwarz. Photobionten: Cyanobakterien in Cephalodien, Grünalgen. Silikatgestein. 3 Arten. – **Lit**: **24:** 93, 503, 505 unter *Lecidea*, **120–122**; **25:** 115, 639, 640, 643 unter *Lecidea*, **155–156**
T: *A. pelobotryon* (WAHLENB.) NORMAN – **Helle Mandelflechte**; abgebildet *A. panaeola* (ACH.) HERTEL & BRODO – **Mehlige Mandelflechte**: Wi 121, FleD 155

Amphoridium siehe *Verrucaria*

Anaptychia KÖRB. – Fle (Asc, Lecanoromycetes, Caliciales, Physciaceae)
Lager strauchig, verzweigt, Zweige abgeflacht, oberseits grau bis braun, samtig behaart, nur oberseits berindet. Photobiont: Grünalge. Bemooste LaB-Borke. 1 Art. – **Lit**: **24:** 76, **122–123**; **25:** 83, **156–157**
T: *A. ciliaris* (L.) KÖRB. ex A. MASSAL. – **Gefranste Wimpernflechte**: Wi 122, FleD 157, UT 89

Anema NYL. – Fle (Asc, Lichinomycetes, Lichinales, Lichinaceae)
Lager etwas gallertig, schollig, schuppig, schildfö, schwarz, bisw bereift. Apothecien eingesenkt mit punktfö Öffnung. Kalkgestein. Photobiont: Cyanobakterium („Blaualge" *Gloeocapsa*). 2 Arten. – **Lit**: **24:** 724 unter *Phylliscum*, **123–124**; **25:** 867 unter *Phylliscum*, **158–159**
T: *A. decipiens* (A. MASSAL.) FORSSELL – **Typisches Gallertschüppchen**, abgebildet *A. tumidulum* HENSSEN – **Geschwollenes Gallertschüppchen**: FleD 158

Anisomeridium (MÜLL. ARG.) M. CHOISY – Fle (Asc, Dothideomycetes, Monoblastiales, Monoblastiaceae)
Lager krustenfö, weißl bis grau. Rinde, Gestein. Photobiont: *Trentepohlia*. 4 Arten. – **Lit**: **24:** 91, **124–125**; **25:** !09, 179–180 unter *Arthopyrenia*, **159–160**
T: *Arthopyrenia* (Sect. *Anisomeridium*) *xylogena* MÜLL. ARG. – **Schiefkernflechte** (Gattungsname)

Anzina SCHEID. – Fle (Asc, Lecanoromycetes, ?)
Lager krustig, dünn, wenig differenziert, aber auch warzig oder areoliert, grauweiß bis grünl-grau. Apothecien gedrängt angeordnet, auch gruppenweise zusammenfließend, gelborange bis orange, mit mehrminder gut entwickeltem Lagerrand. Sp 2- aber auch 1- oder 3–4-zellig. Photobiont: Grünalge, *Asterochloris*. Totholz, Stümpfe, Rinde, Pflanzenreste über Moosen, subalpin-alpin. 1 Art. – **Lit**: **25:** 104, **160–161**
T: *A. carneonivea* (ANZI) SCHEID. – **Orangefarbene Holzfleckflechte**

Aphanopsis NYL. ex P. SYD. – Fle (Asc, Pezizomycotina inc. sed., Aphanopsidaceae)
Lager krustig, feinkörnig, dunkelgrün, grünbraun, feucht gelatinös. Apothecien konvex, sitzend, braun, braunschwarz. – Ähnl *Placynthiella*. Photobiont: Coccoide Grünalge. Auf offenen Böden. 1 Art. – **Lit**: **24:** 494 unter *Lecidea*; **25:** 621 unter *Lecidea*, **161**
T: ?; abgebildet *A. coenosa* (ACH.) COPPINS & JAMES – **Lauchflechte**: FleD 161

Arctoparmelia HALE – Fle (Asc, Lecanoromycetes, Lecanorales, Parmeliaceae)
Laubflechte. Photobiont: ähnl *Trebouxia*. Silikatgestein. 2 Arten. – **Lit: 24:** 647; **25:** 1182 unter *Xanthoparmelia*, **162–163**
T: *A. centrifuga* (L.) HALE – **Ring-Polarschüsselflechte**; abgebildet *A. incurva* (PERS.) HALE – **Eingerollte Polarschüsselflechte**: Wi 645, FleD 162

Arthonia ACH. – Fle (Asc, Arthoniomycetes, Arthoniales, Arthoniaceae)
Lager undifferenziert krustig, falls außerhalb des Substrats dünn. Apothecien rundl, längl, verzweigt, sternfö, rotbraun bis schwarz, bisw weißl oder rot bereift, weder von Eigenrand noch von Lagerrand umfasst. Sp meist hyalin, 2- bis 8-zellig, querseptiert, eifö bis spindelig. Photobiont: *Trentepohlia* oder coccoide Grünalgen soweit nicht saprobiotisch oder nicht parasitisch lebend. Überwiegend auf Ba-Rinde, auch auf Gestein und Holz, nicht-lichenisierte Arten auf Flechten. 34 Arten. – **Lit**: **24:** 83–84, 87–89, 91, **125–138**; **25:** 98, 102–104, 106, 110–111, 548 unter *Lecanactis*, 789, 791 unter *Opegrapha*, **163–176**

T: *A. radiata* (PERS.) ACH. – **Strahlige Fleckflechte**. Abgebildete andere Arten Wi 127 f., FleD 164 f., UT 158

1 Sp 4-zellig, selten 5-zellig, die oberste Zelle nicht auffällig größer. Lager am Substrat oberhalb der Rinde, deutl sichtbar, wenn auch dünn, Apothecium unbereift, dunkelbraun bis schwarz, Hypothecium hell, nicht braunschwarz. An Ba-Rinde, seltener auf Holz **Strahlige Fleckflechte** – *A. radiata* (PERS.) ACH.
1* Sp 2-zellig oder mehr als 4–5-zellig oder auf Gestein oder auf anderen Flechten oder Apothecium bereift **2**
2 Apothecien schwarz und dicht weiß bereift, unberandet. Hypothecium braunschwarz. Sp 4–6-zellig. Photobiont: *Trentepohla*. Falls Photobiont coccoide Grünalge: *A. caesia*, Falls Apothecium schwach bereift, braun: *A. leucopellaea*. Besonders an alten Eichen **Feinfaserige Fleckflechte** – *A. byssacea* (WEIGEL) ALMQU.
2* Merkm anders: ▸

„*Arthonia*" (lichenisierte Taxa; falls lichenicol und damit nicht lichenisiert: siehe *Arthonia* s. str.)
1 Auf Gestein. **2**
1* Auf Rinde oder auch auf Holz **7**
2 Apothecien weiß, weißgrau oder hellblau bereift **3**
2* Apothecien braunschwarz bis schwarz, unbereift **5**
3 Lager aus zerstreuten, nicht zsammenhängenden Körnchen ***Arthonia***
3* Lager zusammenhängend, glatt bis rissig-areoliert **4**
4 Soredien 50–100 µm ***Sparria*** (pr.p.)
4* Soredien bis zu 50 µm. Lager 0,6 mm dick und mehr. Sorale erst punktfö, später zusammenfließend. Inkl. *Llimonaea sorediata* mit dünnem. bis zu 0,3 mm messendem Lager ***Dirina*** (pr.p.)
5 Sp 2-zellig. **6**
5* Sp 3–6-zellig ***Arthonia***
6 Auf Silikatgestein ***Melaspilea*** (pr.p.)
6* Auf kalkreichem Gestein ***Arthonia***
7 Sp 2-zellig ***Arthonia***
7* Sp mindestens 3-zellig **8**
8 Apothecien zumindest am R der Scheibe rot, zimtbraun, purpurbraun **9**
8* Apothecien dunkelbraun, (braun-)schwarz, bisw weißl oder hellgrau bereift. **10**
9 Sp 3-zellig ***Arthonia*** (*helvola*)
9* Sp 4–6–7-zellig ***Coniocarpon*** (pr.p.)
10 Apothecien unbereift **11**
10* Apothecien weiß oder grau bereift. **12**
11 Lager frisch rosaweißl, trocken grauweiß. Sp 4-zellig, 25–40 × 2,5–4 µm ***Schismatomma*** (pr.p.)
11* Merkm anders. Sp kürzer oder breiter ***Arthonia***
12 Lager körnig-schorfig bis mehlig, leprös, weißl bis graugrünl, getrocknet mit feinsten kristallnadeln. Photobiont: coccoide Grünalge ***Chrysothrix*** (pr.p.)
12* Merkm anders. **13**
13 Apothecien berandet * ***Lecanactis***
13* Apothecien unberandet ***Arthonia***

Arthopyrenia A. MASSAL. – (Asc, Dothideomycetes, Pleosporales, Arthopyreniaceae) Lager krustig, undeutl, farbl kaum vom Substrat abgehoben. Perithecien klein, halbkugelig, mit schwarzem Scheitel. Asci an beiden Enden verjüngt. Sp längl, spindelig, keulig, meist mit 1–3 Quersepten, oft eingeschnürt und asymmetrisch, oft mit Schleimhülle. Meist als Fle, aber auch nichtlichenisiert. Photobiont, falls vorhanden: *Trentepohlia*. (Bemooste) Ba-Rinden. Mehr als 10 (weltweit 50) Arten. – **Lit**: **24:** 83, **138–142**; **25:** 96, **177–183**
T: *A. rhyponta* (ACH.) A. MASSAL. – **Rissige Streukernflechte**: Wi 139(b), FleD 178(b)

„*Arthopyrenia*"

1 Auf Erdboden oder Gestein **2**
1* Auf Rinde oder auf Rinde bewohnenden Moosen **5**
2 Auf offenen Sand- und Lehmböden ***Geisleria*** (pr.p.)
2* Auf Gestein. **3**
3 Sp mit Schleimhülle ***Acrocordia*** (pr.p.)
3* Sp ohne Schleimhülle. **4**
4 Sp 9–12 × 4–6 µm, 2-zellig ***Anisomeridium*** (pr.p.)
4* Sp-Maße anders, länger und oft auch breiter ***Arthopyrenia***
5 Sp 2-zellig mit gleichgroßen, gerundeten Zellen, mit dicker, feinwarziger Schleimhülle. Sp innerhalb zylindrischer Asci einreihig ***Acrocordia*** (pr.p.)
5* Sp mehrzellig, falls 2-zellig, dann ohne Schleimhülle oder falls Schleimhülle vorhanden, dann nicht feinwarzig. Sp im Ascus seltener einreihig **6**
6 Lager bildet konische, schwarze, bis zu 0,2 mm hohe Pyknidien ***Anisomeridium*** (pr.p.)
6* Lager ohne derartige Pyknidien **7**
7 Sp 2-zellig. **8**
7* Sp 4- oder mehrzellig **12**
8 Sp reif in Teilzellen zerfallend. ***Strigula*** (pr.p.)
8* Sp nicht in Teilzellen zerfallend **9**
9 Sp im zylindrischen Ascus schief in einer Reihe oder fast 2-reihig ***Anisomeridium*** (pr.p.)
9* Sp im keuligen bis birnenfö Ascus in 2 Reihen oder zu mehreren nebeneinander **10**
10 Sp groß, (25–)30–47 µm lang. Lager nicht lichenisiert **11**
10* Sp kleiner **12**
11 Sp 30–47 × 7–10 µm. Asci leicht keulig ***Anisomeridium*** (pr.p.)
11* Sp 25–40 × 8–13 µm. Asci birnenfö ***Mycoporum*** (pr.p.)
12 Sp ohne Schleimhülle ***Anisomeridium*** (pr.p.)
12* Sp mit Schleimhülle **13**
13 Sp wenigstens z. T. 7–8(–10)-zellig ***Strigula***
13* Sp durchgehend 4-zellig. Involucrellum K− (falls K+, grünl: *Arthopyrenia cerasi*). **14**
14 Paraphysen beständig vorhanden. ***Strigula***
*14** Paraphysen wenig entwickelt und schwindend ***Arthopyrenia***

Arthothelium A. MASSAL. – Fle (Asc, Arthoniomycetes, Arthoniales, Arthoniaceae) Lager dünn, krustig. Sp eifö bis ellipsoid, mauerartig vielzellig (vgl. *Arthonia*). Photobiont: *Trentepohlia*. Glatte Ba-Rinde. 1 Art. – **Lit**: **24:** 8, **142–143**; **25:** 97, **183–184**
T: *A. scandinavicum* TH. FR. – **Skandinavische Fleckflechte**, abgebildete andere Arten Wi 143, FleD 183

1 Sp 15–26 × 7–11 µm. Lager selten weißl-grau, meist oliv(-braun), gelbl oliv
Gewöhnliche Fleckflechte – *Arthonia ruana* A. MASSAL.

1* Sp 26–36 × 12–15 µm. Lager weißl, blass grünl
Schöne Fleckflechte – *A. spectabile* FLOT. ex A. MASSAL.

Arthrorhaphis TH. FR. – Fle (Asc, Lecanoromycetes, Lecideales, Arthrorhaphidaceae)
Lager krustig bis schuppig, meist zitronengelb. Apothecien schwarz. Sp nadelfö bis stäbchenfö, querseptiert. Parasitisch auf anderen Flechten (z. B. *Baeomyces*), später ohne Verbindung dazu. 4 Arten. – Anm: hierher auch *Gongylia* pr.p. – **Lit**: **24:** 99, 155 unter *Bacidia*, **142–145**; **25:** 117, **184–186**
T: *A. flavovirescens* (FLOT.) TH. FR. = *A. citrinella* (ACH.) POELT. – **Gelbe Gliederstäbchenflechte**: Wi 144; FleD 185

Arthrosporum A. MASALL. – Fle (Asc, Lecanoromycetes, Lecanorales, Ramalinaceae)
Lager krustig, dünn, grau, weißl. Apothecien schwarz, mit Eigenrand. Photobiont: coccoide Grünalge. Ba-Rinde. 1 Art. – **Lit**: **24:** 157 unter *Bacidia*, **145–146**; **25:** 200 unter *Bacidia*, **186**
T: *A. populorum* A. MASSAL. – **Pappel-Gliedersporenflechte**

Aspicilia A. MASSAL. – Fle (Asc, Lecanoromycetes, Ostropales, Megasporaceae)
Lager krustig, schwach rissig bis areoliert, weiß, grau, grünl, bräunl, bisw sorediös oder mit Isidien. Apothecien eingesenkt, mit konkaver bis flacher Scheibe, schwarzbrauner bis schwarzer Scheibe, meist mit schwach entwickeltem bis schwindendem Lagerrand. Sp 1-zellig, ellipsoid bis kugelig. Photobiont: coccoide Grünalge. Auf Gestein. Etwa 13 Arten. – Anm: Sammelgattung inkl. *Clauzadeana*, *Eiglera, Hymenelia*, *Koerberiella*, *Lobothallia*, *Megaspora, Pinacisca,* etc. – **Lit**: **24:** 90, 92–93, 450, **146–154**; **25:** 108, 115, 560, **187–192**
T: *A. cinerea* (L.) KÖRB. – **Graue Kragenflechte**: Wi 151, FleD 194

1 An kalkreichem Gestein, Mörtel, Beton **2**
1* An kalkfreiem Gestein oder an schwach kalkhaltigem Silikatgestein oder auch an Pflanzenresten, Moosen, Rinde, Holz. **4**
2 Mit bräunl bis schwärzl Soralen oder Hymenium oben blau(-grün) ▸
2* Ohne Sorale, mit schwarzen, bisw weißl Apothecien, Hymenium oben nicht blau . . **3**
3 Lager oft kreidig-mehlig, rissig oder rissig-areoliert, nicht warzig bis schollig areoliert, oft mit grauem bis dunkel grünl Vorlager
Kalk-Kragenflechte – *Circinaria calcarea* (L.) A. NORDIN, S. SAVIĆ & TIBELL
3* Lager eher nicht kreidig-mehlig, oft ± weißl bereift. Vorlager undeutl
Krater-Kragenflechte – *Circinaria contorta* (Hoffm.) A. NORDIN, S. SAVIĆ & TIBELL
4 Lager mit Soredien, oder mit Isidien, oder mit Papillen und dabei oft steril ▸
4* Merkm anders **5**
5 Lager rissig areoliert, (hell-, bräunl) grau auf schwärzl Vorlager. Lager K+ blutrot, Mark J−. Apothecien schwärzl **Graue Kragenflechte** – *A. cinerea* (L.) KÖRB.
5* Merkm anders. Lager K− oder K+ gelb und/oder Mark J+. Apothecien nicht schwärzl etc. ▸

„*Aspicilia*"

1 Auf Moosen, Pflanzenresten, Rinde, Holz **2**
1* Auf Gestein. **4**
2 Sp sehr groß, 30–60 × 16–42 µm. ***Megaspora*** (pr.p.)
2* Sp 30(–35) µm lang **3**
3 Sp 20–30 × 18–25 µm ***Circinaria*** (pr.p.)
3* Sp 17–26 × 6–13 µm ***Aspicilia*** (*lignaria*)
4 Mark J+ blau. Sp-Wand + oder − **5**
4* Mark und Sp-Wand J− **6**
5 Sp-Wand und Mark J+ blau ***Bellemerea***
5* Nur Mark J+ blau. Sp-Wand J− ***Aspilidea*** (pr.p.)
6 Lager (rot-)braun, leicht glänzend, dünn, areoliert. P+ rot, K− ***Clauzadeana*** (pr.p.)
6* Merkm anders. **7**
7 Lager C+ rot **8**
7* Lager C−. **9**
8 Lager ohne Soredien und ohne Isidien, matt (grau-)braun, matt. Epihymenium grün ***Schaereria*** (pr.p.)
8* Lager oft mit Isidien-artigen Auswüchsen, (grau-, gelb-)braun. Epihymenium braun bis oliv ***Rimularia***
9 Lager mit Isidien oder Isidien-ähnl Papillen **10**
9* Lager ohne Isidien, ohne Papillen **13**
10 Lager grau(-rosa) ***Koerberiella*** (pr.p.)
10* Lager nie rosafarben. **11**
11 Lager mit sorediös aufbrechenden Isidien **12**
11* Lager ohne Isidien, jedoch mit Papillen ***Sagedia*** (pr.p.)
12 In Meeresnähe auf Silikatgestein vorkommend. K− ***Circinaria*** (pr.p.)
12* Nicht in Meeresnähe. Auf Silikatgestein im Gebirge. K+ gelb ***Sagedia*** (pr.p.)
13 Lager stellenweise sorediös **14**
13* Lager nicht sorediös, ohne Sorale **16**
14 Lager mit kleinen (0,2–1 mm) aufgebogenen Schuppen ***Acarospora*** (pr.p.)
14* Lager rein krustig, ohne aufgebogene Schuppen **15**
15 Lager rissig-areoliert, hell- bis dunkelgrau, braungrau, mit schwarzem Vorlager ***Aspicilia*** (*grisea*)
15* Lager körnig-sorediös ***Circinaria*** (pr.p.)
16 Epihymenium blaugrün, hell-orange, (hell-, dunkel-)braun, auch farblos. N− oder falls N+, dann rot, orange, violett * ***Hymenelia*** inkl. ***Eiglera***
16* Epihymenium olivgrün bis olivbraun, N+ grün **17**
17 Lager am R deutl gelappt, rosettig ***Lobothallia***
17* Lager am R ohne verlängerte R-Loben **18**
18 Mark des Lagers K+ gelb dann rot ***Aspicilia***
18* Mark des Lagers K+ bleibend gelb (nicht rot werdend) oder K− **19**
19 Mark K+ gelb und allenfalls rötl aber nie kräftig rot werdend ***Aspicilia***
19* Lager überall K−, allenfalls R der Apothecien K+ gelb. **20**
20 Apothecien-R K+ gelb ***Aspicilia***
20* Apothecien-R K− **21**
21 Auf (zeitweise) überschwemmtem Silikatgestein in Bächen ***Aspicilia*** (*aquatica*)
21* An anderen Standorten. **22**
22 Sp durchschnittl länger als 20 µm **23**
22* Sp durchschnittl unter 20 µm lang **24**

23 Lager weißl, (hell-, braun-, violett-)grau, deutl begrenzt, ± kreisfö, unregelmäßig rissig bis rissig-areoliert, Oberfläche glatt, mit schwarzem Vorlager. Sp (15–)17–22(–25) × 10–12(–14) µm. Silikatgestein **_Aspicilia_** (*supertegens*)

23* Merkm anders. Auf Kalkgestein oder Silikatgestein. Vorlager grau oder fehlend oder Sp über 12 µm breit **_Circinaria_**

24 Pykno-Sp weniger als 15 µm lang. Auf Silikatgestein **25**

24* Pykno-Sp länger als 15 µm. Auf Kalk- oder Silikatgestein **_Aspicilia_**

25 Pykno-Sp 3–5 × 1 µm **_Lobularia_** (pr.p.)

25* Pykno-Sp 7–8 µm lang. **_Sagedia_** (pr.p.)

Aspilidea HAFELLNER – Fle (As, Lecanoromycetes, ?)
Lager krustig, warzig oder rissig-areoliert, dickl, weißl, graugelbl. Photobiont: coccoide Grünalge. Hochgebirge. Silikatgestein. 1 Art. – **Lit**: **24:** 148 als *Aspicillia*; **25:** 188 unter *Aspicilia*, **192–193**
T: ? *A. myrinii* (FR.) HAFELLNER – **Alpen-Kragenflechte**

Atla SAVIĆ & TIBELL – Fle (Asc, Eurotiomycetes, Verrucariales, Verrucariaceae)
Lager krustig, körnig bis areoliert, graugrün, braun, schwärzl. Perithecien eingesenkt bis sitzend. Photobiont: Grünalge und/oder Cyanobakterium. Arktisch-alpin. Kalkgestein. – **Lit**: **25:** 907 unter *Polyblastia*, **193**
1 Art = T: *A. alpina* SAVIĆ & TIBELL – **Alpen-Mauersorflechte**

Pilze, Gattungen B

Badhamia BERK. – SchleimP (Mycetozoa, Myxogastria, Physarida, Physaridae)
Frk gestielt oder sitzend. S, soweit vorhanden, entweder membranartig oder robust, zylindrisch, oft kalkhaltig, selten verzweigt. Peridie ein- oder doppelschichtig, kugelige Kalkkörnchen enthaltend. Columella vorhanden oder fehlend. Capillitium netzfö, die Maschen aus Röhren, die gänzl mit Kalk ausgefüllt sind. Sp (fast-)kugelig, einzeln oder in Klumpen und dann innen glatt, außen warzig; die Warzen oft kappenartig an einem Pol der Sp konzentriert. Über 20 Arten. Holzästchen, Rinde, auch auf alten Frk von Porlingen oder auf Moosen. – Anm: Stellung von *Badhamia* (*Craterium*) *obovatum* auf Moosen wird uneinheitlich gesehen: zu *Badhamia* auf Grund des Kalks im Capillitium, zu *Craterium* wegen der beständigen Kelchbildung der Peridie. – **Lit**: **17**: 161, **19**: 161
T: *B. capsulifera* (BULL.) BERK.: Nan 163, Neub 2.169.

1 Sp in Klümpchen zusammenhängend **2**

1* Sp einzeln oder allenfalls locker verklumpt **5**

2 Frk samt Capillitium gelb ▸

2* Frk ohne gelbe Farbtöne: weiß, grau, blass rosa, lilarosa, irisierend graublau bis blau. Capillitium weiß **3**

3 Sp in lockeren, leicht zerfallenden Klümpchen [siehe auch **6:** *B. utricularis* (BULL.) BERK.] ▸

3* Sp in festen Klümpchen **4**

4 Sp bis zu 60 in hohlen Häufchen. Einzel-Sp schmal eifö, feinwarzig *B. versicolor* A. LISTER

4* Sp bis zu 20 in kompakten Klümpchen. Einzel-Sp 11–15 µm [Falls Sp 9–11 µm: *B. dubia*]. Frk sitzend oder auf kurzem S *B. capsulifera* (BULL.) BERK.

5 Frk lila-rosa. Sp mit annähernd ausgebildeter Netzornamentierung *B. lilacina* (FR.) ROST.

5* Frk gelb, weiß oder grau. Sp auch nicht annähernd netzig ornamentiert **6**

6 Frk birnenfö, blau, blaugrau, tief dunkelblau, meist traubenfö an langem S hängend. Peridie kalkarm. Sp ohne helles Band, 12–14 µm, kräftig ornamentiert, einzeln oder locker verklumpt *B. utricularis* (BULL.) BERK.

6* Frk gelb o d e r Sp mit besonderen Merkm: zitronenfö und glatt mit Längsfalte, mit hellem Band bzw. mit mehreren dunklen Gratlinien; o d e r Peridie kalkreich ▸

Baeospora SINGER, Mäuseschwanz, Amyloidsporrübling – BläP (Bas, Agaricomycetes, Agaricales, Marasmiaceae)
Frk gestielt-hutfö, klein, häufigste Art auf Fichtenzapfen, sonst auf Holz. L gedrängt, am S abgerundet, blassgraul oder lilafarben. Spp weiß, amyloid. Sp klein, 3–4,5 × 1–2,5 µm. 2 Arten. – **Lit**: **7**: 182, **11**: 198, **14**: 274
T: *Baeospura myosurus* (FR. : FR.) SINGER – **Mäuseschwanz**: BK 3.140, CD 535, Ct 1473, Ge 155, Kr 3.134, Lu 1.4.2, Ph 69

Balsamia VITTAD., Balsamtrüffel – Hyp (Asc, Pezizomycetes, Pezizales, Helvellaceae)
Frk (unregelmäßig) kugelig, auch gelappt. (0,5–)1–3(–4) cm, bisw aus der Erde hervorbrechend. Bisw mit seitl oder apikaler Höhle. Rötl-braun. Oberfläche glatt oder höckerig-warzig. Gleba weiß. mit zahlreichen kleinen Kammern. Sp hyalin, glatt, im Mittel 20–24 µm lang, beim T 25–34(–42) × 13–14(–18) µm, in ellipsoiden Asci. 2 Arten. LaW. – **Lit**: **5**: 82, **10**: 72
T: *B. vulgaris* VITTAD. – **Typische Balsamtrüffel**: Ce 20, Ct 2947, MS 98

Bankera COKER & BEERS ex POUZ., Weißsporstacheling – StaP (Bas, Agaricomycetes, Thelephorales, Bankeraceae)
Frk gestielt-hutfö, H maximal 15–17 cm im Durchm, unterseits mit schließl grauen Stacheln. F fest bis faserig, hell, nicht gezont, mit Maggigeruch. Hyphen aufgeblasen, ohne Schnallen. Spp weiß, Sp hyalin, kugelig bis breit ellipsoid, höckerig bis stachelig. Erdboden unter NaB (Kiefer: *B. fuligineo-alba*, Fichte: *B. violascens*). 2 Arten. – Anm: die Gattung wird jetzt wieder mit *Phellodon* (s.d.) vereinigt; letztere beansprucht Priorität. – **Lit**: **9**: 398, **12**: 266
T: *B. fuligineo-alba* (C.J. SCHMIDT : FR.) COKER & BEERS ex POUZAR – **Rauchfarbener Weißsporstacheling**: BK 2.272, HK 2.81, MJ 5 Bank 1, PH 244, RH 106

Barya siehe *Neobarya*

Basidiodendron J. RICK, Wachsrinde – RiP (Bas, Agaricomycetes, Auriculariales, Fam?)
Frk resupinat, dünn, wachsartig oder gallertig, saprobiotisch auf Holz und Farnen. Hymenium glatt oder mit fein netzig-poroidem oder grandinoidem Hymenophor. Monomitisch,

Hyphen hyalin, mit Schnallen. Gloeozystiden vorhanden, gelbl-bräunl, mit harzigem Inhalt. Basidien hyalin, an kurzen Seitenzweigen einer vertikalen Hauptachse entstehend, nach dem Abschleudern der Sp als leere Hüllen erhalten bleibend, 2–4-zellig. Sp hyalin, dünnwandig, glatt oder fein warzig, inamylod. Lignicol, 6 Arten. – **Lit**: **9**: 97, **12**: 404
T: nicht heimisch. – Abgebildete Art: *B. caesiocinereum* (HÖHN. & LITSCH.) LUCK-ALLEN – Bläulichgraue Wachsrinde: BK 2.10, MJ 6 Bas 1.

1 Sp kugelig, 5–9 µm lang **2**
1* Sp schmal oder breit ellipsoid, falls subglobos dann nur bis 3 µm lang ▸
2 Sp glatt, bis 7 µm ▸
2* Sp sehr fein warzig (Ölimmersion), bis 9 µm
Wachsrinde Bläulichgraue – *B. caesiocinereum* (HOEHN. & LITSCH.) LUCK-ALLEN

Basidiophora ROZE & CORNU – F-Mehlt (Oomycota, Peronosporaceae)
Phytoparasit, weiße Pilzrasen aus unseptierten Hyphen, mit keuligen Konidienträgern, die oben feine, längl-zylindrische Sterigmen bilden. Konidien fast kugelig. Auf *Conyza, Erigeron, Symphiotrichum*. – **Lit**: **13**: 374, 784
T: *B. entospora* ROZE & CORNU

Basipetospora G.T. COLE & W.B. KENDR. – SchimP (Asc, Eurotiomycetes, Eurotiales; Aspergillaceae; Anamorphe)
Frk klein, mit 1-sporigen, prototunicaten Asci (Teleomorphe: *Monascus*). Geschlüsselt unter Schimmelpilzen.
T: *B. rubra* G.T. COLE & W.B. KENDR.

Battarrea PERS. – BaP (Bas, Basidiomycota, Agaricomycotina, Agaricales, Agaricaceae)
Frk kugelig mit langem S und basal mit Volva, jung kugelig und gänzl von der Exoperidie umschlossen. 1 Art = T. …
T: *B. phalloides* (DICKS.) PERS. – **Stelzenstäubling**: MD 357

Bauerago VÁNKY – BrandP (Pucciniomycotina, Microbotryomycetes, Microbotryales, Microbotryaceae)
Phytoparasit (Brand) auf *Juncus balticus* und *J. gerardii* im Küstengebiet. Sori meist im Blütenstand (in den Fruchtkapseln). Sp netzig ornamentiert, 13–22 µm im Durchm. – **Lit**: **13**: 476
1 Art: *B. abstrusa* (MALENÇON) VÁNKY

Berlesiella SACC. – (Asc, Eurotiomycetes, Chaetothyriales, Herpotrichiellaceae)
Halbkugelige Stromata bildend. Vorkommen auch auf anderen Pilzen (*Eutypa*)
T: *B. nigerrima* (BLOX.) SACC.

Berkelella (SACC.) SACC. – SchimP (Asc, Clavicipitaceae; Anamorphe)
Ausschließl auf Frk von Myxomyceten (*Trichia*). – Syn: *Byssostilbe*
T: *B. caledonica* (PAT.) SACC.

Bertia DE NOT. – Pyr (Asc, Sordariomycetes, Coronophorales, Bertiaceae)
Perithecien oberflächl auf Substrat (meist *Fagus*) in großen Herden, zieml dicht gedrängt, schwarz, annähernd kugelig bis fast zylindrisch, außen warzig und dadurch ähnl einer Brombeere (oder Maulbeere). Das einzelne Perithecium klein, 1,5 × 0,7 mm, in der Masse aber auffallend. Asc-Sp hyalin, mit einem Septum, wurstfö gebogen, groß, 30–50 × 4–5,5 µm. – **Lit**: **5**: 378
T: *B. moriformis* (TODE) DE NOT. – **Maulbeerförmige Bertia**: De fig.14E, Ja 30

Bipolaris SHOEMAKER – SchimP (Asc, Dothideomycetes, Pleosporales, Pleosporaceae; Anamorphe)
Mit querseptierten, spindelfö Konidien
T: *B. maydis* (Y. NISK. & C. MIYAKE) SHOEMAKER

Biscogniauxia O. KUNTZE, Rindenkugelpilz – Pyr (Asc, Sordariomycetes, Xylariales, Xylariaceae)
Perithecien in einem Stroma eingebettet. Stroma krustig-flach (so beim T) oder becherfö, 0,5–10 cm, meist schwarz, aber auch grau-lila mit weißem Rand. Asci zylindrisch, mit amyloidem Apikalapparat. Sp annähernd kugelig bis ellipsoid, reif dunkelbraun bis schwarz, glatt, mit Keimspalt, beim T 10–16 × 6–10 µm. Etwa 4 Arten. Lignicol auf LaH (der T auf *Fagus*). – **Lit**: **5**: 317 als *Hypoxylon*, **10**: 238
T: *B. nummularia* (BULL. : FR.) O. KUNTZE – **Rotbuchen-Rindenkugelpilz**: Ct 3004, De 31E, Ph 280

Bispora CORDA – SchimP (Asc, Leotiomycetes, Helotiales, Helotiaceae; Anamorphe)
Schwarze, Tintenstrich-artige Musterung auf Buchenholz (besonders an Schnittflächen so). Konidien schwarz, in Ketten. Teleomorphe: *Bisporella* (s. d.). – Anm: Vgl. *Ascodichaena rugosa*, ebenfalls auf Buchenholz
T: *B. monillioides* CORDA = *B. antennata* (PERS.) E.W. MASON – **Tintenstrichpilz**: Butin 134:85a,b

Bisporella SACC., Holzbecherchen – inop. Disc (Asc, Pezizomycotina, Leotiomycetes, Helotiales, Helotiaceae)
Frk sitzend oder kurzstielig, weichfleischig, etwas konkav bis flach, oben (Hymenium) weiß, gelb, orange, außen blasser, kahl. Asci zylindrisch bis keulig, 8-sporig. Porus schwach amyloid bis inamyloid. Paraphysen zylindrisch, × 1–2,5 µm, die Asci nicht überragend. Asc-Sp ellipsoid bis spindelfö, unseptiert bis 1-fach septiert, hyalin, glatt. Etwa 4 Arten, lignicol. – **Lit**: **5**: 131, **10**: 137
T: *B. monilifera* (FUCKEL) SACC.; abgebildete, häufige Art: *B. citrina* (BATSCH) KORF & S.E. CARP. : BK 175, De 20A, RH 646

1 Frk frisch weißl bis cremefarben, trocken gelb. Auf schwarzen Pilzüberzügen (*Bispora antennata*) auf Holz von Rotbuche (*Fagus*)
Blasses Holzbecherchen – *B. pallescens* (PERS. : FR.) S.E. CARP. & KORF

1* Frk oben (Hymenium) gelbl bis leuchtend gelb oder orange, außen gleichfarben oder heller **2**

2 Asc-Sp 9–14 × 3–4 µm, ellipsoid. Auf entrindetem LaH (*Fagus*, etc.)
Zitronengelbes Holzbecherchen – *B. citrina* (BATSCH) KORF & S.E. CARP.

2* Asc-Sp 9–10 × 2 µm, einfach septiert, spindelfö. LaH, bisw auf Stromata von Pyrenomyceten (Falls Asc-Sp kleiner, allenfalls bis 9 µm lang und unseptiert: ▸)
Schwefelgelbes Holzbecherchen – *B. sulfurina* (QUÉL.) S.E. CARP.

Bjerkandera KARST., Rauchporling – PoP (Bas, Agaricomycetes, Polyporales, Meruliaceae)
Frk meist pileat-konsolenfö, seltener effus-reflex bis resupinat. Poren seltener gelbl, hell bräunl, meist grau bis schwarz. Hyphen monomitisch, hyalin, mit Schnallen. Zystiden fehlend. Sp hyalin, glatt, inamyloid. Lignicol, fast immer auf LaH, Weißfäule verursachend. 2 Arten. – **Lit**: **9**: 221, **12**: 348
T: *B. adusta* (WILLD. : FR.) P. KARST. – Angebrannter Rauchporling: BK 2.329, Ge 427, Kr 1.488, Md 244, MJ 5 Bjerk 1, Ph 236

1 Poren grau bis schwarz, bei Berührung schwarz fleckend, mit dunkler Linie, die nur gegenüber der H-Trama farblich abgesetzt erscheint. Frk meist flach-pileat, dünnhütig. Meist auf LaH, selten auf NaH
Angebrannter Rauchporling – *B. adusta* (WILLD. : FR.) P. KARST.

1* Poren gelblich bis hellbraun, bei Berührung bräunl fleckend, mit dunkler Linie über den Röhren, die sich gegenüber der hellen Röhrentrama und der Huttrama kontrastreich absetzt. Frk meist dicker als bei voriger Art, gegen die Ansatzstelle etwa 0,5–1,5 cm. LaH **Graugelber Rachporling** – *B. fumosa* (PERS. : FR.) P. KARST

Blasiphalia REDHEAD, Lebermoos-Heftnabeling – BläP (Bas, Agaricomycetes, Hymenochaetales, Repetobasidiaceae)
Frk gestielt-hutfö, klein, H konvex mit niedergedrückter Mitte, 2–9 mm. Terrestrisch, stets auf oder nahe bei Lebermoosen (*Blasia*). Seltene nordische Art, in Mitteleuropa (zu erwarten in Alpen und/oder Mittelgebirgen) noch nicht nachgewiesen. – Syn: früher als *Rickenella*. – **Lit: 7:** 427, **11**: 100 als *Rickenella* p., **14**: 65
1 Art = T: *Blasiphalia* (*Rickenella*) *pseudogrisella* (A.H. SMITH) REDHEAD – **Lebermoos-Heftnabeling**: Lu 1.76.2, RH 2.63

Blumeria GOLOVIN – E-Mehlt (Leotiomycetes, Erysiphales, Erysiphaceae)
Phytoparasitischer Befall in Form eines Mycelbelages auf Blättern, Halmen und Blütenständen von Süßgräsern (Poaceae). Mycel weiß (primäres Mycel), bräunl (sek. Mycel). Konidien ellipsoid bis zitronenfö, in Ketten. Frk (Chasmothecium) kugelfö, geschlossen, mit kurzen, schlaffen, oft unverzweigten Anhängseln. Asci 6–30, meist 8-sporig. – **Lit**: **13**: 91, 95, 107, 127 etc.
1 Art = T: *B. graminis* (DC.) SPEER (= *Erysiphe graminis*): JK 310

Bogbodia siehe *Hypholoma*

Boidinia STALPERS & HJORTST., Flockenschwamm – RiP (Bas, Agaricomycetes, Russulales, Russulaceae)
Frk resupinat, weich-membranös, glatt. Hyphen monomitisch, hyalin, mit Schnallen. Gloeozystiden vorhanden. Sp kugelig oder gebogen-ellipsoid bis nierenfö, hyalin, dünn- bis etwas dickwandig, warzig, amyloid. Lignicol, auf NaH. 2 Arten. – **Lit**: **9**: 278, **12**: 120
T: *B. furfuracea* (BRES.) STALPERS & HJORTST – **Kleiiger Flockenschwamm**: BK 2.103

Bolbitius FR., Mistpilz – BläP (Bas, Agaricomycetes, Agaricales, Bolbitiaceae)
Frk gestielt-hutfö, klein bis mittelgroß, bei der häufigsten Art mit lebhaft gelb (sonst auch grau) gefärbtem H, der jung eichelfö, eifö, dann glockig bis ausgebreitet ist. H-Rand gerieft bis faltig gefurcht. L braun, zerfließend. Sp groß, glatt, mit Keimporus. Auf Mist, gedüngtem Boden oder auf Holz. 4(–5) Arten. – **Lit**: **8**: 321, **11**: 322, **14**: 624
T: B. (*vitellinus* =) *titubans* (BULL. : FR.) FR., Gold-Mistpilz: BK 4.372, Ct 907, Dh 585, 586, Gh 319, HK 4.219–221, Lg 132A, Lu1.5.4, RH 437

1 H zumindest jung gelb. Auf Mist oder gedüngtem Boden, nicht auf Holz. Sp 9–13 × 6–7 µm **Gold-Mistpilz** – *B. titubans* (BULL. : FR.) FR
1′ H nicht gelb oder gelbl, vielmehr weiß, grau, violettl oder mit liafarbenem Ton. Sp 10–12 × 5–6 µm **2**
2 Auf gedüngtem Erdboden. H milchweiß, älter isabellfarben, gefaltet-gerieft. **Milchweißer Mistpilz** – *B. lacteus* J.E. LANGE
2* Auf LaH-Strünken. H gau, violettl oder mit isabellfarbenem Ton. H-Oberfläche nerzig-aderig oder glatt ▸

Boletinus KALCHBR., Hohlfußröhrling, Schuppenröhrling – RöP (Bas, Agaricomycetes, Boletales, Suillaceae)
Frk mittelgroß, im H eher etwas dünnfleischig. H-Oberfläche meist braun, seltener goldgelb (var. *aureus*), schuppig. Röhren kurz, radial gestreckt und unterteilt, am hohlen S herablaufend. Schnallen an den Hyphensepten vorhanden. Sp 7,5–10 × 3–4 µm. Terrestrisch, mit und unter Lärche (*Larix*). Weitere Arten der Gattung bei uns gelegentlich eingeschleppt und selten. – Syn: Die Gattung wird vielfach auch in *Suillus* eingeschlossen, *B. cavipes* = *Suillus cavipes* (OPAT.) A.H. SMITH & THIERS. – **Lit**: **7**: 83, **11**: 61, **14**: 157 als *Suillus c.*
1 Art = T: *B. cavipes* (OPAT.) KALCHBR. – **Hohlfußröhrling**: BL 33, CD 1626, Dh 25, HK 1.142, Kr 2.207, Md 202, Ph 207

Boletopsis FAYOD, Rußporling – PoP (Bas, Agaricomycetes, Thelephorales, Bankeraceae)
Frk gestielt-hutfö, H 5–15 cm breit und 0,5–5 cm dick, grau bis bräunl, meist glatt, bisw gegen das Zentrum schuppig. Poren weiß bis hellgrau, eng, 1–3 pro mm, Röhren recht kuz 1–8 mm lang, am S herablaufend. S zentral bis lateral, 3–7 × 1–3 cm, grau bis hell olivbräunl, glatt oder mit feinen schwärzl Schüppchen. F frisch weiß, auf Druck dunkler, mild schmeckend. Sp hell bräunl, eckig bis unregelmäßig warzig, 4,5–6 × 4–5 µm. Auf Erde (Kalkböden) in NaW unter Fichte (*Picea*), seltener in LaW. Falls F von bitterem Geschmack und auf Sandböden unter Kiefer (*Pinus*) vgl. *B grisea* (PECK) BONDARTSEV & SINGER. 1–2 Arten. – **Lit**: **9**: 309, **12**: 268

T: *B. leucomelaena* (PERS.) FAYOD – **Schwarzweißer Rußporling**: BK 2.281, Dh 1047, Gh 499, HK 2.28, Lk 517

Boletus L : FR., Röhrling – RöP (Bas, Agaricomycetes, Boletales, Boletaceae)
Frk gestielt-hutfö mit langen Röhren auf H-Unterseite, groß und fleischig. S oft dickbauchig, keulig bis knollenfö. H-Oberfläche trocken, meist kahl, nicht schleimig-schmierig. Röhrentrama (meist) vom dunkler gefärbten Mediostratum aus mit divergierenden, hyalinen Hyphen. Schnallen fehlend. Sp lang-spindelig, z. B. 14–17 × 4,5–5,5 µm. Meist terrestrisch, ektotrophe Mykorrhiza bildend. – Syn: *B. aestivalis* = *B. reticulatus*, *B. junquilleus* = *B. pseudosulphureus*, *B. luridiformis* = *B. erythropus*, *B. miniatoporus* = *B. erythropus*, *B. pinicola* = *B. pinophilus*. *B. pseudoregius* = *B. fuscoroseus*, *B. speciosus* = *B. fuscoroseus*, *B. badius* häufig noch unter *Xerocomus b.* geführt. – Anm.: Die Gattung ist mittlerweile in enger gefasste Gattungen aufgegliedert, u. a.. ***Butyriboletus*** KOLLER & al. mit *B. appendiculatus*; *fechtneri*, *regius*. – ***Caloboletus*** VIZZINI mit *C. calopus*, *C. radicans*. – ***Cyanoboletus*** GELARDI, VIZZINI & SIMONINI: mit *C. pulverulentus*. – ***Imleria*** VIZZINI mit *I. badia*. – ***Imperator***: KOLLER & al. mit *I. rhodopurpureus* (nicht ss. SINGER und MOSER). – ***Neoboletus*** GELARDI, SIMONINI & VIZZINI mit *N. erythropus*, *junquilleus*, *pseudosulphureus*. – ***Rubroboletus*** KUAN ZHAO & ZHU LI YANG mit *R. satanas*, *R. rhodoxanthus* etc. – ***Suillellus*** MURRILL: mit *S. luridus*, *S. queletii*, *rhodopurpureus* etc. – **Lit**: **7**: 83, **11**: 68, **14**: 163
T: *Boletus edulis* BULL. : FR. – Steinpilz: BL 35, CD 1669, Dh 80, HK 1.153, Kr 2.247, Ph 193

1 Poren weiß, gelbl oder gelb, ohne rote oder orange Töne zumindest wenn alt **2**
1* Poren rot, rotorange; falls jung gelb bis orangegelb, dann wenigstens später rot werdend **12**

Poren ohne rote oder orange Töne (2–11)

2 Geschmack bitter **3**
2* Geschmack mild **5**
3 S rot, mit blassem Netz auf rotem Grunde. H grau, tonfarben bis ockerbraun, z. T. mit olivfarbener Komponente. LaW und NaW
Schönfuß-Röhrling – *B. calopus* PERS. : FR.
3* S nicht rot oder höchstens fleckenweise so **4**
4 Poren jung weißlich, später rosafarben, jedoch nicht gelb siehe *Tylopilus*
4* Poren gelb. H blass graul oder braungrau. S gelb mit im Erdreich wurzelnder Basis, von der Spitze bis gegen die Mitte sehr fein netzig, bisweilen auch ungenetzt. F und Poren bei Druck blauend. LaW
Wurzelnder Bitter-Röhrling – *B. radicans* PERS. : FR.
5 F und Poren nicht oder höchstens ganz schwach blauend, Poren jung weißl, erst später gelb, grünl-gelb bis oliv-ocker werdend
Artengruppe Steinpilze – *B. edulis* BULL. : FR. *agg.* (siehe weiterführenden Schlüssel)
5* F und Poren an Druckstellen deutlich blauend und/oder Poren schon jung gelb und/oder H mit rosa bis roten Farbtönen **6**

6 F eher schwach blauend, Poren stärker blauend. H braun, S oben oft gelb, sonst dem H gleichfarben. Röhren und Poren jung hell schwefelgelb. NaW, seltener LaW
Maronen-Röhrling – *B. badius* (FR. : FR.) FR.

6* F stärker blauend und/oder H und S nicht braun. **7**

7 S dünn, 0,6–1,5(–1,7) cm breit und oft gegen seine Basis verjüngt, oben gelb, abwärts rötl-braun bereift. F im frischen Anschnitt und Poren bei Druck schnell tintenblau bis schwarzblau verfärbend. NaW, LaW
Schwarzblauender Röhrling – *B. pulverulentus* OPAT.

7* S dicker und über dem Erdboden keulig bis knollig erweitert **8**

8 S ohne Netz. Frk in allen Teilen lebhaft gelb und stark blauend
Primelgelber Röhrling – *B. pseudosulphureus* KALLENB.

8* S mit Netz **9**

9 H jung heller silbergrau, alt etwas dunkler graulich-lederfarben, korkfarben, auch mit schwachem Ocker- bis Olivton **Silber-Röhrling** – *B. fechtneri* VELEN.

9* H rosa, rot, bräunl-rot, blutrot oder braun. **10**

10 H mit überwiegend braunen Farbtönen. S meist etwas wurzelnd, auf gelbem Grunde mit gleichfarbenem bis bräunl im Alter oft undeutlichem Netz
Anhängsel-Röhrling – *B. appendiculatus* SCHAEFF.

10* H mit überwiegend rötl Farbtönen: rosa, rot, bräunl-rot bis blutrot **11**

11 F und Poren stark blauend. H bräunl-rot bis blutrot
Blauender Königs-Röhrling – *B.fuscoroseus* SMOTL.

11* F und Poren nicht oder nur schwach blauend. H rein und zart rosa oder auf gelbl Grunde rot oder rosa überhaucht **Echter Königs-Röhrling** – *B. regius* KROMBH.

Poren rot, rotorange, zumindest später rot werdend (12–15)

12 S ohne Netz, wohl aber filzig **13**

12* S mit Netz **14**

13 H seltener gelb, meist dunkelbraun, samtig. S auf gelbl Grunde dicht mit karminrötl Faserschüppchen bedeckt. Poren rot bis rotbraun. F zitronengelb, an Schnitt- und Bruchstellen sofort tiefblau. Hymenophorale Trama nicht amyloid. LaW, NaW. Kalkarme Böden bevorzugend
Flockenstieliger Hexen-Röhrling – *B. erythropus* (FR. : FR.) KROMBH.

13* H orange, mit rötl-braunen, gelben, oliven, z. T. auch roten Mischtönen. S sehr fein filzig-samtig punktiert, gelb, an der S-Basis rötl-purpurfarben. F weißl-gelb oder gelb, in der S-Basis bis zur S-Mitte ausstrahlend rot, die gelbl Bereiche blauend, jedoch schwächer als bei voriger. Hymenophorale Trama amyloid. LaW vornehml unter Eiche (*Quercus*) **Glattstieliger Hexen-Röhrling** – *B. queletii* SCHULZER

14 Netzmaschen am S grob und in Längsrichtung des S gestreckt, auf gelbem Grunde rot. H olivgelb bis olivbraun, teils mit mehr gelben, teils mit mehr rötl Mischtönen (so besonders am H-Rand, aber auch gänzl so). S gestreckt keulig bis zylindrisch, unten stellenweise oder gänzl rot. Poren trüb bis lebhaft rot, orange, Röhren blauend. F blass bis lebhaft gelb, in S-Basis weinrot. NaW, LaW
Netzstieliger Hexen-Röhrling – *B. luridus* SCHAEFF.

14* Netzmaschen am S feiner, nicht langgezogen und/oder H entweder weißl, graubraun, rot bis rotbraun. S knollig-kugelig bis dick- und kurz-keulig. **15**

15 F weiß oder gelbl-weiß, nur schwach blauend. Geruch unangenehm nach verdorbenem Fleisch oder faulen Zwiebeln. H silbergrau bis olivgrau, alt auch ockerl, 10–30 cm. Poren zunächst gelbl, bald rot. S gelbl mit karminroter Zone in seiner Mitte, Netz ebenfalls karminrot. LaW auf Kalk **Satans-Röhrling** – *B. satanas* LENZ

15* F deutlicher gelb und stärker blauend. H bisweilen tiefer gefärbt **Artengruppe Purpur-Röhrlinge** – *B. rhodoxanthus* (KROMBH.) KALLENB. agg.

Untergliederung von *B. edulis* BULL. : FR. agg. – **Artengruppe Steinpilze**

1 S weiß bis hellbräunl oder S-Netz weißl. **2**

1* S rotbraun oder dunkelbraun, gegenüber dem H etwas heller bis allenfalls gleichfarben. S-Netz wenigstens unterhalb der S-Spitze bräunl. **4**

2 H braun. S keulig, mit nur etwa bis zur S-Hälfte hinabreichendem Netz. LaW und NaW **Fichten-Steinpilz** – *B. edulis* BULL. : FR.

2* H sehr blass, fast weißl bis hell ockerl, oder auch etwas tiefer gefärbt und dann S-Netz bis über die Hälfte des S hinaus herabreichend **3**

3 An Birke (*Betula*) gebunden und zugleich H sehr blass, fast weißl bis hellockerl. S sehr blass, mit auf die S-Spitze beschränktem Netz **Birken-Steinpilz** – *B. betulicola* (VASSILKOV) PILÁT & DERMEK

3* Nicht an Birke gebunden, vielmehr meist unter Rotbuche (*Fagus*) und Eiche (*Quercus*). H und S oft kräftiger gefärbt. S-Netz stark ausgebildet, über die S-Mitte hinaus oft bis zur S-Basis herab vorhanden **Sommer-Steinpilz** – *B. reticulatus* SCHAEFF.

4 Im NaW unter Kiefer (*Pinus*). H rotbraun bis braunrot. S kurz, jung fast kugelig, dann dick-keulig mit weit herabreichendem Netz, das überwiegend rotbraun ist, gegen die S-Spitze zunehmend weißl wird. **Kiefern-Steinpilz** – *B. pinophilus* PILÁT & DERMEK

4* Im LaW. H schwarz- bis schokoladenbraun, kaum mit rötl Komponente, jung feinfilzig-samtig, erst im Alter vereinzelt verkahlend, nicht schmierig. HDS außen eine Trichodermpallisade aus hyalinen bis schwach pigmentierten Hyphenketten. Besonders in wärmeren LaW, besonders unter Eiche (*Quercus*) **Schwarzhütiger Steinpilz** – *B. aereus* BULL. : FR.

Bondarzewia SINGER, Bergporling – PoP (Bas, Agaricomycetes, Russulales, Bondarzewiaceae)

Frk einjährig, mit meist seitl gestielten, fächerfö Hüten, H bis 15 cm, miteinander verwachsen bis 50 cm breit, ocker bis gelbl-braun, oft konzentrisch gezont. Poren 1–2 pro mm, eckig, hellgrau bis hellocker, auf Druck nicht schwärzend. Röhren bis 1 cm lang. S bis 6 cm lang, Trama über den Röhren bis 3 cm dick, weiß bis ocker, dimitisch. Sp hyalin, fast kugelig, 5–7 µm, mit stark amyloiden Warzen und Leisten. Lignicol, bisw auf erdüberschichteten Wurzeln, NaH, meist Tanne (*Abies*), seltener Fichte (*Picea*). – **Lit**: **12**: 299
1 Art = T: *B. mesenterica* (SCHAEFF.) KREISEL – **Bergporling**: BK 2.429, Dh 1052, Ge 442, Ja 99, Kr 1.492, Md 325, MJ 5 Bond 1

Bonomyces siehe *Clitocybe*

Boreostereum PARMASTO – RiP/SchichtP (Bas, Agaricomycetes, Gloeophyllales, Gloeophyllaceae)
Frk resupinat bis etwas effus-reflex, lederartig, 2–10 cm lang, mit wenig (3–8 mm) abstehender H-Kante. Hymenium wellig, rostfarben. Sterile Oberfläche schwärzl, samtartig. Dimitisch. Generative Hyphen hyalin bis gelbl, dünn- bis etwas dickwandig, ohne Schnallen, mit brauner Inkrustation, die in KOH grün wird. Skeletthyphen dickwandig, gelbl, verzweigt. Leptozystiden hyalin, zylindrisch, 3–4 µm breit. Sp hyalin, zylindrisch, 6–12 × (2,5–)3–4 µm. Lignicol, NaH, in Mitteleuropa sehr selten. – **Lit**: **12**: 151
1 Art = T: *B. radiatum* (PECK) PARMASTO

Botryobasidium DONK, Traubenbasidie – RiP (Bas, Agaricomycetes, Cantharellales, Botryobasidiaceae)
Frk resupinat, dünn, weich, glatt. Monomitisch, Hyphen hyalin oder gelbl mit oder ohne Schnallen. Zystiden fehlend (europ. Arten). Basidien mit (4–)6(–8) Sterigmen. Sp hyalin, glatt, dünnwandig, inamyloid. 15 Arten, lignicol, LaB und NaB, oft als imperfektes Stadium (= *Haplotrichum*). – **Lit**: **9**: 119, **12**: 228
T: *B. subcoronatum* (HÖHN. & LITSCH.) DONK – **Schnallentragende Traubenbasidie**: BK 2.67, Kr 1.170, MJ 5 Botr 1

Botryohypochnus DONK, Traubenbasidie – RiP (Bas, Agaricomycetes, Cantharellales, Botryobasidiaceae)
Frk resupinat, hypochnoid bis dünn-membranös, weißl, gelbl bis ockerbräunl, glatt. Monomitisch, Hyphen hyalin bis bräunl, ohne Schnallen. Zystiden fehlend. Sp hell gelbl, stachelig, etwas dickwandig, inamyloid, kugelig, (5,5–)7–10,5 µm. Lignicol, LaB, NaB.
Syn: auch als *Botryobasidium i.* – **Lit**: **9**: 120, **12**: 232
1 Art = T: *B. isabellinus* (FR.) J. ERIKSS. – **Isabellfarbene Traubenbasidie**: BK 2.69, Kr 1.171

Botryotinia WHETZEL, Sklerotienbecherling – inop. Disc (Asc, Pezizomycotina, Leotiomycetes, Helotiales, Sclerotiniaceae)
Frk becherfö bis flach, gestielt, bräunl, 0,1–1,5 cm breit, aus Sklerotium im Frühling bis zum Frühsommer entstehend. Diese Brotlaib-artig bis pyramidenfö oder linsenfö, schwarz. Asc-Sp z. B. 11,5–18 × 5–8,5 µm (so beim T; auch bis 24 µm lang). Nebenfruchtform (Anamorphe) entspricht *Botrytis*-Typ mit auf dem Sklerotium oder auf dem Wirtsgewebe gebildetem Mycel und daraus gebildeten Konidienträgern; diese stehen in Bündeln, sind gerade, oben verzweigt. Konidien ellipsoid, eifö oder annähernd kugelig, beim T hellbraun, 7–18 × 5–13 µm. 5 Arten, auf Pflanzenresten, zersetzten Blättern, Knollen oder Sprossteilen von Monocotylen (►) oder Dicotylen (der T auf Rhizomen von *Iris*). – **Lit**: **10**: 166
T: *B. convoluta* (DRAYTON) WHETZEL

Botrytis PERS. ex FR., Schimmelp (Asc, Leotiomycetes, Helotiales; Anamorphe)
Parasitischer Befall auf verschiedenen Wirtspflanzen (Bl, Sprosse, Früchte). Bildet anfangs weiße bis graue, später dunkelbraune Rasen aus hyalinen bis braunen Hyphen. Konidien-

träger oben durch dicho- oder trichotome Verzweigungen büschelig. Konidien ellipsoid, verkehrt eifö oder ± kugelig, farblos bis blass braun, glatt. Im Weinbau als Edelschimmel bezeichnet. – **Lit**: **21**: 91, 111–112
T: *B. cinerea* PERS. – **Grauschimmel**: Bra 1059: 214, JK. 36

Boubovia SVRČEK – op. Disc (Asc, Pezizomycetes, Pezizales, Ascodesmidaceae)
Apothecien 1–2 mm, scheibenfö, sitzend. Oberseits (Hymenium) hell gelb, außen weißl, kahl. Paraphysen schmal, 2–2,5 µm breit, oben spiralig eingekrümmt. Asc-Sp ellipsoid-spindelfö, mit unscheinbaren, niederen Warzen (Ölimmersion), innen mit polar angeordneten, grünl-gelben Tröpfchen. Terricol. – **Lit 10**: 92
1 Art = T: *B. luteola* (VELEN.) SVRČEK

Boudiera COOKE – op. Disc (Asc, Pezizomycotina, Pezizales, Pezizaceae)
Apothecien 1–10 mm (beim T 1–4 mm), kreiselfö, annähernd kugelig bis kissenfö, ohne gut abgegrenzten R. Oberseits (Hymenium) rötl-braun bis violettl-braun, außen graul, kahl. Asci gänzl amyloid. Asc-Sp kugelig, hyalin, dann blass bräunl, reif stachelig oder netzig (so beim T mit 25–35 µm großen Sp) ornamentiert. Etwa 6 Arten Terricol, feucht-nasse Stellen. – **Lit**: **5**: 69, **10**: 57
T: *B. areolata* COOKE & W. PHILLIPS: De 11K

Bourdotia (BRES.) TROTT. Bourdots Rindenpilz – RiP/GaP (Bas, Tremellomycetes, Tremellales, Tremellaceae)
Frk resupinat bis etwas gallertig, trocken lackartig, hyalin bis hell grau oder ocker, alt bis dunkelrotbraun. Hyphen hyalin, undeutl, 1,5–3 µm breit, dünnwandig. Hyphidien hyalin, knorrig, verzweigt, 0,5–2 µm breit. Gloeozystiden zylindrisch bis unfö, erst hyalin, dann gelb bis bräunl, 30–170(–270) × 2,5–7(–13) µm. Basidien ellipsoid. Sp hyalin, ellipsoid bis breit zylindrisch. Lignicol, LaH. – **Lit**: **12:** 405
1 Art = T: *B. galzinii* (BRES.) TROTT; auch als *Athelopsis g.*

Bovista PERS. : PERS., Bovist – BaP (Bas, Agaricomycetes, Agaricales, Agaricaceae, früher Lycoperdaceae)
Frk 0,8–9 cm, meist ± kugelig, selten birnenfö bis kopfig, Exoperidie glatt, kleiig-körnig bis fein stachelig, Endoperidie papierartig, grau bis dunkelbraun, apikal mit (± vorgebildeter) Öffnung. Subgleba kompakt oder fehlend. Hyphen ohne Schnallen. Sp kugelig bis ellipsoid, glatt bis warzig, ± cynophil. Terricol-epigäisch, höchstens etwas in die Erde eingesenkt, 9 Arten. – **Lit**: **9**: 332, **12**: 484
T: *B. plumbea* PERS. : PERS. – Bleigrauer Bovist: CD 1738, Dh 1081, Gh 603, Kr 2.129, Lx 609, Md 365, MJ 7 Bov 2, Ph 249

1 Capillitium ohne deutl Poren **2**
1* Capillitium mit großen, deutl Poren **7**
2 Sterigmenreste an den Sp fehlend ▸
2* Sterigmenreste an den Sp vorhanden **3**
3 Sterigmenreste rechtwinkelig oder U-fö gebogen. Sp ± kugelig, 4–5,5 µm
Feld-Bovist – *B. graveolens* SCHWALB

3* Sterigmenreste gerade 4
4 Capillitium mit vielen Septen ▸
4* Capillitium mit wenigen Septen 5
5 Sp glatt, ellipsoid oder kugelig, 4,5–6,5–10 × 4–5,5–9 µm. Exoperidie bei Reife wie eine Eischale abblätternd **Bleigrauer Bovist** – *B. plumbea* PERS. : PERS.
5* Sp fein warzig. Exoperidie nicht abblätternd 6
6 In (Flach-)Mooren unmittelbar an Moosen. Hauptstamm des Capillitiums bis 12 µm breit. Sp ± kugelig, 3,5–5 µm. **Moor-Bovist** – *B. paludosa* LÉV.
6* An trockenen Standorten. Hauptstamm des Capillitiums 12–22(–32) µm breit. Sp kugelig, 4,2–6,5 µm. **Schwärzender Bovist** – *B. nigrescens* PERS. : PERS.
7 Sp mit Sterigmenrest. Sp überwiegend ellipsoid, wenige kugelig, 3,8–5,5 × 3,3–4,7 µm **Filziger Bovist** – *B. tomentosa* (VITTAD.) QUÉL.
7* Sp ohne Sterigmenrest. 8
8 Subgleba vorhanden, bis 12 mm hoch. Weitere Merkm siehe **7** **Filziger Bovist** – *B. tomentosa* (VITTAD.) QUÉL.
8* Subgleba fehlend oder kaum entwickelt 9
9 Poren des Capillitiums klein, 0,2–0,5 µm weit. Sp (reif) kugelig, 3,3–5,5 µm **Zwerg-Bovist** – *B. pusilla* (BATSCH : PERS.) PERS.
9* Poren des Capillitiums größer, 0,5–2,4 µm weit ▸

Bovistella MORGAN, Staubschwamm – BaP (Bas, Agaricomycetes, Agaricales, Agaricaceae)
Frk 3–7 × 2–5 cm, kreisel- bis birnenfö, bisw fast kugelig, basal faltig, stark verschmälert, sich nicht vom Mycel lösend und daher wie wurzelnd. Exoperidie warzig-stachelig, Endoperidie glatt mit apilaler Öffnung. Subgleba stark entwickelt, zellig. Capillitium ohne Septen, Sp kugelig bis breit ellipsoid, 3,5–5 µm. glatt, mit einem großen Öltropfen. Terricol-epigäisch. – **Lit**: **9**: 334, **12**: 490
1 Art = T: *B. radicata* (DURIEU & MONT.) PAT. – **Pfahlwurzel-Staubschwamm**: Ct 1193, Gh 599, PS 90

Brefeldia ROST. – SchleimP (Mycetozoa, Myxogastria, Stemonitidales, Stemonitidae)
Frk (Aethalium) kissenfö, groß, bis 0,5 cm hoch und 20–30 cm im Durchm. Capillitium aus dünnen, wenig verzweigten Fäden, die mit einer Columella verbunden sind und mit 50 × 25 µm großen Vesikeln, die septiert sind und an Laternen erinnern. Sp in Masse dunkel schwarz-braun, kugelig, dicht mit dunklen Warzen besetzt, 9–12 µm. Totholz. – **Lit**: **17**: 314, **20**: 33
1 Art = T: *B. maxima* (FR.) ROST.: Nan 315, Neub 3. 34–36

Bremia REGEL – F-Mehlt (Peronosporomycetes, Peronosporales, Peronosporaceae)
Phytoparasitischer Befall in Form weißer Pilzrasen; diese an Blattunterseite an gelbl, meist eckigen Flecken. Konidienträger oben mehrfach dichotom verzweigt mit etwas verdickten bis abgestutzten Enden, von denen 2–5 zugespitzte Endverzweigungen ausgehen. Konidien eifö 15–25 × 12–21 µm. 2 Arten auf Kompositen (Asteraceae, Cichoriaceae). *B. lactucae* auf verschiedenen Arten von *Lactuca*, besonders auf Salat (*L. sativa*), u. a. auch auf *Apose-*

ris, *Arctium*, *Carduus*, *Carlina*, *Centaurea*, *Chrysanthemum*, *Cichorium*, *Cirsium*, *Crepis*, *Helichrysum*, *Hieracium*, *Hypochaeris*, *Lapsana*, *Leontodon*, *Picris*, *Scorzonera*, *Senecio*, *Solidago*, *Tanacetum*, *Taraxacum*, *Tephroseris*. – *B. stellata* (DESM.) KOCHM. & T. MAJEWSKI auf *Sonchus*. – **Lit**: **13**: 132, 137–138 etc., auch 489
T: *B. lactucae* REGEL: JK. 87

Brevicellicium K.H. LARSS. & HJORTST., Kurzzellenrinde – RiP (Bas, Agaricomycetes, Trechisporales, Hydnodontaceae)
Frk resupinat, membranös, glatt oder etwas warzig-hydnoid, weiß, creme, ocker oder gelb bisw mit grünl Mischton. Monomitisch, Hyphen hyalin, im Subhymenium kurzgliedrig und stark angeschwollen, mit Schnallen. Sp hyalin, dünnwandig, glatt, inamyloid, subglobos, 3,5–5 µm (so bei *B. olivascens*) oder ellipsoid 4–6 × 2,5–4 µm. 2 Arten, lignicol, LaB und NaB. – **Lit: 9**: 124, **12**: 144
T: *B. exile* (H.S. JACKS.) K.H. LARSS. & HJORTST. – Verbr. Art: *B. olivascens* (BRES.) K.H. LARSS. & HJORTST. – **Gelbliche Kurzzellenrinde**: BK 2.116, Kr 1.172

Bryoglossum REDHEAD, Mooszunge – inop. Disc (Asc, Pezizomycotina, Leotiomycetes, Helotiales, inc. sed.)
Frk gestielt mit zylindrischem, eifö oder glockenfö, gelbem bis orangegelbem Kopfteil (Apothecium). S zylindrisch, schlank, weißl, bereift. Asci amyloid. Asc-Sp schmal spindelig, leicht gekrümmt, hyalin, reif 1x septiert. 2 Arten. Bryicol auf Moosen, der T in Sümpfen. – **Lit**: **10**: 178
T: *B. gracile* (P. KARST.) REDHEAD – **Zierliche Mooszunge**: BK 1.138, Rote Liste D 3

Bryonectria DÖBB. – Pyr (Asc, Sordariomycetes, Hypocreales, Bionectriaceae)
Frk hyaline bis weißl, winzige Perithecien (120–200 × 70–130 µm) auf der Laubmoosgattung *Hylocomium*. Sp hyalin, glatt., mit 1(–2) Septen, 14–18(–21) µm. Bryicol. – **Lit**: **10**: 217
T: *B. hylocomii* (DÖBB.) DÖBB.

Bryoscyphus SPOONER – inop. Disc (Asc, Leotiomycetes, Helotiales, Helotiaceae)
Frk becherfö, kurzstielig. Asci zylindrisch, mit amyloidem oder inamyloidem Porus, 8-sporig. Paraphysen fädig, die Asci etwas überragend. Asc-Sp spindelig, eifö oder rhombisch, hyalin, septiert oder unseptiert. 2 Arten. Bryicol auf Moosen, vermutl parasitisch. – **Lit**: **10**: 137
T: *B. conocephali* (BOYD.) SPOONER = *B. marchantiae* var. *conocephali* (BOYD.) RAMSB.

Byssostilbe siehe *Berkelella*

Buchwaldoboletus PILÁT, Holzröhrling – RöP (Bas, Agaricomycetes, Boletales, Boletaceae)
Frk groß, Röhren am S herablaufend, Poren gelb nicht oder nur schwach blauend, H-Oberfläche etwas filzig bis glatt, gelb bis rotbraun. S ohne Netz, glatt bis samtig. Sp oval bis ellipsoid. Lignicol auf morschem NaH, ev zusätzlich EktM. 2 Arten. – Syn: beide Arten der Gattung zusammen mit *Aureoboletus gentilis* auch als *Pulveroboletus* (T: in Nordamerika) geführt. – **Lit**: **7**: 94, **11**: 67, **14**: 168
T: *B. lignicola* (KALLENB.) PILÁT – **Holzröhrling**: BK 3.41, CD 1629, Dh 53, HK 2.9, Lx 73

Buerenia M.S. REDDY & C.L. KRAMER – G/Wu (Asc, Taphrinomycetes, Taphrinales, Protomycetaceae)
Phytoparasit an *Cicuta*, der an den Blattachsen seines Wirtes kleine, oft pustelfö, längl oder rundl, gelbl-braune bis purpurrote Schwielen verursacht. Auch an anderen Apiaceae wie *Daucus*, *Helosciadium*, *Sium*.
T: *B. cicutae* (LINDR.) M.S. REDDY & C.L. KRAMER

Buglossoporus KOTL. & POUZAR, Zungenporling – PoP (Bas, Agaricomycetes, Polyporales, Fomitopsidaceae)
Frk konsolenfö, zungenfö sitzend, seltener gegen Ansatzstelle ± stielfö, flach bis konvex, bis 5–10(–20) cm breit, bis 5 cm hoch, einjährig, fleischig. Oberfläche jung gelbl-braunl, alt schwärzl-braun, jung fein behaart, dann kahl. Poren 2–3 pro mm, rundl, frisch weiß, auf Druck oder trocken bräunl. Trama weiß bis braun. dimitisch, generative Hyphen mit Schnallen. Sp ± hyalin, schmal ellipsoid, 6–10 × 2,5–4 µm. Lignicol. auf Eiche (*Quercus*). – Syn: auch als *Piptoporus b.* geführt. – **Lit**: **9**: 233, **12**: 320
1 Art = T: *B. quercinus* (SCHRAD.) KOTL. & POUZAR – **Eichen-Zungenporling**: Ge 439, MJ 5 Buglos 1, RH 162

Bulbillomyces JÜLICH, Bulbillenpilz – RiP (Bas, Agaricomycetes, Polyporales, Meruliaceae)
Frk resupinat, weich-membranös, glatt, weißl-grau bis ocker, unreif (imperfektes Stadium) mit stark dextrinoiden Bulbillen in dichten Gruppen. Monomitisch, Hyphen hyalin mit Schnallen. Lamprozystiden hyalin, zylindrisch bis konisch, 50–100 × 8–10 µm, dickwandig, apikal inkrustiert. Sp hyalin, etwas dickwandig, subglobos bis breit ellipsoid, 6–10 × 5–7 µm. Lignicol auf LaB. – Syn: *Aegerita candida* (= imperfektes Stadium). – **Lit**: **9**: 198, **12**: 181
1 Art = T: *B. farinosus* (BRES.) JÜLICH – **Körnchen-Bulbillenpilz**: BK 2.119, Kr 1.173, MJ 5 Bulb 1

Bulgaria FR. – inop. Disc (Asc, Pezizomycotina, Leotiomycetes, Phacidiales, Phacidiaceae)
Frk gelatinös, kreiselfö, 0,5–3 cm breit. Oberseits (Hymenium) glänzend, bräunl-schwarz. Außen schwärzl-braun, kleiig. Asci mit amyloidem Porus, 8-sporig. Asc-Sp in verschiedener Erscheinungsform, 4 Sp braun, 11–14 × 6–7 µm, die anderen 4 Sp bleiben hyalin und verschwinden. Lignicol, LaH, auch Eiche (*Quercus*), seltener auf Buche (*Fagus*) oder Birke (*Betula*). – **Lit**: **5**: 122, **10**: 138
1 Art = T: *B. inquinans* (PERS. : FR.) FR. – **Typischer Schmutzbecherling**: CD 11, Ct 827, De 49H, Dh 1149, Ge 566, Gh 669, HK 2.268, Ja 6, Lx 655, Ph 276, RH 645

Bulgariella P. KARST. – inop. Disc (Asc, Pezizomycotina, Leotiomycetes, Helotiales, inc. sed.)
Frk scheibenfö, sitzend, 3 mm breit, schwarz bis dunkel olivbrau. Asci zylindrisch bis keulenfö, nicht amyloid, 8-sporig. Paraphysen schlank, 2 µm breit, innen mit dunklen

Körnchen. Asc-Sp ellipsoid, dunkelbraun, nicht septiert, 10–15 × 7,5–8,5 µm. Lignicol, LaH, besonders auf Birke (*Betula*). – **Lit**: **5**: 123, **10**: 138
1 Art = T: *B. pulla* (FR.) P. KARST.: De 19G

Butlerelfia WERES. & ILLMAN – RiP (Bas, Agaricomycetes, Atheliales, Atheliaceae)
Frk resupinat, flockig bis häutchenfö, glatt, erst weiß bis creme, dann ocker. Monomitisch, Hyphen hyalin, mit Schnallen, cyanophil. Sp hyalin, ellipsoid, cyanophil, 4,5–6(–7,5) × 2,5–3(–4) µm. Auf lagernden Äpfeln („Fischaugenkrankheit"). – **Lit**: **12**: 140
1 Art = T: *B. eustacei* WERES. & ILLMAN – **Fischaugenpilz**

Butyriboletus siehe *Boletus* pr.p.(*appendiculatus*)

Byssocorticium BONDARTSEV. & SINGER, Filzrindenpilz – RiP (Bas, Agaricomycetes, Atheliales, Atheliaceae)
Frk resupinat, dünn-membranös bis häutchenfö, glatt, bläul bis grünl. Monomitisch, Hyphen hyalin bis bläul. Schnallen fehlend oder spärl. Zystiden fehlend. Sp bläul oder grünl, kugelig, fast kugelig oder birnenfö, inamyloid, 2,5–4(–4,5) µm (so bei *B. atrovirens*) oder 4,5–6 × 4–5 µm. 2–3 Arten, lignicol auf LaB und NaB, auch auf Blättern und Erde. – **Lit**: **9**: 152, **12**: 143
T: *B. atrovirens* (FR : FR.) BONDARTSEV. & SINGER – **Blaugrünlicher Filzrindenpilz**: BK 2.70, MJ 5 Bys 1

Byssomerulius PARMASTO, Lederfältling – RiP/FaP (Bas, Agaricomycetes, Polyporales, Phanerochaetaceae)
Frk resupinar, effus-reflex bis subpileat, weißl (wenn jung), dann ockergrau bis hell bräunl. auch hell orange bis rot. glatt bis meruloid. Monomitisch. Hyphen hyalin, ohne Schnallen. Zystiden fehlend oder vorhanden. Sp hyalin, zylindrisch bis schmal ellipsoid, auch bisw etwas gebogen, 4,5–7 × 1,5–2,5–3,5 µm. Lignicol auf LaB oder NaB. 2–3 Arten. – Syn: auch als *Meruliopsis* geführt, T von *Meruliopsis* ist *M. taxicola,* diese aber jetzt zu *Gloeoporus* (s. d.). – **Lit**: **9**: 156, **12**: 211 als *Meruliopsis*
T: *B. corium* (PERS. : FR.) PARMASTO – **Häutiger Lederfältling**: BK 2.144, CD 82, Ct 1997, Ge 410, Kr 1.260, Lx 503, RH 83

Byssonectria P. KARST. – op. Disc (Asc, Pezizomycetes, Pezizales, Pyronemataceae)
Apothecien 0,5–3 mm, gesellig auf weißl Mycelfilz (Subiculum), oberseits (Hymenium) orange, außen kahl. Asc-Sp spindelfö, mit Tröpfchen, glatt, z. B. 21–24 × 8,5–9,5 µm. 1 bis wenige Arten, auf Pflanzenresten, an mit Urin getränkten oder gedüngten Stellen, typischer Weise im Frühjahr oder frühen Sommer.
T: *B. obducens* P. KARST. (= *B. fusisporus*)

Byssoporia M.J. LARSEN & ZAK, Byssusporling – RiP/PoP (Bas, Agaricomycetes, Russulales, Albatrellaceae)
Frk resupinat, gelbl, sehr weich, membranös, leicht ablösbar, mit 2–3 Poren pro mm. Monomitisch, Hyphen hyalin, dünnwandig, Schnallen nur an wenigen Septen. Sp gelbl, dickwandig, inamyloid, kugelig bis fast kugelig, 3,5–4,5 µm. Terricol (EktM mit Koniferen),

auch auf modernde Blätter und morsches Holz übergreifend. – Syn: auch als *Byssocorticium* (*mollicula, sartoryi, terrestris*) geführt. – **Lit**: jeweils als *Byssocorticium* pr.p., **9**: 152, **12**: 143

1 Art = T: *B. terrestris* (DC.) M.J. LARSEN & ZAK – **Weicher-Byssusporling**: Z-ÖZP 9, 2000

Byssostilbe siehe *Berkelella*

Flechten, Gattungen B

Bacidia DE NOT. – Fle (Asc, Lecanoromycetes, Lecanorales, Ramalinaceae)
Lager krustig, ungegliedert, dünn, auch rissig, warzig, körnig, korallinisch, weißl, blass grünl, hellgrau, blass bräunl. Apothecien ± sitzend, flach bis gewölbt, mit Eigenrand. Sp querseptiert, meist 4- bis 12-zellig, längl, spindelfö, nadelfö, wurmfö. Ba-Rinden, Ba-Borken. Etwa 35 Arten. Photobiont: kugelige bis breit ellipsoide Grünalgen. – **Lit**: **24: 154–170; 25:** 107, 110, 117, 120, 127, **193–209**
T: *B. rosella* (PERS.) DE NOT. – **Rosarote Stäbchenflechte**: Wi 167. Abgebildet auch *B. rubella* (HOFFM.) A. MASSAL. – **Rötliche Stäbchenflechte**: UT 164

1 Auf Gestein, Moosen, Erdboden ▸
1* Auf Ba-Rinde **2**
2 Mit auffälligen Pyknidien, diese weiß, bräunl oder halbkugelig ▸
2* Ohne solche auffälligen Pyknidien **3**
3 Sp stark gekrümmt ▸
3* Sp nicht stark gekrümmt, allenfalls leicht gebogen **4**
4 Sp spindelfö bis dick fingerfö, höchstens 40 µm lang ▸
4* Sp länger und/oder nadelfö, fadenfö **5**
5 Hypothecium (dunkel rot-) braun ▸
5* Hypothecium farblos bis allenfalls gelbl oder blass bräunl **6**
6 Apothecienscheibe sehr dunkelfarben (braun), schwarz, bleigrau oder Sp nur bis 2 µm breit ▸
6* Apothecienscheibe hellfarben und Sp breiter als 2 µm. **7**
7 Lager körnig-isidiös, z. T. auch mit korallenartig verzweigtem Besatz (korallinisch), (grau-, gelb-) grünl. Hymenium ohne körnige Auflage Sp 45–75(–84) × 2,5–3,5 µm **Rötliche Stäbchenflechte** – *B. rubella* (HOFFM.) A. MASSAL.
7* Lager flachwarzig bis fast körnig-schuppig oder Hymenium oben mit körniger Auflage, so bei *B. rosella* (PERS.) DE NOT. ▸

„Bacidia"
1 Auf Gestein. **2**
1* Nicht auf Gestein **10**
2 Sp spiralig gewunden bis stark gekrümmt ***Scoliciosporum*** (*umbrinum*)
2* Sp gerade oder allenfalls schwach gekrümmt **3**
3 Sp nadelfö, lang zugespitzt. Falls UV+ rosa oder an Küstenfelsen: siehe ***Bacidina***
3* Sp spindelfö, ± stabfö, nicht lang zugespitzt **4**

4 Hypothecium (rot-, dunkel-)braun, selten grünl **5**
4* Hypothecium farblos bis gelbbraun **7**
5 Apothecium von Beginn an stark gewölbt, randlos, schwarz * ***Micarea*** (pr.p.)
5* Apothecien anders **6**
6 Sp lang, 18–40(–50) × 4–9 µm ***Bilimbia*** (pr.p.)
6* Sp kürzer, 11–20(–23) µm lang
7 Apothecien schwarz, halbkugelig, randlos. Hierher auch *Micarea peliocarpa* mit andersfarbigen Apothecien und mit grünl bis blaugrünem Epihymenium * ***Micarea***
7* Apothecien zumindest jung nicht schwarz (siehe aber oben *Micarea peliocarpa*) **8**
8 Hypothecium im oberen Teil (rot-)braun, darunter hell ***Bilimbia*** (pr.p.)
8* Hypothecium insgesamt farblos bis blass gelbl **9**
9 Lager weißl, grünl, kupferfarben. Apothecium orange, rosa, (ocker-, dunkel-)braun, bis zu 0,4 mm. Sp × 2,5–3 µm ***Lecania*** (pr.p.)
9* Lager feucht grün, sonst grau bis bläul-grün. Apothecien rosa bis dunkel-braun., 0,4–1 mm, Sp × 4–5 µm ***Bacidia*** (*fuscoviridis*)
10 Auf Moosen, Pflanzenresten, Erde **11**
10* Auf Rinde, Nadeln, Blättern **18**
11 Lager leuchtend gelb ***Arthorhaphis***
11* Lager nicht leuchtend gelb **12**
12 Sp nadelfö, lang stäbchenfö. Auf Rindenmoosen siehe auch ***Bilimbia***
12* Sp spindelfö oder auch fingerfö, nicht lang zugespitzt, über 3,5 µm breit **13**
13 Hymenium oben blaugrün, graublau, grünl, oliv **14**
13* Hymenium farblos oder oben (rot.) braun **16**
14 Sp 18–40(–50) µm lang ***Bilimbia*** (pr.p.)
14* Sp kürzer, z. B. bis 21 µm lang **15**
15 Apothecien anfangs konkav bis flach, mit blaugrau bereiftem Rand ***Bacidia*** (*caesiomarginata*)
15* Apothecien gewölbt, randlos * ***Micarea***
16 Apothecien in Gruppen zusammenstehend. Sp × 2,5–3 µm ***Lecania*** (pr.p.)
16* Apothecien meist nicht in Gruppen **17**
17 Apothecien gewölbt, randlos. Sp 14–40(–50) µm lang, oft mit feinwarziger Oberfläche ***Bilimbia***
17* Apothecien konkav bis flach. Sp 12–28 µm lang, mit glatter Oberfläche ***Mycobilimbia***
18 Auf Tannen- und Fichtennadeln, immergrüne Blätter **19**
18* Auf anderen Substraten **20**
19 Sp 20–38 × 1,3–1,7 µm ***Bacidina*** (pr.p.)
19* Sp bis 16 µm lang, × 2,5–5 µm * ***Fellhanera, Fellhaneropsis***
20 Lager mit konkaven, gewölbten oder konisch vorstehenden Pyknidien, diese weißl, bräunl oder schwarz **21**
20* Lager ohne solche Pyknidien **26**
21 Sp nadelfö, zumindest an einem Ende zugespitzt **22**
21* Sp nicht nadelfö, nicht zugespitzt **23**
22 Pyknidien weißl ***Bacidina***
22* Pyknidien (rosa-, violett-)braun, braunschwarz, sitzend ***Fellhaneropsis*** (pr.p.)
23 Apothecien (blau-)grau, (grau-, blau-)schwarz **24**
23* Apothecien beige, blassrosa, rosabraun, ocker, hellbraun * ***Fellhanera***
24 Sp 16–34 × 3–4 µm, 4–6-zellig. Gerne auf Stämmchen von *Vaccinium myrtillus* ***Fellhaneropsis*** (pr.p.)
24* Merkm anders **25**
25 Sp 4–8-zellig, 15–24 µm lang * ***Micarea***

25* Sp 2–4-zellig, 10–17 µm lang **Bacidia** (*trachona*)
26 Sp stark S-fö oder bohnenfö gekrümmt **27**
26* Sp gerade bis leicht gekrümmt **29**
27 Sp stark gekrümmt, meist über 18 µm lang **28**
27* Sp bohnenfö mit gerundeten Enden, bis zu 18 µm lang **Arthrosporum** (pr.p.)
28 Apothecien schwarz, unter 0,5 mm, mit dünnem bleibendem Rand **Bacidia** (*vermifera*)
28* Apothecien (rot-)braun, braunschwarz, bis zu 0,6–0,8 mm, randlos * **Scoliciosporum**
29 Sp spindelfö, nicht zugespitzt **30**
29* Sp nadelfö, zumindest an einem Ende zugespitzt **42**
30 Hypothecium (rot-)braun **31**
30* Hypothecium weitgehend farblos **33**
31 Apothecium gewölbt, randlos, schwarz * **Micarea** (pr.p.)
31* Apothecium zumindest jung berandet **32**
32 Sp 4–10-zellig **Bilimbia** (pr.p.)
32* Sp 2–4-zellig **Mycobilimbia** (pr.p.)
33 Apothecien hellfarben: weißl, gelbl, rosa, (rosa-, hell-)braun **34**
33* Apothecien dunkelfarben: dunkel rotbraun, (grau-, braun-, rot-)schwarz **37**
34 Sp 18–40 (–50) µm lang, 4–12-zellig **Bilimbia** (pr.p.)
34* Sp bis zu 24 (selten –28) µm lang, 4–6-zellig **35**
35 Sp 11–17 × 2–3 µm **Biatora** (pr.p.)
35* Sp breiter als 3 µm **36**
36 Apothecien weißl bis beige, (blei-, blau-)grau, (grau-)braun, schwärzl. Lager dünn, ± glatt, blass graugrün **Lecania** (pr.p.)
36* Apothecien weißl, gelbl, rosa, (rosa-, hell-)braun, z. T. auch rein braun. Lager weißl, grau, grünl, (grob-)körnig-warzig **Mycobilimbia**
37 Meist auf morschem Holz. P+ rot. Lager grau bis grünl-gelb * **Micarea** (pr.p.)
37* Meist auf Rinde. P– **38**
38 Sp 12–20 × 2,5–3 µm, 4-zellig. Apothecien schwarz, fassfö, kreiselfö **Bacidia** (*igniarii*)
38* Sp × 4 µm und mehr **39**
39 Apothecien bis 0,3 mm, rotbraun, (braun-)rot, (braun-)schwarz, randlos **Scoliciosporum** (pr.p.)
39* Apothecien 0,3–1,2 mm, oft jung berandet **40**
40 Auf nährstoffreicher Rinde. Lager dünn, ± glatt, blass graugrün * **Lecania**
40* An alten Bäumen in naturnahen Wäldern **41**
41 Sp längl-spindelfö, mindestens 4x so lang wie breit **Bacidia** (*auerswaldii*)
41* Sp ellipsoid bis spindelfö, weniger als 4x so lang wie breit **Mycobilimbia** (pr.p.)
42 Apothecien dunkel-braun, -rotbraun, (grau-, braun-)schwarz, aber auch bleigrau **43**
42* Apothecien blass, beige, rosa, hell (rot-)braun **47**
43 Sp bis 30 µm lang **44**
43* Sp zumindest teilweise über 30 µm lang **46**
44 Hymenium oben oliv, (dunkel-)grün, K+ violett **45**
44* Hymenium oben blaugrün, nicht K+ deutl violett **Bacidia** (*circumspecta*, *igniarii*)
45 Sp 16–26(–32) × 1,5–2,5 µm **Bacidia** (*beckhausii*)
45* Sp 10–17(–19) × 2,5–3,5 µm * **Micarea** (pr.p.)
46 Lager feinkörnig-sorediös, bis feinschuppig, oft mit begrenzten Soralen oder auch mit kugeligen Isidien **Bacidina** (pr.p.)
46* Lager weder feinkörnig-sorediös noch feinschuppig, allenfalls körnig-warzig, ohne begrenzte Sorale
47 Sp teilweise über 60 µm lang, 4–16-zellig
47* Sp weniger als 60 µm lang, 4–8-zellig **48**

48 Apothecien bis 0,2 mm *Bacidina* (pr.p.)
48* Apothecien größer **49**
49 Apothecien (hell-)braun **50**
49* Apothecien weißl, gelbl, orange, hell rotbraun, ziegelrot *Bacidina*
50 Excipulum aus gestreckten dünnen Hyphen *Bacidia* (*arceutina*)
50* Excipulum aus isodiametrischen („zelligen") Elementen *Bacidina* (pr.p.)

Bacidina VĚZDA – Fle (Asc, Lecanoromycetes, Lecanorales, Ramalinaceae)
Lager krustig, unberindet, grünl, grüngrau, grünl-braun, feinkörnig bis sorediös. Apothecien weißl bis beige-bräunl, anfangs berandet, Sp nadelfö bis fädig. Photobiont: coccale Grünalgen, u. a. *Chlorella*. Rinde, Gestein, Moose, seltener auf Erde. 14 Arten. – Anm: Bestimmung auch unter *Bacidia* in **25:** 195 f. – **Lit**: **24:** 91, 155, **168–170**; **25:** 105, 113, 128; 195–196, 198–199, 201, 203–204 unter *Bacidia*, **209–215**
T: *B. phacodes* (KÖRB) VĚZDA – **Linsenfrüchtige Stäbchenflechte**: FleD 214

„Bacidina"
1 Lager mit Apothecien **2**
1* Lager steril, ohne Apothecien **3**
2 Auf zeitweise überschwemmten oder auf wenigstens sickerfeuchtem Silikatgestein. Vorlager hell. UV+ rosa. Lager ohne Sorale *Bacidia* (pr.p.)
2* An anderen Standorten oder falls Standort wie oben, dann UV–. Lager mit oder ohne Sorale *Bacidina*
3 Lager mit Soralen und zugleich UV+ rosa. ▸
3* Lager ohne Sorale und zugleich UV– nicht rosa: *Bacidina*

Bactrospora A. MASSAL. – Fle (Asc, Arthoniomycetes, Arthoniales, ?Opegraphaceae)
Lager krustig, oft dünn-schorfig, Apothecien schwarz, braunschwarz. Sp fädig bis nadelfö, vielzellig, oft in den Asci in Stücke zerfallend. Photobiont: *Trentepohlia*. Rinde, Borke von LaB (Eiche). 2 Arten. – **Lit**: **24:** 87, 440 unter *Lecanactis*, **170–171**; **25:** 103, **215–216**
T: *B. dryina* (ACH.) A. MASSAL. – **Eichen-Stabflechte**: Wi 171, FleD 216

Baeomyces PERS. – Fle (Asc, Lecanoromycetes, Baeomycetales, Baeomycetaceae)
Lager körnig, schuppig bis fast blättrig, mit oder ohne Randlappen, bisw sorediös, weißl, hell grau, graugrün. Apothecien gestielt bis selten fast sitzend, braun, gewölbt, unberandet. Asci zylindrisch, mit dünner, oben verdickter Wand. Sp 1-zellig, spindelig. Photobiont: Coccoide Grünalgen (koloniebildende *Coccomyxa*, *Elliptochloris*). Erdboden, Silikatgestein. 3 Arten. – Anm: siehe auch *Dibaeis* falls Apothecien rosa und von Beginn an fast kugelig. – **Lit**: **24:** 70, 80, 85–86, **171–174**; **25:** 74, 91, 100, 107, 118, **216–218**
T: *B. rufus* (HUDS.) REBENT. – **Braune Köpfchenflechte**: Wi 173, FleD 217, UT 123

1 Apothecien mäßig gewölbt und nicht kugelig, (hell-, rosa-, rot-)braun **2**
1* Apothecien von Beginn an fast kugelig, rosa
Rosa Köpfchenflechte – *Dibaeis baeomyces* (L. f.) RAMBOLD & HERTEL
2 Lager K+ gelb, blassgrünl, graugrün, oft braunstichig, ohne R-Lappen. Apothecien überwiegend kurzstielig **Braune Köpfchenflechte** – *B. rufus*(HUDS.) REBENT.

2* Lager K+ rot oder Lager am R mit bis zu 5 mm breiten Lappen ▸

***Baglietto*a** A. MASSAL. – Fle (Asc, Eurotiomycetes, Verrucariales, Verrucariaceae)
Merkm wie *Verrucaria* (s.d.) aber Peritheciengehäuse oben mit deckelfö Involucrellum und am Scheitel oft mit radialen Rillen. 7 Arten. – **Lit**: **24:** unter *Verrucaria* **959–963**; **25:** 1154–1155 unter *Verrucaria*, **215–222**
T: *B. limborioides* A. MASS. – **Typus-Warzenflechte**; abgebildet z. B. *B. parmigera* (J. STEINER) VĚZDA & POELT – **Schildchen-Warzenflechte**: Wi 961, FleD 221

Bellemerea HAFELLNER & CL. ROUX – Fle (Asc, Lecanoromycetes, Lecideales, Lecideaceae)
Lager krustig, rissig bis warzig-areoliert. Apothecien eingesenkt, braun, schwarzbraun. Sp 1-zellig bis angedeutet 2-zellig., ellipsoid bis fast kugelig, mit Schleimhülle. Photobiont: *Trebouxia*. Silikatgestein. 4 Arten. – **Lit**: **24:** 148 unter *Aspicilia*, **174**; **25:** 188 unter *Aspicilia*; **222–223**
T: *B. alpina* (SOMMERF.) CLAUZADE & CL. ROUX – **Typus-Alpenkruste**; abgebildet *B. cinereorufescens* (ACH.) CLAUZADE & CL. ROUX – **Braune Alpenkruste**: FleD 223

Belonia KÖRB. – Fle (Asc, Lecanoromycetes, Ostropales, Gyalectaceae)
Lager dünn bis im Substrat eingebunden, hell, frisch meist rosastichig. Apothecien geschlossen, mit porenfö Öffnung, perithecienartig. Asci schmal zylindrisch, dünnwandig. Sp lang nadelfö, vielzellig, querseptiert. Photobiont: *Trentepohl*ia. Erdboden, Gestein. 2 Arten. – Anm: jetzt zu *Gyalecta* gestellt. – **Lit**: **24:** 81–82, **175–176**; **25: 507** f. unter *Gyalecta*
T: *B. russula* KÖRB EX NYL. – **Rötliche Grubenflechte**

Biatora FR. Fle (Asc, Lecanoromycetes, Lecanorales, Ramalinaceae)
Lager krustig, meist dünn, selten feinschuppig, auch nur innerhalb des Substrats. Apothecien braun, rotbraun, gelbbraun, meist randlos oder mit nur undeutl abgesetztem R. Sp 1–2(4)-zellig, ellipsoid bis längl. Photobiont: Coccoide Grünalge. Basis alter Stämme, Rinde von LaB und NaB. Etwa 5 Arten. – **Lit**: **24:** 495 f. unter *Lecidea*, **176–178**; **25:** 113, 122–123, 125, **224–230**
T: *B. vernalis* (L.) FR. – **Frühlings-Knöpfchenflechte;** abgebildet *B. efflorescens* (HEDL.) RÄSÄNEN – **Gelbliche Knöpfchenflechte**: FleD 224

1 Lager nicht sorediös, allenfalls feinkörnig **2**
1* Lager sorediös und oft steril oder mit am R gespaltenen Schüppchen ▸
2 Apotheien braun, braungelb, rotbraun. Falls auf Moosen an der Basis von LaB, Sp überwiegend 1-zellig, ohne auffällige Pyknidien: *B. vernalis* ▸
2* Apothecien grau, (grau-, blau-)schwarz **3**
3 Lager P–. Hymenium farblos. Endzelle der Paraphysen mit dunkelfarbiger Wand und kopfig verdickt. Lager P– und C– **Kugelige Knöpfchenflechte** – *B. globulosa* FR.
3* Lager P+ rot, seltene Arten bzw. Hymenium bräunl, Paraphysen weder kopfig noch Endzelle mit gefärbter Wand ▸

„*Biatora*"

1 Lager am R mit gespaltenen Schüppchen, zudem mit teils körnigen Areolen ***Biatora*** (*fallax*)
1* Lager nicht mit solchen Schüppchen **2**
2 Lager sorediös, oft steril ohne Apothecien **3**
2* Lager nicht sorediös, allenfalls gänzl feinkörnig **6**
3 Sorediöse Bereiche gelbl-grün, gelbl, C+ rot oder P+ rot ***Biatora***
3* Sorediöse Bereiche wie oben, aber auch bräunl. C–, P– **4**
4 Apothecien rasch blaugrau oder grauschwarz ***Frutidella*** (pr.p.)
4* Apothecien mit (rosa-)braunen Tönen **5**
5 An Sträuchern der subalpinen Stufe. Sorale punktfö bleibend, kaum zusammenfließend ***Biatora*** (*flavopunctata*)
5* Nicht im subalpinen Bereich. Sorale bald zusammenfließend ***Mycobilimbia*** (pr.p.)
6 Apothecien grau(-schwarz), blauschwarz **7**
6* Apothecien braun, braungelb, rotbraun, beige, ohne grauen Farbton **8**
7 Auf Holz und auf Rinde von NaB oder auch *Abies* ***Lecidea*** (pr.p.)
7* Auf LaB, z. T. in hochmontaner Lage. Apothecien 0,2–0,8–1 mm; (falls 0,1–0,3 mm siehe auch *Lecania chlorotiza*) ***Biatora***
8 Mit gestielten Pyknidien. Auf Holz ***Biatora***
8* Nicht mit derartigen Pyknidien **9**
9 Sp 1-zellig, selten 2-zellig **10**
9* Sp (2–)4-zellig **13**
10 Auf Moosen, Pflanzenresten, Zwergsträuchern **11**
10* Auf Rinde oder Holz **12**
11 Fast ausschließl auf *Rhododendron* Sp 7–11(–13) × 3–4 µm ***Lecidea*** (pr.p.)
11* Auf anderen Substraten. Sp im Mittel größer, größtenteils über 11 µm lang ***Biatora*** (*vernalis*, *subduplex*)
12 Apothecieen 0,2–0,4(–0,5) mm, weißl, weißl-rosa, rosagelb ***Lecidea*** (pr.p.)
12* Apothecien meist größer und mit anderen Farben ***Biatora*** (*helvola*, *sphaeroidiza*)
13 Sp × 3–7 µm breit **14**
13* Sp × 2–3 µm ***Biatora*** (*pallens*)
14 Apothecien meist 0,5–1 mm. Hypothecium samt Subhymenium über 150 µm hoch ****Bacidia***
14* Apothecien 0,25–0,4(–0,6) mm. Hypothecium samt Subhymenium bis zu 100(–120) µm hoch ***Biatora*** (*rufidula*)

Biatorella DE NOT. – Fle (Asc, Lecanoromycetes, Lecanorales, Biatorellaceae)
Lager unauffällig, krustenfö, dünn. Apothecien gelb bis orangerot, unberandet, mehrminder gewölbt. Asci längl-zylindrisch bis keulig mit jeweils zahlreichen Sp, diese sehr klein, 1-zellig, längl ellipsoid. Kalkreiche Erde, Moose, flachgründige Böden, erdgefüllte Felsspalten. 1 Art. – Anm: exkl nicht lichenisierte Gattung *Sarea* auf Harz von NaB. – **Lit**: **24:** 90, **178–179; 25:** 107, **230–232**
T: *B. rousselii* DE NOT. – **Roussels Vielsporflechte**

„*Biatorella*"

1 Auf Erde, Moosen, absterbenden Pflanzen, selten an faulendem Holz **2**
1* Ba-Rinde, Holz, Harz, Kalkgestein **3**
2 Apothecien 0,3(–0,5) mm, flach bis konkav, hell fleischrötl bis rosabraun, mit anfangs hervortretendem R. Sp 5–8 × 2–2,3 µm ***Sarcosagium*** (pr.p.)

2* Apothecien 0,4–2 mm, anfangs (auch) gewölbt-randlos. Sp bisw über 8 µm lang **_Biatorella_** (*fossarum, hemisphaerica*)
3 Auf älterem Harz von NaB **_Sarea_** (pr.p.)
3* Nicht auf Harz **4**
4 Auf Kalkgestein **_Biatorella_** (*germanica*)
4* Auf Holz, Rinde **5**
5 Apothecien dunkel rotbraun, schwarz(-braun) **_Stangospora_**
5* Apothecien heller, weißl, gelbl, (gelb-, rosa-)braun oder (orange-, scharlach-)rot **6**
6 Apothecien orange bis zimtfarben und zudem orange bereift **_Piccolia_** (pr.p.)
6* Apothecien nicht orange bereift **7**
7 Apothecien orange bis scharlachrot, 0,05–0,3 mm **_Strangospora_** (pr.p.)
7* Apothecien heller, blass gelbl, rosabraun, rötl-gelb, 0,2–0,5 mm **_Biatoridium_** (pr.p.)

Biatoridium J. LAHM – Fle (Asc, Lecanoromycetes inc. sed.)
Lager krustig, aus feinen Körnchen, grünl, grau. Apothecien blass gelbl, bräunl, mit hellerem Eigenrand. Sp kugelig. LaB-Rinde. 2 Arten. Photobiont: coccoide Grünalge. – **Lit**: **24:** 179 unter *Biatorella*, **179–180**; **25:** 231 unter *Biatorella*, **232**
T: *B. monasteriense* J. LAHM ex KÖRB. – **Kloster-Rundsporflechte**: FleD 233

Bilimbia DE NOT. – Fle (Asc, Lecanoromycetes, Lecanorales, Ramalinaceae)
Lager krustig, körnig, warzig bis fein-schuppig, (hell-)grau, blass braungrau, beige. Photobiont: coccoide Grünalge. 4 Arten. – **Lit**: **24:** 599 als *Mycobilimbia lobulata*; **25:** 196–201 unter *Bacidia*, 1104 unter *Toninia*, **232–234**;
T: ? ; abgebildet *B. lobulata* (SOMMERF.) HAFELLNER & COPPINS – **Gelappte Stäbchenflechte**: FleD 234

1 Auf Gestein **2**
1* Auf Rinde, Holz, Nadeln, Bättern ▸
2 Sp gerade, spindelfö bis stäbchenfö, nicht lang zugespitzt **3**
2* Sp-Form anders: spiralig gewunden oder nadelfö und lang zugespitzt ▸
3 Zellen des Photobionten (Algen) 4–7 µm. Apothecien von Beginn an gewölbt, randlos ▸
3* Zellen des Photobionten größer. Apothecien nicht von Beginn an gewölbt **4**
4 Sp 18–40(–50) × (4–)5–8(–9) µm, spindelfö mit (4–)6–8(–12) Zellen. Apothecien schmutzig rosabraun, braun bis schwärzl. Hypothecien teils farbig (gelb- bis rotbraun, besonders in seinem oberen Teil), teils auch farblos. Epihymenium farblos bis braun, nicht grünl. – [Falls Lager aus dicht zusammenschließenden Schüppchen: *B. lobulata*. Falls Apothecien (zimt-, dunkel-)braun bis schwarz: *B. microcarpa*]
Gewöhnliche Stäbchenflechte – *B. sabuletorum* (SCHREB.) ARNOLD
4* Sp kleiner und auch die übrigen Merkm anders ▸

Bombyliospora siehe *Megalospora*

Botryolepraria CANALS & al. – Fle (Asc, Eurotiomycetes, Verrucariales inc. sed.)
Lager diffus, schwammig-weich, leprös wirkend, blaugrün. Frk und Sp fehlend. Kalkfelsen, Mauern. 4 Arten. – **Lit**: **24:** 536 unter *Lepraria*; **25:** 680 unter *Lepraria*, **235**
1 Art = T: *B. lesdainii* (HUE) CANALS & al. – **Höhlen-Staubflechte**

Brodoa GOWARD – Fle (Asc, Lecanoromycetes, Lecanorales, Parmeliaceae)
Lager blättrig mit schmalen, meist gestreckten Lappen, weißgrau, bräunl, unterseits schwarz. Sorale fehlend. Photobiont: coccoide Grünalge. 1 Art. – **Lit**: **24:** 76, 428 unter *Hypogymnia*, **180**; **25:** 87, 532 unter *Hypogymnia*; **235–237**
T: *B. oroarctica* (KROG) GOWARD; abgebildet *B. atrofusca* (SCHAER.) GOWARD: FleD 236

Bryoria BRODO & G. HAWKSW. – Fle (Asc, Lecanoromycetes, Lecanorales, Parmeliaceae)
Thallus bartartig hängend, selten buschartig aufrecht bis niederliegend, braun bis grau, auch schwarz, mit glatten, stielrunden Zweigen und Abschnitten, häufig mit spaltenfö oder warzenfö Soralen. Photobiont: ähnl *Trebouxia*. Auf NaB und LaB, auch auf Silikatfels. Etwa 12 Arten. – Anm: ähnl *Alectoria* und, *Usnea*, aber die fädigen Lager (diese nicht mit blassgrünl Ton) hier ohne zähen Zentralstrang. – **Lit**: **24:** 71–72, **182–189**; **25:** 75, 77–78, **237–242**
T: *B. trichodes* (MICHX.) D. HAWKSW., abgebildet *B. capillaris* (ACH.) BRODO & D. HAWKSW. – **Haarfeine Moosbartflechte**: Wi 187, FleD 237, UT 26

1 Auf Gestein ▸
1* An Ba-Rinde, Rindenmoosen, Holz **2**
2 Lager kurz strauchig ▸
2* Lager lang bartfö bis locker fädig **3**
3 Lager KC+ rot, K+ intensiv gelb., ohne senkrecht abgehende Kurzzweige (falls doch so oder K− bis K+ gelbl: ▸)
Haarfeine Moosbartflechte – *B. capillaris* (ACH.) BRODO & D. HAWSKW.
3* Lager KC− **4**
4 Lager hellbraun bis dunkelbraun(-schwarz). Sorale weißl bis hellbräunl. Kurzzweige fehlend oder selten
Braune Moosbartflechte – *B. fuscescens* (GYELN.) BRODO & D. HAWKSW.
4* Lager grau, selten hell bräunl, K−. ▸

„Bryoria“
1 Auf Rinde, auf Rindenmoosen und auf Holz ***Bryoria***
1* Auf Gestein, auch auf Felsmoosen **2**
2 Lager dicht verzweigt, am Gestein angedrückt teppichartig. ***Pseudoephebe*** (pr.p.)
2* Lager strauchig-aufrecht bis buschig vom Substrat abstehend o d e r Lager locker dem Gestein anliegend, auch mit aufsteigenden Enden und locker verzweigt
Bryoria (*bicolor*, *chalybeiformis*, *fuscescens*)

Buellia DE NOT. – Fle (Asc, Lecanoromycetes, Caliciales, Caliciaceae)
Lager krustig, außerhalb oder seltener innerhalb des Substrats, bisw mehrminder schuppig bis effiguriert, selten nur innerhalb des Substrats, meist weiß, grau, braun, selten gelbl.

Apothecien schwarz, bisw bereift, Eigenrand auch bisw fehlend, ohne deutl Lagerrand, aber bisw in den Lagern eingesenkt. Asci keulig, meist mit 8 Sp, diese 2- bis 4-zellig, quer-septiert bis mehrminder mauerfö. Photobiont: coccoide Grünalge. Auf anderen Flechten oder auf Erde, Moosen, Pflanzenresten, Rinde, Holz, Gestein. Über 20 Arten. – **Lit**: **24:** 85–87, 94, 96, **190–200**; **25:** 100, 102, 124–125, **242–252**
T: *B. disciformis* (FR.) MUDD – **Scheiben-Schwarzpunktflechte**

1 Auf anderen Flechten (lichenicol) ▸
1* Nicht auf anderen Flechten **2**
2 Auf Erde, Moosen, Pflanzenresten ▸
2* Auf Ba-Rinde, Holz, Gesten **3**
3 Lager sorediös **4**
3* Lager nicht sorediös **5**
4 Sorale (grau-)grünl, blaugrau, gelbl, rundl bis unregelmäßig. K+ gelb bis (bräunl-)rot. Lager am R nichtlappig, nicht rosettig, KC–
Graugrüne Schwarzpunktflechte – *B. griseovirens* (TURNER & BORRER ex SM.)
4* Merkm anders
5 Lager auf Gestein bzw. Sp 4-zellig bis mauerfö bzw. Sp kaum über 16 × 8 µm ▸
5* Lager auf Ba-Rinde, Holz **6**
6 Lager K+ gelb bis rot. Hymenium mit zahlreichen Öltröpfchen.
Scheiben-Schwarzpunktflechte – *B. disciformis* (FR.) MUDD
6* Lager K– oder K+ gelb dann rot, Hymenium ohne Öltröpfchen ▸

„Buellia"
1 Auf anderen Flechten (lichenicol) **2**
1* Nicht auf anderen Flechten. **8**
2 Eigenes Lager gut entwickelt, (grünl-)gelb, braun bis grau. **3**
2* Ohne eigenes Lager **6**
3 Lager (grünl-)gelb, auf *Baeomyces* ***Epilichen*** (pr.p.)
3* Lager grau bis braun, nicht auf *Baeomyces* **4**
4 Inselartig auf gelbl Krustenflechten (*Pertusaria*). Apothecien 0,2–0,4 mm ***Rhizocarpon*** (pr.p.)
4* Nicht inselartig auf gebl Krustenflechten. Apothecien bis zu 0,8–1 mm. **5**
5 Lager angedeutet schuppig, braun, Schuppen meist zusammenfließend ***Monerolechia*** (pr.p.)
5* Lager rein krustig, areoliert, weißgrau bis braungrau. Sp-Oberfläche gestreift oder ohne Ornament ***Buellia*** (*miriquida, uberior*)
6 Auf Laubflechten ***Tetramelas*** (pr.p.)
6* Auf Krustenflechten **7**
7 Auf den gesteinsbewohnenden Krustenflechten der Gattungen *Porpidia* oder *Diploschistes* ***Karschia*** (pr.p.)
7* Auf rinde- oder gesteinsbewohnenden Krustenflechten (aber nicht auf *Porpidia*, nicht auf *Diploschistes*) ***Dactylospora*** (pr.p.)
8 Auf Erde, Moosen, Pflanzenresten. **9**
8* Auf Rinde, Holz, Gestein **14**
9 Lager ± zitronengelb, ockergelb. Sp 2-zellig **10**
9* Lager weißl bis grau. Sp 2- oder 4-zellig. **12**
10 Lager ocker, ockergelb bis schmutzig braun ***Tetramelas*** (pr.p.)
10* Lager zitronengelb **11**

11 Apothecien 1–2 mm, flach, schmal berandet **Catolechia** (pr.p.)
11* Apothecien 0,6–0,8 mm, meist bald hochgewölbt, randlos **Epilichen** (pr.p.)
12 Lager ± gelappt, rosettig wachsend **Buellia** (*asterella, elegans*)
12* Lager nicht gelappt. **13**
13 Lager K−. Gips- oder Kalkböden **Buellia** (*epigaea*)
13* Lager K+, auf Moosen und Resten anderer Pflanzen im Hochgebirge **Tetramelas** (pr.p.)
14 Lager sorediös **15**
14* Lager nicht sorediös **16**
15 Lager rosettig, am R mit strahlig verlängerten, zusammenschließenden Lappen, innen mit Flecksoralen. Gestein und Rinde **Diploicia** (pr.p.)
15* Lager nicht rosettig. Auf Rinde, Holz **Buellia**
16 Sp 2-zellig. **17**
16* Sp 4-zellig bis mauerartig unterteilt. **29**
17 Auf Rinde, Holz **18**
17* Auf Gestein. **21**
18 Sp kaum über 16 × 8 µm. Apothecien bis 0,5 mm **19**
18* Sp überwiegend länger und breiter. Apothecien meist größer **20**
19 Sp 11–16 × 5–8 µm, oft leicht gebogen **Amandinea** (pr.p.)
19* Sp 7–10(–11) × 2,5–4,5 µm **Buellia** (*schaereri*)
20 Lager weißl, grau, beige, UV+orange. K± gelbl **Tetramelas** (pr.p.)
20* Lager weißl, grau, UV−, K+ gelb oder gelborange dann rot **Buellia**
21 Auf Kalkgestein ***Rinodina**
21* Auf Silikatgestein. **22**
22 Lager (grünl-, grau-, blass-)gelb. **23**
22* Lager ohne Gelbton **26**
23 Lager areoliert, am R mit verlängerten Areolen **Dimelaena** (pr.p.)
23* Lager ohne verlängerte R-Areolen. **24**
24 Asci mit dicker Gallertkappe, diese J+ blau **Dactylospora** (pr.p.)
24* Asci ohne dicke Gallertkappe. **25**
25 Apothecien bald aufsitzend, mit Eigenrand, Sp meist gebogen **Tetramelas** (pr.p.)
25* Apothecien eingesenkt, mit Lagerrand. Sp gerade **Buellia** (*jugorum, ocellata*)
26 Apothecien in das Lager eingesenkt. Paraphysen oft mit brauner Kappe, falls ohne braune Kappe: siehe *Orphniospora* **Buellia**
26* Apothecien aufsitzend **27**
27 Lager schwarz bis braun, am R oft angedeutet gelappt **Buellia** (*sandstedei*)
27* Lager nicht schwarz bis braun und nicht zugleich am R gelappt. **28**
28 Lager K− **Amandinea** (pr.p.)
28* Lager zumindest im Mark K+ gelb bis rot **Buellia** (*leptocline, spuria*)
29 Auf Gestein *** Diplotomma**
29* Auf Rinde, Holz **30**
30 Lager gelbl-grün, falls weißl-grau, dann subalpin vorkommend **Tetramelas** (pr.p.)
30* Lager weißl-grau, nicht subalpin (allenfalls bis montan) vorkommend **31**
31 K+ gelb, Sp 2–4-zellig **Buellia** (*disciformis*)
31* K−, Sp 4-zellig bis schwach mauerartig vielzellig *** Diplotomma**

Bunodophoron A. MASSAL. – Fle (Asc, Lecanoromycetes, Lecanorales, Sphaerophoraceae) Lager strauchig, niederliegend bis aufrecht mit verzweigten, verflachten Abschnitten, weißl, grau, grünl-grau, blaugrau. Photobiont: ähnl *Trebouxia*. 1 Art. – **Lit**: **24:** 862 als *Sphaerophorus*; **25:** 1048 unter *Sphaerophorus*, **253–254**

T: *B. australe* (LAURER) A. MASSAL., abgebildet *B. melanocarpum* (SW.) WEDIN – **Schwarzfrucht-Kugelträgerflechte**: FleD 253

Byssoloma TREVIS. – Fle (Asc, Lecanoromycetes, Lecanorales, Pilocarpaceae)
Lager undifferenziert krustig, weiß bis hell grau. Apothecium hellbraun, schwarz. Sp 2- bis 4-zellig. Photobiont: Coccoide Grünalge. An dünnen Ästchen von Fi oder Ta. Im Gebiet 1 Art. – **Lit**: **24:** 88, **200–201**; **25:** 105, **254–255**
T: *B. leprieurii* TREVIS, nicht im Gebiet vertreten. – **Spinnwebflechte** (Gattung)

Pilze, Gattungen C

Caeoma LINK – RostP (Pucciniomycetes, Pucciniales)
Phytoparasiten (Roste) mit unvollständigem Entwicklungszyklus an Gefäßpflanzen. Entwicklungsstadien und unterschiedliche Sp-Formen der Rostpilze siehe unter *Puccinia*. Im Falle von *Caeoma* ist nur 0 und I bekannt; II und III fehlend. I im Wirt subepidermal, später hervorbrechend, ohne Pseudoperidie oder eine solche nur rudimentär, aber z. T. mit randständigen Paraphysen. I-Sp einzellig, in Ketten, mit farbloser, gewöhnl warziger Wand, häufig mit Zwischenzellen. – **Lit**: **13**: 101 als *Melampsora a.*, 692, 728
T: *C. allii-ursini* G. WINTER = 0, I von *Melampsora allii-populina*: JK 53, KS 5a, Gäum 138:123,1 (I-Sp als „Caeoma-Sp“)

Allium: *C. allii-ursini* (= *Melampsora allii-populina*). – ***Ribes***: *C. ribesii* (I flach, ohne Rand, nicht becherfö, orange, pulverig, W nicht deformierend). – ***Scilla***: *C. scillae* (I gelbl, polsterfö und so bleibend, auch reif nicht schüsselfö).

Calathella D.A. REID – CyP (Bas, Agaricomycetes, Agaricales, Niaceae)
Frk schüsselfö bis glockenfö, bräunl, 1–1,5 × 0,8 mm, mit bläul-weißen Randhaaren. Hyphen der HDS inkrustiert, Endzellen oben glatt und nicht verzweigt, 2,5–5 µm dick, schwach dextrinoid, mit in KOH aufquellenden Wänden. Sp formvariabel, asymetrisch oval bis allantoid, 6–8 × 2,5–4 µm. Lignicol auf Ästen und Streu von Pappel. – **Lit**: **11**: 200, **14**: 244
1 Art = T: *C. eruciformis* (BATSCH : FR.) D.A. REID

Calcarisporium PREUSS – SchimP (Asc, Hypocreales, inc. sed.; Anamorphe)
Konidien bildende Zellen häufig wirtelig. Auf einer Vielzahl unterschiedl Pilzgattungen (u. a. *Amanita, Camarophyllus, Cortinarius, Gymnopus, Hypholoma, Hypomyces, Ischnoderma, Lactarius, Leotia, Pholiota, Piptoporus, Rozites, Russula, Strobilurus, Tomentellopsis*)
T: *C. arbuscula* PREUSS

Callistosporium SINGER, Scheinrübling – BläP (Bas, Agaricomycetes, Agaricales, Tricholomataceae)
Frk klein bis mittelgroß mit häufig olivl Farbtönung. L abgerundet angeheftet. Spp weiß bis cremefarben. Schnallen fehlend, Sp im trockenen Zustande mit gelbem Inhalt, der

sich in KOH häufig rot färbt, 5–7,5 × 3,5–4,5 µm, bei seltenen Arten Sp auch größer, z. B. (8–)9–11(–12) × 5–7 µm. Lignicol, meist NaH, auf Holzresten und Strünken, seltener terricol. In Mitteleuropa 1–3 Arten. – **Lit**: **7**: 183, **11**: 129, **14**: 430
T: außereuropäisch, in Europa u. a. vertreten durch *C. luteo-olivaceum* (BERK. & M. A. CURTIS) SINGER – **Gelbblättriger Scheinrübling**: BL 151, CD 360, Ct 1476, 2778, Dh 269, Lg 24 F, Lu 1.6.1

Caloboletus siehe *Boletus* pr.p. (*B. calopus*)

Calocera (FR.) FR., Hörnling – KoP (Bas, Agaricomycotina, Dacrymycetes, Dacrymycetales, Dacrymycetaceae)
Frk zylindrisch, spatelfö oder korallenartig verzweigt, ± gelatinös, mit oder ohne basalen, sterilen stielfö Teil. Hyphen hyalin, ohne Schnallen (bei europäischen Arten). Mit zylindrischen oder schmal keulenfö Hyphidien. Basidien stimmgabelartig geteilt. Sp hyalin, ellipsoid bis etwas allantoid, meist mit 1–3 Septen, glatt, inamyloid, zieml lang und schmal; sie keimen mit Konidien oder Keimschläuchen. Lignicol. 4 Arten. – **Lit**: **9**: 91, **12**: 433
T: *C. viscosa* (PERS. : FR.) FR. – Klebriger Hörnling**:** BK 2.2, Gh 679, Kr 1.73, Lx 593, MJ 6 Cal 1.3, RH 68

1 Frk mehrfach gabelig verzweigt, an der Basis weißl, sonst goldgelb bis orangegelb, fest bis gelatinös, bis 10 cm hoch, Basis oft wurzelartig verlängert, fest-gelatinös. Sp hyalin, 8–13 × 3,2–4,5 µm, dünnwandig, schmal ellipsoid oder etwas allantoid, reif bisw mit einem Septum. Auf Stümpfen und Wurzeln von NaB
Klebriger Hörnling – *C. viscosa* (PERS. : FR.) FR

1* Frk kleiner, kaum mehr als 2 cm hoch, nicht oder kaum gabelig verzweigt, höchstens apikal mit kurzen Seitenzweigen, die auch büschelig angeordnet sein können **2**

2 Meist auf LaH, Sp reif mit einem Septum. Frk einzeln oder büschelig, gelborange. Sp hyalin, 7–10(–12) × 3–4,5 µm, schmal ellipsoid bis etwas allantoid.
Pfriemförmiger Laubholz-Hörnling – *C. cornea* (BATSCH : FR.) FR.

2* Auf NaH oder auf LaH. Sp reif mit 1–3 Septen. Seltene Arten ▸

Calocybe KÜHNER ex DONK, Schönkopf – BläP (Bas, Agaricomycetes, Agaricales, Lyophyllaceae)
Frk mittelgroß bis groß, bisweilen recht fleischig, bei der häufigsten Art weiß, sonst lebhaft gefärbt: gelblich, gelb, rosa, violettl, braun. L am S ausgebuchtet (Ritterlingshabitus). Spp weiß. Basidien siderophil. Hyphen mit Schnallen. Etwa 10 Arten, terricol. –Syn: *C. georgii* = *C. gambosa*. – **Lit**: **7**: 183, **11**: 137, **14**: 496
T: *C. gambosa* (FR. : FR.) DONK – Maipilz: BK 3.144, Br 96, Ct 568, DH 282, Kr 3.142, Lg 26B, 27A, Lu 1.7.6

1 H weiß, schmutzig creme bis ocker **2**

1* H nicht weiß bis ockerl, vielmehr lebhaft gelb, orange, rosa, violettl-braun bis fast schwarz ▸

2 S weder beringt noch wurzelnd. Sp 4–6 × 2–3,5 µm, glatt. H 5–15 cm, weiß bis ockerl, seltener auch gelb. Im Frühjahr auf Wiesen und in lichten Wäldern
Maipilz – *C. gambosa* (Fr. : Fr.) DONK

2* S beringt oder wurzelnd. Sp 7 µm und länger, warzig oder stachelig ▸

Calomyxa NIEUWL. – SchleimP (Mycetozoa. Myxogastria, Trichida, Dianemidae)
Frk zerstreut oder in kleinen Gruppen, (annähernd) sitzend, kugelig, kissenfö oder zylindrisch, 0,2–1 mm im Durchm, außen (Peridie) zunächst rosa, dann beige oder irisierend gelb-grün bis blau-grün. Capillitiumfasern haarfö, unverzweigt, sehr lang, × 0,5–1 µm, mit mehreren Schleifen, Oberfläche mit ± spiralig angeordneten, feinen Stacheln oder Warzen, schwach oder nicht das Licht doppelbrechend. Sp kugelig, 9–12 µm. dickwandig, mit feinen Stacheln oder Warzen. Plasmodium weiß oder rosa. 1–2 Arten. Unter Rinde am Stammholz von LaB und von *Abies*. – **Lit**: **17**: 88, **18**: 216
T: *C. metallica* (BERK.) NIEUWL.: Nan 89, Neub 1.217. – Anm: Vgl. *Prototrichia metallica* mit verzweigtem, mit Spiralleisten ornamentiertem Capillitium.

Calonectria DE NOT. – Pyr (Asc, Sordariomycetes, Hypocreales, Nectriaceae)
Frk winzige orangefarbene bis scharlachrote (in KOH intensiver rot verfärbende) Perithecien auf Falllaub, seltener auf Zweigen. Sp mit 3–5 Septen, 40–80 × 4–8,5 µm. – **Lit: 5**: 279, **10**: 217
T: *C. pyrochroa* (DESM.) SACC. – Abgebildet *C. ochraceopallida* (BERK. & BROOME) SACC.: De 31M

Calonema MORGAN – SchleimP (Mycetozoa, Myxogastria, Trichiida, Trichiidae)
Frk sitzend, kissenfö, bohnenfö oder eifö., 0,2–1,2 mm. Peridie dünn, membranartig, innen ± glatt. Capillitium spärl, röhrenfö, kurz, mit einigen zerstreuten ringfö Verdickungen und schwachen Spiralstrukturen. Sp kugelig, gelb in Masse und im durchscheinendem Licht, mit bisw nicht vollständig geschlossenem (T) oder geschlossenem netzfö Ornament, 15–17 µm (beim T 11–16 µm). 2 Arten, Auf toten Pappelblättern. – **Lit**: **17**: 120, **18**: 225
T: *C. aureum* MORGAN: Neub 1.225. – *C. geesinkii* NANN.-BREMEK.: Nan 121. – Anm: Vgl. *Oligonema schweinitzii.*

Calvatia FR., Großstäubling – BaP (Bas, Agaricomycetes, Agaricales, Agaricaceae)
Frk groß, ± kugelfö. geschlossen, oben die Peridie zerfallend und dann Frk stäubend, ohne vorgebildete Öffnung. Gleba ohne Columella, Capillitium mit runden Poren. Falls Poren spaltenfö siehe *Handkea*. Terricol. – Syn: *C. gigantea* auch als *Langermannia gigantea*, *C. utriformis* = *Handkea u.*, *C. excipuliformis* = *Handkea e.* – **Lit**: **9**: 335, **12**: 490
T: Eine nordamerikanische Art. In Mitteleuropa etwas häufiger *C. gigantea* (BATSCH : PERS.) LLOYD – Riesenbovist: BK 2.511, Gh 607, Kr 2.133, Lx 611, Md 372, Ph 247, RH 596.

1 Frk groß, nicht unter 10 cm, bis zu 50–60 cm, Basal mit Mycelstrang. Sp glatt bis feinwarzig, kugelig bis ellipsoid (so seltener), (3,5–)4–5,5(–6) µm, Wiesen, Weiden, Straßengräben, auf nährstoffreichen Böden
Riesenbovist – *C. gigantea* (BATSCH ; PERS.) LLOYD

1* Frk kleiner, unter 10–16 cm ▸

Calycellina HÖHN. – inop. Disc (Asc, Leotiomycetes, Helotiales, Pezizellaceae)
Frk (fast) sitzend, scheibenfö bis becherfö, weichfleischig, bis zu 1 mm breit. Oberseits (Hymenium) weißl, grau, oliv-lederfarben, gelb, am Frk-Rand bisw mit wenig differenzierten haarähnl Strukturen. Asci zylindrisch bis keulenfö, mit amyloidem Porus, 8-sporig. Paraphysen fädig, 2–3 µm breit, die Asci nicht überragend. Asc-Sp spindelfö bis keulig, zylindrisch oder schmal ellipsoid, hyalin, nicht septiert, 4–7 µm oder 9–18 µm lang, beim T 12–18 × 1,5–2,5 µm. 5 Arten. Auf Blättern, Nadeln, Krautstängeln. – **Lit 5**: 183 (als *Phialina*), **10**: 138
T: *C. punctiformis* (GREV.) HÖHN. = *C. punctata* (FR.) LOWEN & DUMONT = *Phialina puberula* (LASCH) HÖHN. – Gelbes Eichenblattbecherchen: BK 245, De 24H als *Phialinia puberula*

1 Auf Blättern oder Nadeln **2**
1* Auf geschwärzten Stellen abgestorbener Krautstängel *C. chlorinella* (CES.) DENNIS
2 Auf abgefallenen Eichenblättern. Sp 12–18 × 1,5–2,5 µm
Gelbes Eichenblattbecherchen – *C. punctata* (FR.) LOWEN & DUMONT
2* Auf Blättern anderer Pflanzen (z. B. *Populus, Carex*) oder auf Nadeln (*Juniperus*) ▸

Calyptella QUÉL., Schüsselschwindling – CyP (Bas, Agaricomycetes, Agaricales, Mycenaceae)
Frk schüsselfö bis trichterfö, weißl, grau oder gelb, bis 5 mm im Durchm, dorsal gestielt am Substrat hängend, häutig. Zystiden fehlend, Schnallen vorhanden. Sp oval bis ellipsoid, glatt, hyalin, inamyloid, z. B. 7–8,5 × 3,5–4,5 µm (T). Saprobiotisch auf abgestorbenen Resten krautiger Pflanzen, bisw auch lignicol. 3 Arten. – **Lit**: **11**: 200
T: *C. capula* (HOLMSK. : FR.) QUÉL. – **Mützenförmiger Schüsselbecherling**: BK 2.226, Ct 1656, Kr 3.592

Camarophyllopsis HERINK, Samtschneckling – BläP (Bas, Agaricomycetes, Agaricales, Clavariaceae)
Frk eher klein (H z. B. 0,5–3 cm), mit grauen oder braunen Farben und dickl L. H-Oberfläche matt. HDS zumindest mit einzelnen blasenfö Elementen oder auch hymeniform. Schnallen fehlend (vgl. *Dermoloma* mit Schnallen). Spp weiß, Sp rundl bis breit oval, dünnwandig, glatt, inamyloid, z. B. 3,5–5 × 3–4 µm (T). Terricol, Wiesen, Weiden, seltener in Wäldern, 4–5 Arten. – Anm: teilweise auch unter dem Namen *Hygrotrama*. – *C. foetens* auch als *Hodophilus* R. HEIM – **Lit**: **7**: 122, **11**: 92, **14**: 188
T: *C. schulzeri* (BRES.) HERINK – **Graubrauner Samtschneckling**: Br 332, Z MYB 4.2000

Camarophyllus (FR.) P. KUMM., Ellerling – BläP (Bas, Agaricomycetes, Agaricales, Hygrophoraceae)
Frk klein bis mittelgroß mit herablaufenden, dickl L, deren Flanken runzelig-queraderig sind. HDS nicht hymeniform. L-Trama untermischt, weder regulär noch bilateral. Meist mit Schnallen. Spp weiß, nicht amyloid. Terricol, meist im Grasland. 9 Arten. – Syn: vielfach auch unter *Hygrocybe* geführt. *C virgineus* hier inkl. *C. cereopallidus* (mit gelbl-weißem H) und inkl. *C. angustifolius* (mit 4,5–6 µm langen Sp). Jetzt anstelle von *Camarophyllus*

auch als *Cuphophyllus* (DONK) BON. – **Lit**: **7**: 138 als *Hygrocybe*, **11**: 84, **14**: als *Hygrocybe* pr.p. z. B. 205
T: *C. pratensis* (PERS. : FR.) P. KUMM. – Wiesen-Ellerling: BK 3.76, Br 327, CD 171, GH 141, HK 3.257, Lg 165F, F1, Ph 60

1 H orange, orange-fuchsig, wie der S kahl. L blass-orange, am Grunde aderig verbunden. Sp 5–7 × 4–5 µm **Wiesen-Ellerling** – *C. pratensis* (PERS. : FR.) P. KUMM.
1* H grau, braun, cremefarben, weiß oder weißl **2**
2 H weiß oder weißl bis cremefarben **3**
2* H grau oder braun ▸
3 Geruchlos. H 1,5–6(–8) cm, weiß, beim Trocknen weiß bleibend. Sp 7–9,5(–12) × 5–6 µm **Weißer Ellerling** – *C. virgineus* (WULFEN : FR.) P. KUMM.
3* Geruch nach Juchtenleder oder Zedernholz. H mit cremefarbenem Ton bis grauocker, beim Trocknen grau bis grau-ockerl. Sp 4–5 µm breit **Juchten-Ellerling** – *C. russocoriaceus* (BERK. & T.K. MILL.) J.E. LANGE

Camarops P. KARST., Kugelschwamm – Pyr (Asc, Sordariomycetes, Boliniales, Boliniaceae)
Frk (Stroma) unter der Rinde des Substrats hervorbrechend, kissenfö oder flach ausgebreitet, grau, dunkel schokoladenbraun bis schwarz. Oberfläche glatt bis rau, auch mit fingerfö Fortsätzen. Perithecien flaschenfö, zylindrisch, zylindrisch bis prismenfö, gedrängt angeordnet, auch in mehreren Reihen (polystich). Asci schmal, mit nicht-amyloidem Apikalapparat. Sp ellipsoid bis eifö, braun mit undeutl Keimporus am schmaleren Ende, häufig mit 2 Tropfen, z. B. 4,5–6 × 2,5–3 µm (T) oder 7,5–9 × 3,5–5 µm bei *C. petersii* (BERK. & M. A. CURTIS) NANNF. – Bei uns auf LaH. Etwa 4 Arten. – **Lit: 5**: 333, **10**: 235
T: *C. hypoxyloides* P. KARST. = *C. polysperma* (MONT.) J.H. MILLER – **Reichsporiger Kugelschwamm**: Ct 3003, De 36 K

Campanella P. HENN., Aderhäutling – BläP (Bas, Agaricomycetes, Agaricales, Marasmiaceae)
Frk becherfö, ohne S mit dem Rücken am Substrat haftend. H grau mit bläul, grünl oder bräunl Tönen. L netzig-aderig weißl. Cheilozystiden zylindrisch-flaschenfö, oben glatt, basal mit warzigen Auswüchsen. Sp fast mandelfö, 7–10 × 4–5 µm. Herbicol, an Gräsern und Kräutern, Trockenrasen und Dünen. – **Lit**: **7**: 187, **11**: 200, **14**: 287
T: nicht europäisch, bei uns 1 Art = *C. caesia* ROMAGN. – **Wechselfarbener Aderhäutling**: Lu 1.6.1, MJ 3 Camp 1

Candelabrochaete BOIDIN, Kandelaberborstling – RiP (Bas, Agaricomycetes, Polyporales, Phanerochaetaceae)
Frk resupinat, membranös bis etwas wachsartig, ocker. Monomitisch. Hyphen hyalin, ohne Schnallen. Hymenium glatt. Mit quergeteilten, dickwandigen, inkrustierten Septobasidien. Sp hyalin, dünnwandig, glatt, inamyloid, schwach allantoid, 4,5–5,5 × 1,8–2,5 µm. Lignicol, LaB. – Syn. *Scopuloides septocystidiata* = *Candelabrochaete s.* – **Lit**: **9**: 165, **12**: 231
T: nicht heimisch, bei uns 1 Art = *C. septocystidiata* (BURT) BURDS. – **Septen-Kandelaberborstling**: BK 2.167, Ct 2833

Cantharellopsis KUYPER, Weißes Nabeltrichterchen – BläP (Bas, Agaricomycetes, Hymenochaetales, Rickenellaceae)
Frk klein, 0,4–1,5 cm, weiß bis weißl, H alt auch beige bis satt ocker. 10–30 mm. L stark herablaufend, gedrängt, aderig, anastomosierend, gabelig. S oft verzweigt mit mehreren Hüten. Zystiden und Schnallen fehlend. Sp oval, inamyloid, 5,5–6,5 × 3–4 µm. An lebenden Laubmoosen. – Syn: früher auch als *Gerronema a.* – *Arrhenia polycephala, Cantharellopsis. prescotii* = *C. albidum.* – **Lit**: **7**: 257, **11**: 131, **14**: 66
1 Art = T: *C. albidum* (FR. : FR.) KUYPER – **Weißes Nabeltrichterchen**: Br 476,2, Ct 1486, Kr 3.130, Lu 1.3.2, 1.55.7, Ri 2.3

Cantharellula SINGER, Gabelblättling – BläP (Bas, Agaricomycetes, Agaricales, Hygrophoraceae)
Frk mittelgroß bis klein, mit schmalen, durchgehend gabelteiligen, herablaufenden L. H violett-grau bis grau-schwärzl, Geschmack bitter. Sp amyloid, spindelig, lang, 7–11 × 3–4 µm. Terricol. – **Lit**: **7**: 188, **11**: 139, **14**: 234
1 Art = T: *C. umbonata* (J.F. GMEL. : FR.) SINGER – **Rötender Gabelblättling**: BK 3.146, BL 131, Cr 1914, Dh 288, HK 3.194, Lg 198H, Lu 1.9.1, RH 307

Cantharellus JUSS. : FR., Pfifferling – LeiP (Bas, Agaricomycetes, Cantharellales, Cantharellaceae)
Frk mittelgroß bis groß, Hymenophor leistenfö, am S herablaufend, aderig, faltig oder auch netzartig verbunden. Hyphen mit Schnallen. 5 Arten. Terricol. – Syn: *C. lutescens* = *C. aurora*, *C. subpruinosus* = *C. cibarius* var. *alborufescens*; *C. pallens* = *C. cibarius* var. *pallidus*. – **Lit**: **9**: 261, **12**: 62
T *C. cibarius* Fr. : Fr. – Echter Pfifferling: BK 2.481, Dh 1008, Kr 2.10, Lg 197D, Ph 191, RH 133

1 Frk in allen Teilen grau. S hohl (falls S massiv: ►; falls Hyphen ohne Schnallen: siehe *Pseudocraterellus*). Sp 7–12(–15) × 5–8,5 µm
Grauer Pfifferling – *C. cinereus* (PERS. : FR.) FR.
1* Frk wenigstens am S oder am Hymenophor (Leisten) gelb, orange oder in allen Teilen blass, fast weißl **2**
2 S hohl oder bald hohl werdend. H trichterfö **3**
2* S voll. H konvex bis etwas vertieft, aber nicht trichterfö **4**
3 Hymenophor leistenfö, dichotom gabelteilig, gelbl, älter hellgrau bereift. S gelbl mit grauem Mischton, bisw auch fast orangegelb. H 1,5–6 cm, ockergrau bis graubraun, bisw gelbl oder gelb, faserig oder samtig. Geruch banal. Sp 8–12,5 × 6–10 µm. LaW, NaW **Trompeten-Pfifferling** – *C. tubaeformis* (BULL. : FR.) FR.
3* Hymenophor flach-aderig oder unregelmäßig faltig, nicht erhaben leistenfö. S lebhaft goldorange, feuerfarben, seltener gelb. H 3–5 cm, braun, zunächst flockig-schuppig. Geruch stark, ± mirabellenartig. Sp 9–12 × 6–8,5 µm. LaW, NaW
Starkriechender Pfifferling – *C. aurora* (BATSCH) KUYPER

4 Hymenophor gelb. H 3–15 cm, glatt, in der Mitte nicht wesentl trichterfö vertieft. Frk meist gänzl goldgelb, bisw mit davon abweichender Färbung: blassgelb oder weißl in H, (L) und S; oder H mit inkarnat-lilafarbenem bis amethyst-rötl Ton. Sp 7–10,5 × 4–6,5 µm. LaW, NaW **Echter Pfifferling** – *C. cibarius* FR : FR.

4* Hymenophor rosa, orange, gelbrötl oder auch grau mit rosa, lilafarbenen oder violettl Mischtönen und/oder Frk kleiner 1–3(–4) cm ▸

Capillipes R. SANT. – inop. Disc (Asc, Leotiomycetes, Helotiales, inc. sed.)
Bislang nur in Nordeuropa, in Gängen des Lemmings. Frk gestielt-kugelig, unter 1 mm breit. Sp ellipsoid, hyalin, glatt, 8–10 × 2–3 µm. – **Lit 10**: 139
1 Art = T: *C. cavorum* R. SANT.

Capronia SACC. – (Asc, Eurotiomycetes, Chaetothyriales, Herpotrichiellaceae)
C. parasitica (ELLIS & EVERH.) E. MÜLLER & P.J. PETRINI unscheinbare Kleistothecien auf anderen Pilzen (*Diatrype*, *Hypoxylon*)
T: *C. sexdecimspora* (COOKE) SACC.

Catathelasma LOVEJOY, Möhrling – BläP (Bas, Agaricomycetes, Agaricales, Tricholomataceae)
Frk sehr groß, fleischig, kompakt. S spindelig verjüngt mit doppeltem aufsteigendem Ring. H braun. F nach Mehl oder nach Gurken riechend. Spp weiß. Sp gestreckt, 11–13 × 5–6 µm. Terricol. – **Lit**: **7**: 188, **11**: 150, **14**: 429
T nordamerikanisch. Bei uns 1 Art = *Catathelasma imperiale* (QUÉL.) SINGER – **Wurzel-Möhrling**: BK 3.147, CD 464, Dh 310, HK 1.96, Kr 3.148, Lu 1.10.1, Md 803

Cejpomyces siehe *Thanatephorus*

Cellypha DONK – CyP (Bas, Agaricomycetes, Agaricales, Physalacriaceae)
Frk ± verkehrt scheibenfö bis becherfö, am Rücken oder seitl mit dem Substrat verbunden, hängend, weiß, 1–1,5 × 1 mm, am jung eingerollten Rand flaumig bis filzig, Endzellen der Hyphen an Frk-Außenseite keulenfö, kopfig bis keulig, dünnwandig bis etwas dickwandig. Schnallen vorhanden. Sp glatt, inamyloid, (10–)12–13,5 × 3–3,5 µm. Pflanzenreste (*Carex*, *Juncus* etc.). – **Lit: 11**: 201, **14**: 274
1 Art = *T: C. goldbachii* (WEINM.) DONK

Cenangium FR. : FR., Korkbecherling – inop. Disc (Asc, Leotiomycetes, Helotiales, Cenangiaceae)
Frk aus Wirtsgewebe hervorbrechend, sitzend, zunächst kugelig-geschlossen, dann (wenn feucht) becherfö, mit wie aufgerissen erscheinender Öffnung. Oberseits (Hymenium) gelbl bis ockerl mit einwärts gebogenem R. Außen dunkelbraun, bereift. Asci inamyloid. Paraphysen hyalin. Asc-Sp hyalin, nicht septiert, mit Tröpfchen, 10–16 × 4–6 µm (T: 12–14 × 5–6 µm). Wenigstens 2 Arten. Auf Zweigen von Kiefer (*Pinus*; so der T) oder auf Nadeln (von *Pinus, Juniperus*). – **Lit: 5**: 153, **10**: 140
T: *C. ferruginosum* FR. : FR. – **Kiefern-Korkbecherling**: De 22E, RH 650.

Cenococcum (MOUG.) FR. – (Asc, Dothideomycetes, Mytilinidiales, Gloniaceae; Anamorphe)
Bildet EktM; siehe auch *Geophilum, Elaphomyces*
T: *C. geophilum* FR.

Cephaloscypha AGERER – Cyp (Bas, Agaricomycetes, Agaricales, Niaceae)
Frk verkehrt glockenfö, seltener schüsselfö, bisw am Rücken kurz gestielt, weiß, 1–2 mm. Endzellen der Hyphen an Frk-Außenseite keulenfö, ± dickwandig, glatt. Schnallen vorhanden. Sp ± kommafö, (7,5–)8,5–11(–12) × 3–4 µm. Herbicol an Farnen. – **Lit**: **11**: 201
1 Art = T: *C. morlichensis* (W.B. COOKE) AGERER

Cephalotrichum LINK – SchimP (Asc, Sordariomycetes, Microascales, Microascaceae; Anamorphe)
Konidienträger in Synnemata gebündelt; diese braun oder grau. Konidien braun, grau oder schwarz, in Ketten.
T: *C. stemonitis* (PERS.) NEES

Ceraceomyces JÜLICH, Wachsrindenpilz – RiP (Bas, Agaricomycetes, Amylocorticiales, Amylocorticiaceae)
Frk resupinat, membranös-wachsartig. Hymenium glatt oder etwas faltig. Monomitisch, Hyphen mit Schnallen. Sp hyalin, dünnwandig bis etwas dickwandig, glatt, inamyloid. 5 Arten. Lignicol auf NaH und LaH, z. T. auch auf alten Porlings-Frk. – **Lit**: **9**: 147, **12**: 154
T: *C. tessulatus* (COOKE) JÜLICH. Weiter verbreitet *C. crispatus* (O.F. MÜLL.) RAUSCHERT – Aderiger Wachsrindenpilz: BK 2.90, Kr 1.176, RH 84

1 Frk in KOH violett. mit zimtbraun inkrustierten basalen Hyphen ▸
1* Frk in KOH nicht violett, nicht mit zimtbraun inkrustierten basalen Hyphen **2**
2 Hymenium glatt ▸
2* Hymenium etwas faltig **3**
3 Sp 3,5–5 µm lang, zylindrisch bis ellipsoid. Frk ocker bis hellbräunl
Aderiger Wachsrindenpilz – C. *crispatus* (O.F. MÜL.) RAUSCHERT
3* Sp 6–8(–10) µm lang, zylindrisch bis birnenfö ▸

Ceratellopsis KONR. & MAUBL. – KoP (Bas, Agaricomycetes, Gomphales, Gomphaceae)
Frk fadenfö, nadelfö bis wurmfö, klein, bis 3 mm lang, meist unverzweigt mit abgesetzter steriler Spitze, weiß bis weißl, allenfalls mit bräunl Basis, ohne Sklerotium. Monomitisch, mit oder ohne Schnallen. Sp hyalin, glatt, dünnwandig, nicht oder schwach amyloid, kugelig bis ellipsoid, z. B. 4–6 × 2–3 µm (T). Auf Pflanzenresten. 3 Arten. – **Lit**: **9**: 282, **12**: 66
T: *C. aculeata* (PAT.) CORNER

Ceratiomyxa SCHROET. – SchleimP (Mycetozoa, Protostelia, Protosteliales, Ceratomyxaceae)
Frk blass, u. a. weiß, wässerig bei Reife, 1 mm hoch, säulenfö, auch verzweigt. Sp an stielartigen Fortsätzen jeweils einzeln, nach außen (exogen) gebildet, ellipsoid bis fast kugelig,

12–13 × 6–7 µm. Plasmodium farblos oder blass gelb. In Mitteleuropa 1 Art. LaH, NaH. – **Lit**: **17**: 31, **18**: 39
T: *C. fruticulosa* (O.F. MÜLL.) T. MACBR.: Nan 32, Neub 1.40–41.

Ceratobasidium ROGERS, Wachsbasidie – RiP (Bas, Agaricomycetes, Sebacinales, Sebacinaceae)
Frk resupinat, häutchenfö bis wachsartig, glatt. Monomitisch. Hyphen hyalin, ohne Schnallen, oft rechtwinkelig verzweigt, Zystiden fehlend. Basidien Sp zu 2–4(–6) an den Basidien (mit bis zu 15 µm langen Sterigmen), hyalin, dünnwandig, glatt, inamyloid, 6–16 µm lang, z. B. 8–12 × 3–4 µm, Sekundärsp bildend. Moose, Kräuter, lignicol auf LaH und NaH. – **Lit**: **9**: 112, **12**: 450
T: nicht heimisch. abgebildete Art *C. pseudocornigerum* M.P. CHRIST. – **Wachsbasidie**: BK 2.41

Ceratorhiza R.T. MOORE – (Bas, Agaricomycetes, Ceratobasidiaceae, Anamorphe)
1–5 mm große, (hell-, dunkel-)graue, oft perlschnurartig gereihte Sklerotien auf *Agrostis*, *Holcus*, *Brachypodium* und andere Gattungen von Süßgräsern.
T: ?; abgebildet *C. rhizodes* (AUERSW.) Z.H. XU & al.: JK 316

Cercophora FUCKEL – Asc (Sordariomycetes, Sordariales, Lasiosphaeriaceae)
Frk birnenfö, auf dem Substrat oder darin halb eingesenkt, × 350–700 µm, mit bis zu 350 µm langem Hals. Asci 220–310 × 15–18 µm, mit Apikalring, 8-sporig. Sp in 2 oder 3 Reihen, hyalin, gebogen, dünnwandig, zunächst nicht septiert, 52–75 × 4–5 µm, mit 30–68 × 2–5 µm messenden 2 Fortsätzen. Einige Arten auf Dung.
T: *C. mirabilis* FUCKEL

Cercospora FRESENIUS ex FUCKEL – (Asc, Dothideomycetes, Capnodiales, Mycosphaerellaceae; Anamorphe)
Parasitisch auf verschiedenen Pflanzen, büschelig, graul Rasen bildend. Konidienträger gebündelt, einfach bis selten verzweigt, gerade oder hin und her gebogen, bisw gekniet, (oliv-)braun. Konidien mehrzellig, verkehrt keulenfö oder pfrieml, farblos oder blass. – **Lit**: **3**: 1062
T: *C. apii* FRESENIUS: Bra 1063, 218; abgebildet auch *C. beticola* SACC. JK 95

Cerinomyces G.W. MARTIN – RiP (Bas, Dacrymycetes, Dacrymycetales, Dacrymycetaceae)
Frk resupinat, dünn, wachsartig, bis 2 cm im Durchm. Hymenium glatt, ocker. Monomitisch. Hyphen mit Schnallen. Basidien zylindrisch, oben gegabelt, Sterigmen bis zu 17 µm lang. Sp allantoid, hyalin, dünnwandig, glatt, inamyloid, 7–12 × 2,5–4 µm, ohne Septen. Lignicol auf NaH. – **Lit**: **9**: 92, **12**: 433
T: außereuropäisch, in Europa 1 Art = *C. crustulinus* (BOURD. & GALZIN) G.W. MARTIN

Cerioporus siehe *Polyporus*

Ceriporia DONK, Wachsporling – PoP (Bas, Agaricomycetes, Polyporales, Phanerochaetaceae)
Frk einjährig, resupinat, oberseits mit Poren. Monomitisch. Hyphen hyalin, ohne Schnallen. Zystiden fehlend. Sp hyalin, glatt, inamyloid. 5 Arten. Lignicol auf LaH und NaH. – **Lit**: **9**: 170, **12**: 322
T: *C. viridans* (BERK. & BROOME) DONK – Grünfärbender Wachsporling: BK 2.374, Ct 2839

1 Po rosa bis purpurn ▶
1* Poren grünl, auch weiß, creme bis zimtfarben 2
2 Sp 3–5 × 1,5–2,5 µm, Poren 0,5–3 mm tief, jung weiß bis creme, alt zimtfarben bis schmutzig grünl-braun oder rötl-braun, auch orange, fleischfarben oder lila. Frk bis 20 cm lang, frisch weich. Auf morschem LaH
Grünfärbender Wachsporling – *C. viridans* (BERK. & BROOME) DONK
2* Sp 5–10 × 2,5–4 µm. Poren jung weiß, alt tiefer gefärbt 3
3 Sp 6–10 × 2,5–4 µm. Poren alt zimtfarben
Netziger Wachsporling – *C. reticulata* (HOFFM. : FR.) DOMANSKI
3* Sp 5–6(–8) × 2,5–4 µm. Poren alt purpurrot bis rotbraun. Nordeuropäische Art ▶

Ceriporiopsis DOMANSKI., Wachsporenschwamm – PoP (Bas, Agaricomycetes, Polyporales, Phanerochaetaceae)
Frk resupinat, einjährig, wachsartig. Monomitisch. Hyphen hyalin, mit Schnallen. Zystiden fehlen. Sp hyalin, glatt, dünnwandig, inamyloid. 5 Arten. Lignicol, fast immer auf LaH. – **Lit**: **9**: 221, **12**: 346
T: *C. gilvescens* (BRES.) DOMANSKI – Fleckender Wachsporenschwamm: BK 2.375, Ct 2020, MJ 5 Cer 1, Ph 237

1 Poren mit rosa Schimmer. oder auf Druck rotbraun werdend. LaH
Fleckender Wachsporenschwamm – *C. gilvescens* (BRES.) DOMANSKI
1* Poren weiß bis braun ohne rosa Schimmer. 2
2 Sp ellipsoid oder fast kugelig, 2,5–5 µm breit 3
2* Sp allantoid bis fast zylindrisch, 0,5–2 µm breit. 4
3 Sp 2,5–4 × 2–2,5 µm , ellipsoid bis fast kugelig. Frk weißl, oberseits mit cremefarbenen, eckigen Poren, 3–5 pro mm.
Weicher Wachsporenschwamm – *C. mucida* (PERS. : FR.) GILB. & RYVARDEN
3* Sp breiter ▶
4 Sp allantoid, 3,5–4,5 × 0,5–1 µm, allantoid. Poren 6–8 pro mm. vom Subiculum durch eine dünne dunkle Linie getrennt. Hyphen teilw inkrustiert. LaH und NaH
Gallertiger Wachssporenschwamm – *C. pannocincta* (ROMELL) GILB. & RYVARDEN
4* Sp 1–2 µm breit. Poren 2–5 pro mm ▶

Cerocorticium HENNINGS, Reibeisenpilz – RiP (Bas, Agaricomycetes, Polyporales, Meruliaceae)
Frk resupinat, membranös oder etwas wachsartiger Hymenialschicht. Hymenium glatt, gelbl bis creme-ocker. Monomitisch. Hyphen mit Schnallen. Hyphidien hyalin, selten etwas

verzweigt. Sp hyalin, glatt, inamyloid, fast kugelig bis breit ellipsoid, 5–8 × 5–6 µm. Bei uns 1 Art. Lignicol auf LaH und NaH. – **Lit**: **12**: 125
T: tropisch. Bei uns *C. sulphureoisabellinum* (LITSCH.) JÜLICH & STALPERS – **Isabellfarbener Reibeisenpilz**.

Cerrena GRAY, Langporenpilz – PoP (Bas, Agaricomycetes, Polyporales, Polyporaceae)
Frk meist konsolenfö sitzend, auch resupinat oder effus-reflex, 3–10 cm lang, oberfläche grau, durch Algen oft grün. Trama von der rau behaarten HDS durch schwarze Linie getrennt (Anschnitt!). Poren längl-labyrinthisch, grau bis hell-grau. Trimitisch, generative Hyphen hyalin mit Schnallen, Skelett- und Bindehyphen ebenfalls hyalin. Sp hyalin, breit ellipsoid, 4,5–7 × 2,5–3,5 µm. LaH. – **Lit**: **9**: 227, **12**: 361
1 Art = T: *C. unicolor* (BULL. : FR.) MURRILL – **Aschgrauer Langporenpilz**: BK 2.345, HK 2.57, Kr 1.501, MJ 5 Cerr 1, RH 170

Chaetoderma PARMASTO – RiP (Bas, Agaricomycetes, Russulales, Stereaceae)
Frk flach kissenfö, 1–2 cm im Durchm, 0,5–2 mm dick. Hymenium ± glatt, hellgrau bis ockerfarben. Hyphen hyalin, mit Schnallen, dünn- bis etwas dickwandig, hauptsächl vertikal angeordnet. Zystiden hyalin, zylindrisch, dickwandig, glatt oder wenig inkrustiert bis 300 × 9 µm. Sp spindelfö, etwas gebogen, 12–16 × 4–6 µm. NaH (meist *Picea*). – **Lit**: **9**: 191, **12**: 152
1 Art = T: *C. luna* (ROMELL ex P.D. ROGERS & H.S. JACKS.) PARMASTO

Chaetomium KUNZE – Asc (Sordariomycetes, Sordariales, Chaetomiaceae)
Frk annähernd kugelfö, 150–220 µm, mit braunen, langen, spiralig gedrehten und oben gekrümmten, z. T. auch zugespitzten und z. T. gabelig verzweigten Haaren. Asci 8-sporig, 25–35 × 10–13 µm. Sp braun, ellipsoid, an den Polen verjüngt, 7–8 × 4–5,5 µm. Auch als schimmelartig wachsende Anamorphen auf Papier, Pappe, Tapeten etc. Vielfach auch auf Dung mit Frk. – **Lit**: HEINE & WELT 2007

Chaetoporellus BONDARTSEV & SINGER – RiP (Bas, Agaricomycetes, Hymenochaetales, Schizoporaceae)
Frk resupinat, bis 10 cm lang, oberseits poroid, einjährig, erst weißl, dann creme-ocker bis ockerbraun. Poren 1–2 pro mm, teilw auch unregelmäßig-labyrinthisch. Monomitisch, Hyphen hyalin oder gelbl (in Röhrentrama und Subiculum), dünnwandig bis dickwandig, mit schnallen. Leptozystiden vorhanden. Sp hyalin, allantoid, 3–4 × 0,5–0,8 µm. Lignicol auf NaH (*Picea*, *Pinus*). – **Lit**: **9**: 209, **12**: 336
1 Art = T: *C. latitans* (BOURD. & GALZIN) BONDARTSEV & SINGER ex SINGER:

Chalciporus BATAILLE, Zwergröhrling, Pfefferröhrling – RöP (Bas, Agaricomycetes, Boletales, Boletaceae)
Frk mittelgroß, H leicht schmierig, S-Basis tief gelb. Röhren mit rötl Farbkomponente. Geschmack bei der häufigsten Art brennend scharf. Sp spindelig oder breit ellipsoid bis fast kugelig. 3 Arten. Terricol, EktM – **Lit**: **7**: 95, **11**: 67, **14**: 169

T: *C. piperatus* (BULL. : FR.) BATAILLE – Pfefferröhrling: BK 3.27, CD 1632, Dh 51, KM 419.1, Kr 2.251, Ph 194

1 Geschmack brennend-scharf. H und S orangebraun. H 2–7(–10) cm. Poren und Röhren rostbräunl bis orangebraun. F besonders in S-Basis tief-gelb. Sp 7–12(–13) × 3,5–5 µm. Myk mit NaB (*Pinus, Picea, Abies*), seltener mit LaB.
Pfefferröhrling – *C. piperatus* (BULL. : FR.) BATAILLE

1* Merkm anders. Geschmack mild oder schwach bitter. Falls scharf, dann Poren und Röhren hellrot bis rosa. Sp bisw auch rundl-oval (siehe auch *Rubinoboletus*) ▸

Chamaemyces EARLE, Schmierschirmling – BläP (Bas, Agaricomycetes, Agaricales, Agaricaceae)
Frk mittelgroß, weißl-ocker, mit weißen freien L. S mit ringfö flüchtigem Velum. Spp creme bis hell ocker. Mit Dermato-, Pleuro- und Cheilozystiden. HDS hymeniform. Sp klein, 4,5–5 × 2–2,5 µm. 1(–2) Arten. Terricol. – **Lit**: **8**: 131, **11**: 251, **14**: 530
T: *C. fracidus* (FR.) DONK – **Fleckender Schmierschirmling**: BK 4.200, Br 41, Dh 509, HK 3.12, KM 16.2, Lg 15B, Lu 1.12.1

Chamonixia ROLLAND, Bergtrüffel – Hyp (Bas, Agaricomycetes, Boletales, Boletaceae)
Frk fast kugelig, 2–3 cm breit, 1–2 cm hoch, mit 4 mm langem und 3 mm breitem S, dieser alt oft nicht mehr sichtbar, basal mit weißen Mycelsträngen. Peridie weißl, an der Luft oder auf Druck kornblumenblau verfärbend.. Gleba mit hohlen Kammern, fleischig, trocken, erst weiß, verletzt blauend, dann rötl-violett, schließl braun-schwarz. Sp 17–25 × 12–15 µm, mit 8–12 Längsrippen. Terricol unter Fichte. – **Lit**: **12**: 547
1 Art = T: *C. caespitosa* ROLLAND – **Blauende Bergtrüffel**: BK 2.492, MS 383

Cheimonophyllum SINGER, Gnomseitling – BläP (Bas, Agaricomycetes, Agaricales, Cyphellaceae)
Fr klein, weiß, H kreisfö bis spatelfö, mit kurzem seitl Stielchen am Substrat fixiert. L gedrängt. Cheilo- und Pleurozystiden fädig, keulig, knorrig. Sp kugelig bis schwach eckig, nicht amyloid, 5–6 × 4,5–5,5 µm. Lignicol an LaH-Ästchen, auch an Krautstängeln. – **Lit**: **7**: 189, **11**: 150, **14**: 275
1 Art = T: *C. candidissimum* (BERK. & M. A. CURTIS) SINGER – **Weißer Gnomseitling**: CD 168, Lu 1.13.1, RH 316

Chloridium LINK – (Asc, Sordariomycetes, Chaetosphaeriales, Chaetosphaeriaceae; Anamorphe)
Mycel septiert. Konidien nur an der Spitze von unverzweigten Trägern entstehend. Auch auf anderen Pilzen vorkommend wie der T (z. B. auf *Diatrype*, *Polyporus*). Teleomorphe *Chaetosphaeria*.
T: *C. viride* LINK

Chlorociboria SEAVER ex C.S. RAMAMURTHI, KORF & L.R. BATRA, Grünspanbecherling – inop. Disc (Asc, Leotiomycetes, Helotiales, Chlorociboriaceae)

Frk gestielt, oben schüsselfö bis augebreitet-flach, bisw spatelfö, 2–7 mm (beim T bis 5 mm) breit. Oberseits (Hymenium) gelbl-grün (so beim T) bis bläul-grün; außen glatt bis fein-wollig, gleichfarben oder intensiver bläul-grün. S kurz, wie die Außenseite des oberen Teiles gefärbt, kleiig. Asci mit entschieden amyloidem Porus. Asc-Sp ellipsoid bis spindelig, hyalin oder mit grünl Inhalt, bisw (selten) septiert, 9–14 × 2–4 µm (so beim T) oder 5–7 × 1–2 µm (so bei *C. aeruginascens*). 2 Arten. Lignicol auf zersetzendem, entrindetem LaH, dieses intensiv bläul-grün verfarbend. – **Lit: 5**: 148 als *Chlorosplenium*, **10**: 140
T: *C. aeruginosa* (PERS. : FR.) SEAVER ex C.S. RAMAMURTHI, KORF & L.R. BATRA – **Großsporiger Grünsspanbecherling**: De 22F, RH 648

Chlorencoelia DIXON, Olivbecherling – inop. Disc (Asc, Leotiomycetes, Helotiales, Cenangiaceae)
Frk gestielt, schüsselfö bis ausgebreitet(-exzentrisch), 5–15 mm breit. Oben (Hymenium) frisch olivl, trocken bräunl, außen dunkel oliv bis bräunl, bereift bis kleiig, schließl furchig bis runzelig. S 3–5 × 0,5–1 mm, wie die Außenseite des Bechers gefärbt. Asci mit entschieden amyloidem Porus. Asc-Sp zweireihig im Ascus, schmal ellipsoid, gebogen bis allantoid, hyalin, 10,5–15,5 µm. Auf sich zersetzendem LaH (*Alnus, Quercus, Fraxinus, Salix*). – **Lit: 10**: 140
1 Art = T: *C. versiformis* (PERS. : FR.) DIXON – **Vielgestaltiger Olivbecherling**: BK 1.201, RH 649

Chlorophyllum MASSEE, Grünsporschirmling, Safranschirmling – BläP (Bas, Agaricomycetes, Agaricales, Agaricaceae)
Frk groß, fleischig, H grobschuppig, L frei, S mit verschiebbarem, recht dicken Ring, F rötend. Spp weiß. Sp groß, pseudoamyloid, mit Keimporus, 8–12,5 × 5,5–8,5 µm. 3–4 Arten. Terricol. – **Lit**: **8**: 131, **11**: 263 als *Macrolepiota r*., **14**: 531
T: nordamerikanisch. Bei uns die vielfach noch miteinander vermengten Arten *C. olivieri* (C. o.) und *C. rachodes* (C. r.): BK 4.257 (C. r.), CD 713 (C. r.), Ct 1706 (C. r.), HG 36 (C.o.) HK 1.30 (C.o.?), Kr 4.132 (C.o.), Lg 9C (C.o.), Ph 25 (C.o. links; C.r. rechts;)

1 H-Oberfläche mit in radialen Reihen angeordneten, spitz abstehenden Schuppen auf bräunl Grund. S-Basis eher keulig
Typischer Safranschirmling – *C. olivieri* (BARLA) VELLINGA
1* H-Oberfläche mit konzentrisch angeordneten, dicken, anliegend schollenfö Schuppen auf weißl Untergrund. S-Basis eher knollig **2**
2 S mit dickem, doppeltem Ring
Echter Safranschirmling – *C. rachodes* (VITTAD.) VELLINGA
2* S mit dickem, einfachem Ring
Brauner Safranschirmling – *C. brunneum* (FARL. & BURT.) VELLINGA

Choiromyces VITTAD., Mäandertrüffel – Hyp (Asc, Pezizomycetes, Pezizales, Tuberaceae)
Frk unregelmäßig, annähernd kugelig, höckerig-faltig, bis zu 10–12 cm, weißl-gelbbräunl, lehmfarben, braun. Gleba weiß, später gelbbraun, mit zahlreichen gewundenen, fertilen

Bändern, dazwischen mit weißen Adern. Geruch aromatisch. Sp kugelig, unregelmäßig mit Stacheln besetzt, hell gelbl, 16–22(–26) µm. terricol. LaW.
1 Art = T: *C. venosus* (FR.) TH. FRIES – **Stachelsporige Mäandertrüffel**: Ce 18, Dh 1139, HK 1.199, Lx 691, MS 139, RH 635

Chondrostereum POUZAR, Knorpelschichtpilz – SchichtP (Bas, Agaricomycetes, Agaricales, Cyphellaceae)
Frk resupinat bis effus-reflex, oberseits zottig behaart, weißl, hellocker bis bräunl. Hymenium glatt bis etwas faltig, purpurn bis braun-violett. Monomitisch. Zystiden bläschenfö, dünn- bis etwas dickwandig, glatt. Sp hyalin, glatt, dünnwandig, inamyloid, 5–8(–10) × (2–)3–4 µm. Lignicol auf LaH. – **Lit**: **9**: 155, **12**: 159
1 Art = T: *C. purpureum* (PERS. : FR.) POUZAR – **Violetter Knorpelschichtpilz**: CD 69, Ct 747, Ja 52, Kr 1.182, MJ 5 Chondr 1

Christiansenia siehe *Syzygospora*

Chromocyphella DE TONI & LEVI, Flaumschälchen – CyP (Bas, Agaricomycetes, Agaricales, Chromocyphellaceae)
Frk 1–5 mm, dorsal am Substrat (Moose) befestigt, oberseits weiß bis cremefarben, seidig-filzig oder bereift, am Rand fein-haarig. Hymenium glatt oder mit stark reduzierten L, erst cremefarben, dann zimt- bis rostbraun. Hyphen mit Schnallen, Zystiden fehlend. Sp braun, fast kugelig bis breit ellipsoid, bisw leicht eckig, fleckig-warzig, 8–10 × 6,5–8,5 µm. Bryicol. – **Lit**: **11**: 351
T: ?; bei uns 1 Art = *C. muscicola* (FR. : FR.) DONK – **Moosbewohnendes Flaumschälchen**: Abb. KARASCH & DÜRHAMMER 2005: 25

Chromosera REDHEAD, AMIRATTI & NORVELL, Violettblattnabeling – BläP (Bas, Agaricomycetes, Agaricales, Hygrophoraceae)
H 0,5–3 cm, genabelt, durchscheinend gerieft, anfangs mit bläul Tönen, dann schmutzig gelbl-braun mit olivl Mischtönen, oder auch eher gelb. H-Rand oft ± blau, kerbrandig-lappig. L herablaufend, blass violett-blau, L-Schneide tiefer gefärbt (grün bis blau) oder auch weißl. S zunächst bläul und so auch lange an der S-Spitze bleibend, später grünl oder bläul-gelb mit bläul Basalmycel. Schnallen vorhanden. Spp weiß, Sp hyalin, glatt, inamyloid, 6,5–9(–10) × 3,5–4,5 µm. Lignicol auf morschem NaH. – Anm: Hierzu jetzt auch einige früher unter *Hygrocybe* geführte Arten wie *C. citrinopallida* (A.H. SMITH & HESLER) VIZZINI & ERCOLE, *C. lilacina* (P. KARST.) VIZZINI & ERCOLE, *C. xanthochroa* (P.D. ORTON) VIZZINI & ERCOLE. – **Lit**: **7**: 395, **11**: 94 als *Omphalina c.*, **14**: 191
1 Art = T: *C. cyanophylla* (Fr.) REDHEAD, AMIRATTI & NORVELl – **Schöner Violettnabeling**: Ct 2770, Kr 3.479, Lu 1.55, MJ 3 Omph 6.

Chroogomphus (SINGER) O.K. MILLER, Gelbfuß – BläP (Bas, Agaricomycetes, Boletales, Gomphidiaceae)
Frk mittelgroß, fleischig, mit dickl, weichen, stark herablaufenden, ocker bis orange-braunen L, mit faserigem Velum, H-Oberfläche trocken bis leicht schmierig. S-Basis amyloid.

Spp schwarz bis olivschwärzl. Sp spindelfö lang. 2–3 Arten. Terricol. EktM mit NaB. – Anm: Die morphologisch und chemisch gut charakterisierte Gattung ist molekulargenetisch offenbar nicht von *Gomphidius* zu trennen, daher *C. rutilus* auch als *Gomphidius r.* – **Lit**: **7**: 120, **11**: 78, **14**: 153

T: *C. rutilus* (SCHAEFF. : FR.) O.K. MILL. – Kupferroter Gelbfuß: HK 1.137, Kr 2.341, Lg 161 D, E, Lu 1.30.1, Ph 190

1 H bei feuchtem Wetter schmierig, kahl, glatt und glänzend, grau-orange, braun-orange bis kupferrötl. Unter 2-nadeligen Kiefern (meist *Pinus sylvestris*). Sp 18–24 × 6–7 µm
Kupferroter Gelbfuß – *C. rutilus* (SCHAEFF. : FR.) O.K. MILL.

1* H faserig-filzig bis filzschuppig, trocken, matt, nach längerem Regen bisw etwas schmierig. In allen Teilen lebhaft orange. Unter Fichten (*Picea*) oder unter 5-nadeligen Kiefern (*Pinus cembra, P. strobus*), vorwiegend im Gebirge, seltener in die Ebene verschleppt. Sp 14,5–23 × 6,8–8 µm
Filziger Gelbfuß – *C. helveticus* (Singer) M.M. MOSER agg.

Chrysomphalina CLÉMENÇON, Goldnabeling – BläP (Bas, Agaricomycetes, Agaricales, Hygrophoraceae)

Frk klein bis allenfalls mittelgroß. H genabelt, ± hygrophan, gelbl-grün, gelbl-braun bis dunkelbraun. L herablaufend, entfernt, weißl, grünl-gelb oder goldgelb. S dem H gleichfarben oder blass gelbl bis grünl gelb. Spp weiß bis gelbl. Schnallen fehlend. Sp ellipsoid bis mandelfö, glatt, nicht amyloid, 7–9–12 × (4,5–)5–6 µm. 2 Arten. Lignicol. – Syn: Die Verwendung des Namens *Chrysomphalina* ist (als Homonym) nomenklatorisch umstritten. *C. chrysophylla* auch als *Gerronema c.* geführt. – **Lit**: **7**: 397, 401, **11**: 97 als *Gerronema* pr.p., **14**: 191

T: *C. chrysophylla* (FR. : FR.) CLÉMENÇON – **Goldblättriger Goldnabeling**: BL 129, Br 258, CD 330, Ct 608, Kr 3.150, Lu 1.55.9

Chrysomyxa UNGER – RostP (Pucciniomycetes, Pucciniales, Melampsoraceae)

Phytoparasiten (Roste) an Gefäßpflanzen mit vollständigem Entwicklungszyklus; Entwicklungsstadien und unterschiedliche Sp-Formen der Rostpilze siehe unter *Puccinia*. I becherfö, mit ausgeprägter einschichtiger Pseudoperidie, deren Zellen meist lang und schlank sind. I-Sp und II-Sp warzig, in Ketten, ungestielt. II ohne Pseudoperidie. III subepidermal, III-Sp einzellig, ungestielt, in gedrängt stehenden Ketten. Ww meist zwischen *Picea* und Ericaceae. – Anm: Ungestielte, in Ketten angeordnete, nicht gestielte II-Sp sonst nur bei *Coleosporium*. – **Lit**: **13**: 589, 626, 673, 689

T: *Ch. abietis* (WALLR.) UNGER: Gäum 101:86a (III); abgebildet auch *Ch. rhododendri* (DC.) DE BARY – **Fichten-Alpenrosen-Rost**: JK. 297, 352

Orthilia* (II, III)**: *Ch. ramischiae*. – ***Picea* (0, I** oder **III)**: *Ch. abietis* (nur III, an Nadeln, polsterfö, strichfö. Kein Ww), *Ch. ledi* [(An Nadeln. I gelb, I-Sp 20–38 × 15–28 µm, Ww *Rhododendron* (*Ledum*)], *Ch. pyrolata* (0 I, an Zapfen, jede Schuppe außen mit meist zwei, bis erbsengroßen I, Ww *Pyrola*], *Ch. rhododendri* (0 I, an Nadeln, Ww *Rhododendron*). – ***Pyrola: *Ch. pyrolata*. – ***Rhododendron***: *Ch. rhododendri*

Chrysonilia ARX, Roter Bäckerschimmel – SchimP (Sordariomycetes, Sordariales, Sordariaceae; *Anamorphe von Neurospora*)
Mycel septiert, verzweigte Konidien in Ketten an verzweigten Trägern. Häufig als rötl Überzug auf Brot.
T: *C. sitophila* (MONT.) ARX

Chrysosporium CORDA – SchimP (Anam, Asc, Eurotiomycetes, Onygenales, Gymnoascaceae, Arthrodermataceae)
Die Teleomorphen gehören verschiedenen Gattungen in zwei Familien an. Vorkommen u. a. auf Haut, Haaren, Federn. – **Lit**: **21**: 114.
T: *Ch. corii* CORDA = *Ch. merdarium* (EHRENB.) J.W. CARMICH.

Ciboria FUCKEL, Stromabecherling – inop. Disc (Asc, Leotiomycetes, Helotiales, Sclerotiniaceae)
Frk schüsselfö bis flach, schließl auch mit herabgebogenem R, bräunl, gestielt, aus stromatisiertem Wirtsgewebe entstehend. Das äußere Excipulum aus kugeligen Zellen. Asc-Sp ellipsoid, hyalin, einzellig. Makrokonidien-Stadium fehlend. Über 10 Arten. Auf sich zersetzenden, stromatisierten Kätzchen, Früchten, Blättern etc. im Frühjahr und Frühsommer. – Syn: *C. amentacea* = *C. caucus; C. amenti* = *Crocicreas a.*; *C. bulgarioides* = *Piceomphale b.* – **Lit: 5**: 109, **10**: 167
T: *C. caucus* REBENT. : FR. – Kätzchen-Stromabecherling: BK 1.146, Ct 2960, De 17L, , Ge 569, RH 654

1 Auf ♂ Kätzchen (von Hasel, Weide etc.) **2**
1* Auf Früchten, Blättern, Blütenständen, Brutbulbillen, nicht auf ♂ Kätzchen (bisw aber auf ♀ Kätzchen) **4**
2 Auf Kätzchen von Hasel (*Corylus*). Sp 9,5–15,5 × 6–8 µm
Hasel-Stromabecherling – *C. coryli* (SCHELLENB.) N. F. BUCHWALD
2* Auf anderen Kätzchen; falls auf Hasel Sp weniger als 10 µm lang **3**
3 Auf ♂ Kätzchen von Birke
Birken-Stromabecherling – *C. betulicola* J.W. GROVES & E.S. ELLIOT
3* Auf ♂ Kätzchen von Erle, Pappel oder Weide (*Alnus, Populus, Salix*); selten auch auf Hasel (*Corylus*; dann aber Sp weniger als 10 µm lang)
Kätzchen-Stromabecherling – *C. caucus* REBENT. : FR.
4 Frk auf Blättern ▸
4* Frk auf Früchten oder ♀ Kätzchen **5**
5 Auf Früchten oder ♀ Kätzchen von Birke (*Betula*) oder Erle (*Alnus*) ▸
5* Auf anderen Substraten (Zapfenschuppen von *Abies*, Früchte von *Quercus*, Brutbulbillen von *Polygonum*) ▸

Cinereomyces siehe *Diplomitoporus*

Circinella TIEGH. & G. LE MONN. – SchimP (Mucoromycota, Mucoromycetes, Mucorales, Syncephalastraceae)
Mycel nicht septiert, mit bogig nach unten gekrümmten Sporangienträgern. Sporangien mit vielen Sp. Vorkommen u. a. auch auf Dung.
T: *C. spinosa* TIEGH. & G. LE MONN.

Cistella QUÉL., Haarbecherchen – inop. Disc (Asc, Leotiomycetes, Helotiales, Hyaloscyphaceae)
Frk sitzend oder annähernd gestielt, schüsselfö, weiß, isabellfarben oder rötl, außen fein filzig, meist unter 1–1,2 mm breit. Haare meist keulenfö, auch zugespitzt, nicht oder 1- bis 2-fach septiert, hyalin, gegen das obere Ende granuliert. Asci zylindrisch bis keulenfö, 8-sporig, mit amyloidem Porus. Paraphysen zylindrisch bis schmal spindelfö, die Asci nicht oder nur wenig überragend, Asc-Sp zylindrisch, keulenfö, spindelfö oder ellipsoid, hyalin, meist nicht septiert. Mehr als 10 Arten. Saprotroph, lignicol, herbicol auf Blätten und Sprossen, auch fungicol auf Porlingen. **Lit: 5**: 175, **10**: 187
T: *C. dentata* (PERS.) QUÉL.; abgebildete Art *C. acuum* (ALB. & SCHWEIN. : FR.) RAITV – Nadel-Haarbecherchen.: BK 211, De 25H

1 Auf Nadeln von Koniferen. Frk 0,1–0,2 mm breit, weißl. Sp 4–5 × 1–1,5 µm
Nadel-Haarbecherchen – *C. acuum* (ALB. & SCHWEIN. : FR.) RAITV
1* Nicht auf Nadeln. Vielmehr auf Porlingen [*C. hymeniophila* (P. KARST.) P. KARST.], Holz, Blättern, Sprossstücken ▸

Cladobotryum NEES – SchimP (Sordariomycetes, Hypocreales, Hypocreaceae, Anamorphe von *Hypomyces*)
Eine der verschiedenen Apomorphen (vgl. *Mycogone*, *Sepedonium*, *Stephanoma*) von *Hypomyces* (s. d.). Parasitisch auf anderen Pilzen (u. a. auch auf *Boletus*, *Russula, Stereum*)
T: C. *agaricina* (LINK) NEES.

Cladosporium LINK – SchimP (Dothideomycetes, Capnodiales, Cladosporiaceae; Anamorphe)
Bildet schwarze Beläge (Schwärzepilz) auf Feuchtstellen innerhalb von Häusern, auch auf Farbanstrichen, Textilien, Tapeten, Konidien in Ketten. Teleomorphe *Davidiella*
T: *C. herbarum* (PERS.) LINK

Clastoderma BLYTT – SchleimP (Myxogastria, Echinosteliida, Clastodermidae)
Frk in Gruppen, gestielt, 0,5–1–1,5 mm hoch, oben kugelig, 0,1–0,2 mm breit, dunkel braun. Peridie in Stückchen zerbrechend und diese an Enden von Capillitiumfasern sitzend. Columella fehlend, kurz oder etwa bis zur Mitte der Frk-Kugel reichend. Capillitiumfasern dichotom verzweigt. Zweige bisw anastomosierend. Sp kugelig, braun, feinwarzig oder mit zarten Netzlinien, 8–12 µm (T) oder bis 14,5 µm. 4 Arten. Stümpfe von LaH. – **Lit: 17**: 38, **18**: 47
T: *C. debaryanum* BLYTT: Nan 39, Neub 1.48–49

Clathrus MICH ex FR, Gitterling – BaP (Bas, Agaricomycetes, Phallales, Clathraceae)
Frk jung kugelfö bis eifö, weiß, alt daraus ein Receptaculum bildend, in Form eines roten, grobmaschigen Gitters (Falls Receptaculum mit 3–8 roten Armen auf einem kurzen S: *Anthurus archeri*). Sp 5–7,5 × 2–2,5 µm. Terricol. – **Lit**: **12**: 463
T: *C. ruber* P. MICHELI ex PERS. – **Roter Gitterling**: BK 2.524, Gh 621, HK 2.140a, Kr 2.165, Lx 599, Md 379, MJ 7 Cl 1

Claussenomyces KIRCHST, Gallertbecherchen – inop. Disc (Asc, Leotiomycetes, Phacidiales, Tympanidaceae)
Frk sitzend, gelatinös, (annähernd) kreiselfö, hellgrün, olivfarben, dunkel bräunl-grün, auch nahezu schwarz, außen kahl, 0,2–1,5 mm breit. Asci inamyloid, Paraphysen fädig. Asc-Sp nicht oder mehrfach septiert, zylindrisch bis spindelfö, hyalin, bisw bereits im Ascus keimend und dann Ascus vielsporig erscheinend [*C. atrovirens* (PERS. KORF) KORF & ABAWI]. Lignicol auf faulem entrindetem Holz. 2 bis mehr Arten. – **Lit**: **5**: 121, **10**: 141
T: *C. jahnianus* KIRCHST.; abgebildete Art *C. atrovirens* (PERS.: KORF) KORF & ABAWI – **Vielsporiges Gallertbecherchen**: BK 168, De 19F

Clavaria PERS. : FR., Keulchen – KoP (Bas, Agaricomycetes, Agaricales, Clavariaceae)
Frk unverzweigt keulenfö oder verzweigt korallenfö, oft brüchig. Hyphen ohne Schnallen. Basidien basal ohne Schnalle oder mit weitem Schnallenbogen. Sp hyalin-farblos, glatt oder stachelig, nicht amyloid. Etwa 15 Arten. Terrestrisch, oft im Grasland, seltener in Mooren und in Heidewäldern. – Syn: *C. asterospora* = *C. acuta* (Sp variieren je nach Reifung von glatt bis warzig-stachelig). – **Lit**: **9**: 247, **12**: 67
T: *C. fragilis* HOLMSK.. : FR. – Wurm-Keulchen: BK 2.444, Br 1100, Ct 379, DH 1155, Ge 383, Kr 2.24, MJ 5 Clav 5, Ph 257, RH 120

1 Frk deutl verzweigt ►
1* Frk unverzweigt, selten mit gabelig geteilten Spitzen **2**
2 Frk mit rötl oder violettl Tönen: rosa, rot, rotbraun ►
2* Frk ohne rötl Töne: weiß, grau, creme, ocker, gelb, braun, schwarz **3**
3 Frk grau, braun oder schwarz ►
3* Frk weiß, creme, ocker oder gelbl l **4**
4 Sp reif stachelig oder warzig, Frk weiß **Weißes Keulchen** – *C. acuta* SOWERBY : FR.
4* Sp glatt **5**
5 Frk erst weiß, dann hellgelb. S gelbl. Sp schmal ellipsoid, 9–13 × 4,5–6 µm
Heide-Keulchen – *C.argillacea* PERS. : FR.
5* Frk weiß, creme, hellgelbl. Sp kugelig, ellipsoid oder birnenfö, kleiner als bei voriger **6**
6 Sp fast kugelig bis breit ellipsoid, 7–10 × 5–9 µm
Weißes Keulchen – *C. acuta* SOWERBY : FR
6* Sp ellipsoid bis birnenfö **7**
7 Basidien mit Schnallenbögen an der Basis ►
7* Basicien ohne Schnallen an der Basis **8**
8 Auf alten Brandstellen mit dem Moos *Funaria* ►

8* Nicht auf Brandstellen. **9**
9 Sp ellipsoid, 5–8 × 3–4 µm. Frk cremefarben
Rauchgraues Keulchen – *C. fumosa* PERS. : FR.
9* Sp birnenfö, 5–7 × 3–4 µm. Frk erst weiß, dann hellgelbl
Wurm-Keulchen – *C. fragilis* HOLMSK. : FR.

Clavariadelphus DONK, Riesenkeule – KoP (Bas, Agaricomycetes, Gomphales, Clavariadelphaceae)
Frk keulenfö-unverzweigt (selten mit Auszweigung), erst massiv, dann hohl. Mit $FeSO_4$ grün verfärbend. Hyphen angeschwollen, mit Schnallen. Terricol. – **Lit**: **9**: 268, **12**: 72
T: *C. pistillaris* (L. : FR.) DONK – Herkules-Riesenkeule: BK 2.453, CD 120, Gh 577, HK 2.114, Kr 2.38, Ph 256, RH 131

1 Frk groß, z. B. 7–30 × 2–6 cm **2**
1* Frk kleiner, nur bis 1,5 cm breit **4**
2 Frk an der Spitze flach-gestutzt bis etwas vertieft. Geschmack süßl. Hymenium mit KOH rot. Sp 9–13 × 5–7 µm. NaW
Gestutzte Riesenkeule – *C. truncatus* (QUÉL.) DONK
2* Frk oben abgerundet. Geschmack etwas bitter. Hymenium mit KOH gelb oder orange **3**
3 Frk 7–30 × 2–6 cm, massiv, gelbl-ocker oder gelbl-bräunl. S nicht auffallend schmal. Hymenium in KOH goldgelb. Sp 11–16 × 6–10 µm. LaW, besonders unter Buche
Herkules-Riesenkeule – *C. pistillaris* (L. : FR.) DONK
3* Merkm verschieden: z. B. S auffallend schmal, unter 1 cm ▸
4 Frk 3–10 × 0,5–1,5 cm. F nicht rötend. Sp schmal ellipsoid, 8–15 × 3–6 µm. Auf Nadeln im NaW, oft in Gruppen **Zungen-Riesenkeule** – *C. ligula* (SCHAEFF.) DONK
4* Merkm verschieden: z. B. F im Schnitt sofort rötend ▸

Claviceps TUL., Mutterkorn – Pyr (Asc, Sordariomycetes, Hypocreales, Clavicipitaceae)
Walzenfö, etwas gekrümmte, 0,5–2 cm lange Sklerotien im Blütenstand von Süßgräsern [Poaceae; falls auf Cyperaceae: *C. nigricans* Tul. & C. Tul.] bildend. Sklerotien schwarz, mit Rippen und Rillen in Längsrichtung. Aus den Sklerotien entstehen gestielt-kopfige, 1–10–30 mm lange Stromata, in derem 0,5–2 mm breitem Kopfteil die Perithecien eingesenkt sind. Sp 90–150 × 1–2 µm. 2 Arten. Herbicol, parasitisch. – **Lit**: **5**: 253, **10**: 232
T: *C. purpurea* (FR.) TUL. & C. TUL. – **Purpubraunes Mutterkorn**: BK 1.308, Ct 2985, De 30J, Dh 1152, JK 313, Lx 623

Clavicorona DOTY, Becherkeule – KoP (Bas, Agaricomycetes, Russulales, Auriscalpiaceae)
Frk keulenfö mit breiter Spitze und dadurch auch gestreckt-kreiselfö wirkend, unverzweigt. Monomitisch. Hyphen ohne Schnallen (bei heimischer Art), ± mit Gloeozystiden (aus gloeopleren Hyphen). Sp hyalin, ellipsoid bis fast kugelig, glatt bis feinwarzig, nicht oder kaum amyloid, 3–4(–4,5) × 2,5–3,2 µm. Auf Ästen und Nadeln von Koniferen (*Juniperus, Taxus*). – **Lit**: **9**: 281, **12**: 97
Bei uns 1 Art = T: *C. taxophila* (THUM) DOTY – **Eiben-Becherkeule**: MJ 5 Clavicor 1, Ph 259

Clavulicium BOIDIN, Pilzhäutchen – RiP (Bas, Agaricomycetes, Cantharellales, Clavulinaceae)
Frk resupinat, membranös, bis etwas wachsartig, glatt, monomitisch. Hyphen hyalin, mit Schnallen. Zystiden fehlend oder als Gloeozystiden vorhanden. Sp hyalin oder gelbl, dünnwandig, glatt, inamyloid, breit ellipsoid, z. B. 9–13 × 6,5–8 µm (beim T). 2–3 Arten, lignicol, LaH und NaH. – **Lit**: **9**: 253, **12**: 181
T: *C. macounii* (BURT) J. ERIKSS. & BOIDIN ex PARMASTO – **Ockerfarbenes Pilzhäutchen**: BK 2.120

Clavulina SCHROETER, Keulenpilz – KoP (Bas, Agaricomycetes, Cantharellales, Clavulinaceae)
Frk unverzweigt keulenfö oder verzweigt korallenfö, nicht brüchig, Hyphen mit Schnallen. Basidien 2-sporig und daher nur mit zwei stark nach innen gekrümmten Sterigmen. Sp hyalin, glatt, nicht amyloid, breit ellipsoid bis fast kugelig., 7–11 × 6–10 um (selten kleiner bei einer nicht-heimischen Art). 4 Arten. Terricol. – Anm: Vgl. die habituell ähnl. *Ramaria suecica* (entfernt ähnl. mit *C. coralloides*) mit warzigen, ellipsoiden Sp. – Syn: *C. cristata* = *C. coralloides*. – **Lit**: **9**: 254, **12**: 92
T: *C. coralloides* (L. : FR.) J. SCHRÖT. – Kammförmiger Keulenpilz: BK 2.456, Ct 779, 780, Dh 1022, Kr 2.55, MJ 5 Clav 4,5, Ph 259, RH 118

1 Frk violett **Amethyst-Keulenpilz** – *C. amethystina* (BULL. : FR.) DONK
1* Frk weiß oder grau **2**
2 Frk mit fehlender oder geringer Verzweigung, oft nur mit wenigen unverzweigten Ästen, deren Oberfläche oft längsrunzelig oder längsrillig ist, grau bis cremefarben **Runzeliger Keulenpilz** – *C. rugosa* (BULL. : FR.) J. SCHRÖT.
2* Frk reich verzweigt, weißl oder grau, Oberfläche der Äste oft glatt. **3**
3 Frk hell- oder dunkel-grau, bisw zusätzl mit violettl Schimmer. Äste oft längsrunzelig mit abgerundeten oder stumpf-zahnfö Spitzen **Grauer Keulenpilz** – *C. cinerea* (BULL. : FR.) SCHRÖT.
3* Frk weißl. Äste glatt apikal mit vielen spitz zulaufenden Ästen **Kammförmiger Keulenpilz** – *C. coralloides* (L. : FR.) J. SCHRÖT.

Clavulinopsis VAN OVERGREEN, Wiesenkeulchen – KoP (Bas, Agaricomycetes, Agaricales, Clavariaceae)
Frk 1–8 cm hoch, unverzweigt keulig oder locker verzweigt korallenfö, fleischig und zerbrechl, weiß, grau, gelb, ocker, orange oder bräunl. Hyphen meist mit Schnallen. Basidien meist 4-sporig, seltener 1- bis 6-sporig, basal mit Schnalle. Sp ellipsoid, birnenfö oder fast kugelig, glatt oder stachelig, nicht amyloid. Etwa 12 Arten. Terricol. – **Lit**: **9**: 250, **12**: 74
T: tropische Art; bei uns *C. corniculata* (SCHAEFF. : FR.) CORNER – Geweih-Wiesenkeulchen: BK 2.446, HK 2.127, JP 35, Kr 2.29, Lx 41, MJ 5 Clavulinop 2, Ph 259

1 Frk unverzweigt **2**
1* Frk verzweigt **3**

2 Sp stachelig oder warzig. Frk 3–7 cm hoch, leuchtend gelb bis orange-gelb, ohne besonderen Geruch und Geschmack. Weiden, Heiden, lichte Wälder
Goldgelbes Wiesenkeulchen – *C. helvola* (PERS. : FR.) CORNER

2* Sp glatt. Frk bei einer Art auch in Symbiose mit Algen lebend ▸

3 Frk intensiv gelb, ockergelb oder gelborange. kahl, 2–8 cm, 2–3-fach dichotom verzweigt, selten unverzweigt, mit Mehlgeruch. Sp kugelig bis fast kugelig, 4,5–7 µm im Durchm. Wiesen und lichte Wälder
Geweih-Wiesenkeulchen – *C. corniculata* (SCHAEFF. : FR.) CORNER

3* Frk blasser und jung zunächst weißl, später hell-gelbl bis gelbocker oder hellbraun bis graubraun, gegen die Basis filzig-zottig ▸

Climacocystis KOTL. & POUZAR, Duplexporling – PoP (Bas, Agaricomycetes, Polyporales, Fomitopsidaceae)
Frk konsolenfö-flach, 5–15 cm breit, basal 1–4 cm dick, mit scharfer Kante, frisch weiß, trocken brüchig und hell creme bis ocker, oberseits oft rauhaarig bis filzig, trocken meist glatt und uneben. Poren eckig, 1–2 pro mm. Trama cremefarben mit Duplexstruktur, da untere Schicht dichter, einjährig. Monomitisch. Hyphen hyalin mit Schnallen. Zystiden wenig aus dem Hymenium herausragend, bauchig-konisch, mäßig dickwandig. Sp hyalin, nicht amyloid, 4–6,5 × 3–5 µm. Lignicol, meist NaH (oft *Picea*). – **Lit**: **9**: 171, **12**: 349
1 Art = T: *C. borealis* (FR. : FR.) KOTL. & POUZAR – **Nördlicher Duplexporling**: Ct 732, Ge 430, Gh 517, Lx 559, Kr 1.503, Md 245, MJ 5 Clim 1,2, RH 152

Climacodon P. KARST., Laubbaumstachelpilz – StaP (Bas, Agaricomycetes, Polyporales, Phanerochaetaceae)
Frk mit abgehobener H-Kante auch effus-reflex, oft dachziegelig, zäh, weißl, alt dunkler. oberseits erst rau behaart, später kahl. Stacheln bis zu 2 cm lang, weißl bis ocker. Monomitisch. Hyphen hyalin, ohne oder mit wenigen Wirtelschnallen. Sp hyalin, inamyloid, ellipsoid, 5–6 × 3–4,5 µm. LaH. – **Lit**: **9**: 171, **12**: 210
1 Art = T: *C. septentrionalis* (FR. : FR.) P. KARST. – **Riesen-Laubbaumstachelpilz**: Ct 1607, Gh 575, KM 466, RH 111

Clitocella siehe *Rhodocybe*

Clitocybe (FR.) STAUDE, Trichterling – BläP (Bas, Agaricomycetes, Agaricales, Tricholomataceae)
Frk mittelgroß bis groß mit meist deutl herablaufenden L. H oft trichterfö. S ohne Ring, ohne Velum, oft berindet, nicht knorpelig. Mit Schnallen. Spp weiß oder weißl, seltener rosa, rosa-creme, hellcreme, creme-orange, blass ocker, nicht amyloid. Terricol, selten lignicol saprobiotisch, oft Streuzersetzer. Etwa 65 Arten. – Syn: *C. geotropa* hier inkl. *C. maxima*, *C. nebularis* wurde früher auch zu *Lepista* gestellt. – Anm: Für *C. clavipes* jetzt ***Ampulloclitocybe*** (s.d.), *C. sinopica* jetzt auch zu ***Bonomyces*** VIZZINI, *C. candicans, C. houghtonii* jetzt auch zu ***Leucocybe*** VIZZINI & al.; *C. alexandri* jetzt zu ***Clitopaxillus*** G.

MORENO & al., *C. amoenolens* jetzt zu ***Paralepistopsis*** VIZZINI. – **Lit**: 7: 189, **11**: 102, **14**: 392

T: *C. nebularis* (BATSCH : FR.) P. KUMM. – Nebelgrauer Trichterling: BK 3.170, Dh 210, Ge 88, HG 49, HK 1.94, Lg 32E,F, Lx 139, Md 35, Ph 48

1 Geruch süßl nach Anis, Obst etc., bisw zusätzl mit anderer Komponente **2**

1* Geruch nicht süßl **7**

Mit deutlich aromatisch-süßlichem Geruch (2–6)

2 H grünl, später grünl-grau, braun-grünl, z. T. auch weißl bereift, 3–7 cm, gewölbt, kaum trichterig, nicht oder nur fleckenweise hygrophan. S etwas keulig mit filziger Basis. Geruch stark nach Anis. Spp bisweilen mit fleischrötl Ton. Sp 6–7 × 3–5 µm
Grüner Anis-Trichterling – *C. odora* (BULL. : FR.) P. KUMM.

2* H nicht mit grünl Tönen und meist kleiner **3**

3 H nicht hygrophan und L weißl bis beige o d e r L dunkelgraubraun ▸

3* H hygrophan. L weiß oder weißl. **4**

4 Geruch süßl und zugleich nach Mehl oder nach Tomatenblättern ▸

4* Geruch nur süßl, nicht zugleich nach Mehl oder Tomatenblättern **5**

5 Sp weniger als 6 µm lang ▸

5* Sp 6 µm und länger **6**

6 S schlank, 2–5 mm breit, ausgestopft, zieml elastisch. H durchwässert dunkelbraun, schnell ausblassend, bisw von Beginn an blass. Sp mäßig schlank, 6–7 × 3–4 µm
Langstieliger Duft-Trichterling – *C. fragrans* (WITH. : FR.) P. KUMM.

6* S zieml kräftig, 4–10 mm, hohl, zieml steif, bisw zusammengedrückt. Sp sehr schlank, 8–10 × 4–5 µm
Fleischbräunlicher Duft-Trichterling – *C. obsoleta* (BATSCH : FR.) QUÉL.

7 Geruch und/oder Geschmack nach Mehl **8**

7* Geruch und/oder Geschmack nicht mehlartig. **12**

Geruch und/oder Geschmack nach Mehl (8–11)

8 H nicht hygrophan ▸

8* H hygrophan **9**

9 L weißl bis hellgelbl ▸

9* L grau bis bräunl **10**

10 H-Rand auch durchfeuchtet nicht durchscheinend gerieft
Kleinsporiger Mehl-Trichterling – *C. ditopus* (FR. : FR.) GILLET

10* H-Rand durchscheinend gerieft wenn noch feucht. **11**

11 H vorherrschend grau, bräunl Töne im geringen Maße beigemischt
Weicher Mehl-Trichterling – *C. vibecina* (FR.) QUÉL.

11* H vorherrschend mit braunen bis lederblassen Tönen ▸

Geruch und/oder Geschmack weder süßlich noch nach Mehl (12–32)

12 H weiß oder weißl, höchstens sehr hell ockerl oder fleischfarben, z. T. wie weiß bereift wirkend auf hell lederfarbenem, schmutzig bräunl oder fleischbräunl Grunde und dann durch Abwischen oder durch Schwund des Reifes die bräunl Grundfarbe fleckenweise oder seltener gänzl hervortretend **13**

12* H zumindest durchfeuchtet tiefer gefärbt, mit grauen, braunen, ockerl, fuchsigen etc. Farben **18**

– Weiße oder weißliche Arten (auch durchfeuchtet so) ohne Anis- und ohne Mehlgeruch (13–17)

13 H deutl trichterfö, oft gebuckelt, oft sehr groß 12–30 cm. Sp 6–8,5 × 4–6 µm, oft breitellipsoid **14**

13* H nicht trichterfö oder nicht besonders groß, bzw. Sp kleiner und nicht breit ellipsoid **15**

14 Frk sehr groß, H 5–30 cm, S 8–15 × 2–3(–4) cm, jung länger als H breit ist. H trichterig, meist gebuckelt, ockerweißl, seidig bereift, schließl kahl und feinschuppig. Sp 6–7(–8,5) × (4–)5–6 µm. Siehe
Mönchskopf-Trichterling – *Infundibulicybe. geotropa* (BULL.) HARMAJA

14* Frk kleiner, H 4–12 cm, S etwa 3–3,5 × 0,6–1,8 cm ▸

15 H 5–11 cm, alt oft noch gewölbt oder flach, höchstens etwas niedergedrückt. L gerade oder fast abgerundet angeheftet, bisw schwach herablaufend. Geruch unangenehm. Frisches Spp fleischfarben oder ockerl-lachsfarben. Sp 6–7,5 × 3–4 µm (*C. nebularis* var. *alba*: Sp 6–7,5 × 3,5–4,5 µm; Geruch schwach parfümiert-aromatisch). Im Wald, nicht im Grasland
Streuliebender Trichterling – *C. phyllophila* (PERS. : FR.) P. KUMM. agg.

15* H 4 cm kaum überschreitend, gewölbt, schließl niedergedrückt bis schwach trichterfö. L gerade bis schwach herablaufend angeheftet. Frisches Spp nicht fleischfarben (so besonders bei im Walde vorkommenden Arten) **16**

16 Im Walde oder mit Zwergsträuchern (*Dryas*) vorkommend, meist am S-Grunde mit Blättern oder Nadeln verbunden
Wachsstieliger Trichterling – *C. candicans* (PERS. : FR.) P. KUMM. agg.

16* Im Grasland (Wiesen und Weiden, seltener auch Waldränder), und dann am S-Grunde mit Gräsern und Moosen verbunden, o d e r auf morschem Holz **17**

17 H-Oberfläche nicht wie bereift oder gefirnist, oder (eine Art: *C. truncicola*) auf morschem Holz ▸

17* H-Oberfläche wie bereift oder wie gefirnist. Reifbelag stellenweise fehlend und dort die schmutzig (ockerl-)bräunliche Grundfarbe des H hervortretend, so besonders wenn älter. Sp 4–6 × 2,5–4 µm. Terricol: Wiesen und Weiden
Feld-Trichterling – *C. dealbata* (SOWERBY : FR.) P. KUMM.agg.

– Tiefer als weißlich gefärbte Arten ohne Anis- und ohne Mehlgeruch (18–31)

18 H nicht oder kaum hygrophan. **19**

18* H hygrophan **26**

– – Nicht hygrophane, tiefer als weißlich gefärbte Arten ohne Anis- und ohne Mehlgeruch (19–25)

19 H fuchsig, rotbraun, gelbbraun, lederockerl. Falls H grau oder graubräunl, dann an S-Basis mit Mycelrhizoiden **20**

19* H grau oder mit grauen Mischfarben, S-Basis ohne Mycelrhizoiden. **23**

20 S-Basis mit starken Mycelrhizoiden, meist im Frühjahr fruchtend ▸

20* S-Basis ohne Mycelrhizoiden, nicht im Frühjahr fruchtend **21**

21 H hell lederfarben, mit KOH nicht dunkler braun verfärbend. S jung weiß, weißl oder sehr hell gefärbt, blasser als der H **22**

21* H nicht hell lederfarben, vielmehr mit bräunl oder rötl Mischtönen und dadurch dunkel wirkend, mit KOH meist dunkelbraun verfärbend, H-Oberfläche kahl oder etwas schuppig, samtig oder filzig. S jung ähnl wie H gefärbt ▸

22 H lederocker, gelbbraun, gelbl, seltener rötl-ocker, 3–8 cm, in H-Mitte bisw gebuckelt. H-Rand kurz gerippt oder flatterig. H-Oberfläche nackt und glatt, unter der Lupe dicht anliegend faserfilzig. Sp 5–7,5 × 3–4,5 µm. Siehe
Ockerbrauner Trichterling – *Infundibulicybe gibba* (PERS. : FR.) HARMAJA

22* H lederblass (auch weißl), blass bräunl. H-Oberfläche feinfilzig matt oder auch bereift (Lupe!). Sp 7–8,5 × 5–6 µm ▸

23 H trichterig und in H-Mitte gebuckelt ▸

23* H auch älter gewölbt und gebuckelt, flach bis etwas niedergedrückt **24**

24 H 10–15 cm und größer. Sp ellipsoid **25**

24* H 4–10 cm. Sp bei einer Art (*C. inornata*) spindelig-lang ▸

25 L weißl, alt cremefarben, F weiß, Geruch ± schwach parfümartig-aromatisch. H graubraun, nebelgrau. Spp blass ockerl. Sp 6–7,5 × 3,5–4,5 µm, cyanophil
Nebelgrauer Trichterling – *C. nebularis* (BATSCH : FR.) P. KUMM.

25* L blassgelb bis hellbräunl, F ockerl, Geruch schwach aromatisch. H graubraun. Spp weiß. Sp 5,5–6,5 × 3,5–4,5 µm, nicht cyanophil
Buchsblättriger Trichterling – *C. alexandri* (GILLET) GILLET

– – ***Hygrophane, tiefer als weiß gefärbte Arten ohne Anis- und ohne Mehlgeruch (26–32)***

26 L weiß bis weißl, ohne graue Mischtöne. **27**

26* L grau bis graubräunl **30**

27 Geruch ranzig-unangenehm. Hyphen der HDS blasig bis kugelig angeschwollen und mit lichtbrechendem Inhalt. S mit weißfilziger Basis. F bitterl. Sp 5–6,5 × 3–3,5 µm. Im LaW auf Blättern **Bitterlicher Trichterling** – *C. phaeophthalma* (PERS.) KUYPER

27* Merkm verschieden, besonders im Geruch und in HDS **28**

28 H im durchwässerten Zustande mit fleischbräunl oder fleischockerl Ton. Spp mit fleischfarbener Komponente **29**

28* H im durchwässerten Zustand ohne fleischfarbene Komponente ▸

29 H 2–5 cm, fleischfarben bis blass braun, H-Mitte etwas dunkler, H-Rand schwach durchscheinend gerieft und zugleich minimal weiß bereift. Sp 4,5–6 × 3–3,5(–4) µm. NaW **Fleischfalber Trichterling** – *C. diatreta* (FR. : FR.) P. KUMM.

29* Merkm anders, z. B. Vorkommen in Parks und LaW, Geruch nach Tomatenblättern und/oder Sp länger als 6 µm und breiter als 3,5 µm ▸

30 H tief genabelt und oft über 4 cm. S-Basis oft striegelig ▸

30* H meist nicht tief genabelt. S-Basis nicht striegelig, höchstens vom Mycel weißzottig **31**

31 H-Rand auch feucht ungerieft ▸

31* H feucht mehrminder gerieft. **32**

32 In Wäldern. H 2–4 cm, graubraun, geölbt, dann gebuckelt, H-Rand nur etwas gerieft. S 4–7 × 0,4–0,9 cm, graubraun, S-Basis weiß-filzig. Sp 5–6 × 3–3,5 µm
Staubfüßiger Trichterling – *C. metachroa* (FR. : FR.) P. KUMM.

32* Zw Moosen auf Dünen, oder an Ruderal- und Grasplätzen oder in Hochmooren ▸

Clitocybula (SINGER) MÉTROD, Faserrübling – BläP (Bas, Agaricomycetes, Agaricales, Marasmiaceae)
Frk klein bis mittelgroß. H konvex-genabelt, radial-faserig bis rissig, weißl, graubraun, braun. L abgerundet bis horizontal angeheftet, weißgrau. Spp weiß, amyloid (ausgenommen bei einer alpinen Art). Sp glatt, rundl, oval oder ellipsoid, z. B. 5–6,5 × 4,5–6 µm (T). 2–3 Arten. NaH, seltener LaH, auch terricol in der Streu oder zw. Silberwurz (*Dryas*) in den Alpen. – **Lit**: **7**: 220, **11**: 140, **14**: 277
T: *C. lacerata* (GILLET) MÉTROD – **Gestreifter-Faserrübling**: BL 131, Br 217, Ct 543, HK 3.179a, Kr 3.197, Lu 1.14.4, Md 805

Clitopaxillus siehe *Clitocybe*

Clitopilopsis siehe *Rhodocybe*

Clitopilus (FR. ex RABENH.) P. KUMM., Räsling, Mehlpilz – BläP (Bas, Agaricomycetes, Agaricales, Entolomataceae)
Frk klein bis mittelgroß, seltener auch groß, oft weiß und nach Mehl riechend (so beim T). L oft fleisch- bis rosafarben. S ± seitl bis exzentrisch, oder auch gänzl fehlend. Spp fleischfarben. Sp ellipsoid bis spindelfö, mit 6–8 Längsfurchen, z. B. 8–14 × 5–6 µm (T). Etwa 10 Arten. Terricol, auch auf Pflanzenresten, Holz und Pilzfrk. – **Lit**: **7**: 474, **11**: 207, **14**: 431
T: *C. prunulus* (SCOP. : FR.) P. KUMM. – Mehlpilz: BK 4.2, BL 189, Dh 391, Gh 229, HK 1.59, Lg 133A, Lu 1.15.10, Md 48, Ph 112

1 S fehlend oder sehr kurz, höchstens 2 mm lang und stark exzentrisch. Oft lignicol, herbicol oder auf Pilzen **2**

1* S gut entwickelt, mindestens 3 mm lang, zentral oder exzentrisch. Geruch meist nach Mehl. Terricol **4**

2 Auf Pferdemist, in Champignonkulturen, auf Frk von Pilzen ▸

2* Auf Holz, Pflanzenresten oder Rinde **3**

3 Auf Pflanzenresten und Rinde. H muschel- bis ohrfö, weiß. L jung weißl, alt rosa
Blassblättriger Räsling – *C. hobsonii* (BERK.) P.D. ORTON

3* Auf LaH und L schon jung lebhaft rosa ▸

4 H grau bis graubraun ▸

4* H weiß bis weißl **5**

5 H 3–13 cm, fleischig. S 3–5 × 0,8–1,5 cm. L-Schneide ohne Zystiden (falls mit Zystiden *C. cystidiatus*). Sp 8–14 × 5–6 µm **Mehlpilz** – *C. prunulus* (SCOP. : FR.) P. KUMM.

5* H meist unter 3 cm, S 0,3–1,2 × 0,2–0,4 cm. Sp 6,5–8,5 × 3,5–5 µm
Trichterförmiger Räsling – *C. scyphoides* (FR. : FR.) SINGER

Clonostachys CORDA – SchimP (Asc, Sordariomycetes, Hypocreales, Bionectriaceae; Anamorphe)
Konidienträger in unterschiedl Form (dimorph) einerseits streng wirtelig andererseits pinselfö, so oft am gleichen Träger.Teleomorphe ist *Bionectria.*
T: *C. araucaria* CORDA

Coccomyces DE NOT. – inop. Disc (Asc, Leotiomycetes, Rhytismatales, Rhytismataceae)
Frk in dunkelbräunl, dünnen, rundl oder eckigen Stromata gebildet, sich entlang mehrer feiner Strahlen öffnend, darunter das Hymenium frei gebend, das weich, grau oder gelbl ist. Asci keulenfö, 4- oder 8-sporig. Asc-Sp schmal zylindrisch, hyalin, mehrfach septiert, oben jeweils abgerundet, unten zugespitzt, beim T 30–75 × 2–3,5 µm. Einige wenige Arten. Auf Falllaub. – **Lit**: **5**: 230, **10**: 214
T: *C. coronatus* (SCHUMACH. : FR.) DE NOT.: De fig 28A

Coleosporium LÉV. – RostP (Pucciniomycetes, Pucciniales, Melampsoraceae)
Phytoparasiten (Roste) an Gefäßpflanzen mit vollständigem Entwicklungszyklus; Entwicklungsstadien und unterschiedliche Sp-Formen der Rostpilze siehe unter *Puccinia.* I jung blasenfö, mit ausgeprägter Pseudoperidie, deren Zellen meist lang und schlank sind. I-Sp und II-Sp warzig, in Ketten, ungestielt. III subepidermal, III-Sp scheinbar 4-zellig, ungestielt, in gedrängt stehenden Ketten. Ww mit *Pinus* und Asteraceae (*Adenostyles* etc.), Campanulaceae (*Campanula* etc.), Scrophulariaceae (*Euphrasia* etc.), Boraginaceae (*Cerinthe*), Ranunculaceae (*Pulsatilla*) – Anm: Ungestielte, in Ketten angeordnete, nicht gestielte II-Sp sonst nur bei *Chrysomyxa.* – **Lit**: **13**: 81, 132, 200, 205 etc.; JK 512
T: *C. tussilaginis* (PERS.) LÉV. – **Kiefern-Huflattich-Rost**: JK 425–426, Gäum 108:92,3 (I-Sp), 128:117 (II), 129:118 (III)

Adenostyles: *C. cacaliae.* – ***Aposeris***: *C. aposeridis.* – ***Calendula***: *C. calendulae.* – ***Campanula***: *C. campanulae.* – ***Cerinthe***: *C. cerinthes.* – ***Doronicum***: *C. doronici.* – ***Euphrasia***: *C. euphrasiae.* – ***Inula***: *C. inulae.* – ***Jasione***: *C. campanulae.* – ***Legousia***: *C. campanulae.* – ***Lobelia***: *C. campanulae.* – ***Melampyrum***: *C. melampyri.* – ***Odontites***: *C. euphrasiae.* – ***Petasites***: *C. petasitis.* – ***Phyteuma***: *C. campanulae.* – ***Pinus***: *C.* spec. – ***Pulsatilla***: *C. pulsatillae.* – ***Senecio***: *C. senecionis.* – ***Tussilago***: *C. tussilaginis.*

Coleroa RABENH. – (Asc, Dothideomycetes, Dothideales, Venturiaceae)
Auf Bl-Oberseite schwarz-glänzende, kugelige Frk (Perithecien). Der parasitische Befall verändert die Bl kaum. As-Sp längl, oft 2-zellig durch Septum im oberen oder unteren Drittel, reif grünl, gelb oder bräunl. Bei uns recht häufig auf *Geranium robertianum.* **Lit**: **3**: 980
T: *C. chaetomium* (KUNZE) RABENH. Bra 981: 103; abgebildet auch *C. robertiani* (FR.) E. MÜLL. – **Ruprechtskraut Kugelpilz**: JK 208

Collaria NANN.-BREM. – SchleimP (Myxogastria, Stemonitidales, Stemonitidae)
Frk kugelig, gestielt. S hohl, gewöhnl aus parallelen Fasern bestehend. Peridie zieml beständig, am S oben ein scheibenfö-konkaves Gebilde oder einen Ringwulst zurücklassend, dieser oft mit Verbindung zum Capillitium. Columella reicht bis zur Mitte des Frk, ihr

oberes Ende in das Capillitium übergehend. Capillitium-Fasern auch von der Peripherie des Frk entspringend, flexuos, verzweigt und anastomosierend, ein inneres Netz bildend, außen meist auch mit freien Enden. Sp kugelig, fein warzig bis dornig, beim T 7–8 µm. An die 5 Arten. Auf toten Blättern, Pflanzenresten, Totholz (besonders NaH). – **Lit**: **17**: 367
T: *C. rubens* (A. LISTER) NANN.-BREM.: Nan 368

Colloderma G. LISTER – SchleimP (Myxogastria, Stemonitidales, Stemonitidae)
Frk sitzend oder sehr kurz gestielt. Peridie zweischichtig, die äußere Schicht zunächst gelatinös bisw mit anhaftenden Schmutzpartikeln, trocken hart und brüchig werdend und schließl schwindend, die innere Schicht membranartig, hart werdend, oft mit körnigen Einschlüssen. Columella meist fehlend. Capillitiumfasern von der Basis des Frk ausstrahlend gegen die Peripherie, dünn, verzweigt, bisw auch etwas vernetzt. Sp in Masse dunkel, kugelig, beim T (10–)11–12(–13) µm, mit feinen, kurzen Dornen. 2 Arten. Auf morschen, bemoosten und von Algen überzogenen Stämmen oder auch an bemoosten Sandsteinfelsen. – **Lit**: **17**: 301, **20**: 37
T: *C. oculatum* (C. LIPPERT) G. LISTER: Nan 302, Neub 3.38–39

Collybia (FR.) STAUDE, Sklerotienrübling – BläP (Bas, Agaricomycetes, Agaricales, Tricholomataceae)
Frk klein weißl, häufig auf Resten faulender BläP (*Russula, Lactarius*). S häufig einem Sklerotium entspringend. HDS aus zylindrisch schmalen Hyphen, die weder divertikuliert noch inkrustiert sind. Spp weiß, nicht amyloid. Sp hyalin, glatt, 4–6 × 2–3 µm. 4 Arten. Terricol oder fungicol. – Syn: Verschiedene, früher noch in diese Gattung gestellte Arten jetzt zu *Gymnopus* und *Rhodocollybia.* Der Name *Microcollybia* ist nicht anwendbar. – **Lit**: **7**: 222, **11**: 151, **14**: 403
T: *C. tuberosa* (BULL. : FR.) P. KUMM. – Braunknolliger Sklerotienrübling: BK 3.203, Dh 312, Ge 125, HK 3.151, Lg 44D, D1.

1 Sklerotium fehlend. S ohne Seitenzweige. Auf Resten faulender BläP
Büscheliger Sklerotienrübling – *C. cirrhata* (PERS.) QUÉL.
1* Sklerotium vorhanden, aber oft im Substrat etwas verborgen **2**
2 Sklerotium gelb, z. T. mit fuchsigen oder ockerl Mischtönen. Meist aus dem Boden, seltener auf Pilzresten
Gelbknolliger Sklerotienrübling – *C. cookei* (BRES.) J.D. ARNOLD
2* Sklerotium dunkel purpurbraun oder schwärzl. Meist auf Pilzresten **3**
3 S einfach, unverzweigt
Braunknolliger Sklerotienrübling – *C. tuberosa* (BULL. : FR.) P. KUMM.
3* S mit zahlreichen, kurzen, hyaline Köpfchen tragenden Seitenzweigen
Traubenstieliger Sklerotienrübling – *C. racemosa* (PERS. : FR.) QUÉL., jetzt auch als *Dendrocollybia racemosa* (PERS. : FR.) R.H. PETERSEN & REDHEAD

Coltricia S.F. GRAY, Dauerporling – PoP (Bas, Agaricomycetes, Hymenochaetales, Hymenochaetaceae)
Frk gelb bis braun, mit wenigstens angedeutetem zentralem oder exzentrischem S. Trama braun, in KOH schwarz. Hyphen ohne Schnallen. Seten fehlend (vgl. *Onnia*). Sp hyalin bis

hell gelbl, glatt (bis fein warzig), inamyloid, dextrinoid. 3 Arten. Terricol, allenfalls selten auf morschem Holz. – **Lit**: **9**: 331, **12**: 273–274
T: *C. perennis* (L. : FR.) MURRILL – Gebänderter Dauerporling: BK 2.298, CD 78, HK 2.72, Kr 1.430, Md 319, Ph 219

1 H dünn, 1–3 mm und 2–10 cm im Durchm, deutl gestielt. S meist zentral, 1,5–4(–7) × 0,2–1 cm. Sp 6–9 × 3,5–4,5 µm
Gebänderter Dauerporling – *C. perennis* (L. : FR.) MURRILL
1* H dick, 5–10 mm. Falls H dünn, dann dieser kreiselfö in S übergehend und dann im LaW. Sp breiter als bei voriger Art, × 4,5–7(–8) µm ▸

Columnocystis siehe *Veluticeps*

Comatricha PREUSS – SchleimP (Myxogastria, Stemonitidales, Stemonitidae)
Frk kugelig (z. B. beim T) bis zylindrisch, gestielt. S mindestens halb so lang wie der gesamte Frk, zumindest gegen die Basis aus verflochtenen Fasern und hohl. Peridie gewöhnl flüchtig, bisw Flocken oder einen kleinen Ringwulst rund um den S hinterlassend. Columella bis zumindest in die Mitte oder auch bis zum Scheitel des Sp-bildenden Frk-Teils reichend. Capillitium aus fädigen Röhren, die über die ganze Länge der Columella mit dieser verbunden sind, verzweigt, innen zu einem Netz geschlossen, bisw auch außen (unvollständig) netzartig, gewöhnl auch mit Schleifen und freien Enden an der Peripherie. Sp in Masse dunkelbraun, die Farbe des Frk bestimmend, (fast-)kugelig, feinwarzig, beim T 7,5–9 µm. Mehrere Dutzend Arten. Totholz, Borke, oft in großen Kolonien, tote Blätter, Stroh. – **Lit**: **17**: 345, **20**: 41
T: *C. nigra* (PERS.) SCHROET.: Nan 347, Neub 3.65–67

1 Frk kugelfö **2**
1* Frk längl: spindelfö, zylindrisch, eifö **3**
2 Frk (ohne S gemessen) 2–9 mm hoch. Capillitium ohne netzfö Ornament oder allenfalls an basalen Abschnitten so. Sp 7,5–9(–10) µm. *C. nigra* (PERS.) SCHROET.
2* Frk kleiner. Capillitium mit netzfö Ornament. Sp 7–10 µm oder 11–16 µm ▸
3 S wenigstens halb so lang wie der Sp-bildende Teil des Frk **4**
3* S höchstens halb so lang wie der Sp-bildende Teil des Frk und/oder Frk schwarz ▸
4 Frk blass-braun, spindelfö, gegen das obere Ende wie auch zur Basis verjüngt
C. tenerrima (M. A. Curtis) G. Lister
4* Frk dunkelbraun, weitgehend zylindrisch, gegen das obere und untere Ende abgerundet **5**
5 Frk (S-bildender Teil) formstabil bleibend. Capillitium über die ganze Länge der Columella mit dieser verbunden. Sp 7,5–9(–10) µm *C. nigra* (PERS.) SCHROET.
5* Frk sich bald elastisch erweiternd. Capillitium sich von der Columella lösend (mit Ausnahme von ihrer Basis) ▸

Confertobasidium siehe *Leptosporomyces*

Coniochaeta (SACC.) COOKE – Asc (Sordariomycetes, Coniochaetales, Coniochaetaceae)
Bei der Dung bewohnenden Art *C. hansenii* (OUDEM.) CAIN, 64–128 Sp je Ascus (sonst vielfach 8-sporig), scheibchenfö in Aufsicht annähernd kreisfö, 7–9 × 5–7 × 4–5 µm. Arten der Gattung auf Erde, Holz, Dung. – **Lit**: HEINE & WELT 2007
T: *C. ligniaria* (GREV.) COOKE

Coniophora DC., Braunsporrindenpilz, Warzenschwamm, Kellerschwamm – RiP (Bas, Agaricomycetes, Boletales, Coniophoraceae)
Frk resupinat, membranös, gelbl bis braun, oft mit olivl Mischton, oft mit Rhizomorphen, Hymenium glatt bis warzig. Mono- oder dimitisch und dann Skeletthyphen gelbl. Generative Hyphen hyalin bis braun, meist ohne Schnallen oder mit einzelnen (1–6) Schnallen, auch als Wirtelschnallen. Sp gelbl bis braun, dickwandig, glatt, inamyloid, meist dextrinoid und cyanophil, z. B. 9,5–15 × 6–7,5(–9,5) µm (T). 7 Arten, Lignicol, LaH und NaH. – **Lit**: **9**: 289, **12**: 233–235
T: *C. puteana* (SCHUMACH. : FR.) P. KARST. – **Dickhaut-Warzenschwamm**: BK 2.238, Ct 1577, Ja 77, MJ 5 Con 1, RH 74

Conocybe FAYOD, Samthäubchen – BläP (Bas, Agaricomycetes, Agaricales, Bolbitiaceae)
Frk klein, selten (*C. intrusa*) groß und fleischig, S nicht beringt. H meist 4–13(–50) mm HDS aus keulig-kugeligen Elementen. Cheilozystiden oft kugelkopfartig in schmalen Hals verjüngt und an der Spitze abrupt in kleinen kugelfö Teil endend (Kugelkopfzystiden); bei einigen Arten ledigl flaschenfö mit meist schmalem Hals. Spp ockerbraun, Sp meist glatt, selten feinwarzig-punktiert, mit meist deutl sichtbarem Keimporus. Über 60 Arten. Terricol, seltener auf Pflanzenresten oder morschem Holz; selten auch auf Brandstellen. – Syn: Beringte, in den übrigen Merkm aber übereinstimmende Arten werden zur Gattung *Pholiotina* gestellt. – **Lit**: **8**: 324, **11**: 303, **14**: 626
T: *C. tenera* (SCHAEFF. : FR.) FAYOD – Roststieliges Samthäbchen: Ct 1305, Kr 4.329, Lg 128D, MJ 3 Con 16. –

1 Frk zumindest der S, aber oft auch der H weiß. An der L-Schneide mit gestreckt keuligen Elementen (Pseudoparaphysen), die mit Kugelkopfzystiden untermischt sind **2**
1* Frk weder am S noch am H weiß. Pseudoparaphysen fehlend **3**

Frk an Hut und/oder Stiel weiß. Lamellenschneide mit Pseudoparaphysen (2)

2 H weiß. Basidien 4-sporig, Sp 10–16 × 7–10 µm. Keimporus bis 2 µm breit. Grasland
Milchweißes Samthäubchen – *C. albipes* (G.H. OTTH) HAUSKN.
2* H nicht weiß oder falls weiß, dann Basidien 2-sporig ▸

Frk am Stiel nicht weiß und Pseudoparaphysen fehlend (3–16)

3 Sp feinwarzig bis punktiert, kleiner als 8 × 4 µm ▸
3* Merkm anders **4**
4 S-Oberfläche mit Kugelkopfzystiden, höchstens an S-Spitze ohne solche. **5**
4* S-Oberfläche mit haarfö Elementen und weitgehend ohne Kugelkopfzystiden, oder mit solchen untermischt. **6**

– ***Stieloberfläche fast ausschließlich mit Kugelkopfzystiden (5)***

5 S-Basis knollenfö, nicht besonders tief im Substrat verankert. Cheilo- und Kaulozystiden mit bis zu 12 µm breitem Bauch und 5(–6) µm nicht übersteigendem Kopf-Durchm. Die meisten Basidien 4-sporig. Sp in KOH bräunl-orange, schwach zitronenfö, 9,5–12,4 × 5,5–7 µm
Roststieliges Samthäubchen – *C. tenera* (SCHAEFF. : FR.) FAYOD

5* Einzelne oder alle genannten Merkm nicht zutreffend, z. B. S-Basis wurzelnd oder nicht knollenfö, Sp in KOH orangebraun bis rostbraun, ockergelb, gelbl-orange, Kugelkopfzystiden voluminöser mit bis zu 15 µm breitem Bauch und 5–8 µm breitem Kopf, mit entweder 2- oder 4-sporigen Basidien. Hierher auch Arten mit Sp unter 10 µm Länge (Mittelwert) ▸

6 S-Oberfläche mit Kugelkopfzystiden und zugleich untermischt mit haarfö Elementen **7**

6* S-Oberfläche ohne Kugelkopfzystiden, höchsten mit eineigen wenigen solchen an der S-Spitze **13**

– ***Stieloberfläche untermischt mit Kugelkopfzystiden und mit haarförmigen Elementen (7–12)***

7 S-Basis im Substrat wurzelnd (mit wurzelartig verjüngter Basis) ▸

7* S-Basis nicht mit wurzelartig verjüngter Basis, vielmehr meist verdickt bis knollenfö **8**

8 Überwiegender Anteil der Basidien 2-sporig **9**

8* Überwiegender Anteil der Basidien 4-sporig **12**

9 Sp im Mittel weniger als 11 µm lang, in KOH zieml hell, dünnwandig bis mäßig dickwandig ▸

9* Sp im Mittel länger als 10–11 µm, in KOH orangebraun bis rotbräunl, dickwandig **10**

10 Sp 11–13,5 × 6,5–8 µm. H flach konvex. L nicht entfernt stehend
Bruchwald-Samthäubchen – *C. subpubescens* P.D. ORTON

10* Sp länger, 12–18,5 × 6,5–10 µm H glockenfö bis fingerhutfö **11**

11 L eher entfernt stehend, Frk fragil, H 4–13 mm. ▸

11* L enger stehend. Frk kräftiger, H 7–25 mm.
Mist-Samthäubchen – *C. pubescens* (GILLET) KÜHNER

12 Auf Brandstellen (vgl. auch *C. tenera* fast nur mit Kugelkopfzystiden am S). S-Basis knollenfö. Sp 8,5–11,5 × 5,5–7,5 µm, in KOH ockergelb bis orangegelb, mit deutl Keimporus, in Frontansicht nicht eckig
Kohlen-Samthäubchen – *C. anthracophila* KÜHNER & WATLING

12* Merkm verschieden ▸

– ***Stieloberfläche fast gänzlich ohne Kugelkopfzystiden (13–16)***

13 Überwiegender Anteil der Basidien 2-sporig. Auch Arten mit wurzelnder S-Basis hierher ▸

13* Überwiegender Anteil der Basidien 4-sporig und S nicht wurzelnd. **14**

14 Sp im Mittel länger als 12 µm. **15**

14* Sp im Mittel weniger als 12 µm lang ▸
15 H feucht braun, dunkelbraun oder schwarz-oliv **16**
15* H auch feucht sehr hell, falb, grauocker oder beigebraun, bisw auch oliv ▸
16 H feucht deutl oliv, später falb bis grau-ocker. H-Oberfläche glatt, jung wie lackiert oder glänzend **Dungliebendes Samthäubchen** – *C. rickenii* (JUL. SCHÄFF.) KÜHNER
16* H feucht ohne Olivtöne, beigebraun, trocknend grauocker, ockerl bis weißl. H-Oberfläche teilweise schwach gerunzelt, nicht glänzend oder wie lackiert **Aschgraues Samthäubchen** – *C. siliginea* (FR. : FR.) KÜHNER

Conohypha JÜLICH – RiP (Bas, Agaricomycetes, Polyporales, Meruliaceae)
Frk resupinat, membranartig, glatt, monomitisch. Hyphen kurzgliedrig, an den Septen der kurzen und breiten Zellen mit Schnallen. Zystiden fehlen. Basidien hyalin, zylindrisch. Sp hyalin, glatt, dünnwandig, inamyloid, 6,5–8 × 4,5–5,2 µm. NaH. – Syn: auch als *Hypoderma albocremeum* (HÖHN. & LITSCH.) J. ERIKSS. & Å. STRID. **Lit**: **9**: 198, **12**: 182
1 Art = T: *C. albocremea* (HÖHN. & LITSCH.) JÜLICH

Contumyces REDHEAD, MONCALVO, VILGALYS & LUTZONI, Zwergnabeling – BläP (Bas, Agaricomycetes, Hymenochaetales, Repetobasidiaceae)
Frk klein, H 5–15 mm, in seiner Mitte niedergedrückt bis flach genabelt, samtig oder faserig, jung rosa, alt hell graubeige. L herablaufend. S bereift, weißl bis rosa, 1–3 cm lang, 1–2 mm dick. Sp 8–11 × 4–6 µm, breit kommafö, Terricol, auch zw Gras und Moos. – Syn: *Omphalina carnicolor* P.D. ORTON, *Jacobia rosella* (M.M. MOSER ex READHEAD) CONTÙ, *Marasmiellus rosellus* (M.M. MOSER) KUYPER & NOORDELOOS. – **Lit**: **7**: 302 (als *Marasmiellus*), **11**: 93 als *Omphalina* pr.p., **14**: 66
1 Art = T: *C. rosellus* (M.M. MOSER) REDHEAD & al. – **Rosafarbener-Zwergnabeling**: BL 129, Dh 177, Lg 60C, Lu 1.46.6

Coprinellus P. KARST., Zwergtintling – BläP (Bas, Agaricomycetes, Agaricales, Psathyrellaceae)
Frk eher klein, mit schwarz zerfließenden L (und H). H radial gerieft bis gestreift, H-Oberfläche mit Zystiden (Pileozystiden) sowie oft mit körnigem bis flockigem Velum. Sp-Masse schwarz, Sp glatt oder rau. Etwa 40 Arten. Terricol, auch auf Pflanzenresten, fimicol, lignicol. – Syn: die Arten dieser Gattung früher zu *Coprinus* (siehe auch Schlüssel dort). – **Lit**: **8**: 215, **11**: 275 als *Coprinus* pr.p., 14: 558
T: *C. deliquescens* (BULL.) P. KARST., Interpretation aus heutiger Sicht = *C. silvaticus* PECK: BK 4.302, Ge 218, Lg 160F, MJ 3 Copr 19, Ph 181. – Häufige Art: *C. micaceus* (BULL.) VILGALYS: BK 4.294, Dh 546, 547, Ge 217, Lx 291, Ph 180

1 Frk dicht rasig rund um alte Stümpfe oder auch direkt an solchen. H 0,6–1,5 cm, weißlblass oder hellbräunl, später grau. H falls jung und nicht abgegriffen sowohl mit Haaren (Pileozystiden) als auch mit Kugelzellen. Sp glatt, 7,5–10 × 4–5 µm **Gesäter Zwergtintling** – *Coprinellus disseminatus* (PERS. : FR.) J.E. LANGE
1* Merkm anders **2**

2 H-Oberfläche anfangs dicht glimmerig-körnig, später verkahlend, ocker- bis rostfarben. Velum überwiegend aus Kugelzellen bestehend. Gesellig auf totem Holz. Sp in Frontalansicht mitrafö, d. h. am oberen Ende abgestutzt, gegen Basis (Apikulus) konisch, 6,5–10 × 4,5–7 × 4,5–5,5. (Falls Sp ellipsoid ►)
Glimmertintling – *C. micaceus* (BULL) VILGALYS.

2* Merkm anders. Falls auf Holz, dann H-Oberfläche nicht dicht glimmerig-körnig. . . **3**

3 H-Oberfläche (jung) von Resten des Velums bedeckt und dadurch flockig **4**

3* H-Oberfläche (bereits jung) ohne oder nur von spärl Velumresten bedeckt ►

Hut jung von Resten des Velums bedeckt (4–6)

4 Velum aus ± kugeligen, dünnwandigen Elementen ►

4* Velum aus Ketten gestreckter, ellipsoider bis kugeliger, teilweise dickwandiger Elemente **5**

5 Sp im Mittel länger als 9 µm ►

5* Sp im Mittel kürzer als 9 µm. **6**

6 Velumreste auf H-Oberfläche grobschuppig ►

6* Velumreste auf H-Oberfläche kleinflockig. H 2–4 × 1,5–3 cm, weißl bis blass gelblbraun. Sp ellipsoid bis bohnenfö, 6–9 × 3,5–5 µm. (falls Sp eher mandelfö als bohnenfö: *C. xanthotrix*). Lignicol, LaH, an und um Stümpfe, Äste, Zweige im LaW
Holz-Zwergtintling – *C. domesticus* (BOLTON : FR.) GRAY

Coprinopsis P. KARST., Tintling – BläP (Bas, Agaricomycetes, Agaricales, Psathyrellaceae) Frk mit schwarz zerfließenden L (und H), klein bis groß. H radialstreifig, H-Oberfläche ohne Zystiden (Pileozystiden), Velum oft körnig bis faserig. Sp-Masse schwarz, Sp glatt oder rau. Etwa 70 Arten. Terricol, herbicol, lignicol, fimicol. – Syn: die Arten dieser Gattung früher zu *Coprinus* (siehe auch Schlüssel dort). – **Lit**: **8**: 235, **11**: 275 als *Coprinus* pr.p., **14**: 568

T: *C. friesii* (QUÉL.) P. KARST – Gras-Tintling: Ct 2185, 2608, Lg 158D. Häufige Art: *C. atramentaria*: (BULL. : FR.) REDHEAD & al.: BK 4.265, DH 541, HK 1.38, Lg 157H, RH 424

1 Frk recht groß, H 3–10 cm. Velum ohne kugelige oder rundl Zellen **2**

1* Frk kleiner o d e r zumindest einige Zellen des Velums kugelig oder rundl. **4**

2 Auf dem Erdboden **3**

2* Auf Holz und (erdüberschichteten) Holzresten ►

3 H-Oberfläche nur mit einigen, in H-Mitte erhalten bleibenden Schüppchen. Sp 8–11 × 5–6 µm. S blasser als der H, S-Basis bisw volvaartig beringt, nicht knollig. Wiesen, Weiden **Grauer Faltentintling** – *C. atramentaria* (BULL. : FR.) REDHEAD & al.

3* H-Oberfläche dicht von seidig-faserigen bis filzigen Schüppchen gefleckt; diese weißl, lehmfarben-rosa oder wein-lederfarben. H 5–6 cm. S z. B. 15 × 1 cm, mit auffällig runder oder gerandeter Knolle. Sp (12–)13–17(–18) × 10–12 µm. Besonders im LaW
Specht-Tintling – *C. picacea* (BULL. : FR.) REDHEAD & al.

4 H sehr klein, bis zu 6 mm hoch vor dem Aufschirmen. Sp 11–14 × 6–7 µm
Kleiner Dung-Tintling – *C. radiata* (BOLTON) REDHEAD & al.

4* H etwas größer, vor dem Aufschirmen 1,5(–6) cm hoch. Sp bisw breiter **5**

5 Auf Dung. **6**

5* Nicht auf Dung **7**
6 Sp recht breit, 11–14 × 7,5–8 µm. S nie lang wurzelnd
Großhütiger Mist-Tintling – *C. macrocephala* (BERK.) REDHEAD & al.
6* Sp schmäler, 9–12 × 6–7 µm. S oft (aber nicht immer) wurzelnd
Aschgrauer Mist-Tintling – *C. cinerea* (SCHAEFF. : FR.) REDHEAD & al.
7 Zellen des Velums auf H-Oberfläche 8–44(–60) µm breit, an den Septen oft eingeschnürt, dünnwandig, hyalin und nicht diverticulat. H 1–2 cm, nicht zerfließend, bald ausgebreitet, weiß und ganz mit weißen Flöckchen bedeckt. Basidien 4-sporig. Sp ellipsoid oder schwach mandelfö, (10–)11–13,5(–14) × 6–7 µm. Auf Erde, Blättern, Sägemehl **Hasenpfoten-Tintling** – *C. lagopus* (FR. : FR.) REDHEAD & al.
7* Merkm anders, z. B. Sp kleiner oder Zellen des Velums auf H-Oberfläche recht schmal, 2–10(–12) µm breit und an den Septen nicht eingeschnürt. **8**
8 Auf Brandstellen oder auf Erde ▸
8* Auf Pflanzenresten **9**
9 Schüppchen auf dem H deutl gefärbt, deren Hyphen mit oft bräunl gefärbten Wänden ▸
9* Schüppchen auf dem H weiß und so bleibend, deren Hyphen hyalin oder gelbl-braun **10**
10 Sp linsenfö abgeflacht, 7–9(–11) × 7–8 × 6–7 µm, in Seitenansicht fast kugelig. H ausgebreitet 1–1,5 cm **Gras-Tintling** – *C. friesii* (QUÉL.) P. KARST
10* Sp nicht linsenfö abgeflacht, schmäler, in Seitenansicht breit ellipsoid oder eifö, 6–8,5(–9) × 4,5–6 µm. H ausgebreitet bis 1 cm
Kräuter-Tintling – *C. urticola* (BERK. & BROOME) REDHEAD & al.

Coprinus PERS., Schopftintling – BläP (Bas, Agaricomycetes, Agaricales, Agaricaceae)
H nicht radialstreifig und vor dem Aufschirmen zylindrisch, ellipsoid bis eifö, schuppig, zunächst weiß, vom H-Rand her wie die L schwarz zerfließend. S unten mit Ring. Sp glatt, groß, 10–23 µm lang und 6,5–14 µm breit, glatt. 2 Arten. Terricol oder auf Dung und faulenden Pflanzenresten. – Syn: Die Gattung wurde früher weiter gefasst; ehedem hierher gehörende Arten jetzt unter *Coprinellus, Coprinopsis, Parasola*. Diese Gattungen sind z. T. noch nicht endgültig definiert. Der folgende Schlüssel gliedert hier auch diese Gattungen aus, soweit sie durch häufigere oder auffallende Arten vertreten sind. – **Lit**: **8**: 134, s. l. siehe auch 215, 235, 267, **11**: 275, **14**: 532. – NOORDELOOS, M.E, KUYPER, TH.W. & VELLINGA, E.C. (2005): Flora Agaricina Neerlandica **6**: 22–119.
T: *C. comatus* (O.F. MÜLL. : FR.) PERS. – Schopf-Tintling: Ct 37, Dh 542, Gh 351, HK 1.37, Lg 146E, Ph 177

1 Frk in keiner Phase der Entwicklung mit Velum und Velumresten in Form von Glimmer, Flocken, Schüppchen etc., H-Oberfäche ohne Haare (Lupe) siehe *Parasola*
1* Frk zumindest jung mit Velum und dadurch H z. B. glimmerig oder flockig. H-Oberfläche oft fein haarig-borstig **2**
2 H-Oberfläche samtig-haarig bereift (Lupe) oder mit haarfö Elementen (auch Seten) oft zwischen Kugelzellen **3**
2* H-Oberfläche ohne Haare und Seten wohl aber mit Schüppchen oder glimmerig . . . **5**

Hutoberfläche samtig-haarig oder mit wenigstens eingestreuten haarförmigen Elementen (3–4)

3 Frk dicht rasig rund um alte Stümpfe oder auch direkt an solchen. H 0,6–1,5 cm, weißlblass oder hellbräunl, später grau. H falls jung und nicht abgegriffen sowohl mit Haaren (Pileozystiden) als auch mit Kugelzellen. Sp glatt, 7,5–10 × 4–5 µm siehe *Coprinellus disseminatus*

3* Merkm anders **4**

4 H-Oberfläche mit dickwandigen, gelblich-braunen Seten. Sp 10–13(–14) × 6–7 µm. H dunkelrostbraun, alt graubraun mit braun bleibender Scheibe, ausgebreitet 1–3 cm. Erde, totes Holz, Brandstellen. siehe *Parasola auricoma*

4* Merkm anders ▸

Hutoberfläche ohne Haare und Seten, wohl aber mit Schüppchen oder glimmerig (5–11)

5 S mit deutl abgesetztem häutigen Ring, der an der S-Basis gänzlich oder partiell erhalten bleibt **6**

5* S ohne deutl Ring, höchstens mit Velumresten, die am S unten eine ringfö oder volvaartige Zone bilden können **7**

*– **Stiel mit Ring (6)***

6 Auf Erde zwischen Gras an ruderalen Stellen. H groß, zylindrisch, vor dem Aufschirmen 5–10 × 3–6 cm, lange weiß, fleischrötl, dann vom H-Rande her schwarz werdend. S 15 x1–1,5 cm, Ring oft flüchtig. Sp (9–)10–13(–14) × 6–8 µm

Schopf-Tintling – *C. comatus* (O.F. MÜLL. : FR.) PERS.

6* Auf Dung, Sp entweder kleiner oder auch wesentl größer ▸

*– **Stiel ohne Ring (7–11)***

7 H 3–10 cm. Velum weiß, grau, sepiafarben, allenfalls weinfarben oder lehmfarbenrosal, nicht von weiß nach rosa verfärbend; oft schuppig siehe *Coprinopsis*

7* H unter 2,5 cm. Velum auf H und S rötl oder zumindest rosa verfärbend **8**

8 H-Oberfläche oft glimmerig, zum größten Teil aus kugeligen, eifö oder breit ellipsoiden Zellen bestehend **9**

8* H-Oberfläche nicht glimmerig, vollständig aus fädigen Elementen oder aus fädigen mit vermischten kugeligen Elementen bestehend **10**

*– – **Hutoberfläche oft glimmerig, größtenteils aus kugeligen, eiförmigen oder breit ellipsoiden Elementen (9)***

9 H-Oberfläche anfangs vollständig und dicht glimmerig-körnig, später verkahlend. Wände der Velumzellen dünn, glatt oder schwach inkrustiert, hyalin oder schwach bräunl. Rasig oder gesellig auf totem Holz siehe *Coprinellus*

9* H-Oberfläche und/oder Velum anders ▸

*– – **Hutoberfläche aus fädigen Elementen oder aus kugeligen und fädigen Elementen (10–11)***

10 H-Oberfläche (Velum) besteht aus ± kugeligen und fädigen Zellen in Mischung ▸

10* H-Oberfläche (Velum) besteht vollständig aus farbigen, fädigen Zellen, manche davon eigentüml verzweigt (divertikulat, korallenartig) **11**

11 Auf Dung siehe *Coprinopsis*

11* Nicht auf Dung ▸

Schlüssel primär nach Sporenmerkmalen für *Coprinus* s. l.

Hervorragende Abbildungen zu Sporen und anderen Mikromerkmalen, wie auch zum Habitus in FAN 6: 22–169

1 Sp warzig-rau **2**

1* Sp glatt, allenfalls mit runzeliger, schleimiger Außenschicht (Myxospor). **6**

Sporen mit besonderen Merkmalen wie warzig rau etc. (2–65)

– ***Sporen warzig rau (2–5)***

2 Frk auf dem Erdboden (terricol) **3**

2* Frk auf LaH (lignicol auf Stümpfen, Zweigen etc.). Sp. grob-warzig, Basidien 4-sporig **4**

3 Sp eifö in Frontansicht, ellipsoid bis annähernd mandelfö in Seitenansicht, Oberfläche mit feinen, nicht in Reihen geordneten Warzen, in KOH nach einiger Zeit glatt, 11–17 × 7–9,5 µm. Basidien 2-sporig *C.* (*Coprinellus*) *verrucispermus*

3* Sp eifö in Frontansicht, mandelfö in Seitenansicht, mit in Reihen geordneten kleinen Warzen, 10–15 × 7–10 µm. Basidien meist 4-sporig . *C.* (*Coprinellus*) *silvaticus*

4 Sp mandelfö, 11–14,5 × 6,5–8,5 µm *C.* (*Coprinopsis*) *insignis*

4* Sp kleiner **5**

5 Sp eifö-trunkat (auch in Seitenansicht), grob-warzig, 7,5–11 × 5,5–8 µm. Basidien 4-sporig (falls Basidien 2-sporig, Sp 9–12 × 7–9 µm vgl. *C. rugosobisporus*) *C.* (*Coprinopsis*) *phlyctidosporus*

5* Sp in Seitenansicht mandelfö, grob warzig, 8,5–12(–13) × 6–8 µm *C.* (*Coprinopsis*) *echinosporus*

– ***Sporen glatt (6–64)***

6 Sp in Frontansicht mitrafö, herzfö, eckig und breit ; in Seitenansicht schmaler und nicht mitrafö. **7**

6* Frontansicht der Sp anders, nicht von der Seitenansicht abweichend oder auch in der Frontansicht eifö-ellipsoid **19**

– ***Sporen in Frontansicht mitraförmig, herzförmig, eckig (7–18)***

7 Auf Brandstellen. *C.* (*Coprinellus*) *angulatus*

7* Nicht auf Brandstellen. **8**

8 H kahl und S kahl **9**

8* H und S nicht kahl. **11**

9 H ohne lilafarbene Mischtöne. Sp im Mittel weniger als 11 µm lang. **10**

9* H mit lilafarbener Komponente. Sp im Mittel mehr als 11 µm lang und zugleich auch breiter, 9,5–13,5 × 9–11 × 6–8,5 µm. *C.* (*Parasola*) *lilatinctus*

10 H blass gelbbraun. Sp 8–12 × 7–10,5 × 5,5–7 µm, in Frontansicht 5-eckig bis herzfö. Terricol. *C.* (*Parasola*) *leiocephalus*

10* H dunkel rotbraun. Sp 6,5–11 × 5,5–8 × 5–6 µm, in Frontansicht 5-eckig bis herzfö. Terricol. *C.* (*Parasola*) *kuehneri*

11 H sehr klein, 2–5 × 2–3 mm. Sp 7–10,5 × 6,5–10 µm, herzfö, dreieckig mit gerundeten Ecken. Dung *C. (Parasola) miser*
11* Merkm verschieden, H größer. **12**
12 S beringt. Dung *C. (Coprinopsis) ephemeroides*
12* S nicht beringt **13**
13 Lignicol, büschelig um oder auf Stümpfen, toten Bäumen. H ocker bis rostfarben, mit glimmeriger Oberfläche. Sp mitrafö-trunkat, 6,5–10 × 4,5–7 × 4,5–5,5 µm *C. (Coprinellus) micaceus*
13* Auf Dung oder terricol **14**
14 Sp in Frontansicht sechseckig, in Seitenansicht mit schief sitzendem Keimporus, 9,5–14,5 × 6,5–8,5 × 6–7,5 µm. Mit Stroh vermischter Dung, verrottendes Gras *C. (Coprinellus)marculentus*
14* Sp anders. **15**
15 Sp mit gerundeten Ecken und 8–10,5 × 8–10 µm. **16**
15* Sp verschieden in der Form und weniger als 8 µm breit. **17**
16 Auf Dung. Cheilozystiden z. T. flaschenfö *C. (Coprinopsis) cordisporus*
16* Auf Pflanzenresten, Kompost. Flaschenfö Cheilozystiden fehlend *C. (Coprinopsis) patouillardii*
17 Sp breiter als 7,5 µm vgl. *C. ephemeroides* (Ziffer **12**), *C. cordisporus* (Ziffer **16**)
17* Sp schmäler als 7,5 µm **18**
18 Pleurozystiden vorhanden. Kompost. Sp in Frontansicht herzfö, 5,5–8,5 × 5–6,5 × 3,5–4,5 µm. Dung *C. (Coprinopsis) cardiasporus*
18* Pleurozystiden fehlend. Sp in Frontansicht 6-eckig, 6–8,5 × 5–6 × 4–4,5 µm. Terricol. *C. (Coprinopsis) iocularis*
19 Sp in Frontansicht zitronenfö, oft sehr breit, o d e r Sp annähernd kugelfö **20**
19* Sp in Frontansicht nicht zitronenfö und nicht annähernd kugelfö **33**

– Sporen in Frontansicht breit zitronenförmig und/oder Sporen annähernd kugelförmig (20–32)

20 H und S kahl **21**
20* H und S nicht kahl. **23**
21 Sp im Mittel weniger als 11 µm lang, 8–11 × 7,5–9,5 × 7–7,5 µm. H 1–3 cm wenn aufgeschirmt., bis zur Mitte furchig gestreift, dunkel grau bis schmutzig rostfarben. Terricol. *C. (Parasola) galericuliformis*
21* Sp im Mittel länger als 11 µm. **22**
22 H mit lilafarbenem Mischton. Sp 10–13 × 9–11 × 6–8 µm. Terricol. *C. (Parasola) lilatinctus*
22* H ohne lilafarbenen Mischton. Sp 12–17 × 11,5–16 µm. Terricol, auch im Rasen *C. (Parasola) hercules*
23 Velum wenigstens teilweise aus kugeligen bis fast kugeligen Elementen **24**
23* Velum aus gestreckten Elementen. **26**
24 Sp im Mittel länger als 12 µm. Basidien 2-sporig oder 4-sporig. **25**

24* Sp im Mittel weniger als 12 µm lang, 9–12,5 × 7,5–11,5 × 6–8 µ, in Frontsicht breit zitronenfö, in Seitenansicht ellipsoid. Basidien 4-sporig. Dung, Kompost *C.* (*Coprinopsis*) *pseudoniveus*

25 Basidien 2-sporig. H grau bis cremefarben-grau, bisw zunächst weiß. Sp 13,5–16,5 × 12,5–15,5 × 8,5–10 µm. Dung *C.* (*Coprinopsis*) *pachyspermus*

25* Basidien 4-sporig. H jung weiß. Sp 12–19 × 11–15,5, breit zitronenfö. Dung *C.* (*Coprinopsis*) *niveus*

26 Velum aus dünnwandigen Elementen (Wände dünner als 0,5 µm). **27**

26* Velum aus recht dickwandigen Elementen (Wände wenigstens stellenweise dicker als 0,5 µm) **29**

27 Auf Brandstellen oder an feuchten Plätzen auf Sumpfgräsern. H 1–3 cm breit **28**

27* Auf Erdboden im Rasen, oft auf nacktem Boden, auch zwischen Laub im Wald. . . **29**

28 Auf Brandstellen. H 1,5–3 cm Sp 6–8,5 × 5,5–8 × 5–6,5 µm. (Falls H 5 × 3 cm, aufgeschirmt bis 6 cm. Sp 6,5–9,5 × 6–8 µm: *C. jonesii*) *C.* (*Coprinopsis*) *gonophyllus*

28* An feuchten Plätzen auf und zwischen Sumpfgräsern (*Phragmites*, *Juncus*), H bis 1 cm breit *C.* (*Coprinopsis*) *kubickae*

29 Im Rasen, oft auf nacktem Boden. H nach dem Aufschirmen 0,8–1,5 cm breit. Sp in Seitenansicht 6,5–8 µm breit *C.* (*Coprinopsis*) *epichloeus*

29* H nach dem Aufschirmen 2,5–4 cm breit. Habitat verschieden **30**

30 Sp längl oder über 7 µm breit **31**

30* Sp eifö bis fast kugelig, Sp bis 7(–8) µm lang und bis 7 µm breit **32**

31 Zwischen Laub (Buche) auf dem Erdboden. H 2–3 cm breit, nach dem Aufschirmen bis 5,5 cm. Sp in Seitenansicht 5–6,5 µm breit [(6,5–)8–10,5(–11,5) × 6–9(–11) × 5–6,5 µm]. *C.* (*Coprinopsis*) *episcopalis*

31* Auf nacktem kalkhaltigem Boden zwischen Steinen und Moos, LaW. H 2,5–4 cm nach Aufschirmen. Hyphen des H-Velums mit kurzen Ausstülpungen (divertikulat) und mit bis zu 3 µm dicken Wänden. Sp 7,5–9,5 × (5,5–)7–9,5 µm *C.* (*Coprinopsis*) *spilosporus*

32 Sp abgeflacht, eifö bis fast kugelig, 5,5–8,0 × 4,5–7 × 4,5–6 µm., Keimporus exzentrisch. Auf Gräsern und Kräutern *C.* (*Coprinopsis*) *phaeosporus*

32* Sp nicht abgeflacht, breit eifö bis fast kugelig, 5–7 × 4,5–6 µm, Keimporus median. Auf Gräsern und Kräutern *C.* (*Coprinopsis*) *xantholepis*

33 Sp mit abgehobener äußerer Schicht (wie locker ummantelt durch Myxospor). . . . **34**

33* Sp nicht mit derartiger Ummantelung. **42**

– Sporen mit lockerer Ummantelung; z. T. so nur an einigen Sporen und oft schwer sichtbar (34–41)

34 Auf Dung. **35**

34* Nicht auf Dung, vielmehr auf Erde, Holz, allenfalls auf Kompost. **37**

35 Myxospor gut entwickelt und stark runzelig, Sp oben konisch *C.* (*Coprinopsis*) *narcoticus*

35* Myxospor nicht runzelig, oft spärl und undeutl. Sp oben gerundet **36**

36 Sp bis 4,5 µm breit, zylindrisch-ellipsoid, 6–8 × 3–4,5 µm *C.* (*Coprinopsis*)*stercoreus*

36* Sp bis 6,5 µm breit, ellipsoid bis eifö ►(E-36*)

37 Basidien 2-sporig ►(E-37)

37* Basidien 4-sporig **38**

38 Myxospor runzelig **39**

38* Myxospor glatt **41**

39 Auf moos- oder algenüberzogenem Holz. Geruch fehlend. Sp 9–12,5 5–6,5 µm *C.* (*Coprinopsis*) *laani*

39* Nicht auf Holz. Vielmehr auf Pflanzenresten oder Kompost **40**

40 Sp im Mittel 5,5 µm breit. Sp oben konisch. Geruch stark narkotisch *C.* (*Coprinopsis*) *narcoticus*

40* Sp im Mittel breiter als 6,5 µm, 11–15,5 × 6,5–9,5 µm. Geruch fehlend oder banal. Zwischen und auf Moosen, zwischen Gras an feuchten Plätzen *C.* (*Coprinopsis*) *martinii*

41 Sp oben gerundet, im Mittel weniger als 6,5 µm breit, 8–11 × 5–6,5 µm. Geruch nach rohen Kartoffeln. Oft Sklerotien entspringend. Kompost (bisw mit Dung vermischt). *C.* (*Coprinopsis*) *tuberosus*

41* Sp oben konisch, im Mittel weniger als 5,5 µm, 9–12,5 × 4,5–5,5 µm. Geruch fehlend oder unbestimmt. Feuchte Plätze zwischen Moos und Gras *C.* (*Coprinopsis*) *semitalis*

– ***Sporen nicht mit abgehobener äußerer Schicht (42–65)***

42 Sp extrem groß oder ungewöhnl klein (dann im Mittel unter 7–8 µm lang) **43**

42* Sp weder besonders groß noch ungewöhnl klein (im Mittel länger als 7–8 µm) . . . **59**

– – ***Sporen extrem groß, 17–26 µm lang (43), oder ungewöhnlich klein (44–58)***

43 Sp 17–26 × 10–15 µm. H 4–6 × 2–3 cm. S in unterer Hälfte mit bewegbarem Ring. Dung *C.* (*Coprinus*) *sterquilinus*

43* Sp kleiner **44**

44 H ohne Velum, wohl aber mit Seten (bzw. ähnl Elementen). **45**

44* H mit Velum **49**

45 Auf oder nahe Holz. Aufgeschirmter H bis 1,5–2 cm breit, aber auch viel weniger breit (7 mm). **46**

45* Frk auf Dung oder auf Kompost. Aufgeschirmter H weniger als 8 mm breit. **47**

46 Frk einzeln oder gesellig auf und zwischen Holzspänen im Boden. Aufgeschirmter H bis zu 7 mm breit. H-Velum ohne Kugelzellen, Sp 7–8,5 × 5–6 µm *C.* (*Coprinellus*) *minutisporus*

46* Frk in großen Herden oder Büscheln auf oder nahe bei Holz. Aufgeschirmter H bis zu 1,5–2 cm breit. H-Velum mit Kugelzellen. Sp 6,5–9,5 × 4–6 µm *C.* (*Coprinellus*) *disseminatus*

47 Pileozystiden mit verschmälerndem Hals und verjüngter Spitze. Sp weniger breit als 5 µm. **48**

47* Pileozystiden bis zur erweiterten Spitze mit fast zylindrischem Hals. Sp 6,5–9,5 × 5–7 µm *C.* (*Coprinellus*) *pyrrhanthes*

48 Sp 6,5–9,5 × 3–4 µm *C. (Coprinellus) pellucidus*
48* Sp 5–7 × 2,5–3 µm *C. (Coprinellus) parvulus*
49 Velum überwiegend aus gestreckten Elementen **50**
49* Velum zumindest stellenweise aus ± kugeligen Elementen **53**
50 Elemente des H-Velums dünnwandig (Wände weniger als 0,5 µm). Sp 5,5–9 × 4,5–6,5 µm, fast kugelig bis ellipsoid. H aufgeschirmt bis zu 1,3 cm. Auf Gräsern und Krautresten, bisw auch Zweige von Weide *C. (Coprinopsis) urticola*
50* Elemente des H-Velums dickwandig (Wände mehr als 0,5 µm). **51**
51 Wände der Velumhyphen stellenweise dicker als 2 µm. H aufgeschirmt bis 1,5 cm. Sp 6–9,5(–11) × 5,5–7(–8,5) µm. Auf Grasresten *C. (Coprinopsis) friesii*
51* Wände der Velumhyphen stellenweise bis 1,5(–2) µm dick. **52**
52 H-Velum weiß oder ockerbraun. H aufgeschirmt bis 2 cm. Sp 6–10 × 5–8 µm. Holz, tote Zweige. *C. (Coprinopsis) pseudofriesii*
52* H-Velum dunkelbraun oder sepiafarben. H aufgeschirmt bis 1,4 cm. Sp 5,5–10,5 × 4–8,5 µm. Auf Grasresten, besonders auch Schilf *C. (Coprinopsis) tigrinellus*
53 Frk winzig bis klein, dünnfleischig **54**
53* Frk mittelgroß, etwas fleischig **55**
54 Auf und um LaH-Srümpfen. Sp mandelfö oder eifö, 6,5–9 × 4–5 µm. *C. (Coprinopsis) coniophorus*
54* Auf Dung. H aufgeschirmt 1–7 mm breit (falls bis 2,5 cm breit vgl. *C. utrifer*). Sp oval bis ellipsoid, 6–7,5(–8) × 3,5–4,5(–5) µm. *C. (Coprinopsis) pseudocortinatus*
55 H-Velum ein bald schwindender körniger Belag. Auf und um Stümpfe, totes Holz **56**
55* H-Velum in Form beständiger flockiger Schüppchen. terricol, auf Branstellen, Laub oder Zweigen **58**
56 S abstehend feinhaarig bereift, Kaulozystiden vorhanden (falls Sp mitraartig vgl. *C. micaceus*). *C. (Coprinellus) pallidissimus*
56* S glatt oder leicht flockig, Kaulozystiden fehlend **57**
57 H blass ockerfarben. Sp nicht einmal zu geringem Anteil mitraartig, vielmehr eifö bis ellipsoid, 6,5–9,5 × 4,5–6,5 (–7) × 4–5,5 µm. *C. (Coprinellus) truncorum*
57* H tief ocker oder rostfarben. Sp in kleinem Anteil fast mitrafö, sonst eifö bis ellipsoid, 6,5–9,5 × 5–6,5 × 4,5–5,5 µm. *C. (Coprinellus) saccharinus*
58 Velum schuppenfö. H 4–7 cm breit. Oft auf Brandstellen. Sp 5,5–10,5 × 4–5,5 × 4–5 µm *C. (Coprinellus) bipellis*
58* Velum wollig-flockig, H 2–4 cm breit. Auf toten Blättern und Zweigen von LaH. Sp 5,5–7 × 3–4 µm *C. (Coprinellus) ellisii*
59 Sp seitl abgeflacht und dadurch in Frontansicht breiter als in Seitenansicht **60**
59* Sp seitl nicht abgeflacht, in Frontansicht etwa so breit wie in Seitenansicht **66**

– Sporen abgeflacht, in Frontansicht (etwas bis ziemlich) breiter als in Seitenansicht (60–65)

60 H und S kahl, ohne Velum. H stark gefurcht. Sp 10–14,5 × 7–10,5 × 6,5–8 µm. Terricol, Rasen *C. (Parasola) plicatilis*
60* H und S nicht kahl, ohne oder mit Velum **61**

61 H ohne Velum. S feinhaarig. H und S mit Seten oder diesen ähnl Elementen. Sp 9,5–14 × 6,5–9 × 6–8 µm. Dung.. *C. (Coprinellus) curtus*

61* H mit Velum **62**

62 H-Velum weitgehend gänzl aus gestreckten Elementen **63**

62* H-Velum wenigstens stellenweise aus kugeligen bis fast kugeligen Elementen . . . **65**

63 H-Velum aus Ketten glatter, dünnwandiger Zellen. **64**

63* H-Velum aus kurz verzweigten Zellen. Sp 13,5–17,5 × 10,5–12,5 × 9–10,5 µm. Oft Sklerotien entspringend. Dung *C. (Coprinopsis) sclerotiormagnesium*

64 Auf Dünen zwischen Strandgras (*Ammophila*). Sp 8,5–12,5 × 6–9,5 (–10,5) × 6–8 µm *C. (Coprinopsis) ammophilae*

64* Auf LaH lignicol. Sp 8–11,5 × 6,5–8 × 5–7 µm *C. (Coprinopsis) spelaiophilus*

65 Sp im Mittel über 12 µm lang, 9,5–15,5 × 6,5–8,5 × 7–7,5 µm. Dung (mit Stroh vermischt) *C. (Coprinopsis) cothurnatus*

65* Sp unter 12 µm lang, 7,5–10,5 × 6–8 × 5–7,1 µm. terricol auf nacktem Boden, Rasen *C. (Coprinopsis) bellulus*

Sporen ohne besondere Merkmale wie extrem groß, extrem klein, abgeflacht etc. (66–89)

66 Sp im Mittel unter 10 µm lang **67**

66* Sp im Mittel über 10 µm lang. **78**

*– **Sporen im Mittel unter 10 µm lang (67–77)***

67 Frk (mittel-)groß und hoch 2–4–8 × 1,5–3–6 cm, S (0,3–)0,4–1,5 cm breit (siehe aber auch 75–76). **68**

67* Frk kleiner oft winzig und zart; S weniger breit. **71**

68 H-Oberfläche vom recht dickem weißem Velum überzogen, das beim Aufschirmen filzschuppig aufreißt. Hyphen des Velums mit kurzen Ausstülpungen (divertikulat). Sp 7–9 × 4,5–6 × 4,5–5 µm. Auf Holz und Holzresten. (Falls eher auf Brandstellen, aber auch auf Holzresten, Pflantenresten, H-Velum nicht aus divertikulaten Hyphen, Sp 6,5–9,5 × 6–8 µm: *C. jonesii*) *C. (Coprinopsis) strossmayeri*

68* H-Oberfläche mit spärl Velumüberzug, an älteren Hüten weitgehend schwindend . **69**

69 H 2–3 cm hoch, fast glatt. Sp 4,5–5,2 µm breit *C. (Coprinopsis) acuminatus*

69* H größer. Sp 5–6 µm breit. **70**

70 H grau, auch graubraun, H-Velum spärl, nur in H-Mitte, anliegend *C. (Coprinopsis) atramentarius*

70* H blass grau mit orangebraunen oder dunkler grauen Schüppchen *C. (Coprinopsis) romagneisianus*

71 H ohne Velum, S mit Seten ▸(E-70*)

71* H mit Velum **72**

72 H-Velum überwiegend aus gestreckten Elementen. **73**

72* H-Velum wenigstens stellenweise aus (annähernd) kugeligen Elementen **75**

73 H-Velum aus Ketten glatter, fädiger bis länglicher (auch breit ellipsoider bis vereinzelt fast kugeliger) Elemente ▸(E-73)

73* H-Velum aus verzweigten, divertikulierten, dick- bis dünnwandigen Elementen . . **74**

74 Auf Dung. H-Velum aus dünnwandigen, locker-divertikulaten Elementen (falls Velumhyphen dicht-divertikulat: *C. candidolanatus*) Sp 6,5–8,5 × 5–6,5 µm *C.* (*Coprinopsis*) *filamentifer*

74* Nicht auf Dung. H-Velum aus dünnwandigen, divertikulaten Elementen. Sp 7–10,5 × 4,5–6(–7) µm *C.* (*Coprinopsis*) *goudensis*

75 Frk mittelgroß, etwas fleischig, S 3–10 mm dick. H 3–4 × 2,5–3,5 cm, aufgeschirmt bis 5–7 cm. Lignicol, LaH. **76**

75* Frk sehr klein bis klein, S 0,5–3 mm dick. Dung, terricol im Rasen, selten auf Zweigen ►(E-75*)

76 Sp 8,5–11,5 × 5,5–7 × 5–6 µm, im Mittel 9,4 µm lang, in Seitenansicht ellipsoid, kaum bohnenfö. Cheilozystiden flaschnfö. LaH, auf und um Stümpfe, Zweige *C.* (*Coprinellus*) *radians*

76* Sp im Mittel unter 9 µm lang. Cheilozystiden flaschenfö oder auch nicht so. Sp bisw in Seitenansicht bohnenfö **77**

77 Cheilozystiden zum Teil auch flaschenefö. Sp 6,5–10 × 4,5–6,5 µm, im Mittel 7,4–8,6 µm lang, und 4,6–5,9 µm breit, überwiegend nicht bohnenfö in Seitenansicht. LaH, vorzugsweise Zweige *C.* (*Coprinellus*) *xanthothrix*

77* Cheilozystiden ellipsoid bis läng, keinesfalls flaschenfö. Sp 6–9 × 3,5–5 µ, im Mittel 7,4–8,3 µm lang und weniger als 4,5 µm breit, in Seitenansicht zu größerem Teil bohnenfö. H-Velum aus Ketten ellipsoid-gestreckter, dickwandiger Zellen untermischt mit einzelnen kugeligen Zellen (falls H-Velum ausschließl aus kugeligen Zellen: *C. pallidissimus*). LaH, vorzugsweise Stümpfe *C.* (*Coprinellus*) *domesticus*

– Sporen im Mittel über 10 µm lang (78–89)

78 H groß, walzenfö, schuppig, zunächst weiß, 5–20 × 2,5–7 cm. Sp 9–13 × 7–9,5 µm, im Mittel 10,6–11,9 µm lang. Terricol, oft im Rasen *C.* (*Coprinus*) *comatus*

78* Frk kleiner, nicht ausgesprochen walzenfö (eher konisch) und auch übrige Merkm verschieden **79**

79 Sp mit auffällig trunkatem oberen Ende, 12–15,5 × 7,5–10 µm, im Mittel 12,7–13,8 µm lang. Basidien 2-sporig. Brandstellen *C.* (*Coprinopsis*) *piepenbroekorum*

79* Sp nicht auffällig trunkat. **80**

80 Sp im Mittel 14 µm lang und länger **81**

80* Sp im Mittel unter 14 µm lang **87**

81 Frk recht groß, H 2–7 × 1,5–4 cm, S bis zu 30 × 0,6–1,5 cm, jung eifö, ellipsoid, dann konisch, durch grobe weißl Schuppen spechtartig gemustert. Sp 14–19 × 9,5–13 µm. Terricol, LaW (besonders Buche) *C.* (*Coprinopsis*) *picaceus*

81* Frk nicht so groß u n d/o d e r Habitat verschieden **82**

82 H kahl oder mit Seten bedeckt **83**

82* H weder kahl, noch behaart (mit Seten). H-Velum deutll. **85**

83 H und S nackt, ohne Haare (Seten). Sp im Mittel 14,3–15,3 × 9,5–10 µm (12,5–17 × 9–11,5 × 7,5–10 µm). Keimporus schief (exzentrisch). H aufgeschirmt bis zu 2,5–3 cm. Terricol und auf Dung *C.*(*Parasola*) *megaspermus*

83* S mit (z. T. schütteren) Haaren bedeckt **84**

84 Sp im Mittel 14,7 µm lang (12,5–16,5 × 7–8,5 µm). Basidien 4-sporig, Cheilozystiden kugelfö. Dung *C.* (*Coprinellus*) *heptemerus*

84* Sp im Mittel 13,2–14,2 µm (12,5–15,5–19 × 6,5–8,5–9,5 µm). Basidien 2-sporig. Cheilozystiden flaschenfö. Terricol, oft zwischen Gras, oft auf Sandböden *C.* (*Coprinellus*) *amphithallus*

85 Velum überwiegend aus gestreckten Elementen **86**

85* Velum wenigstens stellenweise aus kugeligen Elementen. Sp im Mittel 10,9–15,3 µm. Lignicol auf Holzspänen *C. flocculosus*

86 Sp im Mittel über 8,2 µm breit, 12–17 × 8–10 µm, im Mittel 8,2–9,3 µm breit. Dung, Streu *C.* (*Coprinopsis*) *macrocephalus*

86* Sp im Mittel unter 8,2 µm breit, 10–14 × 6,0–8,5 µm, im Mittel 6,8–7,8 µm breit. Terricol, oft im Rasen, auch auf Holz- und Krautresten *C* (*Coprinopsis*) *lagopus*

87 Sp im Mittel unter 5,5 µm breit, ± schmal-zylindrisch. Cheilozystiden flaschenfö. Terricol, Grasland **88**

87* Sp im Mittel über 5,5 µm breit, nicht annähernd zylindrisch, wohl aber bisw längl-ellipsoid **89**

88 Sp 9–11,5 × 5–5,5 µm. Basidien 4-sporig. H aufgeschirmt bis 12 mm breit. *C.* (*Coprinellus*) *allovelus*

88* Sp 9–12,5 (–15) × 4,5–5, µm. Basidien 2-sporig. H aufgeschirmt bis zu 7 mm breit. *C.* (*Coprinellus*) *pseudoamphithallus*

89 Sp lm Mittel über 7,5 µm breit ▸ (E-89)

89* Sp im Mittel unter 7,5 µm breit ▸(E-89*)

Nicht geschlüsselte Arten:
E-36*: *C. foetidellus, C. trisporus* – **E-37:** *C. saccharomyces, C. cinereofloccosus*. – **E-70*:** *C. hiascens, C. heterothrix, C. brevisetulosus*. – **E-73:** *C. pseudoradiatus, C. geesterani*. – **E-75***: *C. poliomallus, C. idae, C. candidatus, C. cortinatus*. – **E-89**: *C. schroeteri, C. sclerocystidiosus* pr.p., *C. bisporiger* pr.p., *C. singularis, C. canistri* pr.p., *C. scobicula, C. stanglianus, C. kimurae, C. radiatus, C. vermiculifer*. – **E-89***: *C. auricomus, C. velatopruinatus, C. subimpatiens, C. sclerocystidiosus* pr.p., *C. callinus, C. plagioporus, C. subpurpureus, C. subdisseminatus, C. impatiens, C. congregatus, C. ephemerus, C. heterosetulosus, C. bisporiger* pr.p., *C. bisporus, C. canistri* pr.p., *C. ochraceolanatus, C. eryrhrocephalus, C. krieglsteineri, C. cinereus, C. bicornis, C. xenobius, C. luteocephalus, C. stanglianus* pr.p., *C. vermiculifer*

Cordyceps FR., Kernkeule – Pyr (Asc, Sordariomycetes, Hypocreales, Cordycipitaceae, z. T. Ophiocordycipitaceae)
Gestielte Stromata parasitisch auf Insekten (auch deren Puppen und Larven) oder auf Hirschtrüffeln (Elaphomyces), deren fertiler Teil keulig, walzenfö oder kopfig ist und die eingesenkten Perithecien enthält. Sp hyalin, meist fädig, fädig-keulig, spindelfö. mit vielen Septen, bisw in Teilstücke zerfallend. Etwa 15 Arten. – Anm: inkl. ***Elaphocordyceps*** (*E. capitata, E. ophioglossoides;* Ophiocordycipitaceae) auf *Elaphomyces*, ***Ophiocordyceps***

(*O. sinensis* nicht heimisch; Anamorphe: *Tolypocladium* W. GAMS). Auf Spinnen die verwandte Gattung ***Torrubiella***. – Lit: **5**: 254, **10**: 232
T: *C. militaris* (L. : FR.) FR. – Puppen-Kernkeule: BK 1.311, CD 1, De 30A, Ge 551, HK 2.271, Lx 625, Ph 281, RH 662

1 Stromata auf Hirschtrüffeln (*Elaphocordyceps*; Ophiocordycipitaceae) 2
1* Stromata auf Insekten (*Cordyceps*, Cordycipitaceae). 3
2 Stroma gestielt-keulenfö, bis 10 cm lang, überwiegend schwarz, gegen die Basis des S-Teiles chromgelb, mit ebenso gefärbten Rhizoiden, die den hypogäischen Frk von *Elaphomyces* entspringen. Sp-Teilstücke 2,5–5 µm lang
Zungen-Kernkeule – *C. ophioglossoides* (EHRH. : FR.) LINK
2* Stroma gestielt-kopfig, S-Teil gelbbraun bis olivfarben, Perithecien sind in den Kopfteil eingesenkt. Sp-Teilstücke 14–30 × 2–3 µm, zylindrisch [Falls 30–47 µm lang, spindelfö: *C. longisegmentis* GINNS]
Kopfige Kernkeule – *C. capitata* (HOLMSK. : FR.) LINK
3 Fertiler Teil des Stroma zylindrisch bis keulig, selten fast kugelig, rötl-orange. Sp-Teilstücke 3–5 × 1–1,5 µm. Auf vergrabenen Schmetterlingspuppen [Falls Sp mit langen fadenfö Enden oder falls auf Käfern (Imagines): ►]
Puppen-Kernkeule – *C. militaris* (L. : FR.) FR.
3* Fertiler Teil des Stroma kugelig bis eifö, ockerl, graul, schwarz ►

Coriolopsis MURR., Borstentramete – PoP (Bas, Agaricomycetes, Polyporales, Polyporaceae)
Frk konsolenfö, selten resupinat, einjährig, oberseits grob-striegelig behaart. Poren rundl bis längl. Trama weißl bis gelbbraun, in KOH bisw schwarz (so beim T). Trimitisch, Skelett- und Bindehyphen hyalin (so beim T) oder gelbbraun, generative Hyphen hyalin, dünnwandig, mit Schnallen. Sp 7–14 × 3–5 µm. 2 Arten. Lignicol auf LH. – Syn: Früher auch unter *Funalia*. – **Lit**: **9**: 227, **12**: 365 als *Funalia*
T: außereuropäisch. – Bei uns z. B. *C. gallica* (FR. : FR.) RYVARDEN – **Braune Borstentramete**: Ct 1588, Ge 449, Lx 567, Md 289

Coronicium J. ERIKSS. & RYV. – RiP (Bas, Agaricomycetes, Agaricales, Pterulaceae)
Frk resupinat, membranös, glatt. Monomitisch. Leptozystiden vorhanden, oft apikal mit kleinen Auswüchsen, Sp hyalin, dünnwandig, glatt, inamyloid, z. B. 6–9 × 3,5–4,5 µm. 1–3 Arten, überwiegend lignicol. – **Lit**: **9**: 124, **12**: 160
T: *C. gemmiferum* (BOURD. & GALZ.) J. ERIKSS. & Ryv.

Corticirama PILÁT – RiP/KoP (Bas, Agaricomycetes, Corticiales, Corticiaceae)
Frk mit resupinatem Teil und mit daraus aufragenden, gekrümmten Ästen. Monomitisch. Hyphen nicht aufgeblasen, ohne Schnallen. Sp hyalin, glatt, inamyloid. 2 Arten. Lignicol. – **Lit**: **12**: 79
T: *C. petrakii* PILÁT. Außerdem bei uns *C. berchtesgadensis* E. LUDW. & SCHMID-HECKEL

Corticium PERS., Prachtrindenpilz – RiP (Bas, Agaricomycetes, Corticiales, Corticiaceae) Frk resupinat, selten etwas effus-reflex, membranös bis etwas wachsartig, glatt oder warzig, oft rosa. Monomitisch, meist mit Schnallen. Leptozystiden bisw vorhanden, Dendrohyphidien häufig. Basidien oft aus angeschwollenen Probasidien, urnenfö bis schmal keulenfö. Sp hyalin, glatt, inamyloid. 7 Arten. Lignicol, überwiegend auf LaH, aber auch auf NaH. – Syn: Die Gattung wird auch als *Laeticorticium* (z. B. *L. roseum*) geführt. – **Lit**: **9**: 180, **12**: 127

T: *C. roseum* PERS. – Rosa Prachtrindenpilz: BK 2.75, Kr 1.252, Lx 485

1 Basidien 4-sporig. Schnallen vorhanden **2**

1* Basidien 2-sporig. Schnallen fehlend
Eichen-Prachtrindenpilz – *C. quercicola* JÜLICH

2 Mit Leptozystiden und Dendrohyphidien ▸

2* Ohne Zystiden, wohl aber mit Dendrohyphidien **3**

3 Sp 9–16 × 6–10 µm. Frk frisch rosa, trocken hellocker. Auf LaH und NaH
Rosa Prachtrindenpilz – *C. roseum* PERS.

3* Sp im Mittel kürzer als 12 µm ▸

Cortinarius (PERS.) GRAY, Haarschleierling – BläP (Bas, Agaricomycetes, Agaricales, Cortinariaceae)
Frk mittelgroß bis häufig groß und fleischig. Zwischen H-Rand und S mit Cortina (spinnwebeartiges Velum partiale), die an reifen Frk nur noch in Resten an S und H-rand sichtbar oder auch völlig verschwunden sein kann. Cortinareste häufig von den Sp braun eingefärbt. Spp rostbraun. Sp fein bis grob warzig, ohne Keimporus. Terricol, EktM. Zwischen 400 bis 500 Arten.

T: *C. violaceus* (L. : FR.) GRAY – Dunkelvioletter Haarschleierling: BK 5.151, 152, Dh 711, Gh 245, Md 618, 619,

Gliederung in die Hauptgruppen (Untergattungen)

1 S weißl mit häutigem Ring. H-Oberfläche ocker, oft bereift siehe *Rozites*

1* S nicht beringt, oder falls doch so, dann H nicht zugleich ocker und bereift **2**

2 H-Oberfläche schleimig-schmierig (falls kaum so, hierher auch Arten mit Violett in H und L, Staubgeruch und F in KOH gelb oder braun mit gelber Umrandung), HDS mit gelatinisierenden Hyphen **3**

2* H-Oberfläche trocken, also nicht schleimig, nicht schmierig. HDS nicht gelatinös. . **4**

3 S-Oberfläche schleimig-schmierig. Äußere Schicht des S mit gelatinisierenden Hyphen. Hyphen der HDS 7–20 µm breit. Cheilozystiden, falls vorhanden, blasig. Hyphen bei mehreren Arten ohne Schnallen. S-Basis nie mit (gerandeter) Knolle UG ***Myxacium***

3* S-Oberfläche nicht schleimig-schmierig. S ohne gelatinöse Außenschicht. Hyphen der HDS außen 2–8(–10) µm breit. Zystiden fehlend oder falls vorhanden, dann anders: klein, keulig oder spindelig. Schnallen vorhanden. S-Basis oft mit gerandeter Knolle
UG ***Phlegmacium***

4 Frk blau bis tief violettschwarz. H-Oberfläche schuppig-rau. Cheilo- und Pleurozystiden groß und meist spindelig. UG ***Cortinarius***
4* Frk nicht tief violett bis violettschwarz und H-Oberfläche nicht zugleich schuppig-rau. Zystiden fehlend, kleiner oder anders gestaltet **5**
5 H-Oberfläche schuppig. Sp meist kugelig. HDS außen (Epicutis) aus langen dünnen Hyphen, darunter (Subcutis) mit gedrungenen, sehr breiten (bis 20 µm dicken) Hyphen. Äußere Hyphen der HDS meist ± aufgerichtet, in Büscheln abstehend UG ***Leprocybe***
5* H-Oberfläche (meist) nicht schuppig und HDS mit anderen Merkm **6**
6 S bisweilen auffallend gegürtelt (Velumzonen) bis fast beringt. H meist deutl und stark hygrophan UG ***Telamonia***
6* S nicht auffallend gegürtelt **7**
7 L mit lebhaften gelben, ockergelben, orangefuchsigen, orangebraunen, orangen oder roten Farben. In KOH geht ein gelbes, rotes oder violettes Pigment in Lösung siehe *Dermocybe*
7* L mit anderen, weniger intensiven Farben. In KOH kein gelbes, rotes oder violettes Pigment extrahierbar **8**
8 H hygrophan UG ***Telamonia***
8* H nicht hygrophan UG ***Sericeocybe***

Cortinatius UG ***Cortinarius*** (PERS.) GRAY, Haarschleierling
H 4–15 cm, H-Oberfläche trocken fein filzig-schuppig, dunkel blau-violett, alt zunehmend mit bräunl oder schwärzl-bräunl Mischtönen. L ausgebuchtet, dunkelviolett, später durch Spp rostbraun. S 6–12 × 1–2 cm, dunkelviolett, trocken, S-Basis keulig. F in H und S violett, nach Zedernholz riechend. Spp rostbraun. Sp oval, 12–15 × 7–8,5 µm. Im LaW. Die im NaW vorkommende Form wird bisw auch als eigene Art oder Unterart, *C. hercynicus* (PERS.) M.M. MOSER, geführt; sie hat etwas kürzere und breitere, und daher breit-ovale Sp. – **Lit**: **11**: 393, **14**: 663
1 (–2) Art(en) = T: *C. violaceus* (L. : Fr.) Gray – **Dunkelvioletter Haarschleierling:** BK 5.151, 152, Dh 711, Gh 245, Md 618, 619

Cortinarius UG ***Leprocybe*** M.M. MOSER, Raukopf
H vorherrschend mit gelben, gelbbraunen bis orangebraunen Farben, oft mit ± entschiedener olivl, grünl Komponente, seltener rötl. H-Oberfläche trocken, faserig-schuppig, filzig, aber auch glatt und seidig. Frk-Pigmente stark fluoreszierend (gelb, gelbgrün, blaugrün, blau). HDS mit 6–10 µm breiten und breiteren Hyphen, die mit Pigment inkrustiert sind. KOH im F ± schwarz-braun. S gleichdick oder keulig Sp oft kugelig bis breit ellipsoid. – Syn: *C. speciosissimus* = *C. rubellus*. – **Lit**: **11**: 393, **14**: 664
T: *C.* (UG *Leprocybe*) *cotoneus* FR. – **Olivbrauner Raukopf**: BK 5.170, CD 1095, HK 4.100, KM 143, Lg 93E, Md 620, MJ 3Cort 110

1 F weißl, leicht bis stark gilbend. H und S mit kupfer-. bis weinrötl Schüppchen. Sp ± kugelig, 6–7 × 5–6 µm (falls Sp. längl und 6–9 × 3–4,5 µm vgl. *C. rubicundulus*). LaW **Rotschuppiger Raukopf** – *C. bolaris* (PERS. : FR.) FR.

1* F weder weißl noch stark gilbend, wohl aber von Beginn an gelb. H ohne kupferrötl Töne bzw. ohne so gefärbte Schüppchen **2**

2 Kleinere oder schlankere Arten. S 0,2–0,6 cm breit und dabei oft sehr lang, z. B. 5–10 cm. **3**

2* Größere oder gedrungenere Arten. S 0,6–2 cm dick und dabei meist recht kurz **4**

3 H 1–3(–4) cm, gewölbt bis stumpf gebuckelt, lebhaft fuchsig-rotbraun, rostgelb bis gelbbraun entfärbend, faserig, fein filzig. L rostgelb bisw auch olivbraun, dann satt rostbraun, breit. S dem H gleichfarben, mit hellgelben Velumzonen, 5–10 × 0,2–0,6 cm. Nach Rettich oder rohe Kartoffel riechend. Sp7,5–9(–12,3) × 5,5–6,5(–8) µm. Saurer NaW **Goldgelber Raukopf** – *C. gentilis* (FR. : FR.) FR.

3* Merkm verschieden, S relativ kurz und gedrungen ▸

4 L und H mit orangebraunen, zimtorangen Farben. L dickl und entfernt. Extrakte ± blau fluoreszierend **5**

4* L und oft auch der H ohne orangebraune, orangefuchsige, rotbraune Farben. Extrakte meist gelb fluoreszierend. **7**

5 Im sauren NaW, auch in Mooren bei NaB. Sp 9–12 × 6,5–9 µm **Spitzgebuckelter Raukopf** – *C. rubellus* COOKE

5* Im LaW oder wärmebegünstigten MischW. **6**

6 S heller und etwas anders gefärbt als H, messing bis goldgelb. Sp mandelfö, 8,5–12 × 5,5–7 µm **Orangefuchsiger Raukopf** – *C. orellanus* FR.

6* S orangebraun, orangefuchsig, rotbraun, dem H oft gleichfarben, Sp nicht mandelfö ▸

7 H olivl-grün bis olivbraun, jung bisw auch fast schwarzbraun, groß, 10 cm und mehr. L olivgrün bis olivbraun. Geruch deutl und stark rettichartig. Velum olivbraun, rotbraun, sepia bis schwarzbraun. Sp (6–)7–9 × 6,5–7,5 µm. LaW unter Buche (*Fagus*), seltener unter Eichen oder Hainbuche **Olivbrauner Raukopf** – *C. cotoneus* FR.

7* Merkm anders: z. B. H kleiner, Velum rot, gelb, gelbgrünl, ockerl, Geruch nicht oder nur flüchtig rettichartig, bisw auch Sp-Maße anders ▸

Cortinarius UG ***Myxacium*** (FR.) TROG, Schleimfuß
H und S schleimig, Hyphen der HDS in Schleim gebettet, falls nicht deutl schleimig dann Geschmack bitter. S nicht (auffallend) keulig-knollig. Hyphen mit oder ohne Schnallen. Cheilozystiden oft blasenfö. – Syn: *C. muscigenus* = *C. collinitus*. – **Lit**: **11**: 452, **14**: 672
T: *C.* (UG *Myxacium*) *collinitus* (SOWERBY : FR.) GRAY – **Blaustiel-Schleimfuß**: BK 5.283, CD 1200, Gh 275, HK 4.146, Lg 88B

1 Geschmack zumindest der H-Haut bitter. Frk klein bis mittelgroß mit bisw trockenem, nur bei sehr feuchter Witterung klebriger S-Oberfläche **2**

1* Geschmack mild **3**

2 H jung gelbfuchsig, alt ± tonfalb werdend, 2–5 cm. S feucht schleimig. Sp 7,5–9 × 4–5 µm. Naw und LaW **Galliger Schleimfuß** – *C vibratilis* (FR. : FR.) FR.

2* Merkm verschieden: z. B. H jung bläul oder überwiegend weiß oder weißl, S feucht nur klebrig ▸

3 H violett, bläul, bisw nur zart so gefärbt o d e r Sp kugelig **4**

3* H entweder nicht mit bläul bis violettl Tönen o d e r Sp nicht kugelig und dabei über 10,5 µm lang **6**

4 H zumindest jung violett, bläul; bisw nur zart so gefärbt ▸

4* H ockerl, gelbl, braun oder weiß. **5**

5 H 2–5 cm. L erst violettl oder lila, alt wässerig-zimtfarben. S-Spitze bisw etwas violettl, sonst weißl bzw. vom Velum etwas gelbl. Sp kugelig, 7–8(–9) × 5–6(–7) µm. NaW und LaW **Violettblättriger Schleimfuß** – *C. delibutus* FR.

5* L schon jung tonblass oder fleischbräunl ▸

6 S sowohl gegen Spitze als auch gegen Basis zieml stark verjüngt **7**

6* S nicht aufwärts und abwärts stark verjüngt, bisw ledigl abwärts (und aufwärts) etwas schwächer werdend. H vielfach mit lebhaften rotbraunen bis orangebraunen Tönen. Hyphen ohne Schnallen oder mit Schnallen **8**

7 Hyphen mit Schnallen. S unterhalb des Cortina-Ansatzes meist mit ± gürtelfö angeordneten Schuppen. H gelbbraun, braungrau, tonbraun, honigbraun, creme-oliv (bis goldgelb), 4–10 cm (falls kleiner ▸). L vielfach mit bläul oder violettl Ton. Cheilozystiden fehlend oder unscheinbar. Sp 10–15 × 7–8 µm. LaW, besonders mit Birke
Natternstieliger Schleimfuß – *C. trivialis* J.E. LANGE

7* Hyphen ohne Schnallen. S-Oberfläche oft schuppig zerrissen. H olivbraun, strohocker, sattbraun, graulila, braunviolett, 6–12 cm. L-Schneide hell. Sp 13–15 × 7–9 µm (falls Sp 11–13 µm ▸). LaW
Langstieliger Schleimfuß – *C. livido-ochraceus* (BERK.) BERK.

8 S blau, violett oder bläul. **9**

8* S weiß bis gelbbräunl **10**

9 H-Rand nicht runzelig. H hellockergelbbraun bis dunkel-, rost- oder orangebraun, bis 12 cm. Hyphen (Cortinahyphen etc.) mit Schnallen L-Schneide ohne Cheilozystiden. Sp ellipsoid bis mandelfö, zieml breit, 12–15 × 7–8 µm. NaW, selten auch LaW.
Blaustiel-Schleimfuß – *C. collinitus* (SOWERBY : FR.) GRAY

9* H besonders gegen H-Rand runzelig, graubraun, hell ockergrau, ockerbraun, oft mit olivl Schein, eingewachsen faserig. Hyphen (Cortinahyphen etc.) ohne Schnallen. Sp 12–15 × 6–8 µm. NaW und LaW **Honig-Schleimfuß** – *C. stillatius* FR.

10 NaW unter Kiefer (*Pinus sylvestris*). H bis 15 cm, gelb-, honig-, bis rotbraun, H-Oberfläche nicht runzelig. L ton- bis rostbraun. S weiß, weißl, alt auch gelbbräunl. Sp zitronenfö, zieml schmal, 12–14 × 5,5–6,5 µm (falls × 7–8,5 µm ▸)
Heide-Schleimfuß – *C. mucosus* (BULL. : FR.) COOKE

10* LaW oder allenfalls im MischW. H oft runzelig ▸

Cortinarius UG ***Phlegmacium*** (FR.) TROG, Klumpfuß, Schleimkopf
H-Oberfläche bei feuchtem Wetter schmierig bis schleimig (Schleimkopf) oder auch trocken und dann F mit KOH gelb bis braun mit gelber Umrandung. H oft mit lebhaften Farben: blau, rötl, gelb, grünl, braun, weißl, meist recht groß, 5–20 cm, fleischig, alt ± konvex, seltener H auch klein, 3–5 cm. S mit Cortina (Velum partiale) und jung auch mit später schwindendem Velum universale (dieses nicht schleimig). S trocken, gleichdick bis keulig

oder S-Basis knollig bis gerandet-knollig (Klumpfuß). Schnallen vorhanden. – Syn: *C. russeus* und *C. russeoides* = *C. mussivus*. – **Lit**: **11**: 425, **14**: 680
T: *C.* (UG *Phlegmacium*) *multiformis* (FR. : FR.) FR. – Sägeblättriger Klumpfuß: BK 5.218, 219; CD 1168, Ct 467, Dh 727, Gh 247, HK 4.149, Md 643

1 L jung blau, lila oder violett (vgl. aber auch **92** mit jung undeutl oder vorübergehend violettl L) **2**
1* L jung ohne Spur von blau, lila oder violett **36**
Lamellen jung blau, lila oder violett (2–35)
2 Laugenreaktion (KOH) im F gelb oder aber braun mit gelber Umrandung **3**
2* Laugenreaktion fehlend oder anders **8**
3 H braun, ocker oder fuchsig, ohne violette Töne (auch jung schon so) **4**
3* H zumindest am H-Rand und jung mit violetten, lilafarbenen oder lilaweißl Tönen **5**
4 S weiß, keulig. H fuchsig, semmelbraun, 3–10 cm. L zart bis satt lila oder blauviolett. F mit KOH chromgelb. Sp mandelfö, 10–12 × 5,5–6 µm. NaW: Kalkböden **Ziegelgelber Schleierling** – *C. varius* (SCHAEFF : FR.) FR.
4* S zumindest an S-Spitze lila oder violettl ▸
5 F mit KOH gelbbraun oder braun mit gelber Umrandung, Geruch nicht (erd-)staubartig unangenehm ▸
5* F mit KOH lebhaft gelb. Geruch bisw (erd-)staubartig unangenehm **6**
6 H und L mit lebhaften violetten Farben **7**
6* H am Scheitel blass ocker bis bräunl, gegen H-Rand, bisw eingewachsen faserig. L blass lila. Sp 9,5–11 × 5,5–6 µm. LaW **Blasser Schleierling** – *C. largus* FR.
7 NaW. Staubgeruch stark. H lebhaft violett und so auch am H-Rand bleibend, während H-Scheitel bald fuchsig-braun wird. L zunächst violett, später rostbraun. S zunächst violett, später unten fuchsig, keulig. Geruch entschieden staubartig. Sp 10–11 × 5,5–6,5 µm. **Erdigriechender Schleierling** – *C. variicolor* (PERS. : FR.) FR.
7* LaW. Staubgeruch allenfalls schwach (falls Geruch süßl frucht- oder gebäckartig und Sp 9–11 × 5–6 µm oder S-Basis gerandet-knollig ▸). H-Farben blasser, alt oft gegen haselbraun oder graubraun verfärbend, S blass violettl, S-Basis alt auch graubräunl, keulig bis spindelig. Sp 10–11 × 6–7 µm **Verfärbender Schleierling** – *C. nemorensis* (FR.) J.E. LANGE
8 Druckstellen an L und S und oft auch am F purpurn fleckend oder F mit Lugol'scher Lösung weinrot **9**
8* Nicht mit solcher Reaktion **10**
9 NaW bei NaB. H dunkelbraun, dattel- bis umbrabraun, H-Rand grau bis grauviolettl. L violett. S violett, jung mit gerandeter Knolle. Sp 8–10(–11) × 4–5,5 µm **Purpurfärbender Klumpfuß** – *C. purpurascens* (FR.) FR.
9* LaW bei LaB. Hierher auch Arten mit irgendwie blauem (graublau, blauviolett) H ▸
10 H blau, graublau bis silbergraul, oft ocker oder hell verfärbend **11**
10 H mit anderen Farben, z. B. weißl, ocker, gelb, braun etc. **20**
– ***Hut blau, graublau bis silbergrau (11–19)***
11 Frk robust und groß. H 8–20 cm. S-Basis keulig oder ± knollig (vgl. auch 16) **12**

11* Frk weniger groß u n d/o d e r S-Basis gerandet-knollig **13**

12 Sp 12–16(–18) × 8–9 µm. H violett-kastanienbraun, schokoladenbraun, oft auch eher fuchsig oder stärker violettl. H-Rand oft runzelig. L weißl, bisw auch violettl oder grau, schließl tonbraun. S weiß-violettl mit ungerandeter Knolle
Schleiereule – *C. praestans* (CORDIER) GILLET

12* Sp kleiner, 9–12 × 5–6 µm und auch übrige Merkm wenigstens z. T. verschieden ▸

13 KOH auf H rosabraun oder rot **14**

13* KOH ohne oder mit anderer Reaktion **16**

14 H jung entschieden violett oder blau. H-Haut oft ± bitter. **15**

14* H mit grauem oder grünl Farbanteil oder lilafarben ▸

15 LaW. H jung lebhaft violett, 4–7 cm. L jung violett oder purpurrosa. H-Haut bitterlich. Sp 11–13 × 6–7 µm **Rosavioletter Klumpfuß** – *C. sodagnitus* ROB. HENRY

15* NaW. H jung blassblau, H-Haut nicht bitterlich ▸

16 S-Basis ohne gerandete Knolle, H 5–10 cm, blaugrau, blauviolett. L tonweißl. S weißl, S-Basis vom Velum blau überzogen. Sp 10–12 × 5–6 µm. Meist NaW, aber auch LaW
Taubenblauer Schleierling – *C. cumatilis* FR.

16* S-Basis mit gerandeter Knolle **17**

17 Geruch stark mehlartig, Geschmack mild. H jung schon blaugrau, dann auch grünlblau, oliv- bis umbrabräunl. eingewachsen faserig. L hell bläul bis graublau, dann hell braun. Sp (7–)9–12x 5–7 µm. NaW, LaW
Mehligriechender Klumpfuß – *C. dionysae* ROB. HENRY ex ROB. HENRY

17* Geruch nicht mehlartig **18**

18 H schon jung graublau, ocker, hellbraun, nur H-Rand etwas bläul oder violettl ▸

18* H lebhafter blau oder violett **19**

19 H satt dunkelblau, blauviolett, dann ocker oder hellbräunl ausblassend, 5–8 cm. L hell blau. S dem H gleichfarben, S-Knolle weißl oder vom Velum gesäumt. Sp 8–11 × 4,8–6 µm. LaW (Buche)
Blaufleischiger Klumpfuß – *C. caerulescens* (SCHAEFF.) FR.

19* H blasser, L jung weißl oder ocker-lila, allenfalls mit bläul Hauch. LaW, NaW, Moore ▸

– Hut weißlich, ocker, gelb, braun etc.; nicht blau etc. (20–35)

20 H dunkelgrün ▸

20* H nicht dunkelgrün, höchstens am H-Rand grünl bis olivl. **21**

21 S ± gerandet-knollig. Laugen (KOH) auf H rot, rotbraun bis umbrabraun. **22**

21* S nicht gerandet-knollig, vielmehr keulig oder zylindrisch **34**

– – Stiel gerandet-knollig (22–33)

22 H-Oberfäche grünl oder olivl und meist eingewachsen-faserig, H auch graubraun, umbra, fuchsig, ocker **23**

22* H-Oberfläche und H-Rand nicht eingewachsen-faserig. H und H-Rand weder grünl noch olivl, wohl aber bisw weißl oder gelb. KOH auf H-Haut oft tief rot bis rotbraun **27**

23 L nur mit schwach violettl Ton ▸

23* L deutl blau oder violett **24**

24 H oft mit olivfarbenem Mischton: (hell) olivocker, aber auch ocker, ockerbräunl, bis fast rotbräunl. H-Haut bitterl oder mild. Geruch fruchtartig. Sp 9–11(–12) × 5,5–7 µm (falls Sp 11–15 µm lang und H-Haut nicht bitter ►). LaW

Buchen-Klumpfuß – *C. amoenolens* ROB. HENRY ex P.D. ORTON

24* H anders gefärbt: graubraun, umbra, haselbraun, fuchsig. Falls mit grünl oder olivfarbenem Mischton, dann mit folgenden anderen Merkm: NaW, H-Oberfläche stark eingewachsen-faserig, H-Haut nicht bitterl. NaW, LaW. **25**

25 Sp klein, 7–9 × 4–5 µm. H orangefuchsig, mit grünl-olivl Mischtönen, stark eingewachsen-faserig, NaW, MischW

Reihiger Klumpfuß – *C. glaucopus* (SCHAEFF. : FR.) FR.

25* Sp größer, (8–)10–14 µm lang **26**

26 Sp 12–14 × 6–8 µm. H fuchsiggelbbraun, fuchsig, oft mit dunkelbraunen Flecken. L und S blauviolett. NaW

Cyanblättriger Klumpfuß – *C. fulvo-ochrascens* ROB. HENRY

26* Sp kleiner. H mit anderen Farben, z. B. auf grünl Grund dunkel fuchsigbraun faserig ►

27 H fleischbräunl, orange-rostbräunl ►

27* H weißl, gelb, gelbbraun. **28**

28 H jung weißl ►

28* H jung nicht weißl, vielmehr ocker, gelb, braun, orangefuchsig **29**

29 Frk eher klein, H 3–6 cm. **30**

29* Frk eher groß, H 5–10 cm **31**

30 H zitronengelb **Amethystblättriger Klumpfuß** – *C. calochrous* (PERS. : FR.) FR.

30* H ocker, bisw mit olivl Mischton, gelbbraun, löwengelb, fuchsig, orangebraun ►

31 Sp rundl, 8–10 × 7–8,5 µm o d e r H nicht besonders satt gefärbt: zitronengelb, ocker und dabei auch (streifenweise oder fleckenweise) mit rotbraunen Tönen ►

31* Sp mandelfö o d e r H ± satt gefärbt **32**

32 H-Rand lebhaft gelb, H-Mitte ebenso gefärbt oder etwas fuchsigbraun. Sp 9–12 × 4,5–5,5 µm. NaW **Gelbscheidiger Klumpfuß** – *C. arquatus* Fr.

32* H mit anderen Farben o d e r Sp etwas größer **33**

33 H fahlbraun, ocker bis rehbraun. Sp 8,5–12 × 6–6,5 µm. LaW, NaW

Mattfarbiger Klumpfuß – *C. subarquatus* (M.M. MOSER) M.M. MOSER

33* H orangebraun, rotbraun, auf (ocker-)gelbl Grunde dunkler reh- oder bräunl gefleckt. Sp 9–12–13 × 4,5–6 µm, LaW, NaW ►

– – ***Stiel nicht gerandet-knollig (34–35)***

34 Frk klein, schmächtig. H 2–5(–7) cm. S in seiner Mitte meist nicht dicker als 1(–1,5) cm ►

34* Frk größer. S vom Velum oft zottig bis gestiefelt und zugleich weiß oder fleischbraun **35**

35 LaW (unter Buche, Hainbuche). H fleischbräunl oder fuchsig, H-Rand vom Velum oft weißl bis schmutzig hell bräunl überzogen. S oft weißl gestiefelt. F etwas gilbend, Geruch moderig bis käseartig. Sp 11–14 × 7–8 µm

Gilbender Fuchsschleierling – *C. vulpinus* (VELEN.) ROB. HENRY

35* Merkm anders ▸

Lamellen nicht blau bis violett, vielmehr weißlich, grau, braun, gelb, grün etc. (36–93)

36 L zumindest jung gelb, wachsgelb, grün, oliv, olivrußig **37**

36* L weißl, tonfarben, tongrau oder schon jung ± braun **59**

– Lamellen gelb, grünlich, oliv, olivrußig (37–58)

37 Geschmack bitter oder bitterl. L olivl oder olivrußfarben **38**

37* Geschmack nicht bitter oder bitterl **39**

38 Geschmack recht bitter. H braun, olivbraun oder olivgrün, H-Mitte ockerbräunl ausblassend, bis 7,5 cm. L jung und alt schwarz-oliv. Pleurozystiden fehlend. Sp eher ellipsoid, 7–8,5 × 5,5–6,5 µm. Vornehml LaW
Bitterer Schleierling – *C. infractus* (PERS. : FR.) FR.

38* Geschmack bitterl. H gelbbraun, ocker, helloliv, bis 6 cm. L jung hell graugrün bis olivgrün. Pleurozystiden groß, 50–70 × 8–22 µm. Sp eher fast kugelig-breit ellipsoid, 7,5–8 × 5,5–6,5 µm. MoorW, auch saure LaW
Olivgelber Weihrauch-Schleierling – *C subtortus* (PERS. : FR.) FR.

39 Frk robust mit wachsgelben bis orangegelben Farben. H hellbraun bis bronzefuchsig, z. T. auch mit olivl Farben. NH_3 im F (besonders in S-Basis) oft rosa. Sp grobwarzig, oft zitronenfö **40**

39* Frk weniger robust und/oder auch sonst mit anderen Merkm. **42**

40 Sp zitronenfö, 12–16 × 6–9 µm, F in S-Basis mit NH_3 rötl (rosa bis rhabarberfarben). L wachsgelb, olivbräunl. H gelb oder braun mit olivl, orangefuchsigen Mischtönen oder auch kastanienbraun, oft eingewachsen faserig und mit anliegenden Velumresten in H-Mitte. NaW **Messingelber Klumpfuß** – *C. elegantior* (FR.)FR.

40* Sp kleiner o d e r F in S-Basis mit NH_3 ohne rosa Reaktion o d e r L freudiger gelb, braun, rostfarben o d e r im LaW **41**

41 H gold-orangegelb, bald ± orangefuchsig, am H-Rand meist lebhafter gelb. L chromgelbl, bald ockerbräunl bis rostfarben. Sp ± zitronenfö, 9–11 × 5–6 µm. LaW (Buche)
Safran-Klumpfuß – *C. subfulgens* P.D. ORTON

41* Merkm anders ▸

42 F mit Lugol'scher Lösung weinrot. L meist grünl. H mit grünl Mischtönen **43**

42* F mit Lugol'scher Lösung nicht weinrot. H und L andersfarbig. **44**

43 In Mooren [Hochmoore, Sumpfstellen im Fichtenw oft zw Torfmoosen (*Sphagnum*)]. H olivgrün bis braun. Sp 10–13 × 6,5–7,5 µm
Schlankstieliger Olivblatt-Klumpfuß – *C. scaurus* (FR. : FR.) FR.

43* Nicht in Mooren und Moorwäldern, vielmehr im sauren FiW oder auch in LaW. H braun-fuchsig, H-rand auch grünl. Sp 9–10(–12,5) × 5–7 µm
Violettgrünblättriger Klumpfuß – *C. herpeticus* FR.

44 S keulig oder gleichdick **45**

44* S ± gerandet knollig **48**

45 Geruch unangenehm erdartig, oft sehr stark. H grünl, bräunl, auch mit kupferfarbenem Mischton, oft mit dunkelbraunen Flecken, H-Rand oft mehr gelbl oder olivbräunl. L, S und F gelbgrünl, L bisw auch schwefelgelb, F in KOH olivgrün oder olivbräunl. Sp

10–15 × 5,5–8 µm. NaW und MischW

Stinkender Schleierling – *C. mussivus* (FR.) MELOT

45* Geruch fehlend oder angenehm: apfelartig, majoranartig, gewürzartig. **46**

46 Geruch gewürzartig (Majoran). H semmelbraun bis fuchsig. L, S, F lebhaft zitronengelb, L alt olivbräunl. Sp 10–13 × 5–6,5 µm. NaW

Würziger Schleimkopf – *C. percomis* FR.

46* Geruch nicht gewürzartig. Velum an S-Basis braun oder violettbraun (bisw so nur andeutungsweise erkennbar) **47**

47 Geruch fehlend oder apfelartig. L, S, F grünl bis grünl-gelb. H gelbbraun bis umbrabraun. Sp 12–14 × 6–7,5 µm. Meist LaW

Gelbflockiger Schleimkopf – *C. nanceiensis* MAIRE

47* Merkm anders: z. B Frk sehr massiv mit H bis 12 cm ▸

48 Geruch stark nach Anis. H kupferrotbraun, H-Rand graugrün, grünl-gelb oder violettl. F durchgehend gelb oder grünl-gelb, L, S ähnl wie F gefärbt. Sp 9–13 × 5–7 µm. NaW

Anis-Klumpfuß – *C. odorifer* BRITZELM.

48* Geruch nicht anisartig **49**

49* F im Frk-Kern weiß oder weißl bis rosa **50**

49 F auch bis in den Frk-Kern hinein lebhaft gelb oder grünl-gelb. **56**

– – ***Fleisch innen (im Kern) weiß, weißlich, rosa (50–55)***

50 L grün oder grünl, H allenfalls nur jung grün, bald braun, fuchsig kupferrot. **51**

50* L ± gelb, allenfalls gelbgrünl. H grün **53**

51 H-Rand satt violett (seltener blass graugrünl mit nur schwacher violetter Tönung); H-Scheitel purpurlila. S jung violett. Sp 11–14 × 7–8 µm. LaW mit Tanne (*Abies*). Kalkböden **Violettroter Klumpfuß** – *C. rufo-olivaceus* (PERS. : FR.) FR.

51* Frk ohne Spur von Violett oder Lila **52**

52 H grün oder grünl, auch violettl zumindest am H-Rand. Frk irgendwo grün oder grünl **53**

52* H satt gelb, H-Scheitel fuchsig rotbraun. **54**

53 F mit KOH erst grün, dann braun bis rot. H blutrot, rotbraun, kupferrot, H-Rand graugrün. L jung gelb, dann grünl, alt oliv, S grünl bis gelbgrünl. F weiß, S-Rinde grünl. Sp 12–13 × 6–7 µm. NaW, LaW, MischW, Kalkböden

Kupferroter Klumpfuß –*C. orichalceus* (BATSCH) FR.

53* Merkm anders, F in KOH nicht zuerst grün ▸

54 H und übrige Frk-Teile satt gelb, zumindest am H-Rand so und wenn jung. KOH auf H und L blutrot bis rotbraun **55**

54* H und übrige Frk-Teile hell-gelb ▸

55 NaW. H-Rand lebhaft gelb, H-Scheitel fuchsig. Sp 9–13 × 4,5–6 µm

Goldbrauner Klumpfuß – *C. aureofulvus* M.M. MOSER

55* LaW. H leuchtend chromgelb, H-Scheitel lebhaft fuchsig. Sp 12–16 × 7–9 µm

Prächtiger Klumpfuß – *C. elegantissimus* ROB. HENRY ex ROB. HENRY

– – ***Fleisch innen (im Kern) gelb oder grünlich-gelb (56–58)***

56 H dunkel schwarz-grün, H-Oberfäche eingewachsen faserig. L und S lebhaft chromgelb. Sp 9–11(–12) × 5–6 µm. Unter Tanne (*Abies*) auf Kalkböden. (falls im LaW unter Eichen ▸) **Schwarzgrüner Klumpfuß** – *C. atrovirens* KALCHBR.

56* H gelb **57**

57 NaW. Geruch unangenehm. H, L, S und F schwefel- bis chromgelb, H of mit olivbraunen bis braunen Flecken oder Streifen. KOH auf F rotbraun bis schwarzbraun. Sp 10–11 × 5–6 µm
Dottergelber Klumpfuß – *C. splendens* var. *meinhardii* (BON) MELOT

57* LaW. Geruch nicht unangenehm **58**

58 L gelbgrünl bis olivl. H 4–8 cm, dunkel olivgrün, gegen H-Rand gelbgrün, gegen H-Scheitel olivbraun, eingewachsen faserig, bisw gefleckt. Geruch fehlend oder gebäckartig. Sp 8–10 × 5–6 µm. Besonders unter Buche auf Kalkböden
Zitronengelber Klumpfuß – *C. citrinus* J.E. LANGE ex P.D. ORTON

58* L jung chrom- bis zitronengelb. H kaum über 6 cm, goldgelb. H-Scheitel meist purpurn bis rostbraun gefleckt. L, S, F goldgelb bis leicht zitonenfarben. F mit KOH oliv bis olivbraun. Sp 9–12 × 5,5–7 µm. Ausnahmsweise auch im NaW (vgl. dann *C. vitellinus*)
Leuchtendgelber Klumpfuß – *C. splendens* ROB. HENRY

– ***Lamellen weißlich, tonfarben, tongrau oder schon jung ± braun (59–93)***

59 H mit ± blauen oder violettl Farben (vgl. auch Schlüsselpunkte **4–19**) ▸

59* H weiß, braun, graubraun, gelb oder grünl-gelb **60**

60 H zieml lebhaft grüngelb (vgl. auch Schlüsselpunkte **45–47**) ▸

60* H mit anderen Farben **61**

61 S mit gelben, ockerfarbenen oder grauen bis graubraunen Velumspuren; diese flockig-wollig, auch angedrückt oder gürtelartig **62**

61* S nicht mit derartigen Velumresten **65**

– – ***Stiel mit gelben, ockerfarbenen, grauen, graubraunen Velumspuren (62–64)***

62 Unter Birken. H lebhaft gelb, gelb-ocker bis löwengelb. S mit starken, wolligen Velum-Bändern, die dem H gleichfarben sind. Sp 11,5–13,5 × 6,8–8,4 µm. (Falls Sp bis 16 oder bis18 µm lang und F mit KOH gelb ▸)
Gelbstiefeliger Schleierling – *C. triumphans* FR.

62* Nicht an Birke gebunden. H bei einigen Arten auch olivocker, blassocker und dabei H-Scheitel bisw körnig **63**

63 H lebhaft ocker-fuchsig, löwengelbbraun, und dabei oft dunkler oder heller gefleckt, Velum an S oder am H-Rand deutl entwickelt, wollig, ocker bis gelbbraun (falls Velum nicht erkennbar ▸). Sp 9–11(–12) × 5–6 µm. NaW unter Fichte
Geschmückter Schleierling – *C. subvalidus* ROB. HENRY

63* H blassockerl, olivocker, graubraun, bisw auch gelb, Velum fast häutig, am S angedrückte Zonen oder Schuppen bildend, die dem H gleichfarben sind **64**

64 Velumreste am S olivbraun, olivgelb, grünl oder ockerbraun. H hell ocker bis olivbraun. Geruch nach Gras. Sp 8–11 × 5–6 µm. LaW, NaW
Körnigrauer Schleierling – *C. cephalixus* SECR. ex FR.

64* Velumreste am S gelb, H gelb, gelbbraun, semmelocker. Sp 9,5–12(–14) × 5–6,5 µm. Meist LaW **Gelbfleckstieliger Schleierling** – *C. vitellinopes* SECR. ex GILLET

– – ***Stiel nicht mit gelben, ockerfarbenen, grauen, graubraunen Velumspuren (65–93)***

65 Laugen (KOH) auf dem F gelb oder braun mit gelber Umrandung **66**

65* Laugenreaktion anders **69**

66 KOH auf dem F lebhaft gelb **67**

66* KOH auf dem F gelbbraun oder braun mit gelbl Rand **68**

67 H 5–10 cm, rost-orange, rötl-beige oder rotbraun mit blasserem H-Rand. S weißl (apikal auch lila angehaucht), mit weißen Velumresten. Geruch fehlend oder nicht unangenehm. Sp 11,5–13 × 6–7 µm (auch bei einer var. 8–10 × 5–6 µm). NaW **Breiter Schleierling** – *C. latus* (PERS. : FR.) FR.

67* Mit anderen Merkm: H nur 5–6 cm o d e r Geruch stark und unangenehm o d e r H tiefer dunkelbraun, rotbraun ▸

68 Cheilozystiden vorhanden, polymorph, mit gelbem plasmatischem Inhalt, 40–80 × 3–9 µm. H gelbbraun bis ockerbraun, schwach schmierig, S weiß, bauchig, spindelig, mit zugespitzter S-Basis, weiß. Sp 7,5–10 × 4–4,5 µm, schlank mandelfö, feinwarzig bis rau. NaB (*Picea*), feuchte, saure Böden **Trockener Schleierling** – *C. crassus* FR.

68* Merkm anders: Cheilozystiden fehlend o d e r H auch alt stärker schleimig o d e r H eher rotbraun als gelbbraun ▸

69 H weißl oder sehr blass ocker, höchstens alt bisw lebhafter ocker **70**

69* H lebhafter gelb, braun, olivbraun etc. gefärbt **73**

– – – ***Hut weißlich oder sehr blass ocker (70–72)***

70 H-Haut etwas bitterl, H 3–5 (–7) cm, recht dünnfleischig. S mit gerandeter Knolle. weiß. Sp 8–10 × 4–6 µm. LaW, NaW **Bitterlicher Klumpfuß** – *C. caesiostramineus* ROB. HENRY (=*amarescens*)

70* H-Haut und F mild. S mit oder ohne gerandete Knolle **71**

71 S höchstens rundl-knollig, meist gleichdick oder keulig ▸

71* S mit gerandeter Knolle **72**

72 H 3–8 cm., creme- bis elfenbeinweißl und ± so bleibend, alt bisw etwas ocker (falls H alt rötl-braun oder rostocker ▸). S weiß, alt bisw etwas bläul. Frk ohne auffälligen Geruch. Sp 8,5–11 × 4–6 µm **Tonblasser Klumpfuß** – *C. rapaceus* FR.

72* Frk und Sp kleiner o d e r Frk mit süßl oder mehlig-ranzigem Geruch ▸

– – – ***Hut lebhaft gefärbt: gelb, braun, olivbraun (73–93)***

73 S-Basis ± knollig, meist sogar gerandet-knollig **74**

73* S zylindrisch bis keulig, S-Basis nicht knollig bisw verjüngt **81**

– – – – ***Stielbasis knollig (74–80)***

74 H gelb, braun, fuchsig **75**

74* H mit grünl oder olivl Ton o d e r S-Knolle von violettem Velum gesäumt **80**

– – – – – ***Hut gelb, braun, fuchsig (75–79)***

75 Frk eher mittelgroß und schlank **76**

75* Frk eher groß und robust ▸

76 H mit lebhaften gelbbraunen, ockerbraunen, orangebraunen Farben **77**

76* H mit schmutzig lehmbraunen oder rostbraunen Farben ▸

77 H am Scheitel oft bereift, ocker- bis löwengelb, auch satt orangefuchsig, nicht mit hygrophaner Randzone. 4–8 cm. S mit deutl bis undeutl gerandeter Knolle. Geruch oft ± honigartig. Sp 8–9 × 4,5–5 µm. NaW **Bereifter Klumpfuß** – *C. allutus* FR.

77* Merkm anders: H mit hygrophaner Randzone, zumindest in Form von Wasserflecken o d e r Sp über 10 µm lang. H-Rand oft mit deutl Velumresten **78**

78 Sp 10–12 × 5–6,5 µm. H ockerfalb, gelbbraun, bisw auf H-Scheibe mit Velumresten, eingewachsen faserig. H-Rand nicht runzelig. Geruch schwach, süßl honigartig. LaW und NaW **Sägeblättriger Klumpfuß** – *C. multiformis* (FR. : FR.) FR.

78* Merkm anders: H-Rand runzelig o d e r H-Farben eher ockerl bis ockerbraun o d e r Sp etwas kleiner, z. B. 8–10,2(–11) × 5–5,5 µm **79**

79 H weißl, ocker oder hellockerbraun, eingewachsen faserig bis marmoriert, 5–8(–15) cm. H-Mitte stark bereift bis schülfrig. Geruch süßl nach Honig. Sp 8–9,5 × 5–5,5 µm. LaW **Falbblättriger Honig-Klumpfuß** – *C. talus* FR.

79* Merkm anders: z. B. H kleiner, 2–6 cm ▸

– – – – – ***Hut mit grünlichem oder olivlichem Ton oder Stielbasis von violettem Velum gesäumt (80)***

80 H ocker bis olivl, eingewachsen faserig, 5–10 cm. S weiß oder besonders an S-Spitze blass violettl. Sp 10–12 × 6–7 µm. NaW **Blassblättriger Klumpfuß** – *C. elotus* FR.

80* Merkm verschieden: z. B. Knollenrand vom Velum violett gesäumt o d e r nicht im NaW o d e r S satt violett ▸

– – – – ***Stielbasis zylindrisch bis keulig, nicht knollig (81–92)***

81 Frk größer. S vom weißen oder violettl Velum oft ± zottig (an jungen Exemplaren) . . **82**

81* Frk relativ klein und schmächtig, oft blass gefärbt. S in seiner Mitte meist nicht dicker als 1 (–1,5) cm. **90**

– – – – – ***Fruchtkörper eher groß (82–89)***

82 Sp fast kugelig-breitoval, 8–9 × 6–8 µm. H 5–12 cm, (löwen-)gelb, H-Mitte bisw fuchsig. S weißl-zottig, dann gelbl. NaW
Geschmückter Schleierling – *C. saginus* (FR. FR.) FR.

82* Sp spindelfö, mandelfö, zitronenfö **83**

83 Sp schmal spindelfö, oft nur punktiert, bis 11 µm lang **84**

83* Sp mandelfö bis zitronenfö, zieml grob warzig, meist länger als 11 µm **87**

84 S seidig, bisw jung etwas zottig, weiß, oft mit violettem Velum **85**

84* S jung meist ± stark zottig, Velum wie der S weiß **86**

85 S mit violettem Velum oder violetten Mycelspuren an S-Basis ▸

85* S ohne violettes Velum und auch Mycel nicht violett. H 5–10 cm, ockergelb bis blass ocker, oft leicht bereift. H-Mitte etwas fuchsig. H-Rand bisw weiß-seidig. S seidig-kahl, gleichdick oder schwach keulig (falls S stark zottig-gestiefelt und H besonders am H-Rand mit braunen Wasserflecken ▸). Sp 7–9 × 3,5–4 µm. NaW, LaW
Seidiger Schleierling – *C. sebaceus* FR.

86 H 5–15 cm, lebhaft gelb, zumindest gegen H-Rand, H-Mitte etwas fuchsig. H-Rand alt runzelig, jung vom Velum dick überzogen. S gestiefelt-zottig. Sp spindelig, 8–9,5 × 4–4,5 µm. NaW (Fichte) **Weißgestiefelter Schleierling** – *C. claricolor* (FR.) FR.

86* H mit vorherrschend orangebraunen bis fuchsigen Farben ▸

87 LaW (oft unter *Fagus*) **88**

87* NaW **89**

88 H mit hellen ocker bis ockerbräunl Farben ▸

88* H tiefer braun, kastanienbraun. H-Rand oft vom hellerem (weißl bis fleischbräunl) Velum überzogen. L tonfarben, ocker. S oft weißl gestiefelt. Sp 10–13 × 6–8 µm. Unter Buche (*Fagus*) **Schlangenfüßiger Schleierling** – *C. ophiopus* PECK

89 L entfernt und dickl, hellocker. S gleichdick oder keulig, jung weiß gestiefelt und gegürtelt. H ocker bis furchsig, weiß gesprenkelt, stark eingewachsen-faserig, zieml trocken. F bisw rötend. Geruch süßl bis gebäckartig. Sp 10–14 × 6–8 µm. Besonders unter Fichte (*Picea*) **Dickblättriger Schleierling** – *C. fraudulosus* BRITZELM.

89* Merkm anders: L gedrängt o d e r schmal o d e r nicht dickl ▸

– – – – – ***Fruchtkörper klein (90–92)***

90 Sp ± kugelig, 8–10 × 7–8 µm. Geruch rettichartig. H blass ockerbräunl, H-Mitte rötlbraun, 2–4 cm. S-Spitze violettl, abwärts eher violettl, bräunl oder gelbl gefleckt. NaW **Krummfüßiger Schleierling** – *C. rhaebopus* (M.M. MOSER) M.M. MOSER

90* Sp nicht kugelig, oft jedoch klein **91**

91 Sp 6,8–8,8 × 4–5,5 µm (falls Sp 8–11 × 4–6 µm ▸). H 2–4 cm, hellgelb-ocker, fahlbraun, gelbbraun. S keulig, weißl, 3–7 × 0,5–1,5 cm. NaW, LaW **Orangeblasser Schleierling** – *C. vespertinus* (FR. : FR.) FR.

91* Sp kleiner, 4–6–7 µm lang **92**

92 H elfenbeinocker, tonfalb bis ockerl. F bisw mit Mehlgeruch, Sp (5–)6–7 × 3,8–4,5 µm. NaW **Kleinsporiger Schleierling** – *C. compar* (WEINM.) FR.

92* H schokoladenbraun, orangebraun, aprikosenfarben o d e r auch sonst mit anderen Merkm ▸

Cortinarius UG ***Sericeocybe*** P.D. ORTON, Dickfuß, Seidenkopf

H trocken, selten etwas schmierig werdend, nicht hygrophan, seidig oder glimmerig, kaum filzig, selten schuppig. S zylindrisch oder keulig. Geruch bisw unangenehm-aufdringl. – **Lit**: **11**: 421

T: *C.* (UG *Sericeocybe*) *alboviolaceus* (Pers. : Fr.) Fr. – Weißvioletter Dickfuß: BK 5.248, CD 1105, Dh 774, Gh 265, Lg 92A, Lx 383, Md 734, MJ3Cort25, Ph 131

1 H violettl, bläul oder blass lila **2**

1* H mit anderen Farben, bisw L und S mit violettl Farben **9**

2 F an der Luft rötl verfärbend ▸

2* F an der Luft nicht rötl verfärbend **3**

3 H-Oberfläche glimmerig-seidig (vgl. auch *C. anomalus*) ▸

3* H-Oberfläche nicht glimmerig **4**

4 Geruch auffallend, unangenehm **5**

4* Geruch fehlend oder schwach **7**

5 L schon jung safranocker bis umbrabraun mit purpurl Schein. H, S, V lebhaft lilaviolett, alt bisw fast weißl oder ockerl verblassend, 3–10 cm. S keulig. F gelbbraun. Geruch unangenehm nach Acetylen. Sp 7–10 × 4–6 µm. NaW, LaW
Safranfleischiger Dickfuß – *C. traganus* (FR. : FR.) FR.

5* L jung zumindest blass bis satt blau, lila violett **6**

6 Geruch nach Rettich ▸

6* Geruch unangenehm nach faulen Kartoffeln oder Bocksgestank, auch süßl-spirituös. H blass lila bis fast weißl, H-Scheitel ockerl verfärbend, oft eingewachsen faserig, 5–9 cm. L blau bis lila, dann zimtrostgelb, oft mit purpurl Schein. NaW, LaW (hier inkl. *C. amethystinus* Schaeff. mit etwas lebhafteren Farben).
Bocks-Dickfuß – *C. camphoratus* (Fr.: Fr.) Fr.

7 H und S weißlila und seidig, glatt. L blass graulila, dann zimtbraun. S jung vom Velum (bisw mehrfach) beringt oder gestiefelt. Sp 8–10 × 5–6 µm. NaW, LaW
Weißvioletter Dickfuß – *C. alboviolaceus* (PERS. : FR.) FR.

7* Merkm anders: S nicht vom Velum beringt bis gestiefelt o d e r L, S zieml satt blauviolettl **8**

8 H blauviolett, später braun-ocker. L satt blauviolett, dann violettbraun bis rostbraun. S vom Velum beringt. Sp 7,5–10 × 4,5–5,5 µm. NaW
Lederbrauner Dickfuß – *C. malachius* (FR. : FR.) FR.

8* Merkm anders: z. B. L purpurbraun ▸

9 H und S mit sparrigen, schokoladen- bis umbrabraunen Schüppchen auf hellbraunem Grund. L jung violettl-bläul oder tonfarben. Sp 7–8,5 × 5–6,5 µm. Unter Birke, besonders in Mooren **Braunschuppiger Dickfuß** – *C. pholideus*(FR. : FR.) FR.

9* Merkm anders **10**

10 L jung bläul oder violett **11**

10* L weißl bis braun ▸

11 S mit ockerl, unregelmäßig angeordneten Velumzonen oder -schüppchen unterhalb des Ansatzes der Cortina, S-Spitze bläul. H violett-graubraun bis grau. L violett, blau, alt zimtfarben. F violettl, bläul. Sp 8–9 × 6–7,5 µm. NaW, LaW. (falls intensiver bläul vgl. *C. azureovelatus* P.D. ORTON).
Graubräunlicher Seidenkopf – *C. anomalus* (FR. : FR.) FR.

11* S ohne solche Velumzonen o d e r diese kupferbraun ▸

Cortinarius UG ***Telamonia*** (FR.) LOUDON, Gürtelfuß, Wasserkopf
Frk klein bis groß, mit vorherrschend braunen, gelbbraunen, ockerl oder violettl Farben. H meist ± hygrophan, zentrifugal oder zentripetal trocknend und dementsprechend mit länger durchwässert bleibenden, andersfarbigen Zonen. H-Oberfläche trocken, weder schleimig noch schmierig. S allenfalls keulig, kaum knollig, unterhalb der Cortina oft gegürtelt oder gestiefelt. – Syn: *C. bicolor* = *C. cagei, C. damascenus* = *C. lucorum, C. subsertipes* = *C. casimiri.* – **Lit**: **11**: 398, **14**: 663 als *Cortinarius* pr.p.
T: *C.* (UG *Telamonia*) *torvus* (FR. : FR.) FR. – Wohlriechender Gürtelfuß: BK 5.376, Dh 813, Gh 281, HK 4.130, KM 153, Lg 96C, Md 779, MJ 3Cort37

Mit auffallenden Merkmalen wie Velum rötlich, Stiel oben violett, Fruchtkörper in allen Teilen dunkelbraun etc. (1–10)

– Hut nicht sparrig-schuppig (1–6)

1 Velum zinnoberrote Gürtel am S bildend. H rostbraun-fuchsig, 5–12 cm. L rostbraun. Sp breit ellipsoid bis mandelfö, 7–12 × (5–)6–7(–8) µm. Mit Birke
Geschmückter Gürtelfuß – *C. armillatus* (FR. : FR.) FR.

1* Velum am S nicht mit zinnoberroten Gürteln. Nicht obligat an Birke **2**

2 S von der keuligen Basis (dort bis 3,5 cm breit) weit nach oben hin von rotem Velum überzogen, S ganz unten wieder zuspitzend, S-Spitze bisw violett. H bis 7 cm, feucht rotbraun, konzentrisch-zentrifugal trocknend mit länger durchwässert bleibendem H-Rand. Sp 8–10(–11) × 5,5–6,5 µm, an beiden Enden etwas schmäler werdend. Wärmebegünstigte LaW besonders unter Eiche
Feuerfüßiger Wasserkopf – *C. bulliardii* (PERS. : FR.) FR.

2* Merkm verschieden. Velum, falls vorhanden von anderer Farbe (z. B. allenfalls schmutzig rotbraun, gelb, weiß). **3**

3 S oben violett, abwärts bräunl, meist mit ± häutigem Ring. H 4–10 cm, tonbraun, eingewachsen faserig-marmoriert, 3–10 cm. Geruch stark, süßl., später auch unangenehm aufdringl. LaW besonders unter Buche (falls im NaW und Geruch fehlend bis anders vgl. *C. impennis* FR.). Sp 8–10 × 5–6 µm
Wohlriechender Gürtelfuß – *C. torvus* (FR. : FR.) FR.

3* Merkm verschieden: Geruch fehlend oder anders, S nicht zugleich violett (an der Spitze) und häutig beringt, NaW, LaW. **4**

4 Frk zieml groß und zugleich (feucht) in allen Teilen dunkelbraun bis schwarzbraun. H 2–8 cm, zentripetal-radial abtrocknend, trocken ockerbraun bis hellocker. L breit, entfernt, dickl. S meist über 8 mm dick., an der Basis oft mit violettem Mycel. Geruch dumpf erdig. Extrakt leuchtend gelbgrün fluoreszierend. Sp breit ellipsoid, (7,5)8–10 × 6–7(–7,5) µm. NaW **Dunkelbrauner Gürtelfuß** – *C. brunneus* (PERS. : FR.) FR.

4* Merkm anders **5**

5 H ockerbraun, bis 7 cm, L zimtbraun, dickl und entfernt. Geruch stark erdartig. Sp breit ellipsoid bis fast kugelig, grobwarzig. LaW
Erdigriechender Gürtelfuß – *C. hinnuleus* (SOWERBY) FR.

5* Merkm anders: z. B. Geruch anders, unauffällig oder süßl, L nicht entfernt und/oder von anderer Farbe **6**

6 H-Oberfläche mit sparrig abstehenden Schüppchen und o d e r S mit weißen, gürtelfö Velumresten. H klein, z. B. 3–4 cm. **7**

6* H-Oberfläche nicht mit sparrig abstehenden Schüppchen besetzt. Velum am S anders. H oft größer **11**

– Hut mit sparrig abstehenden Schüppchen und/oder Stiel mit weißen gürtelförmigen Velumresten (7–10)

7 Mit Pelargonium-Geruch. Schüppchen und Velumflocken weiß. H zentrifugal abtrocknend **8**

7* Ohne Pelargonium-Geruch. Schüppchen und Velumflocken weiß oder ocker bis ockergelb. H meist zentripetal abtrocknend. **9**

8 S-Spitze violett (zumindest in S-Rinde), Basalmycel oft blau. L violettbraun, purpurbraun. NaW **Violettgetönter Pelargonien-Gürtelfuß** – *C. flexipes* (PERS. : FR.) FR.

8* S-Spitze nicht violett, allenfalls mit bisw schwach graul-metallischem Reflex. L ockerbraun bis hellbraun. Sp wie bei vor. Meist unter LaB, seltener (var. *pinetorum*) auch unter NaB **Braunfarbiger Pelargonien-Gürtelfuß** – *C. paleacus* (WEINM.) FR.

9 H bis 6 cm, feucht dunkelbraun, trocken gelbbraun, dicht weißschuppig und dadurch grau überhaucht wirkend, alt verkahlend. Sp 8–9(–10) × 4–4,5(–6) µm. Unter Birken im NaW. **Weißflockiger Gürtelfuß** – *C. hemitrichus* (PERS. : FR.) FR.

9* Merkm anders.. . . . . **10**

10 Sp 7–9 × 5–6 µm. H 2–4 cm, feucht rotbraun. konvex bis gebuckelt, H-Oberfläche nicht schuppig. L rostbraun bis rostgelb, entfernt. S mit mehreren weißen, bisw gürtelfö angeordneten Velumzonen, S-Spitze bisw blassviolett. Mit NaB (falls Geruch erdartig oder an LaB gebunden ▸) **Natternstieliger Wasserkopf** – *C. stemmatus* FR.

10* Sp 10–12 × 5–7,4 µm. H 2–4(–5) cm, oft spitz gebuckelt. rotbraun bis rostbraun, weißl überfasert aber nicht schuppig. L beigebraun bis rostbraun. S lila bis rosalila mit oft flüchtigen gürtelfö angeordneten Velumzonen. Meist unter LaB (Weide, Birke) im NaW **Großsporiger Buckel-Wasserkopf** – *C. casimiri* (VELEN.) HUIJSMAN

Ohne die genannten auffallenden Merkmale (11–40)

11 Sp auffallend klein, 6–7 µm o d e r schmal spindelig und dabei feinpunktiert-warzig ▸

11* Sp anders **12**

12 Frk klein mit stark überfasertem H **13**

12* Frk klein und nicht stark überfasert o d e r Frk groß **25**

– ***Fruchtkörper eher klein und zugleich Hut stark überfasert (13–24)***

13 Velum ocker oder gelb. H bis 3 cm, feucht olivbraun, wie der S vom ockerfarbenem Velum faserig-zottig überzogen. S-Spitze grauviolett. L dick und entfernt, purpurfarben. Sp 8–9,5(–10,5) × 5–6 µm, fein punktiert-warzig. Stets unter Erle. (falls H bis 1,5 cm und unter Weide vgl. *C. croceocingulatus* N. ARNOLD & E. LUDW.) **Dickblättriger Erlen-Wasserkop**f – *C. helvelloides* (FR. : FR.) FR.

13* Velum weiß oder weißl **15**

15 Frk zugleich mit auffallendem Geruch und mit blauen bis violetten Farbtönen. . . . **16**

15* Nicht mit genannter Merkm-Kombination **18**

16 Mit Pelargoniumgeruch. L oder S mit violetten Tönen. H bis 4 cm, feucht schwarzbraun, zentripetal trocknend, trocken rehbraun. S-Spitze deutl violett, S auf ± rosafarbenem Grund weiß überfasert. L jung hellocker, alt dunkler. Sp 8–10(–11) × 5–6,5 µm. LaB, seltener NaB, feuchte, sumpfige Stellen. Falls H. zentrifugal-radial abtrocknend, L violettl und Sp an beiden Enden zuspitzend vgl. *C. tiliaceus* N. ARNOLD **Blauschwarzer Wasserkopf** – *C. atrocaeruleus* M.M. MOSER ex KUHNERT & PEINTNER

16* Ohne Pelargoniengeruch. L ohne violetten Farbton **17**

17 Geruch stark erdartig-dumpf. H bis 4 cm, feucht schwarzbraun, zentripetal-radial trocknend, trocken ockerbraun. L ockergelb bis gelbbraun, stark zum dunklen H kontrastierend. S steif, auf dunkelbraunem Grund mit weißem Velumring, darunter flockig bis faserig-zottig ± in Zonen aufgelöst. Sp langgestreckt-ellipsoid, (8–)9–10(–11) × 4,5–5 µm. NaB **Erdigriechender Wasserkopf** – *C. rigidus* FR.

17* Geruch nach Zedernholz. H bis 2,5 cm breit, feucht rötl-ockerbraun, zentrifugal trocknend, trocken hell-ockergelb. S auf ockerfarbenem Grund weiß überfasert und mit nach oben geöffnetem weißl Velumring. S-Spitze deutl blau bis violett. Sp (7–)8–9,5 × 4,5–5(–6) µm, grob warzig. LaB (z. B. *Tilia*, *Salix*), NaB. [falls Velumring fehlend oder undeutl und H zentripetal trocknend vgl. *C. cedriolens* (M.M. MOSER) M.M. MOSER] **Kleinberingter Wasserkopf** – *C. parvannulatus* KÜHNER

18 Unter Erle (seltener auch unter Weide oder Pappel) an feuchten bis nassen Stellen **19**

18* Nicht an feuchten bis nassen Stellen **20**

19 Frk insgesamt dunkel bläul-violett, zumindest mit solchen Mischtönen. Sp 8–13 × 5–7(–8) µm, oft eher breit ellipsoid. Stets unter Erle **Versoffener Wasserkopf** – *C. bibulus* QUÉL.

19* Frk nicht mit bläul-violetten Mischtönen, allenfalls S-Spitze mit graul-metallischem bisw auch violettl Reflex. Sp 8–10(–11) × (4,5–)5–5,5 µm, längl-ellipsoid. Außer unter Erle auch unter Weide und Pappel **Erlen-Wasserkopf** – *C. alnetorum* (VELEN.) M.M. MOSER

20 S mit rosa-rötl Tönen (so besonders in Schrägansicht auf S-Basis) **21**

20* S nicht rosa-rötl überhaucht **22**

21 Sp breit ellipsoid, (5–)5,5–8(8,5) × (4,5–)5–6(–6,5) µm. Grasige Stellen unter LaB und NaB **Rosastieliger Wasserkopf** – *C. erythrinus* (FR.) FR.

21* Sp gestreckt ellipsoid, (7–)8–9 × (4,5–)5–5,5 µm. H-Buckel lange umbrabraun bleibend. Unter Kiefer und Fichte auf feuchten Sandböden **Dunkelgebuckelter Wasserkopf** – *C. decipiens* (PERS. : FR.) FR.

22 Sp-Ornament besteht aus deutl verschieden großen Warzen. Sp ohne suprahilare Depression, bis 10,5 µm lang. H stark hygrophan, zentrifugal trocknend, trocken cremeweißl. H bis 5 cm [falls H nur bis 1,5 cm vgl. *C. acutus* (PERS. : FR.) FR.], feucht braun, gelbbraun, orangebraun, trocken cremeweißl (also stark hygrophan), jung kegelig, alt mit spitz abgesetztem Buckel, meist vollständig weißl überfasert, H-Rand meist gerieft. L etwas entfernt, ockerl bis zimtbraun. Geruch jodoform-rettichartig. Sp mit Ornament aus verschieden großen Warzen, (6,5–)8–10 × 5–6 µm. NaW **Jodoform-Wasserkopf** – *C. obtusus* (FR. : FR.) FR.

22* Sp einheitl punktiert-warzig o d e r apikal mit gröberen Warzen und mit suprahilarer Depression. Auch übrige Merkm verschieden **23**

23 Sp (8–)9–11 × 5–6,5 µm. H 4 cm, feucht rostbraun, stark hygrophan, zentripetal-radial trocknend und dann grauockerl. H-Rand häufig eingerissen und dabei wellig verbogen. L wässerigbraun bis zimtbraun, sehr dünn und brüchig. S mit weißem, meist unvollständigem Velumring, abwärts über ockerfarbenem Grund aufgelöst, weißl Zonen bildend. Büschelig unter NaB (häufig unter Kiefer), gerne auf Sandböden **Schnittrandiger Wasserkopf** – *C. incisus* (PERS. : FR.) FR.

23* Merkm verschieden **24**

24 H-Rand jung dicht mit weißen, faserigen Velumresten überzogen und dadurch heller abgesetzt. H feucht dunkelbraun bis rotbraun, 3–6(–7) cm. L violettl bis hellbraun. Sp

10–12 × 5,5–7 µm (falls Sp kleiner ▸) Mit LaB, NaB
Saturnring-Wasserkopf – *C. saturninus* (FR. : FR.) FR.

24* Merkm verschieden ▸

– ***Fruchtkörper eher klein und Hut nicht besonders stark überfasert (25–28)***

25 Velum rosa, gelb. Frk klein. **26**

25* Velum nicht rot, rosa oder gelb. Frk oft eher groß **28**

26 Velumfasern rosa. An feuchten Stellen im NaW. **27**

26* Velumfasern gelb ▸

27 Sp 9–11(–12) × 5–5,5 µm, langgestreckt-ellipsoid bis fast zylindrisch. H bis 4 cm, rötlbraun, zentripetal-radial trocknend und dann hellbraun, mit dunkel bleibendem H-Buckel. H-Oberfläche oft radial-runzelig. L braun bis zimtbraun. S bis 11 × 0,2–0,4 cm, gegen Basis meist etwas zuspitzend, auf ockerfarbenem Grund weiß überkleidet und zusätzl mit rötl-fleischfarbenen Fasern durchsetzt. NaW, feuchte Stellen.
Rötlichgeschmückter Wasserkopf – *C. fasciatus* (SCOP.) FR.

27* Sp 7–8(–9) × (4–)5–5,5 µm, breit ellipsoid. H 2–3(–6) cm, feucht rotbraun, zentripetal trocknend und dann gelbbraun. L freudig ocker, gelbbraun. S 3–8 × 0,2–0,5 cm, gegen S-Basis leicht anschwellend. Sonst wie vorige
Rötlichgelber Wasserkopf – *C. fulvescens* FR.

28 Frk klein (Falls Sp annähernd kugelig, 6,5–8 × 5–6 µm und H lebhaft rotbraun bis rostorange siehe **31** unter *C. renidens*) ▸

28* Frk mittelgroß bis groß. H 4–11 cm **29**

– ***Fruchtkörper mittelgroß bis groß (30–40)***

29 H ocker-, orange-, rotbraun bis orange **30**

29* H feucht dunkelrotbraun, violettbraun. **39**

– – – ***Hut (feucht) lebhaft orange, orangebraun, rotbraun, ocker (30–38)***

30 H orange bis rotbraun. H-Oberfläche fettig-wachsartig, höchstens am H-Rand etwas überfasert. **31**

30* H rotbraun, zimtbraun, ockerbraun. H-Oberfläche nicht fettig-wachsartig, bis in Alter faserig-rau **34**

31 Sp fast kugelig bis breit ellipsoid, wenn ausgereift 6–8,5 × (4–)5–6(–7) µm. H 4 cm, (falls H kleiner: *C. jubarinus* FR.) leuchtend orange, orangebraun, aprikosenfarben, zentrifugal-flächig trocknend und dann ocker. L hellocker bis braunocker. S 6 × 0,2–0,8 cm, gegen S-Basis leicht erweitert, holzgelb, auch jung ohne Cortina-Reste. (falls S weiß und wenigstens jung überfasert bzw mit angedeutetem Velumring ▸). Meist NaB unter Fichte **Quitten-Wasserkopf** – *C. renidens* FR.

31* Sp ellipsoid **32**

32 Geruch unangenehm (etwa wie *C. traganus* oder *C. camphoratus*). S mit deutl Velumzonen, S-Spitze graubläul **Birken-Gürtelfuß** – *C. bivelus* (FR.) FR.

32* Geruch nicht unangenehm, S nicht mit deutl Velumzonen, weiß **33**

33 S-Basis zuspitzend, auf der Oberfläche wellig-knotig-uneben ▸

33* S-Basis nicht zuspitzend, mäßig keulig, auf der Oberfläche nicht knotig-wellig-uneben. H bis 7 cm, feucht orange, zentrifugal-flächig trocknend und dann gelbbraun. L jung ockerbraun, alt dunkler. Sp (7–)8–10 × (4,5–)5–6 µm. NaW (besonders Fichte) **Aprikosen-Wasserkopf** – *C.armeniacus* (SCHAEFF. : FR.) FR.

34 H und L freudig orangebraun. H bis 11 cm breit, wenig hygrophan, trocken etwas hellerfarbig, lange überfasert. S zunächst weiß bis weißl oder grau-violettl, alt bräunl, bis 8 cm lang, S-Spitze ± violettl, mit ± deutl Velumgürtel. S-Basis keulig und bis zu 2,5 cm dick, bisw zwiebelfö-knollig bis 5 cm dick und kurz zuspitzend-wurzelnd. Sp (8–)9–10,5(–11,5) × 5–6,5 µm. NaB **Wolliger Gürtelfuß** – *C. laniger* FR.

34* H ockerbraun, L zimtbraun **35**

35 Geruch pilzartig-banal. Sp nicht auffallend grobwarzig, wohl aber punktiert-warzig **36**

35* Geruch erdartig-unangenehm o d e r süßl-angenehm o d e r muffig-pilzartig und dann Sp auffallend grobwarzig **38**

36 Unter NaB und mit ± starkem Rettichgeruch, auch Jodoformgeruch **37**

36* Unter LaB (diese z. T. untermischt mit NaB), H bis 6 cm. Sp breit ellipsoid, 8–9(10) × 5–5,5(–6) µm (falls Sp 5–7 × 5–6 µm, kugelig bis fast kugelig siehe *C. balaustinus* FR.). Unter Birke oft im Mischbestand mit NaB
Zimtblättriger Birken-Wasserkopf – *C. subbalaustinus* ROB. HENRY ex ROB. HENRY

37 H bis 5 cm, feucht rotbraun bis braun, zentrifugal flächig bis auf durchwässerte Randzone trocknend, von dort aus in radialen Streifen weiter trocknend, trocken gelbocker bis ocker. L zimtbraun. S bis 10 × 0,4–1,2 cm, weiß überfasert, alt gelbockerl werdend, gleichdick oder knollig und stets wurzelnd. Geruch ± rettichartig. Sp (8–)9–10(–11,5) × 5–6(–7) µm. NaB, seltener LaB **Wachsgelber Wasserkopf** – *C candellaris* FR.

37* H bis 7 cm, H-Rand lange eingerollt und weiß überfasert, feucht wässerig-graul-ockerbraun, zentrifugal-flächig trocknend und dann blassocker, weißl-ocker. L jung blassocker. S bis 8 × 1,5 cm gegen S-Basis zuspitzend-verjüngend, weißfaserig, S-Spitze manchmal blau bis graublau. Geruch nach Rettich oder Jodoform. Sp 9–11(–12) × 5–6,5 µm. NaB **Riechender Weißstiel-Wasserkopf** – *C. rigens* (PERS. : FR.) FR.

38 Sp auffallend grobwarzig, (9–)10–12 × 6,5–7(–8) µm. Geruch muffig-pilzartig, höchstens schwach süßl H bis 8 cm, feucht wässerig-braun, ockerbraun, zentrifugal trocknend und dann ockerfarben bis hell korkbraun. L zimtbraun bis rotbraun. S angeschwollen-keulig, bis 9 × 2,5 cm, dem H gleichfarben und mit heller Ringzone vom Velum. Weißes Basalmycel weit am S hinaufreichend. NaW
Dickfüßiger Nadelwald-Gürtelfuß – *C. bovinus* FR.

38* Sp nicht auffallend grobwarzig o d e r Geruch erdartig-unangenehm ▸

– – – ***Hut (feucht) braun oder braunviolett, dunkel rotbraun (39–40)***

39 H mit länger durchwässert bleibender, dunklerer Randzone **40**

39* H nicht mit länger durchwässert bleibender, dunklerer Randzone, vielmehr gleichmäßig über ganze H-Fläche trocknend, bis 4,5 cm, feucht rotbraun, trocken heller braun. L wässerig-braun bis rotbraun. S bis 7 × 1 cm, basal leicht keulig und dann zuspitzend, S-Spitze deutl violettl, abwärts weiß. Sp 10–12(–13,5) × 4–5 µm, schmal ellipsoid bis fast spindelig, mit lang ausgezogenem Apikulus. NaB (Falls H feucht violettbraun und Sp 8–10 × 5–6 µm: *C. cagei* MELOT) **Langsporiger Wasserkopf** – *C. vilior* P. KARST.

40 H bis 7 cm, feucht rotbraun, violett-braun, trocken hell ockerbraun. L. breit, wässerig-rotbraun. S bis 16 × 1–1,5 cm zur Basis meist verjüngt, violett bis blauviolett mit breiter weißer, fast wolliger Ringzone, darunter mehrfach weiß auf blauem Grunde genattert-gezont. Geruch nicht oder schwach nach Rettich. [Falls Geruch entschieden rettichartig: *C. scutulatus* (FR. : FR.) FR.]. Sp 8–11 × 4,5–5,5(–6) µm, ellipsoid bis einseitig abgeflacht-ellipsoid, gegen beide Enden etwas schmaler. NaB, meist an feuchten Stellen. **Violettstieliger Rettich-Wasserkopf** – *C. evernius* (FR. : FR.) FR.

40* H bis 6 cm, auf violettbraunem Grund stark überfasert, so besonders am H-Rand lang anhaltend, stark hygrophan, feucht umbrabraun, rotbraun, trocken heller braun und fast glimmerig wirkend. L violett bis wässerig-graubraun-ockerl (falls L rotbraun bis zimtbraun und Geruch nach Zedernholz vgl. *C. tortuosus*). S bis 7 × 1–2 cm, S-Basis etwas keulig und zugleich ausspitzend, Besonders an S-Spitze violettl-blau und weißl gezont. Geruch fehlend oder schwach rettichartig. Sp 7–8(–10) × 5–5,5 µm, ellipsoid, kräftig warzig. LaB, z. T. mit beigemischten NaB, an weniger feuchten Plätzen (? identisch mit *C. damascenus* FR.: ss. auct = mit büscheligen, steif wurzelnden Stielen) **Hain-Wasserkopf** – *C. lucorum* (FR.) COOKE

Cotylidia P. KARST., Kreiselpilz – SchichtP (Bas, Agaricomycetes, Hymenochaetales, Rickenellaceae)

Frk spatel-, fächer- oder trichterfö, membranös oder lederig. Hymenium glatt. Monomitisch. Hyphen hyalin, ohne Schnallen. Sp hyalin, inamyloid. 4 Arten. Terricol, lignicol, bryicol. – **Lit**: **9**: 192, **12**: 153

T: *C. undulata* (FR.) P. KARST. – Welliger Kreiselpilz: BK 2.185

1 Frk büschelg verwachsen, oft rosettenfö. Sp 6–9 × 3,5–4 µm. Terricol, oft unter Buche **Striegeliger Kreiselpilz** – *C. pannosa* (SOWERBY : FR.) D.A. REID

1* Frk einzeln oder in lockeren Gruppen. **2**

2 Frk trichterfö mit zentralem S, 0,5–1,5 cm hoch. Sp 3,5–6 × 1,5–2,5 µm. Terricol zwischen Moosen, auch Brandstellen **Welliger Kreiselpilz** – *C. undulata* (FR.) P. KARST.

2* Frk flach, spatel- bis fächerfö, mit seitl S. Bisw an Moosen ▸

Coryne siehe *Ascocoryne*

Crassisporium siehe unter *Pachylepyrium*

Craterellus PERS., Trompete – LeiP/SchichtP (Bas, Agaricomycetes, Cantharellales, Cantharellaceae)

Frk trichterfö mit hohlem S, beim T grau bis schwärzl, bis 20 cm hoch. Hymenium glatt oder runzelig, beim T grau. Monomitisch. Hyphen hyalin, ohne Schnallen. Sp hyalin, breit ellipsoid, 10–16(–18) × 6–10 µm. 1–2 Arten. Terricol, EktM, LaB. – **Lit**: **9**: 263, **12**: 64

T: *C. cornucopioides* (L. : FR.) PERS. – **Herbst-, Toten-Trompete**: BK 2.487, Dh 1014, Gh 561, Kr 2.18, Lx 459, MJ 5Crat1

Craterium TRENT. – SchleimP (Myxogastria, Physarida, Physaridae)
Frk annähernd kugelig, auch kreiselfö, konisch, meist gestielt. Peridie dick, zweischichtig (ausgenommen bei *C. aureum*), die äußere Schicht ± hornartig und Kalk-inkrustiert. Die innere anhaftend bleibende Schicht membranartig, glatt, mit Linien wie bei zerbrochenem Glas, sich gewöhnl mit Deckel öffnend und einen überdauernden becherfö Teil (Frk-Becher) zurücklassend. Eine Columella fehlend. Capillitium netzartig, aus feinen röhrigen Fasern gebildet, welche stellenweise flächenartig ausgedehnt sind und dort kugelige Kalkauflagerungen zeigen; diese bisw zu einer Pseudocolumella im Zentrum des Frk zusammengefasst. Sp in Masse dunkelbraun, kugelig, beim T 8–10 µm. Etwa 10 Arten. Auf toten Blättern, Sprossachsen von Kräutern und andere Pflanzenreste, auch auf abgestorbenen Moosen. – **Lit**: **17**: 228, **19**: 187
T: *C. pedunculatum* TRENT. = *C. minutum* (LEERS.) FR.: Nan 235, Neub 2.201–202. – Anm: *Craterium obovatum* siehe *Badhamia o.*

1 Frk zitronengelb *C. aureum* (SCHUM.) ROST.
1* Frk mit anderen Farben **2**
2 Frk sich mit gut abgegrenztem Deckel öffnend. Frk-Becher mit ebenem Rand **3**
2* Deckel nicht deutl abgegrenzt. Frk-Becher mit uneben-zerfetztem Rand ▸
3 S lang, etwa so lang wie der Frk-Becher. Frk glänzend dunkelbraun, 0,5–1 mm *C. brunneum* NANN. – BREM.
3* S kürzer. Frk (Sp-bildender Teil) 0,7–1,5 mm [Falls 0,5 mm: *C. auronucleatum* NANN.-BREM.] *C. minutum* (LEERS.) FR.

Craterocolla BREF., Kraterpilz – GaP (Bas, Agaricomycetes, Sebacinales, Sebacinaceae)
Frk gallertig, kissenfö bis gelappt, rosa-fleischfarben, rosa-rötl bis rosabräunl. Imperfektes Stadium mit hyalinen, allantoiden (Pykno)Sp, 6,5–10 × 2–3,5 µm. Perfektes Stadium mit hyalinen, zylindrischen, geraden oder etwas gebogenen (Basidio-)Sp, 9–12 × 3,5–4,5 µm, die ähnl große (Sekundär-)Sp bilden. 1–2 Arten. Lignicol, meist auf Kirsche. – **Lit**: **9**: 99, **12**: 406
T: *C. cerasi* (TUL.) BREF. – **Kirschbaum-Kraterpilz**: BK 2.20, Kr 1.93, MJ 6Crat1, RH 58

Creolophus P. KARST., Stachelseitling – StaP (Bas, Agaricomycetes, Russulales, Hericiaceae)
H, muschelfö, 3–8(–20) cm, weißl bis ockerbraun, unterseits mit 1–1,5 cm langen Stacheln, F nicht amyloid. Monomitisch, Hyphen hyalin, mit Schnallen. Sp hyalin, breit ellipsoid, amyloid, 3,5–4,3 × 2,8–3,3 µm. Lignicol, Weißfäule, LaH. – Syn: *Creolophus cirrhatum* auch als *Hericium c.* – **Lit**: **9**: 283, **12**: 114
1 Art = T: *C. cirrhatus* (PERS. : FR.) P. KARST. – **Dorniger Stachelseitling**: BK 2.284, Dh 1039, Gh 573, Kr 2.96, Lx 481, Md 337, Ph 246, RH 112

Crepidotus (FR. : FR.) STAUDE, Stummelfüßchen – BläP (Bas, Agaricomycetes, Agaricales, Crepidotaceae)
Frk klein bis mittelgroß, muschelfö und ungestielt bis rudimentär gestielt am Substrat sitzend. Spp tonbraun. Sp glatt bis punktiert oder fein warzig, ohne Keimporus. 14 Arten. Lignicol an Holz, auch Stängel, Zweige, Moose. – **Lit**: **11**: 348, **14**: 864

T: *C. mollis* (SCHAEFF. : FR.) STAUDE – Gallert-Stummelfüßchen: BK 5.390, CD 1239, Ge 259, Gh 400, Lg 132B, Lu 1.16.7, Ph 188, RH 467

1 HDS und F darunter gelatinös und gummiartig dehnbar, leicht abziehbar. F feucht glasig-gallertig. H hygrophan, mit länger durchwässert bleibendem H-Rand, 2–7 cm. Hyphen ohne Schnallen. Sp mandelfö, glatt, 7–10 × 5–6 µm. LaH
Gallert-Stummelfüßchen – *C. mollis* (SCHAEFF. : FR.) STAUDE
1* HDS nicht gelatinös und nicht gummiartig dehnbar. Hyphen mit oder ohne Schnallen **2**
2 An lebenden Moosen o d e r Sp klein, bis 6,5 µm lang ▸
2* Nicht an lebenden Moosen und Sp länger als 6,5 µm **3**
3 Sp glatt (Ölimmersion!), weder punktiert noch warzig, nie kugelig. **4**
3* Sp warzig bis fein punktiert, bisw kugelig oder breit ellipsoid. **5**
4 Hyphen ohne Schnallen. Sp 9–11 × 5–6 µm. H 0,5–2,5 cm, weißl, oberseits dicht faserig bis filzig. Cheilozystiden mit einzelnen lappenfö oder fingerfö Fortsätzen. LaH, NaH **Striegelhaar-Stummelfüßchen** – *C. versutus* (PECK) SACC.
4* Hyphen mit Schnallen ▸
5 Sp kugelig bis breit ellipsoid, über 4 µm breit **6**
5* Sp längl ellipsoid oder mandelfö, unter oder über 4 µm breit. **7**
6 Sp breit ellipsoid, 7–10 × 6–8 µm. H 0,5–2 cm. LaH, NaH
Kugelsporiges Stummelfüßchen – *C. cesatii* (RABENH.) SACC.
6* Sp annähernd kugelig, 6,5–8 × 4–5,5–7,5 µm ▸
7 Sp schmal, 5,5–7 × 2,8–3,5 µm. H 0,5–3 cm, weiß, oben fein filzig. LaH-Äste
Variables Stummelfüßchen – *C. variabilis* (PERS. ; FR.) P. KUMM.
7* Sp über 4 µm breit. H gelbl oder weiß **8**
8 H 1–3 cm, ockergelbl. L entfernt, dickl, breit bauchig, weiß-ockerbraun. Sp 8–11(–13) × 4–5,5 µm. Auf toten Krautstängeln, seltener auch auf LaH –
Blassgelbes Stummelfüßchen – *C. luteolus* (LAMBOTTE) SACC.
8* Merkm anders: z. B. H kleiner und weiß bis weißl, Sp kleiner, vorwiegend auf LaH, nicht auf Krautstängeln ▸

Cribraria PERS. – SchleimP (Myxogastria, Licida. Enteridiidae)
Frk kugelig-gestielt, oben (Kugel) mit schließl netzartig oder entlang von Streifen durchbrochener Peridie; bisw unterer Teil der Frk-Kugel becherfö. Capillitium oder Pserudocapillitium fehlend. Sp kugelig, mit feinen Warzen oder fein-stachelig. Mehr als 30 Arten. Der T auf vermodertem Holz, auch nahe abschmelzendem Schnee. – **Lit 17**: 71, **18**: 57
T: *C. rufescens* PERS. = *C. rufa* (ROTH) ROST.: Nan 78, Neub 1.102–104

1 Frk violett, purpurfarben, dunkel rotbraun ▸
1* Frk mit anderen Farben: sandfarben, gelb, orange, beige, (rost-)braun **2**
2 Netzfö Peridie ohne verdickte oder erweiterte Knoten. **3**
2* Netzfö Peridie mit verdickten oder mit erweiterten Knoten ▸
3 Frk sandfarben oder beige *C. argillacea* (PERS.) PERS.
3* Frk rost-braun, rotbraun oder orange. Frk-Becher gut entwickelt, außen nahezu glatt [Falls Frk-Becher durch ein geripptes Gebilde an der Basis des Frk ersetzt: *C. ferruginea* MEYLAN]. Sp 6–8 µm, feinwarzig ornamentiert *C. rufa* (ROTH) ROST.

Crinipellis PAT., Haarschwindling – BläP (Bas, Agaricomycetes, Agaricales, Marasmiaceae)
Frk klein, trocken in Wasser wieder aufquellend (schwindlingsartig). H 0,5–1 cm, mit braunen Schüppchen auf weißl Grund. Spp weiß. HDS und S-Oberfläche mit dickwandigen, dextrinoiden bis amyloiden Elementen. 1–2 Arten (Europa 5). An lebenden oder abgestorbenen Gräsern. – Syn: *C. stipitarius* = *C. scabella*. – **Lit**: **7**: 237, **11**: 170, **14**: 288
T: *C. scabella* (ALB. & SCHWEIN.) MURRILL – **Zitzen-Haarschwindling**: CD 491, Ct 1882, Ge 146, Gh 185, Kr 3.230, Lu 1.17.1

Crinula siehe *Holwaya*

Cristinia PARM. Körnchenpilz – RiP (Bas, Agaricomycetes, Agaricales, Stephanosporaceae)
Frk resupinat, membranös, glatt, warzig, mit Zähnchen oder mit Stacheln, gelb oder weiß bis cremefarben (T). Oft mit Rhizomorphen. Hyphen hyalin, mit Schnallen. Zystiden fehlend. Sp kugelig bis breit ellipsoid, hyalin bis hell gelbl, etwas dickwandig, glatt, inamyloid, cyanophil, 3,5–7 µm, beim T kugelig 5–7 µm, 2 Arten. Lignicol, an LaH oder NaH. – Syn: früher auch z. T. unter *Dacryobasidium* [z. B. *C. (D.) coprophila*] geführt. – **Lit**: **9**: 121, **12**: 148
T: *C. helvetica* (PERS.) PARM. – **Schweizer Körnchenpiilz**: BK 2.89, Kr 1.189

Cristulariella HÖHN. – (Asc, Leotiomcetes, Helotiales, Sclerotiniaceae, Anamorphe)
Parasitischer Befall z. B. auf *Acer*, weiße, kurzstielige Köpfchen auf braunen bis grauen, meist runden Bl-Flecken bildend (Anamorphe). Teleomorphe ist *Nervostroma* NARUMI & Y.HARADA.
T: *C. depraedans* (COOKE.) HÖHN. – **Ahorn-Weißfleckigkeit**: JK 40

Crocicreas FR. – inop. Disc (Asc, Leotiomycetes, Helotiales, inc. sed.)
Frk sitzend bis gestielt, urnenfö bis becherfö, ganzrandig oder mit gekerbtem bis gezähneltem R, selten das Hymenium umschließend oder mit wulstigem R, weiß, gelbl, rosal, braun. Asci zylindrisch bis keulig, mit amyloidem oder inamyloidem Porus, 8-sporig. Paraphysen fädig, zylindrisch, keulig oder lanzettl, die Asci überragend oder nicht überragend. Asc-Sp ellipsoid, zylindrisch, keulig, spindelfö oder verkehrt-birnenfö, nicht oder mehrfach (7-) septiert, hyalin, glatt, bisw rau, bisw mit gelatinöser Hülle, beim T 7–10 × 2,5–3 µm. Über 20 Arten. Saprotroph, Sprosse, Holz etc. – **Lit**: **10**: 141
T: *C. gramineum* (FR.) FR. [in var. *incertellum* (REHM) S.E. CARP. De 22K]. – Abgebildet *C. amenti* (BATSCH : FR.) S.E. CARP.: BK 195, De 21M (jeweils als *Pezizella a.*)

1 Sp 3- bis 7-fach septiert ►
1* Sp allenfalls 1-fach septiert **2**
2 Ascus mit inamyloidem Porus ►
2* Ascus mit amyloidem Porus **3**
3 Sp länger als 15 µm, z. B. 15–18 × 3,5–4 µm [*C. coronatum* (BULL. : FR.) S.E. CARP.; falls auf Blattstielen von *Acer* ►] oder Sp weniger breit ►
3* Sp kürzer als 15 µm **4**
4 Sp 1-fach septiert ►
4* Sp nicht oder selten und ausnahmsweise 1-fach septiert **5**

5 Auf ♀ Kätzchen von *Populus* und *Salix*. Sp umgekehrt birnenfö, 9–12 × 3,5–4 µm *C. amenti* (BATSCH : FR.) S.E. CARP.

5* Auf anderen Substraten. Sp keulig bis ellipsoid, weniger breit als 3,5 µm **6**

6 Wenigstens einige Paraphysen breit lanzettl und dabei oben scharf zuspitzend, 3–5 µm breit, die Asci deutl (10–20 µm) überragend. Sp 7–10 × 2,5–3 µm [Sp 5–6 × 1,5–2 µm bei var. *incertellum* (REHM) S.E. CARP.]. Auf Grashalmen *C. gramineum* (FR.) FR.

6* Alle Paraphysen zylindrisch bis keulig, 2–2,5 µm breit. Frk-R mit besonderen Merkm (►) oder regulär und zugleich Asci länger (►) oder kürzer als 57 µm [bei *C. cyathoideum* (BULL. : FR.) S.E. CARP., 45–55 × 4–5 µm und Sp 6–12 × 1,5–2,5 µm] ►

Cronartium FR. – RostP (Pucciniomycetes, Pucciniales, Cronartiaceae)
Phytoparasiten (Roste) an Gefäßpflanzen mit vollständigem Entwicklungszyklus; Entwicklungsstadien und unterschiedliche Sp-Formen der Rostpilze siehe unter *Puccinia*. 0, I an der Borke mehrjähriger Zweige oder an Jungtrieben, seltener am Stamm von Kiefern (*Pinus*), I jung blasenfö, mit mehrschichtiger, blasenfö Pseudoperidie, deren Zellen meist lang und schlank sind. II von Pseudoperidie bedeckt. II-Sp einzeln gebildet. III Säulen bildend. Ww zwischen *Pinus* (0 I) und diversen Angiospermen (II III). – **Lit**: **13**: 390, 415 etc., 631, 692 etc.
T: *C. flaccidum* (ALB. & SCHWEIN.) WINT. – **Kiefern-Blasenrost**: Bra 1029,160a (II), JK 454, KS 897:34d (0 I), 917:54 f (III), Gäum 83:71 (II)

Euphrasia, Gentiana, Impatiens, Melampyrum, Odontites, Paeonia: *C. flaccidum* (II, III). – ***Pinus***: *C. flaccidum* (0 I, mit Ww *Euphrasia* etc. s. o.), *C. pini* (0 I, ohne Ww), *C. ribicola* (0, I, W 5-nadelige Kiefern, *P. cembra*, *P. strobus* etc. Ww *Ribes*). – ***Ribes, Tropaeolum, Vincetoxicum***: *C. flaccidum* (II, III)

Crucibulum TUL., Teuerling – BaP (Bas, Agaricomycetes, Agaricales, Agaricaceae)
Frk erst fast kugelig, dann trichterfö, 0,5–1 cm hoch, Öffnung 5–7 mm breit, außen gelbbraun bis grau, jung außen wollig bis filzig behaart. Innen mit zahlreichen Peridiolen. Sp ellipsoid, 8–11 × 4–5 µm. Lignicol auf morschem Holz oder Pflanzenresten, nie auf Erde. – Syn: *C. vulgare* = *C. laeve*. – **Lit**: **9**: 194, **12**: 468
1 Art = T: *C. laeve* (HUDS.) KAMBLY – **Typischer Teuerling**: BK 2.493, HK 2.178, Kr 2.156, Lx 601, MJ 7Cruc1

Crustoderma PARM. – RiP (Bas, Agaricomycetes, Polyporales, Meruliaceae)
Frk resupinat, wachsartig-krustenfö, anliegend, glatt, hellocker bis gelbl. Monomitisch, Hyphen gelbl, mit Schnallen, hauptsächl vertikal verlaufend. Zystiden vorhanden, hyalin, zylindrisch, etwas dickwandig, glatt, 80–135 × 5–9 µm. Sp 7–9 × 2,5–3,5 µm. NaH. – **Lit**: **9**: 191. **12**: 198
1 Art = T: *C. dryinum* (BERK. & M. A. CURTIS) PARM.

Crustomyces JÜLICH, Krustenpilz – RiP (Bas, Agaricomycetes, Polyporales, Cystostereaceae)
Frk resupinat, membranös bis krustenfö, glatt oder odontoid. Hyphen hyalin, dimitisch, generative Hyphen mit Schnallen. Dendrohyphidien vorhanden, hyalin. Gloeozystiden vorhanden. Sp hyalin, dünnwandig, glatt, inamyloid, beim T ellipsoid, 3,5–4,5 × 2–2,5 µm. 2 Arten. Lignicol auf LaH und NaH. – **Lit**: **9**: 205, **12**: 180
T: *C. subabruptus* (BOURD. & GALZ.) JÜLICH – **Dimitischer Krustenpilz**: BK 2.95

Cryptothele siehe *Phylliscum*

Cudonia FR., Kreisling – inop. Disc (Asc, Leotiomycetes, Rhytismatales, Cudoniaceae)
Frk gestielt, oben mit konvexem, gefalteten oder gelapptem, 0,5–2 cm breitem Apothecium, dessen R einwärts gebogen (gerollt) ist. Oberseits (Hymenium) blass ockerl, bräunl oder grau-gelbl. S gleichfarben oder etwas dunkler, 2–6,5 × 0,2–1 cm [beim T × 0,1–2 cm; sonst (►) × 0,2–0,5 cm]. Asci inamyloid. Paraphysen fädig, oben gekrümmt. Asc-Sp hyalin, zylindrisch bis fädig, mehrfach septiert, 30–50 × 1,5–2,5 µm. 4 Arten. Terricol in Wäldern. – **Lit**: **5**: 100, **10**: 178
T: *C. circinans* (PERS. : FR.) FR. – **Helm-Kreisling**: BK 142, Br 1188, De 14L, HK 2.265, Lx 647, RH 640

Cudoniella SACC., Kleinkreisling – inop. Disc (Asc, Leotiomycetes, Helotiales, Helotiaceae)
Frk gestielt, oben mit konvex gebogenem, weißl, grauem, braunem oder violettl, 0,2–1 cm breitem Kopfteil (Apothecium), dessen R herabgeschlagen. S weißl bis grau, 0,6–1 × 0,1–0,2 mm. Asi nicht amyloid. Asc-Sp hyalin, spindelfö, nicht bis 3-fach septiert, 10–22 × 3–5 µm. 2 Arten. Lignicol auf Zweigen oder Holzstücken im Wasser. – **Lit: 5**: 132
T: *C. queletii* (FR.) SACC.; abgebildete Art *C. clavus* (ALB. & SCHWEIN. : FR.) DEN. – Wasser-Kleinkreisling: BK 1.180, De 17R, Dh 1150, Ge 563, Lx 653

1 Kopfteil (Apothecium) 0,4–1,2 cm breit. Sp nicht septiert, 10–17 × 3–5 µm
Wasser-Kleinkreisling – *C. clavus* (ALB. & SCHWEIN. : FR.) DEN.
1* Kopfteil (Apothecium) 0,2–0,4 cm breit. Sp 1- bis 3-fach septiert, 15–22 × 4–5 µm
Dünnstieliger-Kleinkreisling – *C. acicularis* (BULL. : FR.) J. SCHROET.

Cunninghamella MATR. – SchimP (Mucoromycetes, Mucorales, Cunninghamellaceae)
Hyphen unseptiert. Sporangien stachelig, nur eine Sp enthaltend
T: *C. africana* MATR.

Cuphophyllus siehe *Camarophyllus*

Cupreoboletus siehe *Boletus*

Curvularia BOEDIJN – SchimP (Asc, Dothideomycetes, Pleosporaceae; Anamorphe)
Konidien längl-spindelfö, oft sichelfö gebogen, querseptiert mit bisw etwas helleren Endzellen. Teleomorphe: *Cochliobolus*
T: *C. lunata* (WAKKER) BOEDIJN

Cyanoboletus siehe *Boletus* (*pulverulentus*).

Cyathus HALLER ex WILD. : PERS., Teuerling – BaP (Bas, Agaricomycetes, Agaricales, Agaricaceae)
Frk zunächst eifö-geschlossen, dann trichterfö, etwa 0,5–1,5 cm hoch. Braun, auch goldbraun, graubräunl, schwarzbraun. Sp fast kugelig bis ellipsoid, groß, länger als 10 µm. 3 Arten. Lignicol, terricol, coprophil. – **Lit**: **9**: 194, **12**: 468

T: *C. olla* (BATSCH : PERS.) PERS. – Topf-Teuerling: BK 2.494, CD 1741, Ct 1196, Ge 493, Kr 2.157, Lk 603, MJ 7Cyath1, Ph 254

1 Frk innen deutl rillig-furchig, außen wollig mit langen, braunen Haaren. Sp ellipsoid, 16–20 × 7–10 µm **Gestreifter Teuerling** – *C. striatus* (HUDS. : PERS.) PERS.
1* Frk innen glatt, außen mit kurzen Haaren oder glatt. **2**
2 Auf Erde, seltener auf Holz oder Pflanzenresten. Frk weit trichterfö mit nach außen gezogenem Rand, Peridiolen weißl. Sp 8–14 × 5–8 µm (falls Sp 8–11 × 4–5 µm siehe *Crucibulum*) **Topf-Teuerling** – *C. olla* (BATSCH : PERS.) PERS.
2* Auf Mist oder stark gedüngtem Boden, auch auf Brandstellen. Peridiolen schwärzl. Sp groß und fast kugelig, 25–40 × 20–25 µm **Dung-Teuerling** – *C. stercoreus* (SCHWEIN.) DE TONI

Cyclocybe siehe *Agrocybe* pr.p.

Cylindrobasidium JÜLICH, Rindenschwamm – RiP (Bas, Agaricomycetes, Agaricales, Physalacriaceae)
Frk resupinat, selten effus-reflex, membranös, meist glatt, weit ausgedehnt, ohne Rhizomorphen, erst weißl, dann creme bis ocker. Monomitisch, Hyphen hyalin, mit Schnallen. Leptozystiden hyalin, spindelfö, 60–80 × 5–8 µm. Sp hyalin, birnenfö, inamyloid, 8–12 × 4–6 µm, oft miteinander verklebt (je 2–4). LaH, Blätter. – Syn: *C. evolvens* = *C. laeve*. – **Lit**: **9**: 183, **12**: 156
1 Art = T: *C. laeve* (PERS. : FR.) CHAMURIS – **Ablösender Rindenschwamm**: BK 2.92, Ja 52, Kr 1.191, Lx 489, MJ 5Cyl1, RH 84

Cylindrocarpon WOLLENW. – SchimP (Asc, Sordariomycetes, Hypocreales, Nectriaceae; Anamorphe)
Konidien 2- bis mehrzellig, Konidienträger mit unregelmäßigen Verzweigungen. Teleomorphe: *Neonectria* (siehe *Nectria*)
T: *C. cylindroides* WOLLENW.

Cylindrocladium MORGAN – SchimP (Asc, Sordariomycetes, Hypocreales, Nectriaceae; Anamorphe)
Konidien 2- bis mehrzellig, Konidienträger am Scheitel dicht bürstenfö verzweigt.Teleomorphe: *Calonectria* (s.d.)
T: *C. scoparium* MORGAN – **Buxbaum-Triebsterben**

Cylindrotrichum BONORD. – SchimP (Asc, Sordariomycetes, Glomerellales, Reticulascaceae; Anamorphe)
Eine Art, *C. clavatum* W. GAMS, auf anderem Pilz (*Cyathus*); abgebildet in HELFER 1991: 62. – Teleomorphe: *Reticulascus*
T: *C. album* BONORD.

Cymadothea siehe *Polythrincium*

Cyphella FR., Fingerhutpilz – CyP (Bas, Agaricomycetes, Agaricales, Cyphellaceae)
Frk gestielt-glockenfö, am Substrat hängend, braun, faserig-zottig behaart, 3–12 mm. Hyphen hellbraun, mit Schnallen. Sp kugelig, hyalin, glatt, 15–20 µm. Lignicol, NaH, besonders Tanne. – **Lit**: **11**: 201
1 Art = T: *C. digitalis* (ALB. & SCHWEIN. : FR.) MURRILL – **Weißtannen-Fingerhutpilz**: BK 2.227, Kr 3.590, Lx 507

Cyphellostereum D.A. REID, Becherschichtpilz – CyP/SchichtP (Bas, Agaricomycetes, Agaricales, Hygrophoraceae)
Frk spatelfö, fächerfö, muschelfö, nierenfö, trichterfö, ± gestielt, weißl, 3–8–15 mm hoch und breit. Hymenium glatt, ± aderfö, undeutl lamellig. Hyphen ohne Schnallen. Sp ellipsoid, glatt, hyalin, inamyloid, nicht cyanophil, 4–4,5 × 2,5–3 µm. Bryicol, lebende Laubmoose, besonders *Polytrichum*. – **Lit**: **12**: 140
T: tropisch. Bei uns 1 Art: *C. laeve* (FR. : FR.) D.A. REID – **Glatter Becherschichtpilz**: BK 2.233, Kr 1.192

Cystobasidium (LAGERH.) NEUH. – (Bas, Pucciniomycotina, Cystobasidiomycetes, Cystobasidiales, Cystobasidiaceae)
Auf *Lasiobolus* (ein Asc auf Dung) parasitierend. Frk spinnwebartig, dünn, Hyphen hyalin, dünnwandig, 1–2 µm im Durchm., Schnallen fehlend oder selten. Probasidien und daraus hervorgehend Basidien bildend, Probasidien hyalin, ellipsoid, etwas dickwandig, 5–6 µm breit. Sp hyalin, ellipsoid, glatt, 15–20 × 8–10 µm. – **Lit**: **9**: 77, **12**: 396
1 Art = T: *C. lasioboli* (LAGERH.) NEUHOFF

Cystoderma Fayod, Kornschirmling – BläP (Bas, Agaricomycetes, Agaricales, Agaricaceae)
Frk klein bis mittelgroß, H-Oberfläche körnig bis warzig, L schmal angeheftet bis fast frei, S mit Ring oder mit Ringzone. Spp weiß, amyloid. HDS und untere S-Oberfläche (Velum) aus Kugelzellen. Sp amyloid. 6 Arten. Terricol, oft zwischen Moosen. – **Lit**: **7** 239, **11**: 271, **14**: 510
T: *C. amianthinum* (SCOP.) FAYOD – Amiant-Kornschirmling: BK 4.202, Dh 534, Gh 117. HK 1.35, Lg 15C, Lu 1.18.6–7, MJ 3Cystod1, Ph 31

1 H weinrötl-purpurn. Sp 3,8–4 × 2,8–3,3 µm, nur suprahilar amyloid
Weinroter Kornschirmling – *C. superbum* HUIJSMAN
1* H nicht weinrötl-purpurn, Sp länger und gänzl amyloid. **2**
2 H und S schmutzig weißl-fleischrosa. Geruch unangenehm staubartig. L weißl. S mit aufsteigendem Ring. Kugelzellen der HDS in KOH hyalin. Sp 4–5,6 × 3–4 µm
Staubriechender Kornschirmling – *C. carcharias* (PERS.) FAYOD
2* Merkm verschieden: Frk nicht hellfarbig (sondern gelb bis braun) und meist nicht mit staubartigem Geruch **3**
3 S mit aufsteigendem, häutigen Ring ▸
3* S mit flockiger Ringzone. **4**
4 S oben blass purpurn bis dunkel violett ▸

4* .S oben nicht purpurn, nicht violett. **5**

5 L gelb bis ockerl. Sp 6–8,5 × 3–4,5 µm; im Mittel über 6 µm lang, spindelfö bis mandelfö. H-Trama meist mit eckigen Arthrosporen (= aus Hyphenabschnitten entstandene Konidien). H zieml grobkörnig, goldbraun, rotbraun, selten auch violettl. F geruchlos.
Langsporiger Kornschirmling – *C. jasonis* (COOKE & MASSEE) HARMAJA

5* L weiß bis cremefarben. Sp 5–6,5(–7) × 2,5–3,5 µm; im Mittel höchstens bis zu 6 µm, oval bis ellipsoid. H-Trama meist ohne eckige Arthrosporen H feinkörnig, ocker. Angeschnittenes F zunächst mit Mehlgeruch, später auch unangenehm stinkend
Amiant-Kornschirmling – *C. amianthinum* (SCOP.) FAYOD

Cystodermella HARMAJA, Körnchenschirmling – BläP (Bas, Agaricomycetes, Agaricales, Agaricaceae)
Frk mittelgroß bis fast groß (bis zu 10 cm), H-Oberfläche körnig bis warzig, L schmal angeheftet bis fast frei, S mit Ring oder mit Ringzone. Spp weiß, inamyloid. HDS und untere S-Oberfläche (Velum) aus Kugelzellen. Sp nicht amyloid. 4 Arten. Terricol. – Syn: *C. terrei* = *C. granulosa;* Arten auch unter *Cystoderma* geführt. – **Lit**: **7** 240, 243, **11**: 271 als *Cystoderma a.* und *C. g.*, **14**: 512
T: *C. granulosa* (BATSCH : FR.) HARMAJA – Dunkelbrauner Körnchenschirmling: BK 4,204, CD 653, Dh 537, Gh 119, HK 3,29, Lu 1.18.11, MJ 3Cystod3

1 H weiß, am H-Scheitel z. T. etwas gelbl. H-Oberfläche mehlig-körnig. H-Rand mit zahnfö Resten des Velums behangen. Geruch etwas rübenartig, jedoch nicht staubartig. Kugelzellen in KOH hyalin bleibend. Sp 4–5,5 × 2,3–3 µm
Weißer Körnchenschirmling – *C. ambrosii* (BRES.) HARMAJA

1* H orange bis rotbraun, schokoladenbraun. Kugelzellen in KOH braunrötl oder rot . **2**

2 H lebhaft rötl oder braun-orange, 3–7–10 cm. Mit brennhaarartigen, oft schopfigen Zystiden (Cheilo-. Pleuro-, Kaulo- und bisw auch Pileozystiden). Cheilozystiden 32–40 × 3–6 µm. Sp 3,5–5 × 2,5–3 µm
Zinnoberbrauner Körnchenschirmling – *C. cinnabarina* (ALB. & SCHWEIN.) HARMAJA

2* H schokoladenbraun mit rostbraunem Beiton. alt schmutzig braun und ausblassend [falls orange oder blass orange vgl. *C. adnatifolium* (Peck) Harmaja], 2–5–8 cm. H-Oberfläche kleiig-körnig und bisw faltig-runzelig. Ohne Zystiden. Sp 3,5–5 × 2,5–3 µm
Dunkelbrauner Körnchenschirmling – *C. granulosa* (BATSCH) HARMAJA

Cystolepiota SINGER, Mehlschirmling – BläP (Bas, Agaricomycetes, Agaricales, Agaricaceae)
Frk klein bis mittelgroß. H-Oberfläche mehlig-körnig oder wollig-flockig, wenigstens stellenweise aus Kugelzellen aufgebaut. L fast frei bis schmal angeheftet. S mit Ring oder Ringzone. Hyphen mit Schnallen. 9 Arten. Terricol in Humus oder auf Streu, auch lignicol auf Holzresten. – Syn: *C. sistrata* = *C. seminuda. C. pulverulenta* = *Pulverolepiota p.* (ohne Schnallen!). – **Lit**: **8**: 136, **11**: 254, **14**: 533
T: südamerikanisch, in Europa verbreitete Art: *C. seminuda* (LASCH) BON – Behangener Mehlschirmling: Ct 1287, Dh 512, Gh 47, Lu 1.19.4, Lx 277, MJ 3Cystl, Ph 30, RH 412

1 H ± lilaviolett. 2,5–4–5 cm. L cremefarben, S an Druckstellen oft gänzl purpurviolett. Geruch unangenehm leuchtgasartig
Lila Mehlschirmling – *C. bucknallii* (BERK. & BROOME) SINGER & CLÉMENÇON

1* H weiß, fleischfarben, rötl **2**

2 H weiß und so bleibend oder nur alt oder an Druckstellen leicht beige-rosa, oberseits stark mehlig, 0,5–1,5 cm. L weiß. Sp 3,5–4 × 2,5–3 µm
Behangener Mehlschirmling – *C. seminuda* (LASCH) BON

2* H wenigstens wenn älter rosa, rosabraun, rotbraun oder auch gelb. L weiß, creme oder auch rötend ▸

Cystostereum POUZAR, Duftschichtpilz – SchichtP (Bas, Agaricomycetes, Agaricales, Cystostereaceae)
Frk resupinat, selten mit etwas umgeschlagenem Rand, bis 1 m lang, etwa 1 mm dick. Hymenium glatt bis warzig, hellgrau bis hellbräunl. Sterile Oberfläche (Frk-Rand) schwarz, hart. Geruch nach Kokosflocken. Generative Hyphen dünnwandig, hyalin, mit Schnallen. Gloeozystiden häufig, im ganzen Frk, hyalin, ellipsoid bis keulenfö, z. T. gestielt, etwas dickwandig, 20–45(–60) × 5–12(–15) µm. Sp hyalin, schmal ellipsoid, dünnwandig, glatt, inamyloid, 4,5–5 × 2–3 µm. NaH (meist *Picea*) im Bergwald. – **Lit**: **9**: 206, **12**: 180
1 Art = T: *C. murrayi* (BERK. & M. A. CURTIS) POUZAR – **Berg-Duftschichtpilz**: BK 2.96, Ct 2484, Kr 1.194, MJ 5Cystost1

Cytidia QUÉL., Weidenrindenschwamm – RiP (Bas, Agaricomycetes, Corticiales, Corticiaceae)
Frk resupinat, dann flach schüsselfö, gallertig bis wachsartig, 0,5–1 cm, unterseits punktartig angeheftet, später zu langen Bändern verwachsen. Hymenium glatt bis schwach warzig-höckerig, leuchtend rot. Monomitisch. Hyphen hyalin, mit Schnallen. Sp etwas allantoid, glatt, dünnwandig, inamyloid, 12–18 × 4–5 µm. LaH (vorwiegend Weide). – Anm: siehe auch *Cytidiella*. – **Lit**: **9**: 179, **12**: 126
1 Art = T: *C. salicina* (FR. : FR.) BURT – **Blutroter Weidenrindenschwamm**: BK 2.97, CD 64, Ja 56, Lx 483, MJ 5Cyt1

Cytidiella POUZAR, Rindenschwämmchen – GaP/CyP/RiP (Bas, Agaricomycetes, Polyporales, Phanerochaetaceae)
Frk resupinat bis scheibenfö, 1–2 cm, mit frei werdendem Rand, frisch wachsartig, außen weiß, filzig, Hymenium glatt oder etwas knotig, hellbraun. Monomitisch. Hyphen mit Schnallen, Zystiden fehlend. Sp schmal ellipsoid, glatt, dünnwandig, inamyloid, 6–7,5 × 3–3,5 µm. LaH und NaH (vgl. auch *Auriculariopsis*). – Syn: wird auch unter *Cytidia* geführt. – **Lit**: **9**: 156, **12**: 158
1 Art = T: *C. albomellea* (BONDARTSEV) PARM. – **Bräunliches Rindenschwämmchen**

Flechten, Gattungen C

Caeruleum K. KNUDSEN & ARCADIA – Fle (Asc, Lecanoromycetes, Acarosporales, Acarosporaceae)
Lager krustig, undeutl areoliert, hellbraun bis hellgrau. Sp 1-zellig zu mehr als 100 je Ascus. Photobiont: Grünalge. Auf Gestein. 1 Art. – **Lit**: **24**: 106 als *Acarospora*, **109**; **25:** 134 unter *Acarospora,* **255**
T: *C. heppii* (NÄGELI ex KÖRB.) K. KNUDSEN & L. ARCADIA

Calicium PERS. – Fle (Asc, Lecanoromycetes, Caliciales, Caliciaceae)
Lager krustig, im Substrat bis deutl entwickelt außerhalb des Substrats, körnig, warzig bis nahezu schuppig, grau, graugrün, grün, gelbl. Apothecien meist deutl gestielt (selten sitzend), mit kugeligem bis linsenfö Köpfchen, dieses schwarz, unterseits und randl bisw weißl, braun oder gelbl bereift. Sp 2-zellig, dunkelbraun, dickwandig, oft ornamentiert., Photobiont: *Trebouxia.* Borke von LaB und NaB, Holz, selten auf Silikatfels. 10 Arten. – **Lit**: **24:** 80–81, **201–207**; **25:** 91–92, 441–442 unter *Cyphelium*, **256–262**
T: *C. viride* PERS. – **Grüne Kelchflechte**: Wi 206, FleD 256

1 Auf Silikatgestein ▸
1* Auf Ba-Rinde, Holz 2
2 Apothecien sitzend oder Apothecien-Köpfchen gelb(-grünl) bereift ▸
2* Apothecien deutl gestielt und deren Köpfchen nicht gelbgrünl bereift 3
3 Apothecien-Köpfchen unterseits und am R braun 4
3* Apothecien-Köpfchen unterseits weißl bereift oder schwarz ▸
3 Lager meist deutl entwickelt, warzig-körnig, (gelb-)grün. Sp × 6–7 µm
Grüne Kelchflechte – *C. viride* PERS.
3* Lager dünn, meist im Substrat, hellgrau. Sp × 4–5 µm
Weiden-Kelchflechte – *C. salicinum* PERS.

„Calicium“
1 Auf Silikatgestein 2
1* Auf Rinde oder Holz 3
2 Apothecien kaum gestielt bis fast sitzend ***Calicium*** (*corynellum*)
2* Apothecien deutl gestielt ***Microcalicium*** (*arenarium*)
3 Apothecien sitzend 4
3* Apothecien deutl gestielt 5
4 Apothecien gelb bis grünl-gelb bereift ***Calicium*** (*adspersum*)
4* Apothecien nicht gelb bereift ***Microcalicium*** (*disseminatum*)
5 Sp 5–7 × 2–2,5 µm, blaugrün, spiralrippig ornamentiert ***Microcalicium*** (*ahlneri*)
5* Sp größer ***Calicium***

Caloplaca TH. FR. – Fle (Asc, Lecanoromycetes, Teloschistales, Caloplacaceae)
Lager krustig, bisw rosettig-lappig, gelb bis rotorange, selten auch weißl, dunkelgrau, schwarz. Bisw mit Soredien, Isidien, Sp ellipsoid, 2-(4-)zellig, Sp-Septen mit Öffnungen. Photobiont: ähnl *Trebouxia.* Kalkgestein, Silikatgestein, Rinde, Holz, auf Erd- und

Gesteinsmoosen, Pflanzenresten, Erde. Etwa 50 Arten. – **Lit**: **24:** 72, 84–85, 92, 97–98, **207–241**; **25:** 81, 99, 102, 104, 113, 119, 126, **262–317**
T: *C. cerina* (HEDW.) TH. FR. – **Wachs-Schönfleckflechte**: Wi 211, FleD 272, UT 165

1 Auf Moosen, Pflanzenresten, Erde **3**
1* Auf anderen Substraten **2**
2 Auf Ba-Rinde und Holz **5**
2* Auf Gestein **12**

Auf Moosen, Pflanzenresten, Erde (3–4)

3 Lager sorediös oder Sp mit sehr dünnem Septum ▸
3* Lager nicht sorediös und Sp mit dickem Septum **4**
4 Apothecien-R weißgrau bis schwärzl, deutl anders in der Farbe als die Scheibe. Apothecien vorherrschend hellgelb, orange, orangerot, rotbraun. Falls Apothecien rostrot: ▸ **Wachs-Schönfleckflechte** – *C. cerina* (HEDW.) TH. FR.
4* Apothecien-R nicht weißgrau bis schwärzl ▸

Auf Baumrinde und Holz (5–11)

5 Lager mit Soralen bis völlig sorediös, oder dicht mit Isidien bedeckt **6**
5* Lager ohne Soredien und ohne Isidien **8**
6 Lager und Sorale grauweiß, mit Isidien oder mit Soredien ▸
6* Lager oder Sorale (ocker-)gelb, orange, mit Soralen, aber ohne Isidien **7**
7 Lager flächig sorediös. Apothecien gelborange mit dünnem Lager-R **Zitronengelbe Schönfleckflechte** – *C. citrina* (HOFFM.) TH. FR.
7* Lager mit begrenzten Soralen ▸
8 Apothecien mit weißl, grauem oder fast schwarzem Lager-R **9**
8* Apothecien-R gelb, orange, orangerot **10**
9 Lager dünn, glatt bis warzig. Apothecien-Scheibe gelb, orange(-rot). **Wachs-Schönfleckflechte** – *C. cerina* (HEDW.) TH. FR.
9* Lager recht dick und rissig areoliert bis schollig oder Scheibe braunrot oder Apothecien klein, bis 0,5 mm: ▸
10 Lager gelb, grüngelb, gelbweißl oder Apothecien-R gelb ▸
10* Lager nicht mit gelben Tönen, Apothecien-R (braun-)orange, rostrot **11**
11 Apothecien orange, orangebraun, bis 0,5(–0,7) mm *C. pyracea* (ACH.) TH. FR.
11* Apothecien größer, 0,8–1,5 mm oder falls kleiner, dann eher rostfarben ▸

Auf Gestein (12–36)

12 Apothecien schwarz, wenn bereift auch weißl bis hell bläul **13**
12* Apothecien gelb, orange, rostrot, braun oder fehlend **14**
13 Apothecien meist ± sitzend, mit deutl hellem Lager-R. Hymenium ohne körnige Auflage **Veränderliche Schönfleckflechte** – *C. variabilis* (PERS.) MÜLL. ARG.
13* Apothecium ins Gestein oder in das Lager eingesenkt oder Hymenium mit dünner Auflage von gelben bis orangebraunen Körnchen ▸
14 Auf anderen Flechten (lichenicol) ▸
14* Nicht auf anderen flechten lebend **15**
15 Lager gelb, orange, rot, braungelb **16**

15* Lager mit anderen Farben **31**

– ***Lager gelb, orange, rot, braungelb (16–27)***

16 Lager am R deutl gelappt (placodioid) **17**

16* Lager am R nicht gelappt **23**

17 Mit Soralen oder mit ± kugeligen Isidien oder Lager gänzl mehlig-körnig und unberindet **18**

17* Ohne Sorale und ohne Isidien **20**

18 Lager mit kugeligen Isidien oder unberindet und dann gänzl mehlig-körnig ▸

18* Lager mit Soralen **19**

19 Lager mit Lippen- oder Kopfsoralen an den Enden kleiner Läppchen
C. decipiens (ARNOLD) BLOMB. & FORSELL

19* Lager mit flachen bis konkaven Flecksoralen am Ende schmaler Läppchen, gelb bis gelborange. Falls Lager rotorange, mennigrot: *C. proteus* POELT
C. cirrochroa (ACH.) TH. FR.

20 Sp in der Mitte bauchig **21**

20* Sp median nicht bauchig **22**

21 Lager-Lappen 1,5–3 mm breit, sehr flach
Orangefarbene Schönfleckflechte – *C. aurantia* (PERS.) HELLB.

21* Lagerlappen bis 1 (1,5) mm breit, gewölbt
Gelbliche Schönfleckflechte – *C. flavescens* (HUDS.) R. LAUNDON

22 Lager meist bereift, gelb, orange, selten mennigrot
Mauer-Schönfleckflechte – *C. saxicola* (HOFFM.) NORDIN

22* Lager unbereift, oder unterseits mit Substrat nicht völlig verwachsen, oder parasitisch auf anderen Flechten, bzw. auf Meeresküsten oder auf alpine Hochlagen beschränkt▸

23 Lager sorediös bis fein isidiös **24**

23* Lager weder sorediös noch isidiös **26**

24 Lager mit begrenzten Flecksoralen, (zitronen-, orange-)gelb, meist auf kalkreichem (Kunst-)Gestein. Auf Silikatgestein und mit Flecksoralen: ▸
Zitronengelbe Schönfleckflechte – *C. citrina* (HOFFM.) TH. FR.

24* Lager durchgehend mehlig-körnig bis feinisidiös. **25**

25 Lager einheitl leprös, unter der sorediösen Oberfläche stellenweise berindet (Körner, Soredien) (zitronen-)gelb. Falls keinerlei Teile des Lagers berindet: ▸
Zitronengelbe Schönfleckflechte – *C. citrina* (HOFFM.) TH. FR.

25* Lager nicht sorediös. Lager (orange-, ocker-)gelb, nicht bereift, areoliert. Falls Lager (weiß-)gelb: *C. ruderum* (MALBR.) R. LAUDON
Bekränzte Schönfleckflechte – *C. coronata* (KREMPH. ex KÖRB.) J. STEINER

26 Auf Silikatgestein **27**

26* Auf Kalkgestein **28**

– – ***Auf Silikatgestein (27)***

27 Lager (zitronen-, grün-, grau-)gelb. Apothecien braunorange, rostfarben abgehoben. Sp-Septum dickwandig
Grüngelbe Schönfleckflechte – *C. flavovirescens* (WULFEN) DALLA TORRE & SARNTH.

27* Lager und/oder Apothecien mit anderen Farben oder Septen in den Sp dünn ▸

– –*Auf Kalkgestein, Beton, Mörtel (28–30)*

28 Sp reif 4-zellig, Septum in Sp sehr dünn ▸

28* Keines dieser Merkm zutreffend **29**

29 Lager (grün-, zitronen-, grau-)gelb oder blass gelbl
Grüngelbe Schönfleckflechte – *C. flavovirescens* (WULFEN) DALLA TORRE & SARNTH.

29* Lager tief gelb bis orange, auch ockergelb **30**

30 Nicht parasitisch auf anderen Flechten
Dolomit-Schönfleckflechte – *C. dolomitica* (HUE) ZAHLBR.

30* Parasitisch auf anderen Flechten ▸

– *Lager nicht gelb, orange, rot, braungelb (31–36)*

31 Auf Silikatgestein **32**

31* Auf Kalkgestein, Beton, Mörtel **34**

– –*Auf Silikatgestein (32–33)*

32 Lager weißl bis hellgrau mit Ausnahme des ± hellen R
Ziegel-Schönfleckflechte – *C. teicholyta* (ACH.) J. STEINER

32* Mit anderen Farben **33**

33 Lager nicht erkennbar oder sehr dünn und undeutl. Enden der Paraphysen oben auf 4–5 µm verbreitert. Sp × 5–8 µm breit. (Falls Paraphysen oben nur bis zu 2–3 µm verbreitert: ▸). *C. holocarpa* (HOFFM.) A.E. WADE

33* Lager deutl entwickelt, schorfig-körnig bis flächig sorediös. Falls nicht schorfig-körnig, nicht sorediös: *C. erythrocarpa*
Ziegel-Schönfleckflechte – *C. teicholyta* (ACH.) J. STEINER

– –*Auf Kalkgestein, Beton, Mörtel (34–36)*

34 Lager undeutl oder sehr dünn **35**

34* Lager sehr deutl entwickelt **36**

35 Sp mit dünnem Septum, nur 2–2,5 µm breit
Milch-Schönfleckflechte – *C. lactea* (A. MASSAL.) ZAHLBR.

35* Sp mit dickerem Septum, (2,5–)3,5–5 µm breit *C. holocarpa* (HOFFM.) A.E. WADE

36 Lager rosettig-rundl, am R bisw angedeutet gelappt, schorfig-körnig bis flächig sorediös **Ziegel-Schönfleckflechte** – *C. teicholyta* (ACH.) J. STEINER

36* Lager dick, rissig, deutl begrenzt aber nicht angedeutet lappig, weder schorfig-körnig, noch sorediös **Rotfrüchtige Schönfleckflechte** – *C. erythrocarpa* (PERS.) ZWACKH

„Caloplaca"

1 Auf (Erd-, Gesteins-)Moosen, Pflanzenresten, Erde 2

1* Auf anderen Substraten 3

2 Lager steril, körnig, auf Gips- und Kalkböden oder mit Apothecien, die 1-zellige Sp ohne Septum entwickeln ***Fulgensia*** (pr.p.)

2* Falls Lager steril, dann sorediös bis leprös, falls fertil, dann Sp mit Septum ***Caloplaca***

3 Lager orange bis orangerot, bis weit nach innen in lange, schmale, stark gewölbte, fast stielrunde Lappen aufgeteilt, diese lassen sich mit einem dünnen Messer von der Unterlage ablösen., Sp ellipsoid, nicht rhomboid, am Septum mit verdickter Wand, ohne Sorale, ohne Isidien. Auf Gestein, nicht auf Rinde, nicht auf Holz ***Rusavskia***

3* Nicht alle genannten Merkm vereinend. Auf Gestein, Rinde, Holz ***Caloplaca***

Calvitimela HAFELLNER – Fle (Asc, Lecanoromycetes, Lecanorales, Tephromelataceae)
Lager krustig, areoliert, weißl, grau, gelbl, gelbgrünl. Apothecien unberandet, schwarz, oft glänzend. Sp 1-zellig. Photobiont: Coccoide Grünalge. Silikatgestein. 2 Arten. – **Lit**: **24:** 505 unter *Lecidea*, 891 unter Tephromela, **894**; **25:** 643, 644 unter *Lecidea*, **317–318**
T: *C. armeniaca* (DC.) HAFELLNER – **Aprikosen-Kuchenflechte**: FleD 317, 318

Candelaria A. MASSAL. – Fle (Asc, Lecanoromycetes, Candelariales, Candelariaceae)
Lager feinlappig bis kleinststrauchig, grüngelb, gelb, an den Rändern bisw körnig bis sorediös. Apothecien gelb, mit Lagerrand. Asci mit 16 (50) Sp, diese 1-zellig bis undeutl 2-zellig. Photobiont: coccoide Grünalge. Rinde von LaB. 2 Arten. – **Lit**: **24:** 72, **241–242**; **25:** 85, **319–320**
T: *C. concolor* (DICKS.) ARNOLD – **Gewöhnliche Leuchterflechte**: Wi 241, FleD 319, UT 96

Candelariella MÜLL. ARG. – Fle (Asc, Lecanoromycetes, Candelariales, Candelariaceae)
Lager krustig, körnig, warzig, areoliert, bisw auch rosettig, selten innerhalb des Substrats undeutl, gelbgrün, (dotter-)gelb, bisw mit Soralen, Isidien. Apothecien gelb, mit Lagerrand, bisw auch mit Eigenrand oder gänzl unberandet, Sp 1- bis angedeutet 2-zellig, ellipsoid bis längl, selten tropfenähnl, zu 8–32 je Ascus. Gestein, Mauern, Rinde, Holz. Etwa 10 Arten. – **Lit**: **24:** 84, 88, 90, **242–248**; **25:** 99, 10, 108, 113, 120, 123, **320–327**
T: *C. vitellina* (HOFFM.) MÜLL. ARG. – **Gewöhnliche Dotterflechte**: Wi 247, FleD 321, UT 140

1 Lager rosettig, am R mit verlängerten Lappen
Gelappte Dotterflechte – *C. medians* (NYL.) A.L. SM.
1* Lager weder rosettig noch am R gelappt **2**
2 Lager (sehr) dick, tiefrissig areoliert mit fast polsterfö Areolen ▸
2* Lager nicht so **3**
3 Apothecien fehlend. Lager sorediös, feinkörnig, mehlig **4**
3* Apothecien vorhanden **6**
4 Lager zumindest stellenweise mit Schüppchen (0,5–1 mm), diese gelbgrün bis zitronengelb, schließl weitgehend sorediös
Sorediöse Dotterflechte – *C. reflexa* (NYL.) LETTAU
4* Lager ohne Schüppchen **5**
5 Sorale in Form unregelmäßig verteilten, gelben Häufchen
Sorediöse Dotterflechte – *C. reflexa* (NYL.) LETTAU
5* Ohne Sorale, aber mit gleichmäßig verteilten, zerstreut bis dicht stehenden, gelben bis orangegelben Körnchen **Körnige Dotterflechte** – *C. xanthostigma* (ACH.) LETTAU
6 Lager mit Apothecien und Soralen. Falls Lager grau, körnig bis koralloid, auch angedeutet schuppig: ▸ **Sorediöse Dotterflechte** – *C. reflexa* (NYL.) LETTAU
6* Lager ohne Sorale **7**
7 Sp zu 8 je Ascus. Apothecien flach bis leicht gewölbt, deutl berandet. Falls Apothecien gewölbt und meist randlos, bis zu 0,4 mm: ▸
Goldfarbene Dotterflechte – *C. aurelia* (HOFFM.) ZAHLBR.

7* Sp zu 12–32 je Ascus **8**
8 Auf Ba-Rinde und Holz. Lager einheitl feinkörnig. Apothecien 0,2–0,9 mm
Körnige Dotterflechte – *C. xanthostigma* (NYL.) LETTAU
8* Auf Silikatgestein, selten auf Holz und Ba-Rinde. Lager zerstreut bis dicht körnig, auch bisw areoliert. Apothecien 0,5–1,5 mm
Gewöhnliche Dotterflechte – *C. vitellina* (HOFFM.) MÜLL. ARG

„Candelariella"

1 Lager zumindest an seinem R mit aufsteigenden Schüppchen (0,5 mm), diese randl in körnige Strukuren (Blastidien) aufgelöst. Unterseits weißl bis grünl, faserig-spinnwebig. Sp 9–17 × 3,5–6 µm. ***Candellaria*** (*pacifica*)
1* Nicht mit diesen Merkm ***Candelariella***

Carbonea (HERTEL) HERTEL – Fle (Asc, Lecanoromycetes, Lecanorales, Lecanoraceae)
Lager krustig bis endolithisch. Apothecien schwarz, braunschwarz, rotbraun. Sp 1-bis 2-zellig. oft deutl berandet. Photobiont: coccoide Grünalge. Silikatgestein, Kalkgestein, auch parasitisch auf Flechten. 8 Arten. – **Lit**: **24:** 500–502, 505, 507–508, **248–250**; **25:** 633–634, 644, 646, 649, 651 unter *Lecidea*, 661 unter *Lecidella*, **327–328**
T: *C. atronivea* (ARNOLD) HERTEL – **Schwarzweiße Kohleflechte**, abgebildet *C. assimilis* (KÖRB.) HAFELLNER & HERTEL – **Zwillings-Kohleflechte**: FleD 328

Catapyrenium FLOT. – Fle (Asc, Eurotiomycetes, Verrucariales, Verrucariaceae)
Lager schuppig, hell- bis dunkelbraun, graubraun, bisw dicht weiß bereift. Perithecien eingesenkt, mit schwarzem Scheitel. Sp 1(–2)-zellig, farblos. Photobiont: coccoide Grünalge wie *Diplosphaera*. In Trockenrasen auf Erdboden, erdgefüllten Felsspalten, auf Moosen, an Stammbasis von LaB. 4 Arten. – Anm: ähnl *Endocarpon*, diese aber mit mauerartig-vielzelligen Sp. – **Lit**: **24:** 81–82, **250–255**; **25:** 92, 94, **329–331**
T: *C. cinereum* (PERS.) KÖRB. – **Aschgraue Lederflechte**: FleD 330

„Catapyrenium"

1 Perithecien zwischen den Lagerschuppen sitzend, nicht eingesenkt ***Involucropyrenium*** (pr.p.)
1* Perithecien in die Lagerschuppen eingesenkt **2**
2 Sp 1-zellig und zugleich Rhizohyphen auf Lagerunterseite braun. Lager bisw gänzl weiß bereift ***Catapyrenium***
2* Sp 1-zellig und zugleich Rhizohyphen hell oder Sp 2-zellig **3**
3 Sp 1-zellig und zugleich Rhizohyphen hell ***Placidium***
3* Sp 2-zellig. An warmen Standorten, Trockenrasen, in niederen bis montanen Lagen. Falls alpin vorkommend: P*lacidiopsis oreades* ***Catapyrenium*** (*custnanii*)

Catillaria MÜLL. ARG. – Fle (Asc, Lecanoromycetes, Lecanorales, Catillariaceae)
Lager krustig, bisw innerhalb des Substrats, weißl, grau, braun, schwärzl, Apothecien u. a. schwarz bis dunkelbraun, ohne Lagerrand, meist mit Eigenrand. Sp 2-zellig. Photobiont: coccale oder fädige Grünalge. 11 Arten. – **Lit**: **24:** 87, **255–261**; **25:** 103, 106, **331–338**
T: *C. chalybeia* (BORRER) A. MASSAL. – **Stahl-Kesselflechte**: Wi 257, FleD 332

„Catillaria"

1 Auf Erdboden, Humus, Pflanzenresten, Moosen **2**
1* Auf Gestein, Rinde, Holz, lebenden Nadeln von NaB **6**

2 Auf nacktem (sandig-)lehmigen, nicht humosem Boden ***Micarea*** (pr.p.)
2* Falls auf dem Boden, dann über (Roh-)Humus **3**
3 Apothecien dunkelbraun bis schwarz, lange berandet. Auf Moosen und Pflanzenresten an Kalkfelsen und basenreichen Böden ***Lecidea*** (pr.p.)
3* Merkm anders. Apothecien von Beginn an oder rasch unberandet, selten mit weißl, samtigen Kragen **4**
4 Sp groß, 10–17 × 3,5–5 µm, überwiegend 2-zellig. Lager (grau-)grün ***Mycobilimbia*** (pr.p.)
4* Sp kleiner oder Lager nicht (grau-)grün. **5**
5 Excipulum reduziert * ***Micarea***
5* Excipulum (Rand des Hymeniums) deutl entwickelt ***Catillaria*** (*contristans*)
6 Auf Gestein. **7**
6* Nicht auf Gestein **14**
7 Auf Silikatgestein. **8**
7* Auf Kalkgestein **10**
8 Apothecien unberandet * ***Micarea***
8* Apothecien berandet. **9**
9 Lager warzig, rissig areoliert. Apothecien schwarz, meist mit dickem Eigenrand ***Tylothallia*** (pr.p.)
9* Lager nicht erkennbar oder Lager mit anderen Merkm: Paraphysen oben stark kopfig verdickt und dunkelfarben ***Catillaria***
10 Hypothecium farblos bis leicht gelbl, leicht bräunl **11**
10* Hypothecium rotbraun bis braunviolett **13**
11 Paraphysen oben nur wenig verdickt (x 3 µm) und schwach gefärbt ***Catillaria*** (*minuta*)
11* Paraphysen oben breiter (x 6–8 µm) **12**
12 Lager kräftig entwickelt, schollig-schuppig, Apothecien schwarz ***Toninia*** (pr.p.)
12* Lager gewöhnl undeutl. Apothecien schwarz, aber auch (rot-, dunkel-)braun ***Catillaria***
13 Apothecien feucht (rot-)braun mit dunklerem Rand, trocken dunkelbraun bis schwarz. Excipulum K+ purpurviolett ***Catillaria*** (*plicata*)
13* Apothecien feucht schwarz. Excipulum K− * ***Toninia***
14 Apothecien hellfarben, weißl, gelbl, (rot-)braun **15**
14* Apothecien dunkelbraun bis schwarz. **23**
15 Meist auf dünnen Ästen von NaB und auf deren Nadeln; auch auf Blättern von *Buxus* und *Ilex* * ***Fellhanera***
15* Auf anderen Substraten **16**
16 Apothecien lange erhaben berandet **17**
16* Apothecien unberandet oder der R schnell verschwindend oder R nicht erhaben. **19**
17 Apothecien bis 0,3 mm. Photobiont *Trentepohlia* (nicht rein grün) ***Coenogonium*** (pr.p.)
17* Apothecien meist größer. Photobiont rein grün **18**
18 Lager K−., mit (grau-, bläulich-)grünen Soralen ***Fellhanera*** (pr.p.)
18* Lager K+ gelb, ohne Sorale ***Cliostomum*** (pr.p.)
19 Apothecien oft mit blassem R, Scheibe (rosa-, gelb-)braun ***Micarea*** (pr.p.)
19* Ohne hellem Apothecien-R **20**
20 Apothecien 0,5–1 mm ***Mycobilimbia*** (pr.p.)
20* Apothecien bis 0,4 mm. **21**
21 Lager meist deutl wahrnehmbar, (blass-, dunkel-)grün, körnig bis isidiös ***Micarea*** (pr.p.)
21* Lager undeutl oder sehr dünn. **22**
22 Mit zahlreichen Pyknidien. Apothecien weißl, rosa, alt hellocker, ± bereift, stark gewölbt, unberandet ***Biatora*** (pr.p.)
22* Ohne weiß bereifte Pyknidien. Apothecien blass-gelbl, gelbbraun, rötl-gelb ***Catillaria*** (*erysiboides*)

23 Apothecien von Beginn an ohne R. **24**
23* Apothecien zumindest anfangs berandet **25**
24 An LaB. Excipulum deutl ***Biatora*** (pr.p.)
24* Gewöhnl auf Holz. Excipulum bald schwindend ***Micarea*** (pr.p.)
25 Sp 20–30 × 10–15 µm ***Megalaria*** (pr.p.)
25* Sp kleiner **26**
26 Sp × 2–3,5 µm breit **27**
26* Sp mindestens 3,5 µm breit **29**
27 Paraphysen oben nicht kopfig ***Cliostomum*** (pr.p.)
27* Paraphysen oben stark kopfig (x 6 µm) **28**
28 Lager dünn, grau, graubraun. Paraphysen wenig verklebt ***Catillaria*** (*nigroclavata*)
28* Lager meist kaum erkennbar. Paraphysen verklebt ***Biatora*** (pr.p.)
29 Hypothecium farblos bis blass bräunl. Sp × 5–7 µm. (Falls Sp × 2,5–4 µm: *Cliostomum griffithii*) ***Catillaria*** (*atropurpurea*, *neuschildii*)
29* Hypothecium gefärbt, (rot-, schwarz-, rein) braun, auch fleckenweise grün, braungrün. **30**
30 Epihymenium farblos bis gelbbraun ***Lecidea*** (pr.p.)
30* Epihymenium gefärbt: bläul, schwarzblau, violettbraun, grün, olivschwärzl **31**
31 Epihymenium grün bis olivschwärzl, K− ***Catinaria*** (pr.p.)
31* Epihymenium bläul, schwarzblau, violettbraun, K+ grün oder violett ***Megalaria*** (pr.p.)

Catinaria VAIN. – Fle (Asc, Lecanoromycetes, Lecanorales, Ramalinaceae)
Thallus krustig, grau. Apothecien hellbraun bis schwarz, mit Eigenrand. Sp ellipsoid, zu 8–16 je Ascus. Photobiont: Grünalge. Auf Holz und Rinde. 3 Arten. – **Lit**: **24:** 258 unter *Catillaria*, **261–262**; **25:** 336 unter *Catillaria*, **338–339**
T: *C. atropurpurea* (SCHAER.) VĚZDA & POELT – **Purpurschwarze Kesselflechte**

Catolechia FLOT. – Fle (Asc, Lecanoromycetes, Rhizocarpales, Rhizocarpaceae)
Lager schuppig-blättrig, am Rande durch verlängerte Schuppen faltig-lappig, grüngelb, unterseits schwarz, mit Rhizinen. Apothecien schwarz, mit dünnem, schwindendem Eigenrand. Sp 2-(4-)zellig, ohne Schleimhülle. Erdgefüllte Silikatfels-Spalten, arktisch-alpin. Photobiont: coccale Grünalge. – **Lit**: **24:** 84, **262–263**; **25:** 99, 245 unter *Buellia*, **339–340**
1 Art = T: *C. wahlenbergii* (ACH.) FLOT. – **Gelbschuppenflechte**

Cecidonia TRIEBEL & RAMBOLD – Fle (Asc, Lecanoromycetes, Lecideales, Lecideaceae)
Flechtenbewohnend, im Wirt Gallen bildend. Sp ellipsoid, 1-zellig. – **Lit: 24:** 504 unter *Lecidea*, **263**; **25:** 641, 651 unter *Lecidea*, **340**
1 Art = T: *C. umbonella* (NYL.) TRIEBEL & RAMBOLD: Wi 263

Celothelium A. MASSAL. – Fle (Asc, Eurotiomycets, Pyrenulales, Celotheliaceae)
Lager undeutl in Ba-Rinde. Perithecien schwarz, kreisfö bis ellipsoid, bis halb eingesenkt, einzeln oder in Gruppen. Sp fädig bis nadelfö, mehrzellig querseptiert. Photobiont: Grünalge ähnl *Trentepohlia*. Ba-Rinde auf *Prunus*. 1 Art. – **Lit**: **25:** 699 unter *Leptorhaphis*, **340–341**
T: *C. socialis* (ZENKER) A. MASSAL. – **Kirschbaumflechte** (*Celothelium*)

Cephalophysis (HERTEL) H. KILIAS – Fle (Asc, Lecanoromycetes, Teloschictales, Teloschistaceae)
Lager endolithisch bis dünn, rissig areoliert, weiß. Sp 1-zellig, ellipsoid. Gestein. 1 Art. Photobiont: Grünalge, *Trebouxia*. – **Lit**: **24:** 500 unter *Lecidea*, **264**; **25:** 633 unter *Lecidea*, **341**
T: *C. leucospila* (ANZI) H. KILIAS & SCHEID. – **Weißfleckige Dickkopfflechte**

Cetraria ACH. – Fle (Asc, Lecanoromycetes, Lecanorales, Parmeliaceae)
Lager blättrig bis aufrecht strauchig mit konkaven oder fast röhrigen bis röhrig-kantigen Abschnitten und Zweigen, auch bisw polsterig mit flachen Lappen, braun, oliv, grünl-weiß, blass gelbl. Ränder bisw sorediös oder mit Isidien. Apothecien mehrminder am Lagerrand, braun bis braunschwarz. Sp 1-zellig, ellipsoid bis kugelig. Photobiont: Coccoide Grünalge. Auf Borke, Erde, Sandböden, Torfböden, Zwergstrauchheiden, Silikatfelsen. 12 Arten. – **Lit**: **24:** 70–73, 75–76, **264–273**; **25:** 74, 84, **341–347**
T: *C. islandica* (L.) ACH. – Islandmoos(-flechte): Wi 267, FleD 343, UT, UT 40

1 Lager locker auf dem Erdboden, auch Rohhumus und Moose aufsitzend 2
1* Lager auf Ba-Rinde oder auf Gestein 4
2 Lager blass gelbgrünl, gelbl-weiß, gelb ▸
2* Lager (hell-, dunkel-)braun 3
3 Lagerabschnitte rinnig bis blattartig flach, 2–10(–20) mm breit, an den Rändern mit stiftfö Auswüchsen. Falls Lagerabschnitte nur bis 1 mm breit. *C. ericetorum* Opiz
Islandmoos(-flechte) – *C. islandica* (L.) ACH.
3* Lagerabschnitt stielrund bis leicht abgeflacht, keinesfalls rinnig ▸
4 Lager meist ohne Apothecien, mit randständigen Isidien bzw. mit isidiösen Bortensoralen, oberseits braun-oliv, dunkel braun, feucht oliv-grün, unterseits hellbraun bis weißl. Falls Lager gelb: *Vulpicida pinastri* (SCOP.) J.E. MATTSON & M.J. LAI
Grünliche Hornflechte – *C. chlorophylla* (WILLD.) VAINIO
4* Lager mit anderen Farben, z. B. gelb, grau etc. oder reichl mit Apothecien ▸

„Cetraria“
1 Lager locker auf dem Erdboden 2
1* Lager auf Rinde oder auf Gestein 6
2 Lager gelb, gelbgrünl, gelbl-weiß. In den Alpen vorkommend 3
2* Lager (hell-, dunkel-, gelb-, violett-)braun 5
3 Lager tiefgelb mit intensiv gelbem Mark ***Vulpicida*** (pr.p.)
3* Lager blass gelbgünl, (gelbl-, grünl-)weiß. Mark nicht intensiv gelb 4
4 Lagerabschnitte stielrund, fingerartig, mit gerundeten Enden ***Allocetraria*** (pr.p.)
4* Lagerabschnitte verflacht bis stark rinnig ***Flavocetraria*** (pr.p.)
5 Lagerabschnitte fingerartig zylindrisch, gelbl-braun, matt, violett bereift, dicht verzweigt, fast polsterig ***Dactylina*** (pr.p.)
5* Lager anders, nicht violett bereift, falls mit zylindrischen Abschnitten, dann glänzend braun, braunschwarz und mit dornigen Fortsätzen ***Cetraria***
6 Auf Gestein, braun bis schwarzbraun, ± glänzend 7
6* Auf Rinde, Holz, selten auch auf Gestein 9
7 Lager kleinstrauchig bis strauchig-polsterig ***Cornicularia*** (pr.p.)
7* Lager meist dem Substrat ± anliegend 8

8 Unterseite hellbraun. Im Mark K− ***Cetrariella*** (pr.p.)
8* Unterseite meist dunkelbraun bis braunschwarz. Im Mark K+ gelb, gelbrot ***Melanella*** (pr.p.)
9 Lager oberseits braun bis düster oliv **10**
9* Lager mit anderen Farben. **11**
10 Ohne Isidien, aber mit braunen Apothecien ***Cetraria*** (*sepincola*)
10* Lager am R mit Isidien und/oder mit Soralen ***Tuckermannopsis*** (pr.p.)
11 Lager tiefgelb, zitronengelb, Mark gelb ***Vulpicida***
11* Lager hell gelbgrünl, (bläul-, braun-)grau. Mark weiß **12**
12 Lager (gelb., hellgrau-)grünl **13**
12* Lager (bläul-)grau bis gebräunt **14**
13 Lager unterseits braun. Pyknosp 7–11 × 0,8–1 µm ***Usnocetraria*** (pr.p.)
13* Lager unterseits weißl bis hellbräunl. Pyknosp 3–4,5 × 0,5–0,8 µm ***Nephromopsis*** (*laureri*)
14 Lager oberseits mit feinen, weißen, zerstreut angeordneten Punkten ***Cetrelia***
14* Lager oberseits ohne solche Punkte ***Platismatia*** (pr.p.)

Cetrariella KÄRNEFELT & TIBELL – Fle (Asc, Lecanoromycetes, Lecanorales, Parmeliaceae)
Lager schmalblättrig, aufrecht bis anliegend, braun, Lappen an den Rändern aufgebogen. Apothecien braun. Sp ellipsoid. 1 Art. – **Lit**: **24:** 268 als *Cetraria commixta*; **25:** 344 unter *Cetraria*, **347–348**
T: *C. delisei* (BORY ex SCHAER.) KÄRNEFELT & A. THELL; abgebildet *C. commixta* (NYL.) A. THELL. & KÄRNEFELT – **Felsen-Hornflechte**: FleD 348

Cetrelia W.L. CULB. & C.F. CULB. – Fle (Asc, Lecanoromycetes, Lecanorales, Parmeliaceae)
Lager blättrig, grau, blaugrau, stellenweise bräunl, unterseits schwarz. Lappen breit gerundet, am Rande mit Soralen. Frk weitgehend fehlend. Photobiont: *Trebouxia*. An Rinde von LaB, auch an *Abies*. 4 Arten. – **Lit**: **24:** 75, 268 unter *Cetraria*, 646 unter *Parmelia*, **275–277**; **25:** 87, 345 unter *Cetraria*, **348–350**
T: *C. cetrarioides* (DELISE) W.L. CULB. & C.F. CULB. – **Lederschild-Schüsselflechte**: Wi 276, FleD 349

Chaenotheca (TH. FR.) TH. FR. – Fle (Asc, Coniocybomycetes, Coniocybales, Coniocybaceae)
Lager krustig, meist körnig, warzig oder schuppig, grau, bräunl, gelb. Apothecien gestielt, mit kugeligen bis kreiselfö Köpfchen, diese schwarz, unterseits und am Rande oft bereift. Sp-Masse braun. Sp 1-zellig, kugelig, auch ellipsoid bis zylindrisch, braun. Photobiont: Grünalge. Rinde, Holz, auf Moosen, Erde, Silikatfels. 15 Arten. – Anm: inkl. *Ch* (*Coniocybe*) *furfuracea* (L.) TIBELL. Hier Lager und Apothecien schwefelgelb, grünl-gelb, staubig. Frk-S 2–3 mm lang, Frk kugelig, vom Staub völlig verdeckt. Sp und Sp-Masse hell, meist gelbl oder gelbgrün. LaH über Moosen, Erde, Wurzeln. – **Lit**: **24:** 80–81, 95, 99, **277–286**; **25:** 91–92, 120, 123–124, **350–358**
T: *Ch. chrysocephala* (ACH.) TH. FR. – Goldgelbe Stechnadelflechte: Wi 279, FleD 353, UT 156; abgebildet auch *Ch. furfuracea* (L) TIBELL – Kleiige Stecknadelflechte: Wi 183

1 Apothecienköpfchen unterseits und am R (grünl-)gelb bereift. **2**
1 * Apothecienköpfchen nicht so **5**

Apothecienköpfchen unterseits und am Rande (grünl-)gelb bereift (2–4)

2 Lager intensiv gelb **3**

2* Lager nicht intensiv (grün-)gelb **4**

3 Lager mehlig **Kleiige Stecknadelflechte** – *Ch. furfuracea* (L) TIBELL

3* Lager nicht mehlig, intensiv grün. Grobkörnig bis warzig areoliert. Sp ellipsoid bis fast kugelig. Falls Lager olivgelb bis grüngrau, körnig, Sp zylindrisch *Ch. laevigata* **Goldgelbe Stechnadelflechte** – *Ch. chrysocephala* (ACH.) TH. FR.

4 Lager meist recht dick, schuppig bis warzig, nicht mehlig-sorediös, braunoliv bis olivgrau. Sp hauptsächl kugelig **Dunkelköpfige Stecknadelflechte** – Ch. *phaeocephala* (TURNER) TH. FR.

4* Lager undeutl innerhalb des Substrats. Sp ellipsoid bis zylindrisch ▸

Apothecienköpfchen nicht (grünl-)gelb (5–6)

5 Lager undeutl innerhalb des Substrats ▸

5* Lager auf dem Substrat deutl sichtbar. **6**

6* Lager weißgrau bis graugrün, oft stellenweise oder gänzl gelbl-ocker bis rostfarben und dort K+ rot. Sp 5,5–7,5 µm, reif grob rissig **Rostfarbene Stecknadelflechte** – *Ch. ferruginea* (TURNER ex SM.) MIG.

6* Lager nicht stellenweise gelbl bis rostfarben, K−. Sp kleiner als 5 µm, glatt oder mit wenigen schwachen Rissen. Falls S des Apotheciums dunkelbraun bis schwarz mit linsenfö-konischem (nicht kugeligem) Köpfchen und Sp 3–5 µm: *Ch. trichialis* (ACH.) TH. FR. ▸

„Chaenotheca“

1 Apothecien-Köpfchen unterseits und am R (grünl-)gelb bereift **2**

1* Apothecien-Köpfchen anders **6**

2 Lager intensiv (grün-)gelb ***Chaenotheca*** (*furfuracea, laevigata*)

2* Lager nicht mit diesen Farben **3**

3 Sp überwiegend ellipsoid bis kurz zylindrisch ***Chaenotheca*** (*chlorella, laevigata*)

3* Sp überwiegend kugelig **4**

4 Lager ± deutl. Photobionten: coccale Grünalgen ***Chaenotheca*** (*phaeocephala, subroscida*)

4* Lager innerhalb des Substrats ± verborgen. Keine coccalen Grünalgen als Photobionten **5**

5 S des Apotheciums schwarz und zumindest oben grüngelb bereift ***Chaenotheca*** (*brachypoda, hispidula*)

5* S des Apotheciums unbereift, blass braun, hellgelb, bisw im Alter auch weiß ***Sclerophora*** (pr.p.)

6 Lager innerhalb des Substrats ± verborgen **7**

6* Lager gut sichtbar auf dem Substrat ***Chaenotheca***

7 Sp x3–4,5 µm breit **8**

7* Sp × 6–9 µm breit ***Sclerophora*** (pr.p.)

8 S hellbraun ***Sclerophora*** (pr.p.)

8* S zumindest basal schwarz ***Chaenotheca*** (*brunneola, xyloxena*)

Chaenothecopsis VAIN. – Flechtenähnliche Asc (Eurotiomycetes, Mycocaliciales, Sphinctrinaceae)

Mehrminder nur die (kurz-) langstieligen Frk sichtbar, Lager fehlend bis unscheinbar. Saprobiotisch auf Flechten und Algenkolonien. Photobiont: coccoide (*Dictyochloropsis*) oder

fädige (*Trentepohlia*) Grünalge, diese locker mit dem Pilz verbunden. Bisw auf Silikatfelsen, meist auf Rinde, Holz, Harz oder auf krustenfö Rindenflechten, auch auf *Cladonia*. Etwa 16 Arten. – **Lit**: **24:** 80–81, 365 unter *Cyphelium*, **286**; **25:** 90–92, **358–363**
T: *Ch. rubescens* VAIN.; abgebildet *Ch. pusiola* (ACH.) VAIN.: FleD 359

„Chaenothecopsis"

1 Sp 1-zellig. **2**
1* Sp (1–)2-zellig. Auch u. a. auf Lagerschuppen rotfrüchtiger Cladonien **Chaenothecopsis**
2 Auf weißl Krustenflechten an überhängenden Silikatfelsen **Chaenothecopsis** (*hospitans*)
2* Anders wachsend **3**
3 S grauweiß, zieml lang **Chaenothecopsis** (*viridialba*)
3* S schwarz bis braun **4**
4 Auf weißl Krustenflechten mit *Trentepohlia*-Photobionten **Chaenothecopsis** (*rubescens*)
4* Nicht auf Krusten mit *Trentepohlia*-Algen. **5**
5 S sehr kurz und Köpfchen daher fast sitzend. Auf Krusten, jedoch mit anderem Photobionten als *Trentepohlia* **Chaenothecopsis** (ochroleuca)
5* S zieml lang, Köpfchen deutl gestielt. **6**
6 Sp glatt oder sehr fein ornamentiert. Asci 40–45 µm lang **Mycocalicium** (*subtile*)
6* Sp fein ornamentiert. Asci 25–35 µm lang **Chaenothecopsis** (*nana*, *savonica*)

Cheiromycina B. SUTTON – Fle (Asc, ?)
Lager krustig, ungegliedert, dünn, weißl, blass grünl. Frk (sexuelle Stadien) fehlend; es werden Konidien auf kissenfö, Soralen ähnelnden Strukturen (Sporodochien) gebildet. Konidien meist 1-zellig, kugelig, breit ellipsoid, auch handfö bis fächerfö verzweigt, selten mauerartig vielzellig, glatt. Photobiont: *Trentepohlia*. An Ba-Rinde, meist basal am Stamm; auch lichenicol auf *Pertusaria amara*. 3 Arten. – **Lit**: **25:** 113, **363–364**
T: *Ch. flabelliformis* B. SUTTON

„Cheiromycina"

1 Konidien dunkelbraun mit warziger Wand. Lager grau-grünl, grau **Reichlingia** (pr.p.)
1* Konidien farblos. **2**
2 Konidien kugelig bis breit ellipsoid, mauerartig vielzellig **Dictyocatenulata** (pr.p.)
2* Konidien entweder 1-zellig oder handfö bis fächerfö verzweigt **Cheiromycina**

Chromatochlamys siehe Thelenella

Chrysothrix MONT. – Fle (Asc, Arthoniomycetes, Arthoniales, Chrysotrichaceae)
Lager pulverig stäubend, gelb, gelbgrün, grün, aus kugeligen Körnchen. Photobiont: coccoide Grünalge. Silikatgestein, an Ba-Stämmen. 3 Arten. – **Lit**: **24:** 536 unter *Lepraria*, **291**; **25:** 169 unter *Arthonia*, 680 unter *Lepraria*, **364–366**
T: *Ch. noli-tangere* (MONT.) MONT.; abgebildet *Ch. chlorina* (ACH.) J.R. LAUNDON – **Fels-Schwefelflechte**: Wi 291, UT 141

1 Lager nicht rundl-rosettig und scharf begrenzt und leuchtend gelb **2**
1* Lager rundl-rosettig und scharf begrenzt ▸
2 Am Stamm von Bäumen, leuchtend gelb bis fast goldgelb
Borken-Schwefelflechte – *Ch. candelaris* (L.) J.R. LAUNDON
2* Auf Silikatgestein (Felsen), leuchtend gelb, Soredien bis zu 100(–150) µm. Falls (zitronen-, schwefel-)gelb und Soredien 15–40 µm: *Psilolechia lucida* (ACH.) M. CHOISY
Fels-Schwefelflechte – *Ch. chlorina* (ACH.) J.R. LAUNDON

Circinaria LINK – Fle (Asc, Lecanoromycetes, Pertusariales, Megasporaceae)
Lager krustig, mehrminder rissig bis areoliert, mitunter körnig-sorediös oder mit sorediös aufbrechenden Isidien, weiß, hell- bis dunkelgrau. Apothecien eingesenkt, schwarzbraun bis schwarz mit schwachem auch schwindendem Lagerrand. Sp 1-zellig. ellipsoid bis kugelig. Photobiont: coccoide Grünalge. Auf Kalk- und Silikatgestein, 5 Arten. – **Lit**: **24:** 150 unter *Aspicilia*; **25:** 188–191 unter *Aspicilia*, **366–369**
T: ?; abgebildet *C. caesiocinerea* (NYL. ex MALBR.) A. NORDIN & al. – **Graublaue Kragenflechte**: FleD 367

Cladonia P. BROWNE – Fle (Asc, Lecanoromycetes, Lecanorales, Cladoniaceae)
Lager 2-teilig aus dem basal auf dem Substrat befindlichen Primärthallus und dem meist aufrechten Sekundärthallus (Podetium). Primärthallus schuppig-kleinblättrig, bei einigen Arten krustig und rasch schwindend. Basalschuppen meist aufsteigend, rundl bis längl, ganzrandig bis eingeschnitten, bisw am Rand und unterseits sorediös, blass grünl, grau, bräunl, unterseits meist weißl, ohne Rhizinen. Äste der Podetien hohl. Apothecien meist endständig, oder am becherfö erweiterten Rand der Podetien oder selten auch auf den Basalschuppen, mit rasch schwindendem Eigenrand und ohne Lagerrand, hell- bis dunkelbraun, rot, selten gelbl. Sp 1-zellig, eifö, spindelfö. Photobiont: Grünalge ähnl *Trebouxia*. Erdboden, Holz, Rohhumus, auch auf Moosen, morsches Holz, seltener auf Borke und verwittertem Gestein. Etwa 70 Arten. – **Lit**: **24:** 69–71, 85–86, **293–342**; **25:** 74–75, 79–80, 100–101, **369–414**
T: *C. subulata* (L.) WEBER ex F.H. WIGG – Pfriemen-Säulenflechte: Wi 303, FleD 411, UT 55

1 Mit roten Apothecien und/oder roten Pyknidien **2**
1* Apothecien fehlend oder braun (Falls nur Grundschuppen vorhanden, also Podetien fehlend: ►) **5**

Apothecien rot (2–4)

2 Grundschuppen grau bis grünl-grau, meist groß, 4–10 mm, mit nach oben gebogenen Rändern, am Rand und unterseits meist mehlig-sorediös
Finger-Scharlachflechte – *C. digitata* (L.) HOFFM.
2* Grundschuppen kleiner, bis zu 3(–4) mm, grau, weißl, gelbgrün **3**
3 Podetien ohne Becher **4**
3* Podetien mit Bechern; Becher am Rande gezähnt, fingerartig sprossend, hellgrau bis weißl, mehlig bis grobkörnig sorediös. Grundschuppen bisw etwas sorediös, eingeschnitten, stahlgrau **Vielfinger-Scharlachflechte** – *C. polydactyla* (FLÖRKE) SPRENG.
4 Podetien streckenweise grobkörnig und berindet
Flörke-Scharlachflechte – *C. floerkeana* (FR.) FLÖRKE
4* Podetien feinmehlig sorediös bis körnig
► und **Schlanke Scharlachflechte** – *C. macilenta* HOFFM.

Apothecien fehlend oder braun (5–37)

5 Grundständiges Lager fehlend, Flechte reich bis mäßig verzweigt und rasig **6**
5* Grundständiges Lager (bisw ausschließl) vorhanden **14**

– Grundständiges Lager fehlend (6–13)

6 Podetien zumindest basal mit Blättchen oder Schuppen **7**

6* Podetien ohne Blättchen oder Schuppen **8**

7 K– oder undeutl gelbl bis bräunl, wenig bis stark verzweigt
Gabel-Säulenflechte – *C. furcata* (HUDS.) SCHRAD.

7* K+ gelb, regelmäßig gabelig, meist aufrecht in dichten Rasen. (Falls niederliegend bis aufsteigend: *C. subrangiformis* L. SCRIBA EX SANDST.)
Falsche Rentierflechte – *C. rangiformis* HOFFM.

8 Podetien dicht strauchfö verzweigt **9**

8* Podetien schwach verzweigt, oft nur gabelteilig, mit gelbl Mischtönen (z. B. graugelbl etc.). Falls Podetien blaugrau oder langgestreckt, bisw mit gezähnten oder sprossenden Bechern: ▸ (u. a. *C. zopfii*) **Igel-Säulenflechte** – *C. uncialis* (L.) F.H. WIGG.

9 Sehr dicht verzweigt, mit kuppelartigen Vorwölbungen, oft fast blumenkohlartig (häufig in Friedhofskränzen verarbeitet)
Stern-Rentierflechte – *C. stellaris* (OPIZ) POUZAR & VĚZDA

9* Nicht so dicht verzweigt und dadurch Hauptstämmchen sichtbar, nicht kuppelfö gewölbt **10**

10 Lager grauweiß bis grau, ohne gelbl oder grünl Töne **11**

10* Lager mit gelbl oder grünl Tönung. K+ gelb **12**

11 Podetien unten und im Rasen bis über die Hälfte hinaus schwarz. Zweigenden mäßig stark gebogen **Moor-Rentierflechte** – *C. stygia* (FR.) RUOSS

11* Podetien nicht schwarz bzw. nur an einem schmalen basalen Bereich schwarz, innen im Rasen nicht schwarz **Echte Rentierflechte** – *C. rangiferina* (L.) F.H. WIGG.

12 Zweige überwiegend zu zweit (dichotom) bis zu dritt je Verzweigungsstelle. Endzweige stark gebogen, bräunl **Zarte Rentierflechte** – *C. ciliata* STIRT.

12* Zweige überwiegend zu 3–4 abgehend **13**

13 Endzweige allseitig sparrig mit wenig gebogenen Enden
Ebenästige Rentierflechte – *C. portentosa* (DUFOUR) COEM.

13* Endzweige überwiegend einseitswendig, P+ gelb. Falls P–: *C. mitis* SANDST.
Bäumchen-Rentierflechte – *C. arbuscula* (WALLR.) FLOT.

– Grundständiges Lager vorhanden (14–37)

14 Podetien stellenweise dicht servediös **15**

14* Podetien nicht sorediös **19**

– – Podetien sorediös (15–22)

15 Podetien mit gelbl bis gelber Tönung ▸

15* Podetien weißl, grau, graubraun **16**

16 Lager P– ▸

16* Lager P+ (gelbl, orange, rot) **17**

17 Podetien ohne oder mit sehr engen (nicht weiter als Podetien-S), mehlig-sorediösen oder körnigen Bechern **18**

17* Podetien mit weiten Bechern. K+ deutl gelb **21**

18 K+ ▸

18* K– **19**

19 Podetien (fast) gänzl mehlig bis feinkörnig sorediös **20**

19* Podetien nicht gänzl mehlig bis feinkörnig ▸

20 Grundschuppen meist reichl vorhanden, oft sorediös. Meist auf Stümpfen und basal an Ba-Stämmen **Gewöhnliche Säulenflechte** – *C. coniocraea* (FLÖRKE) SPRENG.

20* Grundschuppen spärl oder fehlend. Becher oft sprossend. Vor allem auf Erdboden. UV−, falls UV+ weiß: ▸ **Pfriemen-Säulenflechte** – *C. subulata* (L.) F.H. WIGG.

21 Podetien in der Regel alle mit Bechern. **22**

21* Podetien z. T. mit becherlosen, stumpfen bis zugespitzten Enden ▸

22 Podetien fast gänzl gleichmäßig mehlig sorediös
Trompeten-Becherflechte – *C. fimbriata* (L.) FR.

22* Podetien nicht so, mindestens unten (untere 2–3 mm) berindet, oben stellenweise sorediös. Soredien bis zu 120(–200) µm. Falls Soredien kleiner, 30–70 µm
Polster-Becherflechte – *C. pyxidata* (L.) HOFFM.

*– – **Podetien nicht sorediös (23–37)***

23 Podetien ohne Becher oder diese schmal, unregelmäßig, angedeutet [so bei *C. ramulosa* (WITH.) J.R. LAUNDON] oder falls vorhanden, Grundschuppen sehr groß, lockeren Rasen bildend, unten weiß (so bei *C. turgida* EHRH. ex HOFFM.). **24**

23* Podetien wenigstens vereinzelt mit deutl Bechern **32**

*– – – **Podetien ohne oder mit schmalen Bechern (24–31)***

24 Grundschuppen aspektbestimmend sehr reichl vorhanden. **25**

24* Grundschuppen nicht dominierend den Aspekt bestimmend, sondern vielmehr die Podetien. **30**

*– – – – **Auf Holz oder auf bemooster Baumrinde (25)***

25 Auf Holz oder auf (bemooster) Ba-Rinde. P−. Podetien 1–3 cm, meist mit (grau-, blass-)grünen, bis 2(–3) mm messenden Schuppen. Falls Podetien nur bis 1,4 cm, Grundschuppen bis 5 mm: ▸**Schuppige Säulenflechte** – *C. squamosa* (SCOP.) HOFFM.

25* Auf Gestein, Mineralböden oder auf Rohhumus **26**

*– – – – **Auf Gestein, Mineralböden oder auf Rohhumus (26–37)***

26 Grundschuppen bräunl-grün, graugrünl, C+ spangrün ▸

26* Grundschuppen C− (nicht spangrün) **27**

27 Grundschuppen K− **28**

27* Grundschuppen K+ **29**

28 Lager P+ orangerot ▸

28* Lager P− (oder falls P+ gelb: ▸). Podetien 1–3 cm (falls bis 1,5 cm: ▸), meist dicht mit (grau-, blass-)grünen oder bisw bräunl, zerschlitzten Schüppchen dicht bedeckt
Schuppige Säulenflechte – *C. squamosa* (SCOP.) HOFFM.

29 In Kalkgebieten **Aufgebogene Becherflechte** – *C. symphycarpia* (FLÖRKE) FR.

29* In Sandgebieten oder auf sauren Substraten ▸

30 Nicht K+ rasch rot oder Podetienoberfläche glatt. Falls Podetien dünn, bis 1,5 mm dick: *C. gracilis* (37*) ▸

30* Podetienoberfläche stellenweise entrindet oder Rinde schuppig aufbrechend oder körnig-warzig, längsfurchig-löcherig, schuppig. **31**

31 Podetien mit offenen Enden oder mit am Grunde offenen Bechern (falls solche selten vorhanden), meist dicht mit zerschlitzten Schüppchen bedeckt, diese (grau-, blass-) grün, seltener bräunl **Schuppige Säulenflechte** – *C. squamosa* (SCOP.) HOFFM.

31* Podetien nicht so ▸

– – – ***Podetien mit deutlichen Bechern (32–37)***

32 Grundschuppen ein zusammenhängendes Lager bildend **Polster-Becherflechte** – *C. pyxidata* (L.) HOFFM.

32* Grundschuppen kein zusammenhängendes Lager bildend **33**

33 Podetien in ihrem oberen Teil grobkörnig. Falls Becher schmal: ▸ **Polster-Becherflechte** – *C. pyxidata* (L.) HOFFM.

33* Podetien in ihrem oberen Teil nicht grobkörnig **34**

34 Grundschuppen sehr groß, meist über 10 mm, K+ gelb ▸

34* Falls K+ gelb, dann Grundschuppen kleiner............................... **35**

35 Becher der Podetien recht regelmäßig sprossend, so oft aus deren Mitte heraus ▸

35* Becher nicht aus der Mitte heraus sprossend **36**

36 Podetien K+ gelb ▸

36* Podetien K–.. **37**

37 Podetien kräftig, 2–5 mm, K+ oder K– und dann Podetien am Grunde auffallend gesprenkelt-scheckig ▸

37* Podetien sehr schlank und dünn, 1–2 mm dick, oft auffallend gerade **Schlanke Becherflechte** – *C. gracilis* (L.) WILLD.

„Cladonia"

1 Grundständiges Lager krustig-warzig, hellgrau bis bräunl-grau. Podetien kurz, bis zu 10 mm lang, zunächst blasenfö, dann keulig bis zylindrisch, unverzweigt bis spärl ästig, mit endständigem, nicht rotem Apothecium ***Pycnothelia*** (*papillaria*)

1* Grundständiges Lager fehlend oder vorhanden, und dann schuppig, kleinblättrig, meist auch Podetien (basal oder weiterreichend) schuppig. Bisw Apothecien rot ***Cladonia***

Clathroporina siehe *Porina*

Claurouxia D. HAWKSW. – Fle (Asc, Lecanoromycetes, Lecanorales, ?Lecanoraceae) Lager krustig, mit grünl-grauen, schwarzrandigen Areolen. Apothecien schwarz, mit Eigenrand, sitzend oder eingesenkt. Sp breit ellipsoid bis subglobos. Silikatgestein. – **Lit: 25:** 646 unter *Lecidea*, **414–415**

1 Art = T: *C. chalybeioides* (NYL.) D. HAWSK. – **Grünschwarze Schwarznapfflechte**

Clauzadea HAFELLNER & BELLEM. – Fle (Asc, Lecanoromycetes, Lecideales, Lecideaceae) Lager krustig, dünn bis endolithisch. Apothecien dunkel rotbraun bis schwarz, mit undeutl werdendem Eigenrand. Sp 1-zellig, ellipsoid. Photobiont: *Asterochloris*, coccoide Grünalge. Kalkgestein. 4 Arten. – **Lit: 24:** 499–500 unter *Lecidea*, **343–345**; **25:** 632–633 unter *Lecidea*, **415–416**

T: *C. monticola* (ACH.) HAFELLNER & BELLEM. – **Berg-Kalknapfflechte**: Wi 343, FleD 416

Clauzadeana CL. ROUX – Fle (Asc, Lecanoromycetes, Lecanorales, Lecanoraceae)
Lager krustig, mit eckigen Areolen, rotbraun, zieml glänzend. Apothecien eingesenkt, schwarz, mit Lagerrand. Sp 1-zellig. Auf sehr hartem Silikatgestein. 1 Art. – **Lit**: **24:** 148 unter *Aspicilia*, **345**; **25:** 188 unter *Aspicilia*, **416**
T: *C. instratula* (NYL.) CL. ROUX – **Schneckenflechte** (Gattung)

Cliostomum FR. – Fle (Asc, Lecanoromycetes, Lecanorales, Ramalinaceae)
Lager krustig, rissig bis areoliert, auch körnig-warzig, weißl, hellgrau, blassgelb. Photobiont: Grünalge ähnl *Trebouxia*. Apothecien konkav bis flach, hellfarbig bis schwarz, bisw bereift, mit Eigenrand. Sp 2-zellig. Auf Stämmen von LaB, besonders Eiche. – **Lit**: **24:** 257–258 unter *Catillaria*, **345–346**; **25:** 110, 335–336 unter *Catillaria*, **417–418**
1 Art = T: *C. corrugatum* (ACH.) FR.: Wi 346, FleD 417 – **Nymphenmundflechte** (Gattung)

Coenogonium EHRENB. – Fle (Asc, Lecanoromycetes, Ostropales, Coenogoniaceae)
Lager krustig, graugrün, dunkelgrün, Apothecien beige, gelbl, orange. Sp 2-zellig. Photobiont: *Trentepohlia*. Borke und Rinde von LaB und NaB. 2 Arten. – **Lit**: **24:** 375 als *Dimerella*; **25:** 103, 111, **418–419**
T: *C. linkii* EHRENB.; abgebildet *C. luteum* (DICKS.) KALB & LÜCKING – **Gelbe Krügleinflechte**: Wi 376, FleD 418

1 Apotheccien weißl bis wächsern (trocken gelbl bis rosa), bis 0,5 mm im Durchm.
Kiefern-Krügleinflechte – *C. pineti* (SCHRAD. ex ACH.) LÜCKING & LUMBSCH
1* Apothecien gelborange bis orange, 0,6–0,8 mm
Gelbe Krügleinflechte – *C. luteum* (DICKS.) KALB & LÜCKING

Collema R. BROWNE – Fle (Asc, Lacanoromycetes, Peltigerales, Collemataceae)
Lager galllertig, laubartig gegliedert, krustig, fast kurzstrauchig, trocken schwarz. Braunschwarz, olivschwarz. Apothecium braun, rotbraun, schwarzbraun, mit Lagerrand. Sp je Ascus meist zu 8, auch bisw 2 oder bis zu 16, querseptiert bis mauerfö, von sehr unterschiedl Form, von ellipsoid bis nadelfö oder wurmfö (Abb. In Wi 348). Photobiont: *Nostoc* (Cyanobakterium). Gestein, Erde, Ba-Rinde. 25 Arten. – **Lit**: **24:** 77, **346–362**; **25:** 88, **419–433**
T: *C. lactuca* (WEBER) WEBER ex F.H. WIGG. Bei uns z. B. *C.* (*Blennothallia*) *crispum* WEBER ex F.H. WIG – **Krause Leimflechte:** Wi 354, FleD 426

1 Auf Ba-Rinde und Rindenmoosen ▸
1* Nicht so **2**
2 Auf Erde und Erdmoosen **3**
2* Auf Gestein und Gesteinsmoosen **6**

Auf Erde und Erdmoosen (3–5)

3 Mit Apothecien. Sp reif farblos, 4-zellig. Falls Sp reif blass gelbbräunl oder falls Sp 2-zellig oder Lager nicht gelappt oder falls Lappen langgestreckt-rinnig: ▸
Krause Leimflechte – *C. crispum* WEBER ex F.H. WIGG.
3* Ohne Apothecien **4**

4 Lager dem Boden locker aufliegend, keine Hyphen enthaltend
Algengattung, Cyanobakterium: *Nostoc*

4* Lager angewachsen und Pilzhyphen enthaltend **5**

5 Mit schuppenfö Isidien **Krause Leimflechte** – *C. crispum* WEBER ex F.H. WIGG.

5* Isidien ± kugelig oder fehlend **Zähe Leimflechte** – *C. tenax* (SW.) ACH. em. DEGEL

Auf Gestein und Gesteinsmoosen (6–14)

6 Lager sehr klein, unter 1 cm oder auf überschwemmtem Silikatfels ►

6* Lager weit über 1,5 cm und nicht auf überschwemmtem Silikatfels **7**

7 Mit schuppenfö oder muschelfö Isidien. Lappen des Lagers derb, 0,5–6 mm breit. (Falls Lappen dünn und bis 15 mm breit: *C. flaccidum*)
Krause Leimflechte – *C. crispum* WEBER ex F.H. WIGG.

7* Isidien fehlend oder kugelig, zylindrisch, korallenartig **8**

8 Steril, ohne Apothecien. Lappen jung schmal und deutl rinnig, falls nicht zugleich schmal und rinnig: ► **Kamm-Leimflechte** – *C. cristatum* (L.) F.H. WIGG.

8* Mit Apothecien **9**

9 Sp gewöhnl bis 13 µm breit. **10**

9* Sp nafelfö bis stabfö, auch spindelig bis linear (►) oder falls nicht so, dann breiter als 13 µm: **Krause Leimflechte** – *C. crispum* WEBER ex F.H. WIGG.

10 Sp querseptiert 4-zellig **11**

10* Sp schwach mauerfö. **12**

11 Lappen wiederholt tief gabelig geteilt und mit gewellten Rändern.
Wellige Leimflechte – *C. undulatum* LAURER ex FLOT.

11* Lappen des Lagers anders. Falls auf nacktem Kalkfels: *C. polycarpon* **12**

12 In erdgefüllten Felsspalten und an Mauern
Zähe Leimflechte – *C. tenax* (SW.) ACH. em. DEGEL.

12* Auf nacktem Kalkgestein, dort auch auf Moosen. **13**

13 Lappen schmal und rinnig **Kamm-Leimflechte** – *C. cristatum* (L.) F.H. WIGG.

13* Lager flach bzw. an den Rändern etwas aufgebogen **14**

14 Lager feucht mäßig dick angeschwollen, bis zu 200 µm dick, nicht gestreift, an jungen Teilen oft mit Pusteln
Braungrüne Leimflechte – *C. fuscovirens* (WITH.) J.R. LAUNDON

14* Lager feucht dick, 200–500 µm, oft sehr fein gestreift, ohne Pusteln
Ohrförmige Leimflechte – *C. auriforme* (WITH.) COPPINS & J.R. LAUNDON

Collemopsidium NYL. – Fle (Asc, Pezizomycotina, Xanthopyreniaceae)
Lager unauffällig, oft verborgen, krustig, meist etwas gallertig. Frk Perithecium-artig mit dunkelbraunem Gehäuse. Photobiont: zumeist Cyanobakterien (*Hyelia*, *Gloeocapsa*, *Nostoc*) oder Grünalge (*Gloeocapsa*). Auf Gehäusen von Seepocken, Napfschnecken, Muscheln, Steinen im Gezeitenbereich von Nord- und Ostsee, auch auf Sandböden, 4 Arten. – Anm: Arten siehe z. B. auch unter *Arthopyrenia* in Wi 139 als *Pyrenocollema*. – **Lit**: **25:** 95, **433–434**
T: *C. iocarpum* (NYL.) NYL. – **Leimkernflechte** (Gattung)

„Collemopsidium"

1 Lager auf Gestein **2**
1* Lager nicht auf Gestein oder falls auf Gestein, dann im Spülsaum des Meeres ***Collemopsidium***
2 Zellen einer Sp nur wenig verschieden. Sp längl ***Collemopsidium***
2* Zellen einer Sp verschieden, die untere gewöhnl deutl weniger breit. Sp eifö bis spindelig-eifö ***Arthopyrenia*** (*saxicola*)

Collolechia A. MASSAL. – Fle (Asc, Lecanoromycetes, Peltigerales, Placynthiaceae)
Lager krustig, mit grau bereiften Areolen. Sp 3–6-fach septiert, spindelfö, zu 8 je Ascus. Photobiont: ähnl *Scytonema*. Kalkgestein, 1 Art. – **Lit**: **25:** 896 unter *Placynthium*, **435**
T: ?; bei uns *C. caesia* (FR.) A. MASSAL. – **Blaugraue Tintenfleckflechte**

Coniocybe siehe *Chaenotheca brachypoda, furfuracea, gracilenta* und *Sclerophora farinacea*

Coniocarpon DC. – Fle (Asc, Arthoniomycetes, Arthoniales, Arthoniaceae)
Lager krustig, dünn, glatt, oft mit bräunl oder orangem Prothallus. Apothecien unberandet. Photobiont: *Trentepohlia.* Auf Ba-Rinde. 2 Arten. – **Lit**: **24:** 128 unter *Arthonia*, **25:** 168 unter *Arthonia*, **435**
T: *C. gregarium* (WEIGEL) SCHAER. = *C. cinnabarinum* (DC.) WALLR. – **Zinnoberrote Fleckflechte**: Wi 129, FleD 436

Conotrema siehe *Stictis*

Coppinsia LUMBSCH & HEIBEL – Fle (Asc, Lecanoromycetes, Trapeliales, Trapeliaceae)
Lager dünnkrustig, grünl-grau. Apothecien blass orange, orangebraun, rosa. Sp 1-zellig, 12–18 × 7–9,5 µm. Auf Moosen, Pflanzenresten, absterbenden Flechten, auf Schwermetallreichen Böden. – **Lit**: **25:** 621 unter *Lecidea*, **436–437**
1 Art = T: *C. minutissima* LUMBSCH & HEIBEL – **Winzige Coppinsflechte**

Cornicularia (SCHREB.) HOFFM. – Fle (Asc, Lecanoromycetes, Lecanorales, Parmeliaceae)
Lager strauchig-polsterfö, fast niederliegend bis aufrecht, dunkelbraun, braunschwarz, mit abgeflachten Abschnitten. Apothecien schwarz. Sp 1-zellig, ellipsoid, klein, 5–6 × 3–4 µm. Photobiont: *Trebouxia*. Silikatgestein, hochmontan-alpin. – **Lit**: **24:** 268 unter *Cetraria*, **362–364**; **25:** 78, 344 unter *Cornicularia*, **437–438**
1 Art = T: *C. normoerica* (GUNNERUS) DU RIETZ – **Hörnchenflechte** (Gattung): Wi 363, FleD 437

Cresponea EGEA & TORRENTE – Fle (Asc, Arthoniomycetes, Arthoniales, Opegraphaceae)
Lager krustig, dünn, bisw rissig, weißl, (grünl-)grau. Apothecien sitzend, rundl, schwarz, grünl, orange, auch rötl bereift, mit unbereiftem Eigenrand. Photobiont: *Trentepohlia*. Silikatgestein. – **Lit**: **24:** 444 als *Lecanactis*; **25:** 547 unter *Lecanactis*, **438**
1 Art = T: *C. premnea* (ACH.) EGEA & TORRENTE

Cresporhaphis M.G. AGUIRRE – Fle (Asc, Sordariomycetes, Trichosphaeriales, Trichosphaeriaceae)
Lager unscheinbar im Substrat, grauweiß. Frk kugelig, Perithecium-artig, halb eingesenkt bis aufsitzend, schwarz. Sp spindelfö, fast nadelfö, gekrümmt, auch S-fö, farblos 1- bis 2-zellig bis mehrzellig. Photobiont: coccoide Grünalgen oder *Trentepohlia*. An La-Ba, in Borkenrissen. 4 Arten. – **Lit**: **24:** 555 unter *Leptorhaphis*; **25:** 93, 699 unter *Leptorhaphis*, **439**
T: *C. wienkampii* (J. LAHM ex HAZSL.) M.B. AGUIRRE – **Strahlflechte** (Gattung)

Cryptodiscus CORDA – Fle (Asc, Lecanoromycetes, Ostropales, Stictidaceae)
Lager krustig, grünl, Apothecien eingesenkt und geschlossen, hervortretend und ± offen, Scheibe gelbl bis rotorange, mit ähnl-farbigem Eigenrand. Sp mehrzellig, nadelfö, lang zylindrisch, querseptiert. Photobiont: Grünalge ähnl *Gloeocystis*. Über absterbenden Lebermoosen. 1 Art: *C. gloeocapsa* (NITSCHKE ex ARNOLD) BALOCH. Anm: Auch *Gloeolecta* hierher gestellt. – **Lit**: **25:** 106, 503 unter *Gyalecta*, **439**
T: *C. pallidus* (PERS.) CORDA – **Moostöterflechte** (Gattung)

Cyphelium ACH. – Fle (Asc, Lecanoromycetes, Caliciales, Caliciaceae)
Lager krustig, grau, gelb, grünl, bräunl-gelb. Apothecien eingesenkt bis sitzend, schwarz, mit Eigenrand, dieser bisw bereift. Mit schwarzem Mazädium. Sp 2-zellig, selten andeutungsweise mauerfö, dunkelbraun, dickwandig, oft ornamentiert. Photobiont: *Trebouxia*. Ba-Rinde oder Holz. 9 Arten. – **Lit**: **24:** 80, **364–367**; **25:** 90, **440–443**
T: *C. tigillare* (ACH.) ACH. – **Gelbe Staubfruchtflechte**: Wi 365 als *C. karelicum*, FleD 443

„Cyphelium“

1	Auf Silikatgestein	**2**
1*	Auf Rinde oder auf Holz	**4**
2	Sp 1-zellig, 7,5–10 × 4–5 µm. Auf weißl bis blass gelbgrünl Lager der Flechte *Haematomma*	***Chaenothecopsis*** (pr.p.)
2*	Sp 2-zellig und größer. Ein eigenes Lager bildend	**3**
3	Lager zitronengelb bis grünl auf *Haematomma*	***Calicium*** (pr.p.)
3*	Lager grau, warzig, nicht parasitisch	***Cyphelium*** (*lecideinum*)
4	Lager unausgeprägt. Sp hell oder etwas grünstichig, 1-zellig oder mit 1–3 undeutl Septen, × 3–4 µm breit	***Microcalicium*** (pr.p.)
4*	Lager oder auch Fremdlager deutl entwickelt. Sp reif dunkelbraun, 2-zellig über × 4 µm breit	**5**
5	Lager intensiv gelb bis zitronengelb, gelbgrünl. ± warzig	***Cyphelium***
5*	Lager nicht deutl gelb	**6**
6	Apothecien am R und oberseits gelbl bereift, sitzend oder kurz gestielt	***Calicium*** (pr.p.)
6*	Apotheciien nicht gelbl bereift	***Cyphelium***

Cyrtidula MINKS – Fle (Asc, zu ? Dothideomycetes, Pleosporales, Mycoporaceae)
Lager undeutl in Ba-Rinde. Perithecien einzeln oder zu mehreren in Stromata. Sp mit 3–5 Septen, bisw auch mit einigen Längswänden, farblos, ellipsoid bis keulenfö. Glatte LaB-Rinde. 2 Arten. – **Lit**: **25:** 93–94, 770 unter *Mycoporum*, **443–444**
T: *C. betulina* MINKS – **Vielkernfrüchtchen-Flechte** (Gattung)

Cystocoleus THWAITES – Fle (Asc, Dothideomycetes, Capnodiales, Racodiaceae)
Lager dicht-filzig, aus feinen, braunschwarzen Fäden zusammmengesetzt, Apothecien unbekannt. Hyphen des Lagers nicht parallel, sondern unregelmäßig gelagert. Photobiont: *Trentepohlia*. Silikatfelsen. 1 Art. – Anm: Vgl. *Racodium*. – **Lit**: **24:** 72, **367–368**; **25:** 77, **444–445**
T: *C. ebeneus* (DILLWYN) THWAITES: – **Gewöhnliche Schwarzfilzflechte** Wi 368, FleD 444

„Cystocoleus“

1 Hyphen zum Algenfaden des Photobionten parallel verlaufend, gerade, kaum verzweigt **_Racodium_** (*rupestre*)

1* Hyphen unregelmäßig verbogen (Zellwandverlauf), schräg bis längs verlaufend, stellenweise tonnenfö dick **_Cystocoleus_** (*ebeneus*)

Pilze, Gattungen D

Dacrymyces NEES : FR., Gallertträne – GaP (Bas, Agaricomycotina, Dacrymycetes, Dacrymycetaceae)
Frk gelatinös, pustelfö, scheibenfö, kreiselfö, einzeln, in Gruppen oder zusammenfließend, Oberfläche glatt oder wellig. Monomitisch. Hyphen hyalin, mit oder ohne Schnallen. Basidien mit 2 langen, stimmgabelartigen Sterigmen. Sp hyalin, oft mit Septen quergeteilt, Keimung mit Konidien oder mit Keimschläuchen. 10 Arten. Lignicol. – **Lit**: **9**: 92, **12**: 435
T: *D. stillatus* NEES : FR. – Zerfließende Gallertträne: BK 2.4, Ct 1190, Ge 480, Ja 33, Kr 1.75, Lx 595, MJ 6Dacr1, Ph 263

1 Hyphen ohne Schnallen. **2**

1* Hyphen mit Schnallen ▸

2 Sp mit dicken Wänden und verdickten Septen. Frk pustelfö bis flach scheibenfö, 1–4 mm Durchm, gelb bis gelborange, später in bis zu 2 cm langen Massen verschmelzend. Sp hyalin, schmal ellipsoid bis allantoid, erst dünnwandig, dann etwas dickwandig, 10–16 × 3,5–6 µm, mit 3(–4) Septen. Meist als Nebenfruchtform: 1–2 mm im Durchm, rötl-orange, Arthosp massenweise bildend, 8–16 × 2,5–5,5 µm. LaH, NaH **Zerfließende Gallertträne** – *D. stillatus* NEES : FR.

2* Sp mit dünnen Wänden und Septen o d e r Frk anders **3**

3 Frk gestielt mit kugeligem Kopfteil, später keulenfö mit flachem, 1–3 mm weitem Kopfteil, der nicht abrupt vom S-Teil abgesetzt ist. Sp hyalin, ellipsoid, etwas gebogen, 11–17 × 3,5–6(–7) µm, mit 3(–4) Septen. Meist LaH, seltener NaH **Bewurzelte Gallertträne** – *D. capitatus* SCHWEIN.

3* Mit anderen Merkm. Frk nicht mit gestieltem Kopfteil **4**

4 Sp reif mit 1–3 Querwänden ▸

4* Sp reif mit 7 oder mehr Querwänden **5**

5 Sp schmal ellipsoid bis gebogen, dünn- bis etwas dickwandig, 16–23(–27) × 4–6,5(–7,5) µm breit. Frk einzeln oder in Gruppen, selten verschmelzend, flach gewölbt, scheibenfö oder becherfö mit ± deutl S, frisch hellorange, trocken orange-braun. NaH, LaH **Riesen-Gallertträne** – *D. chrysospermus* BERK. & M. A. CURTIS

5* Sp breit ellipsoid, 8–12 µm breit. NaH
Goldene Gallertträne – *D. estonicus* RAITVIIR

Dacryobasidium siehe *Cristinia* pr.p.

Dacryobolus FR., Höckerrindenpilz – RiP (Bas, Agaricomycetes, Polyporales, Fomitopsidaceae)
Frk resupinat, membranös, glatt, oberseits warzig (so beim T) oder odontoid, Mono- (so beim T) oder dimitisch mit Skeletthyphen. Generative Hyphen hyalin, mit Schnallen. Lepto- oder Skeletozystiden vorhanden. Sp hyalin, dünnwandig, glatt, inamyloid. 2 Arten. NaH. – **Lit**: **9**: 154, **12**: 158
T: *D. sudans* (ALB. & SCHWEIN. : FR.) FR. – **Tränender Höckerrindenpilz**: Bk 2.98

Daedalea PERS. : FR., Wirrling – PoP (Bas, Agaricomycetes, Polyporales, Fomitopsidaceae)
Frk konsolenfö, breit angeheftet, H-Radius 6–10 cm, Oberfläche runzelig, graubraun gezont, glatt bis fein behaart, mehrjährig. H-Trama bis 1 cm dick, ockerbraun, gezont, korkartig. Hymenophor labyrinthisch bis fast lamellig, gegen H-Rand auch porenfö. Trimitisch, mit hyalinen bis gelbbraunen Skelett- und Bindehyphen. Generative Hyphen hyalin, mit Schnallen, Sp hyalin, glatt, ellipsoid, inamyloid, 5,5–7,5 × 2,5–3,5 µm. LaH (fast immer Eiche). – **Lit**: **9**: 240, **12**: 379
1 Art = T: *D. quercina* (L. : FR.) PERS. – **Eichen-Wirrling**: BK 2.383, Gh 536, Ja 105, Kr 1.507, Lx 575, Md 283, MJ 5Daed1, Ph 232, RH 172

Daedaleopsis SCHROETER, Blätterwirrling – PoP (Bas, Agaricomycetes, Polyporales, Polyporaceae)
Frk konsolenfö, sitzend, einzeln oder dachziegelig, H-Radius 4–10 cm. H-Oberfläche kahl, gezont, hellocker bis braun, Hymenophor porenfö bis lamellenartig, hellgrau bis hellocker, auf Druck rosa bis braun verfärbend. H-Trama braun. Trimitisch, mit hyalinen bis hell ockerbraunen Skelett- und Bindehyphen, Sp hyalin, glatt, inamylod, relativ lang, zylindrisch, etwas gebogen, 7–11 × 2–3 µm. 2–3 Arten. LaH. – **Lit**: **9**: 227, **12**: 319 als *Scenidium n.*, 379
T: *D. confragosa* (BOLT. : FR.) J. SCHROET. – Rötender Blätterwirrling: BK 2.384, Ct 1184, Ge 456, Ja 106, 107, Lx 577, Md 284, MJ 5Daed1, Ph232, RH 172

1 Hymenophor lamellenartig. LaH
Braunroter Blätterwirrling – *D. tricolor* (BULL.) BONDARTSEV & SINGER
1* Hymenophor porenfö bis labyrinthisch, nicht lamellig. LaH (falls ausschließl auf Birke im Norden ►) **Rötender Blätterwirrling** – *D. confragosa* (BOLT. : FR.) J. SCHROET.

Daldinia CES. & DE NOT., Holzkohlenpilz – Pyr (Asc, Sordariomycetes, Xylariales, Xylariaceae)
Frk ein großes, annähernd kugeliges bis kissenfö oder ± kreiselfö, zunächst rötl-braunes dann schwarzes Stroma mit eingesenkten Perithecien. Stroma sitzend oder gestielt, einzeln oder gesellig zusammenfließend, im Anschnitt mit konzentrischen Zonen, maximal 3–8 cm

im Durchm. Asci zylindrisch mit amyloidem Apikalapparat. Sp in den Asci einreihig, glatt, dunkelbraun, mit Keimspalt. Etwa 5 Arten. Lignicol, LaH. – Anm: Früher wurden alle Sippen dieser Gattung weitgehend als *D. concentrica* s. l. zusammengefasst, jetzt in eine Reihe von Kleinarten aufgegliedert. – **Lit**: **5**: 319, **10**: 239; ZfM 67 (1): 21–23, 2001 (WOLLENWEBER & STADLER)

T: *D. concentrica* (BOLT. : FR.) CES. & DE NOT. – Konzentrischer Holzkohlepilz: CD 5, De 36J, HK 2.277, Ja 29, Md 399, Ph 280

1 In KOH aus dem Stroma gelöste Pigmente oliv, gelb, ocker, orangebraun oder auch grau bis fehlend ▸

1* In KOH gelöste Pigmente lila-violettl. **2**

2 Sp klein, 8,5–11 × 3–5,5 µm ▸

2* Sp länger, 10–16 µm **3**

3 Sp an den Enden breit abgerundet, ellipsoid ▸

3* Sp an den Enden verjüngt, assymmmetrisch ellipsoid bis ellipsoid. Sp 12–16 × (5–)6–7,5(–8) µm. [Falls Sp (13–)14–18(–20) × 6,5–10(–11) µm auf *Betula*: *D. decipiens* H. WOLLWEBER & M. STADLER] **4**

4 Stroma-Oberfläche anfangs glatt. Sp (12–)13–16 × (5–)6–7,5(–8) µm. LaH meist an *Fraxinus*, auch *Fagus*, *Populus*, *Ulmus*

Konzentrischer Holzkohlepilz – *D. concentrica* (BOLT. : FR.) CES. & DE NOT. S. str.

4* Stroma-Oberfläche wellig-höckerig, narbig, runzelig.Sp 12–15 × 6–7,5(–8) µm. LaH meist an *Alnus*, auch *Carpinus* und *Betula*

Petrinis Holzkohlepilz – *D. petriniae* Y.-M. JU, J.D. ROGERS & F. SAN MARIIN

Dasyscyphella TRANZSCHEL, Haarbecherchen – inop. Disc (Asc, Leotiomycetes, Helotiales, Lachnaceae)

Frk gestielt, becherfö, 0,5–2 mm, oberseits (Hymenium) weiß bis cremefarben, außen weiß mit weißen Haaren. Beim Trocknen oft orange Farben annehmend, bedingt durch inkrustierendes Harz. Haare 90–120 × 2,5–3 µm, zylindrisch mit leicht erweitertem oberen Ende, dort × 3–4 µm; hyalin, fein körnig, mehrfach septiert, obere Zellen glatt, ansonsten mit amorphen Klümpchen des orangen Harzes, welche sich in KOH auflösen. Asci 35–38 × 3,5–5,5 µm, zylindrisch, 8-sporig, mit amyloidem Porus. Paraphysen zylindrisch bis schmal lanzettl, 2–2,5 µm breit, die Asci um 5–25 µm überragend, Asc-Sp ellipsoid bis spindelfö, hyalin, nicht septiert, 6,5–11 × 1,5–3 µm. 1 Art. Saprotroph, lignicol, LaH, besonders auf *Quercus*. – **Lit: 5**: 165 unter *Dasyscyphus* pr.p., **10**: 189

T: *D. cassandrae* TRANZSCHEL; abgebildete Art *D. nivea* (R. HEDW. : FR.) RAITV. – **Schneeweißes Haarbecherchen**: BK 1.223 als *Dasyscyphus* n.

Dasyscyphus siehe unter *Dasyscyphella* und *Lachnum*

Datronia DONK, Datronie – PoP (Bas, Agaricomycetes, Polyporales, Polyporaceae)

Frk resupinat bis effus-reflex, oberseits (wenn jung) filzig, ocker bis braun. Hymenophor porenfö, ocker bis braun Trama mit Duplex-Struktur, d. h. unter dem H-Filz mit feiner schwärzl Linie (Lupe!). Dimitisch mit bräunl Skeletthyphen. Generative Hyphen hyalin,

mit Schnallen. Sp hyalin, glatt, dünnwandig, inamyloid, 7,5–11,5 × 3–4,5 µm. 2 Arten, LaH. – **Lit**: **9**: 228, **12**: 362
T: *D. mollis* (SOMMERF. : FR.) DONK – Weichhaarige Datronie: BK 2.348, Ct 1593, Gh 539, Kr 1.513, Lx 565, Md 255, MJ 5Datr1,2, RH 159

1 Poren 1–2 pro mm **Weichhaarige Datronie** – *D. mollis* (SOMMERF. : FR.) DONK
1* Poren 4–6 pro mm **Schicht-Datronie** – *D. stereoides* (FR. : FR.) RYVARDEN

Deconica siehe *Psilocybe*

Delicatula FAYOD, Schleierhelmling, Adernabeling – BläP (Bas, Agaricomycetes, Agaricales, Tricholomataceae)
Frk klein, weiß. L aderig. S kurz, 0,5–2 cm. Spp weiß. Jung mit zarten Velum-Fäden. Sp amyloid, 7,5–9 × 3–5 µm. 1–2 Arten. Terricol, Pflanzenreste. – **Lit**: **7**. 255, **11**: 175, **14**: 277
T: *D. integrella* (PERS. : FR.) FAYOD – Genabelter Schleierhelmling: BK 3.205, BL 187, CD 536, Ct 1884, HK 3.126, Kr 3.239, Lg 62C, Lu 1.20.1, MJ 3Del1

1 H glockig, 2–3 mm, H-Mitte oft spitz ▸
1* H unregelmäßig mit niedergedrückter H-Mitte, jung kegelig-glockig, 3–6 mm. L schmal, oft verzweigt, gegen den H-Rand schwindend. S 1,5–2 cm. Modriges Holz, Laub, Humus. **Genabelter Schleierhelmling** – *D. integrella* (PERS. : FR.) FAYOD

Delitschia AUERSW. – Asc (Dothideomycetes, Pleosporales, Delitschiaceae)
Frk (Pseudothecien), eifö mit dickem, kurz kegelfö Hals, auf dem Substrat zerstreut, eingesenkt. Asci bitunicat, zylindrisch, meist 8-sporig. Sp im Ascus oft schräg, 1-reihig oder 2-reihig, 2-zellig durch Mittel-Septum, am Septum oft eingeschnürt, z. B. (beim T) 35–50 × 15–20 µm, braun, mit Gallerthülle. Meist auf Dung.
T: *D. didyma* AUERSW.

Dematioscypha SVRČEK – inop. Disc (Asc, Leotiomycetes, Helotiales, Hyaloscyphaceae)
Frk sitzend oder kurzstielig, becherfö, bis zu 1 mm breit. Oberseits (Hymenium) grau, außen dunkler, mit bräunl, rötl oder weißl (so beim T) Haaren (beim T gegen das obere Ende dickwandig). Haare glatt, mit oder ohne (T) harzartige Ausscheidungen. Asci zylindrisch, 8-sporig, inamyloid. Paraphysen fädig, 0,8–1,5 µm breit, die Asci nicht überragend. Asc-Sp ellipsoid bis spindelfö, nicht oder 1-fach septiert, hyalin, 5–8 × 1,5–2 µm. 2 Arten. Lignicol, LaH. – **Lit**: **5**: 177 (unter *Hyaloscypha*), **10**: 189
T: *D. dematiicola* (BERK. & BROOME) SVEČEK – **Schimmel-Haarbecherchen**: BK 239, De 24B.

Dencoeliopsis KORF. – inop. Disc (Asc, Leotiomycetes, Helotiales, Rutstroemiaceae)
Frk dem Substrat oberflächl aufsitzend, 1–4 mm, becherfö, annähernd gestielt, mit warzenfö Erhebungen über einem schwarzen Stroma, das sich unterhalb der Rinde des Substrats entwickelt. Rinde des Substrats fleckenweise sich einrollend. Apothecien oben (Hymenium) braun, auch außen braun, mit blasserem, gewimpertem R. Asci keulenfö, 8-sporig, mit breitem, amyloidem Porus. Paraphysen zylindrisch, × 2 µm, blass gelbl-braun. Asc-Sp reif

meist 1-fach septiert, hyalin, spindelfö, 25–33 × 6–8 µm. Lignicol, auf Ästen von *Betula*, im zeitigen Frühjahr. – **Lit**: 5: 152, **10**: 145
1 Art = *T: D. johnstonii* (BERK.) KORF: De 22C

Dendrocollybia siehe *Collybia* (*racemosa*)

Dendropolyporus siehe *Polyporus* (*umbellatus*)

Dendrostilbella HÖHN. – SchimP (Asc, Leotiomycetes, Phacidiales, Tympanidaceae, Anamorphe)
Hyphen septiert. Konidienträger in Bündeln (Synnemata) mit sterilem Basalteil. Konidien 1-zellig, nicht gebogen, 3–7 µm lang. Auf Frk anderer Pilze (*Collybia, Cordyceps, Cortinarius, Daedaleopsis*).
T: *D. prasinula* HÖHN.

Dendrothele HÖHN. & LITSCH., Baumwarzenpilz – RiP (Bas, Agaricomycetes, Corticiales, Corticiaceae)
Frk resupinat, membranös, Hymenium glatt, selten mit sterilen Hyphenbündeln. Monomitisch. Hyphen hyalin, mit oder ohne Schnallen. Dendrohyphidien vorhanden, hyalin. Gloeozystiden z. T. vorhanden. Sp hyalin, dünn- bis etwas dickwandig, glatt oder warzig, inamyloid. 5 Arten. Lignicol auf LaH. – Syn: *D. papillosa* = *D. griseocana*. – **Lit**: **9**: 182, **12**: 119
T: *D. papillosa* HÖHN. & LITSCH.; verbreitete Art *D. alliacea* (QUÉL.) P.A. LEMKE – Eichen-Baumwarzenpilz: BK 2.47

1 Sp zylindrisch oder schmal ellipsoid, wenigstens zweimal so lang wie breit....... **2**
1* Sp breit ellipsoid, weniger als zweimal so lang wie breit...................... **3**
2 Sp allantoid, 16–22 µm lang ▸
2* Sp schmal ellipsoid, 11–15(–17) × 6–7(–8) µm
Eichen-Baumwarzenpilz – *D. alliacea* (QUÉL.) P.A. LEMKE
3 Hyphen ohne Schnallen.. **4**
3* Hyphen mit Schnallen ▸
4 Basidien 4-sporig. Hymenium ohne kleine, sterile Papillen. Sp 10–13(–15) × 7–10(–11) µm **Ahorn-Baumwarzenpilz** – *D. acerina* (PERS.) P.A. LEMKE
4* Basidien 2-sporig. Hymenium mit kleinen, sterilen Papillen. Sp 7,5–11 × 6–8 µm
Grauer Baumwarzenpilz – *D. griseocana* (BRES.) BOURDOT & GALZIN

Denticularia DEIGHTON – SchimP (Asc, inc. sed.)
Eine Art, *D. limoniformis* de HOOG, mit septierten Hyphen auf dem Wirtspilz *Grandinia breviseta*.
T: *D. modesta* (SYD.) DEIGHTON

Dentipellis DONK, Zahnhaut – RiP/StaP (Bas, Agaricomycetes, Russulales, Hericiaceae)
Frk resupinat bis (seltener) effus-reflex, membranös, oberseits mit schmalen, bis 1,5 cm langen Stacheln, weiß bis ocker. Monomitisch. Hyphen hyalin, mit Schnallen. Gloeozys-

tiden vorhanden. Sp hyalin, dünn- bis etwas dickwandig, glatt bis fein warzig, amyloid, 4,5–6 × 4–5 µm. LaH. – **Lit**: **9**: 283, **12**: 114
1 Art = T: *D. fragilis* (PERS. : FR.) DONK – **Zarte Zahnhaut**: BK 2.285, RH 113

Dentipratulum DOMANSKI. – RiP/StaP (Bas, Agaricomycetes, Russulales, Auriscalpiaceae) Frk aus freien Stacheln oder resupinat bis zu 15 cm und oberseits mit Stacheln. Ohne Subiculum. Monomitisch. Mit langen Gloeozystiden, Sp hyalin, subglobos, fein-stachelig, amyloid, 3,5–5 × 3–4,5 µm. Lignicol. NaH (Fichte). – **Lit**: **12**: 112
1 Art = T: *D. bialoviense* DOMANSKI

Dermocybe (FR.) WÜNSCHE, Hautkopf – BläP, (Bas, Agaricomycetes, Agaricales, Cortinariaceae)
Frk mittelgroß, mit freudigen gelben, roten oder grünl Farben auf den jungen L oder an anderen Teilen des Frk. Mit (schwindender) Cortina oder Cortina-Resten am S und H-Rand. Spp rostbraun. Sp fein-warzig. Mit Anthrachinon-Pigmenten im F, die in KOH rot oder gelbl in Lösung gehen. 14 Arten. Terricol, EktM. – Anm: Wahrscheinl nicht von *Cortinarius* (Subg. *Telamonia*) trennbar. – Syn: *D. anthracina* = *Cortinarius anthracinus, D. cinnabarina* = *Cortinarius cinnabarinus; D. cinnamomeolutea* = *D. crocea.* – **LIt**: **11**: 389, **14**: 667
T: *D. cinnamomea* (L. : FR.) WÜNSCHE – Orangeblättriger Hautkopf: CD 118, Dh 709,2, Md 609, RH 485

1 L jung rot oder mit entschiedenem rötl Mischton: blutrot, zinnoberrot, karminrot, rotbräunl. L-Stücke in KOH (2 %) rot bis schmutzig rot **2**
1* L jung nicht rot, nicht rotbräunl, vielmehr gelb, olivgrün, safranfarben, orange, auch feuerfarben. L-Stücke in KOH (2 %) gelb, grünl-gelb oder bräunl **4**
2 H mit ± braunen Farben. L blutrot. Sp im Mittel unter 9 µm lang, 6,5–8,5(–9,5) × 4–5 µm. S ohne rötl Töne (falls S vom Velum rot überzogen vgl. *D. purpurea*). NaW **Blutblättriger Hautkopf** – *D. semisanguinea* (FR. : FR.) M.M. MOSER
2* H mit roten Farben: dunkelrot, blutrot, rotbraun. **3**
3 H hygrophan. Sp im Mittel über 9 µm lang (hierunter fallende Arten jetzt zu *Cortinarius* Subg. *Telamonia* gerechnet: *C. cinnabarinus, C. anthracinus*). Meist LaW ▸
3* H nicht hygrophan. Sp im Mittel unter 9 µm lang, (6–)7–8,5(–9) × (4–)4,5–5(–6) µm. Ganzer Frk dunkel blutrot, nur S-Basis orangegelb. F gänzl rot (falls F gelbocker bis gelbl-weiß mit olivbraunem Mischton siehe Schlüsselpunkt 2). NaW **Blutroter Hautkopf** – *D. sanguinea* (WULFEN : FR.) WÜNSCHE
4 L jung orangegelb, zimtorange und lange so bleibend. (falls L jung rötl-gelb bis fast orange-gelb und dann gelbrostbraun vgl. *D. sommerfeltii*). **5**
4* L jung nicht orangegelb, zimtorange bis rötl-gelb **6**
5 H nicht von orangefarbenem Velum überzogen. S gegenüber L farbl kontrastierend: strohgelbl, olivgelbl, gelbgrünl. Sp im Mittel über 7 µm; (6,5–)7–8,5(–9) × 4–5(–5,5) µm. NaW **Orangeblättriger Hautkopf** – *D. cinnamomea* (L. : FR.) WÜNSCHE
5* H jung ganz, später nur der H-Rand vom orangefarbenem Velum überzogen, dann H-Mitte dunkelbraun. (falls H zimtbraun und H-Rand blasser, safrangelb bis chromgelb

vgl. *D. luteomarginata*). L lebhaft orange-feuerfarben. S auf olivgelbem Grunde vom orangefarbenem Velum bis zur zitronengelben Cortina überzogen. Sp im Mittel unter 7 µm, 5–6,5 × 3,5–4,5 µm. NaW, LaW

Orangerandiger Hautkopf – *D. malicoria* (FR.) RICKEN

6 H gewölbt-gebuckelt bis kegelig ▸

6* H konvex bis flach. 7

7 In *Sphagnum*-Mooren. L jung grünl, oliv, olivgrünl ▸

7* Nicht zwischen *Sphagnum* in Mooren. L jung gelb, ohne olivl Mischtöne. S zitronengelb bis gelb, bisw vom Velum braun genattert (var. *porphyreovelata*). S-Basis und F gelb (falls S-Basis und F orangerot bis rot vgl. *D. bataillei*) Sp 7–8(–12) × 4–4,5(–6,5) µm. NaW, LaW **Safranblättriger Hautkopf** – *D. crocea* (SCHAEFF.) M.M. MOSER

Dermoloma (J.E. LANGE) SINGER ex HERINK, Samtritterling – BläP (Bas, Agaricomycetes, Agaricales, Tricholomataceae)

Frk mittelgroß. L dickl, ausgebuchtet bis breit angeheftet. H-Oberfläche matt. F mit mehlartigem Geruch und Geschmack. HDS weitgehend hymeniform. Spp weiß. Sp amyloid oder inamyloid. 5 Arten. Terricol. – **Lit**: **7**: 244, **11**: 195, **14**: 404

T: *D. cuneifolium* (FR. : FR.) SINGER ex BON – **Runzeliger Samtritterling**: BK 3.206, CD 641, Ct 1019, Lg 31B, Kr 3,240, Lu 1.22.2.5, RH 365

1 H grau bis bräunl. Sp inamyloid 2

1* H hellgrau bis schmutzig weißl. Sp amyloid ▸

2 Sp 3–3,5 µm breit (4–6 µm lang). H 1,5–3 cm, schmutzig grau bis bräunl, oft mit runzeliger Oberfläche. L fast dreieckig und stark ausgebuchtet, weißl

Runzeliger Samtritterling – *D. cuneifolium* (FR. : FR.) SINGER ex BON

2* Sp 4,5–6(–7) × 3,5–4,5 µm. H 1,5–5 cm, feucht dunkelgrau, trocken mausgrau. L schmutzig weiß bis graul ▸

Desarmillaria siehe *Armillaria*

Desmazierella LIBERT, Nadelbecherchen – op. Disc (Asc, Pezizomycetes, Pezizales, Chorioactidaceae)

Apothecien scheibenfö bis kreiselfö, sitzend, 1–3 mm, oberseits (Hymenium) weißl und zugleich mit zahlreichen dunkelbraunen Flecken, dies durch vorspringende verzweigte Haare (Seten ähnelnd) verursacht. An oberer Außenseite mit bis zu 1 mm langen, braunen, steifen Haaren, darunter mit schlanken, gebogenen, braunen Hyphen. Asc-Sp glatt, mit 2 großen Tröpfchen, 20 × 12 µm. 2 Arten, an alten Nadeln von Kiefer im Frühjahr (T) oder von Fichte im Sommer [und dann Asc-Sp 48–52 × 11–12 µm: *D. piceicola* HUHTINEN & MÄKINEN]. – **Lit**: **5**: 36, **10**: 125

T: *D. acicula* LIBERT. – **Kiefern-Nadelbecherchen**: De 8K, RH 632

Dianema REX – SchleimP (Myxogastria, Trichiida, Dianemidae)

Frk kissenfö, auch etwas niedergedrückt, 0,5–2 × 0,3–1 mm. Peridie membranartig oder hornartig. Capillitiumfasern dünn, unverzweigt oder gabelteilig, glatt oder mit feiner Oberflächenstruktur, gegen Basis des Frk zu mehreren vereinigt. Sp kugelig, blass braun

oder gelbl, feinwarzig (T) oder netzig ornamentiert, kugelig, 7–10 µm (T). 5 Arten. T auf Zweigen von LaB. – **Lit**: **17**: 89, **18**: 218
T: *D. harveyi* REX: Nan 90, Neub 1.221–222

Diatrype FR., Eckenscheibchen – Pyr (Asc, Sordariomycetes, Xylariales, Diatrypaceae)
Frk ein dunkelbraunes bis schwarzes, scheibenfö, kissenfö bis flächig ausgebreitetes Stroma mit eingesenkten Perithecien. Stroma sprengt die Rinde von abgestorbenen Zweigen von LaH. Sp hyalin bis blass braun, allantoid. Etwa 6 Arten (2 davon häufiger). **Lit**: **5**: 336, **10**: 251
T: *D. disciformis* (HOFFM. : FR.) FR. – Buchen-Eckenscheibchen: BK 1.357, De fig. 27G, Ge 536, Gh 659, Ja 19, Lx 629

1 Stroma schwarze, flach ausgebreitete Beläge bildend und dabei die Rinde von Ästen aufbrechend, Sp 6–10 × 1,5–2 µm. LaH (*Fagus*, *Betula* etc.); befallene Äste flächig rindenlos und wie mit schwarzer Farbe angestrichen erscheinend
Flachkrustiges Eckenscheibchen – *D. stigma* (HOFFM. : FR.) FR.
1* Stroma scheibenfö oder kissenfö, 1–5 mm **2**
2 Stroma in Form von 1–3 mm breiten, kreisrunden Scheibchen auf Holz von *Fagus*. Sp 5–8 × 1,5–2 µm **Buchen-Eckenscheibchen** – *D. disciformis* (HOFFM. : FR.) FR.
2* Stroma kissenfö, bisw etwas gestreckt, 1–5 mm breit, auf Holz von *Salix*. *Sp 5–8 × 1,5–2 µm* **Blasenförmiges Eckenscheibchen** – *D. bullata* (HOFFM. : FR.) TUL.

Diachea FR. – SchleimP (Myxogastria, Steminitidales, Steminitidae)
Frk kugelig, eifö oder zylindrisch (T), sitzend oder gestielt. Falls S vorhanden, ist dieser, wie auch die Columella, kalkführend, dick und brüchig. Peridie einschichtig, dünn, zieml beständig, gewöhnl irisierend, ohne Kalkausscheidungen. Capillitium ohne Kalk, verzweigt, aus fädigen Röhren, diese gegen das Zentrum des Frk netzartig geschlossen. Sp kugelig, feinwarzig. 8–11 µm. 2 Arten heimisch. Der T auf toten Blättern oder lebenden Kräutern. – **Lit**: **17**: 299, **19**: 27
T: *D. leucopodia* (BULL.) ROST.: Nan 300, Neub 2.27–28

Dichomitus REID, Astporling – PoP (Bas, Agaricomycetes, Polyporales, Polyporaceae)
Frk resupinat oder mit abgehobenen H-Kanten, poroid. creme- bis holzfarben, am Rand bisw schwarz verfärbend. Dimitisch. Bindehyphen hyalin oder gelbl, generative Hyphen hyalin, mit Schnallen. Sp hyalin, glatt, dünnwandig, inamyloid. 2–3 Arten. Lignicol. – **Lit**: **9**: 226, **12**: 362
T: *D. campestris* (QUÉL.) DOMAŃSKI & ORLICZ – Schwärzender Astporling: BK 2.350, Ja 104, Kr 1.609, Lx 565, Md 256, Ph 234, RH 164
1 Frk effus-reflex oder mit deutl abgehobenem H. Sp 7–10 × 3–4 µm. Auf NaH
Hut-Astporling – *D. squalens* (KARSTEN) REID
1* Frk resupinat. LaH und NaH **2**
2 Auf LaH. Sp 9–16 × 3,5–5 µm. Hyphen hyalin. Frk kissenfö, 3–15(–25) × 2–5 cm und in der Mitte 0,5–1,5 cm dick, 1–2 Poren pro mm.
Schwärzender Astporling – *D. campestris* (QUÉL.) DOMAŃSKI & ORLICZ

2* Meist auf NaH. Sp-Maße anders. Hyphen hyalin bis gelbl ▸

Dichostereum PILÁT, Gabelfilzlager – SchichtP (Bas, Agaricomycetes, Russulales, Lachnocladiaceae)
Frk resupinat, membranös bis krustig, glatt bis warzig. Monomitisch. Hyphen hyalin bis braun, mit Schnallen. Sterile Elemente mit dichotom verzweigten Enden (Dendrohyphidien) und Zystiden vorhanden. Sp hyalin, kugelig bis breit ellipsoid, dünn- bis etwas dickwandig, mit amyloiden Warzen und großem Apikulus. 3 Arten. Lignicol auf LaH und NaH. – T mit oberseits glattem, braunem Frk, mit fast kugeligen, 5,3–6,6 × 4,2–5,2 µm großen Sp und mit zahlreichen Dendrohyphidien. – **Lit**: **9**: 319, **12**: 269
T: *D. durum* (BOURDOT & GALZIN) PILÁT – **Hartes Gallertfilzlager**: Tint 4,1996

Dictydiaethalium NANN.-BREM. – SchleimP (Myxogastria, Liceida, Enteriidae)
Sammel-Frk (Aethalium, Pseudoaethalium) aus einer großen Zahl von Einzel-Frk zusammengesetzt, deren Trennwände während der Reifung verschwinden, wobei die Peridien nur am oberen Ende der einzelnen Frk erhalten bleiben und dann dort ein gefeldertes Muster bilden. Pseudocapillitium erstreckt sich von oben ins Innere der Frk. Sp-Masse rostbraun, ockerl, olivl oder rötl, hyalin in Durchsicht, kugelig, 8–10 µm (T) oder auch 11–12 µm, feinstachelig. 2 Arten. LaH, auch auf Zweigen und Rinde von LaH. – **Lit**: **17**: 67, **18**: 118
T: *D. plumbeum* (SCHUM.) ROST.: Nan 68, Neub 1.119–121

Dictyophora DESV., Schleierdame – BaP (Bas, Agaricomycetes, Phallales, Phallaceae)
Frk gestielt-hutfö, mit gekammertem hohlem S und aufgesetzt-kegeligem H, der unten frei, also nicht mit dem S verbunden ist. H-Oberfläche bei Reife dunkel-oliv, schmierig. Am H-Rand mit herabhängendem, netzartigem Schleier. Die Eigenständigkeit der Gattung gegenüber *Phallus* ist umstritten bzw. unwahrscheinl. – **Lit**: **12**: 465
T: tropisch, für unser Gebiet angegeben *D. duplicata* ss. auct. europ. = *Phallus impudicus* var. *pseudoduplicatus* O. ANDERSSON

Diderma PERS. – SchleimP (Myxogastria, Physarida, Didymiidae)
Frk sitzend oder gestielt, vielgestaltig, unregelmäßig netzartig, wurmfö, kissenfö, scheibenfö, kugelig. Peridie gewöhnl 2-schichtig, seltener 3- oder 1-schichtig; die Außenschicht ist vielfach kalkführend und dann Eischalen-artig oder aber hornartig mit kleineren Kalkausscheidungen. Columella oft gut ausgebildet und oft mit Kalkausscheidungen. Capillitiumfasern oder fädige Röhren strahlen von der Columella aus gegen die Peridie; sie sind dichotom verzweigt und bisw miteinander verbunden, frei von Kalkkörpern, allenfalls nahe der Columella mit solchen. Sp in Masse schwarz oder dunkelbraun, kugelig bis breit ellipsoid, beim T 9–12 µm, dicht warzig. Über 20 Arten, z. T. in der alpinen Höhenstufe nahe schmelzender Schneefelder. Auf toten Blättern, auch auf Moosen an Baumstümpfen, auf Krautresten, Zweigen, lebenden Kräutern, Totholz. – **Lit**: **17**: 239, **19**: 32
T: *D. globosum* PERS.: Nan 250, Neub 2.55

1 Peridie außen Eischalen-artig, glatt, weiß, blass rosa, blass ockerl, perlgrau. **2**
1* Peridie außen hornartig, mit Kalk-Körnchen imprägniert ▸

2 Frk kugelfö (in Form einzelner Sporangien). **3**
2* Frk ausgedehnt-flächig oder netzartig, auch abgeflacht-kugelig (in Form eines Plasmodiocarps) ▸
3 Frk sitzend. **4**
3* Frk gestielt ▸
4 Frk perlgrau, glatt und etwas glänzend *D. cinereum* MORGAN
4* Frk weiß oder fast weiß. **5**
5 Sp 13–14(–15) µm mit dicht angeordneten Warzen *D. cingulatum* NANN.-BREM.
5* Sp 10–12 µm, mit dicht angeordneten Warzen. Hypothallus membranartig, häufig ohne Kalk. [Falls Warzen auf den Sp eher locker angeordnet und Hypothallus dick, kalkhaltig: *D. spumarioides* (FR.) FR.]. Columella fast kugelfö, klein *D. globosum* PERS.

Didymium SCHRAD. – SchleimP (Myxogastria, Physarida, Didymiidae)
Frk sitzend oder gestielt, wurmfö (z. B. 0,3–1 × 0,3–1 × 0,1–0,3 mm), unregelmäßig kissenfö, netzfö, scheibenfö, kugelig (z. B. 0,7–1 × 1 mm). Peridie membranartig oder hornartig, mit einer Schicht von Kalk-Kristallen, die bisw eine geschlossene, glatte Schicht bilden. Columella oft vorhanden. Capillitium aus verzweigten Fäden oder fadenartigen Röhren, die bisw anastomosieren und bisw (auch nur zerstreut angeordnete) Verdickungen zeigen. Sp in Masse dunkel braun, (fast-)kugelig, schwach bis stark ornamentiert, beim T 10–12 (–14) µm. Über 20 Arten. Auf toten Blättern, verrottenden Pflanzen, auf Moosen, Zweigen, Kompost, Dung; auch nahe abschmelzendem Schnee (nivicol). – **Lit**: **17**: 263, **19**: 91
T: *D. melanospermum* (PERS.) MACBR.: Nan 284, Neub 2.118–119

1 Frk sitzend [Falls nivicol und Peridie außen Eischalen-artig: *D. difforme* (PERS.) S.F. GRAY] ▸
1* Frk gestielt. **2**
2 Peridie außen als glatte, halbkugelige, deckelartige Kalk-Schale erscheinend, die als Ganzes abfällt. *D. vaccinum* (DUR. & MONT.) BUCHET
2* Peridie membranartig mit lose aufliegenden Kalkkristallen oder kristallinen Schuppen oder auch als dünne, unregelmäßig aufspringende Kalkschicht ausgebildet **3**
3 S lang, wenigstens 1,5 × so lang wie der maximale Durchm des Frk ▸
3* S kurz, weniger als ¼ × so lang wie der Durchm des Frk. **4**
4 S weiß. Ockerl, blass braun oder gelbl, oft mit Kalk inkrustiert. Columella, falls vorhanden, weiß, ockerl oder rostbraun ▸
4* S schwarz. Columella, falls vorhanden, dunkelbraun. **5**
5 Sp 10–14 µm, warzig bis dornig. Frk kugelig *D. melanospermum* (PERS.) MACBR.
5* Sp kleiner, (5–)6–8 µm, Frk scheibenfö [Falls Sp 8–10 µm, feinwarzig, Frk kugelfö: *D. minus* (A. LISTER) MORGAN] *D. clavus* (ALB. & SCHWEIN.) RABENH.

Didymopsis SACC. & MARCHAL – SchimP (Asc, inc. sed.)
Eine Art, *D. helvellae* (CORDA) SACC, & MARCHAL, auf Frk von *Helvella lacunosa*.
T: *D. perexigua* SACC, & MARCHAL

Digitatispora DOGUET – RiP (Bas, Agaricomycetes, Atheliales, Atheliaceae)
Frk resupinat, glatt, monomitisch. Hyphen hyalin mit Schnallen. Zystiden fehlen. Sp hyalin 4-strahlig, Sp-Arme 30–35(–45) × 2–3 µm. Lignicol, auf Holz im Meer, bislang nur aus Frankreich bekannt, bei uns in/an der Nordsee zu erwarten. – **Lit**: **9**: 184, **12**: 156
T: *D. marina* DOGUET

Diplomitoporus DOMAŃSKI, Nadelholztramete – PoP (Bas, Agaricomycetes, Polyporales, Polyporaceae)
Frk resupinat bis effus-reflex, weißl bis hell ocker, poroid, dimitisch, Skeletthyphen hyalin, bisw sich in KOH schnell auflösend, generative Hyphen hyalin, mit Schnallen. Sp hyalin, glatt, dünnwandig, inamyloid. 3 Arten. Lignicol, LaH und NaH. – Syn: *D. lindbladii* früher auch als *Cinereomyces* l. – **Lit**: **9**: 209, **12**: 363
T: *D. flavescens* (BRES.) DOMAŃSKI – Gilbende Nadelhollztramete: Gh 521, Lx 565, Md 258

1 Auf LaH und NaH. Frk resupinat. Skeletthyphen in KOH sich auflösend
Grauweiße Nadelholztramete – *D. lindbladiii* (BERK.) GILB. & RYVARDEN
1 Auf NaH. Frk resupinat oder effus-reflex mit H-kanten. Skeletthyphen in KOH sich nicht auflösend. **2**
2 Frk resupinat, mehrere Dezimeter lang. Sp 4,5–5,5 × 2,5–3 µm ▸
2* Frk mit H-Kanten, effus-reflex. Sp 6,5–8,5 × 2–3 µm
Gilbende Nadelholztramete – *D. flavescens* (BRES.) DOMAŃSKI

Discina (FR.) FR., Scheiben-Lorchel, Riesen-Lorchel – op. Disc (Asc, Pezizomycetes, Pezizales, Discinaceae)
Frk scheibenfö, fast sitzend oder mit kurzem S, der allmählich in den scheibenfö Teil übergeht, oder gestielt-hutfö mit sattelfö oder mit 3 Zipfeln versehenem H, oder auch mit wulstig strukturiertem, einwärts gebogenem H. Hymenium bräunl, eben oder runzelig. S weißl, bräunl angehaucht, kahl, oft gefurcht. Asc-Sp an den Enden mit Anhängseln, mit netzartigem Ornament. 9 Arten. Terricol nahe von Bäumen oder lignicol auf morschen Stümpfen, im Frühjahr fruchtend. – Anm: Einige Arten früher auch unter *Gyromitra*. – Syn: *D. ancilis* = *D. perlata*. – **Lit**: **5**: 13, **10**: 78
T: *D. perlata* (FR.) FR. – Scheiben-Lorchel: BK 1.31, Br 1195, De 4B, Ge 616, Gh 641, Lx 665, Md 99, RH 614

1 Frk 12–18(–20) × 7–13 cm, gestielt, H wulstig strukturiert und einwärts gebogen, vom S deutl abgegrenzt, [Falls H sattelfö und oben in drei Zipfeln mündend: *D. caroliniana* (BRES. : FR.) ECKBLAD; vgl. auch *Gyromitra esculenta*]
Riesen-Lorchel – *D. gigas* (KROMBH.) ECKBLAD
1* Frk ausgebreitet scheibenfö, Apothecien 3–7 cm. S fehlend oder allmählich in die Scheibe (Apothecium) übergehend **2**
2 Auf kalkhaltigen Böden ▸
2* Auf morschem NaH [Falls auf LaH: *D. parma* J. BREITENB. & MAAS GEEST.]. Asc-Sp breit ellipsoid, 26,5–30,5 × 11,5–14,5 µm, an den Enden mit zugespitzten Anhängseln, diese 5–6 µm lang und an der verbreiterten Basis ebenso breit, mit Netzornament [Falls

Asc-Sp kleiner oder größer oder falls mit labyrinthartigem Ornament: ▸].

Scheiben-Lorchel – *D. perlata* (FR.) FR.

Discinella BOUD. – inop. Disc (Asc, Leotiomycetes, Helotiales, Helotiaceae)
Frk weitgehend sitzend, allenfalls gegen die Basis etwas stielfö verjüngt, flach bis schirmfö oder unregelmäßig, weichfleischig, purpurl-braun, 0,5–1,5 cm. Asci zylindrisch bis keulenfö, 8-sporig, mit amyloidem Porus. Paraphysen zylindrisch, gegen das obere Ende auf × 3 µm erweitert. Asc-Sp ellipsoid, nicht septiert, hyalin, 10–15 × 4–5 µm. Wohl mehr als 1 Art. Terricol auf Sandböden. – **Lit: 5:** 149, **10**: 146
T: *D. boudieri* (QUÉL.) BOUD.: De 19M

Disciotis BOUD. Morchelbecherling – op. Disc (Asc, Pezizomycetes, Pezizales, Morchellaceae)
Frk schüsselfö bis ausgebreitet, (fast) sitzend, 3–12 cm. Oberseits bräunl, besonders gegen die Mitte runzelig bis faltig. Außen hell graubraun, mit violettl Mischton, weißl, kahl. Falls mit kurzem S, ist dieser gefurcht. F mit Chlorgeruch. Spp gelbl bis orange. Asc-Sp ellipsoid, ohne Tröpfchen, an den Enden mit externen Körnchen, glatt, 22–25 × 12–14 µm. Auf nährstoffreichem Boden im Frühjahr und Frühsommer. (Vgl. auch *Discina perlata*). – **Lit**: **5**: 5, **10**: 83
1 Art = T: *D. venosa* (PERS. : FR.) BOUD. – **Aderiger Morchelbecherling**: BK 1.10, Dh 1105, De 4A, HK 2.213, Lx 663, Md 95, RH 610

Disciseda CZERN., Scheibenbovist – BaP (Bas, Agaricomycetes, Agaricales, Agaricaceae)
Frk wird unterirdisch angelegt, bei Reife vom Mycel abgelöst und auf dem Erdboden frei liegend, Öffnung am Abriss vom Mycelstrang (basal) entstehend, reif fast scheibenfö abgeflacht. Gleba ohne Columella, Subgleba fehlt. Capillitium ohne Poren, mit schraubiger Wandstruktur (Ölimmersion!). Sp ± kugelig. 2 Arten. Terricol in Trockenrasen, Dünen. – **Lit**: **9**: 336, **12**: 493
T: ?. – Bei uns z. B. *D. bovista* (KLOTZSCH) HENN. – Großer Scheibenbovist**:** HK 2. 156a, Kr 2. 135

1 Sp kleiner als 8 (8,5) µm **2**
1* Sp größer als 8 µm ▸
2 Frk klein, 0,6–2 cm. Sp feinwarzig, 4–5,5(–6,5) µm
KleinerScheibenbovist – *D. candida* (SCHWEIN.) LLOYD
2* Frk größer, 1–3 cm. Sp grobwarzig, 5,5–7,5(–8,5) µm
Großer Scheibenbovist – *D. bovista* (KLOTZSCH) HENN.

Discocainia J. REID & FUNK – inop. Disc (Asc, Leotiomycetes, Rhytismatales, Rhytismataceae)
Frk sitzend, zunächst geschlossen, reif mit einem unregelmäßigen, am R gekerbten Schlitz sich öffnend. Oberseits (Hymenium) gelbl oder rosal, außen dunkelbraun oder schwarz. Asci keulenfö, 8-sporig, inamyloid. Paraphysen fädig, mit gekrümmter oder eingerollter Spitze. Asc-Sp fädig, hyalin, nicht septiert, oft Sekundär-Sp bildend, beim T 36–50 ×

1,5–2 µm, sonst z. B. 50–60 × 1,5–2 µm. 2 Arten. Lignicol auf Fichtenstümpfen (*Picea*; so der T); auch auf Blättern von LaB oder Farnen. – **Lit**: **10**: 146
T: *D. treleasei* (SACC.) J. REID & FUNK

Discogloeum PETR. – (Asc, inc. sed.; Anamorphe)
Bildet als Parasit z. B. auf *Veronica* weißl bis gelbl, kleine, glänzende Pusteln an gelbl oder bräunl verfärbten Bl wie auch am Spross. Konidien zylindrisch bis verkehrt eifö, bisw etwas gebogen, hyalin, glatt. – **Lit**: **3**: 122
T: *D. veronicae* (LIB.) PETR.: Bra 1123: 307, JK 445–446

Ditangium siehe *Craterocolla*

Ditiola FR., Gallertkissen – GaP (Bas, Dacrymycetes, Dacrymycetaceae)
Frk in dichten Gruppen, bis 7 mm hoch, jung halbkugelig, dann vertieft scheibenfö, becherfö oder zylindrisch mit apikaler Vertiefung, reif kreiselfö, oben 2–5 mm breit, orange, trocken orangebraun, basal stielfö verschmälert. Außen weißl-cremefarben, filzig. Hyphen ohne Schnallen, dünn- bis dickwandig. Basidien gegabelt. Sp hyalin, dünnwandig, glatt, reif mit bis zu 3 Quersepten, inamyloid, schmal ellipsoid bis etwas allantoid, 8–13(–14,5) µm. 1–2 Arten. Lignicol, NaH. (Gattungsbeschreibung ist auf T bezogen). – Syn: siehe auch *Femsjonia* mit Schnallen an den Hyphen; deren Arten z. T. hierher gezogen werden (z. B. *F. peziziformis*). – **Lit**: **9**: 95, **12**: 440
T: *D. radicata* (ALB. & SCHWEIN.) FR. – **Wurzelndes Gallertkissen**: Br 1128.2

Donkioporia KOTL. & POUZAR, Hausporling – RiP (Bas, Agaricomycetes, Polyporales, Fomitopsidaceae)
Frk resupinat, flach kissenfö oder nodulos, bis zu 2 m lang, leicht ablösbar, mehrjährig, Rand hell, samtig. Poren erst weißl, dann hellbraun, bis dunkler braun, frisch mit silbrigem Schimmer, rund, 4–5 pro mm. Röhren ± geschichtet, 2–7 mm pro Schicht, insgesamt bis 2 cm lang, braun. Trama braun, in KOH schwarzbraun. Sp hyalin, ellipsoid, inamyloid, 4,5–5,5(–7) × 3,2–3,7 µm. Lignicol, LaH, auch in Häusern (Keller, Fensterrahmen). – **Lit**: **12**: 364
1 Art = T: *D. expansa* (DESM.) KOTL. & POUZAR – **Flacher Hausporling**: ZfM 65(1), 1999

Doassansia CORNU – BrandP (Bas, Ustilaginomycotina, Exobasidiomycetes, Doassansiales, Doassansiaceae)
Phytoparasit, weißgelbl, später bräunl, 5–12 mm lange Blattflecken bildend. Sp-Ballen rötl-braun, 110–220 µm im Durchm. Sp hellgelb, glatt, 9,5–15 × 7–11 µm, von braunen Palisadenzellen umgeben (so beim T auf *Alisma*). – **Lit**: **13**: 98, 194, 367
T: *D. alismatis* (NEES) CORNU
Alisma: *D. alismatis*. – ***Butomus***: *D. niesslii* (Blattflecken 0,5–3 cm, blassgelb bis violettbraun). – ***Epilobium***: *D. epilobii* (Blattflecken rundl, 1–6 mm). – ***Sagittaria***: *D. sagittariae* (Blattflecken rundl, leicht blasenfö, klein bis groß, gelb bis bräunl, Bl-unterseits)

Doassinga VÁNKY, R. BAUER & BEGEROW – BrandP (Bas, Ustilaginomycotina, Exobasidiomycetes, Doassansiales, Doassansiaceae)
Phytoparasit, randlose, grüngelbe bis hell gelbbraun Flecken auf *Callitriche* bildend, diese 0,5–1,5 mm im Durchm. – **Lit**: **13**: 202
T: *D. calitrichis* (LIRO) VÁNKY, R. BAUER & BEGEROW
Callitriche: *D. callitrichis*

Doassansiopsis (SETCH.) DIETEL – BrandP (Bas, Ustilaginomycetes, Urocystidiales, Doassansiopsidaceae)
Phytoparasit, gelbl bis rötl-braune, 1–10 mm große (im Durchm) Flecken auf Blättern. Spross und Früchten von *Potamogeton* bildend. – **Lit**: **13**: 653
T: *D. deformans* (SETCH.) DIETEL
Potamogeton: *D. hydrophila*

Donkioporia KOTL. & POUZAR. – PoP (Bas, Agaricomycetes Gloeophyllales, Gloeophyllaceae)
Frk resupinat mit Poren, flach kissenfö bis knotig-uneben, vom Substrat leicht ablösbar, frisch zäh-elastisch, trocken hart, bis zu 2 m lang. Trama 0,5–5 mm dick, (ocker-, rot-) braun. Poren zunächst weißl, dann (hell-, dunkel-)braun, rund, 4–5 je mm. Röhren geschichtet. Skeletthyphen gelbbraun, Bindehyphen hyalin. Generative Hyphen hyalin bis hellbraun, mit Schnallen. Sp hyalin, dünnwandig, glatt, inamyloid. 1–2 Arten. Auf La-Holz (z. B. *Quercus*), auch in Häusern und Kellern. Weißfäule verursachend. – **Lit**: **12**: 364
T: *D. expansa* (DESM.) KOTL. & POUZAR.

Drechslera S. ITO – SchimP (Asc, Pleosporales, Pleosporaceae; Anamorphe)
Saprobiotisch bis parasitisch auf verschiedenen Süßgräsern, auch auf Getreide. Blattflecken oder Fäule von Sämlingen verursachend. Auch Infektion von Wurzeln und Rhizomen. Konidien dunkelfarben, durch Quersepten mehrzellig, überwiegend zylindrisch. Als jetzt gültiger Name der zugehörigen Teleomorphe wird *Pyrenophora tritici-repentis* (DIED.) DRECHSLER angegeben.
T: *D. tritici-vulgaris* (Y. NISIK) S. ITO

Dumontinia L.M. KOHN, Anemonen-Becherling – inop. Disc (Asc, Leotiomycetes, Helotiales, Sclerotiniaceae)
Frk becherfö bis flach, gestielt, bräunl aus einzeln im Boden liegenden Sklerotien gebildet, S 4–10 × 0,15–0,3 cm, Apothecien 1–3 cm breit. Sklerotien außen schwarz, innen weiß, 1,5–4 × 0,5–2,56 cm. Asc-Sp hyalin, ellipsoid, mit 2 Tröpfchen, 12–17 × 6–9 µm. Zw Rhizomen von *Anemone*. – **Lit**: **10**: 169
1 Art = T: *D. tuberosa* (HEDW. : FR.) L.M. KOHN – **Anemonen-Becherling**: BK 1.145, CD 9, De 13A, Dh 1147, Ge 568, Lx 651, RH 652

Durella TUL. & C. TUL. – inop. Disc (Asc, Leotiomycetes, Helotiales, inc. sed.)
Frk wurstfö, auf der Oberfläche vom Substrat sitzend oder ± eingesenkt, plan bis konvex, weichfleischig, grau, gelbl, oliv. rot oder schwarz, 0,1–0,5–1 mm breit. Asci zylindrisch bis keulenfö, 8-sporig, mit amyloidem oder inamyloidem Porus. Paraphysen schlank, verzweigt, mit erweiterten oberen Enden und in einer olivfarbenen Schicht (Epithecium) eingebettet. Asc-Sp ellipsoid, bis fast keulig-spindelfö, hyalin, glatt, unseptiert oder bis zu 7-fach septiert, z. B. 24–45 × 4–6 µm, auch nur bis zu 25 µm oder bis zu 12 µm lang. Etwa 5 Arten. Lignicol, auf Holz oder auf Zapfen von *Pinus*. – **Lit**: **5**: 159, **10**: 147
T: *D. compressa* (PERS.) TUL.: CS 27.9. – Siehe auch *D. commutata* FUCKEL: De fig. 3E; *D. connivens* (FR.) REHM: De fig 7M

Flechten, Gattungen D

Dactylina NYL. – Fle (Asc, Lecanoromycetes, Lecanorales, Parmeliaceae)
Lager strauchig, polsterig bis rasig, spärl dichotom verzweigt, mit zylindrischen, innen hohlen bis spinnwebigen Abschnitten. Apothecien selten. Sp 1-zellig, kugelig bis breit ellipsoid. Photobiont: Coccoide Grünalge. Erdboden, hochalpin.1 Art. – **Lit**: **25:** 75; 342 unter *Cetraria;* **445–446**
T: *D. arctica* (HOOK. f.) NYL.; abgebildet *D. ramulosa* (HOOK. f.) TUCK. – **Verzweigte Fingerflechte**: FleD 446

Degelia ARV, & D.J, GALLOWAY – Fle (Asc, Lecanoromycetes, Peltigerales, Pannariaceae)
Lager rundl, blättrig-gelappt, zu schildartigen Kruste verschmolzen, radialfaltig, bleigrau, graublau, Randlappen gerundet. Apothecien sitzend, rot. Sp einzellig, ellipsoid. Photobiont: *Nostoc*. Ba-Rinde, auch über Moosen. 1 Art. – **Lit**: **24:** 73, 632 unter *Pannaria*; **369–370**; **25:** 82, 800 unter *Pannaria*, **446–447**
T: *D. gayana* (MONT.) ARV. & D.J. GALLOWAY; bei uns *D. plumbea* (LIGHTF.) P.M. JØRG. & P. JAMES – **Bleiflechte**: Wi 369, FleD 447

Dendriscosticta MONCADA & LÜCKING – Fle (Asc, Lecanoromycetes, Peltigerales, Lobariaceae)
Lager großblättrig, Lappen gerundet bis unregelmäßig, weißgrau, feucht graugrün. Apothecien schüsselfö. Sp schmal spindel- bis nadelfö, querseptiert. Photobiont: *Dictyochloropsis*. LaB-Borke. – **Lit**: **25:** 1073 unter *Sticta;* **447–448**
1 Art = T: *D. wrightii* (TUCK) MONCADA & LÜCKING

Dendrographa DARB. – Fle (Asc, Arthoniomycetes, Arthoniales, Roccellaceae)
Lager krustig, braun, grau, violettgrau, weißl. Apothecien fehlend (bei der hier vorkommenden Art). Photobiont: *Trentepohlia*. Silikatgestein. 2 Arten. – **Lit**: **24:** 443 als *Lecanactis*; **25:** 114, 123, 548 unter *Lecanactis*, 678, 680 unter *Lepraria*, 1037 unter *Schismatomma;* **448–449**
T: *D. leucophaea* (TUCK.) DARB.; abgebildet *D. latebrarum* (ACH.) ERTZ. & TEHLER – **Schatten-Strahlflechte**: Wi 443, FleD 448

Dermatina siehe (*Cyrtidula*), *Mycoporum*

Dermatocarpon ESCHW. – Fle (Asc, Eurotiomycetes, Verrucariales, Verrucariaceae)
Lager einblättrig bis vielblättrig, am Substrat nabelartig oder an mehreren Stellen anhaftend, grau bis dunkelbraun, bisw bereift. Unterseits hell- bis dunkelbraun. Perithecien kugelig, eingesenkt, am Scheitel dunkelfarben. Sp 1-zellig, ellipsoid. Photobiont: coccoide Grünalgen wie *Diplosphaera*, *Myrmecia*. Gestein. Etwa 10 Arten. – **Lit**: **24:** 73, 81, **370–372**; **25:** 81, **449–452**
T: *D. miniatum* (L.) W. MANN – Gewöhnliche Lederflechte: Wi 372, FleD 450, UT 98

1 Lager feucht intensiv grün
Bach-Lederflechte – *D. luridum* (DILL. ex WITH) J.R. LAUNDON
1* Lager feucht nicht intensiv grün. Falls Lager schuppig: ▸ **2**
2 Lager groß, 10–40(–60) mm breit
Gewöhnliche Lederflechte – *D. miniatum* (L.) W. MANN
2* Lager nur bis 10 mm breit, einblättrig oder Flechte an überschwemmten Plätzen ▸

„Dermatocarpon“
1 An zeitweise überfluteten Standorten an Bächen oder an langzeitig überrieselten Felsen ***Dermatocarpon***
1* Nicht an zeitweise überfluteten Plätzen 2
2 Lager schuppig bis angedeutet lappig ***Placidium*** (pr.p.)
2* Lager blättrig ***Dermatocarpon***

Dibaeis CLEM. – Fle (Asc Lecanoromycetes, Pertusariales, Icmadophilaceae)
Lager krustig, weißl, grau, Apothecien meist gestielt, mit rosafarbenem, kugeligen Köpfchen, Sp 1-zellig oder allenfalls scheinbar 2-zellig, ellipsoid bis spindelig. Photobiont: coccoide Grünalge. Auf meist sauren Böden. 1 Art. – **Lit**: **24:** 99, 173 unter *Baomyces*, **373–374**; **25:** 74, 118, 218 unter *Baeomyces*, **452–453**
T: *D. baeomyces* (L. f.) RAMBOLD & HERTEL – **Rosa Köpfchenflechte**: Wi 373, FleD 453, UT 124

Dictyocatenulata FINLEY & E.F. MORRIS – Fle (Asc, inc. sed.)
Lager krustig, glatt, sehr dünn, graugrün, feucht dunkelgrün. Frk fehlend. Konidien kugelig bis breit ellipsoid. Photobiont: *Trentepohlia*, am Stamm von LaB. 1 Art. – **Lit**: **25:** 111, 363 unter *Cheiromycina*, **453–454**
T: *D. alba* FINLEY & E.F. MORRIS – **Weiße Pilzhäubchenflechte**

Dimelaena NORMAN – Fle (Asc, Lecanoromycetes, Caliciales, Caliciaceae)
Lager krustig, areoliert, am Rand ± lappig (effiguriert-gelappt), gelbgrün bis grau, Apothecien eingesenkt, schwarz. Sp grau bis dunkelbraun, 2-zellig, dünnwandig, glatt bis ornamentiert. Silikatgestein. – **Lit**: **24:** 193 unter *Buellia*, **374–375**; **25:** 101, 247 unter *Buellia*, 1009 unter *Rinodina*, **454**
1 Art = T: *D. oreina* (ACH.) NORMAN – **Schwarzfrucht-Bergflechte**: Wi 374, FleD 455

Dimerella siehe *Absconditella* pr.p. und *Coenogonium* pr.p.

Diploicia A. MASSAL. – Fle (Asc, Lecanoromycetes, Caliciales, Caliciaceae)
Lager krustig, grauweiß bis bläul-grau. Apothecien schwarz, mit Eigenrand. Sp graugrün bis braun, 2-zellig, dickwandig, Photobiont: coccoide Grünalge. Silikatgestein. – **Lit**: **24:** 85, 192 unter *Buellia*, **377–378**; **25:** 99, 246 unter *Buellia*, **456**
1 Art = T: *D. canescens* (DICKS.) A. MASSAL. – **Graue Burgenflechte**: Wi 377, FleD 455, UT 138

Diploschistes NORMAN – Fle (Asc, Lecanoromycetes, Ostropales, Graphidaceae)
Lager krustig, weiß, grau, gelbl-grau, blassocker, zunehmend warzig oder rissig-areoliert. Apothecien zunächst Perithecium-artig, dann krugfö geöffnet, innen schwarz, oft bereift, vom Lagerrand und Eigenrand umgeben. Sp mauerfö unterteilt, farblos bis braun, breit ellipsoid. Photobiont: *Trebouxia*, *Asterochloris*. 4 Arten. – **Lit**: **24:** 87, **378–380**; **25:** 102, **456–458**
T: *D. scruposus* (SCHREB.) NORMAN – **Raue Krugflechte**: Wi 379, FleD 457, UT 149

1 Auf Erde oder auf Moosen, jung parasitisch auf *Cladonia*. Sp zu 4 je Aschus. Falls Sp zu 8 je Ascus: ▸ **Moos-Krugflechte** – *D. muscorum* (SCOP.) R. SANT.
1* Auf Gestein **2**
2 Auf Silikatgestein **Raue Krugflechte** – *D. scruposus* (SCHREB.) NORMAN
2* Auf Kalkgestein **Gips-Krugflechte** – *D. gypsaceus* (ACH.) ZAHLBR.

Diplotomma FLOT. – Fle (Asc, Lecanoromycetes, Caliciales, Caliciaceae)
Lager krustig, weiß bis grau, meist rissig oder auch rissig-areoliert. Apothecien eingesenkt, später ± vortretend, schwarz, oft bereift, Eigenrand undeutl oder auch fehlend, bisw mit Lagerrand. Sp querseptiert bis schwach mauerfö, bisw gekrümmt. Photobiont: coccoide Grünalge. Ba-Rinde, Gestein. 6 Arten. Syn: *D. hedinii* = *Buellia epipolia*. – **Lit**: **24:** 194 unter *Buellia*; **25:** 102, 248–249 unter *Buellia*, **458–461**
T: *D. alboatrum* (HOFFM.) FLOT. – **Schwarzweiße Scheibenflechte**: Wi 194, FleD 459

„Diplotomma“
1 Auf Rinde **2**
1* Auf Gestein ***Diplotomma***
2 Sp 4-zellig ***Diplotomma***
2* Sp 2-zellig, selten 4-zellig, selten schwach mauerartig unterteilt **3**
3 Mit graugrünl Soralen und schwach mauerartig unterteilten Sp ***Buellia*** (*griseovirens*)
3* Ohne Sorale. Sp 2-zellig, selten auch 4-zellig ***Buellia*** (*disciformis*)

Dirina FR. – Fle (Asc, Arthoniomycetes, Arthoniales, Roccellaceae)
Lager krustig, wenig gegliedert, feinrissig, weißl bis grau, sorediös. Apothecien bei der heimischen Art fehlend. Photobiont: *Trentepohlia*. Kalkgestein. 1 Art. – **Lit**: **24:** 92, 440 unter *Lecanactis*, **380–382**; **25:** 114, 165 unter *Arthonia*, **461–462**
T: *D. ceratoniae* (ACH.) FR., abgebildet: *D. stenhammarii* (FR. ex STENHAM.) POELT & FOLLMANN – **Gefurchte Felsenflechte**: Wi 381, FleD 462

Pilze, Gattungen E

Echinoderma (LOCQU. ex BON) BON, Stachelschirmling – BläP (Bas, Agaricomycetes, Agaricales, Agaricaceae)
Frk mittelgroß bis groß, H-Oberfläche mit kegelwarzigen bis pyramidalen Schuppen. L frei. Spp weiß. HDS aus Ketten isodiametrischer bis kugelfö Zellen. Sp pseudoamyloid. Terricol. – Syn: *Lepiota acutesquamosa* = *E. asperum*. – **Lit**: **8**: 141, **14**: 535
T: *E. asperum* (PERS. : FR.) BON – Spitzschuppiger Stachelschirmling: BK 4.214, CD 660, Dh 514, Ge 193, Gh 39, Lg 10F, MJ 3Ech1.

1 H groß, 6–18 cm, über weißl Grund mit braunen Warzen. L gedrängt, wiederholt gabelteilig, weißl, L-Schneide gleichfarben. Geruch unangenehm. Sp (6–)7–10 × 2,5–3,5 µm **Spitzschuppiger Stachelschirmling** – *E. asperum* (PERS. : FR.) BON
1* Merkm verschieden: H kleiner und/oder L-Schneide farbl abgesetzt, Sp kleiner (unter 6 µm lang) ▸

Echinostelium DE BARY – SchleimP (Myxogastria, Echinosteliida, Echinosteliidae)
Frk winzig, zerfallend, langstielig, insgesamt 0,3–0,5 mm hoch, oben kugelig, mit oder ohne kurze Columelle, mit (T) oder ohne Capillitium. Sp kugelig, 9–10(–12) µm, glatt oder leicht rau, mit verdickten Wandstellen, hyalin oder rosal bis bräunl in Masse. 4 Arten. Holz und Borke, auch an lebendem Baum. – **Lit**: **17**: 34, **18**: 51
T: *E. minutum* DE BARY: Nan 35, Neub 1.53–54

Efibulobasidium WELLS – GaP (Bas, Agaricomycetes, Auriculariomycetidae, Auriculariales, Exidiaceae)
Frk pustelfö bis tropfenfö, weich gelatinös, 0,1–3 mm im Durchm, farblos bis hell gelb. Monomitisch. Hyphen hyalin, ohne Schnallen. Sp hyalin, dünnwandig, glatt, inamyloid, längl-spindelfö, etwas gebogen, 15–21(–25) × 5,5–7,5 µm. Herbicol (Kräuter) oder lignicol an LaH. – **Lit**: **12**: 406
1 Art = T: *R. albescens* (SACC. & MALBR.) WELLS

Eichleriella BRES., Wachsrindenschwamm – RiP (Bas, Agaricomycetes, Auriculariomycetidae, Auriculariales, Exidiaceae)
Frk resupinat bis schüsselfö, wachsartig bis lederig, Hymenium glatt, faltig oder mit Zähnchen. Monomitisch. Hyphen hyalin, dünn- bis dickwandig, mit Schnallen. Basidien längsgeteilt. Sp hyalin, dünn- bis etwas dickwandig, glatt, reif bisw mit wenigen Querwänden, inamyloid, Sekundärsp bildend. – **Lit**: **9**: 99, **12**: 407
T: *E. incarnata* BRES. = *E. alliciens* (BERK. & CURT.) BURT. Häufiger: *E. deglubens* (BERK. & BROOME) D.A. REID – Dorniger Wachsrindenschwamm: BK 2.17, Ct 2904, RH 65
1 Frk resupinat, mit oft umgebogen, weißl Rand, oft verschmelzend. Hymenium höckerig, mit Zähnchen oder mit kleinen Stacheln, frisch fleischfarben, bereift, trocken graubräunl. Sp hyalin, zylindrisch bis schmal ellipsoid, etwas gebogen, 12–23 × 6–10 µm. LaH **Dorniger Wachsrindenschwamm** – *E. deglubens* (BERK. & BROOME) D.A. REID
1* Frk schüsselfö, Hymenium glatt bis faltig ▸

Elaphocordyceps siehe *Cordyceps*

Elaphomyces NEES : FR., Hirschtrüffel – Hyp (Asc; Eurotiomycetes, Eurotiales, Elaphomycetaceae)
Frk lange im Erdreich verbleibend, fast kugelig bis ellipsoid, gelb-ockerl, falb, z. B. 1–3 cm (T). Peridie zweischichtig, außen glatt bis körnig-warzig, oft umgeben von einem ± beständigen, ablösbaren Mycelmantel, die innere Schicht dicker. Gleba aus einer Kammer, die reif mit pulveriger schwärzl-brauner Sp-Masse angefüllt ist. Die fast kugeligen Asci enthalten 2–8 Sp und zersetzen sich bald. Sp kugelig, dunkel bis braun-schwarz, dickwandig, warzig, stachelig oder sonstwie ornamentiert, groß, 14–32 µm. Von den etwa 20 Arten sind bei uns 3 häufiger oder weiter verbreitet. Terricol, EktM?. Anm: Oft von *Cordyceps* parasitiert und dann leichter auffindbar. – **Lit: 5:** 388, **10**: 128
T: *E. granulatus* FR. – Kleinwarzige Hirschtrüffel: De 13E, Ge 529, Gh 667, HK 2.282, MS 68:

1 Frk im Anschnitt unterhalb der äußeren Rinde ockerl, gelbl-ocker, fahl-gelbl. **2**
1* Frk im Anschnitt unterhalb der Rinde dunkelbraun bis schwärzl. **4**
2 Oberfläche der Peridie (siehe auch im Anschnitt) netzig-runzelig, gelbl-orange, falb. Gleba schokoladenbraun mit dunkel purpurfarbenem Mischton. Sp im Mittel 16–19 µm [Falls Peridie außen beige bis hell graubraun, Gleba schwärzl, Sp im Mittel 20–25 µm: *E. decipiens* VITTAD.] **Bunte Hirschtrüffel** – *E. muricatus* FR.
2* Oberfläche der Peridie (siehe auch im Anschnitt) weder runzelig noch netzig strukturiert. **3**
3 Oberfläche der Peridie fein körnig-warzig, im Schnitt gelbl-weiß, Sp mit nahezu zylindrischen, 3–4 µm hohen, voneinander regelmäßig entfernten Stacheln, 20–28 µm [Falls Peridie im Schnitt mit grau-rosa-weinfarbenem Schein und Sp mit etwa 1 µm hohen, partiell zusammenfließenden Stacheln, 22–31 µm: *E. asperulus* VITTAD.] **Kleinwarzige Hirschtrüffel** – *E. granulatus* FR.
3* Oberfläche der Peridie mit gedrungenen, basal kohlefarbenen Stacheln. Peridie im Schnitt außen schwärzl, innen weiß. Sp mit 0,5–0,8 µm hohen, dicht angeordneten Stacheln, 13–17 µm **Stachelige Hirschtrüffel** – *E. aculeatus* VITTAD.
4 Oberfläche der Peridie weitgehend glatt. Peridie weich und Sp weniger als 14 µm (►) oder Peridie hartschalig und Sp mehr als 15–32 µm (►) ►
4* Oberfläche der Peridie papillös-warzig oder stachelig, so schon mit bloßem Auge erkennbar. Sp 17–22 µm mit netzigem Ornament (►) oder mit warzigem, stachelartigem. kammartig-lamelligem Ornament (►) ►

Elasmomyces CAVARA, Täublingstrüffel – Hyp (Bas, Agaricomycetes, Russulales, Russulaceae)
Frk bisw auch aus dem Erdreich ragend, mit deutl S und Columella, oben abgeflacht, 1–3,5 × 2,5 cm, frisch rein weiß, trocken braun. Peridie dünn, basal am S nicht angeheftet. Gleba mit unregelmäßigen Kammern. Hyphen ohne Schnallen. Sp gelbl-bräunl, mit isolierten, amyloiden Warzen oder stäbchenfö Ornament, kugelig oder breit ellipsoid, 9–15 × 9–13,5 µm. Terricol unter LaB oder NaB. – **Lit**: **12**: 548
T: *E. mattirolanus* CAVARA – **Südliche Täublingstrüffel**: Ct 2829, MS 585

Eleutheromycella HÖHN. – SchimP (Asc, Leotiomycetes, Phacidiales, Helicogoniaceae, Anamorphe)
Hyphen septiert, kugelige, schwarze Pyknidien bildend, diese 0,3–0,6 mm im Durchm, mit rundem, oft etwas emporgehobenem Ostiolum. Konidienträger einfach oder verzweigt, an deren nach oben verjüngten Endzellen oder an seitl Sterigmen (direkt unterhalb der Septen) die Konidien entstehend. Konidien mit schmaler Zentralzelle, an beiden Enden mit je einem kürzeren und längeren Fortsatz. Auf anderen Pilzen (*Trametes*).
T: *E. mycophila* HÖHN.: Abb. in HELFER: 63: 29

Eleutheromyces FUCKEL – SchimP (Asc, Leotiomycetes, Phacidiales, Helicogoniaceae)
Hyphen septiert, schmal flaschenfö, 0,5–1 mm lange schließl hellbraune Pyknidien bildend, deren Ostiolum mit einem Kranz von Seten umgeben. Konidienträger nicht oder spärl verzweigt; Konidien an deren Spitze und an kurzen seitl Sterigmen direkt unterhalb der Septen entstehend, 1-zellig, hyalin, mit ungleich langen Fortsätzen an den Enden. Auf anderen Pilzen (?*Collybia*, *Tricholoma*, *Laccaria*, *Lactarius*).
T: *E. subulatus* (TODE) FUCKEL: Abb in HELFER 64: 30, 31

Elmerina BRES. – RiP (Bas, Agaricomycotina, Tremellomycetes, Tremellales, Aporpiaceae)
Frk resupinat, einjährig, poroid. Dimitisch, Skeletthyphen hyalin. Generative Hyphen mit Schnallen. Sp hyalin, glatt, dünnwandig, inamyloid, zylindrisch bis schmal ellipsoid, 4,5–7,5 × 2–3 µm. LaH, NaH. – **Lit**: **9**: 119 als *Protomerulius*, **12**: 403 als *Aporpium*
T: *E. cladophora* (BERK.) BRES. Bei uns *E. caryae* (SCHWEIN.) D.A. REID

Encoelia (FR.) P. KARST.; Büschelbecherling – inop. Disc (Asc, Leotiomycetes, Helotiales, Cenangiaceae)
Frk sitzend, zunächst geschlossen, dann becherfö sich öffnend, mit unregelmäßig eingerissenem R, lederig. Oberseits/innen (Hymenium) zimtfarben bis dunkel braun; außen mehlig oder kleiig, gleichfarbig oder graul-weiß. Asci zylindrisch, 8-sporig, Porus amyloid oder inamyloid. Paraphysen zylindrisch. Asc-Sp zylindrisch, gebogen, nicht septiert, hyalin, mit Körnchen oder einigen Tröpfchen, beim T 6–11 × 2–2,5 µm. 4 Arten. Lignicol, saprotroph, auf Ästen von LaH, durch die Rinde hervorbrechend. Auf Hasel oder Erle (*Corylus, Alnus* im Frühkahr und Herbst; so der T) oder anderen Gattungen (*Populus, Salix, Sorbus, Tilia*). – **Lit**: **5**: 154, **10**: 170
T: *E. furfuracea* (ROTH : FR.) P. KARST. – **Kleiiger Büschelbecherling**: BK 1.204, Ct 2118, De 22B, Ge 560, Lx 659, RH 650

Encoeliopsis NANNF. – inop. Disc (Asc, Leotiomycetes, Helotiales, inc. sed.)
Frk kurzstielig, oben schüsselfö bis 1,5 mm breit, 0,7 mm hoch, lederig-zäh, aus dem Substrat hervorbrechend. Oben (Hymenium) gelbl, außen gelbl bis dunkelbraun. Asci zylindrisch, 8-sporig, bisw mit amyloidem Porus. Paraphysen zylindrisch, verzweigt, die Asci etwas überragend. Asc-Sp 16–26 × 3–4 µm, tränenartig (dacryoid), hyalin, zunächst 1-fach dann mehrfach septiert. Auf toten Blättern und Zweigen von *Rhododendron, Ledum* – **Lit**: **5**: 156, **10**: 158
1 Art = T: *N. bresadolae* (REHM) W. GROVES. – Auf *Ledum*: E. *ledi* (ALB. & SCHWEIN. : FR.) W. GROVES.

Endogone LINK : FR., Jochtrüffelchen – Hyp (Mucoromycetes, Endogonales, Endogonaceae)
Frk ± unregelmäßig knollig, einige mm bis über 2 cm, mit zahlreichen dickwandigen Sp (Zygosp), die durch Fusion von zwei Hyphenästen (Gametangien) entstehen. Sp breit-oval bis kugelig, 60–200 µm im Durchm, bisw mit Hyphen ummantelt. 3 Arten. Terricol, Mykorrhiza. – Anm: Vgl. auch *Glomus* mit ebenfalls großen, endständig an Hyphen gebildeten (Chlamydo-)Sp.
T: *E. pisiformis* LINK : FR. – Orangerotes Jochtrüffelchen: MS 641

1 Sp von mehrschichtigem Hyphenmantel umgeben, weniger als 60 µm im Durchm . **2**
1* Sp ohne Hyphenmantel, kurzoval bis fast kugelig, weniger als 60 µm im Durchm (35–60 × 30–45 µm) **Orangerotes Jochtrüffelchen** – *E. pisiformis* LINK : FR.
2 Sp messen (ohne Ummantelung!) 140–190 × 110–180 µm **Milchendes Jochtrüffelchen** – *E. lactiflua* BERK. & BROOME
2* Sp messen (ohne Ummantelung!) 100–115 × 65–100 µm **Rotfleischiges Jochtrüffelchen** – *E. flammicorona* TRAPPE & GERDEMANN

Endomyces REES – HefeP/SchimP (Asc, Saccharomycetes, Saccharomycetales Endomycetaceae)
Weißen Belag auf Wirtspilzen (*Armillaria*, *Tricholoma*) bildend. Hyphen hyalin, eingeschnürt-septiert. Asci kugelfö bis verkehrt eifö, Doppelsp bildend. Anamorphe vermutl *Hyalodendron*.
T: *E. decipiens* (TUL. & C. TUL.) REES; jetzt zu *Dipodascus armillariae* W. GAMS. Abgebildet *E. scopularum* HELFER: 26: 7

Endoperplexa P. ROBERTS – RiP (Bas, Agaricomycetes, Auriculariales, inc. sed.)
Gallertig, krustenfö, der Gattung *Exidiopsis* (s.d.) ähnelnd. Sp 4–5,5 × 3,5–5,5 µm, ± kugelig. Zystiden vorhanden. Basidien nicht in gedrängten Gruppen. Auf Fichtenholz. 1 Art. – **Lit**: **9**: 102
T: *E. dartmorica* P. ROBERTS

Endophyllum LÉV. – RostP (Pucciniomycets, Pucciniales, Pucciniaceae)
Phytoparasiten (Roste) an Gefäßpflanzen mit unvollständigem Entwicklungszyklus. Entwicklungsstadien und unterschiedliche Sp-Formen der Rostpilze siehe unter *Puccinia*. Im Falle von *Endophyllum* werden II-Sp und III-Sp nicht gebildet. Basidien entstehen direkt aus den I-Sp. Bei uns nur auf *Euphorbia* und *Sempervivum*, 2 Arten. – **Lit**: **13**: 383, 742
T: *E. persoonii* LÉV. – Bei uns andere Arten (siehe unten), z. B. *E. sempervivi* (ALB. & SCHWEIN.) DE BARY – **Hauswurzrost**: Gäum 1223 (0, I): JK 381, KS 909:46a (I)
Euphorbia: *E. euphorbiae-silvaticae* (auf *E. amygdaloides*, 0 I), ***Sempervivum***: *E. sempervivi* (0 I)

Endoptychum CZERN., Säulenstäubling – BaP (Bas, Agaricomycetes, Agaricales, Agaricaceae)
Frk birnenfö oder glockig, nach oben verschmälert, lange geschlossen bleibend, Kopfteil 1–8 cm, erst weiß, dann schmutzig ockergelb bis braun, glatt oder unregelmäßig schuppig.

Innen mit L, die gedrängt, dünn und wellig-faltig sind. S kurz. Sp kugelig bis breit ellipsoid, 7–12 µm. Terricol, xerotherme Ruderalplätze. – **Lit**: **12**: 545
1 Art = T: *E. agaricoides* (CZERN.) HOLLOS – **Lamelliger Säulenstäubling**: Ct 2065, HK 6.29, MJ 3Endopt1

Enerthenema BOWMAN – SchleimP (Myxogastria, Stemonitida, Stemonitidae)
Frk kugelig, 0,4–0,7 × 0,6–1,5 mm, gestielt. S faserig. Peridie flüchtig mit Ausnahme eines plattenfö Restes auf dem Scheitel des Frk. Columella bis in den Scheitel des Frk reichend und dort mit dem Rest der Peridie verbunden. Capillitium meist ausschließl dem oberen Ende der Columella und, falls vorhanden, von dem oberen Rest der Peridie entspringend, dichotom verzweigt, nicht oder kaum anastomosierend. Sp in Masse dunkelbraun bis fast schwarz, kugelig, 10–12 µm, feinwarzig. Wenige Arten. Totholz, Borke. – **Lit**: **17**: 361, **20**: 89
T: *E. elegans* BOWMAN: = *E. papillatum* (PERS.) ROST.: Nan 361–362, Neub 3.96–100

Enteridium siehe *Reticularia*

Entoleuca SYD. – Pyr (Asc, Sordariomycetes, Xylariales, Xylariaceae)
Frk ein kreisfö bis ellipsoides Stroma, 0,2–1 cm im Durchm, 0,1–0,25 mm dick. grau bis schwarz, aus der Rinde hervorbrechend, 8–15(–30) große Perithecien enthaltend. Sp längl, dunkelbraun. mit Keimspalte entlang der ganzen Sp-Länge, 18–27 × 7–11 µm. Bei uns allenfalls 1 Art zu erwarten. LaH (*Betula*, *Salix*, *Sorbus*, *Populus*). – **Lit**: **10**: 239
T: *E. calimorpha* SYD., bei uns *E. mammata* (WAHLENB.) J.D. ROGERS & Y. M. JU

Entoloma (FR.) P. KUMM., Rötling – BläP (Bas, Agaricomycetes, Agaricales, Entolomataceae)
Frk klein bis groß, oft fleischig. Spp rosa bis fleischfarben, Sp eckig-höckerig. 145 Arten. Terricol, z. T. Myk. – **Lit**: **7**: 477, **11**: 208, **14**: 433
T: *E. prunuloides* (FR. : FR.) QUÉL. – Mehl-Rötling: BL 193, Br 548.2, CD 903, HK 3.48, Lg 73A,B

1 S reduziert, exzentrisch oder lateral **2**
1* S gut entwickelt, meist zentral, selten etwas exzentrisch **3**
2 Sp im Mittel unter 9 µm lang. Cheilozystiden fehlend. H weitgehend kahl
Stummelfuß-Rötling – *E. byssisedum* (PERS. : FR.) DONK
2* Sp im Mittel über 10 µm lang o d e r Cheilozystiden vorhanden und H dann silbrighaarig ▸
3 H und/oder S mit blauen oder violetten Farben **4**
3* Nicht so gefärbt. **14**
Fruchtkörper an Hut und/oder Stiel blau (4–13)
4 H und S blau oder violett **5**
4* Nur der S blau oder violett **10**
5 H-Oberfläche weitgehend kahl, höchstens in H-Mitte etwas rau bis faserig **6**
5* H-Oberfläche radialfaserig, filzig oder schuppig **7**

6 Frk dick-fleischig und kräftig, mit Ritterlings-Habitus, S etwa so lang oder kürzer als H-Radius **Blauer Rötling** – *E. bloxamii* – (BERK. & BROOME) SACC.

6* Frk schmächtiger, mit Helmlings-Habitus, S entschieden länger als H-Radius **Stahlblauer Rötling** – *E. nitidum* QUÉL.

7 Schnallen vorhanden ▸

7* Schnallen fehlend **8**

8 H-Rand durchscheinend gerieft ▸

8* H-Rand nicht durchscheinend gerieft, meist gänzl radialfaserig, filzig, schuppig . . . **9**

9 L-Schneide schwarz-blau **Sägeblättriger Rötling** – *E. serrulatum* (FR. : FR.) HESLER

9* L-Schneide allenfalls braun oder mit L-Fläche gleichfarben **Schiefergrauer Rötling** – *E. mougeotii* (FR.) HESLER

10 Schnallen vorhanden ▸

10* Schnallen fehlend **11**

11 L-Schneide mit Zystiden und/oder steril ▸

11* L-Schneide fertil (mit Basidien, ohne Zystiden). **12**

12 S-Oberfläche weitgehend glatt, wie poliert. H meist durchscheinend gerieft ▸

12* S-Oberfläche faserig oder flockig. H meist nicht oder nur am Rändchen kurz durchscheinend gerieft **13**

13 H blass-braun bis braun. S blass blau oder violettl, dicht silbrig-weiß faserig. Terminalzellen der HDS bis 45 µm breit **Flockenschuppiger Rötling** – *E. griseocyaneum* (FR.) P. KUMM.

13* H dunkelbraun bis fast schwarz. S dunkelblau oder violett, nicht weiß-faserig. Terminalzellen der HDS bis 30 µm breit ▸

Fruchtkörper an Hut und/oder Stiel nicht blau (14–44)

14 H gelb-grün, gelb oder braun. S lebhaft gelb-grün, beim Reiben blaugrün verfärbend. L-Schneide fertil, Cheilozystiden fehlend. Grasland **Braungüner Rötling** – *E. incanum* (FR. : FR.) HESLER

14* Farben von H und S anders **15**

15 Geruch nitrös. H 2–7,5 cm **Nitröser Rötling** – *E. nidorosum* (FR.) QUÉL.

15* Geruch fehlend oder nicht nitrös, allenfalls mehlartig usw. **16**

16 Sp sternfö oder kubisch. **17**

16* Sp mit 5 und mehr Ecken **18**

17 Sp kreuz-sternfö. Cheilozystiden fehlend **Kreuzspor Rötling** – *E. conferendum* (BRITZELM.) NOORDEL.

17* Sp kubisch. Cheilozystiden vorhanden **Rhombussporiger Rötling** – *E. rhombisporum* (KÜHNER & BOURSIER) E. HORAK

18 H völlig kahl, seltener in H-Mitte faserig-flockig. **19**

18* H radialfaserig, filzig oder schuppig **42**

– Hut überwiegend kahl (19–41)

19 Frk dick-fleischig mit Ritterlings-Habitus **20**

19* Frk dünn-fleischig (mit Helmlings-Habitus usw.). **30**

– – Fruchtkörper dickfleischig meist mit Ritterlings-Habitus oder Rüblings-Habitus (20–29)

20 H nicht hygrophan, nicht durchscheinend gerieft **21**

20* H hygrophan und dabei oft durchscheinend gerieft **23**

21 H gelbbraun. Grasland **Mehl-Rötling** – *E. prunuloides* (FR. : FR.) QUÉL.

21* H weiß, blass grau, grau-braun bis gelb-braun. Wälder **22**

22 Frk im Frühjahr erscheinend, als Myk-Partner an Gehölze der Rosaceen oder an Ulme gebunden ►

22* Frk im Sommer oder Herbst erscheinend, nicht an Rosaceae und nicht an Ulme gebunden. H blass grau-braun oder ockerl, nicht lebhaft gelb verfärbend nach Reiben. L im jungen Zustand weiß (falls H blass und beim Reiben gelb verfärbend oder falls L schon jung gelb: ►). LaW **Riesen-Rötling** – *E. sinuatum* (PERS. : FR.) P. KUMMER

23 Hyphen der HDS mit inkrustierendem Pigment ►

23* Hyphen der HDS intrazellulär pigmentiert **24**

24 Sp mit stumpfen, wenig erhabenen Ecken. Frk zieml kräftig mit Ritterlings-Habitus. H 1,5–6–8 cm, gebuckelt. S 0,3–0,8(–1,3) cm breit. L ausgebuchtet bis fast frei (falls Frk kleiner und mit Rüblings-Habitus, H-Mitte vertieft, und S nur 0,15–0,3 cm breit: ►). Sp 6,5–8,5(–9) × 6–7 (7,5) µm

Geradrandiger Rötling – *E. turbidum* (FR. : FR.) QUÉL.

24* Sp mit stark abgehobenen Ecken, 7–11 µm und länger **25**

25 Frk im Frühjahr erscheinend, als Myk-Partner an Rosaceen oder Ulme gebunden . **26**

25* Frk im Sommer oder im Herbst erscheinend **28**

26 Unter Ulme. S hohl **April-Rötling** – *R. aprile* (BRITZELM.) SACC.

26* Unter Rosaceen. S kompakt, nicht hohl **27**

27 H blass, S-Oberfläche beim Reiben ± orange verfärbend

Blassbrauner Schlehen-Rötling – *E. saepium* (NOULET & DASS.) RICHON & ROZE

27* H ± tief sepiafarben bis graubraun. Falls H blass, dann S-Oberfläche beim Reiben nicht orange verfärbend **Schild-Rötling** – *E. clypeatum* (L.) P. KUMM.

28 Geruch mehlartig ►

28* Geruch anders oder fehlend **29**

29 H weiß bis sehr blass o d e r Frk in *Sphagnum*-Mooren und L tief rotbraun ►

29* H und L andersfarbig

Niedergedrückter Rötling – *E. rhodopolium* (FR. : FR.) P. KUMM.

– – Fruchtkörper dünnfleischig, mit Helmlings-Habitus (mycenoid) oder auch Hut nabelförmig (omphaloid) (30–41)

30 Cheilozystiden vorhanden **31**

30* Cheilozystiden fehlend **33**

31 Hyphen der HDS mit inkrustierendem Pigment und zusätzl mit intrazellularem Pigment (falls nur mit inkrustierendem Pigment: ►) **32**

31* Hyphen der HDS ausschließl intrazellular **33**

32 Sp 6–7,5(–8) µm breit. S schlank, 1–3(–5) mm dick

Niedergedrückter Rötling – *E. hebes* (ROMAGN.) TRIMBACH

32* Sp 8,0–9,5 µm breit. S breiter, 3–7 (10) mm dick. H konisch (falls H konvex bis plankonvex: ►) **Traniger Rötling** – *E. hirtipes* (SCHUMACH. : FR.) M.M. MOSER

33 Basidien 2-sporig. Schnallen fehlend (falls Schnallen vorhanden: ►). H helmartig. Geruch und Geschmack nicht nach Mehl (falls Geruch und Geschmack nach Mehl, H konvex bis vertieft: ►) **Ockerblättriger Rötling** – *E. cetratum* (Fr. : Fr.) M.M. Moser

33* Basidien 4-sporig **34**

34 Pigment auschließl intrazellulär in den Hyphen der HDS **35**

34* Pigment inkrustierend oder zusätzlich auch intrazellulär **36**

35 H gelboliv. Geruch meist deutl süßl-aromatisch **Zitronengelber Rötling** – *R. pleopodium* (BULL. ex DC. : FR.) NOORDEL.

35* H nicht gelboliv. Geruch fehlend oder anders, z. B. nach Mehl ►

36 Schnallen fehlend ►

36* Schnallen vorhanden **37**

37 Sp isodiametrisch **38**

37* Sp längl-heterodiametrisch **39**

38 Geruch mehlartig bis ranzig **39**

38* Geruch nicht mehlartig bis ranzig ►

39 Pigment ausschließl inkrustierend, nur vereinzelt zusätzl auch intrazellular. Grasland. **Seidiger Rötling** – *E. sericeum* QUÉL.

39* Pigment fein-inkrustierend und zusätzl intrazellulär. Meist im LaW, seltener auch im Grasland ►

40 Geruch aromatisch **Früchtebonbon-Rötling** – *E. ameides* (BERK. & BROOME) SACC.

40* Geruch fehlend oder anders, z. B. mehlartig. **41**

41 Sp länger als 10 µm. H dunkelbraun oder sepiafarben, bisw mit olivl Mischton. S dem H gleichfarben oder blasser, mit mehlig bestäubter Spitze. NaW im Frühjahr (falls im Grasland, Frk im Sommer-Herbst erscheinend: ►) **Frühlings-Rötling** – *E. vernum* S. LUNDELL

41* Sp meist kürzer als 10 µm und nicht zugleich im Frühjahr fruchtend .H und S blass beigefarben bis blass braun oder auch tiefbraun ►

– Hut radialfaserig, filzig oder schuppig (42–44)

42 Mit dünnfleischigem H, der tief nabelig ist (Nabelings-Habitus, omphaloid). Pigment an Hyphen der HDS inkrustierend **43**

42* Habitus Helmlings-artig, Rüblings-artig. (Falls omphaloid, dann Pigment inkrustierend oder fehlend Hyphen der HDS). **44**

43 Sp längl heterodiametral. H nicht hygrophan, nicht durchscheinend gerieft, filzig-faserig, oft ± gezont **Dunkelblättriger Rötling** – *E. undatum* (GILLET) M.M. MOSER

43* Sp nicht längl, vielmehr ± isodiametral ►

44 Frk weiß, bisw mit ockerfarbenem Ton in H-Mitte oder hell gelbl-ocker. Schnallen und Cheilozystiden vorhanden. H auch im feuchten Zustand nicht durchscheinend gerieft, filzig-schuppig. (Falls ohne Schnallen und ohne Cheilozystiden, falls H und S mit kopfigen Haaren: ►) **Mattweißer Rötling** – *E. sericellum* (FR. : FR.) P. KUMM.

44* Frk nicht weiß sondern deutl farbig ►

Entorrhiza C.A. WEBER – BrandP (Bas, Entorrhizomycota, Entorrhizomycetes, Entorrhizales, Entorrhizaceae)
An Wurzelspitzen Gallen bildend, diese 15 × 2 mm, jung weiß, später dunkelbraun, fleischig, zylindrisch bis flach. Bisw handfö geteilt, Sp-Masse hellgelb. Sp. ellipsoid, 14,5–21 × 12,5–15,5 µm, mit doppelter, glatter bis welliger Wand. – Anm. Angaben beziehen sich auf die T-Art auf *Cyperus*. Arten auf den anderen Wirten (*Carex*, *Eleocharis*, *Juncus*) ebenfalls Wurzelgallen bildend. – **Lit**: **13**: 240, 333, 362, 475
T: *E. cypericola* (MAGNUS) C.A. WEBER
Carex limosa: *E. caricicola*. – ***Cyperus***: *E. cypericola*. – ***Eleocharis***: *E.parvula* (Gallen dunkelbraun, 1–2 mm im Durchm), *E. scirpicola* (Gallen jung weiß, erst später dunkelbraun, 4–20 × 1–3 mm). – ***Juncus***: *E. aschersoniana* (auf *J. bufonius* s. l.), *E. caricicola* (auf *J. filiformis*), *E. casparyana* (auf div. Arten, Gallen oft verzweigt. Sp fast kugelig)

Entyloma DE BARY – BrandP (Bas, Ustilaginomycotina, Exobasidiomycetes, Entylomatales, Entylomataceae)
Phytoparasitischer Befall meist im Blatt, seltener im Spross, nur auf dikotylen Wirtspflanzen. Sp einzeln oder in Gruppen, meist gelb bis rötl, selten dunkel, oft glatt mit farbloser Hülle, selten warzig. Meist dauerhaft in hellen Flecken eingeschlossen, die im Durchlicht dunkel erscheinen, seltener in dunklen Flecken oder selten auch in festen Gallen am Spross. – **Lit**: **13**: 74, 132, 143, 156, 171 etc.; JK 513
T: *E. microsporum* (UNGER) J. SCHRÖT. – Abgebildet z. B. *E. fergusonii* KS 894, 31d; *E. australe* KS 897, 34a, *E. ranunculi-repentis* JK 340, KS 903 40a
Achillea: *E. achilleae*. – ***Apium***: *E. helosciadii*. – ***Aposeris***: *E. aposeridis*. – ***Arnica***: *E. arnicale*. – ***Arnoseris***: *E.arnoseridis*. – ***Aster***: *E. asteris-alpini, E. bellidiastri*. – ***Bellis***: *E. bellidis*. – ***Borago***: *E. boraginis*. – ***Calendula***: *E. calendulae*. – ***Calystegia***: *E. convolvuli*. – ***Chrysosplenium***: *E. chrysosplenii*. – ***Corydalis***: *E. corydalis, E. urocystoides*. – ***Dahlia***: *E. dahliae*. – ***Erigeron***: *E. erigerontis*. – ***Eryngium***: *E. eryngii, E. eryngii-alpini, E. eryngii-plani*. – ***Fumaria***: *E. fumariae*. – ***Gnaphalium***: *E. magnusii*. – ***Helichrysum***: *E. magnusii*. – ***Hieracium***: *E. hieracii*. – ***Lathyrus***:*E. feurichii*. – ***Leontodon***: *E. leontodontis*. – ***Linaria***: *E. linariae*. – ***Matricaria***: *E. matricariae*. – ***Myosotis***: *E. fergusonii*. – ***Oenanthe***: *E. helosciadii*. – ***Papaver***: *E. fuscum*. – ***Physalis***: *E. australe*. – ***Picris***: *E. picridis*. – ***Ranunculus***: (u. a. *acris, bulbosus, lanuginosus, repens, sceleratus*): *E. microsporum, E. ranunculi-repentis, E. verruculosum*. – ***Scorzoneroides***: *E. leontodontis*. – ***Sium***: *E. helosciadii*. – ***Symphytum***: *E. serotinum*. – ***Tanacetum***: *E. tanaceti*. – ***Taraxacum***: *E. taraxaci*. – ***Tephroseris***: *E. saccardoanum*. – ***Tripleurospermum***: *E. matricariae*. – ***Veronica***: *E. veronicae*.

Schlüssel für Arten auf ***Ranunculus***:

1 Sp warzig, in ± flachen Bl-Flecken. Auf *R. acris*, *lanuginosus*, *R. repens*, *R. sceleratus* *E. verruculosum*
1* Sp glatt, in Anschwellungen oder in ± flachen Bl-Flecken **2**
2 Sp in 1–4 mm großen, gelbweißen bis braunen Anschwellungen an Bl-Stielen und Bl-Flächen *E. microsporum*
2* Sp in ± flachen Bl-Flecken *E. ranunculi-repentis*

Eocronartium G.F. ATK. – RostP (Bas, Pucciniomycetes, Platygloeales, Eocronartiaceae)
Frk fadenfö bis annähernd keulig gestielt, 1–2(–6) cm hoch, weiß bis hellgelbl. Hyphen hyalin, dünn- bis etwas dickwandig, ohne Schnallen. Mit ellipsoiden Probasidien, aus

denen sich 4-zellige, 30–40 × 5–9 µm messende Basidien entwickeln. Sterigmen zylindrisch, 5–20 × 3–4 µm. Sp hyalin, schmal spindel- bis sichelfö, 18–25 × 3,5–5 µm. Zw lebenden Laubmoosen
T: *E. typhuloides* G.F. ATK. = *E. muscicola* (PERS.) FITZP.

Epichloe (FR.) TUL., Spindelschimmel – Pyr (Asc, Sordariomycetes, Hypocreales, Clavicipitaceae)
Stromata längl, lebende Grashalme auf 1–3 cm ummantelnd, zunächst weiß, dann gelb. Perithecien dicht gedrängt, halb eingesenkt, deren freie Teile gelbbraun bis ockerl. Asci oben mit auffälliger Verdickung, nicht amyloid. Sp fadenfö, septiert, hyalin, 80–100 × 1,5–2 µm. Herbicol, parasitisch auf Süßgräsern. – **Lit**: **5**: 258, **10**: 234
1 Art = T: *E. typhina* (PERS. : FR) TUL. & C. TUL. – **Gras-Spindelschimmel**: BK 1.315, De 30K, JK 314, RH 663

Epicoccum LINK – (Asc, Dothideomycetes, Pleosporales, Didymellaceae; Anamorphe)
Hyphen septiert, Konidien mit Septen in Längs- und Querrichtung. Konidienträger nicht büschelig (nicht zu Synnemata vereinigt). Auf Frk anderer Pilze (u. a. auf *Morchella*, *Tricholoma*)
T: *E. nigrum* LINK

Epidermophyton SABOUR. – SchimP (Asc, Eorotiomycetes, Onygenales, Arthrodermataceae, Anamorphe)
Mycel septiert, Konidien (Makrokonidien) mehrzellig, keulig, recht dünnwandig, als seitl oder apikale Auswüchse an Hyphen entstehend. Auf Haut, Nägeln.
T: *E. inquinale* SABOUR.

Epishaeria DONK – CyP (Bas, Agaricomycetes, Agaricales, Crepidotaceae?)
Frk becherfö bis flach schüsselfö. mit einwärts gebogenem Rand, 0,2–1 mm. Außenseite flaumhaarig, trocken, weiß bis cremefarben. Hymenium ± glatt, zunächst cremefarben, dann zimtbraun. Spp zimtbraun. Sp 6,5–8,5 × 4,5–6 µm. Lignicol, LH, oft auf Esche. – **Lit**: **11**: 351
1 Art = T: *E. fraxinicola* (BERK. & BROOME) DONK: ZM 68:156

Epithele (PAT.) PAT., Hautkruste – RiP (Bas, Agaricomycetes, Polyporales, Polyporaceae)
Frk resupinat-anliegend, membranös, Hymenium mit feinsten Zähnchen (= sterile Hyphebüschel), creme bis hellocker. Monomitisch. Hyphen hyalin, mit Schnallen. Zystiden fehlend. Sp gelbl, etwas dickwandig, glatt, inamyloid, spindelfö, 16–28 × 5,5–8 µm. Herbicol auf Sumpfgräsern (*Carex*, *Scirpus*, *Typha*). – **Lit**: **9**: 183, **12**: 124
1 Art = T: *E. typhae* (PERS. : FR.) PAT. – **Sumpfgras-Hautkruste**: BK 2.102

Erastia siehe *Hapalopilus*

Erikssonopsis M. MORELET – inop. Disc (Asc, Leotiomycetes, Helotiales, inc. sed.)
Frk fast sitzend, halbkugelig, 1 mm breit, lederig, solitär, dunkel braun bis schwarz. Asci zylindrisch, 8-sporig, mit amyloidem Porus. Paraphysen zylindrisch, die Asci allenfalls

nur wenig überragend. Asc-Sp spindelfö mit zugespitzten Enden, 1-fach septiert, hyalin, 15–20 × 3–4 µm. Lignicol, auf abgestorbenen Zweigen von Heidekraut (*Calluna*). – **Lit**: **5**: 158 als *Grovesiella*, **10**: 147

1 Art = T: *E. ericae* (FR.) M. MORELET: De fig 6D

Eriopeziza (SACC.) REHM – inop. Disc (Asc, Leotiomycetes, Helotiales, Arachnopezizaceae) Frk sitzend oder annähernd gestielt, becherfö, 0,2–0,5 mm breit. Oberseits (Hymenium) bläul-grau oder grünl-grau, außen olivl bis dunkel braun, mit weißl Haaren besonders gegen den R. Subiculum üppig, weiß. Haare nach ob verjüngt mit stumpfem oder auch spitzem Ende, hyalin, 30–40 × 2–3 µm. Asci keulig, 8-sporig, mit amyloidem Porus. Paraphysen fädig, 1–1,5 µm breit, einfach oder verzweigt. Asc-Sp annähernd spindelig, nicht septiert, hyalin, 4–6 × 1,5–2 µm. Sasprotroph, lignicol auf LaH, besonders Eiche (*Quercus*). – **Lit**: **5**: 185, **10**: 190

T: *E. caesia* (PERS. : FR.) REHM: CS 33.6, De 24 I

Erysiphe R. HEDW. ex DC. – E-Mehlt (Asc, Leotiomycetes, Erysiphales, Erysiphaceae) Phytoparasitischer Befall in Form eines weißen oder schwach bräunl Mycelbelages. Konidien ellipsoid, tonnenfö, zylindrisch, einzeln. Frk (Chasmothecium) kugelfö, mit mycelartigen bis steif borstenartigen, einfachen oder am Ende gabelig verzweigten, kurzen oder langen Anhängseln; diese oben auch gebogen bis eingerollt. Asci meist zahlreich, 2–8-sporig. Zahlreiche Arten. auf einer Mehrzahl von Wirten, aber nicht auf Süßgräsern (T auf *Polygonum*). – **Lit**: **13**: 79, 80, 87, 99 etc.; JK 513–514

T: *E. polygoni* DC: Blumer 220:71B, JK 317.

Aconitum: *E. aquilegiae*. – ***Actaea***: *E. aquilegiae*. – ***Aesculus***: *E. flexuosa; E.alphitoides*. – ***Alliaria***: *E. cruciferarum*. – ***Alnus***: *E. penicillata*. – ***Alyssum***: *E. cruciferarum*. – ***Anchusa***: *E. lycopsidis*. – ***Anemone***: *E. aquilegiae*.-***Angelica***: *E. heraclei*. – ***Anthriscus***: *E. heraclei*. – ***Aquilegia***: *E. aquilegiae*. – ***Archangelica***: *E. heraclei*. – ***Arenaria***: *E. buhrii*. – ***Arabis***: *E. cruciferarum*. – ***Astragalus***: *E. astragali, E. pisi*. – ***Barbarea***: *E. cruciferarum*. – ***Berberis***: *E. berberidis*. – ***Berteroa***: *E. cruciferarum*. – ***Berula***: *E. heraclei*. – ***Betula***: *E. ornata*. – ***Biscutella***: *E. cruciferarum*. – ***Brassica***: *E. cruciferarum*. – ***Buglossoides***: *E. lycopsidis*. – ***Caltha***: *E.aquilegiae*. – ***Calystegia***: *E. convolvuli*. – ***Camelina***: *E. cruciferarum*. – ***Capsella***: *E. cruciferarum*. – ***Caragana***: *E. palczewskii, E. robiniae*. – ***Cardamine***: *E. cruciferarum*. – ***Carpinus***: *E. arcuata*. – ***Carum***: *E. heraclei*. –***Cephalaria***: *E. knautiae*. – ***Cerastium***: *E. buhrii*. – ***Chaerophyllum***: *E. heraclei*. – ***Circaea***: *E. circaeae*. – ***Cirsium***: *E. mayori*. – ***Clematis***: *E. aquilegiae*. – ***Consolida***: *E. aquilegiae*. – ***Convolvulus***: *E. convolvuli*. – ***Cornus***: *E. tortilis*. – ***Coronilla***: *E. trifoliorum*. – ***Cucubalus***: *E. buhrii*. – ***Daucus***: *E. heraclei*. – ***Delphinium***: *E. aquilegiae*. – ***Deutzia***: *E. deutziae*. – ***Dianthus***: *E. buhrii*. – ***Dipsacus***: *E. knautiae*. – ***Erysimum***: *E. cruciferarum*. – ***Euonymus***: *E. euonymi*, ►. – ***Fagus***: *E. alphitoides*. – ***Falcaria***: *E. heraclei*. – ***Filipendula***: *E. ulmariae*. – ***Frangula***: *E. divaricata*. – ***Geranium***: *E. geraniacearum*. – ***Grossularia***: *E. grossulariae*. – ***Heracleum***: *E. heraclei*. – ***Hesperis***: *E. cruciferarum*. – ***Hypericum***: *E. hyperici*. – ***Iberis***: *E. cruciferarum* – ***Ilex***: *E. nemopanthi*. – ***Knautia***: *E. knautiae*. – ***Laserpitium***: *E. heraclei*. – ***Lathyrus***: *E. pisi*. – ***Lepidium***: *E. cruciferarum*. – ***Levisticum***: *E. heraclei*. – ***Lithospermum***: *E. lycopsidis*. – ***Lonicera***: *E. lonicerae, E. magnusii*. – ***Lotus***: *E. pisi, E. trifoliorum*. – ***Lunaria***: *E. cruciferarum*. – ***Lupinus***: *E. intermedia, E. pisi*. – ***Lychnis***: *E. buhrii*. – ***Lythrum***: *E. lythri*. – ***Magnolia***: *E. magnifica*. – ***Mahonia***: *E. berberidis*. – ***Medicago***: *E. pisi*. – ***Melilotus***: *E. pisi, E. trifoliorum*. – ***Nigella***: *E. aquilegiae*. – ***Oenothera***: *E. howeana*. – ***Onobrychis***: *E. pisi, E. trifoliorum*. – ***Ononis***: *E. pisi, E. trifoliorum*. – ***Oxalis***: *E. russellii*. – ***Paeonia***: *E. paeoniae*. –

Papaver: *E. cruciferarum*. – ***Pastinaca***: *E. heraclei*. – ***Peucedanum***: *E. heraclei*. – ***Phaseolus***: *E. pisi*. – ***Pimpinella***: *E. heraclei*. – ***Pisum***: *E. pisi*. – ***Platanus***: *E. platani*. – ***Polygonum***: *E. polygoni*. – ***Populus***: *E. adunca*. – ***Prunus***: *E. prunastri*. – ***Pulsatilla***: *E. aquilegiae*. – ***Quercus***: *E. alphitoides, E. hypophylla*. – ***Ranunculus***: *E. aquilegiae*. – ***Rhamnus***: *E. friesii*. – ***Rhododendron***: *E. azaleae*. – ***Ribes***: *E. grossulariae*. – ***Robinia***: *E. palczewskii*, ►. – ***Rumex***: *E. poygoni*. – ***Salix***: *E. adunca, E. capreae*, ►. – ***Sambucus***: *E. vanbruntiana*. – ***Saponaria***: *E. buhrii*. – ***Sarothamnus***: *E. trifoliorum*. – ***Sedum***: *E. sedi*. – ***Selinum***: *E. heraclei*. – ***Silaum***: *E. heraclei*. – ***Silene***: *E. buhrii*. – ***Sisymbrium:*** *E. cruciferarum*. – ***Stellaria***: *E. buhrii*. – ***Symphoricarpos***: *E. symphoricarpi*. – ***Syringa***: *E. syringae*, ►. – ***Thalictrum***: *E. aquilegiae*. – ***Thesium***: *E. thesii*. – ***Thlaspi***: *E. cruciferarum*. – ***Torilis***: *E. heraclei*. – ***Trifolium***: *E. pisi, E. trifoliorum*. – ***Trollius***: *E. aquilegiae*. – ***Ulmus***:: *E. ulmi*. – ***Urtica***: *E. urticae*. – ***Viburnum***: *E. hedwigii, E. viburni*. – ***Vicia***: *E. baeumleri, E. pisi*. – ***Vitis***: *E. necator* (Anamorphe *Pseudooidium tuckeri;* s.d.)

Schlüssel für *Erysiphe*-Arten auf ***Aesculus***:

1 Mycel zart spinnwebartig. Konidien meist zylindrisch, mit vielen Öltröpfchen, undurchsichtig. Frk reichl, blattunterseits. Frk-Anhängsel unverzweigt, teils korkenzieherartig gewunden oder auch spiralig zurückgebogen, teils borstenartig *E. flexuosa*

1* Mycel kräftiger, nicht spinnwebartig. Konidien, eifö-ellipsoid, tonnenfö. Frk selten ausgebildet. Frk-Anhängsel mehrfach verzweigt. Meist auf *Quercus*, seltener auf *Aesculus* *E. alphitoides*

Schlüssel für *Erysiphe*-Arten auf ***Fabaceae***

1 Frk-Anhängsel auch in unterer Hälfte des Frk entspringend, 0,5–3 × länger als Frk-Durchm, meist unverzweigt, Fußzelle der Konidienträger ± zylindrisch. Auf verschiedenen Fabaceen, auch auf *Lupinus, Vicia* und *Trifolium* *E. pisi*

1* Frk-Anhängsel 3–6 × länger als Frk-Durchm, oft gabelteilig, ± am Frk-Äquator entspringend **2**

2 Auf *Lupinus*. Fußzelle der Konidienträger ± gebogen bis gewunden. *E. intermedia*

2* Nicht auf *Lupinus* **3**

3 Auf *Vicia* *E. baeumleri*

3* Auf *Trifolium, Coronilla, Lathyrus, Lotus, Melilotus, Onobrychis, Ononis, Sarothamnus* *E. trifoliorum*

Schlüssel für *Erysiphe*-Arten auf ***Lonicera***

1 Konidien spärl gebildet. Frk-Anhängsel 2–10 × länger als Frk-Durchm, farblos, die Enden verzweigt, die Spitzen reif zurückgekrümmt. Auch auf *Rhamnus* *E. magnusii*

1* Konidien reichl. Frk-Anhängsel bis zu 3 × länger als Frk-Durchm, bräunl, verzweigt, zweigspitzen kaum zurückgekrümmt *E. lonicerae*

Schlüssel für *Erysiphe*-Arten auf ***Quercus***

1 Befall auffällig und dauerhaft auf beiden Blattseiten, aber mehr blattoberseits. Konidien ellipsoid-eifö bis tonnenfö *E. alphitoides*

1* Befall unauffällig und vergängl, überwiegend blattunterseits. Konidien lang-zylindrisch *E. hypophylla*

Schlüssel für *Erysiphe*-Arten auf ***Salix***

1 Frk-Anhängsel kurz, höchstens so lang wie Frk-Durchm. Nur auf *Salix caprea* **2**

1* Frk-Anhängsel überwiegend länger als Frk-Durchm. Auf verschiedenen *Salix*-Arten, auf *Salix caprea* eher seltener oder fehlend *E. adunca*

2 Konidienträger 60–200 µm lang. Frk mit 150–400 Anhängseln *E. pseudoregularis*

2* Konidienträger 40–65 µm lang. Frk mit 35–120 Anhängseln *E. capreae*

Erythricium ERKSSON & HJORTS., Rosarindenpilz – RiP (Bas, Agaricomycetes, Corticiales, Corticiaceae)
Frk resupinat, weich-membranös, glatt bis etwas faltig. Monomitisch. Hyphen hyalin, ohne Schnallen. Zystiden fehlend. Sp hyalin, glatt, etwas dickwandig, inamyloid, 9–13(–15) × 4,5–7,5 µm, beim T 11–13(–15) × 6–7,5 µm. 2 Arten, LaH (so der T) oder bryicol (Moose), lignicol NaH (Zweige). – **Lit**: **9**: 166, **12**: 182
T: *E. laetum* (P. KARST) J. ERIKSS. & HJORTS. – **Leuchtender Rosarindenpilz**: BK 2.121, RH 77

Euoidium Y.S. PAUL & J.N. KAPOOR – E-Mehlt (Asc, Leotiomycetes, Erysiphales, Erysiphaceae; Anamorphe)
T: *E. erysiphoides* (FR.) Y.S. PAUL & J.N. KAPOOR (= Anamorphe von *Golovinomyces biocellaris*)

Euepixylon FÜISTING, Keimporus-Kohlenbeere – Pyr (Asc, Sordariomycetes, Xylariales, Xylariaceae)
Stromata 0,1–2 × 0,1–0,3 cm, teilweise im Holz eingesenkt, erst grau, dann schwarz. Sp ellipsoid, braun, 25–33 × 8–12 µm, mit kurzer, ellipsoider Keimspalte. LaH, besonders auf *Quercus*. – **Lit**: 10: 240
1 Art = T: *E. udum* (PERS. : FR.) LÆSSØE & SPOONER – **Keimporus-Kohlenbeere**: BK 1.344 (als *Hypoxylon u.*)

Exserohilum K.J. LEONARD & SUGGS – SchimP (Asc, Dothideomycetes, Pleosporales, Pleosporaceae; Anamorphe)
Der T ist weltweit auf Hirse und Mais verbreitet, verursacht entfärbte (chlorotische) Flecken auf Blättern, worauf diese schließl absterben; auch humanpathogen. Konidien dunkelbraun, querseptiert, mit Entstehungsnarbe (Hilum). Teleomorphe: *Setosphaeria.*
T: R. turcicum (PASS.) K.J. LEONARD & SUGGS

Exidia FR., Drüsling – GaP (Bas, Agaricomycetes, Auriculariales, Auriculariaceae)
Frk gallertig, kreiselfö, schüsselfö, warzenfö, kissenfö, oft unregelmäßig ausgebreitet. Oberseite fertil, Unterseite steril. Oberseite (Hymenium) flach, wellig, gerippt oder mit kleinen Warzen. Monomitisch. Hyphen hyalin, mit z. T. offenen Schnallen. Basidien hyalin, kugelig bis ellipsoid, längsgeteilt (tremelloid). Sp hyalin, zylindrisch bis etwas gebogen, glatt, dünnwandig, inamyloid, bilden Sekundärsp und Konidien. 10 Arten. Lignicol. – Anm: inkl. *Myxarium* pr. p. (siehe Schlüsselziffer 1). – Syn: *E. glandulosa* s. auct = *E. plana* (Schlüsselziffer 5); *E. truncata* = *E. glandulosa* s. str. (Schlüsselziffer 5*). – **Lit**: **9**: 99, **12**: 408
T: *E. glandulosa* (BULL. : FR.) FR. – Becherförmiger Drüsling: BK 2.25, Ct 2080, Ge 488, GH 675, , HK 2.197, Kr 1.98, LX 587, Ph 263

1 Frk klein, kugelig bis warzig, 1–3(–6) mm [Falls Basidien mit langem Stiel und schnallenloser Querwand am Grunde, Sp 9–14(–18) × 3,5–6,6 µm. LaH: *Myxarium (E.) nucleatum* (SCHWEN.) WALLR.] ▸

1* Frk größer und eher flach, wenigstens 1–2 cm 2
2 Auf NaH 3
2* Auf LaH 4
3 Frk braun, ungestielt, meist miteinander verschmelzend und dann bis zu 20 cm lang (falls Frk gestielt und nicht miteinander verschmelzend ▸). Sp hyalin, zylindrisch, gebogen, 9–15 × 3,5–5, Sekundärsp bildend, diese 8–9 × 4–4,5 µm und auch mit stäbchenfö, etwas gebogenen Konidien, diese 5–7 × 1–2 µm. NaH (Lärche, Fichte, Kiefer) **Kandisbrauner Drüsling** – *E saccharina* (ALB. & SCHWEIN. : FR.) FR. non S. auct.
3* Frk schwarz, 1–2(–4) mm dick, einzeln oder in Gruppen und oft verschmelzend, dann bis zu 20 cm lang. Sp zylindrisch, gebogen, hyalin 11–15(–20) × 3–5(–6) µm, auch mit hakenfö Konidien, die 4–5 × 2 µm groß sind. NaH (Fichte, auch Tanne, Lärche, Kiefer) **Teerflecken-Drüsling** – *E. pithya* (ALB. & SCHWEIN.) FR.
4 Frk schwarz bis allenfalls dunkelbraun 5
4* Frk nicht schwarz, vielmehr weißl, ockerfarben, zimtbraun, braun 6
5 Frk bald zusammenfließend und größere Massen bildend, bis 30 cm lang. Hymenium jung glatt, bald grobwellig, mit zahlreichen kleinen Wärzchen – Sp 10–13(–16) × 3,5–4,5 µm. **Warziger Drüsling** – *E. plana* (F.H. WIGG.) DONK
5* Frk einzeln oder in Gruppen, nicht miteinander verschmelzend, flach kreiselfö, knopffö, muschelfö, 2–5(–9) cm im Durchm. Hymenium mit zahlreichen Warzen. Sp 14–17(–23) × 4,5–6(–7) µm **Becherförmiger Drüsling** – *E. glandulosa* (BULL. : FR.) FR. S. str.
6 Frk weißl. Sp 15–24 µm lang. Frk bis zu 3 cm im Durchm. LaH auf Buche **Weißlicher Drüsling** – *E. thuretiana* (LÉV.) FR.
6* Frk nicht weißl und/oder Sp unter 15 µm lang ▸

Exidiopsis (BREF.) A. MÖLLER, Gallertkruste – RiP/GaP (Bas, Agaricomycetes, Auriculariales, Auriculariaceae)
Frk resupinat, meist gallertig. Monomitisch. Hyphen hyalin, mit Schnallen, zumindest am Fuße der Basidien, diese längs geteilt (tremelloid). Sp hyalin, schmal ellipsoid, zylindrisch bis allantoid, dünnwandig, glatt, inamyloid, Sekundärsp bildend. 15 Arten. Lignicol, seltener fungicol. – Anm: siehe auch *Endoperplexa*. – **Lit**: **9**: 101, **12**: 412
T: *E. effusa* BREF. – Rosagetönte Gallertkruste: BK 2.12

1 Schnallen gänzl fehlend, auch am Fuße der Basidien siehe *Sebacina*
1* Schnallen zumindest am Fuße der Basidien vorhanden 2
2 Sp in der Mehrzahl über 20 µm lang (z. B. 17–36 oder 30–60 µm) ▸
2* Sp höchstens 20 µm lang, oft deutl kürzer 3
3 Im Hymenium oder auf dem Frk anderer Pilze wachsend ▸
3* Lignicol auf LaH oder NaH 4
4 Keine Frk bildend, nur aus einzelnen, Basidien bildenden Hyphen bestehend ▸
4* Frk deutl, resupinat, frisch gelatinös bis wachsartig, wenn trocken oft kaum sichtbar 5
5 Sp klein, 4,5–7 µm lang ▸

5* Sp 7,5–20 µm lang **6**

6 Frk trocken, rissig, wie ein hellgrauer Kalkanstrich wirkend. Sp hyalin, zylindrisch, gebogen, 15–20 × 5–7 µm. Meist NaH, seltener auf LaH
Kalkfarbene Gallertkruste – *E. calcea* (PERS. : FR.) K. WELLS

6* Frk gelatinös bis wachsartig **7**

7 Sp ellipsoid o d e r Hymenium mit Leptozystiden ▸

7* Hymenium ohne Leptozystiden. Sp zylindrisch und gebogen **8**

8 Frk grau-weißl mit rosa Schimmer. Sp 11–18 × 9–11 µm. Meist auf LaH
Rosagetönte Gallertkruste – *E. effusa* BREF.

8* Frk ohne rosa Schimmer, wie bereift wirkend, hell grau-bläul bis stahlgrau. Sp 7,5–15 × 3,5–5,5 µm, häufig Sekundärsp bildend. Meist auf NaH (Tanne, Fichte), seltener auf LaH. **Graue Gallertkruste** – *E. grisea* (PERS. : FR.) BOURDOT & MAIRE

Exobasidium WORONIN – GaP (Bas, Ustilaginomycotina, Exobasidiomycetes, Exobasidiales, Exobasidiaceae)

Phytoparasit, Bl-Flecken oder Gallen verursachend. Befallene Bl oberseits oft gelbl-grün oder rot. Bei uns auf Vertreter der Ericaceae beschränkt. – **Lit**: **9**: 81, **12**: 443, JK 514

T: *E. vaccinii* (FUCKEL) WORONIN – Abb.: BK 40, JK 434, KS S. 915, 52a

Andromeda: *E. karstenii*. – ***Rhododendron***: *E. rhododendri*; ***Vaccinium***: ***V. myrtillus***: *E. myrtilli*; ***V. oxycoccus***: *E. oxycocci*; *E. rostrupii*; ***V. uliginosum***: *E. pachysporum*; ***V. vitis-idaea***: *E. juelianum*, *E. splendidum*, *E. vaccinii*

Schlüssel für Arten auf ***Vaccinium oxycoccus***, ***microcarpum***

1 Kleine (3 mm), rote, kaum verdickte Bl-Flecken verursachend, diese oberseits rot, unterseits schließl mit dünnem Hymenium *E. rostrupii*

1* Infizierte Sprosse rosa mit rosafarbenen, an einjährigen Sprossen vergrößerten, deformierten Bl. *E. oxycocci*

Schlüssel für Arten auf ***Vaccinium vitis-idaea***

1 Deutliche, bis 1 cm breite Bl-Flecken oder auch Bl-Gallen verursachend *E. vaccinii*

1* Einjährige Sprosse oder die ganze Wirtspflanze infizierend **2**

2 Einjährige Sprosse infizierend. Sp ellipsoid, 6–11,5 µm breit *E. splendidum*

2* Die ganze Wirtspflanze infizierend. Sp schmal zylindrisch, 2–4 µm breit *E. juelianum*

Exochalara W. GAMS & HOL-JECH. – SchimP (Asc, Leotiomycetes, Helotiales, Neolauriomycetaceae; Anamorphe)

Hyphen septiert, Konidienträger unverzweigt, mehrzellig, unten braun mit etwas verdickten Wänden, oben hyalin und dünnwandig, mit endständigen Phialiden (Abb. in HELFER: 66: 32). Auf Frk von anderen Pilzen (*Gymnopus fusipes*).

T: *E. longissima* (GROVE) W. GAMS & HOL-JECH.

Flechten, Gattungen E

Eiglera HAFELLNER – Fle (Asc, Lecanoromycetes, Acarosporales, Acarosporaceae)
Lager krustig, dünn, mit eingesenkten schwärzl Apothecien. Sp 1-zellig, farblos, ellipsoid. Photobiont: coccoide Grünalge. Kalkgestein. 2 Arten. – **Lit**: **24:** 147 unter *Aspicilia*, **382**; **25:** 523 unter *Hymenella*, **463**
T: ? *E. flavida* (HEPP) HAFELLNER – **Gelbliche Eiglerflechte**

Elixia LUMBSCH – Fle (Asc, Lecanoromycetes, Umbilicariales, Elixiaceae)
Lager, schwach, undeutl, innerhalb von Holz. Apothecien schwarz, längl-schmal, dann eckig-rundl, mit vorstehendem Eigenrand. Sp 1-zellig, ellipsoid, ohne Schleimhülle. Photobiont: coccoide Grünalge. An altem Holz. 1 Art. – **Lit**: **24:** 83 und 558 als *Ptychographa*, **790** unter *Ptychographa*; **25:** 97, 109, 706 unter *Lithographa*, **463–464**
T: ? *E. flexella* (ACH.) LUMBSCH – **Holz-Elixflechte**

Encephalographa siehe *Poeltinula*

Endocarpon HEDW. – Fle (Asc, Eurotiomycetes, Verrucariales, Verrucariaceae)
Lager schuppig, bisw auch kleinblättrig, anliegend bis aufsteigend, meist (grau-)braun bis rotbraun. Perithecien in das Lager etwas eingesenkt, mit etwas hervorragendem Scheitel. Sp mauerartig vielzellig, schließl gelbl bis braun, zu 1(–2) je Ascus. Photobiont: *Stichococcus*. Auf kalkhaltiger Erde, auf Gestein. Etwa 4 Arten. – **Lit**: **24:** 81, **382–384**; **25:** 92, **464–465**
T: *E. pusillum* HEDW. – **Kleine Lederflechte;** abgebildet *E. psorodeum* (NYL.) TH. FR. – **Kissen-Lederflechte**: Wi 383, FleD 465

Enterographa FÉE – Fle (Asc, Arthoniomycetes, Arthoniales, Roccellaceae)
Lager krustig, glatt oder rissig-areoliert, graubraun, olivbraun, braun, auch hellgrau, bisw mit Soralen. Apothecien eingesenkt, punktfö, ellipsoid bis gestreckt, auch strichfö, mit flacher brauner bis schwarzer Scheibe, ohne kohliges Gehäuse (vgl. *Opegrapha*). Sp 4- bis 16-zellig. Querseptiert, spindelig bis nadelfö. Photobiont: *Trentepohlia*. Silikatgestein, glatte Ba-Rinde. 2 Arten. – **Lit**: **24:** 83–84, 88, 92, 95, **384–386**; **25:** 98,104, 114, 123, 788 unter *Opegrapha*, **466–467**
T: *E. crassa* (DC.) FÉE – **Dicke Gravurflechte**; abgebildet: *E. zonata* (KÖRBER) KÄLLSTEN ex TORRENTE & EGEA – **Mosaik-Zeichenflechte**: Wi 385, FleD 466

Eopyrenula R.C. HARRIS – Fle (Asc, ?, inc. sed.)
Lager krustig, dünn, auch innerhalb des Substrats. Perithecien ± halbkugelig vorstehend, dunkelbraun bis schwärzl. Sp querseptiert, 4–8-zellig, bisw 2-zellig, braun, die Fächer nicht linsenfö. Photobiont: *Trentepohlia*. Auf rissiger bis glatter LaB-Rinde. – **Lit**: **24:** 82, 792 unter *Pyrenula*, **386–387**; **25:** 94, 966 unter *Pyrenula*, **467**
1 Art = T: *E. leucoplaca* (WALLR.) R.C. HARRIS – **Weiße Urkernflechte**

Ephebe FR. – Fle (Asc, Lichinomycetes, Lichinales, Lichinaceae)
Lager aus verzweigt-verflochtenen Fäden in niederliegenden Matten, schwärzl, Apothecien eingesenkt in Anschwellungen der verzweigten Lagerabschnitte, mit punktfö Scheibe, aus Pyknidien entstehend. Sp ellipsoid, 1(–3)-zellig, zu 8–16 je Ascus. Photobiont: Cyanobakterium („Blaualge"). Silikatfelsen. – **Lit**: **24:** 757 unter *Polychidium*, **387–388**; **25:** 912 unter *Polychidium*, **468–469**
1 Art = T: *E. lanata* (L.) VAIN. – **Wollige Flaumflechte**: Wi 387, FleD 468

Epilichen CLEM. – Fle (Asc, Lecanoromycetes, Peltigerales, ? Rhizocarpaceae)
Lager falls sichtbar krustig, (grünl-)gelb, gelbgrün, Apothecien schwarz, mit zunächst deutl, später schwindendem Eigenrand. Sp 2-zellig, glatt, (grau-)braun. Photobiont: coccoide Grünalge. Flechtenparasit auf *Baeomyces*. Offene Böschungen, Wegränder, Silikatmagerrasen. – **Lit**: **24:** 192 unter *Buellia*, **388**; **25:** 244–245 unter *Buellia*, 469
1 Art = T: *E. scabrosus* (ACH.) CLEM. – **Rauer Flechtensitzer**

Epiphloea TREVIS – Fle (Asc, Lichinomycetes, Lichinales, ? Lichinaceae)
Lager krustig-körnig, areoliert, kleinschuppig, gelbl-oliv bis (dunkel-)olivgrau. Apothecien halb eingesenkt oder angedrückt sitzend, dunkel rotbraun, mit flachem bis unauffälligem Lagerrand. Sp mauerfö, ellipsoid, farblos. Photobiont: ähnl *Nostoc* oder wie geknäultfädige *Scytonema*. Auf nackten Böden. 1 Art. – **Lit**: **25:** 89, 693 unter *Leptogium*, **469–470**
T: *E. terrena* (NYL.) TREVIS. – **Gallertflechte** (Gattung)

Euopsis NYL. – Fle (Asc, Lichinomycetes, Lichinales, ? Lichinaceae)
Lager krustig, körnig bis kleinschuppig, dunkel rotbraun, auch weiß gesprenkelt, feucht ± gallertig. Apothecien braun mit Lagerrand. Sp 1-zellig, ellipsoid. Photobiont: *Gloeocapsa*. Silikatgestein. 1 Art. – **Lit**: **24:** 763 unter *Porocyphus*, **388–389**; **25:** 89, 964 unter *Pyrenopsis*, **470**
T: *E. granatina* (SOMERF.) NYL.; im Gebiet nur *E. pulvinata* (SCHAER.) VAIN. – **Schönaugenflechte** (Gattung): Wi 388, FleD 470

Evernia ACH. – Fle (Asc, Lecanoromycetes, Lecanorales, Parmeliaceae)
Lager strauchartig, mit Haftscheibe am Substrat sitzend, abstehend bis meist hängend, gelbl, grüngelb, selten grau, mehrfach verzweigt, Zweige bandfö, bis dickfädig-kantig, recht weich, bandfö Abschnitte unterseits heller, sonst auch allseits gleichfarben. Sorale und Isidien vorhanden oder fehlend. Apothecien braun, rotbraun, mit Lagerrand, sitzend bis kurzstielig. Photobiont: Coccoide Grünalge. Rinde von LaB und von NaB, selten auf Gestein oder Erde. 3 Arten. – **Lit**: **24:** 70, 72, **389–393**; **25:** 77–78, **471–473**
T: *E. prunastri* (L.) ACH. – Echte Pflaumenflechte, Eichenmoos-Flechte: Wi 392, FleD 471, UT 37

1 Lagerabschnitte bandartig verflacht, unterseits weißl
Eichenmoos-Flechte – *E. prunastri* (L.) ACH.
1* Lagerabschnitte auf Ober- und Unterseite gleichfarben ▸

Pilze, Gattungen F

Faerberia POUZAR, Kohlenleistling – LeiP/BläP (Bas, Agaricomycetes, Polyporales, Polyporaceae)
Frk klein bis mittelgroß, schwarz, schwarzbraun bis umbrabraun, gewölbt bis trichterig genabelt, trocken H-Oberfläche filzig und leicht schuppig, 1–3(–6) cm. L dickl bis fast leistenfö, z. T. stark gegabelt, herablaufend, grau bis weißl. S 1–5 × 0,1–0,4(–0,6) cm, grau bis graubräunl. Dimitisch. Hymenium mit zylindrischen, pseudoamyloiden, oft inkrustierten Metuloiden; diese 70–100 × 10–16 µm. Sp zylindrisch, 7–11 × 4–5 µm. Auf Brandstellen (verkohltes LaH). – **Lit**: **7**: 164, **11**: 58, **14**: 72
1 Art =T: *F. carbonaria* (ALB. & SCHWEIN.) POUZAR – **Kohlenleistling**: BK 3.207, BL 125, CD 156, Ct 1545, Kr 3.12, Lu 1.23.1, MJ 1Faerb1

Farysia RACIB. – BrandP (Bas, Ustilaginomycetes, Ustilaginales, Anthracoideaceae)
Phytoparasitischer Befall in Fruchtknoten von *Carex*. Brandbutten oliv- bis dunkelbraun, von Bündeln steriler Hyphen durchzogen. Sp hell olivbraun, feinwarzig, von unregelmäßiger Form, 3–12 µm lang
T: *F. merillii* (HENN.) SYD.; bei uns vorkommend *F. thuemenii* (A.A. FISCH. WALDH.) NANNF.; abgebildet in K & S 876: 13D

Fayodia KÜHNER, Rußhelmling – BläP (Bas, Agaricomycetes, Agaricales, Tricholomataceae)
Frk klein bis höchstens mittelgroß, H oft nabelig oder gebuckelt. HDS meist nicht gelatinös. Cheilo- und Pleurozystiden vorhanden. Spp weiß. Basidien meist 2-sporig. Sp kugelig, von amyloidem Perispor umgeben mit darin eingebetteten nicht amyloiden Warzen und Stacheln. 2–3 Arten. Terricol bis lignicol, auch bryicol (Torfmoos). – Syn: *F. striaepilea* (T) = *F. bisphaerigera*. – **Lit:** **7**: 247, **11**: 196, **14**: 278
T: *F. bisphaerigera* (J.E. LANGE) SINGER – Abgeflachter Rußhelmling: BK 3.208, BL 131, CD 348, Lg 59H, Lu 1.24.1, MJ 3Fay2, RH 366

1 Auf Brandstellen in Erde. Sp 6,5–8,5 µm
Brandplatz-Rußhelmling – *F. anthracobia* (J. FAVRE) KNUDSEN

1* Nicht auf Brandstellen. Sp (8–)9–11 µm. H konvex (falls H glockenfö bis spitzkegelig ►). In NaStreu, LaStreu und auf morschem Holz, auch zwischen Torfmoos.
Abgeflachter Rußhelmling – *F. bisphaerigera* (J.E. LANGE) SINGER

Femsjonia FR., Gallertkreisel – GaP (Bas, Dacrymycetes, Dacrymycetales, Dacrymycetaceae)
Frk in Gruppen auf Holz, gallertig, flach scheibenfö oder kreiselfö bis becherfö, 0,3–1,5 cm breit. Oberseits gelb bis gelborange, trocken schmutzig rotbraun, außen weiß behaart. Hyphen hyalin, dickwandig, mit Schnallen. Basidien gabelig. Sp hyalin, ellipsoid bis etwas gebogen, inamyloid, mit (3–)7–12(–15) Septen, 18–27(–30) × 7,5–11 µm.1(–2) Arten. Lignicol, meist LaH, seltener NaH. – Syn: Die Gattung wird auch unter dem Namen *Ditiola* geführt. – **Lit**: **9**: 95, **12**: 440

T: *F. peziziformis* (LÉV.) KARSTEN – **Gelbweißer Gallertkreisel**: BK 2.6, Br 1129, CD 58, Gh 679, Kr 1.82, Lx 595

Fibriciellum J. ERIKS. & RYV. – RiP (Bas, Agaricomycetes, Trechisporales, Hydnodontaceae)
Frk resupinat, membranös, glatt oder selten auch etwas warzig, weißl bis ocker. Dimitisch. Skeletthyphen dickwandig, hyalin, 1,5–2,5 µm im Durchm, generative Hyphen hyalin, 2–3 µm im Durchm, mit Schnallen. Sp hyalin, ellipsoid, glatt, inamyloid, 3–4 × 1,5–2 µm. LaH (Eiche). – **Lit**: **9**: 132, **12**: 192
1 Art = T: *F. silvae-ryae* J. ERIKSS. & RYV.

Fibrodontia PARMASTO – RiP (Bas, Agaricomycetes, Trechisporales, Hydnodontaceae)
Frk resupinat, membranös bis wachsartig-weich, oberseits mit Zähnchen (odontoid) oder mit bis zu 1 mm langen Stacheln, weiß bis ocker. Dimitisch, Skelethyphen dünn- oder dickwandig, hyalin, generative Hyphen hyalin, mit Schnallen. Sp hyalin, ellipsoid, glatt, inamyloid, 3,5–4,2 × 2,5–3,7 µm. LaH. – Syn: T auch als *Hyphodontia gossypina* (PARMASTO) HJORTS. geführt. – **Lit**: **9**: 211 als *Hyphodontia g.*, **12**: 193
1 Art = T: *F. gossypina* PARMASTO

Fibroidium (R.T.A. COOK & al.) R.T.A. COOK & U. BRAUN – E-Mehlt (Leotiomycetes, Erysiphales, Erysiphaceae, Anamorphe)
Phytoparasitischer Befall in Form eines weißgrauen Mycelbelages (primäres Mycel) auf Früchten von *Euphorbia cyparissias* oder auf (verschiedenen Teilen?) von *Impatiens*. Frk (Teleomorphe) fehlend. Nebenfruchtform (Anamorphe) bildet Konidien in Ketten, diese im frischen Zustand innen mit stabfö Strukturen (Fibrosinkörpern). Wenige Arten. – Anm: Falls Frk (Chasmothecien) vorhanden siehe *Podosphaera*. – **Lit**: JK 169, 230
T: ? .
Euphorbia cyparissias: *F. cyparissiae* (P. SYD.) U. BRAUN & R.T.A. COOK. – ***Impatiens***: *F. balsaminae* (RAJD.) U. BRAUN & R.T.A. COOK

Fibroporia PARMASTO – Rip/PoP (Bas, Agaricomycetes, Polyporales, Polyporaceae)
Früher unter *Antrodia*: Resupinat, zieml lederig, mit 3–8 Poren je mm. Sp 4–7 × 2,5–3,5 µm. Skeletthyphen nicht amyloid. In Häusern und in Bergwerken an Holz von NaB. – **Lit**: **9**: 240, **12**: 358
T: *F. vaillantii* (DC.) PARMASTO

Fibulomyces JÜLICH, Vliesschwamm – RiP (Bas, Agaricomycetes, Atheliales, Atheliaceae)
Frk resupinat, dünn, oberseits glatt bis etwas faltig (meruloid), oft mit Rhizomorphen. Monomitisch, Hyphen hyalin, mit Schnallen. Sp hyalin, glatt, inamyloid, dünnwandig, beim T 3,5–5 × 1,8–2,8 µm, sonst 5–8 × 1,5–2,6 µm. 3 Arten, LaH und NaH, T auch auf Blättern und Nadeln. – Anm: *F. septentrionalis* wird auch zu *Leptosporomyces* gestellt. – **Lit**: **9**: 148, **12**: 141
T: *F. mutabilis* (BRES.) JÜLICH – Veränderlicher Vliesschwamm: BK 2.57, Ct 2517

1 Sp schmal eifö, im basalen Teil (also gegen den Apikulus) etwas verbreitert, 5–6 × 1,5–2 µm. LaH, NaH

Nordischer Vliesschwamm – *F. septentrionalis* (J. ERIKSS.) JÜLICH

1* Sp zylindrisch bis schmal ellipsoid, basal nicht verbreitert, sondern abgerundet und mit seitl Apikulus, 3,5–5,5 × 1,8–2,8 µm (falls basaler Teil der Sp in den Apikulus verschmälert und Sp länger als 6 µm: ▸). LaH, Blätter, Nadeln

Veränderlicher Vliesschwamm – *F. mutabilis* (BRES.) JÜLICH

Fistulina BULL. FR., Leberreischling – PoP (Bas, Agaricomycetes, Agaricales, Fistulinaceae)
Frk konsolenfö, frisch fleischig-weich, Trama mit rotem Saft, unterseits mit isoliert stehenden Röhren (daher kein typischer PoP). Sp hyalin bis rosa-gelbl, ellipsoid, dünnwandig, glatt, inamyloid, 4,5–6 × 3–4 µm. LaH (Eiche). – **Lit**: **9**: 294, **12**: 299
1 Art = T. *F. hepatica* (SCHAEFF. : FR.) WITH. – **Eichen-Leberreischling, Ochsenzunge**: BK 2.428, Dh 1049, Gh 507, Ja 154, Lx 539, Ph 224

Flagelloscypha DONK – CyP (Bas, Agaricomycetes, Agaricales, Niaceae)
Frk verkehrt becherfö (cyphelloid), mit dem Rücken auf dem Substrat sitzend, weißl, klein, Hyphen der Frk-Außenseite hyalin, dickwandig, Wände inkrustiert. Endzellen glatt, oft geißelfö verlängert. Schnallen vorhanden. Sp glatt, dünnwandig, inamyloid, mandelfö bis spindelfö, beim T 7–10,5 × 4–5,5 µm. 9 Arten, Pflanzenreste, LaH, seltener NaH. – **Lit**: **11**: 201
T: *F. minutissima* (BURT.) DONK

Flammula (FR.) P. KUMM., Schüppling – BläP (Bas, Agaricomycetes, Agaricales, Strophariaceae)
Frk gestielt-hutfö, mittelgroß bis fast groß, mit breit bis leicht ausgebuchtet angehefteten L. H nicht hygrophan, H-Oberfläche feucht klebrig bis schmierig, jedoch nicht schleimig, trocken glänzend, gelb (bis bräunl), bisw fleckig aber nicht schuppig. S mäßig dick, d. h. weniger als 1,2 cm breit. Spp rostbraun. Pleurozystiden fehlend. Sp ellipsoid bis fast mandelfö, glatt, mit Keimporus, 7–10,5 × 4–5,5 µm. 1–2 Arten, meist LaH (Erle), seltener auch NaH. – Syn: vielfach von *Pholiota* nicht getrennt, daher T auch als *P. alnicola* – **Lit**: **8:** 418 als *Pholiota a.*, **11**: 340 als *Pholiota*, **14**: 785
T: *F. alnicola* (FR. : FR.) P. KUMM. – **Zitronengelber Erlen-Schüppling**: Dh 630, 632, Gh 339, Lg 122 B, E, Lu 1.65.21, Lx 331, Md 598, 600, MJ 3Phol12

Flammulaster EARLE, Flockenschüppling – BläP (Bas, Agaricomycetes, Agaricales, Crepidotaceae)
Frk klein bis mittelgroß. H-Oberfläche meist feinflockig. Spp braun. HDS mit kugeligen bis birnenfö, oder doch zumindest mit sehr breiten und kurzgliedrigen Zellen. 8 Arten, auf Holz und Falllaub, häufigste Art (= T) auf den Fruchtbechern und Laubresten von Rotbuche. Anm: Vgl. *Phaeomarasmius* und *Melanotus*. – **Lit**: **11:** 344, **14**: 778
T: *F. carpophilus* (FR.) EARLE – Bucheckern-Flockenschüppling: BK 4.405, 406, CD 1231, Lg 124F, Lu 1.25.8–11, MJ 3 Flamm1, RH 463

1 Sp mandelfö bis schwach zitronenfö, (6,5–)7–9 × 4,5–5,5 µm. Cheilozystiden oben zugespitzt, spindelig. H körnig, ockerl, beige oder hellrostbräunl, 5–10(–15) mm, S oben bereift, abwärts körnig. Geruch nicht nach Pelargonien. LaH, La-Streu, besonders auf Fruchtbechern von Buche (*Fagus*)

Bucheckern-Flockenschüppling – *F. carpophilus* (FR.) EARLE

1* Merkm verschieden: Sp kleiner oder größer, bohnenfö, entschieden mandelfö oder entschieden zitronenfö und dann Cheilozystiden oben abgerundet, allenfalls stumpf spindelig, oft zylindrisch bis keulenfö. H bisw weiß. Geruch nach Pelargonien oder auch nicht so. ▸

Flammulina P. KARST., Samtfußrübling – BläP (Bas, Agaricomycetes, Agaricales, Physalacriaceae)

Frk mittelgroß, bisw klein, H schleimig, gelb, rostgelb, auch weiß. S dunkelbraun-samtig. L abgerundet, weiß. Spp weiß. Meist im Winter fruchtend. 3 Arten. Lignicol, LaH, auch an Hauhechel (*Ononis*). – **Lit**: **7:** 248, **11:** 198, **14**: 254

T: *F. velutipes* (CURTIS : FR.) SINGER – Typischer Samtfußrübling: Ge 156, HK 1.107, Kr 3.246, Lu 1.26.1.3, MJ 3Flamm1, Ph 58

1 Frk büschelig an LaH (selten auch an NaH) in der kalten Jahreszeit. H gelb bis orange- oder rotbraun, oder selten Frk gänzl (auch S) weiß. Sp längl ellipsoid bis zylindrisch, (6–)7–11,5 × (2,5–)3–4 µm

Typischer Samtfußrübling – *F. velutipes* (CURTIS : FR.) SINGER

1* Merkm verschieden: Frk entweder an oder nahe bei Hauhechel (*Ononis*) in Trockenrasen und Sp dann sehr breit, 8,5–12,5 × 4,5–5,0 µm (*F. ononidis*), oder an vergrabenem Holz und an Stümpfen (LaH), und dann Sp breit ellipsoid, 6–8 × 4–4,5(–5) µm und ganzer Frk (auch S) gelbl bis weiß, S-Basis oft wurzelartig verjüngt (*F. fennae*) ▸

Flaviporus MURRILL, Gelbporling – PoP (Bas, Agaricomycetes, Polyporales, Steccherinaceae)

Frk klein, bis 4 cm, fächer- bis muschelfö, sitzend oder mit stielfö verschmälerter Basis, auch effus-reflex bis resupinat, oft dachziegelig, selbst korallenartig, kastanienbraun bis purpurschwarz. Röhren mehrschichtig, Poren eng, gelb bis zimtfarben. Dimitisch. Generative Hyphen hyalin bis gelbl, mit Schnellen. Skeletthyphen mäßig dickwandig, hyalin bis gelbl. Sp breit ellipsoid, inamyloid; 2,2–2,8 × 1,5–1,8 µm. Lignicol in Bergwerken und in Gewächshäusern. – **Lit**: **12**: 365

1 Art = T: *F. brownii* (HUMBOLDT) DONK – **Bergwerks-Gelbporling**: Bol 15(1), 1991

Floccularia POUZAR, Schuppenritterling – BläP (Bas, Agaricomycetes, Agaricales, Agaricaceae)

Frk gestielt-hutfö, recht groß, fleischig, H gelbl, schuppig, an H-Rand oft vom Velum flockig-faserig behangen. L blassgelbl, schmal angeheftet bis fast frei. S unterhalb einer Ringzone flockig-schuppig. Spp weiß wie die Sp amyloid. L-Trama jung bilateral. 1–2 Arten. Trockenrasen, selten. – **Lit:7**: 249, **11:** 150, **14**: 514

T: *F. straminea* (P. KUMM.) POUZAR – **Strohfarbener Schuppenritterling**: BL 163, Br 47, CD 463, Cr 415, Kr. 3,247, MD 801, MJ 3Floc1

Fomes (FR.) FR., Zunderschwamm – PoP (Bas, Agaricomycetes, Polyporales, Polyporaceae)
Frk konsolenfö, hart, mehrjährig, 5–50 cm breit, 3–25 cm im Radius, 2–25 cm dick, mit deutl Cutis, Oberfläche mit Wachstumszonen, jung braun, dann graubraun bis grau, bisw mit rötl Rand. Trama braun, in KOH schwarz, zähfaserig, nahe der Ansatzstelle mit Mycelkern, dieser bis zu 10 cm im Durchm und weiß marmoriert. Poren jung cremefarben bis hell-ocker, auf Druck und alt dunkler, 2–4 pro mm. Röhren braun, geschichtet, bis etwa 1 cm lang pro Schicht, insgesamt 15 cm. Trimitisch. Skeletthyphen und Bindehyphen gelbbraun, dickwandig, Bindehyphen in der Röhrentrama gewunden. Generative Hyphen hyalin, dünnwandig, mit Schnallen. Sp hyalin, lang-zylindrisch, 16–24 × 5,5–6,5 µm. LaH (besonders Buche, Birke). – Anm: Junge Frk von *F. fomentarius* können einen rotbraunen Rand haben wie bei *Fomitopsis pinicola;* diese jedoch mit gelbl-weißen Poren, bei *Fomes fomentarius* Poren jung weißl-grau, auf Druck braun fleckend. Die Cutis verkohlt in einer Streichholzflamme, bei *F. pinicola* schmilzt sie. – **Lit**: **9**: 230, **12**:.380
1 Art = T: *F. fomentarius* (L. : FR.) J.J. KICKX – **Echter Zunderschwamm**: BK 2.386, Gh 547, HK 1.171, Ja 120, 121, Kr 1.521, Lx 577, Md 286, MJ 5Fom1,2

Fomitoporia siehe unter *Phellinus*

Fomitopsis P. KARST., Baumschwamm – PoP (Bas, Agaricomycetes, Polyporales, Fomitopsidaceae)
Frk konsolenfö, z. T. mit herblaufender Röhrenschicht, 2–8–40 cm breit, 2–8–25 cm im Radius, 4–15 cm dick, mehrjährig, holzig, hart, mit deutl Cutis. Oberfläche gezont. Trama weiß, creme oder rosa, korkig bis holzig. Poren eng, z. B. 3–4 pro mm. Trimitisch, mit hyalinen bis gelben Skelett- und Bindehyphen. Generative Hyphen hyalin, dünnwandig, mit Schnallen. Sp hyalin, zylindrisch bis schmal ellipsoid, 6–8 × 2–3,5–4 µm. 2 Arten. NaH, LaH. – Anm: Unterschied zu *Fomes fomentarius* siehe dort. – Syn: hierher gestellt bisw auch *F. officinalis* = *Laricifomes officimalis. F. cytisina* = *Perenniporia fraxinea*. – **Lit**: **9**: 241, **12**: 381
T: *F. pinicola* (SW. : FR.) P. KARST. – Rotrandiger Baumschwamm: BK 2.387, Ja 123, Kr 1.523, Lx 579, Md 287, MJ 5Fom1

1 Frk 8–40 cm breit, mit lange orangegelb bis rotbraun bleibendem, wulstigem Rand, sonst alt schwärzlich. Poren frisch gelbl, trocken bräunl. Trama gelbl bis bleich lederfarben, in KOH schwärzl. Vorwiegend NaH (besonders Fichte), seltener auch LaH (Erle, Birke) **Rotrandiger Baumschwamm** – *F. pinicola* (SW. : FR.) P. KARST.

1* Frk ohne farbl abgesetzten Rand, insg grau-rosa bis schwärzl, eher klein, 2–10 cm breit. Poren, Röhren und Trama rosa bis rosabraun. NaH (besonders Tanne, Fichte) in der Bergstufe **Rosa Baumschwamm** – *F. rosea* (ALB. & SCHWEIN. : FR.) P. KARST.

Fraseriella CIF. & A.M. CORTE – SchimP (Asc, Eurotiomycetes, Eurotiales ?, Monascaceae; Anamorphe)
In Kultur weiß (weder grau noch gelb-orange). Konidienträger einzeln, die jüngeren Konidien gegen die Basis von. Konidien Ketten. Konidien 1-zellig, ihre Bildung von der Spitze der Konidien bildende Hyphen ausgehend (retrogressiv). Teleomorphe: *Xeromyces*. – **Lit**: **21**: 86. – T: *F. bispora* CIF. & A.M. CORTE

Fuligo HALL. – SchleimP (Myxogastria, Physarida, Physaridae)
Sammel-Frk (Aethalien) unregelmäßig geformt, oft zieml groß, beim T 2–13 cm im Durchm, und 0,5–3 cm dick, zitronengelb, grüngelb, auch ockerl, schwammig, innen mit röhriger Struktur. Capillitium meist farblos, ein ± abgehobenes (distinktes) Netz bildend, mit kleinen, meist spindelfö Kalk-Knötchen. Sp kugelig bis breit ellipsoid, 6–9 µm (so auch der T) oder 10 µm und mehr, mit Warzen oder mit netzfö Ornament. 7–9 Arten, Auf Totholz. bisw auch auf toten Blättern oder lebenden Kräutern. – **Lit**: **17**: 151, **19**: 207
T: *F. septica* (L.) HALL.: Nan 155, Neub 2.217

Funalia PAT., Borstentramete – PoP (Bas, Agaricomycetes, Polyporales, Polyporaceae)
Frk effus-reflex bis konsolenfö, einzeln oder dachziegelig übereinander, im Querschnitt dreieckig, oft seitl verwachsen, 1–12 cm breit, 1–5 cm im Radius, 1–3 cm dick, zäh, trocken holzig bis hart. Oberfläche erst weißl, dann grau bis ocker. Trama jung weißl, dann hell gelbl-weiß bis blass holzfarben. Poren weit, eckig, 1–2 pro mm, erst weiß, dann blass gelbl, alt ocker bis hell bräunl. Trimitisch. Skelett- und Bindehyphen hyalin. Generative Hyphen hyalin, mit Schnallen. Sp zylindrisch, hyalin, 7–11 × 3–4 µm. Bei uns 1 Art. LaH (meist Pappel, auch Birke, Buche). – Syn: wird auch zu *Coriolopsis* gestellt. – **Lit**: **9**: 229 als *Trametes t.*, **12**: 365
T: außereuropäisch; bei uns vertreten mit *F. trogii* (BERK.) BONDARTSEV & SINGER – **Blasse Borstentramete**: BK 2.351, Ct 744, Gh 533, Lx 567, Md 290

Fusarium LINK – SchimP (Asc, Sordariomycetes, Hypocreales, Nectriaceae; Anamorphe)
Hyphen septiert. Mit Makro- und Mikrokonidien. Makrokonidien längl, spindelfö, sichelfö, meist vielzellig, hyalin. Mikrokonidien in Ketten, eifö, längl-ellipsoid, meist 1-zellig. Teleomorphe: *Gibberella* oder *Nectria*. – **Lit**: **3**: 1076
T: *F. roseum* LINK

Fuscolachnum J.H. HAINES – inop. Disc (Asc, Leotiomycetes, Helotiales, Hyaloscyphaceae)
Frk sitzend oder kurzstielig, 0,1–0,5 mm, kugelig, becherfö, scheibenfö. Oben/innen (Hymenium) grau, außen dunkler, mit braunen Haaren. Haare ± zylindrisch, dünnwandig, mehrfach septiert, braun, außen körnig. Asci keulig bis ellipsoid, 8-sporig, mit amyloidem Porus. Paraphysen zylindrisch oder nach oben etwas breiter werdend, die Asci nicht oder kaum überragend. Asc-Sp fast keulig oder ellipsoid, hyalin, nicht septiert, beim T 6–8 × 1,5–2 µm (sonst bis 9,5 µm lang). 3 Arten. Saprotroph auf Blättern und Sprossstücken, der T auf Farnen. – **Lit**: **10**: 190
T: *F. pteridis* (ALB. & SCHWEIN. FR.) J.H. HAINES

Fuscoporia siehe unter *Phellinus*

Fusicladium siehe *Venturia*

Flechten, Gattungen F

Farnoldia HERTEL – Fle (Asc, Lecanoromycetes, Lecideales, Lecideaceae)
Lager krustig, auch im Gestein, Apothecien schwarz, anfangs mit Eigenrand, bisw bereift, glatt bis hirnartig gefurcht. Sp 1-zellig, ellipsoid, mit dicker Schleimhülle. Photobiont: coccoide Grünalge. Kalkgestein. 5 Arten. – **Lit**: **25:** 634–635 unter *Lecidea*, **473–474**
T: *F. jurana* (SCHAER.) HERTEL – **Jura-Arnoldflechte**: FleD 473

Fellhanera VĚZDA – Fle (Asc, Lecanoromycetes, Lecanorales, Pilocarpaceae)
Lager krustig, mehlig bis schorfig, weißl, graugrün, beige, ocker. Apothecien weißl, beige, gelbl, orange, rotbraun, dunkelbraun. Sp mit 1–7 Septen. Photobiont: coccoide Grünalge. Zweige von Tanne und Fichte, auch auf Nadeln, Heidelbeerstämmchen. 5 Arten. – **Lit**: **25:** 105, 112–113, 126, 128, 199–200 unter *Bacidia*, 335 unter *Catillaria*, **474–477**
T: *F. fuscatula* (MÜLL. ARG.) VĚZDA; abgebildet z. B. *F. bouteillei* (DESM.) VĚZDA – **Ästchenflechte** (Gattung): FleD 474

„Fellhanera"

1	Hypothecium farblos bis blassbraun	***Fellhanera***
1*	Hypothecium dunkel (rot-)braun, violett	**2**
2	Sp 16–35(–42) µm lang, im Mittel über 18 µm	***Fellhaneropsis*** (pr.p.)
2*	Sp 10–18 µm.	**3**
3	Apothecien 0,1–0,2 mm, ocker bis blassbraun	***Fellhanera*** (*ochracea*)
3*	Apothecien 0,3–0,7 mm, dunkler	***Byssoloma*** (pr.p.)

Fellhaneropsis SÉRUS. & COPPINS – Fle (Asc, Lecanoromycetes, Lecanorales, Pilocarpaceae)
Lager krustig, dünn, schorfig bis firnisartig. Apothecien hellbraun, rosabraun, braunschwarz. Sp mit 3–7 Septen, farblos, längl-spindelfö bis nadelfö. Photobiont: coccoide Grünalge. Auf Nadeln von Tanne und Fichte, auf Zweigen von Heidelbeere etc. 2 Arten. – **Lit**: **25:** 105, 110, 112, 199–200 unter *Bacidia*, 475 unter *Fellhanera,* 747 unter *Micarea*, **477–478**.
T: *F. myrtilicola* (ERICHSEN) SÉRUS & COPPINS – **Heidelbeer Ästchenflechte**

Flavocetraria KÄRNEFELT & A. THELL – Fle (Asc, Lecanoromycetes, Lecanorales, Parmeliaceae)
Lager aus spärl verzweigten, aufsteigenden bis aufrechten, verflachten bis röhrig eingerollten Lappen, blass gelbl bis grünl-gelb. Glatt oder runzelig, unterseits mit Pseudocyphellen. Apothecien, falls vorhanden, braun, scheibenfö-flach, Sp 1-zellig, ellipsoid. Photobiont: *Trebouxia*. Oberhalb der Waldgrenze, auf Erdboden. 2 Arten. – **Lit**: **24:** 267 als *Cetraria*, **273**; **25:** 74, 79, 342 unter *Cetraria*, **478–479**
T: *F. nivalis* (L.) KÄRNEFELT & A. THELL: UT 43. – **Schneeflechte**; abgebildet auch *F. cucullata* (BELLARDI) KÄRNEFELT & A. THELL. – **Kapuzen-Gelbhornflechte**: Wi 13, FleD 476, UT 42

Flavoparmelia HALE – Fle (Asc, Lecanoromycetes, Lecanorales, Parmeliaceae)
Lager blättrig, dem Substrat auch eng anliegend, hell grünl-gelb bis graugrünl, unterseits schwarz. Apothecien, falls selten vorhanden, rotbraun. Sp einzellig, ellipsoid. Photobiont: *Trebouxia*. An LaB. 2 Arten. – **Lit**: **24:** 644, **647** unter *Parmelia*; **25:** 806 unter *Parmelia*, **480–481**
T: *F. caperata* (L.) HALE – **Caperatflechte**: Wi 32, 639 als *Parmelia;* FleD 480, UT 71

Flavopunctelia (KROG) HALE – Fle (Asc, Lecanoromycetes, Lecanorales, Parmeliaceae)
Lager laubartig, rosettig, anliegend, locker angewachsen, Oberseite gelbl, hellgraugrün, mit punktfö bis fleckenfö Pseudocyphellen, Lappen randl mit Soralen. Apothecien, falls selten vorhanden, (rost-)braun, flächenständig. Sp 1-zellig, ellipsoid bis kugelig. Photobiont: *Trebouxia*. Am Stamm von LaB, seltener an NaB. – **Lit**: **24:** 644 unter *Parmelia*; **25:** 805 unter *Parmelia*, 1183 unter *Xanthoparmelia*, **482–483**
1 Art = T: *F. flaventior* (STIRT.) HALE – **Gelbe Punktschüsselflechte**: Wi 647, FleD 482

Forssellia siehe *Pterygiopsis*

Frutidella KALB – Fle (Asc, Lecanoromycetes, Lecanorales, Ramalinaceae)
Lager krustig, aus fast kugeligen, ± isidiösen Körnern zusammengesetzt, oder auch unscheinbar, grau, (dunkel-, braun-)grau. Apothecien stark gewölbt bis halbkugelig, sitzend bis halb eingesenkt, (grau-)schwarz, unberandet. Sp 1-zellig, ellipsoid. Photobiont: coccoide Grünalge. Am Grunde von NaB, seltener von LaB. 1 Art. – **Lit**: 494, **517** als *Lecidea*; **25:** 127, 225 unter *Biatora*, 621, 625 unter *Lecidea*, **483**
T: *F. caesioatra* (SCHAER.) KALB – **Moos-Schwarznapfflechte**

Fulgensia A. MASSAL. – Fle (Asc, Lecanoromycetes, Teloschistales, Teloschistaceae)
Lager schuppig bis rosettig, auch bisw fast blättrig, gelb, orange, bisw bereift. Apothecien orangebraun, rotorange, mit Lagerrand und oft zusätzl mit Eigenrand. Sp 1- bis selten 4-zellig, ellipsoid, spindelig, asymmetrisch, ohne Wandverdickungen und ohne Kanal im Septum. Photobiont: Coccoide Grünalge. Basenreiche Erde. 5 Arten. – **Lit**: **24:** 72, 84, **396–398**; **25:** 79–80, 99, **483–486**
T: *F. vulgaris* A. MASSAL. & DE NOT. Abgebildet *F. fulgens* (SW.) ELENKIN – **Feuerflechte** (Gattung): Wi 397, FleD 484, UT 120

„Fulgensia"

1	Sp reif 2-zellig	***Caloplaca*** (pr.p.)
1*	Sp auch reif 1-zellig, selten vereinzelt 2-zellig	***Fulgensia*** (*bracteata*, *fulgens*)

Fuscidea V. WIRTH & VĚZDA – Fle (Asc, Lecanoromycetes, Umbilicariales, Fuscideaceae)
Lager dünn- bis dickkrustig, grau, braungrau, dunkelbraun, rissig areoliert. Apothecien eingesenkt bis sitzend, ohne deutl Lagerrand, mit oder ohne Eigenrand. Sp 1-zellig, selten 2-zellig, ellipsoid bis längl, gerade, auch gekrümmt, farblos oder alt leicht bräunl. Photobiont: coccoide Grünalge. Ba-Rinde, Silikatgestein. 11 Arten. – **Lit**: **24:** 93, 98, 496, 504, 505, 507, 512 jeweils unter *Lecidea*, **398–405**; **25:** 115, 127, 640–641 unter *Lecidea*, **486–492**
T: *F. aggregatilis* (GRUMMANN) V. WIRTH & VĚZDA; abgebildet u. a. *F. kochiana* (HEPP) V. WIRTH & VĚZDA – **Kochs Braunnapfflechte**: Wi 403, FleD 490

1 Auf Ba-Rinde, sorediös (falls nicht sorediös: ►). Sp bohnenfö
Becher-Braunnapfflechte – *F. cyathoides* (ACH.) V. WIRTH & VĚZDA

1* Auf Silikatgestein 2

2 Lager sorediös, ohne Apothecien ►

2* Lager nicht sorediös, mit Apothecien 3

3 Sp wenigstens z. T. bohnenfö. Falls P+ rot: *F. cyathoides* ►

3* Sp ellipsoid 4

4 Apothecien deutl wulstig berandet ►

4* Apothecien nicht oder undeutl berandet, weitgehend in das Lager eingesenkt. Falls Apothecien angedrückt sitzend: *F. lygaea* (W. MANN) (ACH.) V. WIRTH & VĚZDA
Kochs Braunnapfflechte: *F. kochiana* (HEPP) V. WIRTH & VĚZDA

„Fuscidea“

1 Auf Rinde 2

1* Auf Silikatgestein ***Fuscidea***

2 Lager ohne Sorale, rissig-areoliert ***Fuscidea*** (*cyathoides*)

2* Lager sorediös 3

3 Sp 6–8-zellig ***Ropalospora*** (*viridis*)

3* Sp 1-zellig oder Flechte steril ***Fuscidea*** (*lightfootii*, *pusilla*)

Fuscopannaria P.M. JØRG – Fle (Asc, Lecanoromycetes, Peltigerales, Pannariaceae)
Lager schuppig, lappig, aber auch krustig, bräunl, olivbraun, gänzl oder partiell dunkel graublau. Apothecien sitzend, mit deutl Lagerrand. Sp 1-zellig, ellipsoid, an einem oder an beiden Enden zugespitzt, außen deutl warzig (am Perispor). Photobiont: *Nostoc*. In Zwergstrauchheiden oberhalb der Waldgrenze. 1 Art. – **Lit: 25:** 800 unter *Pannaria*, **492**
T: *F. leucosticta* (TUCK.) P.M. JØRG. – **Tuchflechte**

Pilze, Gattungen G

Gabarnaudia siehe *Sphaeronaemella*

Galerella bei uns nicht vertreten (südeuropäisch!). *G. plicatella* (PECK) SINGER non s. auct. europ. siehe *Pholiotina sulcata*.

Galerina EARLE, Häubling – BläP (Bas, Agaricomycetes, Agaricales, Strophariaceae)
Frk klein, zart bis allenfalls mittelgroß. Spp rostbraun. Sp seltener glatt, meist warzig und dann mit glattem Fleck (= Plage) am Apikulus. HDS aus gestreckten, radial verlaufenden Hyphen. Falls Zystiden kopfig, dann kopfiger Teil nicht auf schmalem Hals sitzend. 48 Arten. Bryicol, terricol, lignicol. – Anm: *G. clavus* ROMAGN. jetzt auch zu *Rogmanesiella* CONTU & al. – **Lit: 11**: 458, **14**: 785
T: *G. vittiformis* (FR.) EARLE – Samt-Häubling: BK 5.401, 432–434, BL 249, CD 1220, Ct 1738, Gh 379, Lg 131D, MJ 3Gal11

1 Frk mittelgroß (H 1,5–4 cm; S 2–9 mm breit) auf morschem Holz. H-Rand jung etwas einwärts gebogen. S mit häutigem Ring oder wenigstens mit ringfö Zone, darunter mit schwindender Überfaserung und dann bald dunkelbraun werdend. Mit oben spitz endenden Pleurozystiden. **2**

1* Merkm anders: falls auf morschem Holz, dann S ohne Ring und ohne Ringzone. H meist kleiner und H-Rand meist gerade. Vielfach auf und zwischen Moosen, aber auch auf morschem Holz. Pleurozystiden vorhanden oder fehlend **3**

2 H nicht gelatinös, ocker bis ockerbraun, hygrophan, durchscheinend gerieft. S ocker bis honigfarben, abwärts dunkelbraun werdend, zunächst faserig, nie schuppig (falls S unten schuppig und F ohne Mehlgeruch: *Kuehneromyces mutabilis*). Geruch und Geschmack mehlartig. Sp nicht kalyptrat, eifö-ellipsoid, warzig, 8–10 × 5–6 µm. NaH. **Gift-Häubling, Nadelholz-Häubling** – *G. marginata* (BATSCH) KÜHNER

2* H gelatinös. Exospor sich bisw von übriger Sp-Wand partiell etwas ablösend. Nah verwandte Arten zu voriger ▸

3 Zwischen Laubmoosen und Torfmoosen, auch in Moosrasen auf morschem Holz . . **4**

3* Auf nacktem morschen Holz oder terricol auf Erde, Torf etc. ▸

4 S samtig behaart (unter starker Lupe), ohne Ringzone (sonst: ▸). H 0,5–1(–2) cm, stumpf kegelig-glockig, rötl-braun bis zimtocker, gerieft. H-Oberfläche kahl (Falls behaart *G. atkinsoniana* A.H. SMITH). L entfernt, breit angeheftet. Cheilo- und Pleurozystiden groß, 35–60 × 10–14 µm, spindelig-bauchig; ähnl die Kaulozystiden. Sp 8–10,5 × 5,2–6,5 µm (von 4-sporigen Basidien) oder 10–12 × 5,7–7 µm (von 2-sporigen Basidien). An verschiedenen Laubmoosen, oft in Mooren, nicht (obligat) an Torfmoosen. **Samt-Häubling** – *G. vittiformis* (FR.) EARLE

4* S nicht samtig behaart. **5**

5 Hyphensepten ohne Schnallen. Frk auch jung ohne Velum (Falls mit Velum und Sp größer: ▸). S junger Frk gelbl (Falls S oben hyalin: ▸). Pileozystiden vorhanden. Sp 7–10,5 × 4–5,2 µm, in KOH fein warzig, in Wasser glatt erscheinend. Grasplätze zw Moos **Gelblicher Rasen-Häubling** – *G. laevis* (PERS.) SINGER

5* Hyphensepten mit Schnallen. **6**

6 Frk klein bis etwas größer, meist auf Torfmoosen (*Sphagnum*) **7**

6* Frk klein, zwischen Laubmoosen oft über morschem Holz, nicht auf Torfmoosen . . **9**

7 S mit starkem Velum in Form von Zonen und flüchtigem Ring. H (0,5–)1–3 cm, halbkugelig bis kegelig-glockig, meist mit deutl Buckel, feucht schmutzig braun, durchscheinend gerieft, trocken ocker. F mit Mehlgeschmack und -geruch. Sp (8–)9–11 × (5–)6–7(–8) µm, glatt bis fein warzig, *Sphagnum*-Sümpfe **Weißflockiger Sumpf-Häubling** – *G. paludosa* (FR.) KÜHNER

7* Velum schwach ausgeprägt oder fehlend. H (0,5–)1–3,5 cm, kegelig-glockig, bisw gebuckelt, honigbraun, gelbbraun, ocker **8**

8 Geschmack nach Mehl. L breit angeheftet (Falls L dreieckig-breit angeheftet, herablaufend: *G. gibbosa* J. FAVRE). Sp fast glatt, 8–11(–12) × (4–)5–7 µm. Zystiden weitgehend nicht kopfig **Sumpf-Häubling** – *G. sphagnorum* (PERS. : FR.) KÜHNER

8* Geschmack nicht nach Mehl. L bauchig und eher schmal angeheftet. Sp deutl warzig, 9–12(–14) × 5–6 µm **Bereifter Häubling** – *G. tibiicystis* (G.F. ATK.) KÜHNER

9 Pleurozystiden vorhanden, oben spitz oder stumpf-gerundet ▸
9* Pleurozystiden fehlend **10**
10 Cheilozystiden oben etwas kopfig. **11**
10* Cheilozystiden nicht kopfig. **12**
11 H 4–10 mm, konvex bis stumpf konisch, feucht ockerbraun bis rostorange-bräunl. S 10–35 × 1 mm, wie H gefärbt, oben bereift, mit flüchtigen, weißfaserigen Velumresten. Geruch und Geschmack nach Mehl. Sp 8,5–10,5 × 5–6 µm, in KOH rau, Exospor wenig abgehoben (Falls Sp 10–11,5 × 6–6,5 und Exospor stärker abgehoben: *G. calyptrata* P.D. ORTON). Zw Moos auf morschen Baumstämmen, auch terricol zw Moosen **Kleiner Moos-Häubling** – *G. hypnorum* (SCHRANK : FR.) KÜHNER
11* Merkm verschieden: z. B. ohne Geruch und ohne Geschmack nach Mehl oder H spitz ▸
12 H 10–20(–25) mm, stumpf konisch, glockenfö, konvex und gebuckelt, feucht beigeocker. S 35–70 × 2 mm, bisw mit verdickter S-Basis, dem H gleichfarben, an der Spitze bereift, mit flüchtigen, weißfaserigen Velumresten. Geruch und Geschmack nach Mehl. Sp 10–12(–13) × 5,5–6,5(–7,5) µm, fast glatt bis fein rau. Flachland bis subalpine Stufe zw Moosen **Großer Moos-Häubling** – *G. mniophila* (LASCH) KÜHNER
12* Merkm verschieden: z. B. nicht im Flachland, Pleurozystiden dickwandig etc. ▸

Galeropsis VEL., Zipfelmützling – BaP/BläP (Bas, Agaricomycetes, Agaricales, Bolbitiaceae)
Frk gestielt-hutfö, 3–8 cm hoch, mit dünnem S und schmal kegelfö H, H-Rand dem S dicht anliegend. L ocker, anastomosierend. Sp ellipsoid bis mandelfö, 12–17 × 5–9 µm. Trockenrasen, auch über Serpentin. 1–2 Arten. – **Lit**: **11:** 325
T: *G. desertorum* VEL. & DVOŘÁK – **Steppen-Zipfelmützling**: Lu 1.27.1

Galzinia BOURDOT., Galzinpilz – GaP (Bas, Agaricomycetes, Corticiales, Corticiaceae)
Frk resupinar, gallertig bis wachsartig, trocken kaum sichtbar, glatt. Monomitisch. Hyphen hyalin, mit oder ohne Schnallen. Sp hyalin, dünnwandig, glatt, inamyloid, bei *G. incrustans* allantoid, 5,5–7 × 2–3 µm. Meist LaH. – **Lit**: **9**: 124, **12**: 130
T: *G. pedicellatum* BOURDOT. – Abgebildete Art: *G. incrustans* (HÖHN. & LITSCH.) PARMASTO – **Krustiger Galzinpilz**: BK 2.186

Gamundia RAITHELH., Rußnabeling – BläP (Bas, Agaricomycetes, Agaricales, Tricholomataceae)
Frk gestielt-hutfö, klein bis allenfalls mittelgroß. H 1,5–4 cm, konvex bis leicht niedergedrückt, gelbl-braun, graubraun, schwarzbraun. L ausgebuchtet angeheftet bis herablaufend, weißl bis hellgraubraun. F mit Mehlgeruch. Spp weiß. Pleurozystiden und Schnallen vorhanden. Sp ellipsoid, punktiert-rau, warzig bis feinstachelig, nicht amyloid, Sp 6–8,5 × 4,5–5,5 µm (beim T). 1–2 Arten. Terricol, bryicol, LaStreu, NaStreu. – **Lit:** **7**: 250**,** **11**: 196, **14**: 279
T: *G. striatula* (KÜHNER) RAITHELH. – **Winter-Rußnabeling**: BK 3.209, BL 131, CD 350, Ct 2399, KM 207.2, Lu 1.28.2, MJ 3Fay1

Ganoderma P. KARST., Lackporling – PoP (Bas, Agaricomycetes, Polyporales, Ganodermataceae)
Frk gestielt-hutfö bis konsolenfö, oberseits mit Kruste und zusätzl bisw mit Harzschicht. Trama hell bis dunkel. Trimitisch mit Skelett- und Bindehyphen. generative Hyphen mit Schnallen. Sp mit doppelter Membran, das Endospor warzig. 7 Arten. Lignicol. Auf LaH, NaH. – Syn: *G. adspersum* = *G. australe; G. lipsiense* = *G. applanatum*. – **Lit**: **9**: 245, **12**: 300
T: *G. lucidum* (CURTIS : FR.) P. KARST. – Glänzender Lackporling: Dh 1051, Gh 549, Ja 150, Kr 1.452, Lx 541, Md 323, MJ 5Gan1.3, Ph 225

1 Frk oberseits ohne Harzschicht über der recht dicken (0,5–3 mm) Kruste, stumpf. Frk konsolenfö-sitzend, nie gestielt. **2**
1* Frk mit Harzschicht (diese schmilzt in Streichholzflamme) über der dünnen (0,1–0,2 mm) Kruste, stumpf bis glänzend, gestielt und ungestielt **3**
2 Frk meist sehr flach (2–8 cm), Kruste bis 1 mm dick. Trama braun, oft mit kleinen weißen Flecken **Flacher Lackporling** – *G. applanatum*(PERS.) PAT.
2* Frk dick, (5–20 cm), Kruste bis 3 mm dick. Trama gleichmäßig dunkel rotbraun, ohne weißen Flecken **Wulstiger Lackporling** – *G. australe* (FR. : FR.) PAT.
3 Frk sitzend ►
3* Frk gestielt. **4**
4 Auf LaH, selten auch auf NaH. H und S oft glänzend, H rötl-braun. S lang, rotbraun bis schwärzl. Mittlere Sp-Breite 6,8–7,3 µm (so auch, wenn auf NaH)
Glänzender Lackporling – *G. lucidum* (CURTIS : FR.) P. KARST.
4* Auf NaH (Lärche, Tanne etc.). Bisw kurzgestiel und auf Lärche in montan-subalpiner Lage oder länger gestielt und dann mittlere Sp-Breite 7,3–8 µm ►

Gastrosporium MATTIR., Steppentrüffel – Hyp (Bas, Agaricomycetes, Phallales, Gastrosporiaceae)
Frk im Erdreich, mit langem Mycelstrang, kugelfö bis birnfö, 0,3–2,5 cm. Exoperidie weiß, in kleinen Platten abfallend, aus schmalen Hyphen, die mit Kristallen besetzt sind. Endoperidie ockerbraun, oben mit unregelmäßiger Öffnung. Gleba erst weiß, dann hell ockerbraun, weich, zunächst schwammartig gekammert, schließl pulverig zerfallend, ohne Capillitium. Sp hell ocker bis fast hyalin, kugelig bis breit ellipsoid, zieml dickwandig, fein warzig, ohne Sterigmenrest, 3,5–5,5 × 3,2–4,6. Trockenrasen. – Anm: vgl. epigäiche *Bovista plumbea* mit Capillitium in der Gleba und Sp mit Sterigmenrest. – **Lit**: **9**: 315, **12**: 516
1 Art = T: *G. simplex* MATTIR. – **Steppentrüffel**: Ct 2875, HK 2.191, MJ 7Gastr1, MS 451

Gautieria VITTAD., Morcheltrüffel – Hyp (Bas, Agaricomycetes, Gomphales, Gomphaceae)
Frk kugelig bis knollig. mit Columella und basalem Mycelstrang. Peridie weiß oder rosa, meist frühzeitig zerfallend und dann Gleba frei und nach außen gekammert wie bei einer Morchel (so besonders der T). Sp hell- bis dunkelbraun, ellipsoid bis spindelfö, mit 8–10 Längsrippen, beim T 15–25(–30) × 8–18 µm. Bei anderen Arten (also nicht beim T): Peridie beständig oder Frk außen mit flachen und schmalen Gruben und/oder Sp kleiner. 6 Arten. Terricol. – Anm: Vgl. *Chamonixia* mit ebenfalls gerippten, großen Sp dabei aber mit stark blauender Peridie. – **Lit**: **9**: 293, **12**: 517
T: *G. morchelliformis* VITTAD. – **Großsporige Morcheltrüffel**: Ct 374, MJ 7Gaut1

Geastrum PERS. : PERS., Erdstern – BaP (Bas, Agaricomycetes, Geastrales, Geastraceae) Frk jung geschlossen, kugelfö, zwiebelig bis keulig, mit sternfö aufreißender Exoperidie, die dann ausgebreitet oder stelzenartig vom Boden abgehoben ist. Endoperidie sitzend oder gestielt. Capillitium meist nicht verzweigt. Sp kugelig (selten ellipsoid), meist warzig, selten glatt, 3–7 µm im Durchm. 24 Arten. Terrricol. – Syn: *G. badium* = *G. striatum*; *G. coronatum* = *G. quadrifidum*; *G. nanum* s. auct. = *G. schmidelii*; *G. sessile* = *G. fimbriatum*; *G. vulgatum* = *G. rufescens*. – **Lit**: **9**: 341, **12**: 473

T: *G. coronatum* PERS. : PERS. – Dunkler Erdstern: Ge 519, GH 615, HK 2.167, Kr 2.108, MJ 7Geastr5,6, Ph 253

1 Gleba bei der Reife nackt, da Endoperidie zusammen mit der Exoperidie sich aufspaltet **Riesen-Erdstern** – *G. melanocephalum* (CZERN.) V.J. STANĚK

1* Gleba bei der Reife von der Endoperidie umgeben **2**

2 Exoperidie hygroskopisch, bei Feuchte einwärts gegen die Endoperidie gekrümmt (Falls Sp 8–13 µm im Durchm: *Astraeus*) ▸

2* Exoperidie nicht hygroskopisch **3**

3 Frk auf den Spitzen der Exoperidie (wie auf Stelzen) stehend. Endoperidie höher als breit. Peristom deutl abgegrenzt [Falls Endoperidie breiter als hoch und das Peristom nicht deutl abgegrenzt: *G. fornicatum* (HUDS.) HOOKER] **Kleiner Nest-Erdstern** – *G. quadrifidum* PERS. : PERS.

3* Frk nicht auf den Spitzen der Exoperidie stehend **4**

4 Peristom rillig oder gefurcht **5**

4* Peristom glatt oder faserig **6**

5 Endoperidie körnig-rau. Frk ausgebreitet 2–4 cm im Durchm. Sp 5–7 µm im Durchm, stark stachelig (Falls Sp nur warzig: Frk 5–10 cm im Durchm: *G. berkeleyi* MASSEE). Trockenrasen, Dünen, lichte Wälder; Kalkgesteinsböden **Feld-Erdstern** – *G. campestre* MORGAN

5* Endoperidie glatt oder feinmehlig, gestielt. Frk ausgebreitet 5–6 cm im Durchm (Falls Endoperidie sitzend: *G. elegans* VITTAD.; falls Frk klein, ausgebreitet bis 3(–4,5) cm im Durchm: *G. schmidelii* VITTAD.). Ringfö Anschwellung an Unterseite der Endoperidie (= Apophyse) nicht kragenfö herabhängend, oft rillig-furchig (Falls Apophyse kragenfö herabhängend und glatt: *G. striatum* DC.). Meist NaW (Fichte, Kiefer, Dünenwälder) **Kamm-Erdstern** – *G. pectinatum* PERS. : PERS.

6 Peristom von der Endoperidie deutl abgesetzt z. B. durch ringfö Zone oder durch steileren Winkel **7**

6* Peristom von der Endoperidie nicht deutl abgesetzt **10**

7 Endoperidie sitzend oder undeutl gestielt **8**

7* Endoperidie gestielt **9**

8 Mit fleischigem Kragen um die Endoperidie. Frk ausgebreitet 6–12 cm im Durchm. Sp 4,5–6,2 µm, warzig. NaW, MischW **Halskrausen-Erdstern** – *G. triplex* JUNGH.

8* Ohne fleischigen Kragen ▸

9 Endoperidie mit kleinen weißen Kristallen, Frk bis 3 cm im Durchm. Trockenrasen, Dünen, alpine Matten **Zwerg-Erdstern** – *G. minimum* SCHWEIN.
9* Endoperidie ohne weiße Kristalle, Frk bis 5 cm im Durchm. LaW, NaW **Dunkler Erdstern** – *G. coronatum* PERS. : PERS.
10 Endoperidie kurz gestielt, S nur trocken sichtbar. Frk ausgebreitet bis zu 10 cm im Durchm. Exoperidie dickfleischig, innen fleischrosa, alt rotbraun. Sp 4–5,8 µm im Durchm. LaW, NaW **Rötlicher Erdstern** – *G. rufescens* PERS. : PERS.
10* Endoperidie sitzend. Frk ausgebreitet bis zu 7 cm im Durchm. Exoperidie innen bräunl (marzipanfarben). Sp 2,5–4,2 µm im Durchm. NaW, LaW **Gewimperter Erdstern** – *G. fimbriatum* FR.

Genabea TUL. & C. TUL., Hohlraumtrüffel – Hyp (Asc, Pezizomycetes, Pezizales, Pyronemataceae)
Frk kugelig, knotig-gelappt, mit fein wolliger bis rauer Oberfläche, gelbl-grau oder schwärzl-braun, an der Basis meist ohne Mycelanhängsel, oben meist mit gut sichtbarer Öffnung. Innen gekammert, die Zwischenwände im Anschnitt grau oder gelbl-grau. Sp kugelig oder beim T breit ellipsoid, 31–41 × 22–30 µm. 3 Arten. Terricol. – inkl. *Myrmecocyaris cerebriformis* = *Genabea c.*
T: *G. fragilis* TUL. & C. TUL. – **Ellipsoidsporige Hohlraumtrüffel**: MS 114

Genea VITTAD., Blasentrüffel – Hyp (Asc, Pezizomycetes, Pezizales, Pyronemataceae)
Frk unregelmäßig knotig bis gelappt kugelig, hohl, 0,5–2 cm, schwärzl, schwärzl-braun, braun, oben meist mit deutl sichtbarer Öffnung, an der Basis meist mit Mycelanhängsel. Innen mit einer oder mit mehreren Kammern, die Zwischenwände im Anschnitt grau. Sp ellipsoid bis fast kugelig, hyalin oder blass-gelbl, warzig ornamentiert. Etwa 7 Arten. terricol. – **Lit**: **5**: 81, **10**: 96
T: *G. verrucosa* VITTAD. – Höckerige Blasentrüffel: Ce 14, Lx 687, MS 130, RH 606

1 Frk wenig gelappt-faltig ▸
1* Frk stark gelappt-faltig. Sp mit dicht stehenden, ± regelmäßig-konischen Warzen, 22–29 × 20–24 µm. [Falls Sp mit breiten Warzen und dadurch wie felderig wirkend: *G. thaxteri* GILKEY] **Höckerige Blasentrüffel** – *G. verrucosa* VITTAD.

Geoglossum PERS. : FR., Erdzunge – inop. Disc (Asc, Leotiomycetes, Leotiales, Geoglossaceae)
Frk gestreckt-keulig, oben wie zusammengedrückt, schwarz oder dunkel braun, trocken oder klebrig, in einen S-Teil verschmälert, insgesamt bis zu 10 cm hoch. S nicht scharf von dem Hymenium tragenden Teil differenziert, glatt, weichhaarig, rau oder schuppig. Asci 8-sporig, seltener 4–6-sporig, mit amyloidem Porus. Paraphysen gerade, gekrümmt oder eingerollt, hyalin oder farbig, einzeln oder in gelatinöser Masse verkittet, die Endzellen ± angeschwollen. Asc-Sp keulig, annähernd zylindrisch oder ± spindelfö, hyalin, braun oder gräul-braun, nicht septiert oder bei der Reifung nach und nach septiert, oder auch erst nach Abschluss der Reifung septiert. Über 15 Arten. Terricol oder bryicol (vgl. auch *Trichoglossum*). – Syn: *G. peckianum* = *G. difforme*. – **Lit**: **5**: 95, **10**: 178
T: *G. glabrum* PERS. FR. – Kahle Erdzunge: HK 2.263

1 Sp bleibend hyalin, einzellig oder mit einem Septum **2**
1* Sp reif braun **4**
2 Sp länger als 40 µm, z. B. 50–70 × 4–6 µm ▸
2* Sp 20–40 µm lang **3**
3 Wiesen und zw Gras in Wäldern auf tiefer gründigen Böden. Enden der Paraphysen eingebettet/verkittet in einer weinbraunen Schicht
Schwarzrote Erdzunge – *G. atropurpureum* BATSCH : FR.
3* Auf Sandböden (Dünen etc.). Enden der Paraphysen nicht derart eingebettet
Sand-Erdzunge – *G. arenarium* (ROSTR.) LLOYD
4 Frk klebrig. Paraphysen über den ganzen Frk in dichter Lage verteilt. Reife Sp 15-fach septiert, 90–120 × 6–7 µm [Falls Sp 0–7-fach septiert, 60–90 × 4–5 µm: *G. glutinosum* PERS. : FR.] **Klebrige Erdzunge** – *G. difforme* FR. : FR.
4* Frk nicht klebrig. Paraphysen nur im Bereich des Hymeniums **5**
5 Sp erst in spätem Stadium des Reifens septiert und gefärbt ▸
5* Sp sehr bald septiert und braun-farbig **6**
6 Paraphysen gegen ihr oberes Ende meist stark gebogen und mit wenigen Quersepten ▸
6* Paraphysen gerade oder kaum gekrümmt, mehrfach und dicht septiert, an den Septen bisw etwas eingeschnürt **7**
7 Frk 4–10 cm. Paraphysen eingebettet/ verkittet in einer dunkelbraunen Masse (agglutiniert), an den Septen deutl eingeschnürt. Endzelle der Paraphysen ± kugelig. Sp 7-fach septiert, keulig, 65–80 × 6–8 µm. In Mooren meist zw *Sphagnum.*
Kahle Erdzunge – *G. glabrum* PERS. : FR.
7* Frk z. B. bis zu 2 cm hoch. Paraphysen nicht oder kaum agglutiniert, an den Septen nicht oder nur wenig eingeschnürt. An anderen Standorten ▸

Geomyces TRAAEN – SchimP (Asc, Leotiomycetes, inc. sed., Myxotrichaceae; Anamorphe)
Konidien 1-zellig, nur an einer Stelle der Konidien bildenden Zelle entstehend. Konidienträger frei, nicht in gebündelten Synnemata. Partiell auf anderen Pilzen: (*Ramaria, Trametes*)
T: *G. auratus* TRAAEN

Geopora HARKN. – Sandborstling – Hyp/Epig (Asc)
Frk 1–7 cm, annähernd kugelig (T) bis becherfö, oben oft weitgehend geschlossen (T) oder offen, Oberfläche (der Peridie) wollig-haarig, bräunl-gelb. Innen mit einer oder mehreren Kammern. Sp ellipsoid bis fast kugelig, dünnwandig, mit ± gerundeten Enden, hyalin, glatt, häufig mit einem oder mehreren Tröpfchen, beim T 19–24 × 12–15 µm. Mehr als 3 Arten. Terricol. – **Lit**: **10**: 97
T: *G. cooperi* HARKN. – **Trüffel-Sandborstling**: MS 174. – Abgebildet auch *G. arenicola* (LÉV.) KERS: BK 1.67, De 8G, RH 628

Geoporella siehe *Hydnotrya*

Geopyxis (PERS. : FR.) SACC., Kohlenbecherling – op. Disc (Asc, Pezizomycetes, Pezizales, inc. sed.)
Apothecien sitzennd oder gestielt, tief schüsselfö bis urnenfö, 0,5–1,2 cm. Innen (Hymenium) ockerl bis rötl-braun, mit gelbl-weißem Rand, außen kahl und von gleicher Farbe wie innen. Asc-Sp glatt, hyalin, ohne Tröpfchen, 12,5–15 × 6–8,5 µm. Auf Brandstellen. – **Lit** :**5**: 52, **10**: 98
1 Art = T: *G. carbonaria* (ALB. & SCHWEIN. : FR.) SACC. – **Typischer Kohlenbecherling**: BK 1.100, BL 331, CD 39, Ct 1222, De 10E, HK 2.244, Lx 687, RH 630

Geotrichum LINK – SchimP (Asc; Saccharomycetes, Saccharomycetales, Dipodascaceae; Anamorphe)
Hyphen septiert. Konidienträger aufrecht oder aufsteigend. Konidien kurz zylindrisch, an beiden Enden abgestutzt, im Umriss rechteckig hyalin. Auch Aleuriokonidien vorhanden. Arten z. T. auf anderen Pilzen (*Armillaria*), auf dessen Hymenophor beschränkt. Teleomorphe: *Dipodascus*.
T: *G. candidum* LINK

Gerhardtia BON – BläP (Bas, Agaricomycetes, Agaricales, Lyophyllaceae)
Anm: Von *Calocybe* durch das Fehlen von Schnallen geschieden; dieses Fehlen aber anscheinend nicht durchgängig realisiert. Anm: siehe auch *Calocybe civilis*. – **Lit: 7**: 185 als *Calocybe civilis*, **14**: 496
1 Art = T: *G. borealis* (FR.) CONTU & A. ORTEGA = *Calocybe borealis* (FR.) RIVA = *C. civilis* (FR.) GULDEN – **Kuhbrauner Schönkopf**: Lu 1.7.8

Gerronema SING. Nabeltrichterchen – BläP (Bas, Agaricomycetes, Agaricales, Marasmiaceae)
Frk klein bis mittelgroß. H trichterfö bis genabelt, weiß (bis gelb). Spp weiß (bis ockergelbl). L-Trama regulär. Schnallen an den Hyphensepten fehlend. Sp glatt, nicht amyloid und nicht cyanophil. Umfang der Gattung ist umstritten. Im weiteren Sinne inkl. *Chrysomphalina*, *Lichenomphalia* pr.p., *Gyroflexus* und *Loreleia*. Im engeren Sinne bei uns wohl nur die genannte Art hierher zu stellen mit Sp 7,5–9(–10) × 4–5,5(–6) µm, auf NaH, LaH. – **Lit:7**: 399, **11**: 97, 99, **14**: 280
T: außereuropäisch, bei uns z. B. *G. xanthophyllum* (BRES.) NORVELL & al. – **Gelbblättriges Nabeltrichterchen**: BK 3.148, Br 259, CD 331, Lu 1.55.8

Giacomia siehe *Leucopaxillus* pr. p.

Gibberella SACC. – Pyr (Asc, Sordariomycetes, Hypocreales, Nectriaceae)
Perithecien im dünnen Stroma. schwarz bzw. dunkel blau im durchscheinendem Licht, mit glatter bis warziger Oberfläche. Sp hyalin, glatt, 1- bis 3-fach septiert, nicht eingeschnürt an den Septen. Sp 16–20 × 5–7 µm (beim T). Anamorphe: *Fusarium*. Lignicol oder herbicol (z. B. auf Süßgräsern). – **Lit**: **5**: 280, **10**: 217
T: *G. pulicaris* (FR. : FR.) SACC. – Abgebildet *G. cyanogena* (DESM.) SACC.: De 31I

Gliocladium CORDA – SchimP (Asc, Sordariomycetes, Hypocreales, Hypocreaceae; Anamorphe)
Konidienträger verzweigt; an deren aufrechten kurzen Ästen mit wirtelig angeordneten, besenartig dicht stehenden Phialiden. Konidien bildende Zellen längl, nicht gedrungen. Konidien 1-zellig, häufig leicht gebogen, innerhalb von Schleimhüllen, nicht in Ketten. Teleomorphe: *Sphaerostilbella.* Auf faulenden Pflanzenteilen. Auch auf Frk von Pilzen (*Fomitopsis, Hymenogaster, Hypocrea, Stereum*) und von Schleimpilzen (*Fuligo*).
T: *G. penicillioides* CORDA

Gliophorus HERINK, Schleimsaftling – BläP (Bas, Agaricomycetes, Agaricales, Hygrophoraceae)
Frk klein bis mittelgroß, H und S schleimig, mit freudigen gelben und grünen Farben oder grau (H und S). Keine gelben Pigmente in Wasser lösl. L dickl, wachsartig. Spp weiß. Sp hyalin, nicht amyloid. 4–6 Arten. Terricol, Grasland. – **Lit:7**: 128, **11**: 86 pr.p. als *Hygrocybe,* **14**: 206 als *Hygrocybe*
T: *G. psittacinus* (SCHAEFF. : FR.) HERINK – Papageien-Schleimsaftling: CD 228, Dh 148, Gh 139, RH 252

1 H und S mit grauen Farben. L blass, breit angeheftet oder etwas herablaufend. Sp 7–9 × (4–)4,5–5,5(–6) µm **Grauer Schleimsaftling** – *G. irrigatus* (PERS. : FR.) HERINK
1* H und S mit anderen, oft lebhaften Farben. **2**
2 H jung bräunl-orange, fleischfarben. L herablaufend. Sp 6–8 × 4–5 µm **Zäher Schleimsaftling** – *G. laetus* (PERS. : FR.) HERINK
2* H mit anderen Farben **3**
3 H jung blaugrün, grasgrün, später verschiedenfarbig gescheckt, zuletzt einfarbig ocker. S blaugrün, später ausblassend ocker bis rosa. Sp 8–10 × 4–5,5(–6) µm **Papageien-Schleimsaftling** – *G. psittacinus* (SCHAEFF. : FR.) HERINK
3* H mit anderen Farben: z. B. jung olivschwärzl oder violett, dann ziegelrot, lebhaft rot, gelbl ▸

Gloeocystidiellum DONK, Ölzystidling – RiP (Bas, Agaricomycetes, Russulales, Gloeocystidiellaceae)
Frk resupinat, membranös bis etwas wachsartig, glatt bis warzig, trocken oft stark rissig. Monomitisch. Hyphen hyalin, mit oder ohne Schnallen. Gloeozystiden vorhanden. Sp hyalin, dünnwandig, glatt oder warzig, amyloid. 6 Arten. Lignicol, LaH, NaH. – **Lit**: **9**: 279, **12**: 120
T: *G. porosum* (BERK. & M. A. CURTIS) DONK – Strohfarbener Ölzystidling: BK 2.105

1 Hyphensepten ohne Schnallen ▸
1* Hyphensepten mit Schnallen. Sp schmal ellipsoid. 3–3,5 µm breit, 4,5–6 µm lang, in Melzers Reagenz warzig. (Falls Sp breiter, z. B. 3,5–4,5 µm breit, oder auch kugelig ▸) – LaH **Strohfarbener Ölzystidling** – *G. porosum* (BERK. & M. A. CURTIS) DONK

Gloeophyllum P. KARST., Blättling – PoP (Bas, Agaricomycetes, Gloeophyllales, Gloeophyllaceae)
Frk konsolenfö bis effus-reflex, ein- bis mehrjährig, mit oder ohne Anisgeruch. Hymenophor porenfö, meist aber als Wirrgänge (daedaloid) oder als L angelegt. Trama braun, di- oder trimitisch. Skeletthyphen braun, generative Hyphen mit Schnallen. Sp hyalin, glatt, dünnwandig, inamyloid. 5 Arten. Lignicol, meist NaH, seltener LaH. – Syn: inkl. *Osmoporus odoratus* = *G. odoratum*. – **Lit**: **9**: 241, **12**: 382
T: *G. sepiarium* (WULFEN : FR.) P. KARST. – Zaun-Blättling: BK 2.390, Gh 513, HK 2.60, Ja 116, Kr 1.525, Lx 581, Md 293, MJ 5Gloeoph2.

1 Hymenophor mit Poren. Geruch nach Anis [Falls Anisgeruch fehlend; Nordeuropa: *G. protractum* (FR.) IMAZEKI]. Frk konsolenfö. 5–18 cm breit, 2–5 cm dick, mehrjährig. Oberfläche orange bis orangebraun, alt schwärzl, wulstiger Rand lange orangegelb bis rotbräunl bleibend. Trama korkig, dunkelbraun, in KOH schwarz. Sp hyalin, 6–8(–11) × 3–4,5 µm. NaH (meist Fichte)
Fenchelporling – *G. odoratum* (WULFEN : FR.) IMAZEKI

1* Hymenophor nicht mit Poren, vielmehr in Form von Wirrgängen oder lamellig. Geruch nicht nach Anis **2**

2 Oberfläche des Frk rostbraun (jung hell gelbl-braun; alt graubraun bis schwärzl), rauhaarig, gezont. Hymenophor lamellig, etwa 20 L pro cm am H-Rand. Frk mit H-Kante, oft dachziegelig oder seitl verwachsen, dann bis 20 cm lang, Radius 2–7 cm, recht dünn, 0,6–1 cm. Zystiden dünnwandig. Sp 9–13 × 3–5 µm. NaH, seltener LaH
Zaun-Blättling – *G. sepiarium* (WULFEN : FR.) P. KARST.

2* Oberfläche des Frk zimtbraun, graubraun bis dunkelbraun, alt auch schwärzl. Hymenophor lamellig mit etwa 10 L pro cm am H-Rand oder mit radial gestreckten Poren oder Wirrgängen (daedaloid). **3**

3 Hymenophor lamellig. Zystiden dickwandig. Sonst wie 2. NaH (Fichte, Tanne; Zaunlatten) **Tannen-Blättling** – *G. abietinum* (BULL. : FR.) P. KARST.

3* Hymenophor mit radial gestreckten Poren oder Wirrgängen. LaH, NaH
Balken-Blättling – *G. trabeum* (PERS. : FR.) MURRILL

Gloeoporus MONTAGNE, Knorpelporling, Lederfältling – PoP (Bas, Agaricomycetes, Polyporales, Meruliaceae)
Frk konsolenfö, effus-reflex, resupinat. Hymenophor porig oder glatt bis faltig, wachsartig, weich. Falls Frk etwas dicker, dann mit Duplex-Struktur, d. h. Trama mit schwammiger Schicht über gelatinöser Schicht. Monomitisch, Hyphen hyalin, mit oder ohne Schnallen. Sp hyalin, dünnwandig, glatt, inamyloid. 2 Arten, NaH, LaH. – Anm: Die Gattung wird unterschiedl weit gefasst. Im engeren Sinne enthält sie nur 2 Arten, *G. dichrous* und *G. taxicola*. – Syn: inkl. *Meruliopsis taxicola* = *Gloeoporus t.* und exkl. *G. pannocincta* = *Ceriporiopsis p.* – **Lit**: **9**: 156, **12**: 333
T: tropisch. Bei uns z. B. *G. dichrous* (FR. : FR.) BRES. – Zweifarbiger Knorpelporling: BK 2.366, Kr 1.530, Lx 553, MJ 5Gloeop1, RH 142.

1 Frk konsolenfö, auch effus-reflex bis resupinat. Hüte 0,2–1 cm dick, frisch weich, trocken hornartig hart. H-Oberfläche kurzhaarig oder filzig, nicht oder undeutl gezont, weißl bis creme. Hymenophor porenfö mit 5–6 Poren pro mm. Trama weiß mit Duplex-Struktur. Hyphen mit Schnallen. Sp schmal ellipsoid, 3,5–5,5 × 0,8–1,5 µm. LaH, selten auf NaH **Zweifarbiger Knorpelporling** – *G. dichrous* (FR. : FR.) BRES.

1* Frk resupinat, selten effus-reflex, membranös, bis 0,3 cm dick. Hymenophor faltig (meruloid) bis porig, und dann mit 2–5 Poren pro mm, fleischrosa-orange, orange-ocker, später auch rotbraun. Hyphen ohne Schnallen. Sp zylindrisch gebogen bis allantoid, 3–6 × 1–1,5 µm. NaH **Orangefarbener Lederfältling** – *G. taxicola* (PER. : FR.) GILB. & RYVARDEN

Gloeotinia M. WILSON, NOBLE & E. G. GRAY – inop. Disc (Asc, Leotiomycetes, Helotiales, inc. sed.)
Frk gestielt-becherfö bis flach, zu 1–3 aus mumifizierten Früchten (Karyopsen von Gräsern) sich bildend, blass braun, 1–3 mm breit. Asc-Sp hyalin, ellipsoid, einzellig, dickwandig, mit 2 Tröpfchen, 8–12 × 3–6 µm. Nebenfruchtform (Anamorphe) rosa, auf Fruchtknoten von Gräsern, Mikro- und Makro-Konidien bildend (10–20 × 3–6 µm). – **Lit: 5**: 108, **10**: 148
1 Art = T: *G. temulenta* (PRILL. & DELACR.) M. WILSON, NOBLE & E. G. GRAY = *G. granigena* (QUÉL.) T. SCHUMACH.: De 17P

Gloiocephala MASSEE, Aderschwindling – BläP (Bas, Agaricomycetes, Agaricales, Physalacriaceae)
Frk klein, spatelfö, kurz exzentrisch gestielt oder S fehlend. H meist weiß bis blass, seltener gefärbt. L stark reduziert, adernfö, bisw fehlend. Spp weiß. HDS hymeniform. Schnallen vorhanden. 1–2 Arten. An abgestorbenen Resten von Gräsern, Sauergräsern, Binsen. – Anm: vielfach nicht von *Marasmius* getrennt. – **Lit:7:** 307 als *Marasmius*, **11**: 202, **14**: 256
T: tropisch, bei uns z. B. *G. caricis* (P. KARST.) BAS – Seggen-Aderschwindling: Cr 2743, Lu 1.47.27

1 H weiß, 1,5–5 mm, weiß bis blass ocker, fein samtig. S 1,5–4 × 0,3–0,5 mm, dicht weißsamtig, oben weiß, gegen die Basis blass bräunl. L vorhanden, adernfö. Basidien 2-sporig. Sp (12–)16,5–22,5 (24,5) × (4,5–)5–6,5(–7) µm. An Resten von Sauergräsern (*Carex*) **Seggen-Aderschwindling** – *G. caricis* (P. KARST.) BAS

1* H blass ocker bis braun, falls weiß, dann L fehlend ▸

Gloiodon P. KARST., Stachelrindenpilz – (RiP)/StaP (Bas, Agaricomycetes, Russulales, Auriscalpiaceae)
Frk resupinat, auch effus-reflex oder mit H-Kante sitzend, dunkelbraun. Oberfläche rau behaart, braun. Hymenophor als dicht stehende, schmale, kleine (3 × 0,2 mm) Stacheln, dunkelbraun bis graubraun. Trama ± dimitisch, generative Hyphen hyalin bis braun, mit Schnallen. Gloeoplere Hyphen vorhanden, parallel zur Stachelachse verlaufend und ins Hymenium umbiegend. Sp hyalin, breit ellipsoid bis fast kugelig, feinwarzig, amyloid, 4,5–5,8 × 3,5–4,5 µm. Lignicol auf LaH. – **Lit**: **9**: 286, **12**: 112
1 Art = T: *G. strigosus* (SW. : FR.) P. KARST. – **Struppiger Stachelrindenpilz**: Ja 40, RH 108

Glomus TUL. & C. TUL., Knäueltrüffelchen – Hyp/Epig (Glomeromycota, Glomeromycetes, Glomerales, Glomeraceae)

Frk unregelmäßig, annähernd kugelig, 1–1,5 cm, weißl, bräunl, orange. Peridie vorhanden, wollig, oder fehlend. Im Inneren weitgehend homogen, Sp (= Chlamydosp) am Ende von Einzelhyphen gebildet (also nicht jochartig zwischen zwei Hyphenästen wie bei *Endogone*), ellipsoid bis fast kugelfö, groß, 30–250 µm im Durchm. Etwa 7 Arten bilden Frk. Terricol, Myc.

T: *G. microcarpum* TUL. & C. TUL. – Kleinfrüchtiges Knäueltrüffelchen: MS 661

1 Peridie fehlend ▸
1* Peridie vorhanden **2**
2 Sp mehr als 100 µm im Durchm ▸
2* Sp im Mittel 30–50 µm im Durchm, einzeln am Ende von Hyphen gebildet. [Falls Sp 30–80 µm, zu mehreren am Ende von Hyphen: ▸]
Kleinfrüchtiges Knäueltrüffelchen – *E. microcarpum* TUL. & C. TUL.

Godronia MOUG. & LÉV. – inop. Disc (Asc, Leotiomycetes, Helotiales, inc. sed. Godroniaceae)

Frk sitzend bis kurz gestielt, kugelig, dann becherfö bis urnenfö, lederig, 0,4–2 mm breit. Außen dunkelbraun bis schwarz, oberseits (Hymenium) blasser, meist auf einem Stroma sitzend. Asci zylindrisch, 8-sporig, mit amyloidem Porus. Paraphysen zylindrisch, die Asci nicht oder wenig überragend, Asc-Sp keulig, schmal spindelfö, fadenfö, 1- bis 7-fach septiert, hyalin, glatt. Saprotroph-lignicol auf Zweigen und Ästen, seltener auf Blättern und Früchten. – **Lit**: **5**: 157, **10**: 148

T: *G. muehlenbeckii* MOUG. & LÉV. – Abgebildte Art: *G. ribis* (FR.) SEAVER: BK 1.205, De 22A, RH 651

1 Die meisten Sp mehr als 60 µm lang ▸
1* Die meisten Sp weniger als 60 µm lang **2**
2 Auf Ericaceae oder auf *Viburnum* ▸
2* Auf Zweigen von *Ribes*. Frk 0,5–2 × 1–3 mm. Oberseits/innen (Hymenium) gelbl bis graubräunl, außen dunkelbraun bis schwarz. Sp keulenfö, 3- bis 5-fach septiert, 23–42 × 3–5 µm *G. ribis* (FR.) SEAVER

Golovinomyces (U. BRAUN) V.P. HELUTA – E-Mehlt (Leotiomycetes, Erysiphales, Erysiphaceae)

Phytoparasitischer Befall in Form eines weißen, mehlig-flockigen Mycelbelages besonders auf Blättern. Frk (Chasmothecium) kugelfö, mehr als einen Ascus enthaltend; Asci in der Regel 2-sporig. Konidien in Ketten. – Anm: Vgl. *Leveillula* mit großen, meist mehr als 150 µm messenden Frk. – *Erysiphe* mit mehr als nur 2 Sp im Ascus. – **Lit**: **13**: 75, 81, 96, etc., JK 515

T: ?, Häufige Art: *G. orontii* (CASTAGNE) V.P. HELUTA z. B. auf *Cucumis*: JK 35,KS 17 f (S. 880)

Arten je nach Wirtsgattung (Auswahl)
Achillea: *G. artemisiae, G. macrocarpus.* – ***Adenostyles***: *G. senecionis.* – ***Ajuga***: *G. biocellatus.* – ***Anthemis***: *G. macrocarpus.* – ***Aposeris***: *G. cichoracearum.* – ***Arctium***: *G. depressus.* – ***Artemisia***: *G. artemisiae.* – ***Asperugo***: *G. cynoglossi.* – ***Aster***: *G. asterum.* – ***Bellis***: *G. cichoracearum.* – ***Calamintha***: *G. biocellatus.* – ***Calluna***: *G. orontii.* – ***Campanula***: *G. orontii.* – ***Cardamine***: *G. orontii.* – ***Carduus***: *G. montagnei.* – ***Carlina***: *G. montagnei.* – ***Centaurea***: *G.depressus, montagnei.* – ***Cerinthe***: *G.cynoglossi.* – ***Chrysanthemum***: *G. orontii.* – ***Cicerbita***: *G. cichoracearum.* – ***Cichorium***: *G. cichoracearum.* – ***Cirsium***: *G. montagnei.* – ***Clinopodium***: *G. biocellatus.* – ***Conyza***: *G. cichoracearum.* – ***Crepis***: *G. cichoracearum.* – ***Cucumis***: *G. orontii.* – ***Cucurbita***: *G. orontii.* – ***Cymbalaria***: *G. orontii.* – ***Echinops***: *G. echinopis.* – ***Echium***: *G. cynoglossi.* – ***Erica***: *G. orontii.* – ***Erigeron***: *G. cichoracearum.* – ***Erysimum***: *G. orontii.* – ***Eupatorium***: *G. circumfusus.* – ***Galeobdolon***: *G.orontii.* – ***Galium***: *G. riedlianus.* – ***Glechoma***: *G. biocellatus.* – ***Helianthus***: *G. ambrosiae, G. orontii.* – ***Hieracium***: *G. cichoracearum.* – ***Humulus***: *G. orontii.* – ***Hypochaeris***: *G. cichoracearum.* – ***Inula***: *G. inulae.* – ***Lactuca***: *G. cichoracearum.* – ***Lamium***: *G. orontii.* – ***Lapsana***: *G. cichoracearum.* – ***Leontodon***: *G. cichoracearum.* – ***Leucanthemum***: *G. macrocarpus.* – ***Linum***: *G. orontii.* – ***Lithospermum***: *G. cynoglossi.* – ***Lycopus***: *G. biocellatus.* – ***Matricaria***: *G. macrocarpus, G. orontii.* – ***Melampyrum***: *G. orontii.* – ***Melissa***: *G. biocellatus.* – ***Mentha***: *G. biocellatus.* – ***Mycelis***: *G. cichoracearum.* – ***Myosotis***: *G. cynoglossi.* – ***Onopordon***: *G. depressus.* – ***Origanum***: *G. biocellatus.* – ***Plantago***: *G. sordidus.* – ***Prenanthes***: *G. prenanthis.* – ***Prunella***: *G. biocellatus.* – ***Prunus***: *G. orontii.* – ***Pulmonaria***: *G. cynoglossi.* – ***Rudbeckia***: *G. ambrosiae.* – ***Salvia***: *G. biocellatus.* – ***Scorzonera***: *G. cichoracearum.* – ***Scrophularia***: *G. orontii.* – ***Sedum***: *G. orontii.* – ***Senecio***: *G. fischeri, G. senecionis.* – ***Serratula***: *G. montagnei.* – ***Solidago***: *G. asterum.* – ***Sonchus***: *G. sonchicola.* – ***Stachys***: *G. biocellatus.* – ***Symphytum***: *G. cynoglossi.* – ***Tanacetum***: *G. macrocarpus.* – ***Taraxacum***: *G. cichoracearum.* – ***Teucrium***: *G. biocellatus.* – ***Thymus***: *G. biocellatus.* – ***Tragopogon***: *G. cichoracearum.* – ***Tussilago***: *G. senecionis.* – ***Urtica***: *G. orontii.* – ***Valeriana***: *G. valerianae.* – ***Verbascum***: *G. verbasci.* – ***Veronica***: *G. orontii.* – ***Viola***: *G. orontii*

Schlüssel I für *Golovinomyces*-Arten auf ***Centaurea***:

1 Konidienträger sehr lang, mit 80–190 µm langer Basiszelle. Konidien tonnenfö. Zitronenfö, breit, × 22–26 µm. Auch auf *Arctium, Onopordon* — *G. depressus*

1* Konidienträger kürzer, mit 30–80 µm langer Basiszelle. Konidien ellipsoid, schmal, × 15–23 µm. Auch auf anderen Asteraceen — *G. montagnei*

Schlüssel II für Arten auf ***Helianthus***:

1 Konidien in meist langen Ketten. Frk reichl und gut entwickelt — *G. ambrosiae*

1* Konidien in meist kurzen Ketten. Frk selten gut entwickelt — *G. orontii*

Schlüssel III für Arten auf ***Senecio***:

1 Konidienträger an der Basis gebogen. Frk-Durchm 120–160 µm, Frk-Anhängsel alle sehr kurz. Auf einjährigen Arten (z. B. *S. vulgaris, viscosus, sylvaticus* etc.). — *G. fischeri*

1* Konidienträger an der Basis gerade. Frk-Durchm 85–140 µm, Fk-Anhängsel kurz und lang vermischt. Auf mehrjährigen Arten (z. B. *S. jacobaea, nemorensis* etc.; auch auf *Adenostyles, Tussilago*) — *G. senecionis*

Gomphidius Fr., Schmierling – BläP (Bas, Agaricomycetes, Boletales, Gomphidiaceae)
Frk mittelgroß bis groß, fleischig, mit dickl, weichen, stark herablaufenden L, diese jung weißl, dann grau bis schwärzl. S-Basis gelb oder ± gelbl, seltener völlig ohne diese Farbtöne. Spp schwarz bis olivschwärzl. Sp lang, schmal, fast spindelfö, 17–24 × 5–9 µm. 3–4 Arten. Terricol, EktM. – Anm: Hier exkl. *Chroogomphus*; zur Abgrenzung s. d. – **Lit: 7:** 121, **11:** 77, **14**: 154

T: *G. glutinosus* (SCHAEFF. : FR.) FR. – Kuhmaul: BK 3.71, Dh 112, Gh 377, Kr 2.337, Lu 1.30.4, Ph 189

1 H zieml dunkel violettl-grau, graubraun, schokoladenbraun und von dicker Schleimschicht überzogen, 5–10 cm, S 5–10 × 1,5–2,5 cm. Von der S-Basis her (maximal bis zur Hälfte des S) außen und innen chromgelb. Zwischen H-Rand und S jung mit schleimigem Velum, dieses am S später als ringfö Wulst zurückbleibend. L an Druckstellen unverändert grau bis grauschwarz. NaW (Fichte). Sp 18–22 × 5–7,5 µm
Kuhmaul – *G. glutinosus* (SCHAEFF. : FR.) FR.

1* H weinbraun, rosa, hell fleischbraun. S-Basis weiß bis gelbl. An Kiefer oder Lärche gebunden **2**

2 Unter 2-nadeligen Kiefern (*Pinus sylvestris*), oft in Gesellschaft mit Kuhröhrling (*Suillus bovinus*). H rosa, 3–6 cm. S kurz, 2,5–3,5(–6) × 1–1,5 cm, mit faserig-schleimiger Ringzone; Drüsenpunkte fehlend. Sp 17–21 × 5–5,5 µm
Rosenroter Schmierling – *G. roseus* (Fr. : Fr.) Fr.

2* Unter Lärche (*Larix*). H rötl-braun bis rosa, 3–8 cm, alt schwarzfleckig. L an Druckstellen weinrot, dann rostbraun bis schwärzl fleckend. S-Oberfläche mit braunroten Drüsenpunkten. S-Basis weinrötl (Falls L nicht rötl fleckend oder direkt schwarz verfärbend. S-Basis gelbl: *G. gracilis* BERK. & BROOME). Sp 18–23 × 6–9 µm
Fleckender Lärchen-Schmierling – *G. maculatus* (SCOP.) FR.

Gomphus (FR.) S.F. GRAY, Schweinsohr – KoP/LeiP (Bas, Agaricomycetes, Gomphales, Gomphaceae)
Frk kreiselfö bis abgeplattet-keulig, bisw auch ohrfö, meist massiv, weichfleischig, bis 10 cm hoch, oben bis 7 cm weit, Hymenium violett-fleischfarben, mit gabelig-netzigen Leisten. Hyphen mit Schnallen. Sp ellipsoid, warzig, cyanophil, 10–15(–18) × 4–6(–7,5) µm. Terricol, EktM, NaW, MischW. – Syn: *Neurophyllum clavatum*. – **Lit**: **9**: 269, **12**: 98
1 Art = T: *G. clavatus* (PERS. : FR.) GRAY – **Violettes Schweinsohr**: BK 2.480, CD 108, Dh 1025, Gh 561, HG 65, , Kr. 2.62, Lx 473, MJ 5Gomph1

Gorgoniceps P. KARST. – inop. Disc (Asc, Leotiomycetes, Helotiales, inc. sed.)
Frk sitzend oder annähernd gestielt, scheibenfö, kissenfö, grünl-blass, gegen die Basis braun. Asci zylindrisch bis keulig, 8-sporig, mit amyloidem Porus. Paraphysen fädig bis zylindrisch. Asc-Sp fädig, gekrümmt, hyalin, septiert, 60–95 × 2–2,5 µm (T) oder 48–75 × 2–2,5 µm (►). Auf Holz und Borke, besonders von Kiefer (*Pinus*). – **Lit**: **5**: 127, **10**: 150
T: *G. aridula* (P. KARST.) P. KARST.: De 28K

Grandinia siehe *Dichostereum* (*Hyphodontia*) *granulosum*. Die meisten früher unter *Grandinia* geführten Arten jetzt unter *Hyphodontia*.

Graphium CORDA – SchimP (Asc, Sordariomycetes, Microascales, Graphiaceae; Anamorphe)
Konidienträger in Synnemata gebündelt. Konidien hyalin, in schleimigen, weißen Köpfchen, nicht in Ketten.
T: *G. penicillioides* CORDA

Gremmeniella M. MORELET – inop. Disc (Asc, Leotiomycetes, Helotiales, Godroniaceae)
Frk sitzend oder sehr kurz gestielt, einzeln oder büschelig, aus der Rinde des Substrats hervorbrechend, becherfö, braun bis schwarz 0,5–1 mm breit. Asci zylindrisch, inamyloid 8-sporig. Paraphysen fädig, die Asci wenig überragend. Asc-Sp amyloid bis keulenfö, 2- bis 3-fach septiert, hyalin, 14–20 × 3,5–5 µm. Parasitisch auf Zweigen und Nadeln von Wacholder (*Juniperus*) oder der T auf Kiefer und Fichte (*Pinus* und *Picea*). – **Lit**: **5**: 156, **10**: 150
T: *G. abietina* (LAGERB.) M. MORELET: De fig. 6B

Grifola S.F. GRAY, Klapperschwamm – PoP (Bas, Agaricomycetes, Polyporales, Meripilaceae)
Frk 15–20 cm im Durchm, fächerfö oder gelappt, mit kurzem seitl S. Frisch weichfleischig, trocken brüchig. Oberfläche glatt, gelbbraun bis graubraun. Poren weiß bis creme, nicht schwärzend. am S herablaufend, 2–3 pro mm. Trama weiß, 3–10 mm dick. Monomitisch. Hyphen hyalin, Schnallen im Subhymenium vorhanden. Sp hyalin, ellipsoid, 5–7 × 3,5–5 µm. Lignicol. LaH (oft Eiche). – **Lit**: **9**: 222, **12**: 327
1 Art = T: *G. frondosa* (DICKS. : FR.) GRAY – **Klapperschwamm**: BK 2.394, Ct 1181, Dh 1064, Ge 440, HK 2.32, Kr 1.531, Lx 549, Md 182, MJ 5Grifl, Ph 220, RH 157

Guepiniopsis PAT., Haargallertpilz – GaP (Bas, Dacrymycetes, Dacrymycetales, Dacrymycetaceae)
Frk erst pustelfö, dann scheibenfö oder becherfö, sitzend bis gestielt, fest gelatinös, unter 5–10 mm im Durchm. Hyphen mit oder ohne Schnallen. Sterile Oberfläche mit pallisadenartig stehenden, eine Rindenschicht bildenden, dickwandigen Haaren. Basidien gegabelt. Sp hyalin, inamyloid, mit 1–7 Querwänden oder mauerfö unterteilt, 10–28 × 4–10 µm. 4 Arten. Lignicol. NaH, LaH. – **Lit**: **12**: 441
Abgebildete Art: *C. suecica* (MCNABB) JÜLICH – **Nordischer Haargallertpilz**: Kr. 1. 83

Gymnoconia LAGERH. – RostP (Bas, Pucciniomycetes, Pucciniales, Phragmidiaceae)
Phytoparasiten (Roste), unterschiedl Sp-Formen und Entwicklungsstadien siehe unter *Puccinia*. Bei uns nur auf *Rubus saxatilis*, befallene Bl oft kleiner und bleicher, so in den Stadien 0 und I. – II nicht gebildet, III nur spärl schwarzbraun auf Bl-Unterseite. I gold- oder rotgelb, 0,5–1,5 mm im Durchm, I-Sp 20–38 × 17–34 µm, feinwarzig. III-Sp zu zweit in 30–45 µm langen Ketten. – Anm: Im Falle einer ebenfalls *Rubus saxatilis* infizierenden Art von *Phragmidium* sind die Bl nicht deformiert. – **Lit**: **13**: 700
1 Art = T: *G. interstitialis* (SCHLTDL.) LAGERH. = *G. peckianus* (HOWE) TROTTER: Gäum 209: 181 (III-Sp)

Gymnomyces MASSEE & RODWAY, Falsche Hirschtrüffel – Hyp (Bas, Agaricomycetes, Russulales, Russulaceae)
Frk annähernd kugelfö bis unregelmäßig, bisw unten etwas abgeflacht und mit unscheinbarem Mycelanhängsel. 0,5–1,5 cm. Peridie dünn, mit Nestern von Kugelzellen, weißl, blass cremefarben, dann zimtfarben oder fleischfarben-bräunl, schließl dunkel rötl-braun.

Im Inneren fein labyrinthartig gekammert, erst creme-weißl, dann bräunl, mit oder ohne Columella. Sp annähernd kugelfö, hyalin bis gelbl-ockerfarben, mit amyloider Ornamentierung in Form feiner, kurzer Stacheln. 3 Arten. Terricol. – **Lit**: **12**: 548
T: außereuropäisch, in Europa z. B. *G. xanthosporus* (HAWKER) A.H. SMITH – **Falsche Hirschtrüffel**: MS 593

Gymnopilus P. KARST., Flämmling – BläP (Bas, Agaricomycetes, Agaricales, Strophariaceae)
Frk meist mittelgroß, aber auch klein oder auch groß und fleischig, ocker, goldgelb bis orangebraun, mit Laugen dunkelbraun bis schwarz verfärbend. Geschmack meist bitter. Zystiden in Baumwollblau mit grünl Inhalt. Spp rostbraun. Sp warzig, ohne glatten Fleck (Plage) am Apikulus. 13 Arten. Lignicol (meist), auf Holz oder Holzresten im Boden. – **Lit**: **11**: 386, **14**: 857
T: *G. liquiritiae* (PERS.) P. KARST. – Breitblättriger Flämmling: HK 4.92a. – Häufiger *G. penetrans* (FR.) MURRILL – Geflecktblättriger Flämmling: BK 5.146, CD 1208, 1209, Ct 1759, Dh 702, 703, Ja 196, Lg 21A,G, Lx 357, Lu 1.31.10:

1 Mit häutigem, am S zunächst aufsteigendem, dann hängendem Ring. H 5–15 cm, S 8–11 × 1,5–2 cm. Sp 8–10 × 5–6 µm. LaH
Beringter Flämmling – *G. junonius* (FR. : FR.) P.D. ORTON
1* Ohne häutigen Ring am S. H meist kleiner. **2**
2 Auf Holz und Holzresten. Oft im NaW auf NaH **3**
2* Auf Brandstellen, in Mooren zw Torfmoos (*Sphagnum*), zw Gräsern ▸
3 S 0,4 cm breit und breiter. H 3–8,5 cm **4**
3* S 0,1–0,3 cm (an der S-Basis bis 0,5 cm) breit. H 0,7–4(–6) cm ▸
4 F im H blassgelbl oder weißl. H-Oberfläche nicht filzig bis faserschuppig. S gelbl bis gelb, abwärts oft fuchsig, mit weißseidigem Velumüberzug, der oben am S eine ringfö Zone bilden kann. L oft fuchsig gefleckt. Hyphen der HDS 4–10 µm breit Sp 7–9 × 3,5–5 µm. NaH **Geflecktblättriger Flämmling** – *G. penetrans* (FR.) MURRILL
4* F im H satt gelb. L goldgelb, später rostbraun **5**
5 H filzig bis faserschuppig, auf goldbraunem Grunde fuchsig-braun. S gelbl, gegen S-Basis bräunl. Cortina gelbl. Hyphen der HDS 10–18 µm breit, mit stark inkrustierten Wänden. Sp 7–10 × 4–5 µm
Samtschuppiger Flämmling – *G sapineus* (FR. : FR.) MAIRE
5* H kahl, goldgelb bis orangefuchsig. S rostbraun. Cortina weißl. Hyphen der HDS im Mittel nicht breiter als 4–10 µm breit
Breitblättriger Flämmling – *G. liquiritiae* (PERS.) P. KARST

Gymnopus (PERS.) ROUSSEL, Rübling – BläP (Bas, Agaricomycetes, Agaricales, Omphalotaceae)
Frk klein, mittelgroß bis groß. L abgerundet angeheftet. S an der Basis ohne Sklerotium. HDS aus eher breiten, häufig inkrustierten Hyphen, die wenige bis viele kurze Ausbuchtungen (Divertikel) tragen oder auch mit gelappten Enden. Spp weiß. Sp inamyloid und

nicht pseudoamyloid. 20 Arten. Terricol, oft in und zwischen der Streu des Waldbodens, nicht auf faulenden BläP, auch lignicol. – Syn: *G. perforans* früher zu *Marasmius, Marasmiellus, Micromphale.* – **Lit:7:** 227, **11**: 152, **14**: 295

T: nicht heimisch. Häufige Art: *G. dryophilus* (BULL. : FR.) MURRILL – Waldfreund-Rübling: BK 3.189, Ge 122, Lg 43E, Lx 185, MJ 3Coll7, Ph 55

1 S-Oberfläche grob gefurcht, S spindelig wurzelnd, weder haarig noch filzig. 8–12(–18) × 1–2 cm, dunkel rotbraun, Spitze heller. H dunkel rotbraun, hygrophan, entwässert etwas blasser, 3–8(–10) cm. Lignicol, oft an der Basis lebender Stämme, LaH (Eiche, Buche). Sp 4–6 × 3,5–4 µm **Spindelstiel-Rübling** – *G. fusipes* (BULL. : FR.) GRAY

1* S-Oberfläche nicht gefurcht, entweder kahl und glatt oder filzig, wollig, haarig. Terricol oder lignicol **2**

2 S oben kahl und glatt, höchstens jung dort etwas faserig **3**

2* S über seine ganze Länge filzig, wollig oder haarig, S-Basis meist striegelig **5**

Stiel oben kahl (3–4)

3 S wie der H gefärbt oder blasser **4**

3* S rot, rotbraun, alt auch orangebraun, tiefer und lebhafter als der H gefärbt ▸

4 L weißl oder tonblass. H 3–6 cm, S 4–8 × 0,2–0,5 cm. Cheilozystiden koralloid verzweigt. Sp 5–6(–7) × 2–3 µm. Nicht früh im Jahr und nicht auf Holz. Terricol, meist auf Waldboden. (Falls in alpiner Höhenstufe und Sp 6,5–8,5 µm lang o d e r H zieml blass ocker, strohgelb, hygrophan, Cheilozystiden kaum koralloid verzweigt o d e r falls L zieml entfernt und H rötl-falb bis ockerbraun, S braun, unten weißfilzig: 3 nahestehende Arten ▸) **Waldfreund-Rübling** – *G. dryophilus* (BULL. : FR.) MURRILL

4* Entweder im Frühjahr auf Holz, oft neben Schneeresten (und Hyphen in KOH grün verfärbend) o d e r L zitronen-bis schwefelgelb (und Cheilozystiden zylindrisch-keulig, kaum koralloid) ▸

Stieloberfläche filzig, wollig, haarig (5–9)

5 Geschmack brennend scharf. L recht entfernt stehend, bräunl, oft mit gelbl Mischton. H 2–6 cm, flach gewölbt, lederblass, falb, blass fleischbraun bis braun. Sp 7–10 × 3,5–4,5 µm Terricol, La- und NaStreu
Brennender Rübling – *G. peronatus* (BOLTON : FR.) ANTONIN & al.

5* Geschmack nicht brennend scharf und L nicht auffallend entfernt. **6**

6 Frk klein, einzeln auf Fichten-Nadeln sitzend. H 5–15 mm, feucht bräunl-rötl, trocken weißl. S-Spitze wie H gefärbt, gegen S-Basis schwarz-braun, 15–40 × 0,5–1 mm. Geruch und Geschmack unangenehm, nach faulem Kohl. Sp 6–9,5 × 3–5 µm
Nadel-Zwergrübling – *G. perforans* (HOFFM. : FR.) ANTONIN & NOORDEL.

6* Frk größer und/oder übrige Merkm verschieden **7**

7 Geruch und Geschmack fehlend oder unbedeutend, jedenfalls nicht dumpf kohlartig oder knoblauchartig. **8**

7* Geruch und Geschmack unangenehm, nach faulendem Kohl, Sauerkraut oder Knoblauch **9**

8 Frk dicht gedrängt büschelig. L sehr eng stehend. H 2–4 cm. S bräunl ohne purpurfarbenen Mischton, S-Oberfläche gänzlich filzig-haarig, oft verdreht oder flachgedrückt, S-Spitze knopfartig erweitert. La- und NaStreu. Sp 7–10 × 2–3 µm
Knopfstiel-Rübling – *G. confluens* (PERS. : FR.) ANTONIN & al.

8* Frk einzeln oder wenige in kleinen Gruppen zusammengefasst. ▸

9 S (wie H) blass bräunl, bernsteinfarben., oben flaumig bis bereift, an S-Basis lang weißhaarig. H 3–8 cm. Geruch nach faulendem Sauerkraut, Geschmack unangenehm. La-Streu (meist tote Buchenblätter), selten auf anderen Pflanzenresten. Sp 6–8 × 3–3,5 µm
Stinkender Rübling – *G. hariolorum* (BULL. : FR.) ANTONIN & al.

9* S rot-braun, weinbräunl, braun-rot ▸

Gymnosporangium R. HEDW. ex DC. – RostP.(Bas, Pucciniomycetes, Pucciniales, inc. sed.) Phytoparasiten (Roste), unterschiedl Sp-Formen und Entwicklungsstadien siehe unter *Puccinia.* I mit hornartiger oder zylindrischer Pseudoperidie, 0 und I an Gehölze der Rosaceae (Pomoideae; im Frühsommer bis Herbst) gebunden. I-Sp recht dickwandig, groß, mit deutl Keimporen. II meist fehlend. III groß, Frk-artig in Form von Keulen, Hörnchen, auch kissenfö, orange bis rötl, bei Feuchtigkeit aufquellend (wie Gallertpilz), auf Stämmen, Zweigen und Nadeln von *Juniperus* (im Frühjahr). III-Sp lang gestielt, 2-zellig, recht dünnwandig. Mit Ww: Pomoideae (0, I) – *Juniperus* (III): Falls Pilz unauffällig, auf Bl-Unterseite von Pomoideae siehe *Ochropsora.* – **Lit: 13**: 110, 313, etc., 478; JK 515
T: *G. fuscum* DC. = *G. sabinae* G. WINTER: JK 237, KS 890:27d,e (III), 902:39a,b (0, I); Gäum 1160:1003(III), 1160:1002 (0, I), 1161:1005 (III)

Amelanchier: *G. amelanchieris, G. clavariiforme.* – ***Cotoneaster***: *G. confusum, G. fusisporum.* – ***Crataegus***: *G. clavariiforme, G. confusum, G. gracile.* – ***Cydonia***: *G. clavariiforme, G. confusum, G. gracile, G. tremelloides.* – ***Juniperus***: *G. amelanchieris, G. clavariiforme, G. confusum, G. cornutum, G. fusisporum, G. gaeumannii, G. gracile, G. juniperi-virginianae, G. sabinae, G. torminali-juniperini, G. tremelloides.* – ***Malus***: *G. clavariiforne, G. tremelloides.* – ***Mespilus***: *G. confusum.* – ***Pyrus***: *G. clavariiforme, G. confusum, G. sabinae.* – ***Sorbus***: *G. clavariiforme, G. confusum, G.cornutum, G. torminali-juniperini, G. tremelloides.*

Schlüssel für Infektionen (0. I) an **Pomoideae** (*Amelanchier, Pyrus, Malus, Sorbus* etc.)

1 I bleibend röhrenfö, 3–5 mm lang **2**
1* I bis zum Grunde der Länge nach zerschlitzt, zuletzt ausgebreitet, 1–3 mm lang. **3**
2 Nur an Blättern. W *Sorbus torminalis*, seltener *S. aucuparia* *G. torminali-juniperini*
2* An Blättern, Zweigen und Früchten. W *Sorbus aucuparia* etc., nicht auf *S. torminalis* *G. cornutum*
3 I ist 2–3 mm lang, Seitenwände der Zellen der Pseudoperidie mit Warzen und Höckern. Oft nur mit 0 als gelbe Flecken auf den Blättern *G. clavariiforme*
3* I ist 1–2 mm lang, Seitenwände der Zellen der Pseudoperidie mit Leisten oder Rippen **4**
4 Zellen der Pseudoperidie 18–24 µm breit. W *Sorbus aucuparia*, etc., *Cotoneaster, Crataegus, Cydonia, Malus , Mespilus Pyrus* *G. confusum, G. sabinae*
4* Zellen der Pseudoperidie 31–35 µm breit. W *Sorbus aria*, auch *S. aucuparia* etc., *Cydonia, Malus.* *G. tremelloides*

Schlüssel für Infektionen (III) auf ***Juniperus***

1 Infektion zunächst der Nadeln, später auch auf junge, grüne Zweige übergehend. **2**

1* Infektion primär an Zweigen und am Stamm, meist auf Anschwellungen des Holzes, bisw später auf Nadeln übergehend **4**
2 Auf *J. communis* ssp. *alpina* in den Alpen *G. gaeumannii*
2* Auf *J. communis* ssp. *communis*, nicht auf die Alpen beschränkt **3**
3 III halbkugelig. Ww mit *S. torminalis* *G. torminali-juniperini*
3* III flach, oft etwas pulverig siehe *G. cornutum*
4 Auf Arten mit Schuppenblättern (*J. sabina* etc.) **5**
4* Auf Arten mit Nadelblättern (*J. communis* etc.) **7**
5 III-Sp monomorph, spindelfö, sichelfö, S-fö, lang und schmal, 46–90 × 16–24 µm. Ww mit *Cotoneaster*. *G. fusisporum*
5* III-Sp dimorph, z. T. mit farbloser, 1–2 µm dicker Wand, z. T. mit 2–3 µm dicker kastanienbrauner dicker Wand **6**
6 III 8–10 mm hoch, schwarzbraun bis schwarz. Ww mit *Pyrus* *G. sabinae*
6* III 5–8 mm hoch, braunrot bis kastanienbraun. Ww mit *Cotoneaster*, *Sorbus* etc. *G. confusum*
7 III höher als breit, gestreckt bandfö, zungenfö, hornfö, zylindrisch, 3–10 × 2 mm *G. clavariiforme*
7* III viel breiter als hoch, flach bandfö, polsterfö **8**
8 III an großen, gallenartigen Anschwellungen der Zweige. 1–2 × bis zu 20 mm, feucht gallertig. Ww mit *Sorbus*, *Malus*, *Cydonia* *G. tremelloides*
8* III an dünneren Zweigen mit geringeren Anschwellungen **9**
9 III mit Durchm 1–3 mm, dunkelbraun. Ww *Sorbus* *G. cornutum*
9* III mit Durchm 3–5 mm, haselnussbraun, Ww *Amelanchier* *G. amelanchieris*

Gyrocratera siehe *Hydnotrya*

Gyrodon OPAT., Grübling – RöP (Bas, Agaricomycetes, Boletales, Paxillaceae)
Frk mittelgroß bis groß, mäßig fleischig, mit am S herablaufendem Röhrenhymenophor. Röhren kurz, in Aufsicht labyrinthartig. F zunächst blauend, dann bräunl verfärbend. Hyphensepten mit Schnallen. Sp kugelig-ellipsoid, 4–6,5(–8) × 3–5 µm. Terricol, EktM, obligat mit Erle. – **Lit:7**: 96, **11**: 61, **14**: 159
1 Art = T: *G. lividus* (BULL. : FR.) SACC. – **Erlen-Grübling**: BK 28, BL 33, Ct 272, Dh 24, HK 2.26, Kr. 2.255, Md 239

Gyroflexus RAITHELH., Papillen-Nabeltrichterchen – BläP (Bas, Agaricomycetes, Hymenochaetales, Rickenellaceae)
H jung konisch bis konvex, alt ausgebreitet bis niedergedrückt, meist mit spitzer Papille, 5–15 mm. L weißl, dreieckig angeheftet und kurz herablaufend. S wie H gefärbt, glatt, 25–40 × 1–2 mm. Hyphensepten mit Schnallen. Sp 6–7 × 3,5–5 µm. Zwischen Torfmoos. – Anm: auch unter *Gerronema* oder *Sphagnomphalia* geführt. – **Lit**: **7**: 399 als *Sphagnomphalia*, **11**: 98 als *Gerronema*, **14**: 68
1 Art = T: *G. brevibasidiatus* (SINGER) RAITHELH. – **Papillen-Nabeltrichterchen**: Lu 1.55.5, MJ 3Gerr1

Gyromitra FR., Giftlorchel – op. Disc (Asc, Pezizomycetes, Pezizales, Discinaceae)
Frk gestielt-hutfö, 2–10 cm hoch im H ebenso breit. H-Teil (Apothecium) rötl-braun, oft mit purpurfarbenem Mischton, sattelfö oder hirnartig-wulstig, am H-Rand einwärts gebogen. S weiß, oft purpurl überhaucht, 2–7 × 0,5–4 cm, rund, mit längl Furchen, gekammert oder gänzl hohl. Paraphysen mit rötl-braunen, kleinen Tröpfchen. Asc-Sp mal ellipsoid oder kugelig, mit zwei oder einem kleinen Tröpfchen. Etwa 5 Arten. Terricol in Sand-Kiefernwäldern oder auf Stümpfen und Sägemehl. Syn: *G. perlata* (*ancilis*) = *Discina* p. – **Lit**: **5**: 7, **10**: 79
T: *G. esculenta* (PERS. : FR.) FR. – Frühjahrs-Giftlorchel: BK 1.11, De 2D, Dh 1106, Ge 608, Lx 665, Md 97, Ph 267, RH 611

1 H (Apothecium) hirnartig-wulstig, rötl-braun bis dunkelbraun. Asc-Sp ellipsoid, mit 2 Tröpfchen, 20–24 × 10–11,5 µm. [Falls kugelfö, mit einem Tröpfchen, 8–12 µm: *G. sphaerospora* (PECK) SACC.]. **Frühjahrs-Giftlorchel** – *G. esculenta* (PERS. : FR.) FR.
1* H (Apothecium) sattelfö mit glatter Oberfläche, nicht hirnartig-wulstig, rötl-braun mit purpufrabenem Mischton. Asc-Sp schmal ellipsoid, mit 2 Tröpfchen, 20–21 × 7,5–9 µm **Bischofsmütze** – *G. infula* (SCHAEFF. : FR.) QUÉL.

Gyrophanopsis siehe *Hyphodermopsis*

Gyroporus QUÉL., Blasssporröhrling – RöP (Bas, Agaricomycetes, Boletales, Gyroporaceae)
Frk zieml groß, fleischig, mit bald hohlem S. Röhrenhymenophor jung weiß, um die S-Spitze herum niedergedrückt. F bei einer Art (T) tief kornblumenblau verfärbend. Hyphensepten mit Schnallen. Sp 7–16 × 4–8 µm. 2 Arten. Terricol, EktM. – **Lit: 7**: 96, **11**: 60, **14**: 159
T: *G. cyanescens* (BULL. : FR.) QUÉL. – Kornblumen-Röhrling: BK 3.30, CD 1624, Dh 23, Ge 344, Kr 2.259, Md 70

1 H und S mit gelbl Farben, selten fast weiß: stroh-, leder-, blass schwefelgelbl, grünlgelb. F an Druck- und Schnittstellen kornblumenblau bis tief blau verfärbend (bei var. *lactea* F nicht blauend). Sp 8–16 × 4–8 µm. NaW, LaW, besonders auf Sandboden **Kornblumen-Röhrling** – *G. cyanescens* (BULL. : FR.) QUÉL
1* H und S zimtbraun bis rostbraun. Frk an Druck- und Schnittstellen nicht blau verfärbend. Sp 7–11,5 × 4,5–6(–7) µm. NaW, LaW, auch auf Sandböden **Hasen-Röhrling** – *G. castaneus* (BULL. : FR.) QUÉL.

Flechten, Gattungen G

Gallowayella S.Y. KONDR. & al. – Fle (Asc, Lecanoromycetes, Teloschistales, Teloschistaceae)
Lager anliegend bis aufsteigend schmal kurzlappig, gelb bis orangerot, unterseits sorediös. Apothecien mit Lagerrand. Sp-Wand in der Mitte nach Innen vorspringend (bipolar). Rinde und Stamm von LaB, Silikatgestein. 3 Arten. – **Lit**: **24:** 972, **978** als *Xanthoria*; **25:** 1191 unter *Xanthoria*, **493–494**
T: *G. gallowayi* (S.Y. KONDR. & KÄRNEFELT) S.Y. KONDR.; abgebildet *G. fulva* (HOFFM.) S.Y. KONDR. & al. – **Kleine Gelbflechte**: Wi 977, FleD 493

Geisleria NITSCHKE – Fle (Asc, Dothideomycetes, Strigulales. Strigulaceae)
Lager krustig, wenig differenziert, feinrissig, weiß, weißgrau, feucht auch grünfleckig. Perithecien eingesenkt, grau bis braun, weniger als 0,4 mm breit. Sp 4-zellig, quer septiert. Photobiont: ähnl *Trebouxia*. Auf humusfreien Böden, auch Torf, Holz, Silikatgestein. – **Lit**: **24:** 139 unter *Arthopyrenia*, **888** als *Strigula*; **25:** 95; 178 unter *Arthopyrenia*, **494–495**
1 Art = T: *G. sychnogonoides* NITSCHKE – **Vielfrucht-Furchenflechte**

Gloeolecta siehe *Cryptodiscus*

Gongylia siehe *Arthrorhaphis* pr.p.

Gonohymenia J. STEINER – Fle (Asc, Lichinomycetes, Lichinales, Lichinaceae)
Lager krustig, schuppig bis lappig, nabelartig angeheftet, Apothecien (fast) randständig, eingesenkt bis sitzend. Sp zu 8–32 je Ascus, 1-zellig, ellipsoid bis kugelig. Photobiont: Cyanobakterium („Blaualge“) der Entophysalidaceae. Auf Gestein. 3 Arten. – **Lit**: **24:** 724 unter *Phylliscum*, **406**; **25:** 866–867 unter *Phylliscum*, 954 unter *Psorotichia*, **495–496**
T: *G. algerica* J. STEINER; abgebildet *G. nigritella* (LETTAU) HENSSEN – **Schwärzliche Nabelgallertflechte**: FleD 495

Graphina siehe *Graphis*

Graphis ADANS. – Fle (Asc, Lecanoromycetes, Ostropales, Graphidaceae)
Lager krustig, dünn, weißl, grau, glatt bis feinrissig, bisw innerhalb des Substrats, Apothecien meist lang, einfach bis verzweigt, schwarz oder schwarzbraun, mit erhabenen Eigenrändern, mit oder ohne Lagerrand. Sp mehrfach querseptiert oder mauerfö, mit rundl bis linsenfö Zelllumina, farblos bis bräunl. Glatte Ba-Rinde. 3 Arten. Photobiont: *Trentepohlia*, *Printzina*. – Anm: inkl. *Graphina*. – **Lit**: **24:** 83, **406**; **25:** 97–98, 498 inkl. *Phaeographis*, **496–499**
T: *G. scripta* (L.) ACH. – Gewöhnliche Schriftflechte: Wi 407; FleD 497, UT 157

1 Sp (hell-, rot-)braun. Apothecien-R nicht oder schwach erhaben ▸
1* Sp farblos, überaltert auch bräunl, Apothecien-R nicht oder nur alt bisw etwas gefurcht. Falls Apothecien-R mehrfach stark längsgefurcht: *G. elegans* (BORRER ex SM.) ACH.
Gewöhnliche Schriftflechte – *G. scripta* (L.) ACH.

„Graphis“

1 Das Excipulum an der Seite des Apotheciums bis zur Basis schwarz oder schwärzl **2**
1* Excipulum nur apikal auf ¼ bis ½ (selten bis ¾) der Apothecienhöhe schwarz **3**
2 Lager K−. Apothecien 2–3 × 0,3 mm ***Graphis*** (*inustuloides*)
2* Lager K+ gelb dann rot. Apothecien 1,8 × 0,2 mm ***Phaeographis*** (*smithii*)
3 Excipulum nur seitl oder an der Basis schwarz. Sp reif braun ***Phaeographis***
3* Excipulum basal farblos, bis fehlend. Sp farblos oder braun. **4**
4 Excipulum oben mehrfach stark längsfurchig, selten ohne Längsfurchen ***Graphis*** (*elegans*)
4* Excipulum meist ohne Längsfurchen. Sp reif braun **5**
5 K+ gelb, dann rot ***Phaeographis*** (*smithii*)
5* K− ***Graphis*** (*scripta*)

Gregorella LUMBSCH – Fle (Asc, Lecanoromycetees, Arctomiales, Arctomiaceae)
Lager körnig-krustig, oliv, graubraun, bläul-grau. Apothecien sitzend, rotbraun, Sp 1(–2)-zellig, ellipsoid. Photobiont: *Nostoc*. Auf Erde, Torf. – **Lit**: **24:** 634 unter *Pannaria*, **594** als *Moelleropsis*; **25:** 89, 801 unter *Pannaria*, **499**
1 Art = T: *G. humida* (KULLH.) LUMBSCH – **Gregorflechte**

Gyalecta ACH. – Fle (Asc, Lecanoromycetes, Ostropales, Gyalectaceae)
Lager krustig, dünn, auch im Substrat, ohne Sorale und Isidien. Apothecien oft stark konkav bis krugfö, mit weißl bis grauem Eigenrand, Scheibe beige, gelbl, orange, rosa, braun, rotbraun, fast rot. Sp (oft 4-fach) querseptiert oder mauerfö vielzellig. Photobiont: *Trentepohlia*. Ba-Rinde, Gestein, Pflanzenreste, Moose, Erdboden. 18 Arten. – **Lit**: **24:** 86–87, 89, **407–413**; **25:** 92, 95, 101–103, **500–508**
T: *G. cupularis* (HEDW.) SCHAER. = *G. jenensis* (BATSCH) ZAHLBR. – Kalkstein-Grubenflechte: Wi 408, FleD 507, UT 135

1 Auf Rinde, Erde, Erd- und Gesteinsmoosen ▸
1* Auf Gestein **2**
2 Auf Silikatgestein ▸
2* Auf kalkreichem Gestein. **3**
3 Apothecien 0,4–1,2 mm, weißl. Sp reif stark mauerfö unterteilt, ellipsoid, 13–25 × 7–10 µm **Kalkstein-Grubenflechte** – *G. jenensis* (BATSCH) ZAHLBR.
3* Mit anderen Merkm: Sp breit ellipsoid bis fast kugelig oder Sp nicht mauerfö unterteilt oder Apothecien schwarz bis braun, orange, (rosa-)bräunl ▸

„Gyalecta“

1 Auf Rinde oder auf Nadeln von NaB. **2**
1* Auf Gestein oder Erde sowie auf Moosen **11**
2 Lager mit stiftfö oder stachelfö Strukturen (0,1–0,5 mm), filmartig dünn. Photobiont coccoid **3**
2* Lager ohne solche Fortsätze. Photobiont coccoid oder fädig (*Trentepohlia*). **4**
3 Meist auf Holz oder Rinde, selten auf Nadeln. Fortsätze auf dem Lager hellgrün bis hellgrau ***Jamesiella*** (pr.p.)
3* Auf Nadeln von Tanne und Fichte. Fortsätze auf dem Lager durchsichtig bis weißl, selten an der Spitze schwärzl ***Gyalectidium*** (pr.p.)
4 Sp nur mit Quersepten **5**

4* Sp auch mit Längssepten **9**
5 Sp zu mehr als 8 (meist 16–32) je Ascus ***Gyalecta*** (*carneola, fagicola*)
5* Sp zu 8 je Ascus **6**
6 Sp (35–)45–75 × 3–4 µm, mit 8–14 Quersepten ***Ramonia*** (pr.p.)
6* Sp weniger als 45 µm lang **7**
7 Sp ellipsoid mit 3 Quersepten und dadurch 4-zellig ***Gyalecta*** (*ulmi*)
7* Sp spindelfö, nadelfö, mit mehr als 3 Quersepten **8**
8 Sp bis zu 33 × 6 µm ***Gyalecta*** (*derivata*)
8* Sp bis zu 43 × 7 µm, jedoch in der Größe auch überlappend zur vorigen Art ***Ramonia*** (pr.p.)
9 Auf dünnen Fichtenästen ***Gyalideopsis*** (pr.p.)
9* Nicht auf dünnen Fichtenästen **10**
10 Lager mit kraterfö oder fleckfö Soralen. Mit coccoiden Grünalgen als Photobionten ***Gyalideopsis*** (pr.p.)
10* Lager ohne Sorale. Photobiont fädig: *Trentepohlia* ***Gyalecta*** (*derivata, flotowii, truncigena*)
11 Asci vielsporig. Lager in Form kleiner, dreieckiger Läppchen rund um Apothecien ***Gyalidea*** (pr.p.)
11* Asci mit 8 oder mit weniger Sp. Lager nie auf kleine Läppchen am Apothecien-R beschränkt **12**
12 Auf Moosen, Pflanzenresten, Erdboden **13**
12* Auf Gestein. **15**
13 Sp 80–170 × 3–4,5 µm, nadelfö ***Gyalecta*** (*incarnata*)
13* Sp kleiner, bis 30 µm lang **14**
14 Auf Moosen über sauren Böden oder direkt auf solchen Böden. Sp schmal, x1,5–2 µm ***Cryptodiscus*** (pr.p.)
14* Auf Moosen, Pflanzenresten über Kalkböden oder über Kalkgestein. Sp zumindest x3 µm ***Gyalecta***
15 Apothecien-R sternfö gezähnelt; Zähnchen einwärts gerichtet ***Petractis*** (pr.p.)
15* Apothecien-R nicht mit sternfö Öffnung **16**
16 Sp schwach bis deutl mauerfö vielzellig **17**
16* Sp nur mit Quersepten **19**
17 Frk in Form von Perithecien mit bleibend punktfö Öffnung, in kugelige Lagerwarzen eingesenkt ***Petractis*** (pr.p.)
17* Frk von Beginn an oder zumindest im Alter weit geöffnet, scheibenfö. **18**
18 Sp x10–16 µm breit. Photobiont rein grün ***Gyalidea*** (pr.p.)
18* Sp bis zu x10 µm breit. Photobiont: *Trentepohlia* ***Gyalecta***
19 Sp 6–10-zellig ***Gyalecta***
19* Sp 2–4-zellig. **20**
20 Auf Kalkgestein ***Sagiolechia*** (pr.p.)
20* Auf Silikatgestein ***Gyalidea*** (pr.p.)

Gyalectidium MÜLL. ARG. – Fle (Asc, Lecanoromycetes, Ostropales, Gomphillaceae) Lager krustig, sehr dünn, bis 1 cm im Durchm, weißl bis hellgrün, Oberfl mit Kristallen besetzt und mit hyalinen Pfriemen. Apothecien bei der hier heimischen Art fehlend. Photobiont: coccoide Grünalge. Auf lebenden Nadeln von Tanne und Fichte. 1 Art. – **Lit**: **25:** 112, 501 unter *Gyalecta*, **509–510**

T: *G. filicinum* MÜLL. ARG.; abgebildet *G. setiferum* VĚZDA & SÉRUS – **Igel-Tannennadelflechte**: FleD 509

Gyalidea LETTAU ex VĚZDA – Fle (Asc, Lecanoromycetes, Ostropales, Gomphillaceae)
Lager krustig, dünn, glatt bis feinmehlig, bisw feinrissig, auch zieml reduziert. Apothecien tief konkav, becherfö, auch bisw flach, beige, oliv-braun, braun-schwarz, selten orange bis rosa, mit Eigenrand und undeutl Lagerrand. Sp querseptiert bis mauerfö vielzellig, an den Septen ± eingeschnürt, ellipsoid bis spindelfö, farblos, oft mit dünner Schleimhülle. Photobiont: coccoide Grünalgen ähnl *Cystococcus* oder *Leptosira*. Silikatgestein, kalkhaltiges Gestein, Lösswände, Lössböden. 5 Arten. – **Lit**: **24:** 85, **858–860** unter *Solorinella*; **25:** 100–101, 105–106, 502–504 unter *Gyalecta*, **510–512**
T: *G. lecideopsis* (A. MASSAL.) LETTAU ex VĚZDA – **Kalkstein-Hohlfruchtflechte**; abgebildet *G. asteriscus* (ANZI) APTROOT & LÜCKING – **Löss-Sternflechte**: Wi 859, FleD 511

Gyalideopsis VĚZDA – Fle (Asc, Lecanoromycetes, Ostropales, Gomphillaceae)
Lager krustig, wenig differenziert, dünn. Apothecien orange bis schwärzl, konkav bis flach, mit Eigenrand. Sp querseptiert bis mauerfö, mit stark quellenden Wänden und mit dünner Schleimhülle. Photobiont: ähnl *Trebouxia*. Am Stammgrund von LaB und NaB, dünne Fichtenäste. 2 Arten. – **Lit**: **24:** 88, 98, 409 unter *Gyalecta*, **414–415**; **25:** 101, 105, 502 unter *Gyalecta*, **512–513**
T: *G. peruviana* G. MERR. ex VĚZDA – **Glasfruchtflechte** (Gattung)

Pilze, Gattungen H

Haasiella KOTL. & POUZAR, Prachtnabeling – BläP (Bas, Agaricomycetes, Agaricales, Hygrophoraceae)
Frk klein bis fast mittelgroß, in allen Teilen orange bis orangegelb, L herablaufend. Spp ockergelb. Schnallen vorhanden oder fehlend, Basidien 4-sporig (T) oder 2-sporig. Sp dickwandig, 5–8 × 4–6 µm. 2 Arten. Terricol, Lignicol, Parkanlagen, Gärten, im Winter fruchtend, gerne unter Flieder oder Holunder. – **Lit:** **7**: 400, **11**: 99, **14**: 192
T: *H. splendidissima* KOTL. & POUZAR – **Viersporiger Prachtnabeling**: Ct 1483, MJ 3Haas1

Hamatocanthoscypha SVRČEK – inop. Disc (Asc, Leotiomycetes, Helotiales, Pezizellaceae)
Frk weitgehend sitzend oder fast gestielt, becherfö, weißl, gelb oder braun, 0,1–0,7 mm breit. Außen dicht fein-flaumig. Haare des Frk zylindrisch oder schmal-konisch, mit verjüngter oder stumpfer Spitze, meist mit sichelfö gebogenem Ende, meist dünnwandig, nicht oder gegen den Grund 2-fach septiert, hyalin, gelbl oder braun, glatt oder warzig. Asci zylindrisch oder keulig, 8-sporig, mit amyloidem oder inamyloidem Porus. Paraphysen zylindrisch, × 1–2 µm, die Asci nicht überragend. Asc-Sp ellipsoid, keulig oder fast spindelfö, hyalin, nicht septiert. 4 Arten. Saprotroph auf Holz, Zapfen oder auf Farngewächsen (*Lycopodium; Dryopteris*). – **Lit**: **5**: 178 als *Hyaloscypha l.*, **10**: 191
T: *H. laricionis* (VELEN.) SVRČEK: De: fig. 31 O

1 Frk weiß, annähernd sitzend bis gestielt. Sp keulenfö bis fast spindelig, 4–7 × 1–2 µm. Meist auf Zapfen, auch auf *Lycopodium; Dryopteris*. [Falls Frk gestielt und Sp ellipsoid, 4–12 × 2–3 µm, auf Borke von Koniferen: *H. ocellata* HUHTINEN]. . . . . *H. laricionis* (VELEN.) SVRČEK

1* Frk gelb oder braun ▸

Handkea KREISEL, Spaltporstäubling, Hasenstäubling, Beutelstäubling – BaP (Bas, Agaricomycetes, Agaricales, Agaricaceae)
Frk flaschenfö, keulenfö-kopfig, kugelig-kreiselfö, undeutl bis entschieden gestielt, zieml groß, 4–17 × 6–14 cm. Der obere Teil der Peridie bei der Reife zerfallend. Ähnlich *Calvatia*, aber Capillitium mit spaltenfö Öffnungen. Sp kugelig, glatt oder warzig, (3,3–)4–5,5(–6,5) µm. 2 Arten. Terricol. – **Lit**: **9**: 336 als *Calvatia u.*, **12**: 490
T: *H. utriformis* (BULL. : PERS.) KREISEL – Hasenstäubling: BK 2.509, Dh 1083, Gh 601, HK 2.144, Kr 2.138, Lx 611, Md 374, MJ 7Calv1,5, Ph 246

1 Frk gestielt-kopfig, höher als breit, 4–17 × bis zu 11 cm. Sp warzig, mit Sterigmenresten. Wälder **Beutelstäubling** – *H. excipuliformis* (SCOP. : PERS.) KREISEL

1* Frk kugelig bis kurzgestielt-keulenfö, etwa so breit wie hoch, 5–16 × 6–14 cm. Sp glatt, ohne Sterigmenreste. Grasland. **Hasenstäubling**: – *C. utriformis* (BULL. : PERS.) KREISEL

Hapalopilus P. KARST., Weichporling – PoP (Bas, Agaricomycetes, Polyporales, Polyporaceae)
Frk konsolenfö (beim T) oder resupinat, einjährig, zimtbraun bis orange, in KOH rot bis violett, frisch recht weich. Poren ocker oder zimtfarben, 2–5 pro mm. Monomitisch. Hyphen hyalin, mit Schnallen. Zystiden fehlend. Sp hyalin, schmal ellipsoid, 3,5–5(–6) × 2–3 µm. 1–2 Arten. Lignicol. NaH oder LaH (so der T). – **Lit**: **9**: 223, **12**: 331
T: *H. nidulans* (FR. : FR.) P. KARST. – **Zimtfarbener Weichporling**: BK 2.396, Ct 738, Ge 431, HK 2.47, Ja 95, Kr 1.533, Lx 551, Md 247, MJ 5Hap1, RH 154. – Anm: Die resupinate *H. salmonicolor* (BERK. & M. A. CURTIS) POUZAR wird jetzt in einer eigenen Gattung *Erastia* NIEMELÄ & KINNUNEN geführt.

Harziella siehe *Lepisticola*

Hebeloma (FR.) P. KUMM. – BläP (Bas, Agaricomycetes, Agaricales, Hymenogastraceae)
Frk mittelgroß bis groß, oft fleischig, H und S häufig mit blassen Farben: weißl, semmelfarben, hell ockerbräunl, kakaobraun. L hell- bis dunkelbraun oder kakaofarben, an den L-Schneiden bisw tränend. S weißl, hell ockerbräunl, bisw dunkelbraun verfärbend, bisw spindelig wurzelnd. Mit oder ohne Cortina. Geruch häufig nach Rettich, aber bisw auch aromatisch oder süßl. Spp braun. Sp warzig, fein punktiert bis glatt. Cheilozystiden meist zahlreich (daher L-Schneiden oft weiß bereift). Etwa 50 Arten. Terricol. EktM, auch lignicol. – Anm: *H. fastibile* ss. auct, wird heute als *H. sordidum* gefasst. Von daher ist die Typisierung der Gattung unklar. – Syn: *H. edurum* = *H. laterinium; H. leucosarx* = *H. velutinum, H. longicaudum* = *H. velutinum* pr. p., *H. senescens* = *H. laterinum, H. theobrominum* = *H. truncatum*. – **Lit**: **11**:374, **14**: 804
T: *H. fastibile* (PERS. : FR.) P. KUMM. – **Büscheliger Fälbling**: BK 5.106, CD 985, KM 77, Lg 118F, MJ 3Heb17

1 S mit häutigem Ring, tief wurzelnd und grob schuppig. Geruch nach Bittermandel. Geschmack bitter. H bis 9 cm und mehr, tonfalb, oft von eingewachsenen Schuppen dunkler, schmierig. Cheilozystiden 38–43 × 6–9,5 µm, mit zieml deutl abgesetztem Kopf. Sp mandelfö, 8–10 × 4,5–5,5 µm. LaW, besonders Buchenwurzeln aufsitzend **Wurzelnder Fälbling, Marzipan-Fälbling** – *H. radicosum* (BULL. : FR.) RICKEN

1* S nicht mit häutigem Ring (höchstens die Cortina eine ringfö Zone bildend) und S meist nicht wurzelnd **2**

2 Zwischen H-Rand und S an jungen und frischen Frk eine Cortina vorhanden **3**

2* Zu keinem Zeitpunkt eine Cortina vorhanden **6**

Cortina vorhanden (3–5)

3 Sp eifö-mandelfö bis zitronenfö, an der Spitze oft vorgezogen. In Wasser und in KOH meist bräunl ►

3* Sp ellipsoid bis ellipsoid eifö, in Wasser und in KOH gelbl **4**

4 Mit Zwergweiden oder mit *Dryas* in subalpiner Höhenstufe ►

4* In anderen Habitaten **5**

5 H zweifarbig, H-Rand weißl bis silbrig überfasert (von der Cortina), H-Scheibe rot-, schokoladen-, bis schwarzbraun. H bis 3,5 cm, konvex bis fast glockig, dann plan-konvex oder sogar leicht vertieft mit Buckel. S schlank, gestreckt, 3,8–6,5 × 0,3–0,4(–0,5) cm. Geschmack bitter, Geruch nach Rettich. Sp fast glatt bis etwas rau, (8–)9,5–10,5(–11,5) × (4–)5–6 µm, im Mittel unter 10,5 µm lang. LaW (besonders unter Birke), NaW (besonders unter Kiefer) **Dunkelscheibiger Fälbling** – *H. mesophaeum* (PERS.) QUÉL.

5* Sp im Mittel länger als 10,5 µm o d e r H einfarbig blass ►

Cortina fehlend (6–7)

6 Geruch entschieden süßl, an Früchtebonbons erinnernd, jedoch nicht kakaoartig ►

6* Geruch fehlend oder anders **7**

7 Geruch kakaoartig. S-Basis keulig mit ± wurzelartigem Fortsatz, 3–9 × 0,4–1,7 cm, flockig, weißl, bald von der S-Basis aus bräunl verfärbend. H 1,5–7,5(–10) cm, fleischig und kompakt, einfarbig: ockerl, cremeockerfalb, ockerbräunl, bisw mit schwacher fleischfarbener Komponente. Sp breit mandelfö bis zitronenfö, warzig, dextrinoid, Perispor selten sich ablösend. NaW, z. B. in grasigen Kiefernwäldern auf Kalkböden, seltener auch im LaW **Kakao-Fälbling** – *H. laterinum* (BATSCH) VESTERH.

7* Geruch fehlend oder anders. Auch in den übrigen Merkm verschieden **8**

8 S ± wurzelnd. Geruch nicht rettichartig. L-Schneide ohne Tröpfchen ►

8* S nicht wurzelnd. Geruch meist mit rettichartiger Komponente. L-Schneide mit oder auch ohne Tröpfchen **9**

9 Sp nicht oder nur schwach dextrinoid **10**

9* Sp entschieden dextrinoid **13**

– – ***Sporen nicht oder nur schwach dextrinoid (10–12)***

10 Mit Zwergweiden oder mit *Dryas* in subalpiner Höhenstufe ►

10* Habitat verschieden **11**

11 H überwiegend weiß oder weißl, zumindest gegen den H-Rand, in H-Mitte oft mit gelbl oder braugelbl Mischtönen. Sp blass gelbl **12**

11* H ± braun oder mit ins Graue spielender Farbtönung. Sp bräunl-gelb bis bräunl ▸
12 S 2,5–7(–13) × 0,6–1,4 cm. L-Schneide tränend. Geruch rettichartig. Sp mandelfö, 9,5–12,5 × 5–6,5 µm **Tongrauer Fälbling** – *H. crustuliniforme* (BULL. : FR.) QUÉL.
12* S bis 0,5 cm breit ▸
– – ***Sporen entschieden dextrinoid (13–17)***
13 Sp im Mittel 4,4–5,3 µm breit, 8–11 × 4–5,5 µm, schmal mandelfö, warzig-rau. H 3–6 cm, klebrig, falb bis ziegelorange-braun bis fast zum H-Rand, jung oft grau überreift. S nicht wurzelnd (Falls S ± wurzelnd, Sp zylindrisch, 8,5–11 × 4–5 µm, NaW besonders unter Kiefer: *H. cylindrosporum* ROMAGN.). LaW, auch in NaW **Dunkelbrauner Fälbling** – *H. truncatum* (SCHAEFF. : FR.) P. KUMM.
13* Sp im Mittel breiter als 5,5 µm **14**
14 Viele Cheilozystiden flaschenfö mit schmälerem zylindrischen oberen Teil **15**
14* Cheilozystiden zylindrisch, keulig oder kopfig. **16**
15 S grob flockig-schuppig, Schüppchen oft in quer verlaufenden Zonen gereiht, so besonders im oberen Teil. S-Basis nicht braun verfärbend. Fast alle Zystiden flaschenfö. H 3–12 cm, klebrig bis schleimig, rosabräunl bis falb bis ziegelbräunl. Geruch rettichartig. Sp breit zitronenfö, warzig, stark dextrinoid. 9,5–13,5 × 6–8 µm. LaW (meist mit Buche) **Rettich-Fälbling** – *H. sinapizans* (PAULET) GILLET
15* S auch gegen die Spitze fein bereift, von der S-Basis aus bräunl verfärbend. **16**
16 Cheilozystiden gemischt keulenfö und flaschenfö o d e r Perispor ablösend ▸
16* Cheilozystiden zylindrisch bis fast keulenfö. Perispor nicht ablösend oder höchsten selten etwas ablösend **17**
17 Frk weißl, wenigstens weitgehend so. Cheilozystiden im Mittel an der Spitze mehr als 6,9 µm breit. H 2–7,5 cm, leicht schmierig, weißl bis cremefarben, H-Mitte auch rötl-ocker, tonbraun oder zimtfarben. L-Schneide tränend. Geruch rettichartig. Sp breit mandelfö, warzig-rau, 9–12,5 × 5,5–7 µm, im Mittel breiter als 6,6 µm. LaW, NaW **Flockenstieliger Fälbling** – *H. velutipes* BRUCHET
17* Merkm verschieden ▸

Hebelomina MAIRE, Weißfälbling – BläP (Bas, Agaricomycetes, Agaricales, Hymenogastraceae)
Frk mittelgroß bis fast groß. H am Rand weißl, auf der Scheibe blass rotbräunl. L unveränderl weiß. Geschmack bitter, Geruch nach Jodoform. Spp weißl. Cheilozystiden fadenfö bis leicht keulig. Sp hyalin bis strohgelbl, glatt, ± dextrinoid, 6,5–8 × 4–4,5 µm. Lignicol, NaH (Kiefer). – **Lit: 11**: 382
T: nordafrikanisch. Bei uns 1 Art = *H. neerlandica* HUIJSMAN – **Kleiner Weißfälbling**: Mycologia Bavarica 1,1996

Helicobasidium PAT., Schneckenbasidie – RiP (Bas, Pucciniomycetes, Helicobasidiales, Helicobasidiaceae)
Frk resupinat, membranös bis filzig, nicht gallertig. Monomitisch. Hyphen hyalin bis braun, ohne Schnallen. Basidien 2–4-zellig. Sp hyalin oder etwas violett, dünnwandig, glatt, ina-

myloid, Sp beim T 10–13,5 × 6–7,8(–9) µm. 2 Arten. Parasitisch oder saprobiotisch auf Moosen, Farnen, Kräutern, Sträuchern, Bäumen. – **Lit**: **9**: 78, **12**: 398
T: *H. brebissonii* (DESM.) DONK – **Violette Schneckenbasidie**: BK 2.9, Kr 1.65, MJ 6Hel1

Helicogloea PAT.in PAT. & LAGERH. – GaP (Bas, Pucciniomycotina, Atractiellomycetes, Atractiellales, inc. sed.)
Frk resupinat, gallertig bis wachsartig. Hymenium glatt, beim T jung rötl-braun, dann graubraun bis schwärzl, oft weiß bereift. Monomitisch. Hyphen hyalin, mit oder ohne Schnallen (T). Zystiden fehlend. Basidien hyalin, zylindrisch, quergeteilt. Sp hyalin, dünnwandig, glatt, inamyloid, Sekundärsp bildend, beim T 8–15 × 5–8 µm. 1–2 Arten. T auf LaH, eine weitere Art auf Gräsern. – **Lit**: **9**: 78, **12**: 396
T: *H. lagerheimii* PAT. in PAT. & LAGERH

Helicosporium NEES – SchimP/Pyr (Asc, Tubeufiaceae; Anamorphe und Teleomorphe)
Anamorphe: Konidien spiralig gewunden. Teleomorphe:*Tubeufia* mit. einzeln stehenden Perithecien (nicht auf einem Stroma), hellbraun mit gelben Haaren. Sp mehrzellig. Auf anderen Pilzen (*Diatrype*)
T: *H. vegetum* NEES

Helicostylum CORDA – SchimP (Mucoromycetes, Mucorales, Mucoraceae)
Mycel ohne Septen. Endständige (terminale) Sporangien mit zerfließenden Wänden. Seitenständige kleinere Sporangien an wirteligen, stacheligen Seitenzweigen auch mit dauerhaften Wänden. Zygosporangien mit dunkler, rauer Wand und an gleich großen Trägern. Vorkommen u. a. auf Dung
T: *H. elegans* CORDA

Heleococcum P.M. JØRG. – Pyr (Asc, Sordariomycetes, Hypocreales, Bionectriaceae)
Frk ein Kleistothecium, 0,5–0,7 mm, mit orangen Sp in kugelfö Asci. Peridie weißl, aber orange getönt von innen heraus durch die Sp, diese glatt, dickwandig, hyalin bis orange, durch medianes Septum 2-zellig, Teil-Sp 3–7 × 2–4,5 µm. Auf nassem, torfigem Boden. – **Lit**: **5**: 382, **10**: 218
1 Art = T: *H. aurantiacum* P.M. JØRG.: De 44J

Helminthophora BONORD. – SchimP/Pyr (Asc, Sordariomycetes, Hypocreales, Hypocreaceae; Anamorphe)
Teleomorphe: *Hypomyces* mit gelben Perithecien; dieses oft bis zur halben Höhe in weißes, hyphiges Subiculum eingesenkt. Asci einreihig 8-sporig. Sp 2-zellig, spindelfö, am Septum nicht oder kaum eingeschnürt, warzig, an beiden Enden mit kleinen hyalinen, annähernd kugeligen Anhängseln, 15–27 × 5–7 µm. Anamorphe: Konidienträger aufsteigend, allenfalls wenig verzweigt. Konidien bildende Zellen bis zu 10 in Wirteln. Konidien 2–4-zellig, ± zylindrisch mit abgerundeten Enden, 17–27 × 5–8 µm. Auf anderen Pilzen (*Botryobasidium*, *Piptoporus*, *Stereum*)
T: *H. tenera* BONORD.

Helminthosphaeria FUCKEL – SchimP/Pyr (Asc, Sordariomycetes, inc. sed., Helminthosphaeriaceae, Anamorphe)
Frk schwarz, auf braunem Subiculum, in Form kugeliger oder eifö Perithecien. Asci unitunicat, dünnwandig. Anamorphe: *Spadicoides* S. HUGHES, mit farbigen Konidienträgern. Konidien mehrzellig, dunkelfarben. Auf schwärzl verfärbten Frk von *Clavulina.*
T: *H. clavariarum* (DESM.) FUCKEL

Helvella L : FR., Lorchel – op. Disc (Asc, Pezizomycetes, Pezizales, Helvellaceae)
Frk fast sitzend bis gestielt mit Kopfteil (Apothecium). Dieser (= H) schüsselfö, sattelartig, 0,5–8 cm, außen/oberseits (Hymenium) glatt oder runzelig-faltig, kahl, samtig oder haarig. S, soweit vorhanden, 1–10 × 0,2–2,5 cm, zylindrisch bis abgeflacht, glatt bis faltig-gerillt. Über 30 Arten. Terricol, besonders auf kalkhaltigen Böden, LaW, NaW, selten auf morschem Holz. – Syn: *H. macropus* = *H. bulbosa.* – **Lit**: **5**: 8, **10**: 72
T: *H. crispa* (SCOP. : FR.) FR. – Herbst-Lorchel: De 2C, Dh 1107, Gr 603, HK 1.189, Lx 669, 673, Ph 266

1 H sattelfö, gelappt oder am H-Rand einwärts gebogen. Frk gestielt **2**
1* H bzw. Apothecium schüsselfö, Frk gestielt oder nur annähernd gestielt **7**
Hut sattelförmig, gelappt, Fruchtkörper gestielt (2–6)
2 S außen gefurcht bis gekammert. **3**
2* S außen glatt. **5**
3 S außen nackt oder unscheinbar flaumhaarig **4**
3* S 3–8 × 0,5–2,5 cm, außen samthaarig, weißl. mit unregelmäßig geformten, längl Furchen, die durch scharfrandige, anastomosierende Rippen begrenzt sind. H (Apothecium) 1,5–6 cm breit, sattelfö oder von unbestimmter Form 2–3-lappig, außen weißl. Asc-Sp 18–21 × 11–12,5 µm. LaW **Herbst-Lorchel** – *H. crispa* (SCOP. : FR.) FR.
4 H mit am S angeheftetem H-Rand, sattelfö, 2–4-lappig oder unregelmäßig gelappt, außen grau, 1,5–5 cm breit. S 1,5–10 × 0,5–1,5 cm, grau bis graul-braun, mit tiefen Längsfurchen, die durch anastomosierende, scharfrandige Rippen begrenzt sind. Asc-Sp 15–19 × 9,5–12 µm. LaW und NaW **Gruben-Lorchel** – *H. lacunosa* AFZEL : FR.
4* H mit freiem Rand, H unregelmäßig scheibenfö bis konvex, halbkugelig o d e r H-Oberfläche (Hymenium) weißl ▸
5 S außen nackt oder unscheinbar flaumhaarig **6**
5* S außen samthaarig. H außen (Hymenium) grau(-braun). [Falls Hymenium weißl-creme oder dunkel-braun bis schwarz: ▸] **Sattel-Lorchel** – *H. ephippium* LÉV.
6 H (Apothecium) weißl oder blass bräunl, bisw violettl überhaucht, H-Rand am S angeheftet **Elastische Lorchel** – *H. elastica* BULL. : FR.
6* H (Apothecium) dunkel braun bis schwarz o d e r falls weißl, dann H-Rand frei ▸
Hut schüsselförmig, Fruchtkörper gestielt oder sitzend (7–12)
7 Frk abgesetzt gestielt. **8**
7* Frk entweder fast sitzend oder S in das Apothecium sich verbreiternd **11**
– Fruchrkörper abgesetzt gestielt (8–10)

8 Asc-Sp spindelfö, 20–26 × 9–12 µm, glatt bis warzig-rau, mit 2–3 großen Tropfen. Apothecien außen filzig-haarig
Langfuß-Lorchel – *H. bulbosa* (HEDW. : FR.) KREISEL

8* Asc-Sp ellipsoid **9**

9 Hymenium schwarz. Frk 1–4 cm, auch außen dunkel braun bis schwarz, zottig-behaart, gegen den R des Apotheciums außen bisw weiß. S 0,5–2 × 0,2–0,5 cm, innen voll, rund, grubig gegen die manchmal gelbl-graue bis weißl S-Basis oder auch abgeflacht mit 2–3 unscheinbaren, stumpfen Rippen. Asc-Sp 18–22 × 11–13 µm. Kalkgesteinsböden [in der alpinen Höhenstufe und in der Arktis auch als: *H. alpestris* BOUD., *H. arctica* NANNF.] **Lederige Lorchel** – *H. corium* (O. WEBERB.) MASSEE

9* Hymenium mit graul und bräunl Farben **10**

10 S 2–6 × 0,8–1,8 cm, mit 4–7 stumpfen Rippen, die sich nicht auf die Außenseite des Apotheciums erstrecken **Rippenstiel-Lorchel** – *H. queletii* BRES.

10* S 0,8–1,5–2,5 × 0,2–0,6–0,8 cm, mit undeutl Rippen
Napfförmige Lorchel – *H. cupuliformis* DISSING & NANNF.

– ***Fruchtkörper fast sitzend oder Stiel zum Apothecium hin verbreitert (Becher-Lorcheln; 11–12)***

11 S kurz mit wenigen Gruben. Apothecien 4–10 cm breit und 1–5 cm tief. [Falls Apothecium 1–4 cm: *H. solitaria* P. KARST.]. Asc-Sp 20–24 × 11–13 µm [Falls Sp kürzer: ▸] **Schwarzweiße Becher-Lorchel** – *H. leucomelaena* (PERS.) NANNF.

11* S länger und außen gekammert, kontinuierl zum Apothecium hin breiter werdend, 1,5–7 cm. Asc-Sp 15–19 × 10–13 µm. **12**

12 S mit stumpfrandigen Rippen. Apothecien innen blass-grau bis graul-braun.
Grauweiße Becher-Lorchel – *H. costifera* NANNF.

12* S mit scharfrandigen Rippen. Apothecien erst zusammengedrückt dann schüsselfö, innen braun bis dunkelbraun
Hochgerippte Becher-Lorchel – *H. acetabulum* (L. : FR.) QUÉL.

Hemileccinum siehe *Xerocomus* pr.p.(*impolitus*, *depilatus*)

Hemimycena SINGER, Scheinhelmling – BläP (Bas, Agaricomycetes, Agaricales, Tricholomataceae)
Frk zart, weiß, weißl bis gelbl, oft helmlingsartig oder nabelingsartig. S meist dünn und lang. L gut entwickelt oder aderfö. Hyphen nicht amyloid. HDS-Hyphen glatt oder bisw warzig. Sp hyalin, glatt, nicht amyloid, kugelig bis ellipsoid, häufig spindelig-lang. 17 Arten. Terricol bis herbicol, seltener lignicol. Anm: Von weißen *Mycena*-Arten mit nicht-amyloiden Sp (dort so selten) verschieden durch nicht-amyloide S-Hyphen und wenig ausgeprägtes Hypoderm. – **Lit: 7**: 251, **11**: 172, **14**: 265
T: *H. lactea* (PERS. : FR.) SINGER – Milchweißer Scheinhelmling: BK 3.217, BL 187, CD 541, Dh 364.2, Lg 53F, Ph 76

1 Sp kugelig, fast kugelig bis allenfalls breit ellipsoid ▸

1* Sp längl, ellipsoid, mandelfö, zitronenfö **2**

2 L reduziert, adernfö, den H-Rand nicht erreichend ▸

2* L gut entwickelt, aufsteigend, ausgebuchtet oder herablaufend, den H-Rand erreichend **3**

3 Habitus helmlingsartig (wie *Mycena*). H konisch bis konisch-konvex. L meist aufsteigend, ausgebuchtet, selten gerade angeheftet oder etwas herablaufend, eng stehend bis mäßig entfernt. S nie mit langen Haaren **4**

3* Habitus anders, oft nabelingsartig. L weniger zahlreich, breit angeheftet bis weit am S herablaufend. [Falls an Beinwellpflanzen, *Symphytum*: *H. candida* (BRES.) SINGER] ▸

4 L eng stehend und zahlreich, am H-Rand (inkl. Lamelletten) 31–47. Pileozystiden nicht kopfig, vielmehr zylindrisch bis spindelfö. Sp 10–13,5 × 3,7–5,5 µm
Gipsweißer Scheinhelmling – *H. cucullata* (PERS. : FR.) SINGER

4* L weniger zahlreich. Pileozystiden kopfig **5**

5 Schnallen fehlend ▸

5* Schnallen vorhanden **6**

6 Frk rein weiß, allenfalls H-Mitte mit leichtem gelbl Ton. Sp (7,5)9–13(–15) × 3–5 µm, Basidien 4- oder 2-sporig. Pleurozystiden fehlend od spärlich nahe der L-Schneide
Milchweißer Scheinhelmling – *H. lactea* (PERS. : FR.) SINGER

6* Frk insgesamt cremegelbl o d e r weiß und dann Sp 6–8 × 2,5–3,5 µm [Falls Sp mit diesen Maßen und L mit zahlreichen Pleurozystiden: *H. pseudolactea* (KÜHNER) SINGER] ▸

Hemipholiota (SINGER) BON, Scheinschüppling – BläP (Bas, Agaricomycetes, Agaricales, Strophariaceae)
H 5–20 cm, ± schuppig, trocken oder etwas klebrig, ohne lebhaft gelbe Farben. S kräftig, 1,3–3,5 cm breit, mit schmalem, faserigem Ring. Pleurozystiden fehlend oder allenfalls in Nähe der L-Schneide spärl. Spp tabak-braun. (Falls Spp tiefer braun, dunkel rostbraun oder schokoladenbraun siehe *Hemistropharia*). Sp mit Keimporus, 7–10 × 4,5–6,5 µm. 2 Arten. Lignicol, LaH. – Anm: Die Gattung wird auch in *Pholiota* eingeschlossen. – Syn: *H. destruens* = *H. populnea*. – **Lit**: **8**: 417 als *Pholiota* p., **11**: 338 als *Pholiota p.*, **14**: 830
T: *H. populnea* (PERS. : FR.) BON – Pappel-Scheinschüppling: BK 4.437, Ct 58, Dh 617, Gh 333, HK 4.232, Lg 107C, Lu 1.65.15, Lx 323, Md 585, MJ 3Phol11

1 Auf Pappel, seltener auch auf Buche. Geruch unbedeutend
Pappel-Scheinschüppling – *H. populnea* (PERS. : FR.) BON

1* Auf Birke und Erle, seltener auf anderen LaH. Geruch süßl-aromatisch
Duft-Scheinschüppling – *H. heteroclita* (FR. : FR.) BON

Hemistropharia JACOBSSON & E. LARSS., Halbträuschling – BläP (Bas, Agaricomycetes, Agaricales, Strophariaceae)
H 3–10 cm, halbkugelig, dann konvex bis ausgebreitet mit stumpfem Buckel, schleimig, trocken glänzend, mit weißl bis bräunl Schüppchen besonders auch am H-Rand, orangeocker, dann dunkelbraun mit leichtem violettl Mischton. L gerade angeheftet bis schwach herablaufend, breit, gedrängt, jung weißl-grau bis violettl-grau mit gesägt-gekerbter Schneide, welche im durchfeuchteten Zustand mit weißl Tröpfchen besetzt ist, später dunkel graubraun mit weißl bleibender Schneide. S 3–12 × 0,5–1,5 cm, unterhalb des Ringes

mit zahlreichen abstehenden bräunl Schüppchen. Pleurozystiden fehlend. Sp mandelfö bis fast spindelig, dickwandig, mit Keimporus, 11–14 × 5,5–7,5 µm. Lignicol, LaH (besonders Pappel). – Anm: auch zu *Stropharia* und *Pholiota* gestellt. – **Lit: 8**: 400, **11**: 338 als *Stropharia a.*, **14**: 831

1 Art = T: *H. albocrenulata* (PECK) JACOBSSON & E. LARSS. – **Weißgezähnelter Halbträuschling**: Ct 2633, HK 4.231, Lu 1.65.16, MJ 3Stroph2, RH 445

Hemitrichia ROST. – SchleimP (Myxogastria, Trichiida, Trichiidae)

Frk sitzend oder gestielt, z. B. 1–2 × 0,7–1,5 mm. Peridie meist dünn, einfach oder doppelschichtig, meist mit beständigem basalen Teil. Capillitium das Licht doppelbrechend, entweder ein Netz bildend oder röhrenfö mit begrenzter Anzahl von freien Enden, auch lang-röhrig. Immer mit Spiralornamenten und oft zusätzl mit Dornen. Sp in Masse gelb, rot, orange oder ockerl., kugelig, warzig oder netzig (T) ornamentiert, z. B. 7–9 µm im Durchm (T). Über 10 Arten. Totholz und Stümpfe. – Syn: *H. vesparium* = *Metatrichia v.* – **Lit**: **17**: 140, **18**: 227

T: *H. clavata* (PERS.) ROST.: Nan 142, Neub 1.233–234

1 Frk gestielt **2**
1* Frk sitzend **5**
2 Frk kurzstielig oder nahezu ungestielt. Peridie mit großen, dunklen Pusteln bedeckt *H. minor* G. LISTER
2* Frk mit etwas längerem S. Peridie ohne große, dunkle Pusteln **3**
3 S enthält glatte Zysten, ihm fehlen aber dunkle Absonderungen **4**
3* S ohne Zysten, wohl aber mit dunklen Absonderungen ▸
4 S in den Sp-bildenden Teil des Frk sich erweiternd. Frk ockerl *H. clavata* (PERS.) ROSTAF.
4* S oben abrupt endend. Frk goldgelb oder orange [Falls Frk blass grau: vgl *Arcyria*] *H. calyculata* (SPEG.) M.L. FARR
5 Capillitium-Fäden (Elateren) in sich verdreht-gewunden. Sp mit netzfö Ornament (siehe auch *Metatrichia*) **6**
5* Capillitium-Fäden (Elateren) in sich nicht verdreht-gewunden. Sp warzig ▸
6 Frk wurmfö gestreckt, oft verzweigt und die Zweige dann oft vernetzt *H. serpula* (SCOP.) ROSTAF.
6* Frk annähernd kugelfö *H. vesiculosa* NANN.-BREMEK.

Henningsomyces O KUNTZE, Zwergröhre – CyP (Bas, Agaricomycetes, Agaricales, Pterulaceae)

Frk klein, bis 2 mm lang, rörenfö bis walzenfö, in dichten Gruppen am Substrat hängend. Hymenium weiß bis ockerl. Frk beim T außen glatt. Randhaare verzweigt, Zystiden fehlend, Schnallen fehlend. Sp kugelig, glatt, hyalin, inamyloid, 4,5–6 × 4–5 µm. 3 Arten. Lignicol auf Rinde oder Holz, meist NaH, seltener LaH. – **Lit**: **11**: 203, **14**: 281

T: *H. candidus* (PERS. : SCHLEICH.) KUNTZE – **Schneeweiße Zwergröhre**: Bk 2.229

Hericium PERS., Stachelbart – StaP (Bas, Agaricomycetes, Russulales, Hericiaceae)
Frk auf Holz, konsolenfö bis verzweigt korallenfö, fleischig bis zäh, mit Stachelhymenophor. Monomitisch, Hyphen hyalin, mit Schnallen. Sp hyalin, kugelig bis breit ellipsoid, glatt oder feinwarzig, amyloid. 3 Arten. Lignicol, LaH, NaH. – Syn: Der Name *H. coralloides* wurde früher z. T. anstelle von *H. cirrhatum* verwendet. *H. flagellum* hier als *H. coralloides*. – **Lit**: **9**: 284, **12**: 114
T: *H. cirrhatum* (PERS. : FR.) NIKOL. – Ästiger Stachelbart: Ct 2034, Ga 343, Ge 399, Gh 573, Ja 44, MJ 5Her1,3, Ph 245, RH 122

1 Frk korallenartig verzweigt. **2**
1* Frk nicht oder kaum verzweigt (Falls in große muschelartige H aufgeteilt siehe *Creolophus*). Sp breit ellipsoid, 5–6 × 4–5 µm. LaH (Buche, Eiche).
Igel-Stachelbart – *H. erinaceus* (BULL. : FR.) PERS.
2 Auf Tanne (*Abies*), selten auf anderem NaH. Stacheln in kleinen Gruppen büschelig. Sp 5–6,5 × 4–5,5 µm **Tannen-Stachelbart** – *H. coralloides* (SCOP. : FR.) PERS.
2* Auf LaH (meist Buche). Stacheln in Reihen geordnet. Sp 3,5–4,5 × 2,8–3,5 µm
Ästiger Stachelbart – *H. cirrhatum* (PERS. : FR.) NIKOL.

Herpobasidium LIND. – PaB/KruP (Bas, Pucciniomycetes, Platygloeales, Eocronartiaceae)
Frk resupinat, parasitisch auf Blättern von Farnen (T) und Blütenpflanzen. Monomitisch. Hyphen hyalin, dünnwandig, glatt, ohne Schnallen. Zystiden fehlend. Basidien 2-zellig durch Querteilung. Sp hyalin, ellipsoid, dünnwandig, glatt, inamyloid, beim T 10–21,5 × 5,5–10(–12) µm, Sekundärsp bildend. – **Lit**: **9**: 78, **12**: 397. – T: *H. filicinum* (ROSTR.) LIND.

Herpotrichia FUCKEL – SchimP (Asc, Dothideomycetes, Pleosporales, Melanommataceae)
Nadeln und Äste von schwarzbraunem Mycel eingesponnen. Frk selten sichtbar, da im 2. Jahr entstehend, in Form kugelfö Perithecien, die keulenfö Asci bilden. Asc-Sp 2- bis 4-zellig, hell- bis dunkelbraun, 22–25 × 5–7,5 µm
T: *H. rubi* FUCKEL. – Verbreitete Art auf *Pinus* und *Juniperus* ist *H. juniperi* (SACC.) PETR. – **Schwarzer Schneeschimmel**

Heterobasidion BREF., Wurzelschwamm – PoP (Bas, Agaricomycetes, Russulales, Bondarzewiaceae)
Frk resupinat, effus-reflex bis konsolenfö, mehrjährig. Poren weiß bis creme, alt ockerbräunl, rund bis eckig, 3–6 pro mm. Röhren geschichtet. Trama hell, holzig. Dimitisch mit Skeletthyphen. Generative Hyphen hyalin, ohne Schnallen. Sp hyalin, dünn- bis etwas dickwandig, breit ellipsoid, fein warzig, schwach amyloid, 4,5–6 × 3,5–4,5 µm. 3 Arten. Lignicol, NaH, LaH, meist dicht am Boden aus Stümpfen. Weißfäule. – Anm: die unter T zitierten Bilder lassen sich nicht eindeutig einer der 3 Arten des Aggregates zuordnen. *H. annosum* agg. = **Wurzelschwamm**. – **Lit**: **9**: 243**, 12**: 385
T: *H. annosum* (FR. : FR) BREF. – Kiefern Wurzelschwamm: BK 2.397, Cd 88, Ge 459, HK 2.62, Ja 119, Kr 1.536, Lx 583, Md 275, MJ 5Het1,2, RH 177

1 Auf Tanne (*Abies*) **Tannen-Wurzelschwamm** – *H. abietinum* NIEMELÄ & KORHONEN
1* Auf anderen NaH wie Kiefer und Fichte oder auf LaH **2**

2 Poren 3–4 pro mm, vornehml NaH (besonders auf Kiefer)
Kiefern-Wurzelschwamm – *H. annosum* (FR. : FR) BREF

2* Poren 4–6 pro mm, vornehml NaH (besonders auf Fichte)
Fichten-Wurzelschwamm – *H. parviporum* NIEMELÄ & KORHONEN

Heterochaetella (BOURD.) BOURD. – RiP/GaP (Bas, Agaricomycetes, Auriculariomycetidae, Auriculariales, Exidiaceae)
Frk resupinat, ohne deutl Rand, frisch gallertig, trocken hart, Hymenium glatt. Monomitisch. Hyphen hyalin, mit Schnallen. Zystiden hyalin, dickwandig, glatt. Sp hyalin, dünnwandig, glatt, inamyloid, 4–9 × 3–5 µm. 2 Arten. Lignicol, NaH, LaH. – Anm: Die Gattung wird jetzt auch unter *Stypella* geführt. – **Lit**: **9**: 107, **12**: 416
T: *H. dubia* (BOURD. & GALZ.) BOURD. & GALZ.

Heteroconium PETR. – SchimP (Asc, Dothideomycetes, Capnodiales, Antenulariellaceae; Anamorphe)
Konidien schmal, 4–5-zellig, dunkelfarben, in Ketten, diese einzeln an der Spitze der Konidien-bildenden Zellen sich bildend. Auf anderen Pilzen (*Diatrype*)
T: *H. citharexyli* PETR.

Heterodoassansia VÁNKY – BrandP (Bas, Exobasidiomycetes, Doassansiales, Doassansiaceae)
Auf Wasser-Hahnenfuß (*Ranunculus aquatilis* agg.) in Form dunkelbrauner Punktwarzen. Brand-Sp 9–15 × 7–14 µm, glatt, in vielsporigen Ballen, die von 1–2 Lagen steriler Zellen umgeben sind: *H. ranunculina* (DAVIS) VÁNKY. Weitere Wirte: *Hottonia*: *H. hottoniae* (ROSTR.) VÁNKY; *Lythrum hyssopifolia*: *H. punctiformis* (G. WINTER) VÁNKY. – **Lit**: 13: 166, 459, 534, 678
T: *H. morotiana* (ZUNDEL) VÁNKY auf *Baldellia ranunculoides* (Alismataceae)

Heteromycophaga P. ROBERTS – GaP (Bas, Agaricomycotina, Tremellomycetes, fam inc. sed.)
Frk als kleine weiße Scheibchen parasitisch auf *Exidia glandulosa* erscheinend.
T: *H. glandulosae* P. ROBERTS

Heterosphaeria GREV. – inop. Disc (Asc, Leotiomycetes, Helotiales, Heterosphaeriaceae)
Frk sitzend, aus dem Substrat hervorbrechend, zunächst halbkugelig, dann sich öffnend und tief becherfö erscheinend, schließl becherfö mit gezähneltem R. Asci zylindrisch bis keulenfö, 8-sporig, mit amyloidem Porus. Paraphysen fädig mit keuligem Ende. Asc-Sp schmal ellipsoid, hyalin, nicht oder 1-fach septiert. Nebenfruchtform (Anamorphe) vorhanden und ähnlich; Konidien bisw (so beim T) mit fädigen Anhängseln. 2 Arten. Saprotroph an krautigen Sprossen, besonders von Doldenblütlern (Apiaceae). – **Lit**: **5**: 160, **10**: 151
T: *H. patella* (TODE : FR.) GREV.: BK 1.208, De 22H

Heyderia (FR.) LINK, Häubchenpilz – inop. Disc (Asc, Leotiomycetes, Helotiales, Cenangiaceae)
Frk 0,5–1 (beim T 1–2,5) cm, gestielt, oben (Kopfteil, Apothecium) gelb oder braun, zylindrisch bis glockenfö, vom S abgesetzt. S 0,5–1 (beim T 0,8–1,8) cm, rund (zylindrisch), schlank, bräunl, kahl, an der Basis mit bräunl Mycel, das Koniferen-Nadeln umspinnt. Asci

mit amyloidem Porus. Asc-Sp spindelig, hyalin, nicht septiert, 13–17 × 2–2,5 µm. 2 Arten. Koniferen-Nadeln (*Abies*, *Picea*, *Pinus*). – **Lit**: **5**: 99, **10**: 151
T: *H. abietis* (FR.) LINK – **Nadel-Häubchenpilz**: BK 1.140, Ct 2980, De 14H, RH 640

Hirneola siehe *Auricularia*

Hodophilus siehe *Camarophyllopsis*

Hohenbuehelia SCHULZER, Muscheling, Harpunenschwamm – BläP (Bas, Agaricomycetes, Agaricales, Pleurotaceae)
Frk ungestielt oder seitl gestielt, bei einigen Arten auch zentral gestielt, meist mittelgroß bis groß. Im H mit gelatinöser Schicht. Im Hymenium mit dickwandigen Zystiden (Metuloiden). Sp nicht amyloid. 15 Arten. Lignicol, seltener terricol oder bryicol. – Syn: *H. geogenia* = *H. petaloides*. – **Lit:** **7**: 264, **11**: 159, **14**: 313
T: *H. petaloides* (BULL. : FR.) SCHULZER – Spatel-Muscheling: BL 123, CD 158, Dh 332, KM 307, Kr 3,264, Lu 1.32.13, MJ 3Hoh3, RH 338.

1 Frk ± zentral gestielt ▸
1* Frk seitl gestielt oder S fehlend **2**
2 Frk klein, H bis 2 cm. L entfernt, 5–14 an der Frk-Basis. Geruch und Geschmack nach Mehl oder nicht so ▸
2* H größer, H mindestens 1–3,5 cm. L gedrängt, 14–24 oder mehr an der Frk-Basis. Geruch und Geschmack nach Mehl **3**
3 S fehlend oder rudimentär. H dunkelfarbig: umbrabraun, graubraun, sepia, bisw mit blaugrauem Mischton, oft weitgehend mit hellem Filz überzogen. HDS mit 15–700 µm dicker gelatinöser Schicht (falls H grau bis weißl und gelatinöse Schicht der HDS 350–1500 µm ▸) **Blaugrauer Muscheling** – *H. atrocoerulea* (FR. : FR.) SINGER
3* S deutlicher ausgeprägt **4**
4 Gelatinöse Schicht der HDS dicker als 200 µm; Hyphen der gelatinösen Schicht (oft?) schräg aufsteigend. Frk kräftig, fleischig, bis 15 cm breit, tütenfö oder halb trichterfö, mit lange eingerolltem H-Rand, rötl-braun, gelbgrau, wie fein bereift oder feinfilzig. Terricol, nahe bei morschen Baumstümpfen im LaW (oft Buche). Sp 6–7,5 × 4–5 µm **Spatel-Muscheling** – *H petaloides* (BULL. : FR.) SCHULZER
4* Merkm anders: gelatinöse Schicht der HDS weniger als 100–185 µm dick, Frk weniger massiv, allenfalls 7–10 cm breit. Sp bisw kurz und gedrungen, 4,5–6(–7) µm lang. Auf LaH, Spänen oder im NaW ▸

Holmiodiscus SCRČEK – inop. Disc (Asc, Leotiomycetes, Helotiales, Drepanopezizaceae)
Frk aus dem Substrat (Sprossachsen von Mädesüß, *Filipendula ulmaria*) hervorbrechend und ihm dicht aufsitzend, 1,5–2 mm, jung geschlossen, dann durch längl Schlitz sich öffnend. Innen (Hymenium) schmutzig orange, außen nackt, schwärzl. Asci keulig, 8-sporig, nicht amyloid. Paraphysen fadenfö, mit leicht erweiterten Enden. Asc-Sp hyalin, ellipsoid, eifö bis annähernd breit-spindelig, 8–10 × 4–4,5 µm. – **Lit**: **10**: 152

1 Art = T: *H. filipendulae* SVRČEK:

Holwaya SACC. – inop. Disc (Asc, Leotiomycetes, Phacidiales, Tympanidaceae)
Frk einzeln oder gesellig, kurz gestielt, becherfö bis schirmfö, 0,2–1,5 cm, oberseits (Hymenium) schwarz, außen filzig, olivl-schwarz. Asci schmal keulig, 8-sporig, inamyloid. Paraphysen zylindrisch mit leicht erweitertem Ende, hyalin. Asc-Sp zylindrisch, 11- bis 19-fach septiert, bisw Sekundärsp bildend, 30–65 × 2,5–4 µm. Lignicol, auf faulem Holz von Linde (*Tilia*) und Ahorn (*Acer*). – Syn: *Crinula mucida* = *Holwaya m.* – **Lit**:**10**: 152
1 Art = T: *H. ophiobolus* (ELLIS) SACC. = *H. mucida* (SCHULZ.) KORF. & ABAWI: CS 26.12: Z. Mykol. 51(1), 1985, TINT 23.2000.

Homophron siehe *Psathyrella*

Hormiactis PREUSS – SchimP (Asc, inc. sed., Anamorphe)
Konidienträger fehlend, Konidien in Ketten, 2-zellig. Eine Art (*H. fimicola* SACC. & MARCH.) auf anderen Pilzen (*Agaricus*, *Inocybe*, *Peziza, Sarcosphaera*).
T: *H. alba* PREUSS

Hortiboletus siehe *Xerocomus* (*rubellus*)

Humaria FUCKEL, Borstenbecherling – op. Disc (Asc, Pezizomycetes, Pezizales, Pyronemataceae)
Frk (Apothecium) sitzend, scheibenfö oder tief becherfö nach kugeligem Anfangsstadium (T), 0,5–3 cm breit. Innen (Hymenium) glatt, grau bis gelbl (selten auch orange). Außen mit langen, zerstreut oder dichter stehenden, braunen, steifen vielzelligen Haaren, diese beim T am Rand des Apotheciums dicht stehend und 600–1500 × 13–20 µm. 4 Arten auf nähstoffreichen Böden, Sägemehl, Pflanzenresten. – **Lit**: **5**: 38, **10**: 99
T: *H. hemisphaerica* (F.H. WIGGERS : FR.) FUCKEL – **Halbkugeliger Borstenbecherling**: BK 1.72, BL 331, Br 1240.1, CD 35, De 9C, Ge 582, Gh 649, HK 2.251, Lx 685, RH 628

Humicola TRAAEN – SchimP (Asc, Soradriomycetes, Sordariales, Chaetomiaceae; Anamorphe)
Konidien dunkelbraun, 1-zellig, ohne Keimspalt, kugelig, in kleinen zylindrischen Zellen gebildet. – **Lit**: **21**: 92, 96, 130
T: *H. fuscoatra* TRAAEN

Hyalinia BOUD. – inop. Disc (Asc, Orbiliomycetes, Orbiliales, Orbiliaceae)
Frk weitgehend sitzend, scheibenfö bis becherfö, 0,5–2 mm breit, blass rötl oder fleischfarben. R wellig und gezähnelt, eingerollt, mit zusammenneigenden Haaren. Asci zylindrisch bis keulig, 8-sporig, mit amyloidem Porus. Paraphysen schlank mit gleichdicken Enden. Asc-Sp schmal-keulig, oft leicht gekrümmt, nicht septiert, hyalin. Wenige Arten. Lignicol, saprotroph auf Rinde von LaB, besonders Weide (*Salix*) und Pappel (*Populus*). – **Lit**: **5**: 189, **10**: 211
T: *H. crystallina* (QUÉL.) BOUD.-Abgebildete Art *H. rubella* (PERS. : FR.) NANNF.: De 25D

Hyaloperonospora siehe unter *Peronospora*

Hyalopeziza FUCKEL – inop. Disc (Asc, Leotiomycetes, Helotiales, Hyaloscyphaceae)
Frk sitzend bis annähernd gestielt, becherfö, weißl oder blass, 0,1–0,25–1 mm breit. Außen mit kürzeren oder längeren Haaren. Haare zylindrisch bis konisch, mit sehr dicken, glasig wirkenden Wänden, ein enges Lumen vorhanden oder fehlend, ohne Reaktion in 5 % KOH oder in Melzers Reagenz. Asci zylindrisch oder keulig, 8-sporig, mit amyloidem Porus. Paraphysen fädig, × 1–2 µm, die Asci nicht überragend. Asc-Sp ellipsoid bis spindelfö, hyalin, septiert oder unseptiert, 3,5–8–15 × 1–3 µm. Etwa 3 Arten. Saprotroph auf krautigen Sprossachsen und auf Blättern. – **Lit: 5**: 179, **10**: 192
T: *H. patula* (PERS.) FUCKEL; abgebildete Art *H. ciliata* FUCKEL: De fig. 4K

Hyalopsora MAGNUS – RostP (Bas, Pucciniomycetes, Pucciniales, Melampsoraceae)
Phytoparasiten (Roste), unterschiedl Sp-Formen und Entwicklungsstadien siehe unter *Puccinia*. Ww zwischen Abies (0, I) und Farnen, besonders *Gymnocarpium* und *Cystopteris* (II, III). 0 subepidermal, konisch, I subepidermal, später hervorbrechend, III oft ausgebreitet. II-Sp mit goldgelbem Inhalt, fast glatter bis feinwarziger, farbloser Wand, 25–40 × 16–25 µm. III-Sp intrazellulär in Epidermiszellen des W, 2- bis 7-zellig, mit glatter, farbloser Wand, je 18–28 × 20–40 µm. 2 Arten. – **Lit**: **13**: 70, 82, 333, etc.
T: *H. aspidiotus* (MAGNUS) MAGNUS: Gäum 35:22 (0), 35:23 (II-Sp), 36:24 (III), 37:25 (II), 38:26 (II), 38:27 (II-Sp); JK 213

Abies* (0, I)**: *H. aspidiotus*, evtl. auch die anderen *H*-Arten. – **Farngewächse (II, III)**: ***Adiantum** capillus*-veneris: *H. adianti-capilli-veneris*.-Cystopteris***: *H. polypodii*. – ***Gymnocarpium***: *H. aspidiotus*.

Hyaloscypha BOUD. – inop. Disc (Asc, Leotiomycetes, Helotiales, Hyaloscyphaceae)
Frk breit sitzend bis kurz gestielt, becherfö, 0,5–1,5 mm, weiß bis wässerig-grau, gelbl oder bräunl, annähernd hyalin. Außen mit längeren oder kürzeren Haaren. Haare zylindrisch, schmal konisch, flaschenfö, oberes Ende stumpf oder spitz, meist gerade, dünn- oder dickwandig, meist nicht septiert, mit oder ohne harzartige Masse (diese in Melzers Reagenz und in Baumwollblau oft schwindend). Asci zylindrisch bis keulig, 8-sporig, mit amyloidem oder inamyloidem Porus. Paraphysen fädig, × 1–2 µm, die Asci nicht überragend. Asc-Sp schmal ellipsoid bis fast spindelfö, bisw auch keulig, hyalin, nicht oder 1-fach septiert. Über 10 Arten. Saprotroph auf Holz und verschiedenen Pflanzenresten. – **Lit: 5**: 176, **10**: 192
T: *H. vitreola* (P. KARST.) BOUD. – Abgebildet: *H. leuconica* (COOKE) NANNF.: De: Fig. 4F

1 Haare mit stumpfen Enden oder mit farbigem, harzartigem Inhalt (in Melzers Reagenz oder Baumwollblau schwindend) ▸
1* Haare meist spitz, ohne oder mit unauffälligem harzartigem Inhalt in Form von apikalen Klumpen **2**
2 Sp im Mittel länger als 9,5 µm **3**
2* Sp im Mittel kürzer als 9,5 µm **5**
3 Haare mit ± rauer Oberfläche in Melzers Reagenz. Sp 7–14,5 × 2–4 µm *H. albohyalina* (P. KARST.) BOUD.
3* Haare in Melzers Reagenz glatt, selten spärl warzig **4**
4 Asci mit besonderen Septen in Form von „croziers“. Sp 8,5–15 × 2,5–3,5 µm, schmal ellipsoid. Auf entrindetem LaH (*Alnus, Betula*) *H. vitreola* (P. KARST.) BOUD.

4* Asci mit einfachen Septen, mit amyloidem Porus (falls Asci inamyloid: ▸). Sp 9,5–17,5 × 2–3 µm, schmal ellipsoid. Auf Holz oder Krautresten *H. herbarum* VEL.

5 Haare länger als 30 µm, meist auch oben gerade, mit 0,5–1 µm dicken Wänden, zumindest in ihrem mittleren Teil, schmal konisch, mit deutl erweiterter Basis, oben × 0,8–1,2 µm – (Falls Haare am oberen Ende gekrümmt oder falls dünnwandig: ▸). Meist auf LaH, seltener auf NaH, Zapfen oder Kätzchen *H. leuconica* (COOKE) NANNF.

5* Haare 18–35 µm lang, meist auch oben gerade, oder am oberen Ende gekrümmt ▸

Hydnangium WALR in DIETRICH, Heidetrüffel – Hyp (Bas, Agaricomycetes, Agaricales, Hydnangiaceae)
Frk (unregelmäßig) kugelig, z. B. 1–3 cm, ohne S. Innen gekammert, ohne Columella. In der Peridie z. T. mit Sphaerozysten, sonst ohne solche. Hyphen zylindrisch, mit Schnallen. Sp ± kugelig, hyalin bis gelbl, mit isoliert stehenden, regelmäßig angeordneten, konischen Stacheln, weder amyloid noch dextrinoid, beim T 12–17,5 µm (mit Ornament gemessen). 3 Arten. Terricol, Myk. – Syn: *H. monosporum* = *Martellia m.*, *H. pila* = *Martellia p.* – **Lit**: **9**: 294, **12**: 519
T: *H. carneum* WALLR. – Fleischfarbene Heidetrüffel: HK 2.184, MS 333

1 Frk ohne sterile Basis siehe *Martellia*

1* Frk mit kleiner, steriler, kissenfö Basis **2**

2 Gleba erst gelb oder gelborange. Sp 8–10(–12) µm **Neuhoffs Heidetrüffel** – *H. neuhoffii* SÖHNER

2* Gleba hell rosa bis fleischrot. Oleifere Hyphen fehlend. Sp 12–17,5 µm, mit 0,5–1 µm langen Stacheln. [Falls oleifere Hyphen vorhanden. Sp 10–15 µm, mit 1,3–2 µm langen Stacheln: *H. roseum* (HARKN.) SINGER & A.H. SMITH, jetzt auch zu *Arcangeliella*] **Fleischfarbene Heidetrüffel** – *H. carneum* WALLR.

Hydnellum P. KARST., Korkstacheling – StaP (Bas, Agaricomycetes, Thelephorales, Bankeraceae)
Frk kreiselfö bis gestielt-hutfö, mit Stachelhymenophor. F faserig, weich bis korkartig, auch holzig, meist deutl gezont. Nicht mit Maggigeruch. Monomitisch. Hyphen meist nicht aufgeblasen, mit oder ohne Schnallen. Spp braun. Sp bräunl, warzig, höckerig oder stachelig. 17 Arten. Terricol. Vgl. *Phellodon*. – **Lit**: **9**: 310, **12**: 257
T: *H. suaveolens* (SCOP. : FR.) P. KARST. – Wohlriechender Korkstacheling: BK 2.267, Ct 760, Kr 1.381, Lx 511, MJ 5Hydn 9,10, RH 96

1 Frk außen und/oder innen mit blauen Farben, F blau-violett, mit oder ohne weißl Stellen, in der S-Basis blau (Falls F in der S-Basis orangebraun, Sp 5,4–6,2 × 3,4–4,3 µm: *H. caeruleum*). Wohlriechend (nach Cumarin). H bis 12 cm im Durchm, flach gewölbt oder in der Mitte leicht vertieft, oft radiär gerunzelt und konzentrisch flachgrubig gezont, erst samtig, dann filzig bis fasrig-schuppig, jung bläul, bald weißl und dann zunehmend mit gelbl, bräunl oder umbraschwarzen Tönen, dabei oft mit olivl Schimmer, alt schwärzl gefleckt oder gezont. S 3–6 × 1–2,5 cm. Sp 4–5 × 3–3,6 µm. NaW (Fichte) **Wohlriechender Korkstacheling** – *H. suaveolens* (SCOP. : FR.) P. KARST

1* Frk weder außen noch innen mit blauen Farben **2**

2 Geschmack scharf. **3**

2* Merkm verschieden: Geschmack nicht scharf **4**

3 H jung weiß, über rosabräunl und rotbraun bis schwarzbraun, an Druckstellen schwärzend, jung und frisch mit blutroten Tropfen auf H-Oberfläche (vgl. auch *H. ferrugineum* mit mildem Geschmack). Hyphen mit Schnallen. Sp 4,9–5,4 × 3,8–4 µm. NaW (Fichte, Kiefer) **Scharfer Korkstacheling** – *H. peckii* BANKER

3* Merkm verschieden: nicht im NaW o d e r falls im NaW Hyphen ohne Schnallen, H-Oberfläche ohne blutrote Tropfen, mit starkem Mehlgeruch, Sp etwas größer ▸

4 H-Fleisch schwefelgelb, gelbgrün oder graugrün. Geschmack nach Mehl. Hyphen mit Schnallen. Sp 4,5–5,2 × 3,1–3,6 µm. NaW (besonders montane); selten **Grüngelber Korkstacheling** – *H. geogenium* (FR.) BANKER

4* Merkm verschieden: H-Fleisch mit anderen Farben, nicht gelb; Hyphen ohne Schnallen **5**

5 H-Fleisch weißl bis orange. Dünnschnitte in KOH nicht oder nur grünl verfärbend. S-Fleisch schmutzig orange bis orangebraun. Sp 6–6,7 × 4,3–5 µm. NaW, MischW **Orangegelber Korkstacheling** – *H. aurantiacum* (BATSCH : FR.) P. KARST.

5* H-Fleisch rosa, rosabraun bis purpurbraun, Dünnschnitte in KOH dunkelviolett verfärbend, olivgrün **6**

6 H-Oberfläche mit radialer Musterung (Fasern, Schuppen, Runzeln, Fasern, Leisten; nicht gemeint sind einzelne Rillen) **7**

6* H-Oberfläche ohne derartige radiale Musterung **8**

7 Sp mit oben gerundeten Warzen (Falls mit spitzen Stacheln: *H. cumulatum* HARRISON; vgl. auch *H. spongiosipes*), 5,6–7 × 4,5–4,9 µm. H einzeln oder miteinander verwachsen, bis 4,5 cm im Durchm. F im Anschnitt nach Mehl riechend. NaW, MischW **Grubiger Korkstacheling** – *H. scrobiculatum* (FR.) P. KARST.

7* Sp mit groben Höckern, die oben etwas eingedellt sind. H-Oberfläche an reifen Frk meist konzentrisch gezont. H-Filz jung und frisch weiß. Stacheln jung hell violett (Falls H-Oberfläche ohne konzentrische Zonen, H-Filz junger, frischer Frk hell rosabraun bis rostbraun, Stacheln jung hell violett: *H. tardum*). Frk meist miteinander verwachsen, H bis 7 cm im Durchm. Sp 5,4–6,1 × 4–4,5 µm. NaW, LaW **Gezonter Korkstacheling** – *H. concrescens* (PERS.) BANKER

8 H jung weißl, dann rosabräunl bis rotbraun, auf Druck dunlel rotbraun werdend. Sp über 5 µm. F im angeschnittenen Frk mit Mehlgeruch **9**

8* H gelbl-bräunl, auf Druck unverändert o d e r F bläul-grau ▸

9 NaW, seltener im MischW. Sp-Höcker kaum eingedellt. H-Oberfläche bisw mit blutroten Tropfen (vgl. auch *H. peckii* mit bitterem Geschmack). Sp 5,5–6,3 × 3,6–4,5 µm **Rostbrauner Korkstacheling** – *H. ferrugineum* (FR. : FR.) P. KARST.

9* LaW., seltener im MischW. Sp-Höcker stark eingedellt oder zweiteilig(-stachelig). Sp 6–7,2 × 4,4–5,4 µm **Samtiger Korkstacheling** – *H. spongiosipes* (PECK) POUZAR

Hydnobolites TUL. & C. TUL., Hirntrüffel – Hyp (Asc, Pezizomycetes, Pezizales, Pezizaceae)
Frk 1–2 cm, hirnartig faltig-lappig, erst weiß, dann gelbl-sandfarben, wachsartig und durchscheinend. Innen wie außen gefärbt, später auch grau. Asci breit ellipsoid bis kugelig. Sp kugelig, hyalin bis blass gelbl, mit netzmaschig verbundenen Stacheln, 12–25 µm. Bei uns 1 Art (T), terricol, LaW besonders unter *Alnus*, NaW. – **Lit: 5**: 84, **10**: 80
T. *H. cerebriformis* TUL. & C. TUL. – **Gläserne Hirntrüffel**: BK 1.126, Ct 2957, De 13G, MS 198

Hydnocystis TUL. & C. TUL., Hohltrüffel – Hyp (Asc, Pezizomyycetes, Pezizales, inc. sed.)
Frk kugelig, fast kugelig, unregelmäßig lappig oder faltig. 0,4–2 cm, weißl-cremefarben, graubraun, goldgelb, bisw mit angedeutetem stielfö Teil, innen immer hohl, mit einer oder mit wenigen Kammern. Asci gestreckt-schlauchfö mit 8 Sp in einer Reihe. Sp kugelfö, 28–35 µm (T) oder ellipsoid, 19–25 µm. 2 Arten. Terricol; wohl nur in Südeuropa.
T: *H. piligera* TUL. & C. TUL. – **Behaarte Hohltrüffel**: Ct 2944, MS 183

Hydnomerulius JAROSCH & BESL, Stachelhaut – StaP/RiP (Bas, Agaricomycetes, Boletales, Paxillaceae)
Frk resupinat, membranös bis erwas wachsartig, frisch gelb bis gelboliv oder bräunl, trocken dunkler, mit dünnen Rhizomorphen. Hymenium erst netzig bis etwas poroid, dann ± stachelig. Hyphen hyalin, dünnwandig, mit Schnallen. Auf NaH, selten auf LaH, oft mit Sklerotien im Holz. Sp gelbl, ellipsoid, 5–7 × 3,5–5,5 µm. – **Lit**: jeweils als *Leucogyrophana p.* **9**: 291, **12**: 237
1 Art = T: *H. pinastri* (FR. : FR.) JAROSCH & BESL – **Sklerotien-Stachelhaut,** früher als *Leucogyrophana p.*

Hydnopolyporus D.A. REID, Becherkruste – CyP/PoP (Bas, Agaricomycetes, Polyporales, Meripilaceae)
Frk resupinat, lose mit dem Substrat verbunden, mehrere cm lang, 1 mm dick, weißl bis cremefarben. Oberfläche zunächst fein-warzig, Wärzchen sich napfartig öffnend und dann Becherchen bildend, die im Zentrum des Frk dicht gedrängt, am Frk-Rand locker verteilt sind. Frk-Rand oft mit radialen Fasern (Rhizomorphen). Dimitisch. Generative Hyphen mit Schnallen. Sp ellipsoid, glatt, hyalin, inamyloid, 4,5–5,5 × 2,5–3,2 µm. LaH, seltener NaH. – Syn: *H. fimbriatus* früher auch als *Porotheleum f.*, *Stromatoscypha f.* – **Lit**: **9**: 164 als *Porotheleum f.*
Bei uns 1 Art = T: *H. fimbriatus* (FR.) D.A. REID – **Gefranste Becherkruste**: BK 2.232, Kr 1.414

Hydnotrya BERK. & BROOME, Rasentrüffel – Hyp (Asc, Pezizomycetes, Pezizales, Discinaceae)
Frk rötl-ockerfarben, unregelmäßig kugelig bis fast kugelig, gelappt bis (hirnartig-)gefaltet. 1,5–5 cm. Innen mit einer oder mehreren Kammern, z. T. auch ± kompakt mit schmalen, labyrinthfö Gängen, die z. T. nach außen offen sind. Asci schlauchfö, keulig oder sackfö, darin meist 8 Sp, diese in einer Reihe, bisw auch in zwei Reihen oder ± ungeordnet, annähernd kugelig oder ellipsoid. 3 Arten. terricol. – **Lit: 5**: 80, **10**: 80

T: *H. tulasnei* BERK. & BROOME – Rotbraune Rasentrüffel: Ct 1238, 2946, CD 45, De 13H, Gh 667, HK 2,281, MS 152, RH 606

1 Sp annähernd kugelig **2**
1* Sp ellipsoid, warzig, 24–36 × 15–25 µm
Gelbbraune Rasentrüffel – *H. michaelis* (FISCHER) TRAPPE
2 Sp zunächst glatt, dann durch stumpfe Warzen grobhöckerig, erst hyalin, dann dunkel rotbraun, 25–35 µm **Rotbraune Rasentrüffel** – *H. tulasnei* BERK. & BROOME
2* Sp mit feinen, dicht stehenden, oben gerundeten, 1 µm langen Stacheln, 22–30 µm
Hirnförmige Rasentrüffel – *H. cerebriformis* HARKN.

Hydnum L. : FR., Stoppelpilz – StaP (Bas, Agaricomycetes, Cantharellales, Hydnaceae)
Frk hut-stielfö, weißl, gelbl, blass fleischfarben, orangebraun. H-Unterseite mit pfriemenfö weißl, schwach lachsfarbenen bis orangebraunen Stacheln. Monomitisch. Hyphen z. T. aufgeblasen, mit Schnallen. Spp weiß bis gelbl. Sp hyalin, kugelig bis breit ellipsoid, dünnwandig, glatt, inamyloid, beim T 6,5–9 × 5,5–7 µm. Terricol oder auf moderndem Holz. 4 Arten innerhalb 1 Sammelart. – **Lit**: **9**: 263, **12**: 110
T: *H. repandum* L. : FR. – Semmel-Stoppelpilz: Dh 1036, Gh 565, HG 69, Kr 2.94, Lx 479, MJ 5Hydn1, Ph 241,

1 Frk recht groß und plump, 8–15(–17) cm im Durchm. H gelbl bis blass semmelfarben. S meist exzentrisch, oben meist frei von Stacheln, diese pfriemfö-spitz. Sp kugelig, (6–)7–9 × (6–)6,5–8 µm **Semmel-Stoppelpilz** – *H. repandum* L. : FR.
1* Merkm anders: H rein weiß, trocken aber gilbend o d e r H tiefer orangebraun, und dabei Frk eher klein, S eher zentral und Stacheln am S oft etwas herablaufend und oft unregelmäßig-plattig (nicht spitz) ▸

Hydropus KÜHNER ex SINGER, Wasserfuß – BläP (Bas, Agaricomycetes, Agaricales, Marasmiaceae)
Frk klein bis mittelgroß. H oft wie bereift wirkend. L herablaufend oder breit angeheftet. S-Spitze bereift bis flockig. HDS mit kugeligen Zellen und oft mit Dermatozystiden. Spp weiß, Sp oft amyloid. 7 Arten. Lignicol bis terricol. – Anm: *H. scabripes* auch unter *Mycopan* REDHEAD. – **Lit: 7**: 340, 425, **11**: 193, **14**: 282
T: *H. fuliginarius* = *H. atramentosus* (KALCHBR.) KOTL. & POUZAR – **Schwärzender Wasserfuß**: BK 3.225, CD 634, Kr 3.267, Lu 1.33.10, MJ 3Hydr1

1 H gelb oder gelbl, seltener auch hellbräunl oder weißl, kahl und weitgehend glatt. L und S weiß. Mit flaschenfö Pleuro- und Cheilozystiden. Sp zylindrisch, leicht gekrümmt, nicht amyloid, (6,5–)9–10 × 2,5–4 µm. LaH oder terricol in Buchenstreu
Buchen-Wasserfuß – *H. subalpinus* (HÖHN.) SINGER
1* H und S mit anderen Farben. Sp kugelig oder ellipsoid, amyloid oder seltener auch nicht amyloid ▸

Hygroaster siehe Anmerkung unter *Omphaliaster*

Hygrocybe (FR.) P. KUMM. BläP (Bas, Agaricomycetes, Agaricales, Hygrophoraceae)
Frk klein bis mittelgroß, seltener auch groß, in allen Teilen mit freudigen Farben: gelb, orange, rot, bisw schwarz verfärbend. L dickl, mit Falten und Queradern an den Flanken. L-Trama regulär, mit parallel geordneten Hyphen. Spp weiß. Sp inamyloid. 40 Arten. Terricol, ev Mykorrhiza. Anm: hier unter Ausschluss von *Chromosera, Gliophorus, Neohygrocybe, Porpolomopsis, Camarophyllus*. – **Lit**: **7**: 125, **11**: 86, **14**: 194
T: *H. conica* (SCOP. : FR.) P. KUMM. – Kegeliger Saftling: BK 3.85, BL 159, CD 189, 191, Ct 676, Dh 162, Gh 137, Kr 3.46

1 Frk nach Reiben überall rasch und deutl schwärzend. (Falls H von Beginn an schwärzl bis dunkelbraun, die gelbl L und S aber nicht schwärzend: *H. spadicea*) **2**
1* Frk nicht schwärzend, höchstens an S-Basis etwas grau werdend **3**
2 Habitus schlank, S mehr als 2x so lang wie der spitzkegelige H hoch ist. H 2–5 cm, nur am H-Rand durchscheinend gerieft
Kegeliger Saftling – *H. conica* (SCOP. : FR.) P. KUMM
2* Mit wenigstens einem der nachfolgenden Merkm: H jung gelb, weißl oder grünl, L rot, Habitus gedrungen, S kaum länger als der H hoch ist, H anfangs glockig oder stumpfkegelig ▸
3 H jung spitzkegelig, gelb, orange, orangerötl, kaum rein rot. S-Basis hell, oft grau verfärbend. **4**
3* H stumpfkegelig, glockig, flach oder genabelt und/oder intensiv rot **6**
4 H grünl-gelb, nicht schmierig. S mit tiefer Längsfurche
Grünlichgelber Saftling – *H. citrinovirens* (J.E. LANGE) JUL. SCHÄFF.
4* H lebhaft gelb, gelb, orange, orangerötl. H oft schmierig. S nicht oder mit kaum auffallender Längsfurche **5**
5 H orange, kegelig, anfangs schmierig, bald trocken. Sp gestreckt, ellipsoid bis zylindrisch, 10,5–14,5 × (5–)6–8 µm
Spitzbuckel-Saftling – *H. persistens* (BRITZELM.) SINGER
5* Merkm verschieden: H auch jung nicht schmierig, nicht mit roten Radialfasern o d e r H rötl o d e r Sp breit ellipsoid bis nahezu kugelig ▸
6 S grob bis feiner längsfaserig, nicht schmierig. Frk relativ groß und kräftig **7**
6* S glatt, oft auch schmierig. **8**
7 H faserschuppig, leuchtend hellrot, seltener auch gelbl. L ± frei
Feuerschuppiger Saftling – *H. intermedia* (PASS.) FAYOD
7* H. glatt, schmierig, dunkelrot, trocknend ausblassend und dann stellenweise strohgelb werdend. L schmal angeheftet. F im S-Kern weiß (Falls F im S-Kern gelb und falls H mit spitzem Buckel ▸) **Granatroter Saftling** – *H. punicea* (FR. : FR.) P. KUMM.
8 L entfernt, schmal angeheftet, mit rötl Mischton und intensiver gefärbt als der glatte, nicht schmierige, gelbe H. Geruch nach Wanzen. Sp median etwas eingeschnürt
Schnürsporiger Saftling – *H. quieta* (KÜHNER) SINGER
8* L nicht auffallend entfernt stehend, heller als der H oder dem H gleichfarbig. **9**
9 L ± frei oder schmal angeheftet. **10**
9* L breit angeheftet oder bogig herablaufend **11**

10 H blutrot, trocken. S rot, gegen S-basis gelb oder weißl
Pracht-Saftling – *H. splendidissima* (P.D. ORTON) M.M. MOSER

10* H gelb, gelborange, nicht rot; stark schleimig
Stumpfer Saftling – *H. chlorophana* (FR.) WÜNSCHE

11 Geschmack stark bitter oder auch mild, dann aber Sp unregelmäßig gelappt oder eingeschnürt. H gebuckelt **Bitterer Saftling** – *H. mucronella* (FR.) P. KARST.

11* Geschmack mild und Sp anders **12**

12 Sp (wenigstens 10 %) median eingeschnürt ▸

12* Sp nicht median eingeschnürt **13**

13 H glatt, oft schmierig-schleimig. Falls H feinschuppig dann mit spezifischem Geruch **14**

13* H filzig, später feinschuppig, matt, nicht schmierig. Geruch fehlend. **16**

14 H gelb oder orange, Frk klein
Zerbrechlicher Saftling – *H. ceracea* agg. (WULFEN : FR.) P. KUMM.

14* H jung tief rot **15**

15 S trocken **Kirschroter Saftling** – *H. coccinea* agg.(SCHAEFF. : FR.) P. KUMM.

15* S zumindest jung schleimig
Gelbrand-Saftling – *H. insipida* agg.(J.E. LANGE ex S. LUNDELL) M.M. MOSER

16 L gerade angeheftet, auch so am reifen Frk. H flach und H-Rand glatt
Mennigroter Saftling – *H. miniata* agg.(FR. : FR.) P. KUMM.

16* L deutl bogig herablaufend. H-Rand krenuliert. H-Mitte genabelt
Pfifferlings-Saftling – *H. cantharellus* agg. (SCHWEIN.) MURRILL

Hygrophoropsis (J. SCHROET) MAIRE, Afterseitling – LaP/LeiP (Bas, Agaricomycetes, Boletales, Coniophorineae, Hygrophoropsidaceae)
Frk mittelgroß bis fast groß, seltener klein, eher dünn- und weichfleischig. L durchgehend gabelteilig., beim T die L lebhaft orange, so auch häufig H und S. Spp weiß oder weißl. Sp oft dextrinoid. 4 Arten. Terricol bis lignicol. – Anm: *H. morganii* jetzt als *Aphroditeola olida* (QUÉL.) REDHEAD & MANFR. BINDER geführt. – **Lit**: **7**: 115, **11**: 76, **14**: 151
T: *H. aurantiaca* (WULFEN : FR.) MAIRE – Falscher Pfifferling: BK 3.61, BL 51, Dh 106, Ge 337, Gh 173, Lu 1.34.1

1 Geruch fehlend oder unbedeutend, jedenfalls nicht süßl. H, L, S dotter- bis orangebräunl F weißl bis orangebräunl. Sp ± dextrinoid, 6–7,2 × 4–4,5. (Falls H blass oder dunkler bräunl und falls H-Oberfläche eher schuppig als glatt und Sp länger als 7,5 µm: ▸). Terricol bis lignicol. **Falscher Pfifferling** – *H. aurantiaca* (WULFEN : FR.) MAIRE

1* Geruch süßl nach Früchtebonbons, Orangenblüten oder Obst. Frk zart fleischrosa oder ockerrosa. Sp nicht dextrinoid, 3–5 × 2,5–3 µm
Duftender Afterseitling – *H. morganii* (PECK) H.E. BIGELOW

Hygrophorus FR., Schneckling – BläP (Bas, Agaricomycetes, Agaricales, Hygrophoraceae)
Frk mittelgroß bis groß, L fast immer herablaufend, dickl, an den Flanken queraderig-runzelig, wachsartig weich. H häufig schleimig-schmierig. Spp weiß, nicht amyloid. L-Trama bilateral. 38 Arten. Terricol, EktM. – **Lit**: **7**: 148, **11**: 79, **14**: 212

T: *H. eburneus* (BULL. : FR.) FR. – Elfenbein-Schneckling: BK 3.111, CD 256, Dh 117, Gh 121, Kr 3.81, Lx 99, MJ 3Hygr.14

1 H jung und frisch durchgehend weiß, weißl oder sehr blass creme. Alt bisw vom H-Rand her wie die L rötl-ockerbraun verfärbend oder auch insgesamt ockergelbl werdend **2**

1* H nicht durchgehend weiß bis weißl. (Falls H sehr hell gelbl-ocker und S mit Schleimring: ►; falls H grauocker und L tiefer grau-ocker: ►), bisw H-Rand weiß oder weißl rund um intensiver gefärbtem H-Scheitel **7**

Hut jung und frisch durchgehend weiß (2–6)

2 H-Rand mit tief gelb verfärbenden Faserflöckchen und schließl leuchtend gelb verfärbt. S besonders an S-Spitze mit gelben Flöckchen oder Tröpfchen. H, S und L-Schneiden in KOH intensiv gelb. LaW, NaW mit Tanne
Goldzahn-Schneckling – *H. chrysodon* (BATSCH : FR.) FR.

2* Ohne intensiv gelbe Flöckchen oder Tröpfchen. KOH-Reaktion anders **3**

3 S jung und bei feuchtem Wetter deutl schleimig. Geruch auffallend, ± intensiv nach Weidenbohrer-Raupe („Cossus-Geruch"). LaW **4**

3* S auch jung und frisch nicht schleimig. Falls S etwas klebrig, dann im montanem NaW. Ohne Cossus-Geruch **6**

4 Unter Buche (*Fagus*). Frk wenigstens anfängl rein weiß, schneeweiß, später bisw gelbl verfärbend. Mit KOH entweder überall entschieden braun oder wenigstens an S-Basis rot, rotbraun **5**

4* Nicht unter Buche, vielmehr mit Birke, Eiche (oder Fichte). H und L jung nicht rein weiß. H mit ockerl Tönen, lederblass. L cremegelbl, bald fleichockerl. KOH in allen Teilen wenig intensive Reaktion zeigend, höchstens gelbl. Cossus-Geruch schwach ►

5 Frk rein weiß in allen Teilen, nur an der bisw zugespitzten S-Basis orangerötl überhaucht. L nicht verfärbend, rein weiß bleibend. KOH nur an S-Basis orange, sonst ohne lebhafte Reaktion. Getrocknet (Exs) rein weiß, alt gelbl-weiß
Elfenbein-Schneckling – *H. eburneus* (BULL. : FR.) FR.

5* Frk zunächst weiß, L jedoch bald creme und vom H-Rande her zunehmend braun. S-Basis nicht orange überhaucht. Mit KOH in allen Teilen des Frk braun. Getrocknet (Exs) insgesamt braun bis dunkelbraun
Verfärbender Schneckling – *H. discoxanthus* (FR.) REA

6 Im NaW und an NaB gebunden ►

6* Im LaW (besonders Eiche und Buche). H oft groß und dickfleischig, 4–10 cm. S 2–3 cm breit, an S-Basis oft auffallend zugespitzt und oft kürzer als H-Durchm. Frk jung kreiselfö (Falls H kleiner, S unter 2 cm breit, an S-Basis nicht auffallend zugespitzt, unter Buche: *H. fagi*) **Trockener Schneckling** – *H. penarius* FR.

Hut farbig, nicht weiß (7–19)

7 H mit wein- oder purpurrötl Farben, meist so auf weißem Grund gefleckt, zieml groß, 4–14 cm. L oft rosa bis weinrot fleckig, [Falls gänzl purpurbraun: **Weinroter Schneckling** – *H. capreolarius* (KALCHBR.) SACC.] **8**

7* H andersfarbig. Falls H stellenweise, z. B. am H-Scheitel rosa, dann L nicht rosafleckig, nicht gänzl purpurbaun **9**

8 Im NaW an NaB gebunden. L am S bogig herablaufend.
Geselliger Purpur-Schneckling – *H. erubescens* (FR. : FR.) FR. *agg.*

8* Im LaW an LaB (besonders Eiche) gebunden. L am S gerade bis ausgebuchtet angeheftet, seltener etwas breit oder schwach herblaufend
Geflecktblättriger Purpur-Schneckling – *H. russula* (SCHAEFF. : FR.) QUÉL.

9 H ± zweifarbig: H-Mitte dunkler oder anders gefärbt als die weißl oder deutl hellere H-Randzone. **10**

9* H weitgehend einfarbig, allenfalls äußerstes H-Rändchen heller **11**

10 Unter LaB (Buche, Hainbuche, Hasel etc.). H schleimig. H-Mitte fuchsig, gelbl, orangebräunl, S nicht schleimig. (Falls S schleimig und H mit graubrauner bis hornbrauner Mitte: **Graubrauner Schleimstiel-Schneckling** – *H. mesotephrus* BERK & BROOME) **Orangefalber Schneckling** – *H. unicolor* GRÖGER *agg.*

10* Unter NaB ▸

11 H mit grauen, graubraunen, olivbraunen bis dunkelbraunen Farben **12**

11* H mit gelben, braunen, cremerosa bis rosaorangen Farben **17**

– ***Hut grau, graubraun, olivbraun, dunkelbraun (12–16)***

12 S auf weißem Grunde graubraun genattert, oft mit olivfarbenem Ton, S-Spitze weiß abgesetzt. S schlank, nicht dicker als 0,6–1 cm, unter Fichte (Falls S dicker und Pilz nicht unter Fichte ▸). H braun mit (häufig) olivfarbenem Mischton
Natternstiel-Schneckling – *H. olivaceoalbus* (FR. FR.) FR.

12* S nicht genattert. **13**

13 Geruch aromatisch, nach Bittermandeln oder parfümierter Seife. H mit vorherrschenden Grautönen. S mit weißen oder gelbl Flöckchen, ohne Cortina. (Falls jung mit mit ringfö Zone von vorhandener Cortina. Geruch nach Hyazinthe oder Früchtebonbon: **Hyazinthen-Schneckling** – *H. hyacinthinus* QUÉL.). NaB (vorwiegend Fichte)
Wohlriechender Schneckling – *H. agathosmos* (FR.) FR.

13* Geruch anders oder fehlend **14**

14 S trocken, nicht schleimig-schmierig **15**

14* S (jung, bei feuchtem Wetter) schleimig-schmierig; trocknend klebrig **16**

15 S auf weißem Grunde fein bräunl bis schwärzl punktiert. Frk klein bis mittelgroß. H kahl oder ± filzschuppig. Sp 7–8,5 × 4–5,5 µm. [Falls S schwarzfaserig bis -flockig, H angedrückt faserschuppig, Sp 8,5–14 × 5,3–7,6: *H. tephroleucus* (Pers. : Fr.) Fr.]. NaW (an Fichte gebunden) **Pustel-Schneckling** – *H. pustulatus* (PERS. : FR.) FR.

15* S-Oberfläche glatt oder faserig, nicht punktiert. Frk groß und fleischig. H mit vorherrschend grauen bis schwärzl Tönen. L weißl bis grau. Im zeitigen Frühjahr, oft unter Tanne, fruchtend. (Falls H mit vorherrschend braunen Tönen und/oder im Herbst fruchtend ▸) **März-Schneckling** – *H. marzuolus* (FR. : FR.) BRES.

16 H in der Mitte dunkelbraun, am Rande olivocker. H-Fleisch unter der abgezogenen HDS lebhaft gelb. L creme bis gelb. S gelbl, fein längsfaserig-seidig, an der S-Basis amyloid. Unter Kiefer, oft spät im Jahr
Frost-Schneckling – *H. hypothejus* (FR. : FR.) FR.

16* Merkm verschieden ▸

– Hut gelb, braun, cremerosa, rosaorange (17–19)

17 H gelb oder orange (Falls H gänzl zitronengelb und unter Lärche: **Lärchen-Schneckling** – *H. lucorum* KALCHBR.) ▸

17* H braun, cremerosa oder rosaorange. **18**

18 H cremerosa oder rosaorange (Falls unter Tanne und Geruch aromatisch, Geschmack terpentinartig, S-Basis gelb werdend: **Tannen-Schneckling** – *H. abieticola* KRIEGLST ex GRÖGER & BRESINSKY) ▸

18* H mit braunen Farben **19**

19 S schleimig und mit schleimigem Velum. H schleimig, bis 4 cm, H-Rand ocker, H-Scheitel intensiver fuchsig braun. S blassbraun mit silbrigem Schein. Unter NaB
Braunscheibiger Schneckling – *H. discoideus* (PERS. FR.) FR.

Hymenochaete LÉV., Borstenscheibling – RiP (Bas, Agaricomycetes, Hymenochaetales, Hymenochaetaceae)
Frk resupinat bis effus-reflex, sitzend oder stielfö verschmälert, membranös, krustenfö oder lederig bis hart. Hymenium glatt bis höckerig, rot bis braun, mit braunen, dickwandigen Seten. Monomitisch. Hyphen ohne Schnallen. Sp hyalin, dünnwandig, glatt, inamyloid. 7 Arten. Lignicol. – **Lit**: **9**: 322, **12**: 272
T: *H. rubiginosa* (DICKS. : FR.) LÉV. – Umberbrauner Borstenscheibling: BK 2.296, BL 311, Ja 126, Kr 1.213, Lx 519, MJ 5Hym1, Ph 235.

1 Frk rot, resupinat, auf Tanne Sp 6–8 × 2–3 µm
Blutroter Borstenscheibling – *H. cruenta* (PERS. : FR.) DONK

1* Frk zimtfarben bis braun. **2**

2 Frk resupinat **3**

2* Frk effus-reflex bis flachhütig, H oft dachziegelig übereinander **4**

3 Frk (Hymenium) zimtfarben, Trama geschichtet. Sp hyalin, zylindrisch, 5–7 × 2–3 µm. LaH, seltener auch NaH
Zimtroter Borstenscheibling – *H. cinnamomea* (PERS. : FR.) BRES.

3* Frk (Hymenium) graubraun, ockerbraun, dunkelbraun. Trama nicht geschichtet. Sp weniger lang o d e r Frk auf NaH ▸

4 Frk starr, hart, die Oberseite dunkel, das Hymenium braun mit rostbraunem Rand. Sp 4–6,5 × 2,5–3,5 µm. LaH (meist Eiche und Edelkastanie)
Umberbrauner Borstenscheibling – *H. rubiginosa* (DICKS. : FR.) LÉV.

4* Frk lederig, oberseits braun, unterseits (Hymenium) graubraun mit gelbl bis gelborangem Rand.. Sp 4,5–7 × 1,5–2,5 µm. LaH (Weide, Hasel), selten an NaH
Tabakbrauner Borstenscheibling – *H. tabacina* (SOWERBY : FR.) LÉV.

Hymenogaster VITTAD., Erdnuss – Hyp (Bas, Agaricomycetes, Agaricales, Hymenogastraceae)
Frk annähernd kugelig, nierenfö, birnfö, knollig, ohne Rhizoiden, außen weiß, gelb, braun oder schwärzl, mit meist sich nicht von der Gleba ablösender Peridie. Innen (Gleba) ohne Columella, labyrinthisch gekammert oder hohl, auch ganz mit Sp gefüllt. Sp gelb bis braun, ellipsoid bis spindelfö, oft an den Enden verlängert, am oberen Ende durch eine Papille,

am unteren Ende durch Sterigmenrest, glatt oder warzig, Sp-Wand zweischichtig, außen oft als locker anliegende Außenhülle (Perispor). Über 30 Arten. Terricol, LaW, NaW. Wohl EktM. – **Lit**: **9**: 316, **12**: 520

T: *H. citrinus* VITTAD. – Zitronengelbe Erdnuss: MS 468

1 Sp glatt, ohne beständige äußere Hülle (also ohne Perispor) ▸
1* Sp ornamentiert, mit beständiger, ± loser Umhüllung (mit Perispor) **2**
2 Sp im Mittel 17–18 µm lang (10–20 reife Sp messen) ▸
2* Sp im Mittel länger als 18 µm **3**
3 Sp sehr lang, im Mittel 24–33 µm [falls 35–50 µm: *H. calosporus* Tul. & C. Tul.], an einem Sp-Ende mit vorgezogener Papille, am anderen Sp-Ende mit Sterigmenrest. Frk außen zunächst gelbl [falls weißl bis olivfarben: *H. olivaceus* VITTAD.]. LaW, NaW
Zitronengelbe Erdnuss – *H. citrinus* VITTAD.
3* Sp im Mittel kürzer als 24–33 µm, Sterigmenrest und Papille an Sp-Enden nicht sichtbar ▸

Hymenopellis siehe *Xerula*

Hymenoscyphus GRAY, Kleinbecherling – inop. Disc (Asc, Leotiomycetes, Helotiales, Helotiaceae)

Frk sitzend oder gestielt, becherfö, scheibenfö, kissenfö, 0,5–4 mm breit, weichfleischig, weiß, gelb, ockerl, grau, braun, rosa oder rot. Asci zylindrisch bis keulig, 8-sporig, selten auch nur 2-sporig, mit amyloidem Porus. Paraphysen zylindrisch. Asc-Sp ellipsoid, zylindrisch, keulig oder spindelfö, nicht oder 1-fach septiert, hyalin, glatt. Über 30 Arten. Saprotroph auf Holz, krautigen Sprossachsen, Moosen, Zapfen, Früchten, Cupulae; auch parasitisch in Eschentrieben. – **Lit: 5**: 135, **10**: 152

T: *H. fructigenus* (BULL.) GRAY – **Fruchtschalen-Kleinbecherling**: BK 185, De 20M, Ct 1261. Abgebildet auch *H. fraxineus* (T. KOWALSKI) BARAL, QUELOZ & HOSOYA: JK 189

1 Auf Früchten oder Fruchtbechern (Cupulae) von Buche (*Fagus*), Eiche (*Quercus*), Hasel (*Corylus*), Erle (*Alnus*), *Prunus*, Ahorn *(Acer)*
Fruchtschalen-Kleinbecherling – *H. fructigenus* (BULL.) GRAY
1* Auf anderen Substraten **2**
2 Auf Fruchtständen (♀ Kätzchen) von Erle (*Alnus*)
Erlen-Kleinbecherling – *H. alniellus* (NYL.) KUNTZE
2* Auf anderen Substraten **3**
3 Auf Holz oder Zapfen von NaB ▸
3* Auf anderen Substraten **4**
4 Auf Holz von LaB [Falls parasitisch in Trieben und Frk auf Sprossstücken von Esche: *H. fraxineus* (T. KOWALSKI) BARAL & al.] ▸
4* Auf anderen Substraten **5**
5 An abgestorbenen Sprossachsen von Schachtelhalm (*Equisetum*). Sp an einem Ende zugespitzt, 1-fach septiert, 9,5–13 × 2,5–3,5 µm [*H. rhodoleucus* (FR. : FR.) W. PHILLIPS] **Schachtelhalm-Kleinbecherling** – *H. equisetinus* (VELEN.) DENNIS
5* Auf anderen Substraten **6**

6 Auf abgestorbenen Sprossachsen von Farnen und Kräutern. **7**
6* Auf anderen Substraten ▸
7 Sp 19–27 × 3–4,5 µm [Sp 16–24 × 2,5–3 µm, nicht septiert, spindelfö, nicht bewimpert: *H. pileatus* (P. KARST.) KUNTZE]
Schildförmiger Kleinbecherling – *H. scutula* (PERS. : FR.) W. PHILLIPS
7* Sp kürzer als 17 µm **8**
8 Auf Monokotylen ▸
8* Auf Dikotylen **9**
9 Sp 4–8 µm lang; falls Sp länger, dann Frk auf Sprossachsen von *Rubus* ▸
9* Sp länger und Frk nicht auf *Rubus* **10**
10 Sp 10,5–16 × 2–3 µm, zylindrisch bis spindelfö, leicht gebogen oder unsymmetrisch, reif 1-fach septiert. Frk kurz gestielt, weißl, cremefarben bis blass gelb, scheibenfö. Krautige Sprossachsen, besonders auf *Urtica*
Kraut-Kleinbecherling – *H. herbarum* (PERS. : FR.) DENNIS
10* Sp 7–11 × 1,5–3 µm, ellipsoid bis spindelfö, leicht gebogen nicht oder 1-fach septiert. Frk gestielt, weißl bis gelb, becherfö bis scheibenfö. Krautige Sprossachsen
H. repandus (W. PHILLIPS) DENNIS

Hymenostilbe siehe *Cordyceps*

Hyphoderma WALLR., Rindenpilz – RiP/StaP (Bas, Agaricomycetes, Polyporales, Meruliaceae)
Frk resupinat, membranös, glatt oder warzig, mit Zähnchen oder Stacheln. Monomitisch. Hyphen hyalin, meist mit Schnallen. Zystiden meist vorhanden. Sp hyalin, dünnwandig, glatt, inamyloid. 20 Arten. Lignicol. – **Lit**: **9**: 198, **12**: 183
T: *H. spiculosum* WALLR. [= *H. setigerum* (FR.) DONK] – Feinborstiger Rindenpilz: BK 2.129, Ct 2488, Kr 1.226

1 Ohne Schnallen (so *H. capitatum* J. ERIKSS. & HJORTST.) und/oder ohne Zystiden [höchstens mit Hyphidien; falls auch ohne Hyphidien und ohne kleine fast kugelfö stachelige Zellen: **Cremeweißer Rindenpilz** – *H. cremeoalbum* (HÖHN. & LITSCH.) JÜLICH] ▸
1* Mit Schnallen und mit Zystiden **2**
2 Zystiden septiert, dadurch mehrzellig, mit Schnallen an den Septen
Feinborstiger Rindenpilz – *H. setigerum* (FR.) DONK
2* Zystiden nicht septiert, einzellig **3**
3 Zystiden dickwandig und stark inkrustiert **4**
3* Zystiden dünnwandig, falls etwas dickwandig, dann am oberen Ende etwas abgerundet **6**
4 Neben dickwandigen Zystiden auch dünnwandige vorhanden. **5**
4* Zystiden ausschließlich dickwandig ▸
5 Sp 7–11 × 3,5–5,5 µm, zylindrisch bis schmal ellipsoid
Flaumiger Rindenpilz – *H. puberum* (FR. : FR.) WALLR.
5* Sp 12–16 × 3–4,5 µm, zylindrisch bis gebogen
Veränderlicher Rindenpilz – *H. mutatum* (PECK) DONK

6 Mit stachelfö oder zähnchenfö Hymenophor. Zystiden 35–60 × 5–7 µm, mit mehreren Einschnürungen (falls dabei Hymenium glatt: *H. litschaueri*). Sp zylindrisch, gebogen, 7–11 × 2,3–3 µm. LaH, selten NaH
siehe Reibeisen-Rindenpilz – *Schizopora. radula* (PERS. : FR.) HALLENB.

6* Zystiden nicht eingeschnürt. Hymenium glatt oder auch mit Zähnchen, Stacheln. . . **7**

7 Mit kopfigen Zystiden und zugleich mit kleinen inkrustierten Hyphidien oder die Zystiden an der Basis nur 3–5 µm breit ▸

7* Falls mit kopfigen Zystiden, dann zusammen mit anderen Zystiden. Inkrustierte Hyphidien fehlend. Zystiden an der Basis 6–14 µm breit **8**

8 Hymenium mit 1–2 mm langen Stacheln. Echinozysten (subglobose Zellen mit Stacheln) vorhanden, etwa 10 µm im Durchm. LaH.
Stachelzystiden-Rindenpilz – *H. echinocystis* J. ERIKSS. & Å. STRID.

8* Echinozysten fehlend **9**

9 Sp bis 10 µm lang und bis 3 µm breit ▸

9* Sp länger als 10 µm oder aber breiter als 3 µm. **10**

10 Zystiden basal am breitesten, entweder schmal und spitz zulaufend (subulat) oder schmal flaschenfö **11**

10* Zystiden ± zylindrisch. **13**

11 Sp 7–9(–10) × 2,5–3,5(–4) µm. [Falls Sp nur bis 7 µm lang: *H. deviatum* (LUNDELL) PARM.]. Meist NaH, seltener auf LaH. Frk glatt, weiß bis ocker
Blasser Rindenpilz – *H. pallidum* (BRES.) DONK

11* Sp 4–5 µm breit. **12**

12 Zystiden 100–200 × 10–20 µm, schmal flaschenfö. Frk glatt, weiß bis ocker. Sp 6–9 × 4–5 µm. LaH, NaH **Tonfarbener Rindenpilz** – *H. argillaceum* (BRES.) DONK

12* Zystiden 50–100 µm lang, apikal ohne braune amorphe Masse (Falls mit brauner, amorpher Masse und auf NaH: *H. tsugae*).. Frk glatt, weiß bis ocker. Sp 8–11 × 4–5 µm. LaH, NaH
Dünnfleischiger Rindenpilz – *H. praetermissum* (P. KARST.) J. ERIKSS. & Å. STRID

13 Auf NaH. Frk glatt, creme bis ocker. Sp zylindrisch bis etwas gebogen 13–15 × 4,5–5,5 µm **Zweideutiger Rindenpilz** – *H. occidentale* (P.D. ROGERS) BOIDIN & GILLES

13* Merkm verschieden: auf LaH, oder Sp 3–4 µm breit, oder Sp 5–7 µm breit, oder Sp nur 7–8,5 µm lang **14**

14 Auf NaH und Sp-Maße im Rahmen der unter 13* angegebenen Größen ▸

14* Auf LaH (selten auch auf NaH). Frk glatt, creme bis ocker, oft mit rosa Flecken.. Sp zylindrisch 9–12 × 3–4 µm [Falls Sp 8–11 × 4–5 µm, zylindrisch bis etwas gebogen: *H. medioburiense* (BURT) DONK]
Rosafleckiger Rindenpilz – *H. roseocremeum* (BRES.) DONK

Hyphodermella J. ERIKSS. & RYVARDEN, Stielbasidienrindenpilz – RiP (Bas, Agaricomycetes, Polyporales, Phanerochaetaceae)
Frk resupinat, membranös, oberseits mit Zähnchen, ohne Rhizomorphen. Monomitisch. Hyphen hyalin, ohne Schnallen. Zystiden fehlend. Sp hyalin, dünnwandig, glatt, inamyloid. Lignicol, LaH, NaH. – **Lit**: **9**: 202, **12**: 189

1 Art = T: *H. corrugata* (FR.) J. ERIKSS. & RYVARDEN – **Höckeriger Stielbasidienrindenpilz**: BK 2.131, Ct 2826

Hyphodermopsis JÜLICH, Flockenrindenpilz – RiP (Bas, Agaricomycetes, Polyporales, Meruliaceae)
Frk resupinat, membranös, glatt. Monomitisch. Hyphen hyalin, mit Schnallen. Zystiden 100–200 × 6–10 µm, mit mehreren Querwänden und Schnallen, etwas dickwandig, glatt oder locker inkrustiert. Sp hyalin, etwas dickwandig, glatt, inamyloid. Lignicol, meist LaH. – Syn: Arten werden auch unter *Hypochnicium* oder *Gyrophanopsis* geführt. – **Lit**: **9**: 203 als *Hypochnicium p*., **12**: 190
1 Art = T: *H. polonensis* (BRES.) JÜLICH – **Polnischer Flockenrindenpilz**: BK 2.140

Hyphodontia J. ERIKSS., Zähnchenrindenpilz – RiP (Bas, Agaricomycetes, Hymenochaetales, Hymenochaetaceae)
Frk resupinat, membranös, oberseits glatt, warzig, mit Zähnchen oder mit Stacheln. Monomitisch. Hyphen hyalin, meist mit Schnallen. Zystiden vorhanden. Sp hyalin, dünnwandig, glatt, inamyloid. 20 Arten. Lignicol. – Syn: Die hierher gehörenden Arten wurden früher vielfach auch unter *Grandinia* geführt. *H. gossypina* (PARMASTO) HJORTSTAM siehe unter *Fibrodontia g.* Die verbreitete Art *Hyphodontia sambuci* (PERS.) J. ERIKSS. – Holunderrindenpilz vielfach auch unter *Lyomyces*, *Rogersella*: BK 2.139, Ct 2483, Kr. 1.240, Lx 491, MJ 5Hyphod2, Ph 240. – **Lit**: **9**: 209, **12**: 173 als *Grandinia* pr.p.
T: *H. pallidula* (BRES.) J. ERIKSS. – Blasser Zähnchenrindenpilz: BK 2.84

1 Auf Holunder (*Sambucus*). Frk glatt bis etwas warzig, weiß, alt bisw etwas gelbl Basidien 4-sporig. Hyphensepten mit Schnallen. Sp 4,5–7 × 3–4 µm.
Holunderrindenpilz – *H. sambuci* (PERS.) J. ERIKSS.
1* Merkm verschieden: nicht auf Holunder. **2**
2 Schnallen fehlend. Basidien 2-sporig ▸
2* Schnallen vorhanden. Basidien 4-sporig. **3**
3 Zystiden zylindrisch und dabei stark inkrustiert am abrupt verschmälerten Ende (= Lagenozystiden) **4**
3* Zystiden anders **5**
4 Frk oberseits mit Zähnchen, weiß, creme bis ocker. Dünnwandige Zystiden kopfig. Sp breit ellipsoid, 4,5–6 × 3,5–4 µm. LaH, seltener auch auf NaH
Spitzstachel-Zähnchenrindenpilz – *H. arguta* (FR. : FR.) J. ERIKSS.
4* Frk oberseits glatt bis warzig, hell-ocker. Dünnwandige Zystiden mit 2–3 kugeligen Anschwellungen. (Falls dünnwandige Zystiden lediglich eingeschnürt und Lagenozystiden selten siehe 15: *H. pallidula*). Sp ellipsoid, 4,5–5 × 3–3,5 µm. Meist NaH.
Ledergelber Zähnchenrindenpilz – *H. alutaria* (BURT.) J. ERIKSS.
5 Zystiden lang und schmal zylindrisch, etwas dickwandig, einzellig **6**
5* Zystiden anders: pfriemenfö, perlschnurartig, kopfig oder septiert, dünnwandig oder kaum dickwandig **10**
6 Sp allantoid bis zylindrisch gebogen. **7**
6* Sp anders: schmal ellipsoid, nicht gebogen oder fast kugelig **8**

7 Frk oberseits mit Zähnchen, creme bis ocker. Sp zylindrisch-gebogen, 5,5–7 × 1,5–1,8 µm. NaH
Flockiger Zähnchenrindenpilz – *H. floccosa* (BOURDOT & GALZIN) J. ERIKSS.

7* Frk oberseits glatt oder schwach warzig, creme bis ocker. Sp zylindrisch bis allantoid 6–8 × 1,5–2 µm. (Falls Sp breiter, etwas weniger lang, zylindrisch bis etwas gebogen: ►). Meist NaH
Langzystiden-Zähnchenrindenpilz – *H. subalutacea* (P. KARST.) J. ERIKSS.

8 Sp fast kugelig, 4,5–6 × 3,5–4,5 µm. Frk oberseits mit Zähnchen, ocker. Meist LaH
Bärtiger Zähnchenrindenpilz – *H. barba-jovis* (BULL. : FR.) J. ERIKSS.

8* Sp schmal ellipsoid **9**

9 Frk oberseits glatt ►

9* Frk oberseits mit Zähnchen, creme bis ocker. Sp 5–6 × 3–3,5 µm (Falls Sp kleiner 2,5–3,5 × 1,5–1,8 µm: ►). NaH
Tannen-Zähnchenrindenpilz – *H. abieticola* (BOURD. & GALZ.) J. ERIKSS.

10 Sp zylindrisch bis allantoid **11**

10* Sp ellipsoid bis fast kugelig **15**

11 Frk oberseits glatt bis kaum warzig. Neben perlschnurartigen Zystiden auch mit zugespitzen Zystiden. (Falls auch mit kopfigen Zystiden: ►). Sp hyalin, schmal ellipsoid, 5–6 × 2–2,5 µm. LaH und NaH
Spießzystiden-Zähnchenrindenpilz – *H. hastata* (LITSCH.) J. ERIKSS.

11* Frk oberseits warzig **12**

12 Sp 2–3 µm breit **13**

12* Sp 1–1,5(–2) µm breit ►

13 Zystiden im Bereich der Stacheln (Hymenium) pfriemenfö-schmal und spitz endend **14**

13* Zystiden im Bereich der Stacheln (Hymenium) zylindrisch bis etwas eingeschnürt oder kopfig. Sp 4–6,5 × 2–2,8 µm. LaH, NaH
Warziger-Zähnchenrindenpilz – *H. nespori* (BRES.) J. ERIKSS. & HJORTSTAM

14 Stacheln bis 1 mm lang. Sp 5–6,5 × 2,5–3 µm. Meist LaH
Krusten-Zähnchenrindenpilz – *H. crustosa* (PERS. : FR.) J. ERIKSS.

14* Stacheln 1–3 mm lang. Sp 6–7,5 × 2,5–3 µm. LaH
Eichen-Zähnchenrindenpilz – *H. quercina* (PERS. : FR.) J. ERIKSS.

15 Oberseits glatt. (Falls etwas warzig: ►). Zystiden septiert mit 2–5 Schnallen. (Falls Zystiden nicht septiert: ►). Sp 3,5–4,5(–5,5) × 2–2,5(–3) µm. Meist auf NaH
Blasser Zähnchenrindenpilz – *H. pallidula* (BRES.) J. ERIKSS

15* Oberseits stachelig. **16**

16 Stacheln seitl abgeplattet, zähnchenfö, 1(–2) mm lang. Sp 4,5–5,5 × 3,5–4 µm. Meist NaH **Spatel-Zähnchenrindenpilz** – *H. spathulata* (SCHRAD. : FR.) PARMASTO

16* Stacheln kegelfö bis abgerundet warzig, bis 0,5 mm lang. Ein Teil der Zystiden kopfig, der andere perlschnurartig. Sp 4–5 × 3–3,5 µm. Meist NaH. (Falls mit großen und zugleich kopfigen Zystiden, 50–80 × 7–10 µm o d e r falls an den Spitze der Stacheln mit pfriemfö Zystiden o d e r falls perlschnurartige Zystiden völlig fehlend: ►)
Kurzstachel-Zähnchenrindenpilz – *H. breviseta* (P. KARST.) J. ERIKSS.

Hypholoma (FR.) P. KUMM., Schwefelkopf – BläP (Bas, Agaricomycetes, Agaricales, Strophariaceae)
Frk klein bis mittelgroß, häufig büschelig an Holz mit gelben, ziegelrötl, gelbbraunen oder olivl Farben. Spp meist grau bis schwarzviolettl, seltener garubraun bis fast braun. Mit Chrysozystiden. Sp mit Keimporus. HDS mit Hypodermium (= Schicht unterhalb einer Lage aus gestreckten Elementen) aus kurzgliedrigen, breiten Elementen. 11 Arten. Meist lignicol, auch Streu, bryicol, terricol. – Syn: *H. subviride* = *H. fasciculare* var. *pusillum*. – Anm: *H. udum* jetzt auch zu *Bogbodia* REDHEAD. – **Lit**: **8**: 401, **11**: 329, **14**: 832
T: *H. fasciculare* (HUDS. : FR.) P. KUMM. – Grünblättriger Schwefelkopf: Dh 607, Ja 197, Lg 144E, 145[a], Lu 1.35.5A,B, Lx 319, MJ 3Hyph3, Ph 158.

1 Auf Holz, oft an oder neben Stümpfen, auch auf kleinen Holzstückchen auf oder im Boden, einzeln oder häufiger büschelig bis rasig **2**
1* Nicht in Verbindung mit Holz, vielmehr zwischen Moosen oder auf nacktem Boden **6**

In Verbindung mit Holz (2–5)

2 L jung gelb, schwefelgelb, grünl bis grünbraun. S schwefelgelb oder H ziegelrot . . **3**
2* L jung weißl, tonfalb, blassgelbl, grau, olivbraun etc., bisw mit olivgünl Beiton. Weder S schwefelgelb, noch H ziegelrot **4**
3 H 4–7 cm, grünl bis schwefelgelb, H-Scheitel ± fuchsig, oft gebuckelt. S und F schwefelgelb, S-Basis bräunend. Geschmack bitter. Büschelig. NaH, LaH (Falls H bis 3 cm, L extrem eng stehend und mit grün gesäumter Schneide, eher rasig als büschelig: *H. f.* var. *pusillum* J.E. LANGE)
Grünblättriger Schwefelkopf – *H. fasciculare* (HUDS. : FR.) P. KUMM
3* H 4–10 cm, fuchsig bis ziegelrötl, am H-Rand jung mit hellen Velumresten. S ± rostfarben. F fuchsig-blass, gegen S-basis rostfuchsig. Geschmack bitterl bis fast mild. LaH **Ziegelroter Schwefelkopf** – *H. lateritium* (SCHAEFF. : FR.) P. KUMM.
4 Geschmack völlig mild. L weißl, dann rauchgrau. In großen Büscheln auf NaH
Rauchblättriger Schwefelkopf – *H. capnoides* (FR. : FR.) P. KUMM.
4* Geschmack bitterlich bis bitter **5**
5 S schlank, 2–3 mm breit, auf rotbraunem Grunde stark weißfaserig, schließl weiß genattert. H gelbrot bis fuchsbräunl, der Rand vom weißen Velum behangen. Nicht büschelig, wohl aber gesellig und oft in großen Herden auf Stümpfen, Holzresten auf und im Boden.
Natternstieliger Schwefelkopf – *H. marginatum* (PERS. : FR.) J. SCHROET.
5* S dicker, 4–9 mm breit. S im morschem Holz wurzelnd, meist wenige Frk miteinander büschelig verbunden **Wurzelnder Schwefelkopf** – *H. radicosum* J.E. LANGE

Nicht in Verbindung mit Holz (6–8)

6 Zwischen Moosen fruchtend und mit diesen verbunden. **7**
6* Nicht an Moose gebunden, wenn zwischen ihnen fruchtend nicht oder kaum an ihnen haftend. Erdboden, Torf, faulendes Laub ▸
7 An Torfmoose (*Sphagnum*) gebunden. **8**
7* Nicht an Torfmoose gebunden ▸

8 H schleimig-schmierig, mit gelatinöser Deckschicht (Pellicula), olivgrünl, olivbraun, schließl auch gelb. Sp 14–16 × 8–9 µm
Klebriger Schwefelkopf – *H. (Phaeonematoloma) myosotis* (FR. : FR.) M. LANGE

8* H nicht schleimig, nicht oder kaum klebrig, ohne gelatinöse Deckschicht, hygrophan, durchwässerter H-R graugelb, sonst hellgelb, H-Scheitel ockerl; jung gänzl ockerl. Sp 10,5–13 × 5–7 µm **Torfmoos-Schwefelkopf** – *H. elongatum* (PERS. : FR.) RICKEN

Hypochnella J. SCHRÖT., Flaumrindenschwamm – RiP (Bas, Agaricomycetes, inc. sed.)
Frk resupinat, locker flaumig-samtig, ablösbar, glatt, frisch violett, trocken gelbbraun, mit weißl lockerem Subiculum. Spp frisch violett, trocken gelbbraun. Sp glatt, etwas dickwandig, 6–8 × 3–4,5 µm. LaH. – **Lit**: **9**: 121, **12**: 232
1 Art = T: *H. violacea* AUERSW. ex J. SCHRÖT. – **Violetter Flaumrindenschwamm**: BK 2.141

Hypochniciellum HJORTS. & RYVARDEN, Wattehaut – RiP (Bas, Agaricomycetes, Atheliales, Atheliaceae)
Frk häutchenfö bis dünn-membranös, ablösbar, meist glatt. Monomitisch. Hyphen hyalin, mit Schnallen. Mit oder ohne Zystiden. Sp glatt, hellgelbl, etwas dickwandig, inamyloid oder schwach amyloid, beim T 4–5 × 3–3,5 µm. 3 Arten. Lignicol, auch terricol und auf Blättern. – **Lit**: **9**: 290, **12**: 235.
T: *H. ovoideum* (JÜLICH) HJORTS. & RYVARDEN – **Ovalsporige Wattehaut**: BK 2.59, Ct 2836

Hypochnicium J. ERIKSS., Membranrindenpilz – RiP (Bas, Agaricomycetes, Polyporales, Meruliaceae)
Frk resupinat, membranös, oberseits glatt, warzig oder stachelig. Monomitisch. Hyphen hyalin, mit Schnallen. Zystiden oft vorhanden, dünnwandig oder als Gloeozystiden. Sp hyalin bis hell gelbl, etwas dickwandig, glatt oder etwas warzig, inamyloid. 8 Arten. Lignicol. – Syn: *H. cymosum* und *H. detriticum* als *Lagarobasidium*; *H. analogum* wird auch als *Gloeohypochnicium analogum* (BOURDOT & GALZIN) HJORTS. geführt. – *H. eichleri* = *H. albostramineum*. – **Lit**: **9**: 202, **12**: 178 als *Lagarobasidium*, 190
T: *H. bombycinum* (SOMMERF. : FR.) J. ERIKSS. – Seidiger Membranrindenpilz: BK 2.132, Ct 2827, Kr 1.243

1 Zystiden fehlend **2**
1* Zystiden vorhanden **3**
2 Sp 8–11 × 6–8 µm, breit ellipsoid bis etwas birnenfö, glatt. Meist LaH
Seidiger Membranrindenpilz – *H. bombycinum* (SOMMERF. : FR.) J. ERIKSS.
2* Sp kleiner und/oder ± kugelig ►
3 Sp glatt, ellipsoid, 6–7,5(–9) × 4–4,5(–5) µm. [Falls Sp kugelig bis fast kugelig: ►. – Falls Zystiden mit Querwänden und mit Schnallen: *H. polonense* (BRES.) A. STRID]. LaH, NaH **Glattsporiger Membranrindenpilz** – *H. geogenium* (BRES.) J. ERIKSS.
3* Sp rau oder warzig **4**
4 Gloeozystiden fehlend **5**

4* Gloeozystiden (Zystiden mit Öltropfen) vorhanden – LaH
Gloeozystiden-Membranrindenpilz – *H. analogum* (BOURDOT & GALZIN) J. ERIKSS.
5 Sp 5,5–7,5 × 4,5–5 µm. Meist NaH
Punktiertsporiger Membranrindenpilz – *H. punctulatum* (COOKE) J. ERIKSS.
5* Sp 8–10(–12) × 6–7(–9) µm. Meist LaH
Strohweißer Membranrindenpilz – *H. albostramineum* (BRES.) HALLENB.

Hypochnopsis P. KARST. – RiP (Bas, Agaricomycetes, Thelephorales, Thelephoraceae)
Frk resupinat, mit locker flockig-samtiger Oberfläche (hypochnoid), die glatt bis fein warzig, schwefelgelb, gelbl-grün oder oliv ist. Monomitisch. Hyphen hyalin, mit Schnallen. Zystiden fehlend. Sp gelbl, etwas dickwandig, glatt, ein Teil der Sp amyloid, in KOH violett. LaH, NaH. – Syn: Jetzt meist unter *Amaurodon* (s.d.). – **Lit**: **9**: 299 als *Amaurodon m.*, **12**: 144
T: ? *H. mustialaenis* (P. KARST.) P. KARST.

Hypocopra (FR.) J. KICKX f. – Pyr (Asc, Sordariomycetes, Xylariales, Xylariaceae)
Stromata unscheinbar, sitzend, scheibenfö oder kuppelfö bis schildfö, mit einem oder mehreren Perithecien. Asci zylindrisch, mit zylindrischem amyloidem oder dextrinoidem Apikalapparat. Asc-Sp einreihig, ellipsoid bis spindelfö. bräunl-schwarz, gelatinös ummantelt und mit längl Keimspalte beim T 27–35 × 16–20 µm. Über 15 Arten auf Dung von Herbivoren (Schafen, Hasen, Kaninchen etc.). – **Lit: 5**: 314, **10**: 240
T: *H. merdaria* (FR.) J. KICKX f.: De 39B

Hypocrea FR., Krustenkugelpiz – Pyr (Asc, Sordariomycetes, Hypocreales, Hypocreaceae)
Stroma fleischig bis spinnwebartig, mit eingesenkten Perithecien, gelb, orange, bräunl. Sp schon im Ascus sich jeweils in zwei Teil-Sp spaltend, hyalin bis grünl, fast glatt bis stachelig. Mehr als 15 Arten. Auf Pilzen (Porlinge), Erde, Streu, morschem Holz. – **Lit: 5**: 261, **10**: 218
T: *H. rufa* (PERS. : FR.) FR. – Scheiben-Krustenkugelpilz: BK 1.319, Ct 2988, De 30N

1 Streng an Porlingsfruchtkörper gebunden [Falls auf *Piptoporus* und *Fomitopsis,* Stroma blass zitronenfarben, Teil-Sp 3,5–5,5 × 2,5–3,5 µm: *H. pulvinata* FUCKEL. – Falls auf *Tyromyces* s. l., Stroma blass orange bis bräunl, Teil-Sp teils fast kugelig, 3–3,5 × 2–2,5 µm: *H. pallida* ELLIS & EVERHART] ▸
1* Nicht streng an Pilzfruchtkörper gebunden, auf oder nahe morschem Holz, Erde. . . **2**
2 Stroma blass zitronenfarben bis dunkelbraun. Sp hyalin **3**
2* Stroma weißl bis cremefarben, o d e r dunkel oliv bis schwarz o d e r Sp grünl bis oliv ▸
3 Stroma ausgebreitet-flach, auf Erdboden rund um Stümpfe, zitronenfarben oder eher stumpf ockergelb, einem Rindenpilz gleichend. Teil-Sp 4–6,5 × 3–4,5 µm, ornamentiert, obere und untere Teil-Sp verschieden groß
Gelblicher Krustenkugelpilz – *H. citrina* (PERS. : FR.) FR.
3* Stroma kissenfö bis abgeflacht, rötl-braun, oft mit weißl Rand. Obere Teil-Sp stachelig und von unterschiedl Form, die obere kugelig, 4–5,5 × 4–5 µm, die untere eher zylin-

drisch, 4,5–7 × 3,5–4,5 µm. LaH
Scheiben-Krustenkugelpilz – *H. rufa* (PERS. : FR.) FR.

Hypocreopsis P. KARST., Scheinflechte – Pyr (Asc, Sordariomycetes, Hypocreales, Hypocreaceae)
Stroma auf 2–10 cm sich erstreckend, am Rand mit annähernd radial ausgerichteten, fingerartigen Wülsten oder Lappen, dadurch habituell einer Flechte ähnelnd, gelbbraun bis ockerl, fest, zunächst Konidien bildend, später rötl-braun, von den eingesenkten Perithecien wie punktiert. Sp hyalin, im Ascus einreihig angeordnet, ellipsoid, zweizellig, am Septum nicht eingeschnürt, 16–25 × 6–9 µm. Lignicol auf abgestorbenen Ästen von *Salix*, *Corylus*, parasitisch auf *Hymenochaete tabacina*. – **Lit: 5**: 263, **10**: 220
1 Art = T: *H. lichenoides* (TODE : FR.) SEAVER – **Weiden-Scheinflechte**: De 31A, Ja 27, Lx 627, RH 668

Hypomyces (FR.) TUL. & C. TUL., Goldschimmel – Pyr (Asc, Sordariomycetes, Hypocreales, Hypocreaceae, Anamorphe)
Parasiten auf anderen Pilzen (meist Röhrlinge oder Blätterpilze), aber auch auf dem Erdboden oder auf verrottetem Holz. Perithecien sind eingesenkt in krustenartige Stromata. Vielfach auch nur in der Nebenfruchtform entwickelt als zunächst weiße, dann goldgelbe schimmelartige Überzüge („Goldschimmel" = *Sepedonium*). – Anm: Die Bezeichnung „Goldschimmel" hier im erweiterten Sinn auch angewendet auf Arten ohne goldfarbene Schimmel-Phase. – **Lit: 5**: 266, **10**: 220, HELFER 1991
T: *H. lactifluorum* (SCHWEIN.) TUL. & C. TUL. Bei uns die ähnl Art *H. lateritius* (FR. : FR.) TUL. & C. TUL. – Reizker-Goldschimmel und häufiger *H. chrysospermus* TUL. & C. TUL. – Echter Goldschimmel: De 35A als *Apiocrea c.*

1 Auf Röhrlingen und Röhrlingsverwandten (Boletales: u. a. *Boletus, Paxillus*, *Hygrophoropsis*, *Rhizopogon*), oft schimmelartig **2**
1* Auf anderen Pilzen oder auf dem Erdboden, auf Streu, morschem Holz, meist krustenartig **3**
2 Vom Schimmel gebildete Aleurio-Sp (= dickwandige asexuell gebildete Sp, die endständig an Hyphen entstehen) schmal eifö oder längl, 18–27 × 7–10 µm, warzig, Asco-Sp × 5–7 µm **Tulasnes Goldschimmel** – *H. tulasneanus* PLOWR.
2* Vom Schimmel gebildete Aleurio-Sp kugelig, warzig, gelb. Asco-Sp 20–25(–30) × 4–5(–6) µm. [Falls Asco-Sp (8–)10–15 × (2,5–)3–4 µm: *H. microspermus* ROGERSON & SAMUELS] **Echter Goldschimmel** – *H. chrysospermus* TUL. & C. TUL.
3 Auf Täublingen und Milchlingen (Russulales: *Russula*, *Lactarius*). **4**
3* Auf anderen Pilz-Wirten oder auf Erdboden, Streu, Holz. [Falls Stroma bzw. Subiculum lebhaft orange und auf Porlingen: *H. aurantius* (PERS. : FR.) TUL. & C. TUL. – Falls Stroma bzw. Subiculum purpurl: *H. rosellus* (ALB. & SCHWEIN. : FR.) TUL. & C. TUL.] ▸
4 Krustenfö Überzug (Stroma) mit grünl Tönen: gelbgrün, olivgrün. Auf *Russula*
Täublings-Goldschimmel – *H. viridis* (ALB. & SCHWEIN.) P. KARST.

4* Krustenfö Überzug (Stroma) ohne grünl Töne: weiß, zitronengelb, braun, orangebraun. Auf *Lactarius deliciosus* agg. und anderen Arten der Gattung, aber nicht auf *L. torminosus*. [Falls auf *Lactarius torminosus* agg. und Stroma creme- bis zimtfarben: *H. spadiceus* (FR. ex TH. FR.)]
Reizker-Goldschimmel – *H. lateritius* (FR. : FR.) TUL. & C. TUL.

Hypoxylon BULL. : FR., Kohlenbeere – Pyr (Asc, Sordariomycetes, Xylariales, Xylariaceae)
Frk ein konvexes, abgeflachtes, kissenfö oder halbkugeliges, enger abgegrenztes oder weit ausgebreitetes Stroma, das die Rinde des Substrats (Äste) durchbricht, falls diese nicht ohnehin bereits entrindet sind. Stroma nicht (konzentrisch) gezont, außen rot, braun, schwarz. Perithecien in einer einzigen, peripheren Schicht in des Stroma eingesenkt. Asci zylindrisch, meist mit amyloidem Apikalapparat. Sp im zylindrischen Ascus (bisw. schräg) einreihig, spindelfö, (assymmetrisch) ellipsoid, breit ellipsoid, hell- bis dunkelbraun, meist mit längs verlaufender Keimspalte. Etwa 10 Arten, Lignicol, LaH. – Anm: *H. cohaerens*, *multiforme* jetzt auch zu *Jackrogersella* L. WENDT, KUHNERT & M. STADLER; *H. udum* siehe *Euepixylon* FÜISTING. – **Lit: 5**: 315, **10**: 241
T: *H. coccineum* BULL. = *H. fragiforme* (SCOP. : FR.) KICKX – Rötliche Kohlenbeere: BK 1.338, CD 4, Ct 1231, De 36A, Ge 540, Gh 657, Ja 17a, Lx 633, Ph 280, RH 670

1 Stromata kugelig-höckerig, zunächst lebhaft ziegelrot, später dunkel braunrot, innen schwarzbraun. Mündung der Perithecien eher nabelartig. Sp 11–15 × (4–)5–6(–8) µm. Auf Ästen von *Fagus* **Rötliche Kohlenbeere** – *H. fragiforme* (SCOP. : FR.) KICKX
1* Merkm und oft auch Substrat verschieden. Mündung der Perithecien papillenartig vorgewölbt oder nabelartig **2**
2 Mündung der Perithecien papillenartig vorgewölbt **3**
2* Mündung der Perithecien nabelartig **4**
3 Vornehml auf *Alnus* und *Betula*. Stromata rostrot, rötl-braun, schließl schwarz, kissenfö-längl Sp 8–12 × 3,5–6 µm
Vielgestaltige Kohlenbeere – *H. multiforme* (FR. : FR.) FR.
3* Auf *Fagus*, Stromata blassbraun, dann dunkelbraun, schließlich purpurschwarz, oft zusammenfließend-ausgebreitet, Sp 9–12 × 4–5 µm
Zusammengedrängte Kohlenbeere – *H. cohaerens* (PERS. : FR.) FR.
4 Stromata meist flächig, seltener kissenfö [Falls Stroma rostrot, hellrot, dunkel purpurlrot, oft auf *Fagus* oder *Fraxinus*: *H. rubiginosum* (Pers. : Fr.) Fr.] ▸
4* Stromata (annähernd) kugelig bis kissenfö [Falls auf *Alnus*, *Betula* oder *Corylus*, Stromata eher kissenfö: **Rotbraune Kohlenbeere** – *H. fuscum* (PERS. : FR.) FR.] ▸

Hypsizygus SINGER, Ulmenrasling – BläP (Bas, Agaricomycetes, Agaricales, Tricholomataceae)
Frk seitlingsartig, d. h. mit exzentrischem S an Holz, groß, fleischig. Spp weiß. Sp kugelig, 3–5 µm. Basidien nicht oder nur schwach siderophil. 1(–2) Arten. Lignicol, LaH. – **Lit: 7**: 298, **11**: 118, **14**: 497
T: *H. tessulatus* (BULL. : FR.) SINGER [= *H. ulmarius* (BULL. : FR.) REDHEAD] – **Ulmenrasling**: BL 167, CD 471, HK 3.234, Kr 3.277, Lg 64C, Lu 1.44.1, Lx 167, MJ 3Hyps1, RH 298

Hysterangium VITTAD. Schwanztrüffel – Hyp (Bas, Agaricomycetes, Hysterangiales, Hysterangiaceae)
Frk kugelig, 1–4(–13) cm, weißl, seltener auch grau, mit deutl Mycelfilz, Innen mit einfacher oder verzweigter, gelatinöser Columella. Sp zylindrisch, ellipsoid oder spindelfö, hyalin bis hell bräunl, meist glatt, oft mit abgesetzer äußerer Hülle (Perispor), an einem Ende mit meist zweispitzigem Anhängsel. Über 15 Arten. Terricol. LaW, NaW. – **Lit**: **9**: 176, **12**: 534
T: *H. clathroides* VITTAD. – Stinkende Schwanztrüffel: Ct 2892, MS 553

1 Peridie mit geschwollenen kugeligen bis blasenfö Zellen und fein gekammert erscheinend ▸
1* Peridie mit gestreckten Hyphen (hyphig-faserig) 2
2 Sp im Mittel weniger als 15 µm lang ▸
2* Sp im Mittel länger als 15 µm 3
3 Frk im Inneren (Gleba) zunächst grau-rosal, dann ziegelrot bis kakaobraun **Rotfleischige Schwanztrüffel** – *H. pompholyx* TUL. & C. TUL.
3* Frk im Inneren (Gleba) grau-grün, olivfarben, bläul-grün, dunkelgrün, außen nicht mit auffälligem Mycelmantel. Sp im Mittel 16–20 µm lang [Falls Sp im Mittel 12–15 µm und Frk außen in flockigem Mycelmantel: *H.calcareum* R. HESSE] **Stinkende Schwanztrüffel** – *H. clathroides* VITTAD.

Flechten, Gattungen H

Haematomma A. MASSAL. – Fle (Asc, Lecanoromycetes, Lecanorales, Haematommaceae)
Lager krustig, mit (oder ohne) Soredien, weiß, cremefarben, grau, blassgrünl. Apothecien sitzend bis eingesenkt, innen (die Scheibe) ± rot. Lagerrand ± vorhanden. Sp mit 3–25 Quersepten, spindelfö, fast nadelfö, im Ascus schraubig angeordnet. Photobiont: ähnl *Trebouxia*. Ba-Rinde. Silikatfelsen. 2 Arten. – **Lit**: **24:** 88, 95, **415–417**; **25:** 104, 106, 117, 123, **513–515**
T: *H. vulgare* A. MASSAL.: abgebildet *H. porphyrium* (PERS.) ZOPF – **Hellgraue Blutaugenflechte**: Wi 416, FleD 514

„Haematomma“
1 Auf Silikatgestein 2
1* Auf Rinde 3
2 Lager nicht sorediös, gelbl, gelbl-grau, gelbl-grün ***Ophioparma*** (pr.p.)
2* Lager mehlig bis körnig-sorediös. Lager weißl, hell graugrün, gelbl ***Haematomma*** (*ochroleucum, porphyrium)*
3 Lager K+ intensiv gelb bis orange. (Falls Lager bis zum Rand sorediös und ohne Apothecien: *Lepraria umbricola)* ***Loxospora*** (pr.p.)
3* Lager K+ hell gelbl; Lager weißl, blass grüngrau, gelbl, hell grüngelb. 4
4 Sp 1-zellig ***Lecanora*** (pr.p.)
4* Sp 4–8-zellig ***Haematomma*** (*ochroleucum, porphyrium*)

Halecania M. MAYRHOFER – Fle (Asc, Lecanoromycetes, Leprocaulales, Leprocaulaceae)
Lager krustig, glatt, rissig areoliert, körnig oder warzig, weißl, grünl, grünl-braun, braungrau. Apothecien sitzend, mit Lagerrand, Sp 2-zellig, ellipsoid, farblos, mit Schleimhülle. Photobiont: coccoide Grünalge. Erde, Moose, Pflanzenreste, LaB-Rinde. 2 Arten. – **Lit: 25:** 125, 550, 552 unter *Lecania*, **515–516**
T: ? *H. alpivaga* (TH. FR.) M. MAYRHOFER – **Blassrandflechte** (Gattung)

Harpidium KÖRB. – Fle (Asc, Lichinomycetes, Lichinales, Harpidiaceae)
Im Gebiet ungenügend studierte Gattung. Photobiont: Cyanobakterium („Blaualge"). – In **24** und in **25** nicht behandelt.
1 Art = T: *H. rutilans* KÖRB.

Helocarpon TH. FR. – Fle (Asc, Lecanoromycetes, Lecideales, Helocarpaceae)
Lager krustig, glatt bis rissig areoliert, auch körnig, weißl, hellgrau, graubraun. Apothecien mit verengter Basis bis kurz gestielt, schwarz, weniger als 1 mm. Sp 1(–2)-zellig, spindelfö bis ellipsoid. Photobiont: coccoide Grünalge. Auf Moosen und Resten sonstiger Pflanzen. 1 Art. – **Lit: 25:** 744 unter *Micarea*, **516**
T: *H. crassipes* TH. FR. = *H. pulverulum* (TH. FR.) HAFELLNER – **Staubige Kreiselflechte**

Henrica B. DE LESD. – Fle (Asc, Eurotiomycetes, Verrucariales, Verrucariaceae)
Lager krustig, glatt bis warzig, auch rissig areoliert, bisw innerhalb des Substrats, randl bisw angedeutet schuppig, weiß, hellgrau, beige, bisw bereift. Sorale und Isidien fehlend, Perithecien sitzend bis halb eingesenkt, bis zu 1 mm. Sp ellipsoid, mauerfö geteilt mit 5–6 Quersepten, 1–5 Längssepten, reif braun. Photobiont: ähnl *Trebouxia*. Gestein, im Gebiet 1 Art. – **Lit: 25:** 907 unter *Polyblastia*, **516–517**
T: *H. ramulosa* DE LESD. – **Mauersporflechte** (Name für die Gattung)

Heppia NÄGELI – Fle (Asc, Lichinomycetes, Lichinales, Lichinaceae)
Lager schuppig bis körnig, die Lappen mit Hyphen am Substrat haftend. Apothecien gelb bis rotbraun, ins Lager eingesenkt. Photobiont: Cyanobakterium („Blaualge") ähnl *Scytonema*. Auf kalkreicher Feinerde, Lehm- und Lössböden. 2 Arten. – **Lit: 24:** 79, **417–418; 25:** 89, **517–518**
T: *H. adglutinata* (KREMP.) A. MASSAL. – **Anliegende Erdaugenflechte**

Hertelidea PRINTZEN & KANTVILAS – Fle (Asc, Lecanoromycetes, Lecanorales, Stereocaulaceae)
Lager krustig, glatt, körnig bis kleinschuppig. Apothecien mit verengter Basis sitzend, oft auch in Gruppen, dunkelbraun bis schwarz. Sp 1-(bis 2-)zellig, ellipsoid, ohne Schleimhülle. Photobiont: coccoide Grünalge. Holz und Borke von NaB (Kiefer). Im Gebiet 1 Art (T). – **Lit: 25:** 626 unter *Lecidea*, **518–519**
T: *H. botryosa* (FR.) PRINTZEN & KANTVILAS – **Trauben-Schwarznapfflechte**

Heterodermia TREVIS. – Fle (Asc, Lecanoromycetes, Caliciales, Physciaceae)
Lager rosettenfö-blättrig, weißl, grau, Lappen aufsteigend oder anliegend, schmal, oft langgestreckt, verzweigt mit oft fächerig verbreiterten Enden, Apothecien sehr selten gebildet,

(braun-)schwarz. Sp 2-zellig, dickwandig, braun, glatt. Photobiont: coccoide Grünalge. Rinde von bemoosten LaB, auf bemoostem Silikatfels, Ästchen von Tanne. 4 Arten. – **Lit**: **24:** 726 unter *Physcia*, **418–420**; **25:** 870–871 unter *Physcia*, **518–520**
T: *H. speciosa* (WULFEN) TREVIS. – **Schöne Wimpernflechte**: Wi 419, FleD 519

Heteroplacidium BREUSS – Fle (Asc, Eurotiomycetes, Verrucariales, Verrucariaceae)
Lager krustig-areoliert bis kleinschuppig, braun bis grau, Perithecien eingesenkt, mit schwarzem Scheitel. Sp 1-zellig, ellipsoid bis subglobos. Photobiont: coccoide Grünalge, *Myrmecia*. Kalkgestein, Mauern. 1 Art. – **Lit**: **25:** 1149, 1159, 1162 unter *Verrucaria*, **520**
T: *H. imbricatum* (NYL.) BREUSS – **Schildwarzenflechte** (Gattung)

Huilia siehe *Porpidia*

Hydropunctaria KELLER, GUEIDAN & THÜS – Fle (Asc, Eurotiomycetes, Verrucariales, Verrucariaceae)
Lager krustig, zusammenhängend bis rissig, oliv, grün, gelbbraun, schwarz, feucht subgelatinös. Photobiont: Grünalge *Dilabifilum*. Aquatisch in Bächen, (sub-)litoral an Meeresküsten. 3 Arten. – **Lit**: **25:** 1149, 1151 unter *Verrucaria*, **520–522**
T: ?; abgebildet *H. maura* (WAHLENB.) KELLER, GUEIDAN & THÜS. – **Gewöhnliche Meerwarzenflechte** FleD 521

Hymenelia KREMP. – Fle (Asc, Lecanoromycetes, Hymeneliales, Hymeneliaceae)
Lager krustig, dünn, glatt bis rissig areoliert, auch endolithisch. Sorale und Isidien fehlend. Apothecien ± eingesenkt in das Lager oder in das Gestein, farblos, gelbbraun, orangebraun, braun, blau(-grün). Sp 1-zellig, ellipsoid bis kugelig, farblos. Photobiont: ähnl *Trebouxia* (z. B. *Asterochloris*), *Trentepohlia*. Gestein, bisw auch aquatisch in Bächen. 11 Arten, meist im Hochgebirge. – Anm: inkl. *Ionopsis*. – **Lit**: **24:** 147–148 unter *Aspicilia*, 503 unter *Lecidea*, **420–422**; **25:** 108–109; 189 unter *Aspicilia*, **522–526**
T: *H. prevostii* (FR. ex DUBY) KREMP. – **Kalk-Hautflechte**; abgebildet z. B. *H. lacustris* (WITH.) M. CHOISY – **Wasser-Hautflechte**: Wi 421, FleD 523

„Hymenelia"

1 Epihymenium blau, (blau-, dunkel-)grün. K− **2**
1* Epihymenium farblos, gelbl bis braun, K− oder K+ dunkel violett ***Hymenelia***
2 Kalkgestein. Photobiont ähnl *Trebouxia*. Außenwand der Asci K+ und J+ blau ***Eiglera*** (*flavida*, *homalomorpha*)
2* Silikatgestein oder Kalkgestein. Photobiont ähnl *Trebouxia* oder *Trentepohlia*. Asci K− ***Hymenelia***

Hyperphyscia MÜLL. ARG. – Fle (Asc, Lecanoromycetes, Caliciales, Physciaceae)
Lager blättrig, sehr dicht dem Substrat anliegend, grau, (grau-)braun, nicht bereift, mit Soralen, unterseits dunkler mit hellem Rande. Apothecien sehr selten, flächenständig, braun bis schwärzl, mit Lagerrand. Sp 2(–4)-zellig. Photobiont: ähnl *Trebouxia*. Rinde von LaB. 1 Art. – **Lit**: **24:** 85, 729 unter *Physcia*, **423**; **25:** 99, 875 unter *Physcia*, **526–527**
T: *H. synthalea* (C. KNIGHT) MÜLL. ARG.; abgebildet *H. adglutinata* (FLÖRKE) H. MAYRHOFER & POELT – **Anliegende Schwielenflechte**: FleD 527

Hypocenomyce M. CHOISY – Fle (Asc, Lecanoromycetes, Umbilicariales, Ophioparmaceae) Lager schuppig, hellgrau, ocker, oliv, braun, rot- bis dunkelbraun, mit oder ohne Sorale. Apothecien sitzend, flach, (braun-)schwarz mit Eigenrand, später randlos. Sp 1-zellig bis mehrfach querseptiert. Photobiont: coccoide Grünalge. Holz, Ba-Rinde, Ba-Borke. 4 Arten. – **Lit**: **24:** 85, 94, 99, **423–427**; **25:** 99–100, **527–530**

T: *H. scalaris* (ACH. ex LILJ.) M. CHOISY – **Aufsteigende Schuppenflechte**: Wi 425, FleD 528, UT 97

1 Lager sorediös **2**
1* Lager nicht sorediös **4**
2 Lager C– ▸
2* Lager C+ **3**
3 Lager dachziegelig-schuppig, K–
Aufsteigende Schuppenflechte – *H. scalaris* (ACH. ex LILJ.) M. CHOISY
3* Lager krustig, K+ gelb. Falls angedeutet schuppig: ▸
Versteckte Holzkrustenflechte – *Pycnora sorophora* (VAIN.) HAFELLNER
4 Lager mit gewölbten, blasigen, uneben deformierten, stellenweise verflachten Schuppen
Blasige Schuppenflechte – *H. caradocensis* (LEIGHT. ex NYL.) P. JAMES & GOTTH. SCHNEID.
4* Schuppen konkav, flach bis gewölbt, auch uneben oder Lager rein krustig ▸

„Hypocenomyce“
1 Lager sorediös **2**
1* Lager nicht sorediös **4**
2 Lager C+ rot, schuppig bis krustig **3**
2* Lager C–, schuppig ***Hypocenomyce***
3 Lager K–, schuppig, Schuppen meist dachziegelig aufsteigend geordnet, muschelig gewölbt, am etwas aufgebogenen R sorediös ***Hypocenomyce*** (*scalaris*)
3* Lager K+ gelb, undeutl im Holz oder areoliert bis angedeutet schuppig ***Pycnora*** (pr.p.)
4 Lager rein krustig. Lager und Mark K+ gelb ***Pycnora*** (pr.p.)
4* Lager schuppig und K–. Schuppen anliegend oder unregelmäßig aufsteigend ***Hypocenomyce***

Hypogymnia (NYL.) NYL. – Fle (Asc, Lecanoromycetes, Lecanorales, Parmeliaceae) Lager blättrig, tief geteilt, hell grau bis grau, feucht grünl-grau, bisw (stellenweise oder gänzl) bräunl, unterseits schwarz ohne Rhizinen. Loben hohl und daher zusammendrückbar. Mit Soralen (lippenfö oder kopfig). Apothecien mit verjüngter Basis bis kurzstielig, rot- bis gelbbraun. Sp 1-zellig, ellipsoid bis kugelig, zieml dünnwandig. Photobiont: *Trebouxia* und ? *Asterochloris*. Rinde von NaB und LaB, Äste, Holz, Silikatgestein. 6 Arten. – Anm: Falls Loben der Lager nicht hohl siehe *Allantoparmelia*. – **Lit**: **24:** 76, **427–432**; **25:** 78, 83, **530–535**

T: *H. physodes* (L.) NYL – Gewöhnliche Blasenflechte: Wi 427, 429; FleD 531, UT 66

1 Gewöhnl mit Soralen. **2**
1* Ohne Sorale, Lappen des Lagers innen hohl. Falls Lappen innen nicht hohl: ▸
Gewöhnliche Blasenflechte *H. physodes* (L.) NYL.

2 Oberseits stellenweise flächig sorediös, an den Lappenenden ohne Sorale. Falls am Ende kurzer Seitenlappen mit Kopfsoralen: ▸ **Mehlige Blasenflechte** – *H. farinacea* ZOPF
2* Sorale nur an den Lappenenden **3**
3 Lappen am Ende mit Kopfsoralen, aufsteigend bis aufrecht. Falls Lager weitgehend anliegend: ▸ **Röhrige Blasenflechte** – *H. tubulosa* (SCHAER.) HAV.
3* Lappenenden mit lippenfö oder ringfö Soralen. Lappen gewöhnl nicht schwarz gesäumt, falls gesäumt: ▸ **Gewöhnliche Blasenflechte** – *H. physodes* (L.) NYL.

„Hypogymnia"
1 Oberseite des Lagers mit zerstreuten, feinen Löchern ***Menegazzia*** (pr.p.)
1* Oberseite des Lagers ohne Löcher **2**
2 Ohne Sorale, K– **3**
2* Meist mit Soralen, K+ gelb ***Hypogymnia*** (pr.p.)
3 Lappen des Lagers innen hohl, auf Rinde, selten auch auf Gestein ***Hypogymnia*** (*physodes*)
3* Lappen schmal und innen nicht hohl **4**
4 Mark K+ gelb. Lager schwarzbraun, grauschwarz ***Allantoparmelia*** (pr.p.)
4* Mark K– oder K+ langsam braun bis rotbraun, gelb. Lager grauweiß oder hell- bis dunkelgrau, mit gebräunten Enden ***Brodoa*** (pr.p.)

Hypotrachyna (VAIN.) HALE – Fle (Asc, Lecanoromycetes, Lecanorales, Parmeliaceae)
Lager blättrig, tief zerteilt, dem Substrat eng bis locker anliegend, bis zu 10 cm, grau, gelblgrün, oft mit Soralen oder mit Isidien. Lappen mit gestutzten, wenig gerundeten Enden. Apothecien mit verengter Basis flächenständig sitzend bis kurzstielig, rotbraun. Sp 1-zellig, ellipsoid. Photobiont: *Trebouxia*, ? *Asterochloris*. LaB, NaB, Äste, Silikatgestein. 6 Arten. – **Lit**: **24: 649** unter *Parmelia*; **25:** 805, 808 unter *Parmelia*, **535 537**
T: *H. brasiliana* (NYL.) HALE; abgebildet *H. afrorevoluta* (KROG & SWINSCOW) KROG & SWINSCOW – **Grauschüsselflechte** (Gattung): FleD 536, UT 76

Pilze, Gattungen I, J

Imleria siehe *Boletus* (*badius*)

Imperator siehe *Boletus* pr.p. (*torosus* etc.)

Incrupila RAITV. – inop. Disc (Asc, Leotiomycetes, Helotiales, Hyaloscyphaceae)
Frk sitzend bis annähernd gestielt, becherfö, weiß, blass gelb, grün, 0,5–3 mm, außen haarig. Haare zylindrisch oder nach oben zu verjüngt, scharf zugespitzt, dünnwandig, unseptiert oder mit 1–2 Septen, außen dicht mit groben Körnchen besetzt. Asci keulig bis fast spindelfö, 8-sporig, mit amyloidem Porus. Paraphysen fädig, × 1–1,5 µm, die Asci nicht überragend. Asc-Sp keulig bis ellipsoid, hyalin, nicht septiert. 2 Arten, der T auf Farnresten, eine andere Art auf LaH. – **Lit**: **5**: 176, **10**: 195
T: *I. aspidii* (LIB.) RAITV.: SS 22. – Siehe auch *I. melatheja* (FR.) DENNIS, De 12 O

Infundibulicybe HARMAJA – BläP (Bas, Agaricomycetes, Agaricales, Tricholomataceae)
Frk gestielt-hutfö, groß bis mittelgroß, trichterlingsfö, weißl bis lederfarben, oft mit Buckel in H-Mitte, nicht hygrophan. L herablaufend, weißl, meist gedrängt. Spp weiß. Sp tropfenfö. Terricol, Streu. – Anm: Gattung oft in *Clitocybe* eingeschlossen. – **Lit**: **7**: 198 als *Clitocybe g.* usw., **11**: 107 als *Clitocybe g.* usw., **14**: 310
T: *I. geotropa* (BULL.) HARMAJA – Mönchskopf-Trichterling: BK 3.162, Ct 159, Dh 191, HG 50, HK 1.85, Kr 3.170, Lg 34D, Ph 46

1 H weiß bis blass cremefarben, hell strohocker, 4–11 cm. Sp 7–8,5 × 5–6 µm. NaW, alpine Matten (bei *Dryas*) **Schüsselförmiger Trichterling** – *I. catinus* (FR.) HARMAJA
1* H blass lederfarben, lederfarben, fleischfarben-ockerl, gelbl, gelbl-, orange-, rötl-braun, graubraun. **2**
2 Frk dickfleischig, S-Spitze breiter als 1 cm. H meist mit Buckel in vertiefter Mitte, cremefarben, gelb-bräunl, bis zu 15–20–30 cm breit, trichterig, seidig bereift, schließl kahl und feinschuppig. S (6–)8–15 × (1,3–)2–3(–4) cm, ± keulenfö, jung länger als H breit. Sp 6,5–9 × (4–)5–6 µm. LaW, NaW, Streu. (Falls in arktisch-alp Habitaten: ▸)
Mönchskopf-Trichterling – *I. geotropa* (BULL.) HARMAJA
2* Frk wenig fleischig, S-Spitze weniger als 1 cm breit **3**
3 Geruch nach Mehl o d e r H-Mitte fein schuppig o d e r H braun, mit bisw geripptem Rand und im Exs mit KOH braun ▸
3* Merkm anders. H blass lederfarben, lederocker, gelbbraun, gelbl, fleischfarben-ockerl bis rötl-ocker, H im Exs mit KOH nicht braun, oft mit kleinem Buckel, H-Rand kurz gerippt oder flatterig, H-Oberfläche nackt und glatt, unter der Lupe dicht anliegend faserfilzig. 3–8 cm. S blass, weißl, 2–5 × 0,3–1,3 cm. F mit Cyanid-Geruch. Sp 5,5–8 × 3,5–5 µm. LaW, NaW, Streu. (Falls S-Farbe ähnlich wie H und Geruch nicht nach Cyanid: ▸) **Ockerbrauner Trichterling** – *I. gibba* (PERS. : FR.) HARMAJA

Inocybe (FR.) FR., Risspilz – BläP (Bas, Agaricomycetes, Agaricales, Crepidotaceae)
Frk gestielt-hutfö, mittelgroß, seltener kleiner oder auch größer, H-Oberfläche häufig radialfaserig, -striemig oder -rissig. Spp ockerbraun. mit dickwandigen Zystiden (Metuloiden) im Hymenium; diese oft mit Kristallschopf. Sp glatt oder eckig-höckerig. Gattung unverkennbar bei Arten mit Kristallschopfmetuloiden und/oder eckig-höckerigen Sp. Metuloide in einer Gruppe aber fehlend; dann Sp glatt, bohnenfö und mit kugel- oder birnenfö Cheilozystiden. Terricol, selten lignicol (morsches Holz). EktM. Über 150 Arten. – **Lit**: **11**: 353, **14**: 868
T: *I. geophylla* (SOWERBY : FR.) P. KUMM. – Seidiger Risspilz: BK 5.21, Dh 654, Gh 305, Lx 343, MJ 3In39–40, Ph 151, St 11,1

1 H und S violettl oder lila, H-Scheitel oft ockerl (weitere Merkm siehe unter **4**)
Lilaseidiger Risspilz – *I. geophylla* var. *lilacina* (PECK) GILLET
1* Mit anderen Farben, allenfalls nur S mit violettl Mischtönen **2**
2 H weiß bis weißl, bisw rötend. **3**
2* H nicht weiß, rötend oder nicht rötend **7**

Hut weiß* bis weißl, *bisw rötend (3–6)

3 S mit gerandeter Knolle, 4–8 × 0,3–0,8 cm. H 2,5–6 cm, stumpf-kegelig, bald flach gewölbt, weiß, bisw mit ockerl Mischton. H und S rötend. Metuloide vorhanden. Sp glatt, 9–12 × 5–7 µm. NaW, LaW **Rötender Risspilz** – *I. godeyi* GILLET

3* S ohne gerandete Knolle, höchstens mit wenig abgesetzter Knolle **4**

4 Kleine Art. H 0,5–2(–5) cm, kegelig, dann ausgebreitet, weißl, seidig. L blass graubräunl. S weißl. Metuloide vorhanden. Sp glatt, 7,5–11 × 5–7 µm. LaW. NaW **Seidiger Risspilz** – *I. geophylla* (SOWERBY : FR.) P. KUMM.

4* H größer und eher dickfleischig, S × 0,4–0,8–2 cm **5**

5 Frk nicht rötend ▸

5* Frk rötend **6**

6 Metuloide fehlend. H faserig-seidig, 2,5–8 cm, glockig, gebuckelt, erst weißl, dann zieml stark rötend, S gleichdick, bisw fast gerandet-knollig, 2–20 × 0,8–2 cm. L weißl-rosa, olivbräunl, rostfarben. Sp glatt, 9–14 × 5–8 µm. LaW, Parkanlagen **Ziegelroter Risspilz** – *I. erubescens* A. BLYTT

6* Metuloide vorhanden ▸

Hut nicht weiß bis weißlich (7–54)

7 Geruch fruchtig, obstartig, süßl nach Blüten **8**

7* Geruch anders (oft spermatisch) oder fehlend **11**

– Geruch fruchtig, obstartig, süßlich (8–11)

8 H mit grünl oder olivbraunem Scheitel. F nicht oder nur schwach rötend. (Falls H-Mitte dunkel-braun: ▸) **Grüngebuckelter Risspilz** – *I. corydalina* QUÉL.

8* H ohne grünl oder olivl Töne. F entschieden rötend. **9**

9 Metuloiden fehlend. Sp glatt, 10–14 × 6–8 µm. LaW, NaW (vgl. auch **29**) **Duftender Risspilz** – *I. bongardii* (WEINM.) QUÉL.

9* Metuloiden vorhanden **10**

10 H ohne weißen Velumüberzug, bald braun bis purpurbraun. S jung oben weiß, unten rötl, später von unten zunehmend rotbraun. Sp glatt, 7–11 × 5–7 µm, mandelfö. NaW **Dreifarbiger Risspilz** – *I. corydalina* var. *tricolor* (KÜHNER) KRIEGLST.

10* H mit weißem Velumüberzug, dadurch jung fast weißl **Birnenduft-Risspilz** – *I. fraudans* (BRITZELM.) SACC.

11 S-Basis mit gerandeter Knolle **12**

11* S-Basis gleichdick, keulig oder knollig. Knolle nicht gerandet vom übrigen S abgesetzt **19**

– Stiel mit gerandeter Knolle (12–19)

12 Sp glatt, nicht höckerig ▸

12* Sp höckerig **13**

13 S rötl-bräunl, bereift **14**

13* S weiß, weißl oder gelbl **15**

14 H grob radialfaserig bis rissig, rötl-braun, seltener gelbbraun, 3–7 cm. S später ockerl bis rötl-bräunl, 3,5–8 × 0,3–1,2 cm. Sp mit langen Höckern und dadurch fast sternfö, 9–12 × 6,5–10 µm. NaW, LaW **Sternsporiger Risspilz** – *I. asterospora* QUÉL.

14* H meist weniger grob radialfaserig. Sp nicht fast sternfö ►
15 H ockerfarben **16**
15* H blass oder entschieden bräunl ►
16 LaW mit LaB ►
16* NaW mit NaB und LaW **17**
17 S × 0,5–0,9(–1,2) cm mit bisw wenig deutl gerandeter Knolle. H 2,5–6–8 cm, ocker bis gelbbraun, grobfaserig-rissig, nicht dunkler gesprenkelt, glockig gewölbt, gebuckelt. NaW, auch LaW **Zapfensporiger Risspilz** – *I. praetervisa* QUÉL.
17* S × 0,3–0,5(–0,7) cm, falls breiter, dann H bisw dunkler gesprenkelt **18**
18 H 2–4,5(–5) cm, hell- bis dunkel ocker, kegelig-glockig, jung feinfaserig. S mit fast napffö Knolle, 3–9 × 0,3–0,5(–0,7) cm. Sp 7–9(–10) × 5–6(–7) µm. [Falls Sp länger, bis 11(–12) µm: ►] **Gerandetknolliger Risspilz** – *I. mixtilis* (BRITZELM.) SACC.
18* Merkm verschieden. H bisw dunkler gesprenkelt ►
19 H-Oberfläche faserig-wollig, wollig-schuppig. L olivl bis fast lebhaft gelb. Ohne Metuloiden **20**
19* H-Oberfläche anders, faserig-striemig, schuppig. Mit oder ohne Metuloiden **22**

– Hutoberfläche faserig-wollig, wollig-schuppig, weder radial-faserig noch radial-striemig (20–22)

20 S mit deutl faseriger Ringzone. S unter dem Ring schuppig (falls unter dem Ring nicht schuppig: ►) **Schuppenstiel-Risspilz** – *I. terrigena* (FR.) KÜHNER
20* S ohne deutl Ringzone **21**
21 H 2–4 cm, konvex-glockig, ockerbraun mit rötl-braunen Fasern, filzig, 2–4 cm, mit Cortina zw H-Rand und S. L bauchig, oliv, zimtbraun, alt zieml dunkel, L-Schneide weißl. S 3–4 × 0,5–0,8 cm. Sp 9–10,5 × 5,5–6 µm, weniger als 2x so lang wie breit. NaW, Gebüsch **Bittersüßer Risspilz** – *I. dulcamara* P. KUMM.
21* Merkm verschieden: ohne Spur einer Cortina o d e r Sp mehr als 2x so lang wie breit o d e r L schmal (nicht bauchig) o d e r Frk groß mit S 2–6 × 0,7–1 cm o d e r H sparrig-wollig, 1–3 cm ►
22 H sparrig-schuppig oder schon jung dicht (anliegend) schuppig **23**
22* Hut faserig, striemig, nicht sparrig schuppig und nicht schon jung dicht schuppig **28**

– Hutoberfläche mit aufgerichteten Schuppen oder schon jung dicht schuppig (23–28)

23 S-Bais und bisw auch H-Scheitel grünl. H 1–2,5 cm, gewölbt, dunkelbraun. Auch S schuppig. Metuloide fehlend. Sp glatt, leicht bohnenfö, 9–13 × 4,5–6 µm. NaW **Blaufüßiger Risspilz** – *I. calamistrata* (FR. : FR.) GILLET
23* S-Basis nicht grünl **24**
24 H und S mit haarig-sparrigen Schüppchen dicht besetzt. Metuloiden vorhanden. Sp glatt, 9,5–12 × 5,5–6,5 µm. LaW **Sparriger Risspilz** – *I. hystrix* (FR.) P. KARST.
24* Nicht zugleich H und S sparrig-schuppig. Sp glatt oder eckig-höckerig **25**
25 Sp glatt **26**
25* Sp eckig-höckerig **27**
26 Geruch unangenehm, erdig-moderig (wie altes Weinfass). H-Oberfläche ± schuppig (-faserig), am H-Scheitel auch filzig. S ± rotbraun, S-Basis leicht rötend. Metuloide

fehlen. Sp glatt, 11–14 × 6–7,5 µm. NaW, LaW

Hirschbrauner Risspilz – *I. bongardii* var. *cervicolor* (PERS.) R. HEIM

26* Geruch Pelargonium-artig, spermatisch etc. S-Farbe anders, S nicht rötend ►

27 Sp mit 8–10 Höckern. L bräunl. Zyst längl bisw oval bis birnenfö, bisw nicht schopfig. (Falls Sp mit 4–8 Ecken und L jung gelb, später olivl: ►). NaW, bisw auch auf morschem Holz **Wolliger Risspilz** – *I. lanuginosa* (BULL. : FR.) P. KUMM.

27* Sp mit 14–20 Höckern. Feuchte Plätze oft unter Erlen

Schmalblättriger Risspilz – *I. leptophylla* G.F. ATK.

28 H-Oberfläche grob radialstriemig, Metuloide fehlend **28**

28* H-Oberfläche feiner radialfaserig, jedenfalls nicht grob radial-striemig **31**

– ***Hutoberfläche grob radial-striemig und zugleich Metuloide fehlend (29–31)***

29 H weinrötl bis rotbraun, glockig-kegelig, 4–8 cm. S gegen die Basis weinrötl oder rotlila, 4–8 × 0,5–2 cm. Geruch oft ± fruchtartig (siehe auch **9**). Sp glatt, 9–14 × 6–8 µm. NaW, LaW, grasige Plätze **Weinrötlicher Risspilz** – *I.adaequata* (BRITZELM.) SACC.

29* Frk anders gefärbt, ohne weinrötl Komponente **30**

30 S mit gerandeter Knolle (siehe auch **12**) ►

30* S ohne gerandete Knolle. H stets kegelig, spitz, meist ockerfarben (falls H rotbraun: ►), am Scheitel nicht schuppig (falls schuppig: ►). Wälder, Parkanlagen, Grasmatten in alp. Höhenstufe **Kegeliger Risspilz** – *I. rimosa* (BULL. : FR.) P. KUMM.

31 S zumindest an S-Spitze mit violettl Tönen. Metuloide vorhanden **32**

31* Violettl Töne an S-Spitze fehlend. Metuloide vorhanden oder fehlend **35**

– ***Braun mit violettlicher Stielspitze (32–35)***

32 Sp eckig-höckerig ►

32* Sp glatt **33**

33 H eher hellfarbig: lilagraubräunl, ockerbräunl. H-Mitte ± dunkler schuppig (nicht sparrig), gegen H-Rand radialfaserig-rissig, 1,5–4 cm. (Falls H eher rötl-braun und wenig schuppig, allenfalls alt fein wollig-schuppig, fein anliegend schuppig: ►). Sp 8,5–11 × 5–6 µm. LaW, LaB **Grauvioletter Risspilz** – *I. griseolilacina* J.E. LANGE

33* H eher dunkelfarbig: hellbraun bis dunkelbraun(-lila).. . . . . **34**

34 H-Mitte mit dunkleren, sparrigen Schüppchen. gegen H-Rand grob radialfaserig, H 1–3 cm. L lilabräunl. F in S-Rinde hell violett. Sp 8–10,5 × 5–6 µm. LaW, NaW

Braunvioletter Risspilz – *I. cincinnata* (FR. : FR.) QUÉL.

34* H-Mitte (jung) glatt, nicht schuppig. H 2–3,5 cm. L jung grau (lila), alt graubräunl. Sp 8–11 × 5–6 µm. LaW unter LaB (*Quercus, Fagus, Tilia*)

Radialfaseriger Risspilz – *I. pusio* P. KARST.

35 Sp glatt **36**

35* Sp eckig-höckerig **45**

– ***Rest der Arten mit glatten Sporen (36–44)***

36 Sp länglich-zylindrisch, mehr als doppelt so lang wie breit, 10–15(–18) × 4,5–6 µm. H ockerbraun bis dunkelbraun, in H-Mitte mit Schüppchen, gegen H-Rand rissig, 2–4,5 cm. NaW, LaW, gerne auf Sandböden

Spindelspor-Risspilz – *I. lacera* (FR. : FR.) P. KUMM.

36* Sp nicht derart längl **37**

37 Cheilozystiden und Pleurozystiden dickwandig (metuloid) und meist mit Kristallschopf **38**

37* Cheilozystiden dünnwandig, blasen- bis keulenfö. Pleurozystiden fehlend: siehe 20 folgende

38 S gänzl (oben und unten) nicht bereift ▶

38* S gänzl oder an der Spitze bereift (Lupe! An nicht abgegriffenen Stücken prüfen!). **39**

39 S gänzl (oben bis unten durch Kaulozystiden) bereift **40**

39* S nur an der Spitze bereift. **43**

40 Geruch nach Bittermandeln. H stroh- bis goldgelb, kahl oder feinst schuppig, 1–4 cm. L weißl dann olivbräunl. S weißl, bisw fleischrosa überhaucht. Basidien oft 2-sporig. (Falls H jung wollig, faserig bis schuppig: ▶). Meist unter LaB.

Bittermandel-Risspilz – *I. hirtella* BRES.

40* Geruch nicht nach Bittermandeln und/oder H-Farbe verschieden ▶

41 S jung weiß und so bleibend ▶

41* S mit rötl Ton und H mit entschieden bräunl Farben (falls H hellfarbig: ▶). **42**

42 Zystiden oft dünnwandig und zylindrisch. H rötl-braun, H-Mitte braunschwarz bis schwarz. H-Oberfläche jung faserig bis kahl, dann kleiig, schließl radial und konzentrisch rissig. Sp 8–10 × 5–5,7 µm. LaW

Schwarzscheitel-Risspilz – *I. furfurea* KÜHNER

42* Zystiden weder zylindrisch noch dünnwandig. H-Oberfläche anders ▶

43 S mit rosa oder rosabraunen Tönen. **44**

43* S weiß, weißl, gelbl, blass-ockerl oder bräunl (nur sehr alte Stücke bisw mit rosa Ton) ▶

44 H kegelig-glockig, ausgebreitet mit Buckel, 1,5–4 cm, rötl-braun bis dunkel ockerbraun. H-Oberfläche filzig (H-Mitte) bis liegend feinfaserig, bei starker Trockenheit auch radialrissig. L weißl bis olivbräunl. S 2–4 × 0,2–0,5 cm. F weißl, leicht fleischfarben. Sp 8–10 × 5,5–6 µm. NaW, Kalkböden

Früher Risspilz – *I. nitidiuscula* (BRITZELM.) SACC.

44* Merkm verschieden: z. B. H-Oberfläche eingewachsen faserig, mit kleinen angedrückten Schüppchen ▶

– Rest der Arten mit höckerigen Sporen (45–54)

45 Zw H und S beim Aufschirmen mit Cortina, deren Reste am H-Rand oder S länger sichtbar. S nicht oder höchstens an der Spitze bereift. **46**

45* Cortina fehlend **52**

46 S-Basis knollig **47**

46* S-Basis nicht knollig. **49**

47 Sp 6–9 × 5–6 µm, stumpfhöckerig. S-Knolle rundl, immer weiß. H ± stumpf gebuckeltgewölbt, rissig, hasel-, umbra-, purpurbraun. L graubraun bis dunkelbraun. NaW, LaW

Rundknolliger Risspilz – *I. assimilata* (BRITZELM.) SACC.

47* Sp 8–11 × 5,5–7,5 µm, mit entschieden vorspingenden Höckern. **48**

48 S-Basis keulig-knollig. H fast zitzenfö gebuckelt. Sp 9–11 × 6–6,5 µm. MischW, Wegränder **Spitzer Risspilz** – *I. acuta* BOUD.

48* S-Basis mit abgesetzter rundl Knolle, diese bräunl oder weißl. Sp 8–10 × 5,5–7,5 µm. LaW **Rübenstiel-Risspilz** – *I. napipes* J.E. LANGE

49 H nicht schuppig, bisw aber etwas faserig **50**

49* H faserig-schuppig besonders gegen H-Mitte. **51**

50 H dunkelbraun, Scheibe oft schwärzl, kegelig, radialfaserig, 2–4 cm. S auf rötl-braunem Grunde weißl überfasert. Sp 9–13 × 7,2–11 µm, mit prominenten langen und breiten Höckern, oft fast sternfö.
Falscher Sternspor-Risspilz – *I. pseudoasterospora* KÜHNER & BOURSIER

50* Merkm verschieden: Sp unter 10 µm lang oder H gelb bis ockerl ▸

51 H dunkel umbrabraun, radialfaserig, schwach schuppig, glockig bis konvex, 1–5 cm. S wie H gefärbt. L jung weißl, dann graubraun. Zystiden gestreckt. Sp 8–12 × 5,5–7 µm, stumpfhöckerig. NaW, saure Böden
Trapezsporiger Risspilz – *I. subcarpta* KÜHNER & BOURSIER

51* H ockerbraun, H-Oberfläche später in dunklere Schuppen auflösend. S weißl bis bräunl. L ± graubraun. Zystiden breit ellipsoid, am oberen Ende mit zäpfchenartigem Vorsprung (falls Zystiden oben gerundet, ohne zäpfchenartigen Vorsprung: *I. cicatricata*). Sp 9–10,5 × 5,5–7 µm, flach höckerig. NaW, LaW
Dickfuß-Risspilz – *I. curvipes* P. KARST.

52 S jung rosa-fleischfarben bis bräunl. Frk oft sehr klein **53**

52* S weiß oder weißl-ocker. H weißl oder hell-ocker ▸

53 Frk klein bis sehr klein, H 0,5–2 cm. **54**

53* Frk größer ▸

54 Sp morgensternartig, 8,5–10,5 × 7–8,5 µm. H 1–2 cm, feinfilzig bis -schuppig. LaW
Schönspor-Risspilz – *I. calospora* QUÉL.

54* Sp höckerig, nicht morgensternartig, 6,5–7 × 4,5 µm. H 0,5–1,2 cm (falls H etwas größer, bis 2,5 cm, im NaW, und Sp 7–9 µm lang: ▸), graubraun mit anliegenden weißen Flöckchen. LaW (besonders *Fagus*)
Zwerg-Risspilz – *I. petiginosa* (FR. : FR.) GILLET

Inonotus P. KARST., Schillerporling – PoP (Bas, Agaricomycetes, Hymenochaetales, Hymenochaetaceae)
Frk resupinat, effus-reflex, konsolenfö sitzend, einjährig, gelbl bis braun, H-Oberfläche ohne harte Kruste, behaart bis kahl. Trama braun, frisch weich, trocken hart und brüchig, in KOH schwarz. Röhren nicht geschichtet. Monomitisch, allenfalls durch setale Hyphen pseudodimitisch, Hyphen ohne Schnallen. Oft mit Seten oder setalen Hyphen in der Trama.. Sp hyalin bis gelbbraun, ellipsoid bis kugelig, glatt, inamyloid. Lignicol, Weißfäule auf LaH (seltener auch NaH). 11 Arten. – Anm: hier nicht unter Einschluss der früher zu ***Onnia*** (s.d.) gestellten Arten. Einige andere Arten neuerdings zu ***Mensularia*** (*M. radiata, hastifera, nodulosa*; hier noch als *Inonotus*). – **Lit**: **9**: 324, **12**: 274

T: *I. hispidus* (BULL. : FR.) P. KARST. – Zottiger Schillerporling: BK 2.304, Ct 728, Gh 543, Ja 146, Kr 1.437, Lx 523, Md 314, MJ 5 In1.2.

1 Nicht an Birke. Frk (Basidiocarp) konsolenfö, mit abgehobenen H-Kanten, Porenschicht z. T. auch herablaufend **2**

1* Auch an Birke (*Betula*), große, schwarze, harte, sterile Knollen bildend. Frk (Basidiocarp) resupinat, z. T. etwas knotig **8**

2 Vorwiegend an Pappel (*Populus tremula* etc.). H-Oberfläche gelbrötl bis fuchsrot, filzig behaart, nicht gezont. Mycelkern recht klein. Seten fehlend. Sp 5–7 × 3,5–4,8 µm.
Fuchsroter Schillerporling – *I. rheades* (PERS.) BONDARTSEV & SINGER

2* An anderen La-Bäumen (*Quercus, Sorbus* etc.) **3**

3 Seten fehlend. Trama mit großem Mycelkern. Meist an Eiche (*Quercus*), hoch am Stamm. Frk jung rundl-knollig, dann konsolenfö-sitzend 3–13(–27) cm im Radius, 2–12(–23) cm dick. Oberfläche ocker bis dunkel braun, jung behaart, alt unregelmäßig filzig-striegelig bis kahl. schmal gezont. Mycelkern mit weißen Flecken und Strängen. Sp 7–8,8 × 5–6,5 µm. **Eichen-Schillerporling** – *I. dryophilus* (BERK.) MURRILL

3* Seten vorhanden. Trama ohne Mycelkern **4**

4 H-Oberfläche mit ankerfö verzweigten Seten. LaH. Frk sitzend, flach, halbkreisfö oder fächerfö, einzeln oder rasig dachziegelig. 3–15 cm im Radius. H-Oberfläche rau-zottig behaart, später allmählich kahl. Sp 5,5–8 × 4–6 µm
Flacher Schillerporling – *I. cuticularis* (BULL. : FR.) P. KARST.

4* H-Oberfläche ohne solche Seten **5**

5 H-Oberfläche rau-haarig. Frk 4–12(–25) cm im Radius, 2–10 cm dick. Sp 8–12x7–9 µm
Zottiger Schillerporling – *I. hispidus* (BULL. : FR.) P. KARST

5* H-Oberfläche fein behaart oder kahl. Sp 7–8,5 µm lang **6**

6 Frk unfö, dick, rundl-knollig, später voluminös-hutfö, 5–35 cm im Radius. H-Oberfläche jung mit braunen Gutationstropfen, filzig-staubig, dann warzig bis ± kahl, erst cremefarben, dann rostbraun bis dunkelbraun, alt schwärzl. Seten hakenfö. Sp 7–9 × 6,5–8 µm. Meist an Eiche (*Quercus*), dicht am Boden
Tropfender Schillerporling – *I. dryadeus* (PERS. : FR.) MURRILL

6* Merkm anders: Frk weniger groß und nicht an Eiche **7**

7 Frk hutfö und dachziegelig, bis 5 cm vom Holz abstehend. H-Oberfläche jung fein behaart, alt kahl, radialrunzelig Hymenialseten mit gekrümmten Spitzen. Sp 4,5–7 × 3,5–4,5 µm. Meist an Erle (*Alnus*), nicht an Rotbuche
Erlen-Schillerporling – *I. radiatus* (SOWERBY : FR.) P. KARST.

7* Frk mit kleinen Hütchen (1–2 cm abstehend) an lang herablaufender Po-Schicht. H-Oberfläche gelbl bis braun, jung fein behaart, alt kahl. Hymenialseten mit geraden Spitzen. Sp 4,5–6 × 3,5–4 µm. Meist an Rotbuche (*Fagus*) nicht an Erle
Knotiger Schillerporling – *I. nodulosus* (FR.) P. KARST.

8 Auf NaH ▸

8* Auf LaH **9**

9 Vornehml an Birke (*Betula*), auch (seltener) an anderen LaB, große, schwarze, harte Knollen mit rissig-schrundiger Oberfl bildend, diese die Nebenfruchtform darstellend (Chlamydosp). Frk resupinat, Basidien mit Basidiosp bildend. Chlamydosp 1–2(–4)-zellig. Sp 7,5–10 × 5–7,5 µm

Krebsartiger Schillerporling – *I. obliquus* (ACH. ex PERS. : FR.) PILÁT

9* Nicht an Birke und keine großen, harten, schwarzen Knollen bildend (vgl. auch 7*). Sp 4–7 × 3–4,5 µm. Meist an Rotbuche (*Fagus*)

Vielgestaltiger Schillerporling – *I hastifer* POUZAR

Iodophanus KORF, Kotling – op. Disc (Asc, Pezizomycetes, Pezizales, Pezizaceae)
Frk (Apothecium) zunächst kreiselfö bis scheibenfö, später kissenfö, 0,1–0,3 cm breit. Oberseits (Hymenium) weißl, gelbl, blass orange oder rosa, außen zunächst flaumhaarig, dann kahl, wie die Oberseite gefärbt. Asci gänzl amyloid. Asc-Sp hyalin, (breit) ellipsoid, warzig oder mit faltigem Epispor, ohne Tröpfchen, beim T 17–22 × 10–12 µm. Etwa 4 Arten. Auf Erde, der T auf Dung. – **Lit**: **5**: 69, **10**: 58
T: *I. carneus* (PERS. : FR.) KORF – **Rosafarbener Kotling**: BK 1.116, De 11F.

Ionomidotis E.J. DURAND, Rindenbecher – inop. Disc (Asc, Leotiomycetes, Helotiales, Cordieritidaceae)
Frk aus Rinde des Substrats hervorbrechend, einzeln oder in Gruppen, nahezu sitzend oder kurz gestielt. Rötl-braun bis olivl-schwarz, becherfö, schirmfö, auch unregelmäßig, 1,5–5 mm breit, mit lösl, in KOH rötl-braun verfärbendem Pigment. Asi keulig, 8-sporig, inamyloid. Paraphysen gegabelt, schlank. Asc-Sp ellipsoid, nicht septiert, hyalin, mit 2 Tröpfchen, 5–8 × 1,5–2 µm. 2 Arten. LaH (Zweige von *Salix*, *Prunus padus*), im Frühjahr. – **Lit**: **5**: 150, **10**: 157
T: *I. irregularis* (SCHWEIN.) E.J. DURAND abgebildet in Czech. Mycol. 64(1): S. 83–84, 86, 2012; *I. fulvotingens* (BERK. & M. A. CURTIS) CASH – **Braunschwarzer Rindenbecher**: BK 1.202

Irpex FR., Eggenpilz – RiP, StaP (Bas, Agaricomycetes, Polyporales, Phanerochaetaceae)
Frk effus-reflex, oft auch mit abgesetzten H-Kanten am Substrat sitzend, einzeln oder dachziegelig, 2–5 cm lang, 0,5–2 cm im Radius. H-Oberfläche behaart, weißl. Trama 0,5–2 mm dick. Hymenophor variabel: am Rande jung fast porenfö, sonst mit flachen Zähnchen (irpicoid) oder stachelfö (bis zu 5 mm lang), weiß. Dimitisch, mit hyalinen Skeletthyphen und hyalinen schnallenlosen generativen Hyphen. Skeletozystiden 50–150 × 4–9 µm, bis auf 50 µm herausragend und apikal inkrustiert. Sp hyalin, dünnwandig, glatt, inamyloid, 5–6,3 × 2,3–3 µm. Lignicol, LaH, selten auch NaH. Weißfäule. – **Lit**: **9**: 216, **12**: 194
1 Art = T: *I. lacteus* (FR. : FT.) FR. – **Milchweißer Eggenpilz**: BK 2.192, Ct 1988, HK 2.100, Md 276, MJ 5 Irp1, RH 140

Irpicodon POUZAR, Amyleggenpilz – StaP (Bas, Agaricomycetes, Amylocorticiales, Amylocorticiaceae)
Frk 0,5–2 cm breit, fächerfö, muschelfö, oft schlitzartig geteilt, meist dachziegelig, gedrängt. H-Oberfläche fast kahl, weiß bis cremefarben, später grauweiß. Hymenophor aus

flachen, weißen Zähnchen. Monomitisch, mit Schnallen an den Hyphensepten. Zystiden fehlend. Sp fast allantoid, glatt, hyalin, amyloid, 4–5 × 2–2,5 µm. NaH (meist Kiefer), hängend an Ästen, oft in größerer Höhe. – **Lit**: **9**: 286, **12**: 171
1 Art = T: *Irpicodon pendulus* (ALB. & SCHWEIN. : FR.) POUZAR – **Hängender Amyleggenpilz**: RH 140

Ischnoderma P. KARST., Harzporling – PoP (Bas, Agaricomycetes, Polyporales, Fomitopsidaceae)
Frk flach-konsolenfö, sitzend oder seitl gestielt. H-Oberfläche mit teerartigen Flecken, harzig verklebend bis krustenfö, ocker, braun, dunkel rotbraun bis schwarz, fein behaart bis kahl, oft radial-runzelig. Dimitisch mit hyalinen bis hellgelben Skeletthyphen. Generative Hyphen hyalin mit Schnallen. Zystiden fehlend. Sp hyalin, dünnwandig, glatt, inamyloid. Lignicol auf LaH und NaH. Weißfäule. 3 Arten. – **Lit**: **9**: 223, **12**: 386
T: *I. resinosum* (SCHRAD. : FR.) P. KARST. – Laubholz-Harzporling: Ct 2524, Ge 443, Gh 523, Kr 1.538, Md 264, MJ 5Ischn1,

1 Auf LaH (meist Rotbuche, *Fagus*). Trama weißl, gelbl bis hellbraun. Sp 5–6 × 2–2,5 µm **Laubholz-Harzporling** – *I. resinosum* (SCHRAD. : FR.) P. KARST

1* Auf NaH. Falls selten auf LaH, dann Trama ocker bis braun. Frk konsolenfö sitzend. [Falls seitl gestielt und meist an Tanne: *I. trogii* (FR.) DONK]. Sp 5–6 × 2–2,5 µm **Schwarzgebänderter Harzporling** – *I. benzoinun* (WAHLENB. : FR.) P. KARST.

Jaapia Bres., Gelbsporrindenpilz – RiP (Bas, Agaricomycetes, Jaapiales, Jaapiaceae)
Frk resupinat, membranös, glatt, monomitisch, Schnallen an den Hyphensepten vorhanden. Mit hyalinen, basal dickwandigen Zystiden. Sp hyalin bis etwas gelbl, glatt, cyanophil, inamyloid, spindelfö bis längl ellipsoid, inamyloid, 12–25 × 4–8 µm. Lignicol, LaH, NaH. 2 Arten. – **Lit**: **9**: 290, **12**: 236
T: *J. argillacea* BRES. – Tonfarbiger Gelbsporrindenpilz. Häufiger ist *J. ochroleuca* (BRES.) NANNFELDT & ERIKSSON – Ockerfarbiger Gelbsporrindenpilz: BK 2.239

1 Sp schmal spindelfö, dünnwandig, an beiden Enden reif ohne Plasma, 16–25 × 5–8 µm **Tonfarbiger Gelbsporrindenpilz** – *J. argillacea* BRES.

1* Sp eher ellipsoid bis etwas spindelfö, reif etwas dickwandig, Plasma die ganze Sp ausfüllend, 12–18 × 4–6 µm **Ockerfarbiger Gelbsporrindenpilz** – *J. ochroleuca* (BRES.) NANNFELDT & ERIKSSON

Jackrogersella siehe *Hypoxylon*

Jahnoporus NUSS, Haarstielporling – PoP (Bas, Agaricomycetes, Russulales, Albatrellaceae)
Frk gestielt-hutfö, H oft nierenfö, 4–10(–14) cm, 0,5–2 cm dick, graubraun, oberseits raufilzig. Poren rundl bis eckig, 1–2 pro mm, Röhren 2–6 (10) mm lang. S seitl bis zentral, grau, rauhaarig. Monomitisch, Hyphen hyalin mit Schnallen. Sp hyalin, dünnwandig, glatt, inamyloid, schmal spindelfö, 12–17 × 4–6 µm. Lignicol, NaH (Tanne, Fichte). – **Lit**: **12**: 313
1Art = T: *J. hirtus* (COOKE) NUSS – **Brauner Haarstielporling**: MJ 5Jahn1

Jamesdicksonia THRUM, PAVGI & PAYAK – BrandP, (Bas, Ustilaginomycotina, Exobasidiomycetes, Georgefischeriales, Georgefischeriaceae)
Phytoparasitischer fleckenartiger (auch krustenfö bis streifenfö), nicht stäubender Befall auf Gräsern. Brand-Sp einzeln, glatt, 6–15 × 5–11 µm (*J. dactylidis*), regelmäßig (*J. dactylidis*) oder auch unregelmäßig (*J. irregularis*) geformt. – Syn: früher auch zu *Entyloma* gestellt. – **Lit**: **13**: 92 etc., 637 etc.
T: ? *J. dactylidis* (PASS.) R. BAUER, BEGEROW, A. NAGLER & OBERW.
Agrostis, Alopecurus, Anthoxanthum, Arrhenatherum, Briza, Bromus, Cynosurus, Dactylis, Deschampsia, Festuca, Helictotrichon, Holcus, Koeleria, Lolium, Phleum, Puccinellia, Trisetum: *J. dactylidis*. – ***Poa***: *J. dactylidis*, *J. irregularis*

Junghuhnia CORDA emend. RYVARDEN, Porenschwamm – PoP (Bas, Agaricomycetes, Polyporales, Steccherinaceae)
Frk resupinat bis etwas effus-reflex. ein- bis mehrjährig, mit Porenhymenophor. Dimitisch, Skeletthyphen hyalin, generative Hyphen hyalin mit Schnallen. Skeletozystiden vorhanden, apikal inkrustiert. Sp hyalin, dünnwandig, glatt, inamyloid. Lignicol, Weißfäule. 2–4 Arten. – **Lit**: **9**: 217, **12**: 351
T: tropisch. Verbreitete Art: *J. nitida* (PERS. : FR.) RYVARDEN – Schönfarbiger Porenschwamm: BK 2.382, Ct 2023, Kr 1.539, Lx 561, MJ 5Jungh1, RH 139

1 Auf NaH, Skeletthyphen cyanophil ▸
1* Auf LaH, bisw auf alten Porlings-Frk. Skeletthyphen nicht cyanophil. **2**
2 Frk weiß bis ocker, oft mit rosa Schimmer. Rand 1–2 mm, hell, ohne Rhizomorphen. Poren weiß bis ocker, ocker-lachsfarben, oft mit rosa Schimmer, eng, 5–7 pro mm. Skeletozystiden tramal und zusätzl etwas herausragend, 200 × 7–12(–15) µm. Sp 3,5–5 × 2–3 µm. LaH, selten auch auf NaH.
Schönfarbiger Porenschwamm – *J. nitida* (PERS. : FR.) RYVARDEN
2* Merkm verschieden: z. B. Rand des Frk 2–6–10 mm breit und oft mit Rhizoiden und bisw. Sp kleiner, 3–3,5 × 1,5–2 µm ▸

Flechten, Gattungen I, J

Icmadophila TREVIS. – Fle (Asc, Lecanoromycetes, Pertusariales, Icmadophilaceae)
Lager krustig, hellgrau bis grünl. Apothecien mit verjüngter Basis aufsitzend bis kurzstielig, rosafarben, mit Eigenrand. Sp querseptiert, (1–)2–4-zellig, spindelfö, schmal ellipsoid, an den Enden mit Schleimhülle. Photobiont: Grünalge *Coccomyxa*. Faulendes Holz, Torf, Rohhumus, Stammfuß von Ba, Silikatgestein. 1 Art. – **Lit**: **24:** 88–89, **432–433**; **25:** 104–107, **537–538**
T: *I. aeruginosa* (SCOP.) TREVIS.; abgebildet *I. ericetorum* (L.) ZAHLBR. – **Heideflechte**: Wi 433, FleD 538, UT 125

Immersaria RAMBOLD & PIETSCHM. – Fle (Asc, Lecanoromycetes, Lecideales, Lecideaceae)
Lager krustig, rissig-areoliert, Sorale und Isidien fehlend. Apothecien eingesenkt, schwarz bis braun, bisw grau bereift, mit schwindendem Eigenrand. Sp ellipsoid, 1-zellig, mit

Schleimhülle. Photobiont: Coccale Grünalge. Silikatgestein. – **Lit**: **24:** 511 unter *Lecidea*, **433–434**; **25:** 649 unter *Lecidea*, **539**
1 Art = T: *I. athroocarpa* (ACH.) RAMBOLD & PIETSCHM. – **Immersaria-Felsenflechte**: Wi 771, 772; FleD 539

Imshaugia S.L.F. MEY. – Fle (Asc, Lecanoromycetes, Lecanorales, Parmeliaceae)
Lager blättrig, rundl-rosettig, wenige cm im Durchm, mit dicht anliegenden, radial ausgerichteten Lappen, weißl-grau, bisw bräunend, mit Isidien, unterseits weißl bis hellbräunl. Apothecien flächenständig, mit verjüngter Basis sitzend, braun. Sp 1-zellig, ellipsoid. Photobiont: *Trebouxia*. An NaB, auf Holz, selten auf LaB-Rinde. 1 Art. – **Lit**: **24:** 77, 672 unter *Parmeliopsis*, **434–435**; **25:** 86, 816 unter *Parmeliopsis*, **540–541**
T: *I. aleurites* (ACH.) S.L.F. MEY. – **Körnige Napfflechte**: FleD 540

I*nvolucrocarpon* siehe *Involucropyrenium*

Involucropyrenium BREUSS. – Fle (Asc, Eurotiomycetes, Verrucariales, Verrucariaceae)
Lager kleinschuppig, dünn, dem Substrat angedrückt bis eingesenkt, flach bis etwas gewölbt, beige, hell- bis dunkelbraun, bisw grau bereift. Perithecien kugelig, schwarz, zwischen den Lagerschuppen, mit Involucrellum (apikal oder ringsum geschlossen). Sp 1-zellig, ellipsoid. Photobiont: Coccoide Grünalge. Erde, Rohhumus, Trockenrasen, Schotter. 2 Arten. – **Lit**: **24:** 251, 255 unter *Catapyrenium*; **25:** 329 unter *Catapyrenium*, **541**
T: *I. waltheri* (KREMP.) BREUSS – **Alpen-Erdschuppenflechte**

Ionopsis siehe *Hymenelia*

Involucrothele siehe *Thelidium*

I(J)onaspis siehe *Hymenelia*

Jamesiella LÜCKING, SÉRUS. & VĚZDA – Fle (Asc, Lecanoromycetes, Ostropales, Gomphillaceae)
Lager krustig, dünn, glatt oder warzig uneben, grauweiß, grün. Apothecien rund, orange bis braunschwarz, mit Eigenrand. Sp ellipsoid bis eifö, ± mauerfö unterteilt, zu 1–8 je Ascus. Photobiont: ähnl *Trebouxia.* Stamm(-fuß) von LaB und NaB, Baumstümpfe, Holz, Zwergsträucher, Zweige und Nadeln von Tanne. 1 Art. – **Lit**: **24:** 98, **415** als *Gyalideopsis*; **25:** 101, 112, 119, 501 unter *Gyalecta*, **541–542**
T: *J. anastomosans* (P. JAMES & VĚZDA) LÜCKING & al. – **Dorn-Firnisflechte**

Japewia TØNSBERG – Fle (Asc, Lecanoromycetes, Lecanorales, Ramalinaceae)
Lager krustig, uneben, zusammenhängend bis rissig-areoliert, auch im Substrat verborgen, braun, grünl-braun, olivbraun, mit punktfö oder ohne Sorale. Apothecien sitzend, (rot-) braun, unberandet. Sp 1-zellig, breit ellipsoid bis kugelfö, dickwandig, farblos. Photobiont: Coccoide Grünalge. Rinde, Borke, Totholz von NaB und seltener von LaB, 2 Arten. – **Lit**: **25:** 109, **542–543**
T: *J. tornoensis* (NYL.) TØNSBERG – **Fleckflechte** (Gattung)

J(I)onaspis siehe *Hymenelia*

Julella FABRE – Fle (Asc, Lecanoromycetes, Ostropales, ? Thelenellaceae)
Lager krustig, undeutl, weiß, hellgrau, gelbl-grau. Perithecien mit gelbl Scheitel. Sp ± mauerfö, ellipsoid, farblos, bräunl, mit Schleimhülle. Photobiont: *Trentepohlia*. Rinde von LaB, z. B. von Birke, Rotbuche etc. 2 Arten. – **Lit: 25:** 93, **543**
T: *J. buxi* FABRE – **Streukernflechte** (Gattung)

Pilze, Gattungen K

Karstenella HARMAJA – op. Disc (Asc, Pezizomycetes, Pezizales, Karstenellaceae)
Apothecien membranös, resupinat, kreisrund, 0,3–1,2 cm. Oberseits (Hymenium) bräunlrot, gegen den Rand blasser; dieser an jungen Frk orange bis grünl-gelb. Asc-Sp ellipsoid, glatt, ohne Tröpfchen, 12–15 × 5,5–7 µm. Auf blankem Boden, auf Streu oder Zweigen im Frühjahr bis zu Beginn des Sommers. – **Lit**: **10**: 127
1 Art = T: *K. vernalis* HARMAJA

Kavinia PILÁT, Hängezähnchen – RiP/StaP (Bas, Agaricomycetes, Phallomycetidae, Gomphales, Lentariaceae)
Frk resupinat, häutchenfö, hydnoid, oft mit Rhizomorphen. Monomitisch, Hyphen hyalin, mit Schnallen. Sp hyalin bis gelbl, dünn- bis etwas dickwandig, glatt [*K. himantia* (SCHWEIN.: FR.) J. ERIKSS.] oder warzig (beim T), cyanophil, inamyloid, schmal ellipsoid, zylindrisch, spindelfö, 6–12 × 3–5 µm. Lignicol, LaH, NaH. 2 Arten. – **Lit**: **9**: 270, **12**: 232
T: *K. alboviridis* (MORGAN) GILBERTS. & BUDINGTON – **Grünweißes Hängezähnchen**: BK 2.60, MJ 5Kav1

Kotlabaea SVRČEK – op. Disc (Asc, Pezizomycetes, Pezizales, Pyronemataceae)
Frk (Apothecium) sitzend, einzeln oder in Herden, kreiselfö bis scheibenfö, 1–2 mm. Oberseits (Hymenium) gelbl-orange, außen weißl, kahl. Asc-Sp ellipsoid, glatt, hyalin, mit vielen kleinen Tröpfchen, 14,5–16 × 8–10 µm. Paraphysen mit orangefarbenen Körnchen in den obersten Zellen. Auf nacktem Boden in Gesellschaft von Moos-Protonemata. – **Lit**: **5**: 55, **10**: 99
1 Art = T: *K. deformis* (P. KARST.) SVRČEK: De 12N

Kriegeria BRES., Wollgraskruste – GaP/RiP/BrandP (Bas, Pucciniomycotina, Microbotryomycetes, Kriegeriales, -aceae)
Frk resupinat, gelatinös. Monomitisch, Hyphen hyalin, ohne Schnallen. Zystiden fehlend. Basidien breit zylindrisch, 4-zellig. Sp hyalin, dünnwandig, glatt, inamyloid, ellipsoid bis spindelfö, 16–36 × 5–10 µm, Sekundärsp oder sprossende, hefeartige Zellen bildend. Herbicol, auf Blättern und Blattscheiden von Wollgras (*Eriophorum*) und Binsen (*Scirpus*). – **Lit**: **12**: 398
1 Art = T: *K. eriophori* BRES.

Kuehneola MAGNUS – RostP (Bas, Pucciniomycetes, Pucciniales, Phragmidiaceae)
Phytoparasiten (Roste), unterschiedl Sp-Formen und Entwicklungsstadien siehe unter *Puccinia*. II primär becherfö, orange-gelb, III weiß oder gelbl-weiß. 0,2–0,5 mm im Durchm. III-Sp farblos, einzellig, ungestielt, in Ketten mit bis zu 10 Sp. W: *Rubus* (0, II, III). – **Lit**: **13**: 701
1 Art = T: *K. albida* (J.G. KÜHN) MAGNUS [= *K. uredinis* (LINK) ARTHUR; jetzt gebräuchlicher Name]: Gäum 197:169 (II), 198:170 (III), 198:171 (III-Sp), JK 360

Kuehneromyces SINGER & A.H. SM., Stockschwämmchen – BläP (Bas, Agaricomycetes, Agaricales, Strophariaceae)
Frk bis mittelgroß. H braun, hygrophan. S mit (flüchtigem) Ring (T) oder angedeuteter Ringzone, darunter mit bräunl Schüppchen (T) oder glatt und umbrabraun, oft büschelig-rasig (T) auf Stümpfen. Geruch und Geschmack neutral, nicht nach Mehl. Spp ockerbraun. Mit Cheilozystiden. Sp glatt, mit Keimporus, 6–7,5 × 3–4,5 µm. Ligniocol, LaH, NaH. 2 Arten. – Anm: Gattungsgrenze gegenüber *Pholiota* unscharf; unterschieden durch hygrophanen H und den Keimporus der Sp. Vgl. *Galerina marginata* mit ähnl Habitus, aber mit rau-warzigen Sp, glattem, nicht schuppigem S und mit Mehlgeruch. – **Lit**: **8**: 415 als *Pholiota*, **11**: 340, **14**: 836
T: *K. mutabilis* (SCOP. : FR.) SINGER & A.H. SM. – **Typisches Stockschwämmchen**: BK 4.434, Ct 57, Dh 633, Ge 256, HK 1.48, Ja 195, Lu 1.65.33, Lx 333, Ph 156

Flechten, Gattungen K

Koerberiella STEIN. – Fle (Asc, Lecanoromycetes, Lecideales, Lecideaceae)
Lager krustig, areoliert, hellgrau, rosagrau, oft mit schwärzl Prothallus zw den Areolen, mit Isidien. Apothecien sitzend, aus isidienartigen Auswüchsen entstehend, mit rotbrauner bis dunkelbrauner Scheibe. Sp 1-zellig, ellipsoid, jung oft mit Schleimhülle. Photobiont: *Trebouxia*. Silikatgestein, auch an Bachufern. 1 Art. – **Lit**: **24:** 92, 147 unter *Aspicilia*, **437**; **25:** 114, 188 unter *Aspicilia*, **543–545**
1 Art = T: *K. wimmeriana* (KÖRB.) STEIN. – **Körberflechte**: FleD 544

Pilze, Gattungen L

Labyrinthomyces BOEDIJN, Eukalyptustrüffel – Hyp (Asc, Pezizomycetes, Pezizales, Tuberaceae)
Frk 1–2 cm, annähernd kugelig. Außen (Peridie) knotig-uneben, zunächst weißl, dann gelbl bis bräunl. Innen (Gleba) elastisch und kompakt wenn jung, später flockig, weißl, trocken, verzweigt-aderig und mit kleinen, engen, längl Kammern. Peridie von der Gleba nicht abtrennbar. Schläuche (Asci) keulig-spindelig, gestielt, häufig assymmetrisch, mit 2–4(–5) Sp. kugelig, 30–40 µm, zunächst fast glatt, später warzig. Im Mittelmeergebiet 1 Art unter *Eucalyptus*.
T: außereuropäisch; in Europa *L. donkii* MAL. – **Eukalyptustrüffel**: Ct 2878, MS 18

Laccaria BERK. & BROOME, Lacktrichterling – BläP (Bas, Agaricomycetes, Agaricales, Hydnangiaceae)
Frk meist mittelgroß, auch klein bis seltener zieml groß. L dicklich, entfernt, am S breit angeheftet bis etwas herablaufend. Spp weiß. Sp stachelig, kugelig oder breit ellipsoid, 7–12(–15) µm lang, bei einer Art der Meeresküsten auch glatt und dann sehr groß, 16–18 × 8–10 µm. Terricol, EktM. – **Lit**: **7**: 272, **11**: 101, **14**: 658
T: *L. laccata* (SCOP. : FR.) COOKE – Rötlicher Lacktrichterling: BK 231, Ct 2390, Dh 184, Ge 77, Kr 3,283, Lg 40c, Lu 1.36,5–6, Md 133, Ph 52 (alle Abbildungen s. l., also inkl. *L. tetraspora* etc.)

1 Frk (H, L, S) violett bis lila, trocken oder alt hell lila bis weißl. Sp 7–10,5 µm, kugelig, mit recht groben Stacheln. LaW, NaW
Violetter Lacktrichterling – *L. amethystina* COOKE
1* Frk nicht mit violetten Tönen o d e r solche nur partiell vorhanden, z. B. in den L oder an der S-Bais **2**
2 S-Basis jung lila bis violett (vom Mycel), sonst rötl-braun, längsfaserig, 5–10 × 0,5–0,8 cm. H feucht dunkel bis hell rotbraun, H-Oberfläche im Zentrum schülferig-rau. Sp breit oval mit feinen Stacheln, 7–9,5 × 6,5–7,5 µm. Vorwiegend mit NaB
Zweifarbiger Lacktrichterling – *L. bicolor* (MAIRE) P.D. ORTON
2* S-Basis nicht lila bis violett. **3**
3 H-Oberfläche entschieden schuppig-rau, feucht orangebraun, später (trocken) rötl- bis bräunl-ocker (falls tief purpurbraun: ►). H 2–7 cm, S 3–12 × 0,2–0,5 cm. Sp ellipsoid, 7,5–11 × 6,5–8,5 µm **Braunstieliger Lacktrichterling** – *L. proxima* (BOUD.) PAT.
3* H-Oberfläche (weitgehend) glatt. Sp bisw entschieden größer (falls an Meeresküsten: ►), häufig kugelig bis annähernd kugelig **4**
4 Frk sehr klein, H meist unter 1,5 cm. S klein, 1–2 × 0,1–0,2 cm. Basidien 2-sporig. Sp mit langen Stacheln, 10–13(–15) × 9–11 µm
Verbogener Lacktrichterling – *L. tortilis* (BOLTON) COOKE
4* Frk größer, H meist über 1,5 cm. Basidien 4-sporig (Falls 2-sporig:►) **5**
5 Sp ellipsoid, 6,7–9,2(–11) µm. Sporenstacheln überwiegend länger als 1 µm
Rötlicher Lacktrichterling – *L. laccata* (SCOP. : FR.) COOKE
5* Sp kugelig bis fast kugelig. H stark durchscheinend gestreift (Falls H nicht durchscheinend gestreift, höchstens gefurcht: Sp-Stacheln kürzer als 1,5 µm: *L. laccata* var. *pallidifolia*). Auf dem Erdboden, nicht zwischen Sumpf-Moosen (Falls zwischen *Sphagnum* oder zwischen Moosen an feuchten Plätzen: ►). Sp 6,5–9(–10,5) µm, Sp-Stacheln länger als 1,5 µm. [Falls Sp 9–12(–13) µm: ►]
Vierspor-Lacktrichterling – *L. tetraspora* SINGER

Lachnella FR., Schüsselseitling – CyP (Bas, Agaricomycetes, Agaricales, Niaceae)
Frk sitzend, zentral angeheftet, schüsselfö, 1–2 mm, weiß, angedrückt seidenhaarig. Hymenium cremefarben. Haare inkrustiert, dextrinoid, dickwandig, in KOH anschwellend. Sp 19–20 µm (13,5–15,5 × 9–12 µm beim T). Herbic, Lignic, krautige Pflanzen, Zweige (T). 2–3 Arten. – **Lit**: **11**: 203
T: *L. alboviolascens* (ALB. & SCHWEIN. : FR.) FR.

Lachnellula P. KARST., Haarbecherchen – inop. Disc (Asc, Leotiomycetes, Helotiales, Lachnaceae)
Frk annähernd sitzend oder kurz gestielt, „wieder auflebend", Oberseits (Hymenium) meist gelb bis orange. Außen weiß bis hell lederfarben, grünl oder bräunl, mit weißen oder farbigen Haaren. Haare ± zylindrisch, meist 150–250 µm lang, mehrfach septiert, am oberen Ende gerundet; inkrustiert, hyalin oder braun. Asci zylindrisch bis keulig, 8-sporig, mit amyloidem oder inamyloidem Porus, Paraphysen fädig und zugleich in kurzen Abständen eingeschnürt (monilioid), auch weitgehend lanzettl, oft mit orangefarbenen öligen Tröpfchen, die Asci überragend. Asc-Sp kugelig, ellipsoid oder keulig, hyalin, nicht septiert. Über 10 Arten. Saprotroph oder parasitisch auf NaH oder Harz. – **Lit**: **5**: 172, **10**: 195
T: *L. chrysophthalma* (PERS.) P. KARST. = *L. suecica* (DE BARY ex FUCKEL) NANNF – Rundspor-Haarbecherchen: BK 1.236

1 Frk außen lederfalb bis olivgrün oder braun mit braunen Haaren **2**
1* Frk außen weiß bis cremefarben oder hell lederfarben mit weißen Haaren **3**
2 Saprotroph auf Zweigen von Wacholder (*Juniperus*). Sp 5,5–7,5 × 2,5–3 µm
Wacholder-Haarbecherchen – *L. juniperina* (K. HOLM & L. HOLM) VESTERHOLT
2* Parasitisch auf Kiefer (*Pinus*). Sp 18–21 × 5–7 µm. [Falls Sp 12–16 × 3–6 µm: *L. fuscosanguinea* (REHM) DENNIS] **Kiefern-Haarbecherchen** – *L. pini* (BRUNCH) DENNIS
3 Sp länger als 10 µm. **4**
3* Sp weniger als 10 µm lang **5**
4 Auf Lärche (*Larix*). Sp nicht septiert, 20–24 × 7–10 µm. [Falls Sp 18–20 × 7–9 µm *L. occidentalis* (G. HAHN & YERS) DHARNE]
Lärchen-Haarbecherchen – *L. willkommii* (HARTIG) DENNIS
4* Auf Kiefer (*Pinus*). Sp fädig, 70–95 × 1,5, 7-fach septiert
L. pseudofarinacea (P. CROUAN & H. CROUAN) DENNIS
5 Sp kugelig, 4–6,5 µm im Durchm. [Falls 2–2,5 µm im Durchm: *L. calycina* (SCHUMACH. : FR.) SACC.].
Rundspor-Haarbecherchen – *L. suecica* (DE BARY ex FUCKEL) NANNF.
5* Sp ellipsoid, eifö, keulig, oder spindelfö, [Falls Sp 4,5–6,5 2,5–3 µm: *L. calyciformis* (BATSCH) DHARNE; falls Sp 6–9 × 2–2,5 µm: *L. subtilissima* (COOKE) DENNIS] ▸

Lachnum RETZ., Haarbecher – inop. Disc (Asc, Leotiomycetes, Helotiales, Lachnaceae)
Frk meist gestielt, seltener sitzend, scheibenfö bis becherfö. Oberseits (Hymenium) weiß, gelb, orange, rötl oder braun. Außen mit weißen, weißl oder braunen Haaren. Haare dünn- oder dickwandig, mehrfach septiert, dicht inkrustiert mit feinen Körnchen, bisw mit apikalen Kristallen. Asci zylindrisch bis keulig, 8-sporig, mit amyloidem Porus. Paraphysen lanzettl oder zylindrisch, oben zugespitzt, die Asci oft überragend. Asc-Sp zylindrisch, schmal ellipsoid, spindelfö oder nadelfö, hyalin, meist nicht septiert. Über 30 Arten. Saprotroph auf Holz, Krautstängeln, Blättern, Zapfen, Cupulae etc. – **Lit: 5**: 165 pr.p. unter *Dasyscyphus*, **10**: 198
T: *L. agaricinum* RETZ.; abgebildete Art: *L. virgineum* (BATSCH : FR.) P. KARST. – Weißer Haarbecher: BK 1.228

1 Auf Resten von Monokotylen ▸
1* Auf Resten von Koniferen oder von Dikotylen **2**
2 Auf Nadeln, Blättern, Zapfen, Cupulae von *Fagaceae*. **3**
2 * Auf Holz oder auf krautigen Pflanzensprossen ▸
3 Auf Kiefernadeln *L. pulverolentum* (LIB.) P. KARST.
3* Nicht auf Kiefernadeln **4**
4 Frk außen samt der Haare braun
Bräunlicher Haarbecher – *L. fuscescens* (PERS. : FR.) P. KARST.
4* Frk außen weiß, im Alter jedoch oft bräunl werdend **5**
5 Sp 6–11 × 1,5–2,5 µm. Haare an ihrem oberen Ende ohne grobe Kristalle, × 3–4,5 µm. Auf unterschiedl Substraten, darunter auch Cupulae von Buche (*Fagus*).
Weißer Haarbecher – *L. virgineum* (BATSCH : FR.) P. KARST.
5* Sp länger als 11 µm und/oder Haare an ihrem oberen Ende mit Kristallen ▸

Lacrymaria PAT., Saumpilz – BläP (Bas, Agaricomycetes, Agaricales, Psathyrellaceae)
Frk mitelgroß bis groß. H-Oberfläche wollig-schuppig. H 1,5–10 cm, ockerbraun, rostocker, hellbraun, gelbbraun [Falls H lebhaft orange: *L. pyrotricha* (HOLMSK.) KONRAD & MAUBL.]. L-Schneiden tränend. Spp schwarzbraun bis schwarz. Sp warzig, mit vorgezogenem Keimporus, 8–12 × 5–7 µm. Terricol. 2 Arten. – Anm: *Psathyrella* nahestehend und von dieser Gattung wohl nur schwach getrennt. – **Lit**: **8**: 266, **11**: 302, **14**: 583
T: *L. lacrymabunda* (BULL. : FR.) PAT. – **Tränender Saumpilz**: BK 4.308, BL 269, CD 782, Dh 574, Gh 375, HK 4.288, Lg 144B, Lx 299, Ph 176, RH 434

Lactarius PERS. Milchling – BläP (Bas, Agaricomycetes, Russulales, Russulaceae)
Frk gestielt-hutfö, groß bis mittelgroß, seltener eher klein, mit Milchsaft. Sp amyloid, mit amyloiden Warzen, Stacheln, Stegen, Netzen, Graten. F mit Sphaerozysten, diese in der L-Trama gegen die L-Schneiden zu fehlend. Terricol, EktM. 81 Arten. – Syn: *L. acris* = *L. acer*, *L. bresadolanus* = *L. zonarioides, L. cremor* = *L. rostratus, L. hortensis* = *L. pyrogalus, L. insulsus* = *L. zonarius, L. mitissimus* = *L. aurantiacus, L. necator* = *L. turpis, L. theiogalus* = *L. tabidus*. – Anm: Anstelle von *Lactarius* wird auch der Gattungsname *Lactifluus* (PERS.) ROUSSEL mit gleicher Typusart, *Lactifluus piperatus* (L.) ROUSSEL verwendet. – **Lit**: **8**: 454, **11**: 489, **14**: 82
T: *L. piperatus* (L. : FR.) PERS. – Pfeffer-Milchling: BL 95, CD 1509, Lg 171D, Lx 423, Md 501, Nh 1, RH 556

1 Milch von Beginn an blutrot, karottenrot, orange. **2**
1* Milch von Beginn an gelb oder weiß, so bleibend oder auch verfärbend: rot, violett, gelb, grau, grünl **5**
2 Milch von Beginn an wein- bis blutrot
Weinroter Kiefern-Reizker – *L. sanguifluus* (PAULET) FR.
2* Milch zunächst orange, vielfach an der Luft weinrot oder braunrot verfärbend **3**
Milch von Beginn an blutrot, karottenrot. orange (3–4)
3 Unter Tanne (*Abies*). H 5–15 cm, fast ohne jegliche Spur von Grün, gleichmäßig gelborange, mit allenfalls schmalen, wenig auffallenden Zonen. S durch tiefer oran-

gefärbene Gruben gefleckt. Milch und F mennig- bis weinrot verfärbend. Cheilo- und Pleurozystiden zahlreich, bis 20 µm hervorragend, zieml schlank, × 2–3 µm. Sp längl-ellipsoid, 9–12 × 6,5–7,5 µm **Lachs-Reizker** – *L. salmonicolor* R. HEIM & LECLAIR

3* Unter Fichte (*Picea*) oder Kiefer (*Pinus*). Frk meist grün verfärbend oder H-Oberfläche wie eingelassen bereift. Zystiden nicht besonders aus dem Hymenium ragend **4**

4 Unter Fichte. Milch nach wenigstens 30 Min deutl weinrot verfärbend. H 3–10 cm, orangerot, mit ± stark grünl verwaschener Zonierung. H-Oberfläche nicht silbrig bereift. L orange, manchmal grünl verfärbt. S nur selten mit undeutl verwaschenen Gruben, orange bis grünl. Sp 7–10 × 6–7,5 µm, Warzen stellenweise durch feine Stege netzmaschig **Fichten-Reizker** – *L. deterrimus* GRÖGER

4* Unter Kiefer. Milch auch nach längerer Lagerung an der Luft orange bis karottenrot bleibend (falls nach 3–5 Min weinrot, nach 30 Min weinrot-purpurn: ▸). H 5–14 cm, orangerot, rosaorange, fleischbräunl (falls H dunkel rotbraun bisw auch mit zusätzl grünl Einschlag: ▸). H-Oberfläche wie bereift, breit gezont, nicht oder wenig grünl verfärbend. S durch Gruben gefleckt. Sp längl-ellipsoid, durch verschieden dicke Grate unvollständig netzmaschig, stellenweise wie zebriert, 7–9,5 × 5,7–6,7 µm **Edel-Reizker** – *L. deliciosus* (L. : FR.) GRAY

5 Milch weiß, an der Luft (oft langsam) rosa oder rot verfärbend, zumindest in Verbindung mit dem F. H und bisw auch S dunkel rußbraun bis schwarzbraun, meist eindeutig trocken und samtig-matt. Sp fast kugelig **6**

5* Milch weiß oder gelb, unverändert oder allenfalls violett oder gelb verfärbend, nicht aber rosa oder rot. H anders. Sp vielfach ellipsoid **10**

Milch rosa oder rot verfärbend (6–9)

6 S-Spitze auf ca. 1 cm faltig gefurcht. S meist schlank, 5–12 × 0,4–1(–2) cm, dem H gleichfarben, dunkelbraun. H 2–7(–10) cm, mit bleibendem, spitzem Buckel, runzelig. Sp 9–10,5 × 9–10 µm. Unter Fichte **Mohrenkopf-Milchling** – *L. lignyotus* FR.

6* S-Spitze nicht faltig gefurcht **7**

7 S fast weißl oder wenigstens entschieden heller als der H. LaW. Sp 6–8,5(–9) µm . . **8**

7* S dunklerfarbig, oft fast oder ebenso dunkel wie der H. LaW. [Falls im montanen NaW und S sehr dunkel: *L. picinus* FR.]. Sp 8–10 × 8–9 µm **Rußfarben-Milchling** – *L. fuliginosus* (FR. : FR.) FR.

8 Milch auch ohne Verbindung zum F (auf Fingernagel oder Objektträger) rasch rosa verfärbend, sehr scharf. H 3–9 cm, H-Oberfläche kaum strahlig-runzelig **Rosaanlaufender Milchling** – *L. acris* (BOLTON : FR.) GRAY

8* Milch nur in Verbindung mit dem F rötend, von verschiedener Schärfe (bis mild) . . **9**

9 Sp mit flügeligen, fast unverzweigt bandartigen Graten, 7–8,5 × 7–8 µm (Falls Grate verzweigt: *L. ruginosus* ROMAGN.). H-Mitte höckerig und strahlig-runzelig, 4–10 cm. Milch nur anfangs mild, bald recht scharf **Flügelspor-Milchling** – *L. pterosporus* ROMAGN.

9* Sp netzwabig durch meist kräftige Grate, 8–9 × 7,5–8,5 µm. H-Oberfläche kaum radialrunzelig, oft mit einigen flachen grubenfö Vertiefungen, 3–8(–10) cm. Milch mild bis schwach bitter **Rauchfarbener Milchling** – *L. azonites* (BULL.) FR.

10 Milch weiß und an der Luft violett verfärbend **11**

10* Milch weiß oder gelb, an der Luft nicht violett verfärbend **15**

Milch violett verfärbend (11–14)

11 H weiß. L fleischfarben-rosa, violettl fleckend. Unter Pappeln (*Populus*) siehe **22**: *L. controversus*

11* H nicht weiß; falls hellfarbig, dann mit grauen, gelbl oder gelben Tönen **12**

12 H grau, braun, violettl-braun. H-Rand außen kahl, nicht fransig-zottig behangen. . **13**

12* H gelbl oder gelb. H-Rand zumindest jung (außen) filzig, fransig bis zottig **14**

13 H nicht oder nur undeutl gezont, braun, graubraun, ockergrau, lilagrau, braunviolett, blass fleischbraun. H-Oberfläche sehr schleimig und auch abtrocknend lange so bleibend. Sp 8,5–12 × 6,5–9 µm **Klebriger Violett-Milchling** – *L. uvidus* (FR. : FR.) FR.

13* H dunkler gezont, violett-braun bis ocker-graubraun, bald trocken. Sp 7–8 × 6–7 µm **Trockener Violett-Milchling** – *L. violascens* (J. OTTO : FR.) FR.

14 H 10–20 cm, gelb, ± gezont (vgl. *L. scrobiculatus* mit gelb verfärbenden Milch). H-Rand fransig-zottig. H, L, S violettfleckend. S 5–10 × 1,5–3 cm. Sp 9,5–11,5 × 8–9,5 µm. **Zottiger Violett-Milchling** – *L. repraesentaneus* BRITZELM.

14* Frk kleiner. In Mooren unter Weiden [*L. aspideus* (FR. : FR.) FR.], im LaW, Eichen-Hainbuchenwald [*L. flavidus* BOUD.] oder in der alpinen Höhenstufe ▸

15 Milch gelb oder zunächst weiß und dann gelb verfärbend **16**

15* Milch weiß und so bleibend **21**

16 Milch zunächst weiß und dann gelb verfärbend **17**

16* Milch von Beginn an gelb bis gelbl **20**

Milch weiß und an der Luft gelb verfärbend (17–19; siehe auch 38)

17 H-Rand fransig-zottig. H (5–)7–15(–24) cm **18**

17* H-Rand auch an jungen Stücken kahl **19**

18 Unter Fichte (*Picea*). H von Beginn an gelb, gezont (falls nicht gezont: ▸). S 3–6 × 1,5–3,5 cm, gelb, bald hohl, S-Oberfläche grubig (falls nicht grubig: ▸). Sp 7,5–9 × 6,5–7,5 µm, mit zieml dünnen, dicht stehenden Graten **Grubiger Fichten-Milchling** – *L. scrobiculatus* (SCOP. : FR.) FR.

18* Unter LaB oder unter Tanne (*Abies*) ▸

19 H gelbl mit orangefuchsigen Zonen oder mit konzentrisch geordneten Flecken, 4–6(–9) cm. Milch weiß, sehr reichl, schnell schwefelgelb verfärbend. HDS aus gestreckt-fädigen Hyphen. Sp 8–9,5 × 7–7,5 µm. Vorwiegend unter Eiche auf kalkarmen Böden **Goldfuß-Milchling** – *L. chrysorrheus* FR.

19* H nicht auffallend gezont und eher mit orangen, rötl, bräunl, rosa-ledergelbl Farben (siehe auch **38**) ▸

Milch von Beginn an gelb oder gelbl (20)

20 H 3–10 cm, stumpf, fast immer ohne Buckel, fleischrötl-braun, feucht undeutl gezont, trocken blasser, fleischockerl. H-Oberfläche feucht schmierig, bald trocken, dann bereift und glimmerig glänzend. Milch rahmgelbl. Sp 7,5–9 × 6,5–7,5 µm. Unter Eiche (*Quercus*) **Eichen-Milchling** – *L. quietus* (FR. : FR.) FR.

20* Mit anderen Merkm ▸

Milch weiß und weitgehend so bleibend (21–62)

21 H weiß oder weißl., oft ± trichterig, H-Rand lange eingerollt bleibend, nicht zottig. Frk groß, dickfleischig **22**

21* H hell- bis dunkelfarbig. Frk klein bis groß **24**

– Fruchtkörper groß und weiß bis weißlich und dabei H-Rand nicht zottig (22–23; vgl. 28*)

22 L fleischfarben-rosa, gedrängt. Unter Pappeln
Rosascheckiger Milchling – *L. controversus* (PERS. : FR.) FR

22* L gelbl-weiß. Nicht an Pappeln gebunden **23**

23 H kahl oder nur am H-Rand schwach filzig. L sehr gedrängt, oft gegabelt. Milch beim Eintrocknen nicht graugrün fleckend und in KOH nicht gelb (falls Milch anders: ►). H-Rand oft etwas runzelig. S lang, meist länger als die Hälfte des H-Durchm. Sp 8–9,5 × 5,5–7 µm. LaW meist mit Rotbuche (*Fagus*), auch in NaW
Pfeffer-Milchling – *L. piperatus* (L. : FR.) PERS.

23* H und S bereift-flaumig. L ± entfernt, kaum gegabelt, weißl, ockerl, bisw fleischfarben fleckig. Milch ohne Verbindung zum F fast mild, in KOH unverändert. Sp 9–12 × 7,5–10 µm. LaW, NaW. [Falls Milch in KOH goldgelb und scharf auch ohne Verbindung zum F: *L. bertillonii* (NEUHOFF ex Z. SCHAEF.) BON]
Wolliger Milchling – *L. vellereus* (FR. : FR.) FR.

– Hut braun-oliv bis oliv-schwärzlich, groß (24)

24 H braun-oliv bis oliv-schwärzlich, 6–20 cm, jung mit breitem olivgelbem, filzigen Rand. H-Oberfläche bald trocken, oft dunkelfleckig mit KOH meist (wenn jung) rot verfärbend. Unter Fichten und Birken.
Olivbrauner Milchling – *L. turpis* (WEINM.) FR.

24* Merkm anders **25**

25 H-Rand fransig-zottig oder in breiter Zone langzottig-bartig bzw. dort mit aufwärts gekrümmten Faserschüppchen. H häufig rosa, rosa-weißl, aber auch mit anderen Farben **26**

25* H-Rand anders: kahl **29**

– Hutrand fransig-zottig oder abstehend faserschuppig (26–28; siehe auch 18)

26 Unter Birke (*Betula*), bisw. auch Erle (*Alnus*). **27**

26* Unter Eiche (*Quercus*) **Braunzottiger Milchling** – *L. mairei* MALENÇON

27 H-Rand mit aufgerichteten, spitzen Faserschüppchen. Frk eher schmächtig mit S × 0,2–0,8 cm. Sp zebriert, fast ohne freie Warzen und Stacheln, 7–8,5 × 5,5–7,5 µm. LaB (auch Erle) **Schüppchen-Milchling** – *L. spinosulus* QUÉL.

27* H-Rand (jung) bärtig-zottig. Sp-Ornament nicht auffallend zebriert. An Birke gebunden **28**

28 H fleischrosa bis fleischbräunl, dunkler gezont, 5–15 cm. S dem H ± gleichfarben. Sp 7,5–10 × 6–8 µm **Zottiger Birken-Milchling** – *L. torminosus* (SCHAEFF. : FR.) GRAY

28* H blass rosa-fleischbräunl bis weißl-blass, ungezont, 1,5–9 cm. H-Rand mit verwobenen Zotten, diese 2–8 mm lang. S 2–5,5 × 0,5–1,2 cm. (Falls S lang und schlank, 2,5 × 0,4–0,8 cm, H mit kleinem Buckel, H-Rand mit abstehenden, 1–3 mm langen

Filzhaaren, in nassen Mooren zwischen Sumpfmoosen: *L. scoticus* BERK. & BROOME). Sp 6,5–8,5 × 5,5–6,5 µm **Flaumiger Birken-Milchling** – *L. pubescens* (FR.) FR.

29 Mit besonderem Geruch: süßl nach Kokosflocken oder nach Maggi oder heringsartig **30**

29* Geruch fehlend oder anders **34**

– Mit besonderem Geruch: süßlich nach Kokosflocken oder nach Maggi-Würze oder nach Hering (30–32)

30 Geruch süßl nach Kokosflocken. H hellgrau mit lilarosa oder ockergelbl Tönung, jung meist mit spitzem Buckel. L hellocker mit geringem fleischfarbenem Mischton. S weißblass. Unter Birken. Sp 7–8,5 × 5,5–6,5 µm. (Falls unter NaB, H dunkler braun: *L. mammosus* FR.) **Blasser Duft-Milchling** – *L. glyciosmus* (FR. : FR.) FR.

30* Geruch anders **31**

31 Geruch nach Maggi (Zichorie, Kampfer), zumindest an eintrocknenden Stücken. H ohne orange-ockerfarbene Töne **32**

31* Geruch heringsartig. H fuchsig-orange bis braun-fuchsig, groß, starr, derb, 6–15(–20) cm. S dem H gleichfarben. Stark milchend, Milch färbt L rost- bis dunkelbraun (fleckenweise). NaW, LaW. Sp fast kugelig, 7,5–10,5 µm **Brätling** – *L. volemus* (FR. : FR.) FR.

32 H filzig-schuppig, 5–15 cm, hell rötl-ocker, fleischfarben-lehmgelb. S heller als der H. Sp 6,5–9 × 5,5–6,5 µm. Häufig unter Birke, aber auch im NaW, in Mooren. **Filziger Milchling** – *L. helvus* (FR. : FR.) FR.

32* H kahl, 2,5–5(–8) cm, trüb rotbraun. S braunrot mit weinrötl oder fleischfarbenem Mischton, zuletzt von der S-Basis her dunkel purpurn bis fast schwarz-violett. Sp nicht netzmaschig ornamentiert, 7,5–8,5 × 6,5–7,5 µm. (Falls Sp fast kugelig und wabig-netzig ornamentiert: ►). LaW, NaW, morsche Baumstümpfe **Kampfer-Milchling** – *L. camphoratus* (BULL. : FR.) FR.

33 H rotbraun, mit rötl Mischtönen, auch tief braun, nicht an Erle gebunden. **34**

33* H mit anderen Farben: z. B. orangefuchsig etc. o d e r an Erle gebunden **39**

– Hut rotbraun, tief braun (34–39; siehe auch 41*)

34 H 3–8(–12) cm, rotbraun, trocken matt, fein flaumhaarig-filzig, oft spitz gebuckelt, durchfeuchtet und alt kahl und glänzend. L fleischrötl-ocker. S rötl-braun. F mit harzartigem Geruch, Milch reichl, brennend scharf. Sp 8–9,5 × 6,5–7,5 µm, kleinwarzig-stachelig, unvollständig netzmaschig durch dünne Grate. NaW, besonders bei Kiefer, z. T. auch Birke **Rotbrauner Milchling** – *L. rufus* (SCOP. : FR.) FR.

34* H-Oberfläche nicht filzig-matt. Geschmack nicht brennend scharf **35**

35 Unter LaB (Rotbuche, Eiche).. . . . **36**

35* Unter NaB im NaW, z. T. auch in Mooren **37**

36 Unter Rotbuche. H 3–7 cm, mit spitzem, bleibendem, seltener ganz verschwindendem Buckel. Stumpf rot-braun, olivl-kastanienbraun, schmutzig orangebraun, alt ausblassend. H-Oberfläche fein runzelig-rau (Lupe!), später auch radial-runzelig-höckerig oder furchig-grubig. L lange weißl, schmutzig rosträtl fleckend, lange blass-ocker, zuletzt mit fleischrötl Mischton. Milch wässrig, weiß. Sp mit zieml dicken Warzen, die

durch dünne Grate unregelmäßig netzmaschig verbunden sind, 7,5–9,5 × 6,5–8 µm
Süßlicher Milchling – *L. subdulcis* (PERS. : FR.) GRAY

36* Unter Eiche. H 2,5–6(–9) cm, satt dunkelrotbraun bis schwarzbraun, trocknend ausblassend olivgrau bis schmutzig umbrabraun. H-Oberfläche matt, bereift oder wie feinfilzig, alt verkahlend, Milch wässerig. L gelbl bis sattgelb, ockerfuchsig, zimtfarben-gelb, in Aufsicht auch rostrot. Sp 7,5–9 × 7–8 µm
Wässriger Milchling – *L. serifluus* (DC. : FR.) FR.

37 H schleimig, 4–10 cm, glänzend, ohne Buckel, frühzeitig mit vertiefter Mitte. S oft getropft-gefleckt, schleimig, zieml breit und kurz, 3–5 × 1–2,5 cm. H rotbraun bis trüb purpurfuchsig, oft dunkler gezont. Sp 6,5–7,5 × 5,5–6,5 µm. NaW auch bei Birken.
Kuhroter Milchling – *L. hysginus* (FR. : FR.) FR.

37* H fast trocken. 3–6(–8) cm, frisch (speckig-)glänzend (vgl. **34**). S nicht grubig-gefleckt, trocken, schlank. **38**

38 In Kiefernwäldern spät im Jahr (bis Dezember), nicht an Torfmoose gebunden. Milch gilbend (z. B. auf Fingernagel), bald bitter und bisw zieml scharf.
Leberbrauner Milchling – *L. hepaticus* PLOWR.

38* In montanen bis subalpinen Fichtenwäldern oder zw Torfmoos (*Sphagnum*) in Mooren (dann auch bei Kiefer). **39**

39 L in Aufsicht ockerblass, später ockerbräunl, wenig fleckend. Moore zw Torfmoos
Torfmoos-Milchling – *L. sphagneti* (FR.) NEUHOFF ex GRÖGER

39* L in Aufsicht mit orangerötl Tönung, bisw bräunl gefleckt. Montaner bis subalpiner Fichtenwald **Bergwald-Milchling** – *L. badiosanguineus* KÜHNER & ROMAGN.

40 Unter Erle (*Alnus*), oft in Erlen-Sümpfen, bisw auch an sehr nassen Stellen. **41**

40* Nicht obligat an Erle gebunden. **42**

– – ***Obligate Erlenbegleiter (41)***

41 H lilarosa bis rot, alt fleischfarben ausblassend. (Falls H grau und unter Grünerlen: ▸). H-Oberfläche anliegend Filzig-kleinschuppig
Lila-Milchling – *L. lilacinus* (LASCH) FR.

41* H olivocker, fuchsig-braun, rostfalb, auch rötl-ocker bis rotbraun, meist in H-Mitte oliv-rußig, An feuchten Plätzen, jedoch nicht im Torfmoos. (Falls zwischen *Sphagnum* an sehr nassen Orten und im Habitus an kleine *Laccaria* erinnernd: *L. omphaliformis* ROMAGN. – Unter Grünerlen: ▸)
Olivbrauner Erlen-Milchling – *L. obscuratus* (LASCH) FR.

42 H mit grauen, grünl, violettl-bräunl Tönen **43**

42* H mit anderen Farben: z. B. mit gelben, orangefarbenen, fleischockerfarbenen, hell rötl-ockerfarbenen Tönen **49**

– ***Hut mit grauen, grünlichen, olivfarbenen, violettlich-bräunlichen Tönen* (43–48; vgl. auch 24, 27, 30, 41)**

43 Im LaW, jedoch nicht speziell mit Birke. **44**

43* Im NaW und/oder unter Birke. **47**

44 H mit oliven oder grünl Mischtönen: grau-oliv, gelbl-oliv, braun-oliv, olivgrün, wenn feucht schleimig-klebrig. Milch grünl eintrocknend. An Rotbuche (*Fagus*) gebunden **45**

44* H mit anderen Farben und/oder nicht an Rotbuche gebunden. Milch nicht grünl eintrocknend. **46**

45 H-Rändchen auf 1–5 mm ± weiß. L junger Frk nicht rein weiß sondern von Beginn an mit cremefarbenem Schein, dann elfenbein- bis rahmgelbl, trübgelbl mit grauem Stich, bleichocker mit fleischfarbenem Schein aus der Tiefe. H gelbl-oliv, oliv-grünlblass, schiefergrau, gelbgrau, auch mit violettl oder fleischrötl-grauem Mischton, selten völlig ohne grünl Mischtöne, diese aber auf H-Rand beschränkt. H-Oberfläche z. T. breit gezont. Sp (7,5–)8–9,5 × 6,5–7,5(–8) µm, grob warzig, durch ± breite, z. T. fast flügelartige, meist parallele Grate wie zebriert
Braunfleckender Milchling – *L. fluens* BOUD.

45* H-Rändchen wie der übrige H gefärbt. L junger Frk rein weiß, nicht mit gelbl Schein, alt blass rahmgelbl, bisw mit fleischfarben-fuchsigem Schein, an Druckstellen schmutzig fleckend. H olivgrün bis braun-oliv. H-Oberfläche oft durch dunklere Flecken tropfig gezont. Sp 7–8,5 × 5,5–6,5 µm **Graugrüner Milchling** – *L. blennius* (FR. : FR.) FR.

46 Unter Hainbuche (*Carpinus*). L ± gedrängt, dann etwas entfernt, jung ockerblass, alt trüb-ocker bis fast orange-ocker. H aschgrau bis gelbgrau, mit violett-braunen Mischtönen; mit 1–5 rot- bis schwarzbraunen, durchwässert aussehenden Zonen, alt undeutl gezont oder selten mit fehlenden Zonen. Sp 7–8 × 5,5–6,5 µm. Eichen-Hainbuchen-W
Hainbuchen-Milchling – *L. circellatus* FR.

46* Unter Hasel (*Corylus*). L entfernt, lebhaft ocker-gelb. H 4–8 cm, nicht oder nur undeutl am H-Rand gezont, jung dunkel olivbraun, rasch vom H-Rand her gelboliv bis olivlederfarben aufhellend, ganz außen auch rahmgelbl, aber immer mit schwachen grauen Mischtönen, in H-Mitte oft grau- bis braun-oliv, bisw auch mit rotbraunen Tönen. Sp 7–8,5 × 5,5–6,5 µm **Hasel-Milchling** – *L. pyrogalus* (BULL. : FR.) FR.

47 Unter Birke oft gemeinsam mit NaB.an feuchteren Plätzen. H 2,5–7(–11) cm, violettgraubraun bis violettgrau, bald flach, meist mit kleinem, spitzem Buckel. Milch auf den L grau bis olivl-grau eintrocknend. S 3–8 × 0,4–1,2 cm. F geruchlos (vgl. **30**).
Graufleckender Milchling – *L. vietus* (FR. : FR.) FR.

47* Nicht an Birke gebunden, im NaW mit Fichte und Kiefer. Frk größer, S × 1–3,5 cm **48**

48 H nicht auffallend gezont, 7–17 cm. Milch auf L grünl eintrocknend (so auch **45**, **45***). H und S frisch schmierig. S ockerl-blass, blass orange-falb mit schwachem fleischrötl Reflex, 4–12 × 1–3,5 cm, meist hohl. Sp 8,5–10,5 × 7–8,5 µm. Besonders unter Fichten
Nordischer Milchling – *L. trivialis* (FR. : FR.) FR,

48* H zumindest gegen den Rand gezont, 5–9 cm. Milch auf L nicht grünl eintrocknend. H und S nicht schmierig. S blass violett-grau, im unteren S-Drittel hell ocker bis goldgelb, 3–8 × 1,5–3,5 cm, meist voll. Sp 7–8 × 6–6,5 µm. Besonders unter Kiefern
Verbogener Milchling – *L. flexuosus* (PERS. : FR.) GRAY

49 H tieffarbig: mit eindeutig gelbl, (grau-)ockerfarbenen, orangen Tönen **50**

49* H blassfarbig:rötl-ocker, fleischfarben-ocker **57**

– Hut mit lebhaft orangen, orange-braunen Farben (50–56; siehe auch 31*, 32)

50 An Lärche (auch im Flachland) oder an Fichte im Bergwald gebunden. H gezont . **51**

50* Falls unter Fichte, dann H nicht gezont o d e r an LaB gebunden. **52**

51 Unter Lärche (*Larix*). Milch mild bis bitterl. H 3–6(–8) cm, orangerot, gezont oder ungezont. S orange, bisw mit ockergelbl Flecken. Sp 7,5–9,5 × 6–7,5 µm

Lärchen-Milchling – *L. porninsis* ROLLAND

51* Unter Fichte (*Picea*). Milch scharf. H 5–12 cm, hell orange-gelb, orange-bräunl, auch semmelgelb, ocker, dunkler gezont. S dem H gleichfarben, ohne oder mit schwachen Gruben. Sp 8–9,5 × 6–7,5 µm.

Fichten-Milchling – *L. zonarioides* KÜHNER & ROMAGN.

52 NaW, oft unter Fichte **53**

52* LaW. **55**

53 Frk groß, H groß, 6–20 cm, Geruch nach Hering siehe **31***: *L. volemus*

53* Frk schmächtiger, H 3–5(–8) cm, Geruch nicht nach Hering **54**

54 H-Mitte wesentl dunkler als der übrige H, z. B. tiefer orange-braun. S-Basis purpurbraun verfärbend ▸

54* Farbe der H-Mitte wenig verschieden von der des H-Randes. S-Basis nicht purpurbraun nachdunkelnd. H jung spitzkegelig, später weitgehend flach. H-Oberfläche glatt, wie poliert glänzend. L kaum herablaufend. Sp mit recht dicht stehenden Warzen, die durch dünne Grate unvollständig netzmaschig verbunden sind. 8–9,5 × 6,5–7,5 µm

Oranger Milchling – *L. aurantiacus* (PERS. : FR.) GRAY

55 H-Oberfläche auffallend radialrunzelig. **56**

55* H-Oberfläche nicht radialrunzelig. H 3–8(–10) cm. H-Oberfläche kahl, glanzlos, schwach bereift. Sp 7,5–8,5 × 6,5–7,5 µm. LaW unter Rotbuche, Hainbuche, Eiche

Orangefuchsiger Milchling – *L. fulvissimus* ROMAGN.

56 H 1–5 cm, auf der ganzen Oberfläche von winzigen, trüb-rotbraunen Runzeln, Adern und Höckern uneben, am H-Rande stark runzelig-gerieft, frisch orangefuchsig, später ausblassend. Geruch an Efeublätter oder Kampfer erinnernd, nicht nach Zichorie oder Maggi. Sp mit kräftigen Warzen, die durch ungleich dicke Grate fast wabig-netzig verbunden sind, fast kugelig, 6,5–7,5 × 6–6,8 µm. LaW unter Rotbuche (*Fagus*)

Runzel-Milchling – *L. rostratus* HEILM-CLAUS.

56* H 4–10 cm, radialrunzelig, rost-orange oder orange-ocker. Geruch fehlend oder bisw schwach nach Blattwanzen. L jung auf Berührung bisw lila verfärbend, dann bräunend. S heller als H, S-Spitze tiefer rötl-braun (Name!), mit Längsrippen Sp ellipsoid, 7,5–10 × 5,5–7,5 µm. LaW unter Rotbuche (*Fagus*)

Rotgürtel-Milchling – *L. rubrocinctus* FR.

– Hut eher rötlich-ockerfarben, blass-ockerlich, grau-ockerlich, gelb-ockerlich (58–62; vgl. auch 32, 48)

57 H hell roströtl, orangeocker mit rosaockerl oder fleischfarbenem Mischton **58**

57* H gelb bis gelbl, hell ockergrau, schmutzig cremefarben, braun-ockerl etc. **59**

58 HDS außen aus blasigen bis kugeligen Zellen. H 2–6 cm, blass fuchsig, roströtl, orange-ocker, orange-beige, stark ausblassend, oft mit Papille, H-Rand durchscheinend gerieft. Geruch fehlend oder nicht kennzeichnend. Sp mit zieml kräftigen, größtenteils isolierten, sehr spärl durch feine Linien verbundenen Stacheln, 7–9,5 × 6–7 µm. LaW, NaW, besonders unter Birken, besonders an feuchteren Stellen.

Flatter-Milchling – *L. tabidus* FR.

58* HDS außen aus gestreckt-fädigen Zellen. H 3–7 cm, rosa-ledergelb bis fleischfarben. Geruch nach Pelargonienblättern. Sp mit mittelgroßen Warzen, die unregelmäßig netzmaschig verbunden sind, z. T. auch isoliert sind, 7,5–9 × 5,5–7 µm. LaW, Eichen-Hainbuchenwälder, auch NaW unter Fichte **Ungezonter Milchling** – *L. decipiens* QUÉL.

59 H zieml rein gelb bis gelbl, auch zunächst fast weißl oder orangeocker, fuchsig-orange **60**

59* H mit grauen, bräunl Mischtönen oder schmutzig cremefarben **62**

60 LaW, an LaB gebunden **61**

60* Unter NaB [unter Fichte im montanen Bereich siehe **51***: *L. zonarioides* KÜHNER & ROMAGN.; unter Kiefer auf Sandböden siehe *L. musteus* FR.] .▸

61 L gegen den S kraus, unregelmäßig gegabelt und anastomosierend. Basidien 2-sporig. Sp 10–15 × 8–12 µm **Queradriger Milchling** – *L. acerrimus* BRITZELM.

61* L gegen den S anders, nicht anastomosierend. Basidien 4-sporig. Sp kleiner, 7–9 × 6–7,5 µm. H zieml lebhaft orangeocker bis fuchsig-orange, ± satter gezont. F im S nach etwa 1 Stunde rosal, dann langsam schiefergrau, mit schwachem Obstduft. [Falls H ockerblass, strohgelb, nur am helleren H-Rand schwach gezont, mit kaum rötendem F, mit deutl Obstgeruch. Unter Rotbuche, Hainbuche, Zitterpappel: *L. evosmus* KÜHNER & ROMAGN.] **Echter Zonen-Milchling** – *L. zonarius* (BULL.) FR.

62 LaW unter Rotbuchen auf kalkhaltigen Böden. H 5–12, schmutzig cremefarben, braunockerl bis ledergelb, oft mit schwachem fleischfarbenem Mischton. L dem H weitgehend gleichfarben. S etwas blasser als der H. Geschmack mild, nach längerem Kauen schließl scharf. Sp gratig-zebriert, 8–9 × 5,5–7 µm

Blasser Milchling – *L. pallidus* PERS. FR.

62* NaW mit NaB (Fichte, Kiefer, Tanne) ▸

Hilfsschlüssel für häufige und/oder auffällige Arten nach einfach feststellbaren Merkmalen

Achtung: Bestimmungsergebnisse unter Verwendung dieses Schlüssels können nur eine ungefähre und vorläufige Orientierung vermitteln. Es bleibt geboten, weitere spezielle Bestimmungsschlüssel oder auch Abbildungswerke zu nutzen, um das Ergebnis abzusichern. Der Schlüssel führt lediglich auf häufigere und auffallende Arten, ist also keineswegs vollständig.

1 H weißl **2**

1* H farbig **4**

Hut weiß, weißlich (2–3)

2 H filzig, am H-Rand stark eingerollt. L etwas entfernt ***L. vellereus***

2* H nicht filzig, allenfalls runzelig. L sehr gedrängt [Falls L purpurn fleckend: *L. controversus*] **3**

3 Milch mit KOH nicht verfärbend, höchstens blass gelb werdend ***L. piperatus***

3* Milch mit KOH goldgelb werdend, so auch die HDS **_L. glaucescens_**

Hut farbig (4–36)

– Milch orange oder violetlich oder rötlich verfärbend (4–10)

4 Milch von Beginn an karottenfarbig oder weinrot. Unter Fichte (*Picea*). [Falls unter Tanne (*Abies*): ►. – Falls unter Kiefer (*Pinus*): *L. semisanguifluus* mit wenig lebhaft orange gefärbtem H und grünend: *L. semisanguifluus.* Falls H lebhaft gefärbt, wenig stark grünend, S mit orangefarbenen Gruben: *L. deliciosus*; bzw. ►] **_L. deterrimus_**

4* Milch weiß, allenfalls später verfärbend **5**

5 Milch violett verfärbend. H blass-grau, verwaschen rosa-grau, beige-lila, kaum gezont, stark schleimig. [Falls H-Rand fransig-zottig oder H auch sonst mit anderen Merkm: ►] **_L. uvidus_**

5* Milch nicht violett verfärbend **6**

6 Milch und/oder Fl rötl verfärbend und zugleich H dunkelfarbig **7**

6* Mit anderen Merkm **11**

7 H spitz gebuckelt. S-Spitze gerippt. Fl mild **_L. lignyotus_**

7* Mit anderen Merkm **8**

8 Milch abgetropft, z. B. auf dem Fingernagel, wie auch das Fl schnell rötend **_L. acris_**

8* Milch nur in Verbindung zum Fl rötend **9**

9 Sp mit hohen, rippenartigen bis flügelartigen, amyloiden Ornamenten. Fl schnell orangerosa [Falls Fl langsam blass rosa: *L. ruginosus*] **_L. pterosporus_**

9* Sp nicht mit hohen Graten, vielmehr deutl. netzig ornamentiert oder klein, weniger lang als 6,5–7,5 µm **10**

10 S weißl, lange so bleibend, kurz **_L. azonites_**

10* S von Beginn an graubraun oder tiefer gefärbt. Amyloide Rippen auf den Sp weniger als 1–1,5 µm hoch. LW. [Falls amyloide Rippen auf Sp 2–2,5 µm hoch oder falls im montanen NW und H wie S dunkel pigmentiert: ►] **_L. fuliginosus_**

11 Milch zunächst weiß, dann gilbend oder von Beginn an gelbl. NaW, LaW, z. T. unter Eiche (vgl. **28**, **30**) **12**

11* Milch weder gelbl noch gilbend. NaW, LaW **16**

– Milch gelb oder weiß und ± entschieden gilbend (12–15)

12 H-Rand fransig-zottig. H jung gelb, dunkler gezont. S robust und fleckig-grubig, oben am L-Ansatz weißl bereift. Unter Fichte (*Picea*) [Falls unter *Abies* und S oben gelbl, oder falls H mit schwachem Olivton, oder falls H zieml klein, oder falls H undeutl gezont, oder falls S undeutl gefleckt etc.: ►; oder falls H jung milchweiß, ockerweißl: ►] **_L. scrobiculatus_**

12* H-Rand nicht fransig-zottig **13**

13 H gelbl-fleischfarben mit orangefuchsigen Zonen, 4–6(–9) cm. Milch reichlich, weiß, rasch gelb werdend. Unter Eiche **_L. chrysorrheus_**

13* Merkm anders **14**

14 Milch von Beginn an rahmgelbl. H fleischrötl-braun, feucht undeutl gezont, trocken blasser. Unter Eiche **_L. quietus_**

14* Milch nicht von Beginn an gelbl sondern zunächst weiß und dann schwach oder stärker gilbend **15**

15 Milch langsam gilbend. H blass fuchsig, rosträtl, ocker-beige, stark ausblassend, oft mit Papille, H-Rand durchscheinend gerieft. HDS außen aus blasigen bis kugeligen Zellen. NaW, LaW, feuchte Stellen, bevorzugt unter Birke ***L. tabidus***

15* Milch langsam tief gelb werdend. H rosa-ledergelb bis fleischfarben. Geruch nach Pelargonienblättern. Geschmack zieml scharf. HDS aus fädigen Hyphen. An eher trockenen Stellen, LaW (Eichen-Hainbuchenwald), NaW ***L. decipiens***

– Milch weiß und so bleibend, oder schwach und undeutlich gilbend (16 folgende)

16 H mit olivfarbenen Tönen: braun-oliv bis oliv-schwärzlich, 6–20 cm, jung mit breitem olivgelbem, filzigen Rand. H-Oberfläche bald trocken, oft dunkelfleckig mit KOH meist (wenn jung) rot verfärbend. Unter Fichten und Birken. ***L. turpis***

16* Merkm anders **17**

17 H und S matt, wie bereift-samtig orangebraun, gelbl, derb, starr, 6–20 cm. Geruch heringsartig. Milch weiß, an L braun fleckend. F und Milch mild schmeckend ***L. volemus***

17* Merkm anders **18**

18 H-Rand zumindest jung fransig-zottig, bisw rasch verkahlend **19**

18* H-Rand bereits jung völlig kahl **20**

19 H fleischrosa bis fleischbräunl, dunkler gezont. Unter Birke (*Betula*) [Falls unter *Quercus*: ►] ***L. torminosus***

19* H weißl, blass rosa-fleischbräunl, ockerbräunl, ungezont [Falls Frk klein und in *Sphagnum*-Mooren: ►] ***L. pubescens***

– – Mit auffallendem Geruch nach Kokosflocken oder nach Maggi-Würze (20–23)

20 Geruch süßl nach Kokosflocken, Unter Birken. H lila-grau, lehmfarben-rosa, gelbgrau. L reif ockerblass. [Falls H kräftig farbig, L dunkelocker, im NW: *L. mammosus*] ***L. glyciosmos***

20* Geruch nicht nach Kokosflocken und auch andere Merkm verschieden **21**

21 Mit deutl Maggi-Geruch (nach Maggi-Würze). **22**

21* Ohne derartigen Geruch **23**

23 Frk groß. H filzig-feinschuppig, trocken, rötl-ocker, ledergelb 4–15 cm. Oft unter Birke (*Betula*), auch Fichte (*Picea*) ***L. helvus***

23* Frk klein bis mittelgroß. H kahl, rotbraun bis weinrötl, 3–7 cm, S bisw dunkler als H. NaW ***L. camphoratus***

24 H mit gelben, orangen, rotbraunen, braunen Farben. **25**

24* H mit anderen Farben **32**

– – – Geruch weder nach Kokosflocken noch nach Maggi (25 folgende)

– – – – Hut mit gelben, orangen, rotbraunen, braunen Farben (26–31)

25 Unter NaB; S etwa wie der H farbig. **26**

25* Unter LaB; S blass, entschieden weniger farbig als der H **28**

– – – – – Unter und mit Nadelbäumen: Fichte, Kiefer, Lärche (26–27)

26 H rotbraun, trocken matt, fein flaumhaarig-filzig, wenn nass auch kahl und glänzend, meist spitz gebuckelt, 3–8(–12) cm. Milch weiß, F brennend scharf. [Falls Milch und

F mild oder wenig scharf, Vorkommen an nassen Stellen: *L. sphagneti*]. NaW, z. T. auch bei Birke **L. rufus**

26* Merkm anders. H-Oberfläche entweder nicht matt oder kleiner oder mit anderen Farben. Milch bisw nicht scharf. **27**

27 H-Oberfläche wie poliert glänzend, einheitl lebhaft orange, 2–6(–10 cm). NaW [LaW: hier inkl. *L. mitissimus*] **L. aurantiacus**

27* H nicht derart stark glänzend, braun, braunrot, z. B. *L. badiosanguineus*, *L. hepaticus*, etc. ▸.; falls H ocker-orange unter *Larix*: **L. porninsis**

– – – – ***Unter und mit Laubbäumen (28–31)***

28 H schmierig wenn feucht, lederfarben mit schwach fleischfarbenem Mischton, 5–15 cm. L blass, rostfarben fleckend. S ockergelbl, wenig schmierig. Unter LaB (*Fagus*, *Quercus*) auf Kalkböden. [Falls mit *Abies*: *L albocarneus*]. **L. pallidus**

28* H nicht schmierig und auch sonst mit anderen Merkm. **29**

29 Unter Erle (*Alnus*). In H-Mitte oft mit olivl Mischton, H eher klein [z. B. *L. obscuratus*] ▸

29* Nicht an Erle gebunden. **30**

30 H rotbraun, trocknend bis lederblass, in H-Mitte mit kleinem, spitzen Buckel, 3–7 cm. Besonders mit *Fagus* [Falls besonders unter *Quercus* und Milch wässerig-klar, H dunkelbraun: *L. serifluus*] **L. subdulcis**

30* Merkm anders **31**

31 H trichterig werdend und gezont, ockergelb, auch mit fuchsigen Mischtönen, H-Rand jung fein filzig. Geruch obstartig, Geschmack mäßig scharf [Falls H blasser, Geschmack sehr scharf oder falls Basidien 2-sporig: ▸] **L. zonarius**

31* Merkm anders ▸

32 H mit violettl bis grauviolettl Tönen. **33**

32* H nicht mit violettl Mischtönen, eher grau, graugrünl etc. Meist in Rotbuchenwäldern (*Fagus*) **36**

– – – – ***Hut mit violettlichen, grauviolettlichen, grauen, graugrünen Tönen (33–36)***

33 An Birke gebunden, bisw scheinbar im NaW. Milch auf den L grau bis olivl-grau eintrocknend. H 2,5–7(–2 cm), in H-Mitte (oft) unscheinbar spitz gebuckelt, S × 0,4–1,2 cm **L. vietus**

33* Nicht an Birke gebunden und auch sonst Merkm verschieden. Allenfalls zufällig zusammen mit Birke **34**

34 Milch auf den L grünl verfärbend. H 7–17 cm, graubräunl mit schokoladebraunen oder violettl Mischtönen, bis creme-ocker verblassend. S × 1–3,5 cm, wie der H frisch schmierig, ockerl mit schwachem fleischrötl Reflex **L. trivialis**

34* Milch nicht grünl verfärbend und auch sonst Merkm verschieden. **35**

35 Im NaW, besonders unter Kiefer. L sehr entfernt, creme-ocker **L. flexuosus**

35* Im LaW, wohl an Hainbuche gebunden (Eichen-Hainbuchen-Wald). L ± gedrängt bis mäßig eng stehend. H mit einigen braunen, meist durchwässert aussehenden Zonen [Falls L jung weiß, allenfalls mit cremefarbenem Schein, gedrängt und H andersfarbig: vgl. *L. blennius*. – Falls Unter Hasel. L entfernt, lebhaft ockergelb: *L. hortensis*] **L. circellatus**

36 H-Rand wie der übrige H gefärbt. L junger Frk rein weiß, nicht mit gelbl Schein, H jung schleimig-klebrig, olivgrün bis braun-oliv, oft tropfig-gezont ***L. blennius***

36* H-Rand auf 1–5 mm meist ± weiß. L junger Frk nicht rein weiß, mit cremefarbenem Schein, dann elfenbein- bis rahmgelbl, zuletzt trübgelbl mit grauem Stich. H weniger stark klebrig, nur bei sehr feuchter Witterung schleimig-schmierig, gelbl-oliv, olivgrünl-blass, selten weitgehend oder völlig ohne grüne Mischtöne, dann H schiefergrau, aschgrau etc. auch mit violettl, fleischrötl-grauem Mischton. ***L. fluens***

Lactifluus siehe *Lactarius*

Laeticutis siehe *Albatrellus*

Laetiporus MURR., Schwefelporling – PoP (Bas, Agaricomycetes, Polyporales, Fomitopsidaceae)
Frk flach-konsolenfö, einzeln oder dachziegelig, 10–30 cm breit. Oberfläche gelb, gelborange (so häufig am Rande), creme, alt ausblassend. kahl, oft etwas rau. Trama weiß bis hellgelbl, frisch recht weich, bis 4 cm dick. Poren gelb, 1–4 pro mm, Röhren 2–4 mm lang. Dimitisch mit hyalinen Bindehyphen. Generative Hyphen hyalin, ohne Schnallen. Sp hyalin, dünnwandig, glatt, inamyloid, 5–7,5 × 3,5–5 µm. Lignicol, Braunfäule, Parasit, vorwiegend LaH (lebende oder tote Bäume), selten NaH (z. B. Lärche). – **Lit**: **9**: 233, **12**: 321
1 Art = T: *L. sulphureus* (BULL. : FR.) MURRILL – **Schwefelporling**: Dh 1063, Ge 444, Gh 507, Ja 96, Lx 547, Md 277, MJ 5Laet1,2, Ph 223.

Laetisaria BURDS. – ParP (Bas, Agaricomycetes, Corticiales, Corticiaceae)
Frk auf Süßgräsern (*Festuca*, *Lolium*) resupinat, membranös, oft mit sterilen, 2–10 mm langen Fortsätzen, frisch rosa, trocken hell ocker bis hell orange. Monomitisch. Hyphen hyalin, ohne Schnallen (falls mit Schnallen: *Limonomyces*). Sp hyalin, ellipsoid, dünnwandig, glatt, inamyloid, 9–12 × 5–6,5 µm. – **Lit**: **9:** 179, **12**: 211
1 Art = T: *L. fuciformis* (MCALPINE) BURDS.: KRIEGELST. 2004: 47

Lagarobasidium siehe *Hypochnicium*

Lambertella HÖHN. – inop. Disc (Asc)
L. langei T. SCHUMACH. & HOLØS: Frk zu 1–4 aus stromatisierten Flächen auf Blättern von *Andromeda polifolia.* Asc-Sp reif bräunl, 14,5–21 × 5,5–8 µm. – **Lit**: **5**: 101, **10**:162
T: *L. corni-maris* HÖHN.

Lamproderma ROST. – SchleimP (Myxogastria, Stemonitida, Stemonitidae)
Frk kugelfö, gestielt, seltener ungestielt. S gewöhnl kurz, schwarz, aus vernetzten, längsverlaufenden Fasern bestehend. Peridie membranartig, ausdauernd, oft irisierent, bisw sich unregelmäßig öffnend, gewöhnl einen Ringwulst rund um den S hinterlassend. Columella gewöhnl dick, bis in die Mitte des sporenbildenden Frk-Teils hineinreichend. Capillitium erstreckt sich von der Spitze, seltener von der ganzen Länge der Columella aus, oft radialstrahlig, die Fasern mehrfach verzweigt und oft anastomosierend, bisw ein Netz bildend, an der Peripherie des Frk mit vielen freien Enden, bisw diese mit der Peridie verbunden.

Sp in Masse braun bis schwarz, kugelig bis breit ellipsoid, warzig bis stachelig, auch mit netzfö Ornament. Über 30 Arten, teils im Gebirge nahe des abtauenden Schnees (nivicol), teils nicht nivicol auf Totholz, Borke, Zweige von lebenden Bäumen, tote Blätter, Krautreste. – **Lit**: **17**: 370, **20**: 101
T: *L. columbinum* (PERS.) ROST.: Neub 3.140–144

1 In höheren Lagen nahe abschmelzendem Schnee (nivicol) **2**
1* Nicht nivicol **4**
2 Sp mit Netzornament oder mit blasigen Erhebungen **3**
2* Sp warzig oder stachelig ►
3 Sp mit vollständigem Netz aus Gratlinien sowie mit durchgehendem Randsaum *L. cribrarioides* (FR.) R.E. FR.
3* Sp mit eher isolierten Gratlinien oder auch mit blasenartigen Erhebungen ►
4 Sp 7–10(–11) µm im Durchm, warzig ►
4* Sp 12–26 µm, stachelig **5**
5 Sp 12–15(–16) µm. Frk außen blau, blaugrün, blauviolett, ohne Flecken [Falls Peridie mit auffälligen Flecken: *L. gulielmae* MEYL. Falls Peridie unten mit kleinen Flecken und insgesamt metallisch-grau bis silbergrau: *L. puncticulatum* HÄRK.] *L. columbinum* (PERS.) ROSTAF.
5* Sp (16–)17–26 µm ►

Lamprospora DE NOT., Moosling – op. Disc (Asc, Pezizomycetes, Pezizales, inc. sed.)
Frk (Apothecien) sitzend, erst kugelig, dann kreiselfö bis scheibenfö, 1–3 mm, oft mit abgesetztem, gezähneltem Rande. Oberseits (Hymenium) orange bis rot, außen gleichfarben oder mehr hell, kahl, an der Frk-Basis mit Ankerhyphen. Asc-Sp (annähernd) kugelig, hyalin, warzig, mit einem großen Tropfen, stachelig oder mit netzfö Ornament, das sich in KOH auflöst. 19 Arten. Bryicol (parasitisch auf Laubmoosen). – Syn: *L. polytrichi* = *L. carbonicola*. – **Lit**: **5**: 59, **10**: 99
T: *L. miniata* DE NOT. – Abgebildet *L. carbonicola* BOUD. – Brandstellen-Moosling, als *L. polytrichi* (SCHUMACH. : FR.) LE GAL: BK 1.106.

1 Asc-Sp mit vollständig geschlossenem, regelmäßigem Netzornament **2**
1* Asc-Sp mit unregelmäßig geformtem Netzornament mit einigen offenen Maschen, auch teilweise oder gänzl warzig ►
2 Asc-Sp mit feinem Netzmaschen-Ornament, 13–15 µm, 15–20 Netzmaschen entlang des Durchm. Auf *Pohlia* an Brandstellen **Brandstellen-Moosling** – *L. carbonicola* BOUD.
2* Asc-Sp mit grobem Netzmaschen-Ornament, oft größer als 15 µm **3**
3 Asc-Sp 14–16 µm und mit 5–8 Netzmaschen (6–12: ►) entlang des Durchm. Auf verschiedenen Laubmoosen **Zinnoberroter Moosling** – *L. miniata* DE NOT.
3* Asc-Sp größer ►

Langermannia siehe *Calvatia*

Lanmaoa siehe *Boletus* (*fragrans*)

Lanzia siehe *Rutstroemia*

Laricifomes KOTL. & POUZAR, Lärchenporling – PoP (Bas, Agaricomycetes, Polyporales, Fomitopsidaceae)
Frk konsolenfö, sitzend, oft gestreckt, 5–40 cm hoch, bis 20 cm breit. mit dünner Kruste. Oberfläche glatt, alt stark rissig, mit breiten, konzentrischen Zonen, erst weiß, dann creme oder gelb-braun, Rand breit abgerundet. Trama zunächst recht weich, Geschmack bitter, trocken brüchig und leicht. Poren frisch weiß, trocken creme-ocker, 3–5 pro mm. Röhren undeutl geschichtet, 5–10 mm lang in jeder Schicht. Trimitisch mit dickwandigen, hyalinen Skelett- (unverzweigt) und Bindehyphen (verzweigt). Generative Hyphen hyalin, dünnwandig, mit Schnallen. Sp hyalin, dünnwandig, glatt, nicht amyloid, 4–5,5 × 3–4 µm. Lignicol, Braunfäule, Lärche. Alpen. – **Lit**:**12**: 387
1 Art = T: *L. officinalis* (VILL. : FR.) KOTL. & POUZAR – **Lärchenporling**: BK 2.401, Ct 316, HK 6.157, Ja 122, Lx 579, Md 295, MJ 5Fom1,2

Lasiobelonium ELLIS & EVERH. – inop. Disc (Asc, Leotiomycetes, Helotiales, Lachnaceae)
Frk sitzend oder kurz gestielt, becherfö, cremefarben bis braun, außen mit braunen oder bräunl Haaren. Haare dickwandig, mehrfach septiert. Außenschicht (Excipulum) aus kugeligen oder eckigen, seltener kubischen Zellen. Asci zylindrisch bis keulig, 8-sporig, mit entschieden amyloidem Porus. Paraphysen zylindrisch bis lanzettl, überwiegend die Asci überragend. Asc-Sp zylindrisch, spindelfö oder keulig, hyalin, unseptiert bis 3-fach septiert. Mehrere Arten. Saprotroph auf Holz oder auf Krautstängeln. – **Lit**: **5**: 165 als *Dasyscyphus* pr.p., **10**: 203
T: *L. amoenum* (SPEG.) SACC. – Abgebildet *L. nidulus* (SCHMIDT & KUNZE : FR.) SPOONER: BK 1.222, De 23J.

1 Auf krautigen Pflanzenresten (z. B. *Polygonatum*, falls auf *Epilobium*: ▸). Sp 6–9 × 1,5–2 µm (falls 8,5–15 × 2–2,5 µm: ▸) *L. nidulus* (SCHMIDT & KUNZE : FR.) SPOONER
1* Auf Holz 2
2 Sp 18–24 × 3,5–4 µm. LaH *L. corticale* (PERS. : FR.) RAITV.
2* Sp weniger als 15 µm lang 3
3 Paraphysen lanzettl, 2,5–5 µm breit, Asci um 15–20 µm überragend. Auf *Lonicera* *L. barbatum* (KUNZE : FR.) RAITV.
3* Paraphysen zylindrisch, 2–3,5 µm breit, Asci um weniger als 15 µm überragend. Auf verschiedenen LaH ▸

Lasiobolus SACC., Kotling – op. Disc (Asc, Pezizomycetes, Pezizales, Ascodesmidaceae)
Frk (Apothecien) sitzend, zunächst kugelig, dann kreiselfö bis scheibenfö, weiß, gelbl, orange (T: gelb-orange), ziegelrötl, 0,2–1 mm. Außen mit 200–1000 µm langen, aufrecht-steifen, nicht septierten, zuspitzenden Haaren, die hyalin oder blass-gelbl sind (beim T Haare 200–700 µm lang, Asc-Sp 20–24 × 12–14 µm). Asc-Sp hyalin, selten gelbl, ohne Tröpfchen, mit unregelmäßiger, gelatinöser Ummantelung. Über 5 Arten. Auf Dung von Vögeln und Pflanzenfressern. – **Lit**: **5**: 68, **10**: 102
T: *L. pilosus* (FR.) SACC. = *L. papillatus* (PERS. : FR.) SACC. = *L. ciliatus* (SCHUMACH. : FR.) BOUD. – **Borstiger Kotling**: BK 1.115, De 11A

Laurilia POUZAR, Hutkantenrindenpilz – RiP (Bas, Agaricomycetes, Russulales, Bondarzewiaceae)
Frk resupinat, effus-reflex, lederig bis korkig, glatt bis warzig. Oberseits behaart, braun bis schwärzl. Hymenium erst glatt, dann warzig, frisch hellgelbl mit rosa Schimmer, trocken ocker, mit KOH orange. Di- bis trimitisch. Skeletthyphen hyalin, gelbl, braun, dickwandig, unverzweigt. Bindehyphen hylin, dickwandig, reich verzweigt. Generative Hyphen hyalin, dünnwandig, mit Schnallen. Sp hyalin, dickwandig, etwas warzig, amyloid, annähernd kugelig, 5,5–6,5 × 5 µm. Lignicol, NaH. – **Lit**: **9**: 281, **12**: 124
1 Art = T: *L. sulcata* (BURT) POUZAR – **Gefurchter Hutkantenrindenpilz**: RH 92, RLD 10

Laxitextum LENTZ, Krustenschichtpilz – RiP (Bas, Agaricomycetes, Russulales, Hericiaceae)
Frk effus-reflex bis resupinat, weich-lederig. Hymenium glatt, frisch weiß, trocken hellocker. Sterile Oberfläche dunkelbraun, glatt bis behaart, gezont. Monomitisch, Hyphen hyalin bis braun, mit Schnallen. Gloeozystiden hyalin, z. T. spindelfö. 50–110 × 2,5–3,5 µm. Sp hyalin, dünnwandig, feinwarzig, amyloid, 4–6 × 2,5–3,5 µm. Lignicol, LaH. – **Lit**: **9**: 280, **12**: 122
1 Art = T. *L. bicolor* (PERS : FR.) LENTZ – **Zweifarbiger Krustenschichtpilz**: BK 2.106, Ct 1979, Ja 63, Kr 1.253, RH 87

Lazulinospora BURDS. & LARSEN, Blausporrindenpilz – RiP (Bas, Agaricomycetes, Polyporales, Ganodermataceae)
Frk resupinat, spinnwebfö (arachnoid), wollig (byssoid), dünn, glatt, Hymenium frisch blauviolett bis blaugrün, trocken hell graugelb. Monomitisch, Hyphen hyalin bis hell gelbl, ohne Schnallen. Zystiden fehlend. Sp in Wasser hyalin bis hell gelbl, in KOH blau, dünnwandig, warzig, 5–7 × 2,5–4 µm. Lignicol, NaH. – **Lit**: **9**: 299 als *Amaurodon c.*, **12**: 251
T: Nordamerika, in Westeuropa 1 Art: *L. cyanea* (WAKEF.) BURDS. & LARSEN

Lecanicillium W. GAMS & ZARE – SchimP (Asc, Sordariomycetes, Hypocreales, Cordycipitaceae, Anamorphe)
Konidien 1-zellig, nicht in Ketten, hyalin, Konidienträger nicht gebündelt, Konidien bildende Zellen sind Phialiden, diese von einem aus Konidien bestehenden Tröpfchen umgeben. Arten u. a. auch parasitisch auf Pilzen (*Agaricus*). – **Lit**: **21**: 89, 131
T: *L. lecani* (ZIMM.) ZARE & W. GAMS

Leccinellum BRESINSKY & MANFR. BINDER, Raufüßling – RöP (Bas, Agaricomycetes, Boletales, Boletaceae)
Frk gestielt-hutfö mit Röhrenhymenophor, das rund um den S eingesenkt ist. S rau-punktiert. F an der Luft sofort zieml stark rötl-violett, violett-grau anlaufend, bisw anfangs gelb. HDS aus Kugelzellen oder aus Ketten kurzgliedriger Zellen. Terricol, EktM, nicht mit Birke oder Pappel assoziiert. 2 Arten. – Syn. *L. pseudoscabrum* = *L. carpini, L. griseum* = *L. carpini, L. nigrescens* = *L. crocipodium*. – **Lit**: jeweils als *Leccinum* pr.p. **7**: 97, **11**: 73, **14**: 169
T: *L. crocipodium* (LETELL.) BRESINSKY & MANFR. BINDER – Gelbsporiger Raufüßling: BK 3.34, CD 1707, Dh 85, Kr 2.274,

1 F nach Bruch gelbl, dann rosa, alt schwarz, H gelb-bräunl, beige, oliv-braun. S gelbl mit bräunl oder schwärzl Schüppchen. HDS aus Ketten kurzgliedriger Elemente. Sp 14–18 × 6–7 µm. Unter Eiche (*Quercus*)
Gelbsporiger Raufüßling – *L. crocipodium* (LETELL.) BRESINSKY & MANFR. BINDER

1* F nach Bruch weißl, sofort rötend bis schwarz-violett, H gelbl bis schmutzig braun. S weißl, mit grauen oder schwarzbraunen Schüppchen. HDS aus Ketten von Kugelzellen. Sp 15–20 × 5–6,5 µm. Unter Hasel (*Corylus*), Hainbuche (*Carpinus*)
Hainbuchen-Raufüßling – *L. carpini* (R. SCHULZ.) BRESINSKY & MANFR. BINDER

Leccinum GRAY, Raufußröhrling – RöP (Bas, Agaricomycetes, Boletales, Boletaceae)
Frk recht groß, gestielt-hutfö, mit Röhrenhymenophor, das rund um den S eingesenkt ist. S rau-punktiert-schuppig. F an der Luft nicht intensiv sofort gänzl verfärbend und auch nicht von Beginn an gelbl. HDS aus gestreckt-fädigen Elementen. Terricol, EktM, häufig an Birke (*Betula*) oder Pappel (*Populus*) gebunden, aber auch mit Eiche (*Quercus*), anderen LaB (außer *Carpinus, Corylus*) oder mit NaB (*Pinus, Picea*). Etwa 12 Arten. Anm: Vgl. *Leccinellum*. – Die Fassung der Arten ist noch nicht abschließend geklärt. – Syn: *L. rufum* = *L. aurantiacum*, *L. testaceoscabrum* = *L. versipelle*. – **Lit**: **7**: 97, **11**: 73, **14**: 169
T: *L. aurantiacum* (BULL.) GRAY – Espen-Rotkappe: CD 1701, Dh 89, Gh 487, Kr 2.281, Ph 210

1 Am H-Rand mit häutigem Saum (mehr als 1 mm über die Röhrenschicht wie vorgezogen); dieser oft in Fetzen oder Segmente zerrissen, die am H-Rand herabhängen. H meist rot-orange oder orange-braun (falls weiß oder hellfarbig: ►), seltener auch braun. F im frischen Anschnitt erst weiß, dann meist lila, violett, graurot oder blau verfärbend, schließl schwärzend. **2**

1* H-Rand anders, nicht als Saum von mehr als 1 mm Breite ausgebildet. H mit bräunl (oder auch weißl ►) Tönen, nicht rot-orange bis orange-braun. F oft weiß bleibend oder nur stellenweise oder mit wenig intensiven Tönen verfärbend. **6**

2 An LaB (Birke, Pappel etc.) gebunden, F oft auch verfärbend bis schwärzl werdend . . **3**

2* An NaB gebunden (Kiefer, Fichte). F weiß, im H kaum verfärbend oder nur langsam rosa, im S graurosa bis graupurpurn, in S-Basis auch grünblau, nicht jedoch schwärzend. H rotbraun **5**

3 Unter Zitterpappel (*Populus tremula*). Poren anfangs weiß oder weißl, S-Schüppchen anfangs weiß, dann rötl bis bräunl. F (jung) an der Luft rötl bis rötl-zimtfarben. H orange, rostgelbl, orangebraun. Sp 14–16,5 × 4–5 µm. [Falls H graubraun, zimtbraun, tabakfarben bis fuchsig, Sp 15–20 × 5–7 µm: *L. duriusculum* (SCHULZER) SINGER]
Espen-Rotkappe – *L. aurantiacum* (BULL.) GRAY

3* Nicht an Zitterpappel gebunden **4**

4 An Birke (falls Weide: ►) gebunden. Poren von Beginn an mausgrau, olivl oder blass haselnussfarben. S-Schüppchen von Beginn an schwarz, zigarren-braun oder umbrabraun. F zunächst weiß, dann an der Luft weinrot bis blau-schwarz. H gelb-orange bis gelb-bräunl, trocken, fast-filzig. Sp (12–)13–16(–18) × 3,5–4,5 µm.
Birken-Rotkappe – *L. versipelle* (FR. & HÖK) SNELL

4* An Eiche (seltener an Linde oder Rotbuche) gebunden. Poren anfangs weiß oder weißl. S-Schüppchen bald rötl bis bräunl. H rostbraun, kastanienbraun, dunkel ziegelrot bis dattelbraun. Sp (10–)12–15 × 3,6–5 µm.
Eichen-Rotkappe – *L. quercinum* (PILÁT) E.E. GREEN & WATLING

5 An 2-nadelige Kiefer (*Pinus sylvestris* etc.) gebunden. Sp 12,5–16 × 3–5
Kiefern-Rotkappe – *L. vulpinum* WATLING

5* An Fichte (*Picea abies*) gebunden. Sp 12–15 × 3,5–4 µm
Fichten-Rotkappe – *L. piceinum* PILÁT & DERMEK

6 F weiß, im Anschnitt unveränderl oder etwas lehmfarben-rosa, schwach pfirsichfarben in H und S-Spitze werdend 7

6* F stärker rötend, bisw bunt verfärbend ▸

7 H dunkel braunschwarz bis schwarz. S-Schuppen rußig, fein. Sp 15–23 × 5–7 µm
Dunkler Birkenröhrling – *L. melaneum* (SMOTL.) PILÁT & DERMEK

7* H weniger tief gefärbt. H grau bis dunkelbraun (falls zimtbraun: *L. subcinnamomeum* PILÁT & DERMEK), S-Schüppchen gleichfarben. Hyphen der HDS nicht unter 4,5 µm breit und ohne intrazelluläre Pigment-Kügelchen in Melzers Reagenz. Sp 12,5–21 × 4–6,5 µm. [Falls S safrangelb gefleckt o d e r Hyphen der HDS oft nur 3 (bis 6) µm breit und mit Pigment-Kügelchen in Melzers Reagenz: ▸]
Echter Birkenröhrling – *L. scabrum* (BULL. : FR.) GRAY

Lentaria CORNER, Byssuskeule – KoP (Bas, Agaricomycetes, Gomphales, Lentariaceae)
Frk korallenartig verzweigt, weiß, creme, ocker, bräunl. F zäh, oft mit bitterem Geschmack. Monomitisch. Hyphen angeschwollen, dünn- oder dickwandig, mit oder ohne Schnallen, ohne Sekundärsepten. Zystiden fehlend. Sp hyalin, glatt, schmal ellipsoid, meist ohne Öltropfen, amyloid oder nicht amyloid. Lignicol, bisw auch auf Blättern, nicht lichenisiert. Etwa 5 Arten. – Syn: *L. mucida* siehe *Multiclavula m.* – **Lit**: **9**: 266, **12**: 79
T: eine tropische Art. Bei uns z. B.: *L. albovinacea* PILÁT – Lilaweiße Byssuskeule: BK 2.439

1 Hyphen dickwandig werdend. Sp meist amyloid 2

1* Hyphen dünnwandig bleibend, kaum dickwandig. Sp nicht amyloid ▸

2 Frk weiß, dann gelbl-ocker, alt bräunl, weinfarben bis violett, bis 5 cm hoch, von der Basis aus mehrfach bis in die äußeren Äste hinein reich verzweigt. Hyphensepten mit Schnallen. Sp schwach amyloid, 4,7–7,5(–9) × 2,2–3,5(–3,7) µm. Lignicol, auf morschen Stämmen von NaH und NaH **Lilaweiße Byssuskeule** – *L. albovinacea* PILÁT

2* Merkm verschieden: z. B. Frk weiß bleibend, kleiner (bis 3 cm hoch) und/oder Frk unverzeigt o d e r Hyphensepten ohne Schnallen ▸

Lentinellus P. KARST., Zähling – BläP (Bas, Agaricomycetes, Russulales, Auriscalpiaceae)
Frk klein bis mittelgroß, zähfleischig. L-Schneide gesägt. Geschmack mild bis scharf. Geruch einer Art (T) süßl-aromatisch nach Anis. S fast zentral, exzentrisch oder fehlend. Sp amyloid mit Warzen, ± kugelig, recht klein. Meist lignicol. 6 Arten. – **Lit**: **7**: 170, **11**: 506, **14**: 78
T: *L. cochleatus* (PERS. : FR.) P. KARST. – Anis-Zähling: BK 3.234, BL 125, CD 132, Gh 225, HK 3.102, Ja 186, Kr 3.7, Lg 197H, Lu 1.37.1, Md 122

1 Frk langstielig, S fast zentral bis exzentrisch, büschelig verwachsen (Falls S nicht oder kaum zu mehreren büschelig verwachsen und Geruch nicht nach Anis: ▸). Geruch oft nach Anis (fehlend bei var. *inolens*). H 1–5(–11) cm, tief genabelt. H-Oberfl glatt und kahl. L am S herablaufend und als Rippen sich auf der oberen S-Hälfte fortsetzend. F mild bis scharf. Sp warzig-punktiert, 4–5 × 3,2–4 µm. LaH, auch am Grunde morscher LaH-Stümpfe **Anis-Zähling** – *L. cochleatus* (PERS. : FR.) P. KARST

1* S völlig fehlend oder nur kurz und seitl. Frk muschelfö vom Subdtrat abstehend. Anis-Geruch fehlend **2**

2 H groß, 3–15 cm breit **3**

2* H klein, 0,6–4 cm ▸

3 Trama (dünner Schnitt) dextrinoid bis schwach amyloid. H-Oberfläche knorrig-uneben, aderig-runzelig, fast kahl. S fehlend oder kurz und exzentrisch. F scharf, Geruch fehlend oder schwach. Sp breit ellipsoid bis fast kugelig, 4–5 × 3–4 µm. LaH, besonders an Ulme, oft an noch lebenden Stämmen LaH **Runzelhut-Zähling** – *L. vulpinus* (SOWERBY : FR.) KÜHNER & MAIRE

3* Trama (dünner Schnitt) entschieden amyloid. H-Oberfläche radial geadert bis gerunzelt, filzig, dicht und kurz striegelig. Geschmack des F unangenehm, aber nicht brennend scharf. [Falls Geschmack brennend scharf: *L. ursinus* (FR. : FR.) KÜHNER]. Sp ellipsoid bis eifö, 3,5–4,5 × 2,5–3,5 µm. LaH, NaH **Castor-Zähling** – *L. castoreus* (FR.) KONRAD & MAUBL.

Lentinula EARLE, Shiitake – BläP (Bas, Agaricomycetes, Agaricales, Omphalotaceae)
Frk gestielt-hutfö. H 4–10 cm, konvex, braun, grobfaserig bis schuppig, trocken. L breit angeheftet bis kurz herablaufend, gedrängt, weißl bis creme. S 3–7 × 0,5–1,5 cm, exzentrisch bis zentral. Monomitisch, generative Hyphen dickwandig, mit Schnallen. Spp weiß. Sp ellipsoid, glatt, inamyloid, 4,5–6,5 × 2,5–3 µm. Lignicol. – **Lit**: **7**: 165 als *Lentinus e.*, **11**: 58, **14**: 302
T: außereuropäisch. Als Kulturpilz häufig im Handel *L. edodes* (BERK.) PEGLER – **Kultur-Shiitake:** Dh 1005, Gh 105, HK 4.199, Lu 1.38.1, Lx 53

Lentinus FR., Sägeblättling – BläP (Bas, Agaricomycetes, Polyporales, Polyporaceae)
Frk mittelgroß bis groß, zähfleischig. H-Oberfläche bei der häufigsten Art klebrig bis harzig. S überwiegend exzentrisch. L-Schneide schartig bis gesägt. Spp weiß bis hellocker. Dimitisch, generative Hyphen dünnwandig, schmal, mit Schnallen, Binde(Skelett-)hyphen dickwandig, hyalin. Sp glatt, hyalin, inamyloid, zylindrisch bis ellipsoid. 2 Arten. Lignicol, LaH, NaH. – **Lit**: **7**: 165, **11**: 57, **14**: 72
T: vorwiegend tropisches Amerika. Bei uns: *L. adhaerens* (ALB. & SCHWEIN. : FR.) FR – Harziger Sägeblättling: BK 3.237, Br 512, CD 139, HK 3.100, KM 314, Kr 3.14, Lu 1.39.6, Lx 53

1 L-Schneide deutl schartig bis gesägt. Trama dimitisch mit dickwandigen Sklelett-hyphen **2**

1* L-Schneide ± glatt bis schwach gesägt. Trama monomitisch (Falls H schwarz-braun schuppig: *L. tigrinus*) Untergattung *Panus*

2 H-Oberfläche klebrig bis harzig, samtig oder filzig, braun, seltener weißl. H 2,5–5 cm. L-Schneide gesägt, klebrig. Sp 7–10,5 × 2,5–3,5 µm. NaH (besonders Fichte)
Harziger Sägeblättling – *L. adhaerens* (ALB. & SCHWEIN. : FR.) FR.
2* H-Oberfläche nicht klebrig, nicht harzig. **3**
3 H groß, 15–20 cm, auf weißl Grund mit groben bräunl Schuppen o d e r L jung aderfö-anastomosierend siehe *Neolentinus*
3* H kleiner und L nicht anastomosierend. **4**
4 Sp 4,5–6,5 × 2,5–3 µm. H 4–10 cm konvex siehe *Lentinula*
4* Sp-Maße anders ▸

Lenzites FR., Blätterporling – PoP (Bas, Agaricomycetes, Polyporales, Polyporaceae)
Frk flach-konsolenfö, 3–10 cm breit, 2–5 cm im Radius, 0,3–1,5 cm dick, lederig, am Substrat sitzend, einjährig. H-Oberfläche rau-behaart, zottig, gezont. Trama weiß. Hymenophor lamellenartig bis daedaloid. Trimitisch mit hyalinen Skelett- und Bindehyphen, generative Hyphen hyalin, mit Schnallen. Sp hyalin, dünnwandig, glatt, inamyloid, 4,5–6 × 2–3 µm. Bei uns 1 Art auf LaH. – **Lit**: **9**: 228, **12**: 366
T: *L. betulinus* (L. : FR.) FR. – **Birken-Bätterporling**: BK 2.352, Cr 743, 1186, Ge 446, HK 2.51, Ja 111, Kr 1.543, Lx 567, Md 296, Ph 232, RH 171

Leocarpus LINK – SchleimP (Myxogastria, Physarida, Physaridae)
Frk eifö bis kurz zylindrisch, gestielt, in Gruppen gebildet, 0,6–1,6 mm breit, gelb, braungelb, kastanienbraun, rotbraun, glänzend. Peride brüchig, 3-schichtig, die äußere Schicht dünn und hornartig, die mittlere dick, kalkhaltig, die innere membranartig. Capillitium netzartig, stellenweise mit aufgelagerten Kalkkügelchen, innen bisw zu einer Pseudocolumella zusammengefasst. Sp in Masse dunkelbraun, kugelig, feinwarzig, (10–)12–14 µm. Auf abgefallenen toten Blättern, Zweigen und bisw wenige Zentimeter über dem Boden auch an lebenden Kräutern und lebenden Baumstämmen. – **Lit**: **17**: 237, **19**: 221
1 Art = T: *L. fragilis* (DICKS.) ROST. Nan 238, Neub 2.221–222

Leotia PERS., Gallertkäppchen – inop. Disc (Asc, Leotiomycetes, Leotiales, Leotiaceae)
Frk gestielt-kopfig, Kopfteil 0,5–2 cm breit, gelatinös, halbkugelig, konvex, gelappt, gelbgrün bis olivl. S zylindrisch, 1–3 × 0,8 cm, gelb oder ockerl, mit grünen Körnchen. Asci inamyloid. Asc-Sp spindelfö, 5- bis 7-fach septiert, hyalin, 20–25 × 5–6 µm. Terricol. Herbst. – **Lit**: **5**: 96, **10**: 157
1 Art = T: *L. lubrica* (SCOP.) PERS. – **Grüngelbes Gallertkäppchen**: BK 1.136, 1.135, Ct 1228, De 14J, DSh 1142, 1143, Ge 575, HK 2.259, Lx 643, Ph 276, RH 643.

Lepidoderma DE BARY – SchleimP (Myxogastria, Physarida, Didymiidae)
Frk (wie zusammengedrückt) kugelig, unterseits nabelfö, meist gestielt, 0,8–1,5 mm breit, dunkelgrau, von groben, plattenfö Schuppen auf der membranartigen oder hornartigen Peridie bedeckt, die aus weißl Kalk-Kristallen bestehen. Capillitium aus verzweigten, häufig anastomosierenden fädigen Röhren. Sp in Masse nahezu schwarz, kugelig bis breit ellipsoid, feinwarzig, 10–13 µm. Auf NaH und Moosen. – **Lit**: **17**: 298, **19**: 142
1 Art = T: *L. tigrinum* (SCHRAD.) ROST.: Nan 299, Neub 2.152–153

Lepidomyces JÜLICH – RiP (Bas, Agaricomycetes, Agaricales, Pterulaceae)
Frk resupinat, dünn, wachsartig, glatt. Hymenium glatt, hellgrau bis schwach bläul. Monomitisch, Hyphen hyalin mit Schnallen. Sp hyalin, dünnwandig, glatt, inamyloid, zylindrisch bis schmal ellipsoid, auch etwas gebogen, 6–8 × 2–3 µm. LaH. – **Lit**: **9**: 140, **12**: 224
1 Art = T: *L. subcalceus* (LITSCH.) JÜLICH = *Aphanobasidium subcalceum* (LITSCH.) STALPERS

Lepiota (PERS. : FR.) GRAY, Schirmling – BläP (Bas, Agaricomycetes, Agaricales, Agaricaceae)
Frk klein bis mittelgroß. L frei. Spp weiß, seltener cremefarben. H-Oberfläche nicht mit kegelfö-spitzen Warzen (vgl. *Echinodema*). Sp fast immer pseudoamyloid, ohne Keimporus bei vielen Arten projektilfö, gespornt, spindelfö. HDS aus gestreckten Hyphen, kugelige Elemente fehlend (vgl. *Cystolepiota*). Über 40 Arten. Terricol, Saprob. – **Lit**: **8**: 147, **11**: 254, **14**: 538
T: *L. clypeolaria* (BULL. : FR.) P. KUMM. – Wollstiefel-Schirmling: BK 4.220, Br 31, Gh 45, HK 3.19, Lg 11D, Lu 3.111.32°, MJ 3Lep7

1 Sp gespornt, auch projektilfö **2**
1* Sp nicht oder nur schwach gespornt **3**
2 Geruch aufdringl säuerl widerl-unangenehm. H 2–4 cm. H-Mitte glatt, kalottenartig, rotbraun, gegen den H-Rand auf weißl Grunde in kleine, rotbraune, konzentrisch geordnete Schüppchen aufgelöst (falls mit unangenehmem Geruch und H weißl bis creme: ►). S weißl bis rötl, mit häutigem oft abfallendem Ring. Sp dreieckig bis projektilfö, 6–9 × 3–3,5 µm. **Stink-Schirmling** – *L. cristata* (BOLTON : FR.) P. KUMM.
2* Geruch anders oder fehlend ►
3 Sp spindelfö (falls dabei auch schwach gespornt: ►), mindestens 12 µm lang werdend **4**
3* Sp oval bis ellipsoid **8**
4 H weiß, allenfalls H-Mitte blass ockerl ►
4* H bzw. Schüppchen auf H-Oberfläche gelbl, ocker, braun **5**
5 S-Basis mit orangeroten Velumresten (trocken oft deutlicher). H 5–12 cm mit ockerbraunen bis rötl-braunen Schüppchen. Sp 9,5–13 × 5–6 µm. Vorwiegend LaW in Laubstreu (meist Rotbuche) **Braunberingter Schirmling** – *L. ignivolvata* BOUSSETT & JOSS.
5* Merkm verschieden. S-Basis nicht orangerot verfärbend **6**
6 H-Oberfl glatt (nur gen den H-Rand aufreißend) o d e r H klein 1–2 cm ►
6* Merkm verschieden: H-Oberfläche in kleine Schüppchen aufreißend und H größer, 3–8 cm **7**
7 H mit vorherrschend braunen Farben. H-Oberfläche körnig bis kleinschuppig ►
7* H mit vorherrschend gelben bis ockerl Farben, auch mit bräunl Mischtönen. H-Mitte ockerl bis braun, gegen den H-Rand auf hellem Grund in gleichfarbene, wollige Schüppchen aufgelöst. Velumreste an H und S weißl. Sp 12–16 × 5,5–6,5 µm. [Falls Velumreste gelbl und Sp (14–)16–20(–22) × 4,5–6 µm: *L. magnispora* Murrill]. LaW, NaW, Streu **Wollstiefel-Schirmling** – *L. clypeolaria* (BULL. : FR.) P. KUMM.

8 In Warmhäusern. L oft gelb oder gelbl ▸
8* Nicht in Warmhäusern. **9**
9 H mit rotbräunl Farben ▸
9* H mit anderen Farben **10**
10 H purpurn, lilafarben bis schwarz o d e r H mit olivl, grünl, dunkelbraunen, schwärzl Schuppen ▸
10* H andersfarbig. **9**
11 H größer als 3 cm ▸
11* H kleiner als 3 cm **12**
12 Sp länger als 5 µm und/oder HDS hymeniform ▸
12* Sp kürzer als 5 µm und/oder HDS nicht hymeniform. **13**
13 Sp sehr klein und dickwandig, 3,5–4,5(–5) × 2–3 µm, nicht dextrinoid. H 1,5–2 cm, weißl bis rosa-ocker, leicht filzig-schuppig. S weißl gegen die Basis rosal, mit aufsteigendem, dauerhaftem bis flüchtigem Ring, 1–2,5 cm × 1–2,5 mm. Grasland, Erdboden **Kleiner Schirmling** – *L. parvannulata* (LASCH) GILLETT
13* Merkm verschieden ▸

Lepista (FR.) WG. SM., Rötelritterling – BläP (Bas, Agaricomycetes, Agaricales, Tricholomataceae)
Frk gestiel-hutfö, mittelgroß bis groß, fleischig. L ausgebuchtet oder herablaufend. Spp rosa, hell fleischfarben, cremefarben bis weißl. Hyphensepten mit Schnallen. Sp punktiert bis fein warzig (in Baumwollblau besser sichtbar). Sp-Warzen cyanophil, nicht amyloid. 14 Arten. Terricol, humicol, Streuzersetzer. Anm: Bei Arten mit herablaufenden L ist die Gattungsgrenze von *Lepista* (mit warzig-rauen bis fast glatten Sp) gegenüber *Clitocybe* (mit glatten Sp) schwach. – Anm: *L. flaccida* auch zu *Paralepista* RAITHELH. – Syn: *L. nebularis* = *Clitocybe nebularis*, *L. piperita* = *L. ricekii*. – **Lit**: **7**: 277, **11**: 114, **14**: 405
T: ?*Agaricus lepista* FR. = *L. densifolia* (J. FAVRE) SINGER & CLÉMENÇON – Engblättriger Rötelritterling: BK 3.242, Br 676, CD 421, Gh 113, Lu 1.40.6, Md 807.

1 Frk mit violetten oder lila Farbtönen, bisw nur am S so. **2**
1* Frk ohne violette oder lila Farbtöne **4**
Fruchtkörper mit violetten Farben zumindest am Stiel (2–3)
2 H, L und S feucht und frisch entschieden lila bis violett. Frk robust, H auch alt konvex, H 5–15 cm. Geruch und Geschmack parfum- oder rettichartig. Sp 6,5–8,5 × 4–5,5 µm. LaW, NaW, Gärten, Parkanlagen. [Falls Frk ähnl, aber Geruch und Geschmack unangenehm: *L. graveolens* (PECK) DERMEK. – Falls Frk nur mittelgroß, hygrophan, H-Mitte alt niedergedrückt, H lilabraun bis graubraun, meist kleiner als 6 cm. Geruch fehlend oder wie der Geschmack unangenehm: Ruderalplätze, Kompost. *L. sordida* (SCHUMACH. FR.) SINGER] **Violetter Rötelritterling** – *L. nuda* (BULL. : FR.) COOKE
2* Frk nicht in allen Teilen entschieden violett, allenfalls nur S violett oder in allen Teilen blass grau-violett. **3**
3 S lebhaft violett gegenüber den Farben in H (graubraun bis beige-ocker) und L (weißl bis blass grau) kontrastierend. Sp 6–8 × 4–5 µm. Wiesen, Weiden, lichte Wälder **Lilastiel-Rötelritterling** – *L. saeva* (FR.) P.D. ORTON

3* S farbl nicht tief violett gegenüber H und L abgehoben. Frk insgesamt blass grauviolettl, *L. glaucocana* (BRES.) SINGER

4 L am S weit herablaufend, Frk-Habitus trichterlingsartig. **5**

4* L am S ausgebuchtet bis breit angeheftet oder nur kurz herablaufend, Frk-Habitus ritterlingsartig **6**

***Fruchtkörper nicht violett, mit am Stiel herablaufenden Lamellen; trichterlingsartig* (5, vgl. auch 7)**

5 H weißl, 4–8 cm. H-Oberfläche wie gefirnist. L gedrängt, jung ockerl, alt beige-rosa. Geschmack mild (falls scharf siehe **7**: *L. ricekii*). Sp 3,5–4,5 × 2,5–3,5 µm. (Falls Sp nicht warzig: siehe *Clitocybe*). NaW in der Streu
Engblättriger Rötelritterling – *L. densifolia* (J. FAVRE) SINGER & CLÉMENÇON

5* H nicht weißl, vielmehr entschieden gelbl, rost-orange, rotbraun (falls grau bis graubraun: ▸), 3–10 cm. Sp 4–4,5 × 3,5–4 µm. LaW, NaW, Streu
Fuchsiger Rötelritterling – *L. flaccida* (SOWERBY : FR.) PAT.

***Fruchtkörper nicht violett, Lamellen am Stiel ausgebuchtet bis breit angeheftet; ritterlingsartig* (6–9, vgl. auch 5)**

6 Geruch aromatisch-parfümiert (nach Veilchenwurzeln). H weißl, ockerl bis beigebräunl, 5–12 cm. L ausgebuchtet angeheftet, Sp 7–8,5 × 3,5–5 µm. LaW, NaW, Grasland **Veilchenwurz-Rötelritterling** – *L. irina* (FR.) H.E. BIGELOW

6* Geruch fehlend oder anders, nicht süßl-aromatisch. Sp oft weniger lang **7**

7 Geschmack zunächst mild, dann anhaltend (pfefferartig) scharf. L etwas herablaufend, sehr eng stehend, Sp 4,5–6 × 3–4 µm. Grasland
Scharfer Rötelritterling – *L. ricekii* BON

7* Geschmack mild und so bleibend. **8**

8 Geruch und Geschmack oft käseartig, mehlartig oder spermatisch. Frk einzeln oder büschelig, Sp lm Mittel weniger als 6,5 µm lang, meist grob warzig. **9**

8* Geruch fehlend oder schwach aromatisch (nach Cumarin). Frk büschelig. Sp im Mittel 6–8 µm lang, feinwarzig bis fast glatt ▸

9 Hyphen der HDS mit inkrustierendem Pigment. H wenn feucht und typisch ausgebildet graubraun und dunkler getropft wasserfleckig, konvex bis schwach niedergedrückt, 3–10 cm. Sp 5–7 × 3,5–4,5 µm. Grasland, in Hexenringen
Marmorierter Rötelritterling – *L. panaeolus* (FR.) P. KARST.

9* Hyphen der HDS glatt, ohne inkrustierendes Pigment. H feucht hell-graubraun, beigeockerl bis fast weißl, 4–8 cm. Sp 4,5–6 × 3–4 µm. Grasland, Streu
Büscheliger Rötelritterling – *L. caespitosa* (BRES.) SINGER

Lepisticola W. GAMS. – SchimP (Asc, inc. sed.; Anamorphe)
Hyphen septiert. Konidienträger unverzweigt bis kaum verzweigt, an den Spitzen mit bürstenfö angeordneten Phialiden. Auf anderen Pilzen (*Lepista*; besonders *L. nuda*). – **Lit**: HELFER 67, 132 unter *Harziella*
T: *L. capitata* (COSTANTIN & MATR.) W. GAMS

Leptoporus QUÉL., Schmalporling – PoP (Bas, Agaricomycetes, Polyporales, Polyporaceae)
Frk meist pileat und sitzend, aber auch effus-reflex bis resupinat. H 4–12 cm lang, 2–7 cm breit, 1–4 cm dick, im Schnitt dreieckig. H-Oberfläche behaart, alt glatt, erst weiß oder hellrosa, dann dunkel rötl bis rotbraun, ungezont. Frisch weich, Trama rosa bis hellbraun, locker, oft gezont. Poren frisch weiß, auf Druck oder trocken rotviolett, eckig, 2–3(–4) pro mm. Monomitisch. Hyphen hyalin, ohne Schnallen. Sp hyalin, dünnwandig, glatt, inamyloid, 5–7,5 × 1,5–2 µm. Lignicol, meist NaH, selten LaH, borela-montan. – **Lit**: **9**: 233, **12**: 346
1 Art = T: *L. mollis* (PERS. : FR.) QUÉL. – **Rötender Schmalporling**: BK 2.332, Ja 92, Lx 557, MJ 5Lepto1, RH 148

Leptosporomyces JÜLICH, Watteschwamm – RiP (Bas, Agaricomycetes, Amylocorticiales, Amylocorticiaceae)
Frk resupinat, häutchenfö bis dünn membranös, meist locker. Monomitisch, Hyphen hyalin bis bräunl, mit Schnallen. Zystiden fehlend. Sp hyalin, dünnwandig, glatt, inamyloid, zylindrisch bis ellipsoid. 4 Arten. Lignicol auf NaH, LaH, seltener auch auf Moosen, Farnen, Blättern oder terricol. – Syn: Gattung enthält auch *Confertobasidium olivaceoalbum* = *L. fuscostratus*, *L. septentrionalis* = *Fibulomyces s.* – **Lit**: **9**: 149, **12**: 141
T: *L. galzinii* (BOURD.) JÜLICH – Weißer Watteschwamm: MJ 5Lept1

1 Hyphen unmittelbar unterhalb des Hymeniums (subhymenial) hyalin, weiter im Inneren des Frk bräunl, dünn bis dickwandig, mit Schnallen. Sp zylindrisch bis schmal ellipsoid, 3,5–4 × 1,8–2,3 µm. Meist NaH, seltener LaH, Farne, Erde
Olivweißer Watteschwamm – *L. fuscostratus* (BURT.) HJORTS.
1* Hyphen durchgehend mit hyalinen Hyphen **2**
2 Frk rosa bis weißl mit dünnen Rhizomorphen. Sp breit ellipsoid, 3,5–4,5 × 2–2,5 µm. NaH **Rosafarbener Watteschwamm** – *L. roseus* JÜLICH
2* Frk weißl-creme ohne Rhizomorphen. Sp schmal ellipsoid, 3–4,2 × 1,8–2,2(–2,4) µm (falls Sp schmal zylindrisch, länger als 4,2 µm: ▸). LaH, NaH, Moose, Farne
Weißer Watteschwamm – *L. galzinii* (BOURD.) JÜLICH

Leptotrochila P. KARST. – (Asc, Leotiomycetes, Helotiales, Drepanopezizaceae)
Parasitisch u. a. auf Hornkraut (*Cerastium*). Frk auf gelbl Blattflecken auf beiden Seiten von Bl, in Form von winzigen Apothecien, die nur feucht ausgebreitet sind, trocken eingeklappt-rundl. Asci keulig, Asc-Sp eifö, längl-ellipsoid, 1-zellig oder ungleich 2-zellig, Praphysen fadenfö, wenig länger als die Asci. – **Lit**: **3**: 1016
T: *L. radians* (ROBERGE EX DESM.) P. KARST.: Bra 1017: 145; abgebildet auch *L. cerastiorum* (WALLR. EX FR.) SCHÜEPP – **Hornkraut-Klappbecherling**: JK 127

Leratiomyces BRESINSKY & BINDER, Scheinträuschling – BaP/BläP (Bas, Agaricomycetes, Agaricales, Strophariaceae)
Frk mittellgroß bis fast groß, gastroid (außereuropäische Vertreter, T) oder gestielt-hutfö mit L. S mit Ring oder Ringzone, unterhalb davon faserig oder mit kleinen Schüppchen. Spp tief violettbraun. Chrysozystiden und Pleurozystiden vorhanden oder fehlend, Sp groß,

mit Keimporus, 9–16,5 µm lang. 3–4 Arten. Humus, Kompost, Holzreste. – Anm: Früher unter *Stropharia* oder *Stropholoma* – *Syn: L. auranriaca* = *L. ceres*. – **Lit**: **8**: 443 als *Stropharia* pr.p., z. B. **11**: 327 als *Stropharia a.* etc., **14**: 855 als *Stropholoma*
T: *L. similis* (PAT. ex SACC. & TROTTER) BRESINSKY & BINDER (außereuropäisch); bei uns z. B. *L. ceres* (COOKE & MASSE) BRIDGE & SPOONER (= *L. aurantiaca*) – Orangeroter Scheinträuschling: CD 1275, Ct 1742, Gh 331, Lu 1.35.11, Lx 315, MJ 3Str6, Ph 172

1 H dunkelrot, rotbraun, orangerot, gegen den H-Rand nur wenig heller, trocknend mit stumpferen Farben, 2,5–7,5 cm. S mit orangeroten Flecken unterhalb des Ringes. Pleurozystiden vorhanden, keulig-spindelig, z. T. mit gelbl Inhalt (Chryso-Pleurozystiden). Sp (9–)10–13,5 × 5,5–8 µm
Orangeroter Scheinträuschling – *L. ceres* (COOKE & MASSE) BRIDGE & SPOONER
1* H ohne rötl Farben und/oder Pleurozystiden fehlend **2**
2 H lebhaft gelborange bis orangebraun. Ring am S häutig
Ziegelroter Scheinträuschling – *L. squamosus* var. *thraustus* (KALCHBR.) BRIDGE & SPOONER
2* H blass gelbl-braun, cremefarben. allenfalls orangebraun in H-Mitte **3**
3 Ring am S häutig, gut entwickelt. L reif mit olivl Mischton. Sp 11–13,5(–14,5) × 6–8,5(–9) µm [Falls Sp 12–16,5 × 7–10 µm und L reif ohne olivl Ton: *L. magnivelaris* (PECK) BRIDGE & SPOONER]
Schuppiger Scheinträuschling – *L. squamosus* (PERS. : FR.) BRIDGE & SPOONER
3* Ring am S faserig, oft schwach entwickelt, an reifen Exemplaren oft fehlend.
Holzmulch-Scheinträuschling – *L. percevalii* (BERK. & BROOME) BRIDGE & SPOONER

Leucoagaricus LOCQ. ex SINGER, Schirmegerling – BläP (Bas, Agaricomycetes, Agaricales, Agaricaceae)
Frk groß und fleischig oder zumindest mittelgroß. H nicht faltig-gefurcht, glatt und kahl bis feinfaserig-filzig, feinschuppig, seltener grobschuppig, weiß bis weißl bis braun, bisw rötend oder bräunend. L frei, weißl bis fleischfarben. Spp weiß. Hyphensepten ohne Schnallen. Sp unter 12 µm lang, mit (bisw schlecht sichtbarem) Keimporus. Etwa 10 Arten. Terricol, saprob. Anm: Die Trennung gegenüber *Leucocoprinus* und *Macrolepiota* pr.p. ist nach Makro- und Mikromerkmalen z. T. schwer nachvollziehbar und wird unterschiedl gehandhabt (siehe auch Hinweise auf *Leucocoprinus* im folgenden Schlüssel). – Syn: *L. bresadolae* = *L. americanus*. – *L. nympharum* früher auch *Macrolepiota nympharum* (*puellaris*). – **Lit**: **8**: 178, **11**: 265, **14**: 548
T: *L. macrorhizus* = *L. barssii* (ZELLER) VELINGA – **Wurzelnder Schirmegerling**: BK 4.241, BL 289, Ct 1709

1 H-Rand radial gefurcht, stark gerieft, gerippt-gefurcht. Riefung bisw durch flockige bis faserige Velumreste verdeckt. Frk klein und zerbrechlich siehe *Leucocoprinus*
1* H-Rand nicht auffallend radialfurchig **2**
2 Frk recht stark rötend **3**
2* Frk nicht rötend. **6**

3 S mit ± beweglichem Ring **4**

3* S ohne beweglichen Ring siehe *Leucocoprinus*

4 Frk auf Druck orangerot, ebenso mit NH_4OH.
Safranfleischiger Schirmegerling – *L. croceovelutinus* BON

4* Frk auf Druck rot bis rotbraun, mit NH_4OH grün. **5**

5 F nach Bruch gelb bis rostorange, später rot. Sp (7,5–)8–11,5 × 5,5–8 µm [falls Sp 6–8 × 3,5–4,5 µm: *L. babosae* BON]. H 7,5–15 cm [falls H kleiner 3–8 cm und S × 0,3–0,8(–1,2) cm: *L. meleagris* (SOWERBY) SINGER], mit filzigen bis faserigen, braunen Schuppen. H-Mitte braun, weinbraun, purpurbraun. S ± spindelfö, weißl. gegen S-Basis rötl-braun, 9–18 × 1–2,5 cm. Ring trichterfö, weißl
Büscheliger Schirmegerling – *L. americanus* (PECK) VELLINGA

5* F nach Bruch sofort rot. Sp 6,5–9,5 × 5–5,5 µm siehe *Leucocoprinus badhamii* und *Leucoagaricus* ▸

6 Frk groß und recht robust. H 4–12 cm. H oft weiß bis weißl und glatt o d e r H mit grauen bis bräunl, faserigen bis filzigen Schüppchen o d e r H auf weißl Grunde mit groben braunen Schuppen. **7**

6* Frk mittelgroß bis klein. H (1–)2–4 cm. Falls H mehr als 4 cm, dann H rosa, rot, lila, braun, grau oder schwarz. H-Oberfläche allenfalls mit (meist) feinen Faserschüppchen ▸

7 H-Oberfläche glatt bis eingewachsen faserig, allenfalls mit kleinen Schüppchen, H 4–12 cm, weiß bis weißl. L weißl bis rosa. S 4–10 × 0,6–1,5 cm, keulig bis spindelfö, weißl. Sp 7,5–10,5 × 5,5–6,5 µm. [Falls Sp 7–9,5 × 4,5–5,5, H mit grauen bis bräunl, faserigen bis filzigen Schüppchen, S-Basis spindelig-verjüngt bis wurzelnd: *L. barssii* (ZELLER) VELINGA] ***Rosablättriger*** **Schirmegerling** – *L. leucothites* (VITTAD.) WASSER

7* H-Oberfläche mit grobfaserigen Schuppen (und so an einen Parasolpilz erinnernd). H 4–9 cm. L weißl. S 5–12 × 0,5–1 cm, S-Basis knollenfö, bis 3,5 cm breit. Sp 8,5–10 × 6–7 µm **Nymphen-Schirmegerling** – *L. nympharum* (KALCHBR.) BON

Leucocoprinus PAT., Faltenschirmling – BlaP (Bas, Agaricomycetes, Agaricales, Agaricaceae)
Frk klein bis mitttelgroß. H meist faltig gerieft (oft unter wollig-flockigem Belag) oder nicht faltig gerieft und dann Frk rötend und größer. L frei. Spp weiß. Sp mit oder ohne (gut erkennbaren) Keimporus. Hyphensepten ohne Schnallen. 9 Arten. In Warmhäusern oder im Freiland, terricol, saprob. – Anm: Zur Unterscheidung rötender *Leucocoprinus*-Arten von *Leucoagaricus* siehe dort im Schlüssel. – Einige Arten werden auch eher als zu *Leucoagaricus* gehörend interpretiert, z. B. *L. badhamii.* – Syn: *L.straminellus* = *L. denudatus, L. birnbaumii* = *L. flos-sulphuris*. – **Lit**: **8**: 181, 200, 202, **11**: 268, **14**: 553
T: *L. cepistipes* (SOWERBY : FR.) PAT. – Zwiebelfüßiger Faltenschirmling: BK 4.246, Ct 1712, Dh 532, Lg 14F

1 Frk auf Druck oder nach Bruch rötend. H-Rand nicht faltig (vgl. auch rötende Arten in *Leucoagaricus*: **5**)
Blutender Faltenschirmling – *L. badhamii* (BERK & BROOME) LOCQ.

1* Frk nicht rötend **2**
2 H satt gelb oder gelbl. Bisw nur H-Mitte gelb oder gelbl **3**
2* H weißl oder (Schüppchen) ockerl, braun oder bräunl, lila, purpurn **4**
3 H-Oberfläche mit abwischbarem oder flüchtigem kleiig-flockigem Belag. [Falls H weißl mit gelbl H-Mitte: *L. magnusianus* (HENN.) SING.]
Strohgelber Faltenschirmling – *L. denudatus* (RABENH.) SING.
3* H-Oberfläche mit kleinen, recht fest anhaftenden Schüppchen. L gelbl. [Falls ledigl die H-Mitte gelbl und/oder L weißl: ►]
Gelber Faltenschirmling – *L. flos-sulphuris* (SCHNIZL.) CEJP.
4 H und S weiß bis höchstens ockerl ►
4* H und S mit farbigen Flöckchen oder Schüppchen; H-Mitte farbig **5**
5 H-Mitte mit lila, purpurfarbenen, graubraunen oder schwarzen Flöckchen oder Schüppchen ►
5* H allenfalls mit orangen bis bräunl Schüppchen, auch gänzl weiß oder weißl. **6**
6 H mit orangen bis bräunl Schüppchen auf weißl Grunde, insgesamt hell und weißl wirkend **Zwiebelfüßiger Faltenschirmling** – *L. cepistipes* (SOWERBY : FR.) PAT.
6* H gänzl weiß oder weißl ohne tiefer gefärbte Schüppchen
Kreideweißer Faltenschirmling – *L. cretaceus* (BULL. : FR.) LOCQ.

Leucocortinarius (J.E. LANGE) SINGER, Schleierritterling – BläP (Bas, Agaricomycetes, Agaricales, Tricholomataceae)
Frk zieml groß. Mit Cortina am weißl, gerandet-knolligen S. H braun (rotbraun), oft mit fleischfarbener Komponente, 5–10(–12) cm. Spp weißl bis beige. Hyphen mit Schnallen. Sp glatt, 7–9 × 4–5 µm. Terricol, EktM mit NaB. – **Lit**: **11**: 456, **14**: 817
1 Art = T: *L. bulbiger* (ALB. & SCHWEIN. : FR.) SINGER – **Knolliger Schleierritterling**: CD 644, Dh 828, Gh 107, HK 4.198, Lg 81°, Lu 1.41.1, Md 800, MJ 3Leucocort1, RH 523

Leucocybe siehe *Clitocybe* pr.p., *Lyophyllum* pr.p. (*L. connatum*)

Leucogaster R. HESSE, Wabentrüffel – Hyp (Bas, Russulales, Albatrellaceae)
Frk kugelig bis knollig, meist weiß, gelbl bis braun, knorpelig bis wachsartig, z. B. 1–3 cm. Innen hell, gelatinös, mit rundl bis eckigen Kammern, ohne Milchsaft. Peridie dünn, brüchig, nicht abziehbar. Sp kugelig, bis breit ellipsoid, dickwandig, feinstachelig, warzig oder netzig (so beim T), meist 11–16 µm. 3–5 Arten. Terricol, LaW, NaW. – **Lit**: **12**: 537
T: *L. floccosus* R. HESSE = *L. nudus* (HAZSL.) HOLLÓS – **Nackte Wabentrüffel**: Br 1150.1, MS 340

Leucogyrophana POUZAR, Fältlingshaut – RiP (Bas, Agaricomycetes, Boletales, Hygrophoropsidaceae)
Frk resupinat, membranös, glatt bis meruloid. netzig-meruloid. Monomitisch. Hyphen hyalin mit Schnallen. Zystiden fehlen. Sp gelbl, etwas dickwandig, glatt, inamyloid bis pseudoamyloid. 4 Arten. Lignicol, NaH, LaH. – Syn: *L. pinastri* = *Hydnomerulius p*; *L. mollis* = *Hypochniciellum m*. – **Lit**: **9**: 291, **12**: 237

T: *L. mollusca* (FR. : FR.) POUZAR – Sklerotien Fältlingshaut: BK 2.241, Ct 2502, Kr 1.365, Lx 505, Ph 239, RH 76

1 Hymenium glatt bis etwas rippenfö, nicht netzartig, nicht stachelig. Sp verschieden groß, z. T. auch weniger als 3,2 µm breit ▸
1* Hymenium entschieden faltig, netzig (falls stachelig siehe *Hydnomerulius*). Sp 5–8 × 3–5 µm **2**
2 Frk etwa 2 mm dick, braun, mit Rhizomorphen. Sklerotien fehlend. Sp deutl gelb in KOH, nicht dextrinoid. Meist NaH, selten LaH
Kleine Fältlingshaut – *L. pulverulenta* (FR.) GINNS
2* Frk bis zu 1 mm dick, gelb-orange bis orange-braun, seltener gelbbraun. Oft mit Sklerotien im morschen Holz. Sp hellgelb in KOH, meist pseudoamyloid. Meist NaH, selten LaH **Sklerotien-Fältlingshaut** – *L. mollusca* (FR. : FR.) POUZAR

Leucopaxillus BOURSIER, Krempenritterling – BläP (Bas, Agaricomycetes, Agaricales, Tricholomataceae)
Frk meist groß und fleischig. H-Rand jung eingerollt. L ausgebuchtet bis herablaufend angeheftet, Spp weiß. Hyphensepten mit Schnallen. Sp amyloid, warzig. Etwa 10 Arten. Terricol, saprob. – Syn: *L. albissimus* = *L. paradoxus*, *L. giganteus* = *Aspropaxillus g.* – Anm: *L mirabilis* jetzt zu *Giacomia* VIZZINI & CONTU. *L. rhodoleucus* jetzt zu *Pseudoclitopilus*. – **Lit**: **7**: 285, **11**: 142, **14**: 409
T: *L. paradoxus* (COSTANTIN & DUFOUR) BOURSIER – Cremeweißer Krempenritterling: BL 163, CD 458, HK 3.217, KM 301, MJ 3Leuc6

1 L jung mit Rosaton ▸
1* L jung ohne Rosaton **2**
2 L hell schwefelgelb (im Exs braun)
Dreifarbiger Krempenritterling – *L. compactus* (FR.) NEUHOFF
2* L weiß, creme; falls zitronenfarben, dann im Exs nicht auffallend braun. **3**
3 H weiß, weißl, ockerl (bis blass ockerbräunl werdend) **4**
3* H braun: lederbraun, rötl-braun. schwarzbraun [Falls Geruch nach Mehl, Geschmack bitter: *L. gentianeus* (QUÉL.) KOTL.] ▸
4 Sp 4–5,5 × 3,5–4 µm, fast kugelig bis breit ellipsoid. H 5–15 cm. NaW (montan), auch LaW, humicol, Streu
Lederfarbener Krempenritterling – *L. alboalutaceus* (F.H. MØLLER & JUL. SCHÄFF.) F.H. MØLLER
4* Sp 6–8 × 4–4,5 µm, ellipsoid. H 4–12 cm. LaW, NaW, Streu, humicol
Cremeweißer Krempenritterling – *L. paradoxus* (COSTANTIN & DUFOUR) BOURSIER

Leucophleps HARKN., Weissvenentrüffel – Hyp (Bas, Agaricomycetes, Russulales, Albatrellaceae)
Frk unregelmäßig kugelig, 1–5 cm, außen (Peridie) weiß bis hellgelbl., mit KOH erst rosa, dann weinrot bis lila. Innen (Gleba) weiß, mit labyrinthischen, engen (0,3–0,5 mm weiten) Kammern. Im Schnitt oft mit weißer, zähflüssiger Milch. Ohne Columella. Hyphen ohne

Schnallen. Sp in subgelatinöser Masse, hyalin, kugelig bis breit ellipsoid, stachelig, nicht amyloid, 11–15(–17) µm im Durchm. Bei uns 1 Art. Terricol, NaW unter NaB oder LaB (*Betula*). – **Lit**: **12**: 538
T: *L. magnata* HARKN. außereuropäisch; bei uns *L. aculeatispora* FOGEL – **Europäische Weißvenentrüffel**: MS 344

Leucoscypha BOUD., Borstenbecherling – op. Disc (Asc, Pezizomycetes, Pezizales, inc. sed)
Frk (Apothecien) sitzend, annähernd schüsselfö bis scheibenfö, weißl innen und außen, 0,2–1 cm. Außen mit hyalin-weißl, septierten, geraden oder flexuosen, zugespitzten oder stumpfen Haaren; diese 380–760 × 10–16,5 µm und mit 3–4 µm dicken Wänden. Asc-Sp spindelfö, hyalin, dicht warzig, meist mit 2 Tröpfchen, 29,5–33 × 11–14 µm. Terricol in Wäldern auf zieml sauren Böden. – **Lit**: **5**: 35, **10**: 102
1 Art = T: *L. leucotricha* (ALB. & SCHWEIN. : FR.) BOUD. – **Weißhaariger Borstenbecherling**: De fig. 3 I, BK 1.69

Leucotelium TRANZSCHEL – RostP (Bas, Pucciniomycotina, Pucciniales, Uropyxidaceae)
Rostpilz auf Winterling (*Eranthis*; 0, I). Ww mit *Prunus* (II, III).
1 Art = T: *L. cerasi* (BÉRENGER) TRANZSCHEL – **Winterling-Steinobstrost**: JK 165 (0, I)

Leveillula G. ARNAUD – E-Mehlt (Asc, Leotiomycetes, Erysiphales, Erysiphaceae)
Phytoparasitischer Befall (Mehltau) in Form eines dicht filzigen (nicht mehlig-dünn, nicht mehlig-flockig) Mycelbelages. Konidien einzeln an den Trägern stehend (nicht in Ketten), zweigestaltig, primäre lanzettl, sekundäre zylindrisch, beide 40–50–80 × 11–16–24 µm, falls Konidien einheitl dann diese von hantelfö Gestalt. Frk (Chasmothecium) meist fehlend, falls vorhanden im Mycelfilz gebildet, groß, 130–250 µm im Durchm, mit zahlreichen, meist kurzen, schlaffen, verzweigten Anhängseln. Asci meist zahlreich.
T: *L. taurica* (LÉV.) G. ARNAUD
Achillea: *L. picridis*. – ***Allium***: *L.allii*. – ***Anethum***: *L. lanuginosa*, *L. braunii*. – ***Anthemis***: *L. lappae*, *L. picridis*. – ***Aquilegia***: *L. taurica*. – ***Arctium***: *L. lappae*. – ***Artemisia***: *L. lappae*, *L. picridis*. – ***Astragalus***: *L. papilionacearum*. – ***Balota***: *L. duriaei*. – ***Brassica***: *L. taurica*. – ***Carduus***: *L. lappae*. – ***Centaurea***: *L. lappae*, *L. picridis*. – ***Chenopodium***: *L. cylindrospora*. – ***Cirsium***: *L. lappae*. – ***Daucus***: *L. braunii*, *L. lanuginosa*. – ***Delphinium***: *L. taurica*. – ***Digitalis***: *L. taurica*. – ***Echinops***: *L. lappae*, *L. picridis*. – ***Erucastrum***: *L. taurica*. – ***Euphorbia***: *L. clavata*. – ***Foeniculum***: *L. lanuginosa*. – ***Geranium***: *L. geraniacearum*. – ***Helenium***: *L. lappae*. – ***Helianthemum***: *L. taurica*. – ***Helianthus***: *L. lappae*, *L. picridis*. – ***Helichrysum***: *L. helichrysi*. – ***Inula***: *L. lappae*, *L. picridis*. – ***Lactuca***: *L. lactucarum*. – ***Lepidium***: *L. taurica*. – ***Medicago:*** *L. papilionacearum*. – ***Picris***: *L. picridis*. – ***Salvia***: *L. duriaei*. – ***Vicia***: *L. papilionacearum*. – ***Vincetoxicum***: *L. taurica*

Licea SCHRAD. – SchleimP (Myxogastria, Liceida, Enteriidae)
Frk meist sitzend oder auch gestielt, walzenfö-gestreckt, kugelfö, kissenfö, mit Deckel oder entlang von Graten oder Spalten sich unregelmäßig öffnend. Beim T Frk 0,2–1,5 mm im Durchm. Columella und Capillitium fehlend. Sp gelb, bräunl-gelb, oliv, dunkelbraun, grau oder rosa, kugelig bis breit ellipsoid, glatt oder warzig, kugelig, z. B. 15–20 µm (T). Etwa 15 Arten. Rinde, Borke, LaH, NaH. – **Lit**: **17**: 39, **18**: 145
T: *L. pusilla* SCHRAD.: Nan 44

1 Frk öffnet sich mit deutl begrenztem Deckel ▸
1* Frk nicht mit Deckel sich öffnend 2
2 Peridie entlang von Graten in eckige Felder geteilt, sich entlang der Grate öffnend . 3
2* Peridie entlang eines durchgehenden Spalts oder unregelmäßig aufbrechend ▸
3 Sp glatt ▸
3* Sp warzig. 4
4 Sp in Masse schwarz, 15–18 µm [Falls Sp 12–13 µm: *L. pygmaea*] *L. pusilla* SCHRAD.
4* Sp in Masse rostrot oder dunkelbraun, aber nicht schwarz ▸

Lichenomphalia REDHEAD & al., Flechtennabeling – BläP, Fle (Bas, Agaricomycetes, Agaricales, Hygrophoraceae)
Frk klein, H (wenigstens älter) niedergedrückt bis nabelig, L herablaufend. Spp weiß. Hyphensepten mit Schnallen. Sp nicht amyloid. Symbiotisch mit Algen assoziiert, d. h. mit winzigen, kleinen kugelfö grünen Algen oder bisw mit kleinen schuppenfö Flechten nahe der S-Basis. 5 Arten. Lichenisiert (Symbiose Pilz mit Alge). – **Lit**: **7**: 402, **11**: 98 als *Gerronema*, **14**: 223
T: *L. hudsoniana* (H.S. JENN.) REDHEAD & al. – **Schuppen-Flechtennabeling**: BK 213, Ct 2400, Lu 1.55.12°, RH 258

1 Frk weißl, blass gelbl, gelb. Substrat nahe S-Grund mit kleinschuppigem Flechtenthallus (*Coriscium*) oder mit grünen kugeligen Algen (*Botrydina*; Lupe!). 2
1* Frk dunkel-oliv, rotbraun. Nahe S-Basis kugelige Algenzellen (*Botrydina*; Lupe!) ▸
2 Nahe der S-Basis mit kleinschuppigem Flechtenthallus (*Coriscium*). H 0,8–2,5 cm, flach-konvex, schließl mit leicht niedergedrückter H-Mitte und ± gekerbtem Rande, durchscheinend gerieft, hygrophan, cremefarben bis gelbl, abtrocknend blass, weißl. S blass gelbl, oft mit violettl Schein. Sp 6,5–9,5(–10) × 4,5–5,5 µm. Alpen, meist oberhalb Baumgrenze
Schuppen-Flechtennabeling – *L. hudsoniana* (H.S. JENN.) REDHEAD & al.
2* Nahe der S-Basis mit vielen winzigen grünen Algenkugeln (*Botrydina.* Lupe!). H blass ockerl mit olivfarbenem Schein, blass gelbl-braun, trocken weißl [Falls H tiefer gelb und Vorkommen in den Alpen: *L. alpina* (BRITZ.) REDHEAD & al.]. H 0,4–2 cm, flach-konvex, niedergedrückt bis nabelig. H-Rand gekerbt bis gefurcht, durchscheinend gerieft. S hell gelb-braun, gegen die S-Basis weiß. Sp 7–11 × (4,5–)6–8 µm. Torf, morsches Holz. zw Moosen (*Sphagnum* etc.)
Gefalteter Flechtennabeling – *L. umbellifera* (L. : FR.) READHEAD & al.

Limacella EARLE, Schleimschirmling – BläP (Bas, Agaricomycetes, Agaricales, Amanitaceae)
Frk mittelgroß bis groß. L frei. H und bisw auch S schmierig. S oft mit Ring. Spp weiß. Sp nicht amyloid, selten pseudoamyloid, kugelig bis breit ellipsoid, glatt bis fein-punktiert. 7 Arten. Terricol, selten lignicol (morsches Holz), saprob. – Anm: *L. illinata* etc. jetzt auch zu *Zhuliangomyces* REDHEAD. – **Lit**: **8**: 71, **11**: 241, **14**: 332

T: *L. delicata* (FR. : FR.) EARLE – **Schmächtiger Schleimschirmling**. Bei uns *L. delicata* var. *glioderma* = *L. glioderma* (FR.) MAIRE – Rotbrauner Schleimschirmling: BL 295, Ct 414, Dh 483, Gh 31, HK 1.36, HK 3.10, Lu 1.43.3, Lx 265, MJ 3Lim1

1 H jung rotbraun, alt ausblassend, 3–8(–10) cm. Geruch nach Mehl oder Gurke [Falls Geruch aromatisch, H jung purpurn, alt rötl bis rosa, trocken ausgeblasst: *L. vinosorubescens* FURRER-ZIOGASS]. S mit Ring, dieser faserig, flockig, wollig. Sp 3,5–5,5 × 3–5 µm. Streu, meist von NaB, seltener von LaB
Rotbrauner Schleimschirmling – *L. glioderma* (FR.) MAIRE

1* H mit anderen Farben: weißl, beige, gelbl, graubraun, (nicht intensiv) rotbräunl. S mit oder ohne Ring **2**

2 S ohne Ring, schmierig. H stark schmierig, weißl bis gelbl, H-Mitte hell graubraun, 2,5–5(–8) cm. Geruch und Geschmack mehlartig-ranzig. Sp 4,5–6 × 4–5 µm. Streu, meist von NaB, seltener von LaB
Elfenbein-Schleimschirmling – *L. illinata* (FR. : FR.) MURRILL

2* S mit Ring **3**

3 Ring am S häutig, hängend, dauerhaft. H weißl, beige oder rötl-bräunl. S weißl., an S-Spitze jung mit Tropfen. Geruch und Geschmack nach Mehl. Sp 4,5–6,5 × 4–6 µm. Streu von NaB oder LaB
Getropfter Schleimschirmling – *L. guttata* (PERS. : FR.) KONRAD & MAUBLANC

3* Ring am S faserig, flockig oder wollig. H graubraun, braun oder dunkelbraun. Geruch nach Mehl oder auch süßl ▸

Limonomyces STALPERS & LOER. – RiP (Bas, Agaricomycetes, Corticiales, Corticiaceae)
Frk resupinat, wachsartig, glatt, rosa. Monomitisch, Hyphen hyalin, mit Schnallen. Zystiden fehlend. Sp hyalin, dünnwandig, glatt, inamyloid, 9–12(–14) × 5–6,5 µm (beim T; bei einer anderen Art 13–16 × 7–9,5 µm). 2 Arten. Parasitisch auf Süßgräsern (*Lolium, Festuca, Dactylis*), rosafarbene Überzüge bildend. – **Lit**: **12**: 130
T: *L. roseipellis* STALPERS & LOER.

Lindbladia FR. – SchleimP (Myxogastria, Liceida, Enteriidae)
Einzel-Frk oder Sammel-Frk (Pseudoaethalium). Peridie in unregelmäßiger Anordnung bedeckt von Kalkkörperchen, bisw auch mit netzartigen Verdickungen, mit unregelmäßigen Rissen sich öffnend. Pseudocapillitium fehlend oder rudimentär. Sp in Masse gelb bis olivbraun, blass-braun im durchscheinenden Licht, kugelig, 6–7,5 µm, nahezu glatt oder fein-warzig. NaH, Sägemehl, seltener auf LaH. – **Lit**: **17**: 69, **18**: 115
1 Art = T: *L. tubulina* FR.: Nan 70, Neub 1.115–116

Lindtneria PILÁT – RiP (Bas, Agaricomycetes, Agaricales, Stephanosporaceae)
Frk resupinat, weich, membranös, gelb bis ocker, mit porenfö, körnigen, gezähneltem Hymenophor. Monomitisch. Zystiden fehlend. Basidien schmal keulenfö, bis fast urnenfö. Sp ± hyalin, dickwandig, warzig bis stachelig, inamyloid, cyanophil. Auf Holz. 3 Arten. – **Lit**: **9**: 122, **12**: 149
T: *L. trachyspora* (BOURDOT & GALZIN) PILÁT: BK 2.142

Litschauerella OBERW., Lamprozystidenkruste – RiP (Bas, Agaricomycetes, Trechisporales, Hydnodontiaceae)
Frk resupinat, wachsartig, dünn, glatt, weißl, hellgrau oder creme. Monomitisch. Hyphen hyalin, mit Schnallen. Zystiden vorhanden, pfriemartig, dickwandig, stark inkrustiert (= Lamprozystiden), zwei- bis mehrfach wurzelnd, bisw mit schmalen Hyphen umwunden 80–100 × 10–18 µm. Sp glatt (T) oder feinwarzig (*L. clematidis*), inamyloid, 4,5–7 × 4–6 µm. 1–2 Arten, lignicol, NaH (*Abies*), LaH (*Clematis*). – **Lit**: **9**: 135, **12**: 223
T: *L. abietis* (BOURDOT & GALZIN) OBERW. = ? *L. clematidis* (BOURDOT & GALZIN) J. ERIKSS. & RYVARDEN – **Waldreben-Lamprozystidenkruste**: Bk 2.214

Lobulicium K.H. LARSS. & HJORTSTAM – RiP (Bas, Agaricomycetes, Atheliales, Atheliaceae)
Frk resupinat, dünn-membranös, glatt, locker dem Substrat aufliegend, weißl bis hellgrau, bis 6 mm lang. Monomitisch. Hyphen hyalin, mit Schnallen. Zystiden fehlend. Sp hyalin, tief geteilt in 7 Lappen, dünnwandig, inamyloid, 3–3,5 µm (breit). Holzspalten von NaB (Fichte), braunfaules Holz. – **Lit**: **9**: 151, **12**: 142
1 Art = T: *L. occultum* K.H. LARSS. & HJORTS.

Lopadostoma (NITSCHKE) TRAVERSO – Pyr (Asc, Sordariomycetes, Xylariales, Xylariaceae)
Stromata rudimentär, in kleineren Gruppen im Gewebe von Pflanzen eingesenkt, kreisfö, einige bis mehrere kugelfö bis birnenfö Perithecien enthaltend. Asci zylindrisch mit amyloidem Apikalapparat. Sp reif dunkelbraun, einreihig bis angedeutet zweireihig, (schmal) ellipsoid, mit längs verlaufender Keimspalte. Etwa 3 Arten. An abgefallenen LaH-Ästen. – Anm: auch als *Anthostoma* geführt. – **Lit**: **5**: 314, **10**: 243
T: *L. turgidum* (PERS.) TRAVERSO: De fig. 27C

Lopharia KALCHBR. & MCOWAN – RiP (Bas, Agaricomycetes, Polyporales, Polyporaceae)
Frk resupinat bis effus-reflex, membranös bis lederig, sterile Oberfläche braun, behaart. Hymenium glatt bis warzig-uneben bis fast porenfö, graubraun bis olivbraun. Dimitisch, generative Hyphen hyalin, mit Schnallen, Skeletthyphen braun, dickwandig. Zystiden braun, dickwandig, inkrustiert. Sp hyalin, dünnwandig, glatt, inamyloid, 4,5–9 × 3–6 µm (falls 8–15 × 4,5–10: ▸). Lignic, LaH. – **Lit**: **9**: 189 als *Porostereum*, **12**: 197
T: außereuropäisch. Bei uns 1 Art = *L. spadicea* (PERS. : FR.) BOIDIN

Lophium Fr. siehe Mytilinidion

Loreleia REDHEAD & al. Loreleinabeling – BläP (Bas, Agaricomycetes, Agaricales, Hymenochaetales, Fam?)
Frk klein. H bis zu 2,5(–5) cm, orange, hygrophan, konvex bis flach mit eingesenkter Mitte, auch nabelfö vertieft, mit eingebogenem, schließl geradem, durchscheinend gerieftem Rande (beim T nicht gekerbt; falls gekerbt: *L. marchantiae*). S orange, 5–7 cm × 0,5–2 mm. Spp weiß. Schnallen fehlend. Sp hyalin, dünnwandig, glatt, inamyloid, 7–11 × 4,5–7 µm. 2 Arten. Bryicol an Laub- und Lebermoosen (*Marchantia*). – **Lit**: **7**: 401, **11**: 98–99 als *Gerronema* pr. p., **14**: 68
T: *L. postii* (FR.) REDHEAD & al. – **Orangeroter Loreleinabeling**: Br 262.1, CD 333, Kr 3.485, Lu 1.55.6

Loweomyces (KOTL. & POUZAR) JÜLICH, Saftporling – PoP (Bas, Agaricomycetes, Polyporales, Meripilaceae)
Frk gestielt-hutfö, fächerfö, auch effus-reflex mit Hutkanten, oft in Gruppen bis dachziegelig. Hymenophor porenfö, Poren jung und frisch weiß, alt creme bis ockerl, 4–5 pro mm. Trama weiß oder orangebraun, 2–4–15 mm dick. Monomitisch (T) oder dimitisch. Generative Hyphen mit Schnallen. Sp hyalin, dünn- bis etwas dickwandig, glatt, inamyloid, 3–6 × 2,5–5 µm. 2 Arten. Lignicol (Weißfäule), auch Streu, terricol. – **Lit**: **12**: 329
T: *L. fractipes* (BERK. & M. A. CURTIS) JÜLICH – Bruchwald-Saftporling: Ct 2844, Kr 1.470

1 H-Oberfläche weiß bis creme, alt hell grau bis ocker, fein behaart bis kahl. Monomitisch. Sp etwas dickwandig, 4,5–6 × 3,7–5 µm. LaH (*Alnus, Carpinus, Fraxinus*) an feuchten Orten
Bruchwald-Saftporling – *L. fractipes* (BERK. & M. A. CURTIS) JÜLICH
1* H-Oberfläche hell gelborange, hell gelbl-braun, ockerbraun, fein anliegend behaart, alt ± kahl. Mit recht starkem, pilzartigem Geruch. Dimitisch. Skeletthyphen hyalin, dickwandig. Sp dünnwandig, 3–4,5 × 2,5–3,5 µm. Erde, Blätter, Nadeln, Zweige von LaH und von NaH **Riechender Saftporling** – *L. wynnei* (BERK & BROOME) JÜLICH

Luellia K.H. LARSS. & HJORTSTAM, Schiffchensporenpilz – RiP (Bas, Agaricomycetes, Trechisporales, Hydnodontaceae)
Frk resupinat, häutchenfö bis membranös, glatt. Monomitisch. Hyphen hyalin, gelbl. braun, mit Schnallen (T) oder ohne Schnallen (▸). Zystiden fehlend, Hyphidien vorhanden. Basale Hyphen gelbl-braun, inkrustiert. Sp hyalin, dünnwandig, schiffchenfö, glatt, inamyloid, 7–11 × 4–5,5 µm (T; falls Sp 7–10 × 3–4 µm und basale Hyphen hyalin, nicht inkrustiert: ▸). 2–3 Arten. Lignicol, NaH, LaH. – **Lit**: **12**: 142
T: *L. recondita* (H.S. JACKSON) K.H. LARSS. & HJORTS. – **Rosabrauner Schiffchensporenpilz**: Kr 1.259

Lycogala ADANS. – SchleimP (Myxogastria, Liceida, Enteriidae)
Sammelfrk (Aethalium; gesamthaft aus einem Plasmodium gebildet) halbkugelig, kugelig, kissenfö, 0,4–5 cm, gesellig oder einzeln, beim T je nach Reife graurosa, hellbraun, gelbbraun, braun, dunkelbraun, schwarzbraun, schwarz. Rinde (Cortex) derb, brüchig oder zäh, ± schuppig. Capillitium fehlend, Pseudocapillitium farblose, wenig verzweigte, feinwarzige oder stärker skulpturierte Röhren mit abgerundeten Enden, × 3–12 µm. Sp kugelig, ± fein netzmaschig, frisch in Masse hellrosa, 5–8 µm. Plasmodium weiß, rosa oder meist rot. 4 Arten. LaH, NaH. – **Lit**: **17**: 56, **18**: 131
T: *L. epidendrum* (L.) FR.: Nan 57–58, Neub 1.134–137

Lycoperdon TOURNEF. ex PERS., Stäubling, Flaschenstäubling – BaP (Bas, Agaricomycetes, Agaricales, Agaricaceae)
Frk mit äußerer Exoperidie und innerer Endoperidie. Endoperidie mit apikaler Öffnung. Subgleba gekammert (falls nicht gekammert siehe *Bovista*), Diaphragma fehlend oder schwach entwickelt. Pseudocolumella meist vorhanden. Capillitium gut entwickelt, ein zusammenhängendes Geflecht aus locker verzweigten Hyphen bildend, ohne von einem

Hauptstamm auszugehen (*Lycoperdon*-Typ), mit oder ohne Poren (falls Poren schlitzfö siehe *Handkea*). Sp kugelig, meist warzig, aber auch glatt, mit und ohne Sterigmenrest. 17 Arten. Terricol, bisw auch lignicol (morsches Holz). – Anm: Ähnl dem T kann *Handkea excipuliformis* sein mit etwas kleineren Sp, feineren Warzen auf der Peridie, die sich bei Reife oben öffnet. – Syn: *L. foetidum* = *L. nigrescens, L. pedicellatum* = *L. caudatum, L. pusillum* = *Bovista pusilla. L. pyriforme* jetzt auch als *Apioperdon p.* – **Lit**: **9**: 337, **12**: 495
T: *L. perlatum* PERS. : PERS. – Flaschen-Stäubling: BK 2.518, Dh 1089, Gh 595, Kr 2.151, Lx 615, MJ 7Lyc8

1 Gesellig auf Holz. Subgleba weißl bleibend. Sp glatt, 3,3–4,5 µm
Birnen-Stäubling – *L. pyriforme* SCHAEFF. : PERS.

1* Auf Erde. Subgleba reifer Frk farbig. Sp (bisw fast glatt), fein bis stark warzig **2**

2 Frk igelfö, Stacheln braun, 3–6 mm lang. Capillitium mit kleinen Poren. Sp warzig, 3,8–5,1 µm. Meist LaW (Kalkbuchenwälder)
Igel-Stäubling – *L. echinatum* PERS. : PERS.

2* Frk nicht igelfö, Stacheln kürzer, meist nicht länger als 2 mm, weiß, hellbraun bis dunkelbraun. **3**

3 Exoperidie nur kleiig-körnig, gänzl ohne Stacheln. Ohne abgebrochene Sterigmen im Spp. Sp 3,3–4,9 µm. Dünen, Trockenrasen, außerhalb von Wäldern (falls in Wäldern vgl. **7**: *L. molle*) **Graubrauner Stäubling** – *L. lividum* PERS.

3* Exoperidie wenigstens mit einzelnen, oft mit mehreren Stacheln **4**

4 Nach Abfallen der Stacheln auf der Endoperidie netzartige oder fleckige Struktur zurückbleibend **5**

4* Nach Abfallen der Stacheln auf der Endoperidie keine netzartige bis fleckige Struktur zurückbleibend **6**

5 Stacheln auf der Exoperidie hell, kegelfö (falls eckig: ►), recht stark, einzeln stehend, rund um die Stacheln von einem Kranz von Körnchen umgeben. Frk jung weiß, nicht stinkend, reif braun. Capillitium mit Poren unterschiedl Größe. Sp 2,9–4,5 µm, recht stark warzig, mit abgefallenen Sterigmen gemischt. LaW, NaW, selten auch auf sehr morschen Stämmen **Flaschen-Stäubling** – *L. perlatum* PERS. : PERS

5* Stacheln jung hellbraun, alt schwärzl. Frk bräunl, leuchtgasartig stinkend. Stacheln fein, dunkelfarbig, in kleinen Gruppen angeordnet, an den Spitzen zusammenneigend und miteinander verbunden. Capillitium mit unregelmäßig geformten Poren. Sp 3,4–4,8 µm, fast glatt bis feinwarzig. LaW, NaW
Schwärzender Stäubling – *L. nigrescens* (PERS. : PERS) LLOYD

6 Frk auf der Oberfläche mit plättchenfö Schollen (vom aufreißendem Velum). [Falls Exoperidie plättchenfö aufreißend: *L. marginatum* VITT.]. Capillitium mit wenigen punktfö bis unregelmäßigen Poren, Sp 4,1–5,1 µm, warzig. LaW (Kalkböden)
Flocken-Stäubling – *L. mammiforme* PERS. : PERS

6* Frk nicht mit Schollen. **7**

7 Frk milchkaffee-braun, mit wenig entwickelten, unregelmäßigen, weichen Stacheln und Körnchen, zwischen den Stacheln. Endoperidie kaum sichtbar. Subgleba reif braun-violett. Capillitium mit unregelmäßig geformten Poren. Spp mit abgefallenen Sterigmen untermischt. Sp 3,8–5,4 µm, feinwarzig. LaW, NaW

Weicher Stäubling – *L. molle* PERS. : PERS

7* Poren des Capillitiums nicht mit unregelmäßigem Umriss, vielmehr mit großen, kleinen oder punktfö Poren. Sp grobwarzig oder feinwarzig **8**

8 Ohne feine Körnchen zwischen den Sracheln. Exoperidie erst hellbraun, dann rotbraun, schließl schwarzbraun. Capillitium mit großen, regelmäßigen Poren. Sp 3,5–4,5(–5,6) µm, feinwarzig. Sterigmenrest an den Sp 0,5–1,5 µm lang [Falls Sterigmenrest 10–35 µm lang: *L. caudarum* J. SCHRÖT.]. NaW, seltener LaW

Umberbrauner Stäubling – *L. umbrinum* PERS. : PERS

8* Mit feinen Körnchen zwischen den Stacheln [Falls Stacheln eher fein und sehr brüchig, cremefarben, In Heiden oder Mooren: *L. ericaeum* BONORD.] ▸

Lyomyces siehe *Hyphodontia sambuci*

Lyophyllum P. KARST., Rasling, Graublatt – BläP (Bas, Agaricomycetes, Agaricales, Lyophyllaceae)

Frk unterschiedl, entweder groß bis mittegroß und fleischig (UG *Lyophyllum*; Habitus von Ritterlingen oder Trichterlingen) oder klein und schmächtig (UG *Tephrocybe;* Habitus von Rüblingen). L ausgebuchtet oder schwach herablaufend. Große Arten häufig büschelig, bisw weiß und mit violetter $FeSO_4$-Reaktion. Schnallen an den Hyphensepten vorhanden (im Unterschied zu den meisten *Tricholoma*-Arten). Bisw mit besonderen Sp-Merkmalen: z. B. Sp kugelig, dreieckig, rautenfö, stachelig bis warzig, häufig aber auch glatt und ellipsoid. Basidien meist mit siderophiler Granulation (Ausnahme z. B. *L. connatum* diese aber durch $FeSO_4$-Reaktion auf weißem H gut gekennzeichnet). Häufig mit Mehlgeruch. 43 Arten. Terricol, saprobiotisch, häufig in Streu, auch humicol. – Syn: *L. caerulescens* = *L. paelochroum* s. l., *L. confusum* = *L. baeospermum, L. infumatum* = *L. deliberatum, L. ozes* = *L. baeospermum.* – Anm: *L. ulmarium* siehe ***Hypsizygus*** *ulmarius*, *L. connatum* jetzt auch zu ***Leucocybe*** VIZZINI & al. gestellt. *L. palustre* jetzt ***Sphagnurus*** *paluster*. – **Lit**: **7**: 289, 432 (UG *Tephrocybe*), **11**: 131, 134 (UG *Tephrocybe*), **14**: 498

T: *L.* (*leucophaeatum* =) *gangraenosum* (FR.) GULDEN – Gerberei-Rasling: BK 3.261, BL 167, CD 469, HK 3.229, Kr 3.311, Lg 25°, Lg 32B, Lu 1.44.6, Lx 169, MJ 3Lyoph4, RH 299

1 Frk mittelgroß bis groß, fleischig, bisw rasig, bisw rötend oder schwärzend **2**

1* Frk klein bis mittelgroß, nicht fleischig, nicht rasig wachsend, nicht rötend oder schwärzend **13**

Fruchtkörper mittelgroß bis groß, fleischig (UG Lyophyllum; Rasling; 3–12)

2 Frk büschelig, nicht schwärzend, fleischig **3**

2* Frk nicht fleischig o d e r falls fleischig, dann Frk schwärzend **5**

– Fruchtkörper nicht schwärzend, büschelig (3–4)

3 Frk in allen Teilen weiß. L und H mit $FeSO_4$ violett. H 3–7(–10) cm, konvex bis plan, bereift bis filzig. L eng, weißl bis creme. S 4–8(–12) × 0,8–1,6 cm. Geschmack nach

Mehl, Geruch süßl. Basidien nicht siderophil. Sp ellipsoid, 5,5–7 × 3,54 µm. Terricol, besonders an Wegrändern, Ruderalplätzen.

Weißer Rasling – *L. connatum* (SCHUMACH. : FR.) SINGER

3* Frk insbesondere im H nicht weiß. Sp kugelig oder fast kugelig **4**

4 H braun, H-Rand ockerbräunl., 6–12(–15) cm. Geruch fehlend oder nach Mahl, Gurke. Sp 5–7 µm, kugelig. Ruderalplätze, Grasland

Büscheliger Rasling – *L. decastes* (FR. : FR.) SINGER

4* H mit Grautönen oder gänzl grau, bisw eingewachsen-faserig. Sonst wie vorige

Frost-Rasling – *L. fumosum* (PERS. : FR.) P.D. ORTON

– ***Fruchtkörper schwärzend, nicht büschelig (5–12)***

5 L und F nach dem Reiben bzw. auf Druck rötend und dann schwärzend ▸

5* L und F bei Druck oder Verletzung grauend oder ± langsam schwärzend, zuvor nicht rötend, allenfalls blau, blaugrau, umbrabraun, gelbl. **6**

– – ***Sporen warzig, dreieckig, rhombisch (6–8)***

6 Sp in Wasser fein warzig, in KOH glatt, ellipsoid bis mandelfö, 6–8(–9) × 3–4 µm. H stumpf gebuckelt, weißl. 3–8(–10) cm, Streu von LaB und NaB, Auwälder

Gerberei-Rasling – *L. gangraenosum* (FR.) GULDEN

6* Sp in Wasser glatt **7**

7 Sp in Seitenansicht dreieckig, 8,5–10 × 5–6 µm. Rückenseite der Sp fast gerade. Frk recht schlank mit H 3,5–5(–7,5) cm. LaW, NaW. [Falls Rückenseite der Sp oft eingedellt und Frk robust mit H 7–15(–20) cm: **Derbknolliger Rasling** – *L. rhopalopodium* CLÉMENÇON]. **Dreiecksporiger Rasling** – *L. transforme* (BRITZELM.) SINGER

7* Sp nicht dreieckig **8**

8 Sp in Seitenansicht breit mandelfö bis rhomboid (basal und apikal verjüngt) und zugleich zieml groß, 10–12 × 6–8 µm. H 4–7 cm. Streu von LaB und NaB, Pflanzenreste

Rautensporiger Rasling – *L. deliberatum* (BRITZELM) KREISEL

8* Sp kugelig oder ellipsoid. **9**

– – ***Sporen kugelig oder ellipsoid (9–12)***

9 Sp kugelig **10**

9* Sp ellipsoid **11**

10 H lehmfarben-ockerl, 4–8 cm. S 5–10 × 0,6–1,2 cm. hell graubraun. L dickl und fast entfernt, weißl-creme, lange hell bleibend, blaugrau (so bei var. *caerulescens* CLÉMENÇON), dann schwarz fleckend. HDS nicht gelatinisiert. Geruch nach Gurke oder Mehl Sp 6–8 × 5–7 µm. **Lehmfarbener Rasling** – *L. paelochroum* CLÉMENÇON

10* H dunkelbraun und dabei L zunächst weißl o d e r Frk auffallend kräftig mit H 5–12 cm, S 3–5 cm breit o d e r HDS gelatinisierend ▸

11 Sp weniger als 6,5 µm lang, z. B. 4–6 × 2,5–3 µm. Geruch und Geschmack (meist) nicht nach Mehl. Cheilozystiden vorhanden ▸

11* Sp länger als 6,5 µm. Geruch und Geschmack (meist) nach Mehl. Cheilozystiden fehlend oder unauffällig. **12**

12 Sp apikal (also am Ende gegenüber dem Apikulus) oft ± mandelfö verjüngt und mit suprahilärer Depression, 7–9,5 × 4–5 µm. H 3–8 cm, hygrophan, rußbraun, horngrau, isabellfarben. Cheilozystiden spärl und unauffällig, 10–16 × 2–4.µm. Streu von LaB, NaB **Spindelsporiger Rasling** – *L. semitale* (FR. : FR.) KÜHNER ex KALAMEES

12* Merkm anders: Sp apikal breit gerundet o d e r Frk schmächtiger mit H 1–3 cm o d e r L gilbend ▸

Fruchtkörper klein bis fast mittelgroß, dünnfleischig (UG Tephrocybe, Graublatt; 13–25)

– In besonderen Habitaten (Torfmoos, Brandstellen; 13–16)

13 Stets zwischen Torfmoosen (*Sphagnum*), an diese obligat gebunden. H konvex bis plan, H-Mitte oft etwas eingesenkt, feucht grau bis dunkelbraun, trocken graubeige, 1,5–3 cm. S wie H gefärbt, brüchig 5–10 cm × 2–3 mm. Geruch nach ranzigem Mehl. Sp ellipsoid bis schwach mandelfö, 6–8,5 × 3–5 µm (inkl. *L. admissum* mit Sp 7,5–11,5 × 4–5 µm) **Sumpf-Graublatt** – *L. palustre* (PECK) SINGER

13* Nicht obligat an Torfmoose gebunden **14**

14 Auf Brandstellen **15**

14* Nicht auf Brandstellen. **17**

15 H konvex, oft genabelt, feucht schwarzbraun, trocken blasser, 1–3,5 cm. L hellgrau. S-Basis zottig. Sp ellipsoid, 5–6 × 3–4 µm.
Traniges Graublatt – *L. atratum* (FR. : FR.) SINGER

15* Sp nahezu kugelig **16**

16 Sp glatt, 4,5–6 µm. H konvex bis glockenfö, meist ohne Papille, feucht schwarzbraun, trocken graubraun, 1–3 cm
Kohlen-Graublatt – *L. anthracophilum* (LASCH) M. LANGE & SIVERTSEN

16* Sp mit breiten, warzenfö Höckern, 5,5–8 × 5–6,5 µm. H oft mit kleiner Papille, feucht dunkelbraun, trocken grau bis weißl bereift, 0,5–1,5 cm
Höckersporiges Graublatt – *L. ambustum* (FR. : FR.) SINGER

– Stiel wurzelnd (17)

17 S tief wurzelnd und knorpelig-zäh, steif. grau, eingewachsen faserig, 5–12(–14) × 0,3–0,7 cm. H konvex bis plan, mit Buckel, dunkelgrau gegen H-Rand ± bereift oder mit weißen Fasern, 3–5 cm. L grau, ± frei. Geruch nach ranzigem Mehl oder Gurke. Sp 7–8 × 3–4 µm. Streu von LaB, NaB.
Wurzel-Graublatt – *L. rancidum* (FR. : FR.) SINGER

17* S nicht tief wurzelnd **18**

18 Sp höckerig bis sternartig o d e r stachelig bis warziig. Sp bisw kugelig (vgl. auch 18* mit fast glatten Sp) **19**

18* Sp glatt. Sp nicht kugelig **20**

– Sporen höckerig oder warzig (19)

19 Sp kugelig, grob höckerig siehe *L. ambustum*

19* Sp breit ellipsoid, feinstachelig bis kleinwarzig, 6–7,5(–8) µm. H konvex-glockenfö, bis plan und nabelig, feucht grau-, oliv- oder schwarzbraun, gegen H-Rand ocker-bräunl, bereift, 1–3 cm. S-Basis ± wurzelnd. Geruch und Geschmack nach Mehl. Streu von NaB, LaB, Pflanzen- und Moosreste
Stachelsporiges Graublatt – *L. tylicolor* (FR. : FR.) M. LANGE & SIVERTSEN

20 Sp klein, weniger lang als 6 µm (wenigstens im Mittel so kurz) **21**

20* Sp größer, länger als 6 µm. **22**

– – ***Sporen glatt und klein (unter 6 µm; vgl. auch 16, 21)***

21 S gegen Basis auffallend dunkler bis fast schwärzl werdend. Geruch deutl nach Mehl [inkl. *L. confusum* (P.D. ORTON) GULDEN mit etwas weniger dunkel werdender S-Basis und etwas größeren Sp, 4,5–6,5 × 3–3,5 µm, inkl. *L. ozes* ss. auct]. NaW, LaW, Streu **Kleinsporiges Mehl-Graublatt** – *L. baeospermum* ROMAGN.

21* S gegen Basis nicht auffallend dunkler werdend. H zieml groß, 4–7 cm, konvex bis plan, schwach gebuckelt, schmutzig braun, matt mit gerieftem H-Rand. Geruch und Geschmack nach Mehl [falls Mehlgeruch fehlend, L breit angeheftet bis herablaufend: *L. cessans* (P. KARST.) M.M. MOSER], S schließl hohl, oft zusammengedrückt, blass, 4–6 × 0,4–0,8 cm. Sp 5–6 × 3–3,5 µm. Streu von LaB und NaB. **Stinkendes Graublatt** – *L. putidum* (FR.) SINGER

– – ***Sporen glatt und größer (über 6 µm; vgl. auch 13, 17, 22–25)***

22 H matt, wie bereift wirkend oder H weißl ▸

22* H weder bereift wirkend noch weißl, H-Oberfläche glatt, kahl bisw wie gelatinisiert wirkend **23**

23 H (alt) niedergedrückt ▸

23* H gewölbt, kegelig und so bleibend, bisw gebuckelt **24**

24 Sp schlank-ellipsoid, 6,5–8,5 × 3–4 µm. Geruch nach Gurke. H hell graubraun, gegen H-Rand heller und feucht glänzend. LaW, NaW **Dunkelstieliges Graublatt** – *L. boudieri* KÜHNER & ROMAGN

24* Sp weniger schlank. Geruch fehlend oder nach Mehl. **25**

25 Geruch fehlend oder nur schwach nach Mehl. H glockenfö bis breit konvex, gebuckelt, feucht olivgrau oder graubraun, glänzend, 2–5 cm. Sp 6–8 × 3–4 µm. Streu von NaB und LaB **Geruchloses Graublatt** – *L. inolens* (FR.) KÜHNER & ROMAGN

25* Geruch deutl nach Mehl oder süßl stechend ▸

Lysurus FR., Fingerpilz – BaP (Bas, Agaricomycetes, Phallales, Lysuraceae)
Frk jung kugelig, reif mit porösem, weißl S, der oben in 4–8 kurze, dreieckige bis spindelfö Äste aufgeteilt ist; diese anfangs kegelfö zusammenneigend, dann ± ausgebreitet, orange bis bräunl-gelb von brauner Sp-Masse bedeckt. Sp 4–4,5 × 1,5–2 µm. Humicol, nährstoffreiche Erde (in Gärten). – **Lit**: **9**: 175, **12**: 464
T: außereuropäisch. Bei uns gelegentl adventiv *L. cruciatus* (LEPR. & MONT.) LLOYD – **Fingerpilz**: Ct 800, HK 2.140b

Flechten, Gattungen L

Lasallia MÉRAT – Fle (Asc, Lecanoromycetes, Umbilicariales, Umbilicariaceae)
Lager 1-blättrig, zentral am Substrat haftend, oberseits mit zahlreichen rundl-blasenfö Aufwölbungen, mit Isidien, braungrau bis braun. Unterseite schwarz, mit Hohlwölbungen, ohne Rhizinen. Apothecien sitzend bis kurzstielig, rundl, schwarz, mit Eigenrand. Sp mauerfö vielzellig, hell- bis dunkelbraun, meist zu 1–2 je Ascus. Photobiont: Coccoide Grünalge. Silikatgestein. – **Lit**: **24:** 928 unter *Umbilicaria*, **438**; **25:** 1121 unter *Umbilicaria*, **545–546**
1 Art = T: *L. pustulata* (L.) MÉRAT – **Pustelflechte**: Wi 439, FleD 545, UT 100

Lecanactis KÖRB. – Fle (Asc, Arthoniomycetes, Arthoniales, Roccellaceae)
Lager krustig, bisw warzig areoliert, auch gänzl sorediös aufgelöst, Apothecien braunschwarz bis schwarz, oft bereift, mit Eigenrand, Sp querseptiert, 4–9-zellig, spindelfö, gerade bis etwas gebogen, mit dünner Schleimhülle. Photobiont: *Trentepohlia*. Stammgrund alter LaB und NaB. Silikatgestein. 2 Arten. – **Lit**: **24:** 87–88, 91–93, 622 unter *Opegrapha*, **438**; **25:** 104, 111, 119, **546–549**
T: *L. abietina* (ACH.) KÖRB. – **Tannen-Strahlflechte**: Wi 441, FleD 547

1 Lager mit zahlreichen, halbkugeligen bis zylindrischen Pyknidien, diese dem Lager gleichfarben und C+ rot. Falls Pyknidien C–: ▸
Tannen-Strahlflechte – *L. abietina* (ACH.) KÖRB.
1* Lager ohne solche Pyknidien ▸

„Lecanactis“
1 Mit halbkugeligen bis kurzzylindrischen Pyknidien **2**
1* Ohne Pyknidien **3**
2 Pyknosp 12–20 × 2–3,5 µm ***Lecanactis*** (*abietina*)
2* Pyknosp 7 × 1,5 µm ***Opegrapha*** (pr.p.)
3 Lager meist mit Apothecien **4**
3* Lager ohne Apothecien, sorediös oder wattig-leprös **11**
4 Auf Gestein **5**
4* Auf Rinde **8**
5 Lager gelbl oder grünl-grau, z. T., rissig oder warzig areoliert. Mark und Hymenium J+ blau. Sp (15–)19–23 × 5–7(–8) µm, 4–6-zellig, zuletzt warzig und bräunl. Falls parasitisch auf *Dirina*: *Paralecanographa grumulosa*. ***Lecanographa*** (pr.p.)
5* Merkm anders **6**
6 Apothecien (falls nicht zu alt) mit weißl bereifter Scheibe ***Lecanactis*** (*dilleniana*)
6* Apothecien mit unbereifter (selten grünl bereifter) Scheibe **7**
7 Lager UV+ eisblau bis gelbl ***Schismatomma*** (pr.p.)
7* Lager UV– ***Cresponea*** (pr.p.)
8 Sp 8–18-zellig, 50–80 × 1,5–2,5 µm, in Fragmente zerfallend ***Bactrospora***
8* Sp 4–9-zellig, bis ca 42 µm lang, nicht fragmentierend **9**
9 Sp 7–9(–12)-zellig, 21–35 × 3–4,5 µm ***Lecanographa*** (pr.p.)
9* Sp überwiegend 4-zellig **10**
10 Apothecien weiß bereift, bis 0,5 mm, ± eingesenkt ins weißl Lager, Sp 14–28 × 2,5–3,5 µm ***Lecanographa*** (pr.p.)

10* Apothecien unbereift bis leicht bereift, bis 0,8(–1) mm, angedrückt sitzend auf rosaweißl Lager. Sp 25–42 × 2,5–4 µm * ***Schismatomma***
11 Auf kalkhaltigem Gestein * ***Arthonia***
11* Auf Silikatgestein oder auf Rinde **12**
12 Auf Silikatgestein **13**
12* Auf Rinde alter Bäume. Lager schmutzig lila, rosagrau, hell bräunl-grau ***Dendrographa*** (pr.p.)
13 Lager krustig, (kakao-, gelb-)braun, im Inneren ockergelbl, bräunl, sorediös ***Schismatomma*** (pr.p.)
13* Lager meist dick (bis 5 mm), polsterfö, grau, violettgrau, oft leicht rosastichig und mit faltiger Oberfläche ***Dendrographa*** (pr.p.)

Lecania A. MASSAL. – Fle (Asc, Lecanoromycetes, Lecanorales, Ramalinaceae)
Lager krustig, körnig bis rissig areoliert, bisw auch im Substrat verborgen, weißl, (grünl-) grau, bräunl, bisw mit Soredien Photobiont: *Trebouxia*. 22 Arten. Apothecien sitzend, beige, gelbbraun, rotbraun, braun, braunschwarz, bisw bereift, meist mit Lagerrand. Sp meist querseptiert, (1–)2–4(–8)-zellig, farblos, längl bis ellipsoid. Rinde von LaB, Gestein. 22 Arten. – **Lit**: **24:** 88, 155, **444**; **25:** 104, 128, 197–198, 202 unter *Bacidia*, **549–555**
T: *L. fuscella* (SCHAER.) KÖRB. – Bräunliche Blassrandflechte; abgebildet *L. naegelii* (HEPP) DIEDERICH & VAN DEN BOOM – Ast-Blassrandflechte: FleD 549

1 Auf Gestein oder selten auf dem Erdboden **2**
1* Auf Ba-Rinde **4**
Auf Gestein oder selten auf Erde (2–3)
2 Sp überwiegend 4(–8)-zellig **5**
2* Sp 2-zellig **3**
3 Lager glatt bis areoliert und/oder auf dem Erdboden ►
3* Lager mit blasigen Auswüchsen und scharfkantig areoliert. Falls vollständig körnig-sorediös: ► **Körnige Blassrandflechte** – *L. erysibe* (ACH.) MUDD
Auf Baumrinde (4–5)
4 Sp reif 4-zellig ►
4* Sp 1–2-zellig. Apothecien-Rand mit Algen. Sp gerade bis leicht gekrümmt, × (3–) 4–5 µm **Gewöhnliche Blassrandflechte** – *L. cyrtella* (ACH.) TH. FR.
5 Sp zu 8–16 je Ascus **Bräunliche Blassrandflechte** – *L. fuscella* (SCHAER.) KÖRB.
5* Sp zu 8 je Ascus. Apothecien-R im Alter meist nicht mehr mit Algen (falls mit Algen: ►) **Ast-Blassrandflechte** – *L. naegelii* (HEPP) DIEDERICH & VAN DEN BOOM

„Lecania“
1 An Gestein, selten auf dem Erdboden **2**
1* Auf Rinde **4**
2 Sp überwiegend 4(–8)-zellig ***Lecania***
2* Sp 2-zellig, selten z. T. 3-zellig **3**
3 Auf Erdboden, Moosen, Pflanzenresten. Sp mit Schleimhülle ***Halecania*** (pr.p.)
3* Auf Gestein. Sp ohne deutl Schleimhülle ***Lecania***
4 Mit gelbl bis grünen Soralen **5**
4* Ohne Sorale **6**
5 Sp mit Schleimhülle, × 5–6 µm. Lager blassgrün, grünl-braun, mit punktfö, frisch grünen, oft zusammenfließenden Soralen ***Halecania*** (pr.p.)

5* Sp ohne Schleimhülle, × 3–4 µm. Lager hellgrau, bräunl, graugrün, mit feucht (gelb-) grünen, gelbl, meist nicht zusammenfließenden Flecksoralen ***Lecania*** (*croatica*)
6 Sp reif 4–6-zellig ***Lecania*** (*fuscella, koerberiana, naegelii*)
6* Sp 1–2-zellig. **7**
7 Excipulum ohne Algen, Sp gerade, höchstens leicht gekrümmt. Lager dünn, unauffällig, weißl ***Biatora*** (pr.p.)
7* Excipulum mit Algen und/oder Sp bohnenfö gekrümmt (*Lecania dubitans*), und/oder Lagerareolen am R sorediös knospend (*Lecania erysibe*) ***Lecania***

Lecanographa EGEA & TORRENTE – Fle (Asc, Arthoniomycetes, Arthoniales, Lecanographaceae)
Lager krustig, glatt bis rissig areoliert, weiß, weißgrau, grünl. Apothecien langgestreckt bis rund, (braun-)schwarz. Sp querseptiert, 3- bis 20-zellig. Photobiont: *Trentepohlia*. Rinde von LaB (Eiche, Hainbuche), Silikatgestein. 3 Arten. – **Lit**: **25:** 547–548 unter *Lecanactis*, **555–556**
T: *L. lyncea* (SM.) EGGEA & TORRENTE – **Eichen-Strahlflechte**; abgebildet *L. amylacea* (ERH. ex PERS.) EGEA & TORRENTE – **Mehlige Strahlflechte**: Wi 443, FleD 556

Lecanora ACH. – Fle (Asc, Lecanoromycetes, Lecanorales, Lecanoraceae)
Lager krustig, meist weißl, grau, gelb(-grünl), mit oder ohne Sorale. Apothecien meist angedrückt bis sitzend, mit unterschiedl Farben, meist mit deutl Lagerrand; dieser innen mit Kristallen. Apothecien-Scheibe flach bis gewölbt. Sp ellipsoid bis kugelig, 1-zellig, Photobiont. *Trebouxia*. Gestein, Ba-Rinde. 113 Arten. – **Lit**: **24:** 73, 85–86, 90, 93, 96–97, **449**; **25:** 100–101, 108, 117, 120, 123–125, **556–617**
T: *L. allophana* (ACH.) NYL. – Trügerische Kuchenflechte; abgebildet u. a. *L. argentata* (ACH.) MALME – Silbrige Kuchenflechte: Wi 467, FleD 557, UT 166

1 Lager angedeutet gelappt, oft rosettig bisw wie eine Blattflechte erscheinend oder Lager deutl schuppig. **2**
1* Lager einheitl krustig, am R nicht gelappt **3**

Lager angedeutet gelappt, placodoid (2)

2 Lappen des Lagers bis an den Rand am Substrat dicht angewachsen, höchstens an den Enden etwas abgehoben, grünweiß, gelbl, (gelb-, grau-)grünl. Apothecien wie das Lager gefärbt. Auf Mauern, Ziegeln, Grabsteinen und anderen anthropogenen Substraten **Gewöhnliche Mauerflechte** – *L. muralis* (SCHREB.) RABENH.
2* Nicht mit den genannten Merkm: Lappen nur am Grunde angewachsen oder diese stark gewölbt oder Lager schuppig-schollig oder nicht speziell auf anthropogenen Substraten oder Lager nur an einer Stelle festgewachsen oder Lager mit Soralen oder Lager C+ (orange-)rot ▸

Lager nicht gelappt (3–43)

3 Auf Silikatgestein **4**
3* Auf Kalkgestein oder auf Ba-Rinde, Holz, Moosen, Pflanzenresten **12**

– Auf Silikatgestein, dabei z. T. parasitisch auf Krustenflechten (4–11)

4 Parasitisch auf Krustenflechte *Tephromela*. Falls auf anderen Gattungen von Krustenflechten: ▸ **Schwefelgelbe Kuchenflechte** – *L. sulphurea* (HOFFM.) ACH.

4* Nicht parasitisch auf Krustenflechten **5**

5 Lager gelb, gelbgrünl, (blass-, grau-)grün, gelbl **6**

5* Lager mit anderen Farben **9**

6 Lager sorediös ►

6* Lager nicht sorediös **7**

7 Apothecien bald gewölbt-randlos, fast eingesenkt, später hervortretend, bleigrau, bräunl, oliv, schwärzl, bereift. Lager rissig-areoliert, recht dick, hell gelbl, gelbl-graugrün **Schwefelgelbe Kuchenflechte** – *L. sulphurea* (HOFFM.) ACH.

7* Merkm anders, Apothecien nicht bald randlos **8**

8 Apothecien meist bis 1–1,5 mm, vereinzelt größer, gelbl, grünl, bräunl. Sp × (4,5–)5–6,5 µm **Vielgestaltige Kuchenflechte** – *L. polytropa* (EHRH. ex HOFFM.) RABENH.

8* Sp × 3–4 µm oder Apothecien braun (nicht nur bräunl), rotbraun, oliv, schwarz oder Lager dick oder Apothecienrand P+ rot (nicht bloß P+ gelbl pder P–) ►

9 Lager braun und/oder sorediös ►

9* Lager nicht braun, nicht sorediös **10**

10 Apothecien-Scheibe schwarz, nicht bereift. Epihymenium blass orange bis rotbraun, ohne Körner (falls grün, grünschwärzl, braun oder mit Körnern: ►) **Feld-Kuchenflechte** – *L. campestris* (SCHAER.) HUE

10* Apothecien-Scheibe nicht rein schwarz **11**

11 Apothecien nicht mit deutl, schwarzem Eigenrand, C+ intensiv gelb bis orange, eingesenkt bis angedrückt sitzend. Lager K+ gelb (nicht rot werdend). **Fels-Kuchenflechte** – *L. rupicola* (L.) ZAHLBR.

11* Apothecien deutl vortretend bis verengt sitzend, mit wulstigem oder zurücktretendem R; auch in den übrigen Merkm verschieden. Falls Lager und flache bis schwach gewölbte Apothecien C–, Epihymenium (orange-, rot-, dunkel-)braun: siehe *L. campestris* ►

12 Auf Kalkgestein **13**

12* Auf Ba-Rinde, Holz, Moosen, Pflanzenresten **17**

– ***Auf Kalkgestein (13–16)***

13 Apothecien schwarz, braunschwarz, dunkel rotbraun, bisw bereift **14**

13* Apothecien mit anderen Farben **15**

14 Lager K+ gelb. Falls Apothecien ohne oder nur jung mit undeutl Lager-R oder Epihymenium rotviolett: ►. **Feld-Kuchenflechte** – *L. campestris* (SCHAER.) HUE

14* Lager K– ►

15 Apothecien-R mehrfach tief gespalten oder Epihymenium blau(-grau, -grün). missfarben bräunl ►

15* Merkm verschieden **16**

16 Lager zieml dick, deutl begrenzt, bisw angedeutet gelappt, weißgrau, weiß **Weiße Kuchenflechte** – *L. albescens* (HOFFM.) BRANTH. & ROSTR.

16* Lager undeutl, allenfalls aus einzelnen Areolen bestehend **Zerstreutfrüchtige Kuchenflechte** – *L. dispersa* (PERS.) SOMMERF.

– ***Auf Baumrinde, Holz, Moosen, Pflanzenresten (17–43)***

17 Auf Pflanzenresten, Erd- und Gesteinsmoosen ▸

17* Auf Ba-Rinde und Holz **18**

18 Lager sorediös **19**

18* Lager nicht sorediös **22**

– – ***Lager sorediös (19–21)***

19 P+ gelb dann rot, Lager (grau-)grünl, seltener blass grüngelbl bis fast ocker **Staubige Kuchenflechte** – *L. conizaeoides* NYL. ex CROMB.

19* P– bis leicht gelbl **20**

20 Lager weiß(-grau), glatt bis warzig, mit rundl, begrenzten Soralen K+ gelb **Schamlose Kuchenflechte** – *L. impudens* DEGEL.

20* Lager mit (grün-)gelbl Ton **21**

21 Apothecien rasch gewölbt-randlos, hellgelb, beige. (rosa-)braun, gelbgrün, oliv **Randlose Kuchenflechte** – *L. symmicta* (ACH.) ACH.

21* Apothecien nicht rasch gewölbt-randlos oder Lager steril, dessen Oberfläche gänzl sorediös, selten mit diskreten Soralen. Falls Lager oberseits körnig bis unregelmäßig warzig: ▸ **Bleiche Kuchenflechte** – *L. expallens* ACH.

– – ***Lager nicht sorediös (22–43)***

22 Lager blassgelbl-grün, blass (grau-, hell-)grünl bis gelbl **23**

22* Farben anders **27**

– – – ***Lager blass mit gelblichen, grauen oder grünlichen Tönen (23–26)***

23 Apothecien mit Eigenrand (biatorin) und bald stärker gewölbt **Randlose Kuchenflechte** – *L. symmicta* (ACH.) ACH.

23* Apothecien mit Lager-R (lecanorin) und recht flach bis leicht gewölbt **24**

24 Lager P+ rot **Staubige Kuchenflechte** – *L. conizaeoides* NYL. ex CROMB.

24* Lager P– oder P+ gelb **25**

25 Apothecien schwarz oder Sp nur bis × 4,5 µm breit ▸

25* Apothecien nicht schwarz, Sp breiter **26**

26 Apothecien groß, meist 0,6–1,2(–1,5) mm, oft dicht stehend. Sp × 5–7,5 µm **Veränderliche Kuchenflechte** – *L. varia* (HOFFM.) ACH.

26* Apothecien klein, meist bis zu 7 mm. Sp × 4–6(–7) µm **Weiden-Kuchenflechte** – *L. saligna* (SCHRAD.) ZAHLBR.

– – – ***Lager mit tiefer Färbung (27–43)***

27 Apothecien-R braun bis schwarz, bisw bald schwindend **28**

27* Apothecien-R hell **29**

28 Apothecien von Beginn an gewölbt, bald randlos und ohne Algen im Excipulum. Falls mit undeutl Lager: ▸. **Randlose Kuchenflechte** – *L. symmicta* (ACH.) ACH.

28* Apothecien anfangs flach und undeutl berandet ▸

29 Sp zu mehr als 8 je Ascus oder Apothecien bald gewölbt, gelbl oder an Holz und nicht an Rinde ▸

29* Sp zu 8 je Ascus und nicht mit den oben zusätzl genannten Merkm **30**

30 Scheibe der Apothecien schwarz **31**

30* Scheibe der Apothecien nicht schwarz **32**

31 Lager P+ rot. Apothecien 0,5–1,8 mm
Floh-Kuchenflechte – *L. pulicaris* (PERS.) ACH.

31* Lager P– ▸

32 Apothecienscheibe C+ intensiv gelb bis orange **33**

32* Apothecienscheibe C– **34**

33 Apothecien-R und Lager P– **Hainbuchen-Kuchenflechte** – *L. carpinea* (L.) VAIN.

33* Apothecien-R P+ gelb bis rot ▸

34 Scheibe oder Apothecien-R P+ (orange-)gelb, (zinnober-)rot **35**

34* Scheibe und Apothecien-R P– oder P ± gelbl **38**

– – – – ***Scheibe und Apothecienrand P+ orangegelb bis rot (35–37)***

35 Scheibe und R der Apothecien P+ orange bis rot. Scheibe dicht weiß bereift, unter dem Reif rosa (-braun). Falls Scheibe nicht bereift: ▸
Weißliche Kuchenflechte – *L. albella* (PERS.) ACH.

35* Nur Apothecien-R P+ orange bis rot **36**

36 Apothecien-R nicht berindet, sehr dick und bleibend
Geschwollene Kuchenflechte – *L. intumescens* (REBENT.) RABENH.

36* Apothecien-R berindet, nicht auffallend dick **37**

37 Apothecien gelbl, oliv, graugrünl, hellbraun
Staubige Kuchenflechte – *L. conizaeoides* NYL. ex CROMB.

37* Apothecien (dunkel-, schwarz-)braun
Floh-Kuchenflechte – *L. pulicaris* (PERS.) ACH.

– – – – ***Scheibe und Apothecienrand P– oder P± gelbl (38–43)***

38 Lager K– **39**

38* Lager K+ gelb **41**

– – – – – ***Lager K– (39–40)***

39 Apothecien oft weißl bereift, mit verengter Basis sitzend, (rosa-, hell-, dunkel-)braun
Hagen-Kuchenflechte – *L. hagenii* (ACH.) ACH.

39* Apothecien unbereift oder auf Zitterpappel mit weißem Vorlager **40**

40 Epihymenium mit auf- oder eingelagerten kleinen Körnchen
Weiden-Kuchenflechte – *L. saligna* (SCHRAD.) ZAHLBR.

40* Epihymenium ohne solche Körnchen ▸

– – – – – ***Lager K+ gelb (41–43)***

41 Mark des Apothecien-R und unter dem Hypothecium mit vielen kleinen und kleinsten Kristallen **42**

41* Mark des Apothecien-R und unter dem Hypothecium mit großen, unregelmäßig geformten Kristallen **43**

42 Sp (10–)13–19(–21) × (6–)7–10(–11) µm. Apothecien (0,6–)0,9–2(–3) mm, mit dickem und erhabenem, nach innen über die Scheibe eingebogenen, oft wellig verbogenem R. Falls R weniger wellig und weniger eingebogen, Apothecien etwas kleiner (bis 2,5 mm): ▸: **Trügerische Kuchenflechte** – *L. allophana* (ACH.) NYL.

42* Sp 9,5–13(–14,5) × (5,5–)6–8 µm ▸

43 Hymenium oben mit aufgelagerten Körnchen. Apothecien mit dickem, bleibendem R **Helle Kuchenflechte** – *L. chlarotera* NYL.

43* Epihymenium ohne derartige Auflage. Apothecien-R nicht stark hervortretend, nicht oder unregelmäßig gekerbt. Falls R stark vortretend sowie stark und regelmäßig gekerbt: ▸ **Silbrige Kuchenflechte** – *L. argentata* (ACH.) MALME

„Lecanora"

1 Auf kalkhaltigem Gestein. Lager einheitl krustig ***Lecanora***

1* Nicht auf kalkhaltigem Gestein; (falls auf Silikatgestein siehe **10***). Lager einheitl krustig oder auch mit deutl verlängerten Randareolen, angedeutet gelappt, blattartig, deutl schuppig **2**

2 Lager mit deutl verlängerten Randareolen, angedeutet gelappt, blattarig, deutl schuppig **3**

2* Lager einheitl krustig **8**

3 Lager blättrig, nur in der Mitte mit dem Substrat fest verbunden, außen frei ***Rhizoplaca*** (pr.p.)

3* Lager gänzl mit dem Substrat fest verbunden, Lager schuppig, krustig, gelappt, aber nicht blättrig **4**

4 Mit Soralen **5**

4* Ohne Sorale **6**

5 Lager weißl, cremefarben, gelbl, bis 2 cm im Durchm ***Lecanora*** (*lojkaeana*)

5* Lager braun und stark bereift, dadurch auch (braun-, weiß-)grau. Meist unter 1 cm ***Caloplaca*** (*demissa*)

6 Lager schuppig, schollig, Schuppen oft weißrandig, auch anliegend rosettig-strahlig. Auf Kalkerde, Kalkmoosen, Kalkfels ***Squamarina***

6* Lager nicht schuppig. Auf Silikat- und Kalkgestein **7**

7 Apothecien braunschwarz, mittig dicht stehend, Lager grauweiß, (braun-, dunkel-)grau, bereift ***Lobothallia***

7* Apothecien nicht braunschwarz ***Lecanora***

8 Apothecien dauernd oder zumindest lange eingesenkt siehe Schlüssel unter ***Aspicilia***

8* Apothecien höchstens wenig eingesenkt, eher dem Lager aufsitzend **9**

9 Hymenium und Hypothecium rotviolett * ***Tephromela***

9* Hymenium und Hypothecium nicht rotviolett **10**

10 Auf Rinde, Holz, Moosen, Pflanzenresten **11**

10* Auf Silikatgestein, Erzschlacken (siehe auch **1**) **17**

11 Auf Pflanzenresten etc., aber nicht auf Rinde oder Holz **12**

11* Auf Rinde oder Holz **13**

12 Apothecien-R wie die Scheibe (schwarz-, rot-)braun. Lager braun bis grau, ohne Sorale ***Bryonora*** (pr.p.)

12* Apothecien-R wie das Lager weißl bis hell grau. Sorale vorhanden oder fehlend ***Lecanora*** (*bryospora, epibryon, zosterae*)

13 Lager hell- bis dunkelbraun, olivbraun, grauoliv und zugleich körnig, mit Isidien ähnelnden Auswüchsen * ***Protoparmelia***

13* Mit anderen Merkm **14**

14 Lager sorediös **15**

14* Lager nicht sorediös **16**

15 Lager gelbl bis hell grüngelb, falls gut entwickelt mit weißem, nicht gezonten Vorlager. Soredien 30–120 µm ***Haematomma*** (pr.p.)

15* Merkm verschieden, z. B. Soredien 25 µm, z. B. ohne Vorlager, etc. ***Lecanora***

16 Apothecien (Scheibe) rein schwarz, glänzend. Hymenium fast durchgehend purpurviolett. Wulstiger Lagerrand am Apothecium (gelbl-)weiß, hellgrau. K+ gelb ***Tephromela*** (pr.p.)

16* Apothecien nicht glänzend schwarz und auch die anderen Merkm verschieden ***Lecanora***

17 Parasitisch auf Krustenflechten (lichenicol) **18**
17* Nicht parasitisch auf Krustenflechten **20**
18 Lager braun, (rot-, dunkel-, schwarz-)braun **19**
18* Lager mit anderer Färbung oder kaum sichtbar ***Lecanora*** (*gisleriana, latro, sulphurea*)
19 Lager (rot-)braun, Areolen ± gewölbt. Apothecien bald randlos * ***Protoparmelia***
19* Lager (hell-)braun, Areolen flach bis leicht konkav, Apothecien mit beigefarbenem R ***Miriquidica*** (pr.p.)
20 Lager kräftig gelb oder mit gelbl Mischtönen **21**
20* Lager ohne gelbe oder gelbgrüne Farben **25**
21 Lager sorediös, Apothecien selten oder fehlend **22**
21* Lager nicht sorediös. Apothecien vorhanden **24**
22 Lager zumindest in der Mitte flächig sorediös **23**
22* Sorale begrenzt, rundl bis unregelmäßig * ***Lepraria***
23 Lager außerhalb der sorediösen Mitte fein rissig areoliert und dort mit glatter Oberfläche, selten völlig sorediös; hell gelbgrünl ***Lecanora*** (*orosthea*)
23* Lager vollständig mit körnigen, 20–100 µm messenden Soredien bedeckt, dünn, hell gelbgrün, im Tiefschatten auch blaugrau ***Lepraria*** (pr.p.)
24 Apothecien hellrosa bis hellorange, bereift, 0,5–2 mm, mit erhabenem, glatten bis gekerbten, oft welligem Lagerrand, dieser P− ***Rhizoplaca*** (pr.p.)
24* Apothecien gelbl, grünl, braun, schwärzl, Rand P+ rot, orange, gelbl ***Lecanora***
25 Lager braun **26**
25* Lager nicht entschieden braun **27**
26 Apothecien (Scheibe) schwarz, matt, meist warzig uneben oder genabelt. Lager mit Isidienartigen Auswüchsen, auch mit Soralen ***Rimularia***
26* Apothecien dunkelbraun bis braunschwarz, glatt, oft glänzend, nicht sorediös. * ***Protoparmelia***
27 Flechten sorediös. Sorale flächig zusammenfließend. Soredien 50–250 µm. Apothecien fehlend, oder falls selten vorhanden, dann mit Scheibe C− * ***Tephromela***
27* Flechten nicht sorediös oder falls sorediös, dann Sorale nicht flächig zusammenfließend und Soredien bis zu 50 µm. Apothecien fehlend oder vorhanden mit Scheibe C+ tief gelb, orange ***Lecanora***

Lecidea ACH. – Fle (Asc, Lecanoromycetes, Lecideales, Lecideaceae)
Lager krustig, meist grau oder braun, bisw areoliert, bisw endolithisch, Apothecien (braun-) schwarz, wenigstens jung mit Eigenrand. Sp 1-zellig, ellipsoid bis längl, oft mit zentraler Plasmabrücke. Photobiont: *Trebouxia*. Silikat- und Kalk-Gestein, Dachziegel, Mauern, auf Moosen. 13 Arten. – **Lit**: **24:** 85–86, 91, 93, 98, **492–521**; **25:** 100–101, 109, 116–117, 127–128, **617–659**
T: *L. fuscoatra* (L.) ACH. – Braune Schwarznapfflechte: Wi 513, FleD 650, UT 151

1 Auf kalkreichem Erdboden, Lager schuppig, Schuppen (hell-, dunkel-, oliv-)braun, gequollen ± grünl **Braunschuppenflechte** – *Romjularia lurida* (ACH.) TIMDAL
1* Falls auf Erdboden, dann auf saurem Boden und/oder Lager nicht schuppig oder falls schuppig, dann Schuppen mit anderer Farbe **2**
2 Auf Ba-Rinde oder auf Holz ►
2* Auf Gestein **3**
3 Auf Kalkgestein ►
3* Auf Silikatgestein **4**
4 Lager (grau-, gelb-)braun, braun, ocker, rostfarben, (braun-, rost-)rot, nicht sorediös . . **5**

4* Mit anderen Farben oder Lager sorediös ▸
5 Lager rostfarben, ocker, rot **6**
5* Lager mit vorwiegend brauner Tönung **8**
6 Sp (13–)16–30 × (6–)7–15 µm oder sehr klein, 5,5–8,5 × 2,5–3,5 µm ▸
6* Sp-Maße anders, 8–15 × 4,5–7 µm **7**
7 Mark J–. Epihymenium braun **Stein-Schwarznapfflechte** – *L. lithophila* (ACH.) ACH.
7* Mark J+ violett. Epihymenium intensiv grün, (blau-, schwärzl-)grün ▸
8 Sp kugelig oder Lager parasitsch auf anderen Flechten ▸
8* Mit anderen Merkm **9**
9 Lager oder Mark C+ rostrot ▸
9* Lager oder Mark C – (allenfalls gelbl) **10**
10 Lager J+ violett ▸
10* Lager J– **11**
11 Hypothecium farblos bis hell bräunl ▸
11* Hypothecium (dunkel-, schwarz-)braun **12**
12 Areolen des Lagers konkav bis mäßig gewölbt, glätt bis genarbt-uneben, breiter als 0,5 mm **Braune Schwarznapfflechte** – *L. fuscoatra* (L.) ACH.
12* Areolen des Lagers knollig bis hochgewölbt, uneben. Hierher auch Arten mit rissig-areoliertem Lager, oder Arten mit sehr kleinen, bis 0,5 mm breiten Areolen ▸

„*Lecidea*": auf Erde, Rohhumus, Moosen, auf Resten von Gefäßpflanzen
1 Auf Erde, Rohhumus, Moosen, Pflanzenresten (Falls auf anderen Flechten siehe auch Schlüssel XXV-7 ff) **2**
1* Auf anderen Substraten (Falls auf anderen Flechten siehe auch Schlüssel XXV-7 ff) **24**
2 Lager schuppig **3**
2* Lager krustig **8**
3 Schuppen hell rosarot ***Psora*** (*decipiens*)
3* Mit anderer Farbe **4**
4 Auf kalkreichen Böden, verwittertem Kalkgestein **5**
4* Auf sauren Böden **6**
5 Schuppen blasig-hochgewölbt. Apothecien schwarz. Sp × 3,5–5,5 µm ***Toninia*** (*tristis*)
5* Schuppen meist konkav bis flach. Apothecien dunkel braun bis (braun-)schwarz. Sp × 6–7,5 µm. Falls mit eingesenkten Perithecien: siehe *Placidium rufescens* ***Romjularia*** (*lurida*)
6 Schuppen sorediös ***Trapeliopsis*** (*glaucolepidea*)
6* Schuppen nicht sorediös **7**
7 Apothecien rosabraun, grünl-grau, fast schwärzl, bleibend berandet ***Trapeliopsis*** (*wallrothii*)
7* Apothecien dunkel (rot-)braun, braunschwarz, mit bald schwindendem R ***Lecidoma*** (*demissum*)
8 Lager C+ (rosa)rot **9**
8* Lager C– oder gelbl **11**
9 Lager stellenweise mit orangen Flecken, diese K+ purpurn ***Trapeliopsis*** (*pseudogranulosa*)
9* Lager nicht stellenweise orange, K– **10**
10 Lager (dunkel-, grün-)braun, im Schatten auch grünl, isidiös feinkörnig oder sorediös ***Placynthiella*** (*dasaea, icmalea*)
10* Lager hellgrau, graugrün, grünl, weißl, rosa ***Trapeliopsis*** (*flexuosa, granulosa, viridescens*)
11 Sp zu 12–16 je Ascus, kugelig, 5–7 µm ***Steinia*** (*geophana*)
11* Sp bis zu 8 le Ascus, nicht kugelig **12**

12 Hymenium im oberen Teil leuchtend blaugrün **13**
12* Hymenium im oberen Teil rotbraun, bräunl, (oliv-, schwarz-)grün **14**
13 Lager grob (0,2–0,6 mm) warzig-körnig ***Protomicarea*** (*limosa*)
13* Lager eher feinkörnig (0,1–0,2 mm). Apothecien blaugrau bis blauschwarz. Falls Apothecien ohne Blauton: ***Micarea***. ***Frutidella*** (*caesioatra*)
14 Sp wenigstens z. T. über × 7 µm breit **15**
14* Sp bis zu 7 µm breit **18**
15 Mit *Nostoc* (Cyanobakterium) als Photobionten ***Moelleropsis***
15* Mit Grünalgen als Photobionten. **16**
16 Apothecien mit orangefarbenem Mischton (z. B. auch orangebraun), Sp 12–18 µm lang ***Coppinsia*** (*minutissima*)
16* Apothecien braun bis braunschwarz. Sp im Mittel über 18 µm lang. **17**
17 Apothecien halbkugelig, unberandet. Sp 25–38 × 13–18 µm ***Aphanopsis*** (*coenosa*)
17* Apothecien flach mit kräftigem R. Sp 16–32 × 6–14 µm ***Ainoa*** (*geochroa*)
18 Lager (gelb-)braun ***Placynthiella***
18* Lager mit anderen Farben (z. B. weißl, grau, grünl, rötl-grau) **19**
19 Hypothecium braun, (rot-, schwarz-)braun **20**
19* Hypothecium farblos **22**
20 Apothecien berandet, (rot-, dunkel-)braun bis schwarz ***Lecidea***
20* Apothecien gewölbt-unberandet, schwarz oder Apothecien (orange-, rot-)braun und nur anfangs mit hellerem R **21**
21 Apothecien gewölbt-unberandet, schwarz ***Micarea*** (*assimilata, incrassata*)
21* Apothecien (orange-, rot-)braun und nur anfangs mit hellerem R ***Biatora*** (*subduplex*)
22 Apothecien mit grauer oder matt-schwarzer Tönung. Lager dünn, membranartig ***Trapeliopsis*** (*aeneofusca, gelatinosa*)
22* Apothecien (rot-, dunkel-)braun bis braunschwarz. Lager stärker. **23**
23 Vorkommen über der Waldgrenze an schneereichen Orten ***Lepidoma*** (*demissum*)
23* Vorkommen unterhalb der Waldgrenze auf Waldböden ***Lecidea*** (*holopolia*)
24 Auf Rinde oder Holz **„Lecidea"** auf Rinde oder Holz (nachfolgender Schlüssel)
24* Auf Gestein **„Lecidea"** auf Gestein (nach 56)

„*Lecidea*": auf Rinde oder Holz
1 Lager schuppig ▸
1* Lager nicht deutl schuppig **2**
2 Lager und Mark C+ (rosa-)rot, orange. **3**
2* Lager und Mark C+ gelbl oder C−. **13**
3 Lager und Mark C+ (rosa-)rot **4**
3* Lager und Mark C+ orange **9**
4 Lager und Mark K+ gelb ***Pycnora***
4* Lager und Mark K− **5**
5 Lager P+ rot, zu Schüppchen auswachsend ***Biatora*** (*fallax*)
5* Lager P−, ohne Schüppchen. **6**
6 Lager hell- bis dunkelbraun, im Tiefschatten grünl, aus kugeligen bis verlängert koralloiden Körnchen ***Placynthiella*** (*dasaea, icmalea*)
6* Lager nicht braun und mit anderer Oberfläche. **7**
7 Apothecien bald randlos, meist gewölbt **8**
7* Apothecien lange deutl berandet, flach, matt ***Trapeliopsis*** (*flexuosa*)
8 Apothecien schwarz, grünschwarz, braun ***Trapeliopsis*** (*viridescens*)
8* Apothecien hell rosabraun, (hell-, rot-)braun ***Biatora*** (*chrysantha, vaccinicola*)
9 Sp × 2,9–3,3 µm breit. Apothecien im Schnitt C+ gelborange ***Biatora*** (*sphaeroidiza*)

9* Sp × 3,5 µm und breiter **10**
10 Apothecien cremefarben, gelbgrünl, bräunl bis fast rosa ***Lecanora*** (*symmicta*)
10* Apothecien (braun-, rot-, blau-, rein-)schwarz. **11**
11 Epihymenium K+ purpurn. Lager fast völlig mehlig bis körnig starkdiös. Apothecien (falls selten vorhanden) randlos ***Pyrrhospora*** (*quernea*)
11* Epihymenium nicht K+ purpurn. Apothecien anfangs flach und berandet **12**
12 Apothecien sehr klein, bis 0,25 mm ***Lecidea*** (*exigua*)
12* Apothecien in der Regel über 0,4 mm ***Lecidella*** (*albida*, *elaeochroma*, *flavosorediata*, *pulveracea*)
13 Lager mit begrenzten, z. T. zusammenfließenden Soralen. **14**
13* Lager ohne Sorale, allerdings bisw einheitl mehlig-körnig **19**
14 Sp in der Mitte etwas eingeschnürt ***Fusciseda*** (*lightfootii*)
14* Sp in der Mitte nicht eingeschnürt **15**
15 Sp kugelig ***Lecidea*** (*nylanderi*)
15* Sp nicht kugelig **16**
16 Apothecien (unterhalb der Bereifung, soweit vorhanden) schwarz, braunschwarz, schwarzgrau **17**
16* Apothecien (rosa-, rot., rein-)braun **18**
17 Apothecien randlos, ± gewölbt ***Frutidella*** (*pullata*)
17* Apothecien lange flach und (wellig-)berandet ***Lecidella*** (*elaeochroma*)
18 Sp × 5–8 µm, Apothecien bis 0,85 mm, braun bis rötl-braun, öfter fehlend, Sorale oft zusammenfließend ***Myochroidea*** (*porphyrospoda*)
18* Sp × 2,5–4,5(–5) µm. Apothecien bis 0,5 mm, beige, hellocker, (orange-, rosa-)braun. Sorale punktfö, selten zusammenfließend oder P+ rot ***Biatora*** (*efflorescens*, *flavopunctata*)
19 Sp keulenfö, tropfenfö oder deutl gebogen **20**
19* Sp (längl-)ellipsoid oder kugelig **21**
20 Sp keulenfö, tropfenfö, 4–7 × 1–2 µm. Apothecien bis 0,3 mm ***Psilolechia***
20* Sp meist deutl gebogen, oft nierenfö, 8,5–12(–14) × 4–6 µm ***Fusciseda*** (*cyathoides*)
21 Sp zu (8–)12–16(–24) je Ascus **22**
21* Sp zu 8 je Ascus **24**
22 Apothecien sehr klein, meist nur 0,1 mm, selten bis zu 0,2 mm ***Lecidea*** (*buxariensis*)
22* Apothecien wenigstens z. T. größer, 0,2–0,5–0,7 mm **23**
23 Excipulum und Hymenium mit 1–2 µm großen, farblosen Kristallen durchsetzt ***Myrionora*** (*albidula*)
23* Excipulum und Hymenium nicht mit Kristallen durchsetzt ***Lecidea*** (*albolivida*, *betulicola*)
24 Hypothecium (rot-, schwarz-)braun **25**
24* Hypothecium (fast) farblos. **28**
25 Apothecien in dichten traubenfö Gruppen. Mark UV+ weiß ***Hertelidea*** (*botryosa*)
25* Apothecien nicht in dichten traubenfö Gruppen. UV− (nicht weiß) **26**
26 Lager aus kugeligen oder verlängert-koralloiden Körnchen, (hell-, dunkel-)braun ***Placynthiella*** (*dasaea*, *icmalea*)
26* Lager nicht so **27**
27 Sp breit-ellipsoid, 10–17 × 6–9 µm ***Lecidella*** (*elaeochroma*)
27* Sp schmal-ellipsoid ***Lecidea*** (*albofuscescens*, *plebeja*, *sanguineoatra*)
28 Sp kugelig, 5–7 µm. **29**
28* Sp (schmal-, breit-)ellipsoid. **30**
29 Lager K− ***Lecidea*** (*nylanderi*)
29* Lager K+ gelb(lich) ***Lecanora*** (*boligera*)
30 Lager P+ orangerot. **31**

30* Lager P+ gelb oder P– **36**
31 Lager inkl. Apothecien-R meist K+ gelb, orangerot **Lecanora** (*cadubriae*)
31* Nicht mit solcher Reaktion. **32**
32 Lager aus winzigen, z. T. körnigen, z. T. gekerbten Schüppchen **Biatora** (*fallax*)
32* Lager nicht aus solchen Schüppchen **33**
33 Sp × 4–7 µm. Subalpin vorkommend **Lecanora** (*fuscescens*, *gisleri*)
33* Sp bis zu × 4,5 µm **34**
34 Apothecien glänzend schwarz **Ramboldia** (*stuartii*)
34* Apothecien nicht glänzend schwarz. **35**
35 Lager weißl bis gelbl. Apothecien mit scharf abgegrenztem Epihymenium **Lecanora** (*cadubriae*)
35* Lager grau bis grünl. Apothecien ohne scharf abgegrenztes Epihymenium **Biatora** (*mendax*, *ocelliformis*)
36 Sp breit ellipsoid bis ellipsoid, bis zu × 6 µm und breiter **37**
36* Sp schmal ellipsoid bis ellipsoid, meist weniger als × 6 µm **38**
37 Apothecien 0,2–0,4(–0,6) mm, jung konkav mit dickem R, dann flach. Lager meist innerhalb des Substrats verbrogen **Lecanora** (*persimilis*)
38* Apothecien 0,4–0,8(–1,2) mm, flach bis stark gewölbt. Lager (warzig-)areoliert **Myochroidea** (*porphyrospoda*, *rufofusca*)
39 Apothecien grau bis bläul bereift **40**
39* Apothecien nicht (allenfalls blass oder gelbl und undeutl) bereift. **41**
40 Apothecien (braun-)schwarz, durch Bereifung bläul. K–. Falls Lager K+ gelb: *Lecanora filamentosa* **Lecidea** (*turgida*)
40* Apothecien (hell-, rosa-)braun, meist stark bläul bereift **Lecanora** (*sublivescens*)
41 Mit gestielten Pyknidien, diese schwarz, rotbraun etc. **Micarea** (*anterior*, *misella*)
41* Nicht mit gestielten Pyknidien **42**
42 Subalpin, hochmontan, Hochgebirge an Zwergsträuchern. **43**
42* Vorkommen anders. **46**
43 Apothecien cremefarben, gelbgrünl, grüngrau, (hellgelb-, rosa-, hell-)braun, bald gewölbt, randlos **Lecanora** (*symmicta*)
43* Apothecien (orange-, rot-, schwarz-)braun **44**
44 Sp ellipsoid, × 5,3–8,5 µm **Myochroidea** (*rufofusca*)
44* Sp schmal-ellipsoid, × 3–5,5 µm **45**
45 Sp 7–11(–13) × 3–4 µm. Paraphysen oben mit (orange, rot-)braunen Auflagerungen **Lecidea** (*rhododendri*)
45* Sp 8–21 × 3–5,5 µm. Paraphysen ohne Auflagerungen **Biatora** (*subduplex*)
46 Parasitisch auf gelbgrüner Krustenflechte *Lecanora varia* **Ramboldia** (*insidiosa*)
46* Mit anderer Lebensweise **47**
47 Epihymenium mit körniger Auflage (gold-)gelber, (gelb-)brauner Auflage. **48**
47* Epihymenium ohne solche Auflage **50**
48 Sp klein, 3–8(–10) × 1,5–2,5 µm. **Lecidea** (*symmictella*)
48* Sp größer **49**
49 Sp ellipsoid-spindelfö, 8–12 × 2,5–4,5 µm, teils angedeutet 2-zellig. Lager schmutzig grau, dünn bis fast fehlend. K–. Apothecien blass-gelb **Puttea** (*exsequens*)
49* Sp eher breit-ellipsoid, × 3,5–5,5 µm. Lager gelbl, oder K+ gelb. Apothecien (gelb-, orange-, rot-, dunkel-)braun oder grüngrau, grünschwarz o d e r Sp schmal-ellipsoid 9–17(–20) × 3,5–6 µm *** Lecanora**
50 Epihymenium blaugrün, olivschwärzl, grünl, grün-schwarz, grau, kaum je mit bräunl Tönen **51**
50* Epihymenium mit braunen Farbtönen oder farblos **54**

51 Hymenium oben grünl bis oliv, K+ violett **Micarea** (*misella*)
51* Hymeniom oben allenfalls K+ grün aber nicht violett **52**
52 Sp stäbchenfö, spindelfö, × 2–3 µm **Biatora** (*globulosa*)
52* Sp meist breiter als × 3 µm, nicht stäbchen- bis spindelfö **53**
53 Apothecien von Beginn an randlos, (braun-)schwarz, durch Bereifung bläul wirkend **Lecidea** (*turgidula*)
53* Apothecien zunächst mit dünnem, hellen R, (hell-, dunkel-, rot-, grau-)braun **Lecanora** (*hypoptoides*)
54 Apothecien sehr klein, 0,1–0,4 mm, oft gedrängt gruppiert **Lecidea** (*albohyalina, sphaerella*)
54* Apothecien im Mittel größer **55**
55 In hochmontanen Wäldern auf Rinde von LaB und NaB. Apothecien an Schnittfläche C+ orangerosa bis gelborange **Biatora** (*helvola, sphaeroidiza*)
55* Vorkommen und Verbreitung anders. C nicht orangerot bis gelborange **56**
56 Sp (breit-)ellipsoid, 6–13 × 4–7 µm. Rinde von LaB, besonders *Fraxinus***Lecanora** (*persimilis*)
56* Sp schmal ellipsoid. Auf Rinde von LaB und NaB, Holz diverse Arten von * **Lecanora**, * **Lecidea** oder ►

„***Lecidea***“: auf Gestein
1 Auf Kalkgestein **2**
1* Auf Silikatgestein **26**

Auf Kalkgestein (2–25)
2 Lager schuppig(-lappig) * **Psora**
2* Lager krustig oder kaum sichtbar im Gestein (endolithisch) **3**
3 Apothecien (Scheiben) zumindest feucht nicht rein schwarz, vielmehr meist rotbraunstichigschwarz; trocken (schwarz-, dunkel-)braun **4**
3* Apothecien feucht schwarz, mitunter bereift **8**
4 Sp längl bis schmal ellipsoid, mindestens 2,6 × so lang wie breit **5**
4* Sp ellipsoid bis breit-ellipsoid, höchstens 2,5 × so lang wie breit **6**
5 Hypothecium braunschwarz(-violett), K+ purpurviolett **Catillaria** (*picila*)
5* Hypothecium farblos oder hellfarben (bräunl, grünl) oder violett. K nicht purpurviolett **Adelolecia** (*kolaensis*)
6 Sp 8–11,5(–14) × 3,5–6(–8) µm **Clauzadea** (*monticola*)
6* Sp-Maße größer, im Mittel mehr als × 6 µm breit. Wenn Sp weniger breit, dann Apothecien eingesenkt **7**
7 Auf kalkhaltigem Silikatgestein im Hochgebirge. Lager kräftig entwickelt, meist warzig areoliert, (ocker-, bläul-)weiß **Porpidia** (*superba*)
7* In niederen Lagen vorkommend bis hin zu höheren. Lager undeutl oder dünn, weiß **Clauzadea** (*chondrodes, immersa, metzleri*)
8 Paraphysen nur schwach miteinander verklebt, auf Druck jedenfalls frei, selten verzweigt . . . **9**
8* Paraphysen oben fest miteinander verklebt **10**
9 Hochgebirgsflechte. Sp 6–11 × 4–6,5 µm **Cephalophysis** (*leucospila*)
9* Merkm verschieden. Sp 10–19 × 6–10 µm **Lecidella** (*patavina, stigmatea*)
10 Lager innerhalb des Gesteins endolithisch **11**
10* Lager deutl, wenn auch bisw dünn **14**
11 Sp längl bis schmal ellipsoid, ohne Schleimhülle, × 3,5–5,5 µm **12**
11* Sp (breit-)ellipsoid, mehr als × 5,5 µm breit, zumindest jung mit Schleimhülle **13**
12 Apothecien bleibend flach bis schwach gewölbt, mit erhabenem, schmalem R **Carbonea** (*vorticosa*)
12* Apothecien später gewölbt, randlos **Adelolecia** (*kolaensis*)
13 Sp 10,5–12,5(–14) × 5,5–6,7(–7,5) µm **Melanolecia** (*transitoria*)

13* Sp im Mittel mehr als 13 µm lang **_Farnoldia_** (*hypocrita, jurana*)
14 Parasitisch auf Flechtenarten der Gattung *Aspicilia* **_Lecidia_** (*tessellata*)
14* Wuchsweise anders **15**
15 Sp bis 15 µm lang. **16**
15* Sp zumindest teilweise über 15 µm lang **20**
16 Apothecien in der Mitte meist mit auffälligem Nabel. Lager kreideweiß **_Lecidea_** (*umbonata*)
16* Apothecien (meist) nicht zentral genabelt **17**
17 Hypothecium farblos bis hellocker, Arten alpin-nival vorkommend **18**
17* Hypothecium (rot-, schwarz-)braun **19**
18 Mark J+ violett, Lager hell blaugrau, kreidig **_Lecidea_** (*tessellata*)
18* Mark J– **_Lecanora_** (*marginata*); **_Adelolecia_** (*kolaensis*)
19 Mark J+ blau **_Lecidea_** (*speirea, speirodes*)
19* Mark J– **_Carbonea_** (*atronivea*)
20 Junge Apothecien mit breitem, flachen R und punktfö enger Scheibe **_Stenhammarella_** (*turgida*)
20* Junge Apothecien anders, allenfalls mit schmalem R **21**
21 Mark J+ violett. **22**
21* Mark J–. **24**
22 Sp im Mittel bis × 7,5 µm breit **23**
22* Sp im Mittel mindestens × 8 µm breit **_Farnoldia_**
23 Apothecien ins Lager ± eingesenkt **_Lecidea_** (*speirea*)
23* Apothecien mit verengter Basis sitzend **_Farnoldia_** (*similigena*)
24 Lager kräftig entwickelt **_Porpidia_** (*superba, zeoroides*)
24* Lager undeutl bis dünn oder auch bald reduziert. **25**
25 Lager bald stark reduziert, schmal, braun **_Porpidia_** (*trullisata*)
25* Lager undeutl bis dünn **_Farnoldia_** (*jurana*)

Auf Silikatgestein (16–41)

26 Lager kaum wahrnehmbar **27**
26* Lager wahrnehmbar, sorediös oder mit Cephalodien „**Lecidea**" mit sorediösem Lager oder mit braunen Cephalodien (nach 41)

– Lager kaum wahrnehmbar (27–41)

27 Bereiche des Apotheciums (Excipulum, Hypothecium, Hymenium) K+ blutrot bis purpurviolett **28**
27* Nicht so reagierend. **31**
28 Sp 15–25 × 7–11 µm **_Porpidia_** (*macrocarpa*)
28* Sp bis 13 µm. **29**
29 Hypothecium (braun-, tief-)rot. Apothecien undeutl oder nicht berandet **_Lecidea_** (*commaculans*)
29* Hypothecium nicht ± rot. Apothecien lange berandet **30**
30 Hypothecium tief braunschwarz **_Lecidea_** (*sarcogynoides*)
30* Hypothecium allenfalls hellbräunl **_Adelolecia_** (*pilati*)
31 Hymenium durch feine Öltröpfchen milchig-trüb, Hypothecium goldbraun. (Falls Hypothecium farblos bis blass gelb: *Lecidella patavina*) **_Carbonea_** (*latypizodes*)
31* Hymenium nicht durch feine Öltröpfchen milchig-trüb. **32**
32 Sp zu 12–16 je Ascus, ± kugelig, 5–7 µm **_Steinia_** (*geophana*)
32* Sp zu 8 je Ascus **33**
33 Mark der Apothecien J+ blau, violett **_Lecidea_**
33* Mark der Apothecien J–. **34**
34 Hypothecium dunkelfarben, (schwarz-)braun **35**

34* Hypothecium farblos bis blass bräunl **39**
35 Apothecien von Beginn an gewölbt-randlos * ***Micarea***
35* Apothecien wenigstens anfangs deutl berandet **36**
36 Sp mindestens × 5,5 µm breit **37**
36* Sp bis × 5,5 µm breit und dabei 16 µm lang **38**
37 Hymenium und Hypothecium meist mit blauvioletten, schwärzl Körnchen, diese K+ grün ***Lecidea*** (*ahlesii*)
37* Ohne solche Körnchen ***Porpidia*** (*crustulata, hydrophila, macrocarpa*)
38 Epihymenium leuchtend smaragd- bis blau(-grün, -schwarz) ***Carbonea*** (*verticosa*)
38* Epihymenium (oliv-, dunkel-)braun, braunschwarz ***Lecidea*** (*promixta, sarcogynoides*)
39 Sp × 5–10 µm, breit ellipsoid ***Lecidella*** (*anomaloides, stigmatea*)
39* Sp bis zu × 5–6 µm breit **40**
40 Apothecien sehr klein, 0,15–0,4 mm ***Micarea*** (*lynceola*)
40* Apothecien größer, meist 0,4–1(–2,5) mm **41**
41 Excipulum purpurschwarz, Apothecien (braun-)schwarz, bleibend flach, mit glänzendem R ***Catillaria*** (*timidula*)
41* Excipulum nicht mit solcher Farbe, Apothecien-R nicht glänzend ***Lecidea*** (*laboriosa, lithophila, plana*)

„Lecidea", mit sorediösem Lager oder mit braunen Cephalodien
1 Lager sorediös oder mit braunen Cephalodien **2**
1* Lager weder sorediös noch mit Cephalodien **17**
2 Lager ocker oder rostfarben, zumindest stellenweise so **3**
2* Lager nicht mit solchen Farben **5**
3 Lager mit braunen Cephalodien und nicht sorediös ***Amygdalaria*** (*consentiens*)
3* Lager ohne Cephalodien, wohl aber sorediös **4**
4 Lager klein, (ocker-, rost-)braun, mit oft getrennten Areolen. Mit einem schwärzl Soral ***Miriquidica*** (*atrofulva*)
4* Lager meist ausgedehnt zusammenhängend, (fein-)rissig areoliert. Sorale (dunkel-, braun-)grau ***Porpidia*** (*melinodes, ochrolemma*)
5 Ohne Sorale ***Amygdalaria*** (*consentiens, pelobotryon*)
5* Mit begrenzten Soralen oder Lager auch unregelmäßig sorediös **6**
6 Mark, Sorale und oft das Lager C+ orange, rot **7**
6* Nicht mit derartiger C-Reaktion **10**
7 C+ orange ***Lecidella*** (*scabra*)
7* C+ (rosa-)rot **8**
8 Mit warzig-rauen, braunen bis braunroten Cephalodien ***Amygdalaria*** (*panaeola*)
8* Ohne Cephalodien **9**
9 Sorale K–. Lager weißl, creme, beige, blass rosa, selten bräunl, ohne dunkles Vorlager * ***Trapelia***
9* Sorale K+ gelb. Lager bräunl-grau, braun, meist mit schwärzl Vorlager ***Fuscidea*** (*praeruptorum*)
10 Lager leuchtend (zitronen-, grünl-)gelb ***Psilolechia*** (*lucida*)
10* Lager mit anderen Farben: weißl, blassgrau(-braun, -grünl) **11**
11 Sp × 1,2–2 µm breit ***Psilolechia*** (*clavulifera*)
11* Sp breiter **12**
12 Lager blass graugrünl bis blass gelbl-grün. Sorale später nicht mehr begrenzt ***Lecanora*** (*orosthea*)
12* Lager weiß, grau, bräunl mit begrenzten Soralen **13**

13 Mark J+ blau bis violett **14**
13* Mark J–. **15**
14 Lager aus ± isolierten Areolengruppen **Fuscidea** (*maculosa*)
14* Lager nicht aus isolierten Areolengruppen **Porpidia** (*tuberculosus*)
15 Sorale schwarz **Miriquidica** (*nigroleprosa*)
15* Sorale heller **16**
16 Mark UV–. Lager rissig, weißl bis grau. Sp über 12 µm lang **Porpidia** (*rugosa, soredizodes*)
16* Mark UV+ weiß, Lager areoliert bis warzig, auch als kleine Inseln auf schwarzem Vorlager, bräunl, grau(-braun), weiß-grau. Sp bis 12(–14) µm lang **Fuscidea** (*maculosa, oculata, recensa*)
17 Lager weiß, grau bis schwärzl, grünl bis gelbl
„**Lecidea**" Lager weiß grau bis schwarz (nachfolgender Schlüssel)
17* Lager (grau-)braun, ocker, rostfarben, (braun-, rost-)rot
„**Lecidea**" Lager braun, rostfarben etc. (nach **44**)

„***Lecidea***": auf Silikatgestein und zugleich Lager weiß, grau bis schwärzl, grünl bis gelbl, nicht servediös, ohne Cephalodien

1 Mark J+ blau oder violett **2**
1* Mark J–. **7**
2 Parasitisch auf anderen Krustenflechten. **3**
2* Nicht parasitisch, Lager größer **4**
3 Lager stark reduziert (wenige mm), weißl, K+ gelb dann rot. Auf *Lecidea* spec.
Cecidonia (*umbonella*)
3* Lager größer, blaugrau bis grauweiß, K–. Auf *Aspicilia* s. l. **Lecidea** (*tessellata*)
4 Lager K+ gelb oder rot **Lecidea**
4* Lager K–. **5**
5 Lager kreideweiß **6**
5* Lager nicht kreideweiß **Lecidea**
6 Apothecien nicht oder allenfalls nur jung bereift, oft durch ringfö Riss vom Lager getrennt
Lecidea (*speirea*)
6* Apothecien meist stark bereift, mit wulstigem R **Porpidia** (*trullisata*)
7 Lager bzw. Mark K+ rot, orange **8**
7* Lager K– oder K+ gelb **9**
8 Lager gelbl(-grün), bräunl, grünl-grau, glänzend. Apothecien randlos, ± eingesenkt
Calvitimela (*armeniaca*)
8* Lager braungrau. Apothecien mit rilliger Scheibe, meist eckig, berandet **Rimularia** (*mullensis*)
9 Lager C+ orange, rosarot **10**
9* Lager C–. **13**
10 Lager C+ orange *** Lecidella**
10* Lager C+ rosarot. **11**
11 Hypothecium weitgehend farblos, Apothecien braun, selten mattschwarz *** *Trapelia***
11* Hypothecium braunschwarz. Apothecien ± schwarz, bisw bereift **12**
12 Sp 22–34(–40) µm lang **Amygdalaria** (*consentiens, pelobotryon*)
12* Sp 8,5–17 µm lang **Lecidea** (*grisella*)
13 Apothecien von Beginn an unberandet und gewölbt. Excipulum ± fehlend *** *Micarea***
13* Falls Apothecien unberandet-gewölbt, dann mit gut entwickeltem Excipulum. **14**
14 Sp bohnenfö gekrümmt **Fuscidea** (*cyathoides*)
14* Sp nicht bohnenfö. **15**
15 Hymenium durch feine Öltröpfchen trüb. **74**
15* Hymenium nicht so **16**
16 Sp 11–19 × 6–10 µm, Apothecien bis zu 2,5 mm **Lecidella** (*patavina*)

16* Sp 8–15 × 4–8 µm, Apothecien bis zu 1,2 mm **Carbonea** (*latypizodes*)
17 Hypothecium farblos, allenfalls blassfarben (gelbl bis bräunl) **18**
17* Hypothecium kräftig (rot-)braun, (braun, rot-)schwarz **33**
18 Lager hell gelbl-grau, (gelbl-, hell-)graugrün **19**
18* Lager weiß bis grau, ohne gelbl, gelbgrünl Töne **22**
19 Lager parasitisch auf schwärzl Krustenflechte **Carbonea** (*distans*)
19* Lager nicht parasitisch auf schwärzl Krustenflechte **20**
20 Apothecien matt, ± bereift, allenfalls blauschwarz, meist heller (grau, grünl, bräunl, oliv) **Lecanora** (*sulphurea*)
20* Apothecien schwarz, unbereift **21**
21 Apothecien randlos, meist glänzend schwarz **Calvitimela** (*aglaea*)
21* Apothecien schwarz und grünschwarz berandet **Lecanora** (*viridiatra*)
22 Lager K+ gelb **23**
22* Lager K− **24**
23 Apothecien randlos, bis 1,8(–2,5) mm **Calvitimela** (*aglaea*)
23* Apothecien lange berandet, bis 1,5 mm **Lecidella** (*carpathica, stigmatea*)
24 Apothecien (Scheibe und R) rein schwarz dabei bisw bereift **25**
24* Apothecien (Scheibe und/oder R) im feuchten Zustand nicht schwarz **30**
25 Paraphysen frei (zumindest nach leichtem Quetschen in K) **26**
25* Paraphysen (oben) verklebt bleibend **27**
26 Apothecien sitzend. Sp × (6–)7–9,5 µm breit **Lecidella** (*stigmatea*)
26* Apothecien eingesenkt bis dicht angedrückt sitzend, Sp × 6–7 µm breit **Schaereria** (*fuscocinerea*)
27 Sp × 2,5–5 µm **Lecidea** (*plana*)
27* Sp × 5–7 µm **28**
28 Mark der Apothecien J+ blau **Lecidea** (*lapicida*)
28* Mark der Apothecien J− **29**
29 Excipulum außen grünl oder braun **Miriquidica** (*griseoatra*)
29* Excipulum außen schwarz **Lecidea** (*ullrichii*)
30 Sp 15–25(–32) × 6–11(–14) µm **Ainoa** (*mooreana*)
30* Sp kleiner **31**
31 Apothecien-R undeutl bis nicht erhaben-dünn oder deutl und dann Sp zieml breit, × 6,5–9 µm (und nicht × 4–6,5–7 µm) **Fuscidea** (*austera, kochiana*)
31* Apothecien-R deutl, Sp × 4–6,5–7 µm **32**
32 Lager ungegliedert bis rissig, grau, oft stellenweise rostfarben **Lecidea** (*lithophila*)
32* Lager (warzig-)areoliert, zerstreut warzig, grauweiß, grau **Miriquidica** (*leucophaea*)
33 Sp breit ellipsoid bis fast kugelig, klein, 4–8(–9) × 3–5 µm **Claurouxia** (*chalybeioides*)
33* Sp anders **34**
34 Sp schmal ellipsoid, bis zu × 5 µm **35**
34* Sp breiter **38**
35 Apothecien bald gewölbt und undeutl berandet, bis 0,8(–1) mm **Lecidea** (*commaculans*)
35* Apothecien flach und lange berandet bleibend **36**
36 Epihymenium leuchtend (smaragd-, blau-)grün. Excipulum durchgehend braunschwarz **Carbonea** (*vorticosa*)
36* Epihymenium nicht so gefärbt. Excipulum nicht durchgehend braunschwarz **37**
37 Apothecien 0,5–1,5(–2) mm, flach mit bleibendem, oft wellig verbogenem R **Lecidea** (*sarcogynoides*)
37* Apothecien 0,2–0,4(–0,7) mm, lange flach bleibend, mit dünnem R **Leimonis** (*erratica*)
38 Lager K+ gelb **39**

38* Lager K− **41**
39 Apothecien ins Lager eingesenkt ***Lecidea*** (*phaeops*)
39* Apothecien nicht ins Lager eingesenkt **40**
40 Paraphysen zumindest in K unter leichtem Druck einfach ***Lecidella*** (*carpathica*)
40* Paraphysen stark verklebt, verzweigt oder vernetzt ***Porpidia*** (*crustulata*, *macrocarpa*)
41 Hymenium und Hypothecium mit blauvioletten bis schwärzl Körnchen, die K+ grün oder blau sind ***Lecidea*** (*ahlesii*)
41* Hymenium und Hypothecium ohne solche Körnchen **42**
42 Sp schmal ellipsoid, im Mittel × 4,5 µm breit ***Carbonea*** (*verticosa*)
42* Sp schmal bis breit ellipsoid, im Mittel mindestens × 5,5 µm breit **43**
43 Sp dickwandig, 9–13 × 6–9 µm ***Orphniospora*** (*mosigii*)
43* Sp länger und nicht auffallend dickwandig **44**
44 Apothecien rotbraun bis braunschwarz, 0,6(–0,8) mm, leicht konkav bis gewölbt. Sp bis 17 µm lang ***Lecidea*** (*ahlesii*)
44* Apothecien schwarz, 0,3–1,6 mm, flach bis mäßig gewölbt, falls braunschwarz, dann Sp mindestens 17 µm lang, oft an einem Ende wenigstens angedeutet zugespitzt, mit ± deutl Schleimhülle * ***Porpidia***

„***Lecidea***“: auf Silikatgestein, Lager tiefer gefärbt braun, rostfarben, rot, weder sorediös noch mit Cephalodien

1 Lager wenigstens stellenweise rostfarben, ocker, rot **2**
1* Lager hell bis dunkel (rot-, grau-)braun **8**
2 Sp 5,5–8,5 × 2,5–3,5 µm. Lager aus ± isolierten, gelbbraunen, glänzenden Areolen ***Lecidea*** (*variegatula*)
2* Sp größer. Lager ocker, rostfarben, rot, nicht glänzend **3**
3 Apothecien dunkel (schwarz-)braun, mit hellerem wulstigen R, mit verengter Basis sitzend ***Ainoa*** (*mooreana*)
3* Apothecien schwarz **4**
4 Lager rot, rotbraun, rotschwärzl, ocker. Apothecien ± eingesenkt und Sp 10–17 × 6–10 µm. Excipulum kohlig ***Tremolecia*** (*atrata*)
4* Lager nicht rot bis braunrot. Apothecien sitzend, falls eingesenkt, dann Sp größer **5**
5 Sp mindestens 14 µm lang und × 7 µm breit. Hypothecium (dunkel-, schwarz-)braun. Apothecien bis 2,5(–3,5) mm **6**
5* Sp 8–15 × 4,5–7 µm. Hypothecium farblos bis dunkel braun. Apothecien meist bis 1,5 mm ***Lecidea***
6 Epihymenium leuchtend smaragdgrün ***Porpidia*** (*hydrophila*)
6* Epihymenium oliv, (dunkel-)braun **7**
7 Apothecien konkav bis flach, eingesenkt. In der alpinen Stufe ***Amygdalaria*** (*consentiens*)
7* Apothecien flach, dann gewölbt, sitzend * ***Porpidia***
8 Sp kugelig, 7–10 µm ***Schaereria*** (*cinereorufa*)
8* Sp nicht kugelig **9**
9 Apothecien mit rilliger und/oder genabelter Scheibe ***Rimularia*** (*gyrizans*, *mullensis*)
9* Apothecien nicht rillig, sehr selten mit Nabel **10**
10 Parasitisch sich fleckenweise auf anderen Flechtenlagern ansiedelnd **11**
10* Nicht deutl als Parasit erscheinend **12**
11 Epihymenium smaragdgrün ***Carbonea*** (*assimilis*)
11* Epihymenium nicht smaragdgrün ***Rimularia*** (*furvella*, *insularis*)
12 Lager C+ rosarot **13**
12* Lager C+ gelblich oder C− **15**
13 Lager feinwarzig-rau, körnig ***Rimularia*** (*furvella*)

13* Lager mit anderer Oberfläche **14**
14 Paraphysen auf Druck frei werdend. Apothecien 0,8(–1 mm) ***Schaereria*** (*fuscocinerea*)
14* Paraphysen verklebt, Apothecien 0,5–3 mm ***Lecidea*** (*fuscoatra, grisella, siderolithica*)
15 Mark J+ violett **16**
15* Mark J– **17**
16 Sp 6–12 × 3–6 µm, Hymenium 40–65 µm ***Lecidea*** (*atrobrunnea*)
16* Sp 13–24 × 6,5–13 µm, Hymenium 60–120 µm ***Immersaria*** (*athroocarpa*)
17 Hypothecium (dunkel-, schwarz-)braun **18**
17* Hypothecium farblos bis hell bräunl **20**
18 Lager rissig-areoliert, Areolen feinkörnig isidiös ***Rimularia*** (*furvella*)
18* Lager an der Oberfläche nicht so **19**
19 Areolen und Apothecien bis 0,5 mm breit ***Rimularia*** (*insularis*)
19* Apothecien (meist) und Areolen größer ***Lecidea*** (*fuliginosa, fuscoatra*)
20 Sp 5,5–8,5 × 2,5–3,5 µm ***Lecidea*** (*variegatula*)
20* Sp breiter **21**
21 Mark K+ gelb. Lager (glänzend-, dunkel-)braun ***Miriquidica*** (*garovaglioi*)
21* Mark K– oder K+ grün **22**
22 Epihymenium (smaragd-, blau-)grün, falls violett, dann K+ grün **23**
22* Epihymenium braun, schwärzl, oliv **24**
23 Apothecien erhaben und scharf berandet ***Carbonea*** (*assimilis*)
23* Apothecien eingesenkt bis angedrückt sitzend, dünn oder undeutl berandet ***Schaereria*** (*fuscocinerea*)
24 Apothecien bis 0,7 mm, berandet, ± eingesenkt bis angedrückt, schwarz ***Miriquidica*** (*deusta*)
24* Apothecien oft über 0,6 mm, hell berandet bis unberandet, nicht rein schwarz * ***Fuscidea***

„***Lecidea***“: andere Flechten bewohnende Arten
1 Auf Rinde oder Holz, parasitisch auf *Lecanora* ***Ramboldia*** (*insidiosa*)
1* Auf Gestein **2**
2 Lager deutl entwickelt **3**
2* Ohne eigenes Lager. Apothecien schwarz **10**
3 Fast stets ohne Apothecien ***Rimularia*** (*furvella*)
3* Meist mit Apothecien **4**
4 Lager braun **5**
4* Lager nicht braun **6**
5 Auf *Lecanora* ***Rimularia*** (*insularis*)
5* Auf verschiedenen Krustenflechten ***Carbonea*** (*assimilis*)
6 Lager blassgelbl bis blassgrünl **7**
6* Lager weißl, (dunkel-, bräunl-)grau **8**
7 Apothecien gewölbt, nicht rein schwarz, grau bereift ***Lecanora*** (*sulphurea*)
7* Apothecien flach, eingesenkt bis angedrückt sitzend. Alpin ***Carbonea*** (*distans*)
8 Lager (dunkel oliv-, bräunl-)grau, körnig-warzig, areoliert, rissig ***Scoliciosporum*** (*intrusum*)
8* Lager hellfarben, weißl, grau, creme.. . . . . **9**
9 Lager weißl, klein, meist nur bis 5 mm im Durchm, inselartig auf *Lecidea* ***Cecidonia*** (*umbonella*)
9* Lager grau, gelbstichig, hellgrau, meist über 1 cm ***Lecidea*** (*tessellata*)
10 Auf *Candelariella* oder *Lecanora* ***Carbonea*** (*aggregantula, supersparsa, vitellinaria*)
10* Auf anderen als den genannten Flechtengattungen ***Scoliciosporum*** (*intrusum*)

Lecidella KÖRB. – Fle (Asc, Lecanoromycetes, Lecanorales, Lecanoraceae)
Lager krustig, rissig, areoliert, auch innerhalb des Substrats, selten sorediös. Apothecien sitzend, schwarz, selten rotbraun, mit lange erhalten bleibendem Eigenrand. Sp 1- bis selten 2-zellig, (breit-)ellipsoid, farblos. recht dickwandig. Photobiont: *Trebouxia*. Ba-Rinde, Holz, Pflanzenreste, Gestein. 14 Arten. – **Lit**: **24:** 92–94, 496–498, 503, 505–506, 507 unter *Lecidea*, **521–526**; **25:** 113, 115, 120, 624–626, 633, 636, 639–640 unter *Lecidea*, **659–667** T: *L. viridans* (FLOT.) KOERB. – **Grünliche Schwarznapfflechte**, abgebildet *L. elaeochroma* (ACH.) M. CHOISY – Olivgrüne Schwarznapfflechte: Wi 525, FleD 660, 662, UT 163; *L. carpathica* Körb. – Karpaten-Schwarznapfflechte: UT 150

1 Auf Gestein **2**
1* Auf Ba-Rinde **4**

Auf Gestein (2–3)
2 Lager C+ oder Hymenium dicht mit Öltröpfchen besetzt (inspers). Falls C+ und K−: nicht inspers: *L. viridans* (FLOT.) KÖRB. ▸
2* Lager C− und Hymenium nicht mit Öltröpfchen dicht besetzt **3**
3 Excipulum innen farblos, außen graubraun, violett, graugrün
Gefleckte Schwarznapfflechte – *L. stigmatea* (ACH.) HERTEL & LEUCKERT
3* Excipulum innen (rot-, dunkel-)braun. Lager deutl entwickelt. Falls Lager undeutl: ▸
Karpaten Schwarznapfflechte – *L. carpathica* KÖRBER

Auf Baumrinde (4)
4 Lager nicht sorediös
Olivgrüne Schwarznapfflechte – *L. elaeochroma* (ACH.) M. CHISY
4* Lager sorediös ▸

„Lecidella“
1 Auf Gestein. Falls in alpinen Lagen und auf Moosen mit weißl Lager siehe *Lecidella wulfenii*. . **2**
1* Auf Rinde, Holz **Lecidella**
2 Lager gänzl oder stellenweise sorediös oder mit sprossenden Körnchen **Lecidella** (*meiococca, scabra*)
2* Lager nicht so **3**
3 Hymenium durch zahlreiche Öltröpfchen trüb **4**
3* Hymenium nicht so **5**
4 Excipulum dunkelbraun. Apothecien bis 1,3 mm. Lager rissig, warzig, auch areoliert **Carbonea** (*latypizodes*)
4* Excipulum innen hell, am R grünl bis bräunl. Vor allem (sub-)alpin **Lecidella** (*patavia*)
5 Lager C+ orangerot **Lecidella**
5* Lager C− **6**
6 Excipulum innen farblos **7**
6* Excipulum innen (dunkel-, rot-)braun **Lecidella** (*anomaloides, carpathica*)
7 Sp breit-eillipsoid, Länge : Breite 1,6–1,9. Auch in tieferen Lagen **Lecidella** (*stigmatea*)
7* Sp schmal-ellipsoid, Länge : Breite 2,5–3,5. Alpin **Lecidea** (*aemulans*)

Lecidoma GOTTH. SCHNEIDER & HERTEL – Fle (Asc, Lecanoromycetes, Lecideales, Lecideaceae)
Lager ± krustig, aus zusammenfließenden, fast schuppigen, an den Rändern anliegenden Areolen zusammengesetzt. Apothecien eingesenkt, dunkelbraun bis schwärzl, bald randlos

erscheinend. Photobiont: coccoide Grünalge. – **Lit**: **24:** 493 unter *Lecidea*, **526–527**; **25:** 620 unter *Lecidea*, **667–668**
1 Art = T: *L. demissum* (RUTSTR.) GOTTH. SCHNEIDER & HERTEL – **Alpen-Erdkrustenflechte**: WI 527, FleD 667

Leimonis R.C. HARRIS – Fle (Asc, Lecanoromycetes, Lecanorales, Pilocarpaceae)
Lager krustig, (rissig-)areoliert, auch ungegliedert, grau. Apothecien schwarz, mit verengter Basis sitzend, berandet. Sp schmal ellipsoid, mit etwas gestutzten Enden. Photobiont: Coccoide Grünalge. Silikatgestein. – **Lit**: **24:** 508 unter *Lecidea*/*Micarea*, 578 als *Micarea*, **583**; **25:** 646 unter *Lecidea*, 744 unter *Micarea*, **668**
1 Art = T: *L. erratica* (KÖRB.) R.C. HARRIS & LENDEMER – **Erratische Krümelflechte**

Lemmopsis (VAIN.) ZAHLBR. – Fle (Asc, Lichinomycetes, Lichinales, Lichinaceae)
Lager krustig, körnig bis areoliert, dunkel olivbraun, bisw schwach graul übertönt. Apothecien ziegelrot bis braunrot. Sp 1-zellig, ellipsoid. Photobiont: ein coccoides Cyanobakterium mit gelbbraunen Gallerthüllen, falls gegen den Lagerrand zu positioniert. Kalkhaltiges Gestein. 1 Art. – **Lit**: **25:** 954 unter *Psorotichia*, **668–669**
T: *L. arnoldiana* (HEPP) ZAHLBR. – **Arnolds Teerfleckflechte**: FleD 669

Lempholemma KÖRB. – Fle (Asc, Lichinomycetes, Lichinales, Lichinaceae)
Lager krustig, schuppig, hautartig, knotig-blättrig, auch kleinstrauchig, schwärzl, feucht meist oliv, gallertig. Apothecien unscheinbar, ± kugelfö, zunächst nur porenfö, dann ± scheibenfö geöffnet, mit Lagerrand. Sp 1-zellig, ellipsoid bis kugelig. Photobiont: Cyanobakterium *Nostoc*. Kalk- und Silikatgestein. 9 Arten. – **Lit**: **24:** 77, **533–534**; **25:** 88; **669–672**
T: *L. compactum* (WALLR.) KÖRB.; abgebildet *L. chalazanum* (ACH.) B. DE LESD. **Körnige Schleimflechte**: FleD 670

Lepraria ACH. – Fle (Asc, Lecanoromycetes, Lecanorales, Stereocaulaceae)
Lager pulverig-mehlig, weißl, grünl(-weiß), gelbl-weiß, cremefarben, grau, diffus bis begrenzt, auch andeutungsweise rosettig-gelappt, Apothecien fehlend. Photobiont: *Asterochloris*. Rinde, Gestein, Holz. Etwa 23 Arten. – Syn: *L. lobificans* = *L. finkii*. – **Lit**: **24:** 92–93, 99, **535–542**; **25:** 113, 115, 118, 123, **677–686**
T: *L. incana* (L.) ACH. – Graue Staubflechte: Wi 538, 541, FleD 681 (links), UT 177; siehe auch *L. membranacea* (DICKS.) VAIN. – **Häutige Staubflechte**: FleD: 677

1 Lager rundl-rosettig oder auffallend gelb bis gelbl oder auf Kalkgestein, Kalkerde, Kalkmoosen ▸
1* Nicht mit solchen Merkm **2**
2 Soredien eher klein, unter 125 µm **3**
2* Soredien groß über 125 µm, aber bisw aus kleineren Untereinheiten zusammengesetzt **5**

Soredien eher klein, unter 125 µm (3–4)

3 Soredien bis zu 80 µm aus bis zu 50 µm großen Untereinheiten. Lager blass (blau-, grau-)grünl, auch gelbl-grün, unregelmäßig begrenzt **Jack-Staubflechte** – *L. jackii* TØNSBERG

3* Soredien etwas größer **4**

4 Soredien 50–125 µm, aus 30–80 µm messenden Untereinheiten. UV+ weißl bis bläul. Lager weißl, blass grünl, feucht meist weniger grünl als die folgende Art **Graue Staubflechte** – *L. incana* (L.) ACH.

4* Soredien bis zu 100(–200) µm groß, aus 25–50 µm messenden Untereinheiten. UV+ rötl-violett. Lager oft dickl mit weißem Mark, blass grünl, grünl-weiß, weißl, feucht oft bläul-grün **Wattige-Staubflechte** – *L. lobificans* NYL.

Soredien groß, über 125 µm (5–6)

5 Soredien bis zu 3 mm groß. Lager weiß, hellgrau, dick, bisw angedeutet lappig **Nylander-Staubflechte** – *L. nylanderiana* KÜMMERL. & LEUCKERT

5* Soredien bis 150–200 µm groß **6**

6 Lager pulverig-krustig weißgrau mit meist gelbl oder grünl Farbstich. Soredien bis 150(–200) µm, aus um 40 µm messenden Untereinheiten, mit austretenden Hyphen **Elfenbein-Staubflechte** – *L. eburnea* J.R. LAUNDON

6* Lager eine dickl zusammenhängende Kruste, (hell-, weiß-)grau, auch bläul-grün, weißl. Soredien bis 300 µm, aus bis zu 60 µm messenden Untereinheiten, oft igelartig durch austretende gerade-strahlige Hyphen **Igel-Staubflechte** – *L. rigidula* (B. DE LESD.) TØNSBERG

„Lepraria"

1 Lager bei guter Entwicklung rundl-rosettig gelappt oder mit radialen Falten **2**

1* Lager weder rundl-rosettig gelappt noch mit radialen Falten **6**

2 Lager dick polsterig, schwammig-weich, grau-violett, braun-rosa, (violett-, grau-)braun, beige, grau. Photobiont: *Trentepohlia* ***Dendrographa*** (pr.p.)

2* Lager nicht dick polsterig, schwammig und zugleich nicht grau-violett, braun-rosa. Photobiont: andere Gattungen als oben **3**

3 Lager C+ rot ***Lepraria*** (*crasissima, neglecta*)

3* Lager C− oder C+ gelb **4**

4 Auf kalkreichem Gestein **5**

4* Auf Silikatgestein, acidophilen Moosen, selten auf Borke ***Lepraria***

5 Lager bzw. Soredien C+ tiefgelb ***Lecanora*** (pr.p.)

5* Lager C− ***Lepraria*** (*lobificans, nivalis*)

6 Lager intensiv (gold-, zitronen-)gelb **7**

6* Lager nicht intensiv gelb **11**

7 An Ba-Stämmen **8**

7* An Silikatfels, Erde, Moosen, Wurzeln **9**

8 Soredien 10–30 µm. Lager selten zitronengelb, eher leuchtend (gold-)gelb ***Chrysothrix*** (pr.p.)

8* Soredien 30–50 µm. Lager zitronengelb bis gelbgrün. Photobiont: *Stichococcus* ***Chaenotheca*** (pr.p.)

9 Photobiont: *Stichococcus* ***Chaenotheca*** (pr.p.)

9* Photobiont: *Trebouxia* **10**

10 Lager leuchtend gelb, selten mit grünl Stich. Soredien 30–50 µm ***Chrysothrix*** (*chlorina*)

10* Lager zitronengelb bis schwefelgelb. Soredien 15–40 µm *Psilolechia* (*lucida*)
11 Lager malachitgrün, intensiv bis mattgrün ***Botryolepraria*** (pr.p.)
11* Lager nicht derart grün **12**
12 Lager dick, polsterartig, weich, grau-violett, braun-rosa, (violett-, grau-)braun, beige, grau. Photobiont: *Trentepohlia* ***Dendrographa*** (pr.p.)
12* Lager nicht polsterig, dick schwammig und auch mit anderen Farben ***Lepraria***

Leprocaulon NYL. – Fle (Asc, Lecanoromycetes, Leprocaulales, Leprocaulaceae)
Lager besteht aus einem basalen, leprösen, diffusem Teil (Primärthallus) und einem aufrechten, verzweigten, leprös-körnigen Teil (Sekundärthallus), spangrün. Apothecien fehlend. Photobiont: Coccoide Grünalge. Silikatfelsen, Natursteinmauern, in Spalten, Nischen, Absätzen. 1 Art. – **Lit**: **24:** 70, **542–543** als *Leprocaulon microscopicum*; **25:** 74, **686–687**
1 Art = T: *L. nanum* (ACH.) NYL., syn. zu *L. microscopicum* (VILL.) GAMS ex D. HAWSKSW. – **Spangrüne Korallenflechte**: Wi 542, FleD 687

Leptogium (ACH.) GRAY – Fle (Asc, Lecanoromycetes, Peltigerales, Collemataceae)
Lager breit- bis feinblättrig, auch feinstrauchig, kleinschuppig, körnig-krustig, ± gallertig, blaugrau, schwärzl, (grau-)braun, glatt bis oft runzelig oder faltig, bisw mit Isidien. Apothecien-Scheibe (rot-)braun, mit deutl Eigenrand und, bisw weniger deutl, mit Lagerrand. Sp schwach bis deutl mauerfö, ellipsoid, spindelfö. Photobiont: *Nostoc*. Ba-Rinde, Moose, Gestein, Erde. 23 Arten. – **Lit**: **24:** 77, **546–555**; **25:** 88, **687–698**
T; *L. lacerum* (SW.) GRAY = *L. lichenoides* (L.) ZAHLBR. – Gefranste Gallertflechte: Wi 549, FleD 695

1 Lager-Lappen am R stark zerfranst-gezähnt, mit isidienähnl Fortsätzen, diese einfach bis strauchig verzweigt und mit zylindrischen Enden, Lappen-R bisw stark kraus **Gefranste Gallertflechte** – *L. lichenoides* (L.) ZAHLBR.
1* Lappen ganzrandig bis spärl geteilt, bisw röhrig, bisw unterseits dicht samtig-weißl behaart oder derb-knorpelig oder klein ▸

„*Leptogium*"
1 Auf der Erde (meist), Sp zu 8 je Ascus, mit 0–1 Längssepten. Lager unauffällig, dünnkrustig-körnig, in unregelmäßige Areolen unterteilt ***Epiphloea*** (pr.p.)
1* Merkm anders **2**
2 Lager am R der Loben mit glasklaren Härchen ***Leptochidium*** (pr.p.)
2* Lager unbehaart oder unterseits dicht mit kurzen weißl Haaren ***Leptogium***

Leptorhaphis KÖRB. – Fle (Dothideomycetes, Pleosporales, Naetrocymbaceae)
Lager fehlend oder undeutl, im Substrat verborgen. Perithecien dunkelbraun bis schwarz, mit Involucrellum, dieses dunkelbraun bis grünschwarz. Sp querseptiert, 2- bis 4-zellig, schmal spindelfö, nadelfö, gebogen bis S-fö, ± zugespitzt, im Ascus in zwei Bündeln. Photobiont: *Trentepohlia*, damit locker assoziert oder oft auch fehlend. LaB-Rinde, NaB-Rinde. 8 Arten. – **Lit**: **24:** 82–83, **555–556**; **25:** 96, 110, **698–700**
T: *L. epidermidis* (ACH.) TH. FR. – **Häutige Papierfrüchtchenflechte**; abgebildet *L. atomaria* (ACH.) SZATALA – **Kleine Papierfrüchtchenflechte**: FleD 698

„Leptorhaphis"

1 Sp mindestens 6-zellig, fädig, nadelfö oder schmal keulenfö **2**
1* Sp 2-, maximal 4-zellig, spindelfö, sichelfö. **3**
2 Sp 6–8-zellig, × 2,5–4,5 µm ***Celothelium*** (pr.p.)
2* Sp 8–12-zellig, × 2–3 µm ***Rhaphidicyrtis*** (pr.p.)
3 Sp 45–85 µm lang. **4**
3* Sp weniger lang **5**
4 Sp bis zu 85 µm lang, sichelfö, 2–4-zellig. Lager mehlig. Auf Borke von *Quercus* ***Cresporhaphis*** (pr.p.)
4* Sp bis zu 70 µm lang, leicht gebogen, 2-zellig. Lager glatt. Auf *Populus* ***Leptorhaphis*** (*lucida*)
5 Sp 1-zellig ***Cresporhaphis*** (pr.p.)
5* Sp 2–4-zellig. **6**
6 Involucrellum fehlend. Auf rissiger Rinde von *Salix, Quercus, Robinia* ***Cresporhaphis*** (pr.p.)
6* Involucrellum vorhanden ***Leptorhaphis***

Letharia (TH. FR.) ZAHLBR. – Fle (Asc, Lecanoromycetes, Lecanorales, Parmeliaceae)
Lager reich verzweigt, strauchig, mit abgeflachten Abschnitten, (grün-)gelb, mit Isidien. Apothecien-Scheibe braun. Sp 1-zellig, breit ellipsoid bis fast kugelig, Photobiont: *Trebouxia.* Äste und Stämme von NaB, Na-Holz, besonders in den Alpen. – **Lit**: **24:** 70, 71, **556**; **25:** 77, **700–701**
1 Art = T: *L. vulpina* (L.) HUE – **Wolfsflechte**: Wi 71, FleD 76, UT 36

Leucocarpia VĔZDA – Fle (Asc, Eurotiomycetes, Verrucariales, Verrucariaceae)
Lager krustig, körnig-warzig, hellgrün, gelbl-grün, grauweiß, trocken weißl bis hell gelbl. Perithecien kugelfö bis breit eifö, eingesenkt, gelbl, orangebraun, rosa. Involucrellum fehlend. Sp mauerfö vielzellig, ellipsoid. Photobiont: *Trebouxia.* Moose, Pflanzenreste, morsche Rinde, Holz. 2 Arten. – **Lit**: **25:** 92, **701**
T: *L. biatorella* (ARNOLD) VĔZDA – **Moos-Bleichkernflechte**

Lichenomphalia (Basidiolichene) siehe auch Gattungsübersicht Pilze und wegen Verwechslungsgefahr hier unter *„Lichenomphalia"* und *„Lithographa"*

„Lichenomphalia"

1 Lager aus dichtstehenden, dunkelgrünen Körnchen ***Lichenomphalia*** (*alpina*, *umbellifera*, *velutina*)
1* Lager aus rundl, muschelfö, flachen bis randl aufgebogenen Schuppen **2**
2 Auf Rinde, Rindenmoosen, selten auch auf Felsmoosen. Schuppen (hell-, blau-)grau, am R sorediös ***Normandina*** (*pulchella*)
2* Auf Torf, Rohhumus, bemoostem Fels. Schuppen feucht lauchgrün, trocken blass grüngrau, nicht sorediös ***Lichenomphalia*** (*hudsoniana*)

Lichenothelia D. HAWKSW. – Fle (Asc, Dothideomycetes, Lichenotheliales, Lichenotheliaceae)
Lager krustig, dunkelbraun, schwarz, feinrissig oder aus einzelnen aufgewölbten Areolen. Frk kissenfö, polsterfö, Gallen-ähnl. Sp 2- bis 4-zellig bis schwach mauerfö geteilt, braun, dickwandig, oft mit Schleimhülle. Photobiont: Cyanobakterien oder Grünalgen in lockerem Verbunde mit dem Mycobionten. Silikatgestein, direkt aufsitzend oder auf Flechten, Silikatböden. 2 Arten. – **Lit**: **24:** 82, **556–557**; **25:** 93, 95, **703–704**
T: *L. scopularia* (NYL.) D. HAWKSW.

Lichina C. AGARDH. – Fle (Asc, Lichinomycetes, Lichinales, Lichinaceae)
Lager kleinstrauchig, zwergstrauchig, schwarz bis schwärzl-grün, bisw bereift, feucht knorpelig-gallertig, Ästchen zylindrisch bis abgeflacht, dichotom bis handfö verzweigt. Apothecien mit deutl bis flachem Lagerrand. Sp 1-zellig, ellipsoid, bis kugelig, bisw dickwandig. Photobiont: fädiges Cyanobakterium („Blaualge": ähnl *Rivularia*). Silikatgestein am Meeres-Spülsaum auf Strandblöcken, Uferverbauungen. 1 Art. – **Lit**: **24:** 756; **25:** 911 unter *Polychidium*, **704**
T: *L. pygmaea* (LIGHTF.) C. AGARDH., nicht heimisch – **Seetangflechte** (Gattung)

Lichinella NYL. – Fle (Asc, Lichinomycetes, Lichinales, Lichinaceae)
Lager kleinstrauchig, dunkelgrünl, schwärzl, bisw grau bereift, mit runden bis etwas abgeflachten, spitzwinkelig abgehenden und spitz endenden Ästen, mit Gallen-artigen, endständigen Apothecien. Sp 1-zellig, längl bis kugelig, klein, zu 24–48 je Ascus. Photobiont: Cyanobakterium („Blaualge"; Pleurocapsales, 1-zellig). Basisches Silikatgestein. – **Lit**: **24:** 757 unter *Polychidium*, **557–558**; **25:** 912 unter *Polychidium*, **705**
1 Art = T: *L. stipatula* NYl. – **Schwarzstrauchflechte** (Gattung)

Lithographa NYL. – Fle (Asc, Lecanoromycetes, Trapeliales, Trapeliaceae)
Lager krustig, areoliert, Apothecien ritzenfö offen, oval bis längl, auch verzweigt, schwarz. Sp 1-zellig, ellipsoid. Photobiont: coccoide Grünalge. Silikatgestein. 1 Art. – **Lit**: **24:** 83, **558–559**; **25:** 97, **706**
T: *L. petraea* (MONT.) NYL.; nicht heimisch – **Schriftflechte** (Gattung)

„Lithographa"

1 Auf Holz. Lager undeutl, aus winzigen, zerstreuten, braunen Körnchen ***Elixia*** (*flexella*)

1* Auf Silikatgestein. Lager kräftig entwickelt, areoliert, grauweiß bis hell bräunl-grau, oft mit schwarzem Vorlager ***Lithographa*** (*tesserata*)

Lithothelium MÜLL. ARG. – Fle (Asc, Eurotiomycetes, Pyrenulales, Pyrenulaceae)
Lager dünnkrustig, auch innerhalb des Substrats. Perithecien schwarz, rundl oder diffus begrenzt, Sp querseptiert, 4–8-zellig, schwach mauerfö geteilt, farblos bis braun, Querwände gegen Sp-wand dicker. Photobiont: *Trentepohlia*; auch fehlend. Ba-Rinde. 2 Arten. – **Lit**: **25:** 94, 96, **706**
T: *L. cubanum* MÜLL. ARG.; nicht heimisch – **Steinfruchtflechte**

Lobaria (SCHREB.) HOFFM. – Fle (Asc, Lecanoromycetes, Peltigerales, Lobariaceae)
Lager großblättrig, tief geteilt, breitlappig, mit abgerundeten oder gestutzten Enden, mit großen ovalen Dellen, oft mit Soralen oder mit Isidien, feucht grünl, sonst oliv, (hell-)braun. Apothecien selten, Scheibe braun bis rotbraun. Sp querseptiert, 2–8-zellig, breit spindelfö, kurz, farblos-bräunl. Photobiont: Coccoide Grünalge (*Dictyochloropsis*) und Cyanobakterium (*Nostoc*) in internen Cephalodien. LaB-Rinde, Silikatgestein, oft über Moosen. 2 Arten. – **Lit**: **24:** 73–75, 78, **559–563**; **25:** 79, 83, **707–710**
T: *L. pulmonaria* (L.) HOFFM. – **Echte Lungenflechte**: Wi 15, 561, FleD 707, 708, UT 69

1 Lager feucht grün bis oliv, grubig-netzrippig, randl oder auf den Netzrippen mit gelbweißen Soralen oder (schuppigen) Isidien
Echte Lungenflechte – *L. pulmonaria* (L.) HOFFM.
1* Ohne Sorale und ohne Isidien o d e r falls mit Soralen, dann Lager bleigrau (feucht so), (blass-, grau-)gelbl, blass gelbgrünl-grau ▸

„Lobaria"
1 Lager (blass-, grau-)gelbl, (hell gelbgrünl-)grau, feucht bleigrau **Lobarina** (pr.p.)
1* Lager feucht grünl oder oliv 2
2 Lappen des Lagers oberseits glatt bis querrunzelig ***Ricasolia*** (pr.p.)
2* Lappen des Lagers oberseits flachgrubig ***Lobaria*** (*linita, pulmonaria*)

Lobarina NYL. ex CROMB. – Fle (Asc, Lecanoromycetes, Peltigerales, Lobariaceae)
Lager großblättrig, breitlappig, mit gerundeten Enden, flachgrubig, oft mit Soralen, graugelbl, unterseits weißl bis blass bräunl. Apothecien sehr selten, braun. Sp querseptiert, 2–4-zellig, spindelig-nadelfö. Photobiont: *Nostoc*. Stamm(-basis) älterer LaB. 1 Art. – **Lit**: **24:** 560 unter *Lobaria*; **25:** 82, 88, 708 unter *Lobaria*, **710–711**
T: *L. scrobiculata* (SCOP.) NYL. ex CROMB. – **Grauschorfige Lungenflechte**: Wi 561, FleD 711

Lobothallia (CLAUZADE & CL. ROUX) HAFELLNER – Fle (Asc, Lecanoromycetes, Pertusariales, Megasporaceae)
Lager krustig, entweder mit verlängerten Randloben und dann rosettig und fast blättrig, z. T. nicht so differenziert, rissig oder warzig areoliert, grau, graubraun, grauschwarz, ohne Soredien und ohne Isidien. Apothecien eingesenkt bis sitzend, Scheibe braunschwarz, braunrot, mit Lagerrand. Sp 1-zellig, ellipsoid bis kugelig. Photobiont: ?. – Kalk- und Silikatgestein. 3 Arten. – **Lit**: **24:** 147 unter *Aspicilia*, **563–565**; **25:** 189,191 unter *Aspicilia*, 561 unter *Lecanora*, **712–714**
T: ?; abgebildet z. B. *L. praeradiosa* (NYL.) HAFELLNER – Lockere Lappenkrustenflechte: Wi 742, FleD 712; *Lobothallia radiosa* (HOFFM.) HAFELLNER – Strahlige Lappenkrustenflechte: Wi 564, UT 132

1 Ohne Isidien, ohne Papillen, ohne Sorale 2
1* Mit Isidien, Papillen oder Soralen ▸
2 Epihymenium olivgrün, olivbraun 3
2* Epihymenium mit anderen Farben: (blaugrün, hellorange, braun) oder farblos ▸
3 Lager am R deutl gelappt 4
3* Lager am R ohne verlängerte R-Loben 5
4 Apothecien eingesenkt, konkav, später angedrückt sitzend, flach, dunkelbraun bis schwärzl. Asci 45 × 15 µm
Strahlige Lappenkrustenflechte – *L. radiosa* (HOFFM.) HAFELLNER
4* Apothecien sitzend, braun bis schwarz. Asci 60–75 × 20–25 µm, Lager dem Substrat eng anliegend, 0,5–1 mm dick. Falls Lager vom Substrat leicht lösbar, fast blättrig: *L. alphoplaca* (WAHLENB.) HAFELLNER
Lockere Lappenkrustenflechte – *L. praeradiosa* (NYL.) HAFELLNER

5 Mark K−. Apothecien-R K−. (Falls K+ bleibend gelb nicht rot werdend oder Apothecien-R K+ gelb: ▸) **6**
5* Mark K+ gelb, dann rot ▸
6 Sp über 20 µm lang, Pyknosp über 15 µm ▸
6* Sp (9–)12–14 × 7–9 µm, Pyknosp. 3–5 × 1 µm. Falls Sp 14–19 × 8–12, Pyknosp 7–8 µm: ▸
Unscheinbare Lappenkrustenflechte – *L. recedens* (TAYLOR) A. NORDIN, S. SAVIĆ & TIBELL.

Lopadium KÖRB. – Fle (Asc, Lecanoromycetes, Teloschistales, Lopadiaceae)
Lager krustig, körnig bis sehr kleinschuppig. Apothecien mit stark verengter Basis sitzend. Schwarz, schwarzbraun, mit stark vorstehendem Eigenrand. Sp mauerfö unterteilt, farblos, hell graubräunl. Photobiont. Coccoide Grünalge. Über Moosen und sonstigen Pflanzenresten, Ba-Rinde. 2 Arten. – **Lit**: **24:** 87, **565–567**; **25:** 102, 120, **714–715**
T: *L. pezizoideum* (ACH.) KÖRB. – **Moos-Schalenflechte**: FleD 715

„Lopadium“
1 Sp zu 4–8 je Ascus, bis 60 µm lang ***Schadonia*** (*fecunda*)
1* Sp jeweils einzeln im Ascus, 70–150 µm lang ***Lopadium*** (*disciforme*, *pezizoideum*)

Loxospora A. MASSAL. – Fle (Asc, Lecanoromycetes, Sarrameanales, Sarrameanaceae)
Lager krustig, weißl, bisw mit Soredien, Apothecien ± rotbraun, ± bereift, mit Lagerrand. Sp querseptiert, nadelfö, wurmfö, spiralig im Ascus. Photobiont: Coccoide Grünalge. Ba-Rinde (vorzugsweise Tanne, aber auch Fichte). 2 Arten. – **Lit**: **24:** 97, 417 unter *Haematomma*, **565–567**; **25:** 124–125, 514 unter *Haematomma*, **715–717**
T: ? *L. elatina* (ACH.) A. MASSAL. **Tannen-Wurmsporflechte**: Wi 96, 566, FleD 716

Pilze, Gattungen M

Macalpinomyces LANGDON & FULL. – BrandP (Bas, Ustilaginomycetes, Ustlaginales, Ustilaginaceae)
Parasitisch auf Gräsern (*Eragrostis*, *Setaria*) in Form eines Blüten- oder Samenbrands
T: *M. eriachnes* (THÜM.) LANGDON & FULL. Abgebildet *M. spermatophorus* (BERK. & M. A. CURTIS ex DE TON) VÁNKY: JK 163 (auf *Eragrostis*) und *M. neglectus* (NIESSL) VÁNKY: JK 385 (auf *Setaria*)

Macbrideola H.C. GILBERT – SchleimP (Myxogastria, Stemonitida, Stemonitidae)
Frk winzig, gestielt, unter 2 mm. S hohl und hornartig, im Frk sich als Columella fortsetzend. Capillitium oft vorhanden, dunkelbraun, verzweigt. Sp in Masse dunkelbraun, lilabraun, graubraun, ± kugelig, 8–9 µm, mit entfernt stehenden, zerstreut wirkenden, feinen Warzen. In einigen Arten vertreten, Beschreibung bezieht sich weitgehend auf *M. cornea*. Gelegentl in Feuchtkammer-Kulturen auf Moos-bewachsener Borke erscheinend. – **Lit**: **17**: 334, **20**: 242
T: *M. scintilans* H.C. GILBERT; abgebildet *M. cornea* G. LISTER & CRAN: Nan 335, Neub 3.243–244

Macrocystidia JOSS., Gurkenschnitzling – BläP (Bas, Agaricomycetes, Agaricales, Marasmiaceae)
Frk fast mittelgroß, dünnfleischig, mit starkem, tranartigem Geruch, zugleich mit schwacher Komponente nach Gurke. H rötl-braun, S dunkelbraun, L weißl bis rötl-ocker. Mit großen, lanzettl zugespitzten Zystiden an den L und am S. Spp rosabraun, ockerl bis weißl. Sp glatt, mit cyanophiler Außenwand, 8–9 × 3–4 µm. 1 Art (formenreich; einige Varietäten). Terricol, saprotroph. – **Lit**: **7**: 299, **11**: 170, **14**: 312, FAN 3.174
1 Art = T: *M. cucumis* (PERS. : FR.) JOSS. – **Gurkenschnitzling**: BK 3.273, Ct 1327, Dh 348, Gh 187, Kr 3.330, Lg 126 A, B u. 127A, Lu 1.45.1 MJ 3Macr1

Macrolepiota SINGER, Riesenschirmpilz – BläP (Bas, Agaricomycetes, Agaricales, Agaricaceae)
Frk groß, fleischig. S hohl mit verschiebbarem, recht dicken Ring. L weißl und frei. H grobschuppig bis feinschuppig-kleiig. Spp weiß, pseudoamyloid. Sp pseudoamyloid, mit Keimporus, über 8–9 µm (beim T 15–22 µm) lang. Etwa 7 Arten. Terricol, auch zwischen Streu. – Anm: Einige früher hierher gestellte Arten jetzt zu *Chlorophyllum* und *Leucoagaricus* (hier im Schlüssel z. T. mit berücksichtigt). – Syn: *M. nympharum, puellaris = Leucoagaricus nympharum, M. permixta = M. fuliginosa, M. rhachodes = Chlorophyllum r., M. venenata = Chlorophyllum brunneum.* – **Lit**: **8**: 207, **11**: 262, **14**: 554
T: *M. procera* (SCOP. : FR.) SINGER – Parasolpilz: BK 4.254, Dh 521, Gh 33, HK 1.29, Lg 8B, Lu 3.115.3, Lx 283, Ph 24

1 Ring außen mit doppeltem Rand (doppelt gerandet) **2**
1* Ring außen mit einfachem Rand (einfach gerandet) **4**
2 S glatt. H gegen den H-Rand mit grobfaserigen, dachziegelig anliegenden bis aufgerichteten Schuppen. F rötend siehe *Chlorophyllum rachodes* (H 10–18 cm) und *Leucoagaricus nympharum* (H 4–8 cm)
2* S mit dunkleren Schüppchen oder Flocken wie zebriert. F nicht oder nur schwach rötend. **3**
3 H jung eifö, alt ausgebreitet mit Buckel, mit beigebraunen Schuppen, 15–30 cm. S 15–30 × 2–4 cm, S-Basis knollenfö, × 5–7,5 cm. Geruch nach Nüssen. F weiß, allenfalls schwach rötl werdend. Sp 15–22 × 8,5–10,5 µm
Parasolpilz – *M. procera* (SCOP. : FR.) SINGER
3* H hellockerrost-braun bis rötl-braun [Falls dunkelbraun bis braun-oliv, olivgrünl fleckend, L alt olivgrau, Sp 12–14 × 8,5–10 µm: *M. olivascens* M.M. MOSER]. Geruch fehlend. H 10–20 cm, S 10–15 × 2–3 cm, S-Basis knollenfö bis zu × 5 cm. F schwach rötend, Sp 12–16 × 9–10 µm
Rötender Riesenschirmling – *M. fuliginosa* (BARLA) BON
4 S durch kleine Schüppchen wie punktiert bis genattert oder zebriert. **5**
4* S glatt, kahl **6**
5 H gebuckelt bis zitzenfö, H-Mitte kalottenfö abgesetzt, braun, gegen H-Rand mit kleinen, angedrückten Schüppchen, auf hellerem Grunde creme, beige, ockerl-braun, auch mit leicht rötl Komponente. S genattert, an der Basis keulenfö, 8–15 × 0,8–1,2 cm. F

weiß. Sp 13–16 × 8–9,5 µm

Zitzen-Riesenschirmling – *M. mastoidea* (FR. : FR.) SINGER

5* Merkm anders: z. B. H-Mitte nicht zitzenfö, sondern allenfalls stumpf gebuckelt ▸

6 H und S weiß bis weißl, H-Mitte hell beige-ockerl bis beige-braun, HDS gegen H-Rand sternfö aufreißend. S-Basis nicht knollenfö. Sp 13,5–17 × 8–10 µm. Trockenrasen, Grasland **Acker-Riesenschirmling** – *M. excoriata* (SCHAEFF. : FR.) WASSER

6* H und S nicht weiß bis weißl. H ocker, braun. 7

7 H mittelgroß bis groß, mehr als 12 cm. H-Mitte braun bis ockerbraun, mit unregelmäßig gezackter Kalotte, gegen den H-Rand mit groben, angedrückten Schuppen. S 10–20 × 1,2–2 cm, mit gerandet knollenfö Basis. Sp 10–12 × 7–8 µm

siehe *Chlorophyllum brunneum* (FARL. & BURT) VELLINGA

7* H kleiner ▸

Macrotyphula R.H. PETERSEN, Röhrenkeule – KorP (Bas, Agaricomycetes, Agaricales, Typhulaceae)

Frk fadenfö bis schmal keulenfö, (fast immer) unverzweigt, mit kurzem S-Teil, innen alt hohl, ohne Sklerotien, mit $FeSO_4$ nicht grün verfärbend. Hyphen breit (angeschwollen), mit Schnallen. Sp dünnwandig, glatt, nicht amyloid, hyalin, zylindrisch, ellipsoid, spindelfö, 8–17 µm lang. 4 Arten. Blattreste Holz, lignicol. – **Lit**: **9**: 268, **12**: 81

T: *M. fistulosa* (HOLMSK. : FR.) R.H. PETERSEN – Hohe Röhrenkeule: BK 2.438, Ge 385, Gh 579, HK 2.116, Ke 2.42, Lx 467, Ph 256, RH 117

1 Frk wenige mm (0,5–2 mm) dick, 8–15 cm lang, fadenfö-schmal zylindrisch, spitz, glatt, unverzweigt, gelb-ocker, im Alter hohl. Sp 8–12 × 3,7–5,5 µm [Falls Sp 12–14 × 4–5 µm, Frk bis 4 cm lang: *M. tremula* BERTHIER]. Auf modernden Blättern und auf Zweigen **Binsen-Röhrenkeule** – *M. juncea* (ALB. & SCHWEIN.) BERTHIER

1* Frk 2–13 mm dick, 10–40 cm lang, zylindrisch bis schmal keulenfö, fast immer unverzweigt, selten an der Spitze gabelig, gelbbraun, graubraun, rotbraun, im Alter hohl. Sp ellipsoid bis breit spindelfö, 15–18 × 6–8 µm [Falls Sp unter 15 µm siehe *Clavariadelphus ligula*; falls Frk deutl keulenfö siehe *M. contorta* (HOLMSK.) RAUSCHERT]. LaH

Hohe Röhrenkeule – *M. fistulosa* (HOLMSK. : FR.) R.H. PETERSEN

Mammaria CES. ex RABENH. – SchimP (Asc, Sordariomycetes, Sordariales, Lasiosphaeriaceae; Anamorphe)

Hyphen septiert. Konidien mit Keimspalt, seitl direkt an Hyphen entstehend, längl-ellipsoid, mit breit abgeflachter Basis. Telomorphe: *Pseudocercophora*. – **Lit**: **21**: 92,132

T: *M. echinobotryoides* CES.

Marasmiellus MURRILL, Zwergschwindling – BläP (Bas, Agaricomycetes, Agaricales, Omphalotaceae)

Frk klein, meist recht zäh („Schwindlingshabitus"), trockene Frk in Wasser bisw wieder aufquellend oder auch nicht. Spp weiß. HDS aus gestreckten, liegenden Hyphen, diese divertikulat oder mit Rameales-Struktur, z. T. H-Trama mit gelatinisierenden. Hyphen, nicht dextrinoid. 10 Arten. Lignicol. – Anm: Von *Marasmius* durch andere Struktur der HDS

verschieden. Abgrenzung von *Gymnopus* nach morphologischen Merkm schwierig, siehe *G. perforans*. – Syn: *M. perforans* = *Gymnopus perforans*. – **Lit**: **7**: 300, **11**: 155, **14**: 302
T: außereuropäisch; bei uns häufiger *M. ramealis* (BULL. : FR.) SINGER – Ästchen-Zwergschwindling: BK 3.274, Ct 1434, Ge 126, HK 3,139, Ja 174, Kr 3.335, Lg 48C, Lu 1.46.12, Lx 189

1 In dichten Reihen oder Gruppen auf Ästen von LaH, seltener NaH und Pflanzenresten. H hell gelbbräunl, ± glatt, 0,5–2 cm. S 0,5–2,5 cm × 0,5–1 mm, gegen S-Basis mit flockigen Schüppchen. Geruch fehlend. Cheilozystiden blasig-keulig, mit kurzen, schlanken Fortsätzen. HDS aus liegenden Hyphen, diese apikal mit knorrigen bis fingerartigen Fortsätzen. Sp 7,5–11,5 × 2,5–4,5 µm
Ästchen-Zwergschwindling – *M. ramealis* (BULL. : FR.) SINGER
1* Merkm verschieden: z. B. nicht in dichten Reihen auf Ästen oder Geruch faulig-kohlartig oder H mit rosa-lilafarbenen Tönen oder Frk winzig; Cheilozystiden ohne Fortsätze **2**
2 Geruch wie fauler Kohl. H weit rinnig gestreift, rötl-braun gegen den H-Rand heller, 1–3 cm. S abwärts dunkelbraun bis schwarz, ohne Basalfilz. Cheilozystiden fehlend. HDS gelatinisierend, aus liegenden Hyphen, diese überwiegend glatt, selten mit kurzen Fortsätzen. Sp 7,5–10(–11) × 3,5–5,5 µm. LaH einzeln bis gesellig. [falls Frk kleiner und einzeln Fichten- oder Kiefernnadeln aufsitzend: siehe *Gymnopus perforans* (HOFFM. : FR.) ANTONIN & NOORDEL.; falls Frk größer und S mit Basalfilz: siehe *G. brassicolens* (ROMAGN.) ANTONIN & NOORDEL.]
Stinkender-Zwergschwindling *M. foetidus* (SOWERBY : FR.) ANTONIN & al.
2* Merkm verschieden: Geruch nicht nach faulem Kohl etc. ▸

Marasmius FR., Schwindling – BläP (Bas, Agaricomycetes, Agaricales, Marasmiaceae)
Frk klein bis mittelgroß, zieml zäh, trocken in Wasser wieder ± aufquellend („wieder auflebend"). Spp weiß. HDS aus keuligen, glatten oder bürstenfö Elementen, hymeniform. 23 Arten. Lignicol, herbicol, in Humus. Anm: Arten deren HDS aus gestreckten Elementen besteht, werden nicht mehr in die Gattung *Marasmius* gestellt, vielmehr zu *Gymnopus* oder *Marasmiellus*. Arten mit starkem Geruch nach Knoblauch und hymeniformer HDS jetzt zu **Mycetinis** gehörend. Arten auf *Dryas* oder *Pteridium* oder mit 2-farbigem S (oben weiß unter braunrot) jetzt zu *Rhizomarasmius*. – Syn: *M. alliaceus* = *Mycetinis. a., M. androsaceus* = *Gymnopus (Setulipes) a., M. brassicolens* = *Gymnopus b., M. perforans* = *Gymnopus p., M. prasiosmus* = *Mycetinis querceus, M. querceus* = *Mycetinis q., M scorodonius* = *Mycetinis s*. – **Lit**: **7**: 306, **11**: 165, **14**: 288
T: *M. rotula* (SCOP. : FR.) FR. – Halsband-Schwindling: BK 3.291, Cr 997, Gh 195, Kr 3.356, Lg 48H, Lu 1.47.26, MJ 3Mar1, Ph 67

1 L bilden rund um den S ein Kollar **2**
1* L mit dem S verbunden, rund um den S kein Kollar bildend **4**
2 An Gräsern und Sauergräsern. H orange, orangebraun, rot, rostgelb, rotbraun, braun. Oft weniger als 10 L je H. ▸

2* An Holz und auf Streu von LaB und NaB. H weißl bis grau, oder nur anfangs bräunl. oder nur H-Mitte braun bis schwarz. Mehr als 10 L je H. **3**

3 H weißl, in H-Mitte grau bis beige, oft wenigstens 1 cm und mehr, 0,5–1,4(–2) cm. L weißl, 17–21(–25) je H. Sp 8–10 × 4–5 µm. Lignicol auf Holz und Rinde, Streu von LaB, NaB **Halsband-Schwindling** – *M. rotula* (SCOP. : FR.) FR.

3* H-Rand weißl (jung auch bräunl), in H-Mitte bisw mit dunkelbrauner bis schwarzer Papille. H unter 1 cm. L 11–17(–19), Sp 8–9,5 × 3,5–4,5 µm. Auf abgefallenen Blättern (Streu von *Fagus*, *Quercus*) von LaB [Falls auf Nadeln z. B. von *Picea*: *M. wettsteinii* SACC. & P. SYD.] **Käsepilzchen** – *M. bulliardii* QUÉL.

4 H häutig, klein unter 1 (–1,5) cm. S schlank, direkt dem Substrat anhaftend. **5**

4* H robuster, etwas fleischig, über 1,5 cm. S recht dick, S-Basis mit Basalmycel dem Substrat anhaftend. **6**

5 S völlig kahl (Lupe!), glänzend, borstenartig und lang. HDS aus gestreckten, ± liegenden, bürstenartig verzweigten Hyphen siehe *Gymnopus androsaceus* (auch als: *Marasmius a.; Setulipes a.*)

5* S fein kleiig, flockig, haarig (Lupe!). Frk gestielt-hutfö oder seitlingsartig ▸

6 Geruch stark nach Knoblauch siehe *Mycetinis*

6* Geruch anders oder fehlend **7**

7 S kahl, glänzend **8**

7* S (wenigstens apikal) bereift oder samtig bis behaart. **10**

8 H konvex bis plan mit Buckel, gelbbraun bis dunkelbraun, 1–3,5 cm. L gelbl bis hell gelbbraun. S gegen die Spitze weißl, gegen die S-Basis schwarzbraun, büschelig. Mit spitzen Seten an den L, sowie auch an H und S. Zellen der HDS mit bürstenfö Anhängseln. Sp 8–10,5 × 4–5,5 µm. Streu und Rinde von LaB (besonders *Fagus*). **Hornstiel-Schwindling** – *M. cohaerens* (PERS. : FR.) COOKE & QUÉL.

8* Merkm anders: ohne spitze Seten an den L (falls L ohne spitze Seten, Zellen der HDS glatt, sonst aber ähnl wie vorige; siehe auch **10***: *M. torquescens*) **9**

9 H weißl, grau, violettl, 1–5 cm. L weißl, bisw hellviolettl. S weiß, gegen S-Basis rotbraun, längsriefig, büschelig. Sp 6–8 × 3,5–4,5 µm. Streu bedonders von LaB, auch von NaB **Violettlicher Schwindling** – *M. wynnei* BERK. & BROOME

9* Merkm anders ▸

10 H creme bis hellocker, konvex bis plan mit stumpfem Buckel, glatt bis etwas runzelig, (1,5–)2,5–5 cm. S wie der H gefärbt, 3–7(–8) × 0,3–0,6 cm, voll, recht zäh. Hyphen der H-Trama dextrinoid. Wiesen und Rasen. Sp 8–10,5 × 4–6 µm **Nelken-Schwindling** – *M. oreades* (BOLTON : FR.) FR.

10* Merkm anders: z. B. H mit anderen Farben oder Frk in anderen Habitaten. Hyphen der H-Trama dextrinoid oder nicht so [Falls S apikal bereift, hohl, recht zerbrechl, Grasland und sonst ähnl voriger: *M. collinus* (SCOP. : FR.) SINGER. Falls mit dickwandigen, eher stumpfen Seten auf H und S, S bereift bis behaart; Streu von LaB, sonst ähnl. wie 8*: *M. torquescens* QUÉL.] ▸

Marcelleina BRUMM., KORF & RIFAI, Rundsporbecherling – op. Disc (Asc, Pezizomycetes, Pezizales, Pezizaceae)
Frk (Apothecien) sitzend, annähernd schüsselfö bis scheibenfö, bis zu 1,5 cm. Oben (Hymenium) purpurl bis purpurl-braun; außen (dunkler) gleichfarben, kahl oder fein flockig, gegen die Basis grau-braun. Asc-Sp kugelig, hyalin, glatt oder ornamentiert (beim T ± netzig ornamentiert und 10–12 µm). Etwa 5 Arten auf Kalkböden oder Brandstellen. – **Lit**: **5**: 31, **10**: 103
T: *M. persoonii* (P. CROUAN & H. CROUAN) BRUMM. – **Blauvioletter Rundsporbecherling**: BK 1.66, De fig. 1A, 4E

Marssonina MAGNUS – PaP (Asc, Leotiomycetes, Helotiales, Drepanopezizaceae; Anamorphe)
Parasitischer Befall auf Höheren Pflanzen, oft eine Blattfallkrankheit verursachend, Konidien (un-)gleich 2-zellig, breit sichelfö gebogen, am Septum ± eingeschnürt, hyalin, glatt. – **Lit**: **3:** 1128
T: *M. potentillae* (DESM.) MAGN. = *M. fragariae* (LIB.) KLEB.: Bra 1129: 316; abgebildet auch *M. juglandis* (LIB.) MAGNUS: JK 234

Martellia MATT., Martellitrüffel – Hyp (Bas, Agaricomycetes, Russulales, Russulaceae)
Frk kugelig bis knollig, 1–4,5 cm. S fehlend. Innen (Gleba) mit unregelmäßigen kleinen Kammern, begrenzt durch steriles Geflecht (Tramaplatten) ohne Kugelzellen (Sphaerozysten). Columella vorhanden oder fehlend. Außen (Peridie) glatt, weiß bis braun. Hyphen ohne Schnallen. Sp mit stacheliger oder netzfö Ornamentierung, meist amyloid, beim T 11–13,5 × 9,5–12,5 µm. 4 Arten. Terricol. – Anm: Früher zu *Hydnangium* gestellte Arten siehe dort (zusammengefasst als: ▸). – **Lit**: **12**: 549
T: *M. mistiformis* MATT. – **Kleinsporige Martellitrüffel**: MS 599

Mariannaea G. ARNAUD ex SAMSON – SchimP (Asc, Sordariomycetes, Hypocreales, Nectriaceae; Anamorphe)
Hyphen septiert, hyalin. Konidien jeweils nur an einer Stelle der Konidien bildenden Zellen entstehend, 1-zellig. Konidienketten dachziegelig angeordnet, Konidienträger nicht büschelig, nicht innerhalb von Pyknidien. Rinde, morsches Holz, Erde, auch auf Pilzen (*Hypholoma, Panus*)
T: *M. elegans* G. ARNAUD

Megacollybia KOTL. & POUZAR, Breitblatt – BläP (Bas, Agaricomycetes, Agaricales, Marasmiaceae)
Frk groß, dickfleischig. L breit, recht entfernt stehend, weißl, am S ausgebuchtet bis fast abgerundet. H graubraun, radial-faserig bis -rissig. S-Basis mit dicken, weißen Mycelsträngen. Spp weiß. Cheilozystiden groß, flaschenfö-blasig, 25–60 × 13–15 µm. Sp nicht amyloid, fast kugelig, 7–8 × 6–7 µm. Lignicol, an Wurzeln und Stümpfen, Streu, LaH, NaH. – **Lit**: **7**: 220, **11**: 162, **14**: 285
1 Art = T: *M. platyphylla* (PERS. : FR.) KOTL. & POUZAR – **Typisches Breitblatt**: BK 3.388, Dh 334, Gh 103, HK 1.105, Ja 170, Kr 3.361, Lg 42D, Lu 1.14.3, MJ 3Meg1

Megalocystidium JÜLICH, Gloeozystidenrinde – RiP (Bas, Agaricomycetes, Russulales, Stereaceae)
Frk resupinat, wachsartig bis membranös, dünn (1,5 mm), glatt bis etwas warzig, ohne Rhizomorphen. Monomitisch. Hyphen hyalin, mit oder ohne Schnallen. Gloeozystiden vorhanden. Sp dünnwandig, glatt, amyloid. Lignicol, LaH, NaH. – **Lit**: **9**: 279, **12**: 122
T: *M. leucoxanthum* (BRES.) BOIDIN – Gelbweiße Gloeozystidenrinde: BK 2.108

1 Schnallen fehlen. Sp 6–7 × 4–5 µm
Milchende Gloeozystidenrinde – *M. lactescens* (BERK.) JÜLICH
1* Schnallen vorhanden, Sp länger, bis 20 µm, im Minimum 7 µm **2**
2 Sp zylindrisch bis allantoid, 12–20 × 4,5–7 µm. LaH
Gelbweiße Gloeozystidenrinde – *M. leucoxanthum* (BRES.) BOIDIN
2* Sp ellipdoid, 7–12 × 4,5–6 µm. LaH, seltener auf NaH
Fahlgelbe Gloeozystidenrinde – *M. luridum* (BRES.) BOIDIN

Melampsora CASTAGNE – RostP (Bas, Pucciniomycetes, Pucciniales, Melampsoraceae)
Phytoparasiten (Roste, unterschiedl Sp-Formen und Entwicklungsstadien siehe unter *Puccinia*). I ohne oder ledigl mit rudimentär vorhandener Pseudoperidie und ohne Paraphysen. I-Sp in Ketten. Aecidien ohne Pseudoperidie. II im frischen Zustande hellorange, mit meist dickwandigen Praphysen. III krustenartig, meist subepidermal. III-Sp 1-zellig, pallisadenartig gedrängt, mit bräunl Wand. Ww oft mit *Populus* und *Salix*. – **Lit**: **13**: 70, 100, 151 etc., **JK**: 129, 171, 172, 192, 227, 272
T: *M. euphorbiae* (C. SCHUB.) CASTAGNE: JK 171, Gäum 181:158 (III). – Div. verwandte Arten: Gäum 142:127 (I, I-Sp), 179:155 (II), 180:156 (III), 183:159 (II)
Abies (0, I): *M. abietis-caprearum*. – ***Allium*** (0, I): *M. allii-populicola, M. allii-fragilis, M. salicis-albae*. – ***Arum*** (0, I): *M. allii-populina*. – ***Chelidonium***: (0, I): *M. magnusiana*. – ***Corydalis*** (0, I): *M. magnusiana*. – ***Dactylorhiza*** (0, I): *M. repentis*. – ***Epipactis*** (0, I): *M. repentis*. – ***Euonymus*** (0, I): *M. euonymi-caprearum*. – ***Euphorbia*** (0, I, II, III): *M. euphorbiae, M. euphorbiae-amygdaloides, M. euphorbiae-gerardianae, M. euphorbiae-dulcis, M. helioscopiae*. – ***Galanthus*** (0, I): *M. galanthi-fragilis*. – ***Gymnadenia*** (0, I): *M. repentis*. – ***Hypericum*** (I, III): *M. hypericorum*. – ***Larix*** (0, I): *M. caprearum, M. laricis-epitea, M. laricis-pentandrae, M. laricis-populina, M. laricis-tremulae*. – ***Leucojum*** (0, I): *M. galanthi-fragilis*. – ***Linum*** (0, I, II, III): *M. lini, M. liniperda*. – ***Mercurialis*** (0, I): *M. rostrupii*. – ***Neottia*** (0, I): *M. repentis*. – ***Orchis*** (0, I): *M. repentis*. – ***Pinus*** (0, I): *M. pinitorqua*. – ***Platanthera*** (0, I): *M. repentis*. – ***Populus*** (II, III): div. Arten siehe Schlüssel und *M. pulcherrima*. – ***Ribes*** (0, I): *M. ribesii-epitea, M. ribesii-purpureae, M. ribesii-viminalis*. – ***Salix*** (II, III): div. Arten siehe Schlüssel. – ***Saxifraga*** (II, III): *M. hirculi*.

Schlüssel I für Arten auf ***Populus*** (II. III)
1 Auf *Populus alba, P. tremula, P.* × *canescens* **2**
1* Auf *Populus nigra* und ihren Hybriden **5**
2 II polsertfö, oberseits oft gelbe Bl-Flecken verursachend **3**
2* II kaum polsterfö, keine gelben Bl-Flecken verursachend. **4**
3 II-Flecken nur Bl-oberseits [vgl. auch *M. rostrupii*] *M. pinitorqua*
3* II-Flecken auf beiden Seiten des Bl [vgl. auch *M. pulcherrima*] *M. rostrupii*
4 II-Paraphysen am Kopf × 8–17 µm *M. laricis-tremulae*
4* II-Paraphysen am Kopf × 14–22 µm *M. magnusiana*
5 III meist auf Bl-Oberseite *M. laricis-populina*

5* III meist auf Bl-Unterseite *M. allii-populicola*

Schlüssel II für Arten auf ***Salix*** (II, III)

1 Auf *S. alba, S. fragilis, S.* × *rubens, S. triandra* sowie auf Vertretern von *Salix* mit alpinem Verbreitungsschwerpunkt: *S. glabra, S. retusa* etc., jedoch nicht auf *S. hatata, S. helvetica, S. waldsteiniana* (in diesen Fällen unter **1*** und **9** weiter) **2**

1* Auf anderen *Salix*-Arten, z. B. *S. appendiculata, S. aurita, S. caprea, S. cinerea, S. elaeagnos, S. purpurea, S. repens., S. viminalis* **9**

2 II-Sp fast kugelig oder kugelig, rundum gleichmäßig stachelig **3**

2* II-Sp gestreckt-ellipsoid, warzig, stachelig, am Scheitel meist mit kahler Stelle **4**

3 Auf alpinen Zwergweiden mit Ww zu alpinen *Saxifraga*-Arten (*S. herbacea, reticulata, retusa*) ▸

3* Planar bis alpin mit Ww zu *Larix* siehe *M. laricis-epitea*

4 II-Sp dickwandig, Wand um 3 µm. III subkutikular **5**

4* II-Sp eher dünnwandig, Wand bis zu 2 µm. III subepidermal oder scheinbar subkutikular . . . **7**

5 II-Sp × 19–22 µm. Ww zu *Arum* *M. ari-salicina*

5* II-Sp × 13,5–18 µm. Ww zu *Allium, Galanthus, Leucojum* **6**

6 Paraphysen in II zu gleichen Anteilen dünnwandig-keulig und dickwandig-kopfig, letztere mit bis zu 7 µm dicker Wand am Scheitel. Ww zu *Allium*, besonders *A. ursinum* *M. allii-fragilis*

6* Paraphysen in II überwiegend kopfig und dickwandig mit Wand am Scheitel etwa 10 µm dick. Ww zu *Galanthus* oder *Leucojum* *M. galanthi-fragilis*

7 Sori meist auf Bl-Unterseite, seltener an Kätzchen. W *S. fragilis, S. pentandra* auch *S.* × *rubens*. Ww *Larix* *M. laricis-pentandrae*

7* Sori auch an jungen Zweigen, dort oft 5–10 mm lang. II-Sp 19–36 × 11–17 µm **8**

8 Hauptwirt ist *S. triandra* *M. amygdalinae*

8* Nicht auf *S. triandra*, vielmehr auf *S. alba, S.* × *rubens* etc. *M. salicis-albae*

9 III subkutikulär **10**

9* III subepidermal **11**

10 Auf *S. viminalis*, selten auch auf *S. triandra* *M. ribesii-viminalis*

10* Auf anderen Arten, verbreitet z. B. auf *S. caprea*. Auf *S. viminalis* fehlend oder fraglich *M. caprearum*

11 Nie auf *S. repens* [Falls II-Sp-Wand in Wasser extrem dick, 2,5–5 µm: ▸] **12**

11* Hauptwirt ist *S. repens* **13**

12 II meist auf Bl-Unterseite. W *S. purpurea* etc. Ww *Ribes* *M. ribesii-purpureae*

12* II variabel lokalisiert, sowohl auf Bl-Oberseite wie auf Bl-Unterseite. W div. Arten von *Salix*, besonders in und nahe der Alpen: *S. daphnoides* etc. Ww *Larix* *M. laricis-epitea*

13 II etwa 0,5 mm im Durchm. Paraphysen meist keulig. Ww zu *Abies* *M. abietis-caprearum*

13* II etwa 0,2–0,5 mm im Durchm. Paraphysen meist kopfig. W seltener auch *S. aurita* neben *S. repens*. Ww zu Orchidaceae *M. repentis*

Schlüssel III für Arten auf ***Salix caprea*** und ***Salix cinerea*** (II, II**I**; II-Sp rundum stachelig)

1 II-Sp meist oval. Wand der Paraphysen gleichmäßig dick. III-Sp-Wand am Scheitel verdickt. Ww *Larix* *M. caprearum*

1* II-Sp kugelfö bis oval. Paraphysen-Wand bisw am Scheitel verdickt. III-Sp-Wand am Scheitel nicht verdickt **2**

2 II-Sp-Wand meist weniger als 2,5 µm dick. Ww *Abies*, *Larix* **3**

2* II-Sp-Wand bis zu 3,5–4 µm dick. Ww *Euonymus*, *Ribes* **4**

3 II-Sp bis zu 22,5 × 16 µm, deren Wand 1,5–3 µm dick. Wand der Paraphysen bis 5 µm dick, am Scheitel auch bis 7 µm. Ww *Larix* *M. laricis-epitea*

3* II-Sp bis zu 19 × 14 µm, Wand bis zu 1,5 µm dick, Wand der Paraphysen gleichmäßig dick, etwa 1,5 µm. Ww *Abies* *M. abietis-caprearum*

4 II-Sp-Wand 3–3,5 µm dick. Wand der Paraphysen gleichmäßig 2,5–4–5 µm dick. Ww *Ribes* *M. ribesii-epitea*

4* II-Sp-Wand 1,5–2 µm dick oder auch aufgequollen und dann ungleichmäßig auf 3,5–4 µm verdickt. Wand der Paraphysen am Scheitel bis auf 8 µm verdickt. Ww *Euonymus* *M. euonymi-caprearum*

Melampsorella J. SCHRÖT. – RostP (Bas, Pucciniomycetes, Pucciniales, Pucciniastraceae) Phytoparasiten (Rostpilze). Aecidien mit Pseudoperidie. Teleutosp meist 1-zellig, intrazellular in den Epidermiszellen, einzeln im Wirtsgewebe, nicht zu Lagern vereinigt. 2 Arten. – **Lit**: **6**: 73–80, **13**: 70–71, 778

T: *M. cerastii* (PERS.) J. SCHRÖT. = *M. caryophyllacearum* (DC.) J. SCHRÖT. – **Tannenkrebs-Rost.**: JK 402, KS 864, 1b; 912, 49a

Abies: *M. caryophyllacearum* (0,I), *M. symphyti.* (0, I). – ***Arenaria, Moehringia, Stellaria***: *M. caryophyllacearum* (II, III). – ***Symphytum***: *M. symphyti* (II, III)

Melampsoridium KLEB. – RostP (Bas, Pucciniomycetes, Pucciniales, Melampsoraceae) Phytoparasiten (Roste, unterschiedl Sp-Formen und Entwicklungsstadien siehe unter *Puccinia*). I mit Pseudoperidie. II-Sp farblos. III subepidermal, III-Sp einzellig, palisadenartig angeordnet, mit recht dünner, fast farbloser Wand. Ww zwischen *Larix* (0, I) und wenigen Gattungen (II, III: *Alnus, Betula, Carpinus*) der Betulaceae. 3 Arten. – **Lit**: **13**: 103, 175, 261, 495

T: *M. betulinum* (FR.) KLEB.: JK 97, KS 873:10 f (II), Gäum 68:54 (II, III), 69:55 (II), 70:56 (III)

Alnus: *M. betulinum* (II-Sp am oberen Ende mit stachellosem Bereich = Tonsur), *M. hiratsukanum* (II-Sp rundum fein stachelwarzig). – ***Betula***: *M. betulinum*. – ***Carpinus***: *M. carpini*. – ***Larix***: *M. betulinum* (0, I), im Falle der übrigen *M*-Arten unklar, aber wohl ebenfalls in Frage kommend.

Melanogaster CORDA, Schleimtrüffel – Hyp (Bas, Agaricomycetes, Boletales, Paxillineae, Melanogastraceae)

Frk kugelig bis knollig, 1–8 cm, fleischig-gelatinös. Innen (Gleba) mit rundl bisw etwas eckigen, dunklen bis schwarzen Kammern, die durch hellere, bald verschleimende Wände (Tramaplatten) begrenzt werden. Außen braun, mit nicht ablösbarer Peridie. Etwa 5 Arten. Terricol. Vermutl EktM. – **Lit**: **9**: 295, **12**: 541

T: *M. tuberiformis* CORDA – Kupferbraune Schleimtrüffel: MS 356. – Häufiger abgebildet z. B. *M. variegatus* (VITTAD.) TUL.: Gh 661, HK 2.193, Kr 2.197, Lx 261, MJ 7Mel1, MS 360

1 Sp im Mittel weniger als 10 µm lang **2**

1* Sp im Mittel länger als 10 µm **3**

2 Sp subzylindrisch bis ellipsoid, an der Basis entschieden trunkat. Frk schwärzl-braun **Gelbbraune Schleimtrüffel** – *M. broomeanus* BERK.

2* Sp breit ellipsoid bis eifö, an der Basis kaum trunkat. Frk erst gelb-ockerl, dann rötlbraun **Bunte Schleimtrüffel** – *M. variegatus* (VITTAD.) TUL.

3 Sp am oberen Ende mit Papille, unten trunkat mit Anhängsel
Weißgekammerte Schleimtrüffel – *M. ambiguus* (VITTAD.) TUL. & C. TUL.
3* Sp am oberen Ende ohne Papille. **4**
4 Sp längl-spindelfö **Großsporige Schleimtrüffel** – *M. macrosporus* VELEN.
4* Sp ellipsoid-eifö **Kupferbraune Schleimtrüffel** – *M. tuberiformis* CORDA

Melanoleuca PAT., Weichritterling – BläP (Bas, Agaricomycetes, Agaricales, Tricholomataceae)
Frk mittelgroß bis groß, seltener recht klein, weichfleischig. L ausgebuchtet. S berindet und zugleich längsfaserig. Spp weiß, weißl bis gelbl, amyloid. Schnallen an den Hyphensepten meist fehlend. Cheilozystiden (bisw auch fehlend, oder selten, oder unscheinbar) lanzettl oder brennhaarfö, oft mit Kristallschopf. Sp amyloid, punktiert-warzig, mit Plage oberhalb des Apikulus. Etwa 36 Arten. Humicol, auch zwischen Streu. – Anm: so leicht die Gattung als solche kenntlich ist, so schwierig ist die Fassung der offenbar sehr variablen und vielfach ungeklärten oder unklaren Arten samt ihrer korrekten Benennung. Eine neue Bearbeitung ist auf Grundlage verlässlicher morphologischer und DNA-analytischer Merkmale überfällig. – Syn: zahlreiche, z. T. kaum verlässl deutbare Synonyme. *M. evenosa* s. auct. = *M. subalpina, M. graminicola* ss. auct = *M. melaleuca, M. grammopodia* = *M. gramopus, M. humilis* ss. BRESINSKY & STANGL = *M. robusta, M. melaleuca* ss. auct. = *M. phaeopodia, M. nivea* = *M. strictipes, M. turrita* = *M. robusta, M. vulgaris* = *M. polioleuca.* – **Lit**: **7**: 318, **11**: 144, **14**: 347, FAN 4.153
T: *M. melaleuca* (PERS. : FR.) MURRILL (= ss. auct. *M. graminicola;* = ss. auct. *M. polioleuca*) – Häufigste und vielfach mit *M. melaleuca* verwechselte Art ist *M. polioleuca* (FR. : FR.) KÜHNER & MAIRE – Dunkelfleischiger Weichritterling: BL 165, Br 125, 126, CD 453, 454, Dh 306, Ga 138, Ge 118, Kr 3.374 ?, Lg 29A,D, 31F, Lx 179, RH 314, Ph 45

1 Frk weiß oder weißl, so besonders H und L. F im S weiß, bisw schwach bräunend. Bisw S mit dunkelbraunen Schüppchen **2**
1* Frk in H und L nicht weiß oder weißl. S nicht mit dunkelbraunen Schüppchen besetzt **4**

Fruchtkörper weiß oder weißlich (2–3)

2 S weißl mit dunkelbraunen Schüppchen besetzt, zylindrisch bis fast keulenfö, 5–10 × 0,6–1,5 cm. H weiß, konvex bis plan, weiß, H-Mitte gelbbräunl, samtig bis kahl, 3–10 cm. Zystiden brennhaarfö. Sp 8,5–11 × 4,5–5,5 µm. Grasland, auch auf Holzresten **Raustiel-Weichritterling** – *M. verrucipes* (FR.) SINGER
2* S ohne dunkelbraune Schüppchen **3**
3 S kürzer als der H-Durchm. Cheilozystiden mit überwiegend gerundeten Enden, ± schlauchfö. Geruch süßl oder fehlend [falls Geruch nach Mehl: *M. evenosa* (SACC.) KONRAD]. H-Mitte bisw bräunl, sonst H, S, L weiß. S 5–8 × 1–1,5 cm. Sp 9–11 × 5–5,5 µm. Alpine Matten, auch im Alpenvorland
Almen- Weichritterling – *M. subalpina* (Britzelm.) STANGL & BRESINSKY

3* S länger als der H-Durchm. Cheilozystiden spindelfö mit spitzen Enden (falls brennhaarfö: ►, z. B. *M. substrictipes* KÜHNER). Grasland. Sp 7,5–8,5 × 4–5,5 µm
Schlankstieliger Weichritterling – *M. strictipes* (P. KARST.) MURRILL

Fruchtkörper nicht weiß oder weißlich (4–11)

– Lamellen orange oder Zystiden fehlend, kaum differenziert (4–5)

4 L orange oder orangeocker. Frk oft früh im Jahr, aber auch im Spätherbst erscheinend. H plan-konvex, meist mit stumpfem Buckel, ockerbraun, 5–10 cm. Zystiden lanzettfö, flaschenfö, mit stumpfem Ende. Sp 7,5–9 × 5–6 µm. [Falls Geruch unangenehm, Geschmack adstringierend: *M. adstringens* ss. auct. = *M. cognata* var. *nauseosa* BOCKHOUT] **Falber Weichritterling** – *M. cognata* (FR.) KONRAD & MAUBL.

4* L andersfarbig, auch grau oder weißl **5**

5 (Cheilo-)Zystiden fehlend oder wenig differenziert [Falls L weiß, S innen (F) hell bleibend, Sp nicht auffallend zylindrisch, 7–8,5 × 5–6 µm: *M. melaleuca* (PERS. : FR.) MURRILL] ►

5* Zystiden vorhanden, zumindest als Cheilozystiden **6**

6 Cheilozystiden schlauchfö, lanzettfö oder spitz-spindelig, keinesfalls brennhaarartig **7**

6* Cheilozystiden brennhaarartig mit schmalem oberen Teil und durch Septum getrennt vom etwas breiteren unteren Teil **10**

– Cheilozystiden schlauchförmig, lanzettförmig, spitz spindelig (7–9)

7 L schon in recht jungem Zustand grau, graugelbl, graubeige [Falls L grau und Vorkommen auf Dünen an der Küste: *M. cinereifolia* (BON) BON] ►

7* L von Beginn an weiß und lange so bleibend. F in S-Basis (zumindest wenn alt) bräunl werdend. **8**

8 S innen (F) weißl und so auch bleibend oder nur schwach verfärbend ►

8* S innen (F) von der Basis her langsam dunkler verfärbend, zuletzt oft dunkel- bis schwarzbraun. **9**

9 S nicht büschelig, gegen S-basis etwas keulenfö. H plan-konvex, undeutl stumpf gebuckelt, feucht graubräunl, glatt, 3,5–5 cm. S dem H gleichfarben, weißl überfasert und an S-Spitze bereift, 5,5–9 × 0,6–1 cm. Sp 7–9 × 5–6 µm.
Dunkelfleischiger Weichritterling – *M. polioleuca* (FR. : FR.) KÜHNER & MAIRE

9* S büschelig, S-Basis keulenfö bis knollenfö. H plan-konvex, breit gebuckelt, am H-Rand bereift, 6–10 cm. S dem H gleichfarben oder heller, faserig, an der Spitze bereift, 4–7 × 1–2 cm. Sp 7,5–8,5 × 4,5–5,5 µm
Braunrußiger Weichritterling – *M. robusta* (BRES.) FONTENLA & al.

– Cheilozystiden brennhaarartig (10–11)

10 H 10–20 cm, robust, plan-konvex, gebuckelt, jung mit vorherrschend grauen Tönen, dann grauockerl bis graubraun. S 6–12(–15) × 1–2(–3) cm, fast so lang oder länger als der H-Durchm, mit kräftigen bräunl Längsfasern. L weißl bis beigebräunl, nicht grau. Sp 8–10 × 5–6 µm. Grasland. Streu von LaB und NaB [Falls H dunkelbraun, Spp cremegelbl, Sp 7–8,5 × 4–6 µm, breit ellipsoid: *M. luteolospermum* (BRITZ.) SING. – Falls H dunkel schwarzbraun: *M. decembris* MÉTROD ex BON]
Rillstieliger Weichritterling – *M. grammopus* (BULL. : FR.) PAT.

10* Merkm verschieden: z. B. S entschieden und konstant kürzer als der H-Durchm . . **11**

11 H 6–8(–15) cm, H scheibenfö mit oft etwas eingesenkter Mitte und darin mit Buckel, graubraun bis satt braun, trocken mausgrau. L jung weißl, bald grau, grauockerl, graufleischfarben. Cheilozystiden oft sehr spärl, brennhaarfö. Sp 8–9(–10) × 5–6,5 µm. Frk besonders im Frühjahr

Kurzstieliger Weichritterling – *M. brevipes* (BULL. : FR.) PAT.

11* H (8–)10–20 cm ▸

Melanomphalia M.P. CHRIST., Scheinnabeling – BläP (Bas, Agaricomycetes, Agaricales, Cortinariaceae)

Frk klein bis mittelgroß, in allen seinen Teilen (H, L, S) grau bis oliv-rußgrau, mit bald tief genabeltem, hygrophanem H und jung eingerolltem H-Rand. L dickl, herablaufend, schwärzend. Spp olivsepia bis grau. Sp 10–12(–15) × 6–7,5 µm. Terricol, auch zwischen Moosen, Flechten und Gräsern. – **Lit**: **11**: 348, **14**: 861

1 Art = T: *M. nigrescens* M.P. CHRIST. – **Schwärzender Scheinnabeling**: Lg 161A, Lu 1.48.1

Melanopsichium BECK – BrandP (Bas, Ustilaginomycetes, Ustilaginales, Ustilaginaceae)

Phytoparasitischer Befall im Blütenstand von *Polygonum*, seltener an Spross und Blättern, in Form von zusammenfließenden gekammerten Gallen. Sori fest, weder krümelig noch pulverig. Sp stachelig, mit gelatinöser Hülle (falls Sp netzig ornamentiert siehe *Microbotryum*). – **Lit**: **13**: 644, 645

T: *M. austro-americanum* (SPEG.) BECK mit fast glatten Sp. Ob heimisch?

Polygonum *P.. arenastrum, hydropiper, lapathifolium, minus, persicaria: M. pennsylvanicum*

Melanophyllum VELEN., Buntkörnchenschirmling – BläP (Bas, Agaricomycetes, Agaricales, Agaricaceae)

Frk klein. L frei, blaugrün oder blutrot. Oberfläche von H und S kleiig-körnig (HDS aus Ketten von Sphaerozysten). Spp frisch grünl, dann rosa bis braun. Sp fein-warzig bis rau, ohne Keimporus. 2 Arten. Terricol, lignicol (Holz, Rinde), herbicol (Pflanzenreste). – **Lit**: **8**: 212, **11**: 251, **14**: 557

T: außereuropäisch. Bei uns z. B. *M. haematospermum* (BULL. : FR.) KREISEL – Blutblättriger Buntkörnchenschirmling: BK 4.258, Gh 61, Lg 14C, Lu 1.49.2, Lx 275

1 L jung dunkelrot, weinrot oder weinbraun. H mit bräunl Farben: z. B. hellbraun, graubraun, weinbraun, 1–2(–3) cm. Sp 5–7 × 3–3,5 µm

Blutblättriger Buntkörnchenschirmling – *M. haematospermum* (BULL. : FR.) KREISEL

1* L jung blaugrün oder grünl. H jung weiß bis creme, in H-Mitte rötl-ocker bis bräunl, 1–3 cm. Sp 3,5–5,5 × 2,5–3,5 µm

Grünblättriger Buntkörnchenschirmling – *M. eyrei* (MASSEE) SINGER

Melanospora CORDA – SchimP (Asc, Sordariomycetes, Melanosporales, Ceratostomataceae/Melanosporaceae; Anamorphe)

Hyphen weitlumig, × 5–12 µm, septiert, glattwandig, meist hyalin, seltener braun. Konidien entstehen an meist end- seltener seitenständigen, flaschenfö Phialiden oder an zylindri-

schen, 4 × 1–2 µm messenden, end- oder seitenständigen Auswüchsen. Konidien kugelig, glattwandig, hyalin bis braun, 8–19 µm im Durchm. Auf anderen Pilzen (*Fomitopsis*).
T: *M. chionea* (FR.) CORDA

Melanosporopsis NAUMOV – Pyr (Asc, Sordariomycetes, Melanosporales, Ceratostomataceae)
Frk pfriemenfö, 1–1,5 × 0,2–0,25 mm. Sp 1-zellig, ellipsoid, dunkelbraun, etwas dickwandig, mit je einem Keimporus an beiden Enden und mit einem bis mehreren Öltröpfchen, 9–12 × 6,5–8 µm. Anamorphe ev. *Dendrostilbella mycophila* (PERS.) SEIFERT. Auf Resten von Blätterpilzen.
T: *M. subulata* NAUMOV: abgebildet in HELFER 1991: 46:20

Melanustilospora DENCHEV – BrandP (Bas, Ustilaginomycetes, Urocystidiales, Urocystidiaceae)
Phytoparasitischer Befall auf Blättern und Blattstielen von *Arum*. Eckige, von der Epidermis überdeckte, jung bleigraue, reif schwärzl, auch schwarze und z. T. eingesenkte Flecken bildend. Sp ± kugelig, 12–20 × 12–15 µm, Konidien [Anamorphe: *Entylomella aricola* (ZAMBETT.) U. BRAUN] ellipsoid bis spindelig, 8–13 × 1,5–3,5 µm. – **Lit**: **13**: 150
Bei uns 1 Art (= T?) *M. ari* (COOKE) DENCHEV auf *Arum*: K&S 871e

Melanotaenium DE BARY – BrandP (Bas, Ustilaginomycetes, Ustilaginales, Melanotaeniaceae)
Phytoparasitischer Befall z. B. der T auf *Galium*: befallene Pflanze oft gelbl, meist stark verzweigt, Blütenbildung unterdrückend, Kurztriebe oft gestaucht, Sori schwärzl, klumpig, von Epidermis des Wirtes bedeckt, bleigrau durchscheinend, am Spross und in den Knoten. Sp irregulär, dunkel rotbraun, glatt, 17–24 × 13–21 µm. Andere Arten keine krustenfö Gallen am Grunde des Sprosses von Lamiaceae (*Galeopsis*, *Lamium*, *Teucrium*) bildend mit schwarzen Sori und eifö, glatten, 16–23 × 12–18 µm großen Sp- **Lit**: **13**: 83, 481, 409, 492
T: *M. endogenum* (UNGER) DE BARY – **Labkraut-Stängelbrand**: JK 193

Adoxa*: M. adoxae.* – ***Galeopsis****. M. jaapii.* – ***Galium****: M. endogenum.* – ***Kickxia****: M. hypogaeum.* – ***Lamium****: M. jaapii.* – ***Linaria****: M. cingens.* – ***Teucrium****: M. jaapii*

Melanotus PAT., Muschelfüßchen – BläP (Bas, Agaricomycetes, Agaricales, Strophariaceae)
Frk winzig, muschelfö, mit lateralem Stielchen dem Substrat aufsitzend. Spp ton- bis zimtbraun, purpubräunl. Sp mit feinem Keimporus, glatt, 6–9,5 × 3–5 µm. 3 Arten. Lignicol [LaH: *M. horizontalis* (BULL.) P.D. ORTON], herbicol [Reste von Gräsern, Sauergräsern: *M. phillipsii* (BERK. & BROOME) SINGER]. Anm: Vgl. *Phaeomarasmius*. – **Lit**: **8**: 409 als *Deconica*, **11**: 336
T: außereuropäisch. Bei uns z. B. *M. phillipsii* (BERK. & BROOME) SINGER – **Seggen-Muschelfüßchen**: BK 4.418, CD 1278, Ct 2632, Lg 65C, Lu 1.72.25

Melastiza BOUD., Borstlimg – op. Disc (Asc, Pezizomycetes, Pezizales, Pyronemataceae)
Frk (Apothecien) einzeln oder in Gruppen, schüsselfö bis scheibenfö, mit abgesetztem Rand, 0,3–2,5 cm. Oberseits (Hymenium) orange bis rot. Außen dunkler, mit 150–550 µm

langen, blass- oder dunkel bräunl, anliegenden Haaren. Paraphysen in Melzers Reagenz grünl. Asc-Sp ellipsoid, warzig oder netzig ornamentiert (so beim T), innen ohne Tröpfchen, jedoch mit Körnchen an den Enden, z. B. 16–17 × 7–10 µm (so beim T und hier zusätzl mit dornartigen Fortsätzen an den Sp-Enden). Etwa 5 Arten. Auf nacktem Erdboden oder zwischen Moosen. – **Lit**: **5**: 47, **10**: 103
T: *M. chateri* (W.M.G. SM.) BOUD. = *M. cornubiensis* (BERK. & BROOME) J. MORAVEC – **Mennigroter Borstling**: BK 1.91, De 9L, RH 629

Melzericium HAUERSLEV, Melzer-Rindenpilz – RiP (Bas, Agaricomycetes, Atheliales, Atheliaceae)
Frk resupinat, membranös, glatt. Monomitisch. Hyphen hyalin mit Schnallen. Zystiden fehlend. Sp hyalin, dünnwandig, glatt, amyloid, 8–10 × 3–4 µm (T) oder geringfügig größer und in der Mitte etwas eingeschnürt. 2 Arten. Lignicol, LaH oder auf abgestorbenen Krautteilen. – **Lit**: **9**: 140, **12**: 225
T: *M. udicola* (BOURD.) HAUERSLEV

Membranomyces JÜLICH – RiP (Bas, Agaricomycetes, Cantharellales, Clavulinaceae)
Frk resupinat, membranös, glatt, monomitisch. Hyphen ohne Schnallen an den Septen, hyalin bis hellgelbl. Zystiden fehlend. Basidien hyalin, zylindrisch bis schmal keulenfö. Sp hyalin bis hellgelbl, etwas dickwandig, glatt, inamyloid, fast kugelig bis breit ellipsoid, 7,5–9,5 × 6–7,3 µm. LaH, NaH, auch auf Bl von LaB. – Syn: wird auch unter *Clavulicium* geführt. – **Lit**: **9:** als *Clavulicium s.* pr.p, 253, **12**: 192
T: *M. spurius* (BOURD.) JÜLICH: BK 2.137

Mensularia siehe unter *Inonotus*

Meottomyces siehe *Pholiota oedipus* (= *M. dissimulans*)

Meripilus P. KARST., Riesenporling – PoP (Bas, Agaricomycetes, Polyporales, Meripilaceae)
Frk fächerfö bis dachziegelig, groß, 2–8 cm breit, 1–2 cm dick, basal verschmälert, auch bisw mit kurzem seitl S. H-Oberfläche kahl, glatt oder undeutl schuppig, ocker bis creme. Poren weiß bis hell ocker, auf Druck oder alt dunkler werdend bis schwärzend, rund, 3–5 pro mm. Trama weiß bis creme-ocker. Monomitisch. Hyphen hyalin, ohne Schnallen. Zystiden fehlend. Sp glatt, hyalin, dünnwandig, inamyloid, subglobos, 6–7 × 4,5–6 µm. Lignicol, LaH, selten auch NaH, Weißfäule. Saprobiont bis Schwächeparasit. Anm: Von *Grifola* durch fehlende Schnallen, fast kugelige Sp und (schwärzl) verfärbende Poren verschieden. – **Lit**: **9**: 171, **12**: 327
1 Art = T: *M. giganteus* (PERS. : FR.) P. KARST. – **Typischer Riesenporling**: BK 2.402, Dh 1065, Ge 441, HK 2.34, Ja 98, Lx 549, Md 251, MJ 5Mer1, Ph 221, RH 156

Merismodes EARLE, Haarschüsselchen – CyP (Bas, Agaricomycetes, Agaricales, Niaceae)
Frk verkehrt schüsselfö bis röhrenfö, basal stielfö verschmälert. Außen mit gelbl bis bräunl nach oben zu verjüngten Haaren bisw zottig. Hyphen der Deckschicht des Frk inkrustiert. Schnallen vorhanden. Sp glatt, hyalin bis gelbl oder bräunl, ellipsoid, zylindrisch bis nie-

renfö, inamyloid, z. B. 8–10 × 4–4,5 µm (T). 4 Arten. Einzeln oder gesellig. Lignicol auf LaH und Rinde oder herbicol (Pflanzenreste). – **Lit**: **11**: 352
T: *M. fasciculata* (SCHWEIN.) EARLE = ? *M. anomala* (PERS. : FR.) SINGER – **Gelbbraunes Haarschüsselchen**: BK 2.224, Kr 3.602, Lx 505, MJ 3Mer1, RH 343

Merulicium J. ERIKSS. & RYV., Fältlingsmembran – RiP (Bas, Agaricomycetes, Agaricales, Pterulaceae)
Frk resupinat, dünn, häutchenfö, locker, mit dünnen Rhizomorphen, Oberfläche frisch faltenfö (meruloid), trocken glatt. Dimitisch mit Skeletthyphen. Generative Hyphen hyalin, mit Schnallen. Dünnwandige Zystiden (Leptozystiden) vorhanden, apikal bisw mit brauner, harziger Masse. Sp hyalin, dünnwandig, glatt, inamyloid, spindelfö, 8–10 × 3–4,5 µm. Lignicol, Holz und Streu von NaB, herbicol (Krautreste). – **Lit**: **9**: 150, **12**: 193
1 Art = T: *M. fusisporum* (ROMELL) J. ERIKSS. & RYV. – **Spindelsporige Fältlingsmembran**: BK 2.143

Meruliopsis.siehe *Gloeoporus taxicola*, *Byssomerulius corium*

Merulius SCHRADER : FR, Fältling – RiP/SchichtP (Bas, Agaricomycetes, Polyporales, Meruliaceae)
Frk effus-reflex, bisw auch resupinat, gallertig-fest, Hymenium faltig (meruloid), gelbl, orange-gelb, bisw auch mit rötl Mischton. Oberfläche weißl bis hell grau. behaart. Monomitisch. Hyphen hyalin, mit Schnallen. Zystiden dünnwandig. Sp hyalin, dünnwandig, glatt, inamyloid, zylindrisch bis gebogen, 3,5–4,5 × 1–2 µm. Lignicol, LaH, NaH. – **Lit**: **9**: 159 als *Phlebia t.*, **12**: 159
1 Art = T: *M. tremellosus* SCHRADER – **Gallertfleischiger Fältling**: BK 2.145, Ct 736, Dh 1042, Ge 414, HK 2.76, Ja 58, Kr 1.264, Lx 489, MJ 5Mer1, Ph 239

Metatrichia B. ING. – SchleimP (Myxogastria, Trichiida, Trichiidae)
Frk gestielt, meist zu mehreren gedrängt (den Eindruck eines Pseudoaethaliums erweckend). Peridie dick, oft mit abgegrenztem Deckel oder auch entlang schwächerer Zonen sich öffnend. Capillitium aus langen oder kürzeren, unverzweigten Röhren, dunkelrot, das Licht nicht doppelbrechend, mit Spiralornamentierung. Sp dunkelrot, kugelig, feinwarzig, 9–10(–12) µm. 2 Arten. Totholz (besonders LaH). – **Lit**: **17**: 148, **18**: 199
T: *M. horrida* B. ING.; abgebildet *M. vesparium* (BATSCH) NANN.: Nan 149, Neub 1.202–203

Metulodontia PARMASTO, Lamprozystidenkruste – RiP (Bas, Agaricomycetes, Russulales, Peniophoraceae)
Frk resupinat, membranös, bisw etwas wachsartig, oft mit Rhizomorphen. Hymenium glatt bis warzig. Monomitisch. Hyphen hyalin mit Schnallen. Gloeozystiden und mäßig dickwandige, mit Kristallen inkrustierte Lamprozystiden vorhanden. Sp hyalin, dünnwandig, glatt, inamyloid, breit ellipsoid, 4–6 × 2,5–3,5 µm. Lignicol, NaH, seltener LaH. – **Lit**: **9**: 158, **12**: 192
1 Art = T: *M. nivea* (P. KARST) PARMASTO – **Weiße Lamprozystidenkruste**: Documents Mycologique 24 (95), 1994

Microbotryum LÉV. – BrandP (Bas, Microbotryomycetes, Microbotryales, Microbotryaceae)
Phytoparasitischer Befall in Staubblättern oder in Fruchtknoten von Blüten der Nelkengewächse (Caryophyllaceae), oder in Blütenköpfen von Asteraceae, Dipsacaceae oder an Blättern (Spross, Blütenstand) von Polygonaceae. Sp-Masse pulverig, schwarzviolett bis fleischrot, oft inmitten der Blüte, des Blütenköpfchens und auf die Kronblätter ausstäubend, falls auf Blättern, dann in Blasen oder im eingerollten Bl-Rand. Sp einzeln, meist violett, oft mit Netzornament, seltener stachelig oder warzig. – **Lit**: **13**: 91, 139, 212, 272, 346 etc., **JK**: 152, 240, 318, 319, 375, 376, 390, 391, 392, 403, 417

T: *M. antherarum* (DC.) LÉV. = *M. violaceum* (PERS.) G. DEML & OBERW.: JK 392

Agrostemma: *M. lychnidis-dioicae*. – ***Arenaria***: *M. duriaeanum* (in Samen), *M. stellariae* (in Staubbeuteln). – ***Carduus***: *M. cardui*. – ***Cerastium***: *M. duriaeanum* (in Samen), *M. stellariae* (in Staubbeuteln). – ***Cichorium***: *M. cichorii*. – ***Dianthus***: *M. dianthorum*. – ***Fallopia***: *M. anomalum*. – ***Gypsophila***: *M. violaceum*. – ***Holosteum***: *M. holostei*. – ***Knautia***: *M. flosculorum* (Sori dunkel purpurbraun, Sp 13,5–18 × 12–16 µm), *M. scabiosae* (Sori hellgelbl, Sp 8–11 × 7,5–11 µm). – ***Lychnis***: *M. coronariae*. – ***Minuartia***: *M. minuartiae*. – ***Myosoton***: *M. stellariae*. – ***Oxyria***: *M. vinosum*. – ***Petrorhagia***: *M. dianthorum*. – ***Pinguicula***: *M. pinguicolae*. – ***Polygonum*** (s. l.): *P. aviculare* etc., siehe Schlüssel I. – ***Rumex***: *M. goeppertianum* etc. siehe Schlüssel II. – ***Salvia***: *M. salviae*. – ***Saponaria***: *M. saponariae*. – ***Scabiosa***: *M. intermedium*. – ***Scorzonera***: *M. scorzonerae*. – ***Silene*** (s. l.): *M. chlorantae* etc. siehe Schlüssel III. – ***Silybum***: *M. silybum*. – ***Stachys***: *M. betonicae*. – ***Stellaria***: *M. stellariae*. – ***Succisa***: *M. flosculorum* (Sori dunkel purpurbraun), *M. succisae* (Sori hellgelbl). – ***Tragopogon***: *M. trapogonis-pratensis*. – ***Viscaria***: *M. silenes-inflatae*

Schlüssel I für Arten auf ***Polygonum*** s. l.:

1 Auf *P. alpinum* **2**
1* Auf anderen *Polygonum*-Arten **3**
2 Kleinen braune Pusteln Bl-unterseits bildend. Sp 6,5–10 × 5,5–8 µm *M. piperi*
2* Bis zu 3 cm große Gallen zw den Bl-Scheiden und Blütenstielen bildend. Sp 10–18 × 8–13 µm M. *bosniacum*
3 Auf *P. aviculare* s. l. *M. aviculare*
3* Auf anderen *Polygonum*-Arten **4**
4 Auf *P. bistorta*, *P. viviparum* **5**
4* Auf anderen *Polygonum*-Arten (*P. hydropiper, lapathifolium, minus, mite, persicaria*). **7**
5 Sori in Fruchtknoten der Blüten oder in den Brutzwiebeln zw den Blüten *M. bistortarum*
5* Sori an jüngeren Blättern, meist vor der Blütezeit. **6**
6 Sori an Bl-Spreite, oberseits und unterseits, in 1–5 mm großen, meist roten Blasen oder Pusteln *M. pustulatum*
6* Sori im Bl-Rand *M. marginale*
7 Auf *P. lapathifolium* *M. reticulatum*
7* Nicht auf *P. lapathifolium*, vielmehr auf *P. persicaria, hydropiper, minus, mite* *M. cordae*

Schlüssel II für Arten auf ***Rumex***:

1 Auf *R. acetosa* und Verwandte (*R. acetosella* etc., Subgen. Acetosella) **2**
1* Auf *R. crispus* und Verwandte (Subgen. Rumex). **4**
2 Sor schwärzl purpurfarben. Auf *R. acetosella* (auch auf *R. arifolius*). An rot verfärbenden Blättern, auch am Spross, im Blütenstand. Sp-Wand mit 6–8 Maschen je Sp-Durchm *M. kuehneanum*

2* Sori hell fleischfarben bis schwärzl-purpurn, in roten Bl-Flecken. Auch am Spross, im Blütenstand. Sp-Wand mit 8–14 Maschen je Sp-Durchm. Auf *R. acetosa, arifolius, scutatus, thyrsiflorus* **3**
3 Sori schwärzl-purpurn im gesamten Blütenstand. *M. stygium*
3* Sori hell fleischfarben in unauffälligen Flecken an Blättern und Bl-Stiel, selten auch Spross und Blütenstand *M. goeppertianum*
4 Sori bräunl, fleischfarben, rotviolett in zusammenfließenden Pusteln an Blättern (besonders am Bl-Randf), selten im deformierten Spross und Blütenstand. Sp 6–10,5 × 6–9 µm *M. warmingii*
4* Sori schwärzl, purpurfarben in Gallen oder deformierten Teilen des Wirts. Sp 11–15 × 11–14 µm *M. parlatorei*

Schlüssel III für Arten auf ***Silene, Viscaria***:
1 Sp-Pulver schwärzl-violett. Auf *S. baccifera, S. dioica, S. latifolia, S, noctiflora, S. viscosa* *M. lychnidis-dioicae*
1* Sp-Pulver meist bräunl-violett oder grauviolett. Auf anderen als den genannten Arten **2**
2 Kelch befallener Blüten geschlossen bleibend und etwas geschwollen. Sp-Masse auch im Fruchtknoten. Auf *S. otites* *M. major*
2* Kelch geöffnet bleibend, Blüten nicht verkümmert, Sp-Masse nur in Staubblättern. **3**
3 Nur auf *S. vulgaris* agg. **4**
3* Auf anderen Arten **5**
4 Sp-Pulver dunkel braunviolett. Sp stachel-warzig *M. violaceoirregulare*
4* Sp-Pulver blass grauviolett. Sp netzig ornamentiert *M. silenes-inflatae*
5 Sp warzig **6**
5* Sp mit Netzornament **7**
6 Auf *S. chlorantha* *M. chloranthae-verrucosum*
6* Auf *S. italica, S. multiflora* *M. violaceoverrucosum*
7 Auf *S. acaulis, S. saxifraga* **8**
7* Auf anderen S.-Arten: *S. nutans* etc. *M. violaceum*
8 Auf *S. acaulis* *M. silenes-acaulis*
8* Auf *S. saxifraga* *M. silenes-saxifragae*

Microglossum GILLET, Stielzunge – inop. Disc (Asc, Leotiomycetes, Leotiales, Leotiaceae) Frk keulig, etwas zusammengedrückt, 2–6 cm, grün (so oder olivl-grün, unten auch olivl-braun beim T), braun oder rötl-braun. Asci mit amyloidem Porus. Die Asc-Sp im Ascus 2-reihig, hyalin, längl-zylindrisch, septiert, beim T 15–20 × 5–6 µm. Paraphysen hyalin, gerade oder leicht gekrümmt. Etwa 3 Arten. Terricol. – Syn: *M. arenarium* = *Geoglossum a.* – **Lit: 5**: 97, **10**: 181
T: *M. viride* (PERS. : FR.) GILLET – **Grüne Stielzunge**: BK 1.137, Ct 2115, De 14K, Lx 643, Ph 275, RH 638

Microscypha SYD. & P. SYD. – inop. Disc (Asc, Leotiomycetes, Helotiales, ?Pezizellaceae) Frk eng aufsitzend oder kurz gestielt, becherfö bis kugelig; 0,2–0,8 mm breit, oberseits/innen (Hymenium) blass-grau, außen braun, am R mit kurzen Haaren. Haare zylindrisch, dünnwandig, glatt, hyalin, septiert. Asci keulig, 8-sporig. Paraphysen fädig, × 1–2 µm, die Asci nicht überragend. Asc-Sp schmal ellipsoid bis spindelfö, nicht septiert, hyalin, 6,5–10 × 1,5–2,5 µm. 2 Arten. Saprotroph auf Blättern und der T auf Farnresten (meist *Pteridium*). – **Lit: 5**: 183, **10**: 204
T: *M. grisella* (REHM) SYD. & P. SYD.: De 24G

Microsporum GRUBY – SchimP (Asc, Eurotiomycetes, Onygenales, Arthrodermataceae; Anamorphe)
Hyphen septiert. Es werden (stachelig-) raue, vielzellige, spindelfö Makro- und glatte Mikrokonidien gebildet. human- und tierpathogen. – **Lit**: **21**: 91, 134
T: *M. audouinii* GRUBY

Microstoma (FR.) KANOUSE, Tulpenbecher – op. Disc (Asc, Pezizomycetes, Pezizales, Sarcoscyphaceae)
Frk (Apothecium) einzeln oder gesellig, becherfö, zunächst fast geschlossen, dann aufspaltend ausgebreitet, 1–1,8 × 0,5–1 cm, innen (Hymenium) rötl, außen filzig, orange, gestielt, S weißl, wurzelnd, bisw verzweigt. Asc-Sp ellipsoid, hyalin, mit kleinen Tröpfchen, 25–45 × 10–14 µm. Lignicol, auf erdüberschichteten Zweigen und Ästen von LaH. Spätherbst bis Frühjahr. – **Lit**: **5**: 76, **10**: 123
1 Art = T: *M. protractum* (FR.) KANOUSE – **Eingerissener Tulpenbecher**: De 10D, RH 635

Microstroma NIESSL – BrandP (Ustilaginomycotina, Exobasidiomycetes, Microstromatales, Microstromataceae)
Phytoparasitischer Befall auf Blättern von Eiche (*Quercus*), Ess-Kastanie (*Castanea*) und Walnuss (*Juglans*). Bl-unterseits kleine punktfö weiße Rasen aus gebündelten Basidienträgern bildend (so an *Quercus*) oder Bl-unterseits punktfö, dichte, weiße bis cremfarbene Rasen an Bl-Flecken; diese Bl-oberseits als gelbe, bis 1 cm lange, gelbe Flecken erscheinend (so an *Juglans*). Sp 5–8,5 × 1,5–3,5 µm (an *Quercus*) oder 6–10 × 3–5 µm (an *Juglans*). – Anm: *M. juglandis* jetzt *Pseudomicrostroma*. – **Lit: 12**: 449, **13**: 263, 474, 675
T: *M. album* (DESM.) SACC.: JK 337. – *Pseudomicrostroma* (*Microstroma*) *juglandis* (BÉRENGER) KIJPORN & AIME : JK 233
Castanea: *M. album*. – ***Juglans***: *P.* (*M.*) *juglandis*. – **Quercus**: M. *album*

Microthecium siehe *Papulospora*

Miladina SVRČEK – op Disc (Asc, Pezizomycetes, Pezizales, Pyronemataceae)
Frk (Apothecium) mit breiter Basis sitzend, scheibenfö bis kissenfö, gänzl tief gelb bis orange, außen kahl, 0,5–1,5 cm. Asc-Sp breit ellipsoid, hyalin, warzig, mit zahlreichen Tröpfchen, 20–22,5 × 12–15 µm. Lignicol, auf wasserdurchtränktem Holz, auch im Wasser. – **Lit**: **5**: 55, **10**: 104
1 Art =T: *M. lechithina* (CKE.) SVRČEK

Milesia siehe *Milesina*

Milesina MAGNUS – RostP (Bas, Pucciniomycetes, Pucciniales, Melampsoraceae)
Phytoparasiten (Roste, unterschiedl Sp-Formen und Entwicklungsstadien siehe unter *Puccinia*). I mit (jung) röhrenfö verlängerter Pseudoperidie, deren Zellen meist lang und schlank sind. II mit Peridie. II-Sp kurz gestielt, mit farbloser, entfernt stacheliger Wand. III-Sp intrazellulär, in Epidermiszellen des W, ungestielt, wenig- bis vielzellig, vertikal septiert. Ww zwischen *Abies* (0, I) und Farnen (II, III). – **Lit: 13**: 71, 155, 178 etc., **JK** 83, 323
T: *M. kriegeriana* (MAGN.) MAGN.: Gäum 29:16 (II-Sp)

Abies: div. im Folgenden genannte Arten als 0 und I. – ***Asplenium***: *M. feurichii, M. murariae*. – ***Blechnum***: *M. blechni*. – ***Dryopteris***: *M. carpatorum, M. kriegeriana*. – ***Polypodium***: *M. dieteliana*. – ***Polystichum***: *M. neoexigua, M. neovogesiaca, M. whitei*. – ***Scolopendrium***: *M. scolopendrii*

Mitrophora siehe *Morchellla*

Mitrula FR. : FR., Haubenpilz – inop. Disc (Asc, Leotiomycetes, Helotiales, Mitrulaceae)
Frk gestielt-kopfig, bis 8 cm hoch, Kopfteil zylindrisch bis keulig, oft gefurcht, hell gelb, orangegelb, scharf vom weißen, durchscheinendem S-Teil abgesetzt. Asci mit amyloidem Porus. Paraphysen gerade, oben nicht oder nur wenig erweitert. Asc-Sp 11–15 × 2,5–3 µm, hyalin, glatt, keulig-zylindrisch, einzellig, 2-reihig im Ascus. 2 Arten. Der T auf nassen, im Wasser liegenden Blatt- und sonstigen Pflanzenresten, auf Nadeln, auf Sumpfboden oder im Quellwasser im Spätfrühling und Frühsommer. – **Lit: 5**: 98, **10**: 182
T: *M. paludosa* FR. : FR. – **Sumpf-Haubenpilz**: BK 1.139, BL 333, De 14G, Dh 1144, Ge 577, Lx 645, RH 639

Mniaecia BOUD. – inop. Disc (Asc, Leotiomycetes, inc. sed.)
Frk sitzend bis 2 mm breit. Scheibenfö, weichfleischig, dunkel bläul-grün. Asci keulig, 8-sporig, inamyloid. Paraphysen gabelteilig, schlank, an der Spitze plötzl auf × 6–9 µm angeschwollen und mit blau-grünl Inhalt. Asc-Sp 16–20 × 8–10 µm, ellipsoid bis birnenfö, nicht deptiert, hyalin bis grünl, innen mit zahlreichen Tröpfchen. Bryicol, auf foliosen Lebermoosen (Jungermanniales), im Frühjahr. – **Lit: 5**: 242, **10**: 157
1 Art = *T: M. jungermanniae* (NEES ex FR.) BOUD.: De 19 O

Moesziomyces VÁNKY – BrandP (Bas, Ustilaginomycetes, Ustilaginales, Ustilaginaceae)
Parasitisch in Früchten von Süßgräsern u. a. der Gattung *Echinochloa* (z. B. *E. crus-galli*), die Früchte zu 2–4 mm großen Gallen deformierend. Meist nur wenige Blüten eines Blütenstandes befallen. – **Lit**: **13**: 358, 600
T: *M. bullatus* (J. SCHRÖT.) VANKY: – **Hühnerhirsen-Fruchtbrand**: JK 156

Mollisia (FR.) P. KARST., Weichbecherchen – inop. Disc (Asc, Leotiomycetes, Helotiales, Mollisiaceae)
Frk sitzend, scheibenfö, 1–3 mm breit, oft unregelmäßig im Umriss, herdenweise zusammengedrängt, oberseits (Hymenium) grau bis gelbl-grau, R blasser bis nahezu weiß, außen kleiig, bräunl, an der Basis mit Ankerhyphen, die bisw eine bräunl Matte (Subiculum) bilden. Asci mit amyloidem Porus. Paraphysen gerade. Asc-Sp zylindrisch, nicht septiert, hyalin, bisw leicht gebogen, 7–10 × 2–2,5 µm. Auf faulendem LaH, über die ganze Saison hinweg fruchtend. Mehrere Arten, Beschreibung bezieht sich auf den T. – **Lit: 5**: 205, **10**: 213
T: *M. cinerea* (BATSCH : FR.) P. KARST. – **Aschfahles Weichbecherchen**: BK 1.274, De 27B

Monilinia HONEY, Fruchtbecherchen – inop. Disc (Asc, Leotiomycetes, Helotiales, Sclerotiniaceae)
Frk becherfö, plan, trichterfö, bräunl, gestielt, aus einem krustenartigem Pseudosklerotium (Wirtsgewebe plus Pilzgeflecht) entstehend auf Früchten von Rosaceae (z. B. Apfel, Kir-

sche) oder Ericaceae. Asc-Sp hyalin, ellipsoid, einzellig. Hauptfruchtform (Teleomorphe) selten, Nebenfruchtform (Anamorphe) häufig, in Form von weißl-bräunl, oft konzentrisch angeordneten Pusteln auf faulem Obst. Makrokonidien zitronenfö, in Ketten gebildet. Über 10 Arten. – **Lit: 5**: 106, **10**: 179

T: *M. fructicola* (G. WINTER) HONEY – **Obst-Fruchtbecherchen**. – Abgebildet z. B. *M. baccarum* (J. SCHRÖT.) WHETZEL: De 17J

1 Frk (Apothecien) und Anamorphe auf Früchten von Ericaceae ▸

1* Frk (Apothecien) und Anamorphe auf Früchten von Rosaceae **2**

2 Auf Früchten von Obstbäumen (Kirsche, Apfel, Birne), auch auf Erdbeere. Asc-Sp. ellipsoid mit zugespitzten Enden, 9–12,5 × 5–7 µm. Makrokonidien ellipsoid, 12–34 × 9–12 µm, in bräunl Pusteln von 2–5 mm Breite [Falls Pusteln grau, 1–2 mm breit, Makrokonidien 8–23 × 7–16 µm, Asc-Sp mit Enden, 7–19 × 4,5–8,5 µm: *M. laxa* (ADERH. & RUHL) HONEY] **Obst-Fruchtbecherchen** – *M. fructicola* (G. WINTER) HONEY

2* Auf Früchten von wild wachsenden Pflanzen ▸

Monographella PETR. – SchimP (Asc, Sordariomycetes, Xylariales, Amphisphaeriaceae; Anamorphe)

Konidienträger kaum differenziert, kurz, verzweigt. Konidien 2–3-zellig, ungeschnäbelt. – **Lit**: **21**: 90, 136

T: *M. divergens* (REHM) PETR.

Montagnea FR., Wüstentintling – BaP (Bas, Agaricomycetes, Agaricales, Agaricaceae)

Frk gestielt-hutfö, S 5–28 cm, in Volva steckend, aus eifö geschlossenem Stadium („Hexenei") sich entwickelnd. H 1–2,5 cm im Durchm, scheibenfö, hell gelbl., am Rande mit herabhängenden, nach außen weisenden, nicht zerfließenden, schwarzen, etwas welligen L, diese am H-Rand mit kurzem Stielchen befestigt. Spp schwarz. Sp, auffallend verschieden groß, 7,5 × 4,5 bis 27 × 21 µm, mit Keimporus. Terricol, Steppen- und Dünenrasen. – **Lit**: **12**: 544

1 Art = T: *M. radiosa* (PALLAS) S. RAUSCHERT – **Langstieliger Wüstentintling**: Ct 2539, MJ 3Mont1

Morchella DILL. ex PERS. : FR., Morchel – op. Disc (Asc, Pezizomycetes, Pezizales, Morchellaceae,)

Frk gestielt-hutfö, H (Apothecium) konisch, eifö oder annähernd kugelig, meist 2–10 cm hoch. H-Rand am S angewachsen oder auf bis zu ½ der H-Länge frei. Oberfläche des H wabenfö gekammert mit sterilen Stegen zwischen den Kammern., ocker, gelbl-braun bis fast schwarz. S 2–11 × 1,5–6 cm, zylindrisch oder gegen die S-Basis keulig, hohl oder gekammert, außen oft längsfurchig, weißl bis cremefarben. Spp gelbl bis orange. Asc-Sp ellipsoid, glatt, 17–25 × 10–15 µm., innen mit polar angeordneten Körnchen, aber ohne Tröpfchen. 5 oder mehr Arten. Terricol. Frühling bis Frühsommer. – Syn: *M. elata* = *M. conica; M. hybrida* = *M. semilibera*. – **Lit**: **5**: 3, **10**: 82

T: M. *esculenta* (L. : FR.) PERS. – Speise-Morchel: De 1A, Dh 1099, Gh 625, HK 1.192, Lx 661, Ph 264

1 Rand des H mit dem S verwachsen. **2**

1* Rand des H frei auf $^1/_3$ bis $^1/_2$ der gesamten H-Länge. H spitz-glockenfö, 2–4 × 1,5–3 cm. S 2–12 × 1–3 cm, hohl, cremefarben. Asc-Sp 22–30 × 13–7 µm
Halbfreie Morchel – *M. semilibera* DC. : FR.

2 H ohne gelbl Mischtöne, konisch bis glockenfö, oft zuspitzend, an seiner Basis etwa so breit wie der S oder wenig breiter, 3–6 × 1–3 cm. Wabenfö Vertiefungen auf dem H längs gestreckt, schmal, ± in längsparallelen Reihen geordnet [*M. deliciosa* Fr. mit freier, steriler Zone zwischen H-Rand und S, S 2–3 × 0,5–1 cm]. Asc-Sp 18–24 × 10–14 µm **Spitz-Morchel** – *M. conica* PERS. : FR.

2* H gelbl-braun, eifö bis annähernd kugelig, breiter als der S. Wabenfö Vertiefungen ein unregelmäßiges Muster bildend, Stege zwischen den Waben gleichfarben oder weißl-gelb. [Falls H außen graul-braun und Stege zwischen den wabenfö Vertiefungen gleichfarben bis dunkler siehe *M. crassipes* Peck mit großem 7–15 × 7–10 cm messendem H und 5–6 cm breitem S. – *M. hortensis* BOUD. mit 4–7 × 3–5 cm messendem H. und 0,8–2 cm breitem S]. Asc-Sp (17–)19–22(–24) × 11–15 µm
Speise-Morchel – *M. esculenta* (L. : FR.) PERS.

Moreaua LIOU & H.C. CHENG – BrandP (Ustilaginomycetes, Ustilaginales, Anthracoideaceae)
Phytoparasitischer Befall auf *Carex* und *Schoenus.* Auf *Carex* die Sori an kugelig deformiertem männl Ähren an verkürzten Filamenten und am Grunde der Tragbl als kurze schwarze Streifen. Befallene weibl Blüten zu männlichen modifiziert. Sp außen feinwarzig, 10–16 × 7–14 µm, zu 2 bis 15 in 15–45 µm großen Ballen. Auf *Schoenus* die schwarzen, körnigen, klumpenfö Sori in Staubblattresten und in aufgesprungenen Fruchtknoten. Sp fein punktiert-warzig, 6,5–18 × 5,5–11 µm, zu 10 bis 50 in 20–70 × 15–50 µm großen Ballen. – **Lit**: **13**: 223, 225 ff., 727. – T: *M. kungii* LIOU & CHENG (nicht heimisch im Gebiet)

Carex** caryophyllea, curvula, ericetorum, fuliginosa, humilis, michelii, pilulifera, praecox, sempervirens, tomentosa*: *M. aterrima*. – ***Schoenus: *M. kochiana*

Morganella ZELLER, Torfmoosstäubling – BaP (Bas, Agaricomycetes, Agaricales, Agaricaceae)
Frk abgeflacht bis kreiselfö, 2–4,5 cm, ockergelb, braun, rötl-braun, mit kurz-stacheliger Exo- und mit flachen Dellen versehener Endoperidie. Sp kugelig, 4–5,3 µm, fein-stachelig. 1 Art. Terricol, auch bryicol, in Mooren oft zwischen *Sphagnum*, auch in Rasengesellschaften, bisw auf Holz. Anm: von *Vascellum* durch fehlendes Diaphragma zwischen Gleba und Subgleba und durch halbkugelfö vorgewölbte, nicht schüsselfö eingesenkte, Subgleba getrennt. Von *Lycoperdon* durch unverzweigte, septierte, hyaline Glebafasern (Pseudocapillitium) verschieden. – **Lit**: **12**: 503
T: außereuropäisch. Bei uns *M. subincarnata* (PECK) KREISEL & DRING – **Brauner Torfmoosstäubling**: Ct 2863

Mortierella COEM. – SchimP (Mucoromycetes, Mortierellales, Mortierellaceae)
Hyphen unseptiert, Sporangien mit sich auflösender Wand, vielsporig, mit undeutl Columella. Auch auf Frk anderer Pilze (z. B. auf *Agaricus*). – **Lit**: **21**: 69
T: *M. polycephala* COEM.

Mucidula siehe *Oudemansiella*

Mucilago P. MICHELI ex BATT. – SchleimP (Myxogastria, Physarida, Didymiidae)
Frk zusammengesetzt (Aethalium), zieml groß, aus einer Vielzahl von zweigfö Auswüchsen bestehend. Frk-Wand 2-schichtig, die äußere Wand kristallin, die innere membranartig. Capillitium besteht aus einem nichtkalkführenden Netz aus Röhrchen, bisw auch ein Pseudocapillitium aus membranartigen, Kalk-führenden Elementen. Sp in Masse schwarz oder dunkel purpurfarben, kugelig, 11–14 µm, mit zieml großen, dunklen Warzen. Auf toten Blättern und lebenden Kräutern. – **Lit**: **17**: 296, **19**: 154
1 Art = T: *M. crustacea* P. MICHELI ex F.H. WIGGERS: Nan 296, Neub 2.155–156

Mucor P. MICHELI ex FR. – SchimP (Mucoromycetes, Mucorales, Mucoraceae)
Hyphen unseptiert, keine Stolonen bildend. Sporangien vielsporig, mit deutl Columella, ohne Apophyse. Sporangienträger ohne bläul oder metallischen Glanz, häufig verzweigt. Zygosporangien eher selten bzw. weniger zahlreich als Sporangien. – **Lit**: **21**: 68
T: *M. mucedo* SOWERBY

Mucronella FR., Stachelspitzchen – RiP/StaP (Bas, Agaricomycetes, Agaricales, Clavariaceae)
Frk resupinat mit vom Substrat herabhängenden, freien Stacheln (positiv geotrop), diese locker angeordnet, auch in dichten Gruppen, bisw an der Basis miteinander verbunden, unverzweigt oder mit 2-teiliger Spitze. Monomitisch. Sp glatt bis fein warzig, hyalin, amyloid. 3 Arten. Lignicol, LaH, NaH, auch fungicol auf Porlingen und bryicol auf *Polytrichum*. – **Lit**: **9**: 284, **12**: 113
T: *M. calva* (ALB. & SCHWEIN. : FR.) FR. – Rasiges Stachelspitzchen: BK 2.288, MJ 5Mucr1, RH 114

1 Sp groß, breit ellipsoid bis subglobos, 5–8,5 × 4,5–6,3 µm. Stacheln 6 × 0,4–0,8 mm. Frk weiß. NaH (auch Rinde)
Weißes Stachelspitzchen – *M. bresadolae* (QUÉL.) CORNER

1* Sp und/oder Stacheln kleiner. **2**

2 Frk weiß, im Alter gelbl. Sp 4–7 × 2,5–3 µm. Stacheln 0,5–3 mm lang. Morsches LaH und NaH **Rasiges Stachelspitzchen** – *M. calva* (ALB. & SCHWEIN. : FR.) FR

2* Frk gelb bis gelb-orange. Falls Frk jung weißl, dann auf Röhren alter Porlinge und zugleich Sp subglobos, 3–4 µm. Sonst Sp bis zu 7,5 µm lang und dann Frk auf Holz ►

Multiclavula R.H. PETERSEN, Flechtenkeule – KoP (Bas, Agaricomycetes, Cantharellales, Clavulinaceae)
Frk keulenfö, unverzweigt oder oben fingerfö verzweigt, klein. bis 3 cm hoch, weißl, gelbl, hell creme, hell ocker, orange. Sp glatt, 4,5–7,5 × 1,8–2,5–3 µm (so auch T) oder 7–12 ×

2–3,5 µm. 4 Arten. Lignicol oder terricol, auf und mit Algenrasen (*Coccomyxa*), lichenisiert. – **Lit**: jeweils als als *Clavlinopsis* pr.p., **9**: 250, **12**: 74
T: *M. corynoides* (PECK) R.H. PETERSEN; etwas häufiger *M. mucida* (FR.) R.H. PETERSEN – Holz-Flechtenkeule: RH 122

1 Sp 7–12 × 2–3,5 µm. Terricol
Erd-Flechtenkeule – *M. vernalis* (SCHWEIN.) R.H. PETERSEN
1* Sp weniger als 7,5 µm lang. Lignicol oder terricol. **2**
2 Frk verzweigt. **3**
2* Frk unverzweigt, weißl, gelbl, hell creme, bisw mit rosa Mischton. Sp 4,5–7,5 × 1,8–3 µm. Hyphen mit Schnallen. Lignicol
Schmierige Flechtenkeule – *L. mucida* (PERS. : FR.) R.H. PETERSEN
3 Frk hell gelb bis orange, wenig verzweigt. Hyphen dünnwandig. Sp 5–7 × 2,5–3 µm. Terricol **Holz-Flechtenkeule** – *M. corynoides* (PECK) R.H. PETERSEN
3* Frk weiß oder rosa bis gelbl angehaucht, mehrfach verzweigt. Hyphen zuletzt dickwandig. Sp 4,5–6 × 2,5–3 µm. Lignicol
Rinden-Flechtenkeule – *M. delicata* (FR.) R.H. PETERSEN

Mutinus Fr. Hundsrute – BaP (Bas, Agaricomycetes, Phallales, Phallaceae)
Frk jung eifö bis birnenfö, geschlossen, daraus streckt sich das Receptaculum mit S-Teil und Kopfteil (Hut) heraus, z. B. 6–15 × 1 cm (T). Kopfteil nicht frei herabhängend. S schwammig-zellig, schließl hohl. Peridie volvaartig die S-Basis umfassend. 1–3 Arten. Terricol. Freiland und Warmhäuser. – **Lit**: **9**: 175, **12**: 465
T: *M. caninus* (HUDS. : PERS.) FR. – Gewöhnliche Hundsrute: BK 2.526, Gh 619, HK 2.141a, Kr 2.167, Lx 599, Md 377, MJ 7Mut1, Ph 256

1 Im Freiland. S hellfarbig, gegen S-Basis weißl, gegen den Kopfteil rosagelbl bis gelbl überhaucht und ganz oben mit orangefarbenem Wulst abgegrenzt. Kopfteil eichelfö, schleimig, dunkel olivgrün, oben mit orangerotem Scheitelfleck, nach dem Schwund der Gleba werden die wabenfö, orange-braunen Glebakammern sichtbar. Geruch kaum stinkend. Sp 4–5 × 1,5–2 µm. Gärten, LaW, NaW
Gewöhnliche Hundsrute – *M. caninus* (HUDS. : PERS.) FR.
1* In Warmhäusern (selten auch Freiland: Gärten, Parkanalgen, Wälder) und zudem Merkm verschieden: S über seine ganze Länge entschieden rosa bis rot, Kopfteil bisw lang (3–7 cm) und nicht deutl vom S abgegrenzt ▸

Mycena (PERS.) ROUSSEL, Helmling – BläP (Bas, Agaricomycetes, Agaricales, Mycenaceae)
Frk klein, oft zart, aber auch bis mittelgroß. H häufig helmfö (glockig, konvex herabgebogen), seltener flach-konvex, meist durchscheinend gerieft. Spp weiß meist amyloid. S meist amyloid, glatt. L-Trama pseudoamyloid (dextrinoid) bis amyloid. Zystiden bei einem Teil der Arten igelig oder fingerfö verzweigt. HDS aus blasenfö Zellen, diese dann igelig, oder aus gestreckten, glatten oder mit divertikelartigen Fortsätzen versehenen gestreckten Hyphen. 115 Arten. Lignicol, terricol, bryicol. Anm: *Hydropus* und *Roridomyces*: blasige Elemente der HDS glatt. *Hemimycena*: Sp inamyloid und L ± herablaufend, Frk weißl bis

höchstens ockerl. *Roridomyces*: mit stark schleimigem H und S und zugleich HDS aus blasigen, glatten Zellen. *Mycenella*: Sp kugelig, meist deutl warzig, nicht amyloid. – *M. alba, M. speirea* jetzt auch zu *Phloeomana* gestellt. – Syn: *M. alcalina* = *M. stipata, M. avenacea* = *M. olivaceomarginata, M. flavoalba* = *M. luteoalba, M. rorida* = *Roridomyces roridus. M. pura, M. rosea* auch zu *Prunulus* (Rettichhelmlinge). – **Lit**: **7**: 333, **11**: 175, **14**: 352

T: *M. galericulata* (SCOP. : FR.) GRAY – Rosablättriger Helmling: BK 3.338, BL 185, Gh 201, Ja 177, Kr 3.447, Lg 56, Lx 221, Ph 70

1 Frk nahezu mittelgroß und zugl H violettl, lila oder rosa. Geruch meist nach Rettich (Rettichhelmlinge). **2**

1* Merkm verschieden. Geruch nicht nach Rettich. **7**

Rettichhelmlinge (2–6, siehe auch 10)

2 L-Schneide abweichend gefärbt, purpurbraun oder dunkel violettbraun abgesetzt. H lilagrau bis lilabräunl, hygrophan, 2–4,5 cm. Vorwiegend LaW (oft zwischen LaStreu von *Fagus*). Sp 5,5–7,5 × 3–4 µm

Schwarzgezähnelter Rettich-Helmling – *M. pelianthina* (FR. : FR.) QUÉL.

2* L-Schneide nicht farbl abgesetzt von L-Fläche **3**

3 L am S breit angeheftet bis herablaufend. Sp nicht amyloid oder amyloid (siehe auch **14**) ►

3* L am S ausgebuchtet, verschmälert oder aufsteigend. Sp und Spp amyloid. **4**

4 H dunkelfarben, braunviolett, dunkelviolett. Wenn graubraun, rosabraun oder orangegrau, dann wenigstens jung dunkel, (purpur) braun. L-Schneide bisw heteromorph **5**

4* H anfangs nicht so dunkelfarbig, eher mit rosafarbenen Tönen. L-Schneide steril . . **6**

5 L violett, rosaviolett. Geruch nicht ausgesprochen nach Rettich, eher nach Weihrauch oder nach Zigarrenkiste

Duftender Rettich-Helmling – *M. diosma* KRIEGLST & SCHWÖBEL

5* L weißl, blass-lila, blass rosa. Geruch nach Rettich. L-Schneide mit Zystiden und Basidien (heteromorph; Cheilozystiden oft in Büscheln). Frk dicht büschelig. Sp 8–8,5 × 5–6 µm. **Hartstieliger Rettich-Helmling** – *M. dura* MAAS GEEST. & HAUSKN.

6 Weniger als 35(–40) L den S erreichend. H rund um den Buckel etwas niedergedrückt. Blasige Cheilozystiden spärl. Sp 7–8,5 × 3,5–5 µm

Typischer Rettich- Helmling – *M. pura* (PERS. : FR.) P. KUMM.

6* 35–40 L den S erreichend. H länger konisch bleibend, satt-rosa. Blasige Cheilozystiden zahlreich. Sp 7,5–9 × 4,5–5 µm

Rosa Rettich-Helmling – *M. rosea* (BULL.) GRAMBERG

Häufige Arten mit besonderen Merkmalen: weiße Milch/Stiel gelb und schleimhäutig/ auf Holz und zugleich L rosalich/Hut auf weißlichem Grund rotbraun fleckend (7–10)

7 S nach dem Brechen eine weiße Milch absondernd. H schwarz, grau, graubraun bis weißl. LaW, NaW, oft zwischen Moosen

Weißmilchender Helmling – *M. galopus* (PERS. : FR.) P. KUMM

7* S nach dem Brechen keine weiße Milch absondernd **8**

8 Frk mit gelben bis gelbl Farben (bisw fuchsig oder rotbraun fleckend) und zugleich H und S mit gelatinöser äußerer Schicht; diese am gebrochen S strumpfartig dehnbar. Sp 8–11 × 4–6 µm. LaW, NaW, terricol, auch lignicol
Überhäuteter Helmling – *M. epipterygia* (SCOP. : FR.) GRAY

8* Merkm verschieden. Falls H und L mit gelatinöser Schicht, dann Frk nicht mit gelben oder gelbl Farben. **9**

9 Frk auf Holz (oft gesellig) und fast mittelgroß. H 2–5,5(–8) cm, H graubraun bis hellbraun. S elastisch-steif. L weißl, alt oft mit rosa-fleischfarbenem Mischton, oft queraderig. Sp 9–12 × 6,5–8 µm (vgl. **47** mit Sp 7–9 × 4,5–6 µm)
Rosablättriger Helmling – *M. galericulata* (SCOP. : FR.) GRAY

9* Mit anderen Merkm. Falls im Habitis ähnl, dann Sp weniger als 5 µm breit. terricol oder lignicol **10**

10 H auf weißl Grund rotbraun fleckend, H-Mitte weinrötl-braun, H stumpf-konisch bis glockenfö, feucht nicht klebrig, 2–3,5 cm. S lilabraun, leicht brechend. Geruch bisw schwach nach Rettich. Sp 9–11 × 4–5 µm. Streu von NaB und LaB (falls lignicol, büschelig: siehe *M. maculata*)
Rosafleckiger Helmling – *M. zephirus* (FR. : FR.) P. KUMM.

10* Merkm anders. H mit anderen Farben. **11**

11 Mit stechend-nitrösem (ammoniakalischem) Geruch. Meist auf Holz. **12**

11* Geruch fehlend oder anders **15**

Nitrathelmlinge (12–14; siehe auch 20)

12 L-Schneide farbl abgesetzt (oder H lebhaft rosa bis gelbl). **16**

12* L-Schneide ohne Farbsaum. **13**

13 Sp 11–16 × 8,5– 10 µm. Basidien 2-sporig. Schnallen an Hyphensepten fehlend
Zweisporiger Nitrat-Helmling – *M. silvae-nigrae* MAAS GEEST. & SCHWÖBEL

13* Sp 8,5–11 × 4–6 µm. Basidien 4-sporig. Schnallen an Hyphensepten vorhanden . . **14**

14 Pleurozystiden fehlend (oder sehr selten). Hyphen der HDS glatt oder warzig, kaum mit kurzen Fortsätzen (kaum divertikulat). Cheilozystiden spindelfö, abgerundet spindelfö, apikal meist mit 1–3 Fortsätzen. Sp 9–11 × 5–6 µm. Streu von NaB
Viersporiger Nitrat-Helmling – *M. stipata* MAAS GEEST. & SCHWÖBEL

14* Pleurozystiden meist vorhanden. Hyphen der HDS mit zylindrischen Fortsätzen (divertikulat). Cheilozystiden polymorph, meist ohne oder selten mit (plumpen, fingerfö) Fortsätzen. [Falls Cheilozystiden unverzweigt mit zugespitzten Enden, S wässerigen Saft ausscheidend: *M. abramsii* (MURRILL) MURRILL]. Sp 8,5–11 × 4–6 µm
Grauer Nitrat-Helmling – *M. leptocephala* (PERS. : FR.) GILLET

15 Lamellenschneiden farblich (gelbl, rötl.bräunl; oft unscheinbar, Lupe!) von den L-Fläche abgesetzt, L daher wie gesäumt **16**

15* L nicht gesäumt. **25**

Lamellen durch farblich abgesetzte Schneiden wie gesäumt (16–24)

16 Geruch (evtl. schwach) nach Rettich L-Schneide purpurbraun oder dunkel violettbraun. H lilagrau bis lilabräunl, hygrophan, 2–4,5 cm. siehe *M. pelianthina*

16* Geruch nicht nach Rettich L-Schneide oft andersfarbig. **17**

17 H klein und rosa, etwas dunkler gerieft, 0,5–1,5 cm, L und S gleichfarben, L-Schneide dunkler rot. Cheilozystiden warzig. Sp 7–9 × 4–6 µm. Streu von NaB [Falls Frk kleiner und an Farnen: *M. pterigena* (FR. : FR.) P. KUMM.]

Rosaschneidiger Helmling – *M. rosella* (FR. : FR.) P. KUMM.

17* Frk nicht rosa und zugleich klein **18**

18 L-Schneide orange, feuergelb, gelb, gelbl, grünl, olivl. **19**

18* L-Schneide rotbraun, violett, schwärzl, braun, gelbbraun **23**

19 L-Schneide orange bis feuergelb von graubrauner L-Fläche abgehoben. H graubraun bis olivbraun, 1–2,5 cm, H-Rand orange oder gelb, gerieft. S mit orangefarbenen Rhizoiden. Cheilozystiden warzig-bürstig. Sp 8–9 × 4–5 µm

Orangeschneidiger Helmling – *M. aurantiomarginata* (FR. : FR.) QÉL.

19* L-Schneiden mit anderer Färbung. **20**

20 Auf NaH sowie mit nitrösem Geruch. H mit olivfarbenen (Misch-) Tönen: olivgelb, olivbraun, rötl-braun-oliv, 0,6–2,5 cm. S gelbbraun. L-Schneide oft (nicht immer) olivgelb, bräunl, graugrün, olivgrün abgehoben. NaH [Falls Sp 9,5–12 × 6–8 µm, H mit rosa (Misch-)Tönen: gelbrosa bis bräunl-rosa, 1–2 cm. S lebhaft gelb bis gelbl. Büschelig auf LaH und anTanne (*Abies*): *M. renati* QUÉL.].

Grünschneidiger Helmling – *M. viridimarginata* P. KARST.

20* Nicht auf NaH und ohne nitrösen Geruch. **21**

21 Cheilozystiden warzig-bürstig. H weißl, hell gelbl. Frk beim Trocknen ohne Jodoformgeruch. Hyphen der HDS zieml breit, oft × 8–10(–20) µm. Sp 7–10 × 4–5,5 µm. [Falls H mit olivgrünen bis olivbraunen Farben, Hyphen der HDS 2–4,5 µm breit. Frk beim Trocknen mit Jodoformgeruch: *M. chlorantha* (FR. : FR.) P. KUMM.]

Gilbender Helmling – *M. flavescens* VELEN.

21* Cheilozystiden unverzweigt oder etwas geweihfö verzweigt, jedoch nicht bürstig **22**

22 L blass grau, graugelbl Frk mit oliven, grauen, rötl-braunen Mischtönen. L-Schneide braun, steril. Sp 9–12 × 5–6 µm

Braunschneidiger Wiesen-Helmling – *M. olivaceomarginata* (MASSEE) MASSEE

22* L weiß bis gelbl. Frk gelb, ockergelb, graugelb, olivgelb. L-Schneide zart gelb, heteromorph. Sp 8,5–11 × 4,5–5,5 µm

Gelbschneidiger Helmling – *M. citrinomarginata* GILLET

23 Lignicol auf Stümpfen, Ästen, Zapfen **24**

23* Terricol, auf dem Erdboden, in der Streu ▸

24 L-Schneide rot, rotbraun, jung auch fast schwarz-violett. L weißl. H rosabräunl. rotbraun, graubraun, glockig-stumpf, 1,5–3 cm, runzelig, gefurcht, kaum gerieft. Geruch nicht nitrös. Sp 8–11 × 6–8 µm. NaH

Rotschneidiger Helmling – *M. rubromarginata* (FR. : FR.) P. KUMM.

24* Merkm verschieden: L-Schneiden anders gefärbt, z. B. schwarzpurpurn, schwärzl, viotett-schwarz, lila-violett, rosa, blass bräunl. H jung schwarz-purpurn, dann purpurrot aber auch weiß. Bisw Geruch nitrös. Bisw auf Zapfen ▸

25 S nach Bruch farbigen Saft oder Milch (orange, rot etc.; falls weiß vgl. **7**) ausscheidend **26**

25* S nach Bruch keinen farbigen Saft ausscheidend **28**

Stiel nach Bruch farbigen Saft (Milch) ausscheidend (26–29)

26 Milch lebhaft orange
Orangemilchender Helmling – *M. crocata* (SCHRAD. : FR.) P. KUMM.

26* Saft/Milch nicht lebhaft orange, vielmehr dunkelrot **27**

27 H 0,8–1,5 cm. S nicht bereift, nicht büschelig, aber Frk in Herden, S × 1 mm. Sp 8–9,5 × 4–5,5 µm. Streu von NaB, LaB
Kleiner Blut-Helmling – *M. sanguinolenta* (ALB. & SCHWEIN. : FR.) P. KUMM.

27* H 1–3 cm. S bereift, häufig büschelig, × 1–3 mm. Sp 8–10,5 × 5–6,5 µm
Großer Blut-Helmling – *M. haematopus* (PERS. : FR.) P. KUMM.

28 H und/oder S stark schleimig. Bisw L-Schneide gelatinös (und dann gelatinöse Schicht mit Nadel abhebbar) **29**

28* H und/oder S trocken, nicht stark schleimig **35**

29 S-Basis ein flaches, dem Substrat ansitzendes Scheibchen. **30**

29* S-Basis anders **31**

Stielbasis scheibenförmig erweitert (30)

30 Basalscheibchen groß (2–3 mm), radial-gerieft, bewimpert. H weißl bis hellgrau, 0,5–1,2 cm. HDS gelatinös abziehbar. Cheilozystiden ohne oder nur mit wenigen groben Auswüchsen. Sp 7,5–11 × 3,5–4,5(–5,5) µm. Streu, Pflanzenreste
Postament-Helmling – *M. stylobates* (PERS. : FR.) P. KUMM.

30* Basalscheibchen kleiner und mit anderen Merkm. Cheilozystiden fehlend oder vorhanden und dann mit schlanken Auswüchsen ▸

Hut und Stiel oder nur Hut oder nur Stiel stark schleimig (31–34)

31 Wenigstens am S mit intensiv gelben Farben. L aufsteigend angeheftet
siehe **8**: *M. epipterygia*

31* Frk ohne gelbe Farben. L unterschiedl angeheftet, auch herablaufend. **32**

32 H und S mit dicker Schleimschicht, H-Mitte niedergedrückt, L bogenfö herablaufend. HDS aus glatten, blasenfö Zellen. Sp 10–13 × 4–4,5 µm siehe *Roridomyces roridus*

32* Merkm verschieden, Schleimschicht auf H und S eher dünn, HDS anders **33**

33 S stark bereift ▸

33* S kahl oder nur jung fein bereift **34**

34 Sp weniger als 8,5 µm lang. H bis 2 cm, braun, graubraun, konisch-konvex, schwach gebuckelt. L breit angeheftet-herablaufend. Streu von NaB (*Pinus, Picea*)
Klebriger Helmling – *M. vulgaris* (PERS. : FR.) P. KUMM.

34* Sp länger als 9 µm ▸

Rest der Arten (35–60)

– Sporen kugelig und Hutdeckschicht aus blasigen Elementen (35)

35 Sp ± kugelig. H kleiner als 6 mm. HDS in H-Mitte mit blasigen, igeligen Zellen. (Falls HDS aus gestreckten Zellen, H größer etc.: ▸). Zwischen Moosen auf Rinde und Borke von LaB **Flockiger Rinden- Helmling** – *M. corynephora* MAAS GEEST.

35* Sp nicht kugelig. **36**

36 HDS aus blasigen Elementen ▸

36* HDS aus gestreckten Hyphen **37**
37 Sp und Spp nicht amyloid. L-Trama nicht oder nur schwach dextrinoid **38**
37* Sp und Spp amyloid **43**

*– **Sporen nicht amyloid (38–41)***

38 Frk (besonders H) jung leuchtend orange, korallenrot, rosa, später auch gelbl bis weißl **39**
38* Frk (besonders H) mit anderen Farben **40**
39 S gelb bis gelbl. H stumpf konisch bis konvex, H-Mitte oft gebuckelt, satt orange-rot bis gelbl. 0,3–1 cm. S-Hyphen divertikulat. Sp 9–11 × 3–4 µm, ± kommafö. Laubstreu, Pflanzenreste **Orangeroter Helmling** – *M. acicula* (SCHAEFF.) P. KUMM.
39* S ockerbraun, braun, weiß, weißl, gelbl-rosa ▸
40 L breit angeheftet bis herablaufend und weißl. [Falls L schmutzig grau-braun bis sepia: *M. phaeophylla* KÜHNER] **Bogenblättriger Helmling** – *M. speirea* (FR. : FR.) GILLET
40* L schmal angeheftet oder am S aufsteigend **41**
41 H sehr blass gelbl, bisw fast weiß, aber auch gelb, kegelig glockig, deutl gerieft, 1–2 cm. L weiß, fast entfernt. S weiß, 2–6 × 0,1 cm. Sp 6–9 × 3–4 µm. Streu von NaB und LaB **Weißgelber Helmling** – *M. luteoalba* (BOLTON : FR.) GRAY
41* Merkm verschieden: z. B. L mit rosa oder cremefarbenen Reflex oder H intensiver gefärbt ▸

*– **Sporen amyloid (42–60)***

42 Frk winzig, H 1–3 mm, weißl bis hellgrau, konvex. S weißl bis hellgrau. Sp zylindrisch, 8,5–10 × 3–4 µm. Streu von LaB (besonders von *Fagus*). [Hierher auch andere winzige Arten, H 1–4 (–7) mm. 4–13 L erreichen den S, Sp oval bis ellipsoid: ▸]. **Buchenblatt- Helmling** – *M. capillaris* (SCHUMACH. : FR.) P. KUMM.
42* Frk größer, L zahlreicher **43**
43 L am S breit angeheftet, bis stark herablaufend **44**
43* L am S horizontal bis schmal oder ausgebuchtet (bisw dabei mit herablaufendem Zahn) oder aufsteigend angeheftet **45**

*– – **Lamellen am Stiel (stark) herablaufend (44–44)***

44 Geruch nach Mehl. L grau-weißl. Hyphen der S-Rinde mit Auswüchsen. Sp × 3,8–6,5 µm breit (falls Sp nur × 2,5–3,5 µm: *M. aleuriosma* J. FAVRE; falls S schleimig: und Hyphen der S-Rinde glatt: siehe **34**: *M. vulgaris*) **Aschgrauer Helmling** – *M. cinerella* (P. KARST.) P. KARST.
44* Geruch nicht nach Mehl ▸

*– – **Lamellen horizontal, aufsteigend oder schmal angeheftet (45–60)***

45 Cheilozystiden blasig, keulig, birnenfö, sackfö, oben breit gerundet, meist igelig-warzig **46**
45* Cheilozystiden nicht igelig-warzig (falls selten doch so, dann Zystiden nach oben zu deutl verjüngt), allenfalls mit wenigen, verschieden angeordneten und verschieden langen, bisw geweihfö Auswüchsen **50**

*– – – **Cheilozystiden meist igelig-warzig und zugleich blasenfö bis breit keulig (46–49)***

46 Geschmack brennend scharf (auf Zungenspitze). L nie rosal werdend **Scharfer Faden-Helmling** – *M. filopes* (BULL. : FR.) P. KUMM.

46* Geschmack nicht scharf **47**

47 H schwarzviolett, grauviolett. S anfangs violettblau, L violettgrau, dann grau-weißl, nie rosal-fleischfarben **Violettlicher Faden-Helmling** – *M. urania* (FR. : FR.) QUÉL.

47* H anders gefärbt **48**

48 L ± fleischfarben. Geruch nach Jodoform (besonders beim Eintrocknen). Hyphen der HDS schlank, wenig breit [falls × 5–16(–23) breit: *M. rapiolens* J. FAVRE]. Cheilozystiden nicht seitl eingeschnürt [falls so: *M. septentrionalis* MAAS GEEST.], in Wasser farblos [falls farbig: *M. flavescens* VELEN.] **49**

48* Merkm verschieden. L nicht fleischfarben ▸

49 Zwischen Streu von NaB und im LaW. H mit grauen oder fleischfarbenen Tönen, auch mit bräunl oder gelbl Tönen gemischt, 0,5–2 cm. S-Basis nicht mit violettl Mischtönen. Sp 8,5–12 × 4,5–6,5 µm
Isabellbräunlicher Faden-Helmling – *M. metata* (FR. : FR.) P. KUMM.

49* Auf LaH (Stubben, Stämme, Äste, Wurzeln). H weißl, hellgrau, graugelb, olivgrau, 0,8–2,5 cm. S-Basis jung bläul oder hellviolett. Hyphen der HDS × 3–8 µm breit. Sp 7–9 × 4,5–6 µm **Olivgelber Helmling** – *M. arcangeliella* BRES.

– – – ***Cheilozystiden nicht igelig-warzig und zugleich gestreckt (50–60)***

50 Cheilozystiden ± keulig, meist mit mehreren fingerfö oder geweihfö Auswüchsen **51**

50* Cheilozystiden (wenigstens zu einem Anteil) spindelig, flaschenfö, meist unverzweigt, selten unten igelig **55**

51 Sp recht klein, 5,5–6 × 2,3–3 µm lang. Geschmack adstringierend (auch rettichartig, spermatisch). H konvex bis glockenfö, graubraun, dunkelbraun, schwarzbraun. L breit angeheftet. S-basis mit weißl bis gelbl Rhizoiden. LaH (*Fagus*)
Winter-Helmling – *M. tintinabulum* (BATSCH) QUÉL.

51* Sp größer, länger als 6 µm. Geschmack nicht adstringierend **52**

52 S-Basis bald ocker bis chromgelb-fuchsig werdend oder unten rotbraun bis purpurbraun fleckend oder verfärbend. Büschelig auf LaH (und seltener NaH). **53**

52* S-Basis nicht mit diesen Merkm. Büschelig auf LaH und NaH oder auch einzeln auch terricol **54**

53 Geruch intensiv nach Mehl (ranzig). S-Basis ocker bis chromgelb-fuchsig bis rotbraun, dunkelbraun werdend. Sp 8–11 × 5–6 µm. LaH-Stümpfe
Buntstieliger Helmling – *M. inclinata* (FR.) QUÉL.

53* Geruch nicht nach Mehl. S-Basis unten rotbraun bis purpurbraun fleckend oder verfärbend. Sp 8–10 × 5–6 µm LaH (und seltener NaH)
Gefleckter Helmling – *M. maculata* P. KARST.

54 L mit rosafleischfarbenem Ton. Gesellig auf LaH und NaH siehe *M. galericulata*

54* Merkm verschieden ▸

55 Hyphensepten ohne Schnallen. Basidien 2- oder 4-sporig [Falls Basidien 4-sporig und Cheilozystiden kurz, bis zu 40–50 µm lang und mit fingerartigen Auswüchsen, H 0,5–2 cm, graubraun, L weißl: *M. vitilis* (FR.) QUÉL.] siehe *M. silvae-nigrae* und ▸

55* Hyphensepten mit Schnallen. **56**

56 Hyphen der HDS weder igelig, noch koralloid, S leicht brechend siehe *M. zephirus* (10), *M. diosma* (5) und ▸
56* Hyphen der HDS igelig oder koralloid verzweigt. **57**
57 H kräftig, 1,5–5 cm, sepiabraun, graubraun bis blass gelbl-braun. S silberig gestreift (wie längs-gerillt), knorpelig, oft wurzelnd. Sp 8,5–11 × 6–7,5 µm. Lignicol. LaH-Stubben und -Wurzeln (oft *Quercus*)
Rillstieliger Helmling – *M. polygramma* (BULL. : FR.) GRAY
57* Merkm verschieden. **58**
58 Terricol in Wiesen und Rasen, seltener auch in lichten LaW, NaW. H feucht dunkelgrau und stark gestreift. L grau. Geruch fehlend oder nach Rettich. Hyphen der S-Rinde igelig-divertikulat. Cheilozystiden keulig bis spindelfö, apikal mit 1 bis mehreren fingerfö Fortsätzen. Sp 9–11 × 5–7 µm [Falls Sp lang und schmal, bis zu 2x so lang wie breit, 9–12 × 4–6 µm. Geruch ammoniakalisch: *M. abramsii* (MURRILL) MURRILL]
Graublättriger Ruß-Helmling – *M. aetites* (FR.) QUÉL.
58* Lignicol in Streu von LaB und NaB oder auf Holz, auch in Mooren zwischen Moosen. Hyphen der S-Rinde glatt **59**
59 S-Rinde mit meist unverzweigten sehr langen Haaren o d e r Frk weißl, gelbl, grünl oder Geschmack stark bitter (so bei *M. erubescens* HÖHN.) ▸
59* Merkm anders **60**
60 Endzellen der S-Rinde (oben) weit aufgeblasen siehe *M. leptocephala* (**14***)
60* Endzellen der S-Rinde schlanker siehe *M. stipata* (**14**) und ▸

Mycenastrum DESV., Sternstäubling – BaP (Bas, Agaricomycetes, Agaricales, Agaricaceae)
Frk kugel- bis birnenfö, 5–13 cm im Durchm, mit dickem Mycelstrang, halb unterirdisch (hypogäisch). Exoperidie weiß bis gelbgrau, glatt, in 0,5–1,5 cm breite Schuppen aufspaltend, diese bald abblätternd. Frk dann braun. Endoperidie zäh, lederig-korkig, bräunl, glatt, unregelmäßig sternfö aufreißend. Gleba zunächst weiß, dann olivgrün, bräunl, pulverig-flockig, Columella und Subgleba fehlend. Capillitium kaum verzweigt, stark dornig-stachelig. Sp kugelig, 7,7–11 µm, in Aufsicht netzig-porig. Humicol., Ruderalstellen, Weiden, Trocken- und Nasswiesen. – **Lit**: **9**: 341, **12**: 504
1 Art = T: *M. corium* (GUERS.) DESV. – **Sternstäubling**: Ct 2072. Ge 502, Gh 617, HK 2.154, RH 598

Mycenella (J.E. LANGE) SINGER, Reifhelmling – BläP (Bas, Agaricomycetes, Agaricales, Physalacriaceae)
Frk klein und zart mit helmfö, bereiftem H. Spp weiß, nicht amyloid. Sp kugelig und meist höckerig, bei einer Art auch glatt, kugelig, nicht amyloid. Tramahyphen weder amyloid noch pseudoamyloid. Mit auffälligen Pleurozystiden, diese bei einer Art mit fingerfö Fortsätzen an dem oberen Ende. HDS hymeniform oder aus gestreckten, divertikulaten Elementen. 5 Arten. Terricol, bryicol zwischen Moosen, lignicol auf Streu und Holz. – Syn: *M. lasiospora* ss. J.E. Lange = *M. bryophila*, *M. lasiospora* ss. KÜHNER = *M. margaritispora*, *M. rubropunctata* = *M. trachyspora*. – **Lit**: **7**: 392, 471, **11**: 163, **14**: 257, FAN 4.173
T: *M. margaritispora* (J.E. LANGE) SINGER – Perlsporiger Reifhelmling: Lg 58 D, D1; MJ 3Myc2

1 Sp glatt, ohne Höcker, 6–8 × 4–6 µm
Glattsporiger Reifhelmling – *M. salicina* (VELEN.) SINGER
1* Sp mit Höckern 2
2 Zystiden an der Spitze mit mehreren fingerfö Fortsätzen (geweihfö). Sp 6,5–8 × 5,5–7 µm **Perlsporiger Reifhelmling** – *M. margaritispora* (J.E. LANGE) SINGER
2* Zystiden ohne solche Fortsätze, lanzettl, apikal zugespitzt 3
3 Zystiden oben stumpf gerundet, flaschenfö, mit schlankem, fast zylindrischem Hals, dieser bisw mit gewellter Wand. Sp 6–9,5 µm.[Falls Sp mit schwach ausgeprägten Höckern, eher polygonal, in alpinen Matten: *M. favreana* E. HORAK]
Wurzelnder Reifhelmling – *M. bryophila* (VOGLINO) SINGER
3* Zystiden oben ± zugespitzt, überwiegend spindelig. Sp 5–6 × 4,5–5 µm
Stachelsporiger Reifhelmling – *M. trachyspora* (REA) BON

Mycetinis EARLE, Knoblauchschwindling – BläP (Bas, Agaricomycetes, Agaricales, Omphalotaceae)
Frk klein bis mittelgroß, zäh, trockene Exemplare in Wasser wieder aufquellend („wieder auflebend"). Geruch aufdringl knoblauchartig (falls ohne Knoblauchgeruch und Frk klein, zwischen *Dryas* in den Alpen: *M. epidryas*). Spp weiß bis weißl. HDS hymeniform. 4 Arten. Lignicol auf LaH und NaH. Syn: Vielfach noch unter *Marasmius* geführt. – **Lit**: **7**: 313 als *Marasmius*, **11**: 168 als *Marasmius*, **14**: 305, FAN 3.138
T: *M. alliaceus* (JAQU. : FR.) EARLE – Langstieliger Knoblauchschwindling**:** BL 175, CD 500, Gh 191, Ja 173, Lg 47E, Lu 1.47.9, MJ 3Mar7

1 S glatt, wie poliert, rotbraun, gegen S-Spitze heller, beige, 1–4 cm × 0,5–2 mm. H 0,5–2 cm, rötl-braun. Sp 7–10 × 3–5 µm. Lignicol, auf Zweigen und Holzresten, Streu, LaH, NaH **Mousseron** – *M. scorodonius* (FR. : FR.) A.W. WILSON & DESJARDIN
1* S bereift bis samtig behaart 2
2 S schwarzbraun und lang, 5–20 × 0,1–0,4 cm. H 0,5–4 cm. Sp 7,5–11 × 6–8 µ. Holz und Streu von *Fagus*
Langstieliger Knoblauchschwindling – *M. alliaceus* (JAQU. : FR.) EARLE
2* S rotbraun und weniger lang, 2–8 × 0,1–0,2 cm. H 1–2,5 cm. Sp 7–10 × 4–5 µm. Auf abgefallenen Bättern von *Quercus*
Scharfer Knoblauchschwindling – *M. querceus* (BRITZELM.) ANTONIN & NOORDEL.

Mycoacia DONK, Fadenstachelpilz – RiP/StaP (Bas, Agaricomycetes, Polyporales, Meruliaceae)
Frk resupinat, wachsartig, in KOH bisw rot (T). Oberfläche mit Stacheln, weißl bis creme, dann ocker oder von Beginn an gelbl, zitronengelb, ocker, ockerbraun, braun bis schwärzlbraun. Monomitisch. Hyphen hyalin, mit oder ohne Schnallen. Dünnwandige Zystiden (Leptozystiden) vorhanden, bisw apikal inkrustiert. Sp hyalin, dünnwandig, glatt, inamyloid, z. B. auch schmal ellipsoid, 4,5–6 × 1,7–2,5 µm.(T). 4 Arten. Lignicol, meist LaH. – **Lit**: **9**: 158, **12**: 161
T: *M. fuscoatra* (FR. : FR.) DONK – Schwarzbrauner Fadenstachelpilz: BK 2.169, Ct 2471, MJ 5Myc1

1 Geruch stark, an Alkoholgärung erinnernd. Frk-Rand weiß. Hymenophor (Stacheln) jung weißl-creme, dann lehmocker, bräunl, schwarz-braun. Zystiden am zugespitzten Ende inkrustiert. Sp zylindrisch-ellipsoid. LaH
Südlicher Fadenstachelpilz – *M. nothofagi* (G. CUNN.) RYVARDEN

1* Geruch unauffällig. Zystiden nicht inkrustiert, allenfalls apikal mit harziger Masse **2**

2 Sp zylindrisch, schmal ellipsoid, bisw etwas gebogen. 3,5–6 × 1,5–2,5 µm, Frk in KOH ohne oder mit Farbveränderung **3**

2* Sp ellipsoid, 4,5–6 × 1,7–2,5 µm. Frk mit KOH oft rot. Hymenophor jung zitronengelb bis gelbocker ▸

3 Ohne Farbveränderung in KOH. Hymenophor jung weißl bis creme, alt ocker bis bräunl. Sp 3,5–5(–6) × 1,5–2(–2,5) µm. LaH
Goldgelber Fadenstachelpilz – *M. aurea* (FR. : FR.) J. ERIKSS. & RYVARDEN

3* Mit KOH rot. Hymenophor jung gelbl bis ocker, reif braun bis schwärzl-braun. Sp 4,5–6 × 1,7–2,5 µm. Meist LaH
Schwarzbrauner Fadenstachelpilz – *M. fuscoatra* (FR. : FR.) DONK

Mycoaciella J. ERIKSS. & RYVARDEN, Harzzahn – RiP/StaP (Bas, Agaricomycetes, Polyporales, Meruliaceae)
Frk resupinat, wachsartig, Hymenophor mit bis zu 2 mm langen Stacheln, hell gelbl bis ocker. Dimitisch, mit Skeletthyphen im Inneren der Stacheln. Generative Hyphen hyalin, mit Schnallen. Dünnwandige Zystiden vorhanden, diese zylindrisch bis etwas kopfig, am oberen Ende mit harzartiger Masse. Sp hyalin, schmal ellipsoid. 4–5,5 × 2,5–3 µm. Lignicol, LaH. – **Lit**: **9**: 159, **12**: 162
1 Art = T: *M. bispora* (STALPERS) J. ERIKSS. & RYVARDEN – **Zweifarbiger Harzzahn**: BK 2.178, Ct 1984, Kr 1.309, MJ 5Res1

Mycocalia J.T. PALMER, Falscher Vogelnestpilz – BaP (Bas, Agaricomycetes, Agaricales, Agaricaceae)
Frk klein, bis 2 mm im Durchm, kugelig bis linsenfö, mit einer bis vielen Peridiolen, diese linsenfö, ohne Funikulus. Peridie dünn, hinfällig, ohne stachelige Hyphen. T mit gelbbraunen bis kastanienbraunen Peridiolen und zweischichtiger Rinde. Sp 7–10,6 × 4,8–6,9 µm (falls Peridiolen dunkelrot bis schwärzl oder Sp 5–6 × 3,5–4 µm oder an Sumpfgräsern mit *Sphagnum*, an Moosen wie *Polytrichum*, mit einschichtiger Peridiolenrinde: ▸). 4 Arten. Herbicol (Grasreste, *Carex*, *Juncus*, *Eriophorum*), lignicol, auch auf Dung. – **Lit**: **9**: 195, **12**: 469
T: *M. denudata* (FR.) J.T. PALMER

Mycogone LINK – SchimP (Asc, Sordariomycetes, Hypocreales, Hypocreaceae; Anamorphe)
Hyphen septiert. Konidienträger kaum differenziert. (Aleurio-) Konidien ungleich 2-zellig, jeweils mit einer oberen größeren, stacheligen oder warzigen Zelle und einer unteren hyalinen Zelle. Auf anderen Pilzen (*Agaricus, Amanita, Cortinarius, Inocybe, Pholiota, Ramaria, Rozites, Russula, Tricholoma*). Teleomorphe: *Hypomyces*. – **Lit**: **21**: 90
T: *M. rosea* LINK

Mycolindtneria RAUSCHERT, Lindtnerie – RiP (Bas, Agaricomycetes, Corticiales, Corticiaceae)
Frk resupinat, weich, membranös, glatt bis netzig-porig, wabenartig. creme bis ocker. Monomitisch. Hyphen mit oder ohne Schnallen. Zystiden fehlend. Basidien innen mit cyanophilen Tropfen. Sp hyalin bis gelbl-braun, etwas dickwandig, cyanophil, inamyloid, Sp mit Stacheln (und kugelig, 6–8 µm: T) oder mit Warzen (und eher ellipsoid: ►). 3 Arten. Lignicol, LaH, NaH, bryicol. – **Lit**: jeweils als *Lindtneria* pr.p. **9**: 122, **12**: 149
T: *M. trachyspora* (BOURDOT & GALZIN) RAUSCHERT – **Stachelsporige Lindtnerie**: BK 2.142

Mycopan siehe *Hydropus*

Mycorrhaphium MAAS GEEST. – StaP (Bas, Agaricomycetes, Polyporales, Steccherinaceae)
Frk gestielt-hutfö, hell ocker. H trichterig, 1–2 cm, Hymenophor aus 1–2 mm langen, am S herablaufenden Stacheln. S zentral bis lateral, 1 × 0,2 cm. Trama in den Stacheln dimitisch. Skeletthyphen hyalin, generative Hyphen hyalin, ohne Schnallen. Sp hyalin, ellipsoid, dünnwandig, glatt, inamyloid, 3–4 × 2–2,5 µm. LaH. – **Lit**: **12**: 194
1 Art = T: *M. pusillum* (BROTH. : FR.) MAAS GEEST.

Mycostigma JÜLICH – Rindenp (Bas, Agaricomycetes, Atheliales, Atheliaceae)
Auf morschen Farnstängeln. Frk aus winzigen, 20–100 µm breiten Kügelchen bestehend, in dichter nicht verschmelzender Anordnung durch wenige dünne Hyphen verbunden. Hyphen hyalin, mit Schnallen an den Septen. Sp (fast-)kugelig, 4–4,5 µm im Durchm. – **Lit**: **12**: 145
1 Art = T: *M. aegeritoides* (BOURD. & GALZ.) JÜLICH

Myriosclerotinia N. F. BUCHW. – inop. Disc (Asc, Leotiomycetes, Helotiales, Sclerotiniaceae)
Frk plan, becherfö, trichterfö, bräunl, 3–15 mm breit, gestielt, aus einem Sklerotium mit differenzierter Rinde und Medulla, diese sich in Halmen von Cyperaceae oder Juncaceae im Frühling oder Frühsommer entwickelnd. Außen (äußeres Excipulum) aus Kugelzellen. Asc-Sp hyalin, einzellig, ellipsoid bis allantoid. Nebenfruchtform (Anamorphe) innerhalb des Wirtsgewebes Sporodochien (kissenartige Lager aus palisadenartig geordneten Konidienträgern) bildend. 9 Arten. – **Lit**: **5**: 102 als *Sclerotinia* pr.p., **!0**: 173
T: *M. scirpicola* (REHM) N. F. BUCHW – Binsen-Sklerotienbecherling: RH 652

1 Auf Juncaceae. Sp allantoid bis schmal ellipsoid ►
1* Auf Cyperaceae. Sp ellipsoid **2**
2 Auf *Carex*. Sklerotien zylindrisch bis spindelfö, knollig [Falls lang, schlank, gebogen mit zugespitzten Enden oder schalenfö: ►] **3**
2* Auf *Eriophorum*, *Eleocharis*, *Scirpus*. **4**
3 Sp schiffchenfö, da auf einer Seite abgeflacht bis etwas gebogen
Duriaes-Sklerotienbacherling – *M. duriaeana* TUL. & C. TUL.

3* Sp ellipsoid, mit leicht verjüngten Enden
Seggen-Sklerotienbecherling – *M. sulcatula* T. SCHUMACH. & L.M. KOHN
4 Auf *Scirpus* oder *Eleocharis*. Sklerotien × 3–10 mm. Sp 9–16 × 4,5–7 µm
Binsen-Sklerotienbecherling – *M. scirpicola* (REHM) N. F. BUCHW.
4* Auf *Scirpus*, *Eleocharis* oder *Eriophorum*. Sklerotien × 0,5–2,5 mm. Sp × 3–5,5 µm
Dennis-Sklerotienbecherling – *M. dennisii* (SVRČEK) SCHWEGLER

Myriostoma DESV., Siebstern – BaP (Bas, Agaricomycetes, Geastrales, Geastraceae)
Frk jung ± grau, kugelfö, 4–9 cm, dann Exoperidie in meist 8 (4–14) braune Lappen sternfö aufspaltend und die kugelige graue bis bräunl Endoperidie sichtbar werdend, diese oben mit 3–50 Öffnungen und unten mit zahlreichen, 3–5 mm messenden Stielchen. Capillitium mit stacheligen Hyphen. Sp braun, kugelig, stachelig, 4–5 µm, Stacheln etwa 3 µm lang. Terricol. Lichte Wälder, Obstgärten, Sandböden. – **Lit**: **9**: 345, **12**: 482
1 Art = T: *M. coliforme* (WITHERING : PERS.) CORDA – **Vielstiel-Siebstern**: CD 1720, Ct 1636, Gh 617, HK 2.158, Lx 607, Md 358, MJ 7Myr1,2

Myxarium WALLR. siehe *Exidia* [z. B. T von *Myxarium*: *Exidia (M.). nucleata* (SCHWEIN.) BURT: CD 52, Ct 2903, Kr 1.112, MJ 6Myx1, RH 58], *Stypella*

Myrmecocystis siehe *Genabea*

Mytilinidion DUBY – inop. Disc (Asc, Dothideomycetes, Mytilinidiales, Mytilinidiaceae)
Frk winzig, auf der Oberfläche des Substrates, muschelfö, schwarz, fein querrillig. Sp quergeteilt, hyalin bis pigmentiert, ellipsoid bis lang-fädig. Etwa 30 Arten, u. a. auf Koniferenzapfen, so *M. mytilinellum*.
T: *M. aggregatum* (DC.) DUBY

Myxomphalia HORA, Kohlennabeling – BläP (Bas, Agaricomycetes, Agaricales, Tricholomataceae)
Frk klein, braun oder grau. H meist genabelt, 1–4(–5) cm. L herablaufend. Geruch nach Mehl. HDS gelatinös. Spp weiß, amyloid. Cheilozystiden groß, keulenfö. Sp glatt, amyloid, 5,5–6,5(–7) × 4–4,5 µm. Terricol, Brandstellen, zwischen Moosen (*Funaria*). – **Lit**: **7**: 393, **11**: 197, **14**: 285
1 Art = T: *M. maura* (FR. : FR.) HORA – **Dunkler Kohlennabeling**: BK 3,374, BL 131, Dh 384, Gh 181, HK 3.128, Kr 3.473, Lg 59J, Lu 1.52.1, MJ 3Myx1

Flechten, Gattungen M

Maronea A. MASSAL. – Fle (Asc, Lecanoromycetes Umbilicariales, Fuscideaceae)
Lager krustig, meist grau bis graubräunl. Apothecien mit verengter Basis sitzend, Scheibe schwarzbraun bis schwarz. Sp ellipsoid bis fast kugelig, in Vielzahl je Ascus. Photobiont: Coccoide Grünalge. Stamm und Äste von LaB. 1 Art. – **Lit**: **24: **90, **567–568; 25: **107, **717–718**
1 Art = T: *M. constans* (NYL.) HEPP – **Kastanienflechte**: Wi 568, FleD 717

Massalongia KÖRB. – Fle (Asc, Lecanoromycetes, Peltigerales, Massalongiaceae) Lager klein, kleinblättrig-rasig, mit verlängerten Läppchen, (rot-)braun, an den Lappen-Rändern ± isidiös, unterseits weißl bis bräunl. Apothecien (rot-)braun, mit oft hellerem Eigenrand. Sp querseptiert, 2(–4)-zellig, ellipsoid, spindelfö. Photobiont: *Nostoc*, in Knäueln. Auf Moosen über Silikatgestein. – **Lit**: **24:** 76, 78–79, **568–569**; **25:** 80, 89, 801 unter *Pannaria*, **718–719**
1 Art = T: *M. carnosa* (DICKS.) KÖRB. – **Körnige Fleischflechte**: Wi 569, FleD 718

Massjukiella siehe *Polycauliona, Xanthoria*

Megalaria HAFFELNER – Fle (Asc, Lecanoromycetes, Lecanorales, Ramalinaceae) Lager krustig, dünn, rissig, bisw sorediös. Apothecien schwarz, mit Eigenrand, Sp 2-zellig, ellipsoid, spindelfö, glatt. Photobiont: *Dictyochlopsis*. Rinde und Stämme von LaB und Tanne. 2 Arten. – **Lit**: **24:** 97, 258 unter *Catillaria*, **569–570**; **25:** 105, 125, 336 unter *Catillaria*, **722–723**
T: *M. grossa* (PERS. ex NYL.) HAFELLNER – **Gewöhnliche Großsporflechte**: FleD 722

Megalospora MEYEN – Fle (Asc, Lecanoromycetes, Teloschistales, Megalosporaceae) Lager krustig, gelbl-gau, grünl-grau, weißgrau. Apothecien braun bis schwarz, sitzend, mit vorstehendem Eigenrand. Sp 1- bis mehrfach querseptiert, ellipsoid bis längl, farblos, groß, zu 1–8 je Ascus. Photobiont: Coccoide Grünalge, *Dictyochloris*. Am Stamm von LaB und von Tanne. 1 Art. – Syn: *Bombyliospora*. – **Lit**: **24:** 95, **571**; **25:** 106, 124, **723**
T: *M. sulphurata* MEYEN – **Großsporflechte** (Gattung)

Megaspora (CLAUZADE & C.L. ROUX) HAFFELNER & V. WIRTH – Fle (Asc, Lecanoromycetes, Megasporaceae)
Lager krustig, ± körnig-warzig. Apothecien innerhalb von Lagerwarzen, innen schwarz, porenfö bis weit geöffnet, mit innen schwarzem Lagerrand. Sp 1-zellig, ellipsoid bis fast kugelig, dickwandig, groß. Photobiont: Coccoide Grünalge. Auf Pflanzenteilen oberhalb der Waldgrenze, 1 Art. – **Lit**: **24:** 90, 147 unter *Aspicilia*, 694 unter *Pertusaria*, **571–572**; **25**: 107, 187 unter *Aspicilia*, 840 unter *Pertusaria*, **723–724**
T: *M. verrucosa* (ACH.) HAFFELNER & V. WIRTH – **Warzige Großsporflechte**: Wi 572, FleD 724

Melanelia ESSL. – Fle (Asc, Lecanoromycetes, Lecanorales, Parmeliaceae) Lager laubartig, Lappen schmal, ± anliegend, oberseitig (dunkel-)braun, oft glänzend, unterseitig blass bis schwarz. Apothecien meist sitzend, konkav bis flach, wie das Lager gefärbt, mit Lagerrand. Sp 1-zellig, ellipsoid. Photobiont: *Trebouxia*. Silikatgestein, hochmontan, alpin. 2 Arten. – **Lit**: **24:** 640 als *Parmelia*; **25:** 84, 728 unter *Melanelixia*, **725–727**
T: *M. stygia* (L.) ESSL. – **Glänzende Braunschüsselflechte**: Wi 641, FleD 726

Melanelixia O. BLANCO & al. – Fle (Asc, Lecanoromycetes, Lecanorales, Parmeliaceae) Lager laubartig, Lappen flach, konkav, mit gerundeten Enden, oft rosettig, oberseits (oliv- bis dunkel-)braun, oft mit Soralen oder mit Isidien, oder auch mit feinen Härchen, unterseits

dunkelbraun bis schwarz. Apothecien meist sitzend, braun, mit Lagerrand, Sp 1-zellig, ellipsoid. Photobiont; *Trebouxia*. Rinde und Borke von LaB und NaB, auch über Moosen, Gestein. 5 Arten. – **Lit**: **25:** 84, 804 unter *Parmelia*, **727–732**
T: *M. glabra* (SCHAER.) O. BLANCO & al.; abgebildet *M. fuliginosa* (FR. ex DUBY) O. BLANCO & al. – **Samtige Braunschüsselflechte**: Wi 653, FleD 728, UT 80 jeweils als *M. glabratula*

„Melanelixia"

1 Lager aus sehr kleinen, kurzen, dachziegelig übereinander gelagerten Läppchen **2**
1* Lager nicht so **4**
2 Lager mit feinen weißl Pseudocyphellen. Mark P+ rot, orange. Silikatgestein* ***Parmelia*** (pr.p.)
2* Lager ohne Pseudocyphellen. P–. Auf Silikatgestein oder auf Rinde **3**
3 Auf Silikatgestein ***Montanelia*** (pr.p.)
3* Auf Rinde ***Melanohalea*** (pr.p.)
4 Lager ohne Isidien, ohne Sorale **5**
4* Lager mit Isidien und/oder Soralen **11**
5 Auf Silikatgestein **6**
5* Auf Rinde **10**
6 Lappen der Lager an den Rändern gewölbt und etwas herabgebogen ***Melanelia*** (pr.p.)
6* Lappen der Lager ± flach, an den Rändern nicht herabgebogen **7**
7 Lappen der Lager warzig, linear, rinnig, da an den Rändern herabgebogen **8**
7* Lappen nicht warzig, nicht rinnig **9**
8 Unterseite des Lagers dunkelbraun bis schwarz ***Melanella*** (pr.p.)
8* Unterseite des Lagers (hell-, gelbl-)braun ***Cetrariella*** (pr.p.)
9 Lager mit weißl, strichfö Pseudocyphellen ***Parmelia*** (*omphalodes*)
9* Lager ohne Pseudocyphellen, jedoch bisw mit weißl Fleckchen * ***Xanthoparmelia***
10 Lager großlappig, an den Rändern (jung) mit feinen hellen Härchen. C+ karminrot ***Melanelixia*** (*glabra*)
10* Ohne feine Härchen aber bisw mit Wärzchen. C– ***Melanohalea*** (*exasperata*, *olivacea*, *septentrionalis*)
11 Mark C– **12**
11* Mark C+ (rosa-, karmin-)rot **14**
12 Auf Silikatgestein **13**
12* Auf Rinde ***Melanohalea*** (pr.p.)
13 Lappen 1,5–3 mm breit, (gelb-, hell-, dunkel-)braun, in der Mitte des Lagers oft querrunzelig * ***Xanthoparmelia***
13* Lappen meist unter 1,5 mm breit, (dunkeloliv-, schwarz-)braun, nicht querrunzelig ***Montanelia*** (pr.p.)
14 Lager besonders gegen die Ränder bereift und meist mit feinsten Härchen besetzt ***Melanelixia*** (*subargentifera*)
14* Lager meist nicht bereift und ohne feinste Härchen **15**
15 Arktisch-alpin, oberhalb der Waldgrenze vorkommend. Mit Pseudocyphellen ***Montanelia*** (pr.p.)
15* Anders verbreitet. Ohne Pseudocyphellen **16**
16 Mit groben, warzenartigen Isidienknäueln. Nur auf Gestein ***Xanthoparmelia*** (*loxodes*, *verruculifera*)
16* Mit dünnen zylindrischen Isidien und/oder sorediös. Auf Gestein, Ba-Rinde, Moosen ***Melanelixia***

Melanohalea O. BLANCO & al. – Fle (Asc, Lecanoromycetes, Lecanorales, Parmeliaceae)
Lager laubartig mit flachen bis konkaven Lappen und gerundeten Lappenenden, oft rosettig, oft mit Isidien, seltener mit Soralen. Apothecien meist sitzend, flach, konvex, selten gewölbt, (hell-, dunkel-, rot-)braun, mit Lagerrand. Sp 1-zellig, ellipsoid bis kugelig. Photobiont: *Trebouxia*. Rinde von LaB, NaB. 6 Arten. – **Lit**: **25:** 84, 728–729 unter *Melanelixia*, **732–736**
T: *M. exasperata* (NYL.) O. BLANCO & al. – **Raue Braunschüsselflechte**: Wi 651, FleD 734, UT 79

Melanolecia HERTEL – Fle (Asc, Lecanoromycetes, Lecideales, Lecideaceae)
Lager endolithisch in oft blaugrünl verfärbtem Kalkgestein. Apothecien schwarz, dünn berandet, klein, ± eingesenkt, Sp 1-zellig, ellipsoid. Alpin. 1 Art. – **Lit**: **25:** 634 unter *Lecidea*, **736**.
T: ? *M. transitoria* (ARNOLD) HERTEL – **Schwarznapfflechte** (Gattung)

Melanotheca siehe *Tomasellia*

Melaspilea NYL. – Fle (Asc, Dothideomycetes, Eremithallales, Melaspileaceae)
Lager krustig, dünn, auch innerhalb des Substrats. Apothecien schwarz, rundl, auch strichfö, sitzend oder eingesenkt, mit ± deutl Eigenrand. Sp 2-zellig, längl-ellipsoid, farblos bis braun. Photobiont: meist *Trentepohlia*. Rinde und Holz von LaB, NaB, oder in den Alpen von Zwergsträuchern. Silikatgestein. 5 Arten. – **Lit**: **24:** 83, 87, 126 unter *Arthonia*, **572–574**; **25:** 97, 102–103, 165 unter *Arthonia*, **736–737**
T: *M. arthonioides* (FÉE) NYL. – **Schwarzschildflechte** (Gattung)

Menegazzia A. MASSAL. – Fle (Asc, Lecanoromycetes, Lecanorales, Parmeliaceae)
Lager blättrig, Loben durch tiefe Einschnitte getrennt, meist radial ausgerichtet und rosettig, anliegend, unterseits hohl aufgewölbt und dadurch zusammendrückbar, oberseits mit runden Löchern in der Rinde, feucht grünl-grau, trocken (hell-)grau, mit flächen- oder randständigen Soralen. Apothecien flächenständig, mit verengter Basis sitzend, Scheibe (rot-)braun, mit dünnem Lagerrand. Photobiont: *Trebouxia*. Am Stamm von LaB. 2 Arten. – **Lit**: **24:** 428 unter *Hypogymnia*, **574–575**; **25:** 532 unter *Hypogymnia*, **738–739**
T: *M. terebrata* (HOFFM.) A. MASSAL. – **Echte Löcherflechte**: Wi 574, FleD 738, UT 65

1 Oberseite mit zerstreuten feinen Löchern **2**
1* Oberseite ohne zerstreute Löcher ▸ (*Hypogymnia* etc.)
2 Sorale ringfö, flächenständig, hervortretend
Echte Löcherflechte – *M. terebrata* (HOFFM.) A. MASSAL
2* Sorale lippenfö, mit unregelmäßig begrenzten, fingerartig ausgefransten, oft aufsteigenden Soralen **Kleinsorige Löcherflechte** – *M. subsimilis* (H. MAGN.) R. SANT.

Metamelanea HENSSEN – Fle (Asc, Lichinomycetes, Lichinales, Lichinaceae)
Lager krustig, zieml dick, grau, schwärzl, dunkelbraun, später (rissig-)areoliert. Apothecien eingesenkt, dann angedrückt sitzend, schwärzl, dunkel braunrot. Sp 1-zellig, ellipsoid.

Photobiont: 1-zelliges Cyanobakterium, Vertreter der Chroococcales mit brauner Gallerthülle. Kalk- und Silikatgestein. 2 Arten. – **Lit**: **24:** 764 unter *Porocyphus*, **575–576**; **25:** 955 unter *Psorotichia*, **739–740**
T: *M. umbonata* HENSSEN – **Nabel-Schwarzflechte**: Wi 576, FleD 740

Micarea FR. – Fle (Asc, Lecanoromycetes, Lecanorales, Pilocarpaceae)
Lager krustig, meist schorfig bis warzig, auch innerhalb des Substrats. Apothecien weißlgrau, bläul, violettstichig, braun, schwarz, selten mit Rand, Sp 1-zellig bis querseptiert, ellipsoid, spindelfö, nadelfö. Photobiont: Grünalgen wie *Elliptochloris*, *Pseudochlorella* etc. Borke, Gestein, Humus. Etwa 40 Arten. – **Lit**: **24:** 89, 91, 99, **576–589**; **25:** 106–107, 109–111, 113, 118, 120–122, 128, 196–198, 200, 202–203 unter *Bacidia*, **740–754**
T: *M. prasina* FR. – Lauchgrüne Krümelflechte: FleD 753

1 Mit gestielten Pyknidien, körnig isidiös und oft ohne Apothecien ▸
1* Merkm anders **2**
2 Sp 4- oder mehrzellig. Falls Hymenium K nicht violett und Hypothecium farblos, Apothecien rein schwarz und Lager C−: *M. lignaria* (ACH.) HEDL. ▸
2* Sp 1- oder 2-zellig. **3**
3 Hypothecium dunkelfarben, z. B. rotbraun, grün bis fast schwarz ▸
3* Hypothecium farblos bis hellfarben, z. B. (hell-)bräunl oder grünl **4**
4 Epihymenium grünl bis oliv, K+ violett **5**
4* Epihymenium nicht K+ violett ▸
5 Apothecien weiß bis (blei-, lila-, bräunlich-)grau. Lager (blass-, dunkel-)grün. Rinde, morsches Holz, Torf **Lauchgrüne Krümelflechte** – *M. prasina* FR.
5* Apothecien schwarz bis grau. Lager (hell-, dunkel-)grau, selten nur innerhalb von Holz (endoxyl). Falls Lager **nur** innerhalb von Holz (endoxyl): *M. misella* **Geschwärzte Krümelflechte** – *M. denigrata* (FR.) HEDL.

„*Micarea*"
1 Mit gestielten Pyknidien ***Micarea***
1* Ohne solche Pyknidien. **2**
2 Lager ohne Apothecien, (körnig-)isidiös, leprös, sorediös oder auch (mit nicht gestielten) Pyknidien ***Micarea***
2* Lager mit Apothecien. **3**
3 Sp 1–2–3-zellig. **4**
3* Sp 4- oder mehrzellig. **16**
4 Hyphen (dunkel-)rotbraun, (dunkel oliv-, blau-)grün bis fast schwarz **5**
4* Hyphen farblos, hell bräunl oder grünl **11**
5 Auf Böden in Heiden **6**
5* Auf Silikatgestein, Holz. **9**
6 Lager P+ rot ***Protomicarea*** (pr.p.)
6* Lager P−. **7**
7 Oft mit braunen, Areolen-artigen Cephalodien ***Micarea*** (*assimilata*, *incrassata*)
7* Ohne Cephalodien **8**
8 Apothecien kreiselfö bis gestielt, mit dünnem, schließl schwindendem R. Auf Moosen. Lager zieml dick (falls dünn, membranartig: *Lecidea hypnorum*) ***Helocarpon*** (pr.p.)

8* Apothecien gewölbt bis halbkugelig, randlos. Auf nacktem Boden **Micarea** (*melaenida*)
9 Auf Holz am Boden **Micarea** (*deminuta, vulpinaris*)
9* Auf Gestein. **10**
10 Apothecien berandet. Excipulum deutl entwickelt **Leimonis** (pr.p.)
10* Apothecien ohne R und ohne Excipulum **Micarea** (*lutulata, tuberculata, sylvicola*)
11 Epihymenium grünl bis oliv, K+ violett **Micarea**
11* Epihymenium nicht so **12**
12 Alle Sp 1-zellig. **13**
12* Sp wenigstens teilweise 2-zellig. **14**
13 Sp sehr klein und schmal, 4–7 × 1–2 µm **Psilolechia** (pr.p.)
13* Sp größer, über 6 × 2 µm **Micarea** (*bauschiana, lynceola, prasina, polycarpelia*)
14 Apothecien (dunkel-)braun bis schwarz. **15**
14* Apothecien heller oder Epihymenium K+ violett **Micarea**
15 Auf Gestein und Epihymenium grünl **Scoliciosporum** (*intrusum*)
15* Nicht mit dieser Merkm-Kombination **Micarea**
16 Hymenium (oben) K+ violett. **17**
16* Hymenium nicht so **18**
17 Apothecien meist 0,5–1 mm breit, grau bis schwarz, oft bereift. Zellen des Photobionten 8–14 µm **Bacidia** (pr.p.)
17* Apothecien bis 0,5 mm breit. Zellen des Photobionten 4–7 µm **Micarea** (*globulosella, nitschkeana*)
18 Sp stark spiralig gekrümmt **Scoliciosporum**
18* Sp anders **19**
19 Hypothecium dunkel, meist rotbraun bis dunkelbraun **20**
19* Hypothecium farblos bis leicht grünl oder bräunl. Hierher auch wenn Sp sehr groß, bis zu 50–60 µm lang **21**
20 Zellen des Photobionten 6–12 µm im Durchm. Hypothecium bis10 µm dick **Fellhaneropsis** (pr.p.)
20* Zellen des Photobionten 4–7 µm im Durchm. Hypothecium 70 µm und mehr **Micarea** (*melaena, turfosa*)
21 Apothecium rein schwarz **Micarea** (*leprosula, lignaria*)
21* Apothecien nicht rein schwarz. **22**
22 Apothecien (hell blei-, lila-)grau bis grauschwarz (im Schatten auch fast weißl), im Schnitt C+ rot wie meist das Lager **Micarea** (*cinerea, coppinsii, peliocarpa*)
22* Apothecien weißl, beige, grau oder (rot-)braun, (rot-, braun-)schwarz, im Schnitt C− wie auch das Lager **23**
23 Apothecien eher mit braunen Farben, bis 0,3 mm. Sp 20–38 µm lang. Lager (grau-)grün * **Scoliciosporum**
23* Apothecien eher mit grauen Farben, bis 0,6–0,8 mm. Sp 13–24(–28) µm lang. Lager weißl bis grünl **Lecania** (pr.p.)

Microcalicium VAIN, em. TIBELL – Fle (Asc, Lecanoromycetes, Pertusariales, Microcaliciaceae)
Lager Apothecien auf leprösen Krusten sitzend bis gestielt, schwarz, von grünschwarzer bis dunkelbrauner Sp-Masse (Mazädium) bedeckt. Eher ein Flechtenparasit als eine Flechte. Sp querseptiert, 2–4(–8-)zellig, grünl, breit ellipsoid bis stäbchenfö, spiralrippig ornamentiert. Auf stark zersetztem LaH und NaH. 2 Arten. – **Lit**: **24:** 80, 202 unter *Calicium*, 365 unter *Cyphelium*, **589–590**; **25:** 90–91, 110, 257–258 unter *Calicium*, **754–755**
T: *M. disseminatum* (ACH.) VAIN.; abgebildet *M. arenarium* (HAMPE ex A. MASSAL.) TIBELL: Wi 590, FleD 755

Miriquidica HERTEL & RAMBOLD – Fle (Asc, Lecanoromycetes, Lecanorales, ? Lecanoraceae)
Lager krustig und meist areoliert. Apothecien braun bis schwarz, oft mit Eigen- und Lagerrand. Sp 1-zellig, alt auch 2-zellig, alt mit Plasmabrücke, (längl-)ellipsoid. Photobiont: Coccoide Grünalge. Silikatgestein. 9 Arten. – **Lit**: **24:** 93, 503–504, 506–507, 512 unter *Lecidea*, **591–594**; **25:** 117, 576 unter *Lecanora*, 640–641 unter *Lecidea*, **755–760**
T: ? , abgebildet u. a. *M. griseoatra* (FLOT.) HERTEL & RAMBOLD – **Schwärzliche Erzgebirgsflechte**: FleD 756

Microglaena siehe *Leucocarpia* pr.p., *Protothelenella* pr.p., *Pseudosagedia* pr.p., *Thelenella* pr.p.

Microthelia siehe *Lichenothelia* pr.p., *Peridiothelia* pr.p.

Moelleropsis GYELN. – Fle (Asc, Lecanoromycetes, Peltigerales, Pannariaceae)
Lager krustig, körnig, braungrau, bläul-grau. Apothecien (rot-)braun, mit dickem Eigenrand, dieser oft verdeckt vom Lagerrand. Sp 1-zellig, ellipsoid, glatt. Photobiont: *Nostoc*. Nackte Sand- und Lehmböden. – **Lit**: **24:** 79, 634 unter *Pannaria*, **594–595**; **25:** 89, 621 unter *Lecidea*, 801 unter *Pannaria*, **760–761**
1 Art = T: *M. nebulosa* (HOFFM.) GYELN. – **Erd-Tuchflechte**: FleD 760

Monerolechia TREVIS. – Fle (Asc, Lecanoromycetes, Caliciales, Caliciaceae)
Lager (krustig-)schuppig. Schuppen anliegend, gewölbt, (grau-)braun. Apothecien schwarz, berandet. Sp mit dünnem Septum 2-zellig, oliv- bis dunkelbraun, alt undeutl ornamentiert. Photobiont: ?. Auf Moosen oder Flechten oder direkt auf Silikatgestein. 1 Art. – **Lit**: **24:** 196 unter *Buellia*; **25:** 101, 244–245 unter *Buellia*, **761–762**
T: *M. bayrhofferi* (SCHAER.) TREVIS.; abgebildet *M. badia* (FR.) KALB – **Fels-Schwarzpunktflechte**: Wi 196, FleD 761

Montanelia DIVAKAR & al. – Fle (Asc, Lecanoromycetes, Lecanorales, Parmeliaceae)
Lager blättrig, mit sehr schmalen (0,4–3 mm) Lappen, diese oberseits (braun-)schwarz, oft glänzend, unterseits schwarz, gegen den Rand braun. Apothecien flächenständig, sitzend bis fast gestielt. Sp 1-zellig, meist ellipsoid. Photobiont: *Trebouxia*. Silikatgestein. 3 Arten. – **Lit**: **24:** 853 unter *Parmelia*; **25:** 727, 729–730 unter *Melanelixia*, **762–763**
T: *M. panniformis* (NYL.) DIVAKAR & al. – **Kleinblättrige Braunschüsselflechte**: Wi 655, FleD 763

Mosigia siehe *Rimularia* pr.p.

Multiclavula (Basidiolichene) siehe Gattungsübersicht Pilze unter M

Mycobilimbia REHM – Fle (Asc, Lecanoromycetes, Lecideales, Lecideaceae)
Lager krustig, körnig-warzig, auch stellenweise membranartig oder undifferenziert, grauweiß, (grünl-)grau, grünl, bisw sorediös. Apothecien beige, cremefarben, (rot-)braun, schwarzbraun, wenig erhaben berandet. Sp 1–4-zellig, ellipsoid, längl, spindelfö, farblos. Photobiont: Coccoide Grünalge. Alte LaB auf Borke und über Moosen. 4 Arten. – **Lit**: **24:**

97, 157 unter *Bacidia*, 176 unter *Biatora*, 256–258 unter *Catillaria*, 494–495 unter *Lecidea*, **595–600**; **25:** 128, unter *Bacidia* 199, unter *Biatora* 225, unter *Catillaria* 333, 335, **765–766**
T: *M. obscurata* (SOMMERF.) REHM = *M. tetramera* (DE NOT.) VITIK. & al.; abgebildet u. a. *M. pilularis* (HEPP EX KÖRB.) HAFELLNER & TÜRK – **Kugelfrucht-Tupfenflechte**: Wi 599, FleD 765

Mycoblastus NORMAN – Fle (Asc, Lecanoromycetes, Lecanorales, Tephromelataceae)
Lager krustig, körnig bis dick warzig, (hell-)grau, mit Soralen. Apothecien schwarz, weitgehend randlos, bei der T-Art im Mark blutrot. Sp 1–2(–3)-zellig, längl bis ellipsoid, Wand geschichtet, dick. Photobiont: Coccoide Grünalge. An NaB und LaB. 2 Arten. – **Lit**: **24:** 90, 96–97, **600–602**; **25:** 107, 124–125, 128, **766–768**
T: *M. sanguinarius* (L.) NORMAN – Blutflechte: Wi 601, FleD 767

1 Sorediös, ohne Apothecien **2**
1* Kaum sorediös, meist mit Apothecien **3**
2 Sorale weißl, grünl, (grünl-, bläul-, bräunl-)grau
Verkannte Körnchenflechte – *Violella fucata* (STIRT.) T. SPRIB.
2* Sorale hellgelb bis hell gelbgrün
Nahe Körnchenflechte – *M. affinis* (SCHAER.) T. SCHAUER
3 Sp meist 2 je Ascus. Hypothecium farblos bis hellbraun
M. affinis (SCHAER.) T. SCHAUER
3* Sp einzeln, selten zu 3 je Ascus. Hypothecium blutrot
Blutflechte – *M. sanguinarius* (L.) NORMAN

„*Mycoblastus*"
1 Ohne Apothecien und sorediös. **2**
1* Meist mit Apothecien und selten sorediös. P–. ***Mycoblastus*** (*affinis*, *sanguinarius*)
2 Sorale weißl, grünl, (grünl-, bläul-, bräunl-)grau. P+ rot ***Violella*** (*fucata*)
2* Sorale (hell-)gelb bis (hell-)gelbgrün, später oft groß und zusammenfließend. P–
Mycoblastus (*affinis*)

Mycocalicium VAIN. – Fle (Asc, Eurotiomycetes, Mycocaliciales, Sphinctrinaceae)
Apothecien flechtenähnl wie bei der Fle *Calicium* (s.d.), gestielt mit verkehrt eifö bis linsenfö Köpfchen. Sp 1-zellig, dunkelbraun, in den Asci 1-reihig angeordnet. Photobiont: fehlend (Pilz keine Fle!). Morsches Holz, entrindete Stümpfe und Stämme, vor allem NaH, (hoch-)montan. – **Lit**: **24:** 288 unter *Chaenothecopsis*, **602–603**; **25:** 359 unter *Chaenothecopsis*, **768–769**
1 Art = T: *M. parietinum* (ACH.) D. HAWKSW. = *M. subtile* (PERS.) SZATALA

Mycoglaena HÖHN. – Fle (Asc, Lecanoromycetes, ?)
Lager undeutl im Substrat, nicht mit Algen in Verbindung (nicht lichenisiert), mit winzigen (weniger als 0,5 mm) grünschwarzen, weiß berandeten Perithecien mit grünem Involucrellum. Sp querseptiert bis mauerfö, keulig bis spindelfö, farblos. An Zweigen von NaB (Lärche, Kiefer) und an Rinde von LaB. 3 Arten. – **Lit**: **25:** 93, **768–769**
T: *M. subcoerulescens* (NYL.) HÖHN.

Mycomicrothelia KEISSL. – Fle (Asc, Dothideomycetes, Trypetheliales, Trypetheliaceae)
Lager krustig, im Substrat, oft undeutl, weißl, cremefarben, silbrig. Perithecien halbkugelig, ± abgeflacht, (braun-)schwarz, mit dunkelbraunem Involucrellum Sp 2- bis selten 4-zellig, ellipsoid, sohlenfö, (oliv-)braun, meist warzig. Photobiont: meist *Trentepohlia*. Rinde von La-Gehölzen und an Tanne. 4 Arten. – **Lit**: **24:** 82, **603**; **25:** 94, **769–770**
T: *M. macularis* (HAMPE ex A. MASSAL.) KEISSL.

Mycoporum FLOT. ex NYL. (= inkl. *Dermatina*) – Fle (Asc, Dothideomycetes, Pleosporales, Mycoporaceae)
Lager krustig, Frk schwarz, meist mehrere rundliche bis unregelmäßige Perithecien enthaltend. Sp querseptiert bis schwach mauerfö, farblos. Photobiont: *Trentepohlia*, Algen bisw auch fehlend. Borke und Rinde von LaB. 3 Arten. – **Lit**: **24:** 81–82, **603–605**; **25:** 92–94, 180 unter *Arthopyrenia*, **770–771**
T: *M. elabens* (SCHAER.) FLOT. ex NYL.

„Mycoporum"

1	Frk nur aus einem Perithecium bestehend	**2**
1*	Frk aus mehreren Perithecien innerhalb eines Stromas	**3**
2	Sp 27–40 µm lang	***Mycoporum*** (*antecellens*)
2*	Sp 11–20 µm lang	***Cyrtidula*** (pr.p.)
3	Sp 13–18 µm lang	***Cyrtidula*** (pr.p.)
3*	Sp länger, 22–40 µm lang	***Mycoporum*** (*elabens, fuscocinereum*)

Mycoporellum siehe *Rhaphidicyrtis*

Myochroidea PRINTZEN & al. – Fle (Asc, Lecanoromycetes, ?)
Lager krustig, (warzig-)areoliert, bisw sorediös, (braun-)grau. Apothecien rot-, orange-, schwarz-braun, mit bisw schwindendem Eigenrand, Sp 1-zellig, spindelfö. Photobiont: ?. Rinde von NaB, LaB, auch von Zwergsträuchern. 2 Arten. – **Lit**: **25:** 625, 628 unter *Lecidea*, **771–772**
T: *M. rufofusca* (ANZI) PRINTZEN & al. – **Rotbraune Knöpfchenflechte**

Myrionora R.C. HARRIS – Fle (Asc, Lecanoromycetes, Lecanorales, Lecanoraceae)
Lager ± krustig. Apothecien winzig, beige, bisw stellenweise bläul, mit schwindendem, wenig erhabenem Rand. Sp 1-zellig, ellipsoid, zu 12 je Ascus. Photobiont: Coccoide Grünalge. Borke von Tanne, (hoch-)montan. – **Lit**: **25:** 625 unter *Lecidea*, **772**
1 Art = T: *M. albidula* (WILLEY in TUCK.) R.C. HARRIS

Myriospora NÄGELI ex ULOTH – Fle (Asc, Lecanoromycetes, ?)
Lager aus eine zusammenhängende Kruste bildenden Areolen, die grau, gelbl, braun, rostfarben, meist unbereift sind. Apothecien in das Lager eingesenkt bis leicht erhaben, mit punktartiger oder rundl ausgebreiteter Scheibe, diese (rot-)braun, schwarz, glatt, warzig uneben. Sp kugelig, ellipsoid, klein, über 100 je Ascus. Photobiont: *Trebouxia*. Kalkfreies, silikatisches Gestein. 6 Arten. – **Lit**: **24: 252–253** unter *Catapyrenium*; **25:** 133–136 unter *Acarospora*, **772–774**
T: *M. rufescens* (ACH.) NÄGELI – **Fuchsrote Kleinsporflechte**; abgebildet u. a. *M. smaragdula* (WAHLENB. ex ACH.) K. KNUDSEN & L. ARCADIA – **Smaragd-Kleinsporflechte**: Wi 251, FleD 773

Pilze, Gattungen N

Nannfeldtiella ECKBL., Kleinbecherling – op. Disc (Asc, Pezizomycetes, Pezizales, ?Pyronemataceae)
Frk (Apothecien) scheibenfö, berandet, sitzend, 0,3–1 cm. Oberseits (Hymenium) dunkel braun mit violettl Mischton. Außen dunkel braun, wollig, mit gebogenen Haaren. Asc-Sp ellipsoid, mit Tröpfchen wie auch mit de-Bary-Vakuolen. unregelmäßig warzig bis netzig, bisw mit gerundeten Anhängseln an den Polen, 16–19 × 7,5–8,5 µm. – Terricol, an nährstoffreichen Stellen. – Anm: *Pseudoombrophila* nahestehend. – **Lit**: **5**: 75, **10**: 104
1 Art = T: *N. aggregara* ECKBl. = *N. guldeniae* (SVRČEK) SVRČEK – **Guldens Kleinbecherling**: Lx 685, RH 631

Nannfeldtiomyces VÁNKY – BrandP (Bas, Exobasidiomycetes, Doassansiales, Doassansiaceae)
Phytoparasitischer Befall auf Blättern und Spross von *Sparganium*, 15 × 1 cm messende, meist hellgelbe, später braune, flache Streifen bildend. Sp in Ballen, diese lose und leicht trennbar. – Vgl. *Doassansia sparganii* VÁNKY mit festen Sp-Ballen
2 Arten: *N. anomalus* (CROWELL) VÁNKY, *N. sparganii* (LAGERH.) VÁNKY

Naohidemyces S. SATO, KATSUYA, HIRATS – RostP (Bas, Pucciniomycetes, Pucciniales, Melampsoraceae)
Phytoparasiten (Roste, unterschiedl Sp-Formen und Entwicklungsstadien siehe unter *Puccinia*). Sori auf Bl-Unterseite, klein. II gelbl, 0,2 mm im Durchm, lange von Epidermis bedeckt, dann polsterfö, sich mit Porus öffnend. III selten gebildet, sehr klein, krustig, braun, im Späthernst an absterbenden Bl. III-Sp mehrzellig, glatt, 14–17 × 7–10 µm. W verschiedene Arten von *Vaccinum* (II, III), besonders *V. myrtillus.* Ww mit *Tsuga* (aber nicht bei uns).
1 Art = T: N. *vaccinii* (JØRST) S. SATO & al. = *N. vacciniorum* (J. SCHRÖT.) SPOONER: Gäum 58:46 (II), JK 436, KS 915:52d (II),

Naucoria (FR.) P. KUMM., Sumpfschnitzling – BläP (Bas, Agaricomycetes, Agaricales, Hymenogastraceae)
Frk klein bis nahezu mittelgroß. H oft faserig und mit flüchtiger Cortina. Spp braun. HDS hymeniform oder aus kugeligen Zellen. Sp mandelfö bis zitronenfö, warzig oder selten fast glatt bis glatt. Cheilozystiden reichl, häufig mit schnabelfö Fortsatz. Etwa 16 Arten. Terricol, seltener bryicol. Ev. EktM. Häufig unter Erlen an feuchten oder nassen Habitaten. – Syn: *N. melinoides* = *N. escharoides*, *N. phaea* = *N. badia*. An Erle gebundene Arten auch unter *Alnicola* geführt. – **Lit**: **11**: 383 als *Alnicola*, **14**: 817
T: *N. escharoides* (FR. : FR.) P. KUMM. – Honiggelber Sumpfschnitzling: BK 5.132, BL 231, Br 803, CD 982, Gh 383, HK 4.25, Lge 125E, Lu 1.53.8, Lx 355, RH 481

1 An Erle (*Alnus*) gebunden. Geruch oft nach Rettich, seltener aromatisch, nie nach Pelargonien **2**

1* An Weide (*Salix*) gebunden. Geruch nach Pelargonien, nicht nach Rettich. (Falls an anderen Bäumen als *Alnus* und *Salix* und zugleich Schnallen fehlend: ►) **7**

2 H schon jung gelbl und so auch bleibend (trocken gelbl-weiß), am H-Rand mit blassen bis weißl faserigen Velumresten, 0,6–3 cm. S 2–5,5 cm × 1–2,5 mm. Geschmack bitter [falls mild: *N. striatula* P.D. ORTON und ►]. Zystiden spindelig. Sp 9–13 × 4,5–6,5 µm. Meist mit *Alnus glutinosa*, aber auch mit anderen Erlen-Arten. [Falls H jung weißl und mit stärker ausgebildeten Velumresten besonders auch am S, wo sie einen oder mehrere Gürtel bilden, besonders mit *Alnus viridis*, aber auch mit anderen Erlen-Arten: *N. luteolofibrillosa* (KÜHNER) PILÁT].
Honiggelber Sumpfschnitzling – *N. escharoides* (FR. : FR.) P. KUMM.

2* H tiefer gefärbt, z. B. ockerbräunl bis rotbräunl **3**

3 Zystiden zylindrisch oder keulig. Schnallen vorhanden oder fehlend **4**

3* Zystiden spindelfö bis spießfö, nach oben verjüngt **5**

4 Schnallen fehlend ►

4* Schnallen vorhanden. Basidien 2-sporig (mit 2 Sterigmen; falls 4-sporig: ►). Geschmack fehlend oder deutl nach Mehl. HDS hymeniform. Sp 13,4–18 × 7,5–10,5 µm
Sumpfschnitzling – *N. alnetorum* (MAIRE) KÜHNER & ROMAGN.

4 Geruch aromatisch (Obst, wie Birne). Sp. 8,5–11,5 × 4,5–6 µm. Besonders mit *Alnus incana* **Wohlriechender Sumpfschnitzling** – *N. suavis* BRES.

4* Geruch nicht nach Obst, vielmehr nach Rettich oder Zedernöl **5**

5 Sp mandelfö, 7,5–10 × 5–6 µm, glatt bis schwach punktiert, warzig. Cheilozystiden apikal nicht kopfig. H glatt bis faserig, braun, 0,8–3 cm. Geschmack mild. Feuchte, sumpfige Standorte [Falls H kleinschuppig und oft mit *Alnus viridis*: *N. badia* KÜHNER]
Torfmoos-Sumpfschnitzling – *N. sphagneti* P.D. ORTON

5* Sp schlank spindelfö, 9,5–14(–18) × 5–6,5 µm. Cheilozystiden apikal ± kopfig, bisw. auch verjüngt, basal oft bauchig. Geschmack mild oder bitter. **6**

6 Geschmack mild. H 1,2–3,5 cm, H-Mitte samtig bis granuliert. Cheilozystiden apikal verjüngt. Sp 9,5–12 × 5–6 µm
Behangener Sumpfschnitzling – *N. subconspersa* P.D. ORTON

6* Geschmack sehr bitter [Falls mild bis allenfalls bitterl: ►]. Sp 10–13 × 5–6,5 µm
Kahler Sumpfschnitzling – *N. scolecina* (FR.) QUÉL.

7 Geschmack bitter. Sp punktiert-warzig, weniger als 11 µm lang, 7,5–11 × 4–5,5 µm [Falls Sp 6,5–8 × 3,5–4 µm: *N. zonata* (E. LUDW. & REIL) P.A. MOREAU]
Bitterer Sumpfschnitzling – *N. amarescens* QUÉL.

7* Geschmack mild oder bitter. Falls Geschmack bitter, dann Sp mit bis zu 1 µm hohen Warzen ►

Nectria (FR.) FR., Pustelpilz – Pyr (Asc, Sordariomycetes, Hypocreales, Nectriaceae)
Perithecien bisw auf Stromata und diese oft eine auffällige Nebenfruchtform (Konidien bildend) darstellend, z. B. beim T pustelfö, rosafarben. Perithecien braun bis rotbraun, mit glatter oder warziger Oberfläche, in KOH oft tiefer rot. Asco-Sp meist zweizellig, aber auch vielzellig gekammert (muriform), warzig bis glatt, hyalin bis braun. Über 30 Arten. Rinde,

Holz, abgestorbene krautige Pflanzen, Flechten, Pilze, z. T. parasitisch, bisw am Substrat Gallen erzeugend (so durch *N. ditissima,* neuerdings unter *Neonectria d.* geführt). – **Lit**: **5**: 267, **10**: 223

T: *N. cinnabarina* (TODE : FR.) FR. – Rot-Pustelpilz: BK 1.324, De 35F, RH 667

1 Auf anderen Pilzen oder auf Flechten ▸

1* Nicht auf Flechten und nicht auf anderen Pilzen **2**

2 Auf Moosen, krautigen Pflanzen oder auf NaH ▸

2* Auf LaH **3**

3 Auf speziellen Wirten und Substraten von LaH: *Berberis*, *Corylus*, *Buxus, Hedera, Lonicera*, *Rhamnus, Ribes*, *Rubus*, *Salix.* Asco-Sp muriform, mehr als zweizellig oder auch zweizellig; bisw Asci mit von Asco-Sp gebildeten Konidien angefüllt. Hierher auch Arten mit längsstreifigen Sp ▸

3* Ohne derartige enge Substratbindung. Asco-Sp zweizellig, glatt oder warzig. **4**

4 Zunächst rosafarbene Pusteln mit matt-pulveriger Oberfläche bildend [= Nebenfruchtform *Tubercularia vulgaris*]. Später entstehen darauf in dichten Gruppen zinnober- bis braunrote Perithecien (0,2–0,4 mm) mit warzig-rauer Oberfläche. Asco-Sp hyalin, glatt, gestreckt-ellipsoid, am Septum in der Mitte leicht eingeschnürt, 12–20 × 4,5–6,5 µm. Asexuelle Sp (= Konidien) des *Tubercularia*-Stadiums einzellig, hyalin, ellipsoid, 5–8 × 1–3 µm. **Rot-Pustelpilz** – *N. cinnabarina* (TODE : FR.) FR.

4* Merkm anders. Perithecien glatt oder fast glatt **5**

5 Mündung des Perithecium-Halses (= Ostiolum) von scheibenfö Struktur, die dunklerfarbig ist als der übrige Teil des Peritheciums. Asco-Sp 16–17 × 6,5–7 µm. Infektion nicht mit krebsartigen Wucherungen des Substrats verbunden

Zweifarbiger Pustelpilz – *N. mammoidea* PHILL. & PLOWR.

5* Mündung des Perithecium-Halses (= Ostiolum) ohne derart abgehobene Struktur. Asco-Sp 12–15 × 5–6 µm. Auf dem Substrat keine krebsartigen Wucherungen verursachend. – Falls krebsartige Wucherungen erzeugend. an Buche, Apfel, Birne (= Obstbaumkrebs) und anderen LaH: *N. ditissima* (TUL. & C. TUL.) SAMUELS & ROSSMAN

Scharlachroter Pustelpilz – *N. coccinea* (PERS. : FR.) FR

Nectriella NITSCHKE ex FUCKEL – Pyr (Asc, Sordariomycetes, Hypocreales, Bionectriaceae) Unscheinbare Perithecien auf Krautsprossen. Stroma fehlend. Asc-Sp hyalin, 2–3-zellig, oft spindelfö-gebogen, meist glatt, beim T 16 × 6 µm, 3-fach septiert, LaH. Etwa 5 Arten. – **Lit**: **10**: 227

T: *N. fuckelii* NITSCHKE ex FUCKEL

Nectriopsis MAIRE – Pyr (Asc, Sordariomycetes, Hypocreales, Bionectriaceae)

Birnenfö, gelbe, braune oder lebhaft violette Perithecien sitzen in oftmals dichteren Gruppen auf einem Subiculum, Asci ohne augenfällige Verdickung an ihrem Scheitel. Asc-Sp 2-zellig und am Septum eingeschnürt, glatt bis warzig. Etwa 5 Arten. Parasitisch auf anderen Pilzen oder auf Myxomyceten. – **Lit**: **5**: 278, **!0**: 227.

T: *N. violacea* (J.C. SCHMIDT ex FR.) MAIRE: RH 668

Nemania GRAY – Pyr (Asc, Sordariomycetes, Xylariales, Xylariaceae)
Stromata braun bis schwarz, krustenfö, ausgebreitet oder fleckenweise sichtbar auf entrindetem Holz, gelegentl auch auf der Rinde. Perithecien im Stroma einschichtig, kugelfö, mit papillenartiger Öffnung, etwa 1 mm breit. Asci zylindrisch, Apikalapparat meist amyloid. Asc-Sp braun, unsymmetrisch ellipsoid, meist mit Keimspalte an einer (der weniger stark gebogenen) Seite. Unreife Sp mit hyalinem Anhängsel an einem Ende, 9–14,5 × 4–6 µm beim T. 9 Arten. An morschem LaH, seltener auch NaH und an alten Porlingen. – **Lit**: **5**: 315 als *Hypoxylon* pr.p., **10**: 244
T: *N. serpens* (PERS.) GRAY: De 36F

Neobarya LOWEN – SchimP/Pyr (Asc, Sordariomycetes, Hypocreales, Clavicipitaceae; Anamorphe, Teleomorphe)
Weißen bis olivgelben, filzigen Mycelbelag bildend; darauf mit meist kleinen schleimigen Tröpfchen. Hyphen septiert mit Phialiden, diese einzeln, end- oder seitenständig. Seitenständige Phialiden jeweils unterhalb eines Septums. Konidien 1–2(–4)-zellig, 7–21 × 2,5–5 µm. Perithecien in Gruppen, meist auf Stromata. Asc-Sp fädig, nicht sepriert und nicht bei der Reife in Teil-Sp zerfallend, beim T 100–180 × 3–5 µm. 3 Arten. Parasitisch auf Flechten oder auf Pilzen (Sklerotien von *Claviceps; Bertia*). – **Lit**: **10**: 234
T: *N. parasitica* (FUCKEL) LOWEN: HELFER 20

Neoboletus siehe *Boletus* pr.p. (*erythropus* etc.)

Neobulgaria PETR., Gallertkreisling – inop. Disc (Asc, Leotiomycetes, Helotiales, Gelatinodiscaceae)
Frk gelatinös, becherfö bis kreiselfö, einzeln oder in Gruppen, 0,15–2,5 cm breit, zusammenfließend auch 3–7 cm breit, blass vioettl oder rötl-violett, außen kahl. Asci mit amyloidem Porus. Asc-Sp hyalin, ellipsoid, glatt, mit Tröpfchen, nicht septiert. Lignicol. Spätsommer bis Herbst. – Anm: nach Ansicht einiger Autoren ist die Abtrennung der Gattung *Neobulgaria* von *Ombrophila* nicht gerechtfertigt. – **Lit**: **5**: 119, **10**: 157
1 Art = T: *N. pura* (PERS. : FR.) PETR. – **Buchen-Gallertkreisling**: BK 1.163, 164; Ct 1227, De 19B, Ge 567, Ja 5, Lx 653, Md 397, Ph 277, RH 643

Neodasyscypha SPOONER – inop. Disc (Asc, Leotiomycetes, Helotiales, Lachnaceae)
Frk gestielt-becherfö, 0,5–1 mm breit. Oberseits (Hymenium) rötl-braun bis dunkelbraun. Außen mit dunkelbraunen Haaren. Haare zylindrisch, ± dickwandig, mehrfach septiert, gegen das obere Ende etwas heller, dicht mit Körnchen besetzt. Asci zylindrisch bis keulig, 8-sporig, mit amyloidem Porus. Paraphysen schmal lanzettl, × 2–2,5 µm, die Asci überragend. Asc-Sp 4,5–7,5 × 2–3 µm, ellipsoid bis spindelfö, nicht septiert, hyalin. Saprotroph auf LaH (*Quercus*). – **Lit**: **5**: 165 als *Dasyscyphus* pr.p., **10**: 204
1 Art = T (?): *N. cerina* (PERS. : FR.) SPOONER: BK 1.217, De 22F.

Neoerysiphe U. BRAUN – E-Mehlt (Leotiomycetes, Erysiphales, Erysiphaceae)
Phytoparasitischer Befall in Form eines weißen, dicht mehlig-flockigen Mycels mit warzenfö bis schwach gelappten Appressorien auf Blättern (und Stängeln.) von Geraniaceen,

Rubiaceen und Lamiaceen. Konidien in Ketten, ellipsoid, tonnenfö, subzylindrisch. Frk (Chasmothecien) kugelfö, 80–200 µm im Durchm, Frk-Anhängsel einfach oder unregelmäßig verzweigt, schlaff mycelartig. Asci je Frk zahlreich, zunächst leer, sich erst im Folgejahr entwickelnd, mit 2–8 Sp; auf Rubiaceae noch im Herbst des gleichen Jahres gebildet. – **Lit**: **13**: 96, 166 etc., 412, 419 etc., **JK** 194

T: *Neoerysiphe galeopsidis* (DC.) U. BRAUN – **Echter Lippenblütler-Mehltau**: JK 241

Lamiaceae: z. B. *Ajuga. Ballota, Betonica, Calamintha, Clinopodium, Galeobdolon, Glechoma, Lamiastrum, Lamium, Leonurus, Lycopus, Melissa, Melittis, Origanum, Prunella, Salvia, Stachys, Teucrium*: *N. galeopsidis*

Geraniaceae: *Geranium*: *N. geranii*. – **Rubiaceae**: *Galium*: *N. galii*

Neogodronia siehe *Encoeliopsis*

Neohygrocybe HERINK, Nitratsaftling – BläP (Bas, Agaricomycetes, Agaricales, Hygrophoraceae)

Frk mittelgroß, H mit düsteren Farben, grau, graubräunl, braun, oft mit nitrösem Geruch. Muscaflavinpigmente fehlend (bei *Hygrocybe* vorhanden). L dickl, mit Falten und Queradern an den L-Flächen, oft rötend. Spp weiß. Sp glatt, inamyloid. 3 Arten. Humicol. – Syn: früher unter *Hygrocybe*. – **Lit**: **7**: 142, **11**: 87 als *Hygrocybe* pr.p., **14**: 208 als *Hygrocybe* pr.p.

T: *N. ovina* (BULL. : FR.) HERINK – Dunkelblättriger Nitratsaftling: BL 113, Br 336, CD 231, Ct 1107, Dh 147, Kr 3.71, Lg 166E, MJ 3Hygr1, Ph 61

1 Frk bei Verletzung zunächst rötend, dann bräunend bis schwärzend. Geruch nitrös oder auch nicht **2**

1* Frk nicht rötend. Geruch stark nitrös
Nichtrötender Nitratsaftling – *N. nitrata* (BULL. : FR.) HERINK

2 L weißl, cremefarben, mit schwachem ockerl bis fleischfarben-ockerl Stich. Geruch nitrös **Hellblättriger Nitratsaftling** – *N. ingrata* (J.P. JENSEN & F.H. MØLLER) HERINK

2* L zuerst graubräunl, dann olivschwärzl. Geruch nicht oder nur schwach nitrös (bisw aber auch stechend) **Dunkelblättriger Nitratsaftling** – *N. ovina* (BULL. : FR.) HERINK

Neolentinus REDHEAD & GINNS, Schuppensägeblättling – BläP (Bas, Agaricomycetes, Gloeophyllales, Gloeophyllaceae)

Frk lederig-zäh. H 5–15 cm, H-Oberfläche mit kleineren Schüppchen oder anliegenden gröberen Schuppen, weißl, ockerl, braun. L ausgebuchtet bis herablaufend, L-Schneide gezähnelt bis gesägt. S zentral oder etwas exzentrisch. Geruch bei der häufigeren Art aromatisch. Spp weiß. Trama dimitisch. Sp ellipsoid bis zylindrisch, nicht amyloid. 2 Arten. Lignicol, NaH, LaH. Braunfäule. – **Lit**: **7**: 166 als *Lentinus*, **11**: 57 als *Lentinus*, **14**: 76

T: Nordamerikanisch. – Bei uns *N. lepideus* (FR. : FR.) REDHEAD & GINNS – Heller Schuppensägeblättling: BK 3.238, Br 510, CD 140, Dh 1001, Gh 175, HK 3.99, Ja 161, KM 313, Lg 197G, Lu 1.39.7, RH 208

1 H-Oberfläche mit groben, anliegenden, bräunl Schuppen auf weißl bis gelbl Grunde. H 5–20 cm. L blattartig dünn, ausgebuchtet und etwas herablaufend, nicht oder kaum gabelig-anastomosierend. S schuppig und ± beringt. Geruch ± angenehm, meist nach Anis. Sp 10–15(–17) × 4–5,5 µm. NaH besonders von Lärche (*Larix*)

Heller Schuppensägeblättling – *N. lepideus* (FR. : FR.) REDHEAD & GINNS

1* H-Oberfläche mit kleinen, fuchsig-braunen Schüppchen auf ockerl-braunem Grunde. H 5–15 cm. L lange faltenfö-schmal bleibend und stark gabelig-anastomosierend, sehr stark herablaufend. S ohne Velum. Geruch stark, porlingsartig, auch angenehm, aber nicht nach Anis. Sp 10–15 × 4–5 µm. LaH, besonders von Pappel (*Populus*), seltener auch auf NaH

Schaeffers Schuppensägeblättling – *N. schaefferi* (WEINM.) REDHEAD & GINNS

Neonectria siehe *Nectria*

Neottiella (CKE) SACC., Moosschälchen – op. Disc (Asc, Pezizomycetes, Pezizales, inc. sed.)
Frk (Apothecien) sitzend oder fast gestielt, scheibenfö bis becherfö, 0,1–2 cm. Oberseits (Hymenium) gelbl, orange oder rötl, glatt oder runzelig. Außen gleichfarben oder weißl, nach oben zu mit weißen Haaren, welche einen ± gezähnelten, oft abgesetzten Rand bilden; diese Haare zugespitzt, septiert, gerade oder gebogen. Frk-Basis kahl und oft im Substrat steckend. Paraphysen mit orangefarbenen Tröpfchen, die sich in Melzers Reagenz grün verfärben. Asc-Sp ellipsoid, glatt oder ornamentiert, mit 1–2 Tröpfchen. 6 Arten. Terricol oder auf Brandstellen, mit Moosen vergesellschaftet. – *Octospora* nahestehend. – **Lit**: **5**: 46, **10**: 105
T: *N. albocincta* (BERK. & M. A. CURTIS) SACC. – Abgebildet *N. rutilans* (FR.) DENNIS – Rotes Moosschälchen: De 9W

1 Asc-Sp deutl ornamentiert, 22–28 µm lang **2**
1* Asc-Sp glatt oder undeutl ornamentiert o d e r Asc-Sp nur bis zu 21 µm lang. **3**
2 Asc-Sp mit unvollständig geschlossenem Netz ornamentiert, 22–27 × 13–15 µm [Falls Frk außen mit anliegenden Haaren, die kokonartig dicht sind: *N. albocincta* (BERK. & M. A. CURTIS) SACC.] **Rotes Moosschälchen** – *N. rutilans* (FR.) DENNIS
2* Asc-Sp mit feinen, regelmäßig verteilten Warzen, 24–28 × 13–14 µm
Warzigsporiges Moosschälchen – *N. vivida* (NYL.) DENNIS
3 Auf Brandstellen **Brandstellen-Moosschälchen** – *N. hetieri* BOUD.
3* Auf Sandböden zwischen Moosen. Asc-Sp 19,5–21 × 10–12 µm
Sand-Moosschälchen – *N. aphanodictya* (KOBAYASI) DISSING, KORF & SIVERTSEN

Neovossia KÖRN. – BrandP (Bas, Exobasidiomycetes, Tilletiales, Tilletiaceae)
Phytoparasitischer Befall auf *Phragmites* und *Molinia*.Sori im Blütenstand in einzelnen Fruchtknoten. Diese ab September 2–3 mm, kugelig-eifö, glänzend grün, innen mit klebriger, braunschwarzer Sp-Masse, welche dann schließl als 5–10 mm langes, weiches (nicht hartes wie bei *Claviceps*-Infektion), braun-schwarzes Gebilde aus dem Fruchtknoten ragt. Sp 17,5–32 × 12–20 µm, mit gallertiger Hülle und langem, farblosen Anhängsel.
1 Art = *N. moliniae* (THÜM.) KÖRN. – **Pfeifengras-Blütenbrand:** JK 277

Nidularia FR., Nestpilz – BaP (Bas, Agaricomycetes, Agaricales, Agaricaceae)
Frk klein, 0,5 bis 1,5 cm im Durchm, 0,2–2 cm hoch, kugelig bis birnenfö, einzeln oder in Gruppen. Peridie einschichtig, meist dick, unregelmäßig aufbrechend, cremefarben bis braun, mit stacheligen Hyphen. Innen mit Peridiolen ohne Funikulus, 1–2 mm im Durchm messend. Sp hyalin, 6–10 × 4–7 µm. Lignicol, LaH, NaH. Anm: bei *Mycocalia* Frk 1–2 mm im Durchm. – **Lit**: **9**: 194, **12**: 471
1 Art = T: *N. deformis* (WILLD. : PERS.) FR. – **Vogel-Nestpilz**: BK 2.497, CD 1744, Gh 623, Kr 2.161, MJ 7Nid1, Ph 254, RH 584

Novotelnova VOGLMAYR & CONSTANT. – F-Mehlt (Peronosporomycetes, Peronosporales, Peronosporaceae)
Phytoparasitischer Befall in Form von graubraunen Rasen auf *Scorzonera* (*S. hispanica*, *S. humilis*). Konidienträgerenden ohne Anschwellung, stumpf, Konidien ellipsoid, 17–45 × 15–27 µm.
1 Art = T: *N. scorzonerae* VOGLMAYR & CONSTANT.

Nyssopsora ARTHUR – RostP (Bas, Pucciniomycetes, Pucciniales, inc. sed.)
Phytoparasiten (Roste, unterschiedl Sp-Formen und Entwicklungsstadien siehe unter *Puccinia*). Nur III, schwarz. III-Sp dreizellig, mit schwarzbrauner, grobstacheliger Wand. W (III) *Meum, Mutellina*, kein Ww. Alpen, Mittelgebirge im Verbreitungsgebiet des W. – **Lit**: **13**: 552, 565
1 Art = ? T: *N. echinata* (LÉV.) ARTHUR – **Bärwurzrost**: JK 275, KS 893:30g (III), Gäum 1215:1062 (III-Sp)

Flechten, Gattungen N

Nephroma ACH. – Fle (Asc, Lecanoromycetes, Peltigerales, Nephromataceae)
Lager blättrig, bis 10 cm im Durchm, zieml kurzlappig mit meist aufsteigenden, breiten (3–15 mm) Lappenenden, (grau-)braun, fast grau, gelbl-grün. Apothecien rundl bis nierenfö, auf der Unterseite von Lappenenden entstehend, (hell-, rot-)braun, schwarz, mit dünnem Lagerrand. Sp querseptiert, 4-zellig, spindelfö, blass braun. Photobiont: *Nostoc*, auch *Coccomyxa*. LaB, Gestein, oft über Moosen. 6 Arten. – **Lit**: **24:** 74–75, **605–609**; **25:** 80, 82, 88–89, **774–778**
T: *N. polariis* (ACH.) ACH.; abgebildet u. a. *N. laevigatum* ACH. – **Glatte Nierenflechte**: Wi 606, FleD 775

Nephromopsis MÜLL. ARG. – Fle (Asc, Lecanoromycetes, Lecanorales, Parmeliaceae)
Lager blättrig, bräunl bis gelb, Unterseite weißl, gelbl, braun. Mit Pseudocyphellen und Soralen, bisw mit Isidien. Apothecien auf der Unterseite am oder oberseits nahe des Lager-R. Sp 1-zellig, längl. Photobiont: ähnl *Trebouxia*, Stamm und Äste von NaB. 1 Art. – **Lit**: **24:** 268, **273** unter *Cetraria*; **25:** 85, 345 unter *Cetraria*, **778**
T: *N. stracheyi* (C. BAB.) MÜLL. ARG.; im Gebiet nur *N. laureri* (KREMP.) KUROK. – **Moosflechte** (Gattung)

Normandina NYL. – Fle (Asc, Eurotiomycetes, Verrucariales, Verrucariaceae)
Lager krustig oder schuppig mit ohrfö bis muschelfö, oft sorediösen Rändern, grau. Unterseits weißl. Meist ohne Frk, diese ähneln ± kugeligen, eingesenkten Perithecien. Sp querseptiert, breit spindelfö. Photobiont: *Diplosphaera*. LaB auf Moosen, seltener auf Silikatgestein. 2 Arten. – **Lit: 24:** 85, 618 unter *Omphalina*, **609–610; 25:** 95, 100, 702 unter *Lichenomphalia*, **778–780**
T: *N. jungermanniae* (NYL.) NYL.; abgebildet *N. pulchella* (BORRER) NYL. – Schöne Muschelschüppchenflechte: Wi 609, FleD

1 Auf Ba-Rinde, Rindenmoosen, selten auf Felsmoosen. Lager (hell-, blau-)grau, besonders am R sorediös. Vgl. *N. acroglypta* (NORMAN) APTROOT
Schöne Muschelschüppchenflechte – *N. pulchella* (BORRER) NYL.
1* Auf Torf, Rohhumus, bemoostem Fels. Lager feucht tief lauchgrün, trocken blass grüngrau, nicht sorediös
Muschel-Hutflechte – *Lichenomphalia hudsoniana* (H.S. JENN.) REDHEAD & al.

Pilze, Gattungen O

Ochropsora DIET. – RostP (Bas, Pucciniomycetes, Pucciniales, inc. sed.)
Phytoparasiten (Roste, unterschiedl Sp-Formen und Entwicklungsstadien siehe unter *Puccinia*). III subepidermal im W, III-Sp nur undeutl im Inneren des Wirtsgewebes differenziert, die Basidien nicht aus gut erkennbaren und differenzierten III-Sp sondern direkt (aus der) Zygote in III entstehend. Infektionen unscheinbar, Bl-unterseits, nur auf Jungpflanzen [Falls Infektionen auffällig in Form von gelben bis orangefarbenen Anschwellungen auf Rosaceae oder z. B. hornfö Gebilden auf *Juniperus*: siehe *Gymnosporangium*]. Ww zwischen Ranunculaceae (*Anemone*, 0, I) und Rosaceae (*Amelanchier, Sorbus* etc., II, III). – **Lit**: **13**: 110, 119 etc.
1 Art = T: *O. sorbi* (OUD.) DIET. = *O. ariae* (FUCKEL) RAMSB.: JK 66 (0, I), Gäum 1216:1063 (0), 1217:1064 (I), 1217:1065 (III), 1218:1966 (III), 1219:1967
Amelanchier (II, III). – ***Anemone*** (0, I). – ***Aruncus*** (II, III). – ***Prunus*** (II, III). – ***Pyrus*** (II, III). – ***Sorbus*** (II, III):jeweils *O. ariae.*

Octavianina KUNTZE, Laubtrüffel – Hyp (Bas, Agaricomycetes, Boletales, Boletaceae)
Frk kugelig bis birnenfö, 1–5 cm, fleischig, ohne S, bisw mit steriler Basis oder mit basalem Mycelstrang. Außen (Peridie) weißl oder hell, an der Luft oft rot oder grünblau verfärbend, schließl auch schwärzl-braun. Innen (Gleba) weiß bis zimtfarben, an der Luft verfärbend, marmoriert, mit dunklen, kleinen Kammern umfasst von hellen Wänden (Tramaplatten). Columelle fehlend oder bis auf die kissenfö und sterile Basis reduziert. Milchsaft wässerigklar oder fehlend. Hyphen ohne Schnallen, Milchsafthyphen vorhanden. Sp jung hell gelbl, alt gelbbraun bis dunkelbraun, ± kugelig, grob stachelig, nicht amyloid (bisw etwas dextrinoid), 13–16(–20) µm im Durchm. Bei uns vermutl nur eine, zieml variable Art (= T). Terricol, LaW. – **Lit**: **9**: 318, **12**: 527
T: *O. asterosperma* (VITTAD.) KUNTZE – **Sternsporige Laubtrüffel**: Ct 2886, HK 2.185, MS 507

Octospora HEDW., Moosbecherling – op. Disc (Asc, Pezizomycetes, Pezizales, inc. sed.) Frk (Apothecien) sitzend bis annähernd gestielt, becherfö oder scheibenfö. Oberseits (Hymenium) gelbl, orange, rötl oder bläul, mit abgesetztem Rand. Außen kahl, gleichfarben oder blasser als das Hymenium, Asc-Sp ellipsoid bis spindelfö, hyalin, glatt oder ornamentiert (Warzen, Stege, Netze), innen mit Tröpfchen. Etwa 20 Arten. Terricol, auch auf Brandstellen, bisw lignicol. Oft in Gesellschaft bestimmter Moose. – **Lit**: **5**: 56, **10**: 106
T: *O. leucoloma* HEDW. : FR.: De 11Q. – Abgebildet auch z. B. *O. humosa* (FR. : FR.) DENNIS – Typischer Moosbecherling: BK 1.103, De 9X, HK 2.242

1 Asci mit 4 Sp. Asc-Sp spindelfö, glatt. 22–26 × 9,5–11,5 µm. [Falls Asc-Sp unter 21 µm lang; ▸] **Moosbecherling** – *O. tetraspora* (FUCKEL) KORF
1* Asci mit 8 Sp. **2**
2 Asc-Sp ornamentiert ▸
2* Asc-Sp glatt. **3**
3 Asc-Sp spindelfö ▸
3* Asc-Sp ellipsoid bis ± zylindrisch. **4**
4 Asc-Sp unter 11 µm breit ▸
4* Asc-Sp mehr als 11 µm breit. **5**
5 Apothecien orange bis rötl, 3–10 mm. Asc-Sp 19–23 × 11–13 µm, Auf Sandböden, meist zwischen *Polytrichum*. [Falls auf Brandstellen mit *Funaria* und Asc-Sp 17–20 × 13–15 µm: *O. roxheimii* DENNIS & ITZEROTT]
Typischer Moosbecherling – *O. humosa* (FR. : FR.) DENNIS
5* Apothecien gelbl-orange, 1–3 mm. Asc-Sp 18–23,5 × 10,5–12,5 µm
Gelblichoranger Moosbecherling – *O. leucoloma* HEDW. : FR.

Oedocephalum PREUSS – SchimP (Asc, Pezizomycetes, Pezizales, Pezizaceae, Anamorphe) Konidienträger senkrecht, mehrzellig, an ihrer Spitze in einer blasenfö Anschwellung (Vesikel) endend. Die daraus gebildeten Konidien farblos. Falb-ockerl, 1-zellig, bisw warzig. Teleomorphe: *Iodophanus*. – **Lit**: STALPERS (1974): Revision of the genus Oedocephalum. Koninkl. Nederl. Akademie van Wettenschappen, Proceedinngs, Series C, 77 (4): 383–401
T: *O. elegans* PREUSS

Oidiodendron ROBAK – SchimP (Asc, Leotiomycetes, Amorphothecaceae; Anamorphe) Konidienträger verzweigt, braun, sie münden in langen Ketten von längl-zylindrischen, im Umriss ± viereckigen, 1-zelligen Konidien. Bisw auch auf Frk anderer Pilze (*O. griseum* ROBAK vermutl auf *Russula*; HELFER 1991: 68)
T: *O. fuscum* ROBAK

Oidiopsis SCALIA – E-Mehlt (Asc, Leotiomycetes, Erysiphales, Erysiphaceae; Anamorphe) Phytoparasitisch auf *Impatiens*; ähnl *Podosphaera balsaminae*, aber mit größeren Konidien und auf *I. balsamina, parviflora*. – **Lit**: **13**: 467

Oidium LINK – E-Mehlt (Asc, Leotiomycetes, Erysiphales, Erysiphaceae; Anamorphe)
T: *O. monilioides* (NEES) LINK (= Anamorphe von *Blumeria graminis*)

Oligonema ROST. – SchleimP (Myxogastria, Trichiida, Trichiidae)
Frk sitzend, gedrängt und oft Haufen bildend, 0,1–0,5 mm. Peridie dünn, membranartig, innen glatt, oder mit schwachen, radial verlaufenden Runzeln, Ringen, Papillen oder Zähnchen. Capillitium röhrenfö, unterschiedl lang, bisw verzweigt, glatt oder mit Dornen, Warzen oder mit undeutl Spiralen ornamentiert. Sp gelb oder orange, unvollständig netzfö (nicht alle Maschen geschlossen) ornamentiert, kugelig, (11–)12–16 µm. 3 Arten. Morsches Holz, seltener auf Erdboden. – **Lit**: **17**: 122, **18**: 243
T: *O. nitens* (LIBERT) ROST. = *O. schweinitzii* (PECK) MARTIN: Nan 122, Neub 1.245–246. – Anm: vgl. *Calonema*

Oligoporus BREF., Mehlstaubporling, Weichporling, Saftporling – PoP (Bas, Agaricomycetes, Polyporales, Polyporaceae)
Frk resupinat, effus-reflex, halbkugelig, pileat, sitzend oder etwas gestielt, oft recht weichfleischig. Mit Chlamydosp aus imperfektem Stadium (Mehlstaubporlinge) oder ohne solche (Weichporlinge). Monomitisch. Hyphen hyalin, mit Schnallen (falls ohne Schnallen und Frk rosa: siehe *Leptoporus*). Zystiden vorhanden oder fehlend, bisw mit Gloeozystiden. Sp hyalin, dünnwandig, inamyloid oder selten amyloid. Über 15 Arten. Lignicol, Braunfäule verursachend. – Anm: inkl. *Spongiporus*, *Tyromyces* pr.p. (*T. placenta* = *Oligoporus p.*), *Postia* (Syn). – **Lit**: **9**: 234 als *Postia* pr.p., **12**: 337
T: *O. rennyi* (BERK. & BROOME) DONK – Gelber Mehlstaubporling: Ct 2512, Ja 79

1 Frk mit H oder mit deutl H-Kanten (dabei aber nicht oder kaum effus-reflex). Frk bisw mit bläul Tönen **2**

1* Frk resupinat, allenfalls mit kleinen knotenartigen oder treppenfö Vorsprüngen, auch effus-reflex. Falls ± halbkugelig, dann Chlamydosp bildend. Frk ohne bläul Töne **10**

2 Frk und (zumindest) Poren blau oder bläul-grau **3**

2* Frk inkl Poren mit anderen Farben **4**

3 Auf NaH (seltener auch auf LaH). H-Oberfläche bläul. Sp 4–5 × 1,5–2 µm
Blauer Saftporling – *O. caesius* (SCHRAD. : FR.) GILB. & RYVARDEN

3* Auf LaH. H-Oberfläche nicht bläul. Sp 4–5 × 1–1,5 µm
Bläulicher Saftporling – *O. subcaesius* (A. DAVID) RYVARDEN & GILB.

4 Geschmack (sehr) bitter. Falls nur schwach bitter, dann mit Gloeozystiden, Frk ± gestielt **5**

4* Geschmack mild oder nicht besonders bitter **7**

5 Frk 2–8 cm lang, 0,2–2,5 cm dick, frisch wässerig-weich, trocken hart, schrumpfend, H-Rand scharfkantig. H-Oberfläche frisch weiß, trocken creme-ocker, jung fein behaart, bald kahl, oft warzig-uneben, ungezont. Poren frisch weiß, trocken cremegelbl, eckig bis rund, 4–5 pro mm. Trama bis 1,5 cm dick. Ohne Gloeozystiden. Sp zylindrisch bis schmal ellipsoid, 3,5–5,5 × 1,5–2,5 µm. Meist NaH (*Picea*), selten auf LaH
Bitterer Saftporling – *O. stipticus* (PERS. : FR.) GILB. & RYVARDEN

5* Merkm verschieden: z. B. Trama unter 0,2 cm dick, Sp nur × 1–2 µm oder Frk ± gestielt **6**

6 Mit Gloeozystiden. H-Oberfläche weiß, oft gelb bis rostbraun gefleckt. Trama 0,5–3 mm dick. Sp schmal zylindrisch bis allantoid, 4,5–6 × 1–1,7 µm. NaH, selten LaH **Gloeozystiden-Saftporling** – *O. leucomallellus* (MURRILL) GILB. & RYVARDEN

6* Gloeozystiden fehlend ▸

7 H-Oberfläche (frisch) und Poren auf Druck rotbraun verfärbend. H und Poren frisch weiß. Poren 2–3 pro mm. Auf NaH
Braunfleckender Saftporling – *O. fragilis* (FR. : FR.) GILB. & RYVARDEN

7* H und Poren an Druckstellen nicht rotbraun verfärbend **8**

8 Frk fächerfö, oft rosettenfö, seitl gestielt bis stielfö verschmälert. Trama bis 1 mm dick. Geschmack etwas bitter. Sp 3,5–4,5 × 2–2,3 µm
Blumenförmiger Saftporling – *O. floriformis* (QUÉL.) GILB. & RYVARDEN

8* Frk weder fächerfö noch gegen das Substrat stielartig verschmälert **9**

9 H-Oberfläche weißl bis braun, mit mehreren grauen oder hellbraunen Zonen. Geschmack etwas bitterl. Geruch angenehm, nussartig. Sp 4–5,5 × 2–3 µm. NaH, selten LaH. **Wohlriechender Saftporling** – *O. balsameus* (PECK) GILB. & RYVARDEN

9* H-Oberfläche weißl bis hellbraun. Frk groß, bis 10 cm breit und 5 cm dick. Geschmack mild [falls bitter oder bitterl: *O. lacteus* (FR. : FR.) GILB. & RYVARDEN], Sp 4–6 × 1–1,5 µm, schmal zylindrisch bis allantoid. LaH, selten auch auf NaH
Weißlicher Saftporling – *O. tephroleucus* (FR. : FR.) GILB. & RYVARDEN

10 Frk halbkugelig, 2–10 × 5 cm, frisch weich, trocken brüchig und leicht. Oberfläche erst weiß, dann bräunl, rau behaart. Innen konzentrisch gezont, gelbl, bei Reife braunes Pulver (imperfektes Stadium mit Chlamydosp: diese dickwandig, gelbl bis bräunl, 5–10 × 3,5–7 µm) bildend. Perfektes Stadium resupinat, auf oder neben dem imperfektem Stadium mit Sp 4–5,5 × 2,5–3,5 µm. Stümpfe (und Streu?) von NaB
Bauchiger Mehlstaubporling – *O. ptychogaster* (F. LUDW.) FALCK & O, FALCK

10* Frk resupinat bis effus-reflex. **11**

11 Frk am dick watteartigen, weißl bis cremefarbenem Rande hellgelbl Chlamydosp bildend; diese 4,5–7 × 3,5–5,5 µm. Basidiosp 4–5,5 × 2–2,8 µm. NaH
Gelber Mehlstaubporling – *O. rennyi* (BERK. & BROOME) DONK

11* Merkm anders: Frk ohne watteartigen und pulverig zerfallenden Rand, ohne Chlamydosp **12**

12 Frk frisch mit rosa, lila oder lachsrosa Tönen, so besonders das Subiculum und die Poren (eckig, 2–4 pro mm). Sp zylindrisch, 5–6,5(–7,5) × 2–3 µm. NaH
Rosafarbener Saftporling – *O. placenta* (FR.) GILB. & RYVARDEN

12* Frk ohne solche Farben. **13**

13 Zystiden vorhanden (falls mit Gloeozystiden siehe *O. leucomallellus*) ▸

13* Zystiden fehlend **14**

14 Geschmack bitter. Frk resupinat bis effus-reflex, auch mit 2–10 cm langen und 0,5–3 cm breiten H-Kanten, diese 0,2–1 cm dick. H-Oberfläche weiß bis creme, anfangs fein anliegend behaart. Sp schmal zylindrisch bis allantoid, 4,5–6 × 1–1,7 µm. NaH, selten auch LaH **Schlitzporiger Saftporling** – *O. undosus* (PECK) GILB. & RYVARDEN

14* Geschmack mild ▸

Oliveonia DONK – RiP (Bas, Agaricomycetes, Tulasnellales, Oliveoniaceae)
Frk resupinat, dünn, wachsartig, glatt, bereift, weißl. Monomitisch. Hyphen hyalin, ohne Schnallen. Dünnwandige Zystiden (Leptozystiden) vorhanden. Sp hyalin, dünnwandig, glatt, inamyloid, 7–12 × 3–4,5 µm, Sekundärsp bildend. 1 Art. Herbicol auf Krautresten (Farne, Blätter) und Zweige von LaB und NaB. – **Lit**: **9**: 113, **12**: 451
T: Nordamerikanisch. In Mitteleuropa *O. pauxilla* (JACKS.) DONK

Olpidium (A. BRAUN) J. SCHROET. G (Chytridiomycota, Olpidiomycetes, Olpidiales, Olpidiaceae)
Phytoparasiten im Inneren von Wirtszellen, in diesen je eine Dauersp oder ein dickwandiges Dauersporangium. Meist an den häufig ± stark verkrümmten Bl, auch am Bl-Stiel und Spross. – Anm: Vgl. *Synchytrium* und *Physoderma*. – **Lit**: **3**: 898, **13:** 811
T: *O. endogenum* (A. BRAUN) J. SCHROET.

Trifolium: *O. trifolii*

Schlüssel zur Unterscheidung der Gallen bildenden Infektionen (durch Chytridiomycota) auf ***Trifolium***:

1 Gallen grünl-gelb, im Durchlicht goldgelb, halbkugelig, weniger als 1 mm im Durchm. Dauersporangien 100–170 µm im Durchm *Synchytrium aureum*
1* Gallen nicht gelb, vielmehr glasig grün oder braun, warzenfö oder schwielenfö. Dauersporangien kleiner **2**
2 Befallene Wirtszellen mit wenigstens einem geschnäbelten und/oder mit kugeligen Sporangien *Olpidium trifolii*
2* Befallene Wirtszellen mit halbkugeligen Sporangien. Geschnäbelte Sporangien fehlen *Physoderma trifolii*

Ombrophila Fr., Violetter Gallertkreisling – inop. Disc (Asc, Leotiomycetes, Helotiales, Gelatinodiscaceae)
Frk sitzend bis kurz gestielt, weichfleischig, im Inneren gelatinös, kreiselfö. Oberseits (Hymenium) violettl, außen glatt. Paraphysen schmal-zylindrisch, am oberen Ende etwas erweitert. Asci mit amyloidem Porus. Asc-Sp hyalin, ellipsoid, 6–11 × 3–4 µm (T). 2 Arten. Auf faulenden Blättern an nassen Stellen. – Syn: *O. pura* = *Neobulgaria p.* – **Lit**: **5**:118, **10**: 157 als *Neobulgaria*
T: *O. violacea* (HEDW.) FR. – **Violetter Gallertkreisling**: BK 1.161, 162, Bres 1243.1, De 19D

Omphaliaster LAMOUR – BläP (Bas, Agaricomycetes, Agaricales, Tricholomataceae)
Frk eher klein mit genabeltem H und breit angehefteten bis herablaufenden L. Spp weiß. Sp oval bis kugelig, morgensternartig oder höckerig, inamyloid. Zystiden fehlend. Schnallen an Hyphensepten fehlend. In den Alpen und im hohen Norden. Etwa 3 Arten. – Anm: Gleichsetzung mit *Hygroaster* SINGER ist nicht geklärt, da dieser Gattung ein anderer T zugrunde liegt [*H. nodulisporus* (DENNIS) SINGER; im Gebiet nicht vertreten oder identisch mit einer *Omphaliaster*-Art?]. – **Lit**: **7**: 271, **11**: 100, **14**: 192
T: *O. borealis* (M. LANGE & SKIFTE) LAMOURE – **Nördlicher Sternsporling**: MJ 3 Omph. 1

Omphalina QUÉL., Nabeling – BläP (Bas, Agaricomycetes, Agaricales, Tricholomataceae) Frk klein mit trichterig-genabelten, bisw auch konvex gewölbtem H, der häufig durchscheinend gerieft ist, L herablaufend. Spp weiß. Sp glatt, nicht amyloid. An Hyphensepten mit oder ohne Schnallen. Über 10 Arten. Humicol. – Anm: exkl. *Arrhenia* pr.p (H grau oder graubraun, zwischen *Sphagnum* oder auf morschem Holz)., *Chromosera* (H zunächst mit bläul Tönen), *Chrysomphalina* (Frk intensiv gelb), *Contumyces* (H rosa), *Lichenomphalia* (Symbiose mit Algen und meist deutl Flechtenthallus bildend). – Syn: *Omphalina cyanophylla* = *Chromosera c.*, *O. hepatica* = *O. subhepatica*. – **Lit**: **7**: 394,**11**: 93, **14**: 235
T: *O. pyxidata* (PERS. : FR.) QUÉL. – Rotbrauner Nabeling: BK 3.380, 383, BL 129, Cr 2402, Gh 215, Kr 3.486, Lg 58E, 60F, Lu 1.55.21, MJ 3Omph2, RH 260

1 Frk mit grauen oder braunen Farben **2**
1* Frk mit anderen Farben: grünl, rosa, lila, violettl, gelb, orange, aprikosenfarben (siehe auch *Arrhenia, Chromosera, Chrysomphalina, Contumyces*) ▸
2 Sp nahezu kugelig oder kurz ellipsoid **3**
2* Sp gestreckt, seltener auch mit einigen kürzeren untermischt **5**
3 Hyphen ohne Schnallen ▸
3* Hyphen mit Schnallen **4**
4 HDS mit grob bis deutl inkrustierten Hyphen (siehe auch: *Arrhenia*) ▸
4* Hyphen der HDS nicht mit inkrustierendem Pigment oder ledigl mit feiner hyaliner Inkrustierung. H 1–3 cm, anfangs fuchsigbraun, dann ockerbraun, dunkler gestreift. Sp apikal breit gerundet. Zwischen Moosen auf Dünen oder in Trockenrasen. Sp 6,5–8 × 5,5–7 µm. [Falls H 1–2 cm, nicht oder kaum gestreift, Vorkommen in Mooren und Sümpfen, boreal oder alpin: *O. favrei* WATLING]
Häublingsartiger Nabeling – *O. galericolor* (ROMAGN.) M.M. MOSER
5 Hyphen mit Schnallen **6**
5* Hyphen ohne Schnallen (siehe u. a. auch *Lichenomphalia velutina*) ▸
6 Weder in Mooren mit *Sphagnum*, noch auf Holz; vielmehr auf humosen Böden . . . **7**
6* In Mooren mit *Sphagnum* oder auf Holz (siehe auch: *Arrhenia*) ▸
7 Frk eher dunkel und trüb gefärbt: dunkel graubraun, rußbraun, umbra, olivbraun, auch fast schwarz. Trocken aufhellend, aber ohne ockerfarbene oder rotbraune Töne (siehe auch: *Arrhenia*) ▸
7* H und S rotbraun, ziegelfarben, auch violettbraun, trocknend milchkaffeefarben oder falbbraun. L oft hell bis weißl **8**
8 Sp groß, 8–11 µm lang. An feuchten Stellen, meist in der alpinen Höhenstufe ▸
8* Sp im Mittel weniger als 8 µm lang **9**
9 S feinfilzig (mit bloßem Auge erkennbar). Sp apikal gerundet, 6–8 × 5–5,5 µm
Leberbrauner Nabeling – *O. subhepatica* (BATSCH) MURRILL
9* S mit bloßem Auge betrachtet kahl oder nahezu kahl. Sp apikal mandelfö verjüngt (so wenigsten zu mehr als 50 % aller Sp.), 7–9 (10) × 3,5–5,5 µm. [Falls Sp durchwegs apikal breit gerundet und Vorkommen alpin: *O. pseudomuralis* LAMOURE]
Rotbrauner Nabeling – *O. pyxidata* (PERS. : FR.) QUÉL.

Omphalotus FAYOD, Ölbaumtrichterling, Ölbaumseitling – BläP (Bas, Agaricomycetes, Agaricales, Omphalotaceae)
Frk zieml groß, orange bis orangebraun in allen Teilen. L dickl, herablaufend, nicht durchgehend gabelteilig (wie bei *Hygrophoropsis*). S z. T. ± exzentrisch. Spp weiß, Sp weder amyloid noch dextrinoid, fast kugelig, 5–7 × 5–6 µm. 1–2 Arten. Lignicol., LaH, Weißfäule. – **Lit**: **7**: 117, **11**: 77, **14**: 306
T: *O. olearius* (DC. : FR.) SINGER – **Echter Ölbaumseitling**: Br 285, Lu 1.56.2. –
In Mitteleuropa und Nordamerika eher *O. illudens* (SCHWEIN.) BRESINSKY & BESL – **Orangefarbener Ölbaumseitling**: BL 51, DH 109, Gh 175, HK 3.200, Kr 3.489, KM 292, Lu 1.56.1, Md 36, Ph 186, Ro 94

Onnia P. KARST., Filzporling – PoP (Bas, Agaricomycetes, Hymenochaetales, Hymenochaetaceae)
Frk gestielt-hutfö oder sitzend, einjährig, braun. Trama rostbraun mit Duplex-Struktur: oben mit schwammig-filziger Schicht, darunter holzig-dicht. S außen schwammig-filzig. Monomitisch. Hyphen hellbräunl, Schnallen fehlend. Mit dunkelbraunen, hakenfö gekrümmten oder geraden Seten. Sp hyalin bis hell gelbl, ellipsoid, dünn- bis etwas dickwandig, glatt, inamyloid, cyanophil. 3 Arten. Lignicol, auch auf Erde über Wurzeln, Weißfäule. – Anm: Vgl. *Phaeolus* mit fehlenden Seten. – Syn: *O. leporina* wird auch als identisch mit *O. circinata* aufgefasst. Aktuell sind alle Arten von *Onnia* der Gattung ***Inonotus*** zugeordnet worden. – **Lit**: **9**: 325, **12**: 280
T: *O. tomentosa* (FR. : FR.) P. KARST. – Gestielter Filzporling: BK 2.299, Ct 753, Ja 149, Kr 1. 444, Lx 525, Md 318, RH 196

1 Seten im Hymenium gerade. Frk auf Erde
Gestielter Filzporling – *O. tomentosa* (FR. : FR.) P. KARST.
1* Seten im Hymenium hakenfö. Frk auf Holz **2**
2 Frk gestielt, auf Kiefer **Kiefern-Filzporling** – *O. triquetra* (FR.) IMAZEKI
2* Frk sitzend, auf Fichte **Kreisrunder Filzporling** – *O. leporina* (FR.) H. JAHN

Onygena PERS. : FR., Hornpilz – inop. Disc (Asc, Eurotiomycetes, Onygenales, Onygenaceae)
Frk gestielt-kopfig. Der fertile Kopfteil zunächst von dünner Peridie umgeben, diese bald schwindend. S zylindrisch, ± glatt. Asci annähernd kugelig, inamyloid, in Ketten geordnet, 8-sporig. Asc-Sp ellipsoid bis leicht gekrümmt, glatt, blass-bräunl, mit 1 oder 2 Tröpfchen, 6–9 × 2,5–5,5 µm. 2 Arten. Auf Hornteilen, der T auf verrottendem Horn oder auf Hufe von Kuh, Schaf oder Pferd. Die andere Art auf Federn, Haaren oder Gewöllen (*O. corvina* ALB. & SCHWEIN.). – **Lit**: **5**: 387, **10**: 130
T: *O. equina* (WILLD. : FR.) PERS., **Kuh-Hornpilz**: BK 1.375, Ct 843, De 44L, RH 677

Ophiocordyceps siehe *Cordyceps*

Ophiostoma SYD. & P. SYD. – Pyr (Asc, Sordariomycetes, Ophiostomatales, Ophiostomataceae)
Frk in Form von Perithecien ohne Stroma, schwarz, dünnwandig, mit langem, schmalem Hals. Asci kugelig, dünnwandig. Asc-Sp 1-zellig. Anamorphe: *Sporothrix*. Auf Holz und

Borke. *O. ulmi* verursacht das Ulmensterben. Eine Art, *O. polyporicola*, auf anderen Pilzen (*Antrodia, Fomitopsis, Tyromyces*).
T: *O. piliferum* (FR.) SYD. & P. SYDOW. – *O. polyporicola* CONSTANT & RYMAN, abgebildet in HELFER (1991) 49:21

Orbicula COOKE – op. Disc (Asc, Pezizomycetes, Pezizales, Pyronemataceae)
Frk sitzend, halbkugelig, 500–750 µm im Durchm, zunächst auf braunen, später schwindenden Hyphen auf der Substratoberfläche zerstreut sitzend, erst bräunl, dann schwarz. Asci keulenfö-zylindrisch, lang gestielt, 120–150 µm, der Sp-führende Teil 70–80 × 9–14 µm. Sp im Ascus einreihig, 1-zellig, kugelig bis breit ellipsoid, 10–14 × 7–10 µm, gelbl. – Die T-Art u. a. auch auf Dung.
T: *O. cyclospora* (COOKE) SACC. = *O. parietina* (SCHRAD.) S. HUGHES

Orbilia FR., Knopfbecherchen – inop. Disc (Asc, Orbiliomycetes, Orbiliales, Orbiliaceae)
Frk sitzend oder fast sitzend, klein, dünn, glatt, außen ganzrandig, ± durchscheinend wachsartig, meist deutl hell-farbig. Asci zylindrisch bis keulig, 8-sporig, inamyloid. Paraphysen fädig, oft mit aufgeweitetem oberen Ende, bisw oben inkrustiert. Ein Epithecium überdeckt das Hymenium (in welchem Asci fehlen können). Asc-Sp hyalin, unseptiert oder mit 1 Septum. Artenreiche neu erforschte Gattung. Saprotroph auf Holz, Krautstängeln, Frk (Stromata) von Pyrenomyceten. Einige Arten sollen lichenisiert sein. – Anm: Die richtige Bestimmung von *O. auricolor* in BK 1.251 ist umstritten, Abb. und Beschreibung vermitteln aber einen Eindruck von der Gattung. – **Lit**: **5**: 187, **10**: 212; BARAL, H.O., WEBER, E., MARSON, G. (2020): Monograph of Orbiliomycetes (Ascomycota) based on vital taxonomy. Part I, II. National Museum of Natural History Luxembourg
T: *O. leucostigma* (FR.) FR. – Abgebildet *O. auricolor* (BLOXAM ex BERK.) SACC.: BK 1.251, De 25F

1 Sp deutl gebogen bis kommafö **2**
1* Sp ellipsoid oder keulenfö ▸
2 Sp 8–13 × 0,5–1 µm. Apothecien blass orange oder rosal. Paraphysen oben breiter werdend und mit inkrustierten Enden
Gekrümmtsporiges Knopfbecherchen – *O. auricolor* (BLOXAM ex BERK.) SACC.
2* Sp-Maße verschieden (z. B. 2,5–8 × 1–2 µm) ▸

Orphanomyces SAVILE – BrandP (Bas, Ustilaginomycetes, Ustilaginales, inc. sed.)
Phytoparasitischer Befall auf *Carex* in Form von schwarzen Streifen oder Krusten; Belag oberseits abwischbar, körnig, wie Schmutz aussehend. Sp fein netzig ornamentiert, einzeln, braun bis dunkelbraun, 13–21 × 10–16 µm. – **Lit**: **13**: 214, 215, 221, 226, 239, 241, 255
T: *O. arcticus* (ROSTR.) SAVILE
Carex brunescens, *davalliana, lachenallii, maritima, stenophylla: O. arcticus.* – ***Carex acuta*** agg.: *O. hungaricus.* – ***Carex acutiformis****: O. vankyi*

Osmoporus siehe *Gloeophyllum odoratum*

Ossicaulis REDHEAD & GINNS, Holztrichterling – BläP (Bas, Agaricomycetes, Agaricales, Lyophyllaceae)
Frk mittelgroß bis groß, weiß. S exzentrisch. L breit angeheftet bis herablaufend. Spp weiß. Sp kugelig bis breit ellipsoid, 4–6,5 × 4–5,5 µm. Lignicol. – **Lit**: **7**: 298, **11**: 103, **14**: 596
1 Art = T: *O. lignatilis* (PERS. : FR.) REDHEAD & GINNS – **Weinfass-Holztrichterling**: BK 3.168, BL 121, CD 152, Lg 62F, Lu 1.58.1, MJ 3.Oss1, PH 182, RH 273

Osteina DONK, Knochenporling – PoP (Bas, Agaricomycetes, Polyporales, Fomitopsidaceae)
Frk gestielt-hutfö, 1-jährig, oft mit mehreren H je S. H kreis- bis spatelfö, 2–7 cm breit, 2–5 mm dick, frisch weiß und lederig, trocken creme-ocker und knochenhart. H-Oberfläche kahl bis kurzhaarig, glatt, ungezont. S zentral oder meist seitl, kurz, 1–5 × 0,3–0,6 cm. Röhren 0,5–2 mm, am S herablaufend. Poren weiß bis creme, 3–5 pro mm, rund, gezähnt. Monomitisch. Hyphen hyalin, mit Schnallen. Zystiden fehlend. Sp hyalin, dünnwandig, glatt, inamyloid, zylindrisch, 4,5–6,5 × 2–3 µm. Lignicol, LaH, NaH, Braunfäule verursachend. – **Lit**: **12**: 338
1 Art = T: *O. obducta* (BERK.) DONK – **Weißer Knochenporling**: BK 2.413, Ct 730, Md 248, MJ 5Ost1

Otidea (PERS.) BONORD., Öhrling – op. Disc (Asc, Pezizomycetes, Pezizales, Otideaceae)
Frk (Apothecien) meist exzentrisch, an einer Seite mit Schlitz oder überhaupt auf einer Seite in die Länge gezogen, ohrenfö, selten regelmäßig becherfö, 1–5 cm breit, sitzend oder gestielt. Außen so wie sie Seite mit dem Hymenium gefärbt (siehe Schlüssel) oder etwas dunkler, kahl, kleiig oder samthaarig, Oberfläche faltig. S weißl, haarig. Paraphysen meist gebogen bis hakenfö. Asc-Sp ellipsoid, glatt, mit 2 Tröpfchen. Etwa 15 Arten. Terricol, LaW, NaW. – **Lit**: **5**: 27, **10**: 107
T: *O. cochleata* (L.) FUCKEL: BK 1.61, Br 1229; abgebildet auch *O. onotica* (PERS. : FR.) FUCKEL – Esel-Öhrling: BL 331, De 8A, Dh 1127, Gh 651, HK 1.195, Lx 679, Ph 271

1 Asc-Sp 14–20 µm lang **2**
1* Asc-Sp 10–14 µm lang **3**
2 Hymenium dunkelbraun mit olivfarbenen Mischtönen (falls mit rosal. oder mit rötl-grauen Mischtönen: ►). Asc-Sp 14–17 × 6,5–7,5 µm
Schnecken-Öhrling – *O. umbrina* (PERS. : FR.) BRES.
2* Hymenium gelbl-braun, blass braun, ockerl, (blass) orange. Apothecium exzentrisch (falls becherfö: ►) gelbl-braun oder blass bräunl, 1–3 cm hoch, 2–4 cm breit, die freien Ränder oft eingerollt, außen kahl, dem Hymenium gleichfarben. Asc-Sp 14–16 × 7–9 µm (falls Asc-Sp 16–18–20 × 10–11–12 µm: ►)
Lederbrauner Öhrling – *O. alutacea* (PERS. : FR.) MASSEE
3 Hymenium zitronengelb mit rötl Mischton. Frk ohrfö bis löffelfö, 1–2,5 cm hoch, außen kahl und wie das Hymenium gefärbt. Asc-Sp 10–12 × 5,5–6,5 µm
Zitronengelber Öhrling – *O. concinna* (PERS. : FR.) SACC.
3* Hymenium ockerl bis orange **4**

4 Hymenium ockerl bis blass rötl-braun, Frk 1–2,5 cm hoch
Hasen-Öhrling – *O. leporina* (BATSCH : FR.) FUCKEL
4* Hymenium blass orange bis orange, oft mit rosal Mischton, Frk 3–5 cm hoch
Esel-Öhrling – *O. onotica* (PERS. : FR.) FUCKEL

Oudemansiella SPEG., Schleimrübling – BläP (Bas, Agaricomycetes, Agaricales, Physalacriaceae)
Frk mittelgroß bis fast groß, weiß, seltener im H auch graubräunl. H und S schleimig. S mit Ring. Spp weiß. Sp inamyloid, fast kugelig, 14–18 × 12–16 µm. Lignicol, LaH (besonders *Fagus*). – Anm: als gültiger Gattungsname ist *Mucidula* PAT. anzusehen. – **Lit**: **7**: 415, **11**: 162, **14**: 260
1 Art = T: *O. mucida* (SCHRAD. : FR.) HÖHN – **Beringter Schleimrübling**: BK 3.388, Kr 3.491, Lg 41E, Lu 1.57.1, Lx 195, MJ 3Oud1

Ovulinia F.A. WEISS – inop. Disc (Asc, Leotiomycetes, Helotiales, Sclerotiniaceae)
Frk becherfö bis trichterig, bräunl, gestielt, zu 1–3 aus einem eifö bis scheibenfö, 1–4 × 1–2 mm großem Sklerotium in Blütenblättern (Petalen) von *Rhododendron* (inkl. *Azalea*) entspringend. Scheibe (Apothecium) 2–5 mm breit, mittelbraun, S 5–12 × 0,5–1,5 mm. Asc-Sp hyalin, ellipsoid, einzellig, im Frühling und Frühsommer gebildet. Makrokonidien der Nebenfruchtform (Anamorphe) breit ellipsoid bis eifö, 40–60 × 20–35 µm, innerhalb der Blüten im Hochsommer sich bildend.
1 Art = T: *O. azaleae* F.A. WEISS – **Azaleenbecherchen**

Oxyporus (BOURD. & GALZ.) DONK, Steifporling – PoP (Bas, Agaricomycetes, Hymenochaetales, Schizoporaceae)
Frk resupinat bis pileat, sitzend, ein- bis mehrjährig, hart, mit Poren. Trama weiß bis cremefarben. Monomitisch. Hyphen hyalin, ohne Schnallen. Zystiden dünn- bis dickwandig, oben inkrustiert. Sp hyalin, dick- bis dünnwandig, inamyloid. 5 Arten. Lignicol, Weißfäule verursachend. – Anm: Falls Poren frisch mit rosa Schimmer und Zystiden ohne Kristalle vgl. *Rigidoporus*. – **Lit**: **9**: 172, **12**: 324
T: *O. populinus* (SCHUMACH. : FR.) DONK – **Treppenförmiger Steifporling**: BK 2.379. Ct 2842, Gh 545, Lx 547, Md 252, MJ 5Ox1, Ph 231, RH 173

1 Frk mehrjährig mit geschichteten Röhren. Poren 4–7 pro mm **2**
1* Frk einjährig. Poren 1–4 pro mm ▸
2 Frk mit H oder H-Kanten (pileat) bis resupinat. Sp eher kugelig, bis breit ellipsoid, 4–5,5 × 3–4 µm
Treppenförmiger Steifporling – *O. populinus* (SCHUMACH. : FR.) DONK
2* Frk voll resupinat. Sp breit ellipsoid, nicht kugelig, 4–5,5 × 3–4 µm
Krustenförmiger Steifporling – *O. obducens* (PERS.) DONK

Ozonium siehe *Coprinus*

Flechten, Gattungen O

Ochrolechia A. MASSAL. – Fle (Asc, Lecanoromycetes, Pertusariales, Ochrolechiaceae)
Lager (zusammenhängend-)krustig, uneben bis warzig, selten areoliert, weißl, grau, cremefarben, auch gelb- oder braunstichig, oft sorediös. Apothecien groß, Scheibe rosabraun, ockergelbl, bisw bereift, mit Lagerrand und ± mit Eigenrand. Sp 1-zellig, groß, dickwandig, zu 2–8 je Ascus. Photobiont: Coccoide Grünalgen wie *Trebouxia, Diplosphaera, Elliptochloris*. Ba-Rinden, Silikatgesteine. 14 Arten. – **Lit**: **24:** 90, 94, 98. 696–697 unter *Pertusaria*, **610–618**; **25:** 107, 117–120, 124, 126–127, 838–840, 842–843, 845–847 unter *Pertusaria*, **780–785**
T: *O. tartarea* (L.) A. MASSAL – Weinsteinflechte; abgebildet u. a. *O. androgyna* (HOFFM.) ARNOLD – Zwitter-Cremeflechte: Wi 611, FleD 781, *O. parella* (L.) A. MASSAL. – Stein-Cremeflechte: UT 146

1 Lager sorediös oder mit feinen, sorediös aufbrechenden Isidien **2**
1* Lager nicht sodediös **5**
Lager sorediös oder mit feinen, sorediös aufbrechenden Isidien (2–4)
2 Lager C− oder C+ gelbl, mit z. T. wenigstens unregelmäßig begrenzten Soralen. Vor allem in montaner Lage auf sauren Rinden. In niederen Lagen vgl. *O. turneri* (SM.) HASSELROT **Kleiige Cremeflechte** – *O. microstictoides* RÄSÄNEN
2* Lager C+ rot **3**
3 Lager eher feinisidiös als sorediös
Körnige Cremeflechte – *O. subviridis* (HØEG) ERICHSEN
3* Lager sorediös mit deutl Soralen. **4**
4 Sorale weißl, cremefarben bis leicht grünl, flach bis leicht konkav, 0,3–0,7 mm
Baum-Cremeflechte – *O. arborea* (KREYER) ALMB.
4* Sorale weißl bis grau, auch leicht gelbl, gewölbt, über 0,6 mm
Zwitter-Cremeflechte – *O. androgyna* (HOFFM.) ARNOLD
Lager nicht sodediös (5–6)
5 Auf Silikatgestein, auch auf Gesteins- und Erdmoosen **6**
5* Lager auf Ba-Rinde oder über Moosen in alpiner Höhenstufe ▸
6 Lager K−, C− oder C+ gelbl, mäßig dick, weißl bis hellgrau. Apothecien bis zu 2–3 mm, grau, ocker, rosa, weiß bereift, dicht stehend
Stein-Cremeflechte – *O. parella* (L.) A. MASSAL.
6* Lager K+ gelbl oder auch K−, C+ rot, meist mehrere mm dick, oft plattig ablösbar vom Substrat, Apothecien bis 7 mm, rosabraun, unbereift oder selten leicht bereift
Weinsteinflechte – *O. tartarea* (L.) A. MASSAL.

Opegrapha ACH. – Fle (Asc, Arthoniomycetes, Arthoniales, Opegraphaceae)
Lager krustig, meist dünn, glatt bis rissig, auch innerhalb des Substrats, weißl, grau, braun, oliv, rosa, oft mit schwarzem Prothallus, selten sorediös. Apothecien schwarz, mit erhabenem Eigenrand, Scheibe (rundl), längl, ritzenfö, auch verzweigt. Sp mehrfach querseptiert, keulig, spindelfö, fast nadelfö, oft mit Schleimhülle, farblos, alt evtl bräunl und warzig

ornamentiert. Photobiont: *Trentepohlia*, auch fehlend und dann auf Flechten (lichenicol). Silikatgestein, Kalkgestein, Mauern, Ziegel, Rinde von LaB oder von Tanne, bisw parasitisch auf anderen Flechten. 13 Arten. – **Lit**: **24:** 84, 88, 91–92, **620–629**; **25:** 98, 104, 11, 115, 119, **786–795**

T: *O. vulgata* (ACH.) ACH. – Gewöhnliche Zeichenflechte; abgebildet u. a. *O. vermicellifera* (KUNZE) R. LAUNDON – Wurmfrüchtige Zeichenflechte: Wi 623, FleD 791

1 Auf Gestein ▸
1* Auf Rinde, Holz, Pflanzenresten **2**
2 Apothecien breift ▸
2* Apothecien unbereift **3**
3 Sp 9–16-zellig, selten nur mit 7–8 Zellen, mit dicker Schleimhülle
Grünliche Zeichenflechte – *Zwackhia. viridis* (ACH.) POETSCH & SCHIED.
3* Sp nicht mehr als 7(–8)-zellig **4**
4 Sp 4-zellig **5**
4* Sp 5–7(–8)-zellig **6**
5 Lager (grau-, rot-)braun, oft mit punktartigen, helleren Flecken
Rotbraune Zeichenflechte – *O. rufescens* PERS.
5* Lager weißl, glatt. Sp × 3,5–5,5 µm mit undeul und sehr dünner Schleimhülle. Falls Sp × (4–)5–7(–8) µm mit dünner aber deutl Schleimhülle: *O. varia* var. *herbarum*
Schwarze Fleckflechte – *Arthonia atra* (PERS.) A. SCHNEID.
6 Sp × (4–)5–7(–8) µm
Veränderliche Zeichenflechte – *Alyxoria. varia* (PERS.) ERTZ. & TEHLER
6* Sp schmäler, × 2,5–3,5(–4) µm breit **7**
7 Lager weißl bis hellgrau, mit vorstehenden Pyknidienwarzen
Wurmfrüchtige Zeichenflechte – *O. vermicellifera* (KUNZE) J.R. LAUNDON
7* Lager ohne vortretende Pyknidienwarzen
Gewöhnliche Zeichenflechte – *O. vulgata* (ACH.) ACH.

„Opegrapha"

1 Auf anderen Flechten (lichnicol). Sp stets 4-zellig **2**
1* Nicht auf anderen Flechten. Sp 4–10-zellig **5**
2 Über Kalkgestein auf Krustenflechten (*Verrucaria*, *Bagliettoa*) ***Opegrapha*** (*rupestris*)
2* Auf Gestein über Blattflechten oder auf epiphytischen Blatt- und Krustenflechten **3**
3 Auf *Xanthoria parietina* (gelbes Lager) ***Phacothecium*** (pr.p.)
3* Auf anderen Flechten **4**
4 Auf *Phlyctis argena* ***Phaeographis*** (pr.p.)
4* Auf epilithischer Blattflechte (*Dermatocarpon*) oder auf epiphytischer Krustenflechte (*Thelotrema*) ***Opegrapha*** (*pulvinata*, *thelotrematis*)
5 Auf (Sand-)Boden ***Opegrapha*** (*areniseda*)
5* Auf Rinde, Holz, Gestein, auch auf Pflanzensprossen **6**
6 Auf Gestein **7**
6* Auf Rinde, Holz, Pflanzensprossen **19**
7 Silikatgestein **8**
7* Kalkgestein, Mörtel **13**
8 Apothecien-Scheiben grau bis bläul bereift oder falls nicht so, dann Apothecien rundl
* ***Lecanactis***

8* Apothecien unbereift oder falls bereift, dann diese langgestreckt **9**
9 Lager sehr undeutl, weißl bis grau, Gestein an Meeresküsten **_Opegrapha_** (*confluens*)
9* Lager meist deutl, weiß bis rotbraun, nicht halophil **10**
10 Sp 2–4-zellig **_Opegrapha_**
10* Sp (4–)6–12-zellig **11**
11 Lager mit Flecksoralen. Falls ohne Sorale dann Excipulum reduziert, bräunl, nicht kohlig, unten offen **_Enterographa_** (pr.p.)
11* Lager ohne Sorale. Excipulum kräftig entwickelt, kohlig, basal geschlossen **12**
12 Apothecien (1,0–2,0 × 0,2 mm) mit enger, ritzenfö Öffnung (Scheibe) **_Opegrapha_** (*lithyrga*)
12* Apothecien (2–2,5 × 0,25–0,5 mm) mit schließl ausgebreiteter flacher Scheibe **_Alyxoria_** (pr.p.)
13 Sp 5–7-zellig. Falls auf Sandboden und Sp 4–6(–9)-zellig: *Opegrapha areniseda* **_Alyxoria_** (pr.p.)
13* Sp 4-zellig, selten vereinzelt 5-zellig **14**
14 Lager C+ rot * **_Lecanactis_**
14* Lager C− **15**
15 Hymenium und Subhymenium gänzl J+ orangerot **_Opegrapha_** (*dolomitica*, *trifurcata*)
15* Hymenium ganz oder nur im oberen Teil J+ blau; allenfalls nur im unteren Teil J+ orangerot . . **16**
16 Hymenium gänzl J+ blau **17**
16* Hymenium oben J+ blau, unten J+ orangerot **18**
17 Excipulum K+ olivgrün. Apothecien lang gestreckt **_Arthonia_** (pr.p.)
17* Excipulum K+ violett. Apothecien gestreckt bis rundl und dann gefurcht-faltig **_Opegrapha_** (*suecica*)
18 Apothecien weiß bereift oder unbereift und dann auf anderen Flechten **_Opegrapha_** (*demutata*, *rupestris*)
18* Apothecien oft mit braunorangem Reif. Nicht auf anderen Flechten wachsend **_Alyxoria_** (pr.p.)
19 Apothecien bereift **20**
19* Apothecien unbereift **22**
20 Reif grüngelb oder orangebraun **_Alyxoria_** (pr.p.)
20* Reif weiß **21**
21 Apothecien rundl bis breit elliptisch. Sp 7–12-zellig oder auch 4–7-zellig und dann × 2,5–3,5 µm **_Lecanographa_** (pr.p.)
21* Apothecien elliptisch bis längl. Sp 4–7-zellig, × 4,5–9 µm breit **_Alyxoria_** (pr.p.)
22 Excipulum reduziert, braun, nicht kohlig, unten nicht geschlossen **_Enterographa_** (pr.p.)
22* Excipulum deutl entwickelt, unten geschlossen **23**
23 Sp 9–16-zellig, selten nur 7–8-zellig, mit dicker Schleimhülle **_Zwackhia_** (pr.p.)
23* Sp 4–7(–8)-zellig **24**
24 Sp 4-zellig **25**
24* Sp Sp 5–7(–8)-zellig **29**
25 Apothecien kräftig, elliptisch, 1,5–3 × 0,5–1 mm. Nicht lichenisierte Pilze ohne Photobionten **_Hysterium_**
25* Apothecien zarter und schmäler. Photobiont: *Trentepohlia* **26**
26 Pyknosporen 12–23 µm lang. Lager weißl, grau, bräunl **_Alyxoria_** (pr.p.)
26* Pyknosporen kürzer **27**
27 Lager (grau-, rot-)braun, oft mit punktfö helleren Flecken **_Opegrapha_** (*rufescens*)
27* Lager weißl, glatt **28**
28 Sp × (4–)5–7(–8) µm, ± keulenfö, mit dünner Schleimhülle **_Alyxoria_** (pr.p.)
28* Sp × 3,5–4,5(–5,5) µm, schmal elliosoid-keulenfö, Schleimhülle oft undeutl **_Arthonia_** (pr.p.)
29 Sp × (4,5–)5–9 µm. Apothecien-Scheibe anfangs eng, dann aber erweitert. Excipulum K− **_Alyxoria_** (pr.p.)
29* Sp × 2,5–3,5(–4) µm. Apothecien oben (Scheibe) bleibend ritzenfö. Excipulum K+ rotbraun **_Opegrapha_** (*niveoatra*, *vermicellifera*, *vulgata*)

Ophioparma NORMAN – Fle (Asc, Lecanoromycetes, Umbilicariales, Ophioparmaceae)
Lager krustig, gelbl-grün, gelbl-grau, ohne Soredien. Apothecien (braun-)rot, mit dickem Eigenrand, Lagerrand vorhanden oder fehlend. Sp 3–7-fach querseptiert, nadelfö, im Ascus schraubig gewunden. Photobiont: Ähnl *Trebouxia*. Silikatgestein. Hochmontan-alpin. – **Lit**: **24:** 416 unter *Haematomma*, **629–630**; **25:** 106, 514 unter *Haematomma*, **795–796**
1 Art = T: *O. ventosa* (L.) NORMAN – **Blutaugenflechte**: Wi 630, FleD 795, UT 143

Orphniospora KÖRB. – Fle (Asc, Lecanoromycetes, Umbilicariales, Fuscideaceae?)
Lager krustig, areoliert, mit schwarzem Prothallus. Apothecien schwarz, mit Eigenrand, aber ohne Lagerrand. Sp 1-zellig oder mit undeutl Septum, dickwandig, farblos bis braun. Photobiont: Coccoide Grünalge. Silikatgestein. 2 Arten. – **Lit**: **24:** 508 unter *Lecidea*, **630**; **25:** 102, 108, sowie 248 unter *Buellia*, 647 unter *Lecidea*, **796**
T: *O. groenlandica* KÖRB., nicht im Gebiet vorkommend. – **Alpenkrustenflechte** (Gattungsname)

Oxneria S.Y. KONDR. & KÄRNEFELT – Fle (Asc, Lecanoromycetes, Teloschistales, Teloschistaceae)
Lager blättrig, rosettig, mit anliegenden bis partiell aufsteigenden Lappen, gelb, orangerot, unterseits weißl, gelbl, mit Rhizinen. Lappen flach bis gewölbt, schmal-längl oder kurz, bis 2 mm breit, oft sorediös. Apothecien flächenständig, orangegelb, mit Eigen- und Lagerrand. Photobiont: Coccoide Grünalge (*Trebouxia*). (Silikat-)Gestein, Dolomit, auf Rinde von LaB. 3 Arten. – **Lit**: **25:** 1191 unter *Xanthoria*, **797–798**
T: *O. alfredii* (S.Y. KONDR. & POELT) S.Y. KONDR. & KÄRNEFELT; abgebildet *O. huculica* S.Y. KONDR. – **Rinden-Gelbflechte**: FleD 797

Pilze, Gattungen P

Pachyella BOUD. Dickbecherling – op. Disc (Asc, Pezizomycetes, Pezizales, Pezizaceae)
Fruchtkörper (Apothecien) flach, breit auf dem Substrat angeheftet, mit undeutl abgesetztem Rand, 0,5–1,2 cm. Oberseits (Hymenium) graubraun bis dunkelbraun. Asci zylindrisch, schwach amyloid (an Exsikkaten so oft nicht erkennbar). Asc-Sp breit ellipsoid, dickwandig, glatt oder fein punktiert, mit 2 Tröpfchen, 18–21 × 11–13 µm. 2 Arten. An nassen Plätzen, wasserdurchtränktes Holz, untergetauchtes Laub, Lebermoose (*Anthelia*) in der alpinen Höhenstufe. – **Lit**: **5**: 25, **10**: 58
T: *P. barlaeana* (BRES.) BOUD.; abgebildet *P. violaceonigra* (REHM) PFISTER – **Violettschwarzer Dickbecherling**: BK 1.57 (vgl. auch BK 1. 56)

Pachykytospora KOTL. & POUZAR, Resupinatporling – PoP (Bas, Agaricomycetes, Polyporales, Polyporaceae)
Frk resupinat, ein- bis mehrjährig, poroid, dünn, dann kissenfö und bis 1 cm dick, bis 1 m lang. Poren jung creme-ocker mit rosa Schimmer, alt ocker-fleischfarben bis ocker-bräunl, rund bis eckig, 1–3 pro mm. Trimitisch. Skelet- und Bindehyphen hyalin bis hellgelbl, generative Hyphen hyalin, mit Schnallen. Skeletthyphen dextrinoid. Zystiden fehlend. Sp

dickwandig, warzig, dextrinoid, 9,5–15 × 5–8 µm. Lignicol, LaH (meist Eiche), Weißfäule verursachend. – **Lit**: **9**: 244, **12**: 387
1 Art = T: *P. tuberculosa* (DC. : FR) KOTL. & POUZAR – **Warzensporiger Resupinatporling**: BK 2.368, Ct 2030, MJ 5Pachyk1, RH 174

Pachylepyrium SING., Brandmoosschüppling – BläP (Bas, Agaricomycetes, Agaricales, Strophariaceae)
H 1–4 cm, rotbraun, trocken ockerbraun, am H-Rand vom Velum gesäumt. Spp zimtbraun. HDS mit liegenden, recht kurzgliedrigen, inkrustierten Hyphen, darüber vom Velum mit dünnen, gestreckten, hyalinen Hyphen. Sp mit Keimporus, glatt, 6,8–10,5 × 5–6,5 µm. Auf Brandstellen zwischen dem Laubmoos *Funaria*. – Anm: Falls auf Brandstellen und Sp größer und warzig vgl. *Hebeloma* oder falls Sp glatt und kleiner (6–7 × 3–4 µm) vgl. *Pholiota highlandensis*. Teilweise (*P. funariophilum*) jetzt auch zu ***Crassisporium***. – **Lit**: **8**: 414, **11**: 341
T: außereuropäisch, bei uns 1 Art = *P. funariophilum* (M.M. MOSER) SINGER – **Später Brandmoosschüppling**: BK 4.419, Lu 1.65.31 = *Crassisporium funariophilum* (M.M. MOSER) MATHENY & al.

Pachyphloeus TUL. & C. TUL., Kratertrüffel – Hyp (Asc, Pezizomycetes, Pezizales, Pezizaceae)
Frk knollig, 1–3 cm, oben meist etwas niedergedrückt. Außen (Peridie) gelbbraun, grünlbraun, schwärzl, glatt oder warzig (T). Innen (Gleba) grau-gelbl bis schwärzl-braun (so beim T), die fertilen Bereiche getrennt durch dünne, recht unauffällige, hellere, gelbl-weiße, sterile Adern. Asci schlauchfö, keulig bis annähernd kugelig, bisw amyloid. Sp im Ascus 2-reihig oder unregelmäßig geordnet, kugelig, hyalin bis gelbl (oder bräunl), mit Stacheln, die 2–3,5 µm hoch sein können (so beim T), z. B. 13–16 µm (T). Etwa 5 Arten. Terricol. – **Lit**: **5**: 82, **10**: 58
T: *P. melanoxanthus* (TUL.) TUL. & C. TUL. – Schwärzende Kratertrüffel: Ce 17, MS 207

1 Frk außen weitgehend glatt ▸
1* Frk außen ± warzig-uneben. Asci im Mittel 80–140 µm [Falls Asci kürzer als 80 oder länger als 140 µm: ▸]
Schwärzende Kratertrüffel – *P. melanoxanthus* (TUL.) TUL. & C. TUL.

Paecilomyces BAINIER – SchimP (Eurotiomycetes, Eurotiales, Thermoascaceae; Anamorphe)
Hyphen septiert. Konidienträger nicht gebündelt, oft uneinheitl und unregelmäßig verzweigt, an ihrer Spitze aber auch unterhalb unregelmäßig pinselfö verzweigt. Konidienbildende Zellen pfriemfö, in unregelmäßigen Wirteln. Konidien in (basipetalen) Ketten, gelbl, oliv bis bräunl. Teleomorphe: *Byssochlamys* WESTLING. – Anm: sonst ähnl *Penicillium*. – **Lit**: **21**: 86, 139
T: *P. varioti* BAINIER

Panaeolina MAIRE, Heudüngerling – BläP (Bas, Agaricomycetes, Agaricales, Psathyrellaceae)
Frk klein. H gewölbt bis glockig, feucht rötl-braun, trocken tonbraun, H-Rand häufig dunkler, Spp purpurbräunl. Sp warzig, mit Keimporus, (11,5–)14–17(–22) × 7,5–11 µm, nicht abgeflacht [Falls Sp abgeflacht × 7,5–9,5(–11) × 6,5–9 (10,5) µm und ledigl fein rau: *Panaeolus olivaceus*], in KOH nicht aufhellend. Humicol, Wiesen. – **Lit**: **8**: 375 als *Panaeolus f.*, **11**: 290, **14**: 646
1 Art = T: *P. foenisecii* (PERS. : FR.) MAIRE – **Heudüngerling**: BK 4.313, Ct 902, GH 395, HK 4.271, Lg 150c, Lu 1.59.1,2, Lx 301, Ph 182, RH 431

Panaeolus (FR.) QUÉL., Düngerling – BläP (Bas, Agaricomycetes, Agaricales, Psathyrellaceae)
Frk klein bis mittelgroß. H glockig bis fingerhutfö, meist grau bis braun, selten weißl bis ockerl. Velum, falls vorhanden, als weißli, zackenfö Anhängsel, bisw als Ring am S. L infolge ungleichmäßiger Sp-Reifung fleckig. Spp schwarz. HDS aus kugelig-keuligen, sehr breiten Elementen bestehend (bei *Psathyrella* hingegen aus gestreckt-radialparallelen Hyphen). Sp meist glatt, seltener fein rau (vgl. dann auch *Panaeolina*), in KOH aufhellend. Cheilozystiden zahlreich. Etwa 10 Arten. Humicol, z. T. auch auf Dung. – Syn: *P. ater* = *P. fimicola, P. campanulatus* = *P. papilionaceus, P. foenisecii* = *Panaeolina f., P. retirugis* = *P. papilionaceus, P. sphinctrinus* = *P. papilionaceus*. – **Lit**: **8**: 373, **11**: 288, **14**: 646
T: *P. papilionaceus* (BULL. : FR.) QUÉL. – Behangener Düngerling: BK 4.316, Dh 557–559, Gh 397, HK 4.267, Lg 149G, Lu 1.59.9.10, Lx 299, MJ 3Pan1

1 S beringt. H groß, 2–9 cm, schmierig. Sp 18–24 µm lang (so auch bei ringlosen Formen) **Ring-Düngerling** – *P. semiovatus* (SOWERBY : FR.) S. LUNDELL
1* S nicht beringt. Sp weniger lang oder H klein, 0,4–1 cm **2**
2 Mit (wenigstens jung sichtbaren) ± persistenten Velumresten am H-Rand, H jung ± weiß, weißl, hellgrau, bräunl., bisw oberseits netzfö rippig-geadert, 2–3 cm. S gleichfarben, 4,5–9 × 0,2–0,4 cm. Sp 14–18 × 9–12 × 7–9 µm.
Behangener Düngerling – *P. papilionaceus* (BULL. : FR.) QUÉL.
2* Ohne Velumreste am H-Rand, ± grau, braun oder rötl-braun **3**
3 Sp fein rau, zitronenfö, leicht abgeflacht, 11–16(–18) × 7,5–9,5(–11) × 6,5–9(–10,5) µm [Falls Sp rau und länger als 11 µm: siehe *Panaeolina*]. H ± konvex, dunkel- bis olivgrau-braun, 1–2,5 cm. S gleichfarbig, 4–6 × 0,2–0,3 cm, bereift
Rausporiger Düngerling – *P. olivaceus* F.H. MØLLER
3* Sp glatt **4**
4 Mit gelbfarbigen Pleurozystiden (Sulfidien). Sp (9–)11–15 × 7–9 × 6–8 µm, H braun bis graubeige, 2–3 cm, S gleichfarbig, 4–6 × 0,2 cm
Rußbrauner Düngerling – *P. fimicola* (PERS. : FR.) GILLET
4* Ohne gelbfarbige Sulfidien **5**
5 Sp kaum abgeflacht, 18–20 µm lang (wenigstens einzelne so und zugleich H klein, 0,4–1 cm) ▸
5* Sp kürzer **6**

6 Sp 7–11 µm lang ▸

6* Sp (11–)13–15(–17) × 9–12 × 6,5–9 µm, deutl abgeflacht. H konisch bis stumpf glockenfö, feucht schmutzig bräunl bis rötl-braun, 1–2,5 cm. S graubraun bis dunkelbraun, bereift, an der Spitze bisw mit Tropfen, 6–10 × 0,1–0,2 cm
Langstieliger Düngerling – *P. acuminatus* (SCHAEFF.) GILLET

Panellus P. KARST., Zwergknäueling – BläP (Bas, Agaricomycetes, Agaricales, Mycenaceae)
Frk klein bis mittelgroß, muschelfö auf Holz, kurz seitl gestielt bis fast ungestielt, meist recht zähfleischig. L ganzrandig. Spp weiß. Sp amyloid oder nicht amyloid (*P. serotinus*), ellipsoid, zylindrisch, allantoid. – Anm: inkl. *Panus* (*Tectella*) *patellaris*. – **Lit**: **7**: 415, **11**: 161, **14**: 387
T: *P. stipticus* (BULL. : FR.) P. KARST. – Bitterer Zwergknäueling: BK 3.391, GH 223, Ja 164, Kr 3.494, Lg 67A, Lu 1.60.2, Lx 193, Ph 188

1 Geschmack bitter bis adstringierend. H muschelfö bis ohrenfö, feucht ocker bis bräunl, trocken hellbeige, 1–3 cm, H-Oberfläche kleiig bis rau, 1–3 cm. S fehlend oder seitl stummelfö. L gleichfarben, oft anastomosierend. Sp 3–6 × 2–3 µm. LaH (besonders *Quercus*) **Bitterer Zwergknäueling** – *P. stipticus* (BULL. : FR.) P. KARST.

1* Geschmack mild **2**

2 H 1–2 cm, bräunl, mit H-Mitte am Substrat sitzend, am H-Rand mit häutigen Velumresten. Sp 3–4 × 1–1,5 µm, in Seitenlage allantoid
Klebriger Schleierseitling – *P. patellaris* (FR.) KONRAD & MAUBL.

2* H-Rand ohne Velumreste **3**

3 Auf NaH, H jung weiß, alt bisw hellbräunl. HDS als dehnbare Haut abziehbar. Sp 4–6,5 × 1–1,5 µm, in Seitenlage allantoid. NaH
Milder Zwergknäueling – *P. mitis* (PERS. : FR.) SINGER

3* Auf LaH oder auf Tanne (*Abies*) und dann H feucht violettbraun bis violett **4**

4 Frk groß, 3–10 cm, ± muschelfö, gelb bis ockerl, gegen H-Mitte grün bis olivgrün. L ocker. S kurz, seitl, orangeocker bis orangebraun, samtig oder klein-schuppig, 1–3 × 1–2 cm. Sp nicht amyloid, 4,5–5,5 × 1,5–2 µm. LaH
Gelbstiel-Muschelseitling – *P. serotinus* (PERS. : FR.) KÜHNER

4* Frk kleiner. Sp amyloid ▸

Panus siehe *Panellus, Lentinus*

Papulaspora PREUSS. – SchimP (Sordariomycetes; Hypocreales, Hypocreaceae, Anamorphe)
Hyphen septiert, mit Aleuriokonidien, diese (bei Reife) mit vielen die Zentralzelle vollkommen umschließenden dünnwandigen Außenzellen. Teleomorphe: *Hypomyces*. Auf anderen Pilzen (z. B. auf *Geoglossum*, *Trichoglossum*)
T: *P. sepedonioides* PREUSS = *Microthecium sepedonioides* (PREUSS.) Y. MARTIN & al.

Paradiacheopsis HERTEL – SchleimP (Myxogastria, Stemonitida, Stemonitiidae)
Frk (nahezu) kugelig, winzig, 0,2 × 0,2–0,6 mm, gestielt. S aus verwobenen Fasern bestehend. Peridie flüchtig, bisw ausgenommen eines kleinen Ringwulstes rund um den S.

Columella meist bis zur Mitte des Frk reichend, von dort aus sich in die Hauptäste des Capillitiums aufteilend. Capillitiumfasern dichotom verzweigt, kaum oder nicht anastomosierend. Sp kugelig, 12–15 µm. Einige wenige Arten. Totholz, auf Borke (auch lebender Bäume). – **Lit 17**: 363, **20**: 351
T: *P. curitibana* HERTEL; abgebildet *P. cribrata* NANN.-BREM.: Nan 367; *P. fimbriata* (G. LISTER & CRAN) HERTEL: Neub 3.253

Paradoxa MATT., Erbsentrüffel – Hyp (Asc, Pezizomycetes, Pezizales, Tuberaceae)
Frk kugelig, 1–2 cm. Außen (Peridie) dunkel-ocker bis braungelb, trocken fast schwarz. Innen (Gleba) braun bis dunkel rötl-braun, mit hellen, im Zickzack verlaufenden Adern. Schläuche annähernd kugelig bis breit ellipsoid, 1-sporig. Sp kugelig bis breit ellipsoid, rötl-braun, undeutl maschenfö gemustert, 50–60 µm. LaW, EktM, Mittelmeergebiet.
T: *P. monospora* MATT. – **Einspor-Erbsentrüffel**: MS 245

Paralepista siehe *Lepista*

Paralepistopsis siehe *Clitocybe amoenolens*

Paraperonospora CONST. – F-Mehlt (Peronosporomycetes, Peronosporales, Peronosporaceae)
Phytoparasitischer Befall auf Asteraceae. Befallene Bl gelbl bis bräunl verfärbt, auf gesamter Bl-Fläche einen dichten, weißen Rasen aus Konidienträgern bildend. Dichtom verzweigte Konidienträger mit zuspitzenden Endverzweigungen. Konidien eifö, 17–43 × 14–32 µm, mit Papille. – **Lit**: **13**: 76, 125 etc., 150, 789
T: *P. leptosperma* (DE BARY) CONST. **Falscher Kamillenkrautmehltau**: JK 264
Achillea, ***Anthemis***, ***Argyranthemum***, ***Cotula***, ***Dimorphotheca***, ***Lasiospermum***, ***Matricaria***, ***Tripleurospermum***, ***Ursinia***. *P. leptosperma*. – ***Artemisia***: *P. sulphurea*. – ***Tanacetum***: *P. tanaceti*

Parascutellinia SVRČEK, Schildborstenpilz – op. Disc (Asc, Pezizomycetes, Pezizales, Pyronemataceae)
Frk (Apothecien) einzeln, sitzend, scheibenfö oder flach becherfö, berandet, 3–5 mm. Oben (Hymenium) rot mit bläul Mischton. Außen blass bräunl, mit geradem, mehrfach septierten, 600 × 10–12 µm messenden Haaren, die auf blasigen Zellen im äußeren Excipulum sitzen. Asc-Sp ellipsoid bis spindelfö, hyalin, mit 2 Tröpfchen wenn reif, glatt oder warzig. 1–2 Arten. Terricol, auf Sand in der Nähe von Gewässern. – Syn: *P. arctespora* = *P. carneosanguinea*. – **Lit**: **10**: 109
T: *P. violacea* (VELEN.) SVRČEK – **Blutroter Schildborstenpilz**:

Parasola REDHEAD, VILGALYS & HOPPLE – BläP (Bas, Agaricomycetes, Agaricales, Psathyrellaceae)
Frk zerfließend, dünnfleischig, kurzlebig, zerbrechlich, H-Oberfläche oft gefurcht. L meist nicht zerfließend. Pileozystiden fehlend oder in Form von Seten (*P.auricoma*). Spp schwarz. 10 Arten. Humicol, lignicol, Dung. – Syn: die Arten dieser Gattung früher in *Coprinus* (siehe auch Schlüssel dort). – **Lit**: **8**: 267, **11**: 275 als *Coprinus* pr.p., **14**: 584

T: *Parasola plicatilis* (CURTIS : FR.) REDHEAD & al. – Glimmeriger Scheibchen-Tintling: BK 4.298, Br 884, Dh 555, Gh 361, KM 37.1, Lg 160A, MJ 3Copr24, Ph 181

1 Sp in Frontansicht mitrafö, herzfö, eckig **2**
1* Sp anders **5**
2 H mit lilafarbener Komponente. Sp 10–13 × 9–11 × 6–8 µm
Lilagetönter Tintling – *P. lilatincta* (BENDER & ULJÉ) REDHEAD & al.
2* H ohne lilafarbene Komponente **3**
3 H sehr klein, 2–5 × 2–3 mm. Sp 7–10,5 × 6,5–10 µm, herzfö, dreieckig mit gerundeten Ecken **Zarter Tintling** – *P. miser* (P. KARST.) REDHEAD & al.
3* H größer. Sp in Frontansicht 5-eckig bis herzfö **4**
4 H blass gelbbraun. Sp 8–12 × 7–10,5 × 5,5–7 µm
Kahlköpfiger Scheibchen-Tintling – *P. leiocephala* (P.D. ORTON) REDHEAD & al.
4* H dunkel rotbraun. Sp 6,5–11 × 5,5–8 × 5–6 µm
Kleinsporiger Scheibchen-Tintling – *P. kuehneri* (ULJÉ & BAS) REDHEAD & al.
5 Sp in Frontansicht breit zitronenfö **6**
5* Sp anders **8**
6 Sp im Mittel weniger als 11 µm lang, 8–11 × 7,5–9,5 × 7–7,5 µm. H bis zur Mitte gestreift *P. galericuliformis* (LOSA ex WATLING) REDHEAD & al
6* Sp im Mittel länger als 11 µm lang **7**
7 H mit lilafarbenem Mischton siehe **2**: *P. lilatincta*
7* H ohne lilafarbene Komponente. Sp 12–17 × 11,5–16 µm
Herkules-Tintling – *P. hercules* (ULJÉ & BAS) REDHEAD & al
8 Sp abgeflacht, in Frontansicht breiter als in Seitenansicht **9**
8* Sp anders **10**
9 H und S kahl, ohne Velum. H stark gefurcht. Sp 10–14,5 × 7–10,5 6,5–8 µm
Glimmeriger Scheibchen-Tintling – *P. plicatilis* (CURTIS : FR.) REDHEAD & al
9* Merkm anders ▸
10 Sp im Mittel über 10 µm lang **11**
10* Sp im Mittel unter 10 µm lang **12**
11 Sp rundl-dreieckig, 10–15 × 9–13 × 8 µm
Schroeters Tintling – *P. schroeteri* (P. KARST.) REDHEAD & al
11* Sp anders, 12,5–17 × 9–11,5 × 7,5–10 µm
Großspor-Tintling – *P. megasperma* (P.D. ORTON) REDHEAD & al
12 H mit dickwandigen, braunen, 200–400 µm langen Seten. Sp
Braunhaar-Tintling – *P. auricoma* (PAT.) REDHEAD & al
12* H ohne derartige Seten ▸

Parmastomyces KOTL. & POUZAR, Gelbwachsporling – RiP/PoP (Bas, Agaricomycetes, Polyporales, Fomitopsidaceae)
Frk resupinat, einjährig, bis 40 cm lang, bis 6 mm dick, frisch weich-lederig, trocken brüchig, oberseits mit 3–4 Poren pro mm. Mit Duplex-Struktur, unterhalb der Röhren dicht, gelatinös, bräunlich, gegen das Substrat wollig, weiß. Monomitisch. Hyphen hyalin, mit

Schnallen. Zystiden fehlend. Sp hyalin, etwas dickwandig, entschieden dextrinoid, cyanophil, 4–6,5 × 2–3 µm. NaH (*Picea, Pinus*) und LaH. – **Lit**: **9**: 292, **12**: 388
1 Art = T: *P. mollissimus* (MRE.) POUZAR – **Weicher Gelbwachsporling**: MJ 5Parm1

Passalora FR. – SchimP (Asc, Dothideomycetes, Mycosphaerellaceae, Anamorphe)
Samtige, olivfarbene Rasen bildend. Konidienträger gebündelt durch die Stomata des Wirtes hervorbrechend. Konidien verkehrt keulenfö, blass olivbraun, glatt, 2- und mehrzellig. T: *P. bacilligera* (MONT. & FR.) MONT. & FR. Bra 1095: 265. – Abgebildet auch div. andere Arten in JK 68 (auf *Angelica*), 79 (*Artemisia*), 132 (*Chenopodium*)

Patinellaria P. KARST. – inop. Disc (Asc, Leotiomycetes, Helotiales, inc. sed.)
Frk auf einem hellroten, spinnwebartigen Filz (Subiculum) sitzend, scheibefö, bis 0,4 mm breit. Oberseits (Hymenium) rötl-braun bis schwarz. R trocken stark eingerollt. Außen rötl bis schwarz. Asci keulenfö, inamyloid, 8-sporig. Paraphysen schlank, mit leicht erweitertem oberen Ende. Asc-Sp 7–10 × 3–3,5 µm, ellipsoid bis spindelig, hyalin, nicht septiert. Saprotroph auf entrindetem LaH. – **Lit**: **10**: 158
1 Art = T: *P. sanguinea* (PERS. : FR.) P. KARST.

Paullicorticium J. ERIKSS., Multisterigmenpilz – RiP (Bas, Agaricomycetes, Trechisporales, Hydnodontaceae)
Frk resupinat, sehr dünn, membranös bis wachsartig, glatt. Monomitisch. Hyphen hyalin. Zystiden fehlend. Basidien hyalin, fast kugelfö bis keulenfö, mit 6–8 Sterigmen. Sp dünnwandig, glatt, inamyloid. 6 Arten. Lignicol. – **Lit**: **9**: 125, **12**: 131
T: *P. pearsonii* (BOURD.) J. ERIKSS. – Abgebildete Art: *P. niveocremeum* (HÖHNEL & LITSCHAUER) OBERW. ex JÜLICH – Cremeweißer Multisterigmenpilz: BK 2.187

1 Hyphen ohne Schnallen. Am Basidienfuß ohne Schnallen (falls dort mit großen, offenen Schnallen: *P. ansatum* LIBERTA). Frk glatt bis feinkörnig, weiß bis hellgrau, bereift. Basidien meist mit 6 Sterigmen. Sp hyalin, schmal schiffchenfö, 6–8 × 2–3 µm. NaH .... **Pearsons Multisterigmenpilz** – *P. pearsonii* (BOURD.) J. ERIKSS.

1* Hyphen mit Schnallen an fast allen Querwänden **2**

2 Sp zylindrisch bis schmal ellipsoid, 6–9 × 3–4 µm. Basidien schmal keulenfö, meist mit 6 Sterigmen. LaH und NaH
Cremeweißer Multisterigmenpilz – *P. niveocremeum* (HÖHNEL & LITSCH.) OBERW. ex JÜLICH

2* Sp weniger breit (unter 3 µm) und oft auch weniger lang (z. B. 2,5–4 oder 4,5–6 µm) und/oder Basidien fast kugelfö. NaH ▸

Paxillus FR., Krempling – BläP (Bas, Agaricomycetes, Boletales, Paxillaceae)
Frk mittelgroß bis groß, weichfleischig, mit wenigstens jung eingerolltem H-Rand, leicht vom H-Grund lösbaren L, die stellenweise (nicht durchgehend) gegabelt und mit Anastomosen versehen sind. H braun, weitgehend zentral gestielt, L gelbbräunl bis ockerfarben, auf Druck dunkler braun fleckend. F weißl, an der Luft bald bräunl verfärbend. Spp ocker, bisw frisch mit weinrötl oder purpurfarbenem Mischton. Hyphen mit regulären Schnallen (d. h.

ohne Medaillonschnallen). Zystiden vorhanden. Sp glatt, cyanophil. 6,5–10 × 4,5–6 µm. 3 Arten. EktM mit NaB und LaB. – Anm: vgl. auch *Tapinella*. – Syn: *P. atrotomentosus* = *Tapinella a.*, *P. panuoides* = *Tapinella panuoides*, *P. obscurosporus* = *P. involutus*, *P. rubicundulus* = *P. filamentosus, P. validus* = *P. vernalis*. – **Lit**: **7**: 117, **11**: 75, **14**: 160
T: *P. involutus* (BATSCH : FR.) FR. – Kahler Krempling: BK 3.64, Dh 102, Gh 243, HG 12, Kr 2.344, Lu 1.61.2, Lx 91, Ph 142

1 An Erle (seltener auch an Hasel) gebunden. H-Oberfläche zunächst mit Faserschicht bedeckt, die sich in anliegende olivbräunl Schüppchen auflöst, dann auf hellerem Grunde sperberartig gemustert. H 3–6(–9) cm mit schwach und wenig breit eingerolltem, bald weitgehend geradem H-Rand (nur äußerster Rand etwas einwärts gekrümmt). L jung goldgelb, dann gelbocker, bisw mit schwachem olivl Einschlag, rotbraun fleckend. Sp 6,5–7,5 × 4–5,3 µm **Erlen-Krempling** – *P. filamentosus* FR.

1* Vorwiegend mit NaB (Fichte, Kiefer), auch unter LaB, aber nicht streng an Erle (Hasel) gebunden. H-Oberfläche nicht durch anliegende Schuppen gemustert. H-Rand zunächst breit und stark eingerollt, meist filzig und gerippt. L jung fast weißl, dann holzgelbl, an Druckstellen stark und schnell braunfleckig. Sp 8–10 × 4,5–6 µm.[Falls unter Parkbäumen (vorwiegend Linde), mit jung breit eingerolltem, etwa 1 cm hohem H-Rand: *P. vernalis* WATLING] **Kahler Krempling** – *P. involutus* (BATSCH : FR.) FR

Pellidiscus DONK, Hautscheibchen – CyP (Bas, Agaricomycetes, Agaricales, Crepidotaceae)
Frk verkehrt schüsselfö, klein, 1–2(–3) mm, weiß bis creme, außen faserig oder filzig. Hymenium glatt bis gerunzelt, weiß bis gelbbraun. Schnallen fehlend. Sp gelbl, fein punktiert, inamyloid, ellipsoid bis schwach mandelfö, 6,5–9 × 3,5–5,5 µm. Lignicol (LaH, NaH), auch herbicol (Farn- und andere Pflanzenreste). – **Lit**:**11**: 351
1 Art = T: *P. pallidus* (BERK. & BROOME) DONK – **Blasses Hautscheibchen**: Ct 2672

Penicillium LINK – SchimP (Eurotiomycetes, Eurotiales, Aspergillaceae; Anamorphe)
Hyphen septiert. Konidien in Ketten, grau oder grün. Konidienträger nur oben (apikal) pinselfö verzweigt, unten allenfalls nur einfach verzweigt, Die Konidien-bildenden Zellen zylindrisch oder ampullenfö, nie pfriemenfö. – **Lit**: **21**: 84, 86, 141
T: *P. expansum* LINK

Peniophora COOKE, Zystidenrindenpilz – RiP (Bas, Agaricomycetes, Russulales, Peniophoraceae)
Frk resupinat bis andeutungsweise effus-reflex, membranös bis etwas wachsartig, oberseits (Hymenium) glatt bis warzig. Trama geschichtet oder meist homogen. Monomitisch. Hyphen hyalin bis braun, meist mit Schnallen. Meist mit dickwandigen, inkrustierten Zystiden (Lamprozystiden) und mit Gloeozystiden. Bisw mit bäumchenartig verzweigten Zystiden (Dendrohyphidien). Sp dünnwandig, hyalin, glatt, inamyloid. Über 20 Arten. Lignicol. – Anm: Von ebenfalls Lamprozystiden besitzenden Arten der Gattung *Phanerochaete* geschieden durch vorhandene Schnallen und/oder nicht hell gefärbte Frk (diese eher rosa, rötl, violett, dunkelgrau, braun). – **Lit**: **9**: 185, **12**: 198

T: *P. quercina* (PERS. : FR.) COOKE – Eichen-Zystidenrindenpilz: BK 2.153, Kr 1.281, Lx 497, MJ 5Pen6

1 Im Hymenium mit oben bäumchenartig verzweigten Zystiden (Dendrohyphidien) . **2**
1* Ohne solche Elemente im Hymenium. **5**

Mit Dendrohyphidien (2–4)

2 Dickwandige, inkrustierte Zystiden fehlend **3**
2* Mit dickwandigen, inkrustierten Zystiden **4**
3 Sp hyalin, zylindrisch, etwas gebogen, 9–12 × 2,5–4 µm. Gloeozystiden ellipsoid bis birnenfö, 50–100 × 11–18 µm. Frk orange bis rötl, mit anliegendem Rand. LaH (vorzugsweise Pappel)
Espen-Zystidenrindenpilz – *P. polygonia* (PERS. : FR.) BOURDOT & GALZIN
3* Sp ellipsoid ►
4 Frk grau bis violett mit anliegendem Rand. Sp 9–12 × 3,5–4,5 µm. Dendrohyphidien hyalin bis hell gelbl. Meist LaH
Grauer Zystidenrindenpilz – *P. lycii* (PERS.) HÖHN. & LITSCH.
4* Frk mit anderen Farben und Sp weniger lang o d e r Hyphidien braun. LaH ►

Ohne Dendrohyphidien (5–9)

5 Frk hellfarbig, oft orange bis rötl. Sp weniger schlank (Länge : Breite = 1,5–2,5 : 1) ►und **6**
5* Frk dunkelfarbig. Sp relativ schlank (Länge : Breite = 2,5–3 : 1) **7**
6 Auf Erle (*Alnus glutinosa, A. incana*). Sp sehr breit, 14–20 × 10–13 µm Hyphen mit Schnallen. [Falls auf Grünerle: *A. viridis*, falls Hyphen ohne Schnallen, Sp 14–18 × 7–10 µm: *P. aurantiaca* (BRES.) BOURDOT & GALZIN]. Gloeozystiden vorhanden
Erlen-Zystidenrindenpilz – *P. eriksonii* BOIDIN
6* Auf auf LaH und NaH [falls unter der Rinde: *P. laeta* (FR.) DONK], jedoch nicht auf Erle. Gloeozystiden vorhanden (falls solche fehlend: ►). Hyphen mit Schnallen (falls ohne Schnallen: ►). Sp 8–12 × 3,5–5 µm
Fleischroter Zystidenrindenpilz – *P. incarnata* (PERS. : FR.) P. KARST.
7 Hymenium mit Gloeozystiden, diese ellipsoid bis keulenfö, 8–20 µm breit (falls Gloeozystiden schmal keulenfö bis ellipsoid, bis meist 10 µm breit: ►). Frk-Rand anliegend (falls frei: ►), Hyphen nicht gelatinös [falls gelatinös und auf NaH (meist *Pinus*): *P. pini* (SCHLEICH. : FR.) BOIDIN, oder auf LaH (meist *Populus*): *P. rufa* (FR.) BOIDIN].
Nackter Zystidenrindenpilz – *P. nuda* (FR. : FR.) BRES.
7* Hymenium ohne Gloeozystiden **8**
8 Auf NaH ►
8* Auf LaH **9**
9 Frk grau, oft mit schwachem violetten Schimmer, glatt bis etwas warzig, mit am Substrat anliegendem Rand. Trama nicht geschichtet (falls Trama geschichtet, d. h. im Querschnitt unten mit sich absetzender Schicht aus quer verlaufenden Hyphen: ►). Sp hyalin, zylindrisch, etwas gebogen, 7–10 × 2–3,5 µm. LaH [Falls auf *Fraxinus*, *Ligustrum* oder *Syringa* (Oleaceae), Frk bräunl-violett, graubraun: *P. limitata* (CHAILLET : FR.) COOKE] **Aschgrauer Zystidenrindenpilz** – *P. cinerea* (PERS. : FR.) COOKE

9* Frk oberseits violett bis bräunl, unterseits schwarz, mit bald freiem, umgebogenen Rand, meist auf Eiche (*Quercus*, seltener auch *Fagus* etc.). Trama nicht geschichtet. [Falls auf *Tilia*: *P. rufomarginata* (PERS.) BOURDOT & GALZIN]. Sp hyalin, zylindrisch, etwas gebogen, 7–12 × 2,8–4 µm
Eichen-Zystidenrindenpilz – *P. quercina* (PERS. : FR.) COOKE

Perenniporia MURRILL – PoP (Bas, Agaricomycetes, Polyporales, Polyporaceae)
Frk resupinat bis pileat, sitzend, mit Poren, ein- bis mehrjährig. Trimitisch. Skelett- und Bindehyphen hyalin bis gelbl. Generative Hyphen hyalin, mit Schnallen. Zystiden fehlend. Sp dickwandig, oft trunkat, glatt, hyalin bis hell gelbl, inamyloid. 2–3 Arten. Lignicol, Weißfäule verursachend. – **Lit**: **9**: 244, **12**: 388
T: ?; abgebildet *P. medulla-panis* (JACQU. : FR.) DONK – Ockerfarbener Dauersporenschwamm: BK 2.369, Ct 2851, MJ 5Peren1

1 Frk mit am Substrat sitzenden Hüten (pileat), 12–16 cm, bis 8 cm dick. H-Oberfläche jung ocker, fein behaart, bald bräunl und kahl, alt schwärzl. Trama holzfarben, in Melzers Reagenz dunkelbraun, hart, bis 5 cm dick. Röhren geschichtet, Röhrenschicht insgesamt bis zu 6 cm. Sp 7–8,5 × 5,5–6,5 µm (in KOH, in Melzers Reagenz etwas weniger), mit Keimporus, ± dextrinoid. LaH (meist *Fraxinus*)
Eschen-Dauersporenschwamm – *P. fraxinea* (BULL. : FR.) RYVARDEN
1* Frk resupinat **2**
2 Skeletthyphen stark dextrinoid. Frk ein- bis mehrjährig ▸
2* Skeletthyphen nicht dextrinoid. Frk mehrjährig, bis 40 cm lang. Röhren geschichtet, 4–6 Poren pro mm. Geschmack bitter. Sp 6–8 × 4–5,5 µm (in KOH, in Melzers Reagenz etwas weniger), breit ellipsoid, trunkat, dextrinoid, cyanophil. LaH, NaH
Ockerfarbener Dauersporenschwamm – *P. medulla-panis* (JACQU. : FR.) DONK

Perichaena FR. – SchleimP (Myxogastria, Trichiida, Trichiidae)
Frk annähernd kugelig, wurstfö, abgeflacht-scheibenfö, bis zu (1,5–)3 mm, von doppelschichtiger Peridie umgeben, diese außen brüchig, körnig, bisw mit Calciumoxalat-Kristallen, innen membranartig. Capillitiumfasern röhrig, bisw spärl, oft mit ± regelmäßigen Einschnürungen, auf der Oberfläche glatt, unregelmäßig netzig strukturiert, mit Warzen, Ringen oder Dornen, jedoch nie mit Spiralstrukturen, nie das Licht doppelbrechend. Sp in Masse gelb oder braun, kugelig, beim T mit kleinen, blassen Warzen ornamentiert; 9–10–14 µm. Etwa 10 Arten. Auf Rinde von Totholz. **Lit**: **17**: 92, **18**: 204
T: *P. populina* FR.= *P. corticalis* (BATSCH) ROST.: Nan 95, Neub 1.206–207

1 Frk sitzend oder fast sitzend **2**
1* Frk gestielt *P. pedata* (A. & G. LISTER) G. LISTER
2 Frk sich mit unregelmäßigen Strukturen öffnend ▸
2* Frk mit abgegrenztem Deckel sich öffnend **3**
3 Frk kugelfö oder kissenfö; der Rand des Deckels sichtbar als geschwungene Linie auf dem noch nicht geöffneten Frk *P. corticalis* (BATSCH) ROST.
3* Frk niedergedrückt-abgeflacht, ± scheibenfö *P. depressa* LIBERT.

Peridermium siehe u. a. *Cronartium* (z. B. *C. pini*)

Perofascia CONSTANT. – F-Mehlt (Peronosporomycetes, Peonosporales, Peronosporaceae) Phytoparasitischer Befall auf *Lepidium*. Befallene Pflanzen deformiert, partiell verdickt, lockere, grauweißl Rasen bildend. Konidienträger in spitzen Winkeln wiederholt vertweigt. Konidien am Scheitel leicht zugespitzt, 28–33,5 × 18,5–20,5 µm. – **Lit**: **13**: 508
1 Art = T: *P. lepidii* (MCALPINE) CONSTANT.

Peronospora CORDA – F-Mehlt (Peronosporomycetes, Peronosporales, Peronosporaceae) Phytoparasitischer Befall in Form eines meist grauen oder auch bräunl Mycelbelages. Konidienträger bäumchenartig verzweigt. Konidien ± eifö, einzeln oder an den Enden der Verzweigungen, mit Hyphen auskeimend. Auf verschiedenen Gattungen von Monokotylen und Dikotylen. – Anm: inkl. *Hyaloperonospora*. Falls Konidien mit Papille am Scheitel siehe *Pseudoperonospora*. – **Lit**: **13**: 91, 98, 99 etc., **JK**: 126, 131, 142, 154, 180, 189, 195, 196, 197, 204, 217, 229, 238, 239, 242, 252, 265, 266, 270, 275, 279, 281, 282, 287, 302, 306, 343, 344, 359, 364, 373, 379, 386, 399, 401, 420, 421, 425, 440, 441, 442, 443, 449, 450, 455, 516 (*Hyaloperonospora*)
T: *P. rumicis* CORDA. Auf div. Arten von *Rumex* (Subgen. *Acetosa*, *Acetosella*): JK 364. – Auch abgebildet u. a.: *P. bulbocapni* BECK: JK 142–143, PC 1 , *P. ficariae* TUL.: JK 180–181, PC 1

Agrostemma: *P. agrostemmatis*. – ***Alchemilla***: *P. alchemillae*. – ***Alliaria***: *Hyaloperonospora niessleana*. – ***Allium***: *P. destructor*. – ***Alyssum***: *P. alyssi-calycini*. – ***Alyssum*** (***Aurinia***) ***saxatile***: *Hyaloperonospora galligena*. – ***Anagallis***: *P. candida*. – ***Anthemis***: siehe *Paraperonospora leptosperma* (= *P. anthemidis*), *P. radii* (1). – ***Arabidopsis***: *Hyaloperonospora arabidopsidis* (2), *H. cardaminopsidis* (3). – ***Arabis***: *P. arabidis-hirsutae*. – ***Arenaria***: *P. campestris*. – ***Asperula***: siehe *Galium*. – ***Astragalus***: *P. astragalina* (4), *P. phacae* (5). – ***Atriplex***: *P. minor*. – ***Berteroa***: *Hyaloperonospora berteroae*. – ***Bilderdykia***: siehe *Polygonum*. – ***Brassica***: *Hyaloperonospora. brassicae*. – ***Bunias***: *P. buniadis*. – ***Calamintha***: siehe *Clinopodium*. – ***Camelina***: *Hyaloperonospora camelinae*. – ***Capsella***: *Hyaloperonospora parasitica*. – ***Cardamine***: *Hyaloperonospora dentariae* (6), *H. nasturtii-aquatici* (7). – ***Cardaminopsis***: siehe *Arabidopsis*. – ***Centaurium***: *P. erythraeae*. – ***Cerastium***: *P. cerastii-brachypetali* (8), *P. conferta* (9), *P. fontana* (10), *P. paula* (11), *P. tomentosa* (12). – ***Chaenorrhinum***: siehe *Microrrhinum*. – ***Cheiranthus***: *Hyaloperonospora cheiranthi*. – ***Chenopodium***: *P. chenopodii* (13), *P. chenopodii-polyspermi* (14), *P. boni-henrici* (15). – ***Chrysanthemum***: siehe *Tanacetum*. – ***Chrysosplenium***: *P. chrysosplenii*. – ***Clinopodium***: *P. calaminthae*. – ***Conringia***: *P. conringiae*. – ***Corydalis***: *P. bulbocapni* (16), *P. corydalis* (17), *P. corydalis-intermediae* (18). – ***Cymbalaria***: *P. linariae*. – ***Descurainia***: *Hyaloperonospora sisymbrii-sophiae*. – ***Diplotaxis***: *P. diplotaxidis*. – ***Dipsacus***: *P. dipsaci* (19), *P. violacea* (20). – ***Draba***: *Hyaloperonospora erophilae* (21); *H. praecox* (22); *P. drabae* (23). – ***Erophila***: siehe *Draba*. – ***Erysimum***: *Hyaloperonospora cheiranthi*. – ***Euphorbia***: *P. cyparissiae*. – ***Fumaria***: *P. affinis*. – ***Galium***: *P. aparines*, *P. calotheca*, *P. galii*, *P. sylvatica*. – ***Geranium***: *P. conglomerata*. – ***Geum***: *P. gei*. – ***Helleborus***: *P. pulveracea*. – ***Holosteum***: *P. holostei*. – ***Knautia***: *P. violacea*. – ***Lamium***: *P. lamii*. – ***Lathyrus***: *P. fulva*, *P. lathyri-palustris*, *P. orobi*, *P. senneniana*. – ***Linaria***: *P. flava*, *P. lini*. – ***Lithospermum***: *P. lithospermi*. – ***Lotus***: *P. lotorum*. – ***Lunaria***: *P. lunariae*. – ***Matricaria***: *P. leptosperma*. – ***Matthiola***: *P. matthiolae*. – ***Medicago***: *P. aestivalis*, *P. romanica*. – ***Melilotus***: *P. meliloti*. – ***Microrrhinum***: *P. linariae*. – ***Moehringia***: *P. arenariae*. – ***Myosotis***: *P. myosotidis*. – ***Myosurus***: *P. myosuri*. – ***Nasturtium***: *P. nasturtii-aquatici*. – ***Neslia***: *P. nesliae*. – ***Nicotiana***: *P. tabacina*. – ***Ononis***: *P. ononidis*. – ***Papaver***: *P. arborescens*, *P. argemones*.

– ***Phyteuma***: *P. phyteumatis*. – ***Pisum***: *P. pisi*. – ***Plantago***: *P. alta*. – ***Polygonum***: *P.polygoni*, *P. polygoni-convolvuli*. – ***Potentilla***: *P. potentillae*, *P. potentillae-anserinae*, *P. potentillae-repentis*, *P.potentillae-sterilis*. – ***Primula***: *P. oerteliana*. – ***Ranunculus***: *P. alpicola*, *P. ficariae*, *P. gigantea*, *P. hiemalis*, *P. ranunculi*. – ***Raphanus***: *P. brassicae*. – ***Reseda***: *P. crispula*. – ***Rumex***: *P. rumicis*. – ***Sanguisorba***: *P. sanguisorbae*. – ***Scleranthus***: *P. scleranthi*. – ***Scrophularia***: *P. sordida*. – ***Sherardia***: *P. sherardiae*. – ***Silene***: *P. melandrii*. – ***Sinapis***: *P. brassicae*. – ***Sisymbrium***: *P. sisymbrii-officinalis*. – ***Spergula***: *P. obovata*, *P. vernalis*. – ***Spergularia***: *P. lepigoni*. – ***Stellaria***: *P. parva*. – ***Spinacia***: *P. effusa*. – ***Stachys***: *P. stachydis*. – ***Stellaria***: *P. alsinearum*. – ***Symphytum***: *P. symphyti*. – ***Tanacetum***: *Paraperonospora tanaceti*. – ***Tetragonolobus***: *P. tetragonolobi*. – ***Thlaspi***: *P. thlaspeos-arvensis*, *P. thlaspeos-perfoliati*. – ***Trifolium***: *P. trifolii-alpestris*, *P. trifolii-arvensis*, *P. trifolii-hybridi*, *P. trifolii-minoris*, *P. trifolii-pratensis*, *P. trifolii-repentis*, *P. trifoliorum*. – ***Tripleurospermum***: *P. radii*: – ***Urtica***: *P. debaryi*: – ***Valerianella***: *P. valerianellae*: – ***Verbascum***: *P. verbasci*. – ***Veronica***: *P. agrestis*, *P. arvensis*, *P. grisea*. – ***Vicia***: *P. ervi*, *P. mayorii*, *P. sepium*, *P. viciae*. – ***Viola***: *P.violae*

Anmerkungen zu den Arten

(1) Auf den Kronblättern der Zungenblüten. – (2) *Arabidopsis thaliana*. – (3) *Arabidopsis arenosa*. – (4) *Astragalus alpinus* etc. – (5) *Astragalus cicer* etc. – (6) *Cardamine heptaphylla*, *C. impatiens*, *C. pentaphyllos*. – (7) *Cardamine amara*, *C. flexuosa*, *C. hirsuta*, *C. pratensis*. – (8) *C. brachypetalum*. – (9) *C. fontanum* ssp. *vulgare*, *C. arvense*, *C. tomentosum*. Konidien im Mittel 29 × 21 µm. – (10) *C. fontanum* ssp. *vulgare*: Konidien im Mittel 16 × 14 µm. – (11) *C. semidecandrum*, *C. fontanum* ssp. *vulgare*. Konidien im Mittel unter 20 µm lang. – (12) *C. glomeratum*. – (13) *Chenopodium glaucum*. – (14) *Ch. polyspermum* etc. – (15) *Ch. bonus-henrici*. – (16) *Corydalis cava*. – (17) Nicht auf *Corydalis. cava*; u. a. auf *C. solida*. – (18) *Corydalis intermedia*. – (19) Auf Laubblättern. – (20) Auf Kronblättern. – (21) *Draba* (*Erophila*) *verna*; Wirt gestaucht-deformiert. – (22) *Draba* (*Erophila*) *verna*; Wirt nicht gestaucht-deformiert. – (23) *Draba nemorosa*, *D. muralis*

Perrotia BOUD. – inop. Disc (Asc, Leotiomycetes, Helotiales, Lachnaceae)

Frk sitzend, becherfö, oberseits (Hymenium) meist rot, orange oder rötl-braun, außen mit weißen oder braunen Haaren. Haare hyalin oder bräunl (T), mehrfach septiert, dünnwandig oder mit leicht verdickten Wänden, mit (T) oder ohne inkrustierende Körnchen. Asci zylindrisch mit breit gerundetem oberen Ende, 8-sporig, inamyloid. Paraphysen fädig, die Asci bisw überragend. As.Sp spindelig, zylindrisch, auch gekrümmt (allantoid), hyalin, nicht oder einfach septiert. Etwa 3 Arten. Saprotroph auf Holz (u. a. der T auf LaH, sonst NaH) oder Sprossachsen (Schilf, *Phragmites*). – Anm: beim T die inkrustierenden Körnchen auf den Haaren in KOH violettl und sich auflösend. – **Lit**: **5**: 172, **10**: 205

T: *P. flammea* (ALB. & SCHWEIN. : FR.) Boud.: RH 657

Peziza FR., Becherling – op. Disc (Asc, Pezizomycetes, Pezizales, Pezizaceae)

Frk (Apothecium) scheibenfö bis tief becherfö, sitzend oder mit kurzem stielfö Teil, 0,1–10 cm. Oberseits (Hymenium) weißl, gelbl, bräunl, grünl, violettl, purpurfarben bis fast schwarz, Außen kahl oder kleiig. Excipulum geschichtet, mit 2 oder mehr Lagen aus jeweils abweichend gestalteten Zellen. Asci zylindrisch, ± amyloid. Asc-Sp hyalin oder reif auch blass bräunl, mit oder ohne Tröpfchen, glatt oder ornamentiert, ellipsoid bis spindelfö. Etwa 50 Arten. Terricol, lignicol, auch auf Brandstellen. – Syn: *P. tenacella* = *P. violacea*. – **Lit**: **5**: 16, **10**: 59

T: *P. vesiculosa* BULL.: FR. – Blasenförmiger Becherling: BK 1.54, De 5G, Dh 1124, Gh 647, Lx 677, Md 387, RH 625

1 Asc-Sp ornamentiert (Warzen, Stacheln, Stege, ± geschlossene Netze). **2**
1* Asc-Sp glatt. **13**

Ascosporen ornamentiert (2–12)

2 Frk angebrochen einen gelbl Saft (falls dieser bläul violett: ▸) ausscheidend **3**
2* Frk keinen farbigen Saft ausscheidend **4**

– ***Fruchtkörper an Bruchstellen farbigen Saft ausscheidend (3)***

3 Frk innen/oben (Hymenium) gelbl-braun bis olivgelb [Falls innen zunächst violett, dann bräunl: *P. michelii* (BOUD.) DENNIS]. Apothecien tief becherfö, mit gleichmäßigem oder auch einreißendem Rande; außen kahl, graul, beim Trocknen gelbl werdend, Asc-Sp ellipsoid, mit 2 Tröpfchen, mit isolierten ungleich großen Warzen, 19–22 × 10–12 µm **Gelbmilchender Becherling** – *P. succosa* BERK.
3* Frk innen/oben (Hymenium) violettl-braun oder grau bis graubraun und zugleich Asc-Sp kleiner, allenfalls bis 19 µm lang ▸

– ***Fruchtkörper an Bruchstellen keinen farbigen Saft ausscheidend (4–19)***

4 Auf Brandstellen **5**
4* Auf Erde oder an Holz **7**

– – ***Auf Brandstellen (5–6, siehe auch 13, 19)***

5 Asc-Sp warzig oder stachelig **6**
5* Asc-Sp mit Stegen oder mit unvollkommen geschlossenem Netz ▸
6 Frk oberseits (Hymenium) gelbl-braun bis grau-braun. Asc-Sp schmal ellipsoid, ohne Tröpfchen. mit isolierten Stacheln, 14–16 × 6–7,5 µm. [Falls Asc-Sp 11–12 × 6–6,5 µm: *P. petersii* BERK. & M. A. CURTIS] **Brauner Kohle-Becherling** – *P. echinospora* P. KARST.
6* Frk oberseits (Hymenium) violett, 1–3 cm, außen kahl, graul-blau. Asc-Sp schmal ellipsoid. mit zwei Tröpfchen, mit regelmäßigen, niedrigen Warzen, 12–15 × 7–8 µm [Falls Asc-Sp 15–18 × 7,5–9 µm: *P. boltonii* QUÉL.] **Braunvioletter Kohle-Becherling** – *P. violacea* FR. ss. auct.

– – ***Auf Erde oder an Holz (7–12)***

7 Frk kleiner als 1 cm und/oder Asc-Sp an den Enden mit Anhängseln ▸
7* Frk über 1 cm **8**
8 Asc-Sp mit unvollkommen geschlossenem Netz, ellipsoid, 17–19,5 × 7–9,5 µm, in der Regel mit 2 Tröpfchen [falls Asc-Sp schmal spindelfö, mit feinen, wenig auffälligen Linien ornamentiert, 25–34 × 9–12 µm: *P. gerardii* COOKE]. Apothecien 1–10 cm, tief schüsselfö, innen dunkel oliv-braun bis rötl-braun, außen rötl-braun, kahl, fein schorfig. NaW auf sauren Sandböden **Kastanienbrauner Becherling** – *P. badia* PERS. : FR.
8* Mit anderen Merkm: Maße und Ornament des Asc-Sp oder Habitat anders oder Farben anders **9**
9 Frk oberseits (Hymenium) dunkel violett bis dunkel violett-braun ▸
9* Frk oberseits (Hymenium) gelbl-braun, olivfarben, rötl-braun, blass violettl-braun bis braun **10**
10 Frk oberseits (Hymenium) olivl oder rötl-braun bis blass violettl-braun ▸
10* Frk oberseits (Hymenium) gelbl-braun bis braun **11**

11 Excipulum dick. Asc-Sp ellipsoid, ohne Tröpfchen, 13–16 × 7–9 µm **Sandstein-Becherling** – *P. domiciliana* COOKE

11* Excipulum dünn und Asc-Sp länger als 16 µm **12**

12 Asc-Sp fein warzig, mit 2 Tröpfchen, (17–)18–21(–22) × 8–10(–11) µm. Hymenium ockerl bis blass braun **Zweifarbiger Becherling** – *P.emileia* COOKE

12* Merkm anders: Asc-Sp ohne Tröpfchen, 16–18 × 7–9–10,5 µm ▸

Ascosporen glatt (13–19)

– Auf Brandstellen; Apothecien oberseits/innen violett (13)

13 Frk oberseits (Hymenium) violett. Asc-Sp 18–22 × (8–)9–11 µm [Falls Asc-Sp 13–15,5 × 7–8,5 µm *P. lobulata* (VEL.) SVRČEK; falls Asc-Sp spindelfö, 25–34 × 9–10 µm und Sp-Ornament kaum erkennbar, siehe *P. gerardii* COOKE]. Auf Brandstellen **Weinroter Becherling** – *P. ampelina* QUÉL.

13* Frk oberseits (Hymenium) gelb, gelbl-braun bis braun **14**

14 Auf besonderen Standorten/Substraten: Dung, Dünensand **15**

14* Wuchsorte anders **16**

– Auf Dung oder im Dünensand (15)

15 Auf Dung **Kot-Becherling** – *P. fimeti* (FUCKEL) SEAVER

15* Im Dünensand (küstennah). Frk gestielt, z. T. im Sand vergraben. Asc-Sp 16–17 × 9–10 µm **Sand-Becherling** – *P. ammophila* DURIEU & MONT.

– Nicht auf Dung, nicht im Dünensand (16–19)

– – Fruchtkörper nicht im Sand steckend, aber wie bei 15* mit stielförmig verschmälertem Teil (16)

16 Frk unten mit stielfö verschmälerten Teil. Auf Kalkgesteinsböden, auch in Kellern und feuchten Gebäuden, bisw auf Stroh. [Falls auf morschem LaH: *P. micropus* PERS. : FR.] Asc-Sp 15–17 × 9–10 µm. [Falls Excipulum 5-schichtig: *P. varia* HEDW. : FR.] **Wachs-Becherling** – *P. cerea* BULL. : FR.

16* Frk sitzend. **17**

– – Fruchtkörper sitzend (17–19)

17 Frk oberseits (Hymenium) ± gelb ▸

17* Frk oberseits (Hymenium) ± braun **18**

18 Frk eher klein und scheibenfö, bis zu 2 cm ▸

18* Frk eher groß, 1–10 cm, becherfö bis ausgebreitet **19**

19 Asc-Sp 20–23 × 9–12 µm. Apothecien oberseits gelbl-braun [Falls rötl bis purpurbraun, auf Brandstellen: *P. subisabellina* (LE GAL) BLANK, HÄFFNER & HOHMEYER]. in dichten Gruppen, becherfö, runzelig-faltig gegen die Mitte zu, 2–10 cm, innen gelbl-braun, außen grau-gelbl, kleiig **Blasenförmiger Becherling** – *P. vesiculosa* BULL. : FR.

19* Asc-Sp 16–17 × 9–10,5 µm. [Falls Asc-Sp 17–20 × 9–11 µm: *P. ampliata*] Apothecien einzeln, zunächst becherfö, dann ausgebreitet, 1–4 cm, innen blass bräunl, außen kahl bis kleiig, graul. **Ausgebreiteter Becherling** – *P. repanda* PERS. : FR.

Pezizella siehe *Crocicrea amenti*

Phacellium BONORD. – SchimP (Asc, Dothideomycetes, Capnodiales, Mycosphaerellaceae; Anamorphe)
Mycelrasen kurz, Konidienträger gebündelt, z. T. gewunden, z. T. stiftartig. – **Lit**: JK 18, 127, 245, 403, 404
T: *Ph. inhonestum* BONORD. – Abgebildet *Ph. episphaerium* (DESM.) U. BRAUN. JK 403 (auf *Stellaria*)

Phaeobotryosphaeria siehe *Sphaeropsis*

Phaeocollybia R. HEIM, Wurzelschnitzling – BläP (Bas, Agaricomycetes, Agaricales, Cortinariaceae)
Frk klein bis mittelgroß bis fast groß, mit rötl-braunen, bisw auch olivgrünl Farben, S knorpelig mit verjüngter oft deutl wurzelnder Basis. H oft kegelig bis spitz-kegelig, knorpelig. Spp rostbraun. Cheilozystiden fadenfö, keulig, auch kopfig. Sp fein- bis grobwarzig, ohne Keimporus. 5 Arten. Terricol. – **Lit: 11**: 457, **14**: 822
T: *Ph. lugubris* (FR. : FR.) R. HEIM – Dickfleischiger Wurzelrübling: BK 5.402, BL 247, CD 1217, Dh 830, Gh 295, HK 4.314, Lu 1.62.1

1 H 3–6(–8) cm, spitz- oder stumpfkegelig, braungrau, ockerl-beige, bisw oliv oder rostorange. S 5–15(–20) × 0,6–0,8(–1,5) cm, allmählich verjüngt, wurzelnd, meist heller als der H, gegen S-Basis rostorange bis weinrot. Geruch rettichartig. Cheilozystiden größtenteils kopfig auf schlankem Halsteil. Sp 7,5–9 × (4–)5–5,5 µm. NaW.
Dickfleischiger Wurzelrübling – *Ph. lugubris* (FR. : FR.) R. HEIM

1* Merkm anders: Frk (meist entschieden) kleiner, H lebhafter orange, rostorange, rotbraun, dunkelbraun o d e r mit olivgrünen Mischtönen. Cheilozystiden nicht kopfig. Sp bisw entschieden größer. **2**

2 H-Mitte spitzkegelig, jung und feucht orangebraun, rostorange, hellbraun. S 6–12(–14) × 0,3–0,6 cm, orangebraun, gegen S-Basis verjüngt und dunkler. Cheilozystiden zylindrisch bis keulenfö, nicht kopfig. Sp 9–11(–12) × (4–)4,5–5 µm. NaW
Spitzkegeliger Wurzelrübling – *Ph. christinae* (FR.) R. HEIM

2* Merkm anders: z. B. Sp weniger als 9 µm lang. Frk oft schmächtig o d e r H mit olivgrünen Mischtönen [so bei *P. festiva* (FR.) R. HEIM] ▸

Phaeogalera KÜHNER, Braunhäubling – BläP (Bas, Agaricomycetes, Agaricales, Strophariaceae)
Frk eher klein. H 0,5–3,5 cm, konvex bis leicht vertieft. braun, hygrophan, feucht durchscheinend gerieft. L breit angeheftet bis kurz herablaufend. Spp braun. Cheilozystiden zahlreich, keulen- bis schlank spindelfö, auch zylindrisch. Sp glatt, mit Keimporus, oft dickwandig, ellipsoid bis schwach bohnenfö, 7,5–16 µm lang. 2–3 Arten, zwischen Sumpfmoosen oder (eine Art) in der Nadelstreu. – Anm: vgl. auch *Stagnicola perplexa* (Sp ohne Keimporus, bis 6,5 µm lang). – Syn: *Ph. dissimulans* = *Ph. oedipus* = *Pholiota oe.*, jetzt als *Meottomyces dissimulans* (BERK. & BROOME) VIZZINI geführt. – **Lit: 8**: 410, **11**: 458, **14**: 837
T: *Ph. stagnina* (FR. : FR.) PEGLER & T.W.K. YOUNG – Sumpf-Braunhäubling: BK 5.404, Ct 2637, MJ 3Phaeog1, RH 525

1 Zwischen Nadel-Streu fruchtend. Sp 7,5–10 × 4,5–5,5 µm. H 1,2–3,5 cm, halbkugelig, kegelig, glockig, ausgebreitet mit Buckel, hygrophan, feucht glänzend bis schmierig, dattelbraun, gegen H-Rand heller. S weißl überfasert, ohne Ringzone
Schmieriger Braunhäubling – *Ph. medullosa* (BRES.) M.M. MOSER

1* In Sümpfen und Mooren zwischen Torf- und Laubmoosen. Sp 13–16 × (7,5–)8–10 µm [Falls Sp 11,5–14 × 7–7,5(–8) µm: *P. zetlandica* (P.D. ORTON) PEGLER & T.W.K. YOUNG]. H 0,5–2,5 cm, halbkugelig, konvex bis flach, hygrophan, feucht satt braun und fettig glänzend, trocken matt hellocker. S mit weißen Velumfasen, die eine Ringzone bilden können **Sumpf-Braunhäubling** – *Ph. stagnina* (FR. : FR.) PEGLER & T.W.K. YOUNG

Phaeohelotium KANOUSE, Holzbecherchen – inop. Disc (Asc, Leotiomycetes, Helotiales, Helotiaceae)
Frk kreiselfö oder becherfö-sitzend, gelbl, bräunl oder rosal. Asci keulig, mit amyloidem Porus, 8-sporig. Paraphysen verzweigt oder unverzweigt, oft am oberen Ende etwas breiter, die Asci nicht oder nur wenig überragend. Asc-Sp ellipsoid bis zylindrisch, meist hyalin, nicht oder 1-fach septiert. Saprotroph auf Holz. – **Lit**: **5**: 130, **10**: 159
T: *Ph. flavum* KANOUSE. – Abgebildet *P. subcarneum* (SCHUMACH.) DENNIS – **Blassfleischfarbenes Hozbecherchen**: BK 1.173, De 29K

Phaeolepiota MAIRE ex KONRAD & MAUBL., Glimmerschüppling – BläP (Bas, Agaricomycetes, Agaricales, Agaricaceae)
Frk groß, H 6–25 cm, etwas gebuckelt, H-Oberfläche glimmerig-kleiig. oft runzelig, goldbraun bis löwengelb. L frei, rostgelb. S mit aufsteigendem Ring, darunter wie der H gefärbt. Spp braun. HDS (vom Velum) mit ± ellipsoiden bis kugeligen Elementen, diese mit warzigen Fortsätzen versehenen. Sp feinwarzig, 12 × 5 µm. Terricol. – **Lit**: **7**: 417, **11**: 273, **14**: 515
1 Art = T: *Ph. aurea* (MATT. : FR.) MAIRE ex KONRAD & MAUBL. – **Goldfarbener Glimmerschüppling**: BK 4.259, CD 645, Dh 540, Gh 245, HK 4.19, Lg 105C, Lu 1.63.1, Lx 287

Phaeolus (PAT.) PAT., Braunporling – PoP (Bas, Agaricomycetes, Polyporales, Fomitopsidaceae)
Frk hutfö, H 10–30 cm breit, sitzend oder gestielt, fächerfö und basal mit stielfö verschmälerten Teil, oft trichterfö, mit einem oder mehreren Hüten auf gemeinsamem S, einjährig. H-Oberfläche wollig, alt fast glatt, jung hell gelbl, dann goldgelb, alt rötl-braun. Trama gelb- bis rostbraun, bis 1,5 cm dick, weich-schwammig, in KOH dunkler braun. Poren gelbl bis gelboliv, auf Druck oder trocken olivgrün bis rostbraun, eckig, recht weit bis 0,5–1 mm im Durchm. Monomitisch. Hyphen hyalin bis gelbbraun, ohne Schnallen. Zystiden vorhanden, aber Seten fehlend (vgl. *Onnia* mit Seten). Sp hyalin bis gelbl, dünn- bis etwas dickwandig, glatt, inamyloid. Lignicol, NaH (meist *Pinus* oder *Picea*, am Boden aus Wurzeln oder an Stümpfen), Braunfäule. – Syn: *Ph. schweinitzii* = *Ph. spadiceus*. – **Lit**: **9**: 233, **12**: 330
1 Art = T: *Ph. spadiceus* (PERS. : FR.) RAUSCHERT – **Kiefern-Braunporling**: BK 2.403, Dh 1067, Ge 458, HK 2.40, Ja 125, Kr 1.567, Lx 551, Md 317, MJ 5Phaeol1.2

Phaeomarasmius SCHERFF., Schüppchenschnitzling – BläP (Bas, Agaricomycetes, Agaricales, Crepidotaceae)
Frk klein, H unter 2 cm, glockig bis schuppig, gelbl bis braun, S oft etwas exzentrisch. Spp braun, Hyphen der HDS schollenfö bis grobkörnig inkrustiert, dünn- bis dickwandig. Sp glatt, ohne oder mit undeutl Keimporus. 4 Arten. Lignicol, LaH, seltener auch NaH. – Anm: vgl. *Flammulaster* und *Melanotus*. – **Lit**: **11**: 341, **14**: 781
T: *Ph. excentricus* SCHERFF. = *P. rimulincola* (RABENH.) P.D. ORTON – Rinden-Schüppchenschnitzling: Br 801.2, Lu 1.64.2

1 Sp unter 9 µm lang, schlank ellipsoid bis bohnenfö. Hyphen der HDS dünnwandig ▸
1* Sp 9–14 µm lang, breit oval. Hyphen der HDS dickwandig. **2**
2 H mit ± spitzen, sparrigen Schüppchen, konvex bis ausgebreitet, 0,8–1,5 cm, ockerl. Sp 9,5–12 × 6,5–8(–9) µm. LaH
Igel-Schüppchenschnitzling – *Ph. erinaceus* (FR. : FR.) SCHERFF. ex ROMAGN.
2* H nicht sparrig-schuppig, radialfaserig-runzelig, konvex, 0,3–0,8 cm, beige bis hell rostbräunl. Sp 11–14(–15) × 7–8,5(–9,5) µm. LaH
Rinden-Schüppchenschnitzling – *Ph. rimulincola* (RABENH.) P.D. ORTON

Phaeonematoloma siehe *Hypholoma myosotis*

Phallogaster MORGAN, Sackbovist – BaP (Bas, Agaricomycetes, Hysterangiales, Phallogastraceae)
Frk birnenfö, im apikalen Teil sternfö aufreißend, basal stielfö verschmälert. Gleba schleimig, dunkelgrün. Sp schmal ellipsoid, hell grünl, 4–5,5 × 1,5–2,5 µm. Abgefallene Blätter und Nadeln, moderndes Holz von LaH und NaH. – **Lit**: **12**: 537
1 Art = T: *Ph. saccatus* MORGAN – **Stinkender Sackbovist**: BK 2.525, Ct 2537, Kr 2.193, MJ 7Phallog1

Phallus L. : PERS., Stinkmorchel – BaP (Bas, Agaricomycetes, Phallales, Phallaceae)
Frk jung eifö und geschlossen (Hexenei), bei Reife streckt sich daraus ein hohler S mit fingerhutfö darauf sitzendem fertilem Teil mit abtropfender dunkeloliver Gleba auf netziggerippter Oberfläche. Geruch stinkend, aasartig. Sp 3,5–5 × 1,5–2 µm. Terricol in LaW und NaW oder in Dünen (ev auf Gräsern). – **Lit**: **9**: 176, **12**: 466
T: *Ph. impudicus* L. : PERS. – Typische Stinkmorchel: Ct 787, Dh 1076, Gh 619, HK 1.188, Kr 2.169, Lx 601, RH 580

1 In Wäldern. Volva weiß bis schwach gelbl und so bleibend
Typische Stinkmorchel – *Ph. impudicus* L. : PERS.
1* Im Dünensand (auch Binnendünen). Die zunächst weiße Volva an der Luft rosa bis tief violett **Dünen-Stinkmorchel** – *Ph. hadriani* VENT : PERS.

Phanerochaete P. KARST., Zystidenrindenschwamm – RiP (Bas, Agaricomycetes, Polyporales, Phanerochaetaceae)
Frk resupinat, membranös, bisw etwas wachsartig, glatt oder mit Warzen, kleinen Stacheln, Zähnchen. Monomitisch. Schnallen fehlend oder ledigl an basalen Hyphen. Sp hyalin,

dünnwandig, glatt, inamyloid. – Anm: Lamprozystiden (dickwandig, inkrustiert) besitzende Arten sind von *Peniophora* geschieden durch weißl bis helle Farbe und/oder durch wachsartigen Frk und/oder fehlende Schnallen. – *Scopuloides* hat septierte Zystiden. – **Lit**: **9**: 166, **12**: 212

T: *Ph. decolorans* = *Ph. velutina* (DC. : FR.) P. KARST. – Samtigmatter Zystidenrindenschwamm: BK 2.164, Ct 2499, Kr 1.290, MJ 5Phan2

1 Das Substrat (leuchtend) rot verfärbend, so auch wenn noch keine Frk gebildet wurden. Meist NaH **Rötender Zystidenrindenschwamm** – *Ph. sanguinea* (FR. : FR.) POUZAR

1* Das Substrat nicht rot verfärbend **2**

2 Zystiden fehlend ▸

2* Zystiden vorhanden **3**

3 Sp länger als 7 µm ▸

3* Sp kürzer als 7 µm **4**

4 Hymenium glatt (falls mit Zähnchen: ▸), durch hervorragende Zystiden unter der Lupe dicht und weiß behaart. Frk weiß, creme, hellocker, oft mit rötl Schimmer, mit weißl Rhizomorphen. Hyphen ohne Schnallen. Dickwandige inkrustierte Zystiden zylindrisch bis pfriemfö, weit herausragend, 40–120 × 8–15 µm. Sp 5–7 × 2,5–3 µm. Meist LaH, seltener NaH

Samtigmatter Zystidenrindenschwamm – *Ph. velutina* (DC. : FR.) P. KARST.

4* Hymenium glatt, nicht behaart. Frk mit Rhizomorphen (falls so, dann: ▸) oder ohne solche. Lamprozystiden bis zu 7 µm breit, glatte Zystiden bis 10 µm breit **5**

5 Mit dickwandigen und stark inkrustierten Zystiden ▸

5* Zystiden glatt und dünnwandig, selten dickwandig und apikal locker inkrustiert, 6–10 µm breit (falls 3–5–7 µm breit: ▸). Frk weiß bis cremeocker. Sp 5–7 × 2,5–3 µm. Meist LaH, seltener NaH

Cremefarbener Zystidenrindenpilz – *Ph. sordida* (P. KARST) J. ERIKSS. & RYVARDEN

Phellinidium siehe unter *Phellinus*

Phellinopsis siehe unter Phellinus

Phellinus QUÉL., Feuerschwamm – PoP (Bas, Agaricomycetes, Hymenochaetales, Hymenochaetaceae)

Frk konsolenfö-pileat oder effus-reflex bis resupinat, mehrjährig, mit Porenhymenophor. Trama braun, in KOH schwarz werdend. Dimitisch, Skeletthyphen gelbbraun. generative Hyphen dünnwandig, ohne Schnallen, hyalin bis gelbl. Oft mit Seten (dickwandig, spitz, braun) im Hymenium und bisw mit setalen Hyphen (diese dickwandig, wie Seten und mit begrenztem Längenwachstum, aber etwas länger und schmäler als jene) in Trama, Subiculum oder am Frk-Rand. Sp hyalin bis rostbraun, dünn- bis dickwandig, glatt, inamyloid, zylindrisch bis ellipsoid oder auch kugelig. 24 Arten, davon 11 ± konsolenfö-pileat. Lignicol, Weißfäule verursachend. – Anm.: *Phellinus* s. l. jetzt u. a. aufgegliedert in: ***Fomitoporia*** (*hippophaecola, mediterranea, punctata, robusta*), ***Fuscoporia*** (*contigua, ferrea, ferruginosa, torulosa, viticola*), ***Phellinidium*** (*ferrugineo-fuscum, pouzarii*), ***Phellinopsis*** (*conchata*), ***Phellopilus*** (*nigrolimitatus*), ***Phylloporia*** (s.d.), ***Porodaedalea*** (s.d.). – **Lit**: **9**: 330, **12**: 281

T: *Ph. igniarius* (L. : FR.) QUÉL. – Weiden-Feuerschwamm: Lx 537 als *Ph. trivialis*. Ähnlich ist *Ph. alni*, z. B. BK 2.316

1 Frk Konsolen bildend (also hutfö), bisw aber mit resupinaten oder effus-reflexen Stadien (siehe hier auch:4, 7, 9, Anmerkung zu 10*) **2**

1* Frk resupinat bis effus-reflex, so auch in fortgeschrittenen Entwicklungsstadien bleibend **12**

Fruchtkörper (schließlich, meist) konsolenförmig (2–11)

2 Auf LaH (falls am Grunde von Johannisbeer-, Stachelbeersträuchern (*Ribes*) oder an Pfaffenhütchen *(Euonymus):* siehe *Phylloporia*) **3**

2* Auf NaH **11**

– Auf Laubholz (3–10)

3 An Pappel **4**

3* Nicht an Pappel **5**

4 An Zitterpappel (*Populus tremula*). Frk an der Unterseite von Ästen sich entwickelnd, außer konsolenfö auch (mit Übergängen zu) effus-reflex., radial 1–4 cm, 0,5–4 cm dick, oberseits grau bis grauschwarz, mit rissiger Kruste. Seten vorhanden, 15–28 × 6–9 µm. Sp 4.5–5,5(–6) × 3,5–4,5 µm
Espen-Feuerschwamm – *Ph. tremulae* (BONDARTSEV) BONDARTSEV & BORISSOV

4* Meist an Zitterpappel. Frk sich nicht an der Unterseite von Ästen entwickelnd, konsolenfö, radial 3–10 cm, 3,5–5 cm dick, oberseits grau bis schwarz, mit rissiger Kruste, hell zimtfarbenem, abgerundetem Rand. Seten vorhanden, 15–20 × 6–8 µm
Pappel-Feuerschwamm – *Ph. populicola* NIEMELÄ

5 An Sanddorn (*Hippophae*; in Südeuropa auch an Ölweide, *Elaeagnus*). Seten fehlend oder selten **Sanddorn-Feuerschwamm** – *Ph. hippophaicola* H. JAHN

5* An anderen Bäumen **6**

6 An Eiche (*Quercus*) große klobige Frk bildend. Seten fehlend
Eichen-Feuerschwamm – *Ph. robustus* (P. KARST.) BOURDOT & GALZIN

6* Nicht an Eiche und/oder Seten vorhanden **7**

7 An Rosaceae (meist *Prunus*, auch *Malus*, *Pyrus*, *Crataegus*). Frk eher klein, konsolenfö oder effus-reflex, radial 1–4,5 cm, oberseits graubraun, H-Rand abgerundet, zimtgelb. Seten 12–20 µm **Pflaumen-Feuerschwamm** – *Ph. tuberculosus* (BAUMG.) NIEMELÄ

7* An anderen LaB (oft Weide, Birke, Erle, auch Hainbuche) **8**

8 H-Oberfläche behaart (zumindest jung oder wenigstens am H-Rand filzig zottig) . . **9**

8* H-Oberfläche einschließl H-Rand kahl **10**

9 Frk meist an Weide (*Salix*), seltener an anderen LaH-Arten (z. B. *Alnus*, *Betula* etc.). Frk radial 4(–6) cm. H-Oberfläche behaart. Sp fast kugelig, 5–6 × 4,5–5,5 µm
siehe *Porodaedalea conchata*

9* Frk oft an Eiche (*Quercus*). Wärmefordernde, in Mitteleuropa sehr seltene Art. Frk radial 3–10 cm. H-Rand rotbraun, filzig-zottig
Rotporiger Feuerschwamm – *Ph. torulosus* (PERS.) BOURDOT & GALZIN

10 Auf Weide (*Salix).* H oft recht dunkel, schwarz, relativ flach und mit recht scharfen H-Kanten **Weiden-Feuerschwamm** – *Ph. igniarius* (L. : FR.) QUÉL.

10* Nicht auf Weide, vielmehr auf anderen LaB (*Alnus, Betula, Carpinus* etc.), Frk entschieden konsolenfö, Röhrenschicht nicht oder kaum herablaufend, [Falls Frk effusreflex bis resupinat und meist auf Birke: *Ph. lundellii* NIEMELÄ. Falls H-Oberfläche insgesamt hell grau und auf Birke: *Ph. cinereus* (NIEMELÄ) M. FISCHER]. H weniger flach mit eher wulstig-breitem H-Rand.
Gewöhnlicher Feuerschwamm – *Ph. alni* (BONDARTSEV) PARMASTO

– ***Auf Nadelholz (11)***

11 Meist an Tanne (*Abies*), seltener auch an Fichte (*Picea*). Seten fehlend. Poren 4–6 pro mm.[Falls auf Tanne resupinate Frk bildend und frisch mit stark aromatischem Geruch: siehe *Ph. pouzarii* KOTLABA]
Tannen-Feuerschwamm – *Ph. hartigii* (ALLESCH. & SCHNABL) BONDARTSEV

11* Meist an Kiefer (*Pinus*) oder Fichte (*Picea*). Seten vorhanden, Poren 1–3 pro mm, oft auffallend weit siehe *Porodaedalea*

Fruchtkörper stets resupinat, effus-reflex (12–22)

12 Auf LaH **13**

12* Auf NaH **19**

– ***Auf Laubholz (13–18)***

13 Ohne hymeniale Seten. **14**

13* Mit hymenialen Seten **15**

14 Am Grunde von Johannisbeer-, Stachelbeersträuchern (*Ribes*), auch an Pfaffenhütchen (*Euonymus*) siehe *Phylloporia*

14* Meist an Hasel (*Corylus*) oder an Weide (*Salix*), auch an anderen LaH [jedoch nicht *Ribes*, *Euonymus.* Falls an Weinstöcken (*Vitis*) die ESCA-Krankheit verursachend: *Ph. mediterraneus* M. FISCHER]
Polsterförmiger Feuerschwamm – *Ph. punctatus* (P. KARST.) PILÁT

15 Zusätzlich zu den Seten auch mit setalen Hyphen im Subiculum oder am Rande des Frk **16**

15* Ohne setale Hyphen **17**

16 Poren eher weit, 2–3 pro mm
Krusten-Feuerschwamm – *Ph. contiguus* (PERS. : FR.) PAT.

16* Poren eng, 5–6 pro mm
Rostbrauner Feuerschwamm – *P. ferruginosus* (SCHRAD. : FR.) BOURDOT & GALZIN

17 Seten im Hymenium 55–60 µm lang und zugleich Sp zylindrisch, 6–7,5 × 2–2,7 µm (falls Sp fast kugelig, 5–6 × 4,5–5,5 µm: siehe *Porodaedalea conchata*):
Schmalsporiger Feuerschwamm – *Ph. ferreus* (PERS.) BOURDOT & GALZIN

17* Seten kürzer, 10–30 µm lang. Sp fast kugelig, 4–6 × (3–)4–5 µm **18**

18 Auf *Prunus* (siehe auch **7**) oder auf *Rhamnus*
Pflaumen-Feuerschwamm – *Ph. tuberculosus* (BAUMG.) NIEMELÄ *und* ▸

18* Auf anderen Substraten, meist auf Birke
Birken-Feuerschwamm – *Ph. laevigatus* (FR.) BOURDOT & GALZIN und ▸

– *Auf Nadelholz (19–22)*

19 Auf Tanne (*Abies*). Frisch mit stark aromatischem Geruch. Ohne Seten. Setale Hyphen vorhanden, am Ende abgerundet oder etwas spitz, apikal fein inkrustiert, etwas ins Hymenium hineinreichend. Sp dünnwandig, ellipsoid, 2,8–3,9 × 1,5–2,2 µm

Aroma-Feuerschwamm – *Ph. pouzarii* KOTLABA

19* Nicht aromatisch riechend. Meist nicht auf Tanne. Mit oder ohne Seten **20**

20 Ohne Seten im Hymenium, aber mit langen, setalen Hyphen in der Trama. Sp allantoid, 4–5,5 × 1–1,8 µm

Rostrotrandiger Feuerschwamm – *Ph. ferrugineo-fuscus* (P. KARST.) BOURDOT & GALZIN

20* Mit (wenn auch kurzen) Seten im Hymenium, aber ohne setale Hyphen in der Trama **21**

21 Sp fast kugelig bis breit ellipsoid, 4,5–6 × 3,5–5 µm siehe *Porodaedalea chrysoloma*

21* Sp allantoid, zylindrisch oder schmal ellipsoid. **22**

22 In der Trama mit einer oder mehreren schwarzen Linien. 5–6 Poren pro mm

Schwarzlinierter Feuerschwamm – *Ph. nigrolimitatus* (ROMELL) BOURDOT & GALZIN

22* Trama ohne schwarze Linien. 2–4 Poren pro mm

Dünner Feuerschwamm – *Ph. viticola* (SCHWEIN. : FR.) DONK

Phellodon P. KARST., Duftstacheling – StaP (Bas, Agaricomycetes, Thelephorales, Bankeraceae)

Frk gestielt-hutfö, zu mehreren miteinander verwachsen, H unterseits mit Stacheln. Geruch nach Maggi. Spp weiß. Monomitisch, Hyphen nicht aufgeblasen, ohne Schnallen. Sp hyalin, kugelig bis ellipsoid, stachelig, nicht amyloid, z. B. 3,6–4,5 × 2,7–3,5 µm (immer ohne Stacheln zu messen). Terrestrisch, NaW, LaW. 4 Arten. – Anm: Neuerdings wieder inkl. *Bankera* (s. D.). – Syn: *Ph. melaleucus* = *Ph. connatus*. – **Lit**: **9**: 312, **12**: 267

T: *Ph. niger* (FR. : FR.) P. KARST. – Schwarzer Duftstacheling: BK 2.270, BL 313, Gh 567, HK 2.84, Kr 1.385, Lx 515

1 F in H und S mit KOH grün verfärbend. S mit oder ohne Duplexstruktur **2**

1* F in H und S mit KOH nicht oder nur schwach grünl verfärbend. S außen besonders gegen S-Basis schwammig-filzig (mit Duplexstruktur) **3**

2 S ohne Duplexstruktur, also außen glatt, hart und kahl. H erst weiß, dann aschgrau, bleigrau bis bräunl. Sp 3,6–4,5 × 3–4 µm

Schwarzweißer Duftstacheling – *Ph. connatus* (SCHULTZ : FR.) P. KARST.

2* S mit Duplexstruktur, außen wenigstens an S-Basis schwammig-filzig. H erst weißl, dann (braunviolett), purpur-schwarz. Sp 3,6–4,5 × 2,7–3,5 µm

Schwarzer Duftstacheling – *Ph. niger* (FR. : FR.) P. KARST.

3 H meist ohne konzentrische Farbzonen oder Leisten. S eher kurz, 1–2 cm lang. Sp 3,5–4,5 × 3–4 µm. Meist LaW

Verwachsener Duftstacheling – *Ph. confluens* (PERS.) POUZAR

3* H meist mit konzentrischen Farbzonen bzw. Leisten. S 0,5–4 cm lang. Sp 3,1–3,5 × 2,7–3 µm. NaW und MischW

Becherförmiger Duftstacheling – *Ph. tomentosus* (L. : FR.) BANKER

Phellopilus siehe unter *Phellinus*

Phellorinia BERK., Korkstäubling – BaP (Bas, Agaricomycetes, Agaricales, Phelloriniaceae)
Frk mit keulenfö Kopfteil und schuppigem S, 10–14 cm hoch, oben 2,5–4 cm im Durchm. Außen am Kopfteil (Peridie) weiß, dann zimtfarben bis bräunl, mit derben, dachziegelartig geordneten Schuppen. S fest bis weitgehend holzig, schuppig, braun, 2–4 cm breit, ohne Volva, oder basal mit dunklen lappenfö Resten der Peridie. Gleba erst weiß, dann zimtfarben bis braun. Capillitium fast hyalin, mit wenigen Septen. Sp hell gelbl bis braun, kugelig, dicht warzig, 5–7 µm. Terricol. Ruderalplätze, Trockenbiotope. – **Lit**: **12**: 510
1 Art = T: *Ph. australis* (BERK.) LLOYD = *Ph. herculeana* (PALLAS : PERS.) KREISEL – **Wüsten-Korkstacheling**: HK 2.155

Phialina HÖHN., Kurzhaarbecher – inop. Disc (Asc, Leotiomycetes, Helotiales, Pezizellaceae)
Frk sitzend oder kurzstielig, becherfö, unter 1 mm breit, weiß, ockerl, gelb, orangelb, orange, aprikosenfarben, außen dicht-feinhaarig. Haare schmal konisch, nach oben sich fädig-schmal zuspitzend, oben oft gekrümmt, dünn- bisw auch etwas dickwandig, septiert oder nicht septiert, mit hellgelbem Pigment, außen glatt oder gegen die Spitze feinwarzig. Asci zylindrisch bis keulig, mit amyloidem Porus, 4- bis 8-sporig. Paraphysen zylindrisch bis keulig, × 1,5–4 µm, die Asci nicht überragend. Asc-Sp ellipsoid bis spindelig, nicht bis 1-fach septiert, hyalin, z. B. 11–16,5 × 1,5–2,5 µm (*P. ulmariae*). Etwa 4 Arten. Saprotroph, auf Blättern oder Sprossteilen von Gefäßpflanzen (*Filipendula*; auch Farne). – Syn: *Ph. puberula* = *Calycellina punctata*. – **Lit**: **5**: 183, **10**: 205
T: ?. – Abgebildete Art *Ph. ulmariae* (LASCH) DENNIS – **Spierstauden-Kurzhaarbecher**: BK 1.246, De 24F.

Phialophora MEDLAR – SchimP (Asc, Eurotiomycetes, Chaetothyriales, Herpotrichiellaceae; Anamorphe)
Konidien nicht in Ketten. Konidien-bildende Zellen sind flaschenfö Phialiden, die von einem Tröpfchen mit zahlreichen Konidien umgeben sind und den septierten Hyphen direkt aufsitzen: Auf anderen Pilzen *Ph. rhodogena* (F. MANGENOT) W. GAMS mit seiner Teleomorphe *Cistella hymeniophila* (P. KARST.) KORF. auf *Antrodia, Antrodiella, Piptoporus, Polyporus, Trametes*; abgebildet in HELFER 1991, 22:5. – **Lit**: **21**: 88, 144
T: *Ph. verrucosa* MEDLAR

Phlebia FR., Kammpilz – RiP (Bas, Agaricomycetes, Polyporales, Meruliaceae)
Frk resupinat, selten auch etwas effus-reflex, meist gelatinös, seltener membranös, oberseits glatt oder faltig, zähnchenfö, auch porenfö. Monomitisch, Hyphen hyalin, mit oder ohne Schnallen. Sp hyalin, dünnwandig, glatt, inamyloid. Etwa 20 Arten. Lignicol. – **Lit**: **9**: 159, **12**: 162
T: *Ph. radiata* FR. : FR. – Orangeroter Kammpilz: BK 2.176, Ge 415, Ja 59, Kr 1.295, Lx 489, MJ 5Phl1, RH 82

1 Frk oberseits (Hymenium) ± glatt, Hyphen mit Schnallen (falls ohne Schnallen: ►). Zystiden hyalin, glatt, ± zylindrisch, bisw selten (falls Zystiden mit hyalinen Kristallen inkrustiert: ►) **2**
1* Frk oberseits faltig, radialfurchig, wellig-höckerig, unregelmäßig porenfö, warzig, zähnchenfö **3**
2 Frk graubräunl bis rotbräunl. Zystiden 60–130 × 5–9 µm. Sp schmal ellipsoid, 7–12 × 3,5–5,5 µm. NaH **Horniger Kammpilz** – *Ph. cornea* (BOURD. & GALZIN) PARMASTO
2* Frk frisch hell bläul-grau bis rosa-ocker, trocken blau-grau, fleischfarben, dunkel rotbraun. Zystiden fehlend oder falls vorhanden hyalin, 40–50 × 3–4 µm. Sp schmal und recht klein, allantoid, 4–6 × 1,5–2,5 µm. [Falls Sp nicht allantoid und/oder größer: ►; falls Sp schmal-allantoid, 6–7 × 1,3–1,8 µm. LaH, NaH: *Ph. subcretacea* (LITSCH.) M.P. CHRIST.; falls Frk mit rosa oder violettl Schimmer und Sp 3,5–5 × 1,8–2,5 µm: *Ph. lilascens* (BOURDOT) J. ERIKSS. & HJORTSAM]. LaH, NaH
Bleifarbener Kammpilz – *Ph. livida* (PERS. : FR.) BRES.
3 Frk oberseits faltig bis faltig-porenfö **4**
3* Frk oberseits warzig bis zähnchenfö ►
4 Frk oberseits faltig-porenfö, jung hell gelb-orange bis orangerot, dann ocker, bräunl, rostbraun. Zystiden selten bis häufig. Sp 4,5–6 × 2–2,5 µm. LaH, seltener NaH
Blassroter Kammpilz – *Ph. rufa* (PERS. : FR.) M.P. CHRIST.
4* Frk oberseits faltig, radial-furchig. Im Hymenium ohne Zystiden (falls mit Zystiden: ►) **5**
5 Frk rötl oder orange. Sp 4,5–5 × 1,5–2 µm, zylindrisch-gebogen (allantoid). LaH, seltener NaH **Orangeroter Kammpilz** – *Ph. radiata* FR. : FR
5* Frk weißl bis hellgrau, alt grauviolett bis etwas bräunl. Sp 6,5–9 × 2,5–3 µm, zylindrisch bis schmal ellipsoid. NaH **Nordischer Kammpilz** – *Ph. centrifuga* P. KARST.

Phlebiopsis JÜLICH, Zystidenkammpilz – RiP (Bas, Agaricomycetes, Polyporales, Phanerochaetaceae)
Frk resupinat, wachsartig, glatt bis warzig, weiß, creme, hellgrau, rosa-ocker, ocker. Monomitisch. Hyphen hyalin, mit oder fast ohne Schnallen. Zystiden dickwandig, inkrustiert. Sp hyalin, dünnwandig, glatt, inamyloid, ellipsoid, (4,5–)5–7 × 2,5–3 µm. NaH (T) oder LaH. 2 Arten. Lignicol. – **Lit**: **9**: 169, **12**: 216
T: *Ph. gigantea* (FR. : FR.) JÜLICH – **Großer Zystidenkammpilz**: BK 2.165

Phleogena LINK, Köpfchenträger – BaP (Bas, Atractiellomycetes, Atractiellales, Phleogenaceae)
Frk 3–6 mm hoch, mit kugeligem Kopfteil und sterilem S. Geruch nach Maggi. Monomitisch. Hyphen hyalin, mit Schnallen. Sp kugelig, gelbl-braun, dickwandig, glatt, inamyloid, 4,5–10 × 4,5–9 µm. Zusätzl mit breit ellipsoiden Konidien, die 9 × 7 µm messen. Meist LaH (*Fagus*). – **Lit**: **9**: 79, **12**: 400
1 Art = T: *Ph. faginea* (FR.) LINK – **Buchen-Köpfchenträger**: Ct 2992, Kr 1.68

Phloeomana siehe *Mycena*

Phloeospora WALLR. – ParP (Asc, Dothideomycetes, Capnodiales, Mycosphaerellaceae; Anamorphe)
Verursacht eine Blattfleckenkrankheit z. B. an Bl von *Ulmus*. Bl-Flecken klein, gelb, etwas eckig. Konidien zylindrisch, zum Scheitel hin verschmälert. – **Lit**: **3**: 1134
T: *Ph. ulmi* (FR.) WALLR.: Bra 1135: 325, JK 427

Pholiota (FR.) KUMMER. Schüppling – BläP (Bas, Agaricomycetes, Agaricales, Strophariaceae)
Frk seltener klein, meist mittelgroß bis groß und fleischig. H bisw schuppig und dann S beringt oder schuppig, nicht selten aber auch mit kahlem H und S. Spp braun ohne violettl Mischtöne. Häufig mit Chrysozystiden. Sp immer glatt, mit meist undeutl Keimporus. Abgrenzung gegenüber *Kuehneromyces* (*K. mutabilis*), *Hypholoma (H. myosotis*) und *Stropharia* (*S. albocrenulata*) oft schwierig und unterschiedl gehandhabt. 30 Arten. Meist lignicol, seltener bryicol (*Sphagnum*) oder humicol (Torf, Humus). – Syn: *Ph. albocrenulata* = *Stropharia a.*, *Ph. aurivella* = *Ph. cerifera*, *Ph. adiposa* = *Ph. flavida* ss. Flora Agaricina Neerlandica = *Hypholoma* spec., *Ph. carbonaria* = *Ph. highlandensis, Ph. destruens* = *Ph. populnea* = *Hemipholiota p., Ph. muelleri* = *Ph. jahnii, Ph. mutabilis* = *Kuehneromyces m.*, *Ph. myosotis* = *Hypholoma m.*, *Ph. nematolomoides* = *Ph. subochracea, Ph. populnea* = *Hemipholiota p., Ph. squarrosoadiposa* = *Ph. limonella*. – **Lit**: **8**: 412, **11**: 336, **14**: 837
T. *Ph. squarrosa* (WEIGEL : FR.) P. KUMMER – Sparriger Schüppling: BK 4.428, 440, CD 1244, Dh 618, HK 4.233, Ja 187, Lu 1.65,2,8, Lx 325, Ph 145

1 H-Oberfläche bleibend schuppig, trocken oder schleimig. Schuppen angedrückt faserig oder sparrig abstehend. S häufig ebenfalls schuppig unterhalb einer Ringzone (Falls Frk sehr robust und auf Pappelholz siehe *Hemipholiota* oder auch hier unter **10**). . . **2**

1* H-Oberfläche kahl oder allenfalls angedrückt faserig, trocken, schwach schmierig bis dick schleimig. Falls Velumschuppen vorhanden, sind diese flüchtig. Auch S ohne beständige Schuppen **9**

Hut schuppig bis sparrig schuppig. Pleurozystiden vorhanden (2–8)

2 Frk eher klein bis mittelgroß, wenig fleischig, H 2,5–4,5(–6,5) cm. Pleurozystiden fehlend. siehe **14**: *Ph. lucifera* und *tuberosa*

2* Frk recht groß und fleischig, H z. B. 4–15 cm. Pleurozystiden vorhanden **3**

3 H trocken, sparrig-schuppig. Schuppen trocken, aufsteigend, aufrecht oder gekrümmt **4**

3* H schmierig bis schleimig. Schuppen faserig bis schleimig, oft weitgehend anliegend **5**

– Hut trocken (4)

4 H gelbl bis hell orange, 5–10(–15) cm. Schuppen dem H gleichfarben oder rostbraun. L alt gelbbraun. S büschelig, 5–12 × 1–1,5 cm. Sp 6–8 × 4–4,5 µm. LaH, NaH
Sparriger Schüppling – *Ph. squarrosa* (WEIGEL : FR.) P. KUMMER

4* H lebhaft gelb, 3–7 cm. L alt rostgelb. S nicht büschelig, 4–6(–8) × 0,3–0,8 cm. Meist NaH **Feuer-Schüppling** – *Ph. flammans* (BATSCH: FR.) P. KUMM.

– ***Hut schmierig bis schleimig (5–8)***

5 Sp weniger als 6,5–7 µm (oder bis zu 7 µm) lang. **6**

5* Sp mehr als 7 µm lang. **7**

6 H feucht etwas schmierig, mit rostbraunen faserigen bis sparrigen, rostbraunen Schüppchen auf ± weißl bis gelbl oder ockerl Grunde (sonst ähnl wie **4**). S 5–12 × 0,7–1,5 cm, dicht schuppig. Geruch nach Obst. Sp 4,5–6 × 3–3,5 µm. LaH

Bleicher Schüppling – *Ph. squarrosoides* (PECK) SACC.

6* H feucht schleimig, jung gelbl, alt satt gelb bis ockergelb, mit sparrigen, rostbraunen (auch schwärzl) Schuppen. (Nicht ähnl wie **3**). Geruch fehlend oder banal. Sp 5–7 × 3–4 µm. LaH, selten auch NaH **Pinsel-Schüppling** – *Ph. jahnii* TJALL.-BEUK. & BAS

7 H-Oberfläche dick schleimig, gelbl bis satt gelb, mit im Schleim eingebetteten dunklerfarbigen Schuppen. Sp 7,5–10x 5–6 µm. LaH, NaH

Schmieriger Schüppling – *Ph. adiposa* (BATSCH : FR.) P. KUMM.

7* H-Oberfläche nicht dick schleimig, nur schleimig-schmierig. **8**

8 Sp 8–11 × 5–6,5 µm **Goldfell-Schüppling** – *Ph. cerifera* (P. KARST.) P. KARST.

8* Sp kleiner, 7–8,5 × 4,5–5 µm

Hochthronender Schüppling – *Ph. limonella* (PECK) SACC.

Hut und Stiel nicht schuppig, allenfalls mit flüchtigen Velumresten. Pleurozystiden vorhanden oder fehlend (9–15)

9 Frk robust, auf Pappel, Birke, Erle, seltener auf NaH. Chrysozystiden fehlen. **10**

9* Frk klein bis mittelgroß. Chrysozystiden vorhanden oder fehlend. **11**

– ***Robust, häufig auf Pappelholz („Pappelschüpplinge“ etc.; 10)***

10 L-Schneide nicht weißflockig. H-Oberfläche ± trocken, am H-Rand vom Velum weißwollig bis flüchtig wollig-schuppig. Ring flüchtig oder rudimentär. Geruch aromatisch. Sp 7–9 × 5–6,5 µm. LaH, besonders Pappel, Birke siehe *Hemipholiota*

10* L-Schneide weißflockig, jung mit Tropfen. H-Oberfläche feucht schmierig am H-Rand schuppig. S schuppig. Sp mandelfö, 11–13 × 5,5–7,5 µm

siehe Hemistropharia albocrenulata

– ***Klein bis mittelgroß aber nicht robust (11–25)***

11 Pleurozystiden fehlend **12**

11* Pleurozystiden vorhanden. **15**

– – ***Ohne Pleurozystiden (12–14)***

12 H braun ohne rötl Mischtöne (nicht rotbraun, nicht gelbl)., jung klebrig bis schleimig. Im Winter auf Zweigen und verrotteten Blättern von Pappeln fruchtend (auch als *Phaeogalera o.* oder als *Meottomyces dissimulans*)

Fettglanz-Schüppling – *Ph. oedipus* (COOKE) P.D. ORTON

12* H goldgelb, ockergelb oder lebhaft rotbraun **13**

13 H-Rand durchscheinend gerieft siehe *Kuehneromyces*

13* H-Rand nicht durchscheinend gerieft, H-Oberfläche meist leicht klebrig bis schleimig **14**

14 H-Oberfläche leicht schmierig und zugleich schuppig. Schüppchen rotbraun, die stark vom gelben Untergrund abgehoben sind. Cheilozystiden keulig bis spindelig, oben nicht kopfig erweitert. Sp 7–9,5 × 5–6 µm. [Falls H-Oberfläche trocken, feinschuppig, mit oben kopfig erweiterten Cheilozystiden, mit bohnenfö Sp, auf LaH: *P. tuberculosa* (SCHAEFF. : FR.) P. KUMM.]. LaH seltener NaH

Leuchtender Schüppling – *Ph. lucifera* (LASCH) QUÉL.

14* H-Oberfläche nicht schuppig, allenfalls mit undeutlichen, anliegenden Velumfasern, zitronengelb mit brauner bis olivl-brauner H-Mitte. L gerade bis ausgebuchtet. Sp 8–10,5 × 5–6 µm. Auf LaH, besonders auf Erle und Weide (*Alnus*, *Salix*).[Falls auf NaH oder L stark herablaufend: ►] **Erlen-Schüppling** – *Ph. alnicola* (FR. : FR.) SINGER

15 Pleurozystiden mit gelbl Inhalt (als Pleuro-Chrysozystiden ausgebildet) **16**

15* Pleurozystiden hyalin, nicht mit gelbl Inhalt (nicht als Chrysozystiden ausgebildet) . **21**

– – ***Mit Chryso-Pleurozystiden (16–20)***

16 H und L mit olivl Mischton. Sp 12,5–20 µm lang. Zwischen Torfmoos (*Sphagnum*) siehe *Hypholoma. myosotis*

16* H und L ohne olivl Mischton. Sp kleiner **17**

17 H mit leuchtenden Farben zumindest in H-Mitte: aprikosenfarben, orangerot, leuchtend gelb, Geschmack mehlartig oder bitter: **18**

17* H blasser gefärbt: weißl, grünl-braun, rötl-braun, ockerfarben bis dunkelbraun, jedoch nicht aprikosenfarben etc. **19**

18 H-Scheitel lebhaft aprikosenfarben bis rot. Geschmack bitter. Sp mit undeutl Keimporus, 6–8 × 4–5 µm. NaH (besonders Fichte)

Safranroter Schüppling – *Ph. astragalina* (FR. : FR.) SINGER

18* H, L und S lebhaft schwefel- bis zitronen-gelb. Geschmack mild, mehlartig, dann auch bitter. Sp mit deutl Keimporus, 6–8 × 3,5–5,5 µm siehe *Ph. flavida* ss. auct.

19 H zunächst weißl-cremefarben, dann mit grünl mit schmutzig bräunl-gelben Farben bedonders gegen die H-Mitte, der H-Rand immer wesentl heller bleibend, dort fast weißl mit feinen angedrückten Schüppchen

Gummi-Schüppling – *Ph. gummosa* (LASCH : FR.) SINGER

19* H-Mitte zieml dunkel ockerbraun bis rotbraun, H-Rand manchmal hell, aber dann ohne Schüppchen **20**

20 Auf NaH (Fichte). L-Schneide ausschließl durch Chrysozystiden besetzt

Schwefelkopf-Schüppling – *Ph. subochracea* (A.H. SM.) A.H. SM. & HESLER

20* Auf LaH. H. rötl-gelb bis ockerfarben, auch rötl-braun, gegen H-Rand blasser. L-Schneide ausschließl von Zystiden ohne gelbl Inhalt besetzt (also dort ohne Chrysozystiden). Zwischen und auf Gräsern oder auf LaH (besonders Erle, Weide). [Falls H dunkel rotbraun, gegen H-Rand hell rotbraun, mit spärl Cheilo-Chrysozystiden und auf Birke: *P. fusus* (BATSCH) SINGER]

Weiden-Schüppling – *Ph. conissans* (FR.) M.M. MOSER

– – ***Mit hyalinen Pleurozystiden (21–25)***

21 Zwischen und auf Torfmoosen (*Sphagnum*) in Mooren. Sp 8–9,5(–10,5) × 5–6 µm (vgl. auch **16**) **Torfmoos-Schüppling** – *Ph. henningsii* (BRES.) P.D. ORTON

21* Nicht an Tormoose gebunden, Sp kleiner **22**

22 H weißl oder sehr blass ockerl. Terricol (Torf, Humus) oder lignicol (an oder auf Holzresten) **23**

22* H tiefer gefärbt: orange-braun, rot-braun, dunkelbraun (so besonders auf H-Scheitel), gelb (so besonders am H-Rand) **24**

23 Frk klein, H 1–3 cm, H-Oberfläche jung vom Velum gänzl wollig-weißfaserig, trocken bis etwas klebrig, keinesfalls schleimig. Sp ellipsoid in Seitenansicht, 7,5–9 × 4,5–6 µm **Seidiger Schüppling** – *P. scamba* (FR. : FR.) M.M. MOSER

23* Frk größer, H 3–8(–10) cm. H-Oberfläche jung und feucht schleimig-schmierig und fast weiß, später grau-ockerl mit weißl bleibendem H-Rand. Sp bohnenfö in Seitenansicht, 6–7,5 × 3–4 µm **Tonfalber Schüppling** – *Ph. lenta* (PERS. : FR.) SINGER

24 Sp ellipsoid-eifö in Seitenansicht **25**

24* Sp größtenteils ± bohnenfö in Seitenansicht (phasaeoliform). 6–7 × 3,5–5 µm. H rotbraun bis orangebraun, H-Rand oft hellgelbl [Falls H-Rand zitronengelb und Sp × 3–4 µm: *Ph. elegans* JACOBSSON]
Weißflockiger Schüppling – *Ph. lubrica* (PERS. : FR.) SINGER

25 H-Rand und H-Trama leuchtend gelb. Sp 6,5–8 × 4–4,5 µm. Lignicol auf oder an Holzabfällen (NaH), nicht auf Brandstellen
Nadelholz-Schüppling – *Ph. spumosa* (FR. : FR.) SINGER

25* H nirgends leuchtend gelb, auch nicht am H-Rand, vielmehr rötl-braun in H-Mitte, blass-bräunl gegen H-Rand. H-Trama weißl bis sehr hell gelbl. Sp (6,5–)7–8(–9) × 4–5 µm. Auf Brandstellen zwischen Holzkohle [Falls nicht auf Brandstellen und mit etwas kleineren Sp 6–6,5(–7) × 3–4 µm: *Ph. mixta* (FR.) KUYPER & TJALL.-BEUK.]
Kohlen-Schüppling – *Ph. highlandensis* (PECK) QUADR.

Pholiotina FAYOD**,** Glockenschüppling – BläP (Bas, Agaricomycetes, Agaricales, Bolbitiaceae)

Frk klein, zart, zerbrechl, Spp ockerbraun. Ohne Kugelkopf-Zystiden. Falls Cheilozystiden auf schlankem Hals kugelig, dann Frk wenigstens jung mit Velum. Die Gattungsgrenze gegenüber *Conocybe* (diese stets mit Kugelkopf-Zystiden) ist schwach, weshalb *Pholiotina* von einigen Autoren auch gänzl in dieser Gattung aufgeht. Sp glatt (selten schwach punktiert: so bei *P. dasypus*), meist mit Keimporus. – **Lit**: **8**: 380, **11**: 317, **14**: 651

T: *Ph. blattaria* (FR.) FAYOD; ss. auct. = *Ph. vexans* (P.D. ORTON) BON – Faltigberingter Glockenschüppling: BK 4.399, Ct 1307, HK 4,215

1 H faltig gefurcht **2**

1* H (H-Rand) nicht faltig gefurcht. **3**

Hut faltig gefurcht oder auf Hut bzw. an Stielbasis beim Reiben blauend (2)

2 H feucht schwach schmierig, 0,5–2 cm, jung konisch bis konvex, alt halbkugelig bis ausgebreitet, jung mit weißen Velumfasern. Cheilozystiden polymorph, flaschenfö mit langem Hals, apikal etwas kopfig. Sp etwas abgeflacht, 7–9 × 4,5–6 × 4–5,5 µm. Selten in Südeuropa siehe *Galerella plicatella*

2* H trocken, 0,6–1,8 cm. Velum komplett fehlend. Geruch nach Pelargonien. Sp 7,5–10 × 4–5,5 µm **Gefurchter Glockenschüppling** – *Ph. sulcata* ARNOLDS & HAUSKN.

Hut nicht faltig gefurcht (3–17)

3 S-Basis und H gerieben (oder auch trocknend) blau oder blaugrün verfärbend. Velum fehlend ▸

3* Nicht blau oder blaugrün an S-Basis oder auf dem H verfärbend. Velum vorhanden oder fehlend **4**

4 S beringt **5**

4* S ohne Ring, bisw aber mit Velum **9**

– ***Stiel beringt (5–8)***

5 Sp ohne Keimporus. Cheilozystiden fast kopfig (vgl. auch **11**: *Ph. vestita*)
Frühlings-Glockenschüppling – *Ph. aporos* (KITS VAN WAV.) CLÉMENÇON

5* Sp mit Keimporus **6**

6 Cheilozystiden spindelfö bis flaschenfö mit schmalem Halsteil. **7**

6* Cheilozystiden keulenfö bis breit flaschenfö und dann mit breitem Halsteil ▸

7 Sp 10,5 µm und länger, bis 12,5 × 5,5–7 µm
Faltigberingter Glockenschüppling – *Ph. vexans* (P.D. ORTON) BON

7* Sp im Mittel weniger als 10 µm lang **8**

8 H 1–3 cm breit. Keimporus bis zu 1 µm breit, Cheilozystiden 2,5–8 µm breit
Rotbräunlicher Glockenschüppling – *Ph. arrhenii* (FR.) SINGER

8* H 0,3–1,2 cm breit. H-Oberfläche glatt. S 0,5–1,5 mm breit [Falls H-Oberfläche runzelig und S 2–4 mm breit: *P. rugosa* (PECK) SINGER]. Keimporus 1–1,5 µm breit, Cheilozystiden 5–12 µm breit
Runzeliger Glockenschüppling – *Ph. filaris* (FR.) SINGER

– ***Stiel nicht beringt (9–17)***

9 Velum wenigstens jung sichtbar, jedoch am S keinen Ring bildend Sp meist glatt, [falls punktiert-rau: **Rauspor-Glockenschüppling** – *Ph. dasypus* (ROMAGN.) P.-A. MOREAU] **10**

9* Velum komplett fehlend **14**

– – ***Velum wenigstens jung sichtbar (10–13)***

10 H-Rand mit Velumflocken und zugleich Cheilozystiden aus ± breit-bauchigem Grund gestielt-kopfig (lecythiform bis tibiiform; vgl. auch *Conocybe,* dort aber ohne Velum).
Brauner Glockenschüppling – *Ph. brunnea* (J.E. LANGE & KÜHNER ex WATLING) SINGER

10* Cheilozystiden anders **11**

11 Sp ohne Keimporus, 6–9 × 4–5,5 µm, Cheilozystiden auch nicht annähernd kopfig [Falls Sp bis zu 10 µm lang und Cheilozystiden fast kopfig. S jung beringt vgl. 5: *P. aporos*] **Behangener Glockenschüppling** – *Ph. vestita* (FR.) SINGER

11* Sp mit Keimporus **12**

12 Sp im Mittel 9 µm und länger
Hain-Glockenschüppling – *Ph. nemoralis* (HARMAJA) BON

12* Sp im Mittel 8,5 µm und kürzer **13**

13 H-Mitte meist recht hell, gelbl-braun, ockerl-braun, aber auch orange-braun
Geschmückter Glockenschüppling – *Ph. velata* (VELEN.) HAUSKN.

13* H-Mitte meist dunkler rötl-braun bis rostbraun
Ringloser Glockenschüppling – *Ph. exannulata* (KÜHNER & WARLING) COURTEC.
– – ***Velum komplett fehlend (14–17)***
14 Auf Dung. Sp 10,5–14 × 6,5–8,5 µm
Dung-Glockenschüppling – *Ph. coprophila* (KÜHNER) SINGER
14* Nicht auf Dung. Sp im Mittel weniger als 10,5 µm lang **15**
15 S 2–7 mm breit. H 1,5–5,5 cm **16**
15* S 0,5–2 mm breit. H 0,3–2 cm **17**
16 Sp im Mittel 9 µm und länger
Pygmäen-Glockenschüppling – *Ph. pygmaeoaffinis* (FR.) SINGER
16* Sp im Mittel 8 µm und kürzer
Weißstieliger Glockenschüppling – *Ph. striipes* (COOKE) SINGER
17 Cheilozystiden 15–45 × 5–8 µm
Winziger Glockenschüppling – *Ph. mairei* (WATLING) ENDERLE
17* Cheilozystiden größer, 45–70 × 9–11 µm
Kleiner Glockenschüppling – *Ph. parvula* (DOSSING & WATLING) BON

Phomatospora SACC. – Pyr (Asc, Sordariomycetes, Xylariales, fam. inc. sed.)
Frk (Perithecien) flaschenfö, 150–250 µm mit winzigem Hals, tief im Substrat (u. a. Dung) eingesenkt. Sp innerhalb des Ascus in einer Reihe, ellipsoid, hyalin, an ihren Polen jeweils mit einem lichtbrechenden Tröpfchen, 3–7 × 2–3 µm. Auf abgestorbenen Pflanzenresten, einige Arten auf Dung. – **Lit**: HEINE & WELT 2007
T: *Ph. berkeleyi* SACC.

Phragmidium LINK – RostP (Bas, Pucciniomycetes, Pucciniales, Phragmidiaceae)
Phytoparasiten (Roste), unterschiedl Sp-Formen und Entwicklungsstadien siehe unter *Puccinia*. Pseudoperidie an I fehlend oder lediglich rudimentntär (Caeoma-Typ), mit hyalinen Paraphysen. I-Sp und II-Sp warzig oder stachelig, III meist schwarz, III-Sp lang gestielt, mehrzellig und mit dunkelbrauner Wand, kein Ww. Ausschließl auf Rosaceae. – Anm: Auf *Sanguisorba officinalis* siehe auch *Xenodochnus*. – **Lit**: **13**: 653, 696, 699, 716, **JK** 327, 328, 357, 362, 373
T: *Ph. mucronatum* (PERS.) SCHLTDL – **Kugelsporiger Rosenrost:** Gäum 1190:1031 (I), 1191:1032 (II), 1192:1033 (III), 1193:1034 (III-Sp); JK 357–358

Potentilla (0, I, II, III): *Ph. fragariae* (W: *P. alba, caulecens, sterilis, micrantha*), *Ph. mexicanum* [W: *P.* (*Duchesna*) *indica*]. *Ph. potentillae* (W: *P. argentea* agg., *neumanniana, erecta, heptaphylla, recta, reptans* etc.), *Ph. tormentillae* (W: *P. anglica, erecta, reptans* etc.). – ***Rosa***: *Ph. fusiforme, Ph. mucronatum, Ph. rosae-pimpinellifoliae, Ph. tuberculatum*. – ***Rubus***: *Ph. acuminatum, Ph. bulbosum, Ph. candicantium, Ph. rubi-idaei, Ph. violaceum*. – ***Sanguisorba***: *Ph. sanguisorbae*

Phragmotrichum KUNZE – (Asc. inc. sed., Anamorphe)
Auf dem Substrat kleine schwarze Flecken bildend. Konidiosp eckig, mauerfö unterteilt, dunkel pigmentiert, kettenfö und brückenfö miteinander verbunden. Etwa 10 Arten u. a. auf den Schuppen von Fichtenzapfen, so *Ph. chailletii*.
T: *Ph. chailletii* KUNZE

Phycomyces KUNZE – SchimP (Mucoromycetes, Mucorales, Phycomycetaceae)
Hyphen nicht septiert. Sporangienträger unverzweigt, z. T. über 3 cm lang, mit bläul oder metallischem Glanz. Besonders auf Dung. – **Lit**: **21**: 68, 146
T: *Ph. nitens* (C. AGARDH) KUNZE

Phyllachora NITSCHKE ex FUCKEL – PaP (Asc, Sordariomycetes, Phyllachorales, Phyllachoraceae)
Schwarze oft weiß gerandete Flecken auf Bl von Gräsern bildend, darauf kleine, runde, oft konisch zugespitzte Frk sitzend. – **Lit**: **3:** 932
T: *Ph. graminis* (PERS.) FUCKEL – **Gras-Teerfleckenpilz**: Bra 933: 48; JK 315

Phyllactinia LÉV. – E-Mehlt (Leotiomycetes, Erysiphales, Erysiphaceae)
Phytoparasitischer Befall in Form eines weißen bis grauweißen, oft zarten Mycelbelages, vorwiegend auf der Blattunterseite, immer Blätter von Gehölzen. Konidien meist einzeln, länger als 40 µm, unterschiedl geformt, oft keulig, birnenfö, lanzettl. Frk kugelfö, 100–400 µm im Durchm. Frk-Anhängsel unverzweigt, nadelfö, an der Basis kugelfö erweitert. Asci je Frk zahlreich, meist 2–4-sporig. – **Lit**: **3**: 920, **13**: *Acer* 73, *Alnus* 104 etc., **JK**: 96, 146, 188
T: *Ph. guttata* (WALLR. ex FR.) LÉV. = *Ph. suffulta* (REBENT.) SACC. = *Ph.* (*Erysiphe*) *pachypus* (MARTIUS) comb. nov. – **Hasel-Mehltau**: Bra 921: 32; JK 144
Acer: *Ph. marissalii.* – ***Alnus***: *Ph. alnicola.* – ***Amelanchier***: *Ph. mali.* – ***Berberis***: *Ph. berberidis.* – ***Betula***: *Ph. betulae.* – ***Carpinus***: *Ph. carpini.* – ***Cornus***: *Ph. corni.* – ***Corylus:*** *Ph. guttata* (*pachypus*). – ***Crataegus***: *Ph. mali.* – ***Fagus***: *Ph. orbicularis.* – ***Fraxinus***: *Ph. fraxini.* – ***Hippophae***: *Ph. hippophaes.* – ***Malus***: *Ph. mali.* – ***Populus***: *Ph. populi.* – ***Pyracantha***: *Ph. mali.* – ***Quercus***: *Ph. orbicularis.* – ***Ribes***: *Ph. ribes.* – ***Salix***: *Ph. populi.* – ***Ulmus***: *Ph. nivea*

Phylloporia MURR., Strauchporling – PoP (Bas, Agaricomycetes, Hymenochaetales, Hymenochaetaceae)
Frk hut-konsolenfö, 3–6 cm, bis 2 cm dick, ohne oder nur mit angedeuteter Kruste, jung oberseits behaart, mehrjährig. Trama braun, zweischichtig. Mit 6–7 Poren pro mm. Seten fehlend. Sp ellipsoid, etwas dickwandig, hell gelbl, 3–5,5 × 2,5–4,3 µm. Lignicol, parasitisch am Grunde von Johannisbeer-, Stachelbeer- oder Pfaffenhütchen-Sträuchern (*Ribes*, *Evonymus*). Wird auch in *Phellinus* eingeschlossen. – **Lit**: **9**: 330, **12**: 289 als *Phellinus r.*
T: außereuropäisch. Bei uns 1 Art = *Ph. ribis* (SCHUMACH. : FR.) RYVARDEN – **Beeren-Strauchporling**: BK 2.322, Ct 1601, Gh 553, HK 2.66, Ja 142, Kr 1.462, Lx 527, MJ 5Phell27

Phylloporus siehe *Xerocomus* (*X. pelletieri*)

Phyllotopsis E.-J. GILBERT & DONK ex SINGER, Orangeseitling – BläP (Bas, Agaricomycetes, Agaricales, Tricholomataceae)
Frk muschelfö, orange bis gelb, oberseits samtig bis grob filzig. H-Rand eingerollt. Geruch unangenehm, F gelb, zäh. Spp rosal. Sp klein, inamyloid, gebogen (allantoid), 4–5 × 2 µm. Lignicol, LaH, NaH. – **Lit**: **7**: 168, **11**: 55
1 Art = T: *Ph. nidulans* (PERS. : FR.) SINGER – **Geselliger Orangeseitling**: BK 3.393, CD 153, Ct 1551, HK 3.79, Kr 3.23, Lg 65D, Lu 1.66.1, ML 1Pyllot1

Physarum PERS. – SchleimP (Myxogastria, Physarida, Physaridae)
Frk sitzend oder gestielt. Falls S vorhanden, dann dieser hohl, grubig oder glatt, kollabierend und faltig. Oder ausgefüllt mit Kalk oder Schmutz-Partikeln. Peridie ein- oder zweischichtig, mit kugeligen Kalkpartikeln inkrustiert, selten auch ohne Kalkauflagerungen. Capillitium ein Netz aus Fäden oder sehr dünnen, farblosen oder blass-gelben Röhren, stellenweise (an Knoten) diese erweitert und mit amorphen (seltener das Licht doppelbrechenden) kugeligen Kalkkörperchen angefüllt, gegen oberem (meist) und unterem Ende der Frk mit der Peridie verbunden. Bisw sind die Capillitiumfasern in der Frk-Basis bis hin zur Mitte zu einer Pseudocolumella gebündelt. Sp in Masse dunkelbraun oder schwarz, seltener rot-braun, meist kugelig, seltener breit ellpsoid, beim T (6–)7–8(–9) µm, mit sehr feinen Warzen bedeckt. Über 30 Arten, Totholz, auch an Ästen, Rinde, Falllaub und sonstigen Pflanzenresten, Stroh, an alten Porlingen, auf Moosen. – **Lit**: **17**: 183, **19**: 225
T: *Ph. aureum* PERS. = *Ph. viride* (BULL.) PERS.: Nan 190, Neub 2. 309–310

1 Capillitium von der Frk-Basis aus, bisw auch von der zentralen Pseudocolumella aus, radial nach oben strahlend, netzig anastomosierend mit radial gestreckten Maschen. Frk gestielt. **2**
1* Capillitium nicht radialstrahlig, Maschen isodiametrisch, also nicht radial gestreckt **4**
2 Kalk auf der Peridie weiß oder blau **3**
2* Kalk auf der Peridie nicht weiß oder blau ▸
3 Frk längl, S lang, nickend *Ph. nutans* PERS.
3* Frk (halb-)kugelig, S gerade, nicht länger als der Durchm des S-bildenden Teils des Frk *Ph. robustum* (A. LISTER) NANN.-BREM.
4 Kalk auf der Peridie farbig **5**
4* Kalk auf der Peridie weiß **8**
5 Frk (wenigstens einige in der Gruppe) gestielt **6**
5* Frk alle sitzend **7**
6 Kalk auf der Peridie leuchtend gelb, bisw etwas ausblassend. Kalkkörperchen an Knoten des Capillitiums gelb [Falls diese weiß: *P. flavidum* (PECK) PECK] *Ph. limonium* NANN.-BREM.
6* Kalk auf der Pertidie mit anderer Färbung [Falls S gegen das Licht betrachtet durchscheinend orange oder zinnoberrot: *P. psittacinum* DITMAR in STURM] ▸
7 Frk sehr klein, gedrängt in Gruppen oder Haufen, manche miteinander verbunden, grünl, gelb-grau, grünl-grau. Plasmodium auffallend gelb *Ph. virescens* DITMAR in STURM
7* Merkm anders: nicht gedrängt in dichten Gruppen und von anderer Farbe ▸
8 Frk gestielt, allenfalls nur einzelne Frk der Gruppe sitzend **9**
8* Frk alle sitzend ▸
9 S durchscheinend (im durchgehenden Licht), ohne Kalk und allenfalls nur an seiner Basis mit einigen Schmutzpartikeln, lang, orange-braun oder orange-rotbraun. Sp 10–12 µm [Falls S kurz und im durchscheinendem Licht gelb: *Ph. psittacinum* DITMAR in STURM var.] *Ph. pusillum* (BERK. & CURT.) G. LISTER
9* S im durchscheinendem Licht matt ▸

Physisporinus P. KARST., Höckerporenschwamm – PoP (Bas, Agaricomycetes, Polyporales, Meripilaceae)
Frk resupinat, weich, einjährig, oberseits mit Poren, frisch weich. Monomitisch, Hyphen hyalin, ohne Schnallen. Sp hyalin, fast kugelig, dünn- bis etwas dickwandig, glatt, inamyloid. 2 Arten. Lignicol, Weißfäule an LaH, NaH. – **Lit**: **9**: 172, **12**: 323
T: *Ph. vitreus* (PERS. : FR.) P. KARST. – Glasigweißer Höckerporenschwamm: BK 2.387, Ct 1585, Ja 80, Kr 1.571

1 Frk frisch weiß, auf Druck rötl, dann schwarz. Sp 4–6,5 × 3–5,5 µm. Erde, morsches LaH, NaH
Rotfleckender Höckerporenschwamm – *P. sanguinolentus* (ALB. & SCHWEIN. : FR.) PILÁT

1* Frk frisch grauweiß, auf Druck bräunl, trocken ocker bis rotbraun. Sp 4–5,5 × 3,5–4,5 µm. Erde, Pflanzenreste, Moose, LaH; auch in Kellern und Bergwerken
Glasigweißer Höckerporenschwamm – *P. vitreus* (PERS. : FR.) P. KARST.

Physoderma WALLR. – G (Blastocladiomycetres, Blastocladiales, Physodermataceae)
Gallen, Schwielen, Streifen oder Flecken bildende Phytoparasiten. Gallen flach bis halbkugelig gewölbt. Dauersporangien z. B. 35–38 µm im Durchm. – Anm: Ebenfalls Gallen bildend *Olpidium und Synchytrium* (Unterscheidung siehe unter *Olpidium*). – **Lit. 3**: 902, **13**: 86, 98 etc.
T: *Ph. maculare* WALLR.; abgebildet *Ph. graminis* (BÜSGEN) DE WILD. – **Töpfchenpilz**: JK 159
Poaceae: **Agrostis**: *Ph. agrostidis*. – ***Alopecurus***, ***Dactylis***: *Ph. gerhardtii*. – ***Agrostis***, ***Alopecurus***, ***Dactylis***, ***Elymus***, ***Festuca***, ***Lolium***, ***Poa***, ***Secale***, ***Triticum***: *Ph. graminis*. – ***Aegopodium***: *Ph. pulposum*, ***Alisma***: *Ph. maculare*, ***Allium***: *Ph. allii*, ***Atriplex***: *Ph. pulposum*, ***Beta***: *P. leproides*, ***Butomus***: *Ph. butomi*, ***Caltha***: *Ph. calthae*, *Ph. bohemicae*, *Ph. vagans*, ***Carum***: *Ph. hemisphaericum*, ***Chenopodium***: *Ph. pulposum*, ***Cicuta***: *Ph. vagans*, ***Crepis***: *Ph. crepidis*, ***Euphrasia***: *Ph. negeri*, ***Iris***: *Ph. iridis*, ***Lathyrus***: *Ph. lathyri*, ***Limonium***: *Ph. zsakii*, ***Lotus***: *Ph. potteri*, ***Medicago***: *Ph. alfalfae*, ***Mentha***: *Ph. menthae*, ***Menyanthes***: *Ph. menyanthis*, ***Muscari***: *Ph. muscari*, ***Myriophyllum***: *Ph. myriophylli*, ***Narcissus***: *Ph. narcissi*, ***Odontites***: *Ph. negeri*, ***Oenanthe***: *Ph. vagans*, ***Peucedanum***: *Ph. vagans*, ***Pimpinella***: *Ph. hemisphaericum*, ***Potentilla***: *Ph. vagans*, ***Ranunculus***: *Ph. flammulae*, ***Rumex***: *Ph. acetosella*, *Ph. majus*, *Ph. ruebsaamenii*, ***Selinum***: *Ph. vagans*, ***Silaum***: *Ph. vagans*, ***Sium***: *Ph. vagans*, ***Symphytum***: *Ph. speciosum*, ***Teucrium***: *Ph. vagans*, ***Trifolium***: *Ph. vagans*

Phytophthora DE BARY – F-Mehlt (Peronosporomycetes, Peronosporales, Peronosporaceae)
Diffuse, gelbl, später braune Flecken auf Bl verursachend. Auch Bl stellenweise oder insgesamt verfärbend. Auf den verfärbten Stellen fast filzige, hellgraue Rasen aus verzweigten Konidienträgern bildend; diese den regulären Hyphen ähnelnd, etwas breiter und oft mit Anschwellung unterhalb des endständigen Sporangiums. Auch auf Sprossen und Früchte übergehend und dort braune Flecken bildend. Vornehmlich parasitisch auf Arten der Gattung *Solanum* (Tomate, Kartoffel), aber auch Baumarten (*Alnus, Castanea, Quercus*) befallend. – **Lit**: **3**: 912
T: *Ph. infestans* (MONT.) DE BARY: Bra 913: 24, JK 394, KS 42: 19a
Alnus: *Ph. alni*. – ***Castanea***: *Ph. cambivora*. – ***Fagus***: *Ph. fagi*. – ***Petunia***: *Ph. infestans*, ***Quercus***: *Ph. quercina*. – ***Solanum***: *Ph. infestans*

Piceomphale SVRČEK, Fichtenzapfenbecherling – inop. Disc (Asc, Leotiomycetes, Helotiales, Rutstroemiaceae)
Frk flach becherfö bis ausgebreitet-flach, dunkel grünl-schwarz, mit ± hornartiger Konsistenz, kurzstielig, aus stromatischen Flecken auf Zapfenschuppen von Fichte (*Picea*) entstehend. 2,5–11 mm breit, oberseits (Hymenium) oft runzelig. S 0,5–5 mm lang. Asc-Sp hyalin, einzellig, 6–9,5 × 3–5 µm. Makrokonidien werden nicht gebildet. Auf Fichtenzapfen im Frühjahr. – Anm: Auch als *Rutstroemia b.* – **Lit**: **10**: 159
1 Art = T: *P. bulgarioides* (RABENH.) SVRČEK – **Fichtenzapfenbecherling**: BK 1.150, Ct 1639, Dh 1148, Lx 653, RH 649.

Picipes siehe *Polyporus*

Picoa VITTAD., Schwarztrüffel – Hyp (Asc, Pezizomycetes, Pezizales, Pyronemataceae)
Frk annähernd kugelig bis knollig, 1–7 cm, braun bis schwärzl (so beim T). Außen (Peridie) rau bis warzig, kahl oder weichhaarig. Innen (Gleba) elfenbein weißl bis blass gelbl, mit gewundenen, recht breiten Adern. Asci ellipsoid bis etwa eifö, 8-sporig. Sp im Ascus unregelmäßig (nicht in Reihen) geordnet, spindelfö oder annähernd kugelig (beim T so und im Mittel 22–26 µm), hyalin oder blass grünl, glatt oder fein warzig. 3 Arten. Terricol.
T: *P. juniperi* VITTAD. – **Wacholder-Schwarztrüffel**: Ce 46.1, MS 105

Pilacrella siehe *Atractiella*

Pilaira TIEGH. – SchimP (Mucoromycota, Mucoromycotina, Mucorales, Pilobolaceae)
Winzige (wenige Millimeter bis Zentimeter) lange, glasig-hyaline Sporangienträger mit schwarzem Sporangienkopf auf dem Substrat (Dung) dichte Rasen bildend. Sporangienträger durchgehend fadenfö, an keiner Stelle blasenfö erweitert (vgl. im Gegensatz dazu *Pilobolus*).
T: *P. anomala* (CES.) J. SCHRÖT.

Pilobolus TODE. – SchimP (Mucoromycota, Mucoromycotina, Mucorales, Pilobolaceae)
Winzige (wenige Milimeter bis Zentimeter) lange, glasig-hyaline Sporangienträger mit schwarzem Sporangienkopf, auf dem Substrat (Dung) dichte Rasen bildend. Sporangienträger unterhalb des Sporangiums wie auch oberhalb des Substrates blasenfö angeschwollen, das Sporangium als Ganzes abschleudernd.
T: *P. crystallinus* (F.H. WIGG.) TODE

Piloderma JÜLICH, Hautrindenpilz – RiP (Bas, Agaricomycetes, Atheliales, Atheliaceae)
Frk resupinat, häutchenfö, membranös, glatt. Mit Rhizomorphen (T) und mit Subiculum (T) oder ohne solche. Monomitisch. Hyphen hyalin bis gelbl, ohne Schnallen. Zystiden fehlend. Sp gelbl, erwas dickwandig, glatt, inamyloid, beim T 3–4 × 2,5–3,5 µm. Etwa 3 Arten. Lignicol, auch Erde, Moose, Flechten. – **Lit**: **9**: 153, **12**: 150
T: *P. bicolor* (PECK) JÜLICH. Nahe verwandt oder identisch ist *P. byssinum* (P. KARST.) JÜLICH – **Weißer Hautrindenpilz**: BK 2.180

Pindara VELEN. – op. Disc (Asc, Pezizomycetes, Pezizales, Helvellaceae)
Frk (Apothecien) gestielt, 3–6 × 3–5 mm, erst schüsselfö, dann ausgebreitet-flach. Oberseits (Hymenium) purpurl-schwarz, außen kleiig, oben dunkel-grau, abwärts zunehmend weißl. Asc-Sp spindelfö, glatt, hyalin, mit vielen Tröpfchen, 50–60 × 10–13 µm. Im Sand entlang von Fließgewässern. – **Lit**: **10**: 77
1 Art = T: *P. terrestris* VELEN.

Piptocephalis DE BARY – SchimP (Mucoromycota, Zoopagomycotina, Piptocephalidaceae)
Pilz bildet Sporen-(Konidien-)Ketten auf einem kopfig erweiterten Träger. Alle Sporenketten eines Kopfes sind in einem klebrigen Tropfen zusammengefasst. Teils parasitisch auf anderen Pilzen (Mucorales, Ascomycota, Deuteromycetes), der T auf Dung.
T: *P. freseniana* DE BARY

Piptoporus P. KARST., Birkenporling – PoP (Bas, Agaricomycetes, Polyporales, Fomitopsidaceae)
Frk konsolenfö, sitzend, frisch recht weich, trocken hart, einjährig, unterseits mit Poren, oberseits mit dünner, papierartiger Haut (HDS). Trama weiß. Trimitisch mit hyalinen Skelett- und Bindehyphen. Generative Hyphen hyalin. Sp hyalin, dünnwandig, glatt, inamyloid. Lignicol, Braunfäule. – Beim T (*P. betulinus*) Frk bis zu 20(–40) cm weit und 5 cm dick, zum Substrat hin bisw etwas stielfö verschmälert. H-Oberfläche kahl, ungezont, bräunl. Poren weiß bis creme, 3–4 pro mm. Röhren bis 1 cm lang. Sp hyalin, allantoid, 5–6 × 1,5–1,8 µm. Obligatorisch auf Birke (*Betula*), stehende oder liegende Stämme, nicht an Stubben. [Falls an *Quercus* siehe *Buglossoporus quercinus*]. – **Lit**: **9**: 242, **12**: 320
1 Art = T: *Piptoporus betulinus* (BULL. : FR.) P. KARST. – **Echter Birkenporling**: BK 2.404, Ge 438, Gh 511, HK 2.41, Ja 103, Kr 1.600, Lx 545, Md 265, MJ 5Piptop1, Ph 227, RH 161

Pisolithus ALB. & SCHWEIN., Erbsenstreuling – BaP (Bas, Agaricomycetes, Boletales, Sclerodermataceae)
Frk braun, keulenfö, birnenfö, kopffö, epigäisch, Kopfteil 3–12 cm im Durchm, S-Teil ist vom Kopf oft wenig abgesetzt, 5–20(–30) cm lang, an der Basis mit gelben Mycelfäden. Peridie einfach brüchig. Innen die Gleba in Form von erbsenfö Gebilden angelegt (Pseudoperidiolen), bei Reife braun-pulverig zerfallend. Echtes Capillitium fehlend. Sp ockerbraun, kugelig, 9–12 µm, stachelig. EktM, Heiden und Wälder über Sandböden, auch Braunkohle-Abraumhalden. – **Lit**: **9**: 296, **12**: 506
1 Art = T: *P. arenarius* ALB. & SCHWEIN. = *P. arhizus* (SCOP. : PERS.) RAUSCHERT – **Erbsenstreuling**: Gh 611, HK 2.180, Kr 2.173, Lx 617, Md 183, MJ 7Pis1, RH 585

Pithomyces BERK. & BROOME – SchimP (Asc, Dothideomycetes, Pleosporales, Didymellaceae, Anamorphe)
Hyphen septiert, Konidien mehrzellig, mauerfö septiert, mit abgeflachter Basis. Auf abgestorbenen Pflanzenresten etc. – **Lit**: **21**: 92, 148
T: *P. flavus* BERK. & BROOME auch als *Astrosphaeriella vesuvius* (BERK. & BROOME) D. HAWKSW. & BOISE

Pithya FUCKEL, Sadebaumbecherling – op. Disc (Asc, Pezizomycetes, Pezizales, Sarcoscyphaceae)
Frk (Apothecien) scheibenfö bis flach kreiselfö, 0,2–0,5 cm, sitzend oder mit sehr kurzem S. Oberseits (Hymenium) hell orange, unterseits weißl, samthaarig. Asc-Sp kugelig, glatt, 9–12 µm. 1–2 Arten, auf Nadeln und Zweigen von *Juniperus*, *Abies*, *Picea*. – **Lit**: **5**: 75, **10**: 124
T: *P. cupressina* (BATSCH : FR.) FUCKEL – **Gelber Sadebaumbecherling**:BK 1.119, De 10G, RH 639

Plasmodiophora WORONIN – Paras SchleimP (Cercozoa, Plasmodiophoromycetes, Plasmodiophorales, Plasmodiophoraceae)
Parasitisch in Wurzelzellen vornehml von Brassicaceae. Befallene Wurzeln spindelfö bis walzenfö angeschwollen, darin keine Kammern bildend. In den Zellen des Wirtes amoeboide Zysten sowie Zoosporen bildend. Wirte außerhalb der Brassicaceae: *Fragaria*, *Papaver*, *Reseda*, *Triglochin*, *Zostera*. – **Lit**: **3**: 2, **13**: 99, 108, 134 etc., 812, 855
T: *P. brassicae* WORONIN
Alliaria, Alyssum, Arabidopsis, Arabis, Berteroa, Biscutella, Brassica, Calepina, Camelina, Capsella, Conringia, Draba, Erucastrum, Erysimum, Fragaria, Iberis, Isatis, Lobularia, Lunaria, Matthiola, Papaver, Raphanus, Reseda, Rorippa, Sinapis, Sisymbrium, Thlaspi, Turritis: *P. brassicae*. – ***Triglochin***: *P. maritima* (ähnl *P. triglochinis* = *Tetramyxa t.*). – ***Zostera***: *P. bicaudata*

Plasmopara J. SCHRÖT. – F-Mehlt (Peronosporomycetes, Peronosporales, Peronosporaceae)
Phytoparasitischer Befall mit weißen, grauen oder bräunl Rasen. Konidienträger im oberen Teil 3–6x im ± rechtem Winkel verzweigt, mit 2–5 in Gruppen angeordneten Endverzweigungen, die ± stumpf enden und gerade sind. Konidien ellipsoid bis kugelig, am Scheitel mit Papille, z. B. auf *Aegopodium* mit weißen Pilzrasen an gelbl Bl-Flecken Bl-unterseits. Konidien hyalin, eifö, 14–21 × 10–18 µm. – Anm: siehe auch *Plasmoverna*, *Protobremia*. – **Lit**: **3:** 910, **13**: 86 etc., JK: 45, 205, 206, 216, 274, 288, 348, 461
T: *P. nivea* (UNGER) J. SCHRÖT.: JK 45, K&S: 866, 3a
Aegopodium, ***Carum***, ***Levisticum***, ***Oenanthe***, ***Pleurospermum***, ***Seseli***: *P. nivea*. – ***Anethum***: *P. anethi*. – ***Angelica***: *P. angelicae*. – ***Anthriscus, Chaerophyllum***: *P. chaerophylli*. – ***Apium***: *P. apii*. – ***Conium***: *P. conii*. – ***Daucus***. *P. dauci*. – ***Epilobium***: *P. epilobii*. – ***Eupatorium***: *P. spec.*. – ***Euphrasia***: *P. euphrasiae*. – ***Foeniculum***: *P. mei-foeniculi*. – ***Geranium***: *P. geranii-sylvatici*, *P. praetermissa*, *P. pusilla*. – ***Helianthus***: *P. halstedii*. – ***Heracleum***: *P. crustosa*. – ***Impatiens***: *P. obducens*. – ***Laserpitium***: *P. laserpitii*. – ***Melampyrum***: *P. densa*. – ***Meum***: *P. mei-foeniculi*. – ***Mutellina***: *P. mei-foeniculi*. – ***Odontites***: *P. densa*. – ***Parthenocissus***: *P. muralis*. – ***Pastinaca***: *P. pastinacae*. – ***Pedicularis***: *P. densa*. – ***Petroselinum***: *P. petroselini*. – ***Peucedanum***: *P. peucedani*. – ***Pimpinella***: *P. pimpinellae*. – ***Rhinanthus***: *P. densa*. – ***Ribes***: *P. ribicola*. – ***Sanicula***: *P. saniculae*. – ***Selinum***: *P. selini*. – ***Silaum***: *P. silai*. – ***Sium***: *P. baudysii*, *P. sii*. – ***Solidago***: *P. solidaginis*. – ***Vitis***: *P. viticola*

Plasmoverna CONSTANT. – F-Mehlt (Peronosporomycetes, Peronosporales, Peronosporaceae)
Phytoparasitischer Befall z. B. auf *Anemone*: befallene Pflanzen zeigen Bl-unterseits gelbl Bl-Flecken mit weißem Pilzrasen aus Konidienträgern, diese oben mehrfach, jeweils etwa

im rechten Winkel verzweigt. Konidien hyalin, fast kugelig, 11–39 × 10–27 µm. – Anm: ähnl *Plasmopara* (s.d.). – **Lit**: **13**: 79, 121, 297–298 etc.

T: *P. pygmaea* (UNGER) CONSTANT.: JK 65

Aconitum: *P. pygmaea*. – ***Anemone***: *P. anemones-ranunculoidis* (auf *A. ranunculoides*), *P. pygmaea* (auf *A. nemorosa*). – ***Clematis***: *P. pygmaea*. – ***Hepatica***: *P. pygmaea*. – ***Isopyrum***: *P. isopyri-thalictroidis*. – ***Pulsatilla***: *P. pygmaea*. – ***Thalictrum***: *P. alpina*, *P. pygmaea*

Platygloea siehe *Achroomyces*

Plectania FUCKEL, Flechtbecherling – op. Disc (Asc, Pezizomycetes, Pezizales, Sarcosomataceae)

Frk (Apothecien) einzeln oder gesellig, tief becherfö, rund oder zusammengedrückt, 0,5–1,5 cm, Rand fein gezähnelt, sitzend oder mit sehr kurzem S, bis zu 1 cm hoch. Oberseits (Hymenium) dunkelbraun, außen gleichfarben, bedeckt mit angedrückten, rostbraunen Schüppchen aus Haaren, die mit rötl Körnchen inkrustiert sind. Asc-Sp ellipsoid, mit 2 oder mehr Tröpfchen, mit unregelmäßigen, niedrigen Warzen ornamentiert. 1–2 Arten. Auf Zweigen von NaH zwischen Moosen, Frühling bis Frühsommer. – **Lit**: **5**: 78, **10**: 125

T: *P. melastoma* (SOW. : FR.) FUCKEL – **Schwarzmündiger Flechtbecherling**: De 8J, RH 633

Pleurocybella SINGER, Weißseitling – BläP (Bas, Agaricomycetes, Agaricales, Pterulaceae)

Mittelgroß bis fast groß, ungestielt, seitl am Substrat ansitzend, muschelfö bis spatelfö, in allen Teilen weiß. Spp weiß. Sp kugelig bis breit ellipsoid, glatt, nicht amyloid, 6–7,5 × 5–6 µm. Lignicol, NaH. – **Lit**: **7**: 189, **11**:150, **14**: 243

1 Art = T: *P. porrigens* (PERS. : FR.) SINGER – **Ohrenförmiger Weißseitling**: BK 3.394, BL 121, Dh 311, Gh 221, HK 3.80, Kr 3.498, Lu 1.67.1, Lx 181, Ph 186, RH 315

Pleuroflammula SINGER, Muschelflämmling – BläP (Bas, Agaricomycetes, Agaricales, Crepidotaceae)

Klein, muschelfö, ungestielt oder mit verkümmertem, seitl S. H-Oberfläche mit rostbraunen Fasern auf gelbbräunl Grund, H-Rand mit flüchtigen, weißl Velumschüppchen. Spp hell rostbraun bis orangebraun. Hyphen mir Schnallen. Sp dickwandig, ohne oder mit kaum wahrnehmbaren Keimporus, 8–10,5 × 5,5–7 µm. Lignicol, LaH (*Tilia*, *Fraxinus*). – Syn: *P. tuberculosa* = *Pholiota t.* – **Lit**: **11**: 346, **14**: 908

T: außereuropäisch. Bei uns selten *P. ragazziana* (BRES.) HORAK – **Muschelflämmling**: Lu 1.68.1

Pleurotellus FAYOD, Zwergseitling – BläP (Bas, Agaricomycetes, Agaricales, Crepidotaceae)

Frk klein, 0,5–1,2 cm, muschelfö, ohrfö, seitl am Substrat sitzend, weißl, gelbl, ockerl, oberseits faserig, HDS nicht gelatinös. S fehlend oder rudimentär-seitl. L weißl bis hellbeige. Spp schmutzig beige-rosa. Hyphen ohne Schnallen. Sp glatt, kommafö, weitgehend farblos, dünnwandig, inamyloid, 6,5–10 × 3–3,5 µm. Pflanzenreste, Moose. – Anm: Stellung und Typifizierung der Gattung sind unklar. – Syn: *P. chioneus* = *P. hypnophilus*. – **Lit**: **11**: 351

1 Art = T: *P. graminicola* FAYOD = *Crepidotus* spec. oder = *?P. hypnophilus* (BERK.) SACC. – **Moos-Zwergseitling**: BK 5.387, CD 169, Ct 2450, HK 3.83a, Lg 66D

Pleurotus (FR.) P. KUMM., Seitling – BläP (Bas, Agaricomycetes, Agaricales, Pleurotaceae) Frk groß bis mittelgroß, mit meist deutl exzentrisch gestieltem, muschelfö bis spatelfö H. Spp weiß, creme, lilagrau. Sp gestreckt-ellipsoid, hyalin, inamyloid, 7, 5–14(–17) × 3–5,3 µm. 6 Arten. Lignicol, seltener parasitisch an Wurzeln von Doldenblütlern. – **Lit**: **7**: 168, **11**: 56, **14**: 321
T: *P. ostreatus* (JACQU. : FR.) P. KUMM. – Austern-Seitling: BK 3,397, Dh 996, 997, Ja 162, Kr 3.28, Lu 1.69.3.4, Lx 49

1 Frk mit Velum, dieses an älteren Frk vielfach nur in Form hautartiger Fetzen am H-Rande oder als Ringzone an der S-Spitze, Geruch bisw porlingsartig **2**
1* Frk ohne Velum **3**
2 Frk exzentrisch gestielt. H weiß bis grau, auch mit bräunl Farben, bisw mit schwärzl Schüppchen, H-Oberfläche filzig-schuppig, faser-schuppig. S-Spitze mit Ring oder Ringzone, darüber weißl, darunter wie H graubräunl. Geruch nicht porlingsartig. Sp (6,5–)10,5–14(–17) × 3–4,5(–5,3) µm. Lebendes NaH oder LaH
Beringter Seitling – *P. dryinus* (PERS. : FR.) P. KUMM.
2* Frk ungestielt oder mit kurzem lateralem Stummel. H hell ocherbräunl bis grau, alt auch silbrig-weiß. H-Oberfläche kahl und weitgehend glatt. H-Rand eingerollt, mit häutigem, später schwindendem Velum behangen, Sp (8,5–)10,5–17,5 × (3,5–)4–6,4 µm. LaH (Pappel) **Beschleierter Seitling** – *P. calyptratus* (LINDBLAD) SACC.
3 Frk auf dem Erdboden in Nähe von Doldenblütlern [An *Laserpitium*: var. *nebrodensis*; an *Eryngium*: var. *eryngii*], außerhalb des Waldes, F mit Guajak-Reagenz rasch blau. Sp mit konvexer Innen- und Außenseite, 9,1–12 × 4,5–5,2 µm. [Bei var. *nebrodensis*: 10,8–12(–15) × 4,8–5,3 µm] **Kräuter-Seitling** – *P. eryngii* (DC. : FR.) GILLET
3* An LaH oder NaH, an liegenden oder stehenden Stämmen, auch an (bisw vergrabenen) Holzteilen, nicht an Doldenblütlern. F mit Guajak-Reagenz nicht rasch und lebhaft blau **4**
4 H ± tief trichterig genabelt. L bis zur knolligen S-Basis herablaufend, creme mit schwach fleischfarbenem Reflex. Geruch stark nach Anis. Trama meist dimitisch. Sp auf beiden Seiten mit schwach-konvexem Umriss, (6,5–)7,4–8,5(–12,7) × (2,7–)3,4–4,2(–5,3) µm. Besonders in Auwäldern aud LaH (Ulme etc.)
Rillstieliger Seitling – *P. cornucopiae* (PAULLET) ROLLAND
4* H und L anders. Sp mit gerader oder schwach konkaver Innenseite. Trama monomitisch **5**
5 H weniger als 10(–13) cm breit. Vorwiegend im Sommer (auch spätes Frühjahr und Herbst) fruchtend (Warmtemperaturfruchter). H-Oberfläche, wenn feucht gehalten, nicht mit weißen, wattigen Hyphen auswachsend. H weiß, weißl, ockerl, blass lederbraun, selten mit grauen bis violettl-grauen Mischtönen. H-Oberfläche, L und F fleckenweise gilbend. Geruch oft anisartig. Sp (6,4–)8,5–10,6(–12,7) × (2,7–)3,4–4,0(–4,8) µm, im Mittel 9,15 (± 0,6) × 3,8 (± 0,2) µm. LaH
Lungen Seitling – *P. pulmonarius* (FR. : FR.) QUÉL.

5* H 12–18 cm breit. Vorwiegend im Herbst fruchtend, bis ins Frühjahr hinein (vorwiegend Kalttemperaturfruchter). H meist grau, schwarz- bis violettbraun. H-Oberfläche, wenn feucht gehalten, mit weißen, wattigen Hyphen auswachsend. Geruch nicht anisartig. Sp (5,6–)8,5–10,6(–13,7) × (2,7–)3,2–4,2 µm, im Mittel 8,55 (± 0,58) × 3,5 (± 0,2) µm. LaH und seltener auch NaH
Austern-Seitling – *P. ostreatus* (JACQU. : FR.) P. KUMM.

Plicaria FUCKEL, Holzkohlenbecherling – op. Disc (Asc, Pezizomycetes, Pezizales, Pezizaceae)
Frk (Apothecien) becherfö, scheibenfö, kreiselfö, sitzend, 2–8 cm, mit 0,2–2 mm breitem Rand. Innen (Hymenium) bräunl bis schwarz, außen kahl bis kleiig, Asc-Ap kugelig, hyalin, später auch blass-bräunl, glatt oder ornamentiert. 4 Arten. Auf Brandstellen. – **Lit**: **5**: 15, **10**: 65
T: *P. trachycarpa* CURREY – Rausporiger Holzkohlenbecherling: De 4D

1 Hymenium schwarz. Asc-Sp warzig oder stachelig, 10–11 µm [Falls Asc-Sp 11,5–13 µm: *P. carbonaria* (FUCKEL) FUCKEL]
Rausporiger Holzkohlenbecherling – *P. trachycarpa* CURREY
1* Hymenium dunkel graubraun bis braun und Asc-Sp glatt oder Hymenium bräunl mit purpurl Mischton und Asc-Sp netzig ornamentiert ▸

Plicatura PECK, Adernzähling – LeiP/RiP (Bas, Agaricomycetes, Amylocorticiales, Amylocorticiaceae ?)
Frk resupinat, effus-reflex bis hutfö, membranös bis weich und biegsam, fast gänzl am Substrat angeheftet oder mit H und dann sitzend oder basal mit stielfö verschmälerten Teil angeheftet. Oberseits (Hymenium) faltig, radial-faltig, dichotom-faltig, weiß, hellocker, bräunl (selten auch orange). Sterile Oberfläche glatt, fein behaart, auch schwach gezont. Hyphen hyalin, mit Schnallen. Sp etwas gebogen (allantoid), hyalin, dünnwandig, glatt, nicht, schwach oder auch deutl amyloid, 3–6 × 0,8–1,5 µm. 2 Arten. Lignicol, LaH (z. B. *Alnus*, *Fagus*, *Corylus*). – **Lit**: **12**: 172 als *Plicaturopsis crispa*, **14**: 187 als *Plicaturopsis c.*
T: *P. alni* PECK = *P. nivea* (FR.) P. KARST. – Schneeweißer Adernzähling: BK 2.182, RH 85.
Häufiger *P. crispa* (PERS. : FR.) REA – Krauser Adernzähling: BK 2.183, Ct 1574, Gh 225, HK 2.74, Kr 1.306, Lx 491, Md 332, RH 86

1* Frk resupinat bis effus-reflex, z. B. 10 × 3 cm, zunächst weiß, dann bräunl. Sp amyloid, 4–6 × 1–1,5 µm. Auf *Alnus* **Schneeweißer Adernzähling** – *P. nivea* (FR.) P. KARST
1 Frk hutfö, fächerfö, schüsselfö, 1–2(–3) cm, sterile Oberfläche bald braun, fein behaart, schwach gezont. Hymenium frisch weiß, dann hellocker bis bräunl, radial-faltig. Sp nicht oder schwach amyloid, 3–4,5 × 0,8–1,3 µm. LaH (besonders *Fagus, Corylus*)
Krauser Adernzähling – P. *crispa* (PERS. : FR.) REA

Plicaturopsis siehe *Plicatura*

Pluteus FR., Dachpilz – BläP (Bas, Agaricomycetes, Agaricales, Pluteaceae)
Frk klein bis groß, mit freien, häufig fleischrosal getönten L. Spp rosafarben, fleischrötl. S ohne Ring und ohne Volva. Lamellentrama invers. Schnallen an Hyphensepten oft fehlend. Sp glatt. Etwa 30 Arten. Lignicol, terricol. – **Lit**: **8**: 74, **11**: 229, **14**: 335

T: *P. cervinus* (SCHAEFF.) P. KUMM. [als *Agaricus pluteus* BATSCH] – Hirschbrauner Dachpilz: BK 4.104, Gh 55, HK 1.16, Lg 69A, Lx 247, Ph 119

1 Pleurozystiden oben mit 1–4 widerhakenfö Fortsätzen und dickwandig. H meist groß, (2,5–)5–15 cm. Hierher auch die häufigste Art auf Holzstubben mit hellbraunem bis dunkelbraunem H und blasserem, bisw weißl H-Rand (siehe **3**: *P. cervinus*) **2**
1* Pleurozystiden anders oder fehlend. H meist kleiner **6**

Pleurozystiden oben mit hakenförmigen Fortsätzen, dickwandig (2–5)

2 H feucht gleichmäßig braun, ledigl H-Rand blasser. H 5–15 cm, S 5–12(–15) × 0,5–2 µm **3**
2* H feucht weiß oder weißl, grau, graugrünl, blaugrau, H-Mitte bisw grau bis olivgrau. . **4**
3 L-Schneide wie die L-Fläche gleichfarben, flockig. Geruch rettichartig. Schnallen gänzl fehlend, [Falls Schnallen wenigstens an Hyphensepten in den äußeren Lagen der HDS vorhanden. Geruch nicht rettichartig. NaH: *P. pouzarianus* SINGER]. Sp 7–8,5 × 5–6 µm. LaH, NaH **Hirschbrauner Dachpilz** – *P. cervinus* (SCHAEFF.) P. KUMM.
3* L-Schneide schwarzbraun, grobflockig von L-Fläche abgehoben. Sp 6–8 × 4,5–5,5 µm. NaH, seltener LaH
Schwarzschneidiger Dachpilz – *P. atromarginatus* (SINGER) KÜHNER
4 H-Mitte glatt bis samtig, H 3–6(–7) cm. Sp 5,5–8,5 × 4–5,5 µm. LaH (besonders *Fagus*) **Weißer Dachpilz** – *P. pellitus* (PERS. : FR.) P. KUMM.
4* H-Mitte faserig bis schuppig. H 5–15(–19) cm. [Falls H 3–4(–5) cm: ▸] **5**
5 H feucht weißl, H-Mitte hellgrau bis braun. Hyphen ohne Schnallen. Sp 5,5–7(–8) × 4–5,5 µm **Schuppigseidiger Dachpilz** – *P. petasatus* (FR.) GILLET
5* H feucht grau, graugrünl, blaugrau. H-Mitte dunkler, schuppig. Hyphen mit Schnallen. Sp 7–8,5 × 4,5–5,5 µm. LaH (*Salix*, *Alnus*, *Carpinus*, *Fagus*)
Grünlichgrauer Dachpilz – *P. salicinus* (PERS. : FR.) P. KUMM.

Pleurozystiden oben ohne hakenförmige Fortsätze, dünnwandig oder auch fehlend (6–24)

6 H-Oberfläche glatt, glimmerig, körnig, samtig oder filzig, gerunzelt. HDS aus kugelfö bis keulenfö Zellen, bisw untermischt mit einzelnen ± spindelfö bis flaschenfö Elementen **7**
6* H-Oberfläche glatt und dabei eingewachsen faserig oder filzig bis samtig, faserig-schuppig. HDS aus gestreckten Elementen. **17**

– Hutoberfäche eher glimmerig, körnig und gerunzelt. HDS aus kugelförmigen bis keuligen Elementen (7–16)

7 HDS nur aus kugelfö bis keulenfö Elementen **8**
7* HDS neben kugelfö bis keuligen auch mit spindeligen oder flaschenfö Elementen **16**

– – HDS ausschließlich aus kugelförmigen bis keuligen Elementen (8–15)

8 H und/oder S lebhaft gelb, gelbgrün, orange **9**
8* H und S nicht mit solchen Farben. **11**
9 H feucht gleichmäßig braun **10**
9* H feucht lebhaft orangerot [so bei *P. aurantiorugosus* (TROG.) SACC.], gelb ▸

10 H feucht hellbraun bis dunkelbraun. H-Rand bisw gelbl. L jung weiß oder gelbl. Sp 6–8 × 5–6 µm. LaH **Goldbrauner Dachpilz** – *P. chrysophaeus* (SCHAEFF.) QUÉL.

10* H feucht gleichmäßig schwarzbraun. L jung satt gelb. Sp 6–7,5 × 5,5–6,5 µm. LaH **Gelbstieliger Dachpilz** – *P. romellii* (BRITZELM.) SACC.

11 Pleurozystiden fehlend oder sehr vereinzelt ▸

11* Pleurozystiden vorhanden **12**

12 H dunkelgrau bis dunkelbraun, rußigschwarz, bisw mit schwachem olivfarbenem Mischton, glatt oder leicht aderig-rau, H-Oberfläche wird stumpf nach leichtem Reiben. S weißl und grau-streifig, oder auch grau, ohne grünl oder bläul Töne. Sp 6–8 × 5–7 µm. LaH **Flockigbereifter Dachpilz** – *P. nanus* (PERS. : FR.) P. KUMM.

12* H gelbl bis dunkelbraun, mit grauen oder olivfarbenen Mischtönen. H-Oberfläche beim leichten Reiben nicht stumpffarbig werdend. S weiß oder weißl, falls grau dann mit grünl oder bläul Tönen gegen die S-Basis **13**

13 S unten mit grünl oder bläul Tönen. Sp 6–7 × 5–5,5 µm. LaH **Blaufüßiger Dachpilz** – *P. cyanopus* QUÉL.

13* S ohne solche Töne **14**

14 L-Schneide bräunl wenigsten gegen den H-Rand zu. Sp 6,5–8 × 5–6 µm. LaH oder terricol **Düsterer Dachpilz** – *P. luctuosus* BOUD.

14* L-Schneide nicht farbl abgehoben **15**

15 H-Oberfläche aderig-faltig, braun bis dunkelbraun. H nicht oder nur schwach hygrophan. Sp 6–8 × 5–6 µm. LaH (besonders *Fagus*, *Quercus*) **Runzeliger Dachpilz** – *P. phlebophorus* (DITMAR : FR.) P. KUMM.

15* H-Oberfläche glatt oder nur schwach aderig. H entschieden hygrophan, jung graubraun, mit deutl olivfarbenen Mischton, später eher braun mit oliver Tönung in H-Mitte [Falls H lediglich braun bis blass braun: *P. pallescens* P.D. ORTON]. Sp 6,5–8,5 × 5–6,5 µm. LaH (besonders *Fagus*) **Graubrauner Dachpilz** – *P. cinereofuscus* J.E. LANGE

– – HDS zusätzlich auch mit spindeligen oder flaschenfö Elementen (16)

16 Pleurozystiden vorhanden. S kahl bis eingewachsen dunkelfaserig, selten mit wenigen braunen Flocken. Sp 5,5–7,5 × 4,5–6 µm. LaH (*Fagus*, *Alnus*, *Ulmus*), auch terricol **Samtiger Dachpilz** – *P. podospileus* SACC. & CUB.

16* Pleurozystiden fehlend oder sehr vereinzelt, S-Oberfläche mit weißen Flöckchen, Sp 6,5–8,5 × 5–6,5 µm. LaH, selten auch erdüberschichtetes Holz, terricol **Graustieliger Dachpilz** – *P. thomsonii* (BERK. & BROOME) DENNIS

– Hutoberfläche faserig, filzig, samtig, faserig-schuppig. HDS nur aus gestreckten Elementen (17–24)

– – Stiel rosa oder Hut mit gelben Tönen (17–19)

17 S rosa bis orangerosa überhaucht, S-Basis verdickt. H feucht braun bis schwarzbraun, 4–6(–8) cm. Sp 7–9 × 6–6,5 µm. NaH (besonders *Picea*) **Rosastieliger Dachpilz** – *P. roseipes* HÖHN.

17* S nicht rosa **18**

18 H feucht ± gelb **19**

18* H feucht nicht ± gelb, auch nicht am H-Rand. **20**

19 H feucht gleichmäßig satt gelb oder orangegelb, Sp (5,5–)6,5–8 × 5–6,5 µm. LaH, NaH
Löwengelber Dachpilz – *P. leoninus* (SCHAEFF. : FR.) P. KUMM.

19* H-Mitte braun bis gelbbraun, gegen H-Rand gelb. Sp 6–8 × 5–6 µm. NaH
Gelbrandiger Dachpilz – *P. luteomarginatus* ROLLAND

– – ***Weder Stiel rosa noch Hut mit gelben Tönen (20–24)***

20 L-Schneide dunkelbraun, flockig. H 3–6(–10) cm [Falls H 0,6–1,2 cm: *P. pusillulus* ROMAGN.]. Sp 5–6,5 × 4–5 µm. LaH (*Fagus* etc.)
Schwarzflockiger Dachpilz – *P. umbrosus* (PERS. : FR.) P. KUMM.

20* L-Schneide nicht dunkelbraun **21**

21 S-Spitze bereift, im übrigen mit weißen oder gegen S-Basis auch mit braunen Flocken oder Schüppchen. HDS mit keuligen bis flaschenfö Elementen [Falls HDS mit schlanken, spindelfö bis konisch zugespitzten Elementen: ►]. Sp 6,5–8,5 × 5,5–7 µm. LaH, NaH **Verschiedenfarbiger Dachpilz** – *P. plautus* (WEINM.) GILLET

21* S-Spitze nicht bereift, vielmehr gänzl mit bräunl bis grauschwarzen, flockigen Schüppchen **22**

22 H klein, 0,5–2 cm. H-Mitte mit dunkelbraunen, meist ± angedrückten Fasern und Schüppchen. H-Rand oft behaart oder bewimpert [Falls H gleichfö filzig bis schuppig, samtig bis faserig: ►]. Pleurozystiden fehlend oder nur selten nahe der L-Schneide. Sp 6–7,5 × 5–6 µm. LaH (*Fagus*, *Fraxinus* etc.)
Haariger Dachpilz – *P. hispidulus* (FR. : FR.) GILLET

22* H über 2 cm **23**

23 S-Basis entschieden knollenfö. Sp 6–8 × 5–6,5 µm. LaH
Knollenstiel-Dachpilz – *P. semibulbosus* (LASCH) GILLET

23* S-Basis nicht abrupt knollenfö **24**

24 H-Rand feucht durchscheinend gerieft bis gerippt ►

24* H-Rand auch feucht nicht durchscheinend gerieft, H 3,5–7(–10) cm, feucht hellbraun bis graubraun, samtig bis faserig oder auch schuppig. S × 4–8 mm. [Falls H 2,5–4 cm, H-Mitte mit sparrigen schwarzbraunen Schüppchen, S × 3–3,5 mm: *P. robertii* (FR.) P. KARST.]. Pleurozystiden vorhanden. Sp 6,5–8 × 5–6,5 µm, LaH (besonders *Populus*)
Flaumiger Dachpilz – *P. ephebeus* (FR. : FR.) GILLET

Podofomes POUZAR., Tannenharzporling – PoP (Bas, Agaricomycetes, Polyporales, Polyporaceae)
Frk gestielt, unterseits mit hell-cremeockerfarbenen bis hell-graubraunen, auf Druck dunkler anlaufenden Poren, diese 1–3(–4) pro mm. H 2–13 cm, oberseits uneben, flach gewölbt, jung etwas behaart, gelbocker bis zimtbraun, alt kahl, dunkelbraun, mit Kruste. Trama hell-ocker, erst korkig-weich, dann holzig-hart. Dimitisch. Sp hyalin, dünnwandig, glatt, inamyloid, ellipsoid, 4,5–6 × 2,5–3,5 µm. NaH (meist *Abies*, auch *Picea*). – **Lit**: **12**: 386 als *Ischnoderma trogii*
1 Art = T: *P. trogii* (FR.) POUZAR – **Gestielter Tannenharzporling**: BK 2.399, Kr 1.572, Md 266.

Podophacidium NIESSL, Linsenbecherchen – inop. Disc (Asc, Leotiomycetes, Helotiales, inc. sed.)
Frk sitzend, kreiselfö bis becherfö, 2–4 mm breit. Oberseits (Hymenium) hell gelb. R hervorgehoben, gezähnelt. Außen dunkel bräunl bis schwarz, kleiig. Asci mit amyloidem Porus. Paraphysen oben verzweigt. Asc-Sp nicht septiert, mit Tröpfchen, ellipsoid bis spindelig, hyalin, 12–15 × 5–6 µm. Auf Erde und Pflamnzenresten, Spätsommer bis Herbst.
1 Art = T: *P. xanthomelum* (PERS. : FR.) KAVINA – **Gelbbraunes Linsenbecherchen**: BK 1.286:

Podoscypha PAT., Büschelwärzling – RiP (Bas, Agaricomycetes, Polyporales, Meruliaceae)
Frk spatel- bis fächerfö, oft in rosettenfö Gruppen. Mit glattem Hymenium unterseits. 7 × 5 cm. H oberseits glatt, frisch rosa-ocker mit dunkel rotbraunen Zonen, trocken hell orange-braun, hellbraun oder schwärzl-braun, mit glattem gekerbten oder bewimperten Rand. Dimitisch. Sp hyalin, dünnwandig, glatt, inamyloid, fast kugelig bis ellipsoid, 4,8–6,2 × 3,8–4,8 µm. Auf Erde, an erdüberschichtetem Holz oder an Wurzeln. – **Lit**: **12**: 209
T: tropisch. Bei uns *P. multizonata* (BERK. & BROOME) PAT. – **Gezonter Büschelwärzling**: Ct 1168, Ph 222

Podosphaera KUNZE – E-Mehlt (Leotiomycetes, Erysiphales, Erysiphaceae)
Phytoparasitischer Befall in Form eines weißen bis grauweißen Mycelbelages, der später (Sekundärmycel) bräunl wird. Konidien in Ketten, eifö, ellipsoid, tonnenfö, zitronenfö, subzylindrisch, frisch innen mit stäbchenfö Fibrosinkörpern. Frk (Chasmothecien) kugelfö, jeweils nur einen 6–8-sporigen Ascus enthaltend. Meist auf krautigen Pflanzen (u. a. Ranunculaceae, Rosaceae, Asteraceae), seltener auf Blättern von Gehölzen (vgl. dann auch *Phyllactinia*) wie z. B. *Amelanchier*, *Crataegus*, *Grossularia*, *Malus*, *Prunus*, *Pyrus*, *Rosa*, *Rubus*, *Sorbus*, *Spiraea*, *Vaccinum*. – **Lit**: **13**: 81, 83, 88 etc., **JK**: 62, 85, 86, 160, 169, 184, 203, 225, 230, 263, 305, 330, 354, 356, 358, 372, 383, 397, 400, 435, 440
T: *P. myrtillina* KUNZE – **Heidelbeer-Mehltau**: JK 435
Adenostyles: *P. erigerontis-canadensis, P. xanthii*. – ***Adonis***: *P. delphinii*. – ***Agrimonia***: *P. aphanis*. – ***Alchemilla***: *P. aphanis*. – ***Amelanchier***: *P. amelanchieris*. – ***Aphanes***: *P. aphanis*. – ***Arctium***: *P. xanthii*. – ***Arnica***: *P. erigerontis-canadensis, P. xanthii*. – ***Aruncus***: *P. spiraeae*. – ***Aster***: *P. xanthii*. – ***Astragalus***: *P. xanthii*. – ***Bellis***: *P. erigerontis-canadensis*. – ***Bidens***: *P. xanthii*. – ***Calendula***: *P. xanthii*. – ***Centaurea***: *P. xanthii*. – ***Cephalaria***: *P. dipsacacearum*. – ***Cirsium***: *P. xanthii*. – ***Conyza***: *P. erigerontis-canadensis*. – ***Crataegus***: *P. clandestina*. – ***Crepis***: *P. erigerontis-canadensis*. – ***Cucumis***: *P. xanthii*. – ***Cucurbita***: *P. xanthii*. – ***Delphinium***: *P. delphinii*. – ***Dipsacus***: *P. dipsacacearum*. – ***Doronicum***: *P. fusca*. – ***Draba***: *P. drabae*. – ***Epilobium***: *P. epilobii*. – ***Erigeron***: *P. erigerontis-canadensis*. – ***Euphorbia***: *P. euphorbiae*. – ***Euphrasia***: *P. phtheirospermi*. – ***Filipendula***. *P. filipendulae*. – ***Fragaria***: *P. aphanis*. – ***Geranium***: *P. fugax*. – ***Geum***: *P. aphanis*. – ***Grossularia***: *P.mors-uvae*. – ***Helianthemum***: *P. helianthemi*. – ***Helianthus***: *P. xanthii*. – ***Hieracium*** *P. erigerontis-canadensis*. – ***Humulus***: *P. macularis*. – ***Hypochaeris***: *P. erigerontis-canadensis*. – ***Impatiens***. *P. balsaminae*. – ***Knautia***: *P. dipsacacearum*. – ***Lactuca***: *P. xanthii*. – ***Lapsana***: *P. erigerontis-canadensis*. – ***Leontodon***: *P. erigerontis-canadensis*. – ***Malus***: *P. leucotricha*. – ***Matricaria***: *P. erigerontis-canadensis*. – ***Melampyrum***: *P. phtheirospermi*. – ***Mespilus***: *P. clandestina*. – ***Onopordon***: *P. xanthii*. – ***Plantago***: *P. plantaginis*. – ***Potentilla***: *P. aphanis*. – ***Prenanthes:*** *P. xanthii*. – ***Prunus***: *P. pannosa, P. tridactyla*. – ***Pulicaria***: *P. erigerontis-canadensis*. – ***Pyrus***: *P. leucotricha*. – ***Rhinanthus***: *P. phtheirospermi*. –

Ribes: *P. mors-uvae*. – ***Rosa***: *P. pannosa*. – ***Rubus***: *P. aphanis*. – ***Sanguisorba***: *P. ferruginea*. – ***Saxifraga***: *P. alpina*. – ***Scrophularia***: *P. phtheirospermi, P. xanthii*. – ***Senecio***: *P. senecionis*. – ***Serratula***: *P. erigerontis-canadensis*. – ***Solidago***: *P. erigerontis-canadensis*. – ***Sonchus***: *P. xanthii*. – ***Sorbus***: *P. aucupariae, P. niesslii*. – ***Spiraea***: *P. clandestina, P. minor*. – ***Taraxacum***: *P. erigerontis-canadensis*. – ***Thalictrum***: *P. thalictri*. – ***Vaccinum***: *P. myrtillina*

Schlüssel für Arten auf ***Arnica***:

1 Frk-Durchm 80–110 µm *P. xanthii*

1* Frk-Durchm 60–85 µm *P. erigerontis-canadensis*

Schlüssel für Arten auf ***Prunus***:

1 Fußzelle der Konidienträger kurz oder mittellang, 40–80 µm. Frk-Anhängsel schlaff, meist unverzweigt. Auf div. *Prunus*-Arten, jedoch nicht auf *P. cerasifera* [Falls auf *P. cerasifera*: *P. leucotricha*] *P. pannosa*

1* Fußzelle der Konidienträger lang, 40–160 µm. Frk-Anhängsel steif, am Ende 2–5 × verzweigt, Zweigenden zurückgekrümmt. Frk-Anhängsel 2–6 [falls 5–16: *P. clandestina*] *P. tridactyla*

Schlüssel für Arten auf ***Scrophularia***:

1 Frk-Durchm im Mittel weniger als 80 µm, Frk-Anhängsel spärl *P. phtheirospermi*

1* Frk-Durchm 80–110, im Mittel über 80 µm. Frk-Anhängsel bisw auch zahlreich *P. xanthii*

Schlüssel für Arten auf ***Sorbus***:

1 Mycel dünn, überwiegend auf beiden Blattseiten. Frk-Durchm 60–95 µm, Frk-Anhängsel steif, am Ende mehrfach verzweigt, meist länger als Frk-Durchm *P. aucupariae*

1* Mycel nur blattunterseits, spärl, Frk-Durchm 50–65 µm, Frk-Anhängsel schlaff, unverzweigt, kürzer als Frk-Durchm *P. niesslii*

Podostroma P. KARST. – Pyr (Asc, Sordariomycetes, Hypocreales, Hypocreaceae)
Frk (Stroma) keulig bis geweihfö, fleischig, blass gelb bis bräunl, unten stielartig, oben punktiert von den Öffnungen der eingesenkten Perithecien, S glatt und blasser als der fertile obere Teil. Frk 12 × 2,5 cm. Sp mit einer Querwand, am Septum eingeschnürt, bei Reife zerfallend, hyalin, warzig, die obere Zelle annähernd kugelig, 3 µm im Durchm, die untere Teilzelle ellipsoid, 3–3,5 × 2 µm. Auf LaH, NaH, auch auf Streu von NaB. – Anm: *P. leucopus* P. KARST. ist gekennzeichnet durch hellere, eher weißliche Farbe des Frk. Die Gattung *Podostroma* steht *Hypocrea* nahe. Eine ostasiatische Art ist extrem giftig und kann mit sehr jungen Stadien von *Ganoderma lucidum* verwechselt werden. – **Lit**: **5**: 261, **10**: 229
T *P. leucopus* P. KARST.; bei uns *P. alutaceum* (PERS.) G.F. ATK. – **Ledergelbes Pustelkeulchen**: BK 1.316, Ct 2566, Ph 277, RH 664

Polycephalomyces KOBAYASI – SchimP (Asc, Sordariomycetes, Hypocreales, Ophiocordycipitaceae, Anamorphe)
Konidienträger büschelig in aufrechten Synnemata mit warzzigen Zellen als Umkleidung und sterilem Basalteil. Die Art *P. tomentosus* (SCHRAD.) SEIFERT auf Frk von Schleimpilzen (*Metatrichia, Trichia*); Teleomorphe: *Byssostilbe stilbigera*. (BERK. & BROOME) PETCH
T: *P. formosus* KOBAYASI

Polydesmia BOUD., Kernpilzbecherchen – inop. Disc (Asc, Leotiomycetes, Helotiales, inc. sed.)
Frk sitzend, kissenfö bis scheibenfö, 0,4–0,8 mm breit, bereift, weiß, mit kurzen, gekräuselten Haaren versehen. Asci keulig, 8-sporig, mit amyloidem Porus. Paraphysen fädig, oben reichlich verzweigt, die Asci überragend. Asc-Sp 14–21 × 4–5 µm, zylindrisch bis spindelig, leicht gekrümmt, hyalin, mit 4 großen Tröpfchen, schließl 3-fach septiert. Saprotroph auf oder nahe bei Kernpilzen (Pyrenomycten).
1 Art = T: *P. pruinosa* (JERDON) BOUD. – **Bereiftes Kernpilzbecherchen**: BK 1.209, RH 655

Polyporus MICH. ex ADANS. : FR., Stielporling – PoP (Bas, Agaricomycetes, Polyporales, Polyporaceae)
Frk gestielt-hutfö, H unterseits mit bisw weiten oder oft engen Poren. S unverzweigt. [Falls S verzweigt und Frk daher vielhütig, Sp 8–10 × 2,5–3,5 µm: *P. umbellatus*]. Trama hell, weißl. Dimitisch mit hyalinen Binde- oder Skeletthyphen. Generative Hyphen hyalin, mit oder ohne Schnallen. Spp weiß. Sp hyalin, dünnwandig, glatt, inamyloid. Einjährig. 10 Arten. Meist lignicol und fast immer auf LaH (Ausnahme: *P. melanopus*: gelegentl auch auf NaH), oder selten auf Steppengräsern (*P. rhizophilus*), oder aus einem Sklerotium in Erde bzw. erdüberschichtetem Holz (*P. tuberaster*). – Anm: *P. badius, P. melanopus* jetzt zu *Picipes*. – Syn: *P. lepideus* = *P. ciliatus, P. mori* = *P. alveolarius, P. umbellatus* = *Dendropolyporus u., P. varius* = *P. leptocephalus*. – **Lit**: **11**: 54, **12**: 313
T: *P. tuberaster* (JACQU. : FR.) FR. (= *P. esculentus*) – Sklerotien-Stielporling: Bk 2.422, Dh 1057, Gh 499, HK 2.38, Ke 1.616, MJ 1Polyp1

1 Po weit, 1–5 mm in radialer Richtung messend **2**
1* Po eng, 0,2–1 mm **4**

Poren weit, 1–5 mm (2–3)

2 Frk aus dem Erdboden, meist aus großen dunklen Sklerotien entspringend. S mit dunkelbrauner oder schwarzbrauner Basis. Po 1–2,5 mm, mit gewimperter bis gefranst gekerbter Mündung. H2–10(–15) cm, mit Schuppen. Sp 12–15(–18) × 5–6,5 µm
Sklerotien-Stielporling – *P. tuberaster* (JACQU. : FR.) FR.
2* Frk auf Holz, am oder über dem Erdboden. Poren 1–2,5 mm. – [Falls Po 2–5 mm in radialer Richtung, H auf hellerem Grunde dunkler schuppig, Sp 7–9,5(–12) × 3–4 µm: *P. alveolarius* (DC. : FR.) BONDARTSEV & SINGER] **3**
3 H 10–30 cm. H auf hellerem Grunde mit anliegenden, braunen, vorne stumpfen Schuppen. Sp 10–14 × 4–5 µm **Schuppiger Stielporling** – *P. squamosus* (HUDS. : FR.) FR.
3* H 2–4(–7,5) cm, etwas behaart, kleinschuppig, H-Rand bewimpert. LaH (Zweige und Strünke). Sp 6–9 × 2,5–3,5 µm
Weitlöcheriger Stielporling – *P. arcularius* (BATSCH : FR.) FR.

Poren eng, 0,2–1 mm (4–6)

4 S zumindest an seiner Basis schwarz oder schwarzbraun. Sp 6–8(–12) × 2,5–4,5 µm **5**
4* S auch an seiner äußersten Basis nicht schwarz, nicht schwarzbraun. Sp 5–7,5 × 1,5–2,5 µm **6**

– ***Stiel gänzlich oder gegen die Stielbasis schwarz, schwarzbraun (5)***

5 S nur an der Basis oder in seiner unteren Hälfte scharf abgesetzt schwarz, kurz, seitl oder zentral. Hyphen aus dem dunkelfarbigen Bereich des S entschieden amyloid
Löwengelber Stielporling – *P. leptocephalus* (JACQU. : FR.) FR.

5* S gänzl dunkelbraun bis schwarzbraun (S-Basis bisw dunkler). H-Oberfläche fein flockig bereift bis samtig-matt. Generative Hyphen mit Schnallen an den Hyphensepten. Hyphen der S-Oberfläche nicht amyloid. [Falls H-Oberfläche von Beginn an glatt, ± glänzend. Generative Hyphen ohne Schnallen an den Hyphensepten: *P. badius* (PERS.) SCHWEIN.]. LaH, sehr selten auf NaH
Schwarzfuß-Stielporling – *P. melanopus* (PERS. : FR.) FR.

– ***Stiel auch an seiner Basis weder schwarz noch schwarzbraun (6)***

6 Po zumindest nahe des S längl-gestreckt, radial 0,3–0,9 mm, 2–3 pro mm. S zieml schlank, eher einfarbig bräunl. H recht dünn, gelappt, ± einfarbig bräunl. Frische Frk ab September bis zum Winter. LaH [Falls an Steppengräsern: *P. rhizophilus* PAT.]
Winter-Stielporling – *P. brumalis* (PERS. : FR.) FR.

6* Po enger, kaum 0,5 mm erreichend, 4–5 pro mm. S gedrungener, durch dunklere Flöckchen oft wie genattert. H-Rand oft bewimpert. Frische Frk von Ende April bis Anfang Juni erscheinend. LaH **Sommer-Stielporling** – *P. ciliatus* FR. : FR.

Polythrincium KUNZE – ParP (Dothideomycetes, Capnodiales, Mycosphaerellaceae; Anamorphe)
Schwarze Flecken auf Unterseite von Klee-Bl, die 1 mm messen und miteinander verschmelzen können, gewundene Konidienträger bildend. Konidien 2-zellig, 20–24 × 9–12 µm. Teleomorphe ist *Cymadothea trifolii* (PERS.) F.A. WOLF. in Form von Pseudothecien. Anm: vgl. auch *Pseudopeziza trifolii*. – **Lit**: **3**: 1100
T: *P. trifolii* KUNZE – **Kleeschwärze**: Bra: 11o1: 274; JK 423–424

Porodaedalea MURRILL, Labyrinthfeuerschwamm – PoP (Bas, Agaricomycetes, Hymenochaetales, Hymenochaetaceae)
Frk resupinat, effus-reflex bis hutfö. Poren labyrinthartig und dann 1–3 pro mm bis rundl. und dann 4–6 pro mm. H-Oberfläche jung behaart, oft bald kahl. Seten (bisw sehr vereinzelt) vorhanden. Dimitisch. Skeletthyphen rostbraun, dickwandig bis massiv. Generative Hyphen hyalin bis hell gelbl, dünnwandig bis etwas dickwandig, ohne Schnallen. Sp hyalin bis hellgelbl, dünn- bis etwas dickwandig, kugelig bis breit ellipsoid. NaH und LaH. Etwa 3 Arten. Lignicol. Anm: Siehe auch unter *Phellinus*. – **Lit**: **9**: 330, **12**: 282 als *Phellinus* pr.p.
T: *P. pini* (BROT.) MURRILL – Kiefern-Labyrinthfeuerschwamm: Gh 553, HK 2.67, Ja 136, Kr 1.460, Lx 527, Md 307, MJ 5Phell10,11, RH 184

1 Auf LaH (meist *Salix*, aber auch andere Gattungen). Frk resupinat, effus-reflex. Poren rundl, 4–6 pro mm
Muschelförmiger Labyrinthfeuerschwamm – *P.conchata* (PERS. : FR.) FIASSON & NIEMELÄ

1* Auf NaH (*Pinus*, *Picea*) **2**

1 Auf Kiefer. Frk meist pileat, einzeln am Substrat. Poren 1–2 pro mm **Kiefern-Labyrinthfeuerschwamm** – *P. pini* (BROT.) MURRILL

1* Auf Fichte. Frk effus-reflex, oft dachziegelig, mit dünnen H-Kanten. Poren 2–3 pro mm **Fichten-Labyrinthfeuerschwamm** – *P. chrysoloma* (Fr.) FIASSON & NIEMELÄ

Porostereum siehe *Lopharia*

Porotheleum siehe *Hydnopolyporus*

Porphyrellus E.-L. GILBERT, Porphyrröhrling – RöP (Bas, Agaricomycetes, Boletales, Boletaceae)
H 6–12 cm. S 4–12 × 1,5–4 cm, ohne Netz. Frk in allen Teilen dunkel graubraun, porhyrbraun, weichfleischig. F weißl, stellenweise schwach gelbl, an der Luft bisw schwach grünl-blau verfärbend. Spp braun, bisw mit schwach rötl Mischfarbe. Sp spindelig, 12–20 × 6–8(–10) µm. EktM mit NaB und bisw LaB. – **Lit**: **7**: 103, **11**: 59, **14**: 173
1 Art = T: *P. porphyrosporus* (FR.) E.-J. GILBERT – **Porphyrröhrling**: BK 3.1, BL 49, CD 1622, Gh 495, HK 2.8, Lx 55, Md 224

Porpoloma SINGER, Wiesenritterling – BläP (Bas, Agaricomycetes, Agaricales, Tricholomataceae)
Frk mittelgroß bis zieml groß. L dickl. wachsartig mit Queradern an den Flanken, ausgebuchtet angeheftet. H häufig kegelig bis spitzkegelig. L bisw auf Druck rötend, dann schwärzend. Geruch und Geschmack oft nach Mehl. Spp weiß. Sp amyloid. Etwa 5 Arten. Terricol, Grasland außerhalb des Waldes. – Anm: Habituell ähnl *Hygrocybe* oder *Tricholoma*. – **Lit**: **7**: 142, **11**: 141, **14**: 412
T: außereuropäisch. Bei uns z. B. *P. metapodium* (FR.) SINGER – **Schwärzender Wiesenritterling**: Br 335, Ct 1103, Lg 166G, Md 830, MJ 3Porp1

Porpolomopsis BRESINSKY, Spitzbuckelsaftling – BläP (Bas, Agaricomycetes, Agaricales, Hygrophoraceae)
Frk mittelgroß, H spitzkegelig und rosa oder mit spitzem bis fehlendem Buckel und dann weißl bis graubraun. L dickl, wachsartig mit wenigstens angedeuteten Queradern an den Flanken. H-Oberfläche und S-Oberfläche trocken, weder schmierig noch schleimig. F nicht rötend, Geruch nicht nitrös, nicht nach Mehl. Ohne wasserlösl Pigmente. Spp weiß. Sp inamyloid. 2 Arten. Terricol, Grasland außerhalb des Waldes. Anm: früher zu *Hygrocybe* gestelllt und habituell ähnl *Porpoloma*, jedoch Sp nicht amyloid. – **Lit**: **7**: 142, 145 jeweils fälschl als „*Porpoloma*“ anstelle von *Porpolomopsis*, **11**: 87, 91 als *Hygrocybe*, **14**: 205 als *Hygrocybe*
T: *P. calyptriformis* (BERK. & BROOME) BRESINSKY – Rosenroter Spitzbuckelsaftling: BK 3.80, BL 105, CD 194, Ct 1109, HK 3.264, Kr 3.43, MJ 3Hygr6, Ph 62

1 H rosa, zunächst spitzkegelig, alt mit eingerissenen und aufwärts gebogenen Rändern. Sp 6–8,5 × 4,5–6 µm
Rosenroter Spitzbuckelsaftling – *P. calyptriformis* (BERK. & BROOME) BRESINSKY

1* H weißl, hell grauockerl, graubraun, mit spitzem, wenig erhobenen Buckel, auch halbkugelig glockig, plan-konvex, stumpfbuckelig, Sp 6,5–8,5 × 4,5–6 µm
Blassgrauer Spitzbuckelsaftling – *P. fornicata* (FR.) BRESINSKY

Porpomyces siehe Ceriporiopsis mucida

Postia siehe Oligoporus

Preussia FUCKEL – Pyr (Asc, Dothideomycetes, Pleosporales, Sporormiaceae)
Frk kugelig bis habkugelig, glatt, schwarz, etwas glänzend, 500 µm im Durchm. Asci längl-keulenfö, verkehrt eifö, langstielig, 55–64 × 18–20 µm; Stielteil gekrümmt, 30–80 µm. Sp längl, 4-zellig, braun, 28–40 × 6–8 µm, bald in ihre Teile zerfallend. Auf Dung
T: *P. funiculata* (PREUSS) FUCKEL

Proliferodiscus J.H. HAINES & DUMONT – inop. Disc (Asc, Leotiomycetes, Helotiales, Lachnaceae)
Frk annähernd sitzend oder kurz gestielt, becherfö, 0,4–1 mm breit. Oberseits (Hymenium) blass orange, außen schwärzl und mit grauen Haaren. Randhaare des Frk zylindrisch, dünnwandig, septiert, hyalin, kürzere Haare zieml dicht inkrustiert, aber in KOH oder Melzers Reagenz glatt werdend. Asci zylindrisch bis keulig, inamyloid, 8-sporig. Paraphysen fädig, etwa × 1 µm, die Asci etwas überragend. Asc-Sp 5–8 × 1–2 µm, schmal ellipsoid, nicht septiert, hyalin. Saprotroph auf LaH. Anm: Beschreibung bezieht sich auf *P. pulveraceus* (ALB. & SCHEIN. : FR.) BARAL.
T: *P. inspersus* (BERK. & M. A. CURTIS) J.H. HAINES & DUMONT

Propolis (FR.) CORDA – inop. Disc (Asc, Leotiomycetes, Rhytismatales, Rhytismataceae)
Frk im Substrat (LaH) eingesenkt, oft aber auch frei werdend, kreisfö oder elliptisch, 2–5 mm breit, bräunl mit weiß bepuderter Oberseite (Hymenium). Asci inamyloid. Paraphysen oben verzweigt. Asc-Sp zylindrisch bis gekrümmt, nicht septiert, hyalin. Mit Tröpfchen, 20–27 × 6–8 µm. Beschreibung bezieht sich auf die abgebildete Art *P. versicolor* (FR.) FR.: BK 1.289. – Anm: Abgrenzung gegenüber *Marthamyces* unklar; siehe auch dort.
T: *P. phacidioides* (FR.) CORDA

Protobremia VOGLMAYR & al. – F-Mehlt (Peronosporomycetes, Peronosporales, Peronosporaceae)
Phytoparasit auf *Tragopogon*. Graubraune, lockere Rasen an blassen, eckigen Flecken Blunterseits bildend. Konidienträger verzweigt, Konidien kugelig, 20–34 µm im Durchm. – Syn: *Plasmopara* s. – **Lit**: **13**: 807
1 Art = T: *P. sphaerosperma* (SĂV.) VOGLMAYR & al.

Protodontia HÖHNL., Gallertzahn – StaP/GaP (Bas, Agaricomycetes, Auriculariales, Exidiaceae)
Frk aus einzeln stehenden oder büschelig geordneten, gallertigen Stacheln auf Holzsubstrat (bisw auch auf Farnstielen) bestehend, z. T. auch ein resupinates Subiculum bildend. Monomitisch. Hyphen hyalin, mit oder ohne Schnallen. Basidien vom langen Stiel durch

schnallenloses Septum getrennt, ellipsoid bis fast kugelig, 2- bis 4-sporig. Sp hyalin, dünnwandig, glatt, inamylod. 4 Arten. Lignicol (NaH, LaH) oder herbicol (Farne). – **Lit**: **9**: 109, **12**: 419

T: *P. uda* HÖHN. = *P. subgelatinosa* (P. KARST.) PILÁT. Bei uns eher vertreten: *P. piceicola* (KÜHNER ex BOURDOT) G.W. MARTIN – Nadelholz-Gallertzahn: BK 2.18

1 Auf LaH [Falls auf Stielen von Farnwedeln. Sp fast kugelig bis breit ellipsoid: *P. filicina* PARMASTO]. Mit Subiculum. Sp schmal ellipsoid, 5–9 × 3–4,5 µm
Laubholz-Gallertzahn – *P. subgelatinosa* (P. KARST.) PILÁT

1* Auf morschem NaH (*Pinus*, *Picea*, *Abies*). Mit Subiculum [Falls ohne Subiculum und mit büscheligen Stacheln: *P. fascicularis* (ALBERT. & SCHWEIN. : FR.) PILÁT]. Sp breit ellipsoid bis fast kugelig, 4–5,5(–6,5) × 3,5–4,5 µm:
Nadelholz-Gallertzahn – *P. piceicola* (KÜHNER ex BOURDOT) G.W. MARTIN

Protomyces UNGER – Wu; G (Asc, Taphrinomycetes, Taphrinales, Protomycetaceae)
Phytoparasitischer, Verkrümmungen verursachender Befall. Feste, glasige, blassgrüne, spindelige, 2–15 mm lange Schwielen an Doldenblütlern (z. B. *Aegopodium*) und Korbblütlern (z. B. *Aposeris*) an Bl-Stielen, Bl-Rippen und Spross bildend. An *Caltha* schwarzbraune, runzelige Bl-Flecken bildend. Asco-Sp z. B. 4,5 × 3 µm. – Anm: vgl. auch *Protomycopsis*. – **Lit 3**: 916, **13**: 86 etc., 132 etc., 203, **JK**: 46, 72, 411

T: *P. macrosporus* UNGER – **Doldenblütler-Schwielenpilz**: JK 46, K&S 866, 3b

Apiaceae: ***Aegopodium, Angelica, Anthriscus, Carum, Chaerophyllum, Daucus, Heracleum, Laserpitium, Meum, Mutellina, Oenanthe, Pastinaca, Peucedanum, Pimpinella, Selinum, Seseli, Sium, Torilis***: *P. macrosporus*

Asteraceae: ***Aposeris***: *P. kreuthensis*. – ***Bidens***: *P. gravidus*. – ***Cirsium***: *P. cirsii-oleracei*. – ***Crepis***: *P. crepidicola, P. crepidis-paludosae*. – ***Galinsoga***: *P. buerenianus*. – ***Hypochaeris***: *P. kriegerianus*. – ***Leontodon***: *P. kriegerianus*. – ***Picris***: *P. picridis*. – ***Prenanthes***: *P. kreuthensis*. – ***Scorzoneroides***: *P. kriegerianus*. – ***Sonchus***: *P. sonchi*. – ***Taraxacum***: *P. pachydermus*. – ***Tripleurospermum***: *P. matricariae*. – **Ranunculaceae**: ***Caltha***: *P. hispanicus*

Protomycopsis MAGNUS – Wu; G (Taphrinomycetes, Taphrinales, Protomycetaceae)
Phytoparasitischer, Gallen oder Wucherungen bildender Befall, ähnl *Protomyces* (s. d.). – **Lit**: **3**: 916, **13**: 76, 506, 510, 789

T: *P. leucanthemi* MAGNUS

Achillea*, *Leucanthemum*, *Tanacetum: *P. leucanthemi*. – ***Leontodon*, *Scorzoneroides***: *P. leontodontis*

Schlüssel für Infektionen auf *Leontodon*

1 Feste, flach warzenartige, 2–4 mm breite Gallen an der Bl-Fläche bildend, dazu z. T. spindelige Schwielen an den Mittelnerven der Bl. Gallen anfangs glasig-weißl, später bräunl in meist intensiv roter Umgebung. Bildet Asci mit Asc-Sp ***Protomycopsis***

1* Befall verursacht geschwollene Bl-Adern, diese auffällig rot. Bl-Fläche wellig. Sp in ascogenen Zellen ohne Ascus ***Protomyces***

Protostropharia siehe *Stropharia*

Prototrichia ROST. – SchleimP (Myxogastria, Trichiida, Trichiidae)
Frk kugelfö, 0,4–2 mm im Durchm, sitzend oder kurz gestielt. Peridie durchscheinend-dünn, irisierend. Capillitium reif mit Spiralleisten, gegen die Peridie pinselartig aufgespalten, die Enden mit der Peridie verbunden. Sp in Masse orange, grau-rosa, hellbraun, kugelig, 9–13 µm, dicht feinwarzig. Nivicol, Totholz, Rinde. – **Lit**: **17**: 88 als *Callomyxa m.*, **18**: 213
1 Art = T: *P. metallica* (BERK.) MASSEE: Neub 1.214–215

Prunulus siehe *Mycena*

Psathyrella (FR.) QUÉL., Mürbling – BläP (Bas, Agaricomycetes, Agaricales, Psathyrellaceae)
Frk klein bis mittelgroß, recht zart und zerbrechlich. L nicht zerfließend, nicht fleckig, da Sp gleichzeitig reifend. Spp schwarzbraun bis schwarz, auch mit fleischbrauner Komponente. Sp glatt, oft mit Keimporus. Zystiden (Cheilozystiden und oft auch Pleurozystiden) hyalin, dünnwandig oder auch dickwandig und bisw an der Spitze mit Kristallen. 80 Arten. Lignicol, auch in Streu, humicol, selten bryicol. – Anm: *P. marcescibilis* jetzt zu *Coprinopsis* P. KARST. – *P. lacrymabunda, P. velutina* zu *Lacrymaria* PAT. – P. *cernua, P. sarcocephala, P. spadicea* jetzt auch zu *Homophron* (BRITZELM.) W.B. COOKE, z. B. *H. cernuum* – Syn: *P. orbitarum* = *P. prona*. – Einige Arten werden jetzt auch unter der Gattung *Parasola* geführt, z. B. *P. conopilea*. – **Lit**: **8**: 271, **11**: 291, **14**: 586
T: *P. gracilis* (FR. : FR.) QUÉL. = *P.corrugis* (PERS. : FR.) KONRAD & MAUBL. f. *gracilis* – Rotschneidiger Mürbling: BK 4.330, CD 784, Ct 1304, HK 4.277, Lg 153B, 154B

1 H-Oberfläche gänzl (nicht nur am H-Rand) mit faserigen bis sparrigen Schüppchen. Hierher auch Arten mit gelbl S-Basis. Sp glatt (falls Sp rau: siehe *Lacrymaria*). Meist mit Cheilo- und Pleurozystiden. Lignicol **2**
1* H-Oberfläche glatt oder allenfalls vom Velum faserig-flockig oder nur am H-Rand mit flockigen Velumresten. Lignicol oder terricol **5**

Hutoberfläche entschieden faserig-schuppig; meist lignicol (2–4)

2 S-Basis gelbl. LaH, meist *Fagus* oder *Betula*, bisw auch terricol. Sp 7–8(–9) × 3,5–4,5 µm. **Wolliger Mürbling** – *P. cotonea* (QUÉL.) KONRAD & MAUBLANC
2* S-Basis nicht gelbl. LaH, bisw auch an *Populus* **3**
3 An Pappelholz (*Populus*). Sp in Frontansicht mitrafö, 6,5–8 × 4,5–5,5 µm. Pleurozystiden schwach amyloid, inkrustiert, Inkrustation in NH_4OH grünl
Schwarzgestreifter Mürbling – *P. populina* (BRITZELM.) KITS VAN WAV.
3* Merkm verschieden. An LaH, jedoch nicht obligat an Pappelholz gebunden. Sp größer oder auch wesentl kleiner **4**
4 S ohne Ring. Sp 9–11 × 5–6 µm. Pleurozystiden fehlend
Rosagrauer Mürbling – *P. melanthina* (FR.) KITS VAN WAV.
4* S mit häutigem, ± beständigem Ring. Sp 4,5–5 × 3–3,5 µm. [Falls Sp 9,5–11 × 4,5–5,5 µm: *P. caput-medusae* (FR.) KONRAD & MAUBLANC]
Schwarzfaseriger Mürbling – *P. maculata* (C.S. PARKER) A.H. SMITH

Hutoberfläche nicht entschieden faserig-schuppig; lignicol oder terricol (5–25)

5 Pleurozystiden fehlend. Cheilozystiden vorhanden. Hierher auch eine häufige Art mit auffälligen Makromerkmalen: siehe unter **6** **6**

5* Pleuro- und Cheilozystiden vorhanden **10**

– Pleurozystiden fehlend (6–9)

6 H feucht und jung ockerl bis gelbbräunl, später (trocken und alt) weißl, 3–6 cm. H-Rand mit abstehenden, flockigen, weißl bis beigegelbl V-Resten. S weiß, glatt, sehr brüchig. Sp 7–8,5(–9) × 4–5 µm, mit Keimporus [Falls Sp ohne Keimporus: *P. leucotephra* (BERK. & BROOME) P.D. ORTON]. Terricol, an und um LaH-Resten

Behangener Mürbling – *P. candolleana* (FR. : FR.) MAIRE

6* Merkm verschieden: entweder Sp länger als 9–11 µm oder S mit persistentem (nicht flüchtigem) Ring **7**

7 Sp länger als 12 µm. S ohne Ring **8**

7* Sp weniger als 12 µm lang. S mit oder ohne Ring **9**

8 HDS mit langen gelben oder rostbraunen, 100–400 µm langen Seten. Sp 13,5–17 × 6,5–9 µm, im Mittel länger als 14 µm

Stielstreifiger Mürbling – *P. conopilea* (FR. : FR.) A. PEARSON & DENNIS

8* HDS ohne Seten. Sp 10,5–14 × 6–7,5 µm, im Mittel kürzer als 14 µm. H-Rand jung nicht eingerollt [Falls H-Rand jung eingerollt: *P. involuta* (ROMAGN.) M.M. MOSER]

Grauweißer Mürbling – *P. marcescibilis* (BRITZELM.) SINGER

9 Herbicol an abgestorbenen Resten von Sumpf- und Wasserpflanzen (z. B. *Typha*, *Carex*, *Rumex* usw). H 0,5–2 cm.. S ohne Ring. Sp 9–12,5 × 5,5–8 µm. [vgl. in ähnl Habitaten, z. B. auch auf *Typha*, aber mit Pleurozystiden: *P. almerensis* KITS VAN WAV.]

Halm-Mürbling – *P. typhae* (KALCHBR.) A. PEARSON & DENNIS

9* Merkm verschieden. S ohne Ring. [Falls S mit persistentem Ring und H feucht weißl: *P. leucotephra* (BERK. & BROOME) P.D. ORTON, falls mit Ring und H feucht rostbraun bis orangebraun: *P. spintrigera* (FR.) KONRAD & MAUBLANC] ▸

– Pleurozystiden vorhanden (10–25)

10 Cheilo- und Pleurozystiden ± dickwandig (metuloid) und am oberen Ende oft mit Kristallen **11**

10* Cheilo- und Pleurozystiden nicht metuloid **14**

– – Zystiden dickwandig, metuloid, häufig mit Kristallschopf (11–13)

11 Frk klein und rasig, wie ein Tintling aussehend, H 1–1,5 cm

Zwerg-Mürbling – *P. pygmaea* (BULL. : FR.) SINGER

11* Frk größer, H 2–7 cm **12**

12 Velumreste wenigstens an jungen Frk deutl ▸

12* Velumreste fehlend **13**

13 H 2–4,5 cm, Sp 6,5–7,5 × 4–4,5 µm. Pleurozystiden mit Kristallen, oben ± stumpf

Ausblassender Mürbling – *P. cernua* (VAHL : FR.) M.M. MOSER

13* H 3–7 cm. Sp 7,5–9,5 × 4–5 µm. Pleurozystiden mit Kristallen, nach oben zuspitzend. [inkl. *P. sarcocephala* (FR. : FR.) SINGER. – Falls Pleurozystiden ohne Kristalle, Sp im Mittel weniger als 8 µm lang, 7–8,5 × 4–5 µm: *P. spintrigeroides* P.D. ORTON. – Falls

Pleurozystiden ohne Kristalle, Sp im Mittel länger als 8 µm, 7,5–10 × 4–5,5 µm: *P. artemisiae* (PASS.) KONRAD & MAUBL.]

Schokoladenbrauner Mürbling – *P. spadicea* (P. KUMMER) SINGER

– – ***Zystiden nicht metuloid (14–25)***

14 Sp mehr als 10 µm lang. **15**

14* Sp kürzer als 10(–11) µm **19**

– – – ***Sporen länger als10 µm (15–18)***

15 S-Basis wurzelnd. **16**

15* S-Basis nicht wurzelnd **17**

– – – – ***Stiel wurzelnd (16)***

16 L-Schneide rosa oder rot. H feucht grau oder graubraun [Falls H feucht ocker bis rötl-gelb: *P. ochracea*]. Zystiden spindelfö, basal und gegen die Spitze verjüngt Sp 10–15 × 5,5–7 µm. [Falls Zystiden schlauchfö bis flaschenfö. mit stumpfer Spitze: *P. pseudogracilis* (ROMAGN.) M.M. MOSER]

Rotschneidiger Mürbling – *P. corrugis* (PERS. : FR.) KONRAF & MAUBLANC

16* L-Schneide nicht rosa oder rot [Falls im Dünensand auf Gräsern: *P. ammophila* (E.J. DURAND & LÉV.) P.D.ORTON] ▸

– – – – ***Stiel nicht wurzelnd (17–18)***

17 Auf Mist und Dung. Velumreste weißl, dicht faserig bis flockig, den jungen H ganz bedeckend. [Falls Velumreste flüchtig und nur am H-Rand: ▸]. H 1,5–2,5 cm, feucht dunkelbraun, trocken hellgelbbraun. S-Basis bisw knollig. Sp 10–12 × 5–6 µm.

Flockiger Mürbling – *P. hirta* PECK

17* Nicht auf Mist oder Dung **18**

18 Pleurozystiden spindelfö ▸

18* Pleurozystiden flaschenfö. H trocken deutl rosa. L-Schneide ± rosa oder rot [Vgl. auch **16**]; bisw H und L-Schneide nicht rosa oder L-Schneide rosa, nicht jedoch der H. Sp 11,5–13,5 × 7–7,5 µm **Wegrand-Mürbling** – *P. prona* (FR.) GILLET

– – – ***Sporen weniger als 10(–11) µm lang (19–25)***

19 H kahl, ohne Velumreste oder nur mit flüchtigen am H-Rand **20**

19* Mit stärker ausgeprägten und dauerhaften Velumresten. **21**

– – – – ***Ohne Velumreste auf dem Hut und ohne Ring am Stiel (20)***

20 H 2–7 cm, konvex bis flach kegelig, feucht dunkelbraun bis graubraun, trocken beige bis weißl und runzelig. L alt grau bis violettbraun. S weißl, bisw büschelig, 4–9 × 0,3–0,5 cm. Sp 7,5–9,5 × 4,5–5 µm. Terricol, lignicol an Holz- und Rindenresten, Frühjahr **Schmalblättriger Mürbling** – *P. spadiceogrisea* (SCHAEFF.) MAIRE

20* Mit anderen Merkm: z. B. H kleiner oder H netzig geadert oder nicht im Frühjahr bis Frühsommer fruchtend oder Sp größer (9,5–11 µm etc.) oder Sp entschieden kleiner (5,5–6 µm) oder Sp lateral nierenfö bis bohnenfö oder Zystiden in NH_4OH grünl ▸

21 Mit gerieftem, alt oft abfallendem Ring **22**

21* S auch jung ohne Ring **23**

– – – – ***Stiel beringt und Hut mit Velumresten (22)***

22 In Mooren zwischen Sumpfmoosen (meist *Sphagnum*)

Moor-Mürbling – *P. sphagnicola* (MAIRE) J. FAVRE

22* Auf Holz, Rinde, Streu, in Humus [Falls auf NaH und Geruch süßl: *P. chondroderma* (BERK. & BROOME) A.H. SMITH, falls auf LaH oder La-Streu und Pleurozystiden mit 1–2 kugelfö Körpern: *P. gossypina* (BULL. : FR.) A. PEARSON & DENNIS; falls humicol, LaH, NaH, Streu und Wände der Pleurozystiden gelbl und oben unterhalb der Spitze leicht verdickt: siehe **13***, *P. artemisiae* (PASS.) KONRAD & MAUBL.] ▸

– – – – ***Stiel nicht beringt, auf Brandstellen (23)***

23 Auf Brandstellen zwischen Holzkohle. H 1–3,5 cm, besonders H-Rand mit weißen faserigen bis flockigen Velumresten. Pleurozystiden ± spitz-spindelig. Sp 7–8 × 3,5–4,5 µm **Kohlen-Mürbling** – *P. pennata* (FR. FR.) A. PEARSON & DENNIS

23* Nicht auf Brandstellen und auch sonst mit anderen Merkm. **24**

– – – – ***Stiel nicht beringt, Sporen klein, unter 7 µm (24)***

24 Sp klein, 5–6,5 × 3–3,5 µm, oval, in Seitenansicht bohnenfö. H 1,5–6 cm, feucht dunkelbraun, trocken weißl bis ockerl-beige, H-Oberfläche bisw runzelig. H-Rand mit weißl, häutigen Velumresten. Zystiden flaschenfö bis schlauchfö. Meist Strünke von LaH, seltener von NaH oder auch terricol.
Wässriger-Mürbling – *P. piluliformis* (BULL.) P.D. ORTON

24* Sp über 7 µm lang ▸

– – – – ***Stiel nicht beringt, Sporen über 7 µm, Fruchtkörper büschelig oder nicht (25)***

25 Frk dicht büschelig. Pleurozystiden ± spindelfö mit Inkrustation, diese in NH_4OH grün. Sp 7–8 × 3,5–4,5 µm. [Falls Sp 9,5–10,5 µm lang, Pleurozystiden schlauchfö, ohne NH_4OH-Reaktion: *P. pannucioides* (J.E. LANGE) M.M. MOSER]. Erde, Grasland, La-Streu
Büscheliger Mürbling – *P. multipedata* (PECK) A.H. SM.

25* Frk nicht büschelig ▸

Pseudoascozonus BRUMM. – inop. Disc (Asc, Pezizomycetes, Pezizales, Fam ?)
Frk winzig, weit unter 1 mm, sitzend, ± kugelig, hyalin, aus locker gruppierten Asci und Hyphen bestehend. Asci breit keulig, oben mit unregelmäßig geformter Öffnung, inamyloid. Paraphysen fehlend. Asc-Sp im Ascus 2-reihig, glatt, 7–9,5 × 3–3,5 µm. Auf Schafdung im Winter. – **Lit**: **10**: 131
1 Art = T: *P. racemosporus* BRUMM. – Abgebildet *A. woolhopensis* (RENNY) BOUD.: De fig 1B, 3K

Pseudobaeospora SINGER, Purpurblatt – BläP (Bas, Agaricomycetes, Agaricales, Tricholomataceae)
Frk klein bis winzig. H bräunl-lila bis beigelila oder braunschwärzl. L wie H gefärbt, frei bis angeheftet. Spp weiß. Hyphen meist mir Schnallen (beim T fehlend). Cheilozystiden vorhanden oder fehlend (T). Sp klein, glatt, pseudoamyloid (z. T. schwach), meist weniger als 4,5(–5) µm lang, beim T 3,5–4,5 × 3–3,5 µm. Falls Sp bis 6,5 µm lang, dann HDS mit KOH grünblau. 5 Arten. Terricol, auch Holz und Pflanzenreste oder bryicol. – **Lit**: **7**: 418, **11**: 260, **14**: 515
T: *P. oligophylla* = *P. pillodii* (QUÉL.) WASSER – **Laubwald-Purpurblatt**: Lu 1.701

Pseudoboletus ŠUTARA, Schmarotzerröhrling – RöP (Bas, Agaricomycetes, Boletales, Boletaceae)
Mittelgroßer, auf Kartoffelbovist (*Scleroderma*) schmarotzender Röhrling. – **Lit**: **7**: 109 als *Xerocomus p.*, **11**: 64 als *Xerocomus p.*
1 Art = T: *P. parasiticus* (BULL. : FR.) ŠUTARA – **Schmarotzerröhrling**: BK 3.58, CD 1659, Dh 38, Gh 481, Kr 2.318

Pseudocercospora SPEG. – ParP (Asc, Dothideomycetes, Botryosphaeriales, Mycosphaerellaceae; Anamorphe)
Phytoparasit, dunkel- oder olivbraune Rasen bildend z. B. auf *Sambucus*. Konidien verkehrt keulenfö, oft oben schnabelfö, am Grunde gestutzt, mit mehreren Querwänden, bisw mit 1–2 Längswänden, ± braun, glatt oder runzelig. – **Lit**: **3**: 1100, **JK** 371
T: *P. vitis* (LÉV.) SPEG.: Bra 1101: 275

Pseudoclitocybe (SINGER) SINGER, Scheintrichterling – BläP (Bas, Agaricomycetes, Agaricales, Tricholomataceae)
Frk groß bis mittelgroß (beim T 4–7 cm, feucht durchscheinend gerieft) mit trichterig vertieftem H, der meist hygrophan und feucht dunkelbraun ist. L herablaufend. Spp weiß, amyloid. Hyphen ohne Schnallen. Sp oval, glatt, amyloid, 7–11 × 5–7,5 µm (beim T × 5–6 µm). 2–3 Arten. Terricol, lignicol. – **Lit**: **7**:422, **11**: 140, **14**: 238
T: *P. cyathiformis* (BULL. : FR.) SINGER – **Kaffeebrauner Scheintrichterling**: BK 3.399, BL 131, Dh 290, Gh 145, HK 3.195, Kr 3.502, Lg 38E, Lu 1.71.1

Pseudoclitopilus siehe *Leucopaxillus rhodoleucus*

Pseudocraterellus CORNER, Scheinleistling – LeiP (Bas, Agaricomycetes, Cantharellales, Cantharellaceae)
Frk klein bis mittelgroß, beim T 8–10 cm hoch, grau, graubraun. Hymenophor radialrunzelig bis glatt. Hyphen mit zahlreichen Septen und daher kurzgliedrig, ohne Schnallen. Sp 7,5–13(–15) × 5–9 (beim T 10–13 × 5–9) µm. Bei uns 1 Art. Terricol, LaW. – Syn: *P. cinereus* = *Cantharellus c.* – **Lit**: **9**: 263, **12**: 65
T: *P. sinuosus* (FR.) CORNER = *P. undulatus* (PERS. : FR.) RAUSCHERT – **Krauser Leistling**: BK 2.448, Ct 678, Kr 2.20, Lx 459, Md 179, MJ 5 Pseudocrat1, RH 137

Pseudographiella E.F. MORRIS – SchimP (Asc incert. sed.; Anamorphe)
Mit eigenartiger Spezialisierung auf die Rhizomorphen von *Armillaria mellea*. Konidienträger in Synnemata gebündelt. Konidien 1–4-zellig, überwiegend sichelfö, (5–)10–15 × 1,5–2 µm; abgebildet in HELFER 1991, 69:33
T: *P. variiseptata* E.F. MORRIS = *P. rhizomorpharum* (CES.) ILLMAN & al.

Pseudohansfordia G.R.W. ARNOLD – SchimP (Asc inc. sed.; Anamorphe)
Hyphen hyalin, septiert, × 3–6 µm. Konidienträge einzeln, aufrecht, unregelmäßig wirtelig verzweigt. Konidien-bildende Zellen zuletzt mit zahnartigen Fortsätzen und gebogen.

Konidien 1–4-zellig, meist 2-zellig, kugelig, eifö, zylindrisch, glatt, hyalin. Auf anderen Pilzen (*Trametes versicolor*).
T: *P. irregularis* G.R.W. ARNOLD

Pseudohydnum P. KARST., Zitterzahn – StaP (Bas, Agaricomycetes, Auriculariales, Hyaloriaceae)
H mit seitl S am Substrat sitzend, gallertig, 1–8 cm, oben weißl-grau bis graubräunl, seltener auch dunkelbraun, behaart. Unten mit weichen, weißl, 0,5–2 mm langen Stacheln. Monomitisch. Hyphen hyalin, dünnwandig, mit Schnallen. Sp hyalin, dünnwandig, glatt, inamyloid, kugelig bis fast kugelig, mit einem großen Öltropfen, 5–8,5 × 4–6,5 µm. Lignicol (meist NaH, selten auch LaH). – **Lit**: **9**: 110, **12**: 420
1 Art = T: *P. gelatinosum* (SCOP. : FR.) P. KARST. – **Gallertiger Zitterzahn**: Ct 770, Gh 673, Ja 38, Kr 114, Lx 589, Md 381, MJ 6Pseudohyd1.2

Pseudomerulius JÜLICH, Scheinfältling – RiP (Bas, Agaricomycetes, Boletales, Tapinellaceae)
Frk resupinat bis effus-reflex, wachsartig, 1–2 cm, oberseits faltig (meruloid), gelb, gelborange, gelbbräunl. Monomitisch. Hyphen hyalin, mit z. T. offenen Schnallen. Sp hellgelbl, etwas dickwandig, glatt, inamyloid, zylindrisch bis schmal ellipsoid, 3,5–4,5(–5) × 1,5–2(–2,5) µm. Lignicol, NaH (oft auf *Pinus*). – **Lit**: **9**: 292, **12**: 238
1 Art = T: *P. aureus* (FR. : FR.) JÜLICH – **Goldgelber Scheinfältling**: BK 2.243, Ct 1576, Kr 1.366, MJ 5Pseudomer1

Pseudoidium Y.S. PAUL & J.N. KAPOOR – E-Mehlt (Asc, Leotiomycetes, Erysiphales, Erysiphaceae; Anamorhe)
Der T auf Weinrebe (*Vitis*), die Teleomorphe ist *Erysiphe necator* (s.d.). Mycel zunächst weiß, dann schmutzfarben. Konidien zu 2–3 in kurzen Ketten, ellipsoid, 25–30 × 15–17 µm.
T: *P. tuckeri* (BERK.) Y.S. PAUL & J.N. KAPOOR

Pseudomicrostroma siehe *Microstroma*

Pseudombrophila BOUD., Kleinbecherling – op. Disc (Asc, Pezizomycetes, Pezizales, inc. sed.)
Frk (Apothecien) kreiselfö, becherfö, scheibenfö, sitzend, 0,2–2 cm. Oben (Hymenium) weißl, gelbl-grau, blass-ockerl bis dunkler bräunl, oft mit purpurl Mischton. Rand des Frk abgesetzt, membranös. Außen gleichfarben oder dunkler braun und mit einem Netzwerk aus anliegenden, wellig-gebogenen, stumpfen, blass-bräunl Haaren. Asc-Sp ellipsoid, glatt oder selten unscheinbar ornamentiert, erst hyalin, dann gelbl, innen ohne Tröpfchen, bisw mit de-Bary-Bläschen. Etwa 10 Arten. Auf Dung von Vögeln, Pflanzenfressern, seltener auf Kot von Hunden und Menschen, auch auf gedüngtem Boden. – **Lit**: **5**: 40, **10**: 109
T: *Helotium pedrotii* BRES. = *P. deerrata* (P. KARST.) SEAVER = *P.merdaria* (FR.) BRUM. – Kleinsporiger Kleinbecherling: Br 1234, Ct 2927, De 10F

1 Asc-Sp im Mittel über 14 µm lang ▸
1* Asc-Sp im Mittel unter 13,5 µm lang **2**

2 Asc-Sp glatt, 10,5–13 × 6–8,5 µm. Paraphysen mit bis zu 5 µm breiten Enden [Falls Paraphysen an den Enden bis zu 1–3 µm breiten, nicht verbreiterten Enden: ▸]
Kleinsporiger Kleinbecherling – *P. merdaria* (FR.) BRUM.

2* Asc-Sp gestreift (in Baumwollblau zu beobachten) o d e r Apothecien weißl ▸

Pseudoomphalina (SINGER) SINGER, Scheinnabeling – BläP (Bas, Agaricomycetes, Agaricales, Tricholomataceae)
Frk mittelgroß, H genabelt. L weit herablaufend. Hyphensepten mit Schnallen. Sp amyloid. 1–2 Arten. Terricol. – **Lit**: **7**: 423, **11**: 139, **14**: 238
T: *P. compressipes* (PECK) SINGER var. *kalchbrenneri* (BRES.) GMINDER – **Kalchbrenners Scheinnabeling**: Br 264.2, Dh 289, MJ 3 Pseudoomph 1; siehe auch *P. compressipes* (Nominatsippe): BL 131, CD 321, Ct 1913, Lg 59I, RH 307

Pseudoperonospora ROSTOVZEW, F-Mehlt (Peronosporomycetes, Peronosporales, Peronosporaceae)
Phytoparasitischer Befall in Form eines grauen, grauvioletten, braunvioletten Mycelbelages, unterseits an Bl-Flecken. Konidienträger 2- bis 5-fach gabelig, nicht streng dichotom verzweigt, Zweige im spitzen Winkel abgehend, Enden im fast rechten Winkel abstehend. Konidien breitoval, ellipsoid, bis fast kugelig, mit Papille, 14–18–40 × 10–12–24 µm. – Anm: auf *Urtica* auch *Peronospora*, bei dieser aber Konidien ohne Papille. – **Lit**: **3**: 910, **13**: 191, 207, 460, 828, **JK** 225–226
T: *P. cubensis* (BERK. & M. A. CURTIS) ROSTOVZEV
Bryonia, Cucumis, Cucurbita: *P. cubensis*. – ***Cannabis***: *P. cannabina*. – ***Humulus***: *P. humuli*. – ***Urtica***: *P. urticae*

Pseudopeziza FUCKEL – PaP (Asc, Leotiomycetes, Helotiales, Drepanopezizaceae)
Frk parasitisch aus dunkelbraunen Bl-Flecken auf *Trifolium*-Bl. Dese zunächst blasenfö erhoben, dann fast scheibenfö und von Resten der Wirtsepidermis umrandet. Asc-Sp ellipsoid eifö, breit keulenfö, hyalin, 1-zellig oder ungleich 2-zellig. – **Lit 3**: 1016, **JK** 268, 424
T: *P. trifolii* (BIV.) FUCKEL – **Klee-Klappenschorf**: Bra 1017: 146, JK 424

Pseudoplectania FUCKEL, Schwarzborstling – op. Disc (Asc, Pezizomycetes, Pezizales, Sarcosomataceae)
Frk (Apothecien) einzeln oder in Gruppen, becherfö bis scheibenfö, 0,5–6 cm breit, berandet, sitzend oder mit kurzem S. Oben (Hymenium) dunkel braun bis schwarz, jung glänzend, alt matt. Außen kahl bis samtig, schwarz. Asc-Sp hyalin, mit kleinen Tröpfchen, kugelig, 10–12 µm. 2 Arten. Auf Nadeln und Zweigen von NaB, auch auf morschem NaH [Falls auf Torfmoosen (*Sphagnum*) in Mooren: *P. sphagnophila* (PERS. : FR.) KREISEL]. – **Lit**: **5:** 77, **10**: 126
T: *P. nigrella* (PERS. : FR.) FUCKEL – **Glänzender Schwarzborstling**: BK 1.121, Br 1220, Gh 649, HK 2.243, Lx 683, TH 632

Pseudotomentella SVRČEK, Scheinfilzgewebe – RiP (Bas, Agaricomycetes, Thelephorales, Thelephoraceae)

Frk resupinat, spinnwebenartig, häutchenfö, glatt, oft mit Rhizomorphen. Mono- oder dimitisch mit gelbl Skeletthyphen. Generative Hyphen gelbl bis bräunl, ohne oder mit Schnallen. Zystiden fehlend. Sp hell gelbl bis braun, kugelig bis gelappt, etwas dickwandig, (dichotom-)warzig, inamyloid (falls in KOH blau siehe *Amaurodon*). 6 Arten. Lignicol, auf LaH und NaH. – Syn: *P. atrocyanea* = *Amaurodon a.* – **Lit**: **9**: 299, **12**: 251

T: *P. mucidula* (P. KARST.) SCRČEK – Schwammiges Scheinfilzgewebe: BK 2.253

1 Mit Schnallen ►

1* Ohne Schnallen **2**

2 Sp hell- bis dunkelbraun in KOH, 7–10(–11) µm im Durchm [Falls Sp 5–8 µm im Durchm und bräunl: *P. atrofusca* M.J. LARSEN]. Rhizomorphen meist fehlend. LaH, NaH *P. tristis* (P. KARST.) M.J. LARSEN

2* Sp hyalin, hellgelbl in KOH. Rhizomorphen vorhanden **3**

3 Oberseits (Hymenium) graugrün (falls graubläul: ►) *P. flavovirens* (HÖHN. & LITSCH.) SVRĆEK

3* Oberseits (Hymenium) braun bis schwarz-braun. Subiculum hellocker oder hellbraun [Falls Subiculum dunkel schwarzviolett bis schwarzbraun: *P. nigra* (HÖHN. & LITSCH.) SCRĆEK]. Sp kugelig bis seltener unregelmäßig, 7–11 µm im Durchm. LaH, NaH **Schwammiges Scheinfilzgewebe** – *P. mucidula* (P. KARST.) SCRČEK

Pseudoxenasma LARSSON & HJORTST., Scheinwachshaut – RiP (Bas, Agaricomycetes, Russulales, Gloeocystidiellaceae)

Frk resupinat, dünn, wachsartig, glatt, weißl-grau bis aschgrau. Monomitisch. Hyphen hyalin, dünnwandig, mit Schnallen. Basidien mit 4 langen (9–11 µm) Sterigmen. Sp hyalin, dickwandig, warzig, stark amyloid, fast kugelig bis breit ellipsoid, 8–10 × 7–8 µm. Lignicol, NaH (*Picea*, *Juniperus*); Nordeuropa, ob auch in Mitteleuropa?. – **Lit**: **9**: 140, **12**: 225

1 Art = T: *P. verrucisporum* LARSSON & HJORTST. – **Warzigsporige Scheinwachshaut**

Psilachnum HÖHN.; Farnbecherchen, Sauergrasbecherchen – inop. Disc (Asc, Leotiomycetes, Helotiales, Pezizellaceae)

Frk annähernd gestielt, becherfö, unter 1 mm breit. Oberseits (Hymenium) weiß, cremefarben bis gelbl. Außen mit kurzen Haaren. Haare zylindrisch, nicht oder 1–4-fach septiert, dünnwandig, glatt, hyalin. Asci zylindrisch bis keulig, 8-sporig, mit amyloidem Porus. Paraphysen zylindrisch bis lanzettl. Asc-Sp spindelig bis keilfö oder zylindrisch bis keulig, nicht septiert, beim T 6–8 × 1,5–2 µm (bei einer anderen Art z. B. 10–15 × 3–4 µm). Saprotroph auf Farngewächsen (*Equisetum*, Farne) oder auf Sauergräsern (Cyperaceae, so der T). – **Lit**: **5**: 173, **10**: 207

T: *P. lateritioalbum* (P. KARST.) HÖHN.; abgebildet *P. chrysostigma* (FR.) RAITV. – **Weißes Farnbecherchen**: BK 1.196,198

Psilocybe (FR.) P. KUMM., Kahlkopf – BläP (Bas, Agaricomycetes, Agaricales, Strophariaceae)

Frk klein, mit halbkugeligen bis kegelig-glockigen, braunem H, S ohne Ring wohl aber H-Rand bisw mit Velumresten. Spp dunkelbraun (violett-, purpur-, sepia-, tief lilabraun).

Chrysozystiden fehlend, wohl aber häufig mit hyalinen Cheilozystiden. Sp glatt, bisw linsenfö abgeflacht, mit Keimporus. 20 Arten. Dung, herbicol, bryicol, humicol., terricol. – Anm*:* Das Spp von *Pholiota* ist reiner braun, *Hypholoma* hat Chrysozystiden und hat meist lebhaftere Farben. Blauende Arten sind psychotrop. Ein Teil der Arten wird derzeit wieder unter *Deconica* geführt. – Syn: *P. rhombispora* = *P. phyllogena*. – **Lit**: **8**: 428, **11**: 331, **14**: 844

T: *P. semilanceata* (FR.) P. KUMM. – Spitzkegeliger Kahlkopf: Dh 614, Gh 395, Lg 151A, Lu 1.72.8, Lx 323, MJ 3Psil4

1 Frk auf Druck oder alt (blau-)grün verfärbend **2**

1* Frk nicht (blau-)grün verfärbend. **3**

Fruchtkörper blaugrün verfärbend (2)

2 H spitz-konisch oder konvex mit deutl Papille, 0,5–2 cm, ocker bis gelbbraun. H-Rand ohne Velumreste. S ohne Ring. Sp 12–16 × 6,5–8 µm. Terricol, auch auf Pflanzenresten **Spitzkegeliger Kahlkopf** – *P. semilanceata* (FR.) P. KUMM.

2* H konvex bis ausgebreitet, allenfalls stumpf gebuckelt, ohne Papille. S mit oder ohne Ring ▸

3 Sp weniger als 10 µm lang **4**

3* Sp länger als 10 µm. **9**

Fruchtkörper nicht blaugrün verfärbend (4–10)

– Sporen weniger als 10 µm lang (4–8)

4 L ockerbraun bis rötl-braun, Spp ohne lila Mischton **5**

4* L dunkelbraun bis schwarzbraun, Spp frisch mit lila Mischton **7**

5 HDS feucht klebrig und gelatinös abziehbar **6**

5* HDS immer trocken und nicht gelatinös abziehbar ▸

6 Sp 6–7,5 × 4,5–5 × 4–5,5 µm. Verbreitungsschwerpunkt im Flachland. [Falls Sp 7–8 × 4,5–5 × 4–5 µm und in alpiner Höhenstufe z. B. mit *Carex firma*: *P. velifera* (J. FAVRE) SINGER] **Weißflockiger Kahlkopf** – *P. crobula* (FR.) SINGER

6* Sp 8–8,5(–9) × 5–7 × 4–5,5 µm. Verbreitungsschwerpunkt im Flachland bis in die montan-subalpine Höhenstufe **Feinriefiger Kahlkopf** – *P. inquilinus* (FR. : FR.) BRES.

7 Sp rhombisch bis hexagonal, dickwandig, 6–7,5(–8) × 5–6,5 × 4–4,5 µm. [Falls Sp dünnwandig, 6–7 × 4,5–6 × 3,5–4 µm: *P. flocculosa* BAS.& NOORDEL.] **Rautenspor-Kahlkopf** – *P. phyllogena* (SACC.) PECK

7* Sp nicht rhombisch-hexagonal **8**

8 H-Rand und S ohne Velumreste. Sp 7–9 × 5–6 × 4–5 µm, mit deutl großem Keimporus. Cheilozystiden nicht kopfig. Verbreitungsschwerpunkt vom Flachland bis zur subalpinen Höhenstufe **Trockener Kahlkopf** – *P. montana* (PERS. : FR.) P. KUMM.

8* Merkm verschieden: H-Rand und S mit Velumresten o d e r Sp mitraartig und Vorkommen in alpiner Höhenstufe o d e r Sp 9–11,5 µm o d e r Cheilozystiden kopfig ▸

– Sporen länger als 10 µm (9–10)

9 Sp rhombisch bis hexagonal. Oft auf Mist **10**

9* Sp oval, ellipsoid, nicht rhombisch bis hexagonal. Auf Mist und anderen Substraten ▸

10 H-Rand und S mit auffallenden Velumresten. Sp 11–12,5 × 7,5–9 × 7–8 µm
Mist-Kahlkopf – *P. merdaria* (FR. : FR.) RICKEN

10* H-Rand und S (auch jung) ohne oder mit wenig auffallenden Velumresten. Sp 10–14 × 6–9 × 5,5–8 µm **Dung-Kahlkopf** – *P. coprophila* (BULL. : FR.) P. KUMM.

Pteridomyces JÜLICH, Farnrindenpilz – RiP/StaP (Bas, Agaricomycetes, Atheliales, Atheliaceae)
Frk resupinat, membranös, mit sehr kleinen, sterilen Stacheln (odontoid), cremefarben. Monomitisch, Hyphen hyalin, mit Schnallen. Sp hyalin, dünnwandig, glatt, inamyloid, ellipsoid, 5–8 × 3–4 µm. Auf faulenden Farnwedeln. – **Lit**: **9**: 149 als *Leptosporomyces g*, **12**: 143
1 Art = T: *P. galzinii* (BRES.) JÜLICH – **Farnrindenpilz**

Pterula FR., Borstenkoralle – KoP (Bas, Agaricomycetes, Agaricales, Pterulaceae)
Frk mit feinen, 0,3–1 mm dicken, oft stark verzweigten, aufrechten Ästen, recht zäh. Dimitisch. Skeletthyphen meist hyalin. generative Hyphen nicht angeschwollen, mit Schnallen. Gloeozystiden fehlend. Sp hyalin, ellipsoid bis fast kugelig, glatt, ohne Öltropfen. Etwa 5 Arten. Herbicol, faulende Pflanzenreste, terricol. – Syn: *P. multifida* ss. auct.= *P. subulata*. – **Lit**: **9**: 267, **12**: 95
T: *P. subulata* FR. – Weißliche Borstenkoralle: BK 2.477, Ct 1623, HK 2.135, Kr 2.60, Lx 471, RH 115

1 Frk unverzweigt o d e r aus einem Sklerotium entspringend ▸
1* Frk verzweigt und zudem nicht aus einem Sklerotium entspringend **2**
2 Äste mit Anastomosen. Frk in dichten Gruppen und bis 6 cm hoch, hellgraubraun mit weißl Spitzen. Sp 5–7,5(–8) × 3,5–4,7 µm. Terricol
Weißliche Borstenkoralle – *P. subulata* Fr.
2* Äste ohne Anastomosen, auf Na und Zweigen von Koniferen, seltener auch in LaStreu. [Falls auf *Juncus* an sumpfigen Orten: ▸]. Sp 5,5–8 × 2,7–3,6 µm
P. multifida non ss. auct.

Ptychogaster siehe *Tyromyces/Fibroporia*

Ptychoverpa siehe *Verpa*

Puccinia PERS. – RostP (Bas, Pucciniomycetes, Pucciniales, Pucciniaceae)
Phytoparasiten, vorzugsweise an Blättern oder Stängeln von Gefäßpflanzen, häufig orange, rostfarbene oder schwarze Flecken bildend. Verschiedene Sp-Formen im Entwicklungszyklus auftretend. Für die Artbestimmung wichtig: Aeci(di)o-Sp in Aecien (I-Sp in I), Ured(ini)o-Sp in Uredinien (II-Sp in II), Telio- (Teleuto-)Sp in Telien (III-Sp in III), sowie Pyknosp in Pyknidien (0-Sp in 0). Telio-Sp gestielt, (meist) 2-zellig, mit Keimporus, einzeln, Aecien meist von Pseudoperidie umgeben, seltener lediglich von einer Hyphenschicht. Uredo-Sp werden einzeln auf ihren Stielen abgeschnürt, mit jeweils mehreren, deutl Keimpori. Oft mit Ww, z. B. im Falle der T-Art: 0 I auf *Berberis*, II und III auf Gräsern.

Anm: Zur Artbestimmung ist die Kenntnis (bzw. Bestimmung) der Wirtspflanze erforderlich. Die folgende Zusammenstellung überwiegend nach KLENKE & SCHOLLER 2015. Für die genaue Artbestimmung ist dieses Werk unabdingbar zu benützen. – Anm: Falls III-Sp 1-zellig siehe (auch) *Uromyces*. Der Übersichtlichkeit halber sind die für die einzelnen Wirtspflanzen genannten und hinsichtlich ihrer wichtigsten Merkmale gekennzeichneten *Puccinia*-Arten unterstrichen. – **Lit**: **13**: 77, 78 etc., 214 etc., **JK** 44 etc.
T: *P. graminis* PERS. – **Getreideschwarzrost**: JK 93 (I), 312 (II, III); KS 873: 10e, 882: 19b, 888: 25 f. – Gäum 428: 380 (III), 717: 585 (0), 718: 586 (III), 719: 587 (III-Sp), 720: 588 (III-Sp und eine II-Sp), 722: 589 (I), 763: 621b (II-Sp), 764: 622a (III-Sp), 1147: 988 links (I-Sp-Kette und Pseudoperidie von I). – Abb. Aus Gäumann (= Gäum); z. T. *P. graminis* s. l.

Auf allen Gattungen von Süßgräsern (Poaceae):
P. coronata (II lebhaft orange, trocken blassbraun, am Rande mit hyalinen Paraphysen, III klein, schwarz, II-Sp mit 5–12 verteilten, undeutl Keimporen, III-Sp am Scheitel mit Fortsätzen, Ww *Rhamnus*), *P. graminis* (II gelbbraun bis rostbraun, ohne Paraphysen, III schwarz, mehrere mm lang, II-Sp mit 3–5 äquatorialen Keimporen, III-Sp ohne Fortsätze, Ww Berberidaceae, *Berberis* etc.).

Auf Süßgräsern (Poaceae), mit recht weiter Wirtswahl:
P. striiformis (II III in langen Streifen, II jung zitronengelb, jung mit wenigen, schwindenden Paraphysen, III braun bis schwarz, durch braune Paraphysen unterteilt, meist an Blattscheiden oder Halm, Ww *Berberis*).

Auf Gräsern und Grasartigen mit recht engerer Wirtsbindung
(*P. coronata* = *P.c.*, *P. graminis* = *P. g.*, *P. striiformis* = *P. s.* – siehe oben):
Achnatherum: *P. c.*, *P. g.*, *P. s.* – ***Agropyron***: *P. c.*, *P. g.*, *P. s.*; *P. agropyri* (II rostfarben, orange, nicht in Streifen, ohne Paraphysen, II-Sp 24–32 × 21–23 µm, mit 3–4(–7) Keimporen, Ww *Clematis*), *P. agropyrina:* (II rostfarben, orange, nicht in Streifen, ohne Paraphysen, II-Sp 16–26 µm im Durchm, mit 8–10 Keimporen, Ww *Ranunculus*, *Thalictrum*). – ***Agrostis***: *P. c.*, *P. g.*; *P. agrostidis* (II Bl-beiderseits, hellorange, ohne Paraphysen, III dunkelbraun, W *A. stolonifera* etc., Ww *Aquilegia*), *P. borealis* (alpin, W *A. alpina, rupestris,* Ww *Thalictrum alpinum*), *P. kummeri* (II meist Bl-oberseits, goldgelb, mit einzelnen kopfig-keuligen Paraphysen, W. *A. stolonifera*, Ww *Petasites*), *P. pygmaea* (alpin, W *A. schraderiana, capillaris,* Ww *Berberidaceae*). – ***Alopecurus***: *P. c.*, *P. g.*; *P. perplexans.* – ***Arrhenatherum***: *P. c.*, *P. g.*, *P. s.*; *P.arrhenatheri* (II rostfarben mit kopfig-keuligen, dickwandigen Paraphysen, Ww *Berberis*), *P. arrhenathericola* (II III nicht streifig, II goldbraun ohne Paraphysen, III schwarz mit braunen Paraphysen, Ww ?). ***Avena***: *P. c.*, *P. g.*, *P. s.* – ***Brachypodium***: *P. c*, *P. g.*, *P. s.*; *P. brachypodii* (II in Längsreihen, klein, rotbraun, nicht zitronengelb wie bei P. s., Ww Berberis). – ***Briza***: *P. c.*, *P. g.*, *P. s.*. – ***Bromus***: *P. c.*, *P. g.*, *P. s.*; *P. madritensis* (II III nicht strichfö zusammenfließend, II zitronengelb, W *B. sterilis*, Ww *Clematis*). – ***Calamagrostis***: *P. c.*, *P. g.*, *P. s.*; *P. poae-nemoralis* (II und III nicht strichfö, vielmehr in Gruppen oder Reihen, Paraphysen gegen den Scheitel verbreitert × 3–5 µm, gekniet, *C. arundinacea*, Ww *Berberis*), *P. pygmaea* (II und III nicht strichfö, vielmehr in Gruppen oder Reihen, Paraphysen nicht gekniet, wenig verbreitert × 1–2 µm, W *C. epigejos* etc., Ww Berberidaceae). –
Carex (II und meist auch III): II gelbbraun, rostbraun, zimtbraun, pulverig, oval bis längl.am Bl, seltener am Halm. II-Sp stachelig. Meist ab Juni, Juli. III dunkelbraun bis schwarz, flach oder polsterfö, fest, oft in Form kurzer Striche am Bl oder am Halm. III-Sp meist 2-zellig, meist glatt, gestielt, meist ab Juli, August. W kaum deformiert. Mischinfektion mehrerer Rostpilzarten ist möglich.
C. acuta: *P. circaeae-caricis* (II-Sp mit 3–4 äquatorialen Keimporen, III-Sp mit Stiel mehr als halb so lang wie untere Sp, II III meist Bl-unterseits oder am Halm; Ww *Circaea*), *P. paludosa* (II-Sp mit

3–4 äquatorialen Keimporen, III-Sp mit Stiel halb so lang wie untere Sp, Ww *Pedicularis*), P. prings-heimiana (II-Sp mit 3–4 äquatorialen Keimporen, III-Sp mit Stiel mehr als halb so lang wie untere Sp, II III meist Bl-unterseits oder am Halm; *Ww Ribes*), *P. ruttneri* (II Bl-unterseits oder am Halm, II Sp mit 3 undeutl, oft äquatorialen oder 4 verteilten Keimporen, Ww *Petasites*), *P. urticae-acutae* (II-Sp mit 3–4 äquatorialen Keimporen, III-Sp mit Stiel mehr als halb so lang wie untere Sp, II III beiderseits am Bl, Ww *Urtica*). – ***C. acutiformis***: *P. dioicae* (II meist Bl-unterseits, II-Sp mit 2 subäquatorialen Keimporen, diese von stachelfreier Tonsur umgeben, ohne Kappe, Stiele der III-Sp etwa so lang wie Sp, Ww Asteraceae), *P. magnusii* (II-Sp mit 3–4 äquatorialen Keimporen, von hyaliner Kappe bedeckt, ohne Tonsur; Ww *Ribes*), *P. senecionis-acutiformis* (II meist Bl-oberseits, Ww *Senecio*), *P. urticae-acutiformis* (II meist Bl-unterseits, II-Sp mit 3–4 äquatorialen Keimporen, von hyaliner Kappe bedeckt, ohne Tonsur; Ww *Urtica*). – ***C. alba***: *P. caricis-montanae* (II an großen, rot- bis schwarzbraunen Bl-Flecken, II-Sp 21–23 × 19–21 µm, Ww *Centaurea*), *P. circumalpina* (II an gelben Bl-Flecken, II-Sp 26–37 × 19–26 µm, mit 3–4 äquatorialen Keimporen ohne Tonsur), *P. dioicae* (II an großen, rot- bis schwarzbraunen Bl-Flecken, II-Sp 24–26 × 23–24 µm, Ww *Cirsium*). – ***C. appropinquata***: *P. opizii* (II-Sp 18–25 × 16,5–18,5 µm, Ww Asteraceae wie *Lapsana* etc.), *P. ribis-nigri-paniculatae*.(II-Sp 25–34 × 19–22 µm, Ww *Ribes*). – ***C. arenaria***: *P. arenariicola* (II-Sp sehr fein stachelig, besonders in marinen Habitaten, 18–26 × 18–22 µm, Ww *Centaurea jacea*), *P. extensicola* (II-Sp sehr fein stachelig, besonders in marinen Habitaten, 18–28–30 × 18–22 µm, Ww *Tripolium*), *P. schoeleriana* (II-Sp sehr fein stachelig, besonders in marinen Habitaten, 25–30 × 18–24 µm, im Mittel mehr als 25 µm lang, Ww *Senecio*), *P. silvatica* (II-Sp mit nicht besonders feinen Stacheln 21–26 × 19–22,5 µm, Wand 1,2–1,5 µm dick, am Scheitel nicht extrem dicker, nicht nur an marine Habitate gebunden, Ww *Taraxacum*, *Senecio*). – ***C. atrata*** agg.: *P. urticae-frigidae*. – ***C. buekii***: *P. urticae-acutae*. – ***C. capillaris***: *P. capillaris* (II selten, III rundl, Ww *Bellidiastrum*), *P. caricina* s. l. (II längl-strichfö, II-Sp mit 2 Keimporen, III längl-strichfö, Ww unklar), *P. silvatica* (Ww *Taraxacum alpinum*). – ***C. caryophyllaea***: *P. linosyridis-caricis* (II III bald frei, Ww *Galatella/Aster linosyris*), *P. leucanthemi-vernae* (II III lange von Epidermis bedeckt; Ww *Leucanthemum*). ***C. cespitosa***: *P. caricina* (II-Sp × 19–23 µm, Wand 1,2–1,7 µm dick; Ww *Ribes*), *P. paludosa* (Wand der II-Sp 2,3–3,3 µm dick; Ww *Pedicularis*). – ***C. davalliana***: *P. dioicae*. – ***C. diandra***: *P. caricina* (Wand der II-Sp 1,2–1,7 µm dick, III klein, meist weniger als 0,5 mm, Ww *Ribes*), *P. uliginosa* (Wand der II-Sp 1,7–2,5 µm dick, III klein, meist weniger als 0,5 mm, Ww *Parnassia*), *P. urticata* (III meist strichfö, Ww *Urtica*). – ***C. digitata***:*P. ribesii-digitatae* (III schmal, punktfö, strichfö, Ww *Ribes*), *P. tirolensis* (III breit, polsterfö, Ww *Senecio nemorensis* agg.). – ***C. dioica***: *P. dioicae* – ***C. distans***: *P. extensicola* (II meist Bl-Oberseite, III breit oval, rundl, polsterfö, Ww *Tripolium*), *P. urticata* (II meist Bl-unterseits, III schmal, punktfö, strichfö, fast flach, Ww *Urtica*). – ***C. disticha***: *P. dioicae* (III meist breit, hoch polsterfö, Ww *Sonchus* ?). – *P. ptarmicae-caricis* (III meist breit, hoch polsterfö, Ww *Achillea ptarmica*), *P. urticata* (III schmal, punktfö, strichfö, Ww *Urtica*). – ***C. elata***: *P. circaeae-caricis* (II III meist unterseits am Bl oder am Halm, III lang, kräftig, strichfö, II-Sp längl, oval, 16–25 × 13–18 µm, Wand dünn, 1,2–1,5 µm, Ww *Circaea*), *P. dioicae* (III meist breit, hoch polsterfö, Ww *Sonchus* ?), *P. paludosa* (II-Sp 22–28 µm lang mit 2,3–3,3 µm dicker Wand, Ww *Pedicularis*), P.pringsheimiana (II III meist Bl-unterseits oder am Halm, II-Sp breit oval, nicht längl oval, Ww *Ribes*), *P. uliginosa* (II-Sp meist kugelig, Ww *Parnassia*), *P. urticata* (III schmal, punktfö, strichfö, Ww *Urtica*), *P. urticae-acutae* (II III beiderseits am Bl, III lang, kräftig, strchfö. Ww *Urtica*). – ***C. ericetorum***: *P. leucanthemi-vernae*. – ***C. ferruginea*** s. l.: *P. caricina* var. ribesii-ferrugineae. – ***C. firma***: *P. firma*. – ***C. flacca***: *P. silvatica* (III meist breit und polsterfö; Ww *Taraxacum*, *Senecio*), *P. ribesii-diversicoloris* (II-Sp im Mittel 21,8 × 18,6 µm, III-Sp im Mittel 38,6 × 17,5 µm, III schmal punkt- oder strichfö, Ww *Ribes*), *P. urticae-flaccae* (II-Sp im Mittel 43,6 × 17,3 µm, III schmal punkt- oder strichfö, Ww *Urtica*). – ***C. flava*** agg.: *P. schroeteriana* (II beiderseits am Bl, Ww *Serratula*), *P. urticata* (II meist Bl-oberseits, Ww *Urtica*). – ***C. frigida***: *P. caricis-frigidae* (II fehlend, III breit-oval, polsterfö, Ww *Cirsium*) , *P. urticae-frigidae* (II meist Bl-unterseits, III schmal punktfö oder strichfö, Ww *Urtica*). – ***C. fuliginosa***: P. caricis-frigidae. – ***C. hartmanii***: P. caricina (II III; II-Sp × 16–23 µm, III klein, meist weniger als 0,5 mm, Ww *Ribes*), P. circaeae-caricis (II III meist Bl-unterseits oder am Halm; II-Sp × 13–18, µm Ww *Circaea*), P. urticata (II III; III meist strichfö, II-Sp × 23–29 µm, Ww *Urtica*). – ***C. heleonastes***: P. dioicae (II III). – ***C. hirta***: P. urticae-hirtae (II III). – ***C. hostiana***: P. caricina (II III; II meist Bl-unterseits, Wand der II-Sp 1,5–2 µm dick, III klein, meist weniger als 0,5 mm, III-Sp mit Stiel so lang wie untere Zelle der Sp, Ww *Ribes*), P. paludosa (II III; II meist Bl-unterseits, Wand der II-Sp 2,2–3,3 µm dick, III-Sp mit Stiel halb so lang wie untere Zelle der Sp, Ww *Pedicularis*), P. schroeteriana (II III; II Bl-beiderseits; Ww *Serratula*). – ***C. humilis***: P. amphispora (II, III selten, II hellbraun, zusätzl im Sommer dunkelbraune II als sog. Amphisori, daraus dickwandige Sp gebildet), P. caricina (II, III selten, II-Sp × 13–21 µm), P. humilicola (II III; II rotbraun, II-Sp × 22–30 µm, ihre Wand 2–3 µm dick, P. linosyridis-caricis (II III, Ww *Aster/Galatella linosyris*). – ***C. lasiocarpa***: P. ribis-nigri-lasiocarpae. – ***C. leporina***: P. caricis-montanae (II hell rostbraun, II-Sp 19,5–21,5 × 19–21 µm mit hellbrauner bis brauner 1,5–2 µm dicker Wand, Ww *Centaurea*), P. silvatica (II hell rostbraun, gelbl bis hell gelbbraune II-Sp 21–26 × 19–22,5 µm mit 1,2–1,5 µm dicker Wand, Ww Asteraceae wie *Senecio*, *Taraxacum*), P. urticae-frigidae (II zimtbraun, II-Sp mit 3–4 äquatorialen Keimporen, Ww *Urtica*). – ***C. limosa***: P. limosae (II III, III kurze Striche oder Punkte bildend, III-Sp im Mittel um 40 µm lang, Ww *Lysimachia*), P. urticae.frigidae (II III, II meist Bl-unterseits, bis 1 mm lang, III lange, unterbrochene Linien bildend, III-Sp im Mittel 53 µm lang, Ww *Urtica*). – ***C. montana***: P. aecidii-leucanthemi (Wand der II-Sp hyalin bis gelbl, mit lockeren, mittelgroßen Stacheln, Ww *Leucanthemum*), P. caricis montanae (Wand der II-Sp braun, mit sehr lockeren und feinen Stacheln, Ww *Centaurea*). – ***C. muricata*** agg.: P. arenariicola (II III: II-Sp mit 2 supraäquatorialen Keimporen, *Ww Centaurea*), P. opizii (II III: II-Sp mit 2–3 äquatorialen Keimporen, Ww *Crepis*, *Sonchus* etc.). – ***C. nigra***: P. circaeae-caricis (II III: II-Sp längl-oval, 16–26 × 13–23 µm, mit 1,2–2,5 µm dicker Wand, mit 3–4 äquatorialen Keimporen mit je einer hyalinen Kappe, Ww *Circaea*), P. dioicae (II III: II-Sp mit meist 2 supraäquatorialen Keimporen ohne Kappe), P. paludosa (II III: II-Sp mit 2,2–3,3 µm dicker Wand, mit 3–4 äquatorialen Keimporen, mit je einer hyalinen Kappe, Ww *Pedicularis*), P. pringsheimiana (II III: II-Sp breit oval, 20–26 × 19–23 µm, Wand 1,2–1,7 µm dick, Ww *Ribes*), P. uliginosa (II III: II-Sp meist kugelig, 22–27 × 19–24 µm, Ww *Parnassia*), P. urticae-acutae (II III: II-Sp meist größer als 30 × 25 µm, Ww *Urtica*). – ***C. ornithopoda***: P. ribesii-digitatae (II III: III punktfö bis schmal strichfö, II-Sp meist × 18–22 µm, Ww *Ribes*), P. tirolensis (II III: III breit oval, polsterfö, II-Sp × 22–27,5 µm, Ww *Senecio nemorensis* agg.). – ***C. pallescens***: P. bisporospora (II III: II zimtfarben bis fahl orange, II-Sp mit 2–3 Keimporen, mindestens 1/3 mit 2, Ww *Urtica*), P. silvatica (II III: II hell rostfarben, Ww *Crepis biennis*), P. urticae-frigidae (II III: II zimtfarben bis fahl orange, II-Sp mit 3–4 (ausnahmsweise 2) Keimporen, Ww *Urtica*). – ***C. panicea* (II, III)**: P. paludosa (II-Sp mit selten 2, meist 3–4 äquatorialen Keimporen, diese mit kräftiger hyaliner Kappe, mit 2,3–3,3 µm dicker Wand, Ww, *Pedicularis*), P. silvatica (II-Sp mit 2, selten 3 äquatorialen Keimporen ohne Kappe, Ww *Senecio*, *Taraxacum* etc.). – P. urticae-paniceae (II-Sp mit selten 2, meist 3–4 äquatorialen Keimporen, diese mit kräftiger hyaliner Kappe, mit 1,5–2 µm dicker Wand, Ww *Urtica*). – ***C. paniculata***: P. opizii (II-Sp 18–24,5 × 16,5–18,5 µm, Ww Asteraceae), P. ribis-nigri-paniculatae (II-Sp 25–34 × 19–22 µm, Ww *Ribes*) . – ***C. pendula***: P. petasitis-pendulae (II-Sp überwiegend mit 2 Keimporen, III dick, polsterfö, Ww *Petasites*, *Tussilago*), P. ribesii-pendulae (II-Sp überwiegend mit 3 Keimporen, mit gelbl Stiel, III fast flach, Ww *Ribes*), P. urticata (II-Sp überwiegend mit 3 Keimporen, mit bräunl Stiel, III fast flach, Ww *Urtica*). – ***C. pilosa***: P. urticae-pilosae. – ***C. pilulifera***: P. caricina (II-Sp mir 3–4 deutl äquatorialen Keimporen, diese mit hyaliner Kappe ohne Tonsur, III schmal punktfö oder strichfö, III-Sp mit Stiel kürzer als die Sp darüber, P. dioicae (II-Sp mit 2–3 undeutl oder supraäquatorialen Keimporen ohne Kappe, diese jeweils mit stachelfreier Tonsur, III meist breit, polsterfö, III-Sp mit Stiel gleichlang wie die Sp darüber, Ww Asteraceae). – ***C. pseudocyperus***: P. caricina (II-Sp 26–34 × 20–25 µm, Ww *Ribes*), P. urticae-acutiformis (II, III selten: II-Sp 30–43 × 24–34 µm, Ww *Urtica*). – ***C. pulicaris***: P. dioicae.

– ***C. remota***: P. caricina (II-Sp mit 3–4 deutl äquatorialen Keimporen mit farbloser Kappe, Stiel der III-Sp kürzer als untere Zelle der Sp), P. dioicae (II-Sp mit 2–3 Keimporen, diese undeutl oder supraäquatorial, ohne Kappe, Stiel der III-Sp meist so lang wie untere Zelle der Sp, Ww Asteraceae). – ***C. riparia***: P. magnusii (II-Sp 20–40 × 15–29 µm, meist 25–28 µm lang, Ww *Ribes*), P. paludosa (II-Sp 21–26 × 18–22 µm, Wand 2,2–3 µm dick, Ww *Pedicularis*), P. urticae-acutiformis (II-Sp 24–42–45 × 19–32 µm, meist 31–34 µm lang, *Ww Urtica*), P. urticae-ripariae (II-Sp 26–33–39 × 23–27 µm, Wand 1,5–2 µm dick, Ww *Urtica*). – ***C. rostrata***: P. caricina (III Bl-oberseits schwarz, III-Sp im Mittel weniger als 50 µm lang, 39–58 × 18–22 µm, Ww *Ribes*), P. urticae-inflatae (III Bl-oberseits schwarz, III-Sp. Im Mittel mehr als 50 µm lang, 45–57 × 16–21 µm, Ww *Urtica*). – ***C. sempervirens***: P. caricis-sempervirentis (II und III bis 1 mm lang, III pulverig schwärzl, III-Sp einzellig, am Scheitel mit farbloser Kappe, 20–33 × 18–25 µm, Ww *Phyteuma*), P. cirsii-sempervirentis (III fest, nicht pulverig, III-Sp überwiegend 2-zellig, im Mittel etwa 20 µm breit, Ww *Cirsium spinosissimum*) , P. scabiosae-sempervirentis (III fest, nicht pulverig, III-Sp überwiegend 2-zellig, im Mittel 16–18 µm breit, Ww *Centaurea scabiosa*). – ***C. sylvatica***: P. caricina (II-Sp mit 3–4 deutl Keimporen, äquatorial, mit kräftiger hyaliner Kappe, III punktfö, strichfö, III-Sp mit Stiel kürzer als Sp), P. dioicae (II-Sp mit 2–3 Keimporen, ohne Kappe, III-Sp mit Stiel so lang wie Sp, Ww Asteraceae). – ***C. tomentosa***: P. jageana. – ***C. umbrosa***: P. caricis-montanae (II-Sp mit meist 2 supraäquatorialen Keimporen, mit stachelfreier Tonsur, III fehlend), P. urticae-umbrosae (II-Sp mit meist 3 äquatorialen Keimporen, ohne Tonsur, III wird regelmäßig gebildet, Ww *Urtica*). – ***C. vesicaria***: P, microsora (II blassbraun, II-Sp mit 4 undeutl Keimporen, Wand der III-Sp am Scheitel kaum verdickt), P. urticae-vesicariae (II hell rostfarben, II-Sp mit 3–4 gut sichtbaren Keimporen und hyaliner Kappe und verdickter Wand am Scheitel, Ww *Urtica*). – ***C. vulpina*** agg.: P. vulpinae. – ***Dactylis***: *P. c., P. g;* P. poae-nemoralis (II mit dickwandigen Paraphysen), P. striiformoides (II in langen Reihen, ohne dickwandige Paraphysen). – ***Deschampsia***: *P. c., P. g;* P. deschampsiae (II orange, II-Sp mit 2–5 Keimporen versus 6–10 bei P. c., montan-subalpin). – ***Eleocharis***: P. eriophori. – ***Elymus***: *P. c., P. g., P. s.*; P. actaeae-agropyri (III ohne Paraphysen, Ww div Ranunculaceae *Aconitum* etc.), P. agropyri (II-Sp mit 3–4–7 Keimporen, Ww *Clematis*), P. agropyrina (II-Sp mit 8–10 Keimporen, Ww *Ranunculus*, *Thalictrum*), P. cerinthes-agropyrina (II und III gleichmäßig auf beiden Bl-Seiten, Ww Boraginaceae, *Echium*, *Lithospermum*, *Myosotis* etc.), P. persistens (III mit braunen Paraphysen, Ww *Thalictrum*). – ***Festuca***: *P. c., P. g., P. s.*; P. aconiti-rubrae (W *F. rubra, violacea*, Ww *Aconitum* blau blühend), P. festucae, P. petasitis-pulchellae (W *F. pulchella*, Ww *Petasites*), P. poae-nemoralis (II-Paraphysen zahlreich, hyalin bis gelbl, meist kopfig, dickwandig, W *F. arundinacea, ovina*), P. scillae-rubrae (Ww *Scilla*), P. sessilis (II-Paraphysen fehlend oder in geringer Zahl und dünnwandig, Ww Monocotylen wie *Convallaria*, *Paris* etc.). – ***Glyceria***: *P. c., P. g., P. s.*. – ***Helictotrichon***: *P. c., P. g.,* P. pratensis (III-Sp warzig, ohne Fortsätze, W *H. pratense*). – ***Holcus***: *P. c., P. g., P. s.*; P. holcina, P. holcicola. – ***Hordelymus***: *P. c., P. g., P. s.*. – ***Hordeum***: *P. c., P. g., P. s.*; P. hordei (W *H. vulgare*), P. hordei-murini (W *H. murinum*). – ***Juncus***: P. littoralis (W *J. gerardii*, Ww *Sonchus, Cichorium,* Meeresküsten). – ***Koeleria***: *P. c., P. g*; P. fragosoi (II-Sp mit 5–12 verteilten Keimporen, Ww *Allium*), P. longissima (II-sp mit 8–12 verteilten Keimporen, Ww Crassulaceae, *Sedum*, *Telephium*), P. scarlensis (II-sp mit 5–6 verteilten Keimporen, Ww *Aquilegia*), P. thalictri-koeleriae (II-Sp mit 5–6 verteilten Keimporen, Ww *Thalictrum foetidum*). – ***Leymus***: *P. c., P. g., P. s.*; P. actaeae-elymi (II-Sp klein, kugelig, 19–23 µm im Durchm), P. elymi (II-Sp meist 28–35 × 22–25 µm, Ww *Thalictrum*). – ***Lolium***: *P. c., P. g., P. s.*; P. loliicola (II ohne Paraphysen, lebhaft orange, 0,5–2 mm lang), P. loliina (II ohne Paraphysen, gelbbraun, bis 0,5 mm lang), P. poae-nemoralis (II gelbl, gelbbraun, mit dickwandigen, meist kopfigen Paraphysen). – ***Luzula***: P. luzulae (II-Sp fast glatt), P. obscura (II-Sp stachelig). – ***Melica***: *P. c., P. g*; P. eriksonii (III-Sp krönchenartig mit Fortsätzen, II bräunl-gelb, meist Bl-oberseits), P. melicae (III-Sp krönchenartig mit Fortsätzen, II orange, meist Bl-unterseits). – ***Phalaris***: *P. c., P. g., P. s.*; P. sessilis (II-Paraphysen fehlend oder in geringer Zahl und dünnwandig, Ww Monocotylen wie *Convallaria*, *Paris* etc.). – ***Phleum***: *P. c., P.*

g; *P. phlei-pratensis* (II hellbraun versus gelb- bis rostbraun bei P.g., W *Ph. pratense*), *P. taminensis* (W *Ph. hirsutum*, Ww *Petasites*). – ***Phragmites***: *P. c.*, *P. g*; *P. alnetorum* (II klein, bis 1 mm, II-Sp im Mittel 52,5 × 19,5 µm, am Scheitel oft spitz, Ww *Clematis*), *P. isiacae* (II hellbraun, III schokobraun, beide filzig, II-Sp dickwandig), *P. magnusiana* (II klein bis 1 mm, II-Sp im Mittel 44,2 × 22,2 µm, am Scheitel abgerundet, Ww *Ranunculus*), *P. phragmitis* (II mehrere mm lang, rot- bis mittelbraun, III schwarzbraun, bis 10 mm lang, Ww Polygonaceae, *Rumex* etc.). – ***Poa***: *P. c.*, *P. g*; *P. poae-nemoralis* (II stets vorhanden, III selten, Ww *Berberis*), *P. poarum* (II mitunter spärlich, III regelmäßig vorhanden, Ww Asteraceae), *P. pseudostriiformis* (II und III in langen Streifen wie bei *P. s.*). – ***Puccinellia***: *P. c.*, *P. g.* – ***Schoenoplectus***: *P. scirpi*. – ***Scirpus***: *P. scirpi*. – ***Secale***: *P. c.*, *P. g.*, *P. s.*; *P. clematidis-secalis* (II gelbl-orange, 0,3–1 mm lang, Ww *Clematis*), *P. recondita* (II rostbraun, bis 1,5 mm lang, ohne Paraphysen versus *P. g.*, II 10 mm lang, W *S. cereale*, Ww *Anchusa*). – ***Sesleria***: *P. c.*, *P. g.*; *P. sesleriae* (II-Sp häufig fast kugelig, Ww *Rhamnus saxatilis*; bei *P. g.* Ww *Berberis* und II-Sp häufig ellipsoid). – ***Setaria***: *P. c.*, *P. g.* – ***Sorghum***: *P. purpurea*. – ***Stipa***: *P. c.*, *P. stipina* (II III Bl-oberseits, strichfö, III-Sp ohne Fortsätze, bei P.C. mit Fortsätzen und III Bl-unterseits). – ***Trisetum***: *P. c.*, *P. g.*; *P. distichophylli* (II gelbbraun, W *T. distichophyllum*), *P. thalictri-distichophyllii* (II goldgelb, W *T. distichophyllum*, Ww *Thalictrum foetidum*), *P. triseti* (II orangebraun, Bl-oberseits, ohne Paraphysen, W *T. flavescens*, Ww *Sedum*). – ***Triticum*** (inkl. ***Triticosecale***): *P. c.*, *P. g.*, *P. s.*; *P. triticina* (II III nicht in langen Streifen, II rostbraun, Ww *Thalictrum*). – ***Zea***: *P. sorghi*.

Arten je nach Wirtsgattung (ohne Gräser und Grasartige; ohne Farngewächse):
Aconitum: *P. aconiti-rubrae* (I nicht auf verfärbten Bl-Flecken, aber Deformationen verursachend, W *A. napellus*, *variegatum*, alpin), *P. actaeae-agropyri* (I auf gelbbraunen verkrümmten Schwielen an Bl-Nerven, Außenwand der Zellen der Pseudoperidie 7–8 µm, W gelb und blau blühende *A*-Arten, Ww *Elymus caninus*), *P. actaeae-elymi* (I Bl-unterseits, kreisfö um leicht aufgetriebene Bl-Flecken, Außenwand der Zellen der Pseudoperidie 7–11 µm, W gelb und blau blühende *A*-Arten, Ww *Hordelymus, Leymus*), *P. lycoctoni* (III schwarzbraun, pulverig, klein, W nur *A. lycoctonum*, kein Ww). – ***Actaea***: *P. actaeae-agropyri* (I auf gelbbraunen verkrümmten Schwielen an Bl-Nerven, Außenwand der Zellen der Pseudoperidie 7–8 µm, Ww *Elymus caninus*), *P. actaeae-elymi* (I Bl-unterseits, kreisfö um leicht aufgetriebene Bl-Flecken, Außenwand der Zellen der Pseudoperidie 7–11 µm, Ww *Hordelymus, Leymus*). – ***Adenostyles***: *P. expansa*. – ***Adoxa***: *P. adoxae* (nur III dunkel- bis kastanienbraun, kein Ww), *P. albescens* (I frisch blassgelb, fast farblos, Rand gelbl-weiß mit gelbl-weißem wenig zerteilten Lappen, W völlig deformiert, bleich, auch II III zimtbraun, kein Ww), *P. impatientis* (I frisch goldgelb mit weißl, zerschlitztem Rand, Ww *Impatiens noli-tangere*, W nur stellenweise deformiert, Bl grün). – ***Aegopodium***: *P. aegopodii*. – ***Aethusa***: *P. nitida*. – ***Agrostemma***: *P. arenariae*. – ***Alliaria***: *P. isiacae*. – ***Allium***: *P. allii* (III schwarz, mit verschmolzenen dunkelbraunen Paraphysen, W Vielzahl von *A.*-Arten), *P. hordei* s. l. (Ww u. a. *Koeleria, Lolium*, sonst ähnl *P. sessilis*), *P. mixta* (II III braun bis schwarz, III ohne Paraphysen, W Vielzahl von *A.*-Arten), *P. sessilis* (0 beiderseits der Bl orange, I Bl-unterseits, W besonders *A. ursinum*, Ww *Phalaris*), *P. vulpiana* (Ww *Vulpia*, W *A. schoenoprasum*). – ***Anchusa***: *P. recondita* (0 Bl-oberseits, I Bl-unterseits an Bl-Nerven, auch an Bl-Stielen und an Spross und Kelchen, Ww *Secale*), *P. symphyti-bromorum* (0 beiderseits der Bl, Ww *Bromus*). – ***Anethum***: *P. isiacae* (Ww mit *Phragmites*, nur 0 I, I becherfö, weißl), *P. nitida* (nur II III, II primär braun, kein Ww). – ***Angelica***: *P. angelicae* (II III, primäre II gelb, zimtbraun, sekundäre II klein, braun, planar-montan), *P. angelicae-mamillata* (I becherfö, Ww *Polygonum bistorta*), *P. bistortae* (Ww *P. bistorta, viviparum*, 0 braun, beiderseits am Bl, punktfö, I tief eingesenkt, pustelfö, Wand der I-Sp 2–3 µm dick), *P. karstenii* (nur III, dunkelbraun, pustelfö auf gelben Flecken oder Aufwölbungen, boreal), *P. polygoni-viviparae* (0 III nicht gebildet, I pustelfö, Wand der I-Sp 3–4 µm dick, W *Polygonum bistorta, viviparum*, arktisch-subalpin), *P. rigensis* (W nur *A. palustris*). – ***Anthriscus***: *P. chaerophylli* (0 I II III, 0 I pustelfö gelbl, II zimtbraun, III schwarzbraun, kein Ww), *P. dolomitica* (nur III zimtbraun, ostalpisch), *P. polygoni-alpini* (0 I gelbl, I becherfö, Ww *Polygonum alpinum*), *P. svendsenii* (nur III schwarz(-braun). – ***Antirrhinum***: *P. antirrhini*. – ***Apium***: *P. apii*. –

Aposeris: P. poae-aposeridis. – ***Aquilegia***: P. actaeae-agropyri (Zellen der Pseudoperidie außen mit 6–12 µm dicker Wand, Ww *Elymus*), P. actaeae-elymi (Zellen der Pseudoperidie außen mit 6–12 µm dicker Wand, Ww *Hordelymus, Leymus*), P. agrostidis (Zellen der Pseudoperidie außen mit 6–12 µm µm dicker Wand, Ww *Agrostis*), P. scarlensis (Zellen der Pseudoperidie außen mit 6 µm dicker Wand, Ww *Koeleria*) . – ***Arabidopsis***: P. thlaspeos. – ***Arctium***: P. bardanae (primär-II braun, pulverig Bl-Oberseite;, sekundär-II Bl-Unterseite, III braun bis schwarz), P. silvatica (I orange, becherfö, Bl-Unterseite an Schwielen und Bl-Nerven). – ***Arenaria***: P. arenariae (nur III, hellbraun, III-Sp an Spitze verjüngt), P. dupiasii (W nur *A. ciliata*, II rostfarben, III selten gebildet, schwarzbraun, , P. hysteriiformis (nur III, schwarz, III-Sp oben abgerundet). – ***Asarum***: P. asarina. – ***Asperula***: P. asperulae-cynanchicae. – ***Aster/Galatella***: P. asteris (W *A. amellus*, *linosyris*, III dunkelbraun), P. asteris-alpini (W *A. alpinus*, III schwarz), P. linosyridis-caricis (W Aster/*Galatella linosyridis*, III fehlt, nur 0 I). – ***Astrantia***: P. astrantiae (nur III, dunkelbraun, W *A. major* etc., kein Ww), P. polygoni-viviparae (0, I eingesenkt orangegelb, W *A. minor*, Ww *Polygonum viviparum*).

Bellis: P. lagenophora (nur I III, kein Ww, I-Sp 13–17,5 × 11–15 µm), P. obscura (nur 0 I, I deutl kreisfö um 0 herum, I-Sp 17,5–22 × 14,5–19 µm, Ww *Luzula*). – ***Berberis***: P. arrhenatheri (W Hexenbesen-artig verformt, Ww *Arrhenatherum*), P. brachypodii (I sehr klein, weniger als 0,4 mm im Durchm, nicht becherfö, Ww Wildgräser), P. poae-nemoralis (I sehr klein, weniger als 0,4 mm im Durchm, nicht becherfö, Ww *Poa* etc.), P. pygmaea (I sehr klein, weniger als 0,4 mm im Durchm, nicht becherfö, Ww. *Agrostis*, *Calamagrostis*), P. graminis (größer als 0,4 mm, breit becherfö, Ww besonders Getreide-Arten). –

Beta: P. isiacae. – ***Borago***: P.cerinthes-agropyrina (Ww *Elymus*), P. symphyti-bromorum (Ww *Bromus*). – ***Brassica***: P. isiacae. – ***Bunium***: P. bulbocastani. – ***Bupleurum***: P. bupleuri (W verschiedene *Bupleurum*-Arten, I orangegelb), P. bupleuri-stellati (W nur *B. stellatum*), P. isiacae (Ww mit *Phragmites*, W *B. rotundifolium*, I becherfö, weißl). – ***Buxus***: P. buxi. –

Calendula: P. lagenophorae. – ***Caltha***: P. calthae (I Schwielen auf Bl-Stiel und Spross, II hellbraun, III braun, nicht pulverig), P. calthicola (I Bl-Unterseite, II braun, III schwarzbraun, pulverig). – ***Calystegia***: P. convolvuli. – ***Campanula***: P. campanulae (W *C. patula, rapunculus, rotundifolia, trachelium*) , P. campanulae-scheuchzeri (W *C. scheuchzeri*), P. montivaga (W *C. barbata*), P. rytzii (W *C. cochleariifolia*, III). – ***Cardamine***: P. cruciferarum, P. dentariae. – ***Carduus***: P. cardui-pycnocephali, P. carduorum. – ***Carlina***: P. carlinae, P. divergens. – ***Carum***: P. bistortae (0, I an Bl-Unterseite an Bl-Nerven, Bl-Stiel, Ww *Polygonum bistorta, viviparum*, vorw planar), P. polygoni-alpini (I an Bl-Nerven und Spross, Ww *Polygonum alpinum* etc., alpin). – ***Cerastium***: P. arenariae (III hellbraun, W *C. fontanum* ssp. *vulgare, arvense, glomeratum* etc.), P. hysteriiformis (III schwarz, W *C. alpinum* etc.). – ***Cerinthe***: P. cerinthes-agropyrina. – ***Chaerophyllum***: P. aromatica (nur 0 I, orangegelb, W *Ch. aromaticum*), P. bistortae (nur 0 I, orangegelb, W *Ch. hirsutum*, Ww *Polygonum bistorta, viviparum*), P. chaerophylli (I II III, W *Ch. temulum*, ev. auch *Ch. hirsutum*), P. enormis (nur III, W *Ch. bulbosum, villarsii*), P. pozzii (nur III, W *Ch. hirsutum*, arktisch-alpin), P. retifera (I II III, W *Ch. aureum, bulbosum, hirsutum*, planar-montan). – ***Chrysanthemum***: P. chrysanthemi (nur II III, III-Sp × 20–25 µm), P. horiana (nur III, III-Sp × 12–15 µm), P. pyrethri (0 II III. II blassbraun, III schwarzbraun. III-Sp × 26–27 µm). – ***Chrysosplenium***: P. chrysosplenii. – ***Cichorium***: P. cichorii (II III braun bis dunkelbraun, kein Ww), P. littoralis (I becherfö, innen gelbl, Ww *Juncus*). – ***Cicuta***: P. cicutae. – ***Circaea***: P. circaeae (nur III, braun, Ww *Abies*), P. circaeae-caricis (I orange-gelb, becherfö, Ww *Carex*) .

Cirsium: P. caricis-frigidae (Ww *Carex frigida*, W *C. spinosissimum, heterophyllum, rivulare* etc., alpin), P. cirsii-eriophori (W *C. eriophorum*, Wand der II-Sp 2–3 µm dick), P. cirsii-sempervirentis (W nur *C. spinosissimum*, Ww *Carex sempervirens*), P. cnici (W *C. vulgare*, Wand der II-Sp 1,5–2,5 µm dick), P. cnici-oleracei (kein Ww, W *C. acaule, heterophyllum, oleraceum*, III auf gelbl, grünl

Bl-Flecken, III-Sp am Scheitel abgerundet), P. dioicae (Ww *Carex alba, davalliana, dioica*, W *C. oleraceum* etc., nur 0 I), P. laschii (kein Ww, W *C oleraceum*, auch *C. acaule, heterophyllum, palustre* etc. 0, II braun, III schwarz, pulverig, meist Bl-Oberseite), P. lemonnieriana (kein Ww, W *C. palustre*, III auf dunkelbraunen, hellrandigen Bl-Flecken, III-Sp am Scheitel ausgezogen bis zugespitzt), P. punctiformis (W *C. arvense*, später im Wuchs gehemmt, blassgrün) ***Clematis***: P. agropyri (nur 0 I, W *C. alpina, recta, vitalba* etc., Ww *Agropyron, Elymus, Hordelymus*), P. alnetorum (nur 0 Ii, W *C. vitalba*, Ww *Phragmites*), P. atragenes (nur III dunkel kastanienbraun, pulverig, W. *C. alpina*, kein Ww), P. atragenicola (nur III braungelb, fest, W. *C. alpina*, kein Ww), P. clematidis-secalis (nur 0 I, W *C. vitalba*, Ww *Secale*), P. hordei-maritimi (nur 0 I, W *C. recta, vitalba*, Ww *Hordeum maritimum*), P. madritensis (nur 0 I, W *C. vitalba*, Ww *Bromus sterilis*). –

Clinopodium: P. menthae. – ***Conium***: P. conii. – ***Consolida***: P. actaeae-agropyri (0 mehr Bl-oberseits, I gelb, becherfö, Ww *Elymus*), P. actaeae-elymi (0 mehr Bl-oberseits, Ww *Hordelymus, Leymus*), P. cynodontis (0 beiderseits am Bl, I weißl, gelbl, Ww *Cynodon*). – ***Convallaria***: P. sessilis. – ***Convolvulus***: P. convolvuli.

Crepis: ***C. alpestris***: P. alpestris (0 beiderseits am Bl, I Bl-unterseits, III-Sp grobwarzig), P. crepidis-blattaroidis (0 zwischen I meist Bl-unterseits, II-Sp feinwarzig-punktiert). – ***C. aurea***: P. crepidis-aureae. – ***C. biennis***: P. crepidis (II III meist nur Bl-unterseits, W stark deformiert), P. opizii (nur 0 I, I-Sp mit abfallenden 5 µm großen Plättchen, Ww *C, muricata* agg.), P. praecox (auch III, III-Sp fast schwarz, I-Sp nicht mit abfallenden Plättchen, kein Ww, W kaum deformiert), P.silvatica (nur 0 I, I-Sp mit abfallenden 5 µm großen Plättchen, Ww *Carex brizoides* etc.). – ***C. capillaris***: P. crepidicola (II III Bl-oberseits-unterseits), P. crepidis (II III meist nur Bl-unterseits, W stark deformiert), P. crepidis-blattaroidis (W nicht deformiert, II-Sp 19–26 × 16–23 µm), P. opizii (nur 0 I, I-Sp mit abfallenden 5 µm großen Plättchen, Ww *C, muricata* agg.), P. praecox (auch III, III-Sp fast schwarz, I-Sp nicht mit abfallenden Plättchen, kein Ww, W kaum deformiert). – ***C. conyzifolia***: P. crepidis-grandiflorae. – ***C. foetida***: P. crepidicola (II III Bl-oberseits und Bl-unterseits), P. barkhausiae-rhoeadifoliae (auch mit 0 I, I niedrig becherfö, Rand wenig umgebogen), P. praecox (auch III, III-Sp fast schwarz, I deutl becherfö, I-Sp nicht mit abfallenden Plättchen, kein Ww, W kaum deformiert). – ***C. jacquinii***: P. crepidicola (II III Bl-oberseits und -unterseits, III-Sp im Mittel 30 × 23 µm), P. krupae (III-Sp 34–46 × 20–27 µm) . – ***C. mollis***: P. cruchetii. – ***C. paludosa***: P. major. – ***C. polymorpha***: P. crepidicola (II III Bl-oberseits und Bl-unterseits), P. opizii. – ***C. pontana***: P. crepidis-montanae. – ***C. praemorsa***: P. intybi. – ***C. pulchra***: P. crepidicola. – ***C. pygmaea***: P. crepidis-pygmaeae. – ***C. pyrenaica***: P. crepidis-blattaroidis. – ***C. setosa***: P. crepidicola (nur II III, Bl-oberseits und Bl-unterseits), P. crepidis-blattaroidis (W nicht deformiert, II-Sp 19–26 × 16–23 µm). – ***C. tectorum***: P. crepidicola (nur II III, Bl-oberseits und Bl-unterseits), P. crepidis (II III meist nur Bl-unterseits, W stark deformiert), P. crepidis-blattaroidis (W nicht deformiert, II-Sp 19–26 × 16–23 µm), P. crepidis-grandiflorae (W nicht deformiert, II-Sp 21–30 × 20–26 µm)

Crocus: P. croci. – ***Cruciata***: P. galii-cruciatae (0 I II, III braunschwarz, III-Sp × 18–26 µm), P. galii-verni (nur III, gelbbraun, dunkel kastanienbraun, III-Sp × 14–18 µm). – ***Cucumis***: P. isiacae. – ***Cynoglossum***: P. cerinthes.

Dactylorhiza: P. sessilis. – ***Delphinium***: P. actaeae-agropyri (Ww *Elymus caninus*, I Bl-unterseits, kreisfö um Bl-Flecken), P. actaeae-elymi (Ww *Hordelymus, Leymus arenarius*, I auf Schwielen an Bl-Nerven). – ***Dianthus***: P. arenariae (nur III, ± hellbraun, fest), P. behenis (II zimtfarben, pulverig, III schwarzbraun, pulverig). – ***Doronicum***: P. arnica-scorpioidis (W *D. grandiflorum*), P. clusii (W *D. clusii, glaciale*), P. doronicella (II gelbbraun, III schwarzbraun, pulverig, III-Sp warzig, W *D. austriacum, columnae, orientale*), P. doronici (nur III, schwarz, fest, Bl-unterseits, III-Sp glatt, W *D. austriacum*). – ***Draba***: P. drabae.

Echinops: P. echinopis. – ***Echium***: P. arnaudii (kein Ww, nur III), P. cerinthes-agropyrina (nur 0 I, Ww *Elymus*). – ***Epilobium***: P. veratri. – ***Erigeron***: P. dovrensis. – ***Erdodium***: P. isiacae. – ***Eryngium***: P. eryngii. – ***Erysimum***: P. isiacae (Ww mit *Phragmites*, W *E. cheiranthoides*, nicht deformiert, I becherfö, weißl, an blassen Bl-Flecken), P. thlaspeos (W stark deformiert, kein Ww, W *E. cheiranthoides* etc.).

Falcaria: P. sii-falcariae. – ***Fallopia***: P. polygoni. – ***Frangula***: P. coronata. – ***Fraxinus:*** P. isiacae.

Galanthus: P. galanthi.

Galium: P. asperulae-aparinis (W *G. rivale*). P. asperulae-odoratae (II III, W *G. odoratum*), P. coaetanea (0 I II II, W nur *G. glaucum*), P. difformis (0 I III, II fehlend, W *G. apparine, album*), P. galii-verni (nur III, W *G. mollugo* agg., *verum* etc.), P. lagerheimii (nur III, W *G. anisophyllum* etc. auch *album, sylcaticum*), P. punctata agg. (neben III auch II und selten I): enthält P. deminuta: (W *G. palustre, uliginosum*), P. galii-molluginis (W *G. mollugo* agg., *verum*), P. galii-silvatici (*W G. aristatum, sylvaticum*), P. galii-veri (W *G. verum*). – P. rubefaciens (nur III, W *G. boreale*)

Gentiana: P. gentianae. – ***Gentianella***: P. gentianae. – ***Geranium***: P. polygoni (auf meist bleichgrünen Bl-Flecken, Ww *Fallopia*), P. polygoni-amphibii (auf blutroten Bl-Flecken, Ww *Polygonum*). – ***Glechoma***: P. glechomatidis (kein Ww, nur III), P.stipina (Ww *Stipa*, nur 0 I). – ***Globularia***: P. globulariae. – ***Gymnadenia***: P. sessilis. – ***Gypsophila***: P. arenariae (III hellbraun, fest, Stiele der III-Sp bis 140 µm, W *G. muralis*), P. behenis (III schwarzbraun, pulverig, Stiele der III-Sp kürzer als 15 µm, W *G muralis*), P. hysteriiformis (III fast schwarz, etwas pulverig, Stiele der III-Sp bis 120 µm, W *G. repens*).

Helianthus: P. helianthi. – ***Helleborus***: P. actaeae-agropyri (Ww *Elymus caninus*, I Bl-unterseits, kreisfö um Bl-Flecken), P. actaeae-elymi (Ww *Hordelymus*, *Leymus arenarius*, I auf Schwielen an Bl-Nerven). – ***Hepatica***: P. actaeae-agropyri (Ww *Elymus caninus*, I Bl-unterseits, kreisfö um Bl-Flecken), P. actaeae-elymi (Ww *Hordelymus*, *Elymus arenarius*, I auf Schwielen an Bl-Nerven). – ***Heracleum***: P. heraclei (kein Ww, I pustelfö), P. nitidula (Ww *Polygonum alpinum*, I becherfö, arktisch-alpin). – ***Hieracium***: P. hieracii (W *H. murorum* etc., UG *Eu-Hieracium*) , P. piloselloidarum (W *H. pilosella* etc., UG *Pilosella*). – ***Holosteum***: P. arenariae. – ***Homogyne***: P. conglomerata. – ***Honckenya***: P. arenariae. – ***Hornungia***: P. remoti-montis. – ***Hydrocotyle***: P. hydrocotyles. – ***Hypochaeris***: P. hypochoeridis (*H. radicata* etc., planar-collin), P. montivaga (W *H. uniflora*, alpin).

Impatiens: P. impatientis (W I. *I. noli-tangere, parviflora*, Ww *Adoxa*, II-Sp gänzl stachelig, mit einem Keimp), P. komarovii (W *I. parviflora*, kein Ww, II-Sp stachelig außer kahlem Kranz).

Jasione: P. campanulae. – ***Jurinea***: P. fuckelii.

Lactuca: P. chondrillae (W *L. muralis*), P. lactucarum (W *L. perennis* und verw. Arten), P. minussensis (W *L. tatarica*), P. mulgedii [W *L.* (*Cicerbita*) *alpina*]. P. opizii (I becherfö, Ww *Carex*). – ***Lamium***: P. isiacae (Ww mit *Phragmites*, W *L. purpureum*, I becherfö, weißl, an blassen Bl-Flecken), P. stipina (I innen gelb, zimtfarben, Ww *Stipa)*. – ***Lapsana***: P. lapsanae (I schüsselfö, kein Ww). P. opizii (I becherfö, Ww *Carex*). – ***Leontodon***: P. canariensis. ***Lepidium***: P. isiacae. – ***Leucanthemum***: P. aecidii-leucanthemi (Ww *Carex montana*; I-Sp kaum mehr als 18 µm im Durchm), P. leucanthemi (nur III, kein Ww), P. leucanthemi-vernae (Ww *Carex caryophyllea, ericetorum*; I-Sp häufig mehr als 20 µm im Durchm). – ***Leucojum***: P. galanthi. – ***Levisticum***: P. bornmuelleri. – ***Ligustrum***: P. isiacae. – ***Lithospermum***: P. arnaudii (nur III, pustelfö, schwärzl, kastanienbraun. Kein Ww, W *L. purpureocaeruleum*), P. cerinthes-agropyrina (I kurz zylindrisch, innen orange, mit weißem Rand, an farbigen Bl-Flecken, Ww *Elymus,* W div. *Lithospermum*-Arten), P. isiacae (Ww mit *Phragmites*, W *L. arvense*, I becherfö, weißl, an blassen Bl-Flecken). – ***Lonicera***: P. festucae. – ***Lysimachia***: P. limosae.

Mahonia: *P. graminis* (nur 0 I, I größer als bei *P. pygmaea*, breit becherfö, zylindrisch, Außenwand der Pseudoperidie quergestreift, Ww zahlreiche Gattungen von Poaceae), *P. mirabilissima* (oft nur II, selten 0 I III, kein ww), *P. pygmaea* (nur 0 I, I klein, ca. 0,3 mm Durchm, becherfö, Außenwand der Pseudoperidie glatt, Ww *Calamagrostis*). – ***Maianthemum***: *P. sessilis*. – ***Malva***: *P. malvacearum*. – ***Matricaria***: *P. matricariae*. – ***Melissa***: *P. menthae*. – ***Moehringia***: *P. arenariae*. – ***Muscari***: *P. liliacearum* (III zunächst von Epidermis bedeckt, später rötl-braun, dunkelbraun, pulverig, kein Ww) , *P. lojkaiana* (III zunächst von Epidermis bedeckt, später schwarzbraun, pulverig, kein Ww), *P. sessilis* (ohne III, I pustelfö, Ww *Festuca ovina*). – ***Myoyotis***: *P. cerinthes-agropyrina* (Ww *Elymus*, I kurz zylindrisch, innen orange mit weißem nach außen gebogenem Rand), *P. isiacae* (Ww mit *Phragmites*, I becherfö, weißl).

Narcissus: *P. sessilis*. – ***Neottia***: *P. sessilis*. – ***Nepeta***: *P. menthae*. – ***Nigella***: *P. actaeae-agropyri* (Ww *Elymus*), *P. actaeae-elymi* (Ww *Hordelymus*). – ***Nonea***: *P. cerinthes-agropyrina* (Ww *Elymus*), *P. symphyti-bromorum*. (Ww *Bromus*). – ***Nymphoides***: *P. scirpi*.

Onopordon: *P. acanthi*. – ***Orchis***: *P. sessilis*. – ***Origanum***: *P. prunellarum-moliniae*. – ***Ornithogalum***: *P. hordei* (Ww *Hordeum*), *P. liliacearum* (III braun, III-Sp meist 50–70 µm lang), *P. lojkaiana* (III schwarz, III-Sp 41–55 µm lang). – ***Oxalis***: *P. oxalidis* (II flach bis polsterfö, Ww *Berberis* und verw. Gattungen, W kultiv. *O.*-Arten mit gelben Blüten), *P. sorghi*. (I becherfö, Ww *Zea*, W gelb blühende *O*-Arten).

Paris: *P. sessilis*. – ***Parnassia***: *P. uliginosa*. – ***Pedicularis***: *P. paludosa*. –

Petasites: *P. expansa* (nur III dunkelbraun, W *P. paradoxus*, kein Ww), *P. kummeri*. (W *P. hybridus* etc., selten auch *P. paradoxus*, Ww *Agrostis*), *P. petasitis-melicae* (W *P. hybridus* etc., selten auch *P. paradoxus*, Ww *Melica nutans*), *P. petasitis-pendulae* (W *P. hybridus* etc., selten auch *P. paradoxus*, Ww *Carex. pendula*), *P. petasitis-poarum* (W *P. hybridus* etc., selten auch *P. paradoxus*, Ww *Poa*), *P. petasitis-pulchellae* (W *P. hybridus* etc., selten auch *P. paradoxus*, alpin, Ww *Festuca pulchella*, *P. ruttneri* (W *P. hybridus*, Ww *Carex. acuta*), *P. taminensis* (W *P. hybridus* etc., selten auch *P. paradoxus*, alpin, Ww *Phleum hirsutum*).

Petrorhagia: *P. arenariae*. – ***Petroselinum***: *P. nitida*.

Peucedanum: ***P. carvifolia***: *P. carniolica*; ***P. cervariae***: *P. cervariae*, *P. rugulosa*; ***P. oreoselinum***: *P. oreoselini*; ***P. osthrutium***: *P. bistortae* (0 I, I nicht becherfö, sondern kugelig oder flach, ± tief eingesenkt, Ww *P. bistorta, viviparum*), *P. imperatoriae* (III, kein Ww), *P. imperatoriae-mamillata* (0 I, I becherfö, nicht tief eingesenkt, Ww *P. bistorta*); ***P. palustre***: *P. semadenii*.

Picris: *P. picridis*. – ***Pimpinella***: *P. bistortae* (0, I in verdickten lebhaft rötl-gelben Bl-Schwielen oder Bl-Nerven, Ww *P. bistorta, viviparum*), *P. corvarensis* (nur III, zimtbraun, dunkelbraun, W *Pimpinella major* in Alpen), *P. pimpinellae* (0, I in verdickten gelben Bl-Schwielen oder Bl-Nerven, II und III Bl-unterseits, braun, schwarz). – ***Plantago***: *P. cynodontis*. – ***Platanthera***: *P. sessilis*. – ***Polygonatum***: *P. sessilis*.

Polygonum: ***P. amphibium, lapathifolium, mite, persicaria***: *P. phragmitis*: (W *P. persicaria*, Ww *Phragmites*), *P. polygoni-amphibii* (W *P. amphibium*, auch *P. lapathifolium* etc., Ww *Geranium*); ***P. bistorta, viviparum***: *P. angelicae-mamillata* (Ww *Angelica sylvestris*, III-Sp meist 22–26 µm lang, Keimporus mit erhabener papillöser, konischer Kappe), *P. bistortae* (III-Sp 20–33 µm lang, mit keimporen ohne erhabene Kappe, Haupt-W *P bistorta*), *P. imperatoriae-mamillata* (Ww *Peucedanum osthrutium*, W *P. bistorta*, III-Sp meist 22–26 µm lang, Keimporus mit erhabener papillöser, halbkugeliger Kappe), *P. mei-mamillata* (Ww *Meum*, *Mutellina*, III-Sp 24–33 µm lang, Keimporus mit erhabener papillöser, halbkugeliger Kappe), *P. polygoni-vivipari* (III-Sp 20–33 µm lang, mit Keimporen ohne erhabene Kappe, Haupt-W *P. viviparum*), P.septentrionalis (III-Sp 28–45 µm lang, Ww *Th. alpinum*)

Prenanthes: *P. maculosa*. – ***Primula***: *P. apiosporus* (arktisch-alpin, *P. glutinosa, minima*), *P. primulae* (W *P. acaulis, elatior, veris*). *P. stojanovii* (W *P. farinosa*). – ***Prunella***: *P. prunellarum-moliniae*. – ***Pulmonaria***: *P. arnaudii* (nur III, schwärzl, kastanienbraun, kein Ww), *P. symphyti-bromorum* (nur 0, I, I becherfö, orange, Ww *Bromus*) . – ***Pulsatilla***: *P. pulsatillae*.

Ranunculus: *P. agropyrina* (W *R sceleratus*, ev. *acris*, Ww *Elymus*, *Agropyron*, *Bromus*, *Secale*), *P. gibberulosa* (III schwarzbraun, pulverig, boreal-alpin, *R. alpestris* etc.), *P. magnusiana* (W *R. aconitifolius, bulbosus, flammula, lingua, montanus, repens* etc., Ww *Phragmites*)., *P. perplexans* (W *R. acris*, auch *R. lanuginosus*). – ***Rhamnus***: *P. coronata* (W *Rh. cathartica* etc., selten *Rh. saxatilis*, Ww div Poaceae, auch *Sesleria*, 0 = 80–100 µm Durchm), *P. sesleriae* (W nur *Rh. saxatilis*, Ww nur *Sesleria*, 0 = 100–140 µm Durchm). – ***Rhodiola***: *P. rhodiola*.

Salvia: ***S. glutinosa***: *P. salviae*; ***S. nemorosa, pratensis***: *P. stipina*; ***S. verticillata***: *P. nigrescens*. – ***Sanicula***: *P. saniculae*. – ***Saponaria***: *P. arenariae*. – ***Satureja***: *P. menthae*. – ***Saxifraga***: *P. cynodontis* (W *S. tridactylites*), *P. fischeri* (W *S. aizoides*, *S. biflora*, III hellbraun), *P. huteri* (W *S. cotyledon, mutata, paniculata, oppositifolia*, III dunkelbraun bis 3 mm im Durchm), *P. joerstadii* (W nur *S. oppositifolia*, III schokobraun, Bl-oberseits, bis 3 mm im Durchm). *P. jueliana* (W *S. aizoides*, III dunkelbraun), *P. pazschkei* (arktisch-alpin, auch in Hortikultur., W *S. paniculata* etc.), *P. saxifragae* (W *S. androsacea, granulata, rotundifolia* etc., III an Anschwellungen Bl-unterseits). – ***Scilla***: *P. rossiana* (III dunkelbraun, kein Ww), *P. scillae-rubrae*: (I gelbl, jung polsterfö, reif schüsselfö, Ww *Festuca*). – ***Scorzoneroides***: *P. hispanica* (mediterran, W *S. autumnalis*), *P. leontodontis* (planar-subalpin, W nicht deformiert, meist *S. autumnalis* etc.), *P. mayori-eugeni* (alpin, W *S. helvetica* oft stark deformiert). – ***Sedum***: *P. australis* (ohne III, I lang zylindrisch, W *S. album*, *rupestre*, Ww *Cleistogenes*), *P. longissima* (ohne III, I nicht lang zylindrisch, *S. album, rupestre, acre, sexangulare*, Ww *Koeleria*), *P. sedi* (nur III, W. *S. forsterianum*, selten, kein Ww), *P. triseti* (ohne III, I nicht lang zylindrisch, W *S. rupestre* etc., Ww *Trisetum*). – ***Selinum carvifolia***: *P. angelicae* (I fehlend, 0, II, III vorhanden, III-Sp glatt), *P. bistortae* (0, I vorhanden, Ww *Polygonum bistorta, viviparum*), *P. selini-carvifoliae* (nicht im Gebiet nachgewiesen, III-Sp wellig-warzig)

Senecio: **A**: Sori ausschließl gelb, orange oder rot, 0 stets vorhanden, meist blattoberseits, ohne III: *P. dioicae* (enthält als agg. die folgenden Arten): *P. opizii* (wie *P. silvatica*, aber W. *S. vulgaris, viscosus*, Ww *Carex muricata* agg.), *P. schoeleriana* (wie *P. silvatica*, aber W *S. jacobaea, viscosus, vulgaris*, Ww *Carex arenaria*), *P. senecionis-acutiformis* (wie *P. silvatica*, W exkl. *S. vulgaris, viscosus*, Ww *Carex acuta, acutiformis*), *P. silvatica* (ohne III, W *S. nemorensis* s. l., Ww *Carex brizoides*) – **B**: III schwarz, klein, W nicht deformierend: *P. lagenophorae* (W *S. inaequidens, vernalis, vulgaris*), *P. senecionis* (W *S. jacobaea, saracenicus, ovatus*, etc.). – **C**: III kastanienbraun bis schwarz, am W oft lokale Deformationen und Anschwellungen verursachend: *P. devoluensis* (III kastanienbraun, W *S. doronicum*), *P. expansa* (III dunkelbraun, nicht schwarz, W *S. alpinus, subalpinus*), *P. uralensis* (III schwarz, groß, W *S. nemorensis* s. l.). –

Serratula: *P. schroeteriana* (I orangegelb, becherfö, zylindrisch, Ww *Carex flava* s. l., *hostiana*), *P. serratulae* (nur III, fest warzenartig, meist Bl-Unterseite), *P. tinctoriicola* (II, III, jeweils auf Bl-Unterseite, pulverig. – ***Seseli***: *P. libanotidis* (II-Sp rundum stachelig, bis zu 42 µm lang, W *S. libanotis, montanum* etc.), *P. nitida* (II-Sp locker stachelig oder oberhalb Mitte fast glatt, bis zu 36 µm lang, W *S. annuum* etc., auch *S. montanum*), *P. seseleos* (*S. montanum*, sekundäre II in bis zu 2 mm langen Reihen). – ***Silaum***: *P. silai*. – ***Silene***: P.arenariae (nur III, braun, fest, W *S. viscosa, acaulis, noctiflora* etc.), *P. behenis* (II zimtfarben, III schwarzbraun, pulverig, W *S. vulgaris* etc.), *P. isiacae* (Ww mit *Phragmites*, I becherfö, weißl). – ***Silybum***: *P. cruchetiana* (nur II, III in getrennten Sori). – ***Soldanella***: *P. soldanellae*. – ***Solidago***: *P. eriophori-alpini* (nur 0, I, letztere gelb, becherfö mit weißem Rand, Ww *Trichophorum alpinum*), *P. virgae-aureae* (nur III, schwarzbraun, schwarz, von W-Epidermis bedeckt). – ***Sonchus***: *P. littoralis* (I becherfö, 0 auf selben Flecken wie I, Ww mit *Juncus*), P. opizii (I becherfö, 0 getrennt von I, Ww mit *Carex*), P. pseudosphaeria (II, III. – ***Spergula***: P. arenariae. – ***Stachys***: P. betonicae (W *S. officinalis,* Wand III-Sp glatt), P. stachydis (0, I, II, III schwarz, fest, beiderseits an Bl, W *S. recta, sylvatica*), P. vossii (III braun, pulverig, Bl-unterseits, W deformiert, *S. recta*). – ***Stellaria***: P. arenariae (III rotbraun, braun), P. isiacae (Ww mit *Phragmites,* I becherfö, weißl). – ***Symphytum***: P. symphyti-bromorum.

Tanacetum: ***T. corymbosum***: P. pyrethri; ***T. vulgare***: P. tanaceti (II, III an beiden Bl-Flächen, kein Ww), P. vulpinae (0, I, Ww *Carex vulpina*). – ***Taraxacum***: P. silvatica (I mit umgebogenem und zerschlitztem Rand an angeschwollenen gelben oder roten Flecken rund um 0, Ww mit *Carex brizoides*, *Carex* spec., planar-montan), P. taraxaci (ohne I, meist ohne Bl-Flecken, planar bis alpin), P. variabilis (II braun, III dunkelbraun, oft mit I an gelben, purpurfarbenen Bl-Flecken, montan-subalpin). – ***Tephroseris***: P. baldensis (Ww *Poa,* 0 nur Bl-Oberseite, I zylindrisch-becherfö, W *T. tenuifolia*), P. eriophori (Ww *Eriophorum*, *Eleocharis*, 0 auf beiden Bl-Flächen, I schüsselfö bis becherfö, W *T. helenitis, palustris*). – ***Teucrium***: P. annularis (III grau bis rostbraun, polsterfö, III-Sp meist 37–40 µm lang), P. chamaedrys (III grau bis rostbraun, an Bl-Flecken, III-Sp meist 40–49 µm lang, W: *T. chamaedrys*), P. constricta (III schwarz, pulverig, an Spross und Bl, III-Sp 27–43 µm lang, W *T. montanum*), P. polii (III schwarz, schwarzbraun, Bl-Unterseite, W *T. chamaedrys, montanum*). – ***Thalictrum***: ***Th. alpinum***: P. borealis (I Bl-unterseits an unverdickten Bl-Flecken, Ww *Agrostis*), P. septentrionalis (I auf beiden Bl-Flächen an angeschwollenen Flecken, Ww *Polygonum;* ***Th. aquilegifolium*** etc.: P. persistens s. l. – ***Thesium***: P. mougeotii (I längl, schüsselfö. Meist an Bl), P. passerinii (I becherfö, III meist oberseits an älteren Bl), P.thesii (I becherfö bis zylindrisch, III meist am Spross). – ***Thlaspi***: P. isiacae (Ww mit *Phragmites*, I becherfö, weißl), P. thlaspeos (W stark deformiert, III rotbraun, kein Ww). – ***Thymus***: P. schneideri (III am aufgetriebenen Spross, subalpin-alpin), P. stipina (I, Ww *Stipa*). – ***Torilis***: P. chaerophylli. – ***Tripleurospermum***: P. anthemidis. – ***Trollius***: P. actaeae-agropyri (I blattuntersdeits, kreisfö, um leicht aufgetriebene Bl-Flecken, Ww *Elymus*), P. actaeae-elymi (I auf Schwielen an Blattnerven, Ww *Hordelymus*, *Leymus*), P. trollii (III, arktisch-alpin). – ***Tussilago***: P. petasitis-pendulae (Ww *Carex pendula*, I orange, I-Sp 17 µm lang), P. poarum (Ww *Poa*, I orangegelb, I-Sp 20–12 µm lang).

Urtica: P. iridis (I orangegelb, W nicht deformiert), P. urticae s. l. (an befallenen Stellen W meist geschwollen, stark verkrümmt oder Schwielen an den Blättern bildend).

Valeriana: P. commutata (I in Gruppen an Blattflecken, III) , P. iridis (I orangegelb), P.valerianae (III, alpin). – ***Valerianella***: P. cynodontis (Ww mit *Cynodon,* I zylindrisch, gelbl), P. gladioli (0, I, *Gladiolus*, W oft deformiert), P. isiacae (Ww mit *Phragmites*, I becherfö, weißl). – ***Veronica***: P. albulensis (III blattunterseits, u. a. auf *V. alpina*), P. cynodontis (Ww mit *Cynodon*, I zylindrisch, gelbl, u. a. auf *V. persica*), P. isiacae (Ww mit *Phragmites*, I becherfö, weißl, W u. a. *V. hederifolia*). – ***Vinca***: P. vincae (II, W *V. major*), P. cribrata (III, W *V. minor*). – ***Viola***: P. alpina (III, W *V. biflora*), P. fergussonii (III, W u. a. *V. palustris*), P. ruebelii (III, W *V. pinnata*), P. violae (I, II, III oft gleichzeitig, W *V. canina, hirta, odorata, reichenbachiana, riviniana* etc.).

Willemetia: P. willemetiae (I, II, III).

Xanthium: P. xanthii (III)

Pucciniastrum G.H. OTTH – RostP (Bas, Pucciniomycetes, Pucciniales, Melampsoraceae) Phytoparasiten (Roste), unterschiedl Sp-Formen und Entwicklungsstadien siehe unter *Puccinia*. I auf Nadeln von Abies, II subepidermal mit Peridie und porenartiger Öffnung. II-Sp hyalin, stachelig. III in subepidermalen, interzellulären Krusten, die aus dicht gelagerten, vertikal septierten, 2- bis mehrzelligen III-Sp bestehen. Ww zwischen *Abies* (0, I auf den Nadel-Bl) und Onagraceae (II, III). – Anm: Der Übersichtlichkeit halber sind die für die einzelnen Wirte genannten *Pucciniastrum*-Arten unterstrichen. – **Lit**: **13**: 72, 88, 289 etc., **JK** 48, 135, 162

T: *P. epilobii* G.H. OTTH – **Tannen-Weidenröschenrost**: JK 162, Gäum 41:30 (0, I-Sp), 42:32 (II), 43:33 (III), 44:34 (III-Sp).

0 und I auf ***Abies***: W nicht deformiert. I von röhrenfö-zylindrischer, weißhäutiger Pseudoperidie umgeben. 0 beiderseits des Bl oder nur Bl-unterseits und halbkugelig: Ww mit *Epilobium, Fuchsia, Oenothera*: *P. epilobii,* Ww mit *Circaea*: *P. circaea*. – II und III: auf ***Agrimonia***: *P. agrimoniae* (einzige Rostpilzart auf diesem Wirt, – II und III auf ***Circaea***, 0, I dort fehlend: II orange bis blassgelb, nicht becherfö sondern halbkugelig und mit Porus sich öffnend. II-Sp stachelig, III-Sp 2- oder 4-zellig, glatt, Ww *Abies*: *P. circaeae*. – II und III auf ***Epilobium***, 0, I dort fehlend: II blass polsterfö, mit Porus sich öffnend, II-Sp stachelig, hyalin. III hellbraun, sehr klein, bis 0,3 mm im Durchm, krustig zusammenfließend, dauerhaft von Epidermis bedeckt. III-Sp ungestielt, Ww *Abies*: *P. epilobii* . – II auf ***Oenothera***: II gelb, mit Porus sich öffnend, Ww *Abies*: *P. epilobii* . – II und III auf ***Orthilia***: II mit verdickter Pseudoperidie und pustelfö, orange, II-Sp 28–32 × 14–16 µm, feinstachelig, III-Sp × 10–12 µm, glatt. Ww *Abies* ?. *P. pyrolae* (cf. *Chrysomyxa ramischiae*)

Pulchericium siehe *Terana*

Pulchroboletus siehe *Xerocomus*

Pulverolepiota BON, Pulverschirmling – BläP (Bas, Agaricomycetes, Agaricales, Agaricaceae)

Frk klein bis mittelgroß, 2–5 cm, H-Oberfläche vom Velum pulverig bis mehlartig, oder mit kleinen warzenartigen Schüppchen. H weiß bis hellockerl (so beim T; bräunl verfärbend) oder rötl bis rostorange, kegelig bis ausgebreitet und gebuckelt. L frei bis hoch angeheftet, weißl. S nur jung mit bald zerfallendem Ring. Spp weiß. Schnallen fehlend (bei der habituelll ähnl Gattung *Cystolepiota* vorhanden). Sp oval bis ellipsoid, hyalin, feinwarzig, inamyloid, beim T 4,5–5,5 × 2,5–3 µm. 2 Arten, Terricol, LaW, auch xerotherme, ruderale Plätze. – **Lit**: **8**: 139 unter *Cystolepiota p.*, **11**: 273

T: *P. pulverulenta* (HUIJSMAN) BON – **Bräunender Pulverschirmling**: Lu 1.19.10

Pulvinula BOUD., Kissenbecherling – op. Disc (Asc, Pezizomycetes, Pezizales, inc. sed.)

Frk (Apothecien) scheibenfö bis kreiselfö, sitzend, bis zu 1,2 cm, weiß, gelbl-orange, rosa, scharlachrot, Rand wenig abgesetzt, wulstig, außen kahl. Paraphysen gekrümmt und oben verzweigt. Asc-Sp kugelig bis ellipsoid, glatt, mit Tröpfchen, hyalin. Über 6 Arten. Auf nährstoffreichen Böden, Sand, Brandstellen, Pflanzenresten. – **Lit**: **5:** 60, **10**: 111

T: *P. convexella* (P. KARST.) PFISTER. Abgebildet z. B.: *P. constellatio* (BERK. & BROOME) BOUD. = *P. carbonaria* (FUCKEL) BOUD. – Rotleuchtender Kissenbecherling: BK 1.107, De 9T

1 Apothecien orange bis rötl, 0,3–1,2 cm, Asc-Sp kugelig, 17–18 µm. [Falls Apothecien rosa bis scharlachrot, 1–3 mm, Asc-Sp 16–17 µm: *P. constellatio* (Berk. & Broome) Boud.] **Rotleuchtender Kissenbecherling** – *P. convexella* (P. KARST.) PFISTER

1* Apothecien weiß o d e r Asc-Sp ellipsoid ▸

Pustula THINES – F-Mehlt (Peronosporomycetes, Albuginales, Albuginaceae)
Phytoparasitischer Befall auf Asteraceae, früher der Gattung *Albugo* (s. d.) zugeordnet. Gelbweiße bis porzellanweiße, glänzende Polster oder Krusten bildend. Konidien in z. T. brüchigen Ketten, von unregelmäßiger Form bis ± kugelig, 13–31 µm im Durchm.
T: *P. chardiniae* (BREMER & PETR.) THINES, im Gebiet nicht heimisch. – Verbreitete Art auf verschiedenen Gattungen der Asteraceae: *P. obtusata* (LINK) C. ROST: abgebildet in JK 417

Achillea, Aposeris, Artemisia, Carduus, Crepis, Filago, Gnaphalium, Helichrysum, Hypochaeris, Inula, Lapsana, Matricaria, Scorzonera, Senecio, Tanacetum, Tragopogon: *P. obtusata.* – ***Centaurea, Cirsium***: *P. spinulosa.* – ***Helianthus***: *P. helianthicola*

Pycnopeziza W.L. WHITE & WHETZEL – inop. Disc (Asc, Leotiomycetes, Helotiales, Sclerotiniaceae)
Frk (Hauptfruchtform, Teleomorphe im Sommer) erst birnenfö-geschlossen, bei Reife sich ausdehnend und sternfö öffnend, 3–5 mm breit, kurzstielig. Innen (Hymenium) ockerlbraun, außen dunkel braun. Asc-Sp schmal-ellipsoid, hyalin, nicht septiert, 7–9,5 × 3–4. Mit Nebenfruchtform (Anamorphe), die in Pyknidien auf dem Wirt in Ketten die Makrokonidien bildet; diese 2-zellig, 15–22 × 2,5–3 µm, die obere Zelle mit seitl bis zu 30 × 1 µm großen Anhängseln. Auf Blättern von Birke (*Betula*). – **Lit**: **10**: 175
1 Art = T: *P. sympodialis* W.L. WHITE & WHETZEL ex SUTTON

Pycnoporellus MURR., Weichporenschwamm – PoP (Bas, Agaricomycetes, Polyporales, Fomitopsidaceae)
Frk pileat-sitzend, auch resupinat, weich, orange bis rötl. Falls pileat (so beim T), dann H 2–10 × 1,5–10 cm, Trama 0,2–2,5 cm dick, frisch creme-ocker bis orange, trocken heller, mit KOH rot. Poren gelbocker bis ziegelrot (beim T; sonst auch weiß bis gelbl, alt orange), eckig, gezähnt, 1–3 pro mm. Monomitisch, Hyphen hyalin, ohne Schnallen, beim T mit amorphen, in KOH rot werdenden Auflagerungen. Zsytiden oder Zystidiolen vorhanden. Sp hyalin, dünn- bis etwas dickwandig, glatt, inamyloid, 5–10(–15) × 2,5–4,5 µm. 2 Arten. Lignicol, Braunfäule verursachend, meist auf NaH (*Abies, Picea, Pinus*), seltener auch auf LaH (*Alnus, Betula, Populus*). – Anm: Von *Pycnoporus* getrennt durch monomitisches Hyphensystem mit Hyphen ohne Schnallen und Vorkommen meist auf NaH. – **Lit**: **9**: 237, **12**: 332
T: *P. fibrillosus* (P. KARST.) MURR. = *P. fulgens* (FR.) DONK – **Leuchtender Weichporenschwamm**: CD 529, Kr 1.574, RH 165

Pycnoporus P. KARST., Zinnoberschwamm – PoP (Bas, Agaricomycetes, Polyporales, Polyporaceae)
Frk pileat, sitzend, einjährig, zäh. H 2–10 × 2–8 cm, 0,5–2 cm dick, frisch lebhaft zinnoberrot, alt und trocken heller. Trama zinnoberrot, in KOH dunkelbraun. Poren zinnoberrot, eckig, 2–3 pro mm. Trimitisch. Skelett- und Bindehyphen hyalin. Generative Hyphen hyalin, mit Schnallen. Sp hyalin, dünnwandig, glatt, inamyloid, zylindrisch, 5–6 × 2–2,5 µm. Lignicol auf LaH. Weißfäule verursachend. – **Lit**: **9**: 229, **12**: 368
1 Art = T: *P. cinnabarinus* (JACQ. : FR.) P. KARST. – **Zinnoberschwamm**: BK 2.353, Gh 529, HK 2.56, Ja 115, Kr 1.575, Md 298

Pyronema CARUS, Feuerkissen – op. Disc (Asc, Pezizomycetes, Pezizales, Pyronemataceae) Frk (Apothecien) auf weißem Subiculum sitzend, gesellig, 0,5–2 mm, erst halbkugelig, dann kreiselfö oder kissenfö, rosa oder rötl, ohne abgesetzten Rand. Außen kahl oder mit mikroskopisch kleinen, hyalinen, zugespitzen Haaren. Asc-Sp ellipsoid, glatt, hyalin, ohne Tröpfchen. 2 Arten. Besonders auf Brandstellen. – Syn: *P. omphalodes* = *P. confluens*. – **Lit**: **5:** 71, **10**: 111

T: *P. mariana* CARUS; abgebildet *P. confluens* (PERS.) TUL. & C. TUL. – Kleinsporiges Feuerkissen: CD 40, Ct 2938, De 11L

1 Apothecien mit mikroskopisch kleinen, zugespitzten Haaren. Asc-Sp 16–20 × 10–12 µm **Großsporiges Feuerkissen** – *P. domesticum* (SOW. : FR.) SACC.

1* Apothecien ohne Haare. Asc-Sp 14–16,5 × 8–9,5 µm **Keinsporiges Feuerkissen** – *P. confluens* (PERS.) TUL. & C. TUL.

Flechten, Gattungen P

Pachyphiale siehe *Gyalecta*

Pannaria DELISE – Fle (Asc, Lecanoromycetes, Peltigerales, Pannariaceae)
Lager blättrig-schuppig, rosettig, graublau, graubraun, mit blauschwarzem Prothallus. Apothecien rotbraun, bräunl, schwärzl, mit Lagerrand und oft auch mit dünnem Eigenrand. Sp 1-zellig, ellipsoid, mit oft zugespitzten Enden. Photobiont: *Nostoc*, selten Grünalgen. Silikatgestein, Borke, Pflanzenreste. 2 Arten. – **Lit**: **24:** 75, 78–79, **632–637**; **25**: 83, 89–90, **799–801**

T: *P. rubiginosa* (ACH.) BORY – **Rotfrucht-Tuchflechte**; abgebildet *P. conoplea* (ACH.) BORY – **Blaugraue Tuchflechte**: Wi 633, FleD 799

„Pannaria"

1 Lager blättrig ähnl einer Laubflechte, ± einblättrig bis randl tief gelappt, oft rosettig **2**
1* Lager krustig bis schuppig(-kleinblättrig) **4**
2 Apothecien äußerst selten gebildet. Lager besonders an den Rändern mit Soredien bzw. Isidien, (bläul-)grau ***Pannaria*** (*conoplea*)
2* Mit rosaroten bis (rot-)braunen Apothecien. Randständige Soredien bzw. Isidien fehlend.... **3**
3 Apothecien mit glattem, hellerfarbigem Eigenrand, aber ohne Lagerrand ***Degelia*** (pr.p.)
3* Apothecien mit dickem, oft körnigem Lagerrand ***Pannaria*** (*rubiginosa*)
4 Auf Kalkgestein, braunschwarz bis dunkel braungrau * ***Placynthium***
4* Nicht auf Kalkgestein........ **5**
5 Auf Rinde und auf Rindenmoosen........ **6**
5* Auf Silikatgestein, auf Fels- und Erdmoosen, auf Erde........ **8**
6 Lager mit kleinen, stiftfö Isidien, Apothecien zieml selten ***Parmeliella*** (pr.p.)
6* Lager ohne Isidien und stets mit Apothecien........ **7**
7 Apothecien mit körnigem bis gekerbtem Lagerrand ***Protopannaria*** (pr.p.)
7* Apothecien mit hellerem Eigenrand ***Vahliella*** (pr.p.)
8 Lager steril........ **9**
8* Lager mit Apothecien........ **12**
9 Schuppen des Lagers weder sorediös noch isidiös ***Vahliella*** (pr.p.)

9* Schuppen des Lagers am R isidiös bis angedeutet sorediös **10**
10 Lager kleinschuppig, auf (blau-)schwarzem Vorlager sitzend. Schuppen gekerbt mit Isidien ***Parmeliella*** (pr.p.)
10* Lager nicht auf einem Vorlager sitzend **11**
11 Schuppen des Lagers kaum verlängert, 2(–3) × 1,5 mm, oft dicke Krusten bildend ***Fuscopannaria*** (pr.p.)
11* Schuppen des Lagers verlängert, 6(–10) × 2 mm, keine Krusten bildend ***Massalongia*** (pr.p.)
12 Apothecien zumindest anfangs mit deutl Lagerrand **13**
12* Apothecien ohne Lagerrand, wohl aber mit (oft hellerem) Eigenrand **15**
13 Lager grobkörnig bis körnig-koralloid ***Moelleropsis*** (pr.p.)
13* Lager mit verflachten, zieml kleinen Schüppchen **14**
14 Apothecien (rot-)braun, mit bleibendem, gekerbtem bis körnigem Lagerrand ***Protopannaria*** (pr.p.)
14* Apothecien dunkel (rot-)braun bis schwarz, bald nur noch mit Eigenrand ***Vahliella*** (*l*pr.p.)
15 Lager feinkörnig, nur vorübergehend (ephemer) auf sauren Böden erkennbar ***Gregorella*** (pr.p.)
15* Lager weder feinkörnig noch ephemer auf sauren Böden. Meist auf Silikatgestein **16**
16 Lager mit kleinen stiftfö Isidien, dunkelgrau, bräunl, schwärzl-braun ***Parmeliella*** (pr.p.)
16* Lager ohne Isidien, grau, braun, schwärzl ***Vahliella*** (pr.p.)

Parabagliettoa GUEIDAN & CL. ROUX – Fle (Asc, Eurotiomycetes, Verrucariales, Verrucariaceae)
Lager endolithisch innerhalb von Kalkgestein. Graugrünl, graubräunl, oft auf Gesteinsoberfläche mit schwarzbraunem, mosaik- oder fleckenartig unterteiltem Prothallus. Perithecien sitzend bis eingesenkt, unter 0,5 mm im Durchm. Sp 1(–2)-zellig, ellipsoid. Photobiont: Coccoide Grünalge. 2 Arten. – **Lit**: **24:** 963 als *Verrucaria*; **25**: 1156 unter *Verrucaria*, **801–802**
T: *P. dufourii* (DC.) GUEIDAN & CL. ROUX – **Dufour-Warzenflechte**: WI 961

Paralecanographa (DUFOUR) ERTZ & TEHLER – Fle (Asc, Arthoniomycetes, Arthoniales, Opegraphaceae)
Lager auf Krusten- und Strauchflechten lichenicol. Apothecien schwach eingesenkt bis sitzend, rund bis gestreckt, auch verzweigt, schwarz, oft weißl bereift. Sp queseptiert, 4–6-zellig, ellipsoid, spindelfö, in der Mitte eingeschnürt, mit Schleimhülle. Photobiont: *Trentepohlia*. Silikatgestein. 1 Art. – **Lit**: **24:** 443 unter *Lecanactis*; **25**: 547 unter *Lecanactis*, **802**
T: *P. grumulosa* (DUFOUR) ERTZ & TEHLER – **Wirts-Strahlflechte**

Parmelia ACH. – Fle (Asc, Lecanoromycetes, Lecanorales, Parmeliaceae)
Lager blättrig, meist tief geteilt, grauweiß bis grau, oft mit Soralen oder mit Isidien, unterseits schwarz, mit zahlreichen einfachen bis verzweigten Rhizinen. Apothecien flächenständig, sitzend, (schwarz-)braun, mit Lagerrand. Sp 1-zellig, ellipsoid bis kugelig. Photobiont: *Trebouxia*, auch ? *Asterochloris*. Rinde von LaB, NaB; Silikatgestein. Etwas mehr als 30 Arten, häufiger etwa 8 (Sammel-)Arten. – **Lit**: **24:** 73, 75–77; **640–669**. **25**: 83–85, 87; 727 unter *Melanelixia*; **803–811**
T: *P. saxatilis* (L.) ACH. – Felsen-Schüsselflechte: Wi 663, FleD 803, UT 72

1 Lager (hell-, schwarz-, rot-, oliv-)braun **2**
1* Lager nicht braun **9**

Lager braun (2–8)

2 Lager ohne Isidien, ohne Sorale bzw. Lager aus kleinen, übereinanderwachsenden Läppchen ▸
2* Lager mit Isidien und/oder Soralen, nicht aus sehr kleinen übereinanderwachsenden Läppchen **3**
3 Mark C– **4**
3* Mark C+ (rosa-, karmin-)rot **6**
4 Auf Silikatgestein ▸
4* Auf Rinde und Holz, selten auf benachbartes Gestein übergreifend **5**
5 Isidien dickl, nach oben keulig verdickt oder spatelig, innen meist hohl.
Melanohalea exasperatula (NYL.) O. BLANCO & al.
5* Isidien zylindrisch, in Lagermitte dicht stehend, oft verzweigt, bis 1 mm, nicht hohl. Falls Lager nur mit Wärzchen: *Melanohalea. exasperata* (DE NOT.) O. BLANCO & al.
Zierliche Baumschüsselflechte – *Melanohalea elegantula* (ZAHLBR.) O. BLANCO & al.
6 Lager besonders gegen die Ränder bereift und mit sehr feinen Härchen besetzt (Lupe!), auf der Fläche sorediös, ohne Isidien
Bereifte Baumschüsselflechte – *Melanelixia subargentifera* (NYL.) O. BLANCO & al.
6* Lager nicht bereift und ohne feine Härchen **7**
7 Auf Ba-Rinde oder auf Silikatgestein, Lager mit zylindrischen (× 0,07–0,12 mm), oft verzweigen Isidien. Falls mit Soralen und/oder zarten, selten verzweigten Isidien (× 0,02–0,06 mm): *Melanelixia subaurifera* (NYL.) O. BLANCO & al.
Gewöhnliche Baumschüsselflechte – *Melanelixia glabratula* (LAMY) SANDLER & ARUP.
7* Mit Soralen oder deutl gröberen Isidien. Auf Silikatgestein. **8**
8 Lager-Lappen 1–3 mm breit, gegen ihre Mitte meist runzelig bis rissig. Isidien pustelfö bis verlängert
Warzen-Felsschüsselflechte – *Xanthoparmelia verruculifera* (NYL.) O. BLANCO & al.
8* Lagerlappen weniger breit bzw. arktisch-alpin ▸

Lager weißlich, grau, grünlich, gelblich aber nicht braun (9–21)

– Lager grünlich oder gelblich (10–15)

9 Lager grünl oder gelbl. **10**
9* Lager weißl bis grau **16**
10 Lager (düster-, dunkelgrau-, bläul-, span-, braun-)grün, dunkel oliv, feucht ± grün, derb, breitlappig, ohne Isidien. Falls Lager zart und fein isidiös: *Melanelixia glabratula* (LAMY) SANDLER & ARUP
Großfrucht-Braunschüsselflechte – *Pleurosticta acetabulum* (NECK.) ELIX & LUMBSCH
10* Lager gelbgrün, gelbl, blass graugrün. **11**
11 Lager ohne Isidien. Auf Silikatgestein und mageren Böden ▸
11* Lager mit Isidien oder mit Soralen. Auf Ba-Rinde, Gestein, Moosen **12**

12 Lager mit zylindrischen oft verzweigten Isidien (diese oft spärl). Apothecien meist vorhanden
Gesprenkelte Felsschüsselflechte – *Xanthoparmelia conspersa* (EHRH. ex ACH.) HALE
12* Lager mit hellen Soralen, meist ohne Apothecien **13**
13 Sorale auf die Enden der Lappen beschränkt
Bogige Grauschüsselflechte – *Hypotrachyna sinuosa* (SM.) HALE
13* Sorale nicht auf die Enden der Lappen beschränkt. **14**
14 Lager-Lappen groß und breit, meist × 3–10 mm messend **15**
14* Lager-Lappen schmal, × 1–2 mm messend ▸
15 Lager netzgrubig-uneben bis runzelig, mit weißl Pseudocyphellen besonders auf den Leisten. Mark und Sorale C+ karminrot
Gelbe Punktschüsselflechte – *Flavopunctella flaventior* (STIRT.) HALE
15* Lager gegen die Mitte wellig runzelig, ohne oder mit undeutl Pseudocyphellen, mit körnigen, punktfö, zusammenfließenden Soralen
Gewöhnliche Gelbschüsselflechte – *Flavoparmelia. caperata* (L.) HALE

– Lager weißlich bis grau (16–21)

16 Ohne Isidien und ohne Sorale ▸
16* Mit Isidien oder mit Soralen **17**
17 Mit Isidien. **18**
17* Mit Soralen **20**
18 Lager-R und zwischen den Isidien mit schwarzen Wimpern (Cilien) oder unterseits nur mit spärl Rhizinen ▸
18* Ohne derartige Wimpern und Lager unterseits bis zum R mit zahlreichen schwarzen bis braunen (am Lager-R) Rhizinen **19**
19 Oberseite leicht grubig durch leicht erhabene, netzig verbundene, weißl Pseudocyphellen. Lagerlappen nicht auffallend verlängert. Falls mit auffallend verlängerten, oft verdrehten Lager-Lappen: *P. submontana* NÁDV. ex HALE
Felsen-Schüsselflechte – *P. saxatilis* (L.) ACH.
19* Oberseite glatt, ohne weißl Pseudocyphellen. Isidien (dunkel-)grau, braun, oben nicht flach. Falls Isidien schwarz bis dunkelbraun, oben verbreitert und flach: *P. pastillifera* (HARM.) R. SCHUB. & KLEM.
Linden-Schüsselflechte – *Parmelina. tiliacea* (HOFFM.) HALE
20 Lager unterseits am R mit zieml breiter Zone ohne Rhizinen ▸
20* Lager unterseits bis zum R mit Rhizinen **21**
21 Mit strichfö Soralen am Lappen-R und aus grob-netzfö Pseudocyphellen entstehend. Mark K+ gelb: Falls netzfö Pseudocyphellen zart und Lappen am R mit Halbkopfsoralen oder falls Sorale punktfö: ▸ **Furchen-Schüsselflechte** – *P. sulcata* TAYLOR
21* Mit rundl Soralen, die aus punktfö Pseudocyphellen entstehen, Unterseite des Lagers weißl bis mittelbraun, selten schwärzl. Falls Unterseite des Lagers schwärzl: *P. borreri* TURNER ex Sm. *P. subrudecta* NYL.

„Parmelia"

1 Lager (hell-, schwarz-, rot-)braun * ***Melanelixia***

1* Lager entweder (hell-, dunkel-)grau oder mit gelbgrünl bis gelbl Farbton oder (oliv-, düster-, blau-)grün. Brauntöne höchstens am Lappenrand **2**
2 Lager (düster-, dunkelgrau-, bläul-, span-, braun-, oliv-)grün, dunkel olivfarben, feucht ± grün . **3**
2* Lager gelbgrün, (blass-)gelbl, graugrün oder ± grau bis weißl **4**
3 Lager zart, dünn, fein isidiös, Lappen selten über 2,5 mm breit **Melanelixia** (*glabratula*)
3* Lager derb, ohne Isidien, Lappen 4–15 mm breit **Pleurosticta** (*acetabulum*)
4 Lager mit gelbgrünl bis gelbl Farbton **5**
4* Lager weißl, ± grau, blaustichig grau. **9**
5 Auf Gestein * ***Xanthoparmelia***
5* Auf Rinde **6**
6 Lager mit Pseudocyphellen, diese weiß, punktfö, strichfö **Flavopunctelia** (*flaventior*)
6* Lager ohne Pseudocyphellen **7**
7 Mit Soralen am Ende der Lappen **Hypotrachyna** (*sinuosa*)
7* Am Ende der Lappen ohne Sorale, ansonsten mit Flecksoralen **8**
8 Lappen schmal, 0,5–1,5 mm btreit **Parmeliopsis** (*ambigua*)
8* Lappen breiter **Flavoparmelia** (*caperata, soredians*)
9 Ohne Isidien und ohne Sorale. Auf Silikatgestein oder auf Ba-Rinde. **10**
9* Mit Isidien oder Soralen. **11**
10 Auf Ba-Rinde **Parmelina** (*carporrhizans, quercina*)
10* Auf Silikatgestein **Parmelia** (*discordans, omphalodes, pinnatifida*)
11 Mit Isidien **12**
11* Mit Soralen. **15**
12 Mit schwarzen Borsten am R des Lagers sowie zwischen und auf den Isidien **Parmotrema** (*crinitum*)
12* Ohne solche schwarzen Borsten. **13**
13 Lager unterseits nur spärl mit Rhizinen **Platismatia** (*glauca*)
13* Lager unterseits bis zum R mit zahlreichen Rhizinen **14**
14 Lager oberseits uneben, grau, bisw mit bräunl oder bläul Stich, mit leicht erhabenen Pseudocyphellen, diese weißl, strichfö bis netzig verbunden **Parmelia**
14* Lager oberseits glatt, ohne weißl Pseudocyphellen **Parmelina** (*pastillifera, tiliacea*)
15 Lager unterseits bis zum R mit Rhizinen. **16**
15* Lager unterseits am R mit ± breiter Zone ohne Rhizinen **20**
16 Lager ohne scharf begrenzte Pseudocyphellen **17**
16* Lager mit weißl, punktfö oder strichfö Pseudocyphellen. **18**
17 Mark C+ rot oder rotorange **Hypotrachyna**
17* Mark C− **Platismatia** (*glauca*)
18 Oberseits mit punktfö Pseudocyphellen, diese in rundl Sorale aufbrechend **Punctelia** (*borreri, jeckeri, subrudecta*)
18* Oberseits mit strichfö Pseudocyphellen. **19**
19 Oberfläche mit zartem (Lupe!), engmaschigem Netz aus feinen weißen Linien oder Rissen. Mit kopfigen Soralen am R der 0,5–1,5 cm breiten Lager-Lappen **Parmotrema** (*reticulatum*)
19* Mit grobem Netz aus Pseudocyphellen oder diese auch strichfö. Sorale nicht kopfig. Lappen 2–8 mm breit **Parmelia** (*submontana, sulcata*)
20 Oberseite des Lagers ohne Pseudocyphellen **Parmotrema**
20* Oberseite des Lagers mit feinen punktfö Pseudocyphellen **Cetrelia**

Parmeliella MÜLL. ARG. – Fle (Asc, Lecanoromycetes, Lecanorales, Parmeliaceae)
Lager schuppig-blättrig, ± krustig, oft rosettig, graublau, braun, braunschwarz, bisw mit Isidien, Soredien, Apothecien rotbraun bis schwarz, mit dünnem Eigenrand oder mit La-

gerrand. Sp 1-zellig, ellipsoid, auch tropfenfö, zitronenfö. Photobiont: *Nostoc*. LaB-Rinde. – **Lit**: **24:** 632–635 unter *Pannaria*, **669**; **25**: 800–801 unter *Pannaria*, **812**
1 Art = T: *P. triptophylla* (ACH.) MÜLL. ARG. – **Korallen-Lappenflechte**

Parmelina HALE – Fle (Asc, Lecanoromycetes, Lecanorales, Parmeliaceae)
Lager blättrig, oft rosettig, bis zu 15 cm im Durchm, mit breiten, an den Enden gerundeten Lappen, grauweiß, bisw mit Isidien, unterseits (schwarz-)braun, randl braun. Apothecien flächenständig, mit verjüngter Basis sitzend, mit glattem Lagerrand, Scheibe braun. Sp breit ellipsoid, groß, 8–14 × 5–9 µm. Photobiont: *Trebouxia*. LaB-Rinde. 4 Arten. – **Lit: 24:** 646 unter *Parmelia*, **662–664**; **25**: 806–807 unter *Parmelia*, **812–815**
T: *P. tiliacea* (HOFFM.) HALE – **Linden-Schüsselflechte**: Wi 665, FleD 814, UT 78

Parmeliopsis NYL. – Fle (Asc, Lecanoromycetes, Lecanorales, Parmeliaceae)
Lager blättrig, meist nur bis 3 cm, mit strahlig ausgerichteten schmalen Lappen, mit flächenständigen Soralen, gelbgrünl-grau, grauweiß, stahlgrau, unterseits hell bis braunschwarz. Apothecien flächenständig, rot- bis dunkelbraun, mit Lagerrand. Sp 1-zellig, schmal ellipsoid. Photobiont: coccoide Grünalge ähnl *Trebouxia*. Rinde und Stammbasis von LaB und NaB. 2 Arten. – **Lit**: **24:** 73, 77, **670–673**; **25**: 85, 87, 805 unter *Parmelia*, 1183 unter *Xanthoparmelia*, **815–817**
T: *P. ambigua* (WULFEN) NYL. – Grünliche Napfflechte: Wi 671, FleD 816, UT 84

1 Lager gelbgrünl, unterseits braunschwarz
Grünliche Napfflechte – *P. ambigua* (WULFEN) NYL.
1* Lager grauweiß bis hellgrau, braunstichig grau ▸

„Parmeliopsis“
1 Lager unterseits hellbraun bis weißl ***Imshaugia*** (pr.p.)
1* Lager unterseits braunschwarz ***Parmeliopsis*** (*ambigua, hyperopta*)

Parmotrema A. MASSAL. – Fle (Asc, Lecanoromycetes, Lecanorales, Parmeliaceae)
Lager blättrig, mit breit gerundeten, locker anliegenden bis aufsteigenden Lappen, an den Rändern mit schwärzl Cilien, oft mit Soralen oder mit Isidien, grauweiß, unterseits schwarz. Apothecien ± gestielt mit brauner Scheibe und mit Lagerrand. Sp 1-zellig, ellipsoid, dickwandig. Photobiont: *Trebouxia*, LaB-Rinde. 6 Arten. – **Lit**: **24:** 645–646 unter *Parmelia*, **673–675**; **25**: 87, 806, 810 unter *Parmelia*, **817–821**
T: *P. perforatum* (WULFEN) A. MASSAL.: Abgebildet *P. perlatum* (HUDS.) M. CHOISY – **Breitlappige Schüsselflechte**: Wi 673 als *Parmotrema chinense*, FleD 818, 820, UT 77

Peccania A. MASSAL. ex ARNOLD – Fle (Asc, Lichinomycetes, Lichinales, Lichinaceae)
Lager zwergstrauchartig-lappig, schuppig-kleinlappig, mit spärl verzweigten, aufrechten Ästen, oft polster- oder rasenbildend, schwärzl, bisw bereift. Apothecien fast endständig, ohne Eigenrand aber mit Lagerrand. Scheibe schließl weit offen, Sp 1-zellig, kugelig bis ellipsoid. Photobiont: *Chroococcidiopsis*, ein capsales Cyanobakterium („Blaualge“). Sickerfeuchtes Kalkgestein. 1 Art. – **Lit**: **24:** 756 unter *Polychidium;* **675–676**; **25**: 912 unter *Polychidium*, **821–822**
T: *P. coralloides* (A. MASSAL.) A. MASSAL. – **Korallen-Schwarzflechte**: FleD 821

Peltigera WILLD. – Fle (Asc, Lecanoromycetes, Peltigerales, Peltigeraceae)
Lager blättrig, oft sehr groß, ± tief gelappt mit gerundeten Enden, auch einblättrig, feucht leuchtend grün oder grau, grauschwarz, dabei auch grün- oder blaustichig, Oberfläche glatt oder feinfilzig. Unterseits filzig, weißl, (dunkel-)braun, meist mit vernetzten dunklen oder hellen Adern. Apothecien meist aufsteigenden Lappen anliegend, sattelfö bis verflacht, rotbraun bis schwarz. Sp 4–8-zellig, spindelfö, farblos bis bräunl. Photobiont: Cyanobakterium („Blaualge") *Nostoc* oder coccoide Grünalge; im letzteren Fall zusätzl mit *Nostoc* in Cephalodien. Wegböschungen, bemooste Felsblöcke, Stammfuß von Bäumen. 21 (z. T. schwer bestimmbare) Arten. – **Lit**: **24:** 73–74, 77–78, **676–691**; **25**: 79–80, 82, 88, **822–834**
T: *P. canina* (L.) WILLD. – Echte Hundsflechte: FleD 828

1 Feucht rein grün **2**
1* Feucht nicht rein grün, vielmehr tief blaugrün, grau bis fast schwarz **3**
Lager feucht rein grün (2)
2 Lager klein, bis etwa 2 cm, Cephalodien auf der Unterseite an Adern; hochmontan bis alpin **Adrige Schildflechte** – *P. venosa* (L.) HOFFM.
2* Lager groß, oberseits mit dunklen Warzen (Cehalodien), Lappen 2–4(–5) cm breit, Unterseite ohne oder mit wenigen undeutl Adern. Falls Unterseite mit deutl dunkelfarbigen Adern: *P. leucophlebia* (NYL.) GYELN.
Warzige Apfelflechte – *P. aphthosa* (L.) WILLD.
Lager feucht nicht rein grün (3–11)
3 Lager auf der Oberfläche mit weißl, rundl, später zusammenfließenden Flecksoralen. Falls mit (hell-, blau-)grauen Bortensoralen an wellige Rändern des Lagers: *P. collina* (ACH.) SCHRAD. **Zwerg-Schildflechte** – *P. didactyla* (WITH.) J.R. LAUNDON
3* Lager ohne Sorale **4**
4 Oberseite glatt, glänzend, bis einschließl des R kahl (Lupe!). **5**
4* Oberseite zumindest gegen die Lappenränder angedrückt feinfilzig und dadurch nicht glänzend (Lupe!) **7**
– – ***Oberseite glatt, glänzend, bis einschließlich des Randes kahl (5–6)***
5 Mit flachen, kreisrunden, oft horizontal bis schräg stehenden Apothecien-Scheiben **Flachfrucht-Schildflechte** – *P. horizontalis* (HUDS.) BAUMG.
5* Ohne Apothecien oder Apothecien-Scheiben nicht flach, sondern ± sattelfö eingebogen **6**
6 Mit sattelfö eingebogenen Apothecien. Rhizinen gebündelt. Adern bis fast zum R dunkel **Vielfingerige Schildflechte** – *P. polydactylon* (NECK.) HOFFM.
6* Apothecien fehlend oder von anderer Form ▸
– – ***Oberseite zumindest gegen die Lappenränder angedrückt feinfilzig, nicht glänzend (7–11)***
7 Lager mit schildfö oder blättchenfö Isidien (= Phyllodien) **8**
7* Lager ohne Isidien. **9**
– – – ***Lager mit Isidien (8)***
8 Isidien körnig bis soredienartig, die Lagerränder dicht borstenartig säumend. Lager-Lappen schmal, 1–1,5 cm **Hügel-Schildflechte** – P. *collina* (ACH.) SCHRAD.

8* Isiden anders, schildfö etc. Lager groß, grau bis braun. Mit dicht stehenden flachen bis schuppigen Isidien. Falls Lager klein, nur bis 2(–3) cm, ± dunkelbraun, auf der Fläche mit dicht stehenden schildfö Isidien, dadurch rau wirkend: *P. lepidophora* (NYL. ex VAIN.) BITTER **Verzierte Hundsflechte** – *P. praetextata* (FLÖRKE ex SOMMERF.) ZOPF

– – – ***Lager ohne Isidien (9–11)***

9 Lager klein, meist nur bis 3 cm, aschgrau, anfangs rundl-muschelfö, mit verschwindenden Soralen. Unterseits weißl, mit erhabenen weißl bis blass bräunl, vernetzten Adern. **Zwerg-Schildflechte** – *P. didactyla* (WITH.) J.R. LAUNDON

9* Lager meist größer, unterseits Adern und Rhizinen weißl bis dunkel. Falls unterseits nicht oder undeutl aderig: *P. malacea* (ACH.) FUNCK **10**

10 Lager-Lappen recht schmal und lang, meist unter 1,5 cm breit. Oberseite mit dicht anliegendem Filz (wie bereift wirkend). Rhizinen außer den randständigen dunkel, dicht verzweigt, büschelig. Falls oberseits verkahlend und Rhizinen hell und unverzweigt: *P. ponojensis* GYELN. **Bereifte Schildflechte** – *P. rufescens* (WEISS.) HUMB.

10* Lager meist über 1,5 cm breit. Rhizinen nicht abstehend dicht verzweigt (nicht wie Flaschenbürste). Falls Rhizinen einheitl flaschenbürstenartig behaart: *P. membranacea* (ACH.) NYL **11**

11 Rhizinen uneinheitl, vielfö, so auch am selben Lager. Oberfläche oft mit leichten Längswülsten. R wellig, abwärts gebogen**Echte Hundsflechte** – *P. canina* (L.) WILLD.

11* Rhizinen einheitl einfach bis wenig verzweigt. Oberfläche meist ohne Längswülste, R aufsteigend **Verzierte Hundsflechte** – *P. praetextata* (FLÖRKE ex SOMMERF.) ZOPF

Peltula NYL. – Fle (Asc, Lichinomycetes, Lichinales, Peltulaceae)
Lager schuppig-schildfö, nabelfö, (oliv-)braun, (grau-)braun, schwarz, mitunter sorediös oder mit Isidien (sehr selten). Apothecien eingesenkt, mit rotbrauner bis schwarzer, punktfö oder weit geöffneter Scheibe. Sp 1-zellig, ellipsoid bis kugelig, zu wenigstens 32 je Ascus. Photobiont: Cyanobakterien der Gattungen *Chroococcidiopsis* oder *Myxosarcina.* 1 Art. – **Lit: 24:** 79, **691**; **25**: 89, **834–836**
T: *P. radicata* NYL.; abgebildet *P. euploca* (ACH.) POELT – **Schöne Gallertschildflechte**: Wi 692, FleD 836

Peridiothelia D. HAWKSW. – Fle-ähnlich (Asc)
Nur gelegentl mit Algen vergesellschaftet, Frk halbkugelig bis konisch, dem Substrat aufsitzend, schwarzbraun bis schwarz. Sp 2-zellig, am Septum eingeschnürt, braun, 2-reihig im bitunicaten Ascus. Stammgrund von LaB. 2 Arten. – **Lit**: **24:** 603; 25: 94, **836**
T: *P. fuliguncta* (NORMAN) D. HAWSKSW.

Pertusaria DC. – Fle (Asc, Lecanoromycetes, Pertusariales, Pertusariaceae)
Lager krustig, oft ausgedehnt, bisw rissig-areoliert, weißl, grau, graugrünl, gelbl, oft mit Soralen oder Isidien. Apothecien fehlend oder falls vorhanden, dann mit offener Scheibe oder Perithecien-artig in Warzen eingesenkt. Sp bisw sehr groß, 20–300 µm, 1-zellig, dickwandig, zu 2 bis 8 je Ascus. Photobiont: *Trebouxia.* Rinde, Silikatgestein, Moose und andere Pflanzenreste. 34 Arten. – **Lit: 24:** 82, 90, 92–95, 97–99, **693–711**; **25**: 94, 107–108, 113–120, **836–855**

T: *P. communis* DC. = *P. pertusa* (L.) TUCK. – Gewöhnliche Porenflechte: Wi 698, FleD 837, UT 160

1 Lager mit Isidien oder mit Soralen. Falls im Hochgebirge: ▸ **2**
1* Lager ohne Isidien, ohne Sorale, ohne sorediöse Bereiche. **14**

Lager mit Isidien oder mit Soralen (2–13)

2 Lager mit Isidien, diese halbkugelig, zylindrisch, keulig bisw zusätzl sorediös **3**
2* Lager ohne Isidien, aber mit Soralen oder flächig sorediös. Siehe aber auch *Phlyctis argena* **6**

– Lager mit Isidien (3–5)

3 Auf Gestein, nur selten auf Rinde ▸
3* Auf Rinde, selten auf Gestein **4**
4 Lager K+ gelb, dann rasch rot **Kügelchen-Porenflechte** – *P. coccodes* (ACH.) NYL.
4* Lager K− oder allenfalls K+ gelb (nicht rot werdend) **5**
5 Gelbgrau, blass gelb, blass grünl-gelb
Gelbliche Porenflechte – *P. flavida* (DC.) J.R. LAUNDON
5* Hell grau, hell graugrünl, auch mit leicht gelbl Mischton
Kranz-Porenflechte – *P. coronata* (ACH.) TH. FR.

– Lager mit Soralen oder flächig sorediös (6–13)

6 Auf Gestein. Falls Lager weißl bis grau, mit bitterem Geschmack: siehe *P. amara* ▸
6* Auf Rinde oder Holz **7**
7 Lager K+ gelb, dann rot, fein isidiös. Falls ohne Isidien: siehe *Phlyctis argena*
Kügelchen-Porenflechte – *P. coccodes* (ACH.) NYL.
7* Lager K−, falls K+ dann allenfalls orange bis bräunl **8**
8 Auf Holz ▸
8* Auf Rinde **9**
9 Lager und besonders Sorale C+ rot. **10**
9* Lager inkl. Sorale C− oder C+ gelbl. **11**
10 Sorale weißl, gewölbt bis halbkugelig, bis zu 1,3(–1,8) mm breit. Lager (silber-)grau, grauweiß, glatt bis uneben warzig, gegen den R oft ohne Risse, gegen die Mitte rissig, mit weißl, glänzendem, oft gezonten Vorlager
Halbkugelige Porenflechte – *Varicellaria. hemisphaerica* (FLÖRKE) I. SCHMITT & LUMBSCH
10* Sorale gelbl etc., größer oder kleiner, bis 2 mm oder unter 0,8 mm ▸
11 Geschmack bitter, Lager KC+ violett, grau mit meist gewölbten, selten fast flachen Soralen **Bittere Porenflechte** – *P. amara* (ACH.) NYL.
11* Merkm anders **12**
12 Lager K− **13**
12* Lager oder Sorale K+ gelb oder orange **14**
13 Lager grau, oft ausgedehnt, oft mit deutl Vorlager (dieses weißl-grüngrau gezont). Sorale heller, bis zu 2,5(–4) mm breit, rundl, konkav bis etwas gewölbt, berandet
Zonierte Porenflechte – *P. albescens* (HUDS.) M. CHOISY & WERNER
13* Merkm anders (siehe auch *Ochrolechia*) ▸

Lager ohne Isidien, ohne Soralen (14–18)

14 Auf Silikatgestein ▸

14* Auf Rinde, bisw auf Moose übergehend . . . **15**

15 Apothecien in Lagerwarzen eingesenkt, diese nicht Soralen ähnelnd, auch nicht in grau bereiften Scheiben. Lager grau . . . **16**

15* Apothecien in Warzen, diese ähneln Soralen ▸

16 Sp zu 8 je Ascus ▸

16* Sp zu weniger als 8 je Ascus . . . **17**

17 Sp zu 4, selten zu 6 je Ascus **Glatte Porenflechte** – *P. leioplaca* DC.

17* Sp zu 2 je Ascus . . . **18**

18 Apothecien-Warzen knollig vorstehend. Sp 140–240(–300) × 40–85 µm **Gewöhnliche Porenflechte** – *P. pertusa* (WEIGEL) TUCK.

18* Apothecien-Warzen meist mäßig gewölbt, mit abgeflachtem Scheitel. Sp bis zu 175 µm lang ▸

„Pertusaria"

1 Hochgebirgsflechten auf Moosen, Pflanzenresten, Erdboden. Falls auf (Tot-)Holz, Ba-Stümpfen, Pflanzenresten, absterbenden Moosen, Rinde von NaB, Zwergsträuchern, hochmontan, subalpin, siehe ***Anzina*** (*Ochrolechia, Pertusaria*) ▸

1* Weder im Hochgebirge noch auf den angegebenen Substraten . . . **2**

2 Mit Isidien oder Soralen, Apothecien hingegen selten . . . **3**

2* Ohne Isidien und ohne Sorale, Apothecien oft vorhanden . . . **28**

3 Mit Isidien, diese ± halbkugelig, zylindrisch bis keulig . . . **4**

3* Mit Soralen, auch flächig sorediös . . . **6**

4 Vorwiegend auf Ba-Rinde. Isidien halbkugelig, eifö, kurz zylindrisch . . . **5**

4* Vorwiegend auf Gestein. Isidien zylindrisch, bisw oben etwas verdickt ***Pertusaria*** (*corallina, pseudocorallina, schaereri*)

5 Lager K− und C+ rot ***Ochrolechia*** (pr.p.)

5* Lager K− und C+ orange oder K+ gelbl, gelb und rasch rot werdend ***Pertusaria*** (*coccodes, coronata, flavida*)

6 Auf Gestein . . . **7**

6* Auf Rinde oder auf Holz . . . **12**

7 K+ gelb, dann randlich rot . . . **8**

7* K− bis K+ gelb, dann aber nirgends rot werdend . . . **9**

8 Lager eher flächig sorediös, (silber-)grau bis grauweiß ***Phlyctis*** (pr.p.)

8* Lager mit bis zu 1,2 mm breiten Soralen, uneben warzig(-areoliert) ***Pertusaria*** (*flavicans*)

9 Lager mit gelbl Tönen (hellgelb, gelbgrau) ***Pertusaria*** (*flavicans*)

9* Lager weißl bis grau, ohne Gelbtöne . . . **10**

10 Sorale und Mark C+ rot . . . **11**

10* Sorale und Mark C− ***Pertusaria***

11 Oberfläche der Areolen ± glatt. Sorale weiß ***Varicellaria*** (pr.p.)

11* Oberfläche des Lagers oft uneben. Sorale gelbl bis grünl-grau ***Ochrolechia*** (pr.p.)

12 Lager und besonders Sorale C+ rosa, rot . . . **13**

12* Lager inkl. Sorale C− oder allenfalls C+ gelbl bis gelborange . . . **16**

13 Lager fein-isidiös in seiner Mitte. Isidien kugelig, zylindrisch, koralloid, vielfach Soredien ähnelnd ***Ochrolechia*** (pr.p.)

13* Lager mit deutl Soralen . . . **14**

14 Lager UV+ orange. Sorale flach bis leicht konkav **_Ochrolechia_** (pr.p.)
14* Lager UV− (oder blaugrün). Sorale ± flach bis gewölbt **15**
15 Sorale weißl **_Varicellaria_** (pr.p.)
15* Sorale etwas gelbl, beige, grünl-weiß, graugrünl **_Ochrolechia_** (pr.p.)
16 Lager K+ gelb dann rot **_Phlyctis_** (pr.p.)
16* Lager K− oder falls K+ gelb, orange, bräunl **17**
17 Sorale bitter schmeckend **_Pertusaria_** (*amara*)
17* Sorale nicht bitter schmeckend. **18**
18 Lager gelb oder mit gelbl Mischtönen, mit feinen halbkugeligen bis zylindrischen, dicht stehenden Isidien **_Pertusaria_** (*flavida*)
18* Lager weißl bis grau **19**
19 Lager (inkl. Sorale) P−. **20**
19* Lager (inkl. Sorale) P+. **23**
20 Lager K+ gelb **_Lecanora_** (pr.p.)
20* Lager K−. **21**
21 Lager mit rundl scharf begrenzten Soralen **22**
21* Lager wenigstens teilweise mit unregelmäßig begrenzten, diffus zusammenfließenden Soralen **_Ochrolechia_** (pr.p.)
22 Lager cremefarben, (gelbl-, grau-)weiß. Soredien bis zu 150 µm. Montan **_Ochrolechia_** (pr.p.)
22* Lager grau. Soredien bis zu 200(–300) µm **_Pertusaria_** (*albescens*)
23 Sorale (blau-, grünl-)grau, bräunl. **24**
23* Sorale (gelb-, grau-)weißl, cremefarben und damit insgesamt heller **26**
24 Auf Holz. Lager innerhalb des Substrats **_Xylographa_** (pr.p.)
24* Auf Rinde oder auf Holz. Lager meist auf dem Substrat. **25**
25 K+ gelb bis braunrot. Lager deutl entwickelt, uneben warzig, rissig **_Violella_** (pr.p.)
25* K+ orange bis rotbraun. Lager dünn, hellgrau **_Buellia_** (pr.p.)
26 Sorale P+ orangerot bis rostrot. **27**
26* Sorale P+ gelb bis orange. **28**
27 Lager sehr dünn, weißl bis grau, ± im Substrat eingebettet **_Pertusaria_** (*pupillaris*)
27* Lager auf dem Substrat deutl entwickelt, uneben warzig oder etwas rissig, (hell-)grau. Falls Lager weißl und auf Holz siehe *Xylographa soralifera*, falls Lager grau, rissig siehe auch *Pertusaria borealis* ERICHSEN **_Violella_** (pr.p.)
28 Auf Silikatgestein. **29**
28* Auf Ba-Rinde, bisw auf Moose übergehend **30**
29 Sp (35–)45–70(–80) × (15–)25–40(–50) µm, zu 6–8 je Ascus **_Ochrolechia_** (pr.p.)
29* Sp entschieden größer, 110–205 µm lang oder entschieden kleiner, 25–42 µm lang. Falls Sp-Größe wie oben, dann Apothecien oben mit punktfö Öffnung (nicht scheibenfö) **_Pertusaria_** (*chiodectonoides*, *ocellata*, *pertusa*)
30 Apothecien oben mit punktfö Öffnung **_Pertusaria_**
30* Apothecien oben nicht mit punktfö Öffnung **31**
31 Lager C+ rot. **32**
31* Lager C− oder C+ gelbl **33**
32 Sp zu 6–8 je Ascus und 20–62 µm lang **_Ochrolechia_** (pr.p.)
32* Sp 150–300 µm lang und einzeln je Ascus **_Varicellaria_** (pr.p.)
33 Apothecien zu Beginn noch mit kleiner, enger Öffnung **_Pertusaria_** (*hymenea*, *pustulata*)
33* Apothecien von Beginn an mit breiter Scheibe **34**
34 Sp zu 1–2 je Ascus **_Pertusaria_**
34* Sp zu (2–)4–8 je Ascus. **35**
35 Apothecien 0,4–0,7 mm breit. C− **_Pertusaria_** (*carneopallida*)
35* Apothecien 0,7–3 mm breit. C+ gelb bis gelbl **_Ochrolechia_** (pr.p.)

Petractis FR. – Fle (Asc, Lecanoromycetes, Ostropales, Gyalectaceae)
Lager dünn-krustig, innerhalb von Kalkgestein (endolithisch). Apothecien zunächst in Form von halbkugelig geschlossenen Warzen, dann mit geweiteter Öffnung, innen die Scheibe orangerot bis rotbraun, mit Eigenrand, der außen dünn vom Lager überdeckt ist und sich tief gespalten zeigt. Sp querseptiert bis mauerfö mehrzellig, ellipsoid bis spindelfö, mit Schleimhülle. Photobiont: *Scytonema* . – **Lit**: **24:** 79, 88, 410 unter *Gyalecta*, **711–713**; **25**: 90, 504 unter *Gyalecta*, **855–856**
1 Art = T: *P. exanthematica* (SM.) FR., = *P. clausa* (HOFFM.) KREMPH. – **Fels-Radflechte**: Wi 712, FleD 856

Phaeocalicium A.F.W. SCHMIDT – (Asc, Eurotiomycetes, Mycocaliciales, Sphinctrinaceae)
Flechtenähnl Pilz ohne Bindung an einen Photobionten (vgl. hingegen z. B. *Calicium*). Frk fein gestielt-kopfig. (braun-)schwarz, eifö, linsenfö, auch seitl zusammengepresst. Sp 1–2-zellig, ellipsoid mit gerundeten Enden, braun. An Zweigen und Stämmen von La-Gehölzen (Grünerle, Pappel). 3 Arten. – **Lit**: **24:** 81, 874 unter *Stenhammarella*, **713–714**; **25**: 92, 1064 unter *Stenocybe*, **856–857**
T: *Ph. praecedens* (NYL.) A.F.W.. SCHMIDT SS. auct = *Ph. compressulum* (NYL. EX VAIN.) A.F.W. SCHMIDT; abgebildet *Ph. populneum* (BROND. EX DUBY) A.F.W. SCHMIDT: FleD 857

Phaeographis MÜLL. ARG. – Fle (Asc, Lecanoromycetes, Ostropales, Graphidaceae)
Lager krustig, dünn, oliv, bräunl, weißl, glatt oder feinrissig, glänzend oder matt, auch mit kreidig-mehliger Oberfläche, Soredien und Isidien fehlend. Apothecien gestreckt-lang, einfach bis verzweigt, ohne Lagerrand. Sp mehrfach querseptiert bis mauerfö vielzellig, farblos bis braun. Photobiont: *Printzina* (ähnl. *Trebouxia*). LaB-Rinde, 3 Arten. – **Lit**: **24:** 407 unter *Graphis*, **714**; **25**: 498–499 unter *Graphis*, **857–859**
T: *Ph. dentritica* (ACH.) MÜLL. ARG. – **Verzweigte Schriftflechte**: FleD 856

Phaeophyscia MOBERG – Fle (Asc, Lecanoromycetes, Caliciales, Physciaceae)
Lager mit schmalen Lappen rosettig, rasig bis unregelmäßig wachsend (als „Laubflechte“), selten annähernd strauchfö, (hell- bis grünl-)grau, oliv, braun, dunkel graubraun, unbereift, oft mit Soredien oder mit Isidien. Unterseits dunkel oder selten weißl, mit dichtstehenden Rhizinen. Apothecien flächenständig, mit Lagerrand, mit brauner oder schwarzer Scheibe. Sp 2-zellig, meist braun, dickwandig. Photobiont: *Trebouxia*. Gestein, Ba-Rinde, Holz, auf Moosen. 12 Arten. – **Lit**: **24:** 75–76, 728–730 unter *Physcia*, **714–720**; **25**: 84, 873–875 unter *Physcia*, **859–863**
T: *Ph. orbicularis* (NECK.) MOBERG – Kreisförmige Schwielenflechte: Wi 719, FleD 859, UT 85

1 Ohne Sorale und ohne Isidien ►
1* Mit Soralen oder mit Isidien **2**
2 Rhizinen mit senkrecht abstehenden Fasern (ähnl einer Flaschenbürste) ►
2* Rhizinen einfach (glatt). **3**

3 Lager-Lappen (Läppchen) sehr klein und schmal, aufsteigend, bisw fast kleinstrauchig, zerschlitzt, mit (körnig-)isidiösen-sorediösen Rändern, aber ohne Flecksorale **Schwärzliche Schwielenflechte** – *Ph. nigricans* (FLÖRKE) MOBERG

3* Lager-Lappen größer, oder Lager weiß bereift oder Lager oberseits mit Flecksoralen . **4**

4 Lager (hell-, dunkel-)grau, seltener braun bis gelbstichig, mit flächen- oder randständigen, weißl, dunkelgrauen, selten gelbl, rundl, konkaven bis kopfigen Soralen, die stellenweise flächig zusammenfließen **Kreisförmige Schwielenflechte** – *Ph. orbicularis* (NECK.) MOBERG

4* Merkm anders. Falls Lager mit lippenfö aufgebogenen, weißl, gelbl, ± orangefarbenen Soralen an den Lappen-Enden: *Ph. endophoenicea* (HARM.) MOBERG ▸

Phaeorrhiza H. MAYRHOFER & POELT – Fle (Asc, Lecanoromycetes, Caliciales, Physciaceae)
Lager krustig, am Rand schuppig-lappig, (blass gelbl, ocker), braun, bisw bereift. Apothecien eingesenkt bis aufsitzend mit Lagerrand. Sp 2-zellig, mittig leicht eingeschnürt, dünnwandig, braun. Photobiont: ?. Boden, Pflanzenreste, arktisch-alpin. – **Lit**: **24:** 824 unter *Rinodina*, **720**; **25**: 1006 unter *Rinodina*, **863–854**
1 Art = *T: Ph. nimbosa* (FR.) H. MAYRHOFER & POELT – **Wolken-Braunsporflechte**: FleD 864

Phlyctis (WALLR.) FLOT. – Fle (Asc, Lecanoromycetes, Ostropales, Phlyctidaceae)
Lager krustig, weißl bis grau, mit weißem Vorlager (Prothallus), mit oder ohne Sorale. Apothecien eingesenkt, ± rundl, mit Lagerrand. Sp mauerartig vielzellig, farblos bis leicht bräunl, ellipsoid, zu 1–4 je Ascus. Photobiont: *Dictyochloropsis*. Rinde von LaB und NaB. 2 Arten. – **Lit**: **24:** 86, 93, 95, **720–723**; **25**: 101, 115, 124, 841, 843–844 unter *Pertusaria*, **864–866**
T: *Ph. agelaea* (ACH.) FLOT. – Prächtige Silberfleckflechte: Wi 721, FleD 865

1 Sp zu 2–4 je Ascus, an den Enden mit je einem hellen Spitzchen. **Prächtige Silberfleckflechte** – *Ph. agelaea* (ACH.) FLOT.

1* Sp 1 je Ascus, ohne helle Spitzchen an den Enden **Gewöhnliche Silberfleckflechte** – *Ph. argena* (SPRENG.) FLOT.

Phylliscum NYL. – Fle (Asc, Lichinomycetes, Lichinales, Lichinaceae)
Lager schuppig, schildfö, gekerbt bis nahezu gelappt, lappig-rosettig, kleinschuppig, schwärzl bis schwarz, (braun-)rot. Apothecien in Vorwölbungen des Lagers eingesenkt, Perithecien-ähnl mit enger Öffnung. Sp 1-zellig oder angedeutet 2-zellig, ellipsoid bis fast kugelig. Photobiont: *Chroococcus*, Cyanobakterium mit rötl Gallerthülle. Silikatgestein. – **Lit**: **24:** 77, 79, **723–724**; **25**: 88, 90, **866–868**
1 Art = T: *Ph. demangeonii* (MOUG. & MONT.) NYL. – **Poren-Gallertnabelflechte**: Wi 723, FleD 867

„*Phylliscum*"

1 Lager blättrig, mit aufsteigenden bis aufrechten Lappen **2**

1* Lager allenfalls nur rosettig-kleinlappig, schuppig, knollig. **3**

2 Lager meist graublau bereift, olivbräunl schwarz ***Thyrea*** (pr.p.)

2* Lager unbereift, schwarz **Gonohymenia** (pr.p.)
3 Apothecien mit punktfö Öffnung, in halbkugelige, bis 0,4 mm breite Vorwölbungen eingebettet **Phylliscum** (*demangeonii*)
3* Apothecien zumindest zuletzt mit offener, dunkelroter Scheibe **Anema** (pr.p.)

Physcia (SCHREB.) MICHX. – Fle (Asc, Lecanoromycetes, Caliciales, Physciaceae)
Lager schmal-lappig, rosettig bis rasig, weißl, (dunkel-)grau, bisw mit weißl Flecken, öfters bereift, unterseits weißl, hellgrau, blassbräunl, mit Rhizinen, häufig mit Soralen oder mit Isidien. Apothecien flächenständig, mit Lagerrand, die flache Scheibe braun bis schwarz, oft bereift. Sp 2-zellig, dickwandig. Photobiont: *Trebouxia*. Borke, Rinde von LaB, Holz, Gestein, Mauern. 15 Arten. – **Lit**: **24:** 71, 73, 75–77, **724–735**; **25**: 76, 80–81, 86–87, **868–879**
T: *Ph. stellaris* (L.) NYL. – Stern-Schwielenflechte: Wi 727, 734; FleD 869, UT 88

1 Lager weiß bis hellgrau, so auch angefeuchtet 2
1* Lager (hell-, dunkel-)grau, braun, angefeuchtet nach 1 Minute grünl ▸
2 Lager ohne Sorale und dabei meist mit Apothecien 3
2* Lager mit Soralen oder mit Isidien. Apothecien oft fehlend. 4
3 Auf Rinde. Lager-Lappen an den Enden ohne Borsten. Mark K−. Falls Mark K+ gelb: *Ph. aipolia* (EHRH. EX HUMB.) FÜRNR. **Stern-Schwielenflechte** – *Ph. stellaris* (L.) NYL.
3* Auf Silikatgestein oder auf Rinde und dann Lager-Lappen an den Enden mit Borsten ▸
4 Lager-Lappen an den Enden mit einzelnen, hellen, an den Spitzen meist dunkleren Borsten (= Cilien; nicht mit randl stehenden Rhizinen zu verwechseln) 5
4* Ohne solche Borsten (Cilien), wohl aber bisw mit randl Rhizinen. 6
5 Lappen-Enden helm- bis kuppelfö. Kuppeln sorediös **Helm-Schwielenflechte** – *Ph. adscendens* H. OLIVIER
5* Lappen-Enden flach oder lippenfö aufgebogen. Mit Lippensoralen. K−. Falls K+: *Heterodermia* **Lippen-Schwielenflechte** – *Ph. tenella* (SCOP.) DC.
6 Mit Lippensoralen an Unterseite der Lappen-Enden 7
6* Mit flächenständigen bis randständigen Soralen oder mit körnigen Isidien 8
7 Lager (hell-, dunkel-)grau, an der Unterseite die Rinde aus parallel verlaufenden Hyphen, Mark K− **Zweifelhafte Schwielenflechte** – *Ph. dubia* (HOFFM.) LETTAU
7* Merkm anders. Mark K+ gelb oder Unterrinde aus im Schnitt rundl bis quadratischen Zellen ▸
8 Lager (weiß-)grau, auch etwas blaustichig, weiß gepunktet, mit halbkugeligen, überwiegend flächenständigen, (weiß-, blau-)grauen Soralen. Mark K+ gelb **Blaugraue Schwielenflechte** – *Ph. caesia* (HOFFM.) FÜRNR.
8* Lager mit körnig-sodediösen Rändern, nicht weiß gepunktet, Mark K−, auch nicht mit flächenständigen, sorediös aufbrechenden Isidien ▸

„Physcia"
1 Lager weiß bis hellgrau, angefeuchtet kaum mit anderer Färbung. K+ meist gelb, selten rot oder purpurn 2
1* Lager hellgrau bis dunkelgrau, braun, angefeuchtet nach 1 Minute grünl. K+ purpurn 12
2 Ohne Sorale und ohne Isidien, aber fast stets mit Apothecien 3

2* Mit Soralen oder mit Isidien. Apothecien oft fehlend **6**
3 Auf Silikatgestein. Sp reif warzig **Physcia** (*magnussonii*)
3* Ba-Rinde, seltener auf Gestein. Sp nicht warzig **4**
4 Lappen an den Rändern und/oder an den Enden mit einzelnen Borsten **5**
4* Lappen ohne Borsten **Pertusaria** (pr.p.)
5 Lappen mehrere cm lang und 1–2 mm schmal. Borsten lang, grau bis schwärzl, locker stehend **Heterodermia** (pr.p.)
5* Lappen recht kurz, dicht stehend. Borsten an der Spitze oft dunkelfarbig, bis zu 3 mm lang **Pertusaria** (pr.p.)
6 Lappenenden mit einzelnen Borsten **7**
6* Lappenenden ohne Borsten (wohl aber gelegentl mit einzelnen vorstehenden Rhizinen). **9**
7 Enden der Lappen aufgewölbt **Physcia** (*adscendens*)
7* Enden der Lappen flach oder lippenfö aufgebogen **8**
8 K–, Lager bis zu 2 cm, aber oft zusammenfließend **Physcia** (*tenella*)
8* K+ gelb oder rot, Lager meist größer, meist über 2,5 cm **Heterodermia** (*japonica, leucomela, obscurata, speciosa*)
9 Mit Lippensoralen an der Unterseite der Lappenenden oder von kurzen Seitenlappen, Unterseite berindet, glatt, mit Rhizinen. Falls Unterseite unberindet, matt-filzig siehe *Heterodermia* . . **10**
9* Mit flächen- oder randständigen Soralen oder mit Isidien **11**
10 Rinde von Ober- und Unterseite aus oberflächenparallel verlaufenden Hyphen **Heterodermia** (pr.p.)
10* Rinde aus isodiametrischen Zellen an Ober- und Unterseite oder nur auf der Oberseite so **Physcia**
11 Mit flächenständigen, kurzen Isidien, diese kurz und sorediös aufbrechend. Falls P+ kräftig gelb siehe *Imshaugia aleurites* **Physcia** (*clementei*)
11* Nicht mit flächenständigen Isidien **Physcia** (*caesia, dimidiata, tribacia, tribacioides*)
12 Lager oberseits vor allem gegen das Ende der Lappen mit zarten Glashärchen **Phaeophyscia** (*cernohorskyi, hirsuta, nadvornikii*)
12* Ohne Glashaare **13**
13 Ohne Isidien und ohne Sorale **14**
13* Mit Isidien oder mit Soralen. **18**
14 An feuchtem oder nassem Silikatgestein und auf dort wachsende Moose übergreifend **Phaeophyscia** (*endococcinea*)
14* An anderen Standorten **15**
15 Auf Moosen und abgestorbenen Pflanzenteilen auf basenreichen Böden **16**
15* Auf Ba-Rinde und Rindenmoosen **20**
16 Rhizinen ± rechtwinkelig auffasernd **Physconia** (pr.p.)
16* Rhizinen einfach oder gabelteilig. **17**
17 Klein, zart, Lappen bis 0,4(–1) mm breit **Phaeophyscia** (*constipata*)
17* Lappen derber, 0,5–2 mm breit **Anaptychia** (*ciliaris, bryorum*)
18 Lager mit langen randständigen Borsten, unterseits hell, ohne Rhizinen **Anaptychia** (*ciliaris*)
18* Lager ohne Borsten **19**
19 Lager unbereift **Phaeophyscia** (*ciliata*)
19* Lager oft weiß bereift, unter dem Reif (grau-, dunkel-)braun **Physconia** (pr.p.)
20 Rhizinen durch Auffaserung Flaschenbürsten gleichend. Lager meist stellenweise bereift, derb **Physconia** (pr.p.)
20* Rhizinen einfach oder in Längsrichtung aufgefasert. Lager unbereift oder bereift **21**
21 Lager fleckig weiß bereift, so besonders gegen die Enden der Lappen, (grau-)braun, derb **Physconia** (pr.p.)

21* Lager nicht bereift **22**
22 Lappen des Lagers oberseits ohne Fleck- oder Kopfsorale, an den Rändern meist isidiös(-sorediös) ***Phaeophyscia*** (*nigricans, sciastra*)
22* Lappen des Lagers oberseits mit Fleck- oder mit Kopfsoralen **23**
23 Lager sehr dünn und sehr dicht am Substrat haftend. Rhizinen undeutl ***Hyperphyscia*** (*adglutinata*)
23* Lager nicht krustenartig dicht mit dem Substrat verbunden, Rhizinen deutl. **24**
24 Unterseite weißl bis hell bräunl **25**
24* Unterseite samt Rhizinen schwärzl(-braun), nur an den wachsenden Rändern hell ***Phaeophyscia*** (*endophoenicea, orbicularis, pusilloides*)
25 Sorale hauptsächl flächenständig, rund, kopfig ***Phaeophyscia*** (*insignis*)
25* Mit Lippensoralen **26**
26 Unterseite weißl, mit wenigen hellen Rhizinen ***Physciella*** (*chlorantha*)
26* Unterseite erst weißl, dann hellbraun, oft mit körnigen, orangeroten Pigmenteinlagerungen. Rhizinen erst weißl dann dunkelfarbig ***Phaeophyscia*** (*stiriaca*)

Physciella ESSL. – Fle (Asc, Lecanoromycetes, Caliciales, Physciaceae)
Lager blättrig, rosettig bis unregelmäßig, bis zu 3(–4,5) cm im Durchm, weißl, grau, graubräunl, unterseits weißl, blassbräunl, mit Soralen. Apothecien mit Lagerrand, mit dunkelbrauner bis schwarzer Scheibe. Sp 2-zellig, braun. Photobiont: ?. An LaB. – **Lit**: **24:** 715, 730 unter *Phaeophyscia*; **25**: 875 unter *Physcia*, **880**
1 Art = T: *Ph. chlorantha* (ACH.) ESSL – **Grünliche Rosettenflechte**

Physciopsis siehe *Hyperphyscia*

Physconia POELT – Fle (Asc, Lecanoromycetes, Caliciales, Physciaceae)
Lager blättrig, ± rosettig bis unregelmäßig, grau bis dunkelbraun, oft bereift, unterseits weißl bis schwarz, mit Rhizinen, bisw mit Soralen oder mit Isidien. Apothecien flächenständig, braun bis schwärzl, meist bereift, mit Lagerrand. Sp 2-zellig, groß, breit ellipsoid, reif braun, ornamentiert. Photobiont: *Trebouxia*. Bemooste Rinde von LaB, auf Moosen und anderen Pflanzenteilen, ± kalkreiche Böden. 6 Arten. – **Lit**: **24:** 729 unter *Physcia*, **736–741**; **25**: 83, 873–874 unter *Physcia*, **880–884**
T: *Ph. pulverulenta* (HOFFM.) POELT s. auct = *Ph. distorta* (WITH.) R. LAUNDON – Echte Raureifflechte: Wi 737, FleD 881, UT 90

1 Ohne Isidien und ohne Sorale **2**
1* Mit Isidien oder mit Soralen **4**
Ohne Isidien und ohne Sorale (2–3)
2 Auf Ba-Rinde oder auf Rindenmoosen **3**
2* Auf anderen Substraten (Erde, Kalkgestein, Silikatgestein, Erdmoose) ▸
3 Lager oft weiß bereift, unter dem Reif (grau-, dunkel-)braun, groß, oft über 3 cm **Echte Raureifflechte** – *Ph. distorta* (WITH.) J.R. LAUNDON
3* Mit anderen Merkm ▸
Mit Isidien oder mit Soralen (4–6)
4 Rhizinen überwiegend durch ± senkrecht abzweigende aufgefasert **5**
4* Rhizinen einfach **6**

5 Lappen kurz, oft dachziegelig angeordnet und teilweise aufsteigend
Violette Raureifflechte – *Ph. perisidiosa* (ERICHSEN) MOBERG

5* Lappen zieml langgestreckt, anliegend, dicht verzweigt. Mark gelbl bis gelb, K+ gelb. Falls Mark weiß und K–: ►
Gelbmarkige Raureifflechte – *Ph. enteroxantha* (NYL.) POELT

6 Lager fleckig weiß bereift, so besonders gegen die Lappen-Enden, unterseits hell
Graue Raureifflechte – *Ph. grisea* (LAM.) POELT

6* Lager nicht bereift, unterseits schwarz ►

Piccolia A. MASSAL. – Fle (Asc, Lecanoromycetes, Acarosporales, Acarosporaceae)
Lager krustig, dünn. Apotheccien zimtbraun bis orangerot. Sp 1.zellig, kugelig. Photobiont: Coccoide Grünalge. Rinde von *Sambucus*, *Populus*, *Salix*. 1 Art. – **Lit**: **25**: 231 unter *Biatorella*, **885**
T: *P. crocea* (SPRENG.) A. MASSAL. – **Zimtflechte** (Gattung)

Pilophorus TH. FR. – Fle (Asc, Lecanoromycetes, Lecanorales, Cladoniaceae)
Lager gegliedert in Prrimär- und Sekundärthallus (Pseudopodetien). Ersterer krustig, körnig, warzig areoliert, bis schuppig, selten sorediös, weißl, (grünl-)grau. Pseudopodetien 5–10 mm, mit (körnig-)areolierter, sorediöser Oberfläche. Apothecien meist fast kugelig, unberandet, schwarz, terminal Pseudopodetien aufsitzend. Sp 1-zellig, ellipsoid bis spindelfö. Photobiont. *Asterochloris*. Silikatgestein. 1 Art. – **Lit**: **25**: 74, **885**
T: *P. robustus* TH. FR. – **Streichholzflechte** (Gattung)

Placidiopsis BELTR. – Fle (Asc, Eurotiomycetes, Verrucariales, Verrucariaceae)
Lager (klein-)schuppig, mit abgerundeten, gekerbten Lappen oder auch angedeutet gelappt, bis 5 mm breit, bräunl, grau, graugrünl. Perithecien eingesenkt, kugelig, birnenfö. Sp reif meist 2-zellig. Photobiont: *Diplosphaera*. Erdige Felsspalten. 1 Art. – **Lit**: **24:** 81, **741**; **25**: 92, 330 unter *Catapyrenium*, 1084 unter *Thelidium*, **886**
T: *P. grappae* BELTR.; im Gebiet *P. oreades* BREUSS – **Erdplättchenflechte** (Gattung)

Placidium A. MASSAL. – Fle (Asc, Eurotiomycetes, Verrucariales, Verrucariaceae)
Lager aus getrennten bis zusammenfließenden, bisw fast blättrigen, bis 15 mm breiten, braunen Schuppen, diese unterseits mit Filz an der Unterlage haftend. Perithecien eingesenkt, mit schwarzem Scheitel. Sp 1-zellig, im Ascus einreihig. Photobiont: Coccoide Grünalge (*Myrmecia*). Rohböden, Feinerde, Löss, Klagestein. 5 Arten. – **Lit**: **24:** 253 unter *Catapyrenium*; **25**: 330–331 unter *Catapyrenium*, **886–888**
T: ? *P. rufescens* (ACH.) A. MASSAL. – **Rotbraune Erdpättchenflechte**: Wi 251, FleD 887

Placocarpus TREVIS. – Fle (Asc, Eurotiomycetes, Verrucariales, Verrucariaceae)
Lager dickkrustig, schollenfö areoliert, weißgrau. Perithecien eingesenkt, nur um die Mündung dunkel. Sp 1-zellig. Photobiont: ?. Kalkgestein. – **Lit**: **24:** 958 unter *Verrucaria*, **742–743**; **25**: 1149, 1162 unter *Verrucaria*, **888–889**
1 Art = T: *P. schaereri* (FR.) BREUSS – **Mittelmeer-Steinschuppenflechte**: Wi 742, FleD 889

Placolecis TREVIS. – Fle (Asc, Lecanoromycetes, Lecanorales, Catillariaceae)
Lager krustig, areoliert, am Rand gelappt, glänzend braun. Apothecien sitzend, schwarz. Sp 1-zellig, ellipsoid. Photobiont: Coccoide Grünalge. Kalkgestein. 1 Art. – **Lit**: **25**: 948 unter *Psora*, **889–890**
T: *P. balaniana* (FR.) TREVIS. – **Goldmarkflechte** (Gattung)

Placopsis (NYL.) LINDS. – Fle (Asc, Lecanoromycetes, Trapeliales, Trapeliaceae)
Lager krustig, mit strahlig verlaufenden Randlappen, weißl, cremefarben, rosa, braunstichig, meist mit rotbräunl Cephalodien. Apothecien rosa, (rot-, schwarz-)braun mit Lagerrand. Sp 1-zellig, ellipsoid, im Ascus meist einreihig. Photobiont: Coccoide Grünalge. Silikatgestein. 2 Arten. – **Lit**: **24:** 85, **743–744**; **25**: 99, **890–891**
T: *P. gelida* (L.) LINDS. – **Braune Bullaugenflechte**: Wi 744, FleD 890

Placopyrenium BREUSS – Fle (Asc, Eurotiomycetes, Verrucariales, Verrucariaceae)
Lager krustig, rissig areoliert, grau bis braun, bereift, Areolen am Grund leicht verengt bis fast gestielt, Ränder oft schwarz gesäumt, Oberfläche mit dünnen schwarzen Linien. Perithecien eingesenkt. Sp 1–2-zellig. Photobiont: Coccoide Grünalge. Kalk- oder Silikatgestein, oft parasitisch auf anderen Krustenflechten. 3 Arten. – **Lit**: **24:** 956, 965 als *Verrucaria fuscella*; **25**: 92, 1085 unter *Thelidium*, 1148 unter *Verrucaria,* **891–892**
T: *P. bucekii* (NÁDV. & SERVIT) BREUSS; abgebildet *P. fuscellum* (TURNER) GUEIDAN & CL. ROUX – **Braune Zebraflechte**: FleD 891

Placynthiella ELENKIN – Fle (Asc, Lecanoromycetes, Trapeliales, Trapeliaceae)
Lager krustig, feinkörnig(-isidiös) bis warzig areoliert, auch fast gelatinös, (dunkel-)braun, oliv. Photobiont: bisw mit mehreren Gattungen von coccoiden Grünalgen zugleich, z. B. *Pseudochlorella*, *Trentepohlia* etc. Apothecien braun(-schwarz), mit später bisw schwindendem Eigenrand. Sp 1-zellig, ellipsoid. Holzpfähle, Stümpfe, Sand- und Moorböden, auch über Felsen. 4 Arten. – **Lit**: **24:** 843 unter *Saccomorpha*, 114, 117, 122, sowie unter *Lecidea*: 620, 621, 623, 626, **892–894**
T: *P. perfurfurea* (NYL.) GYELN. = *P. icmalea* (ACH.) COPPINS & P. JAMES – Korallen-Schwarznapfflechte; abgebildet *P. oligotropha* (J.R. LAUNDON) COPPINS & P. JAMES – Heide-Schwarznapfflechte: Wi 842, FleD 893

1 Lager warzig bis grobkörnig, braun, feucht gelbl
Heide-Schwarznapfflechte – *P. oligotropha* (J.R. LAUNDON) COPPINS & P. JAMES
1* Lager (z. T. kaum erkennbar) sehr feinkörnig(-isidiös), auch fein koralloid oder sorediös **2**
2 Lager isidiös-feinkörnig (aus feinen kugeligen bis meist verlängerten oder koralloiden Körnchen) **Korallen-Schwarznapfflechte** – *P. icmalea* (ACH.) COPPINS & P. JAMES
2* Lager sorediös aufbrechend oder mit nicht verlängerten Körnchen ▸

Placynthium (ACH.) GRAY – Fle (Asc, Lecanoromycetes, Peltigerales, Placynthiaceae)
Lager krustig bis schuppig, meist rosettig, in der Mitte oft areoliert. Grau, braun, oliv, schwarz, bisw bereift, oft mit Isidien, unterseits dunkel. Apothecien schwarz(-braun), mit

Eigenrand, selten auch mit Lagerrand. Sp querseptiert, 2- bis mehrzellig, selten 1-zellig, ellipsoid bis spindelfö. Photobiont: Cyanobakterien der Familien Rivulariaceae, Scytonemaceae. Silikat- oder Kalkgestein. 11 Arten. – **Lit**: **25**: 90, 113, 800 unter *Pannaria*, **894–900**

T: *P. nigrum* (HUDS.) GRAY – Schwarze Tintenfleckflechte: FleD 895

1 Auf Silikatgestein ▸

1* Auf Kalkgestein **2**

2 Lager mit ± drehrunden, feinen, verzweigten Randläppchen oder Lager ± bereift und dadurch bläul bis weißgrau oder Lager bis 2 cm ▸

2* Nicht mit einem der oben genannten Merkm. Lager bis über 10 cm breit. An sickernassen oder länger taufeuchten Stellen. Vorlager selten mit hellerem Saum, dunkel blaugrün bis schwarzblau, Sp × 4–6 µm. Falls an überfluteten (submersen) oder sehr feuchten Stellen, Vorlager blaugrün bis hellblau, oft mit weißl Saum und Sp × (5–)6–7(–8) µm: ▸ **Schwarze Tintenfleckflechte** – *P. nigrum* (HUDS.) GRAY

„Placynthium"

1 Auf Silikatgestein ***Placynthium***

1* Auf Kalkgestein **2**

2 Lager mit drehrunden dünnen, verzweigten, Randläppchen ***Placynthium*** (*filiforme, posterulum*)

2* Lager nicht mit derartigen Randläppchen **3**

3 Lager ± bereift und dadurch bläul bis weißgrau. **4**

3* Lager nicht oder kaum bereift ***Placynthium*** (*nigrum, subradiatum, tantaleum*)

4 Lager in der Mitte bald absterbend und dadurch kreisfö bis sichelfö erscheinend ***Placynthium*** (*subradiatum*)

4* Lager nicht absterbend in der Mitte **5**

5 Sp 4–5(–7)-zellig, schmal spindelig ***Collolechia*** (*caesia*)

5* Sp 2-zellig, ellipsoid ***Placynthium***

Platismatia W.L. CULB. & C.F. CULB. – Fle (Asc, Lecanoromycetes, Lecanorales, Parmeliaceae)

Lager blättrig mit oft aufsteigenden (blau-)grauen, am Rande sorediösen bis isidiösen Lappen, diese unterseits weißl, beige, braun oder schwarz, mit nur wenigen Rhizinen. Apothecien, sehr selten, ± randständig, groß, braun, mit Lagerrand, Scheibe oft durchbohrt erscheinend. Sp 1-zellig, klein, ellipsoid bis fast kugelig. Photobiont: ähnl *Trebouxia*. Saure Rinde von LaB und NaB, Silikatgestein. Bei uns 1 Art (= T). – **Lit**: **24:** 268 unter *Cetraria*, **749–750**; **25**: 84, 345 unter *Cetraria*, 806, 808 unter *Parmelia*, **900**

T: *P. glauca* (L.) W.L. CULB. & C.F. CULB. – **Blaugraue Lappenflechte**: Wi 750, Fle D 901, UT 83

Pleopsidium KÖRB. – Fle (Asc, Lecanoromycetes, Acarosporales, Acarosporaceae)

Lager krustig, rosettig, randl gelappt, (grünl-)gelb. Apothecien halb eingesenkt bis aufsitzend, (gelb-)bräunl bis grünl, mit Lagerrand. Sp 1-zellig, ellipsoid, klein, zu sehr vielen je Ascus. Photobiont: Coccoide Grünalge, Silikatgestein. 2 Arten. – **Lit**: **24:** 85, 638, 644 unter *Parmelia*, **751–753**; **25**: 99, 133 unter *Acarospora*, **900–903**

T: *P. flavum* KÖRB – **Gelbe Felsenfleckflechte**: Wi 752, FleD 902

Pleurosticta PETRAK – Fle (Asc, Lecanoromycetes, Lecanorales, Parmeliaceae)
Lager blättrig, groß, bis zu 20–30 cm im Durchm, meist rosettig, Lappen vorne breit gerundet, an den Rändern aufsteigend und unregelmäßig wellig, oberseits (schmutzig-, dunkel-, grau-)grün, oft bereift, unterseits schwarz nur randl braun, mit einfachen Rhizinen. Apothecien flächenständig, verengt sitzend, mit brauner Scheibe und warzigem Rand. Sp 1-zellig, ellipsoid. Photobiont: *Trebouxia*. LaB-Rinde. 1 Art. – **Lit**: **24**: 644, 664–667 unter *Parmelia*; **25**: 805 unter *Parmelia*, **903**
T: *P. lichenicola* PETR.; abgebildet *P. acetabulum* (NECK.) ELIX & LUMBSCH – **Essigflechte**: Wi 26, 638; FleD 904, UT 70

Poeltinula HAFELLNER. – Fle (Asc, Lecanoromycetes, Rhizocarpales, Rhizocarpaceae)
Lager krustig, Apothecien schwarz, eckig, elliptisch, rundl, bisw verzweigt bis kreuzfö, mit schlitzfö vertiefter, auch erweiterter Scheibe, mit Eigenrand, verengt sitzend. Sp 2-teilig, an der Mitte eingeschnürt, lange farblos, später die Innenwandschicht gefärbt (z. B. grünl, bräunl, schwarz), mit dicker Schleimhülle, 15–23 × 7–12 µm. Photobiont: Coccoide Grünalge. Kalkgestein, Dolomit. 1 Art. – **Lit: 24:** 83; **25**: 97, **904**
T: *E. cerebrina* (DC.) HAFELLNER – **Hirnflechte**

Polyblastia A. MASSAL. – Fle (Asc, Eurotiomycetes, Verrucariales, Verrucariaceae)
Lager krustig, oft dünn epilithisch, auch verborgen endolithisch. Perithecien (braun-) schwarz, aufsitzend bis eingesenkt. Sp mauerfö vielzellig, farblos bis gelbl, zu 1–8 je Ascus. Photobiont: Coccoide Grünalge (*Diplosphaera*). Kalkgestein, auf Erde, auf Moosen. 21 Arten. – **Lit: 24:** 82, **753–755**; **25**: 93, **905–910**
T: *P. cupularis* A. MASSAL. – **Becher-Kugelfruchtflechte**

„Polyblastia"

1	Auf Erde, Moosen, Rinde	**2**
1*	Auf Gestein	**7**
2	Asci (1–)2-sporig	**3**
2*	Asci 8-sporig	**4**
3	Lager filmartig dünn, hell- bis dunkelgrau. Perithecien 0,3–0,5 mm	***Polyblastia*** (*helvetica*)
3*	Lager kleinschuppig, Schuppen bis zu 1 mm groß oder Perithecien 0,1–0,2 mm	***Agonimia*** (pr.p.)
4	Auf LaB-Rinde	***Agonimia*** (pr.p.)
4*	Nicht auf Ba-Rinde	**5**
5	Sp um (32–)37–60 µm lang	**6**
5*	Sp um 15–37 µm lang. Involucrellum schwarz. Alpin.	***Polyblastia*** (*epigaea, sendtneri*)
6	Lager häufig mit schwarzen, sterilen Kügelchen, (grau-)grün	***Agonimia*** (pr.p.)
6*	Lager ohne solche Kügelchen	***Polyblastia*** (*evanescens, philaea*)
7	Auf Silikatgestein	**8**
7*	Auf Kalkgestein	**9**
8	Sp (35–)45–70(–90) µm lang	***Sporodictyon*** (pr.p.)
8*	Sp 24–32 µm lang	***Polyblastia*** (*fuscoargillacea*)
9	Sp bis 20 µm lang	**10**
9*	Sp über 20 µm lang	**11**
10	Parasitisch auf Lager der Krustenflechte *Protoblastenia*	***Halospora*** (pr.p.)
10*	Nicht parasitisch	***Polyblastia*** (*intermedia, plicata, singularis*)

11 Sp fast durchwegs über 55 µm lang **12**
11* Sp fast immer unter 55 µm lang **15**
12 Sp farblos bis leicht gelbl, 35–68 × 14–27 µm, mit Längs- (1–4) und Quersepten (3–6) ***Polyblastia*** (*verrucosa*)
12* Sp reif braun, auch Sp-Wände pigmentiert **13**
13 Lager zieml dick, aus fast schildfö, gewölbten oder abgeflachten Areolen ***Henrica*** (pr.p.)
13* Lager dünn. Auch warzig-körnig, aber ohne derartige Areolen **14**
14 Perithecien ± halb eingesenkt bis fast sitzend. Lager warzig bis runzelig, mit Cephalodien ***Sporodictyon*** (pr.p.)
14* Perithecien sitzend bis ledigl basal eingesenkt. Lager zusammenhängend bis rissig. ***Atla*** (pr.p.)
15 Sp bald (oliv-, dunkel-)braun. Auf Lagern von *Verrucaria* (Krustenflechte) ***Halospora*** (pr.p.)
15* Sp farblos bis leicht gelbl. Nicht lichenicol ***Polyblastia***

Polyblastiopsis siehe *Lecania naegelii*

Polycauliona HUE – Fle (Asc, Lecanoromycetes, Teloschistales, Teloschistaceae)
Lager blättrig bis kleinstrauchig, gelb, gelbgrün, unterseits ohne spezielle Anheftungsorgane. Apothecien mit Lagerrand, Scheibe gelb, orange, bisw auch fehlend. Sp in der Mitte mit septenartigen, aber nicht geschlossenen Vorsprüngen und dadurch bipolar, oft nur mit dünnem Kanal dazwischen, Photobiont: ? Coccoide Grünalge. Gedüngte Vogelsitzplätze, eutrophierte LaB-Äste, LaB-(NaB-)Stämme, Holz. 3 Arten. – Syn. *Massjukiella*. – **Lit**: **24: 978** unter *Xanthoria*; **25**: 1190–1192, unter *Xanthoria*, **719–721**
T: *P. coralllioides* (TUCK.) HUE; abgebildet z. B. *P. polycarpa* (HOFFM.) FRÖDÉN & al. – **Vielfrucht-Gelbfechte**: Wi 977, FleD 720

Polychidium (ACH.) GRAY – Fle (Asc, Lecanoromycetes, Peltigerales, Massalongiaceae)
Lager feinstrauchig, reich verzweigt, braun, Äste stielrund. Apothecien meist seitl an den Ästen, (rot-)braun, mit dickem Eigenrand. Sp 2-zellig, spindelfö. Photobiont: *Nostoc*. Auf Moosen an Silikatfelsen. 1 Art. – **Lit**: **24:** 71–72, 77, **755–757**; **25**: 77, 87, **910–913**
T: *P. muscicola* (SW.) GRAY – **Moos-Kissenflechte**: Wi 757, FleD 911

„Polychidium“

1 Auf Gestein im Spülsaum oder Tidenbereich der Meeresküste ***Lichina*** (pr.p.)
1* Nicht an der Meeresküste **2**
2 Auf Kalkgestein oder auf darauf wachsenden Moosen **3**
2* Auf Silikatgestein oder auf darauf wachsenden Moosen **8**
3 Sp mehrzellig **4**
3* Sp 1-zellig. **5**
4 Lager-Abschnitte am Grunde blaugrün. Sp 2-zellig ***Placynthium*** (pr.p.)
4* Lager-Abschnitte am Grunde nicht blaugrün. Sp mauerfö ***Leptogium*** (pr.p.)
5 Lager aus sehr feinen Fäden. **6**
5* Lager zwergstrauchfö aus derben, verzweigten Ästen. **7**
6 Fäden des Lagers einzeln, bis 12 µm dick ***Thermutis*** (pr.p.)
6* Fäden in Paaren und dabei 30–55 µm dick ***Zahlbrucknerella*** (pr.p.)
7 Apothecien bis 1,5(–2) mm, mit bald sichtbarer Scheibe ***Peccania*** (*coralloides*)
7* Apothecien 0,6–0,8 mm, in die Enden der Äste eingesenkt, mit ± punktfö Öffnung ***Synalissa*** (pr.p.)

8 Lager dunkel braun, Äste mit Rinde aus polygonalen Zellen. Photobiont *Nostoc* ***Polychidium*** (*muscicola*)
8* Lager nicht glänzend braun, Äste ohne derartige Rinde. Photobiont zu einer anderen Gattung gehörend **9**
9 Fäden des Lagers bis etwa 50 µm dick **10**
9* Fäden des Lagers über 50 µm dick **11**
10 Lager aus mehr als einer fädigen Zellreihe des Photobionten (*Stigonema*) bestehend ***Spilonema*** (pr.p.)
10* Lager nur aus einer Zellreihe des Photobionten (*Scytonema*) bestehend ***Thermutis*** (pr.p.)
11 Photobiont 1-zellig, die Zellen einzeln oder zu 2–4 in Gallerthüllen, jedoch nie fädig ***Lichinella*** (pr.p.)
11* Photobiont fädig (*Stigonema*) ***Ephebe*** (pr.p.)

Polysporina VĚZDA – Fle (Asc, Lecanoromycetes, Acarosporales, Acarosporaceae)
Lager krustig, bisw undeutl. Apothecien schwarz, mit oft unterbrochenem Eigenrand, Scheibe nabelartig gerillt, kohlig. Sp 1-zellig, sehr klein, ellipsoid bis fast kugelig, zu über 100 je Ascus. Photobiont: Coccoide Grünalge (*Myrmecia*). Kalk- und Silikatgestein, dabei auch auf Krustenflechten. 5 Arten. – Syn: *P. lapponica* s. auct. = *P. subfuscescens*. – **Lit**: **24:** 844 unter *Sarcogyne*, **758**; **25**: 1029–1030 unter *Sarcogyne*, **913–915**
T: *P. simplex* (DAVIES) VÉZDA – Einfache Vielsporflechte: FleD 913

1 Auf Kalkgestein ▸
1* Auf Silikatgestein **2**
2 Apothecien (auch feucht) ganz schwarz **3**
2* Apothecien rotbraun, rotschwarz ▸
3 Mit braunem Lager parasitisch auf anderen Flechten. *P. subfuscescens* (NYL.) K. KNUDSEN & KOCOURK.
3* Nicht parasitisch auf anderen Flechten, Lager dünn, grau **Einfache Vielsporflechte** *P. simplex* (DAVIES) VĚZDA

Porina MÜLL. ARG. – Fle (Asc, Lecanoromycetes, Ostropales, Porinaceae)
Lager krustig, dünn, einheitl bis rissig, auch innerhalb des Substrats, leprös-feinkörnig, blassrosa, alt ausbleichend. Perithecien eingesenkt bis vorstehend, ocker, orange, rotbraun, mit gelbem bis orangem Involucrellum. Sp querseptiert, 2-zellig, spindelfö, Photobiont: *Trentepohlia*. Silikatgestein, Moospolster über Kalkgestein, Rinde von LaB und NaB. 4 Arten. – Anm: inkl. *Clathroporina*. – Anm: *P. aenea* jetzt zu *Pseudosagedia*. – **Lit**: **24:** 82–83, **759–763**; **25**: 95, 943 unter *Pseudosagedia*, **915–918**
T: *P. nucula* ACH.; abgebildet *P. leptalea* (DURIEU & MONT.) A.L. SM. – **Zarte Kernflechte**: FleD 915

„Porina“
1 Perithecien schwarz oder grau ****Pseudosagedia***
1* Perithecien gelbl, ocker, orange, braunrot, dunkelbraun ***Porina***

Porocyphus KÖRB. – Fle (Asc, Lichinomycetes, Lichinales, Lichinaceae)
Lager krustig, körnig bis areoliert, auch feinschuppig, koralloid-kleinstrauchig, (oliv-, braun-)schwarz, ± gallertig, Apothecien eingesenkt oder aufsitzend, Scheibe braun, zuächst

punktfö, dann erweitert, mit Lagerrand. Sp 1-zellig, ellipsoid. Photobiont: Cyanobakterium. („Blaualge"; *Calothrix*) .2 Arten. – **Lit**: **24:** 79, **763–765**; **25**: 956 unter *Psorotichia*, **918–919**

T: *P. coccodes* FOT. ex KÖRB. – **Kugelige Höckerflechte**

Porpidia KÖRB. – Fle (Asc, Lecanoromycetes, Lecideales, Lecideaceae)
Lager krustig, areoliert oder warzig, weiß, grau, ocker, rosa, bisw sorediös, selten isidiös. Photobiont: Coccoide Grünalge (*Asterochloris*). Apothecien eingesenkt bis sitzend, (braun-) schwarz, bisw bereift, mit Eigenrand. Sp 1-zellig, ellipsoid, mit Schleimhof. Photobiont: Coccoide Grünalge (*Asterochloris*). Silikatgestein, Serpentinit, 15 Arten. – **Lit**: **24:** 93, **765–772**; **25**: 114, 117, 633, 635–636, 639–642, 646–648 unter *Lecidea*, **919–927**
T: *P. trullisata* (KREMP.) KÖRB. – Bayerische Ringflechte; abgebildet *P. macrocarpa* (DC.) HERTEL & A.J. SCHWAB – **Großfrucht-Ringflechte**: Wi 771, FleD 919; *P. crustulata* (ACH.) HERTEL & KNOPH – KrustigeRingflechte: UT 153

1 Lager ohne Sorale, mit Apothecien **2**
1* Lager mit Soralen oder mit Isidien ▸
2 Epihymenium leuchtend smaragdgrün. An zeitweilig überfluteten Silikatblöcken
Amphibische Ringflechte – *P. hydrophila* (FR.) HERTEL & A.J. SCHWAB
2* Epihymenium (schwarz-)braun, oliv, seltener schmutzig grünl **3**
3 Lager undeutl. Sp (10–)12–17(–20) × (5–)6–8(–10) µm. Falls Sp (13–)17–27(–30) × (6–)7–12(–14) µm: *P. macrocarpa* (DC.) HERTEL & A.J. SCHWAB
Krustige Ringflechte – *P. crustulata* (ACH.) HERTEL & KNOPH
3* Lager deutl entwickelt **4**
4 Lager wenigstens teilweise rostfarben bis ocker. Falls Sp (13–)17–27(–30) × (6–)7–12(–14) µm: *P. macrocarpa* (DC.) HERTEL & A.J. SCHWAB ▸
4* Lager weiß, grau **5**
5 Mark J+ blau **6**
5* Mark J – höchstens schwach blau **7**
6 Apothecien nicht oder nur jung bereift ▸
6* Apothecien meist stark bereift, wulstig berandet
Bayerische Ringflechte – *P. trullisata* (KREMP.) KÖEB.
7 Apothecien gequollen (lang durchfeuchtet) dunkel (rot-)braun. Falls Lager kreidig-rau und meist weiß: ▸. *P. macrocarpa, P. crustulata* (siehe auch **3**)
7* Apothecien auch gequollen schwarz, bisw bereift
▸ (siehe auch *P. trullisata, P. macrocarpa, P. crustulata*)

„Porpidia"
1 Lager mit halbkugeligen bis kurz zylindrischen Iisidien oder mit Soralen ***Porpidia***
1* Lager ohne Isidien und ohne Sorale **2**
2 Epihymenium leuchtend smaragdgrün oder Lager sehr undeutl
Porpidia (*crustulata, hydrophila, macrocarpa*)
2* Epihymenium nicht so gefärbt oder Lager gut entwickelt **3**
3 Lager gänzl ocker(-gelb), rostbraun, braunorange, mit schwarzem Vorlager
Porpidia (*flavicunda, flavocruenta*)

3* Lager weiß bis grau, auch stellenweise rostbraun, rostrot **4**
4 Mark J+ blau und zugleich Apothecien nicht oder allenfalls jung bereift ***Lecidea*** (pr.p.)
4* Mark J– bzw. selten nur schwach blau, falls entschieden J+ blau, dann Apothecien meist stark bereift **5**
5 Apothecien gequollen dunkel (rot-)braun oder falls schwarz, dann Lager (kreide-, grau-)weiß ***Porpidia*** (*superba, trullisata, zeoroides*)
5* Apothecien gequollen schwarz und/oder Lager nicht kreideweiß **6**
6 Mark des Lagers K+ gelb, rot. **7**
6* Mark des Lagers K– ***Porpidia***
7 Apothecien weitgehend eingesenkt bis dicht angedrückt, ihre Scheibe dicht bereift ***Lecidea*** (pr.p.)
7* Apothecien sitzend oder nur basal eingesenkt, Scheibe unbereift oder auch leicht weiß bereift ***Porpidia***

Porpidinia TIMDAL – Fle (Asc, ? Lecanoromycetes)
Lager schuppig, olivbraun, (grünl-)grau, weiß. Apothecien randständig, (braun-)schwarz, mit schwachem Eigenrand. Sp schmal ellipsoid, 1-zellig, ohne Schleimhülle. Photobiont: ?. Kalkgestein. – **Lit**: **24:** 914 unter *Toninia*; **25**: 101, **927**
1 Art = T: *P. tumidula* (SM.) TIMDAL – **Geschwollene Blasenkrustenflechte**: Wi 917, FleD 927

Protobagliettoa siehe *Bagliettoa*

Protoblastenia (ZAHLBR.) J. STEINER – Fle (Asc, Lecanoromycetes, Lecanorales, Psoraceae)
Lager krustig, weißl, grau, oliv, hellbraun, selten gelb. Apothecien orange, rot, (oliv-)braun, Rand ± fehlend. Sp 1-zellig, ellipsoid bis kugelig. Photobiont: Coccoide Grünalge. Kalkgestein. 11 Arten. – **Lit**: **24:** 90, **773–775**; **25**: 107, **928–930**
T: *P. rupestris* (SCOP.) J. STEINER – Felsen-Kalksteinkrustenflechte: Wi 774, FleD 929, UT 131

1 Lager schuppig oder auf Holz und Ba-Rinde ►
1* Auf kalkhaltigem Gestein **2**
2 Lager im Gestein (endolithisch) ►
2* Lager auf dem Gestein (epilithisch) und einfö krustig bis meist rissig(-areoliert), graugrünl, oliv, gelbl-grau. Falls Lager warzig-areoliert, weißl: ►.
Felsen-Kalksteinkrustenflechte – *P. rupestris* (SCOP.) J. STEINER

„Protoblastenia"
1 Lager mit derben (hellgrünl-)grauen bis olivfarbenen, unterseits weißl Schuppen ***Psora*** (pr.p.)
1* Lager undeutl bis rein krustig, nicht schuppig **2**
2 Auf Holz und Rinde ***Pyrrhospora*** (pr.p.)
2* Auf Gestein oder auf Erde **3**
3 Auf kalkreicher Erde ***Protoblastenia*** (*terricola*)
3* Auf Gestein. **4**
4 Auf kalkfreiem Silikatgestein ***Pyrrhospora*** (*rubiginans*)
4* Auf Kalkgestein, selten auf kalkhaltigem Silikatgestein ***Protoblastenia***

Protomicarea HAFELLNER – Fle (Asc, Lecanoromycetes, Lecanorales, ? Psoraceae)
Lager krustig, aus gewölbt-körnigen Areolen, (weiß-)grau. Apothecien schwarz, unberandet. Sp 1-zellig, schmal ellipsoid bis fast spindelfö. Photobiont: Coccoide Grünalge. Auf Erdboden und Pflanzenresten, (sub-)alpin. – **Lit**: **24:** 494 unter *Lecidea*, **518**; **25**: 621 unter *Lecidea,* 743 unter *Micarea*, **931**
1 Art = T: *P. limosa* (ACH.) HAFELLNER – **Sumpf-Schneebodenflechte**: FLED 931

Protopannaria (GYELN.) P.M. JØRG. & S. EKMAN – Fle (Asc, Lecanoromycetes, Peltigerales, Pannariaceae)
Lager kleinschuppig bis körnig-krustig, graublau bis dunkelbraun. Schuppen oft dachziegelartig das Substrat überziehend. Apothecien mit oft gekerbtem Lagerrand, sitzend, rotbraun bis schwärzl. Sp 1-zellig, ellipsoid, oft gegen ein oder beide Enden zugespitzt, warzig. Photobiont: *Nostoc*. Auf nackter Erde. – **Lit**: **24: 634–635** unter *Pannaria*; **25**: 800–801 unter *Pannaria*, **932–933**
1 Art = T: *P. pezizoides* (WEBER) P.M. JØRG. & S. EKMAN – **Blaualgen-Erdschüsselflechte**: Wi 635, FleD 932

Protoparmelia M. CHOISY – Fle (Asc, Lecanoromycetes, Lecanorales, Parmeliaceae)
Lager krustig, rissig, areoliert, auch warzig, (grau-, rot-)braun, z. T. mit schwarzem Prothallus. Apothecien (rot-, dunkel-)braun, braunschwarz, mit Lagerrand. Sp 1-zellig, ellipsoid bis spindelfö, farblos. Photobiont: Coccoide Grünalge. Silikatgestein. Ba-Rinde. 7 Arten. – **Lit**: **24:** 454–456 unter *Lecanora*, **775–778**; **25**: 120, 562, 576, 579 unter *Lecanora*, **933–936**
T: *P. badia* (HOFFM.) HAFELLNER: Wi 777, FleD 934

„Protoparmelia“

1 Auf Rinde und Holz ***Protoparmelia*** (*hypotremella, ochrococca, oleagina*)
1* Auf Silikatgestein **2**
2 Scheibe der Apothecien oft stark warzig-uneben, schwarz ***Rimularia*** (*gibbosa*)
2* Scheibe der Apothecien nicht warzig-uneben, dunkel braun bis braunschwarz, oft glänzend ***Protoparmelia***

Protothelenella RÄSÄNEN – Fle (Asc, Lecanoromycetes, Ostropales, Protothelenellaceae)
Lager dünnkrustig, körnig-warzig, membranartig, feucht grünl. Perithecien eingesenkt, mit dunkelbraunem bis schwärzl Scheitel. Asci mit amyloider Außenwand. Sp meist schwach bis entschieden mauerfö unterteilt. Photobiont: Grünalge mit ± breiter Gallerthülle (*Elliptochloris*). Silikatgestein, auf absterbenden Moosen. 4 Arten. – **Lit**: **24:** 79, 82, **778–780**; **25**: 89, 93, **936–938**
T: *P. reducta* (TH. FR.) RÄSÄNEN = *P. sphinctrinoides* (NYL.) H. MAYRHOFER & POELT – **Gallert-Kleinaugenflechte**; abgebildet *P. corrosa* (KÖRB.) H. MAYRHOFER & POELT – **Stein-Kleinaugenflechte**: Wi 778, FleD 937

„Protothelenella“

1 Auf Silikatgestein ***Protothelenella*** (*corrosa*)
1* Auf Ba-Rinde, Moosen, Erde **2**
2 Sp 60–110 µm lang ***Thelenella*** (*muscorum*)

2* Sp kleiner 3
3 Auf Ba-Rinde. Sp zu 4–8 je Ascus. Lager undeutl, bis häutig oder rissig
Thelenella (*modesta*, *pertusariella*)
3* Auf Fels- und Erdmoosen, aber auch auf absterbender Rinde. Sp zu zu 8 je Ascus
Protothelenella (*petri*, *sphinctrinoidella*, *sphinctrinoides*)

Pseudephebe M. CHOISY – Fle (Asc, Lecanoromycetes, Lecanorales, Parmeliaceae)
Lager fädig, verzweigt, (braun-)schwarz, Sorale und Isidien fehlend. Fäden bisw etwas abgeflacht, auch knotig. Apothecien dunkelbraun, braunschwarz, mit bisw schwindendem Lagerrand. Sp 1-zellig, ellipsoid, dickwandig. Photobiont: Coccoide Grünalge. Silikatgestein, entkalktes Karbonatgestein; arktisch-alpin. 2 Arten. – **Lit**: **24:** 184 unter *Bryoria*, **780–781**; **25**: 239 unter *Bryoria*, **938–940**
T: *P. pubescens* (L.) M. CHOISY – **Gewöhnliche Fadenflechte**: Wi 781; abgebildet auch *P. minuscula* (NYL. ex ARNOLD) BRODO & D. HAWKSW. – **Kleine Fadenflechte**: FleD 939

Pseudevernia ZOPF – Fle (Asc, Lecanoromycetes, Lecanorales, Parmeliaceae)
Lager bandartig-strauchig, gabelig verzweigt, oberseits grau, isidiös, unterseits weißl, rosa, blaugrau, schwärzl, leicht rinnig. Apothecien ± kurzstielig, (rot-)braun, mit oft eingebogenem Lagerrand. Sp 1-zellig, ellipsoid, Photobiont: *Trebouxia*. Saure Rinde von LaB und NaB, Silikatfels. – **Lit**: **24:** 71, 75, **782–783**; **25**: 76, **940–942**
1 Art = T: *P. furfuracea* (L.) ZOPF – **Elchgeweihflechte**: Wi 783, FleD 941, UT 38

Pseudosagedia (MÜLL. ARG.) M. CHOISY – Fle (Asc, Lecanoromycetes, Ostropales, Porinaceae)
Lager krustig, dünn, bis rissig-areoliert, auch im Substrat. Perithecien eingesenkt bis sitzend, mit dunkel purpufarbenem Involucrellum. Sp querseptiert, 4–9-zellig, spindelfö. Photobiont: *Trentepohlia*. Silikat- und Kalkgestein, Rinde von LaB. 8 Arten. – **Lit**: **25**: 95–96, 916 unter *Porina*, **942–945**
T: *P. cerasi* (SCHRAD.) M. CHOISY; abgebildet *P. chlorotica* (ACH.) HAFELLNER & KALB – **Blassgrüne Kernflechte**: FleD 943

1 Auf nacktem Gestein ▸
1* Auf Ba-Rinde oder Moosen 2
2 Sp mit 5–7 Septen ▸
2* Sp mit 3 Septen 3
3 Perithecien schwarz bis dunkel grau. Asci gleichmäßig dünnwandig
Kupferfarbige Kernflechte – *Pseudosagedia aenea* (WALLR) HAFELLNER & KALB.
3* Perithecien rötl-gelb, rotbraun oder die Asci oben verdickt und dort mit Grube ▸

„Pseudosagedia"
1 Auf nacktem Gestein ***Pseudosagedia***
1* Auf Ba-Rinde oder auf Moosen 2
2 Sp mit 1–3 Septen. 3
2* Sp mit 5–9 Septen. 5
3 Ascuswand oben (mäßig) verdickt, bitunicat. Lager weißl bis grau, sehr dünn bis undeutl
Strigula (pr.p.)

3* Ascuswand gleichmäßig dünn, unitunicat. Lager blassrosa und leprös oder (rot-, dunkel-)braun, fast schwarz 4
4 Sp 4–7-zellig, × 4–5 µm **Pseudosagedia** (*aenea*)
4* Sp 2-zellig, × 6–8 µm **Porina** (pr.p.)
5 Ascuswand oben (mäßig) verdickt, bitunicat. **Strigula** (pr.p.)
5* Ascuswand dünn **Pseudosagedia** (*borreri*)

Psilolechia A. MASSAL. – Fle (Asc, Lecanoromycetes, Lecanorales, Psilolechiaceae)
Lager krustig, mehlig bis feinkörnig, (grün-)gelb, grünl bis weißl. Apothecien bis nahezu kugelig, bisw mit weißem Rand. Sp 1-zellig, längl-eifö bis trompetenfö. Photobiont: ähnl *Trebouxia*. (Silikat-)Gestein, auch auf Erde in Wurzelhöhlungen. 3 Arten. – Anm: ähnlich ist *Chrysothrix chlorina*. – **Lit**: **24:** 90, 536 unter *Lepraria*, 578 unter *Micarea*, **783–785**; **25**: 108, 625, 640 unter *Lecidea*, 745 unter *Micarea*, **945–946**
T: *P. lucida* (ACH.) M. CHOISY – Gelbfrüchtige Schwefelflechte: Wi 784, FleD 945, UT 141

1 Gelb, grüngelb, völlig mehlig, Apothecien tiefgelb. Falls Lager pulverig-leprös und Apothecien weitgehend fehlend: siehe *Chrysothrix*
Gelbfrüchtige Schwefelflechte – *P. lucida* (ACH.) M. CHOISY
1* Weißl bis grünl ▸

Psora HOFFM. – Fle (Asc, Lecanoromycetes, Lecanorales, Psoraceae)
Lager aus isolierten bis zusammenfließenden Schuppen; diese rundl, oft mit etwas aufgebogenen Rändern, hell- bis dunkelbraun, auch rosarot. Ohne Sorale und Isidien. Apothecien sitzend, ocker, (orange-)braun bis schwarz, randlos. Sp 1-zellig, ellipsoid. Photobiont: Coccoide Grünalge. Kalkböden, auf Moosen, Kalkgestein. 4 Arten. – **Lit**: **24:** 84, 773 unter *Protoblastenia*, **785–787**; **25**: 99, 101, **946–950**
T: *P. decipiens* (HEDW.) HOFFM. – Rotschuppenflechte: Wi 786, FleD 947, UT 121

1 Lager-Schuppen (hell- bis bräunl-)rot, oft bereift und weißl berandet. Auf kalkhaltigem Boden oder auf calciphilen Moosen. Falls rosa: ▸
Rotschuppenflechte – *P. decipiens* (HEDW.) HOFFM
1* Mit anderen Farben. Auf Kalkgestein und basenreichen Böden, aber auch auf Silikatgestein. ▸

„*Psora*“
1 Lager rosa, (braun-)rot, oft weißl bereift **Psora** (*decipiens, saviczii*)
1* Lager mit anderen Farben. 2
2 Auf Silikatgestein 3
2* Auf Kalkgestein 4
3 Sp kugelig. Lager angedeutet schuppig **Schaereria** (pr.p.)
3* Sp ellipsoid. Lager dicke Kissen aus dicht stehenden, verschmelzenden Schuppen **Psorinia** (*conglomerata*)
4 Lager am R mit strahlig verlängerten Lappen im übrigen aber krustenfö. K+ purpurn **Placolecis** (pr.p.)
4* Lager schuppig, K−, falls K+ schwach rot, dann nicht auf Gestein. 5
5 Epihymenium K+ rot **Psora** (*albilabta, globifera, testacea*)
5* Epihymenium K− 6

6 Unterer Teil des Hymeniums und das Hypothecium mit schwarzblauen Körnern. Sp × 4–4,5 µm **Lecidea** (pr.p.)
6* Ohne solche Körner. Sp × 6–7,5 µm **Romjularia** (pr.p.)

Psorinia GOTTH. SCHNEIDER – Fle (Asc, Lecanoromycetes, Lecanorales, Lecanoraceae)
Lager zusammengesetzt aus kleinen Schuppen, ± polsterfö, grau bis gelbl-grün, oberseits faltig, hell gebändert. Apothecien schwarz. Sp 1–2-zellig. Photobiont: Coccoide Grünalge. Silikatgestein. 1 Art. – **Lit**: **24:** 909 unter *Toninia*; **25**: 948 unter *Psora*, **950–952**
T: *P. conglomerata* (ACH.) GOTTH. SCHNEID. – **Geknäulte Blasenkrustenflechte**: FleD 951

Psoroglaena MÜLL. ARG. – Fle (Asc, Eurotiomycetes, Verrucariales, Verrucariaceae)
Lager krustig, auch aus koralloiden Elementen zusammengesetzt. Perithecien blassbraun. Sp querseptiert, 2–6-zellig. Photobiont; Coccoide Grünalge (*Auxenochlorella*). Auf Rinde von LaB, meist in Verbindung mit Moosen. 2 Arten. – **Lit**: **25**: 95, 119, 126, **950–952**
T: *P. cubensis* MÜLL. ARG. – **Algenflechte** (Gattung)

Psoroma MICHX. – Fle (Asc, Lecanoromycetes, Peltigerales, Pannariaceae)
Lager kleinschuppig, feucht tiefgrün, sonst (grünl-, gelb-)braun, unterseits hell. Apothecien mit tiefliegender (gelb-, rot-)brauner Scheibe, die kräftig berandet ist. Lagerrand mit Schüppchen und außen zudem körnig oder gekerbt. Sp 1-zellig, ellipsoid. Außen warzig-rippig. Photobiont: Grünalge und zudem in Cephalodien mit *Nostoc*. Erde, Moose und andere Pflanzenreste. 2 Arten. – **Lit**: **24:** 86, **787–788**; **25**: 100, 108, **952–953**
T: *P. hypnorum* (WAHL) GRAY – **Grünalgen-Erdschüsselflechte**: FleD 952

Psorotichia A. MASSAL. (Asc, Lichinomycetes, Lichinales, Lichinaceae)
Lager krustig, zusammenhängend oder lückig-feinkörnig, areoliert, koralloid, schwärzl, braunschwarz, dunkel-oliv, bisw ± bereift. Apothecien ± sitzend, auch gestielt oder eingesenkt, mit Lagerrand, innen mit brauner oder schwärzl Scheibe. Sp 1-zellig, ellipsoid bis fast kugelig. Photobiont: Cyanobakterium („Blaualge"; *Chroococcidiopsis*) mit dünnen, gegen den Lagerrand gelbbraun getönten Gallerthüllen. Kalkgestein, kalkhaltiges Silikatgestein, Erdboden. 7 Arten. – **Lit**: **24:** 764 unter *Porocyphus*, **788–789**; **25**: 89, **953–957**
T: *P. murorum* A. MASSAL. – **Mauer-Teerfleckflechte**; abgebildet *P. lutophila* ARNOLD – **Boden-Teerfleckflechte**: FleD 954

„Psorotichia"
1 Auf dem Boden **Psorotichia** (*lutophila*)
1* Auf Gestein. 2
2 Lager sehr dünn, staubig, dünnkrustig, kleinfelderig areoliert. 3
2* Lager kräftiger entwickelt 8
3 Lager staubig dünn, sehr kleinkörnig, lückig, 50–65 µm dick **Psorotichia** (*montinii*)
3* Lager nicht staubig, wohl aber kleinfelderig bis körnig areoliert, meist um 100 µm dick 4
4 Apothecien sehr klein und unauffällig, 0,17–0,25 mm. Sandstein **Gonohymenia** (pr.p.)
4* Apothecien recht auffällig mit Scheibe und R 5
5 Apothecien mit Eigenrand, dieser leuchtend ziegelrot oder dunkel rotbraun **Lemmopsis** (pr.p.)
5* Eigenrand fehlend oder undeutl, Lagerrand dominierend 6
6 Lager ergossen dünnkrustig bis unregelmäßig körnig-areoliert **Pterygiopsis** (*neglecta*)

6* Lager kleinfelderig areoliert. Areolen ± eckig **7**
7 Apothecien konisch bis kugelig, mit zieml enger Scheibe und flachem Lagerrand, gut entwickelt auch mit breiter genabelter Scheibe ***Pyrenocarpon*** (pr.p.)
7* Apothecien erhaben sitzend, mit vertiefter offener Scheibe und wulstigem Lagerrand ***Psorotichia*** (*frustulosa*)
8 Lager grau, auch ganz oder stellenweise grau bereift **9**
8* Lager schwarz, dunkel braunoliv, unbereift **12**
9 Sp klein, 5–7 × 3–4 µm, zu vielen je Asucs ***Pterygiopsis*** (*affinis*)
9* Sp zu 8 je Ascus **10**
10 Lager schwärzl-grün bis dunkel braunoliv, allenfalls nur stellenweise bereift ***Psorotichia*** (*schaereri*)
10* Lager grau oder völlig grau bereift. **11**
11 Lager 0,5–1 mm dick ***Metamelanea*** (pr.p.)
11* Lager nur bis zu 0,25 mm dick, (blauschwarz) bis blaugrau bereift ***Psorotichia*** (*diffracta*)
12 Scheibe der Apothecien genabelt bis gerillt, schwarz bis tief dunkel rotbraun **13**
12* Scheibe nicht gerillt und nicht genabelt oder falls genabelt, dann diese blass gelbbraun **15**
13 Epihymenium dunkel grün(-blau) ***Thelignya*** (pr.p.)
13* Epihymenium gelbl-braun **14**
14 Apothecien-Scheibe glatt bis grob uneben, aber weder (einfach) genabelt nicht rillig, schwärzl bis dunkel braunrot ***Psorotichia*** (*lugubris*)
14* Apothecien-Scheibe genabelt bis rillig, schwarz ***Metamelanea*** (pr.p.)
15 Apothecien lassen im Schnitt ein Excipulum erkennen. **16**
15* Excipulum fehlend oder sehr dünn. **17**
16 Eigenrand der Apothecien leuchtend ziegelrot, dunkel rotbraun. Photobiont ist ein 1-zelliges, sehr kleines Cyanobakterium ***Lemmopsis*** (pr.p.)
16* Eigenrand der Apothecien nicht ziegelrot, vielmehr gelbl bis dunkel braun. Photobiont ist ein kurzfädiges (selten auch 1-zelliges) Cyanobakterium (*Calothrix*) ***Porocyphus*** (pr.p.)
17 Sp klein, 5–7 × 3–4 µm, zu vielen je Ascus ***Pterygiopsis*** (*affinis*)
17* Sp größer, zu 8 je Ascus **18**
18 Excipulum vorhanden, seitl etwa 10 µm dick ***Pterygiopsis*** (*neglecta*)
18* Excipulum fehlend oder rudimentär und zugleich Apothecien zieml klein 0,2–0,5 mm. Falls Excipulum vorhanden, Apothecien größer, bis 0,7 mm und gelb bis rotbraun (nicht dunkel braunrot, nicht schwärzl) ***Psorotichia*** (*murorum, schaereri*)

Pterygiopsis VAIN. – Fle (Asc, Lichinomycetes, Lichinales, Lichinaceae)
Lager krustig, areoliert bis kleinschuppig, schwärzl, dunkel braunoliv, bisw grau bereift, ± glatt oder körnig. Apothecien halb eingesenkt bis sitzend, mit Lagerrand. Scheibe zunächst punktfö, dann weit offen, (gelb-, rot-)braun, schwärzl. Sp 1-zellig, breit ellipsoid bis kugelig, zu 8–32–40 je Ascus. Photobiont: 1-zelliges Cyanobakterium mit gelbbrauner Gallerthülle. Kalk- und Dolomitgestein, Silikatgestein, Schlacke, 2 Arten. – **Lit**: **25**: 954–956 unter *Psorotichia*, **957–958**
T: *P. atra* VAIN – **Schwarze Flügelaugenflechte**.

Punctelia KROG – Fle (Asc, Lecanoromycetes, Lecanorales, Parmeliaceae)
Lager blättrig, tief geteilt, grau, bisw bereift, mit Soralen. Apothecien flächenständig, sitzend, braun, mit erhabenen Lagerrand. Sp 1-zellig, ellipsoid. Photobiont: *Trebouxia*. Rinde von LaB. 3 Arten. – **Lit**: **24:** 646 unter *Parmelia*; **25**: 808 unter *Parmelia*, **958–960**
T: *P. borreri* (SM.) KROG – **Sternhimmelflechte**: FleD 958

Puttea S. STENROOS & HUHTINEN – Fle (Asc, Lecanoromycetes, ?Lecanorales)
Lager krustig. Apothecien blassocker, rotbraun. Sp 1-zellig. Photobiont; Coccoide Grünalge. Auf Holz bzw. Stümpfen von NaB. 1 Art. – **Lit**: **25**: 630 unter *Lecidea*, **960–961**
T: *P. margaritella* (HULTING) S. STENROOS & HUHTINEN – **Knöpfchenflechte** (Gattung)

Pycnora HAFELLNER – Fle (Asc, Lecanoromycetes, Candelariales, Pycnoraceae)
Lager krustig, rissig-areoliert bis körnig, bisw kleinschuppig, grau bis braun, oft sorediös. Apothecien selten, schwarz, unbereift, mit ebenem bis gewelltem Rand. Sp 1-zellig, ellipsoid. Photobiont: Coccoide Grünalge. Auf saurer Rinde und Holz von NaB. 3 Arten. – **Lit**: **25**: 110, 121, 529 unter *Hypocenomyce*, **961**
T: *P. xanthococca* (SOMMERF.) HAFELLNER; abgebildet *P. sorophora* (VAIN.) HAFELLNER – **Versteckte Holzkrustenflechte**: FleD 961

Pycnothelia DUFOUR – Fle (Asc, Lecanoromycetes, Lecanorales, Cladoniaceae)
Lager gegliedert, Primärthallus krustig, körnig-warzig, hellgrau, Sekundärthallus aus kugeligen, zylindrischen bis keuligen, einfachen bis verzweigten, glatten, hohlen Gebilden (Pseudopodetien), die grau, an den Spitzen bräunl sind. Apothecien selten, an den Enden der Pseudopodetien, schildfö, dunkel rotbraun. Sp querseptiert, 1–4-zellig, spindelfö. Photobiont: Coccoide Grünalge (*Asterochloris*). Saure Böden. – **Lit**: **24:** 295 unter *Cladonia*, **790–791**; **25**: 373 unter *Cladonia*, **962**
1 Art = T: *P. papillaria* (EHRH.) L.M. DUFOUR – **Papillenflechte**: Wi 790, FleD 963

Pyrenocarpon TREVIS. – Fle (Asc, ? Lecanoromycetes)
Lager krustig, kleinfeldrig areoliert, dünn, braunoliv bis schwärzl, feucht gallertig. Apothecien halbkugelig vorstehend, schließl aufsitzend und weit geöffnet, braunrot, mit dünnem, bleibend glattem Lagerrand. Sp 1-zellig, ellipsoid. Photobiont: Coccales Cyanobakterium, dessen Gallerthüllen gegen den Lagerrand zunehmend gelbbraun sind. Kalkgestein. 1 Art. – **Lit**: **25**: 955 unter *Psorotichia*, **962**
T: *P. flotowianum* (HEPP) TREVIS. = *P. thelostomum* (ACH. ex J. HARRIMAN) COPPINS & APTROOT – **Warzige Uferteerfleckflechte**

Pyrenopsidium siehe *Cryptothele*

Pyrenopsis (NYL.) NYL. – Fle (Asc, Lichinomycetes, Lichinales, Lichinaceae)
Lager krustig, körnig bis areoliert, selten kleinschuppig, koralloid, schwärzl, dunkel rötlbraun. Frk jung ähnl Perithecien, später mit geöffneter (rot-)brauner bis schwarzer Scheibe mit Lagerrand. Sp 1-zellig, ellipsoid bis kugelig, zu 8 oder zu 16–64 je Ascus. Photobiont: Cyanobakterium („Blaualge“; *Gloeocapsa*; Gallerthüllen gegen Lagerrand zunehmend rötl-braun). Silikatgestein. Etwa 4 Arten. – **Lit**: **24:** 763 unter *Porocyphus*, **791–792**; **25**: 90, **963–965**
T: *P. fuscatula* NYL.; abgebildet u. a. *P. subareolata* NYL. – **Gefelderte Warzengallertflechte**: FleD 964

„Pyrenopsis"

1 Apothecien flach bis mäßig gewölbt. Lager trocken dunkel weinrot bis dunkel rotbraun. ***Euopsis*** (*pulvinata*)

1* Apothecien zumindest jung mit vertiefter, punktfö Scheibe und dadurch wie Perithecien. Lager trocken rötl- oder braunschwarz ***Pyrenopsis***

Pyrenula ACH. – Fle (Asc, Eurotiomycetes, Pyrenulales, Pyrenulaceae)
Lager krustig, meist dünn und ± glatt, auch weitgehend im Substrat, cremeweiß, oliv, braun. Perithecien fast ganz bis halb eingesenkt, schwarz, oft vom Lager überdeckt. Sp 4-zellig, ellipsoid bis breit spindelfö, braun, mit ungleich dicken Wänden, Zelllumina rhombisch bis rundl. Photobiont: *Trentepohlia*. Rinde von LaB und La-Gehölzen. 4 Arten. – **Lit**: **24:** 82, **792–794**; **25**: 94, **965–967**
T: *P. nitida* (WEIGEL) ACH. – Große Pickelflechte: Wi 793, FleD 966, UT 159

1 Mit einem der folgenden Merkm: Sp-Fächer nicht linsenfö oder braunes Gehäuse unten offen, dieses K– ▸

1* Sp mit linsenfö bis rhombischen Fächern, braunes Gehäuse ringsum geschlossen und K+ rot **2**

2 Perithecium bis 1,5 mm, halbkugelig vorstehend, nur anfangs vom Lager umschlossen **Große Pickelflechte** – *P. nitida* (WEIGEL) ACH.

2* Perithecien bis 0,4 mm, nicht so stark vorstehend wie bei voriger Art **Kleine Pickelflechte** – *P. nitidella* (FLÖRKE ex SCHAER.) MÜLL. ARG.

„Pyrenula"

1 Sp mit linsenfö bis rhombischen Fächern ***Pyrenula***

1* Sp nicht mit linsenfö aussehenden Fächern, jedoch von Beginn an mit deutl Querfächern ***Eopyrenula*** (*leucoplaca*)

Pyrrhospora KÖRB. – Fle (Asc, Lecanoromycetes, Lecanorales, Lecanoraceae)
Lager krustig, dünn, areoliert, bisw sorediös. Apothecien rotbraun, (braun-)schwarz, mit gleichfarbenem Eigenrand (oft schwindend und undeutl). Sp 1-zellig, ellipsoid. Photobiont: Ähnl *Trebouxia*. Stamm von LaB und von Tanne. 1 Art. – **Lit**: **24:** 94, 496 unter *Lecidea*, 773 unter *Protoblastenia*, **794–795**; **25**: 120, 624 unter *Lecidea,* 928 unter *Protoblastenia*, **968**
T: *P. quernea* (DICKS.) KÖRB. – **Eichen-Feuerflechte**

Pyxine FR. – Fle (Asc, Lecanoromycetes, Caliciales, Caliciaceae)
Lager laubartig, rosettig, mit gestreckt-radialen Lappen, weißl bis grau, selten bräunl-grau, oft weiß bereift, oft mit linearen bis netzig verbundenen Pseudocyphellen, mit randständigen Soralen. Unterseits schwarz, mit Rhizinen. Apothecien (im Gebiet fehlend) mit schwarzer, oft bereifter Scheibe. Photobiont: Coccoide Grünalge. Stamm von Rotbuche. – **Lit**: **24:** 656 als *Parmelia*; **25**: 85, 968–969
1 Art = T: *P. sorediata* (ACH.) MONT. – **Senfflechte**

Pilze, Gattungen R

Radiigera ZELLER, Erdkugel – Hyp (Bas, Agaricomycetes, Geastrales, Geastraceae)
Frk annähernd kugelig bis abgeplattet kugelig, 2,5–4 × 1,5–3 cm, später auch epigäisch, erst weiß, dann hell-braun, mit weißem Mycel. Innen (Gleba) mit radiärer, jung röhrenfö Struktur, alt pulverig und schwarz. Columella (Pseudocolumella) vorhanden, bis in die Mitte des Frk reichend. Capillitium vorhanden, wenig verzweigt, hyalin bis hell braun. Sp braun, kugelig, warzig, 3–5 µm (ohne Ornament). Terricol. In Mitteleuropa noch nicht nachgewiesen (Vork: Mittelmeergebiet und Mittelschweden). – **Lit**: **9**: 345, **12**: 483
1 Art = T: *R. atrogleba* ZELLER – **Schwarzgleba-Erdkugel**: MJ 7Rad1, MS 540

Ramaria (FR.) BON, Koralle – KoP (Bas, Agaricomycetes, Gomphales, Gomphaceae)
Frk verzweigt korallenfö, F brüchig oder zäh, im Frk monomitisch, im basalen Mycel oder Rhizomorphen einiger Arten dimitisch. Spp gelbl, ocker oder bräunl. Sp ellipsoid, fast glatt, gestreift, warzig oder stachelig, Ornament cyanophil. Über 50 Arten. Meist terricol, z. T. EktM, selten lignicol. – Schlüssel nach CHRISTAN 2008: Die Gattung Ramaria in Deutschland. IHW, Eching. – Syn: *R. pallida* = *R. mairei*. – **Lit**: **9**: 271, **12**: *99*
T: *R. botrytis* (PERS. : FR.) BOURDOT – Hahnenkamm-Koralle: BK 2.461, Gh 583, HK 1.178, Kr 2.69, Lx 475, Md 75, MJ 5Ram6, Ph 261

1 Basidien und Hyphen ohne Schnallen. **2**
1* Basidien und oft auch Hyphen mit Schnallen **15**
Basidien am Fuß ohne Schnalle (2–14)
2 Äste leuchtend schwefelgelb, Strunk mit weinroten Flecken. Sp warzig-wulstig ornamentiert, 7,5–12 × 3,8–5,5 µm. LaW, NaW, Kalkgesteinsböden
Blutrotfleckende Koralle – *R. sanguinea* (PÉRS.) QUÉL.
2* Äste mit anderen Farben o d e r wenn schwefelgelb, dann Strunk ohne weinrote Flecken **3**
3 Äste rein gelb ohne rötl Mischtöne **4**
3* Äste ohne vorherrschende Gelbtöne u n d/o d e r mit beigemischten rötl Tönen. . . . **7**
4 Sp warzig-wulstig ornamentiert, (8–)8,5–13 × 3,8–6 µm, meist nur bis 12,5 µm lang. Frk kräftig goldgelb, ohne kühle Gelbtöne, Äste goldgelb, im Alter mit lachsfarbenem Reflex, Astenden häufig orange. LaW, Kalkgesteinsböden
Goldgelbe Koralle – *R. aurea* (SCHAEFF. : FR.) QUÉL.
4* Sp länger (bis mindestens 14 µm) oder kürzer (bis höchstens 11 µm) **5**
5 Sp höchstens bis 11 µm lang **6**
5* Sp entschieden länger ▸
6 Frk nur jung hell gelb, bald ausblassend und dann hell lederfalb. Astspitzen bald rotbraun werdend (nur bei sehr jungen Frk noch gelbl). Strunk häufig mit Schuppen. Sp 7–10,3(–11,2) × 3,2–4,5(–4,8) µm. NaW (Fichte), EktM
Rotzähnige Koralle – *R. rufescens* (SCHAEFF. : FR.) CORNER
6* Frk mit anderen Farben, z. B. auch im Alter hellgelb, schwefelgelb o d e r F gelatinös ▸
7 Äste und Astenden völlig ohne Gelbtöne **8**

7* Zumindest Astenden, meist auch Äste mit gelben Tönen **9**

8 Äste vorübergehend blass altrosa, bald weißl bis hell milchkaffeefarben ausblassend; manchmal mit blass rosavioletten Astenden. F im Strunk weiß, von unten her bräunend, aber nicht gezont. Sp 8–13 × 4,5–7 µm. LaW, NaW, EktM

Bauchweh-Koralle – *R. mairei* DONK

8* Merkm verschieden: z. B. Sp nur bis 4,5 µm breit und meist nur bis 11 µm lang, F im Strunk weiß, gezont, und bräunend, oder Astenden gelb, oder Äste mit intensiven, leuchtend lachsrosa, lachsroten, korallenroten bis orangefarbenen Tönen ▸

9 Astspitzen sehr blass oder Sp breit ellipsoid bis fast kugelig ▸

9* Merkm verschieden **10**

10 Astspitzen rotbraun. Strunk schuppig siehe **6**: *R. rufescens*

10* Astspitzen nicht rotbraun, vielmehr rosa, gelb, orange. Strunk nicht schuppig **11**

11 Strunk auf Druck oder bei Verletzung schmutzig grau, grauschwärzl bis graubräunl verfärbend ▸

11* Strunk nicht derart verfärbend **12**

12 Sp im Mittel unter 11 µm **13**

12* Sp im Mittel über 11 µm ▸

13 Sp im Mittel weniger als 8 µm lang oder länger, aber dann schmal, 3–5 µm breit. . **14**

13* Sp länger und breiter, 4–6 µm breit ▸

14 Junge Frk mit deutl Gelbtönen, Äste rosa-lachsfarben, Astenden gelb abgesetzt. Sp 6,5–11,5 × 3–5 µm. LaW (Buche), EktM

Buchen-Koralle – *R. fagetorum* MAAS GEEST. ex SCHILD

14* Junge Frk korallenrot. Sp 7,5–12 × 3–4,7 µm. LaW, EktM

Rosenrote Koralle – *R. subbotrytis* (COKER) CORNER

Basidien am Fuß mit Schnalle; z. T. auch Hyphensepten so (15–41)

15 Sp-Ornament in Form von Streifen. **16**

15* Sp-Ornament fehlend oder stachelig, höckerig, warzig, wulstig, runzelig **18**

– Sporenornament in Form von Streifen (16–17)

16 Äste primelgelb, schwefelgelb, bananengelb ▸

16* Äste weiß, cremefarben, bräunl **17**

17 Strunk weiß, Äste weiß bis leicht cremefarben getönt. Astspitzen jung meist sehr kräftig weinrötl abgesetzt, im Alter ausblassend. F nicht amyloid (falls F im Strunk amyloid: *R. rubrievanescens* MARR & D.E STUNTZ) Sp (10–)11–18(–20) × 4,2–6,2 µm. LaW, EktM **Hahnenkamm-Koralle** – *R. botrytis* (PERS. : FR.) BOURDOT

17* Strunk hellbraun, falls weiß, dann graubraun anlaufend o d e r Sp maximal bis 13,5 µm lang ▸

18 Sp auch in Baumwollblau völlig glatt ▸

18* Sp deutl ornamentiert **19**

– Sporen mit Ornament aus Stacheln, Warzen etc. (19–41)

19 Rhizomorphen mit Skeletthyphen, Asttrama mit auffallend dickwandigen Hyphen . . **20**

19* Rhizomorphen und Asttrama ohne Skeletthyphen **23**

20 Astspitzen an jungen Ästen grün. Sp 7–11 µm lang. Lignicol auf morschem Holz **Zugespitzte Koralle** – *R. apiculata* (FR. : FR.) DONK

20* Astspitzen nicht grün. Sp 4,8–8,5 µm lang oder auch länger **21**

21 Frk rein weiß bis blass cremefarben. F mit kräftigem Anisgeruch. Skeletthyphen auch in den Ästen vorhanden. Sp 4,8–8 µm lang. NaStreu (Fichte) seltener LaStreu (Buche) **Zierliche Koralle** – *R. gracilis* (PERS. : FR.) QUÉL.

21* Merkm verschieden: F ohne Anisgeruch, Frk intensiver gefärbt. Äste ohne Skeletthyphen **22**

22 Astspitzen gelb oder gelbl und dadurch farbl von den Ästen abgesetzt. Lignicol auf morschem Holz. Im unteren Strunk keine dickwandigen Hyphen vorhanden. Sp (6–)6,5–10 × 3,5–5,2 µm **Steife Koralle** – *R. stricta* (PERS. : FR.) QUÉL

22* Astspitzen weder gelb noch von den Ästen farbl abgesetzt, allenfalls dunkler braun bis weinrotbraun. Bisw Strunkbasis mit dickwandigen Hyphen ▸

23 Sp-Ornament stachelig **24**

23* Sp-Ornament fast glatt, runzelig, wulstig, warzig oder höckerfö, keinesfalls stachelig **29**

– – ***Sporenornament stachelig (24–28)***

24 Sp über 10 µm lang, im Mittel länger als 11 µm. Rhizomorphen mit Nadelkristallen▸

24* Sp bis 10 µm lang, im Mittel unter 8,5 µm. Kristalle in Rhizomorphen fehlend oder sternfö **25**

25 Rhizomorphen cremegelb bis gelb, auf Druck nicht verfärbend. Geruch unbedeutend, nicht anisartig. Äste jung hell ockergelb bis ocker, im Alter bräunl bis rotbraun. (Falls Äste jung hell beige- bis cremeweiß und Geruch anisartig: *R. helodes*). Sp 6–10 × 3–4,5 µm. NaStreu (Fichte, Kiefer), LaStreu (Buche) **Nichtverfärbende Fichten-Koralle** – *R. eumorpha* (P. KARST.) CORNER

25* Rhizomorphen weiß, bisw auf Druck rötl bis rötl-braun verfärbend **26**

26 Mit einem der nachfolgend genannten Merkm: F grauend, Strunk rein weiß, Frk mit Olivtönen, Frk über 10 cm hoch ▸

26* Ohne genannte Merkm. Frk meist unter 7 cm. **27**

27 Mit einem der nachfolgend genannten Merkm: Frk rein ocker, auf Holz, in Grasland (z. B. Halbtrockenrasen), in Gebüsch ▸

27* Ohne genannte Merkm. In der Streu des Waldbodens **28**

28 Sp (5–)5,5–8,5(–9) × 2,9–4,2 µm. Frk häufig kurzstielig, da schon basal verzweigt. Oberfläche der Äste glatt, nicht runzelig. Strunk voll, nicht hohl. Äste jung hell strohgelb, gelbocker bis ocker, alt zunehmend dunkler bis stellenweise rötl-braun verfärbend. NaStreu (Fichte), LaStreu (Buche, Erle, Eiche) **Flattrige Fichten-Koralle** – *R. flaccida* (FR.) BOURDOT

28* Merkm verschieden, Sp-Maße anders ▸

– – ***Sporenornament nicht stachelig, eher runzelig, wulstig, warzig, höckerig (29–41)***

29 Frk auf Druck grün, olivgrün, blaugrün verfärbend. Sp maximal bis 8,5–10 µm lang und maximal 4,8 µm breit (Falls Sp größer, 6,5–14 × 3,8–5,5 µm: *R. ochraceovirens*). NaStreu (Fichte, Kiefer), LaStreu (Buche) **Grünfleckende Fichten-Koralle** – *R. abietina* (PERS. : FR.) QUÉL.

29* Frk auf Druck nicht so verfärbend **30**

30 Sp (in Baumwollblau) entlang der Profillinie glatt erscheinend, nur in Aufsicht runzelig, feinwarzig-wulstig, Ornament längsgerichtet. Äste rein gelb, ohne rosa oder lachsfarbenen Mischton (Falls mit rosa bis fleischfarbenem Mischton ►). Bisw Astspitzen im Alter dunkler, rotbraun, typisch jedoch rein gelb. Sp 9–15 × 3,8–5,5 µm. LaW (var. *flava*), NaW. [var. *scandinavica* (R.H. PETERSEN) CHRISTAN]

Schwefelgelbe Koralle – *R. flava* (SCHAEFF. : FR.) QUÉL.

30* Sp im Profil deutl rau (auch ohne Baumwollblau). Ornament warzig bis warzig-wulstig **31**

31 Sp-Ornament nur warzig, ohne Wulste. Bisw mit kräftigem Anisgeruch. Frk meist schlank, meist wenig fleischig. **32**

31* Sp-Ornament wulstig-warzig. Ohne Anisgeruch. Frk kräftig-fleischig **33**

32 Frk eher zierl, wenig fleischig, weiß bis cremefarben, sehr blass, im Alter bis zu hell zimtfarben, Astspitzen immer sehr hell bleibend. Äste auf Druck nicht verfärbend. Rhizomorphen ohne Nadelkristalle. Sp 7–10,2 × 3,5–4,3 µm. NaStreu

Schwedische Koralle – *R. suecica* (FR.) DONK

32* Frk dunkler o d e r kräftig-fleischig. Rhizomorphen bisw mit Nadelkristallen ►

33 Frk gelb oder mit leuchtend rosa, lachsrosa, lachsrötl bis orangen Farbtönen **34**

33* Frk mit anderen Farben: z. B. jung schmutzig weiß, dann graubräunl, auch mit weinrötl Flecken am Strunk ►

34 Äste gelb, blassgelb bis orangegelb, mit fleischrosa oder lachsfarbenem Reflex. Äste auch gänzl rosa, lachsfarben, lachspurpurn. **35**

34* Äste ohne fleischrosafarbenen Reflex, ohne lachsrosa bis lachsfarbene Töne. Äste rein gelb, orange-gelb oder auch violettl bis bräunl. **37**

35 Äste mit gelben Farbtönen **36**

35* Äste ohne gelbe Farbtöne, vielmehr blass bis deutl lachsfarben, lachsrosa. Astenden auch im Alter abgesetzt gelb bleibend. F etwas bräunend. Geruch unbedeutend (Falls Geruch stechend unangenehm und Frk eher mit düsteren Farben ►). Sp 8–13(–14) × 4–6,5 µm. LaW (Buche) **Dreifarbige Koralle** – *R. formosa* (PERS. : FR.) QUÉL.

36 Frk hellgelb bis orangegelb, in den Ästen fleischfarben bis rosa, Astenden gelb. F weiß. Schnallen an Hyphen der Asttrama häufig. Sp 8–13(–14) × 3,5–5,5 µm. LaW, NaW

Gelbliche Koralle – *R. flavescens* (SCHAEFF.) R.H. PETERSEN

36* Merkm anders: z. B. Sp im Mittel weniger als 8,5 µm breit. Schnallen selten ►

37 Äste lilafarben, violettl bis bräunl ►

37* Äste lebhaft gelb, falls ledergelb bis zimtgelb (bräunl) Strunk auf Druck nicht verfärbend. **38**

38 Schnallen in tieferer Asttrama sehr selten bis fehlend. Äste gänzl gelb oder unten gelb und nach oben mehr orange. Astspitzen gelb, orangegelb, orange bis orangerot. Sp 10–16 × 3,8–6 µm. NaW (Fichte)

Orangefarbene Gebirgs-Koralle – *R. largentii* MARR & STUNTZ

38* Schnallen in tieferer Asttrama regelmäßig vorhanden **39**

39 Sp im Mittel unter 9,5 µm lang ►

39* Sp im Mittel über 9,5 µm lang, 8–12,5 µm und länger **40**
40 Sp maximal 8–13 × 3,5–5,5 µm **41**
40* Sp größer (–16 µm) ▸
41 Äste rein gelb und so bleibend. F mit Rettich- oder Radieschengeruch
Rettichgeruch-Koralle – *R. flavoides* SCHILD
41* Äste allenfalls jung rein gelb, bald orangegelbl oder fleischrosagelbl verfärbt.
Siehe **36**: *R.flavescens*

Ramaricium J. ERIKSS. – RiP (Bas, Agaricomycetes, Gomphales, Lentariaceae)
Frk resupinat, mit deutl weißem Subiculum, glatt, oberseits ockerfarben mit weißem Rand. Monomitisch, Hyphen hyalin, glatt, z. T. angeschwollen, mit Schnallen. Zystiden fehlend. Sp hell gelbl, ellipsoid, etwas dickwandig, warzig, stark cyanophil, 5–9 × 3,5–4,5 µm. Bryicol, lignicol. – **Lit**: **9**: 277, **12**: 233
1 Art = T: *R. alboochraceum* (BRES.) JÜLICH

Ramariopsis (DONK) CORNER, Wiesenkoralle – KoP (Bas, Agaricomycetes, Agaricales, Clavariaceae)
Frk mit ± deutl Stiel, meist verzweigt, Äste zylindrisch bis abgeflacht, oben zuspitzend oder abgerundet, wirtelig, weiß, gelb, orange, grünl oder violett. Hyphen ± angeschwollen, mit Schnallen. Sp ellipsoid bis kugelig, rau, warzig oder stachelig, innen mit großem Öltropfen. Etwa 5 Arten. Terricol, seltener lignicol. – **Lit**: **9**: 252, **12**: 82
T: *R. kunzei* (FR.) CORNER – Weißliche Wiesenkoralle: Br 1099,1, Ct 1622, Gh 591, Lx 467, MJ 5Ram2, RH 125

1 Frk recht groß, 2–12 cm hoch, recht zäh, reich und dicht verzweigt, rein weiß bis hell creme, hell bräunl, selten mit rosa Hauch. Sp breit ellipsoid bis subglobos, etwas dickwandig, fein stachelig, 3,5–5,5 × 2,5–4,5 µm [Falls Sp ellipsoid, 5–7 × 2,8–3,5 µm, fein warzig: ▸]. Terricol, seltener lignicol auf morschem Holz, Wälder, Weiden
Weißliche Wiesenkoralle – *R. kunzei* (FR.) CORNER
1* Frk recht klein, bis 5 cm hoch **2**
2 Frk violett oder lila, 1–2 cm hoch, 1–3-mal spärl verzweigt mit fadenfö Ästen. Sp subglobos, fein warzig, 3–4,5 × 2,5–3,5 µm. Terricol, Wälder.
Lilafarbene Wiesenkoralle – *R. pulchella* (BOUD.) CORNER
2* Frk weiß, hell strohfarben, hell gelbl-ocker, goldgelb, gelborange ▸

Ramicola siehe *Simocybe*

Ramsbottomia BUCKLEY – op. Disc (Asc, Pezizomycetes, Pezizales, Pyronemataceae)
Frk (Apothecien) sitzend 1–6 mm, kreiselfö bis scheibenfö, mit abgesetztem Rand, 1–6 mm. Oberseits (Hymenium) gelb bis orange, außen gleichfarben, mit kurzen, anliegenden, stumpfen, gelbl-braunen Haaren. Asc-Sp hyalin, stachelig, mit vielen Tröpfchen, (annähernd) kugelig. 3 Arten. Terricol. – **Lit**: **10**: 112
T: *R. lamprosporioides* BUCKLEY

Ramularia UNGER – ParP (Dothideomycetes, Capnodiales, Mycosphaerellaceae, Anamorphe zu *Mycosphaerella*)
Blattfleckenkrankheit graue oder weiße Rasen bildend mit verzweigten Konidienträgern, die durch die Stomata hervorbrechen. Konidien einzeln oder in Ketten, nur jung 1-zellig, später 2–3-zellig, selten mehrzellig, hyalin, selten hellfarben. – **Lit**: **13**: 1104, **JK** 49 (auf *Ajuga*), 51 (*Alchemilla*), 153 (*Digitalis*), 155 (*Doronicum*), 208 (*Geranium*), 211 (*Glechoma*), 218 (*Helleborus*), 244 (*Lapsana*), 245 (*Lathyrus*), 248 (*Heracleum, Levisticum* etc.), 255 (*Lotus*), 296 (*Phyteuma*), 347 (*Ranunculus*), 367 (*Rumex*), 380 (*Scrophularia*), 430 (*Urtica*), 446 (*Veronica*), 457, 458 (*Viola*).
T: *R. pusilla* UNGER. oder *R. didyma* UNGER: Bra 1105: 279

Rectipilus AGERER, Hängeröhrchen – CyP (Bas, Agaricomycetes, Agaricales, Pterulaceae)
Frk verkehrt becherfö bis schüsselfö, hängend, weißl, glatt bis fein filzig, 0,5–1 mm. Hyphen mit Schnallen. Randhaare des Frk glatt, unverzweigt (bei *Henningsomyces* verzweigt, bei *Flagelloscypha* inkrustiert). Sp ellipsoid, glatt, hyalin, inamyloid, 5–6,5 × 4–5 µm. 2 Arten. LaH, NaH. – **Lit**: **11**: 204
T: *R. fasciculatus* (PERS.) AGERER – **Büscheliges Hängeröhrchen**: BK 2.231

Repetobasidium J. ERIKSS., Repetorindenpilz – RiP (Bas, Agaricomycetes, Hymenochaetales, Repetobasidiaceae)
Frk resupinat, membranös, wachsartig, dünn, oft kaum sichtbar, glatt bis fein netzig. Monomitisch. Hyphen hyalin, meist mit Schnallen. Zystiden vorhanden, dünnwandig, kopfig, zylindrisch oder konisch (T). Mit globosen bis birnenfö Repetobasidien. Sp hyalin, glatt, dünnwandig, allantoid bis schmal ellipsoid (T) oder (fast) kugelig, inamyloid. 5 Arten. Lignicol, NaH. – Anm: Bei *Repetobasidiellum* J. ERIKSS & HJORTST. fehlen Zystiden und mit basal stark verbreiterten (urnenfö) Basidien. Bislang nicht in Mitteleuropa. – **Lit**: **9**: 126, **12**: 217
T: *R. vile* (BOURDOT & GALZIN) J. ERIKSS. – **Allantoidsporiger Repetorindenpilz**: Mycologia Bavarica 3, 1999

Resinicium PARMASTO, Harzzahn – RiP/StaP (Bas, Agaricomycetes, Hymenochaetales?, Rickenellaceae?)
Frk resupinat, wachsartig bis membranös, creme bis hell ocker (T), glatt oder mit Zähnchen, Stacheln. Monomitisch. Hyphen hyalin, mit Schnallen. Zystiden enthalten gegen Spitze eine ölig-harige Masse zwischen äußerer und innerer Wandschicht (Halozystiden); zusätzl oft zystidenähnl Elemente mit Kristallschopf (T). Sp hyalin, dünnwandig, glatt, inamyloid. 3 Arten. NaH, LaH. – **Lit**: **9**: 164, **12**: 170
T: *R. bicolor* (ALB. & SCHWEIN. : FR.) PARMASTO – Zweifarbiger Harzzahn: BK 2.178, Ct 1984, Kr 1. 309, MJ 5Res1

1 Mit zystidenähnl Kristallschopf-Elementen. Sp zylindrisch bis etwas gebogen, 4–6 × 2,5–3 µm **Zweifarbiger Harzzahn** – *R. bicolor* (ALB. & SCHWEIN. : FR.) PARMASTO
1* Ohne Kristallschopf-Elemente ▸

Resinomycena REDHEAD & SINGER, Ölzystiden-Helmling – BläP (Bas, Agaricomycetes, Agaricales, Mycenaceae)
Frk klein, 2–4 mm, helmlings- oder schwindlingsartig (früher zu *Mycena* gestellt). H jung konvex, alt flach genabelt, weißl bis beige, bereift, H-Rand gerieft bis gerippt. L breit angeheftet bis kurz herablaufend, rosa bis hell beige. S wie der H gefärbt, bereift, 2–5 × 0,5 mm. Spp weißl. Zystiden (z. B. Cheilo) schlank spindelfö, apikal kopfig, häufig mit harzartiger Inkrustation. Hyphen der HDS mit Fortsätzen. Sp ellipsoid bis kommafö, glatt, dünnwandig, amyloid, 11–16,5 × 4,5–6,4 µm. Herbicol (*Rubus*, Gräser, *Calluna* etc.). – **Lit**: **7**: 252, **11**: 199, **14**: 389
1 Art = T: *R. saccharifera* (BERK. & BROOME) REDHEAD – **Ölzystiden-Helmling**: CD 614

Resupinatus GRAY, Liliputseitling – BläP (Bas, Agaricomycetes, Agaricales, Resupinataceae)
Frk klein, muschelfö, seitl gestielt oder S fehlend. F im H mit gelatinöser Schicht. Spp weiß. Dickwandige Zystiden (Metuloide) fehlend. Sp nicht amyloid. 2 Arten. Lignicol, auch an Pflanzenresten. – **Lit**: **7**: 423, **11**: 160, **14**: 324
T: *R. applicatus* (BATSCH : FR.) GRAY – Dichtblättriger Liliputseitling: BK 3.400, BL 123, Br 296.1, CD 163, KM 309.1, Kr 3.506, Lg 66A, B. Lu 1.73,1

1 Sp oval-ellipsoid. Sp 6–6,5–7,5 × 3,5–5,5 µm ▸
1* Sp kugelfö (bis breit oval), 4,5–6 µm. H dunkel grau bis schwarz violett wenn feucht, kahl, bereift bis schwach angedrückt faserig. [Falls H besonders am Ansatzpunkt zottig bis filzig: *R. trichotis*]. Meist LaH, seltener NaH, auch Pflanzenreste.
Dichtblättriger Liliputseitling – *R. applicatus* (BATSCH : FR.) GRAY

Reticularia BULL. – SchleimP (Myxogastria, Liceida, Enteridiidae)
Sammelfrk (Aethalium; gesamthaft aus einem Plasmodium gebildet) polsterfö bis abgeflacht, selten wurmfö, ringfö oder verzweigt, von dünner oder dickerer, aufreißender Wand umgeben, 1–8 cm. Pseudocapillitium in Form von stark verzweigten Fäden oder in Form eines schwammigen Gebildes mit Löchern (in den Wänden). Sp einzeln oder in Gruppen, braun, gelb oder oliv, beim T annähernd kugelig, 8–9 µm im Durchm, fein netzmaschig. 8 Arten. LaH, NaH. – **Lit**: **17**: 61, **18**: 123
T: *R. lycoperdon* BULL.: Nan 62, Neub 1.126

Rhacophyllus siehe *Coprinus* s. l.

Rhamphospora D.D. CUNN. – BrandP (Bas, Exobasidiomycetes, Doassansiales, Rhamphosporaceae)
Phytoparasitischer Befall in Form von undeutl, gelbl-grünl, 1–3 mm großen, später aufreißenden Bl-Flecken, auch am Bl-Stiel. Sp zitronenfö, hell, glatt bis sehr fein warzig, 8–14 × 7–11 µm. – **Lit**: **13**: 577
1 Art = T. *Rh. nymphaeae* D.D. CUNN. – **Seerosen-Fleckenbrand**: JK 280
Nymphaea: *R. nymphaeae*

Rheubarbariboletus siehe *Xerocomus* (*armeniacus*)

Rhinotrichella G. ARNAUD – SchimP (Asc inc. sed.; Anamorphe)
Hyphen septiert und wie die Konidienträger hyalin. Konidien 1-zellig. Konidien-bildende Zellen nicht in Wirteln, jeweils an mehreren Stellen mit Zähnchen und daran entstehenden, kugeligen Konidien; Zähnchen gleichmäßig über die Konidien-bildende Zelle verteilt. Phialiden fehlend. Auf anderen Pilzen (*Ganoderma*, *Inonotus*, *Phellinus*)
T: *R. globulifera* B. ARNAUD

Rhizina FR. : FR., Wurzellorchel – op. Disc (Asc, Pezizomycetes, Pezizales, Rhizinaceae)
Frk (Apothecien) 4–15 cm, kissenfö, höckerig-uneben. Oberseits kastanienbraun mit gelbl Rande, unterseits gelbl, mit zahlreichen weißen Rhizomorphen. Spp gelbl. Asc-Sp schmal ellipsoid, mit zugespitzten Anhängseln an den Polen, unauffällig ornamentiert, 27–33 × 10–11,5 µm. Auf Brandstellen im NaW. – **Lit**: **5**: 14, **10**: 81
1 Art = T: *R. undulata* FR. : FR. – **Wellige Wurzellorchel**: BK 1.32, CD 17, Ct 831, Dh 1117, Gh 689, HK 2.218, Lx 667, Ph 268

Rhizoctonia siehe *Thanatephorus*

Rhizomarasmius R.H. PETERSEN – BläP (Bas, Agaricomycetes, Agaricales, Physalacriaceae)
Neuerdings von *Marasmius* (s. d.) abgetrennte Gattung. Bei uns vertreten durch *R. epidryas* (KÜHNER) A. RONIKIER & RONIKIER auf Silberwurz (*Dryas*) in den Alpen, durch *R. undatus* (BERK.) R.H. PETERSEN auf Rhizomen von Adlerfarn (*Pteridium*) oder durch *R. setosus* (SOWERBY) ANTONIN & A. URB. (= *recubans*), S oben weiß (wie der H), abwärts rot- bis schwarzbraun. 3 Arten.
T: *R. pyrrhocephalus* (BERK.) R.H. PETERSEN, im Gebiet nicht heimisch

Rhizopogon FR. in FR. & NORDHOLM, Wurzeltrüffel – Hyp (Bas, Agaricomycetes, Boletales, Rhizopogonaceae)
Frk kugelig bis knollig, 1–4(–6) cm jung weißl, reif gelb, ocker, braun, an der Luft bisw rötend, ohne sterile Basis, ohne Columella. Innen (Gleba) erst weiß, dann meist oliv, mit zahlreichen kleinen schmalen Kammern, elastisch, nicht schleimig-gelatinös. Peridie einoder seltener zweischichtig, von der Gleba meist nicht ablösbar. Sp fast hyalin oder gelbl, zylindrisch, schmal ellipsoid, spindelfö, beim T 6–9 × 2,5–3,5 µm. Etwa 10 Arten. Terricol. Meist in NaW. – Anm: Sp-Maß in Klammern für *R. marchii* zusätzl aufgeführt nach Typusmaterial. – Syn: *R. luteolus* = *R. obtextus*. – **Lit**: **12**: 530
T: *R. obtextus* (SPRENG.) R. RAUSCHERT – Gelbbräunliche Wurzeltrüffel: Ct 373, Gh 661, Kr 2.199, Ma 75, MJ 2Rhiz1, RH 603

1 Frk außen von vielfach verzweigten Strängen (Rhizomorphen) umgeben, die ± ein netzfö Muster bilden, Frk außen bald einheitl gelb, nicht rötl verfärbend [Falls rötl verfärbend: *R. occidentalis* ZELLER & C.W. DODGE]. Sp an der Basis ± gerundet bis etwas abgestutzt (trunkat), hyalin oder hell grünl-gelbl, 6–9 × 2,5–3,5 µm. NaW z. B. im Sand-Kiefern-Wa
Gelbbräunliche Wurzeltrüffel – *R. obtextus* (SPRENG.) R. RAUSCHERT

1* Rhizomorphen außen fehlend oder allenfalls schwach an der Frk-Basis ausgebildet. Frk oft rosa oder rötl-braun **2**

2 Peridie im Querschnitt einschichtig. Frk außen glatt, allenfalls felderig, keinesfalls fein-körnig (falls fein-körnig: ▸), an der Luft oder nach dem Reiben rosa oder rötlbraun (falls nicht so: ▸). Sp mit gerundeten Enden, 7,3–8,5 × 3,5–4,2 µm [Falls Sp schlanker, 6–10,5 × 2–3,2(–4) µm: *R. vulgaris* (VITT.) M. LANGE. – Falls Sp 8–12 × 3–4,5 µm: *R. marchii* (BRES.) ZELLER & C.W. DODGE]. NaW besonders unter Kiefer
Rötliche Wurzeltrüffel – *R. roseolus* (CORDA) TH. FRIES

2* Peridie im Querschnitt zweischichtig (Duplexstruktur), Sp schmal ellipsoid-zylindrisch, an der Basis abgestutzt (trunkat), (7,5–)8–9(–9,5) × (2,5–)2,8–3(–3,5) µm. Alpen unter Legföhren (*Pinus mugho*). [Falls Sp mit gerundeten Enden, 5–8 × 2–3 µm, Vorkommen unter Douglasie: *R. villosulus* ZELLER]
Legföhren-Wurzeltrüffel – *R. pumilionus* (ADE) BATAILLE

Rhizopus EHRENB. ex CORDA – SchimP (Mucoromycetes, Mucorales, Mucoraceae)
Hyphen nicht septiert. Mycel bildet ausläuferartige Hyphen (Stolonen) und Rhizoiden. Die kugeligen Sporangien mit Apophyse und Columella. – **Lit**: **21**: 150
T: *Rh. stolonifer* (EHRENB.: FR.) VUILL. – Typischer Brotschimmel

Rhodocollybia SINGER, Rosasporrübling – BläP (Bas, Agaricomycetes, Agaricales, Marasmiaceae/Omphalotaceae)
Frk mittelgroß, L abgerundet angeheftet, Spp frisch rosa bis hell orange. Endzellen der HDS-Hyphen glatt, apikal ohne Fortsätze. Sp oft dextrinoid, oval bis fast kugelig. 5 Arten. Lignicol oder terricol in Streu. – **Lit**: **7**: 225, **11**: 151, **14**: 307
T: *R. maculata* (ALB. & SCHWEIN. : FR.) SINGER – Gefleckter Rosasporrübling: BK 3.195, BL 179, Dh 326, Gh 165, Kr 3.226, Lg 42C, C1, Ph 54.

1 H weißl und zugleich (meist) rostbraun bis rosabraun gefleckt. L weiß. Sp fast kugelig. Terricol **Gefleckter Rosasporrübling** – *R. maculata* (ALB. & SCHWEIN. : FR.) SINGER

1* H nicht weißl sondern braunrot etc. **2**

2 S weder spindelig, noch mit wurzelnder Basis, vielmehr S-Basis keulig-knollig, nicht auf Holz. S schwammig-weich, längsrillig. H weder weißl noch auf hellem Grunde rostrosa fleckig. H und S rotbraun, hygrophan, ausblassend [Falls H horngrau, S graubraun: *R. butyracea* var. *asema* (FR. : FR.) QUÉL. – Horngrauer Rosasporrübling]. HDS aus schmalen, bis zu 7 µm breiten, größtenteils radialparallelen Hyphen. Sp 6,5–8,5 × 3–4 µm [Falls Sp 6,5–10 × 4–5,5 µm: *R. filamentosa* (VELEN.) ANTONIN]
Butter-Rosasporrübling *R. butyracea* (BULL. : FR.) LENNOX

2* Merkm verschieden: Sp fast kugelig oder S wurzelnd und/oder lignicol und/oder L-Schneide gesägt **3**

3 Sp fast kugelig 4,5–6 × 4–5 µm, H und S braun (orangebraun etc.). H 3,5–10 cm. S 3–9 × 0,4–1 cm. Terricol, Streu von NaB
Kerbblättriger Rosasporrübling – *R. prolixa* (HORNEM. : FR.) ANTONIN & NOORDEL.

3* Sp ellipsoid-oval **4**

4 F bitterl. S wurzelnd, 6–10 × 3–8 cm. H 2,5–6,5 cm, rosabräunl, mit hellerem H-Rand. Sp 6,5–10 × 4–5,5 µm. Lignicol oder terricol zwischen Streu von NaB
Durchbohrter Rosasporrübling – *R. fodiens* (KALCHBR.) ANTONIN & NOORDEL.

4* F mild oder adstringierend ►

Rhodocybe MAIRE, Tellerling – BläP (Bas, Agaricomycetes, Agaricales, Entolomataceae)
Frk mittelgroß bis groß, seltener klein, bräunl bis orangebraun, auch grau. L ausgebuchtet, z. T. auch schwach herablaufend. Geruch häufig nach Mehl. Spp rosa, seltener graubraun. Schnallen meist fehlend. Sp höckerig bis fein-warzig (Baumwollblau!), cyanophil. Etwa 10 Arten. Terricol. – Syn: *R. mundula* = *R. popinalis*. – Anm: *R. nitellina* jetzt auch als *Rhodophana nitellina* (FR.) LAROUZ & al.; *R. popinalis* jetzt auch *Clitocella popinalis* (FR.) KLUTING & al., *R. hirneola* jetzt unter *Clitopilopsis*. – **Lit**: **7**: 598, **11**: 205, **14**: 491
T: *R. caelata* (FR.) MAIRE – Rissiger Tellerling: BK 4.97, Ct 2317, HK 3.71, Lg 198J, Lu 1.74.8, RH 372

1 F und H-Oberfläche auf Druck schwärzend (bisw vorher rötend). H weißl, beige oder grau. Geruch nach Mehl. Sp 5–7 × 4,5–5 µm.
Bereifter Tellerling – *R. popinalis* (FR. : FR.) SINGER
1* Nicht schwärzend **2**
2 H 1,5–5 cm, ockerorange, orangebraun, rotbraun. Geruch nach Mehl oder Gurke. Schnallen an den Hyphensepten vorhanden. Sp 6–9 × 4–5 µm
Gelbfuchsiger Tellerling – *R. nitellina* (FR.) SINGER
2* H mit anderen Farben o d e r H-Durchm mehr als 5 cm. Geruch oft nicht nach Mehl oder Gurke. **3**
3 H alt mehr als 5 cm ►
3* H alt unter 5 cm. **4**
4 H 0,7–2,5 cm, (falls mit Papille: ►), feucht dunkel graubraun, trocken grau bis grauocker, matt, feinkörnig bis angedrückt schuppig. L am S breit angeheftet. S 1,5–3,5 × 0,3–0,6 cm, wie H gefärbt (falls jung blaugrau bis purpurbraun: ►). Cheilozystiden vorhanden, nicht querseptiert [Falls Cheilozystiden querseptiert: *R. hirneola*], in KOH mit körnig-tropfigen, gelbl Inhalt, Schnallen fehlend. Sp oval, fein warzig, 7–8,5 × 3,5–4,5 µm. **Rissiger Tellerling** – *R. caelata* (FR.) MAIRE
4* Merkm verschieden: z. B. Schnallen vorhanden, Cheilozystiden fehlend, L aufsteigend angeheftet etc. ►

Rhodophana siehe *Rhodocybe*

Rhodoscypha DISSING & SIVERTSEN, Rosabecherling – op. Disc (Asc, Pezizomycetes, Pezizales, inc. sed.)
Frk (Apothecien) sitzend oder undeutl gestielt, scheibenfö, becherfö, 0,5–1 cm, mit abgesetztem, zottigen Rand. Oberseits (Hymenium) rosa, seltener weißl, außen weißl, mit hin und her gekrümmten, oben stumpfen Haaren mit zweischichtigen Wänden. Asc-Sp spindelfö, glatt oder mit kleinen Warzen, 33–46 × 10–16,5 µm. Terricol oder auf Pflanzenresten. – Syn: *R. rhodoleuca* = *R. ovilla*. – **Lit**: **10**: 112
1 Art = T: *R. ovilla* (PECK) DISSING & SIVERTSEN – **Großsporiger Rosabecherling**: BK 1.70

Rhodotarzetta DISSING & SIVERTSEN, Rotnapfling – op. Disc (Asc, Pezizomycetes, Pezizales, inc. sed.)
Frk (Apothecien) sitzend, zunächst becherfö, dann ausgebreitet bis scheibenfö, 0,5–1,2 cm, mit abgesetztem Rande. Oberseits (Hymenium) rosa. Außen kahl, blass rosal. Asc-Sp ellipsoid, glatt, hyalin, mit 2 Tröpfchen, 16,5–20 × 7,5–10 µm. Auf Brandstellen. – **Lit**: **5:** 30 als *Tarzetta*. **10**: 113
1 Art = T: *R. rosea* (REA) DISSING & SIVERTSEN – **Typischer Rotnapfling**: De 3H

Rhodotus MAIRE, Adernseitling – BläP (Bas, Agaricomycetes, Agaricales, Physalacriaceae)
Frk mittelgroß. H-Oberfläche netzig-aderig, rosa. L rosa. S seitl (exzentrisch) 3–4 × 0,8–1,2 cm, wie H gefärbt, büschelig. Sp kugelig, warzig, inamyloid. 6–8 µm. LaH. – **Lit**: **7**: 424, **11**: 199, **14**: 261
1 Art = T: *R. palmatus* (BULL. : FR.) MAIRE – **Orangerötlicher Adernseitling**: CD 646, Kr 3.508, Lu 1.75.1, MJ 3Rhod1, Ph 187

Rhytisma FR. : FR., Runzelschorf – inop. Disc (Asc, Leotiomycetes, Rhytismatales, Rhytismataceae)
Als schwarze, harte Flecken mit gelbl R, die 0,5–1,5 cm breit sind, meist auf Blättern von Ahorn (*Acer*), vom Sommer bis Herbst erscheinend. Die befallenen Blätter zunächst noch am Baum befindl. Das derart sichtbare Stroma bildet in Pyknidien zunächst Konidien. Es folgt Überwinterung auf abgefallenen Blättern. Das Stroma bildet vom Frühling bis zum Frühsommer des folgenden Jahres strichfö und gewundene Frk (Apothecien). Asc-Sp fädig, einzellig, mit schleimartigem Anhängsel am oberen Ende, beim T 60–80 × 2–3 µm. Wenige größtenteils seltene Arten parasitisch auf Blättern (*Salix*, *Andromeda*), der T auf *Acer* jedoch häufig. – **Lit**: **5:** 225, **10**: 214
T: *R. acerinum* (PERS. : FR.) FR. – **Ahorn-Runzelschorf**: JK 41, BK 1.291, Ge 552, Lx 641

Richoniella COST. & DUF., Rötlingstrüffel – Hyp (Bas, Agaricomycetes, Agaricales, Entolomataceae)
Frk kugelig bis knollenfö und unregelmäßi gelappt, birnenfö, 5–6 × 1,5–4,5 cm. S und Columella fehlend. Außen (Peridie) erst weiß, dann ocker bis braun, im Schnitt weiß. Innen (Gleba) erst weiß, dann hell rosa, mit unregelmäßigen, kleinen Kammern. Geruch nach Knoblauch. Sp rosa, stumpf-eckig, glatt, inamyloid, innen mit einem Öltropfen, 8–13 × 7–9 µm. Terricol, Äcker, Grasland, LaW (in Frankreich). – **Lit**: **12**: 545
1 Art = T: *R. leptoniispora* (RICHON) COST. & DUF. – **Rötlingstrüffel**: MS 366

Rickenella RAITHELH., Heftelnabeling – BläP (Bas, Agaricomycetes, Agaricales, Hymenochaetales, Rickenellaceae)
Frk klein mit stark herablaufenden L, S lang und dünn. H 0,5–1(–1,5) cm, oft genabelt, orangegelb bis ockerl oder gau-ockerl. S dem H gleichfarben oder mit violettl-grau abgesetzter S-Spitze. Hyphensepten mit Schnallen (europäische Arten). Cheilo-, Pleuro-, Caulo- und Dermatozystiden reichl vorhanden. Spp weiß. Sp glatt, nicht amyloid. 2–4 Arten. Auf und zwischen Moosen (bryicol). – **Lit**: **7**: 425, **11**: 226, **14**: 69

T: *R. fibula* (BULL. : FR.) RAITHELH. – Orangeroter Heftelnabeling: BK 3.401, BL 129, Ct 1119, Gh 211, HK 3.123, Ke 3.509, Lg 61G, Lu 1.76.3, Lx 125, Ph 75

1 H-Mitte grau, schwärzl bis schwarz-violett, sonst hellbräunl. S oben schwarzviolett. Sp 5–6,5 × 2,5–3 µm **Blaustieliger Heftelnabeling** – *R. swartzii* (FR. : FR.) KUYPER

1* H und S orange, feucht auch orangerot, alt ausgeblasst. Sp 5–6,5 × 2–2,5 µm. [Falls H feucht gelbl, beige, braun: ►]
Orangeroter Heftelnabeling – *R. fibula* (BULL. : FR.) RAITHELH.

Rigidoporus MURRILL, Hartporling – PoP (Bas, Agaricomycetes, Polyporales, Meripilaceae)
Frk resupinat bis pileat (mit breitwulstigen Kanten), am Substrat (Holz) sitzend, ein- bis mehrjährig, hart. Poren frisch oft mit rosa Schimmer. Trama weißl bis ockerl. Monomitisch. Hyphen ohne Schnallen. Zystiden oder Zystidiolen vorhanden. Sp hyalin bis hell gelbl, (fast-)kugelig, glatt, dünn- bis dickwandig, inamyloid. 3 Arten. Lignicol, Weißfäule. – **Lit**: **9**: 174, **12**: 326
T: außereuropäisch, bei uns vertreten z. B. mit *R. ulmarius* (SOW. : FR.) IMAZEKI – **Ulmen-Hartporling**: Ph 228

Rimbachia PAT., Mooshäutling – BläP (Bas, Agaricomycetes, Agaricales, Tricholomataceae)
Frk winzig, rein weiß, spatelfö ohne S, Moosen ansitzend, L unvollständig oder fehlend. Schnallen an Hyphensepten vorhanden. Sp kugelig, 4,2–5,1 µm, mit langem Apikulus, oder ellipsoid und klein, 3–4 × 2 µm. 2 Arten. Bryicol. – Anm: von *Arrhenia* durch nicht inkrustierte Hyphen verschieden. – **Lit**: **7**: 180, **11**: 204, **14**: 239
T: *R. paradoxa* PAT., bei uns eher vertreten durch *R. bryophila* (PERS. : FR.) REDHEAD – **Ovalsporiger Mooshäutling**: MJ 3 Mniop1

Ripartites P. KARST., Filzkrempling – BläP (Bas, Agaricomycetes, Agaricales, Tricholomataceae)
Frk klein bis mittelgroß. L ockerbraun gegen den meist weißl H kontrastierend. H am eingerolltem Rand bisw bewimpert. H-Oberfläche oft ± filzig. Spp ocker. Sp annähernd kugelig, warzig, meist klein, 3,5–6(–9) µm. 2–4 Arten, terricol, LaW, NaW. – **Lit**: **7**: 428, **11**: 118, **14**: 412
T: *R. tricholoma* (ALB. & SCHWEIN : FR.) P. KARST. – Typischer Filzkrempling: BK 3.67, Gh 317, Kr 3.513, Lg 133D,D1, Lu 1.77.2, Lx 96, MJ 3Rip1

1 H weißl, L tonbräunl und herablaufend, H-Rand bewimpert oder unbewimpert, H sonst angedrückt haarig, plan, schwach buckelig, niedergedrückt, 2–4 cm. Sp 4–5 × 3–4 µm [Falls Sp 6–9 µm, H bis 7 cm: var. *macrosporus* BON & ENDERLE; falls H mit spitzem Buckel und L wenig herablaufend: *R. serotinus* EINH.].
Typischer Filzkrempling – *R. tricholoma* (ALB. & SCHWEIN : FR.) P. KARST.

1* H orangegelbl oder fleischrosa überhaucht, 2–4 cm, L kaum herablaufend, fleischrosa, lachsfarben, schnell verblassend. S anfangs oben fleischrosa. Sp 3,5–4 × 3–3,5 µm **Fleischrosa Filzkrempling** – *R albidoincarnatus* (BRITZELM.) KONRAD & MAUBLANC

Rogersella siehe *Hyphodontia sambuci*

Romagnesiella siehe *Galerina*

Roridella siehe *Roridomyces*

Roridomyces REXER, Schleimhelmling – BläP (Bas, Agaricomycetes, Agaricales, Tricholomataceae)
Frk klein, helmlingsartig, H und S dick schleimig, H 0,2–1 cm, weißl bis hell beige, H-Mitte dunkler. L weiß, bogenfö herablaufend. Spp weiß. Cheilozystiden lanzettl, spindelfö. Hyphen der HDS mit glatten, ovalen bis blasenfö Endzellen und braunem plasmatischem Pigment. Sp inamyloid, (8–)10–13 × (3,5–)4–6 µm. Terricol zwischen Streu, Holz, Rinde, auch herbicol auf Pflanzenresten. – **Lit**: **7**: 334 als *Roridella*, **10**: 390, **11**: 200 als *Roridella*, **14**: 390
1 Art = T: *R. roridus* (FR.) REXER – **Kleiner Schleimhelmling**: BK 3.360, BL 183, CD 613, Dh 353, HK 3.116a, Kr 3.405, Lg 54D, MJ 3Myc1, RH 347

Rosellinia DE NOT. – Pyr (Asc, Sordariomycetes, Xylariales, Xylariaceae)
Perithecien auf einem Subiculum, auf einem kleinen Stroma oder auch einzeln oder gesellig direkt auf dem Substrat (Rinde, Holz). Perithecien annähernd kugelig, glatt, schwarz. Asci zylindrisch mit amyloidem Apikalapparat. Asc-Sp dunkelbraun bis schwarz, glatt, schief bis unsymmetrisch spindelfö, mit oder ohne hyaline Anhängsel; diese gelartig oder (so beim T) zellulär. Mehr als 10 Arten. Auf abgefallenen Ästen oder krautigen Sprossteilen. – **Lit**: **10**: 246
T: *R. aquila* (FR.) CES. & DE NOT.: De fig. 11C

1 Reife Sp ohne zelluläre Anhängsel oder allenfalls nur mit gelartigen ▸
1* Reife Sp mit zellulären Anhängseln, zugleich oft mit gelartigem Überzug **2**
2 Perithecien auf beständigem Subiculum gebildet; zugleich ein mehr als 1 mm dickes Stroma vorhanden. Asc-Sp 16–25 × 6,5–9 µm mit Gel-umhüllten kleinen zelligen Anhängseln an den Enden [Falls Sp länger als 25 µm oder Sp mit gelartigem Mantel und bis 28 µm: ▸] *R. aquila* (FR.) CES. & DE NOT.
2* Perithecien auf schütterem, unauffälligem, nicht beständigem Subiculum gebildet, Stroma weniger als 1 mm dick ▸

Rozites P. KARST., Reifpilz – BläP (Bas, Agaricomycetes, Agaricales, Cortinariaceae)
Frk recht groß, fleischig. H semmelfarben bis tonbraun, H-Oberfläche bereift, bisw graulila überhaucht. S weiß, beringt. S-Hyphen mit amyloiden, krustenartigen Auflagerungen. Spp ocker. Sp mandelfö, warzig, dextrinoid, 11–12 × 7–8 µm. Terricol, EktM. – Syn: auch als *Cortinarius caperatus*, da die Gattung *Rozites* neuerdings nicht von *Cortinarius* getrennt wird. – **Lit**: **11**: 457, **14**: 662 als *Cortinarius c.*
1 Art = T: *R. caperatus* (PERS. : FR.) P. KARST. – **Zigeuner-Reifpilz**: CD 1092, Dh 829, Gh 245, Lg 104F, Lu 1.78.1, Lx 357, Md 25

Rubinoboletus PILÁT & DERMEK, Kurzsporröhrling – RöP (Bas, Agaricomycetes, Boletales, Boletaceae)
Frk fast klein bis mittelgroß. H 3–6 cm, gebbraun, rötl-braun, rostockerl. S-Spitze karminrot, gegen S-Basis gelb. Poren und Röhren karminrot, alt blasser, Poren unter 1 mm im

Durchm. F mild, im H weißl, stellenweise rötend. Terricol, EktM. LaW, LaB (besonders *Quercus*). – Syn: wird vielfach nicht von *Chalciporus* getrennt. – **Lit**: **7**: 95 als *Chalciporus*, **11**: 67 als *Chalciporus*, **14**: 173

1 Art = T: *R. rubinus* (W.G. SM.) SINGER – **Rötlicher Kurzsporröhrling**: BL 45, CD 1634, Md 216

Rubroboletus siehe *Boletus* pr.p.

Rugosomyces RAITHELH., Schönkopf – BläP (Bas, Agaricomycetes, Agaricales, Lyophyllaceae)
Frk mittelgroß mit lebhaften Farben auf H (gelb, rosa, violett, braun) und S, oft auch auf den ausgebuchteten L. Spp weiß. bis blass cremefarben. Hyphensepten mit Schnallen. HDS hymeniform, bisw keulige Elemente vereinzelt zw fädigen Elementen, oder mit Kugelzellen, Basidien siderophil. Sp ellipsoid, glatt, cyanophil, inamyloid. 8 Arten, terricol. – Anm: Abgrenzung unterschiedl gehandhabt, wird vielfach nicht von *Calocybe* getrennt. – **Lit**: **11**: 199, **14**: 506
T: ?. – Kennzeichnende Art: *R. chrysenteron* (BULL. : FR.) BON – Dottergelber Schönkopf: BK 3.143, BL 167, CD 476, KM 267.1, Kr 3.139, Lg 24B, Lu 1.7.4, Lx 171

1 H gelb **2**
1* H rötl, rosa, rötl-braun, lila, violett, graubraun ▸
2 H-Oberfläche körnig bis runzelig. HDS aus palisadenfö geordneten Elementen (Hymeniderm) oder aus kugelfö Zellen ▸
2* H-Oberfläche jung faserig bis filzig. HDS anders. **3**
3 F in H und S gelb. H satt gelb, orangegelb, 2,5–5(–6) cm. L und S gelb. F bitter, mit Mehlgeruch. Sp 3–4,5 × 2–3 µm. LaW, NaW
Dottergelber Schönkopf – *R. chrysenteron* (BULL. : FR.) BON
3* F weißl, im S bisw bräunl oder gelbl ▸

Russula PERS., Täubling – BläP (Bas, Agaricomycetes, Russulales, Russulaceae)
Frk groß und fleischig, seltener mittelgroß oder klein. H meist mit freudigen Farben. L meist nicht mit Lameletten untermischt und fast immer splitternd-spröde (erkennbar, wenn mit dem Finger über die L streichend). Nicht milchend. F mit Sphaerozysten, auch in der L-Trama. Sp mit amyloidem Ornament (Stacheln, Warzen, Stege, Netze). HDS (siehe auch Schlüssel II) mit Pileozystiden oder mit Primordialhyphen. Pileozystiden sind breitere Elemente, die bisw durch Querwände unterteilt sind und in Sulfovanillin violett bis schwarz verfärbenden Inhalt zeigen. Primordialhyphen sind lange, schlanke und querseptierte Elemente, die in Sulfovanillin keinen verfärbten Inhalt zeigen. Vielmehr sind sie gekennzeichnet durch kleine körnchenartige Auflagerungen auf ihrer Zellwand (=inkrustiert); diese sind in Wasser oder nach Anfärbung mit Karbolfuchsin sichtbar. Huthaare in der HDS sind kürzer als Primordialhyphen, sie haben keine körnchenartigen Auflagerungen, und sie sind im Unterschied zu Pileozystiden ähnlich schmal wie die Primordialhyphen. Spp weiß, creme oder ocker (Spp-Farbe ist wichtig für die Artbestimmung). Über 150 Arten. Terricol, EktM. – Syn: *R. aurata* = *R. aurea*, *R. chamaeolentina* = *R. risigallina*,

R. flava = *R. claroflava*, *R. laurocerasi* = *R. grata*, *R. livescens* = *R. insignis*, *R. vitellina* = *R acetolens*. – Anm: Für die Artbestimmung in der artenreichen Gattung hilfreich ist MARXMÜLLER 2014. – **Lit**: **8**: 508, **11**: 469, **14**: 107

T: *R. emetica* (SCHAEFF. : FR.) GRAY – Spei-Täubling: Dh 899, 900, Gh 459, HK 5.134, Kr 2.556, Lg 181E, Lx 413, MJ 4Russ13

Schlüssel I: Die Gruppenzugehörigkeit nach Schlüssel III ist jeweils in Klammern angegeben. Bei hier nicht bestimmbaren Arten kann die vorausgehende Festlegung der Gruppenzugehörigkeit die Bestimmung nach der Spezialliteratur erleichtern.

1 L mit Lamelletten untermischt **2**

1* L (fast) alle vom H-Rand bis zum S durchgehend, ohne (oder nur mit vereinzelten) Lamelletten **8**

Mit Lamelletten zwischen den Lamellen (Schwarztäublinge; Weißtäublinge; 2–7)

2 F zunächst rötend dann schwärzend, oder direkt grau bis schwarz verfärbend. H zumindest älter braun bis schwarz **3**

2* F weder rötend noch schwärzend **7**

3 L sehr breit (1–1,5 cm) und dick (am L-Grund 2 mm). sehr entfernt stehend, 2–3 durchlaufende L je 1 cm. Sp netzig mit punktfö Warzen, 6,5–8,5 × 5,7–7 µm
Dickblättriger Schwarz-Täubling – *R. nigricans* (BULL.) FR.

3* L weniger breit und weniger entfernt **4**

4 H zweifarbig, klein bis mittelgroß, (3–)4,5–8(–12) cm. H-Mitte hellgraubraun, rußfarben, mit olivl. Mischton, gegen den H-Rand ± weißl. H-Oberfläche bald trocken und matt. F zuerst rötend, dann schwärzend. F mild oder nur L scharf. Sp mit niedrigen Warzen und stellenweise mit schwacher Andeutung eines Netzes, 6,5–8,2 × 5–6,5 µm. NaW, seltener LaW. – (= Gruppe I)
Dichtblättriger Schwarz-Täubling – *R. densifolia* SECR ex GILLET

4* H nicht oder weniger deutl zweifarbig, H-Oberfläche glänzend. **5**

5 Geschmack der L scharf ▸

5* Geschmack der L mild **6**

6 L mit orangeockerl Schein bis lachsrosa ▸

6* L weißl. H-Oberfläche speckig glänzend. H 5–17(–20) cm, olivl-braun, schwärzlbraun. F eher rötend als schwärzend. Sp mit niederen Warzen, die durch sehr feine Linien undeutl netzartig verbunden sind, 7–9(–10) × (5,2–)6–7,7 µm. NaW, besonders mit Kiefer. – (= Gruppe I)
Rauchbrauner Schwarz-Täubling – *R. adusta* (PERS. : FR.) FR.

7 L gedrängt, 8–16 auf 1 cm, den H-Grund verdeckend, schmal, meist mit bläul oder grünl Ton. – (= Gruppe I) *R. chloroides*

7* L eher weit stehend, 3–10 aus 1 cm, der H-Grund zwischen den L sichtbar, zieml breit, nicht mit bläul oder grünl Mischton. Spp blass weißl-cremefarben (falls Spp entschieden cremefarben: *R. pallidospora* J. BLUM ex ROMAGN.), Sp mit stumpfen, isolierten, niederen Warzen, die öfters feingratig verbunden sind, 8–11,5 × 6,5–8,7 µm. NaW, LaW. – (= Gruppe I) **Weiß-Täubling** – *R. delica* FR.

8 Geschmack mild **9**

8* Geschmack (±) scharf **41**

Ohne Lamelletten, fast nur mit bis zum Stiel durchgehenden Lamellen (9–57)

– Geschmack mild oder allenfalls wie der Geruch widerlich (9–40)

– – Häufige Arten mit besonderen Merkmalen und unterschiedlicher Sporenstaubfarbe (9–19)

9 Frk an hellen Stellen (S, F, bisw auch L) hellgrau bis dunkelgrau verfärbend (so besonders, wenn trocknend oder falls jung und frisch an der S-Basis). H gelb, weinbraun, weinrötlich oder gelb-rötl mischfarbig **10**

9* Frk nicht grau verfärbend **12**

– – – Graustiel-Täublinge (10–11)

10 H rein gelb, leuchtend chromgelb. L gelb. Spp ockergelb. HDS ohne Pileozystiden, wohl aber mit inkrustierten (Primordial-)Hyphen. Sp 7–10 × 6–8 µm, mit bis zu 1 µm hohen, netzig verbundenen Warzen. Obligat mit Birke, besonders in Mooren. (Vgl. **13** mit weißl L, nicht oder kaum grauend, weißem Spp: *R. ochroleuca*). – (= Gruppe IX)
Gelber Graustiel-Täubling – *R. claroflava* GROVE

10* H nicht rein gelb **11**

11 H purpurl braun-rot, weinbraun bis weinrötl, bisw stellenweise entfärbend. Spp hellocker. HDS ohne Pileozystiden, wohl aber mit inkrustierten (Primordial-)Hyphen. Sp 8–11,5 × 6,5–8,5 µm, isoliert warzig. NaW auf sauren, auch feuchten Böden. – (= Gruppe IX) **Weinroter Graustiel-Täubling** – *R. vinosa* LINDBL.

11* H orange bis ziegelrot, mit gelbl, rötl und rötl-ocker gefärbten Bereichen. Spp creme bis blass ocker. HDS mit Pileozystiden. Sp (8,5–)9–11,5(–13,5) × 6,7–9(–10) µm, mit bis zu 1,5 µm hohen, fast netzig verbundenen Warzen. NaW auf sauren, eher feuchten Böden. – (= Gruppe IX)
Orangeroter Graustiel-Täubling – *R. decolorans* (FR. : FR.) FR.

– – – Frauen- und Ocker-Täubling (12–13)

12 L weiß, weich und biegsam, nicht splitternd spröde. H violett, violettblau, hellviolett, grauviolett, oft mit grünl bis olivl Tönen vermischt, nicht feldrig-rissig. Spp weiß. $FeSO_4$-Reaktion fast 0. Sp 6,5–9(–10) µm, isoliert warzig. LaW, NaW. – (= Gruppe III) **Frauen-Täubling** – *R. cyanoxantha* (SCHAEFF.) FR.

12* Merkm verschieden: L meist nicht weich und biegsam etc. H mit anderen Farben, bei wenigen Arten feldrig-rissig **13**

13 H gelbl bis ocker, oft mit grauolivl oder rötl Mischton. L weißl. Spp weiß. Sp 8–10,5 × 6,7–8,2 µm, Warzen bis 1,25 µm lang, diese durch Linien fast netzig verbunden. NaW, LaW (vgl. **10**: *R. claroflava*). – (= Gruppe II; V)
Ockerweißer Täubling – *R. ochroleuca* PERS.

13* H nicht gelb oder falls H gelbl o d e r gelb, dann Geruch widerlich, bittermandelartig o d e r L nicht weiß sondern gelbl bis ocker und Spp hellocker **14**

– – – Heringstäublinge (14)

14 Geruch heringsartig. Weißl Stellen des Frk gelbl oder braun verfärbend, mit $FeSO_4$ grün werdend. Spp cremefarben, ocker bis gelb. Sp mit feinen Stacheln oder Warzen, die isoliert oder auch durch feine Linien verbunden sind, (6,7–)7,5–10(–11,5) ×

6–8,5 µm. Sammelart in LaW, NaW. – (= Gruppe XIII)

Herings-Täubling – *R. xerampelina* (SCHAEFF.) FR. agg.

14* Merkm verschieden: nicht mit Heringsgeruch **15**

– – – ***Grünspan-, Speise-Täubling (15–16)***

15 H-Oberfläche feldrig-rissig, auf weißl Grunde mit grünl bis ockerl Feldern. HDS aus kurzgliedrigen, breiten Hyphen (pseudoparenchymatisch) mit daraus hervorgehenden längeren, haarfö Elementen. S weiß. (Falls H nicht oder kaum grünl und falls S nicht weiß: ►) Spp weißl bis blass creme. Sp mit variablem Ornament, seltener fast isoliert-warzig, häufiger mit feinen Verbindungslinien, bis reihig-gratig oder unvollkommen netzig, (6–)7,5–9(–10,3) × (5–)6–7,6 µm. LaW (unter Eiche, Buche), auch unter Tanne, auf eher sauren Böden. – (= Gruppe III, VIII)

Grünfeld-Täubling – *R. virescens* (SCHAEFF.) FR.

15* H-Oberfläche nicht feldrig-rissig **16**

16 H weinbräunl bis fleischfarben, H-Haut am H-Rand etwas zurückgesetzt, dadurch das weiße F unter der HDS als schmaler Saum sichtbar werdend. F mit $FeSO_4$ rosa. Spp weiß. Sp idoliert-warzig, Verbindungslinien dazwischen allenfalls selten, (5,5–)6–8,5 × 5–6,5(–7) µm, im Mittel 7,3 × 5,8 µm. HDS mit nadelfö, dickwandigen, meist farblosen Elementen. NaW, LaW auf sauren Böden [Falls H rötl-ocker, gelbl-braun, braun. F mit $FeSO_4$ rosa. Spp creme: *R. mustelina* FR. – Falls H grünl, selten zitronengelb. L rund um den S gabelig und anastomosierend. Spp weiß, Sp im Mittel 5,9 × 4,9 µm: *R. heterophylla* (FR. FR.) FR.]. – (= Gruppe III) **Speise-Täubling** – *R. vesca* FR.

16* Merkm verschieden. **17**

17 Geruch widerl, süßl, ölartig, bisw auch süßl bis bittermandelartig und zugleich H gelbl-ocker, in H-Mitte mit tiefer ockerbraunen oder ockerrötl Mischtönen. klebrig bis schleimig. H-Rand knotig-gerippt. **18**

17* Nicht mit dieser Kombination von H-Farbe und Geruch **20**

– – – ***Stink- und Mandeltäublinge (18–19)***

18 L-Schneide gelbl bis violettl-braun gerandet. Spp blasscreme. Sp 7–9 × 6,2–8 µm, mit isolierten, hohen Stacheln, diese teils zusammenfließend, seltener auch gratig verbunden. – (= Gruppe VII) **Braunschneideiger Stink-Täubling** – *R. illota* ROMAGN.

18* L-Schneide weißl und farbl nicht von L-Fläche abgesetzt **19**

19 Geruch widerl. F weiß (Falls F an Schnittstellen, besonders nahe der S-Rinde gelbl: *R. subfoetens*). Spp creme, Sp fast kugelig, mit weitgehend isolierten, spitzen Stacheln, 7,5–10(–11,5) × 6,7–8,7 µm. – (= Gruppe VII)

Gewöhnlicher Stink-Täubling – *R. foetens* PERS. : FR.

19* Geruch nach Bittermandeln [Falls fast anisartig: *R. fragrantissima* ROMAGN.], Spp blass creme. Sp fast kugelig, die kräftigen Warzen durch Grate verbunden, wenige isolierte Warzen dazwischen, 7,5–10 × 7–9,2 µm. – (= Gruppe VII)

Mandel-Täubling – *R. grata* BRITZELM.

20 Spp weiß, weißl. **21**

20* Spp cremefarben bis ocker **22**

– – ***Übrige milde Weißsporer (21)***

21 H rot, rosa oder pfirsichfarben. Frk nur anfangs etwas hartfleischig. S-Spitze netzig-flockig bepudert. S verfärbt mit Sulfovanillin rosa bis rot. HDS mit stark inkrustierten Primordialhyphen. Spp frisch weißl, trocken gelbl. Sp mit Warzen, die partiell durch feine Linien verbunden sind, auch fast zebriert, 6,2–8 × 5,2–6,5 µm. LaW. – (= Gruppe II) **Großer Rosa-Täubling** – *R. velutipes* VELEN.

21* H mit anderen Farben und/oder ohne Sulfovanillin-Reaktion ▸

22 Spp cremefarben **23**

22* Spp ocker bis gelb **28**

– – ***Übrige milde Cremesporer (23–27)***

23 H lebhaft rot, zinnoberrot. H-Oberfläche filzig bis matt. Frk hartfleischig, S-Spitze nicht netzig-flockig bepudert. Geschmack mentholartig. LaW, NaW. S in Sulfovanillin nicht rosa. HDS mit Pileozystiden, und mit wenig inkrustierten Primordialhyphen [vgl. **21**; falls Geschmack entschieden bitter und H eher dunkel purpurfarben: *R. amarissima* ROMAGN. & E.J. GILBERT]. Sp mit kräftigen Stegen und auch netzartig verbundenen Warzen, 7,5–9 × 7–8 µm. – (= Gruppe IX) **Harter Zinnober-Täubling** – *R. lepida* FR.

23* Mit anderen Merkm. **24**

24 H grau, gelbl-grau, grau-ocker. H-Mitte rußfarben bis bräunl. H-Rand ± kammrandig. S-Basis gelb bis rostocker (Falls S-Basis nicht gelb, allenfalls mit kupferrötl. Flecken: *R. pectinatoides* PECK.). Geschmack unangenehm bis schärfl. – Sp mit Verbindungslinien zwischen den Warzen bis unvollkommen netzartig ornamentiert, 6,5–8,5(–9) × 5–6(–7,5) µm. Parkanalagen, LaW. – (= Gruppe VII)
Milder Kamm-Täubling – *R. insignis* QUÉL.

24* H mit anderen Farben und auch übrige Merkm verschieden **25**

25 Frk schlank, klein, leicht brechend. H 2,5–6 cm, purpurn, weinfarben, schließl ockergelb verfärbend. S 2–6 × 0,3–1,5 cm, bald schwammig-hohl, gelbl bis bräunl verfärbend, seine Oberfläche schließl stark aderig-faltig. Geruch nicht süßl-kompottartig Sp 6,5–8,5(–9,5) × 5,5–7 µm, isoliert-warzig bis stachelig. NaW, seltener auch LaW (falls Frk klein, aber sonst mit anderen Merkm: ▸). – (= Gruppe IX).
Milder Wachs-Täubling – *R. puellaris* FR.

25* Frk größer, fester und fleischiger **26**

26 Frk robust, H 5–15 cm, rot-purpurn, kupferfarben bisw mit grünl Mischtönen. Eichenmischwald [Falls im montanen NaW: *R. viscida* KUDŘNA]. Sp kugelfö, sehr schwach punktiert mit feiner Netzzeichnung, (8–)8,5–11,5 × (7,5–)8–10(–10,5) µm. LaW. – (= Gruppe IX) **Honig-Täubling** – *R. melliolens* QUÉL.

26* Frk weniger robust und/oder H mit anderen Farben **27**

27 H graugrün, bisw mit bräunl-olivem Mischton. Sp mit partiell durch Linien verbundenen Warzen, 6–8,2(–10) × 5–6,7(–7) µm. Vorwiegend mit Birke (vgl. **16**, *R. heterophylla* mit L rund um S gabelig-anastomosierend, Spp weiß). – (= Gruppe IX)
Grasgrüner Täubling – *R. aeruginea* LINDBLAD

27* H nicht einfarbig grünl, meist mit fleckenweise anderen Farben: z. B. violettl. Falls einheitl grünl, dann F unter der abgezogenen HDS violettl oder mit violettl Fraß-

stellen. Sammelart mit mehreren Arten wie z. B. *R. ionochlora* ROMAGN. mit isoliert-feinwarzigen bis stacheligen Sp, (5,5–)6–7,5(–8) × (4,4–)5–6,5 µm. – (= Gruppe IX)
Grauvioletter Täubling – *R. grisea* (PERS.) FR. agg.

– – ***Übrige milde Ocker- und Gelbsporer (28–40)***

28 Frk eher klein, H 2,5–7 cm **29**

28* Frk eher groß, H 5–16 cm **32**

29 H violett, purpurn, braun, grün, kaum jemals gelb **30**

29* H mit anderen Farben: rot, orange, gelb etc. (siehe auch **38**: *R. risigallina*) ▸

30 Arten des LaW und an LaB gebunden ▸

30* Arten des NaW und an NaB gebunden **31**

31 Sp fast völlig isoliert-stachelig, 7–10(–11,5) × 6,2–8 µm. H 2,5–6,5 cm, violett, weinbraun, purpurn, weinrötl, grünoliv. Besonders unter Fichte. [Falls Sp mit einzelnen Graten und besonders unter Lärche: *R. laricina* VELEN.]. – (= Gruppe XIII)
Geriefter Weich-Täubling – *R. nauseosa* (PERS.) FR.

31* Sp mit kammartig bis netzig verbundenen oder doch zusammenfließenden Warzen, 7–9(–11,5) × 6,5–7,5(–8,5) µm H 2,5–5(–7) cm, karminrot, schmutzig lila, rötl mit kupferfarbenen oder purpurnen Mischtönen, violettl, weinfarben, H-Mitte oft heller, bräunl. Besonders unter Kiefer. – (= Gruppe XIII)
Kiefern Weich-Täubling – *R. cessans* A. PEARSON

32 H rot oder kupfer-orange. **33**

32* H weder (vorherrschend) rot noch orange **34**

33 Spp hell ocker (IIIa–b). H 5–16 cm. Sp mit einfach bis kammartig verbundenen Warzen, auch fast netzig, 8–10(–11,5) × 6,7–7,7 µm. [Falls Sp 6–8,5 × 5–6,5 µm und weitgehend mit isolierten Stachelwarzen. H 2–7(–9) cm: *R. velenovskyi* MELZER & ZVÁRA]. Meist unter Kiefern oft zwischen Heidelbeeren. – (= Gruppe XII)
Apfel-Täubling – *R. paludosa* BRITZELM.

33* Spp dunkel ocker bis gelb (IIIc–Va) oder dunkler [Falls L lebhaft zitronengelb, von den Schneiden her verfärbend = Gruppe X: *R. aurea* PERS.; falls Spp gelb und HDS mit kräftig inkrustierten Primordialhyphen = Gruppe XI: *R. pseudointegra* ARNOULT & GORIS ex MAIRE] ▸

34 Frk groß. H (6–)9–16(–20) cm, trüb-rot bis weinrötl, jung mit olivgrünl bis olivgelbl Tönen. H-Oberfläche meist in konzentrischen Zonen rinnig-körnig. S 5–12 × 2–4 cm, auf weißem Grunde karminrosa überhaucht. Sp mit isolierten Stacheln, dünne Verbindungslinien selten, 8–10(–12) × 7–8,5(–10) µm. (Falls Sp kammartig-netzig, gratig und/oder kleiner: ▸). HDS ohne inkrustierte Primordialhyphen und ohne Zystiden. LaW (Kalkbuchenwälder unter *Fagus*, auch *Quercus*, *Carpinus*), seltener NaW. – (= Gruppe X) **Rotstieliger Leder-Täubling** – *R. olivacea* (SCHARFF.) PERS.

34* Mit anderen Merkm. HDS mit Primordialhyphen oder mit Pileozystiden **35**

35 H (3–)5–10(–12) cm, irgendwie braun, gelbbraun, mit dunklerer Marmorierung, oft auch mit olivfarbenen Flecken, braunpurpurn, braunoliv. H-Mitte oft ocker bis oliv. H zweifarbig oder verschiedenfarbig wirkend. Haare der HDS gegen die Enden fadenfö verjüngt, Pileozystiden gestreckt-keulenfö. Spp dunkelocker bis gelb. Sp 8–11 ×

7–9,2 µm, mit starken isolierten Stacheln. NaW. – (= Gruppe XII).
Brauner Leder-Täubling – *R. integra* (L.) FR.

35* Merkm verschieden. LaW **36**

36 HDS ohne Pileozystiden **37**

36* HDS mit Pileozystiden ▸

37 Frk groß bis mittelgroß, H bis 12 cm und rot. Geschmack bisw mentholartig ▸

37* Frk kleiner o d e r mittegroß bis groß und dann H nicht rot **38**

38 Frk eher klein. H meist gelb, auch rot, rosa oder orange [Falls H grünl bis olivl: *R. olivascens*]. Geruch älterer Frk süßl. H 4–10 cm, matt oder glänzend [Falls H glänzend, Geruch nicht süßl: *R. acetolens* S. RAUSCHERT]. Sp isoliert warzig, 6,7–9 × 6–7,5 µm. LaW, NaW. – (= Gruppe XII) **Dotter-Täubling** – *R. risigallina* (BATSCH) SACC.

38* Frk mittelgroß bis groß und H mit anderen Farben. **39**

39 Geruch an der abgebrochenen S-Basis nach Jodoform. H 4,5–10 cm, vielfarbig. meist violett-weinfarben, auch weinrot, hell grau-violettl, rot-violett, dunkel rot mit schwarzer Mitte, rötl-braun, braun-ocker, olivfarben. H-Mitte oft dunkler. H-Rand oft heller violettl oder schmutzig lachsrosafarben. H nie zimtrot oder orange. H-Oberfläche unter Wassertropfen nicht goldgelb verfärbend. Sp netzig ornamentiert, mit wenigen freien Warzen, 8,2–9,2 × 6–7,5 µm. NaW, unter Kiefer und Fichte. [Falls H-Oberfläche unter Wasser goldgelb entfärbend, Sp mit einigen freien Warzen und mit feineren Verbindungslinien zwischen den Warzen. NaW meist unter Fichte und Tanne, seltener unter Kiefer: *R. amethystina* QUÉL.]. – (= Gruppe XII) **Jodoform-Täubling** – *R. turci* BRES.

39* Geruch an der abgebrochenen S-Basis nicht nach Jodoform **40**

40 H 3–8(–12) cm, einheitl violett, mit großem stumpfem Buckel in H-Mitte. Sp 8–9,3 × 6,7–8 µm, mit gratig bis fast zebriert verbundenen Warzen. NaW, Kiefer. – (= Gruppe XII) **Buckel-Täubling** – *R. caerulea* FR.

40* H-Mitte ohne Buckel ▸

– ***Geschmack scharf (41–57)***

41 H weiß, rot oder rosa. Spp weiß **42**

41* H und/oder Spp andersfarbig **44**

– – ***Rote bis rosafarbene Spei-Täublinge mit weißem Sporenstaub (42–43)***

42 L bei Berührung oder nach dem Reiben gelb verfärbend. Sp vorwiegend isoliert-warzig, (6,5–)7–9 × (5,5–)6–7(–7,5) µm. LaW. – (= Gruppe IV)
Gelbfleckender Täubling – *R. luteotacta* REA

42* L nicht gilbend **43**

43 H-Haut meist über die Hälfte des H-Radius hinaus, oft zur Gänze abziehbar, darunter H-Fleisch weiß. L weiß. Geruch weder süßl noch nach Honig. Sp grobwarzig, feinnetzig, (7,7–)9–11 × (6,7–)7–8,7 µm. NaW, LaW [Sammelart: alpine Höhenstufe: *R. nana* KILLERM.; falls H stellenweise oder gänzl entfärbend und unter Birke an feuchten Plätzen: *R. betularum* HORA, falls Geschmack wenig scharf und S grauend und/oder Sp bis 9 µm: ▸]. – (= Gruppe IV) **Spei-Täubling** – *R. emetica* (SCHAEFF. : FR.) GRAY

43* H-Haut weniger weit abziehbar, höchstens bis zur Hälfte des H-Radius, darunter H-Fleisch rötl oder rosa. L später mit grünl Reflex (erst weiß). Geruch fruchtartig, trocknend nach Honig. H-Mitte hell entfärbend, sonst karminrot bis rosarot. Sp weniger kräftig als bei 43 und mit weniger vollständigem Netzornament, 7,2–8,5 × 6–6,7 µm. LaW (Buche). – (= Gruppe IV)

Buchen-Spei-Täubling – *R. mairei* SINGER

44 Spp weiß (allenfalls sehr blass cremefarben) **45**

44* Spp creme, ocker, gelb **51**

– – ***Violette oder grünliche Spei-Täublinge mit weißem oder blass cremefarbenem Sporenstaub (45–48)***

45 H purpurn, violett oder grünl **46**

45* H gelb oder braunockerl **49**

46 An Erle gebunden. F mäßig scharf (kurzzeitig) oder mild. Sp ellipsoid, mit dicht-netzartigem Ornament, (7–)8–12 × (5–)6–9 µm. – (= Gruppe IV) . . . . **Erlen-Täubling** – *R. alnetorum* ROMAGN.

46* Nicht an Erle gebunden. **47**

47 Sp annähernd kugelfö, (6,5–)7–9(–10) × 6–7,7 µm, dicht netzartig ornamentiert, Warzen stumpf und niedrig. F mit NH_3 nicht rosa bis rot [Falls unter Tanne und F mit NH_3 rosa bis rot: *R. cavipes*]. – (= Gruppe IV)

Wechselfarbiger Spei-Täubling – *R. fragilis* (PERS. : FR.) FR.

47* Sp ellipsoid **48**

48 H 4–12 cm, lange konvex bleibend. Geschmack mäßig scharf. Geruch schwach, ± nach frischem Obst. Sp mit unvollständigem Netzornament aus eher feinen als gratigen Verbindungen, 7–8(–9) × (5,5–)6–7(–7,5) µm. Meist unter Eichen, nicht an ausgesprochen feuchten Plätzen. – (= Gruppe IV).

Purpurschwarzer Täubling – *R. atropurpurea* (KROMBH.) BRITZELM.

48* H kleiner, 2–4 cm, bald flach werdend. Geschmack sehr scharf. Geruch süßl. L schwach bräunend oder gilbend. Spp blass cremefarben bis weißl. Dematozystiden an der Basis nicht wesentlich schmäler als am oberen Ende. Unter NaB, bisw auch LaB, immer an feuchten Plätzen [Falls Geschmack wenig scharf bis mild, Geruch 0 oder nach frischem Obst, L etwas grauend: *R. aquosa* LECLAIR]. Sp mit pusteligen Warzen, die durch feine Linien oder auch Grate netzig verbunden sind, 6–8(–9) × 5–6,5 µm. Meist im NaW. – (= Gruppe IV)

Schwarzroter Spei-Täubling – *R. atrorubens* QUÉL.

– – ***Gelbe Spei-Täublinge mit weißem oder blass cremefarbenem Sporenstaub (49–51)***

49 L von Beginn an gelbl-ocker. Geschmack brennend scharf. Geruch nach Obstkompott. Hyphen der HDS mit membranärem gelbem bis braunem Pigment. Sp mit unvollständig netzfö Ornament aus feingratigen Verbindungslinien, 7,5–9 × 6–7 µm. Unter Buche (*Fagus*). – (= Gruppe V) **Gallen-Täubling** – *R. fellea* (FR. : FR.) FR.

49* L weiß **50**

50 Sp isoliert-stachelig, 6–7,5(–8,2) × 5–6,7 µm. LaW. – (= Gruppe VI)

Mehlstiel-Täubling – *R. farinipes* ROMELL

50* Sp-Stacheln netzartig verbunden, (6,5–)7–8,5(–9) × (5,5–)6–7,5 µm. H-Rand knotig gerippt, weißl, sonst H gelb. [Falls H-Rand gelb, H-Mitte rötl. Sp unvollständig netzig:

R. citrina GILLET]. LaW, MischW. – (= Gruppe VI)
Blassgelber Täubling – *R. raoultii* QUÉL.

51 An NaB gebunden, Frk recht gedrungen, F meist hart und fest. H rosa, purpurn, karminrot oder violett. S oft rosa, rot oder violett. Geruch oft süßl, nach Stachelbeer-Kompott **52**

51* An LaB gebunden **57**

– – ***An Nadelbäume gebundene scharfe Täublinge mit tiefer gefärbtem Sporenstaub (52–56)***

52 H mit vorherrschend roten, purpurnen, karminroten oder braunen Farben **53**

52* H mit violetten Mischtönen **55**

53 H meist dunkel braunrot, auch dunkelrot bis purpurrot, 5–15 cm. S weiß, oft rot geflammt. Geruch nach Zedernholzöl. Geschmack zunächst fast mild, bald brennend scharf. Spp dunkelocker. Sp mit kräftigen bis zu 1 µm langen Warzen, mit feineren Verbindungslinien oder auch Graten verbunden, unvollständig netzfö, 8–11 × 6,5–8,3 µm. – (= Gruppe XV) **Zedernholz-Täubling** – *R. badia* QUÉL.

53* Merkm verschieden: H entschieden rot. Geruch nicht nach Zedernholzöl, Geschmack sofort scharf. Spp hellocker. **54**

54 H-Haut kaum abziehbar, nur schwach schmierig, nass glänzend, bald trocken und dann matt. H-Haut purpur- bis tomatenrot. Geschmack mäßig scharf, im S bisw mild. [Falls H purpurschwarz oder dunkelblutrot. Geschmack scharf. Zwischen Torfmoos: *R. helodes* MELZER]. Sp größtenteils isoliert-stumpfstachelig, selten mit kurzen, dünnen Verbindungslinien, 7,5–10 × 6,5–8,5 µm. NaW, meist unter Kiefer. – (= Gruppe VII)
Blutroter Täubling – *R. sanguinaria* FR.

54* H-Haut leicht abziehbar, stärker schmierig und glänzend. S meist leuchtend rot geflammt. Nasse, saure Fichtenwälder. [Falls in trockenen, sauren Kiefernwäldern: *R. sardonia* var. *pseudorhodopoda* ROMAGN.]. – (= Gruppe VII).
Flammenstiel-Täubling – *R. rhodopus* ZVÁRA

55 Geruch nach Stachelbeerkompott. Sp weitgehend idoliert-stachelig, mit seltenen sehr feinen Verbindungslinien, (7,5–)8–9,5(–10) × (6,5–)7–8(–8,5) µm. Auf kalkhaltigen Böden. – (= Gruppe VII) **Stachelbeer-Täubling** – *R. queletii* FR.

55* Geruch nicht nach Stachelbeerkompot und in anderen Habitaten **56**

56 L mit zitronenfarbigem Ton. F und L in Ammoniakdämpfen rosa oder rot. Sp zebriert bis fast netzig oder kammartig ornamentiert, mit halbkugeligen Warzen, 7,2–9,2 × 6,2–7 µm. – (= Gruppe VII) **Zitronenblättriger Täubling** – *R. sardonia* FR.

56* L ohne zitronenfarbenem Ton. F und L in Ammoniakdämpfen weder rosa noch rot ▸

– – ***An Laubbäume gebundene scharfe Täublinge mit tiefer gefärbtem Sporenstaub (57)***

57 An Birke gebunden, auf kalkhaltigen, eher trockenen Böden. H buntfarbig, Am H-Rand meist rosa bis lilafarben (oft nur in Spuren), gegen H-Mitte meist olivl entfärbt, auch mit fast weißl Stellen, darin bisw mit eingestreuten rötl oder violettl Stellen, zieml fleischig und fest, 4,5–9(–13) cm. S fest, weiß, bisw rosafarben überhaucht. Geruch schwach fruchtartig. Geschmack mäßig scharf. Spp creme bis hell ocker. Sp (7–)8–9,5 × 5,7–6,7 µm, mit niedrigen Warzen und zebriert bis schwach netzig. [Falls Frk klein und zart. In Moorwäldern unter Birke: *R. gracillima* JUL. SCHÄFF.]. – (= Gruppe VII) **Verblassender Birken-Täubling** – *R exalbicans* (PERS.) MELZER & ZVÁRA

57* Merkm verschieden ▸

Schlüssel II

Achtung: Bestimmungsergebnisse unter Verwendung dieses Schlüssels können nur eine ungefähre und vorläufige Orientierung vermitteln. Es bleibt geboten, weitere spezielle Bestimmungsschlüssel oder auch Abbildungswerke zu nutzen, um das Ergebnis abzusichern. Der Schlüssel führt lediglich auf häufigere und auffallende Arten, ist also keineswegs vollständig.

1 L splitternd spröde (feststellbar wenn mit dem Finger über die L gestrichen wird), meist gänzl ohne Zwischen-L. Frk mittelgroß bis groß, H oft lebhaft gefärbt. [Falls L weich-biegsam, und Zwischen-L (Lamelletten) fehlend, dann: ebenfalls hier weiter bestimmen] **2**

1* L nicht splitternd-spröde und mit Zwischen-L (= Lamelletten), selten L durchgehend gabelteilig siehe andere Blätterpilze

2 L untermischt mit nicht zum S durchlaufenden Lamelletten **3**

2* L nicht oder nur durch vereinzelte Lamelleten untermischt **8**

Lamellen untermischt **(3–7)**

3 H weiß, weißl bis ockerfarben. F weder rötend noch schwärzend, L eher nicht gedrängt, ohne bläul oder grünl Schein. H-Grund zwischen den L sichtbar [Falls L gedrängt, mit bläul oder grünl Schein: *R. chloroides*]. Sp-Pulver blass weißl-cremefarben [Falls Sp-Pulver entschieden cremefarben: *R. pallidospora*] *R. delica*

3* H braun bis schwarz, zumindest so in H-Mitte. F zunächst rötend, dann schwärzend oder direkt grau bis schwarz verfärbend **4**

4 L entfernt stehend, sehr breit und dick, 1–1,5(–1,8) × 0,2 cm, 3–7(–10) L auf 1 cm am H-Rand. F wird zunächst ziegelrot, dann rotbraun bis schwarz *R. nigricans*

4* L weniger breit und weniger entfernt **5**

5 Geschmack der L zunächst bitterl, dann mentholartig (kühlend). H weißl bis schmutzig braun. Zystiden mit gelbl, ölartigem Inhalt *R. albonigra*

5* Geschmack der L mild oder scharf, jedoch nicht mentholartig **6**

6 Geschmack der L mild, allenfalls kurzzeitig schwach brennend **7**

6* Geschmack der L anhaltend scharf. Frk kompakt und groß, H 6–15 cm, glänzend schmierig. L cremeweißl. [Falls L orangeockerl und mit lachsrosaroten Schein: *R. anthracina*. – Falls Frk kein und H zweifarbig siehe 7: *R. densifolia*] *R. acrifolia*

7 H klein bis mittelgroß (3–8 cm), jung typisch zweifarbig: Mitte hellbraun, H-Rand ± weißl, H-Oberfläche bald trocken und glanzlos *R. densifolia*

7* H mittelgroß bis groß (5–17 cm), nicht entschieden zweifarbig, H-Oberfläche glänzend. L nicht orangeockerl. [Falls so: siehe milde Formen von *R. anthracina*] *R. adusta*

Lamellen nicht oder kaum untermischt (8–71)

8 H zumindest stellenweise felderig-rissig und zugleich grün, auch blass entfärbt *R. virescens*

8* Merkm verschieden, H-Oberfläche nicht felderig-rissig. **9**

9 Geruch heringsartig, F, S, L bräunl verfärbend. H rot, bräunl-weinfarben, ockerbraun etc. F mit $FeSO_4$ grünl verfärbend [Falls unter *Fagus* und H bräunl-weinfarben, bräunl-rosa und mit andersfarbiger H-Mitte: *R. faginea*. – Falls S und H lebhaft rot: *R. xerampelina* ss. auct. – Falls H mit ockerbraunen, olivl., grünl Tönen: ▸] *R. xerampelina* s. l.

9* Geruch nicht heringsartig, Frk nicht zugleich bräunend. **10**

10 Geruch unangenehm stinkend, und zugleich H gelb, gelbocker, H-Rand stark gerippt. [Falls Geruch aromatisch wie Bittermandeln: *R. laurocerasi* und ▸. – Falls L-Schneide dunkelbraun gesäumt: *R. illota*. – Falls F in S-Basis mit KOH sofort tief gelb: *R. subfoetens*. – vgl. auch die unter **53** ff. geschlüsselten Arten: z. B. *R. insignis*] *R. foetens*

10* Merkm verschieden. Falls H ocker, ockergelb, dann mit fehlendem oder anderem Geruch. **11**

11 H lebhaft ocker (ockerbraun), ockergelb, gelb (siehe auch **43*** *R. violeipes* pr.p., **47*** *R-grisea* pr.p.) **12**

11* H mit anderen Farben **14**

– *Hut lebhaft ocker, ockerbraun, ockergelb, gelb* (12–13)

12 Geschmack mild oder mäßig scharf. Geruch nicht nach Obstkompott. L weißl oder ockerl. **13**

12* Geschmack brennend scharf. Geruch nach Obstkompott. L schon jung ockerl, später blass-ocker. Sp-Pulver weißl. LaW, bes unter *Fagus*. [Falls L weißl, H-Rand gerippt, S-Spitze mehlig bestäubt. Sp-Pulver weiß: *R. farinipes*. – Falls L weißl, aber H-Rand nicht gerippt, S-Spitze nicht mehlig. Sp-Pulver weißl: *R. raoultii*. – Falls Sp-Pulver creme bis blassocker: *R. solaris*] *R. fellea*

13 S und F nicht oder höchstens alt etwas grauend. H gelb bis ocker, oft mit grauolivl oder rötl Mischton Sp-Staub weißl. [Falls H ockerbraun, Sp-Staub cremefarben und F mit $FeSO_4$ lebhaft rötl: *R. mustellina*. Falls Sp-Staub ocker und Frk mit anderen Merkm als unter **13***: ▸]. NaW, LaW *R. ochroleuca*

13* S und F stark grauend, fast schwarz werdend. H lebhaft und rein gelb. Sp-Staub hellocker. Unter Birke *R. claroflava*

– Hut nicht ocker bis gelb (14–49)

14 Geschmack des F mild und nicht strikt an Erle gebunden **15**

14* Geschmack des F scharf. Falls mäßig scharf oder fast mild, dann an Erle gebunden **50**

– – Geschmack (weitgehend) mild (15–49)

15 F, S und L stak grau verfärbend. NaW auf sauren Böden, auch unter *Betula* [vgl. auch 13* *R. claroflava*] **16**

15* F und L nicht stark grauend. **17**

– – Fleisch, Lamellen, Stiel grau verfärbend (16)

16 H orange, ziegelrot, apfelrot. S weiß *R. decolorans*

16* H weinrot, dunkelrot, braunrot, H-Rand mit violettl Mischtönen. S bisw rosa überlauen *R. vinosa*

– – ***Fleisch, Lamellen, Stiel nicht grau verfärbend (17 folgende)***

17 H überwiegend mit grau-grünen, grünl Tönen **18**

17* H mit anderen Farben **21**

– – – ***Hut mit graugrünlichen Farben (18–20)***

18 H einfarbig grasgrün oder mit bräunl-oliven Mischtönen, selten stellenweise blass. Sp-Pulver cremefarben. Vorwiegend unter *Betula*, seltener im reinen NaW *R. aeruginea*

18* Merkm verschieden, H nicht einfarbig grün, allenfalls stellenweise grünl oder mit grünl Mischfarbe. **19**

19 L weiß, weich und biegsam. H mit grünl und violettl-grauen Michfarben *R. cyanoxantha*

19* L ± splitternd-spröde **20**

20 L rund um den S stark gabelteilg. Sp-Pulver weiß. HDS mit schmalen, dickwandigen Rosshaar-Elementen. NaW, LaW *R. heterophylla*

20* L rund um den S nicht stark gabelteilig [im H grünl gefärbte Arten der Sekt. Griseinae. Falls unter der HDS mit violettl Tönen und Fraßstellen im F rosal bis violettl: *R. ionochlora* mit blass-cremefarbenem und *R. grisea* mit cremeockerl Sp-Pulver] ▸

21 H mit roten, rötl oder bräunlichen Farben und ohne violettl Mischtöne, keinesfalls gänzl violett. **22**

21* H gänzl violett oder mit violettl Mischtönen **39**

– – – ***Hut mit roten, rötlichen oder bräunlichen Farben, ohne violettliche Tönung (22–38)***

22 Im NaW und an NaB gebunden (bisw auch Birke). **23**

22* Im LaW und an LaB gebunden **28**

– – – – ***Nadelwald unter Nadelbäumen (23–27)***

23 H 5–16 cm, apfelrosa, apfelrot, glänzend. S weiß oder rötl, oft lang und kräftig, 5,5–10 × 2–3,7 cm. Frk eher weichfleischig. Sp-Pulver hellocker. NaW auf nassen Böden, besonders unter Kiefer mit Heidelbeeren [Falls Frk kleiner und Sp mit weitgehend isolierten Stachelwarzen *R. velenovskyi*. – Geschmack mild bis schärfl, H rosa, sehr zerbrechl, Sp-Pulver weißl, zwischen *Sphagnum*: *R. aquosa*]. *R. paludosa*

23* Merkm anders. Auf eher trockenen Böden [Vgl. aber auch **23**: *R. velenovskyi*] . . . **24**

24 H mit vorherrschend braunen Farben: auch gelb-braun, braun-oliv, braun-purpurn, H-Mitte oft ocker oder ockeroliv. Sp-Pulver ocker. [Falls Frk größer, H bis zu 20 cm und S rosa überhaucht: siehe *R. olivacea*]. Besonders unter Fichte (mit montan-kollinem Verbreitungsschwerpunkt) *R. integra*

24* Merkm anders **25**

25 Sp-Pulver weißl bis creme, falls creme, dann Frk besonders am S stark gilbend. . . **26**

25* Sp-Pulver (creme-)ocker, S nicht stark gilbend **27**

26 Frk groß, H bis 14,5 cm. HDS im frischen Zustand klebrig. Geschmack meist mild, aber auch schärfl bzw. die L sogar eindeutig scharf. Mit KOH feuerrot an gelben Stellen der S-Basis. NaW, besonders im montanen Bereich *R. viscida*

26* Frk eher klein bis mittelgroß *R. puellaris*

27 Frk an gekappter S-Basis nach Jodoform riechend. Überwiegend unter Kiefer. Sp-Warzen weitgehend mit Linien, stellenweise auch netzig verbunden. HDS mit inkrustierten Elementen. [Falls unter Fichte oder Tanne, H durch auftropfendes Wasser fleckig und Sp-Warzen weitgehend isoliert: *R. amethystina*] *R. turci*

27* Frk an gekappter S-Basis nicht nach Jodoform riechend, wohl aber der ganze Frk nach und nach bisw stinkend. HDS ohne inkrustierte Elemente. Sp isoliert warzig, nur mit wenigen verbindenden Linien und Graten [Falls Sp mit verbindenden Linien und Graten: *R. laricina*, *R. cessans*] *R. nauseosa*

– – – – ***Laubwald unter Laubbäumen (28–38)***

28 Frk groß, H bis zu 20 cm, H-Oberfläche meist in konzentrischen Zonen rinnig-körnig, aber auch glatt. S oft rosa überhaucht. Sp-Pulver gelb, Sp mit isolierten Stacheln, Typisch im LaW, auch im NaW *R. olivacea*

28* Merkm anders **29**

29 Sp-Pulver weiß, weißl bis cremefarben **30**

29* Sp-Pulver dunkelocker bis tief gelb, auch hellocker und dann mit Birke. **35**

30 Frk klein, H 1,7–3,7 cm. Sp-Pulver weißl *R. minutula*

30* Frk mittelgroß bis groß, H z. B. 5–10 cm **31**

31 Sp-Pulver weiß bis weißl **32**

31* Sp-Pulver creme **34**

32 HDS vom H-Rand etwas zurückgezogen, daher am H-Rand mit schmalem, weißen Saum: H meist weinbräunl, fleischfarben, seltener stellenweise grünl. L nahe des S nicht oder kaum gabelteilig Sp isoliert warzig [Falls stärker grünl, L rund um den S stark gabelteilig, Sp mit zusammenfließenden auch durch feine Linien verbundenen Warzen: **20**: *R. heterophylla*]. HDS mit Rosshaarelementen, Meist LaW, seltener auch NaW *R. vesca*

32* Merkm verschieden. **33**

33 H lebhaft rot. HDS als Haut abziehbar und Frk eher weichfleischig (vgl. **34**: *R. lepida*) *R. velutipes*

33* H sehr verschiedenfarbig, jedoch nicht lebhaft rot, eher bisw schwarzrot. S stellenweise gilbend. Geruch (älterer Pilze) nach Honig. Sp groß, rund, mit schwachem Ornament (vgl. **26**: *R. viscida*) *R. melliolens*

34 H zinnoberrot. HDS nicht als Haut abziehbar. Frk mit eher kompaktem, festem F (vgl. **33**: *R. velutipes*) *R. lepida*

34* H nicht zinnoberrot und auch sonst Merkm anders. Siehe z. B. **47***Russula grisea* ▸

35 An Birke gebunden. Geschmack schärfl bis scharf. H rosa-rötl, in H-Mitte ockerl-blass, auch mit grünl-blassen Stellen, bis 13 cm, Sp längl-oval *R. exalbicans*

35* Merkm verschieden. **36**

36 H ± einheitl lebhaft rot. Geschmack mild, mentholartig, auch leicht bitter (ähnl **33** *R. velutipes* und **34** *R. lepida*) *R. pseudointegra*

36* Merkm anders; falls H mit rötl Tönen, dann zugleich in H-Mitte ockerl entfärbt . . **37**

37 Mit Ausnahme der H-Mitte lebhaft rot. F unter der HDS lebhaft gelb, auch S und L lebhaft gelb werdend *R. aurata*

37* Ohne derartige gelben Töne **38**

38 Frk recht groß und stattl, eher weichfleischig. H (4–)6–15 cm, auch mit violettl oder grünl Tönen. HDS als Haut abziehbar *R. romellii*

38* Frk klein, mit süßl-fruchtigem Geruch. H 1–5 cm *R. odorata*

– – – ***Hut gänzlich violett oder mit violettlichen (Misch-)Tönen oder zumindest Stiel violett (39–49)***

39 H-Mitte mit stumpfem Buckel. Geschmack des F mild, aber HDS bitter. Sp-Pulver ocker. Unter Kiefer *R. caerulea*

39* Merkm verschieden. **40**

40 Sp-Pulver weiß, weißl bis cremefarben **41**

40* Sp-Pulver dunkelocker bis tief gelb **48**

41 L biegsam, nicht splitternd-spröde, weißl. S weiß. H violett und grün [Falls H dunkelgrün: *R. cutefracta*]. LaW, NaW *R. cyanoxantha*

41* L anders, meist splitternd-spröde, vielfach nicht weißl **42**

42 Auch S stellenweise oder gänzl violett. **43**

42* S nicht entschieden violett, allenfalls nur stellenweise etwas violettl oder rosa überhaucht **44**

43 H lebhaft purpurn, karmin oder tief violett. LaW, NaW *R. amoena*

43* H mit karminfarbenen oder violettl Flecken, im Übrigen mit gelbl oder cremefarbenen Tönen. LaW, NaW *R. violeipes*

44 H-Oberfläche unter der Lupe wie punktiert. S oben bepudert, bisw rosa überhaucht. HDS mit stark inkrustierten Primordialhyphen, Sp isoliert-warzig *R. lilacea*

44* Merkm verschieden. **45**

45 Sp netzig ornamentiert **46**

45* Sp nicht netzig ornamentiert, vielmehr mit isoliertem Ornament, das allenfalls durch feine Linien verbunden ist. **48**

46 H violettl-grünl, mit matt-samtiger Oberfläche. LaW, NaW auf sauren Böden *R. parazurea*

46* H purpurviolettl, nicht mit matt-samtiger Oberfläche, 4–12 cm. LaW, oft mit Eiche, auch NaW *R. atropurpurea*

47 Sp-Ornament zieml grob und lang, stachelfö, Stacheln oft gekrümmt. F unter HDS und an Fraßstellen weder rosal noch violettl (vgl. aber auch unter **47*** *R. atroglauca*) *R. brunneoviolacea*

47* Sp-Ornament feiner. F unter HDS und an Fraßstellen rosal oder violett. Sp-Pulver creme-ockerl. [Falls HDS mit kurz-breiten, fässchenartigen Gliedern, Sp-Pulver blasscremefarben: *R. ionochlora*. – Falls H dunkel grüngrau und F unter HDS und an Fraßstellen weder rosal noch violett: *R. atroglauca*] *R. grisea*

48 An Espen (*Populus tremula*) gebunden *R. medulata*

48* Nicht an Espe gebunden **49**

49 Auf eher trockenen Böden, Geschmack stets mild. LaW, besonders unter Buche. H (4–)6–15 cm *R. romellii*

49* Auf eher feuchten bis nassen Böden und mit Birke vergesellschaftet. Geschmack (besonders L) oft schärfl bis scharf. H 2,8–7 cm. Sp groß, bis zu 10–13 µm, isoliert-stachelig [Falls Sp kleiner, bis zu 9 µm, Warzen auf Sp durch Linien verbunden: *R. versicolor*] *R. nitida*

– – ***Geschmack weitgehend oder sehr scharf (50–71)***

50 Frk mittelgroß. H 3–10,5(–13) cm, lange konvex bleibend. Geschmack nach einiger Verzögerung scharf, Geruch anfangs nach Zedernholz, S selten rein weiß, mit rosa Flecken oder rosa überhaucht. S-Basis gilbend *R. maculata*

50* Merkm anders. Frk mittelgroß bis klein **51**

51 H mit grauen oder bräunl-grauen Farben und H-Rand meist gerippt-kammartig (vgl. auch **11**: *R. foetens*) **52**

51* H mit anderen Farben. H-Rand nicht gerippt-kammartig **56**

– – – ***Hut mit grauen oder bräunlich-grauen Farben, kammrandig (52–55)***

52 H-Rand nicht gestreift, nicht kammrandig *R. consobrina*

52* H-Rand gestreift, gerippt-kammrandig **53**

53 S-Basis schwefel- oder goldgelb, rostocker, mit Ammoniak orangerot verfärbend. Geschmack eher unangenehm als anhaltend scharf *R. insignis*

53* S-Basis anders, mit Ammoniak nicht orangerot verfärbend **54**

54 H trüb gefärbt, umbrabraun, erdgrau olivgrau **55**

54* H ocker, senfbräunl, altgold, olivl-ocker, ± mit grauer Eintrübung. Geruch unangenehm [Falls H trüber aber mit dunkler Mitte, Geschmack kaum scharf: *R. pectinatoides*] *R. pectinata*

55 H zieml groß, 5–12 cm. S kräftig bis 2,5 cm dick. Geruch erst spermatisch, dann fruchtartig. Sp weitgehend kugelig *R. sororia*

55* H kleiner, 3–9 cm, S weniger kräftig, bis zu 1,5 cm dick. Geruch nach Camembert-Käse oder auch heringsartig. Sp ellipsoid. *R. amoenolens*

56 H mit lebhaft roten Farben ohne violettl, bräunl, grünl Töne (siehe auch *R. aquosa* mit Tendenz zu lila oder violett-bräunl Mischtönen. – Falls auf gelbl Grundfarbe des H rosa laviert: *R. raoultii*) **57**

56* H mit anderen Farben **63**

– – – ***Hut mit lebhaft roten Farben (57–62)***

57 Sp-Pulver weiß bis weißl **58**

57* Sp-Pulver creme bis ocker **60**

58 L und S lebhaft gelb bei Berührung anlaufend *R. luteotacta*

58* L und S nicht lebhaft gelb anlaufend. Allenfalls S schwach gilbend **59**

59 HDS nur teilweise als Haut abziehbar *R. mairei*

59* HDS meist über die Hälfte des H-Radius hinaus abziehbar. H 3,5–10 cm, lebhaft rot, dunkelrot bis schwarzrot. Sp-Warzen recht hoch bis 1 µm und mehr. [Falls H stellenweise oder gänzl entfärbend und unter Birke an feuchten Plätzen: *R. betularum*. – Falls H eher kleiner, bis 5 cm, HDS gänzl abziehbar, Sp gänzl mit Netzornament, an eher trockenen Plätzen: *R. silvestris*. – Falls Sp-Warzen unter 1 µm hoch: *R. grisescens*.] *R. emetica*

60 NaW und/oder an NaB gebunden **61**

60* LaW und/oder an LaB gebunden **62**

61 HDS kaum als Haut abziehbar, nur schwach schmierig, bald trocken und matt. S ± gilbend. Besonders mit Kiefer an eher trockenen Stellen [Falls H purpur-rotschwarz oder dunkelrot, S grauend, in Mooren oft mit Fichte: *R. helodes*] *R. sanguinaria*

61* HDS als Haut entweder leichter abziehbar oder stärker schmierig und glänzend. An sehr feuchten bis nassen Orten, meist mit Fichte *R. rhodopus*

62 Geruch nach Honig. H samtig-rot. Sp-Pulver ocker. [Falls Geruch ± obstartig, Sp-Pulver eher cremefarben: *R. persicina*]. LaW (Buche, Eiche; vgl. auch **34**: *R. lepida*). *R. rubra*

62* Geruch schwach fruchtig, gemischt mit Komponente von Brotgeruch. H matt glänzend, rosa bis rot, stellenweise ausblassend. Geschmack schärfl. Sp-Pulver ocker. An Birke gebunden. [Falls Sp-Pulver gelb, mit Eiche: *R. decipiens*] . siehe **35** *R. exalbicans*

– – – ***Hut nicht lebhaft rot (63–71)***

63 S mit violettl Tönen. **64**

63* S ohne violettl Töne **67**

– – – – ***Stiel mit violetten Tönen (64–66)***

64 An Tanne (*Abies*) gebunden. F und L mit Ammoniak rosa oder rot. H klein*R. cavipes*

64* Nicht an *Abies* gebunden. H groß oder seltener (**65**, **65***: *R. gracillima*) klein **65**

65 L mit zitronencremefarbenem Ton. F und L mit Ammoniak(-Dämpfen) rosa oder rot. Bodernsaure NaW unter Kiefer. [Falls H kleiner und an Birke gebunden: *R. gracillima*] *R. sardonia*

65* L ohne zitronencremefarbenem Ton. F und L mit Ammoniak nicht rosa bis rot [ausgenommen die kleine *R. gracillima* unter Birke] **66**

66 Geruch wie Stachelbeerkompott. Kalkreiche NaW. H oft stellenweise grün, 2–10 cm *R. queletii*

66* Geruch anders, falls fruchtig, dann nicht wie Stachelbeerkompott. Mit Ammoniak nicht rosa bis rot, allenfalls ockerorange. Sp-Ornament durch Linien und Grate (unvollständig) verbunden. Unter Kiefer auf kalkhaltigem Boden. [Falls Frk kleiner, Sp mit isolierten Stacheln: *R. fuscorubroides*. – Falls Sp-Ornament fast netzig-gratig: *R. torulosa*] *R. fuscorubra*

– – – – ***Stiel ohne violette Töne (67–71)***

67 Sp-Pulver weiß bis weißl **68**

67* Sp-Pulver creme bis ocker **71**

68 An Erle gebunden (z. B. *Alnus glutinosa*, *Alnus viridis*) *R. alnetorum*

68* Nicht strikt an Erle gebunden **69**

69 Frk recht groß und kräftig. H bis 14,5 cm. HDS im frischen Zusatnd klebrig. Geschmack meist mild, aber auch schärfl bzw. die L sogar eindeutig scharf. Mit KOH feuerrot an gelben Stellen der S-Basis. NaW, besonders im montanen Bereich siehe **26**: *R. viscida*

69* Frk eher klein **70**

70 Sp-Pulver weiß oder weißl. Sp fast kugelig mit Netzornament NaW. [Falls Sp ellipsoid: *R. atrorubens*. – Falls an Weiden gebunden: *R. laccata*] *R. fragilis*

70* Sp-Pulver cremefarben. LaW mit Hainbuche oder Eiche *R. violacea*

71 H zieml groß und fest, bis zu 12 cm, in typischer Ausbildung dunkel braunrot, aber bisw auch rot. S rot überhaucht, bisw nur weiß. Von den L her mit Geruch nach Zedernholzöl. Sp-Pulver tief ocker bis hellgelb. NaW, an NaB gebunden *R. badia*

71* H kleiner, bis 6(–8) cm. S recht stark gilbend. Geruch schwach obstig, auch etwas fischartig. Sp-Pulver ocker. Sp längl-ellipsoid. An Birke gebunden *R. versicolor*

Schlüssel III: Gliederung in Gruppen vornehmlich nach Spp-Farbe, nach Geschmack und nach Mikro-Merkm der HDS

1 Lamellen mit Lamelletten untermischt Gruppe I (Compactae)
1* Lamellen nicht oder nur vereinzelt mit Lamelletten untermischt **2**
2 Frisches Spp weiß oder weißl (Ia und Ib nach Romagnesi) **3**
2* Spp cremefarben, ocker oder gelb. **7**
3 F mild **4**
3* F scharf **5**
4 HDS mit Primordialhyphen oder mit inkrustierten Elementen Gruppe II
4* HDS ohne Primordialhyphen und ohne inkrustierte Elemente Gruppe III
5 H gelb oder braun ockerl. **6**
5* H mit anderen Farben Gruppe IV
6 Hyphen der HDS mit membranärem gelbem bis braunem Pigment Gruppe V
6* Hyphen der HDS ohne membranäres gelbes bis braunes Pigment Gruppe VI
7 Frisches Spp cremefarben (IIa–d nach Romagnesi) **8**
7* Spp ocker bis gelb (IIIa–IV nach Romagnesi) **10**
8 F mild oder etwas bitter. **9**
8* F deutl scharf oder unangenehm schmeckend, nicht ledigl bitter Gruppe VII
9 HDS ohne Pileozystiden, vielmehr meist mit inkrustierten Primordialhyphen siehe Gruppe II
9* HDS mit Pileozystiden Gruppe VIII
10 F mild oder höchstens in den L junger Stücke etwas scharf. **11**
10* F scharf **14**
11 F und S grau verfärbend Gruppe IX
11* F und S nicht grau verfärbend. **12**
12 HDS weder mit inkrustierten Primordialhyphen noch mit Dematozystiden Gruppe X
12* HDS entweder mit Pileozystiden oder mit inkrustierten Primordialhyphen. **13**
13 HDS mit inkrustierten Primordialhyphen. Pileozystiden fehlend Gruppe XI
13* HDS meist ohne inkrustierte Primordialhyphen, wohl aber gewöhnl mit Pileozystiden. Geruch bisw heringsartig Gruppe XII
14 HDS ohne Pileozystiden Gruppe XIII
14* HDS mit Pileozystiden Gruppe XIV

Rutstroemia P. KARST. – inop. Disc (Asc, Leotiomycetes, Helotiales, Rutstroemiaceae) Frk becherfö, 4–12 mm breit, braun, bräunl, gestielt, aus stromatisierten Teilen des Wirtsgewebes gebildet. Asc-Sp ellipsoid, hyalin, ein- bis mehrzellig, beim T 12–19 × 3,5–6,5 µm. Etwa 10 Arten, auf Pflanzenresten und Holz. Syn: *R. bulgarioides* = *Piceomphale b.* (s.d.). – **Lit**: **5:** 111, **10**: 163

T: *R. firma* (PERS. : FR.) P. KARST. – Derber Stromakelch: BK 1.153, De 17K, Ge 572, Lx 651, Ph 277, RH 654.

1 Auf holzigen Zweigen, Ästchen oder auch auf/in leeren Cupulae der Esskastanie (*Castanea*) **2**

1* Auf Blättern oder Krautstängeln ▸

2 Auf/in leeren Cupulae der Esskastanie (*Castanea*) **Kastanien-Stromakelch** – *R. echinophila* (BULL.) HÖHN.

2* Auf anderen Substraten **3**

3 Auf NaH ▸

3* Auf LaH **4**

4 Frk olivl-braun bis orangebraun, auf Birke (*Betula*) oder Erle (*Alnus*) **Nordischer Stromakelch** – R. *bolaris* (BATSCH : FR.) REHM

4* Frk mittelbraun bis dunkelbraun. Asc-Sp schmal ellipsoid, reif mehrfach septiert, im Ascus knospend, 12–19 × 3,5–6,5. Auf verschiedenen Arten von LaH [Falls auf Zweigen von *Rosa* im Frühjahr und Asc-Sp ellipsoid, 2-zellig, 12–15 × 3–4 µm: *R. rhenana* (KIRCHST.) DENNIS] **Derber Stromakelch** – *R. firma* (PERS. : FR.) P. KARST.

Flechten, Gattungen R

Racodium PERS. – Fle (Asc, Dothideomycetes, Capnodiales, Racodiaceae)
Lager aus verfilzten, feinen Fäden, (braun-)schwarz. Apotheccien fehlend, wohl immer steril. Photobiont: *Trentepohlia*. Silikatgestein. 1 Art. – **Lit**: **24:** 367 unter *Cystcoleus*, **795**; **25:** 445 unter *Cystocoleus*, **969**

T: *R. cellare* PERS. oder ? *R. rupestre* PERS. – **Felsen-Schwarzfilzflechte**

Ramalina ACH. – Fle (Asc, Lecanoromycetes, Lecanorales, Ramalinaceae)
Lager strauchig, aufrecht bis hängend, bandartig flach, rinnig oder auch bärtig-fädig, blass (gelb-)graugrün, oft mit Soralen. Apothecien kurz gestielt, (fast) endständig, mit blassfarbener grünl, bräunl oder gelbl Scheibe, diese mit Lagerrand. Sp 2-zellig, breit ellipsoid bis nierenfö. Photobiont: *Trebouxia*. Äste, Zweige, Stämme. Gestein.18 Arten. – **Lit**: **24:** 70, **796–802; 25:** 77–78, **970–978**

T: *R. calicaris* (L.) RÖHL. – **Rinnige Astflechte**; abgebildet *R. farinacea* (L.) ACH. – **Mehlige Astflechte** Wi 797, FleD 971, UT 31

1 Auf Silikatgestein, auch bisw auf küstennahen Felsen ▸

1* Auf Ba-Rinde und seltener auch auf Holz **2**

2 Lager aus dünnen Fäden ▸

2* Lager anders **3**
3 Lager ohne Sorale, oft mit Apothecien **4**
3* Lager mit Sorale, meist ohne Apothecien **5**
4 Lager ± gedrungen, abstehend bis aufrecht, kaum länger als breit, oft annähernd kugelig **Buschige Astflechte** – *R. fastigiata* (PERS.) ACH.
4* Lager hängend, länger als breit. Falls Lagerabschnitte schmal und rinnig, mit glatter, glänzender Oberfläche: *R. calicaris* (L.) FR. **Eschenflechte** – *R. fraxinea* (L.) ACH.
5 Sorale fast nur endständig ▸
5* Sorale rand- und/oder flächenständig, vereinzelt zusätzl endständig **6**
6 Sorale fast nur randständig **Mehlige Astflechte** – *R. farinacea* (L.) ACH.
6* Sorale flächen- und endständig ▸

Ramboldia KANTVILAS & ELIX – Fle (Asc, Lecanoromycetes, Lecanorales, Ramboldiaceae)
Lager krustig, areoliert oder undeutl strukturiert, bisw mit Soredien oder Isidien. Apothecien rot, rotbraun, schwarz, mit Eigenrand. Sp 1-zellig, schmal ellipsoid, zylindrisch. Photobiont: ähnl *Trebouxia*. Äste, Holz von NaB. 2 Arten. – **Lit**: **25:** 627, 629 unter *Lecidea*, **978–979**
T: *R. stuartii* (HAMPE) KANTVILAS & ELIX – **Arvenholzflechte**

Ramonia STITZENB. – Fle (Asc, Lecanoromycetes, Ostropales, Gyalectaceae)
Lager krustig, undeutl, oft im Substrat. Apothecien krugfö, eingesenkt, die Scheibe rosa, grauweiß. Sp 2- oder mehrzellig und querseptiert, längl-spindelfö. Photobiont: *Trentepohlia*. Borke von LaB, -gehölzen. 2 Arten. – **Lit**: **25**: 103, 502 unter *Gyalecta*, **979**
T: *R. valenzueliana* (MONT.) STITZENB.; nicht heimisch; bei uns z. B. *R. chrysophaea* (PERS.) VĚZDA – **Goldbraune Karaffenflechte**

Reichlingia DIEDERICH & SCHEID. – Fle (Asc, Arthoniomycetes, Arthoniales, Arthoniaceae)
Lager leprös, mit zahlreichen Soredien, graugrünl, grau, darunter weißl und locker spinnwebartig. Lager übersät von Konidien erzeugenden, rötl-braunen Strukturen (Konidiomata). Konidien unregelmäßig verzweigt, septiert und dort eingeschnürt; Teilzellen ellipsoid bis kugelig, warzig. Photobiont: *Trentepohlia.* Stammbasis von LaB. 1 Art. – **Lit**: **25**: 123, 363 unter *Cheiromycina*, **980**
T: *R. leopoldii* DIEDERICH & SCHEID. – **Sandstein-Schattenkrustenflechte**: FleD 980–981

Rhaphidicyrtis VAIN. – Fle (Asc, Eurotiomycetes, Pyrenulales, ?)
Lager dünn-krustig, weißl, creme, grau. Perithecien schwarz, mehr als zur Hälfte eingesenkt, in Aufsicht rund, mit dünnem Involucrellum. Sp querseptiert, 8–12-zellig, fädig, gebogen. Photobiont: *Trentepohlia*. Rinde von LaB. – **Lit**: **25:** 95, 699 unter *Leptorhaphis*, **981**
1 Art = T: *R. trichosporella* (NYL.) VAIN.

Rhizocarpon RAMOND ex DC. – Fle (Asc, Lecanoromycetes, Rhizocarpales, Rhizocarpaceae)
Lager krustig, feinrissig, areoliert, schollig, (grün-)gelb oder weiß, grau, (rost-)braun, oft mit schwarzem, zwischen den Areolen sichtbar bleibendem Vorlager (Prothallus). Apothecien schwarz, ohne Lagerrand. Sp 2-zellig bis mauerfö vielzellig, farblos bis dunkelbraun.

Photobiont: Coccoide Grünalge (*Trebouxia*). Silikatgestein, z. T. auch mäßig kalkreiches Gestein, vereinzelt auch parasitisch auf Krustenflechten. 40 Arten. – Syn: *R. obscuratum* = *R. reductum*. – **Lit**: **24:** 92, **802–819**; **25:** 102–106, 105–106, **981–998**

T: *R. geographicum* (L.) DC. – Gewöhnliche Landkartenflechte: Wi 403 mit *Fusciseda*, FleD 982, 992, UT 142

1 Lager gelb, gelbgrün **2**

1* Lager mit anderen Farben: grau, braun, rostrot, weißl **4**

Lager gelb, gelbgrün (2–3)

2 Apothecien zum großen Teil von sichelfö Areolen umgeben. Sp mauerfö unterteilt. Falls Areolen zerstreut auf schwarzem Vorlager: ▸ **Berandete Landkartenflechte** – *R. lecanorinum* ANDERS

2* Apothecien nicht von sichelfö Areolen umgeben **3**

3 Sp mauerfö unter 20-zellig, im Mittel unter 40 µm, 24–40(–45) × 11–16(–20) µm **Gewöhnliche Landkartenflechte** – *R. geographicum* (L.) DC.

3* Sp anders, z. B. im Mittel über 40 µm lang, bzw. weitgehend nur querseptiert (nicht mauerfö) oder Lager sorediös ▸

Lager grau, braun, rostrot, weißlich (4–7)

4 Mit wenigstens einem der folgenden Merkm: Lager rostfarben, Sp 2-zellig, Sp-Wand farbig ▸

4* Merkm anders: z. B. Sp mit mehr als 2 Zellen und farblos **5**

5 Sp nicht deutl mauerfö, mit höchsten einer Längswand pro Querabschnitt **6**

5* Sp entschieden mauerfö unterteilt ▸

6 Sp überwiegend 2-zellig oder Lager feinisidiös-körnig ▸

6* Sp etwas stärker (aber nicht mauerfö) unterteilt, Lager nicht feinisidiös-körnig **7**

7 Epihymenium oliv, grüngrau, (oliv-)braun **Dunkle Landkartenflechte** – *R. reductum* TH. FR.

7* Epihymenium braunschwarz **Besondere Landkartenflechte** – *R. distinctum* TH. FR.

„Rhizocarpon"

1 Lager insgesamt oder das Mark K+ gelb, dann rot und zugleich insgesamt mit folgenden Merkm: Asci mit 8 Sp, Lager glatt, nicht aus zerstreuten, schildfö Areolen, nicht rostfarben, nicht mit gelben oder grünen Tönen, auf kalkfreiem Gestein, Sp farblos, mauerfö und somit mehr als 4–8–10-zellig ***Stereocaulon*** (*plicatile*)

1* Mit anderer Kombination von Merkm ***Rhizocarpon***

Rhizoplaca ZOPF – Fle (Asc, Lecanoromycetes, Lecanorales, Lecanoraceae)

Lager blättrig, derb, schildfö bis tief gelappt, oberseits weißl, gelbgrünl, bräunl-grün, unterseits grünl, blauschwarz übertönt. Apothecien, breit bis verengt-sitzend, Scheibe hellrot, grünl, grünbraun, braunschwärzl, fast schwarz, mit Lagerrand. Sp 1-zellig, ellipsoid. Photobiont: Coccoide Grünalge. 2 Arten. – **Lit**: **24**: 73, 451 unter *Lecanora*; **25:** 81, 560, 578 unter *Lecanora*, **998–999**

T: *R. opaca* (ACH.) ZOPF; abgebildet *R. chrysoleuca* (SMITH) ZOPF – **Rosa Nabelschildflechte**: Wi 451, FleD 999

Ricasolia DE NOT. – Fle (Asc, Lecanoromycetes, Peltigerales, Lobariaceae)
Lager blättrig, feucht grünl, sonst weißl bis grau, mit glatter bis allenfalls runzeliger Oberfläche, unterseits bräunl. Apothecien (rot-)braun, mit Lagerrand. Sp querseptiert, 2–8-zellig, nadelfö, farblos. Photobiont: Grünalge; zusätzl in Cephalodien oder in schwarzen strauchartigen Gebilden *Nostoc*. LaB-Stämme, bemooste Felsen. 2 Arten. – **Lit**: **24: 560–561** unter *Lobaria*; **25:** 85, 709 unter *Lobaria*, **999–1001**
T: ? *R. amplissima* (SCOP.) DE NOT. – **Große Lungenflechte**: Wi 560, FleD 1000

Rimularia NYL. – Fle (Asc, Lecanoromycetes, Trapeliales, Trapeliaceae)
Lager krustig, meist areoliert, (grau-, rot-, dunkel-)braun, bisw sordiös oder isidiös, Apothecien meist aufsitzend, mit schwarzer Scheibe, mit Eigenrand, bisw auch mit Lagerrand, im Umriss rundl. Sp 1-zellig, ellipsoid, zunächst farblos. Photobiont: Coccoide Grünalge (*Trebouxia*). Silikatgestein, 7 Arten. – **Lit**: **24:** 92–93, 510–512 unter *Lecidea*, **819–822**; **25:** 114–115, 188 unter *Aspicilia*, 579 unter *Lecanora*, 643, 648–649 unter *Lecidea*, **1001–1004**
T: *R. limborina* NYL.; abgebildet *R. gibbosa* (ACH.) COPPINS, HERTEL & RAMBOLD – **Höckerige Ritzenflechte**: Wi 821, FleD 1002

Rinodina (ACH.) GRAY – Fle (Asc, Lecanoromycetes, Caliciales, Physciaceae)
Lager krustig, meist kräftig, seltener unscheinbar innerhalb des Substrats, selten mit Soralen und Isidien, meist grau bis braun. Apothecien meist mit Lagerrand von gleicher Farbe entweder wie das Lager oder wie die (dunkel-)braune bis schwarze Scheibe. Sp 2- bis selten 4-zellig, oft mit speziellen Wandverdickungen, grünl bis dunkelbraun. Photobiont: Coccoide Grünalge (*Trebouxia*), Moose und Reste von anderen Pflanzen, Erde, Rinde, Holz, Gestein. 52 Arten (davon etwas häufiger: *R, bischoffii*, *R. gennari*, *R. immersa*, *R. pyrina*, *R. teichophila*; Bestimmung weitgehend nach den Wandverdickungen der Sp). – **Lit**: **24:** 87, 93, 95–98, **823–839**; **25:** 102, 115, 124, 247 unter *Buellia*, **1004–1022**
T: *R. sophodes* (ACH.) A. MASSAL. – **Braunsporflechte** (Gattung): FleD 1021

„Rinodina"

1 Auf Moosen, Pflanzenresten, Erde 2
1* Nicht so wachsend 5
2 Lager sorediös ***Rinodina***
2* Lager nicht sorediös 3
3 Sp 4-zellig ***Rinodina*** (*conradii*)
3* Sp 2-zellig. 4
4 Lager am R schuppig-lappig, gegen die Mitte areoliert, unterseits mit braunen Rhizohyphen ***Phaeorrhiza*** (pr.p.)
4* Lager nicht schuppig-lappig, ohne braune Rhizohyphen, bisw unauffällig dünn und in Trockengebieten, andere Arten arktisch-alpin ***Rinodina***
5 Auf Ba-Rinde, Holz, bisw auch auf Rindenmoose übergehend ***Rinodina***
5* Auf Gestein. 6
6 Auf Silikatgestein 7
6* Auf Kalkgestein, Beton, Mörtel 8
7 Lager blass gelbgrün bis gelbl-weiß, rosettig-strahlend ***Dimelaena*** (pr.p.)
7* Weder mit solchen Farben noch rosettig-strahlend ***Rinodina***
8 Sp schmal ellipsoid bis zylindrisch, lange fast farblos ***Rinodinella***
8* Sp breit ellipsoid, bald deutl gefärbt ***Rinodina***

Rinodinella MAYRHOFER & POELT – Fle (Asc, Lecanoromycetes, Caliciales, Physciaceae)
Lager weißl, ähnl wie das von *Rinodina*. Sp gleichmäßig dünnwandig, wenig pigmentiert. Photobiont: *Trebouxia*. Kalkgestein. 1 Art. – **Lit**: **24:** 827 unter *Rinodina*, **839**; **25:** 1012 unter *Rinodina*, **1022**
T: *R. controversa* (A. MASSAL.) MAYRHOFER & POELT – **Braunsporflechte** (Gattung)

Romjularia TIMDAL – Fle (Asc, Lecanoromycetes, Lecideales, Lecideaceae)
Lager aus konkaven, überlappenden Schuppen, feucht grünl, trocken braun, unterseits dunkel. Apothecien rand- oder flächenständig, dunkelbraun. Sp 1-zellig, ellipsoid. Photobiont: Coccoide Grünalge, Kalkgestein, auf erdgefüllten Spalten. – **Lit**: **24:** 86, 493, 518 jeweils als *Lecidea lurida*; **25:** 101, 620 unter *Lecidea*, 948 unter *Psora*, **1022**
1 Art = T: *R. lurida* (ACH.) TIMDAL – **Braunschuppenflechte**: Wi 519, FleD 1023

Ropalospora A. MASSAL. – Fle (Asc, Lecanoromycetes, Umbilicariales, Ropalosporaceae)
Lager ähnl dem von Fusciseda, hier hellgrün, rundl, in der Mitte mit servdiös aufbrechenden Areolen, mit braunem Vorlager, Sp mehrfach querseptiert, ± nadelfö. Photobiont: ? . 1 Art. – **Lit**: **24:** 98, 399 unter *Fuscidea*, **839–840**; **25:** 127, 487 unter *Fuscidea*, **1023–1024**
T: *R. caffra* A. MASSAL.; abgebildet *R. viridis* (TØNSBERG) TØNSBERG – **Grüne Keulensporflechte**: Wi 840, FleD 1024

Rusavskia S.Y. KONDR. & KÄRNEFELT – Fle (Asc, Lecanoromycetes, Teloschistales, Teloschistaceae)
Lager rosettig, mit meist schmalen Lappen, gelb bis rot. Apothecien gelb bis rot. – Anm: früher zu *Xanthoria* gehörend. – **Lit**: **24:** 974 als *Xanthoria*; **25:** 285 unter *Caloplaca,* 1191 unter *Xanthoria*, **1024–1026**
1 Art = T: *R. elegans* (LINK) S.Y. KONDR. & KÄRNEFELT – **Zierliche Gelbflechte**: Wi 975, FleD 1025

Pilze, Gattungen S

Saccoblastia A. MÖLLER – RiP (Bas, Atractiellomycetes, Atractiellales, Saccoblastiaceae)
Frk resupinat, membranös, flockig oder körnig-mehlige Überzüge bildend, weißl. cremefarben, gelbl-ocker, bis 2 cm lang. Hyphen mit Schnallen. Zystiden fehlend. Basidien querseptiert, basal mit sackfö Teil (Probasidie). Sp hyalin, dünnwandig, glatt, inamyloid 11–19 × 8–12 µm, mit Keimschläuchen oder mit Sekundärsp keimend. LaH, NaH. – **Lit**: **9**: 78 als *Helicogloea f.*, **12**: 396
T: außereuropäisch. Bei uns 1 Art = *S. farinacea* (V. HÖHN.) DONK

Saccobolus BOUD. – op. Disc (Asc, Pezizomycetes, Pezizales, Ascobolaceae)
Frk (Apothecien) kugelig, kreiselfö oder kissenfö, weißl, violett oder gelbl, bis zu 1 mm breit. Asc-Sp innerhalb einer Schleimhülle in Klumpen aneinanderhaftend, Die einzelnen Asc-Sp ellipsoid, seltener dreieckig, zunächst hyalin, dann violett bis bräunl-violett, glatt oder unscheinbar warzig (Warzen in KOH sich auflösend). Etwa 20 Arten. Auf Dung. – **Lit**: **5**: 66, **10**: 69
T: *S. kervernii* (P. CROUAN & H. CROUAN) BOUD. = *S. glaber* (PERS. : FR.) BOUD.: De 11D

1 Apothecien weißl bis violett oder bräunl. Asc-Sp-Klumpen mit oder ohne Schleimmantel ▸
1* Apothecien gelbl bis bräunl. Asc-Sp-Klumpen von Schleimmantel umgeben...... 2
2 Apothecien 0,5–1 mm breit, goldgelb, kreiselfö bis kissenfö. Asc-Sp-Klumpen 62–65 × 23–25 µm. Asc-Sp glatt oder mit unregelmäßig angeordneten Linien
S. glaber (PERS. : FR.) BOUD.
2* Apothecien 0,1–0,3 mm breit ▸

Sarcodon P. KARST., Braunsporstacheling – StaP (Bas, Agaricomycetes, Thelephorales, Bankeraceae)
Frk groß, gestielt-hutfö, H bis zu 20 cm, oft schuppig. F weich, weder korkartig noch gezont. Stacheln bis 1 cm lang. Ohne Maggi-Geruch. Spp braun. Sp bräunl, im Umriss unregelmäßig, warzig bis höckerig. Etwa 10 Arten, größtenteils selten, terricol. – **Lit**: **9**: 313, **12**: 262
T: *S. imbricatus* (L. : FR.) P. KARST. – Fichten-Habichtspilz: Gh 563, HK 1.174, Md 348, MJ 5Sarc1,2, Ph 242

1 Frk entweder lebhaft orangebraun oder beim Trocknen innen und außen olivgrün bis schwärzl-grün verfärbend ▸
1* Frk mit anderen Merkm 2
2 F in H und S rosa, lila oder violett. F mit scharfem Geschmack. Hyphen ohne Schnallen. NaW [Falls unter LaB: *S. joeides* (PASS.) BAT.]
Brennender Braunsporstacheling – *S. fuligineoviolaceus* (KALCHBR. apud FR.) PAT.
2* F mit anderen Merkm. Hyphen mir oder ohne Schnallen...................... 3
3 F in S-Basis bläul oder grünl. Hyphen ohne Schnallen ▸
3* F in S-Basis nicht bläul oder grünl. Hyphen mit oder ohne Schnallen............ 4
4 H mit groben Schuppen und zugleich mit Schnallen an den Hyphensepten........ 5
4* H ohne grobe Schuppen und/oder Schnallen fehlend ▸
5 Unter Fichte (*Picea*). Sp grob höckerig, 7,2–8,2 × 4,9–5,4 µm
Fichten-Habichtspilz – *S. imbricatus* (L. : FR.) P. KARST
5* Unter Kiefer (*Pinus*). **Kiefern-Habichtspilz** – *S. squamosus* (SCHAEFF.) QUÉL.

Sarcodontia SCHULZER, Stachelschwamm – StaP (Bas, Agaricomycetes, Polyporales, Meruliaceae)
Frk resupinat, wachsartig, basal und im Substrat mit gelben Hyphen. Stacheln bis 1,5 cm lang, gelb bis rötl. Monomitisch. Hyphen hyalin, mit Schnallen. Zystiden fehlend. Sp hyalin, etwas dickwandig, glatt, inamyloid, subglobos bis breit ellipdoid (T), 4,5–5,5 × 3,5–4 µm. 2 Arten. LaH (meist *Malus*). – **Lit**: **9**: 174, **12**: 171
T: *S. crocea* (SCHWEIN. : FR.) KOTL. – **Apfelbaum-Stachelschwamm**: BK 2.179, Ct 1161, Kr 1.310, Lx 491, MJ 5Sarc1

Sarcoleotia ITO & S. IMAI, Gallertkopf – inop. Disc (Asc, Leotiomycetes, Leotiales, Geoglossaceae)
Frk gestielt mit (halb-)kugeligem, 3–8 mm breitem, dunkelbraunem bis schwarzem Kopfteil, dieser jedoch rund um den S meist mit freiem R. S 5–20 × 1–2,5 mm, rund, blass bräunl, fein-furchig. Asci mit amyloidem Porus. Paraphysen fädig, oben bräunl und gekrümmt. Asc-Sp hyalin, zylindrisch-spindelig, nicht oder 1-fach septiert, 21–33 × 2,5–4,5 µm. 2 Arten. Terricol, auf sandigen Böden, bei Fließgewässern, alpine Heiden. Moore. – **Lit**: **5**: 134, **10**: 159
T: außereuropäisch; bei uns *S. globosa* (SOMMERF. : FR.) KORF – **Kugeliger Gallertkopf:** RH 641. – *S. turficola* (BOUD.) DEN. De 12J

Sarcomyxa siehe *Panellus serotinus*

Sarcoscypha (FR.) BOUD., Kelchbecherling – op. Disc (Asc, Pezizomycetes, Pezizales, Sarcoscyphaceae)
Frk (Apothecien) becherfö, 1–6 cm, erst regelmäßig, dann mit einwärts gebogenem Rand, der sich später aufspaltet, schließl auch ausgebreitet, sitzend oder mit 1–2 cm langem S. Oberseits (Hymenium) leuchtend rot bis scharlachrot. Außen filzig, im frischen Zustande fleischfarben, trocken weißl. Asc-Sp ellipsoid bis zylindrisch, mit stumpfen Enden, glatt, an den Polen mit körnigem Inhalt, 27–43 × 11–15 µm. 3 Arten. Lignicol, auf Ästen und Zweigen von LaH. – **Lit**: **5**: 76, **10**: 124
T: *S. coccinea* (SCOP. : FR.) LAMBOTTE – Scharlachroter Kelchbecherling: BK 1.120, Br 1221, HK 2.248, Ja 4, Md 391

1 Auf Lindenholz (*Tilia*). Äußeres Tomentum überwiegend aus gebogenen, oft inkrustierten Haaren
Linden-Kelchbecherling – *S. emarginata* (BERK. & BROOME) HARRINGTON

1* Nicht auf Lindenholz. Äußeres Tomentum überwiegend aus hin und her gebogenen oder geraden Haaren **2**

2 Auf Holz von *Acer, Alnus* oder *Salix*. Äußeres Tomentum überwiegend aus hin und her gebogenen, nicht inkrustierten Haaren
Berg-Kelchbecherling – *S. austriaca* (BECK) BOUD.

2* Auf Holz von *Fagus* oder *Ulmus*. Äußeres Tomentum überwiegend aus geraden, oft inkrustierten Haaren
Scharlachroter Kelchbecherling – *S. coccinea* (SCOP. : FR.) LAMBOTTE

Sarcosoma CASPARY, Gallertkugel – op. Disc (Asc, Pezizomycetes, Pezizales, Sarcosomataceae)
Frk (Apothecien) ± kugelfö, eifö, tonnenfö, knollig, oben etwas eingedrückt, 5–12 cm breit, Hymeniale Oberfläche glatt, dunkelbraun bis schwarz. Außen bräunl, runzelig-faltig. Asc-Sp ellipsoid, hyalin, glatt, ohne Tröpfchen, 20–30 × 7–10 µm. Zwischen Moos in NaW, Winter bis Frühsommer. In Mitteleuropa wohl erloschen. – **Lit**: **10**:126
1 Art = T: *S. globosum* (SCHMIDEL : FR.) CAPARY – **Dunkle Gallertkugel**: HK 2.269, RH 634

Sarcosphaera AUERSW., Kronenbecherling – op. Disc (Asc, Pezizomycetes, Pezizales, Pezizaceae)
Frk (Apothecien) groß, 3–10 cm breit, erst kugelig (fast) geschlossen, dann tief becherfö mit zackenfö eingerissenem Rande. Innen (Hymenium) violettl. Außen glatt, graul-weiß mit violettl Mischton. Zieml dickfleischig. Asc-Sp ellipsoid, innen meist mit 2 Tröpfchen, unscheinbar warzig (Ölimmersion!), 15–16,5 × 8–10 µm. Terricol, kalkhaltige Böden, Frühjahr bis Frühsommer. – **Lit**: **5**: 16, **10**: 66
T: *S. macrocalyx* = *S. coronaria* (JACQ.) SCHROETER = *S. crassa* (SANTI) POUZAR. – **Violetter Kronenebecherling**: BL 331, De 4F, Dh 1118, Gh 641, Lx 675, Md 199

Sarocladium W. GAMS & D. HAWKSW. – SchimP (Asc, Sordariomycetes, Hypocreales, inc. sed.; Anamorphe)
Konidienträger frei, auch nicht gebündelt in Synnemata, unregelmäßig verzweigt, bisw mit abstehenden Seitenästen, hyalin wie die übrigen septierten, weniger als × 5 µm breiten Hyphen. Konidien 1-zellig. An den Konidien-bildenden Zellen entstehen jeweils nur an einer Stelle die Konidien. Phialiden nur terminal, dort in zusammenneigenden Wirteln. Auf Pilzen kommt die Art *S. mycophilum* HELFER vor; abgebildet in HELFER 1991: 70:34
T: *S. attenuatum* W. GAMS & D. HAWKSW.

Sawadaea MIYABE – E-Mehlt (Leotiomycetes, Erysiphales, Erysiphaceae)
Phytoparasitischer Befall in Form eines meist kräftigen, weißen oder grauweißen Mycelbelages auf Blättern von Ahorn. Konidien in Ketten, in zwei Größen als Makro- und Mikrokonidien. Konidien frisch innen mit stäbchenfö Strukturen (Fibrosinkörper). Frk kugelfö, 120–250 µm, Frk-Anhängsel zahlreich, z. T. verzweigt, mit eingerollten Enden. Je Frk mit 4–20 Asci, diese meist 8-sporig. 2 Arten. Auf *Acer platanoides*: *S. tulasnei* (FUCKEL) HOMMS: JK 39. – Auf *Acer campestre*, *A. pseudoplatanus* etc.: *S. bicornis* (WALLR.) HOMMS. – **Lit**: **13**: 73
T: *S. aceris* (DC.) MIYABE = *S. bicornis* (WALLR.) HOMMS – **Bergahorn-Mehltau**: JK 38

Scabropeziza DISSING & PFISTER – op. Disc (Asc, Pezizomycetes, Pezizales, ?Pezizaceae)
Frk (Apothecien) sitzend, urnenfö bis becherfö, 0,5–2 cm, zunächst mit längl, schlitzfö Öffnung, die später fast kreisrund wird. Asc-Sp kugelfö, warzig, mit einem großen Tröpfchen, bräunl werdend, z. B. 14–15,5 µm (bei *S. flavovirens*). Auf nährstoffreichen Böden in Wäldern. – **Lit**: **10**: 66
T: außereuropäisch; bei uns *S. flavovirens* (FUCKEL) DISSING & PFISTER.

Scedosporium SACC. ex CASTELL. & CHALM. – SchimP/Pyr. (Asc, Sordariomycetes, Microascales, Microascaceae; Anamorphe)
Konidien nicht in Ketten, mehrzellig, hyalin bis hellbraun, in schleimigen Köpfchen sich ansammelnd. Konidienbildung anellidisch, d. h. die Konidien-bildende Zelle verlängert sich nach Bildung jeder Konidie am Scheitel (mit undeutl Ringbildung). Teleomorphe: *Pseudoallescheria*. – **Lit**: **21**: 91, 150
T: *S. apiospermum* SACC. ex CASTELL. & CHALM

Scenidium siehe *Daedaleopsis*

Schizonella J. SCHRÖT – BrandP (Bas, Ustilaginomycetes, Ustilaginales, Anthracoideaceae)
Streifenartiger Befall (schwarz) auf Blättern von *Carex* und *Kobresia* (Cyperaceae). – **Lit**: **13**: 219 etc., 483
T: *S. melanogramma* (DC.) J. SCHRÖT. – **Seggen-Kurzstreifenbrand**: JK 120–121

Carex: *S. caricis-atratae* auf *C. atrata*. – *S. cocconei* (junge Sp in Ballen zu 2–30, später Ballen zerfallend) auf *C. flacca, C. humilis*. – *S. melanogramma* (Sp paarweise) auf *C. acutiformis, C. capillaris, C. caryophyllae, C. curvula, C. digitata, C. ericetorum, C. ferruginea, C. firma, C. hostiana, C. lasiocarpa, C. montana, C. muricata, C. nigra, C. ornithopoda, C. pendula, C. pilulifera, C. praecox, C. remota, C. rostrata, C. sempervirens, C. sylvatica, C. vesicaria*. – ***Kobresia***: *S. elynae*

Schizophyllum FR. : FR., Spaltblättling – BläP (Bas, Agaricomycetes, Agaricales/Schizophyllales, Schizophyllaceae)
Frk muschelfö, oft gelappt, 1–3(–4) cm, zäh, oberseits filzig-wollig, weiß-grau, feucht auch schmutzig graubraun. L rötl-grau bis violettl-grau, mit längs gespaltener Schneide, L-Hälften hygroskopisch beweglich. Sp zylindrisch, 3–4 × 1–1,5 µm. 1–2 Arten. Seitl an LaH, NaH. – Anm: hierher jetzt auch *S. amplum* (LÉV.) NAKASONE = *Auriculariopsis a.* (s.d.). – **Lit**: **11**: 506, **14**: 250
T: *S. commune* FR. : FR. – **Typischer Spaltblättling**: BK 3.404, Ge 376, Gh 225, Ja 155, Kr 1.412, Lu 1.79.1, Md 333, MJ 5 Schiz1, RH 200

Schizopora VELEN., Spaltporling – RiP/PoP/StaP (Bas, Agaricomycetes, Hymenochaetales, Schizoporaceae)
Frk resupinat bis effus-reflex, einjährig, mit Poren oder Zähnchen. Mono- bis dimitisch. Skeletthyphen hyalin. Generative Hyphen hyalin, mit Schnallen. Hyphen an den Enden oder auch weiter hinabreichend mit Kristallbesatz. Sp hyalin, glatt, dünnwandig, inamyloid. 4 Arten. Lignicol, LaH, Weißfäule. – **Lit**: **9**: 209, 212 als *Hyphodontia* pr.p., **12**: 353
T: *S. paradoxa* (SCHRAD. : FR.) DONK – Veränderlicher Spaltporling: BK 2.380, HK 2.98, Ph 237, RH 141

1 Poren zähnchenfö gespalten, jung eckig, 1–2(–3) pro mm, weiß bis cremefarben. Hyphen an ihren Enden mit vieleckigen 2–4 µm messenden Kristallen. Hyphensystem dimitisch. Sp 3,6–4,1 × 5,1–6,2 µm [Falls Sp 4,5–5,5 µm lang und Zystiden mit welligen Seitenwänden: *S. bresinskyi* E. LANGER].
Veränderlicher Spaltporling – *S. paradoxa* (SCHRAD. : FR.) DONK

1* Poren klein, 3–6 pro mm, bisw nicht zähnchenfö aufspaltend. Hyphensystem monomitisch. Kristallbesatz an den Hyphen in die Trama hineinreichend, Kristalle kleiner als 2 µm, ± sternfö. Sp kleiner, maximal bis 3,6 µm. **2**

2 Poren fleischfarben, rund bis eckig, keinesfalls zähnchenfö aufspaltend, 4–6 pro mm. Sp 2,6–3,2 × 3,3–3,9 µm
Fleischfarbener Spaltporling – *S. flavipora* (COOKE) RYVARDEN

2* Poren weiß bis cremefarben, später zähnchenfö aufspaltend, 3–4 pro mm. Zystiden kopfig, nicht mit welligen Seiten [d. h. nicht moniliform; falls Zystiden moniliform:

S. bresinskyi E. LANGER]. Sp 3,1–3,6 × 4,6–5,1 µm.
Kleinsporiger Spaltporling – *S. radula* (PERS. : FR.) HALLENB.

Schizothecium CORDA – Pyr (Asc, Sordariomycetes, Sordariales, Lasiosphaeriaceae)
Frk kugelig, schwarz, ca. 100 µm im Durchm. Asci 8-sporig. Sp im Ascus 1-reihig, schief, ellipsoid, dunkelbraun, nicht septiert, 7–8,5 × 4,5 µm
T: *S. fimicola* CORDA

Schroeteria G. WINTER – PaP (Asc, Sordariomycetes, Hypocreales, Fam ?)
Phytoparasit. Auf *Veronica* als Wirt beschränkt. Samenanlagen mit dunkelbrauner bis grauvioletter Sporenmasse gefüllt. Früher zu den Brandpilzen gestellt, jetzt als anamorpher Ascomycet angesehen. Anm: Vgl. *Entyloma veronicae* mit Sp-Masse in Bl-Flecken. – **Lit**: **13**: 836
T: *S. delastrina* (TUL.) G. WINTER: JK 447

Veronica: ***V. hederifolia***: *S. decaisneana*. – ***V. arvensis, V. praecox, V. triphyllos***: *S. delastrina*. – ***V. austriaca, V. prostrata***: *S. banatica*

Scleroderma PERS., Hartbovist – BaP (Bas, Agaricomycetes, Boletales, Sclerodermataceae)
Frk knollenfö-geschlossen, oberirdisch (hypogäisch), mit dünner oder dicker Peridie, die reif oben aufreißt. Sp-Masse bei Reife braun bis schwarzbraun. Capillitium fehlend oder kaum entwickelt. Sp kugelig, braun, etwa 8–15 µm im Durchm, stark stachelig oder mit Netzornament, oft von hyalinen Hyphenhüllen umgeben. – 7 Arten. Terricol. EktM. – **Lit**: **9**: 296, **12**: 506
T: *S. citrinum* PERS. : PERS. – Dickschaliger Kartoffel-Hartbovist – BK 2.506, Dh 1094, HK 1.183, Lx 619, Md 351, MJ 7 Scl 1

1 Frk fast kugelig, 3–12 cm, lebhaft bis blass gelb, ohne stielfö Teil. Oberfl meist stark schuppig. Peridie sehr dick, bis 4 mm. Schnallen überall an den Hyphen-Septen. Sp 8–13 µm mit 1,1–1,6 µm hohem Ornament aus Stacheln, die an der Basis netzartig verbunden sind **Dickschaliger Kartoffel-Hartbovist** – *S. citrinum* PERS. : PERS.
1* Merkm anders **2**
2 Sp-Ornament netzfö **3**
2* Sp-Ornament aus isoliert stehenden Warzen. **5**
3 Netzornament unvollständig ▸
3* Netzornament vollständig **4**
4 Netzgrate durchweg gleich hoch, ohne vorspringende Teile. Peridie dünn, glatt oder alt wenig schuppig **Gelbflockiger Hartbovist** – *S. bovista* FR.
4* Netzgrate von ungleicher Höhe. Frk gegen den Boden stielfö verjüngt (vgl. auch *S. citrinum*) ▸
5 Peridie dick, zäh, glatt oder grobrissig, Seltene Art
Zwiebel-Hatbovist – *S. cepa* PERS. : PERS.
5* Peridie dünn, brüchig, wenigstens alt mit Schuppen **6**
6 Sp maximal unter 12 µm; 8–11,6 µm. Peridie jung glatt, alt mit unregelmäßigen Schuppen **Dünnschaliger Kartoffel-Hartbovist** – *S. verrucosum* (BULL. : PERS.) PERS.

6* Sp bis 14 µm; 9,2–14 µm. Peridie schon jung kleinschuppig, Schuppen von Areolen umgeben und daher Leopardenfellmuster ergebend
Getupfter Hartbovist – *S. areolatum* EHRENB.

Sclerogaster HESSE, Hartrüffel – Hyp (Bas, Agaricomycetes, Geastrales, Sclerogastraceae)
Frk klein, meist unter 1 cm, kugelig, basal mit dichtem Mycelnetz. S und Columella fehlend. Außen (dünne Peridie) weiß bleibend, weich bis wollig. Innen (Gleba) kompakt, frisch gallertig, trocken sehr hart, erst weiß, dann gelbl, hell blau-grau, grünl, mit sehr kleinen Kammern (Lupe!). Hyphen ohne Schnallen. Sp reif kugelig, hyalin bis gelbl, dickwandig, glatt [so bei *S. liospermus* (TUL. & C. TUL.) SOEHNER], fein warzig oder stachelig, klein, 4–5–7 µm. 3–10 Arten. Herbicol, LaW, NaW. – Syn: *S. broomeanus* = *S. compactus*, *S. lanatus* = *S. compactus*. – **Lit**: **9**: 318, **12**: 528
T: *S. lanatus* HESSE (= *S. compactus*) – Einschichtige Hartrüffel: Ct 2888, MS 511

1 Innen (Gleba) hell grau-blau, dann dunkler olivgrün und zugleich gilbend. Peridie gänzl aus gestreckten Hyphen. Sp 4–5 µm. LaW, MischW, montan
Schwanztrüffelartige Hartrüffel – *S. hysterangioides* (TUL. & C. TUL.) ZELLER & C.W. DODGE

1* Innen ockergelb, reif orangegelb. Peridie zweischichtig. Sp 4–7 µm. LaW, NaW [Falls im Grasland, Sp 8–12,5 µm: *S. gastrosporoides* PILÀT & SVRCEK]
Einschichtige Hartrüffel – *S. compactus* (TUL. & C. TUL.) SACC.

Scleromitrula S. IMAI – inop. Disc (Asc, Leotiomycetes, Helotiales, Rutstroemiaceae)
Frk gestielt, mit glockenfö, seltener mit becherfö Kopfteil, dieser vom S durch ein Collar getrennt. Asci meist mit amyloidem Porus. Asc-Sp hyalin, ellipsoid bis gekrümmt (allantoid), ohne Tröpfchen oder mit 1–2 winzigen Tröpfchen an den Enden (polar). 4 Arten. Auf faulenden Blättern und Krautstängeln, z. B. auf *Filipendula* (*S. spiraeicola*). – **Lit**: **5**: 106, **10**: 165
T: außereuropäisch; bei uns z. B. *S. spiraeicola* (DENN.) T. SCHUMACH.: De 17H als *Verpatinia s.*

Sclerophthora THIRUM., C.G. SHAW & NARAS – F-Mehlt (Peronosporomycetes, Peronosporales, Peronosporaceae)
Phytoparasitischer Befall auf Süßgräsern, der zur Verlaubung der Blütenstände führt. Oder auch dazu, dass die Blütenstände in der Bl-Scheide stecken bleiben. Konidien zitronen- bis birnenfö, mit Papille, 58–100 × 30–65 µm. Ausschließlich auf Süßgräsern. – **Lit: 3**: 910, **13**: 94, 107, 147, 165 etc.
1 Art = *T: S. macrospora* (SACC.) THIRUM. , C.G. SHAW & NARAS

Auf: ***Agostis, Alopecurus, Arrhenatherum, Avena, Cynodon, Dactylis, Elymus, Eragrostis, Festuca, Glyceria, Holcus, Hordeum, Lolium, Phalaris, Phleum, Phragmites, Poa, Puccinellia, Secale, Triticum***

Sclerospora J. SCHRÖT. – F-Mehlt (Peronosporomycetes, Sclerosporales, Sclerosporaceae)
Phytoparasitischer Befall auf Süßgräsern, der zu Verformung des Wirtes, übermäßiger Bestockung und Bleichung führt. Konidien eifö, mit Papille, 11–18 × 14–15 µm. Ausschließlich auf Süßgräsern. – **Lit: 3**: 910, **13**: 348, 359, 595, 751, 771
1 Art = T. *S. graminicola* (SACC.) J. SCHRÖT. – **Falscher Hirsemehltau**: JK 386

Auf: ***Digitaria, Echinochloa, Panicum, Setaria, Sorghum***

Sclerotinia FUCKEL, Sklerotienbecherling – inop. Disc (Asc, Leotiomycetes, Helotiales, Sclerotiaceae)
Frk becherfö, trichterig, oder auch plan, beim T 2–10 mm breit, bräunl, gestielt, einem knolligen Sklerotium entspringend; dieses außen kohleartig schwarz, innen weiß. Asc-Sp hyalin, ellipsoid, einzellig, mit vielen Tröpfchen. Etwa 4 Arten. Terricol zwischen Krautresten, diese einer Vielzahl von Arten angehörend, vom Frühling an erscheinend. – **Lit**: **5**: 102, **10**: 175
T: *S. sclerotiorum* (LIB.) DE BARY – Typischer Sklerotienbecherling: BK 1.143, De 17C

1 Auf Schmetterlingsblütlern (Fabaceae), z. B. auf Klee eine Fäule verursachend. Asci 8-sporig, Sp in zwei Größenklassen ausgebildet, 12–18 × 7–10 µm und 9–13 × 6–7 µm
S. trifoliorum ERIKSS.
1* Nicht auf Schmetterlingsblütlern und/oder Merkm verschieden **2**
2 Sklerotien auf Gräsern (Halme, Blattscheiden) oder Asci 4-sporig ▸
2* Auf anderen Substraten, Sp von einheitl Größe, 9–13,5 × 4–6 µm
Typischer Sklerotienbecherling – *S. sclerotiorum* (LIB.) DE BARY

Sclerotium siehe u.a. *Typhula*

Scopulariopsis BAINIER – SchimP (Asc, Sordariomycetes, Microascales, Microascaceae; Anamorphe)
Hyphen septiert. Konidien mit flacher, oft etwas vorstehender Basis, in basipetalen Ketten (d. h. die jüngeren Konidien an deren Basis), hyalin, (hell-)braun, schwarz. Teleomorphe: *Microascus*. – **Lit**: **21**: 85
T: *S. brevicaulis* (SACC.) BAINIER

Scopuloides (MASSEE) HÖHN. & LITSCH., Felsenrindenpilz – RiP (Bas, Agaricomycetes, Polyporales, Meruliaceae)
Frk resupinat, wachsartig, oberseits mit Stacheln (odontoides Hymenophor; so beim T) oder mit glattem Hymenium, grau (T) bis ocker. Hyphen hyalin, dünn- bis dickwandig, ohne Schnallen. Mit zwei Typen von Zystiden, einerseits dickwandig, einzellig, stark inkrustiert (Lamprozystiden), andererseits an den Stacheln durch schnallenlose Querwände unterteilt, dickwandig, inkrustiert (Septozystiden). Sp hyalin, dünnwandig, glatt, inamyloid, 3,5–4 × 3–5 µm. Bei uns 1 Art (T). Lignicol, LaH. – **Lit**: **9**: 169, **12**: 216
T: *S. rimosa* (COOKE) JÜLICH – **Feinwarziger Felsenrindenpilz**: BK 2.166, Ct 2489

Scotomyces JÜLICH, Hydrabasidie – RiP (Bas, Agaricomycetes, Cantharellales, Cejpomycetaceae)
Frk resupinat, weich-membranös bis etwas gallertig, glatt, grau-oliv, violett, schwärzl, trocken heller. Hyphen hyalin bis braun, mit Schnallen. Zystiden fehlend. Basidien mit 4 langen Sterigmen, jung hyalin, später bräunl. Sp hyalin bis bräunl, dünnwandig, glatt, hyalin, Sekundärsp bildend, 7–9 × 4,5–5,5 µm. Lignicol auf morschem Holz, auch Pflanzenreste. – **Lit**: **9**: 113, **12**: 452
1 Art = T: *S. subviolaceus* (PECK) JÜLICH – **Grauviolette Hydrabasidie**: BK 2.43

Scutellinia (COOKE) LAMBOTTE, Schildborstling – op. Disc (Asc, Pezizomycetes, Pezizales, Pyronemataceae)
Frk (Apothecien) sitzend, einzeln oder gesellig, scheibenfö oder flach schüsselfö, mit abgesetztem Rande. Oberseits (Hymenium) weißl, orange, rot, scharlach-rot. Außen gleichfarben bis bräunl. außen mit geraden, blass bräunl bis fast schwarzen, zugespitzten, septierten Haaren, selten auch mit blassen sternfö Haaren. Asc-Sp hyalin, kugelig, ellipsoid, spindelfö, innen mit vielen Tröpfchen, ornamentiert (Warzen, Stacheln, Netz). 25 Arten. Terricol, lignicol. – Syn: *S. crucipila* = *Cheilymenia c.* – **Lit**: **5**: 41, **10**: 113
T: *S. scutellata* (L. : FR.) LAMBOTTE – Holz-Schildborstling: BK 1.82, Ct 1214, De 9G, Ge 584, HK 2.249, Lx 685

1 Asc-Sp (annähernd) kugelig **2**
1* Asc-Sp ellipsoid bis spindelfö. **4**
Ascosporen annähernd bis entschieden kugelig (2–3)
2 Ornamentierung der Ac-Sp bis zu 4 µm hoch, abgestutzt stachelig. As-Sp 15–17,5 µm *S. trechispora* (BERK. & BROOME) LAMBOTTE
2* Ornamentierung der Asc-Sp weniger als 2 µm hoch (falls Asc-Sp mehr als 25 µm: ►) **3**
3 Ornamentierung der Ac-Sp bis zu 1,8 µm hoch. Ac-Sp bisw nur annähernd kugelig, 16–21 × 15–19,5 µm **Kleiner Schildborstling** – *S. minor* (VELEN.) SVRČEK
3* Ornamentierung der Ac-Sp bis 1,4 µm hoch (falls nur bis 1 µm: ►), unregelmäßig auf Sp-Oberfläche verteilt. Apothecien 3–10 mm. oberseits (Hymenium) rot bis bräunlrot, die Randhaare 400 × 15–20 µm, an der Basis unverzweigt, dunkel braun. Asc-Sp kugelig, 16–24,5 µm **Niedrigwarziger Schildborstling** – *S. barlae* (BOUD.) MAIRE
Ascosporen ellipsoid bis spindelförmig (4–11)
4 Asc-Sp netzfö ornamentiert, 19–24 × 10–13,5 µm [Falls Asc-Sp 19–22,5 × 13,5–17 µm: *S. decipiens* LE GAL] **Schildborstling** – *S. pseudotrechispora* (J. SCHRÖT.) LE GAL
4* Asc-Sp mit Warzen, die isoliert sind oder bisw zusammenfließen zu kurzen Stegen **5**
5 Asc-Sp zumindest 2x so lang wie breit, 22–25,5 × 10–13,5 µm. Randhaare des Apotheciums an ihrer Basis mehrfach verzweigt, 20–50 µm breit [Falls Randhaare an der Basis unverzweigt oder gegabelt, Asc-Sp 25–31,5 × 12–14 µm: *S. macrospora* (SVRČEK) LE GAL] **Warzigsporiger Schildborstling** – *S. cejpii* (VELEN.) SVRČEK
5* Asc-Sp weniger als 2x so breit wie lang **6**

6 Asc-Sp mit isolierten, gerundeten Warzen **7**

6* Asc-Sp mit z. T. zusammenfließenden Warzen oder (auch) mit Stegen **8**

7 Warzen auf Asc-Sp bis zu 2,5 µm breit und 1–2 µm hoch, Asc-Sp breit ellipsoid, 17–25 × 12,5–17 µm. Randhaare des Apotheciums an der Basis 2- bis mehrfach verzweigt. Apothecien 3–8 mm, oberseits (Hymenium) bräunl-rot [Falls Asc-Sp 19–21,5 × 11–13,5 µm, Randhaare an der Bais 2-fach bis unverzweigt, Apothecien oberseits rot: *S. heterosculpturata* KULLM. & RAITV.]
Orangeroter Schildborstling – *S. umbrarum* (FR.) LAMBOTTE

7* Warzen auf den Asc-Sp kleiner. Asc-Sp 17,5–23,5 × 12–15 µm. Randhaare des Apotheciums mit 2-teiliger Basis [Falls Randhaare an der Basis mehrteilig: ►]
Faststruppiger Schildborstling – *S. subhirtella* SVRČEK

8 Asc-Sp in erhitztem Baumwollblau mit sich ablösender äußerer Wand. Randhaare des Apotheciums meist hin und her gekrümmt (flexuos) und meist relativ kurz (bis zu 400 µm) ►

8* Asc-Sp in erhitztem Baumwollblau nicht mit sich ablösender äußerer Wand. Randhaare des Apotheciums gerade, 200–3000 µm lang **9**

9 Wenigstens einzelne Randhaare des Apotheciums über 1000 µm lang, an der Basis mehrteilig verzweigt. Asc-Sp 17,5–23 × 10,5–13 µm. Apothecien 3–15 mm, oberseits (Hymenium) rot [Falls Hymenium rot und Asc-Sp mehr als 13 µm breit: ►; falls Hymenium gelbl-rot bis rot und Asc-Sp 16,5–21 × 11–14 µm: *S. crinita* (BULL. : FR.) LAMBOTTE] **Holz-Schildborstling** – *S. scutellata* (L. : FR.) LAMBOTTE

9* Randhaare des Apotheciums kürzer als 1000 µm **10**

10 Apothecium oberseits (Hymenium) weiß bis ockerl o d e r Asc-Sp unter 20 µm lang ►

10* Apothecium oberseits (Hymenium) rot oder rötl und Asc-Sp über 20 µm lang **11**

11 Randhaare des Apotheciums bis zu 45–50 µm breit, mit mehrfach geteilter Basis. Asc-Sp 19,5–27 × 13–17,5 µm
Olivhaariger Schildborstling – *S. olivascens* (COOKE) KUNTZE

11* Randhaare des Apotheciums weniger als 40 µm breit, mit unverzweigter oder 2-teiliger Basis. Asc-Sp breit ellipsoid, 22–28 × 14,5–22 µm, mit sehr feiner Ornamentierung aus unregelmäßig geformten Warzen, die teils zu geschwungenen Linien zusammenfließen und bis zu 0,3 µm hoch sind [Falls Asc-Sp kräftiger ornamentiert: *S. nigrohirtula* (SVRČEK) LE GAL] **Kurzhaariger Schildborstling** – *S. kerguelensis* (BERK.) KUNTZE

Scytinostroma DONK, Lederrindenpilz – RiP (Bas, Agaricomycetes, Russulales, Lachnocladiaceae)
Frk resupinat, membranös bis lederig oder krustig, oberseits glatt bis warzig, seltener stachelig. Dimitisch mit gelbl Skelethyphen. Generative Hyphen hyalin, mit oder ohne Schnallen. Zystiden vorhanden, bisw als Gloeozystiden. Sp hyalin, dünnwandig, glatt bis feinwarzig, amyloid oder inamyloid. 5 Arten. Lignicol. – **Lit**: **9**: 320, **12**: 196
T: *S. portentosum* (BERK. & M. A. CURTIS) DONK – Auffälliger Lederrindenpilz: BK 2.100, Kr 1.319, RH 77

1 Sp amyloid, kugelig bis breit ellipsoid. Skeletthyphen an den Enden nicht oder wenig in Zweige aufgeteilt (falls an den Enden dicht verzweigt: ▸)
Auffälliger Lederrindenpilz – *S. portentosum* (BERK. & M. A. CURTIS) DONK

1* Sp inamyloid (allenfalls partiell über dem Apikulus amyloid), ellipsoid bis zylindrisch **2**

2 Generative Hyphen mit Schnallen. Sp schmal, 1,5–3,2 µm breit ▸

2* Generative Hyphen ohne Schnallen. Sp breiter, 3,5–6 µm breit **3**

3 Sp 6,5–9 × 3,5–5 µm. Frk weiß bis hell ocker. Meist NaH
Duftender Lederrindenpilz – *S. odoratum* (FR. : FR.) DONK

3* Sp 10–13(–15) × 4,5–6,5(–8) µm. Frk hell ocker bis hell zimtbraun. LaH, NaH
Brauner Lederrindenpilz – *S. ochroleucum* (BRES. & TORR.) DONK

Scytinostromella PARMASTO – RiP (Bas, Agaricomycetes, Russulales, inc. sed.)
Frk resupinat, häutchenfö, membranös bis krustenfö, glatt. Dimitisch. Skeletthyphen hyalin. Generative Hyphen hyalin, mit Schnallen. Zystiden bisw vorhanden, dickwandig, inkrustiert (T) oder nur mit Gloeozystiden (dünnwandig und Öltröpfchen enthaltend). Sp hyalin, dünnwandig, warzig, amyloid, 4–5,5 × 2,5–4 µm, beim T subglobos bis ellipsoid. 2 Arten. Lignicol auf NaH oder auf Frk von Porlingen. – **Lit**: **9**: 280, **12**: 123
T: *S. heterogenea* (BOURDOT & GALZIN) PARMASTO

Sebacina TUL., Wachskruste – RiP (Bas, Agaricomycetes, Sebacinales, Sebacinaceae)
Frk resupinat, flach ausgebreitet, auch unregelmäßig das Substrat überziehend. Oberseits glatt bis wellig. Mono- oder selten dimitisch (dann mit hyalinen Skeletthyphen). Generative Hyphen hyalin, dünn- bis dickwandig, ohne Schnallen. Basidien hyalin, mit Längswänden, ohne Schnallen. Sterigmen lang, z. B. 100 × 2,5–3 µm. Sp hyalin, dünnwandig, glatt, inamyloid, Sekundärsp formend. 10 Arten. Terricol, herbicol, lignicol. – **Lit**: **9**: 105, **12**: 421
T: *S. incrustans* (PERS. : FR.) TUL. & C. TUL. – Erd-Wachskruste: BK 2.15, CD 55, Ct 794, Ph 262, RH 66

1 Sp 7–14–18 µm lang **2**

1* Sp 16–36 µm lang oder länger ▸

2 Frk recht dick, krustenfö bis lederig, Erde, Moose, Gräser, Pflanzenteile [Falls auf Holz: *S. helvelloides*] überziehend, bisw keulenfö (clavarioid) oder lappig (thelephoroid), oberseits (Hymenium) schmutzig cremefarben, hell grau-ocker, auch rotbraun, oft uneben. Monomitisch. Sp 8–16 × 5–9 µm
Erd-Wachskruste – *S. incrustans* (PERS. : FR.) TUL. & C. TUL.

2* Frk oft dünn, weich und gallertig **3**

3 Hyphensystem dimitisch. Sp 10–12 × 6–8 µm. LaH (morsch)
Dimitische Wachskruste – *S. dimitica* OBERW.

3* Hyphensystem monomitisch **4**

4 Sp 7–8 µm lang. Basidien 2-sporig
Kleinsporige Wachskruste – *S. microbasidia* CHRIST. & HAUERSLEV in CHRIST.

4* Sp länger als 8 µm **5**

5 Frk oberseits weißl bis hellgrau, höckerig-wellig. Erde, Humus überziehend, seltener auf morsches Holz übergreifend. Sp 8–14 × 4–9 µm

Opalfarbige Wachskruste – *S. epigaea* (BERK. & BROOME) NEUHOFF

5* Frk oberseits mit anderen Farben: gelb, gelbbraun, ockerbraun, rotbraun, fleischfarben, rötl-blau ▸

Sebacinella HAUERSLEV – RiP (Bas, Agaricomycetes, Tulasnellales, Oliveoniaceae)
Frk resupinat, dünn, gallertig, grau, bereift. Monomitisch, Hyphen hyalin, mit Schnallen. Basidien nicht septiert (siehe *Sebacina* mit Längswänden in den Basidien). Sterigmen kurz, 4,5–6 µm lang. Sp hyalin, dünnwandig, glatt, inamyloid, Sekundärsp formend, breit ellipsoid, fast kugelig bis breit zitronenfö, an beiden Enden mit kleinem Auswuchs. 2 Arten, Rinde von LaB, NaB. – **Lit**: **9**: 113, **12**: 452
T: *S. nodosa* HAUERSLEV.

Seifertia PARTR. & MORGAN JONES – SchimP (Asc, Dothideomycetes, Pleosporales, Melanommataceae; Anamorphe)
Auf Knospen und Jungtrieben dunkelfarbene Rasen aus kopfigen Konidienträgern bildend. Führt zur silbergrauen Verfärbung und schließl zum Absterben von *Rhododendron*-Knospen.
T: *S. azaleae* (PECK) PARTR. & MORGAN JONES – **Rhododendron Knospenfäule**: JK 353

Selinia P. KARST. – Pyr (Asc, Sordariomycetes, Hypocreales, Bionectriaceae)
Stromata 1–3 mm dick, gelbl-braun, darin wenige Perithecien eingebettet, deren Mündung (Ostiolum) warzenartig vorstehend, rötl-braun. Asc-Sp dickwandig, hyalin bis gelbl, einzellig, spindelfö, 48–64 × 20–28 µm, Wenige (1–2) Arten auf Dung von Pflanzenfressern. – **Lit**: **5**: 283, **10**: 231
T: *S. pulchra* (G. WINTER) SACC.: De 31D

Sepedonium LINK – SchimP (Asc, Sordariomycetes, Hypocreales, Hypocreaceae; Anamorphe)
Ist unter dem Namen Goldschimmel bekannt und befällt vornehml Vertreter der Ordnung Boletales. Die zugehörige Teleomorphe ist *Apiocrea* (s.d.) = *Hypomyces*. Das Wirtsspektrum umfasst folgende zu den Boletales gehörende Gattungen: *Boletus, Chalciporus, Gomphidius, Gyroporus, Leccinum, Leccinellum, Melanogaster, Octavianina, Paxillus, Pisolithus, Porphyrellus, Pseudoboletus, Rhizopogon, Scleroderma, Serpula, Strobilomyces, Suillus, Tylopilus, Xerocomus*. Darüber hinaus existieren auch Angaben von Wirten außerhalb der Boletales, die aber teilweise der Verifizierung bedürfen: *Amanita, Craterellus, Fomitopsis, Hydnum, Lactarius, Polyporus, Russula, Sclerotinia* (Auflistung nach HELFER 1991). Aleuriokonidien (derbwandig, überdauerungsfähig) erst hyalin, dann tief gelb, warzig ornamentiert, kugelig, an kurzen, seitl Hyphenästen endständig, etwa 12–25 µm im Durchm (ohne Warzen). Phialokonidienträger aufsteigend, unverzweigt bis einfach verzweigt. Phialokonidien zu mehreren in schleimigen Köpfchen, 1-zellig, hyalin, zylindrisch bis schmal-ellipsoid, 7–24 × 3–11 µm.
T: *S. chrysospermum* (BULL.) LINK = *Hypomyces chr.* Syn: *Apiocrea chrysosperma* (TUL. & C. TUL.) SYD. & P. SYD.

Septobasidium PAT., Schildlauspilz – RiP (Bas, Pucciniomycetes, Septobasidiales, Septobasidiaceae)
Frk resupinat, mit Schildläusen in Symbiose lebend. Basidiosp bildendes Organ (Basidie) in kugelfö Probasidie und schlauchfö Metabasidie gegliedert. Probasidie kugelig bis ellipsoid, etwas dünnwandig, glatt. Metabasidie mit Quersepten, vierzellig, gerade oder gebogen. Monomitisch. Hyphen hyalin, ohne Schnallen. Sp hyalin, dünnwandig, glatt, inamyloid. – **Lit**: **12**: 401
T: außereuropäisch. Bei uns vertreten durch *S. carestianum* BRES.

Septoria Sacc. – PaP (Asc, Dothideomycetes, Capnodiales, Mycosphaerellaceae; Anamorphe)
Bl-Flecken verursachende Pflanzenparasiten. Konidien werden in intramatrikalen pyknidienartigen Strukturen gebildet (also innerhalb des Wirtsgewebes). Die Konidien sind fadenfö, hyalin, glatt, vielzellig. Auf verschiedenen Wirten, z. B. *Aegopodium*, *Chelidonium*, *Cytisus, Heracleum*, *Stellaria*, *Triticum*
T: *S. cytisi* ROBERGE: Bra 1184, 389. – Abgebildet zudem div. andere Arten: JK 47, 1130, 220, 404

Sepultaria siehe *Geopora*

Sericeomyces HEINEM., Seidenschirmling – BläP (Bas, Agaricomycetes, Agaricales, Agaricaceae)
Frk klein bis mittelgroß, weiß. L fast frei. Spp weiß. HDS aus liegenden, gestreckten Hyphen. Schnallen fehlend. Sp lang, schmal, pseudoamyloid, 7–14 × 3,5–5,5 µm. 2 Arten, terricol. – Anm: Die Gattung jetzt vielfach auch in *Leucoagaricus* eingeschlossen. – **Lit**: **8**:178 in *Leucoagaricus*, 186, **11**: 262, **14:** 584 als *Leucoagaricus* pr. p.
T: *S. serenus* (FR.) HEINEM. – Heller Seidenschirmling: BK 4.260, BL 289, CD 696, Ct 2155, 2165, Dh 529

1 Cheilozystiden keulenfö. L im Exs weißl bis hell gelbl bleibend [Falls Cheilozystiden variabel, d. h. flaschenfö bis keulig, in Wasser mit Kristallen oder auch ohne solche: ►]. Sp 7,5–9 × 4,5–5,5 µm **Heller Seidenschirmling** – *S. serenus* (FR.) HEINEM.

1* Cheilozystiden flaschenfö bis spindelfö, ohne Kristalle. L weiß, im Exs fleischbräunl. Basidien 4-sporig. Sp 8–10 × 3,5–4,5 µm [Falls Basidien 2-sporig, Sp 10–14 × 4,5–5,5 µm: *S. sericifer* f. *sericatellus* (MALENÇON) VELLINGA]
Bräunender Seidenschirmling – *S. sericifer* (LOCQU.) DØSSING

Serpula (PERS.) S.F. GRAY, Hausschwamm – PoP (Bas, Agaricomycetes, Boletales, Serpulaceae)
Frk resupinat bis effus-reflex, fleischig bis wachsartig, oberseits meist mit Falten (meruloid), seltener auch unregelmäßig porenfö (poroid) oder mit Stachel-Zähnchen (hydnoid). Dimitisch mit Skeletthyphen in Rhizophoren. Generative Hyphen hyalin bis hellbräunl, mit Schnallen. Sp 8–12 × 4,5–8 µm. – **Lit**: **9**: 292, **12**: 238
T: *S. lacrymans* (WULFEN : FR.) J. SCHRÖT. – Echter Hausschwamm: BK 2.242, Ct 737, HK 1.173, Kr 1.368, MJ 5Serp1,2, Ph 238, RH 75

1 Frk resupinat, effus-reflex, 2–10 mm dick, fleischig, mit verdicktem Rand. Oberseits gelb bis dunkelbraun, faltig, seltener auch mit unregelmäßigen Poren oder mit Stachel-Zähnchen. Rand weiß oder gelbl. Sp 9–12,5 × 4,5–8 µm. Auf Bauholz in Häusern, selten auch im Freien

Echter Hausschwamm – *S. lacrymans* (WULFEN : FR.) J. SCHRÖT.

1* Frk resupinat, bis 2 mm dick, membranös, mit dünnem Rand.Oberseits gelbl bis orange, olivfarben, zimtfarben bis dunkelbraun, faltig bis partiell porenfö. Rand weiß. Sp 8–12 × 4,5–8 µm. Im Freien, NaH

Wilder Hausschwamm – *S. himantoides* (FR. : FR.) P. KARST.

Sesquicillium W. GAMS – SchimP (Asc, Sordariomycetes, Hypocreales, Bionectriaceae; Anamorphe)
Konidienträger wie auch die übrigen Hyphen hyalin, Konidien durchweg 1-zellig. Konidien-bildende Zellen formen jeweils nur an einer Stelle die Konidien. Konidienträger unter der terminalen Phialide jeweils auch mit einer weiteren seitenständigen (interkalaren) Phialide. *S. candelabrum* (BONORD.) W. GAMS auf *Scleroderma*, *S. microsporum* (JAAP) VEENB.-RIJKS & W. GAMS, auf Schleimpilzen.
T: *S. buxi* (J.C. SCHMIDT ex LINK) W. GAMS

Sibirina G.R.W. ARNOLD – SchimP (Asc, Sordariomycetes, Hypocreales, Hypocreaceae; Anamorphe)
Überwiegend nur 1 Konidie pro Konidien-bildender Zelle, diese in besonders dichten 7–9(–12)-zähligen Wirteln. Konidien 1(–2)-zellig. Bisw auch mit Aleuriokonidien (*S. clavisedum*). Teleomorphe: *Hypomyces*. Auf anderen Pilzen: (*Cantharellus*, *Clitocybe*, *Daedalea, Gloeophyllum, Osmoporus, Polyporus*)
T: *S. fungicola* G.R.W. ARNOLD = *Hypomyces semitranslucens* G.R.W. ARNOLD

Sidera siehe *Antrodia*

Simocybe P. KARST., Olivschnitzling – BläP (Bas, Agaricomycetes, Agaricales, Crepidotaceae)
Frk klein. H bräunl, frisch mit olivfarbenem Mischton. Velum fehlend oder flüchtig, nie am S ringfö. S lateral, exzentrisch oder zentral. Spp braun. Sp glatt, ohne oder mit undeutl Keimporus. Cheilo- und Pileozystiden vorhanden. HDS hymeniform oder als Trichoderm oder Trichodermpalisade ausgebildet. 4 Arten. Lignicol, herbicol (Reste von Gräsern, Kräutern), humicol. – Anm: Bisw wird als Gattungsname *Ramicola* VELEN. bevorzugt. – **Lit: 11**: 347 als *Ramicola*, **14**: 908
T: *S. centunculus* (FR. : FR.) P. KARST. – Kleinsporiger Olivschnitzling: BK 5.394, BL 265, Br 796, CD 1329, Ct 1765, Lg 124I, Lu 1.80.1,2, MJ 3Sim1, Ph 157, RH 466

1 S exzentrisch, lateral oder fehlend. H jung flaumig, selten kahl. Sp oval bis mandelfö, mit kleinem Keimporus, 8–10 × 5,5–7 µm. LaH, Pflanzenreste

Kurzstieliger Olivschnitzling – *S. haustellaris* (FR. : FR.) WATLING

1* S zentral. H selbst jung kahl. Sp mandelfö, bohnenfö **2**

2 Auf morschem LaH oder Rinde. H 1–4 cm **3**

2* Auf Pflanzenresten (Seggen, Gräser), selten auf LaH. H 1–2 cm ▸

3 H 1–2,5 cm. konvex bis flach, olivbraun. S 0,8–3 × 0,1–0,2 cm. L-Schneide gelbl oder weißl flockig. Pileozystiden 20–40 × 6–8 µm, Sp 6–8,5 × 4–6 µm
Kleinsporiger Olivschnitzling – *S. centunculus* (FR. : FR.) P. KARST.

3* H 1–4 cm, feucht dunkel olivbraun bis olivgelbbraun, trocken blassfarben. S 1–5 × 0,4 cm. Pileozystiden 40–80(–100) × 7–12 µm. Sp 8–9,5 × 5–5,5 µm
Üppiger Olivschnitzling – *S. sumptuosa* (P.D. ORTON) SINGER

Sirobasidium LAGERH. & PAT. (Bas, Tremellomycetes, Tremellales, Sirobasidiaceae)
Frk klein, bis ca. 3 mm, tropfen- bis pustelfö, gallertig, weißl. Monomitisch. Hyphen hyalin, dünnwandig, mit Schnallen. Basidien zu 4–8(–12) kettenfö angeordnet, durch schiefe Wände 2-zellig. Sp sitzend, spindelfö, glatt, Konidien und Sekundärsp bildend, 13–24 × 6,5–8 µm. LaH mit einem Pyrenomyceten vergesellschaftet. – **Lit**: **12**: 432
T: außereuropäisch, in Europa (Frankreich) vertreten durch 1 Art = *S. brefeldianum* MÖLLER

Sistotrema PERS. : FR., Schütterzahn – RiP/StaP (Bas, Agaricomycetes, Cantharellales, Sistotremataceae)
Frk resupinat oder bisw mit spatelfö H und kurzem S (so bisw beim T). Mit glattem Hymenium oder auch poroid bis zähnchenfö. Basidien hyalin, urniform, mit 2–8 Sterigmen. Sp hyalin, dünnwandig, glatt, inamyloid. Etwa 13 Arten. Lignicol, LaH, NaH, bryicol, humicol, Streu. – Syn: *S. commune* (pr. p. ?) = *S. efibulatum*. – **Lit**: **9**: 127, **12**: 132
T: *S. confluens* PERS. : FR. – Kreiselförmiger Schütterzahn: Ct 1581, Dh 1041, Gh 575, KM 426, Kr 1.321, RH 92

1 Frk effus-reflex bis hutfö mit stielartigem Teil, zusammenfließend. Mit Zähnchen oder Poren. H bis 2 cm breit, weiß bis gelbl, S 1 × 0,2 cm. Basidien mit 4–8 Sp, diese 4–4,5 × 2–2,2 µm. Hyphen mit Schnallen. NaW auf Humus und Streu
Kreiselförmiger Schütterzahn – *S. confluens* PERS. : FR.

1* Frk resupinat und so auch in älteren Stadien bleibend. Basidien 2–4 oder auch 4–8 Sterigmen (und Sp). Sp bisw eckig, bisw subglobos, aber auch ellipsoid, bisw länger als 6,5 µm 2

2 Sp eckig oder subglobos bis breit ellipsoid ▸

2* Sp anders, wenn ellipsoid dann nicht breit ellipsoid 3

3 Basidien mit 2–4 Sterigmen ▸

3* Basidien mit 6–8 Sterigmen 4

4 Sp unter 6,5 µm lang 5

4* Sp länger als 6,5 µm ▸

5 Mit Gloeozystiden (gelbl Inhalt). Frk weiß, körnig bis membranös. Sp hyalin, zylindrisch bis schmal ellipsoid, oft etwas gebogen, 4,5–6,5 × 1,8–3 µm. LaH, NaH
Körnchen-Schütterzahn – *S. coroniferum* (HÖHN. & LITSCH.) DONK

5* Gloeozystiden mit gelbl Inhalt fehlend 6

6 Sp unter 2 µm breit ▸

6* Sp 2–3 µm breit 7

7 Hyphen mit Schnallen. Frk weißl, hellgrau, hellgelbl, glatt bis warzig. Sp 3,5–5,5 × 2–2,5 µm. Lignicol, auch an alten Porlingen
Brinkmanns Schütterzahn – *S. brinkmanii* (BRES.) J. ERIKSS.
7* Hyphen ohne Schnallen. Frk weißl, glatt oder etwas warzig. Sp 4–5 × 2–2,5 µm. Lignicol, auch auf Moosen
Schnallenloser Schütterzahn – *S. efibulatum* (J. ERIKSS.) HJORTSTAM

Sistotremastrum J. ERIKSS. – RiP (Bas, Agaricomycetes, Trechisporales, Hydnodontaceae)
Frk resupinat. membranös, dünn, glatt, ablösbar, weiß bis creme. Monomitisch. Hyphen hyalin, mit Schnallen. Zystiden fehlend. Basidien 6- bis 8-sporig. Sp hyalin, dünnwandig, glatt, inamyloid, bisw etwas gebogen, 4,5–6,5 × 2–3 µm. NaH. – **Lit**: **9**: 130, **12**: 135
1 Art = T: *S. suecicum* J. ERIKSS.

Sistotremella HJORTS. – RiP (Bas, Agaricomycetes, Cantharellales, Hydnaceae)
Frk resupinat, dünn, glatt, nicht ablösbar, weißl, blass grau, ockerl. Monomitisch, Hyphen mit oder ohne Schnallen. Gloeozystiden fehlend (T) oder vorhanden. Basidien 6- bis 8-sporig. Sp glatt, hyalin, dickwandig, cyanophil, nicht amyloid, 3–5 × 2–2,5 µm. 2 Arten. NaH, LaH. – **Lit**: **9**: 130
T: *S. perpusilla* HJORTS.

Skeletocutis KOTL. & POUZAR, Knorpelporling – PoP (Bas, Agaricomycetes, Polyporales, Polyporaceae)
Frk resupinat bis sitzend pileat, weiß, ocker, lachsfarben. Mit Porenhymenophor. Trama bisw zweischichtig, dann Schicht über den Poren gallertig (so beim T). Mono-, di- oder trimitisch. Bindehyphen, soweit vorhanden, als koralloide Auszweigungen aus generativen Hyphen entstehend. Hyphen z. T. stark inkrustiert. Sp dünnwandig, glatt, inamyloid. Etwa 10 Arten. Lignicol, LaH, NaH, Weißfäule. – **Lit**: **9**: 214, **12**: 375
T: *S. amorpha* (FR. : FR.) KOTL. & POUZAR – Orangeporiger Knorpelporlig**:** BK 2.362, Gh 539, HK 2.43, Kr 1.578, Lx 573, Md 274, RH 155

1 Frk effus-reflex oder auch mit Hutkanten (pileat). H 1–4(–6) cm. Di- oder trimitisch **2**
1* Frk resupinat, keine Hutkanten bildend. Monomitisch, auch di- oder trimitisch. ▸
2 Poren weiß bis creme, sehr klein, 6–8 pro mm. Sp sehr schmal, bis 1 µm breit LaH.
Kleinsporiger Knorpelporling – *S. nivea* (JUNGH.) JAN KELLER
2* Poren bald gelbl-rot bis orange-rot, 3–4 pro mm. Trama zweischichtig, über den Poren auf 1 mm Breite gallertig. Sp schmal, 1–1,8 µm breit. NaH
Orangeporiger Knorpelporlig – *S. amorpha* (FR. : FR.) KOTL. & POUZAR

Smardaea SVRČEK – op. Disc (Asc, Pezizomycetes, Pezizales, Otideaceae)
Frk (Apothecien) sitzend, scheibenfö, 0,5–2 cm breit, mit deutl Rand. Oberseits (Hymenium) purpurn bis dunkel purpur-violett; außen gleichfarben oder dunkler, kleiig. Paraphysen gerade, von purpurfarbenem, wasserlösl Pigment umgeben. Asc-Sp ellipsoid bis spindelfö, mit zwei Tröpfchen, hyalin bis blass purpurfarben, mit starken, gerundeten Warzen, diese 2–4 µm breit und hoch. Terricol, Sandböden. – **Lit**: **5**: 53 als *Jafneadelphus a.*, **10**: 118
1 Art = T: *S. amethystina* (W. PHILLIPS) SVRČEK: De 12Q

Sordaria CES. & DE NOT. – Pyr (Asc, Sordariomycetes, Sordariales, Sordariaceae)
Frk aus kugeligem Grunde mit kegelfö, oft gekrümmtem Hals, der 0,2–0,3 mm breit ist. Asci zylindrisch, 100–150 × 14–16 µm, Sp im Ascus schief stehend, 1-reihig, 17–20 × 10–12 µm, zunächst olivbraun, reif schwarz.
T: *S. coprophila* (FR.) CES. & DE NOT.

Sorodiscus LAGERH. & WINGE – Paras SchleimP (Pasmodiophoromycetes, Plasmodiophorales, Plamodiophoromycetes)
Phytoparasitischer Befall auf *Callitriche*, 3–5 mm Anschwellungen auf den Trieben erzeugend, darin sechseckige, 6–7 × 4–5 µm messende Zysten, die kugelige, 40–60 µm große Plasmodien bilden. – **Lit**: **3**: 894, **13**: 202
T: *S. callitrichis* LAGERH. & WINGE

Sorosphaera J. SCHROET. – Paras SchleimP (Plamodiophoromycetes, Plasmodiophorales, Plasmodiophoraceae).
Phytoparasitischr Befall auf *Veronica*. An den oberen Sprossknoten, Bl-Stielen, Bl-Nerven oder Blütenstielen bis zu 5 mm dicke Gallen bildend, die eine zimtbraune Masse von Zysten enthalten, die Zoosp, Sporangien und Plasmodien bilden. – **Lit**: **3**: 896, **13**: 839
T: *S. veronicae* (J. SCHROET.) J. SCHROET.; die Art wird jetzt unter *Sorosphaerula* NEUH. & KIRCHM. geführt

Sowerbyella NANNF., Wurzelbecherling – op. Disc (Asc, Pezizomycetes, Pezizales, Otideaceae)
Frk (Apothecien) mit ± wurzelndem S., scheibenfö bis flach schüsselfö, 0,5–5 cm. Oberseits (Hymenium) orange, hell gelb, grünl-gelb, außen gleichfarben oder heller, fein flaumhaarig, S häufig mit anhaftenden Substratresten. Paraphysen gerade oder oben gekrümmt. Asc-Sp ellipsoid, mit 1 oder 2 Tröpfchen, warzig, beim T 12,5–15 × 7–8,5 µm. Etwa 4 Arten. Terricol. Meist NaW. – **Lit**: **5**: 31, **10**: 118
T: *S. radiculata* (SOW. : FR.) NANNF. – Ockergelber Wurzelbecherling: De 6H, Lx 681

1 Frk mit 1–4 cm langem, wurzelndem S, der gefurcht oder zusammengedrückt ist. Asc-Sp mit längl Warzen, die bisw ein dichtes unvollständiges Netz bilden, 12,5–15 × 7–8,5 µm. Paraphysen oben gekrümmt. NaW.
Ockergelber Wurzelbecherling – S. *radiculata* (SOW. : FR.) NANNF.
1* Frk kurzstielig, S 0,5–1,5 cm, rundl. Asc-Sp 12,5–14 × 6–7,5 µm, dicht und fein warzig ▸

Spadicoides S. HUGHES – SchimP (Asc, Sordariomycetes, Helminthosphaeriaceae, Anamorphe)
Konidien ± septiert, dunkelfarben an kaum verzweigten, undifferenzierten Trägern, Hyphen braun. *S. clavariarum* (DESM.) S. HUGHES auf der Pilzgattung *Clavulina* schwärzl Verfärbungen verursachend. Unscheinbar auftretend die Art *S. xylogena* (A.L. SM.) S. HUGHES auf *Hypochnicium*. Teleomorphe: *Helminthosphaeria* FUCKEL
T: *S. bina* (CORDA) S. HUGHES

Sparassis FR., Glucke – KoP (Bas, Agaricomycetes, Polyporales, Sparassidaceae)
Frk groß, mit zahlreichen flachen, welligen oder krausen Ästen, insgesamt kugelige Form bildend. Monomitisch, Hyphen meist mit Schnallen. Spp cremefarben. Sp hyalin bis hell gelbl, ellipsoid, dünnwandig, glatt, inamyloid. 3 Arten. Lignicol (Wurzelparasiten) am Grunde von Stämmen. – **Lit**: **9**: 255, **12**: 94
T: *S. crispa* (WULFEN : FR.) FR. – Krause Glucke: BK 2.478, Dh 1023, Gh 593, HK 1.182, Ja 46, MJ 5Spar1, Ph 255

1 Astenden kraus. Am Stammgrunde von NaB, meist Kiefer (*Pinus*). Frk bis 20 cm hoch und 30–40 cm breit. Sp 4,5–7 × 3–4,5 µm (falls 5–9 × 3,5–5 µm und Frk nur bis 8 cm: ▸) **Krause Glucke** – *S. crispa* (WULFEN : FR.) FR

1* Astenden flach bis etwas wellig, nicht jedoch kraus. LaB (meist Eiche, *Quercus*), seltener auch Tanne (*Abies*) ▸

Spathularia PERS. : FR., Spateling – inop. Disc (Asc, Leotiomycetes, Rhytismatales, Cudoniaceae)
Frk spatelfö, 2–10 cm, herdenweise gebildet. Fertiler oberer Teil flach, wie zusammengedrückt, faltig, am S herablaufen, blass, hellgelb (T), ockerl. S oben etwas abgeflacht, weißl oder blass bräunl. Asci keulig, inamyloid. Asc-Sp hyalin, nadelfö, gerade oder leicht gekrümmt, septiert oder nicht so, von Schleim überdeckt, verkehrt eifö Konidien bildend. Paraphysen hyalin, fädig, mit leicht verbreiterten oberen Enden. 2 Arten. Terricol in NaW, MischW, zw Moosen und Pflanzenresten. – **Lit**: **5**: 99, **10**: 182
T: *S. flavida* PERS. : FR. – **Dottergelber Spateling**: BK 1.141, Ct 355, De 14L, Dh 1145, HK 2.264, Lx 645, Md 395

Sphacelotheca DE BARY – BrandP (Bas, Microbotryomycetes, Microbotryales, Microbotryaceae)
Parasitischer Befall (Brand). Beschränkt auf *Polygonum*. Sori aus den Blüten herausragend, Sp fein netzig oder fein warzig. Anm: Falls Sori in Blütenknospen. Krümelig bis pulverig, Falls Sp netzig: siehe auch *Microbotryum*. – **Lit**: **3**: 1046, **13**: 645
T: *S. hydropiperis* (SCHUM.) DE BARY: KS 899:36d
Polygonum: ***P. persicaria***: *S. hydropiperis, S. polygoni-serrulati*. – ***P. spec.***, u. a. ***P. hydropiper*** etc.: *S. hydropiperis*

Sphaerobasidium OBERW. – RiP (Bas, Agaricomycetes, Hymenochaetales, Tubulicrinaceae)
Frk resupinat, wachsartig, sehr dünn, glatt, wenig auffällig, weiß bis hell grau. Monomitisch. Hyphen hyalin, mit Schnallen. Dünnwandige Zystiden vorhanden, apikal kopfig, 20–35 × 4–5 µm. Basidien kugelig bis fast kugelig. Sp hyalin, dünnwandig, glatt, inamyloid, ellipsoid, 3,5–5,5 × 2,5–3,5 µm. Auf Farnstängeln und lignicol. – **Lit**: **9**: 131, **12**: 218
1 Art = T: *S. minutum* (J. ERIKSS.) OBERW. ex JÜL.

Sphaerobolus TODE : PERS., Kugelwerfer – BaP (Bas, Agaricomycetes, Geastrales, Sphaerobolaceae)
Frk klein, ca. 2 mm im Durchm, kugelig bis eifö, die 4- bis 5-schichtige Peridie sternfö einreißend und danach die kugelfö Sp-Masse (= gelatinöse Peridiole) wegschleudernd.

Basidien 4- bis 8-sporig. Sp hyalin. dickwandig, glatt, 6–10 × 5–6 µm. LaH, NaH, auch terricol und coprophil. – **Lit**: **9**: 195, **12**: 471
1 Art = T: *S. stellatus* TODE : PERS. – **Kugelwerfer**: Ja 208

Sphaeronaemella P. Karst. – SchimP (Asc, Sordariomycetes, Microascales, inc. sed.; Anamorphe)
Hyphen und Konidienträger hyalin, Konidien 1-zellig, Breite der Hyphen unter × 5 µm. Teilweise auf anderen Pilzen (*Helvella*, *Hypomyces*). – Syn: *Gabarnaudia* SAMSON & W. GAMS
T: *S. helvellae* (P. KARST.) P. KARST.

Sphaeropsis RAF. – PaP (Asc, Dothideomycetes, Botryosphaeriales, Botryosphaeriaceae, Anamorphe von *Phaeobotryosphaeria*).
Parasitisch auf der Wirtspflanze dunkelbraune, oft oberflächlich einzeln oder gehäuft erscheinende Pyknidien bildend; diese kugelig, uniloculär, mit zentraler, runder, papillenfö Öffnung. Konidien längl bis keulenfö, zum gestutzten Grund hin verschmälert, braun, dickwandig, Innenwand ornamentiert. – *S. sapinea* (FR.) DYKO & B. SUTTON verursacht das Diplodia-Triebsterbens von NaB.
T: *S. malorum* (BERK.) BERK. oder *S. visci* (ALB. & SCHWEIN.) SACC.: Bra 1187, 392, JK 459

Sphaerosporella (SVRČEK) SVRČEK & KUBIČKA – op. Disc (Asc, Pezizomycetes, Pezizales, Pyronemataceae)
Frk kreiselfö bis schüsselfö, sitzend, 2–6 mm breit. Oberseits (Hymenium) gelbl-braun bis rötl-braun. Außen braun mit 1–4-zelligen, hin und her gebogenen (flexuösen), 100–165 × 10–16,5 µm messenden Haaren. Sp kugelig, glatt, 14–16,5 µm, mit einem bis mehreren Tröpfchen. 1 Art. Brandstellen. – **Lit**: **10**: 119
T: *S. brunnea* (ALB. & SCHWEIN.) SVRČEK & KUBIČKA: BK 84

Sphaerostilbella (P. HENN.) SACC. & D. SACC. – Pyr (Asc, Sordariomycetes, Hypocreales, Hypocreaceae)
Perithecien oberseits oder partiell eingesenkt im Wirt (Rindenpilze), ocker, rötl oder violett. Asc-Sp 2-zellig, mit gleich oder verschieden großen Teilen, insgesamt 8–15 × 2–4 µm. 2 Arten, Parasitisch auf anderen Pilzen. – **Lit**: **5**: 277, **10**: 277
T: *S. lutea* (P. HENN.) SACC. & D. SACC. – Abgebildet *S. aureonitens* TUL. & C. TUL.: De 35H

Sphagnurus siehe *Lyophyllum palustre*

Spilocaea siehe *Venturia*

Spilopodia BOUD. – PaP/inop. Disc (Asc, Leotiomycetes, Helotiales, Drepanopezizaceae)
Die T-Art bildet auf gelbl bis bräunl verfärbten Bl von *Plantago* dunkelfarbige Linien und Adern auf denen schließl Frk in Form kleiner Apothecien gebildet werden.
T: *S. nervisequa* (PERS.) BOUD. – **Wegerich-Schwarzadernpilz**: JK 307

Spinellus TIEGH. – SchimP (Mucoromycetes, Mucorales, Mucoraceae)
Hyphen weitgehend unseptiert, ohne Ausläuferhyphen (Stolonen), Sporangienträger und Sporangien makroskopisch wie winzige Stecknadeln auf anderen Pilzen (meist *Mycena;* aber *auch Amanita, Rhodocollybia*). Sporangien mit Columella und mit Apophyse.
T: *S. fusiger* (LINK) TIEGH. – **Helmlingsschimmel:** Helfer 1991: 17: 1

Spondylocladiella LINDER – SchimP (Asc, inc. sed.; Anamorphe)
Hyphen und Konidienträger braun, Konidien fast durchgehend 3-zellig. Konidien-bildende Zellen kurz, breit, in Wirteln. Auf anderen Pilzen (*Botryobasidium*, *Hypochnicium*)
T: *S. botrytioides* LINDER

Spongipellis PAT. Schwammporling – PoP/StaP (Bas, Agaricomycetes, Polyporales, Polyporaceae)
Frk konsolenfö sitzend, meist groß, einjährig, weißl bis gelbl, frisch meist weich bis seltener lederig. Hymenophor porenfö, oder zähnchenfö bis stachelfö. Monomitisch. Hyphen hyalin, mit Schnallen. Sp hyalin, etwas dickwandig, glatt, inamyloid. 3 Arten. Lignicol. LaH, Weißfäule. – Syn: *S. delectans* = *Sarcodontia delectans*. – **Lit**: **9**: 224, **12**: 350
T: *S. spumeus* (SOWERBY : FR.) PAT. – Laubholz-Schwammporling: BK 2.412, Ct 2847, Gh 521, Ph 234, RH 151

1 Hymenophor bleibend porenfö. Frk konsolenfö sitzend, 4–25 cm lang, 3–10 cm im Radius, 1–6 cm dick, frisch weich, trocken hart mit abgerundetem Rand. Oberseits weiß bis creme, später ocker, fein bis grob behaart, ungezont. Trama weißl. Poren creme bis ocker, 1–5 pro mm. Sp 6–9 × 4,5–7 µm. LaH (meist stehend)
Laubholz-Schwammporling – *S. spumeus* (SOWEBY : FR.) PAT.

1* Hymenophor stachelfö oder allenfalls jung aus unregelmäßig gewundenen Poren, später stachelfö **2**

2 Hymenophor auch jung zähnchenfö bis stachelig. Frk konsolenfö sitzend, 5 cm lang und im Radius bis 1,5 cm dick. Oberseits erst weiß und fein behaart, dann ocker und kahl, ungezont. Hymenophor weiß bis ocker. Sp breit ellipsoid bis fast kugelig, 5,5–7 × 5–6,5 µm. LaH
Breitstacheliger Schwammporling – *S. pachyodon* (PERS.) KOTL. & POUZAR

2* Hymenophor jung ± porenfö. später zähnchenfö, stachelfö. Sp 6–8 × 4,5–6,5 µm ▸

Spongiporus siehe Oligoporus

Spongospora BRUNCH – ParP/G/Wu (Plasmodiophoromycetes, Plasmodiophorales, Plasmodiophoraceae)
Am Wirt (Wurzeln, Sprossgrund) knotige Gallen (auf *Campanula*), hakenfö Anschwellungen (*Nasturtium*) oder an Knollen und Ausläufern (*Solanum*, Kartoffel) rundl Schorfstellen bildend. – Anm: Falls auf *Nasturtium* spindelfö bis walzenfö Anschwellungen siehe *Plasmodiophora*. – **Lit**: **3:** 896, **13**: 571, 764
T: *S. subterranea* (WALLR.) LAGERH.
Campanula: *S. campanulae,* ***Nasturtium***: *S. nasturtii,* ***Solanum***: *S. subterranea*

Spooneromyces T. SCHUMACH. & J. MOTAVEC, Pfriemborstling – op. Disc (Asc, Pezizomycetes, Pezizales, Pyronemataceae)
Frk (Apothecien) scheibenfö, 0,4–1 cm, mit deutl Rand. Oberseits (Hymenium) orange bis orange-rot, außen gleichfarben, mit zerstreuten, braunen Haaren, diese einfach, mit zugespitzten Enden, septiert, 50–480 × 8–20 µm. Asc-Sp ellipsoid mit 2 Tropfen, mit feinen Warzen und Stegen, diese unregelmäßig netzfö geschlossen, 16–23,5 × 8–10,5 µm. 1–2 Arten. Auf Streu im NaW. – **Lit**: **10**:119
T: *S. laeticolor* (P. KARST.) T. SCHUMACH. & J. MOTAVEC. – Verwandte Art *S. helveticus* BREITENBACH & KRÄNZLIN – **Schweizer Pfriemborste**: BK 1.93

Sporormiella ELLIS & EVERH. – Pyr (Asc, Dothideomycetes, Pleosporales, Sporormiaceae)
Frk annähernd kugelig mit kleiner Papille als Öffnung (Pseudothecien). Asci bitunicat. Sp 3- bis 15-fach septiert, 46–53 × 10–12 µm, mit Keimspalte und Gelhülle, dunkel braun. Auf sehr altem Dung. – **Lit**: WELT & HEINE 2006
T: *S. nigropurpurea* ELLIS & EVERH.

Sporisorium EHRENB. – BrandP (Bas, Ustilaginomycetes, Ustilaginales, Ustilaginaceae)
Parasitischer Befall auf Süßgräsern (*Sorghum*, *Zea*). Gesamten Blütenstand zerstörend, oder beschränkt auf einzelne Fruchtknoten. Sp stachelig und groß, 10,5–14,5 × 10–11 µm (*S. reilianum*), oder 7,5–10 × 6,5–8,5 µm (bei *S. cruentum*). Falls Sp 5,5–8 × 5,5–7 µm und feinst warzig (*S. sorghi*), dann ev. mit *Ustilago* (hier Sp fein stachelig) verwechselbar. – **Lit**: **3**: 1046, **13**: 770, 853
T: *S. sorghi* EHRENB. ex LINK.
Sorghum: *S. cruentum, S. reilianum, S. sorghi*. – ***Zea***: *S. reilianum*

Sporotrichum = Anamorphe von *Laetiporus* (s.d.)

Sporothrix HEKTOEN & C.F. PERKINS – SchimP (Asc, Sordariomycetes, Antrodiales, Ophiostomataceae, Anamorphe)
Konidienträger frei und nicht gebündelt in Synnemata, samt Hyphen hyalin. Konidien 1-zellig, nicht kugelig, nicht an beiden Enden zugespitzt, Konidienmutterzellen nicht fadenfö, diese jeweils an mehreren Stellen die Konidien bildend, Aleuriokonidien fehlend. Eine Art auf anderen Pilzen (*Antrodia, Fomitopsis, Tyromyces*). Teleomorphe: *Ophiostoma polyporicola* CONSTANT. & RYMAN ist die Teleomorphe der pilzbewohnenden Art; abgebildet in HELFER 1991: 49:21
T: *S. schenckii* HEKTOEN & C.F. PERKINS

Spumatoria MASSEE & E.S. SALMON – Pyr (Asc, Pezizomycotina inc. sed.)
Frk kugelfö. 150–250 µm im Durchm, mit extrem langem, 500–700 × 50–70 µm messendem Hals mit hyalinen Haaren am oberen Ende. Asci breit zylindrisch, dünnwandig, 90–100 × 16–19 µm, 8-sporig. Sp meist 2-zellig, bisw auch 3-zellig, mit vielen kleinen Tröpfchen. Auf Dung. – **Lit**: WELT & HEINE 2006
T: *S. longicollis* MASSEE & E.S. SALMON

Squamanita IMBACH, Schuppenwulstling – BläP (Bas, Agaricomycetes, Agaricales, Tricholomataceae)
Frk groß (T: H 5–10 cm) oder auch klein. H-Oberfläche radial faserig mit Schüppchen, Schuppen, oder körnig granuliert. S mit rübenfö verdickter oder knolliger Basis. oft büschelig. L ± breit angeheftet bis kurz herablaufend. Velumreste meist vorhanden. Spp weiß oder rosa. Sp oft kugelig, aber auch ellipsoid, selten amyloid, meist pseudoamyloid oder inamyloid. Chlamydosp vorhanden. 6 Arten. Terricol, meist wohl Parasiten auf zu knollenfö Gebilden (Sklerotien) umgebildeten BläP. – Syn: *S. stangliana* (mit büschelig aus Knollen hervorgehenden weißl Frk und warzigen Sp) = *Rhodocybe s.* – **Lit**: **7**: 429, **11**: 273, **14**: 516
T: *S. schreieri* IMBACH – Gelber Schuppenwulstling: Bk 4.362, BL 173, CD 648, HK 3.223, Kr 3.516, Lu 1.81.1, MJ 3Squam1

1 Frk groß, H 5–10 cm, erst weißl, dann goldgelb, mit gelben bis braunen faserigen Schuppen. S-Basis rübenfö verdickt bis fast knollenfö. Chlamydosp warzig. (Sp 4–)5–7 × 3,5–5 µm. Auwald, Fichtenstreu
Gelber Schuppenwulstling – *S. schreieri* IMBACH

1* H kleiner, maximal 2–3,5 cm und mit anderen Farben: violett bis graulila, braunviolett, schwarz **2**

2 Geruch aromatisch, süßl. S büschelig. S-Basis knollenfö. Mit glatten Chlamydosp. Sp weder amyloid, noch dextrinoid, 6,5–9 × 4–6 µm. [Falls S-Basis keulenfö bis spindelig. Chlamydosp warzig: *S. pearsonii* BAS]
Duftender Schuppenwulstling – *S. odorata* (COOL) IMBACH ex BAS

2* Geruch fehlend oder anders. S nicht büschelig (falls büschelig: ▸) **3**

3 H-Oberfläche und S-Basis jung mit körnig-warzenfö Überzug (Velumreste aus Kugelzellen). H jung ockerl, alt lila bis violettgrau. Untere S-Hälfte goldgelb. Chlamydosp glatt. Sp dextrinoid, 8–10,5 × 4,5–6 µm
Goldstiel-Schuppenwulstling – *S. paradoxa* (A.H. SMITH & SINGER) BAS

3* H-Oberfläche und S-Basis faserig (ohne Belag aus Kugelzellen) ▸

Stachybotrys CORDA – SchimP (As, Sordariomycetes, Hypocreales, Stachybotryaceae; Anamorphe)
Hyphen septiert. Konidienträger bräunl, einzeln, nicht gebündelt. Konidien-bildende Zellen als Phialiden ausgebildet. Konidien dunkelbraun bis schwarz, 1-zellig, rau, nicht in Ketten. – **Lit**: **21**: 88, 152
T: *S. atra* CORDA

Stagnicola REDHEAD & A.H. SMITH, Grabenschnitzling – BläP (Bas, Agaricomycetes, Agaricales, Strophariaceae)
Frk klein. H 0,5–2 cm, kegelig-glockig, gerieft, braun, fuchsig-braun. F mäßig bis stark bitter. Spp braun. Hyphensepten mit Schnallen. Cheilozystiden zylindrisch bis keulig, oft verbogen, bisw septiert. Sp glatt, ellipsoid bis mandelfö, bisw etwas eingeschnürt, zieml dickwandig, ohne Keimporus, 4,5–6,5 × 3–3,5 µm. Lignicol, humicol, NaH, Pflanzenreste. an sumpfigen Stellen. – **Lit**: **11**: 468, **14**: 910
1 Art = T: *S. perplexa* (P.D. ORTON) REDHEAD & A.H. SMITH – **Hornstieliger Grabenschnitzling**: Lu.1.82.1

Stamnaria FUCKEL – inop. Disc (Asc, Leotiomycetes, Helotiales, inc. sed.)
Frk gestielt, oben becherfö und 0,5–1 mm breit, mit blasser, durchscheinender, etwa 1 mm breiter Randzone. S zylindrisch. Asci zylindrisch, 8-sporig, mit entschieden amyloidem Porus. Paraphysen zylindrisch, oben mit leicht erweiterten Enden. Asc-Sp 15–18 × 5–8 µm, ellipsoid, nicht septiert, hyalin. Auf abgestorbenen Achsen von Schachtelhalm (*Equisetum*). – **Lit**: **5**: 141, **10**: 160
1 Art = T: *S. persoonii* (MOUG. : FR.) FUCKEL: De 20C

Steccherinum GRAY, Resupinatstacheling – RiP/StaP (Bas, Agaricomycetes, Polyporales, Steccherinaceae)
Frk resupinat, effus-reflex, auch mit H-Kanten (pileat), sitzend, mit Stachel-Hymenophor. Dimitisch, mit hyalinen Skeletthyphen. Generative Hyphen hyalin, meist mit Schnallen. Mit dickwandigen, inkrustierten Zystiden (Skeletozystiden). Sp hyalin, dünnwandig, glatt, inamyloid. 5 Arten. Lignicol, LaH, NaH. – **Lit**: **9**: 217, **12**: 195
T: *S. ochraceum* (PERS. : FR.) GRAY – Ockerrötlicher Resupinatstacheling: BK 2.194, Ct 1606, Ja 74, Kr 1.331, Lx 493, MJ 5Stec1, RH 138

1 Frk effus-reflex bis hutfö, selten resupinat. Stacheln bis 3 mm lang. H-Oberfläche behaart. z. T. gezont. Hyphen mit Schnallen. Sp 3,5–4,7 × 1,8–2,7 µm. LaH, NaH
Ockerrötlicher Resupinatstacheling – *S. ochraceum* (PERS. : FR.) GRAY

1* Frk effus-reflex (und dann Hyphen ohne Schnallen o d e r Sp bis 6,5 µm lang) oder resupinat **2**

2 Stacheln bis 3,5 mm lang. Frk lachsrot bis ockerbraun [Falls Frk weiß bis gelbl-ocker und Stacheln 1–1,5 mm lang: ►], mit gewimpertem weißen Rand. Sp überwiegend länger als 4,5 µm, (4–)4,5–6,5 × 2–3 µm. LaH
Lachsroter Resupinatstacheling – *S. laeticolor* (BERK. & M. A. CURTIS) BANKER

2* Stacheln bis 0,5 mm lang. Frk gelbl, rosa-grau, ockerbräunl mit gewimpertem Rand. Sp überwiegend unter 4,5 µm lang, 3,3–4 × 2,5–3 µm. LaH, NaH
Gefranster Rindenstacheling – *S. fimbriatum* (PERS. : FR.) J. ERIKSS.

Stegocintractia M. PIEPENBR., BEGEROW & OBERRW. – BrandP (Bas, Ustilaginomycetes, Ustilaginales, Anthracoideaceae)
Phytoparasitischer Befall auf Juncaceae (*Juncus* und *Luzula*). Sori in Blüten und Früchten, schwarz. (Falls jung weiß siehe *Bauerago*; falls Sori in Blättern siehe *Urocystis*)
T: *S. luzulae* (SACC.) M. PIPENBR., BEGEROW & OBERW.

Juncus: *J. biglumis*: *S. lidii, J. capitatus*: *S. capitata*. – ***Luzula***: div, Arten: *S. luzulae*, auf *L. alpinopilosa*: *S. spadicea*

Stemonaria NANN. – BREM., Y. YAMAM. & R. SHARMA – SchleimP (Myxogastria, Stemonitida, Stemonitidae)
Frk zylindrisch, gestielt. S hornartig, hohl, bisw mit undeutlichen, vertikalen Streifen. Columella vorhanden, nahezu bis zum Scheitel des Frk reichend. Capillitium netzartig zw Columella und der Peripherie des Frk, gänzl mit Schleifen oder außen auch mit freien

Enden, jedenfalls peripher kein Netz bildend (im Unterschied zu *Stemonitis*). Sp kugelig, z. B. 8–11 µm. Etwa 4 Arten. Totholz, Zweige. – **Lit**: **17**: 310, **20**: 257
T: *S. fuscoides* NANN.-BREM. & Y. YAMAM; bei uns *S. longa* (PECK) NANN.-BREM.: Nan 311, Neub 3.262–263

Stemonitis ROTH. – SchleimP (Myxogastria, Stemonitida, Stemonitidae)
Frk beim T 6–20 mm hoch, zylindrisch, gestielt, in Gruppen oder Büscheln. S hohl, im durchscheinenden Licht rotbraun, hornartig, sich als Columella in das Frk-Innere bis zu dessen Mitte oder auch Spitze fortsetzend. Peridie flüchtig und daher bestimmt die Sp-Masse die Farbe des Frk. Capillitium-Fasern oder -Röhren mit der Columella verbunden und ein 3-dimensionales Netz zw Columella und der Peripherie des Frk bildend und in ein 2-dimensionales Netz an der Peripherie übergehend. Sp in Masse dunkelbraun, schwarz, lila- oder rostfarben, kugelig, beim T mit feinem Maschennetz, (7,5–)8–9 µm. Über 10 Arten. Totholz, Rinde, Borke, faulende Krautreste, auch tote Blätter, Moose, Stroh. – **Lit**: **17**: 315, **20**: 267
T. *S. fusca* ROTH.: Nan 318, Neub 3.277–279

1 Sp netzig ornamentiert **2**
1* Sp mit zerstreut stehenden Dornen oder Warzen oder auch nahezu glatt **3**
2 Frk 6–20 mm hoch *S. fusca* ROTH
2* Frk 2–6(–8) mm hoch ▸
3 Sp 5–7,5 µm, mit sehr feinen unscheinbaren Warzen. Frk frisch rostfarben oder blass rotbraun, später dunkler, in nach außen sich neigenden Büscheln [Falls Frk zimtfarben und in aufrechten Büscheln; Sp 4–6 µm: *S. smithii* MACBR.] *S. axifera* (BULL.) MACBR.
3* Sp größer, mit feinen Stacheln oder Warzen **4**
4 Sp 7–9 µm, feinwarzig. Capillitium ein Oberflächennetz mit engen Maschen (weniger als 20 µm im Durchm) bildend, die an der Peripherie kleine Dornen tragen [Falls dort ohne Dornen: ▸] *S. flavogenita* E. JAHN
4* Entweder Sp größer, 10,5–12,5 µm, o d e r Capillitium ein Oberflächennetz bildend mit weiten Maschen (18–100 µm) ▸

Stemonitopsis (NANN.-BREM.) NANN.-BREM. – SchleimP (Myxogastria, Stemonitida, Stemonitidae)
Frk zylindrisch, gestielt. S gewöhnlich kürzer als der sporenbildende obere Teil, gegen die Basis in netzfö geschlossene Fasern mündend, oben hornartig glänzend oder auch matt (opak) oder bisw mit parallelen Fasern. Peridie meist flüchtig, selten beständig. Columella als Fortsetzung des S bis in die Scheitelregion des Frk reichend. Capillitium mit der Columella über ihre gesamte Länge verbunden, aus fadenartigen Röhren bestehend, die innen im Frk ein 3-dimmensionales Netz bilden und außen ein nicht geschlossenes oder auch unterteiltes Netz bilden. Sp kugelig, beim T 5–7 µm, mit feinem Netzornament, bei anderen Arten mit verstreuten Warzen. An die 10 Arten. Auf faulendem Totholz (NaH, LaH), auch auf toten Blättern. – **Lit**: **17**: 336, **20**: 298
T: *S. hyperopta* (MEYLAN) NANN.-BREM.: 339, Neub 3.305–306

1 Sp mit netzfö Ornament **2**
1* Sp mit zerstreuten Warzen oder Stacheln **3**
2 Frk auf Totholz (meist NaH), zylindrisch, lilabraun, dann braun [Falls Frk zunächst rostbraun, dann braun: *S. amoena* (NANN.-BREM.) NANN.-BREM.] Sp 5–6(–7) µm
S. hyperopta (MEYLAN) NANN.-BREM.
2* Frk auf toten Blättern, nach oben konisch. Sp 3–4,5 µm
S. microspora (A. LISTER) NANN.-BREM.
3 Frk mit silbrigem Glanz *S. typhina* (WIGGERS) NANN.-BREM.
3* Frk ohne silbrigen Glanz ▸

Stemphylium WALLR. – SchimP (Asc, Dothideomycetes, Pleosporales, Pleosporaceae, Anamorphe)
Hyphen septiert, Konidien mehrzellig, mauerfö septiert, an den Enden nicht abgeflacht, Konidienträger nach Abtrennung einer Konidie jeweils an der Spitze weiterwachsend. Auf Pflanzen. Teleomorhe: *Pleospora.* – **Lit**: **21**: 92, 153
T: *S. botryosum* WALLR.

Stephanoma WALLR. – SchimP (Asc, Sordariomycetes, Hypocreales, Hypocreaceae, Anamorphe)
Hyphen septiert. Aleuriokonidien, mit 4 oder mehreren, dünnwandigen Anhangszellen. Auf anderen Pilzen (*Geoglossum, Humaria, Trichoglossum*). Teleomorphe: *Hypomyces.* – Anm: Siehe auch unter *Papulaspora* (mit z. T. ähnl Merkm)
T: *S. strigosum* WALLR.

Stephanospora PAT., Möhrentrüffel – Hyp (Bas, Agaricomycetes, Agaricales, Stephanosporaceae)
Frk kugelig bis unregelmäßig knollig, 1–5 cm. S und Columella fehlend, Frk geschlossen bleibend. Peridie orange bis ocker, hinfällig. Innen (Gleba) orange bis weinrot, mit kleinen, unregelmäßigen bis labyrinthischen Kammern. Geruch obstartig bis Jodoform-ähnl. Hyphen ohne Schnallen. Sp gelbl, ellipsoid, mit großen 1,5–5,5 µm langen Stacheln und einem kragenfö Gebilde um den Apikulus (an der Sp-Basis), 9–16 × 7–12 µm. Auwälder unter LaB und NaB. – **Lit**: **12**: 533
1 Art = T: *S. caroticolor* (BERK.) PAT. – **Möhrentrüffel**: BK 2.491, Kr 2.190, Lx 621, MJ 7Steph1, MS 624

Stephensia TUL. & C. TUL., Seidentrüffel – Hyp (Asc, Pezizomycetes, Pezizales, inc. sed.)
Frk knollenfö, (unregelmäßig) rundl, 0,5–2 cm. Geruch camembertartig, Außen (Peridie) samtig-haarig, rosa-bräunl, pseudoparenchymatisch. Innen (Gleba) weißl oder gelbl, zieml fest, bei voller Reife mit einer oder mehreren, zentralen, labyrinthischen Kammern. Mit gefalteten, mäanderfö sterilen Adern, die an der Frk-Oberfläche enden. Asci zylindrisch oder keulenfö, mit gerundeten Enden, zwischen fädigen Elementen (Paraphysen). Sp im Ascus meist in einer Reihe zu je 8, ellipsoid bis kugelig (T), glatt, hyalin, beim T 21–28 µm im Durchm. 6 Arten, davon nur 1 Art, der T, häufiger. Terricol. – **Lit**: **5**: 81, **10**: 90, 119
T: *S. bombycina* (VITTAD.) TULASN. – **Gelbe Seidentrüffel**: De 13C, MS 190

Stereopsis REID – SchichtP (Bas, Agaricomycetes, inc. sed.)
Frk spatelfö, fächerfö, bis 3 cm hoch, einzeln oder zu mehreren verwachsen. Oberseits frisch gelb, dann creme-ocker. Rand bisw tief eingeschnitten. Unterseits (Hymenium) glatt bis meruloid, gelb bis gelbocker, dann ocker. S meist deutl, aber kurz. Monomitisch. Hyphen hyalin, ohne Schnallen. Zystiden fehlend. Sp hyalin, dünnwandig, glatt, inamyloid, 3–4 × 2–2,8 µm. Auf Erde oder auch auf Holz. – **Lit**: **9**: 193, **12**: 210
1 Art = T: *S. vitellina* (PLOWR.) D.A. REID

Stereum PERS., Schichtpilz – SchichtP (Bas, Agaricomycetes, Russulales, Stereaceae)
Frk resupinat, effus-reflex, auch mit deutl H-Kanten, meist sitzend oder seltener auch kurz gestielt, lederig bis holzig. Hymenium glatt bis etwas warzig. Dimitisch mit Skeletthyphen und mit hyalinen, schnallenlosen generativen Hyphen. Sp hyalin, dünnwandig, glatt, amyloid. 7–8 Arten. Lignicol. Weißfäule. – Syn: *S. ochraceo-flavum* = *S. rameale*, *S. purpureum* = *Chondrostereum p.* – **Lit**: **9**: 189, **12**: 206
T: *S. hirsutum* (WILLD. : FR.) GRAY – Striegeliger Schichtpilz: Ge 417, Gh 681, HK 2.110, Ja 66, Lx 501, MJ 5Ster3,4, Ph 237

1 Frk-Unterseite (Hymenium) angefeuchtet und gerieben rötend. NaH oder LaH **2**
1* Frk-Unterseite (Hymenium) angefeuchtet und gerieben nicht rötend. LaH **3**
2 Auf NaH. Frk effus-reflex, H-Kanten bis 1,5 cm abstehend, oberseits filzig bis striegelig behaart, zimtocker bis graubraun. Unterseits (Hymenium) glatt bis etwas warzig, hellbraun bis braun, oft mit grauviolettem Schimmer. Sp 8–14 × 2,5–3,5(–5) µm
Nadelholz-Schichtpilz – *S. sanguinolentum* (ALB. & SCHWEIN. : FR.) FR.
2* Auf LaH (selten auch auf NaH ?). Frk resupinat [Falls mit deutl abstehender, 1–2 cm breiter H-Kante und bräunlichem Hymenium: *S. gausapatum* (FR. : FR.) FR. – Falls Hymenium gelbl: siehe **3**: *S. hirsutum*, rötende Form]. Sp 7–12 × 3–4,5 µm
Runzeliger Schichtpilz – *S. rugosum* (PERS. : FR.) FR.
3 H-Oberfläche striegelig bis zottig behaart. H-Kanten bis 3 cm abstehend unterseits (Hymenium) glatt, gelbl bis orangegelb, alt ockergrau, nur selten rötend. Sp 5–8 × 2–3,5 µm. [Falls H-Kanten bis 0,5 cm abstehend und Hymenium hellgrau bis graugelbl. Dünne Zweige von LaB: *S. rameale* (PERS.) BURT.]. LaH
Striegeliger Schichtpilz – *S. hirsutum* (WILLD. : FR.) GRAY
3* H-Oberfläche gleichmäßig kurz behaart bis samtig. Frk bis 5–6 cm vom Substrat abstehend ▸

Stilbella LINDAU – SchimP (Asc, Sordariomycetes, Hypocreales; Bionectriaceae, Anamorphe)
Auf Frk oder Aethalien (Sammel-Frk) von Schleimpilzen (u. a. auf *Stemonitis*)
T: *S. erythrocephala* (DITMAR) LINDAU

Stilbum TODE – KoP (Bas, Agaricostilbomycetes, Agaricostilbales, Chionosphaeraceae)
Frk 1–2 mm hoch, mit abgeplattet kugeligem Kopfteil und sterilem S, erst weiß, dann gelbl. Basidien 2-zellig. Sp hyalin, ellipsoid, glatt, dünnwandig, 8 × 5–6 µm. Lignicol, auf morschem Holz. – **Lit**: **9**: 80, **12**: 400
1 Art = T: *Stilbum vulgare* TODE ex MÉRAT

Strobilomyces BERK., Strubbelkopf-Röhrling – RöP (Bas, Agaricomycetes, Boletales, Boletaceae)
Frk groß, fleischig, mit schwarzem, schuppigem H. Röhren schwärzl-grau. F auf Druck an der Luft erst ziegelrötl., dann schwärzl verfärbend, nicht blauend. Schnallen fehlen an den Hyphensepten. Spp schwärzl. Sp kugelig, netzig-gratig, 10–13 × 9–11 µm. EktM, meist LaB, auch NaB. – **Lit**: **7**: 104, **11**: 59, **14**: 173
1 Art = T: *S. strobilaceus* (SCOP. : FR.) BERK. – **Strubbelkopf-Röhrling**: CD 1621, Dh 17, HK 1.164, KM 396, Kr 2.293

Strobilurus SINGER, Nagelschwamm – BläP (Bas, Agaricomycetes, Agaricales, Physalacriaceae)
Frk klein bis mittelgroß, auf von Erde überschichteten Koniferenzapfen (Fichte, Kiefer). H ockerbräunl, ockerl-grau. L weißl, abgerundet angeheftet. S partiell lebhaft ockergelb, knorpelig. HDS hymeniform mit Dermatozystiden. Wie die Hymenialzystiden mit spitzem oder gerundetem Ende und dort mit Kristallen (nicht mehr am Exs sichtbar). Spp weiß. Sp nicht amyloid. 3 Arten. Lignicol. Meist im Frühjahr fruchtend. – **Lit**: **7**: 431, **11**: 164, **14**: 261
T: Nordamerikanisch (auf Fruchtständen von Magnolien); bei uns z. B. *S. esculentus* (WULFEN : FR.) SINGER – Fichtenzapfen-Nagelschwamm: BK 3.405, Dh 339, Gh 183, Kr 3.517, Lg 44F, Lu 1.83.2, MJ 3Strob1

1 Auf Fichtenzapfen. H feucht dunkelbraun bis graubraun. Geschmack mild. Zystiden mit gerundetem Ende. Sp 5,5–7 × 3–4 µm
Fichtenzapfen-Nagelschwamm – *S. esculentus* (WULFEN : FR.) SINGER

1* Auf Kiefernzapfen (**Kiefernzapfen-Nagelschwämme**). H ockerbraun, graubraun, bis dunkelbraun. Geschmack mild, bitterl, bitter. Zystiden mit gerundetem oder spitzem Ende. **2**

2 Zystiden apikal spitz, mit oder ohne Kristalle. Sp 6–7,5 × 2,5–3,5 µm
Spitzer-Nagelschwamm – *S. tenacellus* (PERS. : FR.) SINGER

2* Zystiden apikal stumpf keulenfö bis spindelig, meist mit amorpher Inkrustation. Sp 6–9 × 3–4 µm
Stumpfer Nagelschwamm – *S. stephanocystis* (KÜHNER & ROMAGN. ex HORA) SINGER

Stromatinia BOUD. – inop. Disc (Asc, Leotiomycetes, Helotiales, Sclerotiniaceae)
Frk bildet sich auf zersetzten, geschwärzten, stromatisierten Wurzelstöcken von Salomonssiegel (*Polygonatum*). Frk scheibenfö bis flach, 5–20 mm breit, mittel- bis dunkelbraun, gestielt, S 10–60 × 1–3 mm. Asc-Sp hyalin, ellipsoid bis annähernd spindelig, mit 2 Tröpfchen, einzellig, 11–16,5 × 5–8 µm. – **Lit**: **5**: 101, **10**: 176
1 Art = T: *S. rapulum* (BULL. : FR.) BOUD.

Stropharia (FR.) QUÉL., Träuschling – BläP (Bas, Agaricomycetes, Agaricales, Strophariaceae)
Frk klein bis mittelgroß. S mit Ring oder Ringzone. H oft schleimig, bei einigen häufigen Arten (darunter auch T) grün bis grünl-blau. Spp violett-braun, violett-grau. violett-schwarz.

Cheilozystiden dicht angeordnet und häufig in KOH mit gelbl Inhalt (Chrysozystiden). Sp glatt. mit Keimporus. Über 10 Arten. Humicol, coprophil, lignicol. Anm: Von *Pholiota* durch Farbe des Spp getrennt: mit violettl. Ton, nicht braun. *Psilocybe* besitzt generell keine Chrysozystiden und hat stets unberingten, nicht schleimigen S. *Hypholoma ist durch abweichende* HDS getrennt. *Hemistropharia* und *Leratiomyces* sind durch fehlende Chrysozystiden, trockenen (nicht schleimigen) und/oder orangefarbenen H getrennt (siehe auch folgenden Schlüssel). *S. luteonitens*, *S. semiglobata* jetzt auch unter *Protostropharia*. – Syn: *S. aurantiaca* = *Leratiomyces ceres*, *S. albocrenulata* = *Hemistropharia a.* – **Lit**: **8**: 443, **11**: 326, **14**: 851

T: *S. aeruginosa* (CURTIS : FR.) QUÉL. – Grünspan-Träuschling: BK 4.453, CD 1267, Gh 327, HK 1.42, Ja 193, Lu 1.84.5, MJ 3Stroph5

1 Frk (zumindest jung der H) blaugrün. H schleimig-schmierig, S trocken **2**

1* Frk (H etc.) nicht blaugrün **4**

2 H eher klein, 2–3(–4) cm, gegen H-Rand weißl, gegen H-Mitte hell blaul oder blaugrünl **Weißblauer Träuschling** – *S. pseudocyanea* (DESM. : FR.) MORGAN

2* H größer. mehr als 5 cm, bis gegen den H-Rand lebhaft und dauerhaft blaugrün . . . **3**

3 S mit häutigem, dauerhaftem Ring. Cheilozystiden keulenfö. H jung und feucht satt (blau-)grün, alt gelbl. Schüppchen auf H-Oberfläche deutl, im Schleim schwimmend **Grünspan-Träuschling** – *S. aeruginosa* (CURTIS : FR.) QUÉL.

3* S mit faserigem, flüchtigen Ring. Cheilozystiden und Chrysozystiden breit spindelig (mit aufgesetzter Spitze oder Fortsatz). H jung und feucht satt grünblau, alt gelbl bis hell ockerbraun, Schüppchen auf H-Oberfläche unauffällig. **Grünblauer Träuschling** – *S. caerulea* KREISEL

4 S und H im feuchten Zustand schleimig **5**

4* S trocken. H schleimig oder trocken **6**

5 Sp 7–9(–10) × 4,5–6 µm. H konisch, dann konvex-ausgebreitet mit Buckel, graubraun, dann lilaviolett bis hellpurpurn, alt gelbl bis graugelb. H-Rand ohne Velumreste. Chrysozystiden vorhanden. Ring flüchtig. Gedüngtes Grasland **Purpurgrauer Träuschling** – *S. inuncta* (FR. : FR.) QUÉL.

5* Sp 14–20 × 9–11 µm, mit zentralem Keimporus [Falls Keimporus exzentrisch: *S. dorsipora*]. H konvex, gelbl bis ocker, 0,5–2,5(–3,5) cm. Ring jung deutl (alt schwindend und oft nur als Ringzone). Basidien 4-sporig. Chrysozystiden vorhanden. [Falls Basidien 2-sporig und Chrysozystiden fehlend: *S. luteonitens* (VAHL. : FR.) QUÉL.]. Auf Mist im Grasland **Halbkugeliger Träuschling** – *S. semiglobata* (BATSCH : FR.) QUÉL.

6 Chrysozystiden fehlend. HDS feucht klebrig [Falls L-Schneide weißflockig, jung mit Tropfen. L jung hellgrau bis hellviolettl: siehe *Hemistropharia*, falls H orangegelb, orangebraun, rotbraun, gelbl, ocker, gelbbraun: siehe auch *Leratiomyces*] ▸

6* Chrysozystiden vorhanden **7**

7 Sp kleiner als 10 µm. L entschieden lila (falls nicht so: ▸). H trocken, konvex bis ausgebreitet, glatt, 2–5(–6) cm, gelbl bis ockergelb. S mit häutigem, oberseits gerieftem Ring. Sp 7,5–9 × 4,5–5,5 µm. Humicol, gedüngte Plätze **Körnchen-Träuschling** – *S. coronilla* (BULL. : FR.) QUÉL.

7* Sp länger als 10 µm **8**

8 H weißl bis gelbl, 3–7 cm. Sp 10–12,5 × 6–8,5 µm
Schwarzblättriger Träuschling – *S. melasperma* (BULL. ex PERS. : FR.) GILLET

8* H bräunl, ockerbraun, 5–17 cm [Falls H satt rotbraun: siehe *Leratiomyces ceres*] ▸

Stropholoma siehe *Leratiomyces*

Stypella MÖLLER, Zystidenkörnling – GaP/StaP (Bas, Agaricomycetes, Auriculariales, Hyaloriaceae)
Frk weißl, ein dünnes, wachsartiges Subiculum und darüber isoliert stehende, später basal miteinander verbundene, bis 0,2(–0,5) mm hohe Körnchen oder Stacheln; diese unter der Lupe glitzernd. Monomitisch. Hyphen hyalin, mit Schnallen. Mit Gloeozystiden. Basidien hyalin, breit ellipsoid bis kugelig, längsseptiert. Sp hyalin, dünnwandig, glatt, inamyloid, ellipsoid, 4–6 × 3–4,5 µm. Etwa 6 Arten. Lignicol, NaH. – Anm: Die Gattungsbeschreibung basiert hier ausschließl auf den Merkm des T. Neuerdings werden in der Gattung auch Arten mit längsseptierten Basidien geführt, die früher in *Myxarium* bzw. *Exidia* oder in *Protodontia* eingeschlossen wurden (siehe folgenden Schlüssel). – Syn: S. *papillata* = *S. vermiformis*. – **Lit**: **9**: 110, **12**: 423
T: *S. vermiformis* (BERK. & BROOME) D.A. REID – Stacheliger Zystidenkörnling: BK 2.16

1 Frk ohne winzige Stacheln oder Warzen. Basidien mit langem S, dieser durch Querwand mit Schnalle von der Basidie getrennt.
Stypella pr. p. (=*Myxarium*, = *Exidia* pr. p.)

1* Frk und Basidien anders. Winzige Stacheln vorhanden, 0,2(–0,5) mm **2**

2 Stacheln unter der Lupe glitzernd. Mit Gloeozystiden in der Stachelachse
Stacheliger Zystidenkörnling – *Stypella vermiformis* (BERK. & BROOME) D.A. REID

2* Achse der Stacheln aus regulären Hyphen, nicht aus Gloeozystiden bestehend. Basidien gestielt, aber ohne Schnalle am Basidiengrund (vgl. *Myxarium* mit Schnalle am Basidiengrund). *Stypella* (=*Protodontia*) *subgelatinosa* (P. KARST.) R. ROBERTS

Subulicium HJORTS. & RYVARDEN, Pfriemzystidenrinde – RiP (Bas, Agaricomycetes, Hymenochaetales, Fam ?)
Frk resupinat, membranös, dünn, glatt, weißl bis creme. Monomitisch. Hyphen hyalin, dünn- bis etwas dickwandig, × 3–4 µm, ohne Schnallen, glatt. Zystiden seitl an Hyphen entspringend, meist glatt, etwas dickwandig [Falls Zystiden terminal an Hyphen entspringend und etwas inkrustiert: *S. rallum*]. Sp hyalin, dünnwandig, glatt, inamyloid, fast kugelig bis breit ellipsoid, 6–8 × 4,5–7 µm (bei *S. rallum* kugelig, 5–6 µm). 2 Arten. Lignicol, LaH. NaH. – **Lit**: **9**: 135, **12**: 218
T: *S. lautum* (H.S. JACKS.) HJORTS. & RYVARDEN – **Wollige Pfriemzystidenrinde**: vgl. hierzu *S. rallum* (H.S. JACKS.) JÜLICH & STALPERS: BK 2.205

Subulicystidium PARMASTO, Pfriemzystidenpilz – RiP (Bas, Agaricomycetes, Trechisporales, Hydnodontaceae)
Frk resupinat, membranös, dünn, ablösbar, glatt, weißl, hellgrau bis hellgrau-bräunl. Monomitisch, Hyphen hyalin bis gelbl, dünn- bis etwas dickwandig, mit Schnallen. Zystiden hya-

lin, pfriemfö (subulat), etwas dickwandig, mit zwei Reihen flacher, bandartiger Strukturen. Sp hyalin, lang und schmal zylindrisch, dünnwandig, glatt, inamyloid, 10–16 × 1,5–3 µm. Lignicol, LaH. – **Lit**: **9**: 135, **12**: 219
1 Art = T: *S. longisporum* (PAT.) PARMASTO – **Langsporiger Pfriemzystidenpilz**: BK 2.206, Ct 2834

Suillellus siehe *Boletus* pr.p.(*luridus* etc.)

Suillosporium POUZAR, Spindelsporrinde – RiP (Bas, Agaricomycetes, Cantharellales, Botryobasidiaceae)
Frk resupinat, oberseits glatt und flockig-samtig (hypochnoid), weißl bis hell gelbl. Monomitisch. Hyphen hyalin, breit, × 4,5–10,5 µm, mit kurzen Gliedern und kleinen Schnallen. Mit Septozystiden, diese mit kleinen Schnallen an den 2–6 Querwänden. Sp hyalin, dünnwandig, glatt, inamyloid, spindelfö, (8–)11–13(–16) × 4–5 µm. Lignicol, NaH. – **Lit**: **9**: 121, **12**: 231
1 Art = T: *S. cystidiatum* (P.D. ROGERS) POUZAR – **Zystiden-Spindelsporrinde**

Suillus ADANS., Schmierröhrling – RöP (Bas, Agaricomycetes, Boletales, Suillaceae)
Frk mittelgroß bis groß H-Oberfläche schmierig oder filzig-schollig und dann weitgehend trocken. S oben oft mit Drüsenpunkten, mit oder auch ohne Ring. F weich, an der Luft blauend, oder nicht blauend. Mit Röhren. Zystiden in KOH braun. Schnallen an Hyphensepten fehlend oder sehr selten. 15 Arten. EktM mit NaB (*Pinus, Larix, Pseudotsuga*). – **Lit**: **7**: 104, **11**: 62, **14**: 154
T: *S. luteus* (L. : FR.) ROUSSEL – Butterpilz: BK 3.47, Dh 29, HK 1.145, Kr 2.297, Ph 214

1 S mit Ring (an jungen Exemplaren), dieser oft flüchtig, flockig-wollig oder schleimig **2**
1* S ohne Ring **8**
Stiel mit Ring (2–7)
2 S oberhalb des Ringes oder der Ringzone mit Drüsenpunkten. An Kiefer (*Pinus*) gebunden **3**
2* S ohne Drüsenpunkte. An Lärche (*Larix*) oder Strobe (*Pinus strobus*) gebunden . . . **4**
– Stiel mit Ring und mit Drüsenpunkten (3)
3 Poren weniger als 1 mm breit. H bis 15 cm, dunkelbraun, schokoladenbraun, seltener gelbbraun, konvex bis plankonvex. Ring häutig, zunächst weißl, dann unterseits violettl. Sp 7–11 × 2,5–3,5 µm. An 2-nadelige Kiefer (z. B. *Pinus sylvestris*) gebunden **Butterpilz** – *S. luteus* (L. : FR.) ROUSSEL
3* Poren reif weiter als 1 mm. H bis 11 cm, H jung kegelig und lange so bleibend, gelb, ocker, graugelbl. An 2-nadelige Kiefer (z. B. *Pinus sylvestris*) gebunden, in Mooren und an feuchten Stellen [Falls an Zirbe (*Pinus cembra*) im Gebirge gebunden: *S. sibiricus* (SINGER) SINGER] **Moor-Schmierröhrling** – *S. flavidus* (FR. : FR.) C. PRESL
– Stiel mit Ring, ohne Drüsenpunkte (4–7)
4 Unter Lärche. H-Oberfläche schleimig [Falls H nicht schleimig, rotbraun bis goldgelb und schuppig. S hohl: *Boletinus cavipes* (OPAT.) KALCHBR] **5**

4* Unter Weymouth-Kiefer, Strobe (*Pinus strobus*). H-Oberfläche trocken, anfangs wollig-filzig, später schuppig, weinrot bis weinrot-bräunl. Röhren herablaufend. Sp 8,5–10,5 × 3,5–4,5 µm [Falls mit Douglasie (*Pseudotsuga*): *S.lakei* (MURRILL) A.H. SMITH & THIERS]

Geschmückter Schmierröhrling – *S. spraguei* (BERK. & M. A. CURTIS) KUNTZE

5 Poren eng, überwiegend weniger als 1 mm, gelb. H zitronengelb bis goldbraun. S gelb bis gelbbraun. F zitronengelb. Sp 8–11(–14) × 3–5 µm

Goldgelber-Lärchenröhrling – *S. grevillei* (KLOTZSCH) SINGER

5* Poren weit, überwiegend 1 mm und mehr **6**

6 Poren grau, später auch mit bräunl Mischtönen. H und S hell grau, schmutzig grau-oliv, grau-ockerl, mit grünl-grauen Mischtönen. F weißl, gegen S-Basis auch schmutzig grünl- oder gelbl-grau bis zitronengelbl und dann bisw grünblau verfärbend. Sp (8–)10,5–13,5(–15) × 3,5–6,2 µm **Grauer Lärchenröhrling** – *S. viscidus* (L.) ROUSSEL

6* Poren graugelb, gelb oder orange **7**

7 Poren gelb oder graugelb, bisw gegen den H-Rand grau. F weißl oder hell gelbl (Varietäten von **6**) ▸

7* Poren lebhaft und tief orange bis rostorange. H und S orange-zimtbräunl, eingewachsen faserig. F rötl-gelb. Sp 9–13(–18) × 4–6(–7) µm

Rostroter Lärchenröhrling – *S. tridentinus* (BRES.) SINGER

Stiel ohne Ring (8–12)

8 S ohne Drüsenpunkte. H filzig oder kahl. Unter 2-nadeliger Kiefer. **9**

8* S mit Drüsenpunkten. H schleimig-schmierig **10**

– Stiel ohne Ring und ohne Drüsenpunkte (9)

9 H filzig-matt, erst einheitl filzig, dann in Filzschüppchen aufbrechend, trocken oder bei Nässe etwas schmierig, so auch nach Reiben mit feuchter Fingerspitze, gelbbraun bis orangeocker. Poren eng, etwa 6 auf 5 mm. F blass weißl oder gelb, schwach blauend. Sp 7,5–12 × 3–4 µm **Sandröhrling** – *S. variegatus* (SW. : FR.) RICHON & ROZE

9* H kahl, glatt, nicht filzig-schuppig, glänzend. kuh-, leder-, orangebraun. Poren weit, unregelmäßig, radial gestreckt. Röhren recht kurz, 0,4–1 cm. F weißl, gelbl oder bräunl, bisw etwas rötend. Sp 7–11 × 3–5 µm **Kuhröhrling** – *S. bovinus* (L. : FR.) ROUSSEL

– Stiel ohne Ring, mit Drüsenpunkten (10–12)

10 Unter 2-nadeligen Kiefern (*Pinus sylvestris* etc.) **11**

10* Unter 5-nadeligen Kiefern (*Pinus strobus, P. cembra*) **12**

11 S-Basis weißl oder gelbl. H gelb- bis ockerbraun oder goldbraun, H-Oberfläche nicht oder wenig eingewachsen faserig, gelb-bis ockerbraun, goldbraun, alt (gelb) verblassend, ohne Grauton. S so lang wie H-Durchm oder länger, gelbl-weiß mit weißl Körnchen, die später vom Spp braun bestäubt sind. Sp 8–11 × 3–4,5 µm

Körnchenröhrling – *S. granulatus* (L. : FR.) ROUSSEL

11* S-Basis vom Mycelfilz rosa überhaucht, zusätzl bisw auch mit kurzem rosa Mycelanhängsel. H-Oberfläche eingewachsen faserig, graubraun mit Olivton, auch rehbraun, schokoladenbraun. S meist kürzer oder wenig länger als H-Radius, auf gelbem Grunde (zart bis deutl) violettbraun punktiert. Sp 7,5–10 × 2,5–4,5 µm

Ringloser Butterpilz – *S. collinitus* (FR.) KUNTZE

12 H und S weiß, S mit blassen, bald rötl-grauen, roten, rotbraunen bis braunen Körnchen besetzt, abwärts gelbl. Meist mit *P. strobus*, seltener mit *P. cembra*. Sp 7–10,5 × 2,5–3,5 µm **Elfenbeinröhrling** – *S. placidus* (BONORD.) SINGER

12* H und S ocker bis braun. S mit anfangs weißl bis cremefarbenen, später braunen, schwarzvioletten oder schwarzen Körnchen besetzt. Mycel an S-Basis flaumig, rosa. Mit *P. cembra*. Sp 8,5–11,7 × 3–4,5 µm **Zirbenröhrling** – *S. plorans* (ROLLAND) KUNTZE

Symphytocarpus B. ING. & NANN-BREM. – SchleimP (Myxogastria, Stemonitida, Stemonitidae)
Frk zusammengesetzt aus annähernd sitzenden Einzel-Frk (= Pseudoaetalien). Einzel-Frk zylindrisch, meist mit Columella, diese hohl bis abgeflacht, hornartig. Peridie schwindend, dabei einige plattenartige Fragmente zurücklassend, die frei oder mit Capillitiumfasern verbunden sein können. Capillitium gewöhnl dunkel, verzweigt bis vernetzt, stellenweise mit membranartigen oder knolligen Erweiterungen. Sp in Masse dunkel und so auch den Frk erscheinen lassend, (annähernd) kugelig, z. B. 7–9(–10) µm, mit isolierten feinen Warzen (so beim T) oder mit netzartigem Ornament. Etwa 5 Arten. Auf Totholz, bisw auch auf benachbarte Grashalme und Blätter übergreifend. – **Lit**: **17**: 303, **20**: 317
T: *S. flaccidus* (A. LISTER) B. ING. & NANN-BREM.: Nan 304, Neub 3.323–324

Sympodiophora (T: *S. stereicola* = *Cladobotryum stereicola* G.R.W. Arnold) siehe *Cladobotryum*

Synchytrium DE BARY & WORONIN – G (Chytridiomycetes, Synchytriales, Synchytriaceae)
Phytoparasitischer, kleine Gallen bildender Befall. Gallen klein-warzenfö auf Bl-Unterseite oder an bodennahen Sprossteilen, weniger als 1 mm messend. Bei starkem Befall krustenartig oder kristallartig zusammenfließend. – Anm: Unter Umständen mit Stadien (0) von *Puccinia* verwechselbar, wenn auf *Cirsium arvense*. – **Lit**: **3:** 900, **13**: z. B. 76, 96, 293, 790 etc.
T: *S. taraxaci* DE BARY & WORONIN: JK 412, KS 912: 49 f. – Weitere Abbildungen: JK 37, 67, 273.

Ajuga, Angelica, Hypericum, Leucanthemum, Lotus, Lysimachia, Medicago, Myosotis, Potentilla, Prunus, Rubus, Salix, Sanguisorba, Senecio, Trifolium, Valeriana, Viola: *S. aureum* s. str.

Achillea, Aegopodium, Agrimonia, Ammi, Arctium, Asperula, Atriplex, Bellidiastum, Bellis, Betula, Bidens, Caltha, Cardamine, Carum, Cerastium, Chenopodium, Cirsium, Clinopodium, Cornus, Daucus, Epilobium, Erigeron, Euphrasia, Filipendula, Frangula, Galeopsis, Genista, Geum, Glechoma, Hedera, Helianthemum, Heracleum, Hippocrepis, Humulus, Hydrocotyle, Lactuca, Leontodon, Linaria, Mentha, Moehringia, Odontites, Oenanthe, Oxalis, Parnassia, Pastinaca, Pedicularis, Petasites, Pimpinella, Plantago, Polygala, Polygonum, Populus, Primula, Prunella, Salvia, Sanguisorba, Scorzoneroides, Scutellaria, Selinum, Serratula, Silaum, Solanum, Solidago, Stachys, Thalictrum, Thymus, Tussilago, Ulmus, Urtica, Vicia, Willemetia: *S. aureum* s. l.

Achillea: *S. globosum*. – ***Cardamine***: *S. dentriticum*. – ***Centaurea***: *S. taraxaci*. – ***Cerastium***: *S. stellariae*. – ***Cirsium***: *S. globosum, S. sanguineum*. – ***Clinopodium***: *S. globosum*. – ***Crepis***: *S. taraxaci*. – ***Filipendula***: *S. ulmariae*. – ***Gallium***: *S. galii, S. globosum*. – ***Leucanthemum***: *S. vulgatum*. – ***Lotus***:

S. alpicola. – ***Myosotis***: *S. globosum, S. myosotides*. – ***Oenothera***: *S. fulgens, S. mercurialis*. – ***Potentilla***: *S. globosum, S. pilificum, S. potentillae*. – ***Salix***: *S. aurantiacum*. – ***Senecio***: *S. globosum*. – ***Solanum***: *S. endobioticum*. – ***Stellaria***: *S. stellariae*. – ***Taraxacum***: *S. taraxaci*. – ***Tulipa***: *S. laetum*. – ***Viola***: *S. globosum*

Syzygites EHRENB. – SchimP (Mucoromycetes, Mucorales, Mucoraceae)
Sporangienträger mehrfach dichotom verzweigt und mit Septen, übrige Hyphen weitgehend ohne Septen. Trägerhyphen unterhalb der Sporangien × 60 µm und breiter. Sporangien kugelig, mit zarter, kaum sichtbarer Wand. Columella weitgehend fehlend, allenfalls als kaum erhobene Fortsetzung des Sporangiumträgers deutbar. Sp kugelig, glatt, hell graubraun, 15–35 µm. Zygosp bisw vorhanden, schwarz, kugelig, glatt oder schwach warzig, 170–300 µm. Wirtspilze: *Amanita, Lactarius, Paxillus, Tricholoma, Tylopilus*
T: *S. megalocarpus* EHRENB.: abgebildet in HELFER 1991: 18: 2

Syzygospora GINNS, Rindenschwammparasit, Rüblingsgalle – SchichtP (Bas, Tremellomycetes, Filobasidiales, Filobasidiaceae)
Frk resupinat auf Frk von anderen Pilzen (SchichtP, BläP), frisch gallertig, trocken wachsartig bis weitgehend unsichtbar werdend. Monomitisch. Hyphen hyalin, mit oder ohne Schnallen, z. T. mit Zygokonidien. Zystiden fehlend. Sp hyalin, dünnwandig, glatt, inamyloid, 6–11 × 1,5–9 µm. 5 Arten. Mycoparasiten auf *Gymnopus*, *Leucogyrophana*, *Phanerochaete*; 2 Arten auf Flechten (*Cladonia, Physcia*). – Syn: *Christiansenia* (z. B. *C. tumefaciens*) jetzt hierher. – **Lit**: **9**: 84, **12**: 160 als *Christiansenia* pr.p.
T: *S. alba* G.W. MARTIN. Weitere Art: *C. tumefaciens* (GINNS & SUNHEDE) GINNS – Tumor-Rüblingsgalle: AKN 18C (S. 623)

1 Parasitisch auf RiP (z. B. auf *Phanerochaete*: *C. pallida*) ▸
1* Parasitisch auf BläP (auf *Gymnopus dryophilus*), den Wirt zu einer hirnfö Galle verformend **2**
2 Sp breit ellipsoid, 6–8(–9) × 3–4 µm. Hyphen mit Schnallen
Tumor-Rüblingsgalle – *S. tumefaciens* (GINNS & SUNHEDE)
2* Sp schmal ellipsoid-zylindrisch, 1,5–2,5 µm breit. Hyphen mit oder ohne Schnallen ▸

Flechten, Gattungen S

Saccomorpha siehe *Placynthiella*

Sagedia A. MASSAL. – Fle (Asc, Lecanoromycetes, Pertusariales, Megasporaceae)
Lager rissig, rissig-areoliert, bisw randl gelappt, mit sorediös aufbrechenden Isidien, diese dicht stehend und Lager dadurch wie kleinstrauchig, grau. Apothecien eingesenkt, Scheibe (braun-)schwarz. Sp 1-zellig, ellipsoid. Photobiont: Coccoide Grünalge. Silikatgestein. 3 Arten. – **Lit**: **24:** z. B. 154 unter *Aspicilia*, 760 unter *Porina*; **25:** 113, 188–189, 191 unter *Aspicilia*, **1026–1027**
T: ? *S. chlorotica* (ACH.) A. MASSAL. (= *Pseudosagedia chl.* S.d.: FleD 943); abgebildet *S. simoensis* (RÄSÄNEN) A. NORDIN & al. – **Stiftchen-Kragenflechte**: Wi 153, FleD 1027

Sagiolechia A. MASSAL. – Fle (Asc, Lecanoromycetes, Ostropales, Sagiolechiaceae)
Lager krustig, dünn, auch endolithisch im Substrat (Gestein), hellorange bis leicht violettstichig, trocken graugrünl, grauweiß. Apothecien schwarz, ohne Lagerrand, mit hellem bis schwarzem, gekerbtem Eigenrand und bisw rilliger Scheibe. Sp querseptiert, 4-zellig, ellipsoid bis spindelfö, farblos. Photobiont: *Trentepohlia*. Kalkgestein. – **Lit**: **24:** 88, 410 unter *Gyalecta*, **843**; **25:** 104, 505 unter *Gyalecta*, **1027–1028**
1 Art = T: *S. protuberans* (ACH.) A. MASSAL. – **Schwarze Grubenflechte**

Sarcogyne FLOT. – Fle (Asc, Lecanoromycetes, Acarosporales, Acarosporaceae)
Lager krustig, auch innerhalb von Gestein. Apothecien eingesenkt bis verengt aufsitzend, (rot-)schwarz, bisw bereift, mit schwindendem Eigenrand, ohne Lagerrand. Sp 1-zellig, schmal ellipsoid, farblos, zahlreich je Ascus. Photobiont: Coccoide Grünalge (z. B. *Myrmecia*). Gestein. 7 Arten. – **Lit**: **24:** 90, **844–846**; **25:** 107, **1028–1031**
T: *S. corrugata* FLOT.; abgebildet *S. clavus* (DC.) KREMP.: Wi 845, FleD 1029 – Keulen-Weichfruchtflechte

1 Auf Kalkgestein. Oberfläche des Hymeniums nicht kohlig. Apothecium rotbraun bis schwärzl. Sp 3–6 × 1,5–2 µm **Bereifte Weichfruchtflechte** – *S. regularis* KÖRB.
1* Auf Silikatgestein oder auch die anderen Merkm verschieden. **2**
2 Apothecien völlig schwarz, ihr R oft erhaben, gekerbt ▸
2* Apothecien dunkel rotbraun bis rotschwarz, feucht dunkelrot mit schwarzem erhabenem R., 1–3 mm. Auf Silikatgestein. Falls Apothecien unter 1 mm: ▸
Keulen-Weichfruchtflechte – *S. clavus* (DC.) KREMP.

„Sarcogyne"
1 Auf Kalkgestein **2**
1* Auf Silikatgestein. **3**
2 Oberfläche des Hymeniums nicht kohlig und ± eben ***Sarcogyne***
2* Oberfläche des Hymeniums kohlig-hart, uneben, rillig bis genabelt
Polysporina (*cyclocarpa, pusilla, urceolata*)
3 Apothecien auch feucht ganz schwarz, kohlig-hart
Polysporina (*simplex, subfuscescens*)
3* Apothecien feucht dunkelrot, sonst dunkel rotbraun, rotschwarz, kaum schwarz
Sarcogyne (*clavus, privigna*)

Sarcopyrenia NYl. – Fle (Asc, Eurotiomycetes, Verrucariales, Verrucariaceae)
Auf Flechten (lichenicol), kein eigenes Lager bildend. Perithecien auf absterbenden Lagerresten, schwarz, ± kugelig. Sp 1-zellig bis septiert, stäbchenfö, wurmfö, fädig, annähernd hantelfö. Photobiont: ?. (Kalk-, Silikat-)Gestein. 3 Arten. – **Lit**: **24:** 82, **846–847**; **25:** 94, **1031**
T: *S. gibba* (NYL.) NYL.

1 Sp mit keulig verbreiterten Enden *S. gibba* (NYL.) NYL.
1* Sp fädig mit gerundeten Enden ▸

Sarcosagium A. MASSAL. – Fle (Asc, Pezizomycotina inc. sed.)
Lager dünnkrustig, grau bis grünl. Apothecien rosa bis braunrot, mit wulstigem Eigenrand. Sp 1(–2)-zellig, klein, zylindrisch, je Ascus zahlreich. Photobiont: Coccoide Grünalge. Auf

Lehm oder Löss. 1 Art. – **Lit: 24:** 178 unter *Biatorella,* **847–848; 25:** 231 unter *Biatorella,* **1032**
T: *S. biatorellum* A. MASSAL.; abgebildet *S. campestre* (FR.) POETSCH & SCHIEDERM. – **Fleischfruchtflechte**: FleD 1032

Sarea FR. – (Asc, Lecanoromycetes, ? Trapeliales, ? Trapeliaceae)
Flechtenähnl Pilze. Apothecien gelbrot, rotbraun, schwarz. Sp kugelig, 1-zellig, zu vielen je Ascus. Auf Harz von NaB. 2 Arten. – **Lit: 24:** 179 unter *Biatorella,* **848; 25:** 231 unter *Biatorella,* **1032–1033**
T: *S. difformis* (FR.) FR.

Schadonia KÖRB. – Fle (Asc, Lecanoromycetes, Lecanorales, Ramalinaceae)
Lager krustig, schorfig, warzig, fein koralloid. Apothecien schwarz, verengt sitzend, erhaben berandet. Sp mauerfö. Photobiont: Coccoide Grünalge. Moose, Reste von Gefäßpflanzen. 1 Art. – **Lit: 25:** 714 unter *Lopadium,* **1033**
T: *Sch. alpina* KÖRB.

Schaereria TH. FR. – Fle (Asc, Lecanoromycetes, Sarrameanales, Schaereriaceae)
Lager krustig, areoliert bis schuppig-schollig, grau, braun. Apothecien eingesenkt bis aufsitzend, schwarz, ± mit Eigenrand. Sp 1-zellig, ellipsoid bis kugelig, Photobiont: *Trebouxia.* Silikatgestein. 2 Arten. – **Lit: 24:** 492, 510–512 unter *Lecidea,* **848–850; 25:** 645, 648–649, 651 unter *Lecidea,* **1033–1035**
T: *Sch. lugubris* (FR.) KÖRB.; abgebildet *Sch. fuscocinerea* (NYL.) CLAUZADE & CL. ROUX – **Braungraue Netzfleckflechte**: Wi 849, FleD 1034

Schismatomma FLOT. & KÖRB. ex A. MASSAL. – Fle (Asc, Arthoniomycetes, Arthoniales, Roccellaceae)
Lager krustig, bisw auch im Substrat, weißl. grau, braungrau, Apothecien rundl bis längl, schwärzl, meist bereift, mit schwindendem Lagerrand. Sp querseptiert, meist 4-zellig, spindelfö bis nadelfö. Photobiont: *Trentepohlia.* Rinde von LaB und NaB, Silikatgestein. 3 Arten. – **Lit: 24:** 84, 88, 95, 440 unter *Lecanactis,* **850–852; 25:** 98, 104, 115, 168 unter *Arthonia,* 547 unter *Lecanactis,* **1035–1037**
T: *Sch. pericleum* (ACH.) BRANTH & ROSTR. – **Tannen-Spaltaugenflechte**: FleD 1036

1 Auf Silikatgestein ▸
1* Auf Rinde **2**
2 Ohne Apothecien. Lager (hellbräunl-, rosa-, lila-)grau, mit bis zu 0,8 mm breiten, z. T. zusammenfließenden Soralen
Verfärbende Spaltaugenflechte – *Sch. decolorans* (TURNER & BORRER ex SM.) CLAUZ. & VĚZDA
2* Mit bis zu 0,8 mm breiten Apothecien, falls diese rundl bis kurz ellipsoid: *Sch. pericleum* (ACH.) BRANTH. & ROSTRUP ▸

„Schismatomma"
1 Auf Rinde und zugleich Lager fast immer steril, ohne Apothecien aber mit Soralen, hell (bräunl-, rosa-, lila-)grau ***Dendrographa*** (*decolorans*)

1* Auf Silikatgestein oder falls auf Rinde, dann Lager mit bis zu 0,8 mm messenden Apothecien ***Schismatomma***

Sclerographis siehe *Opegrapha*

Sclerophora CHEVALL. – Fle (Asc, Coniocybomycetes, Coniocybales, Coniocybaceae)
Lager krustig innerhalb des Substrats. Apothecien gestielt, mit kugeligem bis konischem bräunl Köpfchen, Stiel gelb, (blass-, rot-)braun. Sp 1-zellig, kugelig, fein warzig, hell. Photobiont: *Trentepohlia.* 2 Arten. – **Lit**: **24:** 278 und 280 unter *Chaenotheca,* **852–853**; **25:** 352 unter *Chaenotheca,* **1037–1038**
T: ?; abgebildet *S. pallida* (PERS.) Y.J. YAO & SPOONER – **Weiße Staubkopfflechte**: FleD 1038

Scoliciosporum A. MASSAL. – Fle (Asc, Lecanoromycetes, Lecanorales, Scoliciosporaceae)
Lager krustig, körnig-schorfig, mehlig, auch areoliert, bisw serediös, grünl, grau, braunschwarz. Apothecien meist mit verengter Basis aufsitzend, weißl, gelbl, braun, schwarz, ohne Lagerrand, Eigenrand nur an sehr jungen Apothecien sichtbar. Sp querseptiert, vier- bis vielzellig, nadelfö, lang spindelfö, gebogen bis spiralig, Septen oft undeutl. Photobiont: Coccoide Grünalge. Silikatgestein, Rinde, Äste, Stamm, immergrüne Blätter. 9 Arten. – **Lit**: **24:** 59, **853**; **25:** 105, 107, 195, 200 unter *Bacidia*, 651 unter *Lecidea,* **1039–1042**
T: *S. holomelaeum* (FLÖRKE) A. MASSAL.; abgebildet *S. chlorococcum* (GRAEWE ex STENH.) VĚZDA – Algen-Krummsporflechte: Wi 854, FleD 1041

1 Apothecien weißl bis bräunl ►
1* Apothecien rotbraun bis schwarz **2**
2 Sp fast gerade oder nur leicht gebogen, 20–38 × 3–5 µm
Algen-Krummsporflechte – *S. chlorococcum* (GRAEWE ex STENH.) VĚZDA
2* Sp zumindest z. T. stark gebogen bis S-fö **3**
3 Lager gelbl und serediös aufbrechend und/oder Epihymenium rötl bis rotbraun ►
3* Lager anders. Epihymenium blaugrün. Apothecien bis 0,3–0,8 mm, gewölbt, fast randlos, sitzend, braunrot, braunschwarz bis fast schwarz. Falls Apothecien unter 0,3 mm, flach, berandet, schwarz: *S. perpussilum*
Braune Krumsporflechte – *S. umbrinum* (ACH.) ARNOLD

„Scoliciosporum"
1 Apothecien schwarz und zugleich mit bleibendem dünnem R. LaB-Rinde ***Bacidia*** (*vermifera*)
1* Apothecien hellfatrbig, falls dunkelfarbig, dann nicht deutl berandet. Auf Nadeln, immergrünen Blättern, Holz, Rinde, Gestein ***Scoliciosporum***

Solenopsora A. MASSAL. – Fle (Asc, Lecanoromycetes, Lecanorales, ?Catillariaceae)
Lager krustig, weiß(-grau), oliv, braun. Apothecien mit Lagerrand, (grau-, braun-)schwarz. Sp 2-zellig, ellipsoid, spindelfö. Photobiont: Coccoide Grünalge. Karbonatgestein. 1 Art. – **Lit**: **24:** 86, **856**; **25:** 101, **1042**
T: *S. requienii* A. MASSAL.; abgebildet *S. candicans* (DICKS.) J. STEINER – **Weißliche Felsenschüppchenflechte**: Wi 857, FleD 1043

Solorina ACH. – Fle (Asc, Lecanoromycetes, Peltigerales, Peltigeraceae)
Lager blättrig, die Apothecien becherfö oder ringfö umgebend, grau, grüngrau, unterseits bei einer Art ziegelrot, sonst weißl bis bräunl. Apothecien flächenständig, groß, (rot-, schwarz-)braun, Sp 2–6-zellig, ellipsoid bis spindelfö, ornamentiert, im Ascus einzeln oder bis zu 8. Photobiont: Grünalge *Coccomyxa*; zusätzl in externen oder internen Cephalodien Cyanobakterium *Nostoc*. Auf Erde, bisw in Felsspalten. 6 Arten. – **Lit**: **24:** 74, **856–858**; **25:** 78, 81, 88, **1043–1046**
T: *S. saccata* (L.) ACH. – **Gewöhnliche Sackflechte**: Wi 74, 857; FleD 1044, UT 113

Solorinella siehe *Gyalidea*

Sparria ERTZ & TEHLER – Fle (Asc, Arthoniomycetes, Arthoniales, Opegraphaceae)
Lager krustig, dick, mit glatter bis warziger Oberfläche, oft mit Soredien. Apothecien gestreckt, verzweigt, eingesenkt, weiß bereift. Sp ± mauerfö, im Alter braun. Photobiont; *Trentepohlia*. Silikatgestein. 1 Art. – **Lit**: **25:** 115, 165 unter *Arthonia*, **1047**
T: *S. cerebriformis* (EGEA & TORRENTE) ERTZ & TEHLER – **Fleckflechte** (Gattung)

Sphaerophorus PERS. – Fle (Asc, Lecanoromycetes, Lecanorales, Sphaerophoraceae)
Lager reich verzweigt strauchig, aufrecht bis niederliegend, grau, hellbräunl, gegen die Spitzen weißl. Äste stielrund, zerbrechl. Apothecien endständig, kugelig, mit bleibendem Lagerrand. Sp 1-zellig, breit ellipsoid, körnig ornamentiert, grünl, blauviolett. Photobiont: Coccoide Grünalge. Silikatgestein. 2 Arten. – **Lit**: **24:** 72, **860–864**; **25:** 78, **1047–1049**
T: *S. coralloides* PERS. = *S. globosus* (HUDS.) VAIN. – **Korallen-Kugelträgerflechte**: Wi 863, FleD 1048

„Sphaerophorus"

1 Abschnitte des Lagers besonders gegen die Enden zu abgeflacht. Lager (weiß-, grünl-)grau ***Bunodophoron*** (*melanocarpum*)

1* Abschnitte des Lagers stielrund bis leicht abgeflacht. Lager zusätzl auch mit bräunl Tönen ***Sphaerophorus*** (*fragilis*, *globosus*)

Sphinctrina FR. – (Asc, Lecanoromycetes, Mycocaliciales, Sphinctrinaceae)
Flechtenparasit ohne eigenes Lager. Frk-Kopf eifö, sitzend bis gestielt, schwarz. Sp 1–2-zellig, ellipsoid bis kugelig, dunkelbraun. Vor allem auf *Pertusaria*. 4 Arten. – **Lit**: **24:** 80, **864–866**; **25:** 90, **1050–1051**
T: *S. turbinata* (PERS.) DE NOT.: Wi 865, FleD 1051

Spilonema BORNET – Fle (Asc, Lecanoromycetes, Peltigerales, Coccocarpiaceae)
Lager feinfädig, kleinstrauchig, lockerrasig bis polsterfö, aufrecht bis niederliegend, oliv, schwärzl. Apothecien an den Ästen seitl aufsitzend, braun bis schwarz, ohne Lagerrand, aber mit undeutl Eigenrand. Sp 1-zellig, schmal ellipsoid. Photobiont: Cyanobakterium (*Stigonema, Hyphomorpha*). (Silikat-, Kalk-)Gestein. 2 Arten. – **Lit**: **24:** 756–757 unter *Polychidium*, **866–867**; **25:** 912 unter *Polychidium*, **1052**
T: *S. paradoxum* BORNET – **Fadenfleckflechte** (Gattung)

Sporastatia A. MASSAL. – Fle (Asc, Lecanoromycetes, Rhizocarpales, Sporostatiaceae)
Lager krustig, areoliert, auf schwarzem Prolager. Apothecien schwarz, eingesenkt. Sp ± kugelig, 2,5–4 × 2–3,5 µm, farblos, zu 100–200 je Ascus. Photobiont: Coccoide Grünalge. Silikatgestein. 2 Arten. – **Lit**: **24:** 86, **867**; **25:** 101, **1052–1053**
T: ?; abgebildet *S. testudinea* (ACH.) A. MASSAL. – **Braune Schildkrötenflechte**: FleD 1053

Sporodictyon KÖRB. – Fle (Asc, Eurotiomycetes, Verrucariales, Verrucariaceae)
Lager krustig, weißl, (grau-, dunkel-)braun, oft mit Cephalodien. Perithecien halbkugelig, vorstehend, mit Involucrellum. Sp mauerfö, gelbl bis dunkelbraun, groß, 40–85 × 20–50 µm. Photobiont: Coccoide Grünalge. Silikat- und Kalkgestein. 2 Arten. – **Lit**: **24: 753** unter *Polyblastia*; **25:** 906–907 unter *Polyblastia*, **1054**
T: *S. schaererianum* A. MASSAL. – **Schaerers Netzsporflechte**; abgebildet *S. cruentum* (KÖRB.) KÖRB. – **Blutrote Netzsporflechte**: FleD 1054

Squamarina POELT – Fle (Asc, Lecanoromycetes, Lecanorales, Stereocaulaceae)
Lager schuppig, schuppig-lappig, bisw rosettig, dick, blass (grau-, gelb-)grün, braungrünl, oft weiß bereift. Apothecien mit Lagerrand, selten mit Eigenrand, (gelb-, rot-, rein)braun. Sp 1-zellig, ellipsoid, farblos. Photobiont: *Asterochloris*. Kalkgestein, kalkreiche Erde. 4 Arten. – **Lit**: **24:** 86, **867**; **25:** 100, 561 unter *Lecanora*, **1054**
T: *S. gypsacea* (SM.) POELT – **Gips-Schuppenkrustenflechte**: FleD 1056

Staurothele NORMAN – Fle (Asc, Eurotiomycetes, Verrucariales, Verrucariaceae)
Lager krustig, bisw auch nur dünn oder endolithisch im Gestein, grau, grünl, braun. Perithecien eingesenkt bis vorstehend, mit schwarzem Scheitel. Sp mauerfö, ellipsoid bis längl, farblos bis schwarzbraun. Photobiont: Grünalge (*Diplosphaera*). Kalkgestein, bisw auch Silikatgestein. 14 Arten. – **Lit**: **24:** 81, **869–873**; **25:** 92, **1057–1062**
T: *S. clopima* (WAHLENB.) TH. FR. = ss. auct. pr. p. *S. areolata* (ACH.) LETTAU; abgebildet *S. frustulenta* VAIN – **Gegliederte Kreuzflechte**: FleD 1058

Steinia KÖRB. – Fle (Asc, Lecanoromycetes, ?)
Lager dünn, filmartig bis schorfig, feucht etwas schleimig. Apothecien braunschwarz, gewölbt, randlos. Sp 1-zellig, kugelig, zu 16 je Ascus. Photobiont; Coccoide Grünalge. Lehm- und Sandböden. 1 Art. – **Lit**: **24:** 494 unter *Lecidea*, **873–874**; **25:** 621, 636 unter *Lecidea*, **1062**
T: *S. luridescens* KÖRB., nicht im Gebiet; bei uns *S. geophana* (NYL.) B. STEIN. – **Steins Erdflechte**

Stenhammarella HERTEL – Fle (Asc, Lecanoromycetes, Lecideales, Lecideaceae)
Lager krustig, kreideweiß, bisw etwas rissig. Apothecien schwarz, mit grau bereiftem Eigenrand, jung eingesenkt, ähnl wie Perithecien aber später mit erweiterter Scheibe. Sp 1-zellig, ellipsoid, groß. – Photobiont: ?. Gestein mit geringem Kalkgehalt. 1 Art. – **Lit**: **24:** 501 unter *Lecidea*, **874; 25:** 634 unter *Lecidea*, **1062–1063**
T: *S. turgida* (ACH.) HERTEL – **Krater Schwarznapfflechte**

Stenocybe NYL. ex KÖRB. – (Asc, Eurotiomycetes, Mycocaliciales, Sphinctrinaceae)
Lager nicht lichenisiert, saprobiotisch oder parasitisch. Frk gestielte Köpfchen, grau bis schwarz. Köpfchen eifö bis ± kugelfö. Sp mit 3–7 Septen vielzellig, spindelfö, dunkelbraun, 12–75 × 4–21 µm, Sp-Wand z. T. auch unregelmäßig verdickt und dann ein eckiges Lumen begrenzend, Sp-Enden oft heller. Photobiont: fehlend. Stamm alter Tannen, Zweige von Erle. 2 Arten. – **Lit**: **24:** 80–81, **874–875**; **25:** 91–92, **1063–1064**
T: *S. byssacea* (FR.) KÖRB. = *S. pullatula* (ACH.) STEIN

1 Sp reif 4-zellig, meist über 13 µm lang. **2**
1* Sp 1–2-zellig, meist bis zu 13 µm lang [so gelegentl auch *S. pullatula* (ACH.) STEIN; siehe 2*] ►
2 Am Stamm alter Tannen (*Abies*) *S. major* NYL. ex KÖRB.
2* An Zweigen von Erle (*A. glutinosa, A. incana*). Falls an Grünerle (*A. viridis*): ► *S. pullatula* (ACH.) STEIN

„Stenocybe"
1 Am Stamm von Tanne (*Abies*) oder an Erle, jedoch nicht an Grünerle ***Stenocybe*** (*major*, *pullatula*)
1* An Grünerle (*Alnus viridis*) oder an Pappel (*Populus*) ***Phaeocalicium***

Stereocaulon HOFFM. – Fle (Asc, Lecanoromycetes, Lecanorales, Stereocaulaceae)
Lager strauchig, zweiteilig mit oft bald schwindendem Vorlager (= körniger, schuppiger bis blättriger Primärthallus) und mit aufsteigenden bis aufrechten, einfachen bis verzweigten Teilen (= Podetien; bisw nicht gebildet), welche die Apothecien tragen; diese hellbraun, braunschwarz, mit Eigenrand. Sp querseptiert, 2–14-zellig, bisw ± mauerfö, meist nadelfö, spindelfö, selten ellipsoid. Photobiont: Grünalge *Asterochloris*; zusätzl in Cephalodien Cyanobakterien wie *Nostoc*, *Scytonema*, *Stigonema*. Magerrasen auf sauren Mineralböden, Silikatgestein. 13 Arten. – **Lit**: **24:** 70, 72, **875–883**; **25:** 74, 78, 988 unter *Rhizocarpon*, 1104 unter *Toninia*, **1064–1072**
T: *S. paschale* (L.) HOFFM. – **Typus-Korallenflechte**; abgebildet u. a. *S. alpinum* LAURER – **Alpen-Korallenflechte**: Wi 877, FleD 1065, UT 45

Sticta (SCHREB.) ACH. – Fle (Asc, Lecanoromycetes, Peltigerales, Lobariaceae)
Lager laubartig, groß, oft mit Soralen oder Isidien, unterseits dicht kurzhaarig und mit zerstreuten, scharf umgrenzten Gruben (Cyphellen). Apothecien braun, mit Lagerrand. Sp querseptiert 2–4-zellig, spindelfö, farblos bis bräunl. Photobiont: Coccoide Grünalge oder *Nostoc*. Bemooste Silikatfelsen, an alten LaB. 2 Arten. – **Lit**: **24:** 75, 78, **883**; **25:** 81, 88, **1072–1073**
T: *S. sylvatica* (HUDS.) ACH. – **Wald-Grübchenflechte**

„Sticta"
1 Photobiont: Grünalgen. Lager ohne Isidien und ohne Sorale ***Dendriscosticta*** (*wrightii*)
1* Photobiont: Cyanobakterien. Lager mit Isidien oder mit Soralen ***Sticta***

Stictis PERS. – Fle (Asc, Lecanoromycetes, Ostropales, Stictidaceae)
Lager krustig. Apothecien tief eingesenkt, krugfö, Sp lang stäbchenfö, querseptiert vielzellig. Photobiont: coccoide Grünalge; vielfach aber auch nicht lichenisiert, Rinde von

LaB. 1 lichenisierte Art. – Anm: inkl. *Conotrema*. – **Lit**: **24:** 362 unter *Conotrema*; **25:** 106, **1073–1074**
T: *S. urceolata* (ACH.) GILENSTAM. – **Krug-Kegelflechte**

Strangospora KÖRB. – Fle (Asc, inc. sed., Strangosporaceae)
Lager krustig, warzig, auch ganz innerhalb des Substrats. Apothecien gelb, braun, schwarz, gewölbt, meist unberandet. Sp 1-zellig, kugelig, klein, zu vielen je Ascus. Photobiont: Coccoide Grünalge. Holz, Rinde von LaB. 4 Arten. – **Lit**: **24:** 179 unter *Biatorella,* **886–887**; **25:** 231 unter *Biatorella*, **1074–1075**
T: *S. pinicola* (A. MASSAL.) KÖRB. – Kiefern-Rundsporflechte: Wi 886

1 Auf Erde, über Moosen, absterbenden Pflanzen oder auf älterem Harz von Na-Ba ▸
1* Auf Holz und Ba-Rinde **2**
2 Apothecien dunkel rotbraun bis schwarz **3**
2* Apothecien hellfarbig: (gelb-, rosa-)braun, gelbl, weißl
3 Excipulum dünn, K–. Sp 3–3,5 µm. Hymenium oben (gelb, rot-)braun. Falls Hymenium oben olivgrün, smaragd bis violett: ▸
Kiefern-Rundsporflechte – *S. pinicola* (A. MASSAL.) KÖRB.
3* Excipulum kräftg. K+ bräunl. Sp 2–3 µm. Apothecien flach, deutl berandet ▸

Strigula FR. – Fle (Asc, Dothidiomycetes, Strigulales, Strigulaceae)
Lager krustig, dünn. Perithecien z. T. vom Lager bedeckt, mit schwarzem Scheitel. Sp querseptiert, mehrzellig, selten mauerfö, ellipsoid bis spindelfö, farblos. Photobiont: *Trentepohlia*. LaB-Rinde, dort auch auf Moosen. 5 Arten. – **Lit**: **24:** 139–140 unter *Arthopyrenia*, 759–760 unter *Porina,* **887–889**; **25:** 110, 179, 181 unter *Arthopyrenia*, 943–944 unter *Pseudosagedia,* **1075–1076**
T: *S. smaragdula* FR. – **Smaragd-Furchenflechte**

Synalissa FR. – Fle (Asc, Lichinomycetes, Lichinales, Lichinaceae)
Lager kleinstrauchig, polsterfö, aus ± aufrechten Ästen, schwarz. Apothecien in die Spitzen der Äste eingesenkt, zunächst geschlossen mit porenfö Öffnung, dann breiter geöffnet. Sp 1-zellig, breit ellipsoid bis kugelfö, zu 8–24 je Ascus. Photobiont: Cyanobakterium („Blaualge"). Kalkgestein. – **Lit**: **24:** 756 unter *Polychidium*, **889–890**; **25:** 912 unter *Polychidium*, **1076–1077**
1 Art = T: *S. ramulosa* (HOFFM. ex BERNH.) FR. – **Beeren-Gallertkissenflechte**: FleD 1077

Pilze, Gattungen T

Taphridium LAGERH. & JUEL – Wu (Asc, Taphrinomycetes, Taphrinales, Protomycetaceae)
Phytoparasitischer Befall auf Gattungen der Apiaceae, auf bleichgrün verfärbten Bl beulenfö bis blasenfö Aufwölbungen verursachend, diese jung glänzend, später grauweiß bereift. Asc-Sp 2–7 × 1–4 µm. Auf *Carum* dunkelgraue Flecken, auf bodennahen, gewölbten, oft deformierten Bl. – **Lit**: **3**: 916, **13**: 263, 442 etc.
T: *T. umbelliferarum* (ROSTR.) LAGERH. et JUEL.
Carum: *T. algeriense*. – ***Heracleum***, ***Laserpitium***, ***Peucedanum***: *T. umbelliferarum*

Taphrina FR. – Wu (Asc, Taphrinomycetes, Taphrinales, Taphrinaceae)
Phytoparasiten, die auf Bl Flecken, Aufwölbungen, Blasen, Deformationen, Kräuselstrukturen, sowie Hexenbesen, bandartige Auswüchse an Fruchtständen verursachen. Asci auf befallenen, bereiften Oberflächen, groß, „viereckig", reif zunächst mit 8 Asc-Sp und später oft mit zahlreichen Blasto-Sp gefüllt. – **Lit 3:** 918, **13:** 74, 104, 176, 663–664 etc., **JK**: 56, 57, 58, 326, 333, 334, 335
T: *T. aurea* (PERS.) FR. = *T. populina* FR. – **Pappel-Wucherling**: JK 326

Acer: div. Arten Schlüssel I. – ***Agrostemma***: *T. githaginis*. – ***Alnus***: div. Arten Schlüssel II. – ***Betula***: div Arten Schlüssel III – ***Carpinus***: *T. carpini*. – ***Crataegus***: *T. crataegi*. – ***Cydonia***: *T. bullata*. – ***Geum***: *T. potentillae*. – ***Populus***: *T. populina*. – ***Potentilla***: *T. potentillae*. – ***Prunus***: div. Arten Schlüssel IV. – ***Pyrus***: *T. bullata*. – ***Quercus***: *T. caerulescens*. – ***Ulmus***: *T. ulmi*

Schlüssel I für Arten auf ***Acer***:

1 Auf *A. campestre* *T. acericola*
1* Auf anderen Arten **2**
2 Hexenbesen verursachend und/oder auf *A. platanoides* *T. acerina*
2* Nicht auf *A. platanoides* **3**
3 Auf *A. pseudoplatanus* *T. pseudoplatani*
3* Auf *A. sempervirens*, *A. tataricum* *T. polyspora*

Schlüssel II für Arten auf ***Alnus***:

1 Bandartige Auswüchse an Fruchtständen bildend *T. alni*
1* Deformierte Bl bildend, z. T. auch angeschwollene Triebe oder Hexenbesen verursachend. . . **2**
2 Auf *A. viridis* *T. viridis*
2* Auf anderen *Alnus*-Arten **3**
3 Bl stark blasig aufgetrieben (gekräuselt). Vorwiegend auf *A. glutinosa* *T. tosquinetii*
3* Bl nach Befall flach oder verdickt, allenfalls mit einzelnen kleinen Aufwölbungen. Vorwiegend auf *A. incana*. **4**
4 Hexenbesen bildend *T. epiphylla*
4* Keine Hexenbesen bildend. Bl flach bleibend, kaum vergrößert, mit einzelnen runden, später gelben, unter 1 cm großen, wenig aufgewölbten Bl-Flecken *T. sadebeckii*

Schlüssel III für Arten auf ***Betula***:

1 Große Hexenbesen bildend **2**
1* Keine Hexenbesen bildend. **3**
2 In der Arktis oder in den Alpen (arktisch-alpin). Asci klein, im Mittel 20–30 × 10–12,5 µm *T. nana*
2* Im Flachland allgemein verbreitet, nicht arktisch-alpin. Asci größer, 23–73 × 10–26 µm *T. betulina*
3 Einzelne Bl mit entfärbt vergilbten, bis zu 12 mm großen Flecken. Auftreibungen fehlend oder allenfalls an sehr jungen Bl *T. betulae*
3* Nicht mit derartigen Flecken **4**
4 Nur einzelne Bl mit rötl bis gelbl, verdickten, blasenfö Auftreibungen, besonders an Jungpflanzen *T. carnea*
4* Alle Bl am Triebe abnorm vergrößert, gelbgrün. In der Arktis *T. bacteriosperma*

Schlüssel IV für Arten auf ***Prunus***:

1 Pilz bildet an Früchten hohle, kleine oder große (bis 6 cm) Auswüchse („Narrentaschen"). . . **2**

1* Pilz primär an Bl, nicht oder nur selten auf Früchte übergreifend **3**
2 Auf *P. padus* *T. padi*
2* Auf *P. cerasifera, P. domestica* s. l., *P. spinosa* *T. pruni*
3 Auf Aprikose (*P. armeniaca*). Bl nicht gekräuselt *P. armeniacae*
3* Auf anderen *Prunus*-Arten, Bl gekräuselt **4**
4 Auf Pfirsich (*P. persica*), Mandel (*P. dulcis*) oder auf *P. serotina* **5**
4* Auf Kirsche oder Pflaume **6**
5 Auf Pfirsich oder Mandel *T. deformans*
5* Auf *P. serotina* *T. farlowii*
6 Auf Pflaume (*P. domestica*) oder Schlehe (*P. spinosa*) *T. insistitiae*
6* Auf Kirsche (*P. cerasus, P. avium*), auch auf heimischer Traubenkirsche (*P. padus*) *T. wiesneri*

Tapinella E.-J. GILBERT – Muschel-Krempling, Samtfuß-Krempling – BläP (Bas, Agaricomycetes, Boletales, Tapinellaceae)
Frk entweder groß, seitl gestielt und zugleich S dick, dunkelbraun-samtig oder Frk mittelgroß, ungestielt bzw. H muschelfö, gegen Substrat stielartig verjüngt. H ockerbraun, H-Rand lange eingerollt, L leicht vom H-Grund trennbar. Hyphensepten mit Medaillon-Schnallen. Spp ockerbraun. Zystiden fehlen. Sp unter 7,5 µm lang. 2 Arten. Lignicol (NaH), bisw scheinbar terricol an Wurzeln oder an erdüberschichtetem NaH. – **Lit**: **7**: 117 als *Paxillus* pr.p. **11**: 75 als *Paxillus* pr.p., **14**: 150
T: *T. panuoides* (FR. : FR.) E.-J. GILBERT – Muschel-Krempling: BK 3.68, Dh 105, Ge 336, Gh 401, HK 3.290, Ja 206, Lg 134B, Lu 1.61.1, Lx 93, Md 238, MJ 2Pax2

1 S vorhanden, exzentrisch bis zentrisch, 4–5(–7) × 4 cm, S-Oberfläche dunkel braunsamtig, stark filzig-zottig durch 1–2 mm lange, dicht stehende Haare. H groß, z. B. 18–24(–27) cm, dickfleischig, nicht muschelfö. An Kiefer und Fichte. Sp 5–6,5 × 3–4,5 µm **Samtfuß-Krempling** – *T. atrotomentosa* (BATSCH : FR.) ŠUTARA
1* S stummelfö-lateral oder fehlend. Falls vorhanden, dann nicht schwarzbraun filzig, bisw aber mit lila-filziger S-Basis. H muschelfö, dünnfleischig, 1–7(–10) cm lang, maximal bis 14 cm breit, lappig gegliedert und/oder büschelfö. H-Rand weniger stark eingerollt. NaH. Sp 4–6 × 3–4 µm. **Muschel-Krempling** – *T. panuoides* (FR. : FR.) J.-E. GILBERT

Tarzetta (COOKE) LAMBOTTE, Napfbecherling – op. Disc (Asc, Pezizomycetes, Pezizales, inc. sed.)
Frk (Apothecien) sitzend oder gestielt, scheibenfö, schüsselfö, becherfö, 0,2–3 cm breit. Oberseits (Hymenium) cremefarben, gelbl-grau, grau, blass ockerl bis blass orange, mit abgesetztem gekerbtem oft auch gezähneltem Rand. Außen gleichfarben oder wenig dunkler als Oberseite, fein wollig oder kleiig. Asc-Sp ellipsoid bis spindelfö, glatt, hyalin, mit 2 oder 3 großen Tröpfchen. Etwa 10 Arten. Terricol. – **Lit**: **5**: 29, **10**: 120
T: *T. catinus* (HOLMSK. : FR.) KORF. & J. K. ROGERS – Tiegelförmiger Napfbecherling: BK 1.63, De 3G, Dh 1130, Gh 647, Lx 681

1 Frk (Apothecien) deutl gestielt, 0,8–2,5 cm breit und hoch, tief becherfö. Asc-Sp 18–22 × 12–13,5 µm. Paraphysen unverzweigt
Tiegelförmiger Napfbecherling – *T. catinus* (HOLMSK. : FR.) KORF. & J. K. ROGERS

1* Frk nicht oder undeutl gestielt. Asc-Sp 19–22 × 11–13 µm. Paraphysen unverzweigt [Falls Paraphysen oben stark verzweigt oder Sp-Maße anders: ▸]
Kerbrandiger Napfbecherling – *T. cupularis* (L. : FR.) LAMBOTTE

Tectella siehe *Panellus patellaris*

Terana ADANS., Farbrindenpilz – RiP (Bas, Agaricomycetes, Polyporales, Phanerochaetaceae)
Frk resupinat, membranös, glatt bis etwas warzig, tief blau, bräunl-blau, Rand weißl bis blau. Monomitisch. Hyphen mit Schnallen. Dendrohyphidien häufig bis selten, apikal ± stark verzweigt und mit dunkelblauen Körnchen besetzt. Sp hyalin bis hell bläul, dünnwandig, glatt, inamyloid, 8–13 × 5–7 µm. LaH. – **Lit**: **9**: 179, **12**: 129 als *Pulchericium*
1 Art = *T. caerulea* (LAM. : FR.) KUNTZE = Pulchericium c. – **Blauer Farbrindenpilz**: BK 2.87, Kr. 1.343, Lx 485, MJ 5Ter1

Terfezia TULASN. & C. TULASN., Wüstentrüffel – Hyp (Asc, Pezizomycetes, Pezizales, Pezizaceae)
Frk birnenfö bis knollig, bis zu 10 cm, glatt, weißl bis gelb-braun, schwärzl-falb, ohne Anlauffarben. Innen (Gleba) fleischig, kompakt, von weißl, dünnen, sterilen Adern durchzogen, dazwischen die fertilen Partien gelbl-ockerl. Asci längl-keulig bis ellipsoid oder annähernd kugelig, mit 5–8 Sp. Sp im Ascus unregelmäßig angeordnet, meist kugelig, gelbl bis hell gelbl-braun, zunächst glatt, dann stachelig oder warzig, bisw auch annähernd netzig. Bei uns nur als Handelsware, meist in Dosen (T)
T: *T. leonis* TULASN. & C. TULASN. (= *T. arenaria*): CD 46, Ce 38, MS 216

1 Sp-Ornament breitwarzig, so hoch wie breit, im Mittel 5 µm, oben abgestutzt oder flach gerundet. Sp kugelig, 24–25 µm. Bisw als Handelsware in Dosen
Elegante Wüstentrüffel – *T. arenaria* (MORIS) TRAPPE

1* Sp-Ornament verschieden; aus dünnen, schlanken Stacheln oder netzig. Sp kugelig oder auch breit ellipsoid ▸

Tetragoniomyces OBERW. & BANDONI – ParP (Bas, Tremellomycetes, Tremellales, Tetragoniomycetaceae)
Parasitisch auf Sklerotien eines Basidiomyceten, einen gelbl, orangen, braun-orangen, schleimigen, glatten bis hirnartig strukturierten Überzug bildend. Hyphen × 2–5 µm, mit Schnallen an den Septen. Basidien endständig an verzweigten Trägern, kugelig, ellipsoid, birnenfö, zunächst dünnwandig, dann dickwandig, reif 4-zellig, abfallend, rhombisch, 10–12(–15) × 7–10 µm, mit (oft bereits dikaryotischen) Hyphen auskeimend. In nassen Habitaten auf Pflanzenresten mit den erwähnten Sklerotien. – **Lit**: **9**: 90, **12**: 423
1 Art = T: *T. uliginosus* (P. KARST.) OBERW. & BANDONI

Tetramyxa K.I. GOEBEL – ParP/SchleimP (Plasmodiophoromycetes, Plasmodiophorales, Plasmodiophoraceae)
Auf wenigen Gattungen von Wasser- und Sumpfpflanzen (*Ruppia*, *Triglochin*, *Zanichellia*) im Küstenbereich parasitierend. Am Wirt Gallen bildend oder Missbildungen verursachend. In den Zellen des Wirtes Zysten bildend, diese, meist in Vierergruppen, aber auch einzeln, in Zweier- oder Dreiergruppen geordnet. Die daraus entstehenden Plasmodien reif am Innenrand der Wirtszellen liegend. – **Lit. 3:** 896, **13**: 706, 812, 853
T: *T. parasitica* K.I. GOEBEL
Ruppia: *T. parasitica*. – ***Triglochin***: *T. triglochinis*. – ***Zanichellia***: *T. parasitica*

Thamnidium LINK – SchimP (Mucoromycetes, Mucorales, Mucoraceae)
Mit wenigen endständigen, viele Sp enthaltenden Sporangien (mit Columella) und mehreren seitenständigen, am Ende dichotomer Verzweigungen gebildeter Sporangiolen ohne Columella und mit jeweils nur wenigen Sp darin. – **Lit**: **21**: 68
T: *T. elegans* LINK

Thanatephorus DONK, Wurzeltöter – RiP (Bas, Agaricomycetes, Cantharellales, Cejpomycetaceae)
Frk resupinat, spinnwebig, häutchenfö oder membranös, glatt. Monomitisch. Hyphen hyalin bis (basal) bräunl, ohne Schnallen. Zystiden fehlend. Basidien breit keulig bis tonnenfö, etwa so breit wie die sie tragenden Hyphen. Sp hyalin bis gelbl, dünnwandig, glatt, inamyloid, Sekundärsp bildend, beim T z. B. 7–12 × 4,5–8 µm. 5 Arten. Parasitisch auf krautigen Pflanzen, auch saprobiotisch auf Holz. Anm: Anamorphe von *T. cucumeris* ist *Rhizoctonia solani*, ein Parasit auf krautigen Kulturpflanzen, besonders der Kartoffel (Kraut). – Syn: *Hypochnus solani* PRILLIEUX & DELACROIX = *Rhizoctonia solani* KÜHN = *T. cucumeris*. – **Lit**: **9**: 114, **12**: 453
T: *T. cucumeris* (FRANK) DONK. – Weitere Art: *T. fusisporus* (J. SCHROET) HAUERSLEV. & P. ROBERTS: BK 2.42

1 Sp spindelfö bis zitronenfö, 8–18(–21) × 5–8 µm (Falls Sp kleiner: ▸). LaH (z. B. *Fagus*-Äste; bodennah) *T. fusisporus* (J. SCHROET) HAUERSLEV. & P. ROBERTS
1* Sp und/oder Substrat anders **2**
2 Sp zylindrisch, schmal ellipsoid, 2x so lang wie breit ▸
2* Sp ellipsoid bis fast kugelig **3**
3 Frk parasitisch auf Kräutern (z. B. Kartoffel, Rote Rübe, Gurke) dicht über dem Boden, spinnwebenartig, glatt, weiß bis creme. Sp ellipsoid, 7–11(–12) × 4,5–7(–8). Hyphen 9–12(–17) µm breit *T. cucumeris* (FRANK) DONK
3* Merkm anders: auf Holz o d e r Hyphen unter 6 µm breit ▸

Thecaphora FINGERHUTH – BrandP (Bas, Ustilaginomycetes, Ustilaginales, Glomosporiaceae)
Phytoparasitischer Befall in Blütenknospen (*Astragalus*, *Dianthus*, *Lychnis*, *Petrorhagia*, *Saponaria*), Blütenköpfen (*Cirsium*), Früchten und Fruchtknoten (*Arabis*, *Oxytropis*, *Che-*

nopodium) oder Samen (*Astragalus*, *Calystegia*). Sori z. B. hell rotbraun, jung krümelig, später pulverig. Sp z. B. feinwarzig, in zerfallenden Ballen, 10,5–17 × 10,5–15 µm. – **Lit: 3:** 1046, **13:** 135, 157, **JK**: 73, 87, 108, 286, 375, 389

T: *T. hyalina* FINGERHUTH = *T. seminis-convolvuli* (DES.) S. ITO – **Winden-Samenbrand**: JK 108

Arabis: *T. thlaspeos*. – ***Astragalus***: *T. affinis*. – ***Calystegia***: *T. seminis-convolvuli*. – ***Chenopodium***: *T. leptideum*. – ***Cirsium***: *T. trailii*. – ***Dianthus***: *T. saponariae*. – ***Lychnis***: *T. saponariae*. – ***Oxytropis***: *T. oxytropis*. – ***Petrorhagia***: *T. saponariae*. – ***Saponaria***: *T. saponariae*

Thecoteus BOUD. – op. Disc (Asc, Pezizomycetes, Pezizales, Ascobolaceae)
Frk (Apothecien) zylindrisch oder kreiselfö, 1–2 × 0,5–2 mm, zunächst weißl, dann hellgrau mit purpurl Mischton oder überhaupt purpurl, Rand wenig abgesetzt, außen kahl oder kleiig. Asci amyloid, mit 8 oder 32 Asc-Sp, diese ellipsoid, dickwandig, glatt oder ornamentiert, hyalin, an den Enden mit oder ohne Anhängsel, gelatinös ummantelt. Mehr als 5 Arten. Auf Dung von Pflanzenfressern. – **Lit**: **5**: 70, **10**: 71

T: *T. pelletieri* (P. CROUAN & H. CROUAN) BOUD.: De 11M

1 Asci mit 32 Asc-Sp, diese 32–40 × 15–22 µm und glatt
T. pelletieri (P. CROUAN & H. CROUAN) BOUD.

1* Asci mit 8 Asc-Sp, diese oft weniger lang, glatt oder ornamentiert ▸

Thedgonia B. SUTTON – (Asc, Leotiomycetes, Helotiales, ? Drepanopezizaceae; Anamorphe)
Mit verzweigten Konidienträgern auf hellen Flecken, an der Unterseite von Liguster-Bl. Die Flecken rotbraun bis dunkelviolett gesäumt.

T: *T. ligustrina* (BOEREMA) B. SUTTON: JK 249

Thekopsora MAGNUS – RostP (Bas, Pucciniomycetes, Pucciniales, Melampsoraceae)
Phytoparasiten (Roste, unterschiedl Sp-Formen und Entwicklungsstadien siehe unter *Puccinia*). I fast farblos bis blassgelb, mit ausgeprägter, oft röhrenfö verlängerter Pseudoperidie. II subepidermal mit Peridie und porenfö Öffnung (Ostiolum). III-Sp in den Epidermiszellen des W gebildet, mehrzellig, mit vertikalen Septen und mit einem Keimporus je Zelle in der Mitte der Sp. Ww zwischen *Abies* oder *Picea*, dort auf Nadeln oder Zapfenschuppen, und *Arctostaphylos*, *Prunus*, *Myosotis Vaccinium* und div. Rubiaceae. – **Lit**: **13**: 72, 138, 324, 409 etc.

T: *T. areolata* (FR.) MAGNUS – **Fichtenzapfen-Traubenkirschenrost**: JK 298, KS 901:38d (II), Gäum 53:41 (I-Sp, II-Sp), 54:42 (III-Sp, II), 55:43 (III, III-Sp), 56:44 (0, I), 57:45 (I)

Abies (0, I): *T. goeppertiana*. – ***Arctostaphylos*** (II, III): *T. sparsa*. – ***Cruciata*** (II, III): *T. guttata*. – ***Galium*** (II, III): *T. guttata*. – ***Myosotis*** (II, III): *T. brachybotrydis*. – ***Picea*** (0, I): *T. areolata*, *T. sparsa*. – ***Prunus padus*** (II, III): *T. areolata*. – ***Sherardia*** (II, III): *T. guttata*. – ***Vaccinum vitis-idaea*** (III): *T. goeppertiana*

Thelephora EHRH. ex WILLD., Warzenpilz – SchichtP, KoP (Bas, Agaricomycetes, Thelephorales, Thelephoraceae)
Frk effus-reflex, trichterfö, fächerfö, korallenartig, weich bis fast lederig, braun. Monomitisch. Hyphen meist mit Schnallen. Zystiden meist fehlend. Sp warzig bis stachelig, ellipsoid bis fast kugelig, auch unregelmäßig gelappt, gelbl bis braun, inamyloid, 8 Arten. Terricol, EktM. – **Lit**: **9**: 301, **12**: 254
T: *T. terrestris* EHRH. : FR. – Fächer-Warzenpilz: CD 70, Gh 687, Kr 1.398, Lx 507, MJ 5Thel2,3, Ph 261

1 Frk korallenfö verzweigt **2**
1* Frk nicht korallenfö, vielmehr effus-reflex, hutfö, fächerfö, trchterfö und dabei z. T. tief geteilt, auch resupinat **4**
2 Frk frisch stinkend (fauler Rettich, Bierschwemme), büschelig und zugleich geweihartig verzweigt, bis 10 cm hoch. Sp eckig gelappt und stachelig, 8–12 × 7–9 µm. NaW, terricol **Stinkender Warzenpilz** – *T. palmata* (SCOP. : FR.) FR.
2* Frk (frisch) nicht stinkend, kleiner, bis 6 cm hoch. Falls Frk größer, bis 15 cm, dann Sp 7–10 × 5–7(–8) µm **3**
3 Frk mit undeutl resupinatem Teil, und aufrechten, verzweigten, lange weißl bleibenden, bis 15 cm hohen Ästen. Diese spatelfö bis schwach fächerfö, von der Basis her langsam bräunend, trocken hell, oft gelbl-creme. NaW, LaW
Stacheliger Warzenpilz – *T. penicillata* (PERS. : FR.) FR.
3* Frk bis 6 cm hoch, Äste braun mit weißen Spitzen. Sp eckig-gelappt, 8–10(–11) × 6–8,5 µm. LaW, NaW **Blumenartiger Warzenpilz** – *T. anthocephala* (BULL. : FR.) FR.
4 Frk (aus resupinatem Teil) meist mit fächerfö Teil; dieser, bis 6 cm breit, weich, braun bis schwärzlich, mit hellem, oft etwas gezähneltem Rand, innen (Trama) in KOH grün werdend. Hyphen mit Schnallen. Sp braun, eckig-ellipsoid, 8–12 × 6–9 µm. NaW, selten LaW, auf Erde, Moosen, Ästen, Stämmen
Fächer-Warzenpilz – *T. terrestris* (EHRH. : FR.) FR.
4* Frk trichterfö bis tütenfö, oft tief geteilt, meist etwas gestielt, innen in KOH oft grün. Sp kleiner, 6,5–8,5 × 5–7 µm (Falls Hyphen ohne Schnallen o d e r Frk innen in KOH nicht grün werdend: ►). NaW
Trichter-Warzenpilz – *T. caryophyllea* (SCHAEFF. : FR.) PERS.

Thelobolus TODE : FR. – op. Disc (Asc, Leotiomycetes, Thelebolales, Thelebolaceae)
Apothecien halbkugelig, im Substrat eingesenkt, auch scheibenfö und dann auf dem Substrat sitzend, gelbl bis bräunl, außen kahl oder kleiig, bis zu 1 mm, Asci 8- oder 32–2500-sporig. Asc-Sp ellipsoid, glatt, hyalin, weder mit Tröpfchen noch mit de-Bary-Blase. 8 Arten. Dung. – **Lit**: **5**: 73, **10**: 308
T = *T. stercoreus* TODE : FR.: De fig 29M. – Weitere abgebildete Art *T. crustaceus* (FUCKEL) KIMBR.: De 11N

1 Asci enthalten jeweils 1000–2500 Sp, diese 6–7 × 3–4 µm. Frk kugelfö, jeweils nur 1 Ascus enthaltend. *T. stercoreus* TODE : FR.

1* Asci enthalten jeweils 8 oder mehr, jedoch weniger als 1000 Sp. Apothecien mehr als 1 Ascus enthaltend (3–100) **2**
2 Asci 64-sporig. Sp 8–10 × 4–5 µm *T. crustaceus* (FUCKEL) KIMBR
2* Jeder Ascus entweder mit weniger (32) oder mit mehr (256) Sp ▸

Thermomyces TSIKL. – SchimP (Asc, Eurotiomyces, Eurotiales, Trichocomaceae; Anamorphe)
Konidien dunkelfarben, 1-zellig, nicht in Ketten. Konidienmutterzellen nicht in Form von Phialiden. Hyphen septiert. Wächst nur bei hoher Temperatur (Name!), z. B. in Kompost – **Lit**: **21**: 92, 156
T: *T. lanuginosus* TSIKL.

Thielaviopsis WENT. – SchimP (Asc, Sordariomycetes, Microascales, Ceratocystidiaceae; Anamorphe)
Konidien in basipetalen Ketten (jüngste Konidien an deren Basis), Phialiden mit langem Hals, an derem Grunde die Konidienketten umschließend. Arthrokonidien (Dauer-Sp) vorhanden. – **Lit**: **21**: 85, 156
T: *T. ethacetica* WENT.

Thuemenidium siehe *Geoglossum*

Thysanophora W.B. KENDR. – SchimP (Asc, Eurotiomycetes, Eurotiales, inc. sed., ?Trichocomaceae; Anamorphe)
Konidienträger mit braunem Stiel, Konidien in Ketten, mit jüngster Konidie an deren Basis (basipetal), Konidien an der Basis nicht abgeflacht. – **Lit**: **21**: 86
T: *T. penicillioides* (ROUM.) W.B. KENDR.

Tilachlidium PREUSS. – SchimP (Asc, Sordariomycetes, Hypocreales, Clavicipitaceae und Nectriaceae; Anamorphe)
Konidienträger gebündelt (in Synnemata), bis auf einen kurzen, sterilen Stielteil auf ganzer Länge mit Konidien bildenden Abzweigungen. Teleomorphe: *Pseudonectria tilachlidii* W. GAMS, auf Pilzen (*Mycena, Pholiota, Tricholoma, Tyromyces*), abgebildet in HELFER 1991: 51:22 und *Berkelella stilbigera* (BERK. & BROOME) SACC. auf Schleimpilzen (*Metatrichia, Trichia*)
T: *T. pinnatum* PREUSS

Tilletia TUL. & C. TUL. – BrandP (Bas, Exobasidiomycetes, Tilletiales, Tilletiaceae)
Phytoparasitischer, stinkender (Heringsgeruch) Befall auf Süßgräsern (Poaceae), deren Fruchtknoten und Früchte in Brandbutten verwandelt werden oder deren Bl lange Streifen zeigen. Sp-Masse schwarzbraun bis rotbraun, fest bis pulverig. Sp einzeln, dunkel, netzig bis stachelig ornamentiert, selten auch glatt, z. T. mit sterilen Zellen vermischt. – **Lit 3**: 1052, **13**: 90, 91, 95 etc.
T: *T. caries* (DC.) TUL. & C. TUL., abgebildet *T. olida* (RIESS) G. WINTER – **Zwenken-Stinkbrand**: JK 199

Agropyron: *T. caries, T. controversa.* – ***Agrostis***: *T. sphaerococca.* – ***Aira***: *T. cerebrina, T. separata.* – ***Alopecurus***: *T. controversa.* – ***Apera***: *T.separata.* – ***Arrhenatherum***: *T. caries, T. controversa.* – ***Brachypodium***: *T. olida.* – ***Bromus***: *T. bromi, T. controversa.* – ***Dactylis***: *T. controversa.* – ***Deschampsia***: *T. cerebrina, T. flectens.* – ***Elymus***: *T. caries, T. controversa.* – ***Festuca***: *T. controversa, T. sterilis, T. vankyi.* – ***Holcus***: *T. controversa, T. holci.* – ***Hordeum***: *T. controversa.* – ***Koeleria***: *T. contraoversa.* – ***Lolium***: *T. controversa, T. lolii, T. vankyi.* – ***Phalaris***: *T. menieri.* – ***Phleum***: *T. paradoxa.* – ***Secale***: *T. caries, T. controversa, T. laevis, T. secalis.* – ***Sesleria***: *T. sesleriae.* – ***Triticosecale***: *T. caries.* – ***Triticum***: *T. controversa, T. laevis*

Tolypocladium siehe *Cordyceps* (*Ophiocordyceps*)

Tolyposporium WORONIN – BrandP (Bas, Ustilaginomycetes, Ustilaginales, Anthracoideaceae)
Phytoparasitischer Befall auf *Juncus*: Sori in 4 × 2 mm großen Gallen. Sp in Ballen zu 3–40, warzig, 8–17 × 6–13 µm oder auf *Montia* mit glatten, im Durchm 5–8 µm großen Sp.
T: *T. junci* (J. SCRÖT.) WORONIN ex J. SCHRÖT.: KS 889,26g
Juncus: *T. junci.* – ***Montia***: *T. montiae*

Tomentella PAT., Filzgewebepilz – KruP (Bas, Agaricomycetes, Thelephorales, Thelephoraceae)
Frk resupinat, spinnwebenfö oder membranös, oft recht weich, glatt, warzig oder stachelig. Monomitisch, seltener dimitisch und dann mit gelbbraunen Skeletthyphen. Generative Hyphen hyalin bis braun, mit Schnallen an fast allen Septen oder auch fehlend, Zystiden oder Zystidiolen fehlend oder selten vorhanden. Sp gelbl bis braun, oft kugelig, dickwandig, warzig bis stachelig, inamyloid. Über 40 Arten. Lignicol, NaH, LaH, seltener terricol. – **Lit**: **9**: 302, **12**: 240
T: *T. ferruginea* (PERS. : FR.) PAT. – Olivbrauner Filzpilz. – Abgebildet z. B. *T. terrestris* (BERK. & BROOME) M.J. LARSEN – **Erdbewohnender Filzgewebepilz**: BK 2.250, Ct 2503; *T. fibrosa* (BERK. & M. A. CURTIS) KÕLJALG – Braunfaseriger Filzgewebepilz: BK 2.251

1 Schnallen an den Hyphensepten fehlend oder selten (Arten auch zu *Tomentellastrum* und *Tomentellina* gestellt) **2**
1* Schnallen vorhanden **5**
2 Hymenium mit quergeteilten Zystiden (Septozystiden). Frk rostbraun bis dunkelbraun. Sp 7–11 µm im Durchm, unregelmäßig kugelig bis etwas gelappt, mit oft gabelteiligen Warzen. Meist NaH
Braunfaseriger Filzgewebepilz – *T. fibrosa* (BERK. & M. A. CURTIS) KÕLJALG
2* Hymenium ohne quergeteilte Zystiden. Frk braun (falls creme, gelbl, gelbbraun: siehe *Tomentellopsis*) **3**
3 Sp kugelig bis fast kugelig, von regelmäßiger Form o d e r wenige Hyphensepten mit Schnallen ▸
3* Sp breit ellipsoid, von unregelmäßiger Form. Gänzl ohne Schnallen. **4**
4 Frk oberseits mittelbraun bis dunkelbraun, Hyphen gelbl bis braun. Hyphen des Subiculums 3–7 µm breit. Basidien 7–9 µm im Durchm. Sp braun, 7–11(–12) µm. LaH, NaH **Brauner Filzgewebepilz** – *T. badia* (LINK) STALPERS

4* Basidien 10–13 µm im Durchm. Hyphen des Subiculums überwiegend 2–3,5 µm breit ▸

5 Zystiden (Zystidiolen) vorhanden ▸

5* Zystiden (Zystidiolen) fehlend **6**

6 Schnallen am Basidienfuß fehlend ▸

6* Schnallen am Basidienfuß vorhanden. **7**

7 Sp mit vielen gabelteiligen Stacheln ▸

7* Sp ohne gabelteilige Stacheln **8**

8 Hyphensystem dimitisch, mit unverzweigten, wenig septierten, 1–3 µm breiten Skeletthyphen. Frk oberseits (Hymenium) hell grün bis oliv-(schwärzlich) oder trübbraun. Mit bis zu 90 µm breiten Hyphensträngen. Basidieninhalt in KOH blaugrün. Sp braun, unregelmäßig gelappt, 7–8 µm im Durchm. Erde, LaH, NaH.
Olivbrauner Filzgewebepilz – *T. ferruginea* (PERS. : FR.) PAT.

8* Hyphensystem monomitisch o d e r Frk oberseits rotbraun bis dunkelbraun. Frk oft ohne Hyphenstränge. Sp bisw klein, 4–6 µm ▸

Tomentellastrum siehe *Tomentella*

Tomentellina siehe *Tomentella*

Tomentellopsis HJORTST., Gelbsporfilzgewebe – RiP (Bas, Agaricomycetes, Thelephorales, Bankeraceae)
Frk resupinat, flockig-samtig (hypochnoid), häutchenfö, membranös, glatt. Monomitisch. Hyphen hyalin bis bräunl, ohne oder allenfalls mit wenigen Schnallen. Zystiden fehlend. Sp hyalin bis hell bräunl, dünnwandig, warzig, inamyloid. 4 Arten. Lignicol. – **Lit**: **9**: 307, **12**: 239
T: *T. echinospora* (ELLIS) HJORTST. – Rausporiges Gelbsporfilzgewebe: BK 2.252

1 Frk-Oberseite (Hymenium) creme, schwefelgelb bis grünl-gelb. Frk spinnwebig bis häutchenfö, glatt. Sp kugelig bis fast kugelig mit 0,5–1 µm langen, feinen Stacheln, 4–6,5(–7) µm im Durchm. LaH, NaH.
Rausporiges Gelbsporfilzgewebe – *T. echinospora* (ELLIS) HJORTST.

1* Frk-Oberseite creme, rosa oder bräunl, weder entschieden gelb noch grünl. Sp ellipsoid oder fast kugelig, bisw kurz stachelig oder auch grob stachelig ▸

Torrubiella siehe unter *Cordyceps*

Torula PERS. – SchimP (Anam, Asc, inc. sed.)
Hyphen septiert, mit einzeln stehenden, nicht gebündelten Konidienträgern. Konidien mehrzellig, zylindrisch, warzig, dunkelbraun, an den Septen eingeschnürt. Auf abgestorbenen Pflanzenteilen, Mist, auch im Boden. – **Lit**: **21**: 87, 157
T: *T. herbarum* (PERS.) LINK

Trachyspora FUCKEL – RostP (Bas, Pucciniomycetes, Pucciniales, Phragmidiaceae)
Pflanzenparasit (Rostpilz) auf *Alchemilla* (Frauenmantel). Teleutosp-Ketten auf 1 Sp reduziert. 3 Arten. – **Lit**: **6**: 213, **13**: 97
T: *T. alchemillae* J. SCHRÖT. = *T. intrusa* (GREV.) ARTHUR – **Gewöhnlicher Frauenmantelrost**: Gäum 215 (III), JK 50, 51; KS 867,4b

Tracya SYD. & P. SYD. – BrandP (Bas, Exobasidiomycetes, Doassansiales, Doassansiaceae)
Phytoparasitischer Befall auf *Lemna* und *Spirodela*. Sp 9,5–14 × 5–10,5 µm, in Ballen innerhalb punktfö, dunkler Sori.
1 Art = T: *T. lemnae* (SETCH.) SYD. & P. SYD.

Trametes FR., Tramete – PoP (Bas, Agaricomycetes, Polyporales, Polyporaceae)
Frk mit vom Substrat abstehenden H oder H-Kanten, auch effus-reflex und resupinat, ein- bis mehrjährig, einzeln oder dachziegelig, unterseits mit weißl bis hell ockerfarbenen Poren. Trama weiß bis weißl. Trimitisch mit hyalinen Skelett- und Bindehyphen. Generative Hyphen hyalin, mit Schnallen; auch dimitisch mit etwas verzweigten Skeletthyphen. Sp hyalin, dünnwandig, glatt, inamyloid. 7–10 Arten. Lignicol, Weißfäule verursachend. – **Lit**: **9**: 229, **12**: 368
T: *T. suaveolens* (L. : FR.) FR. – Anis-Tramete: BK 2.358, Gh 529, Lx 569, Ro 282

1 Frk dünn, 0,5–1 cm dick, klein, oft in dachziegelartig angeordneten Gruppen **2**
1* Frk über 1 cm (bis 3–5 cm) dick, eher groß, bis 10–20 cm lang, einzeln, in kleineren Gruppen, seltener auch dachziegelig. **4**
2 Poren klein, 2–6 pro mm. Unterhalb der H-Oberfläche (Tomentum) gegen die Trama mit schwarzer Linie. **3**
2* Poren groß, nicht mehr als eine Pore pro mm, 0,6–1,5 mm weit. LaB
Hirschfarbene Tramete – *T. cervina* (SCHWEN.) BRES.
3 Frk im Querschnitt bis zur Ansatzstelle am Substrat (dort 1–3 mm dick) weitgehend gleichmäßig dünn. Frk-Oberfläche fein behaart, samtig, seidig glänzend, mit cremefarbenen, blauen bis schwärzl Zonen, alt auch gänzlich blauschwarz bis schwarz. Sp hyalin, 5–6 × 1,5–2,2 µm. Meist LaB (*Fagus*, *Betula* etc.), seltener auf NaB (*Picea*, *Pinus*) **Schmetterlings-Tramete** – *T. versicolor* (L. : FR.) PILÁT
3* Frk im Querschnitt flach keilfö, gegen die Ansatzstelle am Substrat 3–10(–15) mm dick. Frk-Oberfläche kurz behaart, matt, ocker, graubraun, rotbraun, mit breiten, kaum verschiedenfarbigen Zonen. Sp hyalin, 5,5–7 × 2,5–3 µm. LaB (besonders *Populus*), selten auf NaB (*Picea*) **Zonen-Tramete** – *T. multicolor* (SCHAEFF) JÜLICH
4 Frk frisch mit auffallendem, süßl Geruch nach Anis (falls nach cumarin: ▸). Frk-Oberfläche gewölbt, weiß bis cremefarben, gegen die Ansatzstelle auch hell bräunl, kaum gezont, erst fein behaart, dann ± kahl. Poren frisch weiß, alt hell grau, 1–2 pro mm. Trama weiß, bis zu 4 cm dick. Sp 7–10 × 3–4 µm. LaH, meist an Weiden
Anis-Tramete – *T. suaveolens* (L. : FR.) FR.
4* Merkm anders. Frk ohne süßl Geruch. **5**
5 Poren länglich, radial gestreckt, z. T. fast lamellenartig, 1–5 × 1–2 mm, weiß bis hell ocker. Frk 5–20 cm lang, 8–10 cm breit, 1–4 cm dick. Frk-Oberfläche weiß bis creme,

alt grau-ocker, häufig durch Algen grün, jung fein behaart, dann kahl. Gegen Ansatz am Substrat oft gebuckelt. Sp 4–5 × 2–2,2 µm. LaH
Buckel-Tramete – *T. gibbosa* (PERS. : FR.) FR.

5* Poren rundl (isodiametrisch), nicht radial gestreckt **6**

6 Frk-Oberfläche weißl mit grauem Schimmer, dicht rauhaarig. Frk eher dünn und zäh, 0,3–1 cm dick. Poren weiß, dann creme, alt mit grauem Schein. Meist LaH, seltener NaH **Striegelige Tramete** – *T. hirsuta* (FR. : FR.) PILÁT

6* Frk-Oberfläche creme bis ocker, erst fein samtig, dann zonenweise rauhaarig. Frk 0,3–1,5 cm dick. LaH **Samtige Tramete** – *T. pubescens* (SCHUMACH. : FR.) PILÁT

Tranzschelia ARTHUR – RostP (Bas, Pucciniomycetes, Pucciniales, inc. sed.)
Phytoparasiten (Roste, unterschiedl Sp-Formen und Entwicklungsstadien siehe unter *Puccinia*). I becherfö. Pseudoperidie aus dickwandigen Zellen. II mit kopfigen Paraphysen. Wand der II-Sp am Scheitel glatt und verdickt, sonst stachelig. III mit 2-zelligen III-Sp., diese leicht in die einzelnen Sp zerfallend, mit ornamentierter, grob warziger oder stacheliger Wand und je einer Keimpore. Auf Ranunculaceae. Ohne Ww oder Ww mit *Prunus*. – **Lit**: **13**: 119, 660, 671 etc.
T: *T. cohaesa* (LONG) ARTH., nicht bei uns vorkommend. Bei uns *T. fusca* (PERS.) DIETEL – **Brauner Buschwindröschenrost:** JK 67, KS 870:7a (III), Gäum 206:178 (III-Sp).
Anemone (0, I oder 0, III): *T. fusca, T. pruni-spinosae*. – ***Prunus*** (II, III): *T. pruni-spinosae*. – ***Pulsatilla*** (0, III): *T. pulsatillae*. – ***Thalictrum*** (III): *T. thalictri*

Tranzscheliella LAVROV – BrandP (Bas, Ustilaginomycetes, Ustilaginales, Ustilaginaceae)
Phytoparasitischer Befall auf wenigen Gattungen von Süßgräsern, z. B. auf *Hordelymus* Sori am Halm bildend, die Internodien manschettenfö umgreifend, zunächst von den Bl-Scheiden verdeckt. Sp 4–6 × 3,5–5,5 µm, fein punktiert. – **Lit**: **13**: 453, 779
T: nicht heimisch im Gebiet
Hordelymus: *T. hypodytes*. – ***Stipa***: *T. hypodytes, T. minima, T. williamsii*

Trechispora P. KARST., Stachelsporrindenpilz – RiP (Bas, Agaricomycetes, Trechisporales, Hydnodontaceae)
Frk resupinat, spinnwebenfö bis membranös, glatt oder mit Zähnchen oder fast stachelig (hydnoid). Monomitisch. Hyphen hyalin, auch gelbl bis hellbräunl, an den Septen z. T. angeschwollen, mit Schnallen. Bisw mit dünnwandigen Zystiden. Sp hyalin, dünnwandig, glatt bis warzig oder fein stachelig, inamyloid. 12 Arten. Lignicol, LaH, NaH. – Syn: *T. vaga* = *Xenasmatella v*. – **Lit**: **9**: 131, **12**:145
T: *T. onusta* P. KARST. = *T. mollusca* (PERS. : FR.) LIBERTA – **Weißer Stachelsporrindenpilz**: BK 2.115, Ct 1982, Kr 1.348, Lx 505

1 Sp glatt, weder warzig noch eckig ▸

1* Sp warzig oder deutl eckig **2**

2 Frk oberseits mit Poren (poroid). Frk weiß bis creme. Poren eckig, weich, meist 3–4 pro mm. Sp hyalin, fast kugelig bis breit ellipsoid, fein stachelig, 2,5–4 × 2,5–3 µm. LaH, NaH **Weißer Stachelsporrindenpilz** – *T. mollusca* (PERS. : FR.) LIBERTA

2* Frk oberseits glatt, warzig oder stachelig [Falls Frk mit KOH rot: siehe *Xenasmatella vaga*] ▸

Tremella PERS. : FR., Zitterling – GaP (Bas, Tremellomycetes, Tremellales, Tremellaceae) Frk sehr klein bis groß, gallertig, kugelig, linsenfö oder flächig-gelappt. Monomitisch. Hyphen hyalin, meist mit Schnallen. Basidien kugelig bis ellipsoid, Sterigmen meist zylindrisch. Sp hyalin, kugelig bis breit ellipsoid, dünnwandig, glatt, inamyloid, hefeartig sprossende Zellen und Sekundärsp bildend. 20 Arten und mehr. Herbicol, lignicol, parasitisch auf Pilzen (fungicol). – **Lit**: **9**: 86, **12**: 424
T: *T. mesenterica* RETZ : FR. – Goldgelber Zitterling: BK 2.29, Ct 784, Gh 671, Ja 35, Kr 1.125, Lx 591, MJ 6Trem3, NN 7.6–15

1 Auf Krautresten oder auf Nadeln von Koniferen. Frk recht klein ▸
1* Auf Holz oder auf Frk anderer Pilze oder auf Flechten **2**
2 Auf Holz **3**
2* Auf oder an Frk von Pilzen oder Flechten. Hierher auch Arten mit recht kompakthartem Frk **5**
3 Frk groß, hirnartig gelappt bis flach blattartig bis verzweigt. Bis 10–12 cm lang . . . **4**
3* Frk klein, wenige mm bis zu wenigen cm im Durchm, pustelfö, kissenfö, halbkugelig, seltener wellig-hirnartig, nicht gelappt. (Falls Frk in himbeerartigen Gruppen, erst rubinrot dann schwärzend: *T. moriformis* SM ex PURT.) ▸
4 Frk lebhaft goldgelb, wellig-faltig oder gelappt, bis 10 cm breit, bis 4 cm hoch. LaH
Goldgelber Zitterling – *T. mesenterica* RETZ : FR.
4* Frk braun (falls weiß und in Gewächshäusern oder schwärzl: ▸), büschelig, 3–12 cm lang. Sp 7–13 × 5,5–9 µm. LaH, selten auch auf NaH
Rotbrauner Zitterling – *T. foliacea* PERS. : FR.
5 Frk hart, kompakt, mit hartem weißem Kern, außen galertig, creme-orange bis hell fleischfarben, (fast-)kugelig, mit wellig-faltiger Oberfläche. Sp (fast-)kugelig, 8–13 × 6–8 µm. Auf NaH mit *Stereum sanguinolentum* verbunden
Weißkerniger Zitterling – *T. encephala* PERS. : FR.
5* Frk weich-gallertig **6**
6 Auf Ascomyceten und Flechten ▸
6* Auf Basidiomyceten **7**
7 Hyphensepten ohne Schnallen. Sp 7,5–10 × 7,5–8,8 µm. Auf *Aleurodiscus amorphus* (auch Wirt ohne Schnallen!)
Breitspor-Zitterling – *T. simplex* H.S. JACKS. & G.W. MARTIN
7* Hyphensepten mit Schnallen. Sp 6–8 × 4–6 µm. Frk hyalin, hell rosa, bis gelbl-braun. Hyphen 1,2–2,5 µm breit. (Falls Frk jung orange, dann braun. Hyphen 2,5–3 µm breit. Auf Wirten mit glatten Sp: ▸). Auf Wirt mit großen, warzigen Sp (*Aleurodiscus amorphus*) **Schmalspor-Zitterling** – *T. mycophaga* G.W. MARTIN

Tremellodendropsis (CORNER) D. A. CRAWFORD, Keulengallertpilz – KoP/GaP (Bas, Agaricomycetes, Tremellodendropsidales, Tremellodendropsidaceae)

Frk korallenartig verzweigt, fest-galertig bis zäh, 2–7 cm hoch, 2–4 cm weit, einzeln, in Gruppen oder büschelig. Dimitisch mit hyalinen Skeletthyphen. Generative Hyphen hyalin, mit Schnallen. Zystiden fehlend. Basidien keulenfö, oben mit Längssepten. Sp hyalin, dünnwandig, glatt, inamyloid, spindelfö, 10–20(–24) × 4,5–7(–9) µm. Terricol. – **Lit**: **9**: 111, **12**: 430
1 Art = T: *T. tuberosa* (GREW.) D.A. CRAWFORD – **Weißlicher Keulengallertpilz**

Tremellodon siehe *Pseudohydnum*

Tremiscus (PERS.) LÉV., Gallerttrichter – GaP (Bas, Agaricomycetes, Auriculariales, Hyaloriaceae)
Frk tütenfö oder gedreht schaufelfö, aufrecht, 4–14 cm hoch, 4–7 cm breit, mit kurzem weißl S, sonst fleischfarben, orangerot, gallertig. Monomitisch, Hyphensepten mit Schnallen. Sp hyalin, meist zylindrisch bis ellipsoid, auch leicht gebogen, 9–12 × 4–6,5 µm. Terricol auf Kalkböden, bisw nahe Stümpfen oder auch auf NaH. – **Lit**: **9**: 111, **12**: 431
1 Art = T: *T. helvelloides* (DC. : FR.) DONK – **Fleischroter Gallerttrichter**: BK 2.31, Dh 1071, Gh 673, HK 2.204, Kr 1.129, Lx 593, MJ 6Trem1

Trichaptum MURR., Lederporling – PoP/StaP (Bas, Agaricomycetes, Polyporales, Polyporaceae)
Frk resupinat, effus-reflex, bis hutfö vom Substrat abstehend, sitzend, einjährig. Hymenophor frisch mit violettl Ton, selten lamellig, meist porenfö, stachelig (hydnoid) oder zahnfö (irpicoid). Di- oder trimitisch und dann mit hyalinen Skelett- und Bindehyphen. Generative Hyphen hyalin, mit Schnallen. Zystiden vorhanden. Sp hyalin, dünnwandig, glatt, inamyloid. 2 Arten. Lignicol, bei uns meist auf NaH, Weißfäule. – **Lit**: **9**: 219, **12**: 373
T: außereuropäisch. Bei uns z. B. *T. abietinum* (PERS. : FR.) RYVARDEN – **Violetter Lederporling**: BK 2.360, CD 96, Gh 537, HK 2.50, Ja 101, Kr 1.594, Lx 575, Md 260, MJ 5Tricha1

1 Hymenophor lamellenartig. Falls porenfö, dann auf LaH und Trama homogen. Seltene Arten ▸
1* Hymenophor porenfö, stachelig oder zahnfö und Frk auf NaH. Falls auf LaH, dann Trama mit dichter, dunkler Schicht nahe dem Hymenophor (Duplex-Struktur). Frk-Oberfläche weiß bis grau, behaart. Sp zylindrisch, 6–9 × 2–4 µm **2**
2 Hymenophor porenfö, allenfalls etwas gezähnelt. Poren jung hell violett, alt bräunl violett bis braun, 3–5 pro mm. Frk 1–4 cm lang, 0,5–3 cm breit, 1–3 mm dick. NaH (*Larix, Picea, Pinus*), seltener auch LaH (*Alnus, Betula* etc.)
Violetter Lederporling – *T. abietinum* (PERS. : FR.) RYVARDEN
2* Hymenophor zahnfö bis stachelfö, jung violett, alt hell braun. Frk bis 5 cm lang, bis 3,5 cm breit, 1–3 mm dick. NaH (meist *Pinus*, seltener auch auf *Picea*), selten auf LaH (*Betula*) **Zahn-Lederporling** – *T. hollii* (J.C. SCHMIDT : FR.) KREISEL

Tricharina ECKBL., Pelzbecher – op. Disc (Asc, Pezizomycetes, Pezizales, Pyronemataceae)
Frk (Apothecien) sitzend, halbkugelig, flach becherfö, scheibenfö oder konvex, 0,2–1 cm Oberseits (Hymenium) rosa-ockerl, weißl-grau, gelbl oder ockerl. Außen gleichfarben oder bräunl, besonders gegen den Rand zu mit stumpfen oder zugespitzten, septierten Haaren, die bündelartig gehäuft, dünnwandig, blass-bräunl bis rötl-braun sind. Asc-Sp ellipsoid, glatt, hyalin, innen ohne Tröpfchen. Etwa 6 Arten. Terricol, auch auf Brandstellen. – **Lit**: **5**: 37, **10**: 121
T: *T. gilva* (BOUD. & COOKE) ECKBL – Typischer Pelzbecher: BK 1.71, Ct 2103, De 9A

1 Frk becherfö bis scheibenfö, oberseits (Hymenium) graugelb, außen bräunl. Asc-Sp 16–17 × 8,5–10 µm. Auf Brandstellen. (Falls Frk oben rosaockerl und Asc-Sp bis 16 µm lang o d e r Frk oben grauweiß und nicht auf Brandstellen: ►) . . . . **Typischer Pelzbecher** – *T. gilva* (BOUD. & COOKE) ECKBL
1* Frk halbkugelig, oberseits (Hymenium) ocker oder blass gelbbraun ►

Trichia HALLER – SchleimP (Myxogastria, Trichiida, Trichiidae)
Frk sitzend bis gestielt, umgekehrt eifö, kissenfö, bis 0,5–9 × 1 mm. Peridie membranartig bis zieml dick, oft mit Einschlüssen in einer gelatinösen Schicht. Capillitiumfasern röhrenfö, mit freien, das Licht doppelbrechenden, zuspitzenden Enden, weitgehend unverzweigt, außen mit 2–6 eng verlaufenden Spiralbändern. Sp gelb, gelbbraun oder braun (falls bräunl-rot siehe *Metatrichia*), kugelig, seltener auch breit ellipsoid. Über 20 Arten. Totholz und Rinde. – **Lit**: **17**: 124, **18**: 247
T: *T. ovata* PERS. = *T. varia* (PERS.) PERS.: Nan 126, Neub 1.273

1 Capillitiumfasern (Elateren) mit bis zu 2 Spiralen, die auf einer Seite etwas stärker hervortreten. Frk sitzend oder kurz gestielt *T. varia* (PERS.) PERS.
1* Capillitiumfasern (Elateren) mit 3 und mehr Spiralen, die gleichmäßig stark sind . . **2**
2 Frk sitzend. **3**
2* Frk gestielt. **6**
3 Sp mit Warzen oder Dornen **4**
3* Sp mit netzfö Ornament **5**
4 Sp in Masse gelb *T. contorta* (DITMAR) ROST.
4* Sp in Masse braun *T. mirabilis* NANN-BREM.
5 Sp mit regelmäßig ausgebildetem, fast vollständig geschlossenem, engmaschigem Netz *T. scabra* ROST.
5* Sp mit weitmaschigem, oft unvollständig geschlossenem Netz *T. favoginea* (BATSCH) PERS.
6 Sp mit netzfö Ornament. Capillitiumfasern (Elateren) an den Enden kurz zuspitzend [Falls Capillitiumfasern (Elateren) an den Enden lang zuspitzend, Sp mit unscheinbarem, oft unterbrochenem Netz: *T. decipiens* (PERS.) MACBR.] *T. verrucosa* BERK.
6* Sp mit Warzen ►

Trichobolus (SACC.) KIMBR. & CAIN – op. Disc (Asc, Pezizomycetes, Pezizales, Fam ?)
Apothecien kugelig bis halbkugelig, im Substrat eingesenkt, weißl oder blass gelbl-braun (so beim T), bis zu 0,5 mm, außen mit hyalinen, steifen, zugespitzten, septierten (Septen

1–10), 100–600 × 6–16 µm messenden Haaren. Asci mit 1500–7000 Sp, diese z. B. 8,5–11 × 7–9 µm. 2 Arten. – **Lit**: **10**: 309
T: *T. zukalii* (HEIMERL) KIMBR.

Trichodelitschia MUNK – Asc (Dothideomycetes, Phaeotrichales, Phaeotrichaceae)
Frk ± kugelig bis zu 500(–600) µm im Durchm, schwarzbraun, stachelig-haarig; Haare 20 × 4–5 µm. Asci 100–120 × 33–37 µm, mit 8 Doppelsp, diese 15–22–24–29 × 8–9–10 µm. Auf Dung
T: *T. bisporula* (P. CROUAN & H. CROUAN) MUNK

Trichoderma PERS. – SchimP (Asc, Sordariomycetes, Hypocreales, Hypocreaceae, Hypocrea, Anamorphe)
Konidien nicht in Ketten, 1-zellig, von Phialiden an Konidienträgern gebildet, welche sich von den übrigen Hyphen deutl unterscheiden. Verzweigungen nicht streng wirtelig und Phialiden nicht wirtelig angeordnet. Konidienträger nicht dimorph (nicht in zweierlei Gestalt). U. a. auch auf anderen Pilzen (*Fomes, Ischnoderma, Lenzites, Osmoporus, Piptoporus, Porphyrellus, Russula, Scleroderma, Tremella*). – **Lit**: **21**: 89, 157
T. *T. fuliginoides* PERS. = *Postia ptychogaster* (F. LUDW.) VESTERH.; allerdings zu Basidiomyceten gehörend

Trichoglossum BOUD., Haarzunge – inop. Disc (Asc, Leotiomycetes, Leotiales, Geoglossaceae)
Frk gestielt-spatelfö, 3–8 cm, bräunl-schwarz, fertiler Teil (Hymenium) nicht deutl abgegrenzt vom S, beides mit steifen, zugespitzten, braunen Haaren (Seten). Asci mit amyloidem Porus, 4- bis 8-sporig (so beim T). Paraphysen gerade oder gekrümmt, bräunl. Asc-Sp braun, 3–15-fach (beim T reif 15-fach; sonst bis zu 14-fach) septiert, beim T 110–150 × 6–7 µm. Etwa 4 Arten. Terricol, Wiesen, Wälder, Moore. – **Lit**: **5**: 94, **10**: 183
T: *T. hirsutum* (PERS. : FR.) BOUD. – **Typische Haarzunge**: BK 1.131, BL 333, Ct 1666, Ge 573, HK 2.262, Lx 643, Ph 275

Tricholoma (FR.) STAUDE, Ritterling – BläP (Bas, Agaricomycetes, Agaricales, Tricholomataceae)
Frk mittelgroß bis groß, fleischig. L ausgebuchtet angeheftet. Spp weiß. Schnallen fehlend oder bei wenigen Arten (spärl) vorhanden [dann u. a. H grau, anliegend-schuppig und zugleich F mit Mehlgeruch oder H-Oberfläche glatt und mit Seifengeruch (Kernseife, Waschküche)]. HDS aus gestreckten Hyphen. Sp glatt, inamyloid. Über 50 Arten. Terricol, EktM. – Syn: *T. bresadolanum* = *T. sciodes, T. fracticum* = *T. batschii, T. scalpturatum* = *T. argyraceum, T. tigrinum* = *T. pardolatum*. – **Lit**: **7**: 444, **11**: 119, **14**: 413
T: *T. flavovirens* (ALB. & SCHWEIN. : FR.) S. LUNDELL = *T. equestre* (L. : FR.) P. KUMM.. – Grünling: BK 3.418, CD 378, Dh 242 u. 243, Gh 75, Kr 3.560

1 L von Beginn an einheitl und intensiv gelb. **2**
1* L nicht so. **4**

Lamellen entschieden gelb (2–3)

2 Geruch unangenehm, leuchtgasartig. Sp 9–12 × 5,5–7 µm. LaW, seltener NaW **Schwefel-Ritterling** – *T. sulphureum* (BULL. : FR.) P. KUMM.

2* Geruch nicht unangenehm. **3**

3 Geschmack mild. Geruch und Geschmack mild. H-Oberfläche etwas klebrig. Sp 6–8 × 3,5–5 µm. NaW, LaW **Grünling** – *T. equestre* (L. : FR.) P. KUMM.

3* Geschmack erst entschieden scharf, dann bitter. Geruch fehlend. H-Oberfläche fast trocken **Gallen-Ritterling** – *T. aestuans* (FR. : FR.) GILLET

Lamellen nicht entschieden gelb (4–35)

4 H weiß, weißl, in H-Mitte bisw ockerbräunl bis graubräunl werdend, auch mit Olivtönen. Geruch bisw widerlich, bisw seifenartig **5**

4* H hell ockergelb bis lehmgelb und dann Geruch nicht widerl o d e r H deutl gefärbt: grau, braun, olivbraun, gelb, grün etc. **11**

– Hut weiß bis weißlich, bisw. mit Olivtönen und (dann) mit Seifengeruch (5–10)

5 Frk rasch gilbend. H 5–12 cm. F im S mit KOH gelb. Geruch wie überreifes Obst. Geschmack mehlartig-bitterl. Schnallen an Hyphensepten der HDS spärlich. Sp 5–6,5 × 4–5 µm. LaW **Gilbender Ritterling** – *T. sulphurescens* BRES.

5* Frk nicht stark gilbend (allenfalls undeutl gilbend) **6**

6 Geruch widerl gasartig. H weißl-ocker, 3–7(–9) cm. L dickl und entfernt. Sp 9,5–12 × 6–7,5 µm. NaW (bes mit *Picea*) **Nadelwald-Gasritterling** – *T. inamoenum* (FR. : FR.) GILLET

6* Falls Geruch unangenehm, dann Sp weniger als 9 µm lang und an LaB gebunden (z. B. *Quercus*, *Betula*). L nicht entfernt stehend **7**

7 Geruch wenigstens älterer Frk unangenehm-widerl. Geschmack bitter oder widerl . **8**

7* Geruch nicht entschieden widerl-unangenehm. Geschmack mild oder wenig bitterl **10**

8 Sp 6–8(–9,5) × 3,5–5 µm. H bald mit grauem, graugelben Ton. L im Exs tief dunkelbraun, 60–80 den S erreichend. Schnallen an Hyphensepten der HDS häufig. LaB (*Fagus, Quercus*) **Strohblasser Gasritterling** – *T. lascivum* (FR. : FR.) GILLET

8* Sp etwas kleiner und gedrungener, 5–7 × 3,5–4,5(–5) µm. H alt ohne graue Töne. L im Exs ockerbraun **9**

9 H 3–6(–7,5) cm, am Rand nicht gerippt. L eher entfernt (40–60 am S ansitzend). Schnallen an Hyphensepten der HDS fehlend oder selten. Mit LaB (*Quercus*) **Weiß-Ritterling** – *T. album* (SCHAEFF. : FR.) P. KUMM.

9* H bis zu 10 cm und mehr, am Rande oft gerippt. L eher gedrängt (60–120 am S). Schnallen in HDS häufig. Unter LaB (z. B. *Betula, Fagus* etc.) **Gerippter Gasritterling** – *T. stiparophyllum* (S. LUNDELL) P. KARST.

10 H weiß, seidig schimmernd, konvex, [Falls H konisch gebuckelt: *T. umbonatum* (J.E. LANGE) CLÉMENÇON & BON], ohne Olivtöne, wohl aber bisw grünl oder rosa fleckend. L gedrängt. Geruch schwach mehlartig oder etwas unangenehm, nicht seifenartig. Sp 5–7 × 4–5 µm. LaW, NaW **Seidiger Ritterling** – *T. columbetta* (FR. : FR.) P. KUMM.

10* H meist auf weißl Grund mit Olivtönen siehe **31**: *T. saponaceum*

11 H mit gelben, grünen oder olivfarbenen (olivbraunen) Tönen **12**

11* H mit anderen Farben **14**

– Hut mit gelben, grünen oder olivfarbenen (olivbraunen) Tönen; Lamellen nicht gelb (12–13)

12 L grau. Sp 8–10 × 5,5–7 µm. NaW
Graublättriger Ritterling – *T. luridum* (SCHAEFF. : FR) P. KUMM.

12* L nicht mit grauen Tönen **13**

13 Sp fast kugelig und kleiner als 6 µm, 4,5–6 × 3,5–5 µm. NaW (*Pinus*). [Falls H groß, am H-Rand gekerbt-gerippt, 7–20 cm, L sehr gedrängt, S kurz und derb, Sp 5–6 × 4–5 µm: *T. acerbum* (BULL. : FR.) QUÉL.]
Orangebrauner Ritterling – *T. arvernense* BON

13* Sp länger als 6 µm. S glatt, weiß, höchstens blass gelb überhaucht. H wenigstens stellenweise gelb oder grüngelb. Sp 6–8 × 5–6 µm. NaW
Grüngelber Ritterling – *T. sejunctum* (SOWERBY : FR.) QUÉL.

14 H mit braunen Tönen (auch rotbraun, orangebraun), bisw so sehr hell **15**

14* H mit grauen Tönen (auch graubraun oder fast schwarz). H-Oberfläche eingewachsen faserig, schuppig, wollig-filzig (falls glatt siehe **31**: *T. saponaceum*). **28**

– Hut mit braunen Tönen: kastanienbraun, rotbraun, orangebraun, ockerbraun (15–27)

15 S jung mit deutl Ring **16**

15* S auch jung ohne Ring, wohl aber bisw mit scharf abgesetzter, weißl S-Spitze . . . **18**

– – Stiel mit Ring (16–17)

16 Geruch und Geschmack nach Mehl. H rostorange bis orange-bräunl, kastanienbraun, 5–9(–10) cm. F nicht rötend. Sp 4,5–5,5(–6) × 3–4 µm. NaW (*Pinus*)
Halsband-Ritterling – *T. focale* (FR.) RICKEN

16* Geruch und Geschmack nicht nach Mehl **17**

17 Frk groß, kräftig, S × 2–5 cm. H 10–25 cm. F rötend. Sp 8–9(–10) × 5,5–6,5 µm. NaW (*Pinus*) **Riesen-Ritterling** – *T. colossum* (FR.) QUÉL.

17* Frk nicht so derb und dickstielig. Sp vielfach kleiner ▸

– – Stiel ohne Ring (19–27)

18 Geruch und oft auch Geschmack nach Mehl **19**

18* Geruch und Geschmack nicht nach Mehl (Falls Geruch nach Sellerie: *T. apium* JUL. SCHÄFF.) **24**

– – – Geruch nach Mehl (19–23)

19 L und F unterhalb der S-Rinde mit gelbl Tönen (nicht so intensiv wie bei **2–3**). An Birke gebunden. H 5–10 cm, schmierig. Sp 5–7 × 3,5–4,5 µm
Birken-Ritterling – *T. fulvum* (BULL. : FR.) BIGEARD & H. GUILL.

19* L und/oder F nicht mit gelbl Tönen. Nicht an Birke gebunden **20**

20 S-Spitze weißl und vom übrigen S farbl abgesetzt (an jungen Frk!) **21**

20* S-Spitze nicht farbl abgesetzt vom übrigen S **23**

21 H orange bis orangebraun, bisw jung mit grünl Schimmer, schmierig. Sp 4,5–5,5 × 3–4 µm. NaW **Orangeroter Ritterling** – *T. aurantium* (SCHAEFF. : FR.) RICKEN

21* H braun, ohne grünl Schimmer **22**

22 H-Oberfläche ohne eingewachsene dunklere Fasern, oft fleckig-gesprenkelt. Geschmack der HDS bitter. H-Rand bisw gerippt. Sp 6–7 × 4,5–5,5 µm. An LaB (*Fagus*, *Carpinus*, *Quercus*) gebunden. **Bitterer Brandritterling** – *T. ustaloides* ROMAGN.

22* H-Oberfläche eingewachsen faserig (oft undeutl). An NaB gebunden. S-Spitze deutl weißl abgehoben vom übrigen S, manchmal in Form einer schmalen Ringzone. H 8–12(–15) cm, S × 1,5–3 cm. Geschmack der HDS deutl bitter. Sp 5–5,5(–6) × 4–5 µm. [Falls weiß abgehobene Zone an S-Spitze undeutl, H 4–10 cm, S × 1–2 cm. Sp 5–6(–7) × 3,5–5 µm: *T. albobrunnrum* (PERS. : FR.) P. KUMM.]
Fastberingter Ritterling – *T. batschii* GULDEN ex MORT. CHR. & NOORDEL.

23 Unter und mit Pappel (*Populus*). Sp 5,5–6,5 × 3,5–4 µm
Pappel-Ritterling – *T. populinum* J.E. LANGE

23* Unter NaB (meist *Pinus*). Sp 4–5,5 × (–6) × 2,5–3 µm
Kiefern-Ritterling – *T. pessundatum* (FR. : FR.) QUÉL.

– – – ***Geruch nicht nach Mehl (24–27)***

24 H-Oberfläche trocken, faserig bis filzig **25**

24* H-Oberfläche kahl und glatt **27**

25 H und S dunkel braun bis rotbraun. S glatt. Unter und mit Kiefer, Fichte **26**

25* H und S gelbbraun, ockerbraun. S fein und dicht punktiert, S-Spitze scharf weißl abgesetzt. Geschmack bitterl. Sp 5,5–7 × 4,5–5,5 µm. Unter und mit Lärche
Lärchen-Ritterling – *T. psammopus* (KALCHBR.) QUÉL.

26 H am Rand wollig-filzig, bärtig, gerippt. sonst sparrig-schuppig, kegelig bis gebuckelt. Im F und am S bisw rötend. Sp 6–7 × 4–5,5 µm. Meist mit Fichte, seltener mit Kiefer
Zottiger Ritterling – *T. vaccinum* (SCHAEFF. : FR.) P. KUMM.

26* H am Rand weder wollig noch faserig, allenfalls flaumig, weder kegelig noch gebuckelt, glatt [Falls H faserig oder mit kleinen Schüppchen: *T. inodermum* (FR.) GILLET]. F nicht rötend. Sp 6–8 × 4,5–5 µm. Meist mit Kiefer.
Feinschuppiger Ritterling – *T. imbricatum* (FR. : FR.) P. KUMM.

27 Im LaW oder unter LaB. H hell rotbraun bis hell oliv. L weiß, rotfleckig, L-Schneide alt schwärzend. S rotbraun mit weißl Spitze. Sp 6–7,5 × 5–6 µm
Brandritterling – *T. ustale* (FR. : FR.) P. KUMM.

27* Im NaW oder unter NaB. H rötl-braun bis braun. L weiß, rotbraun gefleckt. S-Spitze weißl. sonst etwa wie H gefärbt. Sp 5–7 × 4–5 µm
Rotfleckender Ritterling – *T. stans* (FR.) SACC.

– ***Hut mit grauen Tönen: grau, fast schwarz, violettgrau, graubraun (28–35)***

28 Geschmack brennend scharf **29**

28* Geschmack mild **30**

– – ***Geschmack entweder scharf oder Geruch nach Mehl, nach Seife (29–31)***

29 H halbkugelig oder konvex. Sp 6,5–8 × 5–6,5 µm. LaW
Bitterer Ritterling – *T. sciodes* (PERS.) C. MARTIN

29* H spitz konisch bis deutl gebuckelt. Sp 6–7,5 × 5–6 µm. LaW und NaW
Scharfer Ritterling – *T. virgatum* (FR. : FR.) P. KUMM.

30 Geruch nach Mehl. Frk recht stämmig. H schuppig, 3–10(–15) cm, S × 1,5–2 cm, weiß, faserig. Hyphensepten in HDS und Trama mit Schnallen. Sp 8–10 × 5,5–6,5 µm. LaW, NaW, Kalkböden **Tiger-Ritterling** – *T. pardolatum* HERINK & KOTL.

30* Geruch nicht nach Mehl und auch übrige Merkm verschieden **31**

31 Geruch nach Seife. H konvex bis stumpf glockenfö, 5–10(–12) cm, graubraun, olivbraun, auch rotbraun, gegen H-Rand olivgelbl. L entfernt dickl. Geruch seifenartig auch nach Waschküche; [falls Geruch mehlig-ranzig bis schwach fruchtig und Schnallen in HDS spärl: *T. sudum* (FR.) QUÉL.)]. Frk stellenweise langsam rötend. Hyphensepten in HDS mit Schnallen. Sp 4,5–7 × 3–4,5 µm. NaW, seltener auch mit LaB **Seifen-Ritterling** – *T. saponaceum* (FR. : FR.) P. KUMM.

31* Geruch nicht nach Seife **32**

– – ***Geschmack weder scharf noch Geruch nach Mehl, noch nach Seife (32–35)***

32 H-Oberfläche weitgehend glatt, allenfalls mit eingewachsenen Fasern. Sp 5,5–7,5 × 4–5 µm. NaW, seltener unter LaB **Schwarzfaseriger Ritterling** – *T. portentosum* (FR. : FR.) QUÉL.

32* H-Oberfläche feinfilzig, feinschuppig, matt **33**

33 S beringt. Sp 5–7 × 2,5–3 µm. Unter *Salix* **Beringter Erdritterling** – *T. cingulatum* (ALMFELT) JACOBASCH

33* S ohne Ring, allenfalls mit faseriger, undeutl Velumzone **34**

34 Ohne Mehlgeruch, Frk weder gilbend noch rötend. Sp 5,5–7 × 4–5,5 µm. NaW (besonders mit *Picea*, *Pinus*) **Typischer Erdritterling** – *T. terreum* (SCHAEFF. : FR.) P. KUMM.

34* Mit Mehlgeruch oder mit aromatischem Geruch wie Pfeffer. Frk stellenweise (z. B. an L) gilbend oder rötend. **35**

35 Frk alt gilbend. Sp 4,5–6 × 2,5–3,5. Mit LaB seltener mit NaB (*Pinus*) **Gilbender Erdritterling** – *T. argyraceum* (BULL.) GILLET

35* Frk nicht gilbend, wohl aber alt an L und an S-Basis rötend [Falls weder rötend noch gilbend, Geruch pfefferartig: *T. atrosquamosum* (CHEVALL.) SACC.]. Sp 6–8 × 4,5–6 µm **Rötender Erdritterling** – *T. orirubens* QUÉL.

Tricholomella KALAMEES, Schönkopf – BläP (Bas, Agaricomycetes, Agaricales, Lyophyllaceae)
Frk weiß, H 3–6(–8) cm, bereift, alt bräunl und kahl. L ausgebuchtet, S-Basis wurzelnd, S mit ringartigen Velumresten. Geruch und Geschmack stark nach Mehl. Basidien siderophil. Sp rau bis stachelig, oval bis ellipsoid, 7–8,5 × 4–5 µm. terricol, Grasland. – Anm: auch zu *Calocybe* gestellt. – **Lit**: **7**: 186 als *Calocybe c.*, **11**: 138 als *Calocybe c.*, **14**: 509
1 Art = T: *T. constricta* (FR. : FR.) KALAMEES – **Wurzelnder Schönkopfritterling**: Br 195, CD 483, Ct 594, Gh 143, Lg 17A, 24A, MJ 3Cal1, Lu 1.7.3, Ph 41, RH 304

Tricholomopsis SINGER, Holzritterling – BläP (Bas, Agaricomycetes, Agaricales, Tricholomataceae)
H ± zentral gestielt, mit rötl, olivfarbenen bis schwärzl Faserschüppchen. L ausgebuchtet, gelb. F gelb. Spp weiß. Cheiolozystiden vorhanden, groß, keulenfö bis blasenfö. Schnallen

an Hyphensepten vorhanden. Sp glatt, inamyloid, acyanophil. 2 Arten. Lignicol (NaH). – Anm: *T. flammula* und *T. ornata* wohl nur als Formen ohne taxonomische Bedeutung von *T. rutilans* zu werten. – **Lit**: **7**: 467, **11**: 119, **14**: 334

T: *T. rutilans* (SCHAEFF. : FR.) SINGER – Purpurfilziger Holzritterling: BK 3.445, BL 151, Gh 101, HK 1.81, Ja 171, Kr 3.579, Lu 1.85.3, Lx 145, Md 827

1 H-Schüppchen dunkel weinrot bis rotviolett [falls H-Schüppchen braun: *T. ornata* (FR.) SINGER] H groß, 3–10 cm [falls H klein, 1,5–2,5 cm: *T. flammula* MÉTROD], bisw gänzl weinrot-samtig oder gelb. S wie H gefärbt. und filzig, 6–10 × 1–1,5 cm. L gelb. Sp 6–8 × 4,5–6 µm. NaH (*Pinus, Picea, Abies*)
Purpurfilziger Holzritterling – *T. rutilans* (SCHAEFF. : FR.) SINGER

1* H-Schüppchen grünl, olivbraun, olivschwärzl. H jung konvex mit niedergedrückter Mitte, 5–10 cm. S wie H gefärbt, mit Schüppchen. Sp 6–8 × 4–5 µm. Besonders im Gebirgs-NaW auf NaH (*Picea, Abies*)
Olivgelber Holzritterling – *T. decora* (FR. : FR.) SINGER

Trichonectria KIRCHST. – Pyr (Asc, Sordariomycetes, Hypocreales, Bionectriaceae)
Perithecien bis zu 300 µm im Durchm, einzeln, gelbl, mit hyalinen, steifen, dickwandigen, bis zu 100 µm langen Haaren. Asc-Sp zylindrisch bis wurmfö gebogen, mehrteilig septiert, 45–85 × 5–8 µm. Auf Rinde nahe bei Krustenflechten. – **Lit**: **5**: 282, **10**: 231

T: *T. aculeata* KIRCHST. – Abgebildet *T. hirta* (BLOXAM.) PETCH: De 31G

Trichopeziza FUCKEL – inop. Disc (Asc, Leotiomycetes, Helotiales, Lachnaceae)
Frk sitzend, scheibenfö, oberseits (Hymenium) blass, außen mit langen weißl, gelben oder ockerl Haaren. Haare zylindrisch oder leicht gegen das obere, stumpfe Ende verjüngt, etwas dickwandig, mehrfach septiert, hyalin oder farbig, glatt, mit locker angehefteten hyalinen oder bräunl Körnchen, die sich in KOH auflösen. Asci zylindrisch 8-sporig, mit amyloidem Porus. Paraphysen lanzettl oder zylindrisch, oben spitz endend, die Asci überragend. Asc-Sp zylindrisch bis spindelig, nicht oder mehrfach septiert. Etwa 6 Arten. Saprotroph auf Krautstängeln. – **Lit**: **10**: 208

T: *T. sulphurea* (PERS.) FUCKEL – Schwefelgelbes Haarbecherchen: BK 1.226 als *Dasyscyphus s.*

1 Sp länger als 25 µm [25–35 × 2–3 µm; falls Sp 40–65 × 1,5–2,5 µm: *T. discolor* (MOUTON) RAITV.]. Meist auf Brennnessel (*Urtica*)
Schwefelgelbes Haarbecherchen – *T. sulphurea* (ALB. & SCHWEIN.) FR.

1* Sp kürzer als 18 µm. Meist nicht auf *Urtica*. **2**

2 Auf Pappelblättern oder auf Gräsern ▸

2* Auf Krautstängeln von Zweikeimblättlern (Dikotylen). Frk außen ± gelb bis braun [Falls Frk weißl bis blass isabell: *T. mollissima* (LASCH) FUCKEL]
T. leucophaea (PERS.) REHM

Trichophaea BOUD., Borstling – op. Disc (Asc, Pezizomycetes, Pezizales, Pyronemataceae) Frk (Apothecien) sitzend, scheibenfö bis flach becherfö, 0,2–0,5 cm breit. Oberseits (Hymenium) weißl-grau oder grau-braun. Außen mit steifen, hyalinen oder bräunl, zugespitzten, zwei- oder mehrteilig septierten Haaren. Asc-Sp spindelfö, schmal bis breit ellipsoid, auch fast kugelig, glatt oder ornamentiert, innen mit Tröpfchen, beim T 20–22,5 × 16–18 µm, sonst 13–27 µm lang. Etwa 10 Arten. Terricol, auch auf Brandstellen oder auf Pflanzenresten. – **Lit**: **5**: 38, **10**: 121
T: *T. woolhopeia* (COOKE & PHILL.) BOUD. – Woodhopes Borstling: BK 1.76, Ct 2925, De 9E

1 Frk auf Brandstellen ▸
1* Frk auf Erdboden oder an Pflanzenresten **2**
2 Asc-Sp 20–22,5 × 16–18 µm
Woodhopes Borstling – *T. woolhopeia* (COOKE & PHILL.) BOUD
2* Asc-Sp weniger breit, z. B. × 10,5–13 und bisw länger, z. B. 21,5–27: ▸

Trichophaeopsis KORF & ERB, Grauborstling – op. Disc (Asc, Pezizomycetes, Pezizales, Pyronemataceae)
Frk (Apothecien) sitzend, kreiselfö, scheibenfö, 0,5–3 mm (beim T 2–3 mm), berandet. Oberseits (Hymenium) weißl, außen bräunl mit langen, steifen, bräunl, mehrteilig septierten, spitzen, hin und wieder geteiligen Haaren mit längerem, nach oben gerichtetem, und kürzeren, nach unten gerichtetem Zweig. Asci 4- oder 8-sporig. Asc-Sp ellipsoid, hyalin, glatt, innen ohne Tröpfchen, beim T 15–17 × 9–10 µm. 2 Arten. Auf Dung, Erde, Pflanzenresten. – **Lit**: **5**: 40, **10**: 122
T: *T: bicuspis* (BOUD.) KORF & ERB – **Zweispitz-Grauborstling**: Ct 2924, De 9F

Trichophyton MALMSTEN – SchimP (Asc, Eurotiomycetes, Onygenales, Arthrodermataceae; Anamorphe)
Hyphen septiert. Konidien 1-zellig, hell, hellbraun, eifö, birnenfö, keulig, bisw Streichhölzern ähnelnd, dünnwandig, glatt, meist länger als 6 µm, direkt am Mycel gebildet. Falls Konidien mehrzellig, glattwandig dann zusätzl mit 1-zelligen, dominierenden Mikrokonidien. Besonders als human- und tierpathogene Hautbewohner bekannt. – **Lit**: **21**: 91–92, 158
T: *T. tonsurans* MALMSTEN

Trichothecium siehe *Corticium*

Triphragmium LINK – RostP (Bas, Pucciniomycetes, Pucciniales, inc. sed.)
Phytoparasiten (Roste, unterschiedl Sp-Formen und Entwicklungsstadien siehe unter *Puccinia*). Auf *Filipendula* als W beschränkt. II in zwei Forrmen: Zunächst (Mai bis Juni) rotorange, bis 2 cm lang, beiderseits an meist gekrümmten Bl-Stielen, ohne Paraphysen. Dann (ab Juni) nur bis 1 mm im Durchm auf Bl-Unterseite, gelb(-braun) oder orange, mit Paraphysen. III ab Juli. Dunkel- bis schwarzbraun, pulverig, klein. III-Sp gestielt, 3-zellig und 3-eckig, auch in I und II entstehend. 2 Arten. – **Lit**: **13**: 400.
T: *T. ulmariae* (DC.) LINK – **Großer Mädesüßrost**: JK 185
Filipendula ulmariae (0, II, III): *T. ulmariae*. – ***Filipendula vulgaris*** (0, II, III): *T. filipendulae*

Truncatella STEYAERT – PaP (Asc, Sordariomycetes, Xylariales, Amphisphaeriaceae, Anamorphe)
Mycel innerhalb des Wirtsgewebes (intramatrikal), hyalin bis blassbraun. Konidien spindelfö, gerade, 4.zellig mit hyalinen Endzellen; die apikalen mit einfachen oder verzweigten Anhängseln. Die basalen Endzellen gestutzt, die mittleren Zellen derbwandig, braun, glatt. Über 10 Arten. Eine Art, *T. conorum-piceae* auf Fichten- oder Kiefernzapfen.
T. *T. angustata* (PERS.) S. HUGHES: **2**: 1143, 334

Tubaria (W.G. SM.) GILLET, Trompetenschnitzling – BläP (Bas, Agaricomycetes, Agaricales, Crepidotaceae)
Frk klein bis mittelgroß. L bräunl, stark herablaufend. Velum fehlend oder unscheinbar, falls vorhanden, dann als Ring am S oder als weißl Schüppchen auf H-Oberfläche. Spp ocker. HDS aus gestreckten, liegenden Hyphen. Schnallen vorhanden. Cheilozystiden zahlreich. Sp glatt, ohne Keimporus. 8 Arten. Lignicol, Streu, Pflanzenreste, auch terricol. – **Lit**: **11**: 344, **14**: 782
T: *T. furfuracea* (PERS. : FR.) GILLETT – Typischer Trompetenschnitzling: BK 4.463, CD 1235, Dh 636, 637, Gh 391, Lg 127G, Lu 1.86.2, MJ 3Tub2, Ph 158

1 S mit häutigem Ring o d e r L stets lebhaft ockergelb ▸
1* S ohne häutigen Ring und L nicht gelb **2**
2 H unter 1(–1,5) cm ▸
2* H über 1 cm **3**
3 S weiß, mit weißem faserigen Velum, Sp unter 7,5 µm ▸
3* S dem H gleichfarben braun oder Sp über 7,5 µm lang **4**
4 H-Rand mit auffallenden weißen, persistenten Velumresten. [Falls S wie H rotbraun und H mit Flöckchen und Schüppchen übersät: *T. ferruginea*]. Sp oval bis mandelfö, 7–10 × 4–6 µm **Flockiger Trompetenschnitzling** – *T. conspersa* (PERS. : FR.) FAYOD
4* H ohne auffallende weiße Velumreste, ohne Flöckchen oder Schüppchen. Sp oval bis ellipsoid **5**
5 Sp 6–8,5 × 4–5 µm. **Geselliger Trompetenschnitzling** – *T. romagnesiana* ARNOLDS
5* Sp 7–10(–11) × 4,5–5 µm **6**
6 Cheilozystiden ± zylindrisch, am Ende nicht kopfig erweitert
Typischer Trompetenschnitzling – *T. furfuracea* (PERS. : FR.) GILLETT
6* Cheilozystiden keulenfö und oben oft kopfig erweitert
Winter-Trompetenschnitzling – *T. hiemalis* ROMAGN. ex BON

Tuber MICHELI ex WIGGERS : FR., Trüffel – Hyp (Asc, Pezizomycetes, Pezizales, Tuberaceae)
Frk kugelig bis unregelmäßig lappig, knollig, z. B. 3–5(–10) cm, schmutzig weißl, ockerl-braun, rötl-braun, schwarz, fest, fleischig bis zäh. Außen (Peridie) glatt bis warzig. Innen (Gleba) mit weißl, scharf abgegrenzten Adern, dazwischen die fertilen Bereiche cremefarben, braun, rosa-grau, schließl rötl-lila, grau bis schwarz. Asci ellipsoid, birnenfö, kugelig, mit 1–6(–8) Sp. Sp kugelig oder ellipsoid, stachelig oder netzig ornamentiert, z. B. 26–30 × 16–21 µm (so der T). Bei uns wohl unter 10 Arten. Terricol. – Syn: *T uncinatum* = *T. aestivum* var. *u.* – **Lit**: **5**: 83, **10**: 84

T: *T. brumale* VITTAD. – Winter-Trüffel: Ce 33, Ct 376, 2948, HK 2.289, MS 266, 268

1 Frk hellfarben, ockerl-weiß bis hell rotbraun, außen (Peridie) glatt oder fein warzig-rau, keinesfalls mit gröberen, pyramidalen Warzen **2**

1* Frk dunkel braunrot, schwarzbraun, schwarz, mit deutl pyramidalen, 1–2 mm breiten Warzen oder felderig **5**

Fruchtkörper hellfarben (2–4)

2 Sp stachelig o d e r Sp mehrheitl (annähernd) kugelig o d e r Frk basal mit Höhle ▸

2* Sp netzmaschig **3**

3 Netzmaschen des Sp-Ornaments eng, etwa (5–)6–7 je Sp-Fläche in Aufsicht ▸

3* Netzmaschen des Sp-Ornaments weit, etwa 3–5(–6) je Sp-Fläche in Aufsicht **4**

4 Frk groß, 2–8 cm, blass strohfarben-gelbl, mit intensivem Knoblauchgeruch
Italienische Trüffel – *T. magnatum* PICO

4* Frk kleiner, 1–2 cm, ockerl mit rötl-brauner Tönung. Geruch nicht nach Knoblauch, eher unangenehm. Netzmaschen des Sp-Ornaments 4–5 je Sp-Fläche. Peridie stellenweise aus isodiametrischen Zellen. [Falls 2–3 je Sp-Fläche, Peridie aus gestreckten Hyphen: *T. dryophilum* TULASN. & C. TULASN.]
Stinkende Trüffel – *T. foetidum* VITTAD.

Frucktkörper dunkel braun bis schwarz (5–9)

5 Sp stachelig **6**

5* Sp mit netzfö-grubigem Ornament **8**

*– **Sporen stachelig (6–7)***

6 Sp mit dünnen, aufrechten Stacheln. Sp reif hellbraun bis haselbraun. Innen (Gleba) mit wenigen, recht weiten Adern. **Winter-Trüffel** – *T. brumale* VITTAD.

6* Sp mit (leicht) gebogenen, gröberen Stacheln. Sp reif oft auch tief braunschwarz. Gleba meist mit vielen dünnen Adern **7**

7 Basis der Stacheln nicht deutl erweitert, Stacheln daher von der Spitze bis zur Basis etwa gleichdick **Perigord-Trüffel** – *T. melanosporum* VITTAD.

7* Basis der Stacheln deutl erweitert und bisw in Stege und unvollständig geschlossene Netze übergehend. Bei uns nur als Handelsware, meist in Dosen und oft anstelle von voriger (7) **Chinesische Trüffel** – *T. indicum* COOKE & MASS.

*– **Sporen mit netzförmig-grubigem Ornament (8–9)***

8 Netzmaschen des Sp-Ornaments eng, etwa 6–8 je Sp-Fläche ▸

8* Netzmaschen des Sp-Ornaments weit, etwa 3–5 je Sp-Fläche in Aufsicht. **9**

9 Sp (annähernd) kugelig o d e r zu 6–18 je Ascus ▸

9* Sp ellipsoid und zu 1–5 je Ascus. Frk-Basis ohne deutl Höhle, Geruch angenehm, Sp 25–29 × 18–21 µm. [Falls Frk-Basis mit deutl Höhle, Geruch eher unangenehm nach Teer, Phenol oder Jodoform, später eher nicht unangenehm, Sp 28–33 × 20–23 µm: *T. mesentericum* VITTAD.] **Sommer-Trüffel** – *T. aestivum* VITTAD.

Tubercularia siehe *Nectria*

Tuberculina SACC. – RostP (Bas, Pucciniomycetes, Helicobasidiales, Helicobasidiaceae) Hyperparasit auf verschiedenen anderen Arten von RostP (auf *Puccinia coronata/Rhamnus*; auf *P. sessilis/Allium, Arum, Polygonatum;* auf *Puccinia vincae/Vinca;* auf *Gymnosporangium/Pyrus*). 3 Arten
T: *T. persicina* (DITM.) SACC. – **Tuberculina-Rostpilzparasit**: JK 34

Tubeufia PENZ. & SACC. – Pyr (Asc, Dothideomycetes, Tubeufiales, Tubeufiaceae)
Frk sind hellbraune, mit gelben Haaren versehene Perithecien, die nicht in oder auf einem Stroma stehen. Sp mehrzellig. Anamorphe: *Helicosporium* mit schraubig gewundenen Konidien. U. a. auf Pilzen: *Diatrype.*
T: *T. javanica* PENZ. & SACC.

Tubifera J.F. GMELIN – SchleimP (Myxogastria, Liceida, Enteriidae)
Frk büschelig (Pseudoaethalium) auf podestartigem Sockel (Hypothallus), insgesamt 3–7 × 8 mm. Einzel-Frk dunkel rotbraun, matt oder glänzend, ± eckig. Columella fehlend oder als zentraler Strang. Capillitium meist fehlend oder wenig ausgeprägt. Sp (annähernd) kugelig, feinmaschig-netzig, oder fein gestreift. Plasmodium bald tief rosa, orangerot, scharlachrot. 2(–7) Arten. NaH (T). – **Lit**: **17**: 52, **18**: 139
T: *T. ferruginosa* (BATSCH) J.F. GMELIN: Nan 54, Neub 1.142–143

Tubulicium OBERW. – RiP (Bas, Agaricomycetes, Trechisporales, Hydnodontaceae)
Frk resupinat, weißl bis creme, wachsartig, dünn, glatt. Monomitisch. Hyphen hyalin, mit Schnallen. Zystiden vorhanden, hyalin, dickwandig, vielwurzelig, konisch, 80–150 × 10–15 µm. Sp hyalin, S-fö, 16–24 × 3,5–4,5 µm. Lignicol (Holz und Rinde). – **Lit**: **9**: 136, **12**: 219
1 Art = T: *T. vermiferum* (BOURDOT) OBERW. ex JÜL.

Tubulicrinis DONK, Lyozystidenrindenpilz – RiP (Bas, Agaricomycetes, Hymenochaetales, Hymenochaetaceae/ Tubulicrinaceae)
Frk resupinat, membranös bis etwas wachsartig, dünn, glatt. Monomitisch, Hyphen hyalin, mit Schnallen. Mit bisw amyloiden Zystiden, deren Wand sich in KOH auflöst (= Lyozystiden). Zystiden mit zwei oder mehreren Wurzeln. Sp hyalin, dünnwandig, glatt, inamyloid. 17 Arten. Lignicol, morsches NaH, LaH. – **Lit**: **9**: 136, **12**: 219
T: *T. glebulosus* (FR.) DONK – Zarter Lyozystidenpilz: BK 2. 210

1 (Lyo-)Zystiden oben spitz ▸
1* (Lyo-)Zystiden oben abgerundet bis kopfig, auch schirmchenfö und dann mit Kristallen **2**
2 Sp kugelfö bis schmal ellipsoid, 1–2 mal so lang wie breit ▸
2* Sp schmal zylindrisch, oft gebogen, mindestens 3x so lang wie breit. Wand der Zystiden an der Spitze symmetrisch verdickt [falls asymetrisch verdickt: *T. calothrix* (PAT.) DONK]. Sp zylindrisch bis allantoid, bis 2 µm breit (falls Sp schmal ellipsoid, 5–7 × 2–2,5 µm: *T. borealis* J. Erikss.) **3**
3 Zystiden am oberen Ende (apikal) kugelig angeschwollen
T. sororius (BOURDOT & GALZIN) OBERW.

3* Zystiden am oberen Ende nicht angeschwollen **4**
4 Zystiden 5–12 µm breit. Sp.6–8,5(–9) µm lang **5**
4* Zystiden 3–6 µm breit, Sp 8–10(–11) µm lang
T. angustus (P.D. ROGERS & WERESUB) DONK
5 Zystiden oben leicht verschmälert, meist schwach amyloid
Zarter Lyozystidenpilz – *T. glebulosus* (FR.) DONK
5* Zystiden oben leicht verbreitert, stark amyloid
Intermediärer Lyozystidenpilz – *T. medius* (BOURDOT & GALZIN) OBERW.

Tuburcinia siehe *Urocystis*

Tulasnella SCHROET., Wachskrustenpilz – RiP (Bas, Agaricomycetes, Tulasnellales, Tulasnellaceae)
Frk resupinat, membranös, gallertig oder wachsartig, glatt. Monomitisch. Hyphen hyalin, mit oder ohne Schnallen. Zystiden vorhanden oder fehlend. Basidien subglobos bis keulenfö mit bis zu 4 weiten Epibasidien. Sterigmen stark angeschwollen. Sp hyalin, glatt, dünnwandig, inamyloid, Sekundärsp bildend. Etwa 25 Arten. Ligicol, LaH, NaH. – Syn: *T. pallida* = *T. violacea*. – **Lit**: **9**: 115, **12**: 454
T: *T. violea* (QUÉL.) BOURDOT & GALZIN – Lilafarbener Wachskrustenpilz: BK 2.33, RH 66

1 Sp sehr lang, 19–28 µm, gerade oder S-fö (Falls Sp 25–30 × 3–4,5 µm oder falls Sp stark gekrümmt bis schraubig: ▸). Hyphen und Basidien ohne Schnallen
Schönspor-Wachskrustenpilz – *T. calospora* (BOUD.) JUEL.
1* Sp bis 14 µm lang, kugelig bis zylindrisch oder allantoid, selten S-fö. Hyphen und Basidien mit oder ohne Schnallen. **2**
2 Frk membranös, auch trocken gut sichtbar **3**
2* Frk gallertig bis wachsartig, trocken sichtbar oder unsichtbar, seltener auch nicht ausgebildet da Hyphen intrahymenial in anderen Pilzen **6**
3 Hyphen und Basidien mit Schnallen ▸
3* Hyphen und Basidien ohne Schnallen. **4**
4 Sp kugelig, fast kugelig oder ellipsoid **5**
4* Sp lang gestreckt, schmal ellipsoid, spindelfö (so bei *T. violacea* J. OLSEN in BREF., 10–16 × 5–7 µm.), zylindrisch bis allantoid ▸
5 Sp 6,5–10 × 6,5–7,5 µm (Falls Sp × 5–5,5 µm: *T. albolilacea* BOURDOT & GALZIN). Holz und Rinde von LaB (besonders *Betula*), seltener NaH oder Erde
Lilafarbener Wachskrustenpilz – *T. violea* (QUÉL.) BOURDOT & GALZIN
5* Sp 3,5–4,5(–6) × 3–4(–4,8) µm. Holz und Rinde von LaB
Eichlers Wachskrustenpilz – *T. eichleriana* BRES.
6 Im Hymenium (intrahymenial) anderer Pilze und dabei (fast) keine Frk bildend ▸
6* Nicht in anderen Pilzen. Frk gallertig oder wachsartig, z. T. sehr dünn **7**
7 Frk im trockenen Zustand ± unsichtbar ▸
7* Frk im trockenen Zustand sichtbar, hellfarbig oder schwärzl. **8**
8 Hyphen und Basidien ohne Schnallen ▸

8* Hyphen und Basidien mit Schnallen. Sp allantoid, 7,7–9,2 × 3,3–3,6 µm (Falls Sp nicht allantoid sondern ellipsoid, 6–8,5 × 3–4,5 µm: *T. cremea* JÜLICH)
Allantspor-Wachskrustenpilz – *T. allantospora* WAKEF. & A. PEARSON

Tulostoma PERS., Stielbovist – BaP (Bas, Agaricomycetes, Agaricales, Agaricaceae)
Frk wenn reif an langem S über Bodenoberfläche gehoben, in S-Teil und Kopfteil gegliedert. Kopfteil jung völlig von der Exoperidie bedeckt; diese bald abblätternd oder basal am Kopfteil erhalten bleibend. Endoperidie oben mit runder, deutl umgrenzter Öffnung; diese flach oder röhrenfö vorgezogen. S glatt oder schuppig, an der S-Basis bisw knollig oder selten auch mit Volva. Capillitium wenig verzweigt, dickwandig, an den geraden oder schiefen Septen oft angeschwollen. Sp braun, etwas dickwandig, glatt, warzig oder stachelig, oft kugelig bis breit ellipsoid. Etwa 11 Arten. Terricol, oft zw Moosen, Trockenrasen, Sandrasen, Dünen, Felsen, Mauern. – **Lit**: **9**: 297, **12**: 510
T: *T. brumale* PERS. : PERS., Zitzen-Stielbovist: BK 2. 522, CD 1725, Gh 607, HK 2.175, Kr 2.180, Lx 619, MJ 7Tulos4

1 Öffnung der Endoperidie (oben) meist flach, gewimpert oder fransig **2**
1* Öffnung der Endoperidie (oben) röhrenfö vorgezogen, deren Rand meist glatt. **4**
2 Sp glatt, breit ellipsoid bis kugelig ►
2* Sp warzig, kugelig. **3**
3 Sp 3,5–6 µm. S bisw weiß oder hell holzfarben, Seltene Arten ►
3* Sp (5–)6–8(–10) µm. Kopfteil hellgrau, ± kugelig, unten abgeplattet. S 2,5–6 × 0,2–0,4 cm **Gewimperter Stielbovist** – *T. fimbriatum* FR.
4 Öffnung der Endoperidie weiter als 1,5 mm. S-Basis mit kleiner Volva ►
4* Öffnung der Endoperidie enger als 1,5 mm o d e r S-Basis ohne Volva. **5**
5 Unterhalb des Kopfteiles ist der S von einem 2 mm hohem Kragen umgeben ►
5* Ohne derartigen Kragen **6**
6 S-Schuppen dunkelbraun **7**
6* S-Schuppen nicht dunkelbraun, vielmehr hell **8**
7 S-Schuppen groß, sparrig abstehend. Peristom ohne braunen Hof. Öffnung der Endoperidie weniger als 1,5 mm. S dunkelbraun, 3–6 × 0,2–0,4 cm, S-Basis oft knollig. Sp 4,8–6,5 µm **Brauner Stielbovist** – *T. squamosum* (GMELIN) PERS.
7* S-Schuppen klein und anliegend o d e r bisw Peristom mit dunkelbraunem Hof, bisw Öffnung der Endoperidie bis 2 mm weit, bisw Sp 4–5 µm ►
8 Endoperidie ohne weißen, wolligen Belag, hellocker bis braun, oben mit wenig vorgezogener, 1,5 mm weiter Öffnung, unten mit dunkelbrauner ringfö Zone. S gelbl, holzfarben, an S-Basis oft dunkler. Kopfteil abgeplattet-kugelig, 6–10(–15) mm breit. Sp kugelig, 3,9–5,7 µm **Zitzen-Stielbovist** – *T. brumale* PERS. : PERS
8* Endoperidie mit weißem, mehligen, leicht abwischbarem Belag. S über die ganze Länge weißl bis hell gelbl ►

Tylopilus P. KARST., Gallenröhrling – RöP (Bas, Agaricomycetes, Boletales, Boletaceae)
Frk fleischig, H graubraun, hellbraun, olivbraun, 5–15 cm. S 7–12 × 2–4 cm, keulig, oben mit Netzornament. Röhren und (die jung weißl) Poren fleischfarben bis rosalich. F weiß, nicht blauend, gallenbitter. Terricol, EktM (NaB). – **Lit**: **7**: 109, **11**: 72, **14**: 174
1 Art = T: *T. felleus* (BULL. : FR.) P. KARST. – **Gallenröhrling**: Dh 84, Gh 475, Kr 2.314, Ph 205

Tylospora DONK, Warzensporling – RiP (Bas, Agaricomycetes, Atheliales, Atheliaceae)
Frk resupinat, membranös, glatt. Monomitisch. Hyphen hyalin bis hellgelbl, mit Schnallen. Zystiden fehlend. Sp hyalin, dreilappig und glatt (so beim T; Sp 4–5,5 × 4–5 µm) oder von unregelmäßiger Form, warzig, 6–7 × 5–6 µm. 2 Arten. Lignicol auf LaH und NaH oder terricol, bisw auch zw Moosen. – **Lit**: **9**: 151, **12**: 151
T: *T. asterophora* (BONORD.) DONK – **Sternsporiger Warzensporling:** BK 2.215

Tympanis TODE : FR. – inop. Disc (Asc, Leotiomycetes, Helotiales, Tympanidaceae)
Frk im Substrat eingebettet bis hervorbrechend, einzeln oder gesellig, sitzend oder annähernd gestielt, becherfö bis scheibenfö, kreisrund, bootfö mit Schlitz (hysteriform) oder wellig, bis zu 2 mm, schwarz, braun, außen bestäubt oder kahl. Asci zylindrisch bis keulig, 8-sporig, inamyloid. Paraphysen schlank, mit kristallinen bräunl Auflagerungen am oberen Ende. Asc-Sp (Primärsp) kugelig bis ellipsoid, septiert oder unseptiert, hyalin, zahlreiche ellipsoide oder gekrümmte Sekundärsp bildend. Etwa 10 Arten. Saprotroph auf Zweigen. – **Lit**: **5**: 124, **10**: 160
T: *T. saligna* TODE : FR.; abgebildet *T. alnea* (PERS. : FR.) FR.: BK 1.171, RH 645

1 Primärsp nicht septiert, kugelig oder nahezu kugelig **2**
1* Primärsp mehrfach oder doch bis zu 2-fach septiert. ▸
2 Auf LaH **3**
2* Auf NaH ▸
3 Frk in Gruppen von mehr als 6, 0,3–1 × 0,5–2 mm, kreisrund bis wellig, schwarz. Primärsp 5–6 × 4–5 µm. Auf toten Zweigen von *Alnus* und *Malus*
T. alnea (PERS. : FR.) FR.
3* Frk einzeln, oder in kleinerer Ansammlung, 0,5–1 × 0,2–0,3 mm, kreisrund bis wellig, schwarz. Primärsp 5–8 × 4–7 µm. Auf Zweigen von *Salix* *T. saligna* TODE: FR.

Typhula FR., Fadenkeulchen – KoP (Bas, Agaricomycetes, Agaricales, Typhulaceae)
Frk meist klein, fadenfö, schmal bis breit keulenfö, meist mit deutl S, an S-Basis bisw mit Sklerotium. S-Haare oft vorhanden. Monomitisch (falls dimitisch siehe *Pterula*). Hyphen meist mit Schnallen. Basidien 4-sporig. Sp hyalin, dünnwandig, glatt, ellipsoid, auch zylindrisch, oft etwas gekrümmt, selten dreieckig-herzfö oder wellig-zylindrisch, amyloid oder inamyloid. Etwa 25 Arten. Humicol, herbicol (besonders modernde Pflanzenreste), lignicol. – Syn: *T. athyrii* = *T. todei, T. corallina* = *T. crassipes*. – **Lit**: **9**: 256, **12**: 84
T: *T. phacorrhiza* (REICHARDT : FR.) FR. – Linsen-Fadenkeulchen: BK 2.432, Lx 465

1 Frk 5–7(–12) cm lang, fadenfö, aus einem großen, graubraunen Sklerotium (falls ohne Sklerotium vgl. *Macrotyphula*) entspringend. Sp 14–16 × 4,5–5,5 µm. Terricol (Humus) oder Blätter von LaB
Linsen-Fadenkeulchen – *T. phacorrhiza* (REICHARDT : FR.) FR.

1* Frk kleiner, meist nicht länger als 3 cm, oft nur wenige mm **2**

2 Frk winzig, bis 1 mm hoch und stets ohne Sklerotium. Parasitisch auf Blättern von Cyperaceae *T. hyalina* (QÉL.) BERTIER

2* Frk mindestens 1 mm hoch, wenn kleiner dann mit Sklerotium. Im übrigen Sklerotium oft fehlend **3**

3 Sklerotium fehlend (falls u. a. auch auf Farnresten, Sp inamyloid, schmal ellipsoid, 6–9 × 2,5–3,5 µm: *T. uncialis* (GREV.) BERTHIER. Falls Frk rosa, Keule halbkugelig, Sp 9–12(–13) × 4,5–6,5 µm: *T. micans* (PERS. : FR.) BERTHIER) ►

3* Sklerotium vorhanden **4**

4 Sklerotium mit mehr als einem Frk [falls dabei Hyphen ohne Schnallen: *T. crassipes* FUCKEL; falls Sklerotium mit schwarzer Masse: *T. paradoxa* (P. KARST.) CORNER] ►

4* Sklerotium mit jeweils einem Frk **5**

5 Auf Nadeln und Zweigen von Koniferen. Sp amyloid, (6–)8–10 × 3,5–5(–6) µm. S mit Rindenschicht (Falls S ohne Rindenschicht, Sp 6,5–8,5(–10–12) × 3–3,8(–4) µm: *T. piceicola* BERTHIER). *T. abietina* (FUCKEL) CORNER

5* Nicht an Koniferen gebunden **6**

6 Auf Farnresten. Sp amyloid (Falls Sp nicht amyloid: ►) **7**

6* Nicht auf Farnresten **8**

7 Frk frisch fleischig, trocken wachsartig, 3–7 mm lang. Sp stark amyloid, 9–11,5(–15) × 4–5,5 µm *T. quisquiliaris* (FR. : FR.) HENN.

7* Frk frisch nicht oder kaum fleischig, trocken nicht wachsartig, 6–15 mm lang. Sp amyloid, 8–14 × 3–4,3 µm *T. todei* (FR. : FR.) FR.

8 Sp dreieckig-herzfö (Falls Sp wellig-zylindrisch siehe **10**: *T. lutescens*)
T. culmigena (MONT. & FR.) BERTHIER

8* Sp zylindrisch bis ellipsoid **9**

9 Hyphen ohne Schnallen. **10**

9* Hyphen mit Schnallen **12**

10 Sp nicht amyloid *T. lutescens* BOUD.

10* Sp amyloid **11**

11 Auf Gräsern. Sp schmal ellipsoid, ellipsoid, 8,5–12 × 3,5–4,3 *T. graminum* P. KARST.

11* Auf vermoderten Blättern von LaB. Sp 7–10,5 × 3–4,8 µm *T. setipes* (GREV.) BERTHIER

12 Keule rosa, [oder rotbraun, auf Enziangewächsen: *T. muelleri* (SAUTER) CORNER], auf Gräsern, Sp 8,5–11 × 3,5–5 µm *T. incarnata* FR.

12* Keule gelblich, gelblich-ocker, gelbbraun ►

Tyromyces P. KARST., Weißporling – PoP (Bas, Agaricomycetes, Polyporales, Polyporaceae) Frk pileat, effus-reflex, resupinat mit Poren-Hymenophor. Mono- oder dimitisch, Hyphen in Kresylblau nicht verfärbend, generative Hyphen mit Schnallen. Sp hyalin, dünnwandig, glatt, inamyloid. 2 Arten. Lignicol, Weißfäule verursachend. – Anm: Die Gattung wurde

früher weiter gefasst und beinhaltete Arten mit Hyphen ohne Schnallen (*Leptoporus*), mit imperfekten Stadien (*Ptychogaster*, *Oligoporus*), mit breit ellipsoiden Sp (*Aurantiporus*), Braunfäule verursachende Arten (*Postia*). *Loweomyces* ist getrennt durch cyanophile Hyphen (mono- oder dimitisch) und durch resupinate bis effus-reflexe Frk mit daraus hervorgehenden Hütchen, die oft dachziegelig geordnet oder seitl verwachsen sind. – Syn: *T. wynnei* = *Loweomyces wynnei*. – **Lit**: **9**: 224, **12**: 346
T: *T. chioneus* (FR. : FR.) P. KARST., Kurzröhren-Weißporling: Ct 1175, Ja 84, Lx 555, Md 250, MJ 5Tyr2

1 Frk pileat (H-Konsole oder H-Kante bildend) **2**
1* Frk resupinat ►
2 Hyphensystem dimitisch, Skeletthyphen dickwandig bis massiv, generative Hyphen dünn- bis dickwandig mit Schnallen, 2–4 µm breit, in KOH schwellend, bis 8 µm breit. H 2–10 cm (Länge, Radius), 1–3,5 cm dick, frisch weichfleischig, trocken hart und brüchig. H-Oberfläche jung weiß und fein behaart, bald kahl und feinwarzig, cremefarben bis hell gelbl-ocker. Röhren bis 8 mm lang, cremefarben. Poren weiß bis creme, rundl bis eckig, 3–4 pro mm. F mild, aber mit unangenehmem Geruch, weiß. Sp hyalin, zylindrisch bis schmal ellipsoid, 4–5 × 1,5–2 µm. Weißfäule verursachend, meist an LaH (*Betula*, *Carpinus*, *Fagus*, *Populus* etc.)
Kurzröhren-Weißporling – *T. chioneus* (FR. : FR.) P. KARST
2* Hyphensystem monomitisch. H 1–5 cm (Länge, Radius), 0,4–0,7 cm dick, frisch weichfleischig, trocken brüchig und leicht, stark schrumpfend. H-Oberfläche jung fein behaart, bald kahl und rau, frisch hell orange, trocken schließl creme-ocker mit gelbl-orangem Rand, mit KOH rosa. Röhren1–3 mm lang. Poren frisch hell orange, trocken creme-ocker, eckig, (2–)3–4 pro mm. F mild, weißl, ocker, oben mit orangefarbener Schicht (Duplex-Struktur). Sp hyalin, ellipsoid, mit Öltropfen, 3,6–5 × 2–3 µm. LaH (*Betula*, *Carpinus*, *Corylus* etc.) **Gelblicher Weißporling** – *T. kmetii* (BRES.) BONDARTSEV & SINGER

Flechten, Gattungen T

Teloschistes NORMAN – Fle (Asc, Lecanoromycetes, Teloschistales, Teloschistaceae)
Lager strauchig, reich verzweigt, mit meist abgeflachten Abschnitten, gelb, orange, oft randl mit Wimpern (Cilien). Apothecien mit bewimpertem Lagerrand, gelb bis orangerot. Sp mit starker medianer Verengung des Zelllumens. Photobiont: *Trebouxia*. Rinde von LaB, Sträuchern. 1 Art. – **Lit**: **24:** 70, **890–891**; **25:** 76, 81, **1077–1078**
T: *T. flavicans* (SW.) NORMAN; abgebildet *T. chrysophthalmus* (L.) NORMAN EX TUCK. – **Goldaugenflechte**: Wi 14, FleD 1078

Tephromela M. CHOISY – Fle (Asc, Lecanoromycetes, Lecanorales, Tephromelataceae)
Lager krustig, warzig, rissig-areoliert, oft sorediös, weißl. Apothecien mit Lagerrand, sitzend, groß, schwarz. Sp 1-zellig, ellipsoid, farblos. Photobiont: *Trebouxia*. Silikatgestein, Rinde von LaB. 3 Arten. – **Lit**: **24:** 456 unter *Lecanora*, 505–506 unter *Lecidea*, **891–894**; **25:** 560, 568, 580 unter *Lecanora*, **1078–1080**

T: *T. atra* (HUDS.) HAFELLNER: Wi 893 – Schwarze Kuchenflechte: FleD 1079, UT 144

1 Lager sorediös **2**
1* Lager nicht sorediös **3**
2 Mark KC−. Lager oft bis zum R körnig-sorediös
Graue Kuchenflechte – *T. grumosa* (PERS.) HAFELLNER
2* Mark KC+ rot. Lager gegen den R rissig bis warzig areoliert und dort meist nicht sorediös ▸
3 Apothecien mit wulstigem Lager-R. Hymenium rotbraun bis purpurviolett. Vorlager schwarz **Schwarze Kuchenflechte** – *T. atra* (HUDS.) HAFELLNER
3* Apothecien ohne Lager-R und auch ohne erkennbaren Eigen-R. Nur Epihymenium gefärbt, aber nicht purpurn ▸

„Tephromela"
1 Lager nicht sorediös und zugleich Apothecien weder mit Lagerrand noch mit erkennbarem Eigenrand ***Calvitimela***
1* Lager sorediös und/oder Apothecien mit wulstigem Lagerrand
Tephromela (*atra, grumosa, pertusarioides*)

Tetramelas NORMAN – Fle (Asc, Lecanoromycetes, Caliciales, Caliciaceae)
Lager krustig, dünn oder kräftig, bisw fast schuppig, auch bisw fehlend, weißl bis grünlgrau. Apothecien anfangs mit Eigenrand, schwarz. Sp 2–4-zellig, an den Enden jung spitz zulaufend und darunter bisw mit verdickter Wand, braun. Photobiont: Grünalge (wohl *Trebouxia*). Rinde von LaB und Sträuchern, auf Moosen, auf Resten von Gefäßpflanzen, auf anderen Flechten. 7 Arten. – **Lit: 25:** 245–249 unter *Buellia*, **1081–1082**
T: ? *T. geophilus* NORMAN – **Erd-Braunsporflechte**

Thamnolia ACH. ex SCHAER. – Fle (Asc, Lecanoromycetes, Pertusariales, Icmadophilaceae)
Lager aus wurmfö, zylindrischen, hohlen, kaum verzweigten, spitz zulaufenden, aufsteigenden bis aufrechten, weißen Abschnitten. Photobiont: *Trebouxia*. – **Lit: 24:** 71, **894**; **25:** 76, **1082–1083**
1 Art = T: *T. vermicularis* (SW.) SCHAER. – **Würmchenflechte**, **Totengebein**: Wi 13, FleD 1082

Thelenella NYL. – Fle (Asc, Lecanoromycetes, Ostropales, Thelenellaceae)
Lager krustig, häutig bis rissig, hellgrau, grünl, blass bräunl, mit mehrminder eingesenkten Perithecien. Sp ± mauerartig unterteilt, dünnwandig, hyalin bis leicht bräunl, zu 2–8 in dickwandigen Asci. Photobiont: Grünalge ähnl *Trebouxia*. Rinde und auf absterbenden Rindenmoosen am Stammgrund von LaB. 3 Arten. – Anm: inkl. *Chromatochlamys*. – **Lit: 24:** 81, 779 unter *Protothelenella*, **894–895**; **25:** 93, 937–938 unter *Protothelenella*, **1083–1084**
T: *T. modesta* (NYL.) NYL. – **Kleinaugenflechte** (Gattung)

Thelidium A. MASSAL. – Fle (Asc, Eurotiomycetes, Verrucariales, Verrucariaceae)
Lager im Kalkgestein (endolithisch) oder dünn auf Silikatgestein, weißl, grau, oliv, braun. Perithecien ± eingesenkt, mit schwarzem Scheitel. Sp (fast gänzl) querseptiert, 2–4–mehrzellig, (längl-)ellipsoid, farblos. Photobiont: *Trebouxia*. Gestein. Etwa 20 Arten. – **Lit: 24:** 83, **895–898**; **25:** 95, **1084–1089**

T: *T. amylaceum* A. MASSAL.; abgebildet *T. papulare* (FR.) ARNOLD – **Bläschen-Zitzenflechte**: FleD 1085

„Thelidium"

1 Auf Erde oder auf feuchtem Holz **2**
1* Auf Gestein. **5**
2 Lager schuppig **3**
2* Lager nicht schuppig, dünnkrustig oder aus kugeligen Ansammlungen von Algenzellen mit Pilzhyphen (diese keine Verbreitungseinheiten) **4**
3 Schuppen unterseits mit zentralem, dunklem Rhizohyphenbüschel am Substrat befestigt **_Catapyrenium_** (pr.p.)
3* Schuppen unterseits mit hyalinen Rhizohyphen befestigt **_Placidiopsis_** (pr.p.)
4 Sp 4-zellig, × 9–15 µm. Lager dünn **_Thelidium_** (*zwackhii*)
4* Sp 2–4-zellig, × 8(–10) µm breit. Lager körnig-warzig **_Verrucaria_** (pr.p.)
5 Auf Silikatgestein. **6**
5* Auf Kalkgestein **8**
6 Lager kräftig entwickelt, areoliert oder schuppig **7**
6* Lager dünn, nicht mit kräftig entwickelten Areolen **_Thelidium_**
7 Sp 2-zellig, selten 3–45-zellig. Lager areoliert bis fast schuppig, Areolen basal oft etwas verengt sitzend **_Placopyrenium_** (pr.p.)
7* Sp 1-zellig, selten 2-zellig. Lager krustig bis angedeutet schuppig, areoliert **_Verrucaria_** (pr.p.)
8 Perithecien weitgehend ins Gestein eingesenkt **_Thelidium_** (*decipiens*, *dionantense*, *fontigenum*, *incavatum*)
8* Perithecien nur basal eingesenkt, im Übrigen aus dem Substrat hervorragend **9**
9 Sp 2-zellig, allenfalls vereinzelt auch 3–4-zellig **10**
9* Sp 4-zellig, vereinzelt auch 6-zellig **_Thelidium_** (*aethioboloides*, *papulare*, *zwackhii*)
10 Sp 10–14 µm lang. Perithecien nicht vom Lager weitgehend überzogen **_Verrucaria_** (pr.p.)
10* Sp mindestens 19 µm lang, falls Sp ähnl klein wie oben, dann Perithecien sehr klein (bis 0,15 mm) oder Perithecien vom Lager überzogen **_Thelidium_**

Thelignya A. MASSAL. – Fle (Asc, Lichinomycetes, Lichinales, Lichinaceae)
Lager aus kleinen, gestielten Schüppchen krustig zusammengesetzt, ± gallertig, schwarz bis dunkel olivbraun, Oberfläche oft uneben-rau. Apothecien (halb-)eingesenkt, zunächst punktfö dann eher weit geöffnet, mit bleibendem Lagerrand und dünnem Eigenrand. Sp 1-zellig, ellipsoid. Photobiont: Cyanobakterium *Calothrix*. In Gebirgsbächen auf häufig überspülten Felsblöcken. 1 Art. – **Lit**: **24:** 764 unter *Porocyphus*, **899**; **25:** 955 unter *Psorotichia*, **1090**
T: *T. fuliginea* (ACH.) A. MASSAL. – **Teerschuppenflechte** (Gattung)

Thelocarpon NYL. ex HUE – Fle (Asc, Pezizomycotina inc. sed., Thelocarpales, Thelocarpaceae)
Lager krustig. Frk Perithecien-artig mit enger Öffnung, seltener einem Apothecium gleichend, kugelig, verkehrt-eifö, linsenfö, gelb (bis braun). Sp klein, 1-zellig, allenfalls mit angedeutetem Septum, fast zylindrisch, ellipsoid, kugelfö, zu 50–200 je Ascus. Photobiont: soweit lichenisiert coccoide Grünalge. Auf Erde, Torf, Steinchen, Ziegelbruch, Silikatgestein, anderen Flechten. 13 Arten. – **Lit**: **24:** 81, 89, **899–902; 25:** 93, 107, **1090–1094**
T: *T. laureri* (FLOT.) NYL.: Wi 901, FleD 1093

Thelomma A. MASSAL. – Fle (Asc, Lecanoromycetes, Caliciales, Caliciaceae)
Lager krustig, meist warzig. Apothecien in Warzen des Lagers eingesenkt, schwarz, bisw grünl-gelb bereift. Photobiont: *Trebouxia*. Holz. 1 Art. – **Lit**: **24:** 97, **902–903**; **25:** 126, **1094–1095**
T: *T. mammosum* (HEPP) A. MASSAL.; abgebildet *T. ocellatum* (FLOT. ex KÖRB.) TIBELL – **Holz-Augenflechte**: Wi 903, FleD 1095

Thelopsis NYL. – Fle (Asc, Lecanoromycetes, Ostropales, Stictidaceae?)
Lager krustig und meist dünn. Perithecien blass rotbraun bis schwarz, ± eingesenkt bis sitzend. Sp querseptiert bis zu 4-zellig, ellipsoid bis kurz spindelfö, zu vielen je Ascus. Photobiont: *Trentepohlia*. Stamm alter LaB (inkl. *Rhododendron*), auf Moosen, 3 Arten. – **Lit**: **24:** 82, **903–904**; **25:** 93, 95, **1095–1096**
T: *T. rubella* NYL. – **Rötliche Goldzitzenflechte**; abgebildet *T. melathella* NYL. – **Schwarzbrustflechte**: FleD 1096

Thelotrema ACH. – Fle (Asc, Lecanoromycetes, Ostropales, Graphidaceae)
Lager krustig, cremefarben, grau(-braun). Apothecien krugfö in Warzen des Lagers, mit verengter Öffnung eingesenkt, innen schwarz, vom hochgezogenen Lagerrand umgeben. Sp querseptiert oder mauerfö vielzellig, farblos bis bräunl, zu 1–8 je Ascus. Photobiont: *Trentepohlia*. An LaB-Stämmen und an Tanne. 1 Art. – **Lit**: **24:** 87, **904–905**; **25:** 102, **1097**
T: *T. lepadinum* (ACH.) ACH. – **Seepockenflechte**: Wi 905, FleD 1097

Thermutis FR. – Fle (Asc, Lichinomycetes, Lichinales, Lichinaceae)
Lager aus feinen verzweigten, braunschwarzen, ± aufrechten Fäden, die flache Polster bis wattige Räschen bilden. Apothecien rotbraun, seitl an den Fäden sitzend. Sp 1-zellig, ellipsoid. Photobiont: *Scytonema* (Cyanobakterium; Pilzhyphen innerhalb der Gallertscheiden). Gestein. 1 Art. – **Lit**: **24:** 756 unter *Polychidium*, **905–906**; **25:** 912 unter *Polychidium*, **1098**
T: *T. velutina* (ACH.) FLOT. – **Samtkissenflechte**

Thrombium WALLR. – Fle (Asc, Lecanoromycetes, Ostropales, Thrombiaceae)
Lager krustig, dünn, feucht etwas gelatinös, mit fast ganz eingesenkten Perithecien, diese mit schwarzem Scheitel. Paraphysen unverzweigt. Sp 1-zellig, ellipsoid, ohne Schleimhülle. Photobiont: *Leptosira*. Löss- und Lehmböden. 1 Art. – **Lit**: **24:** 82, **906**; **25:** 94, **1098**
T: *T. epigaeum* (PERS.) WALLR. – **Erdklumpenflechte**

Thyrea A. MASSAL. – Fle (Asc, Lichinomycetes, Lichinales, Lichinaceae)
Lager blättrig bis schuppig, gallertig, (oliv-)schwärzl, bisw blaugrau bereift. Apothecien ± eingesenkt, mit Lagerrand, erst ähnl wie Perithecien geschlossen. Sp 1-zellig, breit ellipsoid bis kugelfö. Photobiont: Cyanobakterium (Chroococcales, Pleurocapsales). Karbonatgestein. 1 Art. – **Lit**: **24:** 724 unter *Phylliscum*, **906–907**; **25:** 866 unter *Phylliscum*, **1099–1100**
T: *T. plectospora* A. MASSAL.; abgebildet *T. confusa* HENSSEN – **Bereifte Gallertnabelflechte**: Wi 907, FleD 1099

Tomasellia A. MASSAL. – Pyr (Asc, Dothideomycetes, Pleosporales, Naetrocymbaceae)
Lager unscheinbar, da innerhalb des Substrats, flechtenähnl aber ohne Photobionten. Frk rundl, elliptisch, unregelmäßig gelappt, flach, schwarz, in Form von Perithecien gekammert. Sp keulig, pantoffelfö, farblos bis braun, feinwarzig. Glatte Rinde von LaB. 2 Arten. – **Lit**: **24:** 82, **907–908**; **25:** 94, **1100–1101**
T: *T. arthonioides* (A. MASSAL.) A. MASSAL.

Toninia A. MASSAL. – Fle (Asc, Lecanoromycetes, Lecanorales, Ramalinaceae)
Lager mit flachen bis blasig gewölbten Schuppen, diese gegen den Rand des Lagers vergrößert-verlängert, seltener rein krustig auf oder in Gestein, weiß, grau, oliv, braun. Apothecien ohne Lagerrand, aber jung mit Eigenrand, schwarz, oft bereift. Sp (1–)2–8(–10)-zellig, ellipsoid, stäbchenfö, spindelfö, nadelfö. Photobiont: *Trebouxia*. Kalkgestein, basenreiche Erde in Trockenrasen („Bunte Erdflechtengesellschaft"), Mauerritzen, sickerfeuchte Silikatfelsen, Sandböden, Borstgrasrasen. 19 Arten. – **Lit**: **24:** 85–86, 256–257 unter *Catillaria*, **908–917**; **25:** 100, 104, 334–335 unter *Catillaria*, **1101–1108**
T: *T. squalida* (ACH.) A. MASSAL. – Schuppige Blasenkrustenflechte; abgebildet u. a. *T. sedifolia* (SCOP.) TIMDAL – Blaugraue Blasenkrustenflechte: Wi 917, FleD 1102, UT 122

1 Sp(1–)2-zellig **2**
1* Sp reif mindestens 4-zellig **4**

Sporen 1–2-zellig (2–3)

2 Lager rosettig mit zusammenhängenden, am Lager-R vergrößerten und verlängerten Schuppen; reif recht feinmehlig und durchgehend bereift. Auf Kalkgestein
Weiße Blasenkrustenflechte – *T. candida* (WEBER) TH. FR.
2* Schuppen oberseits nur teilweise bereift oder Lager gänzl unbereift oder mit Pseudocyphellen oder völlig krustig, Hypothecien hellbraun bis farblos. Epihymenium K–. Auf Kalkgestein: oder auf Silikatgestein **3**
3 Schuppen oberseits nur teilweise bereift, schwach gewölbt bis blasig gedunsen, meist nicht aufrecht stehend. Auf kalkhaltigem Boden, in Spalten von Kalkgestein
Blaugraue Blasenkrustenflechte – *T. sedifolia* (SCOP.) TIMDAL
3* Merkm anders ▸

Sporen reif mindestens 4-zellig (4)

4 Auf acidophilen Erd- und Gesteinsmoosen, Sandböden. Lager schuppig
Schuppige Blasenkrustenflechte – *T. squalida* (ACH.) A. MASSAL.
4* Auf kalkhaltigem Gestein und auf Kalkböden oder auf schwermetallhaltigem Silikatgestein oder ohne eigenes Lager ▸

„Toninia"

1 Sp 2-zellig, selten auch 1-zellig **2**
1* Sp reif mindestens 4-zellig **6**
2 Auf Silikatgestein in der alpinen Stufe **Psorinia** (pr.p.)
2* Auf Kalkgestein oder auf Erde und auf Moosen über Kalk **3**
3 Lager krustig, areoliert bis angedeutet schuppig oder auch endolithisch. Sp 2-zellig
Toninia (*athallina, pennina, philippea, subnitida*)

3* Lager deutl schuppig, Schuppen flach bis gewölbt, auch blasig bis fast zylindrisch. Sp 1–2-zellig **4**
4 Epihymenium braun, oliv, grün, K− **5**
4* Epihymenium grau, graubraun, K+ violett ***Toninia***
5 Schuppen weißl, gewölbt oder verflacht ***Porpidinia*** (pr.p.)
5* Schuppen (dunkel-, kastanien-)braun oder Lager auch blass rosa ***Toninia***
6 Ohne eigenes Lager, Apothecien auf anderen (näml Krusten-)Flechten sich entwickelnd (lichenicol) ***Toninia*** (*subfuscae*)
6* Mit eigenem Lager **7**
7 Auf schwermetallhaltigen Böden und auf Silikatgestein, nahe von Bergwerken. UV+ weiß ***Stereocaulon*** (pr.p.)
7* Auf Moosen, Erde, Kalkgestein. UV− oder UV+ orange **8**
8 Epihymenium grau bis bräunl, K+ violett ***Toninia*** (*alutacea, cinereovirens, pennina*)
8* Epihymenium braun, oliv, grün(-schwarz), K− **9**
9 Paraphysen oben kaum (bis zu 2,5 µm) verdickt, ohne pigmentierte, gelatinöse Kappe ***Bilimbia*** (pr.p.)
9* Paraphysen oben deutl verdickt, mit pigmentierter, gelatinöser Kappe ***Toninia*** (*aromatica, verrucarioides*)

Trapelia M. CHOISY – Fle (Asc, Lecanoromycetes, Trapeliales, Trapeliaceae)
Lager krustig bis schuppig, bisw mit Soralen, Apothecien z. T. fehlend, rosa, braun, schwärzl, bisw vom Lager aus mit dünnem, hellem Kragen umgeben, zudem mit bald schwindendem Eigenrand, jung Perithecien-artig halbkugelig. Sp 1-zellig, ellipsoid, ± farblos. Photobiont: Grünalge, 2–4-zellige Kolonien bildend, zu *Chlorella* gehörend. Auf Steinen am und im Boden, bodennah an Silikatfelsen, Rinde und Holz von LaB. 5 Arten. Syn: *T. involuta* = *T. glebulosa*. – **Lit**: **24:** 85, 93–94, 99, 494 unter *Lecidea*, **917–923**; **25:** 99, 116, 122, **1109–1113**
T: *T. coarctata* (TURNER ex SM.) M. CHOISY – Stern-Steinchenflechte: Wi 919, FleD 1109

1* Lager C+ rot **2**
1 Lager C− ▸
2 Lager stellenweise sorediös, weißl, rosaweiß, nicht orange, auch nicht stellenweise, am R schwach gelappt (effiguriert), flach, dick, zusammenhängend. Falls anders: ▸. Auf Gestein **Rissige Steinchenflechte** – *T. placodioides* COPPINS & P. JAMES
2* Lager nicht sorediös **3**
3 Lager rein krustig **Stern-Steinchenflechte** – *T. coarctata* (TURNER ex SM.) M. CHOISY
3* Lager angedeutet bis deutl schuppig. Meist auf Gestein. Falls auf Erde, Rohumus: ▸ **Schollige Steinchenflechte** – *T. glebulosa* (SM.) J.R. LAUNDON

„Trapelia"
1 Lager C+ rot **2**
1* Lager C− **12**
2 Lager stellenweise sorediös **3**
2* Lager nicht sorediös **10**
3 Lager stellenweise mit orangen Flecken, dort K+ rot ***Trapeliopsis*** (*pseudogranulosa*)
3* Lager nicht so **4**
4 Lager rundl-rosettig, mit verlängerten bzw. vergrößerten randl Areolen ***Placopsis***

4* Lager nicht so, am R nicht deutl gelappt **5**
5 Auf Gestein. **6**
5* Auf Holz, Rinde, Erde **8**
6 Lager weißl, hell beige, bis leicht rosaweiß **Trapelia** (*placodioides*)
6* Lager mit anderer Färbung. 7
7 Lager unauffällig, aus ± zerstreuten, ± ocker überhauchten, blassgrünl bis 0,4 mm großen Areolen **Trapelia** (*obtegens*)
7* Mit anderen Merkm **8**
8 Lager großflächig blassgrünl sorediös. Apothecien randlos **Trapeliopsis** (*viridescens*)
8* Mit anderen Merkm: nicht großflächig sorediös **9**
9 Lager aus unauffälligen, ± zerstreuten, grünl bis bräunl, 0,15 mm breiten Areolen **Trapelia** (*corticola*)
9* Lager ausgedehnt-zusammenhängend **Trapeliopsis** (*flexuosa, granulosa, pseudogranulosa*)
10 Lager rein krustig, ± rissig, nicht schuppig, weißl, (hell-, grünl-)grau, rosaweiß **Trapelia** (*coarctata*)
10* Lager angedeutet bis deutl schuppig oder aus zerstreuten bis stellenweise überlappenden Areolen, die gekerbt bis nahezu lappig sind. **11**
11 Auf Erde und Rohhumus. Lager schuppig, weißl bis hellgrau. Mit Isidien-artigen Auswüchsen **Trapeliopsis** (*wallrothii*)
11* Auf Gestein, selten auf steinigem Boden. Lager areoliert, beige, braun- oder graustichig weißl, ohne Isidien **Trapelia** (*glebulosa*)
12 Sp 15–32 × 6–14 µm. Apothecien an Schnittfläche und Pyknidien C+ rosa. Gestein und nackte Erde **Ainoa** (*geochroa, mooreana*)
12* Sp kleiner, alle Teile C–. Rohhumus, morsches Holz, Erde **Trapeliopsis** (*aeneofusca, gelatinosa, glaucolepidea*)

Trapeliopsis HERTEL & GOTTH. SCHNEID. – Fle (Asc, Lecanoromycetes, Trapeliales, Trapeliaceae)
Lager membranartig dünn bis kräftig warzig-areoliert, auch schuppig, oft mit Soralen. Apothecien gelbbraun, rosa, schwarz, angedrückt sitzend, von Beginn an scheibenfö. Sp 1-zellig, ellipsoid. Photobiont: Coccoide Grünalge, oft in Gruppen zu 2–4 (z. B. wie *Pseudochlorella*). Holz, Ba-Stümpfe, Erde in Silikatmagerrasen, Wegböschungen, humusarme Böden, Rohhumus, Torf. 9 Arten. – **Lit**: **24:** 85, 94, 99, 493–496 unter *Lecidea,* 918–920 unter *Trapelia*, **923–927**; **25:** 99, 117, 121–122, 620 unter *Lecidea*, 1110–1112 unter *Trapelia*, **1113–1117**
T: *T. wallrothii* (FLÖRKE ex SPRENG.) HERTEL & GOTTH. SCHNEID. – **Wallroths Krustenfleck**: Wi 926, FleD 1110

1 Lager C+ rot **2**
1* Lager C– ▸
2 Stellenweise sorediös. Falls auf Erde, Rohhumus und Lager schuppig: *T. walrothii* (FLÖRKE ex SPRENG.) HERTEL & GOTTH. SCHNEID.. . . . . **3**
2* Nicht sorediös ▸
3 Lager stellenweise orange, dort K+ rot
Zweifarbiger Krustenfleck – *T. pseudogranulosa* COPPINS & P. JAMES

3* Nicht fleckenweise orange **4**
4 Auf Gestein ▸
4* Auf Holz, Ba-Rinde, Erde **5**
5 Lager aus unauffälligen, ± zerstreut verteilten, grünl bis bräunl Areolen und zugleich Apothecien sehr selten o d e r falls mit kleinen Apothecien (bis zu 0,2 mm), diese randlos, (grün-)schwarz, gewölbt ▸
5* Lager zusammenhängend und ± ausgedehnt und zugleich Apothecien größer (0,7–1,5 mm) und berandet **6**
6 Apothecien grünl-grau, grünschwarz, bis 0,7 mm breit. Holz, Ba-Rinde **Blaugrüner Krustenfleck** – *T. flexuosa* (FR.) COPPINS & P. JAMES
6* Apothecien meist ohne grünl Mischtöne, vielmehr oft rötl oder braun etc., selten grüngrau, bis 1,5 mm breit. Erde, Humus, Pflanzenreste, selten auf Holz oder Gestein übergehend **Körniger Krustenfleck** – *T. granulosa* (HOFFM.) LUMBSCH

Tremolecia M. CHOISY – Fle (Asc, Lecanoromycetes, Hymeneliales, Hymeneliaceae)
Lager krustig, areoliert, Vorlager (Prothallus) vorhanden, schwarz. Apothecien eingesenkt bis angedrückt sitzend, schwarz, ohne Lagerrand, aber mit deutl Eigenrand. Sp 1-zellig, ellipsoid. Photobiont: *Trebouxia*. Silikatgestein. 1 Art. – **Lit**: **24:** 509 unter *Lecidea*, **927**; **25:** 647 unter *Lecidea*, **1117**
T: *T. dicksonii* (ACH.) M. CHOISY = ss. auct. *T. atrata* (ACH.) HERTEL – **Rostflechte**: Wi 927, FleD 1116

Tuckermannopsis GYELN. – Fle (Asc, Lecanoromycetes, Lecanorales, Parmeliaceae)
Lager blättrig, annähernd strauchig; Oberseite blassgrünl, braun, Unterseite weiß bis blassbräunl. Mit Sorale, ohne Isidien. Apothecien flächen- oder randständig, braun, mit Lagerrand. Sp kugelig. Photobiont: *Trebouxia*. Rinde (Stamm, Zweige) von LaB und NaB. 1 Art. – **Lit**: **24:** 273 unter *Cetraria*; **25:** 84, 345 unter *Cetraria*, **1117–1119**
T: *T. ciliaris* (ACH.) GYELN.; abgebildet *T. chlorophylla* (WILLD.) HALE – **Braungrüne Moosflechte**: Wi 273, FleD 1118, UT 82

Tylothallia P. JAMES & H. KILIAS – Fle (Asc, Lecanoromycetes, Lecanorales, Lecanoraceae)
Lager krustig, warzig bis rissig areoliert, weißl, graugrünl, lilagrau, Vorlager (Prothallus) schwarz. Apothecien schwarz, mit Eigenrand., mit gallertiger Hülle. Sp 2-zellig, längl. Photobiont: ?. Silikatgestein. – **Lit**: **25:** 333 unter *Catillaria*, **1119**
1 Art = T: *T. biformigera* (LEIGHT.) P. JAMES & H. KILIAS – **Warzen-Kesselflechte**

Pilze, Gattungen U

Ulocladium PREUSS – SchimP (Asc, Dothideomycetes, Pleosporales, Pleosporaceae; Anamorphe)
Konidien mauerfö unterteilt, dunkelfarben. Konidienmutterzellen nicht in Form von Phialiden. Konidien können zu Konidienträgern auswachsen. Besonders auch in feuchten Gebäuden auf Tapeten, Farbanstrichen. – **Lit**: **21**: 93, 159
T: *U. botrytis* PREUSS

Unguicularia HÖHN. – inop. Disc (Asc, Leotiomycetes, Helotiales, Hyaloscyphaceae) Frk sitzend, urnenfö, bis zu 0,5 mm breit, weißl bis cremefarben oder ± braun, außen weichhaarig. Haare zylindrisch bis konisch, nicht septiert, mit sehr dicken, glasartig wirkenden (lichtbrechenden) Wänden, in KOH unverändert, in Melzers Reagenz bisw ± purpurl, glatt, innen ohne Lumen. Asci zylindrisch bis keulig 8-sporig, mit amyloidem Porus. Paraphysen fädig, 1–2 µm breit, die Asci nicht überragend. Asc-Sp keulig, spindelig, schmal ellipsoid, hyalin, nicht septiert, 4–7,5 × 1–2 µm (*U. millepunctata*) oder 10–13 × 2–3 µm. Wenige (2) Arten. Saprotroph auf Krautresten (inkl. Farnen, *Osmunda*) oder Holz. – **Lit**: **5**: 180, **10**: 209
T: *U. unguiculata* HÖHN. – Abgebildet *U. millepunctata* (LIB.) DENNIS: BK 1.244

Unguiculella HÖHN. – inop. Disc (Asc, Leotiomycetes, Helotiales, Hyaloscyphaceae) Frk sitzend oder kurz gestielt, 0,2–0,3 mm breit, blass gelb. Haare mit 1 µm breiten, gekrümmten oberen Enden, dünnwandig, nicht septiert, hyalin. Asci keulig, 8-sporig. Paraphysen fädig, 2 µm breit, die Asci um 25 µm überragend, mit gekrümmten oberen Enden. Asc-Sp 5–8 × 2–2,5 µm, spindelig, hyalin, nicht septiert. Wenige Arten. Saprotroph auf Krautresten. – **Lit**: **5**: 181, **10**: 210
T: *U. falcipila* HÖHN. – Abgebildet *U. eurotioides* (P. KARST.) NANNF.: De 24C

Urceolella BOUD. – inop. Disc (Asc, Leotiomycetes, Helotiales, Hyaloscyphaceae) Frk sitzend oder annähernd gestielt, kopfig, urnenfö, becherfö, weißl, gelbl oder bräunl. Außen (weich-)haarig. Haare zylindrisch bis konisch, auch reich verzweigt, glatt, nicht septiert, mit sehr dicken, glasartig wirkenden (lichtbrechenden) Wänden; diese sich in KOH auflösend oder die lichtbrechende Wirkung verlierend, in Melzers Reagenz unveränderl, mit engem Lumen, das sich gegen das obere Ende etwas erweitert, oder auch nur an der Basis der Haare sichtbar. Asci zylindrisch bis keulig, 8-sporig, mit amyloidem oder inamyloidem Porus. Paraphysen fädig, 1–2 µm breit, die Asci nicht überragend. Asc-Sp ellipsoid, zylindrisch, keulig, spindelig, nicht oder 1-fach septiert. 6 Arten. Saprotroph auf Blättern und sonstigen Krautresten, Holz, bisw aus Sklerotien gebildet. – **Lit**: **5**: 180, **10**: 210
T: *U. crispula* (P. KARST.) BOUD.: De 24D

1 Auf Farngewächsen (inkl. *Equisetum*) ►
1* Auf Nadeln, Blättern, Krautstängeln, Holz, auch bisw aus Sklerotien gebildet **2**
2 In Blättern von *Carex* aus Sklerotien entstehend *U. curvipila* (P. KARST.) RASCHLE
2* Andere Substrate (Nadeln, Blätter und andere Krautreste), nicht aus Sklerotien entstehend. Sp 4,5–9 × 1–2 µm (falls Sp größer und Frk auf Pappelblättern: ►) *U. crispula* (P. KARST.) BOUD.

Uredinopsis MAGNUS – RostP (Bas, Pucciniomycetes, Pucciniales, Melampsoraceae) Phytoparasiten (Roste, unterschiedl Sp-Formen und Entwicklungsstadien siehe unter *Puccinia*). Auf Farne (II, III) beschränkt mit Ww zu *Abies* (0, I). I innen weiß, von röhrenfö-zylindrischer weißhäutiger Pseudoperidie umgeben. I: 0,1–0,5 mm im Durchm, 0,5–1,3 mm hoch. II gelbl-braun, polsterfö, 0,1–0,4 mm im Durchm, an bräunl Flecken auf Bl-Unterseite. II-Sp ungestielt, mit schnabelartigem Fortsatz, 24–54 × 8–17 µm, Schnabel 21 ×

6 µm. III interzellulär Bl-unterseits, III-Sp 1–7-zellig, glatt, farblos, 16–25 × 14–24 µm. 3 Arten. – **Lit**: **13**: 71, 541, 615

T: *U. filicina* MAGN.: JK 293, KS 864:1 (I), Gäum 15:1 (II), 16:2 (II), 16:3 (II-Sp), 17:5 (III-Sp)

Abies (0, I): *U. filicina, U. struthiopteridis*. – ***Matteucia*** (II, III): *U. struthiopteridis*. – ***Phegopteris*** (II, III): *U. filicina*. – ***Pteridium*** (II, III): *U. pteridis*

Uredo PERS. – RostP (Bas, Pucciniomycetes, Pucciniales, Fam ?)

Phytoparasiten (Roste, unterschiedl Sp-Formen und Entwicklungsstadien siehe unter *Puccinia*) mit unvollständigem Entwicklungsgang, nur als II mit II-Sp ausgebildet. – **Lit**: **13**: 202, 207, 373, 463, 845

T: Der künstlichen Formgattung kann wohl kein Typus zugrunde gelegt werden. Die in diesem Zusammenhang genannte Art *Uredo fabae* M. A. CURTIS = *Uromyces viciae-fabae* (PERS.) J. SCHROET.

Calluna (II): *U. ericae*, ***Cannabis*** (II): *U. kriegeriana*, ***Erica*** (II): *U. ericae*, ***Hypericum*** (II): *U. hyperici-humifusae*, ***Viola*** (II): *U. alpestris*

Urnula FR., Kelchbecherling – op. Disc (Asc, Pezizomycetes, Pezizales, Sarcosomataceae)

Frk (Apothecien) halbkugelig-trichterfö oder urnenfö (so beim T), 1–5 cm, sitzend oder gestielt. Innen (Hymenium) dunkelbraun bis fast schwarz, außen schwach flaumig, gleichfarben mit kupferrötl Mischton. Asc-Sp ellipsoid, hyalin, innen ohne Tröpfchen, 25–35 µm lang. 2 Arten. Terricol oder lignicol. – **Lit**: **10**: 127

T: *U. craterium* (SCHWEIN.) FR. – **Schwarzer Kelchbecherling**: Ct 2941, HK 2.234, RH 633

Urocystis RABENH. – BrandP (Bas, Ustilaginomycetes, Urocystidiales, Urocystidiaceae)

Phytoparasiten an Gräsern und Grasartigen (*Carex*), Ranunculaceae, Liliaceae sowie an *Filipendula, Lepidium, Odontites, Orobanche, Primula, Trientalis, Turritis, Viola*. Sp-Masse schwarz, meist pulverig, in blasigen Gallen, Streifen oder Pusteln meist an Blättern oder Sprossachsen, selten im Blütenstand oder an Wurzeln. – **Lit**: **13**: 145–146 etc., **JK**: 59, 64, 140, 158, 164, 180, 219, 341, 419

T: *U. occulta* (WALLR.) RABENH. ex FUCKEL; abgebildet verschiedene Arten in JK 59, 64, 140, 158, 164, 180, 219, 341, 419

Auf Gräsern und Grasartigen: u. a. ***Arrhenatherum***: *U. avenae-elatioris*. – ***Bolboschaenus***: *U. bolboschoeni*. – ***Briza***: *U. helvetica*. – ***Bromus***: *U. bromi*. – ***Calamagrostis***: *U. calamagrostidis*. – ***Carex***: *U. fischeri*. – ***Secale***: *U. occulta*. – ***Triticum***: *U. occulta*

Sonstige Wirts-Gattungen:

Aconitum: *U. irregularis*. – ***Actaea***: *U. carcinodes*. – ***Allium***: *U. magica*. – ***Anemone***: *U. anemones*; besonders auf *A. nemorosa*; falls auf *A. sylvestris* auch *U. antipolitana*. – ***Aqulegia***: *U. aquilegiae*. – ***Clematis***: *U. mustaphae*. – ***Colchicum***: *U. colchici*. – ***Crocus***: *U. croci*. – ***Eranthis***: *U. eranthidis*. – ***Filipendula***: *U. filipendulae* (auf *F. vulgaris*), *U. ulmariae* (auf *F. ulmaria*). – ***Galanthus***: *U. galanthi*. – ***Helleborus***: *U. floccosa*. – ***Hepatica***: *U. syncocca*.- ***Lepidium***: *U. coralloides*. – ***Leucojum***: *U. leucoji*. – ***Muscari***: *U. muscaridis*. – ***Odontites***: *U. schizocaulon*. – ***Ornithogalum***: *U. ornithogali*. – ***Orobanche***: *U. orobanches*. – ***Paris***: *U. paridis*. – ***Polygonatum***: *U. mivabeana*.-***Primula***: *U. primulae* (*P. acaulis, P. elatior, P. veris*), *U. primulicola* (*P. farinosa*). – ***Ranunculus***: *U. ficariae* (Sori an Blättern von *R. ficaria*), *U. ranunculi* (Sori an Blättern von *R. repens* etc.), *U. rechingeri*

(Sori an Wurzeln von *R. arvensis*). – ***Scilla***: *U. scillae*. – ***Trientalis***: *U. trientalis*. – ***Trollius***: *U. trollii*. – ***Turritis***: *U. coralloides*. – ***Viola***: *U. kmetiana* (auf *V. tricolor*), *U. violae* (nicht auf *V. tricolor*)

Uromyces (LINK) UNGER – RostP (Bas, Pucciniomycetes, Pucciniales, Pucciniaceae) Phytoparasiten (Roste, unterschiedl Sp-Formen und Entwicklungsstadien siehe unter *Puccinia*). Von *Puccinia* verschieden durch 1-zellige III-Sp. – **Lit**: **13**: 78, 186 etc., **JK:** 175 etc. T: *Uredo appendiculata* PERS. = *Uromyces appendiculatus* (PERS.) LINK = *Uromyces phaseoli* (PERS.) WINT.: JK 292, Gäum 341:297 (II-Sp, III-Sp)

Auf Gräsern und Grasartigen:
Briza: *U. brizae* (II, III). – ***Carex sempervirens***: *U. caricis-sempervirentis* (II, III). – ***Cynosurus***: *U. dactylidis* (II, III). – ***Dactylis***: *U. dactylidis* (II, III). – ***Deschampsia***: *U. airae-flexuosae* (II, bisw III). – ***Juncus***: *U. junci* (II, III), *U. silphii* (II, bisw III). – ***Melica***: U. *graminis* (II. III). – ***Phleum***: *U. phlei-michelii* (II, III). – ***Poa***: *U. poae-alpinae* (II, III). – ***Schoenoplectus***: *U. lineolatus* (II, III). – ***Sclerochloa***: *U. sclerochloae* (II, III). – ***Setaria***: *U. setariae-italicae* (II, III), ***Spartina***: *U. argutus*. – ***Trisetum***: *U. ranunculi-distichophylli* (II, III), *U. volkartii* (II, III). – ***Vulpia***: *U. vulpiae* (II. III).

Arten je nach Wirtsgattung (ohne Gräser und ohne Grasartige):
Aconitum: *U. lycoctoni* (0, I, II). – ***Adenostyles***: *U. veratri* (0, I). – ***Allium***: *U, ambiguus* (II, III). – ***Anthyllis***: *U. anthyllidis* (II, selten III). – ***Apium***: *U. lineolatus* (0, I). – ***Arenaria***: *U. arenariae-leptocladi* (III). – ***Armeria***: *U. armeriae* (0, I, II, III). – ***Astragalus***: *U. splendens* (I, III), *U. phacae-frigidae* (III), U. *lapponicus* (0, I, III), *U. jordianus* (II, III), *U. punctatus* (II, III).
Beta: *U. beticola* (meist II, auch 0, I, III). – ***Buphthalmum***: *U. junci* (0, I).
Caragana: *U. caraganicola* (II, III), *U. punctatus* (II, III). – ***Chamaecytisus***: *U. fulgens* (0, I, II, III), *U. genistae* (II, III), *U. pallidus* (II, III). – ***Chamaespartium***: *U. genistae* (II, III), ***Crocus***: *U. croci* (III).
Daucus: *U. graminis* (0, I), *U. lineolatus* (0, I). – ***Delphinium***: *U. delphinii* (III). – .***Dianthus***: *U. dianthi* (II, III).
Euphorbia: div. Arten, siehe Schlüssel I. – ***Foeniculum***: *U. graminis* (0, I).
Gagea: *U. acutatus* (III): *U. gageae* (III). – ***Genista***: *U. genistae* (II, III). – ***Gentianella***: *U. gentianae* (II, auch III). – ***Geranium***: *U. geranii* (II, III, auch 0, I), *U. kabatianus* (0, I, II, III).
Hedysarum: *U. hedysari-obscuri* (0, I, III). – ***Hippocrepis***: *U. hippocrepidis* (II, III). – ***Homogyne***: *U. veratrin* (0, I).
Laburnum: *U. laburni* (II, III). – ***Laserpitium***: *U. graminis* (0, I). – ***Lathyrus***: div. Arten, siehe Schlüssel II. – ***Limonium***: *U. limonii* (0, I, II, III). – ***Lotus***: *U. euphorbiae-corniculati* (II, III). – ***Lupinus***: *U. lupinicola* (II, III).
Medicago: *U. magnusii* (II, III), *U. punctatus* (II, III), – ***Melilotus***: *U. baeumlerianus* (II, III). – ***Muscari***: U. *muscari* (III, auch 0, I, II).
Oenanthe: *U. lineolatus* (0, I). – ***Onobrychis***: *U. onobrychidis* (II, auch III). – ***Ononis***: *U. bugranae* (II, III), *O. diniensis* (II, III), *U. natricis* (II), *U. ononidis* (II, III). – ***Ornithogalum***: *U. acutatus* (III), *U. gageae* (III). – ***Oxytropis***: *U. lapponicus* (0, I, III), *U. punctatus* (II, III).
Pastinaca: *U. lineolatus* (0, I). – ***Petrorhagia***: *U. dianthi* (II, III). – ***Phaseolus***: *U. phaseoli* (II, III, auch 0. I). – ***Phyteuma***: *U. caricis-sempervirentis* (0, I). – ***Pisum***: *U. pisi* (II, III), *U. striatus* (II, III), *U. viciae-fabae* (0, I, II, III). – ***Polygonum***: *U. polygoni-avicularis* (II, III, auch 0, I). – ***Primula***: diverse Arten, siehe Schlüssel III. – ***Pulicaria***: *U. junci* (0, I). – ***Ranunculus***: diverse Arten, siehe Schlüssel IV. – ***Rumex***: *U. acetosae* (II, III, bisw 0, I), *U. polygoni-avicularis* (II, III, bisw 0, I), *U. rumicis* (II, III).
Salicornia: *U. salicorniae* (I, II, III, 0?). – ***Saponaria***: *U. dianthi* (II, III). – ***Scilla***: *U. scillarum* (III, auch 0, I). – ***Scleranthus***: *U. scleranthi* (II, auch III).-***Scrophularia***: *U. scrophulariae* (0, I, III). – ***Securigera***: *U. coronillae* (II, auch III). – ***Silene***: *U. behenis* (0, I, III), *U. inaequialtus* (0, I, II: auch III). – ***Sium***: *U. lineolatus* (0, I). – *U. sii-latifolii* (III). – ***Solidago***: *U. sommerfeltii* (III). – ***Spartium***:

U. spartii-juncei (II, III). – ***Spergularia***: *U. sparsus* (II, III; auch 0, I).-***Suaeda***: *U. chenopodii* (I, II, III; auch 0).
Torilis: *U. graminis* (0, I), *U. lineolatus* (0.I). – ***Trifolium***: diverse Arten; siehe Schlüssel V.
Valeriana: *U. valerianae* (0, I, II, auch III). – ***Veratrum***: *U. veratri* (II, III). – ***Vicia***: diverse Arten, siehe Schlüssel V. – ***Viscaria***: *U. cristatus* (II, III).

Schlüssel I für Arten auf ***Euphorbia***

1 Auf *E. nutans* (Sekt. *Chamaesyce*) *U. proeminens*
1* Auf anderen Arten **2**
2 I deutl becherfö, innen meist gelb bis orange, seltener weißl, mit weißem Hautrand. Wirt oft ± stark deformiert **3**
2* I nicht becherfö, wenn gelb, dann flach, pulverig oder polsterfö, ohne Hautrand. Falls I becherfö, dann mit reduzierter Pseudoperidie **11**
3 Auf *E. seguieriana, E. exigua*, E. amygdaloides, den Wirt meist nur ± stark verformend ▸
3* Auf anderen E-Arten: häufig auf *E. cyparissias* oder *E. verrucosa*, den Wirt völlig verändernd siehe 4, 6: *U.-pisi*-Komplex
4 Ww mit *Vicia* **5**
4* Ww nicht mit *Vicia* **6**
5 Auf *E. cyparissias, E. esula, E. virgata* *U. viciae-craccae* und ▸
5* Auf *E. verrucosa, E. palustris* *U. verrucosae-craccae*
6 Ww mit *Pisum, Lathyrus* *U. pisi* und ▸
6* Ww nicht mit *Pisum, Lathyrus* **7**
7 Ww mit *Astragalus* *U. punctatus* und ▸
7* Ww nicht mit *Astragalus* **8**
8 Ww mit *Anthyllis* *U. anthyllidis*
8* Ww nicht mit *Anthyllis* **9**
9 Ww mit *Genista, Chamaecytisus, Cytisus* *U. genistae*
9* Ww nicht mit den genannten Gattungen **10**
10 Ww mit *Ononis* *U. ononidis*
10* Ww nicht mit *Ononis*, auch nicht mit den unter 1–9 genannten Gattungen ▸
11 Auf *E. verrucosa*. Wirt verkürzt mit in seinem oberen Teil dichter gestellten Bl. III-Sp undeutl dichtwarzig, im oberen Teil mit feiner Stäbchenstruktur (Falls III-Sp grobwarzig vgl. *U. scutellatus*) *U. excavatus*
11* Auf anderen E-Arten oder mit anderen Merkm **12**
12 Auf *E. cyparissias* **13**
12* Auf anderen E-Arten ▸
13 Befallene Triebe blühend und fruchtend. III-Sp fein punktiert-warzig Montan bis hochmontan *U. alpestris*
13* Befallene Triebe kaum blühend, stark deformiert. III-Sp warzig oder mit leistenfö Ornament. . **14**
14 Keimporen-Kappe meist fehlend oder undeutl und flach *U. scutellatus*
14* Keimporen-Kappe an III-Sp deutl **15**
15 0 fehlend, III kastanienbraun, III-Sp meist 28–31 × 22–27 µm, mit dicht stehenden Warzen *U. kalmusii*
15* 0 vorhanden, III hellbraun, III-Sp meist 23–28 × 17–20 µm, mit Längsleisten ornamentiert *U. striolatus*

Schlüssel II für Arten auf ***Lathyrus***

1 I fehlend, nur II und III. **2**
1* I becherfö *U. viciae-fabae*
2 Auf *L. odoratus, L. venetus* ▸

2* Auf diversen anderen *L.*-Arten (z. B. *L. pratensis, L. sylvestris, L heterophyllus, L. tuberosus, L. latifolius* etc.; falls auf letzterer und II-Sp fein locker stachelig: *U. lathyri-latifolii*). II-Sp mit dicht feinwarzigem Ornament *U. pisi*

Schlüssel III für Arten auf ***Primula***

1 Auf *P. glutinosa, P.minima* *U. apiosporus*
1* Auf anderen *P.*-Arten **2**
2 Auf *P. auricula* *U. auriculae*
2* Nicht auf *P. auricula* ▸

Schlüssel IV für Arten auf ***Ranunculus***

1 Auf *R. ficaria* **2**
1* Nicht auf *R. ficaria* ▸
2 Nur III, dieses braun, pulverig *U. ficariae*
2* I wird gebildet und ist orange, becherfö. **3**
3 I meist in Gruppen zu 10–20, oft ringfö um 0 *U. poae*
3* I meist in Gruppen zu 20–50, dicht, kompakt *U. rumicis*

Schlüssel V für Arten auf ***Trifolium***

1 Es werden 0 und/oder I gebildet. **2**
1* Es werden II und/oder III gebildet **4**
2 Meist auf *T. dubium* und *T. montanum*, 0 meist fehlend *U. minor*
2* Auf anderen T-Arten, z. B. u. a. auf *T. repens*, *T. pratense*, *T. medium*, *T. hybridum* etc. 0 meist vorhanden **3**
3 Wand der II-Sp gelb, mit 2–3 Keimporen, meist 24–27 × 19–22 µm *U. trifolii-repentis*
3* Wand der II-Sp braun, mit 3–5 Keimporen *U. fallens*
4 Nur III gebildet, kein Ww **5**
4* Nur II und/oder III gebildet. III dunkel- bis schwarzbraun. Mit oder ohne Ww **6**
5 Auf *T. dubium* oder *T. montanum*, selten auch auf *T. pratense* *U. minor*
5* Auf anderen T-Arten, besonders auf *T. repens*, auch auf *T. fragiferum* *U. flectens*
6 Außer II und III auch I gebildet **3**
6* Nur II und III gebildet **7**
7 Auf *T. alexandrinum* *U. trifolii-purpurei*
7* Nicht auf *T. alexandrinum* **8**
8 Auf *T. campestre*, *T. dubium*. Wand der II-Sp 2–3 µm dick *U. jaapianus*
8* Auf anderen T-Arten. Falls auf *T. dubium*, dann Wand der II-Sp 1–1,5(–2,5) µm dick. Auf *T. arvense*, *T. aureum*, *T. badium*, *T. campestre*, *T. dubium* *U. striatus*

Ustanciosporium VÁNKY – BrandP (Bas, Ustilaginomycetes, Ustilaginales, Anthracoideaceae)
Phytoparasitischer Befall auf *Rhynchospora*. – **Lit**: 13: 691
Im Gebiet 1 Art = *U. gigantosporum* (LIRO) M. PIEPENBR. & BEGEROW

Ustilago (PERS.) ROUSSEL – BrandP (Bas, Ustilaginomycetes, Ustilaginales, Ustilaginaceae)
Phytoparasiten (Brände) auf Gräsern. Befall in den Fruchtknoten zwischen den Spelzen oder in der gesamten Ähre, auch an Bl oder am Halm als Pusteln oder in langen Streifen, auch in Form von Gallen oder Manschetten ähnelnden Bildungen. Spp schwarz bis olivbraun, oft pulverig, auch krümelig bis klumpig. Sp glatt, warzig bis stachelig. – Auf verschiedenen Gattungen von Süßgräsern *U. striiformis* (= *U. s.*). – **Lit**: **13**: 92, 105, 112, 125, 145 etc., **JK** 76, 157, 212, 224, 309, 462

T: *U. hordei* (PERS.) LAGERH.; abgebildet *U. nuda* (J.L. JENSEN) KELLERM. & SWINGLE auf *Hordeum*: JK 224

Agropyron siehe *Elymus;* ***Agrostis***: *U. striiformis* (= *U.s.*); ***Alopecurus***: *U. s.;* ***Ammophila***: *U.s.;* ***Anthoxanthum***: *U.s.;* ***Arrhenatherum***: *U. avenae;* ***Avena***: *U. avenae, U. hordei;* ***Brachypodium***: *U.s., U. serpens;* ***Briza***: *U.s.;* ***Bromus***: *U. bromivora, U. bromiana, U. serpens;* ***Calamagrostis***: *U.s., U. calamagrostidis, U. scrobiculata;* ***Cynosurus***: *U.s.;* ***Dactylis***: *U.s., U. perrara,* ***Digitaria***: *U. syntherismae;* ***Echinochloa***: *U. trichophora;* ***Elymus***:*U.s., U. bromivora, U. serpens;* ***Festuca***: *U.s.;* ***Glyceria***: *U. davisii, U. filiformis;* ***Helictotrichon***: *U.s.;* ***Hierochloe***: *U.s.;* ***Holcus***: *U.s.;* ***Hordeum***: *U.s., U. avenae, U. bromivora, U. hordei, U. nuda, U. trebouxii;* ***Koeleria***: *U.s.;* ***Lolium***: *U. s., U. bromivora;* ***Melica***: *U.s., U. trebouxii;* ***Milium***: *U.s.;* ***Panicum***: *U. syntherismae;* ***Phalaris***: *U.s., U. echinata;* ***Phleum***: *U.s.;* ***Phragmites***: *U. grandis*; ***Poa***: *U.s., U. trebouxii;* ***Puccinellia***: *U.s.;* ***Secale***: *U. tritici;* ***Sesleria***: *U.s.;* ***Setaria***: *U.s.;* ***Trisetum***: *U.s.;* ***Triticum***: *U. tritici;* ***Zea***: *U. maydis*

Ustilentyloma SAVILE – BrandP (Microbotryomycetes, Microbotryales, Ustilentylomataceae)
Phytoparasitischer Befall auf Gräsern. – **Lit**: **13**: 145 etc.
T: *U. pleuropogonis* SAVILE, nicht im Gebiet vorkommend
Glyceria: *U. fluitans*. – ***Holcus***, ***Leymus***, ***Phalaris***: *U. brefeldii*

Ustulina TUL & C. TUL., Brandfladenpilz – Pyr (Asc, Sordariomycetes, Xylariales, Xylariaceae)
Stroma groß, kreisfö bis krustenfö-flächig, jung grau-weißl, 5–6,5 × 2–3 µm große, hyaline Konidien bildend (Nebenfruchtform), später braun bis schwarz, kohleartig, innen aber lange fleischig-weiß, vom Substrat leicht ablösbar. Perithecien im Stroma eingebettet, groß, bis zu 1,5 mm, ihre Mündungen außen entschieden warzig vorspringend und über die Fläche locker verteilt. Asci zylindrisch mit amyloidem Apikalapparat. Asc-Sp schief-einreihig im Ascus, dunkelbraun bis schwarz, glatt, spindelfö oder unsymmetrisch ellipsoid mit spitzen Enden, 26–40 × 7–12 µm. LaH (besonders *Fagus*). – Syn: Wird auch unter *Kretschmaria* oder *Hypoxylon* geführt. – **Lit**: **5**: 318, **10**: 248
1 Art = T: *U. deusta* (HOFFM. : FR.) LIND. – **Brandfladenpilz**: BK 1.345, De 36M, Ge 542, Gh 657, HK 2.279, Ja 18, Lx 633, Ph 279, RH 671

Flechten, Gattungen U

Umbilicaria HOFFM. – Fle (Asc, Lecanoromycetes, Umbilicariales, Umbilicariaceae)
Lager blattartig, ungegliedert-rundl bis geteilt und vielblättrig. Oberseite grau bis braun, glatt bis warzig oder gerippt, bisw isidiös oder randlorediös; Unterseite blass rosabräunl, hellbraun, grau bis schwarz, glatt bis strukturiert (Warzen, Areolen, Stege). Apothecien schwarz mit glatter, genabelter oder gerillter Oberfläche. Sp 1-zellig bis mauerfö vielzellig, farblos bis bräunl. Photobiont: *Trebouxia*. Silikatgestein. 16–22 Arten. – **Lit**: **24:** 73, **928–940**; **25:** 81, **1119–1130**
T: *U. hyperborea* (ACH.) HOFFM. – **Nordische Nabelflechte**; abgebildet u. a. *U. hirsuta* (SW. ex WESTR.) HOFFM. – Zottige Nabelflechte: Wi 929, FleD 1120, UT 104

1 Lager dicht mit feinen, zylindrischen bis flachen Isidien bedeckt. Falls mit ovalen, blasigen Pusteln. ▸ **Rußende Nabelflechte** – *U. deusta* (L) BAUMG.
1* Lager nicht isidiös **2**
2 Lager-R mit schwarzen Borsten
Fransen-Nabelflechte – *U. cylindrica* (L.) DELISE ex DUBY
2* Lager-R ohne schwarze Borsten **3**
3 Rhizinen auf Lager-Unterseite zahlreich **4**
3* Rhizinen auf Lagerunterseite fehlend oder spärl ▸
4 Lager oberseits gegen den R leicht mehlig-sorediös
Zottige Nabelflechte – *U. hirsuta* (SW. ex WESTR.) HOFFM.
4* Lager-R nicht mehlig-sorediös **5**
5 Lager dunkelbraun, kupferfarben, unterseits (braun-)schwarz, mit fädigen Rhizinen
Wurzelnde Nabeiflechte – *U. polyrrhiza* (L.) FR.
5* Lager dunkel grau(-braun) bis violettstichig dunkelbraun, kaum mit fädigen Rhizinen o d e r Lager weißgrau bis violetträtl bis bräunl überhaucht o d e r Lager unterseits nicht (braun-)schwarz sondern z. B. rosabräunl ▸

„Umbilicaria"
1 Lager mit vielen ovalen, blasigen Pusteln, auf der Unterseite entsprechend mit Gruben. Grau bis braun ***Lasallia*** (*pustulata*)
1* Lager ohne solche Pusteln und korrespondierenden Gruben ***Umbilicaria***

Usnea DILL. ex ADAMS. – Fle (Asc, Lecanoromycetes, Lecanorales, Parmeliaceae)
Lager aufrecht buschig bis hängend bartfö, meist reich verzweigt, (grau-)grünl, grüngelbl, an der anhaftenden Basis oft schwärzl, mit runden bis kantigen Ästen, diese oft mit ± senkrecht abstehenden, dünnen Kurzzweigen. Innen mit kompaktem, knorpeligem Zentralstrang. Apothecien end- oder seitenständig, mit schmalem Lagerrand, von dem strahlig angeordnete Fibrillen ausgehen. Sp 1-zellig, ellipsoid. Photobiont: *Trebouxia*, *Asterochloris*. Äste, Zweige, Rinde, Silikatgestein. 20 Arten. – Syn: *U. dasypoga* (ACH.) NYL = *U. filipendula* STIRT. – **Lit**: **24:** 70, **940–952**; **25:** 77, **1130–1140**
T: *U. florida* (L.) F.H. WIGG. – Floridula-Bartflechte: Wi 947, FleD 1131

1 Lager aufrecht oder allenfalls kurz hängend oder rötl-braun oder Mark und Zentralstrang blass rosa oder Lager mit Warzen, Papillen, Soralen, Fibrillen **2**
1* Lager hängend und nicht mit vorstehend genannten weiteren Merkmalen **4**
Lager aufrecht, höchstens kurz hängend oder Mark, Zentralstrang blass rosa oder Lager mit Warzen etc. (2–3)
2 Lager mit Soralen oder mit Isidien **3**
2* Lager ohne Sorale und ohne Isidien. Äste allmählich verjüngt. Apothecienscheibe P+ gelb und KC+ rosa. Falls Äste gleichdick, Apothecienscheibe P− und KC−: *U. rigida*
Floridula-Bartflechte – *U. florida* (L.) F.H. WIGG.

Lager hängend etc. (3–4)

3 Reife Sorale punktfö. Hauptäste stumpfkantig bis deformiert. Oberfläche oft mit leistenfö Erhebungen. Mark und Sorale P–
Struppige Bartflechte – *U. hirta* (L.) F.H. WIGG.

3* Reife Sorale recht groß, mehr als der halbe Durchm der Äste breit. Hauptäste stielrund, weder mit Gruben noch mit Leisten. Bisw Mark und Sorale P+ rostrot ▸

4 Fibrillen regelmäßig über die ganze Länge der Hauptäste verteilt. Mit oder ohne Soralen. Mark weiß. C–, K+ orange **Gewöhnliche Bartflechte** – *U. filipendula* STIRT.

4* Fibrillen fehlend bis spärl und auch sonst mit anderen Merkm wie Mark leicht rosa, C+ ▸

Usnocetraria M.J. LAI & J.C. WEI – Fle (Asc, Lecanoromycetes, Lecanorales, Parmeliaceae)
Lager blättrig aus wenigen Lappen, diese anliegend bis aufsteigend, gestreckt, an den Rändern servdiös, oberseits gelbgrünl, unterseits hellbräunl. Apothecien rand- und flächenständig, hellbraun. Sp kugelig. Photobiont: *Trebouxia*. Am Stamm meist von NaB. 1 Art. – **Lit**: **24:** 268 unter *Cetraria* (*Allocetraria*); **25:** 85, 345 unter *Cetraria*, **1140–1141**
T: *U. oakesiana* (TUCK.) M.J. LAI & J.C. WIE – **Gesäumte Moosflechte**: Wi 271

Pilze, Gattungen V

Valdensinia PEYRONEL – inop. Disc (Asc, Leotiomycetes, Helotiales, Sclerotiniaceae)
Frk becherfö bis flach, 2–5 mm breit, blass braun, gestielt, S 4–15 × 0,5–1,5 mm, aus einem krustenfö Stroma auf Stielen und Adern von Blättern der Heidelbeere (*Vaccinium myrtillus*) entstehend. Asc-Sp ellipsoid, einzellig, mit einem bis mehreren Tröpfchen, 10–13,5 × 4,5–5,5 µm. Nebenfruchtform [Anamorphe = *Valdensia myrtilli* (ALLESCH.) PETRAK] bildet bräunl Flecken, die 4-armige Konidien bilden. Frk (Apothecien) im Frühjahr bis zum Frühsommer. – **Lit**: **10**: 177
1 Art = T: *V. heterodoxa* PEYRONEL

Vankya ERSHAD – BrandP (Bas, Ustilaginomycetes, Urocystidales, Urocystidaceae)
Pflanzenparasit (Brandpilz) auf *Gagea.* Sori schwärzl-braun, in 2–10 mm langen Schwielen. 1 Art. Auf Bl von *Gagea* (Goldstern). – **Lit**: **13**: 405
T: *V. ornithogali* (J.C. SCHMIDT & KUNZE) ERSHAD – **Goldsternbrand**: JK 190

Vararia P. KARST – RiP (Bas, Agaricomycetes, Russulales, Lachnocladiaceae)
Frk resupinat, membranös, glatt bis warzig. Monomitisch. Hyphen hyalin, mit Schnallen (so beim T) oder ohne Schnallen. Mit Gloeozystiden. Sp hyalin, spindelfö (T: 8–12 × 2,7–4,5 µm) oder breit ellipsoid, inamyloid oder mit kleinem amyloidem Fleck über dem Apikulus. 3 Arten. Lignicol auf LaH, NaH oder auf Blattresten. – **Lit**: **9**: 320, **12**: 270
T: *V. investiens* (SCHWEIN.) P. KARST.

Vascellum F. ŠMARDA, Staubbecher – BaP (Bas, Agaricomycetes, Agaricaceae)
Frk ± kreiselfö, 2,5–6 cm, zwischen Gleba und Subgleba mit dünner, pergamentartiger Trennschicht (Diaphragma). Endoperidie oben mit relativ großer Öffnung. Capillitium

kaum entwickelt bzw. mit Paracapillitium aus dünnwandigen Hyphen. Sp bräunl, kugelig, feinwarzig, ohne oder mit kurzem Sterigmenrest, 3–4,5 µm. Terricol, Grasland. – **Lit**: **9**: 340, **12**: 503
1 Art = T: *V. pratense* (PERS. : PERS.) KREISEL – **Wiesen-Staubbecher**: BK 2.521, BL 305, Ct 1630, HK 2.148, Kr 2.154, Lx 615,Ph 248, RH 597

Velutarina KORF – inop. Disc (Asc, Leotiomycetes, Helotiales, Cenangiaceae)
Frk sitzend, becherfö, 1–3 mm breit, oberseits (Hymenium) gelb bis dunkelgrün, außen mehlig bestäubt. Asci zylindrisch bis keulig, 8-sporig, mit amyloidem oder inamyloidem Porus. Paraphysen fädig mit erweiterten oberen Enden. Asc-Sp ellipsoid, hyalin, nicht septiert, reif bräunl, 10–15,5 × 6–8,5 µm (T: 10–14 × 6–8 µm). 2 Arten. Saprotroph auf Holz, der T auf LaH. – **Lit**: **5**: 151, **10**: 161
T: *V. rufoolivacea* (ALB. & SCHWEIN.) KORF.: De 22D

Veluticeps HJORTS. & TELLERIA, Fichtenschichtpilz – SchichtP (Bas, Agaricomycetes, Gloeophyllales, Gloeophyllaceae)
Frk resupinat bis effus-reflex, lederig, Oberfläche dunkel (rot-)braun, oft gezont, Hymenium hellgrau, bräunl etc., glatt. Dimitisch. Skeletthyphen braun, dickwandig. Generative Hyphen hyalin, mit Schnallen (so beim T) oder ohne Schnallen. Mit Zystiden, diese hellbräunl oder dunkelbraun, 50–260 µm lang (in zwei Größenklassen, die weniger langen × 3–6 µm, die längeren × 8–17 µm). 2 Arten. NaH (meist *Picea*). – Anm: *V. abietina* wird auch unter dem Namen *Columnocystis a.* geführt. – **Lit**: **9**: 192, **12**: 152 als *Columnocystis a.*
T: *V. abietina* (PERS. : FR.) HJORTS. & TELLERIA – **Blaugrauer Fichtenschichtpilz**: BK 2.71, Ct 1983, RH 88

Venturia DE NOT. – Pyr (Asc, Dothideomycetes, Venturiales, Venturiaceae)
Pseudothecien (Perithecien ähnelnd) innerhalb des Wirtes (intramatrikal). Anamorphe mit Konidien, die meist breit spindelfö, am Scheitel zugespitzt, am Grunde gestutzt sind: *Spilocaea* (*Fusicladium*) *pomi* (FR.) LIND ist die Anamorphe von *Venturia inaequalis* (COOKE) G. WINTER. – **Lit**: **2:** 986 (*Venturia*), 1076 (*Fusicladium*)
T: *V. chlorospora* (CES.) P. KARST oder *V. inaequalis* (COOKE) G. WINTER: Bra 987, 111. – Abgebildet auch: *V. geranii* (FR.) G. WINTER JK 209–210

Verpa SW : FR., Verpel – op. Disc (Asc, Pezizomycetes, Pezizales, Morchellaceae)
Frk gestielt-hutfö. H (Apothecien) glockenfö oder subzylindrisch, 1,5–3 cm hoch. Außen (Hymenium) bräunl bis bräunl-violett, glatt, auch mit Rippen oder Furchen, Rand völlig frei, H nur an seiner Spitze am S befestigt weißl oder cremefarben, bräunl gegürtelt, subzylindrisch bis hohl, 3–6 × 0,8–1,2 cm. Spp gelbl bis orange. 2 Arten. Terricol. – Syn: *V. digitaliformis* = *V. conica.* – **Lit**: **5**: 4, **10**: 83
T: *V. conica* (O.F. MÜLLER : FR.) SW. – Fingerhut-Verpel: BK 1.8, Br 1181, 1182; De 1D, Dh 1104, Gh 627, HK 2.211, Lx 663, Ph 265,

1 H (Apothecium) außen kaum gerippt-gefurcht. Asci mit 8 Asc-Sp, diese 21–25 × 11–15 µm **Fingerhut-Verpel** *V. conica* (O.F. MÜLLER : FR.) SW.

1* H (Apothecium) außen mit deutl. Rippen und Furchen. Asci mit 2 Asc-Sp, diese 50–80 × 16–20 µm **Böhmische Verpel** – *V. bohemica* (KROMBH.) J. SCHRÖT.

Verpatinia siehe *Scleromitrula*

Verticillium NEES – Schimp (Asc, Sordariomycetes, Glomerellales, Plectosphaerellaceae; Anamorphe)
Konidienträger streng wirtelig verzweigt. Obere Teile der Träger mit wirtelig angeordneten Phialiden. Konidien 1-zellig. U. a. auch auf anderen Pilzen (*Botryobasidium, Cantharellus, Chrysomphalina, Cortinarius, Fomitopsis, Ganoderma, Geastrum, Hirneola, Lepiota, Megacollybia, Mycena, Russula, Trametes, Tremella*) und auf Schleimpilzen (*Fuligo*). – **Lit**: **21**: 89, 160
T: ? *V. dahliae* KLEB.; *V. agaricinum* (LINK) CORDA = *Cladobotryum verticillatum* (LINK) S. HUGHES

Vesiculomyces HAGSTRÖM – RiP (Bas, Agaricomycetes, Russulales, Peniophoraceae)
Frk resupinat, membranös, glatt oder etwas warzig, frisch weißl bis deutl gelb, trocken ocker. Monomitisch. Hyphen ohne Schnallen. Gloeozystiden vorhanden. Sp hyalin, dünnwandig, glatt, amyloid, kugelig oder fast kugelig, 5–8 × 5–6,5 µm. Meist an NaH, seltener auf LaH. – **Lit**: **9**: 281, **12**: 124
1 Art = T: *V. citrinus* (PERS.) E. HAGSTR. – **Zitronengelber Rindenschwamm**: BK 2.109, Ct 2467, RH 78

Vibrissea FR., Fadenscheibchen – inop. Disc (Asc, Leotiomycetes, Helotiales, Vibrisseaceae)
Frk konvex bis plan, gestielt (T) oder sitzend. Oberseits (Hymenium) gelb bis grau, außen bräunl bis schwärzl. [Falls Frk sitzend, oberseits gelbl-grau und Asci mit amyloidem Porus: *V. decolorans* (SAUT.) SÁNCHEZ & KORF]. Asci zylindrisch bis keulig, 8-sporig, mit amyloidem oder inamyloidem Porus. Paraphysen schlank, einfach oder verzweigt, septiert, die Asci überragend. Asc-Sp fädig, × 1,5–2 µm (beim T 250 × 1 µm), mehrfach septiert, hyalin. 4 Arten. Auf Holz (T) oder Schilf (*Phragmites*), Substrat im wasserdurchtränktem Zustand oder im Wasser. – **Lit**: **5**: 248, **10**: 183
T: *V. truncorum* (ALB. & SCHWEIN.) FR. – **Gestutztes Fadenscheibchen**: BK 1.299, Ct 1691, De 26A, HK 2.266, RH 659

Volkartia MAIRE – W/G (Asc, Taphrinomycetes, Taphrinales, Protomycetaceae)
Phytoparasitischer Befall auf *Crepis* (u. a. *C. conyzifolia, C. mollis*), auf den Bl des Wirtes Auftreibungen verursachend, diese anfangs dunkelgrün, später gelb bis grauweiß bereift. Asc-Sp 4–7 × 1–2 µm. – **Lit**: **13**: 322
1 Art = T: *V. rhaetica* (VOLKART) MAIRE

Volutella TODE – SchimP (Asc, Sordariomycetes, Hypocreales, Nectriaceae; Anamorphe) Konidienträger in Hyphenpolstern (Sporodochien) vereinigt, die am Rand von kräftigen Seten überragt werden. Gelegentl auf anderen Pilzen (*Peziza*) oder auf Dung.
T: *V. ciliata* (ALB. & SCHWEIN.) FR.

Volvariella SPEG., Scheidling – BläP (Bas, Agaricomycetes, Agaricales, Pluteaceae) Frk klein, mittelgroß bis groß, an der S-Basis mit Volva, S ohne Ring, L frei, Spp rosa. L-Trama invers. Sp glatt, ellipsoid bis eifö. 12 Arten. Terricol, Humus, Streu (von LaB und NaB), auch lignicol (LaH), eine Art parasitisch auf BläP. – **Lit**: **8**: 90, **11**: 227, **14**: 344
T: außereuropäisch. Bei uns z. B. *V. hypopithys* (FR.) SHAFFER – Flaumstiel-Scheidling: BK 4.131, CD 899, Dh 444, HK 3.38, KM 17.1, Lg 68D, Lu 1.87.4, RH 389

1 H 6–12–20 cm **2**
1* H kleiner und/oder auf anderen Blätterpilzen fruchtend **4**
2 H-Oberfläche feucht schmierig, glatt, keinesfalls faserig-filzig. H weißl, bisw graubraun getönt, H-Rand nicht gerieft. S-Basis oft tief im Boden steckend. Sp 12–18 × 7–10 µm. Wiesen, Äcker, Friedhöfe
Großer Scheidling – *V. gloiocephala* (DC. : FR.) BOEKHOUT & ENDERLE
2* H-Oberfläche faserig-filzig, trocken, höchstens leicht schmierig. Sp unter 11 µm. . . **3**
3 H weiß, 8–20 cm, eingewachsen faserig bis wollig. Sp 7–9,5 × 5–6,5 µm
Wolliger Scheidling – *V. bombycina* (SCHAEFF. : FR.) SINGER
3* H grauschwarz oder schwarz [Falls H mit bräunl. oder bläul Mischtönen, Sp 5,5–8 × 3,5–4,5 µm: *V. caesiotincta* P.D. ORTON], stark radialfaserig bis filzig, (4–)5–10 cm. Sp 6–9 × 4,5–5,5 µm **Dunkelstreifiger Scheidling** – *V. volvacea* (BULL.: FR.) SINGER
4 Auf anderen Blätterpilzen (meist auf *Clitocybe nebularis*) fruchtend. H 4–8 cm. Sp 5–7 × 3–5 µm **Parasitischer Scheidling** – *V. surrecta* (KNAPP) SINGER
4* Nicht auf anderen Blätterpilzen fruchtend **5**
5 H gleichmäßig weiß, 2–5 cm **Flaumstiel-Scheidling** – *V. hypopithys* (FR.) SHAFFER
5* Zumindest H-Mitte grau oder braun **6**
6 H-Oberfläche kahl, glatt, feucht schwach klebrig oder schmierig, H-Rand gerieft ▸
6* H-Oberfläche eingewachsen faserig, nicht schmierig **7**
7 Volva außen graubraun. H 3–5(–6) cm, weißl bis grau. Sp 6–7 × 4,5–5 µm
Taylors Scheidling – *V. murinella* var. *taylori* (BERK.) SINGER
7* Volva außen weißl bis hell grau **7**
7 H 1–2(–3) cm, weißl **Kleiner Scheidling** – *V. pusilla* (PERS. : FR.) SINGER
7* 2–4(–5) cm, feucht hellgrau bis hellgrau-bräunl, nur trocken weißl
Mausgrauer Scheidling – *V. murinella* (QUÉL.) M.M. MOSER ex COURTEC.

Vuilleminia MAIRE, Rindensprenger – RiP (Bas, Agaricomycetes, Corticiales, Corticiaceae) Frk resupinat, etwas gallertig, glatt, sich unter der Rinde von LaH-Ästen entwickelnd und die Rinde schließlich sprengend. Monomitisch. Hyphen hyalin, mit Schnallen. Basidien sehr lang, z. B. 60–100(–180) × 9–14 µm. Sp hyalin, dünnwandig, glatt, inamyloid, 14–25 µm lang. 3Arten. Lignicol an LaH-Ästen (häufig an *Quercus*). – **Lit**: **9**: 180, **12**: 129

T: *V. comedens* (NEES : FR.) MAIRE – Typischer Rindensprenger: BK 2.217, Ct 1981, Ge 413, Ja 51, Lx 485, MJ 5Vuill1, RH 81

1 Auf Ästen von Eiche (*Quercus*). Frk beigefarben bis schmutzig rosal. Zystiden fehlend. Sp 17–22(–25) × (4,5–)5,5–7 µm
Typischer Rindensprenger – *V. comedens* (NEES : FR.) MAIRE

1* Auf anderen Substraten. Zystiden vorhanden oder fehlend **2**

2 Auf Ästen von Erle und Ulme. Frk mit ziegelroten Tönen. Zystiden fehlend. Sp (14–)15–20(–21,5) × 4–5,5(–6) µm, stärker gekrümmt als bei 1
Erlen-Rindensprenger – *V. alni* BOIDIN & al.

2* Auf anderen Substraten (LaH z. B. Äste von *Corylus*, *Acer*, *Salix*, *Prunus* etc.). Zystiden (bisw nur vereinzelt) vorhanden. Sp 17–23 × 5–5,5(–6,2) µm. (Falls Sp unter 17(–18) µm: ►) **Hasel-Rindensprenger** – *V. coryli* BOIDIN & al.

Flechten, Gattungen V

Vahliella P.M. JØRG. – Fle (Asc, Lecanoromycetes, Peltigerales, Vahliellaceae)
Lager krustig, schuppig, graubraun auf schwarzem Vorlager. Apothecien bräunl, oft gruppenweise zusammenstehend. Sp 1-zellig oder mit Plasmabrücke scheinbar 2-zellig, ellipsoid. Photobiont: Meist *Nostoc*, selten Grünalge. Silikatgestein, Basis alter LaB. 2 Arten. – **Lit**: **24:** 634 unter *Pannaria*, **635**; **25:** 801 unter *Pannaria*, **1141–1142**
T. *V. leucophaea* (VAHL) P.M. JØRG. – **Tuchflechte** (Gattung): Wi 634, FleD 1141

Varicellaria NYL. – Fle (Asc, Lecanoromycetes, Pertusariales, Ochrolechiaceae)
Lager krustig, weißl bis grau, glatt bis unregelmäßig warzig, stellenweise sorediös. Apothecien einzeln oder zu 2–3 in niedrigen Warzen, rötlich, (rötl-, blass-)gelb, grau. Sp 1-zellig, groß, dickwandig, farblos, wenn selten 2-zellig, dann mit dicker Querwand, in Einzahl je Ascus. Photobiont: Coccoide Grünalge, .Pflanzenreste, Moose, Rinde, Silikatgestein. 4 Arten. – **Lit**: **24:** 94, 696 und **703** unter *Pertusaria*; **25:** 104, 118, 122, 842–843, 846 unter *Pertusaria*, **1142–1145**
T. *V. rhodocarpa* (KÖRB.) TH. FR. – **Rotfrüchtige Porenflechte**; abgebildet u. a. *V. hemisphaerica* (FLÖRKE) I. SCHMITT & LUMBSCH – **Halbkugel-Porenflechte**: FleD 1143

Verrucaria SCHRAD. – Fle (Asc, Eurotiomycetes, Verrucariales, Verrucariaceae)
Lager krustig, bisw im Substrat, einheitl oder rissig bis areolat, weiß, grau, grünl, braun, schwarz. Perithecien eingesenkt bis aufsitzend, schwarz. Sp 1-zellig, farblos, selten bräunl. Photobiont: Coccoide Grünalgen (u. a. *Dilabifilum*, *Diplosphaera*, *Elliptochloris*, *Heterococcus*, *Myrmecia*). Erde, Holz, Gestein, auch amphibisch oder im Spritzwasserbereich. 70 Arten. – Syn: *V. subfuscella* NYL. = *V. polysticta* BORRER; *V. schaereri* NYL. = *Placocarpus* sch. – **Lit**: **24:** 82, **953–969**; **25:** 1145–1173
T. *V. rupestris* SCHRAD. – **Felsen-Warzenflechte** = *V. muralis* – Mauer-Warzenflechte; abgebildet u. a. *V. nigrescens* PERS. – Schwärzliche Warzenflechte: Wi 459, FleD 1145

1 An überschwemmten oder langzeitig feuchten Standorten o d e r auf Erde o d e r Lager parasitisch auf Krustenflechten ▸
1* Nicht an derartigen Standorten und nicht parasitisch **2**
2 Lager rissig bis areoliert **3**
2* Lager dünn und zusammenhängend **9**

Lager rissig bis areoliert (3–8)

3 Perithecien fast gänzl am R der Areolen ▸
3* Perithecien überwiegend inmitten der Areolen................................ **4**
4 Areolen schwarz gesäumt **Bräunliche Warzenflechte** – *V. polysticta* BORRER
4* Areolen nicht schwarz gesäumt, einheitl gefärbt **5**
5 Lager dunkelbraun bis schwärzl, seltener mittelbraun, oft mit schwarzem Vorlager, dieses auch zwischen den Areolen sichtbar **Schwärzliche Warzenflechte** – *V. nigrescens* PERS.
5* Lager andersfarbig **6**
6 Lager braun, gelb, rot, braun ▸
6* Lager andersfarbig **7**
7 Areolen groß und dick (2–7 × 1,5 mm) **Steinschuppenflechte** – *V.* (*Placocarpus*) *schaereri* (FR.) BREUSS
7* Areolen nicht so dick und groß.. **8**
8 Perithecien halb bis dreiviertel eingesenkt. Lager nicht schuppig. Sp (15–)19–25(–30) µm **Mauer-Warzenflechte** – *V. muralis* ACH.
8* Lager schuppig oder Perithecien gänzl eingesenkt o d e r Sp-Maße anders ▸

Lager dünn und zusammenhängend (9–10)

9 Lager rötl o d e r Sp eher klein, bis 25 × 13 µm. ▸
9* Merkm anders, Sp sehr groß, 23–35 × 13–20 µm. Falls Sp 13–28 × 7–15 µm, Perithecien nicht völlig eingesenkt, und oben ohne deckelfö Involucrum: *V. calciseda* DC **10**
10 Peritheciengehäuse unten meist blass und durch Involucrum verdickt **Mauer-Warzenflechte** – *V. muralis* ACH.
10* Peritheciengehäuse ringsum schwärzl, ± einheitl dick, nur um die Mündung verdickt ▸

„Verrucaria"

1 Auf Erde, Erdmoosen, Holz ***Verrucaria***
1* Auf Gestein.. **2**
2 Parasitisch auf anderen Flechten **3**
2* Nicht erkennbar so **8**
3 Auf *Caloplaca* ***Verrucaria***
3* Auf anderen Gattungen von Krustenflechten.................................. **4**
4 Areolen des Lages dunkel gesäumt (meist mit schwarzer oder brauner Kante) **5**
4* Areolen nicht so von der Oberfläche des Lagers abgesetzt **7**
5 Sp mit Perispor und bis zu 26,5(–30,5) µm lang. Jung auf *Circinaria calcarea* ***Placopyrenium*** (pr.p.)
5* Sp ohne Perispor und bis zu 17(–20,5) µm lang. Partiell parasitisch auf *Verrucaria* **6**

6 Perithecien entlang der Grenzen der Areolen und durch feine schwarze Linien miteinander verbunden **Verrucaria** (*polysticta*)
6* Perithecien mittig in den Areolen, ohne Verbindungslinien **Placopyrenium** (pr.p.)
7 Lager grauweiß, sehr dick, schollig areoliert **Verrucaria** (*Placocarpus* pr.p.)
7* Lager (kastanien-, dunkel-)braun, (schuppig-)areoliert **Heteroplacidium** (pr.p.)
8 An zeitweise oder ständig überschwemmten, wasserfeuchten (Spritz- und Sickerwasser) Stellen **9**
8* Nicht an derart überschwemmten Stellen. **20**
9 An Meeresküsten (Salzwasser-angepasst) **10**
9* Im Binnenland an süßwassergeprägten Orten **17**
10 Sp bis zu 18 µm lang **11**
10* Sp länger als 18 µm **Verrucaria** (*fusconigrescens*, *internigrescens*, *thalassina*)
11 Lager im feuchten Zustand mit schwarzen, punktfö oder stichfö Bereichen, subgelatinös oder auch nicht so. **12**
11* Lager nicht so, subgelatinös. **14**
12 Sp (12–)15–17,5(–18) µm lang **Hydropunctaria** (pr.p.)
12* Sp bis zu 12 µm lang **13**
13 Lager grün bis dunkelgrün, subgelatinös, mit schwarzen Flecken oder Rippen **Wahlenbergiella** (*striatula*)
13* Lager (hell-, dunkel-)braun oder schwärzl **Verrucaria** (*ditmarsica*, *erichsenii*)
14 Sp × 2–3,5(–5) µm, schmal, bisw etwas gekrümmt **Verrucaria** (*sandstedei*)
14* Sp × 4–7 µm **15**
15 Excipulum durchgehend dunkelfarbig **Verrucaria** (*paulula*)
15* Excipulum an seiner Basis hellfarbig. **16**
16 Perithecien ganz ins Lager eingesenkt, ohne vorstehenden Scheitel. Lager zieml dick **Wahlenbergiella** (*mucosa*)
16* Scheitel der Perithecien schwach bis deutl über der Oberfläche des dünnen Lagers **Verrucaria** (*halophila*)
17 An Kalkgestein **Verrucaria**
17* Nicht an Kalkgestein **18**
18 Sp im Mittel bis 16 µm lang. **19**
18* Sp im Mittel über 16 µm lang **Verrucaria**
19 Perithecien in das Lager eingebettet oder nur wenig vorragend **Hydropunctaria** (pr.p.)
19* Perithecien über die Fläche des Lagers vorragend **Verrucaria** (*aquatilis*, *madida*)
20 Lager endolithisch bis hemiendolithisch, nicht erkennbar oder sehr dünn, undifferenziert, schorfig bis mehlig **21**
20* Lager auf dem Gestein deutl entwickelt, entweder kontinuierl oder rissig bis areoliert **28**
21 Lager rosa bis weinrot oder bläul-grün, grünl, mausgrau oder weiß bis hellgrau. Involucrellum schildfö, von oben als Perithecium-Scheitel erkennbar, dem Excipulum deckelfö aufliegend **Bagliettoa**
21* Involucrellum nicht in Form eines dünnen Schildes dem Excipulum aufliegend **22**
22 Lager oft mit feinen Rissen im Gestein, die von den Perithecien ausgehen und bisw mehrere von ihnen verbinden **Bagliettoa** (pr.p.)
22* Ohne von den Perithecien ausgehenden Risse **23**
23 Perithecien ganz in das Gestein eingebettet **Verrucaria**
23* Perithecien nur mit dem Scheitel aus dem Gestein hervorragend **24**
24 Sp groß, im Mittel über 25 µm **Verrucaria** (*foveolata*, *mortarii*, *transiliens*, *viridula*)
24* Sp meist kleiner, bis 25 × 13 µm **25**
25 Sp im Mittel bis 14 µm lang **Verrucaria** (*disjuncta*, *dolosa*)
25* Sp im Mittel über 15 µm lang. **26**

26 Lager von braunen Doppellinien durchzogen *Parabagliettoa* (pr.p.)
26* Lager nicht von braunen Doppellinien durchzogen, aber mitunter mit einfacher schwarzer Linie des Vorlagers **27**
27 Sp × 6–9(–10) µm *Parabagliettoa* (pr.p.)
27* Sp breiter × (8–)10–12,5(–14,5) µm. Falls Sp weniger breit, dann Perithecienscheitel klein *Verrucaria*
28 Lager isidiös, blastidiös (Blastidien sind körnige Strukturen aus den Areolen des Lagers), sorediös *Verrucaria* (*furfuracea, nigrescens*)
28* Lager nicht so **29**
29 Sp überwiegend mindestens 24 µm lang **30**
29* Sp bis 24 µm lang, nur wenige länger **32**
30 Lager dünn bis sehr dünn, zusammenhängend bis andeutungsweise rissig, nicht eindeutig areoliert *Verrucaria*
30* Lager kräftig, rissig bis areoliert **31**
31 Areolen des Lagers dunkel gesäumt, mit schwarzer oder brauner Kante und mit schwarzer Flanke *Placopyrenium* (*canellum*)
31* Areolen nicht mit farbl abgesetzter Kante *Verrucaria*
32 Lager mit deutl verlängerten Randareolen, dick, grau bereift, darunter bräunl, rissig-areoliert bis fast schuppig *Placopyrenium* (pr.p.)
32* Allenfalls mit nur leicht verlängerten Areolen am Lager-R. **33**
33 Perithecien am R von oder zwischen Areolen **34**
33* Perithecien anders positioniert, Lager bisw auch ohne Areolen **36**
34 Perithecien in dichten Gruppen, besonders wenn zwischen den Areolen *Verrucaria* (*sphaerospora*)
34* Perithecien nicht in dichten Gruppen. **35**
35 Mit schwarzer Basalschicht (= Primärthallus, Vorlager). Lager areoliert bis schollig. Sp 11–16 × 5–7(–8) µm *Verruculopsis* (*lecideoides*)
35* Ohne schwarze Basalschicht *Verrucaria* (*beltraminiana, fraudulosa, minor*)
36 Areolen des Lagers dunkel gesäumt. **37**
36* Areolen des Lagers nicht dunkel gesäumt **38**
37 Sp mit Schleimhülle, bis 26,5(–30,5) µm lang *Placopyrenium* (pr.p.)
37* Sp ohne Schleimhülle, bis 22 µm lang *Verrucaria* (*beltraminiana, fraudulosa, minor*)
38 Sp bis 14(–15) µm lang **39**
38* Sp mindestens 14 µm lang, falls selten kürzer, dann schmal-ellipsoid **41**
39 Perithecien ± gleichmäßig von einem schwarzen Gehäuse (Involucrellum) umgeben; dieses fast das ganze Excipulum umschließend. Sp breit ellipsoid bis fast kugelig, 10–12 × 7–8 µm. Areolen flach bis gewölbt *Verrucaria* (*sphaerospora*)
39* Ohne deratiges Involucrellum. Areolen flach. Sp 9–14(–15) × 6–10 µm **40**
40 Lager auf oder neben dem von *Circinaria calcarea* *Heteroplacidium* (pr.p.)
40* Nicht mit derartiger Wuchsweise *Verrucaria* (*fischeri, poeltii*)
41 Lager aus körnigen, klumpigen Elementen, diese dunkel (oliv-)braun, schwärzl, feucht subgelatinös *Verrucaria* (*fusca, memnonia, umbrinella*)
41* Lager nicht aus solchen Elementen **42**
42 Lager dünn, ergossen, uneben-warzig, angedeutet rissig, wenig differenziert *Verrucaria*
42* Lager kräftig, rissig bis areoliert **43**
43 Mit schwarzer Basalschicht (des Marks), diese oft leistenartig an die Oberfläche des Lagers reichend *Verrucaria* (*collematodes, nigrescens*)
43* Ohne schwarze Basalschicht **44**
44 Lager sehr dick (bis zu 1,2 mm), grauweiß, schollig areoliert, Areolen 3–7 mm. Sp 12–25(–30) × 6–10 µm *Placocarpus* (pr.p.)

44* Mit anderen Merkm **45**
45 Mit Involucrellum ***Verrucaria***
45* Ein Involucrellum kaum vom Excipulum differenzierbar bzw. fehlend **46**
46 Sp breit ellipsoid, 12–18 × 7,5–10 µm ***Heteroplacidium*** (pr.p.)
46* Sp ellipsoid, (15,5–)18–24(–27) × (8,5–)10–13(–14) µm oder 15–18 × 4–6 µm oder Areolen durch Furchen in Untereinheiten gegliedert ***Verrucaria*** (*botellispora*, *glaucovirens*, *ochracea*)

Verrucula J. STEINER – Fle (Asc, Eurotiomycetes, Verrucariales, Verrucariaceae)
Lager unauffällig klein. Parasitisch auf Flechten der Gattung *Caloploca*. Perithecien schwarz, ± eingesenkt. Sp 1-zellig, selten 2-zellig. 7 Arten. – **Lit**: **25:** 92, 1148 unter *Verrucaria*, **1173–1175**
T: *V. aegyptica* (MÜLL. ARG.) J. STEINER – **Typus-Warzenflechte**; bei uns u. a. *V. granulosaria* (CLAUZ. & ZEHETL.) – **Schönfleck-Warzenflechte**

Verruculopsis GUEIDAN & al. – Fle (Asc, Eurotiomycetes, Verrucariales, Verrucariaceae)
Lager krustig, areoliert, angedeutet schuppig areoliert. Sp 1-zellig. Kalkgestein, z. T. parasitisch auf Flechten. 1 Art. – Anm: Ähnlich *Verrucaria*. – **Lit**: **24: 967** unter *Verrucaria*; **25:** 1159 unter *Verrucaria*, **1175–1176**
T: *V. poeltiana* (CLAUZADE & CL. ROUX) GUEIDAN; abgebildet *V. lecideoides* (A. MASSAL.) GUEIDAN & CL. ROUX – **Randfrucht-Warzenflechte**: Wi 957, FleD 1175

Vezdaea TSCHERM.-WOESS & POELT – Fle (Asc, Pezizomycotina inc. sed., Vezdaeales, Vezdaeaceae)
Lager krustig, zart, aus grünl Körnchen. Apothecien rundl, fleckfö, unberandet, grau, rosa, rotbraun. Sp 1-zellig bis querseptiert 2-zellig (?). Photobiont: *Leptosira*. Auf Moosen und dort z. T. innerhalb von Moosblättchen, auch auf Flechten. 7 Arten. – **Lit**: **24:** 89–90, **969–970**; **25:** 105, 108, 119, **1176–1178**
T: *V. aestivalis* (OHLERT) TSCHERM.-WOES & POELT – **Sommer-Igelflechte**

Violella T. SPRIB. – Fle (Asc, Lecanoromycetes, Lecanorales, Tephromelataceae)
Lager krustig, areoliert bis rissig, (hell-)grau, z. T. auf violettbraunem bis schwärzl Vorlager (Prothallus), mit fleckfö Soralen. Apothecien schwarz, bald randlos. Sp 1-zellig, ellipsoid, groß, dickwandig, oft mit brauner Innenwand, zu 2 je Ascus. Photobiont: Coccoide Grünalge. Glatte Rinde von LaB, Borke und entrindetes Holz von NaB (Fichte). 1 Art. – **Lit**: **24: 602** als *Mycoblastus*; **25:** 126, 768 unter *Mycoblastus*, 844 unter *Pertusaria*, **1178**
T: *V. fucata* (STIRT.) T. SPRIB. – **Verkannte Köpfchenflechte**: FleD 1178

Vulpicida J.-E. MATTSSON & M.J. LAI – Fle (Asc, Lecanoromycetes, Lecanorales, Parmeliaceae)
Lager blättrig, anliegend bis aufrecht, gelb, unterseits blassgelb. Apothecien nahezu rand- bis flächenständig, braun, mit Lagerrand. Sp 1-zellig, ellipsoid bis fast kugelig. Photobiont: *Trebouxia*. Rinde von Laub- und Nadelgehölzen, in alpinen Windheiden. 3 Arten. – **Lit**: **24:** 70, 73, 267–268 unter *Cetraria*, **970–971**; **25:** 74, 79, 85, 342, 345 unter *Cetraria*, **1179–1180**

T: *V. juniperinus* (L.) J.-E. MATTSSON & M.J. LAI – **Wacholder-Fuchstöterflechte**; abgebildet u. a. *V. pinastri* (SCOP.) J.-E. MATTSSON & M.J. LAI – **Kiefer-Fuchstöterflechte**, **Wolftöter**: Wi 971, FleD 1179–1180

Pilze, Gattungen W

Wakefieldia CORNER & HAWKER, Steintrüffel – Hyp (Bas, Agaricomycetes, Boletales, Boletaceae)
Frk kugelig bis unregelmäßig knollig, 0,5–2,5 cm, ohne S und ohne sterile Basis, basal mit dünnem Mycelstrang. Außen (Peridie) schmutzig weiß bis ocker. Innen (Gleba) erst rosa, dann purpur-braun, mit kleinen Kammern, ohne Columella. Hyphen zylindrig, ohne Schnallen. Sp hyalin bis gelbbraun, kugelig, mit flachen breiten Warzen, dickwandig, 12–19 × 12–17,5 µm. Terricol, LaW (*Fagus*), Kalkböden. – **Lit**: **12**: 530
1 Art = T: *W. macrospora* (HAWKER) HAWKER – **Großsporige Steintrüffel**: Ct 2883, MS 522

Wallemia JOHAN-OLSEN – SchimP (Bas, Agaricomycotina, Wallemiomycetes, Wallemiales, Wallemiaceae)
Hyphen septiert, ohne Schnallen, farblos-hyalin, unregelmäßig verzweigt. Konidienträger unverzweigt. Konidien kurzzylindrisch bis kugelig, warzig, blass braun. Auf Früchten, Salzfischen, Heu, Marmelade, Brot, Nüssen etc. – **Lit**: **21**: 87, 160
T: *W. ichthyophaga* JOHAN-OLSEN

Wawelia NAMYSL. – Pyr (Asc, Sordariomycetes, Xylariales, Xylariaceae)
Stromata auf Dung (von Hasen) ausgebreitet, schwärzl-braun, fest. Asci ohne amyloiden Apikalapparat, 8-sporig. Asc-Sp oliv-braun bis schwärzl-braun, mit breiter über die ganze Sp-Länge verlaufende Keimspalte, spindelfö bis zitronenfö, 15–19 × 9–10 µm. Aufgeführte Merkm beziehen sich hier hauptsächl auf *W. effusa* N. LUNDQ. – **Lit**: 10: 248
T: *W. regia* NAMYSL.

Wilcoxina YANG & KORF – op. Disc (Asc, Pezizomycetes, Pezizales, Pyronemataceae)
Frk (Apothecien) scheibenfö, sitzend oder fast sitzend, 1,5–2,5 mm, mit abgesetztem Rand. Oben (Hymenium) blass mausgrau, außen bräunl mit Bündeln von steifen, braunen Haaren, so besonders gegen den Rand zu. Haare 8- bis 12-fach septiert, mit 3–5 µm dicken Wänden, von Zellketten aus gebildet. Asci unten gabelig, die Asc-Sp im oberen Bereich. Asc-Sp breit ellipsoid, glatt, innen ohne Tröpfchen, 12–14 × 7–9 µm. Terricol, Sandböden. – **Lit**: **10**: 123
T: *W. mikolae* (YANG & KORF) YANG & KORF. – Bei uns *W. rehmii* YANG & KORF

Willkommlangea O. KUNTZE – SchleimP (Myxogastria, Physarida, Physaridae)
Frk sitzend, wurmfö, verzweigt oder netzfö, Peridie membranös, mit Kalkkügelchen inkrustiert. Capillitium aus kalkfreien, zu einem Netz geschlossenen Röhren, die wiederum verbunden sind mit Platten, die dicht mit Kalkausscheidungen besetzt sind. Sp in Masse dunkelbraun, blass lila-braun im durchscheinendem Licht, annähernd kugelig, dicht mit

kleinen Warzen ornamentiert, (7–)8–10(–11) µm. Plasmodium orange oder scharlach-rot. Totholz und Rinde. **Lit**: **17**: 181, **19**: 326
1 Art = T: *W. reticulata* (ALB. & SCHWEIN.) KUNTZE.: Nan 182, Neub 2.326

Wilsoniana THINES – F-Mehlt (Peronosporomycetes, Albuginales, Albuginaceae)
Phytoparasitischer, gelbl-weißer Befall auf *Amaranthus* (*W. amaranthi*, *W. bliti*) in Form von Polstern oder Krusten aus Ketten von Konidien. Alt matt, mehlig stäubend, auf braunen Flecken. Auch auf *Portulaca* (*W. portulacae*), darauf weiße Pusteln bildend; Konidien 14–22 × 12–17 µm. – Anm: ähnlich *Albugo*. – **Lit**: **13**: 109, 652
T: *W. portulacae* (DC.) THINES – **Portulak-Weißrost**: JK 326, KS 900,37a

Woldmaria W.B. COOKE, Farnbecherchen – CyP (Bas, Agaricomycetes, Agaricales, Niaceae)
Frk becherfö-zylindrisch (cyphelloid), 1,5–5 mm, braun bis rostbraun. Außenseite behaart, Haare außer ihrem hyalinen Ende gelbbraun, 100–150 × 4–5 µm. Schnallen vorhanden. Sp spindelfö, glatt, hyalin, 10–12,5 × 3–4,5 µm. Abgestorbene Wedelstiele vom Straußfarn (*Matteucia*). – Syn: *W. crocea* = *W. filicina*. – **Lit**: **9**: 346, **11**: 205
1 Art = T: *W. crocea* (P. KARST.) W.B. COOKE = *W. filicina* (PECK) KNUDSEN – **Rostfarbenes Farnbecherchen**: PC 31

Wynnella BOUD., Ohrlorchel – op. Disc (Asc, Pezizomycetes, Pezizales, Helvellaceae)
Frk (Apothecien) hasenohrartig, 3–6 cm, auf (der Seite mit) dem Hymenium glatt, blutrot, außen glatt, nach oben zu rötl-braun, gegen die Basis heller, gelbl, oft stielfö verschmälert oder auch fast sitzend. Asc-Sp breit ellipsoid, glatt, innen mit einem großen Tropfen, 24–26 × 14–15 µm. Terricol. – **Lit**:**10**: 77
1 Art = T: *W. auricula* (SCHAEFF. ex SACC.) BOUD. = *W. silvicola* (BECK) NANNF. – **Ohrlorchel**: Br 1224, Ct 365

Flechten, Gattungen W

Wahlenbergiella GUEIDAN & THÜS – Fle (Asc, Eurotiomycetes, Verrucariales, Verrucariaceae)
Lager krustig, grün bis oliv, subgelatinös. Perithecien eingesenkt bis hervortretend. Sp klein, im Mittel unter 12 µm lang. Photobiont: Grünalge (*Dilabifilum*). Silikatgestein am Meer. 2 Arten. – **Lit: 25:** 1149–1150 unter *Verrucaria*, **1181**
T: *W. mucosa* (WAHLENB.) GUEIDAN & THÜS – **Dunkelgrüne Meerwarzenflechte**

Pilze, Gattungen X, Z

Xenasma DONK, Wachshaut – RiP (Bas, Agaricomycetes, Polyporales, Xenasmataceae)
Frk resupinat, wachsartig, sehr dünn, glatt, weißl, graubläul, ocker. Monomitisch. Hyphen hyalin, mit Schnallen. Zystiden vorhanden. Basidien seitl an Hyphen sitzend (= Pleurobasidien), mit 4–6 Sterigmen. Sp hyalin bis etwas gelbl, ± dünnwandig, fein-warzig, Warzen

in KOH schwindend, inamyloid. Beim T: Sp 7–10,5 × 4–7 µm, Zystiden groß, 50–125 × 5–15 µm, Pleurobasidien mit nicht mehr als 4 Sterigmen. 4 Arten. LaH, Krautreste, alte Porlings-Frk. – **Lit**: **9**: 143, **12**: 225
T: *X. rimicola* (P. KARST.) DONK. – Abgebildete Art z. B. *X. pruinosum* (PAT.) DONK – **Mehlige Wachshaut**: BK 2.221, MJ 5Xen1

Xenasmatella OBERW., Warzensporhaut – RiP (Bas, Agaricomycetes, Polyporales, Xenasmataceae)
Frk resupinat, membranös bis etwas wachsartig, glatt, warzig oder etwas stachelig (hydnoid), weißl-grau, bläul-grau, creme, ocker, gelb. Monomitisch. Hyphen hyalin mit Schnallen. Zystiden meist fehlend. Basidien seitl an Hyphen sitzend (Pleurobasidien), seltener auch an Hyphenenden (terminal). Sp hyalin, ± dünnwandig, warzig (Warzen in KOH nicht schwindend), inamyloid. 6 Arten. Lignicol auf morschem LaH, Krautreste. – **Lit**: **9**: 140 als *Phlebiella* pr.p., **12**: 227
T: *X. subflavidogrisea* (LITSCH.) OBERW. ex JÜLICH. – Abgebildete Art z. B. *X. vaga* (FR. : FR.) STALPERS – Schwefelgelbe Warzensporhaut: BK 2.117, CT 2470, JA 75, LX 487, MJ 5Trech2. – *X. decipiens* HJORTS. & RYV.: BK 2.218

1 Frk mit KOH rot, gegen den Rand zunehmend faserig, schwefelgelb, honiggelb, bräunl, Rhizomorphen weißl. Sp hyalin bis hell gelbl, breit ellipsoid, 4–6(–7) × 3–4,5 µm. LaH, NaH **Schwefelgelbe Warzensporhaut** – *X. vaga* (FR. : FR.) STALPERS
1* Frk mit KOH nicht rot verfärbend **2**
2 Sp bis zu 3 µm breit **3**
2* Sp breit ellipsoid, 5–6 × 3,5–4 µm, warzig [Falls Sp kugelig, 5–6 µm: *X. decipiens* HJORTS. & RYV.] X. *tulasnelloidea* (HÖHN. & LITSCH.) OBERW. ex JÜLICH
3 Sp auf ganzer Oberfläche warzig ▸
3* Sp nur auf konvexer Außenseite warzig, ellipsoid bis etwas gebogen, 4–6 × 2–3 µm *X. subflavidogrisea* (LITSCH.) OBERW. ex JÜLICH

Xenodochus SCHLECHT. – RostP (Bas, Pucciniomycetes, Pucciniales, Phragmidiaceae)
Phytoparasiten (Roste, unterschiedl Sp-Formen und Entwicklungsstadien siehe unter *Puccinia*). W: *Sanguisorba officinalis*. Von *Phragmidium* verschieden durch anderen Wirt (nicht *Sanguisorba minor*), durch I-Sp 17–26 × 16–22 µm (nicht 17–21 × 14–17 µm), durch fehlendes II-Stadium, durch III-Sp, die 3–22-zellig sind, 200–300 × 24–28 µm messen und glatt sind.
1 Art = T: *X. carbonarius* SCHLECHT.: KS 36:13d (III-Sp); Gäum 1207:1053 (I), 1208:1054 (III)

Xenolachne D. P. ROGERS – (Bas, Tremellomycetes, Tremellales, Tremellaceae)
Frk resupinat, gallertig-wachsartig, Monomitisch mit hyalinen Hyphen, mit Schnallen an den Septen. Basidien hyalin, ellipsoid, mit einem Längsseptum, 2-zellig, mit langen Sterigmen. Sp hyalin, dünnwandig, glatt, inamylod. Auf Frk von *Cudoniella*, *Discinella*. – 1 Art. *X. longicornis* HAUERSLEV. – **Lit**: **9**: 90, **12**: 431
T: nicht bei uns vorkommend

Xenosperma OBERW. – RiP (Bas, Agaricomycetes, Polyporales, Xenasmataceae)
Frk resupinat. dünn, wachsartig, glatt, weißl. Monomitisch. Hyphen hyalin, mit Schnallen. Zystiden fehlend. Basidien seitl an Hyphen sitzend (Pleurobasidien; diese hier 2-sporig). Sp hyalin, dünnwandig, tetraedrisch, glatt, inamyloid, 5–9 × 4,5–8 µm. Lignicol auf morschem Holz. – **Lit**: **9**: 143, **12**: 227
1 Art = T: *X. ludibundum* (D.P. ROGERS. & LIBERTA) OBERW. ex JÜLICH

Xerocomellus siehe *Xerocomus* (*chrysenteron*)

Xerocomus QUÉL., Filzröhrling – RöP (Bas, Agaricomycetes, Boletales, Boletaceae)
Frk mittelgroß bis groß, fleischig. H-Oberfläche meist filzig-trocken. S meist recht schlank, weder entschieden keulig noch knollig. F an der Luft oft blau verfärbend. Röhrentrama ± bilateral. Sp spindelfö, bisw feinst gestreift (REM; im Lichtmikroskop nicht oder kaum sichtbar). Etwa 10 Arten. EktM mit LaB und NaB. – Anm: inkl. ***Phylloporus*** mit *X. pelletieri*, ***Hemileccinum*** ŠUTARA: mit *X. depilatus*, *impolitus*, ***Hortiboletus*** SIMONINI, VIZZINI & GELARDI mit *Xerocomus rubellus* (KROMH.) ŠUTARA, ***Pulchroboletus*** mit *X. roseoalbidus*, ***Rheubarbariboletus*** mit *X. armeniacus* (QUÉL.) QUÉL., ***Xerocomellus*** mit *X. chrysenteron* (BULL.) QUÉL. – Syn: *X. badius* = *Boletus badius*; *X. lanatus* = *X. ferrugineus*, *X. parasiticus* = *Pseudoboletus p.* – **Lit**: **8**: 109, **11**: 64, **14**: 174
T: *X. subtomentosus* (L. : FR.) QUÉL. – Ziegenlippe: BK 3.60, Dh 44, Gh 477, HK 1.150, Kr 2.328

1 Hymenophor nicht mit Röhren, vielmehr aus stark anastomosierenden L **Goldblatt** – *X. pelletieri* (LÉV.) BRESINSKY & MANFR. BINDER
1* Hymenophor besteht aus Röhren **2**
2 H überwiegend mit rosa oder roten Farben ►
2* H mit anderen Farben **3**
3 Parasitisch auf Kartoffelbovist (*Scleroderma*) oder Frk recht groß, mit dunkel braunem, alt etwas schmierigen, kaum filzigem H siehe *Pseudoboletus* und *Boletus badius*
3* Mit anderen Merkm: nicht auf Kartoffelbovist, Frk meist nur mittelgroß (vgl. hier aber auch **6**: *X. depilatus*, *X. impolitus*) **4**
4 Sp oben (also am Ende gegenüber dem Apikulus) deutl abgestumpft eingedellt, glatt, d. h. nicht längsstreifig , 11,5–15 × 4,5–6 µm (Falls Sp feinst längsstreifig: ►) **Trunkatsporiger Filzröhrling** – *X. porosporus* (IMLER ex G. MORENO & BON) CONTU
4* Sp oben gleichmäßig konvex und im Mittel länger als 12,5 µm. Hyphen der HDS in KOH (3 %) deutl inkrustiert **5**
5 H-Oberfläche bald rissig-felderig (areolat) aufbrechend. H dunkelbraun, olivbraun, ockerbraun, in den Rissen rötl sonst kaum oder höchstens am H-Rand mit rötl Tönen. S gegen S-Basis satt purpurrot. Sp (11–)13–14,5(–18) × 4–6 µm, Sp-Quotient (Länge: Breite) im Mittel mehr als 2,5 µm, Sp-Oberfläche glatt. NaW, LaW (*Fagus*). – [Falls H areolat und dabei orange, orangebraun, etc. und S gleichmäßig orange oder rot: ►; falls Sp-Quotient kleiner als 2,5 µm: ►; falls Sp weniger lang als 11(–13) µm: ►; falls mit *Quercus*, *Populus*, *Tilia*: ►] **Rotfußröhrling** – *X. chrysenteron* (BULL.) QUÉL.
5* H-Oberfläche (alt) nicht rissig-felderig werdend o d e r allenfalls später feinrissig. . **6**

6 H-Oberfläche unregelmäßig eingedellt. Hyphen der HDS in KOH (3 %) nicht inkrustiert kugelfö bis blasenfö. H groß, 5–15(–20) cm. [Falls nach Karbol riechend und End-Zellen der Hyphen in HDS gesteckt-zylindrisch: *X. impolitus* (FR.) QUÉL.]. Kalk-LaW
Gefleckthütiger Filzröhrling – *X. depilatus* (REDEUILH) MANFR. BINDER & BESL

6* H-Oberfläche meist nicht mit Dellen. Frk nicht nach Karbol riechend. Hyphen der HDS gestreckt, nicht kugelfö bis blasenfö, inkrustiert oder nicht inkrustiert **7**

7 S oben mit netzartiger Zeichnung oder längsrippig-liniert. H-Oberfläche mit NH_3 blaugrün. Hyphen der HDS nicht inkrustiert **8**

7* S oben ohne Netz(-zeichnung). H 3–10(–15) cm, kastanienbraun, dunkelbraun, rotbraun. S zunächst einfarbig gelb, mit karminroten Flöckchen. Poren lebhaft gelb. F gelb, blauend, unter der HDS rot. Hyphen der HDS inkrustiert. Sp 12,5–15 × (3,8–)4,4–5,5(–6,3) µm, im Mittel mehr als 5 µm breit, Sp-Oberfläche undeutl längsstreifig (falls glatt: siehe auch **5**: *X. chrysenteron*). Saure Böden in LaW und NaW. – [Falls H-Oberfläche bald feinrissig-feldrig, F blassgelb bis weißl, Sp im Mittel unter 5 µm breit: *X. cisalpinus* SIMONINI & al.]
Bereifter Filzröhrling – *X. pruinatus* (FR. : HÖCK) QUÉL.

8 F gelb, deutl blauend, im S ockerrosa, Basalmycel weißl. Sp 11,5–15 × 4–5,5(–5,9) µm. LaW, auch NaW **Ziegenlippe** – *X. subtomentosus* (L. : FR.) QUÉL.

8* F weißl, nicht oder nur schwach blauend, im S bräunl. Basalmycel oft gelb. Sp 11–14 × (3,5–)4–5(–6) µm. NaW, auch LaW
Braunhut-Filzröhrling – *X. ferrugineus* (SCHAEFF.) ALESSIO

Xeromphalina KÜHNER & MAIRE, Glöckchennabeling – BläP (Bas, Agaricomycetes, Agaricales, Mycenaceae)
Frk klein, H glockig-nabelig, rostbraun, bisw auch gelbl bis gelb. L meist stark herablaufend. S-Basis mit Mycelfilz. Trama einerseits aus schmalen Hyphen andererseits zusätzlich aus aufgetrieben breiten Elementen zusammengesetzt (sarcodimitisch). Spp weiß, amyloid. Sp glatt, hyalin, oval bis kurz ellipsoid, amyloid. 4 Arten. Lignicol, morsches NaH, Streu, selten auch bryicol (*Sphagnum*). – **Lit**: **7**: 468, **11**: 197, **14**: 240
T. *X. campanella* (BATSCH : FR.) KÜHNER & MAIRE – Geselliger Glöckchennabeling: BK 3.446, CD 617, Ct 245, Dh 386, Gh 213, Ja 176, Lg 60A, Lu 1.88.3, MJ 3Xer1

1 Frk gesellig bis rasig an morschen NaH-Stümpfen. H 0,5–2,5 cm. S 1–3,5 × 0,1–0,2 cm, wie H rostbraun. F mild. Hyphen der Trama dünn- bis wenig dickwandig. Kaulozystiden unverzweigt. Sp 6–8 × 3–3,5 µm. (Falls F mit adstringierendem Geschmack und Trama mit dickwandigen, lichtbrechenden Hyphen o d e r Kaulozystiden z. T. koralloid verzweigt: ▸)
Geselliger Glöckchennabeling – *X. campanella* (BATSCH : FR.) KÜHNER & MAIRE

1* Frk nicht gesellig sondern einzeln, S oft länger, Sp oft unter 5,5 µm lang, F bisw bitter

▸

Xerula MAIRE, Wurzelrübling – BläP (Bas, Agaricomycetes, Agaricales, Physalacriaceae) Frk mittelgroß, H trocken mit Seten oder auch schleimig und dann ohne Seten. S schlank, spindelfö, wurzelnd. L weiß. Spp weiß. HDS hymeniform. Sp kugelig bis breit oval. Lignicol auf LaH und NaH, auch auf Graswurzeln.7 Arten. Anm: Die häufige Art *X. radicata* (RELHAN : FR.) DÖRFELT – **Schleimiger Wurzelrübling** wird jetzt als *Hymenopellis radicata* (RELHAN : FR.) GRAY geführt: BK 3.450, HK 1.106, Lg 41D, 42A, Lu 1.89.2. – **Lit**: **7**: 471, **11**: 162, **14**: 262
T: *X. longipes* (P. KUMM.) MAIRE – **Braunhaariger Wurzelrübling**: BK 3.449, BL 171, CD 628, Lg 199F, Lu 1.89,4, RH 334

Xylaria HILL ex SCHRANK, Holzkeule – Pyr (Asc, Sordariomycetes, Xylariales, Xylariaceae) Stromata aufrecht, keulenfö, geweihfö, fädig, reif dunkelbraun bis schwarz, häufig in bestimmten Bereichen (meist oben) mit einer weißl oder graul Schicht aus Konidien bedeckt, meist recht groß z. B. 1–10 cm lang. Asci zylindrisch mit amyloidem Apikalapparat. Asc-Sp dunkelbraun bis schwarz, unsymmetrisch ellipsoid bis spindelfö, mit längs verlaufender Keimspalte. Etwa 10 Arten. Auf LaH, Früchten, Krautteile. – Anm: inkl. *Xylocoremium*. – **Lit**: **5**: 319, **10**: 249
T: *X. hypoxylon* (L. : FR.) GREV. – Geweihförmige Holzkeule**:** BK 1.349, BL 335, Dh 1154, Gh 655, HK 275, Ja 16, Lx 637, Ph 275

1 Stromata auf Holz. Perithecien in einer Ebene unterhalb der Rinde des Stromas [Falls Stroma auf abgestorbenen krautigen Sprossteilen und Blättern oder auf Sägemehl; Perithecien aus Stroma buckelig hervortretend: ►]. **2**
1* Stromata auf Fruchthüllen von *Fagus*. [Falls auf Früchten von *Crataegus*: *X. oxyacanthae* TUL. & C. TUL.], Asc-Sp 10–16 × 4–5 µm
Fruchtschalen-Holzkeule – *X. carpophila* (PERS. : FR.) FR.
2 Stromata dick-keulenfö, robust, bis zu 10 cm lang und bis zu 1–5 cm breit, einzeln oder gesellig, meist unverzweigt, oben gerundet bis gelappt. Asc-Sp 20–32 × 5–12 µm. Vorzugsweise auf Stümpfen oder auf dickeren Ästen von *Fagus*
Vielgestaltige Holzkeule – *X. polymorpha* (PERS.) GREV.
2* Stromata weniger robust und dick, verzweigt oder unverzweigt **3**
3 Stromata verzweigt, schlank, nach oben zu deutl abgeflacht und weiß-puderig von Konidien (diese spindelfö, hyalin, 9–13 × 3–3,5 µm). Asc-Sp 13–15 × 4,5–6 µm.
Geweihförmige Holzkeule – *X. hypoxylon* (L.) GREV.
3* Stromata meist unverzweigt und lang gestielt, zylindrisch oder unregelmäßig abgeflacht; oben nicht weiß-puderig. S-Teil gegen die Basis braunfilzig. Asc-Sp 11–17 × 5–7 µm. Überwiegend auf Ästen von *Acer*
Braunhaarige Holzkeule – *X. longipes* NITSCHKE

Xylobolus P. KARST., Mosaikschichtpilz – RiP (Bas, Agaricomycetes, Russulales, Stereaceae) Frk resupinat (T) bis effus-reflex oder hutfö, mit glattem, oft stark rissigem (T) Hymenium, recht dick. Dimitisch, mit Skeletthyphen. Generative Hyphen hyalin bis gelbl, ohne oder mit wenigen Schnallen. Zystiden vorhanden. Sp hyalin, dünnwandig, glatt, amyloid, 3,5–5,2 × 2,5–3,5 µm. 2 Arten. LaH (Eiche). – **Lit**: **9**: 190, **12**: 209

T: *X. frustulatus* (PERS. :FR.) BOIDIN – **Resupinater Mosaikschichtpilz**: Ct 1994, Ja 72, Kr 1.360, Lx 501, MJ 5Xyl2, RH 91

Xylocoremium siehe *Xylaria*

Zakatoshia B. SUTTON – Schimp (Asc, inc. sed.)
Konidienträger aufrecht, gegen ihr oberes Ende häufig septiert, Konidien direkt unterhalb der Septen entstehend, 3,8–6,5 × 1,2–2,8 µm (siehe Abbildung in HELFER 1991: 80:38). Auf anderen Pilzen (*Sistotrema*)
T: *T. hirschioporii* B. SUTTON

Zelleromyces SINGER & A.H. SM. – BaP (Bas, Agaricomycetes, Russulales, Russulaceae)
Frk kugelig, ohne S. Peridie glatt, die hellbraune, gekammerte Gleba umschließend. In Tramaplatten mit lactiferen Hyphen, diese ohne Schnallen. Sp hyalin bis hellbräunl, mit netziger bis stacheliger Ornamentierung. 1 Art, *Z. stephensii* = *Arcangeliella st.*; jetzt auch als *Lactarius stephensii* (BERK.) VERBEKEN & WALLEYN geführt. – **Lit**: **12**: 549
T: *Z. cinnabarinus* SINGER & A.H. Sm.

Zopfiella G. WINTER – Asc (Sordariomycetes, Sordariales, Lasiosphaeriaceae)
Frk kugelfö, geschlossen (Kleistothecien), 150–200 µm im Durchm, dem Substrat aufsitzend, schwarzbraun mit unscheinbaren bräunl Haaren. Asci breit keulig, 50–80 × 20–25 µm, 8-sporig, bei Reife kollabierend. Sp im Ascus unregelmäßig angeordnet, 2-zellig, mit 12–15 × 7–9 µm messendem, braunem Sp-Kopf und stielfö Anhängsel, das hyalin und basal gekrümmt ist und 12–17 × 3–4 µm misst. Auf Dung, z. B. *Z. longicaudata* (CAIN) ARX. – **Lit**: HEINE & WELT 2007
T: *Z. tabulata* (ZOPF) G. WINTER

Zhuliangomyces siehe *Limacella*

Zygorhynchus VUILL. – SchimP (Mucoromycetes, Mucorales, Mucoraceae)
Hyphen ohne Septen. Ähnl der Gattung *Mucor* (s.d.), aber Zygosp an ungleich großen Trägern.
T: *Z. heterogamus* (VUILL.) VUILL. = *Mucor heterogamus* VUILL.

Flechten, Gattungen X, Z

Xanthoparmelia (VAIN.) HALE – Fle (Asc, Lecanoromycetes, Lecanorales, Parmeliaceae)
Lager blättrig bis fast krustig, Lappen grau- bis gelbgrün oder (gelb-, rot-, schwarz-)braun, unregelmäßig bis fast linear. Oft mit Soredien oder mit Isidien. Apothecien mit Lagerrand, braun, braun-schwarz, Photobiont: *Trebouxia*. Silikatgestein. 13 Arten. – **Lit**: **24:** 644, **667–669** unter *Parmelia*; **25:** 84–85, 729–730 unter *Melanelixia*, 805 unter *Parmelia*, **1181–1188**

T: ? *X. conspersa* (EHRH. ex ACH.) HALE – **Gesprenkelte Felsschüsselflechte**: Wi 639, FleD 1183, UT 105

„Xanthoparmelia"

1 Lager gelbgrünl bis grünl-grau **2**
1* Lager braun bis schwarzbraun ***Xanthoparmelia***
2 Ohne Sorale und ohne Isidien **3**
2* Mit Soralen oder mit Isidien **4**
3 Lager dicht anliegend rosettig, matt, runzelig, in seiner Mitte oft absterbend und im Alter konzentrische Ringe bildend ***Arctoparmelia*** (*centrifuga*)
3* Lager meist nicht regelmäßig rosettig, meist schwach glänzend ***Xanthoparmelia*** (*angustiphylla, protomatrae, stenophylla*)
4 Lager mit Isidien ***Xanthoparmelia*** (*conspersa, plittii, tinctina*)
4* Lager mit Soralen **5**
5 Epiphytisch **6**
5* Auf Silikatgestein **9**
6 Lager mit erhabenen Pseudocyphellen, diese punktfö bis kurz strichfö ***Flavopunctelia*** (*flaventior*)
6* Lager ohne solche Pseudocyphellen, allenfalls mit verwaschenen, nicht erhabenen Fleckchen . . **7**
7 Sorale an den Enden der Lappen ***Hypotrachyna*** (*sinuosa*)
7* Sorale nicht auf die Enden der Lappen beschränkt **8**
8 Lappen schmal, 0,5–1(–1,5) mm. Lager 1–2(–3) cm, oft rosettig ***Parmeliopsis*** (*ambigua*)
8* Lappen breiter und Lager meist größer ***Flavoparmelia*** (*caperata, soredians*)
9 Lager weit über 3 cm groß werdend, Lappen 5–10(–13) mm breit ***Flavoparmelia*** (*caperata*)
9* Lager kleiner und Lappen schmaler **10**
10 Lappen hochgewölbt, ± höckerig, unterseits blass braun ***Arctoparmelia*** (*incurva*)
10* Lappen flach, unterseits schwarz, schwarzbraun **11**
11 Lappen sehr schmal, unter oder allenfalls bis 1 mm breit. Mark K+ gelb bis orange ***Xanthoparmelia*** (*mougeotii*)
11* Lappen 0,5–1(–1,5) mm breit. Mark K− ***Parmeliopsis*** (*ambigua*)

Xanthopyrenia siehe *Arthopyrenia*

Xanthoria (FR.) TH. FR. – Fle (Asc, Lecanoromycetes, Teloschistales, Teloschistaceae) Lager anliegend bis aufsteigend blättrig, gelb bis orangerot, unterseits blass. Apothecien flächenständig, mit verengter Basis sitzend, orange mit hellerfarbigem Eigen- und Lagerrand. Sp innen ± zweiteilig durch vorspringende Wandverdickung (bipolar), ellipsoid, farblos. Photobiont: *Trebouxia*. Ba-Rinde, Kalkgestein, Silikatgestein. 3 Arten. – **Lit**: **24:** 70, 72, **971–978**; **25:** 76, 81, **1188–1193**
T: *X. parietina* (L.) TH. FR. – Wand-Gelbflechte: Wi 977, FleD 1190, UT 94

1 Lager meist ohne Apothecien und zugleich mit Soredien oder soredienähnl Gebilden **2**
1* Lager meist mit Apothecien aber ohne Soredien **3**
2 Läppchen des aufsteigenden Lagers unterseits ohne Rhizinen **Leuchter-Gelbflechte** – *Polycauliona candelaria* (L.) S.Y. KONDR. & al.
2* Läppchen unterseits mit bisw nur wenigen Rhizinen. Falls Rhizinen zahlreich und Randlappen bis 7 mm, an den Spitzen etwas nach unten gekrümmt: *Oxneria fallax* (HEPP) S.Y. KONDR. & KÄRNEFELT ▸

3 Auf Gestein **4**
3* Auf Holz **6**
4 Lagerlappen schmal, bis 1 mm, durchgehend gleich breit, gewölbt bis fast stielrund, nur an den Enden verflacht, strahlig-rosettig angeordnet
Zierliche Gelbflechte – *Rusavskia elegans* (LINK) S.Y. KONDR & al.
4* Lagerlappen breiter, ± flach oder unregelmäßig runzelig **5**
5 Lager meist (rot-, braun-, gelb-)orange. Apothecien fehlend oder spärlich
Kalk-Gelbflechte – *X. calcicola* OXNER
5* Lager hellgelb bis orangegelb, meist Apothecien zahlreich
Wand-Gelbflechte – *X. parietina* (L.) TH. FR.
6 Lagerlappen an den Enden in breiter Zone frei von Apothecien, diese bis 4 mm breit
Wand-Gelbflechte – *X. parietina* (L.) TH. FR.
6* Bis (fast) zum Lager-R dicht mit Apothecien bedeckt, diese bis 2 mm breit
Vielfrucht-Gelbflechte – *Polycauliona polycarpa* (HOFFM.) FRÖDÉN & al.

„*Xanthoria*“

1 Lager kleinstrauchig-polsterig, aus schmalen verflachten oder ± zylindrisch-kantigen Ästchen
Polycauliona (*candelaria*)
1* Lager nicht kleinstrauchig und ohne zylindrische Abschnitte **2**
2 Mit Sodedien oder mit Blastidien (körnige knospende der Ausbreitung dienende Strukturen) oder mit sorediösen Isidien. Apothecien selten **3**
2* Ohne solche, der vegetativen Vermehrung und Ausbreitung dienende Strukturen. Meist mit Apothecien oder mit unregelmäßige warzigen Auswüchsen auf der Oberfläche des Lagers . . **7**
3 Lager gelbgrün bis blass zitronenfarben oder hellgelb, 0,3–0,5 cm. **4**
3* Lager orange(-gelb), rotorange, falls rein gelb, dann Lager größer und mit gestreckten Lappen **5**
4 Lager gelbgrün bis blass zitronenfarben, aus kleinen, ± aufsteigenden Läppchen
Polycauliona (*ucrainica*)
4* Lager ± grünl-gelb gescheckt, (hell-, grün-)gelb, grüngrau, oft zu etwas größeren Aggregaten zusammenfließende Rosetten bildend; diese aus sehr kleinen, flach anliegenden bis aufgerichteten Lappen bestehend ***Gallowayella*** (*poeltii*)
5 Rhizinen fehlend oder nur an der Basis von (aufsteigenden) Lappen **6**
5* Rhizinen zahlreich auf der ganzen Unterseite ***Oxneria***
6 Auf Rinde ***Gallowayella*** (*fulva*)
6* Auf Gestein ***Rusavskia*** (*sorediata*)
7 Auf Rinde und Holz **8**
7* Auf Gestein. **9**
8 Lager (hell-, orange-)gelb, nur jung unter 1,5 cm, Lappen an den Enden in breiter Zone frei von Apothecien, diese bis 4 mm breit, (gelb-, braun-)orange ***Xanthoria*** (*parietina*)
8* Lager gelb, graugelb, im Schatten grau, bis 1,5(–2) cm, bis zum R mit Apothecien, diese bis 2 mm, tief orange, braunorange ***Polycauliona*** (*polycarpa*)
9 Lagerlappen schmal, gestreckt, ± gleichbreit, bis 1 mm breit, gewölbt bis fast stielrund
Xanthoria (*elegans*)
9* Lagerlappen breiter, ± flach, (orange-)gelb. Falls Lager (rot-, braun-, gelb-)orange und mit knollig-warzigen Auswüchsen: *Xanthoria calcicola* ***Xanthoria*** (*parietina*)

Xylographa (FR.) FR. – Fle (Asc, Lecanoromycetes, Trapeliales, Trapeliaceae)
Lager dünn bis weitgehend im Substrat verborgen. Apothecien rundl bis längl, selten auch verzweigt, (schwarz-)braun, ohne Lagerrand, ± mit dünnem Eigenrand. Sp 1-zellig, farblos, alt bisw bräunl. Photobiont: Coccoide Grünalge. Rinde von NaB am Stammgrund, zähmorsches Holz. 3 Arten. – **Lit**: **24:** 83, 96, **978–980**; **25:** 97, 125–126, **1193–1194**
T: *X. parallela* (ACH.) FR. – **Gewöhnliche Holzschriftflechte**: Wi 979, FleD 1194

Zahlbrucknerella HERRE (Asc, Lichinomycetes, Lichinales, Lichinaceae)
Lager fädig, rosettig bis rasig, bräunl, oliv-schwarz, Apothecien seitl, etwas eingesenkt, mit Lagerrand, schwärzl. Sp breit ellipsoid, 7–11 × 5–8 µm, zu (8–)24–32 je Ascus. Photobiont: *Scytonema* (Cyanobakterium; „Blaualge"). Kalkgestein. 1 Art. – **Lit**: **25:** 912 unter *Polychidium*, **1194–1195**
T: *Z. calcarea* (HERRE) HERRE – **Kalk-Haarflechte**

Zwackhia KÖRB. – Fle (Asc, Arthoniomycetes, Arthoniales, Lecanographaceae)
Lager krustig, dünn, glatt, selten rissig, braun, rötl, oliv, bisw auf schwarzem Vorlager (Prothallus). Apothecien schwarz, halb eingesenkt bis sitzend, ritzenfö schmal, selten verzweigt, mit erhabenem Eigenrand. Sp groß, bis zu 60 µm lang, querseptiert, bis zu 16-zellig, mit dicker Schleimhülle. Rinde von LaB und von Tanne. 1 Art. – **Lit**: **24:** 622, **628** unter *Opegrapha*; **25:** 790 unter *Opegrapha*, **1195–1196**
T: ? *Z. involuta* (WALLR.) KÖRB. = *Z. viridis* (ACH.) POETSCH & SCHIED. – **Grüne Zeichenflechte**: Wi 623, FleD 1195

5 Methoden für die Bestimmung von Pilzen und Flechten

Je nach Organismus – Großpilz, Schimmelpilz, parasitischer Pilz oder Flechte – kommen unterschiedliche Untersuchungsmethoden zur Anwendung. An dieser Stelle wird eine Auswahl von Methoden vorgestellt. Eine allgemeine Einführung der Methoden der Mikroskopie botanischer Objekte, die hinsichtlich wichtiger Grundkenntnisse auch für die Untersuchung von Pilzen angewendet werden können, vermittelt WANNER (2017). Speziell sich auf Großpilze beziehende Untersuchungsmethoden werden z. B. in HORAK (2005), BRESINSKY und BESL (1985) behandelt.

Objektive für die Mikroskopie Für die Untersuchung größerer Strukturen (Zystiden, Paraphysen usw.) reicht die Verwendung des 40er-Objektivs des Mikroskops; wird es mit einem 10er- oder 12,5er-Okular kombiniert, ergibt sich eine 400- bzw. 500-fache Vergrößerung. Für die Messung der Sporengröße (gemessen in µm; 1 µm = 1/1000 mm), für die Analyse von unterschiedlich ausgeprägten Sporenornamenten und für mehrere andere Feinstrukturen z. B. in Basidien oder auf Hyphen sind stärkere Vergrößerungen von 1000- bis 1250-fach erforderlich, die mit dem 100er-Objektiv erzielt werden. Dieses Objektiv ist ein Ölimmersionsobjektiv. Um eine optimale Auflösung der Strukturen zu erreichen, befindet sich bei diesen Objektiven in dem kleinen Zwischenraum zwischen Objektivlinse und Deckglas keine Luft, sondern (wegen der günstigeren Lichtbrechung) Immersionsöl. Dazu wird vor dem Einschwenken des 100er-Objektivs auf das Deckglas ein kleines Tröpfchen Immersionsöl aufgetragen. Nach Benutzung muss das Öl mit einem geeigneten, sehr weichen Tuch von der empfindlichen Linse entfernt werden; dies gilt auch für Objektive, die unbeabsichtigt mit dem Immersionsöl in Berührung gekommen sind.

Basidiomyceten, die Fruchtkörper bilden Bei **Blätterpilzen** ist die **Sporenstaubfarbe** ein wichtiges Merkmal zur Festlegung von Großgruppen, innerhalb derer die Bestimmung fortzuführen ist. Zur Feststellung der Sporenstaubfarbe dient ein **Sporenabwurf**; dieser

A. Bresinsky, *Pilze und Flechten – Morphologie, Systematik, Bestimmung*,
https://doi.org/10.1007/978-3-662-63111-9_5

kann auch zur mikroskopischen Untersuchung der Sporen verwendet werden. Ein Sporenabwurf wird wie folgt hergestellt. Vom frischen Blätterpilz werden die Hüte knapp unterhalb des Lamellenansatzes durch einen Schnitt vom Stiel abgetrennt. Der Hut wird mit seinen nach unten gerichteten Lamellen, ohne Druck anzuwenden, auf weißes Papier oder auf einen Objektträger gelegt. Um eine hohe Luftfeuchtigkeit sicherzustellen, wird ein Teller, der Deckel einer Petrischale oder eine Dose übergestülpt, ohne dass der Hut gedrückt wird und die Lamellen die Unterlage berühren. Der Hut wird eine geraume Zeit so belassen. Eine weitere Möglichkeit besteht darin, den ausgelegten Hut samt Unterlage mit einer Aluminiumfolie zu umgeben, wiederum unter Vermeidung jeglichen Drucks und unter Gewähr eines kleinen Zwischenraums zwischen Hutoberseite und Folie, damit ein luftfeuchter Raum entstehen kann. Im Falle kleiner oder sehr kleiner Hutpilze wird lediglich die untere Hälfte des Stiels mit einem glatten Schnitt vom oberen Teil des Fruchtkörpers abgetrennt. Der Stiel mit dem oben ansitzenden Hut wird nun durch eine zuvor angefertigte Öffnung in weißem Papier geschoben. Alles wird dann so in ein mit Wasser gefülltes Glas gestellt, dass der Stiel mit seiner glatten Schnittfläche ins Wasser ragt und der Hut mit seiner weißen Papierunterlage auf dem Rand des Gefäßes ruht. Schließlich wird ein hinreichend großes Gefäß über den Hut gestülpt. Die Sporenstaubmuster bilden sich jeweils im Verlauf von Stunden, z. B. auch über Nacht. Für die weitere Bestimmung sind vornehmlich die **mikroskopischen Merkmale** der Sporen, des Hymeniums, des Aufbaus der Trama und der Hutdeckschicht (Huthaut) von Bedeutung. Mikromerkmale der **Sporen** können außer der Anfertigung von Präparaten aus einem Sporenabwurf auch aus kleinsten Fragmenten der sporenbildenden Teile (Lamellen, Röhren, Poren, Hymenien auf ebenen Oberflächen) gewonnen werden. Die mit einer scharfen Rasierklinge abgeschnittenen Fragmente sollten idealerweise so dünn sein, dass sie mit dem bloßen Auge gerade eben noch wahrnehmbar sind. Mit einer Nadel werden sie in einen kleinen Tropfen Wasser, in ein anderes geeignetes Medium oder in ein Reagenz (Melzers Reagenz, Lactophenol-Baumwollblau; bei Schnitten aus Trockenmaterial 2 %ige KOH) auf einem Objektträger überführt. Bei ausreichend dünnen Schnitten hebt sich das anschließend aufgelegte Deckglas an keiner Stelle vom Objektträger ab. Das Beobachtungsmedium (z. B. Wasser) ist unter dem Deckglas gleichmäßig verteilt. Gegebenenfalls kann es durch leichten Druck mit einem Radiergummi verteilt werden (das Resultat ist dann ein Quetschpräparat). Steht nur Trockenmaterial zur Verfügung, werden die Sporen durch Abschaben von Fragmenten aus der Lamelle gewonnen und in 2%iger KOH beobachtet.

Um Elemente des **Hymeniums** (**Basidien**, **Zystiden**) sichtbar zu machen, fertig man mit einer Rasierklinge dünne Schnitte quer zur Längsrichtung der Lamellen an. Dazu führt man zunächst eine einzelne Lamelle in einen Längsspalt in einen Block aus Styropor oder Holundermark ein. Durch eine streichende Bewegung der Rasierklinge über die Halterung samt Lamelle können feine Schnitte durch die Lamelle, also durch Hymenium und Trama, gewonnen werden, die mittels einer Nadel in das Beobachtungsmedium (Wasser, Melzers Reagenz, Lactophenol-Baumwollblau) überführt werden. Ein anderer Weg, um zu geeigneten Präparaten zu gelangen, besteht darin, dass ein schmaler radialer Keil mit daran sitzenden Lamellen aus dem Hut geschnitten wird. In weiteren Schnitten, jetzt quer zu den Lamellen, können ebenfalls feine Querschnitte durch die Lamellen gewonnen werden. Für die Beobachtung von Cheilozystiden werden ebenfalls feinste Streifen aus der Lamellenschneide herausgeschnitten und je nach Dicke im Beobachtungsmedium unter einem Deckglas durch Druck darauf leicht gequetscht. Für die Erkennung von Strukturen der **Hutdeckschicht** (gegebenenfalls der Huthaut) sind feine Radialschnitte an Fruchtkörperhälften oder an keilförmig herausgeschnittenen Teilen des Huts auszuführen. Auch dünne Oberflächenschnitte entlang der Oberfläche des Huts können für die anschließende mikroskopische Untersuchung hilfreich sein.

Für die Bestimmung müssen mithilfe von **mikrochemischen Methoden** auch Untersuchungen von Sporen, Hyphen, Zystiden usw. durchgeführt werden. Eine wichtige Eigenschaft von Sporen oder anderen Strukturen ist die vorhandene oder fehlende **Amyloidität** (**Pseudoamyloidität** bzw. **Dextrinoidität**); sie kann mikroskopisch und gegebenenfalls auch makroskopisch festgestellt werden. Hierzu müssen Sporen oder sporenbildende Teile des Pilzes (Quetschpräparat) in Melzers Reagenz überführt und unter dem Mikroskop betrachtet werden. Im Falle der Amyloidität verfärbt sich die Sporenwand oder auch nur die Ornamente auf den Sporen (Warzen, Stacheln, Grate usw.) graublau. Bei undeutlicher Verfärbung empfiehlt sich der Vergleich mit einem Präparat in Wasser oder in KOH. Makroskopisch kann der Test auf Amyloidität durch Zugabe von Melzers Reagenz zum Sporenabwurf (vorzugsweise auf Objektträger gewonnen) erfolgen. Im Falle von Amyloidität verfärbt sich die Sporenmasse von weiß zu blau bis blauschwarz. Pseudoamyloid bzw. dextrinoid sind Sporen und andere Strukturen, die sich in Melzers Reagens rötlich-braun verfärben. Die **siderophile Granulation** von Basidien, ein wichtiges diagnostisches Merkmal für die Erkennung einiger weißsporiger Gattungen (z. B. *Lyophyllum*), wird in einem vereinfachten Verfahren wie folgt geprüft. Lamellenfragmente werden auf einem Objektträger in Karminessigsäure zusammen mit Eisen (rostige Nadel oder Siedesteinchen) mehrmals erhitzt, wobei das verdampfende Volumen jeweils zu ersetzen ist. Nach dem letzten Abdampfen wird das Präparat kurz in Chloralhydrat aufgehellt, ein Quetschpräparat in Wasser hergestellt und dieses bei starker Vergrößerung unter dem Mikroskop untersucht. Falls in den Basidien siderophile Granulation vorkommt, zeigt sich diese in Form von durchgehend schwarzen Körnchen. Die Farbe von Zystiden kann sich in 2 % KOH verändern. Bei einer positiven Reaktion verfärbt sich der Inhalt der Zystiden gelblich (**Chrysozystiden** von Gattungen innerhalb der Strophariaceae). **Cyanophilie** ist z. B. bei Sporen der Weißsporer gegeben, wenn sich deren Wände in Lactophenol-Baumwollblau bläulich färben und somit nicht mehr farblos-hyalin erscheinen. Für die Bestimmung von Täublingen werden besondere mikrochemische Methoden angewendet. Eine positive Farbreaktion mit **Sulfovanillin** ist gegeben, wenn sich Zystiden im Hymenium der Lamellen oder auch in der Huthaut (Dermatozystiden) schwarz bis dunkelblau verfärbt zeigen. **Säurebeständige Auflagerungen** auf Primordialhyphen in der Hutdeckschicht von *Russula* werden mit Karbolfuchsin unter anschließender Einwirkung von verdünnter Salzsäure (2–5 %) sichtbar gemacht (Näheres in ROMAGNESI 1967, S. 58).

Bei **Röhren- und Porenpilzen** werden analoge Schnitttechniken angewendet, wobei anstelle von Lamellen entweder weiche Röhren oder härtere Poren präpariert werden müssen.

Die Hymenien, welche die Innenseite von Röhren oder Poren auskleiden, werden durch feine Querschnitte (parallel zu den Porenöffnungen) erschlossen, wodurch auch die Sporen sichtbar werden sollten. Für die Trama der Fruchtkörper und für die Hutdeckschicht sind Schnitttechniken wie bei den Lamellenpilzen anzuwenden. Zu berücksichtigen ist, dass Porlinge der zum Schneiden benutzten Rasierklinge häufig einen größeren Widerstand entgegensetzen und somit schwerer zu schneiden sind.

Bei Stachelpilzen, Aphyllophorales mit flächig ausgebreitetem Hymenium und Bauchpilzen sind die geschilderten Techniken in abgewandelter Weise anzuwenden. Bei Stachelpilzen werden Sporen und Hymenialelemente unter dem Mikroskop sichtbar gemacht durch Querschnitte durch einzelne oder mehrere Stacheln. Bei Bauchpilzen sind die Fasern samt den daran hängenden Sporen mit einer feinen Pinzette herauszuzupfen und in das Beobachtungsmedium (Wasser, KOH) auf dem Objektträger zu überführen (Zupfpräparate). Sporen und/oder Hymenialelemente bei flächig ausgebreiteten Aphyllophorales werden durch Querschnitte, hilfsweise auch durch dünne Flächenschnitte sichtbar gemacht.

Ascomyceten, die Fruchtkörper bilden Um die wichtigen Merkmale des Hymeniums mit Asci und Paraphysen sowie die Eigenheiten des Fruchtkörpers (mit Excipulum und Hypothecium) zu erfassen, sind Schnitte durch den Fruchtköper erforderlich. Etwas zu dick geratene Schnitte können gequetscht werden. Ebenso können von kleineren Fruchtkörpern oder von herausgeschnittenen Stücken größerer Fruchtkörper Quetschpräparate angefertigt werden. Bei der Untersuchung der Sporen ist wichtig, dass ausgereifte Sporen für die Betrachtung ausgewählt werden, da sich mit deren Reifung Größe und Ornamentierung ändern bzw. sich die Ornamentierung erst entwickelt.

Pilze als Parasiten auf Pflanzen oder auf anderen Pilzen Zunächst gilt es zu erkennen, dass auf einem Organ einer Pflanze oder an einem Pilz eine Infektion vorliegt. Ein abweichendes Erscheinungsbild vom Normalzustand einer Pflanze oder eines Pilzes wie gelbe oder braune Blattflecken, weißlich-grüne Verfärbungen oder Vergeilungen (z. B. Riesenwuchs, Gallen, Hexenbesen) können, müssen aber nicht, auf eine mögliche Pilzinfektion hinweisen. Die Vermutung, dass es sich dabei um einen Pilzbefall handelt, wird bestätigt durch den Nachweis von rasenbildenden, verzweigten oder unverzweigten Hyphen oder durch Vorhandensein von stäubenden Lagern bzw. dunklen Stromata. Durch Pilze verursachte Wucherungen und Gallen sind meist durch eine Bereifung gekennzeichnet oder sie enthalten im Inneren dunkles Sporenpulver. Für die Bestimmung muss zunächst der wissenschaftliche Gattungsname oder besser der Artname des Wirts bestimmt worden sein. Zusätzlich werden von den sporen- oder konidienbildenden Strukturen Präparate angefertigt, die unter dem Mikroskop zu analysieren sind. Im Falle von Echten Mehltaupilzen sind besonders auch die winzigen, meist schwarzen Fruchtkörper, welche die Asci samt Ascosporen enthalten, zu untersuchen. Die Fruchtkörper, die dem bloßen Auge eher nur als Punkte erscheinen, werden am besten unter der Stereolupe mit Nadel oder Rasierklinge von ihrem Substrat abgekratzt und in das Beobachtungsmedium auf dem Objektträger überführt; anschließend wird ein Deckglas aufgelegt. Das Präparat sollte einige wenige, möglichst reife (schwarze) Fruchtkörper enthalten. Ihr Inhalt (je Fruchtkörper ein oder mehrere Asci) wird durch leichtes Quetschen des Deckglases sichtbar gemacht.

Schimmelpilze Eine Anleitung zur Erfassung bestimmungswichtiger Merkmale ist in PETRINI und PETRINI (2015) zu finden. Falls Schimmelpilze Beläge mit Sporen oder Konidien auf einem Substrat bilden, werden davon mittels einer Pinzette Zupfpräparate hergestellt. Eine Bestimmung der Schimmelpilze direkt vom natürlichen Substrat ist jedoch nicht immer möglich. In diesem Fällen werden Reinkulturen in Petrischalen auf geeigneten Nährböden angelegt. Dies geschieht durch direktes Ausplattieren des verschimmelten Materials mit dem Ziel, nach und nach durch Überimpfen Reinkulturen zu erhalten. Eine Anleitung hierzu wie auch zu anderen Untersuchungsmethoden findet sich z. B. in ESSER (2000) und JOHNSTON und BOOTH (2001).

Schleimpilze Für die Bestimmung sind Fruchtköper (Sporokarpien, auch als Sporangien bezeichnet) erforderlich. Falls nur Plasmodien vorhanden sind, lassen sich unter Umständen Fruchtkörper gewinnen, indem das Plasmodium samt Substrat vorsichtig entnommen und in kleine Schachteln (aus Glas, Plastik, Blech) übertragen werden. Oft erfolgt dann binnen weniger Stunden die Bildung von Fruchtkörpern. In jedem Fall ist es hilfreich, schon am Fundort einige Merkmale zu notieren (Größe, Aussehen, Farbe, Substrat). Die äußeren Merkmale des Fruchtkörpers (Beschaffenheit und Farbe der Peridie samt vorhandenen oder fehlenden Auflagerungen) werden unter der Stereolupe (auch unter einfacher Lupe mit stärkerer Vergrößerung) untersucht. Zur Feststellung der Merkmale innerhalb eines Fruchtkörpers mithilfe des Mikroskops wird der Fruchtkörper geöffnet, die innen gebildete Masse in ein Tröpfchen Wasser oder in ein anderes Medium auf einem Objektträger überführt und dann ein Deckgläschen aufgelegt (das Präparat notfalls etwas quetschen).

Flechten Das Sammelgut sollte nicht zu trocken sein, ist also gegebenenfalls anzufeuchten, um einen Zerfall zu Staub zu vermeiden. Für die Untersuchung werden mit einer scharfen Rasierklinge hauchdünne Schnitte durch die Fruchtkörper (Apothecien, Perithecien) wie auch quer durch das Lager (Thallus) angefertigt. Das Schneiden erfolgt unter ziehender Bewegung der Klinge möglichst unter der Stereolupe. Die Schnitte müssen nicht unbedingt eine größere Ausdehnung haben; meist reichen dünne, kleinere Schnittstücke aus, um unter dem Mikroskop die wichtigen Merkmale zu erkennen. Für die Überführung in einen kleinen Wassertropfen auf einem Objektträger wird das Schnittstück mit einer spitzen Nadel von der Klinge entfernt. Es ist zweckmäßig, die Nadelspitze zuvor in Glycerin einzutauchen, da sich der Schnitt beim Eintauchen in den Wassertropfen auf dem Objektträger dann meist leicht von der Nadel löst. Der Schnitt im Wassertropfen auf dem Objektträger wird mit einem Deckgläschen abgedeckt. Sollte der Schnitt etwas zu dick ausgefallen sein, kann durch leichten Druck auf das Deckgläschen mittels eines Radiergummis ein Quetschpräparat angefertigt werden. Die dabei aus dem Rand des Deckglases austretende Beobachtungsflüssigkeit sollte mit Fließpapier (oder mithilfe eines Papiertaschentuchs) abgesaugt werden. Anstelle von Schnitten durch die Fruchtkörper kann auch ein vereinfachtes Verfahren angewendet werden. Man feuchtet die Fruchtkörper gut an, sodass sie aufquellen. Nun werden sie vom Thallus abgetrennt. Je nach Größe werden sie vollständig, wahlweise auch eine Hälfte oder ein mit einer Rasierklinge herausgeschnittenes Stück, in einen Wassertropfen auf einem Objektträger überführt und nach Auflegen eines Deckglases leicht gequetscht. Sollen Farbreaktionen überprüft werden, wird anstelle von Wasser das Reagenz auf den Objektträger getropft. Bei so angefertigten, recht groben Präparaten lassen sich im Allgemeinen die Merkmale von Sporen wie auch die Färbung von Hypothecium und Excipulum usw. feststellen.

Für das Anfärben von Schnitten, die zunächst in Wasser betrachtet wurden, kann das Färbemittel oder Reagenz an einer Seite des Deckgläschens aufgetragen und durch Absaugen von Flüssigkeit auf der anderen Seite unter das Deckglas gezogen werden. Gegebenenfalls können Schnitte anstelle von Wasser direkt in einen Tropfen des Färbemittels auf dem Objektträger überführt werden. Wichtige Färbereagenzien für Flechten sind: Kalilauge (KOH; K+, K−), Hypochlorit (CaCl[OCl]; C+, C−), Lugol'sche Lösung (Jod-Kaliumjodid-Lösung; J+, J−) und P = Paraphenylendiamin-Lösung (P+, P−). Schwer zu handhaben sind endolithische Flechten. Flechten in Kalkgestein können durch Salzsäure gelöst und wie beschrieben geschnitten bzw. untersucht werden.

Häufig verwendete Reagenzien 6

Baumwollblau
0,05 g Baumwollblau in 30 g Milchsäure lösen, 24 h stehenlassen; anschließend die Lösung filtrieren; alternativ: 0,1 g Baumwollblau in 100 ml Aqua dest. lösen

Chloralhydrat-Lösung
20 g Chloralhydrat in 10 ml Aqua dest. lösen

Eisen(III)chlorid-Lösung
1 g Eisensulfat-Kristalle in 10 ml Aqua dest. lösen, einige Tropfen konzentrierter Schwefelsäure zusetzen; begrenzt haltbar (verfärbte Lösungen nicht mehr verwenden)

Guajak-Tinktur
1 Teil Guajak-Harz in 5 Teilen 60–70%igem Ethanol lösen

Hypochlorit-Reagenz
(genauer: Calciumchlorid-Hypochlorit-Reagenz, CaCl[OCl]) vereinfachte Herstellung aus chlorhaltigem Reinigungsmittel, das mit Aqua dest. verdünnt eingesetzt wird; verwendet wird auch Kaliumhypochlorit-Lösung (KOCl, Eau de Javel); in den Schlüsseln (Apothecien) positive oder negative Reaktion mit dem Reagenz: C+ bzw. C−

Kalilauge (KOH)
wird für die Mikroskopie (Quellung von Trockenmaterial) meist 2–5%ig verwendet, für makrochemische Farbreaktionen 20–40%ig; für Flechten: 2–4 g Kaliumhydroxid in 20 ml Aqua dest. lösen; unterschiedliche Farbreaktionen (u. a. gelb und rot); in den Schlüsseln positive oder negative Reaktion mit der Lauge: K+ bzw. K−

Karbolfuchsin-Lösung
1 g basisches Fuchsin in 10–15 ml absolutem Ethanol lösen sowie 5 g Phenol in 95 ml Aqua dest. unter Schütteln lösen; anschließend beide Lösungen zusammengeben

A. Bresinsky, *Pilze und Flechten – Morphologie, Systematik, Bestimmung*,
https://doi.org/10.1007/978-3-662-63111-9_6

Karminessigsäure
vereinfachte Herstellung: gesättigte Lösung von Karmin in 50%iger Essigsäure; zur Feststellung der siderophilen (karminophilen) Granulation zusätzlich Eisen in Form einer rostigen Nadel, Siedesteinchen oder Fe(III)chlorid-Lösung dazugeben und kurz erhitzen (ansonsten siehe DÖRFELT und JETSCHKE [2001] unter „Karminessigsäure").

Lugol'sche Lösung, Jod-Kaliumjodid-Lösung
0,5 g Jod und 1,5 g Kaliumjodid in 100 ml Aqua dest. lösen; für Flechten auch 0,5 g Jod und 0,15 g Kaliumjodid in 25 ml Aqua dest. lösen; häufig weinrote Färbung von Strukturen; in den Schlüsseln positive oder negative Reaktion mit der Lösung: J+ bzw. J–

Melzers Reagenz
0,5 g Jod und 1,5 g Kaliumjodid in 20 ml Aqua dest. lösen und 20 ml Chloralhydrat-Lösung unmittelbar vor Gebrauch zusetzen; Reagenz in einer dunklen Flasche aufbewahren

Paraphenylendiamin-Lösung
1 g Paraphenylendiamin und 10 g Natriumsulfit in 100 ml Aqua dest. und 40 Tropfen eines handelsüblichen Tensids (z. B. Polysorbat, Tween) lösen; in den Schlüsseln (Apothecien) positive oder negative Reaktion mit der Lösung: P+ bzw. P–

Sulfovanillin-Lösung (SV)
8 ml konzentrierte Schwefelsäure zu 3 ml Aqua dest. geben (keinesfalls Wasser zur Säure geben); darin 1 g reines Vanillin lösen; nur beschränkt haltbar, daher Vanillin unmittelbar vor Gebrauch der derart verdünnten Schwefelsäure zugeben; beim Umgang mit Schwefelsäure ist größte Vorsicht geboten (Gefahr einer Verätzung der Haut und Korrosion des Mikroskops; nur kleinste Tropfen verwenden!); vereinfachte Anleitung: einige Vanillin-Kristalle mit einer Nadel zu einem Tröpfchen verdünnter Schwefelsäure geben.

7 Farbabbildungen

Die Ziffern in Klammern verweisen auf die Schlüsselpunkte, über welche die Gattungen und Arten in den Bestimmungsschlüsseln erreichbar sind. Abkürzungen in den Legenden: Frk = Fruchtkörper; im Übrigen werden hier Abkürzungen vermieden.

Für die Überlassung von Bildmaterial danke ich: Karlheinz Baumann, Dr. Oliver Dürhammer, Fredi Kasparek, Dr. Julia Kruse, Dr. Bellis Kullman, Otto Mergenthaler, Karin Montag, Prof. Dr. Hansjörg Prillinger, Karl Friedrich Reinwald, Peter Schirmer, Wilhelm Schulz. Die Bildautoren sind jeweils in den Legenden zu den einzelnen Abbildungen genannt. Alle nicht wie vorstehend gekennzeichneten Abbildungen stammen vom Verfasser. Bleibt noch darauf hinzuweisen, dass in ihrer künstlerischen Qualität hervorragende Abbildungen enthalten sind in BAUMANN (2015). Sehr gute Abbildungen von Flechten finden sich in den Werken von WIRTH (1995) sowie von WIRTH, HAUCK und SCHULTZ (2013). Informative Abbildungen von Pilzen und Flechten werden auch im Internet geboten. Beispiel hierfür ist die hier wiedergegebene Abb. 7.166 von *Penicillium digitatum* der American Phytopathological Society (APS) oder die in den Internetportalen „Pilze Deutschlands" der Deutschen Gesellschaft für Mykologie (www.pilze-deutschland.de) und „Flechten Deutschlands" von der Zentralstelle Deutschland (www.flechten-deutschland.de) gezeigten Abbildungen.

A. Bresinsky, *Pilze und Flechten – Morphologie, Systematik, Bestimmung*,
https://doi.org/10.1007/978-3-662-63111-9_7

Pilze

Abbildungen zu Schlüssel III: Gallertpilze

Abb. 7.1 *Exidia plana*, Warziger Drüsling
Schlüssel III-1: (2), (3), (4), (5), (9), (10*): *Exidia* → (2), (4), (5)

Abb. 7.2 *Exidia glandulosa*, Becherförmiger Drüsling
Schlüssel III-1: (2), (3), (4), (5), (9), (10*): *Exidia* → (2), (4), (5*)

Abb. 7.3 *Auricularia auricula-judae,* Judasohr
Schlüssel III-1: (2), (3), (4), (15), (19), (21), (22), (23)

Abbildungen zu Schlüssel IV: Krusten- und Schichtpilze

Abb. 7.4 *Stereum hirsutum*,
Striegeliger Schichtpilz
Schlüssel IV: (9), (10), (11), (15),
(17): *Stereum* → (3)

Abbildungen zu Schlüssel V: Keulen- und Korallenpilze

Abb. 7.5 *Calocera viscosa*, Klebriger Hörnling
Schlüssel V: (2), (3), (4), (5), (6):
Calocera → (1)

Abb. 7.6 *Ramaria eumorpha*,
Nichtverfärbende Fichten-Koralle
Schlüssel V: (2), (3), (4), (5), (6), (7),
(8): *Ramaria* → (15), (18), (19), (23),
(24), (25)

Abb. 7.7 *Clavariadelphus pistillaris*,
Herkules-Riesenkeule
Schlüssel V: (2), (3), (4), (17), Frk lang
(19), (20): *Clavariadelphus* → (2), (3)

Abbildungen zu Schlüssel VI: Porlinge und Wirrlinge

Abb. 7.8 *Phaeolus spadiceus*, Kiefern-Braunporling Schlüssel VI-1: (3), (4), (6)

Abb. 7.9 *Phaeolus spadiceus*, Kiefern-Braunporling Schlüssel VI-1: (3), (4), (6)

Abb. 7.10 *Polyporus* (*Cerioporus*) *squamosus*, Schuppiger Stielporling Schlüssel VI-1: (3), (10), (11), (16), (18), (20), (22): *Polyporus* → (2), (3)

Abb. 7.11 *Polyporus* (*Cerioporus*) *leptocephalus*, Löwengelber Stielporling Schlüssel VI-1: (3), (10), (11), (16), (18), (20), (22*): *Polyporus* → (4), (5)

Abb. 7.12 *Coltricia perennis*, Gebänderter Dauerporling Schlüssel VI-1: (3), (10), (11), (12), (13) *Coltricia* → (1)

Abb. 7.13 *Bjerkandera adusta*, Brand-Rauchporling Schlüssel VI-1: (2), (43), (44), (67), (72), (77), (78), (86), (87), (89): *Bjerkandera* → (1)

Abb. 7.14 *Fomes fomentarius*, Zunderschwamm
Schlüssel VI-1: (2), (43), (44), (67), (72), (77), (78), (79), (80), (81*)

Abb. 7.15 *Fomes fomentarius*, Zunderschwamm
Schlüssel VI-1: (2), (43), (44), (67), (72), (77), (78), (79), (80), (81*)

Abb. 7.16 *Daedaleopsis confragosa*, Rötender Blätterwirrling
Schlüssel VI-1: (2), (23), (28), (29), (35), (37), (38), (39), (40), (41): *Daedaleopsis* → (1*)

Abb. 7.17 *Laetiporus sulphureus*, Schwefelporling
Schlüssel VI-1: (2), (43), (44), (45), (48), (49), (58), (59)

Abb. 7.18 *Phellinus igniarius*, Feuerschwamm
Schlüssel VI-1: (2), (43), (44), (67), (72), (77), (78), (79), (80), (82): *Phellinus* → (2), (3), (4), (5), (6), (7), (8), (10)

Abb. 7.19 *Fomitopsis pinicola*, Rotrand-Baumschwamm
Schlüssel VI-1: (2), (43), (44), (67), (72), (73), (74*)

Abb. 7.20 *Fomitopsis pinicola*, Rotrand-Baumschwamm
Schlüssel VI-1: (2), (43), (44), (67), (72), (73), (74*)

Abb. 7.21 *Ganoderma applanatum*, Flacher Lackporling
Schlüssel VI-1: (2), (43), (44), (67), (72), (77), (78), (79), (80), (81): *Ganoderma* → (2). – mit Konidienbildung auf der Hutoberfläche

Abb. 7.22 *Ganoderma applanatum*, Flacher Lackporling
Schlüssel VI-1: (2), (43), (44), (67), (72), (77), (78), (79), (80), (81): *Ganoderma* → (2)

Abb. 7.23 *Heterobasidion annosum*, Wurzelschwamm
Schlüssel VI-1: (2), (43), (44), (67), (72), (77), (78), (79), (83), (84), (85*)

Abb. 7.24 *Piptoporus betulinus*, Birkenporling
Schlüssel VI-1: (3), (10), (11), (16), (18), (20), (21)

Abb. 7.25 *Trametes hirsuta*, Striegelige Tramete
Schlüssel VI-1: (2), (43), (44), (45), (48), (50), (51), (52), (53): *Trametes* → (4), (5), (6)

Abb. 7.26 *Daedalea quercina*,
Eichen-Wirrling
Schlüssel VI-1: (2), (23), (24), (25), (26), (27)

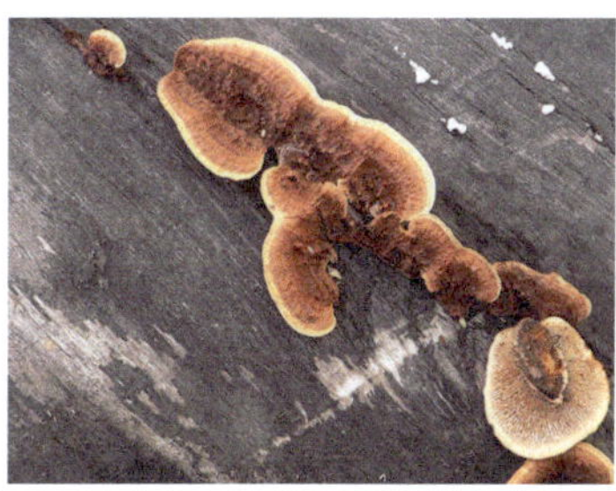

Abb. 7.27 *Gloeophyllum sepiarium*,
Zaun-Blättling
Schlüssel VI-1: (2), (23), (24), (25), (26*): *Gloeophyllum* → (2)

Abb. 7.28 *Datronia mollis*,
Weichhaarige Datronie
Schlüssel VI-2: (12), (13), (15), (47), (50): *Datronia* → (1)

Abb. 7.29 *Schizopora paradoxa*,
Veränderlicher Spaltporling
Schlüssel VI-2: (12), (13), (15), (16), (18), (19), (20), (21), (25), (38), (40), (41)

Abbildungen zu Schlüssel VII: Faltenpilze

Abb. 7.30 *Craterelleus cornucopioides*, Herbst-Trompete
Schlüssel VII: (15), (16), (17)

Abb. 7.31 *Plicatura crispa*, Krauser Adernzähling
Schlüssel VII: (2), (4), (7), (8)

Abb. 7.32 *Serpula lacrymans*, Hausschwamm
Schlüssel VII: (2), (4), (5)

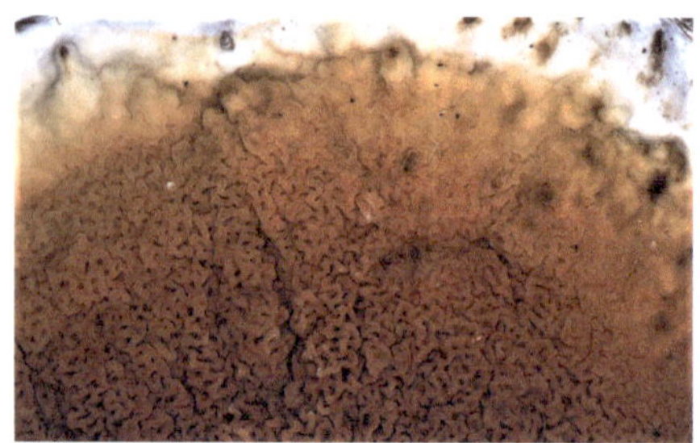

Abb. 7.33 *Serpula lacrymans*, Hausschwamm
Schlüssel VII: (2), (4), (5)

Abbildungen zu Schlüssel VIII: Stachelpilze

Abb. 7.34 *Bankera violascens*, Violettlicher Weißsporstacheling
Schlüssel VIII: (2), (4), (6), (7*)

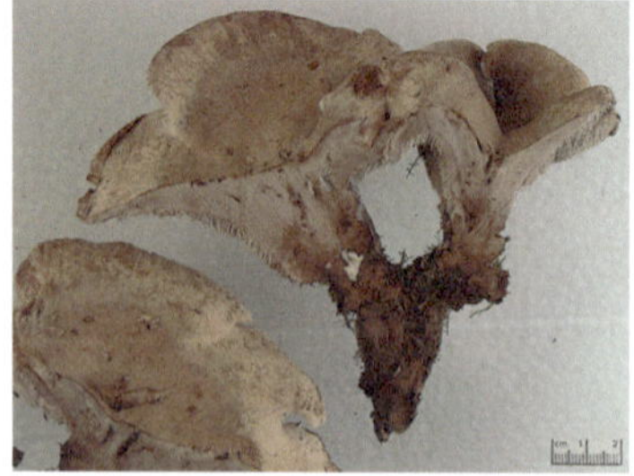

Abb. 7.35 *Bankera violascens*, Violettlicher Weißsporstacheling
Schlüssel VIII: (2), (4), (6), (7*)

Abb. 7.36 *Sarcodon squamosus*, Kiefern-Habichtspilz Schlüssel VIII: (2), (3), (5), (6), (7): *Sarcodon* → (2), (3), (4), (5*)

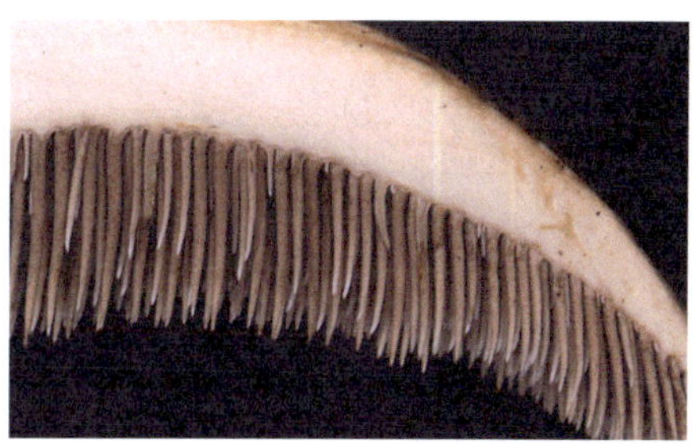

Abb. 7.37 *Sarcodon imbricatus*, Habichtspilz Schlüssel VIII: (2), (3), (5), (6), (7): *Sarcodon* → (2), (3), (4), (5). – Stachelhymenophor

Abbildungen zu Schlüssel IX: Basidiobecherlinge, cyphelloide Pilze

Abb. 7.38 *Calyptella campanula*, Glockiger Schüsselschwindling Schlüssel IX: (4), (5), (9), (17), (19), (20), (21), (24), (25), (27*). – Aufnahme: F. Kasparek

Abb. 7.39 *Merismodes anomala*, Gelbbraune Haarschüssel Schlüssel IX: (4), (5), (9), (10), (12), (13), (14), (15). – Aufnahme: F. Kasparek

Abb. 7.40 *Auriculariopsis ampla*, Pappel-Judasöhrchen Schlüssel IX: (4), (5), (9), (17), (19), (20), (21), (24), (25), (26). – Aufnahme: F. Kasparek

Abb. 7.41 *Woldmaria filicina*, Farn-Keulenbecher Schlüssel IX: (4), (5), (9), (17), (19), (20), (21), (22). – Aufnahme: F. Kasparek

Abbildungen zu Schlüssel X: Hutpilze mit Lamellen, Leisten oder Röhren

Abb. 7.42 *Schizophyllum commune*, Spaltblättling
Schlüssel X-0: (3). – Alternativ: Schlüssel VI-1: (2), (23), (24)

Abb. 7.43 *Lactarius turpis*, Olivbrauner Milchling
Schlüssel X-0: (3), (4), (7), (9): *Lactarius* → (5), (10), (15), (21), (24)

Abb. 7.44 *Lactarius deterrimus*, Fichten-Reizker
Schlüssel X-0: (3), (4), (7), (9): *Lactarius* → (2), (3), (4)

Abb. 7.45 *Russula ochroleuca*, Ocker-Täubling
Schlüssel X-0: (3), (4), (7), (9), (10): *Russula* → Schlüssel I: (8), (9), (12), (13). – Alternativ: Schlüssel II: (8), (9), (10), (11), (12), (13)

Abb. 7.46 *Russula paludosa*, Apfel-Täubling
Schlüssel X-0: (3), (4), (7), (9), (10): *Russula* → Schlüssel I: (8), (9), (12), (13), (14), (15), (16), (17), (20), (22), (28), (32), (33). – Alternativ: Schlüssel II: (8), (9), (10), (11), (14), (15), (17), (21), (22), (23)

Abb. 7.47 *Bolbitius titubans*, Goldmistpilz
Schlüssel X-0: (3), (4), (7), (9), (10), (11), (12*)

Abb. 7.48 *Amanita muscaria*, Fliegenpilz
Schlüssel X-0: (3), (4), (7), (9), (11), (13), (15), (16): *Amanita* → (1)

Abb. 7.49 *Amanita rubescens*, Perlpilz
Schlüssel X-0: (3), (4), (7), (9), (11), (13), (15), (16): *Amanita* → (2)

Abb. 7.50 *Amanita fulva*,
Rotbrauner Scheidenstreifling
Schlüssel X-0: (3), (4), (7), (9), (11), (13), (15), (16): *Amanita* → (2), (3), (4), (9), (10), (12), (13*)

Abb. 7.51 *Chlorophyllum rachodes*,
Echter Safranschirmling
Schlüssel X-0: (3), (4), (7), (9), (10), (11), (13), (15), (16), (17), (18), (19*): „Agaricus" X-1 → „Leucospori" X-2 → (2), (3), (4): „Lepiota" → (3), (5), (6): *Chlorophyllum* → (2)

Abb. 7.52 *Macrolepiota procera,* Parasolpilz
Schlüssel X-0: (3), (4), (7), (9), (10), (11), (13), (15), (16), (17), (18), (19*): „Agaricus“ X-1 → „Leucospori“ X-2 → (2), (3), (4): „Lepiota“ → (3), (5), (6*)

Abb. 7.53 *Cystoderma amianthinum*, Amiant-Körnchenschirmling
Schlüssel X-0: (3), (4), (7), (9), (10), (11), (13), (15), (16), (17), (18), (19*): „Agaricus“ X-1 → „Leucospori“ X-2 → (2), (3), (4): „Lepiota“ X-2 → (2): *Cystoderma* → (2), (3), (4), (5*)

Abb. 7.54 *Oudemansiella mucida,* Schleimrübling
Schlüssel X-0: (3), (4), (7), (9), (10), (11), (13), (15), (16), (17), (18), (19*): „Agaricus“ X-1 → „Leucospori“ X-2 → (2), (3), (4): „Lepiota“ X-2 → (2), (3*): „Armillaria“, X-4 → (2), (4), (5). – Aufnahme: O. Mergenthaler

Abb. 7.55 *Tricholoma sulphureum,* Schwefel-Ritterling
Schlüssel X-0: (3), (4), (7), (9), (10), (11), (13), (15), (16), (17), (18), (19*): „Agaricus“ X-1 → „Leucospori“ X-2 → (2), (5), (7), (8), (9): „Tricholoma“ X-5 → (5): *Tricholoma* → (2)

Abb. 7.56 *Leucopaxillus compactus*, Dreifarbiger Krempenritterling Schlüssel X-0: (3), (4), (7), (9), (10), (11), (13), (15), (16), (17), (18), (19*): „Agaricus" X-1 → „Leucospori" X-2 → (2), (5), (7), (8), (9): „Tricholoma" X-5 → (2), (3*): *Leucopaxillus* → (2)

Abb. 7.57 *Megacollybia platyphylla*, Breitblatt-Rübling Schlüssel X-0: (3), (4), (7), (9), (10), (11), (13), (15), (16), (17), (18), (19*): „Agaricus" X-1 → „Leucospori" X-2 → (2), (5), (7), (8): „Collybia" X-6 → (6), (8), (9), (10), (11)

Abb. 7.58 *Rhodocollybia butyracea*, Butter-Rübling Schlüssel X-0: (3), (4), (7), (9), (10), (11), (13), (15), (16), (17), (18), (19*): „Agaricus" X-1 → „Leucospori" X-2 → (2), (5), (7), (8): „Collybia" X-6 → (6), (8), (9), (10), (11), (12), (13), (14), (15), (16), (17), (18): *Rhodocollybia* → (2). – Alternativ: „Hyporrhodii" X-16 → (7), (8), (11), (14), (17), (18), (20), (21), (21*)

Abb. 7.59 *Gymnopus dryophilus*, Waldfreund-Rübling Schlüssel X-0: (3), (4), (7), (9), (10), (11), (13), (15), (16), (17), (18), (19*): „Agaricus" X-1 → „Leucospori" X-2 → (2), (5), (7), (8): „Collybia" X-6 → (6), (8), (9), (10), (11), (12), (13), (14), (15), (16), (17), (18): *Gymnopus* → (2), (3), (4)

Abb. 7.60 *Mycena rosea*, (= *Prunulus roseus*), Rosa Rettich-Helmling Schlüssel X-0: (3), (4), (7), (9), (10), (11), (13), (15), (16), (17), (18), (19*): „Agaricus" X-1 → „Leucospori" X-2 → (2), (5), (7), (10): „Mycena" X-7 → (2), (3): *Mycena* → (6*)

Abb. 7.61 *Clitocybe nebularis*, Nebelkappe Schlüssel X-0: (3), (4), (7), (9), (10), (11), (13), (15), (16), (17), (18), (19*): „Agaricus" X-1 → „Leucospori" X-2- → (2), (5), (6):Formgruppe „Clitocybe" X-8 → (5), (8), (11), (12), (14), (15), (16), (17), (18)

Abb. 7.62 *Infundibulicybe gibba*, Ockerbrauner Trichterling Schlüssel X-0: (3), (4), (7), (9), (10), (11), (13), (15), (16), (17), (18), (19*): „Agaricus" X-1 → „Leucospori" X-2 → (2), (5), (6):Formgruppe „Clitocybe" X-8 → (5), (8), (9), (11), (12), (14), (15), (16), (17), (18), (19): *Infundibulicybe* → (2), (3*)

Abb. 7.63 *Pseudoclitocybe cyathiformis*, Kaffeebrauner Scheintrichterling Schlüssel X-0: (3), (4), (7), (9), (10), (11), (13), (15), (16), (17), (18), (19*): „Agaricus" X-1 → „Leucospori"X-2 → (2), (5), (6): „Clitocybe" X-8 → (2)

Abb. 7.64 *Hygrophoropsis aurantiaca*, Falscher Pfifferling Schlüssel X-0: (3), (4), (7), (9), (10), (11), (13), (15), (16), (17), (18), (19*): „Agaricus“ X-1 → „Leucospori“X-2 → (2), (5), (6): „Clitocybe“ X-8 → (5), (8), (9), (10). – Alternativ: „Cantharellus“ X-12 → (7), (8), (11), (13), (17), (18)

Abb. 7.65 *Lyophyllum connatum*, Weißer Rasling Schlüssel X-0 (3), (4), (7), (9), (10), (11), (13), (15), (16), (17), (18), (19*): „Agaricus“ X-1 → „Leucospori“X-2 → (2), (5), (6): „Clitocybe“ X-8 → (5), (8), (9), (11), (12), (14): *Lyophyllum* → (2), (3)

Abb. 7.66 *Lichenomphalia hudsoniana*, Gelblicher Flechtennabeling Schlüssel X-0: (3), (4), (7), (9), (10), (11), (13), (15), (16), (17), (18), (19*): „Agaricus“ X-1 → „Leucospori“ X-2 → (2), (5), (6*): „Omphalia“ X-9: → (7), (8), (15), (19), (21), (22), (23): *Lichenomphalia* → (2). – Alternativ: Schlüssel XXV: (2), (3), (4): „Laubflechten“ XXV-3 → (12), (14), (23), (24), (28), (29), (33), (34)

Abb. 7.67 *Panellus serotinus*, Muschelseitling Schlüssel X-0: (3), (6), (7), (9), (10), (11), (13), (15), (16), (17), (18), (19*): „Agaricus“ X-1 → „Leucospori“ X-2 → „Pleurotus“ X-10 → (2), (3), (6), (7), (8)

Abb. 7.68 *Panellus stipticus*, Bitterscharfer Zwergknäueling Schlüssel X-0: (3), (6), (7), (9), (10), (11), (13), (15), (16), (17), (18), (19*): „Agaricus" X-1 → „Leucospori" X-2 → „Pleurotus"X-10 → (2), (6), (8*). – Alternativ: X-0: (3), (4), (5), (6): „Panus" X-15 → (3): *Panellus* → (1)

Abb. 7.69 *Phyllotopsis nidulans*, Orangeseitling Schlüssel X-0: (3), (6), (7), (9), (10), (11), (13), (15), (16), (17), (18), (19*): „Agaricus" X-1 → „Leucospori" X-2 → „Pleurotus"X-10 → (2), (3)

Abb. 7.70 *Pleurotus ostreatus*, Austernseitling Schlüssel X-0: (3), (6), (7), (9), (10), (11), (13), (15), (16), (17), (18), (19*): „Agaricus" X-1 → „Leucospori" X-2 → „Pleurotus" X-10 → (5), (9), (12), (16), (24), (25), (28), (29), (30), (31): Pleurotus → (3), (4), (5*)

Abb. 7.71 *Camarophyllus pratensis*, Wiesen-Ellerling Schlüssel X-0: (3), (4), (7), (9), (10), (11), (13), (15), (16), (17), (18), (19): „Hygrophorus" X-11 → (2), (5), (8), (10), (12), (13), (14), (15): *Camarophyllus* → (1)

Abb. 7.72 *Hygrocybe conica,* Kegeliger Saftling
Schlüssel X-0: (3), (4), (7), (9), (10), (11), (13), (15), (16), (17), (18), (19): „Hygrophorus" X-11 → (2), (5), (6): *Hygrocybe* → (2)

Abb. 7.73 *Hygrophorus discoxanthus*, Verfärbender Schneckling
Schlüssel X-0: (3), (4), (7), (9), (10), (11), (13), (15), (16), (17), (18), (19): „Hygrophorus" X-11 → (2), (5), (8), (10), (12), (13): *Hygrophorus* → (2), (3), (4), (5*)

Abb. 7.74 *Hygrophorus discoxanthus*, Verfärbender Schneckling
Exemplare mit schwarzbraun verfärbten Lamellen gehören zu *H. discoxanthus*, das untere Exemplar mit weißlich bleibenden Lamellen ist *H. eburneus* (5)

Abb. 7.75 *Cantharellus cibarius*, Echter Pfifferling
Schlüssel X-0: (3), (4), (7), (8*): „Cantharellus" X-12 → (7), (8), (11), (13), (14), (15*): *Cantharellus* → (2), (4)

Abb. 7.76 *Cantharellus tubaeformis,* Trompeten-Pfifferling
Schlüssel X-0: (3), (4), (7), (8*): „Cantharellus" X-12 → (7), (8), (11), (13), (14), (15*): *Cantharellus* → (2), (3)

Abb. 7.77 *Faerberia carbonaria*, Kohleleistling
Schlüssel X-0: (3), (4), (7), (8*): „Cantharellus" X-12 → (7), (8), (11), (12)

Abb. 7.78 *Mycetinis querceus,* Scharfer Knoblauchschwindling
Schlüssel X-0: (3), (4), (5): „Marasmius" X-13 → (2), (4), (6), (7*): *Marasmius* → (4), (6): *Mycetinis* → (2*)

Abb. 7.79 *Lentinus tigrinus*, Getigerter Sägeblättling
Schlüssel X-0: (3), (4), (5), (6): „Lentinus" X-14 → (2), (3), (4), (5)

Abb. 7.80 *Macrocystidia cucumis*, Gurkenschnitzling Schlüssel X-0: (3), (6), (7), (9), (10), (11), (13), (15), (16), (17), (18), (19*): „Agaricus" X-1 → (2): „Hyporrhodii" X-16 → (7), (8), (11), (14), (17), (18), (20)

Abb. 7.81 *Tapinella atrotomentosa,* Samtfußkrempling Schlüssel X-0: (3), (4), (7), (9), (10), (11), (13), (15), (16), (17), (18): „Paxillus" X-17 → (2), (3), (4*)

Abb. 7.82 *Paxillus involutus,* Kahler Krempling Schlüssel X-0: (3), (4), (7), (9), (10), (11), (13), (15), (16), (17), (18): „Paxillus" X-17 → (2), (3), (4): *Paxillus* → (1*)

Abb. 7.83 *Dermocybe cinnamomea*, Orangeblättriger Hautkopf Schlüssel X-0: (3), (4), (7), (9), (10), (11), (13), (15): „Cortinarius" X-18 → (3), (8), (10), (11): *Dermocybe* → (4), (5)

Abb. 7.84 *Cortinarius europaeus*, Weißlicher Klumpfuß Schlüssel X-0: (3), (4), (7), (9), (10), (11), (13), (15): „Cortinarius" X-18 → (3), (8), (10), (11): *Cortinarius* → (2), (3): Untergattung *Phlegmacium* → (36), (59), (60), (61), (65), (69), (70), (71), (72): *C. rapaceus* und Verwandte; hierzu u. a. *C. europaeus*

Abb. 7.85 *Cortinarius hinnuleus,* Erdigriechender Gürtelfuß Schlüssel X-0: (3), (4), (7), (9), (10), (11), (13), (15): „Cortinarius" X-18 → (2), (4), (5), (6): Untergattung *Telamonia* → (2), (3), (4), (5)

Abb. 7.86 *Crepidotus mollis*, Gallert-Stummelfüßchen Schlüssel X-0: (3), (4), (7), (9), (10), (11), (13), (15), (16), (17), (18), (19*): „Agaricus" X-1 → (2), (3): „Dermini" X-19 → (2), (3*): *Crepidotus* → (1)

Abb. 7.87 *Galerina unicolor*, Klebriger Gift-Häubling Schlüssel X-0: (3), (4), (7), (9), (10), (11), (13), (15), (16), (17), (18), (19*): „Agaricus" X-1 → (2), (3): „Dermini" X-19 → (9), (10), (11), (12), (13), (14), (17), (19), (20): *Galerina* → (3): *Galerina marginata*, Nadelholz-Häubling, ist ist der abgebildeten Art nahe stehend

Abb. 7.88 *Tubaria hiemalis*, Winter-Trompetenschnitzling Schlüssel X-0: (3), (4), (7), (9), (10), (11), (13), (15), (16), (17), (18), (19*): „Agaricus" X-1 → (2), (3): „Dermini" X-19 → (9), (10), (11), (12), (13), (21), (22), (29), (33), (35), (36), (38*): *Tubaria* → (2), (3), (4), (5), (6*).

Abb. 7.89 *Agaricus xanthoderma*, Karbolegerling Schlüssel X-0: (3), (4), (7), (9), (10), (11), (13), (15), (16), (17), (18), (19*): „Agaricus" X-1 → (2), (3), (4): „Pratelli" X-21 → (2): *Agaricus* → (2), (3), (15), (16), (17)

Abb. 7.90 *Stropharia caerulea*, Grünblauer Träuschling Schlüssel X-0: (3), (4), (7), (9), (10), (11), (13), (15), (16), (17), (18), (19*): „Agaricus" X-1 → (2), (3), (4): „Pratelli" X-21 → (3), (4), (6): *Stropharia* → (2), (3*)

Abb. 7.91 *Panaeolina foenisecii*, Heu-Düngerling Schlüssel X-0: (3), (4), (7), (9), (10), (11), (13), (15), (16), (17), (18), (19*): „Agaricus" X-1 → (2), (3), (4): „Pratelli" X-21 → (3), (7), (8)

Abb. 7.92 *Psathyrella candolleana*, Behangener Faserling Schlüssel X-0: (3), (4), (7), (9), (10), (11), (13), (15), (16), (17), (18), (19*): „Agaricus“ X-1 → (2), (3), (4): „Pratelli“ X-21 → (3), (7), (8): *Psathyrella* → (5), (6)

Abb. 7.93 *Coprinopsis cinerea*, Aschgrauer Misttintling Schlüssel X-0: (3), (4), (7), (9), (10), (11), (12): „Coprinus“ X-23. – Alternativ: Schlüssel X-0: (3), (4), (7), (9), (10), (11), (13), (15), (16), (17), (18), (19*): „Agaricus“ X-1 → (2), (3), (4*): „Coprinarii“ X-22 → (2): „Coprinus“ X-23 → (1), (2), (3*): *Coprinopsis* → (4), (5), (6*)

Abb. 7.94 *Coprinus comatus*, Schopf-Tintling Schlüssel X-0: (3), (4), (7), (9), (10), (11), (12): „Coprinus“ X-23. – Alternativ: Schlüssel X-0: (3), (4), (7), (9), (10), (11), (13), (15), (16), (17), (18), (19*): „Agaricus“ X-1 → (2), (3), (4*): „Coprinarii“ X-22 → (2): „Coprinus“ X-23 → (1*): *Coprinus* → (2), (5), (6)

Abb. 7.95 *Boletus badius*, (= *Imleria badia*), Maronen-Röhrling Schlüssel X-0: (3): „Boletus“ X-24 → (3): *Boletus* → (2), (6)

Abb. 7.96 *Boletus edulis,* Steinpilz
Schlüssel X-0: (3): „Boletus"
X-24 → (3), (4), (5), (6), (7*):
Boletus → (2), (5): Artengruppe
Boletus edulis → (2)

Abb. 7.97 *Tylopilus felleus*, Gallenröhrling
Schlüssel X-0: (3): „Boletus"
X-24 → (3), (4), (5), (8)

Abb. 7.98 *Boletinus cavipes*, Hohlfußröhrling
Schlüssel X-0: (3): „Boletus"
X-24 → (3), (4), (10)

Abb. 7.99 *Suillus luteus*, Butterpilz
Schlüssel X-0: (3): „Boletus"
X-24 → (3), (4), (10), (11), (12), (13), (14), (15*): *Suillus* → (1), (2), (3)

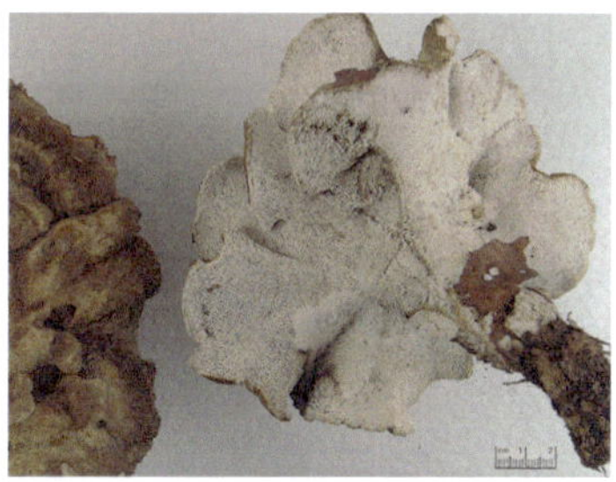

Abb. 7.100 *Albatrellus* (*Laeticutis*) *cristatus*, Gelbgrüner Kammporling
Schlüssel X-0: (2): „Polyporus"
X-25 → (3), (4), (5), (6), (7), (9):
Albatrellus → (2), (4)

Abb. 7.101 *Albatrellus ovinus*, Schafeuter
Schlüssel X-0: (2): „Polyporus"
X-25 → (3), (4), (5), (6), (7), (9):
Albatrellus → (2), (3)

Abbildungen zu Schlüssel XI: Bauchpilze

Abb. 7.102 *Mutinus caninus*, Gewöhnliche Hundsrute
Schlüssel XI: (2), (3*): *Mutinus* → (1)

Abb. 7.103 *Aseroe rubra,* Tentakelpilz
Schlüssel XI: (2), (5), (6), (7*)

Abb. 7.104 *Handkea excipuliformis*, Beutelstäubling
Schlüssel XI: (9), (10), (17), (18), (19), (20), (25), (26), (27), (30), (29*): *Handkea* → (1)

Abb. 7.105 *Handkea utriformis*, Hasenstäubling
Schlüssel XI: (9), (10), (17), (18), (19), (20), (25), (26), (27), (30), (29*): *Handkea* → (1*)

Abb. 7.106 *Geastrum triplex*, Halskrausen-Erdstern
Schlüssel XI: (9), (10), (17), (18), (19), (20), (21), (23), (24): *Geastrum* → (2), (3), (4), (6), (7), (8)

Abb. 7.107 *Crucibulum laeve*, Tiegelteuerling
Schlüssel XI: (9), (10), (17), (18), (19) (35), (36), (39)

Abbildungen zu Schlüssel XIII: Operculate Discomyceten

Abb. 7.108 *Sarcosoma globosum*, Dunkle Gallertkugel Schlüssel XIII: (2), (3), (13), (16). Aufnahme: B. Kullman

Abb. 7.109 *Gyromitra infula*, Bischofsmütze Schlüssel XIII: (1 oder 2 →), (3), (13), (16), (17), (21), (22), (23), (26): *Gyromitra* → (1*)

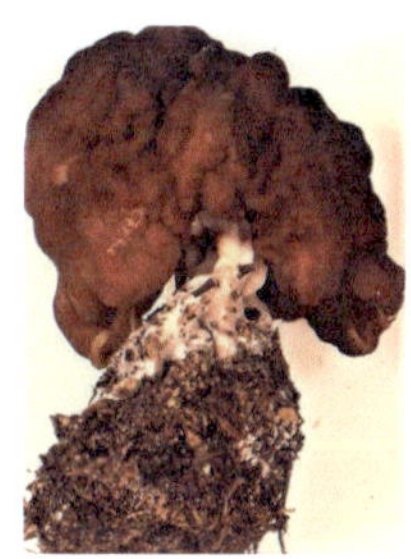

Abb. 7.110 *Gyromitra esculenta*, Frühjahrs-Giftlorchel Schlüssel XIII: (2), (3), (13), (16), (17), (21), (22), (23), (26): *Gyromitra* → (1)

Abb. 7.111 *Morchella esculenta*; Speise-Morchel **Schlüssel XIII:** (2), (3), (13), (16), (17), (21), (22), (23), (24), (25*): *Morchella* → (2*)

Abb. 7.112 *Peziza vesiculosa*, Blasen-Becherling Schlüssel XIII: (2), (3), (4), (7), (8), (9), (10*): *Peziza* → (13), (14), (16), (17), (18), (19). – Aufnahme: W. Schulz

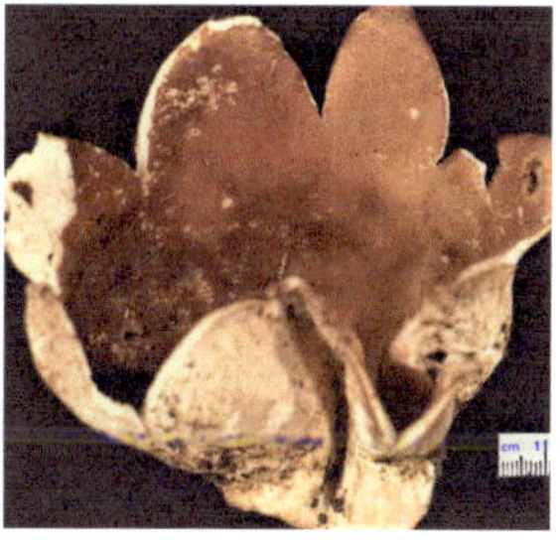

Abb. 7.113 *Sarcosphaera coronaria*, Kronenbecherling Schlüssel XIII: (2), (3), (4), (7), (8), (9)

Abb. 7.114 *Rhizina undulata*, Wurzellorchel Schlüssel XIII: (2), (3), (13), (16), (17), (21), (22), (27), (29)

Abb. 7.115 *Helvella crispa*, Herbst-Lorchel Schlüssel XIII: (1 oder 2 →), (3), (13), (16), (17*), (21), (22), (27), (29), (30): *Helvella* → (3)

Abb. 7.116 *Helvella corium*, Leder-Lorchel Schlüssel XIII: (2), (3), (13), (16), (21), (22), (27), (29), (30): *Helvella* → (7), (8), (9)

Abbildungen zu Schlüssel XIV: Inoperculate Discomyceten

Abb. 7.117 *Bulgaria inquinans,* Schmutzbecherling Schlüssel XIV: (2), (7), (9), (10), (19), (49), (50), (51), (56), (60), (65), (67), (68), (70). – Aufnahme: F. Kasparek

Abb. 7.118 *Mitrula paludosa*, Sumpf-Haubenpilz Schlüssel XIV: (2), (7), (9), (10), (19), (49), (50), (101), (102). (106), (107), (109). – Aufnahme: K.F. Reinwald

Abb. 7.119 *Cudonia circinans*, Helm-Kreisling Schlüssel XIV: (2), (7), (9), (10), (19), (49), (50), (51), (56), (57), (58), (59*). – Aufnahme: W. Schulz

Abb. 7.120 *Leotia lubrica*, Grüngelbes Gallertkäppchen Schlüssel XIV: (2), (7), (9), (10), (19), (49), (50), (51), (56), (57), (58), (59). – Aufnahme: W. Schulz

Abb. 7.121 *Orbilia xanthostigma* Schlüssel XIV: (2), (7), (9), (10), (19), (49), (110), (112). – Aufnahme: F. Kasparek

Abb. 7.122 *Hymenoscyphus herbarum* Schlüssel XIV: (2), (7), (9), (10), (19), (49), (50), (51), (56), (60), (65), (67), (71), (75), (81), (82), (91), (93), (94), (97), (98), (100*): *Hymenoscyphus* → (2), (3), (4)

Abbildungen zu Schlüssel XV: Perithecien bildende Ascomycota

Abb. 7.123 *Diatrype stigma*, Teeranstrich-Pilz Schlüssel XV: (2), (3), (4), (6), (7), (8*). – Alternativ: (7), (9), (10), (11), (22)

Abb. 7.124 *Hypoxylon fuscum*, Rotbraune Kohlenbeere Schlüssel XV: (2), (3), (4), (6), (7), (9): *Hypoxylon* → (2), (4*). – Aufnahme: F. Kasparek

Abb. 7.125 *Daldinia concentrica*, Holzkohlenpilz Schlüssel XV: (2), (3), (4), (6). – Alternativ: (10), (11), (22), (23), (24). – Aufnahme: F. Kasparek

Abb. 7.126 *Diatrype disciformis*, Buchen-Eckenscheibchen Schlüssel XV: (2), (3), (4), (6), (7), (8*). – Alternativ: (10), (11), (22). – Aufnahme: F. Kasparek

Abbildungen zu Schlüssel XVI: Hypogäen (Zygomycota, Ascomycota, Basidiomycota)

Abb. 7.127 *Rhizopogon roseolus*, Rötliche Wurzeltrüffel Schlüssel XVI: (4), (12), (13), (34), (35), (36), (37): *Rhizopogon* → (2)

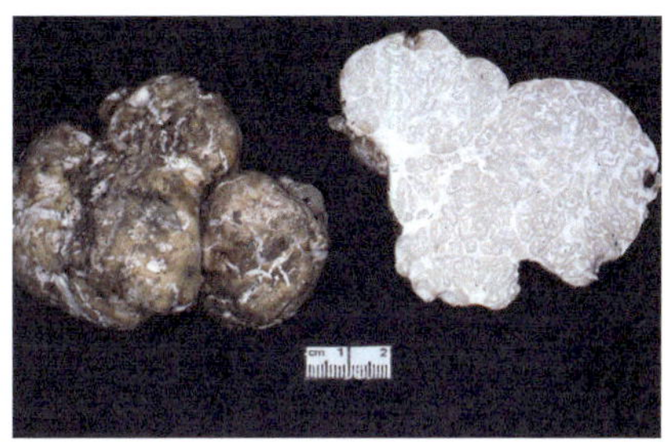

Abb. 7.128 *Choiromyces meandriformis*; Mäandertrüffel Schlüssel XVI: (4), (12), (13), (14), (26), (27), (28), (29), (30)

Abb. 7.129 *Tuber aestivum*, Sommer-Trüffel Schlüssel XVI: (4), (12), (13), (14), (26), (27), (32), (33): *Tuber* → (5), (8), (9*)

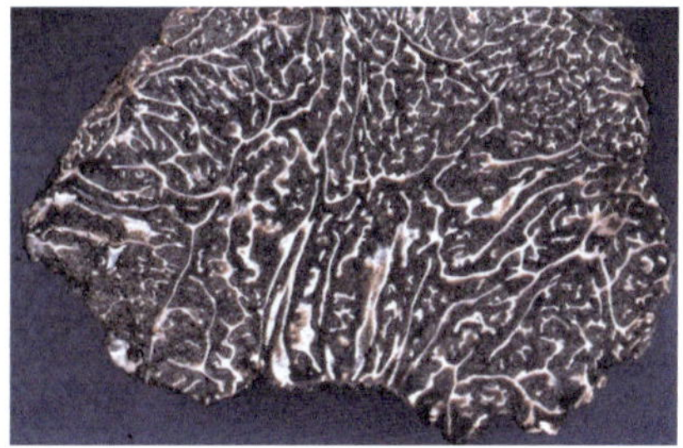

Abb. 7.130 *Tuber melanosporum*, Perigord-Trüffel Schlüssel XVI: (4), (12), (13), (14), (26), (27), (28): *Tuber* → (5), (6), (7)

Abbildungen zu Schlüssel XVII, XVIII: Phytocole (phytopathogene) Pilze

Abb. 7.131 *Ustilago maydis*, Mais-Beulenbrand Schlüssel XVII: (3), (4): hier an Fruchtkolben von Mais: Ustilaginomycetes → Wirt: *Zea mays*. – Alternativ: Schlüssel XVIII-2: (9), (12), (13), (15): *Ustilago* → Wirt *Zea mays*. – Alternativ: Schlüssel XIX: (2), (3), (4*)

Abb. 7.132 *Microbotryum scabiosae*, Heller Witwenblumenbrand Schlüssel XVII: (2), (4), (6), (7*): Ustilaginomycetes XVIII-2 → (9), (12), (13): *Microbotryum* → auf *Knautia* Sori hell gelblich, blass ocker, gelbviolett, Sporen 8–11 µm lang. – Alternativ: Schlüssel XVII: (3), (4) → Schlüssel XVIII. – links nicht infizierte Blütenköpfe

Abb. 7.133 *Anthracoidea subinclusa*, Seggen-Kohlenbeere Schlüssel XVII: (3), (4): Schlüssel XVIII-2: (9), (10): *Anthracoidea* → auf *Carex riparia*. – Aufnahme: H. Prillinger

Abb. 7.134 *Ustilago filiformis*, Schwaden-Streifenbrand Schlüssel XVII: (3), (4): Schlüssel XVIII-2: (9), (12), (13), (14), (15): *Ustilago* → auf *Glyceria maxima*

Abb. 7.135 *Gymnosporangium sabinae*, Birnen-Gitterrost
Schlüssel XVII: (3), (4*): Schlüssel XVIII-1: (2), (4), (5), (6): *Gymnosporangium* → auf *Pyrus*

Abb. 7.136 *Milesina murariae*, Mauerrauten-Rost
Schlüssel XVII: (3), (4*): → Schlüssel XVIII-1: auf Farnen, daher *Milesina*

Abb. 7.137 *Ramularia betae*
Schlüssel XVII: Bestimmung hier nur angenähert möglich über Liste der Wirte (*Beta*) und Merkmale der Gattung in alphabetischer Liste unter *Ramularia*

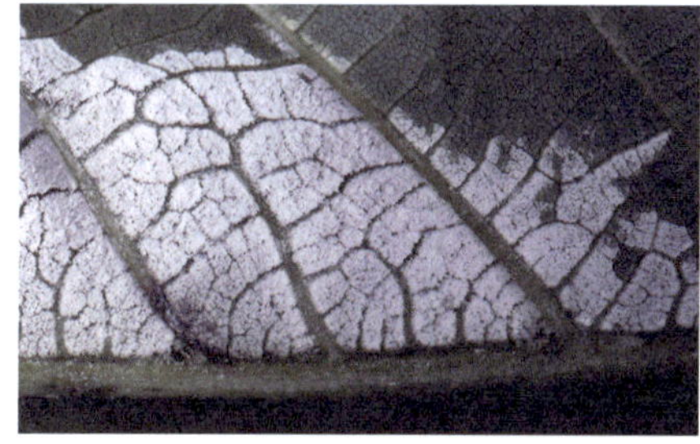

Abb. 7.138 *Microstroma juglandis*
Schlüssel XVII: Bestimmung hier nur angenähert möglich über Liste der Wirte (*Juglans*) und Merkmale der Gattung in alphabetischer Liste unter *Microstroma* (jetzt auch als *Pseudomicrostroma*). – Aufnahme: H. Prillinger

Abb. 7.139 *Herpotrichia juniperi*, Dunkelbraunes Filzgespinnst Schlüssel XVII: → Übersicht der Wirte: auf *Pinus* → Merkmale der Gattung unter *Herpotrichia*

Abb. 7.140 *Epichloe typhina,* Gras-Spindelpilz Schlüssel XV: (2), (3), (4), (5*). – Alternativ: Schlüssel XVII: → Übersicht der Wirte: auf Süßgräsern → Merkmale der Gattung unter *Epichloe*

Abbildungen zu Schlüssel XIX: Deformationen (Gallen usw.) und Stromata bildende Pilze

Abb. 7.141 *Taphrina deformans,* Pfirsich-Kräuselkrankheit Schlüssel XIX: (2), (3), (5), (6): *Taphrina* → Kräuselblätter an *Prunus* bildend

Abb. 7.142 *Taphrina pruni*, Pflaumen-Narrentasche Schlüssel XIX: (2), (3), (5), (6): *Taphrina* → Narrentaschen an *Prunus domestica* bildend

Abb. 7.143 *Rhytisma acerinum,* Ahorn-Runzelschorf
Schlüssel XIX: (1) auf Blättern von Ahorn (*Acer*) krustige, schwarze Flecken bildend

Abb. 7.144 *Claviceps purpurea,* Mutterkorn
Schlüssel XIX: (2), (3), (4). – Alternativ: Schlüssel XXII: (22), (32), (33), (36), (38). – Aufnahme: K. Montag

Abbildungen zu Schlüssel XVII, XX: Mehltaupilze (Erysiphales)

Abb. 7.145 *Sawadaea tulasnei,* Spitzahorn-Mehltau
Schlüssel XX-2: (2), (3): *Sawadaea* → auf *Acer platanoides*

Abb. 7.146 *Erysiphe alphitoides,* Eichen-Mehltau
Schlüssel XX-2: (2), (3), (4), (5), (6), (7*). – Alternativ: (15), (16*): *Erysiphe* → auf *Quercus*, Befall auffällig und dauerhaft auf beiden Blattseiten: *E. alphitoides*

Abb. 7.147 *Erysiphe berberidis,* Kleiner Berberitzen-Mehltau Schlüssel XX-2: (2), (3), (4), (5), (6), (7*). – Alternativ: (15), (16*): *Erysiphe* → auf *Berberis*: *Erysiphe berberidis*

Abb. 7.148 *Phyllactinia guttata,* Haselmehltau Schlüssel XX-2: (2), (3), (4), (5) → *Phyllactinia* → auf *Corylus*

Abb. 7.149 *Erysiphe necator*, Echter Weinmehltau Schlüssel XX: (1*), Schlüssel XX-2: (4), (5), (6), (8), (9), (10), (13*)

Abb. 7.150 *Plasmopara viticola*, Falscher Wein-Mehltau Schlüssel XX-1: (2), (3), (4), (5), (6*) → *Plasmopara* → auf *Vitis*. – Aufnahme: J. Kruse

Abbildungen zu Schlüssel XXI: Pilze auf Pilzen

Abb. 7.151 *Hypomyces chrysospermus*, Goldschimmel
Schlüssel XXI: → Schlüssel XXI-3: (3), *Sepedonium* → (2)

Abb. 7.152 *Hypomyces lactifluorum*
Schlüssel XXI: → Schlüssel XXI-3: (3), (4), (6), (11), (14), (15), (16*)

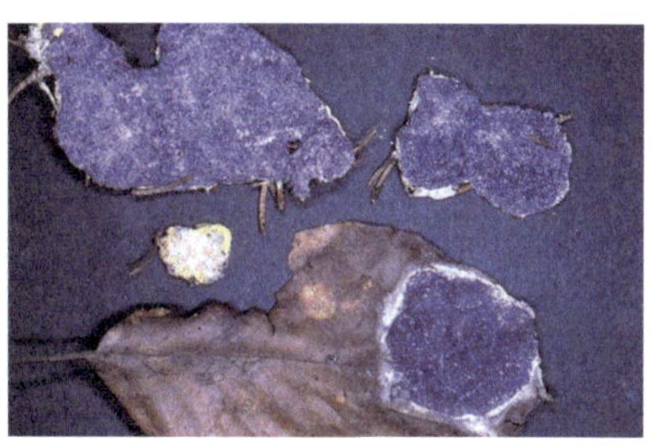

Abb. 7.153 *Nectriopsis violacea* auf Aethalium eines Schleimpilzes (*Fuligo septica*)
Schlüssel XXI: → Schlüssel XXI-1: (9), (10), (16), (17), (18), (19). – Alternativ: Wirtsliste, Merkmale der Gattung unter *Nectriopsis*

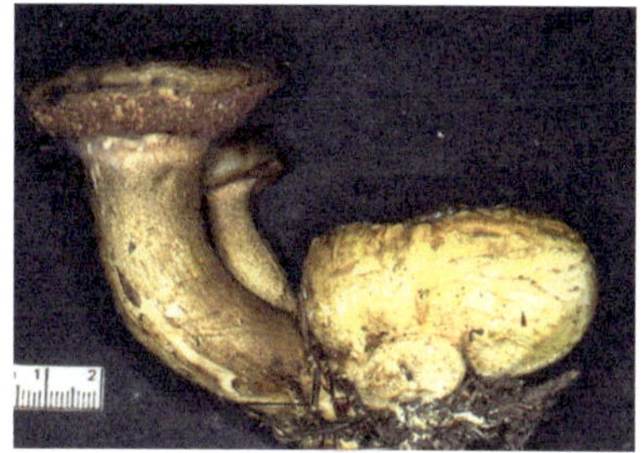

Abb. 7.154 *Pseudoboletus parasiticus*, Schmarotzer-Röhrling
Schlüssel XXI-1 → (2): *Pseudoboletus*. – Schlüssel XI: (9), (10), (17), (18): Wirt *Scleroderma*

Abb. 7.155 *Cordyceps capitata*, Kopfige Kernkeule
Schlüssel XXI-1: (9): *Cordyceps* → (2*)

Abbildungen zu Schlüssel XXII: Sterile und imperfekte Stadien von Pilzen mit Fruchtkörpern

Abb. 7.156 *Nectria cinnabarina*, Zinnoberroter Pustelpilz Schlüssel XXII: (2), (3), (7), (14), (16), (18). – Aufnahme: W. Schulz

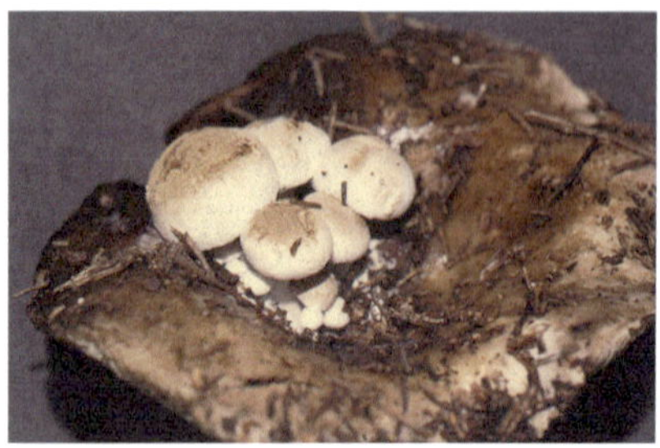

Abb. 7.157 *Nyctalis asterophora*, Stäubender Zwitterling; Anamorphe Schlüssel XXII: (2) Frk gestielt-hutförmig, auf *Russula*

Abb. 7.158 *Inonotus obliquus*; Schiefer Schillerporling; Anamorphe Schlüssel XXII: (2), (3), (7), (16), (18), (19), (20): *Inonotus* → (8), (9)

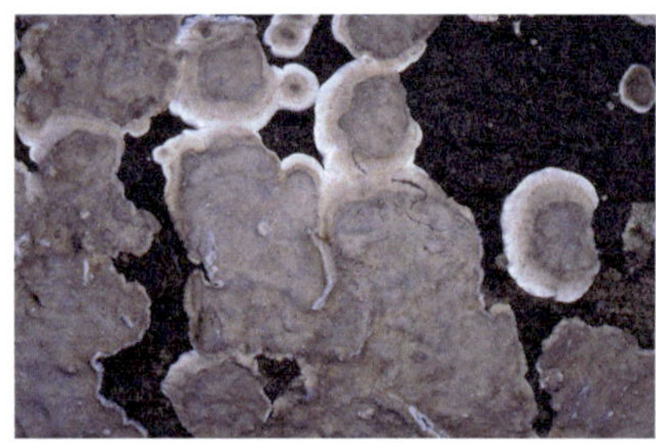

Abb. 7.159 *Ustulina deusta*, Brandfladenpilz Schlüssel XXII: (2), (3) (7), (14), (16), (17)

Abb. 7.160 *Ustulina deusta*, Brandfladenpilz Schlüssel XXII: (2), (3) (7), (14), (16), (17). – Aufnahme: Fredi Kasparek

Abb. 7.161 *Ascodichaena rugosa* Schlüssel XXII: (2), (3) (7), (14), (16), (17)

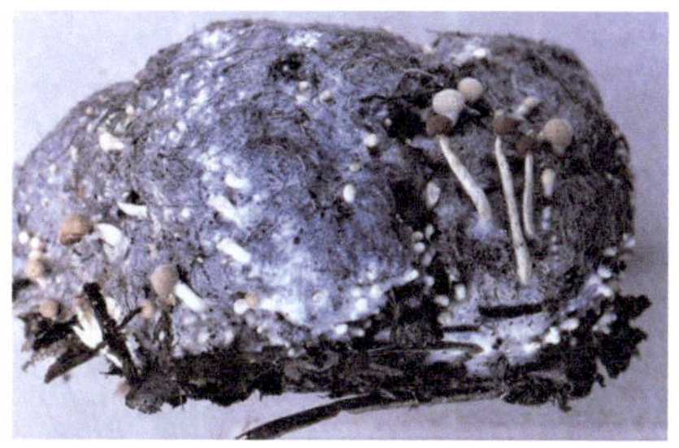

Abb. 7.162 *Onygena corvina*, Gewöll-Hornpilz Schlüssel XXII: (2), (3), (7), (8), (9)

Abb. 7.163 *Xylaria hypoxylon*, Geweih-Holzkeule; Anamorphe Schlüssel XXII: (2), (3), (7), (8), (12): *Xylaria* → (2), (14)

Abbildungen zu Schlüssel XXIII: Schimmelpilze

Abb. 7.164 *Monilinia fructigena* Schlüssel XXIII: (2), (11), (12), (14), (22), (25): *Monilinia* → auf Früchten von Obstbäumen (hier Birne)

Abb. 7.165 *Monilinia fructigena* Schlüssel XXIII: (2), (11), (12), (14), (22), (25): *Monilinia* → auf Früchten von Obstbäumen (hier Kirsche)

Abb. 7.166 *Penicillium digitatum* auf Orange Schlüssel XXIII: (2), (11), (12), (14), (15), (16), (17), (18), (19), (20). – Aufnahme: © Kateryna_Kon/stock.adobe.com

Abbildungen zu Schlüssel XXIV: Schleimpilze

Abb. 7.167 *Ceratiomyxa fruticulosa*
Schlüssel XXIV: (1)

Abb. 7.168 *Diderma cinereum*
Schlüssel XXIV: (2), (11), (21), (22), (23), (24), (25), (28), (50), (51), (52): *Diderma* → (2), (3), (4). – Aufnahme: P. Schirmer

Abb. 7.169 *Physarum citrinum*
Schlüssel XXIV: (2), (11), (21), (22), (23), (24), (25), (28), (50), (55), (56), (57), (58), (59*). – Aufnahme: P. Schirmer

Abb. 7.170 *Arcyria insignis*
Schlüssel XXIV: (2), (11), (12), (18), (19), (20). – Aufnahme: P. Schirmer

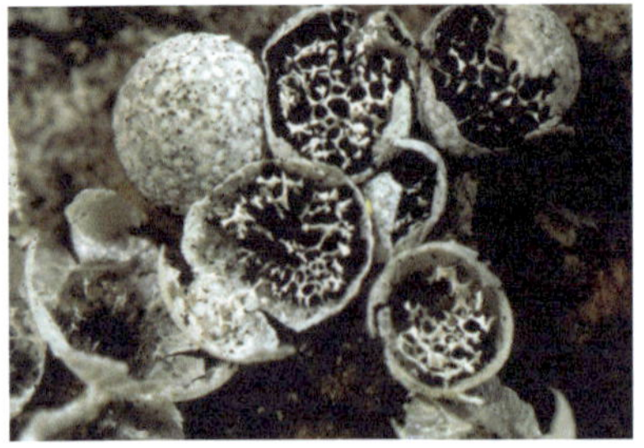

Abb. 7.171 *Badhamia goniospora*
Schlüssel XXIV: (2), (11), (21), (22), (23), (24), (25), (28), (50), (55), (56). – Aufnahme: P. Schirmer

Abb. 7.172 *Mucilago crustacea*
Schlüssel XXIV: (2), (11), (21), (22), (23), (24), (25), (28), (50), (51), (52), (53). – Aufnahme: P. Schirmer

Abb. 7.173 *Lycogala flavofuscum*
Schlüssel XXIV: (2), (11), (12), (18)

Abb. 7.174 *Lycogala epidendrum*
Schlüssel XXIV: (2), (11), (12), (18)

Abb. 7.175 *Lepidoderma tigrinum*
Schlüssel XXIV: (2), (11), (21), (22), (23), (24), (25), (28), (50), (51), (52), (53), (54). – Aufnahme: K. Baumann

Flechten

Abbildungen zu Schlüssel XXV: Flechten
Schlüssel XXV-1: Haarflechten

Abb. 7.176 *Ephebe lanata,* Wollige Flaumflechte.
Schlüssel XXV-1: (3), (4), (5) – Aufnahme: Wikimedia, Jymm, CC BY-SA 4.0

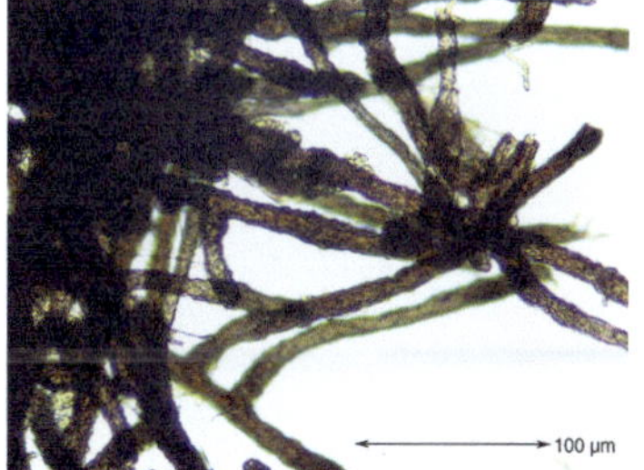

Abb. 7.177 *Cystocoleus ebeneus,* Gewöhnliche Schwarzflechte – Schlüssel XXV-1: (2): *Cystocoleus* → (1*) – Aufnahme: O. Dürhammer

Schlüssel XXV-2: Gallertflechten

Abb. 7.178 *Collema crispum,*
Krause Leimflechte.
Schlüssel XXV-2: (2), (3), (4):
Collema → (2), (6), (7) –
Aufnahme: Wikimedia,
Jerzy Opiola, CC BY-SA 4.0

Schlüssel XXV-3: Laubflechten

Abb. 7.179 *Xanthoria parietina,*
Wand-Gelbflechte
Schlüssel XXV-3: (2), (3), (4*):
Xanthoria → (3), (6).

Abb. 7.180 *Lecanora muralis*,
Gewöhnliche Mauerflechte
Schlüssel XXV-3: (2), (3), (5), (6),
(7), (8), (9), (10): *Lecanora* → (2)

Abb. 7.181 *Hypogymnia physodes*, Gewöhnliche Blasenflechte. – Zusammen mit *Hypogymnia tubulosa*. Schlüssel XXV-3: (12), (14), (23), (24), (28), (29), (33), (34), (35), (37), (38), (39), (40*): *Hypogymnia* → (1*). – Alternativ zu 1*: (2), (3, 3*) – Aufnahme: O. Dürhammer

Abb. 7.182 *Flavoparmelia caperata*, Gewöhnliche Gelbschüsselflechte. Schlüssel XXV-3: (12), (14), (15), (16), (19), (22*). – Alternativ: (23), (24), (28), (29), (33), (34), (35), (37), (41), (42), (45): *Parmelia* → (9), (10), (11), (12), (13), (14), (15*) – Aufnahme: O. Dürhammer

Abb. 7.183 *Physcia adscendens*, Helm-Schwielenflechte. Schlüssel XXV-3: (12), (14), (15), (16), (19), (22). Alternativ: (12), (14), (23), (24), (28), (29), (33), (34), (35), (37), (41), (42), (44*): *Physcia* → (2), (4), (5) – Aufnahme: East London Nature

Schlüssel XXV-4: Strauchflechten

Abb. 7.184 *Cladonia macilenta,* Schlanke Scharlachflechte. Schlüssel XXV-4: (2): *Cladonia* → (2), (3*) (2), (3), (4*) – Aufnahme: O. Dürhammer

Abb. 7.185 *Cladonia cervicornis*, Hirschgeweih-Becherflechte Schlüssel XXV-4: (2): *Cladonia* → (5), (14), (23), (32), (33). (34), (35). Foto: Oliver Dürhammer

Abb. 7.186 *Cladonia stellaris*, Stern-Rentierflechte Schlüssel XXV-4: (5), (6), (7), (8), (9), (10): *Cladonia* → (5), (6), (8), (9)

Abb. 7.187 *Cladonia zopfii*, Zopfs Säulenflechte Schlüssel XXV-4: (5), (6), (7), (8), (9), (10): *Cladonia* → (5), (6), (8*)

Abb. 7.188 *Stereocaulon vesuvianum*, Vesuv-Korallenflechte. Schlüssel XXV-4: (5), (11), (13*). – Alternativ: (2), (3), (4) – Aufnahme: A.J. Silverside, Images of British Lichens

Abb. 7.189 *Cetraria islandica*, Isländisch Moos. Schlüssel XXV-4: (12), (14), (23), (24), (28), (29), (33), (34), (35), (36*). – Alternativ: Schlüssel XXV-5: (1): „Cetraria" → (2), (5*) – Aufnahme: O. Dürhammer

Schlüssel XXV-5: Bandflechten

Abb. 7.190 *Pseudevernia furfuracea*, Elchgeweihflechte Schlüssel XXV-5: (2), (3), (4), (5), (6*). – Alternativ: Schlüssel XXV-3: (12), (14), (23), (24), (28), (29), (30), (31), (33), (34), (35), (37), (38), (39)

Schlüssel XXV-6: Bartflechten

Abb. 7.191 *Alectoria sarmentosa*, Baumbart Schlüssel XXV-6: (1*): „Alectoria" → (1)

Abb. 7.192 *Usnea rigida,* Steife Bartflechte. Schlüssel XXV-6: (1): *Usnea* → (2*) – Aufnahme: O. Dürhammer

Schlüssel XXV-8: Staubfrüchtige Krustenflechten

Abb. 7.193 *Dibaeis baeomyces*, Rosa Köpfchenflechte. Schlüssel XXV-8: (1) oder XXV-11: (11), (20), (21), (22), (23), (26), (33), (40), (45), (50), (54), (55): *Baeomyces* → (1*). – XXV-4: (2), (3) – Aufnahme: O. Dürhammer

Schlüssel XXV-9: Kernfrüchtige Krustenflechten

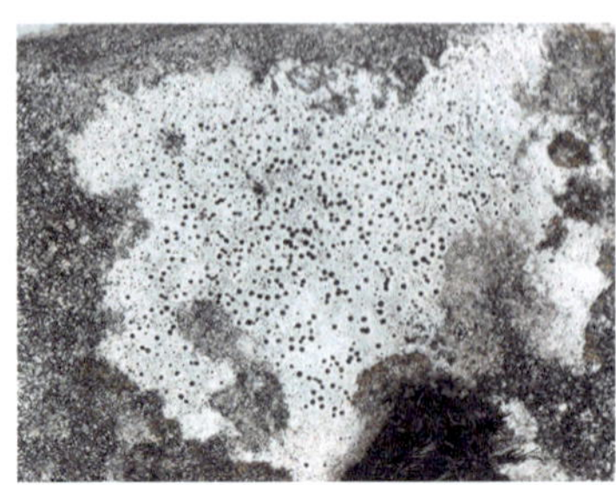

Abb. 7.194 *Verrucaria (Baggliettoa) calciseda*, Kalk-Warzenflechte. Schlüssel XXV-9: (5), (6), (7), (8), (9), (10), (11), (12), (13, 13*): *Verrucaria* → (2), (9*) – Aufnahme: O. Dürhammer

Schlüssel XXV-10: Strichförmige Krustenflechten

Abb. 7.195 *Graphis scripta*, Gewöhnliche Schriftflechte. Schlüssel XXV-10: (2), (3), (4): *Graphis* → (1*) – Aufnahme: O. Dürhammer

Schlüssel XXV-11: Scheibenfrüchtige Krustenflechten

Abb. 7.196 *Lecanora chlarotera*, Helle Kuchenflechte. Schlüssel XXV-11: (11), (20), (21), (22), (23, 25), (26), (33), (40), (45), (54), (50), (55), (56), (57), (59), (60*): *Lecanora* → (3), (12), (17), (18), (22), (27), (29), (30), (32), (34), (38), (41), (43) – Aufnahme: O. Dürhammer

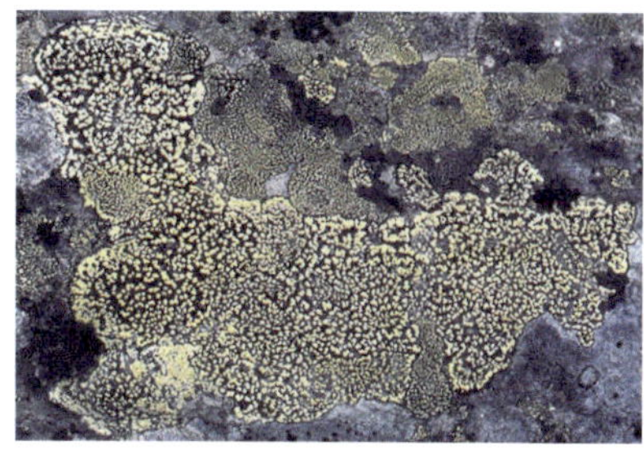

Abb. 7.197 *Rhizocarpon geographicum*, Gewöhnliche Landkartenflechte Schlüssel XXV-11: (11), (20), (21), (22), (25), (26), (33), (34), (36), (37): *Rhizocarpon* → (2), (3)

Schlüssel XXV-12: Krätzflechten und sterile Krustenflechten

Abb. 7.198 *Psilolechia lucida*, Gelbfrüchtige Schwefelflechte Schlüssel XXV-12: (2), (19), (20), (21): „Lepraria“ → (6), (7), (9), (10). – Alternativ: Schlüssel XXV-11: → „Lecidea“ → mit sorediösem Lager: (2), (5), (6), (10).

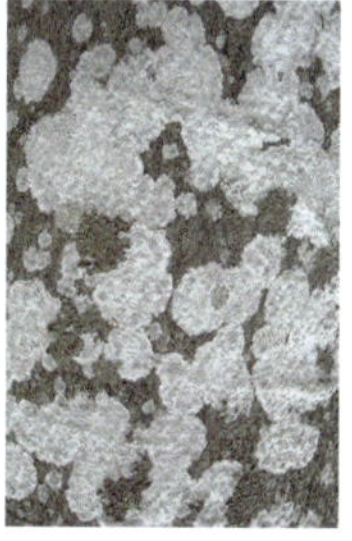

Abb. 7.199 *Phlyctis argena*, Gewöhnlicher Silberfleck Schlüssel XXV-12: (2), (19), (20), (21), (22), (28), (52), (53), (54), (55), (56), (57), (61): „Pertusaria“ → (2), (3), (6), (12), (16). – Alternativ: Schlüssel XXV-12: (29), (32), (33), (39), (40)

Schlüssel XXV-13: Flechten mit Cyanobakterien als Photobionten („Blaualgen-Flechten")

Abb. 7.200 *Lobaria linita*, Alpen-Lungenflechte Schlüssel XXV-13: (2), (3), (7), (8), (9), (10), (11*). – Alternativ: Schlüssel XXV-3: (12), (14), (15), (16), (17), (18*)

Abb. 7.201 *Peltigera* venosa, Aderige Schildflechte. Schlüssel XXV-13: (2), (3), (7), (8). – Alternativ: Schlüssel XXV-3: (12), (14), (15): *Peltigera* → (2) – Aufnahme: O. Dürhammer

Abkürzungen

(die Abkürzungen von Autoren der Taxa sind nicht aufgeführt)

(A)	Anamorphe (Nebenfruchtform)
Abb	Abbildung
Anm	Anmerkung (als Ergänzung zu den Artdiagnosen)
Asc	Ascomycet, Schlauchpilz
Asc-Sp	Ascospore(n)
BaP	Bauchpilz, Gasteromycet
Ba-Rinde	Baumrinde
Bas	Basidiomycet
Bas-Sp	Basidiospore(n)
bisw	bisweilen
Bl	Blatt (exkl. L), bei Befall durch Phytoparasiten verwendet
BläP	Blätterpilz
BrandP	Brandpilz
C+, C−	Reaktion mit Hypochlorit-Reagenz positiv bzw. negativ
CyP	cyphelloider Pilz
D	Deutschland
Disc	Discomycet
Durchm	Durchmesser
E-Mehlt	Echter Mehltaupilz (Erysiphales)
EktM	Ektomykorrhiza
Epig	Epigäe, epigäisch
F	Fleisch
fam, Fam	lat. familia, Familie
Fle	Flechte
F-Mehlt	Falscher Mehltaupilz (Peronosporales)
-fö	-förmig
Frk	Fruchtkörper
GaP	Gallertpilz
H	Hut

A. Bresinsky, *Pilze und Flechten – Morphologie, Systematik, Bestimmung*,
https://doi.org/10.1007/978-3-662-63111-9

HDS	Hutdeckschicht, z. B. Huthaut usw.
Hyp	Hypogäe, hypogäisch
inc. sed.	lat. incertae sedis; unklare Zuordnung innerhalb einer genannten Gruppe (Klasse, Ordnung usw.) zu einem untergeordneten Taxon
inop. Asc/Disc	inoperculater Ascomycet/Discomycet
J+, J−	Blaufärbung mit Lugol'scher Lösung positiv bzw. negativ
K+, K−	Reaktion mit Kalilauge positiv bzw. negativ
KoP	Korallen- und Keulenpilz
KOH	Kalilauge
L	Lamelle(n); bei den Autorenbezeichnungen steht L. für Linné
-l	-lich
LaB	Laubbaum
LaH	Laubholz
LaP	Lamellenpilz
LaW	Laubwald
LeiP	Leistenpilz
Lit	(weiterführende) Literatur
Merkm	Merkmal(e)
NaB	Nadelbaum
NaH	Nadelholz
NaW	Nadelwald
op. Asc/Disc	operculater Ascomycet/Discomycet
P+, P−	Reaktion mit Paraphenylendiamin-Lösung positiv bzw. negativ
ParP	parasitischer Pilz
Paras	parasitisch
PoP	Porenpilz
pr.p.	lat. pro parte, zum Teil, nur einen Teil einer Gruppe umfassend
Pyr	Pyrenomycet, Perithecien als Fruchtkörper bildend
R	Rand
RiP	Rindenpilz
RöP	Röhrenpilz
RostP	Rostpilz
S	Stiel
SchimP	Schimmelpilz
SchichtP	Schichtpilz
SchleimP	Schleimpilz (Myxomycet)
s.d.	siehe dort
sek. Mycel	sekundäres Mycel
s.l.	lat sensu lato, im weiteren Sinne, z. B. bei Artnamen angewendet
Sp	Spore(n)
Spp	Sporenpulver (auf weißem Papier), Sporeprint
StaP	Stachelpilz

SV	Sulfovanillin
Syn	Synonym(e)
T	Typusart der Gattung; meist mit Angabe weiterer Kürzel als Hinweis auf Abbildungen in verschiedenen Werken (siehe unten)
UV+	Aufleuchten im ultravioletten Licht unter der UV-Lampe (weiß, blauweiß, farbig)
W	Wirt
Ww	Wirtswechsel

Abkürzungen für zitierte Werke mit Pilzabbildungen

Abkürzungen und Angaben für Pilze nach BOLLMANN et al. (2002), für Flechten nach WIRTH et al. (2013)

AKN	ARNOLDS, E., KUYPER, TH. W., NOORDELOOS, M. E. (1995): Overzicht van de Paddestoelen in Nederland. Den Haag
BK	BREITENBACH, J., KRÄNZLIN, F. (1981–2005): Pilze der Schweiz 1–6, Luzern
BL	BON, M., LOHMEYER, T. R. (1988): Pareys Buch der Pilze. Hamburg, Berlin
Blumer	BLUMER, S. (1967): Echte Mehltaupilze (Erysiphaceae). Ein Bestimmungsbuch für die in Europa vorkommenden Arten. 136 S. Gustav Fischer. Jena
Br	BRESADOLA, G. (1927–1933): Iconographia Mycologica 1–27. Mailand
Bra	BRANDENBURGER, W. (1985): Parasitische Pilze an Gefäßpflanzen in Europa. 1248 S. Gustav Fischer. Stuttgart
CD	COURTECUISSE, R., DUHEM, B. (1994): Les Champignons de France. Paris
Ce	CERUTI, A. (1960): Elaphomycetales et Tuberales in Iconographia Mycologica 26. Trento
CS	CLEMENTS, F. E., SHEAR, C. L. (1957): The Genera of Fungi. New York
Ct	CETTO, B. (1977–1993): Der große Pilzführer 1–6, München; I Fungi dal vero 7, Trento
De	DENNIS, R. W. G. (1981): British Ascomycetes. Vaduz
Dh	DÄHNCKE, R. M. (2004): 1200 Pilze in Farbfotos. Augsburg
FleD	WIRTH, V., HAUCK, M., SCHULTZ, M. (2013): Die Flechten Deutschlands. Stuttgart
Gäum	GÄUMANN, E. (1959): Die Rostpilze Mitteleuropas mit besonderer Berücksichtigung der Schweiz. Beiträge zur Kryptogamenflora der Schweiz. Bern
Ge	GERHARDT, E. (1996): BLV-Handbuch, Pilze. München
Gh	GERHARDT, E. (2011): Der große BLV Pilzführer für unterwegs. München
HG	HAAS; H. & G. GOSSNER (1966): Pilze Mitteleuropas. Stuttgart
HK	MICHAEL, E., HENNIG, B., KREISEL, H. (1983–1988): Handbuch für Pilzfreunde 1–6. Jena, Stuttgart
Ja	JAHN, H. (1979): Pilze die an Holz wachsen. Herford
JK	KRUSE, J. (2019): Faszinierende Pflanzenpilze. Erkennen und Bestimmen. 528 S. Quelle & Meyer. Wiebelsheim
KM	KONRAD, P., MAUBLANC, A. (1924–1937): Icones Selectae Fungorum 1–6. Paris
Kr	KRIEGLSTEINER, G. (2000–2010) Die Großpilze Baden-Württembergs 1–5. Band 5 gemeinsam mit Gminder, A. Stuttgart
Kriegelst	KRIEGLSTEINER, L. (2004): Pilze im Biosphärenreservat Rhön und ihre Einbindung in die Vegetation. Regensb. Mykol. Schr. 12

KS KLENKE, F., SCHOLLER, M. (2015): Pflanzenparasitische Kleinpilze. Springer Spektrum, Heidelberg

Lg LANGE, J. (1935–1940): Flora Agaricina Danica. Kopenhagen

Lu LUDWIG, E. (2000–2012): Pilzkompendium 1–3. Eching, Berlin

Lx LAUX, H. E. (2010): Der große Kosmos Pilzführer. Stuttgart

Md MARCHAND, A. (1971–1986): Les Champignons du nord et du midi 1–9. Perpignan

MJ MOSER, M., JÜLICH, W. (1985–1995): Farbatlas der Basidiomyceten. Stuttgart

MS MONTECCHI, A., SARASINI, M. (2000): Funghi ipogei d'Europa. Trento

Nan NANNENGA-BREMEKAMP, N. E. (1991): A guide to temperate Myxomycetes. Bristol

Neub NEUBERT, N., NOWOTNY, W., BAUMANN, K., MARX, H. (1993–2000): Die Myxomyceten Deutschlands und des angrenzenden Alpenraumes unter besonderer Berücksichtigung Österreichs. Gomaringen

PC POELT, J., JAHN, H., CASPARI, C. (1963–1965): Mitteleuropäische Pilze. Hamburg

Ph PHILLIPS, R. (1982): Das Kosmosbuch der Pilze. Stuttgart

RH RYMAN, S., HOLMÅSEN, I. (1992): Pilze. Braunschweig

SS SCHMID, I. & H. SCHMID (1990 ff.): Ascomyceten im Bild. Eching

St STANGL, J. (1989): Inocybe in Bayern. Hoppea 46

UT WIRTH, V., DÜLL, R., CASPARI, S. (2018): Ulmers Taschenatlas. Flechten und Moose. 2. Aufl. Stuttgart

W WIRTH, V. (1995): Die Flechten Baden-Württembergs. 2. Aufl. Stuttgart

Symbole

▸	verweist in den Bestimmungsschlüsseln auf weitere, hier nicht geschlüsselte Arten; für eine weitergehende Bestimmung muss auf die Spezialliteratur zurückgegriffen werden
0	im Lebenskreislauf der Rostpilze die Spermogonien
I	im Lebenskreislauf der Rostpilze die Aecien (auch Aecidien genannt)
II	im Lebenskreislauf der Rostpilze die Uredien (auch Uredolager genannt)
III	im Lebenskreislauf der Rostpilze die Telien (auch Teleutosporenlager genannt)
IV	Basidien der Rostpilze
Name in „…“	Gruppe von Pilzen ohne taxonomischen Rang, die in den Schlüsseln noch weiter aufgegliedert wird
?	unklare Zuordnung zu einer genannten Familie bzw. einem genannten Taxon

Glossar

abgerundet beschreibt eine Art der → Lamellenanheftung oder → Röhrenanheftung

Acanthohyphidie → Hyphidie mit zahlreichen kurzen Stacheln

Acanthophyse → Acanthohyphidie

acyanophil bezeichnet Zellwände und Plasma, die sich in Lactophenol-Baumwollblau nicht blau verfärben

Aeciospore, Aecidiospore vom Aecium gebildete Spore

Aecium, Aecidie, Aecidiosporenlager Plural: Acien; zunächst einkerniges, später zweikerniges (dikaryotisches), oft orangefarbenes Sporenlager der Rostpilze, das die zweikernigen Aecidiosporen bildet (Abb. 2.39B, 2.40); Symbol: I

Aethalium Sammelfruchtkörper der Schleimpilze (Myxomycota), wenn ein Plasmodium einen einzigen oder einige wenige, kugel- bis polsterförmige Fruchtkörper bildet

akropetal bezeichnet Konidienketten, an deren oberen Ende sich die jüngsten gebildeten Konidien befinden (Gegensatz: → basipetal)

Aleuriokonidie überdauerungsfähige, dickwandige Konidie, oft zusätzlich zu den Phialokonidien entstehend

allantoid bezeichnet schwach gekrümmte und zylindrische Sporen

amphimitisch bezeichnet ein Fruchtkörpergeflecht (Hyphensystem), das zwei verschiedene Hyphensorten bildet: generative (Basidien bildende) Hyphen und Bindehyphen

amyloid bezieht sich auf Wände und Ornamente von Sporen, auf Hyphenwände oder Sporenpulver, die sich in Melzers Reagenz grau bis dunkelblau oder schwarzblau verfärben

Anamorphe Synonym: Nebenfruchtform, imperfektes Stadium; Entwicklungsstadium, in dem Mitosporen (Konidien) oder andere asexuelle Fortpflanzungszellen gebildet werden; → Teleomorphe

Anastomosen Querverbindungen zwischen Hyphen, Lamellen, Leisten, Falten des Hymenophors

anastomosierend Querverbindungen bildend

Anellide Konidien bildende Zelle, die sich nach jeder Konidienbildung am Scheitel etwas verlängert

anellidisch bezieht sich auf den speziellen Vorgang der Konidienbildung

Apiculus, Apikulus kleiner Fortsatz der Basidiospore, mit dem diese am Sterigma der Basidien sitzt (vor der Abtrennung)

apikal, apical bezieht sich auf die Spitze oder das obere Ende einer Struktur; anwendbar auf Hyphen, Asci, Zystiden usw.

Apikalapparat, Apicalapparat Vorrichtung zur Freisetzung der Ascosporen am Ascus bzw. am Ascusscheitel; entweder eine sich mit Deckelchen öffnende Pore (operculater Typ) oder eine oft amyloide Struktur in Form eines Kissens, einer Kappe, eines Rings usw. (inoperculater Typ)

aphyllophoral, aphyllophoraler Pilz, der Fruchtkörper bildet, die nicht weichfleischig und nicht mit Lamellen oder Röhren (Nichtblätterpilze) ausgestattet sind; zu den Aphyllophoralen gehören bisweilen zähe Fruchtkörper mit Poren (Porlinge) oder mit lamellenähnlichen Strukturen

Apothecium schüssel-, teller- oder scheibenförmiger, halbkugeliger Fruchtkörper der Ascomyceten; im Verlauf der Fruchtkörperentwicklung ist das Hymenium nach oben frei; bei Flechten mit Apothecien (Ascolichenes) kann die Öffnung des Apotheciums zunächst recht eng sein

Areole einzelnes Feld eines areolierten Lagers von Flechten

areoliert gefeldert (häufig für Flechten verwendet)

Ascokarp (nach Geschlechtsvorgängen entstehender) Fruchtkörper der Ascomyceten, der Ascosporen bildet

ascoloculär bezieht sich auf die Fruchtkörperentwicklung von Ascomyceten mit → bitunicaten Asci; siehe „Entwicklung, Morphologie und Systematik der Pilze im Überblick" (S. 53)

Ascus Plural: Asci; Sporangium (oft schlauchartig) mit endogener Bildung von Sporen (Ascosporen); charakteristisches Meiosporangium der Ascomyceten; Sporen oft 4, aber auch 1–8 oder > 8; Ascosporen werden oft aktiv aus dem Ascus geschleudert; Typen: → inoperculat, → operculat

Asterosete sternförmig verzweigtes, dickwandiges Element im Hymenium; vgl. → Sete

ausgebuchtet beschreibt eine Art der → Lamellenanheftung oder → Röhrenanheftung

Basalthallus → Primärthallus

Basidie Sporangium mit exogener (exotoper) Bildung von Sporen (Basidiosporen); Sporen oft 4, aber auch 1–8; an Sterigmen gebildet und bei Reife abfallend oder aktiv abgeschossen; charakteristisches Meiosporangium der Basidiomyceten s. l.; bei Rostpilzen; Symbol: IV

Basidiokarp (nach Geschlechtsvorgängen entstehender) Fruchtkörper der Basidiomyceten, der Basidiosporen bildet

basipetal bezeichnet Konidienketten, an deren Basis sich die jüngsten gebildeten Konidien befinden (Gegensatz: → akropetal)

bilaterale Trama → hymenophorale Trama (in Lamellen oder Röhren)

Bindehyphe knorrig verzweigte Hyphe

bitunicat bezieht sich auf Asci mit zweischichtiger Wand

Blastidium bei Flechten durch Knospung von Areolen des Lagers entstehende Vermehrung- bzw. Ausbreitungseinheiten, die selbst wieder knospen (die oft ähnlichen Soredien knospen nicht)

Braunfäule durch einen Pilz verursachter Abbautyp des Holzes, bei dem besonders die Cellulose abgebaut wird, während das Lignin erhalten bleibt; braunfaules Holz ist braun gefärbt; → Weißfäule

bryicol moosbewohnend

Capillitium Gesamtheit des Haar- und Fadensystems im Inneren eines Sporangiums oder Fruchtkörpers, z. B. bei Gasteromyceten, Myxomyceten

Cephalodium bei Flechten mit Grünalgen als → Photosymbiont bestimmte abgegrenzte Bereiche oder Strukturen, die Cyanobakterien („Blaualgen") enthalten; entweder auf dem Lager sitzend (externe Cephalodien) oder im Inneren des Lagers lokalisiert (interne Cephalodien)

Chasmothecium kugelförmiger Fruchtkörper der Echten Mehltaupilze; ohne vorgebildete Öffnung; im Inneren einen oder mehrere Asci entwickelnd

Cheilozystide an der Schneide von Lamellen gebildete Zystide (Gegensatz: → Pleurozystide)

Chlamydospore dickwandige Konidie

chlorotisch grüne Farbe, weißlich verblassend

Cleistothecium Fruchtkörper der Ascomyceten; ohne vorgebildete Öffnung; ähnlich ist das → Chasmothecium der Echten Mehltaupilze

Clypeus schildförmige Strukur (mikroskopisch)

coccal, coccoid wenn der Photosymbiont von Flechten kugelige, meist recht dickwandige Einzelzellen bildet, die sich bisweilen zu Kolonien zusammenschließen

Columella säulenförmige, sterile Struktur im zentralen Teil eines Fruchtkörpers oder Sporangiums

Context → Trama

coprophil auf Dung wachsend bzw. fruchtend

Cortina spinnwebenartiger Schleier zwischen Hutrand und Stiel; spinnwebartiges Velum partiale

cyanophil bezeichnet Wände oder Plasma, die sich in Lactophenol-Baumwollblau blau verfärben

Cyphelle Plural: Cyphellen; scharf abgegrenzte, grubenartige Vertiefung auf der Unterseite des Lagers von *Sticta* (Flechte)

cyphelloid bezeichnet den schüssel- oder becherförmigen Fruchtkörper eines Basidiomyceten

Dendrohyphidie → Hyphidie, die an ihrem oberen Ende (apikal) baumartig verzweigt ist

Dermatozystide → Pileozystide

dextrinoid bezieht sich auf Hypen- oder Sporenwände, die sich in Melzers Reagenz rot (nicht blau) verfärben

Diaspore Ausbreitungseinheit, z. B. Sporen (Asco-, Basidiosporen; nach sexuellen Vorgängen entstehend) oder Konidien, Soredien, Blastidien, z. T. auch → Pyknosporen (Pyknidiosporen)

dichotom gabelteilig, z. B. gabelig verzweigt

dimitisch bezeichnet ein Fruchtkörpergeflecht (Hyphensystem), das zwei verschiedene Hyphensorten bildet: Skeletthyphen oder Bindehyphen und generative (Basidien bildende) Hyphen

dorsal auf der Rückenseite (Gegensatz: → ventral)

Duplexstruktur zweischichtig erscheinende Struktur der Trama, etwa durch unterschiedlichen Hyphenverlauf oder unterschiedliche Hyphendichte in beiden Schichten (bei Porlingen)

Ektomykorrhiza → Mykorrhiza

effiguriert bezeichnet den angedeutet gelappten Rand des Lagers von Krustenflechten

effus-reflex bezeichnet einen am Substrat anliegenden Fruchtkörper mit abstehender Hutkante

Eigenrand Rand der Apothecien von Flechten, der keine Algen enthält und sich farblich nicht oder nur wenig von der Fläche des Apotheciums unterscheidet

Elatere Fasern des Capillitiums von Schleimpilzen

endolithisch bezeichnet eine Flechte, die im (nicht auf dem) Gestein lebt; das Lager befindet sich in der obersten Gesteinsschicht (Gegensatz: → epilithisch)

Endomykorrhiza → Mykorrhiza

Endospor innere Schicht einer mehrschichtigen Sporenwand; bei *Ganoderma* in das Exospor hinein warzig

Endoperidie innere Schicht einer mehrschichtigen → Peridie; bisweilen papierartig dünn; manchmal mit vorgefertigter Öffnung am Scheitel

epigäisch bezeichnet einen Fruchtkörper oberhalb der Erdoberfläche

Epihymenium oberster gefärbter Bereich des → Hymeniums bei Flechten

epilithisch bezeichnet eine Flechte, die auf der Gesteinsoberfläche (nicht innerhalb des Gesteins) lebt (Gegensatz: → endolithisch)

Epithecium → Epihymenium

Excipulum Wand eines Apotheciums; bezieht sich auf die Bereiche außerhalb des Hymeniums und Subhymeniums sowie eines eventuell vorhandenen Stiels; besonders bei Flechten verwendet

Exospor äußerste Lage einer mehrschichtigen Sporenwand (→ perispor)

Exoperidie äußere Schicht einer mehrschichtigen → Peridie; im reifen Zustand bisweilen nur noch in Form von Warzen, Flocken usw. sichtbar; manchmal sternförmig einreißend und zurückgeschlagen

Fibrosinkörper stäbchenförmige Strukturen, lichtmikroskopisch bei starker Vergrößerung in Konidien einiger Gattungen von Echten Mehltaupilzen (*Fibroidium, Podosphaera*) sichtbar

Flecksoral begrenztes, fleckenartig aussehendes Soral auf der Oberfläche eines Flechtenlagers

frei beschreibt eine Art der → Lamellenanheftung oder → Röhrenanheftung

Fruchtkörper der Fortpflanzung dienende Strukturen; meist im Zusammenhang mit der sexuellen Fortpflanzung gebrauchter, nicht klar definierter Begriff

Gallertpilz Pilz mit Fruchtkörper von gallertiger Konsistenz

Gehäuse unspezifisch und allgemein verwendeter Ausdruck für die sterile Umhüllung des Hymeniums und gegebenenfalls auch des Hypotheciums; meist als ein ringsum entwickeltes Excipulum

generative Hyphe → Hyphe

gerade beschreibt eine Art der → Lamellenanheftung oder → Röhrenanheftung

Gleba innerer fertiler (Basidien und Sporen bildender) Teil des Fruchtkörpers der Bauchpilze (Gasteromyceten)

globos kugelig (subglobos = annähernd kugelig)

gloeopler bezeichnet ölhaltige, in Gloeozystiden endende Hyphen

Gloeozystide steriles, meist dünnwandiges Element im Hymenium mit Öltropfen im Inneren (Plasma)

grandinoid bezeichnet ein Hymenophor in Form von mehr oder weniger halbkugeligen, warzenförmigen Erhebungen

Haare Strukturen der Hutdeckschicht von *Russula*; dort als Strukturen sichtbar, die sich von → Pileozystiden durch eine fehlende Reaktion in Sulfovanillin und von → Primordialhyphen durch fehlende krustenförmige Auflagerungen und geringere Länge unterscheiden

Haftfasern → Rhizine

Hauptfruchtform → Teleomorphe

herablaufend beschreibt eine Art der → Lamellenanheftung oder → Röhrenanheftung

herbicol krautartige Pflanzen bewohnend

heteromer beschreibt eine Trama aus kugeligen und gestreckten (fadenförmigen) Zellen (z. B. bei Russulales)

Hilum Entstehungsnarbe, narbenartiges Mal

Hutdeckschicht äußere Lage von Hyphen des Pilzhuts, bisweilen eine abziehbare Huthaut bildend

hydnoid beschreibt einen Fruchtkörper mit Stachelhymenophor

hymeniform beschreibt eine Hutdeckschicht, die aus parallel geordneten, keulenförmigen Elementen besteht; nach Art eines Hymeniums

Hymenium fertiler Teil des Fruchtkörpers mit Asci oder Basidien und zusätzlich oft mit Zystiden oder Paraphysen

Hymenophor das Hymenium tragender Teil des Fruchtkörpers wie Lamellen, Röhren, Stacheln, Zähnchen, Falten

hymenophorale Trama Hyphengeflecht zwischen den Hymenien in Lamellen, Röhren usw.; Typen der Lamellentrama: bilateral (Hyphen von der Mitte gegen die Hymenien divergierend), invers (Hyphen von den Hymenien gegen die Mitte konvergierend), irregulär (Hyphen unregelmäßig verflochten), regulär (Hyphen weitgehend parallel verlaufend)

Hyphen fädige Zellen der Pilze; generative Hyphen; bei Basidiomyceten in Basidien und partiell auch in Zystiden endend, oft mit Schnallen an den Septen; bei Ascomyceten in Asci und partiell auch in Paraphysen endend; in Flechten die fädigen Zellen des Pilzpartners

Hyphidie sterile, hyphenähnliche Struktur im Hymenium; weniger breit als im Fall von Zystiden

hypochnoid beschreibt einen Fruchtkörper samt Hymenium; locker flockig-samtig

Hypogäe, hypogäisch im Erdreich fruchtend (wie Trüffeln)

Hypothecium Bereich unterhalb des Hymeniums im Apothecium (z. B. von Flechten)

imperfektes Stadium → Anamorphe

inamyloid bezieht sich auf Wände, Ornamente von Sporen und auf Hyphenwände, die sich Melzers Reagenz nicht blau bis blauschwarz verfärben

inkrustiert bezeichnet Wände mit körnigen oder kristallartigen Auflagerungen

inoperculat bezeichnet den Scheitel des Ascus ohne Porus samt Deckelchen, aber oft mit Apikalapparat zur Freisetzung der Sporen

interzellulär zwischen den Zellen

intrazellulär im Inneren von Zellen

Involucrellum bei Flechten das Gehäuse eines Peritheciums; als unvollständig bis vollständig umgebende, oft dunkel gefärbte Hülle erscheinend; auch die mehr oder weniger deckelartige, abstehende Schicht auf dem Scheitel eines Peritheciums

Isidie berindeter Auswuchs auf der Oberfläche des Flechtenlagers; der vegetativen Vermehrung und Ausbreitung dienend; von unterschiedlicher Gestalt: warzig, stiftförmig, korallenartig verzweigt, mehr oder weniger kugelig

isidiös beschreibt die Oberfläche eines mit Isidien versehenen Flechtenlagers

isodiametrisch beschreibt eine Zelle, deren Länge, Breite und Höhe in etwa gleich sind, die dabei aber nicht kugelförmig (rund), sondern eckig ist

Keimporus kreisförmiger bzw. porenförmiger Bereich der Spore, der durch eine geringere Verdickung wie oft auch farblich von der übrigen Sporenwand absetzt erscheint, sich meist am apikalen Ende der Spore befindet und durch den die Keimhyphe bei der Keimung der Spore hindurchwächst

Keimschlauch schlauchförmige Hyphe, die bei der Keimung aus der Spore herauswächst

Keimspalt wie Keimporus, aber in Gestalt einer länglichen Spalte

kleiig mit sehr feinen, dicht stehenden Körnchen bedeckt (z. B. die Oberfläche von Hut oder Stiel des Fruchtkörpers)

kohlig beschreibt einen harten, schwarzen Bereich z. B von Fruchtkörpern der Flechten

Kollarette kragenförmige Erweiterung am oberen Ende einer Phialide; auch in Form einer Kragennarbe

Konidie ungeschlechtlich entstehende Vermehrungszelle, meist exogen, aber auch endogen entstehend (vgl. Konidienbildung in Phialiden und Mitosporen); bei Flechten innerhalb von Pyknidien lokalisiert; innerhalb einer Art bisweilen in zwei verschiedenen Größen (Mikro- und Makrokonidien)

Konidiengträger Konidien bildende und tragende Hyphen, die abgewandelt (spezialisiert) sind und sich meist von den übrigen Hyphen unterscheiden (→ makronemat)

konidiogen beschreibt eine Zelle, welche die Konidie(n) bildet

konsolenförmig beschreibt Fruchtkörper von Porlingen mit entsprechenden Fruchtkörpern; nach Art eines von einer senkrechten Wand (hier dem Substrat) abstehenden Vorsprungs (Konsole)

Kopfsoral kopfiges Soral am Ende eines Lappens des Flechtenlagers; basal (stielförmig) verengt und dadurch wie ein Kopf auf einem Hals (→ Kugelsoral)

korallenförmig beschreibt einen stark verzweigten Fruchtkörper

Korallenpilz Pilz mit korallenförmig verzweigtem oder nicht verzweigtem, mehr oder weniger keulenförmigem Fruchtkörper

koralloid, korallinisch beschreibt Lager von Flechten aus zylindrischen, verzweigten Abschnitten

Koremie → Synnema

Kragennarbe → Kollarette

Kugelkopfzystide → Zystide, die auf schlankem Hals einen kugelförmigen Teil trägt (z. B. bei *Conocybe*)

Kugelsoral kugelförmiges Soral ohne basale Verengung und ohne Stiel (→ Kopfsoral)

Lager Synonym: Thallus; gesamter vegetativer Körper von Pilzen und Flechten

Lagerrand Berandung von Apothecien (der Flechten), die vom Lager (nicht vom Apothecium selbst) gebildet wird und farblich weitgehend dem übrigen Lager gleicht; enthält wie das übrige Lager Algen

Lamelle blattartige Form des Hymenophors auf der Hutunterseite (andere Formen sind Leisten, Falten, Röhren, Stacheln)

Lamellenanheftung Art und Weise, wie die Lamellen mit dem Stiel des Fruchtkörpers verbunden sind: abgerundet (gegen den Stiel abgerundet und dabei ihn an der Spitze schmal berührend), ausgebuchtet (am Stiel ausgebuchtet-schmal und dann kurz herablaufend), frei (abgerundet und dabei den Stiel nicht berührend), gerade (horizontal) (am Stiel breit angeheftet, dabei weder ausgebuchtet noch herablaufend), herablaufend (am Stiel etwas herabgezogen), sichelförmig

(am Stiel sichelförmig gebogen und stark herablaufend)

Lamellenschneide → Schneide

Lamellette kurze, den Stiel nicht erreichende Lamellen

Leiste Form des Hymenophors, breiter als blattartig dünne Lamellen

leprös beschreibt ein gänzlich → sorediöses (staubiges) Lager

Leptozystide dünnwandige Zystide (z. B. bei *Athelia*)

lichenisiert beschreibt einen Pilz, der in Symbiose mit einem Photobionten lebt

lignicol holzbewohnend

Lippensoral lippenförmig aufgebogenes Soral an der Unterseite eines Lappenendes einer Flechte

mauerförmig Synonym: muriform; beschreibt Sporen, die durch Längs- und Querwände unterteilt sind, sodass das Muster dem einer Ziegelmauer ähnelt

Makrokonidie die größere Konidie, falls bei einer Art zwei verschiedene Größenklassen von Konidien auftreten (Gegensatz: → Mikrokonidie)

makronemat beschreibt einen Konidienträger, der sich von vegetativen Hyphen deutlich unterscheidet (Gegensatz: → mikronemat)

Mark bei Flechten das lockere Hyphengeflecht unterhalb der Schicht mit dem Photobionten

Mazädium staubige Masse auf dem Fruchtkörper einer Flechte; aus Sporen, Ascusresten, Paraphysenresten bestehend

Mediostratum bei einer bilateralen Lamellentrama die zentrale Hyphenbahn, von der aus weitere Hyphen in Richtung Hymenium ziehen

Metuloid dickwandige, inkrustierende Zystide

Metulum Plural: Metulae; die obere Hyphenteile an Konidienträgern, welche die Konidien bildenden Zellen tragen

micareoid beschreibt Grünalgen, die klein (4–7 µm) und dünnwandig sind und oft paarweise zusammenhängen; Photobionten der Flechtengattung *Micarea*

Mikrokonidie die kleinere Konidie, falls bei einer Art zwei verschiedene Größenklassen von Konidien auftreten (Gegensatz: → Makrokonidie)

mikronemat beschreibt einen Konidienträger, der sich von den vegetativen Hyphen nicht (wesentlich) unterscheidet (Gegensatz: → makronemat)

monomitisch bezeichnet ein Fruchtkörpergeflecht (Hyphensystem), das eine Sorte von (meist dünnwandigen) Hyphen bildet: generative (Basidien bildende) Hyphen

mononemat beschreibt einen einzeln stehenden Konidienträger

muriform → mauerförmig

Mycel, Myzel fädiges Geflecht auf und in dem Substrat, gegebenenfalls Fruchtkörper bildend

Mycelstrang, Myzelstrang → Rhizomorphe

Mycobiont Pilzpartner in Flechten (Algenpartner: → Photobiont)

Mykorrhiza symbiotisches Zusammenleben im Wurzelbereich von Höheren Pflanzen mit einem Pilz, wobei die Pflanzenwurzel morphologisch umgestaltet wird (Pilzwurzel); bei der Ektomykorrhiza (ektotrophe Mykorrhiza) ist der Pilzpartner (Mycobiont) auch in den Interzellularen seines Wirts vorhanden (als Hartig'sches Netz erscheinend) und bildet um die Wurzel einen Mycelmantel; bei der Endomykorrhiza (endotrophe Mykorrhiza) sind die Pilzhyphen nur im

Inneren der Wirtszellen lokalisiert und bilden keinen Mycelmantel

Myxospor lockere, bisweilen schleimartige Ummantelung der Spore (z. B. bei einigen Arten von *Coprinus* s. l.)

nabelingsartig Synonyme: nabelig, nabelförmig, omphaloid; bezeichnet einen Hut mit nabelartiger, also stark ausgeprägter Vertiefung

Nebenfruchtform → Anamorphe

Nomenklatur bezeichnet die Regeln der Namensgebung von Lebewesen unter Berücksichtigung verschiedener Rangstufen von → Taxa

Übersicht über wichtige taxonomische Rangstufen sowie taxonomischen Einheiten bei den Pilzen und Schleimpilzen in absteigender Reihenfolge (Endungen sind hervorgehoben)

taxonomische Rangstufe	taxonomische Einheit
Pilze	
Domäne	Eukarya Eukaryota
Reich	Mycobionta
Abteilung	Basidiomycota
Unterabteilung	Agaricomycotina
Klasse	Agaricomycetes
Unterklasse	Agaricomycetidae
Ordnung	Boletales
Unterordnung	Suillineae
Familie	Suillaceae
Gattung	*Suillus*
Art	*Suillus luteus*
Schleimpilze	
Abteilung	Mycetozoa
Klasse	Myxogastria Phytomyxea
Ordnung	Echinosteliida
Familie	Echinosteliidae
Gattung	Echinostelium

odontoid bezeichnet ein Hymenophor aus kleinen, selten über 0,5 mm langen Stacheln; diese an der Spitze oft gewimpert

Ölimmersion Verfahren der Lichtmikroskopie, bei dem die Linse eines geeigneten Objektivs in einen Tropfen Immersionsöl auf dem Objektträger getaucht wird, um z. B. die Auflösung zu vergrößern

omphaloid → nabelingsartig

operculat bezeichnet einen Ascus, der sich mit Porus und Deckelchen öffnet

Paraphyse sterile Hyphe zwischen den Asci im Hymenium; fädig, verzweigt oder unverzweigt, kopfig oder nicht, verklebt oder verflochten oder nicht

Peridie Wand eines geschlossenen Fruchtkörpers (z. B. bei Gasteromyceten) oder Sporangiums (bei Schleimpilzen); → Exoperidie, → Endoperidie

Perispor äußere Schicht der Sporenwand

Peristom vorgefertigte Öffnung in der → Peridie

Perithecium Plural: Perithecien; flaschen- bis kugelförmiger Fruchtkörper (der Ascomyceten) mit vorgebildeter Öffnung, diese oft am oberen Ende einer halsförmigen Verjüngung; bei Flechten oft relativ weit in das Lager eingesenkt oder auch vorstehend; von zunächst geschlossenen und sich später mehr oder weniger weit oder auch spaltenförmig öffnenden → Apothecien zu unterscheiden

Phialide flaschenförmige Zelle, innerhalb derer eine Konidie oder von der eine Konidienkette gebildet wird; dabei bleibt oft ein kragenförmiger Rest der Phialide basal erhalten

Phialokonidie an einer → Phialide gebildete → Konidie

Photobiont Photosynthese betreibender Symbiosepartner bei Flechten; Vertreter von Grünalgen oder Cyanobakterien („Blaualgen") (Pilzpartner: → Mycobiont)

phytocol pflanzenbewohnend

Phytoparasit auf (meist grünen) Pflanzen parasitierende Art

Pileozystide auf der Hutoberfläche gebildete → Zystide, auch Dermatozystide genannt (besonders bei der Gattung *Russula*, wo sie sich in Sulfovanillin häufig schwarzblau verfärben)

Plasmodium Plasmamasse, die zellwandlos, beweglich und vielkernig ist (z. B. ein Entwicklungsstadium bei Schleimpilzen; siehe „Entwicklung, Morphologie und Systematik der Pilze im Überblick", S. 18 f.)

Pleurobasidie Basidie, die seitlich statt an der Spitze (apikal) von Hyphen entsteht

Pleurozystide sich am Hymenium der Lamellenfläche bildende Zystide (Gegensatz: → Cheilozystide)

Podetium mehr oder weniger aufrechter, die Apothecien tragender Teil des Lagers von Flechten; becherförmig, stiftförmig, strauchförmig

poroid bezeichnet ein Hymenophor aus sehr engen, in kleinen Poren mündenden, meist sehr kurzen Röhren

Porling, Porenpilz Fruchtkörper mit poroidem Hymenophor (Poren)

primäres Mycel erstes Entwicklungsstadium des Mycels bei den Erysiphales; noch hell gefärbt; kann kann später in das Stadium eines → sekundären Mycels übergehen

Primärthallus Synonym: Basalthallus; zuerst gebildeter, auf dem Substrat ausgebreiteter, grundständiger Teil eines Lagers, wenn in der weiteren Entwicklung eine andere Form des Lagers (der → Sekundärthallus) gebildet wird [z. B. bei der Flechtengattung *Cladonia* mit Primär- und Sekundärthallus (→ Podetium)]

Primordialhyphe langgestreckte, durch Querwände unterteilte Hyphen, deren Inhalt in Sulfovanillin keine Reaktion zeigt (bei *Russula* in der Hutdeckschicht); auf den Wänden außen häufig mit säurebeständigen Auflagerungen in Form von grob- oder feinkörnigen Inkrusten (zu deren sicherem Nachweis gegebenenfalls Anfärbung mit Karbolfuchsin und Prüfung auf Säurebeständigkeit in 2–5%iger Salzsäure); von ähnlich schlanken Elementen der Hutdeckschicht unterschieden durch etwas stärker verdickte Wände (→ Haare, → Pileozystiden)

Prothallus → Vorlager

Pseudoaethalium scheinbarer Sammelfruchtkörper eines Schleimpilzes aus sehr eng beieinander stehenden einzelnen Fruchtkörpern bzw. Sporangien (erkennbar am Inneren der Struktur)

pseudoamyloid → dextrinoid

Pseudocapillitium System aus unregelmäßigen Platten, Röhren oder fadenartigen Strukturen im Inneren des Fruchtkörpers (→ Aethalium) von Schleimpilzen (Myxomycetes, *Lycogala, Reticularia*), das einem Capillitium gleicht

Pseudocyphelle Plural: Pseudocyphellen; zarte Durchbrechung in der Rinde von Flechten in Form von weißlichen Punkten, (unverzweigten bis verzweigten) Strichen oder Flecken; der Durchlüftung dienend

Pseudoparaphyse gestreckt-keulige Elemente in der Gattung *Conocybe*, die mit Kugelkopfzystiden untermischt sind

Pseudoperidie die → Aecidien (seitlich) umgebende, zelluläre Hülle, benannt in

Anlehnung an den Begriff → Peridie (z. B. bei Gasteromyceten)

Pseudothecium Fruchtkörper von Ascomyceten, der bitunicate Asci enthält (z. B. bei Fruchtkörpern mit ascolokulärer Entwicklung)

Pyknidium, Pyknidie in Flechten punktförmige kleine, in das Lager eingesenkte Struktur, innerhalb derer sporenähnliche Fortpflanzungszellen (→ Konidien, → Pyknosporen) gebildet werden; seltener auch walzenförmig bis zylindrisch erhaben; bei Rostpilzen auch → Spermogonium genannt (Abb. 2.39A, C, 2.40)

Pyknosporen asexuell gebildete Fortpflanzungszellen, die in → Pyknidien gebildet werden und teils als Diasporen, teils als Geschlechtszellen (Spermatien) fungieren

Randhaar Haar bzw. haarförmiges Element am Rand von schüssel- oder becherförmigen Fruchtkörpern

Receptaculum Plural: Receptacula; bei Bauchpilzen die als Träger der Sporenmasse (Gleba) fungierende, arm-, walzen- oder netzförmige Struktur, die sich aus einem geschlossenen (kugel- oder eiförmigen) Anfangsstadium heraus durch Streckung entfaltet (Beispiele: Stinkmorchel, Gitternetzpilz, Tintenfischpilz)

Repetobasidie neue Basidie, die durch eine ältere Basidie hindurchwächst; jede Basidie erneuert sich nach dem Absporen von ihrer Basis aus, sodass sich an der Basis ineinandergeschachtelte Hüllen zuvor gebildeter Basidien befinden

resupinat beschreibt einen flach ausgebreiteten Fruchtkörper, der am Rand dem Substrat anliegt (ohne abstehende Hütchen)

retrogressiv beschreibt Konidien, die sich aus einer Hyphenspitze entwickeln

Rhizine Plural: Rhizinen; Fasern oder Faserbüschel (einfach oder verzweigt) zur Befestigung der Lager von Flechten

Rhizomorphe Plural: Rhizomorphen; Mycelstrang mit Differenzierung in einen äußeren (rindenähnlichen) und inneren (stoffleitenden) Bereich aus gestreckten Zellen

Rindenpilz Pilz mit einem flach ausgebreiteten, dem Substrat fest anhaftenden Fruchtkörper

Röhrenanheftung Art und Weise, wie die Röhren mit dem Stiel des Fruchtkörpers verbunden sind; → Lamellenanheftung

Röhrenpilz Pilz, dessen weichfleischiger Fruchtkörper ein Röhrenhymenophor mit eher weiten Röhrenmündungen ausbildet (im Gegensatz dazu hat ein Porling kurze, enge Röhren mit porenförmigen Öffnungen und der ganze Fruchtkörper ist eher hart bis zähfleischig)

Saprobiont ein Organismus, der sich von toter organischer Substanz (saprotroph) ernährt

Skeletthyphen, skelettoide Hyphen dickwandige, wenig verzweigte, wenig septierte, meist schnallenlose Hyphen

Skelettozystide dickwandige Zystide, aus unverzweigten Skeletthyphen entstehend

Scheibe Oberfläche des Hymeniums von Apothecien

Schichtpilz Pilz mit effus-reflexem Fruchtkörper, also partiell rindenpilzartig, aber häufig (meist) zugleich mit abstehender Hutkante

Schnalle an den Querwänden von Hyphen bogig verlaufende Hyphenabschnitte, welche die Querwände umgreifen und zwei benachbarte Zellen miteinander verbinden; meist nur eine Schnalle je Querwand; vgl. → Wirtelschnalle(n)

Schneide dünne äußere Kante einer Lamelle; wie beim Messer gegenüber dem

Lamellenrücken, der mit dem Hut verbunden ist

sekundäres Mycel bei Erysiphales (Gattungen *Blumeria, Podosphaera*) das spätere Entwicklungsstadium eines Mycels, das sich als relativ dicker, brauner Belag zeigt und aus dem hellfarbigen oder farblosen → primären Mycel hervorgeht

Sekundärspore Spore, die z. B. durch Sprossung aus einer primär vorhandenen Spore entsteht

Sekundärthallus für Flechten mit Primär- und Sekundärthallus (wie bei *Cladonia*) angewendet; → Primärthallus

Septobasidie durch Querwände unterteilte → Basidie

Septum Querwand (z. B. in Basidien, Hyphen)

Sete sterile, dickwandige, braune, spitz endende Struktur im Hymenium oder in der Trama (der Hymenochaetales)

siderophil bezieht sich auf Basidien, die mit Karminessigsäure und Eisen eine schwarze oder wenigstens dunkle Körnung aufweisen; Durchführung siehe „Karminessigsäure" unter „Reagenzien"

Skelettozystide apikal breiter werdende, dickwandige, unverzweigte, zystidenähnliche Struktur im Hymenium, die aus Skeletthyphen gebildet wird

Skeletthyphe dickwandige, weitgehend unseptierte Hyphe

Sklerotium, Sclerotium kompakte, der Überdauerung und Ausbreitung dienende Struktur, die vom einer oft pigmentierten Rindenschicht umgeben ist; Größe je nach Pilzart zwischen wenigen Millimetern bis zu mehreren Zentimetern; aus Sklerotien können sich Fruchtkörper entwickeln (z. B. Ascokarpien, Basidiokarpien)

Soral mehr oder weniger abgegrenztes, staubkörniges Gebilde, das Soredien bildet (Flechten)

Soredie kleines, kugeliges, unberindetes Körperchen, das der asexuellen Fortpflanzung dient; besteht aus dem Photobionten, der von Hyphen umsponnen ist (Flechten)

sorediös mit Soredien und dadurch das Lager von Flechten stellenweise staubig aussehend; vgl. → leprös

Sorus Plural: Sori; Anhäufung von Sporen in einem Sporenhaufen oder Sporenlager (bei Pilzen verwendet)

Spaltensoral aus einem spaltenförmigen Riss der Lageroberfläche entstehendes Soral

spatelförmig in Gestalt eines Spatels, also mehr oder weniger zungenförmig; in Form einer schmalen, gestreckten, flächigen Struktur

Spermogonium auf von Rostpilzen befallenen Wirten eine winzige, krugartige Struktur, in denen einkernige, der Befruchtung dienende Zellen, die Spermatien, entstehen; siehe Lebenskreislauf der Rostpilze in „Entwicklung, Morphologie und Systematik der Pilze im Überblick" (S. 73); Symbol: 0

Sphaerozyste von fädigen Hyphen durch kugelige Form (in optischer Ebene kreisförmig) verschieden, also kugelförmige, nicht gestreckte Zelle

spindelförmig gegen die beiden Enden eines gestreckten (stäbchenförmigen) Körpers zuspitzend oder verjüngt

Sporangiole ein nur wenige Sporen enthaltendes → Sporangium

Sporangium hier im weiteren Sinn verwendet, u. a. als Sporen bildende Zelle, die in ihrem Inneren die Sporen (Sporangiosporen) enthält; zur engeren Definition siehe Dörfelt und Jetschke (2001)

Sporangiophor Sporangienträger

Spore eine frei werdende Keimzelle, die der Verbreitung und Regeneration dient; meist für endogen in Zellbehältern (Sporangien) gebildete Keimzellen angewendet (Sporangiosporen); Mitosporen entstehen ohne vorausgehende Geschlechtsvorgänge (z. B. Sporangiosporen der Mucoromycotina), Meiosporen werden nach Geschlechtsvorgängen und Reifeteilung von Zellkernen (Meiose) gebildet (z. B. Ascosporen der Ascomycetes, Basidiosporen der Basidiomycetes)

Sporodochie kissenförmiges Gebilde auf dem Lager von Flechten, das zwar einem Apothecium (ohne Wandung) gleicht, aber anstelle von Ascosporen Konidien bildet

Sterigma Plural: Sterigmen, Sterigmata; Auswuchs (stiftförmig, hornartig, fadenförmig) der Basidie, auf dem eine Basidiospore gebildet wird

Stroma Plural: Stromata; kompakter, aus dicht gelagertem Mycel bestehender (vegetativ gebildeter) Körper, aus dem heraus Fruchtkörper (in Einzahl oder Vielzahl) entstehen; die Fruchtkörper können im Stroma eingesenkt sein und zusammen mit diesem einen Sammelfruchtkörper bilden (z. B. bei *Xylaria*)

stromatisch beschreibt eine Struktur, die einem Stroma gleicht

subepidermal unterhalb der Epidermis (eines Wirts) lokalisiert

Subgleba bei Bauchpilzen der sterile, basale Teil des Fruchtkörpers unterhalb der Gleba und wie diese von der Peridie umgeben

Subhymenium unmittelbar unterhalb des Hymeniums lokalisierte Schicht, die sich vom Hymenium und von der übrigen Trama durch eine andere Struktur der Zellen unterscheidet

Subiculum, Subikulum eine oft lockere, spinnwebartige bis feste Mycelmatte auf dem Substrat, aus der heraus Fruchtkörper gebildet werden

subpileat nahezu hutförmig ausgebildet

Synnema Plural: Synnemata; dicht und aufrecht in Bündeln stehende Konidienträger; die Konidien werden dort end- oder seitenständig gebildet

Taxon Plural: Taxa; Art oder Gattung; im weiteren Sinne eine Einheit des biologischen Systems auf beliebiger Rangstufe, also z. B. auch Varietät, Familie, Ordnung (→ Nomenklatur)

Teleomorphe Synonym: Hauptfruchtform; Entwicklungsstadium mit sexuellen Vorgängen und der Bildung von Meiosporen (Ascosporen, Basidiosporen); → Anamorphe

Telium, Telie, Teleutosporenlager, Teliosporenlager Plural: Telien; aus Uredien hervorgehende, meist schwarze Struktur der Rostpilze, in der nach Kernverschmelzung einkernige diploide Teliosporen entstehen (Abb. 2.40, 2.41C); Symbol: III

terricol in der Erde lebend, nicht mit Holz, Blättern oder anderen Überresten von Pflanzen, Tieren oder Pilzen in Verbindung stehend

Thallus → Lager

Trama Synonym: Context (häufig bei Aphyllophorales); steriles Hyphengeflecht zwischen den äußeren Oberflächen von Fruchtkörpern, besonders zwischen den Hymenien; auch innerhalb von Fruchtkörpern, etwa im Hut oder im Stiel

Tramaplatte bei Bauchpilzen (Gasteromyceten) sterile plattenförmige Struktur zwischen den Kammern, an deren inneren Wänden (in frühen Entwicklungsstadien) die Hymenien angelegt sind

trimitisch bezeichnet ein Fruchtkörpergeflecht (Hyphensystem), das drei verschiedene Sorten von Hyphen bildet: generative (Basidien bildende) Hyphen, Skeletthyphen und Bindehyphen

trunkat mit gestutztem (plattenförmigem) Ende (z. B. bei Sporen)

untermischt bezieht sich auf durchlaufende Lamellen, wenn zwischen ihnen kürzere Lamelletten stehen

Uredium, Uredie, Uredosporenlager Plural: Uredien; rostfarbene Struktur der Rostpilze, in welcher die zweikernigen (dikaryotischen) Uredosporen gebildet werden (Abb. 2.40, 2.41E); Symbol: II

Velum eine den Fruchtkörper gänzlich umschließende Hülle (Velum universale) oder eine partiell zwischen Hut und Stiel ausgebreitete Hülle (Velum partiale); Reste des Velum universale lassen auf der Hutoberfläche Schollen, Warzen, Flecken usw. zurück; an der Stielbasis eine sackförmige Scheide, die Volva bildend; das Velum partiale besitzt am Stiel die Form eines Rings oder bleibt als spinnwebartige Struktur (Cortina) zurück

ventral auf der Bauchseite (Gegensatz: → dorsal)

Volva → Velum

Vorlager Synonym: Prothallus; algenfreier Saum am Rand des gesamten Lagers oder jeweils rund um die einzelnen Areolen des Lagers; schwärzlich oder auch weiß gefärbt

Weißfäule durch einen Pilz verursachter Abbautyp des Holzes, bei dem Cellulose und Lignin abgebaut wird; weißfaules Holz ist hell bis weißlich gefärbt; → Braunfäule

Wirtelschnallen an den Querwänden zu mehreren (wirtelig) angeordnete Schnallen

Wirtswechsel wenn im Lebenskreislauf zwei oder mehr Wirte eingebunden sind und damit der Übergang von einem zum anderen Wirt erfolgt; siehe Rostpilze in „Entwicklung, Morphologie und Systematik der Pilze im Überblick" (S. 73)

zoocol tierbewohnend

Zygosporangium Synonym: Zygospore; bei Mucoromyceten nach Geschlechtsvorgang gebildete, sporenähnliche Struktur; siehe Lebenskreislauf in „Entwicklung, Morphologie und Systematik der Pilze im Überblick" (S. 45)

zylindrisch in Form eines schmalen Zylinders

Zystide, Cystide steriles Element des Hymeniums oder der Trama, aus generativen Hyphen entstehend und von besonderer Form

Literatur

Allgemein

AHMADJIAN, V. (1967): A Guide to the Algae Occurring as Lichen Symbionts. Phycologia 6 (2–3).

BAUMANN, K. (2015): Formen, Farben, Muster der Natur. Karlheinz-Baumann-Verlag. Gomaringen.

BRESINSKY, A, KÖRNER, CH., KADEREIT, J.W., NEUHAUS, G. & U. SONNEWALD (2008): Strasburger Lehrbuch der Botanik. 36. Aufl. 1175 S. Spektrum. Heidelberg.

ESSER, K. (2000): Kryptogamen. Praktikum und Lehrbuch. Band 1. 3. Aufl. Springer. Berlin.

FREY, W. (2012): A. ENGLER's Syllabus of Plant Families. 13. Aufl. Band 1/1, Blue-green Algae, Myxomycetes and Myxomycete-like Organisms, Phytoparasitic protists, Heterotrophic Heterokontobionta and Fungi p.p. 13. Aufl. Borntraeger. Stuttgart.

FREY, W. (2016): A. ENGLER's Syllabus of Plant Families. 13 Aufl. Band 1/2, Ascomycota. Borntraeger. Stuttgart.

FREY, W. (2018): A. ENGLER's Syllabus of Plant Families. 13. Aufl. Band 1/3, Basidiomycota and Entorrhizomycota. Borntraeger. Stuttgart.

HANDKE, H.-H., PANKOW, H. & R. SCHUBERT (1994): Rothmaler Exkursionsflora von Deutschland, Bd. 1 Niedere Pflanzen, 3. Aufl. Gustav Fischer. Stuttgart.

HANDKE, H.-H., PANKOW, H. & R. SCHUBERT (2005): Rothmaler Exkursionsflora von Deutschland, Bd. 1 Niedere Pflanzen, 3. Aufl. (unveränderter Nachdruck). Elsevier. München.

KADEREIT, J.W., KÖRNER, CH., KOST, B. & U. SONNEWALD (2014): Strasburger Lehrbuch der Pflanzenwissenschaften. 37. Aufl. 1175 S. Springer Spektrum. Heidelberg.

WANNER, G. (2017): Mikroskopisch-botanisches Praktikum. 3. Aufl. 264 S. Thieme. Stuttgart

WEBSTER, J. (1983) Pilze – Eine Einführung. Springer, Berlin, S 257.

Wirtspflanzen

FITSCHEN, J. (2017): Gehölzflora. 13. Aufl. 1016 S., Quelle & Meyer. Wiebelsheim.

JÄGER, E.J. (2017) Rothmaler Exkursionsflora von Deutschland, Bd 2 Gefäßpflanzen. Springer Spektrum. Heidelberg.

JÄGER, E.J., EBEL, F., HANELT, P. & G.K. MÜLLER (2008) Rothmaler Exkursionsflora von Deutschland, Bd 5 Krautige Zier- und Nutzpflanzen. Springer Spektrum. Heidelberg.

Pilze

BARAL, H.O., WEBER, E. & G. MARSON (2020): Monograph of Orbiliomycetes (Ascomycota) based on vital taxonomy, 1–2. 1752 S. National Museum of Natural History Luxembourg.

BLUMER, S. (1967): Echte Mehltaupilze (Erysiphaceae). Ein Bestimmungsbuch für die in Europa vorkommenden Arten. 136 S. Gustav Fischer. Jena.

BOLLMANN, A., GMINDER, A. & P. REIL (2002): Abbildungsverzeichnis europäischer Großpilze. 3. Aufl. Arbeitsgemeinschaft Pilzkunde Stuttgart (APS). Jahrb. Schwarzwälder Pilzlehrschau 2, 63 S.

BRANDENBURGER, W. (1963): Vademecum zum Sammeln parasitischer Pilze. Ulmer. Stuttgart

BRANDENBURGER, W. (1985). Parasitische Pilze an Gefäßpflanzen in Europa. 1248 S. Gustav Fischer. Stuttgart.

BRAUN, U., COOK, R.T.A. (2012): Taxonomic manual of the Erysiphales (Powdery Mildews) – CBS Biodiversity Ser.11.CBS. Utrecht

BRESINSKY, A. (2008): Die Gattungen *Hydropus* bis *Hypsizygus* mit Angaben zur Ökologie und Verbreitung der Arten. Regensburger Mykol. Schr. 15: 304 S. *Hydropus* S. 23–32. – *Hygroaster*: S. 32–36. – *Hygrocybe* s.str.: S. 36–128; *Hygrocybe* s. l.: *Gliophorus* S. 129–149; Neohygrocybe S. 140–45; *Porpomolopsis* S. 145–159. – *Hygrophoropsis*: S. 150–156. – *Hygrophorus*: S. 156–226. – *Hypholoma*: S. 227–255. – *Hypsizygus*: S. 255–257.

BRESINSKY, A. & H. BESL (1985): Giftpilze. Ein Handbuch für Apotheker, Ärzte und Biologen. Merkmale der Blätter- und Röhrenpilze S. 196–212; Bestimmungsschlüssel S. 215–259. Insges. 296 S. Wissenschaftliche Verlagsgesellschaft. Stuttgart.

BRESINSKY, A. & H. BESL (2003): Schlüssel zur Gattungsbestimmung der Blätter-, Leisten- und Röhrenpilze. Regensburger Mykol. Schr. 11: 5–236

BUTIN, H. (1983): Krankheiten der Wald- und Parkbäume. 172 S. Thieme. Stuttgart.

CLEMENTS F.E. & C.L. SHEAR (1957): The Genera of Fungi. 426 S, 58 Taf. In Schwarz-Weiß. Hafner. New York.

DENNIS, R.W.G. (1978): British Ascomycetes. 3. Aufl. 558 S. Cramer. Vaduz

DENNIS, R.W.G.(1981): Ergänzungen zu British Ascomycetes. (1978). Lubrecht & Cramer. Port Jervis, NY

DÖRFELT, H. & H. HEKLAU (1998): Die Geschichte der Mykologie. 573 S. Einhorn. Schwäbisch Gmünd.

DÖRFELT, H. & G. JETSCHKE (2001): Wörterbuch der Mycologie. 2. Aufl. 368 S. Spektrum. Heidelberg.

DÖRFELT, H. & E. RUSKE (2014): Morphologie der Großpilze. 278 S. Springer Spektrum. Heidelberg.

GÄUMANN, E. (1959): Die Rostpilze Mitteleuropas mit besonderer Berücksichtigung der Schweiz. Beitr. Zur Kryptogamenflora der Schweiz 12. 1407 S. Büchler & Co. Bern.

GRÖGER, F. (2006): Bestimmungsschlüssel für Blätterpilze und Röhrlinge in Europa, Teil I. Hauptschlüssel; Gattungsschlüssel; Artenschlüssel für Röhrlinge und verwandte, Wachsblättler, hellblättrige Saftlinge, Hellblättler und Rötlinge. Familien Boletaceae ss.l.; Paxillaceae; Gomphidiaceae; Hygrophoraceae; Pleurotaceae; Tricholomataceae. Regensburger Mykologische Schr. 13: 638 S.

GRÖGER, F. (2014): Bestimmungsschlüssel für Blätterpilze und Röhrlinge in Europa, Teil II. Hauptschlüssel für die im Teil 2 enthaltenen Gattungen; Gattungsschlüssel; Artenschlüssel für die Gattungen der Freiblättler, der Dunkelblättler und der Täublingsartigen Pilze. Familien Amanitaceae, Pluteaceae, Agaricaceae, Psathyrellaceae, Bolbitiaceae, Strophariaceae, Russulaceae. Regensburger Mykologische Schr. 17: 685 S.

GUTHMANN, J, & CH. HAHN (2021): Die Pilze Dutschlands. Beschreibung, Vorkommen und Verwendung der wichtigsten Arten. 526 S. Quelle & Meyer. Wiebelsheim.

HANSEN, L. & H. KNUDSEN (1997): Nordic Macromycetes 3. Heterobasidioid, Aphyllophoroid, Gastromycetoid Basidiomycetes.444 S. Nordsvamp, Kopenhagen.

HANSEN, L. & H. KNUDSEN (2000): Nordic Macromycetes 1. Ascomycetes. 310 S. Nordsvamp, Kopenhagen.

HEINE, N. & P. WELT (2008): Beiträge zur Kenntnis coprophiler Pilze (4). Mycologia Bavarica 10: 63–83.

HELFER, W. (1991): Pilze auf Pilzfruchtkörpern. Libri Botanici 1. 157 S. IHW. Eching

HORAK, E. (2005): Röhrlinge und Blätterpilze in Europa. 6. Aufl. von M. MOSER 1983 (s.d.). 555 s. Elsevier. München

JOHNSTON, A. & C. BOOTH (2001): Plant pathologist's pocket book. 3. Aufl. 528 S. Commonwealth Mycological Institute. Kew, Surrey.

JÜLICH, W. (1984): Nichtblätterpilze, Gallertpilze und Bauchpilze. In: GAMS, H. Kleine Kryptogamenflora. 626 S. Gustav Fischer. Stuttgart.

KLENKE, F. & M. SCHOLLER (2015): Pflanzenparasitische Kleinpilze. Bestimmungsbuch für Brand-, Rost-, Mehltau-, Flagellatenpilze und Wucherlingsverwandte in Deutschland, Österreich, der Schweiz und Südtirol. 1172 S. Spinger Spektrum. Berlin.

KNUDSEN, H. & J. VESTERHOLT (2008): Funga Nordica. Agaricoid, boletoid and cyphelloid genera. 966 S. Nordsvamp, Kopenhagen.

KRUSE, J. (2019): Faszinierende Pflanzenpilze. Erkennen und Bestimmen. 528 S. Quelle & Meyer. Wiebelsheim

LÜDER, R. (2020): Grundkurs Pilzbestimmung. 6. Aufl. 480 S. Quelle & Meyer. Wiebelsheim

MARXMÜLLER, H. (2014): Russularum Icones 1 und 2. 712 S. Anatis, München. Auch verfügbar als CD oder als Stick mit interaktivem Bestimmungsschlüssel von A. BRESINSKY

MICHAEL, E., HENNIG, B. & H. KREISEL (1988): Handbuch für Pilzfreunde 6. Die Gattungen der Großpilze Europas etc, 310 S. Gustav Fischer. Jena

MOSER, M. (1963): Ascomyceten (Schlauchpilze), In: GAMS, H. Kleine Kryptogamenflora IIa. Gustav Fischer. Stuttgart.

MOSER, M. (1983): Die Röhrlinge und Blätterpilze (Polyporaless, Boletales, Agaricales, Russulales). 5. Aufl. In: GAMS, H. Kleine Kryptogamenflora, Band IIb/2. 533 S. Gustav Fischer. Stuttgart.

NANNENGA-BREMEKAMP, N.E. (1991): A guide to temperate Myxomycetes. 409 S. Biopress. Bristol.

NEUBERT, N., NOWOTNY, W., BAUMANN, K. (1993): Die Myxomyceten Deutschlands und des angrenzenden Alpenraumes unter besonderer Berücksichtigung Österreichs 1. 343 S. K. Baumann Verlag. Gomaringen.

NEUBERT, N., NOWOTNY, W., BAUMANN, K. (1995): Die Myxomyceten Deutschlands und des angrenzenden Alpenraumes unter besonderer Berücksichtigung Österreichs 2. 368 S. K. Baumann Verlag. Gomaringen.

NEUBERT, N., NOWOTNBY, W., BAUMANN, K., MARX H. (2000): Die Myxomyceten Deutschlands und des angrenzenden Alpenraumes unter besonderer Berücksichtigung Österreichs 3. 391 S. K. Baumann Verlag. Gomaringen.

PETRINI, L.E. & O. PETRINI (2015): Schimmelpilze und deren Bestimmung. 4. Aufl. 213 S. Cramer, Borntraeger. Stuttgart.

ROMAGNESI, H. (1967/1985): Les Rusules d'Europe et d'Afrique du Nord. 998 S. Bordas. Paris. – Nachdruck mit Anhang. Cramer.

RITTER, G. siehe MICHAEL, HENNIG, KREISEL (1988): 65–81, Beitrag von RITTER.

SCHOLZ, H., SCHOLZ, I. (1988): Die Brandpilze Deutschlands (Ustilaginales). Englera 8: 1–691.

VÁNKY, K. (1994): European Smut Fungi. 570 S. Gustav Fischer. Stuttgart

WELT, P. & N. HEINE (2006): Beiträge zur Kenntnis coprophiler Pilze (1). Zeitsch. f. Mykologie 72 (1): 3–34.

Flechten

EICHLER, C.R., BERGER, M., BRACKEL, F., DOLNIK, W.V., JOHN, C. & V. SCHULTZ (2016): Deutsche Namen für Flechten. Herzogia 29: 745–797

KIRSCHBAUM, U., WIRTH, V. (1995): Flechten erkennen, Luftgüte bestimmen. 128 S. Ulmer. Stuttgart.

WIRTH, V. (1995): Die Flechten Baden-Württembergs. 2 Bände. 1006 S. Ulmer. Stuttgart.

WIRTH, V., HAUCK, M. & M. SCHULTZ (2013) : Die Flechten Deutschlands. 2 Bände. 1244 S. Ulmer, Stuttgart.

WIRTH, V., DÜLL, R. & S. CASPARI (2018): Ulmers Taschenatlas. Flechten und Moose: 290 Arten schnell erkennen. 2 Aufl., 336 S. Ulmer. Stuttgart.

WIRTH, V. & U. KIRSCHBAUM (2017): Flechten einfach bestimmen. 2. Aufl., 416 S. Quelle & Meyer. Wiebelsheim.

Pilze, Flechten: Register

F

H

J

O

W

Mit Pilzen interagierende Organismen: Register

B

MIX
Papier aus verantwortungsvollen Quellen
Paper from responsible sources
FSC® C105338

If you have any concerns about our products,
you can contact us on
ProductSafety@springernature.com

In case Publisher is established outside the EU,
the EU authorized representative is:
Springer Nature Customer Service Center GmbH
Europaplatz 3, 69115 Heidelberg, Germany

Printed by Libri Plureos GmbH
in Hamburg, Germany